유기화학 7th

ORGANIC CHEMISTRY

ORGANIC
CHEMISTRY

Janice Gorzynski **Smith**

유기화학 7th

고광윤 옮김 | 유기화학교재연구회 감수

ORGANIC CHEMISTRY, SEVENTH EDITION

1 2 3 4 5 6 7 8 9 10 MHE-KOREA 20 24

Original: ORGANIC CHEMISTRY, SEVENTH EDITION
By Janice Gorzynski Smith
ISBN 978-1-264-14153-1

Korean ISBN 979-11-321-1609-7 93430

Printed in Korea

유기화학 7th
ORGANIC CHEMISTRY

발 행 일 | 2024년 1월 30일
저 자 | Janice Gorzynski Smith
역 자 | 고광윤
감 수 자 | 유기화학교재연구회
발 행 처 | 맥그로힐에듀케이션코리아 유한회사
발 행 인 | SHARALYN YAP LUYING(샤랄린얍루잉)
등록번호 | 제2013-000122호(2012.12.28)
주 소 | 서울시 마포구 양화로 45, 8층 801호(서교동, 메세나폴리스)
전 화 | (02)325-2351
편집·교정 | ㈜우일미디어디지텍
인 쇄 | ㈜성신미디어

I S B N | 979-11-321-1609-7

판 매 처 | 사이플러스
문 의 | (02)332-6171
정 가 | 53,000원

저자 소개

Daniel C. Smith

Janice Gorzynski Smith는 New York주의 Schenectady에서 태어났다. 그녀는 Cornell 대학교에서 화학 학사 학위를 우등으로 취득하였고 노벨상 수상자 E. J. Corey의 지도하에 Harvard 대학교에서 유기 화학 박사 학위를 받았다. Corey 그룹에 재직하는 동안 그녀는 식물 성장 호르몬인 gibberellic acid의 전 합성을 완료하였다.

박사후 과정을 마친 후 Jan은 Mount Holyoke College의 교수진에 합류하여 21년 동안 근무하였다. 이 기간 동안 그녀는 유기 화학 강의 및 실험실 과정을 가르치고, 유기 합성 연구 프로그램을 진행하고, 학과장을 역임하였다. 그녀의 유기 화학 수업은 *Boston* 잡지의 설문 조사에서 Mount Holyoke의 "필수 과정" 중 하나로 선정되었다. Jan과 그녀의 가족은 2000년에 Hawai'i로 이주했으며 그녀는 Mānoa에 있는 Hawai'i 대학교의 교수가 되었다. 2003년에는 우수 강의 교수로서 총장 표창을 받았다.

Jan은 응급 의학 의사인 남편 Dan과 함께 Hawai'i에 거주하고 있다. 사진은 2021년 Galápagos 제도에서 그녀와 함께 찍은 사진이다. 그녀에게는 4명의 자녀와 9명의 손주가 있다. 가르치거나 글을 쓰거나 가족과 즐거운 시간을 보내지 않을 때 Jan은 화창한 Hawai'i에서 자전거 타기, 하이킹, 스노클링, 스쿠버 다이빙을 하며 시간이 허락하면 여행과 하와이안 퀼팅을 즐긴다.

옮긴이 · 감수진 소개

» 옮긴이

아주대학교　고광윤

» 감수진

가천대학교 : 강익중
강릉원주대학교 : 박정민, 정은희
강원대학교 : 이원철, 이필호
경상국립대 : 김주현, 공호열
경희대학교(수원) : 강은주, 김학원
공주대학교 : 홍인석
광운대학교 : 김대흠
부산대학교 : 박진균, 황도훈
연세대학교 : 장우동, 최수혁
연세대학교(원주) : 장두옥
울산대학교 : 김범진, 우상국
인천대학교 : 김진호, 김태현
인하대학교 : 김동욱, 전태준, 조동규
전남대학교 : 김지민, 이선우, 오종훈, 유성현
청주대학교 : 조봉래
충남대학교 : 김영준
충북대학교 : 김 민, 강성민
한밭대학교 : 박정호

(가나다 순)

저자 서문

유기 화학을 저술할 때의 나의 목표는 학생들이 **사용할** 교재를 만들어 줌으로써 유기 화학의 아름다움과 논리를 보여주는 교재를 만드는 것이었다. 이 책은 많은 학생들을 힘들게 하는 과목을 단순 명쾌하게 정리하여, 화학 전공자뿐 아니라 생물학, 의학 및 기타 전공자들이 미래의 성공에 필요한 열정을 희생하지 않고서, 유기 화학을 흥미롭고 유의미하고 다가가기 쉽도록 만들고자 하는 나의 노력의 결과이다.

기본적 특징

유기 화학 7판은 전판에서 성공적으로 사용하였던 학생-지향 접근법을 계속하여 이어간다. 지금의 학생들은 예전의 학생들보다 학습하는 데 훨씬 더 시각적인 상상력에 의존한다. 따라서 이 책에서는 단조로운 서술은 줄이고, 더 많은 그림과 불릿 기호가 붙어 있는 요약을 사용하였다. 각 주제는 보다 다루기 쉽고 학습하기 쉬운 작은 묶음으로 나누어 놓았다. 예제 문제는 단계적 문제 풀이법을 보여주며 일상 생활에서 나오는 관련된 예를 사용하여 주제를 설명하였다. 새로운 개념은 기본적 주제에 관심을 집중시키기 위해 한 번에 하나씩 소개하였다.

이 교재의 구성은 학생들에게 강렬하고 매력적인 주제에 논리적이고 이해하기 쉬운 접근법을 제공하고자 하였다. 학생들이 기본 개념을 확실하게 배울 수 있도록 1장과 2장에서 복습 자료를 충분히 제공하였다. 분자의 삼차원 구조를 다루는 입체 화학은 일찍(5장) 도입하여 시시때때로 보강하였다. 해당 반응만의 독특한 특성과 용어가 있는 어떤 유형의 반응은 함께 묶어 다루었다. 여기에는 산-염기 반응(2장), 산화 환원(12장 및 17장), 유기 금속 시약의 반응(17장 및 24장) 및 라디칼 반응(13장)이 포함된다. 각 장은 주 개념과 반응을 간략하게 정리한 장 말미 요약인 장 복습(Chapter Review)으로 끝난다.

7판의 새로운 내용

학생들은 때때로 마지막 판 이래로 유기 화학의 사실들이 크게 변화하였는지를 묻곤 한다. 탄소는 안정한 화합물에서 결합 네 개를 만들고 반대로 하전된 화학종은 서로 당긴다는 기본 원리는 변하지 않았지만, 유기 화학은 새로운 사실이 발견되면서 계속하여 다듬어지는 역동적인 주제이다. 따라서 새로운 판은 현재의 지식을 반영하고 있다. 매년 신규 화합물이 발견되고 있고 새로운 의약품이 시장에 나오고 있으며, 특정한 개념을 설명하기 위하여 이러한 화합물들이 오래된 예를 대체하고 있다. 예로서, 이 판에서는 2019년 말에 시작된 전 세계적 팬데믹을 야기하였던 굉장히 충격적 질병인 COVID-19에 대한 내용을 포함하려고 모든 노력을 기울였다. 이 내용은 여는 장, 문제 3.60과 29.25 그리고 19.4, 20.5 및 28.9절에서 다룬다.

일반적 내용

문제

검토자의 피드백에 따라 어떤 예제의 난이도는 증가하였다. 따라서 학생들은 예제와 관련된 더 도전적인 장 끝 문제를 더 쉽게 다룰 수 있을 것이다. 이 판에서 새로운 문제이거나 장 끝 문제에서 옮겨온 장 속의 문제가 더 많아졌기 때문에 학생들은 방금 배운 주제에 대한 더 많은 연습 문제를 즉시 풀어볼 수 있다. 합하여 300개의 새로운 문제가 이 판에 수록되었다.

선다형 자가-검사

각 장에는 장 복습 다음에 선다형 자가-검사가 나와 있다. 학생들이 이 검사를 풀면 장 끝 문제를 풀기 전에 주요한 원리에 대한 연습을 하게 될 것이다. 이 자가-검사의 답은 각 장의 끝에 나와 있다.

장

이 판에는 새로운 두 장이 추가되었으며 세 개의 장은 eBook과 사용자 맞춤형 버전에서 볼 수 있다.

- **28장**은 DNA와 RNA 핵산의 구조와 성질을 깊게 다룬다. 세 가지 중요한 과정, 즉 복제(DNA가 자기 자신을 만드는 일), 전사(DNA의 유전 정보가 RNA로 전달되는 일) 및 번역(RNA의 암호화된 유전 정보를 이용하여 단백질을 만드는 일)이 소개되어 있다. 이 장은 실험실에서 DNA를 다루는 방법과 바이러스가 작용하는지에 대한 논의로 마무리된다.
- **30장**은 대사작용에 관여하는 생화학적 반응에 초점을 맞춘다. 논의는 세 가지 반응, 즉 지방의 분해, 해당 작용에 의한 glucose 탄수화물의 세 개의 탄소 원자로 이루어진 단위체인 pyruvate로의 대사 작용 및 아미노산, 탄수화물 및 지방에서 일어나는 대사 과정 회로인 citric acid 회로를 중심으로 이루어진다.

1-28장은 인쇄판으로 나와 있으며 29장(지질), 30(대사작용), 31장(합성 고분자)은 eBook과 사용자 맞춤형 버전에서 볼 수 있다.

다른 새로운 내용

몇 개의 절에는 새로운 내용이 들어 있다.

- 7.4절에는 몇 가지 신약에 들어 있는 플루오로기와 트라이플루오로메틸기에 대한 내용이 있다.
- 에폭사이드나 에터를 포함하는 약물로서 최근에 승인된 세 가지 예가 9.5B절에 있다.
- 관련된 화합물의 적외선 스펙트라를 더 쉽게 비교할 수 있도록 B.4절을 완전히 새롭게 정리하였다.
- NMR 분광학에서 C.8절의 스핀-스핀 짝지음에 대한 논의를 수정하였으며 이 개념을 더 잘 설명하기 위하여 새로운 예를 그림 C.8에서 사용하였다.
- 방향족 헤테로 고리 화합물을 따로 15.9절로 옮겼으며 DNA의 방향족 염기에 대한 내용을 첨가하였다.
- 그림 17.2-17.5를 모두 의약품과 해양 천연물을 사용하는 새로운 분자와 약품으로 갱신하였다.
- 복잡한 분자에서 에터와 아세탈을 구별하는 예제 18.4를 새로 추가하였다.
- 생물학적 엔올에 대한 새로운 내용이 21.2B절에 있다.
- 22장에서 두 절이 추가되었다. 22.1B절은 역알돌 반응에 관한 것이고 22.2C절은 거울상 선택성 알돌 반응과 2021 노벨 화학상에 관한 것이다.
- 24.4절에 Stille 짝지음 반응이 나와 있다.
- 효소에 관한 27.10절이 27장에 첨가되었다.
- 생분해 고분자와 방출제어형 의약품에서의 고분자의 사용에 대한 최근의 진보를 반영하기 위하여 새로운 내용이 31장에 추가되었다.

유기 화학을 더 쉽게 배우기 위한 이 교재의 특징

그림

유기 화학 교재는 잘 개발된 그림 프로그램의 도움을 받고 있다. 전통적인 골격(선) 구조와 축약 구조 이외에도 학생들이 분자의 삼차원 입체 구조(입체 화학 포함)를 파악하고 또한 전하의 분포를 더 잘 이해하도록 공–막대 모형과 정전기 전위 그림을 많이 실었다.

마이크로–매크로(Micro-to-Macro) 그림

이 교재에서 유일한 것이 마이크로–매크로 그림이다. 이 그림에서는 선 그림과 사진이 화학 구조와 합쳐져서 일반적 현상의 거시적 성질을 나타내는 분자 구조를 보여 준다. 예는 녹말과 celluose (5장), adrenaline (7장), 식물성 기름의 부분적 수소화(12장)와 dopamine (23장)이다.

스펙트라

이 교재를 위하여 특히 만든 100개 이상의 스펙트라가 주로 분광학 장에 나와 있다. 스펙트라는 종류별로 색상으로 구분되어 있으며(질량 스펙트라는 녹색, IR 스펙트라는 빨간색, NMR 스펙트라는 파란색) 잘 표지되어 있다.

메커니즘

굽은 화살표기 법을 광범위하게 사용하여 학생들이 반응에서 전자 이동을 따라가도록 도와주고 있다.

문제 풀이

예제

예제는 학생들에게 논리적이고 단계적 방식으로 유기 화학 문제를 푸는 방법을 보여 주고 있다. 학생들이 예제에서 다룬 개념을 이해하는지를 테스트하기 위한 800개 이상의 후속 문제가 장에 걸쳐서 나온다.

해결 방법

해결 방법은 핵심 과정을 통하여 문제를 푸는 방법에 대한 자세한 지시 사항을 학생들에게 제공하고 있다.

응용과 요약

장 복습

중요한 원리와 개념을 다시 강조하는 간결한 요약과 표가 각 장의 말미에 나와 있다.

여백 노트

여백 노트는 장에 걸쳐서 조심스럽게 배치되어 있는데, 교재에서 다루는 주제에 연관된 흥미로운 정보를 주고 있다. 어떤 여백 노트는 화학이 더 관련되어 있음을 나타내기 위하여 사진과 함께 설명되어 있다.

for Chemistry

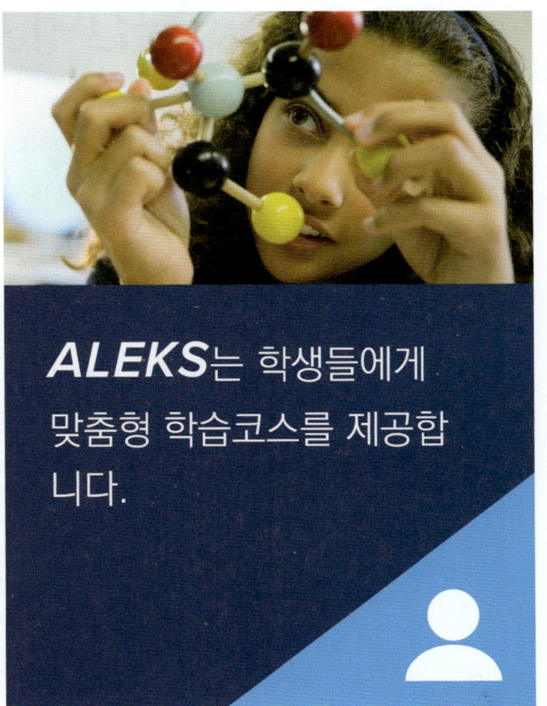

화학 과목의 Game Changer

화학과목을 수강하는 학생은 다양한 수준의 기초 과학 및 수학 지식을 바탕으로 특별한 목적을 갖고 화학 수업에 참여합니다.

이제 여러분께 ***ALEKS*® Chemistry**를 소개합니다.

ALEKS는 화학 커리큘럼에 최적화되어 설계된 AI 기반의 디지털 플랫폼입니다.

AI를 사용하여 학습에 필요한 주제를 파악하고 이에 대한 학습코스를 제공합니다.

지속적인 평가, 맞춤형 학습 및 적용을 통해 각 학생의 개별 요구사항에 맞게 학습과정을 설계하여 개인별 맞춤형 학습을 가능하게 함으로써 학습지식을 마스터할 수 있도록 도와줍니다.

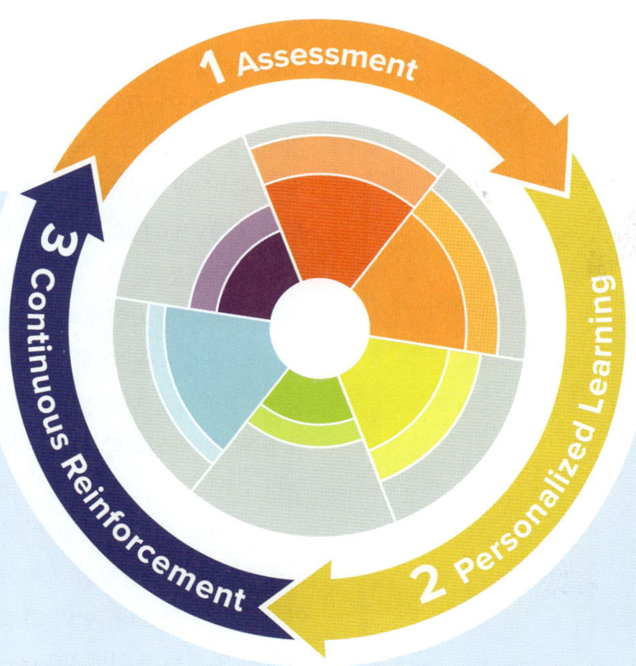

학습격차해소

ALEKS는 개인별 맞춤설계로 학생 간의 지식격차를 해소하고 관련된 지식을 마스터할 수 있도록 해줍니다.

동기강화

ALEKS는 학생들이 개인별 학습 가능한 영역 내에서 학습과 연습을 반복제공하여 학생들이 도전을 받되 결코 좌절하거나 지루하지 않게 함으로써 지속적인 학습을 가능하게 합니다.

학습기억의 장기보존

ALEKS의 평가 및 학습 주기는 학생들에게 단기적인 이해보다는 지식의 장기적인 유지 및 숙달에 최적화되로록 설계되었고, 이를 통해 학생들은 과제, 시험, 다음 단계의 학습에 자신감을 갖게 됩니다.

옮긴이 머리말

현재 2억 개 이상의 물질이 Chemical Abstract Service의 데이터베이스에 등록되어 있으며 그중의 대부분이 탄소 원자를 함유하고 있는 유기 화합물일 것이라고 추정되고 있다. 이러한 유기 화합물은 의약품, 고분자, 염료나 신소재로 널리 쓰이고 있으며 탄수화물, 단백질이나 핵산 같은 생체 분자도 유기 분자이다. 따라서 유기 화합물의 구조와 반응을 다루는 유기 화학은 화학을 전공하는 학생뿐만 아니라 생명과학이나 의약학 분야를 전공하는 학생들이 반드시 배워야 하는 과목이다.

이 번역서는 Janice G. Smith Smith 유기 화학 7판을 완역한 책이다. 대부분의 기존 번역서는 역자가 장을 하나나 두 개씩 맡아서 번역한 책이었다면 이번 책의 번역은 McGraw Hill 한국 지사의 제안에 따라 역자 한 사람이 번역 작업을 하고 그 다음에 각 장을 감수자가 검토하는 방식으로 진행하였다.

Smith 유기 화학은 시각을 중요시하는 요즘 시대를 반영하여 디자인이 깔끔하고 다양한 의약품이나 천연물을 소개하고 있는 점이 특징이며 2학기 혹은 3학기 동안에 공부할 수 있는 분량으로 학부에서 가르치는 유기 화학에 대한 거의 모든 내용을 담고 있다. 6판에 비교하여 달라진 점을 소개하면, 먼저 7판에는 28장 핵산과 단백질 합성과 30장 대사라는 장이 추가되었다. 하지만 6판의 합성 고분자가 7판에서는 온라인 판으로 변경되었는데, 번역서에서는 31장 합성 고분자라는 주제가 꼭 종이 책에 포함되어야 한다는 주위의 의견에 따라 31장을 종이 책에 수록하였기에, 1~27, 31장은 종이 책으로 나와 있으며, 28~30장은 온라인사이트로 옮겼다. 또한 7판에는 300개의 새로운 문제, COVID-19와 관련된 정보 그리고 Stille 반응(24장) 같은 새로운 내용이 추가되었으며 2장에서는 물의 pK_a 값이 기존의 15.7에서 14로 변경되었다. 반면에 6판에서 다루었던 HCHO의 교차 알돌 반응이 삭제되었으며 그 대신 유기 촉매 절이 추가되었다.

이 책에 사용한 학술 용어는 대한화학회 홈페이지에 나와 있는 화학술어를 따랐으며 인명, 상품명, 천연물과 대부분의 화합물의 이름은 원서에서 제시한 원어 그대로 사용하였다. 화합물의 부류명에 대한 우리말은 대한화학회 화학술어위원회에서 발간한 유기 화합물 명명법 I, II를 참조하였다.

이 책이 세상에 나오기 까지 McGraw Hill 한국 지사 관계자 여러분, 교정과 교열 그리고 디자인을 담당해 준 편집진 그리고 여러 감수자들이 수고를 아끼지 않았다. 역자는 원서에 충실하게 번역하고자 하였으나, 번역 과정에서 아직도 일부 오류가 있을 것이라 생각된다. 부정확한 내용을 발견하면 언제든지 이메일(kyko@ajou.ac.kr)을 보내 주기 바란다.

2024년 1월 10일

고광윤

요약 차례

차례

Pixtal/age fotostock

Daniel C. Smith

George Ostertag/
Alamy Stock Photo

vasanajai/Shutterstock

Randy Faris/Corbis/
Getty Images

Forest & Kim Starr

08 할로젠화 알킬과 제거 반응 307

Jill Braaten/McGraw Hill

09 알코올, 에터 및 연관 화합물 345

McGraw Hill

10 알켄과 첨가 반응 397

McGraw Hill

Amarita/Shutterstock

MizC/Getty Images

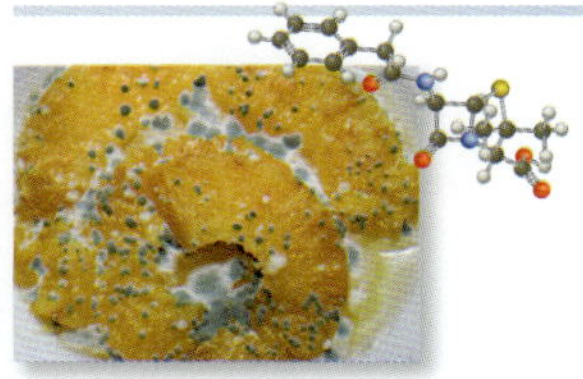
T.Daly/Alamy Stock Photo

Daniel C. Smith

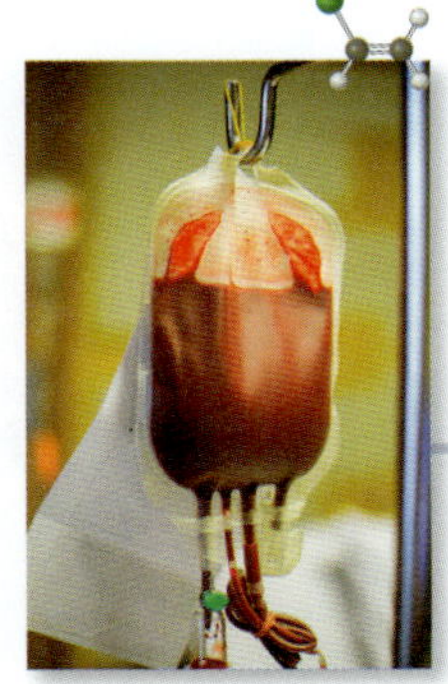
Hin255/iStock/Getty Images

Pixtal/age fotostock

Schafer & Hill/Photolibrary/ Getty Images

Comstock/Getty Images

Folio Images/Alamy Stock Photo

Brett Hondow/Alamy Stock Photo

18 알데하이드와 케톤—친핵성 첨가 반응 843

Dcniel C. Smith

19 카복실산과 나이트릴 899

Likit Supasci/Shutterstock

20 카복실산과 그 유도체—친핵성 아실 치환 반응 939

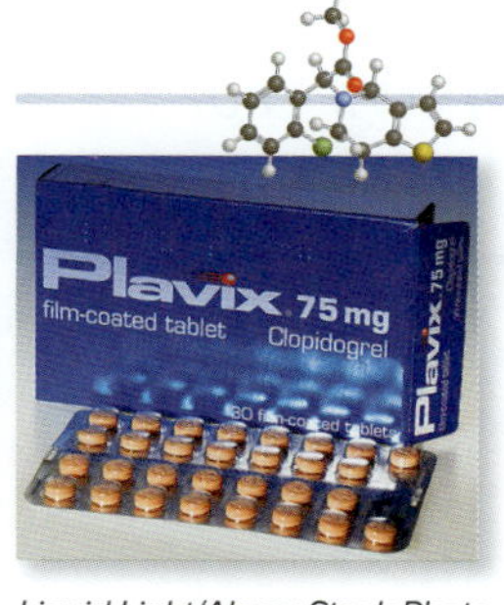

Liquid Light/Alamy Stock Photo

Corbis/SuperStock

kai4107/Shutterstock

DEA/M. GIOVANOLI/De Agostini Picture Library/ Getty Images

Ron Nichols/USDA Natural Resources Conservation Service

Daniel C. Smith

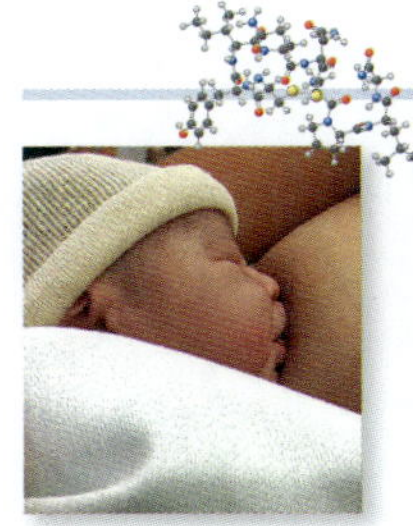
Daniel C. Smith

28~30장은 온라인 사이트에 있으며, 사이플러스 홈페이지 (www.sciplus.co.kr) 공지사항 게시판에서 다운로드가 가능합니다.

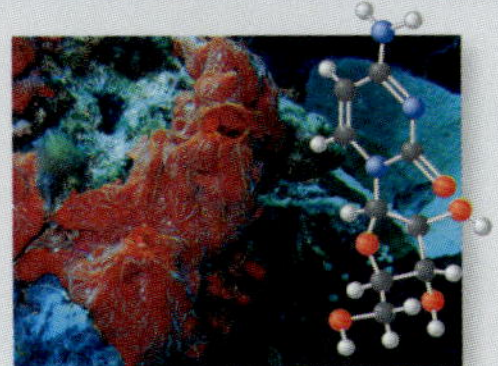
Daniel C. Smith

Fcafotodigital/iStock/ Getty Images

Samuel Borges Photography/ Shutterstock

Stuar/Shutterstock

여는 장

Prologue

유기 화학이란 무엇인가?
대표적 유기 분자들
해양 환경

유기 화학 지하 실험실에서 연구에 몰두하는 괴상하고 늙은 과학자의 이미지를 연상하게 하는 이 학문이 21세기 학생인 여러분들과 도대체 어떻게 관련되는지 궁금하지 않은가?

잠시 여러분의 지난 24시간의 활동을 생각해보라. 비누로 샤워하고, 카페인 음료를 마시고, 최소한 하나의 녹말 음식을 섭취하고 약을 먹었으며, 고무 타이어가 장착되고 화석 연료로 구동되는 자동차를 탔을 것이다. 이러한 행동 중 어느 하나를 선택했다면, 여러분의 생활은 유기 화학에 의한 영향을 받았다고 볼 수 있다

유기 화학이란 무엇인가?

- 유기 화학은 탄소 원소가 들어 있는 화합물에 관한 화학이다.

탄소 원소가 있지만 유기 화합물이 **아닌** 화합물도 있다. 그러한 예는 이산화탄소(CO_2), 탄산 소듐(Na_2CO_3)과 탄산수소 소듐($NaHCO_3$)이다.

유기 화학은 역사적 배경 때문에 하나의 독립적 학문으로 갈라져 나왔다. 원래 **유기 화합물(*organic compound*)**이라고 하는, 생명체에 들어 있는 화합물은 **무기 화합물(*inorganic compound*)**이라고 하는 무생물의 화합물과는 기본적으로 다른 것으로 간주되어 왔다. 이러한 구별이 인위적이라는 것을 안 지 150년 이상 지났지만 유기(*organic*)라는 이름은 여전히 사용되고 있다. 오늘날 이 용어는 탄소가 들어 있는 화합물에 관한 학문을 지칭하는데, 공교롭게도 많은 것들이 생물계에서 발견되고 있다.

백여 가지 이상의 원소가 존재하는 주기율표에서 단 하나의 원소에 관한 연구에 한 학문이 전념하는 것이 이상하게 보일 수 있다. 하지만 다른 유형의 화합물보다 훨씬 많은 유기 화합물이 존재한다는 것이 밝혀졌다. 의류, 식품, 의약품, 휘발유, 냉매, 그리고 비누는 거의 전적으로 유기 화합물로 구성되어 있다. 솜, 양모, 비단 같은 일부 화합물은 천연에 존재한다. 즉, 이러한 화합물은 천연 공급원에서 직접 분리될 수 있다. 나일론, 폴리에스터 같은 또 다른 화합물은 실험실에서 화학자들의 손을 거쳐 만들어지므로 합성 제품이다. **유기 화학의 원리와 개념을 배우게 되면, 여러분은 이와 같은 화합물과 이것들이 우리 주변에 미치는 영향에 대하여 더 많이 알게 될 것이다.**

또한 유기 화학이 우리에게 무엇을 해주는지 이해하라. 유기 화학은 이전에는 존재하지도 않았거나 일부의 부유층만 누릴 수 있었던 편의용품 및 필수품들을 광범위하게 사용할 수 있게 만들어 주었다. 1900년에 47세였던 수명이 이제는 70세가 넘을 정도로 괄목하게 연장되었다. 여기에 주된 기여를 한 것은 새로운 항생제의 분리와 합성, 그리고 백신의 보급이다. 화학은 또한 병을 옮기는 해충을 구제하고 비료, 살충제, 제초제 덕분에 더 많은 식량 자원을 확보할 수 있게 하였다. 유기 화학 관련 제품이 없었다면 오늘날 우리의 삶은 엄청나게 달라져 있을 것이다(그림 1).

그림 1
의약품에 사용되는 유기 화학 제품들

a. 경구용 피임약

Comstock Images/PictureQuest/Getty Images

b. 플라스틱 주사기

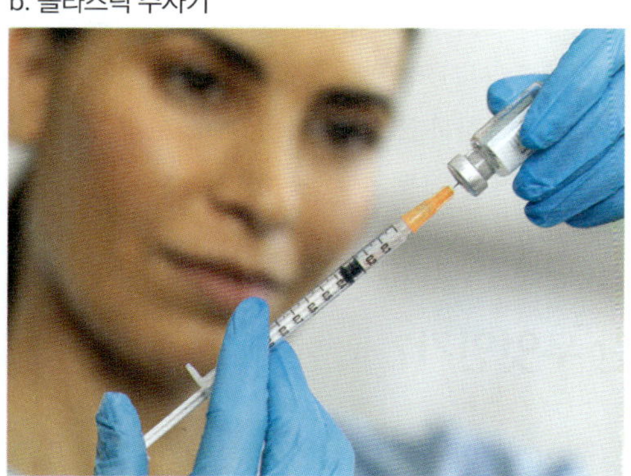

Andrew Brookes/Getty Images

c. 항생제

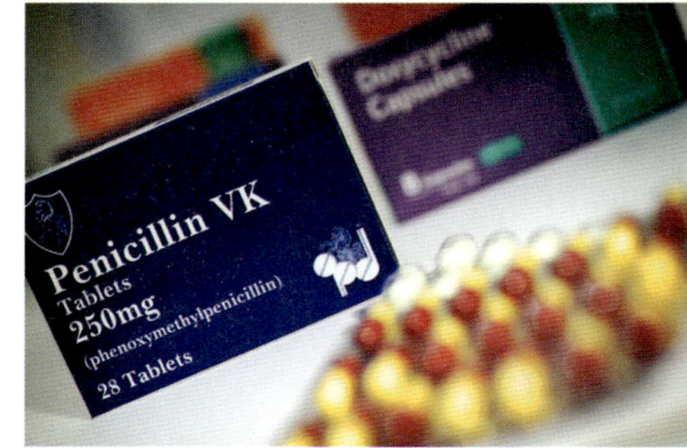

Julian Claxton/Alamy Stock Photo

d. 합성 심장 판막

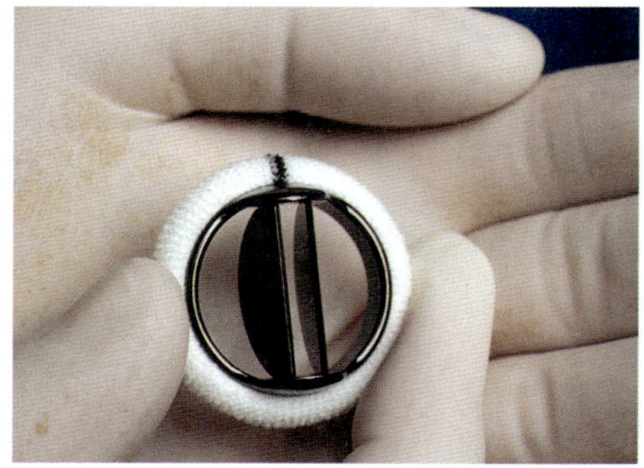

Layne Kennedy/Corbis NX/Getty Images

• 유기 화학은 우리들에게 피임약, 플라스틱, 항생제 및 합성 심장 판막에 사용되는 뜨개질한 물질을 제공해 준다.

공–막대 모형은 1.7절에서 다룬다.

대표적 유기 분자들

유기 분자의 진가를 알아보는 가장 확실한 방법은 몇 가지를 골라 잠시 살펴보는 것이다. 세 가지 간단한 유기 화합물은 **메테인, 에탄올, 트라이클로로플루오로메테인**이다.

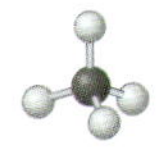

CH_4
메테인

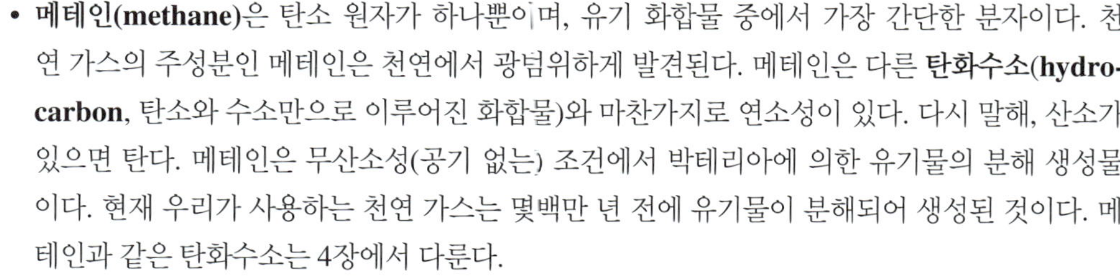

- **메테인(methane)**은 탄소 원자가 하나뿐이며, 유기 화합물 중에서 가장 간단한 분자이다. 천연 가스의 주성분인 메테인은 천연에서 광범위하게 발견된다. 메테인은 다른 **탄화수소(hydrocarbon**, 탄소와 수소만으로 이루어진 화합물)와 마찬가지로 연소성이 있다. 다시 말해, 산소가 있으면 탄다. 메테인은 무산소성(공기 없는) 조건에서 박테리아에 의한 유기물의 분해 생성물이다. 현재 우리가 사용하는 천연 가스는 몇백만 년 전에 유기물이 분해되어 생성된 것이다. 메테인과 같은 탄화수소는 4장에서 다룬다.

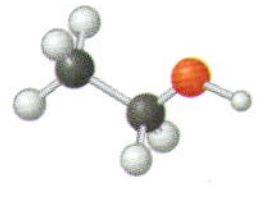

CH_3CH_2OH
에탄올

- **에탄올(ethanol)**은 아마도 가장 오래된 유기 합성의 예일지도 모르는, 당의 발효에 의해 생성되며 맥주, 와인 및 다른 알코올성 음료에 들어 있는 알코올이다. 에탄올은 실험실에서 전혀 다른 과정에 의하여 생성될 수 있는데, 이렇게 **실험실에서 합성된 에탄올은 발효에 의하여 만들어진 것과 동일하다**. 에탄올을 비롯한 알코올은 9장에서 논의한다.

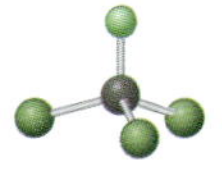

$CFCl_3$
트라이클로로플루오로메테인

- **트라이클로로플루오로메테인(trichlorofluoromethane)**은 클로로플루오로탄소 또는 **CFC**라고 부르는 분자 무리의 하나이다. CFC는 하나 또는 두 개의 탄소에 여러 할로젠이 붙은 화합물이다. 트라이클로로플루오로메테인은 **수소 원자가 하나도 없다**는 점에서 특이한 유기 화합물이라 할 수 있다. 분자량이 적고 쉽게 증발하기 때문에 이 화합물은 에어로솔 추진제와 냉매로 널리 쓰였었다. 이 화합물과 다른 CFC는 성층권 오존층 파괴의 주범으로 몰렸는데 이에 대해서는 13장에서 논의한다.

중요한 약리 작용이 있는 세 가지 복잡한 유기 화합물로 **아목시실린(amoxicillin)**, **플루오제타인(fluoxetine)** 그리고 **렘데시비어(remdesivir)**가 있다.

- **아목시실린**은 페니실린계의 항생제 중에서도 가장 널리 쓰인다. 20세기 들어 이 같은 항생제의 발견과 합성으로 과거 목숨을 앗아갔던 여러 가지 감염에 대한 치료가 대수롭지 않게 되었다. 아마 여러분들 중에도 어릴 적 귓속 감염으로 아목시실린을 처방받은 적이 있을 것이다. 페니실린 항생제에 대해서는 20장에서 논의한다.

복잡한 유기 구조는 1장에 설명한 규칙에 따라 축약하여 그린다.

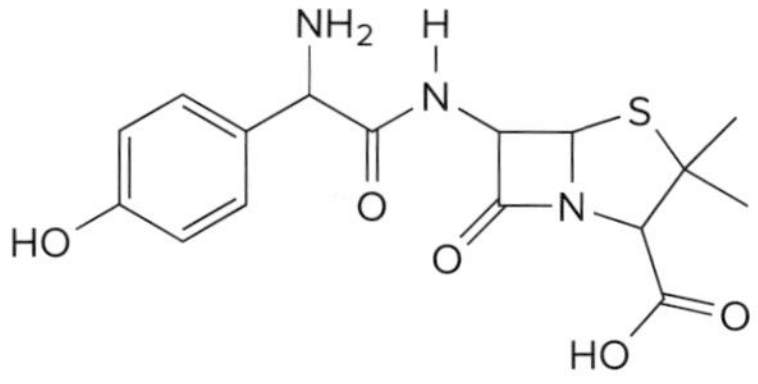

amoxicillin

- **플루오제타인**은 우울증 치료제 **프로잭(Prozac)**의 일반명이다. 프로잭은 화학자들이 디자인하여 실험실에서 합성한 것으로 현재 제약 공장에서 대량 생산되고 있다. 이 화합물은 안전하고 우울증 치료에 아주 효능이 뛰어나기 때문에 미국에서는 2018년에 2천5백만 번의 플루오제타인 처방전이 발행되었다.

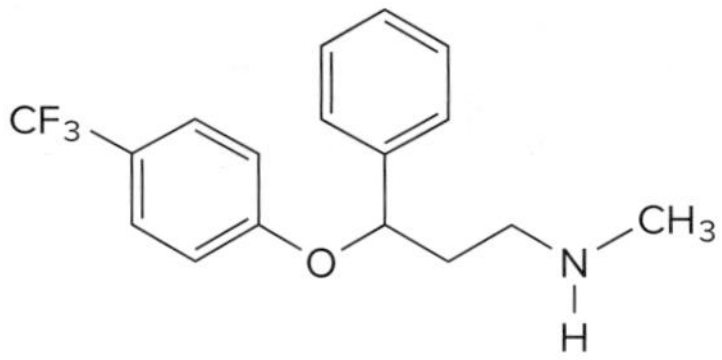

fluoxetine

- **렘데시비어**는 처음에는 C형 간염의 치료제로서 개발된 항바이러스제(상품명 Veklury)로서 2020년에 COVID-19를 치료하기 위하여 응급 사용 승인이 부여되었으며 온건한 질병을 겪고 있는 환자들에게 추천된다. 렘데시비르는 바이러스 감염과 싸우는 약을 합성한다는 도전에 대한 화학적 성공을 나타낸다.

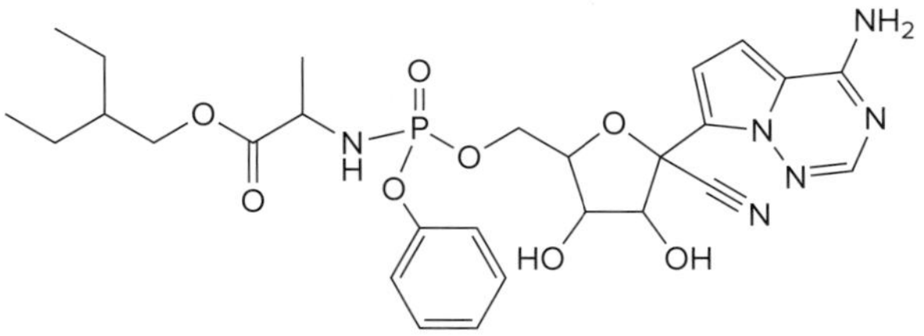

일반명: remdesivir
상품명: Veklury

이러한 유기 화합물의 공통적인 특성은 무엇일까?

- 모든 유기 화합물은 탄소 원자를 포함하고 있으며 대부분은 수소 원자를 포함한다.
- 모든 탄소 원자는 네 개의 결합을 한다. 이런 안정한 탄소 원자를 **4가** 탄소(**tetravalent** carbon)라고 한다.
- 다른 원소도 존재할 수 있다. 탄소와 수소가 아닌 모든 원소를 **헤테로 원자(heteroatom)**라고 한다. 일반적인 헤테로 원자는 N, O, S, P, 할로젠 등이다.
- 어떤 화합물은 원자들이 사슬(chain) 모양을 하며, 일부 화합물은 고리(ring) 모양을 이룬다.

이러한 특성들은 왜 그렇게 많은 유기 화합물이 존재하는지 설명한다. **탄소 원자는 탄소 또는 다른 원소와 네 개의 단단한 결합을 생성한다. 탄소 원자가 서로 연결되면 고리 및 사슬이 생성된다.**

해양 환경

산호초는 해양 생태계의 건강을 유지하는 데 중요한 역할을 하고 있다(그림 2a). 해양 생물은 포식자로부터 도망칠 곳으로 암초를 이용하고 있으며 암초는 수많은 종들이 번식하고 새끼를 기르기 위한 서식지를 제공해 준다. 더군다나, 전 세계에 걸쳐 해변가에 사는 사람들은 음식이나 소득을 얻기 위하여 암초에 의지하고 있다. 산호초는 또한 홍수나 폭풍우의 피해를 감소시켜 해안가를 보호하고 있다.

백화 현상은 산호가 외부에서 오는 스트레스에 대한 반응으로 조직에서 공생 관계의 조류를 방출하여 산호가 하얗게 변하는 현상이다(그림 2b). 단세포 생물인 조류는 산호에게 영양분을 제공하기 때문에, 백화가 오랫동안 지속되면 산호가 영양 결핍으로 결국에는 종종 죽게 된다.

그림 2 백화된 산호와 비교되는 건강한 산호

a. 건강한 산호

Daniel C. Smith

b. 백화된 산호

Buttchi 3 Sha Life/Shutterstock

산호의 백화는 대부분 수온 상승과 연관되어 있지만 염도 변화, 산도 증가 및 오염물질 같은 다른 요인들도 백화를 촉발시킨다. 하와이 대학교의 연구에 의하면, 옥시벤존(oxybenzone) 같은 화합물은 소량으로도 백화 현상을 일으킨다고 한다. **옥시벤존**은 해로운 자외선을 폭넓게 효과적으로 차단하기 때문에 흔히 사용하는 자외선 차단제의 성분이다. 하지만 수영 도중에 이 성분이 씻겨 나가면서 수중에 낮지만 해로운 농도로 존재하게 된다. 따라서 하와이주는 지금 옥시벤존 및 관련된 유기 화합물이 들어 있는 자외선 차단제의 판매를 금지하고 있다. 산호초의 화학과 생물학 그리고 인류가 이러한 서식지에 미치는 영향을 이해하는 것은 해양 환경의 건강을 유지하는 데 매우 중요하다.

oxybenzone

이 서론에서는 구조가 다양한 여러 가지 종류의 분자를 보았다. 이들 분자는 현재 알려져 있고 매년 새롭게 발견되거나 합성되고 있는 유기 화합물의 극히 작은 일부분에 지나지 않는다. 유기 화학에서 배우는 원리는 메테인이나 에탄올같이 간단한 분자부터 렘데시비어와 옥시벤존 같은 더 복잡한 분자까지, 이러한 분자 모두에 적용될 것이다. 유기 화학에서 배우게 될 것은 이러한 아름다운 분자, 성질 및 반응이다.

유기 화학의 세계에 들어온 것을 환영한다!

구조와 결합

Structure and Bonding

01

ORGANIC CHEMISTRY

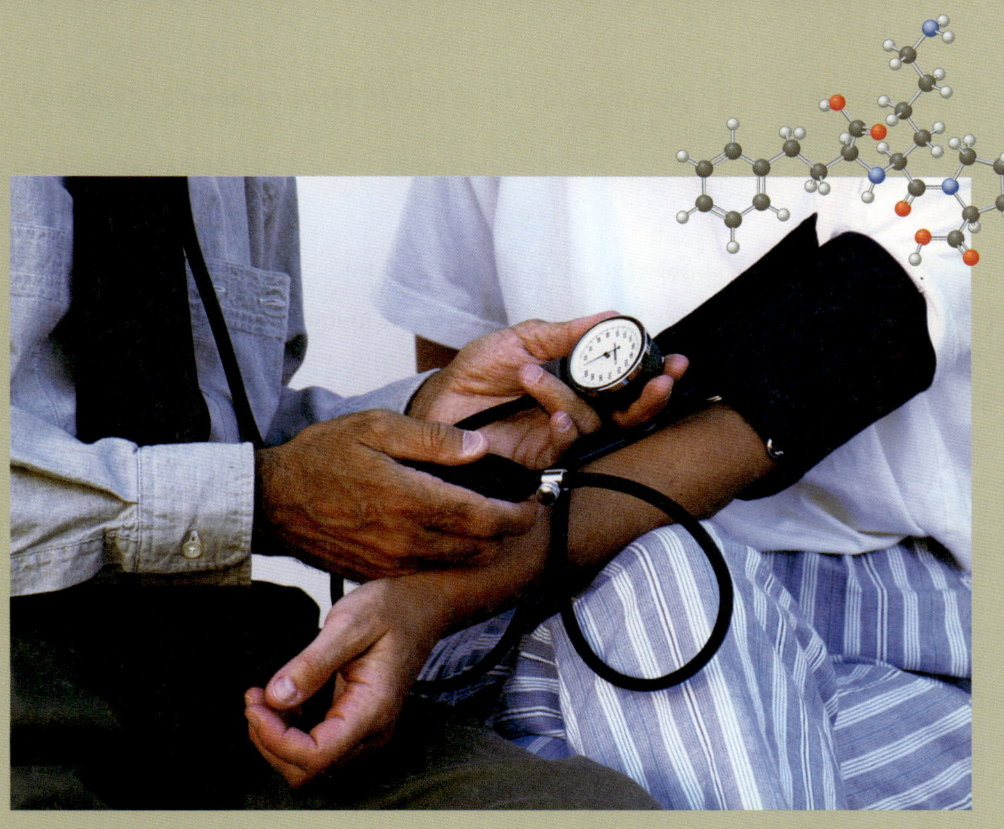

Russell Illig/Photodisc/Getty Images

고혈압은 수백만 명의 미국인이 앓고 있는 질병으로서 심장마비와 뇌졸중이 일어날 위험을 증가시킨다. 고혈압 치료제로 사용되는 경구용 약인 **리시노프릴(Lisinopril)**은 ACE (angiotensin-converting enzyme, 앤지오텐신 전환효소) 억제제라고 부르는 의약품의 한 부류에 속한다. 리시노프릴은 혈관을 좁게 만들어서 혈압을 올리는 단백질인 앤지오텐신의 합성을 방해함으로써 혈압을 내려가게 한다. 1장에서는 리시노프릴과 같은 유기 화합물의 구조, 결합 및 성질에 대하여 공부하게 된다.

왜 공부하는가? . . .

구조와 결합이란?

유기 분자를 구체적으로 고찰하기 전에 이전 화학 강의에서 배운 구조와 결합에 관한 중요한 특징을 복습하여야 한다. 우리는 이 개념을 유기 화학자의 관점에서 논의할 것이며 유기 화합물을 이해하는 데 꼭 필요한 사항에만 시간을 할애하기로 한다.

1장에서 다룰 주요한 주제는 Lewis 구조 그리기, 분자의 모양 예측하기, 결합 생성에 사용되는 오비탈 종류를 결정하기, 그리고 결합 극성에 미치는 전기 음성도의 영향 등이다. 이에 못지않게 중요한 것은 간단한 분자이거나 복잡한 분자이거나 간에 유기 분자를 간단하게 그리는 법과 시각적으로 금방 알아볼 수 있도록 하는 삼차원 표시법을 다루는 1.8절이다.

1.1 주기율표

모든 물질은 **원자(atom)**라고 하는 동일한 구성 요소로 이루어져 있다. 원자는 두 가지 주요 성분으로 이루어져 있다.

핵[양성자 + 중성자]

전자 구름

- **핵(nucleus)**은 양으로 하전된 **양성자(proton)**와 전하를 띠지 않은 **중성자(neutron)**로 되어 있다. 원자의 대부분의 질량은 핵에 포함되어 있다.
- **전자 구름(electron cloud)**은 음으로 하전된 **전자(electron)**로 이루어져 있다. 이 전자 구름이 원자 부피의 대부분을 차지하고 있다.

양성자의 전하는 전자의 전하와 크기는 같지만 부호가 반대이다. 중성 원자의 경우 **핵의 양성자의 수는 전자의 수와 같다**. 양성자의 수를 **원자 번호(atomic number)**라고 부르며 이는 원소에 고유한 값이다. 예컨대, 모든 중성 탄소 원자는 원자 번호가 6이며, 이는 핵에 양성자가 여섯 개 있고 핵을 에워싸고 있는 전자가 여섯 개 있다는 뜻이다.

중성 원자뿐만 아니라 **하전된 이온**도 존재한다.

- **양이온(cation)**은 양으로 하전되어 있으며 양성자 수에 비하여 전자 수가 더 적다.
- **음이온(anion)**은 음으로 하전되어 있으며 양성자 수에 비하여 전자 수가 더 많다.

특정 원소의 핵에 존재하는 중성자의 수는 조금씩 다를 수 있다. **동위원소(isotope)**란 같은 원소이나 중성자 개수가 다른 두 원자를 말한다. 원자의 **질량수(mass number)**는 핵의 양성자와 중성자의 총 개수이다. **동위원소는 질량수가 다르다**. 특정 원소의 **원자량(atomic weight)**은 어떤 원소의 모든 동위원소의 질량을 가중 평균(weighted average)한 값으로 원자 질량 단위(amu)로 표시한다.

탄소와 수소의 동위원소는 유기 화학에서 때때로 사용된다. 수소의 가장 흔한 동위원소는 핵에 양성자가 하나 있을 뿐 중성자는 없으나, 0.02%의 수소 원자는 양성자와 중성자가 하나씩 있다. 이 동위원소를 일컬어 **중수소(deuterium)**라고 하며 대문자 **D**를 써서 표시한다.

각 원자는 한 개 또는 두 개의 알파벳 약어인 원소 기호로 식별한다. 탄소는 한 글자인 **C**로 표시한다. 원자 번호는 때때로 원소 기호의 왼쪽에 아래 첨자로 표시하며 질량수는 위첨자로 표기한다. 이 표기법을 따르면, 핵에 여섯 개의 양성자와 여섯 개의 중성자가 있는 탄소 원자의 가장 흔한 동위원소는 ${}^{12}_{6}\mathrm{C}$로 표시한다.

주기율표의 **행(row)**을 **주기(period)**, **열(column)**을 **족(group)**이라고 부른다. 부록 A에 주기율표가 실려 있다.

주기율표(periodic table)는 원자 번호가 증가하는 순서로 100여 종 이상의 원소를 체계적으로 배열한 표이다. 주기율표는 행(row)과 열(column)로 이루어져 있다. 주기율표의 각 열은 **족 번호(group number)**로 식별하는데, 아라비아 숫자 1에서 8, 또는 로마 숫자 I에서 VIII까지로 표시하고 뒤에 알파벳 문자 A 또는 B를 붙인다. 이 교재에서 탄소는 주기율표의 **4A** 족에 위치하고 있다.

- 같은 행의 원소는 **크기**가 비슷하다.
- 같은 열의 원소는 **전자적 성질과 화학적 성질**이 비슷하다.

100여 가지 이상의 원소가 존재하지만 대부분의 원소가 유기 화합물에 흔히 나타나는 것은 아니다. 그림 1.1은 이 교재에서 빈도 높게 다루는 몇 가지의 원소만 표시하고 나머지는 잘라버린 간이 주기율표이다. **유기 화합물에 있는 원소 대부분은 첫 번째 및 두 번째 주기에 위치하고 있다.**

그림 1.1
유기 화학에 자주 나오는 원소의 주기율표

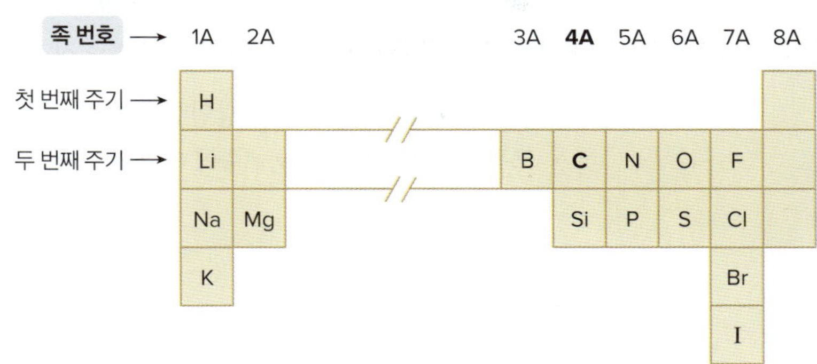

• 탄소는 **4A** 족의 두 번째 행에 있다.

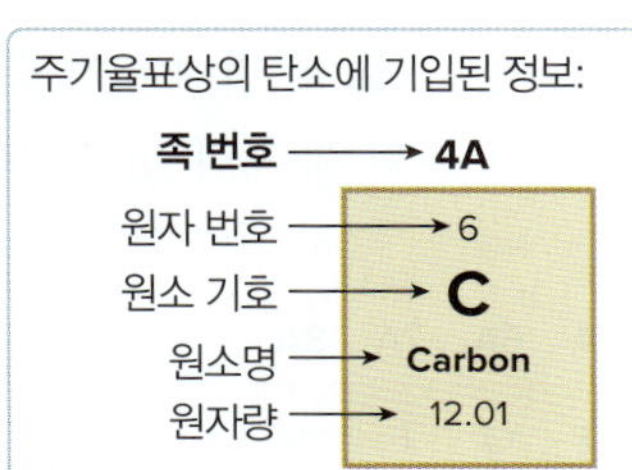

주기율표의 각 행(주기)을 따라 핵 주위의 특정한 오비탈 껍질에 전자가 차례로 채워진다. 전자 껍질은 1, 2, 3 등으로 번호가 매겨져 있다. 첫 번째 껍질에 전자를 더해 가면 첫 번째 행이 완성된다. 두 번째 껍질에 전자를 채워 가면 두 번째 행이 완성된다. **전자는 우선적으로 핵에 가장 가까운 껍질부터 채워진다.**

각 껍질에는 특정 개수의 **오비탈(orbital)**이 들어 있다. 오비탈은 전자 밀도가 높은 공간의 어떤 지역이다. 네 가지 다른 부류의 오비탈이 존재하는데, 이들을 ***s***, ***p***, ***d*** 및 ***f***라고 부른다. 첫 번째 껍질에는 ***s*** 오비탈이라고 하는 오비탈 하나만 존재한다. 두 번째 껍질에는 ***s***와 ***p*** 오비탈이 존재한다. 이런 방식으로 쭉 이어진다. 각각의 오비탈은 특정한 모양을 취한다.

첫 번째 및 두 번째 주기의 원소에 대해서는 ***s* 오비탈**과 ***p* 오비탈**만을 다루면 된다.

- ***s* 오비탈은 전자 밀도가 구형이다.** 또한 같은 껍질 내의 다른 오비탈보다 **에너지가 더 낮은데,** 이는 전자가 양으로 하전된 핵에 좀 더 가깝게 놓여 있기 때문이다.
- ***p* 오비탈은 아령 모양**이다. 이 오비탈은 핵에서 **전자 밀도의 마디(node of electron density)**가 나타난다. 마디란 전자 밀도가 **없는** 영역을 의미한다. *p* 오비탈은 (같은 껍질 내의) *s* 오비탈보다 **에너지가 더 높은데,** 이는 전자 밀도가 핵에서 더 멀리 채워져 있기 때문이다.

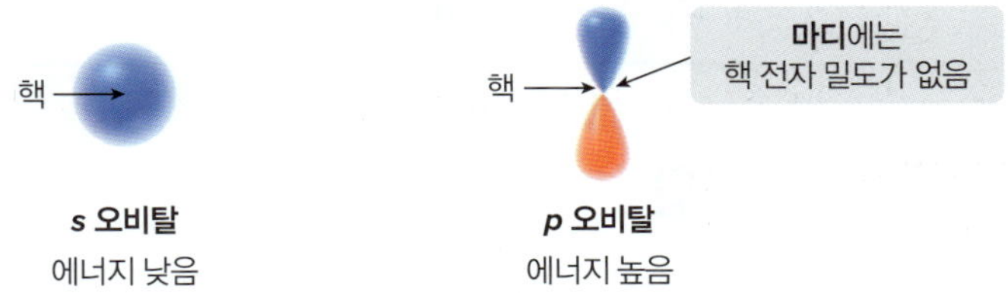

s 오비탈은 같은 껍질에 있는 *p* 오비탈보다 먼저 전자가 채워진다.

1.1A 첫 번째 주기

핵 주위의 첫 번째 오비탈 껍질에 전자를 가하면 주기율표의 첫 번째 주기가 이루어진다. 첫 번째 껍질에는 **1*s* 오비탈**이라고 부르는 오비탈 하나만이 존재한다.

H
$1s^1$
1s 오비탈에 **하나**의 전자

- 각 오비탈은 최대 두 개의 전자로 채워질 수 있다.

결과적으로 **첫 번째 행에는 두 개의 원소**가 있게 되는데, 그중 하나는 1*s* 오비탈에 전자 한 개가 있고, 나머지 하나의 원소에는 전자 두 개가 있다. **수소 원소(H)**는 1*s* 오비탈에 전자가 하나만 있으므로 $1s^1$ 배치라고 하고, **헬륨(He)**은 1*s* 오비탈에 두 개의 전자가 있으므로 $1s^2$ 배치이다.

1.1B 두 번째 주기

두 번째 주기에 있는 각 원소는 첫 번째 껍질에 전자가 꽉 채워져 있으므로 모두 $1s^2$ 배치이다. 주기율표의 두 번째 주기에 있는 각 원소는 추가로 전자를 받아들일 수 있는 네 개의 오비탈이 있다.

- 두 번째 껍질에 있는 *s* 오비탈인 **2*s* 오비탈 한 개**
- 모두 아령 모양이고 *x*, *y*, *z* 축에 따라 놓여 있으면서 서로 수직인 **2*p* 오비탈 세 개**

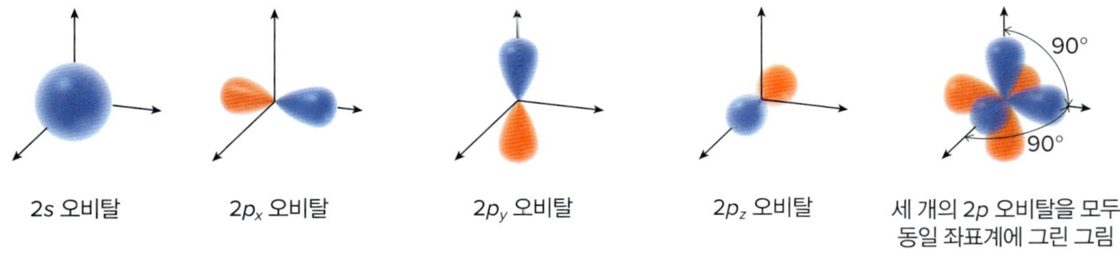

2*s* 오비탈 · 2p_x 오비탈 · 2p_y 오비탈 · 2p_z 오비탈 · 세 개의 2*p* 오비탈을 모두 동일 좌표계에 그린 그림

두 번째 껍질에 있는 오비탈 네 개는 각각 전자를 두 개씩 수용할 수 있으므로 두 번째 주기에 있는 원소는 **최대 여덟 개의 전자를 수용**할 수 있다. 주기율표의 두 번째 줄은 2*s*와 세 개의 2*p* 오비탈에 전자를 차례로 넣어 얻어진 여덟 개의 원소로 이루어져 있다.

족 번호	1A	2A	3A	4A	5A	6A	7A	8A
두 번째 주기	Li	Be	B	C	N	O	F	Ne
원자가 전자의 수	1	2	3	4	5	6	7	8

가장 바깥쪽에 있는 전자를 **원자가 전자(valence electron)**라고 한다. 원자가 전자는 핵에 가까운 전자보다 느슨하게 묶여 있으므로 화학 반응에 참여하게 된다. **두 번째 주기 원소의 족 번호는 그 원소의 원자가 전자의 수를 나타낸다.** 예컨대 **4**A 족의 탄소는 원자가 전자가 네 개이며, **6**A 족의 산소는 여섯 개이다.

장 안에 있는 문제와 장 끝에 나오는 문제의 풀이는 **"학생 학습 지침서/7판 유기 화학의 풀이"**에서 찾을 수 있다.

문제 1.1 질소의 가장 흔한 동위원소의 질량수는 14(질소-14)이지만, 질량수가 13(질소-13)인 다른 방사성 동위원소가 알려져 있다. 질소-13은 내과 의사가 뇌의 활성도를 측정하고 치매증(dementia)을 진단하기 위한 양전자 방사 단층촬영법(PET, positron emission tomography)에 사용된다. 각 동위원소에 대하여 다음의 각 정보를 쓰라.

a. 양성자의 수 b. 중성자의 수 c. 중성 원자의 전자 수 d. 족 번호 e. 원자가 전자의 수

1.2 결합

지금까지 우리는 개별적인 원자에 관하여 논의하였으나 자연계에는 둘 또는 그 이상의 원자가 연결되어 있는 것이 더 흔하다.

- **결합(bonding)**이란 두 원자를 안정한 배열로 연결하는 것이다.

둘 이상의 원소가 결합하면 **화합물(compound)**이 생성된다. 약 100여 개의 원소가 존재하지만, 현재 알려져 있는 화합물의 수만 해도 오천만 개가 넘는다. 한두 가지 예만 든다면, 수소 기체(H_2)는 수소 원자 두 개가 결합하여 생성된 것이며, 가장 간단한 유기 화합물인 메테인(CH_4)은 탄소 원자 하나와 수소 원자 넷이 결합하여 생성된 것이다.

역자주: 2023년 중반에 알려져 있는 화합물의 수는 2억 개 정도이다(cas.org 참조).

일반적인 규칙 하나가 결합 과정을 지배한다.

- 결합을 통하여, 원자는 원자가 전자로 채워진 완성된 바깥 껍질을 갖춘다.

주기율표의 8A 족 불활성 기체(noble gas)는 원자가 전자로 꽉 채워진 껍질이 있는 특별히 안정한 원자이므로, 이 일반 규칙은 다음과 같이 다르게 기술할 수 있다.

- 결합을 통하여, 원자는 주기율표에서 가장 가까운 불활성 기체의 안정한 전자 배치를 이루기 위해 전자를 잃거나, 얻거나 또는 공유한다.

Jill Braaten

= Cl^-

= Na^+

NaCl

이온 결합 화합물인 NaCl의 경우, 양으로 하전된 Na^+는 각각 여섯 개의 음으로 하전된 Cl^-로 둘러싸여 있으며, Cl^-는 각기 여섯 Na^+ 이온으로 둘러싸여 있다.

첫 번째 및 두 번째 주기 원소에 대하여 이것이 의미하는 바는 무엇일까? **수소와 같은 첫 번째 주기 원소는 그 주위에 두 개의 전자를 수용할 수 있다.** 이렇게 되면 같은 주기의 끝에 있는 불활성 기체인 헬륨처럼 될 수가 있다. **두 번째 주기 원소는 주변에** 네온과 같이 **여덟 개의 원자가 전자가 있으면 최대로 안정화된다.** 이와 같은 방식으로 거동하는 원소를 **팔전자 규칙(octet rule)**을 따른다고 한다.

결합에는 **이온 결합(ionic bonding)**과 **공유 결합(covalent bonding)**이라는 서로 다른 두 종류의 결합이 있다.

- **이온 결합**은 한 원소에서 다른 원소로 전자가 **전달되어** 만들어진다.
- **공유 결합**은 두 핵 간에 전자를 **공유**함으로써 만들어진다.

어떤 유형의 결합을 하는가는 두 원소의 주기율표상의 위치로 결정된다. 일반적으로 이온 결합은 주기율표의 **가장 왼쪽**의 원소가, 거의 결합을 이루지 않는 불활성 기체를 제외하고 **가장 오른쪽** 원소와 결합하여 생긴다. **전자 전달의 결과로 생겨나는 이온은 매우 센 정전기적 상호작용에 의해 서로 결합된다.** 주기율표 왼편의 원소에서 생성된 양으로 하전된 **양이온**은 오른편에서 생성된 음으로 하전된 **음이온**을 당기게 된다. 이온 결합 화합물은 양이온과 음이온 간의 정전기적 상호작용이 최대화되도록 넓게 퍼진 결정 격자를 이루게 된다. 이온 무기 화합물의 예로는 흔한 식용 소금인 염화 소듐(NaCl)과 필수 영양소인 아이오딘이 첨가된 식염을 만드는 데 사용되는 아이오딘화 포타슘(KI)이 있다.

- 전자 전달로 양이온과 음이온으로 이루어진 안정한 염이 생성된다.

화합물은 이온 결합이나 공유 결합을 할 수 있다. **분자**는 공유 결합만 한다.

결합의 두 번째 종류인 **공유 결합**은 탄소처럼 원자가 껍질을 완성하기 위하여 여러 개의 전자를 얻거나 잃어야 하는 주기율표의 가운데에 있는 원소에서 자주 일어난다. **공유 결합은 두 개의 전자 결합**이며, 공유 결합을 하는 화합물을 **분자(molecule)**라고 한다. 공유 결합은 두 수소 원자 또는 두 염소 원자같이 주기율표의 같은 쪽에 위치한 원자 사이에서도 생성된다. H_2, Cl_2, CH_4는 모두 공유 결합 분자이다.

문제 1.2 다음 화합물에서 각 결합은 이온 결합인가 공유 결합인가?

a. F_2 b. LiBr c. CH_3CH_3 d. $NaNH_2$ e. $NaOCH_3$

그러면 어떤 특정 원자는 몇 개의 공유 결합을 할 수 있을까? 예상할 수 있는 바와 같이 이 또한 주기율표상에서의 원자의 위치에 달려 있다. 첫 번째 주기에서 **수소는** 한 개의 원자가 전자를 이용하여 **하나의 공유 결합을 생성**한다. 두 수소 원자가 결합으로 연결되면 각 수소 원자는 껍질이 두 전자로 채워지게 된다. **실선은 두 개의 전자 결합을 나타낸다.**

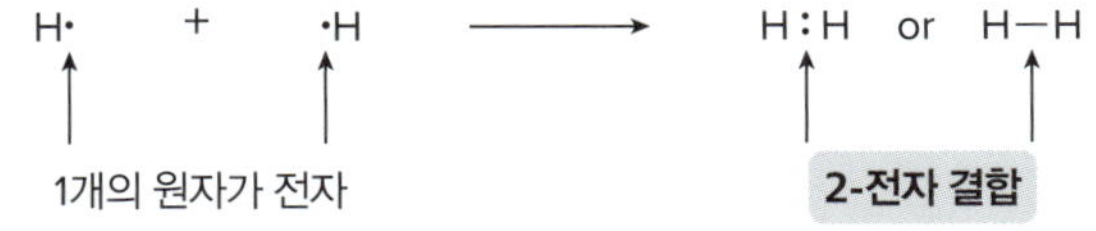

두 번째 주기 원소는 원자 둘레에 최대 여덟 개의 원자가 전자를 수용할 수 있다. 전기적으로 중성인 분자의 경우 두 가지 결과가 초래된다.

- **원자가 전자가 하나, 둘, 셋 또는 넷인 원자**는 중성 분자에서 각각 **하나, 둘, 셋 또는 네 개의 결합을 생성**한다.
- **원자가 전자가 다섯 또는 그 이상인 원자는** 팔전자계 생성에 필요한 정도로 결합한다. 따라서 **예상되는 결합의 수 = 8 − 원자가 전자의 수**이다.

예를 들어, B는 원자가 전자가 **셋**으로, BF_3에서와 같이 **세 개**의 결합을 생성한다. N은 **다섯 개**의 원자가 전자가 있으므로 NH_3에서처럼 **세 개**의 결합(8 − 5 = **3**)을 생성한다.

비결합 전자쌍 = 비공유 전자쌍 = 고립쌍

그림 1.2는 이러한 지침을 따라 유기 화합물에서 늘 등장하는 원자가 생성하는 결합의 개수를 정리 요약한 것이다. 두 번째 주기 원소가 넷 미만의 결합을 하는 경우 팔전자계는 **결합(공유) 전자[bonding (shared) electron]**와 **비결합(비공유) 전자[nonbonding (unshared) electron]**로 이루어진다. 비공유 전자는 **고립쌍(lone pair)**이라고 부르기도 한다.

문제 1.3 각 원자는 몇 개의 공유 결합을 생성할 수 있다고 예상되는가?

a. O b. Al c. Br d. Si e. Se

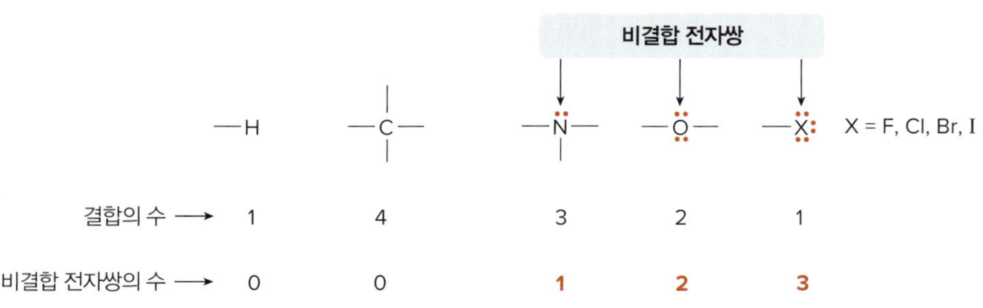

그림 1.2
자주 등장하는 중성 원자의 결합 개수

1.3 Lewis 구조

***Lewis*(루이스) 구조란 전자를 점으로 표시하는 분자의 전자 점(electron dot) 표현이다.** Lewis 구조를 그리는 데에는 세 가지 일반 규칙이 있다.

1. 원자가 전자만을 그린다.
2. 모든 2주기 원소에는 여덟 개 이하의 전자가 있도록 한다.
3. 모든 수소에 전자 두 개가 있도록 한다.

1.3A Lewis 구조 그리는 절차

Lewis 구조는 다음 단계별 절차를 따라서 그린다.

해결 방법 Lewis 구조 그리기

단계 [1] **서로 연결된다고 생각되는 원자를 이웃에 배열한다.**

- 수소와 할로젠은 항상 외곽에 배치한다. 왜냐하면 H와 X (X = F, Cl, Br, I)는 결합을 한 번밖에 하지 않기 때문이다.

글자 **X**는 흔히 7A족 할로젠인 F, Cl, Br, I 중 하나를 나타낸다.

```
            Cl                      Cl
CH3Cl:  H   C   H이며        H   C   H   H 가 아님
            H                           ↑
                              이 H는 두 개의 결합을 할 수 없다.
```

—계속

• 우선적으로는 그림 1.2의 일반적인 결합 패턴을 이용하여 원자를 배열한다.

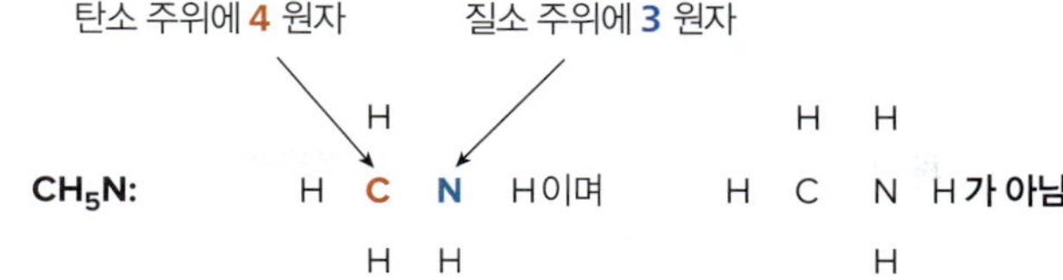

• 사실 원자를 적절하게 배열하는 방법은 명확하지 않을 뿐만 아니라 때로는 두 가지 이상의 배열이 가능한 경우도 있다(1.4절 참조). 심지어 비교적 간단한 분자의 경우에도 원자의 연결 순서는 실험을 거쳐야만 되는 경우도 있다.

단계 [2] 전자의 수를 헤아린다.

• 모든 원자로부터 원자가 전자의 수를 헤아린다.
• 각 음전하마다 전자 하나를 더한다.
• 각 양전하마다 전자 하나를 뺀다.
• 이 전자의 합이 Lewis 구조를 그리는 데 사용되어야 하는 전자의 총계이다.

단계 [3] 원자 주위에 전자를 배열한다.

• 모든 두 원자 사이에 결합을 그려 넣되 **수소에는 두 개**의 전자를 넣고 **모든 2주기 원자에는 여덟 개를 초과하는 전자가 들어가지 않도록 한다.**
• 남아있는 전자를 모두 사용하여 **고립쌍으로 팔전자계를 채운다.**
• 만약 원자가 전자를 다 사용하였는데도 팔전자계가 완성되지 않으면 예제 1.2에서처럼 다중 결합을 만든다.

단계 [4] 모든 원자에 형식 전하를 부여한다.

• 형식 전하는 1.3C절에서 논의한다.

예제 1.1에 간단한 유기 분자의 Lewis 구조 그리는 법이 예시되어 있다.

예제 1.1 간단한 유기 분자의 Lewis 구조 그리기

분자식이 CH_4O인 메탄올의 Lewis 구조를 그려라.

풀이

단계 [1] 원자를 정렬한다.

```
   H
H  C  O  H
   H
```

• 두 번째 주기 원소 C와 O를 가운데에 둔다.
• C가 네 개의 원자로 둘러싸이게 C 주위에 세 개의 H를 배열한다.
• O가 두 개의 원자로 둘러싸이게 한 개의 H를 O 옆에 둔다.

단계 [2] 전자의 수를 헤아린다.

$$\begin{aligned} 1\,C \times 4\,e^- &= 4\,e^- \\ 1\,O \times 6\,e^- &= 6\,e^- \\ 4\,H \times 1\,e^- &= 4\,e^- \\ \hline \textbf{합계} & \ \mathbf{14\,e^-} \end{aligned}$$

단계 [3] 결합을 첨가하고 고립쌍을 배치한다.

• 14개의 전자 중 10개의 전자를 사용하여 2-전자 결합 다섯 개를 넣어서 C–H, C–O 및 O–H 결합을 만든다.
• 나머지 네 개의 전자를 O 원자의 고립쌍 두 개로 이용하여 O 원자가 팔전자계가 되도록 한다.

먼저 결합을 그려 넣고 나서... ...그 다음 고립쌍을 그려 넣는다.

```
   H                    H
   |                    |
H—C—O—H  - - - →  H—C—Ö—H
   |                    |     ..
   H                    H
```

팔전자계가 완성되지 않음 10개의 전자만 사용됨 타당한 구조

이 Lewis 구조는 14개의 전자를 모두 사용하고 있고, 각 H는 전자 둘씩으로 에워싸여 있으며, 각 2주기 원소는 여덟 개 이하의 전자로 둘러싸였기 때문에 타당한 Lewis 구조라고 할 수 있다.

문제 1.4 다음 화학종의 타당한 Lewis 구조를 그려라.

a. CH_3CH_3 b. CH_5N c. C_2H_5Br

1.3B 다중 결합

예제 1.2는 다중 결합이 있는 Lewis 구조의 한 가지 예를 보여주고 있다.

예제 1.2 다중 결합이 있는 Lewis 구조 그리기

분자 구조식이 C_2H_4이고 각 탄소에 두 개의 수소가 결합되어 있는 에틸렌의 Lewis 구조를 그려라.

풀이

단계 [1]에서 [3]을 거쳐 Lewis 구조를 그린다.

단계 [1] 원자를 배열한다.

```
H  C  C  H
   H  H
```

• 각 C는 두 개의 H를 얻는다.

단계 [2] 전자의 수를 헤아린다.

$$2\ C \times 4\ e^- = 8\ e^-$$
$$4\ H \times 1\ e^- = 4\ e^-$$

합계 12 e^-

단계 [3] 결합과 고립쌍을 넣는다.

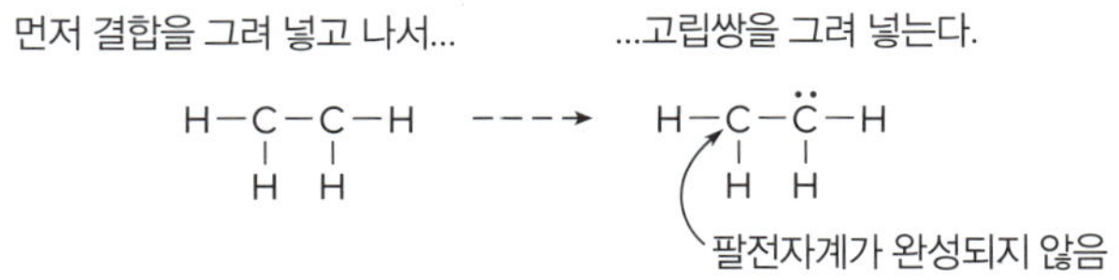

먼저 결합을 그려 넣고 나서... ...고립쌍을 그려 넣는다.

```
H−C−C−H   ---->   H−C−C̈−H
  |  |              |  |
  H  H              H  H
```

팔전자계가 완성되지 않음

원자 사이에 5개의 결합을 배치하고, 나머지 두 개의 전자를 고립쌍으로 그려 넣으면 한 개의 탄소는 팔전자계가 되지 못한다.

두 탄소 모두가 팔전자계를 이루기 위해 **고립쌍 한 쌍을 두 탄소 사이의 결합 전자쌍 한 개로 바꾸어 이중 결합을 만든다.**

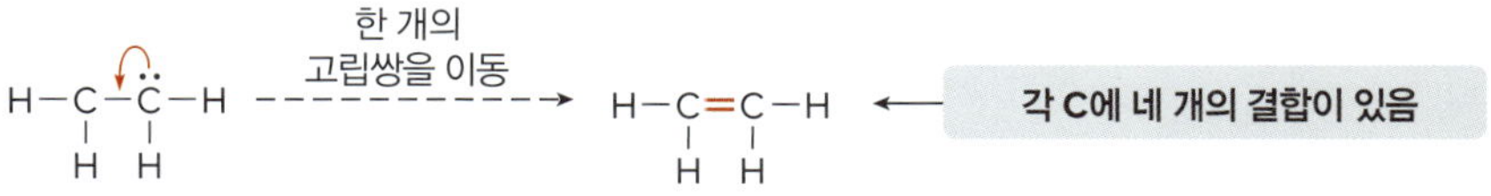

```
H−C−C̈−H   ------------>   H−C=C−H   ←  각 C에 네 개의 결합이 있음
  |  |      한 개의           |  |
  H  H      고립쌍을 이동      H  H
```

에틸렌
타당한 Lewis 구조

이렇게 전자 12개를 모두 소진하면 각 탄소는 팔전자계를 완성하며, 각 수소에는 두 개의 전자가 위치한다. 이 Lewis 구조는 타당하다. **에틸렌은 탄소-탄소 이중 결합으로 이루어진다.**

문제 1.5 원자가 배열된 것처럼 가정하고, 각 화합물의 타당한 Lewis 구조를 그려라. Formaldehyde (H_2CO)는 방부제이고, glycolic acid ($HOCH_2CO_2H$)는 녹는 봉합사를 만드는 데 쓰인다. Acetyl chloride (CH_3COCl)는 화학 합성에서 사용하는 시약이다.

a. H_2CO
```
H  C  O
   H
```

b. $HOCH_2CO_2H$
```
      H  O
H  O  C  C  O  H
      H
```

c.
```
   H  O
H  C  C  Cl
   H
```

추가 문제: 문제 1.48, 1.49를 풀어보라.

• 모든 전자를 결합과 고립쌍으로 배치하여도 원자가 팔전자계를 채우지 못하는 경우에는 고립쌍을 다중 결합을 생성하는 데 사용한다.

탄소는 안정한 유기 분자에서 항상 네 개의 결합을 한다. 탄소는 탄소 자신 또는 다른 원소와 단일, 이중, 삼중 결합을 생성한다.

팔전자계를 완성하는 데 두 개의 전자가 필요하면 고립쌍 하나를 새로운 하나의 결합 전자쌍으로 바꾸어야 한다. 분자식이 C_2H_2인 아세틸렌의 경우, 10개의 원자가 전자를 사용하여 Lewis 구조를 그리면, 하나 또는 두 탄소 모두가 팔전자계를 채우지 못하게 된다.

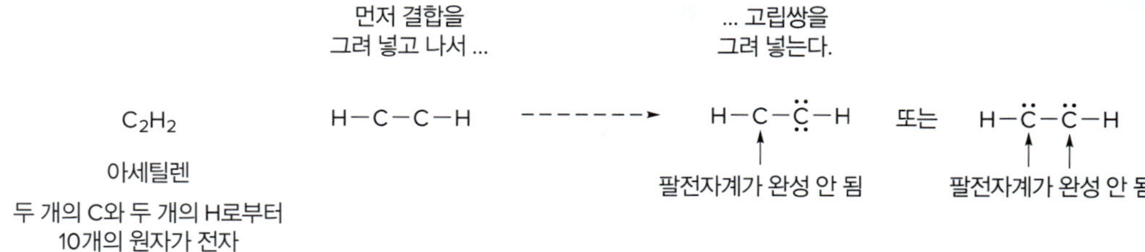

이 경우에는 두 고립쌍을 두 결합 전자쌍으로 바꾸어 삼중 결합을 만든다.

H−C−C̈−H ---→ H−C=C−H ---→ H−C≡C−H ← **각 C에 네 개의 결합이 있다.**

팔전자계가 완성 안 됨

아세틸렌
타당한 Lewis 구조

문제 1.6 원자들이 배열된 것처럼 연결되었다고 가정하고, 각 화합물의 타당한 Lewis 구조를 그려라.

a. HCN H C N

b. C_3H_4

```
    H
H   C   C   C   H
    H
```

1.3C 형식 전하

분자의 Lewis 구조상에서 전자의 수납 상황(bookkeeping)을 관리하기 위하여 화학자는 **형식 전하(formal charge)**를 사용한다.

- **형식 전하**란 Lewis 구조의 각 원자에 할당된 전하를 말한다.

형식 전하를 계산함으로써 특정한 원자를 둘러싼 전자의 수와 그 원자의 원자가 전자 수를 비교할 수 있다. 형식 전하는 다음과 같이 계산한다.

형식 전하 = **원자가 전자의 수** − **원자가 '소유한' 전자의 수**

원자가 '소유'하고 있는 전자의 수는 그 원자의 결합 수와 고립쌍의 수에서 알 수 있다.

- 원자는 비공유 전자 **모두**와 공유된 전자의 **절반**을 '소유'한다.

소유한 전자의 수 = **비공유 전자의 수** + $\frac{1}{2}$ **[공유한 전자의 수]**

각 탄소 원자가 '소유'하고 있는 전자의 수는 다음 예에 나와 있다.

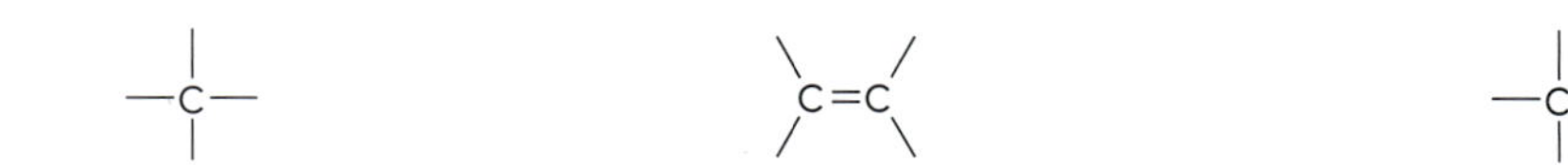

- C는 8개의 전자를 공유한다.
- C는 **4**개의 전자를 '소유'한다.

- 각 C는 8개의 전자를 공유한다.
- 각 C는 **4**개의 전자를 '소유'한다.

- C는 6개의 전자를 공유한다.
- C는 2개의 비공유 전자를 가지고 있다.
- C는 **5**개의 전자를 '소유'한다.

예제 1.3에 여러 원자로 구성된 이온의 형식 전하 계산법이 예시되어 있다. **각 원자에 부여된 형식 전하의 합은 그 분자 또는 이온의 알짜 전하와 일치하여야 한다.**

예제 1.3 원자의 형식 전하 계산하기

H_3O^+ 이온에서 각 원자의 형식 전하를 계산하라.

$$\left[\begin{array}{c} H-\ddot{O}-H \\ | \\ H \end{array}\right]^+$$

풀이

각 원자의 형식 전하를 계산하기 위해,

- 족 번호로부터 원자가 전자의 수를 구한다.
- 결합 전자와 비공유 전자로부터 원자가 '소유'하고 있는 전자의 수를 구한다.
- 첫 번째 값에서 두 번째 값을 뺀 값이 형식 전하이다.

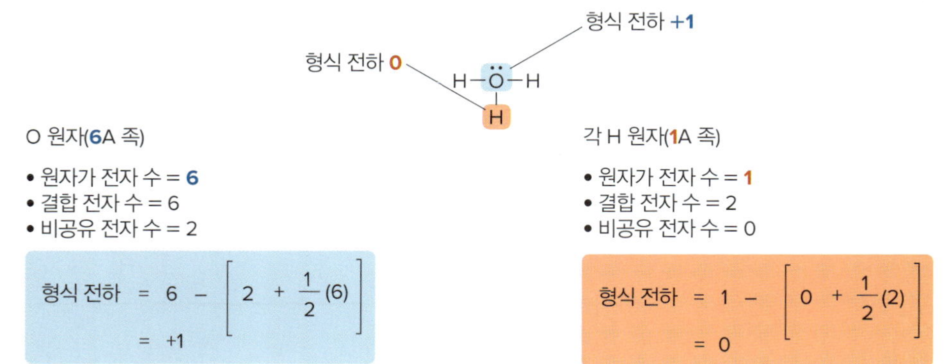

산소 원자의 형식 전하는 +1이고, 각 H의 형식 전하는 0이다. H_3O^+ 이온의 전체 전하는 각 원자의 형식 전하의 합(1 + 0 + 0 + 0 = +1)이다.

문제 1.7 다음 화학종에 있는 각각의 2주기 원소의 형식 전하를 계산하라.

a. $\left[\begin{array}{c} H \\ | \\ H-N-H \\ | \\ H \end{array}\right]^+$ b. $CH_3-N\equiv C:$ c. $:\ddot{O}=\ddot{O}-\ddot{\underset{\cdot\cdot}{O}}:$ d. $CH_3-N=\underset{\cdot\cdot}{O}:$ (N에 $:\underset{\cdot\cdot}{O}:$ 결합)

추가 문제: 문제 1.47을 풀어보라.

문제 1.8 다음 각 이온의 Lewis 구조를 그려라.

a. CH_3O^- b. HC_2^- c. $(CH_3NH_3)^+$ d. $(CH_3NH)^-$

문제 1.9 모든 원자의 형식 전하가 0이 되도록 타당한 Lewis 구조를 그려라.

a. Diethyl ether ($CH_3CH_2OCH_2CH_3$), 수술 과정에 최초로 사용된 일반적인 마취제
b. Acrylonitrile (CH_2CHCN), Orlon 합성 섬유를 만드는 데 사용되는 출발물

처음으로 Lewis 구조에 형식 전하를 붙여 넣으려면 예제 1.3과 같은 계산 과정을 거치는 것이 옳다. 연습을 거듭하면, 특정 결합 패턴은 항상 형식 전하가 같다는 사실을 확인할 수 있다. 예를 들어 네 개의 결합이 있는 질소 원자(고립쌍 없음)에는 항상 +1의 형식 전하가 있다. 표 1.1에 탄소, 질소, 산소의 결합 양식과 형식 전하를 정리하였다.

표 1.1 C, N 및 O의 결합 양상에 따라 관찰되는 형식 전하

원자	원자가 전자의 수	형식 전하 +1	형식 전하 0	형식 전하 −1
C	4	 $-\overset{+}{C}-$ (세 결합)	$-C-$ (네 결합)	$-\ddot{C}^{-}-$ (세 결합, 비공유 전자쌍 1)
N	5	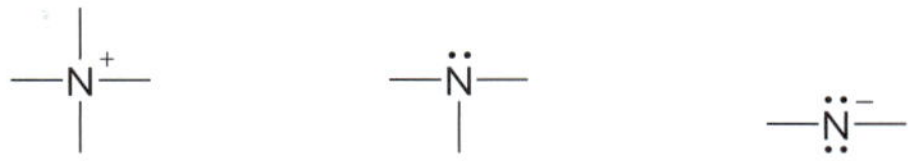 $-N^{+}-$ (네 결합)	$-\ddot{N}-$ (세 결합)	$-\ddot{N}^{-}-$ (두 결합, 비공유 전자쌍 2)
O	6	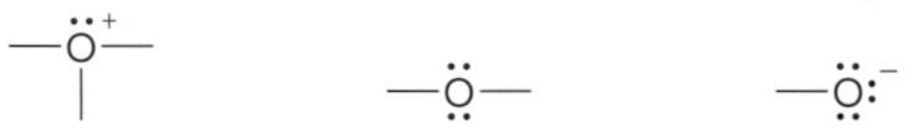 $-\ddot{O}^{+}-$ (세 결합)	$-\ddot{O}-$ (두 결합, 비공유 전자쌍 2)	$-\ddot{O}:^{-}$ (한 결합, 비공유 전자쌍 3)

문제 1.10 산소에 다중 결합하여 구성된 다음의 각 화학종에서 산소의 형식 전하는 얼마인가?

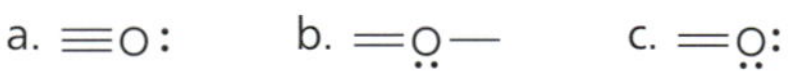

a. ≡O: b. =O— (비공유 전자쌍 1) c. =Ö: (비공유 전자쌍 2)

문제 1.11 다음 분자의 N 및 O 원자에 형식 전하를 부여하라. 고립쌍은 모두 그려 넣었다. 오- 및 육원자 고리는 1.8B절에서 설명하고 있다.

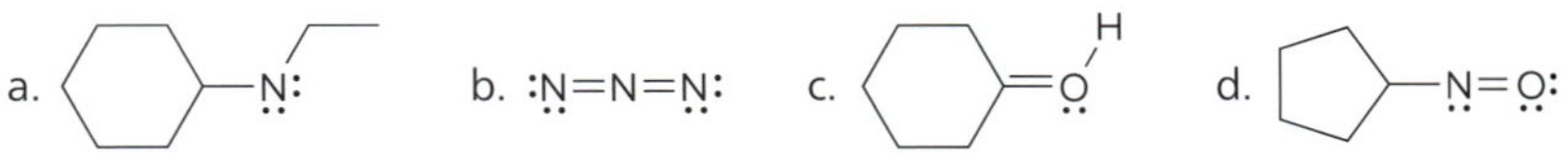

a. (사이클로헥실)–N̈:(–에틸) b. :N̈=N=N̈: c. (사이클로헥실리덴)=Ö–H d. (사이클로펜틸)–N̈=Ö:

1.4 이성질체

여러 원자로 된 분자의 Lewis 구조를 그리다 보면, 분자식이 같다 하더라도 둘 이상의 배열이 가능한 경우도 있다. 예를 들어, 분자식 C_2H_6O에는 두 가지 타당한 배열 방식이 있다.

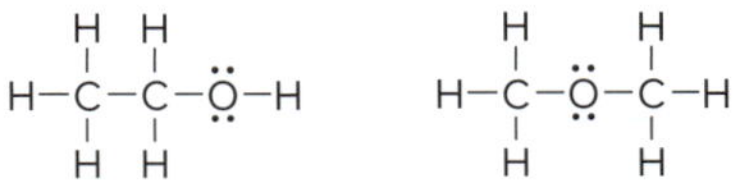

$$H_3C-CH_2-\ddot{O}-H \qquad H_3C-\ddot{O}-CH_3$$

에탄올 다이메틸 에터

같은 분자식
C_2H_6O
이성질체

둘 다 타당한 Lewis 구조일 뿐만 아니라 둘 다 분자가 존재한다. 하나는 에탄올(ethanol), 다른 하나는 다이메틸 에터(dimethyl ether)라고 부른다. 이러한 두 화합물을 **이성질체(isomer)**라고 한다.

• **이성질체**는 분자식이 같으면서 다른 분자이다.

에탄올과 다이메틸 에터를 **구조 이성질체(constitutional isomer)**라고 하는데, 분자식은 같으나 **원자의 연결 방식이 다르기 때문**이다. 예를 들어 에탄올에는 C−C 결합 하나와 O−H 결합 하나가 있지만, 다이메틸 에터에는 C−O 결합이 두 개 있다. 두 번째 부류의 이성질체는 **입체 이성질체(stereoisomer)**라고 하는데, 4.12B절에서 소개한다.

문제 1.12 다음 각 분자식에 대한 Lewis 구조를 그려라.

a. $C_2H_4Cl_2$ (이성질체 두 개) b. C_3H_8O (이성질체 세 개) c. C_3H_6 (이성질체 두 개)
d. C_3H_7Cl (이성질체 두 개) e. C_2H_4O (이성질체 세 개) f. C_3H_9N (이성질체 네 개)

1.5 팔전자 규칙의 예외

유기 화합물에서 흔히 볼 수 있는 원소—**C, N, O 및 할로젠**—은 팔전자 규칙을 따른다. 수소는 두드러진 예외의 하나로 결합에 두 전자만 수용할 수 있다. 추가적인 예외에는 붕소와 베릴륨(각각 2A와 3A 족의 두 번째 주기 원소), 그리고 세 번째 주기 원소(특히 인과 황)가 있다.

붕소나 베릴륨 같은 주기율표의 2A 및 3A 족 원소는 중성 분자에서 팔전자계를 이룰 수 있는 원자가 전자가 충분하지 않다. BeH_2와 BF_3의 Lewis 구조는 중심 원자 주위에 전자가 각각 네 개와 여섯 개만 존재한다는 것을 보여준다. 이 화합물에는 팔전자계를 이룰 수 있는 충분한 전자가 없다. Be와 B는 모두 전자가 여덟 개에 미치지 못하므로 이들 분자는 반응성이 대단히 크다.

H—Be—H

Be 주위에 **네 개**의 전자

B 주위에 **여섯 개**의 전자

팔전자 규칙의 두 번째 예외는 주기율표의 세 번째 주기 및 그 다음 주기 원소에서 볼 수 있다. 이들 원소는 전자를 받아들일 수 있는 빈 *d* 오비탈이 있으므로 주위에 **여덟 개를 초과하는 전자**를 수용할 수 있다. 유기 화학자에게 있어 이 범주의 원소 중에서 가장 일반적인 것은 **인**과 **황**으로, 이들은 10개 심지어는 12개까지의 전자를 주위에 수용할 수 있다. 아래의 다이메틸 설폭사이드, 황산 및 alendronic acid가 그 예이다.

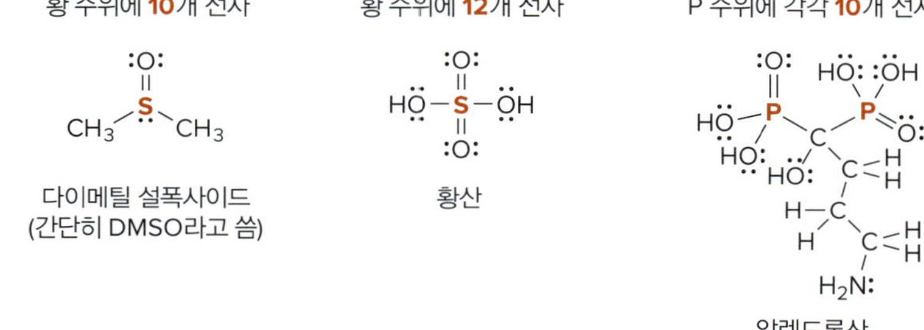

상품명 Fosamax로 시판되고 있는 alendronic acid의 소듐 염은 뼈의 손실로 이어지는 질병인 여성 골다공증을 예방하는 데 사용된다.

1.6 공명

어떤 분자는 Lewis 구조 하나만으로는 적절하게 나타낼 수 없다. 예를 들어, 음이온 $(HCONH)^-$에 대한 두 개의 타당한 Lewis 구조를 그릴 수 있다. 한 구조에는 음으로 하전된 N 원자와 C–O 이중 결합, 다른 구조에는 음으로 하전된 O 원자와 C–N 이중 결합이 있다. 이들 구조를 일컬어 **공명 구조(resonance structure)** 또는 **공명형(resonance form)**이라고 부른다. 두 공명 구조를 분리하여 그리는 데 **양쪽 화살표(double-headed arrow)**를 사용한다.

양쪽 화살표

- **공명 구조**는 원자가 놓인 위치는 **같고** 전자의 배열만 **다른** 두 Lewis 구조이다.

$(HCONH)^-$의 어떤 공명 구조가 전자 배열을 정확하게 표현한 것인가? **그 답은 둘 다 아니라는 것이다.** 진짜 구조는 두 공명 구조 모두의 혼합체인데, **공명 혼성체(resonance hybrid)**라고 불린다. 혼성체는 **두** 공명 구조의 성질을 다 나타낸다.

각 공명 구조는 전자쌍이 결합 또는 원자에 편재화되어 있는 것처럼 보인다. 그러나 실제에 있어서 공명은 특정 전자쌍이 여러 원자에 **비편재화(*delocalized*)**되는 것을 허용하며, 이와 같은 전자 밀도의 비편재화로 안정성이 증가한다. **공명 구조가 두 개 이상인 분자를 공명 안정화(*resonance stabilized*)되어 있다라고 한다.**

1.6A 공명 이론의 소개

공명 이론에 관한 다음의 기본 원리를 기억해두자.

- 공명 구조는 실제의 구조가 **아니다.** 개개의 공명 구조는 분자나 이온의 구조를 정확하게 나타내지 못한다.
- 공명 구조는 서로 평형에 놓여 있는 것이 **아니다.** 한 공명 구조에서 다른 공명 구조로 전자의 이동이 일어나는 것이 아니다.
- 공명 구조는 이성질체가 **아니다.** 두 이성질체는 원자와 전자의 배열이 **모두** 다르지만, 공명 구조는 **전자의 배열만** 다르다.

예를 들어 이온 **A**와 **B**는 공명 구조인데, 그 이유는 두 화합물 모두에서 원자의 배열 위치가 똑같고 전자쌍의 위치만 바뀌었기 때문이다. 이에 반해 화합물 **C**와 **D**는 원자의 자리가 다르기 때문에 이성질체이다. **C**에는 O−H 결합이 있으며 **D**에는 C−H 결합이 하나 더 있다.

A **B** **C** **D**

- **A**와 **B**는 **공명** 구조이다.
- 하나의 전자쌍(붉은색)의 위치가 다르다.

- **C**와 **D**는 **이성질체**이다.
- 하나의 H원자(붉은색)의 위치가 다르다.

문제 1.13 다음 각 화합물 쌍을 공명 구조와 이성질체로 분류하라.

a. $^{-}$:N̈=C=Ö: 와 $^{-}$:C≡N^{+}−Ö:$^{-}$ b. H−Ö−C(=O)−Ö:$^{-}$ 와 H−Ö−C(−O^{-})=O

문제 1.14 구조 **A**-**D**에서 각 화합물 쌍이 이성질체인지, 공명 구조인지, 둘 다 아닌지로 분류하라.

a. **A**와 **B** b. **A**와 **C** c. **A**와 **D** d. **B**와 **D**

A **B** **C** **D**

1.6B 공명 구조 그리기

공명 구조를 그리는 데 다음에 열거한 세 가지 규칙을 이용하도록 하자.

규칙 [1] 두 공명 구조는 다중 결합과 비결합 전자쌍의 위치만 다르다. 원자와 단일 결합의 위치는 항상 같다.

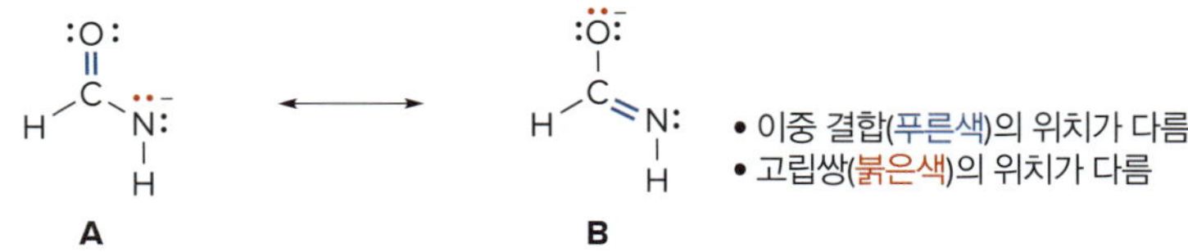

규칙 [2] 두 공명 구조는 짝지어지지 않는 전자(홀전자)의 수가 같아야 한다.

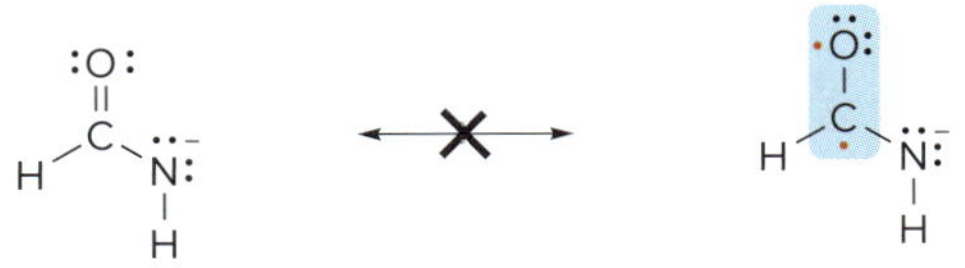

A

홀전자 없음

C

홀전자 **두 개**

A(또는 **B**)의 공명 구조가 **아님**

규칙 [3] 공명 구조는 타당한 Lewis 구조여야 한다. 수소에는 두 개의 전자만 있어야 하며, 2주기 원소는 **여덟 개**를 초과하는 전자가 있을 수 없다.

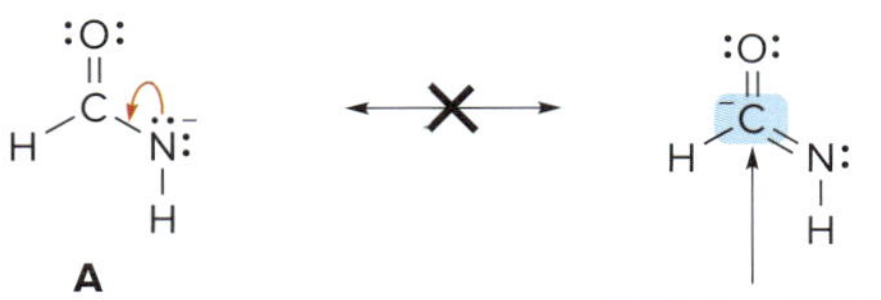

A

C 주위에 **10**개의 전자

타당하지 **않은 A**의 Lewis 구조

굽은 화살표 표현법(curved arrow notation)은 두 공명 구조 간에 전자의 위치가 어떻게 다른지 보여주는 협약이라 할 수 있다.

- **굽은 화살표는 전자쌍의 이동을 나타내는 표현법이다.** 화살 꼬리는 항상 결합 또는 고립쌍에서 시작한다. 머리는 전자쌍이 '이동'하여 가는 도착점을 나타낸다.

굽은 화살표는 항상 전자쌍에서 시작하여 원자 또는 결합에서 끝난다.

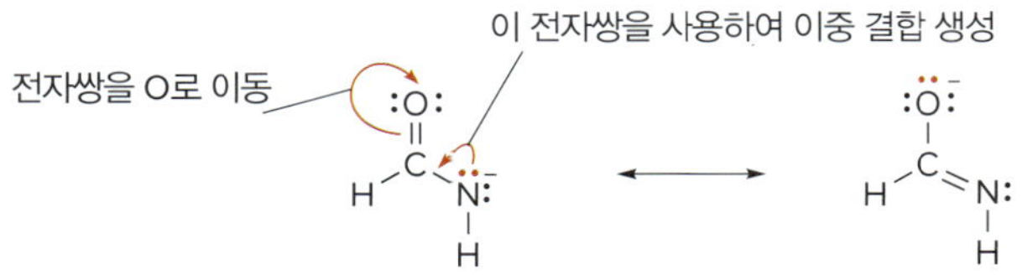

이 전자쌍을 사용하여 이중 결합 생성

전자쌍을 O로 이동

A

B

공명 구조 **A**와 **B**는 두 전자쌍의 위치가 다르기 때문에 굽은 화살표 두 개가 필요하다. **A**를 **B**로 바꾸려면 질소의 전자쌍을 취하여 C와 N 간의 이중 결합을 생성한다. 그리고 나서 C−O 이중 결합의 전자쌍을 이동하여 O의 고립쌍으로 만들면 된다. 굽은 화살표는 이렇게 한 공명 구조에서 다른 공명 구조로 바꿀 때 전자쌍을 재배치하는 방법을 보여주지만 **전자가 실제로 이동하는 것은 아니다**. 예제 1.4는 한 공명 구조를 다른 공명 구조로 바꾸는 데 굽은 화살표를 어떻게 사용하는가를 보여준다.

예제 1.4 굽은 화살표 사용하기

굽은 화살표를 따라 각 이온의 두 번째 공명 구조를 그려라.

a.

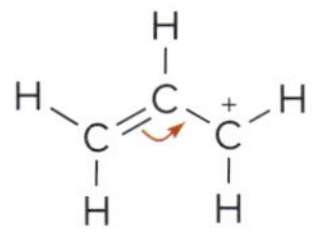

b.

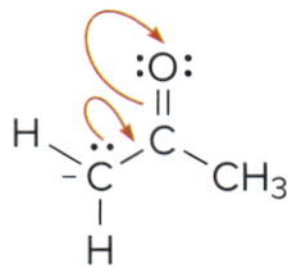

풀이

a. 굽은 화살표는 이중 결합의 **한** 전자쌍이 이웃한 C–C 결합으로 이동함을 알려준다. 그 다음에는 결합이 달라진 원자의 형식 전하를 결정한다.

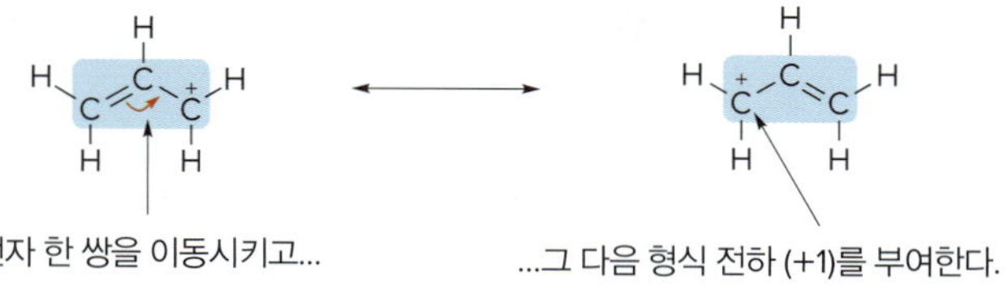

전자 한 쌍을 이동시키고... ...그 다음 형식 전하 (+1)를 부여한다.

양으로 하전된 탄소 원자를 **탄소 양이온(carbocation)**이라고 한다. 탄소 양이온은 탄소 원자가 팔전자계가 아니기 때문에 불안정한 중간체이다.

b. 굽은 화살표가 **두 개**이므로 **두 개**의 전자쌍이 이동함을 알 수 있다. 두 번째 공명 구조는 O에 (−1)의 형식 전하가 있다.

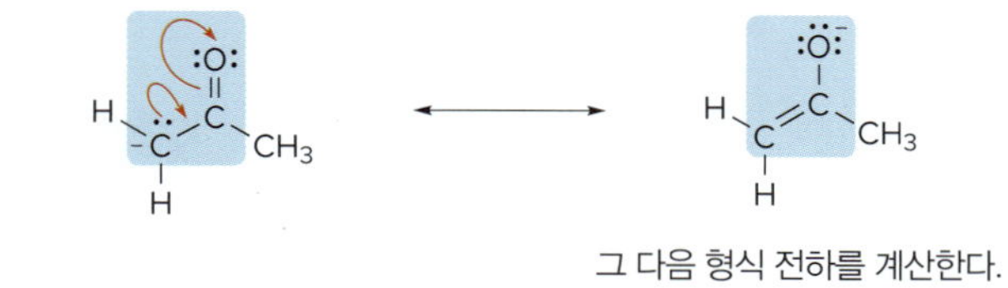

두 개의 전자쌍을 이동시키고...

그 다음 형식 전하를 계산한다.

이러한 유형의 공명 안정화된 음이온을 **엔올 음이온(enolate anion)**이라고 부른다. 엔올 음이온은 유기 반응에 있어 매우 중요한 중간체로, 이 교재의 21장 및 22장은 전부 그 제법과 반응에 관한 것이다.

문제 1.15 굽은 화살표를 이용하여 각 화학종의 두 번째 공명 구조를 그려라.

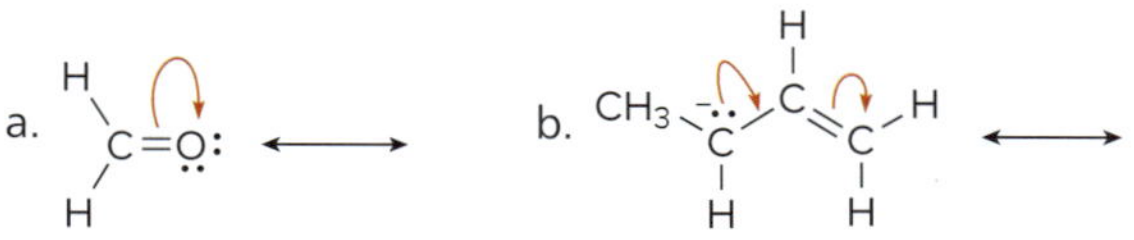

a. b.

추가 문제: 문제 1.54, 1.55를 풀어보라.

문제 1.16 굽은 화살 표현법을 이용하여 첫 번째 공명 구조가 어떻게 두 번째 구조로 바뀌는지를 보여라.

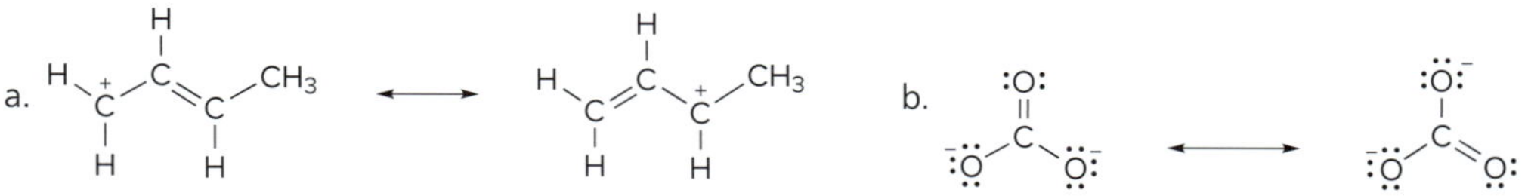

a. b.

두 공명 구조는 예제 1.4a의 탄소 양이온처럼 결합이 정확히 같은 종류일 수도 있고, 예제 1.4b의 엔올 음이온처럼 결합이 다른 종류일 수도 있다. 개개의 공명 구조가 타당한 Lewis 구조이기만 하다면 두 가지 모두 문제가 없다.

공명 구조에서 어떤 원자는 전자 수가 8개 미만일 수 있다. **B**는 탄소 주위에 비록 6개의 전자가 있지만 **A**의 공명 구조이다.

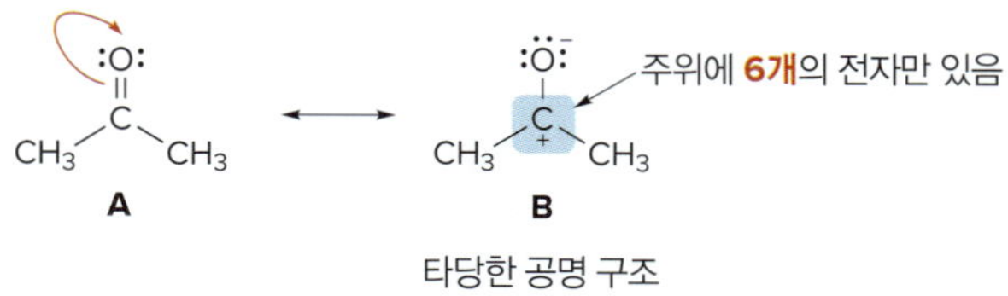

주위에 **6개**의 전자만 있음

A **B**

타당한 공명 구조

이에 반해서 2주기 원소에 여덟 개를 초과하는 전자가 들어있는 공명 구조는 **절대** 불가능하다. **C**는 탄소 주위에 10개의 전자가 있기 때문에 **A**의 공명 구조가 아니다.

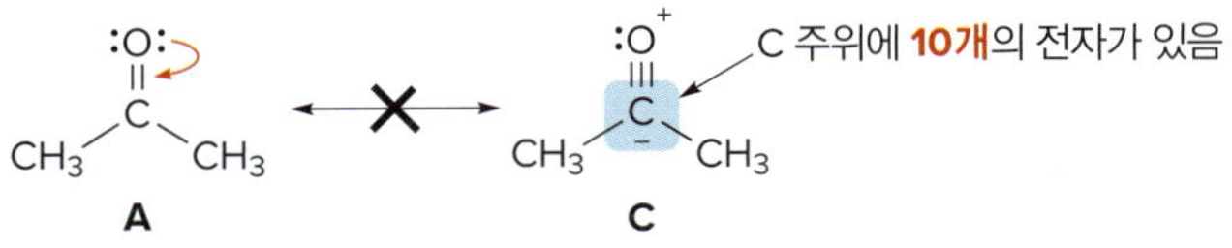

C 주위에 **10개**의 전자가 있음

A **C**

타당하지 **않은** 공명 구조

14장에서 공명에 대해 더 자세하게 배울 것이다.

공명 구조를 그리고 다룰 줄 아는 능력은 유기 화학 학습 전반을 통하여 필요한 아주 요긴한 기술이다. 연습을 통해서 어떤 특정 결합 패턴이 둘 이상의 Lewis 구조를 그릴 수 있는 구조인가를 알아볼 수 있게 될 것이다. 예를 들어 예제 1.4a의 탄소 양이온과 예제 1.4b의 엔올 음이온은 특별한 삼원자 구조에서 볼 수 있는 일반적인 공명 구조의 특정한 예이다.

- 원자 Z의 *p* 오비탈에 전자가 0, 1 또는 2개 들어 있는, X=Y−Z 삼원자계는 두 개의 공명 구조로 그릴 수 있다.

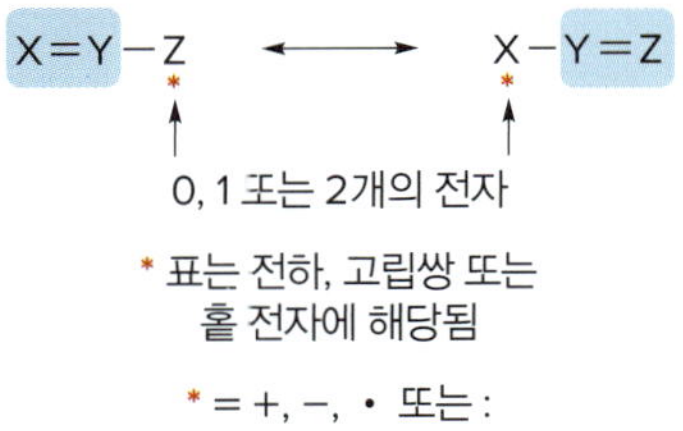

X=Y−Z* ⟷ X−Y=Z*

0, 1 또는 2개의 전자

* 표는 전하, 고립쌍 또는 홀 전자에 해당됨

* = +, −, • 또는 :

도입부에서 **탄소 혹은 수소가 아닌 원자를 헤테로 원자**라고 한 것을 기억하라.

X, Y 및 Z는 모두 탄소 원자이거나 또는 질소 및 산소와 같은 **헤테로 원자**일 수도 있다. 원자 Z는 하전(양 또는 음으로)되거나 중성(고립쌍 혹은 홀 전자)일 수 있는데, 일반적 구조 X=Y−Z*에서 [*]로 표시하였다. 두 공명 구조는 다중 결합과 [*]의 위치가 다르다.

예제 1.4b의 엔올 음이온에서 X는 산소이고 [*]는 고립쌍이기 때문에 탄소는 알짜 음전하를 띠게 된다. 이중 결합과 고립쌍을 이동시키고 전하를 조정하면 두 번째 공명 구조가 얻어진다.

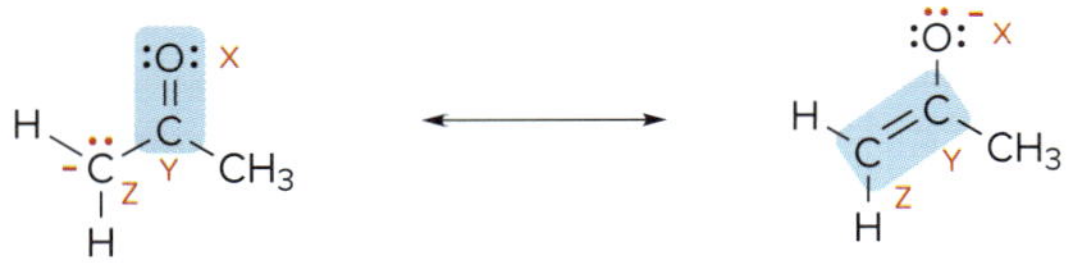

• 이중 결합 이동 위치
• 고립쌍 이동 위치

14장에서 이러한 공명과 관련된 오비탈에 대해 더 배우게 될 것이다.

예제 1.5 공명 구조를 그리기

아세트아마이드(acetamide)의 두 번째 공명 구조를 그려라.

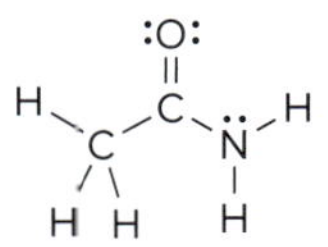

아세트아마이드

풀이

항상 p 오비탈에 0, 1 또는 2개의 비결합 전자가 있는 원자 Z에 다중 결합이 연결된 삼원자계를 찾는다. **이중 결합을 (X=Y에서 Y=Z로) 옮기고 [*]를 Z에서 X로 옮긴다**. X와 Z의 형식 전하를 다시 계산한다.

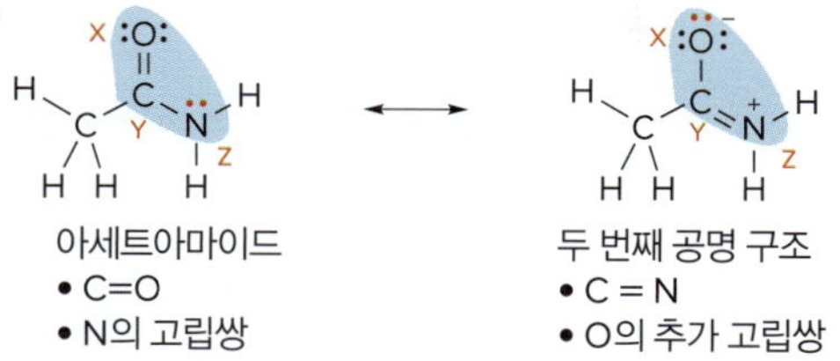

아세트아마이드
• C=O
• N의 고립쌍

두 번째 공명 구조
• C = N
• O의 추가 고립쌍

이 예제에서 공명 구조(X=Y−Z*)에 대한 삼원자계는 N에 고립쌍이 있는 O=C−N이다. 이중 결합과 고립쌍을 이동시킨 후 O와 N의 형식 전하를 다시 계산하면 각각 −1과 +1이 된다.

문제 1.17 (a)와 (b), (c) 구조에 대해서는 각 화학종의 두 번째 공명 구조를 그려라. (d)의 이온에 대해서는 공명 구조를 두 개 더 그려라.

a. b. c. d.

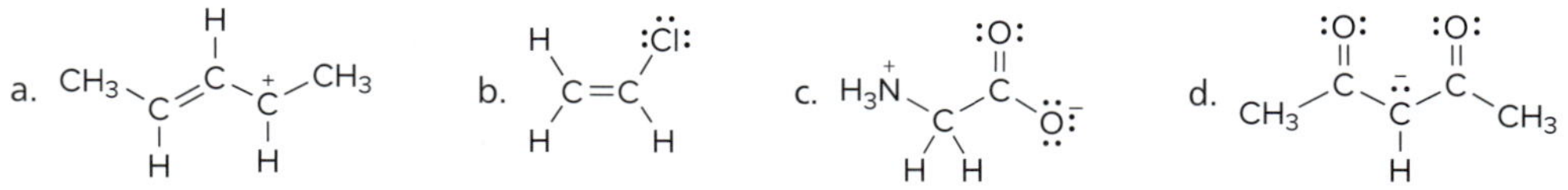

추가 문제: 문제 1.52, 1.56, 1.57을 풀어보라.

문제 1.18 (a) **A**의 두 번째 공명 구조를 그려라. (b) **B**에 대해 두 번째 공명 구조를 그릴 수 없는 이유는 무엇인가?

A **B**

문제 1.19 Creatine은 일부 운동 선수가 운동 성과를 높이기 위해 사용하는 식이요법 첨가물이다. (a) Creatine에 있는 모든 고립쌍을 그려라. (b) 모든 고립쌍과 형식 전하를 나타내는 공명 구조를 두 개 더 그려라.

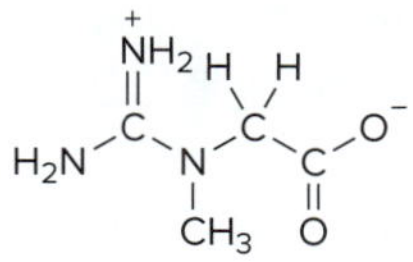

creatine

1.6C 공명 혼성체

공명 혼성체(resonance hybrid)는 모든 가능한 공명 구조의 복합체이다. 공명 혼성체에서는 각각의 공명 구조에서 다른 위치에 그려진 전자쌍이 **비편재화(*delocalization*)**되어 있다.

- 공명 혼성체는 전자 밀도가 더 큰 부피에 걸쳐서 비편재화되어 있기 때문에 어떤 공명 구조보다 더 안정하다.

혼성체는 어떤 모양일까? 예제 1.4a의 탄소 양이온의 경우처럼 두 공명 구조가 동일한 경우, 각 공명 구조는 혼성체에 **동등하게** 기여한다.

두 공명 구조가 다른 경우에 혼성체는 '더 나은' 공명 구조를 더 많이 닮게 된다. '더 나은' 공명 구조를 **주기여체(major contributor)**, 그리고 다른 모든 기여체는 **부기여체(minor contributor)**라고 한다. 혼성체는 기여하는 모든 공명 구조의 기여도를 감안한 평균이다. 어떻게 한 공명 구조가 다른 것보다 '더 나은' 공명 구조가 될까? 그 요인은 여러 가지가 있으나, 지금 단계에서는 한 가지만 배우기로 하자.

- '더 나은' 공명 구조는 **결합 수가 더 많고 전하 수가 적다.**

X
결합 수가 많음
전하가 적음
주기여체

Y
부기여체

공명 구조 **X**와 **Y**를 비교하면, **X**가 결합 수가 많고 전하는 더 적으므로 주기여체이다. 따라서 혼성체는 **Y**보다는 **X**를 더 많이 닮는다.

전자 밀도가 비편재된 혼성체는 어떻게 그릴 수 있을까? 먼저 공명 구조 간에 무엇이 다른가를 알아내야 한다. 흔히 나타나는 두 가지 차이점은 **다중 결합의 위치**와 **전하의 위치**이다. 음이온 $(HCONH)^-$은 두 가지 공명 혼성체를 그리는 방식을 보여준다.

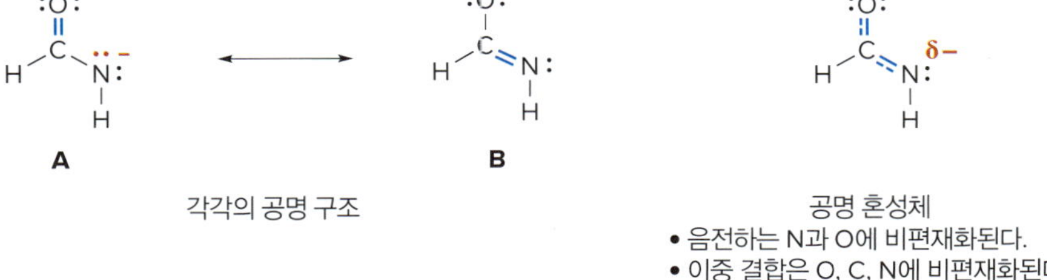

유기 화학에 자주 쓰이는 부호 및 규약은 부록 B에 나와 있다.

- **이중 결합의 위치**. 한 공명 구조에서는 단일 결합이지만 다른 구조에서는 이중 결합인 결합은 점선으로 표시한다.
- **전하의 위치**. 한 공명 구조에서는 중성이지만 다른 구조에서는 전하를 띠는 원자에 대해 **δ−**(부분 음전하) 혹은 **δ+**(부분 양전하)로 표시한다.

$(HCONH)^-$에 대한 공명 혼성체 구조에는 두 개의 점선이 C−O와 C−N 결합에 표시되어 있는데, 이것은 부분 이중 결합 특성이 있다는 것을 의미한다. O와 N 원자는 부분 음전하(δ−)가 표시되어 있는데, 그 이유는 한 구조에서는 중성이지만 다른 공명 구조에서는 음으로 하전되어 있기 때문이다.

공명에 관한 현재의 논의는 아직까지 입문에 불과하다. 뒤에 나오는 장에서 훨씬 더 많은 사실을 접하게 될 것이다. 예를 들면 2장에서는 산도(acidity)에 미치는 공명의 커다란 효과를 논의하게 된다.

문제 1.20 각 쌍의 공명 구조를 주기여체, 부기여체 또는 동등 기여체로 표시하라. 또한 공명 혼성체를 그려라.

a.

b.

1.7 분자 모양 결정하기

H_2O 분자를 생각해보자. Lewis 구조는 어떤 원자가 서로 결합되어 있는지 알려주지만 기하 구조에 관해서는 어떤 정보도 얻을 수 없다. 분자 전체로는 어떤 모양일까? H_2O는 굽은 분자인가 아니면 선형 분자인가? 분자 구조를 정의하는 두 변수는 **결합 길이(bond length)**와 **결합각(bond angle)**이다.

1.7A 결합 길이

결합 길이에 대한 SI 단위는 피코미터(pm)이지만, 화학 문헌에는 아직도 옹스트롬(angstrom, Å) 단위가 널리 사용되고 있다. 1 Å = 10^{-10} m이다. 따라서 1 pm = 10^{-2} Å이며 95.8 pm는 0.958 Å이다.

결합 길이는 결합된 두 핵의 중심 간 평균 거리이다. 결합 길이는 전형적으로 피코미터(picometer, pm) 단위로 표시하는데, 1 pm = 10^{-12} m이다. 예컨대 H_2O 분자의 O−H 결합 길이는 95.8 pm이다. 흔히 보는 결합의 결합 길이는 표 1.2에 나열되어 있다.

- 주기율표의 주기를 따라 오른쪽으로 감에 따라 원자의 크기가 **감소**하므로 결합 길이는 **감소**한다.

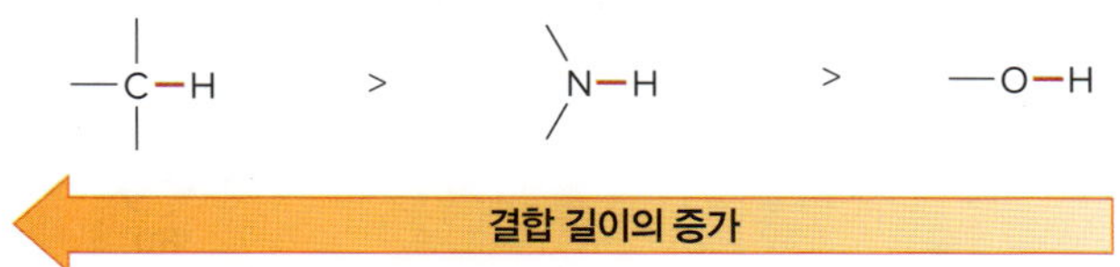

- 주기율표의 족을 따라 아래로 내려감에 따라 원자의 크기가 **증가**하므로 결합 길이는 **증가**한다.

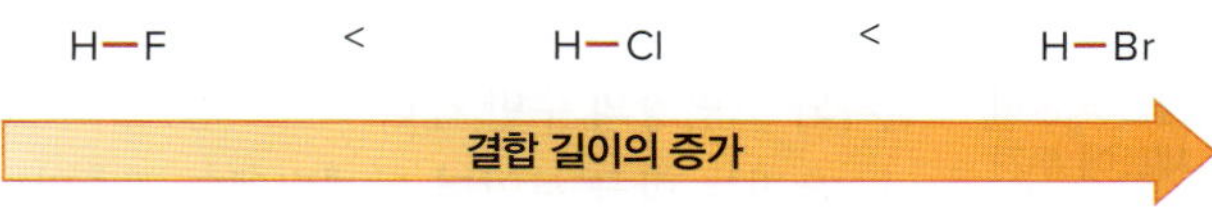

표 1.2 평균 결합 길이

결합	길이(pm)	결합	길이(pm)	결합	길이(pm)
H−H	74	H−F	92	C−F	133
C−H	109	H−Cl	127	C−Cl	177
N−H	101	H−Br	141	C−Br	194
O−H	96	H−I	161	C−I	213

1.7B 결합각

결합각(bond angle)은 두 개의 다른 원자와 결합하고 있는 어떤 원자 주위의 기하 구조를 결정한다. 주어진 원자 주위의 결합각과 기하 구조를 결정하려면, 먼저 원자 주위에 몇 개의 그룹이 있는지를 알아야 한다. **그룹은 원자이거나 고립쌍이다.** 그 다음 **원자가 껍질 전자쌍 반발(VSEPR, valence shell electron pair repulsion)이론**을 사용하여 기하 구조를 결정한다. VSEPR은 전자쌍이 서로 반발한다는 사실에 근거를 두고 있다. 그러므로,

- 가장 안정한 배열 상태는 한 원자 주위에 있는 그룹이 가능한 한 멀리 떨어져 있는 구조이다.

2주기 원소는 한 원자를 둘러싸고 있는 그룹의 수에 따라 **다음 세 가지 배열 중의 하나만 가능하다.**

기하 구조를 결정하기 위해서는 [1] 타당한 Lewis 구조를 그리고, [2] 주어진 원자에 결합된 그룹의 수를 헤아린다.

그룹의 수	기하 구조	결합각
• 두 개	선형	180°
• 세 개	삼각 평면형	120°
• 네 개	정사면체형	109.5°

이와 같은 현상을 예시하는 여러 개의 분자를 검토해보자. 각 보기에서 우선 필요한 것은 타당한 Lewis 구조이고, 그 다음은 단지 주어진 원자와 결합하고 있는 그룹의 수를 헤아려 기하 구조를 예측하는 것이다.

원자 주변에 두 개의 그룹이 있는 경우

어떤 원자든 주변의 그룹 수가 둘뿐이면 선형 분자로 결합각은 180°이다. 예를 들어 **HC≡CH**(아세틸렌)의 각 탄소 원자는 두 개의 원자와 이웃하고 있고 고립쌍이 없으므로 H−C−C 결합각은 180°이다. 따라서 HC≡CH의 네 원자는 모두 일직선상에 있다.

180°
H−C≡C−H =
180°
각 C 주위에 두 개의 원자 / 공−막대 모형

두 개의 그룹
선형 분자

유기 화학을 공부하는 학생에게 분자 모형은 입체적 시각화에 많은 도움이 된다. **이제** 분자 모형 한 세트에 투자하자.

각 원소를 표시하는 색이 부록 B에도 나와 있다.

아세틸렌은 다음의 중요한 특징을 보여준다. **기하 구조를 예측할 때 다중 결합은 무시하라. 오직 원자와 고립쌍의 수만 세라.**

우리는 방금 보았던 아세틸렌의 공−막대 모형에서처럼 원자를 공으로, 결합을 막대로 나타내는 모형을 이용하여 분자를 표현할 것이다. 이 표현법은 분자 모형 세트와 유사하다. 공에는 관례에 따라 탄소(검정), 수소(흰색 또는 회색), 산소(빨강) 등의 색을 사용한다.

원자 주변에 세 개의 그룹이 있는 경우

세 개의 기로 둘러싸인 원자는 삼각 평면형(trigonal plannar)이고 결합각은 120°이다. 예를 들어 **CH_2=CH_2**(에틸렌)에서 각 탄소 원자는 세 개의 원자로 둘러싸여 있고 고립쌍은 없기 때문에, H−C−C 각각의 결합각은 120°가 된다. CH_2=CH_2에 있는 모든 여섯 개의 원자는 한 평면에 위치한다.

H_2C=CH_2 120° =
각 C 주위에 세 개의 원자 있음 / 에틸렌

세 개의 그룹
삼각 평면 분자

원자 주변에 네 개의 그룹이 있는 경우

어떤 원자든 주변에 네 개의 그룹이 있으면 정사면체형(tetrahedral)이고 결합각은 대략 109.5°이

다. 간단한 유기 화합물인 CH_4(메테인)의 중심 탄소는 네 개의 수소 원자와 결합되어 있고 각 수소는 정사면체의 꼭짓점을 향하고 있다. 이 배열은 사각 평면형으로 결합각이 90°가 되는 것보다 각 그룹들이 훨씬 멀리 떨어져 있게 된다.

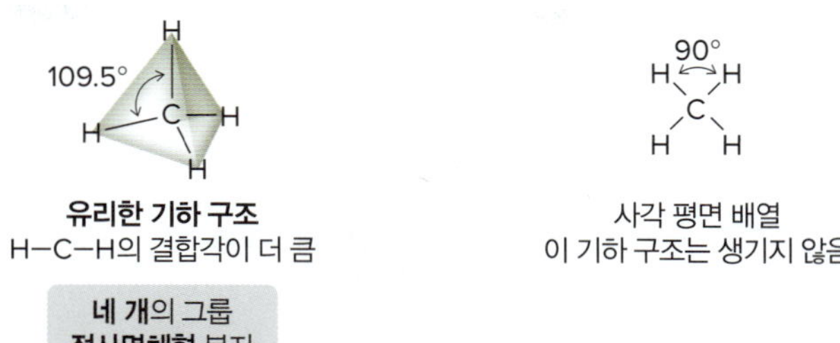

유리한 기하 구조
H−C−H의 결합각이 더 큼

사각 평면 배열
이 기하 구조는 생기지 않음

네 개의 그룹
정사면체형 분자

삼차원 기하 구조를 어떻게 이차원 종이 위에 표현할 수 있을까? 다음 규약을 사용하여 **종이 위에 두 결합을 표시하고 한 결합은 앞으로, 한 결합은 뒤로 표시한다.**

- **실선(solid line)**은 평면상의 결합을 나타낸다.
- **쐐기(wedge)**는 평면 **앞쪽**의 결합을 나타낸다.
- **점선쐐기(dashed wedge)**는 평면 **뒤쪽**의 결합을 나타낸다.

평면에 **놓인** 결합 · 평면 **뒤쪽** 결합 · 평면 **앞쪽** 결합 = CH_4의 공−막대 모형

안정한 분자에서 모든 탄소는 **4가(tetravalent)**이나 기하 구조는 특정 탄소 주위의 기에 따라 달라진다.

이는 CH_4의 정사면체를 그리는 방법 중의 하나이다. 우리는 분자를 이렇게 저렇게 돌려가며 여러 가지 다른 방식으로 나타낼 수 있다. 예를 들어 아래 그림 각각은 실선이 두 개, 쐐기가 한 개 그리고 점선쐐기가 한 개이므로 CH_4를 나타내는 그림으로 적절하다.

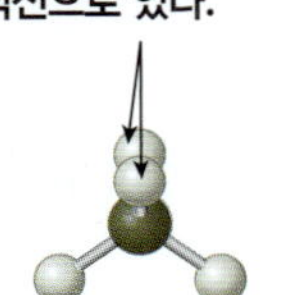

- 이들 표현은 동일하다.
- **쐐기**는 **점선쐐기**의 왼쪽 또는 오른쪽에 비스듬하게 표시할 수 있다.

이 두 H 원자는 실제로 일직선으로 있다.

마지막으로 **쐐기와 점선쐐기는 하나의 그룹이 다른 것 뒤에 정렬되어 있음을 나타낸다.** 다음 두 그림에서처럼 쐐기 모양과 점선쐐기가 오른쪽으로 빠지든지 왼쪽으로 빠지든지 상관이 없다. 왜냐하면 함께 그려져 있는 삼차원 모형에 나와 있는 것처럼 실제로 두 수소는 포개져서 정렬되어 있기 때문이다.

암모니아(NH_3)와 물(H_2O)은 중심 원자가 네 개의 그룹에 의해 둘러싸인 분자인데, 그룹들 중 일부는 고립쌍이다. $\mathbf{NH_3}$에서는 N 주위의 세 수소 원자와 한 고립쌍이 정사면체의 꼭짓점을 향하고 있다. H−N−H 결합각은 107°인데, 이론적인 정사면체형 결합각인 109.5°에 근접한 값이다. 이런 모형을 일컬어 **삼각뿔형(trigonal pyramid)**이라고 하는데, 이는 N을 에워싸고 있는 그룹들 중 하나가 원자가 아닌 비공유 전자쌍(고립쌍)이기 때문이다.

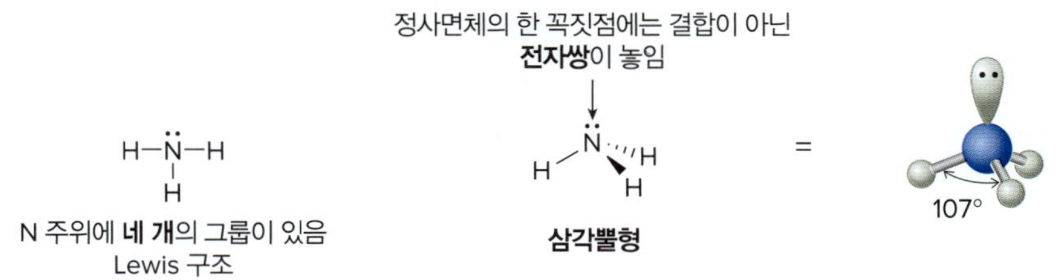

N 주위에 **네 개**의 그룹이 있음
Lewis 구조

삼각뿔형

$\mathbf{H_2O}$에서는 두 H 원자와 두 고립쌍이 정사면체의 꼭짓점을 향하고 있다. H−O−H 결합각은 105°인데, 이론적인 정사면체형 결합각인 109.5°에 근접한 값이다. 물은 **굽은** 형(**bent** shape) 분자인데 이는 산소 주위의 두 그룹이 원자가 아닌 고립쌍이기 때문이다.

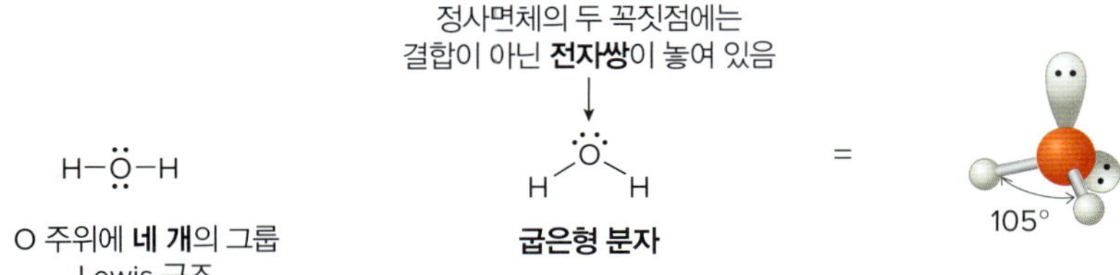

NH_3와 H_2O 모두 결합각이 이론적인 정사면체형 결합각보다 약간 작은데, 이는 고립쌍의 반발 때문이다. 따라서 결합된 원자는 더 작은 공간으로 움츠러들어 결합각이 더 작아진다.

그룹의 수를 헤아려 기하 구조를 결정하는 법이 표 1.3에 요약되어 있다.

표 1.3 요약: 그룹의 수에 따라 기하 구조 결정하기

원자 주위의 그룹의 수	기하 구조	결합각	예
2	선형	180°	HC≡CH
3	삼각 평면형	120°	$CH_2{=}CH_2$
4	정사면체	109.5°	CH_4, NH_3, H_2O

예제 1.6 두 번째 주기 원자 주위의 기하 구조 결정하기

각 화학종에 표시된 원자 주위의 기하 구조를 결정하라.

a. :Ö=C=Ö:　　b. NH_4^+ (H−N⁺−H, N에 H 네 개)

풀이

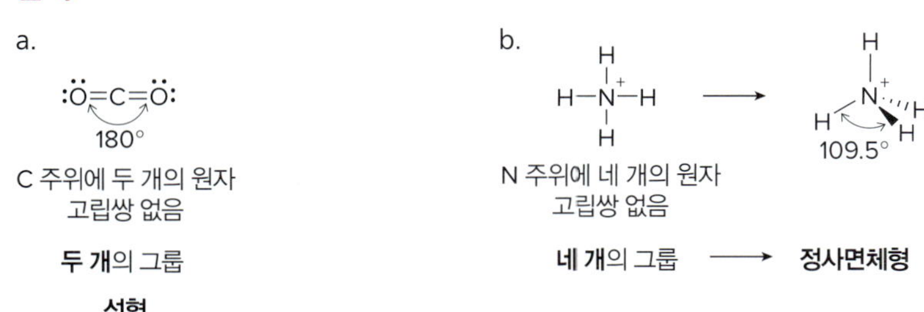

문제 1.21 각 화합물 내의 두 번째 주기 원소의 기하 구조를 결정하라. 단, 그려진 Lewis 구조는 실제 구조를 의미하지 않는다.

a. $CH_3-C(=O)-CH_3$　　b. $CH_3-\ddot{O}-CH_3$　　c. $:\ddot{N}H_2^-$　　d. $CH_3-C{\equiv}N:$

추가 문제: 문제 1.60, 1.61, 1.76c를 풀어보라.

문제 1.22 각 화합물에 표시된 결합각을 예측하라. Lewis 구조는 기하 구조를 암시하지 않는다.

a. $CH_3-C\equiv C-\ddot{Cl}:$ b. $CH_2=CH-\ddot{Cl}:$ c. $CH_3-CH_2-\ddot{Cl}:$ d. $CH_2=CH-C\equiv C-H$

북미 서부 지역의 습지대에서 자라는 독미나리(hemlock water dropwort)는 가축과 사람 모두에게 독성이 있는 경련제인 cicutoxin(문제 1.23)의 원천이다. *calyptra/123RF*

문제 1.23 원자가 껍질 전자쌍 반발(VSEPR)이론을 이용하면 아무리 복잡한 분자라도 어떤 원자 주위의 기하 구조를 예측할 수 있다. Cicutoxin은 북미의 온대성 지역에서 자라는 독성 식물인 독미나리(hemlock)에서 분리되는 독성 화합물이다. Cicutoxin에서 강조 표시된 원자 주위의 기하 구조를 예측하라.

cicutoxin

1.8 유기 구조 그리기

유기 분자를 그리는 것은 또 하나의 도전 과제이다. 유기 분자는 흔히 많은 원자로 이루어져 있기 때문에 구조를 간단히 표기하기 위한 단축법이 필요하다. 유기 화합물에는 **축약 구조(condensed structure)**와 **골격 구조(skeletal structure)**라는 두 가지 유형의 단축 표기법이 사용된다.

1.8A 축약 구조

축약 구조는 원자가 서로 결합하여 사슬을 이룬 화합물에 흔히 사용하며 고리 화합물에는 잘 쓰지 않는다. 다음과 같은 규약을 따른다.

- 모든 원자를 표시하되 두 개의 전자로 이루어진 결합 선은 일반적으로 생략한다.
- 원자는 결합되어 있는 원자 옆에 그린다.
- 같은 원자에 같은 그룹이 결합되어 있으면 괄호를 써서 표기한다.
- 고립쌍은 생략한다.

축약 구조의 해석에 있어서 일반적으로 최상의 방식은 왼쪽에서부터 시작하며 **탄소 원자는 4가**임을 기억하는 것이다. 탄소 원자가 수소 셋과 결합하면 $\mathbf{CH_3}$, 수소 둘과 결합하면 $\mathbf{CH_2}$, 수소 하나와 결합하면 **CH**가 된다.

$= CH_3CH_2CH_2CH_3$ 또는 $CH_3(CH_2)_2CH_3$

서로 결합하고 있는 두 개의 CH_2그룹

$= (CH_3)_3CH$

헤테로 원자와 탄소−탄소 다중 결합이 들어 있는 다른 예가 그림 1.3에 나와 있다.

그림 1.3
축약 구조의 예

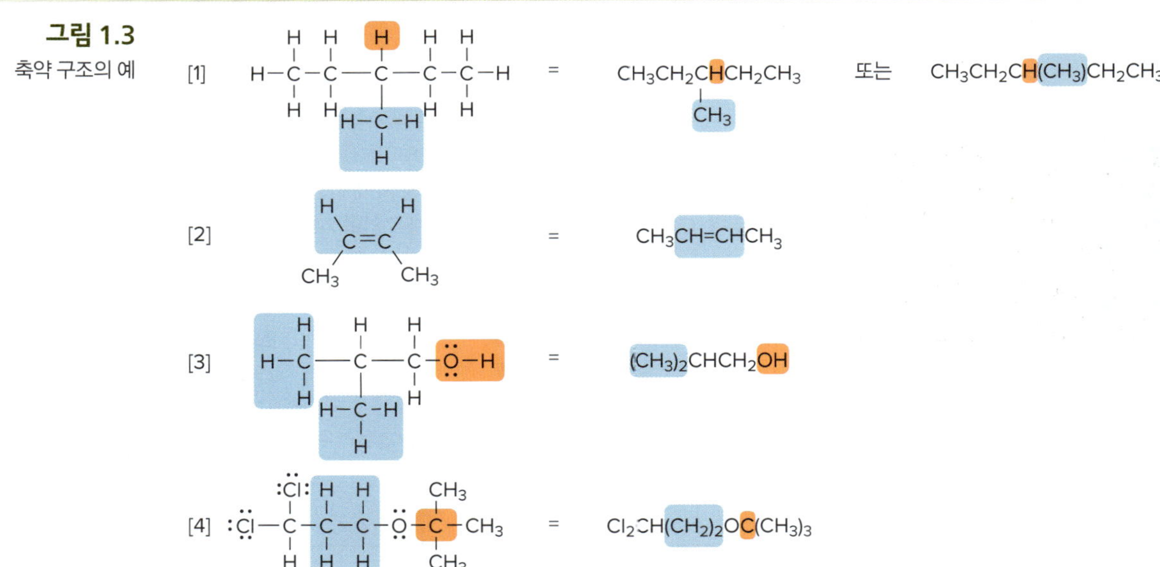

- 항목 [1] 결합된 C의 옆에 H 원자를 그리고, CH_3 주위에 괄호를 사용하여 탄소 원자가 탄소 사슬에 결합되어 있음을 보여준다.
- 항목 [2] C−C 이중 결합을 유지하고 결합된 각 C를 결합한 후 H 원자를 그린다.
- 항목 [3] 축약 구조의 O 원자에서 고립쌍을 생략한다.
- 항목 [4] Cl과 O의 고립쌍을 생략하고, 두 개의 CH_2를 $(CH_2)_2$와 같이 그린다.

어떤 축약 구조는 이해하기에 명확하지 않은 경우도 있어 충분한 연습을 거쳐야 한다. 탄소−산소 이중 결합이 들어 있는 화합물의 경우가 특히 그러하다. 이 범주에 속하는 예 가운데 특히 유의해야 할 몇 가지가 그림 1.4에 열거되어 있다. 일반적으로 축약 구조에서 탄소−탄소 이중 결합은 나타내지만, 탄소−산소 이중 결합은 생략된다.

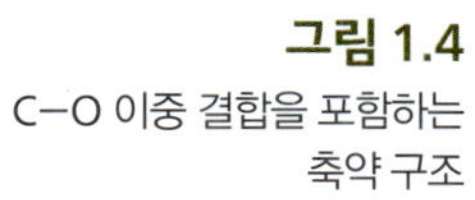
그림 1.4
C−O 이중 결합을 포함하는 축약 구조

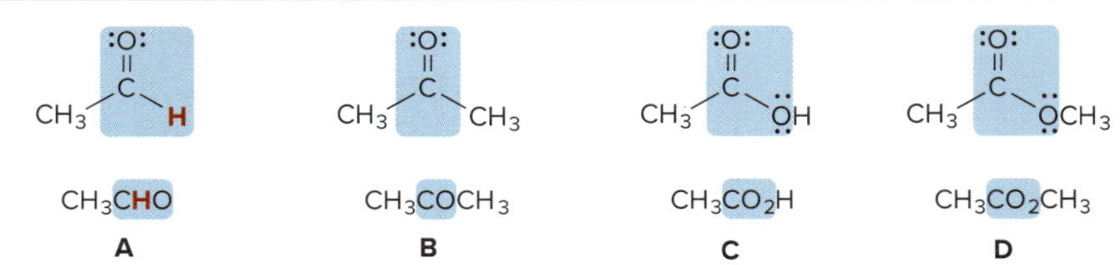

- **A**에서 **H** 원자는 O가 **아니라** C에 결합한다.
- **B**에서 각 CH_3 기는 O가 **아니라** C에 결합한다.
- **C**와 **D**에서 C 원자는 하나의 O에 이중 결합하고 다른 O에 단일 결합한다.

예제 1.7 축약 구조를 Lewis 구조로 변환하기

다음 축약 구조를 Lewis 구조로 바꿔 그려라.

a. $(CH_3)_2CHOCH_2CH_2CH_2OH$ b. $CH_3(CH_2)_2CO_2C(CH_3)_3$

풀이

왼쪽에서 시작하여 오른쪽으로 진행하며 탄소에는 반드시 결합 넷씩을 표시해 넣는다. 헤테로 원자에는 고립쌍을 넣어 완전히 팔전자계가 이루어지도록 한다.

a. $(CH_3)_2CHOCH_2CH_2CH_2OH$　　　　b. $CH_3(CH_2)_2CO_2C(CH_3)_3$

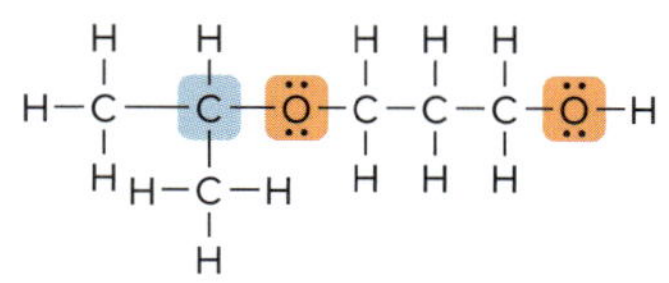

한 개의 탄소(푸른색)에 두 개의 CH_3기, 하나의 H, 하나의 O가 결합됨

두 O 원자 모두 하나의 C(푸른색)에 결합되어 있음

문제 1.24 각 축약 구조를 Lewis 구조로 바꿔 그려라.

a. $CH_3(CH_2)_4CH(CH_3)_2$　　　c. (CH3)2CHCHO

b. $(CH_3)_3CCH(OH)CH_2CH_3$　　　d. $(HOCH_2)_2CH(CH_2)_3C(CH_3)_2CH_2CH_3$

추가 문제: 문제 1.49를 풀어보라.

장군풀(rhubarb)의 신맛은 주로 말산 때문이다(문제 1.26). *Mikeledray/Shutterstock*

문제 1.25 격렬한 운동을 하는 동안에 락트산[lactic acid, $CH_3CH(OH)CO_2H$]이 쌓여 근육이 쑤시는 느낌을 준다. 락트산의 축약 구조를 Lewis 구조로 변환하라.

문제 1.26 말산(malic acid, $HO_2CCH(OH)CH_2CO_2H$)의 타당한 Lewis 구조를 그려라. 원자는 배열된 것처럼 연결되어 있다고 가정한다.

1.8B 골격 구조

골격 구조는 고리와 사슬이 동시에 있는 유기화합물의 경우에 주로 사용된다. 이 구조를 그리기 위해서 명심해야 할 규칙이 세 가지 있다.

- 두 선이 만나는 점과 선의 끝에는 반드시 탄소가 있다고 가정한다.
- 각 탄소에는 4가가 되기에 충분한 수의 수소 원자가 있다고 가정한다.
- 모든 헤테로 원자와 그에 직접 결합된 수소는 모두 그려 넣는다.

헥세인과 사이클로헥세인의 예에서 보는 바와 같이 탄소 사슬은 **지그재그형**으로, 고리는 **다각형**으로 그린다.

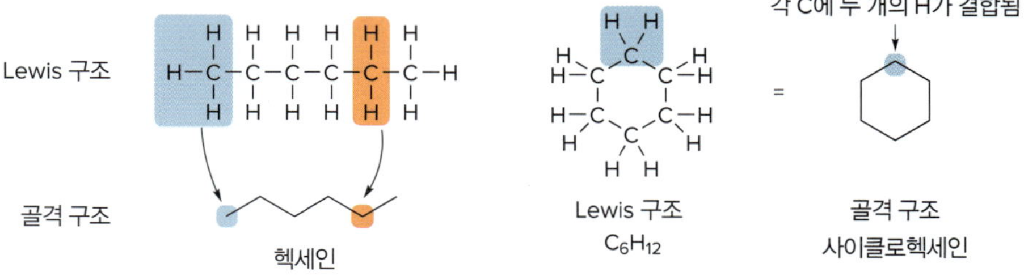

헥세인

Lewis 구조 C_6H_{12}

골격 구조 사이클로헥세인

해결 방법 골격 구조 해석하기

예제 다음 분자에 있는 모든 탄소, 수소 원자 및 고립쌍을 그려라.

단계 [1] 두 개의 선이 만나는 곳과 선의 끝에 C 원자를 표시한다.

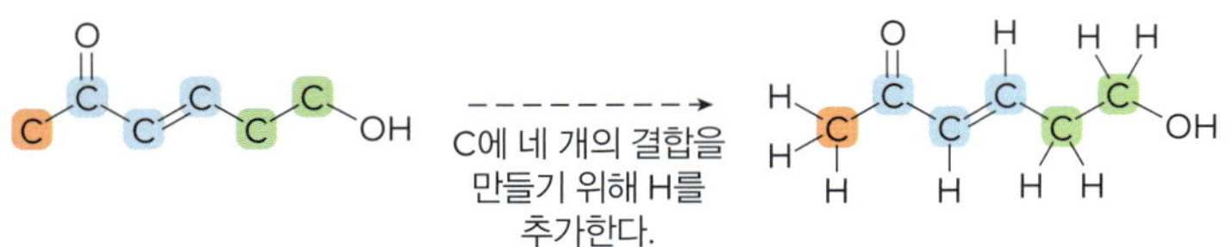

- 이 분자에는 사슬의 왼쪽 끝에 붉은색으로 표시된 C를 포함하여, 모두 여섯 개의 탄소가 있다.
- C=C와 OH기 사이에는 (녹색으로 표시된) 두 개의 C가 있다.

단계 [2] 각 C가 4가가 되도록 H를 그려 넣어 준다.

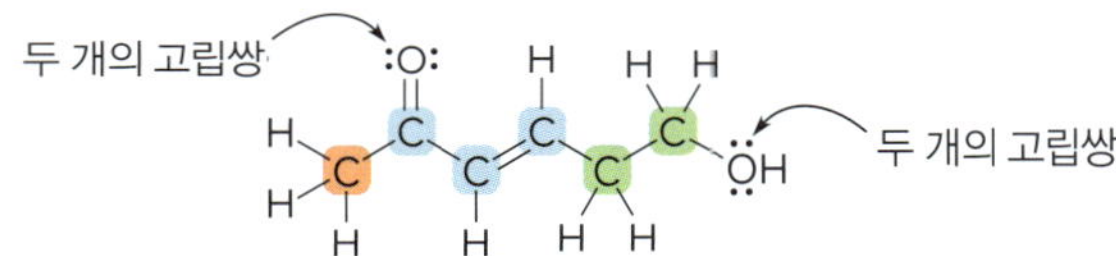

- 붉은색으로 표시된 끝에 위치한 C는 4가가 되기 위해 3개의 수소가 필요하다.
- C=C의 각 C는 벌써 3개의 결합이 있기 때문에 한 개의 H만 그려준다.
- C=C의 OH기 사이에는 두 개의 CH_2그룹이 있다.

단계 [3] 각 헤테로 원자에 고립쌍을 그려 넣어 팔전자가 되도록 한다.

두 개의 고립쌍

두 개의 고립쌍

각 O가 팔전자계를 이루려면 고립쌍이 **두 개** 필요하다.

그림 1.5에는 또 다른 골격 구조의 예가 실려 있으며, 예제 1.8은 더 복잡한 고리형 화합물에 대한 골격 구조를 해석하는 방법을 설명하고 있다.

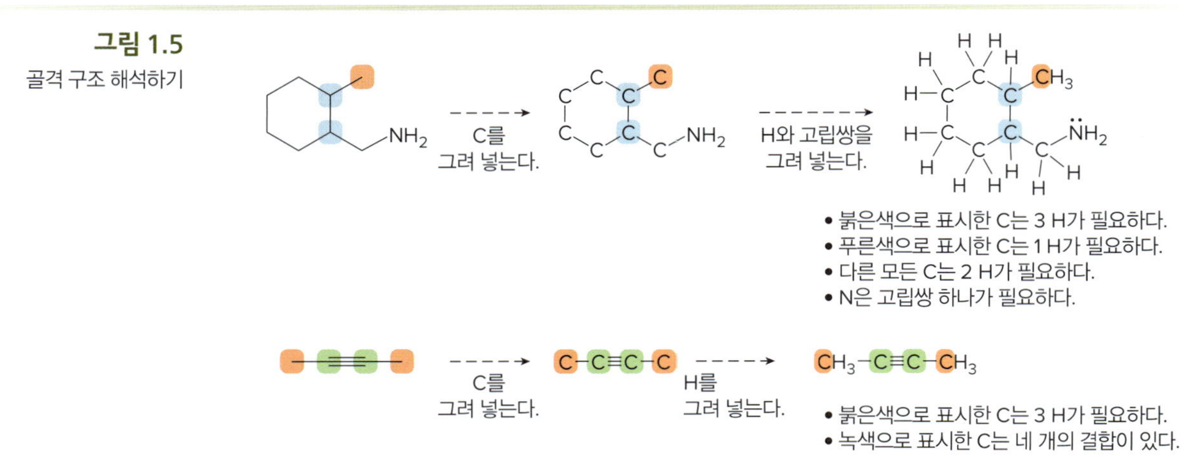

그림 1.5
골격 구조 해석하기

예제 1.8 골격 구조를 Lewis 구조로 변환하기

유기 화합물의 분자식을 쓰려면, C와 H 원소를 먼저 쓰고 그 다음에 다른 원소들을 알파벳 순서로 적는다.

바닐린(vanillin)의 모든 C 원자, H 원자와 고립쌍을 보여주는 완전한 구조를 그려라. 바닐린은 바닐라콩(vanilla bean) 추출물의 주요 성분이다.

바닐라 콩

Vast natalia/Alamy Stock Photo

풀이

- 골격 구조는 두 선이 만나는 점과 선의 말단에 C 원자가 있다.
- 각 C가 4가가 되도록 수소를 배치한다.
- 각 O 원자는 완전한 팔전자계를 이루기 위해서 두 개의 고립쌍이 필요하다.

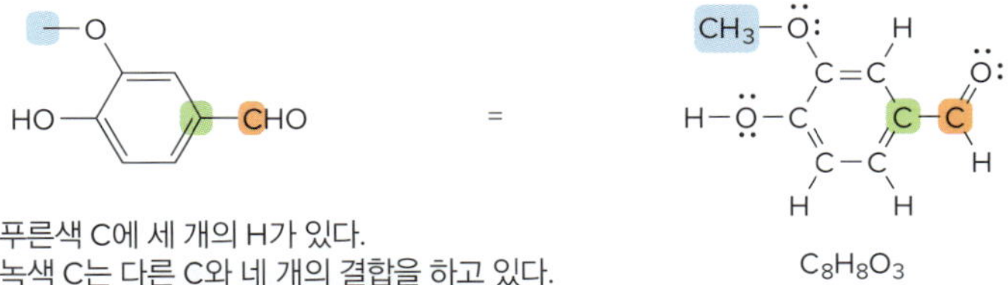

- 푸른색 C에 세 개의 H가 있다.
- 녹색 C는 다른 C와 네 개의 결합을 하고 있다.
- 붉은색 C는 O와 이중 결합을 하고 있다.

$C_8H_8O_3$

Elite Images/McGraw Hill

문제 1.27 다음 분자의 표시된 탄소에 수소가 각각 몇 개씩 결합되어 있는가? 각 화합물의 분자식은 무엇인가? 두 화합물 모두 시판되는 자외선 차단제의 활성 성분이다.

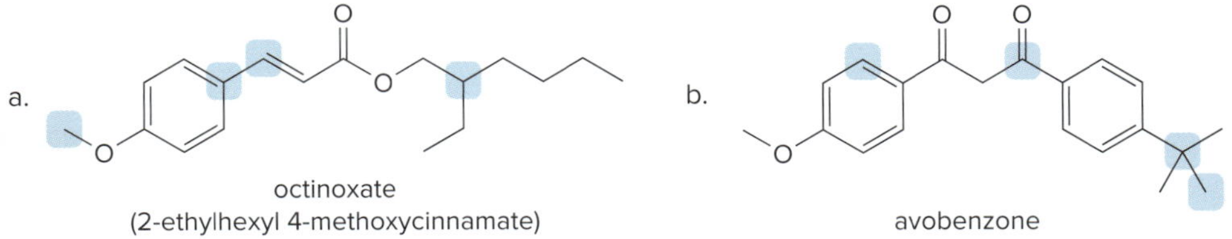

a. octinoxate (2-ethylhexyl 4-methoxycinnamate)

b. avobenzone

추가 문제: 문제 1.62, 1.63, 1.74a를 풀어보라.

문제 1.28 다음의 각 골격 구조를 C, H 및 고립쌍을 모두 그린 완전한 구조로 바꿔라.

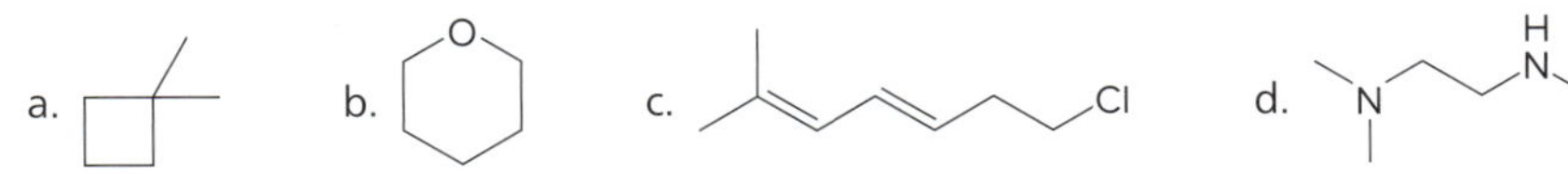

문제 1.29 다음 분자에서 강조 표시된 각각의 탄소 원자 주위에는 몇 개의 수소 원자가 있는가? 각 분자의 분자식은 무엇인가? 2′-Deoxyguanosine은 DNA의 한 성분이고 riboflavin은 푸른색 채소, 콩, 아몬드나 간 같은 식품에서 섭취하는 노란색의 수용성 비타민이다.

a.

2'-deoxyguanosine
DNA의 성분

b.

riboflavin
vitamin B_2

헤테로 원자가 탄소 골격에 결합되어 있을 때, **헤테로 원자는 탄소와 직접 결합하며,** 헤테로 원자와 탄소 원자 사이에는 H 원자가 없다. 그러므로 OH기는 OH가 어디에 위치하는가에 따라 OH 또는 HO로 나타낸다. 이와는 대조적으로, 탄소 치환기가 탄소 골격에 결합하고 있을 때, **H 원자는 수소 원자가 결합하고 있는 위치와 무관하게 탄소의 오른쪽에 나타낸다.**

O와 N 원자는 고리에 **직접** 결합되어 있다.

붉은색으로 표시된 두 C 원자는 가운데 C에 결합되어 있다.

붉은색으로 표시된 두 C 원자는 고리에 결합되어 있다.

1.8C 하전된 탄소 원자가 있는 골격 구조

양으로 또는 음으로 하전된 탄소 원자를 해석하는 경우에는 특별한 주의가 필요한데, 수소 원자뿐 아니라 고립쌍도 모두 생략되어 있기 때문이다. 다음 사항을 명심하도록 하자.

- 탄소에 있는 전하는 수소 원자 하나의 몫을 차지한다.
- 전하는 고립쌍의 수를 결정한다. 음으로 하전된 탄소에는 한 쌍의 고립쌍이 있지만 양으로 하전된 탄소는 고립쌍이 없다.

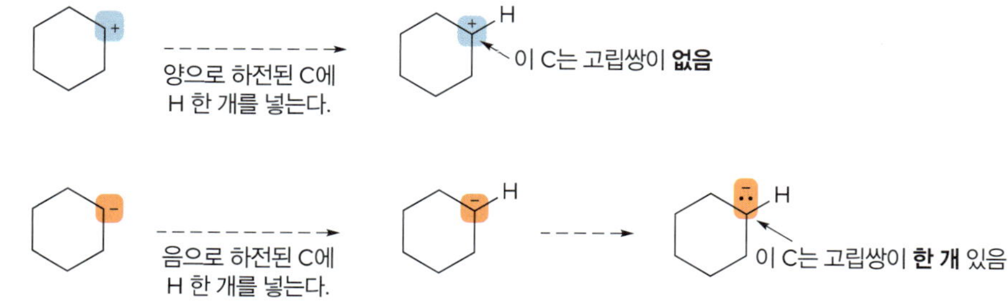

골격 구조에서는 헤테로 원자의 고립쌍을 생략하는 경우가 흔히 있으나 이를 절대로 잊어서는 안 된다. 원자의 형식 전하를 이용하면 고립쌍의 수를 쉽게 정할 수 있다. 예컨대 결합이 두 개인 중성 O 원자는 고립쌍 두 쌍이 필요하며, 결합이 세 개인 양으로 하전된 O 원자는 고립쌍 한 쌍을 더 필요로 한다.

중성 O 원자
두 개의 고립쌍

양으로 하전된 O 원자
한 개의 고립쌍

문제 1.30 다음 각 이온에서 하전된 탄소에 모든 수소와 고립쌍을 그려 넣어라.

a. b. c. d. e.

문제 1.31 형식 전하를 이용하여 다음 화합물에서 각각의 N 또는 O 원자에 고립쌍을 그려 넣어라.

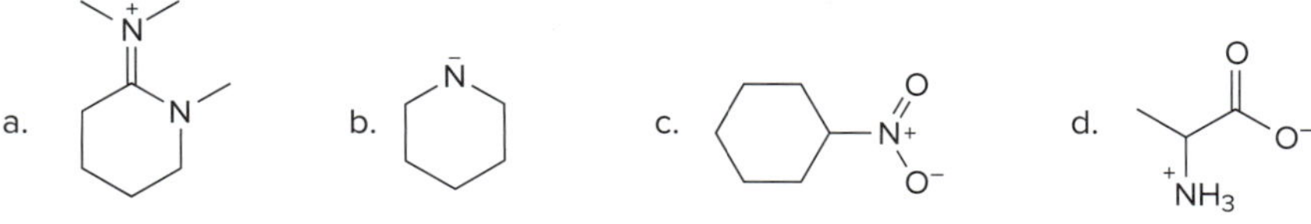

문제 1.32 각 이온에서 모든 수소 원자와 비결합 전자쌍을 그려 넣어라.

a. b. c. d. $\equiv\overset{+}{N}H$ e.

문제 1.33 (a)와 (b)에 나와 있는 분자의 골격 구조와 (c)와 (d)에 나와 있는 분자의 축약 구조를 그려라.

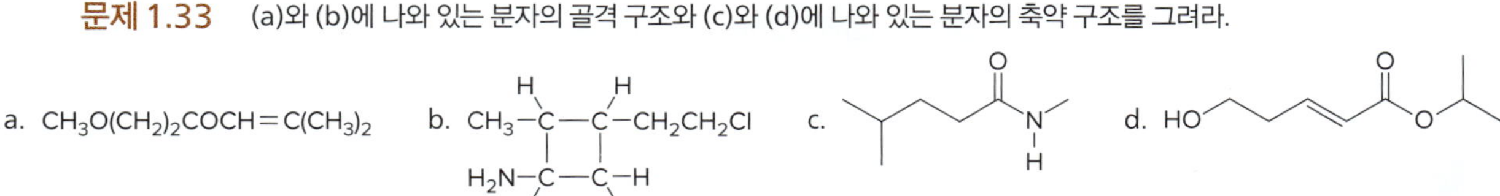

1.9 혼성화

첫 번째 및 두 번째 주기 원소는 결합을 생성할 때 어떤 오비탈을 사용할까?

1.9A 수소

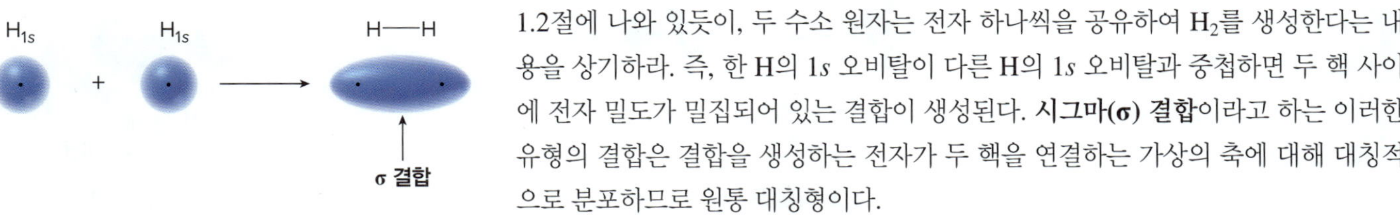

1.2절에 나와 있듯이, 두 수소 원자는 전자 하나씩을 공유하여 H_2를 생성한다는 내용을 상기하라. 즉, 한 H의 1*s* 오비탈이 다른 H의 1*s* 오비탈과 중첩하면 두 핵 사이에 전자 밀도가 밀집되어 있는 결합이 생성된다. **시그마(σ) 결합**이라고 하는 이러한 유형의 결합은 결합을 생성하는 전자가 두 핵을 연결하는 가상의 축에 대해 대칭적으로 분포하므로 원통 대칭형이다.

- **σ** 결합은 두 핵을 연결하는 축상에 전자 밀도가 밀집된다. 단일 결합은 모두 **σ** 결합이다.

1.9B 메테인의 결합

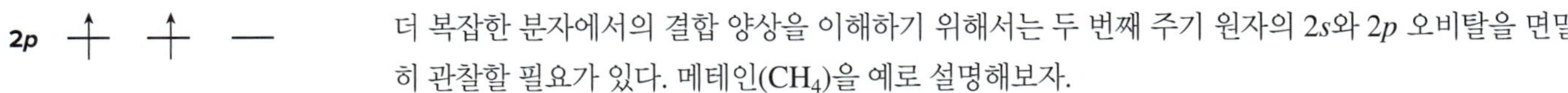

탄소의 네 원자가 전자의 바닥 상태

더 복잡한 분자에서의 결합 양상을 이해하기 위해서는 두 번째 주기 원자의 2*s*와 2*p* 오비탈을 면밀히 관찰할 필요가 있다. 메테인(CH_4)을 예로 설명해보자.

탄소에는 **4개의 원자가 전자**가 있다. 가장 안정한 전자 배치를 이루려면 전자는 가장 낮은 에너지의 오비탈부터 채워야 한다. 탄소의 경우 두 개의 전자는 2*s* 오비탈에, 나머지는 두 2*p* 오비탈에 하나씩 채워진다.

- 원자의 이러한 최저 에너지 전자 배치를 일컬어 **바닥 상태(ground state)**라고 한다.

이러한 설명에 따르면, **탄소는** 짝짓지 않은 전자가 두 개만 있기 때문에 **두 개의 결합만 생성해야 하며**, CH_2는 안정한 분자여야 한다. 하지만 탄소가 팔전자를 채우지 못하였기 때문에 CH_2는 실제로는 대단히 반응성이 큰 화학종이다.

CH_4에서 탄소 원자는 수소와 네 개의 결합을 이루고 모든 C−H 결합은 같기 때문에, 화학자는 탄소와 같은 원자가 결합을 생성할 때 순수한 *s* 오비탈과 *p* 오비탈을 사용하지 않는다는 것을 제안하게 되었다. 그 대신 원자는 **혼성 오비탈(hybrid orbital)**이라고 부르는 새로운 오비탈 조합을 사용한다는 것이다. 이러한 혼성 오비탈을 생성하는 수학적 과정을 **혼성화(hybridization)**라고 한다.

- **혼성화**란 둘 이상의 오비탈을 조합하여 모양과 에너지가 같은 동일한 개수의 오비탈을 생성하는 과정이다.

탄소에서 2*s* 오비탈 하나와 2*p* 오비탈 셋이 혼성화 과정을 거치면 각각 하나의 전자가 있는 네 개의 혼성 오비탈이 생성된다. 이들 새로운 혼성 오비탈은 에너지가 2*s*와 2*p*의 중간이다.

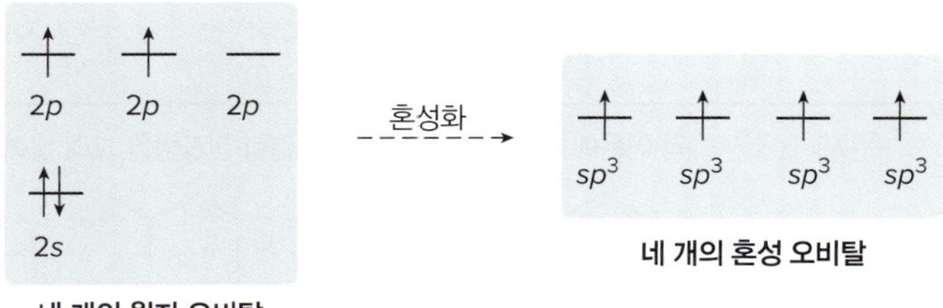

- 이 혼성 오비탈은 *s* 오비탈 **하나**와 *p* 오비탈 **셋**으로 생성되었기 때문에 ***sp*^{3} 혼성 오비탈(*sp*^{3} hybrid)**이라고 부른다.

p 오비탈

***sp*^{3}** 혼성 오비탈

이 새로운 혼성 오비탈은 어떻게 생겼을까? 구형인 2*s* 오비탈과 아령 모양인 세 2*p* 오비탈이 혼합되면 한쪽 귓불(lobe)은 크고 다른 쪽 귓불은 작으면서 정사면체의 꼭짓점을 향하고 있는 네 개의 오비탈이 생성된다. 큰 쪽 귓불에는 두 핵 간의 결합을 생성하는 방향으로 전자 밀도가 밀집되어 있다. **혼성 오비탈로부터 생성된 결합은 순수한 *p* 오비탈로부터 생성된 결합에 비하여 훨씬 더 센 결합을 할 수 있다.**

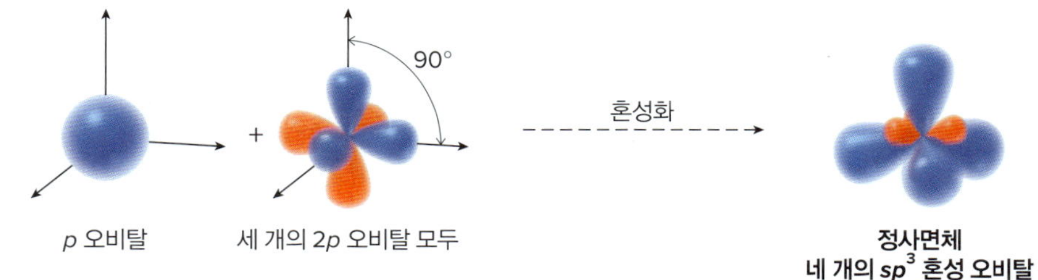

네 개의 혼성 오비탈은 네 개의 동일한 결합을 생성한다. 이제는 CH_4에서 관찰된 결합을 설명할 수 있게 되었다.

- CH_4의 각 결합은 탄소의 *sp*^{3} 혼성 오비탈과 수소의 1*s* 오비탈이 중첩되어 생성된다. 이 네 결합은 정사면체의 꼭짓점을 향한다.

네 개의 C−H 결합 모두 **σ 결합**이며 전자 밀도가 C와 H가 연결된 축 위에 밀집되어 있다. CH_4의 결합 오비탈 그림을 그림 1.6에 나타내었다.

그림 1.6
sp^3 혼성 오비탈을 사용하는 CH_4의 결합

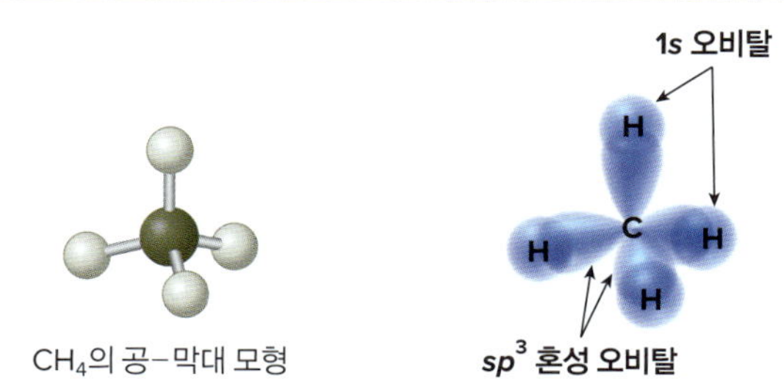

- 네 개의 모든 C−H 결합은 σ 결합이다. 각 결합은 탄소의 *sp*^{3} 혼성 오비탈과 수소의 1*s* 오비탈의 중첩으로 생성된다.

문제 1.34 어떤 오비탈이 $CH_3CH_2CH_3$(프로페인)의 C−C 및 C−H 결합에 사용되고 있는가? 이 분자에는 몇 개의 σ 결합이 존재하는가?

- 네 개의 그룹(원자와 고립쌍)으로 둘러싸여 있는 원자는 모두 sp^3 혼성이다.

$\mathbf{NH_3}$의 N 원자와 $\mathbf{H_2O}$의 O 원자는 둘 다 네 개의 그룹에 의해 둘러싸여 있으므로 sp^3 혼성화되어 있다. 이들 분자에 있는 각각의 N−H와 O−H의 결합은 sp^3 혼성 오비탈이 H의 1*s* 오비탈에 중첩되어 생성된다. 그림 1.7에 나와 있듯이 N과 O의 고립쌍은 sp^3 혼성 오비탈을 점유한다.

그림 1.7
NH_3 및 H_2O의 혼성 오비탈

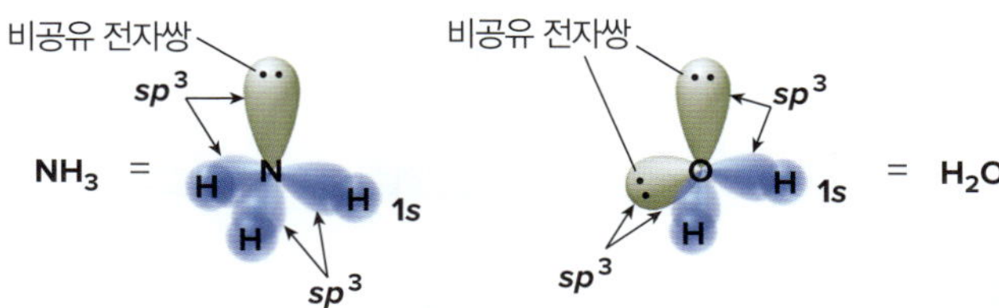

1.9C 그 밖의 혼성화 양식—*sp* 및 *sp*^{2} 혼성 오비탈

sp^3 혼성 오비탈을 이루는 것은 2*s*와 2*p* 오비탈이 혼성화하는 양식의 하나일 뿐이다. 사실 유기 분자에서는 세 가지 방식의 혼성화를 흔히 보게 된다. 혼성화에서 오비탈의 개수는 항상 보존된다. 다시 말하면, **혼성화하는 원자 오비탈의 수와 동일한 수의 혼성 오비탈이 생성된다.**

- 2*s* 오비탈 **하나**와 2*p* 오비탈 **셋**에서 **네 개**의 sp^3 혼성 오비탈이 생성된다.
- 2*s* 오비탈 **하나**와 2*p* 오비탈 **둘**에서 **세 개**의 sp^2 혼성 오비탈이 생성된다.
- 2*s* 오비탈 **하나**와 2*p* 오비탈 **하나**에서 **두 개**의 *sp* 혼성 오비탈이 생성된다.

우리는 이미 2*s* 오비탈 하나와 2*p* 오비탈 세 개에서 어떻게 네 개의 sp^3 혼성 오비탈이 생성되는지 그림으로 살펴보았다. 그림 1.8과 1.9에는 같은 방식으로 *sp* 및 sp^2 오비탈의 생성 과정이 그려져 있다. 각 *sp* 및 sp^2 오비탈은 sp^3 혼성 오비탈처럼 한쪽 귓불은 크고 다른 쪽 귓불은 작다. 주의해야 할 점은 sp^2 혼성화와 *sp* 혼성화는 각각 **하나 그리고 두 개의 혼성화되지 않은 2*p* 오비탈**을 각 원자에 **남겨 두고 있다**는 점이다.

그림 1.8
두 개의 *sp* 혼성 오비탈의 생성

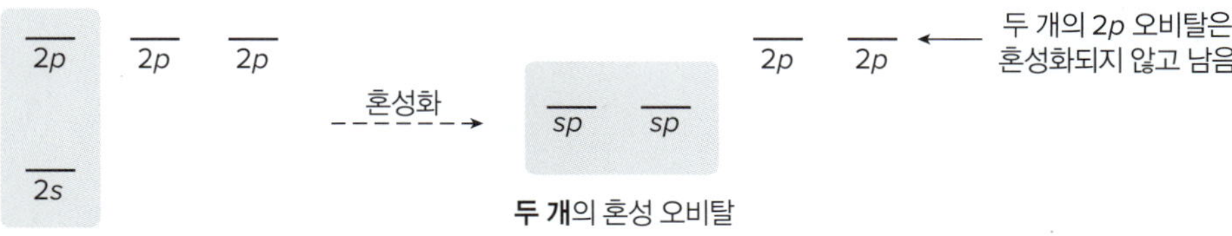

• **두 개의 *sp* 혼성 오비탈**을 생성하는 데는 **한 개의 2*s* 오비탈**과 **한 개의 2*p* 오비탈**을 사용하며, **두 개의 2*p* 오비탈**은 **혼성화되지 않는다.**

그림 1.9
세 개의 sp^2 혼성 오비탈의 생성

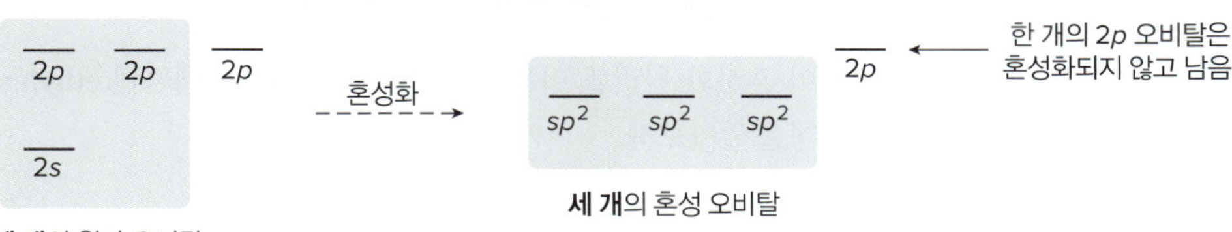

• **세 개의 sp^2 혼성 오비탈**을 생성하는 데는 **한 개의 2*s* 오비탈**과 **두 개의 2*p* 오비탈**을 사용하며, **한 개의 2*p* 오비탈**은 **혼성화되지 않고** 남는다.

혼성 오비탈의 **위 첨자**는 혼성 오비탈을 만드는 데 사용한 **원자 오비탈의 수**와 같다. 숫자 '1'은 생략되어 있다.

예를 들면: $sp^3 = s^1p^3$

각 혼성 오비탈을 만드는 데 **한 개**의 $2s$ + **세 개**의 $2p$ 오비탈이 사용됨

분자 내의 주어진 원자의 혼성화를 결정하기 위해서는 기하 구조를 결정하기 위하여 했던 것과 같이 원자 주위 그룹(원자와 비결합 전자쌍)의 수를 헤아린다.

- 한 원자 주위의 그룹의 수는 정확히 혼성화 오비탈로 혼성화되는 원자 오비탈 수와 같다(표 1.4).

표 1.4 혼성 오비탈의 세 유형

원자 주위의 그룹의 수	사용된 오비탈의 수	혼성 오비탈의 유형
2	2	**두 개**의 sp 혼성 오비탈
3	3	**세 개**의 sp^2 혼성 오비탈
4	4	**네 개**의 sp^3 혼성 오비탈

여러 가지 탄소 화합물의 혼성화는 1.10절에 나와 있다.

예제 1.9 원자의 혼성화 결정하기

메탄올, CH_3OH의 각 결합을 생성하는 데 어떤 오비탈이 사용되는가?

풀이

이 문제를 풀기 위해 **타당한 Lewis 구조를 그리고, 각 원자 주위에 있는 그룹의 수를 헤아려야 한다**. 그 다음, **두 개의 그룹 = sp, 세 개의 그룹 = sp^2, 네 개의 그룹 = sp^3**라는 혼성화를 결정하는 규칙을 사용한다.

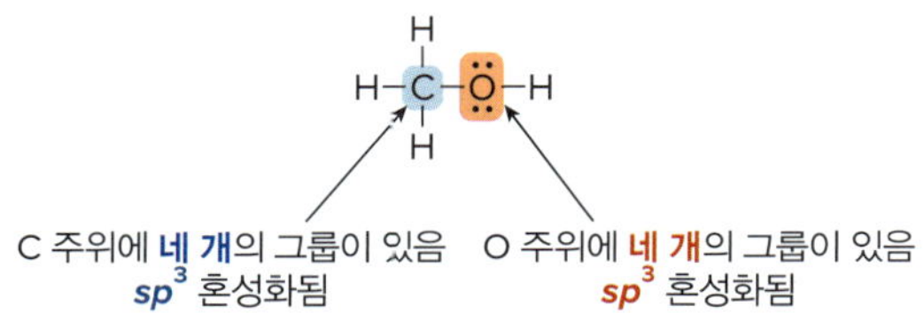

- 모든 C—H 결합은 $C_{sp^3}—H_{1s}$로 생성된다.
- C—O 결합은 $C_{sp^3}—O_{sp^3}$로 생성된다.
- O—H 결합은 $O_{sp^3}—H_{1s}$로 생성된다.

문제 1.35 다음 분자에서 각 강조 표시된 결합을 생성하기 위하여 무슨 오비탈이 사용되는가? 각 O와 N의 고립쌍은 무슨 종류의 오비탈에 놓여 있는가?

(a) (b) (c) (d) (e) (f)

추가 문제: 문제 1.45e, 1.46e, 1.67, 1.68, 1.75c, 1.78d를 풀어보라.

1.10 에테인, 에틸렌 및 아세틸렌

이 혼성화 원리를 이용하여 **에테인(ethane)**, **에틸렌(ethylene)** 및 **아세틸렌(acetylene)**의 결합 유형을 알아보자.

에테인 에틸렌 아세틸렌

1.10A 에테인—CH_3CH_3

에테인 CH_3CH_3의 Lewis 구조에 의하면 각 탄소는 다른 네 원자와 단일 결합을 하고 있다. 그 결과

- 각 탄소는 정사면체형이다.
- 각 탄소는 sp^3 혼성화되어 있다.

CH_3CH_3 에테인 = (H, H, C, H, C, H, H, H) =

정사면체 C 원자

에테인은 천연가스의 한 성분이다.
Steve Allen/Stockbyte/Getty Images

에테인의 모든 결합은 σ 결합이다. C—H 결합은 각 탄소의 sp^3 혼성 오비탈 하나와 수소의 1*s* 오비탈 하나가 중첩되어 생성된다. C—C 결합은 각 탄소의 sp^3 혼성 오비탈이 중첩되어 생성된다.

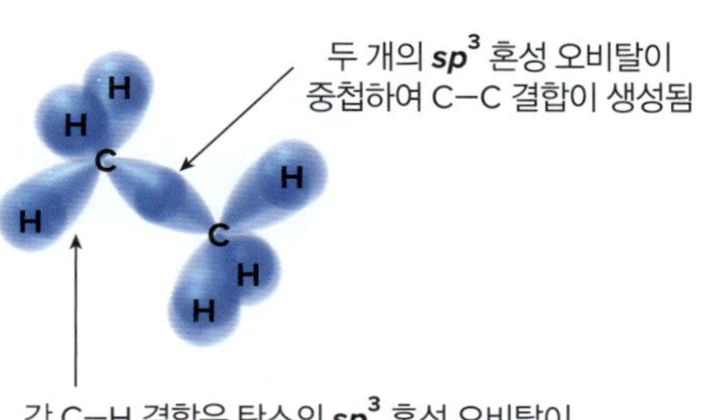

에테인의 모형을 보면 중심 **C—C σ 결합 주위로 회전이 가능하다**는 것을 알아낼 수 있다. 회전이 일어나기 전과 후에 붉은색으로 표시한 H 원자의 위치에서 볼 수 있듯이, 이웃한 CH_3기에 있는 수소 원자의 상대적인 위치는 변화한다. 이 과정은 4장에서 보다 상세히 취급한다.

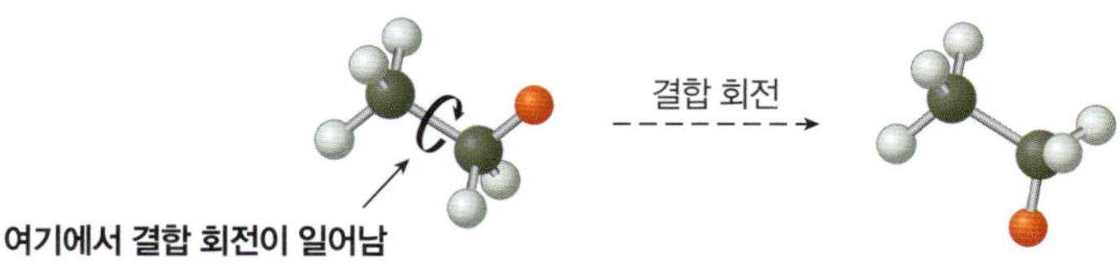

1.10B 에틸렌—C_2H_4

에틸렌은 플라스틱인 폴리에틸렌을 제조하는 데 중요한 출발물이다.
Nextdoor Images/Creatas/PunchStock

에틸렌 $CH_2{=}CH_2$의 Lewis 구조에 따르면, 각 탄소는 두 수소 원자와 단일 결합을 하고 다른 탄소와 이중 결합을 하고 있다. 따라서 C는 세 개의 그룹에 의해 에워싸여 있다. 그 결과

- 각 탄소는 삼각 평면형이다(1.7B절).
- 각 탄소는 sp^2 혼성화되어 있다.

$CH_2{=}CH_2$ 에틸렌 = (H, H, C=C, H, H) 120°

C 주위에 세 개의 그룹

그러면 C—C 이중 결합의 두 결합을 생성하는 데는 어떤 오비탈이 사용될까? ***sp*^2^ 혼성 오비탈은 2*s* 오비탈 하나와 두 개의 2*p* 오비탈**로부터 생성되며, 한 개의 **2*p* 오비탈은 혼성화되지 않고** 남아 있게 된다는 1.9절의 내용을 상기하자. 탄소는 원자가 전자가 넷이므로 **각 오비탈에는** 결합을 생성하는 데 사용되는 **전자가 하나씩 있게 된다**.

$CH_2{=}CH_2$의 sp^2 혼성화 C에는 sp^2 혼성 오비탈 세 개와 에너지가 더 높은, 혼성화되지 않은 p 오비탈이 있다.

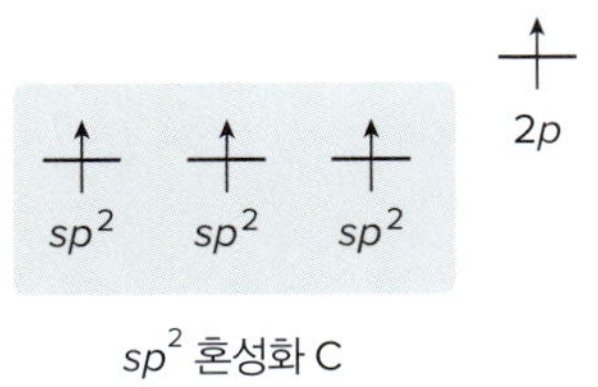

각 C−H 결합은 탄소의 sp^2 혼성 오비탈과 수소의 $1s$ 오비탈의 정면 겹침(end-on overlap)으로 생성된다. 비슷하게 C−C 결합 하나도 각 탄소 원자의 sp^2 혼성 오비탈의 정면 겹침으로 생성된다. 이들 결합이 모두 **σ 결합**이다. 모든 5개의 σ 결합은 다음 표현에서 위에서 본 것처럼 그리고 그림 1.10a의 옆에서 본 것처럼 같은 평면에 놓여 있게 된다.

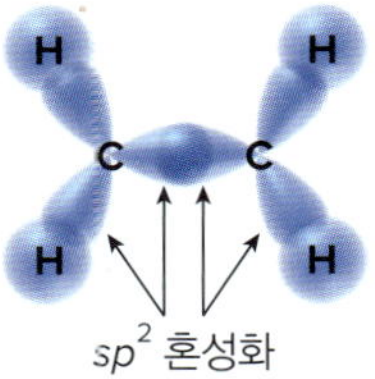

- 각 C에는 세 개의 sp^2 혼성 오비탈이 있다.
- C−H 결합과 C−C 결합은 σ 결합이다.

두 번째 C−C 결합은 각 탄소의 $2p$ 오비탈의 측면 겹침(side-by-side overlap)으로 생성된다. 혼성화되지 않은 $2p$ 오비탈은 분자의 평면에 수직하게 놓여 있기 때문에, 측면 겹침은 그림 1.10b에 나타낸 것과 같이 sp^2 혼성 오비탈로 이루어진 평면(즉 σ 결합으로 여섯 원자가 놓인 평면)의 위 아래에 전자 밀도를 생성한다.

그림 1.10
에틸렌의 σ 결합과 π 결합

a.

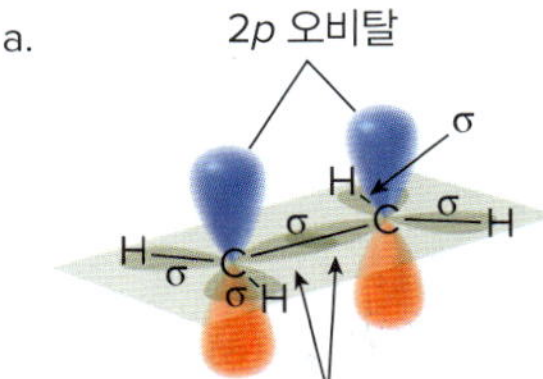

- 두 개의 sp^2 혼성 오비탈의 겹침으로 C−C σ 결합이 생성됨

b.

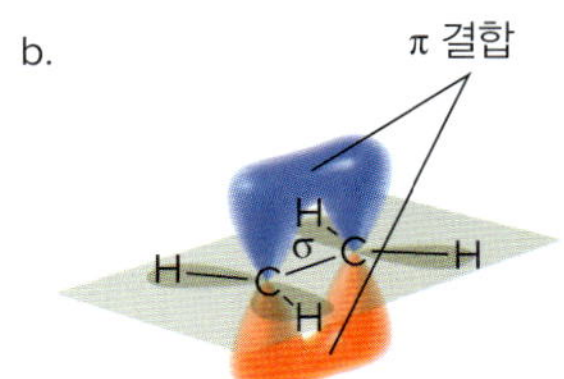

- 두 개의 $2p$ 오비탈의 겹침으로 C−C π 결합이 생성됨
- π 결합은 분자 **평면의 위쪽과 아래쪽**에 펼쳐져 있음

이 두 번째 결합에서 전자 밀도는 두 핵을 연결하는 축에 밀집되지 **않는다**. 이 새로운 형태의 결합을 **π 결합(π bond)**이라고 부른다. π 결합의 전자 밀도는 두 핵에서 더 멀리 떨어져 있으므로 **π 결합은 σ 결합에 비하여 더 약하고 따라서 더 쉽게 깨어진다.**

따라서 두 탄소−탄소 이중 결합은 두 성분으로 이루어진다.

- 두 sp^2 혼성 오비탈의 정면 겹침으로 생성되는 σ 결합
- 두 $2p$ 오비탈의 측면 겹침으로 생성되는 π 결합

에테인의 C−C 단일 결합과 달리 에틸렌의 C−C 이중 결합을 축으로 하는 회전은 **제한되어 있다**. 우선 이 π 결합이 깨어지고 나서 회전이 일어나고 다시 결합이 생성되는 과정을 거쳐야만 가능한데, 이 과정에는 상당한 에너지가 필요하기 때문이다.

모든 이중 결합은 σ 결합 하나와 π 결합 하나로 이루어진다.

C=C 결합을 축으로 회전이 불가능하다.

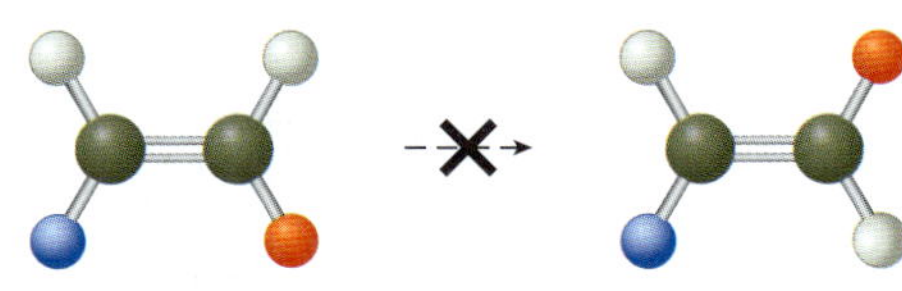

1.10C 아세틸렌—C_2H_2

아세틸렌은 연소하면서 매우 뜨거운 불꽃이 생성되기 때문에 용접 토치에 자주 사용된다. 또한 불꽃이 매우 밝아 한때 동굴을 연구하고 탐험하는 동굴 탐험가의 램프로 사용되었다.
Phillip Spears/Getty Images

HC≡CH의 *sp* 혼성화 C에는 *sp* 혼성 오비탈 두 개와 에너지가 더 높은, 혼성화되지 않은 *p* 오비탈 두 개가 있다.

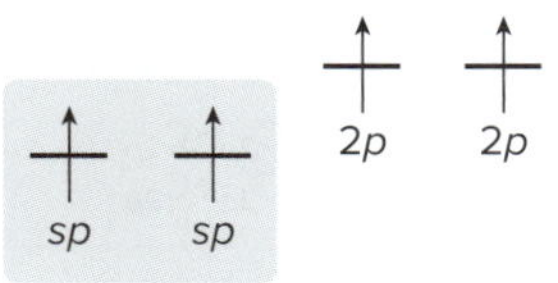

아세틸렌(HC≡CH)의 Lewis 구조에 근거하면 각 탄소는 수소 원자 하나에 단일 결합을 하고 탄소와 삼중 결합을 하여, 각 탄소는 두 개의 그룹에 의해 에워싸여 있다. 그 결과

- 각 탄소는 선형이다(1.7B절).
- 각 탄소는 *sp* 혼성화되어 있다.

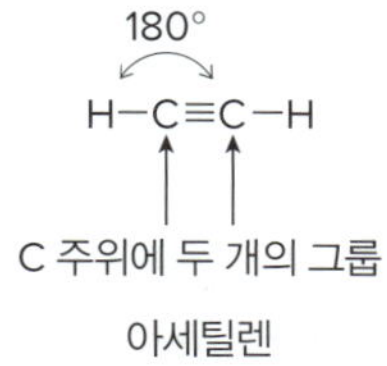

C−C 삼중 결합의 생성에 어떤 오비탈이 사용될까? 1.9절의 내용을 상기하면, ***sp* 혼성 오비탈은 2*s* 오비탈 하나와 2*p* 오비탈 하나**로 생성되며, **두 개의 2*p* 오비탈이 혼성화되지 않고** 남아 있다. 탄소는 원자가 전자가 네 개이므로 **각 오비탈에는** 결합을 생성하는 데 사용될 수 있는 **전자가 하나씩 있게 된다.**

각 C−H 결합은 탄소의 *sp* 혼성 오비탈과 수소의 1*s* 오비탈의 정면 겹침으로 생성된다. 비슷하게 C−C 결합은 각 탄소의 *sp* 혼성 오비탈의 정면 겹침으로 생성된다. 이들 결합은 각각 **σ 결합**이다.

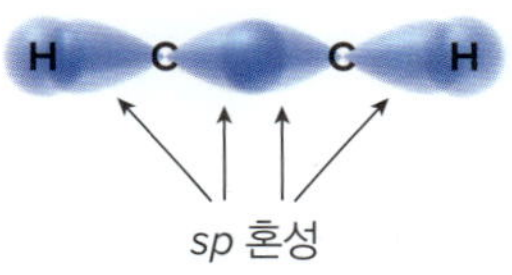

- 각 탄소에 두 *sp* 혼성 오비탈이 존재
- C−H 결합과 C−C 결합은 σ 결합임.

각 탄소 원자는 서로에 수직이고 또한 *sp* 혼성 오비탈에 수직인 두 개씩의 **혼성화되지 않은 2*p* 오비탈**이 있다(그림 1.11a). 이들 두 2*p* 오비탈의 측면 겹침으로 C−C 삼중 결합의 두 번째 및 세 번째 결합이 생성된다(그림 1.11b). 이들 결합 가운데 하나는 두 핵을 잇는 축의 위아래에 전자 밀도를 생성하고 다른 한 결합의 전자 밀도는 두 핵을 잇는 축의 앞쪽과 뒤쪽에 놓이며, 이들 둘 모두 **π 결합**이다.

그림 1.11
아세틸렌의 σ 결합과 π 결합

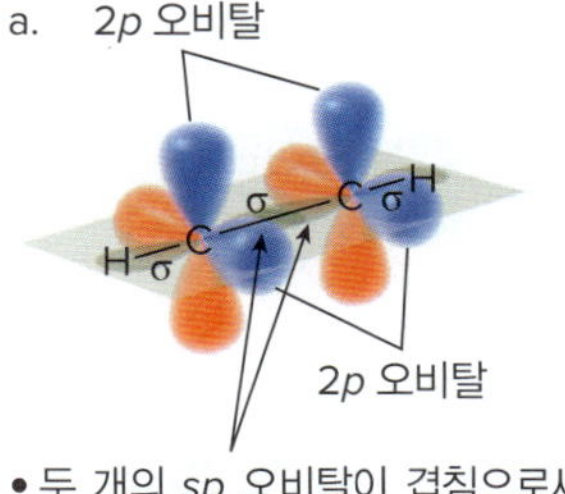

- 두 개의 *sp* 오비탈이 겹침으로써 C−C σ 결합이 생성됨

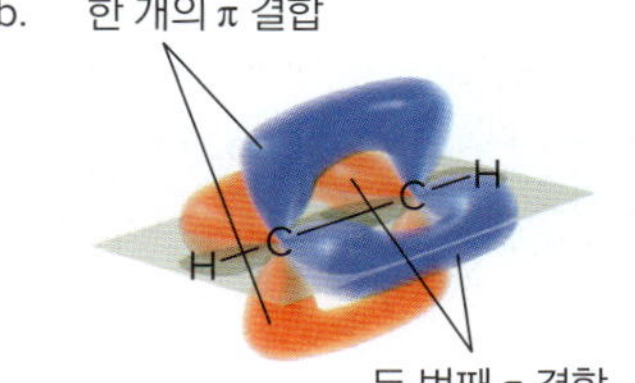

- 2개의 2*p* 오비탈 2세트가 겹침으로써 두 개의 C−C π 결합이 생성됨
- 2개의 π 결합이 선형 분자의 축에서 펼쳐져 나옴

두 *p* 오비탈이 측면-측면으로 중첩하면 항상 π 결합이 생성된다.

모든 삼중 결합은 한 개의 σ 결합과 두 개의 π 결합으로 이루어져 있다.

따라서 탄소-탄소 삼중 결합은 세 성분으로 구성되어 있다.

- 두 *sp* 혼성 오비탈의 정면 겹침으로 생성되는 **σ** 결합
- 2*p* 오비탈 두 쌍의 측면 겹침으로 생성되는 두 개의 **π** 결합

표 1.5에 탄소 화합물에서 가능한 세 가지 결합 유형이 요약되어 있다.

표 1.5 탄소 화합물에서 볼 수 있는 공유 결합 요약

C에 결합되어 있는 기의 수	혼성화	결합각	예	관찰되는 결합
4	sp^3	109.5°	CH_3CH_3 에테인	한 개의 σ 결합 $C_{sp^3}-C_{sp^3}$
3	sp^2	120°	$CH_2=CH_2$ 에틸렌	한 개의 σ 결합 + 한 개의 π 결합 $C_{sp^2}-C_{sp^2}$ $C_{2p}-C_{2p}$
2	sp	180°	$HC\equiv HC$ 다세틸렌	한 개의 σ 결합 + 두 개의 π 결합 $C_{sp}-C_{sp}$ $C_{2p}-C_{2p}$ $C_{2p}-C_{2p}$

예제 1.10 혼성화 결정하기

사이클로헥산온(cyclohexanone)에 관하여 다음 물음에 답하라.

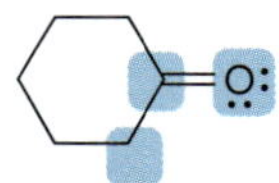

사이클로헥산온

a. 표시된 원자의 혼성화를 결정하라.
b. C−O 이중 결합을 생성하는 데 어떤 오비탈이 사용되는가?
c. 고립쌍은 어떤 오비탈에 점유되어 있는가?

풀이

a.

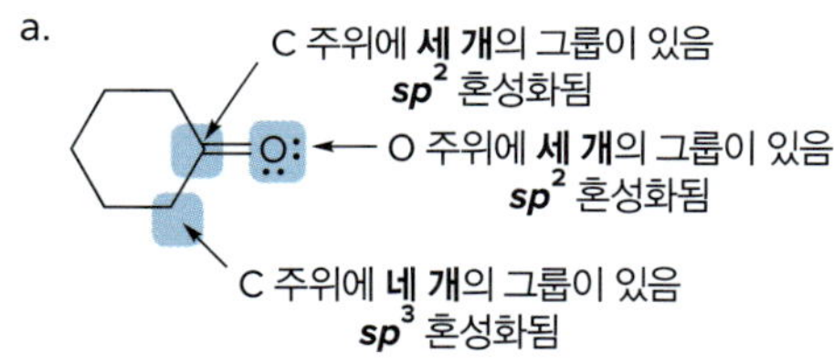

b. • $C_{sp^2}-O_{sp^2}$의 정면 겹침으로 σ 결합이 생성된다.
• $C_{2p}-O_{2p}$의 측면 겹침으로 π 결합이 생성된다.

c. O 원자에 sp^2 혼성 오비탈 셋이 있다.
• 하나는 이중 결합의 σ 결합 생성에 사용된다.
• 나머지 두 sp^2 혼성 오비탈은 고립쌍에 의해 점유된다.

문제 1.36 다음 분자에 표시된 원자의 혼성화 상태를 결정하라.

a. 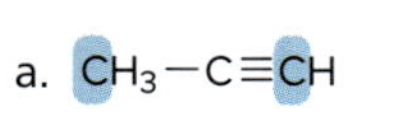

b. 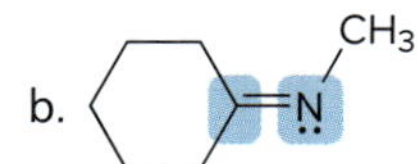

c. 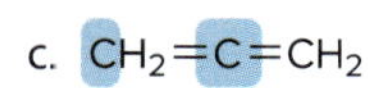

d. 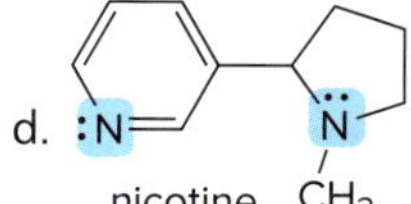

추가 문제: 문제 1.45d, 1.46d, 1.66, 1.74c, 1.75a, 1.76a, 1.78c를 풀어보라.

문제 1.37 2017년에 미국에서 사용 승인을 받은 acalabrutinib(상품명 Calquence)은 외투세포 림프종의 치료제이다. (a) Acalabrutinib에는 몇 개의 sp, sp^2, sp^3 혼성화 탄소 원자가 들어 있는가? (b) 푸른색으로 표시한 O 원자의 혼성화는 무엇인가? (c) 어떤 오비탈이 붉은색으로 표시한 탄소–질소 이중 결합을 생성하는 데 사용되는가?

일반명: acalabrutinib
상품명: Calquence

1.11 결합 길이와 결합 세기

이제 에테인, 에틸렌, 그리고 아세틸렌의 C–C 및 C–H 결합의 결합 길이와 결합 세기에 관하여 알아보기로 하자.

1.11A 탄소–탄소 결합의 비교

에너지의 SI 단위는 **주울**(J)인 반면에, 유기 화학자는 흔히 에너지 값을 **칼로리(calories, cal)**로 보고한다. 이러한 이유로 이 교재에 나오는 표의 에너지 값은 주울 단위로 보고하고 괄호 속에 칼로리의 값이 나와 있다.
1 cal = 4.18 J

결합 길이와 결합 세기 사이에는 역관계가 성립한다. 결합이 짧을수록 전자 밀도는 핵 가까이에 분포하게 되고 결합은 그만큼 끊기 어려워진다. **짧은 결합일수록 센 결합이다.**

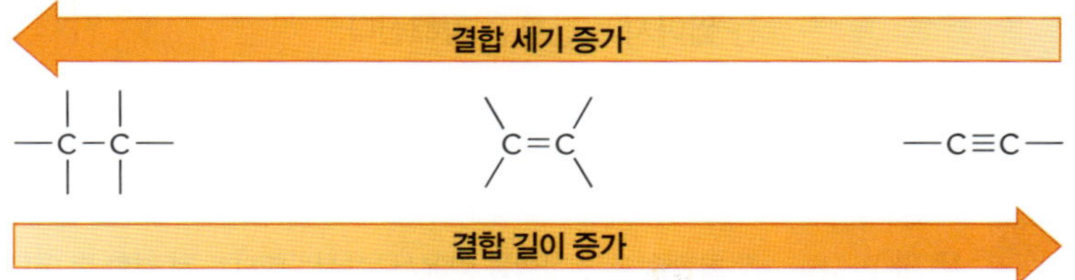

- 두 핵 사이의 전자의 수가 **증가하면** 결합은 짧아지고 세진다.
- 따라서 삼중 결합은 이중 결합보다 짧고 세며, 이중 결합은 단일 결합보다 짧고 세다.

CH_3CH_3, $CH_2{=}CH_2$ 그리고 HC≡CH의 결합 길이 및 결합 세기 값이 표 1.6에 실려 있다. C–C 이중 결합과 같은 다중 결합에 관련은 있지만 서로 다른 두 가지 원리를 혼동하지 않도록 주의하자. **이중 결합은 σ와 π 결합으로 되어 있어 센 결합이다.** 그러나 이중 결합의 **π 성분은 σ 성분에 비하여 훨씬 약한 결합이다.** 이 점은 10장에서 알켄을 공부할 때 특히 중요하게 고려하여야 할 사항이다.

표 1.6 에테인, 에틸렌 및 아세틸렌의 결합 길이와 결합 세기

화합물	C–C 결합 길이(pm)		결합 세기 kJ/mol (kcal/mol)	
$CH_3{-}CH_3$	153	결합 길이의 증가 (↑)	368 (88)	결합 세기의 증가 (↓)
$CH_2{=}CH_2$	134		635 (152)	
HC≡CH	121		837 (200)	
화합물	**C–C 결합 길이(pm)**		**결합 세기 kJ/mol (kcal/mol)**	
$CH_3CH_2{-}H$	111	결합 길이의 증가 (↑)	410 (98)	결합 세기의 증가 (↓)
$CH_2{=}C(H)H$	110		435 (104)	
HC≡C–H	109		523 (125)	

1.11B 탄소-수소 결합의 비교

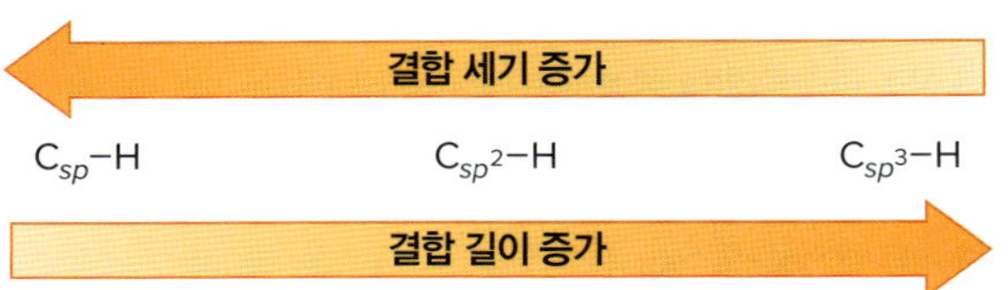

C–H 결합의 결합 길이와 결합 세기는 탄소 원자의 혼성화 상태에 따라 약간의 차이를 보인다.

그 까닭을 이해하려면, 각 혼성화 오비탈 생성에 사용되는 원자 오비탈을 고찰하지 않으면 안 된다. $2s$ 오비탈 하나는 어느 경우에나 다 쓰이지만, 쓰이는 $2p$ 오비탈의 수는 혼성화 유형에 따라 다르다. ***s*-성질 백분율(percent *s*-character)**이라 부르는 수치는 오비탈 혼성화에 쓰이는 $2s$ 오비탈의 분율을 나타낸다.

$$sp \text{ 혼성 } \frac{\text{한 개의 2s 오비탈}}{\text{두 개의 혼성 오비탈}} = 50\%\ s\text{-성질}$$

$$sp^2 \text{ 혼성 } \frac{\text{한 개의 2s 오비탈}}{\text{세 개의 혼성 오비탈}} = 33\%\ s\text{-성질}$$

$$sp^3 \text{ 혼성 } \frac{\text{한 개의 2s 오비탈}}{\text{네 개의 혼성 오비탈}} = 25\%\ s\text{-성질}$$

그러면 어떻게 혼성 오비탈의 s-성질 백분율이 C–H 결합 길이에 영향을 미칠까? $2s$ 오비탈의 전자 밀도는 $2p$ 오비탈의 전자 밀도에 비해 핵에 더 가까이 분포한다. ***s*-성질 백분율이 증가**하면 할수록 혼성 오비탈은 전자를 핵에 더 가까이 분포하도록 하여, 전자는 핵에 더 가까워지고 **결합 길이는 짧아지며** 결합은 **강해진다**.

- **s-성질 백분율 증가 ⟶ 결합 세기 증가 ⟶ 결합 길이 감소**

문제 1.38 각 화합물 혹은 화합물 쌍에서 붉은색 표시가 된 결합 중 어느 것의 결합 길이가 더 짧은가?

어떤 종류의 백단향 씨는 탄소–탄소 삼중 결합이 있는 특이한 지방산인 santalbic acid(문제 1.39)가 풍부하게 들어 있다. *Bijayakumar/Shutterstock*

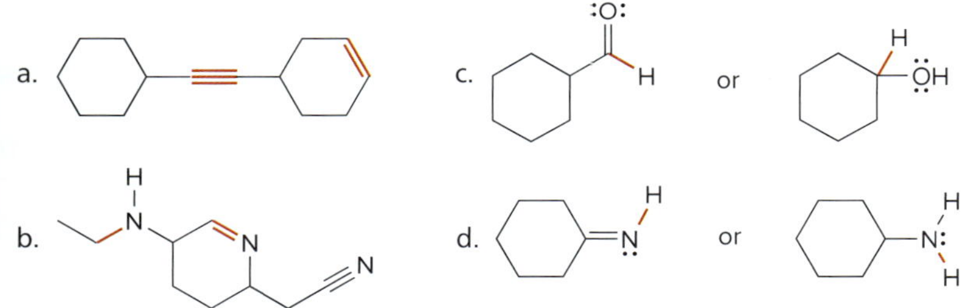

문제 1.39 백단향 씨에서 얻어지는 지방산으로, 화장품에 쓰이는 지방산인 santalbic acid의 표시된 결합을 결합 길이가 증가하는 순서로 정렬하라.

[1] [2] [3] [4] OH O

1.12 전기 음성도와 결합 극성

전기 음성도(*electronegativity*)는 결합에서 원자가 전자를 당기는 힘의 척도이다. 따라서 전기 음성도는 특정 원자가 전자를 얼마나 '갖고 싶어 하는가'를 나타낸다.

- 전기 음성도는 주기율표의 주기를 따라 오른쪽으로 가며 **증가하는데**, (불활성 기체의 전자 배치를 제외하고)핵의 전하가 증가하기 때문이다.
- 전기 음성도는 주기율표의 족을 따라 내려가며 **감소하는데**, 원자 반지름이 증가하여 원자가 전자가 핵으로부터 멀어지기 때문이다.

그 결과, 전기 음성도가 가장 높은 원소는 주기율표상에서 **오른쪽 위의 모퉁이**에 위치하며, 전기음성도가 가장 낮은 원소는 **왼쪽 아래 모퉁이**에 자리하게 된다. 전기음성도 정도를 나타내는 척도가 만들어졌는데, 0과 4 사이의 임의 값이 책정된 전기 음성도 값을 그림 1.12에 나타내었다.

그림 1.12
몇 가지 흔히 볼 수 있는 원소의 전기 음성도 값

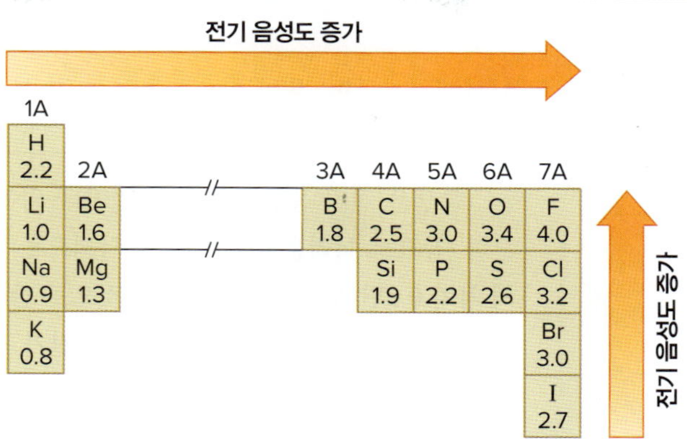

전기 음성도 값은 상대적인 것이기 때문에 원소끼리 비교할 때만 사용한다. 다른 두 원소를 비교할 때, 하나가 만약 전자를 자기 쪽으로 당긴다면 다른 것보다 **더 전기 음성적(more electronegative)**이라고 한다. 다른 원소에 전자 밀도를 내어주게 되면, 그 원소는 덜 전기 음성적(less electronegative)—**더 전기 양성적(more electro*positive*)**—이다.

문제 1.40 다음 원자를 전기 음성도가 증가하는 순서로 순위를 나열하라. 각 그룹에서 가장 전기 음성인 원자와 가장 전기 양성인 원자에 표시를 하라.

a. Se, O, S b. P, Na, Cl c. Cl, S, F d. C, O, Si

전기 음성도 값은 결합에서 전자가 **균등하게 배분되었는가** 아니면 **불균등하게 배분되었는가**를 표시해주는 지표로 사용된다. 예를 들어, 같은 두 원자가 결합되어 있다면 각 원자가 전자를 자기 쪽으로 당기는 정도는 같을 것이다. 전자는 균등하게 배분되며 그 결과 **결합은 무극성(*nonpolar*)**이 된다. 따라서 **탄소–탄소 결합은 무극성**이다. 전기 음성도가 비슷한 두 원자가 결합하는 경우도 마찬가지이다. **C–H 결합은 무극성이라고 간주하는데,** 이는 C (2.5)와 H (2.2)의 전기 음성도 차가 작기 때문이다.

C–O 결합은 **극성** 결합이다.

전기 음성도가 다른 두 원소가 결합을 이루면 전자가 **불균등하게 배분**된다. 예를 들어 C–O 결합에서 전자는 C (2.5)에서 전기 음성도가 높은 O (3.4) 쪽으로 당겨지게 된다. **결합은 극성(*polar*) 또는 극성 공유(*polar covalent*) 결합을 이루었다고 한다.** 이러한 결합은 **전하가 부분적으로 분리**되어 있는 **쌍극자(dipole)**로 볼 수 있다.

C는 전자 결핍
O는 전자 풍부
δ+ δ−
C—O
결합 쌍극자

결합에서의 극성 방향은 화살표로 표시되는데, 화살 머리는 전기 음성이 강한 곳을 향한다. 화살의 꼬리 부분은 가로질러 가는 선을 포함하여 전기 음성이 약한 곳에 위치한다. 이와 달리 부호 δ+ 와 δ−를 이용하여 이러한 불균등 전자 밀도를 나타낼 수도 있다.

- **δ+**는 원자가 전자 부족하다는 것을 의미한다(부분 양전하가 있다).
- **δ−**는 원자가 전자 풍부하다는 것을 의미한다(부분 음전하가 있다).

문제 1.41 각 결합에서의 쌍극자의 방향을 표시하라. 원자에 δ+와 δ−로 표시하라.

a. H−F b. B−C (with bonds) c. −C−Li d. −C−Cl

학생은 전기 음성도의 차가 얼마나 되어야 결합을 극성인 것으로 간주할 수 있는지 의문을 품는다. 참으로 어려운 질문이다. 근사적으로 임의의 값을 설정하도록 하자. **두 원자 간의 전기 음성도의 차가 0.5단위 이상이면 극성인 것으로 간주하는 것이 보통이다.**

분자 내의 전자 밀도의 분포는 **정전기 전위 지도(electrostatic potential map)**를 사용하여 나타낼 수 있다. 이 그림은 높은 전자 밀도 및 낮은 전자 밀도를 색을 이용하여 표시한다. 전자가 풍부한 영역은 붉은색, 전자 결핍 자리는 푸른색으로 나타낸다. 중간 정도의 전자 밀도는 오렌지색, 노란색, 초록색으로 나타낸다.

예를 들어, CH_3Cl의 정전기 전위 지도는 C−Cl 결합의 극성을 명확하게 나타내고 있다(그림 1.13). 보다 더 전기 음성적인 Cl 원자는 전자 밀도를 자기 쪽으로 끌어당겨 전자가 풍부한 영역이 된다. 이는 그림에서 주위에 붉은색으로 표시되어 있다. 탄소는 전자 부족이며 푸르게 나타냈다.

그림 1.13
CH_3Cl의 정전기 전위 그림

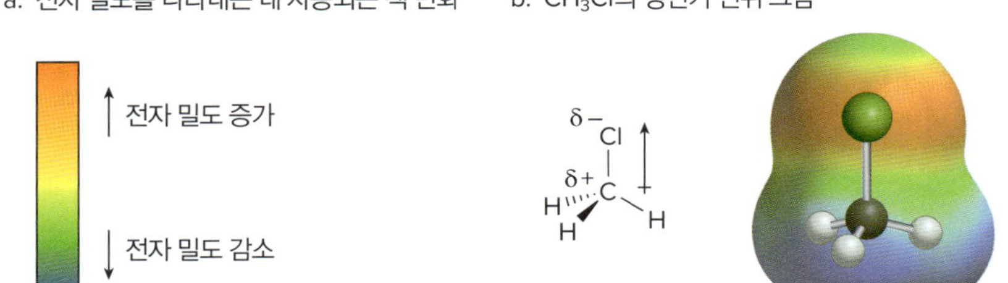

1.13 분자의 극성

극성 분자는 극성 결합이 하나 있거나 서로 증강되는 둘 이상의 결합 쌍극자가 있는 분자이다. **무극성 분자**는 극성 결합이 아예 없거나 결합 쌍극자가 둘 이상 있으나 서로 상쇄된다.

지금까지 우리는 결합 한 개의 극성에 관심을 기울였다. 분자에 알짜 쌍극자가 있는지를 결정하기 위해서는 다음과 같은 두 단계를 거쳐야 한다.

[1] 전기 음성도의 차를 이용하여 **모든 극성 결합과 결합 쌍극자의 방향을 알아낸다.**

[2] 개개의 원자를 중심으로 기의 수를 헤아려 **기하 구조를 결정하고, 공간상에서** 쌍극자가 **서로 증강되는지** 또는 **상쇄되는지**를 결정한다.

두 분자 $\mathbf{H_2O}$와 $\mathbf{CO_2}$에 대해 이 과정을 밟아 보면 아주 다른 결과가 됨을 알 수 있다. H_2O의 각 O−H 결합은 극성인데, 이는 O (3.4)와 H (2.2)의 전기 음성도 차가 큰 데 기인한다. H_2O는 **굽은형** 분자이므로 두 쌍극자는 증강된다. 따라서 **$\mathbf{H_2O}$에 알짜 쌍극자가 있으며, 이로 인해 극성 분자가 된다.** CO_2 또한 극성 C−O 결합이 있는데, 이는 O (3.4)와 C (2.5) 간의 전기 음성도 차가 크기 때문이다. 그러나 CO_2는 **선형** 분자이고, 두 쌍극자는 크기는 같지만 방향이 반대여서 서로 **상쇄**된다. 따라서 CO_2는 **알짜 쌍극자가 없는 무극성 분자**가 된다.

C와 H는 N, O 및 모든 할로젠과 결합하면 항상 **극성**이다. 따라서 C−I 결합은 전기 음성도의 차가 작다 하더라도 극성 결합으로 간주한다. 전기 음성도 자체가 근사임을 기억하라.

H_2O 및 CO_2의 정전기 전위 그림을 그림 1.14에 나타내었다. 다른 극성 및 무극성 분자의 예는 그림 1.15에 나타내었다.

문제 1.42 다음 중 알짜 쌍극자가 있기 때문에 극성이 있는 분자는 어느 것인가? 알짜 쌍극자가 있는 경우 그 방향을 그려 넣어라.

a. CH_3Br
b. CH_2Br_2
c. CF_4
d. (Cl)(H)C=C(Cl)(H)
e. (Cl)(H)C=C(H)(Cl)
f. CF_2Cl_2
g. (Cl)(Cl)C=C(H)(H)
h. CH_3CH_2OH
i. $(CH_3CH_2)_2C=O$

그림 1.14
H_2O 및 CO_2의 정전기 전위 그림

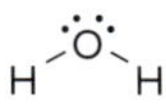
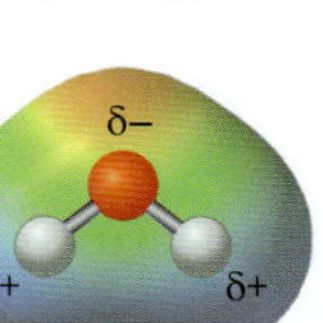

- 전자 밀도가 높은(붉은색) 영역은 전기 음성인 O 원자에 집중되어 있다. 두 수소 모두 전자 결핍 영역이다(푸른색–초록색).

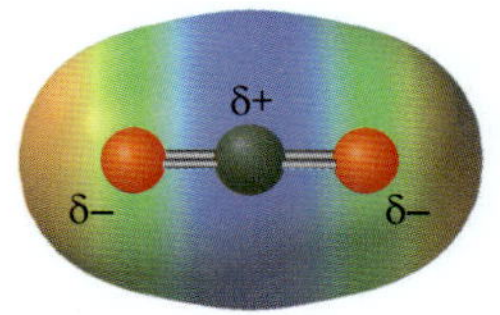

- 전기 음성인 두 O 원자 모두 전자 밀도가 높고(붉은색) 중앙의 C 원자는 전자 결핍 영역이다(푸른색).

그림 1.15
극성 및 무극성 분자의 예

한 개의 극성 결합	세 개의 극성 결합 모든 쌍극자 상쇄 알짜 쌍극자 **없음**	세 개의 극성 결합 모든 쌍극자 증강	두 개의 극성 결합 모든 쌍극자 증강	네 개의 극성 결합 모든 쌍극자 상쇄 알짜 쌍극자 **없음**
극성 분자	**무극성** 분자	**극성** 분자	**극성** 분자	**무극성** 분자

알짜 쌍극자

1.14 옥시벤젠—대표적인 유기 분자

이 장에서 배운 원리는 분자 크기와 그 복잡성에 상관없이 모두 통용될 수 있는 것이다. 예를 들어 이제 이 교재의 표지에 나오는 oxybenzone의 구조에 관하여 상당히 많은 것을 알게 되었다.

예제 1.11 대표적 유기 분자에 결합, 기하 구조 및 극성에 관한 원리 적용하기

도입부에서 기술하였던 인기 있는 자외선 차단제인 oxybenzone에 대한 다음 질문에 답하라.

OH O

oxybenzone

a. Oxybenzone에는 몇 개의 고립쌍이 있는가?
b. Oxybenzone의 분자식은 무엇인가?
c. 푸른색으로 표시된 원자 주위의 혼성화와 기하 구조는 무엇인가?.
d. 붉은색으로 표시한 산소 원자의 고립쌍은 무슨 종류의 오비탈에 놓여 있는가?
e. 극성 결합을 모두 표시하라.

풀이

a, b. 각 O 원자는 팔전자계를 이루려면 고립쌍 두 개가 필요로 하므로, 옥시벤존은 6개의 고립쌍이 있다. 골격 구조로부터 분자식을 결정할 때 선의 끝과 두 선의 교차점에 C 원자가 있다고 가정하고 각 C에는 4가를 만들기에 충분한 수의 H가 있다고 가정한다. 분자식 = $C_{14}H_{12}O_3$

sp[3] 혼성화, 정사면체
sp[2] 혼성화, 삼각 평면
sp[2] 혼성화, 삼각 평면
$C_{14}H_{12}O_3$

c, d. 혼성화와 구조를 결정하기 위하여 그룹의 개수를 파악한다. 네 개의 그룹이 있을 경우 원자는 sp^3 혼성화이고 정사면체이다. 세 개의 그룹이 있을 경우 원자는 sp^2 혼성화이고 삼각 평면이다. 붉은색의 O 원자는 원자 하나와 고립쌍 두 개로 둘러싸여 있으므로 sp^2 혼성화이고 그 고립쌍은 sp^2 혼성 오비탈에 놓여 있게 된다.

e. 두 원소 사이의 전기 음성도 차이가 크므로 모든 C–O 결합과 O–H 결합은 극성이다.

문제 1.43 혈압을 낮추는 데 사용되는 분자로서 이 장의 첫머리에 등장하였던 lisinopril에 대한 질문에 답하라.

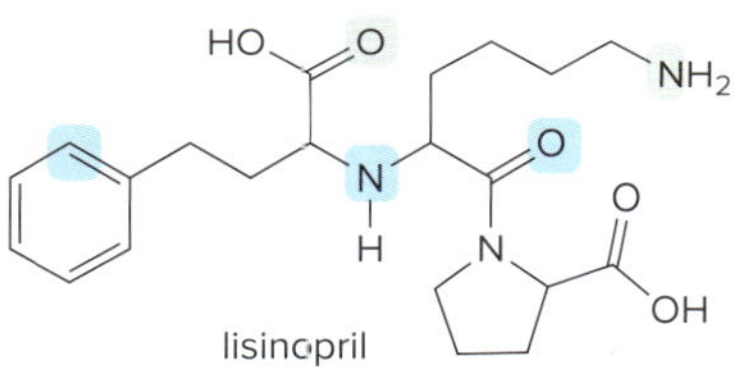

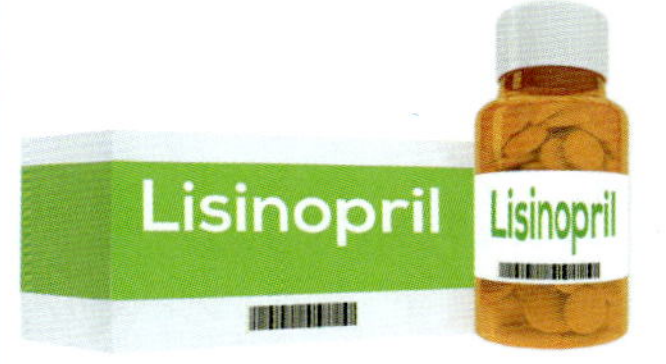

Lisinopril(상표명 Zestril, 문제 1.43)은 혈중 angiotensin의 양을 감소시켜 혈압을 낮추는 약인 ACE 억제제이다. Angiotensin은 혈관을 좁게 만들기 때문에 혈압이 올라가게 된다.
alon harel/Alamy Stock Photo

a. Lisinopril의 분자식은 무엇인가?
b. sp^2 혼성 탄소 원자는 몇 개인가?
c. 푸른색으로 표시된 원자의 혼성과 기하 구조는 무엇인가?
d. 회색으로 표시한 원자의 고립쌍은 무슨 종류의 오비탈에 놓여 있는가?

추가 문제: 문제 1.45, 1.46, 1.74, 1.76, 1.78을 풀어보라.

문제 1.44 비타민 B_6의 공-막대 모형을 이용하여 다음 질문에 답하라.

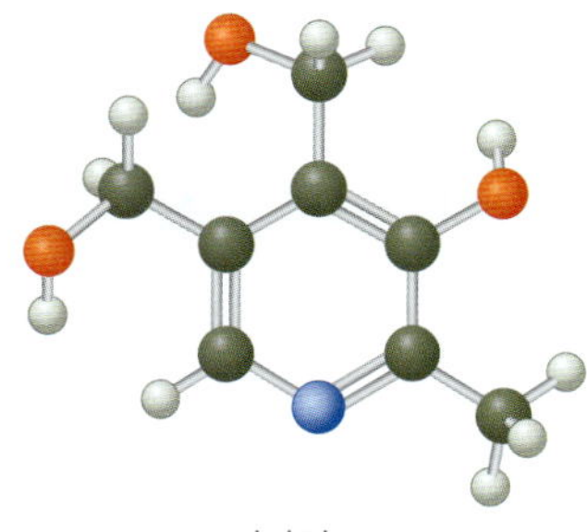
비타민 B_6

a. 비타민 B_6의 골격 구조를 그려라.
b. sp^2 혼성화된 탄소가 몇 개나 존재하는가?
c. 고리에 있는 N 원자의 혼성화는 무엇인가?

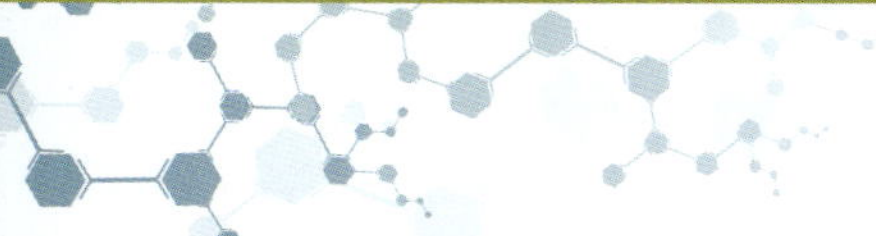

Chapter 01 복습

핵심 개념

공명(1.6)

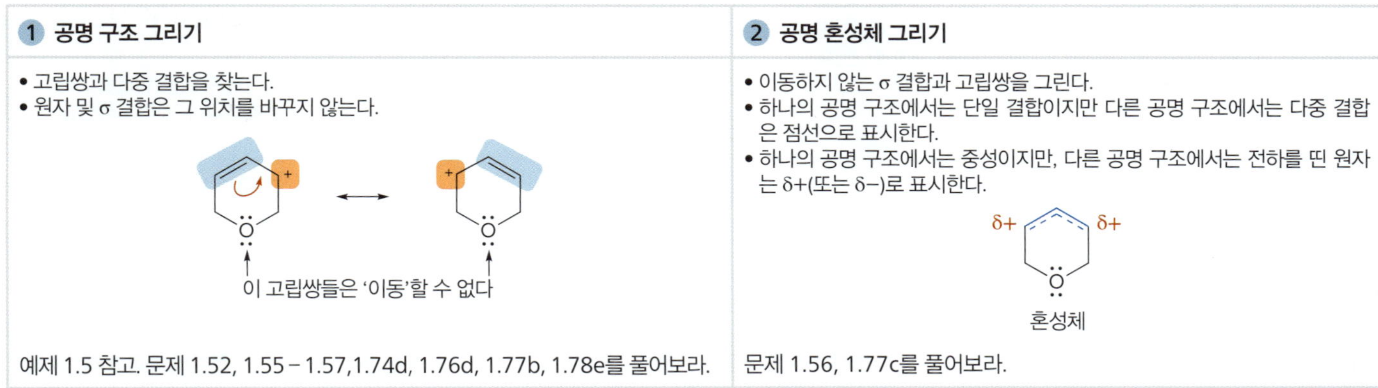

1 공명 구조 그리기

- 고립쌍과 다중 결합을 찾는다.
- 원자 및 σ 결합은 그 위치를 바꾸지 않는다.

예제 1.5 참고. 문제 1.52, 1.55 – 1.57,1.74d, 1.76d, 1.77b, 1.78e를 풀어보라.

2 공명 혼성체 그리기

- 이동하지 않는 σ 결합과 고립쌍을 그린다.
- 하나의 공명 구조에서는 단일 결합이지만 다른 공명 구조에서는 다중 결합은 점선으로 표시한다.
- 하나의 공명 구조에서는 중성이지만, 다른 공명 구조에서는 전하를 띤 원자는 δ+(또는 δ–)로 표시한다.

문제 1.56, 1.77c를 풀어보라.

주기적 경향

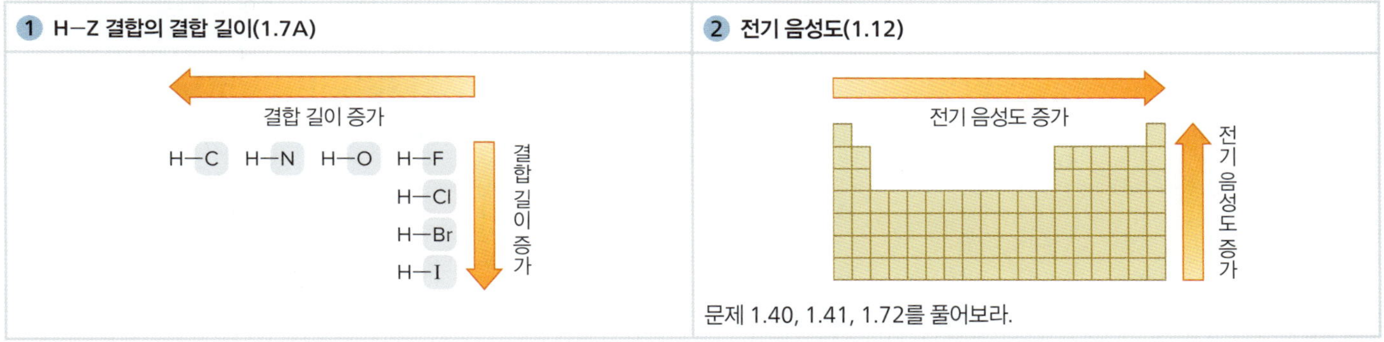

1 H–Z 결합의 결합 길이(1.7A)

2 전기 음성도(1.12)

문제 1.40, 1.41, 1.72를 풀어보라.

결합 길이와 결합 세기(1.11)

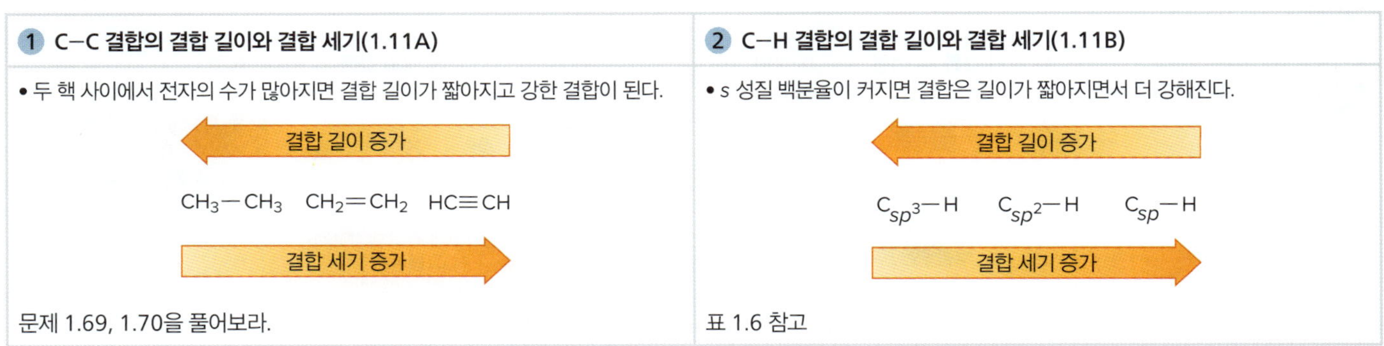

1 C–C 결합의 결합 길이와 결합 세기(1.11A)

- 두 핵 사이에서 전자의 수가 많아지면 결합 길이가 짧아지고 강한 결합이 된다.

문제 1.69, 1.70을 풀어보라.

2 C–H 결합의 결합 길이와 결합 세기(1.11B)

- *s* 성질 백분율이 커지면 결합은 길이가 짧아지면서 더 강해진다.

표 1.6 참고

유기 분자 그리는 법(1.8)

복잡한 분자의 구조는 골격 구조 또는 축약 구조로 나타낼 수 있다.

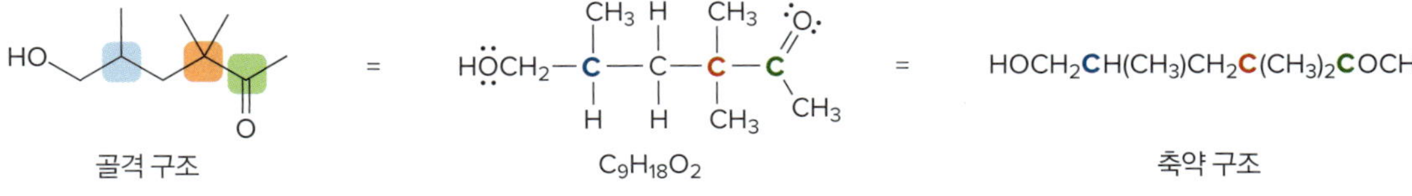

골격 구조 $C_9H_{18}O_2$ 축약 구조

그림 1.3, 1.4, 1.5, 예제 1.7, 1.8 참고. 문제 1.62~1.65를 풀어보라.

핵심 기법

[1] 적절한 Lewis 구조 그리는 법(1.3) 예: CH_3CHO

① H를 바깥 둘레에 위치시키면서 원자들을 배치한다.	② 원자가 전자의 개수를 센다.	③ 단일 결합을 그린다.	④ 다중 결합 및 고립쌍을 사용하여 팔전자 규칙을 만족시킨다.
H H H C C O H	2 C's x 4 e^- = 8 4 H's x 1 e^- = 4 1 O x 6 e^- = 6 합계 e^- = 18	H–C(H)(H)–C(H)–O 12 e^- 사용됨.	H–C(H)(H)–C(H)=Ö: O와 C가 팔전자 규칙을 만족하도록 한 개의 이중 결합과 두 개의 고립쌍을 그린다.

예제 1.1, 1.2 참고. 문제 1.44, 1.45를 풀어보라.

[2] 형식 전하를 계산하는 법(1.3C)

예제 1.3 참고. 문제 1.47을 풀어보라.

[3] Lewis 구조로부터 기하 구조 예측하기(1.7)

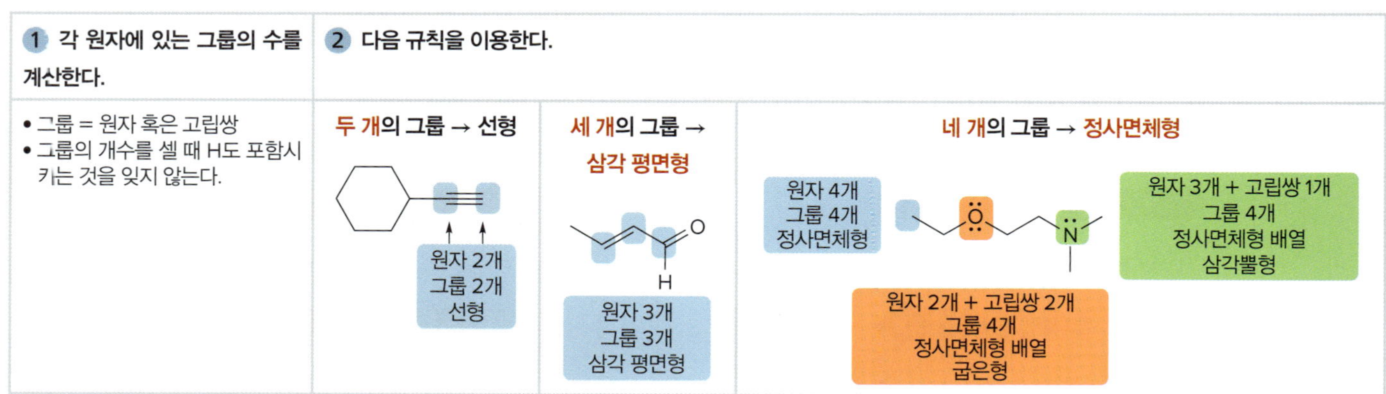

예제 1.6 참고. 문제 1.60, 1.61, 1.76c를 풀어보라.

[4] 이성질체와 공명 구조 구분법(1.4, 1.6)

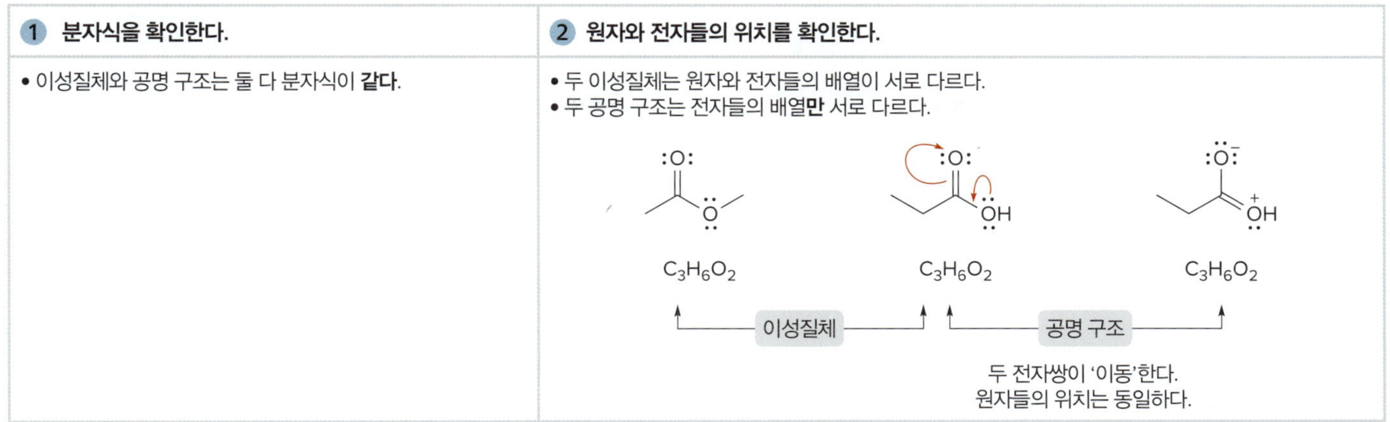

문제 1.51~1.53을 풀어보라.

[5] 굽은 화살표 표기법(1.6B)

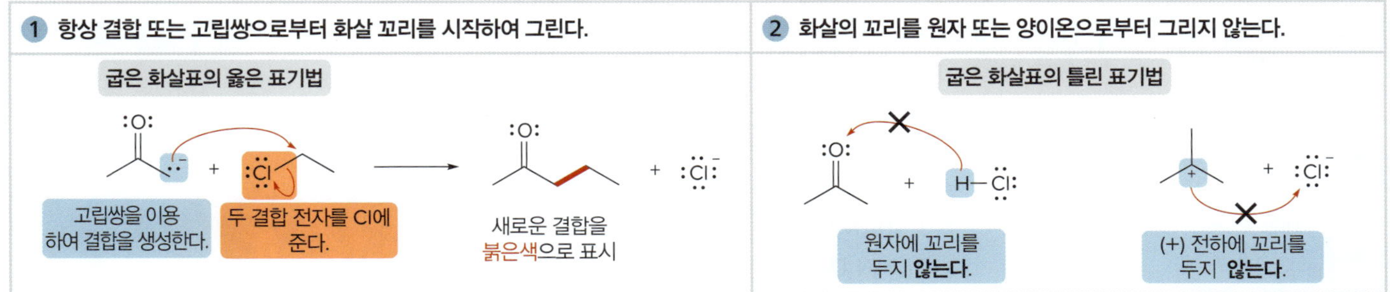

예제 1.4 참고. 문제 1.54, 1.55를 풀어보라.

[6] Lewis 구조로부터 혼성화 예측하기(1.9)

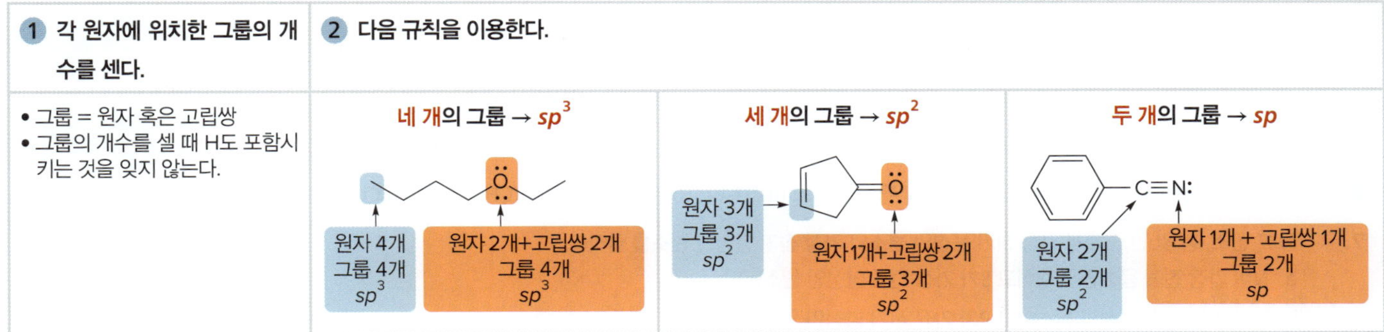

예제 1.10 참고. 문제 1.45d, 1.46d, 1.66, 1.74c, 1.75a, 1.76a, 1.78c를 풀어보라.

[7] Lewis 구조로부터 분자의 알짜 쌍극자 결정하기(1.13) 예: CH_3OH

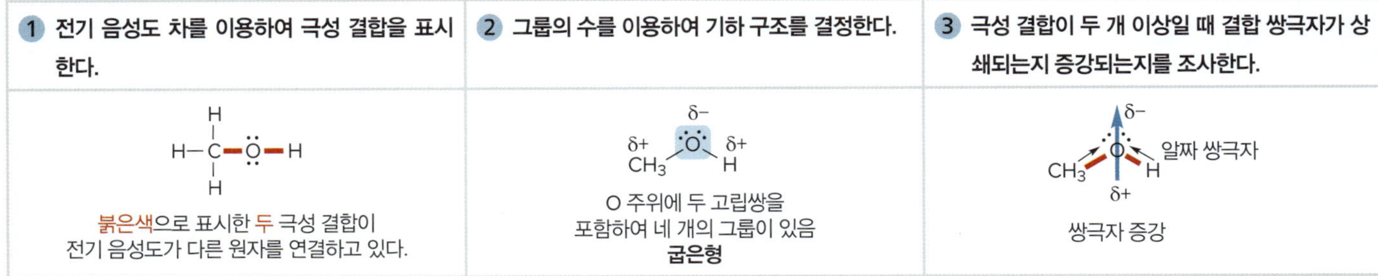

문제 1.73을 풀어보라.

1장 선다형 자가-시험

자가-시험은 American Chemical Society의 유기 화학 시험과 유사한 객관식 문제로 구성되어 있다. 정답은 장의 마지막 부분에 나와 있다.

1. 다음 양이온 중에서 **A**의 공명 구조가 **아닌** 것은 무엇인가?

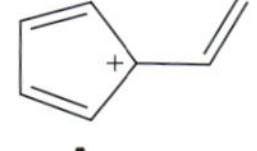
A

a. 

b. 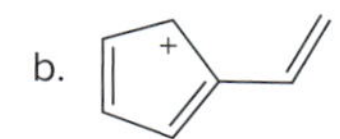

c. 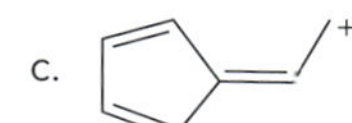

d.

2. **A**, **B**와 **C**가 공명 구조인지, 이성질체인지를 밝혀라.

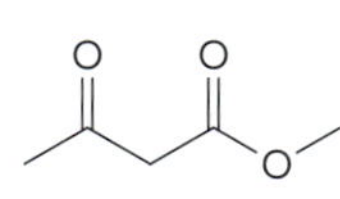
A

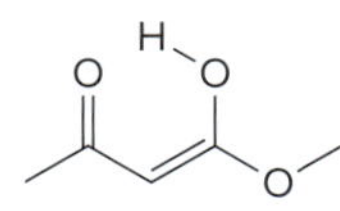
B

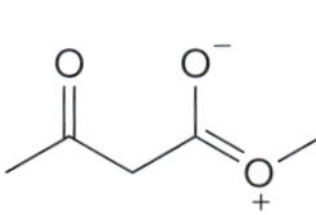
C

a. **A**는 **B**와 **C**의 이성질체이다.
b. **B**는 **A**와 **C**의 이성질체이다.
c. **C**는 **A**와 **B**의 공명 구조이다.
d. **A**는 **B**의 이성질체이고, **B**는 **C**의 공명 구조이다.

3. 숫자로 표시된 각각의 원자에 형식 전하를 부여하라. 비결합 전자쌍은 모두 그려 넣었다.

a. [1] 0; [2] +1; [3] −2
b. [1] −1; [2] 0; [3] −1
c. [1] 0; [2] 0; [3] +1
d. [1] 0; [2] +1; [3] −1

4. Parkinson 병의 치료제인 entacapone의 분자식은 무엇인가?

entacapone

a. $C_{13}H_{15}N_3O_5$
b. $C_{14}H_{15}N_3O_5$
c. $C_{14}H_9N_3O_5$
d. $C_{13}H_{17}N_3O_5$

5. 다음 분자에서 N, C 및 O 원자의 혼성화는 무엇인가?

a. N sp^2, C sp, O sp^2
b. N sp, C sp^2, O sp
c. N sp^3, C sp^2, O sp^2
d. N sp^2, C sp^2, O sp^2

6. 다음 화합물 중에서 알짜 쌍극자가 **없는** 것은 무엇인가: (a) $BrCH_2Br$; (b) CH_3OCH_3; (c) $(CH_3)_2CO$; (d) Cl_3CCCl_3?

7. 질소, 산소, 황 및 인 중에서 가장 전기 음성인 원소와 가장 전기 양성인 원소를 골라라.
a. N이 가장 전기 음성인 원소이고 S가 가장 전기 양성인 원소이다.
b. N이 가장 전기 음성인 원소이고 P가 가장 전기 양성인 원소이다.
c. O가 가장 전기 음성인 원소이고 S가 가장 전기 양성인 원소이다.
d. O가 가장 전기 음성인 원소이고 P가 가장 전기 양성인 원소이다.

8. 아미노산인 arginine에는 몇 개의 고립쌍이 있는가: (a) 6; (b) 7; (c) 8; (d) 9?

arginine

9. 다음 이온에서 강조 표시된 원자 주위의 기하 구조는 무엇인가?

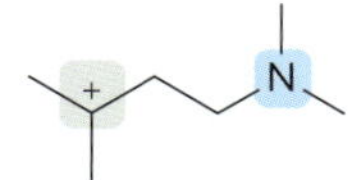

a. C와 N은 둘 다 삼각 평면형이다.
b. C는 정사면체형이고 N은 삼각 평면형이다.
c. C는 삼각 평면형이고 N은 삼각뿔형이다.
d. C는 정사면체형이고 N은 삼각뿔형이다.

10. 화합물 **A**를 다르게 그린 구조는 무엇인가?

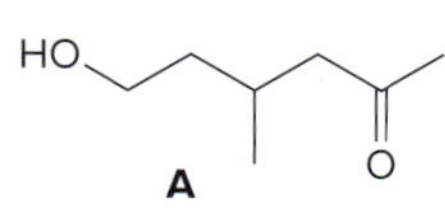

a. $HOCH_2CH_2-C(CH_3)(H)-C(H)(H)-C(=O)H$
b. $CH_3COCH_2CH(CH_3)CH_2CH_2OH$
c. $CH_3COCH_2CH_2CH(CH_3)CH_2OH$
d. $CH_3OCH_2CH_2CH(CH_3)CH_2CH_2OH$

문제

삼차원 모형을 이용하는 문제

1.45 Citric acid은 레몬과 라임과 같은 감귤류 과일의 시큼한 맛을 주는 화합물이다.

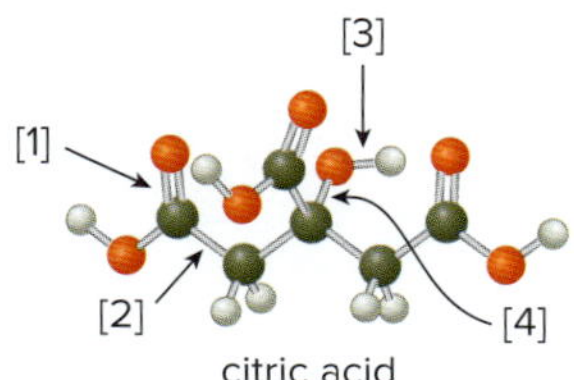

citric acid

a. Citric acid의 분자식은 무엇인가?
b. 고립쌍은 몇 개 있는가?
c. 골격 구조식을 그려라.
d. sp^2 혼성화 탄소는 몇 개 있는가?
e. [1]~[4]로 표시된 결합을 생성하기 위해 어떤 오비탈이 사용되었는가?

1.46 2′-Deoxyadenosine은 DNA의 한 성분이다.

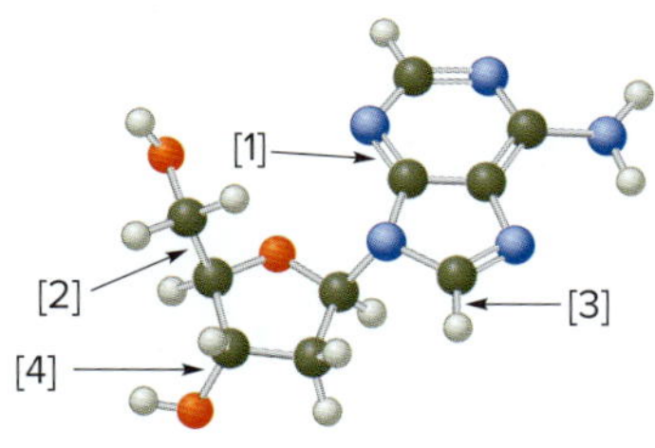

2′-deoxyadenosine

a. 2′-deoxyadenosine의 분자식은 무엇인가?
b. 고립쌍은 몇 개 있는가?
c. 골격 구조식을 그려라.
d. sp^2 혼성화 탄소는 몇 개 있는가?
e. [1]~[4]로 표시된 결합을 생성하기 위해 어떤 오비탈이 사용되었는가?

Lewis 구조와 형식 전하

1.47 각 화학종에서 강조 표시된 탄소의 형식 전하는 얼마인가? 강조 표시된 탄소에 있는 H와 전자는 모두 그려져 있다.

a. 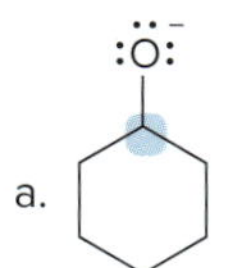

b. 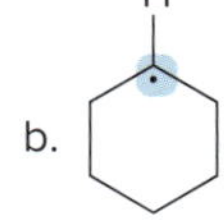

c. 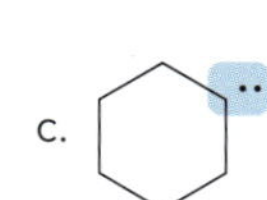
d. 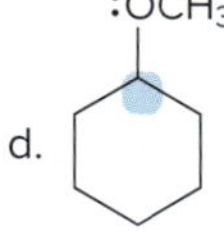

e. 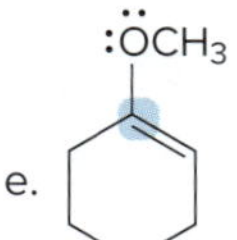

f. 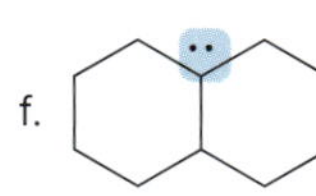

1.48 각 화합물의 타당한 Lewis 구조를 하나 그려라. 원자들은 그려진 것과 같이 배열한다고 가정한다.

a. CH_2N_2 H C N N (C 아래 H)
b. CH_3NO_2 H C N O (C 위 H, C 아래 H, N 아래 O)
c. CH_3CNO H C C N O (첫 C 위 H, 아래 H)
d. $(CH_2CN)^-$ H C C N (첫 C 아래 H)

1.49 각각의 축약된 구조식의 타당한 Lewis 구조를 그려라. 모든 원자들은 형식 전하가 0이다.

a. Dihydroxyacetone [$(HOCH_2)_2CO$], 햇볕 없이 피부를 태우는 제품의 주요 성분
b. Acetic anhydride [$(CH_3CO)_2O$], aspirin 합성에 사용되는 시약

이성질체 및 공명 구조

1.50 분자식이 C_3H_6O인 아홉 개의 이성질체의 Lewis 구조를 그려라. 모든 원자는 형식 전하가 0이다.

1.51 음이온 **A**를 기준으로 화합물 **B–E**가 이성질체인지, 공명 구조인지를 판별하라. 이성질체인 경우에는 어느 결합이 **A**에서와 다른지 나타내라.

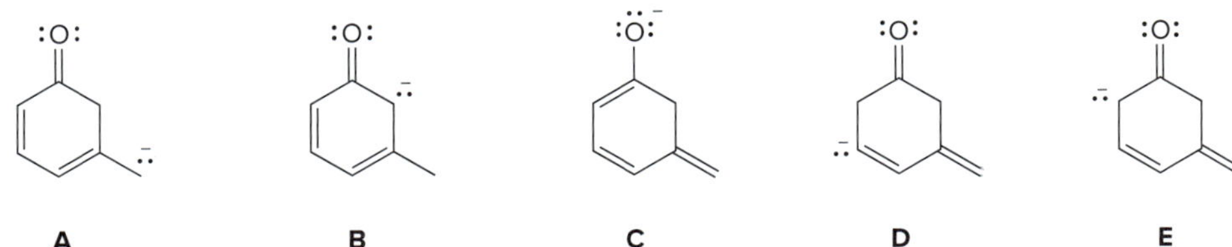

1.52 다음 화학종 중에서 어느 것이 **A**의 타당한 공명 구조인가? 굽은 화살표를 사용하여 어떻게 **A**가 타당한 공명 구조로 바뀌는지를 보여라. 한 화합물이 **A**의 타당한 공명 구조가 아닌 경우에는, 그 이유를 설명하라.

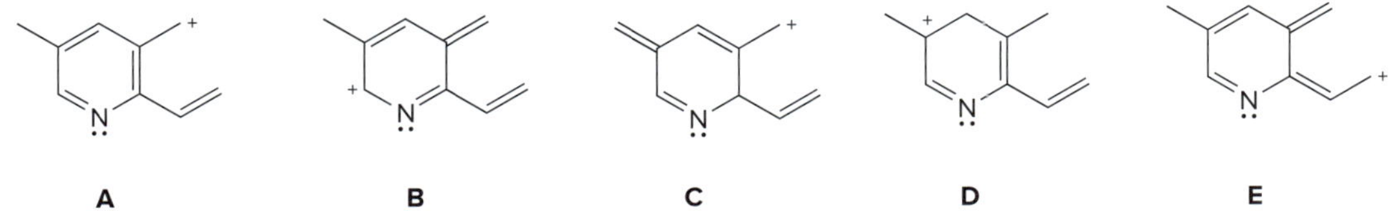

1.53 각 쌍의 분자나 이온은 서로 어떠한 관계인가? 화합물이 이성질체인지, 공명 구조인지, 아니면 둘 다 아닌지 판별하라.

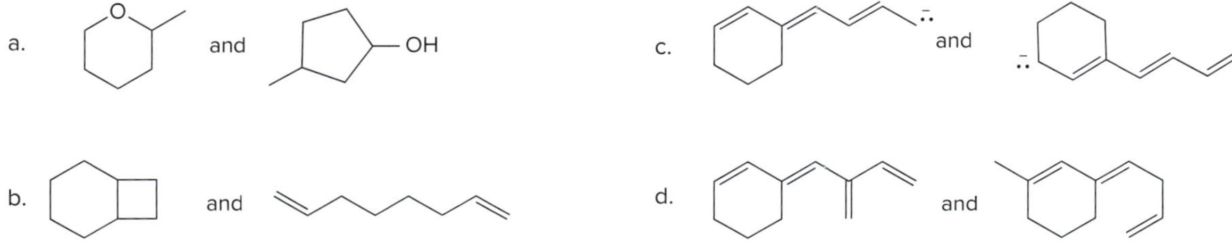

1.54 굽은 화살표를 사용하여 어떻게 첫 번째 공명 구조가 두 번째 구조로 바뀌는지를 보여라.

a. b.

1.55 굽은 화살표를 따라 각 화학종의 두 번째 공명 구조를 그려라.

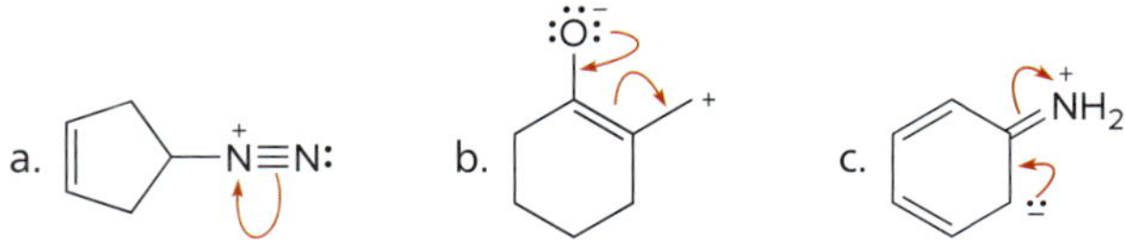

1.56 각 이온의 두 번째 공명 구조를 그려라. 또한 공명 혼성체를 그려라.

a. b. c.

1.57 각 화학종에 대한 모든 타당한 공명 구조를 그려라.

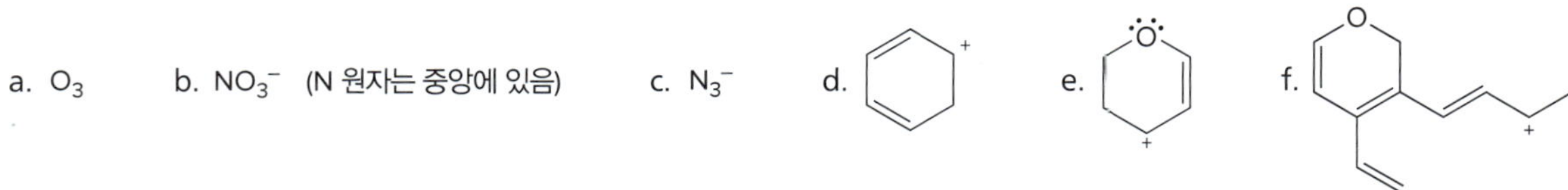

1.58 다음 공명 구조(**A**, **B**, 혹은 **C**) 중에서 공명 혼성체에 가장 크게 기여하는 것은 어느 것인가? 기여도가 가장 적은 것은 어느 것인가?

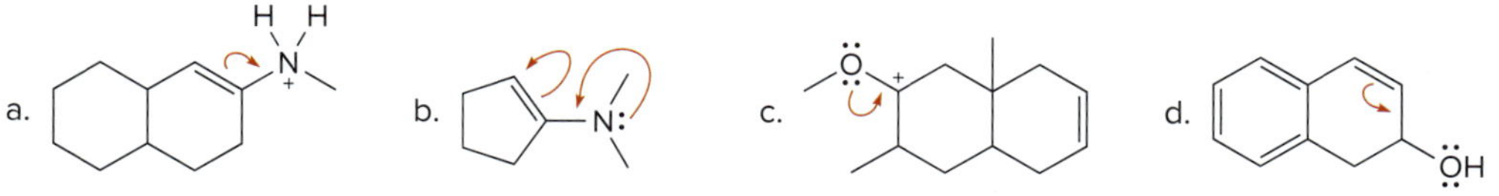

1.59 굽은 화살표가 그려진 아래 화합물 또는 이온을 고려하자. 만약 굽은 화살표가 타당한 공명 구조를 준다면, 그 공명 구조를 그려라. 만약 타당하지 않은 Lewis 구조가 생긴다면 왜 그런지를 설명하라.

a. b. c. d.

기하 구조

1.60 각 화합물에서 모든 결합각을 예측하라.

a. CH_3Cl b. NH_2OH c. $CH_2{=}NCH_3$ d. $HC{\equiv}CCH_2OH$ e. (chlorobenzene, Cl)

1.61 강조 표시된 각 원자 주위의 기하 구조를 예측하라.

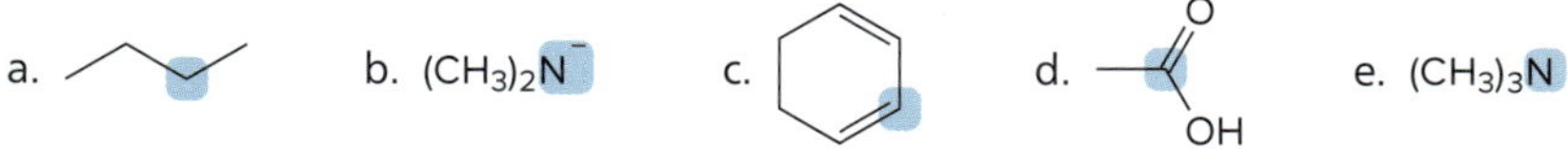

유기 분자 그리기

1.62 다음 분자에서 각 탄소 원자 주위에 몇 개의 수소가 있는가?

a. capsaicin
(고추의 매운 성분)

b. fexofenadine
(항히스타민제)

1.63 각 분자에 모든 탄소와 수소 원자를 그려 넣어라.

a. menthol
(박하기름에서 분리됨)

b. myrcene
(월계수 열매에서 분리되는 성분)

c. ethambutol
(결핵 치료제)

d. estradiol
(여성 성호르몬)

1.64 각각의 분자를 골격 구조식으로 고쳐 그려라.

a. $(CH_3)_2CHCH_2CH_2CH(CH_3)_2$

b. $CH_3CH(Cl)CH(OH)CH_3$

c. $CH_3(CH_2)_2C(CH_3)_2CH(CH_3)CH(CH_3)CH(Br)CH_3$

d. limonene
(레몬 기름 성분)

1.65 다음 축약 구조식을 골격 구조식으로 바꾸어 그려라.

a. $CH_3CONHCH_3$ b. CH_3COCH_2Br c. $(CH_3)_3COH$ d. CH_3COCl e. $CH_3COCH_2CO_2H$ f. $HO_2CCH(OH)CO_2H$

혼성화

1.66 강조 표시된 원자의 혼성화와 기하 구조를 예측하라.

a.  b. $-\overset{+}{O}-$ c. Cl d. e. $=NOCH_3$

1.67 어떤 오비탈을 사용하여 강조 표시된 각각의 결합이 생성되었는가? 다중 결합의 경우 각 결합에 쓰인 오비탈을 각각 표시하라.

a. 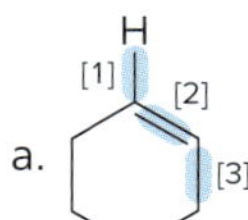

b. 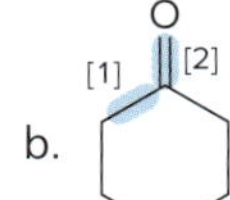

c. H N
[1] [2] [3] [4]

1.68 Ketene ($CH_2{=}C{=}O$)은 탄소 하나가 다른 두 원자와 이중 결합을 하고 있는 흔치 않은 화합물이다. Ketene의 두 탄소와 산소 원자의 혼성화를 결정하라. 그런 다음 각 결합을 생성하는 데 어떤 오비탈이 사용되는지 나타내는 그림을 그려라(그림 1.10 및 1.11과 유사하게).

결합 길이 및 결합 세기

1.69 2017년에 미국에서 Parkinson 병의 치료제로 승인된 약인 safinamide에서 표시된 결합을 결합 길이가 증가하는 순서로 정렬하라.

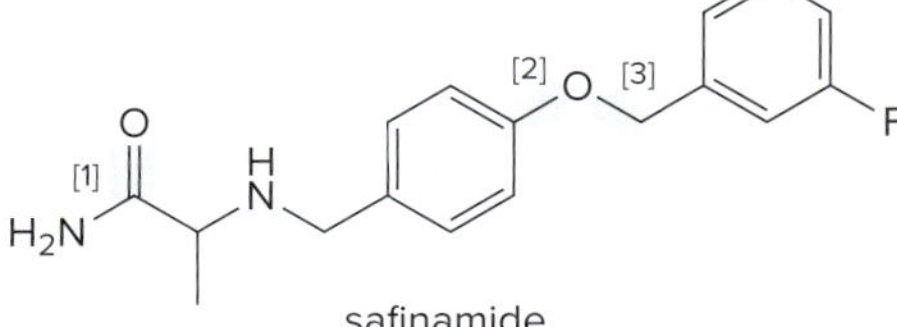

safinamide

1.70 화합물 **A**에 관한 다음 물음에 답하라.

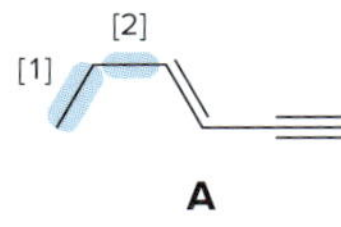

A

a. 가장 짧은 C−C 단일 결합을 표시하라.
b. 가장 긴 C−C 단일 결합을 표시하라.
c. 모든 결합을 고려할 때 가장 짧은 C−C 결합은 어느 것인가?
d. 가장 약한 C−C 결합을 표시하라.
e. 가장 센 C−H 결합을 표시하라.
f. 결합 [1]과 결합 [2]는 C−C 단일 결합임에도 불구하고 길이가 다르다. 그 이유를 설명하라.

1.71 Cl 원자가 들어 있는 화합물 중에서 vinyl chloride ($CH_2{=}CHCl$)와 chloroethane (CH_3CH_2Cl)은 중요한 화합물이다. Vinyl chloride은 절연체, 파이프, 병 등을 제조하는 데 사용되는 poly (vinyl chloride)의 출발물이며, chloroethane (ethyl chloride)은 국부 진통제이다. Vinyl chloride의 C−Cl 결합은 왜 chloroethane의 C−Cl 결합보다 더 센가?

결합 극성

1.72 강조 표시되어 있는 결합의 극성을 $\delta+$ 및 $\delta-$를 이용하여 나타내라.

a. NH_2-OH b. NH_2 c. Li

1.73 각 분자의 극성 결합을 표시하라. 알짜 쌍극자가 있다면 방향을 표시하라.

a. $CHBr_3$ b. $CH_3CH_2OCH_2CH_3$ c. Br Br d. Cl Cl

개념 통합 문제

1.74 Anacin은 aspirin과 caffein을 함유한 진통제로서 처방전 없이 구입할 수 있다. 각 화합물에 대한 다음 질문에 답하라.

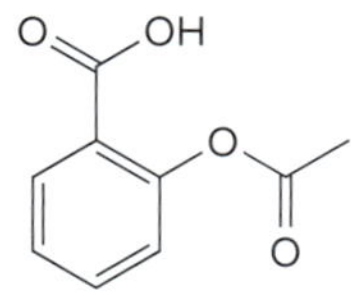

aspirin
(acetylsalicylic acid)

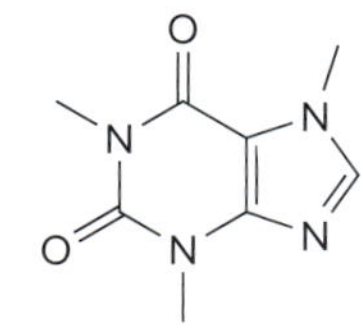

caffeine

a. 분자식을 쓰라.
b. 헤테로 원자에 있는 고립쌍은 몇 개인가?
c. 각 탄소의 혼성화를 표시하라.
d. 공명 구조를 세 개 더 그려라.

1.75 Acetonitrile ($CH_3C{\equiv}N$:)에 관한 다음 물음에 답하라.

a. C 원자와 N 원자는 어떤 혼성화를 하고 있는가?

b. 모든 결합을 σ 또는 π로 표시하라.

c. N의 고립쌍은 어떤 유형의 오비탈에 있는가?

d. 모든 결합이 극성인지 무극성인지를 표시하라.

1.76 여는 장에서 언급하였듯이, remdesivir(상품명 Veklury)는 증상이 온건한 COVID-19 환자를 치료하기 위하여 승인된 약이다. Remdesivir에 관한 다음 물음에 답하라.

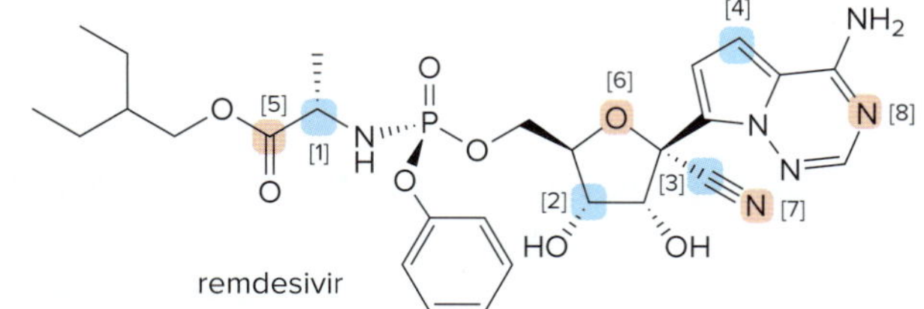

remdesivir

a. 푸른색으로 표시한 C 원자([1]~[4])의 혼성은 무엇인가?

b. Remdesivir에는 몇 개의 고립쌍이 있는가?

c. 붉은색으로 표시한 원자([5]~[8]) 주위의 기하 구조는 무엇인가?

d. 공명 구조를 두 개 더 그리고 이것들을 주기여체, 부기여체 또는 혼성 구조에 대한 동동한 기여체로 구별하라.

1.77 (a) 출발물 **A**가 생성물 **B**로 어떻게 변환되는지를 보여주는 굽은 화살표를 그려라. (b) **B**의 타당한 공명 구조를 모두 그려라. (c) **B**의 공명 혼성체를 그려라.

A → **B** + :Cl:⁻

1.78 30장에서 배우겠지만, 아세틸 보조효소 A(아세틸 CoA)는 세포내의 많은 생화학적 반응에서 중요한 역할을 하는 유기 반응물이다.

a. 아세틸 CoA에는 몇 개의 고립쌍이 있는가?

b. 아세틸 CoA의 구조에서 어느 원자가 팔전자 규칙을 따르지 않는가?

c. 푸른색으로 표시한 각 원자의 혼성은 무엇인가?

d. 붉은색으로 표시한 원자의 고립쌍은 어떠한 종류의 오비탈에 놓여 있는가?

e. 공명 구조를 두 개 더 그려라.

acetyl coenzyme A

1.79 CH_3^+와 CH_3^-는 둘 모두 반응성이 대단히 큰 탄소 화학종이다.

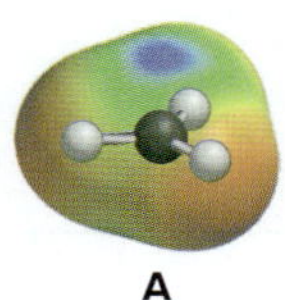
A

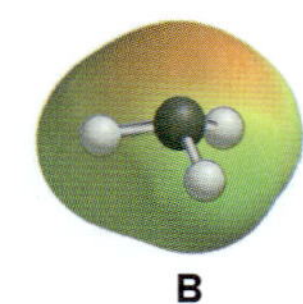
B

a. 각 탄소에 대하여 예상할 수 있는 혼성화와 기하 구조는 무엇인가?

b. 이들에 관한 두 정전기 전위 그림이 주어져 있다. 어느 화학종이 어느 그림에 해당하는가? 왜 그런가?

도전 문제

1.80 CH_3CONH_2 (acetamide)의 N 원자는 비록 네 개의 기로 둘러싸여 있지만 sp^2 혼성이다. 이 정보를 이용하여 acetamide의 $-CONH_2$에 있는 원자들의 오비탈을 보여주는 그림을 그려라. 그리고 왜 이러한 혼성화를 이루는지 설명하라.

1.81 관찰된 결합 길이를 이용하여 다음 질문에 답하라. (a) 결합 [1]이 결합 [2]보다 긴 이유는 무엇인가(143 pm 대 136 pm)? (b) 결합 [3]과 결합 [4]는 길이(127 pm)가 서로 같지만 결합 [2]보다 짧은 이유는 무엇인가?

1.82 Secnidazole은 단세포 기생충이 일으키는 하부 위장관의 감염을 치료하는 데 쓰이는 약물이다.

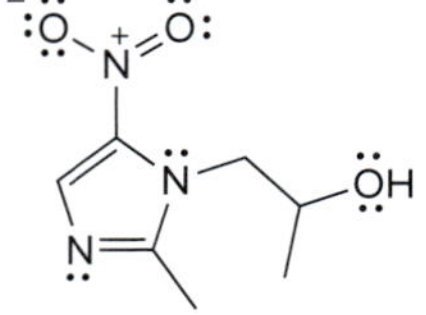

secnidazole

a. 공명 혼성체에 똑같이 기여하는 공명 구조를 하나 그려라.

b. 공명 혼성체에 대한 부기여체인 공명 구조를 적어도 다섯 개 그려라.

1.83 혼성화가 다른 두 탄소 원자가 결합되어 있으면 C−C 결합에 약간의 쌍극자가 생길 수 있다. $C_{sp^2}-C_{sp^3}$에서 쌍극자의 방향은 어떻게 되는가? 어느 탄소가 더 전기음성적이라고 할 수 있는가?

1.84 분자식이 C_4H_8이고 π 결합이 하나 있는 모든 가능한 이성질체를 그려라.

1.85 1.6B절에서 소개한 굽은 화살표는 유기 화학자들이 공명 구조에서는 물론이고, 화학 반응에서도 전자의 이동을 나타내는 데 사용하는 매우 유용한 방법이다. 각 굽은 화살표는 두 전자의 이동을 나타내기 때문에, 굽은 화살표는 반응에서 어느 결합이 생성되고, 어느 결합이 끊어지는지를 나타낸다. 다음의 세 단계 과정을 고려하라. (a) 굽은 화살표를 이용하여 단계 [1]에서 전자의 이동을 나타내라. (b) 단계 [2]에 그린 굽은 화살표를 이용하여 **X**의 구조를 나타내라. **X**는 단계 [3]에서 phenol과 HCl으로 변환된다.

phenol

1.86 1.6B절에서 소개한 굽은 화살표는 또한 효소의 존재하에서 일어나는 생물학적 반응을 설명하기 위하여 사용된다. 이러한 반응은 흔히 동시에 두 개 이상의 결합이 깨지고 생기는 방식으로 그려지며 HA로 나타내는 산 또는 B:로 나타내는 염기가 필요할 수도 있다. 굽은 화살표를 따라서 대사 과정에 관여하는 각 반응의 생성물을 그려라. (b)에서, "SCoA"는 많은 생물학적 반응의 중요한 반응물인 보조효소 A에서 유래한 것이다.

a. fructose 1,6-bisphosphate

b.

자가-시험 해답

1. d 2. b 3. d 4. b 5. a 6. d 7. d 8. b 9. c 10. b

산과 염기

Acids and Bases

02

ORGANIC CHEMISTRY

Comstock/Getty Images

갓 내린 새로 끓인 커피의 풍부한 풍미와 향기는 무수히 많은 유기 화합물에서 나온다. 고도가 높은 지역이나 화산토에서 자라는 식물의 콩에서 만들어지는 커피의 약한 산도는 녹색 커피콩에 낮은 농도로 들어 있는 유기산인 **퀴닉산 (quinic acid)**에 부분적으로 기인한다. 퀴닉산의 농도는 더 복잡한 화합물들이 볶는 과정에서 열에 의해 분해되기 때문에 증가하게 되며, 이 산은 뜨거운 표면 위에서 오랜 시간 동안 데워진 커피의 산미를 더 느껴지도록 한다. 2장에서는 산도와 산-염기 반응에 대하여 배울 것이다.

왜 공부하는가? . . .

산과 염기란 무엇인가?

음이온(anion)이니 양이온(cation)이니 하는 화학 용어는 일반에게는 생소하게 들릴지 몰라도 산(*acid*)이란 용어는 일상 생활에 자리잡고 있다. 광고 시간에는 위산과다로 인한 속쓰림 치료에 관한 광고가 나온다. 저녁 뉴스에는 **산성비**가 환경에 끼친 영향을 보도한다. 와인 애호가들은 알코올의 일부가 산이 되어 와인에 신맛이 있음을 알고 있다. 영어의 *acid*는 '시다'라는 의미의 라틴어 *acidus*에서 유래하였는데, 이는 맛을 보는 것은 화합물의 식별법이기도 하였으며 이 화합물들은 모두 신맛이 있기 때문이다.

2장에서는 산과 염기에 관한 두 가지 정의에 대해 공부를 할 것이다. 하나는 **Brønsted–Lowry(브뢴스테드–로우리)** 산과 염기로 산은 **양성자 주개(proton donor)**, 염기는 **양성자 받개(proton acceptor)**로 정의하며, 다른 하나는 **Lewis** 산과 염기로 산은 **전자쌍 받개(electron pair acceptor)**, 염기는 **전자쌍 주개(electron pair donor)**로 정의한다.

2.1 Brønsted–Lowry 산과 염기

일반적으로 '산', '염기'라 함은 **Brønsted–Lowry** 산 및 **Brønsted–Lowry** 염기를 뜻한다.

H^+ = 양성자

HA = 일반적인 Brønsted–Lowry 산
B: = 일반적인 Brønsted–Lowry 염기

Brønsted–Lowry의 정의는 산도를 양성자, 즉 양으로 하전된 **수소 이온(H^+)**을 써서 나타낸다.

- Brønsted–Lowry 산은 **양성자 주개**이다.
- Brønsted–Lowry 염기는 **양성자 받개**이다.

Brønsted–Lowry 산은 반드시 수소 원자를 포함해야 한다. 산에 대한 이러한 정의는 학생들에게 친숙할 텐데, 일반화학에 나오는 많은 무기 산들이 Brønsted–Lowry 산이기 때문이다. 일반적인 Brønsted–Lowry 산은 **HA**라는 기호를 사용하여 나타낸다.

Brønsted–Lowry 염기는 반드시 양성자와 결합할 수 있어야 한다. 양성자에는 전자가 없으므로 새로운 결합을 생성하기 위해서 **염기에는 '제공'할 수 있는 전자쌍이 반드시 있어야 한다.** 이러한 전자쌍에는 **고립쌍**이나 **π 결합**의 전자쌍이 해당된다. 일반적인 Brønsted–Lowry 염기는 **B:** 라는 기호를 사용한다. Brønsted–Lowry 산과 염기의 몇 가지 예를 그림 2.1에 나타내었다.

하전된 화학종, 즉 ^-OH와 $^-NH_2$ 같은 이온은 음이온과의 균형을 맞추기 위해 Li^+, Na^+, 또는 K^+와 같은 양이온과 함께 **염(salt)**으로서 사용된다. 이러한 양이온은 **상대 이온(counter ion)** 또는 **구경꾼 이온(spectator ion)**이라고 부른다. 상대 이온은 **일반적으로 아무런 작용을 하지 않기 때문에**, 식에서 생략하는 경우가 많다.

염		상대 이온	염기
NaOH	=	Na^+	^-OH
KOH	=	K^+	^-OH

H_2O나 CH_3OH와 같이 수소 원자와 고립쌍이 모두 있는 화합물의 경우는 특정 반응에 따라 산일 수도 있고 염기일 수도 있다. 이 기본 원칙은 화합물이 아무리 복잡해도 변함없는 진실이다. 예를

그림 2.1 Brønsted–Lowry 산과 염기의 예

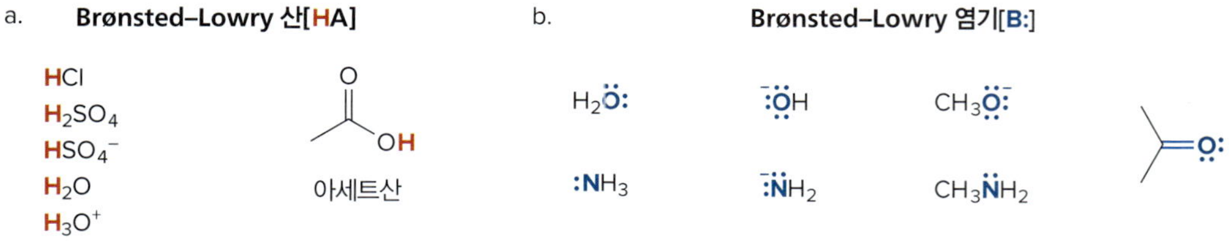

a. **Brønsted–Lowry 산[HA]**

HCl, H_2SO_4, HSO_4^-, H_2O, H_3O^+, 아세트산

- 모든 Brønsted–Lowry 산에는 양성자가 있다.
- 알짜 전하는 0, (+) 또는 (−)일 수 있다.

b. **Brønsted–Lowry 염기[B:]**

$H_2\ddot{O}$:, $^-$:ÖH, $CH_3\ddot{O}$:$^-$, :NH_3, $^-$:$\ddot{N}H_2$, $CH_3\ddot{N}H_2$, (C=Ö:)

- 모든 Brønsted–Lowry 염기에는 고립쌍 또는 π 결합이 있다.
- 알짜 전하는 0이거나 (−)일 수 있다.

모르핀은 아편 양귀비(opium poppy)에서 얻는다. *mafoto/Getty Images*

들어 중독성이 있는 진통제인 **모르핀(morphin)**은 수소 원자가 많기 때문에 Brønsted–Lowry 산이다. 또한 O와 N에 각각 고립쌍, 그리고 네 개의 π 결합이 있으므로 Brønsted–Lowry 염기이기도 하다.

morphine

- O에 결합된 **H** 원자들은 모르핀을 산으로 만든다.
- 고립쌍과 π 결합(**푸른색**)으로 모르핀은 염기이다.

문제 2.1

a. 어느 화합물이 Brønsted–Lowry 산인가?: HBr, NH_3, CCl_4

b. 어느 화합물이 Brønsted–Lowry 염기인가?: CH_3CH_3, $(CH_3)_3CO^-$, HC≡CH

c. 각 화합물을 산, 염기 또는 산이면서 동시에 염기인 것으로 분류하라.
CH_3CH_2OH, $CH_3CH_2CH_2CH_3$, $CH_3CO_2CH_3$

2.2 Brønsted–Lowry 산과 염기의 반응

Brønsted–Lowry 산-염기 반응(acid–base reaction)에서는 양성자가 산에서 염기로 이동한다. 양성자 이동 반응(*proton transfer reaction*)이라고도 부르는 산-염기 반응은 유기 화학 학습에서 기본적인 반응이다.

예를 들어 산 HA와 염기 B:의 반응을 생각해보자. **산-염기 반응에서는 하나의 결합이 깨지고 하나의 결합이 새로 생성된다.**

- **염기 B:의 전자쌍은 산의 양성자와 새로운 결합을 생성한다.**
- **산 HA는 HA의 결합 전자쌍을 A에 남겨둔 채 양성자를 잃는다.**

1.6절에서 설명한 **전자쌍**의 이동을 나타내는 굽은 화살표를 상기한다. **화살의 꼬리는 언제나 전자쌍에서 시작하며** 화살 머리는 이 전자쌍이 '이동'해 가는 곳을 향한다.

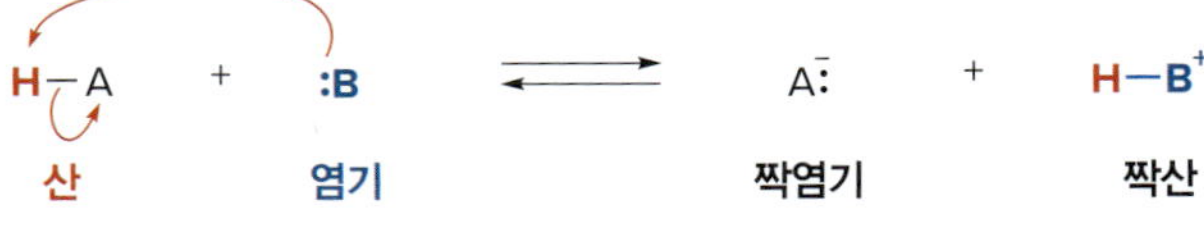

반응에서 전자의 '이동'은 굽은 화살 표현법(curved arrow notation)을 이용하여 나타낼 수 있다. 이 반응에서는 **두 전자쌍**의 이동이 일어나므로 **굽은 화살표 두 개**가 필요하다. 두 가지 생성물이 생성된다.

- 산은 양성자를 잃고 **짝염기(conjugate base)**가 된다.
- 염기는 양성자를 얻어 **짝산(conjugate acid)**을 생성한다.

어느 반응에서든 간에 양쪽의 **알짜 전하는** 반응식의 **양쪽에서 같아야 한다.** 이 예에서 양쪽의 알짜 전하는 0이다. 개개의 전하는 형식 전하(formal charge)를 써서 계산할 수 있다. 출발물과 생성물 간에는 **이중 반응 화살표(double reaction arrow)**를 사용해서 반응이 정반응 쪽으로도 역반응

쪽으로도 진행될 수 있음을 나타내야 한다. 이 화살표를 **평형 화살표(equilibrium arrow)**라 부른다.

양성자 이동 반응의 두 가지 예가 굽은 화살 표현법을 써서 그려져 있다.

이중 반응 화살표는 평형을 표시한다.

⇄

평형 화살표

산에서 H^+**를 제거**하면 짝염기가 생성된다. 염기에 H^+**가 첨가**되면 짝산이 생성된다.

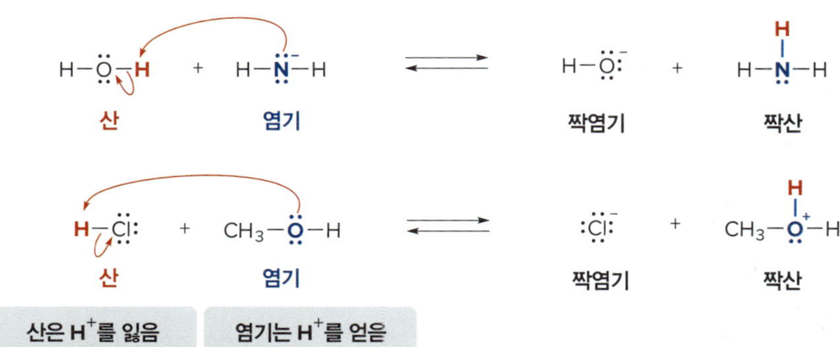

- Brønsted-Lowry 산–염기 반응은 항상 양성자가 산으로부터 염기로 이동한다.

주어진 출발물에서 짝산 또는 짝염기를 알아내고 그리는 일은 대단히 중요하며, 이는 예제 2.1과 2.2에 잘 나타나 있다.

예제 2.1 짝산과 짝염기를 그리기

a. CH_3O^-의 짝산은 무엇인가?

b. NH_3의 짝염기는 무엇인가?

풀이

a. CH_3O^-**에** H^+**를 첨가하면 짝산이 생성된다.**

$CH_3-\ddot{O}:^-$ (염기) → (고립 전자쌍에 H^+ 추가) → $CH_3-\ddot{O}-H$ (짝산)

b. NH_3**에서** H^+**를 떼어 내면 짝염기가 생성된다.**

NH_3 (산) → (H^+ 제거) → $H-\ddot{N}:^- -H$ (짝염기)

전자쌍은 N에 머무름

문제 2.2 a. 각 염기의 짝산을 그려라. NH_3, Cl^-, $(CH_3)_2C{=}O$

b. 각 산의 짝염기를 그려라. HBr, HSO_4^-, CH_3OH

추가 문제: 문제 2.45, 2.46을 풀어보라.

문제 2.3 (a) $CH_2{=}CH_2$의 짝염기는 무엇인가? (b) $CH_3CH_2^-$의 짝산은 무엇인가?

예제 2.2 반응에서 산과 염기, 짝산과 짝염기 결정하기

다음 반응의 산과 염기, 짝산과 짝염기를 표시하라. 굽은 화살 표현법을 써서 전자쌍의 이동을 표시하라.

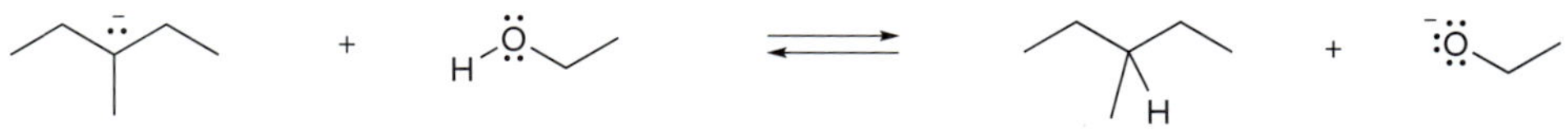

A B C D

풀이

A는 염기인데 이는 양성자를 받아들여 짝산인 **C**를 생성하기 때문이다. **B**는 산인데, 이는 양성자를 내어주고 짝염기인 **D**가 되기 때문이다. 전자쌍 두 개가 관여하기 때문에 굽은 화살표가 두 개 필요하다. 하나는 **A**의 고립쌍이 **B**의 양성자와 결합하는 것을 나타내고, 다른 하나는 O−H 결합의 전자쌍이 O에 남아 있음을 보여 준다.

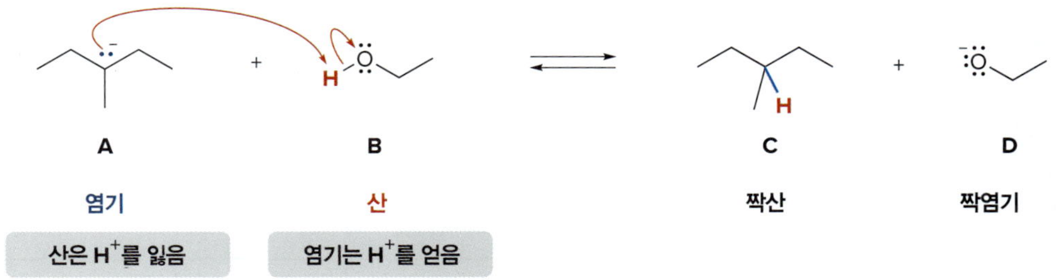

A B C D

염기 산 짝산 짝염기

산은 H^+를 잃음 염기는 H^+를 얻음

문제 2.4 다음 반응에서 산과 염기, 짝산과 짝염기를 표시하라. 굽은 화살표를 이용하여 전자쌍의 이동을 표시하라.

a. H−Cl: + (diethyl ether) ⇌ :Cl:⁻ + (protonated diethyl ether)

b.

c.

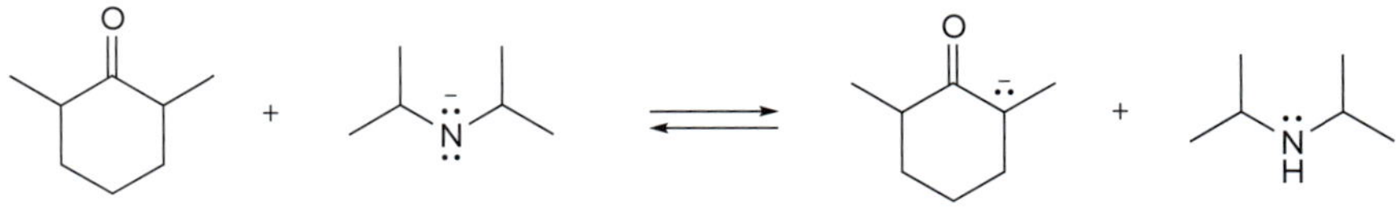

추가 문제: 문제 2.47을 풀어보라.

모든 양성자 이동 반응에서 **전자가 풍부한 염기**는 전자쌍을 흔히 HA 결합이 극성인 산에 내어주게 된다. 따라서 산의 H는 부분 양전하를 띠고 있어 **전자 부족** 상태이다. 이것은 반응성의 일반적 패턴을 보여 주는 첫 번째 예가 된다.

- 전자가 풍부한 화학종은 전자가 부족한 화학종과 반응한다.

양성자 이동 반응에서 두 출발물이 주어져 있다면, 어느 것이 산이고 어느 것이 염기인지를 어떻게 판별할 수 있겠는가? 많은 반응에서 다음과 같은 일반화가 산과 염기를 구분하는 데 도움이 될 것이다.

[1] 일반화학에서 소개되었던 흔히 보는 산과 염기가 유기 화학에서도 똑같이 사용된다. HCl과 H_2SO_4는 센산(강산, strong acid)이며 $^-$OH는 센염기(강염기, strong base)이다.
[2] 어느 한 화합물만 수소가 있으면 바로 그것이 산이고, 어느 하나만이 고립쌍이나 π 결합이 있으면 바로 그것이 염기이다.
[3] 알짜 양전하를 띠고 있는 출발물은 보통의 경우 산이다. 반대로 알짜 음전하를 띠고 있는 출발물은 일반적으로 염기이다.

그림 2.2는 한 쌍의 화합물에서 산과 염기를 구분하는 데 이러한 일반화를 어떻게 사용하는지를 보여주고 있다.

그림 2.2
양성자 이동 반응에서 산과 염기 구분하기

a. 한 반응물이 (+) 또는 (−) 알짜 전하를 띠면

A + :N(CH3)2 염기 B

B는 (−) 전하를 띠고 있으므로 B가 염기이다.

b. 한 반응물이 무기산 또는 염기일 때는

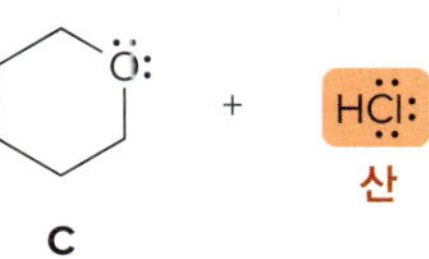

HCl이 강한 무기산이므로 HCl이 산이다.

c. 하나의 반응물에만 H 또는 고립 전자쌍이 있을 때는

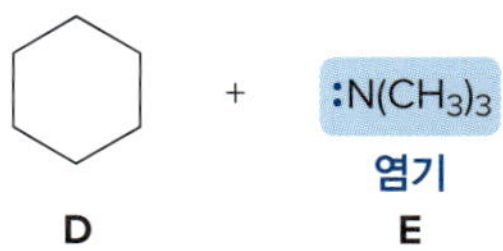

E는 고립 전자쌍이 있고 D는 고립쌍이 없으므로, E가 염기이다.

문제 2.5 한 쌍의 화합물에서 산과 염기를 확인하라.

a. (cyclohexyl)–ÖH + NaH b. (diethylamine, N–H) + (protonated acetone, :OH⁺) c. (quinoline) + HCl

문제 2.6 어떤 화합물이 산인지 염기인지를 결정하고, 각 양성자 이동 반응의 생성물을 그려라.

a. Cl_3C–COOH + $:\ddot{O}CH_3^-$ ⇌ c. (cyclopentyl)–NH_2 + HCl ⇌

b. Cl_3C–C≡C–H + $H:^-$ ⇌ d. (propanol)–OH + H_2SO_4 ⇌

문제 2.7 다음의 각 화합물과 HCl의 산–염기 반응으로 생성되는 생성물을 그려라.

a. (alcohol)–OH b. (diethyl ether) O c. (amine) N d. (pyrrolidine) NH

문제 2.8 Rimatadine은 독감을 치료하는 데 사용하는 경구 약물이다. Rimatadine이 위장에 존재하는 HCl과 반응하였을 때 무슨 생성물이 생기는가?

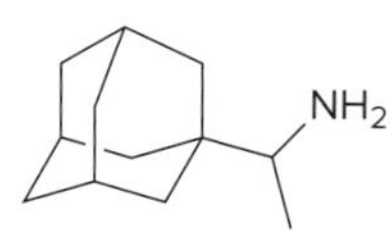

rimantadine

2.3 산의 세기와 pK_a

산의 세기는 산이 얼마나 쉽게 양성자를 내어주는가의 척도이다.

- 화합물이 더 쉽게 양성자를 내놓을수록 더 센 산이다.

산도(acidity)는 평형 상수에 의하여 결정된다. Brønsted–Lowry 산 HA가 물에 녹으면 산–염기 반응이 일어나고, 평형 상수 K_{eq}는 다음과 같이 쓸 수 있다.

$$\underset{\text{산}}{H{-}A} + \underset{\text{염기 용매}}{H{-}\ddot{O}{-}H} \rightleftharpoons A:^- + H_3O^+$$

$$K_{eq} = \frac{[\text{생성물}]}{[\text{출발물}]} = \frac{[H_3O^+][A:^-]}{[HA][H_2O]}$$

$K_a = [H_2O]K_{eq} = \frac{[H_3O^+][A:^-]}{[HA]}$

용매인 H_2O의 농도는 실질적으로 일정하므로, 이 식을 고쳐 써서 새로운 평형 상수를 정의할 수 있으며, 이를 **산도 상수(acidity constant, K_a)**라고 부른다.

상수 K_a의 크기와 산의 세기는 어떤 관계가 있는가?

- 더 **센 산**일수록 평형은 오른쪽으로 더 치우치고, K_a 값은 더 **커진다**.

대부분 유기 화합물의 K_a 값은 작아서 대개 10^{-5}에서 10^{-50}까지 정도이다. 이 값은 10^{0}에서 10^{10}까지인 무기 산의 K_a 값과 대조적이다. 지수를 쓰면 적잖이 불편하므로 대개 K_a 값 대신에 pK_a 값을 쓰는 것이 더 편리하다.

$pK_a = -\log K_a$

pK_a는 산의 세기와 어떤 관계에 있는가?

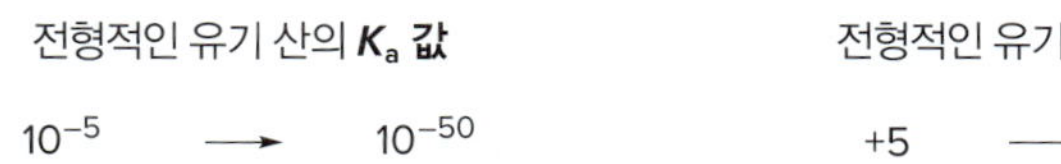

log는 **지수**임을 상기한다. 예컨대 $\log 10^{-5} = -5$이다.

- pK_a 값이 **작을수록** 보다 **센** 산이다.

문제 2.9 각 쌍에서 어느 화합물이 더 센 산인가?

a. $CH_3CH_2CH_3$ 또는 CH_3CH_2OH
   $pK_a = 50$ $pK_a = 16$

b. (OH가 붙은 벤젠 고리) $K_a = 10^{-10}$ 또는 (CH_3가 붙은 벤젠 고리) $K_a = 10^{-41}$

문제 2.10 필요하면 계산기를 사용하여 다음 물음에 답하라.

a. K_a 값이 10^{-10}, 10^{-21} 및 5.2×10^{-5}인 경우 각 pK_a 값은 얼마인가?

b. pK_a 값이 7, 11 및 3.2라면 K_a 값은 얼마인가?

산도(acidity)와 염기도(basicity)는 역관계이다.

- **강산(센산, strong acid)**은 쉽게 양성자를 잃고 **약한 짝염기**로 변환된다.
- **강염기(센염기, strong base)**는 쉽게 양성자를 받아들여 **약한 짝산**이 된다.

표 2.1에 흔히 보는 몇 가지 산의 pK_a 값을 **pK_a 값의 증가** 순, 즉 **산도가 감소**하는 순으로 나열하

표 2.1 몇 가지 pK_a 값

산	pK_a	짝염기
H−Cl	−6	Cl^-
CH_3CO_2−H	4.8	$CH_3CO_2^-$
HO−H	14	HO^-
CH_3CH_2O−H	16	$CH_3CH_2O^-$
HC≡CH	25	$HC≡C^-$
H−H	35	H^-
H_2N−H	38	H_2N^-
$CH_2=CH_2$	44	$CH_2=\bar{C}H$
CH_3−H	50	CH_3^-

(↑ 산도의 증가 / ↓ 염기도의 증가)

였다. 강산은 약한 짝염기를 생성하기 때문에 이 목록은 짝염기의 **염기도가 증가** 순으로 나열된 셈이다. 예를 들어, CH_4는 pK_a (50) 값이 가장 높아서 열거한 예 중에서 가장 약한 산이다. 이의 짝염기인 CH_3^-는 따라서 가장 센 짝염기이다. 보다 많은 pK_a 표는 부록 C에 실려 있다.

예제 2.3에서 볼 수 있는 것처럼 pK_a 값을 비교하면 **두 가지 산의 상대적 산도**와 **그 짝염기의 상대적 염기도**를 알 수 있다.

예제 2.3 pK_a 값을 이용하여 상대적 산도와 염기도 결정하기

다음 화합물을 산도가 증가하는 순으로 순위를 정하라. 그리고 짝염기를 염기도가 증가하는 순으로 순위를 정하라.

$H_2C{=}CH_2$ H−Cl

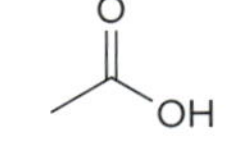

풀이

표 2.1의 값을 이용하면 산도의 증가 순으로 순위를 정할 수 있다. **pK_a 값이 작을수록 더 센 산**이다.

양성자를 하나 제거하면 짝염기가 얻어진다. 센산은 약한 짝염기를 생성하므로 **짝염기의 염기도는** 산의 **pK_a 값이 증가하면 커진다**.

pK_a = 44 pK_a = 4.8 pK_a = −6

산도의 증가 → ← 염기도의 증가

문제 2.11 각 그룹의 산의 짝염기를 염기도가 증가하는 순서로 나열하라.

a. NH_3, H_2O, CH_4 b. $CH_2{=}CH_2$, HC≡CH, CH_4

문제 2.12 다음 두 산, HCO_2H (formic acid, pK_a = 3.8)과 $(CH_3)_3CCO_2H$ (pivalic acid, pK_a = 5.0)에서

a. 어느 산의 K_a 값이 더 크겠는가? b. 어느 산이 더 선 산인가? c. 어느 산이 더 센 짝염기를 생성하겠는가?
d. 각 산이 물에 녹을 때 어느 산의 평형이 더 오른쪽에 놓여 있겠는가?

표 2.1의 pK_a 값은 큰 범위에 걸쳐 있다(−6에서 50까지). pK_a 척도는 로그함수이므로 조그만 차이가 수치적으로는 큰 차이를 불러온다. NH_3의 pK_a (38)와 $CH_2{=}CH_2$의 pK_a (44)는 여섯 단위 차이가 있으므로 NH_3는 $CH_2{=}CH_2$보다 10^6, 즉 백만 배 이상 더 센 산이다.

표 2.1은 많은 것을 생략하였지만, 이 표는 표에 있는 것과 동일하지는 않으나 유사한 화합물의 pK_a 값을 예측하는 데 유용한 도구이다. 가령 "CH_3NH_2의 N−H 결합은 pK_a가 얼마인가?"라는 질문을 받았다고 하자. 비록 CH_3NH_2는 표에 실려 있지 않지만 그 값을 추정하기 위한 충분한 지식이 우리에겐 있다. NH_3의 N−H 결합의 pK_a는 38이기 때문에 CH_3NH_2의 N−H 결합의 pK_a 값도 38 정도라고 추정할 수 있다. 실제 값은 40으로 추정값에 가까운 수치이다.

문제 2.13 표시된 결합의 pK_a 값을 예측하라.

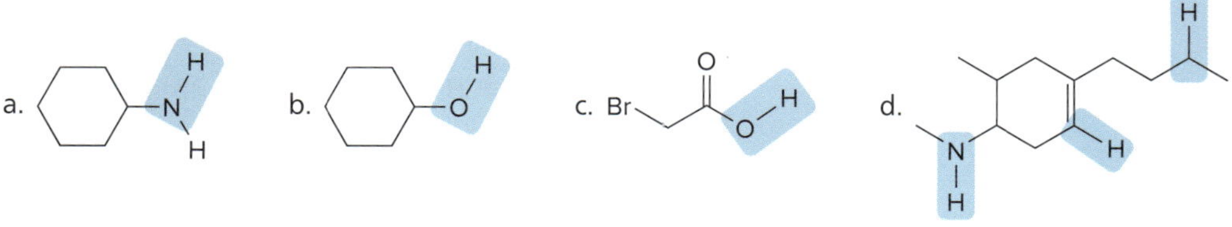

2.4 산-염기 반응의 결과 예측

양성자 이동 반응에서는 **더 센 산과 더 강한 염기가 반응하여** 더 약한 산과 더 약한 염기가 생성된다.

양성자 이동 반응은 평형 반응이다. 산은 염기에 양성자를 내어주고 짝염기와 짝산이 생성되기 때문에 반응 혼합물에는 항상 두 개의 산과 두 개의 염기가 있게 된다. 어느 산과 염기 짝이 평형 상태에서 더 유리한가? **평형의 위치는 산과 염기의 상대적인 세기에 따라 달라진다.**

- 평형은 언제나 **더 약한** 산과 **더 약한** 염기가 생성되는 쪽으로 이동한다.

강산은 쉽게 양성자를 내어주고 강염기는 쉽게 양성자를 받아들이기 때문에, 강산과 강염기가 반응하면 양성자를 쉽게 주고 받지 못하는 더 약한 짝산과 더 약한 짝염기가 생성된다. pK_a 값을 비교하면, 예제 2.4에서처럼 평형의 위치를 결정할 수 있다.

예제 2.4 pK_a 값을 이용하여 평형의 방향을 예측하기

다음 양성자 이동 반응에서 아세틸렌(HC≡CH)이 $^{-}NH_2$와 반응할 때 평형의 방향을 결정하라.

풀이

다음 세 단계를 거쳐 평형의 위치를 결정한다.

단계 [1] 출발물에서 산과 염기를 확인한다.

- $^{-}NH_2$는 음전하를 띠므로 염기라고 가정하라. 그러면 HC≡CH는 산으로 작용하게 된다.

단계 [2] 양성자 이동의 반응 생성물을 그린 다음 생성물에서 짝산과 짝염기를 확인한다.

H−C≡C−H (산, pK_a = 25) + $:\ddot{N}H_2^-$ (염기) ⇌ H−C≡C:$^-$ (짝염기) + :NH_3 (짝산, pK_a = 38)

단계 [3] 산과 짝산의 pK_a를 비교한다. 평형은 pK_a 값이 더 큰, 더 약한 산 쪽으로 유리해진다.

평형에서 반응물 또는 생성물이 선호되는 가역 반응의 경우, 비대칭의 평형 화살표(⇀ 또는 ↽)를 사용한다.

H−C≡C−H (pK_a = 25, 더 센 산) + $:\ddot{N}H_2^-$ (염기) ⇀ H−C≡C:$^-$ (짝염기) + :NH_3 (pK_a = 38, **더 약한 산**)

평형은 약산을 형성하는 생성물 쪽을 선호한다.

- 출발물인 산의 pK_a (25)가 짝산의 pK_a (38)보다 **작기** 때문에 HC≡CH이 보다 **센** 산이며, 평형은 생성물 쪽을 선호한다.

문제 2.14 각 반응의 생성물을 그리고, 평형의 방향을 판별하라.

a. $H_2C=CH_2$ + H:$^-$ ⇌

b. CH_4 + $:\ddot{O}H^-$ ⇌

c. CH_3COOH + $^-:\ddot{O}CH_2CH_3$ ⇌

d. $:\ddot{Cl}:^-$ + $H\ddot{O}CH_2CH_3$ ⇌

추가 문제: 문제 2.55, 2.56을 풀어보라.

특정 염기가 주어진 산의 양성자를 떼어낼 수 있을 만큼 세서 평형이 오른쪽에 놓이게 되는지를 어떻게 하면 알 수 있는가? 그러한 경우는 예제 2.5에 보인 바와 같이 pK_a 표를 보면 쉽게 알 수 있다.

예제 2.5 염기가 산에서 양성자를 떼어낼 수 있을 정도로 센지를 결정하기

다음 중 어떤 염기가 *N,N*-dimethylacetamide [$CH_3CON(CH_3)_2$, pK_a = 30]의 양성자를 떼어낼 수 있을 만큼 세서 평형이 생성물 쪽으로 유리해지는가? a. $NaNH_2$ b. NaOH

풀이

- **각 염기의 짝산의 구조를 그리고**, 각각의 pK_a를 표 2.1 또는 부록 C를 보고 결정하라. **평형에서는 pK_a가 더 큰, 더 약한 산이 있는 쪽이 선호된다**.
- **출발 산과 짝산의 pK_a를 비교하라.** 짝산의 pK_a가 출발 산보다 **클** 경우, 짝산이 더 **약한** 산이고 평형은 **생성물** 쪽으로 유리해진다. 즉, **염기는** 산의 양성자를 떼어낼 수 있을 만큼 **세다**.
- 만약 짝산의 pK_a가 출발 산보다 **작을** 경우, 짝산은 **더 강한** 산이 되고, 평형은 **출발물** 쪽으로 유리해진다. 즉, **염기는** 산의 양성자를 떼어낼 수 있을 만큼 **세지가 않다**.

a. Na^+는 상대 이온이고, $^-NH_2$는 $NaNH_2$의 염기이다

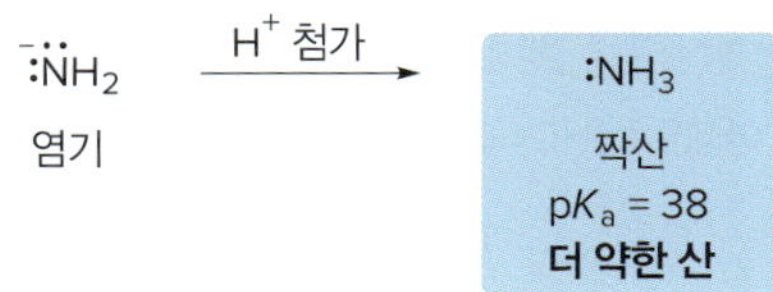

염기의 짝산(NH_3)은 $CH_3CON(CH_3)_2$ (pK_a = 30)보다 **약한** 산이다. 따라서 염기는 산의 양성자를 떼어낼 수 있을 정도로 **강하고, 평형은 생성물 쪽으로 유리해진다.**

b. Na^+는 상대 이온이고, ^-OH는 NaOH의 염기이다.

$^-$:$\ddot{O}H$ 염기 —H^+ 첨가→ $H_2\ddot{O}$: 짝산 pK_a = 14 **더 강한 산**

염기의 짝산(H_2O)은 $CH_3CON(CH_3)_2$ (pK_a = 30)보다 **강한** 산이다. 따라서 염기는 산의 양성자를 떼어낼 수 있을 만큼 센 염기가 **아니고, 평형은 출발물 쪽으로 유리해진다**.

문제 2.15 부록 C의 자료를 사용하여 다음 염기 중에서 평형이 생성물을 만드는 쪽으로 유리하도록 아세토나이트릴(CH_3CN)에서 양성자를 떼기에 충분히 염기성이 센 것은 어느 것인지를 결정하라.

a. NaH b. Na_2CO_3 c. NaOH d. $NaNH_2$ e. $NaHCO_3$

추가 문제: 문제 2.54를 풀어보라.

문제 2.16 다음 염기 중에서 어느 것이 C_6H_5OH (pK_a = 10)에서 양성자를 떼어 낼 정도로 세서, 평형이 생성물을 선호하겠는가? (a) H_2O; (b) NaOH; (c) $NaNH_2$; (d) CH_3NH_2; (e) $NaHCO_3$; (f) NaSH; (g) NaH

문제 2.17 표시된 양성자 중에서 어느 것이 NH_3로 떼어져서 평형이 생성물을 선호하겠는가?

a. C_6H_5–S**H** b. C_6H_5–O**H** c. C_6H_5–C(=O)–O**H** d. C_6H_5–**H**

> 표 2.1은 pK_a가 낮은 것부터 높아지는 순으로 정리되어 있으므로 **산은 표의 아래쪽에 있는 어느 산의 짝염기에 의해서도 양성자를 잃게 된다.**

예제 2.5는 산–염기 반응의 기본 원리를 설명한 예이다.

- 산은 자신보다 pK_a 값이 더 큰 산의 짝염기에 의하여 양성자가 제거된다.

2.5 산의 세기를 결정하는 요인

표 2.1에서 보는 바와 같이 상당히 큰 범위의 pK_a는 화합물 간의 산도에 매우 큰 차이가 있음을 알 수 있다. HCl (pK_a < 0)은 상당히 센산이고, 물(pK_a = 14)은 산도로 보면 중간 정도이며, CH_4 (pK_a = 50)는 상당히 약산이다. 이 차이를 어떻게 설명할 수 있을까? 한 가지 일반적인 원칙이 있다.

- 출발 산인 HA의 짝염기(**A:$^-$**)가 **안정화**될수록 **HA**는 **더 센** 산이 된다.

다음의 네 가지 요인이 HA의 산도에 영향을 미친다.

[1] 원소 효과(**element effects**)
[2] 유도 효과(**inductive effects**)
[3] 공명 효과(**resonance effects**)
[4] 혼성화 효과(**hybridization effects**)

어떤 요인을 검토하건 간에 똑같은 절차를 밟는다. 어떤 두 가지 산의 산도를 비교하기 위해서는 다음과 같은 절차를 따른다.

- 짝염기를 그린다.
- 어느 짝염기가 더 안정한가를 판별한다.
- 짝염기가 **더 안정할수록** 그 산이 **더 산성**이다.

2.5A 원소 효과—주기율표에서의 경향

HA의 산도를 판별하는 가장 중요한 요인은 주기율표상의 A의 위치이다.

주기율표의 같은 주기 원소를 비교하기

주기율표의 같은 주기에서 **한 행에 걸쳐 있는** 산도의 경향을 조사하기 위해, 똑같이 두 번째 주기 원소이면서 H 원자와 결합하고 있는 CH_4와 H_2O를 검토하자. 표 2.1을 보면 **H_2O는 pK_a 값이 훨씬 작으며, 따라서 CH_4보다 훨씬 더 센 산**임을 알 수 있다. 그러면 왜 이렇게 되는 것일까?

이 물음에 답하기 위해 짝염기를 둘 다 그린 다음 어느 것이 더 안정한가를 판별한다. 짝염기는 모두 알짜 음전하가 있으나 $^-$OH의 음전하는 산소 원자에, CH_3^-의 음전하는 탄소 원자에 놓여 있다.

H—ÖH —(H^+ 잃음)→ $^-$:ÖH
짝염기
O의 음전하
더 안정

CH_4 (H—C—H) —(H^+ 잃음)→ $^-$:CH_3
짝염기
C의 음전하
덜 안정

산소 원자는 탄소 원자보다 훨씬 **더 전기 음성**이기 때문에 산소는 더 쉽게 음전하를 수용할 수 있으며, 따라서 $^-$OH는 CH_3^-보다 훨씬 더 안정하다. **$^-$OH가 CH_3^-보다 더 안정한 짝염기이기 때문에 H_2O는 CH_4보다 훨씬 더 센 산이다.** 이는 일반적인 경향의 한 가지 예일 뿐이다.

- 주기율표에서 같은 주기의 오른쪽으로 감에 따라 A의 전기 음성도가 증가하면서 HA의 산도는 **증가한다.**

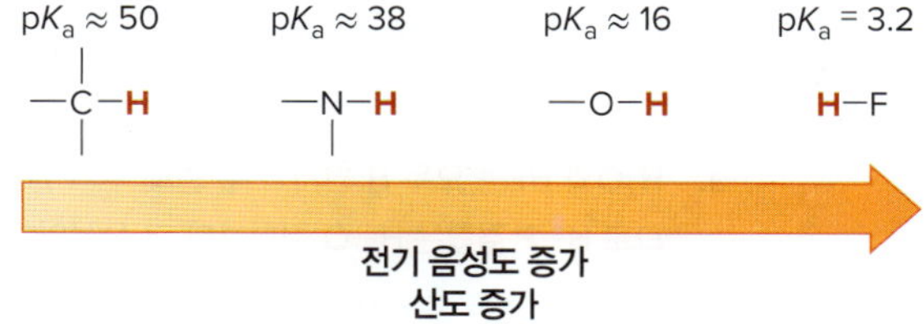

이 영향이 얼마나 큰지는 대략적인 pK_a 값을 비교하면 알 수 있다. **C—H 결합은 H—F보다 약 10^{47}배 더 약산이다.**

주기율표의 같은 열을 따라 내려가면서 원소를 비교하기

이제 주기율표의 열을 따라 내려가면서 보이는 산도의 경향을 알아보기 위해, H—F와 H—Br을 비교하여 보자. 짝염기를 둘 다 그린 다음 어느 것이 더 안정한가를 판별하여야 한다. 이 경우 양성자를 제거하면 F^-와 Br^-가 생성된다.

$$H{-}\ddot{F}: \xrightarrow{H^+ \text{ 잃음}} :\ddot{F}:^- \qquad\qquad H{-}\ddot{Br}: \xrightarrow{H^+ \text{ 잃음}} :\ddot{Br}:^-$$

짝염기 짝염기

F^-와 Br^- 사이에는 두 가지 중요한 차이점이 있다. 하나는 전기 음성도이고 다른 하나는 크기이다. 이 경우, **크기가 전기 음성도보다 중요하다.** 원자나 이온의 크기는 주기율표의 열을 따라 내려가면서 증가한다. 따라서 Br^-는 F^-보다 훨씬 크며 이로 인해 음이온이 안정화된다.

- 양전하 또는 음전하가 더 큰 부피에 퍼져 있으면 더 안정화된다.

F^- 더 작은 음이온 덜 안정한 짝염기

Br^- 더 큰 음이온 더 안정한 짝염기

Br^-가 F^-보다 더 크기 때문에 Br^-는 F^-보다 더 안정하며, H−Br은 H−F보다 더 센 산이다.

이 또한 일반적인 경향을 보여주는 한 가지 예이다.

- 주기율표의 족을 따라 아래로 내려감에 따라 A의 크기가 커지면서, HA의 산도는 **증가한다**.

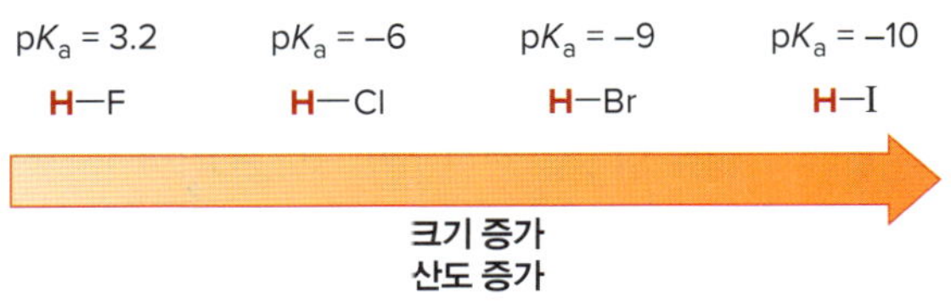

주기율표상의 탄소의 자리로 인해서 (두 번째 주기의 N, O, 할로젠의 왼쪽) **분자 내의 C−H 결합은 가장 산성이 약한 결합이다.**

F가 Br보다 더 전기 음성이기 때문에, 이는 F와 Br의 전기 음성도 차이에 근거하여 예측하였던 것과는 **반대**이다. **주기율표의 열을 따라 산도를 결정하는 것은 크기이지 전기 음성도가 아니다.** 이 경향을 함께 정리하면,

- **HA**의 산도는 주기율표상에서 주기를 따라 오른쪽으로 갈수록, 열을 따라 아래로 갈수록 **증가**한다.

예제 2.6 상대적 산도를 결정하는 데 X의 정체 이용하기

pK_a 표를 보지 말고 다음 각 쌍의 산 중에서 어느 것이 더 센 산인지를 판별하라.

a. H_2O와 HF b. H_2S와 H_2O

풀이

a. H_2O와 HF는 모두 H 원자가 두 번째 주기 원소에 결합되어 있다. HA의 산도는 주기율표의 **행을 따라가며 증가**하므로 H−F 결합은 H−O 결합보다 더 산성이다. **HF는 H_2O보다 센 산이다.**

b. H_2O와 H_2S는 모두 H 원자가 같은 열의 원소에 결합되어 있다. HA의 산도는 **열을 따라 내려가며 증가**하기 때문에 H−S 결합은 H−O 결합에 비하여 더 산성이다. **H_2S는 H_2O보다 센 산이다.**

문제 2.18 pK_a 표를 보지 않고 다음 각 쌍의 산 중에서 어느 것이 더 센 산인지를 판별하라.

a. (지그재그 탄소 사슬) 또는 H_2O b. (오각형 고리) 또는 H_2S

추가 문제: 문제 2.43a, 2.44a, 2.61, 2.64a, 2.67, 2.76a를 풀어보라.

문제 2.19 아래 표시된 H 원자의 산도가 증가하는 순으로 순위를 정하라.

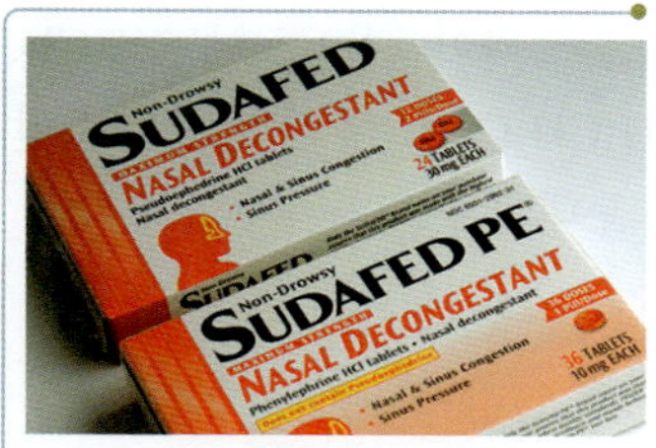

Sudafed에 들어 있는 pseudoephedrine(문제 2.21)은 법으로 금지하고 있는 마약인 methamphetamine으로 쉽게 변환시킬 수 있기 때문에 약국에서는 pseudoephedrine이 들어 있는 제품은 판매대 뒤에 비치하여 그 판매를 더 자세히 모니터하고 있다. Sudafed PE는 코막힘 완화제가 들어 있는 비슷한 상품이지만 methamphetamine으로 변환시키기가 더 어렵다. *Jill Braaten/McGraw Hill*

산도에 대해 논의할 때, 한 화합물에서 산도가 가장 큰 양성자가 가장 먼저 염기에 의해 제거될 것이다. 특정 수소 원자의 일반적인 산도를 결정하는 요인은 네 가지가 있지만, 그중 **HA의 산도를 결정하는 가장 중요한 요소는 원소 효과—즉, A의 정체성—이다.**

어느 수소 원자가 가장 산성인가를 결정하기 위해서는 **우선 수소가 어떤 원소에 결합되어 있는가를 살펴보고, 그 다음 원소의 주기적 경향을 참작하여 산도를 정한다.** 예컨대 $CH_3NHCH_2CH_2CH_2CH_3$는 C−H 결합과 N−H 결합만 있다. HA의 산도는 주기율표의 주기를 따라가며 증가하므로 이 화합물에서는 N과 결합하고 있는 한 개의 H가 가장 센 산성 수소이다.

산도가 가장 큰 H를 붉은색으로 표시

문제 2.20 다음 각 분자에서 어느 수소가 가장 센 산성인가?

a. b. c. d. e. f.

문제 2.21 시판되고 있는 코막힘 완화제인 pseudoephedrine의 수소 중에서 가장 산성인 것은?

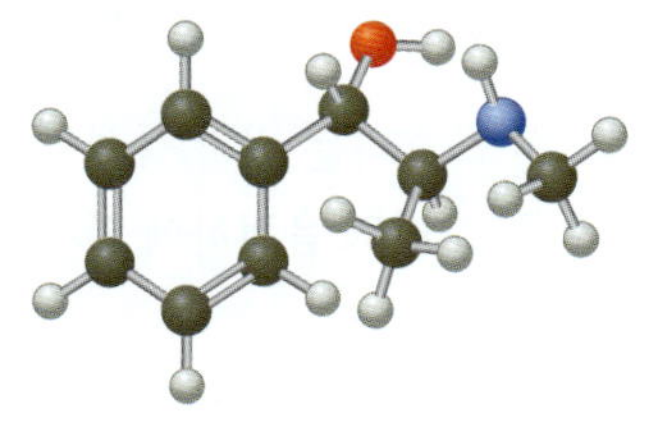

pseudoephedrine

문제 2.22 각 그룹의 화합물을 산도가 증가하는 순으로 정렬하라.

a.

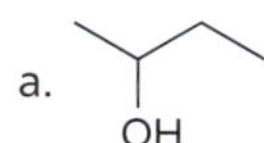

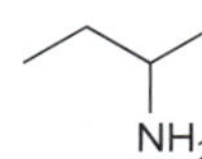

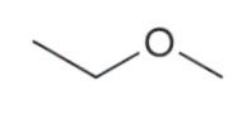

b.

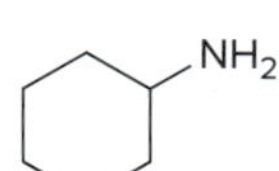

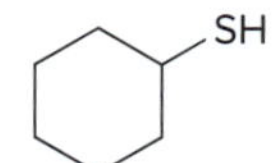

2.5B 유도 효과

HA의 산도에 영향을 미치는 두 번째 요인은 탄소보다 더 전기 음성인 원자의 존재이다. 이 현상을 설명하기 위하여 모두 O−H 결합이 있는 에탄올(CH_3CH_2OH)과 2,2,2-트라이플루오로에탄올(CF_3CH_2OH)을 비교해 보자. 부록 C의 pK_a 표를 보면 CF_3CH_2OH가 CH_3CH_2OH보다 더 센 산임을 알 수 있다. 양쪽 화합물 모두에서 O−H 결합의 산도를 비교하고 있는데 도대체 무슨 차이가 있을까?

ethanol
pK_a = 16

2,2,2-trifluoroethanol
pK_a = 12.4
더 센 산

짝염기를 둘 다 그린 뒤에 어느 것이 더 안정한가를 가려야 한다. 두 염기 모두 전기 음성 산소에 음전하가 있으나, 두 번째 음이온에는 추가로 매우 전기 음성인 플루오린 원자가 세 개 있다. 이 플루오린 원자는 결합하고 있는 탄소로부터 전자 밀도를 당겨 전자 부족을 유발한다. 더군다나 전자가 부족한 탄소는 음으로 하전된 산소 원자로부터 σ 결합을 통해 전자 밀도를 당기기 때문에 음전하를 안정화시킨다. 이를 **유도 효과(inductive effect)**라고 부른다.

짝염기를 안정화하는 전기 음성 원자가 붙어 있지 않음

CF_3는 전자 밀도를 끌어 당겨 짝염기를 안정화함

- **유도 효과**는 두 원자의 전기 음성도의 차로 인해 σ 결합을 통하여 전자 밀도를 끌어당기는 효과이다.

이 경우 전자 밀도는 더 전기 음성인 플루오린 원자들에 의해 σ 결합을 통해서 음전하로부터 당겨지게 되는데, 이러한 것을 **전자 끌기 유도 효과(electron-*withdrawing* inductive effect)**라고 한다. **따라서 세 전기 음성 플루오린 원자는 음으로 하전된 짝염기 $CF_3CH_2O^-$를 안정화시키므로 CF_3CH_2OH는 CH_3CH_2OH보다 더 센 산이다.** 이 논의에서 우리는 두 가지 중요한 원리를 배웠다.

- 보다 큰 전기 음성인 원자는 **전자 끌기** 유도 효과에 의해 높은 전자 밀도 영역을 안정화시킨다.
- HA의 산도는 A에 전자를 끌어당기는 치환기가 존재하면 **증가**한다.

유도 효과는 전기 음성인 원자가 짝염기의 음전하를 안정화하는 데서 비롯된다. **전기 음성도가 클수록, 그리고 음전하에 가까이 있을수록 그 효과는 커진다.** 이 효과는 19장에서 보다 더 상세하게 논의할 것이다.

문제 2.23 각 쌍의 화합물 중 어느 것이 더 센 산인가?

a. (Cl 치환 사이클로펜테인카복실산, OH) or (F 치환 사이클로펜테인카복실산, OH)

b. Cl, Cl, OH or Cl, Cl, OH

c. OH or OH, NO_2

d. CH_3O, NH_2 or NH_2

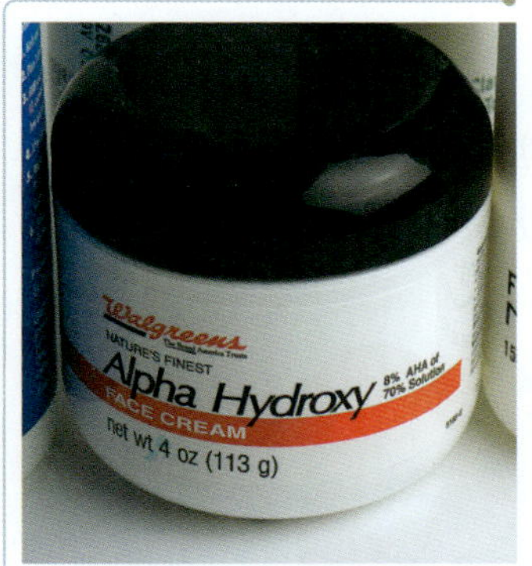

α-하이드록시산(문제 2.24)은 피부 세포의 바깥층과 반응하여 피부결을 좋아지게 하고, 가는 선을 매끈하게 만들어주며, 피부가 벗겨져 나가는 것을 완화시켜주는 피부 보호제로 사용된다.
Jill Braaten/McGraw Hill

공명 구조란 원자 위치는 같으나 전자의 배열만이 다른 두 Lewis 구조이다.

문제 2.24 Glycolic acid ($HOCH_2CO_2H$)는 α-하이드록시산이라고 부르는 화합물 계열(group)의 가장 간단한 화합물로서 CO_2H기에 인접한 탄소에 OH기가 있는 피부 보호제의 성분이다. $HOCH_2CO_2H$는 아세트산(CH_3CO_2H)보다 더 센 산이겠는가, 더 약한 산이겠는가?

문제 2.25 다음 역설을 설명해보라. "HBr은 HCl보다 센 산이다. 반면 HOBr은 HOCl보다 오히려 약산이다."

2.5C 공명 효과

산도를 결정하는 세 번째 요인은 공명이다. 우리는 1.6절에서 원자들의 배열이 같음에도 두 가지 이상의 Lewis 구조를 그릴 수 있을 때는 공명이 일어남을 배운 바 있다. 이 현상을 예시하기 위하여 에탄올(CH_3CH_2OH)과 아세트산(CH_3CO_2H)을 비교하기로 한다. 이들은 분자 내에 똑같이 O—H 결합이 있다. 표 2.1에 의하면 CH_3CO_2H는 CH_3CH_2OH보다 더 센 산임을 알 수가 있다.

ethanol
$pK_a = 16$

acetic acid
$pK_a = 4.8$
더 센 산

이들 산의 짝염기를 그려서 공명의 중요성을 알아보자. 에탄올의 짝염기인 에톡시화 음이온(ethoxide, $CH_3CH_2O^-$)의 경우 Lewis 구조는 하나밖에 그릴 수 없다. 이 짝염기의 음전하는 O에 **편재화되어** 있다.

ethanol
acid

ethoxide
짝염기
단 **하나**의 Lewis 구조

하지만 아세트산 음이온(acetate, $CH_3CO_2^-$)은 두 가지 공명 구조로 그릴 수 있다.

acetic acid

acetate
짝염기
두 개의 공명 구조

혼성체
공명 안정화된 짝염기

공명 비편재화는 종종 2.5B절에서 논의한 유도 효과보다 pK_a에 더 큰 영향을 미친다. 유도 효과에 의해서는 전기음성인 세 개의 F 원자가 CF_3CH_2OH (pK_a = 12.4)를 CH_3CH_2OH보다 약간 더 센 산으로 만들지만, 공명은 CH_3CO_2H (pK_a = 4.8)를 CH_3CH_2OH (pK_a = 16)보다 훨씬 더 센 산으로 만든다.

두 공명 구조는 **π 결합과 고립쌍의 위치**만 다를 뿐이다. 아세트산 음이온의 각각의 공명 구조에서는 음전하가 O 원자에 편재화되어 있으나, 실제로 전하는 두 O 원자에 **비편재화되어(*delocalized*)** 있다. **전자 밀도의 비편재화로 아세트산 음이온은 안정해지며, 따라서 약염기가 된다.**

공명 구조 하나만으로는 아세트산 음이온을 정확히 표현할 수가 없다. 진짜 구조는 두 구조 모두의 **혼성체**이다. 혼성체에서는 각각의 공명 구조에서 다른 위치에 그렸던 전자쌍이 **비편재화된다.** 아세트산 음이온의 경우 점선을 그려 각 C—O 결합이 부분 이중 결합 성격을 띠고 있음을 나타낸다. 부호 δ−(부분 음전하)는 혼성체의 각 산소 원자에 전하가 분산되어 있음을 나타낸다.

따라서 **공명 비편재화로 $CH_3CO_2^-$는 $CH_3CH_2O^-$보다 훨씬 더 안정하며, CH_3CO_2H는 CH_3CH_2OH보다 센 산이다.** 이는 또 다른 일반 규칙을 보여주는 하나의 예이다.

역자주:
계산에 의하면 아세트산이 더 산성인 주된 이유는 공명 효과가 아니라 카보닐 산소의 전자 끌기 유도 효과이다.

- **HA**의 산도는 짝염기 **A:**$^-$가 공명 안정화되면 **증가**한다.

그림 2.3의 $CH_3CH_2O^-$와 $CH_3CO_2^-$의 정전기 전위 그림을 보면, 음전하는 $CH_3CH_2O^-$의 경우 단일 O에 밀집되어 있고, $CH_3CO_2^-$의 경우 두 O에 비편재화되어 있음을 알 수 있다.

그림 2.3
$CH_3CH_2O^-$와 $CH_3CO_2^-$의 정전기 전위 그림

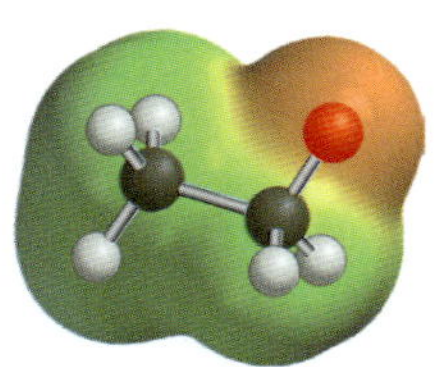

$CH_3CH_2O^-$
음전하가 하나의 산소 원자에 집중되어 있어서 음이온이 **덜 안정해진다.**

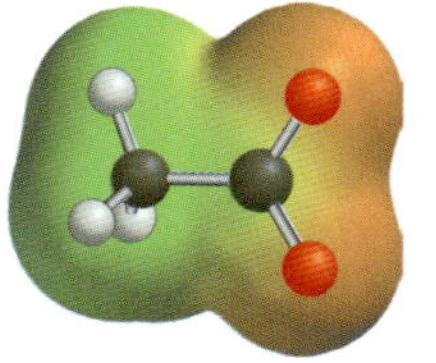

$CH_3CO_2^-$
음이온이 두 개의 산소 원자에 비편재화되어 있어서 음이온이 **더 안정해진다.**

문제 2.26 아세톤 $(CH_3)_2C{=}O$의 C−H 결합은 pK_a가 19.2이다. 짝염기의 두 공명 구조를 그려라. 그리고 왜 아세톤은 프로페인 $CH_3CH_2CH_3$ (pK_a = 50)에 비해 훨씬 센 산인지 설명하라.

문제 2.27 다음 화합물에 표시된 양성자를 pK_a가 증가하는 순으로 정렬하라.

H_aO … O … H_b … O … OH_c

2.5D 혼성화 효과

산 HA의 산도에 영향을 미치는 나머지 하나의 요인은 A의 혼성화이다. 이 현상을 설명하기 위하여 에테인(CH_3CH_3), 에틸렌($CH_2{=}CH_2$) 및 아세틸렌($HC{\equiv}CH$)의 세 화합물을 비교해 보기로 하자. 부록 C를 보면 이들 화합물의 pK_a 값에는 상당한 차이가 있음을 알 수 있다.

ethane pK_a = 50 | ethylene pK_a = 44 | acetylene pK_a = 25

산도 증가 →

에테인, 에틸렌 및 아세틸렌에서 양성자를 떼어 낸 짝염기는 모두 **탄소에 음전하를 띠고 있는 탄소 음이온(carbanion)**이다.

sp^3 혼성화 탄소 **25%** s-성질 | sp^2 혼성화 탄소 **33%** s-성질 | sp 혼성화 탄소 **50%** s-성질

s-성질 백분율 증가
안정도 증가 →

각 경우에 음전하를 띠고 있는 탄소의 혼성화는 각 음이온에서 모두 다르며, 따라서 고립 전자쌍은 각기 *s*-성질 백분율이 다른 오비탈을 점유한다. *s*-성질 백분율이 더 높을수록 혼성 오비탈은 에너지가 더 낮은 *s* 오비탈의 비율이 더 크다.

- 혼성 오비탈의 *s*-성질 백분율이 **높을수록** 짝염기는 그만큼 **더 안정화된다**.

따라서, **짝염기의 음전하가 *s*-성질 백분율이 커지면서 안정화되기 때문에 산도는 CH_3CH_3, $CH_2{=}CH_2$에서 $HC{\equiv}CH$의 순서로 증가한다**. 이 또한 일반적인 경향을 보여주는 예의 하나이다.

- **HA**의 산도는 **A:$^-$**의 *s*-성질 백분율의 증가에 따라 **증가한다**.

문제 2.28 다음 각 쌍의 화합물에서 [1] 표시된 H 중 어느 것이 더 산성인가? [2] 각 산의 짝염기를 그려라. [3] 어느 짝염기가 더 센 염기인가?

a. (cyclopentyl–C≡C–**H**) 또는 (cyclopentyl–CH₂CH₂–CH₂**H**)　b. (cyclohexene, vinylic **H**) 또는 (cyclohexane **H**)

문제 2.29 다음 이온을 염기도가 증가하는 순서로 정렬하라.

a. $CH_3CH_2^-$, CH_3O^-, CH_3NH^-

b. CH_3^-, HO^-, Br^-

c. $CH_3CO_2^-$, $CH_3CH_2O^-$, $ClCH_2CO_2^-$

d. cyclohexyl–C≡C:$^-$, cyclohexyl–$\ddot{C}H^-$–CH₃, cyclohexyl–$\ddot{C}^-$=CH₂

2.5E 산의 세기를 결정하는 요인의 요약

분자 내에서 가장 산성이 큰 자리를 찾아 내는 능력은 유기 화학 공부 전반에 걸쳐 대단히 중요하다. 산도를 결정하는 모든 요인을 그림 2.4에 요약하였다. 다음의 두 단계 절차는 이러한 네 가지 요인이 양성자의 상대적 산도를 결정하는 데 어떻게 이용되는지를 보여 주고 있다.

그림 2.4
산의 세기를 결정하는 요인의 요약

요인	예		
1. **원소 효과**: HA의 산도는 주기율표에서 같은 주기에서는 왼쪽에서 오른쪽으로, 같은 족에서는 아래로 갈수록 증가한다.	CH_4	와	H_2O **더 센 산성임**
2. **유도 효과**: HA의 산도는 A에 전자를 끄는 원자가 있으면 증가한다.	$CH_3CH_2O{-}H$	와	$CF_3CH_2O{-}H$ **더 센 산성임**
3. **공명 효과**: HA의 산도는 짝염기인 A:$^-$가 공명 안정화되면 증가한다.	$CH_3CH_2O{-}H$		$CH_3CO_2{-}H$ **더 센 산성임**
4. **혼성화 효과**: HA의 산도는 A:$^-$의 *s*-성질 백분율의 증가에 따라 증가한다.	$CH_2=CH_2$	와	$H{-}C{\equiv}C{-}H$ **더 센 산성임**

해결 방법 양성자의 상대적 산도 결정하기

단계 [1] 수소와 결합하고 있는 원자를 찾아 주기적 경향을 이용하여 상대적인 산도를 부여한다.

- 유기 화합물에서 가장 흔히 보는 HA 결합은 C—H, N—H 및 O—H 결합이다. 산도는 주기율표의 왼쪽에서 오른쪽으로 가며 증가하므로 상대적인 산도는 **C—H < N—H < O—H**의 순이 된다. 따라서 C에 결합한 H는 일반적으로 헤테로 원자에 결합된 H보다 **산도가 감소**한다.

단계 [2] 만약 두 수소 원자가 같은 원소에 결합되어 있으면 짝염기를 그린 다음 다른 점을 찾도록 한다. 다음 세 가지 질문을 던져본다.

- 전자 끄는 기가 짝염기를 안정화하는가?
- 짝염기가 공명 안정화되어 있는가?
- 짝염기가 어떻게 혼성화되어 있는가?

예제 2.7은 이런 절차를 실제 화합물에 어떻게 적용하는지를 보여주고 있다.

예제 2.7 화합물의 상대적 산도 결정하기

다음 화합물에서 가장 산성인 수소 원자의 산도가 증가하는 순서로 정렬하라.

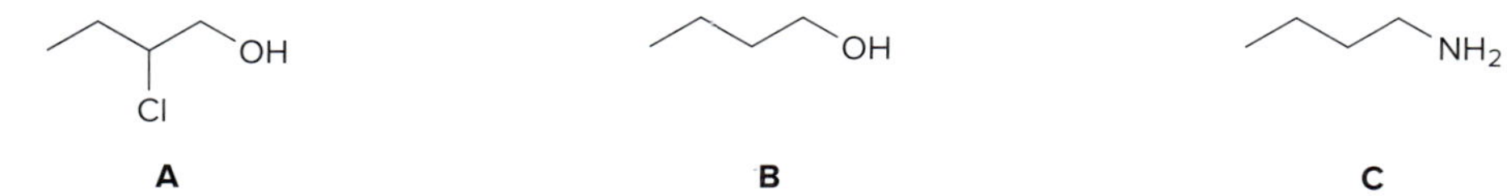

풀이

[1] 화합물 **A**, **B** 및 **C**는 각각 C—H, N—H 및 O—H 결합이 들어 있다. 산도는 주기율표의 주기를 따라 왼쪽에서 오른쪽으로 증가하기 때문에 **O—H 결합이 가장 산성이다**. 화합물 **C**는 산성이 가장 떨어지는데, 이는 여기에만 O—H 결합이 **없기** 때문이다.

[2] 화합물 **A**와 **B** 사이의 유일한 차이는 **A**에는 전기 음성인 Cl가 있다는 점이다. Cl은 **A**의 짝염기를 안정화하므로 **A**는 **B**보다 더 산성이다. 따라서

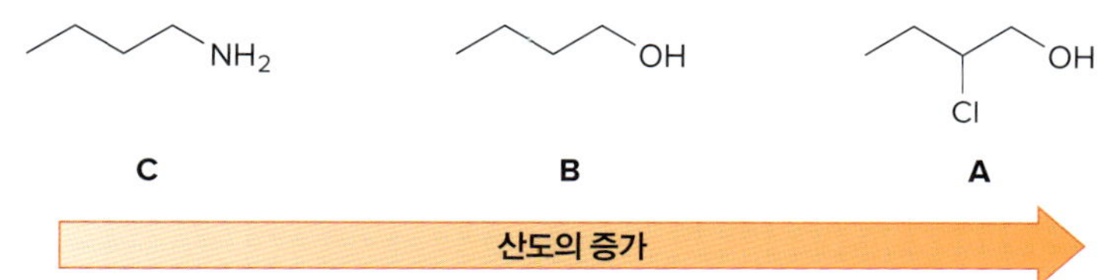

문제 2.30 각 그룹의 화합물을 산도가 증가하는 순서로 정렬하라.

a. (OH) (NH_2)

b. Br, O, OH; O, OH; OH

c. NH_2; N; OH

추가 문제: 문제 2.57, 2.58, 2.78a를 풀어보라.

문제 2.31 각 그룹의 화합물을 산도가 증가하는 순서로 정렬하라.

a. OH; NH_2;

b. Cl; OH; SH

c. ; Cl, OH; OH

d.

문제 2.32 A와 B 중 어떤 음이온이 더 센 염기인가?

A

B

예제 2.8 더욱 복잡한 화합물에서 가장 산성이 센 양성자 정하기

이번 장을 시작하면서 소개한 원두커피에 존재하는 quinic acid에서 어떤 양성자가 가장 센 산성일까?

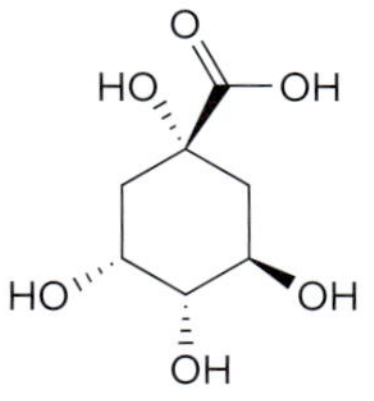

quinic acid

풀이

산도는 주기율표에서 같은 주기의 경우 왼쪽에서 오른쪽으로 증가하기 때문에, C−H 결합보다 산도가 센 **O−H 결합에 집중하도록 하자**. O−H의 양성자를 제거하여 생성하는 짝염기를 그리면 육원자 고리에 결합된 OH기가 C=O에 결합된 OH와 다르다는 것을 알 수 있다.

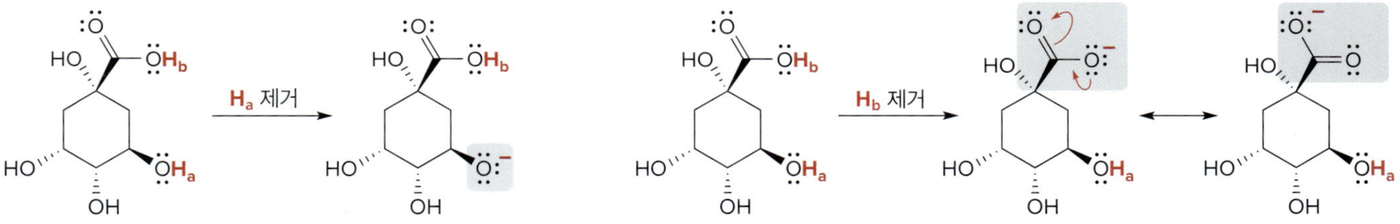

H_a 제거

짝염기
단 **하나**의 Lewis 구조

H_b 제거

두 가지 공명 구조
공명 안정화된 짝염기

H_a(또는 육원자 고리에 결합된 OH기의 아무 양성자)를 제거하더라도 Lewis 구조 **하나**로만 그릴 수 있는 짝염기가 얻어진다. 따라서 음전하는 O 원자 하나에만 **편재화**된다. 하지만 H_b를 제거하게 되면 **두 개**의 공명 구조를 그릴 수가 있고 음전하는 두 개의 O 원자에 **비편재화**된다. 비편재화는 짝염기를 더욱 안정시키기 때문에, **quinic acid에서는 H_b가 가장 산성이 센 양성자이다**.

문제 2.33 다음 약품 중에서 어느 양성자가 가장 센 산인가? THC는 marijuana의 활성 성분이며, ketoprofen은 소염제이고 chloroquine은 항말라리아제이다.

a. 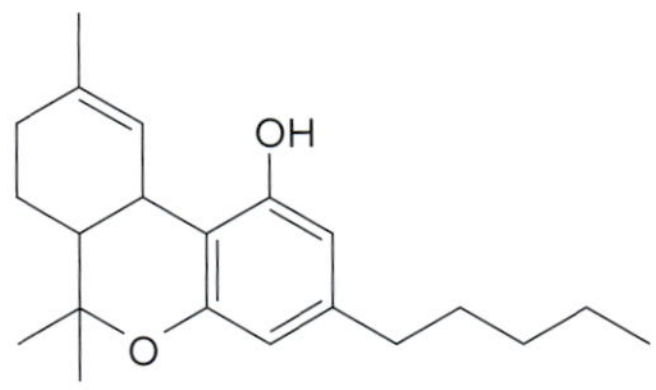 THC
tetrahydrocannabinol

b. 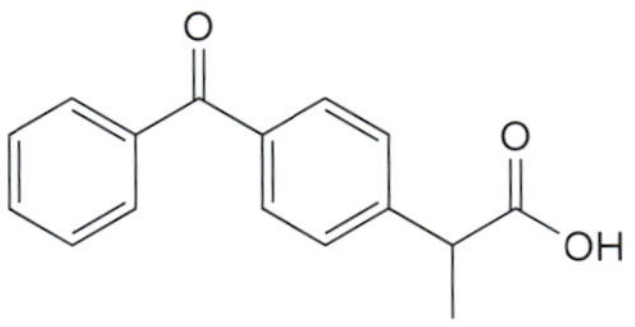 ketoprofen

c. 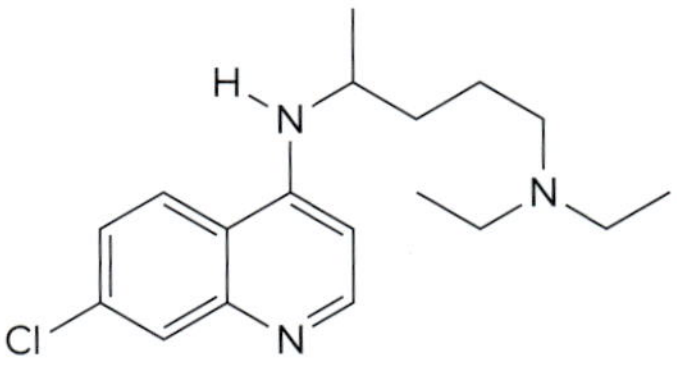 chloroquine

추가 문제: 문제 2.43a, 2.44a, 2.50, 2.51, 2.64a, 2.67, 2.76a, 2.78a를 풀어보라.

2.6 흔히 쓰는 산과 염기

매우 센산이나 중간 정도로 센산과 염기들이 유기 반응에서 시약으로 사용된다.

2.6A 흔히 쓰는 산

황 함유량이 높은 화석 연료를 연소함으로써 대기 중으로 방출되는 황 산화물이 물에 녹으면 **황산(sulfuric acid)**이 생성된다. 황산은 빗물을 산성화시켜, 전 세계적으로 많은 에이커의 삼림을 파괴하고 있는 산성비를 만든다. *Mary Terriberry/Shutterstock*

여러 유기 반응이 센 무기 산의 존재하에서 일어나는 경우가 많으며, 가장 흔히 사용하는 산은 **HCl**과 **H_2SO_4**이다. **pK_a 값이 0 이하**인 이들 센산은 앞서 배운 화학 과목에서 이미 익힌 것들이다.

또한 두 가지 유기 산이 유기 반응에서 자주 사용되는데, **아세트산(acetic acid)**과 ***p*-톨루엔설폰산(*p*-toluenesulfonic acid, TsOH)**이 바르 그것이다. 아세트산은 무기 산보다 pK_a가 더 큰 약산이지만, 대부분의 유기 화합물보다 센 산성을 띤다. *p*-톨루엔설폰산은 센 무기 산과 산도가 비슷하다. 고체이기 때문에 저울에서 소량을 재어 반응 혼합물에 넣기가 아주 쉽다.

acetic acid
pK_a = 4.8

= TsOH

p-toluenesulfonic acid
pK_a = –1.3

2.6B 흔히 쓰는 염기

흔히 사용하는 세 유형의 강염기는 다음과 같은 것들이 있다.

[1] 음으로 하전된 산소 염기: **$^-$OH**(수산화물)와 그 유기 유도체
[2] 음으로 하전된 질소 염기: **$^-NH_2$**(아마이드)와 그 유기 유도체
[3] 수소화물(**H^-**)

그림 2.5에는 이들 강염기들의 예가 수록되어 있다. 각 음으로 하전된 염기는 전하 균형을 위하여 구경꾼 이온(보통 Li^+, Na^+ 또는 K^+)이 있는 염으로서 사용된다.

그림 2.5
흔히 쓰이는 음으로 하전된 염기

산소 염기

Na^+	$^-$:ÖH	수산화 소듐
Na^+	$^-$:ÖCH$_3$	메톡시화 소듐
Na^+	$^-$:ÖCH$_2$CH$_3$	에톡시화 소듐
K^+	$^-$:ÖC(CH$_3$)$_3$	*tert*-뷰톡시화 포타슘

질소 염기

Na^+	$^-$:N̈H$_2$	아마이드화 소듐
Li^+	$^-$:N̈[CH(CH$_3$)$_2$]$_2$	다이아이소프로필아마이드화 리튬

수소화 음이온

Na^+	H:$^-$	수소화 소듐

역자주:
숫자 12보다 14가 더 타당하다. NaOH 등부터 강염기이기 때문이다.

• 강염기는 그 짝산의 pK_a 값이 >12인 약산이다.

강염기는 대개 알짜 음전하를 띠는데, 음전하가 있다고 모두 강염기는 아니다. 예를 들어, 할라이드 이온인 F^-, Cl^-, Br^- 및 I^-는 어느 하나도 강염기가 아니다. 이들 음이온은 그 짝산이 매우 센 산이며 양성자에 전자쌍을 내어주는 경향이 상당히 약하다.

2.5D절에서 논의한 **탄소 음이온**은 음으로 하전된 탄소 원자로서 특히 강염기이다. 아마도 가장 흔한 염기의 예는 **뷰틸리튬(butyllithium)**일 것이다. 뷰틸리튬과 이와 관련된 화합물은 17장에서 상세히 다룬다.

$CH_3CH_2CH_2\ddot{C}H_2^-$ Li^+

뷰틸리튬

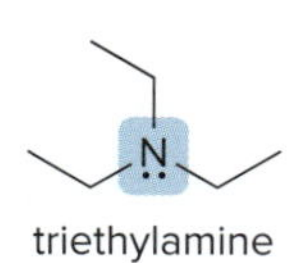
triethylamine

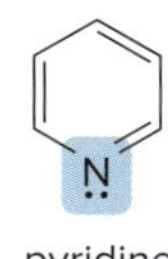
pyridine

약한 유기 염기의 두 가지 예로 **트라이에틸아민(triethylamine)**과 **피리딘(pyridine)**을 들 수 있다. 이 화합물은 질소 원자에 고립쌍이 있어서 염기이기는 하지만, 이들은 음으로 하전되어 있지 않은 중성 화합물이기 때문에, 아마이드 염기보다 상당히 약한 염기이다.

문제 2.34 소독용 알코올의 주성분인 프로판-2-올[$(CH_3)_2CHOH$]을 다음 각 산 또는 염기와 반응시켰을 때 생성되는 생성물을 그려라. a. NaH b. H_2SO_4 c. Li^{+} $^{-}N[CH(CH_3)_2]_2$ d. CH_3CO_2H.

2.7 아스피린

아스피린(aspirin)은 가장 널리 쓰이는 처방전 없이 살 수 있는 약 중의 하나이다. Anacin, Bufferin, Bayer 또는 복제약을 사더라도 그 활성 성분인 **아세틸살리실산(acetylsalicylic acid)**은 모두 같다.

아스피린은 **살리실산 제제(salicylate)**라고 부르는 화합물 중에서 가장 잘 알려져 있다. 아스피린은 처음에는 진통제, 해열제, 소염제로 사용되었으나 현재는 심장마비와 뇌졸중 등을 치료하고 예방하는 혈전 용해제로도 흔히 쓰이고 있다. **아스피린은 합성 화합물이다.** 따라서 자연계에 존재하지 않으나, 천연의 살리실산 제제와 관련된 유사한 물질이 버드나무 껍질과 조팝나무 꽃에서 발견된다(그림 2.6).

그림 2.6
Salicin, 버드나무 껍질에서 발견되는 진통제

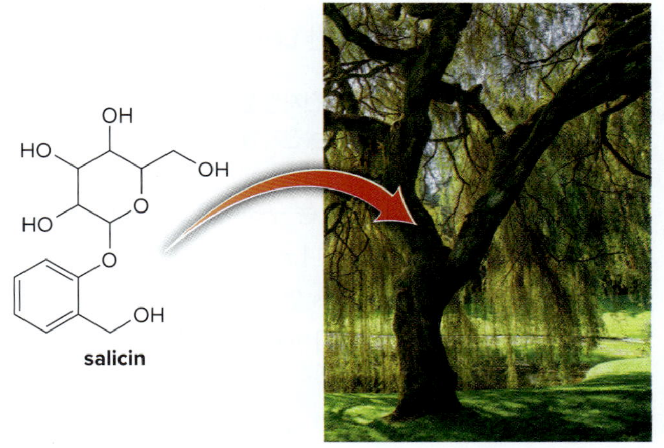

버드나무
july7th/iStock/Getty Images

- 현대 아스피린의 역사는 Reverend Edmund Stone이 버드나무 껍질을 씹으면 진통 효과가 있음을 보고한 1763년으로 거슬러 올라간다. 지금은 버드나무 껍질에 **살리신(salicin)**이라고 하는 아스피린과 구조적으로 유사한 물질이 함유되어 있음이 알려져 있다.

다른 많은 의약품이 그러하듯이 아스피린도 양성자 이동 반응을 일으킬 수 있다. 그중 가장 산성인 양성자는 O에 결합된 H이며, 염기가 존재하면 H는 쉽게 떨어진다.

:B + aspirin ⇌ 짝염기 + H—B⁺

aspirin
acetylsalicylic acid
중성 구조
위에서 존재하는 구조

짝염기
이온 구조
작은 창자에서 존재하는 구조

이 산-염기 반응이 왜 중요한가? 아스피린을 복용하면 아스피린은 먼저 위를 지나, 작은 창자로 간다. 아스피린은 위의 산성 환경에서 중성 상태를 유지하지만, 작은 창자의 염기성 환경에서는 양성자를 잃고 짝염기인 음이온으로 된다. 이와 유사하게, 혈액의 약염기 상태에서 아스피린은 이온성 짝염기로 존재한다.

우리는 3.7장에서 용해도와 세포막에 대해서 좀 더 자세히 다룰 예정이다.

아스피린이 산으로 존재하느냐 아니면 짝염기로 존재하느냐는 세포를 통과할 수 있는지 없는지를 결정하는 중요한 사항이다. 이온 상태에서 아스피린은 혈액에 쉽게 용해되어 혈류를 통해 조직으로 전달된다. 아스피린이 목적지에 도달하면 이온성 짝염기는 다시 양성자와 결합하여 중성 상태로 세포막을 통과한다. 여기서 프로스타글란딘(prostaglandin)의 합성을 저해한다. 19장에서 이 내용을 자세하게 다룰 예정이다. 이와 같이 생체 내에서 아스피린은 산-염기 반응을 하고, 산-염기 반응은 아스피린의 성질과 활성에 결정적인 역할을 한다.

문제 2.35

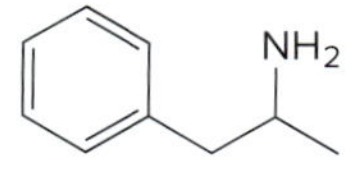

amphetamine

암페타민(amphetamine)과 같은 질소 원자가 들어 있는 화합물은 위에서 위액에 들어 있는 HCl에 의하여 양성자화되며, 그 결과 생성되는 염은 다시 작은 창자의 염기성 환경에서 양성자를 잃고 중성형으로 돌아간다. 이 각 과정의 양성자 이동 반응을 적어라. 암페타민은 어떤 구조로 세포막을 통과할 것인가?

2.8 Lewis 산과 염기

산과 염기에 관한 Lewis의 정의는 Brønsted–Lowry 산과 염기의 정의보다 훨씬 광범위하다.

모든 Brønsted–Lowry 염기는 Lewis 염기이기도 하다.

- Lewis 산은 **전자쌍 받개**이다.
- Lewis 염기는 **전자쌍 주개**이다.

Lewis 염기는 구조적으로 Brønsted–Lowry 염기와 동일하다. 양쪽 모두 **내어줄 수 있는 전자쌍**, 즉 고립쌍이나 π 결합 전자쌍이 있다. Brønsted–Lowry 염기는 이 전자쌍을 언제나 양성자에 내어주지만, Lewis 염기는 전자가 부족한 어느 화학종에도 내어준다는 점만이 다르다. 그림 2.7에 간단한 Lewis 염기의 예를 나타내었다.

그림 2.7
간단한 Lewis 산과 염기

Lewis **염기**

$^{-}$:ÖH (:$\ddot{O}$H$^-$)

$CH_3\ddot{O}H$

$H_2C{=}CH_2$

Brønsted–Lowry 산이면서 Lewis **산**

$H_2\ddot{O}$:　　$CH_3\ddot{O}H$

Brønsted–Lowry 산이 **아니면서** Lewis **산**

BF_3　　$AlCl_3$

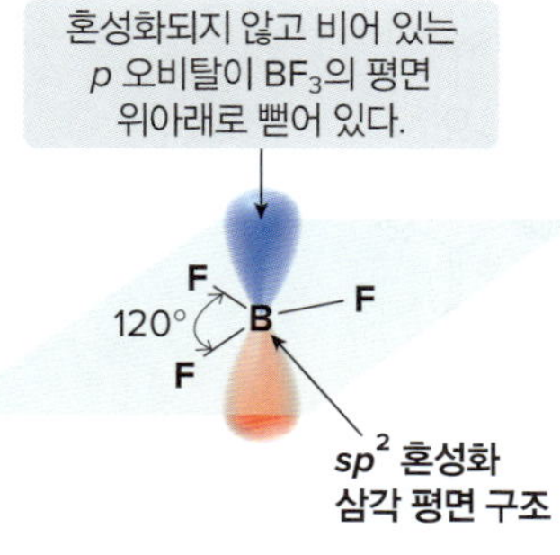

Lewis 산은 전자쌍을 받아들일 수 있지만, 그 방법에는 여러 가지가 있다. **모든 Brønsted–Lowry 산은 또한 Lewis 산이기도 하다. 하지만 그 역은 항상 성립하지는 않는다.** 그림 2.7에서 보여준 바와 같이 전자가 부족하여 전자쌍을 받아들일 수 있는 모든 것이 Lewis 산이다.

흔히 보는 Lewis 산(Brønsted–Lowry 산이 아니면서)에는 $\mathbf{BF_3}$나 $\mathbf{AlCl_3}$가 있다. 주기율표 상에서 3A 족인 화합물들은 원자가 전자 껍질이 다 채워져 있지 않기 때문에 모두 전자쌍을 받아들일 수 있다. 예로서, BF_3의 sp^2 혼성이고 삼각 평면인 B 원자는 전자 두 개를 받아들일 수 있는, 비어 있고 혼성화되지 않은 *p* 오비탈이 있다.

문제 2.36 어느 화학종이 Lewis 염기인가?

a. NH_3 b. $CH_3CH_2CH_3$ c. H^- d. H−C≡C−H

문제 2.37 어느 화학종이 Lewis 산인가?

a. BBr_3 b. CH_3CH_2OH c. $(CH_3)_3C^+$ d. Br^-

한 화학종이 전자쌍을 다른 화학종에 내어주는 반응을 Lewis 산−염기 반응이라고 한다.

Lewis 산−염기 반응에서 Lewis 염기는 Lewis 산에 전자쌍을 제공한다. 전자쌍의 이동과 관련된 대부분의 유기 화학 반응은 Lewis 산−염기 반응으로 분류할 수 있다. Lewis 산−염기 반응은 반응성의 일반적 패턴을 보여 준다.

- 전자가 풍부한 화학종은 전자가 부족한 화학종과 반응한다.

가장 간단한 Lewis 산−염기 반응에서는 하나의 결합이 생성되고 아무 결합도 깨어지지 않는다. 그러한 예의 하나가 BF_3와 H_2O의 반응이다. BF_3는 B 주위에 전자 여섯 개만 있기 때문에 전자가 부족한 Lewis 산이다. H_2O는 O에 두 개의 고립쌍이 있어서 전자가 풍부한 Lewis 염기이다.

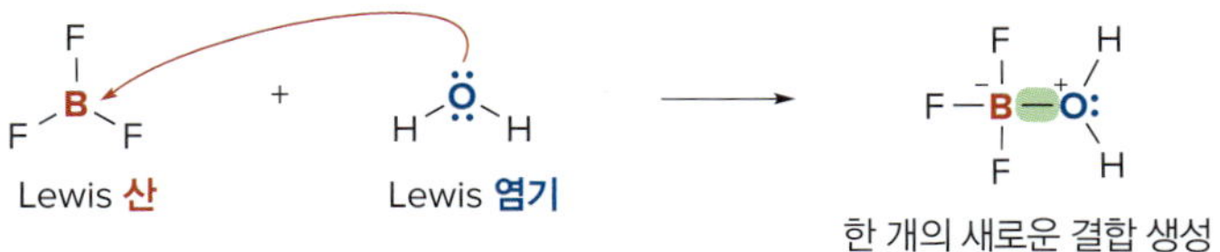

H_2O가 전자쌍을 BF_3에 제공하면 새로운 결합이 생긴다. 새로운 B−O 결합의 전자쌍은 산소 원자에서 오며 단일 화합물, 즉 Lewis 산−염기 착물이 생성된다. B와 O 모두 형식 전하가 있지만 전체적으로 생성물은 중성이다.

친핵체 = 핵을 좋아함
친전자체 = 전자를 좋아함

- Lewis 산을 **친전자체(electrophile)**라고도 부른다.
- 양성자 이외의 Lewis 산과 반응하는 Lewis 염기를 **친핵체(nucleophile)**라고 부른다.

이 Lewis 산−염기 반응에서 **BF_3는 친전자체**이고 **H_2O는 친핵체**이다.

Lewis 산−염기 반응에서 **전자쌍은 Lewis 염기에서 떨어져 나가는 것이 아니라,** Lewis 산의 한 원자에 제공되어 하나의 새로운 공유결합이 생성된다.

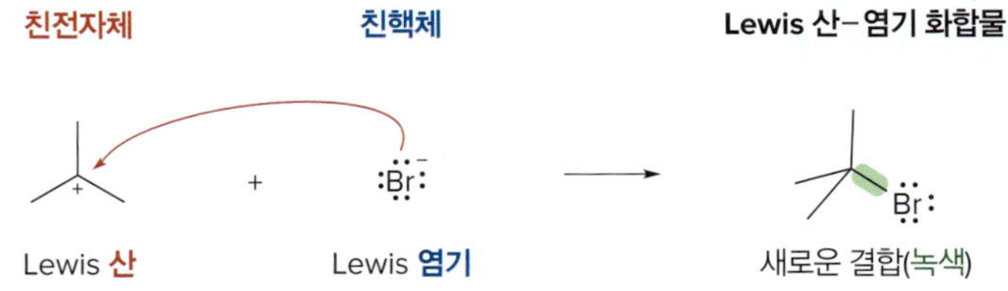

문제 2.38 각 반응에서 Lewis 산과 염기를 표시하라. 굽은 화살 표현법을 써서 전자쌍의 이동을 나타내라.

a. BF_3 + CH_3OCH_3 ⟶ F_3B^-−$O^+(CH_3)_2$

b. $(CH_3)_2CH^+$ + ^-OH ⟶ $(CH_3)_2CHOH$

문제 2.39 각 반응의 생성물을 그려 보고 친핵체와 친전자체를 표시하라.

a. $CH_3CH_2\ddot{O}CH_2CH_3$ + BBr_3 ⟶ b. (cyclohexanone, C=Ö:) + $AlCl_3$ ⟶

문제 2.40 Lewis 염기인 $(CH_3CH_2)_3N$을 다음의 각 Lewis 산과 반응시켰을 때 생성되는 생성물을 그려라.

a. $B(CH_3)_3$ b. $(CH_3)_3C^+$ c. $AlCl_3$

어떤 Lewis 산-염기 반응에서는 결합 하나가 생성되고 결합 하나는 끊어진다. 이러한 반응의 생성물을 그리려면 다음 단계를 기억한다.

[1] 항상 Lewis 산과 염기를 먼저 확인한다.
[2] 굽은 화살표를 써서 염기의 전자쌍을 산의 전자 부족 원자로 향하게 한다.
[3] 전자쌍을 세어 원자가 전자의 수가 정확히 맞도록 하고, 필요한 경우에는 결합 하나를 끊는다.

예를 들어, 사이클로헥센과 H-Cl 간의 Lewis 산-염기 반응을 보자. Brønsted-Lowry 산인 HCl은 Lewis 산이며, 사이클로헥센은 π 결합이 있기 때문에 Lewis 염기이다.

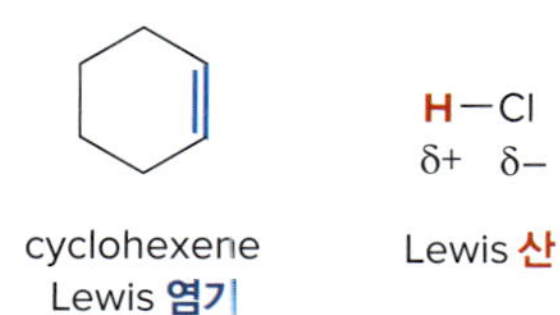

1장에서 양으로 하전된 탄소를 **탄소 양이온**이라 하였다.

이 반응의 생성물을 그리기 위해서 Lewis 염기인 π 결합 전자쌍이 Lewis 산의 양성자와 새로운 결합을 만들면, 탄소 양이온이 생기게 된다. H-Cl의 결합은 전자쌍을 Cl에 내어주어 Cl^-가 생성된다. 전자쌍 두 개가 관여하였으므로 굽은 화살표 두 개가 필요하다.

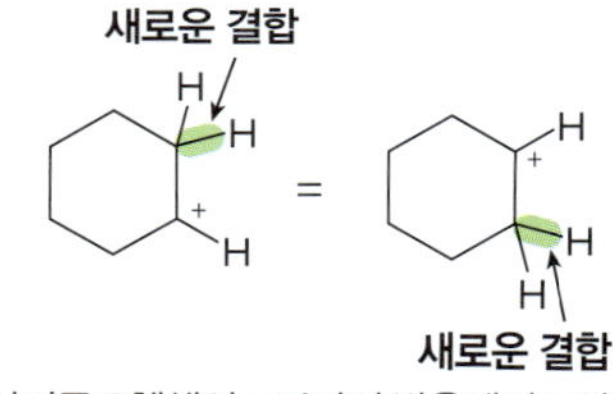

사이클로헥센의 HCl과의 반응에서 H와의 새 결합은 **이중 결합의 어느 한쪽 탄소**에서 생성될 수 있는데, 이는 결국 같은 탄소 양이온이 생성되기 때문이다.

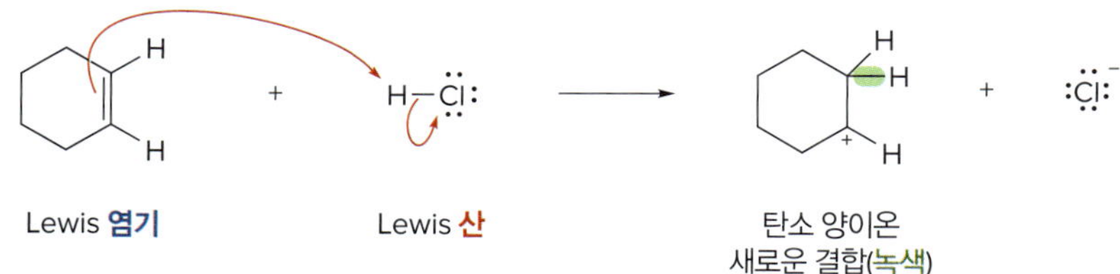

사이클로헥센과 HCl 사이의 Lewis 산-염기 반응은 C=C 이중 결합이 있는 화합물의 기본적인 반응의 특수한 예이다. 이 반응은 10장에서 상세하게 다룬다.

문제 2.41 Lewis 산과 염기를 표시하라. 굽은 화살표를 사용하여 전자쌍의 이동을 보여라.

$CH_3CH_2C(=\ddot{O}:)CH_3$ + H_3O^+ ⟶ $CH_3CH_2C(=\ddot{O}H^+)CH_3$ + $H_2\ddot{O}$

문제 2.42 Lewis 산 $(CH_3CH_2)_3C^+$가 각 Lewis 염기와 반응하였을 때 생기는 생성물을 그려라.

a. CH_3OH b. $(CH_3)_2O$ c. $(CH_3)_2NH$

Chapter 02 복습

핵심 개념

Brønsted–Lowry와 Lewis 산과 염기(2.1, 2.8)

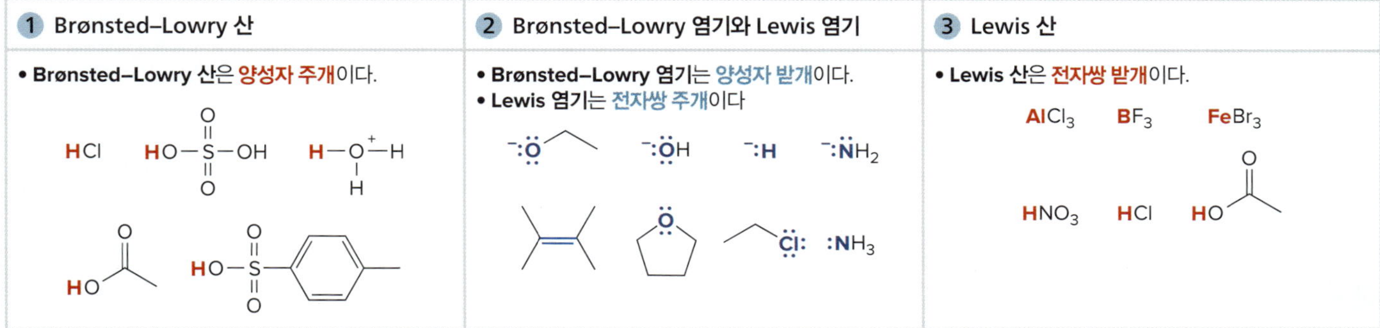

그림 2.1.2.7 참고. 문제 2.69 2.70을 풀어보라.

산–염기 반응

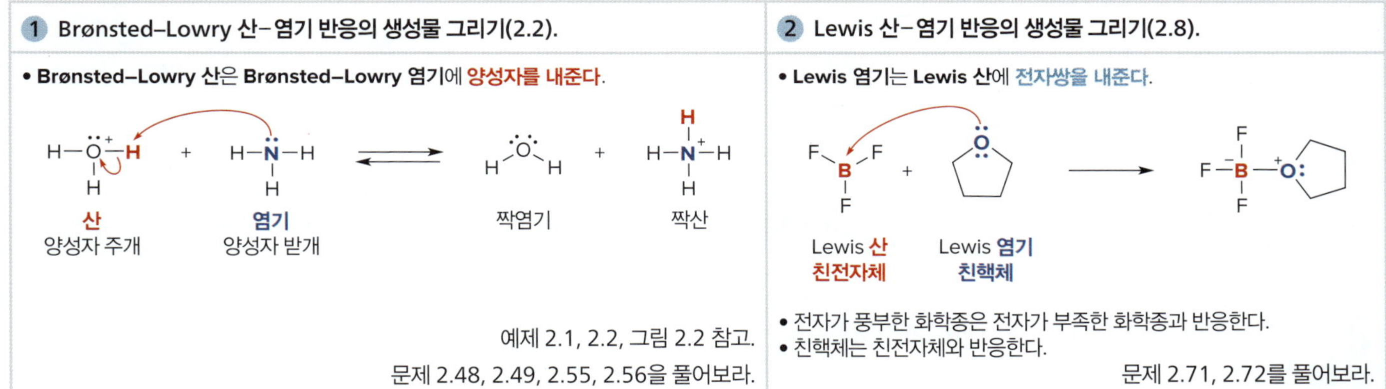

산도와 염기도의 주기적인 경향(2.5A)

산, 염기 세기와 pK_a(2.3)

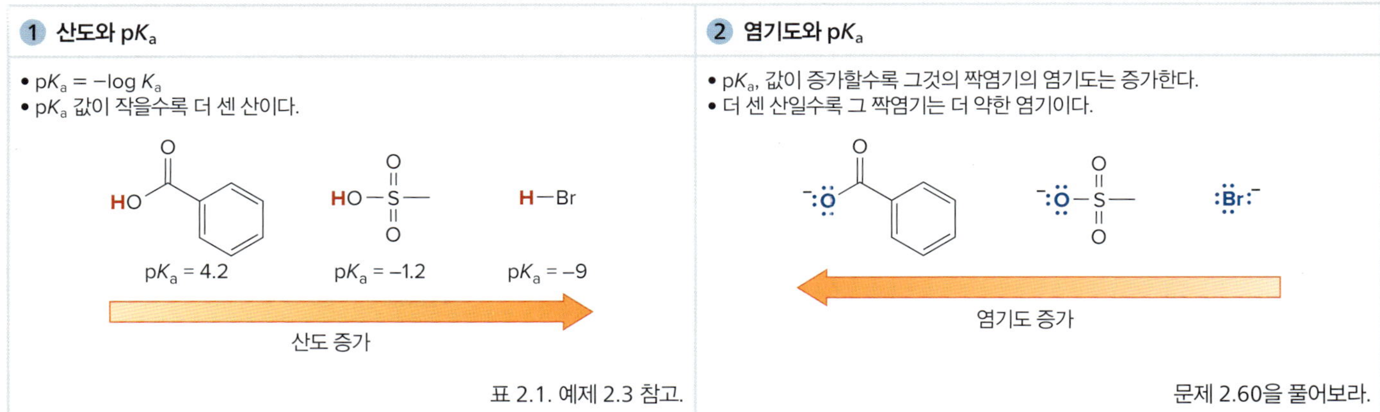

핵심 기법

[1] Brønsted–Lowry 산–염기 반응의 생성물 그리기(2.2)

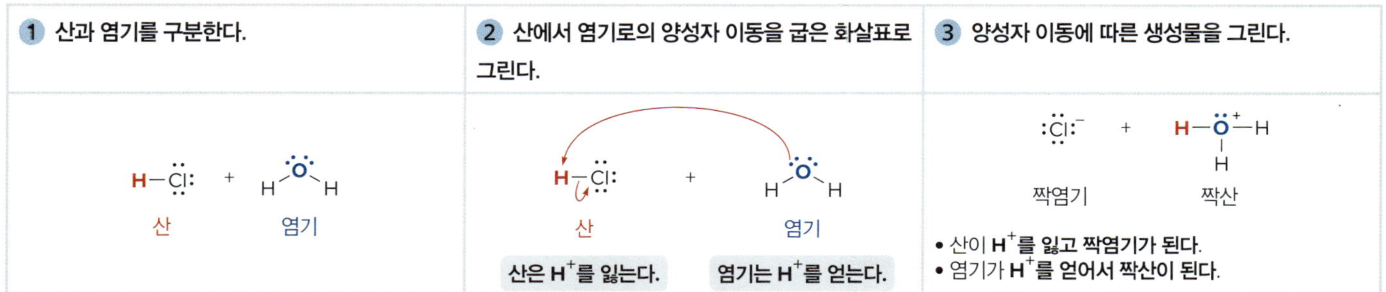

문제 2.48–2.50을 풀어보라.

[2] pK_a를 이용하여 평형의 방향 결정하기(2.4)

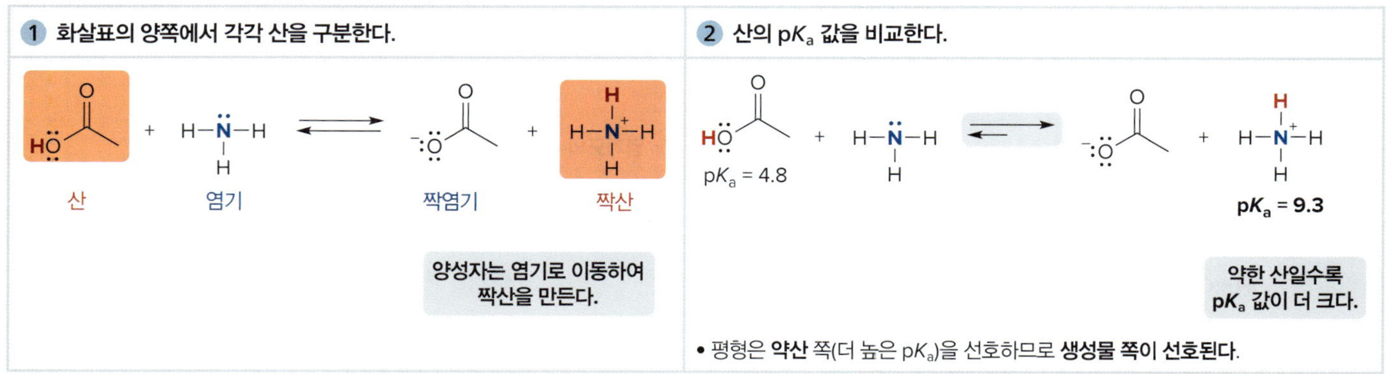

예제 2.4, 2.5 참고. 문제 2.55, 2.56을 풀어보라.

[3] 주기율표의 경향을 이용하여 산도 결정하기(2.5A)

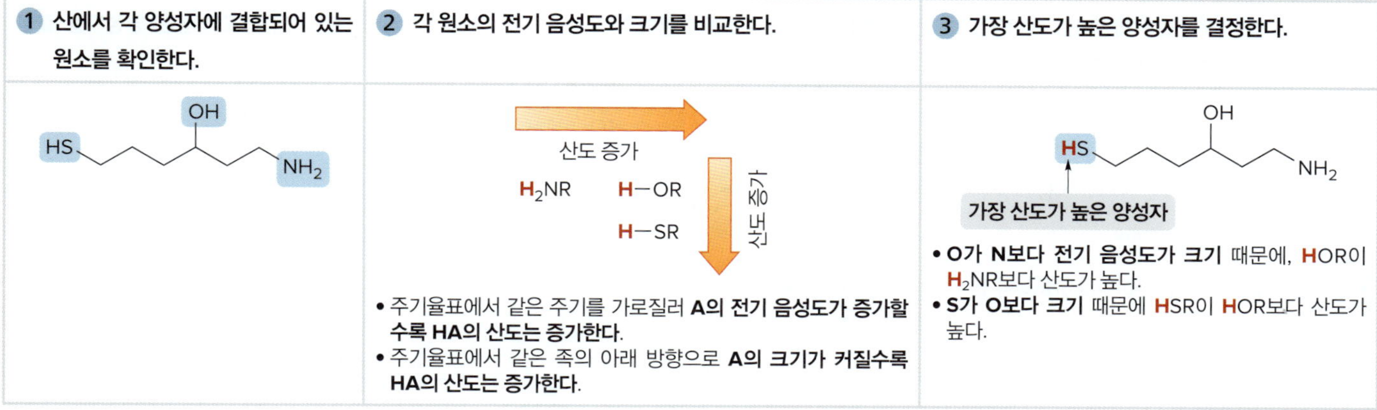

예제 2.6 참고. 문제 2.43a, 2.44a, 2.61, 2.64a, 2.67, 2.76a를 풀어보라.

[4] 유도 효과를 이용하여 산도 결정하기(2.5B)

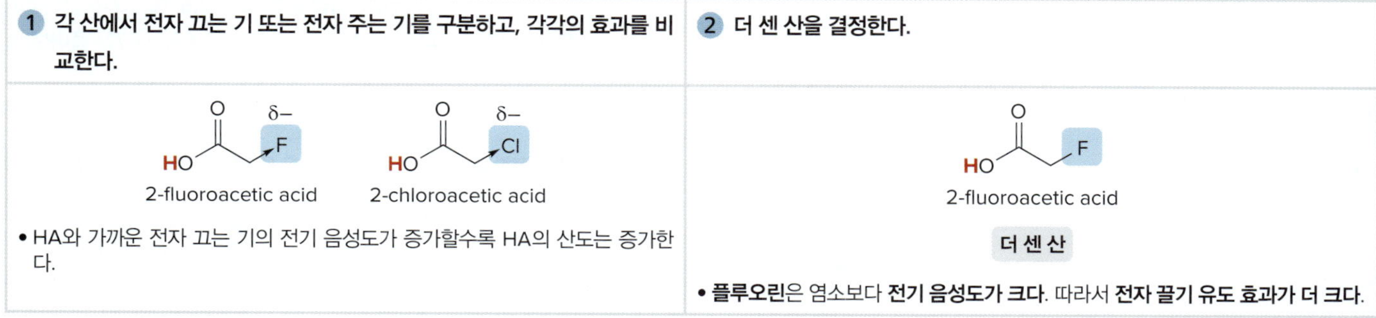

문제 2.58을 풀어보라.

[5] 공명 효과를 이용하여 산도 결정하기(2.5C)

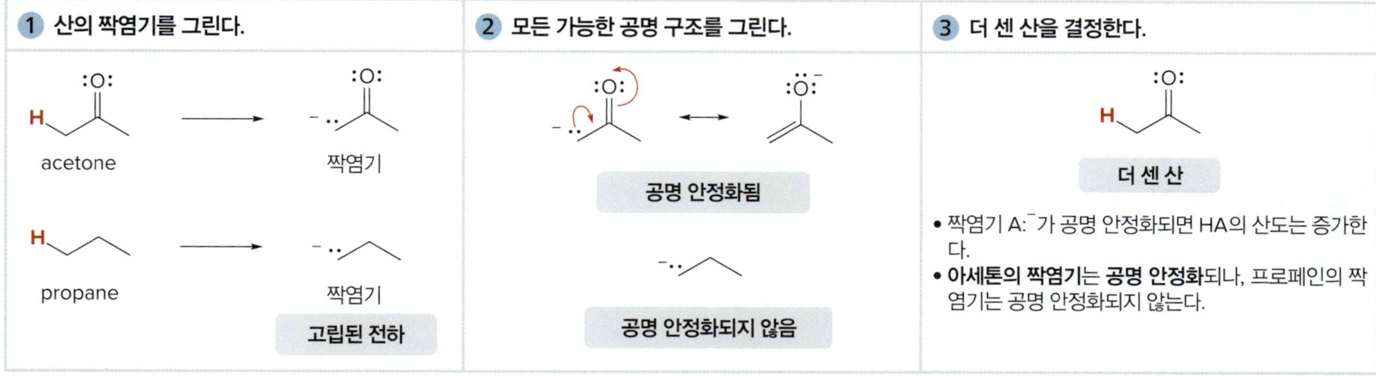

그림 2.3 참고. 문제 2.60, 2.63, 2.66을 풀어보라.

[6] 혼성화 효과를 이용하여 산도 결정하기(2.5D)

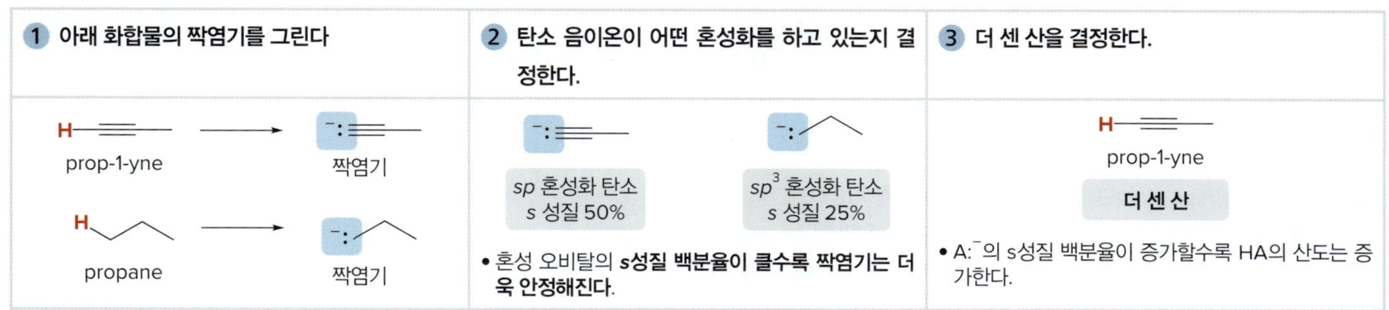

문제 2.78a를 풀어보라.

[7] 가장 산도가 높은 양성자 결정하기(2.5E)

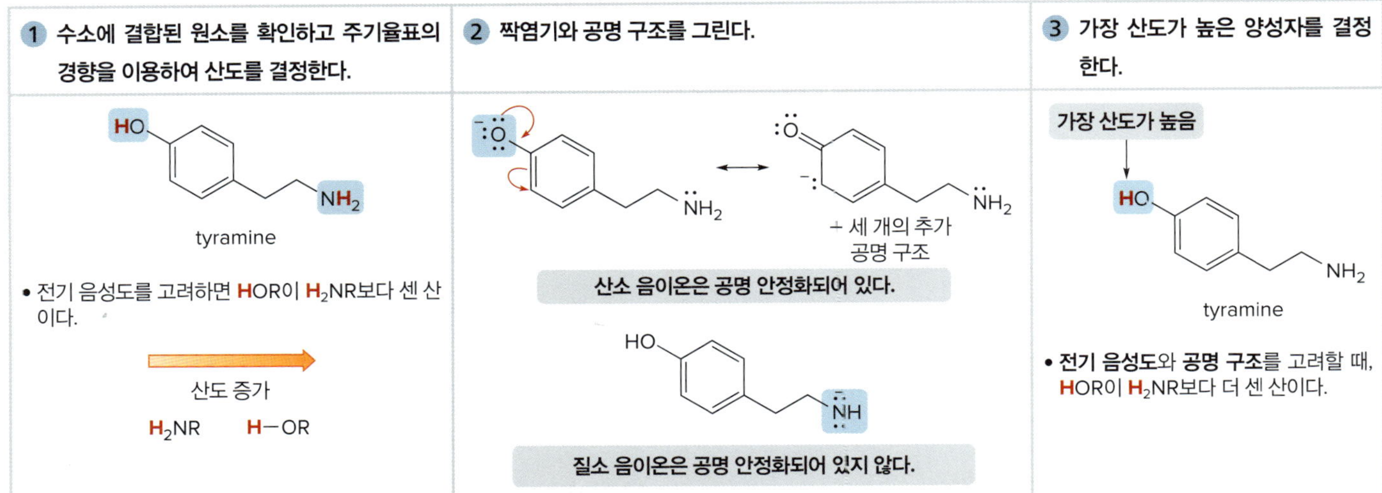

74쪽 **해결 방법**, 그림 2.6, 예제 2.7.2.8 참고.
문제 2.43a, 2.44a, 2.51, 2.57, 2.64a, 2.66, 2.67을 풀어보라.

[8] 가장 센 염기인 전자쌍 결정하기(2.6B)

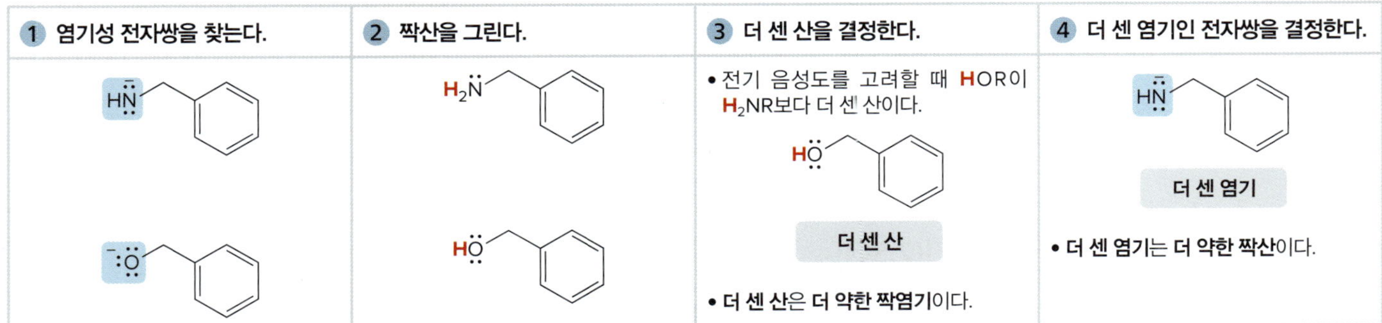

문제 2.43c, 2.59, 2.64b, 2.76c, 2.78a를 풀어보라.

2장 선다형 자가-시험

자가-시험은 American Chemical Society 유기 화학 시험과 유사한 객관식 문제로 구성되어 있다. 정답은 장의 마지막 부분에 나와 있다.

1. 다음 화합물 중에서 Lewis 염기가 **아닌** 것은 무엇인가?

a. (cyclopentyl)$-OCH_3$ b. (cyclopentyl)$-Cl$ c. (cyclopentyl)$-NH_2$ d. (cyclopentyl)$-CH_3$

2. 다음 화합물 중에서 pK_a가 가장 낮은 것은 무엇인가?

a. $CH_3C(=O)NH_2$ b. $CH_3C(=O)OH$ c. $(CH_3)_3C-OH$ d. $(CH_3)_3C-NH_2$

3. 다음 음이온 중에서 가장 센 염기는 무엇인가?

a. CH_3O^- b. F^- c. $CH_3CH_2^-$ d. CH_3NH^-

4. 어느 서술이 pK_a, 산성도 및 염기도 사이의 관계를 기술하는가?

a. pK_a 값이 더 크다는 것은 그 산이 덜 산성임을 의미한다.

b. 산-염기 반응에서 평형은 pK_a 값이 더 작은 산이 생성되는 쪽으로 놓이게 된다.

c. 산의 pK_a가 10.2이면, 짝산의 pK_a가 < 10.2인 염기에 의하여 산의 양성자가 제거될 수 있다.

d. 산의 pK_a 값이 더 작다는 것은 짝염기가 더 염기성임을 의미한다.

5. 다음 분자에서 표시된 양성자를 산성도가 증가하는 순서로 정렬하라.

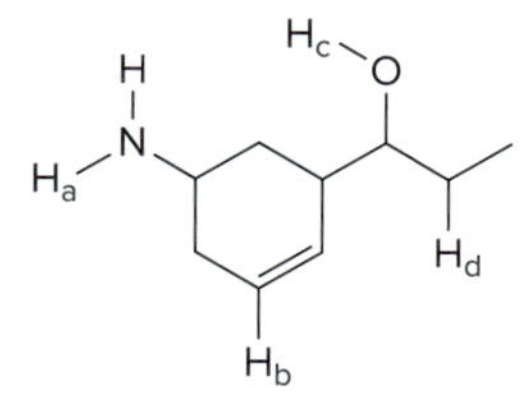

a. $H_b < H_d < H_a < H_c$

b. $H_d < H_b < H_a < H_c$

c. $H_d < H_b < H_c < H_a$

d. $H_a < H_d < H_b < H_c$

6. 다음 화학종 중에서 어느 것이 양쪽성인가?

a. 

b.

c. $\overset{+}{N}H_3$

d. Cl Cl Cl Cl Cl Cl

7. 다음 음이온 중에서 평형이 오른쪽으로 치우치도록 but-1-yne ($CH_3CH_2C{\equiv}CH$, pK_a = 25)에서 양성자를 떼어 낼 수 있는 염기는 어느 것인가?

a. NH_3 b. CH_3^- c. ^-OH d. Cl^-

역자주:
원서의 1-but-yne을 but-1-yne으로 고쳤다.

8. 어느 서술이 $(CH_3)_3C^+$와 H_2O 사이의 반응에서 일어날 수 있는 결과를 기술하는가?

a. Lewis 산–염기 반응에서, $(CH_3)_3COH$와 H^+가 생성된다.

b. Brønsted–Lowry 산–염기 반응에서, 짝산 H_3O^+가 생성된다.

c. Lewis 산–염기 반응에서, 짝염기 ^-OH가 생성된다.

d. Brønsted–Lowry 산–염기 반응에서, 짝염기 ^-OH가 생성된다.

9. 어느 서술이 **A**와 H_2SO_4 사이의 반응에 대하여 참인가?

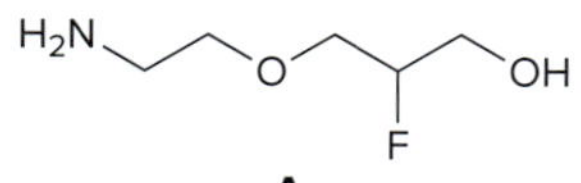

A

H_2N $\overset{+}{O}$ H OH F
B

H_2N O $\overset{+}{O}H_2$ F
C

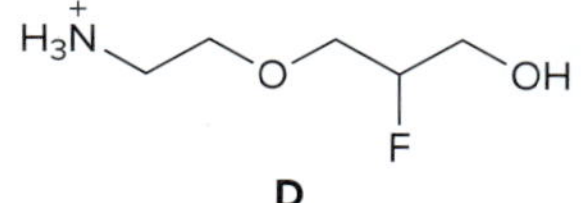

D

a. **A**의 짝염기가 생성된다.

b. 짝산 **B**가 생성된다.

c. 짝산 **C**가 생성된다.

d. 짝산 **D**가 생성된다.

10. **A**, **B** 및 **C**가 Lewis 산인지, Brønsted–Lowry 산인지, 둘 다인지, 둘 다 아닌지를 밝혀라. **A** = BBr_3, **B** = CH_3CO_2H, **C** = CBr_4

a. **A** Lewis 산, **B** 둘 다, **C** 둘 다 아님.

b. **A** Lewis 산, **B** Brønsted-Lowry 산, **C** 둘 다 아님.

c. **A** 둘 다, **B** Brønsted-Lowry 산, **C** 둘 다 아님.

d. **A**, **B**, **C**는 모두 Lewis 산임.

문제

삼차원 모형을 이용하는 문제

2.43 Propranolol은 혈압을 낮추는 혈압 치료제이다.

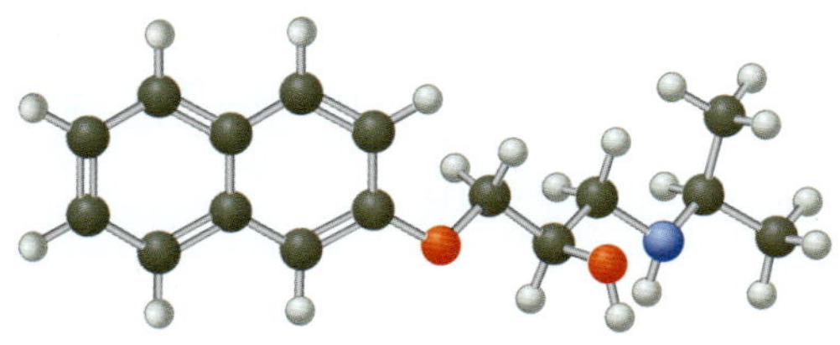
propranolol

a. 어떤 양성자가 가장 산도가 높은가?

b. NaH와 반응하면 어떤 생성물이 만들어지는가?

c. 어떤 원자가 가장 염기도가 높은가?

d. HCl과 반응하면 어떤 생성물이 만들어지는가?

2.44 Amphetamine은 중추신경계의 강력한 흥분제이다.

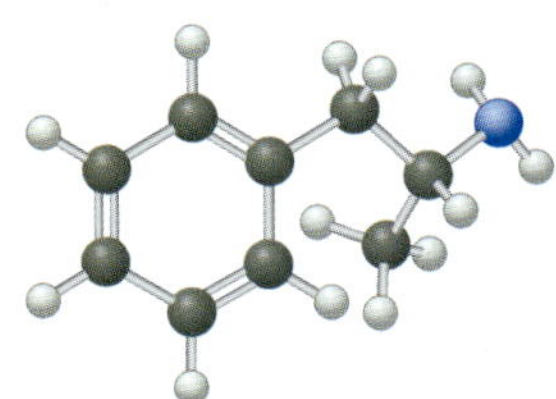

amphetamine

a. 어떤 양성자가 가장 산도가 높은가?

b. NaH와 반응하면 어떤 생성물이 만들어지는가?

c. HCl과 반응하면 어떤 생성물이 만들어지는가?

Brønsted–Lowry 산과 염기

2.45 각 염기의 짝산은 무엇인가?

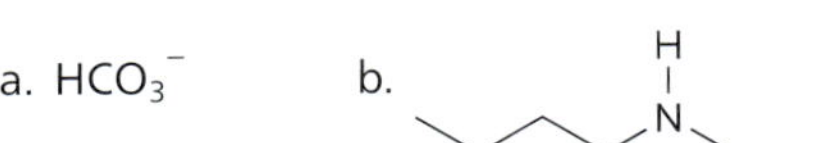

a. HCO_3^- b. c. d.

2.46 각 산의 짝염기는 무엇인가?

a. HCO_3^- b. c. d.

Brønsted–Lowry 산과 염기의 반응

2.47 다음 장에서 배우겠지만, 일련의 반응에서 많은 단계들이 산–염기 반응이다. (a) 단계 [1]–[3]에서 전자 흐름을 나타내는 굽은 화살표를 그려라. (b) 단계 [1]에서 염기와 그 짝산은 어느 것인가? (c) 단계 [3]에서 염기와 그 짝산은 어느 것인가?

2.48 H_2SO_4와 각 화합물 사이의 산–염기 반응에서 얻어지는 생성물을 그려라.

a. b. c. d.

2.49 각 양성자 이동 반응의 생성물을 그려라. 출발물을 산과 염기로 표시하고, 생성물을 짝산과 짝염기로 표시하라.

a. + CH_3O^- ⇌

b. + HBr ⇌

c. + $NaNH_2$ ⇌

d. + H_2SO_4 ⇌

2.50 각 산–염기 반응의 생성물을 그려라.

a. + NaOH ⇌

naproxen
항염증제

b. + HCl ⇌

fluoxetine
항우울제

2.51 각각의 화합물을 NaH와 반응시키면 무슨 생성물이 얻어지는가? 각 산–염기 반응은 시판 중인 의약품의 합성의 한 가지 단계이다.

a. 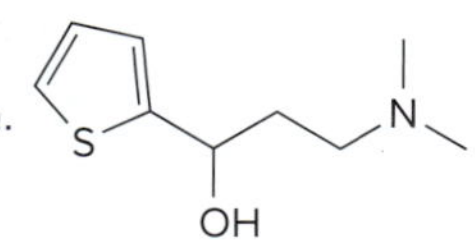 b. 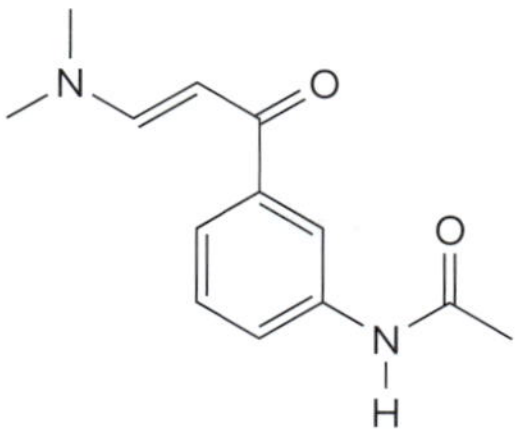 c.

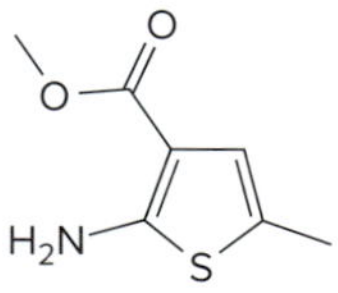

pK_a, K_a와 평형의 방향

2.52 각 화합물의 K_a는 얼마인가?

a. H_2S pK_a = 7.1
b. $ClCH_2COOH$ pK_a = 2.8
c. HCN pK_a = 9.2

2.53 각 화합물의 pK_a는 얼마인가?

a. 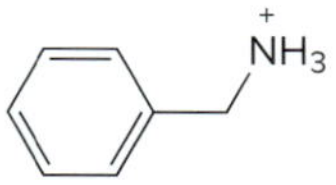 $K_a = 4.7 \times 10^{-10}$
b. 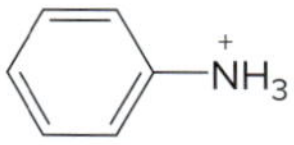 $K_a = 1.3 \times 10^{-5}$
c. 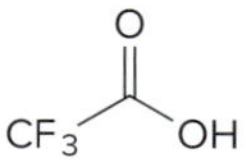 CF_3COOH $K_a = 3.02 \times 10^{-1}$

2.54 다음 염기 중에서 평형이 생성물 쪽에 놓이도록 $CH_3CH_2CH_2C{\equiv}CH$ (pK_a = 25)에서 수소를 떼어낼 수 있는 염기는 어느 것인가?

2.55 각 반응의 생성물을 쓰라. 부록 C의 pK_a 표를 이용하여 평형이 생성물 쪽에 유리한지 아니면 반응물 쪽에 유리한지 정하라.

a. CH_3NH_2 + H_2SO_4 ⇌

b. 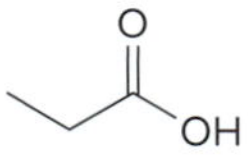 CH_3CH_2COOH + NaCl ⇌

c. 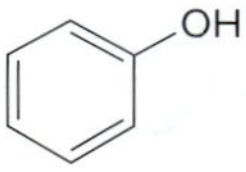 C_6H_5OH + $NaHCO_3$ ⇌

d. $H{-}C{\equiv}C{-}H$ + $CH_3CH_2^-Li^+$ ⇌

2.56 각 반응의 생성물을 쓰라. 평형이 생성물 쪽에 유리한지 아니면 반응물 쪽에 유리한지 정하라.

a. 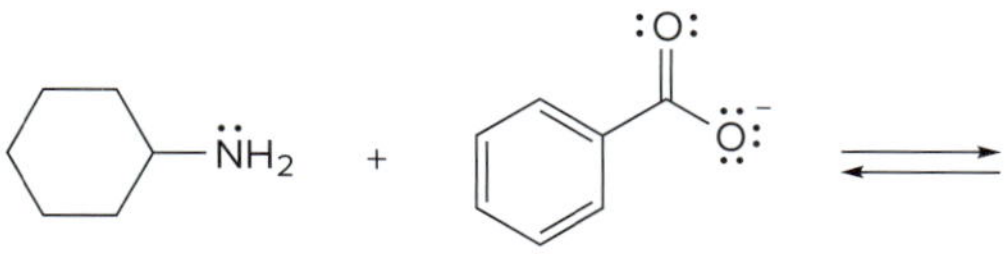 b. 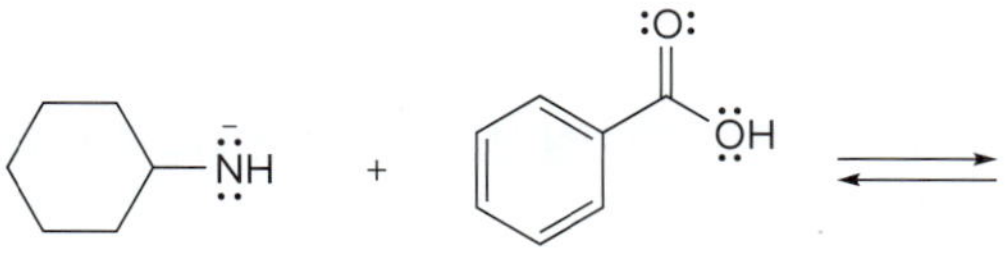 c. 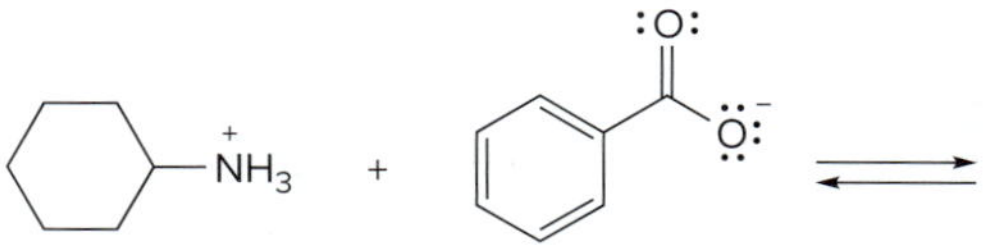 d.

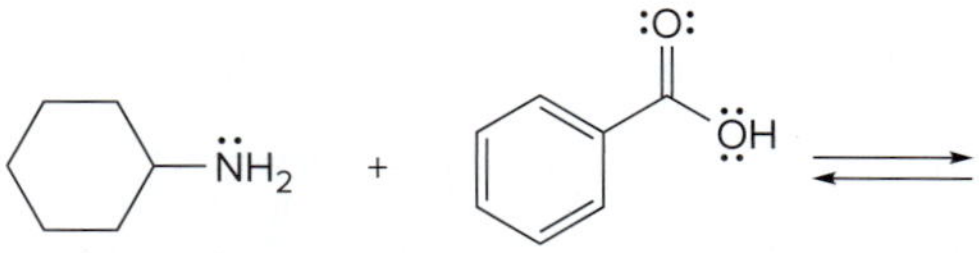

산의 상대적 세기

2.57 다음 분자에서 표시된 양성자를 pK_a가 증가하는 순서로 정렬하라.

H_a H_b H_c H_d OH_e

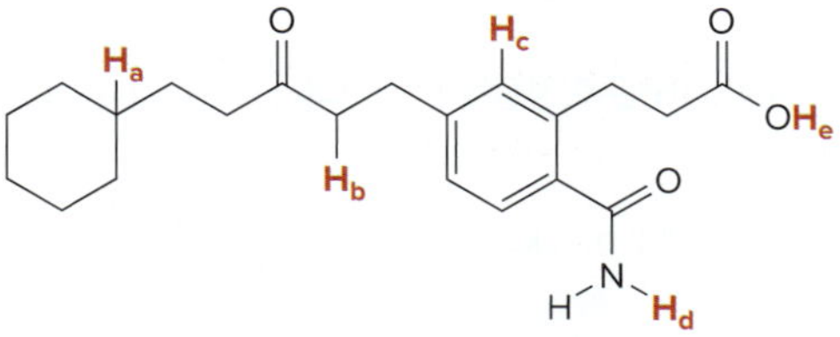

2.58 다음 Brønsted–Lowry 산을 산도가 증가하는 순서로 정렬하라. 어느 화합물이 가장 센 짝염기를 만드는가?

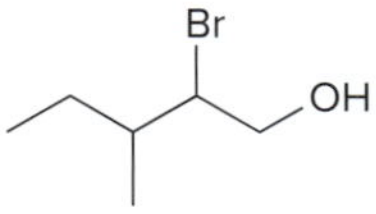

A 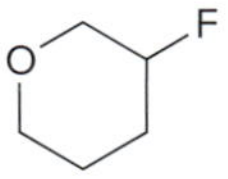 B 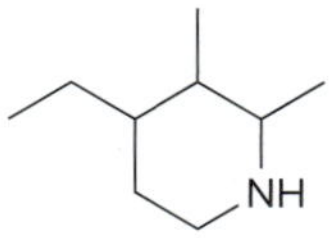 C 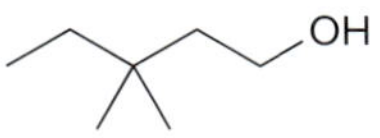 D

2.59 다음 음이온 중에서 어느 것이 더 센 염기인가? 여러분이 그렇게 고른 이유를 설명하라.

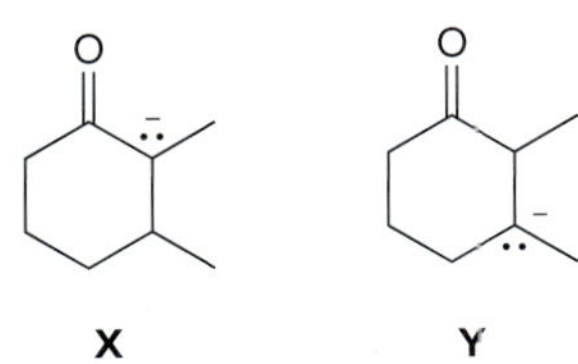

2.60 세 개의 다른 C−H 결합의 pK_a가 아래에 나와 있다.

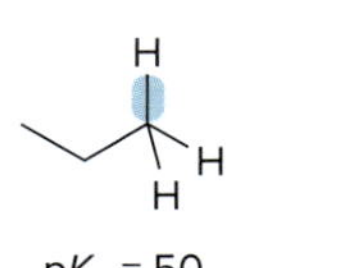

pK_a = 50

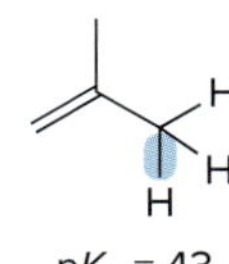

pK_a = 43

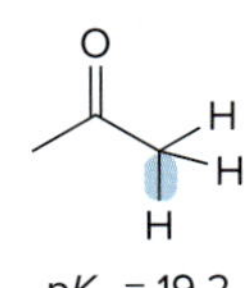

pK_a = 19.2

a. 모든 공명 구조를 포함하여 각 화합물의 짝염기를 그려라.

b. 관찰된 pK_a 값의 경향을 설명하라.

2.61 a. **A**의 짝산은 무엇인가?

b. **A**의 짝염기는 무엇인가?

H_2N—(cyclohexane)—OH

A

2.62 **X**의 N−H 양성자가 O−H 양성자보다 더 산성인 이유를 설명하라. **X**는 levofloxacin 항생제의 합성에서 중요한 중간체이다.

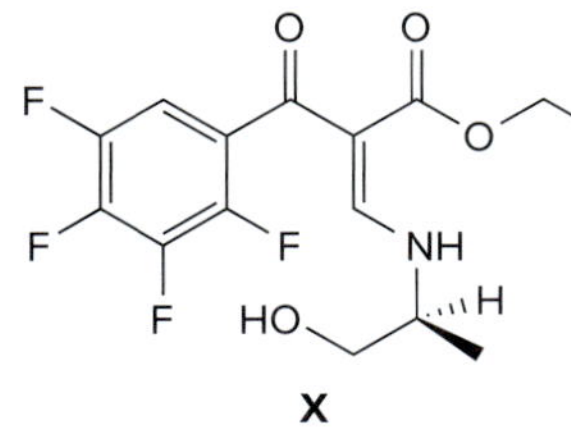

X

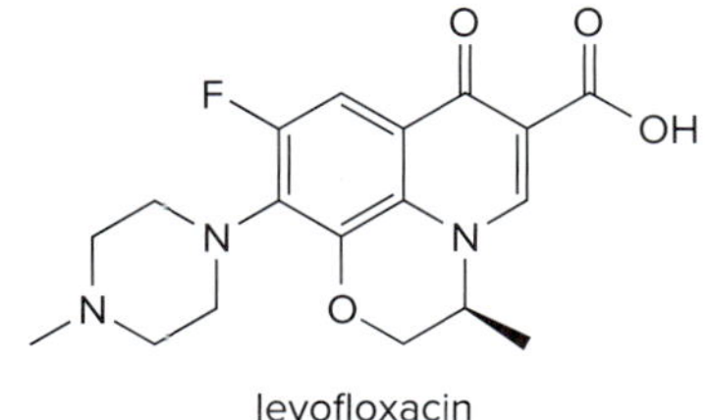

levofloxacin

2.63 RNA는 DNA의 유전 정보를 번역하여 단백질을 합성하는 생물학적 분자이다.

a. RNA의 한 성분인 uracil에서 가장 산성인 양성자를 고르고 그렇게 고른 이유를 설명하라.

b. Uracil을 두 당량의 매우 센 염기로 처리하면, 무슨 음이온이 생기겠는가?

uracil

2.64 여러 가지 의약품이 Brønsted–Lowry 산이거나 염기이다.

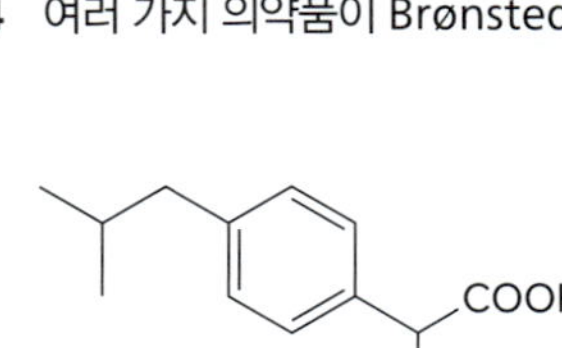

이부프로펜

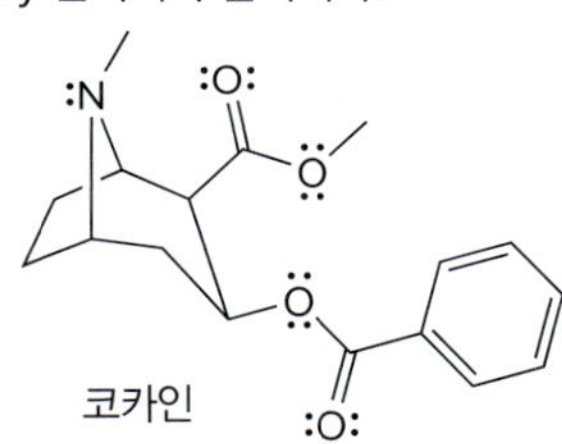

코카인

a. 진통제인 이부프로펜의 가장 산성인 양성자는 어느 것인가? 그 짝염기도 그려라.

b. 코카인에서 가장 염기성인 전자쌍은 어느 것인가? 그 짝산을 그려라.

2.65 다이메틸 에터(CH_3OCH_3)와 에탄올(CH_3CH_2OH)은 이성질체이다. 그러나 CH_3OCH_3의 pK_a는 40이고 CH_3CH_2OH의 pK_a는 16이다. 왜 이러한 값 차이가 나는가?

2.66 Atenolol은 고혈압 치료에 사용되는 베타 차단제(β blocker)이다. 표시한 N-H 중에서 어느 것이 더 산성인가? 그 이유를 설명하라.

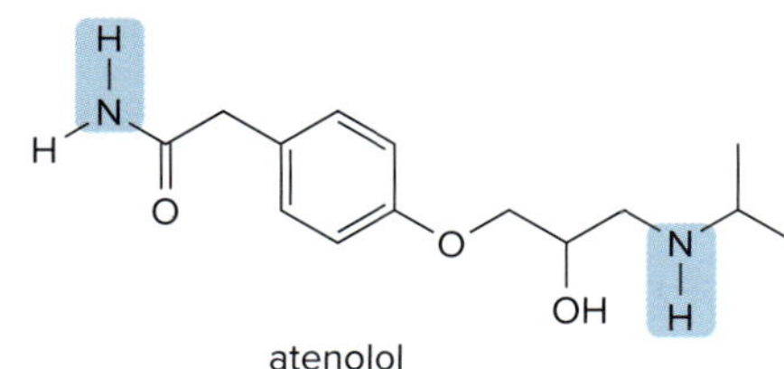

atenolol

2.67 2.5절의 원리를 사용하여 각 약품에서 가장 산성인 수소를 표시하라. 그렇게 고른 이유를 설명하라.

a. valproic acid (뇌전증 치료에 사용)

b. paroxetine 상품명: Paxil (우울증 치료에 사용)

c. metoprolol (고혈압 치료에 사용)

2.68 아미노산인 leucine에서 가장 산성인 두 양성자의 pK_a는 다음과 같다.

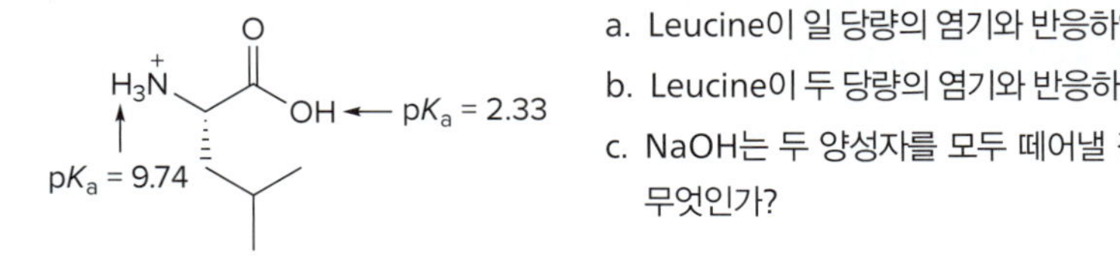

leucine

a. Leucine이 일 당량의 염기와 반응하였을 때 생기는 생성물을 모든 타당한 공명 구조를 포함하여 그려라.

b. Leucine이 두 당량의 염기와 반응하였을 때 생기는 생성물을 모든 타당한 공명 구조를 포함하여 그려라.

c. NaOH는 두 양성자를 모두 떼어낼 정도로 센염기인가? 그 이유는 무엇인가? 그렇지 않다면 그 이유는 무엇인가?

Lewis 산과 염기

2.69 각각의 화합물을 Lewis 염기, Brønsted–Lowry 염기, 양쪽 모두, 둘 다 아닌 것으로 분류하라.

a. 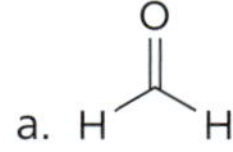 b. 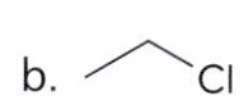 c. 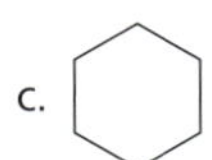 d.

2.70 각 화학종을 Lewis 염기, Brønsted–Lowry 염기, 양쪽 모두, 둘 다 아닌 것으로 분류하라.

a. H_3O^+ b. Cl_3C^+ c. BCl_3 d. BF_4^-

Lewis 산–염기 반응

2.71 각 반응에서 Lewis 산과 Lewis 염기를 골라라. 굽은 화살표를 이용하여 전자쌍의 이동을 표시하라.

a. Cl^- + BCl_3 ⟶ BCl_4^- b. + ^-OH ⟶

2.72 각 Lewis 산–염기 반응의 생성물을 그려라. 어느 것이 친전자체인지 어느 것이 친핵체인지 표시하라.

a. + $AlCl_3$ ⟶ b. + BF_3 ⟶ c. + H_2O ⟶

개념 통합 문제

2.73 네 가지 화학종 **A–D**에 관한 다음 질문에 답하라.

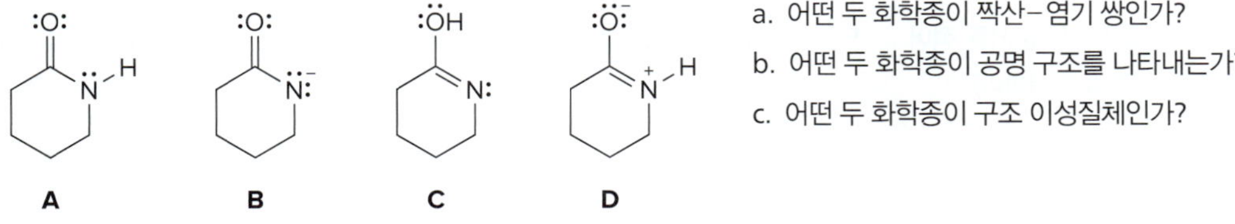

a. 어떤 두 화학종이 짝산–염기 쌍인가?

b. 어떤 두 화학종이 공명 구조를 나타내는가?

c. 어떤 두 화학종이 구조 이성질체인가?

2.74 각 반응을 양성자 이동 반응 또는 친핵체–친전자체 반응으로 구분하라. 굽은 화살표를 이용하여 전자쌍의 이동을 표시하라.

a. + HBr ⟶ + Br^- ⟶ + H_2O

b. + Br^+ ⟶ $\xrightarrow{Br^-}$ + HBr

2.75 수산화 이온(^-OH)은 Brønsted–Lowry 염기(양성자 제거) 또는 Lewis 염기(탄소 원자 공격)로서 작용한다.

a. ^-OH가 Brønsted–Lowry 염기로서 탄소 양이온 $(CH_3)_3C^+$와 반응하면 어떤 유기 생성물이 생기는가?

b. ^-OH가 Lewis 염기로서 $(CH_3)_3C^+$와 반응하면 어떤 유기 생성물이 생기는가?

2.76 Esmolol은 Brevibloc이라는 상품명으로 판매되고 있는 고혈압 치료제이다. Esmolol에 관한 다음 물음에 답하라.

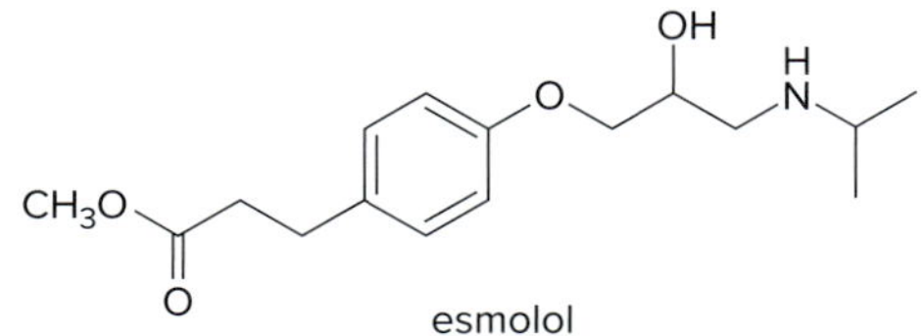

esmolol

a. Esmolol에서 가장 산성인 원자를 표시하라.

b. Esmolol을 NaH와 반응시켰을 때 생성되는 생성물은 무엇인가?

c. Esmolol을 HCl과 반응시켰을 때 생성되는 생성물은 무엇인가?

d. 모든 sp^2 혼성화 C 원자를 표시하라.

e. 하나만 있는 삼각쌍뿔 원자를 표시하라.

f. δ+ 전하를 띠고 있는 모든 C를 표시하라.

도전 문제

2.77 Caffeic acid는 커피콩에서 분리된 유기 산이다. 어느 표시된 수소(H_a 또는 H_b)가 더 산성인지를 예측하고 그 이유를 설명하라.

O
HO
OH_a
OH_b

caffeic acid

2.78 Bosutinib은 2012년에 백혈병의 치료제로서 미국 식품의약청이 승인한 약이다.

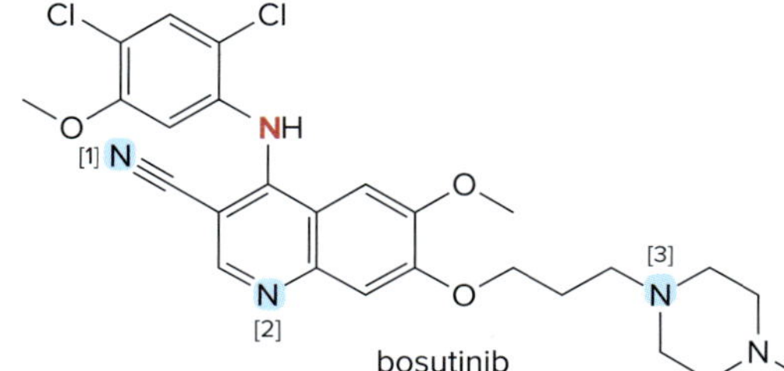

bosutinib

a. Bosutinib의 표시한 N 원자([1]–[3])를 염기도가 증가하는 순서로 정렬하라.

b. 붉은색 N 원자가 N[3]보다 덜 염기성인 이유를 설명하라.

2.79 Acetamide (CH_3CONH_2)와 같은 분자는 HCl과 같은 센산으로 처리하면 O나 N 원자가 양성자화될 수 있다. 어느 자리가 더 쉽게 양성자화되며 그 이유는 무엇인가?

2.80 COOH기가 두 개인 화합물인 말론산(malonic acid)은 두 pK_a 값이 보고되어 있다. 아세트산(CH_3COOH, pK_a = 4.8)과 비교하여, 왜 하나의 pK_a는 더 작고 하나의 pK_a는 더 큰가를 설명하라.

malonic acid pK_a = 2.86 → pK_a = 5.70 →

2.81 양성자 이동 반응을 이용하는 단계적 반응 순서를 적어서 다음 반응이 어떻게 일어나는지를 보여라(힌트: 첫 번째 단계는 ^-OH를 사용하여 C=O와 C=C 사이에 있는 CH_2기에서 양성자를 제거하라).

+ ^-OH → H_2O (solvent)

2.82 Elenolic acid는 올리브 기름의 한 성분이다. 부록 C의 pK_a 표를 이용하여 elenolic acid의 어느 H 원자가 pK_a < 25일지를 예측하라.

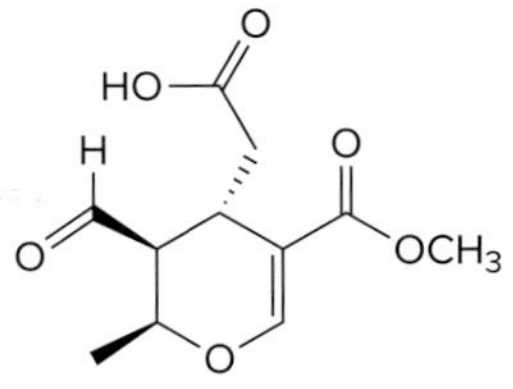

elenolic acid

2.83 비타민 C (ascorbic acid)에서 가장 산성인 수소 원자는 어느 H 원자인가?

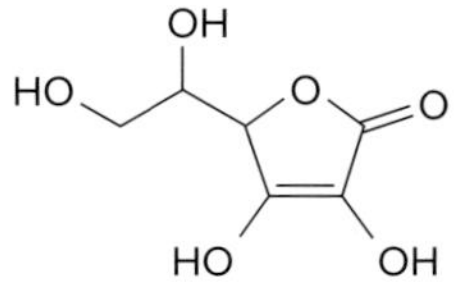

vitamin C
ascorbic acid

자가-시험 해답

1. d 2. b 3. c 4. a 5. b 6. a 7. b 8. b 9. d 10. a

유기 분자와 작용기 서론

Introduction to Organic Molecules and Functional Groups

ORGANIC CHEMISTRY

Pixtal/age fotostock

비타민 B_5 (pantothenic acid)는 탄수화물, 리피드와 아미노산의 물질 대사에 필요한 생물학적 시약인 보조효소 A로 변환되는 수용성 비타민이다. 유제품와 계란 이외에도 아보카도는 비타민 B_5의 훌륭한 보급원이다. 열대와 아열대 기후에서 자라는 아보카도는 큰 씨앗을 둘러싸는 버터 같은 녹색 과육이 들어 있다. 3장에서는 비타민 A 같은 비타민은 체내의 지방 세포에 저장될 수 있는 반면, pantothenic acid 같은 비타민은 소변으로 배출되는 이유를 배울 것이다.

왜 공부하는가? . . .

작용기란?

구조와 화학 결합 그리고 산-염기 화학에 대한 기본 개념을 1장과 2장에서 배웠기 때문에, 이제는 유기 분자에 대하여 집중적으로 공부한다.

- 유기 화합물의 특징은 무엇인가?
- 무엇이 유기 화합물의 성질을 결정하는가?

이러한 질문에 대한 답을 찾으면 우리는 중요한 현상들을 이해할 수 있다. 예를 들어, 왜 어떤 비타민은 몸속에 저장되고 또 다른 비타민은 몸 밖으로 배설되는가? 어떻게 비누가 때를 씻어 내는가? 우리는 또한 세포막의 구조나 세포막을 가로질러 일어나는 화학종의 이동과 같은 기본적인 생물학적 현상도 유기 물질의 성질을 이용하여 설명할 수 있다.

3.1 작용기

유기 화합물의 특징은 무엇일까? 대부분의 유기 화합물은 C—C 그리고 C—H σ 결합이 있다. 이 결합은 강하고, 무극성이며, 쉽게 끊어지지 않는다. 유기 분자는 다음과 같은 구조적 특징도 보일 수 있다.

- **헤테로 원자—탄소나 수소가 아닌 원자.** 자주 등장하는 헤테로 원자는 질소, 산소, 황, 인, 그리고 할로젠이다.
- **π 결합.** 가장 흔한 π 결합은 C=C 그리고 C=O의 이중 결합에 나타난다.

역자주: 원서의 "C—C and C—O double bonds"를 "C=C 그리고 C=O 이중 결합"이라고 번역하였다.

이러한 구조적 특징으로 한 유기 분자가 다른 분자와 구별된다. 또한 구조적 특징은 분자의 기하 구조와 물리적 성질, 그리고 반응성도 결정하며, **작용기(functional group)**라 부르는 것을 이루게 된다.

- **작용기**란 특징적인 화학적, 물리적 성질을 띠고 있는 원자 또는 원자들의 모임을 말한다. 작용기는 분자가 **반응하는 부분**이다.

왜 헤테로 원자와 π 결합이 특정한 분자에 반응성을 부여하는가?

- 헤테로 원자는 고립쌍이 있으며 탄소에 전자가 부족한 자리를 만든다.
- π 결합은 화학 반응에서 쉽게 끊어진다. π 결합은 분자를 염기 그리고 친핵체로 만든다.

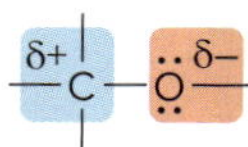

- 고립쌍 때문에 O는 염기가 되고 친핵체가 된다.
- C 원자는 전자가 부족하여 친전자체가 된다.

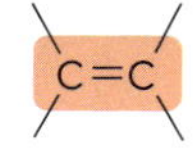

- π 결합은 쉽게 끊어진다.
- π 결합 때문에 화합물은 염기가 되고 친핵체가 된다.

R — 작용기

탄소 골격 특정한 작용기

C—C 그리고 C—H 결합은 작용기가 결합할 수 있는 **탄소 뼈대(carbon backbone)** 또는 **골격(skeleton)**을 만든다. 한 작용기는 그것이 탄소 두 개짜리 탄소 골격에 결합되어 있건, 스무 개짜리 골격에 결합되어 있건 대체로 같은 방법으로 행동한다. 이러한 이유에서 우리는 주로 분자의 탄소 그리고 수소 부분은 대문자 **R**로 줄여서 표시하고 **R**이 어떤 특정한 작용기에 결합되어 있는 것으로 그린다.

예로서 **에테인(ethane)**은 오직 C—C 그리고 C—H σ 결합만 있기 때문에 작용기가 없다. 에테인은 극성 결합, 고립쌍 그리고 π 결합이 없으므로 **반응할 만한 자리도 없다**. 이러한 이유로 에테인과 이와 비슷한 분자는 반응성이 매우 낮다.

반면에 **에탄올(ethanol)**은 탄소 골격에 탄소 두 개와 수소 다섯 개가 있으며, 또한 **하이드록시기(hydroxy** group)라고 부르는 작용기인 OH기도 있다. 에탄올은 고립쌍과 극성 결합이 있기 때문에 2장에서 논의된 산과 염기 같은 시약을 포함하여 여러 시약과 반응할 수 있다. 하이드록시기 때문에 에탄올의 성질이 에테인의 성질과 매우 다르게 된다. 더욱이 하이드록시기가 있는 모든 유기 분자는 에탄올과 성질이 비슷하다.

하이드록시기

에테인
- 모두 C−C 그리고 C−H σ 결합
- 작용기 없음

에탄올
- 극성인 C−O 그리고 O−H 결합
- 두 개의 고립쌍

대부분의 유기 화합물은 작용기의 구조에 따라 몇 개의 부류로 분류할 수 있다. 예를 들어 에테인은 **알케인(alkane)**의 일종이고 에탄올은 간단한 **알코올(alcohol)**류이다.

문제 3.1 CH_3CH_2OH를 다음 시약으로 처리하면 어떤 반응이 일어나는가? CH_3CH_3는 이들 시약과 어떤 반응을 하는가?

a. H_2SO_4 b. NaH

3.2 작용기의 개요

가장 흔한 작용기는 세 가지 종류로 나눌 수 있다.

- **탄화수소**
- **C−Z σ 결합 화합물**(Z는 전기 음성적인 원소)
- **C=O기 화합물**

3.2A 탄화수소

간단한 지방족 알케인의 구조와 결합에 대하여 복습하려면 1.10절을 보라.

지방족(aliphatic)이라는 단어는 그리스어로 '지방(fat)'을 뜻하는 **aleiphas**에서 유래되었다. 지방족 화합물은 지방과 물리적 성질이 비슷하다.

역자주:
원서의 "C−C double bond, C−C triple bond"를 "C=C 이중 결합, C≡C 삼중 결합"으로 번역하였다.

탄화수소(hydrocarbon)는 오직 탄소와 수소 원소로만 이루어진 화합물이다. 이들은 **지방족(aliphatic)**일 수도 있고 **방향족(aromatic)**일 수도 있다.

[1] 지방족 탄화수소. 지방족 탄화수소는 세 종류의 부분군(subgroup)으로 분류된다.
- **알케인(alkane)**은 오직 C−C σ 결합으로만 이루어져 있고 작용기는 없다. 에테인 $\mathbf{CH_3CH_3}$는 간단한 알케인이다.
- **알켄(alkene)**의 작용기는 C=C 이중 결합이다. 에틸렌 $\mathbf{CH_2{=}CH_2}$는 간단한 알켄이다.
- **알카인(alkyne)**의 작용기는 C≡C 삼중 결합이다. 아세틸렌 **HC≡CH**는 간단한 알카인이다.

[2] 방향족 탄화수소. 이 종류의 탄화수소는 초기에 알려진 많은 방향족 화합물에게서 강하고 특징적인 냄새가 났기 때문에 이렇게 이름이 붙여졌다.

가장 간단한 방향족 탄화수소는 **벤젠(benzene)**이다. 벤젠의 육원자 고리와 세 π 결합은 하나의 작용기로 봐야 한다. 벤젠은 옥탄가를 높이기 위하여 휘발유에 첨가되는 **BTX** 혼합물(**B**는 **벤젠**을 뜻함)의 한 성분이다.

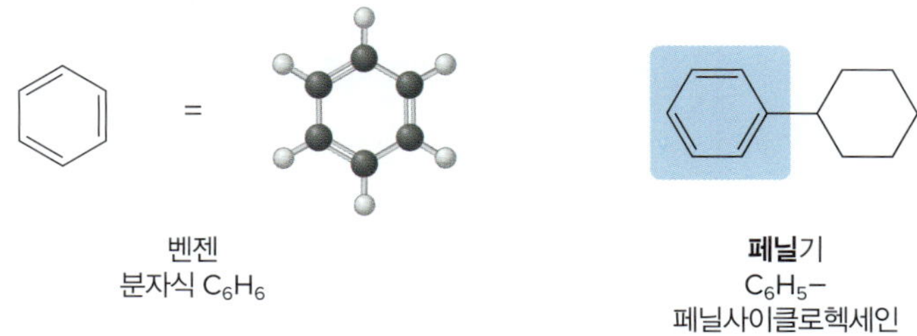

벤젠
분자식 C_6H_6

페닐기
C_6H_5-
페닐사이클로헥세인

벤젠 고리가 다른 기에 연결되어 있을 때는 **페닐(phenyl)기**라고 불린다. 예를 들어, 페닐사이클로헥세인의 경우 페닐기가 육원자 고리인 사이클로헥세인 고리에 결합되어 있다. 표 3.1에 탄화수소의 네 가지 유형이 정리되어 있다.

표 3.1 탄화수소

화합물의 종류	일반적인 구조	예	작용기
알케인	R—H	CH_3CH_3	
알켄	C=C	H(H)C=C(H)H	이중 결합
알카인	—C≡C—	H—C≡C—H	삼중 결합
방향족 화합물	(벤젠 고리)	(벤젠 고리)	페닐기

알케인은 작용기가 없으며, 매우 과격한 반응 조건이 아니면 반응하지 않는다. 예를 들어 **폴리에틸렌(polyethylene)**은 합성 플라스틱이고 $-CH_2-$기가 서로 결합하여 수백 또는 수천 개의 원자만큼 길게 연결된 고분자량 알케인이다. 이것은 반응할 자리가 없는 알케인이기 때문에 잘 분해되지 않는 매우 안정한 화합물이며 매립지에서 수년간 남아 있게 된다.

폴리에틸렌은 1930년대에 처음 생산된 합성 플라스틱이며, 초기에는 제2차 세계대전 중 레이더를 위한 절연물질로 쓰였다. 요즈음은 우유 팩, 샌드위치 포장지, 비닐 랩 등에 쓰인다. 매년 1천억 파운드 이상의 폴리에틸렌이 제조된다.

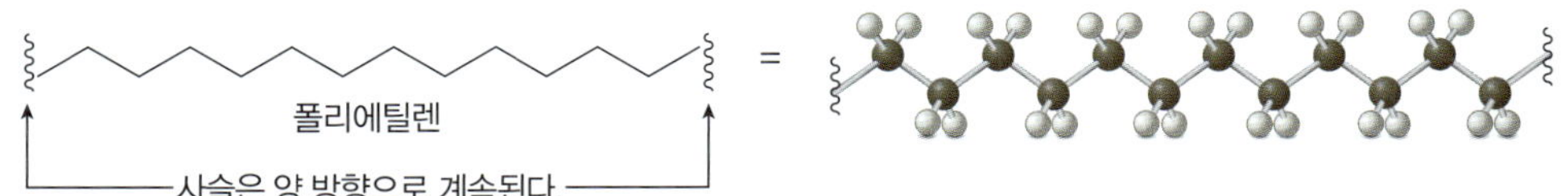

알케인이나 다른 유기 화합물에 있는 탄소 원자는 다른 몇 개의 탄소들과 직접 결합되어 있는가에 따라 아래와 같이 구분한다.

- **일차 탄소**(1° 탄소)는 다른 **한 개**의 탄소와 연결되어 있다.
- **이차 탄소**(2° 탄소)는 다른 **두 개**의 탄소와 연결되어 있다.
- **삼차 탄소**(3° 탄소)는 다른 **세 개**의 탄소와 연결되어 있다.
- **사차 탄소**(4° 탄소)는 다른 **네 개**의 탄소와 연결되어 있다.

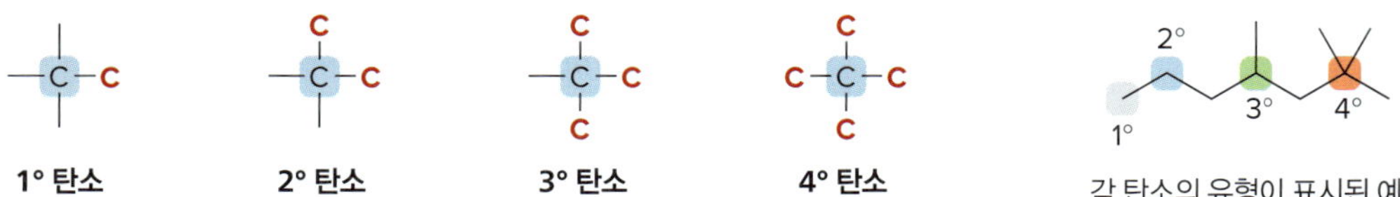

수소 원자는 어떤 **유형의 탄소**에 연결되어 있는지에 따라 **일차(1°)**, **이차(2°)**, **삼차(3°)**로 분류한다.

- **일차 수소**(1° H)는 다른 한 개의 탄소와 연결된 탄소에 있다.
- **이차 수소**(2° H)는 다른 두 개의 탄소와 연결된 탄소에 있다.
- **삼차 수소**(3° H)는 다른 세 개의 탄소와 연결된 탄소에 있다.

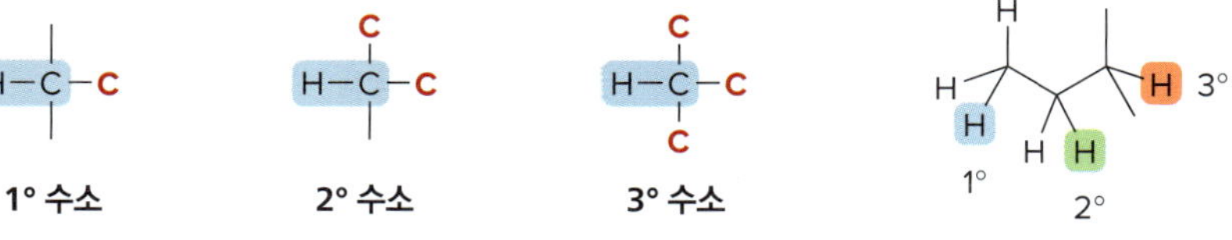

예제 3.1 분자에서 탄소와 수소를 분류하기

A에서 표시된 탄소를 1°, 2°, 3°, 4°로 구분하라. **B**에서 표시된 수소를 1°, 2°, 3°로 구분하라.

풀이

- C는 이 탄소에 결합하고 있는 다른 탄소의 수로 분류한다.
- H는 수소가 결합하고 있는 C의 종류로 분류한다; 1° 수소는 1° 탄소에 결합하고 있다.

문제 3.2 (a) 아래 각 화합물의 탄소 원자를 1°, 2°, 3°, 4°로 구분하라. (b) 각 화합물의 수소를 1°, 2°, 3°로 구분하라.

[1] [2] [3] [4]

추가 문제: 문제 3.35를 풀어보라.

빌로발라이드(bilobalide, 문제 3.3)는 지구상에 현존하는 씨앗 식물 중에 가장 오래된 종인 **은행나무(Ginkgo biloba)**에서 얻어진다. 은행나무의 잎, 뿌리, 껍질, 씨앗 등에서 얻어지는 추출물은 동양 의학에서 약으로 사용되었고, 현재도 허브 건강보조제로 널리 쓰이고 있다.
Michael Pettigrew/Getty Images

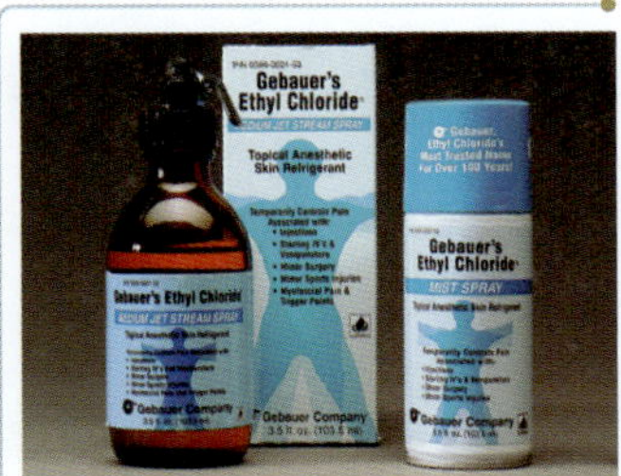

CH_3CH_2Cl은 국부 마취제이다.
Courtesy of Gebauer Company, Cleveland, Ohio

문제 3.3 한 탄소에 결합하고 있는 탄소 수로 탄소를 분류하는 방법은 헤테로 원자를 포함한 복잡한 분자에도 적용할 수 있다. **은행나무(Ginkgo biloba)**에서 추출된 화합물인 bilobalide의 각 sp^3 탄소 원자를 1°, 2°, 3°, 4°로 구분하라.

bilobalide

3.2B C−Z σ 결합을 포함하는 화합물

C−Z σ 결합을 포함하는 작용기에는 **할로젠화 알킬, 알코올, 에터, 아민, 싸이올과 황화물**이 있다(표 3.2). 전기 음성도가 큰 헤테로 원자인 Z는 극성 결합을 만들기 때문에 탄소를 전자 부족하게 만든다. Z의 고립쌍은 특히 Z = N 또는 O인 경우 양성자나 그 밖의 친전자체와 반응하는 데 쓰일 수 있다.

이 범주에 속하는 여러 간단한 화합물들이 널리 사용되고 있다. 예를 들면, chloroethane (CH_3CH_2Cl, 보통 염화 에틸이라고 부름)은 국부 마취제로 사용되는 할로젠화 알킬이다. Chloroethane은 상처에 뿌리면 빨리 휘발하여, 냉각 감각(cooling sensation)을 일으켜 상처 부위의 감각을 마비시키는 역할을 한다.

표 3.2 C–Z σ 결합을 포함하는 화합물

화합물의 종류	일반적인 구조	예	3-D 구조	작용기
할로젠화 알킬	R–X: (X = F, Cl, Br, I)	CH_3–Br:		**–X** 할로기
알코올	R–ÖH	CH_3–Ö–H		**–OH** 하이드록시기
에터	R–Ö–R	CH_3–Ö–CH_3		**–OR** 알콕시기
아민	R–N̈H_2 or R_2N̈H or R_3N̈	CH_3–N̈(H)–H		**–NH_2** 아미노기
싸이올	R–S̈H	CH_3–S̈–H		**–SH** 머캡토기
황화물	R–S̈–R	CH_3–S̈–CH_3		**–SR** 알킬싸이오기

이러한 작용기가 있는 분자는 간단할 수도 있고 매우 복잡한 것도 있다. 예를 들어, 역사상 처음 사용되었던 일반 마취제인 다이에틸 에터는 붉은색으로 표시된 하나의 O 원자가 두 C 원자에 결합되어 있기 때문에 간단한 에터이다. 반면 hemibrevetoxin B는 네 개의 에터기와 그 밖에 다른 작용기가 있다.

Hemibrevetoxin B는 조류(algae)가 증식할 때 얕은 바닷물에서 흔히 볼 수 있는 색 때문에 '적조(red tides)'라고 불리는 조류 번식(algal bloom)에 의해 생성되는 신경독이다.

diethyl ether

hemibrevetoxin B

할로젠화 알킬과 알코올은 할로젠이나 OH기가 붙어 있는 탄소에 결합하고 있는 탄소의 수에 근거하여 **일차(1°)**, **이차(2°)**, 또는 **삼차(3°)**로 나뉜다. Splenda로 팔리는 인공 감미료인 sucralose의 네 개의 작용기의 분류가 나와 있다.

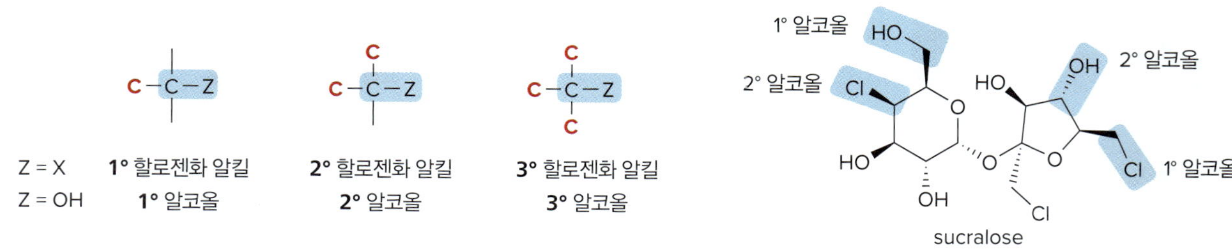

문제 3.4 아래 할로젠화 알킬과 알코올들을 1°, 2°, 3°로 구분하라.

a. OH b. F c. Br d. OH

문제 3.5 합성 스테로이드인 dexamethasone에 있는 OH기와 할로젠을 1°, 2°, 3°로 구분하라.

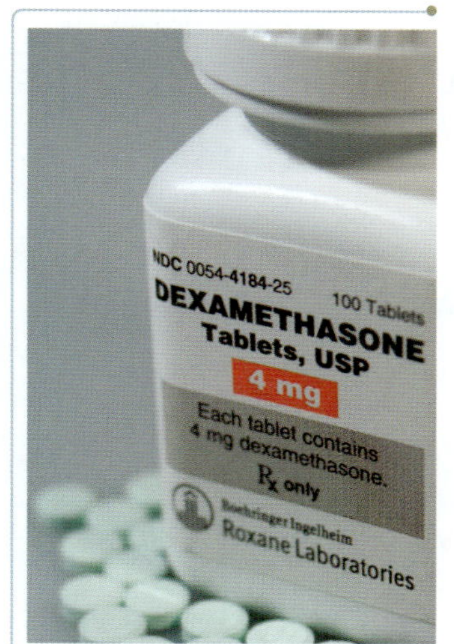

Dexamethasone(문제 3.5)은 염증을 완화시키며 관절염, 피부염, 천식 등을 치료하는 데 쓰인다. Dexamethasone은 COVID-19로 심각하게 아픈 환자의 치료에 효과적으로 사용된 바 있다. *Jill Braaten*

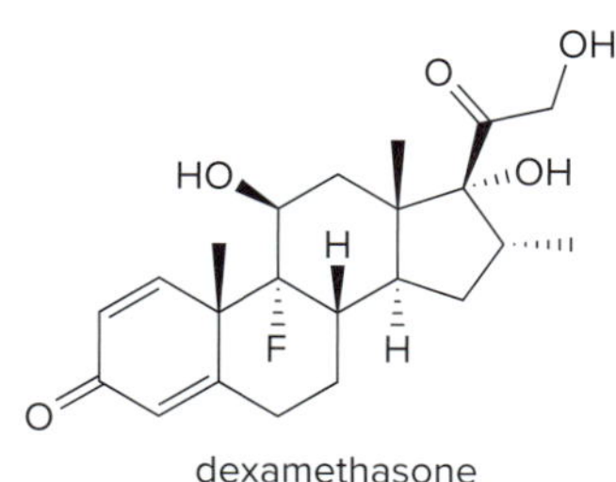

dexamethasone

아민은 **질소** 원자에 연결된 탄소 원자의 개수에 따라 **일차(1°)**, **이차(2°)**, **삼차(3°)** 아민으로 구분한다.

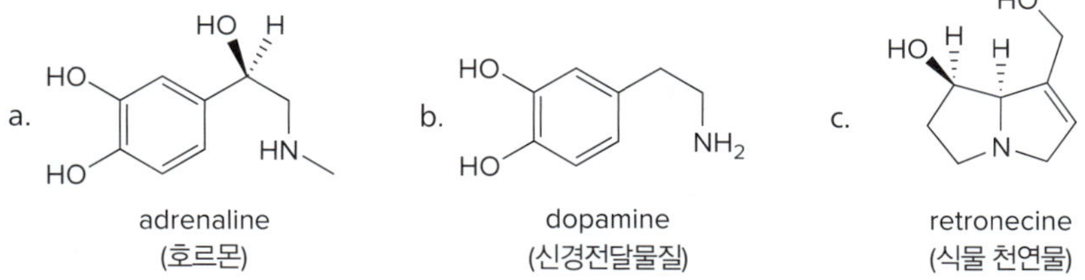

아민을 1차(1°), 2차(2°), 3차(3°) 아민으로 구분하는 방법은 알코올과 할로젠화 알킬을 구분하는 방법과 다르다. 할로젠화 알킬과 알코올은 할로젠이나 하이드록시기가 붙어 있는 **탄소**의 유형에 따라 구분하는 반면, 아민은 탄소–**질소** 결합의 개수에 따라 구분한다.

문제 3.6 아래 화합물에 있는 아민기를 1°, 2°, 3°로 구분하라.

a. adrenaline (호르몬) b. dopamine (신경전달물질) c. retronecine (식물 천연물)

문제 3.7 분자식이 $C_4H_{11}NO$이면서 다음 각 조건을 만족하는 화합물의 구조를 그려라.

a. 1° 아민 한 개와 3° 알코올 한 개가 있다. b. 3° 아민 한 개와 1° 알코올 한 개가 있다.

3.2C C=O기를 포함하는 화합물

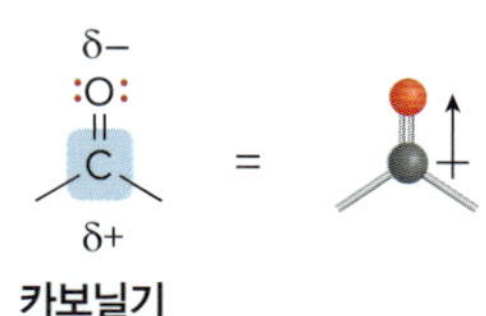

카보닐기

알데하이드, 케톤, 카복실산, 에스터, 아마이드와 산 염화물 등 여러 다른 종류의 작용기에 C–O 이중 결합[**카보닐기(carbonyl group)**]이 들어 있다. 극성 C–O 결합이 카보닐 탄소를 **친전자체**로 만드는 반면에, O의 고립쌍 때문에 산소는 **친핵체**와 **염기**로 작용한다. 카보닐기는 또한 π 결합도 있는데 이 결합은 C–O σ 결합보다 더 쉽게 끊어진다.

표 3.3 C=O기를 포함하는 화합물

화합물의 종류	일반적인 구조	예	축약 구조	3-D 구조	작용기
알데하이드			CH_3CHO		
케톤			$(CH_3)_2CO$		카보닐기
카복실산			CH_3CO_2H		카복시기
에스터			$CH_3CO_2CH_3$		
아마이드	H (또는 R), H (또는 R)		CH_3CONH_2		
산 염화물			CH_3COCl		

질소 원자가 카보닐기 탄소에 직접 연결되어 있는 아마이드는 그 질소에 붙어 있는 탄소의 개수에 따라 **일차(1°), 이차(2°), 삼차(3°)** 아마이드로 구분한다.

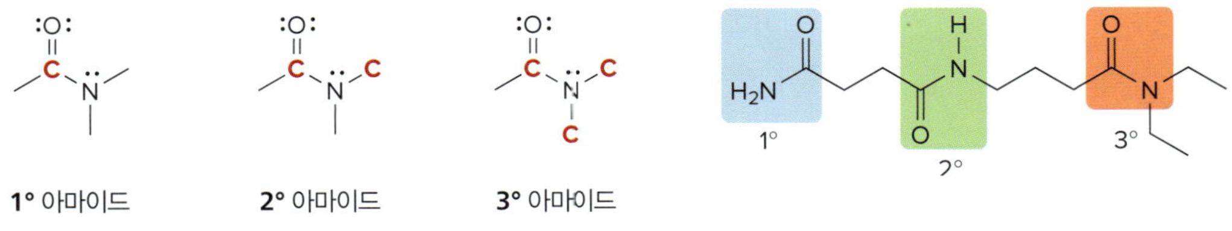

문제 3.8 시상하부에서 만들어지는 호르몬인 갑상선 자극 호르몬 방출 호르몬(TRH)에 있는 아마이드기를 1°, 2°, 3°로 구분하라.

TRH

문제 3.9 각 화합물을 에테르, 케톤 또는 둘 다 아님으로 분류하라.

a. $(CH_3)_2CO$
b. $CH_3CH_2CH_2COCH_2CH_3$
c. $(CH_3)_3COCOCH_3$
d. $CH_3CH_2CH(CH_3)CH_2OCH(CH_3)_2$.

작용기의 중요성은 강조하지 않을 수 없다. 작용기가 분자의 결합과 모양, 분자 간 인력의 유형 및 세기, 물리적 성질, 명명법, 화학 반응성 등을 결정짓기 때문이다.

예제 3.2 복잡한 분자에서 작용기 확인하기

두 가지 의약품, atenolol과 donepezil에 있는 작용기를 확인하라. Atenolol은 β 차단제로서 고혈압 치료제로 쓰인다. Donepezil(상품명: Aricept)은 알츠하이머병과 관련된 경미한 치매를 치료하는 데 사용되고 있다.

atenolol
(고혈압 치료제)

donepezil
(알츠하이머병 치료제)

풀이

헤테로 원자와 π 결합에 주목하라. 카보닐기에서 카보닐 탄소에 무엇(수소, 탄소 혹은 헤테로 원자)이 결합되어 있는지 확인하라.

아마이드, 방향족 고리, 에테르, 알코올, 아민 / 케톤, 에테르, 방향족 고리, 에테르, 아민, 방향족 고리

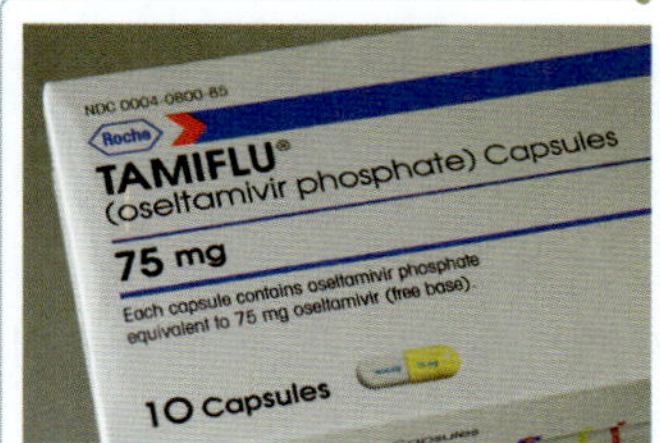

타미플루(문제 3.10)는 독감을 치료하는 항바이러스 의약품인 oseltamivir의 상품명이다. *Jill Braaten*

문제 3.10 Oseltamivir는 shikimic acid로부터 10단계 반응으로 합성할 수 있다. Oseltamivir와 shikimic acid에서 작용기를 확인하라.

shikimic acid → (10단계) → oseltamivir

추가 문제: 문제 3.33a; 3.34a; 3.36; 3.37; 3.59a; 3.60a; 3.61a, b; 3.62a, b; 3.64a를 풀어보라.

문제 3.11 다음 각 설명에 맞는 화합물의 구조를 그려라.

a. 분자식 C_4H_8O인 알데하이드
b. 분자식 C_4H_8O인 케톤
c. 분자식 $C_4H_8O_2$인 카복실산
d. 분자식 $C_4H_8O_2$인 에스터

문제 3.12 천식과 관련된 염증을 일으키는 주범인 leukotriene C_4에 들어있는 작용기를 확인하라.

leukotriene C_4

3.3 분자간 힘

분자간 힘은 **비공유 상호작용** 또는 **비결합 상호작용**이라고도 부른다.

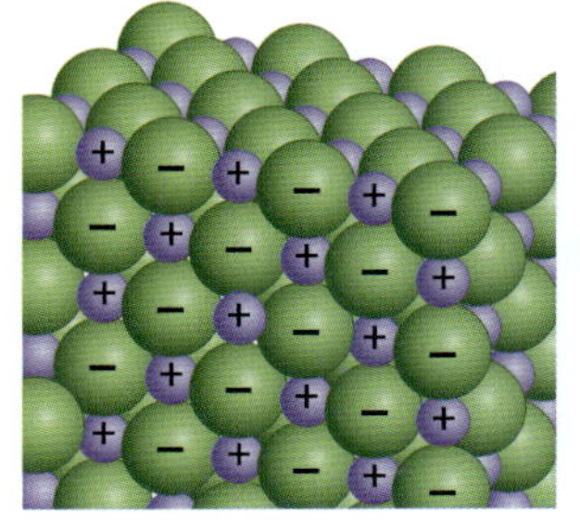

Na^+와 Cl^- 사이의 강한 정전기적 상호작용

분자간 힘(intermolecular force)은 분자 사이에 존재하는 상호작용이다. 작용기가 이러한 상호작용의 종류와 크기를 결정한다.

3.3A 이온성 화합물

NaCl과 같은 이온 결합 화합물에서는 전하가 반대인 입자들이 **매우 강한 정전기적 상호작용**에 의하여 붙들려 있다. 이러한 이온성 상호작용은 공유 결합 분자들 사이에 존재하는 분자간 힘보다 훨씬 크기 때문에 전하가 반대인 이온을 서로 떨어뜨려 놓으려면 큰 에너지가 필요하다.

3.3B 공유 결합 화합물

공유 결합 화합물은 별개의 분자들로 되어 있다. 이들 분자 간에 작용하는 힘의 본질은 존재하는 작용기에 달려 있다. 세 가지 다른 종류의 상호작용이 있으며, **크기가 증가하는 순서대로** 나열하면 다음과 같다.

- **van der Waals 힘**
- 쌍극자-쌍극자 상호작용
- 수소 결합

van der Waals 힘

***van der Waals* 힘**은 **London 힘**이라고도 부르며, **분자 내의 전자 밀도의 순간적인 변화**에 의해 생기는 매우 약한 상호작용이다. van der Waals 힘은 무극성 화합물들에 존재하는 유일한 인력이다.

예를 들어, 무극성인 CH_4 분자는 알짜 쌍극자는 없으나, 그 전자 밀도가 어느 한순간에 완전히 대칭적이지 않을 수 있어 **일시적인** 쌍극자가 생성될 수 있다. 이것이 또 다른 CH_4 분자에 쌍극자를 유도하게 되어 부분적인 양전하와 음전하가 가깝게 되도록 배열된다. **이러한 일시적인 쌍극자의 약한 상호작용이 van der Waals 힘을 이룬다.** 모든 화합물은 van der Waals 힘을 보인다.

일시적인 쌍극자 사이에 생기는 van der Waals 힘

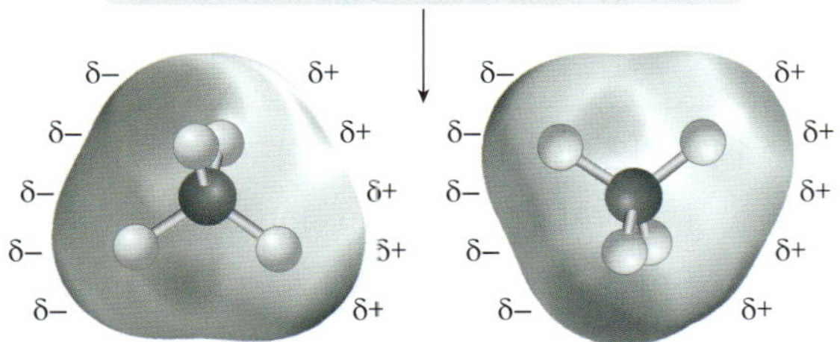

하나의 van der Waals 상호작용은 약하나 여러 개의 van der Waals 상호작용은 매우 강한 힘을 만든다. 예를 들어, 도마뱀은 각각의 발에 있는 500,000개의 작은 털이 벽과 천장의 표면과 van der Waals 상호작용을 함으로써 표면에 달라붙는다.
(top): Don Mennig/Alamy Stock Photo; (bottom): Matthew D. H. Smith

van der Waals 상호작용의 크기는 분자의 표면적에 의해 결정된다. **표면적이 클수록 두 분자 사이의 인력이 커지며 분자간 힘은 더 강해진다.** 그림 3.1에 나타낸 것처럼 $CH_3CH_2CH_2CH_2CH_3$(펜테인)같이 길고 소시지 같이 생긴 분자는 $C(CH_3)_4$ (2,2-dimethylpropane)같이 촘촘한 구형 물질보다 van der Waals 상호작용이 더 세다.

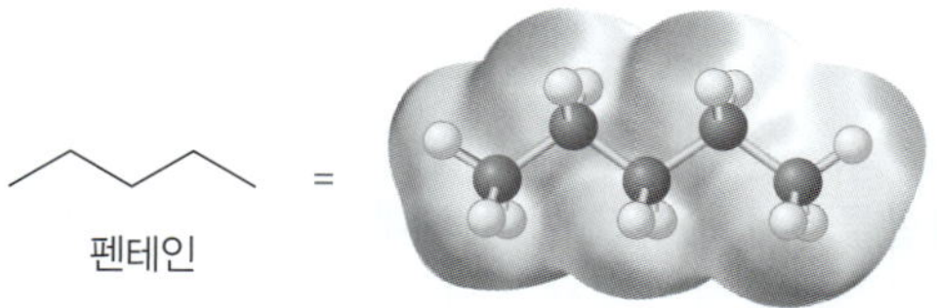

표면적이 더 넓은 펜테인 같은 긴 원통형 분자는 더 강한 van der Waals 상호작용을 유발한다.

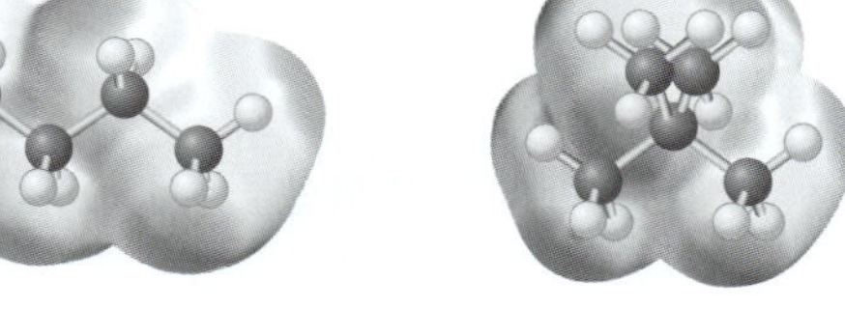

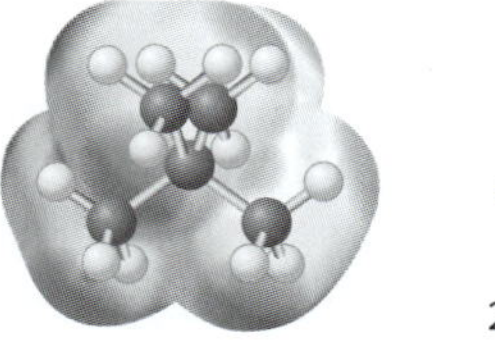

표면적이 더 작은 2,2-다이메틸프로페인 같은 촘촘한 구형 분자는 더 약한 van der Waals 상호작용을 유발한다.

van der Waals 힘에 영향을 주는 또 다른 인자는 **편극성(polarizability)**이다.

- **편극성**이란 원자 주위의 전자 구름이 전자적 환경의 변화에 대응하는 정도를 뜻한다.

아이오딘(iodine)과 같은 큰 원자는 원자가 전자가 느슨히 붙잡혀 있어서 편극성이 크지만, 플루오린(fluorine)같이 작은 원자는 전자가 꼭 붙들려 있어 편극성이 작다. 큰 원자는 쌍극자가 더 쉽게 유도되므로, 이들을 포함하는 화합물은 분자간 상호작용이 더 세다.

두 F_2 분자는 그 전자가 꼭 붙들려 있어서 일시적인 쌍극자를 유도하기 어렵기 때문에 **분자간 인력이 약한** 반면, **두 I_2 분자는** 그 전자가 느슨히 붙들려 있어 일시적인 쌍극자를 유도하기 쉽기 때문에 **분자간 인력이 훨씬 더 세다.**

- 크고 편극성 원자가 있는 화합물은 작고 덜 편극성 원자가 있는 화합물보다 분자간 힘이 더 세다.

쌍극자–쌍극자 상호작용

쌍극자–쌍극자 상호작용(*dipole-dipole interaction*)이란 두 극성 분자의 영구적인 쌍극자 사이에 작용하는 인력이다. 예를 들어, 아세톤[$(CH_3)_2C{=}O$]에서 인접한 분자의 쌍극자는 부분 양전하와 부분 음전하가 가까이 있도록 배열하고 있다. 이렇게 영구적 쌍극자에 의해 생기는 인력은 약한 van der Waals 힘보다 훨씬 세다.

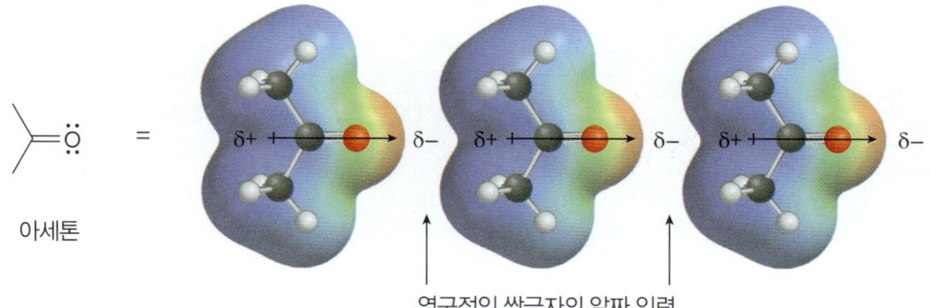

수소 결합

수소 결합은 탄수화물이나 단백질, 그리고 핵산 같은 거대한 생체 분자(biomolecule)의 삼차원적 모양을 결정하게 해준다. 자세한 것은 26~28장 참조.

수소 결합(*hydrogen bonding*)은 보통 O, N 또는 F에 결합된 수소 원자가 또 다른 분자의 O, N 또는 F의 고립쌍에 정전기적으로 끌릴 때 생긴다. 따라서 H_2O 분자는 서로 수소 결합을 할 수 있다. 이 경우 물 분자 하나의 O에 공유 결합으로 연결된 H 원자는 또 다른 물 분자의 O의 고립쌍에 끌리게 된다. 수소 결합은 세 종류의 분자간 힘 중 가장 강한 힘이지만 공유 결합에 비하면 아주 약한 편이다.

한 그룹의 화합물에서 분자간 힘의 상대적 세기를 어떻게 결정하는지가 예제 3.3에 설명되어 있다. 표 3.4에 모든 화합물의 성질에 영향을 주는 네 종류의 상호작용이 정리되어 있다.

표 3.4 분자간 힘의 종류와 요약

힘의 종류	상대적 세기	나타나는 경우	예
van der Waals	약함	모든 분자	$CH_3CH_2CH_2CH_2CH_3$ $CH_3CH_2CH_2CHO$ $CH_3CH_2CH_2CH_2OH$
쌍극자−쌍극자	중간	쌍극자가 있는 분자	$CH_3CH_2CH_2CHO$ $CH_3CH_2CH_2CH_2OH$
수소 결합	강함	O−H, N−H 또는 H−F 결합이 있는 분자	$CH_3CH_2CH_2CH_2OH$
이온−이온	매우 강함	이온성 화합물	NaCl, LiF

예제 3.3 유기 화합물에서 분자간 힘 결정하기

다음 화합물을 분자간 힘이 증가하는 순서대로 순위를 매겨라.
$CH_3CH_2CH_2CH_2CH_3$(펜테인), $CH_3CH_2CH_2CH_2OH$(뷰탄-1-올), $CH_3CH_2CH_2CHO$(뷰탄알).

풀이

펜테인

뷰탄-1-올
수소 결합

알짜 쌍극자

뷰탄알

알짜 쌍극자

- 펜테인은 무극성의 C−C와 C−H 결합만 있으며, 따라서 이 분자는 **van der Waals** 힘에 의해서만 붙들려 있다.
- 뷰탄-1-올은 극성 굽은 분자이다. 따라서 **van der Waals** 힘과 함께 **쌍극자−쌍극자** 상호작용이 가능하다. 또한 O−H 결합이 있기 때문에 분자간 **수소 결합**에 의해서도 붙들려 있다.
- 뷰탄알은 극성 C=O 결합이 있으면서 그 탄소는 삼각 평면이므로 **van der Waals** 힘과 함께 **쌍극자−쌍극자** 상호작용을 보인다. O에 결합된 H는 **없기** 때문에 두 뷰탄알 분자는 서로 수소 결합을 **할 수 없다**.

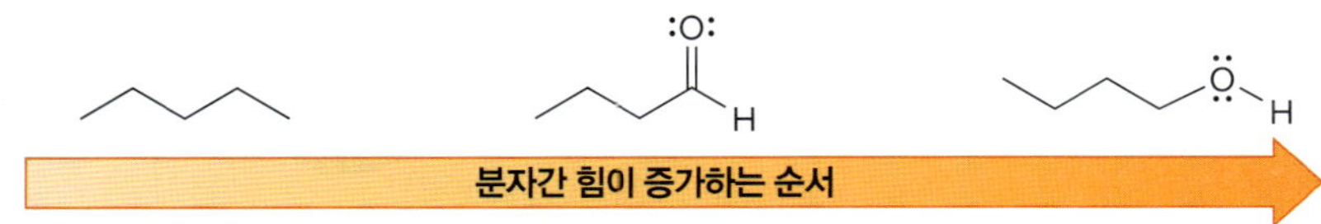

문제 3.13 다음 각 화합물에 존재하는 분자간 힘은 무엇인가?

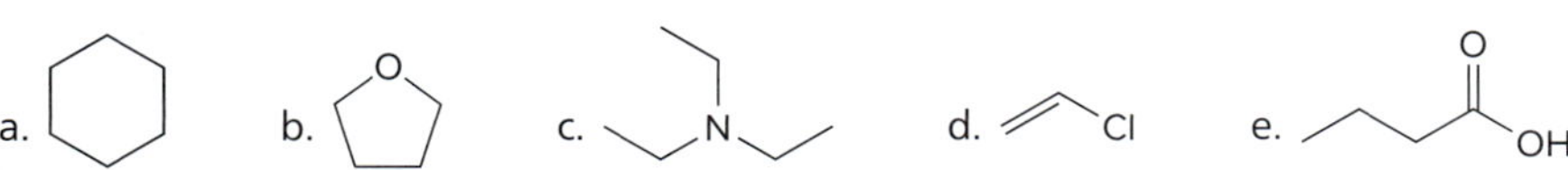

추가 문제: 문제 3.39, 3.42, 3.64d를 풀어보라.

3.4 물리적 성질

화합물의 분자간 힘의 세기는 끓는점, 녹는점 그리고 용해도와 같이 그 화합물의 많은 물리적 성질을 결정한다.

3.4A 끓는점(bp)

화합물의 끓는점(*boiling point*, bp)이란 액체에서 기체로 변하는 온도를 말한다. 끓을 때, 더 잘 정돈된 액체 상태에서 작용하는 인력을 극복하기 위한 에너지가 요구된다.

- 분자간 힘이 **클수록** 끓는점은 더 **높다**.

이온 결합 화합물은 매우 강한 상호작용에 의해 붙들려 있기 때문에 **끓는점이 매우 높다**. 예를 들어 NaCl의 끓는점은 1413 °C이다. **공유 결합 분자들의 경우 끓는점은 작용기의 종류에 따라 결정된다.** 분자량이 비슷한 화합물의 경우 분자간 인력의 세기와 끓는점이 증가하는 순서는 다음과 같다.

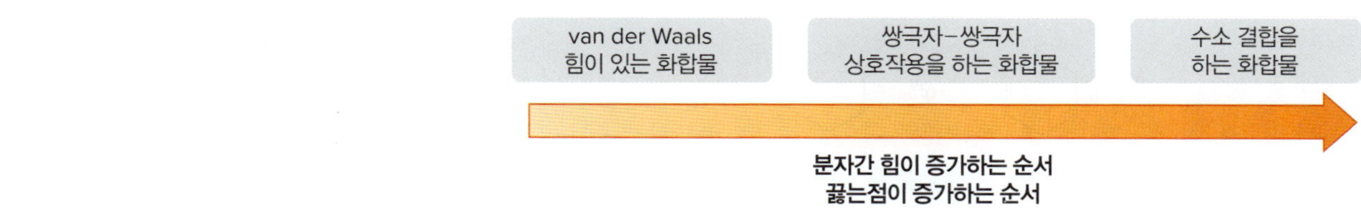

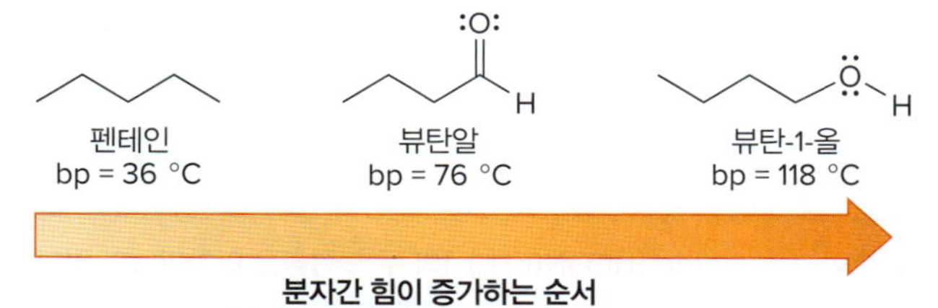

예를 들어, 예제 3.3에서 분자간 힘의 상대적 세기가 펜테인, 뷰탄알, 뷰탄-1-올의 순서로 증가하였음을 상기하자. 이들 화합물의 끓는점도 같은 순서로 증가한다.

표면적과 편극성이 분자간 힘의 크기에 영향을 끼치므로 이 인자들 또한 끓는점에 영향을 끼친다. 작용기가 비슷한 두 화합물에서

- 표면적이 **넓을수록** 끓는점이 **높다**.
- 원자의 **편극성이 클수록** 끓는점이 **높다**.

이들 각 현상들의 예가 그림 3.1에 나타나 있다. 크기가 다른 두 케톤을 비교해 보면, 펜탄-3-온이 아세톤보다 분자량이 크고 **표면적이** 넓기 때문에 끓는점이 더 높다. 탄소 수가 같은 두 할로젠화 알킬을 비교해 보면, I가 F보다 **편극성이** 크기 때문에 CH_3I가 CH_3F보다 끓는점이 높다.

- 두 화합물을 비교함에 있어, 끓는점이 낮은 물질은 **휘발성이 더 크고**, 끓는점이 높은 물질은 **휘발성이 더 작다**고 말한다.

그림 3.1
표면적과 편극성이 끓는점에 미치는 영향

a. 표면적의 영향

펜탄-3-온
넓은 표면적
높은 끓는점
bp = 102 °C

및

아세톤
좁은 표면적
낮은 끓는점
bp = 56 °C

b. 편극성의 영향

아이오도메테인
편극성이 높은 I
원자 높은 끓는점
bp = 42 °C

및

플루오로메테인
편극성이 낮은 F
원자 낮은 끓는점
bp = –78 °C

예제 3.4 상대적 끓는점 결정하기

각 쌍의 화합물 중 어느 것의 끓는점이 높은가? 각 쌍의 화합물 중 어느 것이 더 휘발성인가?

a.  A 또는  B  b. C 또는 D

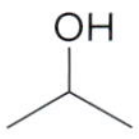

풀이

a. 이성질체 **A**와 **B**는 오직 무극성 C—C와 C—H 결합만 있기 때문에 오직 van der Waals 힘만을 보인다. **B**가 더 빽빽이 차 있어서 표면적이 작고, 끓는점은 낮다. 끓는점이 낮은 화합물이 더 휘발성이므로, **B**가 **A**보다 더 휘발성이다.

b. 화합물 **C**와 **D**는 분자량은 비슷하나 작용기는 다르다. **C**는 무극성 알케인이어서 van der Waals 힘만 보인다. **D**는 수소 결합을 할 수 있는 O—H기가 있는 알코올이기 때문에 분자간 힘이 더 세고, 끓는점이 더 높다. **C**가 **D**보다 더 휘발성이다.

문제 3.14 각 쌍의 화합물 중 어느 것의 끓는점이 더 높은가?

a. 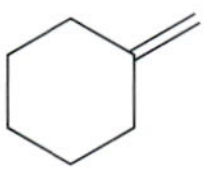 또는 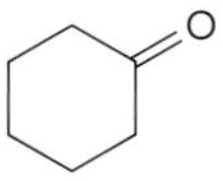 c. 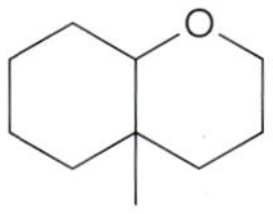 또는

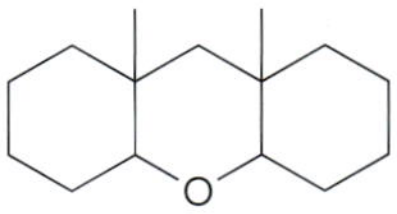

b. 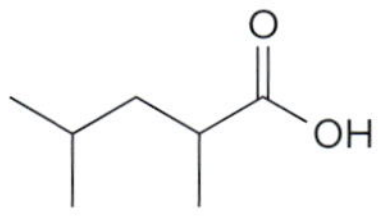 또는 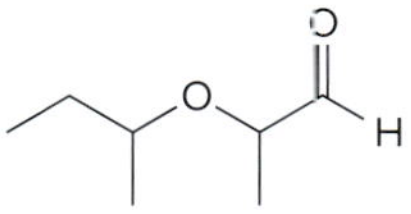 d. 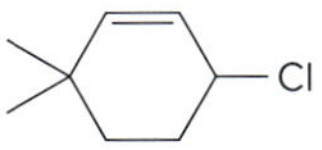 또는

추가 문제: 문제 3.43, 3.44를 풀어보라.

문제 3.15 Propanamide ($CH_3CH_2CONH_2$)와 *N*,*N*-dimethylformamide [$HCON(CH_3)_2$]의 두 화합물은 아마이드의 이성질체임에도 불구하고, propanamide의 끓는점(213 °C)이 *N*,*N*-dimethylformamide의 끓는점(153 °C)보다 상당히 더 높다. 그 이유를 설명하라.

문제 3.16 다음 화합물을 끓는점이 증가하는 순서로 배열하라.

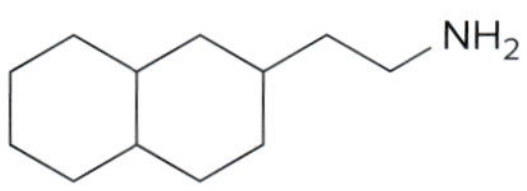

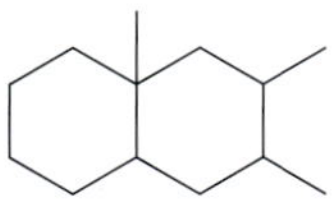

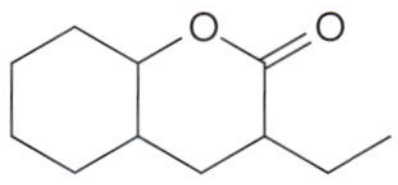

A B C

3.4B 녹는점(mp)

녹는점(*melting point*, mp)은 고체가 액체 상태로 변하는 온도이다. 녹는 과정에서는 더 잘 정돈된 결정 구조의 고체에 존재하는 인력을 극복하기 위하여 에너지가 요구된다. 한 화합물의 녹는점은 두 가지 요소에 의해 결정된다.

- 분자간 힘이 **클수록** 녹는점이 **더 높다**.
- 작용기가 같은 경우, 화합물이 **더 대칭적일수록** 녹는점이 **더 높다**.

이온 결합 화합물은 매우 강한 상호작용에 의해 붙들려 있기 때문에 **녹는점이 매우 높다**. 예를 들어, NaCl의 녹는점은 801 °C이다. 공유 결합 분자들의 경우, 녹는점도 역시 작용기의 종류에 따라 결정된다. 분자량이 비슷한 화합물의 경우 분자간 힘과 녹는점이 증가하는 순서는 다음과 같다.

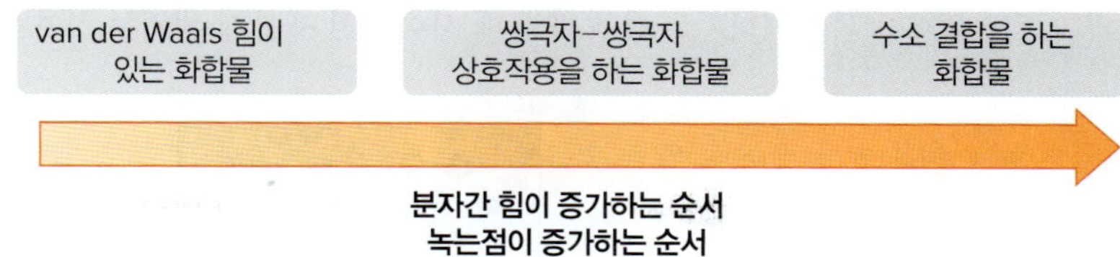

펜테인, 뷰탄알, 뷰탄-1-올의 녹는점의 경향은 끓는점의 경우와 같다.

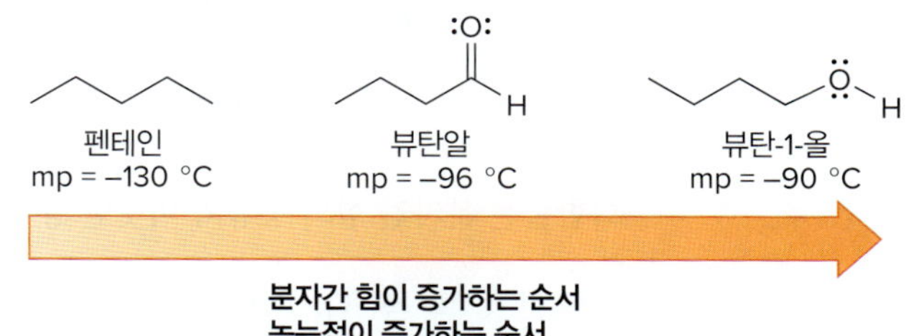

작용기가 같고 분자량도 비슷하나 모양이 매우 다른 화합물의 경우, **대칭성(symmetry)**은 녹는점을 결정하는 중요한 요소로 작용한다. 2,2-다이메틸프로페인의 경우처럼 촘촘히 대칭적으로 채워진 분자는 결정 격자에 잘 쌓이게 되는 반면, 2-메틸뷰테인의 경우처럼 CH_3기가 네 탄소 사슬에 매달려 있는 경우는 그렇지 못하다. 따라서 2,2-다이메틸프로페인의 녹는점이 훨씬 높다.

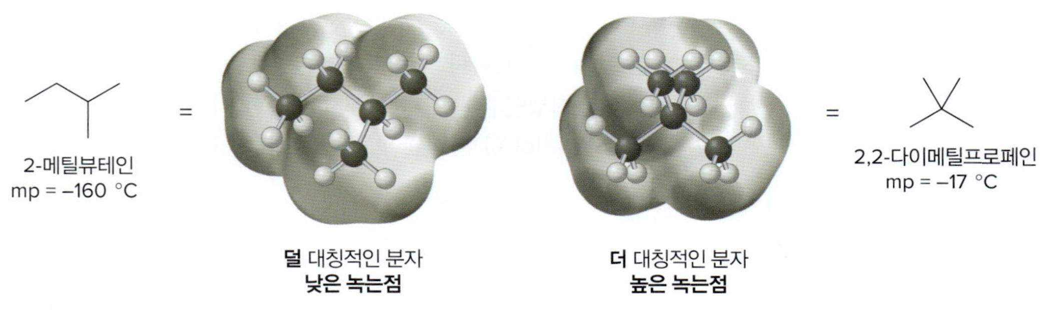

덜 대칭적인 분자
낮은 녹는점

더 대칭적인 분자
높은 녹는점

문제 3.17 다음 화합물의 쌍에서 어느 쪽의 녹는점이 더 높을지 예측하라.

a. 또는 NH_2 b. 또는

문제 3.18 아세트산(CH_3CO_2H)과 그 짝염기인 아세트산 소듐(CH_3CO_2Na)에서 (a) 각 화합물에는 어떤 분자간 인력이 존재하는가? (b) 아세트산 소듐의 녹는점(324 °C)이 아세트산의 녹는점(17 °C)보다 상당히 더 높은 이유를 설명하라.

문제 3.19 **A–C**를 녹는점이 증가하는 순서로 정렬하라.

OH O

A **B** **C**

3.4C 용해도

정량적으로 용질 3 g이 용매 100 mL에 녹으면 용해된다고 간주한다.

용해도(*solubility*)는 용질(*solute*)이라고 부르는 화합물이 용매(*solvent*)라고 부르는 액체에 녹는 정도를 뜻한다. 물질이 녹는 과정에서 용질의 분자 또는 이온 사이의 상호작용을 깨뜨리는 데 필요한 에너지는 용질과 용매 사이에서 새롭게 생기는 상호작용에서부터 나온다.

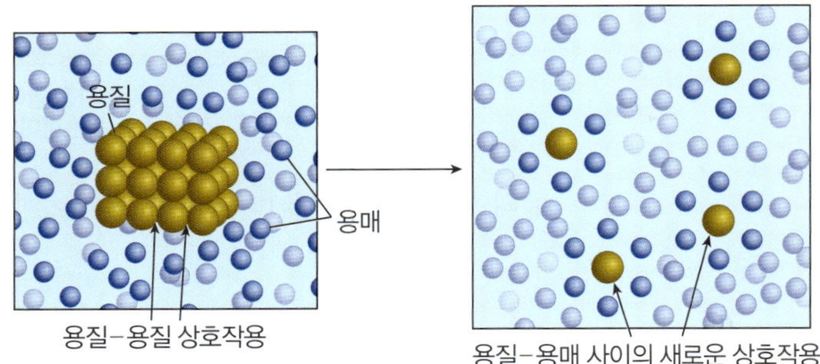

화합물은 분자간 힘의 종류와 비슷한 용매에 녹는다.

- "비슷한 것끼리 녹인다(Like dissolves like)."
- 극성 화합물은 극성 용매에 녹고, 무극성 또는 극성이 약한 화합물은 무극성 또는 극성이 약한 용매에 녹는다.

물과 **유기 용매**는 종류가 전혀 다른 용매이다. 물은 용질과 수소 결합을 할 수 있어서 극성이 매우 높다. 많은 유기 용매는 사염화 탄소(CCl_4)나 헥세인[$CH_3(CH_2)4CH_3$]의 경우처럼 무극성이거나 다이에틸 에터($CH_3CH_2OCH_2CH_3$)같이 극성이 약하다.

이온 결합 화합물은 강한 정전기적 힘에 의해 붙들려 있기 때문에 녹이기 위해서는 매우 극성이 큰 용매가 필요하다. **대부분의 이온 결합 화합물은 물에는 녹으나, 유기 용매에는 녹지 않는다.** 이온 결합 화합물을 녹이기 위해서는 강한 이온-이온 상호작용을 더 약한 **이온-쌍극자 상호작용**으로 대체해줘야 하므로 그림 3.2에 나타난 것처럼 이온-쌍극자 상호작용이 여러 개 필요하다.

그림 3.2
이온 결합 화합물이 물에 녹는 경우

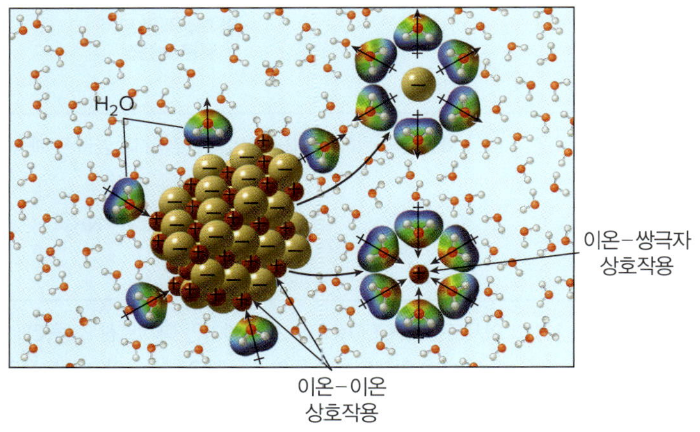

• 이온성 고체가 물에 녹으면 이온-이온 상호작용 대신 이온-쌍극자 상호작용이 일어난다. 이 힘은 약하나 여러 개가 한꺼번에 일어나므로 더 강한 이온 결합을 보상할 수 있다.

대부분의 유기 화합물은 유기 용매에 녹는다(비슷한 것끼리 녹인다는 점을 상기하자). **유기 화합물은 매 다섯 탄소마다 용매와 수소 결합을 할 수 있는 극성 작용기가 하나 있는 경우에만 물에 녹는다.** 다시 말해서 수용성 유기 화합물은 무극성인 탄소 골격을 물에 녹일 수 있도록 O 또는 N을 포함하는 작용기가 있어야 있다.

예를 들어, 뷰테인과 아세톤의 H_2O와 CCl_4에서의 용해도를 비교해보자.

뷰테인: CCl_4 → 녹음, H_2O → 녹지 않음
아세톤: CCl_4 → 녹음, H_2O → 녹음

뷰테인과 아세톤은 둘 다 C−C와 C−H 골격으로 이루어진 유기 화합물이기 때문에 유기 용매인 CCl_4에 녹는다. 무극성 분자인 뷰테인은 극성 용매인 H_2O에 녹지 않는다. 반면에 아세톤은 탄소 원자가 세 개밖에 없고, O 원자는 H_2O의 H 원자와 수소 결합을 할 수 있으므로 H_2O에 녹는다. 사실 아세톤은 물에 대한 용해도가 높아 아세톤과 물은 완전히 **섞인다**. 즉 이들은 어떤 비율로 혼합하여도 용액을 생성한다.

$(CH_3)_2C{=}O$ 분자는 OH기가 없기 때문에 자신과 수소 결합을 할 수 없다. 그러나 $(CH_3)_2C{=}O$는 그 O 원자가 H_2O의 H 원자 하나와 수소 결합을 할 수 있으므로 H_2O와는 수소 결합을 한다.

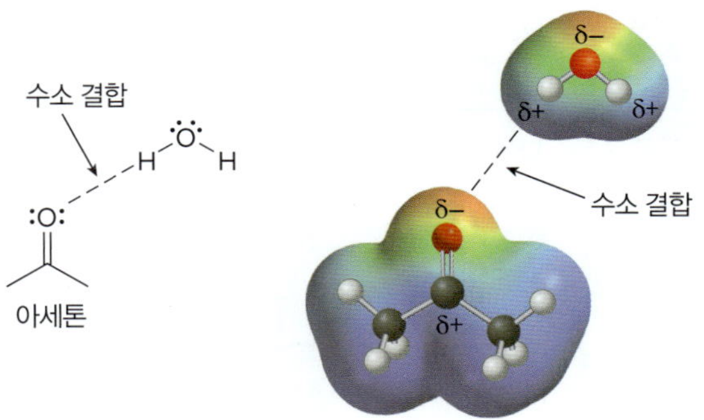

예제 3.5 수소 결합 결정하기

(a) 다음 화합물 중에서 어느 것이 분자내 수소 결합을 할 수 있는가?

(b) 다음 화합물 중에서 어느 것이 물과 수소 결합을 할 수 있는가?

meperidine
(마약)
상품명: Demerol

acetylsalicylic acid
(아스피린)

풀이

- **분자간 수소 결합을 하려면 화합물에 O−H나 N−H 결합이 있어야 한다.**
- **물과 수소 결합을 하려면 화합물에 O 또는 N 원자가 있어야 한다.**

a. Acetylsalicylic acid만 분자간 수소 결합에 필요한 O−H 결합이 있기 때문에 acetylsalicylic acid의 두 분자는 서로 수소 결합을 할 수 있으나 meperidine의 두 분자는 할 수 없다.

b. Meperidine과 acetylsalicylic acid는 둘 다 전기 음성 O 원자가 있고 meperidine은 N 원자가 있으므로 두 화합물은 모두 물과 수소 결합을 할 수 있다. 각 화합물에 대한 한 가지 가능성:

수소 결합

수소 결합

문제 3.20 (a) **C**는 어느 자리에서 분자간 수소 결합을 할 수 있는가?
(b) **D**는 어느 자리에서 물과 수소 결합을 할 수 있는가?

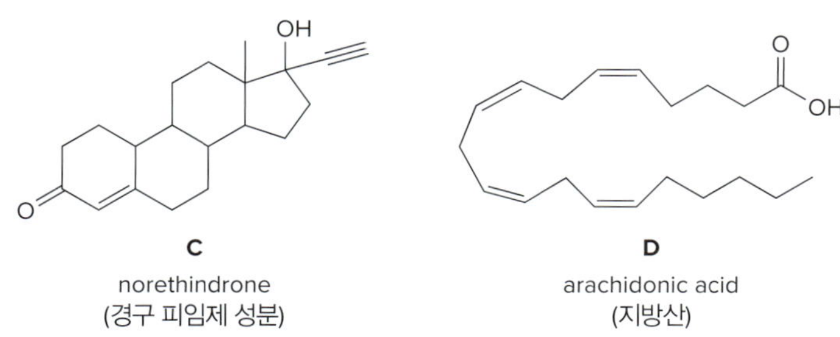

C
norethindrone
(경구 피임제 성분)

D
arachidonic acid
(지방산)

추가 문제: 문제 3.40; 3.41; 3.59c; 3.60b; 3.61c, d를 풀어보라.

문제 3.21 다음 화합물 중에서 어느 것이 분자내 수소 결합을 할 수 있는가? 어느 것이 물과 수소 결합을 할 수 있는가?

a. Br, Br, Br b. N c. NH_2, O d. O, O

작용기가 한 개인 유기 화합물의 경우, **C 원자가 다섯 개 이하이고, O 또는 N 원자가 하나 있는 경우에만 물에 녹는다.**

극성 작용기가 있는 유기 분자는 그 크기가 물에서의 용해도를 결정한다. **에탄올**과 같은 저분자량의 알코올은 극성인 OH기의 크기에 비하여 탄소 골격(탄소 다섯 개 이하)이 작기 때문에 **수용성이다.** 반면에 콜레스테롤은 27개의 탄소 원자에 단 하나의 OH기만 있다. 이 탄소 골격은 OH기 하나가 수소 결합을 하여 물에 녹이기에는 너무 크므로 **콜레스테롤은 물에 녹지 않는다.**

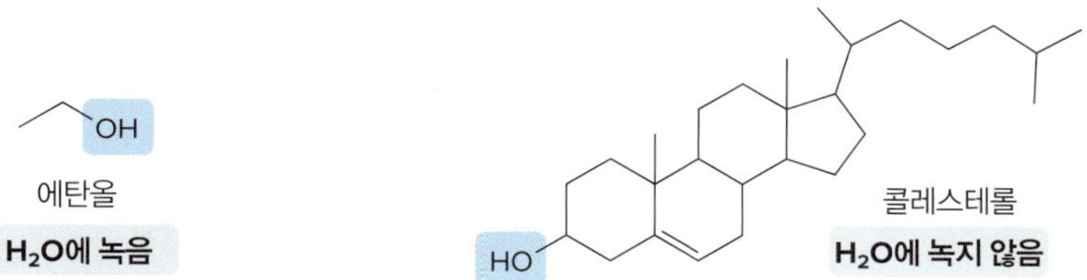

소수성 = H_2O를 싫어함
친수성 = H_2O를 좋아함

- 분자 내에서 H_2O에 끌리지 않는 무극성 부분을 **소수성(hydrophobic)**이라 한다.
- 분자 내에서 H_2O와 수소 결합을 할 수 있는 극성 부분을 **친수성(hydrophilic)**이라 한다.

예를 들어 콜레스테롤에서 **하이드록시기는 친수성**인 반면 **탄소 골격은 소수성이다.**

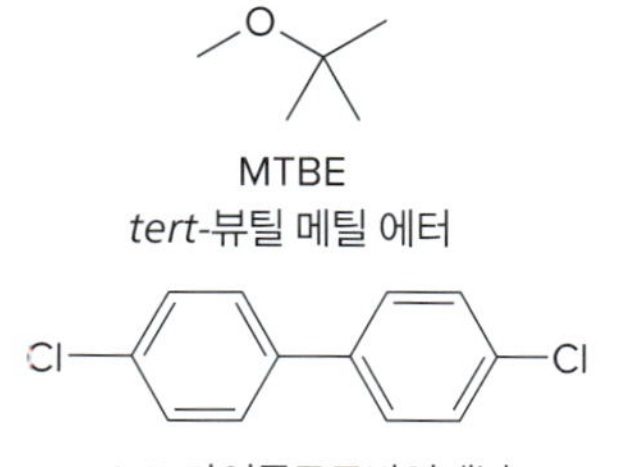

MTBE
tert-뷰틸 메틸 에터

4,4'-다이클로로바이페닐
(염화 바이페닐, PCB)

MTBE (*tert*-butyl methyl ether)와 4,4'-dichlorobiphenyl [polychlorinated biphenyl (PCB)의 일종]은 자연 환경에서 유기 화합물의 운명이 용해도에 의해 결정된다는 점을 보여주는 좋은 사례이다.

무연 휘발유에 옥탄가를 높이기 위한 첨가제인 **MTBE**는 **수용성**이다. 적은 양의 MTBE가 몇몇 마을의 수돗물을 오염시켜 사용할 수 없게 만든 적이 있었다. 이러한 이유로, 1999년 이래 미국에서 가솔린 첨가제로서의 MTBE 사용은 꾸준히 감소되고 있다.

4,4'-다이클로로바이페닐은 벤젠 고리 두 개와 둘 이상의 염소를 함유하고 있는 화합물인, 다염화 바이페닐(polychlorinated biphenyl, **PCB**)이다. PCB는 폴리스타이렌 커피 컵에 들어 있는 가소제(plasticizer)와 변압기의 냉매로 쓰인다. 이 물질은 생산, 사용, 보관 그리고 처리 과정에서 환경에 유입되어, 가장 널리 퍼져 있는 유기 오염 물질 중 하나이다. **PCB는 물에는 녹지 않으나 유기 매체에는 매우 잘 녹기 때문에** 지방 조직에 녹으며, 세상의 모든 어류와 조류의 지방 조직에도 녹는다.

PCB는 급성 독성은 없지만, PCB에 오염된 생선을 자주 많은 양을 섭취할 경우 소아의 발육을 늦추고 기억 유지에 나쁜 영향을 주는 것으로 알려져 있다.

몇몇 대표적인 화합물의 용해도 성질을 표 3.5에 요약하였다.

표 3.5 용해도 요약

화합물의 종류	H_2O에서의 용해도	유기 용매(CCl_4와 같은)에서의 용해도
이온성		
NaCl	**녹음**	**녹지 않음**
공유 결합		
$CH_3CH_2CH_2CH_3$	**녹지 않음**(H_2O에 수소 결합을 할 N 또는 O 원자가 없음)	**녹음**
$CH_3CH_2CH_2OH$	**녹음**(다섯 개 이하의 C 원자와 H_2O에 수소 결합을 할 O 원자)	**녹음**
$CH_3(CH_2)_{10}OH$	**녹지 않음**(여섯 개 이상의 C 원자, H_2O에 수소 결합을 할 O 원자가 있으나 물에 녹기에는 크기가 너무 큼)	**녹음**

예제 3.6 화합물의 수용성 예측하기

어느 화합물이 수용성인가?

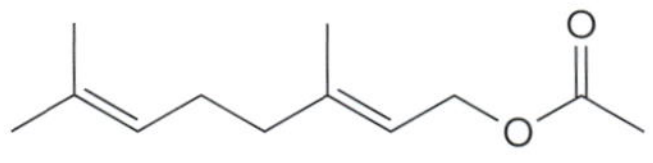

geranyl acetate
(은방울 꽃에서 얻어짐)
A

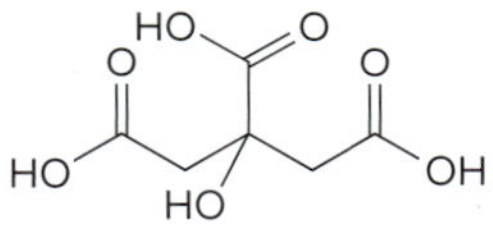

citric acid
(감귤류에서 얻어지는 시큼한 산)
B

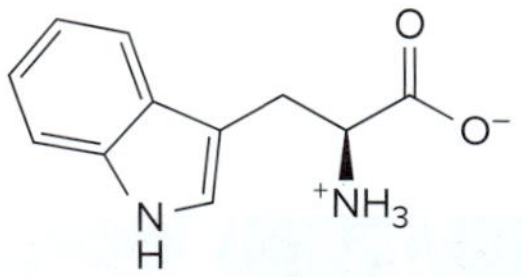

tryptophan
(아미노산)
C

풀이

수용성 화합물은 이온성이거나 탄소 원자 5개마다 물과 수소 결합할 수 있는 O 또는 N 원자가 한 개 있는 작용기가 있어야 한다.

- **A**는 12개의 탄소가 있고 산소-포함 작용기(에스터) 하나만 있기 때문에 불용성이다.
- **B**는 6개의 탄소와 물과 수소 결합할 수 있는 OH기와 C=O기가 많기 때문에 수용성이다.
- **C**는 이온성이므로 수용성이다.

문제 3.22 어느 화합물이 수용성인가?

a.

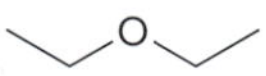

b. 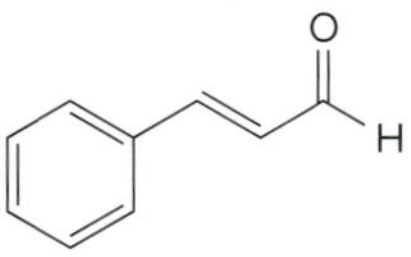 cinnamaldehyde
(계피 향)

c. 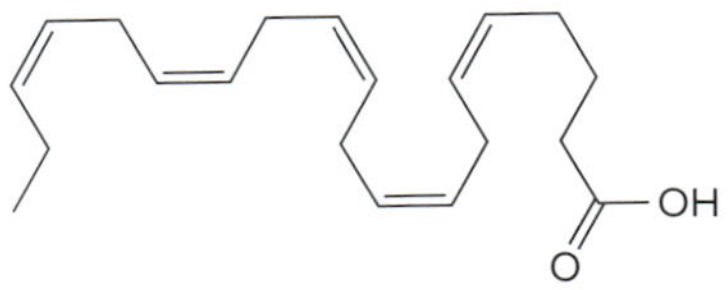 eicosapentaenoic acid
(어유에서 얻어지는 지방산)

d. 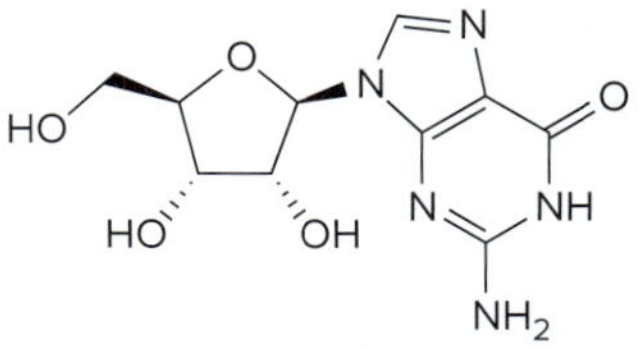 guanosine
(DNA 성분)

추가 문제: 문제 3.47; 3.48b, c; 3.49~3.52를 풀어보라.

문제 3.23 다음 화합물을 물에서의 용해도가 증가하는 순서로 정렬하라.

HO, OH, O, Cl

A B C D

3.5 응용: 비타민

비타민(*vitamin*)은 정상 세포 기능을 유지하기 위하여 소량 필요한 유기 화합물이다. 우리의 몸은 이들 화합물을 만들지 못하므로 음식물에서 섭취해야 한다. 대부분의 비타민은 A, C, D, E 그리고 K처럼 알파벳 글자로 구분한다. 그러나 비타민 B에는 몇 가지 다른 종류가 있어서 B_1, B_2 그리고 B_{12}처럼 아래첨자를 붙여 구분한다.

어떤 비타민이 **지용성**(유기 매체에 녹는다)인지 또는 **수용성**인지는 3.4C절에서 논의된 용해도 원리를 적용하면 결정할 수 있다. 비타민 A와 C의 예가 지용성 그리고 수용성 비타민의 차이를 보여준다.

3.5A 비타민 A

비타민 A 또는 **레티놀(retinol)**은 눈에 있는 시각 수용체의 필수 구성 성분이다. 이 물질은 또한 점막과 피부의 건강 상태를 유지하는 데 도움을 주기 때문에 많은 노화 방지 크림에 비타민 A가 들어 있다. 이 비타민이 부족하면 야맹증을 일으킨다.

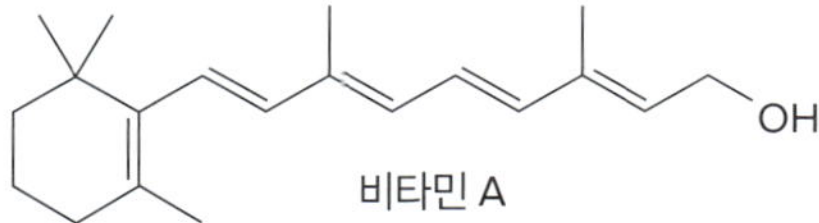
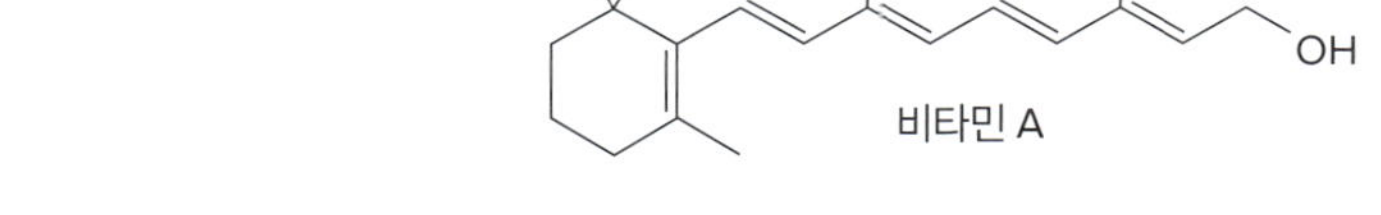

비타민 A는 당근의 주황 색소인 β-카로텐에서 합성된다.
Purestock/SuperStock

비타민 A는 스무 개의 탄소와 하나의 OH기만 있어서 **물에 녹지 않는다.** 이 화합물은 유기성이기 때문에 **어떤 유기 매체에도 녹는다.** 이러한 용해도 특징에 의해 비롯되는 결과를 이해하기 위하여 우선 우리 몸의 화학적 환경에 대해 배워야 한다.

사람 몸의 약 70%는 물로 이루어져 있다. 혈액, 위에 있는 소화액, 소변과 같은 체액 대부분은 물에 Na^+, K^+ 같은 이온이 녹아 있는 것이다. 비타민 A는 이들 체액에 녹지 않는다. 몸에는 또한 C−C, C−H 결합의 유기 화합물로 이루어진 지방 세포가 있다. 비타민 A는 이런 유기 환경에 녹기 때문에 특히 간에 있는 지방 세포에 잘 저장된다.

비타민 A는 음식물을 섭취함으로써 직접 얻는다. 또한, 당근같이 여러 식물에서 발견되는 주황 색소인 β-카로텐(β-carotene)이 우리 몸속에서 비타민 A로 전환되기도 한다.

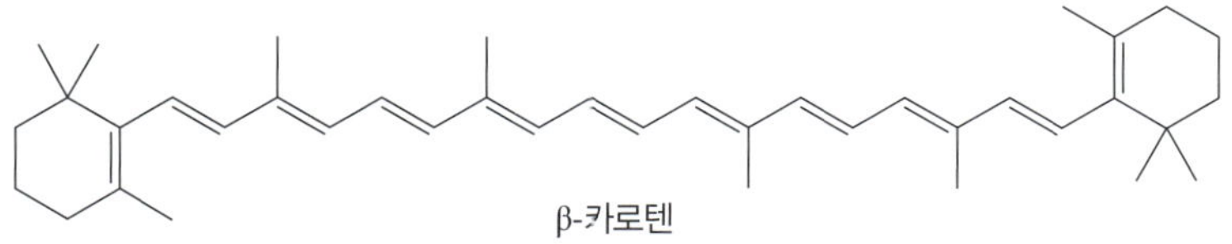

당근을 많이 먹는다고 비타민 A가 많이 비축되는 것은 아니다. β-카로텐을 필요 이상으로 많이 섭취하면, 몸은 추가의 비타민 A가 요구될 때까지 이 전구체 상태로 비축한다. β-카로텐의 일부는 피부와 눈의 표면 조직에 도달하여 주황색을 띠게 한다. 이것은 좀 이상하게 보일지는 모르나 해로운 것은 아니며 다시 정상으로 돌아간다. 비축된 β-카로텐이 비타민 A로 전환되어 더 이상 과다 상태가 아니면 이 조직은 정상 색조를 띤다.

비타민 C는 감귤류와 여러 다른 과일이나 채소를 섭취하여 얻는다. 또한, 실험실에서 합성한 비타민 C가 들어 있는 정제(tablets)를 복용함으로써 일일 권장 섭취량을 충족할 수도 있다. 오렌지에 들어 있는 '천연' 비타민 C와 비타민 보충제에 들어 있는 '합성' 비타민 C는 모두 동일하다.
Mary Reeg/McGraw Hill

3.5B 비타민 C

대부분의 동물은 비타민 C를 합성할 수 있으나 사람, 기니피그, 인도 과일박쥐, 그리고 명금새(bulbul bird)는 음식물을 섭취하여 얻어야 한다. 감귤류, 딸기, 토마토, 그리고 고구마는 비타민 C를 많이 함유하고 있다.

비타민 C
(아스코브산)

비타민 C는 탄소 원자가 여섯 개이며, 그 각각은 수소 결합을 할 수 있는 산소 원자에 결합되어 있어서 **수용성**이다. 따라서 비타민 C는 소변에 녹는다. 비타민 C가 감기부터 암까지의 모든 종류의 질병을 예방한다는 주장이 있어 왔으나, 최소 일일 요구량 이상은 소변으로 배설되기 때문에, 과량의 비타민 섭취에 대한 효과는 정확히 알려져 있지 않다.

문제 3.24 다음 각 비타민의 물에서의 용해도를 예측하라.

a. 비타민 B_3 (니아신)

b. 비타민 K_1 (필로퀴논)

문제 3.25 (a) 장을 여는 분자인 pantothenic acid(비타민 B_5)에서 작용기를 표시하라. (b) 어느 자리에서 pantothenic acid가 물과 수소 결합을 할 수 있는가? (c) Pantothenic acid의 물에 대한 용해도를 예측하라.

판토텐산
비타민 B_5

3.6 용해도의 응용: 비누

비누는 인류가 약 2천 년 동안 사용해 왔다. 역사 기록을 보면 1세기에 비누를 제조하였고, 폼페이에 비누 공장이 있었다는 사실을 알 수 있다. 그 이전에는 의복을 물속의 바위에 문지르거나 어떤 식물의 뿌리, 껍질 그리고 잎을 이용하여 비누 같은 거품을 일으켜 빨았다. 이들 식물은 **사포닌**(*saponin*)이라 부르는 천연물을 생산했으며, 이것이 현대 비누와 거의 같은 방식으로 작용한다.

비누 분자는 서로 다른 두 부분으로 되어 있다.

- **이온으로 구성된 친수성 부분: 극성 머리**
- **무극성 C−C와 C−H 결합의 소수성 탄소 사슬: 무극성 꼬리**

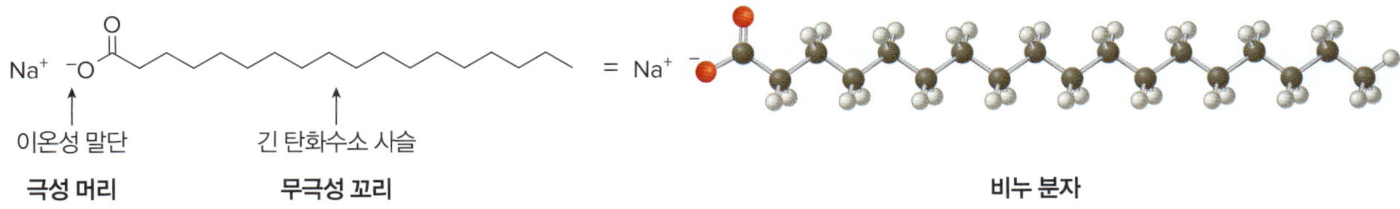

비누를 물에 녹이면 그림 3.3에 나타낸 것과 같이 **이온성 머리가 표면에 오고 내부는 무극성 꼬리 부분으로 채워진 구형 방울인 마이셀(*micelle*)이 생성된다**. 이러한 배열에서, 이온성 머리는 극성

용매인 물에 의해 둘러싸여서 비누의 무극성인 '기름 같은' 탄화수소 부분을 물에 녹게 한다.

그림 3.3
물에 비누가 용해되는 모습

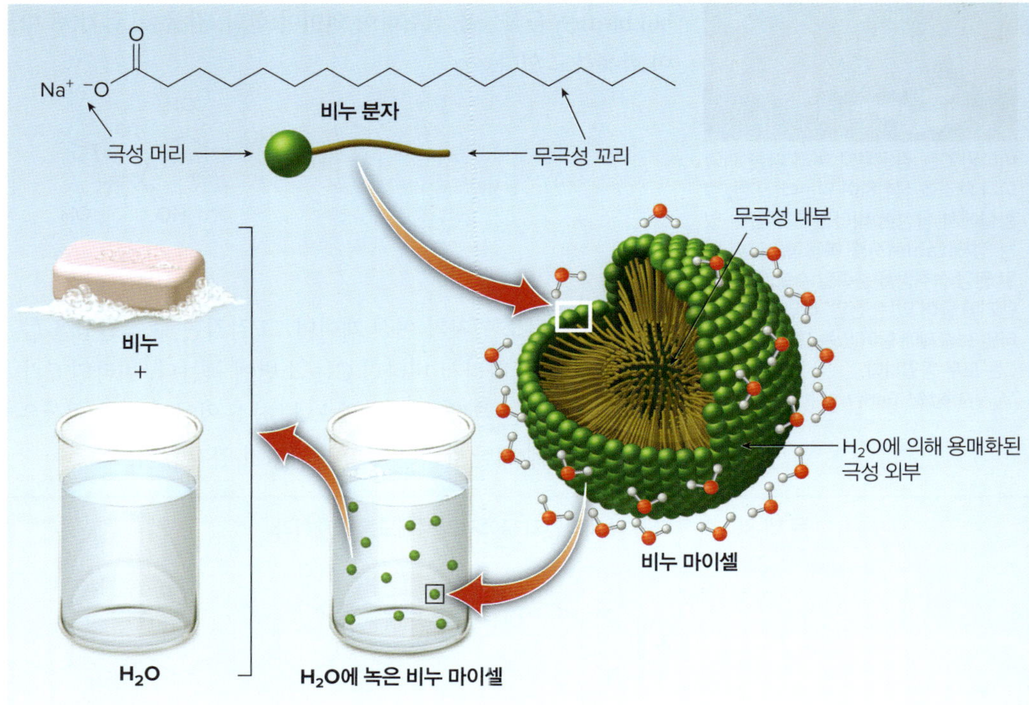

• 비누가 H_2O에 녹으면, 비누 분자는 무극성 꼬리가 내부로 향하고 극성 머리는 표면에 오는 마이셀을 생성한다. 극성 머리는 H_2O 분자와 이온-쌍극자 상호작용에 의해 용매화된다.

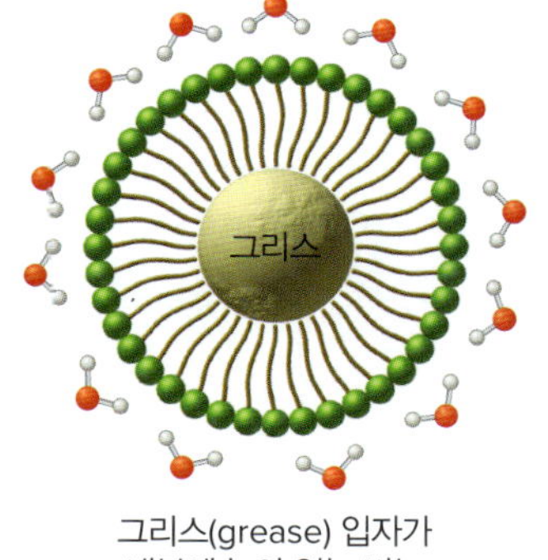

그리스(grease) 입자가 내부에 녹아 있는 비누 마이셀의 단면도

어떻게 비누가 그리스와 기름을 녹일까? 대부분 무극성 탄화수소로 이루어진 때를 물만으로 녹일 수는 없다. 그러나 비누가 물에 섞이면 마이셀의 내부에서 무극성 탄화수소 꼬리가 때를 녹이게 된다. 비누의 극성 머리는 마이셀의 표면에서 물과 상호작용한다. 비누 분자의 무극성 꼬리는 극성 머리 부분에 의해 물에서부터 완전히 격리되어 마이셀은 수용성이 되고 우리 옷의 섬유로부터 떨어져 나와 물과 함께 씻겨 나가게 된다. 이렇게 하여 비누는 불가능해 보이는 일, 즉 우리 피부와 옷에서부터 무극성 탄화수소 물질을 극성 용매인 물에 녹여 씻어 내는 작용을 한다.

문제 3.26 다음 구조 중에서 비누를 나타내는 것은 무엇인가? 그 이유를 설명하라.

a. O, O^- Na^+

c. O, OH

b. O, O^- Na^+

문제 3.27 상업용 샤워 젤에는 세제로서 비누가 아니라 sodium lauryl sulfate가 들어 있다. 어떻게 sodium lauryl sulfate가 때를 씻어내는지를 설명하라.

O O S O O^- Na^+

세제

3.7 응용: 세포막

세포막은 어떻게 유기 화학 원리가 생물계에 적용되는지를 보여주는 복잡 미묘한 예이다.

3.7A 세포막의 구조

살아 있는 생물의 기본 단위는 **세포(cell)**이다. 세포질(cytoplasm)은 세포 내부의 수용성 매체로서 세포 밖의 물과는 **세포막(cell membrane)**에 의해 분리되어 있다. 세포막은 얼핏 보면 서로 모순인 것 같은 두 가지 기능을 한다. 세포 안팎으로 이온, 물, 그리고 다른 분자들이 통과하는 것을 막기도 하고, 또한 양분은 안으로, 노폐물은 밖으로 선택적으로 통과시키는 역할도 한다.

세포막의 주된 구성 성분은 **인지질(phospholipid)**이라 불리는 유기 화합물이다. 비누처럼, 이 분자는 친수성인 이온성 부분과 소수성인 탄화수소 부분(이 경우는 C−C와 C−H 결합으로 이루어진 두 개의 긴 탄소 사슬임)으로 되어 있다. **따라서 인지질은 하나의 극성 머리와 두 개의 무극성 꼬리로 되어 있다.**

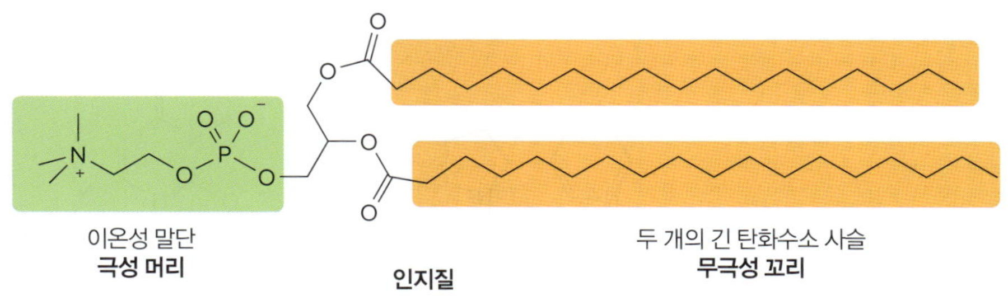

인지질이 물과 섞이면, 이온성 머리는 외부로 향하게 되고 무극성 꼬리 부분이 내부로 향하는 **지질 이중층(lipid bilayer)**이라고 부르는 배열로 조립한다. 극성 머리 부분은 극성 용매인 물과 정전기적으로 상호작용하며, 무극성 꼬리 부분은 무수한 van der Waals 상호작용에 의해 서로 가깝게 붙들려 있게 된다. 이 모형이 그림 3.4에 나와 있다.

그림 3.4
세포막

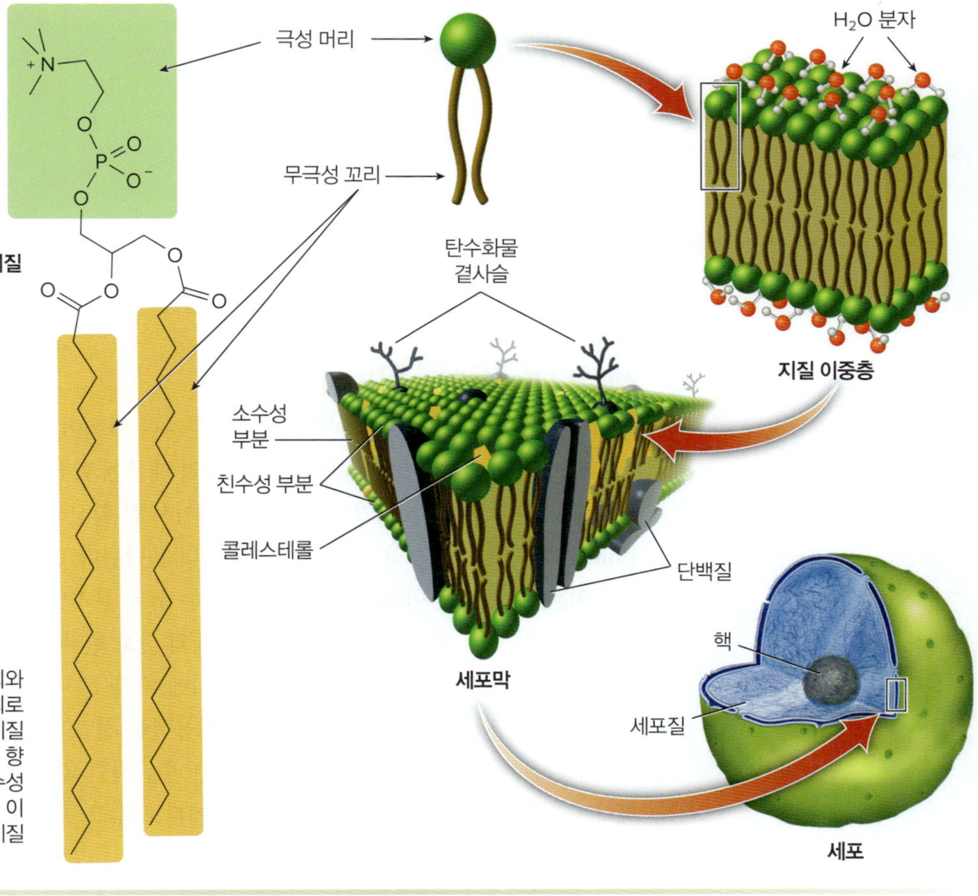

- 인지질은 이온성 또는 극성 머리와 두 개의 긴 무극성 탄화수소 꼬리로 되어 있다. 수용성 환경에서 인지질은 극성 머리는 수용성 외부로 향하고, 무극성 꼬리는 무극성 소수성 내부를 생성하는 지질 이중층을 이룬다. 세포막은 대부분 이러한 지질 이중층으로 구성되어 있다.

세포막은 지질 이중층으로 구성되어 있다. 전하를 띠고 있는 인지질의 머리는 세포의 수용성 내부와 외부로 향해 있다. 무극성 꼬리 부분은 세포막의 소수성 내부를 생성하여 세포를 바깥으로부터 보호하는 녹지 않는 보호막 역할을 한다.

특히 사람의 뇌에 있는 세포막의 소수성 내부는 혈액 속의 불필요한 물질이 뇌 쪽으로 들어가는 것을 막아줄 뿐만 아니라, 혈액 속 화합물의 농도 변화에 뇌가 영향을 받지 않도록 함으로써 뇌를 보호하는 데 중요한 역할을 한다. 이러한 혈액뇌장벽(blood-brain barrier)은 뇌 속 모세혈관 안에 견고하게 조성된 세포층으로 이루어져 있으며, 뇌 속으로 들어가는 물질은 모두 이 모세혈관에 있는 세포막을 통과해야 한다. 이온은 소수성인 세포막 내부에 잘 녹지 않으므로 혈액뇌장벽을 거의 통과하지 못한다. 그러나 니코틴, 카페인, 헤로인과 같이 전하를 띠지 않는 유기 분자는 세포막 내부에 아주 잘 용해되기 때문에 뇌 속으로 잘 통과되어 들어간다.

니코틴 카페인 헤로인

세보플루레인

Sevoflurane과 같은 전신 마취제 역시 극성이 약한 화합물이어서 모세혈관의 지질 이중층에 잘 녹아들어가기 때문에 혈액뇌장벽을 통과할 수 있다.

문제 3.28 (a) 모르핀과 헤로인은 각각 어떤 종류의 분자간 힘이 있는가? (b) 어느 화합물이 혈액뇌장벽을 더 잘 통과하여 더 강한 진통제 역할을 할 수 있을까?

모르핀 헤로인

3.7B 세포막을 건너는 운반 작용

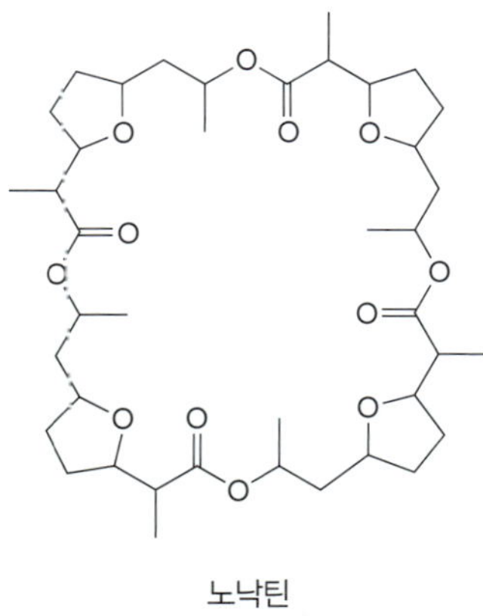

노낙틴

어떻게 세포 외부의 물에 녹아 있는 극성 분자나 이온이 세포막의 무극성 내부를 통과하여 세포 안으로 들어갈까? O_2 같은 무극성 분자는 작기 때문에 확산에 의해 세포에 드나들 수 있다. 반면에 극성 분자와 이온은 너무 크거나 너무 극성이어서 잘 확산되지 못한다. 어떤 이온은 **이온운반체(ionophore)**라 불리는 분자의 도움으로 막을 건너 운반된다.

이온운반체는 양이온과 착물을 생성하는 유기 분자이다. 이 물질은 소수성 외벽이 있어서 세포막의 무극성 내부에 녹으며, 가운데는 몇 개의 산소 원자가 배열된 공동(cavity)이 있어서 산소의 고립쌍이 이온과 착물을 이룬다. 공동의 크기에 따라 그 이온운반체가 어떤 양이온과 착물을 이루는지 결정된다. **Nonactin**은 이온운반체로 작용하는 천연 항생물질이다.

크라운 에터(crown ether)라고 부르는 종류처럼 몇몇 합성 이온운반체도 알려져 있다. **크라운 에터는 산소 원자가 여러 개 있는 고리형 에터로서 그 공동의 크기에 따라 특정한 양이온에 결합한다.** 크라운 에터는 ***x*-크라운-*y***로 명명되는데, 여기서 ***x***는 고리에 있는 전체 원자 수이고 ***y***는 산소 원

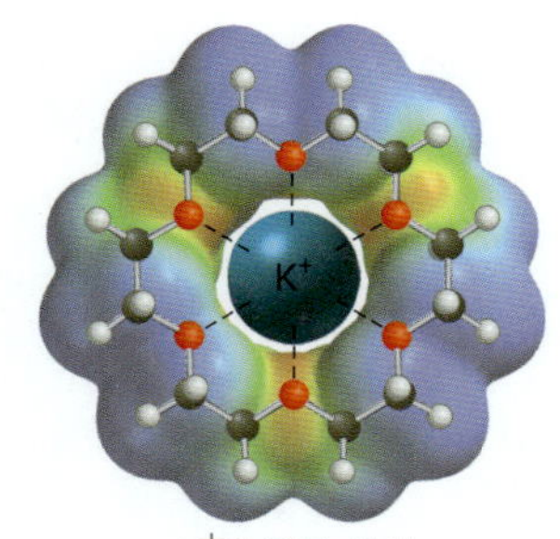

K^+와 착물 생성

자 수이다. 예를 들어, 18-크라운-6은 고리에 6개의 O 원자를 포함한 18개의 원자로 되어 있다. 이 크라운 에터는 포타슘 이온과 결합한다. 소듐 이온은 너무 작아서 단단한 착물을 생성하지 않고, 더 큰 양이온은 공동에 끼어 들어가지 못한다.

이온운반체는 어떻게 막을 건너 이온을 운반할까? 이온운반체는 막의 한쪽에서 극성 내부에 이온을 묶는다. 그 후 이온운반체의 소수성 외벽이 인지질의 소수성 꼬리와 상호작용을 하기 때문에 막을 건너 움직일 수 있다. 그 다음 막의 반대쪽에서 이온운반체는 이온을 내어놓는다. 이러한 이온 이동 역할은 정상적인 세포 기능에 필수적이다. 이 과정이 그림 3.5에 나타나 있다.

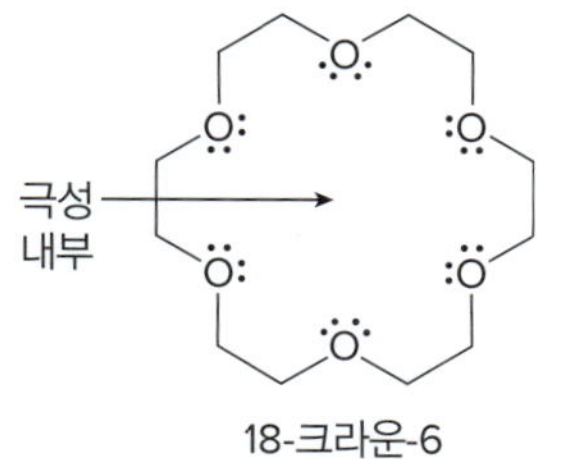

18-크라운-6

이러한 방법으로, nonactin과 같은 항생제 이온운반체는 박테리아의 세포막 사이로 이온을 운반한다. 이렇게 하여 박테리아 세포의 정상적인 이온 균형을 교란하여 세포 기능을 방해하고 박테리아를 죽게 한다.

문제 3.29 이제 용해도에 대해 배웠으니 왜 아스피린(2.7절)이 이온성 짝염기보다는 중성 카복실산으로 세포막을 통과하는지 설명하라.

그림 3.5
세포막을 통과하는 이온의 이동

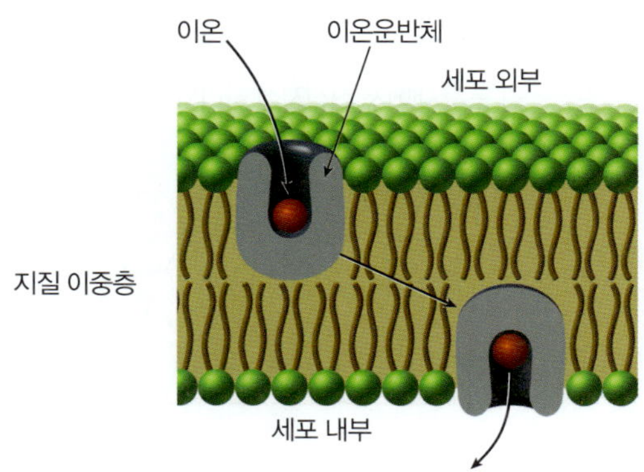

- 지질 이중층의 한쪽(이온의 농도가 높은 쪽)에서 이온과 결합하고 이중층의 다른 쪽(이온의 농도가 낮은 쪽)에서 방출함으로써 이온운반체는 이온을 세포막을 건너 이동시킨다.

3.8 작용기와 반응성

3장의 대부분은 작용기가 어떻게 분자간 힘을 결정하는지, 또 그 결과로 분자의 물리적 성질을 어떻게 결정하는지에 대해 설명하였다. 작용기는 반응성도 결정한다. 어떤 특정한 유기 화합물은 어떤 종류의 반응을 할까? 두 가지의 기본 개념을 상기하며 생각해 보라.

- 작용기는 분자 내에서 반응하는 자리를 만든다.
- 전자가 풍부한 자리가 전자가 모자라는 자리와 반응한다.

모든 작용기에는 헤테로 원자, π 결합 또는 두 가지가 다 있으며 이러한 특성이 분자 내에서 전자가 모자라는(친전자성) 자리와 전자가 풍부한(친핵성) 자리를 만든다. 반응성을 예측하려면 먼저 작용기를 찾아내고 그것 때문에 생기는 전자가 풍부한 또는 전자가 모자라는 자리를 결정해야 한다. 세 가지의 지침을 항상 명심하자.

- **N**, **O** 또는 **X** 같은 전기 음성적인 헤테로 원자는 탄소 원자를 **친전자성**으로 만든다.

δ+ δ+

- 헤테로 원자는 고립쌍으로 인해 **염기성**이고 **친핵성**이다.

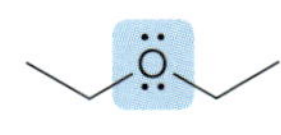

염기 친핵체

염기 친핵체

- **π** 결합은 **친핵성** 자리를 만들고 **σ** 결합보다 더 쉽게 끊어진다.

쉽게 끊어지는
한 개의 π 결합

쉽게 끊어지는
두 개의 π 결합

문제 3.30 각 분자 내에서 친전자성 자리와 친핵성 자리를 표시하라.

a. 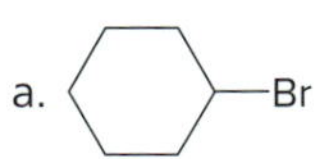

b. S

c. 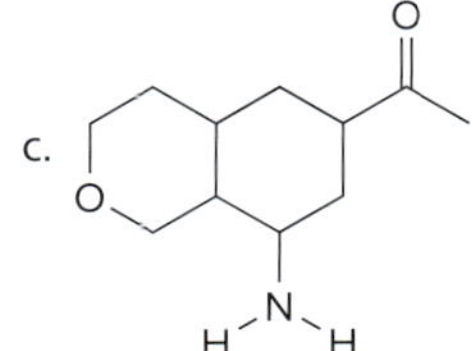

화합물에서 친핵성 자리와 친전자성 자리를 찾아냄으로써 분자가 어떻게 반응할지 이해할 수 있게 된다. 일반적으로 전자가 풍부한 자리가 전자가 모자라는 자리와 반응한다.

$:Nu^-$ = 친핵체
E^+ = 친전자체

- 전자가 부족한 탄소 원자는 $:Nu^-$로 표시되는 친핵체와 반응한다.
- 전자가 풍부한 탄소는 E^+로 표시되는 친전자체와 반응한다.

지금 상태로 우리는 아직 충분한 유기 화학 지식이 없기 때문에 반응의 생성물을 자신 있게 그려내지 못할 것이다. 그러나 우리는 전자 밀도의 논리에만 근거하여 두 화합물이 반응할지, 그리고 그 반응이 어느 원자에서 일어날지 예측할 수 있을 만큼의 지식은 얻었다.

예를 들어, 알켄은 전자가 풍부한 C=C 이중 결합이 있기 때문에 친전자체 E^+와 반응한다. 반면에 할로젠화 알킬은 친전자성 탄소 원자가 있기 때문에 전자가 풍부한 친핵체와 반응한다.

지금 당장은 이 반응의 생성 물질이 무엇인지 걱정할 필요는 없다. 지금 단계에서는 분자 내에서 반응하는 자리를 찾아내고, 왜 반응이 거기서 일어나는지만 이해할 수 있으면 된다. 4장과 5장에서 유기 분자들의 구조에 대해서 더 배우고 난 후, 6장에서 유기 반응에 대한 자세한 논의가 시작될 것이다.

문제 3.31 전자 밀도만을 고려하여, 다음 반응이 일어날 것인지를 쓰라.

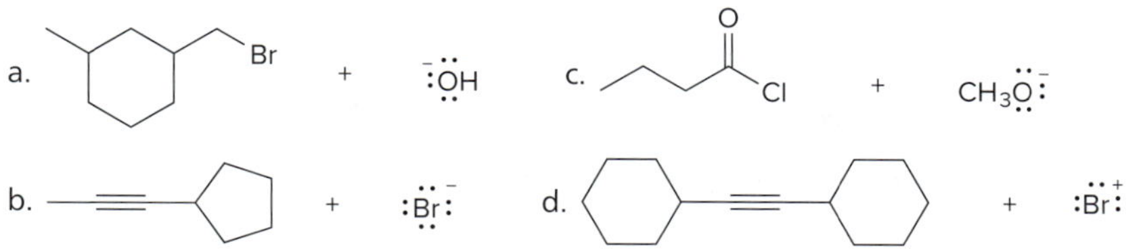

a. Br + $^{-}$:ÖH:
c. O Cl + CH_3Ö:$^{-}$
b. + :Br:$^{-}$
d. + :Br:$^{+}$

3.9 생체 분자

생체 분자(*biomolecule*)는 생체계에서 발견되는 유기 화합물이다. 이 중 많은 경우는 분자량 1000 g/mol 이하의 비교적 작은 분자들이다. 이 작은 분자는 단당류, 지질, 아미노산 그리고 뉴클레오타이드 등 네 개의 부류로 분류된다. 간단한 생체 분자 중 많은 것은 세포 내에서 중요한 기능을 하는 더 큰 화합물을 만드는 데 쓰인다.

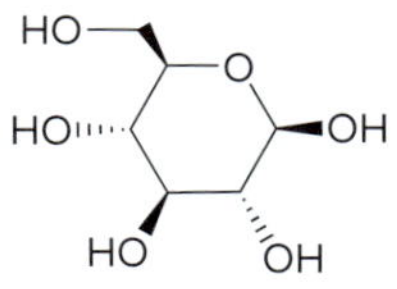

HO, O, HO, OH, HO, OH

글루코스(glucose)
단당류

CO_2H

올레산(oleic acid)
지방산

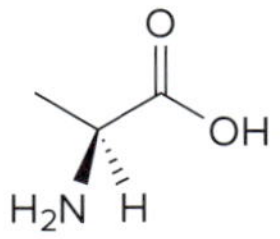

O, OH, H_2N H

알라닌(alanine)
아미노산

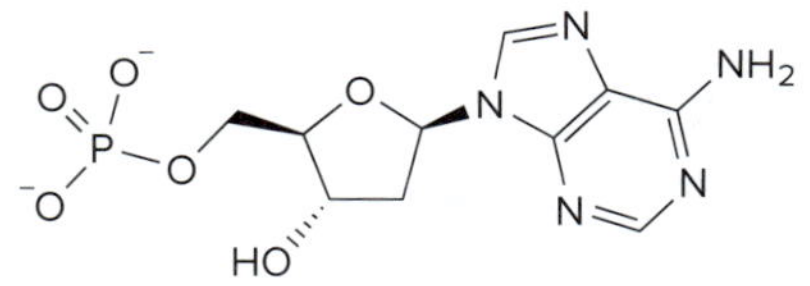

O, O^-, P, ^-O, O, O, N, N, NH_2, N, N, HO

2'-데옥시아데노신 5'-일인산
(2'-deoxyadenosine 5'-monophosphate)
뉴클레오타이드

26장에서 설명한 바와 같이 glucose와 같은 단당류가 결합하여 복잡한 녹말이나 셀룰로스를 생성한다. Alanine은 27장의 주제인 단백질을 합성하는 데 사용되는 아미노산이다. Oleic acid와 같은 지방산(fatty acids)은 알코올과 반응하여 트라이글리세롤을 생성한다. 10장에서 처음 언급하는 트라이아실글리세롤(triacylglycerol)은 가장 흔히 볼 수 있는 지질(lipid)로서 18장과 29장에서 더 자세하게 논의한다. 마지막으로 28장에서 논의하듯이, 2'-deoxyadenosine 5'-monophosphate는 뉴클레오타이드로서 수천 개의 다른 뉴클레오타이드와 결합하여 DNA[데옥시리보핵산(deoxynucleic acid)]와 같이 생물에서 유전 정보를 저장하는 고분자량의 폴리뉴클레오타이드를 만든다.

문제 3.32

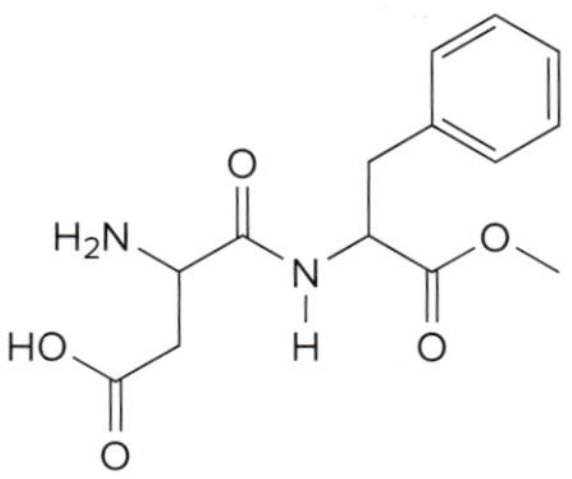

O, H_2N, N, H, O, O, HO, O

아스파탐

설탕처럼 달콤한 탄수화물이 칼로리가 높다는 사실은 달지만 칼로리가 낮은 대체 물질의 개발을 촉발했다.

a. 인공 감미료인 아스파탐(aspartame)에 있는 작용기를 표시하라.
b. 물의 산소 원자와 수소 결합을 할 수 있는 부분을 모두 표시하라.
c. 물의 수소 원자와 수소 결합을 할 수 있는 부분을 모두 표시하라.

Chapter 03 복습

핵심 개념

[1] 원자와 작용기 분류법(3.2)

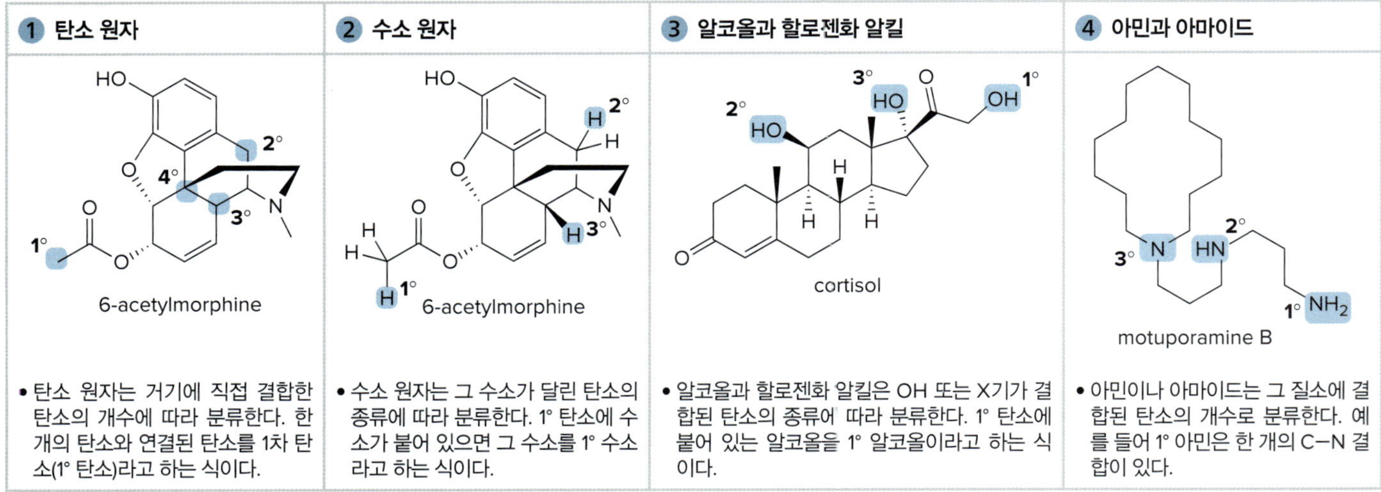

① 탄소 원자	② 수소 원자	③ 알코올과 할로젠화 알킬	④ 아민과 아마이드
6-acetylmorphine	6-acetylmorphine	cortisol	motuporamine B
• 탄소 원자는 거기에 직접 결합한 탄소의 개수에 따라 분류한다. 한 개의 탄소와 연결된 탄소를 1차 탄소(1° 탄소)라고 하는 식이다.	• 수소 원자는 그 수소가 달린 탄소의 종류에 따라 분류한다. 1° 탄소에 수소가 붙어 있으면 그 수소를 1° 수소라고 하는 식이다.	• 알코올과 할로젠화 알킬은 OH 또는 X기가 결합된 탄소의 종류에 따라 분류한다. 1° 탄소에 붙어 있는 알코올을 1° 알코올이라고 하는 식이다.	• 아민이나 아마이드는 그 질소에 결합된 탄소의 개수로 분류한다. 예를 들어 1° 아민은 한 개의 C−N 결합이 있다.

예제 3.1 참고. 문제 3.35를 풀어보라.

[2] 분자간 힘의 종류(3.3)

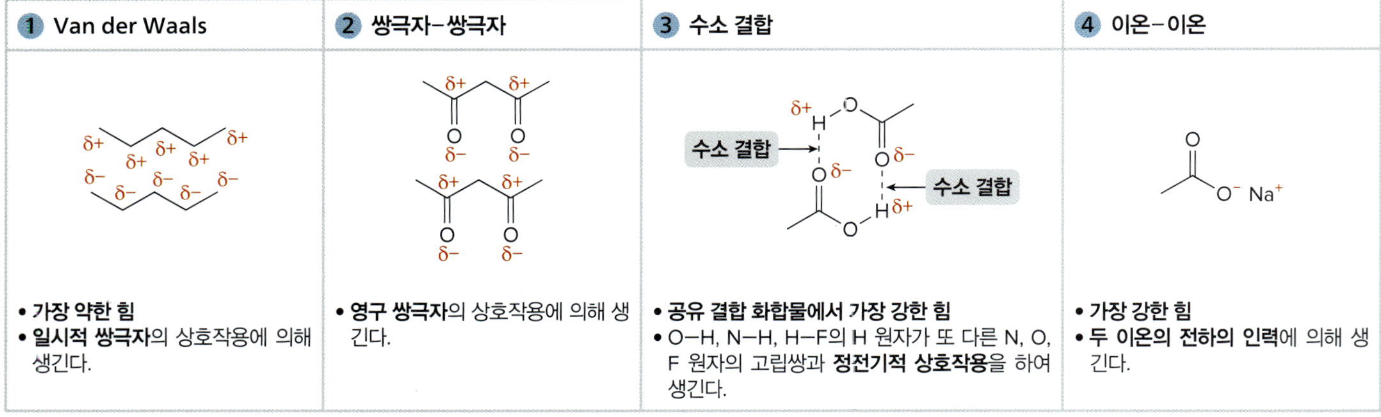

① Van der Waals	② 쌍극자−쌍극자	③ 수소 결합	④ 이온−이온
• **가장 약한 힘** • **일시적 쌍극자**의 상호작용에 의해 생긴다.	• **영구 쌍극자**의 상호작용에 의해 생긴다.	• **공유 결합 화합물에서 가장 강한 힘** • O−H, N−H, H−F의 H 원자가 또 다른 N, O, F 원자의 고립쌍과 **정전기적 상호작용**을 하여 생긴다.	• **가장 강한 힘** • **두 이온의 전하의 인력**에 의해 생긴다.

표 3.4. 예제 3.3 참고. 문제 3.39, 3.42, 3.64d를 풀어보라.

[3] 끓는점을 결정하는 요인(3.4A)

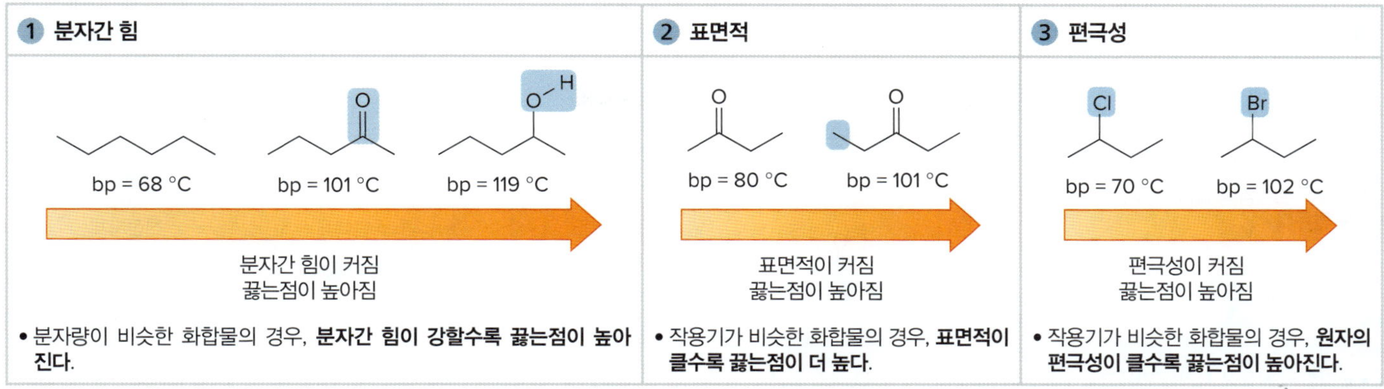

그림 3.1, 예제 3.4 참고. 문제 3.43, 3.44를 풀어보라.

[4] 녹는점을 결정하는 요인(3.4B)

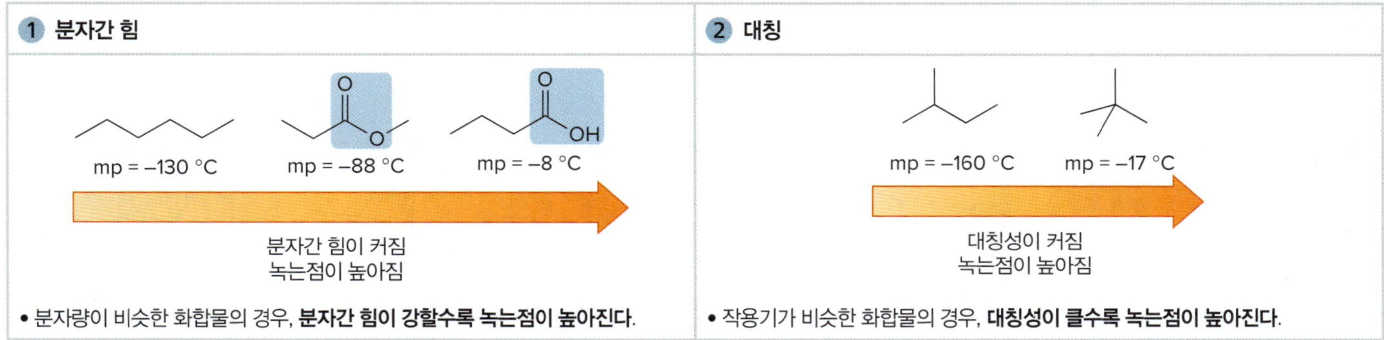

문제 3.45, 3.48a를 풀어보라.

[5] 용해도를 결정하는 요인(3.4C, 3.5)

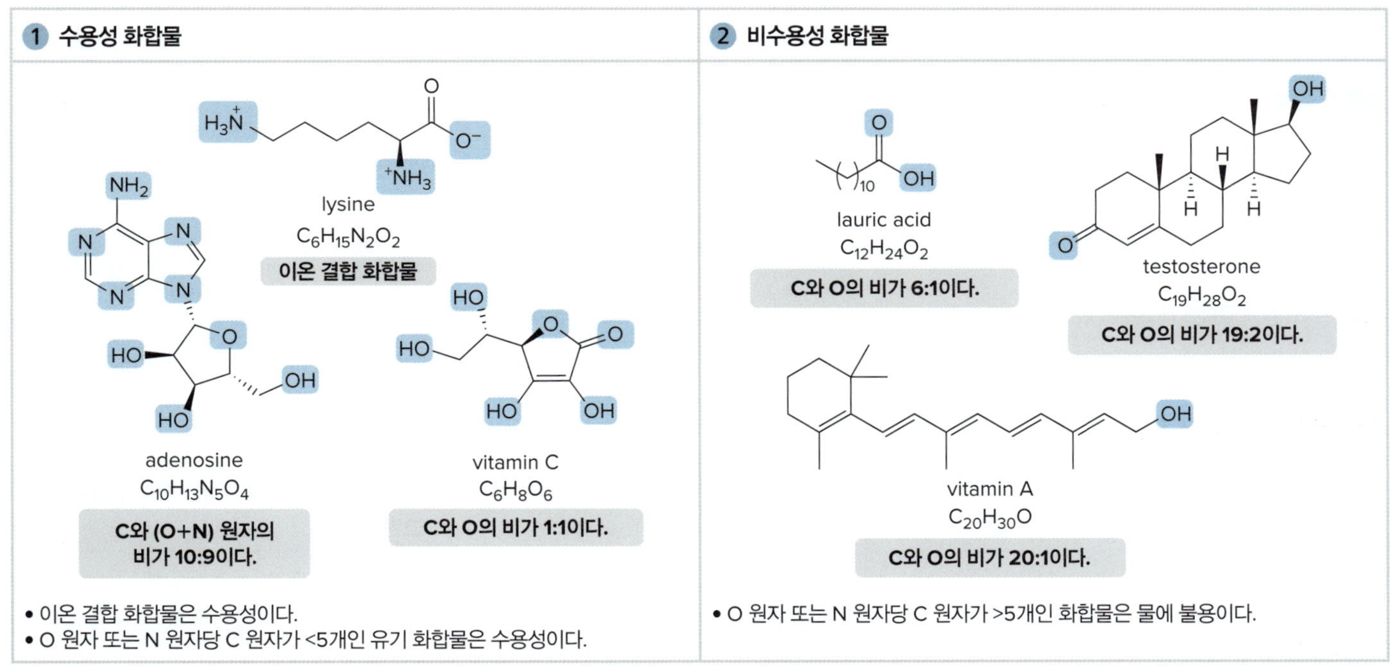

그림 3.2, 표 3.5 참고. 문제 3.47; 3.48b, c; 3.49~3.52를 풀어보라.

[6] 작용기의 반응성(3.8)

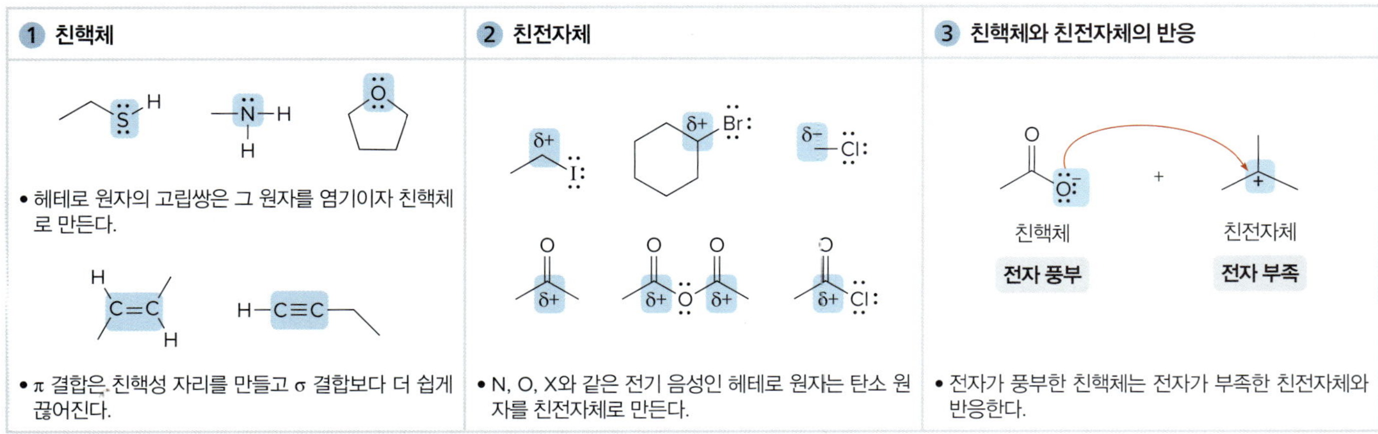

문제 3.33c; 3.34c; 3.55; 3.56; 3.59d, e; 3.60c; 3.64g를 풀어보라.

핵심 기법

[1] 끓는점 예상하기(3.4A)

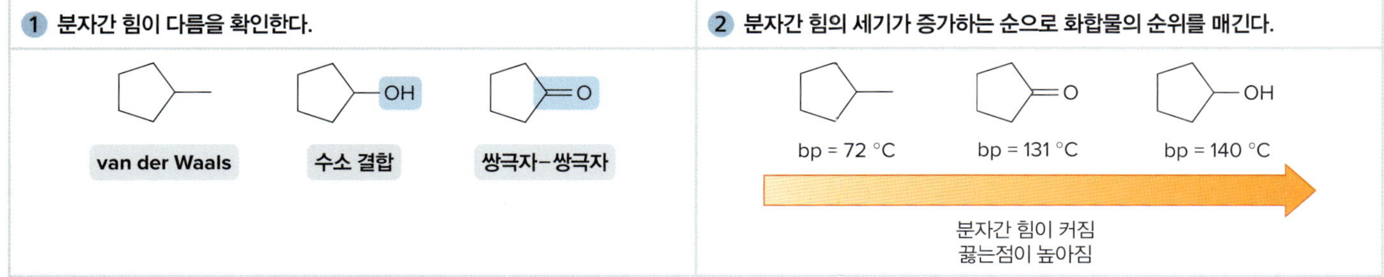

예제 3.3 참고. 문제 3.43, 3.44를 풀어보라.

[2] 두 같은 분자 사이의 수소 결합 자리 결정(3.4C)

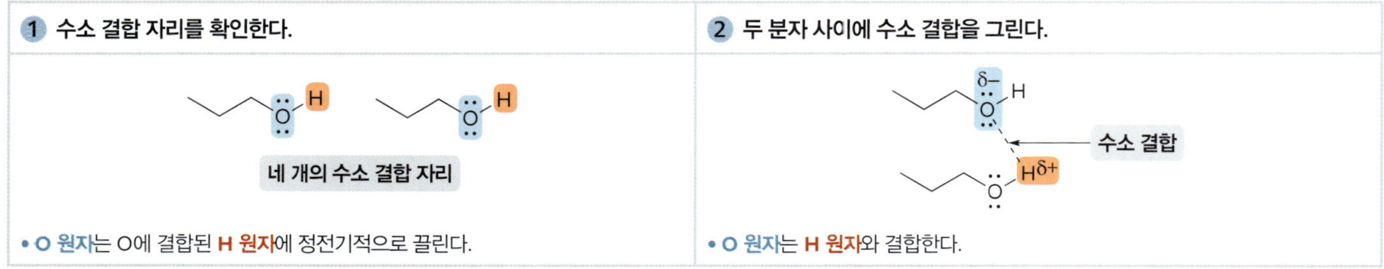

예제 3.5 참고. 문제 3.40a, 3.41a, 3.60b를 풀어보라.

[3] 유기 분자와 H_2O 사이의 수소 결합 자리 결정(3.4C)

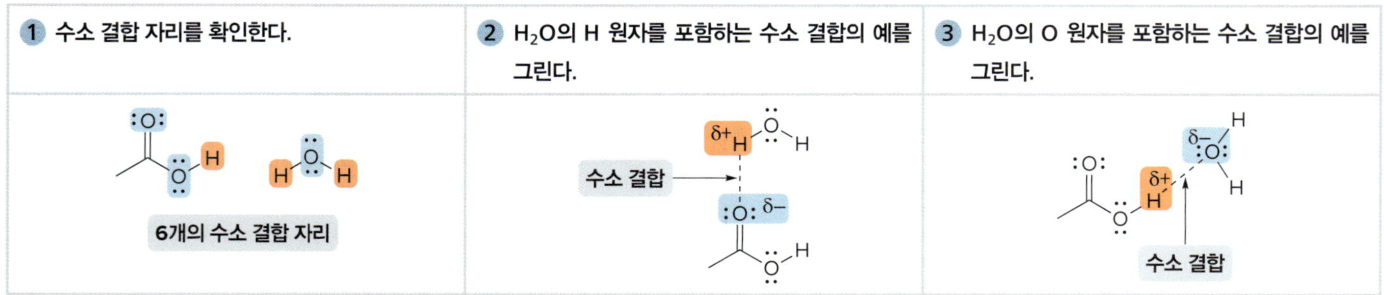

문제 3.40b, 3.41b, 3.59c, 3.61c, 3.64f를 풀어보라.

[4] 친핵체와 친전자체 사이의 반응을 보여 주기 위한 굽은 화살표 그리기(3.8)

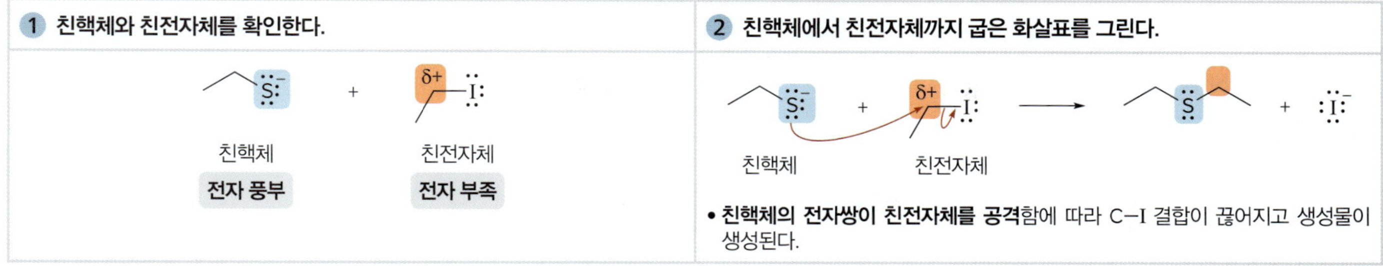

문제 3.56을 풀어보라.

3장 선다형 자가–시험

자가–시험은 American Chemical Society 유기 화학 시험과 유사한 객관식 문제로 구성되어 있다. 정답은 장의 마지막 부분에 나와 있다.

1. 다음 화합물 중에서 자신과 같은 다른 분자뿐만이 아니라 물과도 수소 결합을 할 수 있는 것은 무엇인가?

a. CHO b. NH O c. O O d. F F

2. **A**, **B**와 **C**를 끓는점이 증가하는 순서로 정렬하라.

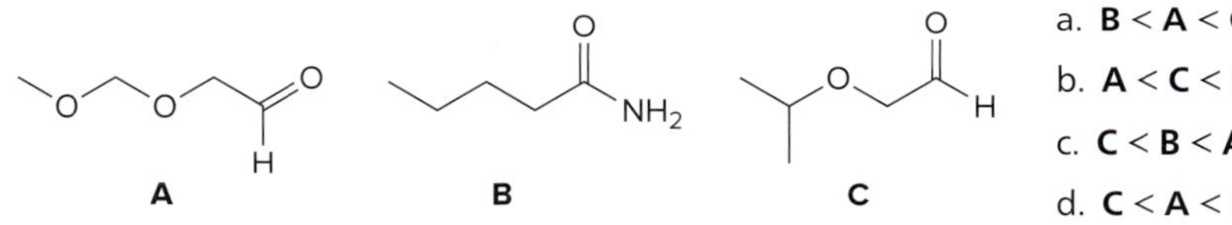

a. **B** < **A** < **C**
b. **A** < **C** < **B**
c. **C** < **B** < **A**
d. **C** < **A** < **B**

3. 어느 화합물이 분자간 힘이 가장 약한가?

a. OH b. O c. N H d. OH

4. 케톤이 **아닌** 화합물은 무엇인가: (a) $(CH_3CH_2)_2CO$; (b) $CH_3CH_2COCH_3$; (c) $(CH_3)_2CHOCH_2CH_3$; (d) $CH_3COCH(CH_3)_2$?

5. Metoprolol에는 방향족 고리 이외에 무슨 작용기가 있는가?

OH, O, H N, O
metoprolol

a. 에터 두 개, 1° 알코올, 2° 아민
b. 에터, 에스터, 1° 알코올, 1° 아민
c. 에터 두 개, 2° 알코올, 2° 아민
d. 에터 두 개, 2° 알코올, 2° 아마이드

6. 다음 화합물에는 3° C와 2° H가 몇 개 있는가?

a. 3° C 한 개, 2° H 여덟 개
b. 3° C 두 개, 2° H 여덟 개
c. 3° C 두 개, 2° H 여섯 개
d. 3° C 한 개, 2° H 아홉 개

7. Penicillin G에 존재하지 않는 작용기는 무엇인가??

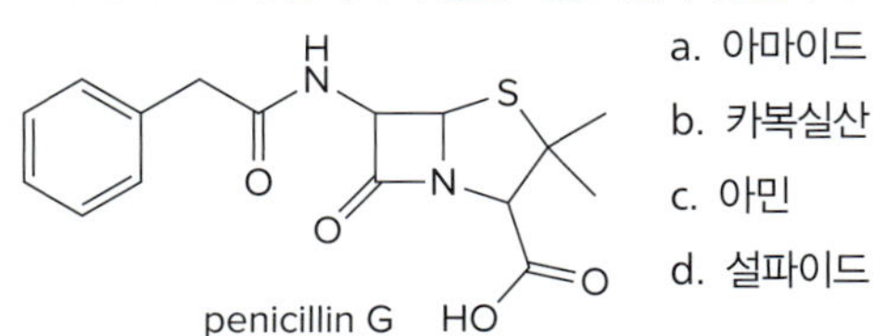

a. 아마이드
b. 카복실산
c. 아민
d. 설파이드

8. 어느 화합물이 물에 녹지 **않는가**?

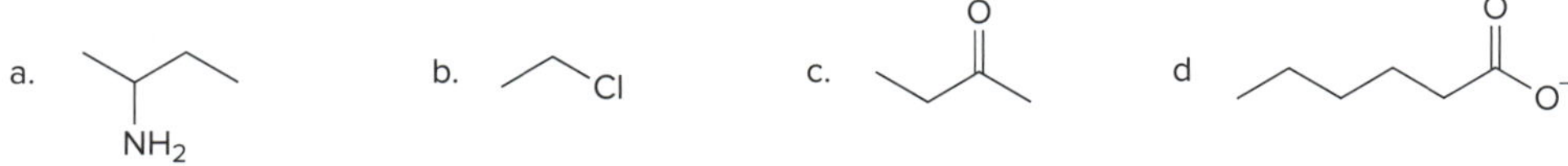

9. 어느 서술이 **A**, **B** 및 **C**의 물리적 성질을 기술하고 있는가?

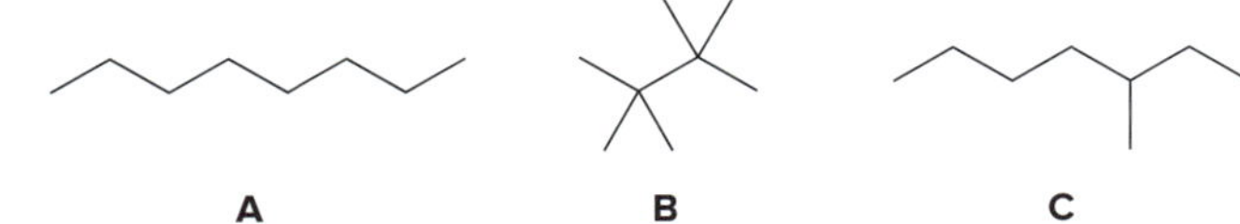

a. **A**의 bp는 **B**의 bp보다 더 높고 **B**의 mp는 **A**의 mp보다 더 높다.

b. **A**의 bp와 mp는 **B**의 bp와 mp보다 더 높다.

c. **B**의 bp와 mp는 **C**의 bp와 mp보다 더 높다.

d. **A**의 bp는 **C**의 bp보다 더 높고 **C**의 mp는 **A**의 mp보다 더 높다.

10. 어느 표시된 자리가 친핵체와의 반응이 가장 일어날 것 같지 않은가?

OH a. c. d. O b. O Cl

문제

삼차원 모형을 이용하는 문제

3.33 (a) 육두구(nutmeg)의 독특한 맛과 향기의 일부 원인이 되는 화합물인 elemicin에 대한 공-막대 모형에서 작용기를 표시하라. (b) 끓는점과 녹는점이 더 높은, elemicin의 한 가지 구조 이성질체의 골격 구조를 그려라. (c) 모든 친전자성 탄소 원자를 표시하라.

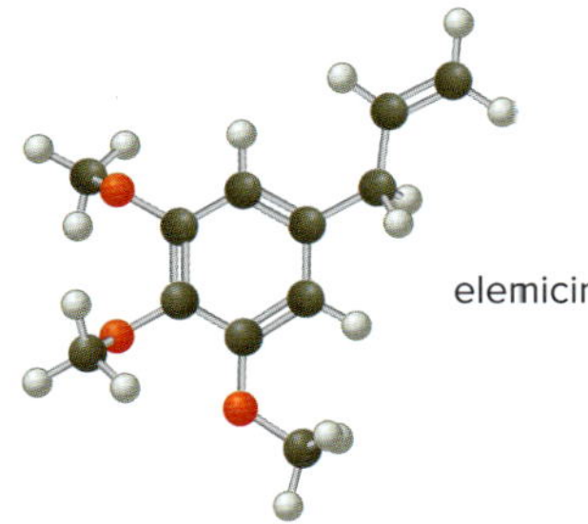
elemicin

3.34 레몬 풀에서 추출되며 레몬 향기가 나는 화합물인 neral의 공-막대 모형에서 작용기를 표시하라. (b) 더 물에 잘 녹는, neral의 한 가지 구조 이성질체의 골격 구조를 그려라. (c) 가장 친전자성이 큰 탄소 원자를 표시하라.

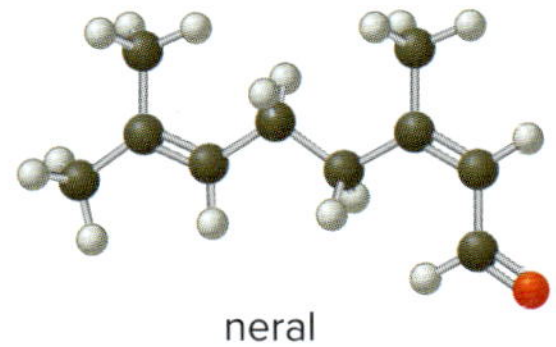
neral

작용기

3.35 각 알케인에 대해 (a) 각 탄소를 1°, 2°, 3°, 4°로 분류하라. (b) 각 수소 원자를 1°, 2°, 3°로 분류하라.

A B

3.36 각 분자에 들어있는 작용기를 찾아라. 각 알코올, 할로젠화 알킬, 아마이드, 아민을 1°, 2°, 3°로 분류하라.

a. Darvon (진통제)

b. pregabalin 상품명: Lyrica (만성 통증 치료제로 사용)

c. ibuprofen (진통제)

d. histrionicotoxin (남미 개구리가 분비하는 독)

e. penicillin G (항생제)

f. pyrethrin I (제충국에서 분리되는 강력 살충제)

3.37 Salinosporamide A는 해양 퇴적물에서 분리되는 항암제이다. (a) Salinosporamide A에 있는 작용기를 찾아라. (b) 각 알코올, 할로젠화 알킬, 아민을 1°, 2°, 3°로 분류하라.

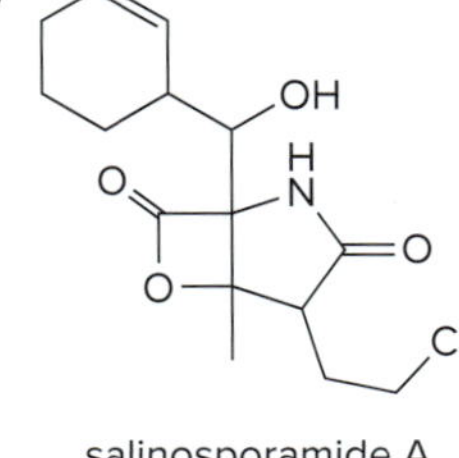

salinosporamide A

3.38 카보닐기를 포함하고 있고 분자식이 $C_3H_6O_2$인 화합물이 있다. 이 화합물의 7개의 구조 이성질체를 그려라. 각 이성질체에 있는 작용기를 말하라.

분자간 힘

3.39 각 화합물이 나타내는 분자간 힘에는 어떤 것이 있는가?

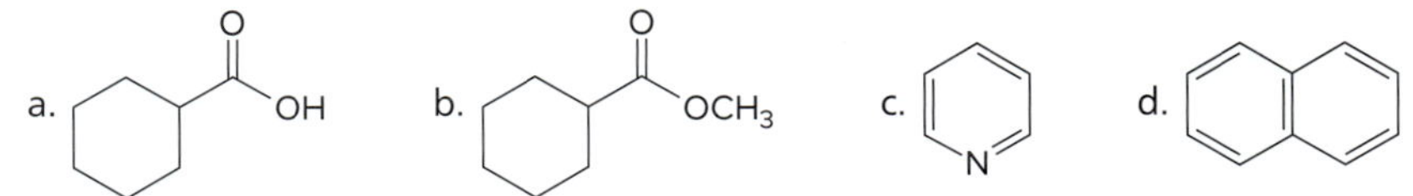

3.40 (a) 다음 분자들 중에서 어느 것이 자신과 같은 다른 분자와 수소 결합을 할 수 있는가? (b) 다음 분자들 중에서 어느 것이 물과 수소 결합을 할 수 있는가?

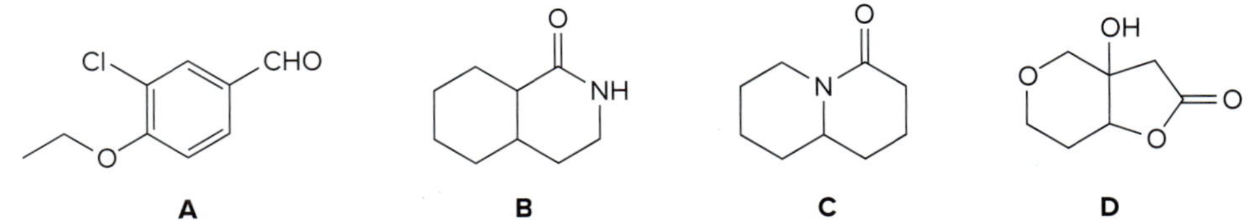

3.41 Indinavir(상표명 Crixivan)는 HIV 치료제이다. (a) Indinavir에서 자신과 같은 다른 분자와 수소 결합 할 수 있는 위치는 어디인가? (b) Indinavir가 물과 수소 결합을 할 수 있는 위치는 어디인가?

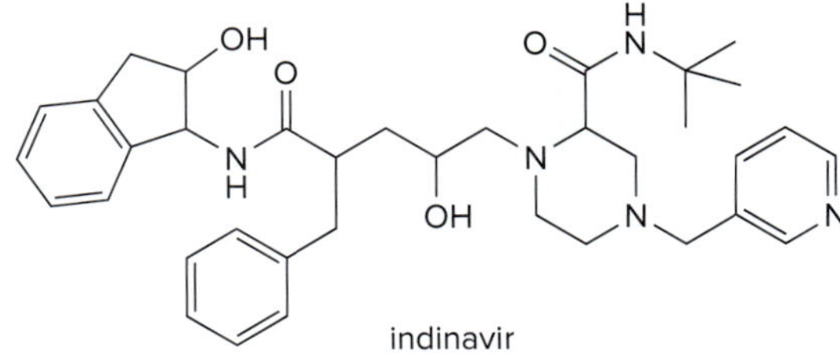

indinavir

3.42 분자내 인력은 때로는 거대한 분자의 모양을 유지하는 데 중요하다. 예를 들어, 몇몇 단백질들은 인접한 작용기 사이의 인력에 의해 서로 붙들려 있으면서 꽉 채워진 모습으로 접혀 있다. 아래에 단백질의 접힌 형태의 모형이 그려져 있다. 단백질의 골격은 청록색 띠로 나타내었고 다양한 곁사슬이 골격에 매달려 있는 것으로 나타내었다. **A~F**로 표시된 각 위치에서 어떤 종류의 분자내 힘이 작용하는가?

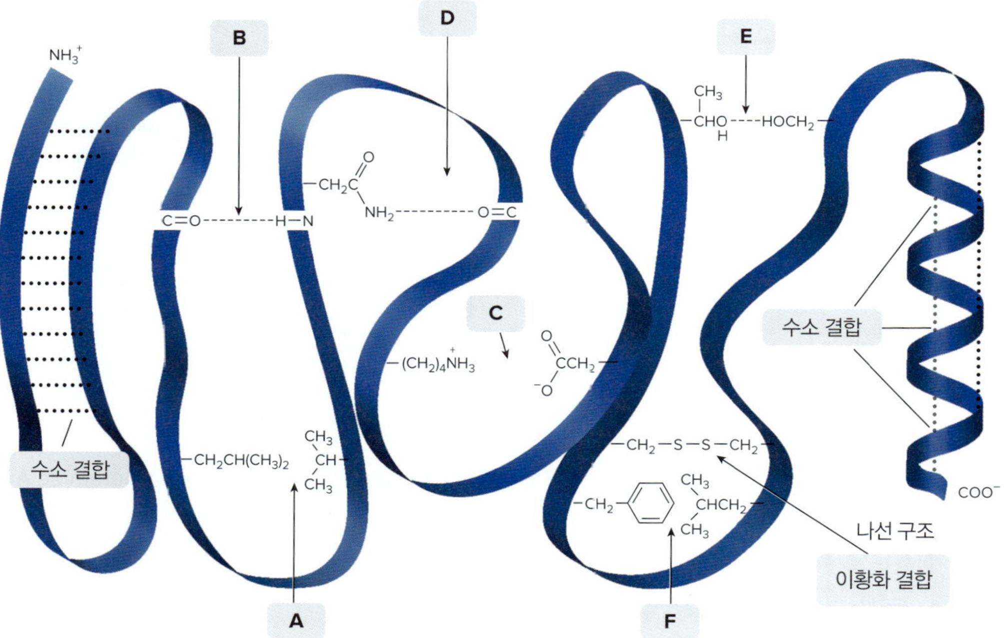

물리적 성질

3.43 (a) 분자식이 $C_6H_{12}O$이고 작용기가 적어도 하나는 다른 화합물 네 개를 그려라. (b) 어떤 화합물의 끓는점이 가장 높을 것인지를 예측하고 그 이유를 설명하라.

3.44 각 그룹의 화합물을 끓는점이 증가하는 순서대로 정렬하라.

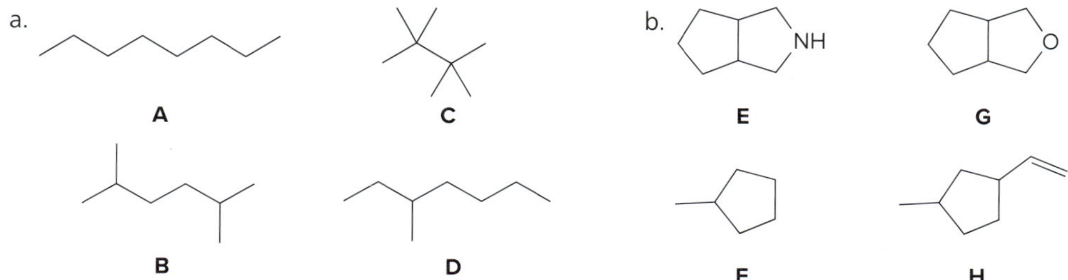

3.45 Menthone과 menthol은 둘 다 박하에서 분리된다. 실온에서 menthol은 고체인 반면 menthone은 액체인 이유를 설명하라.

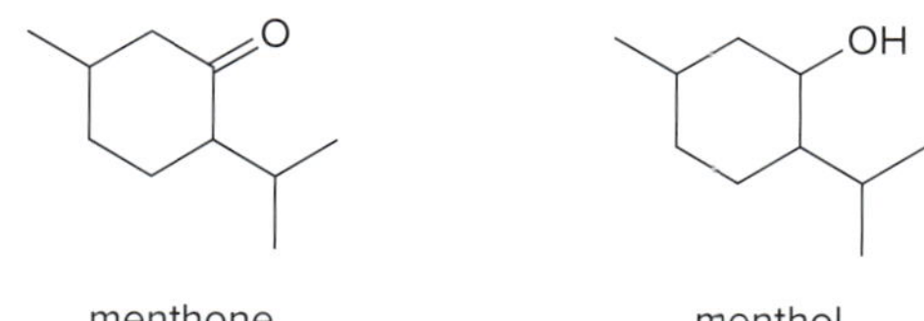

3.46 벤젠은 톨루엔보다 끓는점은 낮으나 녹는점은 훨씬 높다. 그 이유를 설명하라.

benzene
bp = 80 °C
mp = 5 °C

toluene
bp = 111 °C
mp = −93 °C

3.47 다음 유기 분자의 물에서의 용해도를 예측하라.

a. caffeine
(커피, 차 및 많은 청량음료에 들어 있는 각성제)

c. acetylcholine
(신경전달물질)

b. mestranol
(경구 피임약의 성분)

d. carotatoxin
(당근에서 추출된 신경 독소)

3.48 케토산 **A**와 아미노산 **B**의 구조를 이용하여 다음 질문에 답하라.

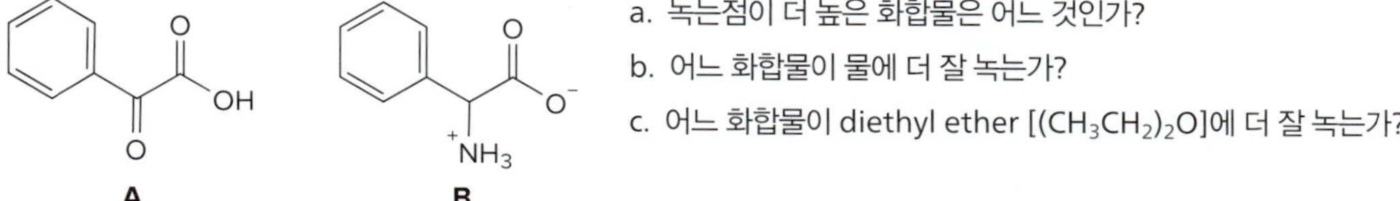

A **B**

a. 녹는점이 더 높은 화합물은 어느 것인가?

b. 어느 화합물이 물에 더 잘 녹는가?

c. 어느 화합물이 diethyl ether $[(CH_3CH_2)_2O]$에 더 잘 녹는가?

응용

3.49 각각의 다음 비타민의 물에서의 용해도와 유기 용매에서의 용해도를 예측하라.

a. vitamin E

b. pyridoxine
vitamin B_6

3.50 Avobenzone과 dioxybenzone은 두 종류의 시판용 자외선 차단제이다. 용해도의 원리를 이용하여 수영할 때, 어떤 자외선 차단제가 더 잘 씻겨져 나갈 것인지를 예측하라.

avobenzone

dioxybenzone

3.51 Poly(ethylene glycol) (PEG)과 poly(vinyl chloride) (PVC)는 작은 단위체들이 공유 결합으로 반복적으로 연결되어 있는 큰 유기 분자인 고분자의 예이다. 고분자들은 존재하는 작용기에 따라 매우 다른 성질을 나타낸다. 각 고분자의 물에서의 용해도를 논하라. PVC는 정원에서 사용하는 호스나 파이프를 만드는 데 이용한다. 그러나 PEG는 샴푸에 사용된다. 그 이유는 무엇인가? 합성 고분자는 13과 31장에서 자세하게 다룬다.

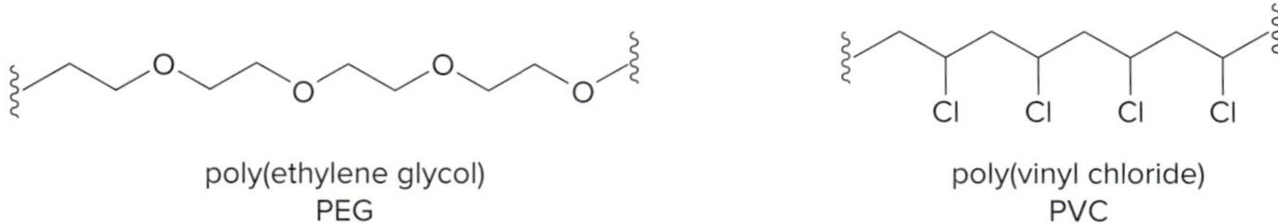

poly(ethylene glycol)
PEG

poly(vinyl chloride)
PVC

3.52 THC는 마리화나의 유효 성분이고 에탄올은 알코올 음료에 있는 알코올이다. THC의 존재는 이 물질이 체내에 들어온 후 수 주일 후에 약물 검사를 하여도 나타나지만 에탄올은 나타나지 않는 이유를 설명하라.

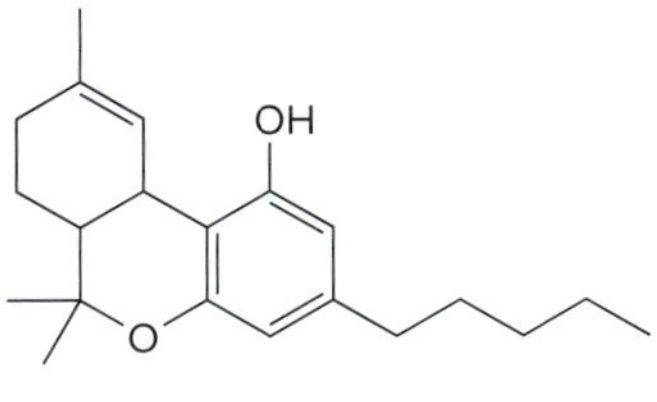

tetrahydrocannabinol
THC

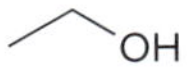

ethanol

3.53 Cocaine은 널리 남용되는 중독성 마약이다. 코카인은 보통 염산염(Cocaine-염산염)으로 얻어지나 염기로 처리하여 crack(중성 분자)으로 전환할 수 있다. 둘 중에서 어떤 것의 끓는점이 더 높은가? 어느 쪽이 물에 더 잘 녹는가? Crack은 보통 담배 피우듯 연기로 흡입하나 cocaine 염산염은 직접 혈관에 주사하는 이유를 상대적인 용해도로 어떻게 설명할 수 있는가?

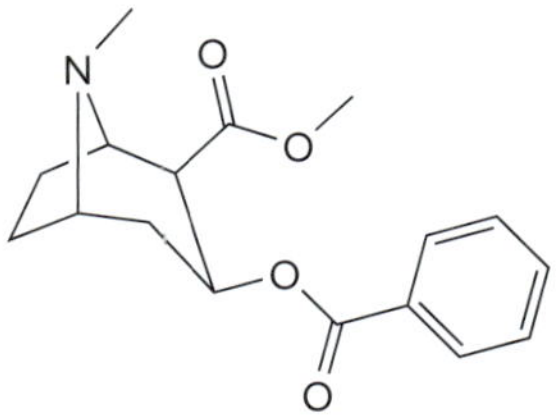

cocaine (crack)
중성 유기 분자

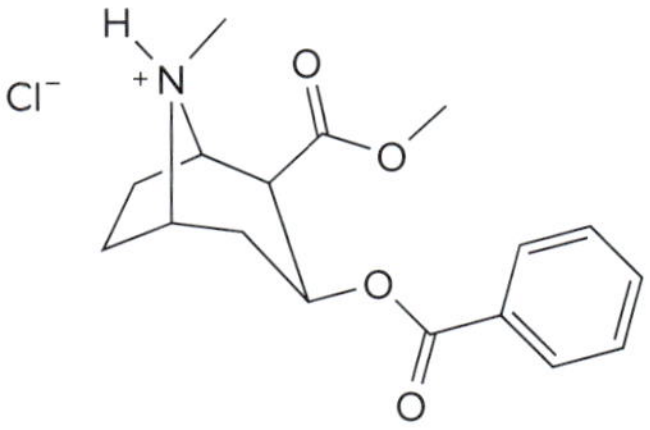

cocaine hydrochloride
염

3.54 많은 약품들은 아민(R_2NH)을 염산과 반응시켜 만든 염산염($R_2NH_2^+Cl^-$)으로 판매한다.

a. Acebutolol과 염산의 반응으로 생성된 생성물(염산염)을 그려라. Acebutolol은 고혈압을 치료하는 데 사용하는 β 차단제이다.

b. 물에서 acebutolol의 용해도와 acebutolol의 염산염의 용해도를 논해보라.

c. 중성 아민이 아니라 염산염의 형태로 의약품을 판매하는 이유를 쓰라.

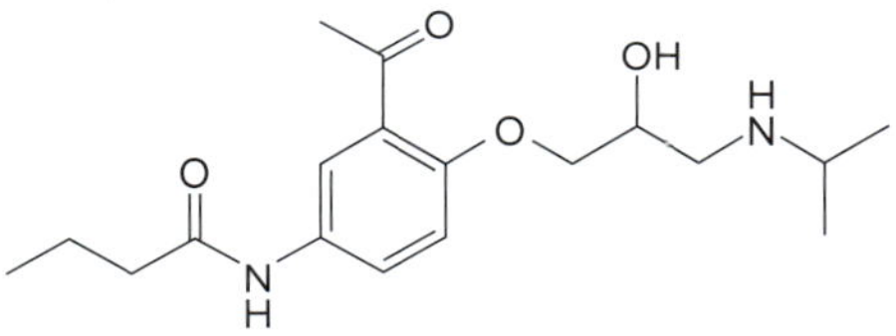

acebutolol

유기 분자의 반응성

3.55 각 분자 내에서 친전자성 자리와 친핵성 자리를 표시하라.

a. 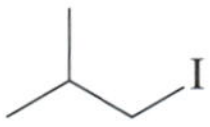 b. 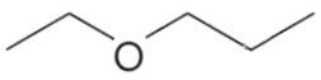 c. 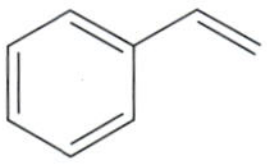 d.

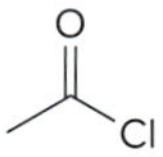

3.56 전자 밀도만을 고려하여, 다음 반응이 일어날지 판단하라.

a. 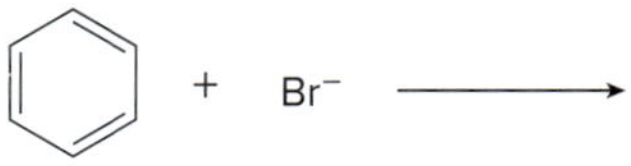 + Br^- ⟶

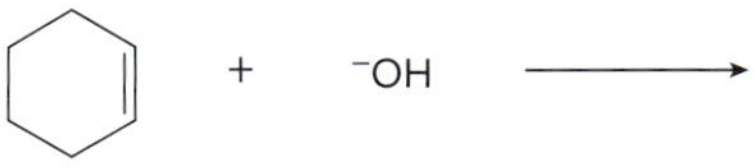

b. 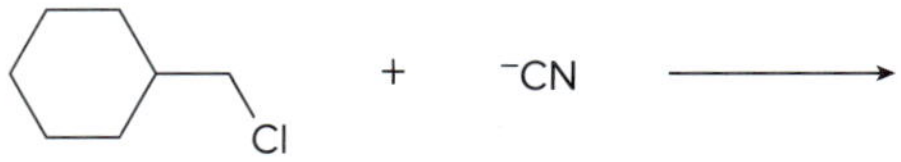 + ^-CN ⟶

c. + ^-OH ⟶

d. 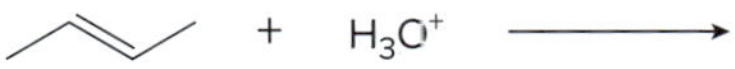 + H_3O^+ ⟶

세포막

3.57 세포막의 구성 성분은 모든 종류의 세포에 대하여 항상 일정한 것은 아니다. 어떤 세포막은 다른 것보다 더 단단하다. 단단한 정도는 여러 가지 요소로 결정되는데, 그중 하나는 막을 구성하는 인지질의 탄소 사슬 구조이다. 3.7A절에 한 종류의 인지질이 그려져 있으며, 탄소 사슬에 C−C 이중 결합이 있는 또 다른 종류가 아래에 그려져 있다. 더 단단한 세포막에 어떤 인지질이 존재하겠는가? 그 이유는 무엇인가?

인지질

3.58 어느 화합물이 전신 마취제로 타당한가? 그 이유를 설명하라.

A **B**

개념 통합 문제

3.59 Naloxone은 heroin과 opioid의 과다 복용을 치료하는 데 쓰이는 약이다.

phenol

naloxone

a. 표시된 페놀(벤젠 고리에 결합하고 있는 OH기로 이루어진 작용기) 이외에, naloxone에는 무슨 작용기가 더 있는가?
b. 아민 또는 알코올이 있다면 이들을 1°, 2°, 3°로 분류하라.
c. Naloxone은 어느 자리에서 물과 수소 결합을 할 수 있는가?
d. 친핵성 자리 두 개를 표시하라.
e. 친전자성 자리 두 개를 표시하라.

3.60

nitrile

PF-07321332

2021년 3월에 의약품 제조사인 Pfizer는 COVID-19의 치료를 목적으로 하는, 경구용 항바이러스약인 PF-07321332(일반명 nirmatrelvir)의 임상 시험을 시작하였다. PF-07321332는 COVID-19를 일으키는 바이러스인 SARS-CoV-2의 바이러스성 효소와 결합함으로써, 바이러스가 세포 내에서 복제되는 것을 방지한다.

a. 다음 장에서 배우게 될 작용기인, 표시된 나이트릴 이외에, PF-07321332에는 무슨 작용기가 더 있는가? 아마이드 또는 아민이 있다면 이들을 1°, 2°, 3°로 분류하라.
b. PF-07321332는 어느 자리에서 자신과 같은 다른 분자와 수소 결합을 할 수 있는가?
c. 친전자성 자리 세 개를 표시하라.
d. sp, sp^2, sp^3 혼성화 C는 몇 개가 있는가?

3.61 Quinapril(상표명 Accupril)은 고혈압이나 협심증에 쓰이는 약이다.

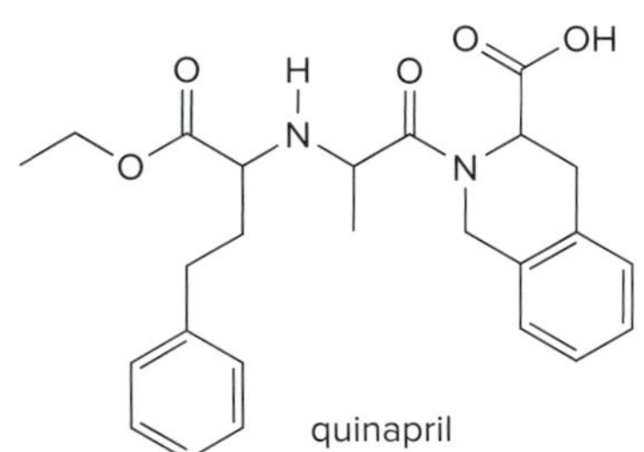

quinapril

a. Quinapril에 있는 작용기들을 찾아라.
b. 알코올, 아마이드, 아민기가 있다면 이들을 1°, 2°, 3°로 분류하라.
c. Quinapril에서 물과 수소 결합을 할 수 있는 자리는 어디인가?
d. Quinapril에서 acetone [$(CH_3)_2CO$]과 수소 결합할 수 있는 자리는 어디인가?
e. 가장 산성도가 높은 수소 원자를 표시하라.
f. 어느 위치가 가장 염기도가 높은가?

3.62 극심한 통증 완화에 사용되는 마약성 진통제인 oxycodone에 관한 아래 질문에 답하라.

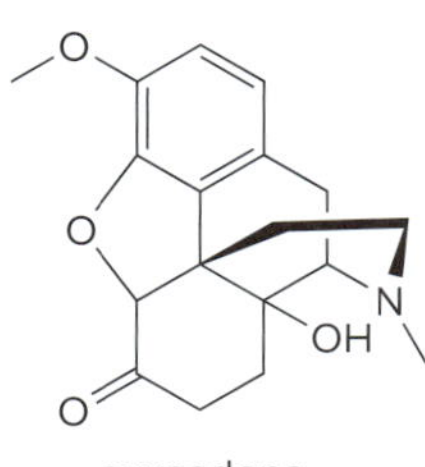

oxycodone

a. Oxycodone에 있는 작용기들을 찾아라.

b. 알코올, 아마이드, 아민기가 있다면 이들을 1°, 2°, 3°로 분류하라.

c. 어느 수소가 가장 산성인가?

d. 어느 위치가 가장 염기도가 높은가?

e. N 원자의 혼성은 무엇인가?

f. Oxycodone에는 몇 개의 sp^2 혼성 탄소 원자가 있는가?

도전 문제

3.63 Diethyl ether와 tetrahydrofuran은 둘 다 네 개의 탄소를 함유한 에터이지만, 한 화합물이 물에 훨씬 더 잘 녹는다. 어떤 화합물이 물에 대한 용해도가 클 것인지 예측하고 그 이유를 설명하라.

diethyl ether tetrahydrofuran

3.64 외과 수술 과정에 사용되는 강력한 마약 마취제인 fentanyl의 공−막대 모형을 참조해서 다음 물음에 답하라.

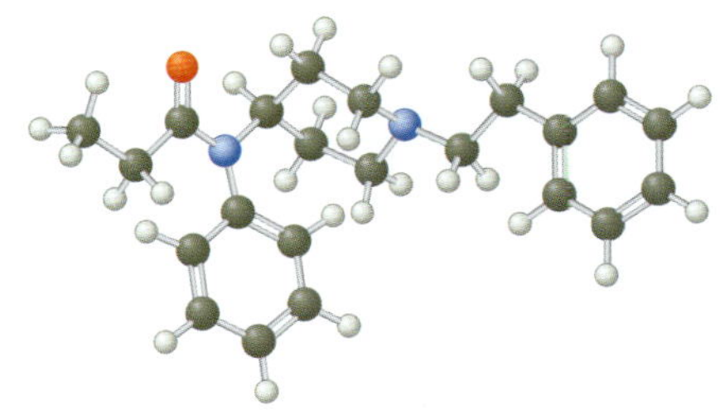
fentanyl

a. 작용기를 표시하라.

b. 가장 산성이 큰 양성자를 표시하라.

c. 가장 염기성이 큰 원자를 표시하라.

d. 두 fentanyl 분자 사이에 어떠한 분자간 인력이 존재하겠는가?

e. 끓는점이 더 높을 것으로 예상되는 이성질체를 그려라.

f. 분자의 어느 부분이 물과 수소 결합 할 수 있는가?

g. 모든 친전자성 탄소를 표시하라.

3.65 Hexafluoroethane (CF_3CF_3, bp = −78 °C)는 fluoroethane (CH_3CH_2F, bp = −32 °C)보다 분자량이 상당이 큼에도 불구하고 끓는점은 더 낮다. 이렇게 차이가 나는 이유를 제안하라.

3.66 아래 두 화합물은 작용기가 서로 같지만 **A**가 **B**보다 물에 덜 녹는 이유를 설명하라.

3.67 1.10B절에서 탄소−탄소 이중 결합 주위로 회전이 잘 안 된다는 것을 배웠다. Maleic acid와 fumaric acid는 물리적 성질과 두 양성자의 pK_a 값이 매우 다른 두 이성질체이다. 다음의 각 차이가 왜 일어나는지 설명하라.

	maleic acid	fumaric acid
mp (°C)	130	286
solubility (g/L) in H_2O at 25 °C	788	7
pK_{a1}	1.9	3.0
pK_{a2}	6.5	4.5

자가−시험 해답

1. b 2. d 3. b 4. c 5. c 6. a 7. c 8. b 9. a 10. c

알케인

Alkanes

04

ORGANIC CHEMISTRY

Daniel C. Smith

많은 알케인이 자연에 존재한다. 가장 간단한 알케인인 메테인은 자연이나 인위적 배출원에서 유래하며 대기에서 기체로 존재한다. 상당한 양의 대기 중 메테인은 습지와 물을 댄 논에서 유기 물질이 산소의 존재 없이 미생물에 의하여 분해될 때 방출된다. 메테인은 지구 온난화를 심각하게 일으킬 수 있는 온실 가스이다. 4장에서는 메테인 및 다른 알케인에 대하여 배울 것이다.

왜 공부하는가? . . .

알케인이란?

4장에서는 1장에서 3장까지 배운 결합, 모양 그리고 반응성의 원리들을 우리가 배울 첫 번째 유기 화합물 종류인 **알케인(alkane)**에 적용한다. 알케인은 작용기가 없으므로 다른 유기 화합물에 비해 반응성이 훨씬 낮다. 그렇기 때문에, 4장은 주로 알케인의 이름을 붙이고 그리는 방법, 그리고 탄소–탄소 단일 결합 주위로 회전시키면 어떻게 되는지 이해하는 데 주안점을 둔다.

알케인에 대하여 공부를 하다 보면, **지질(lipid)**에 대해서도 처음 배우게 될 것이다. 지질은 주로 무극성의 탄소–탄소와 탄소–수소 σ 결합으로 구성되어 있다는 점에서 알케인과 비슷한 생체 분자 종류이다. 4.14절에서는 지질에 대하여 간단한 개론만 소개하고 10장 및 29장(온라인)에서 다시 언급한다.

4.1 알케인—서론

바퀴벌레는 **운데케인(undecane)**을 분비하여 다른 바퀴벌레들이 모이게 한다. 운데케인은 동물들, 특히 곤충들이 서로 **의사소통을 하기 위하여 분비하는 화학 물질인 페로몬(pheromone)**이다. *God of Insects*

사이클로헥세인(cyclohexane)은 세계적으로 가장 널리 소비되는 망고 성분 중 하나이다. *Daniel C. Smith*

3.2절에서 배웠듯이 **알케인은 C–C와 C–H σ 결합으로만 구성된 지방족 탄화수소임**을 상기하자. 그 탄소 원자가 서로 연결되어 사슬 또는 고리를 이룰 수 있기 때문에 비고리형 또는 고리형으로 분류할 수 있다.

- **비고리형(acyclic) 알케인**은 분자식이 C_nH_{2n+2} (n은 정수)이고 탄소 원자의 사슬이 직선형 또는 가지 달린 구조이다. 이것은 또한 탄소 원자당 수소 원자의 수가 최대이므로 **포화 탄화수소(saturated hydrocarbon)**라고도 부른다.
- **사이클로알케인(cycloalkane)**은 탄소가 한 개 또는 두 개 이상의 고리로 연결되어 있다. 고리가 한 개인 사이클로알케인의 일반식은 C_nH_{2n}이므로 탄소 수가 같은 비고리형 알케인에 비해 수소 수가 두 개 적다.

운데케인과 사이클로헥세인은 자연에 존재하는 알케인의 예이다.

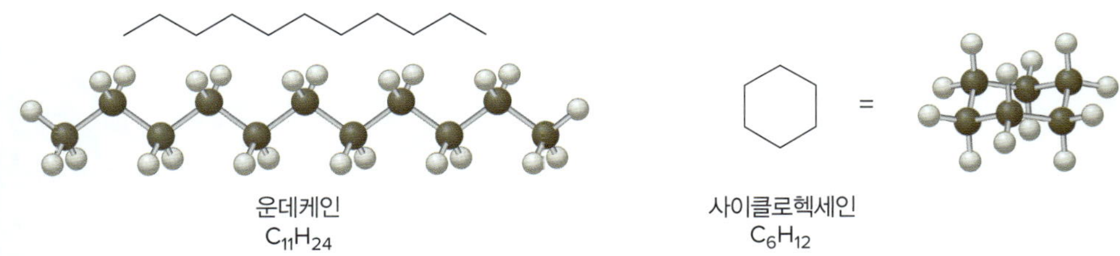

4.1A 탄소 원자 하나에서 다섯 개까지의 비고리형 알케인

1장에서 가장 간단한 비고리형 알케인 두 개의 구조가 소개된 바 있다. **메테인(methane), CH_4**는 탄소 원자가 하나이고, **에테인(ethane), CH_3CH_3**은 두 개이다. 알케인의 모든 C 원자는 네 개의 기로 둘러싸여 있어서 **sp^3 혼성, 정사면체** 구조이며 결합각은 109.5°이다.

CH_4 메테인 = (109 pm, 109.5°)

CH_3CH_3 에테인 = (153 pm)

알케인의 구조를 그릴 때는 탄소 원자를 단일 결합으로 연결하고 각 C 원자가 4가(tetravalent)가 되도록 H 원자를 그려 넣는다.

탄소 세 개짜리 알케인인 $CH_3CH_2CH_3$는 **프로페인(propane)**이라 부르며 분자식은 C_3H_8이다. 삼차원 그림에서는 각 탄소 원자의 결합 중 두 개는 평면에 있고(실선), 하나는 튀어나와 있으며(쐐기로 표시), 하나는 평면 뒤로 향해(점선쐐기로 표시) 있다.

$CH_3CH_2CH_3$ =

프로페인

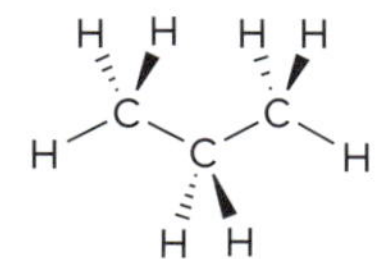

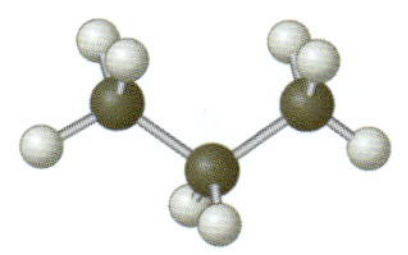

문제 4.1 올리브 나무 열매와 잎 모두에는 사슬이 긴 알케인이 들어 있다. 올리브에는 주로 탄소가 27개인 알케인이 들어 있는 반면에, 올리브 잎에는 탄소가 31개인 알케인이 주로 들어있다. 이들 알케인의 분자식은 각각 무엇인가?

올리브와 올리브 잎의 알케인 구성은 약간 다르므로(문제 4.1) 알케인의 신원을 확인하여 올리브 오일에 잎에서 나온 오일이 들어 있는지를 알아낼 수 있다.

Patricia Fenn/Flickr Open/Moment Open/Getty Images

네 개의 탄소를 두 가지 다른 방식으로 배열하면, **뷰테인(butane)**과 아이소뷰테인(isobutane 또는 **2-methylpropane**)이라고 하는, 분자식이 C_4H_{10}인 화합물이 얻어진다.

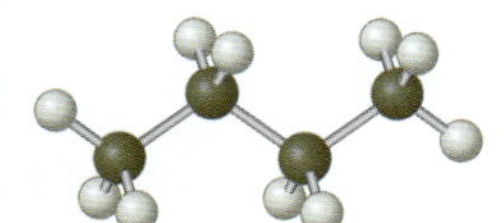

=

뷰테인

네 개의 C가 일직선상에 있음

곧은 사슬 알케인

=

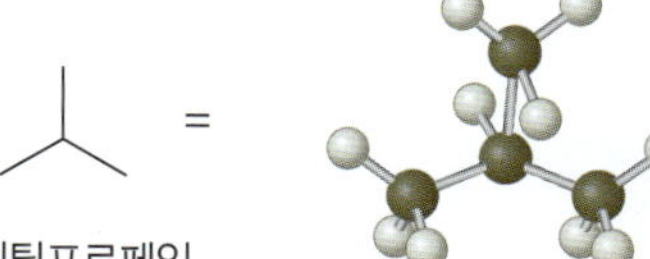

2-메틸프로페인
(또는 아이소뷰테인)
세 개의 C가 일직선상에 있고
탄소 한 개의 곁가지가 있음

가지 달린 사슬 알케인

뷰테인과 2-메틸프로페인은 **이성질체, 즉 분자식은 같으나 서로 다른 화합물**이다(1.4절). 이 두 화합물은 이성질체의 두 종류 중 하나인 **구조 이성질체(constitutional isomer** 또는 **structural isomer)**이다. 이성질체의 두 종류 중 또 다른 하나인 **입체 이성질체(stereoisomer)**는 4.12B절에서 배우게 된다.

- **구조 이성질체**는 원자가 서로 연결된 방식이 다르다.

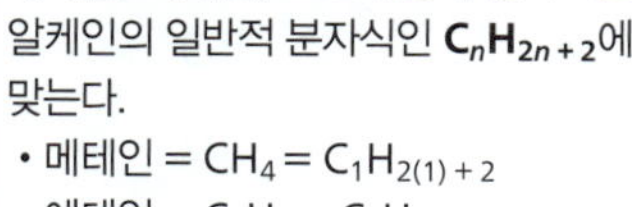

메테인, 에테인, 프로페인의 분자식은 알케인의 일반적 분자식인 C_nH_{2n+2}에 맞는다.

- 메테인 = CH_4 = $C_1H_{2(1)+2}$
- 에테인 = C_2H_6 = $C_2H_{2(2)+2}$
- 프로페인 = C_3H_8 = $C_3H_{2(3)+2}$

뷰테인은 네 탄소가 일렬로 연결된 **곧은 사슬(straight-chain)** 또는 **노말(normal) 알케인(*n*-alkane)**이다. 반면에 2-메틸프로페인은 **가지 달린 사슬(branched-chain) 알케인**이다.

탄소가 네 개보다 많은 알케인의 곧은 사슬 이성질체의 이름은 체계적이며 그리스 어원에서 유래한다. 다섯 탄소는 **펜테**인(***pent*ane**), 여섯 개 탄소는 **헥세**인(***hex*ane**) 등이고, 탄소 다섯 개의 알케인에는 분자식이 모두 C_5H_{12}인 세 개의 구조 이성질체, 즉 **펜테인(pentane)**, **2-메틸뷰테인(2-methylbutane** 또는 isopentane), 그리고 2,2-**다이메틸프로페인(2,2-dimethylpropane** 또는 neopentane)이 있다.

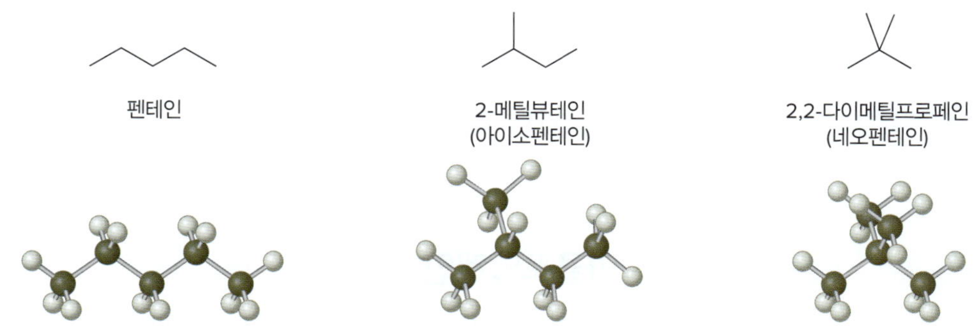

골격 구조를 해석할 때에는 주의해야 한다. 펜테인은 전형적으로 지그재그 구조로 그리지만 탄소 골격은 다른 여러 가지 방식으로 그려질 수 있으며, 그럼에도 불구하고 같은 화합물을 나타낸다. 다음에 표현된 각각의 구조는 다섯 개의 탄소 원자가 한 줄에 있기 때문에, 각각은 펜테인의 이성질체가 아니라 펜테인을 나타낸다.

펜테인
C_5H_{12}
= 연결된 다섯 개의 C = 연결된 다섯 개의 C = 연결된 다섯 개의 C

문제 4.2 (a) 화합물 **B~F** 중 **A**와 같은 화합물은 어느 것인가? (b) 화합물 **B~F** 중 **A**의 구조 이성질체는 어느 것인가?

A B C D E F

4.1B 탄소 원자가 6개 이상인 비고리형 알케인

표 4.1에 나와 있는 것처럼 알케인의 탄소 원자 수가 증가함에 따라 최대 가능한 구조 이성질체의 수는 엄청나게 증가한다. 예를 들어, 탄소 원자가 열 개인 알케인에는 75개의 가능한 이성질체가 있는 반면, 탄소 원자가 20개인 경우에는 366,319개의 가능한 이성질체가 있다.

표 4.1의 각 항목은 그 앞의 항목에 CH_2를 더한 것이다. CH_2기는 **메틸렌기(*methylene group*) 라고 부른다. 하나의 CH_2기만 차이가 나는 일련의 화합물은 동족 계열(*homologous series*)이라 한다.** 모든 알케인의 이름은 **-에인(*-ane*)**으로 끝나고 이 접미사 앞의 음절이 탄소 원자의 수를 뜻한다.

표 4.1 요약: 곧은 사슬 알케인류

C 원자 수	분자식	이름(*n*-alkane)	구조 이성질체 수	C 원자 수	분자식	이름(*n*-alkane)	구조 이성질체 수
1	CH_4	methane	—	9	C_9H_{20}	nonane	35
2	C_2H_6	ethane	—	10	$C_{10}H_{22}$	decane	75
3	C_3H_8	propane	—	11	$C_{11}H_{24}$	undecane	159
4	C_4H_{10}	butane	2	12	$C_{12}H_{26}$	dodecane	355
5	C_5H_{12}	pentane	3	13	$C_{13}H_{28}$	tridecane	802
6	C_6H_{14}	hexane	5	14	$C_{14}H_{30}$	tetradecane	1858
7	C_7H_{16}	heptane	9	15	$C_{15}H_{32}$	pentadecane	4347
8	C_8H_{18}	octane	18	20	$C_{20}H_{42}$	eicosane	366,319

문제 4.3 분자식이 C_6H_{14}인 구조 이성질체 다섯 개를 그려라.

문제 4.4 3.2절에서 탄소와 수소를 분류하는 방법을 복습하고 나서 (a) 한 개의 4° 탄소 (b) 오직 1°, 2° 탄소 (c) 1°, 2°, 3° 수소를 포함하는, 분자식이 C_7H_{16}인 알케인의 구조를 그려라.

4.2 사이클로알케인

사이클로알케인은 분자식이 C_nH_{2n}이고, 탄소 원자가 고리 하나에 배열되어 있다. 사이클로알케인은 사슬의 끝에 있는 탄소에서 두 H 원자를 떼어 낸 후 그 두 탄소를 연결하여 만드는 것으로 생각할 수 있다. 간단한 사이클로알케인의 이름은 접두사 **사이클로-(*cyclo-*)**를 탄소 수가 같은 비고리형 알케인의 이름 앞에 붙여 부른다.

아래 그림에 탄소 수 셋에서 여섯까지의 사이클로알케인이 나타나 있다.

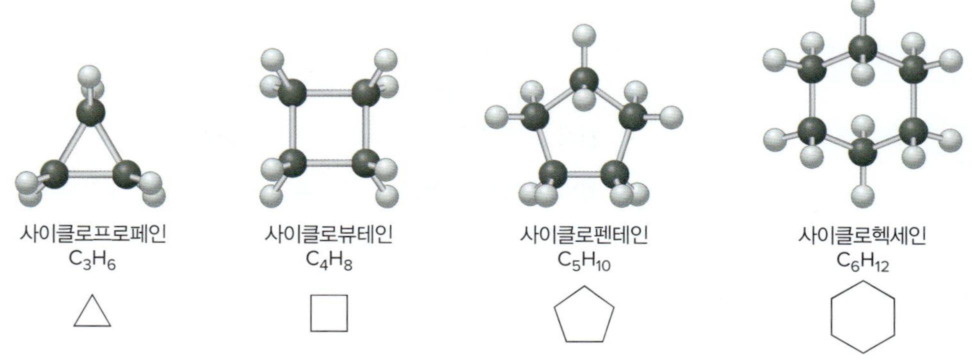

문제 4.5 고리가 한 개이고, 분자식이 C_5H_{10}인 화합물이 있다. 이 화합물의 구조 이성질체를 다섯 개 그려라.

4.3 명명법 서론

마늘은 중국에서 한약재로 4000년 이상 사용되었다. 마늘 냄새의 원인이 되는 분자인 **알리신(allicin)**은 통마늘에 저장되어 있지 않고, 대신에 통마늘을 으깨거나 흠집을 내면 효소의 작용으로 생성된다. *Pixtal/age fotostock*

유기화합물들은 어떻게 이름이 붙여지는가? 옛날에 화합물의 이름은 주로 그것이 얻어지는 식물이나 동물의 출처를 근거로 붙여졌다. 예를 들어 **폼산(formic acid)**은 몇몇 개미 종류에서 발견되는 부식성의 화합물로, 개미를 뜻하는 라틴어 *formica*에서 그 이름이 유래하였으며, 마늘의 자극적 냄새의 주 성분인 **알리신(allicin)**은 마늘의 학명 *Allium sativum*에서 유래하였다. 어떤 화합물들은 그 발견자가 개인적인 이유로 이름을 붙이기도 하였다. Adolf von Baeyer는 Barbara라는 여인의 이름을 따서 barbituric acid라는 이름을 붙였다는 설이 있으나, Barbara가 누구인지에 대해서는 아직도 의견이 분분하다.

폼산
(개미 종류에서 얻어짐)

알리신
(마늘의 냄새 성분)

바르비투르산
(어느 Barbara의 이름을 따서 붙여졌나?)

수많은 새로운 유기 화합물이 추출되거나 합성되면서, 각 유기 화합물에는 쉽게 기억할 수 있는 몇 개의 규칙에 의해 지어진 분명한 이름이 필요하게 되었다. 화합물의 이름을 붙이는 규칙적인 방법이 국제 순수 및 응용 화학 연맹(**IUPAC**, ***I****nternational* ***U****nion* ***P****ure and* ***A****pplied* ***C****hemistry*)에 의해 고안되었다. 이것을 **IUPAC식 명명법(IUPAC system of nomenclature)**이라 한다. 이 방법으로 알케인에 이름을 붙이는 법이 4.4절과 4.5절에서 소개된다.

IUPAC 명명법 체계는 1892년에 최초로 채택된 이래로 정기적으로 개정되어 왔다. 1979년, 1993년과 2013년도 개정에 따라서 화학자는 화합물에 대하여 여러 가지의 용인된 이름을 사용할 수 있게 되었다. 크게 변화된 것은 없다. 예를 들면, 1979년의 명명법 규칙에서는 $CH_2=CH-CH_2CH_3$에 대한 이름을 1-뷰텐(1-butene)이라고 명명하였는데, 1993년에는 이 규칙을 숫자 위치만을 바꾸어서 뷰트-1-엔(bute-1-ene)이라고 명명하는 것으로 개정하였다. 2013년도 개정안은 각 화합물에 우선(preferred) IUPAC 이름을 부여하였지만, 다른 모호하지 않은 IUPAC 이름도 똑같이 허용하고 있다. 이 교재에서는 가장 널리 사용되는 최근 IUPAC 이름을 사용할 것이다.

유기 화합물에 이름을 붙이는 것은 제약 회사에게는 매우 중요한 문제이다. 유기 화합물의 IUPAC 이름은 때때로 길고 복잡할 수가 있으며, 화학자만이 이해할 수 있는 경우도 있다. 일반적으로 대부분의 약은 세 가지의 이름이 있다.

- **체계명(systematic name)**: 체계명은 명명법의 공인된 규칙을 따르며, 화합물의 화학 구조를 나타낸다. 이것이 IUPAC 이름이다.

- **일반명(generic name)**: 일반명은 공식적이며 국제적으로 공인된 의약품의 이름이다.
- **상품명(trade name)**: 의약품의 상품명은 그 약의 제조사가 붙인다. 상품명은 보통 '관심을 끌고' 기억하기 좋게 고안된다. 제약 회사들은 특허가 만료되어 값싼 복제품이 나온 다음에도 소비자들이 그 약의 이름을 기억하고 계속 사기를 희망하며 약에 이름을 붙인다.

일반 의약품 소염제 중에서 화학자가 2-[4-(2-메틸프로필)페닐]프로피온산이라고 부르는 화합물은 일반명이 이부프로펜(ibuprofen)이다. 이 약물은 모트린(Mortrin), 애드빌(Advil) 등 여러 가지 상품명으로 판매되고 있다.

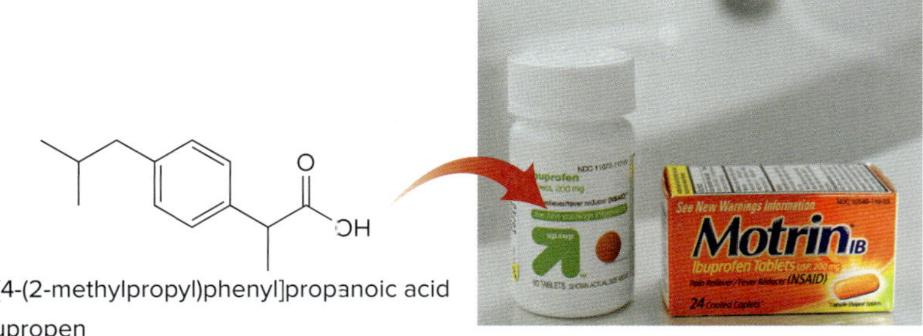

체계명: 2-[4-(2-methylpropyl)phenyl]propanoic acid
일반명: ibupropen
상품명: Motrin 또는 Advil

Jill Braaten

4.4 알케인 명명법

모든 유기 분자의 이름은 다음 세 부분으로 구성되어 있다.

- **어미명(parent name)**은 분자 내에서 연속적으로 가장 긴 탄소 사슬에 있는 탄소 수를 나타낸다.
- **접미사(suffix)**는 어떤 작용기가 존재하는지를 나타낸다.
- **접두사(prefix)**는 탄소 사슬에 연결된 치환기의 종류, 위치 그리고 수를 말해 준다.

접두사	+	어미명	+	접미사
치환기가 무엇이고 어디에 있는가?		가장 긴 탄소 사슬은 무엇인가?		작용기는 무엇인가?

4.1B절의 표 4.1에 나온 간단한 *n*-알케인들의 이름은 가장 긴 탄소 사슬에 있는 탄소 수를 나타내는 어미명, 그리고 화합물이 알케인이라는 것은 나타내는 **-에인(*-ane*)** 접미사로 구성되어 있다. **탄소 하나짜리의** 어미명은 **메ㅌ-(*meth-*)**, **두 개짜리는 에ㅌ-(*eth-*)** 등으로 됨을 주목하라. 이렇게 우리는 이미 유기 화합물의 이름 중 두 부분에 대해서는 잘 알고 있다.

이름의 세 번째 부분인 접두사를 알기 위하여 우리는 가장 긴 탄소 사슬에 연결된 탄소기나 치환기(*substituent*)에 이름 붙이는 법을 알아야 한다.

4.4A 치환기 명명법

긴 탄소 사슬에 결합된 탄소 치환기를 **알킬기(alkyl group)**라 한다.

- **알킬기**는 알케인에서 수소 하나를 떼어 내면 생성된다.

알킬기는 이제 다른 원자나 작용기에 결합할 수 있는 분자의 한 부분이다. **알킬기의 이름은 어미 알케인의 -에인(*-ane*)으로 끝나는 부분을 -일(*-yl*)로 바꾸어 명명한다.** 즉 **메테인(methane**, CH_4)은 **메틸(methyl**, CH_3-)이 되고 **에테인(ethane**, CH_3CH_3)은 **에틸(ethyl**, CH_3CH_2-)이 된다. 3.1절에서 배운 바와 같이 **R**은 작용기에 붙어 있는 일반적인 탄소기를 뜻한다. 따라서 **R**은 어떠한 알킬기를 나타낸다.

탄소 세 개와 네 개짜리 알킬기의 이름은 어미 탄화수소에 두 종류 이상의 수소 원자가 있기 때문에 좀 더 복잡하다. 예를 들어 프로페인은 1°와 2° 수소가 둘 다 있으며, 이들 각 수소를 떼어 내면 서로 다른 알킬기가 생겨 이름도 **프로필(propyl)** 또는 **아이소프로필(isopropyl)**로 다르게 된다.

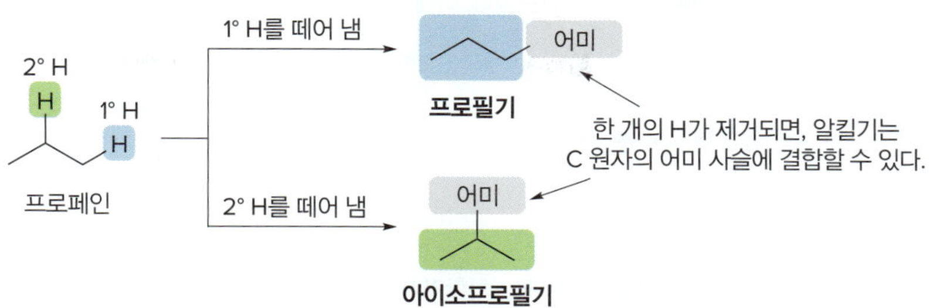

접두사 **아이소-(*iso*-)**는 **프로필**, **뷰틸**과 같은 단어의 한 부분으로 전체가 하나의 단어, 즉 **아이소프로필(isopropyl)**과 **아이소뷰틸(isobutyl)** 등이 된다. 접두사 ***sec*-**과 ***tert*-**는 단어 **뷰틸**과 하이픈(-)으로 분리된다. 즉 ***sec*-뷰틸(*sec*-butyl)**, ***tert*-뷰틸(*tert*-butyl)** 등.

접두사 *sec*-는 **secondary(이차)**의 약자이다. *sec*-뷰틸기는 **2° H**를 떼어 내어 만들어진다. 접두사 *tert*-는 **tertiary(삼차)**의 약자이다. *tert*-뷰틸기는 **3° H**를 떼어 내어 만들어진다.

뷰테인은 그 자체가 두 가지 이성질체가 있고 각각에는 서로 다른 두 가지 H 원자가 있으므로, 탄소 원자가 네 개인 알킬기는 네 가지가 존재하여 네 개의 서로 다른 이름이 있다: **뷰틸(butyl)**, ***sec*-뷰틸(*sec*-butyl)**, **아이소뷰틸(isobutyl)** 그리고 ***tert*-뷰틸(*tert*-butyl)**.

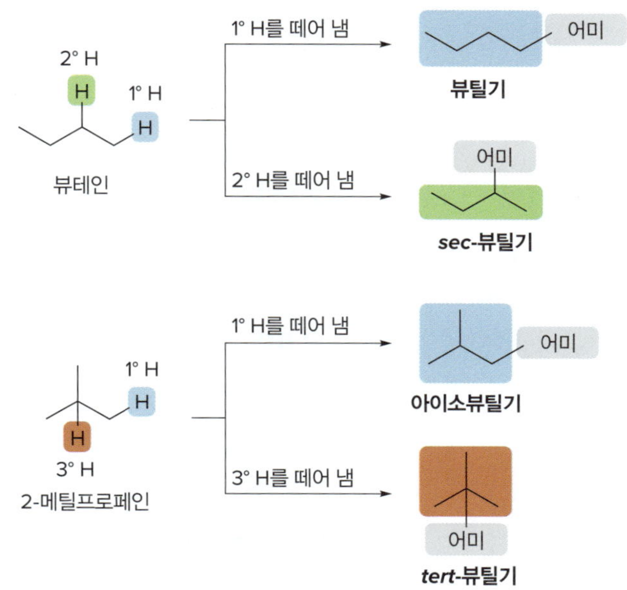

몇몇 자주 쓰이는 알킬기에 대해서는 약어가 사용되기도 한다.
- 메틸**(Me)**
- 에틸**(Et)**
- 뷰틸**(Bu)**
- *tert*-뷰틸**(*t*-Bu)**

아이소프로필, *sec*-뷰틸, 아이소뷰틸 및 *tert*-뷰틸의 이름은 IUPAC 명명법에서 사용 가능한 치환기의 이름으로 승인된 이름이다. 다섯 개 이상의 탄소를 포함하는 알킬기와 이들 치환기를 명명하는 일반적인 방법은 부록 D에 설명되어 있다.

4.4B 비고리형 알케인의 명명법

알케인에 이름을 붙이는 방법은 다음의 네 단계로 진행된다.

해결 방법 IUPAC 규칙에 따라 알케인에 이름 붙이는 방법

단계 [1] 어미 탄소 사슬을 찾는다. 그리고 접미사를 붙인다.

- **연속적으로 있는 가장 긴** 탄소 사슬을 찾아, 표 4.1에 있는 것처럼 탄소 수에 따른 어미명을 이용하여 그 이름을 붙인다. 그 어미명에 알케인에 해당하는 접미사 **-에인(*-ane*)**을 붙인다. 작용기마다 고유한 접미사가 있다.

—계속

- 가장 긴 탄소 사슬을 찾는 것은 여러 번 시도해 보아야 하는 일이다. 사슬의 한쪽 끝에 연필을 대고, 손을 떼지 않은 채 다른 쪽 끝까지 가며 탄소 수를 센다. 이 과정을 되풀이하여 탄소 수가 최대가 되는 사슬을 찾는다.
- **사슬이 직선이냐 꺾어져 있느냐는 상관없다.** 아래에 있는 그림들은 모두 동일하며, 각각의 가장 긴 사슬에는 여덟 개의 탄소가 있다.

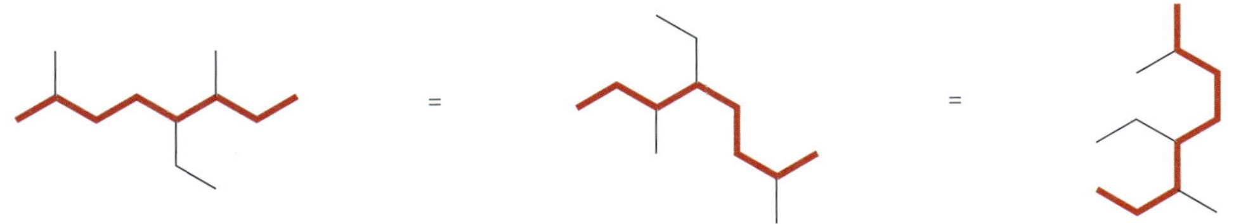

- **길이가 같은 사슬이 두 개 있는 경우에는 치환기가 더 많이 달려 있는 쪽을 선택한다.** 다음 예에서 한 알케인에 탄소 일곱 개짜리의 서로 다른 사슬이 두 가지 있으나, 왼쪽 경우는 긴 사슬에 연결된 알킬기가 두 개 있으며, 오른쪽에는 하나만 연결되어 있다.

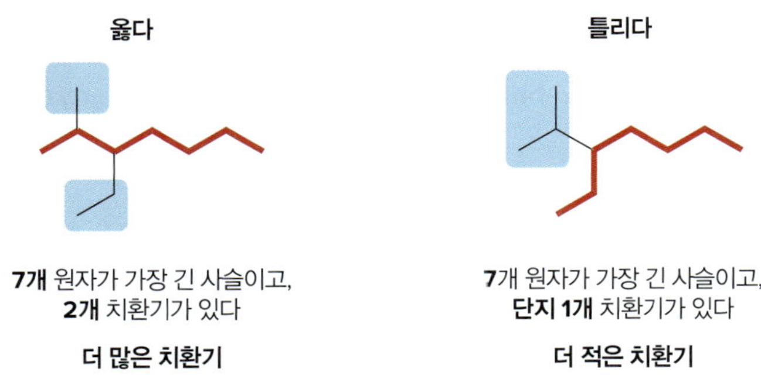

단계 [2] 탄소 사슬에 있는 원자에 번호를 매긴다.

- 가장 긴 사슬에, **처음** 나타나는 치환기가 더 낮은 번호가 되도록 번호를 붙인다.

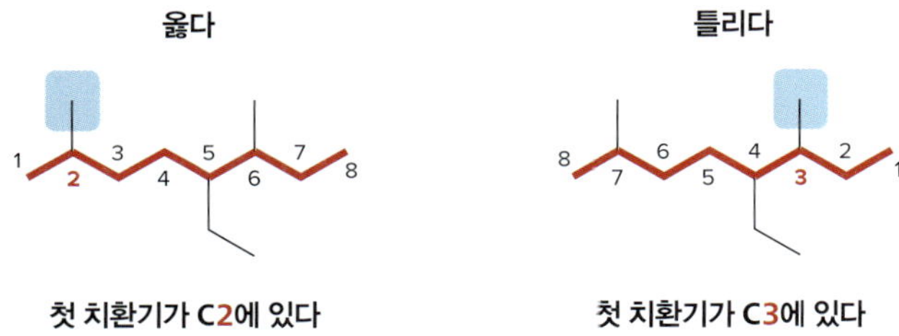

- 첫 치환기가 좌우 양쪽에서 같은 거리만큼 떨어져 있는 경우에는 **두 번째** 치환기가 더 낮은 번호가 되는 방향으로 번호를 붙인다. 가장 긴 사슬에 번호를 붙일 때는 이렇게 좌우 양 방향을 비교해 가며 **처음으로 달라지는 지점을 찾는다.**

- 탄소 사슬에 번호를 붙일 때 좌우 양 방향 모두 **똑같은** 숫자가 나오는 경우에는 **영어 알파벳 순으로** 먼저 나오는 치환기가 **낮은 번호가 되도록 한다.**

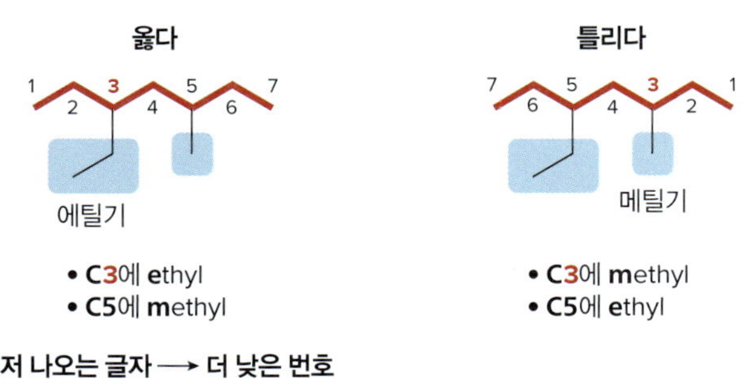

- **C3**에 **e**thyl
- **C5**에 **m**ethyl

- **C3**에 **m**ethyl
- **C5**에 **e**thyl

먼저 나오는 글자 ⟶ 더 낮은 번호

—계속

단계 [3] **치환기의 이름과 번호를 붙인다.**

C2에 methyl　C6에 methyl

C5에 ethyl

8개의 C가 가장 긴 사슬

- 치환기를 알킬기로 이름 붙이고, 그 위치는 단계 [2]에서 정한 대로 번호를 붙여 나타낸다.
- 각 탄소는 가장 긴 사슬 중에 속하거나 아니면 치환기에 속하게 되며, 양쪽에 다 속할 수는 없다.
- **각 치환기마다 고유의 번호가 붙여져야 한다.**
- 가장 긴 사슬에 둘 이상의 같은 종류의 치환기가 붙어 있는 경우, 몇 개인지는 접두사를 붙여 표시한다: 두 개면 **다이-(*di*-)**, 세 개면 **트라이-(*tri*-)**, 네 개면 **테트라-(*tetra*-)** 등. 위에 있는 예에서 메틸 치환기가 두 개 있으므로 이 이름에는 메틸이라는 단어 앞에 접두사 **다이**−를 붙여 **다이**메틸이라는 말이 들어가게 된다.

단계 [4] **치환기 이름과 번호 + 어미명 + 접미사를 모두 연결한다.**

- 치환기의 이름을 어미명 앞에 쓴다.
- 치환기의 이름을 영어 알파벳 순으로 쓴다. 이때 아이소프로필 그리고 아이소뷰틸에 쓰인 접두사 **아이소를 제외한 모든 접두사는 무시한다.**
- 각 치환기 이름 앞에 그 위치를 표시하는 번호를 붙인다. **각 치환기마다 번호가 하나** 있어야 한다.
- 번호와 번호 사이에는 쉼표를 찍고 번호와 글자 사이에는 하이픈을 붙인다. 알케인의 이름은 하이픈이나 쉼표 뒤에 띄어쓰기를 하지 않고 한 단어로 쓴다.

[1] 단계 1~3을 이용하여 **화합물의 모든 부분을 확인한다.**

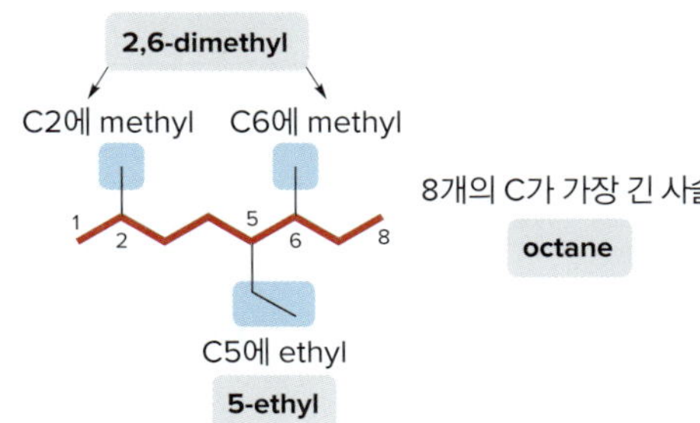

[2] 이름의 각 부분을 함께 모아 놓는다.

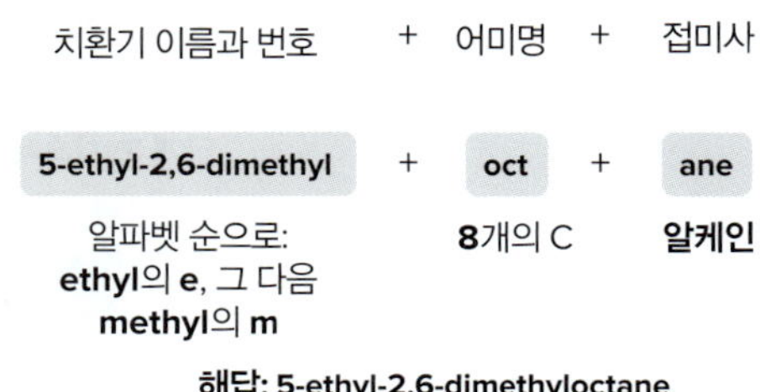

해답: 5-ethyl-2,6-dimethyloctane

문제 4.6 앞에 나와 있는 해결 방법과 알케인 **A–D**를 사용하여, 각 질문에 답하라. (a) 어느 두 화합물에서 가장 긴 탄소 사슬이 같은가? (b) 어느 두 화합물이 치환기의 수가 같은가?

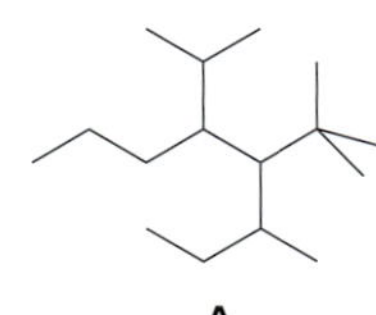

A

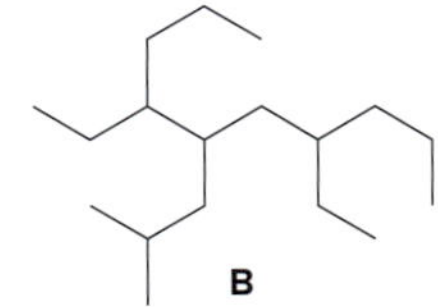

B

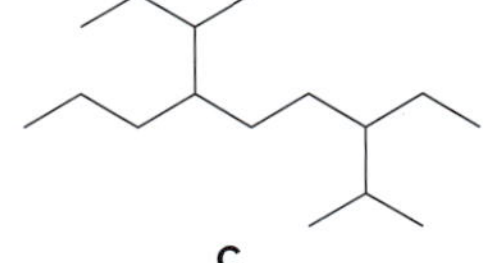

C

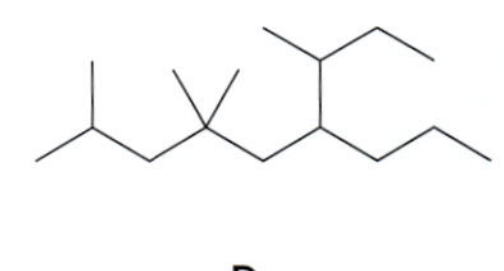

D

그림 4.1에 알케인 명명법의 예가 몇 개 더 나와 있다.

그림 4.1
알케인 명명법의 예

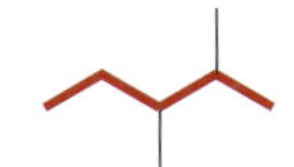

2,3-dimethylpentane

1st 메틸기에 더 낮은 번호를 부여하라.

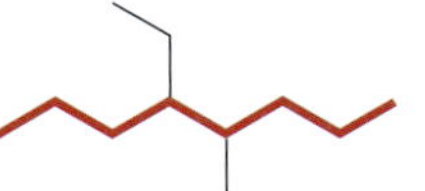

4-ethyl-5-methyloctane

1st 알파벳 순서 치환기에 더 낮은 번호를 부여하라:
methyl의 **m**보다 **e**thyl의 **e**가 더 낮은 번호가 되게 하라.

4-ethyl-3,4-dimethyloctane

methyl의 **m**보다 **e**thyl의 **e**가
알파벳 순서가 앞선다.

2,3,5-trimethyl-4-propylheptane

더 많은 치환기가 있는 긴 사슬을 택하라.

- 각각의 긴 사슬의 탄소 원자를 **붉은색**으로 나타냈다.

예제 4.1 알케인을 명명하기

다음 화합물의 IUPAC 이름을 쓰라.

풀이

어떤 탄소가 가장 긴 사슬에 속하고 어떤 것이 치환기인지 알기 위해 **긴 사슬에 있는 원자를 강조 표시하면** 편리하다. 나머지 탄소 원자는 모두 치환기가 되며, 알킬기로 이름 붙여야 한다.

단계 1: 어미명을 쓰라.

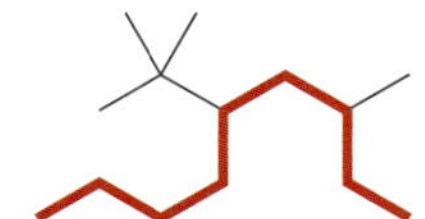

9개 탄소가 가장 긴 사슬이다
nonane

단계 2: 사슬에 번호를 매겨라.

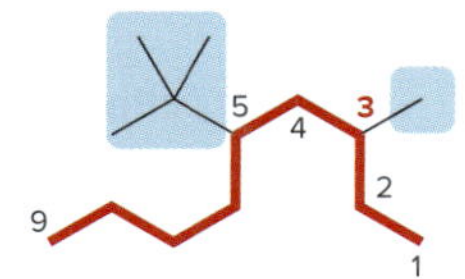

C**3**에 첫 번째 치환기

단계 3: 치환기 이름과 번호를 쓰라.

C5에 *tert*-butyl
C3에 methyl

단계 4: 각 부분을 합친다.

- 알파벳 순: **butyl**의 **b**가 **methyl**의 **m**보다 앞에 온다.

해답: 5-*tert*-butyl-3-methylnonane

문제 4.7 다음 각 화합물의 IUPAC 이름을 쓰라.

a.
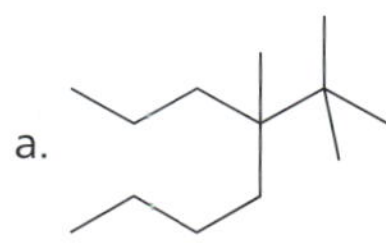

b.

c.

d.

e.

f.

추가 문제: 문제 4.38; 4.42a~d, h, j; 4.69a를 풀어보라.

문제 4.8 다음 각 화합물의 IUPAC 이름을 쓰라.

a. $(CH_3)_3CCH_2CH(CH_2CH_3)_2$

b.

c. $CH_3(CH_2)_3CH(CH_2CH_2CH_3)CH(CH_3)_2$

d.

이름이 주어지면 거기서부터 구조를 그리는 방법도 알아야 한다. 예제 4.2에 단계적 방법이 설명되어 있다.

예제 4.2 이름으로부터 구조 그리기

다음 IUPAC 이름에 해당하는 구조를 그려라: 6-isopropyl-3,3,7-trimethyldecane.

풀이

다음의 세 단계에 따라 이름으로부터 구조를 그린다.

단계 [1] 어미명과 이름 끝에 있는 작용기를 찾는다.

데케인 ---→ 10개의 C ---→

단계 [2] 탄소 골격의 번호를 좌우 아무 방향으로나 붙인다.

단계 [3] 적당한 탄소에 치환기를 그려 넣는다.

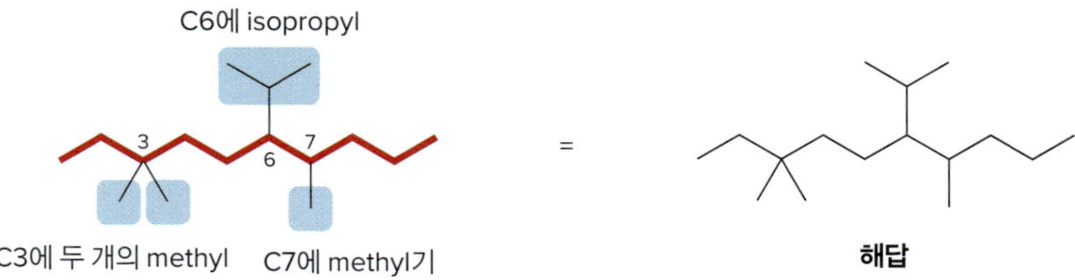

문제 4.9 다음 각 IUPAC 이름에 해당하는 구조를 그려라.

a. 3-methylhexane
b. 3,3-dimethylpentane
c. 3,5,5-trimethyloctane
d. 3-ethyl-4-methylhexane
e. 3-ethyl-5-isobutylnonane
f. 3-ethyl-6-isopropyl-9,9-dimethyldodecane

추가 문제: 문제 4.43a, c, g, h를 풀어보라.

문제 4.10 문제 4.3에 나온 분자식이 C_6H_{14}인 다섯 개의 구조 이성질체의 IUPAC 이름을 쓰라.

4.4C 관용명

어떤 유기 화합물은 IUPAC 명명법을 따르지 않는 **관용명(common name)**으로 부른다. 이들 중 많은 경우는 IUPAC 규칙이 제정되기 오래전부터 사용되던 것들이다. 이런 이름은 아직 널리 쓰이고 있다. 예를 들어, C_5H_{12} 이성질체 중 하나는 2-메틸뷰테인(2-methylbutane)으로 불릴 수도 있으나, 옛날 이름인 아이소펜테인(isopentane)이라는 이름도 IUPAC에서 인정하고 있다. 이 책에서는 관용명이 널리 쓰이는 경우를 제외하고는 IUPAC 규칙을 따른다.

아이소펜테인 또는 2-메틸뷰테인 **도데카헤드레인**

지난 몇 년간 유기 화학자들은 자연에서 발견되지 않는 특이한 사이클로알케인을 합성하고자 노력해 왔다. **도데카헤드레인(dodecahedrane)**이 그러한 분자이다. 도데카헤드레인의 IUPAC 이름은 undecacyclo$[9.9.9.0^{2,9}.0^{3,7}.0^{4,20}.0^{5,18}.0^{6,16}.0^{8,15}.0^{10,14}.0^{12,19}.0^{13,17}]$icosane으로, 이름이 너무 복잡하여 그 이름만으로는 아무리 숙련된 유기 화학자라도 구조를 생각해 내기가 쉽지 않을 것이다. 이러한 체계명은 다루기가 너무 어려워서 유기 화학자들은 때때로 고리가 여러 개인 화합물에 그 모양과 구조에 더 잘 어울리는 이름을 붙인다. 도데카헤드레인이라는 이름은 그것에 있는 열두 개의 오각형 고리가 정십이면체를 닮았기 때문에 붙여진 것이다.

4.5 사이클로알케인 명명법

사이클로알케인도 비슷한 방법으로 이름을 붙이되, 접두사 **사이클로-(*cyclo*-)**를 어미명 앞에 붙인다.

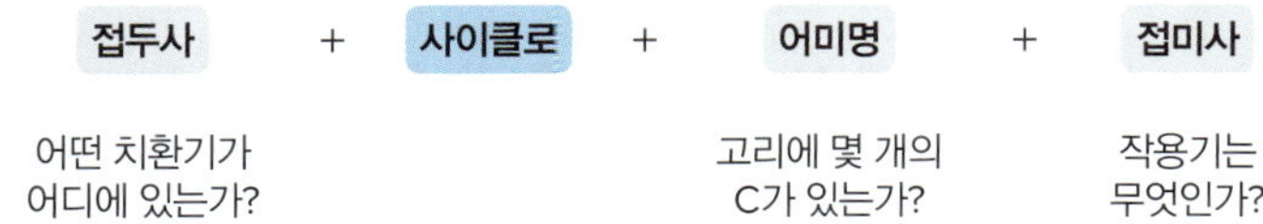

해결 방법 IUPAC 규칙에 따라 사이클로알케인에 이름 붙이는 방법

단계 [1] 어미 사이클로알케인을 찾는다.

- 고리 안의 탄소 원자 수를 세고, 그 탄소 수에 맞는 어미명을 쓰며, 그 앞에 접두사 **사이클로-(*cyclo*-)**를, 뒤에는 접미사 **-에인(*-ane*)**을 붙인다.

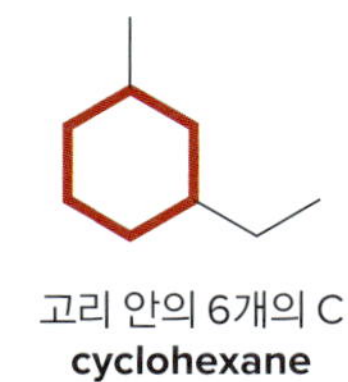

고리 안의 6개의 C
cyclohexane

단계 [2] 치환기의 이름과 번호를 붙인다.

- 치환기가 하나 있는 경우에는 위치를 나타내는 번호를 붙일 필요가 없다.

methylcyclohexane　　*tert*-butylcyclopentane

- 치환기가 두 개 이상 있는 경우에는 **한 치환기에서 번호를 시작하여** 고리를 따라 시계 방향 또는 시계 반대 방향으로 번호를 붙이되, **두 번째 치환기의 번호가 낮게 되도록 한다**.

C1과 C**3**에 CH_3
두 번째 치환기가 더 낮은 번호를 가진다.
옳다: 1,3-dimethylcyclohexane

C1과 C**5**에 CH_3
틀리다: 1,5-dimethylcyclohexane

- **서로 다른 치환기가 두 개 있는 경우** 영어 **알파벳 순으로 먼저 나오는 치환기의 번호가 낮게 되도록 한다**.

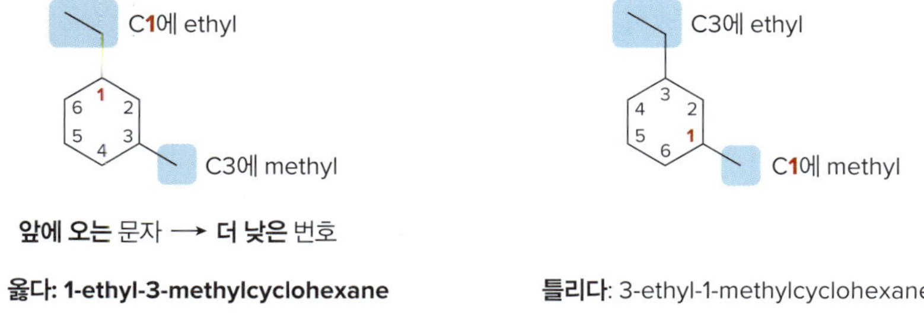

앞에 오는 문자 ⟶ **더 낮은** 번호

옳다: 1-ethyl-3-methylcyclohexane

틀리다: 3-ethyl-1-methylcyclohexane

사이클로알케인 명명의 몇 가지 예가 그림 4.2에 나와 있다.

그림 4.2
사이클로알케인 명명의 예

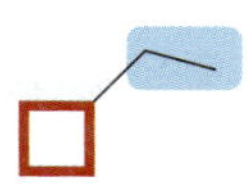

ethylcyclobutane

치환기가 하나이므로 번호가 필요 없음.

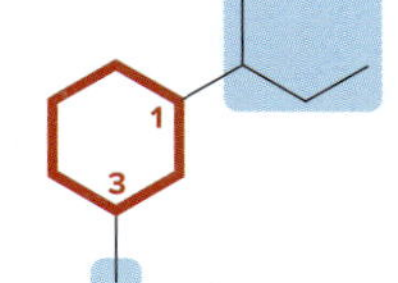

1-*sec*-butyl-3-methylcyclohexane

알파벳 순서가 첫 번째인 치환기에 더 낮은 번호를 부여한다: **m**ethyl의 **m**보다 **b**utyl의 **b**가 순서가 앞이다.

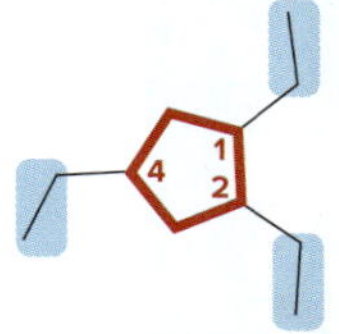

1,2,4-trimethylcyclopentane

두 번째 CH_3CH_2기에 더 낮은 번호를 부여한다: 1,3,4-또는 1,3,5가 아니라 1,2,4-이다.

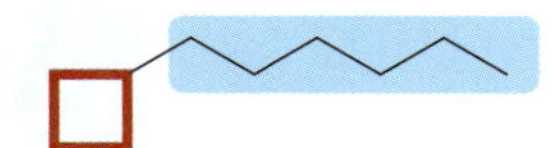

hexylcyclobutane

알킬기가 고리보다 C가 더 많은 경우에도 알킬치환기가 있는 사이클로알케인으로서 명명한다.

문제 4.11 다음 각 화합물의 IUPAC 이름을 쓰라.

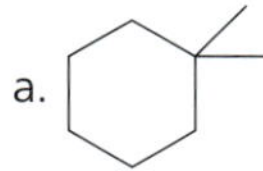
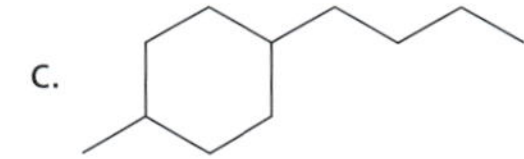
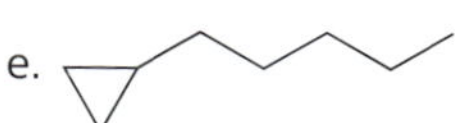
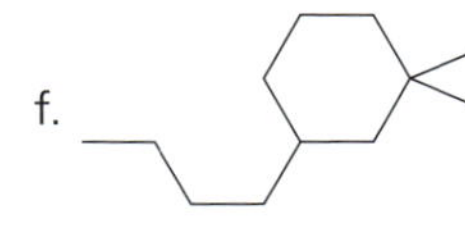

문제 4.12 다음 각 IUPAC 이름에 해당하는 구조를 그려라.

a. 1,2-dimethylcyclobutane
b. 1,1,2-trimethylcyclopropane
c. 4-ethyl-1,2-dimethylcyclohexane
d. 1-*sec*-butyl-3-isopropylcyclopentane
e. 1,1,2,3,4-pentamethylcycloheptane

4.6 자연에서 발견되는 알케인

많은 알케인이 자연에서 주로 천연 가스나 석유 속에서 발견된다. 이들 화석 연료는 오래전 유기 물질이 분해되어 생긴 것으로, 에너지원으로 사용된다.

천연 가스(natural gas)는 주로 **메테인(methane**, 출처에 따라 60~80%)과 기타 소량의 에테인, 프로페인, 그리고 뷰테인 등으로 이루어져 있다. 이들 유기 화합물이 산소 존재하에 연소하면 취사나 난방용 에너지가 방출된다.

이 장을 시작하면서 언급하였다시피, 대기 중의 메테인은 자연 및 인위적인 배출원에서 발생한다. 지구 온도가 상승함에 따라 영구 동토 및 빙하가 녹으면서 그 안에 갇혀 있던 메테인이 방출된다. 반추 동물의 장 내에 있는 미생물이 만들어 낸 메테인은 배설이나 트림을 통해 방출된다. 습지나 물에 잠긴 논에서 미생물은 산소가 부족한 환경에서 유기 물질을 분해하여 메테인을 생산한다. 메테인은 이산화탄소만큼 대기 중에 오래 잔류하지는 않지만(4.13절) 지구 온난화의 원인이 되는 온

실가스(greenhouse gas) 중 하나로 지난 200년 동안 그 농도가 눈에 띄게 증가하였다.

석유(petroleum)는 여러 화합물의 복잡한 혼합물로서, 대부분은 탄소 수가 한 개에서 40개까지인 탄화수소들이다. 원유를 **정제(refining)**라고 하는 과정으로 증류하면, 끓는점이 다른 유용한 분획으로 분리된다(그림 4.3). 원유 정제의 산물 중 대부분은 가정 난방, 자동차 디젤 엔진, 그리고 비행기 연료 등으로 쓰인다. 각 연료 종류의 탄화수소 성분비는 휘발유(C_5H_{12}~$C_{12}H_{26}$), 등유($C_{12}H_{26}$~$C_{16}H_{34}$), 디젤 연료($C_{15}H_{32}$~$C_{18}H_{38}$) 등과 같이 각각 다르다.

그림 4.3
유용한 연료와 다른 석유 제품 생산을 위한 원유의 정제

Glow Images

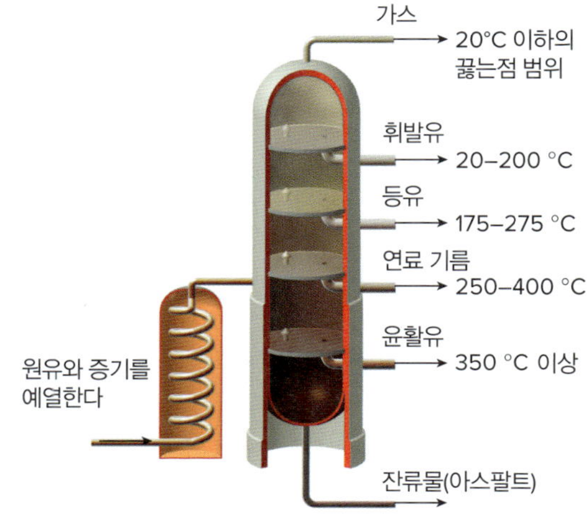

- **정유 공장.** 정유 공장에서는 원유를 **증류** 공정에 의해 끓는점이 유사한 분획별로 분리한다.
- **정유 탑의 개략도.** 원유를 가열하면 끓는점이 낮고 휘발성이 더 큰 성분이 먼저 증류되고, 점진적으로 끓는점이 더 높은 분획이 분리된다.

석유는 연료 이외에도 많은 용도가 있다. 원유 약 3%는 플라스틱이나 의약품, 섬유, 염료, 살충제 등 합성 화합물을 만드는 데 이용된다. 이러한 제품들은 선진 개발국에서는 당연한 것으로 여기고 있는 안락한 생활을 유지할 수 있도록 하는 것들이다. 냉방, 냉장, 마취, 진통제 등 석유 화학 산업의 산물이 없으면 우리의 생활이 어떨지 상상만이라도 해보자.

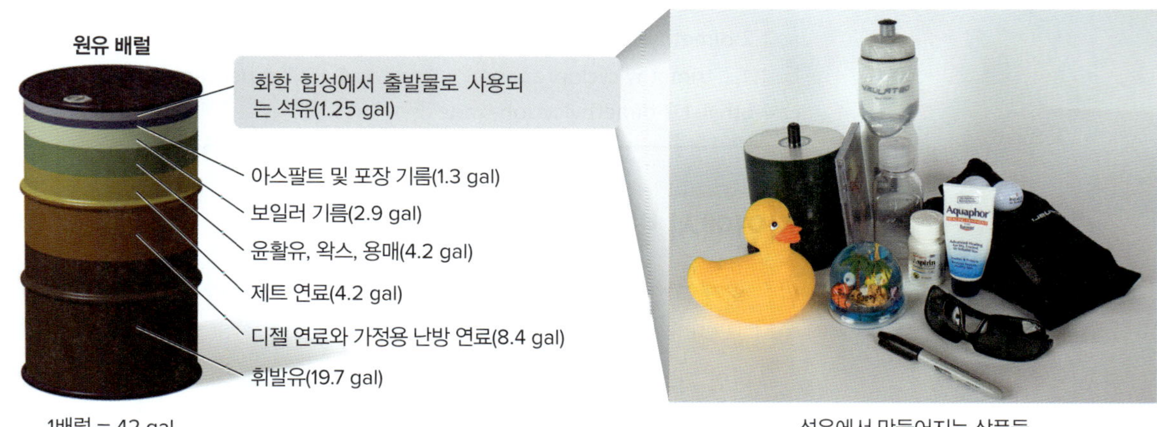

Jill Braaten/McGraw Hill

석유에서 만들어지는 상품들

Jill Braaten/McGraw Hill

석유에서 얻는 에너지는 **재생할 수 없고**, 원유 매장량은 제한되어 있다. 연료뿐만 아니라 현대 생활의 여러 방면에서 우리의 석유 의존도를 생각하면, 우리가 갖고 있는 자원을 절약하고 대체 에너지원을 찾아야만 한다는 점은 명확해진다.

4.7 알케인의 성질

4.7A 물리적 성질

원유 유출은 청소하기가 어렵고 수년 동안 생태계를 손상시킬 수 있다.
Narongsak Nagadhana/Shutterstock

무극성 기름과 극성이 매우 높은 물은 서로 용해되지 않는 성질로부터 "기름과 물은 서로 섞이지 않는다"라는 속담도 생겨났다.

알케인에는 무극성인 C−C와 C−H 결합만 있기 때문에 약한 van der Waals 힘만을 보인다. 표 4.2에 이 분자간 힘이 어떻게 알케인의 물리적 성질에 영향을 미치는지가 요약되어 있다.

휘발유 산업에서는 끓는점과 녹는점이 알케인의 크기에 좌우된다는 점을 이용하여 여름에 매우 덥고 겨울에 매우 추운 지역에서는 계절마다 휘발유의 성분을 다르게 한다. 더운 날씨에는 끓는점이 높은 탄화수소의 성분이 높아지도록 휘발유를 증류하여, 증발을 덜 하도록 한다. 추운 날씨에는 끓는점이 낮은 탄화수소의 성분이 높아지도록 휘발유를 증류하여, 쉽게 얼지 못하도록 한다.

무극성 알케인은 물에 녹지 않기 때문에, 유조선이나 해양 유전에서 바다로 유출된 원유는 표면에 녹지 않는 기름 막을 생성한다. 이러한 녹지 않는 탄화수소 기름은, 깃털이 천연의 무극성 기름으로 덮여 단열작용을 하는 새에게는 특히 치명적이다. 이러한 소수성 기름이 원유에 녹게 되면 새는 천연적 보호막을 잃게 되어 죽는 경우가 많다.

문제 4.13 다음 화합물을 끓는점이 증가하는 순서대로 나열하라.

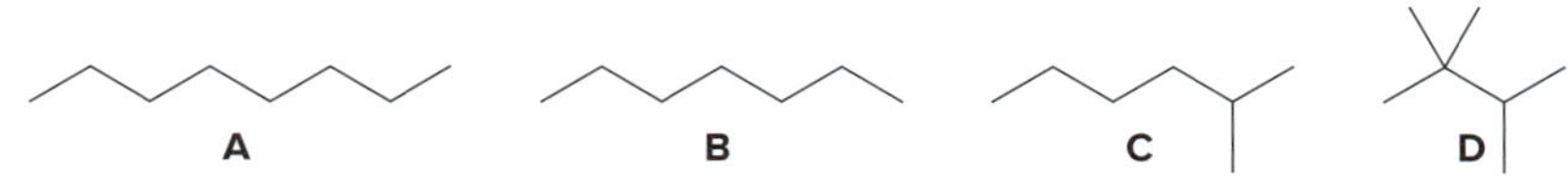

표 4.2 알케인의 물리적 성질

성질	관찰
끓는점과 녹는점	• 알케인은 크기가 비슷한 더 극성인 화합물보다 bp와 mp가 더 낮다. • 탄소 수가 증가하면 표면적도 증가하므로 bp와 mp는 증가한다. bp = 0 °C, mp = −138 °C / bp = 69 °C, mp = −95 °C / OH: bp = 139 °C, mp = −78 °C **분자간 힘의 세기 증가** **끓는점과 녹는점 증가**
	• 가지 달린 알케인은 표면적이 감소하므로 bp는 감소한다. • 대칭성이 증가하면 mp도 증가한다. bp = 10 °C, mp = −17 °C / bp = 30 °C, mp = −160 °C **가지가 더 많이 달림−더 낮은 끓는점** **대칭성이 증가함−더 높은 녹는점**
용해도	• 알케인은 유기 용매에 녹는다. • 알케인은 물에 녹지 않는다.

참고: bp = 끓는점, mp = 녹는점

4.7B 분광학적 성질

알케인의 분광학적 성질에 대하여 배우고 싶은 학생은 뒤에 나오는 장에서 다음 절을 참고하기 바란다:

- **질량 분석법**: A.1A와 A.3절, 특히 그림 A.5와 예제 A.6
- **적외선 분광법**: B.4A절과 표 B.2

4.8 비고리형 알케인의 형태—에테인

이제 알케인의 삼차원 구조를 좀 더 자세히 살펴보자. 분자의 삼차원 구조에 관한 학문을 **입체 화학(stereochemistry)**이라 한다. 4장에서는 단일 결합 주위의 회전에 따른 영향을 살펴볼 것이다. 5장에서는 입체 화학의 다른 사항들에 대해 배우게 될 것이다.

1.10A절에서 배운 대로, **탄소−탄소 σ 결합 주위로 회전이 일어난다**는 사실을 기억하자. 따라서 에테인의 두 CH_3기가 서로 회전하면 한 탄소의 수소가 다른 탄소의 수소에 대해 다른 배열을 하게 된다. 이러한 배열을 **형태(conformation)**라고 한다.

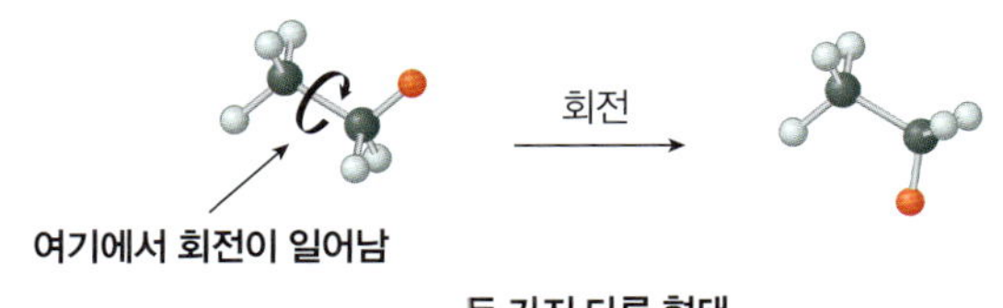

- **형태**란 단일 결합의 회전에 의해 상호변환되는 원자들의 다른 배열이다.

두 가지 다른 배열은 **가려진 형태(eclipsed conformation)**와 **엇갈린 형태(staggered conformation)**이다.

- **가려진 형태**에서는 한 탄소의 C−H 결합이 바로 옆에 있는 탄소의 C−H 결합과 직접 겹치게 된다.
- **엇갈린 형태**에서는 한 탄소의 C−H 결합이 바로 옆에 있는 탄소의 H−C−H 결합각을 이등분한다.

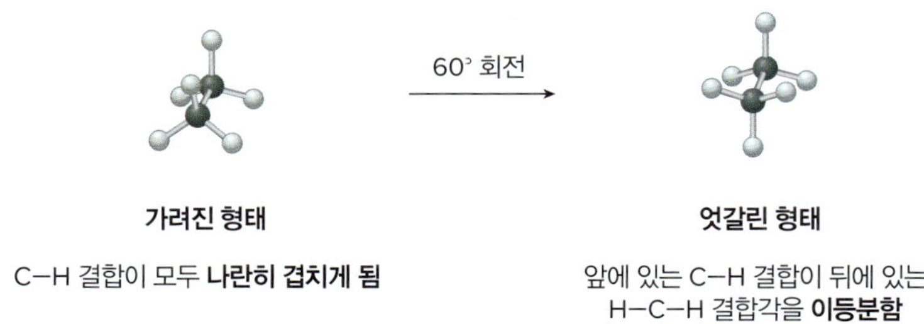

한 탄소에 결합하고 있는 원자를 60°만큼 돌리면 가려진 형태가 엇갈린 형태로 되며, 그 반대도 마찬가지이다. 이러한 형태들은 한쪽 **끝에서** 탄소−탄소 결합을 따라 내려보는 식으로 보면 이해하기 쉽다. 한 원자의 결합이 인접 원자의 한 결합과 이루는 각도를 **이면각(dihedral angle)**이라 한다. 에테인의 경우, 엇갈린 형태에서 C−H 이면각은 **60°**이다. 에테인의 가려진 형태의 이면각은 **0°**이다.

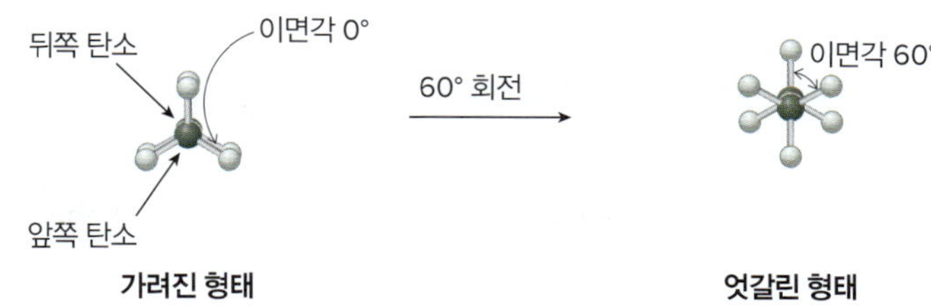

형태를 끝에서 관통해 본 모습으로 그린 것을 **Newman 투영도(projection)**라고 한다. Newman 투영도는 특정 C–C 결합의 각 탄소 원자에 결합된 세 종류의 기와 그들의 이면각을 보여 준다.

해결 방법 Newman 투영도 그리는 방법

단계 [1] C–C 결합을 따라 (관통하여) 보고, 원을 그린 다음에 C–C 결합의 탄소를 원의 중심점으로 나타낸다.

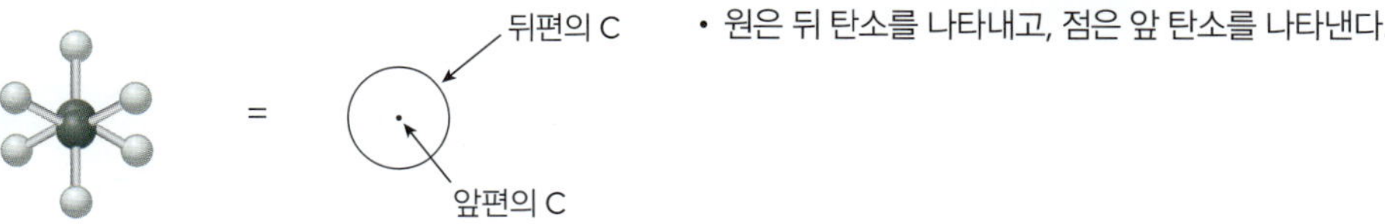

- 원은 뒤 탄소를 나타내고, 점은 앞 탄소를 나타낸다.

단계 [2] 결합을 그린다.

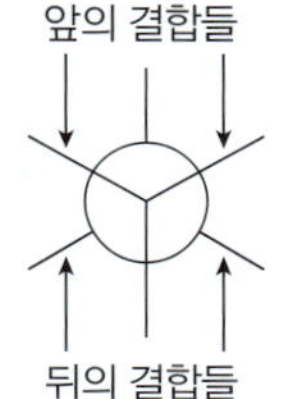

- 원의 **중심에서** 선들이 **만나도록 앞** 탄소의 세 개 결합을 그린다.
- 원의 **둘레에서 나오도록 뒤** 탄소의 세 개 결합을 그린다.

단계 [3] 각 결합에 원자를 적어 넣는다.

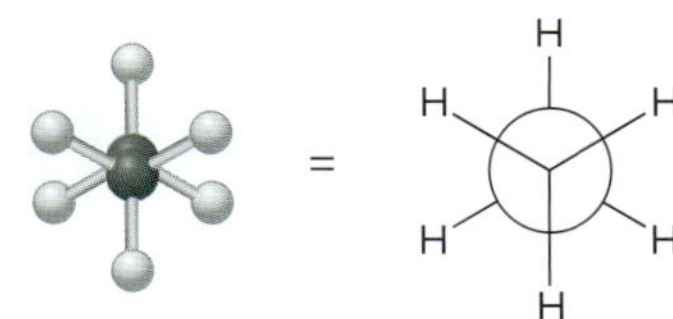

- 에테인의 각 C에는 세 개의 H가 있음

그림 4.4에 에테인의 엇갈린 형태와 가려진 형태의 Newman 투영도가 나와 있다.

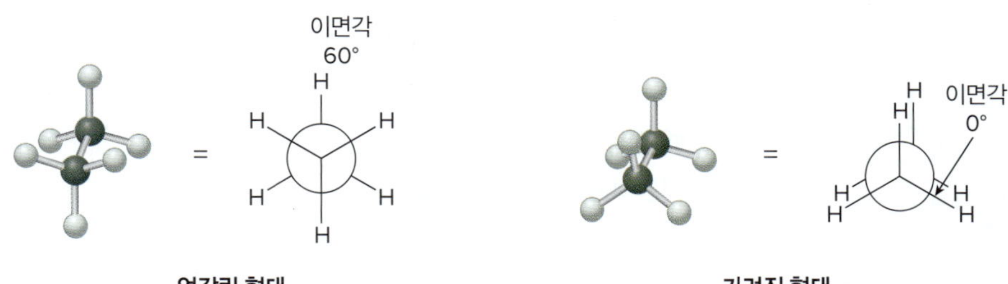

그림 4.4
에테인의 엇갈린 형태와 가려진 형태의 Newman 투영도

어떤 C–C 결합에 대해서도 이 과정을 따라 그린다. Newman 투영도에서는 **한 C–C 결합만 고려하여, 그 결합의 탄소 원자 자체가 아니라 그 탄소 원자에 결합된 원자들을 그리는 것이다.** 프로페인의 엇갈린 형태와 가려진 형태의 Newman 투영도를 그림 4.5에 나타내었다.

그림 4.5 프로페인의 엇갈린 형태와 가려진 형태의 Newman 투영도

C–C 결합 한 개의 회전만 고려함

프로페인

- 임의로 앞뒤의 C를 하나씩 고른다.
- 하나의 C에 세 개의 H가 결합함
- 다른 C에 두 개의 H와 하나의 CH_3가 결합함

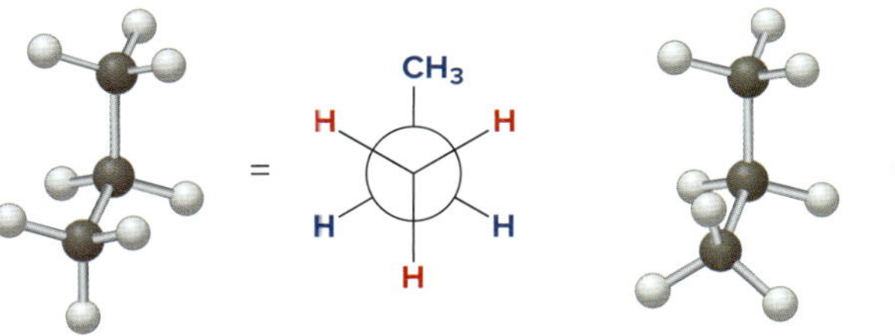

엇갈린 형태 가려진 형태

문제 4.14 각 구조를 표시한 결합을 중심으로 하는 Newman 투영도로 변환하라.

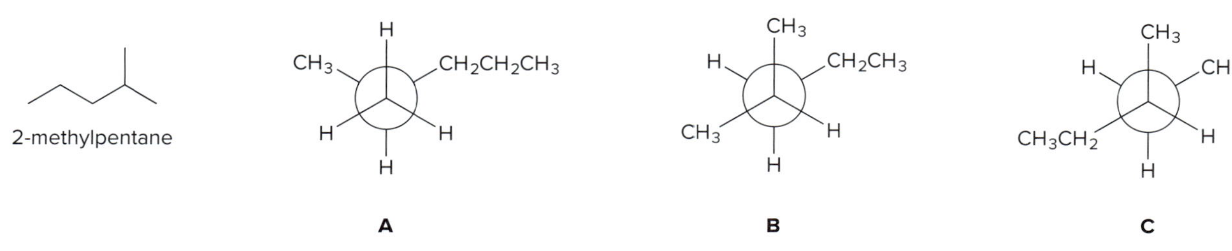

문제 4.15 2-methylpentane에 대한 가능한 Newman 투영도는 다음 중 어느 것인가?

2-methylpentane

A B C

실온에서 에테인의 엇갈린 형태와 가려진 형태는 상호변환되지만, **각 형태가 똑같이 안정한 것은 아니다.**

- 엇갈린 형태는 가려진 형태보다 더 안정하다(에너지가 낮다).

이러한 안정도의 차이에 대한 원인이 화학 문헌에서 논쟁거리가 되기도 한다. 가려진 형태에서는 결합 간의 전자–전자 반발로 인하여 에너지가 높아지는 반면, 엇갈린 형태에서는 결합 전자들이 멀리 떨어져 있게 된다.

엇갈린 형태와 가려진 형태 사이의 에너지 차이는 약 12 kJ/mol (2.9 kcal/mol)로서, 이 차이는 아주 작아 실온에서 회전 속도는 아주 빠르며 형태를 분리할 수는 없다. 세 개의 가려진 C–H 결합 때문에 형태의 에너지가 약 12 kJ/mol 높아지는 것이기 때문에 **각각의 가려진 C–H 결합은 에너지를 4.0 kJ/mol (1.0 kcal/mol)만큼 높게 한다.** 엇갈린 형태와 가려진 형태 사이의 에너지 차이를 **비틀림 에너지(torsional energy)**라 한다. 즉 결합이 가려지게 되면 분자에 **비틀림 무리(torsional strain)**가 생긴다.

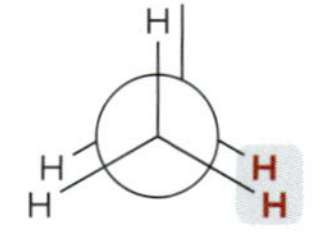

가려지는 각 H, H는 4.0 kJ/mol의 에너지를 증가시킨다.

무리(strain)는 에너지를 증가시킨다. 비틀림 무리(torsional strain)는 이 책에서 논의되는 세 가지 종류의 무리 중 첫 번째 것이다. 다른 두 가지 종류는 **입체 무리**(4.9절)와 **각 무리**(4.10절)이다.

- **비틀림 무리**는 결합이 가려져 생기는 에너지의 증가이다.

그림 4.6의 그래프에 에테인의 한 CH_3기가 다른 쪽에 대해 회전할 때, 이면각에 따라 에테인의 퍼텐셜 에너지가 어떻게 변하는지가 나와 있다. **엇갈린 형태가 가장 안정한 배열이므로 이 형태는**

에너지가 가장 낮다. 한 탄소의 C−H 결합이 다른 쪽 탄소의 C−H 결합에 대해 회전함에 따라 C−H 결합이 서로 가까워져서 에너지가 증가하고, **60° 회전하여 가려진 형태가 되면 에너지가 최고가 된다.** 회전이 계속되면 에너지가 감소하여, 또다시 60° 회전하면 다시 한번 엇갈린 형태가 된다.

- 에너지 최저점과 최고점은 60°마다 형태가 엇갈린 형태에서 가려진 형태로 변함에 따라 나타난다. 엇갈린 형태도 가려진 형태도 아닌 경우의 에너지는 그 중간이다.

문제 4.16 프로페인의 비틀림 에너지는 14 kJ/mol (3.4 kcal/mol)이다. 각각의 H, H 가려짐 상호작용이 4.0 kJ/mol (1.0 kcal/mol)만큼 불안정화시킨다면, H, CH_3 가려짐 상호작용은 얼마만큼 불안정화시키겠는가? (4.9절에 답을 구하는 또 다른 방법이 나와 있음.)

그림 4.6
그래프: 에테인의 에너지 대 이면각

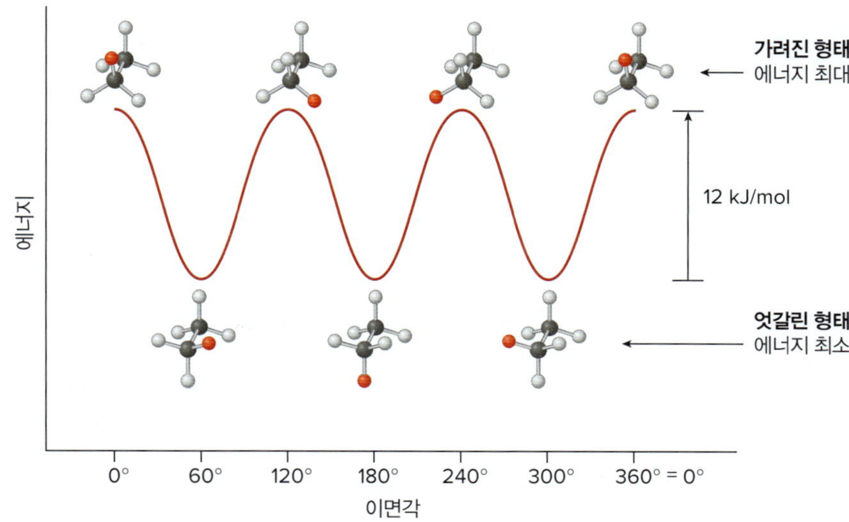

- 각 60°마다 회전한 후에 표시된 H 원자의 위치를 주목하라. 세 개의 모든 엇갈린 형태는 모두 동일하고(표시한 위치를 제외하고는), 세 개 모든 가려진 형태도 실제로 동일하다.

4.9 뷰테인의 형태

뷰테인이나 분자량이 더 큰 알케인은 여러 개의 탄소−탄소 결합이 있으며, 이 결합은 모두 회전할 수 있다.

H, H, CH_3 — C−C — CH_3, H, H

뷰테인
C2-C3 회전에 대해 생각하자.
각 C는 2H 그리고 하나의 CH_3와 결합하고 있다.

> 처음의 형태로 돌아오려면 60° 회전이 여섯 번 필요하다.

C2−C3 결합이 회전하며 생기는 여러 다른 형태를 분석하기 위하여, 임의의 형태—예를 들어, 두 CH_3기가 180° 떨어진 엇갈린 형태—에서 시작하자.

- 다른 탄소는 고정시킨 채, 한 탄소 원자를 시계 방향이나 시계 반대 방향으로 60°씩 회전시킨다. 처음의 형태로 돌아올 때까지 계속한다.

그림 4.7에 이 과정에서 생기는 여섯 개의 가능한 형태를 나타내었다.

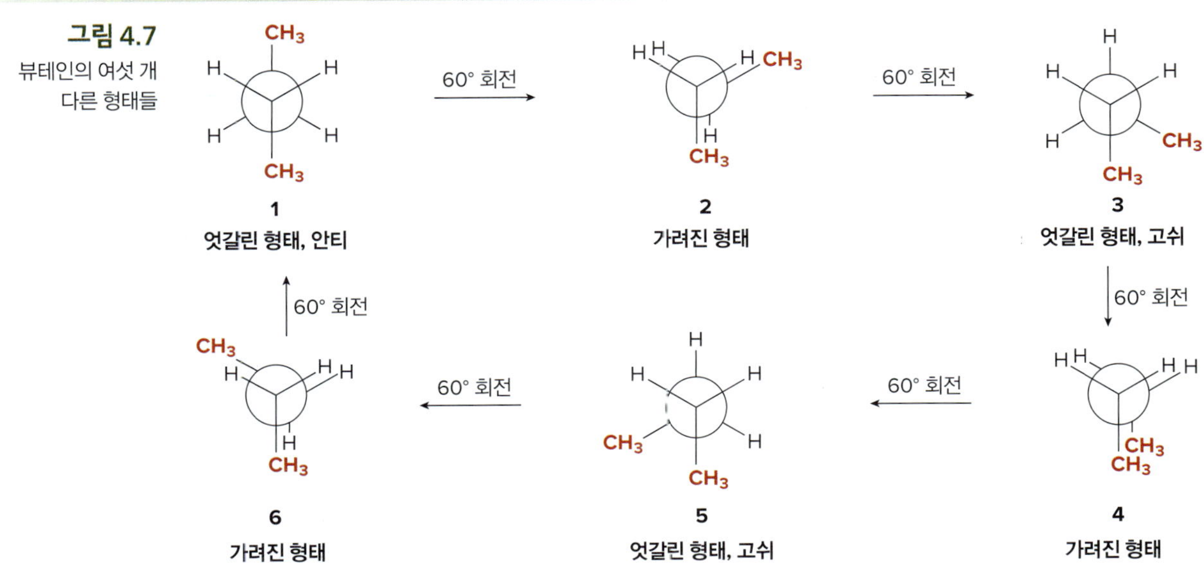

그림 4.7 뷰테인의 여섯 개 다른 형태들

각각 60° 회전할 때마다 엇갈린 형태가 가려진 형태로 되거나 또는 그 반대로 되지만 모든 엇갈린 형태와 모든 가려진 형태가 똑같지는 않다. 예를 들어, 엇갈린 형태 **3**과 **5**에서 메틸기 사이의 이면각은 60°이나 엇갈린 형태 **1**에서는 180°이다.

- 큰 두 기가 180° 떨어져 있는 엇갈린 형태는 **안티(anti)**라고 부른다.
- 큰 두 기가 60° 떨어져 있는 엇갈린 형태는 **고쉬(gauche)**라고 부른다.

마찬가지로 형태 **2**와 **6**에서 두 메틸기는 수소 원자를 가리고 있으나 형태 **4**에서는 서로를 가리고 있다.

엇갈린 형태(**1**, **3**, **5**)는 가려진 형태(**2**, **4**, **6**)보다 에너지가 낮으나, 각각의 엇갈린 형태와 가려진 형태의 에너지는 어떻게 비교할 수 있을까? 각각의 엇갈린 형태(또는 각각의 가려진 형태)의 상대적 에너지는 그 **입체 무리(steric strain)**에 좌우된다.

- **입체** 무리는 원자들이 서로 너무 가깝게 위치해야 할 때 생기는 에너지 증가이다.

안티 형태(**1**)에서 메틸기들은 고쉬 형태(**3**과 **5**)에서보다 더 멀리 떨어져 있기 때문에 엇갈린 형태 중에서 **1**이 **3**과 **5**보다 더 에너지가 낮다(더 안정하다). 사실, **3**과 **5**에서 메틸기가 가까워서 생기는 입체 무리 때문에 안티 형태는 고쉬 형태보다 3.8 kJ/mol (0.9 kcal/mol)만큼 더 에너지가 낮다.

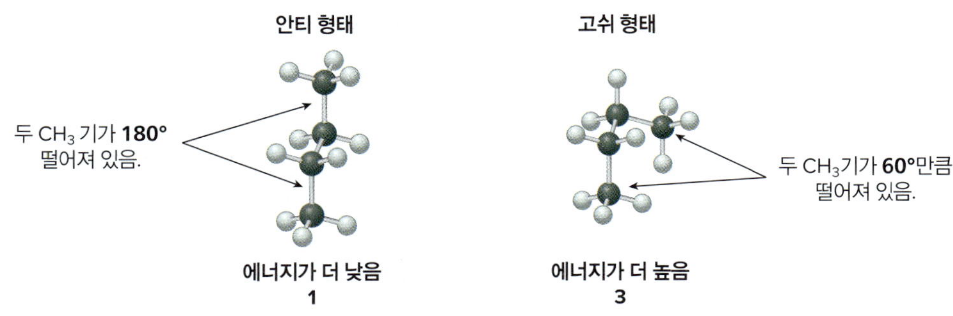

- 일반적으로 고쉬 형태는 안티 형태보다 입체 무리르 인하여 에너지가 더 **높다**.

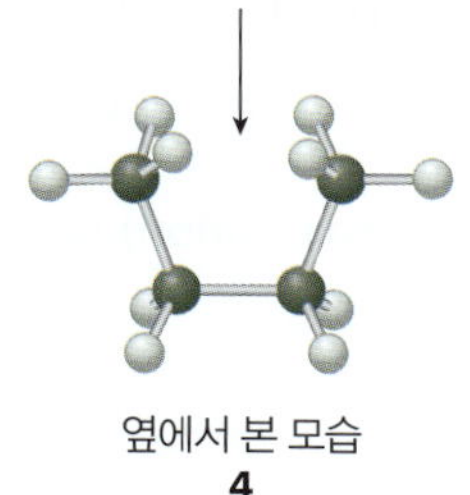

입체 무리는 가려진 형태에서도 상대적 에너지에 영향을 끼친다. 형태 **4**는 **2**나 **6**보다 더 에너지가 높은데, 이는 두 개의 큰 CH_3기가 가까이 위치하여 제법 큰 입체 무리가 생기기 때문이다.

문제 4.17 각 형태에서 비틀림 무리와 입체 무리의 위치를 표시하라.

a. (H, H, H, CH_3, CH_3, CH_3)

b. (CH_3, H, H, CH_3, H, CH_3)

c. (H, H, H, H, CH_2CH_3, CH_3CH_2)

에너지와 이면각 사이의 그래프를 그릴 때, 다음 두 사항을 고려하자.

- 엇갈린 형태는 에너지 최저점에 있으며, 가려진 형태는 에너지 최고점에 있다.
- 불리한 입체 무리는 에너지를 증가시킨다.

뷰테인의 경우, 이러한 이유로 안티 형태 **1**의 에너지가 가장 낮고, 두 CH_3기가 가려진 형태 **4**의 에너지가 가장 높다. 다른 형태의 상대적 에너지는 그림 4.8에 있는 뷰테인의 에너지 대 회전 도식에 나와 있다.

가려지는 CH_3, CH_3
11 kJ/mol의 불안정화

그림 4.8의 값으로부터 다른 기들이 가려져 있을 때 얼마만큼 불안정해지는지 계산할 수 있다. 예를 들어 형태 **4**는 안티 형태 **1**보다 19 kJ/mol만큼 불안정하다. 형태 **4**는 H,H 가려짐 상호작용이 두 개 있어서 각각 4.0 kJ/mol만큼 불안정하며(4.8절), CH_3,CH_3 가려짐 상호작용이 한 개 있다. 따라서 **CH_3,CH_3** 가려짐 **상호작용**은 19 − 2(4.0) = **11 kJ/mol**만큼의 불안정화에 해당한다.

그림 4.8
그래프: 뷰테인의 에너지 대 이면각

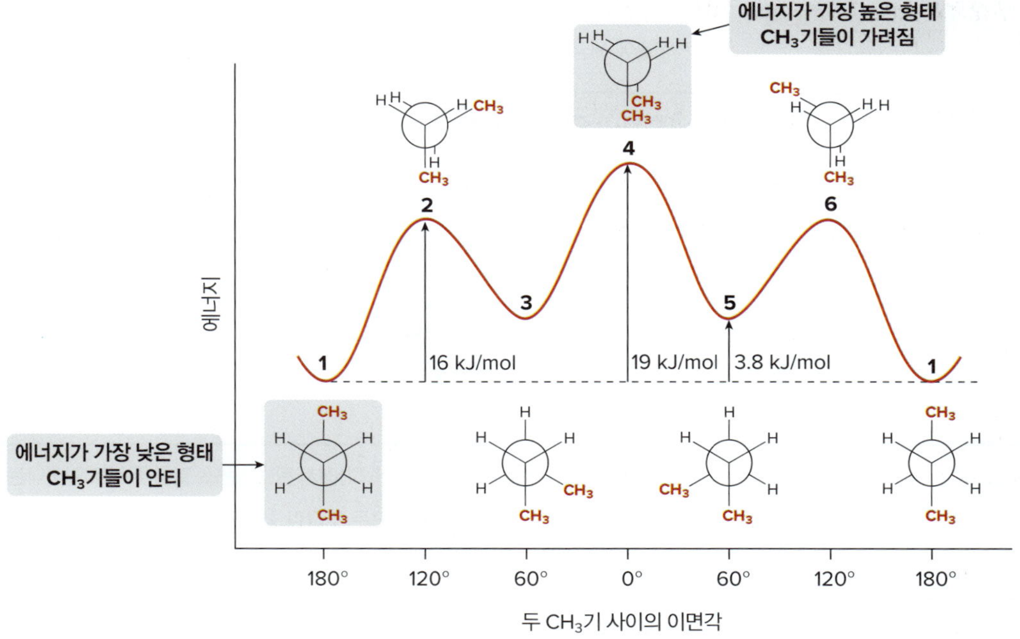

- 엇갈린 형태 **1**, **3**, **5**는 에너지 최저점에 있다.
- 안티 형태 **1**이 입체 무리가 있는 고쉬 형태 **3**과 **5**보다 에너지가 더 낮다.
- 가려진 형태 **2**, **4**, **6**은 에너지 최대점에 있다.
- 가려진 형태 **4**는 두 개의 가려진 CH_3 때문에 추가적인 입체 무리가 있어 에너지가 가장 높다.

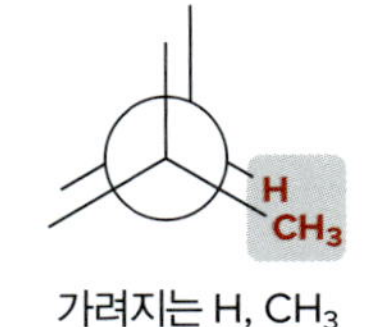

가려지는 H, CH_3
6.0 kJ/mol의 불안정화

유사하게, 형태 **2**는 안티 형태 **1**보다 16 kJ/mol만큼 불안정한데, H,H 가려짐 상호작용이 한 개(4.0 kJ/mol 불안정) 있고 H,CH_3 상호작용이 두 개 있다. 따라서 **각각의 H,CH_3** 가려짐 **상호작용**은 1/2 (16 − 4.0) = **6.0 kJ/mol**만큼의 불안정화에 해당한다. 이 값들은 표 4.3에 요약되어 있다.

- 가장 낮은 에너지 형태와 가장 높은 에너지 형태의 에너지 차이를 **회전 장벽(barrier to rotation)**이라 한다.

표 4.3 비고리 알케인의 비틀림 및 입체 무리 에너지

상호작용 종류	에너지 증가	
	kJ/mol	kcal/mol
H,H 가려짐	4.0	1.0
H,CH_3 가려짐	6.0	1.4
CH_3,CH_3 가려짐	11	2.6
고쉬 CH_3 기	3.8	0.9

우리는 이러한 원리를 이용하여 어떠한 비고리형 알케인의 형태와 상대적 에너지도 결정할 수 있다. **에너지가 가장 낮은 형태는 모든 결합들이 엇갈려 있고, 큰 기들은 안티 상태**이므로, 이를 나타내기 위하여 알케인은 주로 지그재그 골격 구조로 그린다.

문제 4.18 a. 붉은색으로 표시된 결합을 회전하여 얻어지는 세 개의 엇갈린 형태와 세 개의 가려진 형태를 Newman 투영도로 나타내라.

b. 가장 안정한 형태와 가장 불안정한 형태가 어떤 것인지 표시하라.

문제 4.19 CH_3CH_2Cl의 가려진 형태는 엇갈린 형태보다 15 kJ/mol만큼 불안정하다. H, Cl 가려짐 상호작용은 얼마나 많은 불안정화에 해당될까?

문제 4.20 에너지가 증가하는 순서대로 다음의 형태를 나열하라.

A B C D

문제 4.21 1,2-dichloroethane ($ClCH_2CH_2Cl$)에서 탄소−탄소 결합 주위로 일어나는 회전을 고려하자.

a. 이 결합을 회전하여 얻어지는 모든 엇갈린 형태와 가려진 형태를 Newman 투영도로 나타내라.

b. 이 결합 주위로 일어나는 회전에 대한 에너지 대 이면각의 그래프를 그려라.

문제 4.22 다음 각각의 가려진 형태의 에너지가 얼마만큼 불안정한지 계산하라.

a. b.

4.10 사이클로알케인 서론

비틀림 무리와 입체 무리 이외에도 사이클로알케인의 형태는 **각 무리(angle strain)**에 의한 영향도 받는다.

- **각** 무리란 결합각이 최적의 정사면체 각도인 109.5°에서 벗어날 때 생기는 에너지 증가이다.

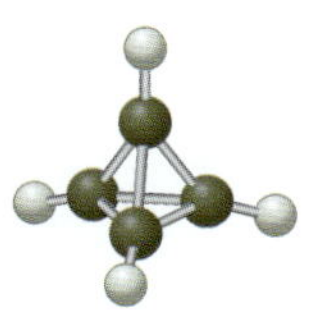
테트라헤드레인

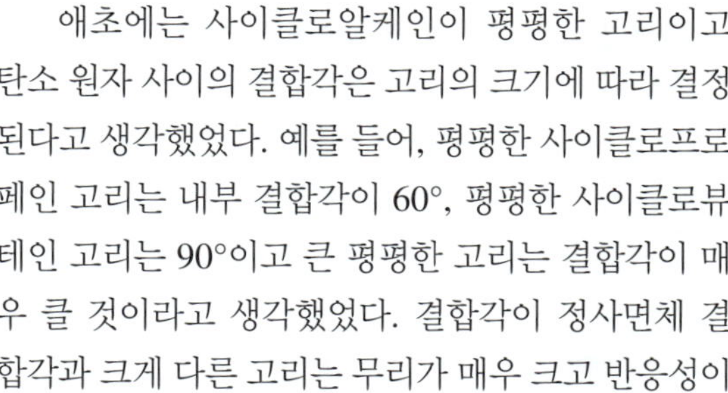

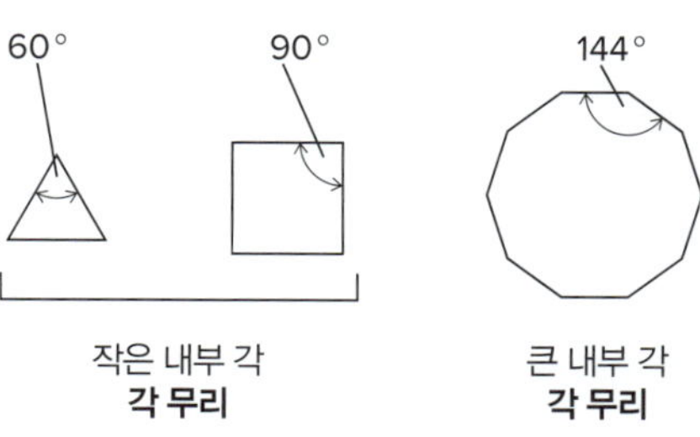

애초에는 사이클로알케인이 평평한 고리이고 탄소 원자 사이의 결합각은 고리의 크기에 따라 결정된다고 생각했었다. 예를 들어, 평평한 사이클로프로페인 고리는 내부 결합각이 60°, 평평한 사이클로뷰테인 고리는 90°이고 큰 평평한 고리는 결합각이 매우 클 것이라고 생각했었다. 결합각이 정사면체 결합각과 크게 다른 고리는 무리가 매우 크고 반응성이 클 것이라고 생각했었다. 이것을 **Bayer 무리 이론(Bayer strain theory)**이라고 한다.

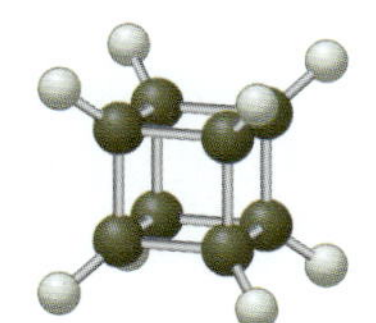
큐베인

고리에 C 원자가 네 개 이상 있는 사이클로알케인은 평평한 분자가 아니라는 것이 밝혀졌다. 이들은 무리, 즉 각 무리와 비틀림 무리 모두를 **줄이기** 위하여 주름 잡힌 모습이다. 간단한 사이클로알케인 몇 개의 삼차원 구조가 그림 4.9에 나와 있다. 삼원자- 그리고 사원자 고리는 아직도 각 무리가 상당하지만, 더 큰 고리에서는 고리가 구부러지게 되면 내부 결합각이 줄어들고 따라서 각 무리도 줄어든다.

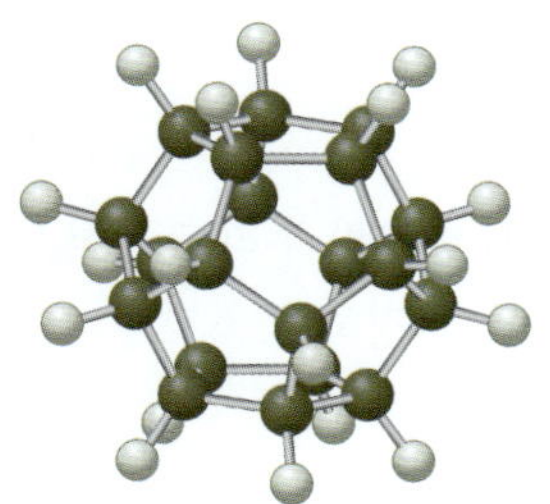
도데카헤드레인

많은 여러 고리 탄화수소가 화학자들의 관심거리이다. 예를 들어, 12개의 오원자 고리가 서로 연결되어 있는 **도데카헤드레인(dodecahedrane)**은 한 가지 크기의 고리 여러 개가 서로 연결되어 생긴 탄화수소 종류에 속하는 세 화합물 중 하나이다. 이 종류에 속하는 다른 두 화합물은 네 개의 삼원자 고리로 구성된 **테트라헤드레인(tetrahedrane)**과 여섯 개의 사원자 고리로 구성된 **큐베인(cubane)**이다. 이 화합물들의 구조는 정다면체이며, 매우 대칭적인 Platon의 고체(Platonic solid)들 중 세 개인 정사면체, 정육면체 그리고 정십이면체와 닮았다.

그림 4.9
몇 가지 사이클로알케인의 삼차원 구조

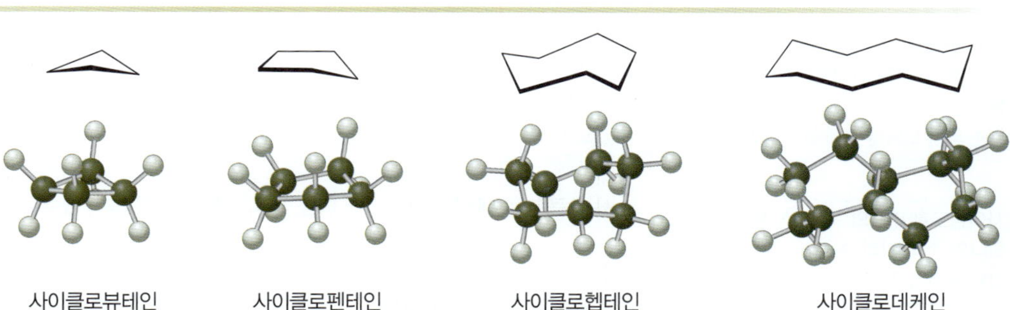

이 화합물들은 얼마나 안정할까? 테트라헤드레인(내부 결합각 60°)은 구조적으로 큰 무리가 있어서 지금까지 이 화합물을 합성하려고 노력하였지만 성공하지 못하였다. 큐베인도 결합각 90°로 무리가 있으나 1964년에 처음 합성되었고, 실온에서 안정한 분자이다. 마지막으로 도데카헤드레인은 결합각이 정사면체 각도와 매우 비슷하기 때문에(108° 대 109.5°) 매우 안정하다. 화학자들은 이것의 합성을 수년 동안 성공하지 못하고 있었는데, 그 이유는 이 구조에 무리가 있거나 이 분자의 근원적인 불안정성 때문이 아니라, 12개의 오원자 고리를 서로 연결하여 구형을 만드는 일이 합성적으로 매우 어려운 일이었기 때문이다.

4.11 사이클로헥세인

이제 자연계에서 발견되는 화합물 중 가장 흔한 고리 크기인 **사이클로헥세인(cyclohexane)**의 형태에 대해 자세히 살펴본다.

4.11A 의자 형태

사이클로헥세인이 평평하다면 내부 결합각이 120°가 되어 각 무리가 있을 것이고, 이웃하는 탄소에 있는 모든 수소들이 겹쳐지게 되기 때문에 비틀림 무리가 있을 것이다.

만일 사이클로헥세인 고리가 평평하다면…

120°

내부 결합각이 109.5°보다 큼.
각 무리

H H H H
모든 H들이 겹쳐지게 됨.
비틀림 무리

실제로 사이클로헥세인은 **의자(chair)** 형태라고 부르는 주름 잡힌 형태를 하고 있으며, 이 형태는 다른 어떠한 형태보다 더 안정하다.

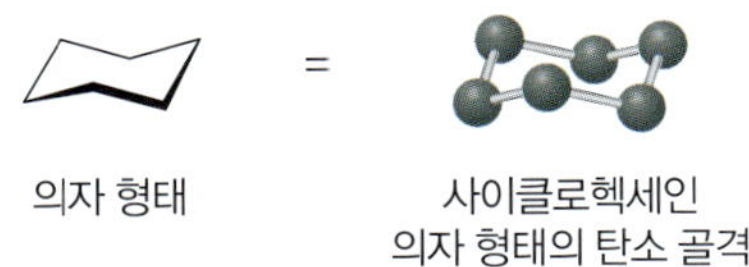

의자 형태를 보는 법. 사이클로헥세인의 의자 형태를 아래쪽으로 기울이면 등받침, 앉는 자리, 그리고 발 받침이 있는 의자 모양을 쉽게 볼 수 있다.

의자 형태는 각 무리가 전혀 없고(**모든 C−C−C 결합각은 109.5°임**) 비틀림 무리도 전혀 없어서(이웃하는 탄소에 있는 모든 수소들이 겹쳐 있지 않고 **엇갈려** 있음) 매우 안정하다.

109.5° H H H H

모든 H가 **엇갈려 있음.**

- 사이클로헥세인에서 C 원자 세 개는 위쪽으로 주름이 잡혀 있고, 또 다른 세 개는 아래쪽으로 주름이 잡혀 있으며 고리를 따라 반복해서 나타난다. 이들 C 원자를 **위 C**, **아래 C**라고 부른다.

사이클로헥세인의 각 탄소 원자에는 하나의 수직 방향 수소와 하나의 수평 방향 수소가 있다.

사이클로헥세인에 있는 각 탄소는 두 종류의 다른 수소를 갖고 있다.

- **수직 방향(axial)** 수소는 고리 면의 위와 아래에 위치한다(수직 축을 따라).
- **수평 방향(equatorial)** 수소는 고리 면에 위치한다(적도를 따라).

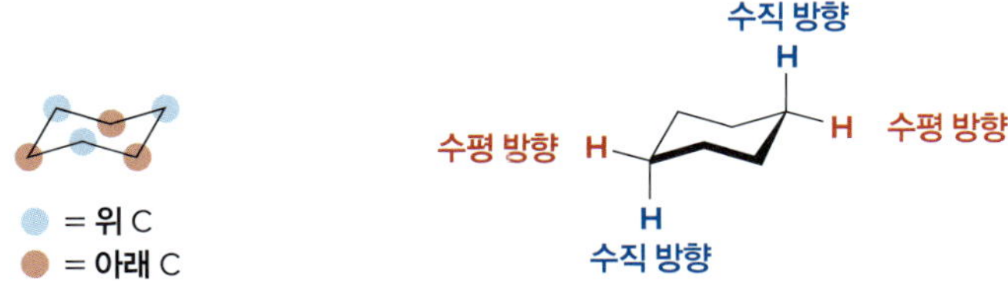

의자 형태의 삼차원 모형이 그림 4.10에 나와 있다.

그림 4.10
모든 H 원자를 그린 사이클로헥세인의 의자 형태 삼차원 모형

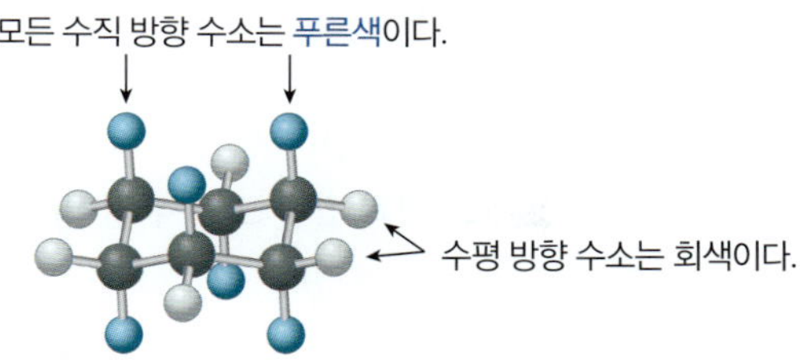

- 사이클로헥세인은 **여섯 개의 수직 방향 H**와 **여섯 개의 수평 방향 H가** 있다.

해결 방법 사이클로헥세인의 의자 형태 그리는 방법

단계 [1] 탄소 골격을 그린다.

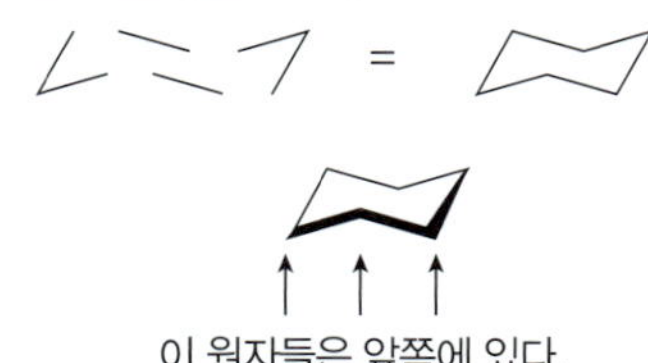

- 의자의 세 부분을 그린다: **꼭지, 한 쌍의 평행선,** 또 **다른 꼭지.**
- 그러고 나서 이들을 모두 연결한다.
- 아래에 있는 세 개 C는 종이 면에서 튀어나오는 것이며, 이 탄소에 연결된 결합은 때때로 굵게 표시한다.

단계 [2] 고리의 위에 있는 C와 아래에 있는 C를 표시한다.

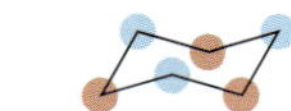

● = **위**에 있는 C ● = **아래**에 있는 C

- 세 개의 C는 **위**에 있고, 세 개의 C는 **아래**에 있으며, 이들이 고리를 따라 **번갈아** 나타난다.

단계 [3] 수직 방향 H 원자를 그린다.

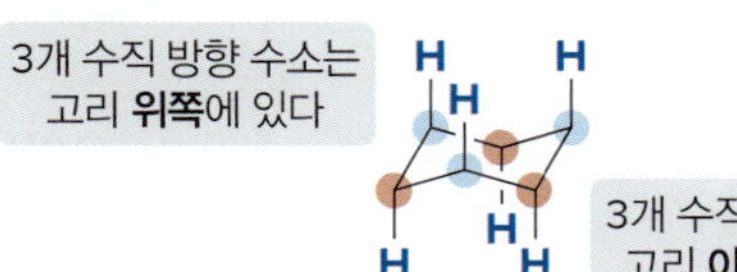

- **위 C**에 있는 수직 방향 H는 **위**로 향한다.
- **아래 C**에 있는 수직 방향 H는 **아래**로 향한다.

단계 [4] 수평 방향 H 원자를 그린다.

- **아래 C에 있는 수직 방향 H가 아래**로 향하므로, 수평 방향 H는 위로 향한다.
- **위 C에 있는 수직 방향 H가 위**로 향하므로, 수평 방향 H는 아래로 향한다.

위로 향하는 수직 방향 **H**
위로 향하는 수평 방향 **H**
아래로 향하는 수평 방향 **H**
아래로 향하는 수직 방향 **H**

모든 수평 방향 수소만 그렸다.

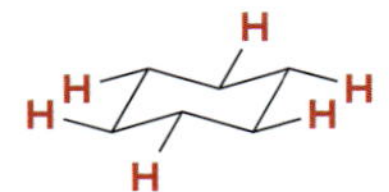

모든 수소를 그렸다.

문제 4.23 고리에 있는 탄소를 **위** C, **아래** C로 표시하라. 진하게 표시된 결합이 수직 방향인지 수평 방향인지 밝혀라.

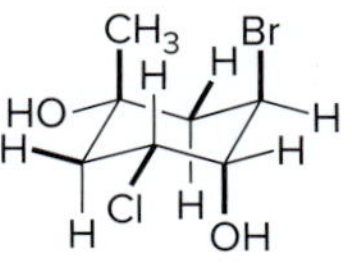

문제 4.24 그림에 보인 바와 같이 탄소의 번호가 매겨진 사이클로헥세인을 사용하여 다음 설명에 맞는 의자 형태를 그려라.

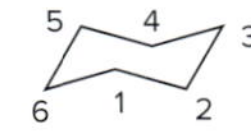

a. C1에 수직 방향 CH_3기 그리고 C2에 수평 방향 OH기가 있는 고리
b. C6에 수평 방향 CH_3기 그리고 C4에 수직 방향 OH기가 있는 고리
C. C1, C2와 C5에 수평 방향 OH기를 지닌 고리

4.11B 고리 뒤집힘

비고리형 알케인과 같이 **사이클로헥세인도 한 형태로만 존재하는 것은 아니다.** 결합이 꺾이고 구부러지면 새로운 배열이 생기게 되지만 움직임이 덜 자유스럽다. 형태 변화 중 중요한 한 가지는 다음 식에 표시한 것과 같은 **고리 뒤집힘(ring-flipping)** 현상이다. 고리 뒤집힘은 단계적 과정으로 진행된다고 생각할 수 있다.

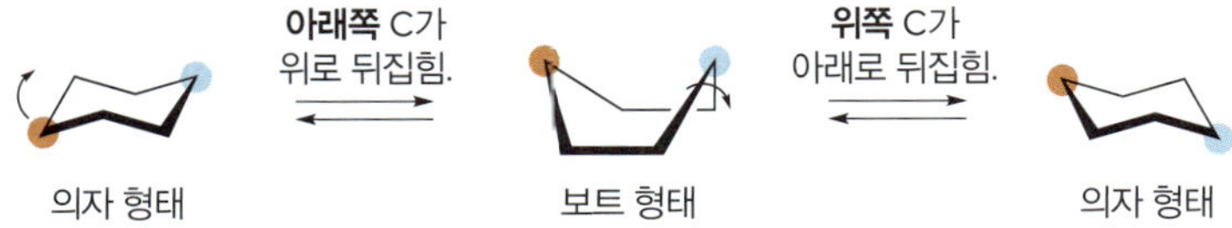

- **아래쪽 C가 위로 뒤집힌다.** 이렇게 하면 **보트(boat)** 형태라는 사이클로헥세인의 새로운 형태가 나온다. 보트 형태는 네 탄소가 이루는 평면 위에 두 탄소가 위치하게 된다.
- 보트 형태는 두 가지 방법으로 고리 뒤집힘을 할 수 있다. 처음 뒤집힌 탄소(붉은색 원으로 표시)가 다시 아래로 뒤집혀 처음 형태로 되돌아가거나, **또 다른 위쪽 C**(푸른색 원으로 표시)**가 아래로 뒤집힌다. 이렇게 하면 또 다른 두 번째 의자 형태가 된다.**

고리 뒤집힘 현상 때문에 **위쪽 탄소는 아래쪽 탄소가 되고 아래쪽 탄소는 위쪽 탄소가 된다.** 따라서 사이클로헥세인은 똑같이 안정한 두 가지의 다른 의자 형태로 존재하며, 이들은 실온에서 빠르게 상호변환된다.

고리 뒤집힘 현상은 또한 사이클로헥세인의 수소 원자의 방향에도 영향을 미친다.

- 고리 뒤집힘으로 인하여 수직 방향 수소와 수평 방향 수소는 상호변환된다. 수직 방향 수소는 수평 방향 수소가 되고, 수평 방향 수소는 수직 방향 수소가 된다(그림 4.11).

그림 4.11 사이클로헥세인에서 고리 뒤집힘에 의한 수직 방향 수소와 수평 방향 수소의 상호변환

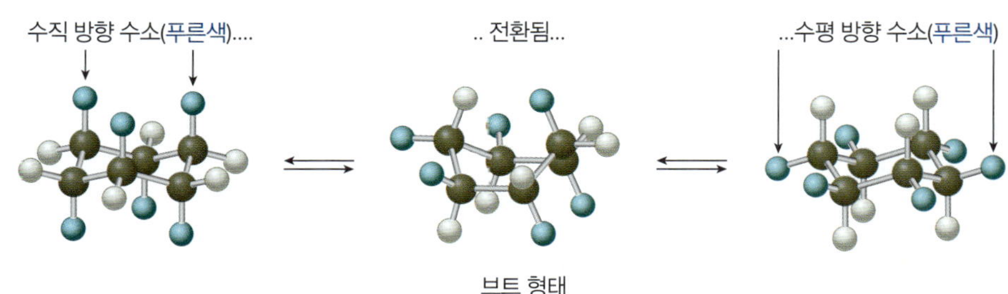

사이클로헥세인의 의자 형태는 보트 형태보다 30 kJ/mol만큼 더 안정하다. 보트 형태는 한 평면상에 있는 네 탄소에 결합된 모든 수소들이 겹쳐 있기 때문에 비틀림 무리가 있어서 불안정하다. 또한 보트의 양 끝에 있는 두 수소[**깃대 수소(flagpole hydrogen)**]가 그림 4.12에 나온 것처럼 가까이 있게 되어 입체 무리가 있다.

그림 4.12 사이클로헥세인 보트 형태의 두 가지 모습

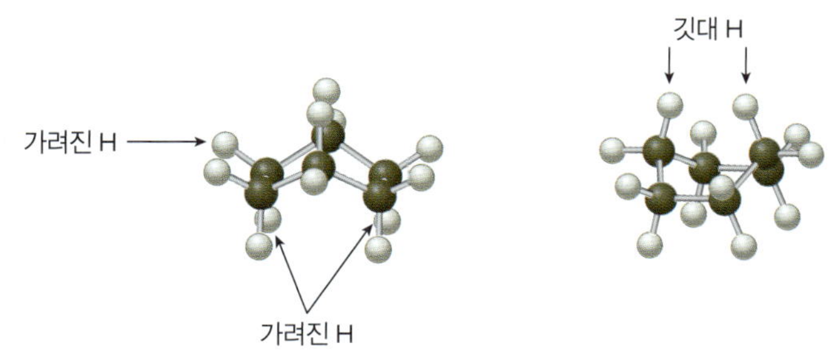

사이클로헥세인의 보트 형태는 다음 두 가지 이유로 의자 형태보다 더 불안정하다.

- 가려지는 상호작용으로 인해 H는 **비틀림 무리**가 있다.
- 깃대 H가 인접해 있어 **입체 무리**가 있다.

4.12 치환된 사이클로알케인

사이클로헥세인의 한 수소가 더 큰 치환기로 치환되면 어떻게 될까? 두 사이클로헥세인 형태의 안정성에 차이가 있게 될까? 이러한 질문에 답을 하기 위하여 한 가지 법칙을 기억하자.

- 수평 위치가 수직 위치보다 자리 여유가 많아서 **큰** 치환기는 **수평** 위치에 있는 것이 더 안정하다.

4.12A 치환기가 하나 있는 사이클로헥세인

메틸사이클로헥세인(methylcyclohexane)의 경우처럼, 치환기가 하나 있는 사이클로헥세인은 다음 해결 방법에서 보는 것처럼 가능한 의자 형태가 두 가지 있다.

해결 방법 치환기가 하나 있는 사이클로헥세인의 두 형태 그리는 방법

단계 [1] **의자 형태를 하나 그리고 치환기를 그려 넣는다.**

- 고리에 있는 탄소 하나를 임의로 선택하여 **위** 또는 **아래** 탄소로 분류한 후 결합을 그려 넣는다. **각 C는 수직 방향 결합과 수평 방향 결합이 하나씩 있다.**
- 치환기(이 경우는 H와 CH_3)를 하나는 수직 방향에, 다른 하나는 수평 방향에 임의로 그려 넣는다. 아래의 예에서는 CH_3기가 수평 방향에 가도록 그렸다.
- 이렇게 하여 가능한 두 의자 형태 중 하나가 생기며, 이를 형태 **A**라고 표시한다.

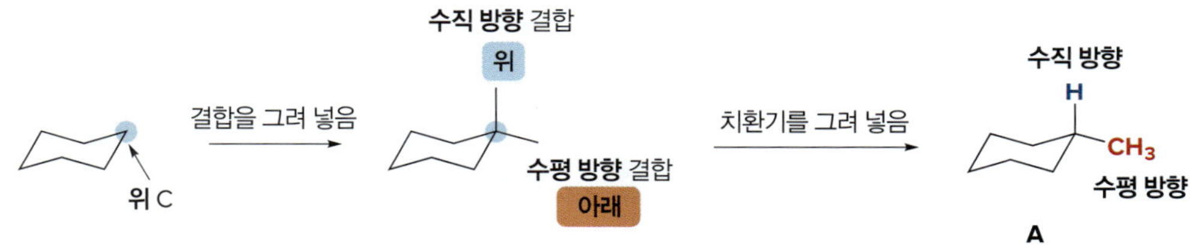

단계 [2] **사이클로헥세인 고리를 뒤집는다.**

- **위쪽** C는 **아래쪽** C가 되고 **아래쪽** C는 **위쪽** C가 된다. 앞에서 선택한 **위쪽** C는 이제 아래쪽으로 향하게 된다.

위 C

고리 뒤집힘

아래 C

단계 [3] **두 번째 형태에 치환기를 그려 넣는다.**

- 수직 방향 결합과 수평 방향 결합을 그린다. **아래 C에서 수직 방향 결합은 아래로 향한다.**
- 고리 뒤집힘으로 인하여 수직 방향 결합은 수평 방향이 되고, 수평 방향 결합은 수직 방향이 된다. 수평 방향 메틸기는 수직 방향이 된다.
- 이렇게 하여 가능한 두 의자 형태 중 두 번째 것이 나오며, 이를 형태 **B**라고 표시한다.

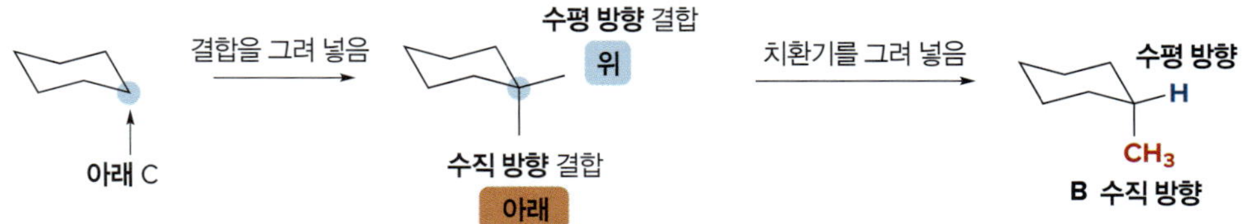

CH_3기는 수평 방향에서 수직 방향으로 뒤집혔으나, 시작할 때도 아래쪽 결합이었고, 계속 아래쪽 결합으로 남아 있음을 주의하자. **고리 아래쪽에서 위쪽으로 뒤집힐 수는 없다.**

- 고리 뒤집힘 과정에서 치환기는 항상 고리의 **같은 쪽**—위쪽 또는 아래쪽—에 머물게 된다.

각 탄소 원자는 하나의 위쪽 결합과 하나의 아래쪽 결합이 있다. 위쪽 결합은 그것이 결합된 탄소에 따라 수직 방향일 수도 있고, 수평 방향일 수도 있다. **위쪽 C에서는 수직 방향 결합이 위이지만, 아래쪽** C에서는 수평 방향 결합이 **위**이다.

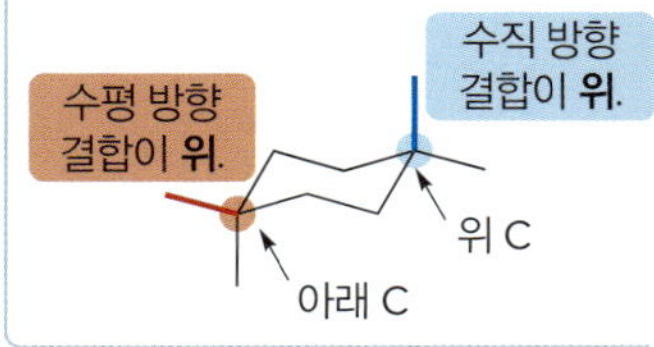

메틸사이클로헥세인의 두 형태는 서로 다르며, 따라서 안정성에서도 차이가 있다. 사실, 형태 **A**에서는 큰메틸기가 공간 여유가 더 많은 수평 방향에 위치하기 때문에 수직 방향에 있는 형태 **B**보다 훨씬 안정하다.

H
CH_3
수평 방향
A
크기가 큰 CH_3기가 수평 방향임.
더 안정함
95%

H
CH_3
B 수직 방향
덜 안정함
5%

왜 치환기가 하나 있는 사이클로헥세인의 경우 큰 치환기가 수평 방향 위치에 있을 때가 더 안정할까? 그림 4.13을 보면 CH_3기가 수평 방향에 있을 때, 인접한 기들과 입체 상호작용이 최소화됨을 알 수 있다. CH_3기가 수직 방향에 있으면, 두 개의 다른 수직 방향 H 원자와 가깝게 있게 되어 불안정하게 되는 입체 상호작용이 두 개 생기게 되며, 이를 **1,3-이수직 방향 상호작용(1,3-diaxial interaction)**이라 한다. 불리한 H, CH_3 상호작용 각각이 이 형태를 3.8 kJ/mol만큼 불안정하게 만들어 형태 **B**(오른쪽)는 형태 **A**(왼쪽)보다 7.6 kJ/mol만큼 불안정하다.

그림 4.13
메틸사이클로헥세인의 두 형태에 대한 삼차원 모형

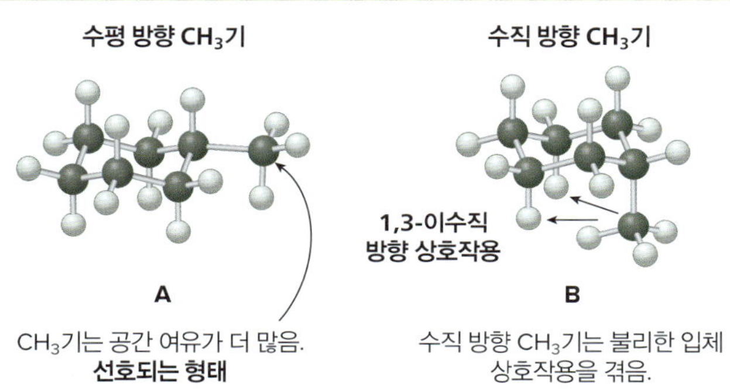

- 수직 방향 치환기의 크기가 크면 1,3-이수직 방향 상호작용이 불리하게 작용하여 사이클로헥세인 형태가 불안정하게 된다.

육원자 고리의 치환기가 크면 클수록 평형에서 치환기가 수평 방향에 있는 형태의 비율이 높아진다. 사실, *tert*-butyl [$(CH_3)_3C-$]처럼 아주 큰 치환기의 경우, 실온에서 *tert*-butyl기가 수직 방향인 형태는 거의 존재하지 않으며, 따라서 **고리는 *tert*-butyl기가 수평 방향인 한 형태로 고정**되는 셈이 다. 그림 4.14에 이에 대한 설명이 나와 있다.

그림 4.14
tert-뷰틸사이클로헥세인의 두 가지 형태

H
H
H
CH_3 C CH_3 CH_3
매우 비좁음
수직 방향 *tert*-butyl기
C
매우 불안정함

H
C CH_3 CH_3 CH_3
수평 방향 *tert*-butyl기
D
100%

- 큰 *tert*-butyl기는 사이클로헥세인 고리를 형태 **D**로 고정시킨다.

문제 4.25 다음 각 사이클로헥세인에 대하여 또 다른 의자 형태를 그려라. 평형에서 어떤 형태가 더 많이 존재할지 밝혀라.

a. 

b. Cl
c. CH_2CH_3

문제 4.26 1-ethyl-1-methylcyclohexane의 두 가지 형태를 그리고 어떤 형태가 더욱 안정한지 결정하라.

4.12B 치환기가 두 개 있는 사이클로알케인

사이클로알케인 고리에 있는 C–C 결합 주위로 회전하는 것은 자유롭지 못하기 때문에 **고리의 한 쪽에 있는 치환기를 다른 쪽으로 회전시킬 수는 절대로 없다.** 그 결과 서로 다른 두 가지의 1,2-dimethyl사이클로펜테인이 존재한다—하나는 두 CH_3기가 고리의 **같은 쪽**에 있는 것이고, 다른 하나는 고리의 **반대편**에 있는 것이다.

> **쐐기는 고리 평면의 앞쪽에 있는 결합을 표시하고, 점선쐐기는 뒤쪽에 있는 결합을 표시한다.** 이 표시법은 1.7B절에서 다루었다. 고리 **앞쪽**에 있는 CH_3기가 고리의 탄소에 결합되어 있으면(쐐기로 연결), 이 탄소에 결합된 다른 원자는 고리 **뒤쪽**에 위치하는 수소 원자라고 **가정한다**(점선쐐기로 표시).

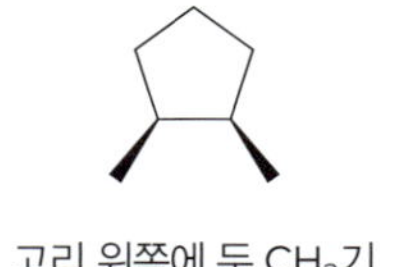
고리 위쪽에 두 CH_3기
A
시스 이성질체

한 CH_3는 위쪽, 한 CH_3는 아래쪽에
B
트랜스 이성질체

A와 **B**는 **분자식**은 같지만 서로 다른 화합물이기 때문에 **이성질체**이다. 그렇지만 이들은 이성질체의 두 번째 부류인 **입체 이성질체(stereoisomer)**의 예이다.

- **입체 이성질체**는 원자가 공간에서 배열되어 있는 방식**만**이 다른 이성질체이다.

> **시스**와 **트랜스** 이성질체는 사이클로알케인의 이름에 **시스**와 **트랜스** 접두사를 붙여 이름짓는다. 즉 **A**는 **시스**-1,2-dimethylcyclopentane이고 **B**는 **트랜스**-1,2-dimethylcyclopentane이다.

이들 입체 이성질체를 구별하기 위하여 접두사 **시스(cis)**와 **트랜스(trans)**를 붙인다.

- 시스 이성질체는 두 기가 고리의 **같은 쪽**에 있다.
- 트랜스 이성질체는 두 기가 고리의 **반대쪽**에 있다.

문제 4.27 다음 각 화합물의 구조를 쐐기와 점선쐐기를 이용하여 그려라.

a. *cis*-1,2-dimethylcyclopropane b. *trans*-1-ethyl-2-methylcyclopentane

문제 4.28 *cis*-1,3-diethylcyclobutane의 (a) 입체 이성질체, (b) 구조 이성질체를 그려라.

4.12C 치환기가 두 개 있는 사이클로헥세인

1,4-다이메틸사이클로헥세인과 같이 치환기가 두 개 있는 사이클로헥세인도 시스와 트랜스 입체 이성질체로 존재할 수 있다. 아울러 각각의 이러한 입체 이성질체는 두 개의 가능한 의자 형태를 취할 수 있다.

***trans*-1,4-dimethylcyclohexane** ***cis*-1,4-dimethylcyclohexane**

> 두 치환기가 **다른** 탄소 원자에 결합하고 있는 모든 이중 치환 사이클로알케인은 시스와 트랜스 이성질체로 존재할 수 있다.

각 입체 이성질체의 두 형태를 그리려면 4.12A절에 있는 치환기가 하나 있는 사이클로헥세인의 경우와 같이 따라 하되, 고리에 두 치환기를 그려 넣으면 된다.

해결 방법 치환기가 두 개 있는 사이클로헥세인의 두 형태 그리는 방법

단계 [1] 의자 형태를 그리고 치환기를 그려 넣는다.

- **트랜스**-1,4-다이메틸사이클로헥세인의 경우 임의로 1,4 위치에 있는 두 C를 선택하고 이들을 **위** C 또는 **아래** C로 분류한 후 치환기를 그려 넣는다.
- **트랜스 이성질체에서는 하나의 치환기는 고리 위에(위에 있는 결합에), 그리고 다른 하나는 고리 아래에(아래에 있는 결합에) 있다.** 치환기가 하나는 위쪽, 다른 하나는 아래쪽이기만 하면 되고, 수직 방향이든 수평 방향이든 상관없다. 그리기가 가장 쉬운 트랜스 이성질체는 두 CH_3기 둘 다 수직 방향에 있는 것이다. 이 배열을 **이수직 방향(diaxial)**이라 한다.
- 이렇게 하여 가능한 두 의자 형태 중 하나가 생기며, 이를 형태 **A**라고 표시한다.

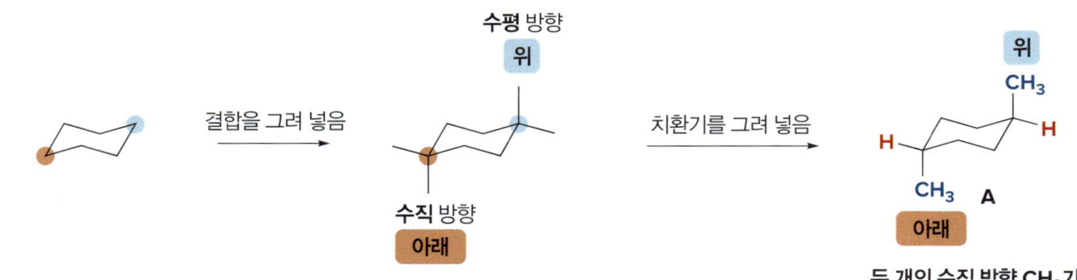

단계 [2] 사이클로헥세인 고리의 고리 뒤집힘을 시행한다.

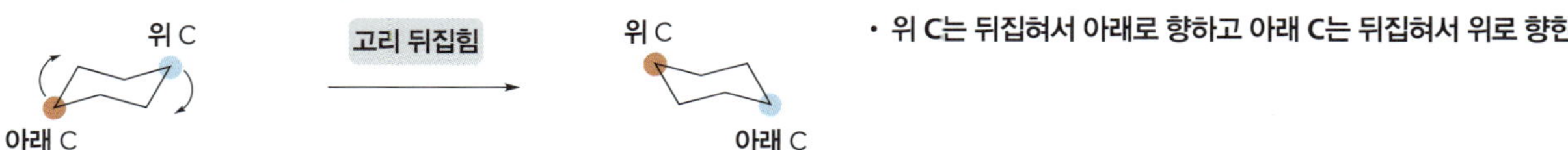

- **위 C는 뒤집혀서 아래로 향하고 아래 C는 뒤집혀서 위로 향한다.**

단계 [3] 두 번째 형태에 치환기를 그려 넣는다.

H
CH3
아래
위
CH3
H

두 개의 수직 방향 CH_3기

B

- **고리 뒤집힘으로 인하여 수직 방향 결합은 수평 방향이 되고 수평 방향 결합은 수직 방향이 된다.** 이수직 방향 CH_3기는 **이수평 방향(diequatorial)**이 된다. 이 트랜스 이성질체는 모습을 떠올리기가 쉽지 않다. 그러나 한 CH_3기는 고리 위에(**위쪽** 결합에), 그리고 다른 하나는 고리 아래에(아래쪽 결합에) 있으므로 분명 트랜스이다.

형태 **A**와 **B**는 동일하게 안정하지 않다. **형태 B는 큰 CH_3기 두 개가 모두 공간 여유가 더 많은 수평 방향에 위치하기 때문에 에너지가 더 낮다.**

CH_3기 두 개가 더 비좁은 **수직 방향**에 위치

CH_3기 두 개가 공간 여유가 더 많은 **수평 방향**에 위치

CH3 H H CH3

A
이수직 방향 형태

H CH3 CH3 H

B
이수평 방향 형태
더 안정

1,4-다이메틸사이클로헥세인의 시스 이성질체에도 두 형태가 있으며, 그림 4.15에 나와 있다. 각 형태는 CH_3 한 개가 수직 방향, 또 다른 한 개가 수평 방향에 있으므로 이들은 **에너지가 같다.** 따라서 실온에서 이들 두 형태는 50:50 혼합물의 평형 상태로 존재한다.

그림 4.15
시스-1,4-다이메틸사이클로헥세인의 두 가지 형태

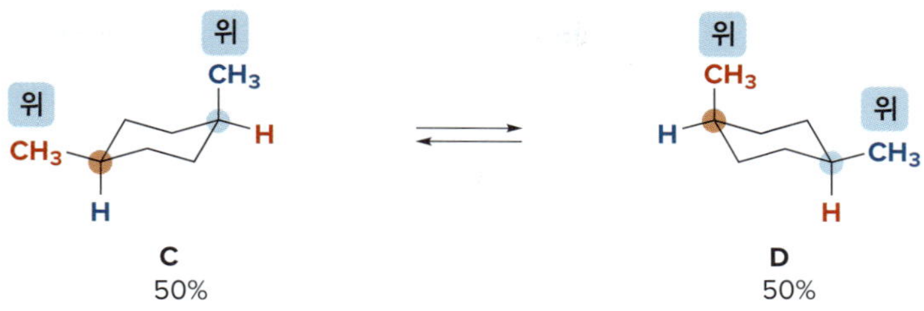

- **시스 이성질체는 두 치환기가 같은 쪽**, 즉 둘 다 **위쪽** 결합에 있거나 둘 다 **아래쪽**이다. 이 예에서 형태 **C**와 **D**는 두 CH_3가 **위**로 가도록 그렸다.
- 두 형태가 모두 하나의 CH_3는 수직 방향, 또 하나는 수평 방향이어서 안정성이 동일하다.

문제 4.29 아래에 그린 각 화합물에 대해 (a) 각 OH, Br과 CH_3기를 수직 방향 또는 수평 방향으로 표시하라. (b) 각 형태를 시스 또는 트랜스로 분류하라.

[1] [2] [3]

치환기가 두 개 있는 어떠한 사이클로헥세인의 두 형태의 상대적 안정성도 이와 같은 방법으로 분석할 수 있다.

- **시스** 이성질체는 두 치환기가 **같은 쪽**, 즉 둘 다 **위쪽** 결합에 있거나 둘 다 **아래쪽** 결합에 있다.
- **트랜스** 이성질체는 두 치환기가 **반대쪽**, 즉 하나는 **위쪽**, 다른 하나는 **아래쪽** 결합에 있다.
- 치환기가 수직 방향 또는 수평 방향인지는 두 치환기의 상대적 위치(즉 1,2-, 1,3-, 또는 1,4-번 탄소)에 달려 있다.

예제 4.3 치환기가 두 개 있는 사이클로헥세인의 두 형태 그리기

트랜스-1,3-다이메틸사이클로헥세인의 두 의자 형태를 그려라.

풀이

단계 [1] 의자 형태를 그리고 치환기를 그려 넣는다.

위쪽 C　위쪽 C → 수직 방향 위 CH_3 H CH_3 수평 방향 아래 H **A**

- 서로 1,3-위치에 있는 두 C를 선택한다.
- **트랜스 이성질체는 두 치환기가 반대쪽에 있다.** 형태 **A**에서는 하나의 CH_3기는 수직 방향에(**위쪽** 결합에), 그리고 다른 하나는 수평 방향에(**아래쪽** 결합에) 있게 된다.

단계 [2~3] 고리를 뒤집고 치환기를 그려 넣는다.

수직 방향 CH_3 H CH_3 수평 방향 H **A** —고리 뒤집힘→ CH_3 수평 방향 H H CH_3 **B** 수직 방향

- 두 개의 **위쪽** C는 뒤집혀서 아래로 향한다.
- 수직 방향 CH_3는 뒤집혀서 수평 방향이 되고(여전히 **위쪽** 결합), 수평 방향 CH_3는 뒤집혀서 수직 방향(여전히 **아래쪽** 결합)이 된다. 형태 **B**는 두 CH_3가 여전히 **반대쪽**에 있으므로 **트랜스**이다.
- 각각이 한 CH_3는 수평 방향에, 그리고 다른 하나는 수직 방향에 있으므로 **형태 A와 B는 안정성이 같다**.

문제 4.30 1,2-다이메틸사이클로헥세인에서

a. 육원자 고리를 육각형이라 생각하고 시스와 트랜스 이성질체의 구조를 그려라.
b. 시스 이성질체의 가능한 두 의자 형태를 그려라. 만일 차이가 있으면, 어떤 형태가 더 안정한가?
c. 트랜스 이성질체의 가능한 두 의자 형태를 그려라. 단일 차이가 있으면, 어떤 형태가 더 안정한가?
d. 시스와 트랜스 중 어떤 이성질체가 더 안정한가? 그리고 그 이유는 무엇인가?

추가 문제: 문제 4.39, 4.55, 4.56을 풀어보라.

문제 4.31 다음 각 화합물이 시스인지 트랜스인지 밝혀라. 그리고 또 다른 의자 형태를 그려라.

a. b. c.

문제 4.32 CH_3CH_2기 한 개와 CH_3기 한 개가 있는 사이클로헥세인이 있다. 다음의 각 설명에 맞는 의자 형태를 그려라.

a. CH_3CH_2기가 수직 방향에 있는 1,1-이중 치환 사이클로헥세인
b. CH_3기가 수직 방향에 있는 시스-1,2-이중 치환 사0 클로헥세인
c. CH_3기가 수평 방향에 있는 트랜스-1,3-이중 치환 사이클로헥세인
d. CH_3CH_2기가 수평 방향에 있는 트랜스-1,4-이중 치환 사이클로헥세인

예제 4.4 치환기가 있는 평면 육각형 구조를 의자 형태로 변환하기

다음 치환기가 세 개 있는 사이클로헥세인의 두 가지 의자 형태를 그리고 더 안정한 형태가 무엇인지 표시하라.

풀이

쐐기와 점선쐐기를 이용하여 어떤 치환기가 고리 면 위에 있고, 아래에 있는지 판단한다. 평면 육각형을 의자 형태로 변환하기 위해서는 하나의 치환기에서 시작하여 시계 방향이나 반시계 방향으로 돌아가면서 진행한다.

단계 [1] 의자 형태를 그리고, 치환기를 그려 넣는다.

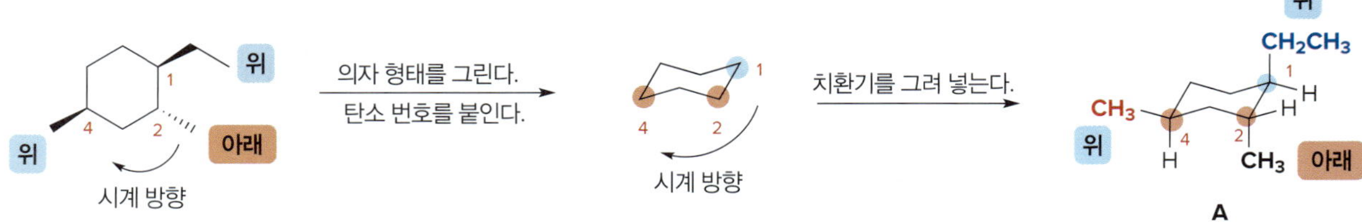

- 평면 육각형에서 **시계** 방향으로 고리 탄소에 1 → 2 → 4 번호를 붙이면, 의자 형태에서도 **시계** 방향으로 번호를 붙인다. 의자 형태의 어떤 C도 C1로 번호를 붙일 수 있다.
- C1의 **위쪽** 결합에 있는 에틸기는 수직 방향, C2의 **아래쪽** 결합에 있는 메틸기도 수직 방향, C4의 **위쪽** 결합에 있는 메틸기는 수평 방향이다.
- 형태 **A**는 두 개의 수직 방향 치환기와 한 개의 수평 방향 치환기가 있다.

단계 [2] 고리를 뒤집고 치환기를 그려 넣는다.

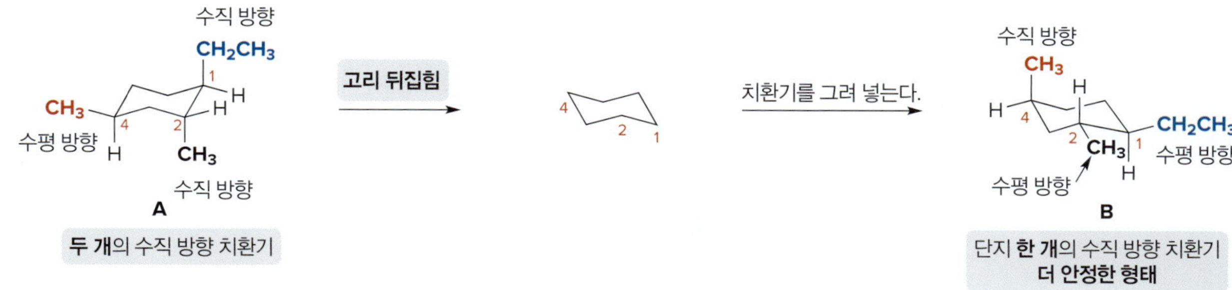

- 사이클로헥세인의 고리가 뒤집히면 또 다른 의자 형태 **B**가 생긴다. 형태 B는 한 개의 수직 방향 치환기와 두 개의 수평 방향 치환기가 있으며 **더 안정한** 형태이다.

문제 4.33 (a) 화합물 **C**의 더 안정한 의자 형태를 그려라. (b) 형태 **D**를 쐐기와 점선쐐기를 이용하여 치환기가 달린 평면 육각형 구조로 나타내라.

C D

추가 문제: 문제 4.56a; 4.60a, b; 4.62c를 풀어보라.

문제 4.34 각 쌍의 화합물이 같은지 아니면 입체 이성질체인지를 표시하라.

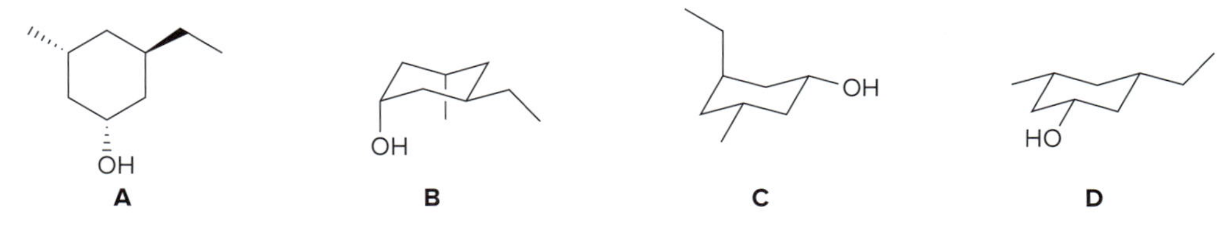

4.13 알케인의 산화

3장에서 우리는 작용기가 헤테로 원자나 π 결합을 포함하며 **분자의 반응하는 부분**이라고 배웠다. 알케인은 유기 분자 종류들 중에서 유일하게 작용기가 없는 종류이며, 따라서 **알케인이 하는 반응은 별로 없다**. 사실 알케인은 매우 극단적인 반응 조건을 쓰지 않으면 반응하지 않는다.

4장에서는 알케인이 하는 여러 반응 중에서 한 가지 반응인 **연소(combusition)**에 대해서만 살펴본다. 연소는 **산화-환원(oxidation-reduction)** 반응이다.

4.13A 산화와 환원 반응

다수의 C–H 결합과 소수의 C–Z 결합이 있는 화합물은 **환원된 상태**에 있다고 말하고, 소수의 C–H 결합과 더 많은 수의 C–Z 결합이 있는 화합물은 **더 산화된 상태**에 있다고 말한다. CH_4는 극히 환원된 상태이고, 반면에 CO_2는 극히 산화된 상태이다.

- **산화**는 전자를 **잃는** 것이다.
- **환원**은 전자를 **얻는** 것이다.

산화와 환원은 반대 과정이다. 산–염기 반응처럼 이들 반응에서는 항상 두 성분이 관여한다. **한 성분은 산화되고, 다른 성분은 환원된다.**

유기 화합물이 산화되는지 환원되는지를 결정하려면 출발물과 생성물의 탄소 원자만 생각하여 **C–H 결합과 C–Z 결합의 상대적 수를 비교한다**(여기서 Z는 탄소보다 더 전기 음성적인 원소로서 보통 O, N, X 등이다). 산화와 환원은 두 가지 상호보완적인 방법으로 정의된다.

- **산화**는 C–Z 결합의 수를 **증가**시킨다. **또는**
- **산화**는 C–H 결합의 수를 **감소**시킨다.

- **환원**은 C–Z 결합의 수를 **감소**시킨다. **또는**
- **환원**은 C–H 결합의 수를 **증가**시킨다.

Z는 C보다 더 전기 음성적이므로 C–H 결합이 C–Z 결합으로 바뀌면 C 주위에 전자 밀도가 줄어든다. 전자 밀도의 감소 = 산화.

그림 4.16은 CH_4의 C–H 결합이 C–O 결합으로 바뀌어 CH_4가 산화되는 과정(왼쪽에서 오른쪽 방향으로)을 나타낸다. **[O]** 표시는 산화를 뜻한다. 환원은 산화의 역과정이므로 그림 4.16의 분자는 오른쪽에서 왼쪽으로 가면서 CO_2부터 CH_4까지 단계적으로 환원되는 것이다. **[H]** 표시는 환원을 뜻한다.

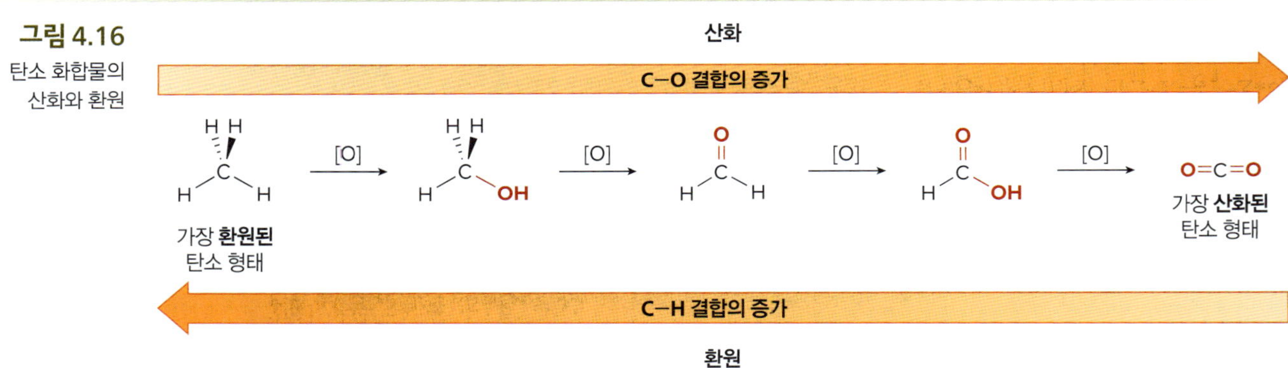

그림 4.16 탄소 화합물의 산화와 환원

예제 4.5 화합물이 산화되는지, 환원되는지 결정하기

다음 각 반응에서 유기 화합물이 산화되는지 환원되는지 밝혀라.

a. 에탄올 → 아세트산　　b. 사이클로헥센 → 사이클로헥세인

풀이

a. 에탄올에서 아세트산으로의 변환은 C–O 결합의 수가 증가하므로 **산화**이다: CH_3CH_2OH에는 하나의 C–O 결합이 있고, CH_3COOH에는 세 개의 C–O 결합이 있다.

b. 사이클로헥센(C_6H_{10})에서 사이클로헥세인(C_6H_{12})으로의 변환은 C–H 결합의 수가 증가하므로 **환원**이다: 사이클로헥세인에는 사이클로헥센보다 C–H 결합이 두 개 더 있다.

문제 4.35 다음 각 반응이 산화인지 환원인지 아니면 어느 것도 아닌지 밝혀라.

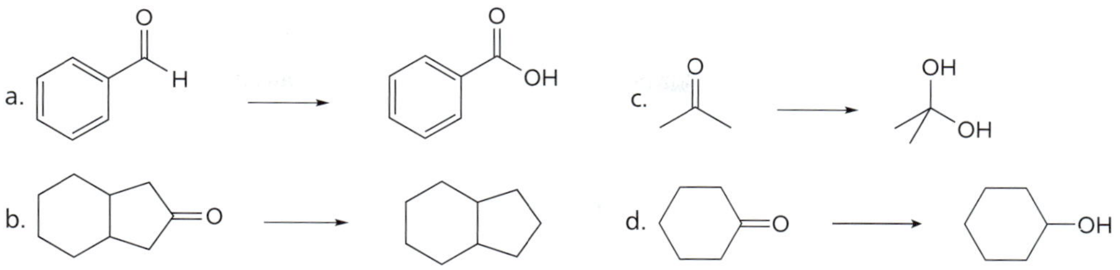

a. (벤즈알데하이드 → 벤조산)
b. (바이사이클릭 케톤 → 바이사이클릭 알케인)
c. (아세톤 → 2,2-다이올)
d. (사이클로헥산온 → 사이클로헥산올)

추가 문제: 문제 4.64, 4.68a를 풀어보라.

4.13B 알케인의 연소

유기 화합물이 어떤 시약에 의해 **산화되면**, 그 시약 자체는 **환원된다**. 마찬가지로 유기 화합물이 어떤 시약에 의해 **환원되면**, 그 시약 자체는 **산화된다. 유기 화학자는 어떤 반응이 산화인지 환원인지 구별할 때, 반응의 유기 성분에 어떤 일이 일어나는지로 판단한다.**

알케인은 **연소**된다—즉 **산소 존재하에서 타서 이산화탄소와 물을 생성한다**. 이것은 산화의 실용적인 예이다. 출발물에 있는 모든 C−H와 C−C 결합은 생성물에서 C−O 결합이 된다. 생성물인 $\mathbf{CO_2 + H_2O}$는 출발물이 무엇이든 간에 같음을 주목하자. 알케인이 천연 가스, 휘발유, 또는 난방 기름인 경우, 이것의 연소는 가정용 난방, 자동차의 동력, 그리고 취사에 필요한 에너지를 제공한다.

$$\underset{\text{메테인}}{CH_4} + 2\,O_2 \xrightarrow{\text{불꽃}} CO_2 + 2\,H_2O + \text{(열)에너지}$$

$$2\ \text{(2,2,4-트라이메틸펜테인)} + 25\,O_2 \xrightarrow{\text{불꽃}} 16\,CO_2 + 18\,H_2O + \text{(열)에너지}$$

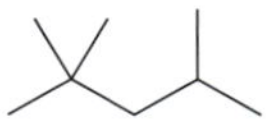

2,2,4-트라이메틸펜테인 (아이소옥테인) — **환원된** 상태 출발물

산화된 상태 생성물

연소할 때, 반응을 시작하기 위하여 스파크나 성냥불이 필요하다. 따라서 주로 알케인으로 구성된 휘발유는 공기 중에서 안전하게 취급하고 저장할 수 있으나 스파크나 성냥불이 있으면 즉시 그리고 매우 격렬하게 연소한다.

자동차로 10,000마일을 갤런당 25마일의 연비로 운전하면 ~10,000 lb의 CO_2가 대기에 방출된다.

알케인과 화석 연료에서 얻어지는 그 밖의 탄화수소의 연소로 인하여 매년 엄청난 양의 CO_2가 대기에 더해지게 된다. 정량적 데이터에 의하면, 지난 63년 동안 대기 중의 CO_2의 농도는 30% 증가했다고 한다(1958년에 315 ppm에서 2021년에 414 ppm으로, 그림 4.17). 대기의 구성성분은 지구가 생긴 이래로 변해 왔으나, 인류의 행동으로 인하여 대기 성분이 크게, 또 그렇게 빨리 변한 것은 처음 있는 일일 것이다.

대기에서 증가한 CO_2 농도는 장기적이고 광범위한 영향을 가져올 것이다. CO_2는 보통 지구 표면에서 발산하는 열 에너지를 흡수하여 표면에 다시 보낸다. CO_2의 농도가 더 올라가면, 지구 대기의 평균 온도가 올라가게 된다. 이러한 효과로 일어나는 지구적 기후 변화는 극지방 만년설의 녹음, 해수면 상승 그리고 더 많은 예측하지 못하는 결과를 가져올 것이다.

문제 4.36 다음 각 연소 반응의 생성물을 그려라.

a.  (프로페인) + O_2 $\xrightarrow{\text{불꽃}}$ b.  (사이클로헥세인) + O_2 $\xrightarrow{\text{불꽃}}$

그림 4.17

1958년 이후 대기 중의 CO_2 농도 변화

Source: US Department of Commerce, National Oceanic & Atmospheric Administration, NOAA Monitoring Laboratory.

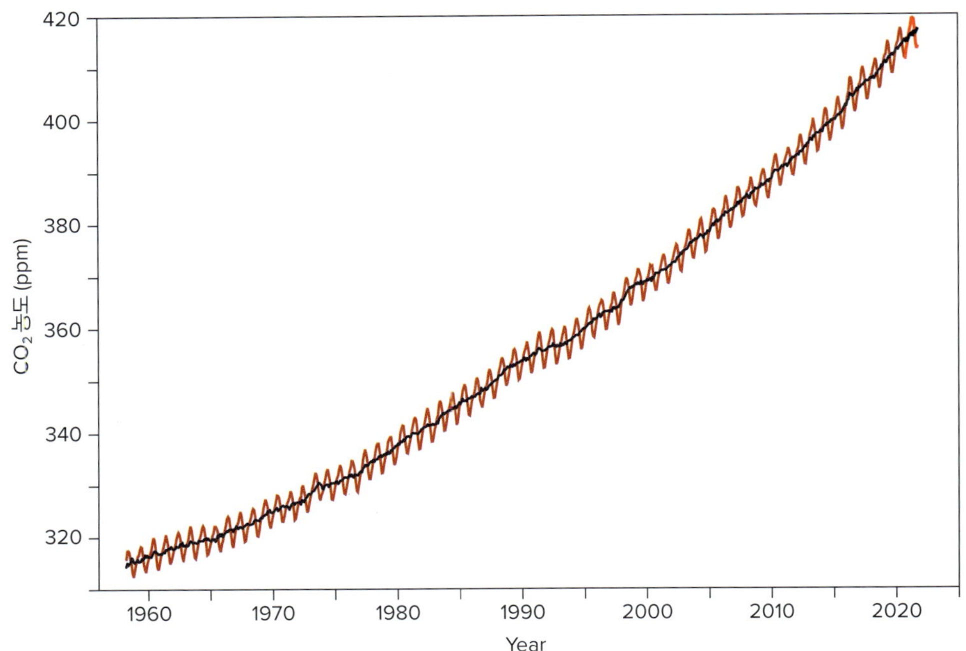

• 이 그래프에서 대기 중의 CO_2 농도 증가가 뚜렷이 나타난다. 매년 두 번의 자료가 기록되었다. 그래프가 톱날처럼 보이는 것은 계절에 따라 광합성의 양이 달라서 CO_2 농도가 변하기 때문이다(자료는 하와이의 Mauna Loa에서 기록되었음).

4.14 지질—1부

탄소–탄소 이중 결합을 포함하는 지질은 10.6절에서 자세히 다룬다.

지질(lipid)은 그 성질이 알케인이나 다른 탄화수소를 닮은 생체 분자이다. 지질은 어떤 특정한 작용기의 존재로 정의된 것이 아니라 **물리적 성질**로 정의된다는 점이 다른 종류의 생체 분자들과 다르다.

• 지질은 유기 용매에 녹고 물에는 녹지 않는 생체 분자이다.

지질은 크기와 모양이 다양하며 여러 가지 작용기가 들어 있다. 비타민 A와 같은 지용성 비타민과 세포막을 생성하는 인지질은 3.5A절과 3.7A절에 소개된 지질의 예이다. 다른 예들은 그림 4.18에 소개되어 있다. 이들의 공통적 특징은 그 용해도이다.

그림 4.18 대표적인 두 개의 지질 분자

O
O
HO
밀랍의 성분
콜레스테롤

• 지질은 무극성 C–H와 C–C 결합 여러 개로 구성되어 있으며 극성 작용기는 별로 없다.

Riorita/E+/Getty Images

왁스(wax)는 두 개의 긴 알킬 사슬이 산소를 포함하는 작용기 하나로 연결된 지질이다. C–H와 C–C 결합이 여러 개 있기 때문에 **왁스는 소수성(hydrophobic)이다.** 왁스는 조류의 깃털이 물에 젖지 않도록, 그리고 나뭇잎의 표면에서는 수분의 증발을 방지하도록 보호막을 생성한다. 벌은 $CH_3(CH_2)_{14}COO(CH_2)_{29}CH_3$를 분비하여 알을 낳는 벌집을 만든다.

콜레스테롤(cholesterol)은 지질의 한 종류로, 네 개의 고리가 서로 연결된 스테로이드류에 속하는 화합물이다. 이 화합물은 극성 OH기가 하나밖에 없기 때문에 혈액의 수용성 매체에 녹지 않는다. 간에서 합성된 콜레스테롤은 물에 녹는 유기 분자에 결합하여 다른 세포로 이동된다. 콜레스테롤 수치가 높으면 심혈관계 질병이 생길 수 있다.

콜레스테롤은 세포막의 필수적인 성분이다. 소수성 탄소 사슬은 지질 이중층에 묻혀 있고 친수성 하이드록시기는 수용성 외부로 향해 있다(그림 4.19). 고리가 네 개인 탄소 골격은 길고 흐느적거리는 인지질의 곁사슬에 비해 매우 단단하기 때문에 콜레스테롤은 세포막을 빳빳하게 하여 더 강하게 만든다.

그림 4.19
세포막의 지질 이중층에 묻혀 있는 콜레스테롤

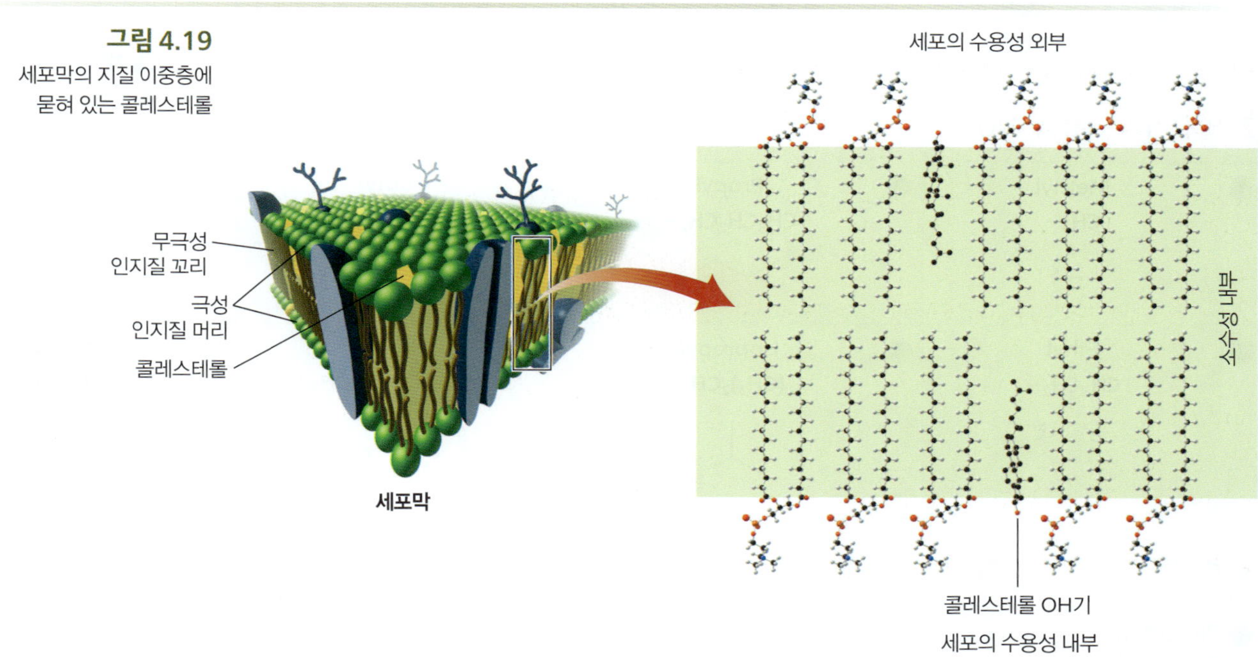

• 콜레스테롤의 무극성 탄화수소 골격은 세포막의 무극성 내부에 묻혀 있다. 단단한 탄소 골격은 연한 지질 이중층을 단단하게 하여 더 강하게 만든다.
• 콜레스테롤의 극성 OH기는 세포 내부 및 외부의 수용성 매질 쪽으로 향해 있다.

지질은 에너지 함량이 높기 때문에 대사 과정에서 높은 에너지를 방출한다. 지질은 주로 C–C와 C–H 결합으로 되어 있어서, 마치 알케인처럼 산화될 때 에너지가 나온다. 사실 지질은 에너지를 저장하는 가장 효율적인 생체 분자이다. **우리는 알케인을 연소하여 우리 가정에 필요한 열을 얻고, 지질을 대사하여 우리 몸에 필요한 에너지를 얻는다.**

문제 4.37 왜 밀랍은 H_2O에 녹지 않고 에탄올(CH_3CH_2OH)에는 조금만 녹으며 클로로폼(chloroform, $CHCl_3$)에는 녹는지 설명하라.

Chapter 04 복습

핵심 개념

[1] 알케인에 대한 일반적 사실

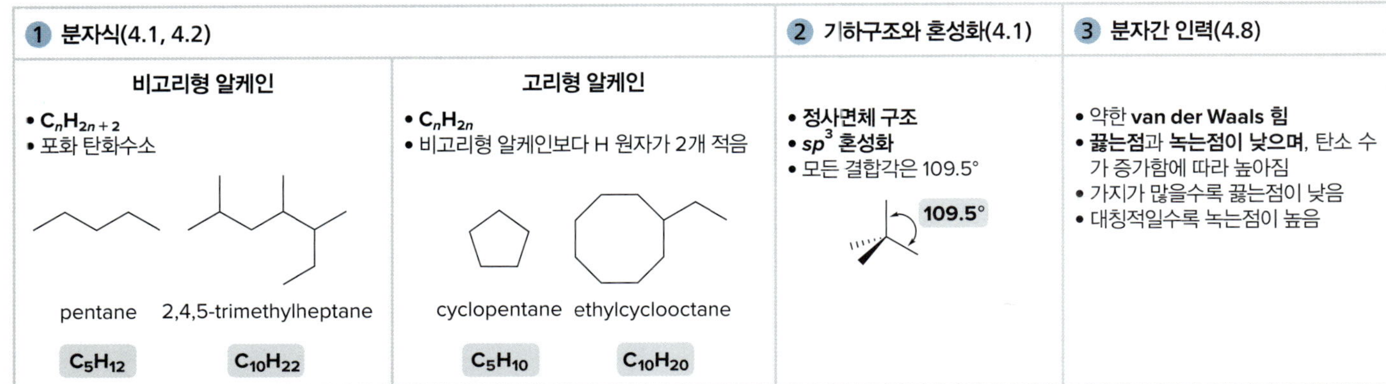

① 분자식(4.1, 4.2)		② 기하구조와 혼성화(4.1)	③ 분자간 인력(4.8)
비고리형 알케인	**고리형 알케인**		
• C_nH_{2n+2} • 포화 탄화수소 pentane C_5H_{12} 2,4,5-trimethylheptane $C_{10}H_{22}$	• C_nH_{2n} • 비고리형 알케인보다 H 원자가 2개 적음 cyclopentane C_5H_{10} ethylcyclooctane $C_{10}H_{20}$	• 정사면체 구조 • sp^3 혼성화 • 모든 결합각은 109.5° 109.5°	• 약한 van der Waals 힘 • **끓는점과 녹는점이 낮으며**, 탄소 수가 증가함에 따라 높아짐 • 가지가 많을수록 끓는점이 낮음 • 대칭적일수록 녹는점이 높음

표 4.2 참고. 문제 4.46, 4.47을 풀어보라.

[2] 알킬기의 이름(4.4A)

① Methyl CH_3-	③ Propyl $CH_3CH_2CH_2-$	⑤ Butyl $CH_3CH_2CH_2CH_2-$	⑦ Isobutyl $(CH_3)_2CHCH_2-$
② Ethyl CH_3CH_2-	④ Isopropyl $(CH_3)_2CH-$	⑥ *sec*-Butyl $CH_3CH_2CHCH_3$	⑧ tert-Butyl $(CH_3)_3C-$

[3] 비고리형 알케인의 형태(4.8, 4.9)

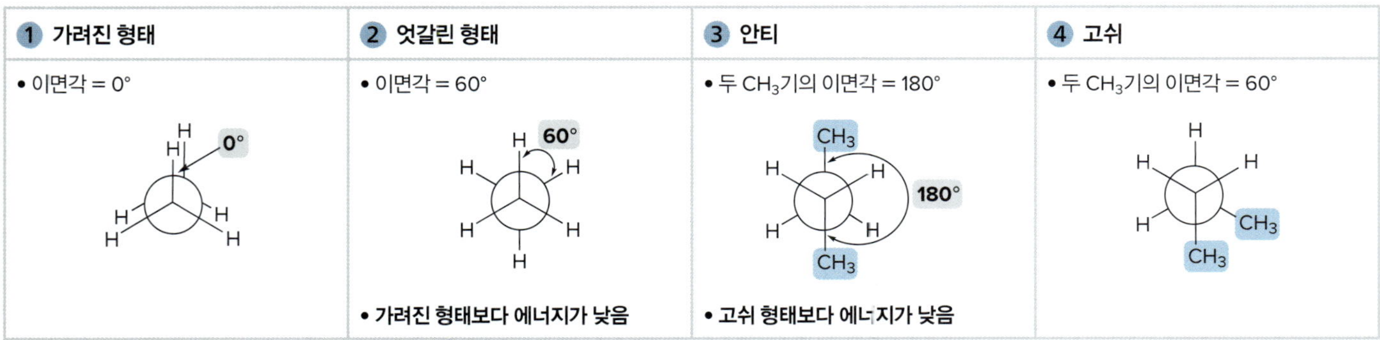

① 가려진 형태	② 엇갈린 형태	③ 안티	④ 고쉬
• 이면각 = 0°	• 이면각 = 60°	• 두 CH_3기의 이면각 = 180°	• 두 CH_3기의 이면각 = 60°
0°	60°	180°	CH_3 CH_3
	• 가려진 형태보다 에너지가 낮음	• 고쉬 형태보다 에너지가 낮음	

표 4.7 참고. 문제 4.40, 4.48~4.51, 4.52a, 4.54a를 풀어보라.

[4] 무리의 종류

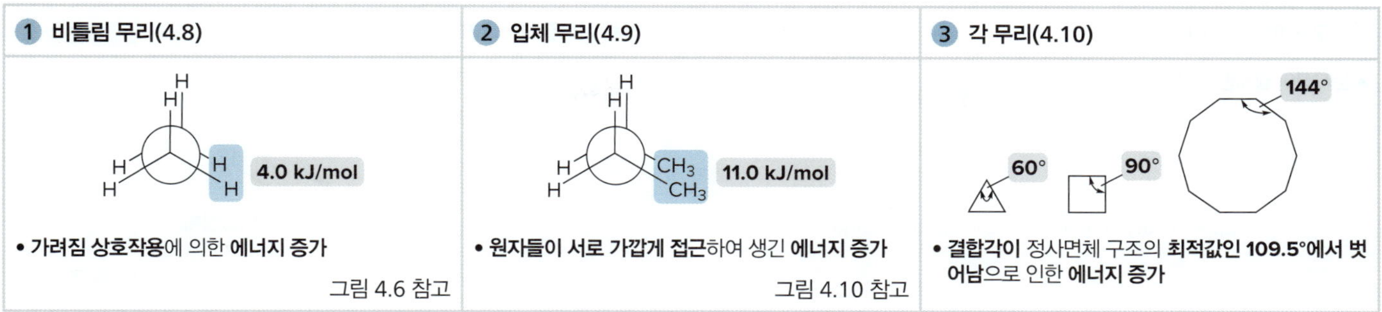

[5] 의자 형태 사이클로헥세인과 치환기가 한 개 있는 사이클로헥세인

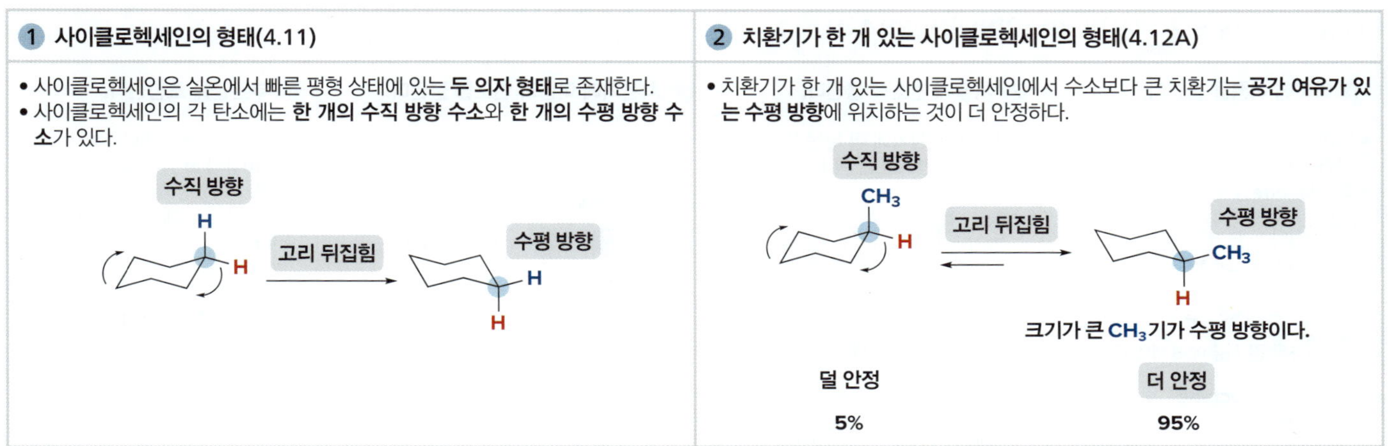

해결 방법 p. 154, p. 156, 그림 4.11, 4.13, 4.14 참고.

[6] 치환기가 두 개 있는 사이클로헥세인(4.12C)

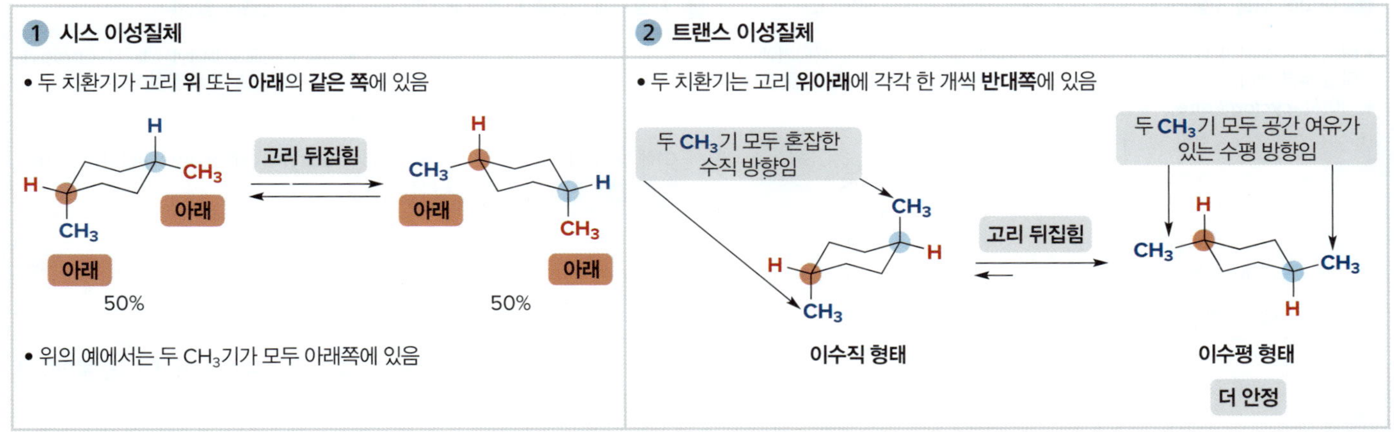

해결 방법 p. 159, 그림 4.15, 예제 4.3 참고. 문제 4.55–4.58, 4.60a, 4.62b를 풀어보라.

[7] 이성질체의 두 종류

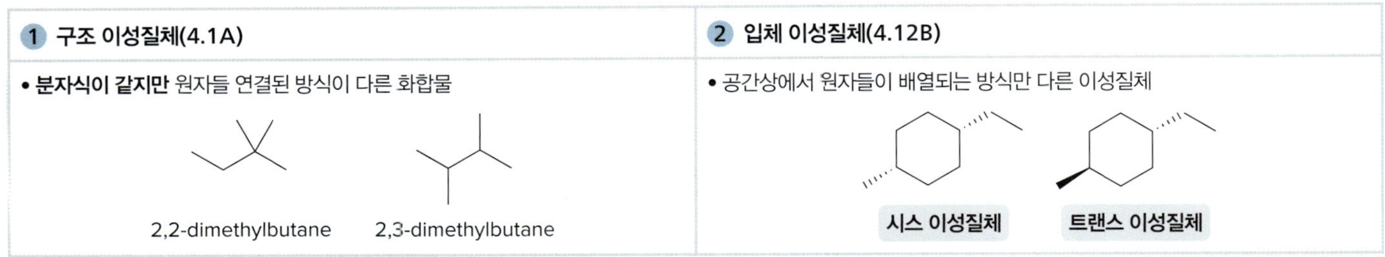

① 구조 이성질체(4.1A)	② 입체 이성질체(4.12B)
• **분자식이 같지만** 원자들 연결된 방식이 다른 화합물 2,2-dimethylbutane　2,3-dimethylbutane	• 공간상에서 원자들이 배열되는 방식만 다른 이성질체 시스 이성질체　트랜스 이성질체

문제 4.41, 4.61, 4.62a, 4.63을 풀어보라.

핵심 기법

[1] IUPAC 체계를 이용한 알케인의 명명법(4.4)

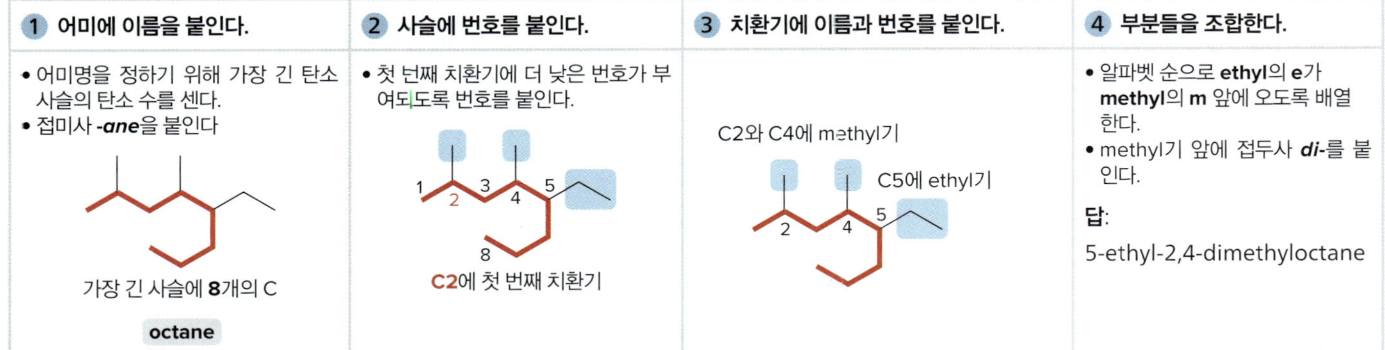

① 어미에 이름을 붙인다.	② 사슬에 번호를 붙인다.	③ 치환기에 이름과 번호를 붙인다.	④ 부분들을 조합한다.
• 어미명을 정하기 위해 가장 긴 탄소 사슬의 탄소 수를 센다. • 접미사 ***-ane***을 붙인다 가장 긴 사슬에 **8**개의 C **octane**	• 첫 번째 치환기에 더 낮은 번호가 부여되도록 번호를 붙인다. **C2**에 첫 번째 치환기	C2와 C4에 methyl기 C5에 ethyl기	• 알파벳 순으로 **ethyl**의 **e**가 **methyl**의 **m** 앞에 오도록 배열한다. • methyl기 앞에 접두사 ***di-***를 붙인다. **답**: 5-ethyl-2,4-dimethyloctane

표 4.1, 해결 방법 p. 136, 예제 4.1, 그림 4.1 참고. 문제 4.38; 4.42a–d, h, j; 4.43a, c, g, h; 4.45; 4.69a를 풀어보라.

[2] IUPAC 체계를 이용한 사이클로알케인의 명명법(4.5)

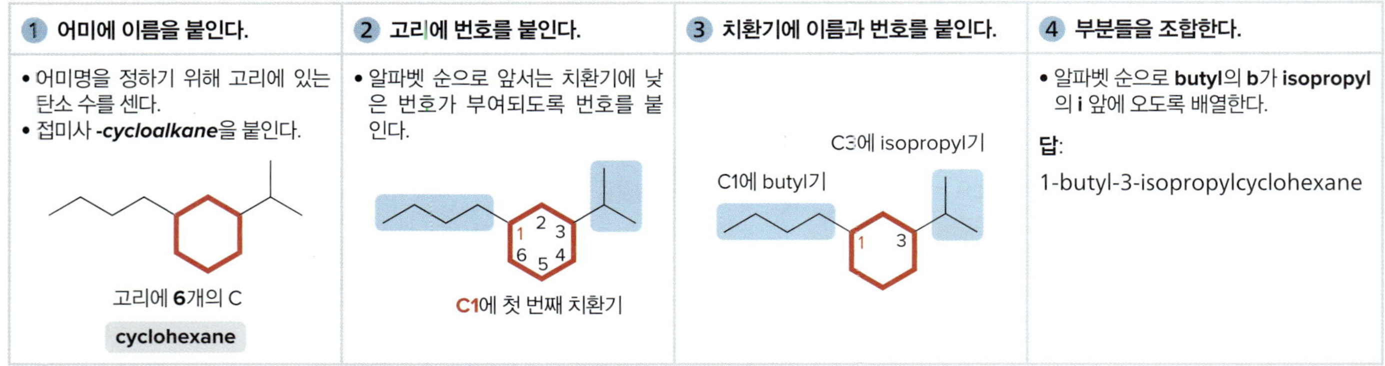

① 어미에 이름을 붙인다.	② 고리에 번호를 붙인다.	③ 치환기에 이름과 번호를 붙인다.	④ 부분들을 조합한다.
• 어미명을 정하기 위해 고리에 있는 탄소 수를 센다. • 접미사 ***-cycloalkane***을 붙인다. 고리에 **6**개의 C **cyclohexane**	• 알파벳 순으로 앞서는 치환기에 낮은 번호가 부여되도록 번호를 붙인다. **C1**에 첫 번째 치환기	C3에 isopropyl기 C1에 butyl기	• 알파벳 순으로 **butyl**의 **b**가 **isopropyl**의 **i** 앞에 오도록 배열한다. **답**: 1-butyl-3-isopropylcyclohexane

해결 방법 p. 141, 그림 4.2 참고. 문제 4.42e~g, i; 4.43b, d~f, i, j를 풀어보라.

[3] Newman 투영도를 이용하여 가장 안정한 형태와 가장 불안정한 형태 결정하기(4.9); 예: $ClCH_2CH_2Cl$

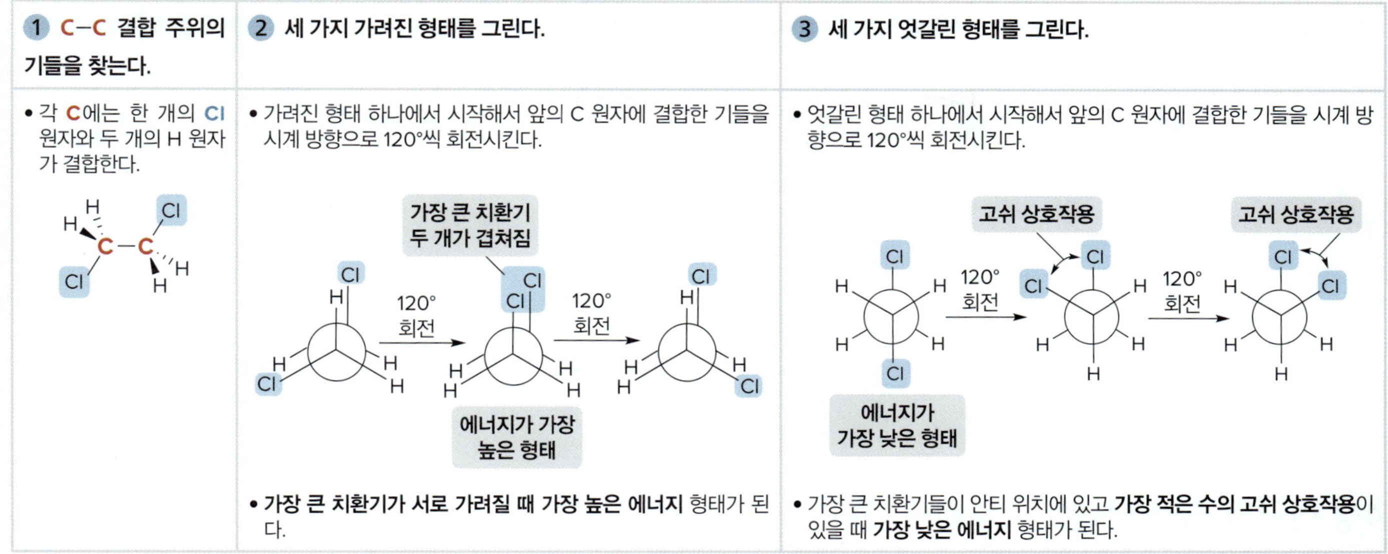

① C–C 결합 주위의 기들을 찾는다.	② 세 가지 가려진 형태를 그린다.	③ 세 가지 엇갈린 형태를 그린다.
• 각 C에는 한 개의 Cl 원자와 두 개의 H 원자가 결합한다.	• 가려진 형태 하나에서 시작해서 앞의 C 원자에 결합한 기들을 시계 방향으로 120°씩 회전시킨다.	• 엇갈린 형태 하나에서 시작해서 앞의 C 원자에 결합한 기들을 시계 방향으로 120°씩 회전시킨다.
	가장 큰 치환기 두 개가 겹쳐짐 120° 회전 에너지가 가장 높은 형태	고쉬 상호작용 120° 회전 에너지가 가장 낮은 형태
	• **가장 큰 치환기가 서로 가려질 때 가장 높은 에너지** 형태가 된다.	• 가장 큰 치환기들이 안티 위치에 있고 **가장 적은 수의 고쉬 상호작용**이 있을 때 **가장 낮은 에너지** 형태가 된다.

해결 방법 p. 146, 그림 4.4, 4.6, 4.7, 4.8 참고. 문제 4.48 – 4.51, 4.52a를 풀어보라.

[4] 치환기가 두 개 있는 사이클로헥세인의 두 형태 그리기(4.12C); 예: *cis*-1-(*tert*-butyl)-2-methylcyclohexane

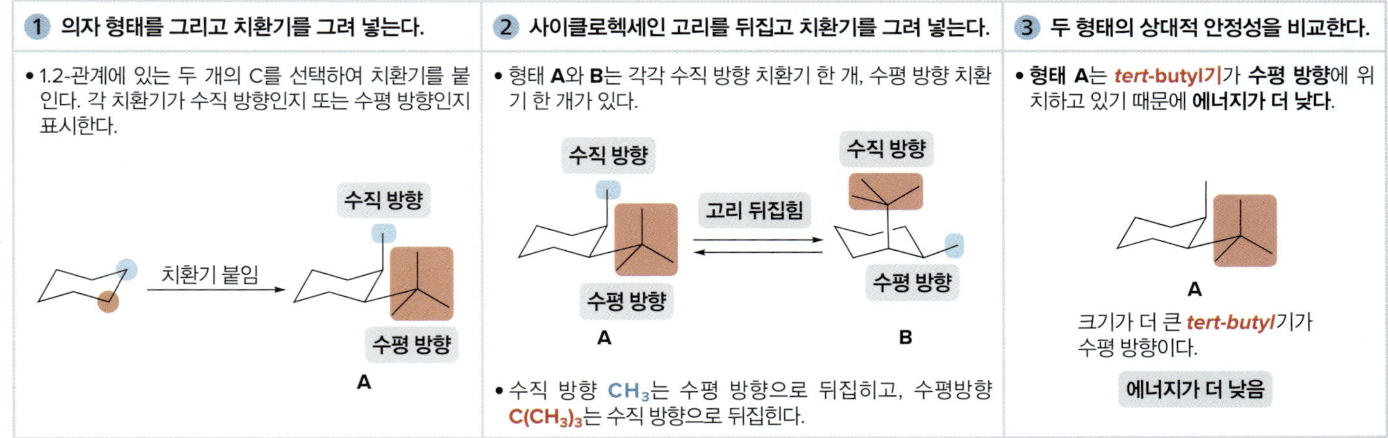

① 의자 형태를 그리고 치환기를 그려 넣는다.	② 사이클로헥세인 고리를 뒤집고 치환기를 그려 넣는다.	③ 두 형태의 상대적 안정성을 비교한다.
• 1,2-관계에 있는 두 개의 C를 선택하여 치환기를 붙인다. 각 치환기가 수직 방향인지 또는 수평 방향인지 표시한다.	• 형태 **A**와 **B**는 각각 수직 방향 치환기 한 개, 수평 방향 치환기 한 개가 있다.	• **형태 A**는 ***tert*-butyl기**가 **수평 방향**에 위치하고 있기 때문에 **에너지가 더 낮다.**
치환기 붙임 수직 방향 수평 방향 **A**	수직 방향 고리 뒤집힘 수평 방향 **A** **B**	**A** 크기가 더 큰 ***tert*-butyl**기가 수평 방향이다. **에너지가 더 낮음**
	• 수직 방향 CH_3는 수평 방향으로 뒤집히고, 수평방향 $C(CH_3)_3$는 수직 방향으로 뒤집힌다.	

해결 방법 p. 159, 그림 4.15, 예제 4.3 참고. 문제 4.39, 4.55, 4.56b~d, 4.57, 4.58, 4.60a를 풀어보라.

[5] 화합물이 산화되었는지, 환원되었는지 결정하기(4.13A)

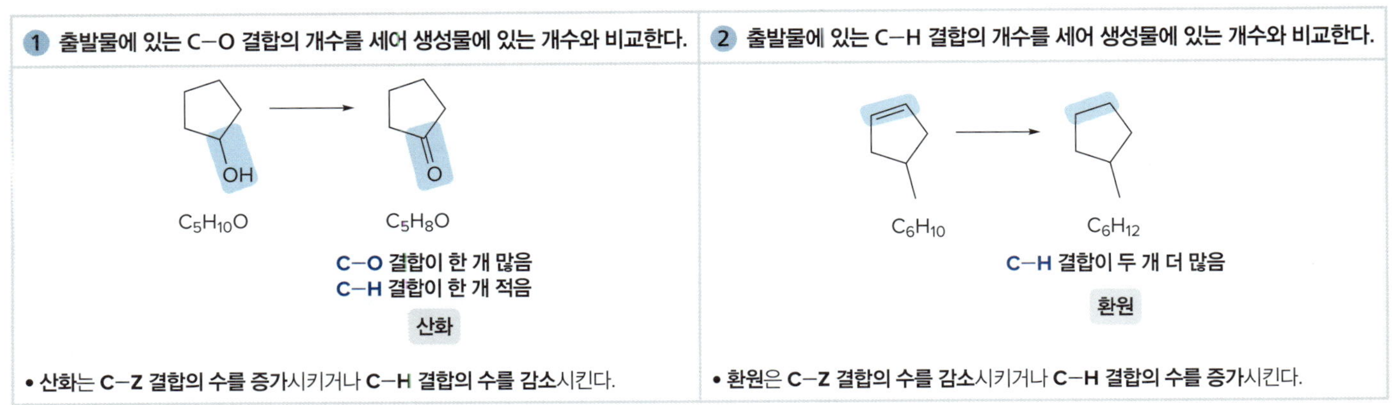

예제 4.5 참고. 문제 4.64, 4.68a를 풀어보라.

4장 선다형 자가-시험

자가-시험은 American Chemical Society 유기 화학 시험과 유사한 객관식 문제로 구성되어 있다. 정답은 장의 마지막 부분에 나와 있다.

1. 다음 알케인의 IUPAC 이름을 쓰라.

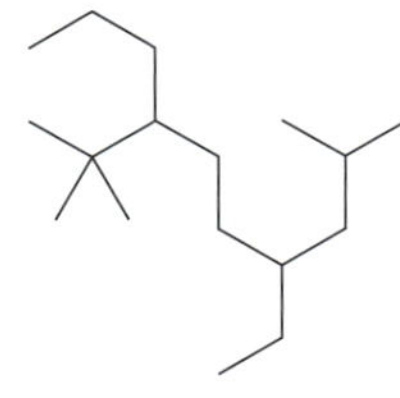

a. 4-ethyl-2-methyl-7-*tert*-butyldecane
b. 3-isobutyl-6-*tert*-butylnonane
c. 6-ethyl-3-propyl-2,2,8-trimethylnonane
d. 7-*tert*-butyl-4-ethyl-2-methyldecane

2. 다음 사이클로알케인의 IUPAC 이름을 쓰라.

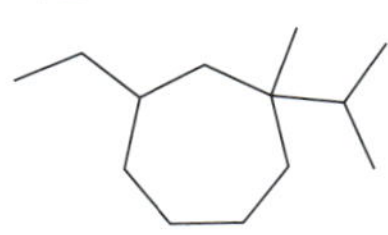

a. 1-ethyl-3-isopropyl-3-methylcycloheptane
b. 3-ethyl-1-methyl-1-isopropylcycloheptane
c. 3-ethyl-1-isopropyl-1-methylcycloheptane
d. 6-ethyl-1-methyl-1-isopropylcycloheptane

3. 트랜스 이치환 사이클로헥세인이 **아닌** 화합물은 무엇인가?

a.  b. 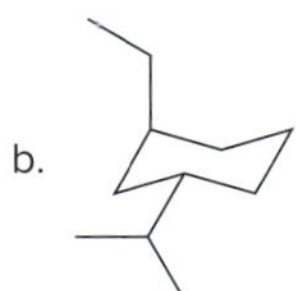 c. 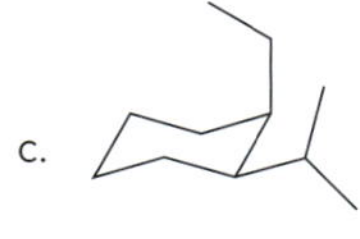 d. 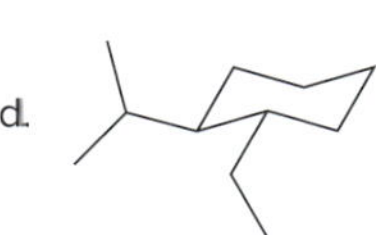

4. 각 반응이 산화인지, 환원인지, 둘 다 아닌지를 밝혀라.

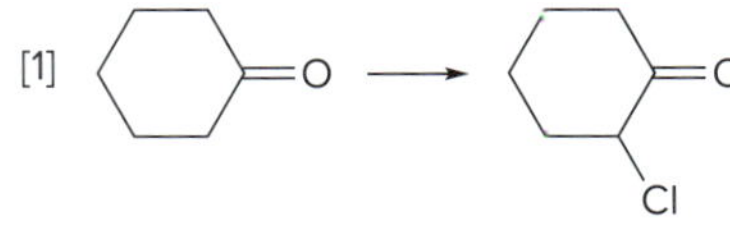

[2]

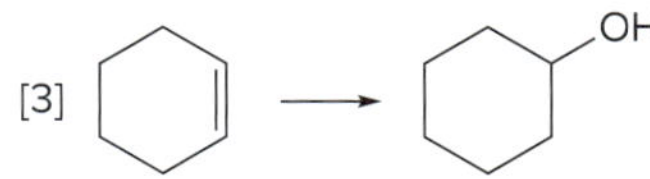

a. [1], [2], [3]는 모두 산화
b. [1]과 [2]는 산화, [3]은 둘 다 아님
c. [1]과 [3]은 둘 다 아님, [2]는 산화
d. [1]은 둘 다 아님, [2]는 환원, [3]은 산화

5. **A**와 **B**는 서로 어떠한 관계인가?

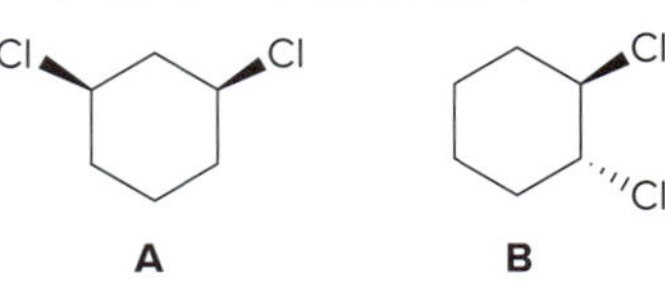

a. 구조 이성질체
b. 입체 이성질체
c. 동일함
d. 서로의 이성질체가 아님

6. **C**와 **D**는 서로 어떠한 관계인가?

C **D**

a. 구조 이성질체
b. 입체 이성질체
c. 동일함
d. 서로의 이성질체가 아님

7. 어느 서술이 **E**의 가장 안정한 의자 형태에서 치환기를 기술하는가?

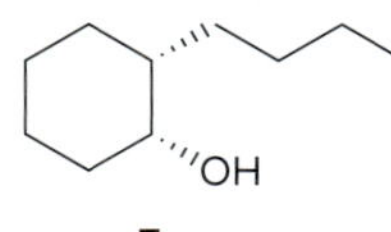

a. 뷰틸기와 OH기는 둘 다 수평 방향이다.
b. 뷰틸기는 수평 방향이고 OH기는 수직 방향이다.
c. OH기는 수평 방향이고 뷰틸기는 수직 방향이다.
d. 뷰틸기와 OH기는 둘 다 수직 방향이다.

8. $(CH_3)_2CHCH(CH_3)_2$의 C2−C3 결합 주위로 회전이 일어날 때, 어느 Newman 투영도가 에너지가 가장 낮은 형태를 묘사하는가?

a. b. c. d.

9. 끓는점이 가장 높은 화합물은 무엇인가?

a.
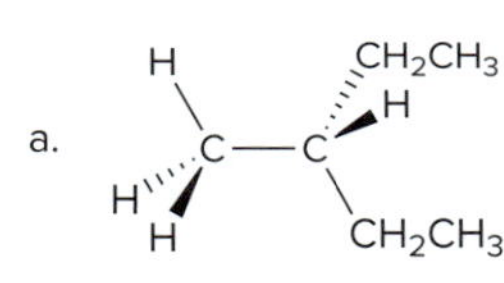

b. c. d.

10. 어느 화합물이 나머지 세 개와 다른가?

a.
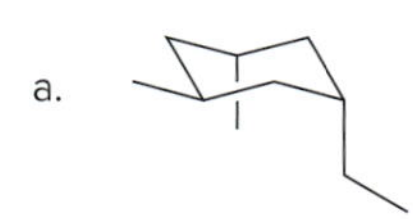

b. c. d.

문제

삼차원 모형을 이용하는 문제

4.38 다음의 공−막대 모형으로 나타낸 알케인을 명명하고, 각 탄소를 1°, 2°, 3°, 4°으로 구분하라.

a.
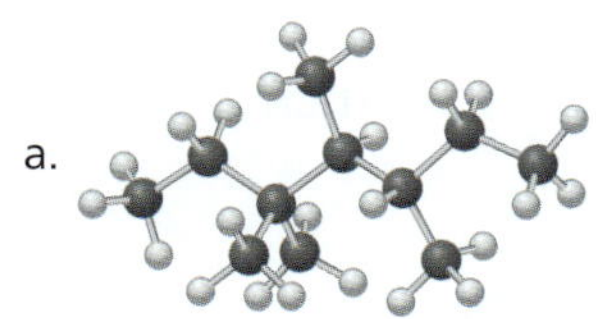

b.
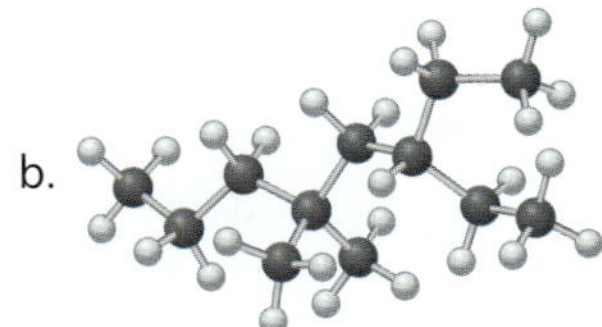

4.39 공−막대 모형으로 나타낸 치환 사이클로헥세인에 대해 다음 문제에 답하라.

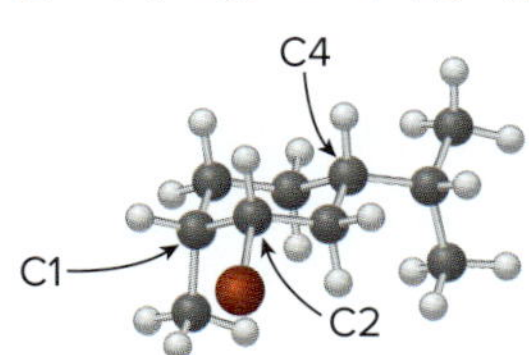

a. C1, C2 및 C4에 있는 치환기가 수직 방향인지 수평 방향인지를 구분하라.
b. C1과 C2의 치환기는 서로 시스인가, 트랜스인가?
c. C2과 C4의 치환기는 서로 시스인가, 트랜스인가?
d. 두 번째 가능한 의자 형태를 그리고, 이 형태가 삼차원 모형으로 보여준 형태보다 더 안정한지 또는 불안정한지를 정하라.

4.40 삼차원으로 나타낸 모형을 표시한 결합 주위의 Newman 투영도로 바꿔라.

a. 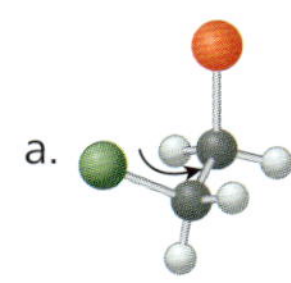 b. 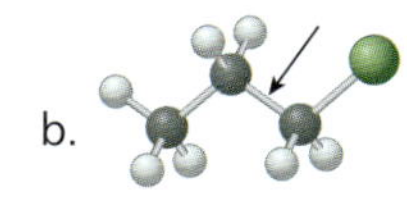 c. 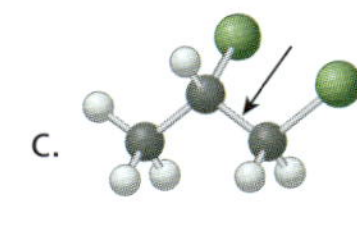

구조 이성질체

4.41 다음 설명에 맞는 화합물의 구조를 모두 그려라.

a. 분자식이 C_4H_8인 구조 이성질체 다섯 개

b. 분자식이 C_7H_{16}인 구조 이성질체 아홉 개

c. 분자식이 C_6H_{12}이면서 고리가 하나 있는 구조 이성질체 열두 개

IUPAC 명명법

4.42 각 화합물의 IUPAC 이름을 쓰라.

a. 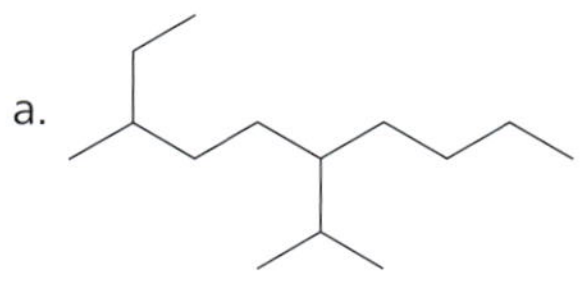 c. 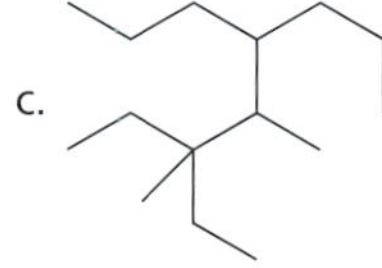 e. 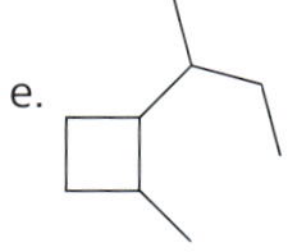 g. 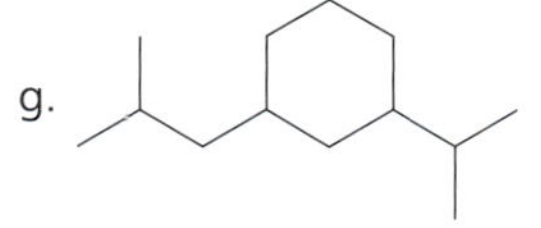 i. 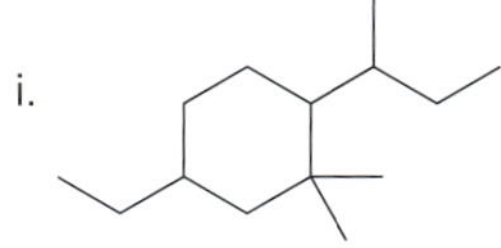

b. 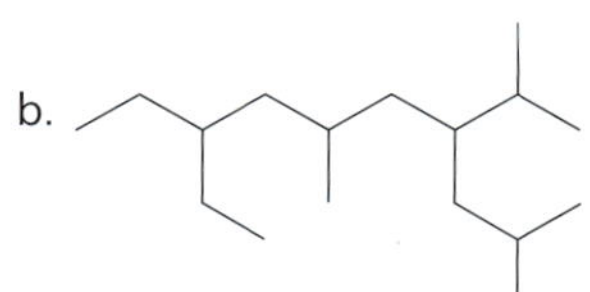 d. 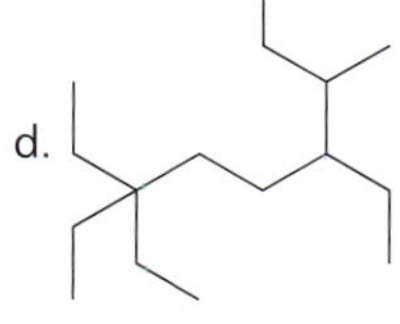 f. 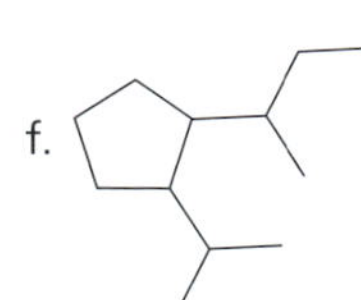 h. 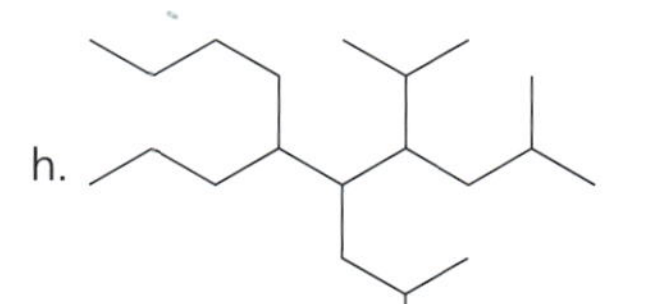 j. 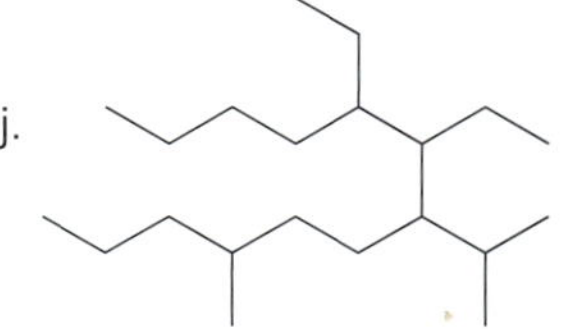

4.43 각 IUPAC 이름에 해당하는 구조를 그려라.

a. 3-ethyl-2-methylhexane

b. *sec*-butylcyclopentane

c. 4-isopropyl-2,4,5-trimethylundecane

d. cyclobutylcycloheptane

e. 3-ethyl-1,1-dimethylcyclohexane

f. 4-butyl-1,1-diethylcyclooctane

g. 6-isopropyl-2,3-dimethyldodecane

h. 2,2,6,6,7-pentamethyloctane

i. *cis*-1-ethyl-3-methylcyclopentane

j. *trans*-1-*tert*-butyl-4-ethylcyclohexane

4.44 주어진 틀린 이름으로부터 알케인과 사이클로알케인의 구조를 그려라. 그 다음에 각 화합물의 IUPAC 이름을 쓰라.

a. 7-ethyl-3,6-dimethylnonane

b. 4-ethyl-3-isopropylheptane

c. 3-ethyl-1,4-dimethylcycloheptane

d. 1-ethyl-3-methyl-5-isopropylcyclohexane

4.45 각 화합물의 IUPAC 이름을 쓰라.

a. CH_3 (위), H, $CH_2CH_2CH_3$, CH_3, H, $CH_2CH_2CH_3$ (아래)

b. CH_3 (위), CH_3, CH_2CH_3, H, H, CH_2CH_3 (아래)

c. CH_3 (위), CH_3CH_2, $CH_2CH_2CH_3$, $CH_3CH_2CH_2$, H, CH_2CH_3 (아래)

알케인의 성질

질량 분석법을 이미 배운 학생은 문제 A.2b, A.5b, A.10, A.11, A.17, A.22와 A.30을 풀어 볼 수 있다. 적외선 분광법을 이미 배운 학생은 B.15를 풀어 볼 수 있다.

4.46 다음 알케인을 끓는점이 증가하는 순서로 정렬하라.

A B C

4.47 다음 두 알케인 이성질체의 녹는점과 끓는점은 다음과 같다: $CH_3(CH_2)_6CH_3$, mp = −57 °C 그리고 bp = 126 °C; $(CH_3)_3CC(CH_3)_3$, mp = 102 °C 그리고 bp = 106 °C. (a) 첫 번째 이성질체의 녹는점은 두 번째 이성질체보다 더 낮지만 끓는점은 더 높다. 그 이유를 설명하라. (b) 두 화합물의 끓는점은 차이가 작지만 녹는점은 차이가 매우 크게 나타난다. 그 이유를 설명하라.

비고리형 알케인의 형태

4.48 각 쌍에서 어느 형태의 에너지가 더 **높은가**? 표 4.3에 주어진 값을 이용하여 두 형태 사이의 에너지 차이를 계산하라.

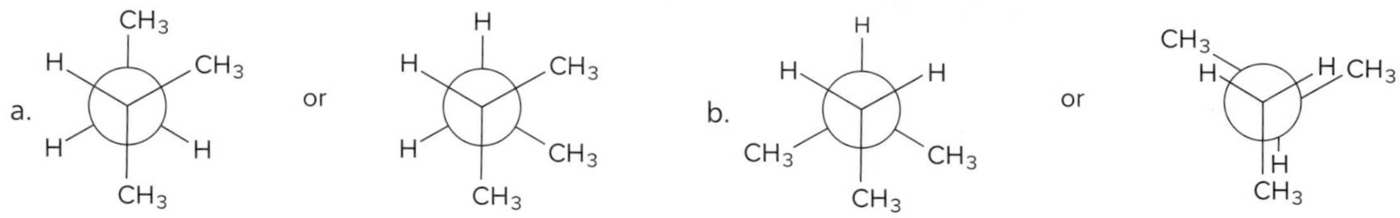

4.49 헥세인에서 C3−C4 결합 주위로 회전이 일어날 때, 가장 안정한 형태와 가장 불안정한 형태를 Newman 투영도로 그려라.

4.50 다음 Newman 투영도를 에너지가 증가하는 순서로 나열하라.

A B C D

4.51 표시된 결합을 중심으로 각 형태가 엇갈린 것인지 가려진 것인지를 구별하고 각 형태를 안정성이 증가하는 순서로 나열하라.

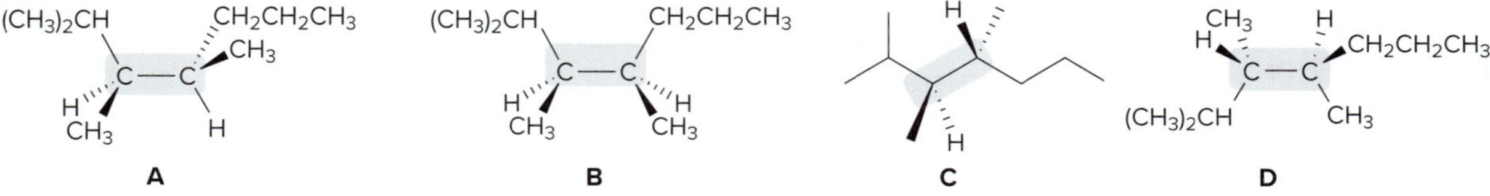

4.52 (a) 각 화합물에서 붉은색으로 표시된 결합 주위로 회전하여 생기는 엇갈린 형태와 가려진 형태 모두를 Newman 투영도로 그려라. (b) 이 결합 주위로 회전하는 경우 에너지 대 이면각의 그래프를 그려라.

[1] [2]

4.53 붉은색으로 표시된 각 결합에 대한 회전 장벽을 계산하라.

a. b.

4.54 (a) 에틸렌 글라이콜($HOCH_2CH_2OH$)의 안티 형태와 고쉬 형태를 그려라. (b) 에틸렌 글리콜은 고쉬 형태가 안티 형태보다 더 안정하다는 점에서 특이하다. 그 이유를 설명해 보라.

사이클로알케인의 형태와 입체 이성질체

4.55 각각의 화합물에 대하여 더 안정한 의자 형태를 그려라.

a. *trans*-1-isopropyl-3-methylcyclohexane

b. *cis*-1-*sec*-butyl-4-ethylcyclohexane

c. *cis*-1-ethyl-2-isobutylcyclohexane

d. *trans*-1,2-dibutylcyclohexane

4.56 아래에 있는 각 화합물에 대하여

a. 시스, 트랜스 이성질체에 대해 육원자 고리는 육각형, 치환기는 쐐기와 점선쐐기를 사용하여 그려라.

b. 시스 이성질체의 경우 두 개의 가능한 의자 형태를 그려라. 이 중 에너지에 차이가 있다면 어떤 것이 더 안정한가?

c. 트랜스 이성질체의 경우 두 개의 가능한 의자 형태를 그려라. 이 중 에너지에 차이가 있다면 어떤 것이 더 안정한가?

d. 시스, 트랜스 이성질체 중 어느 쪽이 더 안정한가? 그 이유는 무엇인가?

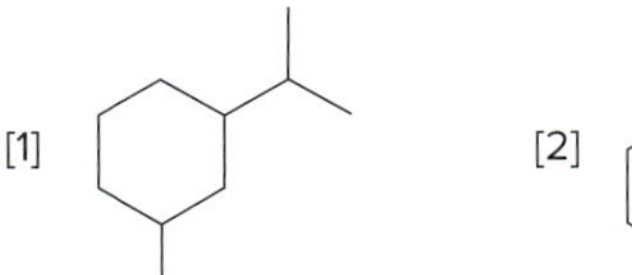

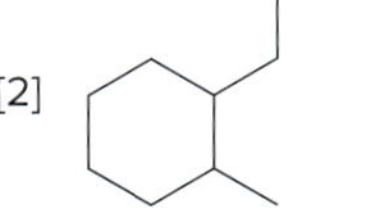

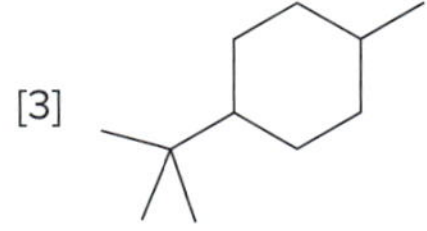

4.57 각각의 다음 구조를 더 안정한 의자 형태로 변환하라. 한 구조는 멘톨(menthol)을 나타내며, 다른 하나는 아이소멘톨(isomenthol)을 나타낸다. 더 안정한 이성질체인 멘톨은 입술 연고(lip balms)와 양치질 약(mouthwash)에 사용된다. 멘톨에 해당하는 구조는 어느 것인가?

4.58 삼치환 사이클로헥세인의 각 쌍에서 어느 이성질체가 더 안정한가?

a. 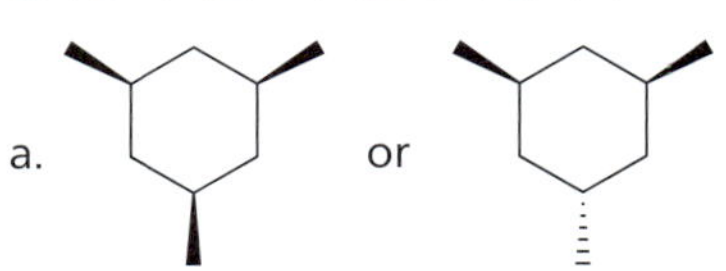

b. 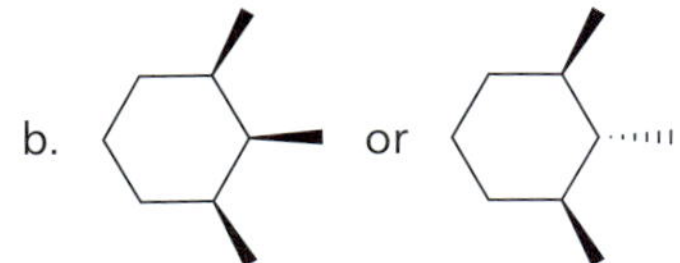

4.59 그림에서 보는 바와 같이 세 개의 육원자 고리로 이루어진 탄소 골격에 CH_3와 OH기가 있는 화합물 **A**에 대해 다음 질문에 답하라.

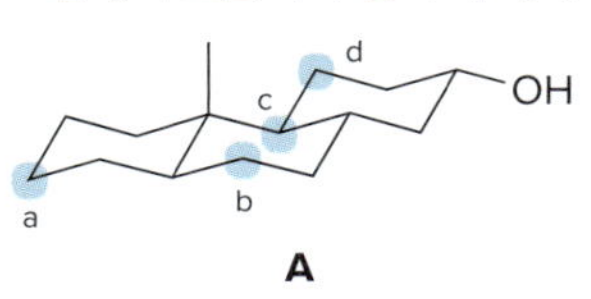

a. CH_3와 OH기는 서로 시스인가, 트랜스인가?

b. CH_3기에 대해 시스인 C_a의 치환기는 수직 방향인가, 수평 방향인가?

c. C_b에 치환된 수평방향 Br기는 OH기에 대해서 시스인가, 트랜스인가?

d. C_c의 수소 원자는 OH기에 대해 시스인가, 트랜스인가?

e. OH기에 대해 트랜스인 C_d에 있는 치환기는 수직 방향인가, 수평 방향인가?

4.60 글루코스는 다섯 개의 치환기가 육원자 고리에 연결된 단당류이다.

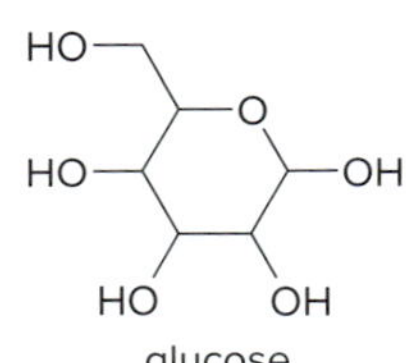

a. 이들 치환기가 육원자 고리에 연결된 구조 중 가장 안정한 배열을 의자 형태로 그려라.

b. 이 표현식을 쐐기와 점선쐐기와 함께 육각형을 사용하는 표현식으로 바꿔라.

c. 글루코스의 구조 이성질체를 하나 그려라.

d. 한 탄소에 OH기가 수직 방향인 입체 이성질체를 그려라.

구조 이성질체와 입체 이성질체

4.61 각 쌍의 화합물이 서로 구조 이성질체인지, 입체 이성질체인지, 동일한 분자인지 또는 이성질체가 아닌지 밝혀라.

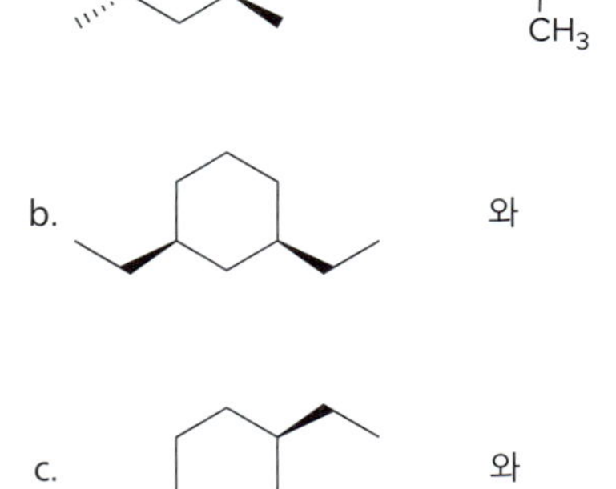

a. 와 H, CH_3, CH_3, H

b. 와

c. 와 CH_2CH_3, CH_3CH_2

d. CH_3CH_2, CH_3, H, H 와 CH_2CH_3, CH_3, H, H

e. 와 H, $(CH_3)_2CH$, CH_2CH_3, CH_3, CH_3, H

f. H, CH_3, H, CH_3, CH_3, $CH(CH_3)_2$ 와

4.62 화합물 **A~D**에 대해 다음 물음에 답하라.

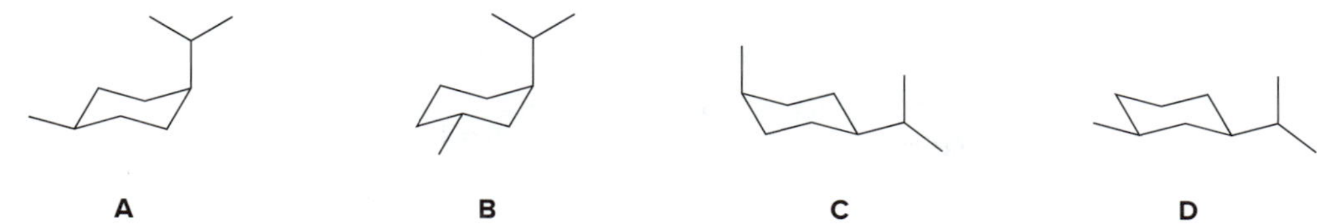

a. 각 쌍의 화합물이 구조 이성질체, 입체 이성질체, 또는 동일 분자인지를 구별하라: **A**와 **B**; **A**와 **C**; **B**와 **D**.

b. 각 화합물을 시스 또는 트랜스 이성질체로 표기하라.

c. **B**를 치환기의 입체 화학을 나타내는 쐐기와 점선쐐기를 사용하여 육각형 구조로 그려라.

d. 치환기의 입체 화학을 나타내는 쐐기와 점선쐐기를 사용하여 화합물 **A**의 입체 이성질체를 육각형 구조로 그려라.

4.63 분자식은 C_7H_{14}이고, 오원자 고리와 두 개의 메틸 치환기가 있는 구조 이성질체 세 개를 그려라. 이 중 시스와 트랜스 이성질체로 존재할 수 있는 구조 이성질체 각각에 대해 두 입체 이성질체를 그려라.

산화와 환원

4.64 각 반응을 산화, 환원 또는 산화–환원 반응 아님으로 구별하라.

a.

b. OCH_3 O

4.65 각 알케인의 연소 생성물을 그려라.

a. b.

지질

4.66 **담즙산(bile acid)**이라고 불리는 콜린산(cholic acid)은 몸속에서 **담즙산 염(bile salt)**으로 전환된다. 담즙산 염은 비누와 성질이 비슷하므로 지질이 수용액을 통해 이동하도록 돕는다. 왜 이렇게 되는지 설명하라.

OH O OH HO OH
cholic acid
담즙산

OH O N H SO_3^- Na^+ HO OH
담즙산 염

4.67 분자량이 큰 알케인의 혼합물인 광유(mineral oil)는 가끔 하제(laxative)로 사용된다. 이 목적으로 광유를 복용하는 사람은 비타민 A와 같은 지용성 비타민이 풍부한 음식을 같이 먹는 것을 피하는 것이 좋다는 처방을 받는다. 그 이유를 설명하라.

개념 통합 문제

4.68 벤젠과 같은 탄화수소는 몸속에서 산화 아렌(arene oxide)으로 대사된 후, 자리 옮김 반응을 하여 페놀이 된다. 이것은 원하지 않는 화합물(벤젠)이 몸 밖으로 더 쉽게 배설되도록 물에 더 잘 녹는 유도체인 **대사물질(metabolite)**로 변환시키는 과정의 한 예이다.

benzene → arene oxide → phenol

a. 이들 반응의 각 과정을 산화, 환원인지 또는 산화–환원 아님으로 구별하라.

b. 페놀이 벤젠보다 물에 더 잘 녹는 이유를 설명하라. 이는 페놀이 벤젠보다 대부분 물로 되어 있는 소변에 잘 녹는다는 뜻이다.

4.69 더 지속 가능한 항공기용 연료를 개발하기 위하여 석유에서 나온 연료와 같이 섞어 쓰는 항공용 바이오연료는 식물과 도시 고체 폐기물로부터 생산할 수 있다.

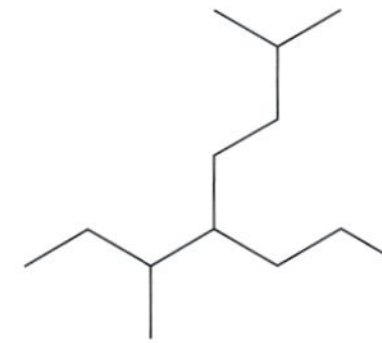

a. 식물과 폐기물로부터 얻어지는 제트 연료의 한 성분인 주어진 알케인을 명명하라.

b. 이 알케인과 O_2의 연소 반응에 대한 균형 맞춘 반응식을 쓰라.

c. 식물에서 나온 연료를 사용하는 것이 제트 연료의 탄소 발자국을 줄이는 데 도움이 되는지를 설명하라.

도전 문제

4.70 페니실린 G (penicillin G)는 두 아마이드 작용기가 있는데, 이 중 하나가 다른 것보다 훨씬 더 반응성이 높다. 어느 아마이드가 반응성이 높으며, 그 이유는 무엇인가?

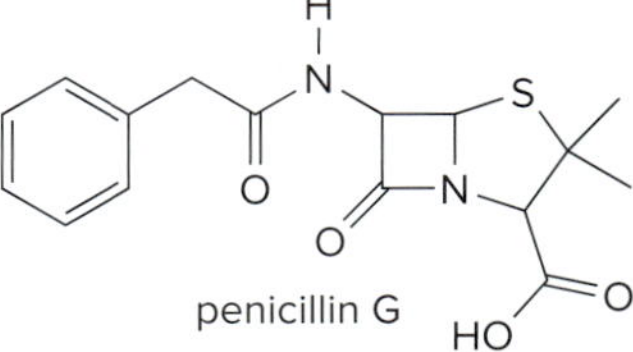

penicillin G

4.71 할로에테인(CH_3CH_2X, X = Cl, Br, I)은 할로젠의 크기가 Cl → Br → I 순으로 증가함에도 불구하고 회전 장벽(13.4~15.5 kJ/mol)은 비슷하다. 이에 대한 설명을 제시하라.

4.72 육원자 고리 두 개가 C−C 결합 하나를 공유하여 생기는 두고리 화합물을 **데칼린(decalin)**이라 한다. 여기에는 두 가지의 가능한 배열이 있다. **트랜스**−데칼린은 고리가 만나는 위치에 있는 두 수소 원자가 고리의 반대편에 있고, **시스**−데칼린은 고리가 만나는 위치에 있는 두 수소 원자가 고리의 같은 쪽에 있다.

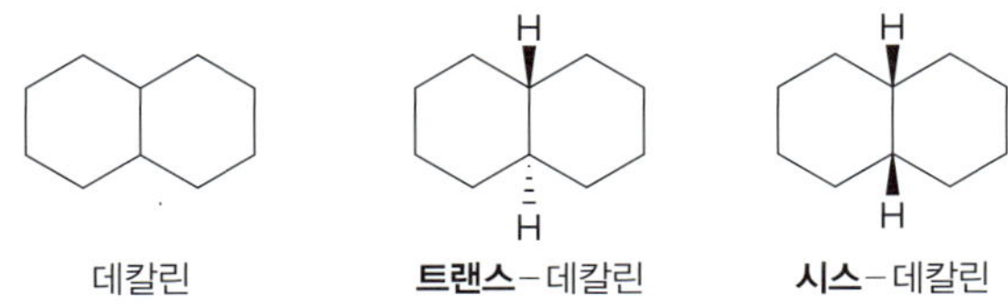

a. 사이클로헥세인 고리의 의자 형태를 이용하여 **트랜스**−그리고 **시스**−데칼린을 그려라.

b. 트랜스 이성질체가 더 안정하다. 그 이유를 설명하라.

4.73 세 고리(tricyclic) 화합물 **A**와 **B**를 고려하자. (a) 고리에 달린 치환기가 수직 방향인지 수평 방향인지를 표시하라. (b) 치환기가 고리의 위쪽 또는 아래쪽에 있는지를 보여주기 위하여 쐐기−점선쐐기를 이용하여 골격 구조를 그려라.

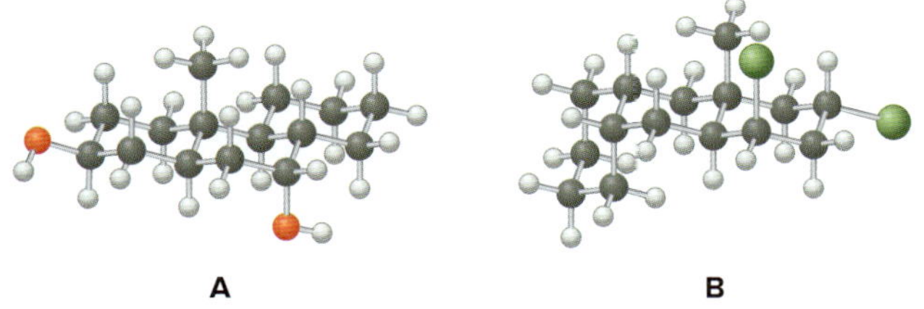

4.74 부록 D에 나와 있는 두고리 화합물의 명경법을 읽고 각각의 다음 화합물의 IUPAC명을 쓰라.

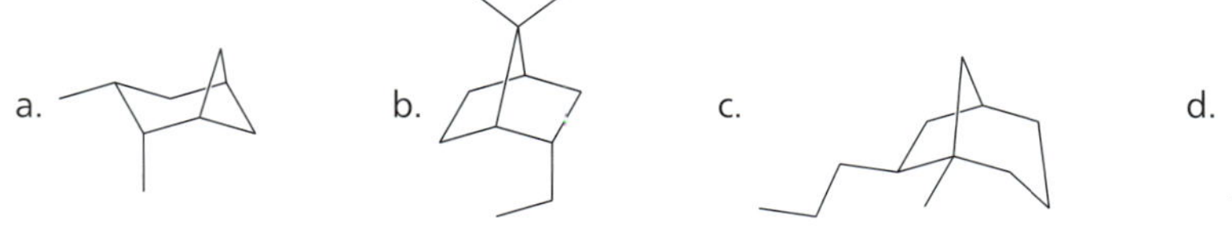

4.75 부록 D에 나와 있는 두고리 화합물의 명명법을 이용하면, 데칼린(문제 4.72)은 bicyclo[4.4.0]decane이라고 쓸 수 있다.

a. 적어도 육원자 고리가 하나 있는 다리 걸친 고리계이면서 bicyclo[4.4.0]decane의 구조 이성질체인 구조를 하나 그리고 이 이성질체를 명명하라.

b. 적어도 육원자 고리가 하나 있는 스파이로 고리계이면서 bicyclo[4.4.0]decane의 구조 이성질체인 구조를 하나 그리고 이 이성질체를 명명하라.

자가−시험 해답

1. d 2. c 3. c 4. b 5. a 6. c 7. b 8. a 9. b 10. b

입체 화학

Stereochemistry

05

ORGANIC CHEMISTRY

George Ostertag/Alamy Stock Photo

난소암, 유방암 및 기타 여러 가지 암에 효과가 있는 탁월한 항암제인 **파클리탁셀(paclitaxel**, 상품명 탁솔)은 1962년에 발견되어 1992년 식품의약국(FDA)에서 사용 승인을 받았다. 파클리탁셀을 이용한 초기 연구는 태평양 주목나무의 나무껍질에서 채취한 재료로 수행되었지만, 나무껍질을 벗겨내면서 멋진 거목이 많이 죽었다. 파클리탁셀은 1994년 실험실에서 합성되었으며, 현재 식물 세포 발효 과정을 통해 생산된다. 광범위하게 사용되는 다른 약물과 마찬가지로, 파클리탁셀은 복잡한 구조 및 작용기의 특정 3차원 배열로 인해 생물학적 활성을 띤다. 5장에서 우리는 파클리탁셀 같은 분자의 입체 화학에 대해 학습한다.

왜 공부하는가? . . .

입체 화학이란?

당신은 왼손잡이인가 또는 오른손잡이인가? 오른손잡이라면 당신은 불편함을 그리 느끼지 못하고 지내왔을 것이다. 만일 왼손잡이라면 가위, 야구 글러브 등 대다수의 물건들이 오른손잡이에게 '맞춰져' 있고 왼손잡이에게는 '반대 방향'으로 만들어져 있다는 것을 어린 시절부터 느꼈을 것이다. **우리 주위의 많은 물체들과 같이 양손은 동일하지 않은 거울상(mirror image)이다.**

5장에서는 분자들의 '손잡이성(handedness)'을 검토하고 분자의 삼차원 구조가 얼마나 중요한지를 검토할 것이다.

5.1 녹말과 셀룰로스

입체 화학(*stereochemistry*)은 분자의 삼차원 구조라고 4장에서 정의했던 것을 기억하라. 입체 화학은 얼마나 중요할까? 두 종의 생체 분자(biomolecule)—녹말과 셀룰로스—가 구조의 작은 차이가 얼마나 큰 성질의 변화를 초래하는가를 보여준다.

녹말(starch)과 **셀룰로스(cellulose)**는 **탄수화물(carbohydrate)**이라고 부르는 생체 분자군(family)에 속하는 두 고분자이다(그림 5.1). **고분자는 단위체(monomer)라고 부르는 작은 반복 단위체가 공유 결합으로 서로 연결된 거대 분자이다.**

그림 5.1 녹말과 셀룰로스—흔히 볼 수 있는 두 종류의 탄수화물

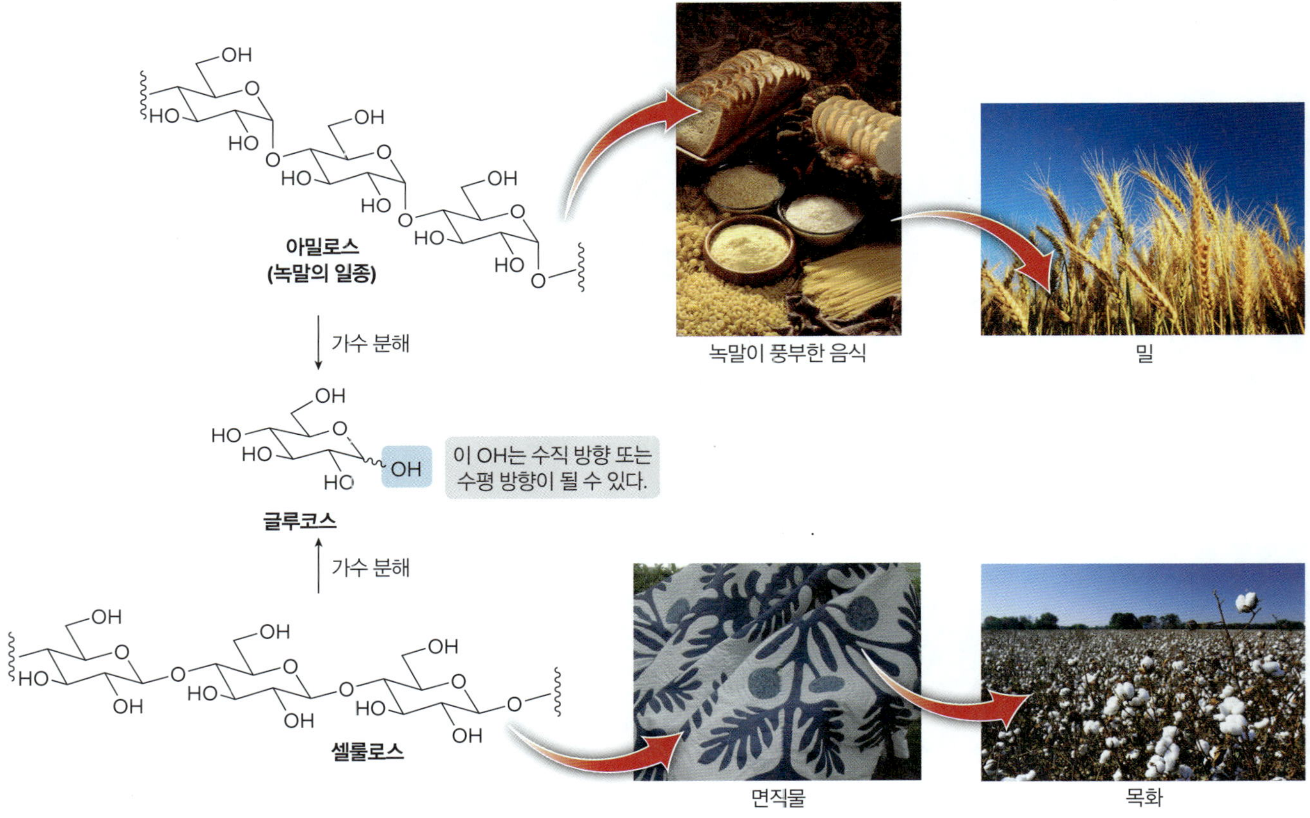

Source: (Top left): Scott Bauer/Agricultural Research Service/USDA; (top right): Bryan Mullennix/Pixtal/age fotostock; (bottom left): Daniel C. Smith; (bottom right): David Frazier/Corbis/Getty Images

녹말은 식물의 씨앗과 뿌리를 구성하는 주요 탄수화물이다. 예를 들어 우리가 밀, 쌀, 또는 감자를 먹을 때 녹말이 섭취되는데, 녹말은 가수 분해(hydrolysis)되어 우리 몸의 에너지로 활용되는 화합물의 일종인 단당류 **글루코스(glucose)**가 된다. 자연계의 가장 풍부한 유기 물질인 **셀룰로스**는 나무 기둥과 식물 줄기의 강성을 제공한다. 목재, 목면, 아마(flax)는 대부분 셀룰로스로 구성되어

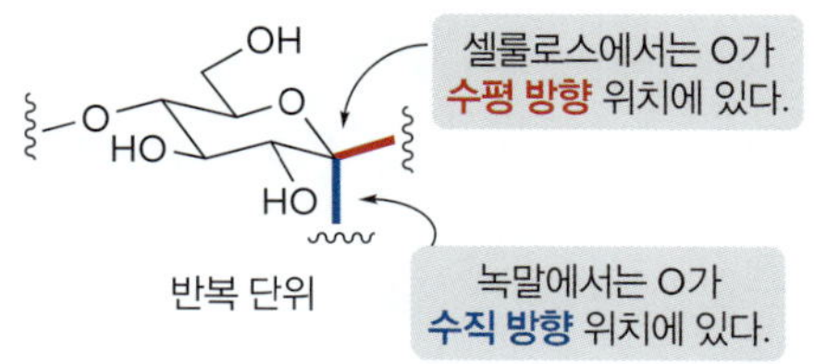

있다. 셀룰로스의 완전한 가수 분해 또한 글루코스를 생성하지만, 인체는 녹말과 달리 셀룰로스를 글루코스로 변환시키는 대사 작용을 할 수가 없다. 다시 말해서, 인체는 녹말은 소화할 수 있으나 셀룰로스는 소화할 수 없다.

셀룰로스와 녹말은 산소와 세 개의 OH기로 이루어진 육원자 고리 구조인 동일한 반복 단위가 산소 원자에 의해 연결된 구조이다. 두 물질은 단지 고리를 연결하는 산소의 위치만 다를 뿐이다.

- 셀룰로스에서 O 원자는 두 개의 수평 방향 결합을 사용하여 두 고리를 연결한다.
- 녹말에서 O 원자는 한 개의 수평 방향 결합과 한 개의 수직 방향 결합을 사용하여 두 개의 고리를 연결한다.

셀룰로스
두 개의 수평 방향 결합(붉은색)

녹말
한 개의 수직 방향(푸른색), 한 개의 수평 방향 결합(붉은색)

녹말과 셀룰로스는 분자식$(C_6H_{10}O_5)_n$은 같으나 다른 화합물이므로 **이성질체**이다. 두 화합물은 단지 삼차원 원자 배열만 다르므로 **입체 이성질체(stereoisomer)**이다.

육원자 고리 구조들이 어떻게 서로 연결되었는가는 이 탄수화물 분자들의 모양과 성질에 커다란 영향을 미친다. 셀룰로스는 분자간 수소 결합에 의해 서로 연결된 긴 사슬들로 구성되어 있으며, 따라서 광범위한 삼차원 망상 구조로 적층된 판상형 구조를 이룬다. 녹말의 수직 방향–수평 방향 연결 고리는 나선형(helix) 구조를 생성한다(그림 5.2). 인간의 소화 기관은 수직 방향의 C–O 결합을 절단하여 녹말을 가수 분해하는 데 필요한 효소는 보유하고 있으나, 셀룰로스의 수평 방향 C–O 결합을 가수 분해하는 효소는 없다.

그림 5.2
셀룰로스와 녹말의 삼차원 구조

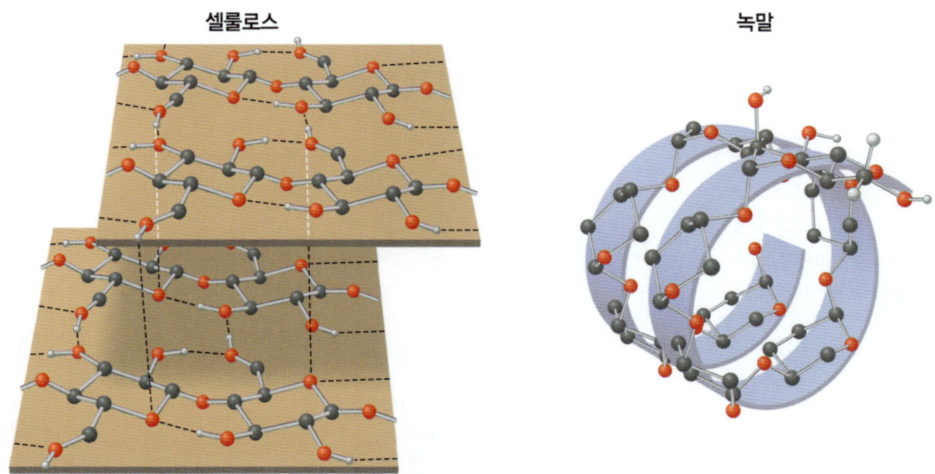

- 셀룰로스는 수소 결합에 의하여 연결된 넓은 삼차원 망상 구조를 생성한다.
- 녹말은 나선형으로 감겨진 사슬로 구성된 고분자이다.

이와 같이 **삼차원 원자 배열의 작은 차이가 녹말과 셀룰로스의 커다란 성질 차이를 나타나게 한다.**

5.2 이성질체의 두 가지 주된 부류

입체 화학을 학습하기 위해서는 이성질체에 대한 이해가 필수적이므로 이성질체에 대한 개괄적인 설명부터 시작하기로 한다.

- 이성질체는 분자식은 같으나 다른 화합물이다.

이성질체에는 **구조 이성질체(constitutional isomer 또는 structural isomer)**와 **입체 이성질체(stereoisomer)**의 두 가지 종류가 있다. **구조 이성질체는 원자들이 서로 연결되어 있는 방식이 다르다**. 구조 이성질체는

- IUPAC 이름이 다르고
- 동일하거나 다른 작용기가 있으며
- 물리적 성질이 다르므로 증류 등과 같은 물리적 방법에 의해 분리가 가능하며
- 화학적 성질이 다르므로 화학 반응에서 다르게 반응하며 다른 생성물을 생성한다.

입체 이성질체는 단지 원자의 공간 배열만 다르다. 입체 이성질체는 IUPAC 이름이 같다(시스 또는 트랜스와 같은 접두사를 제외한). 입체 이성질체는 단지 원자의 삼차원 공간 배열만 다르기 때문에 항상 작용기가 같다.

특히 삼차원 공간 배열을 위치배열(배열, *configuration*)이라고 부른다. 따라서 입체 이성질체는 위치배열이 다르다. 4.12B절에서의 시스와 트랜스 이성질체와 5.1절의 녹말과 셀룰로스는 입체 이성질체의 두 가지 예이다.

그림 5.3은 두 가지 경우의 이성질체를 보여 주고 있다. 5장은 입체 이성질체의 종류와 성질에 관하여 집중할 것이다.

문제 5.1 다음 각 쌍의 화합물을 구조 이성질체와 입체 이성질체로 분류하라.

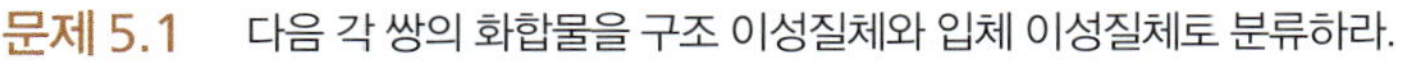

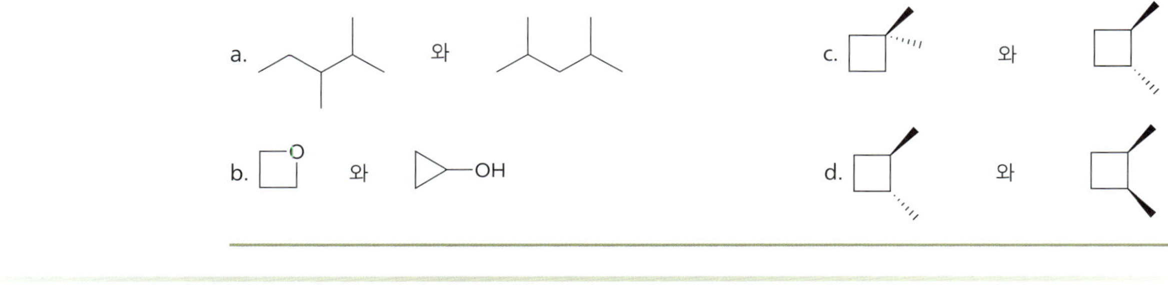

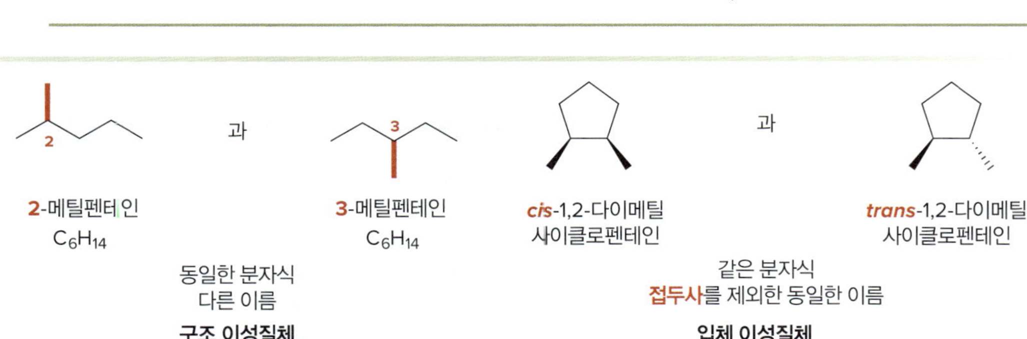

그림 5.3
구조 이성질체와 입체 이성질체의 비교

5.3 거울의 화학—카이랄과 비카이랄 분자들

모든 사물은 거울상이 하나 있다. 입체 화학에서 중요한 점은 **분자가 거울상과 동일한가** 또는 **다른가**이다.

어떤 분자들은 손과 같다. **왼손과 오른손은 서로 거울상이다. 그러나 동일하지는 않다**. 만일 한 쪽 손을 다른 쪽 손의 내부에 들어가게 한다고 상상하면, 당신은 손가락과 손등 및 손바닥을 겹치게

오른손잡이가 왼손잡이보다 더 우세함에도 불구하고, 일란성 쌍둥이조차도 선호하는 손이 다를 수 있다. 사진은 저자의 일란성 쌍둥이인 Matthew(오른손잡이)와 Zachary(왼손잡이)이다.
Daniel C. Smith

할 수 없다. 거울상과 물체를 겹치게 하는 것은 물체의 모든 부분과 그 물체의 거울상을 정렬하는 것을 의미한다. 분자에서는 모든 원자와 모든 결합을 정렬한다는 뜻이다.

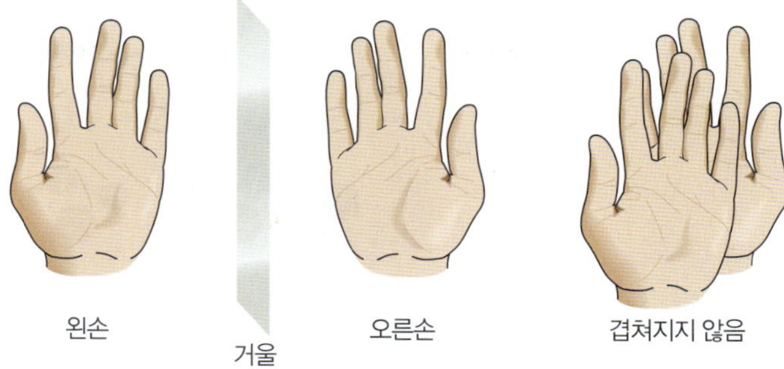

- 자신의 거울상과 겹쳐지지 **않는** 분자(또는 물체)는 **카이랄(chiral)**이라고 한다.

다른 분자들은 양말과 같다. **한 짝의 양말은 거울상이며 겹쳐진다(superimposable)**. 한 개의 양말은 다른 한 개의 양말 안에 발뒤꿈치에서 발끝까지, 그리고 발등과 바닥으로 정렬되었을 때 서로 겹쳐질 수 있다. 양말과 그 거울상은 동일하다.

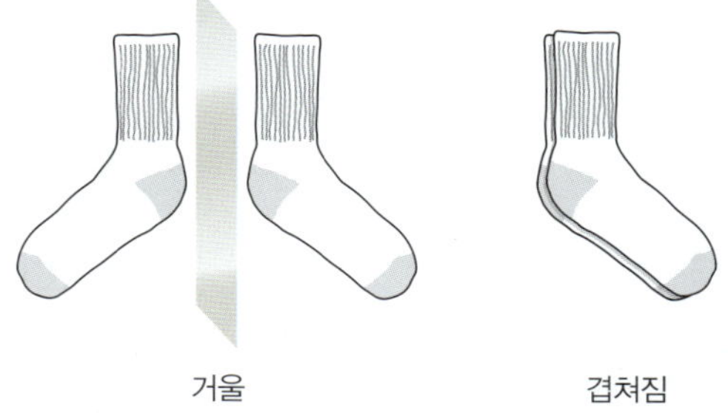

- 거울상과 겹쳐지는 분자(또는 물체)는 **비카이랄(achiral)**하다고 부른다.

세 종류의 분자 H_2O, CH_2BrCl과 CHBrClF가 자신의 거울상들과 겹쳐지는지 살펴보자. 다시 말해 **H_2O, CH_2BrCl과 CHBrClF가 카이랄한지 비카이랄한지 확인해보자.**

카이랄성 테스트를 위하여,

- 분자를 삼차원으로 그린다.
- 거울상을 그린다.
- 모든 결합과 원자들을 배열한다. 분자와 그 거울상을 겹치기 위하여 결합을 회전시킬 수 있으나 **절단할 수는 없다**.

카이랄이라는 형용사는 '손'을 의미하는 그리스어 **cheir**로부터 유래한다. 왼손과 오른손은 **카이랄**하다. 서로 겹쳐지지 **않는** 거울상이다.

유기 화학을 배우기 시작하는 학생으로서, 이차원 면에 그려진 분자식을 보고서 화합물이 그 거울상과 겹쳐지는가를 쉽게 파악할 수 있는 학생은 거의 없다. 분자 모형은 이 과정에서 크게 도와줄 수 있다.

이 절차를 따르면, H_2O와 CH_2BrCl은 모두 각각의 분자가 거울상과 겹쳐지는 **비카이랄** 분자이다.

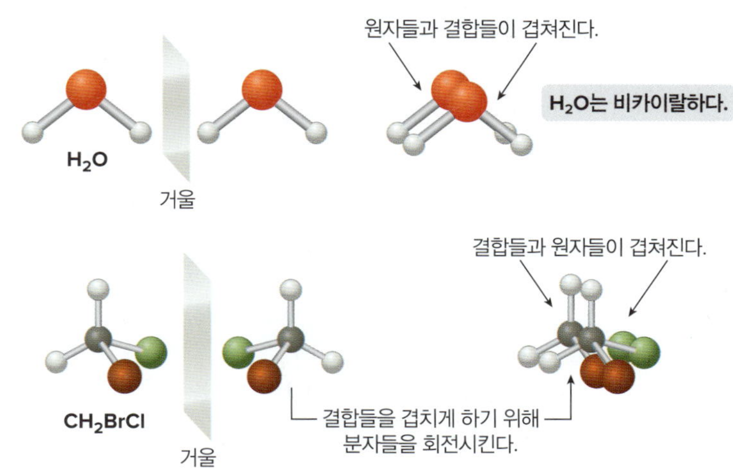

CHBrClF에 대하여 동일한 절차를 따랐을 때 그 결과는 다르다. 이 분자(**A**)와 거울상(**B**)은 겹쳐지지 않는다. **A**와 **B**를 어떤 방법으로 회전시키더라도 모든 원자가 동일하게 배열하지는 않는다. 그러므로 **CHBrClF는 카이랄 분자이고, A와 B**는 다른 화합물이다.

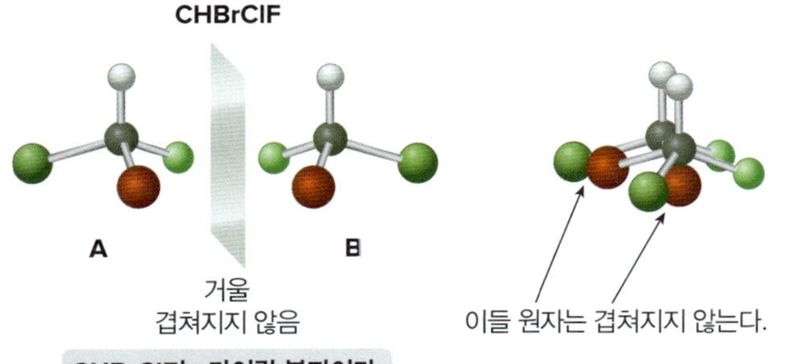

CHBrClF는 카이랄 분자이다.

A와 **B**는 치환기의 삼차원 배열만 다른 이성질체이므로 **입체 이성질체**이다. 이러한 입체 이성질체를 **거울상 이성질체(enantiomer)**라고 부른다.

- **거울상 이성질체**는 서로 겹쳐지지 않는 거울상들이다.

CHBrClF의 탄소는 네 개의 서로 다른 치환기가 결합하고 있다. **네 개의 서로 다른 치환기에 결합된 탄소를 일반적으로 입체 발생 중심(*stereogenic center*)이라고 부른다.** 대부분의 카이랄 분자는 한 개 이상의 입체 발생 중심을 보유하고 있다.

입체 발생 중심은 두 개의 치환기를 상호 교환했을 때 입체 이성질체를 생성하는 분자 내의 자리이다. 두 개의 치환기를 서로 교환하면 한 거울상 이성질체가 다른 거울상 이성질체로 변환되므로, **네 개의 서로 다른 치환기가 결합하고 있는 탄소 원자는 사면체(*tetrahedral*) 입체 발생 중심이다.** 다른 유형의 입체 발생 중심에 대해서는 8.2B절에서 배울 것이다.

네 개의 서로 다른 기와 연결된 탄소 원자의 명명법은 아직 유기 화학자들 간에 확고한 결정이 내려지지 않은 분야이다. IUPAC에서는 **카이랄성 중심(chirality center)**이라는 용어를 권장한다. 그러나 그 용어는 1996년에 처음 제시된 이래로 유기 화학자들 사이에 큰 호응을 얻지 못하고 있다. 일반적으로 사용되는 용어들로는 카이랄 중심(chiral center), 카이랄 탄소(chiral carbon), 비대칭 탄소(asymmetric carbon), 그리고 입체 중심(stereocenter)이 있으며 이 교재에서는 그중 입체 발생 중심을 사용한다.

분자는 0, 한 개 또는 그 이상의 입체 발생 중심을 보유할 수 있다.

- **입체 발생 중심이 없으면 그 분자는 대개 비카이랄하다.** H_2O와 CH_2BrCl은 입체 발생 중심이 **없고**, 따라서 **비카이랄** 분자들이다(이 일반론에 예외가 가끔 발생하는데, 그것은 15.5절에서 공부할 것이다).
- **사면체 입체 발생 중심이 한 개만 있을 경우, 분자는 항상 카이랄하다.** CHBrClF는 입체 발생 중심이 **하나**인 **카이랄** 분자이다.
- 5.8절에서 배우겠지만, **입체 발생 중심이 두 개 이상인 분자는 카이랄 또는 비카이랄일 수 있다.**

문제 5.2 다음 각 화합물에 대한 거울상을 그려라. 각각의 분자가 카이랄한지 비카이랄한지를 나타내라.

카이랄과 비카이랄 화합물을 구별할 때는 다음 사항을 기억하기 바란다.

- **대칭면**은 분자를 반으로 나누는 거울면이다. 따라서 분자의 반쪽은 다른 반쪽과 동일하다.
- 비카이랄 분자는 일반적으로 대칭면이 있으나 카이랄 분자는 없다.

CH_2BrCl
대칭면

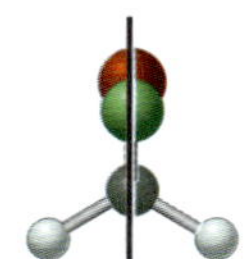

이 분자는 **두 개의 동일한 반쪽**이 있다.

CH_2BrCl는 비카이랄하다.

비카이랄 분자인 CH_2BrCl은 대칭면이 하나 있다. 그러나 카이랄 분자인 CHBrClF는 그렇지 않다.

그림 5.4는 지금까지 배운 카이랄성(chirality)에 대한 주요 사항을 요약한 것이다.

그림 5.4
카이랄성의 기본 원리

- 모든 사물은 거울상이 하나 있다. 기본적인 질문은 분자와 그 거울상이 서로 겹쳐지는가이다.
- 만일 분자와 그 거울상이 서로 겹치지 **않으면**, 그 분자와 거울상은 **카이랄**하다.
- **입체 발생 중심**과 **카이랄 분자**는 서로 연관이 있지만 서로 다른 개념이다. 일반적으로 카이랄 분자는 입체 발생 중심이 하나 이상 있어야 한다.
- **대칭면**이 있는 분자는 비카이랄하다.

문제 5.3 각각의 분자에 대하여 대칭면을 그려라.

문제 5.4 임의의 어떤 형태에 대하여 분자가 대칭면을 보유하면 그 분자는 비카이랄하다. 다음 각각의 형태는 대칭면이 없지만, 탄소–탄소 결합 주위로 회전하면 대칭면이 있는 형태가 생긴다. 각 분자에 대하여 이러한 형태를 그려라.

a. CH_3, H, Br, C—C, Br, H, CH_3 b. OH, OH

오른 나사 방향 껍데기를 엄지손가락이 더 넓은 끝으로 향하는 오른손으로 붙들고 있을 때, 입구는 오른쪽에 있다. *Jill Braaten/McGraw Hill*

입체 화학이 생소하게 느껴지지만 카이랄성은 우리의 주변에 만연해 있다. 분자 단위에서 우리 생활에 필수적인 많은 생체 분자들이 카이랄하다. 거시 수준에서 자연에 존재하는 많은 사물이 손잡이성이다. 예를 들면, 오른 나사처럼 생긴 카이랄 나선형 바다 조개와 왼나사 방향의 나선형으로 감겨지는 카이랄 인동덩굴 같은 식물이 있다. 인간의 몸도 카이랄이고 손과 발, 귀는 서로 겹쳐지지 않는다.

5.4 입체 발생 중심

입체 화학을 배우기 위해서는 사면체 입체 발생 중심을 찾아내고 그릴 수 있는 능력이 필수적이다.

5.4A 고리 구조가 아닌 탄소 원자의 입체 발생 중심

초목의 일종인 마황(ma huang)으로부터 추출되는 에페드린은 중국의 전통 의학에서 호흡기 질환 치료제로 사용되었다. 예전에 체중 감소와 근육 강화를 촉진하는 데 인기 있었던 약품인 에페드린이 현재는 돌연사, 심장마비 및 뇌졸중을 일으키는 것으로 의심되고 있다. *Mark W. Skinner*

5.3절에서 네 개의 서로 다른 치환기와 결합한 탄소 원자는 사면체 입체 발생 중심이라고 정의한 것을 상기하라. 입체 발생 중심을 파악하기 위하여 분자 내의 모든 **사면체** 구조의 탄소 원자를 조사하고 그 탄소에 연결된 네 개의 **치환기**—원자가 아닌—를 관찰한다. CBrClFI는 중심 탄소가 네 개의 서로 다른 기에 연결되어 있으므로 입체 발생 중심이 한 개이다. 3-브로모헥세인(3-bromohexane) 또한 한 개의 탄소가 H, Br, CH_2CH_3, 그리고 $CH_2CH_2CH_3$에 연결되어 있어서 입체 발생 중심이 한 개이다. 중심 탄소에 직접 연결된 원자가 아니라 결합된 **전체 단위 구조**를 고려해야 한다. 3-브로모헥세인의 C3가 두 개의 탄소 원자에 결합되어 있지만, 하나는 에틸기의 일부이고 하나는 프로필기의 일부이다.

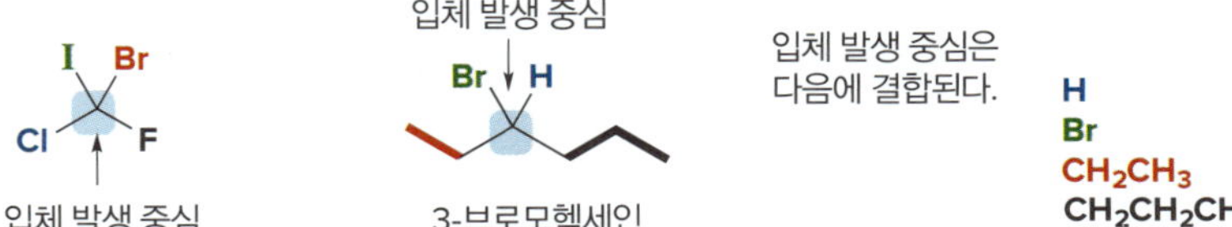

사면체 입체 발생 중심이 될 수 없는 모든 탄소는 고려 대상에서 제외한다. 그러한 탄소에는 다음과 같은 것들이 있다.

- **CH_2, CH_3**기(두 개 이상의 H가 C에 연결)
- 모든 *sp* 또는 sp^2 혼성화된 C(탄소에 결합된 기가 세 개 이하)

큰 유기 분자들은 두 개, 세 개, 또는 수백 개의 입체 발생 중심을 보유할 수 있다. **프로폭시펜(propoxyphene)**과 **에페드린(ephedrine)**은 각각 입체 발생 중심이 두 개이며, 단당류인 **프룩토스(fructose)**는 입체 발생 중심이 세 개이다.

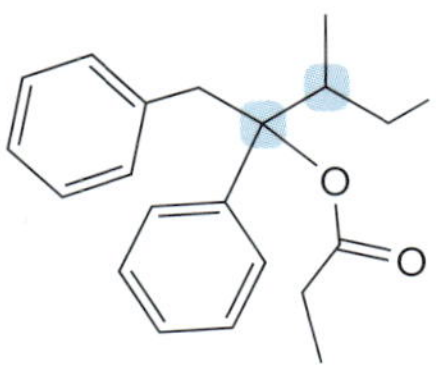

프로폭시펜
상품명: Darvon
(진통제)

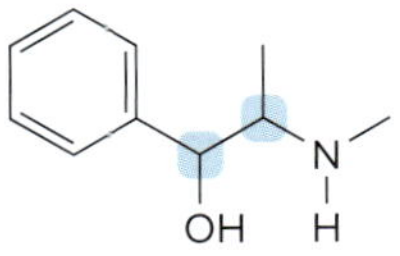

에페드린
(기관지 확장제, 울혈 제거제)

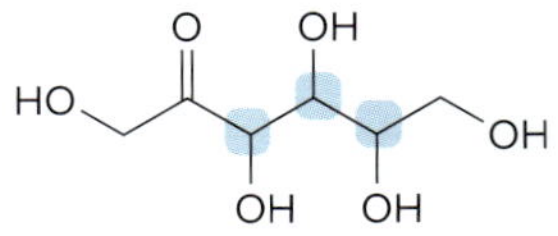

프룩토스
(단당류)

■ = 입체 발생 중심

예제 5.1 입체 발생 중심 찾기

다음의 각 약품에 대해 입체 발생 중심을 표시하라. 알부테롤(albuterol)은 기관을 넓혀주는 기관지 확장제이며, 천식을 치료하는 데 사용된다. 클로람페니콜(chloramphenicol)은 값이 싸서 개발도상국에서 광범위하게 사용하는 항생제이다.

a. 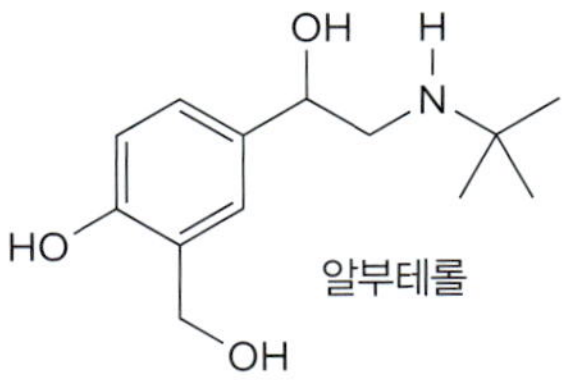 알부테롤

b. 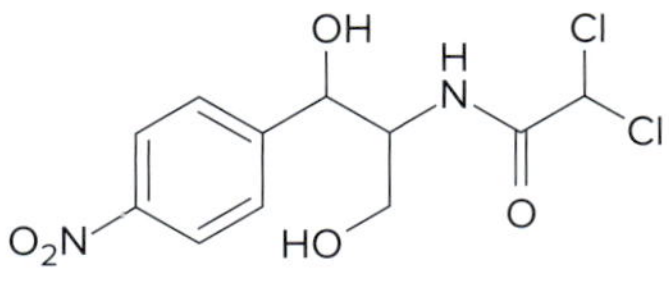 클로람페니콜

풀이

모든 CH_2, CH_3기와 이중 결합(sp^2 혼성화) 탄소 원자를 제외한다. 알부테롤에는 한 개의 탄소에 세 개의 CH_3기가 결합되어 있다. 따라서 그 탄소도 제외한다. 분자의 골격 구조를 그릴 때 치환기들을 더 분명하게 보려면 정사면체 탄소에 결합되어 있는 수소를 그려야 한다. 네 개의 다른 치환기와 결합되어 있는 탄소가 알부테롤에는 한 개, 클로람페니콜에는 두 개가 있다. 이들 탄소가 입체 발생 중심이 된다.

네 개의 서로 다른 치환기와 결합하고 있는 헤테로 원자도 입체 발생 중심이다. 입체 발생 N 원자에 대해서는 23장에서 다룬다.

a. 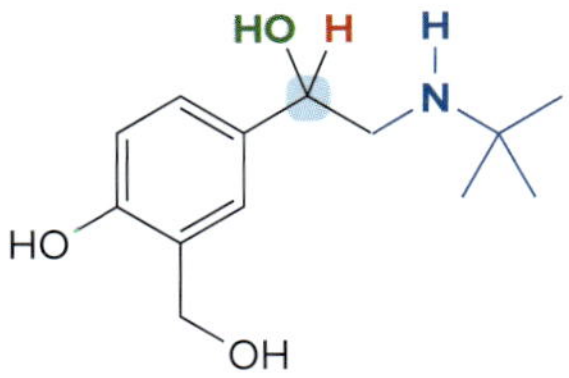 하나의 입체 발생 중심

b. 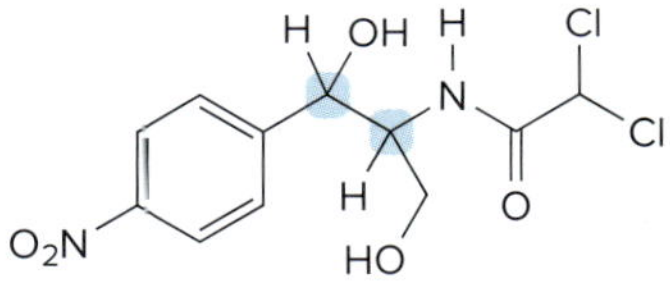 두 개의 입체 발생 중심

문제 5.5 각각의 분자에 대하여 입체 발생 중심을 표시하라. 입체 발생 중심이 한 개 이상인 화합도 있을 수 있다.

a.

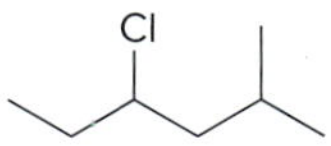

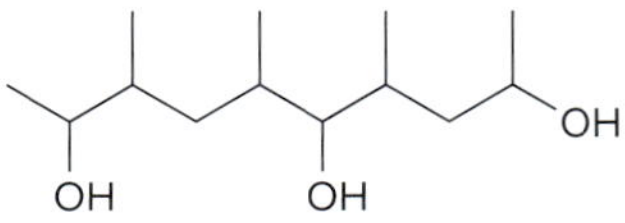

b.

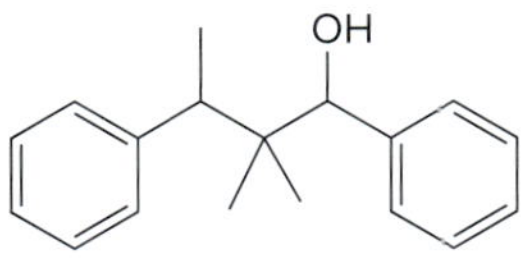

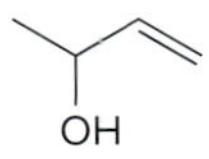

c.

d.

e.

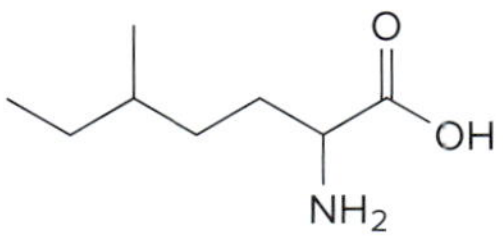

f.

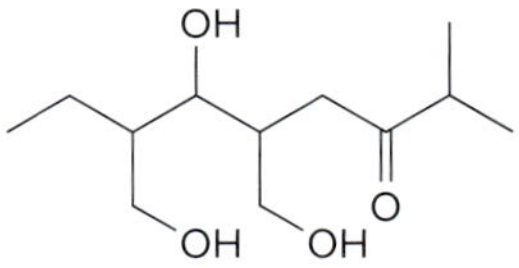

추가 문제: 문제 5.41b~d를 풀어보라.

문제 5.6 5.4A절의 원리는 분자가 매우 복잡하더라도 분자의 입체 발생 중심을 표시하는 데 사용될 수 있다. 항상 네 개의 다른 치환기가 결합된 탄소를 찾아야 한다. 이것을 생각하면서 고혈압의 치료제로 2007년에 도입된 약품인 알리스키렌(aliskiren) 분자에 대하여 네 개의 입체 발생 중심을 표시하라.

aliskiren

26.2절에서 우리는 탄수화물 화학에서 입체 발생 중심을 그리는 데 주로 사용하는 고전적 방식인 Fisher 투영식(Fischer projection formulas)에 대하여 배울 것이다.

5.4B 한 쌍의 거울상 이성질체를 그리는 법

- 입체 발생 중심이 한 개인 모든 분자는 카이랄 화합물이며 한 쌍의 거울상 이성질체로 존재한다.

OH

뷰탄-2-올
한 개의 입체 발생 중심

예를 들어, 뷰탄-2-올(butan-2-ol)은 입체 발생 중심이 한 개이다. 두 개의 거울상 이성질체를 그리기 위하여 전형적인 사면체 묘사를 위한 기법을 활용한다. **두 개의 결합을 한 평면에 배치하고 다른 하나의 돌출된 결합은 쐐기 모양, 그리고 나머지 하나의 후면에 있는 결합은 점선쐐기를 사용한다.** 그러고 나서 첫 번째 거울상 이성질체 **A**를 생성하기 위해 네 개의 기—H, OH, CH_3와 CH_2CH_3—를 입체 발생 중심의 아무 결합에나 임의로 배치한다.

실선, 쐐기 및 점선쐐기로 사면체를 그릴 때, 항상 **두 실선을 먼저 그린다**. 그 다음 실선의 **반대쪽**에 쐐기와 점선을 그린다.

두 실선을 **아래**로 그렸다면...

...쐐기와 점선쐐기는 **위**로 추가한다.

두 실선을 **왼쪽**에 그렸다면...

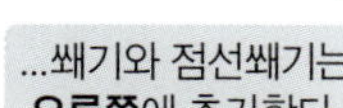

...쐐기와 점선쐐기는 **오른쪽**에 추가한다.

분자를 그리고 난 후 거울상을 그린다.

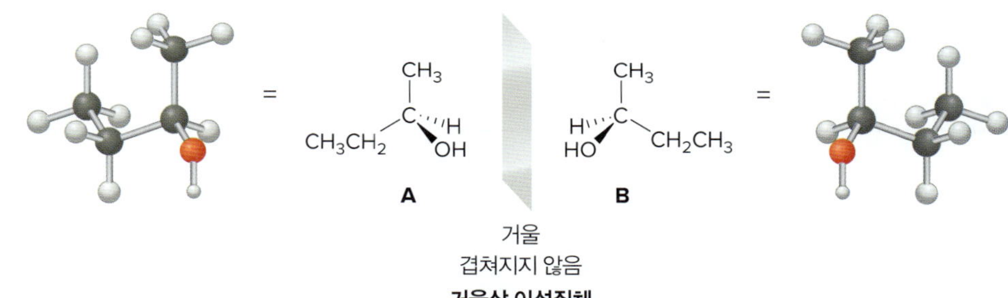

거울
겹쳐지지 않음
거울상 이성질체

그 후 거울면을 그리고 첫 번째 분자가 거울에 반영되도록 거울상에 치환기를 배열하여 거울상 이성질체 **B**를 생성한다. **A**와 **B**를 어떤 방법으로 회전시켜도 모든 원자를 동일하게 배열할 수 없다. **A**와 **B**가 거울상이며 겹치지 않으므로 **A**와 **B**는 한 쌍의 **거울상 이성질체**이다.

이는 3-브로모헥세인(3-bromohexane)에 대하여 그림 5.5a에서 보여지듯이 한 거울상 이성질체를 그리는 한 가지 방법일 뿐이다. 특히 두 개 이상의 입체 발생 중심이 있는 화합물의 경우에 거울상 이성질체(그림 5.5b)를 그리는 또 다른 방법은 탄소 골격을 같은 위치에 유지하면서 앞에 있는 결합(쐐기에)을 뒤에 있는 결합(점선쐐기에)으로 바꾸거나 그 반대로 함으로써 모든 입체 발생 중심에 있는 배열을 반전시키는 것이다.

그림 5.5 거울상 이성질체를 그리는 다른 방법

a. 반사(reflection)를 이용하여 거울상 이성질체를 그리는 법

모든 기를 반사되게 그린다.

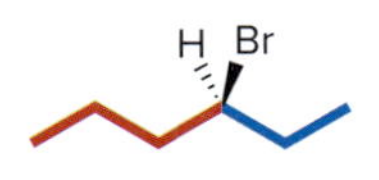

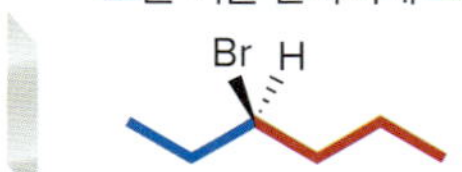

3-bromohexane 거울상 이성질체

- 쐐기 모양과 점선쐐기 모양은 **동일하게** 유지된다.
- 탄소의 긴 사슬 위치가 **바뀐다**.
- H와 Br의 위치는 그대로 배치된다.

b. 입체 발생 중심의 배열을 반전시킴으로써 거울상 이성질체를 그리는 방법

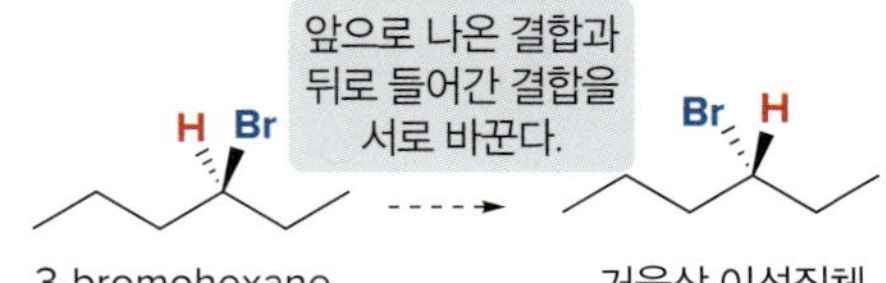

3-bromohexane 거울상 이성질체

- 쐐기 부분과 점선쐐기 부분을 **바꾼다**.
- 탄소의 긴 사슬 위치는 그대로 유지된다.

'거울상 이성질체'라고 표시한 두 표현은 다른 방법으로 그려졌을 뿐, **같은** 구조이다.

예제 5.2 거울상 이성질체 그리는 다른 방법

알라닌(alanine) 아미노산에서 입체 발생 중심을 나타내고, 그림 5.5에서 보여 주는 두 가지 방법을 사용하여 거울상 이성질체를 그려라.

alanine

풀이

입체 발생 중심은 푸른색으로 표시된 4개의 다른 기가 있는 탄소이다.

[1] 거울면을 그리고, 입체 발생 중심의 모든 기를 알라닌의 기의 반사로서 그린다.

반사된 모든 기를 그린다.

alanine 거울상 이성질체

- 앞과 뒤의 기는 같은 위치에 위치한다.

[2] 탄소 골격을 동일하게 유지하고 평면 전후에 있는 기의 위치를 바꾼다.

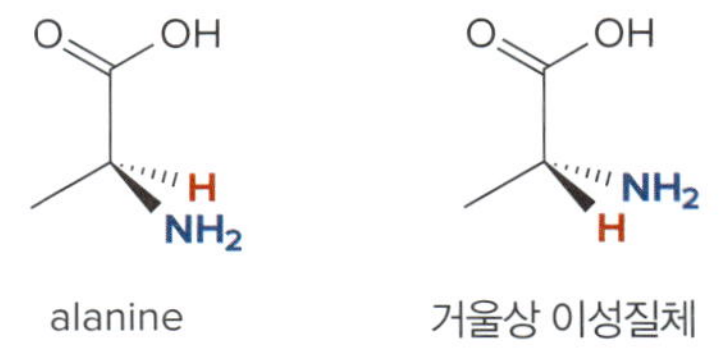

- 평면 **뒤**에 있던 H는 **앞**의 쐐기 모양에 위치하게 된다.
- 평면 **앞**에 있던 NH_2는 **뒤**의 점선쐐기 모양에 위치하게 된다.

문제 5.7 각 화합물의 거울상 이성질체를 그려라.

a. L-dopa (파킨슨 병 치료제)

b. cetirizine (항히스타민제)

c. pregabalin (만성 통증 치료제)

추가 문제: 문제 5.42, 5.61b, 5.62c, 5.63b를 풀어보라.

문제 5.8 각각의 화합물에서 입체 발생 중심을 찾고, 두 개의 거울상 이성질체를 그려라.

a. b. c.

문제 5.9 각 화합물이 A와 같은지 아니면 A의 거울상 이성질체인지를 결정하라.

A a. b. c.

5.5 고리 화합물의 입체 발생 중심

입체 발생 중심은 고리 구조를 구성하는 탄소 원자에서도 나타날 수 있다. 고리 탄소에서 입체 발생 중심을 발견하기 위해서는 항상 고리를 평면 다각형으로 그리고, 네 개의 서로 다른 기에 결합된 사면체 탄소를 찾는다. 각각의 고리 탄소는 고리 내의 다른 두 개의 원자 그리고 고리에 치환된 두 개의 원자에 연결되어 있다.

메틸사이클로펜테인(methylcyclopentane)은 입체 발생 중심이 있을까? 메틸기에 결합된 고리 탄소인 C1을 제외한 모든 탄소 원자는 두 개 또는 세 개의 수소 원자와 결합되어 있다. 다음으로 C1으로부터 등거리에 있는 양쪽 고리 원자와 결합을 비교하고 한 원자나 결합의 가운데서 **차이점에 도달할 때까지 또는 양쪽이 만날 때까지, 계속** 비교해 나간다. 이 경우 양쪽에서 차이점이 발견되지 않았으므로 C1은 고리의 한 부분인 동일한 알킬기에 결합되어 있는 것이다. **따라서 C1은 입체 발생 중심이 아니다.**

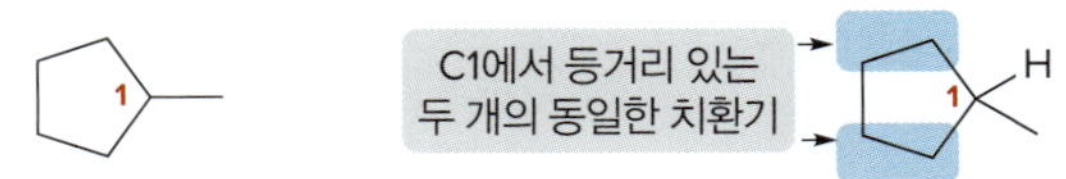

3-메틸사이클로헥센(3-methylcyclohexene)에 대해서는 다른 결과가 발생한다. 메틸기에 결합된 고리 탄소인 C3를 제외하고 모든 탄소 원자들은 두 개 이상의 수소에 결합되어 있거나 sp^2 혼성 오비탈을 구성한다. 이번 경우에는 C3로부터 등거리에 있는 원자가 다르며 C3는 고리 구조에서 **다른** 알킬기에 결합되어 있다. **따라서 C3는 네 개의 서로 다른 기에 결합되어 있으며, 결과적으로 입체 발생 중심이다.**

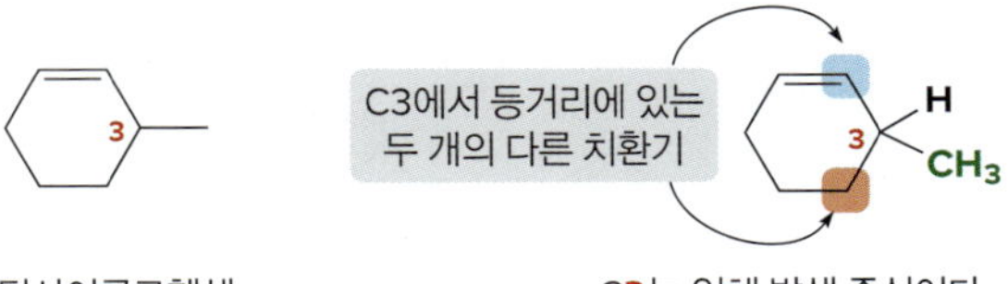

> 두 거울상 이성질체는 서로 **다른** 화합물이다. 한쪽의 거울상 이성질체에서 다른 쪽 거울상 이성질체로 바꾸기 위해서는 **두 원자의 위치를 바꾸어야** 한다. 이 작업은 결합의 절단을 통해 일어난다.

3 메틸사이클로헥센은 입체 발생 중심이 한 개이므로 카이랄 화합물이고 한 쌍의 거울상 이성질체로 존재한다.

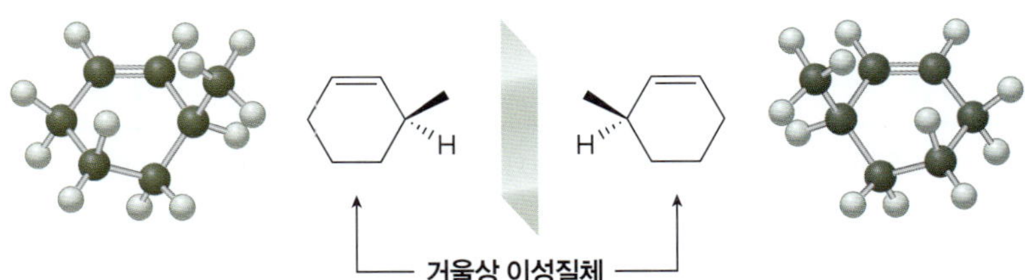

많은 생리 활성 화합물은 고리 탄소에 입체 발생 중심이 한 개 이상이다. 예를 들어, **탈리도마이드(thalidomide)**는 한때 영국과 유럽에서 임산부에게 진정제 및 구역질 치료제로 처방된 약물로, 입체 발생 중심이 한 개이므로 한 쌍의 거울상 이성질체로 존재한다.

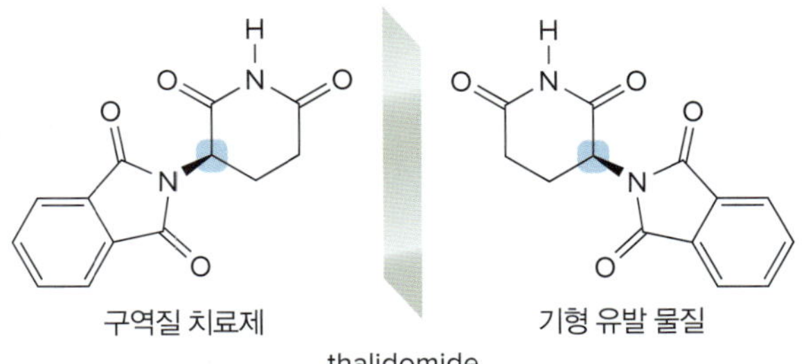

오늘날 탈리도마이드는 한센병(나병) 치료를 위해 엄격한 규제하에 처방된다. 한때 한센병은 매우 전염성이 강하다고 생각되었기 때문에 하와이의 섬인 Moloka'i의 북쪽 해안에 있는, 외지고 접근이 어려운 반도인 환자를 개별 격리하기 위해 하와이에 있는 섬에서 접근이 불가능할 정도로 먼 Kalaupapa로 보냈다. 한센병은 현재 치료 가능한 박테리아 감염으로 알려져 있는데, 23.15절에서 논의될 설파제(sulfa drug)로 처방된다.
Lokuttara/Shutterstock

불행히도 탈리도마이드는 두 가지 거울상 이성질체의 혼합물로 판매되었고, 두 입체 이성질체는 서로 다른 생리 효과를 나타내었다. 5.13A절에서 설명하겠지만 이는 카이랄 약품에서 흔히 있는 성질이다. 한 가지 거울상 이성질체는 기대되는 약효를 보였으나, 다른 하나의 거울상 이성질체는 임신 중 이 약을 복용한 여성들이 많은 심각한 기형아를 낳은 원인으로 판단되었다. 미국에서는 탈리도마이드의 안전성이 검증되지 않았다고 주장한 Frances Oldham Kelsey라는 미국 식품의약청 소속의 약품 검사관의 판단에 의해 탈리도마이드의 사용이 금지되었다.

이 장의 도입부에서 소개한 **슈크로스(sucrose)**와 **파클리탁셀(paclitaxel)**은 고리 탄소에 입체 발생 중심이 몇 개 있는 유용한 분자이다. **탄소를 한 개씩 살펴보면서** 동일한 방법으로 구조가 좀 더 복잡한 이 화합물의 입체 발생 중심을 찾아보자. 두 고리에 9개의 입체 발생 중심이 있는 **슈크로스**는 설탕으로 사용되는 탄수화물이다. 입체 발생 중심이 11개인 **파클리탁셀**은 난소암, 유방암 및 폐암의 항암제로 유효하다.

sucrose
(설탕)

paclitaxel
상품명: Taxol
(항암제)

cephalexin
상품명: Keflex

거울상 이성질체

입체 발생 중심이 다수인 복잡한 화합물의 거울상 이성질체를 그리려면 입체 발생 중심이 하나인 화합물에 대하여 그림 5.5b에서 보인 것처럼, 평면 위의 쐐기 모양의 기를 점선쐐기 모양으로 만들고, 평면 아래의 모든 점선쐐기 모양의 기를 쐐기 모양으로 바꾼다. 예를 들어 항생제 cephalexin은 입체 중심이 3개 있으며, 그 거울상 이성질체에서는 그 배열이 전부 역전되어 있다.

문제 5.10 각각의 화합물에서 입체 발생 중심을 표시하라. 하나의 분자에 한 개 또는 두 개 이상의 입체 발생 중심이 있을 수 있다. Gabapentin enacarbil (d)은 발작증과 만성 통증을 치료하는 데 사용되고 있다.

a.

b.

c.

d. gabapentin enacarbil

e.

f. cholesterol

문제 5.11 각각의 화합물에서 입체 발생 중심을 표시하고 거울상 이성질체를 그려라. Exemestane(상품명 Aromasin)은 유방암 치료제이고 zanamivir는 독감 치료제이자 예방약이다.

a. exemestane

b. zanamivir

5.6 입체 발생 중심의 *R* 배열과 *S* 배열

거울상 이성질체를 *R* 또는 *S* 접두사를 사용하여 명명하는 방법은 이를 고안한 화학자 세 사람의 이름을 따서 Cahn-Ingold-Prelog 체계라고 부른다.

거울상 이성질체는 두 개의 서로 다른 화합물이므로 다른 이름으로 구별되어야 한다. 그 방법은 거울상 이성질체의 IUPAC 이름에 접두사 ***R*** 또는 ***S***를 붙이는 것이다. 거울상 이성질체에 *R* 또는 *S*를 지정하기 위하여, 먼저 입체 발생 중심에 결합된 각각의 기에 **우선순위(priority,** 1, 2, 3 또는 4)**를 부여**하고 이 우선순위를 이용하여 하나의 거울상 이성질체에 *R*을 지정하고 다른 하나에 *S*를 지정해준다.

순위 부여를 위한 규칙들

규칙 [1] 입체 발생 중심에 직접 결합된 원자에 원자 번호가 큰 것부터 **작아지는** 순서대로 우선순위(1, 2, 3 또는 4)를 부여한다. 원자 번호가 **가장 큰** 원자의 우선순위가 **가장 높다**(1번).

- CHBrClF의 경우 순위는 다음과 같이 지정된다. Br (1, 가장 높음) → Cl (2) → F (3) → H (4, 가장 낮음). 많은 분자에서 우선순위가 가장 낮은 기는 H일 것이다.

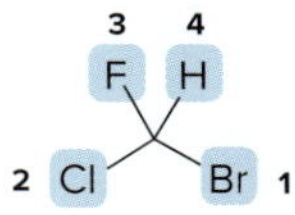

규칙 [2] 입체 발생 중심에 직접 결합된 두 원자가 **같을** 경우, 이 원자에 결합된 원자들의 원자 번호에 의거하여 우선순위를 지정한다. 원자 번호가 높은 원자가 **하나**라도 존재하면 더 높은 우선순위를 부여받는다.

- 뷰탄-2-올(butan-2-ol)에서 O 원자는 가장 높은 우선순위(1)을 부여받고, H는 가장 낮은 우선권(4)을 규칙 1에 따라 부여받는다. 뷰탄-2-올에는 또한 입체 발생 중심에 두 개의 탄소 원자가 있는데, 하나는 CH_3기의 일부이고 하나는 CH_2CH_3기의 일부이다. 나머지 두 개의 C 원자에 대한 우선순위(2 또는 3)를 지정하기 위하여 각각의 탄소에 결합된 원자(입체 발생 중심이 아닌)를 살펴본다.

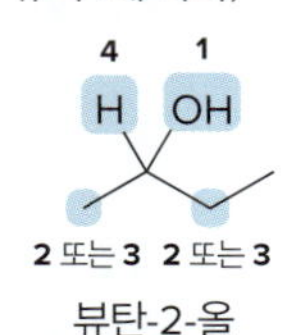

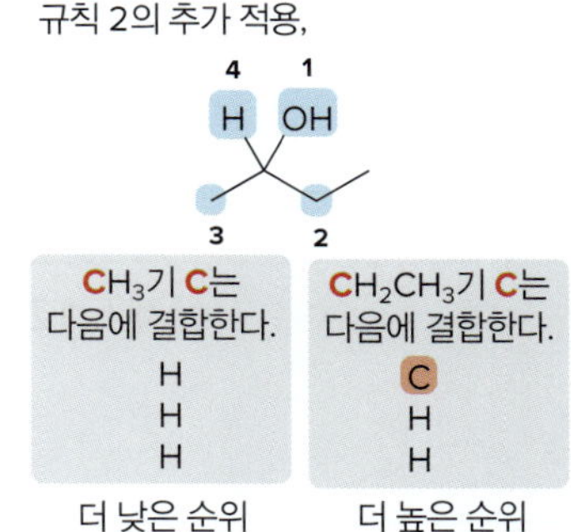

- CH_2CH_3은 에틸기의 탄소가 다른 탄소와 결합하므로 CH_3기(우선순위 3)보다 더 높은 우선순위 (2)를 취한다.
- 뷰탄-2-올에 결합된 기의 우선순위는 −OH **(1)**, $-CH_2CH_3$ **(2)**, $-CH_3$ **(3)**, −H **(4)**이다.
- 순위가 아직 지정되지 않은 경우에는 사슬을 따라 차이가 발생할 때까지 비교를 계속한다.

규칙 [3] 입체 발생 중심에 두 개의 동위 원소가 결합되었을 때는 **감소하는** 질량수의 순서로 우선순위를 부여한다.

- 수소 원소의 두 동위 원소를 비교할 때 질량수가 2인 중수소(하나의 양성자와 하나의 중성자)는 질량수가 1인 수소(하나의 양성자)보다 우선순위가 높다.

규칙 [4] 다중 결합에 포함된 원자의 순위를 지정할 경우, 다중 결합의 원자는 단일 결합 원자가 다중 결합 수만큼 중복되어 있는 것으로 취급한다.

- C=O의 C는 두 개의 O에 결합된 것으로 간주된다.

- C는 2개의 O에 결합된다.
- O는 2개의 C에 결합된다.

- 다른 일반 다중 결합들은 다음과 같이 그린다.

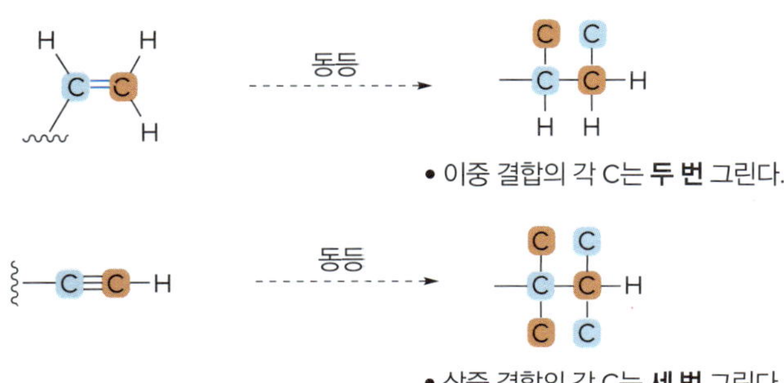

그림 5.6은 입체 발생 중심에 지정된 우선순위의 예를 보여준다.

그림 5.6
입체 발생 중심에 우선순위를 지정하는 예

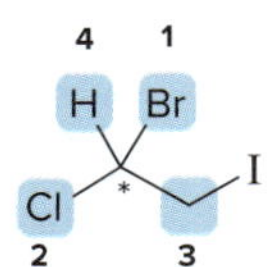

- 입체 발생 중심은 Br, Cl, C, 그리고 H에 결합된다.
- 입체 발생 중심은 I에 직접 결합되어 있지 않다.

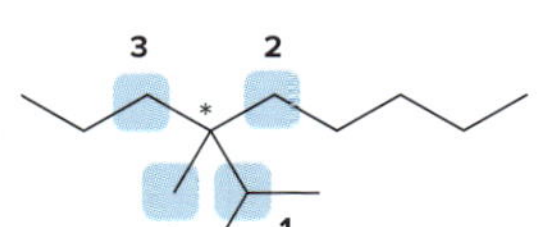

- $CH(CH_3)_2$는 C가 두 개의 다른 C에 결합되어 있으므로 우선순위가 가장 높다.

[* = 입체 발생 중심]

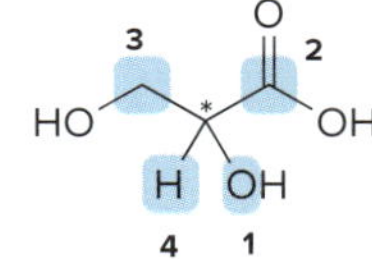

- OH는 O가 원자 번호가 가장 높으므로 가장 높은 우선순위를 취한다.
- CO_2H (O에 세 개의 결합)은 CH_2OH (O에 하나의 결합)보다 더 높은 우선순위를 취한다.

문제 5.12 각각의 쌍 중에서 우선순위가 **더 높은** 치환기는 어느 것인가?

a. $-CH_3$, $-CH_2CH_3$
b. $-I$, $-Br$
c. $-H$, $-D$
d. $-CH_2Br$, $-CH_2CH_2Br$
e. $-CH_2CH_2Cl$, $-CH_2CH(CH_3)_2$
f. $-CH_2OH$, $-CHO$

문제 5.13 우선순위가 **감소하는** 순서로 다음 기들을 배열하라.

a. $-COOH$, $-H$, $-NH_2$, $-OH$
b. $-H$, $-CH_3$, $-Cl$, $-CH_2Cl$
c. $-CH_2CH_3$, $-CH_3$, $-H$, $-CH(CH_3)_2$
d. $-CH{=}CH_2$, $-CH_3$, $-C{\equiv}CH$, $-H$

*R*은 '오른쪽'을 의미하는 라틴어 **rectus**에서 유래되었고, *S*는 '왼쪽'을 의미하는 라틴어인 **sinister**에서 비롯되었다.

입체 발생 중심 주위의 네 기의 우선순위가 지정되면, 세 단계를 사용하여 입체 발생 중심을 *R* 또는 *S*로 지정할 수 있다.

해결 방법 입체 발생 중심에 *R* 또는 *S*를 지정하는 방법

예 각각의 거울상 이성질체를 *R* 또는 *S*로 표시하라.

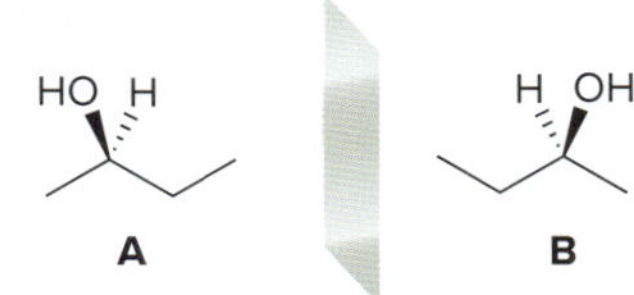

뷰탄-2-올의 두 거울상 이성질체

단계 [1] 입체 발생 중심에 결합된 모든 기의 순위를 1에서 4까지 지정한다.

- 뷰탄-2-올의 입체 발생 중심 주위 네 개 기에 대한 순위는 앞에 설명한 규칙 2에 소개되어 있다.

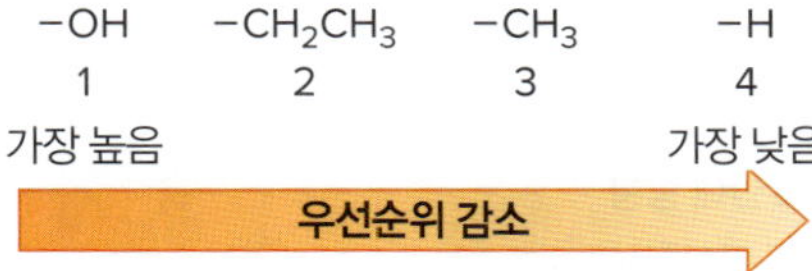

단계 [2] 가장 낮은 순위의 기(4)를 뒤쪽으로(점선쐐기) 보내고, 남은 세 개(1, 2와 3) 기의 상대적인 위치를 표시한다.

- 뷰탄-2-올의 각각의 거울상 이성질체에 대해, 평면 뒤쪽으로 그려진 C—H 결합을 따라 내려가면서 **최하위 순위의 기 쪽으로 바라본다.**

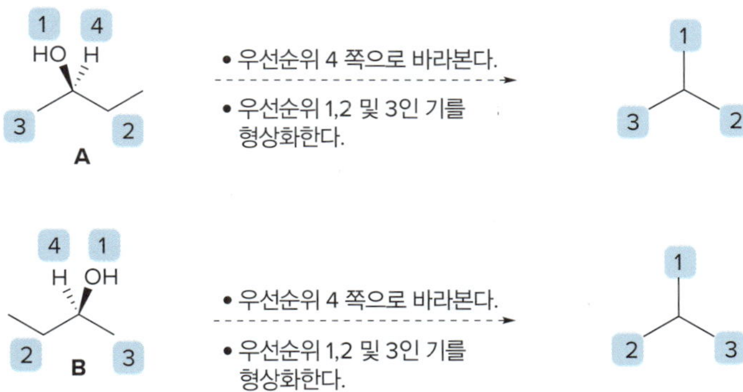

단계 [3] 기의 순위 1 → 2 → 3을 따라 원을 그린다.

- 원의 진행이 **시계 방향**일 경우—정오에서부터 오른쪽으로 진행—그 이성질체는 ***R***로 명명한다.
- 원의 진행이 **시계 반대 방향**일 경우—정오에서부터 왼쪽으로 진행—그 이성질체는 ***S***로 명명한다.

시계 방향
***R* 이성질체**

시계 반대 방향
***S* 이성질체**

- ***R*** 또는 ***S***는 분자의 IUPAC 이름 앞에 위치한다. 뷰탄-2-올의 거울상 이성질체에 대하여

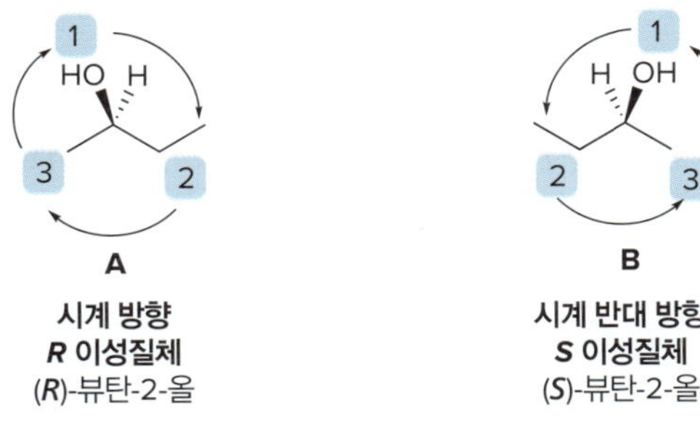

A
시계 방향
***R* 이성질체**
(*R*)-뷰탄-2-올

B
시계 반대 방향
***S* 이성질체**
(*S*)-뷰탄-2-올

예제 5.3 입체 발생 중심에 *R* 또는 *S*로 표시하기

다음 화합물에서 입체 발생 중심을 *R* 또는 *S*로 표시하라.

a. b.

풀이

a. 순위를 정한다.

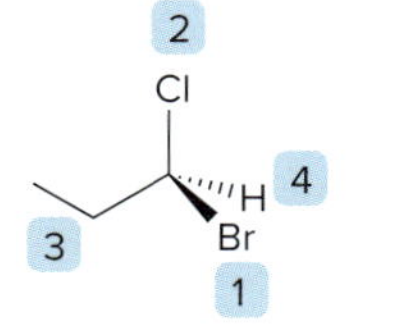

그 다음에 가장 순위가 낮은 기(H) 쪽으로 바라보며 1 → 2 → 3의 방향으로 원을 그린다.

시계 반대 방향

답: ***S*** 이성질체

b. 순위를 정한다.

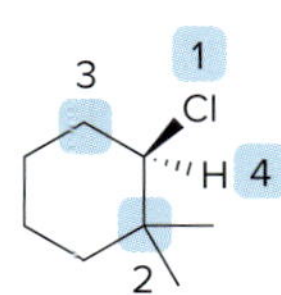

그 다음에 가장 순위가 낮은 기(H) 쪽으로 바라보며 1 → 2 → 3의 방향으로 원을 그린다.

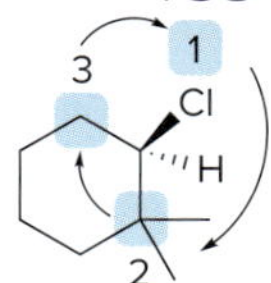

시계 반대 방향

답: ***R*** 이성질체

문제 5.14 다음 화합물에서 입체 발생 중심을 *R* 또는 *S*로 표시하라.

a. b. c.

추가 문제: 문제 5.45a, e를 풀어보라.

가장 낮은 순위의 기가 점선상에서 뒤쪽을 향하지 않는 경우, 분자의 *R* 또는 *S*의 지정을 어떻게 할 수 있을까? 그림 5.7과 같이 분자를 회전하거나 뒤집어서 순위가 가장 낮은 순위 기가 뒤로 가게 할 수 있고, 그런 다음 배열을 정하는 단계별 절차를 따른다. 삼차원 공간에서 분자를 조작하고 형상화하는 것이 익숙하지 않다면, 예제 5.4에서 제시한 절차를 시도한다.

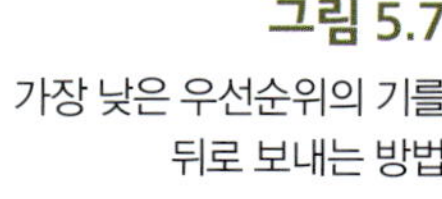

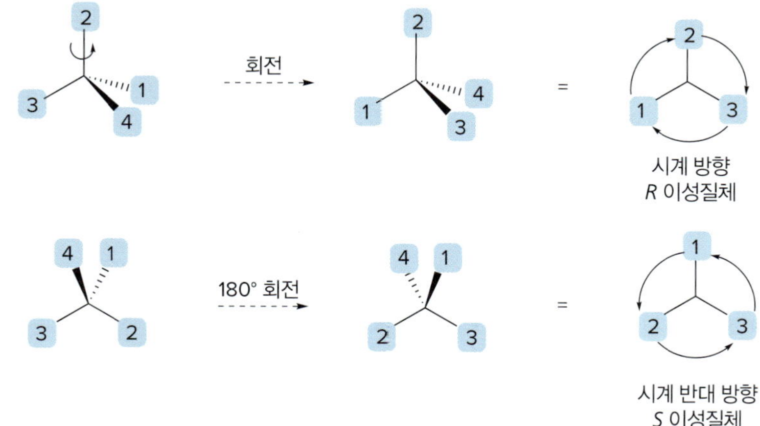

그림 5.7
가장 낮은 우선순위의 기를 뒤로 보내는 방법

- 단일 결합을 중심으로 분자를 회전하면 세 개의 기의 위치가 바뀐다.
- 분자를 180° 뒤집으면 네 개의 기가 모두 바뀐다.

예제 5.4 최하위 우선순위가 뒤로 그려지지 않았을 때 입체 발생 중심을 *R* 또는 *S*로 지정하기

각 입체 발생 중심을 *R* 또는 *S*로 표시하라.

a. OH

b. OH

풀이

이 문제에서 가장 낮은 순위의 기(H)는 페이지의 뒤쪽으로 향하고 있지 않다. 이 경우 *R* 또는 *S*를 지정하기 위하여

- 최하위 우선순위 기의 위치를 페이지 **뒤**에 있는 기와 **바꾼다**.
- 일반적인 방법으로 *R* 또는 *S*를 정한다.
- **결과의 반대를 택한다**. 처음에 입체 발생 중심에 연결된 두 기의 위치를 바꾸었고, 두 가지 경우만 존재하므로 정답은 얻어진 답의 **반대**가 된다.

a. [1] 순위를 정한다.

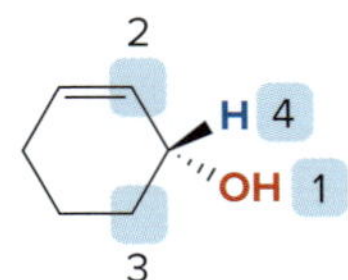

[2] 4번 기와 1번 기의 위치를 교환한다.

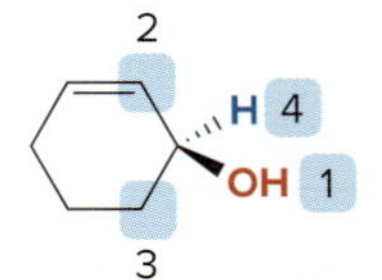

[3] 1 → 2 → 3 순으로 원을 그리고 얻은 결과의 반대를 택한다.

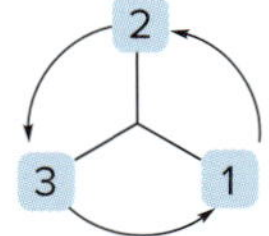

시계 반대 방향

S 이성질체처럼 보이지만 처음에 1번 기와 4번 기를 교환하였으므로 정답은 반대 (*S* → *R*)를 택해야 한다.

답: ***R*** 이성질체

b. [1] 순위를 정한다.

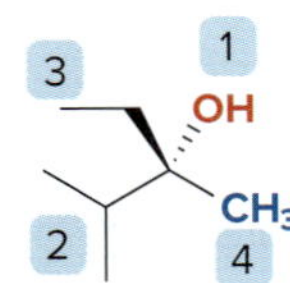

[2] 4번 기와 1번 기의 위치를 교환한다.

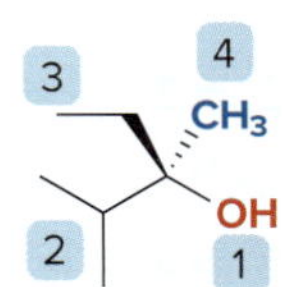

[3] 1 → 2 → 3 순으로 원을 그리고 얻은 결과의 반대를 택한다.

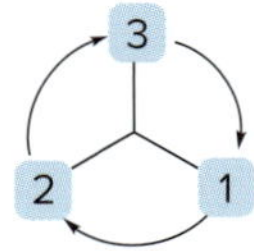

시계 반대 방향

R 이성질체처럼 보이지만 처음에 1번 기와 4번 기를 교환하였으므로 정답은 반대 (*S* → *R*)를 택해야 한다.

답: ***S*** 이성질체

문제 5.15 각 입체 발생 중심을 *R* 또는 *S*로 표시하라.

a. Cl, H, Br

b. HO, O, H, OH

c.

d. Br, Cl, OH

e. H, N, OH

f. O, H, OH

추가 문제: 문제 5.45, 5.46, 5.50, 5.61a, 5.63a를 풀어보라.

문제 5.16 저렴한 신규 결핵 치료제의 생산을 추구하는 비영리 기관인 TB Alliance가 개발한 항생제인 pretomanid의 두 거울상 이성질체를 그려라. Pretomanid가 *S* 배열의 단일 거울상 이성질체로 판매된다면, 어느 거울상 이성질체가 pretomanid인가?

pretomanid

문제 5.17 HIV 치료제인 ritonavir에서 입체 발생 중심을 찾고 각 입체 발생 중심을 *R* 또는 *S*로 표시하라. Ritonavir는 2020년에 미국에서 경구 일반약으로 사용 승인을 받았다.

ritonavir

5.7 부분 입체 이성질체

지금까지 사면체 입체 발생 중심이 한 개인 다양한 화합물의 예가 제시되었다. 입체 발생 중심이 두 개인 화합물은 더 많은 입체 이성질체가 가능하기 때문에 더욱 복잡한 상황을 보여 준다. 더욱이 입체 발생 중심이 두 개인 분자는 **카이랄일 수도 있고** 아닐 **수도 있다.**

- *n*개의 입체 발생 중심에 대하여 입체 이성질체의 최대 수는 2^n이다.

- $\boldsymbol{n = 1}$일 때 $2^1 = \mathbf{2}$이다. 입체 발생 중심이 한 개인 경우 두 개의 입체 이성질체가 항상 존재하고, 그것들은 **거울상 이성질체**이다.
- $\boldsymbol{n = 2}$일 때 $2^2 = \mathbf{4}$이다. 입체 발생 중심이 두 개인 경우 때때로 4보다 적을 수도 있으나, 입체 이성질체의 최대 수는 4이다.

문제 5.18 입체 발생 중심을 찾고 각 화합물에 대하여 가능한 입체 이성질체의 최대 수를 구하라.

a. b. c.

2,3-dibromopentane을 이용하여 가능한 입체 이성질체를 모두 찾아내는 단계적 절차를 살펴보자. 2,3-dibromopentane은 입체 발생 중심이 두 개이므로 입체 이성질체의 최대 수는 네 개이다.

어떤 화합물이 다른 화합물과 겹치는가를 판단하기 위하여 원자들을 회전시키고 전체 분자를 뒤집어 본다. 그러나 **어떤 결합도 절단해서는 안 된다.**

입체 이성질체를 찾기 위해 **가려진(eclipsed)** 형태를 사용한다.

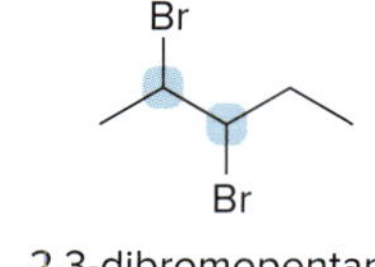

2,3-dibromopentane
= 입체 발생 중심

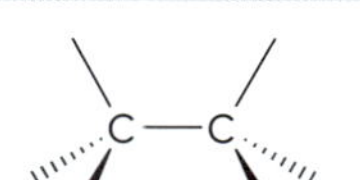

가려진 형태
보다 더 가시적인 형태

빠른 상호 전환

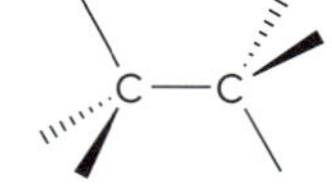

엇갈린 형태
더 안정

해결 방법 입체 발생 중심이 두 개인 화합물에 대한 가능한 모든 입체 이성질체를 찾아 그리는 방법

단계 [1] 입체 발생 중심들의 주위에 임의로 치환기를 배열하여 하나의 입체 이성질체를 그린다. 그리고 그것의 거울상을 그린다.

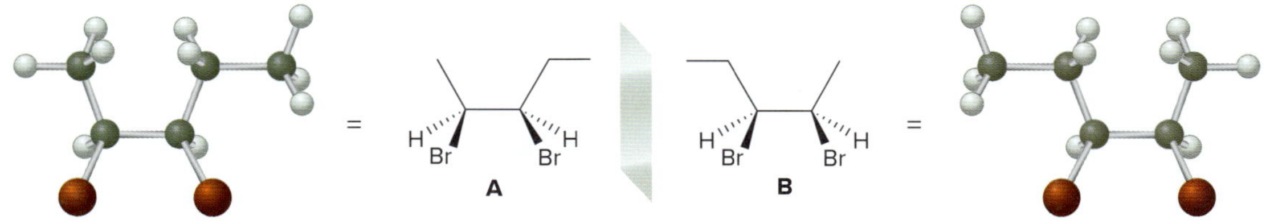

- 입체 발생 중심에 H, Br, CH_3와 CH_2CH_3기를 임의적으로 붙여 **A**를 생성하고 나서 **B**의 치환기들이 **A** 치환기들의 거울에 비친 모습이 되도록 거울상 **B**를 그린다.
- 원자가 모두 나란하게 배열하는지 보기 위하여 한 분자를 뒤집거나 돌려서 **A**와 **B**가 서로 겹치는지를 판단한다.
- 이 경우 **A**와 **B**의 원자가 나란하지 않으므로, **A**와 **B**는 겹쳐지지 않는 거울상—**거울상 이성질체**—이다. **A**와 **B**는 2,3-dibromopentane의 네 개의 입체 이성질체 중 두 개이다.

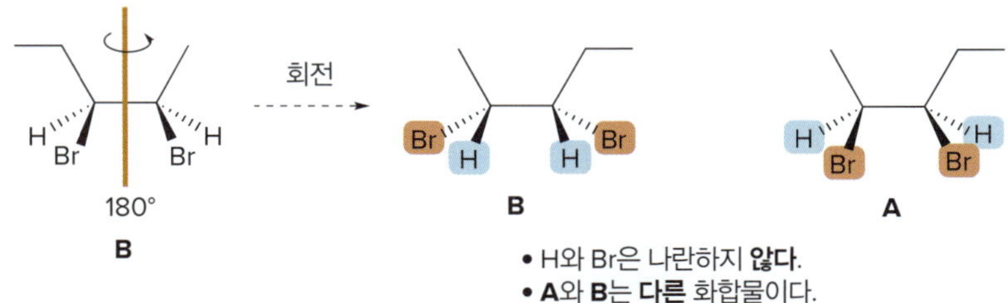

단계 [2] 단 하나의 입체 발생 중심에 연결된 두 기의 위치를 교환하여 세 번째 입체 이성질체를 그린 다음, 그 이성질체의 거울상을 그린다.

- **A** 또는 **B**의 한 곳의 입체 발생 중심에 연결된 H와 Br(또는 다른 두 기)의 위치를 교환하여 **A**, **B**와는 다른 새로운 입체 이성질체(이 예에서는 **C**)를 생성한다. 이제 **D**로 표시한 **C**의 거울상을 그리면 **C**와 **D**는 서로 겹쳐지지 않는 거울상, 즉 **거울상 이성질체**가 된다. 이제 2,3-dibromopentane의 최대 개수인 네 개의 입체 이성질체가 완성된다.

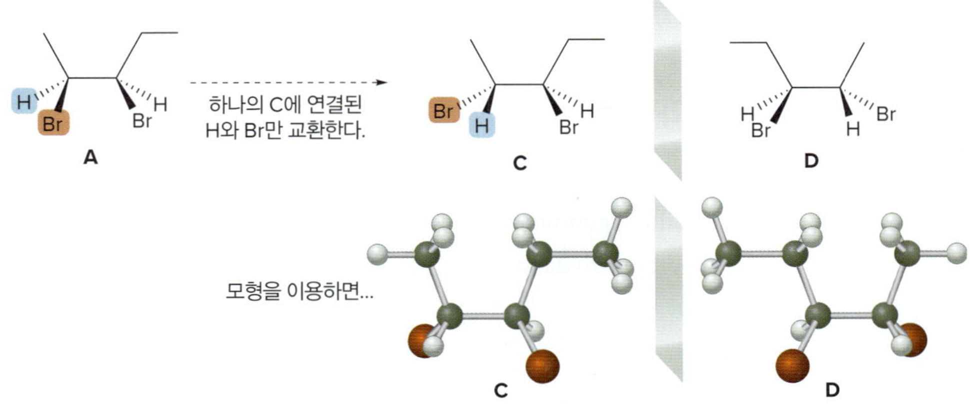

입체 이성질체는 두 가지 종류가 존재한다. **거울상 이성질체는 서로 거울상인 입체 이성질체이고, 부분 입체 이성질체는 거울상이 아닌 입체 이성질체이다.**

2,3-dibromopentane은 거울상 이성질체 **A**, **B**와 거울상 이성질체 **C**와 **D**의 네 개의 입체 이성질체를 보유한다. 그러면 **A**와 **C** 같은 두 입체 이성질체 사이의 관계는 무엇인가? **A**와 **C**는 입체 이성질체의 두 번째 종류인 **부분 입체 이성질체(diasteromer)**가 된다. **부분 입체 이성질체는 서로 거울상이 아닌 입체 이성질체이다.** **A**와 **B**는 **C**와 **D**의 부분 입체 이성질체이고, 그 역도 성립한다. 그림 5.8은 2,3-dibromopentane의 입체 이성질체 사이의 관계를 요약한 것이다.

그림 5.8
2,3-dibromopentane의 네 개의 입체 이성질체

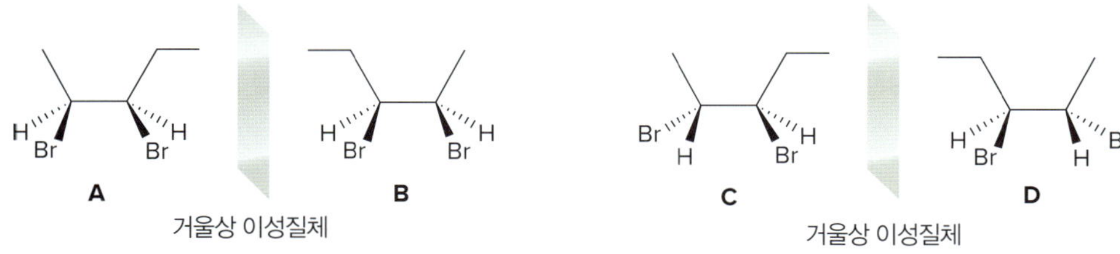

A와 **B**는 **C**와 **D**의 부분 입체 이성질체이다.

- 거울상 이성질체: **A**와 **B**, **C**와 **D**.
- 부분 입체 이성질체: **A**와 **C**, **A**와 **D**, **B**와 **C**, **B**와 **D**.

문제 5.19 각각의 화합물에서 두 개의 입체 발생 중심을 표시하고 가능한 모든 입체 이성질체를 그려라. Glutathione[부분 (C)]은 세포 내에서 해로운 산화제를 파괴하는 항산화제이다.

a. Cl, OH

b. Br, Cl

c. H_2N, SH, O, N, H, OH

glutathione

문제 5.20 화합물 **E** 및 **F**는 엇갈린 형태로 그린 2,3-dibromopentane의 두 개의 이성질체이다. 그림 5.8의 어느 화합물(**A**–**D**)이 **E**와 **F**와 일치할까?

Br, Br — **E**

Br, Br — **F**

5.8 메소 화합물

2,3-dibromopentane은 입체 발생 중심이 두 개이고 최대 네 개의 입체 이성질체로 존재하는 반면에, **2,3-dibromobutane**은 입체 발생 중심이 두 개이나 입체 이성질체의 수는 최대 수보다 적다.

2,3-다이브로모뷰테인
● = 입체 발생 중심

2,3-dibromobutane의 모든 입체 이성질체를 찾아 그리기 위하여 5.7절에 요약된 동일한 단계별 절차를 따른다. 임의로 H, Br과 CH_3기를 입체 발생 중심에 연결하여 하나의 입체 이성질체 **A**를 생성한다. 그리고 거울상인 **B**를 그린다. **A**와 **B**는 서로 겹치지 않는 거울상—**거울상 이성질체**—이다.

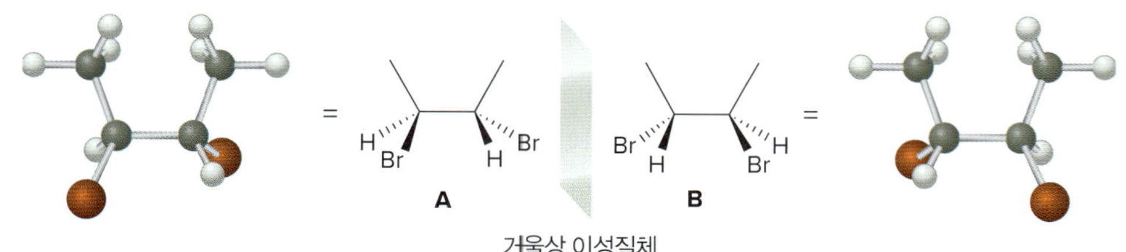

다른 두 입체 이성질체(만일 존재한다면)를 찾기 위하여 한쪽 거울상 이성질체의 한 입체 발생 중심의 두 기의 위치를 교환한다. 이 경우 **A**의 입체 발생 중심에 연결된 H와 Br의 위치를 교환하여 **A**, **B**와는 다른 새로운 입체 이성질체인 **C**를 생성한다.

A
• 하나의 C에서 H와 Br를 교환한다.
C
D
동일
C = D
분자 모형을 이용하면...
C
D

그러나 **C**의 거울상인 **D**는 **C**와 겹쳐지므로 **C**와 **D**는 동일하다. 그러므로 **C**는 입체 발생 중심이 두 개 있지만 **비카이랄**하다. **C**는 **메소 화합물(meso compound)**이다.

• **메소 화합물**은 사면체 입체 발생 중심은 있지만 비카이랄 화합물이다.

C는 **대칭면**이 있다. **모든 메소 화합물은 대칭면이 있어서** 두 반쪽이 같다.

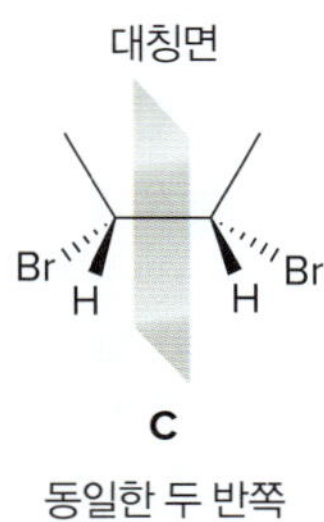

2,3-dibromobutane의 한 입체 이성질체가 그 거울상과 겹치므로 그림 5.9에 요약된 것과 같이 네 개가 아닌 세 개의 입체 이성질체가 존재한다.

그림 5.9
2,3-dibromobutane의 세 입체 이성질체

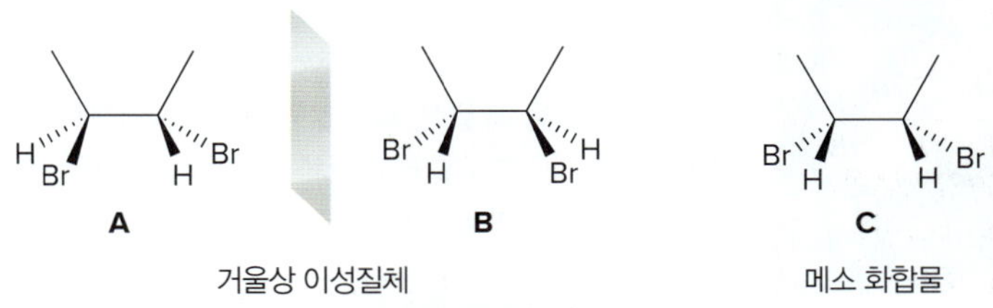

• 거울상 이성질체: **A**와 **B**.
• 부분 입체 이성질체: **A**와 **C**, **B**와 **C**.

문제 5.21 각각의 화합물들에 대하여 가능한 입체 이성질체를 모두 그리고, 거울상 이성질체와 부분 입체 이성질체의 쌍을 표시하라.

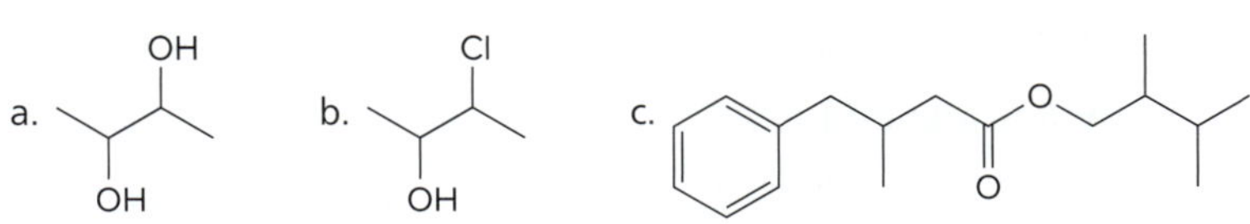

문제 5.22 어느 화합물이 메소 화합물인가?

a. HO H H OH　b. OH OH　c. Br Br

5.9 입체 발생 중심이 두 개 이상인 화합물의 *R* 배열 또는 *S* 배열 지정

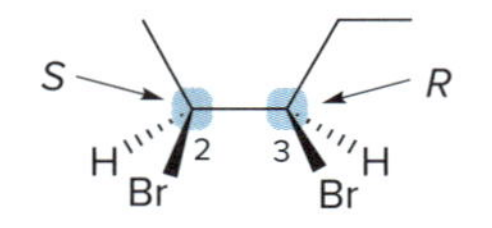

(2*S*, 3*R*)-2,3-다이브로모펜테인

화합물에 입체 발생 중심이 두 개 이상일 때, 각각의 입체 발생 중심에 대하여 *R* 또는 *S* 배열을 지정해 주어야 한다. 여기에 그려진 2,3-다이브로모펜테인의 입체 이성질체의 경우, C2는 *S* 배열이고 C3는 *R* 배열이다. 이 화합물의 완전한 이름은 (2*S*,3*R*)-2,3-다이브로모펜테인이다.

R, *S* 배열은 두 개의 화합물이 동일한지, 거울상 이성질체인지, 또는 부분 입체 이성질체인지를 구별하는 데 사용될 수 있다.

- 동일한 화합물은 모든 사면체 입체 발생 중심의 *R*, *S* 배열이 **같다**.
- 거울상 이성질체는 정확히 *R*, *S* 배열이 **반대**이다.
- 부분 입체 이성질체는 최소한 한 개의 입체 발생 중심의 *R*, *S* 배열이 **같으며** 최소한 한 개의 입체 발생 중심은 *R*, *S* 배열이 **반대**이다.

예컨대 두 입체 발생 중심이 모두 *R* 배열인 화합물의 경우, 거울상 이성질체는 *S*, *S*이고 부분 입체 이성질체는 *R*, *S* 또는 *S*, *R*이다.

문제 5.23 화합물의 두 입체 발생 중심이 *R*, *S* 배열인 경우, 그 화합물의 거울상 이성질체와 두 부분 입체 이성질체의 *R*, *S* 배열은 어떻게 되는가?

아시아와 남아프리카에서 재배하는 여지(lychee, 문제 5.25)에는 달고 먹을 수 있는 과육을 감싸고 있는 단단하고 먹을 수 없는 씨앗이 들어 있다. *Pixtal/age fotostock*

문제 5.24 구조를 그리지 않고, 다음 각 쌍의 화합물을 거울상 이성질체와 부분 입체 이성질체로 나누어라.

a. (2*R*,3*S*)-hexane-2,3-diol과 (2*R*,3*R*)-hexane-2,3-diol
b. (2*R*,3*R*)-hexane-2,3-diol과 (2*S*,3*S*)-hexane-2,3-diol
c. (2*R*,3*S*,4*R*)-hexane-2,3,4-triol과 (2*S*,3*R*,4*R*)-hexane-2,3,4-triol

문제 5.25 익지 않은 여지(lychee)에서 발견되는 아미노산인 hypoglycin A는 영양부족 어린이가 빈속에 많은 양을 섭취하였을 때 발작, 의식 불명 그리고 사망까지 이르게 하는 급성 독성 물질이다. (a) Hypoglycin A의 가능한 입체 이성질체를 모두 그리고 입체 발생 중심을 *R* 또는 *S*로 표시하라. (b) *R*, *S* 명칭을 사용하여 거울상 이성질체와 부분 입체 이성질체의 쌍을 표시하라.

O OH NH_2
hypoglycin A

5.10 이중 치환 사이클로알케인

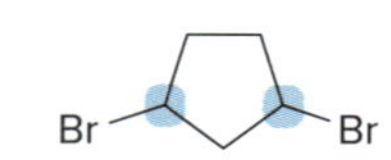

1,3-다이브로모사이클로펜테인

이제 이중 치환 사이클로알케인에 대하여 살펴본다. **1,3-다이브로모사이클로펜테인(1,3-dibromocyclopentane)**의 가능한 모든 입체 이성질체를 그려보자. 1,3-다이브로모사이클로펜테인은 입체 발생 중심이 두 개이므로 최대 네 개의 입체 이성질체가 있을 수 있다.

가능한 모든 입체 이성질체를 그리기 위하여 이중 치환 사이클로알케인은 두 기가 같은 방향으

치환된 사이클로알케인의 카이랄성을 결정하는 경우, 고리 구조를 반드시 **평면 다각형(flat polygon)**으로 그려야 한다. 두 개의 의자 형태가 서로 전환되어서 입체 구조의 분석이 특히 어려워지는 사이클로헥세인의 경우 더욱 중요하다.

시스-1,3-다이브로모사이클로펜테인은 대칭면이 있다.

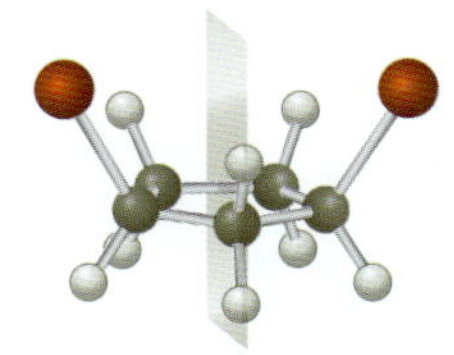

두 개의 동일한 반복

로 연결된 고리(**시스 이성질체, A**) 또는 다른 방향으로 연결된 고리(**트랜스 이성질체, B**)가 있다는 사실을 기억하라. 이 화합물은 **입체 이성질체이나 서로 거울상이 아니다**. 따라서 **부분 입체 이성질체**이다. **A**와 **B**는 네 개의 가능한 입체 이성질체 중의 두 개이다.

A 시스 이성질체

B 트랜스 이성질체

A와 **B**는 부분 입체 이성질체

다른 두 개의 입체 이성질체를 찾기 위해(존재한다면), 각 화합물의 거울상을 그리고 그 화합물과 거울상이 겹치는지 살펴본다.

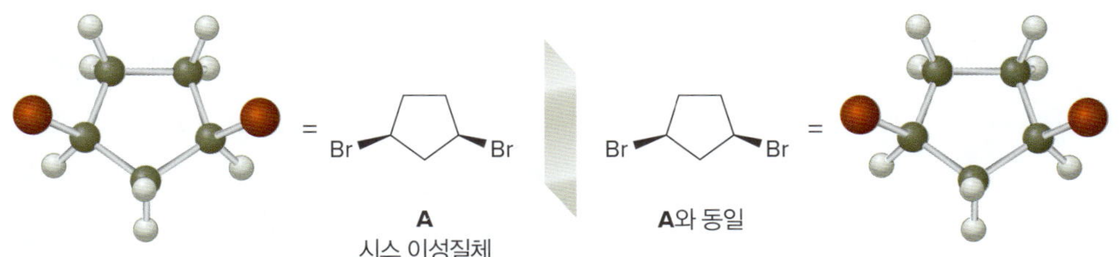

A 시스 이성질체

A와 동일

- 시스 이성질체는 거울상과 겹치므로 두 화합물은 동일하다. 그러므로 **A**는 **비카이랄 메소 화합물**이다.

B 트랜스 이성질체

C 트랜스 이성질체

B와 **C**는 거울상 이성질체

- 트랜스 이성질체 **B**는 거울상인 **C**와 겹치지 않아서 **B**와 **C**는 다른 화합물이다. 그러므로 **B**와 **C**는 **거울상 이성질체**이다.

1,3-dibromocyclopentane의 한 이성질체가 거울상과 겹치므로 네 개가 아닌 세 개의 입체 이성질체가 존재한다. **A**는 비카이랄 메소 화합물이고 **B**와 **C**는 카이랄 거울상 이성질체이다. **A**와 **B** 그리고 **A**와 **C**는 부분 입체 이성질체이다.

문제 5.26 다음의 고리 분자 중 메소 화합물은 어느 것인가?

a. b. c. (Cl, OH)

문제 5.27 각각의 화합물에 대하여 가능한 모든 입체 이성질체를 그려라. 거울상 이성질체와 부분 입체 이성질체의 쌍을 표시하라. Dolutegravir [(c)]는 미국에서 2013년에 HIV 치료제로서 사용 승인을 받았다.

a. b. (Cl, Cl) c.

dolutegravir
상품명: Tivicay

5.11 이성질체—요약

입체 화학의 다른 면으로 옮겨가기 전에 그림 5.10과 5.11을 복습할 시간을 갖기 바란다. 다음 사실을 기억하고 그림 5.10을 이용하여 이성질체의 종류를 요약하자.

- 이성질체에는 두 가지 주요 부류가 있다: 구조 이성질체와 입체 이성질체
- 입체 이성질체에는 두 가지 종류만 존재한다: 거울상 이성질체와 부분 입체 이성질체

그림 5.10
요약: 이성질체의 종류

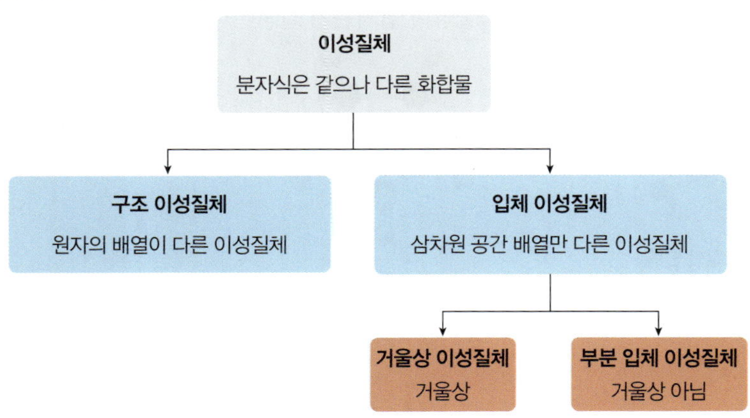

동일하지 않은 두 분자 사이의 관계를 정하기 위해서는 그림 5.11을 참조한다.

그림 5.11
두 개의 다른 분자 사이의 관계 결정 같지 않은 두 분자

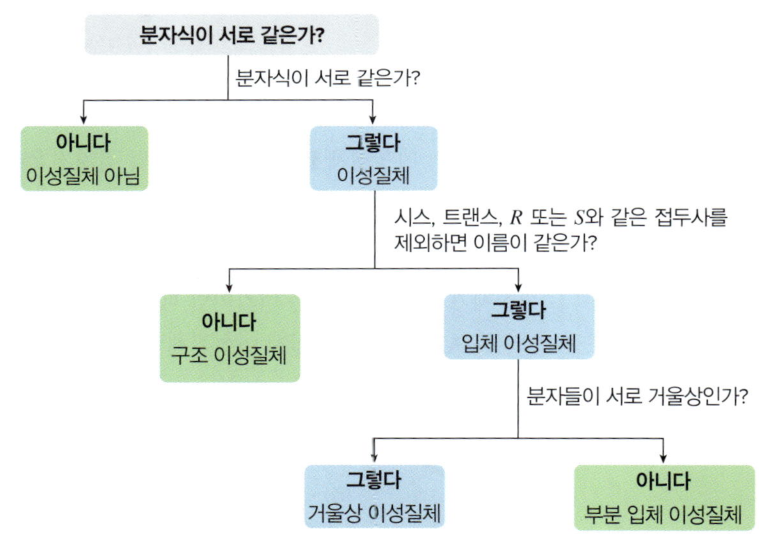

문제 5.28 각 쌍의 화합물 간의 관계를 말하라. 거울상 이성질체인가, 부분 입체 이성질체인가, 구조 이성질체인가, 또는 같은 분자인가?

a. Br, OH 와 Br, HO

b. 와

c. HO, OH 와 OH, HO

d. OH, HO 와 OH, HO

5.12 입체 이성질체의 물리적 성질

5.2절에서 언급한 바와 같이 구조 이성질체는 물리적 성질과 화학적 성질이 다르다. 그러면 거울상 이성질체의 물리적 성질과 화학적 성질은 어떠할까?

- 거울상 이성질체의 물리적 성질과 화학적 성질은 카이랄 물질과의 상호작용만 제외하고는 동일하다.

5.12A 광학 활성

거울상 이성질체는 평면 편광(plane-polarized light)과 상호작용하는 방식을 제외하고는 **물리적 성질**—녹는점, 끓는점, 용해도—**이 같다.**

평면 편광이란 무엇일까? 보통의 빛은 진행 방향에 수직인 평면의 모든 방향으로 진동하는 전자기파(electromagnetic wave)이다. 빛을 편광체(polarizer)에 통과시키면 한 평면에서만 진동하는 빛만 통과된다. 이 빛이 **평면 편광**(또는 단순히 **편광**)으로 전기적 벡터는 한 가지 평면에서만 진동한다.

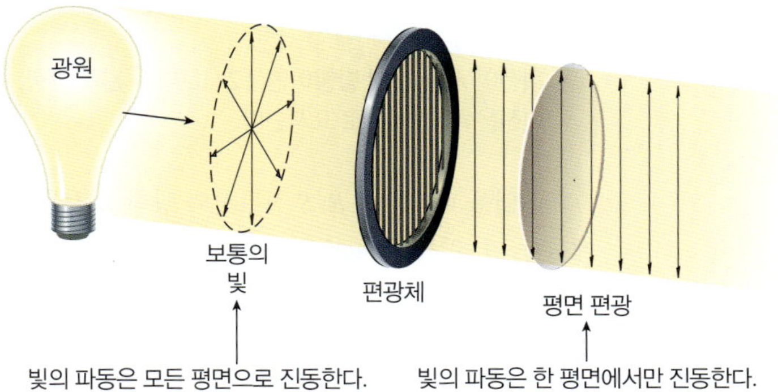

편광계(polarimeter)는 평면 편광이 유기 화합물이 들어 있는 시료관을 지나가게 하는 장치이다. 시료관에서 빛이 나온 후 분석기(analyzer)의 슬릿(slit)을 회전시켜서 빠져나가는 편광면의 방향을 알아낸다. **비카이랄 화합물**의 경우 빛은 시료관을 **변동 없**이 통과하여 나오기 때문에, 편광면은 시료관에 들어가기 전과 동일한 위치에 있게 된다.

- 편광면을 변화시키지 않는 화합물을 **광학 비활성(optically inactive)**이라고 부른다.

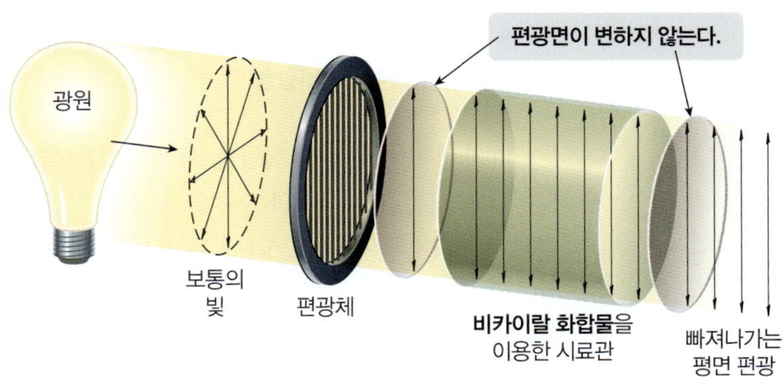

카이랄 화합물에서는 평면 편광이 α의 각도로 회전한다. 도(°)로 측정된 각도 α를 **측정 광회전도(observed rotation)**라고 한다.

- 평면 편광을 회전시키는 화합물을 **광학 활성(optically active)**이라고 한다.

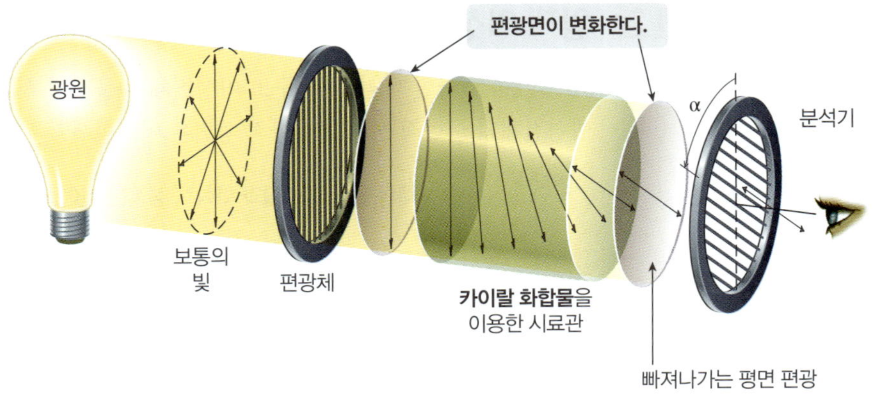

예를 들면, 비카이랄 화합물 CH_2BrCl은 광학 비활성이다. 반면에 거울상 이성질체 중 하나인 CHBrClF는 카이랄 화합물이고 광학 활성이 있다.

편광의 회전은 **시계 방향**이거나 **시계 반대 방향**이다.

- 회전이 **시계 방향**이면(12시로부터 오른쪽 방향) 그 화합물은 **우회전성(dextrorotatory)**이라고 한다. 이 회전은 *d* 또는 (+)로 표시한다.
- 회전이 **시계 반대 방향**이면(12시로부터 왼쪽 방향) 그 화합물은 **좌회전성(levorotatory)**이라고 한다. 이 회전은 *l* 또는 (−)로 표시한다.

(*S*)-(−)-글리세르알데하이드

(*S*)-(+)-락트산

배열을 나타내는 *R*, *S* 접두사와 광학 회전을 표시하는 (+), (−) 사이에는 아무런 연관성이 없다. 예를 들면, 락트산(lactic acid)의 *S* 거울상 이성질체는 우회전성(+)인 반면에 글리세르알데하이드(glyceraldehyde)의 *S* 거울상 이성질체는 좌회전성(−)이다.

두 거울상 이성질체의 회전은 어떻게 비교할까?

- 두 거울상 이성질체는 평면 편광을 **같은 정도**로 **반대** 방향으로 회전시킨다.

그러므로 거울상 이성질체 **A**가 편광을 +5° 회전시켰다면, 같은 농도의 거울상 이성질체 **B**는 −5° 회전시킨다.

5.12B 라셈 혼합물

두 거울상 이성질체가 동일한 양이 들어 있는 혼합물의 측정 광회전도는 몇 도인가? **두 거울상 이성질체는 평면 편광을 같은 정도로 반대 방향으로 회전시키므로 회전은 상쇄**되어 관찰되지 않는다.

- 동일한 양의 두 거울상 이성질체는 **라셈 혼합물(racemic mixture)** 또는 **라셈체(racemate)**라고 한다. 라셈 혼합물은 광학 **비활성**이다.

라셈 혼합물의 광학 회전을 제외한 다른 물리적 성질은 쉽게 예측되지 않는다. 라셈 혼합물의 녹는점과 끓는점은 각각의 순수한 거울상 이성질체와 동일하지 않을 수도 있으며, 이러한 사실은 쉽게 설명되지 않는다. 표 5.1에 두 거울상 이성질체와 라셈 혼합물의 물리적 성질을 요약하였다.

표 5.1 거울상 이성질체 A와 B의 물리적 성질 비교

물성	A	B	라셈 A + B
녹는점	B와 동일	A와 동일	A, B와 다를 수 있음
끓는점	B와 동일	A와 동일	A, B와 다를 수 있음
광학 회전	B와 같은 크기이나 반대 방향	A와 같은 크기이나 반대 방향	0°

5.12C 고유 광회전도

측정 광회전은 편광과 상호작용을 하는 카이랄 분자의 수에 의해 비례한다. 다시 말하면 시료관의 길이와 시료의 농도에 비례한다. 광학 회전 값을 표준화하기 위하여 **고유 광회전도(specific rotation, [α])**를 정의한다. 이때의 조건은 시료관의 길이(보통 1 dm), 농도, 온도(25 °C)와 소듐 램프의 파장(589 nm, 소듐 램프가 방출하는 D선)이다.

$$\text{고유 광회전도} = [\alpha] = \frac{\alpha}{l \times c}$$

α = 관찰된 회전(°)
l = 시료관의 길이(dm)
c = 농도(g/mL)

[dm = 데시미터
1 dm = 10 cm]

고유 광회전도는 녹는점, 끓는점과 같은 물리적 상수이며, 다양한 화합물에 대하여 화학 참고 자료들에 보고되어 있다.

문제 5.29 아미노산인 (*S*)-알라닌의 물리적 특성이 구조식 아래에 나와 있다.

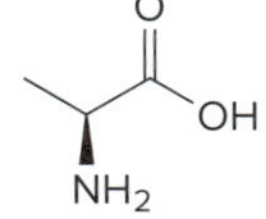

(*S*)-알라닌
[α] = +8.5
mp = 297 °C

a. (*R*)-알라닌의 녹는점은 얼마인가?
b. (*R*)-알라닌과 (*S*)-알라닌의 라셈 혼합물의 녹는점은 (*S*)-알라닌의 녹는점에 비교하여 어떠한가?
c. (*S*)-알라닌과 동일한 조건으로 측정한 (*R*)-알라닌의 고유 광회전도는 얼마인가?
d. (*R*)-알라닌과 (*S*)-알라닌의 라셈 혼합물의 관찰된 광학 회전은 얼마인가?
e. 다음의 물질들은 광학 활성인가, 광학 비활성인가?
순수한 (*S*)-알라닌 용액, (*R*)-알라닌과 (*S*)-알라닌의 동일한 양의 혼합물, 75%의 (*S*)-와 25%의 (*R*)-알라닌이 들어 있는 용액

문제 5.30 실험실에서 분리한 천연물 1.0 g을 10 mL의 물에 녹여서 1 dm 시료관에서 광회전도를 측정하였더니 +10°였다. 이 화합물의 고유 광회전도는 얼마인가?

5.12D 거울상 초과량

때로 실험실에서 순수한 거울상 이성질체나 라셈 혼합물도 아니고 대신 한 거울상 이성질체가 다른 것보다 과량으로 들어 있는 두 거울상 이성질체의 혼합물을 얻는 경우도 있다. **거울상 초과량(enantiomeric excess, *ee*)**(또는 **광학적 순도, optical purity**)은 한쪽의 거울상 이성질체가 얼마나 과량인가를 말해 준다.

- 거울상 초과량 = *ee* = 한쪽 이성질체의 % − 다른 한쪽 이성질체의 %.

거울상 초과량은 한쪽 이성질체가 라셈 혼합물보다 얼마나 더 과량으로 존재하는가를 나타낸다. 예를 들어, 혼합물이 75%의 거울상 이성질체와 25%의 다른 쪽 이성질체를 포함하는 경우, 거울상 초과량은 75% − 25% = 50%이다. 따라서 라셈 혼합물에서 한쪽 거울상 이성질체가 50% 과량이다.

문제 5.31 거울상 이성질체 **A**와 **B**의 각각의 다음 혼합물의 ee는 얼마인가?

a. 95% **A**와 5% **B** b. 85% **A**와 15% **B**

혼합물의 *ee*를 알게 되면 각 거울상 이성질체의 양을 예제 5.5에서 보여 주듯이 계산할 수 있다.

예제 5.5 거울상 초과량을 사용하여 각 거울상 이성질체의 양을 계산하기

거울상 초과량이 95%이면 각각의 거울상 이성질체는 얼마씩 존재하는가?

풀이

거울상 이성질체를 **A**와 **B**로 표현하고 **A**가 과량 있다고 가정하면, 95% *ee*는 5%의 라셈 혼합물에 95%의 과량 **A**가 존재함을 의미한다. 라셈 혼합물은 **A**와 **B**가 같은 양으로 존재하므로 **A** 2.5%와 **B** 2.5%가 혼합되어 있다.

- **A**의 총량 = 95% + 2.5% = 97.5%
- **B**의 총량 = 2.5%(100% − 97.5%)

문제 5.32 주어진 *ee* 값에 대하여 존재하는 각 거울상 이성질체의 %를 계산하라.

a. 90% *ee* b. 99% *ee* c. 60% *ee*

추가 문제: 문제 5.60d를 풀어보라.

거울상 초과량은 또한 혼합물의 고유 광회전도 [α]와 순수 거울상 이성질체의 고유 광회전도 [α]를 알면 계산할 수 있다.

$$ee = \frac{[\alpha]\ \text{혼합물}}{[\alpha]\ \text{순수 거울상 이성질체}} \times 100\%$$

예제 5.6 거울상 초과량 계산하기

녹나무 목재에서 얻어지는 장뇌(예제 5.6)는 오랫동안 요리, 연고와 의약에서 사용되었다. 오늘날 사용하는 대부분의 장뇌는 석유 제품으로부터 생산된다. *Blew1/123RF*

순수한 장뇌(camphor)는 고유 광회전도가 +44이다. 실험실에서 제조한 장뇌의 고유 광회전도가 +12라면, 이 장뇌 시료의 거울상 초과량은 얼마인가?

풀이

주어진 식을 사용하여 혼합물의 *ee*를 계산한다.

$$ee = \frac{[\alpha]\ \text{혼합물}}{[\alpha]\ \text{순수 거울상 이성질체}} \times 100\% = \frac{+12}{+44} \times 100\% = 27\%\ ee$$

답

문제 5.33 일반적인 조미료 성분인 순수한 MSG는 고유 광회전도가 +24이다. (a) [α]가 +10인 용액의 *ee*를 계산하라. (b) MSG 용액의 *ee*가 80%일 때, 이 용액의 [α]를 구하라.

[구조식: $^{-}O_2C-CH_2CH_2-CH(\overset{+}{N}H_3)-CO_2^{-}\ Na^{+}$]

MSG
글루탐산 모노소듐

추가 문제: 문제 5.60a, b, e; 5.62e, f를 풀어보라.

문제 5.34 (*S*)-락트산의 고유 광회전도는 +3.8이다. (a) 락트산 용액의 *ee*가 60%라면, 이 용액에 대한 [α]는 얼마인가? (b) 이 용액에는 좌회전성 이성질체와 우회전성 이성질체가 각각 얼마나 들어 있는가?

5.12E 부분 입체 이성질체의 물리적 성질

부분 입체 이성질체는 서로의 거울상이 아니다. 따라서 **광학 회전을 포함한 물리적 성질들이 다르다**. 그림 5.12는 한 쌍의 거울상 이성질체와 메소 화합물로 구성된 타타르산의 세 입체 이성질체의 물리적 성질을 비교한 것이다.

그림 5.12 타타르산의 세 입체 이성질체의 물리적 성질

- **A**와 **B**는 거울상 이성질체이다.
- **A**와 **B**는 **C**의 부분 입체 이성질체이다.

성질	A	B	C	A + B (1:1)
녹는점(°C)	171	171	146	206
용해도(g/100 mL H_2O)	139	139	125	139
[α]	+13	−13	0	0
R,S 배열	*R,R*	*S,S*	*R,S*	—
d,l 지정	*d*	*l*	아무것도 아님	*d,l*

- **A**와 **B**의 물리적 성질은 부분 입체 이성질체인 **C**의 물리적 성질과 다르다.
- **A**와 **B**의 라셈 혼합물의 물리적 성질(마지막 항)은 그 거울상 이성질체 및 부분 입체 이성질체 **C**와 다르다.
- **C**는 비카이랄 메소 화합물이다. 따라서 광학 비활성이다. [α] = 0

화합물의 한 집합이 물리적 성질이 같은지 또는 다른지는 실험실에서 실제적으로 응용할 수 있다. 물리적 성질이 화합물의 물리적 상태를 특징짓기 때문에 두 화합물은 대개 물리적 성질이 다를 경우에만 분리될 수 있다.

두 거울상 이성질체는 27.2절에서 언급한 것처럼 **분할(resolution)** 과정을 거쳐 분리될 수 있다.

- 두 거울상 이성질체는 물리적 성질이 동일하므로 증류 등과 같은 일반적인 물리적 분리 방법에 의해서는 분리할 수 없다.
- 부분 입체 이성질체는 물리적 성질이 다르므로 일반적인 물리적 분리법에 의해 분리될 수 있다.

문제 5.35 1,3-dimethylcyclopentane의 세 입체 이성질체의 물리적 성질을 비교하라.

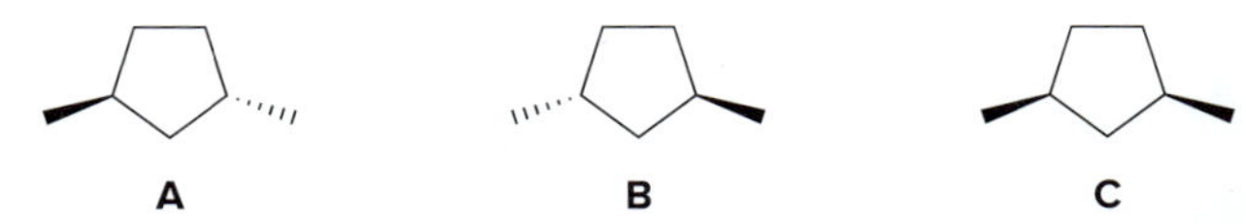

1,3-dimethylcyclopentane의 세 입체 이성질체

a. **A**와 **B**의 끓는점을 비교하면 어떠한가? **A**와 **C**는 또한 어떠한가?
b. 각각의 다음 용액을 광학 활성 또는 광학 비활성으로 분류하라: 순수한 **A**, 순수한 **B**, 순수한 **C**, 같은 양의 **A**와 **B** 혼합물, 같은 양의 **A**와 **C** 혼합물.
c. 어떤 반응에서 **A**, **B**, **C**가 각각 1:1:1인 혼합물이 나왔다. 이 혼합물을 증류하면 몇 가지 분획을 얻을 수 있을까? 어떤 분획이 광학 활성이고 어떤 분획이 광학 비활성인가?

5.13 거울상 이성질체의 화학적 성질

두 거울상 이성질체가 비카이랄 시약과 반응할 때에는 같은 속도로 반응하나, 카이랄하고 라셈 혼합물이 아닌 시약과 반응할 때에는 서로 다른 속도로 반응한다.

- 두 거울상 이성질체는 라셈 아닌 카이랄 시약과 반응하는 경우를 제외하면 화학적 성질이 같다.

일상적인 비유로서, 비카이랄 물질인 펜과 카이랄 물질인 오른손에 끼는 글러브를 받았을 때 어떤 일이 생길지를 보자. 우리의 왼손과 오른손은 거울상 이성질체이다. 두 손은 모두 비카이랄한 펜을 똑같은 방법으로 잡을 수 있다. 하지만 글러브는 오직 오른손만 글러브를 낄 수 있고 왼손은 불가능하다.

이 교재의 후반부에서 카이랄 분자와 카이랄 시약 그리고 카이랄 분자와 비카이랄 시약의 구체적인 반응에 대하여 살펴볼 것이다.

5.13A 카이랄 약물

살아 있는 유기체는 카이랄 분자들의 보고이다. 많은 약물들은 카이랄이고, 흔히 효과적으로 약효를 발휘하기 위하여 카이랄 수용체 또는 카이랄 효소와 상호작용하여야 한다. 약물의 한쪽 거울상 이성질체는 질병을 치료할 수 있으나, 거울상은 비효과적일 수 있다. 그렇지 않으면 한 거울상 이성질체는 생화학적 반응을 유발하는데, 그 거울상은 전혀 다른 반응을 유도할 수 있다.

(*R*)-이부프로펜은 소염효과가 없으나, 생체 내에서 서서히 *S* 거울상 이성질체로 변환된다.

예를 들면, 이부프로펜(ibuprofen)과 플루옥세틴(fluoxetine)은 각각 입체 발생 중심이 한 개이며, 따라서 한 쌍의 거울상 이성질체로 존재한다. 그러나 그중 하나만 생리 효과가 있다. **(*S*)-이부프로펜**은 모르틴(Mortin)과 애드빌(Advil) 같은 소염제의 유효 성분이고, **(*R*)-플루옥세틴**은 항우울제 프로잭(Prozac)의 유효 성분이다.

(*S*)-ibuprofen
소염제

(*R*)-fluoxetine
항우울제

두 치환기의 배향을 교환하여 거울상 이성질체를 만들면, 생물학적 활성도 바뀌어서 다른 거울상 이성질체에서 바람직하지 못한 부작용이 나타날 수도 있다. **나프록센(naproxen)**의 *S* 입체 이성질체는 유효한 소염제이나 *R* 거울상 이성질체는 간에 해로운 독이다.

(*S*)-나프록센
소염제

(*R*)-나프록센
간 독소

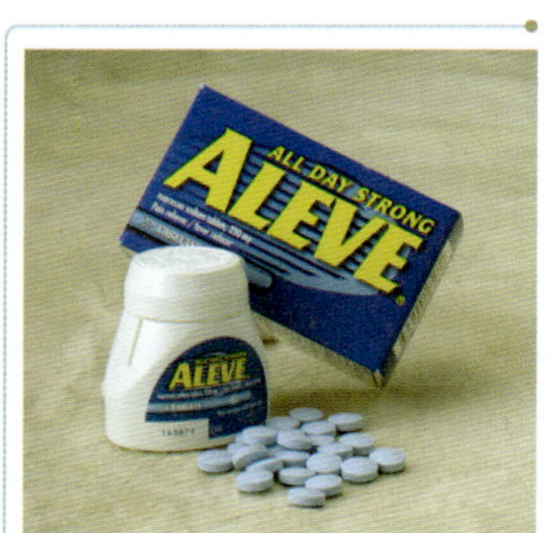

(*S*)-나프록센은 진통 완화제로 널리 사용되고 있는 Naprosyn과 Aleve의 활성 성분이다.
Elite Images/McGraw Hill

카이랄 약물을 한쪽의 활성 거울상 이성질체로 판매할 수 있다면, 적은 양을 사용하여 부작용을 줄일 수 있을 것이다. 그러나 많은 카이랄 약물이 처음에는 라셈 혼합물로 판매되었으며 거울상 이성질체 한쪽만 생산하기 위하여 기존 방법을 수정하는 일은 어렵고 더 많은 비용이 소요되므로, 많은 카이랄 약물이 아직도 라셈 혼합물로 판매되고 있다. 대조적으로 새로운 기술 덕분에 거울상 이성질체 한쪽만 더 쉽게 얻을 수 있게 되었으므로 최근에 승인된 카이랄 약물은 종종 한쪽의 거울상 이성질체로 판매되고 있다.

5.13B 거울상 이성질체와 냄새

연구에 의하면 특정 분자의 냄새는 특정한 작용기의 존재보다는 분자의 모양에 의해 결정된다. 예를 들어 hexachloroethane (Cl_3CCCl_3)과 cyclooctane은 구조가 비슷하지는 않지만 둘 다 냄새는 장뇌와 비슷하다. 이는 두 분자가 비슷하게 구형이기 때문일 것으로 설명된다. 코 속의 신경 말단에 위치한 구형의 후각 수용체에 위의 두 화합물들이 유사한 방법으로 결합하므로 비슷한 냄새를 풍긴다(그림 5.13).

그림 5.13
분자의 모양와 냄새

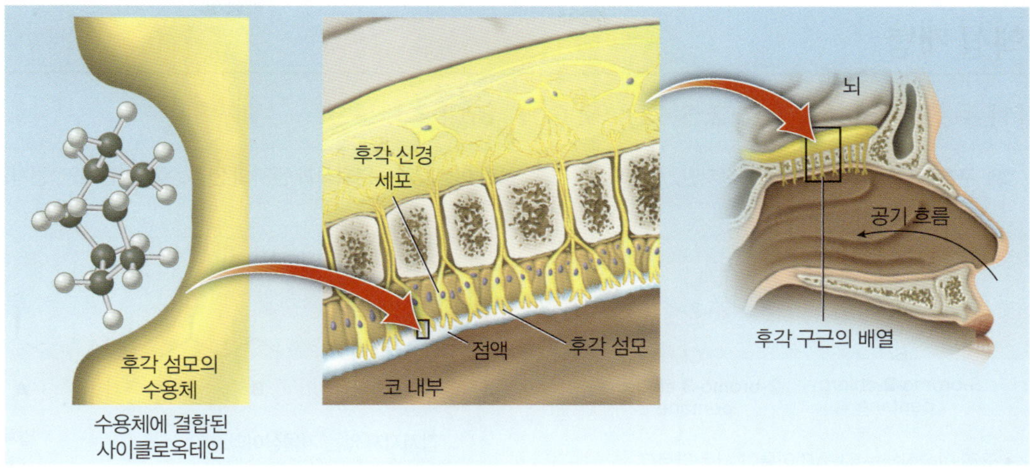

• 사이클로옥테인 그리고 모양이 비슷한 분자는 코 속의 상부에 있는 신경 세포와 연결된 특정 후각 수용체와 결합한다. 이 결합이 일어나면 신경 자극이 뇌로 전달되고, 그러면 뇌는 이 자락을 특정 수용체에서 오는 이 자극을 특정한 냄새로 인식하게 된다

거울상 이성질체는 코 속의 카이랄 냄새 수용체와 상호작용을 하므로, 일부 거울상 이성질체는 냄새가 다르다. 이 경우에 대한 매우 좋은 예를 자연계에서 발견할 수 있다. 예를 들어, (*S*)-카본[(*S*)-carvone]은 캐러웨이(식물) 냄새가 나며, (*R*)-카본은 박하 냄새가 난다.

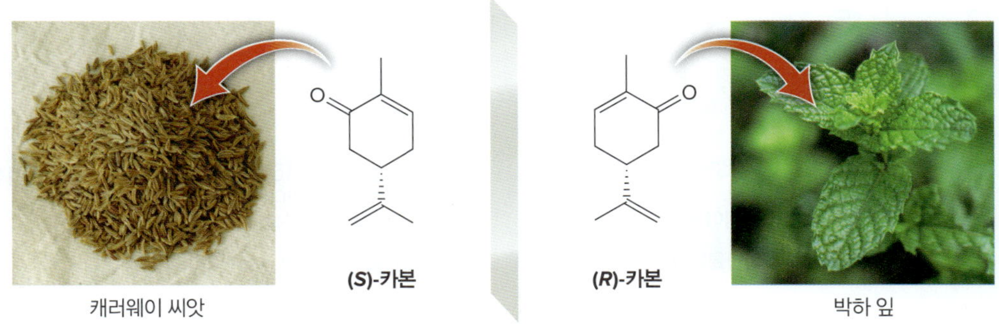

캐러웨이 씨앗 박하 잎

Elite Images/McGraw Hill *DAJ/amana images/Getty Images*

이 예는 유기 화학에서 분자의 삼차원 공간 구조를 이해하는 것은 매우 중요하다는 것을 보여준다.

사람 땀의 나쁜 냄새는 부분적으로는 3-methyl-3- sulfanylhexan-1-ol의 두 거울상 이성질체가 다른 양으로 존재하기 때문이다(문제 5.36).
Daniel C. Smith

문제 5.36 신선한 땀은 냄새가 없지만, 피부 박테리아에 있는 효소는 3-methyl-3-sulfanylhexan-1-ol (**A**)같이 특이하고 냄새가 나쁜 화합물을 생성한다. **A**의 두 거울상 이성질체는 냄새가 다르며 땀에 다른 양으로 존재한다. 주 이성질체인 *S* 거울상 이성질체는 양파와 흡사한 냄새가 강하게 나지만, *R* 거울상 이성질체는 자몽 냄새가 난다. 두 거울상 이성질체를 그리고 각 화합물을 *R*또는 *S*로 표시하라.

SH
OH

3-methyl-3-sulfanylhexan-1-ol

A

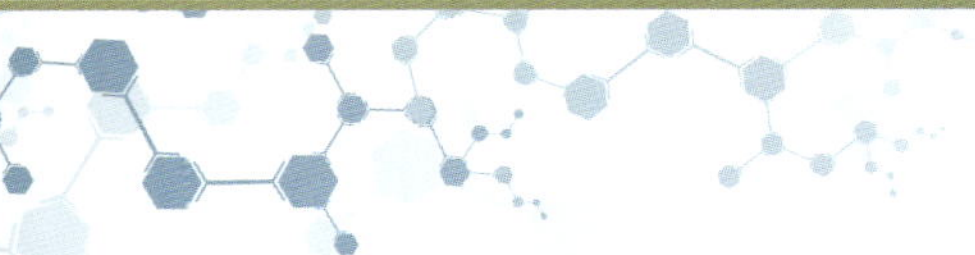

Chapter 05 복습

핵심 개념

[1] 두 종류의 이성질체(5.2, 5.11); 예: $C_5H_{10}BrCl$

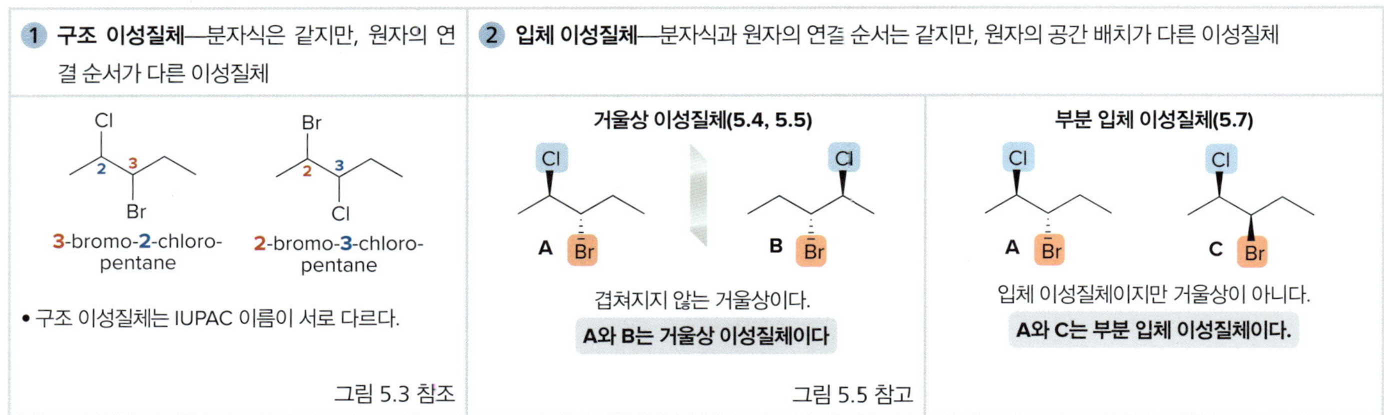

그림 5.8, 5.10, 5.11. 문제 5.37, 5.38, 5.54 – 5.57, 5.59a를 풀어보라.

[2] 입체 화학 용어

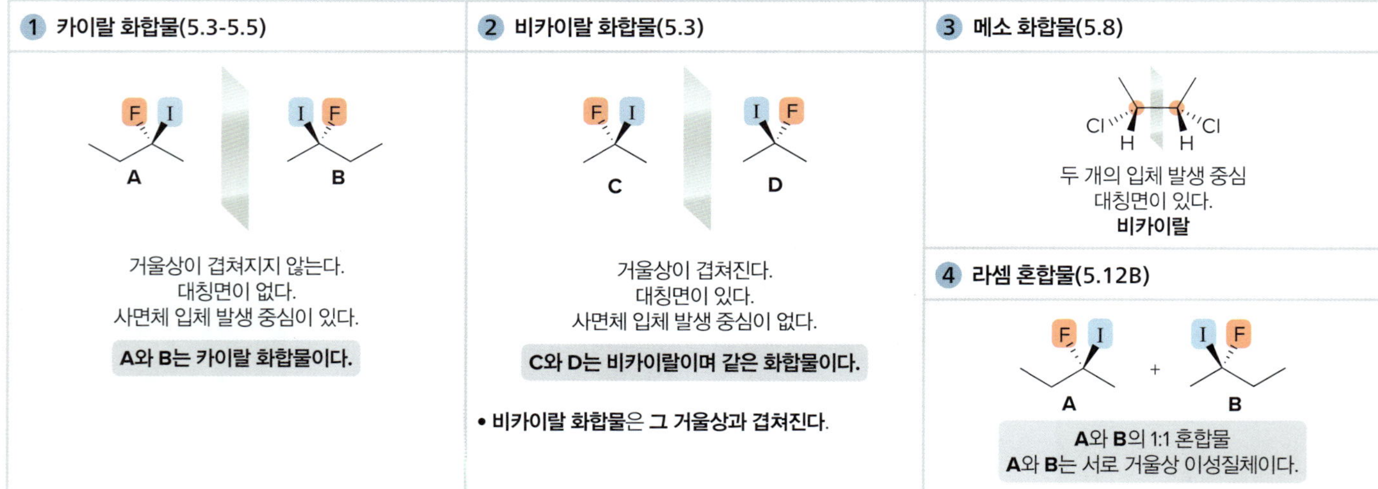

문제 5.39, 5.40, 5.59b를 풀어보라.

[3] 광학 활성(5.12)

① 광학 활성 용액에는 다음이 포함됨	② 광학 비활성 용액에는 다음 중 하나가 포함됨		
• **카이랄 화합물**	• **비카이랄이면서** 입체 발생 중심이 없는 **화합물**	• **메소 화합물**	• 두 개의 거울상 이성질체인 **라셈 혼합물**

문제 5.58; 5.59c, g를 풀어보라.

[4] *R*, *S*와 *d*(+), *l*(−)의 비교(5.6. 5.12)

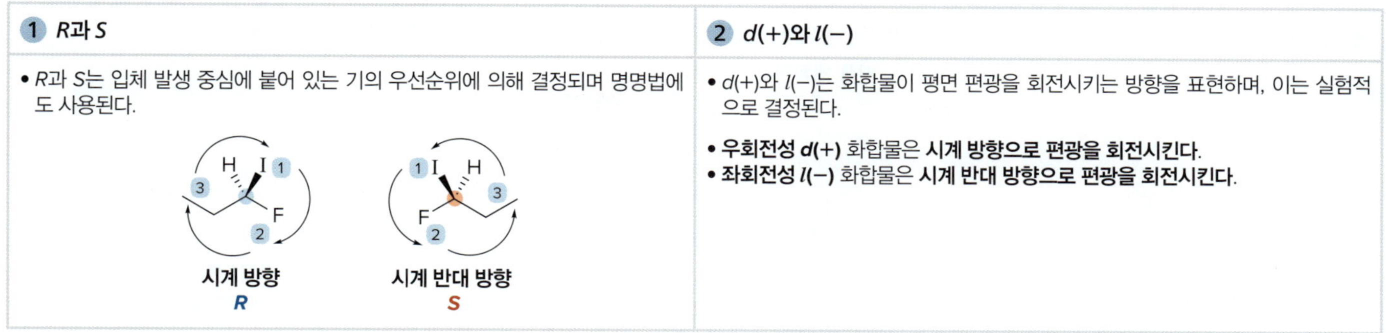

① *R*과 *S*	② *d*(+)와 *l*(−)
• *R*과 *S*는 입체 발생 중심에 붙어 있는 기의 우선순위에 의해 결정되며 명명법에도 사용된다.	• *d*(+)와 *l*(−)는 화합물이 평면 편광을 회전시키는 방향을 표현하며, 이는 실험적으로 결정된다. • **우회전성 *d*(+)** 화합물은 **시계 방향으로 편광을 회전시킨다.** • **좌회전성 *l*(−)** 화합물은 **시계 반대 방향으로 편광을 회전시킨다.**

[5] 2개 이상의 입체 발생 중심이 있는 화합물에서의 R과 S의 지정(5.9); 예: 3-bromo-2-chloropentane

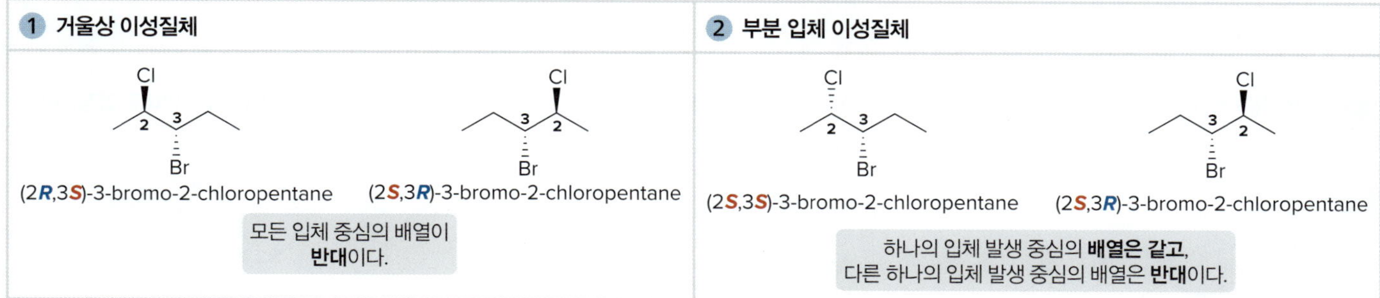

① 거울상 이성질체	② 부분 입체 이성질체
(2*R*,3*S*)-3-bromo-2-chloropentane (2*S*,3*R*)-3-bromo-2-chloropentane 모든 입체 중심의 배열이 **반대**이다.	(2*S*,3*S*)-3-bromo-2-chloropentane (2*S*,3*R*)-3-bromo-2-chloropentane 하나의 입체 발생 중심의 **배열은 같고**, 다른 하나의 입체 발생 중심의 배열은 **반대**이다.

문제 5.51을 풀어보라.

[6] 이성질체의 물리적, 화학적 성질(5.12. 5.13)

① 구조 이성질체(5.2)	② 거울상 이성질체	③ 부분 입체 이성질체
• 물리적 성질과 화학적 성질이 모두 **다르다.**	• 편광면의 회전 방향을 제외하면 물리적 성질이 **같다.** • 카이랄하고 라셈 혼합물이 아닌 시약과의 반응을 제외하면, 화학적 성질이 **같다.**	• 물리적 성질과 화학적 성질이 모두 **다르다.**

그림 5.12 참고. 문제 5.58b, 5.59e를 풀어보라.

핵심 기법

[1] 입체 발생 중심(5.4, 5.5) 찾기; 예: 아데노신

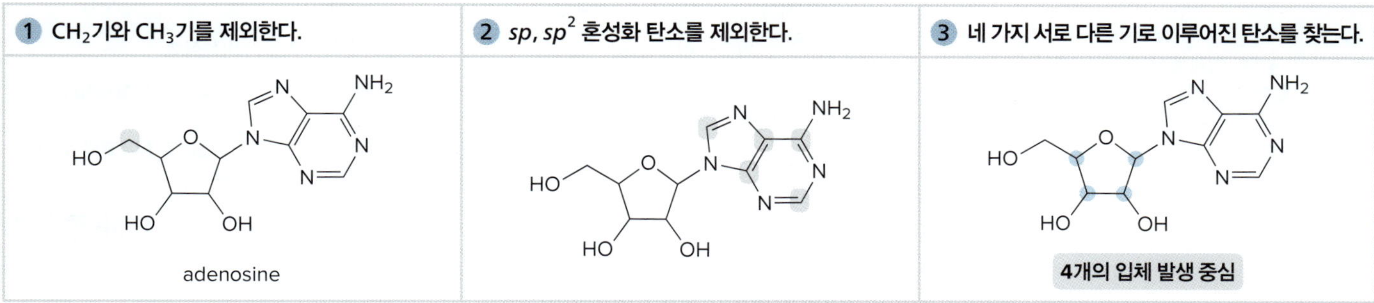

① CH_2기와 CH_3기를 제외한다.	② *sp*, sp^2 혼성화 탄소를 제외한다.	③ 네 가지 서로 다른 기로 이루어진 탄소를 찾는다.
adenosine		**4개의 입체 발생 중심**

예제 5.1. 문제 5.41, 5.62a를 풀어보라.

[2] *R*과 *S*로 입체 발생 중심 나타내기(5.6); 예: 1-aminoethan-1-ol

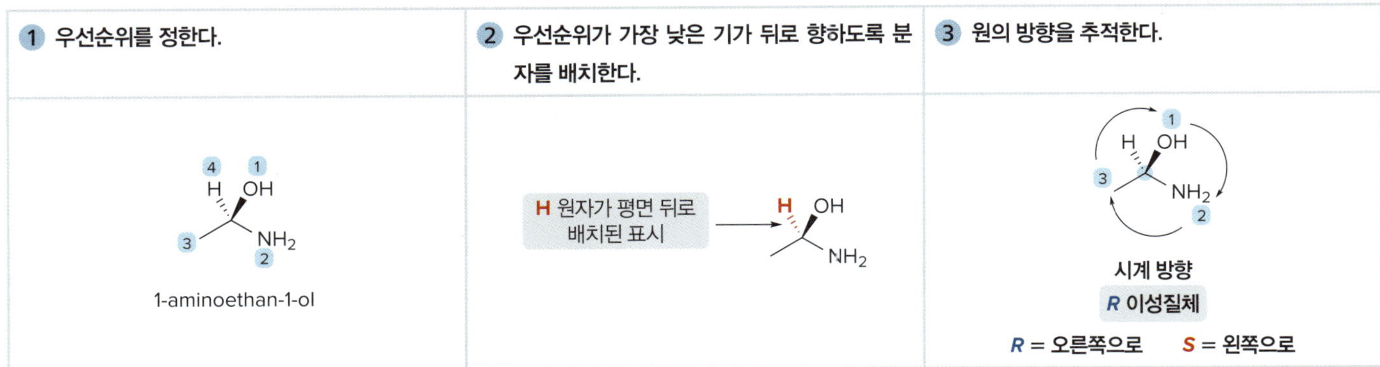

해결 방법 p. 192, 예제 5.3, 그림 5.6. 문제 5.45a, e를 풀어보라.

[3] 우선순위가 가장 낮은 기가 뒤로 향하지 않을 때 *R* 또는 *S*를 할당하는 방법(5.6절); 예: propranolol

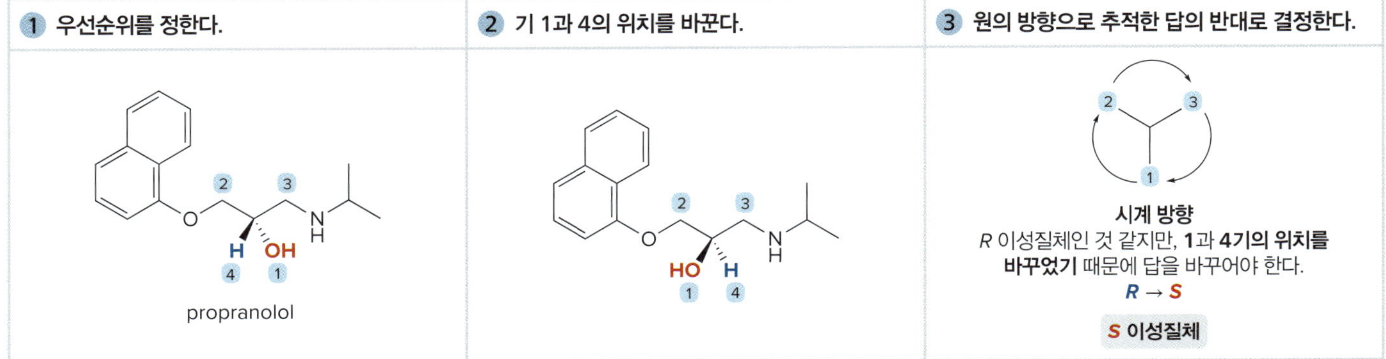

그림 5.7, 예제 5.4. 문제 5.45, 5.46, 5.61a, 5.63a를 풀어보라.

[4] 두 개의 입체 발생 중심이 존재하는 화합물에 대한 모든 입체 이성질체를 찾고 그리기(5.7, 5.8)

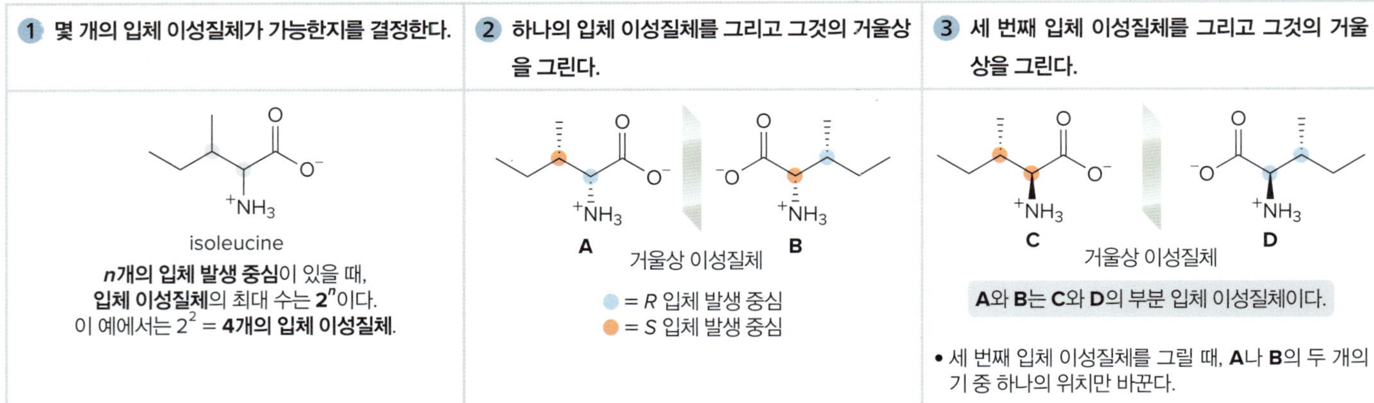

해결 방법 p. 196, 그림 5.8, 5.9. 문제 5.52, 5.53을 풀어보라.

[5] 2개의 동일하지 않은 화합물이 구조 이성질체, 거울상 이성질체 아니면 부분 입체 이성질체인지 결정하는 방법(5.11절); 예: menthol의 이성질체

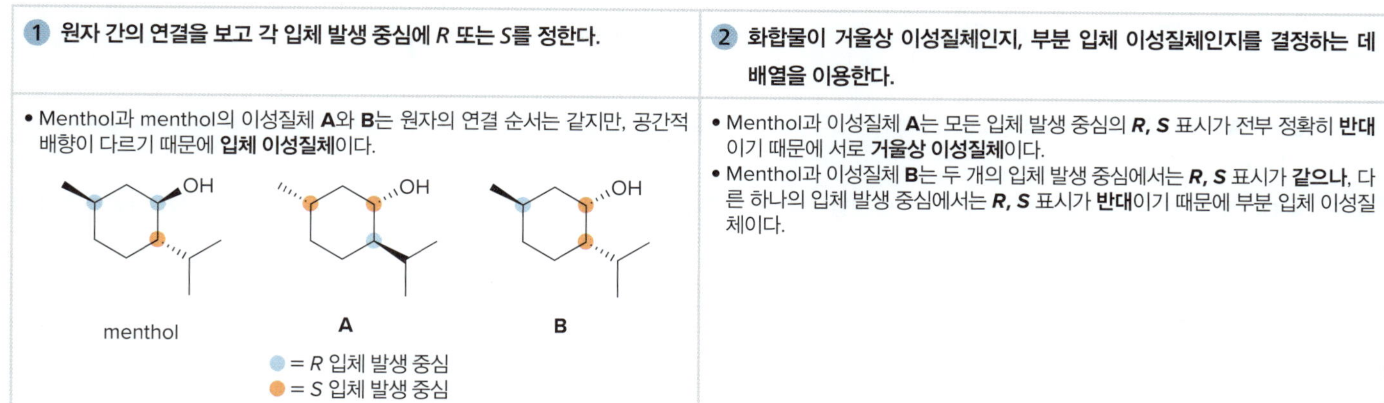

① 원자 간의 연결을 보고 각 입체 발생 중심에 *R* 또는 *S*를 정한다.	② 화합물이 거울상 이성질체인지, 부분 입체 이성질체인지를 결정하는 데 배열을 이용한다.
• Menthol과 menthol의 이성질체 **A**와 **B**는 원자의 연결 순서는 같지만, 공간적 배향이 다르기 때문에 **입체 이성질체**이다.	• Menthol과 이성질체 **A**는 모든 입체 발생 중심의 ***R*, *S*** 표시가 전부 정확히 **반대**이기 때문에 서로 **거울상 이성질체**이다. • Menthol과 이성질체 **B**는 두 개의 입체 발생 중심에서는 ***R*, *S*** 표시가 **같으나**, 다른 하나의 입체 발생 중심에서는 ***R*, *S*** 표시가 **반대**이기 때문에 부분 입체 이성질체이다.

그림 5.10. 문제 5.54~5.57, 5.59a를 풀어보라.

[6] 거울상 초과량(ee)의 계산(5.12D)

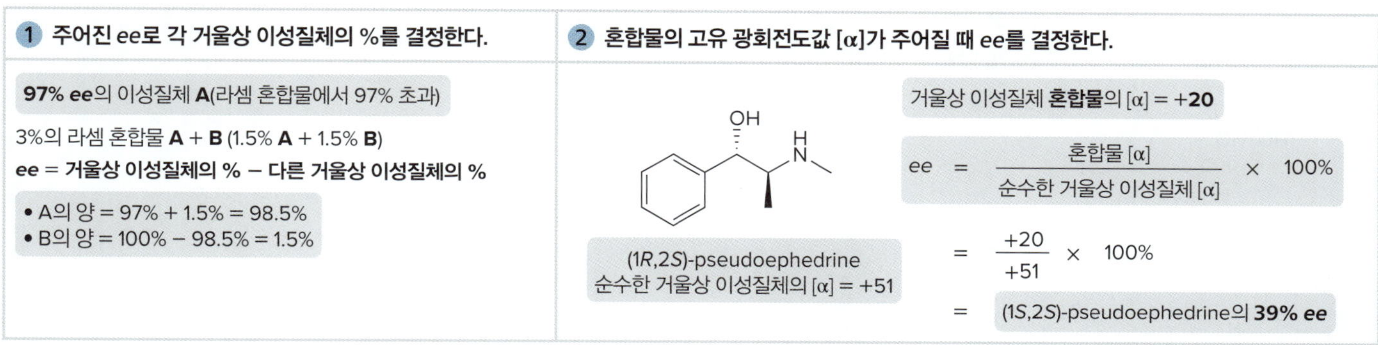

① 주어진 *ee*로 각 거울상 이성질체의 %를 결정한다.	② 혼합물의 고유 광회전도값 [α]가 주어질 때 *ee*를 결정한다.
97% *ee*의 이성질체 **A**(라셈 혼합물에서 97% 초과) 3%의 라셈 혼합물 **A** + **B** (1.5% **A** + 1.5% **B**) ***ee* = 거울상 이성질체의 % − 다른 거울상 이성질체의 %** • A의 양 = 97% + 1.5% = 98.5% • B의 양 = 100% − 98.5% = 1.5%	거울상 이성질체 **혼합물**의 [α] = **+20** $ee = \dfrac{\text{혼합물 }[\alpha]}{\text{순수한 거울상 이성질체 }[\alpha]} \times 100\%$ $= \dfrac{+20}{+51} \times 100\%$ = (1*S*,2*S*)-pseudoephedrine의 **39% *ee*** (1*R*,2*S*)-pseudoephedrine 순수한 거울상 이성질체의 [α] = +51

예제 5.5, 5.6. 문제 5.60; 5.62e, f를 풀어보라.

5장 선다형 자가-시험

자가-시험은 American Chemical Society 유기 화학 시험과 유사한 객관식 문제로 구성되어 있다. 정답은 장의 마지막 부분에 나와 있다.

1. 각 입체 발생 중심을 *R*이나 *S*로 표기하라.

OH O / 3 2 H / OH

a. C2 *R*, C3 *R*
b. C2 *R*, C3 *S*
c. C2 *S*, C3 *R*
d. C2 *S*, C3 *S*

2. 입체 발생 중심 주위에 있는 다음 네 개의 기를 우선순위가 감소하는 순서로 정렬하라: −Cl, $-CH_2Br$, −C≡CH, $-CH_2OH$.

a. −Cl > $-CH_2Br$ > $-CH_2OH$ > −C≡CH
b. $-CH_2Br$ > −Cl > −C≡CH > $-CH_2OH$
c. $-CH_2Br$ > −Cl > $-CH_2OH$ > −C≡CH
d. $-CH_2Br$ > $-CH_2OH$ > −C≡CH > −Cl

3. 화합물 **A**와 **B**는 서로 무슨 관계인가?

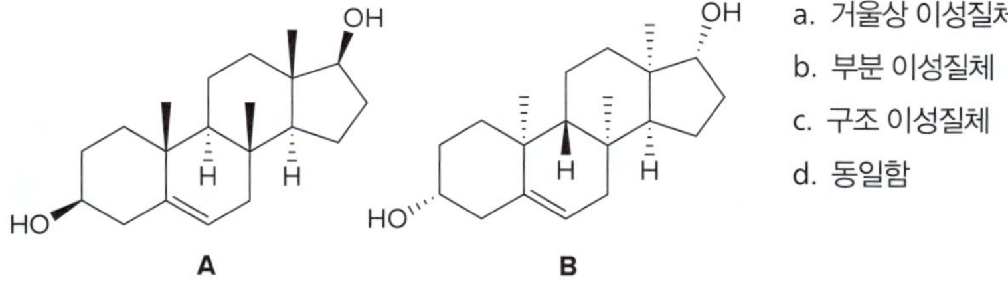

a. 거울상 이성질체
b. 부분 이성질체
c. 구조 이성질체
d. 동일함

4. 어느 화합물이 광학 활성인가?

a. b. c. d.

5. 순수한 **A**의 고유 회전도는 +25이다. 30%의 **A**와 70%의 거울상 이성질체인 **B**가 들어 있는 혼합물의 [α]는 얼마인가: (a) −10; (b) +10; (c) +7.5; (d) −17.5?

6. **A–D**가 같은 양으로 들어 있는 혼합물을 효율적인 분별 증류법으로 증류하였다면, 전체 분획(fraction)은 몇 개로 얻어지고 광학 활성인 분획은 몇 개가 얻어지겠는가?

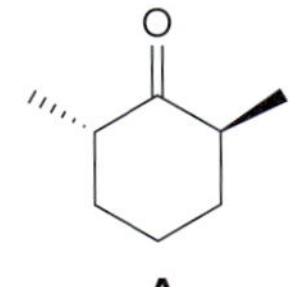
A

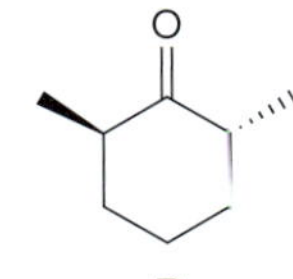
B

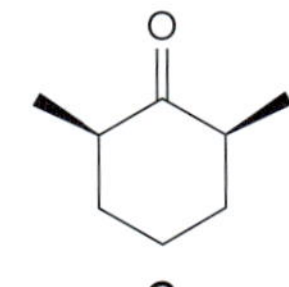
C

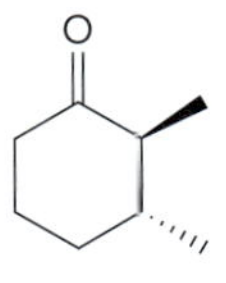
D

a. 전부 네 개, 세 개의 광학 활성
b. 전부 세 개, 세 개의 광학 활성
c. 전부 세 개, 한 개의 광학 활성
d. 전부 세 개, 두 개의 광학 활성

7. Ingenol에는 몇 개의 입체 발생 중심이 있는가?

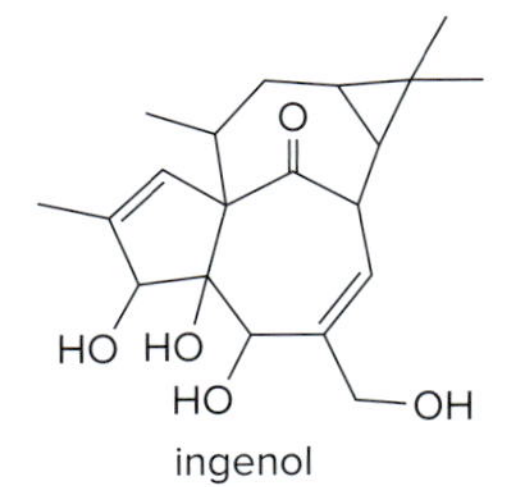

a. 다섯 개
b. 여섯 개
c. 일곱 개
d. 여덟 개

8. **E**는 최대 몇 개의 입체 이성질체가 가능한가?

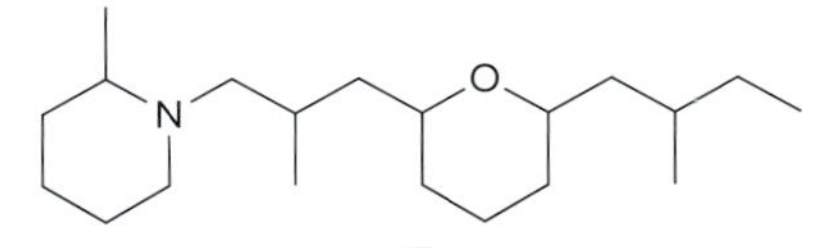

a. 4
b. 8
c. 16
d. 32

9. 어느 화합물이 **F**의 거울상 이성질체인가?

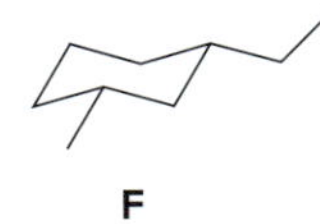
F

a. 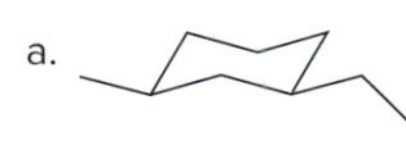

b. 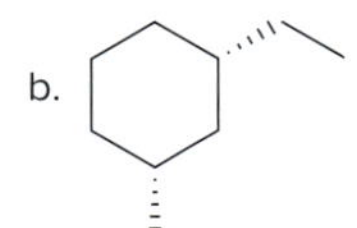

c. 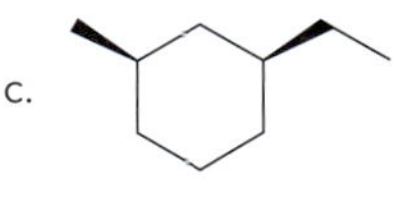

d.

10. **A**, **B**와 **C**에 관한 서술 중에서 맞지 **않는** 것은?

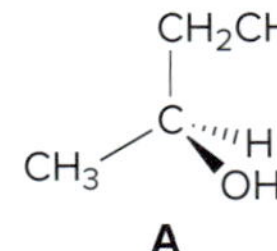
A

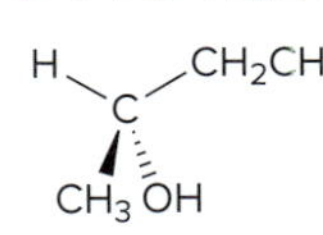
B

C

a. **A**와 **B**는 동일하다.
b. **A**와 **C**는 거울상 이성질체이다.
c. **B**와 **C**는 거울상 이성질체이다.
d. **B**와 **C**이 같은 양으로 들어있는 혼합물은 광학 활성이다.

문제

삼차원 모형을 이용하는 문제

5.37 공-막대 모형 **A–D**를 고려하자. 주어진 각 쌍은 어떻게 연관되는가: (a) **A**와 **B**; (b) **A**와 **C**; (c) **A**와 **D**; (d) **C**와 **D**? 동일 분자, 거울상 이성질체, 부분 입체 이성질체 중에서 선택하라.

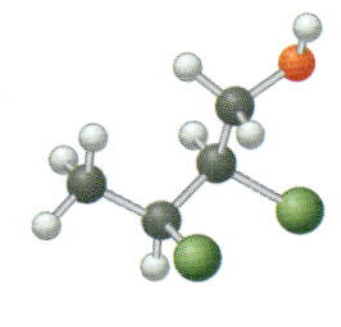
A

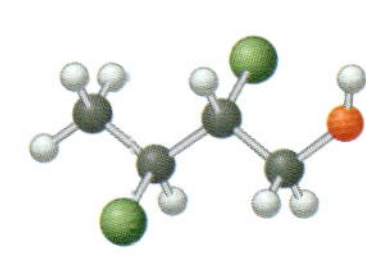
B

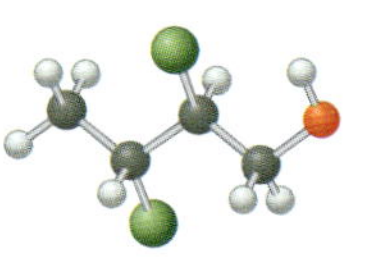
C

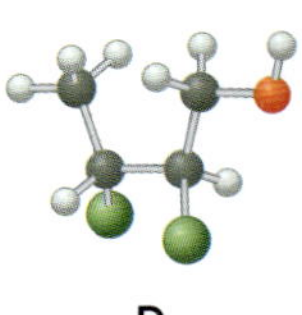
D

구조 이성질체 대 입체 이성질체

5.38 화합물의 각 쌍을 구조 이성질체, 입체 이성질체 그리고 서로의 이성질체가 아닌 것으로 표시하라.

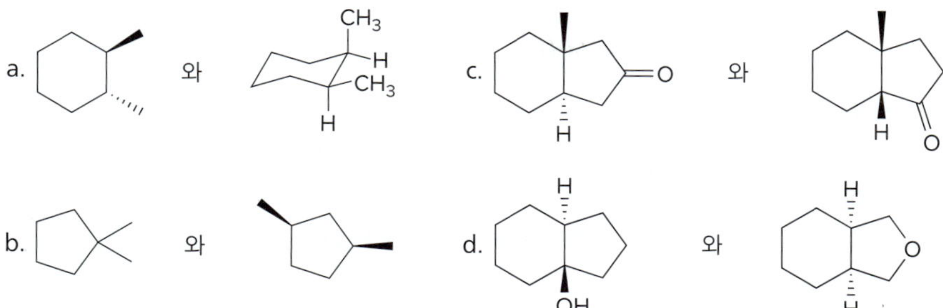

거울상과 카이랄성

5.39 각 화합물이 카이랄한지 비카이랄한지를 표시하라.

a. OH H　b. HS OH O H_2N H　c. Br　d. H O OH OH OH

5.40 분자에 대칭면이 있으면 대칭면을 그려 넣어라. 일부 분자들은 대칭면을 보기 위해 탄소–탄소 결합에서 회전이 필요하다.

a. Cl Cl　b. Cl Cl　c.　d.

입체 발생 중심을 찾고 그리는 법

5.41 각 화합물에서 입체 발생 중심(들)을 표시하라. 분자 내에 한 개 또는 그 이상의 입체 발생 중심이 있을 수 있다.

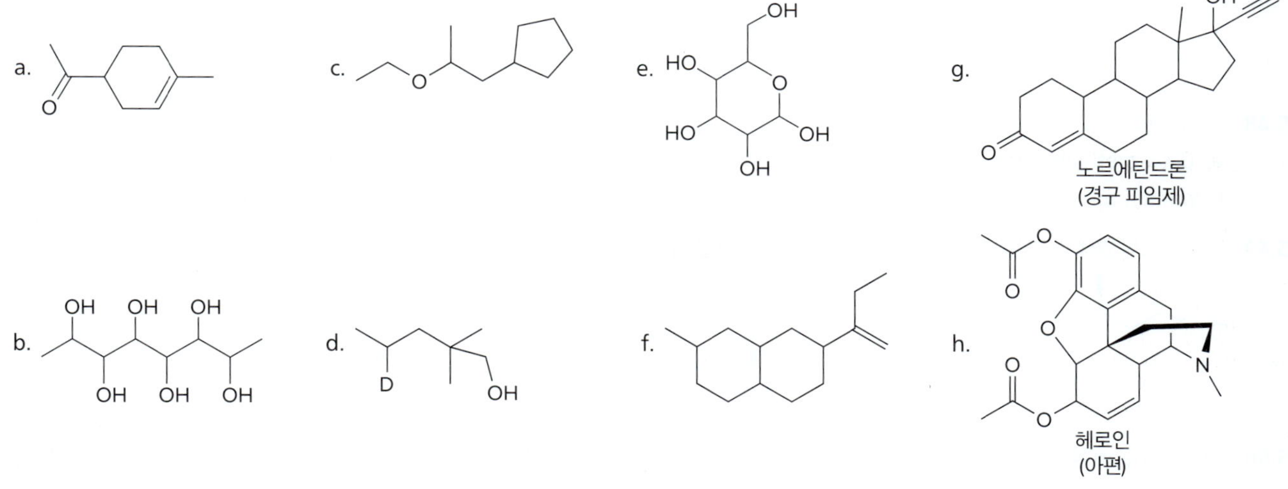

노르에틴드론
(경구 피임제)

헤로인
(아편)

5.42 생물학적 활성인 각 화합물에 대하여 두 가지 거울상 이성질체를 그려라.

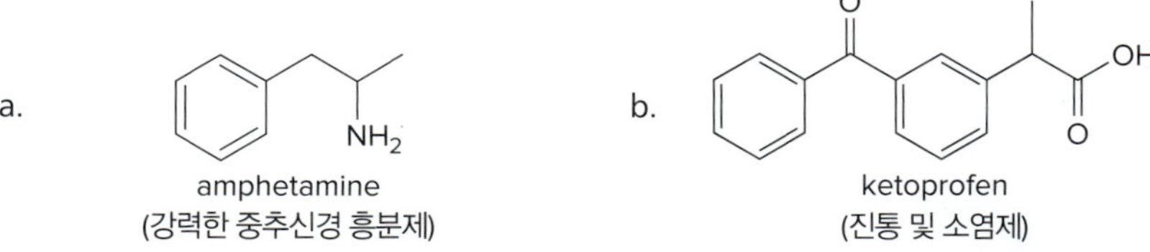

amphetamine
(강력한 중추신경 흥분제)

ketoprofen
(진통 및 소염제)

명명법

5.43 R, S 명명법에서 각 쌍에서 어느 치환기의 우선순위가 더 높은가?

a. $-CD_3$, $-CH_3$

b. $-CH(CH_3)_2$, $-CH_2OH$

c. $-CH_2Cl$, $-CH_2CH_2CH_2Br$

d. $-CH_2NH_2$, $-NHCH_3$

5.44 다음 그룹을 우선순위가 감소하는 순서로 나열하라.

a. $-F$, $-NH_2$, $-CH_3$, $-OH$

b. $-CH_3$, $-CH_2CH_3$, $-CH_2CH_2CH_3$, $-(CH_2)_3CH_3$

c. $-NH_2$, $-CH_2NH_2$, $-CH_3$, $-CH_2NHCH_3$

d. $-COOH$, $-CH_2OH$, $-H$, $-CHO$

e. $-Cl$, $-CH_3$, $-SH$, $-OH$

f. $-C{\equiv}CH$, $-CH(CH_3)_2$, $-CH_2CH_3$, $-CH{=}CH_2$

5.45 각각의 입체 발생 중심을 R 또는 S로 표기하라.

a. 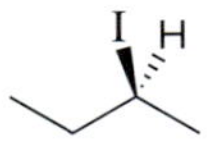 b. 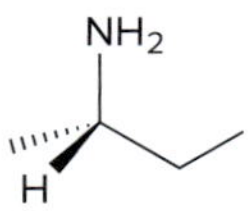 c. 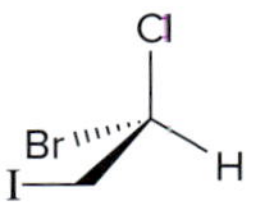 d. 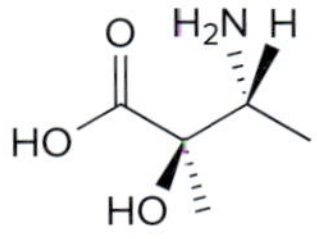 e. 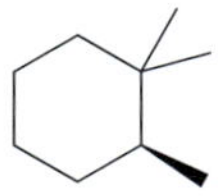 f. 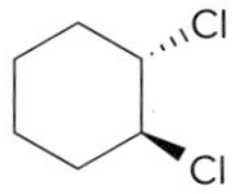 g. 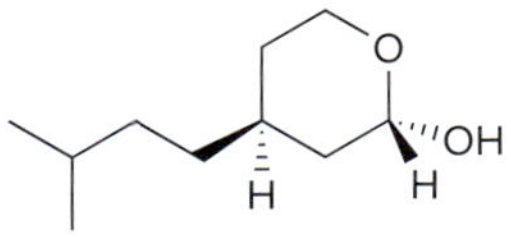 h.

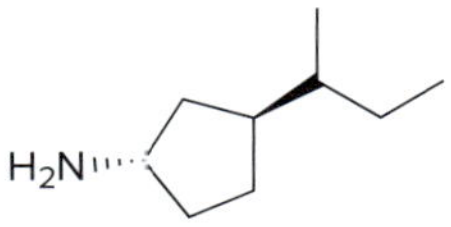

5.46 각각의 Newman 투영도에서 입체 발생 중심을 찾아 각 중심을 R 또는 S로 표기하라.

a. 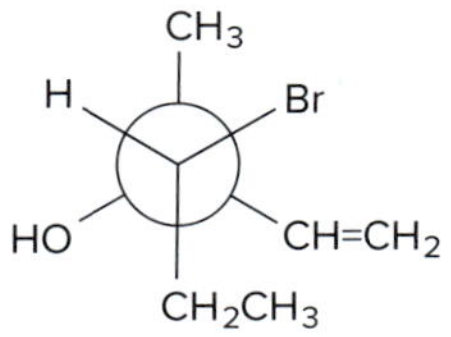 b.

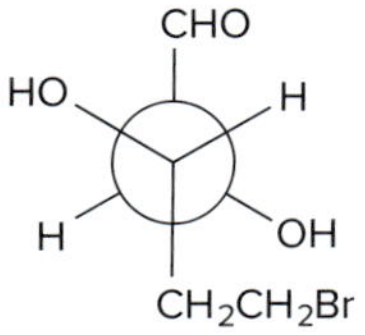

5.47 다른 어느 입체 이성질체보다 10배 강력한 결핵 치료제인 (S,S)-ethambutol의 구조를 그려라.

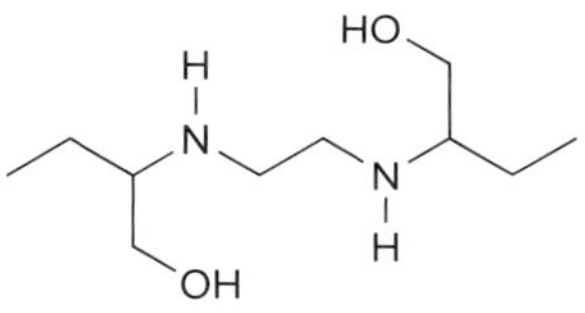

ethambutol

5.48 각 화합물의 구조를 그려라.

a. (R)-3-methylhexane

b. (4R,5S)-4,5-diethyloctane

c. (3R,5S,6R)-5-ethyl-3,6-dimethylnonane

d. (3S,6S)-6-isopropyl-3-methyldecane

5.49 각각의 입체 발생 중심에 대한 R, S 표시를 포함하여 각 화합물의 IUPAC 명을 쓰라.

a. 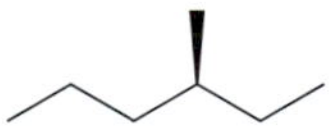 b. 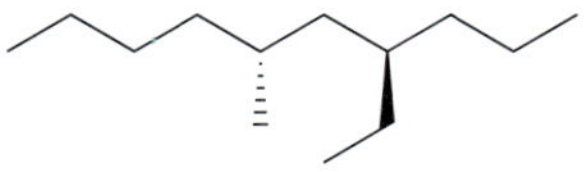 c.

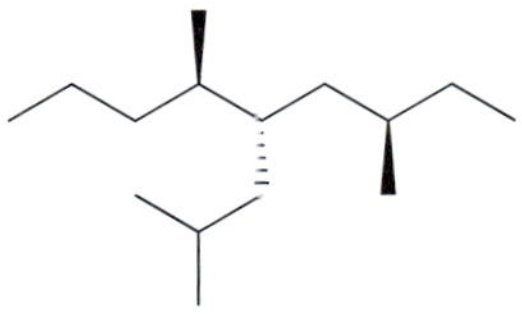

5.50 Ubrogepant(상품명 Ubrelvy)는 2019년에 급성 편두통의 치료제로서 미국 식품의약청이 승인한 약이다. 쐐기와 점선 그리고 주어진 R, S 명칭을 사용하여 ubrogepant의 각 입체 발생 중심에서의 입체 화학을 그려라.

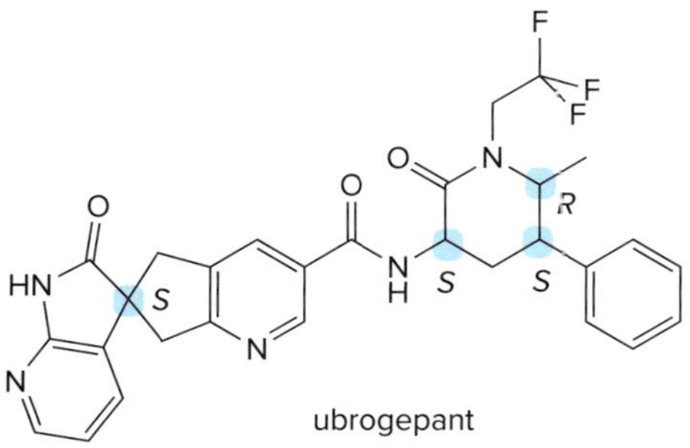

ubrogepant

입체 발생 중심이 두 개 이상인 화합물

5.51 관목인 마황(5.4A절)에는 생물학적으로 활성인 두 개의 입체 이성질체, 즉 에페드린(ephedrine) 및 슈도에페드린(pseudoephedrine)이 들어 있다. 이들 화합물은 그림에서 나타낸 것과 같이 입체 발생 중심이 두 개이다. 슈도에페드린은 코의 울혈 완화제인 반면에, 에페드린은 보디빌더가 힘과 각성도를 증가시키기 위하여 사용하였던 한때 유행하였던 약물의 한 성분이다.

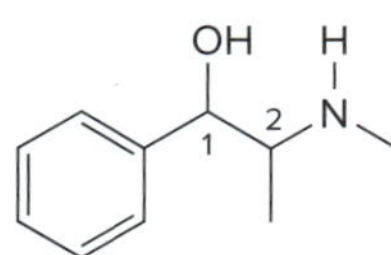

마황에서 분리

a. 1*R*, 2*S* 배열의 천연물인 (−)-에페드린의 구조를 그려라.

b. 1*S*, 2*S* 배열의 천연물인 (+)-슈도에페드린의 구조를 그려라.

c. 에페드린과 슈도에페드린은 어떤 관계가 있는가?

d. (−)-에페드린과 (+)-슈도에페드린의 다른 모든 입체 이성질체를 그려라. 또한, 모든 입체 발생 중심을 *R*, *S*로 표시하라.

e. (d)에서 그린 각 화합물은 (−)-에페드린과 어떤 관계가 있는가?

5.52 각각의 화합물에 대하여 가능한 모든 입체 이성질체를 그려라. 거울상 이성질체의 쌍과 부분 입체 이성질체의 쌍을 표시하라. 메조 화합물을 표시하라.

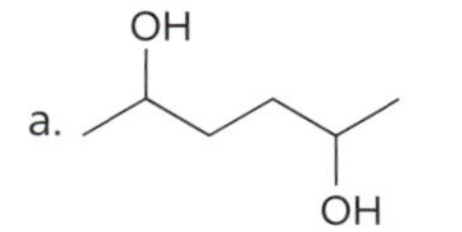

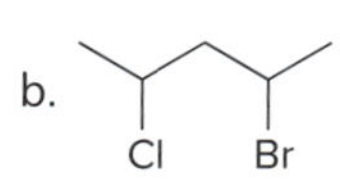

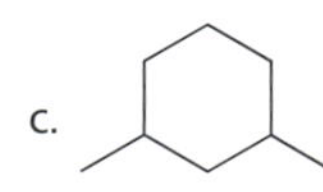

d.

5.53 사이클로뷰테인(cyclobutane) 고리와 두 개의 메틸기가 있는, 분자식이 C_6H_{12}인 화합물이 있다. 이 화합물에 대한 가능한 모든 구조 이성질체와 입체 이성질체를 그려라. 각각의 화합물이 카이랄한지 비카이랄한지를 표시하라.

화합물 비교: 거울상 이성질체, 부분 입체 이성질체 및 구조 이성질체

5.54 탄소가 네 개인 탄수화물에 대한 Newman 투영도(**A**~**D**)를 고려하자. 화합물의 각 쌍은 어떤 관계인가: (a) **A**와 **B**; (b) **A**와 **C**; (c) **A**와 **D**; (d) **C**와 **D**? 같은 분자, 거울상 이성질체 또는 부분 입체 이성질체 중에서 골라라.

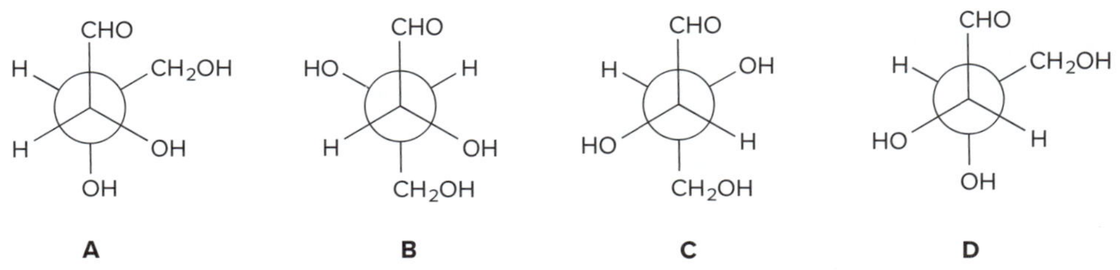

5.55 화합물 **A**는 화합물 **B**~**E**와 어떤 관계인가? 거울상 이성질체, 부분 입체 이성질체, 구조 이성질체 또는 같은 분자 중에서 선택하라.

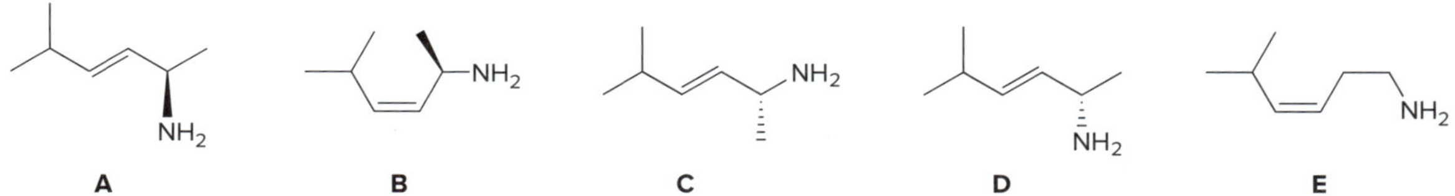

5.56 각각의 화합물(**B**~**D**)은 화합물 **A**와 어떤 관계인가? 거울상 이성질체, 부분 입체 이성질체, 같은 분자 또는 서로의 이성질체 아님에서 선택하라.

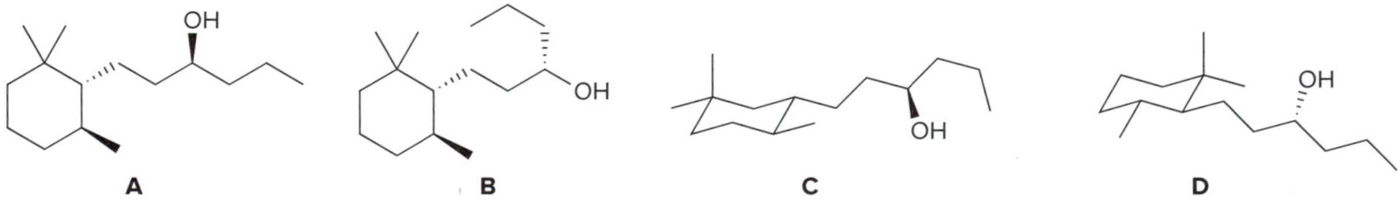

5.57 각 쌍의 화합물은 어떤 관계인가? 동일한가, 거울상 이성질체인가, 부분 입체 이성질체인가, 구조 이성질체인가 아니면 서로의 이성질체가 아닌가?

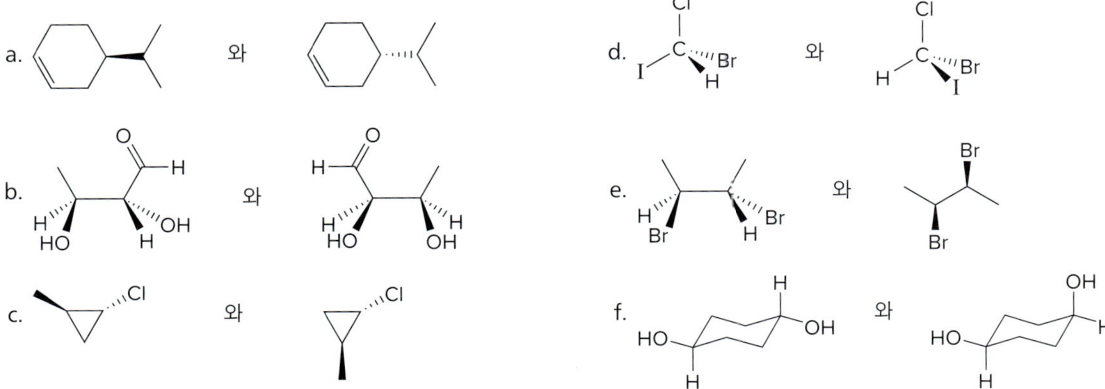

이성질체의 물리적 성질

5.58 어떤 혼합물에 화합물 **A**–**D**가 같은 양씩 들어있다.

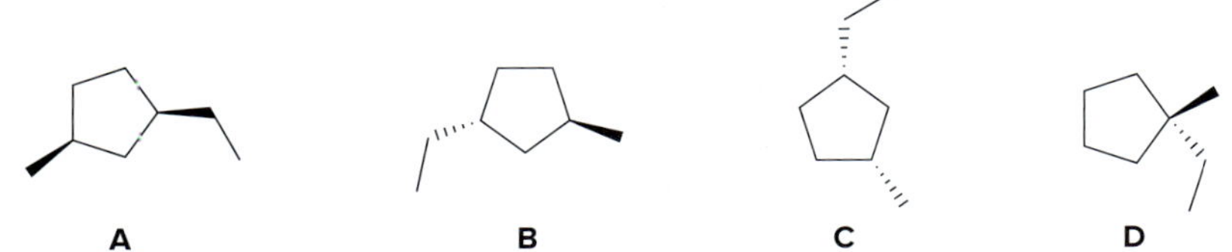

a. 어느 화합물이 혼자만 있을 때 광학 활성인가?

b. 혼합물을 분별 증류하였다면, 몇 개의 분획이 얻어지겠는가?

c. 이 분획들 중에서 몇 개가 광학 활성인가?

5.59 다이메틸사이클로프로페인(dimethylcyclopropane)의 네 가지 이성질체가 아래에 그려져 있다.

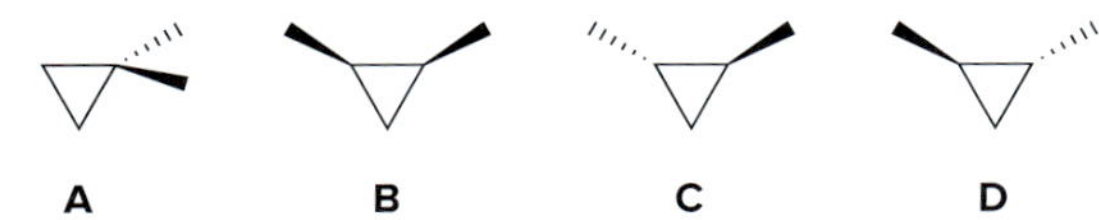

a. 각각의 쌍들은 어떠한 관계인가? (거울상 이성질체, 부분 입체 이성질체, 구조 이성질체): **A**와 **B**; **A**와 **C**; **B**와 **C**; **C**와 **D**?

b. 각각의 화합물이 카이랄한지 비카이랄한지 구별하라.

c. 어떠한 화합물이 광학 활성인가?

d. 어떤 화합물에 대칭면이 있는가?

e. 화합물의 각 쌍에 대하여 끓는점을 비교하라: **A**와 **B**; **A**와 **C**; **B**와 **C**; **C**와 **D**.

f. 어떤 화합물이 메조 화합물인가?

g. **C**와 **D**의 동일한 양의 혼합물은 광학 활성인가? **B**와 **C**의 동일한 양의 혼합물은 어떠한가?

5.60 말라리아 치료제인 순수한 퀴닌(quinine)의 [α]는 −165이다.

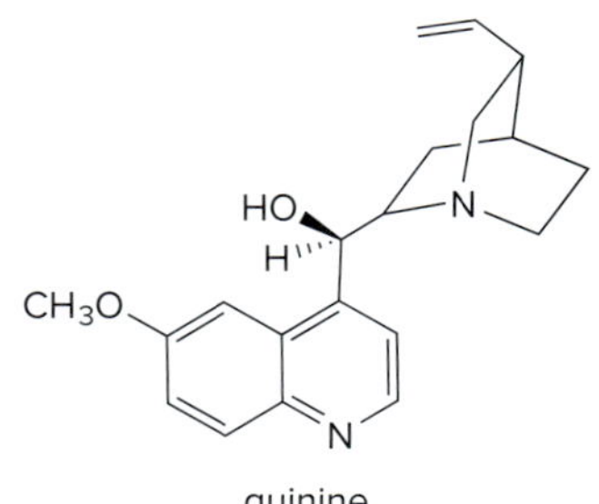

quinine
(말라리아 치료제)

a. [α] 값이 다음과 같은 용액의 *ee*를 계산하라: −50, −83, −120

b. 각각의 *ee*에 대하여 각 거울상 이성질체의 %를 계산하라.

c. 퀴닌의 거울상 이성질체의 [α] 값은 얼마인가?

d. 80%의 퀴닌과 20%의 거울상 이성질체를 포함하고 있는 용액의 *ee*는 얼마인가?

e. (d)에서 기술한 용액의 [α] 값은 얼마인가?

개념 통합 문제

5.61 Captopril은 고혈압과 울혈성 심부전의 치료에 사용되는 의약품이다.

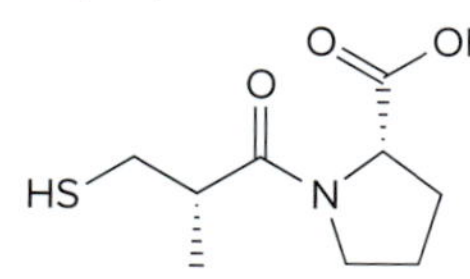

captopril

a. 각 입체 발생 중심을 R 또는 S로 표시하라.

b. Captopril의 거울상 이성질체를 그려라.

c. Captopril을 일 당량의 NaH로 처리하면 무슨 생성물이 생기는가?

d. Captopril을 두 당량의 NaH로 처리하면 무슨 생성물이 생기는가?

5.62 Trabectedin은 상품명 Yondelis로 시판되는 항암제이다.

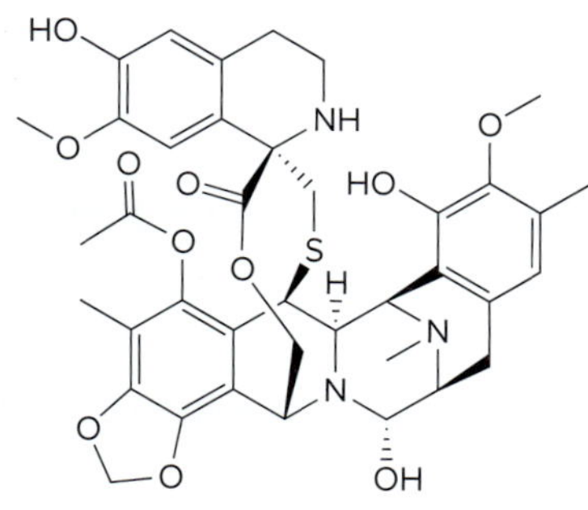

trabectedin

a. Trabectedin의 입체 발생 중심을 찾아라.

b. Trabectedin의 가능한 입체 이성질체의 최대 수는 얼마인가?

c. 거울상 이성질체를 그려라.

d. 부분 입체 이성질체 하나를 그려라.

e. Trabectedin의 고유 회전도가 +41.5이면, trabectedin 75%와 그 거울상 입체 이성질체 25%로 이루어진 용액의 [α]는 얼마인가?

f. [α] = +10.5인 용액의 *ee*는 얼마인가?

5.63 HIV(후천성 면역 결핍 바이러스)의 치료에 사용되는 의약품인 saquinavir(상품명 Invirase)는 단백질 분해효소 억제제(protease inhibitors)이다.

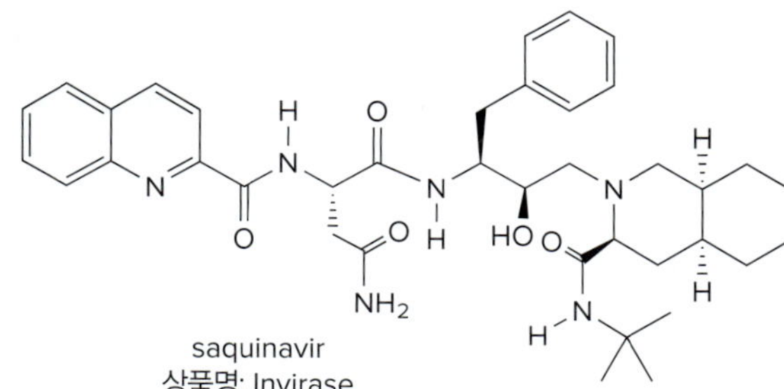

saquinavir
상품명: Invirase

a. Saquinavir에 있는 모든 입체 발생 중심을 찾고 각 입체 발생 중심을 R 또는 S로 표시하라.

b. Saquinavir의 거울상 이성질체를 그려라.

c. Saquinavir의 부분 입체 이성질체를 하나 그려라.

d. 적어도 한 개의 작용기가 다른 구조 이성질체를 그려라.

도전 문제

5.64 입체 발생 중심이 없는 소수의 카이랄 화합물도 존재한다. 예를 들면, **A**는 비카이랄이나, 구조 이성질체인 **B**는 카이랄하다. 모형을 만들어서 관찰된 이 사실을 설명하라. 두 개의 이중 결합이 하나의 탄소를 공유하는 화합물을 **알렌(allene)**이라고 부른다. 항생제 미코마이신(mycomycin)에서 알렌을 찾아 미코마이신이 카이랄한지 비카이랄한지를 결정하라.

$(CH_3)_2C{=}C{=}CH_2$ — 비카이랄 **A**

$CH_3(H)C{=}C{=}C(CH_3)H$ — 카이랄 **B**

$HC{\equiv}C{-}C{\equiv}C{-}CH{=}C{=}CH{-}CH{=}CH{-}CH{=}CH{-}CH_2CO_2H$

mycomycin

5.65 어떤 예비 연구에 의하면, 항균제인 암포테리신 B (amphotericin B)는 폐 기도의 내벽의 정상 pH와 점성도가 바뀐 유전병인 낭포성 섬유증 환자에서 폐 기능을 회복시키는 데 도움이 된다고 한다.

amphotericin B

a. 암포테리신 B에 있는 모든 사면체 입체 발생 중심을 찾아라.

b. 일부 탄소−탄소 이중 결합은 입체 발생 중심의 역할을 할 수 있다. 5.3절의 정의를 참고하여, 어떻게 이러한 일이 일어나는지를 설명하고 그 다음에는 암포테리신 B에 있는 입체 발생 중심을 추가적으로 더 찾아라.

c. 모든 입체 발생 중심을 고려하였을 경우, 암포테리신 B는 최대 몇 개의 입체 이성질체가 가능한가?

5.66 각 화합물이 카이랄한지 아니면 비카이랄한지를 표시하라. 두 개의 고리가 한 개의 탄소로 연결되어 있는 화합물을 스피로 화합물이라고 부른다. 탄소는 정사면체 구조이므로 두 고리는 서로 수직을 이룬다.

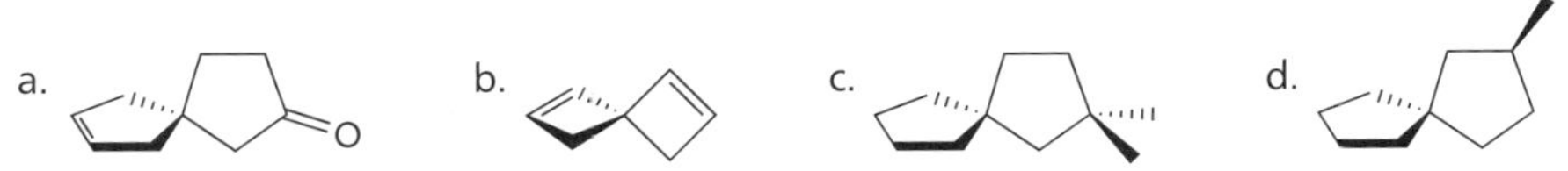

5.67 (*R*)-*sec*-butylamine이 2-phenylpropanoic acid의 라셈 혼합물과 산−염기 반응을 하면 두 가지의 생성물이 생성된다. 이 생성물은 녹는점이 다르고 용해도도 약간 다르다. 이 두 생성물의 구조를 그리고 생성물의 입체 발생 중심을 *R*과 *S*로 표시하라. 이 두 생성물은 어떤 관계인가? 거울상 이성질체, 부분 입체 이성질체, 구조 이성질체, 이성질체가 아님 중에서 선택하라.

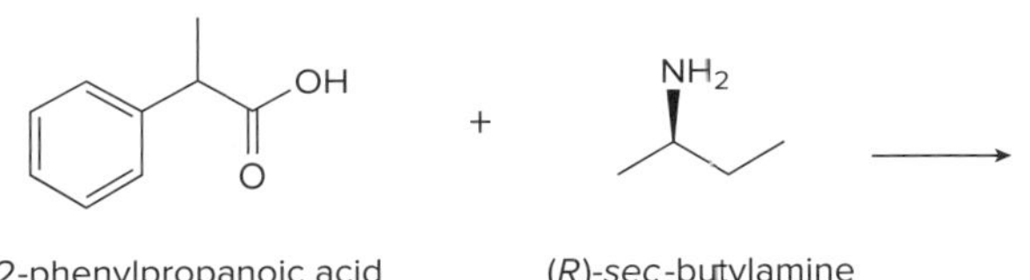

2-phenylpropanoic acid (라셈 혼합물) (*R*)-*sec*-butylamine

자가−시험 해답

1. c 2. a 3. b 4. d 5. a 6. c 7. d 8. d 9. a 10. d

유기 반응의 이해

Understanding Organic Reactions

06

ORGANIC CHEMISTRY

wasanajai/Shutterstock

열대와 아열대 지역의 다양한 토양에서 잘 자라는 관목인 *자트로파*(*Jatropha curcas*)의 씨에는 리놀레산(linoleic acid, $C_{18}H_{32}O_2$) 그리고 다른 긴 사슬 카복실산에서 유래하는 오일이 풍부하게 들어 있다. 다른 오일처럼 자트로파 오일을 태우면 CO_2와 H_2O 그리고 다양의 에너지가 나오기 때문에, 이 오일은 바이오디젤과 항공용 제트 연료로 사용할 수 있는 매력이 있다. 자트로파 식물에서 생산되는 연료 산출량은 콩이나 옥수수로부터 생산되는 것보다 훨씬 많으나, 광범위한 자트로파 경작의 장기간 영향은 아직까지 알려져 있지 않다. 6장에서는 연소 같은 화학 반응에 수반되는 에너지 변화에 대하여 배울 것이다.

왜 공부하는가? . . .

유기 반응?

반응은 유기 화학의 핵심이다. 반응 과정을 이해하면 천연 자원을 성질이 다르거나 때로는 유용한 새 화합물로 바꿀 수 있다. 아스피린, 이부프로펜, 나일론, 폴리에틸렌 등은 화학 반응을 통해 석유에서 얻어낸 화합물들이다.

각 반응을 유일하고 고립된 과정이라고 보면, 반응에 대한 이해가 어려워지므로 이런 식의 접근은 지양해야 한다. **화학 반응에는 대체적으로 몇 가지 일반적인 기본 원칙들이 있다.** 이들 보편적인 원칙을 먼저 익힌 후에 이를 기초로 구체적인 반응들을 살펴보도록 한다.

우리는 먼저 작용기부터 시작하여 전자-풍부 자리 및 전자-부족 자리, 그리고 깨어지기 쉬운 결합들을 알아가며 유기 반응을 공부할 것이다. 이런 반응 자리를 살피면, 특정 부류의 화합물에서 일어날 일반적인 반응의 종류를 짐작할 수 있다. 마지막으로 반응이 어떤 과정으로 일어나는지 배울 것이다. 반응은 단일 단계로 진행될 것인가 아니면 여러 단계로 진행될 것인가? 이런 반응에 대한 세부 지식은 흥미롭고 유용한 유기 화합물을 제조할 때 이용될 수 있을 것이다.

6.1 유기 반응의 반응식 쓰기

반응의 주 성분 물질에 초점을 맞추기 위하여 종종 용매와 온도를 반응식에서 생략한다.

대부분의 유기 반응은 **액체 용매**에서 일어난다. 용매는 주요한 반응 성분들을 용해하고 반응의 온도를 유지하기 위한 열 저장소 역할을 한다. 7장에서 반응 용매의 두 가지 주요한 종류를 소개하고, 이들이 어떻게 치환 반응에 영향을 미치는지를 볼 것이다.

다른 화학 반응처럼 유기 반응식도 반응물과 생성물 사이에 한 방향 화살표(→)를 그려 나타낸다. 그러나 일반 화학에서 접하던 반응식과는 달리 여러 가지 관례가 사용된다.

유기 화합물과 반응을 하는 화학 물질인 **시약(reagent)**은 일반적으로 반응식의 왼쪽에 표시한다. 왼쪽 편에 있는 유기 출발물을 강조하기 위해서는 시약을 종종 화살표 위나 아래에 표시하기도 한다. 반응에 필요한 용매와 반응 온도를 화살표의 위나 아래에 덧붙일 수도 있다. **"$h\nu$"와 "Δ"는 각각 반응에 필요한 빛과 열을 나타내는 기호이다.** 그림 6.1은 같은 유기 반응을 다른 방식으로 표현한 것을 보여준다.

반응 중간체를 표시하지 않을 경우, 보통 화살표 위나 아래에 두 연속 반응 단계를 번호를 붙여 나타낸다. 이런 표현법은 첫 단계 반응 종료 후에 다음 단계가 차례로 진행되며 시약이 동시에 투입되는 것이 아니라 순차적으로 투입됨을 나타낸다.

첫 번째 반응

[1] CH_3MgBr

[2] H_2O

두 번째 반응

OH

(HOMgBr)

무기 부산물
(종종 생략됨)

이 반응식에서는 유기 생성물만 화살표 오른쪽에 표시되어 있다. 반응물 CH_3MgBr은 Mg와 Br을 포함하고 있지만, 유기 생성물에는 이 원소가 포함되지 않으며, 종종 생성물에서 생략된다. 이 원소는 없어진 것은 아니다. 이들은 무기 부산물(이 경우 HOMgBr)의 일부를 이루는데 대부분의 경우 유기 화학자들에게는 관심 밖의 물질이다.

그림 6.1
유기 반응을 표현하는 다른 방법

a. + Br_2 → Br Br

Br_2 → Br Br

• 반응물(Br_2)은 화살표의 왼쪽 혹은 위쪽에 쓴다.

b. Br_2 / $h\nu$ 또는 Δ / CCl_4 → Br

CCl_4가 용매이다.
$h\nu$—**빛**이 필요함을 나타낸다.
Δ—**열**이 가해짐을 나타낸다.

• 다른 반응 변수들이 제시될 수 있다.

6.2 유기 반응의 종류

2장과 4장에서 설명한 바와 같이 유기 분자는 다른 화합물처럼 산–염기 반응과 산화–환원 반응을 수행한다. 또한 유기 분자는 **치환** 반응, **제거** 반응 그리고 **첨가** 반응을 한다.

6.2A 치환 반응

- **치환(substitution)**은 한 원자나 원자단이 다른 원자나 원자단에 의해 **교체**되는 반응을 말한다.

일반적인 치환 반응에서는, 탄소 원자에 결합된 Z가 Y로 교체된다. **치환에서는 σ 결합의 변화가 일어난다. 즉, 동일 탄소에 연결된 한 σ 결합이 끊어지고, 다른 한 σ 결합이 생성된다.** 치환 반응이 일어나는 가장 흔한 예는 Z가 수소이거나 탄소보다 전기 음성도가 더 큰 헤테로 원자일 경우이다.

6.2B 제거 반응

- **제거(elimination)**는 출발물의 원소가 '떨어져' 나가고 π 결합이 생성되는 반응이다.

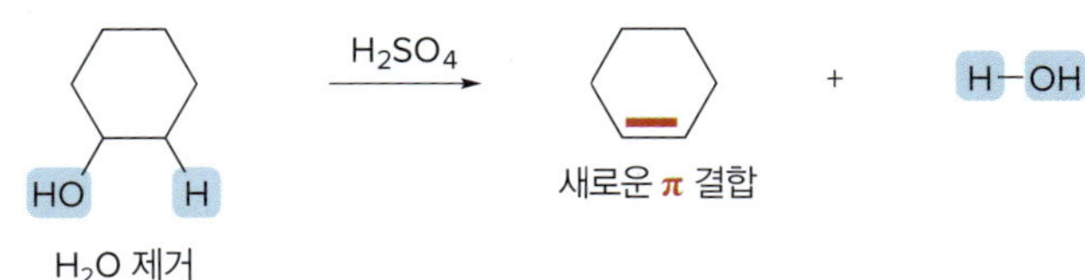

제거 반응에서는 X와 Y의 두 기가 출발물에서 제거된다. **두 개의 σ 결합이 끊어지고, 두 인접 원자 간에 π 결합이 생성된다.** 일반적인 제거 반응은 X = H이고 Y가 탄소보다 전기 음성도가 더 큰 원자일 경우에 가장 잘 일어난다.

6.2C 첨가 반응

- **첨가(addition)**는 원소가 출발물에 추가되는 반응이다.

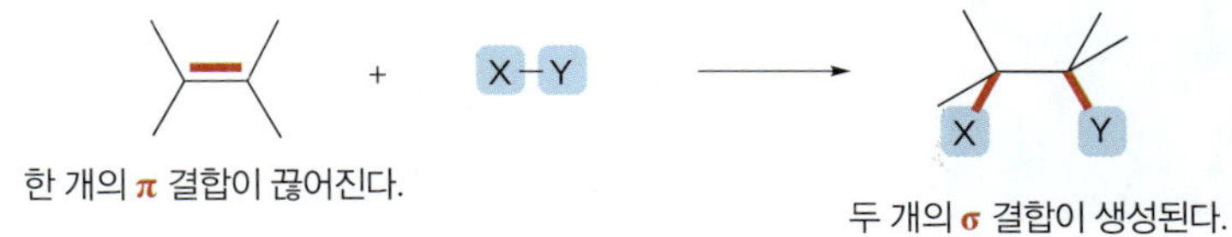

첨가 반응에서는 새로운 기 X와 Y가 출발물에 첨가된다. **한 개의 π 결합이 끊어지고, 두 개의 σ 결합이 생성된다.**

π 결합이 끊어진다. H_2SO_4 H–OH HO H H_2O가 첨가된다.

유기 반응의 일반적인 유형이 부록 I에 요약되어 있다.

첨가와 제거는 정반대의 반응이다. 제거 반응에서는 π 결합이 생성되고, 첨가 반응에서는 π 결합이 끊어진다.

제거 − X–Y X Y + X–Y 첨가

문제 6.1 각각의 반응을 치환 반응, 제거 반응, 첨가 반응으로 분류하라.

a. OH → Br
b. O O → OH O
c. O OH → O

복잡한 출발물의 반응이 치환 반응인지 제거 반응인지 혹은 첨가 반응인지 결정하기 위해서는 **작용기의 변화에 주목하라.** 아민 화합물 **X**와 산 염화물 **Y**가 캡사이신이라는 천연 물질로 바뀌는 반응은 산 염화물의 Cl이 아민의 N 원자로 바뀌기 때문에 **치환** 반응이다.

O HO NH_2 + Cl O → 치환 O HO N H O + H–Cl
X Y capsaicin

Capsaicin은 고추의 매운 성분이다.
DNY59/Getty Images

문제 6.2 다음 효소 촉매화 반응은 30장(온라인)에서 다루는 물질대사의 한 중요한 부분인 시트르산 회로의 마지막 세 단계이다. 각각의 반응을 치환 반응, 제거 반응, 첨가 반응으로 분류하라.

succinate [1] → fumarate [2] → malate [3] → oxaloacetate

6.3 화학 결합의 절단과 생성

이제까지는 일반적인 유기 반응들을 어떻게 나타내고 구분하는지에 대해 알아보았다. 지금부터는 **반응 메커니즘(reaction mechanism)**에 대하여 알아보도록 한다.

- **반응 메커니즘**은 출발물이 생성물로 변하는 동안 어떻게 화학 결합이 끊어지고 만들어지는지 그 과정을 자세히 나타낸 것이다.

반응 메커니즘은 결합의 절단과 생성 과정의 상대적 순서와 속도에 대한 기술이다. 반응 메커니즘은 반응에 관하여 알려진 모든 사실과 반응으로 생성된 모든 생성물을 설명할 수 있으며, 새로운 사실이 발견됨에 따라 반응 메커니즘은 수정되거나 개선된다.

반응은 한 단계로 혹은 여러 단계가 연속적으로 일어날 수 있다.

- **단일 단계 반응은 협동 반응(*concerted reaction*)이다.** 얼마나 많은 결합이 깨지거나 생성되든지 상관없이, 출발물이 **직접** 생성물로 바뀐다.

- **다단계 반응**은 두 단계 이상으로 일어난다. 출발물은 먼저 **반응 중간체(reactive intermediate)**라고 불리는 불안정한 중간체로 변환된 후 생성물을 생성한다.

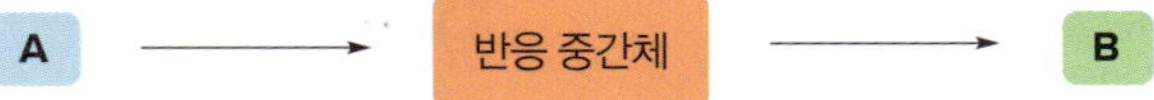

6.3A 결합의 절단

모든 화학 반응에서는 결합이 끊어지고 생긴다. 결합이 깨질 때, 결합 전자는 두 원자 사이에서 **균등**하게 나누어 끊어지거나 **불균등**하게 나누어 끊어질 수 있다.

- 결합 **전자가** 두 원자 사이에서 **균등하게 나누어지면서** 결합이 끊어지는 것을 **균일 분해(homolysis** 또는 **homolytic cleavage)**라고 부른다.

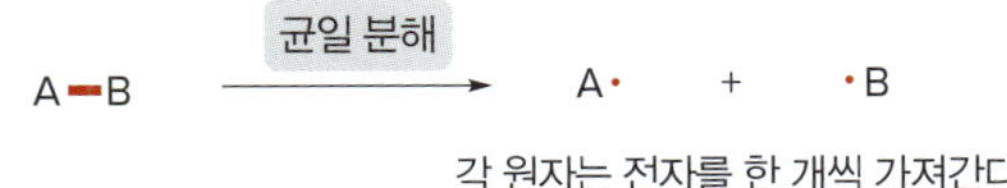

- 결합 **전자가** 두 원자 사이에서 **불균등하게 나누어지면서** 결합이 끊어지는 것을 **불균일 분해(heterolysis** 또는 **heterolytic cleavage)**라고 부른다.

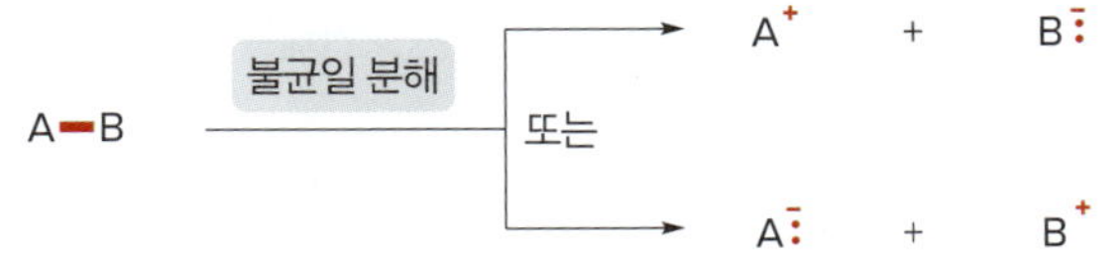

A와 **B** 사이의 결합이 분균일 분해하면 두 결합 전자를 **A** 또는 **B**가 모두 보유하게 된다. **A**와 **B**의 전기 음성도가 다를 때에는 **보통 전기 음성도가 큰 원자에 두 개의 전자가 모두 귀속된다.**

균일 분해 또는 불균일 분해는 모두 에너지를 필요로 한다. 두 경우 모두 반응 중간체를 생성하지만 그 생성물은 각각 서로 다르다.

- 균일 분해는 **홀전자(unpaired electron)**가 있으면서 전하를 띠지 않는 반응 중간체를 생성한다.
- 불균일 분해는 **전하를 띤** 중간체를 생성한다.

이들 각 반응 중간체는 수명이 매우 짧고, 빠르게 반응하여 안정한 유기 생성물을 생성한다.

6.3B 라디칼, 탄소 양이온 및 탄소 음이온

1.6B절에서 처음으로 논의한 굽은 화살표는 **전자쌍**의 이동을 도시할 수 있으므로 불균일 분해를 나타내기에 적합하다. 균일 분해에서는 한 개의 전자가 한쪽 원자로 이동하고, 다른 한 개의 전자는 다른 쪽 원자로 이동하므로 다른 종류의 굽은 화살표가 필요하다.

- 전자 한 개의 이동은, 가끔 **낚시 고리**라 부르는 반쪽머리 굽은 화살표로 도시한다.

- **단일** 전자 두 개의 이동 표시에는 두 개의 **반쪽머리** 굽은 화살표가 필요하다.
- **한 쌍**의 전자 이동 표시에는 한 개의 굽은 화살표가 필요하다.

굽은 화살표(⌒)는 **한 쌍**의 전자 이동을 표시한다. **반쪽머리 굽은 화살표**(⌒)는 **단일** 전자의 이동을 표시한다.

그림 6.2는 탄소 화합물에 대하여 균일 분해와 두 가지 다른 불균일 분해를 굽은 화살표를 사용하여 표현하였다. 세 가지 반응 중간체가 생성되었다.

그림 6.2
C–Z 결합의 균일 및 불균일 분해에 의해 생성된 세 종류의 반응 중간체

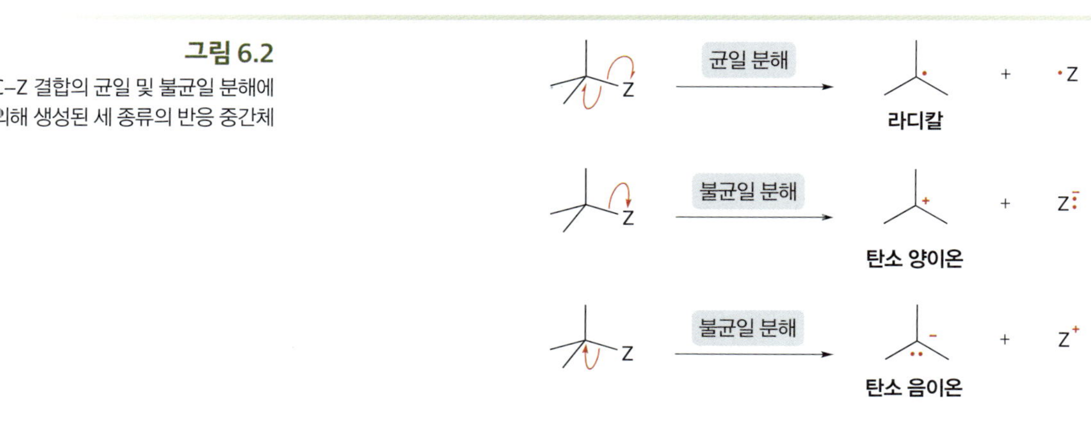

- 라디칼은 **라디칼** 반응의 중간체이다.
- **이온 중간체**는 **극성** 반응에서 나타난다.

C–Z 결합의 **균일 분해**가 일어나면 홀전자가 있으면서 전하를 띠지 않은 두 생성물이 얻어진다.

- 홀전자를 보유하는 반응 중간체를 **라디칼(radical)**이라 부른다.

대부분의 라디칼은 원자가 팔전자계를 이루지 못하기 때문에 매우 불안정하다. 라디칼은 일반적으로 **전하를 띠지 않는다**. 이들은 13장에서 자세하게 논의할 **라디칼 반응의 중간체이다**.

C–Z 결합의 **불균일 분해**는 **탄소 양이온(carbocation)** 또는 **탄소 음이온(carbanion)**을 생성할 수 있다.

- 두 개의 전자를 모두 Z에게 주고 생긴 양으로 하전된 탄소 중간체를 **탄소 양이온**이라 부른다.
- 두 개의 전자를 모두 받아 생긴 음으로 하전된 탄소 화학종을 **탄소 음이온**이라 부른다.

탄소 양이온과 탄소 음이온은 모두 불안정한 반응 중간체이다. 탄소 양이온은 탄소 원자가 6개의 전자만으로 둘러싸여 있다. 탄소 음이온은 전기 음성도가 별로 크지 않은 원자인 탄소에 음전하가 있다. **탄소 양이온(친전자체)**과 **탄소 음이온(친핵체)**은 **친핵체와 친전자체가 반응하는 극성 반응**의 중간체이다.

또 다른 형태의 유기 반응 중간체인 **카르벤(carbene)**의 화학은 24.5절에 서 논의할 것이다.

이와 같이 균일 분해와 불균일 분해는 유기 화학에서 가장 흔히 보는 세 가지 반응 중간체인 라디칼, 탄소 양이온, 탄소 음이온을 생성한다.

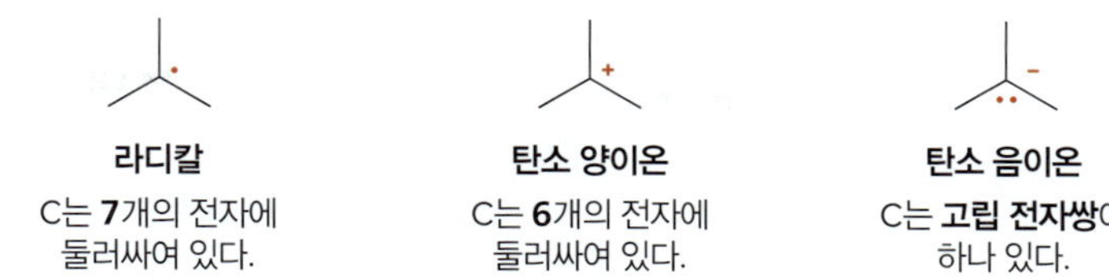

문제 6.3 무극성 결합의 균일 분해 생성물과 화살표로 표시한 극성 결합의 불균일 분해 생성물을 그려라. 전기 음성도의 차이를 고려하여 무슨 전하가 생겼는지 확인하라. 생성된 유기 반응 중간체를 탄소 양이온, 탄소 음이온 그리고 라디칼로 분류하라.

a. OH b. Li c.

6.3C 결합의 생성

결합의 절단처럼, 결합의 생성도 두 가지 방법으로 진행된다. 두 개의 라디칼이 **전자를 한 개씩** 제공하여 두 개의 전자로 구성된 결합을 생성할 수 있다. 혹은 전하가 서로 다른 두 이온이 만나면서 음전하를 띤 이온이 **전자쌍을 모두** 제공하여 결합을 생성할 수 있다. **결합이 생성될 때에는 항상 에너지가 방출된다.**

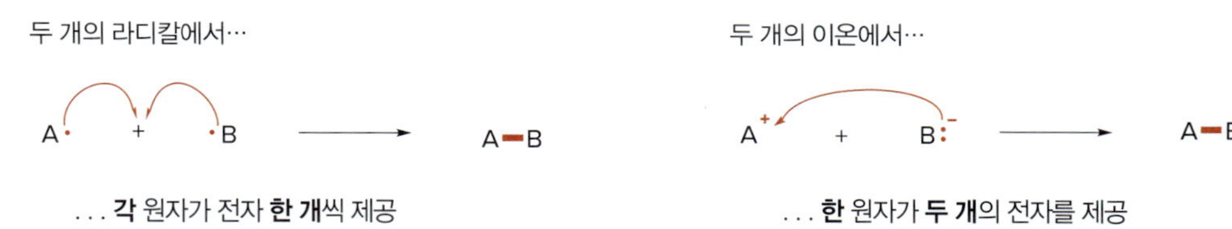

6.3D 화살표의 종류

유기 반응에서 사용되는 각종 화살표들을 표 6.1에 요약하였다. 어떤 전자가 반응에 참여하는지, 결합의 절단와 생성 시에 이 전자들이 어떻게 이동하는지, 그리고 반응이 라디칼을 통해 진행되는지, 극성 중간체를 통해 진행되는지를 명확하게 보여 줄 수 있으므로 굽은 화살표는 유기 반응에서 특히 중요하다.

유기 화학에서 사용되는 화살표의 더 완전한 요약이 부록 B, 흔한 축약형, 화살표와 부호에 주어져 있다.

표 6.1 화학 반응의 각종 화살표 요약

화살표	이름	용도
⟶	반응 화살표	화학 반응에서 출발물과 생성물 사이에 그려짐(6.1절)
⇄	쌍방향 반응 화살표	출발물과 생성물이 평형 반응일 때 사용함(2.2절)
⟷	양쪽머리 화살표	공명 구조를 표현할 때 사용됨(1.6B절)
⤻	굽은 화살표	전자쌍의 이동을 표현함(1.6B절, 2.2절)
⌒	반쪽머리 굽은 화살표	한 개의 전자 이동을 나타냄(6.3B절)

예제 6.1 반응식에서 굽은 화살표 사용하기

각 반응에서 전자쌍의 이동을 굽은 화살표를 사용하여 표시하라.

a. 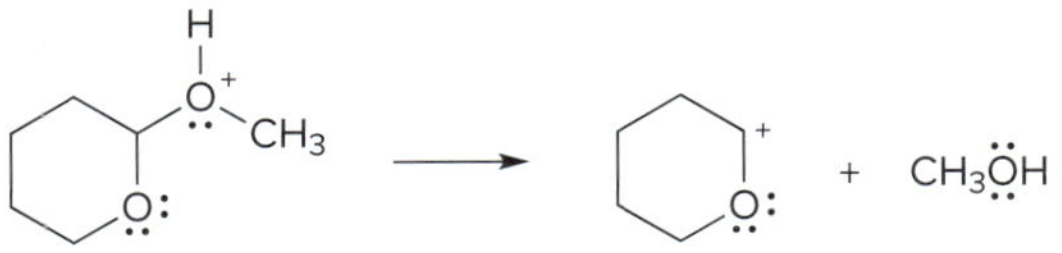 b.

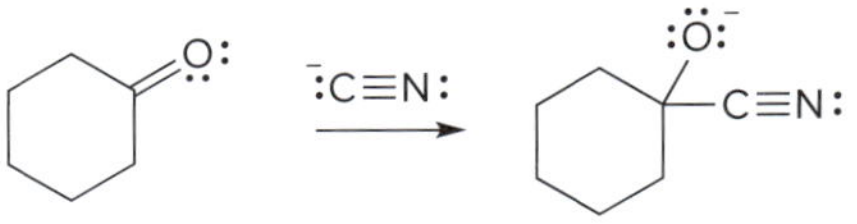

풀이

끊어지거나 생기는 결합에 집중하고 반응물과 생성물에서 전하가 다른 원자에 주의를 기울인다.

a. C–O 결합 **하나**만 깨지므로 굽은 화살표 **한 개**만 필요하다. C–O 결합의 전자쌍(붉은색)은 O에 놓이게 된다.

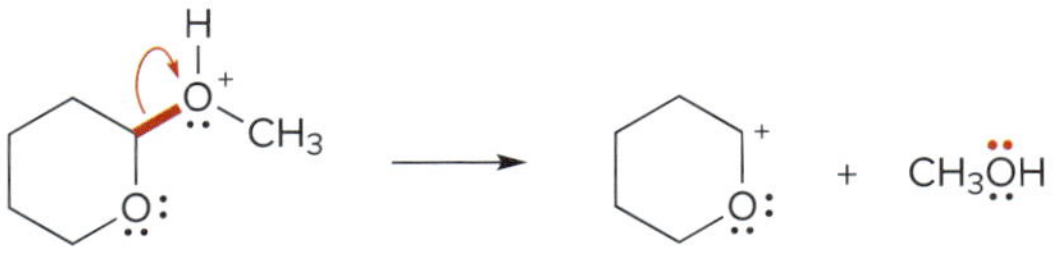

b. 전자쌍 **두 개**가 관여하므로, 굽은 화살표 **두 개**가 필요하다. $^{-}$CN의 C에 있는 고립쌍은 카보닐 탄소에 새로운 결합을 생성하고 C=O의 전자쌍은 O로 이동하여 놓이게 된다.

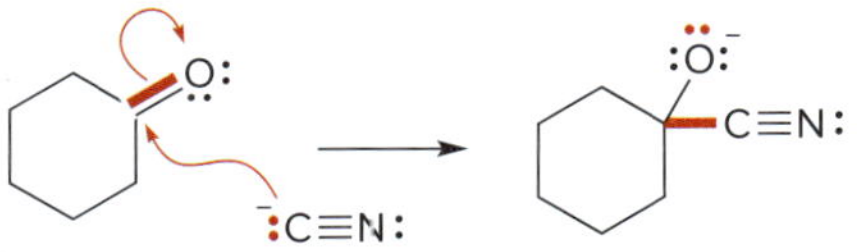

문제 6.4 굽은 화살표를 이용하여 각 반응에서 전자의 이동을 표시하라.

a. 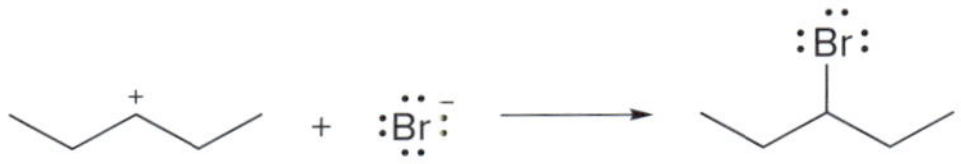 b. 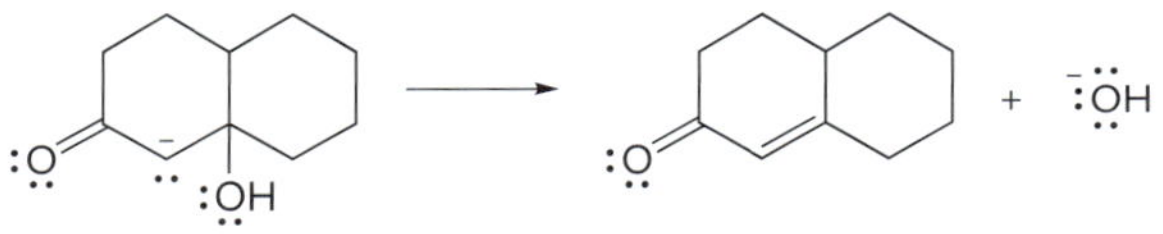 c. $CH_3CH_2Br + {}^{-}OH \longrightarrow CH_3CH_2OH + Br^{-}$ d.

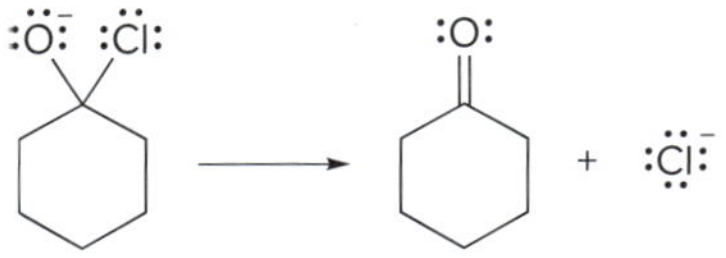

추가 문제: 문제 6.28, 6.30a, 6.31a, 6.32, 6.33a, 6.42a, 6.47a, 6.49a, 6.50a, 6.53a를 풀어보라.

예제 6.2 굽은 화살표를 따라가면서 반응 생성물 그리기

굽은 화살표를 따라가면서 다음 반응의 생성물을 그려라.

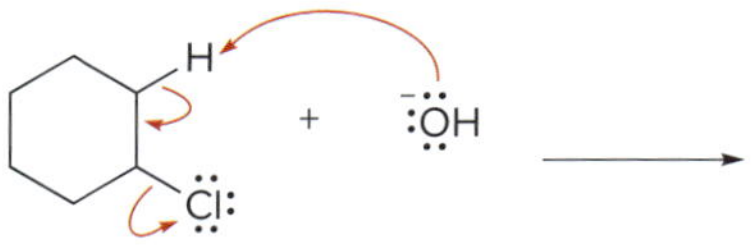

풀이

세 개의 굽은 화살표가 그려져 있으므로 세 **쌍**의 전자가 반응에 참여한다. 화살표 **1**은 $^{-}$OH의 고립쌍이 H에 새로운 결합을 생성하는 것을 보여준다. 화살표 **2**는 C–H 결합의 전자쌍이 C–C 이중 결합을 생성하는 것을 나타낸다. 화살표 **3**은 C–Cl의 전자쌍이 Cl로 이동하는 것을 보여준다. 결합이 끊어지고 생성된 후 필요하면 반응에 관여된 원자의 형식 전하를 조정한다.

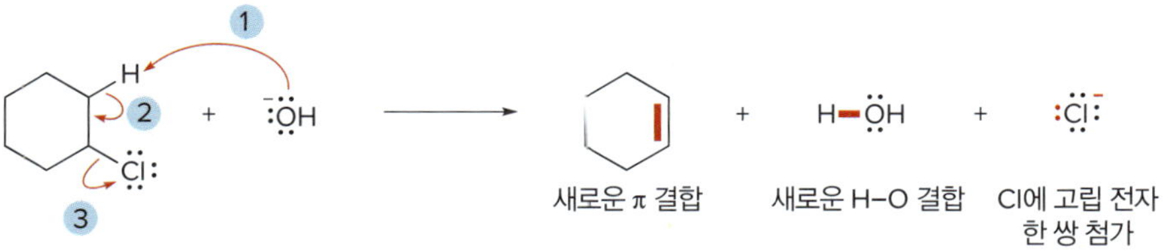

새로운 π 결합 / 새로운 H–O 결합 / Cl에 고립 전자 한 쌍 첨가

문제 6.5 굽은 화살표를 따라가면서 다음 반응의 생성물을 그려라.

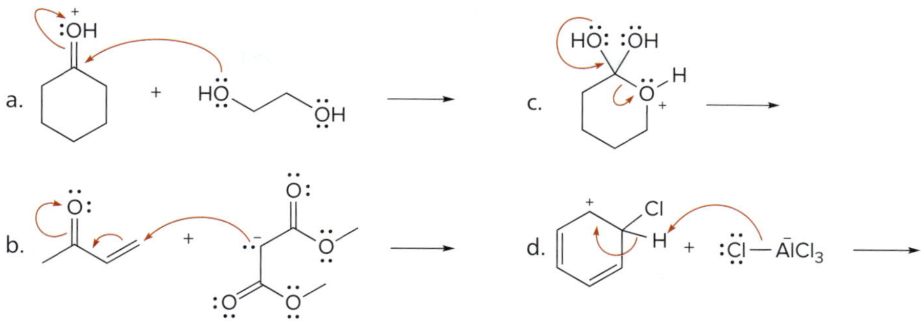

a. (cyclohexanone protonated, $\ddot{O}H^+$) + $HO\text{-}CH_2CH_2\text{-}OH$ ⟶

b. (methyl vinyl ketone) + (malonate anion) ⟶

c. (protonated hemiketal) ⟶

d. (cyclohexadienyl cation with Cl, H) + $:\ddot{C}l\text{—}\bar{A}lCl_3$ ⟶

추가 문제: 문제 6.29, 6.31b, 6.33b, 6.53b, 6.55a를 풀어보라.

6.4 결합 해리 에너지

결합의 절단은 결합 해리 에너지를 사용하여 정량화할 수 있다.

- **결합 해리 에너지(bond dissociation energy)**는 공유 결합의 균일 분해에 필요한 에너지이다.

$$A\text{—}B \longrightarrow A\cdot + \cdot B \qquad \Delta H° = \text{결합 해리 에너지}$$

균일 분해는 에너지를 필요로 한다.

> 위첨자(°)는 표준 상태(25°C, 1기압에서 순물질의 가장 안정한 상태)에서 결정된 값을 의미한다.

어떤 반응에서 흡수 또는 방출되는 에너지($\Delta H°$로 표시)를 **엔탈피 변화(enthalpy change)** 또는 **반응열(heat of reaction)**이라고 부른다.

- **$\Delta H°$가 양수(+)일 때, 에너지는 흡수되고 반응은 흡열(endothermic)이다.**
- **$\Delta H°$가 음수(−)일 때, 에너지는 방출되고 반응은 발열(exothermic)이다.**

> 추가의 C−C 다중 결합의 해리 에너지는 표 1.6에 주어져 있다.

> 부록 E의 표에도 결합 해리 에너지가 수록되어 있다.

결합 해리 에너지는 특정한 반응—공유 결합의 균일 분해로 두 개의 라디칼이 생성되는 반응의 $\Delta H°$이다. 결합의 해리는 에너지를 필요로 하기 때문에 **결합 해리 에너지는 항상 양수**이고, 균일 분해는 항상 **흡열**이다. 반대로, **결합의 생성은 항상 에너지를 방출**하므로 그 반응은 항상 **발열**이다. H−H 결합은 끊어지는 데 +435 kJ/mol의 에너지를 필요로 하고, 생성될 때 −435 kJ/mol의 에너지를 방출한다. 표 6.2는 일반적인 결합들의 결합 해리 에너지를 보여준다.

$$H\text{—}H \xrightarrow[\Delta H = +435 \text{ kJ/mol}]{} H\cdot + \cdot H$$
흡열 반응

$$H\cdot + \cdot H \xrightarrow[\Delta H = -435 \text{ kJ/mol}]{} H\text{—}H$$
발열 반응

결합 해리 에너지를 비교하는 것은 **결합 세기(bond strength)**를 비교하는 것과 동일하다.

- 결합이 **강할수록** 결합 해리 에너지는 **커진다.**

예를 들면, H−H 결합은 Cl−Cl 결합보다 강하다. 왜냐하면 H−H의 결합 해리 에너지[435 kJ/mol (H_2)]가 Cl−Cl의 결합 해리 에너지[242 kJ/mol (Cl_2)]보다 크기 때문이다(표 6.2). 표 6.2의 자료에 의하면 **주기율표의 같은 족에서 결합 해리 에너지는 결합에 사용되는 최외각 전자가 원자핵으로부터 더욱 멀어지기 때문에 아래쪽으로 내려갈수록 감소한다.** 메틸−할로젠 결합의 결합 해리 에

표 6.2 일반적인 결합들의 결합 해리 에너지 [A—B → A• + •B]

결합	$\Delta H°$ kJ/mol	(kcal/mol)
H—Z 결합		
H—F	569	(136)
H—Cl	431	(103)
H—Br	368	(88)
H—I	297	(71)
H—OH	498	(119)
Z—Z 결합		
H—H	435	(104)
F—F	159	(38)
Cl—Cl	242	(58)
Br—Br	192	(46)
I—I	151	(36)
HO—OH	213	(51)
R—H 결합		
CH_3—H	435	(104)
CH_3CH_2—H	410	(98)
$CH_3CH_2CH_2$—H	410	(98)
$(CH_3)_2CH$—H	397	(95)
$(CH_3)_3C$—H	381	(91)
$CH_2{=}CH$—H	435	(104)
$HC{\equiv}C$—H	523	(125)
$CH_2{=}CHCH_2$—H	364	(87)
C_6H_5—H	460	(110)
$C_6H_5CH_2$—H	356	(85)
R—R 결합		
CH_3—CH_3	368	(88)
CH_3—CH_2CH_3	356	(85)
CH_3—$CH{=}CH_2$	385	(92)
CH_3—$C{\equiv}CH$	489	(117)
R—X 결합		
CH_3—F	456	(109)
CH_3—Cl	351	(84)
CH_3—Br	293	(70)
CH_3—I	234	(56)
CH_3CH_2—F	448	(107)
CH_3CH_2—Cl	339	(81)
CH_3CH_2—Br	285	(68)
CH_3CH_2—I	222	(53)
$(CH_3)_2CH$—F	444	(106)
$(CH_3)_2CH$—Cl	335	(80)
$(CH_3)_2CH$—Br	285	(68)
$(CH_3)_2CH$—I	222	(53)
$(CH_3)_3C$—F	444	(106)
$(CH_3)_3C$—Cl	331	(79)
$(CH_3)_3C$—Br	272	(65)
$(CH_3)_3C$—I	209	(50)
R—OH 결합		
CH_3—OH	389	(93)
CH_3CH_2—OH	393	(94)
$CH_3CH_2CH_2$—OH	385	(92)
$(CH_3)_2CH$—OH	401	(96)
$(CH_3)_3C$—OH	401	(96)

너지는 이러한 경향성을 보여주고 있다.

주기율표의 같은 족에서는 아래로 내려갈수록 결합의 길이가 길어지므로, 결합 해리 에너지는 1장에서 설명한 일반 현상—**짧은 결합이 더 센 결합이다**—을 정량화한 값이다.

문제 6.6 표시한 결합을 결합 해리 에너지가 증가하는 순으로 정렬하라.

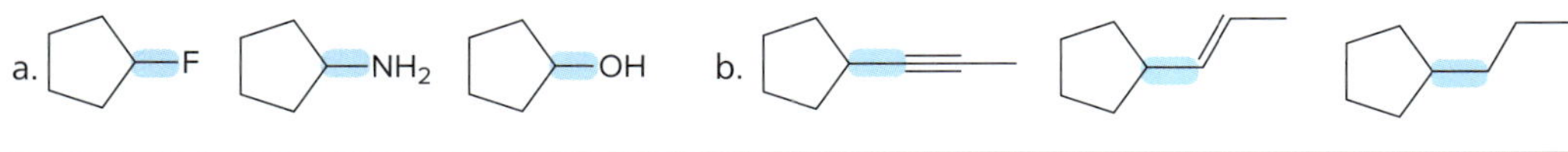

결합 해리 에너지는 여러 개의 결합이 끊어지고 생성되는 반응의 엔탈피 변화($\Delta H°$)를 계산하는 데에도 사용된다. **$\Delta H°$는 반응에서 끊어지고 생성되는 결합의 상대적인 세기를 나타낸다.**

- **$\Delta H°$**가 **양수**이면, 결합의 생성 시 방출된 에너지보다 결합의 끊어짐에 필요한 에너지가 더 크다. 출발물에서 끊어진 결합이 생성물에서 생성된 결합보다 더 **세다**.

- **$\Delta H°$**가 **음수**이면, 결합이 끊어질 때 필요한 에너지보다 결합이 생성될 때 더 많은 에너지가 방출된다. 생성물에서 생성된 결합이 출발물에서 끊어진 결합보다 더 **세다**.

반응의 **전체 $\Delta H°$를 결정하기 위해서는,**

[1] 계수 맞춘 반응식(*balanced* equation)에서, 출발물에서 끊어진 모든 결합의 결합 해리 에너지를 합산한다. 이 (+) 값이 결합의 해리에 **필요한 에너지**를 나타낸다.

[2] 생성물에서 생성된 모든 결합의 결합 해리 에너지를 합산한다. 이 (−)값이 결합의 생성 시 **방출된 에너지**를 나타낸다.

[3] **전체 $\Delta H°$는 단계 [1]의 합과 단계 [2]의 합을 더한 것이다.**

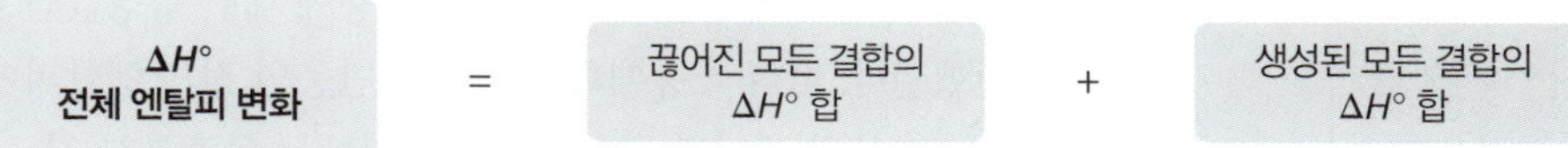

예제 6.3 결합 해리 에너지를 사용하여 반응의 $\Delta H°$ 계산하기

표 6.2의 값을 사용하여 다음 반응의 $\Delta H°$를 계산하라.

풀이

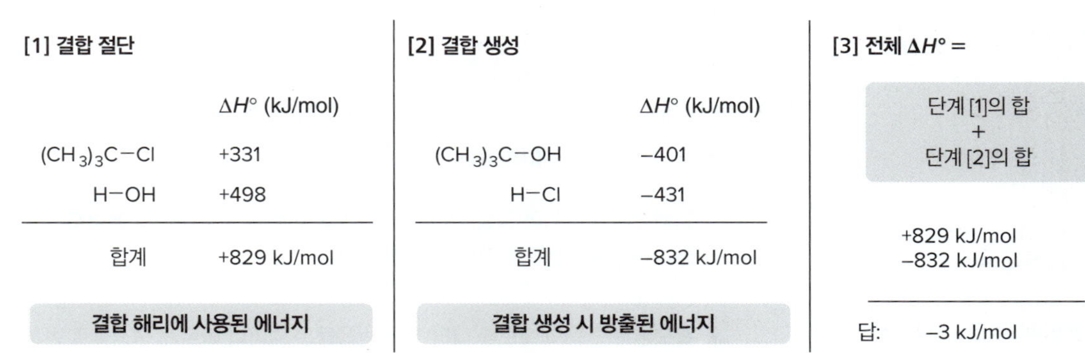

$\Delta H°$가 음의 값이므로, 이 반응은 **발열 반응**이고 에너지가 방출된다. **출발물에서 끊어진 결합은 생성물에서 생성된 결합보다 약하다.**

문제 6.7 표 6.2의 값을 사용하여 각각의 반응에 대한 $\Delta H°$ 값을 계산하라. 각 반응이 흡열 반응인지 발열 반응인지 확인하라.

a. (CH₃CH₂)Br + H_2O ⟶ (CH₃CH₂)OH + HBr   b. CH_4 + Cl_2 ⟶ CH_3Cl + HCl

추가 문제: 문제 6.34, 6.42b를 풀어보라.

이 장의 도입부에 소개된 두 분자, 글루코스와 리놀산이 산화되면 CO_2와 H_2O가 생성된다.

리놀산 + 25 O_2 ⟶ 18 CO_2 + 16 H_2O $\Delta H° = (-)$

글루코스 + 6 O_2 ⟶ 6 CO_2 + 6 H_2O $\Delta H° = (-)$

휘발유의 연소와 운동 중 글루코스의 물질대사는 에너지를 방출하는 발열 반응이다. *S-F/Shutterstock*

산화 반응의 $\Delta H°$는 모두 음수이므로 두 반응 모두 발열 반응이다. **생성물의 결합이 반응물의 결합보다 세기 때문에 산화 반응이 일어나면 리놀산과 글루코스는 모두 에너지를 방출한다.**

결합 해리 에너지에는 중요한 한계가 두 가지 있다. 결합 해리 에너지는 단지 전체 에너지 변화만 보여준다. 반응의 메커니즘이나 반응의 진행 속도에 대해서는 아무런 정보도 주지 못한다. 더욱이 결합 해리 에너지는 기체 상태의 반응에 대한 측정값인 데 비해, 대부분의 유기 반응은 용매 내에서 진행된다. 따라서 용매화 에너지가 반응의 전체 엔탈피에 중요한 기여를 하게 된다. 결합 해리 에너지는 반응의 에너지 변화를 표현하기에는 불충분한 지표이다. 이와 같은 결함에도 불구하고 결합 해리 에너지 값을 활용하여 계산된 $\Delta H°$ 값은 반응에서 결합이 끊어지고 생성될 때 발생하는 에너지의 변화에 대한 유용한 근사값을 제공한다.

문제 6.8 각 산화 반응의 $\Delta H°$를 계산하라. 각 반응식은 계수 맞춘 반응식이다. 끊어진 결합의 수와 생성된 결합의 수를 결정하는 데 계수를 고려할 것을 기억하라[O_2에 대한 $\Delta H°$ = 497 kJ/mol, CO_2 내 C=O 한 개의 $\Delta H°$ = 535 kJ/mol].

a. $CH_4 + 2\,O_2 \longrightarrow CO_2 + 2\,H_2O$ b. $2\,CH_3CH_3 + 7\,O_2 \longrightarrow 4\,CO_2 + 6\,H_2O$

6.5 열역학

화학 반응이 실용적이기 위해서는 평형이 생성물 쪽에 치우쳐 있어야 하고, 반응 속도는 적정한 시간 내에 생성물을 생성하기에 충분히 빨라야 한다. 이 두 조건은 각각 반응의 **열역학(thermodynamics)**과 **속도론(kinetics)**에 의해 결정된다.

- **열역학**은 에너지와 평형 상태를 나타낸다. 반응물과 생성물의 **에너지**는 어떻게 비교하는가? 평형에서 반응물과 생성물의 상대적 **양**은 어떠한가?

반응 속도론은 6.9절에서 논의한다.

- **속도론**은 반응의 속도를 나타낸다. 반응물은 얼마나 **빠르게** 생성물로 변하는가?

K_{eq}는 2.3절 산–염기 반응에서 처음 정의하였다.

평형 상수(equilibrium constant, K_{eq})는 평형 상태에서 반응물과 생성물의 상대적인 양에 관련된 수학적인 표현이다. 예를 들어, 출발물 **A**와 **B**가 반응하여 생성물 **C**와 **D**를 생성할 때, 평형 상수는 아래와 같이 정의된다.

$$\mathbf{A} + \mathbf{B} \rightleftharpoons \mathbf{C} + \mathbf{D}$$

$$K_{eq} = \frac{[\text{생성물}]}{[\text{출발물}]} = \frac{[\mathbf{C}][\mathbf{D}]}{[\mathbf{A}][\mathbf{B}]}$$

K_{eq}의 크기는 평형의 위치를 표현한다. 즉 평형에 도달했을 때 출발물이 우세한지 생성물이 우세한지를 나타낸다.

- **$K_{eq} > 1$이면 평형은 생성물(C와 D)을 선호하고** 주어진 반응식의 오른쪽에 놓인다.
- **$K_{eq} < 1$이면 평형은 출발물(A와 B)을 선호하고** 반응식의 왼쪽에 놓인다.

- 반응이 유용하기 위해서는 평형이 생성물을 선호하여야 하므로, $K_{eq} > 1$이어야 한다.

주어진 반응에서 평형이 생성물 쪽으로 기우는 것을 결정하는 것은 무엇인가? **평형의 위치는 반응물과 생성물의 상대적 에너지 차이에 의해 결정된다. Gibbs 자유 에너지(Gibbs free energy)** 라고도 부르는 분자의 자유 에너지는 $G°$로 나타낸다. $\Delta G°$로 상징되는 반응물과 생성물 사이의 **자유 에너지의 변화**는 평형에서 출발물이 우세한지 또는 생성물이 우세한지를 결정한다.

- **$\Delta G°$**는 반응물과 생성물 간의 전체 에너지 차이이다.

$$\Delta G° \quad = \quad G°_{\text{생성물}} \quad - \quad G°_{\text{반응물}}$$

($G°_{\text{생성물}}$: 생성물의 자유 에너지, $G°_{\text{반응물}}$: 반응물의 자유 에너지)

$\Delta G°$는 평형 상수 K_{eq}와 다음과 같은 관계에 있다.

$$\Delta G° = -2.303RT \log K_{eq}$$

[R = 8.314 J/(K • mol), 기체 상수
T = Kelvin 온도(K)]

이 식을 사용하면 반응물과 생성물 간 자유 에너지 변화와 평형 상수 사이의 관계를 결정할 수 있다.

25°C에서 $2.303RT = 5.7$kJ/mol이므로 $\Delta G° = -5.7\log K_{eq}$이다.

$\Delta G° < 0$일 때 **$K_{eq} > 1$**이고, 평형은 **생성물** 쪽으로 기운다. **$\Delta G° > 0$**일 때, **$K_{eq} < 1$**이고, 평형은 **출발물** 쪽으로 기운다.

- $K_{eq} > 1$, $\log K_{eq}$가 양수이면 **$\Delta G°$**는 음수가 되며 에너지가 **방출**된다. 이처럼 생성물의 에너지가 반응물의 에너지보다 **낮을** 때 평형은 생성물 쪽으로 기운다.
- $K_{eq} < 1$, $\log K_{eq}$가 음수이면 **$\Delta G°$**는 양수가 되며 에너지가 **흡수**된다. 이처럼 생성물의 에너지가 반응물의 에너지보다 **높을** 때 평형은 반응물 쪽으로 기운다.

에너지가 낮은 화합물이 더 안정하다. **이와 같이 반응의 출발물보다 생성물이 더 안정(낮은 에너지)할 때 평형은 생성물 쪽으로 기운다.** 이것을 그림 6.3에 요약하여 놓았다.

그림 6.3
$\Delta G°$와 K_{eq} 사이의 관계 요약

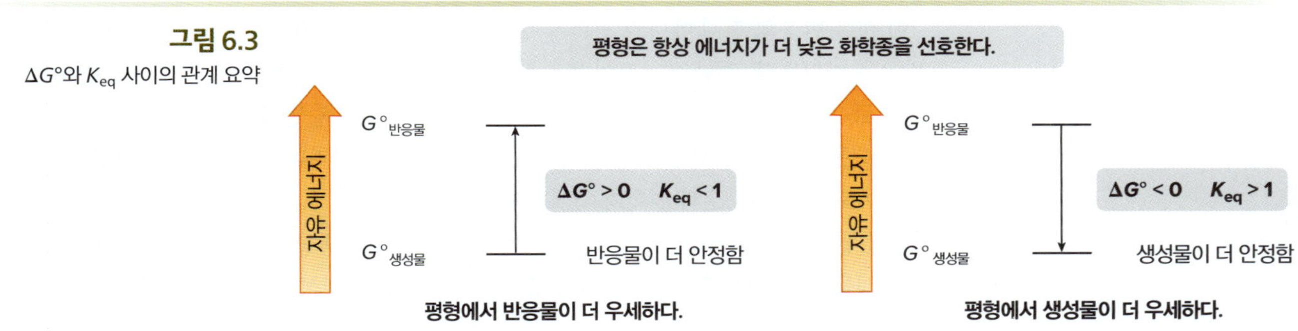

표 6.3 반응 A → B에 대하여 25°C에서 $\Delta G°$와 K_{eq}의 대표적인 값

$\Delta G°$ (kJ/mol)	K_{eq}	평형에서 A와 B의 상대적인 양
+18	**10^{-3}**	**실질적으로 모두 A (99.9%)**
+12	10^{-2}	A가 B의 100배
+6	10^{-1}	A가 B의 10배
0	1	A와 B의 양이 같음
−6	10^{1}	B가 A의 10배
−12	10^{2}	B가 A의 100배
−18	**10^{3}**	**실질적으로 모두 B (99.9%)**

증가 [생성물]

$\Delta G°$가 K_{eq}의 로그함수 값에 의존하기 때문에 **에너지의 작은 차이가 평형에서 출발물과 생성물의 상대적인 양에 큰 차이를 준다.** 몇 가지 $\Delta G°$와 K_{eq}값이 표 6.3에 나와 있다.

문제 6.9 a. K_{eq} = 1000 또는 K_{eq} = 0.001 중 어느 쪽이 음수의 $\Delta G°$ 값에 해당하는가? b. $K_{eq} = 10^{-2}$ 또는 $K_{eq} = 10^{-5}$ 중 어느 쪽이 더 낮은 $\Delta G°$ 값에 해당하는가?

문제 6.10 주어진 값에 대하여 평형에서 우세한 쪽이 출발물인지 생성물인지를 결정하라.

a. $K_{eq} = 5.5$ b. $\Delta G° = 40$ kJ/mol

~ 기호는 '근사값'을 의미한다.

문제 6.11 주어진 값에 대하여 에너지가 낮은 쪽이 출발물인지 생성물인지를 밝혀라.

a. $\Delta G° = 8.0$ kJ/mol b. $K_{eq} = 10$ c. $\Delta G° = -12$ kJ/mol d. $K_{eq} = 10^{-3}$

6.6 엔탈피와 엔트로피

자유 에너지 변화($\Delta G°$)는 **엔탈피 변화($\Delta H°$)**와 **엔트로피 변화($\Delta S°$)**에 의존한다. $\Delta H°$는 상대적인 결합의 세기를 의미하는데 $\Delta S°$는 무엇을 나타내는가?

엔트로피(*entropy*, $S°$)는 계(system)의 무질서(randomness) 정도를 나타낸다. 운동이 더 자유로울수록 또는 무질서도가 더 증가할수록, 엔트로피는 더 커진다. 기체 분자는 액체 분자보다 더 자유롭게 움직이며 그래서 엔트로피가 더 크다. 고리 분자는 유사한 비고리 분자보다 결합의 회전이 제한되며, 따라서 엔트로피가 낮다.

엔트로피는 화학 강의에 반복해서 언급되지만 이해하기 쉽지 않은 개념이다. 엔트로피와 무질서도를 연결시키는 한 방법으로 분필 한 줌을 생각해보자. 바닥에 떨어뜨리면 이들은 무질서하게 배열된다(높은 엔트로피 상태). 분필들을 일렬로 배열하려면 이들을 인위적으로 나열하여야 한다(낮은 엔트로피 상태). 무질서하고 자유로운 배열이 더 선호되며 에너지 면에서도 유리하다.

역자주:
이 교재에서처럼 흔히 엔트로피를 무질서와 연관시키지만, 엔트로피는 엄청난 수의 분자의 통계학적 행동 때문에 생기는 미시적 성질이다. 따라서 분필 같은 거시계에는 전혀 적용되지 않는다.

엔트로피의 변화($\Delta S°$)는 반응물과 생성물 사이의 무질서도의 변화이다. 생성물이 반응물보다 더 무질서해졌을 때 $\Delta S°$는 양수(+)이고, 생성물이 반응물보다 덜 무질서할 때 $\Delta S°$는 음수(−)이다.

- **엔트로피가 증가**하는 반응이 더 유리하다.

$\Delta G°$는 $\Delta H°$ 및 $\Delta S°$와 다음과 같은 관계에 있다.

$$\Delta G° = \Delta H° - T\Delta S°$$

$\Delta G°$	=	$\Delta H°$	−	$T\Delta S°$
전체 에너지 변화		**결합 에너지**의 변화		**무질서**의 변화

[T = Kelvin 온도]

이 식은 반응의 전체 에너지 변화가 두 인자, 즉 **결합 에너지**의 변화와 **무질서도**의 변화에 영향을 받음을 나타낸다. 결합 에너지의 변화는 결합 해리 에너지(6.4절)로부터 계산될 수 있다. 이에 비해 엔트로피 변화는 추정이 어려우나 균형 화학 반응식에서 출발물의 분자 수와 생성물의 분자 수가 서로 **다를** 경우에 중요하다. 선형 분자가 **고리 구조**로 변하거나, 고리 분자가 선형 분자로 변형되는 경우에도 계의 엔트로피 변화가 확실하게 나타난다.

예를 들면, 결합의 균일 분해에 의해 두 개의 라디칼을 생성하는 경우처럼 **하나의 출발물이 두 개의 생성물을 생성할 때는 엔트로피가 증가**하며 생성물의 생성이 유리하다. 반면에 **선형 화합물이**

고리를 생성할 때에는 엔트로피가 감소한다. 왜냐하면 고리는 자유도가 더 작기 때문이다. 이 경우, 엔트로피는 생성물의 생성에 불리하다.

한 개의 반응물

두 개의 생성물
엔트로피 증가

엔트로피는 **생성물**을 선호한다.

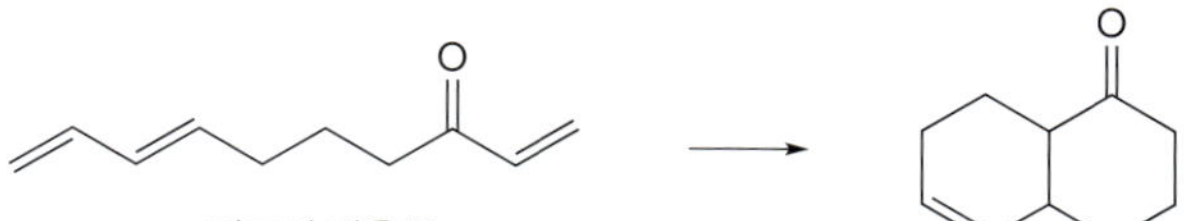

비고리 반응물

엔트로피는 **반응물**을 선호한다.

고리 생성물
엔트로피 감소

글루코스 대사(6.4절)는 엔트로피 측면상 유리한 반응인데 그 이유는 생성되는 분자 수(6 CO_2와 6 H_2O)가 반응하는 분자 수($C_6H_{12}O_6$와 6 O_2)보다 더 많기 때문이다. 더군다나, 고리 반응물이 깨어져서 12개의 비고리 생성물 분자가 생성된다.

문제 6.12 어느 반응에서 엔트로피가 생성물을 선호하는가?

a. + $H_2\ddot{O}$: → $:\overset{+}{O}H_2$

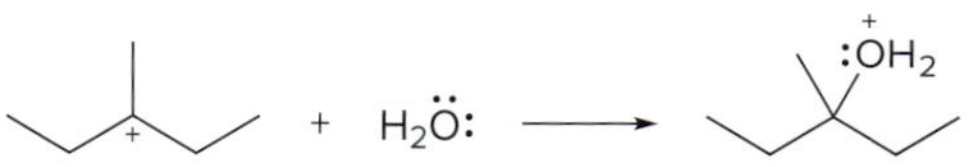

b.

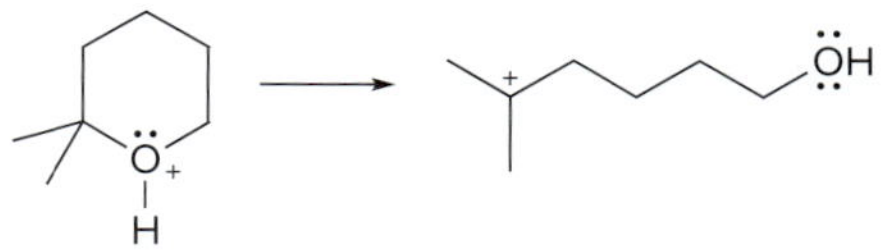

고온에서 진행되지 않는 대부분의 반응에서는, 엔트로피 항($T\Delta S°$)이 엔탈피 항($\Delta H°$)에 비해 작아 무시할 수 있다. 그래서 **반응의 전체 자유 에너지 변화를 종종 결합 에너지의 변화로 어림잡곤 한다**. 이는 근사값이지만, 많은 경우 에너지 측면에서 유리한 반응인지 여부를 추정하는 기본이 된다.

6.4절에서 배운 것처럼 $\Delta H°$가 양수일 때는 흡열 반응이고 $\Delta H°$가 음수일 때는 발열 반응인 것을 기억하라. **$\Delta G°$가 양수일 때 자유 에너지 증가(endergonic)** 반응이고 **$\Delta G°$가 음수일 때 자유 에너지 감소(exergonic)** 반응이 된다. 이 교재에서는 대개의 경우에 $\Delta G°$를 $\Delta H°$ 값으로 근사화하므로 자유 에너지 증가와 자유 에너지 감소라는 용어는 거의 쓰지 않는다.

$$\Delta G° \approx \Delta H°$$

이 근사법에 의해,

- 반응에서 $\Delta H°$가 **음수**일 때 생성물이 선호된다. 즉 출발물의 결합보다 생성물의 결합이 **더 세다**.
- 반응에서 $\Delta H°$가 **양수**일 때 출발물이 선호된다. 즉 생성물의 결합보다 출발물의 결합이 **더 세다**.

문제 6.13 엔트로피를 고려하지 않고 다음의 값을 토대로 판단할 때, 평형에서 반응물과 생성물 중 어느 쪽이 더 선호될까?

a. $\Delta H° = 80$ kJ/mol　　b. $\Delta H° = -40$ kJ/mol.

문제 6.14 $\Delta H° = 40$ kJ/mol인 반응에 대하여 다음 설명 중 어느 것이 옳은지를 밝혀라. 틀린 부분을 지적하고 수정하여 바른 설명으로 바꿔라.

a. 반응은 발열 반응이다.　　b. 반응의 $\Delta G°$는 양수이다.　　c. K_{eq}는 1보다 크다.
d. 생성물의 결합보다 출발물의 결합이 더 세다.　　e. 평형에서 생성물이 더 선호된다.

6.7 에너지 도표

에너지 도표(energy diagram)는 반응물이 생성물로 변하는 동안 발생하는 에너지의 변화를 개략적으로 표현하는 도표이다. 에너지 도표는 얼마나 쉽게 반응이 진행되는가, 얼마나 많은 단계가 반응에 포함되는가, 그리고 반응물, 생성물과 중간체들의 에너지가 어떠한가를 나타낸다.

예를 들어, 분자 **A—B**와 음이온 **C:$^-$**가 협동 반응을 하여 **A:$^-$**와 **B—C**를 생성하는 반응을 생각하자. 만일 반응이 한 단계로 끝난다면, **A**와 **B** 사이의 결합이 끊어지는 동시에 **B**와 **C** 사이에 결합이 생성된다. 이 가상적인 반응에서 생성물의 에너지가 반응물의 에너지보다 낮다고 가정한다.

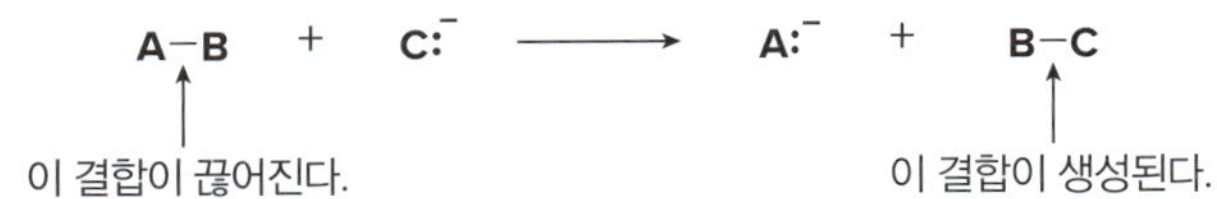

에너지 도표는 **에너지를 y축**에 기록하고, 흔히 **반응 좌표(reaction coordinate)**라고 하는 반응 진행도를 **x축**에 기록한다. 출발물 **A—B**와 **C:$^-$**가 서로 접근하면 전자 구름이 반발을 보이게 되고, 따라서 최댓값에 도달할 때까지 에너지가 증가하게 된다. 이 불안정한 에너지 최댓값 상태를 **전이 상태(transition state)**라고 부른다. 전이 상태에서 **A**와 **B** 간의 결합은 부분적으 로 끊어지고 **B**와 **C** 간의 결합은 부분적으로 생성된다. 그 상태는 에너지의 정점인 '고갯마루'에 존재하므로 **전이 상태는 절대로 분리할 수 없다.**

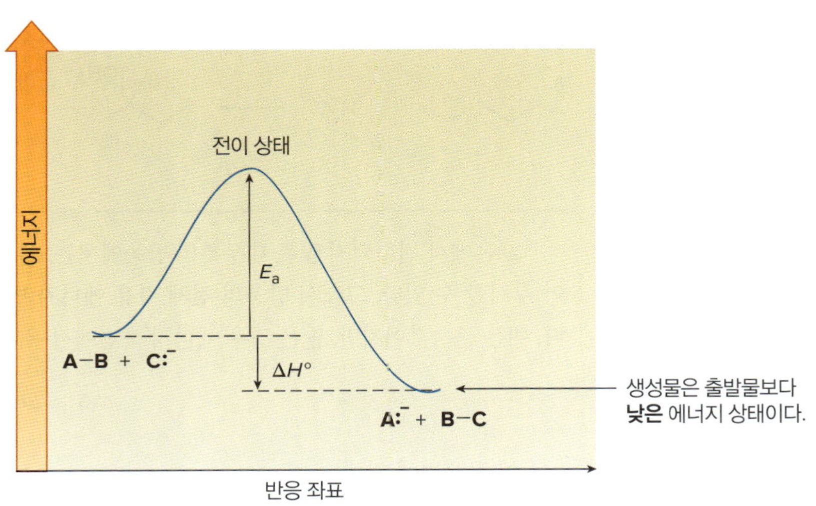

전이 상태에서 **A**와 **B** 간 결합이 다시 생성되어 출발물로 돌아가거나, 또는 **B**와 **C** 간 결합이 형성되어 생성물을 생성하는 방향으로 진행될 수 있다. **B**와 **C** 간 결합이 생성되면서 생성물이 어떤 안정한 최저점에 도달할 때까지 에너지는 감소한다.

- 생성물과 반응물의 에너지 차이가 $\Delta H°$이다. 생성물의 에너지가 반응물의 에너지보다 낮으므로 반응은 **발열** 반응이며 에너지는 **방출**된다.
- 전이 상태와 출발물 간의 에너지 차이를 **활성화 에너지(energy of activation, E_a)**라고 부른다.

활성화 에너지는 반응물의 결합을 끊는 데 필요한 최소한의 에너지이다. 이는 반응이 진행되기 위해 넘어야 하는 **에너지 장벽**을 의미한다. E_a의 크기는 반응 속도에 대한 정보를 제공해 준다.

느린 반응은 E_a가 크고 빠른 반응은 E_a가 작다.

- E_a가 **커지면** 결합을 끊기 위한 에너지가 **커지므로** 반응 속도는 **느려진다**.

불안정한 전이 상태의 구조를 어떻게 그릴 수 있을까? 전이 상태의 구조는 출발물과 생성물의 중간 구조로 존재한다. 부분적으로 생성되거나 끊어지는 결합은 **점선**으로 그린다. 전이 상태에서 전하를 얻거나 잃게 되는 원자는 **부분 전하**를 띤다. 전이 상태는 대괄호 [ ] 내에 그리며, 괄호 밖에 이중 단검표(‡)를 위첨자로 표시한다.

A−B와 **C:**$^-$가 반응하여, **A:**$^-$와 **B−C**가 생성되는 가상적인 반응에서 **A**와 **B** 사이의 결합은 부분적으로 끊어지고, **B**와 **C** 사이는 부분적으로 결합이 생성된다. 반응이 진행되는 동안 **A**는 음전하를 얻고 **C**는 음전하를 잃어버리게 되므로 전이 상태에서는 두 원자가 모두 부분적인 음전하를 띠게 된다.

$$\left[\overset{\delta-}{\mathbf{A}}\text{- - -}\mathbf{B}\text{- - -}\overset{\delta-}{\mathbf{C}}\right]^{\ddagger}$$

이 결합이 부분적으로 끊어짐　　이 결합이 부분적으로 생성됨

그림 6.4에 몇 개의 에너지 도표를 예시하였다. 모든 에너지 도표에 대하여,

- E_a는 에너지 장벽의 높이를 결정한다.
- $\Delta H°$는 반응물과 생성물의 상대적인 위치를 결정한다.

그림 6.4
대표적인 에너지 도표

예 [1]

- **큰 E_a ⟶ 느린 반응**
- **(+) $\Delta H°$ ⟶ 흡열 반응**

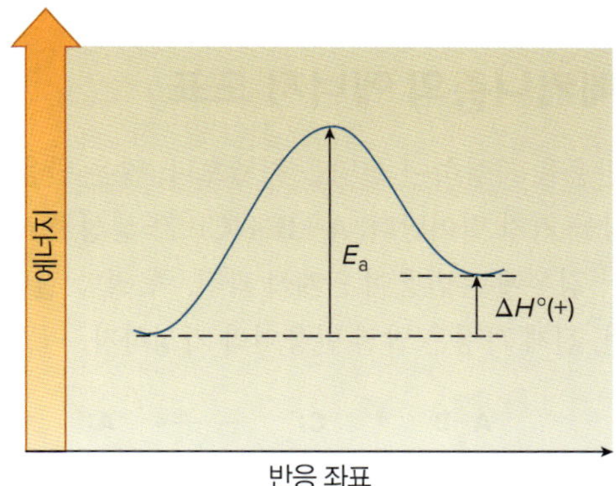

예 [3]

- **작은 E_a ⟶ 빠른 반응**
- **(+) $\Delta H°$ ⟶ 흡열 반응**

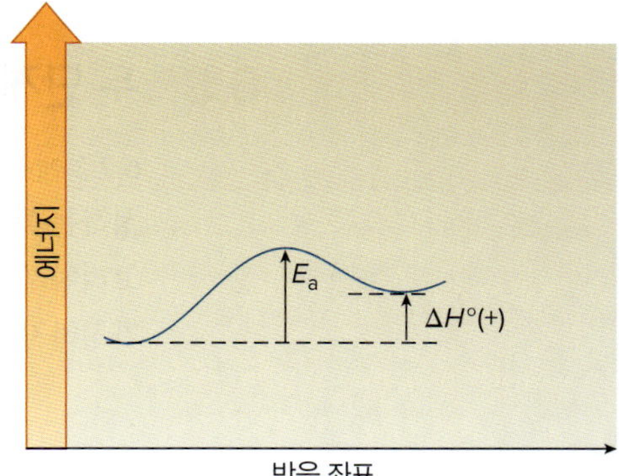

예 [2]

- **큰 E_a ⟶ 느린 반응**
- **(−) $\Delta H°$ ⟶ 발열 반응**

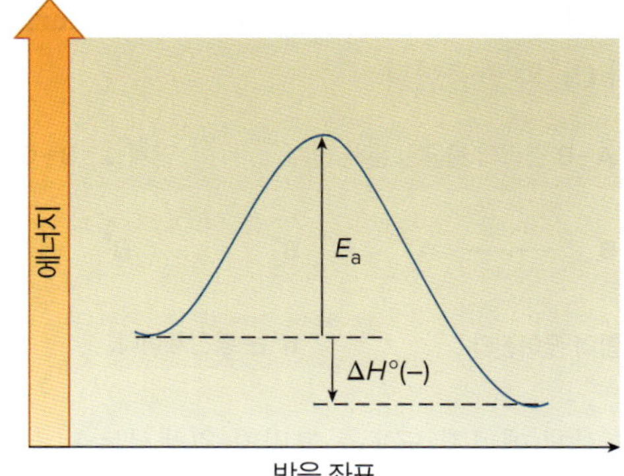

예 [4]

- **작은 E_a ⟶ 빠른 반응**
- **(−) $\Delta H°$ ⟶ 발열 반응**

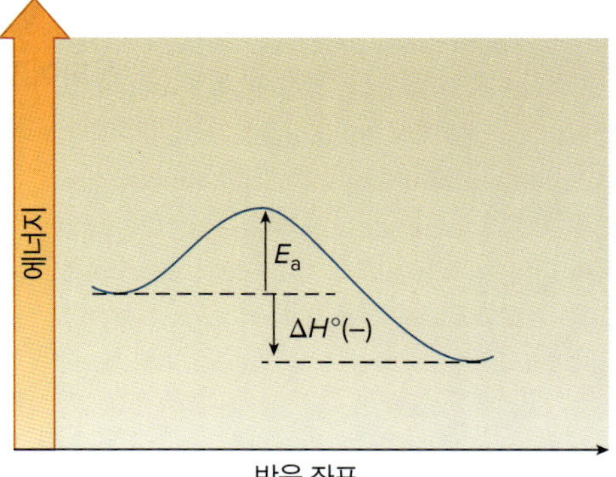

두 변수 **E_a와 $\Delta H°$는 서로 독립적이다.** $\Delta H°$ 값이 같은 두 반응이라도 E_a 값은 서로 다를 수 있다. $\Delta H°$ 값이 같은 음수인 두 발열 반응이 있다면, E_a 값이 작은 반응이 더 빠르게 진행된다.

문제 6.15 생성물이 출발물보다 에너지 상태가 더 높으며 E_a가 큰 반응의 에너지 도표를 그리고 다음의 사항을 표시하라: 좌표축, 출발물, 생성물, 전이 상태, $\Delta H°$와 E_a.

문제 6.16 다음 각 반응의 전이 상태 구조를 그려라.

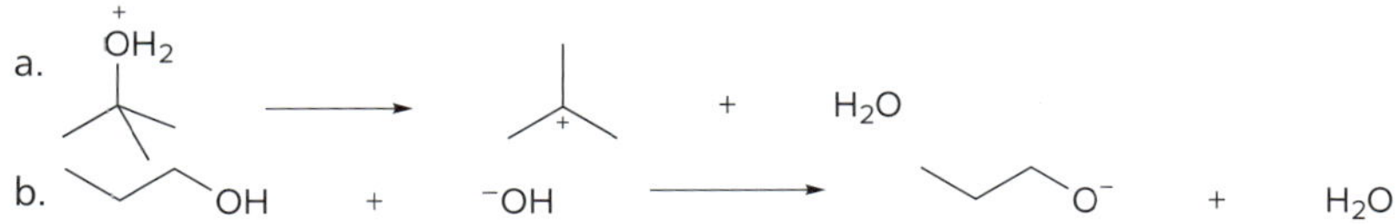

문제 6.17 화합물 **A**는 **B**나 **C** 어느 쪽으로도 바뀔 수 있다. 이 두 과정의 에너지 도표는 다음과 같다.

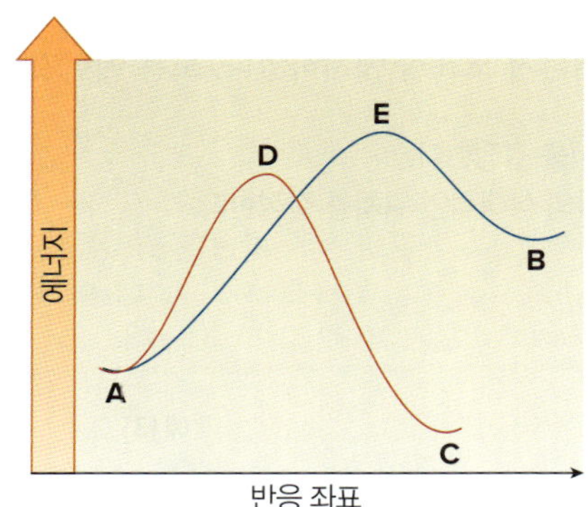

a. 각 반응을 흡열 반응 또는 발열 반응으로 구분하라.
b. 어느 반응이 더 빠르게 일어나는가?
c. 어느 반응이 에너지가 더 낮은 생성물을 생성하는가?
d. 전이 상태에 해당하는 위치를 에너지 도표에 표시하라.
e. 각 반응의 활성화 에너지를 표시하라.
f. 각 반응의 $\Delta H°$를 표시하라.

6.8 두 단계 반응 메커니즘의 에너지 도표

6.7절에서는 협동 반응을 가상하여 설명을 하였으나, 많은 반응이 중간에 반응성이 큰 중간체를 생성하는 두 단계 이상을 거쳐 일어난다. **A–B + C:$^-$**가 생성물 **A:$^-$ + B–C**를 생성하는 전체 반응을 고려하자. 하지만 이 경우에는 반응이 **단계적** 과정, 즉 결합 절단이 결합 생성보다 **먼저** 일어난다고 가정하자. 다시 한번, 전체 과정은 발열 반응이라 가정하자.

$$A{-}B + C:^- \longrightarrow A:^- + B{-}C$$

이 결합이 끊어진다. (A–B) **다음에** 이 결합이 생성된다. (B–C)

가능한 단계 반응 메커니즘 중 하나는 아래의 식에 정리된 것처럼, **A–B** 결합의 불균일 분해에 의해 먼저 두 개의 이온 **A:$^-$**와 **B$^+$**이 생성되고 이어서 **B$^+$**와 음이온 **C:$^-$**의 반응에 의해 생성물 **B–C**이 생성되는 것이다. 여기서 **B$^+$**는 **반응 중간체(reactive intermediate)**이다. 이는 단계 [1]에서 생성되어 단계 [2]에서 **C:$^-$**와 반응한다.

단계 [1]: **A–B** 결합의 불균일 분해 단계

$$A{-}B \longrightarrow A:^- + B^+$$

하나의 결합이 끊어진다.

단계 [2]: **B–C** 결합의 생성

$$B^+ + C:^- \longrightarrow B{-}C$$

하나의 결합이 생성된다.

B$^+$는 중간체이다.

두 단계 반응의 전체 에너지 도표를 그리기 위해서는 먼저 각각의 단계에 대한 에너지 도표를 그리고 난 후에 두 개의 에너지 도표를 연결시켜야 한다. 각 단계는 에너지 최대치에 전이 상태가 있

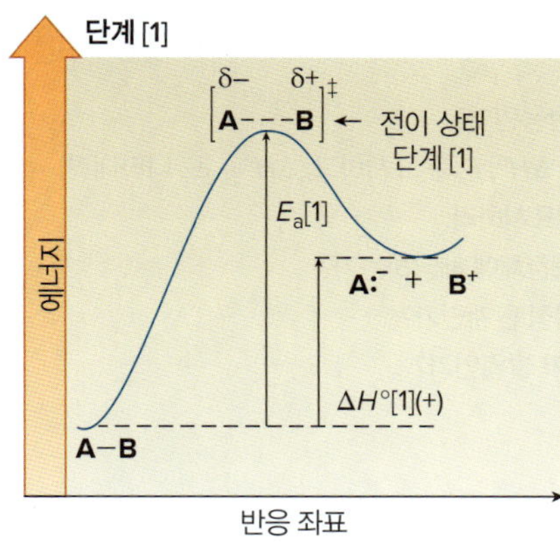

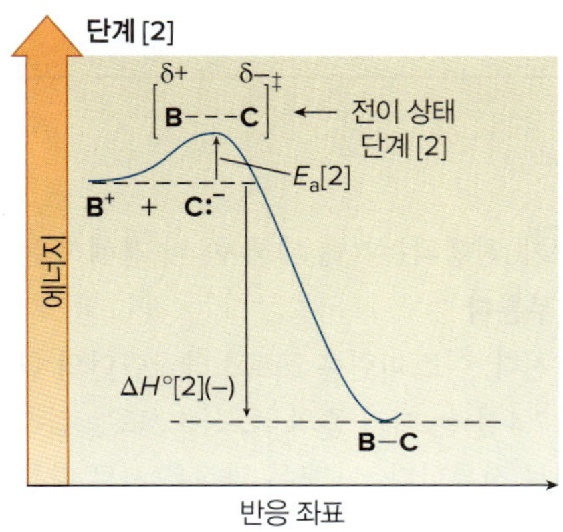

는 자신만의 에너지 장벽이 있다.

단계 [1]은 **A−B** 결합의 분해에 필요한 에너지를 공급해야 하므로 흡열 반응이다. 그래서 $\Delta H°$는 양수이고 단계 [1]의 생성물은 출발물보다 높은 에너지 상태에 놓인다. 전이 상태에서는 **A−B** 결합이 부분적으로 끊어진다.

단계 [2]는 **B−C** 결합이 생성되면서 에너지를 방출하므로 발열 반응이다. $\Delta H°$는 음수이며, 단계 [2]의 생성물은 단계 [2]의 출발물보다 낮은 에너지 상태에 놓인다. 전이 상태에서는 **B−C** 결합이 부분적으로 생성된다.

두 단계를 합하여 하나의 에너지 도표로 작성한 전체 과정이 그림 6.5에 나타내었다. 반응이 두 단계로 구성되어 있으므로 각각 에너지 장벽에 대응하는 두 전이 상태가 존재한다. 두 전이 상태는 반응 중간체 $\mathbf{B^+}$가 놓여져 있는 에너지 최소치로 분리되어 있다. 두 단계의 전체 반응이 발열 반응이라고 가정하였으므로 $\Delta H°_{전체}$가 나타내는 반응물과 생성물 간 전체 에너지 차이는 음의 값이 되고, 최종 생성물은 출발물보다 에너지가 더 낮다.

E_a[1]으로 표시된 단계 [1]의 에너지 장벽은 E_a[2]로 표시된 단계 [2]의 에너지 장벽보다 더 높다. 이것은 결합의 끊어짐(단계 [1])이 결합의 생성(단계 [2])보다 더 어렵기(에너지가 필요) 때문이다. 단계 [1]이 전이 상태 에너지가 더 높기 때문에 반응 경로상 더 느린 단계가 된다.

- **여러 단계의 반응 메커니즘에서 전이 상태의 에너지가 가장 높은 단계를 속도 결정 단계(rate-determining step)라고 한다.**

위의 반응에서는 단계 [1]이 속도 결정 단계이다.

그림 6.5 A−B + C:⁻ → A:⁻ + B−C의 두 단계 변환에 대한 완성된 에너지 도표

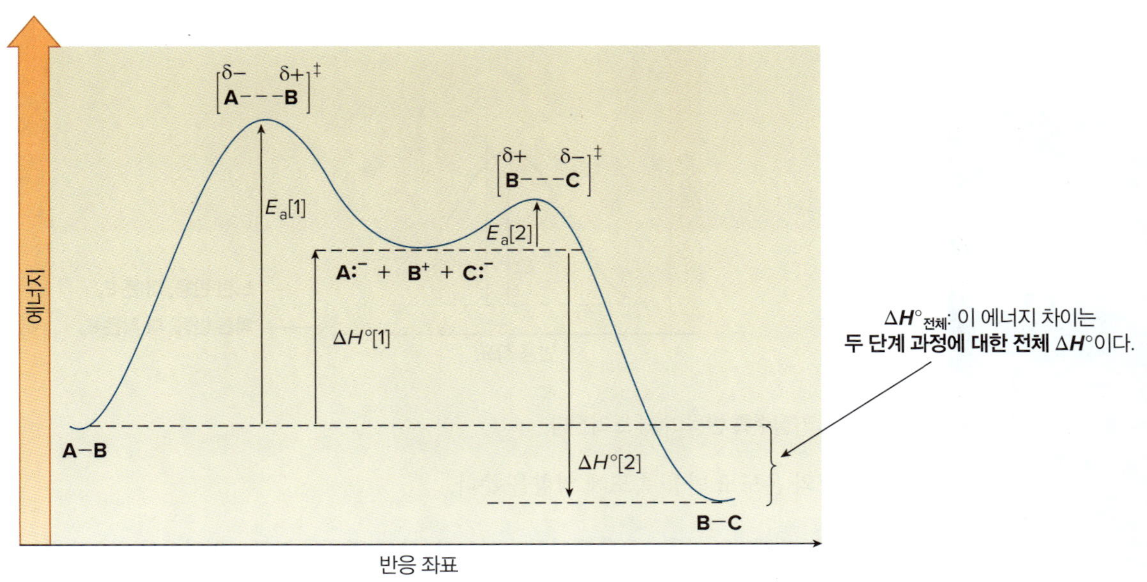

- **전이 상태는 에너지의 최대치에 위치하는 반면, 반응 중간체인 B^+는 에너지의 최소치에 위치한다.**
- 각 단계는 각각 고유한 $\Delta H°$와 E_a이 있다.
- 출발물과 생성물의 전체 에너지 차이는 $\mathbf{\Delta H°_{전체}}$로 표시되며, 이 예의 두 단계 반응 생성물은 출발물보다 에너지가 더 낮다.
- 단계 [1]의 전이 상태 에너지가 더 높으므로 단계 [1]이 **속도 결정 단계(rate-determining step)**이다.

문제 6.18 다음의 에너지 도표를 보고 답하라.

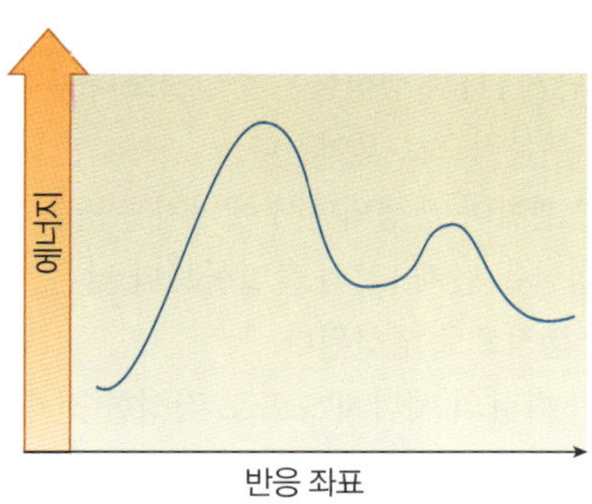

a. 이 반응은 몇 단계 반응인가?
b. 각각의 단계에 대해 $\Delta H°$, E_a를 표시하고, $\Delta H°_{전체}$도 나타내라.
c. 각각의 전이 상태를 표시하라.
d. 어느 지점이 반응 중간체에 해당하는가?
e. 어느 단계가 속도 결정 단계인가?
f. 전체 반응은 흡열인가 발열인가?

문제 6.19 상대적인 에너지 크기가 **C** < **A** < **B**이고, **B** → **C** 단계가 속도 결정 단계인 두 단계 반응 **A** → **B** → **C**에 대한 에너지 도표를 그려라.

6.9 반응 속도론

이제 **반응 속도(reaction rate)**, 즉 특정 반응이 얼마나 빠르게 진행되는가에 대해 좀 더 자세히 논의해 보자. **이러한 연구 분야를 반응 속도론(*kinetics*)이라고 부른다.**

화학 반응의 속도는 우리 생활의 많은 분야에 영향을 미친다. 아스피린은 프로스타글란딘의 합성을 빠르게 억제하는(19.5절) 효과적인 소염제이다. DDT (7.4절)는 대기 중의 물, 산소, 또는 접촉하는 다른 화학 물질과 반응하지 않기 때문에 환경오염 물질로 잔류한다. 이 모든 과정은 서로 다른 반응 속도 때문에, 때론 유익하거나 때론 해로운 결과를 초래한다.

어떤 반응은 평형 상수(K_{eq} >> 1)가 매우 유리하나 반응 속도는 매우 느리다. 반응을 개시하는 에너지를 주는 점화가 없으면 O_2와의 반응이 느리기 때문에 가솔린은 공기 중에서 안전하게 다룰 수 있다.
Moodboard/Getty Images

실제로 반응 속도에 대한 온도 효과를 부엌에서 이용하고 있다. 음식물을 차가운 냉장고에 보관하면 부패를 일으키는 반응이 느려진다.
Jill Braaten/McGraw Hill

6.9A 활성화 에너지

6.7절에서 공부한 바와 같이 활성화 에너지 E_a는 전이 상태와 반응물 간의 에너지 차이이다. 이 값은 반응물이 생성물로 변환되기 위해 넘어야 할 **에너지 장벽**이다.

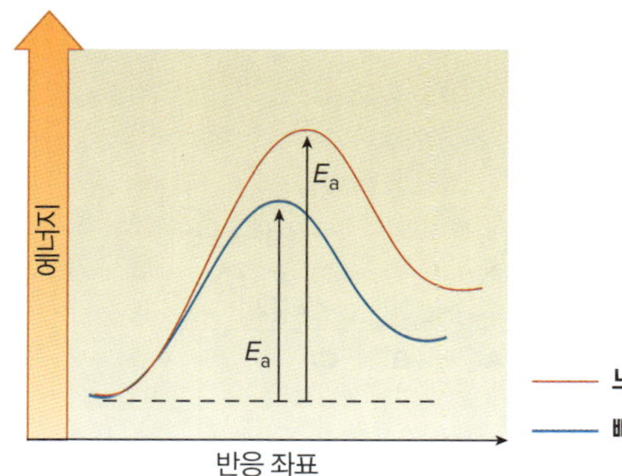

- E_a가 **커질수록** 반응이 더 **느려진다.**

농도와 온도도 반응 속도에 영향을 준다.

- 농도가 **진해지면** 반응 속도도 **빨라진다.** 농도가 증가하면 반응 분자 사이의 충돌 횟수가 증가하므로 반응 속도가 증가한다.

- 온도가 **높을수록** 반응 속도는 더 **빨라진다.** 온도가 증가하면 반응하는 분자의 평균 운동 에너지가 증가한다. 충돌하는 분자의 운동 에너지가 결합의 분해에 사용되므로, 평균 운동 에너지의 증가는 반응 속도의 증가를 유래한다.

경험에 근거한 규칙으로서 온도가 10 °C 상승할 때마다 반응 속도는 두 배 증가한다. 따라서 실험실에서는 반응 속도를 높여서 적절한 시간 내에 반응이 끝날 수 있게 가열을 한다. **반응에 관련된 어떠한 값들(reaction quantities)은 반응 속도와는 무관함**에 유의한다.

- $\Delta G°$, $\Delta H°$와 K_{eq}는 반응 속도에 영향을 주지 **않는다**. 이 수치들은 평형의 방향과 반응물과 생성물의 상대적 에너지를 나타낸다.

문제 6.20 어떤 값이 더 빠른 반응에 해당되는가? (a) E_a = 40 kJ/mol 또는 E_a = 4 kJ/mol; (b) 반응 온도 0°C 또는 반응 온도 25°C; (c) K_{eq} = 10 또는 K_{eq} = 100; (d) $\Delta H°$ = −10 kJ/mol 또는 $\Delta H°$ = 10 kJ/mol

문제 6.21 K_{eq} = 0.8과 E_a = 80 kJ/mol인 반응에 대한 다음 설명 중 옳은 서술을 고르고 틀린 서술은 적절히 고쳐라. 단 엔트로피는 고려하지 않는다. (a) 이 반응은 K_{eq} = 8과 E_a = 80 kJ/mol인 반응보다 빠르게 일어난다. (b) 이 반응은 K_{eq} = 0.8과 E_a = 40 kJ/mol인 반응보다 빠르게 일어난다. (c) 이 반응의 $\Delta G°$ 값은 양의 값이다. (d) 출발물은 생성물보다 에너지가 더 낮다. (e) 이 반응은 발열 반응이다.

6.9B 반응 속도식

화학 반응의 반응 속도는 시간에 따른 반응물 농도의 감소 또는 시간에 따른 생성물 농도의 증가를 측정함으로써 결정된다. **반응 속도 법칙(rate law**, 또는 **반응 속도식)**은 반응 속도와 반응물 농도의 관계를 보여주는 식이다. 반응 속도 법칙은 실험적으로 결정되며, 반응 메커니즘의 영향을 받는다.

반응 속도 법칙은 두 개의 중요한 항, 즉 ***k*로 표시되는 반응 속도 상수**와 **반응물의 농도**로 표현된다. 앞으로 알게 되겠지만 모든 반응물의 농도가 반응 속도식에 나타나지는 않는다.

반응 속도 = *k* [반응물]

k = 반응 속도 상수

반응 속도 상수 k와 활성화 에너지 E_a는 서로 역비례 관계에 있다. **E_a 값이 크면 k 값은 작아진다.**

반응 속도 상수 k는 반응의 기본 특성이다. k는 온도와 활성화 에너지가 반응 속도에 어떠한 영향을 주는지를 설명하는 복잡한 수학식으로 표현된다.

- **빠른** 반응은 반응 속도 상수가 **크다**.
- **느린** 반응은 반응 속도 상수가 **작다**.

어떤 농도가 반응 속도식에 나타나는지는 반응의 메커니즘에 좌우된다. 우리가 보게 될 유기 반응에서는,

- **한 단계** 반응 메커니즘의 반응 속도식은 **모든** 반응물의 농도 항을 포함한다.
- 다단계 반응에서의 반응 속도식은 **속도 결정 단계**에 관련되는 반응물의 농도 항**만**을 포함한다.

예를 들면, **A−B + C:$^-$**가 **A:$^-$ + B−C**를 생성하는 한 단계 반응에서는 두 반응물 모두 단계가 하나뿐인 메커니즘의 전이 상태에 관련된다. **두 반응물의 농도가 모두 반응 속도에 영향을 주므로** 둘 다 반응 속도식에 포함된다. 두 반응물이 관여하는 이러한 종류의 반응을 **이분자** 반응(**bimolecular** reaction)이라고 한다.

$$\text{A–B} + \text{C:}^- \longrightarrow \text{A:}^- + \text{B–C} \qquad \text{반응 속도} = k[\text{AB}][\text{C:}^-]$$

한 단계에 두 반응물이 모두 반응한다.
두 개의 반응물이 반응 속도를 결정한다.

지수의 합 = **2**

이차 반응식

반응 속도식의 차수는 반응 속도식에서 **농도 항의 지수를 합한 것과 같다**. **A−B + C:$^-$**의 협동 반응에 대한 반응 속도식에서는 지수가 각각 1인 두 개의 농도 항이 있다. 그러므로 지수의 합은

2이며 **반응 속도식은 이차(*second order*)이다**(반응은 이차 반응 속도식을 따른다).

반응 속도가 두 반응물의 농도에 의존하므로, **A−B** 또는 **C:**$^-$의 농도를 두 배로 증가시키면 반응 속도가 두 배 증가하게 된다. **A−B**와 **C:**$^-$의 농도를 **모두** 두 배로 증가시키면 반응 속도는 네 배 증가한다.

다단계 과정으로 **A−B + C:**$^-$가 **A:**$^-$ **+ B−C**를 생성하는 변환에서는 상황이 달라진다. 6.8절에서 소개한 반응 메커니즘은 **A−B** 결합이 끊어지는 느린 단계(**속도 결정** 단계)와 **B−C** 결합이 생성되는 빠른 단계의 두 단계로 이루어져 있다.

$$\text{A–B} \xrightarrow[\text{단계 [1]}]{} \text{A:}^- + \text{B}^+ \xrightarrow[\text{단계 [2]}]{\text{C:}^-} \text{B–C} \qquad \text{반응 속도} = k[\text{AB}]$$

속도 결정

단 하나의 농도 항

AB만 속도 결정 단계에 속해 있다.
반응 속도가 [AB]에 의해서만 결정된다.

일차 반응식

다단계 반응 메커니즘에서 전체 반응은 속도 결정 단계보다 더 빨라질 수 없다. **속도 결정 단계에 영향을 미치는 반응물의 농도만이 반응 속도식에 포함된다.** 이 예에서 **A−B**만이 속도 결정 단계에 나타나므로 반응 속도는 **A−B**의 농도에만 의존한다. 하나의 반응물만 포함하는 반응을 **일분자 반응**(**unimolecular** reaction)이라고 부른다. 하나의 농도 항만 존재하므로(지수는 일차) **반응 속도식은 일차이다**(반응은 일차 반응 속도식을 따른다).

반응 속도가 하나의 반응물의 농도에만 의존하므로, **A−B**의 농도를 두 배로 증가시키면 반응 속도는 두 배가 된다. 그러나 **C:**$^-$**의 농도를 두 배로 증가시키는 것은 반응 속도에 아무런 영향을 미치지 않는다.**

이런 결과는 당혹스러울 수 있다. **C:**$^-$가 반응에 포함되어 있는데, 왜 전체 반응 속도에 영향을 미치지 않을까?

다음과 같은 비유가 적합할 것이다. 학생 세 명이 학급 소풍을 위해 땅콩버터 젤리로 샌드위치를 20개 만들어야 한다고 가정해 본다. 학생 (1)은 빵에 버터를 바르고, 학생 (2)는 젤리를 올리고, 학생 (3)은 샌드위치를 반으로 자른다. 이때 젤리를 올리는 학생 (2)의 속도가 느리면, 학생 (1)과 학생 (3)의 속도가 아무리 빨라도 학생 (2)가 젤리를 올리는 속도 이상으로 더 빨리 샌드위치를 만들 수 없다. 땅콩버터를 바르는 학생을 다섯 명 더 추가하거나 다른 학생이 학생 (3)을 대신한다 해도 샌드위치를 만드는 속도를 더 빠르게 할 수는 없다. 샌드위치를 만드는 속도는 전적으로 속도 결정 단계, 즉 젤리를 올리는 속도에 좌우된다.

반응 속도식은 반응 메커니즘에 대한 매우 중요한 정보를 제공한다. 반응 메커니즘이 알려져 있지 않은 새로운 반응에 대한 반응 속도 법칙은 농도에 따라 반응 속도가 어떻게 변하는지 측정하는 일련의 실험으로 결정한다. 그런 다음 어떤 반응물이 반응 속도에 영향을 주는가에 근거하여 반응 메커니즘을 추정한다.

문제 6.22 CH_3CH_2Br과 ^-OH와의 반응에 대한 속도식은 반응 속도 = $k[CH_3CH_2Br][^-OH]$이다. 농도를 다음과 같이 바꾸면 전체 반응 속도에 어떠한 영향을 주겠는가?

a. CH_3CH_2Br의 농도만 세 배로 증가시켰을 때
b. ^-OH의 농도만 세 배로 증가시켰을 때
c. CH_3CH_2Br과 ^-OH의 농도를 동시에 세 배로 증가시켰을 때

문제 6.23 주어진 메커니즘을 바탕으로 각 반응의 반응 속도식을 완성하라.

a. (skeletal)Br + ^-OH ⟶ (skeletal alkene) + H_2O + Br^-

b. (Br 치환 화합물) —느림→ (탄소 양이온) + Br^- —^-OH, 빠름→ (알켄) + H_2O

문제 6.24 각 서술이 참 또는 거짓인지를 표시하라. 거짓인 서술이 있다면 참으로 고쳐라.

a. 반응이 빠르면 속도 상수가 크다.

b. 빠른 반응은 $\Delta G°$ 값이 큰 음수이다.

c. E_a가 크다면, 속도 상수 k도 크다.

d. 빠른 반응은 평형 상수 > 1이다.

e. 반응물의 농도를 증가시키면 항상 반응 속도가 증가한다.

6.10 촉매

어떤 반응은 **촉매(catalyst)**가 첨가되지 않으면 적절한 시간 내에 반응이 일어나지 않는다.

- **촉매**는 반응 속도를 증가시키는 물질이다. 촉매는 반응에서 변화되지 않고 회수되며, 생성물에 포함되지 않는다.

일반적인 유기 반응 촉매는 **산**과 **금속**이다. 두 가지 예를 보여주고 있으며, 촉매를 붉은색으로 표기하였다.

아세트산 + 에탄올 —H_2SO_4→ 아세트산 에틸 + H_2O

사이클로헥센 + H_2 —Pd→ 사이클로헥세인

아세트산과 에탄올이 반응하여 아세트산 에틸과 물을 생성하는 반응은 산 촉매의 존재하에서 진행된다. 산 촉매가 출발물이거나 생성물이 아니라는 것을 강조하기 위하여 화살표의 아래쪽 또는 위쪽에 기입한다. 20장에서 이 반응의 세부 사항에 대하여 추가로 설명한다.

사이클로헥센이 수소와 반응하여 사이클로헥세인을 생성하는 반응은 팔라듐, 백금 또는 니켈과 같은 금속 촉매의 존재하에서만 진행된다. 금속은 사이클로헥센과 수소가 동시에 결합할 수 있는 표면을 제공하여 반응이 촉진된다. 12장에서 이 반응의 메커니즘을 다시 살펴볼 것이다.

촉매는 활성화 에너지를 낮춤으로써 반응을 촉진시킨다(그림 6.6). 촉매는 평형 상수에는 영향을 주지 않는다. 따라서 평형에서 반응물 및 생성물의 양은 변함이 없다. 이와 같이 촉매는 평형이 어떻게 **빠르게** 이루어지는지에 영향을 주며, 평형 상태에서 반응물과 생성물의 상대적 양에는 영향을 주지 않는다. 만일 반응 과정의 한 단계에서 촉매가 사용되었다면, 다른 단계에서 재생되어야 한다.

그림 6.6
반응에 대한 촉매의 영향

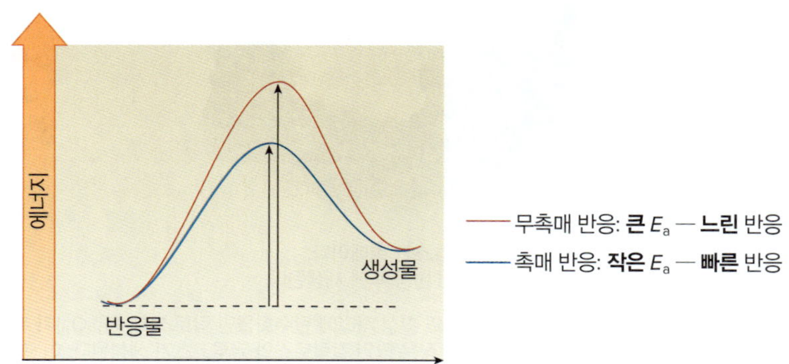

- 촉매는 활성화 에너지를 **낮추어 준다**. 따라서 **반응 속도를 증가시킨다**.
- 촉매 반응과 무촉매 반응의 반응물과 생성물의 에너지는 동일하다. 따라서 **평형의 위치는 동일하다**.

문제 6.25 각각의 반응에서 촉매를 지적하라.

a. $CH_2{=}CH_2 \xrightarrow[H_2SO_4]{H_2O} CH_3CH_2OH$ b. $CH_3Cl \xrightarrow[^-OH]{I^-} CH_3OH + Cl^-$

6.11 효소

생명체 내에서 생체 분자를 합성하고 분해하는 촉매는 산과 금속이 유기 반응에서 관여하는 것과 동일한 원리로 작용한다. 생명체 내의 촉매는 일반적으로 단백질 분자이며 **효소(enzyme)**라고 부른다.

- **효소**는 매우 특별한 삼차원 구조를 이룬 아미노산들로 구성된 생화학 촉매이다.

효소는 **활성 자리(active site)**라 부르는 영역과 이에 결합하는 유기 반응물인 **기질**로 구성된다. 이들이 서로 결합한 단위체를 **효소-기질 복합체(enzyme-substrate complex)**라 부르는데, 그림 6.7은 유당 분해 효소(lactase)가 우유에 들어 있는 주요 탄수화물인 락토스(lactose, 유당)와 복합체를 생성하는 과정을 보여주고 있다. 유기 기질이 일단 부착되면 매우 특이적 반응이 빠른 속도로 진행된다. 이 예에서 락토스는 더 간단한 두 개의 당인 글루코스와 갈락토스로 바뀐다. 적정량의 유당 분해 효소가 결핍된 사람의 경우 락토스를 소화할 수 없어 복통과 설사를 일으킨다.

그림 6.7
효소 작용의 개략적 표현

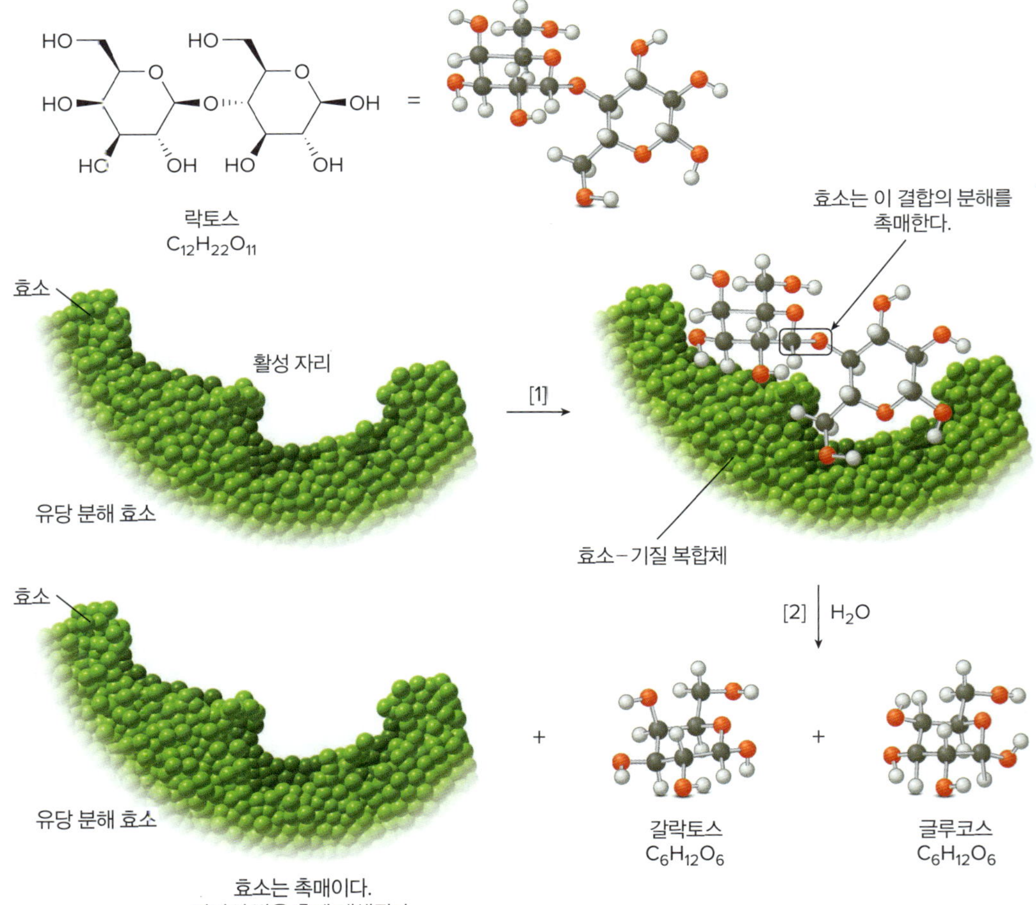

- 단계 [1]에서 유당 분해 효소의 활성 자리에 탄수화물인 락토스($C_{12}H_{22}O_{11}$)가 부착된다. 단계 [2]에서 락토스가 물과 반응하여 결합이 끊어지면 두 개의 더 작은 당인 갈락토스와 글루코스가 생성된다. 이 과정이 우유 속 주요 당인 락토스의 첫 소화 단계이다.

효소는 다양한 방식으로 생물학적 반응을 촉진한다. 효소는 반응물을 적절한 배열로 유지시켜 반응을 촉진하거나, 특정 변환에 필요한 산성 영역을 제공하기도 한다. 일단 반응이 완결되면, 효소는 기질을 방출하고 다시 다른 반응을 촉매화할 수 있게 된다.

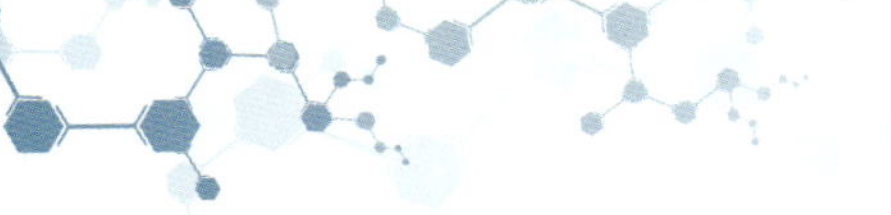

Chapter 06 복습

핵심 개념

[1] 반응의 종류(6.2)

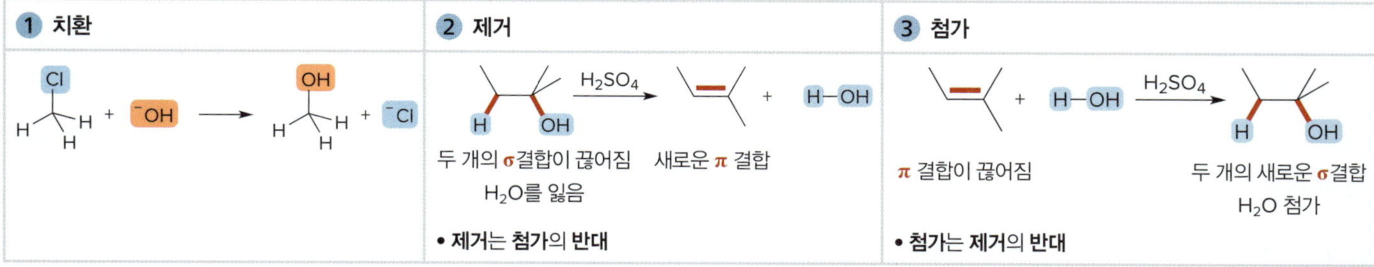

문제 6.27, 6.30b, 6.47e, 6.50e를 풀어보라.

[2] 에너지 경향

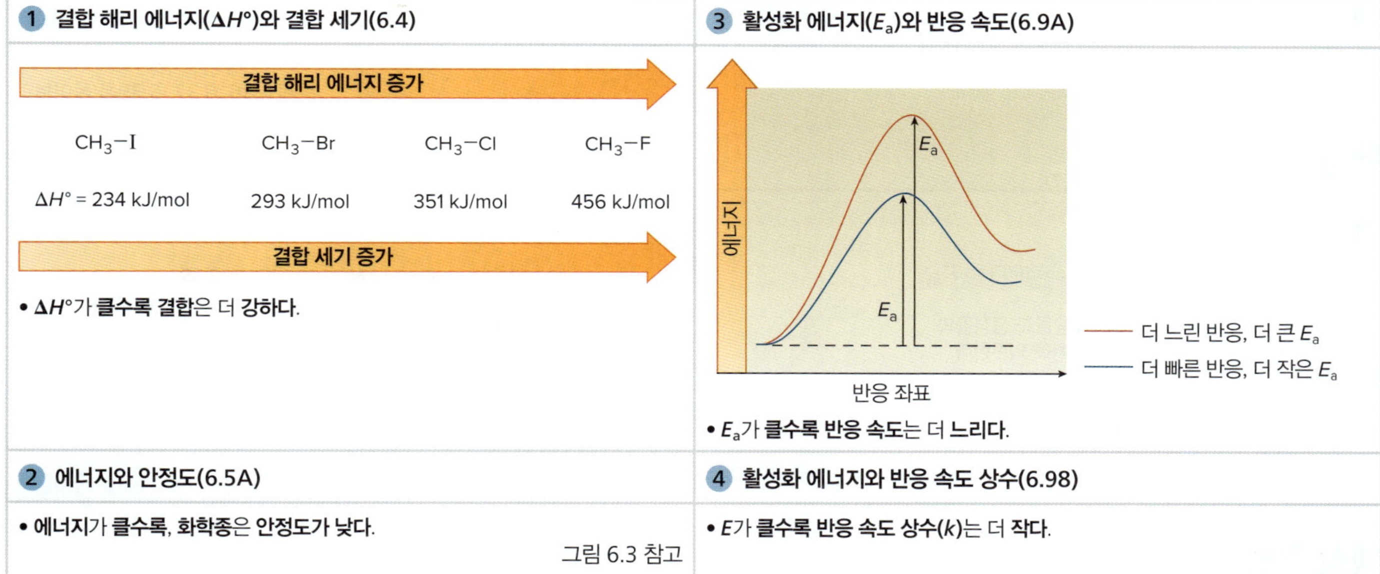

[3] 반응 중간체(6.3)

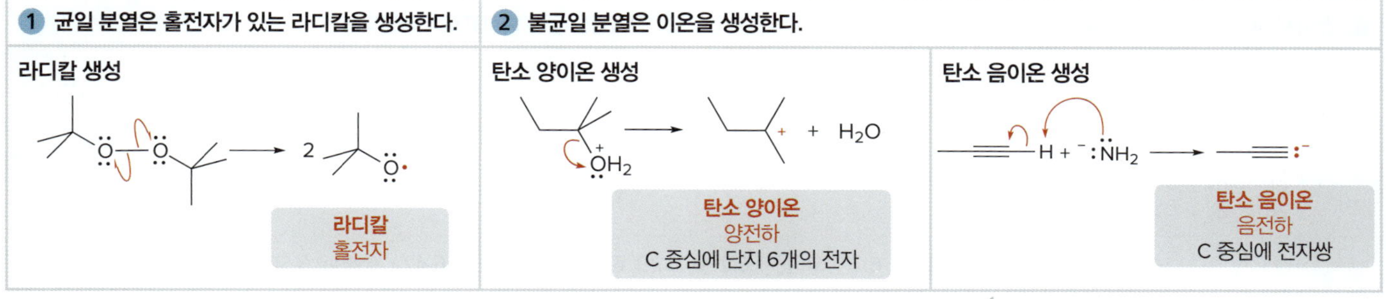

[4] 에너지 도표

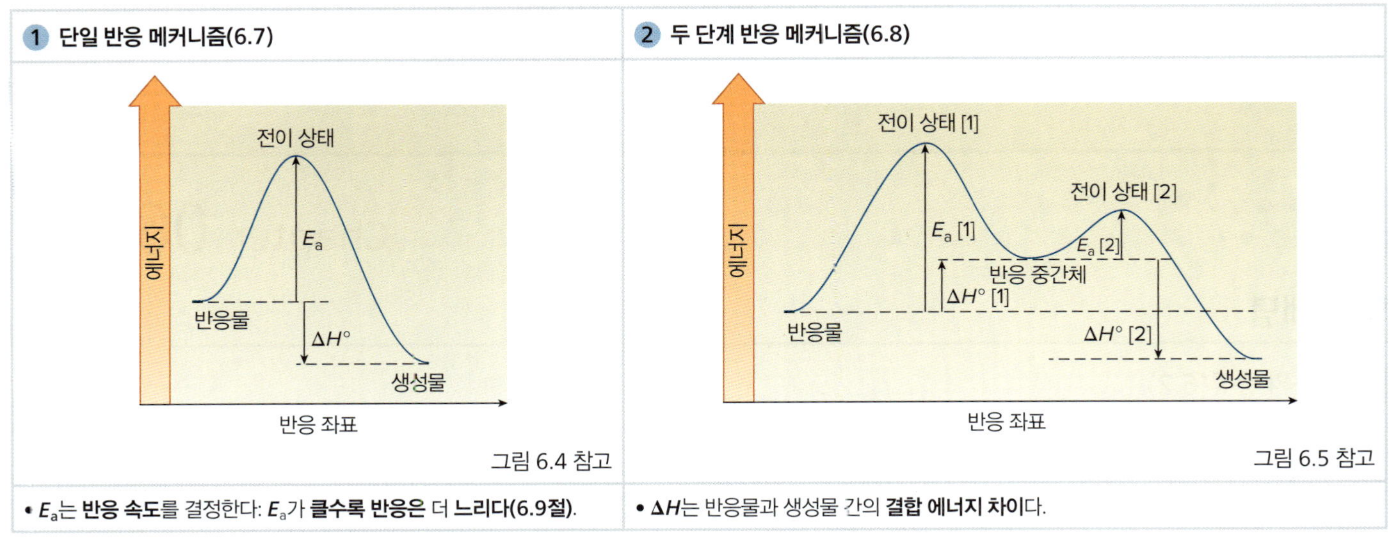

그림 6.4 참고 / 그림 6.5 참고

- E_a는 **반응 속도**를 결정한다: E_a가 **클수록 반응은** 더 **느리다(6.9절)**.
- **Δ*H***는 반응물과 생성물 간의 **결합 에너지 차이**다.

문제 6.41; 6.42c; 6.43; 6.44e; 6.57e, f를 풀어보라.

[5] 생성물 생성을 선호하는 반응 조건(6.5, 6.6)

1 $K_{eq} > 1$	• **평형**에서 **생성물**이 반응물보다 **더 많이** 존재한다.
2 $\Delta G° < 0$	• 생성물의 **자유 에너지**가 반응물의 자유 에너지보다 **더 작다**.
3 $\Delta H° < 0$	• 생성물의 결합이 반응물의 결합보다 **더 강하다**.
4 $\Delta S° > 0$	• 생성물들이 반응물보다 **더 무질서하다**. • 하나의 반응물이 두 가지 생성물을 만들면, 엔트로피가 증가한다.

문제 6.36, 6.37, 6.39를 풀어보라.

핵심 반응식

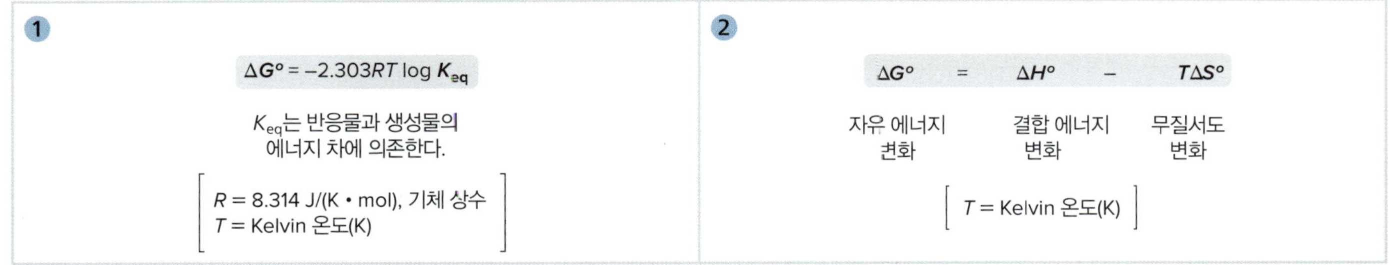

1

$$\Delta G° = -2.303RT \log K_{eq}$$

K_{eq}는 반응물과 생성물의 에너지 차에 의존한다.

[R = 8.314 J/(K • mol), 기체 상수
T = Kelvin 온도(K)]

2

$$\Delta G° = \Delta H° - T\Delta S°$$

자유 에너지 변화 / 결합 에너지 변화 / 무질서도 변화

[T = Kelvin 온도(K)]

문제 6.37, 6.38을 풀어보라.

핵심 기법

[1] 전자쌍의 이동을 보여 주기 위해서 굽은 화살표 사용하기(6.3D)

1 **끊어지거나 생성되는 모든 결합을 찾는다.**

2 **전자쌍을 굽은 화살표로 나타낸다.**

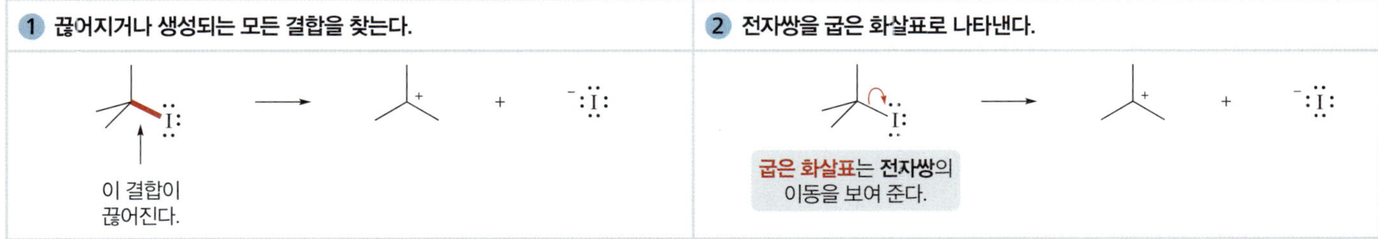

그림 6.2, 예제 6.1, 6.2 참고. 문제 6.28b, 6.29, 6.30a, 6.31, 6.32, 6.47a, 6.49a, 6.50a, 6.53a, 6.55a를 풀어보라.

[2] 단일 전자의 이동을 나타내기 위해서 반쪽머리 굽은 화살표 사용하기(6.38)

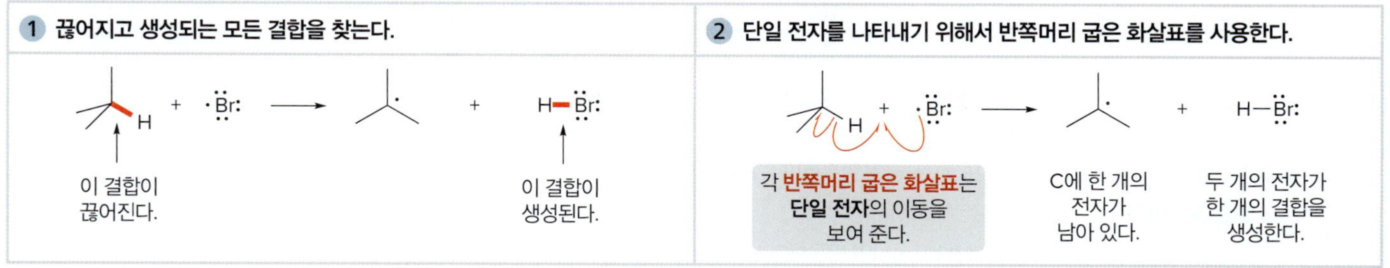

그림 6.2 참고. 문제 6.28a, 6.33, 6.42a를 풀어보라.

[3] 반응의 $\Delta H°$ 계산(6.4)

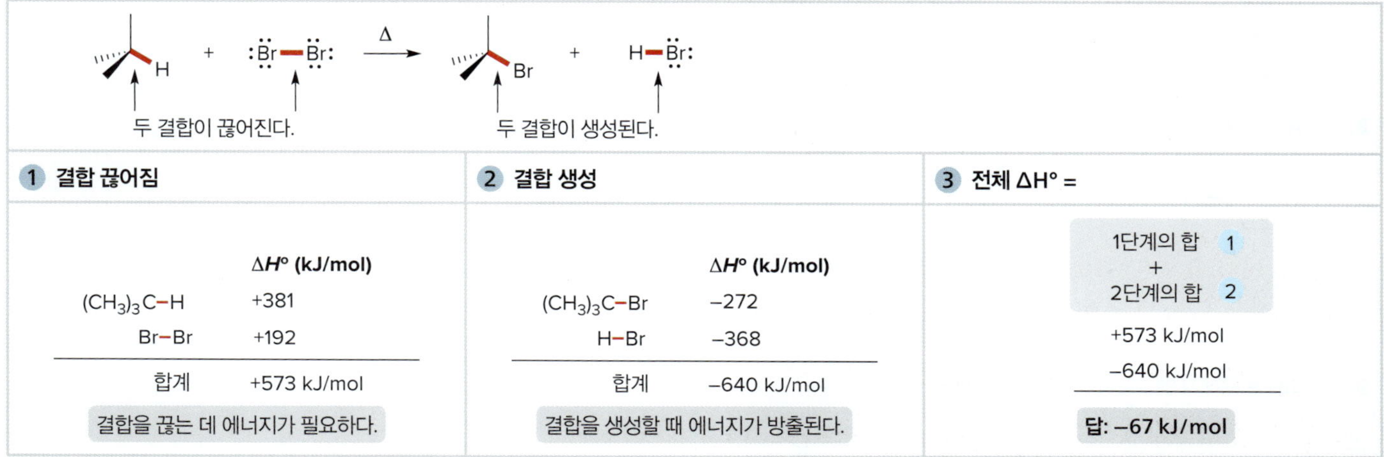

1 결합 끊어짐	$\Delta H°$ (kJ/mol)
$(CH_3)_3C{-}H$	+381
$Br{-}Br$	+192
합계	+573 kJ/mol

결합을 끊는 데 에너지가 필요하다.

2 결합 생성	$\Delta H°$ (kJ/mol)
$(CH_3)_3C{-}Br$	−272
$H{-}Br$	−368
합계	−640 kJ/mol

결합을 생성할 때 에너지가 방출된다.

3 전체 $\Delta H°$ =

1단계의 합 1 + 2단계의 합 2

+573 kJ/mol
−640 kJ/mol

답: −67 kJ/mol

표 6.2, 예제 6.3 참고. 문제 6.34, 6.42b를 풀어보라.

6장 선다형 자가–시험

자가–시험은 American Chemical Society 유기 화학 시험과 유사한 객관식 문제로 구성되어 있다. 정답은 장의 마지막 부분에 나와 있다.

1. 다음 반응을 (a) 첨가; (b) 제거; (c) 치환; (d) Brønsted-Lowry 산–염기 반응으로 분류하라.

Br

2. 굽은 화살표를 사용하여 반응의 생성물이 무엇인지를 확인하라.

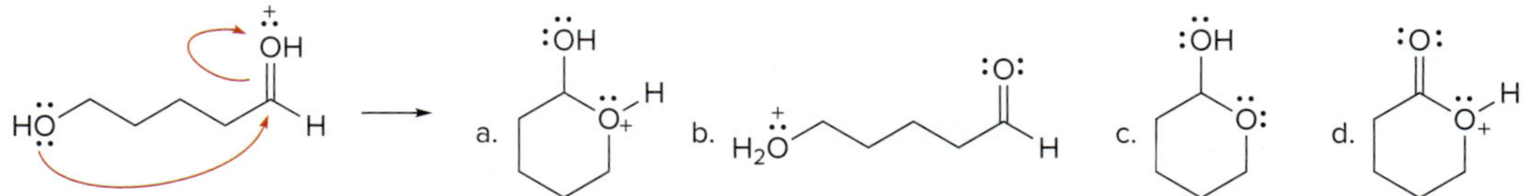

3. 표시된 결합 중에서 결합 해리 에너지가 가장 큰 것은 무엇인가?

a. b. c. d.

4. 엔트로피를 무시하고, $\Delta H° = +25$ kJ/mol인 반응에 대하여 말할 수 있는 것은 무엇인가?

a. 출발물의 결합이 생성물의 결합보다 더 강하다.

b. $K_{eq} > 1$.

c. 발열 반응이다.

d. $\Delta G°$는 음수이다.

5. 다음 반응의 전이 상태에서 몇 개의 결합이 깨지거나 생성되는가?

(cyclohexyl)–$\ddot{\text{Br}}$: + $^{-}$:$\ddot{\text{O}}$H ⟶ (cyclohexene) + :$\ddot{\text{Br}}$:$^{-}$ + $H_2\ddot{O}$:

a. 한 개 c. 세 개
b. 두 개 d. 네 개

6. $K_{eq} = 0.15$이고 $E_a = +25$ kJ/mol인 반응에 대하여 말할 수 있는 것은 무엇인가?
a. 출발물은 에너지가 생성물보다 더 높다.
b. 이 반응은 $K_{eq} = 1.3$이고 $E_a = +25$ kJ/mol인 반응보다 느리다.
c. $\Delta G°$는 음수이다.
d. 이 반응은 $K_{eq} = 0.15$이고 $E_a = +10$ kJ/mol인 반응보다 느리다.

7. 어떤 반응의 속도식이 속도 = k[**X**][**Y**]이면, 어느 서술이 맞지 않는가?
a. 속도론적으로 이차 반응이다.
b. **X**와 **Y**는 둘 다 유일한 단계 또는 속도 결정 단계에서 나타난다.
c. [**X**]와 [**Y**]를 두 배로 늘리면 속도가 두 배로 빨라진다.
d. **X**나 **Y**의 농도를 아무거나 바꾸면 속도가 변한다.

8. **A**에서 표시된 결합이 비균일 분해하면 무슨 생성물이 생기는가?

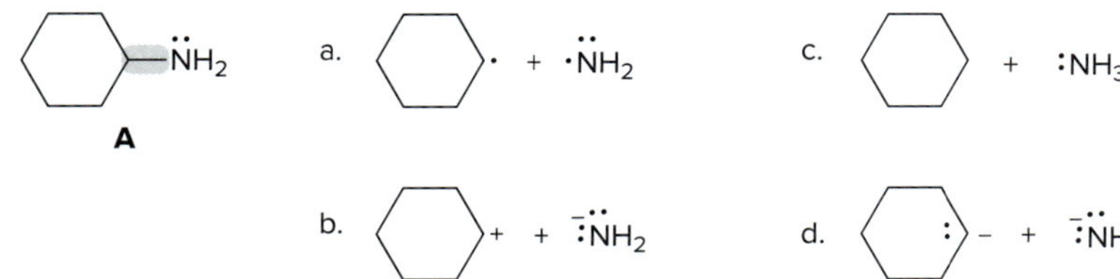

9. 어느 반응에서 엔트로피가 생성물을 선호하는가?

[1] Br ⟶ + HBr [2] H, O, OH ⟶ OH, O [3] 2 · ⟶

a. 반응 [1]만
b. 반응 [1]과 [3]
c. 반응 [2]와 [3]
d. 엔트로피는 [1], [2]와 [3]에서 반응물을 선호한다.

10. **A**에서 굽은 화살표를 따라가면 무슨 음이온이 생기는가?

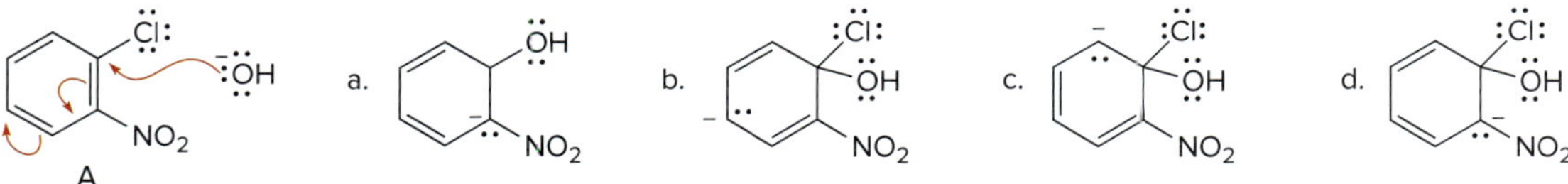

문제

삼차원 모형을 이용하는 문제

6.26 결합 (a)의 결합 해리 에너지가 결합 (b)의 그것보다 작은 이유를 설명하라.

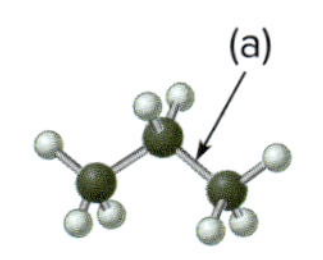

$\Delta H° = 356$ kJ/mol

(b)
$\Delta H° = 385$ kJ/mol

반응의 종류

6.27 각 반응을 치환, 제거 혹은 첨가로 분류하라.

a. (CH_3OH, HCl)

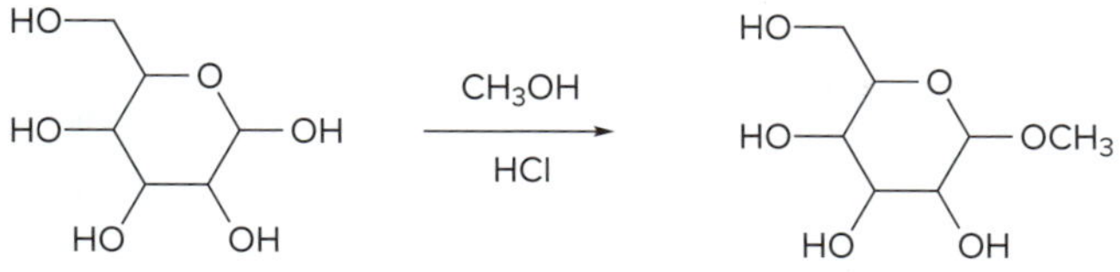

b. ([1] CH_3MgBr, [2] H_2O)

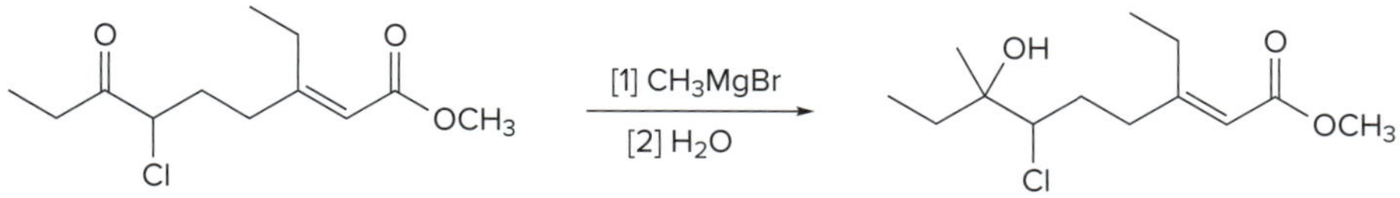

굽은 화살표

6.28 양쪽머리 굽은 화살표 또는 반쪽머리 굽은 화살표를 사용하여 각 반응에서 전자쌍의 이동을 표시하라.

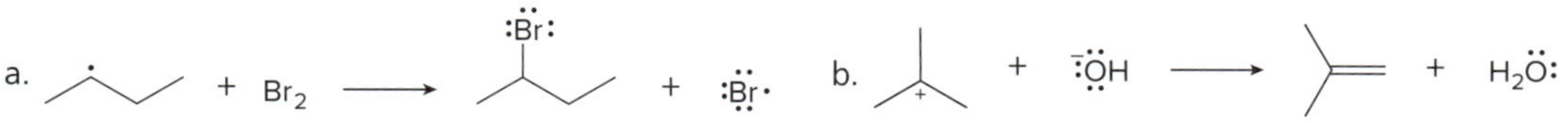

a. + Br_2 ⟶ + :Br· b. + :OH ⟶ + H_2O:

6.29 굽은 화살표를 따라가면서 각 반응의 생성물을 그려라.

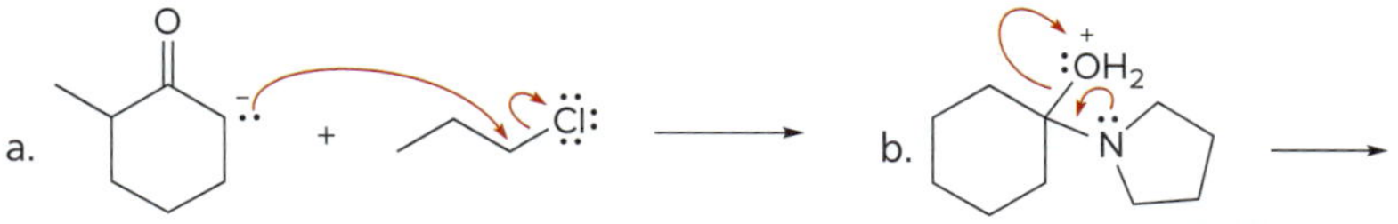

a. b.

6.30 (a) **A**가 에폭시 케톤 **C**로 어떻게 바뀌는지 보여주는 굽은 화살표를 각 단계에 덧붙여라. (b) **A**가 **C**로 바뀌는 반응을 치환, 제거 혹은 첨가로 분류하라. (C) **B**의 공명 구조 한 개를 더 그려라.

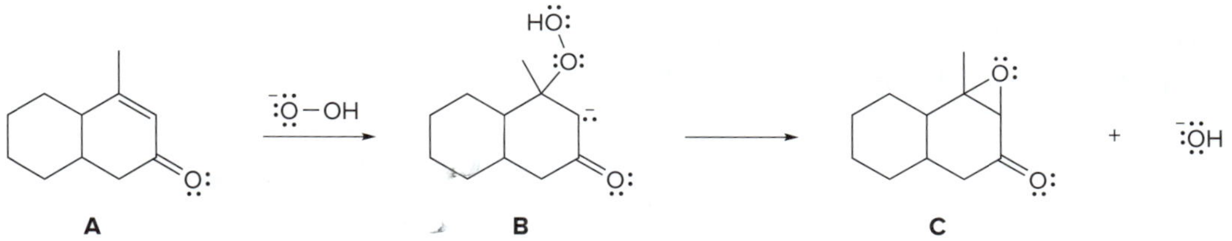

A ⟶ (:O–OH) **B** ⟶ **C** + :OH

6.31 (a) 단계 [1]에서 **A**가 어떻게 **B**로 변환되는지 굽은 화살표를 사용하여 나타내라. (b) 단계 [2]에 그려진 굽은 화살표를 참조하여 **X**의 구조를 밝혀라.

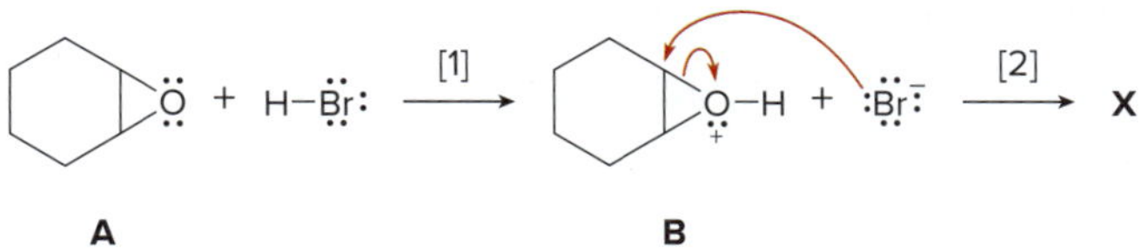

A + H–Br: ⟶[1] **B** + :Br: ⟶[2] **X**

6.32 다음 일련의 반응의 각 단계에 굽은 화살표를 그려 넣어라.

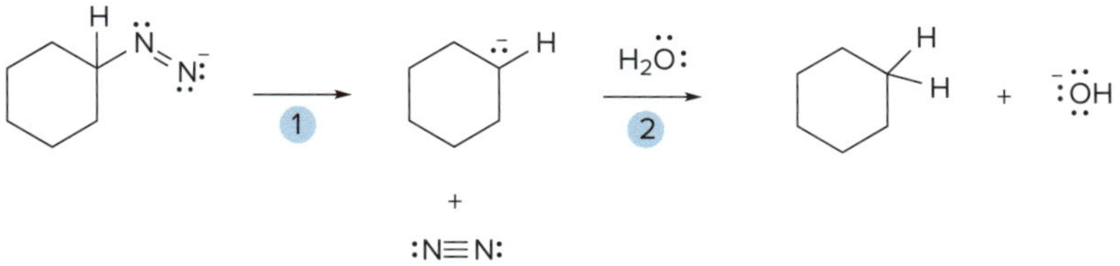

⟶ 1 + :N≡N: ⟶ (H_2O:) 2 + :OH

6.33 $PGF_{2\alpha}$ (19.5절에서 다루는 리피드)는 다단계 라디칼 반응을 촉매화하는 사이클로산소첨가 효소(cyclooxygenase)에 의해 세포 내에서 합성된다. 아래의 식에 과정의 두 단계가 나와 있다. (a) 단계 [1]에서 **C**가 어떻게 **D**로 변하는지 굽은 화살표로 그려라. (b) 화합물 **D**에 그려진 화살표를 이용하여, 단계 [2]의 생성물인 **Y**의 구조를 밝혀라.

C —[1]→ D —[2]→ Y —→ $PGF_{2\alpha}$

결합 해리 에너지와 $\Delta H°$의 계산

6.34 각 반응의 $\Delta H°$를 계산하라.

a. $HO\cdot + CH_4 \longrightarrow \cdot CH_3 + H_2O$ b. $CH_3OH + HBr \longrightarrow CH_3Br + H_2O$

6.35 프로펜(propene)의 표시된 C–H 결합이 균일 분해되면 공명 안정화 라디칼을 생성한다.

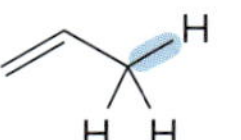

propene

a. 이 라디칼의 두 가지 가능한 공명 구조를 그려라.

b. 하나의 공명 구조가 어떻게 다른 구조로 변환되는지 반쪽머리 굽은 화살표를 사용하여 나타내라.

c. 공명 혼성체의 구조를 그려라.

열역학, $\Delta G°$ $\Delta H°$ $\Delta S°$ 및 K_{eq}

6.36 주어진 값을 보고, 출발물과 생성물 중 어느 쪽이 평형에서 우세할지 밝혀라.

a. $K_{eq} = 0.5$
b. $\Delta G° = -100$ kJ/mol
c. $\Delta H° = 8.0$ kJ/mol
d. $K_{eq} = 16$
e. $\Delta G° = 2.0$ kJ/mol
f. $\Delta H° = 200$ kJ/mol
g. $\Delta S° = 8$ J/(K • mol)
h. $\Delta S° = -8$ J/(K • mol)

6.37 a. $K_{eq} = 10^{-2}$ 또는 $K_{eq} = 10^{2}$ 중 어느 값이 음수의 $\Delta G°$에 해당하는가?

b. 평형에서 출발물이 생성물보다 다섯 배 많은 단일 분자 반응에서 K_{eq} 값은 얼마인가? $\Delta G°$는 음수인가 양수인가?

c. $\Delta G° = -8$ kJ/mol 또는 $\Delta G° = 20$ kJ/mol 중 K_{eq} 값이 더 큰 것은 어느 것인가?

6.38 4장에서 배웠듯이, 단일 치환 사이클로헥세인은 치환기가 수직 방향 또는 수평 방향에 있는 두 형태의 평형 혼합물로 존재한다. R = CH_2CH_3일 때, 이 과정의 K_{eq}는 23이다. R = $C(CH_3)_3$이면, 이 과정의 K_{eq}는 4000이다.

R (수직 방향) ⇌ R (수평 방향)

a. R = CH_2CH_3일 때, 어느 쪽 형태가 더 높은 농도로 존재하는가?

b. 어떤 R이 평형에서 수평 방향 형태의 백분율이 더 높은가?

c. 어떤 R이 평형에서 수직 방향 형태의 백분율이 더 높은가?

d. $\Delta G°$ 값이 더 음수인 R은 무엇인가?

e. R의 크기는 평형에서 수직 방향과 수평 방향 형태의 양과 어떤 연관이 있는가?

6.39 다음 반응 중에서 $\Delta S°$가 양수인 것은 어느 것인가?

a.

b. + H_2O ⟶ + CH_3OH

에너지 도표와 전이 상태

6.40 각 반응의 전이 상태를 그려라.

a. + $^-NH_2$ ⟶ + NH_3 b. + H_2O ⟶ + H_3O^+

6.41 각 반응의 에너지 도표를 그려라. 좌표축과 출발물, 생성물, 전이 상태, $\Delta H°$, 그리고 E_a를 표시하라.

a. $\Delta H° = -80$ kJ/mol이고, $E_a = 16$ kJ/mol인 협동 반응

b. 화합물의 상대적인 에너지는 **A** < **C** < **B**이고, **A** → **B** 단계가 속도 결정 단계인 두 단계 **A** → **B** → **C** 반응

6.42 반응 $CH_4 + Cl\cdot \rightarrow \cdot CH_3 + HCl$을 고려하자.

a. 이 라디칼 반응에서 전자의 이동을 굽은 화살표로 나타내라.

b. 표 6.2의 결합 해리 에너지를 사용하여 $\Delta H°$를 계산하라.

c. E_a = 16 kJ/mol로 가정하여 에너지 도표를 그려라.

d. 역반응($\cdot CH_3 + HCl \rightarrow CH_4 + Cl\cdot$)의 E_a는 얼마인가?

6.43 A → G 변환에 관한 다음 에너지 도표를 고려하자.

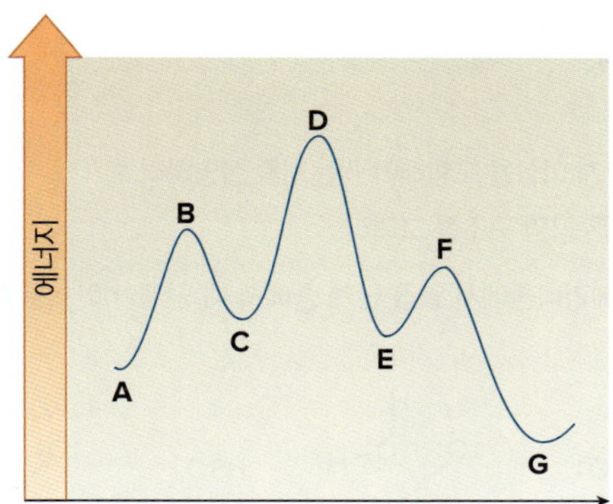

a. 도표에서 전이 상태에 해당되는 점은 어디인가?

b. 반응 중간체에 해당되는 점은 어디인가?

c. 이 반응 메커니즘은 몇 단계인가?

d. 메커니즘의 각 단계를 발열 또는 흡열로 표시하라.

e. 전체 반응은 발열인가 흡열인가?

6.44 다음 두 단계 반응을 고려하자.

[1] [2]

a. 단계 [1]에서 끊어지고 생성된 결합의 수는 몇 개인가? 단계 [1]의 $\Delta H°$은 양인가? 음인가?

b. 단계 [2]에서 끊어지고 생성된 결합의 수는 몇 개인가? 단계 [2]의 $\Delta H°$은 양인가? 음인가?

c. 어느 단계가 속도 결정 단계인가?

d. 메커니즘의 두 단계에서 전이 상태의 구조를 그려라.

e. 이 두-단계 반응의 $\Delta H°_{전체}$가 음수일 때, (a)-(d)에 있는 정보를 모두 포함하는 에너지 도표를 그려라.

반응 속도론과 반응 속도 법칙

6.45 반응 속도에 영향을 주는 요인을 골라라.

a. $\Delta G°$

b. $\Delta H°$

c. E_a

d. 온도

e. 농도

f. K_{eq}

g. k

h. 촉매

6.46 이분자 협동 반응 $CH_3Br + NaCN \rightarrow CH_3CN + NaBr$에 대해,

a. 이 반응의 반응 속도식을 쓰라.

b. $[CH_3Br]$이 두 배가 될 때 반응 속도의 변화는 어떠한가?

c. [NaCN]이 반이 될 때 반응 속도의 변화는 어떠한가?

d. $[CH_3Br]$과 [NaCN]이 모두 다섯 배로 증가하면 반응 속도에 무슨 일이 생기는가?

6.47 염화 아세틸(acetyl chloride)이 아세트산 메틸(methyl acetate)로 변환되는 반응은 다음 두 단계 메커니즘으로 진행된다.

acetyl chloride + $^{-}OCH_3$ —[1] 느림→ —[2] 빠름→ methyl acetate + Cl^-

a. 각 단계의 전자 이동을 굽은 화살표로 표시하라.

b. 첫 단계를 속도 결정 단계로 가정하여 이 반응의 반응 속도식을 쓰라.

c. $^{-}OCH_3$의 농도가 열 배 증가된다면, 이 반응의 속도는 어떻게 되겠는가?

d. CH_3COCl과 $^{-}OCH_3$의 농도가 열 배 증가된다면, 반응의 속도는 어떻게 되겠는가?

e. 염화 아세틸이 아세트산 메틸로 변환되는 반응은 첨가, 제거, 또는 치환 중 어떤 반응인가?

개념 통합 문제

6.48 할로젠화 알킬 **A**가 에터 **B**로 변환되는 다음 반응을 고려하자.

A + CH_3OH → B + HBr

a. 이 반응은 치환, 제거, 첨가 중에서 어떤 반응인가?

b. 반응 속도는 **A**의 농도에만 의존한다. 이 반응의 속도식을 쓰고 왜 반응 메커니즘이 두 단계 이상을 포함해야 하는지를 설명하라.

c. **A**의 극성 결합이 비균일 분해되면 공명 안정화 중간체가 생긴다. 이 중간체의 가능한 모든 공명 구조를 그려라.

6.49 18장에서 아세탈이 알데하이드와 케톤으로 가수분해되는 반응을 배울 것이다. 이 반응의 메커니즘에서 일곱 단계 중에서 네 단계가 아세탈 **A**가 헤미아세탈 **E**로 변환되는 반응이다.

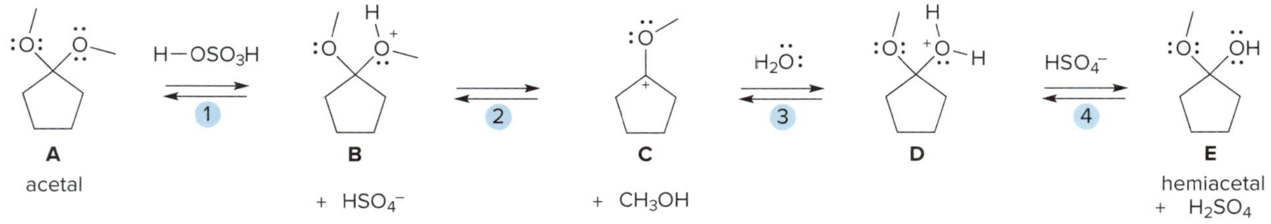

A (acetal) —[1] $H{-}OSO_3H$→ B + HSO_4^- —[2]→ C + CH_3OH —[3] $H_2\ddot{O}$:→ D —[4] HSO_4^-→ E (hemiacetal) + H_2SO_4

a. 각 단계를 굽은 화살표로 그려라.

b. **C**의 다른 공명 구조를 그려라.

c. 단계 [3]에서 친핵체와 친전자체를 확인하라.

d. 어느 단계가 Brønsted-Lowry 산–염기 반응인가?

6.50 **A**와 같은 1,3-다이엔과 **B**와 같은 알켄이 반응하면 육원자 고리 **C**를 생성하는, 14장에서 논의할 강력한 반응인 Diels-Alder 반응이 일어난다.

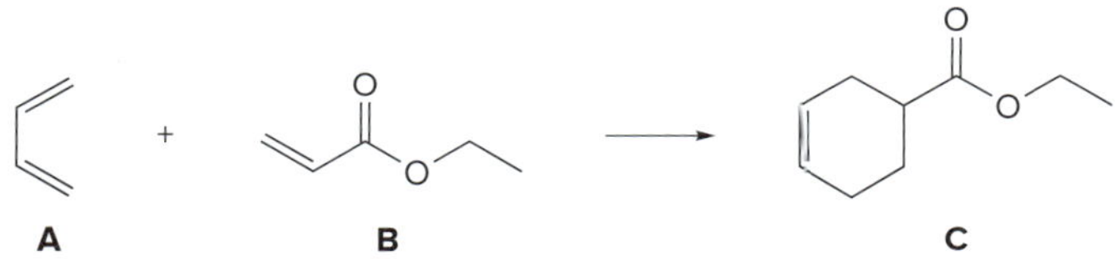

A + B → C

a. **A**와 **B**가 반응하여 **C**가 생기는 과정을 보여주는 굽은 화살표를 그려라.

b. 이 반응에서는 어떤 결합이 절단되고 어떤 결합이 생성되는가?

c. 이 반응은 흡열일까 발열일까?

d. 엔트로피는 반응물과 생성물 중 어느 쪽에 유리할까?

e. Diels-Alder 반응은 치환, 제거, 첨가 중 어떤 반응일까?

6.51 $(CH_3)_3CI$를 $(CH_3)_2C{=}CH_2$로 변환시키는 반응은 반응식 [1]과 [2]가 보이듯이, 한 단계 또는 두 단계 반응으로 일어날 수 있다.

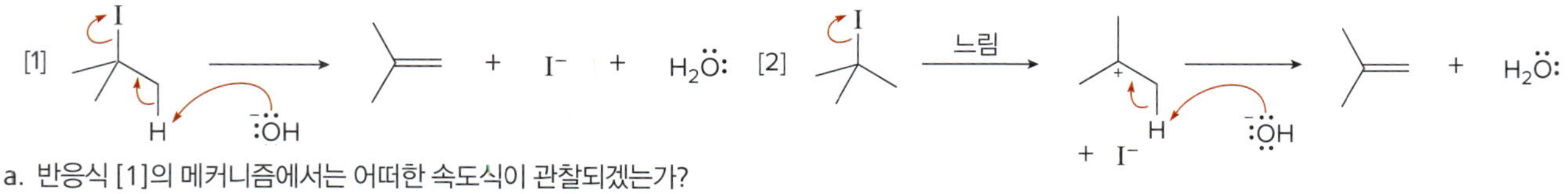

[1] $(CH_3)_3CI$ + $^-$:ÖH → $(CH_3)_2C{=}CH_2$ + I^- + $H_2\ddot{O}$:

[2] $(CH_3)_3CI$ —느림→ $(CH_3)_3C^+$ + I^-; $(CH_3)_3C^+$ + $^-$:ÖH → $(CH_3)_2C{=}CH_2$ + $H_2\ddot{O}$:

a. 반응식 [1]의 메커니즘에서는 어떠한 속도식이 관찰되겠는가?

b. 반응식 [2]의 메커니즘에서는 어떠한 속도식이 관찰되겠는가?

c. 각 반응 속도식의 차수를 말하라(일차, 이차 등등).

d. 어느 메커니즘이 옳은지 판단하는 데 이 반응 속도식을 어떻게 이용할 수 있을지 설명하라.

e. 식 [1]의 반응이 흡열이라고 가정하고 반응의 에너지 도표를 그려라. 좌표와 반응물, 생성물, $\Delta H°$, E_a를 표시하고 전이 상태의 구조를 그려라.

f. 식 [2]의 반응이 흡열 반응이고 속도 결정 단계의 생성물이 반응물이나 최종 생성물보다 더 에너지가 높다고 가정하고 이 두 단계 반응의 에너지 도표를 그려라. 좌표와 반응물, 생성물, $\Delta H°$, E_a를 표시하고 전이 상태의 구조를 그려라.

도전 문제

6.52 HC≡CH의 C−H 결합이 CH_3CH_3의 C−H 결합보다 결합 해리 에너지가 더 크지만, HC≡CH가 CH_3CH_3보다 더 산성인 이유를 설명하라.

6.53 굽은 화살표를 사용하면 복잡한 반응을 도시하는 데 편리하다.

a. 굽은 화살표를 이용하여 탄소 양이온 **A**가 어떻게 탄소 양이온 **B**로 바뀌는지 보여라. 새로 생성된 σ 결합을 모두 표시하라. 유사한 반응이 스테로이드 합성에 이용된 바 있다.

A **B**

b. 굽은 화살표를 따라서 생성물의 구조를 그려라. 이 반응은 25장에서 배울 [3,3] 시그마 결합 자리 옮김(sigmatropic rearrangement)의 한 예이다.

6.54 13.12절에서 공부하겠지만, 원하지 않는 라디칼 산화 반응이 일어나지 않도록 방지하는 화합물인 항산화제는 많은 것들이 페놀의 유도체들이다. 페놀은 벤젠 고리에 OH 작용기가 직접 결합하고 있는 화합물이다.

a. 페놀(phenol)의 O−H 결합을 분해하는 데 필요한 에너지(362 kJ/mol)는 에탄올(ethanol)의 O−H 결합을 분해하는 데 필요한 에너지(438 kJ/mol)보다 더 작다. 그 이유를 설명하라.

b. 페놀의 C−O 결합 길이가 에탄올의 C−O 결합 길이보다 짧은 이유는 무엇인가?

phenol ethanol

6.55 9장에서 탄소 양이온(6.3B절)은 가끔씩 수소 원자나 알킬기가 한 탄소 원자에서 이웃한 탄소 원자로 자리를 옮기는 반응이 일어난다는 것을 배울 것이다. 탄소 양이온 **A**가 탄소 양이온 **B**로 변환될 때처럼, 이러한 1,2-이동에서는 이동하는 기가 탄소 골격과 결합하고 있었던 전자 두 개와 함께 이동한다.

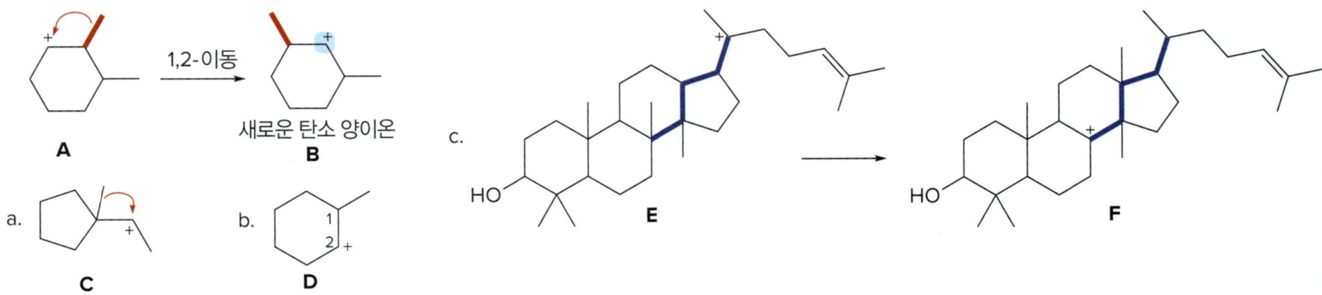

a. 굽은 화살표를 따라 가면서 탄소 양이온 **C**의 메틸기가 1,2-이동으로 생기는 생성물을 그려라.

b. 탄소 양이온 **D**에서 수소 원자가 C1에서 C2로 이동하였을 때 생성물을 그려라.

c. 콜레스테롤의 생합성 과정에서, 탄소 양이온 **E**는 수소 원자 혹은 메틸기의 네 번의 순차적 1,2-이동으로 탄소 양이온 **F**를 생성한다. 일어나는 네 번의 1,2-이동을 그려라(힌트: H 또는 CH_3기가 연결된 탄소 골격의 원자는 푸른색으로 강조 표시되어 있다).

자가−시험 해답

1. c 2. a 3. d 4. a 5. d 6. d 7. c 8. b 9. a 10. b

할로젠화 알킬과 친핵성 치환

Alkyl Halides and Nucleophilic Substitution

07

ORGANIC CHEMISTRY

Randy Faris/Corbis/Getty Images

부신에서 분비되는 호르몬인 **아드레날린**(또는 **에피네프린**)은 혈압과 심박을 올리고 허파 통로를 확장시킨다. 우리는 특히 힘들거나 어려운 활동을 할 때 '아드레날린 분출(rush of adrenaline)'이라는 말을 종종 사용한다. 아드레날린은 **친핵성 치환(nucleophilic substitution)**이라고 하는 간단한 유기 반응으로 신체에서 만들어진다. 7장에서는 친핵성 치환의 메커니즘과 아드레날린이 유기체에서 합성되는 방법에 대하여 배울 것이다.

왜 공부하는가? . . .

할로젠화 알킬이란?

7장은 C−Z σ 결합을 포함하는 화합물의 유기 반응을 심도 있게 공부하는 세 개 장의 첫 번째 장이다. 여기서 Z는 탄소보다 전기 음성도가 큰 원소이다. 7장에서는 **할로젠화 알킬(alkyl halide)**과 이 화합물의 특징적 반응의 하나이며 유용한 약물과 천연물 합성의 핵심 단계인 **친핵성 치환(nucleophilic substitution)**에 대해 배운다. 8장에서는 할로젠화 알킬의 두 번째 일반적인 반응인 **제거 반응(elimination)**을 고찰한다. 9장에서는 친핵성 치환과 제거 반응을 수행하는 다른 분자를 검토하면서 이 논의의 결론을 맺는다.

7.1 할로젠화 알킬의 소개

할로젠화 알킬의 일반적인 분자식은 $C_nH_{2n+1}X$으로, 알케인의 수소 원자가 할로젠 원자로 치환된다고 생각하면 된다.

할로젠화 알킬은 sp^3 혼성화된 탄소 원자에 할로젠 원자 X가 결합하고 있는 유기 분자이다. 할로젠화 알킬은 할로젠을 포함하는 탄소에 결합된 탄소의 개수에 따라 **일차(primary, 1°)**, **이차(secondary, 2°)** 또는 **삼차(tertiary, 3°)**로 분류된다. 할로젠화 알킬이 1°, 2° 또는 3°인지 아닌지는 할로젠화 알킬의 화학 반응의 과정을 결정하는 가장 중요한 인자이다.

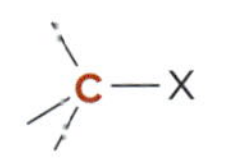

할로젠화 알킬
X = F, Cl, Br, I
C는 sp^3 혼성 탄소이다.

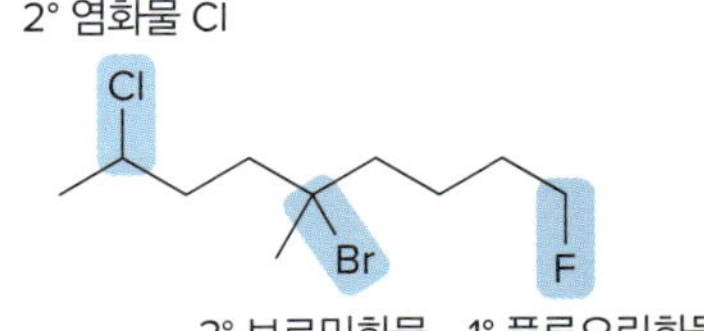

π 결합에 아주 가까이 할로젠 원자가 있는 유기 할로젠화물의 네 종류를 그림 7.1에 나타내었다. **할로젠화 바이닐(vinyl halide)**은 탄소−탄소 이중 결합에 결합된 할로젠 원자를 포함한다. **할로젠화 아릴(aryl halide)**은 벤젠 고리에 할로젠 원자가 결합하고 있다. 7.16절에서 논의하겠지만, sp^2 혼성 탄소에 바로 X가 결합한 유기 할로젠화물은 7장에서 보여주는 반응을 일으키지 않는다.

그림 7.1
π 결합에 근접한 X를 가지는 유기 할로젠화물(RX)의 네 가지 유형

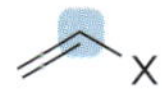

할로젠화 바이닐

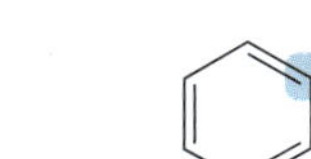

할로젠화 아릴

- X와 결합한 C는 sp^2 혼성 탄소이다.
- 이 유기화합물은 7장에서 다루는 반응을 **하지 않는다.**

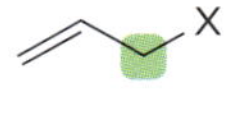

알릴성 할로젠화물

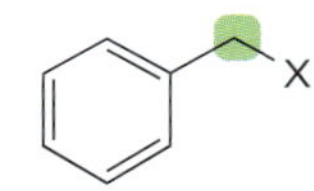

벤질성 할로젠화물

- X와 결합한 C는 sp^3 혼성 탄소이다.
- 이 유기화합물은 7장에서 다루는 반응에 참여한다.

알릴성 할로젠화물과 벤질성 할로젠화물은 sp^3 혼성 탄소에 할로젠 원자가 결합하고 있으며 7장에서 기술한 반응을 수행한다. **알릴성 할로젠화물(allylic halide)**은 탄소−탄소 이중 결합에 이웃한 탄소 원자에 X가 결합하고 있으며, **벤질성 할로젠화물(benzylic halide)**은 벤젠 고리에 이웃한 탄소 원자에 X가 결합하고 있다. 알릴성과 벤질성 할로젠화물의 합성은 13.10절과 16.14절에서 각각 논의한다.

문제 7.1 천연 살충제인 텔페어린과 항종양제 할로몬은 적조로부터 분리한 두 개의 다할로젠화 화합물이다. (a) sp^3 혼성 탄소에 결합한 각 할로젠화물을 1°, 2° 혹은 3°로 분류하라. (b) 각 할토젠화물을 바이닐성, 알릴성 혹은 둘 다 아닌 것으로 표시하라.

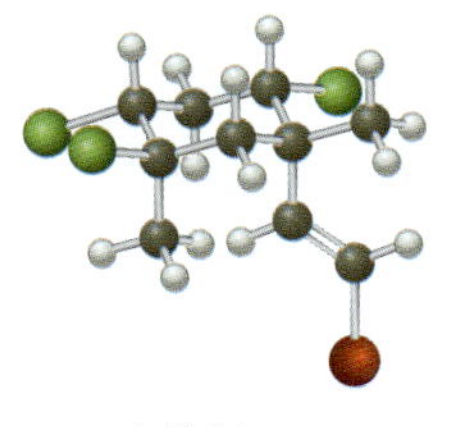

telfairine

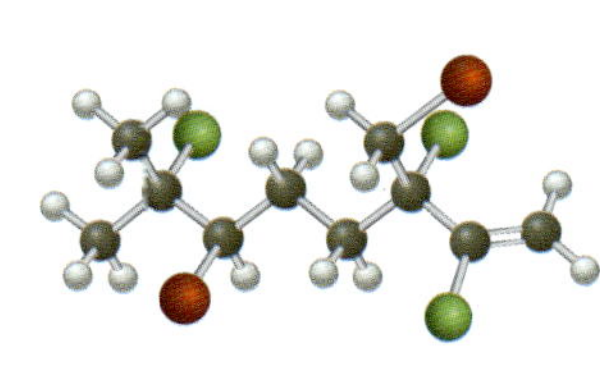

halomon

7.2 명명법

할로젠화 알킬을 명명하는 체계적 IUPAC 명명법은 4장에서 공부한 기본 규칙을 따른다.

7.2A IUPAC 체계

할로젠화 알킬은 알케인에 할로젠 치환기를 붙여, **할로 알케인(*halo alkane*)**으로 명명한다. 할로젠 치환기의 이름은 할로젠 이름 끝부분의 **-인(*-ine*)**을 접미사 **-오(*-o*)**로 바꾸어 명명한다(염소, chlo*rine* → 클로로, chlor*o*).

해결 방법 IUPAC 체계를 이용하여 할로젠화 알킬을 명명하는 방법

예 다음 할로젠화 알킬의 IUPAC 이름을 쓰라.

단계 [1] 어미 탄소 사슬을 찾아서 알케인으로 명명한다.

7개의 탄소가 가장 긴 사슬

7 C ----→ heptane

- 할로젠을 가장 긴 사슬에 결합된 치환기로 간주하고 어미 사슬을 **알케인**으로 명명한다.

단계 [2] 명명법의 다른 모든 규칙을 적용한다.

a. 사슬에 **번호를 매긴다.**

- 알킬이나 할로젠 첫 번째 치환기에 가장 가까운 말단에서 번호를 시작한다.

b. 치환기를 **명명하고 번호를 매긴다.**

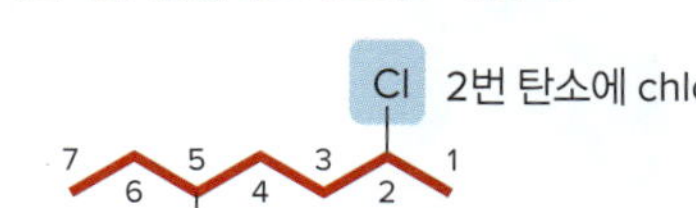

c. **알파벳 쓰기:** **c**hloro의 **c**, **m**ethyl의 **m** 알파벳 순서로 명명한다.

답: 2-chloro-5-methylheptane

7.2B 관용명

할로젠화 알킬의 관용명은 간단한 할로젠화 알킬에만 사용한다. 관용명을 적용하기 위해

- 분자의 모든 탄소 원자를 단 하나의 **알킬기**로 명명한다.
- 알킬기에 결합된 할로젠을 명명한다. 할로젠을 명명할 때 할로젠에 -화를 붙인다(예: 염화, 브로민화, 플루오린화, 아이오딘화). 영어명에서는 할로젠에 이름을 붙일 때 ***-ine***로 끝나는 할로젠 이름을 접미사 ***-ide***로 바꾼다. 예를 들면, **brom*ine* → brom*ide*.**
- 각 단어를 한 칸 띄고 할로젠화와 알킬명을 결합한다(영어명에서는 알킬기와 할로젠의 이름 순서로 결합한다).

할로젠화 알킬 명명법의 다른 예는 그림 7.2에 나와 있다.

그림 7.2
예: 할로젠화 알킬의 명명법

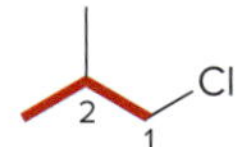

IUPAC: **1-chloro-2-methylpropane**
관용명: isobutyl chloride

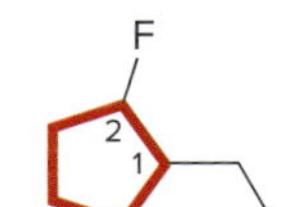

- **C1** 위치에 ethyl기
- **C2** 위치에 fluoro기

IUPAC: **1-ethyl-2-fluorocyclopentane**
알파벳 선두 순서 --→ 작은 번호
[관용명을 사용하기에는 너무 복잡함]

문제 7.2 다음 각 화합물의 IUPAC 이름을 쓰라.

a. b. c. d.

문제 7.3 다음 각 이름에 해당하는 구조식을 그려라.

a. 3-chloro-2-methylhexane
b. 4-ethyl-5-iodo-2,2-dimethyloctane
c. *cis*-1,3-dichlorocyclopentane
d. 1,1,3-tribromocyclohexane
e. 6-ethyl-3-iodo-3,5-dimethylnonane
f. (*R*)-1-fluoro-2,6,6-trimethylnonane

7.3 할로젠화 알킬의 성질

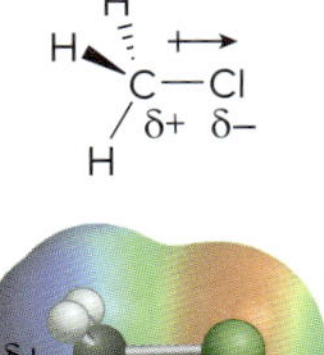

할로젠화 알킬은 약하게 극성을 띠는 분자이다. 할로젠화 알킬은 극성 C−X 결합 때문에 **쌍극자–쌍극자** 상호작용을 나타낸다. 그러나 분자의 나머지 부분에 C−C와 C−H 결합만 있으므로 분자간 수소 결합은 할 수 없다. 따라서 할로젠화 알킬은 크기에 상관없이 물에 녹지 않는다. 할로젠화 알킬의 끓는점과 녹는점은 탄소 수가 같은 알케인보다는 더 높고 R과 X의 크기가 커짐에 따라 증가한다.

CH_3CH_3	(Cl)	(Cl)	(Br)
mp = −183 °C	mp = −136 °C	mp = −123 °C	mp = −111 °C
bp = −89 °C	bp = 12 °C	bp = 47 °C	bp = 71 °C

끓는점과 녹는점 증가

할로젠화 알킬의 분광학적 성질은 A–C장에서 논의된다. 특별하게 언급할 점은 A.2절에서 논의되는 알킬 염화물과 알킬 브로민화물의 질량 스펙트럼의 특정적 특성이다.

문제 7.4 sp^2 혼성화 C−Cl 결합은 sp^2 혼성화 C−Cl 결합보다 더 극성이다. (a) 이러한 현상이 생기는 이유를 설명하라. (b) 다음 화합물을 끓는점이 증가하는 순서로 정렬하라.

7.4 흥미로운 할로젠화 알킬

여러 가지 간단한 할로젠화 알킬은 불에 타지 않고 넓은 범위의 유기 화합물을 녹이기 때문에 좋은 용매가 된다. $\mathbf{CHCl_3}$ (chloroform 또는 trichloromethane)나 $\mathbf{CCl_4}$ (carbon tetrachloride 또는 tetrachloromethane)는 이와 같은 화합물의 범주에 속한다. 매년 공업적으로 이런 용매가 대량으로 생산된다. 그러나 클로로폼이나 사염화탄소처럼 염소를 포함하는 많은 유기 화합물들이 모두 증기를 호흡하거나 삼키면 독성이 있다. 그림 7.3에 기타 간단한 할로젠화 알킬을 나타내었다.

그림 7.3 몇 개의 간단한 할로젠화 알킬

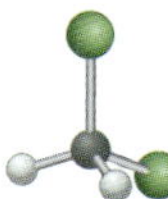
CH_2Cl_2

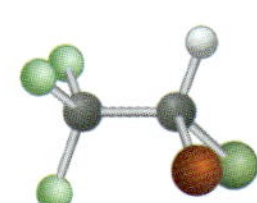
$CF_3CHClBr$

- **다이클로로메테인(혹은 염화 메틸렌, CH_2Cl_2)**은 중요한 용매로 한때는 커피에서 카페인을 제거하는 데 사용하였다. 커피에 잔류하는 극미량의 CH_2C_2이 나쁜 영향을 줄까 염려가 되어 지금은 초임계 CO_2를 사용하여 카페인을 제거한다. 그러나 쥐에 대한 이후의 연구는 하루에 100,000컵의 무카페인 커피에 해당되는 양을 동물이 섭취하였을 때 어떠한 암도 발생하지 않았다는 것을 보여준 바 있다.
- **할로테인($CF_3CHClBr$)**은 $CHCl_3$나 $CH_3CH_2OCH_2CH_3$ 같은 유기 마취제를 대체하는 안전하고 일반적으로 사용하는 마취제이다. $CHCl_3$는 간과 신장에 손상을 초래하고, $CH_3CH_2OCH_2CH_3$(다이에틸 에터)는 매우 인화성이 크다.

합성 유기 할로젠화물은 또한 단열 물질, 플라스틱 포장 랩, 코팅제로 쓰인다. **테플론(Teflon)**과 **폴리(염화 바이닐)[PVC, poly(vinyl chloride)]**가 그런 화합물이다.

Teflon
(달라붙지 않는 코팅제)

poly(vinyl chloride) (PVC)
(필름, 파이프 및 절연에 사용하는 플라스틱)

Fluticasone은 천식의 만성 염증을 치료하는 데 사용되는 합성 스테로이드이다. *Mark Dierker/McGraw Hill*

몇 가지 유용한 약물에는 하나 또는 그 이상의 플루오린 원자가 들어 있다. 플루오린은 특이한 원소이다. 이 원자는 가장 전기 음성적 원소이고 탄소와 강한 결합을 생성한다. 또한 편극성이 매우 낮다. 한 개 이상의 플루오린 원자로 치환하면 약물이 지방에 더 쉽게 녹게 되고 약물이 대사되는 속도를 줄여준다. 그러면 결국에는 화합물의 약리학적 특성이 영향을 받게 된다.

몇 가지 예는 fluticasone, roflumilast, travoprost 등이다. Fluticasone은 계절성 코 알러지와 천식의 치료에 사용되는 에어로졸 흡입제이고, 2015년에 FDA에 의하여 승인된 roflumilast는 만성 폐쇄성 폐질환의 치료제이다. Travoprost은 안압을 줄여주기 때문에 녹내장 치료에 유용하다.

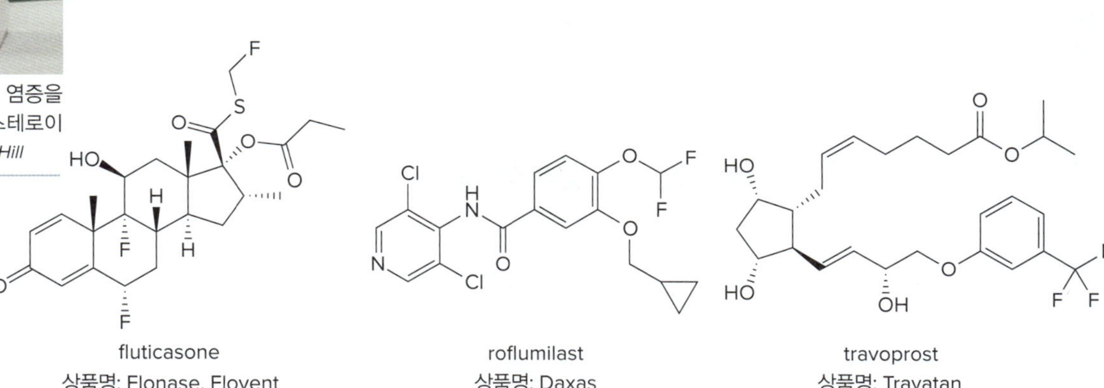

fluticasone
상품명: Flonase, Flovent

roflumilast
상품명: Daxas

travoprost
상품명: Travatan

여러 가지 유기 할로젠화물이 주는 유용한 영향은 논쟁할 필요가 없지만, **클로로플루오로탄소(chlorofluorocarbon)** 그리고 살충제 **DDT**와 같은 염소(Cl)를 포함하는 합성 유기 화합물은 환경에 오랫동안 해를 끼쳐 왔다.

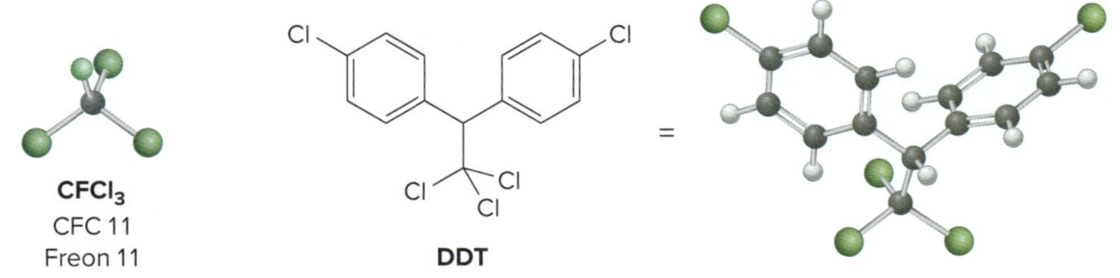

$CFCl_3$
CFC 11
Freon 11

DDT

클로로플루오로탄소(CFC)의 분자식은 **CF_xCl_{4-x}**이다. Trichlorofluoromethane [$CFCl_3$, CFC 11 혹은 프레온 11(상품명)]은 쉽게 기화되는 이런 화합물 가운데 하나인데, 냉매와 에어로솔 추진체로 광범위하게 사용되었다. CFC는 성층권까지 천천히 상승하여 햇빛의 촉매작용으로 분해된다. 이 과정에서 해로운 자외선으로부터 지구 표면을 보호해주는 대기권의 얇은 막인 오존층이 파괴된다(13.9절 참조). CFC의 광범위한 사용을 이제 와 쉽게 비난할 수 있지만, 왜 널리 쓰였는지도 당연히 쉽게 이해된다. **CFC는 일반 대중에게 냉장 보관을 가능하게 해주었다.** 냉장고를 편리함을 주는 것이라고 불러야 할까 혹은 필수품이라 불러야 할까?

비생분해성 살충제인 DDT에 대해 1945년에 Winston Churchill은 '기적'의 발견이라고 한 반면, Rachel Carson은 그녀의 책 **『침묵의 봄(Silent Spring)』**에서 '죽음의 영약(elixir of death)'이라고 했다. 미국에서의 DDT 사용은 1973년에 금지되었다. 그러나 좋은 살충 효과와 낮은 가격 때문에 개발도상국에서는 아직도 널리 쓰인다.

다양한 구조와 생물학적 활성이 있는 수백 개의 유기 할로젠화물이 산호초의 가장자리의 얕은 바다에서 자라는 조류인, *Laurencia* 속(genus)의 홍조에서 분리되었다(문제 7.5).
Michael Guiry

살충제 **DDT** (**d**ichloro**d**iphenyl**t**richloroethane)에 대한 이야기도 같은 맥락이다. DDT는 단기간에 귀중한 영향을 준 유기 분자이다. 그런데 단기 영향은 장기간의 문제를 야기한다. DDT는 말라리아나 발진티푸스와 같은 질병을 옮기는 곤충을 죽이며, 곤충의 수를 조절하여 전 세계적으로 수백만 명의 생명을 구했다. DDT는 약한 극성을 띠는 매우 안정한 유기 화합물이기에 주위 환경에 오랜 세월 동안 남아 있었다. DDT는 유기 매질에 녹기 때문에 대부분 동물의 지방 조직에 축적된다. 미국 대부분 성인들의 몸속에는 낮은 농도의 DDT(혹은 DDT의 분해 생성물)가 들어 있다. DDT는 많은 종류의 해양 생물(가재, 바다 새우와 몇 가지 물고기)에게 독성이 매우 크지만, 사람에게 나타나는 장기간의 영향은 아직 알려져 있지 않다.

문제 7.5 Ma'ilione은 하와이 홍조류 **Laurencia cartilaginea**로부터 분리한 해양 천연물이다. (a) 물과 CH_2Cl_2에서의 ma'ilione의 용해도를 예측하라. (b) 입체생성 중심을 찾아서 각각을 *R* 혹은 *S*로 표지하라. (c) Ma'ilione의 입체 이성질체와 구조 이성질체를 하나씩 쓰라.

HO, Br, O

ma'ilione

7.5 극성 탄소–할로젠 결합

할로젠화 알킬의 성질이 반응성을 지배한다. 그림 7.4에 있는 네 개의 간단한 할로젠화 알킬의 정전기 전위 지도는 전기 음성인 할로젠 X가 극성 C–X 결합을 만들어 탄소를 전자가 부족한 원자로 되게 하는 것을 보여준다. **이 극성 C–X 결합이 할로젠화 알킬의 화학을 결정한다.**

그림 7.4
네 개의 할로메테인 (CH_3X)의 정전기 전위 지도

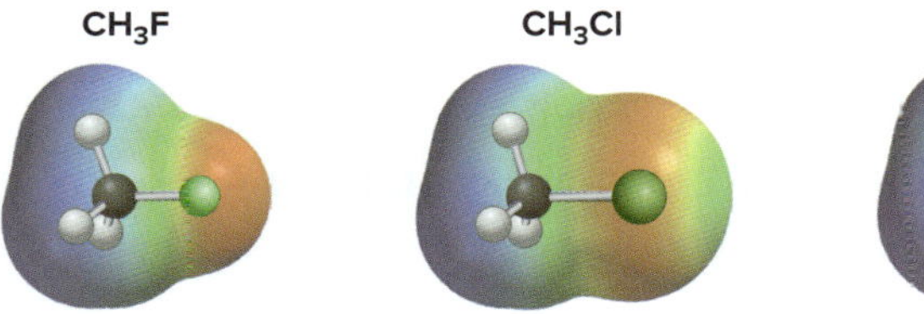

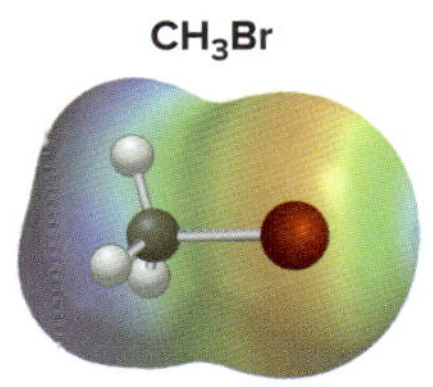

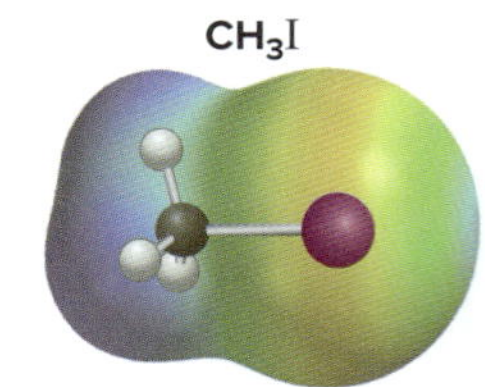

• 각 CH_3X 분자의 극성 C–X 결합은 탄소 원자를 **전자 결핍**으로 만든다.

할로젠화 알킬은 어떤 종류의 화학 반응을 할 수 있을까? **할로젠화 알킬이 하는 특징적인 반응은 치환 반응과 제거 반응이다.** 할로젠화 알킬은 탄소가 친전자성이므로 Lewis 염기(친핵체)와 Brønsted-Lowry 염기 같은 전자가 풍부한 시약과 반응할 수 있다.

• 할로젠화 알킬은 친핵체와 치환 반응을 한다.

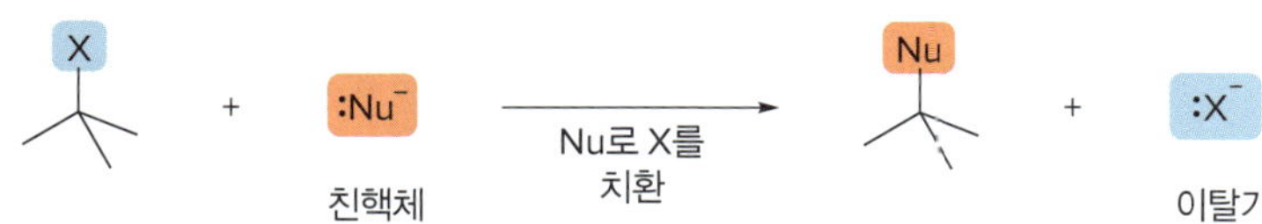

할로젠화 알킬의 치환 반응에서 할로젠 **X는 전자가 풍부한 친핵체 $:Nu^-$에 의해 치환된다.** C–X의 σ 결합은 끊어지고 C–Nu의 σ 결합이 생성된다.

• 할로젠화 알킬은 Brønsted－Lowry 염기와 반응하여 제거 반응을 일으킨다.

할로젠화 알킬의 제거 반응에서 **HX의 원소가 Brønsted–Lowry 염기 :B에 의해 제거된다.**

7장의 나머지 부분에서는 전적으로 할로젠화 알킬의 치환 반응에 대해 설명한다. 제거 반응은 8장에서 다룬다.

7.6 친핵성 치환의 일반적 특징

모든 치환 반응에는 세 개의 구성 성분이 필요하다.

[1] X에 결합된 ***sp***^{3} 혼성화된 탄소를 포함하는 알킬기 R

[2] **X—이탈기(leaving group)**라 부르는 원자 X(혹은 기). 이탈기는 C－X 결합에서 전자 밀도를 수용할 수 있어야 한다. 매우 흔한 이탈기는 할로젠 원자이다. 그러나 H_2O (ROH_2^+로부터)와 N_2 (RN_2^+로부터)도 이탈기가 될 수 있다.

[3] **:Nu⁻—친핵체.** 친핵체는 **고립쌍** 혹은 **π 결합**이 있어야 하지만 반드시 음전하를 띨 필요는 없다.

이와 같은 치환 반응은 전자가 풍부한 친핵체가 관여되기 때문에 **친핵성(*nucleophilic*) 치환 반응**이라 부른다. 반응식 [1]~[2]에 그 예를 나타내었다. **친핵성 치환은 Lewis 산－염기 반응이다.** 친핵체는 전자쌍을 내주고 할로젠화 알킬(Lewis 산)은 전자쌍을 받는다. 그리고 C－X 결합은 불균일하게 끊어진다. 반응식 [2]에 나타낸 바와 같이 전자쌍의 흐름을 보여주기 위해 굽은 화살표를 쓴다.

⁻OH, ⁻SH와 같이 음전하를 띤 친핵체는 전하 균형을 맞추기 위해 Li^+, Na^+, K^+와 같은 반대 이온이 있는 **염(salt)**을 사용한다. 양이온의 종류는 일반적으로 별로 중요하지 않으므로 화학 반응식에서는 생략하는 경우가 많다.

중성 친핵체를 사용할 때는 치환 생성물이 양전하를 띤다. **원래 친핵체에 결합된 모든 원자는 치환이 일어난 다음에도 친핵체에 여전히 결합되어 있음을 주목하자.** 아래에 주어진 예에서 세 개의 CH_3기 모두가 N 원자에 결합된 채로 남아 있다.

중성 친핵체

모든 CH_3기가 생성물에 남는다.

할로젠화 알킬과 암모니아(NH_3)와의 반응으로 RNH_2를 생성하는 반응은 23장에서 논의한다.

더욱이 치환 생성물이 양전하를 띠면서, O 혹은 N에 **양성자**가 결합하고 있다면, 초기 치환 생성물이 Brønsted–Lowry 산–염기 반응을 통하여 양성자를 쉽게 잃어버리면 중성 생성물이 만들어진다.

$:NH_3$ 과량 — 친핵성 치환 — 양성자 이동 ($:NH_3$) — $+ :Br:^-$ — $+ NH_4^+$

이 모든 반응은 친핵성 치환이고 **친핵체에 의한 이탈기의 치환**이라는 똑같은 종합 결과를 나타낸다. 친핵체의 성질이나 전하에 관계없이 친핵성 치환 생성물을 그리기 위해서는,

- 이탈기가 있는 ***sp*^{3}** 혼성 탄소를 찾는다.
- 친핵체를 확인한다. 고립쌍이나 π 결합이 있다.
- 이탈기를 친핵체로 바꾼다. 그리고 결합이 끊어지거나 결합이 생성되는 것에 관여된 원자에 (필요하면) 전하를 부여한다.

문제 7.6 친핵체와 이탈기를 찾고 각 반응의 생성물을 그려라.

a. (3-bromopentane) + $^-OCH_2CH_3$ ⟶

b. (chlorocyclohexane) + NaOH ⟶

c. (1-iodobutane) + N_3^- ⟶

d. (bromocyclohexane) + NaCN ⟶

e. (3-chloropentane) + $CH_3CO_2^-$ ⟶

f. (bromocyclohexane) + $NaOCH_3$ ⟶

문제 7.7 각 중성 친핵체로 치환되는 친핵성 치환 생성물을 그려라. 초기 생성물이 양성자를 잃고 중성 생성물을 생성할 때 그 생성물도 그려라.

a. (1-bromo-3-methylbutane) + $:N(CH_2CH_3)_3$ ⟶

b. ($(CH_3)_3CCl$) + $H_2\ddot{O}:$ ⟶

문제 7.8 입안 청소나 목의 청결에 사용되는 소독제인 CPC (cetylpyridinium chloride)는 다음 반응식에 의해 합성된다. CPC의 구조식을 쓰라.

(pyridine) + (1-chlorohexadecane) ⟶ CPC

목캔디인 Cepacol과 구강 청결제인 Crest Pro-Health는 소독제 CPC를 함유한다. CPC는 친핵성 치환 반응(문제 7.8)에 의하여 합성한다.
Jill Braaten

문제 7.9 다음 이염화물 **A**를 뇌졸중 위험을 줄이기 위해 사용하는 항혈소판제인 ticlopidine으로 전환하기 위해 필요한 중성 친핵체는 무엇인가?

A

ticlopidine

7.7 이탈기

친핵성 치환은 유기 화합물의 일반적 반응이다. 그런데 왜 할로젠화 알킬이 가장 흔한 기질이고 할로젠화 음이온이 가장 흔한 이탈기인가? 이 질문에 답할 수 있으려면 이탈기의 능력을 이해해야만 한다. **무엇이 좋은 이탈기를 만드는가?**

R−X의 친핵성 치환 반응에서 C−X 결합은 불균일하게 끊어진다. 이탈기는 그 결합을 이루던 전자와 함께 $X:^-$가 되어 떨어진다. **이탈기 $X:^-$가 더 안정할수록 전자쌍을 받아들이는 능력이 더 좋아지므로** 다음과 같이 일반화할 수 있다.

- 두 개의 이탈기를 비교했을 때 **더 좋은** 이탈기는 더 **약한** 염기이다.

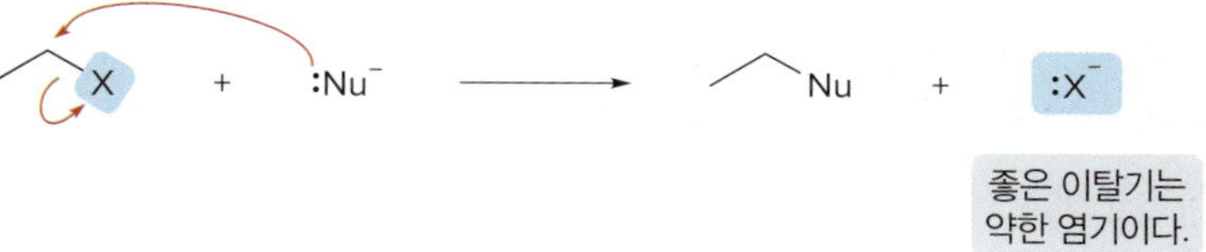

예를 들면, H_2O가 더 약한 염기이기 때문에 H_2O가 ^-OH보다 더 좋은 이탈기이다. 또한 염기성의 주기율표 경향을 이용하여 **이탈기 능력의 주기적 경향**을 알아낼 수 있다.

- 주기율표의 왼쪽에서 오른쪽으로 가면서 염기성이 **감소함**에 따라 이탈기 능력은 **증가한다**.

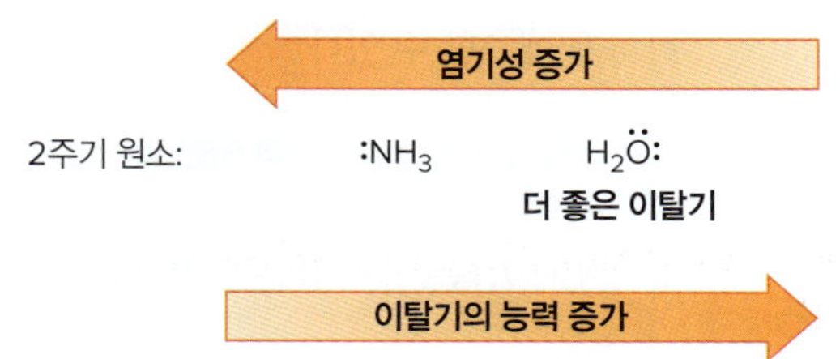

- 주기율표의 한 족에서 위에서 아래로 가면서 염기성이 **감소함**에 따라 이탈기 능력은 **증가한다**.

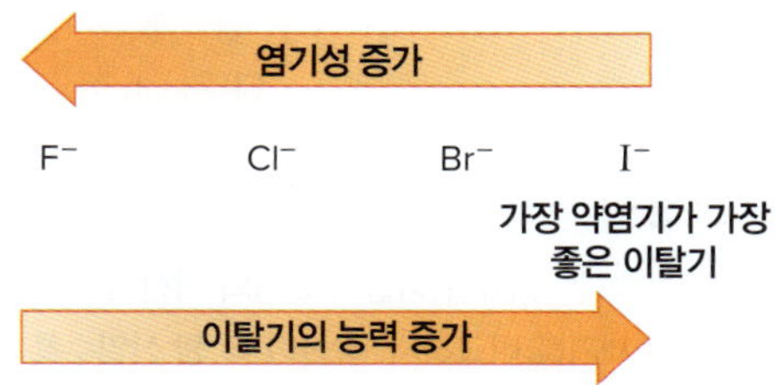

좋은 이탈기는 모두 약염기이며, 그 짝산은 pK_a 값이 낮은 센 산이다. 따라서 짝산(HCl, HBr, HI)의 pK_a 값이 낮으므로 F^-를 제외한 모든 할로젠화 음이온은 좋은 이탈기이다. 표 7.1과 표 7.2에

친핵성 치환 반응에서 좋은 이탈기와 나쁜 이탈기를 각각 나타내었다. 표 7.2에 있는 이탈기는 강염기이기 때문에 이 이탈기가 떨어지는 친핵성 치환 반응은 일어나지 않는다.

표 7.1 친핵체 치환 반응의 좋은 이탈기

출발물	이탈기	짝산	pK_a
R−Cl	$:\ddot{Cl}:^-$	HCl	−6
R−Br	$:\ddot{Br}:^-$	HBr	−9
R−I	$:\ddot{I}:^-$	HI	−10
$R-OH_2^+$	$H_2\ddot{O}:$	H_3O^+	0

표 7.2 친핵체 치환 반응의 나쁜 이탈기

출발물	이탈기	짝산	pK_a
R−F	$:\ddot{F}:^-$	HF	13.2
R−OH	$:\ddot{O}H^-$	H_2O	14
$R-NH_2$	$:\ddot{N}H_2^-$	NH_3	38
R−H	$H:^-$	H_2	35
R−R	$R:^-$	RH	50

문제 7.10 다음 중 좋은 이탈기를 가진 분자는?

a.  (Br) b.  (OH) c. 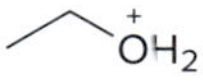 ($\overset{+}{O}H_2$) d.

문제 7.11 (a) 각 분자에서 표시된 원자 중에서 어느 것이 가장 좋은 이탈기인가? (b) 각 분자에서 표시된 원자 중에서 어느 것이 가장 나쁜 이탈기인가?

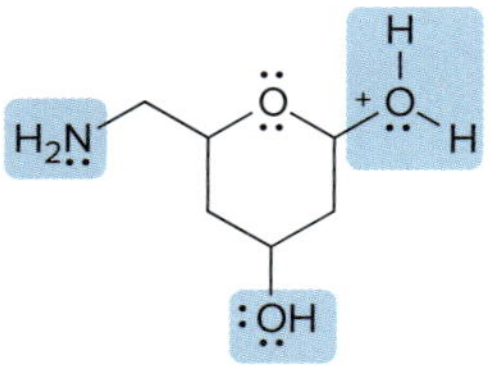

A: H_2N, $\overset{+}{O}H_2$, :OH B: HO, Cl, I, Br

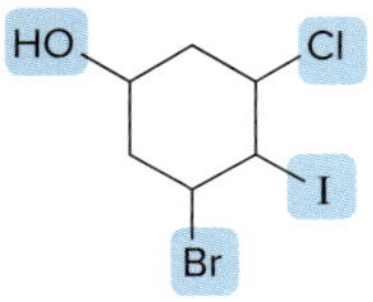

특정한 친핵체와 이탈기가 주어졌을 때, 친핵성 치환에서 화학 평형이 생성물에 유리한지 아닌지를 어떻게 결정할 수 있을까? 흔히 친핵체와 이탈기의 염기성을 비교함으로써 평형의 방향을 정확하게 예측할 수 있다.

- 이탈기가 친핵체보다 **더 약한 염기**일 때 평형은 친핵성 치환의 생성물 생성을 선호한다.

예제 7.1은 이와 같은 일반적인 규칙을 적용하는 방법을 보여준다.

예제 7.1 염기도를 이용하여 치환이 일어날 것인지 결정하기

다음 치환 반응은 생성물 생성을 선호하는가?

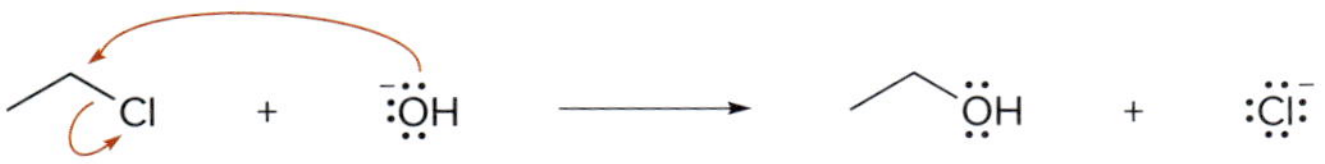

$$CH_3CH_2Cl + {}^-:\ddot{O}H \longrightarrow CH_3CH_2\ddot{O}H + :\ddot{Cl}:^-$$

풀이

친핵체(^-OH)와 이탈기(Cl^-)의 짝산의 pK_a 값을 비교하여 염기의 세기를 비교하자. **짝산이 더 센 산일수록 염기는 더 약해지므로 더 좋은 이탈기가 된다.**

			짝산	
친핵체	^-OH	⟶	H_2O	$pK_a = 14$
이탈기	Cl^-	⟶	HCl	$pK_a = -6$
	더 약한 염기		더 센 산	

이탈기인 Cl^-가 친핵체인 ^-OH보다 약염기이기 때문에 **생성물 생성에 유리한 반응이다.**

문제 7.12 다음 각 치환 반응에서 평형은 반응물 혹은 생성물을 선호하는가?

a. $CH_3CH_2NH_2$ + Br^- ⟶ CH_3CH_2Br + $^-NH_2$

b. $CH_3CH_2CH_2CH_2I$ + ^-CN ⟶ $CH_3CH_2CH_2CH_2CN$ + I^-

추가 문제: 문제 7.49를 풀어보라.

7.8 친핵체

여기서 **염기**란 **Brønsted–Lowry** 염기이고 **친핵체**란 **양성자가 아닌** 친전자체와 반응하는 **Lewis 염기**를 뜻한다.

친핵제와 염기의 구조적 유사성은 둘 다 고립쌍이나 π 결합이 있다는 것이다. 그러나 공격하는 대상은 다르다.

- 염기는 양성자를 공격한다. 친핵체는 전자가 부족한 그 밖의 원자(보통은 탄소)를 공격한다.

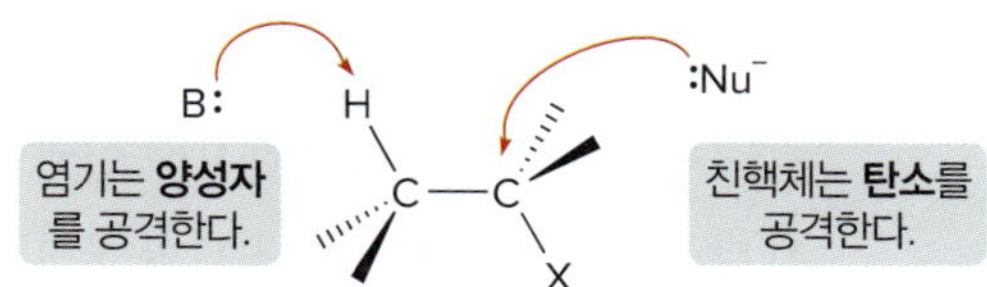

7.8A 염기성 대 친핵성

친핵성(**nucleophilicity**, 친핵체의 세기)이 어떻게 염기성(basicity)과 연관이 있을까? **강염기가 센 친핵체**인 것이 사실이지만 이는 친핵체 크기와 입체적인 요인에 따라 바뀔 수 있다.

다음 세 경우에 친핵성과 염기성이 유사하게 대응한다.

[1] 친핵성 원자가 같은 경우, **더 센** 염기가 **더 센** 친핵체이다.

- ^-OH와 $CH_3CO_2^-$ 같은 두 산소 친핵체의 상대적인 친핵성은 각각의 짝산(H_2O와 CH_3CO_2H)의 pK_a 값을 비교하여 결정할 수 있다. CH_3CO_2H (pK_a = 4.8)는 H_2O (pK_a = 14)보다 센 산이다. 따라서 ^-OH는 $CH_3CO_2^-$**보다 센 염기이자 센 친핵체이다.**

[2] 음전하를 띠는 친핵체는 항상 짝산보다 **센** 친핵체이다.

- ^-OH는 짝산인 H_2O보다 센 염기이고 센 친핵체이다.

[3] 주기율표 한 주기에서 오른쪽에서 왼쪽으로 갈수록 염기성이 **세지는** 것처럼 친핵성도 **세진다.**

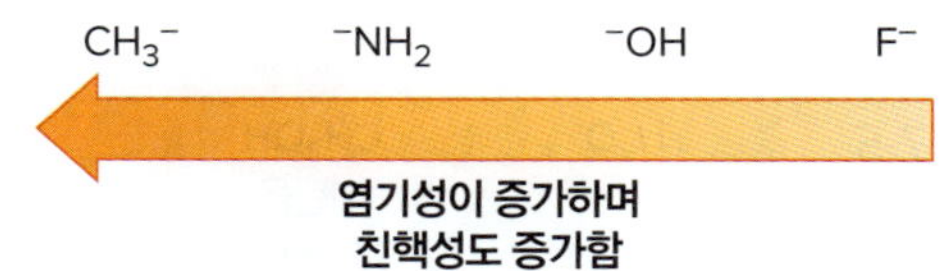

문제 7.13 각 쌍에서 더 센 친핵체를 찾아라.

a. NH_3, $^-NH_2$ b. CH_3NH_2, CH_3OH c. $CH_3CO_2^-$, $CH_3CH_2O^-$

7.8B 입체 영향과 친핵성

모든 입체 영향은 두 원자가 같은 공간을 차지할 수 없기 때문에 나타난다. 예를 들면 4장에서 큰 작용기들(큰 부피를 차지하는)이 서로 가깝게 모이면 **입체 무리(steric strain)**가 증가한다는 것을 배웠다.

입체 장애(steric hindrance)가 중요한 요인이 되면 친핵성과 염기성은 비슷하지 않다. **입체 장애는 반응이 일어나는 자리에 부피가 큰 기가 존재하기 때문에 나타나는 반응성 감소이다.**

예를 들어, pK_a 표에 따르면 *tert*-뷰톡시화 음이온[*tert*-butoxide, $(CH_3)_3CO^-$]이 에톡시화 음이온(ethoxide, $CH_3CH_2O^-$)보다 더 센 염기이지만 **에톡시화 음이온이 더 센 친핵체이다.** *tert*-뷰톡시화 음이온의 O 원자 근처의 세 개의 CH_3기가 입체 장애를 일으킨다. 그래서 크고 부피가 큰 염기가 네 개의 결합기가 있는 탄소 원자에 대한 공격을 어렵게 한다.

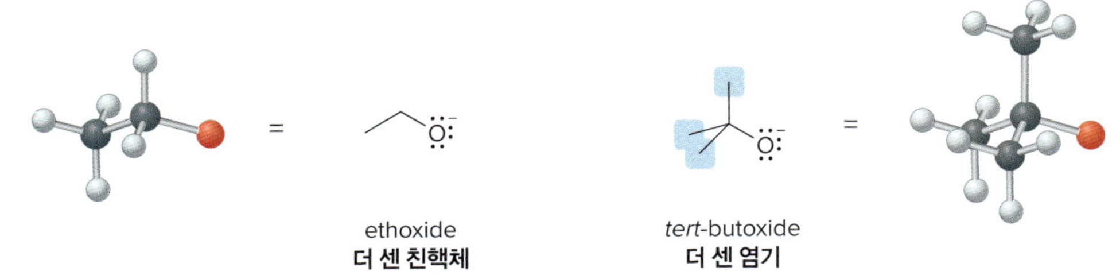

세 개의 CH_3기가 O 원자를 **가로막기** 때문에 **약한 친핵체**이다.

입체 장애는 친핵성을 감소시키지만 염기성은 감소시키지 않는다. 염기는 작고 쉽게 접근할 수 있는 양성자를 떼어 내기 때문에 입체 장애의 영향을 받지 않는다. 반대로 친핵체는 혼잡한 정사면체 탄소를 공격해야 한다. 따라서 부피가 큰 기는 반응성을 떨어뜨린다.

나쁜 친핵체인 입체 장애를 받는 염기를 비친핵성 염기(*nonnucleophilic base*)라 부른다. *tert*-뷰톡시화 포타슘[$K^{+}\,{}^{-}OC(CH_3)_3$]은 강염기인 비친핵성 염기이다.

7.8C 크기가 다른 친핵체의 비교—용매의 영향

주기율표의 한 열에서 위에서 아래로 감에 따라 원자의 크기는 크게 달라진다. 이 경우 **친핵성은 치환 반응에 사용된 용매에 의존한다.** 지금까지 용매는 무시되었지만 유기 반응은 모든 반응물을 어느 정도 녹이는 액체 용매에서 일어난다. 치환 반응은 극성 출발물을 포함하기 때문에 극성 물질을 녹이는 극성 용매가 사용된다. 극성 용매는 **극성 양성자성(*protic*) 용매**와 **극성 비양성자(*aprotic*) 용매** 두 가지로 분류할 수 있다.

극성 양성자성 용매

쌍극자–쌍극자 상호작용과 더불어 **극성 양성자성 용매는 분자간 수소 결합을 할 수 있다.** 그 이유는 극성 양성자성 용매는 O–H 혹은 N–H 결합이 있기 때문이다. 그림 7.5에 나와 있는 것처럼 가장 흔한 극성 양자성 용매는 물과 알코올(ROH)이다. **극성 양성자성 용매는 양이온과 음이온 모두를 잘 용매화할 수 있다.**

- 양이온은 이온–쌍극자 상호작용으로 용매화된다.
- 음이온은 수소 결합에 의하여 용매화된다.

그림 7.5 극성 양성자성 용매의 예

H_2O	CH_3OH	CH_3CH_2OH	$(CH_3)_3COH$	CH_3CO_2H
	메탄올	에탄올	*tert*-뷰탄올	아세트산
	(methanol)	(ethanol)	(*tert*-butanol)	(acetic acid)

예를 들어, 만일 NaBr 염이 H_2O에서 친핵체 Br^-의 공급원으로 사용된다면, Na^+ 양이온은 이온–쌍극자 상호작용으로 H_2O 분자에 의해 용매화된다. 그리고 Br^- 음이온은 센 수소 결합의 상호작용으로 용매화된다.

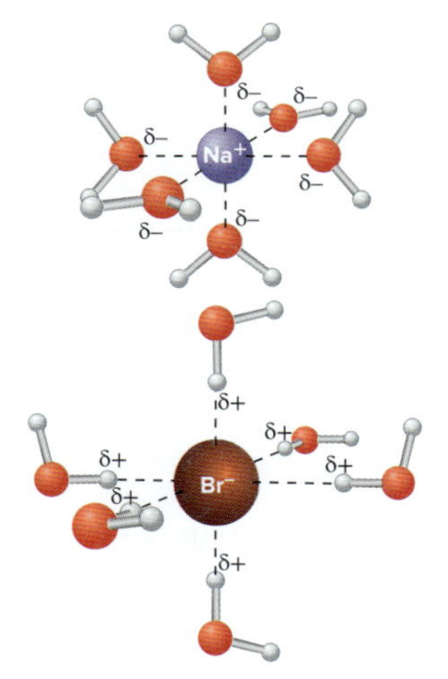

극성 양성자성 용매가 친핵성에 어떤 영향을 끼칠까? **주기율표의 위에서 아래로 가면서 음이온의 크기가 커지기 때문에 극성 양성자성 용매에서 친핵성은 증가한다. 이것은 염기성과 반대이다.** 전기 음성도가 큰 F^-와 같은 음이온은 수소 결합으로 용매화가 잘된다. 따라서 반응성이 크게 떨어진다. 반대로, 크기가 크고 전기 음성도가 작은 I^-와 같은 음이온은 용매 분자에 세게 달라붙지 않는다. 용매는 큰 친핵체를 잘 '숨길' 수 없다. 그래서 이 친핵체는 반응에서 전자쌍을 줄 수 있는 능력이 더 좋아진다. 따라서 비록 염기성은 감소하지만 **친핵성은 한 열에서 아래로 가면서 증가한다.** 극성 양성자성 용매에서는 다음과 같은 경향을 나타낸다.

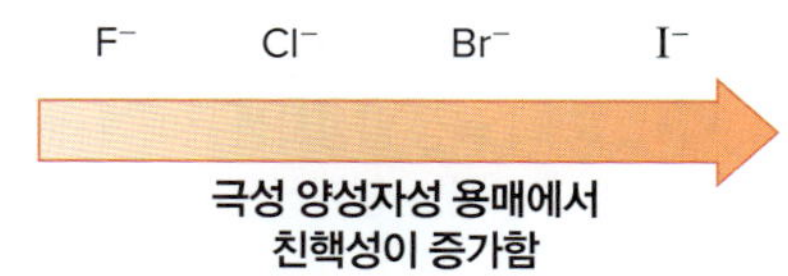

극성 비양성자성 용매

I^-는 **약염기**이지만 극성 양성자성 용매에서 **센 친핵체**이다.

극성 비양성자성 용매는 쌍극자-쌍극자 상호작용을 나타내지만 O–H나 N–H와 같은 결합이 없기 때문에 **수소 결합을 할 수 있는 능력이 없다.** 극성 비양성자성 용매의 예를 그림 7.6에 나타내었다. **극성 비양성자성 용매는 양이온만을 잘 용매화할 수 있다.**

- 양이온은 이온-쌍극자 상호작용으로 용매화된다.
- 용매가 음이온과 수소 결합을 할 수 없기 때문에 음이온은 잘 용매화되지 않는다.

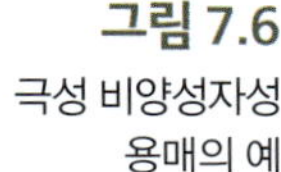

그림 7.6
극성 비양성자성 용매의 예

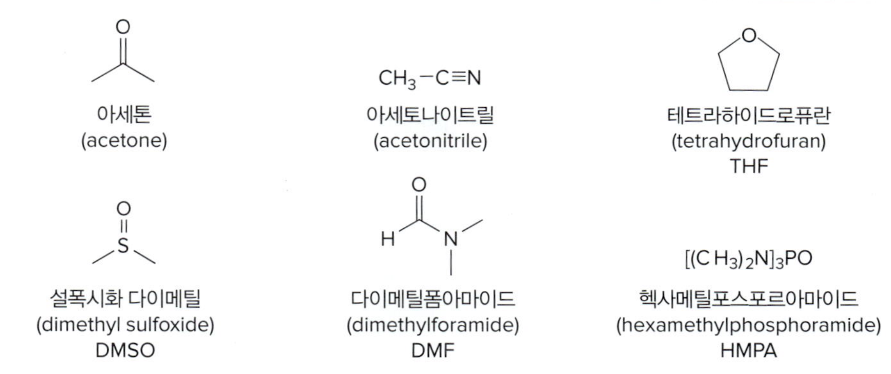

유기 화학에서 화합물의 완전한 이름 대신 생략형이 흔히 쓰인다. 많이 쓰이는 생략형을 부록 B에 실었다.

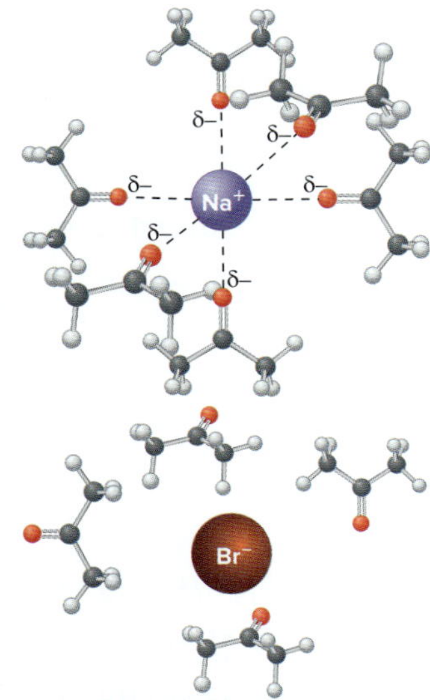

Br^- 음이온은 $(CH_3)_2C{=}O$에 의해 둘러싸이기는 하지만 용매화가 잘 되지는 않는다.

아세톤[$(CH_3)_2C{=}O$]에 NaBr 염을 녹이면 Na^+ 양이온은 이온-쌍극자 상호작용으로 아세톤에 용매화된다. 그러나 **Br^- 음이온은** 수소 결합을 할 수 없기 때문에 **잘 용매화되지 않는다.** 이런 음이온은 용매에 단단하게 상호작용으로 결합되어 있지 않기 때문에 **노출된 음이온(naked anion)**이라 부른다.

극성 비양성자성 용매가 친핵성에 어떤 영향을 끼칠까? 음이온은 극성 비양성자성 용매에서 잘 용매화되지 않기 때문에 용매 분자가 하나의 음이온을 다른 음이온보다 더 효과적으로 가리는지 고려할 필요는 없다. **친핵성은 염기성과 유사하기 때문에 더 센 염기가 더 센 친핵체이다.** 염기성은 주기율표의 한 열에서 아래로 감에 따라 크기에 더불어 감소한다. 친핵성 또한 감소한다.

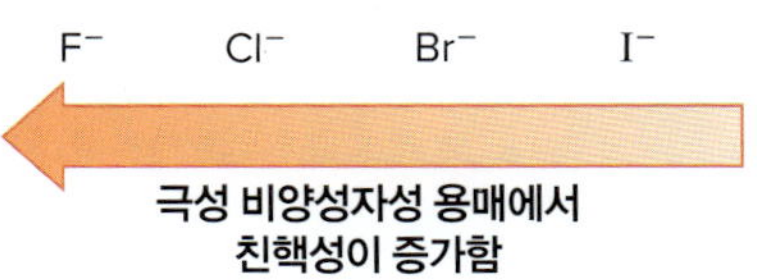

문제 7.14 각 용매를 양성자성 용매 혹은 비양성자성 용매로 분류하라.

a. HOCH₂CH₂OH 구조 (HO, OH) b. (O 포함 구조) c. (C=O, O 포함 구조) d. $N(CH_3)_3$ e. $HCONH_2$

문제 7.15 다음 음이온 쌍에서 더 센 친핵체를 찾아라.

a. 극성 양성자성 용매에서 Br^- 또는 Cl^-
b. 극성 비양성자성 용매에서 HO^- 또는 Cl^-
c. 극성 양성자성 용매에서 HS^- 또는 F^-
d. 극성 비양성자성 용매에서 CH_3S^- 또는 I^-

7.8D 요약

두 친핵체를 비교할 때 친핵성과 염기성 사이의 중요한 관계는 기억하고 있어야 한다.

- 일반적으로 **더 센** 염기가 **더 센** 친핵체인 것은 사실이다.
- 그러나 극성 **양성자성** 용매에서는 음이온의 크기가 증가하면 친핵성이 **증가한다**(염기성과 반대임).
- 입체 장애는 염기성은 감소시키지 않고 친핵성은 **감소시킨다**. $(CH_3)_3CO^-$가 $CH_3CH_2O^-$보다 강염기이지만 약한 친핵체이다.

표 7.3에 친핵성 치환 반응에 흔히 사용되는 친핵체를 나타내었다.

문제 7.16 각 그룹의 친핵체를 친핵성이 증가하는 순서대로 나열하라.

a. ^-OH, $^-NH_2$, H_2O b. ^-OH, Br^-, F^-(극성 비양성자성 용매) c. H_2O, ^-OH, $CH_3CO_2^-$

문제 7.17 $(CH_3)_2CHCH_2CH_2Br$을 다음의 각 생성물로 만드는 데 필요한 친핵체는 무엇인가?

a. b. c. 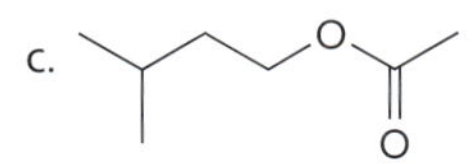 d.

표 7.3 유기 화학에서 흔한 친핵체

	음전하를 띤 친핵체			중성 친핵체	
산소	^-OH	^-OR	$^-CH_3CO_2$	H_2O	ROH
질소	N_3^-			NH_3	RNH_2
탄소	^-CN	$HC{\equiv}C^-$			
할로젠	Cl^-	Br^-	I^-		
황	HS^-	RS^-		H_2S	RSH

7.9 친핵성 치환 반응의 메커니즘

친핵성 치환 반응에 대한 일반적인 특성을 어느 정도 알았으므로 이제 메커니즘을 이해할 수 있을 것이다.

$$R-X + :Nu^- \longrightarrow R-Nu + :X^-$$

이 σ 결합이 끊어진다. (R−X) 이 σ 결합이 생성된다. (R−Nu)

7.9A 가능한 메커니즘

친핵성 치환은 sp^3 혼성 탄소에서 두 개의 결합이 관여한다. 이탈기에 연결된 결합은 끊어지고 친핵체에 연결된 결합은 만들어진다. 이 메커니즘을 이해하기 위해서는 이 두 과정이 일어나는 타이밍을 알아야 한다. 즉 **결합이 끊어지고 생성되는 순서는 무엇인가?** 동시에 일어나는가, 아니면 한 과정이 다른 과정보다 앞에 일어나는가? 두 가지 가능성을 고려해보자.

[1] **메커니즘은 한 단계로, 결합이 분해되고 생성되는 과정이 동시에 일어난다.**

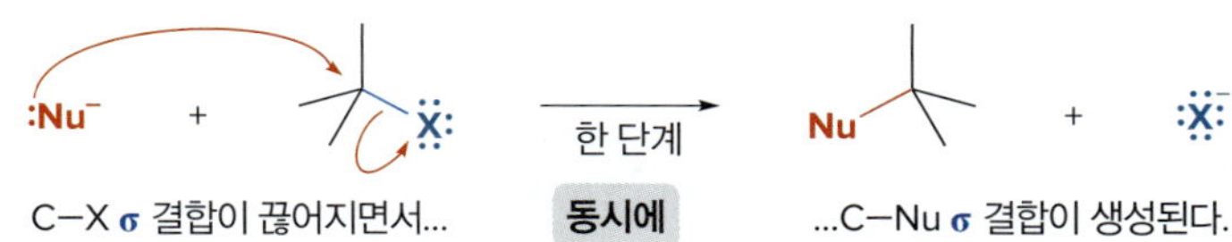

- C−X 결합이 끊어지**면서** C−Nu 결합이 생성된다면 메커니즘은 **단일 단계**이다. 6.9절에서 배운 것처럼 이와 같은 이분자 반응의 속도는 두 반응물의 농도에 의존하다. 속도식은 **이차**이고, **반응 속도 = k[RX][:Nu$^-$]**이다.

[2] **메커니즘은 두 단계로, 결합 생성 전에 결합 분해가 일어난다.**

X: —1→ 탄소 양이온 + X: —:Nu⁻ 2→ Nu

C−X σ 결합이 끊어지고... **그 다음에** ...C−Nu σ 결합이 생성된다.

- C−X 결합이 **먼저** 끊어지고 나서 C−Nu 결합이 생성된다면 메커니즘은 **두 단계**이고, 중간체로 **탄소 양이온**이 생성된다. 첫 단계가 반응 속도 결정 단계이기 때문에 속도는 RX의 농도에만 의존한다. 속도식은 **일차**이고, **반응 속도 = k[RX]이다.**

친핵성 치환 반응의 두 가지 구체적 예를 보면 이러한 메커니즘이 가능하다는 것을 알 수 있다.

7.9B 친핵성 치환에 대한 두 개의 메커니즘

두 다른 할로젠화 알킬 CH_3Br과 $(CH_3)_3CBr$의 반응 속도를 보면 친핵성 치환의 가능한 메커니즘에 대한 통찰력을 얻을 수 있다.

브로모메테인(CH_3Br)과 아세트산 음이온($CH_3CO_2^-$)이 반응하면 Br^-이 이탈기로 떨어져 나가면서 아세트산 메틸이 치환 생성물로 얻어진다(반응식 [1]). 반응 속도는 **두** 반응물 모두의 농도에 의존한다는 것을 속도 자료를 통하여 알 수 있다. 즉 속도식은 **이차**이다. 이것은 C−X 결합이 끊어지면서 C−Nu 결합이 생성되는 **한 단계 메커니즘이고 이분자 반응**이라는 것을 제시한다.

[1] CH_3−Br: (bromomethane) + :O⁻ (acetate) —**이차 반응 속도식**→ CH_3−O (methyl acetate) + :Br:⁻

반응식 [2]에 다른 할로젠화 알킬을 이용하지만 비슷한 친핵성 치환 반응이 일어나서 Br^-가 $CH_3CO_2^-$로 치환되는 반응을 나타내었다. 이 반응의 속도는 오직 **하나**의 반응물(할로젠화 알킬)의 농도만 의존하다는 사실을 반응 속도 자료를 이용하여 알 수 있다. 즉 반응 속도식은 **일차**이다. 이런 결과는 **속도 결정 단계에서 할로젠화 알킬만이 관련되는 두 단계 메커니즘**을 제시한다.

[2] Br: + :O⁻ (acetate) —**일차 반응 속도식**→ O + :Br:⁻

> 메커니즘 S_N1과 S_N2에서 숫자 **1**과 **2**는 각 반응의 속도 차수를 나타낸다. 예를 들면, S_N**2**는 속도식이 **2차**임을 뜻한다. 숫자 2가 메커니즘에서 두 단계를 뜻하는 것은 **아니다**.

이러한 두 가지 다른 결과를 어떻게 설명할 수 있을까? 이 두 반응은 친핵체와 이탈기가 같지만 반응 속도식이 다르므로 **두 개의 다른 메커니즘이 있어야만 한다**. 이러한 반응식은 sp^3 혼성 탄소에서 일어나는 친핵성 치환 반응의 잘 알려진 두 메커니즘의 특정한 예를 보여 주고 있다.

- S_N2 메커니즘(이분자 친핵성 치환)
- S_N1 메커니즘(일분자 친핵성 치환)

이제부터 S_N2 메커니즘과 S_N1 메커니즘의 특성을 검토한다.

7.10 S_N2 메커니즘

CH_3Br과 $CH_3CO_2^-$ 간의 반응은 **S_N2 반응**의 한 예이다. 이 반응의 일반적인 특징은 무엇인가?

CH_3-Br + acetate → (S_N2 반응) → $CH_3-O-C(=O)CH_3$ + Br^-

7.10A 반응 속도론

S_N2 반응은 **이차 반응 속도식**으로 표현된다. 즉, **이분자 반응**이고 할로젠화 알킬과 친핵체 모두 반응 속도식에 나타난다.

- 반응 속도 = $k[CH_3Br][CH_3CO_2^-]$

둘 중 어떤 반응물의 농도든지 변화시키면 속도에 영향을 준다. 예를 들어, 친핵체나 할로젠화 알킬의 농도를 두 배로 증가시키면 속도가 두 배로 증가한다. 두 반응물의 농도를 모두 두 배로 증가시키면 속도는 네 배로 증가한다.

문제 7.18 다음 각 조건에서 S_N2 반응 속도는 어떻게 되는가?

a. [RX]는 3배이고, [:Nu⁻]는 변화 없음
b. [RX], [:Nu⁻] 모두 3배
c. [RX]는 절반이고, [:Nu⁻]는 변화 없음
d. [RX]는 절반이고, [:Nu⁻]는 2배

7.10B 한 단계 메커니즘

지금까지 관찰한 이차 반응 속도론에 대한 가장 직설적인 설명은 메커니즘 7.1에 나타낸 바와 같은 **결합 분해와 결합 생성이 동시에 일어나는 협동(concerted) 반응**이다.

메커니즘 7.1 S_N2 메커니즘

한 단계 C–O 결합이 생성되면서 C–Br 결합이 끊어진다.

$CH_3CO_2^-$ + CH_3-Br → $CH_3CO-O-CH_3$ + Br^-

새로운 C–O 결합 생성

전이 상태에서 C−Br 결합은 부분적으로 끊어지고 C−O 결합은 부분적으로 생성된다. 공격하는 친핵체와 이탈기 모두에 부분 음전하가 있다.

7.10C S_N2 반응의 입체 화학

S_N2 반응에서 친핵체는 기질의 어느 방향에서 접근하는가? 두 가지 가능성이 있다.

- **앞쪽에서 공격**: 친핵체가 이탈기와 **같은** 쪽에서 접근한다.
- **뒤쪽에서 공격**: 친핵체가 이탈기의 **반대**쪽에서 접근한다.

친핵체가 앞쪽에서 혹은 뒤쪽에서 공격한 결과를 $CH_3CH(D)Br$을 기질로 하고 일반적인 친핵체: Nu^-를 이용하여 나타내었다. 이 기질은 이탈기가 입체 발생 중심 탄소에 결합되어 있다. 따라서 다른 두 방향에서 공격했을 때 생성되는 구조의 차이점을 알 수 있다.

앞쪽 공격에서 친핵체는 이탈기와 같은 쪽으로 접근하여 A를 생성한다. 이 예에서 이탈기는 오른쪽에 그려졌고, 따라서 친핵성 공격은 오른쪽에서 일어나며, 모든 다른 기는 원래 위치에 그대로 있다. 친핵체와 이탈기가 탄소의 다른 세 개의 기에 대해 같은 위치에 있기 때문에 앞쪽 공격은 입체 발생 중심(stereogenic center) 탄소에서 **배열이 보존**된다.

D는 수소의 동위 원소(^2H)를 의미한다(1.11절).

앞쪽 공격

A

Nu가 Br이 있었던 **같은** 쪽에서 치환한다.

뒤쪽 공격에서, 친핵체는 이탈기의 반대쪽으로 접근하여 B를 생성한다. 이 예에서 이탈기는 오른쪽에 그려졌고 친핵성 공격은 왼쪽에서 일어난다. 친핵체와 이탈기가 탄소의 다른 세 개의 기에 대해 서로 반대 방향에 있기 때문에 뒤쪽 공격은 입체 발생 중심 탄소에서 **배열이 반전**된다.

S_N2 반응에서 일어나는 반전을 **발덴 반전(Walden inversion)**이라 부르는데, 1896년에 라트비아 화학자 Paul Walden 박사가 처음으로 관찰하였다.

앞쪽 공격과 뒤쪽 공격의 생성물은 다른 화합물이다. **A**와 **B**는 입체 이성질체이고 서로 겹쳐지지 않는다. 두 화합물은 **거울상 이성질체**이다.

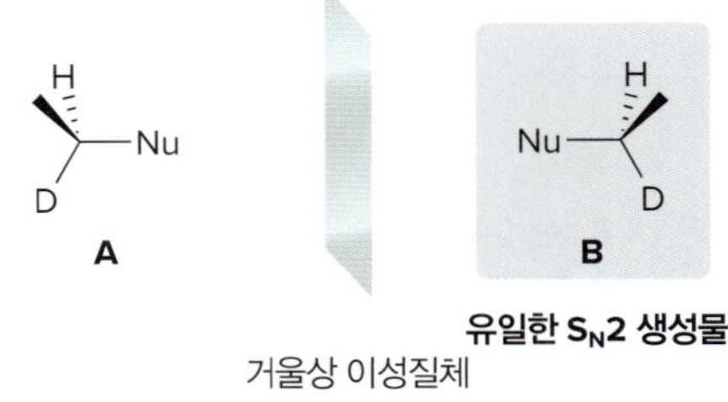

S_N2 반응에서 어느 생성물이 만들어지는가? 생성물의 입체 화학을 결정해보면, **뒤쪽 공격 생성물 B만이 생성된다.**

반전을 일으키는 뒤쪽 공격은 모든 S_N2 반응에서 일어나지만, 이탈기가 입체 발생 중심 탄소에 결합되었을 때만 관찰할 수 있다.

- 모든 S_N2 반응은 친핵체가 **뒤쪽에서 공격**해서 진행되고, 입체 발생 중심에서 **반전**이 일어난다.

뒤쪽 공격에 대한 하나의 설명은 전자에 관한 논거에 기초를 둔다. 친핵체와 이탈기 모두 전자가 풍부하므로 같은 전하끼리는 서로 밀어낸다. 뒤쪽에서 공격하면 두 기를 서로 가능한 한 멀리 떨어지게 할 수 있다. 전이 상태에서 친핵체와 이탈기는 서로 180° 방향으로 멀리 떨어져 있고 다른 세 개의 기는 탄소와 같은 평면에 있다. 이것을 그림 7.7에 나타내었다.

그림 7.7
S_N2 반응의 입체 화학

전이 상태

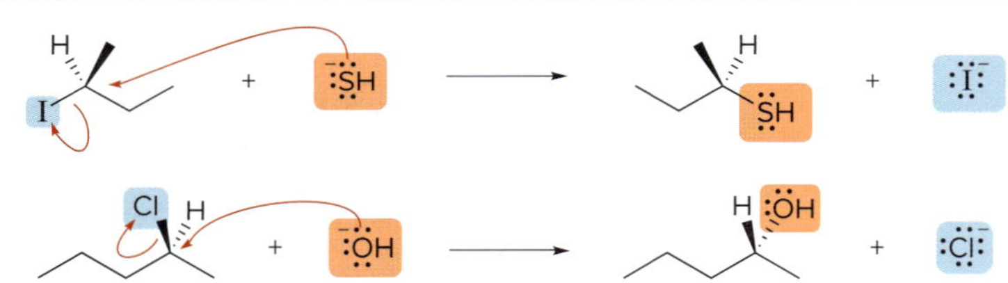

- R, H, D를 포함하는 평면에서 $:Nu^-$와 Br^-는 180° 정반대 방향으로 떨어져 있다.

그림 7.8에 S_N2 반응에서 나타나는 배열 반전의 두 가지 예를 나타내었다.

그림 7.8
S_N2 반응에서 나타나는 반전의 두 가지 예

- 생성물에서 친핵체가 만든 결합은 출발물에서 이탈기가 만들었던 결합과 항상 **반대쪽**이다. 만약 이탈기가 **왼쪽**에 표시되어 있다면 친핵체는 **오른쪽**에서 접근하고, 이탈기가 평면의 **앞쪽**으로 표시되어 있다면 친핵체는 **뒤쪽**에서 접근할 것이다.

예제 7.2 S_N2 반응에서 반전 생성물 그리기

다음 S_N2 반응에서 친핵체와 이탈기를 표시하고, 생성물을 그려라(입체 화학도 포함하여).

풀이

Br^-는 이탈기이고 ^-CN은 친핵체이다. S_N2 반응은 배열이 **반전**되면서 진행되고, 이탈기가 고리의 **위**에 그려졌기(쐐기) 때문에 친핵체는 **아래**에서 접근하여야 한다(점선쐐기 결합으로 끝남).

반전

- 배열의 **반전**은 C−Br 결합에서 일어난다.
- 친핵체($^-$CN)가 고리 평면의 **아래**에서 공격하므로 **뒤쪽 공격**은 두 기가 서로 **시스**인 출발물을 두 기가 서로 **트랜스**인 생성물로 변화시켰다.

문제 7.19 다음 각 S_N2 반응의 생성물을 그리고 입체 화학을 표시하라.

a. (D, H, Br) + :Ö⁻(에톡사이드) ⟶

b. (I) + $^-$:C≡N: ⟶

c. (Br) + $^-$CN $\xrightarrow{\text{acetone}}$

d. (Br) + $^-OCH_2CH_3$ $\xrightarrow{\text{DMF}}$

추가 문제: 문제 7.41, 7.53을 풀어보라.

7.10D R기의 정체성

할로젠화 알킬 기질의 알킬기가 CH_3 ⇢ 1° ⇢ 2° ⇢ 3°로 변화되면, S_N2 반응의 속도는 어떻게 바뀌는가?

- 이탈기가 붙은 탄소에 붙은 R기의 개수가 **증가하면** S_N2 반응의 속도는 **감소한다**.

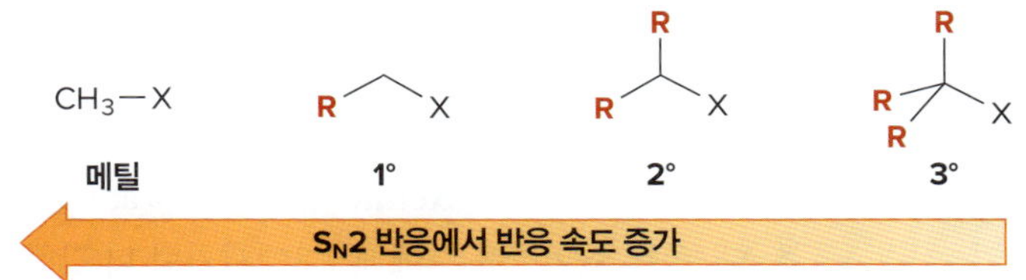

- 할로젠화 메틸과 1° 할로젠화 알킬은 S_N2 반응을 잘한다.
- 2° 할로젠화 알킬은 S_N2 반응을 느리게 한다.
- 3° 할로젠화 알킬은 S_N2 반응을 **하지 않는다**.

입체 효과로 이 반응성을 설명할 수 있다. 작은 수소 원자가 더 큰 알킬기로 바뀌면, **부피가 큰 알킬기에 의한 입체 장애 때문에 친핵체가 뒤쪽에서 공격하기가 더욱 어려워지고** 반응 속도는 느려진다. 그림 7.9는 일련의 할로젠화 알킬에서 입체 장애가 증가할 때 나타나는 영향을 보여준다.

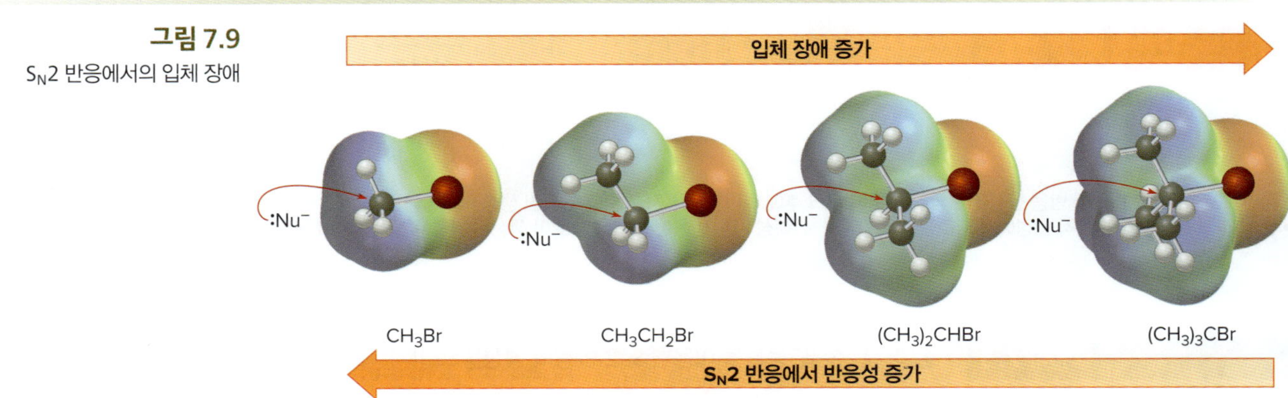

그림 7.9
S_N2 반응에서의 입체 장애

- S_N2 반응은 입체 장애를 받지 않는 할로젠화 알킬이 빠르다.

표 7.4에 여태까지 배운 S_N2 메커니즘을 요약한다.

표 7.4 S_N2 메커니즘의 특성

특성	결과
반응 속도	• **2차 속도론**: 반응 속도 = k[RX][:Nu-]
메커니즘	• **한 단계**
입체 화학	• 친핵체의 **뒤쪽 공격** • 입체 발생 중심에서의 배열의 **반전**
R의 정체성	• **입체 장애가 없는 할로젠화물이 빠르게 반응한다.** • 반응 속도: $CH_3X > RCH_2X > R_2CHX > R_3CX$

문제 7.20 다음 각 쌍에서 S_N2 반응이 더 빠른 화합물은 어느 것인가?

a. Cl 와 Cl b. Br 와 Br

그림 7.10에 나타낸 것처럼, S_N2 반응은 결핵 치료에 쓰이는 **ethambutol**(상품명 Myambutol)과 항우울제인 **fluoxetine**(상품명 Prozac) 같은 많은 의약품을 실험실에서 합성하는 핵심적 단계이다. 종종 S_N2 반응은 예제 7.3에서처럼 더 강한 친핵체를 생성하는 산-염기 반응이 먼저 일어난다.

그림 7.10 의약품의 합성에서 유용한 두 가지 친핵성 치환 반응

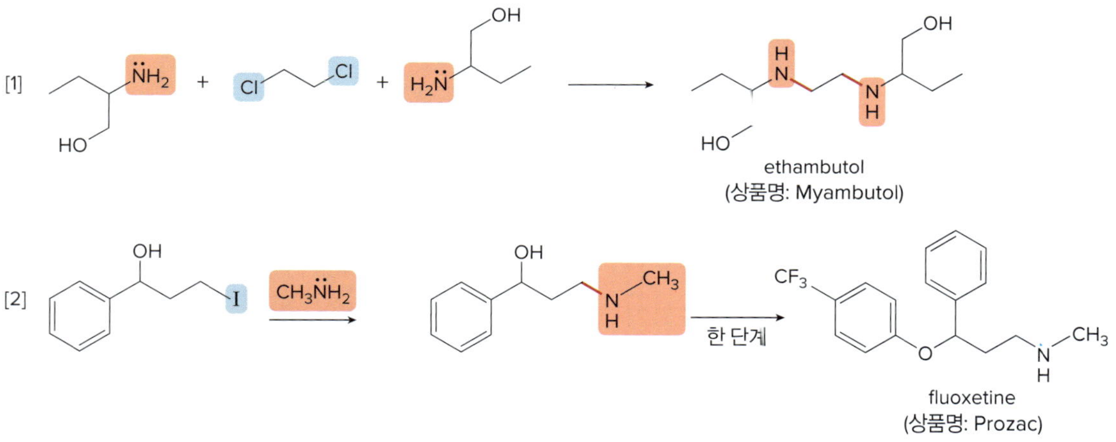

[1] HO $\ddot{N}H_2$ + Cl Cl + $H_2\ddot{N}$ OH → H N N H OH HO

ethambutol
(상품명: Myambutol)

[2] OH I $CH_3\ddot{N}H_2$ → OH N H CH_3 한 단계 → CF_3 O N H CH_3

fluoxetine
(상품명: Prozac)

- 두 예 모두에서 초기 치환 반응 생성물은 양전하를 띠며 그 후에 하나의 양성자를 잃고 그려진 생성물을 생성한다.
- 중성 친핵체인 NH_2기는 각 합성에서 할로젠을 치환한다. 친핵성 치환 반응에 의하여 새로이 생성된 결합은 생성물에서 붉은색으로 그려졌다.

예제 7.3 좀 더 복잡한 반응물을 이용한 S_N2 반응의 생성물 그리기

폐경기 여성에서 침윤성 유방암의 위험을 줄이기 위해 사용되는 약물인 raloxifene의 합성에서 S_N2 반응의 생성물인 **C**를 확인하라.

A + B (K_2CO_3, DMF) → C → (여러 단계) → raloxifene

풀이

두 반응물은 모두 작용기가 두 개 있지만, 더 간단한 반응에서 살펴본 같은 전략을 따른다.

[1] 친핵체와 이탈기를 확인한다. 매우 제한된 수의 이탈기만 가능하다(표 7.1). 화합물 **B**는 sp^3 혼성 탄소에 Cl이 결합하고 있기 때문에, 화합물 **B**에는 이탈기가 있게 된다. 그렇다면 화합물 **A**에는 친핵체가 있을 것이다.

이 반응은 염기(K_2CO_3)가 존재하는 조건에서 수행되기 때문에, **가장 산성도가 큰 수소가 제거될 것이고,** 이는 화합물 **A** 내의 OH에 있는 양성자이다. 화합물 **A**에서 양성자를 제거하여 음전하를 띤 짝염기를 생성하면, 이것이 **친핵체**이다.

A + CO_3^{2-} → 친핵체 + HCO_3^-

[2] 이탈기를 친핵체로 치환한다.

친핵체 + B (이탈기: Cl) → (S_N2) → C + Cl^-

친핵성 치환 반응은 C—O 결합이 새로 생긴 **C**를 만든다.

문제 7.21 다음 S_N2 반응의 생성물 **X**를 그려라. **X**는 1998년에 편두통 치료제로 나온 약물인 rizatriptan 합성의 핵심 중간체이다.

(NaH, DMF) → X → (여러 단계) → rizatriptan

추가 문제: 문제 7.54 – 7.57을 풀어보라.

7.11 S_N1 메커니즘

$(CH_3)_3CBr$과 $CH_3CO_2^-$의 반응은 친핵성 치환 반응에 관한 두 번째 예인 **S_N1 메커니즘**이다. 이 메커니즘의 일반적인 특징은 무엇인가?

아세트산 음이온 S_N1 반응

7.11A 반응 속도론

S_N1 반응은 1**차 반응 속도식**을 나타낸다.

- 반응 속도 = $k[(CH_3)_3CBr]$

7.7절에서 배운 것처럼, 속도론에 따르면 S_N1 메커니즘은 **두 단계 이상**으로 일어나며, 느린 단계는 할로젠화 알킬만을 포함하는 **일분자 반응**이다. **친핵체의 정체성과 농도는 반응 속도에 영향을 미치지 않는다.** 예를 들어 $(CH_3)_3CBr$의 농도를 두 배로 하면 속도가 두 배가 되지만, 친핵체의 농도를 두 배로 하는 것은 속도에 영향을 미치지 못한다.

문제 7.22 다음 각 조건에서 S_N1 반응 속도는 어떻게 되는가?

a. [RX]는 세 배, [:Nu⁻]는 변화 없음
b. [RX], [:Nu⁻] 모두 세 배
c. [RX]는 반, [:Nu⁻]는 변화 없음
d. [RX]는 반, [:Nu⁻]는 두 배

7.11B 두 단계 메커니즘

관찰된 일차 속도식에 대한 가장 직접적인 설명은 메커니즘 7.2에 나타낸 것처럼 **결합 생성보다 결합 절단이 먼저 일어나는 두 단계 메커니즘**이다.

메커니즘 7.2 S_N1 메커니즘

1 느림 탄소 양이온 + :Br:⁻ 2

1. C−Br 결합의 불균일 분해는 속도 결정 단계에서 **탄소 양이온**을 생성한다.
2. 탄소 양이온(Lewis 산)에서 아세트산 음이온(Lewis 염)의 **친핵성 공격**은 새로운 C−O 결합을 생성한다.

S_N1 메커니즘의 중요한 특징은 다음과 같다.

- 메커니즘은 두 단계이다.
- 반응성이 큰 중간체인 탄소 양이온이 생성된다.

$(CH_3)_3CBr + CH_3CO_2^-$ 반응의 에너지 도표를 그림 7.11에 나타내었다. 각 단계는 에너지의 극대점에서 전이 상태를 포함하는 각각의 에너지 장벽이 있다. 전이 상태 에너지가 더 높기 때문에 **단계 [1]이 속도를 결정한다.** 결합이 끊어질 뿐이므로 단계 [1]의 $\Delta H°$는 양이다. 반면에 단계 [2]의 $\Delta H°$는 결합이 생성되기만 하므로 음의 값이다. 전체 반응을 발열 반응이라고 가정하면 최종 생성물의 에너지는 초기 출발물보다 낮다.

그림 7.11
다음 S_N1 반응에 관한 에너지 도표:
$(CH_3)_3CBr + CH_3CO_2^- \rightarrow (CH_3)_3COCOCH_3 + Br^-$

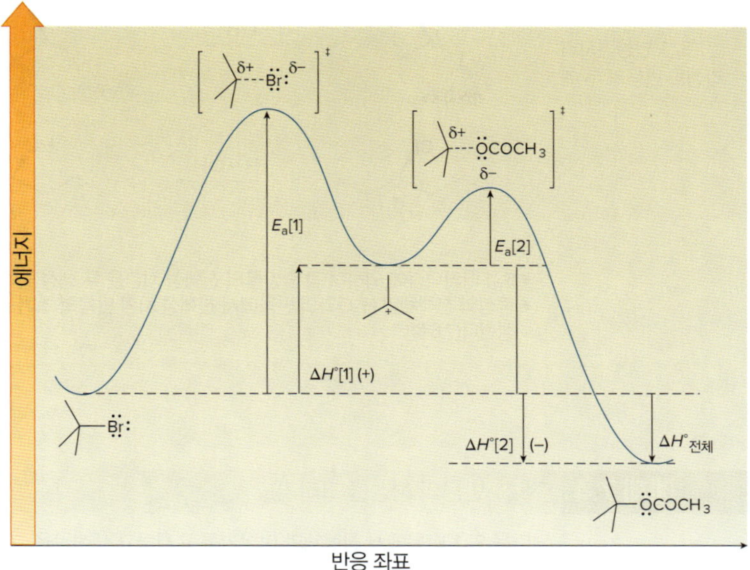

- S_N1 메커니즘은 **두 단계**이기 때문에 **두 개의 에너지 장벽**이 존재한다.
- 단계 [1]에서 결합이 끊어지고 단계 [2]에서는 결합이 생성되기 때문에 $\boldsymbol{E_a[1] > E_a[2]}$이다.
- 각 단계에서 한 개의 결합만 끊어지거나 생성되기 때문에 각 단계의 전이 상태에는 한 개의 부분 결합이 있다.

7.11C S_N1 반응의 입체 화학

비어 있는 *p* 오비탈
120°
sp^2 활성화

S_N1 반응의 입체 화학을 이해하기 위해서는 탄소 양이온 중간체의 기하 구조를 검토해야 한다.

- 탄소 양이온(세 개의 기가 탄소 주위에 있는)은 sp^2 혼성이며, 평면 정삼각형 구조로서 평면 위아래로 연장된 비어 있는 *p* 오비탈이 있다.

반응성이 큰 중간체인 정삼각 평면 탄소 양이온의 반응 결과를 알아보기 위해서 입체 발생 중심 탄소에 이탈기가 붙어 있는 3° 할로젠화 알킬의 S_N1 반응을 살펴보자.

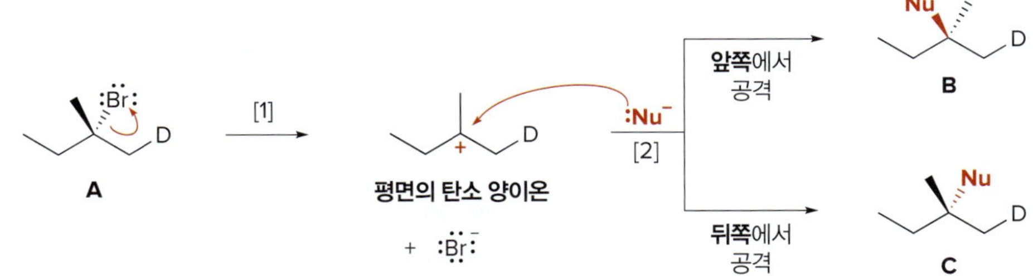

단계 [1]에서 이탈기가 떨어지면 비카이랄성 **평면 탄소 양이온**이 생성된다. 단계 [2]에서 친핵체의 공격은 어느 쪽에서나 일어날 수 있으므로 생성물은 **B**와 **C**가 된다. 이 두 생성물은 하나의 입체 발생 중심이 있는 다른 화합물이다. **B**와 **C**는 서로 겹쳐지지 않는 입체 이성질체, 즉 **거울상 이성질체**이다. 친핵체가 공격할 때 공격 방향에 관한 선호성이 없기 때문에 두 화합물은 같은 양으로 생성된다. 즉 **라셈 혼합물(racemic mixture)**이 만들어진다. 우리는 이 반응에서 **라셈화 반응(*racemization*)**이 일어났다고 말한다.

S_N1 반응에서 평면 탄소 양이온의 양쪽에서 친핵성 공격이 일어난다. 그러나 이 현상의 결과는 이탈기가 입체 발생 중심 탄소에 붙어 있을 때만 관찰할 수 있다.

- **라셈화 반응**은 하나의 출발물에서 두 거울상 이성질체가 같은 양으로 생성되는 반응이다.
- 입체 발생 중심이 하나이면 S_N1 반응은 입체 발생 중심에서 **라셈화**가 일어난다.

그림 7.12에 S_N1 반응에서 라셈화가 일어나는 두 개의 예를 더 나타내었다.

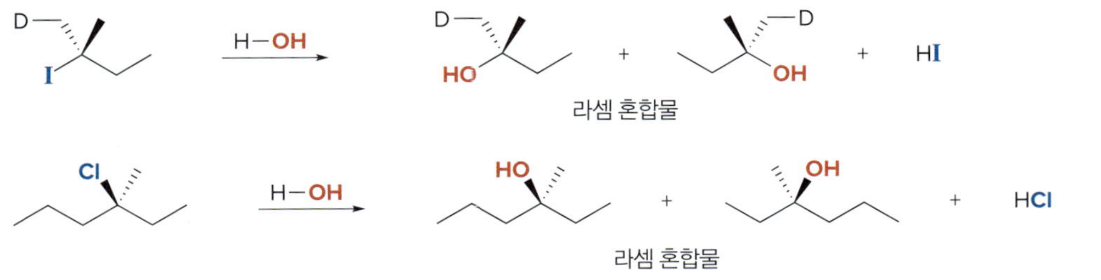

그림 7.12
S_N1 반응에서의 라셈화 반응의 두 예

- S_N1 메커니즘에 의하여 각 출발물의 친핵성 치환은 두 생성물의 **라셈 혼합물**을 생성한다.
- 중성의 친핵체인 H_2O와의 반응에서 친핵성 치환 반응의 초기 생성물(ROH_2^+)은 양성자를 잃어 최종 중성 생성물 ROH를 생성한다(7.6절).

예제 7.4 S_N1 반응의 생성물 그리기

다음 S_N1 반응에서 친핵체와 이탈기를 표시하고 생성물을 그려라(입체 화학을 포함하여).

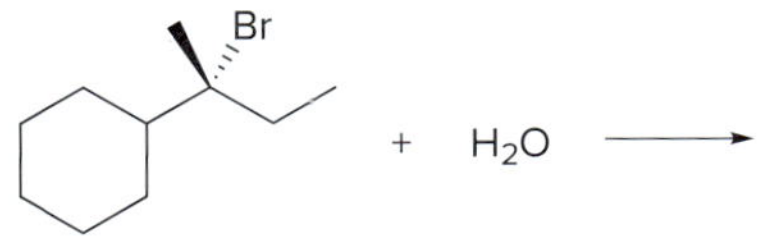

풀이

Br^-는 이탈기이고 H_2O는 친핵체이다. 이탈기가 떨어지면 **정삼각 평면의 탄소 양이온**이 생성된다. 이 중간체는 친핵체와 둘 중 어느 한 방향 쪽으로든지 반응해서 두 개의 생성물을 생성한다.

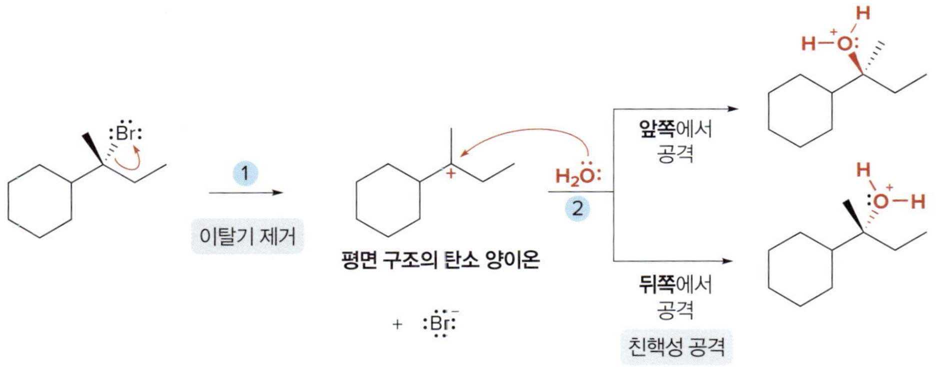

이 예에서 친핵성 치환의 초기 생성물은 양전하를 띤다. 이들은 양성자를 쉽게 잃어버리고 중성 생성물로 된다. 중성 친핵체와의 전체 과정은 **세 단계**이다. 처음 두 단계는 **두 단계 S_N1 메커니즘**(이탈기는 떨어지고 그리고 친핵체는 공격하고), 세 번째는 **Brønsted–Lowry 산–염기 반응**이며 중성의 유기 생성물이 만들어진다.

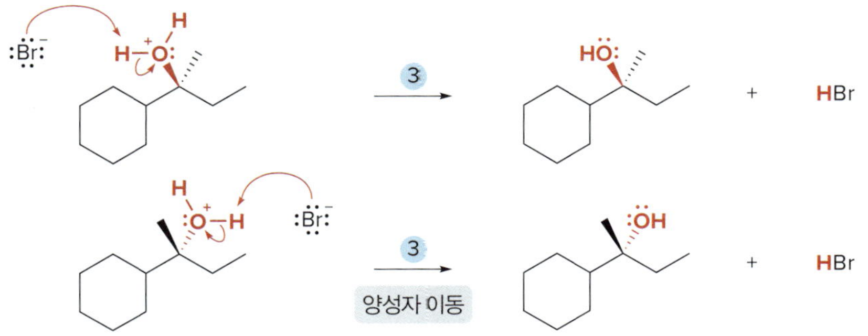

이 반응에서 두 생성물은 서로 겹쳐지지 않는 거울상, 즉 **거울상 이성질체이다**. 정삼각 평면 탄소 양이온 양쪽에서 같은 확률로 친핵성 공격이 일어나기 때문에 **라셈 혼합물이 만들어진다**.

문제 7.23 다음 각 S_N1 반응의 생성물을 그려라. 모든 입체 발생 중심에서는 입체 화학을 표시하라.

a. Br, H_2O → b. Cl, $CH_3CO_2^-$ → c. Br, CH_3OH →

추가 문제: 문제 7.60을 풀어보라.

7.11D R기의 정체성

할로젠화 알킬에서 알킬기가 CH_3 ---→ 1° ---→ 2° ---→ 3°로 변화될 때 S_N1 반응의 속도는 어떻게 바뀌는가?

- 이탈기가 있는 탄소에 붙은 R기의 수가 **증가함**에 따라 S_N1 반응의 속도는 **증가한다**.

CH_3-X 메틸 | R‑CH₂‑X 1° | R₂CH‑X 2° | R₃C‑X 3°

S_N1 반응의 반응 속도 증가 →

- 3° 할로젠화 알킬은 S_N1 반응을 빠르게 일으킨다.
- 2° 할로젠화 알킬은 더 느리게 반응한다.
- 할로젠화 메틸이나 1° 할로젠화 알킬은 S_N1 반응을 하지 **않는다**.

이 경향은 S_N2 메커니즘과 정반대이다. 이와 같은 결과를 설명하려면 탄소 양이온이 생성되는 속도 결정 단계를 공부해야 하고, **탄소 양이온 안정성**에 대한 알킬기의 영향을 배워야 한다. 표 7.5에 S_N1 반응의 특성을 요약하다.

표 7.5 S_N1 메커니즘의 특성

특성	결과
반응 속도	• **1차 속도론**: 반응 속도 = k[RX]
메커니즘	• **두 단계**
입체 화학	• **정삼각 평면의 탄소 양이온** 중간체 • 단 한 개의 입체 발생 중심에서의 **라셈화**
R의 정체성	• **치환이 많은 할로젠화물이 빨리 반응한다.** • 반응 속도: $R_3CX > R_2CHX > RCH_2X > CH_3X$

7.12 탄소 양이온의 안정성

탄소 양이온은 양전하를 띤 탄소에 붙은 R기의 수에 따라 **1°(일차), 2°(이차), 3°(삼차)**로 분류한다. 양전하를 띤 탄소에 붙은 R기의 수가 증가함에 따라 탄소 양이온의 안정성도 **증가한다**.

메틸 1° 2° 3°

S_N1 반응의 반응 속도 증가

이와 같은 안정성 순서에 대한 이유를 두 개의 다른 원리, 즉 **유도 효과(inductive effect)**와 **하이퍼콘쥬게이션(hyperconjugation)**을 이용하여 검토할 것이다.

문제 7.24 다음 탄소 양이온을 1°, 2°, 3°로 분류하라.

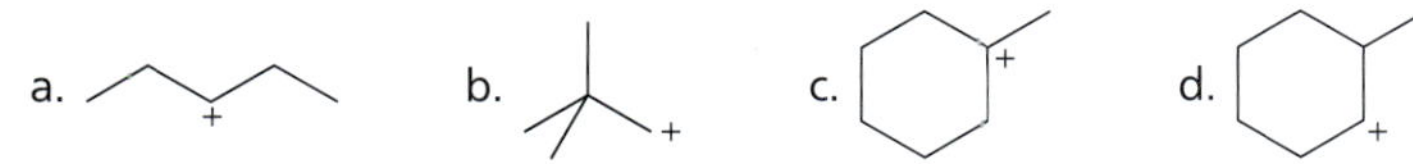

7.12A 유도 효과

유도 효과는 σ 결합을 통해 일어나는 전자 효과이다. 예를 들면, 2.5B절에서 **전자를 끄는 유도 효과**에 의해 전기 음성도가 더 큰 원자가 음전하를 안정시키는 것을 배웠다.

전자 주는 기(Z)는 (+)전하를 안정시킨다: Z → Y^+. 전자 끄는 기(W)는 (−) 전하를 안정시킨다: W ← Y^-.

양전하를 안정시키기 위해 **전자를 주는 기**가 필요하다. **알킬기는 양전하를 안정시키는 전자를 주는 기이다.** 여러 개의 σ 결합이 있는 알킬기는 수소 원자보다 편극성이 더 커서 전자 밀도를 더 잘 줄 수 있다. 그래서 CH_3^+에서 R기가 H 원자를 차례로 치환하면 **양전하는 전자를 주는 R기에 더 많이 분산되며 탄소 양이온은 더 안정해진다.**

메틸 1° 2° 3°

전자를 주는 R기의 개수가 증가 탄소 양이온의 안정도 증가

문제 7.25 다음 탄소 양이온을 1°, 2°, 또는 3°로 분류하고 각 그룹의 탄소 양이온을 안정성이 증가하는 순서로 나열하라.

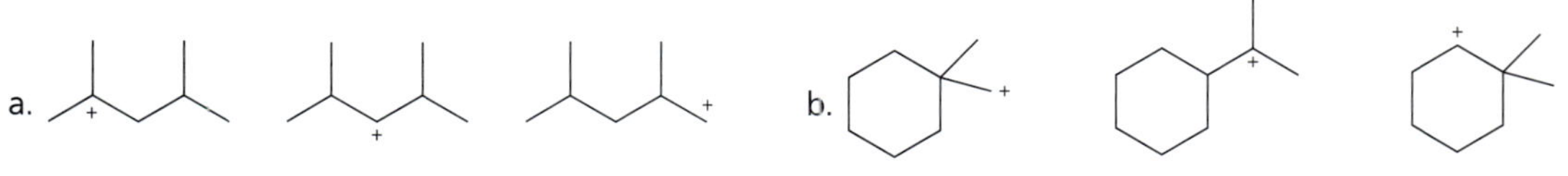

7.12B 하이퍼콘쥬게이션

탄소 양이온의 안정성 경향에 대한 두 번째 설명은 오비탈 겹침에 기본을 둔다. 양전하가 두 개 이상의 원자에 비편재화되기 때문에 3° 탄소 양이온이 2°, 1° 또는 메틸 탄소 양이온보다 더 안정하다.

- 비어 있는 *p* 오비탈이 인접하고 있는 σ 결합과 겹침에 의해 전하가 분산되는 것을 **하이퍼콘쥬게이션(hyperconjugation)**이라 한다.

예를 들어 CH_3^+는 하이퍼콘쥬게이션에 의해 안정화될 수 없지만, $(CH_3)_2CH^+$는 안정화된다.

$\overset{+}{C}H_3$ = H—C(H)(H)　　　　σ　$(CH_3)_2\overset{+}{C}H$

하이퍼콘쥬게이션 기회가 없음　　　　하이퍼콘쥬게이션이 가능

두 탄소 양이온에는 sp^2 혼성 탄소가 있다. 따라서 모두 평면 위와 아래로 뻗은 p 오비탈이 있는 정삼각 평면 구조이다. CH_3^+에는 p 오비탈과 오비탈 겹침을 할 C−H σ 결합이 옆에 없다. 그러나 $(CH_3)_2CH^+$에는 이웃한 C−H 결합이 있다. 이러한 겹침(**하이퍼콘쥬게이션**) 때문에 탄소 양이온에 있는 양전하가 분산되어 더 큰 공간으로 흩어져 탄소 양이온을 안정화하는 것이다.

이웃한 탄소에 있는 알킬기의 수가 **더 많아질수록** 하이퍼콘쥬게이션 될 기회가 **더 많아지므로** 안정성이 **더 커진다**. 그래서 하이퍼콘쥬게이션은 **더 많은 R기가 있는 탄소 양이온이 더 안정한** 이유를 설명하는 또 다른 방법이 된다.

7.13 Hammond 가설

S_N1 반응의 속도는 C−X 결합의 불균일 분해를 통해 만들어지는 속도 결정 단계의 생성물인 탄소 양이온의 생성 속도에 따라 결정된다.

- S_N1 반응의 속도는 이탈기가 붙어 있는 탄소에 결합된 R기의 수가 **증가할수록 증가한다**.
- 탄소 양이온의 안정성은 양전하를 띠는 탄소에 결합된 R기의 수가 **증가할수록 증가한다**.

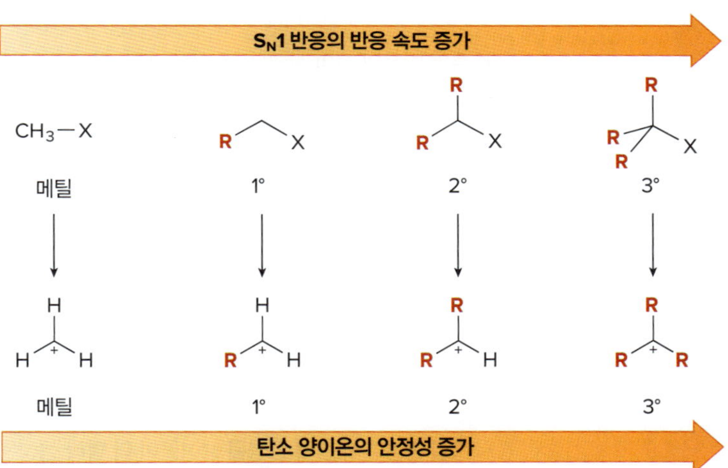

- 따라서 S_N1 반응의 속도는 탄소 양이온의 안정성이 **증가할수록 증가한다**.

속도 결정 단계

보다 더 안정한 탄소 양이온에 의해 반응이 더 빨라진다.

속도는 E_a의 크기에 따라 결정된다. 생성물의 안정성은 $\Delta G°$에 따라 결정된다. 1955년에 처음 제안된 Hammond **가설은 속도와 안정성을 관련시킨다**.

7.13A Hammond 가설의 일반적 특징

Hammond 가설은 전이 상태의 에너지를 정성적으로 평가한다. 전이 상태의 에너지가 활성화 에너지를 결정하고, 따라서 반응 속도도 결정하기 때문에 두 전이 상태의 상대적인 에너지를 예측할 수 있으면 두 반응의 상대적인 속도를 결정할 수 있다.

Hammond 가설에 따르면 반응의 전이 상태는 에너지 값이 근접한 반응물이나 생성물의 구조를 닮는다. 흡열 반응의 전이 상태는 에너지가 **생성물**에 더 근접한다. **발열 반응**의 전이 상태는 에너지가 **반응물**에 더 근접한다.

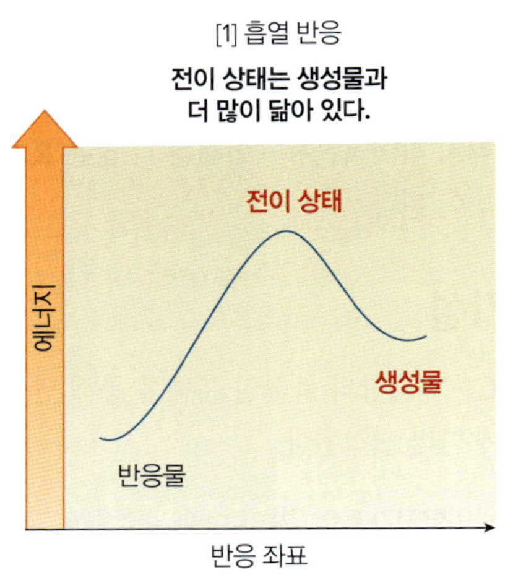

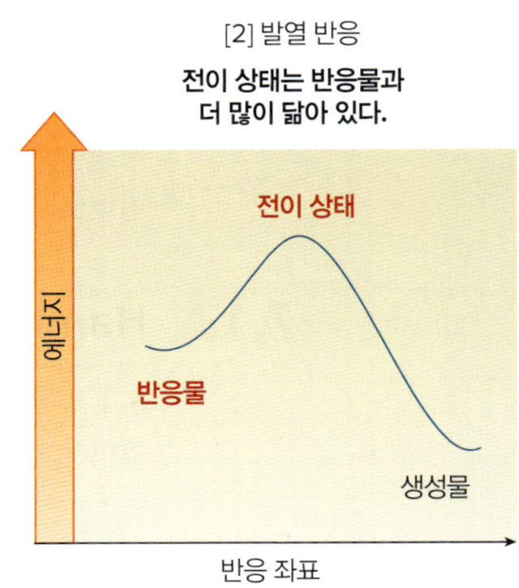

- **흡열** 반응의 전이 상태는 **생성물**을 닮는다.
- **발열** 반응의 전이 상태는 **반응물**을 닮는다.

생성물의 에너지를 낮추면 반응 속도는 어떻게 될까? **흡열 반응**에서 전이 상태는 생성물을 닮는다. 따라서 생성물을 안정시키는 모든 조건은 전이 상태 또한 안정시킨다. **전이 상태의 에너지를 낮추면 활성화 에너지(E_a)가 감소하고, 따라서 반응 속도가 증가한다.**

흡열 반응에서 두 개의 가능한 생성물이 있고 하나의 생성물이 다른 생성물보다 더 안정(더 낮은 에너지)하다고 가정하자(그림 7.13a). Hammond 가설에 따르면 **더 안정한 생성물을 생성하는 전이 상태는 에너지가 낮고, 따라서 이 반응은 더 빨리 일어난다.**

- 흡열 반응에서는 **더 안정된** 생성물이 **더 빨리** 생성된다.

생성물의 에너지를 낮추면 **발열 반응**의 속도에 어떤 변화가 일어나는가? 전이 상태는 반응물을 닮는다. 따라서 **생성물의 에너지를 낮추어도 전이 상태의 에너지는 거의 또는 전혀 영향을 받지 않는다.** 그림 7.13b에 나타낸 바와 같이 E_a가 영향을 받지 않는다면 반응 속도 또한 영향받지 않는다.

- 발열 반응에서는 더 안정한 생성물과 덜 안정한 생성물의 E_a가 **비슷하기** 때문에 더 안정한 생성물이 만들어질 수도 있고 아닐 수도 있다.

그림 7.13 전이 상태의 에너지와 생성물이 연관되는 방법

a.

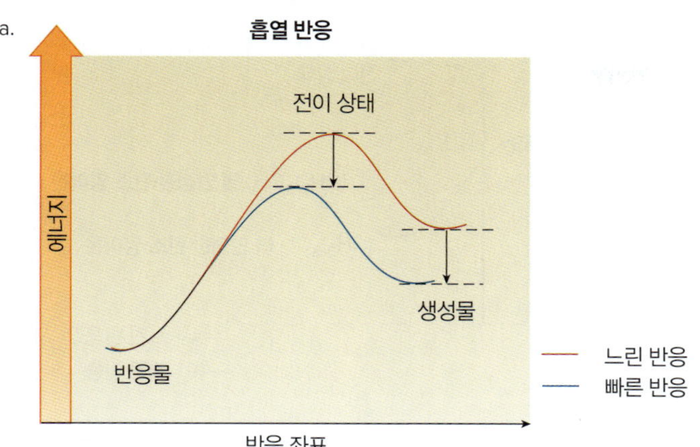

• 전이 상태의 에너지가 **더 낮을수록** 생성물도 에너지가 **더 낮아진다**.

b.

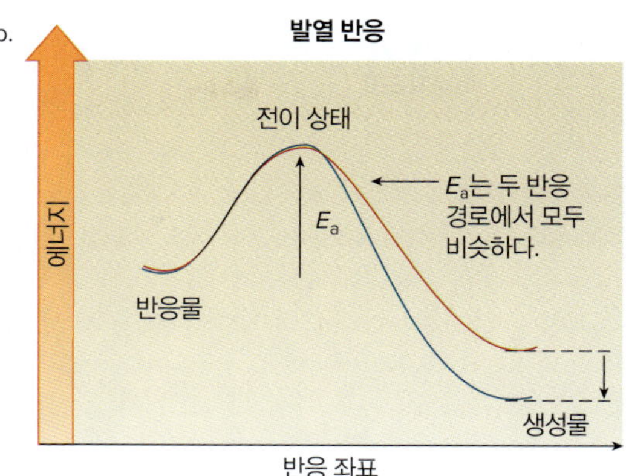

• 생성물의 에너지가 낮아져도 흔히 전이 상태의 에너지는 **영향을 별로** 받지 않는다.

7.13B Hammond 가설과 S_N1 반응

S_N1 반응에서 속도 결정 단계는 탄소 양이온 생성 단계이고 흡열 반응이다. Hammond 가설에 따르면 **탄소 양이온의 안정성이 생성 속도를 결정한다.**

예를 들면, $(CH_3)_2CHCl$에서 C−Cl 결합이 불균일 분해되면 불안정한 2° 탄소 양이온 $(CH_3)_2CH^+$가 만들어진다(반응식 [1]). 그러나 $(CH_3)_3CCl$에서 C−Cl 결합이 불균일 분해되면 매우 안정한 탄소 양이온 $(CH_3)_3C^+$가 만들어진다(반응식 [2]). Hammond 가설에 따르면, 반응 [2]가 반응 [1]보다 훨씬 빠르다. 더 안정한 3° 탄소 양이온을 생성하는 전이 상태의 에너지가 낮기 때문이다. 이 두 흡열 반응을 비교하는 에너지 도표를 그림 7.14에 보였다.

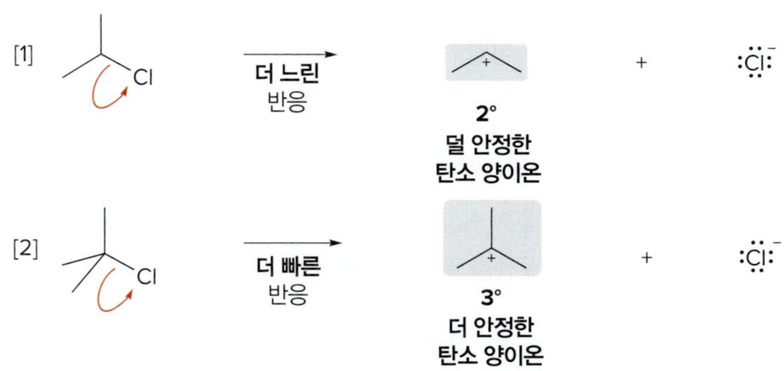

결론적으로 Hammond 가설은 두 반응의 상대적 속도를 예측하는 데 사용할 수 있다. **S_N1 반응에서 반응 속도 결정 단계는 흡열이어서 더 안정한 탄소 양이온이 빨리 생성된다.**

그림 7.14
두 개의 다른 S_N1 반응에서 탄소 양이온 생성에 관한 에너지 도표

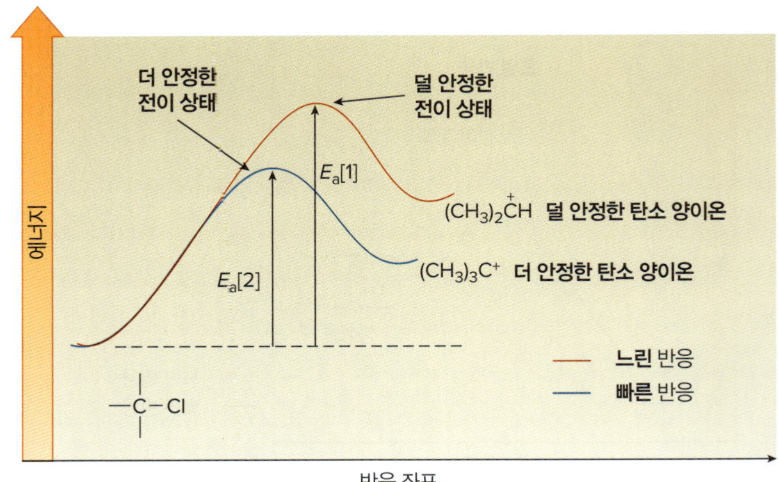

- $(CH_3)_2CH^+$가 $(CH_3)_3C^+$보다 덜 안정하기에 $E_a[1] > E_a[2]$가 되고, 반응 [1]은 느리다.

문제 7.26 표시한 할로젠화물을 S_N1 반응 속도가 증가하는 순으로 정렬하라.

a. [1] Cl [2] Cl [3] Cl

b. [1] Cl [2] Cl [3] Cl

c. [1] I [2] I [3] I

7.14 어느 때 S_N1 메커니즘이고 어느 때 S_N2 메커니즘인가?

특정 출발물과 친핵체가 주어졌을 때, 반응이 S_N1 혹은 S_N2 메커니즘에 의하여 일어날지를 어떻게 알 수 있는가? 네 가지 요인을 검토한다.

- **할로젠화 알킬—CH_3X, RCH_2X, R_2CHX, 혹은 R_3CX**
- **친핵체—강하거나 혹은 약한**
- **이탈기—좋거나 혹은 나쁜**
- **용매—양성자성 혹은 비양성자성**

7.14A 할로젠화 알킬—가장 중요한 요인

반응이 S_N1 혹은 S_N2 메커니즘을 따라서 반응이 일어날지 아닐지를 결정하는 가장 중요한 요인은 **할로젠화 알킬의 정체성**이다.

- 알킬 치환이 **증가하면** S_N1 반응을 선호한다.
- 알킬 치환이 **감소하면** S_N2 반응을 선호한다.

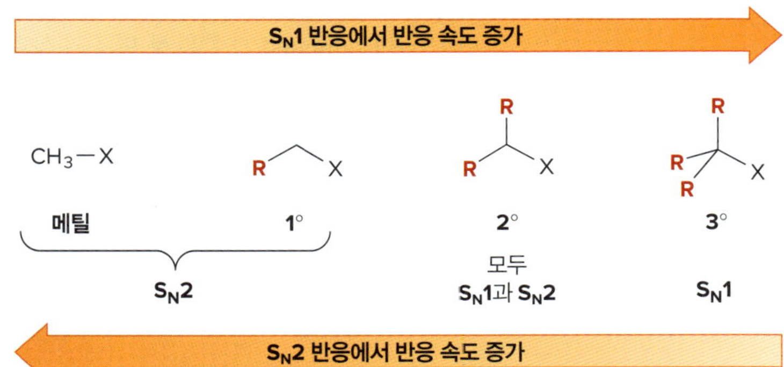

- 할로젠화 메틸과 1° 할로젠화물(CH_3X와 RCH_2X)은 S_N2 반응만 한다.
- 3° 할로젠화 알킬(R_3CX)은 S_N1 반응만 한다.
- 2° 할로젠화 알킬(R_2CHX)은 S_N1과 S_N2 반응을 둘 다 한다. 다른 요인이 메커니즘을 결정한다.

예를 그림 7.15에 나타내었다.

그림 7.15
RX의 정체성과 친핵성 치환의 메커니즘

문제 7.27 다음 각 할로젠화 알킬에 대하여 친핵성 치환 반응의 가장 가능한 메커니즘은 무엇인가?

a. Br b. Br c. Br d. Br

문제 7.28 Mometasone은 습진을 치료하는 크림, 건초열을 치료하는 비강 스프레이, 그리고 천식을 치료하는 구강 흡입제로 사용되는 소염 스테로이드이다. 이 약물은 전 세계적으로 100가지 이상의 상품명으로 판매되고 있다.

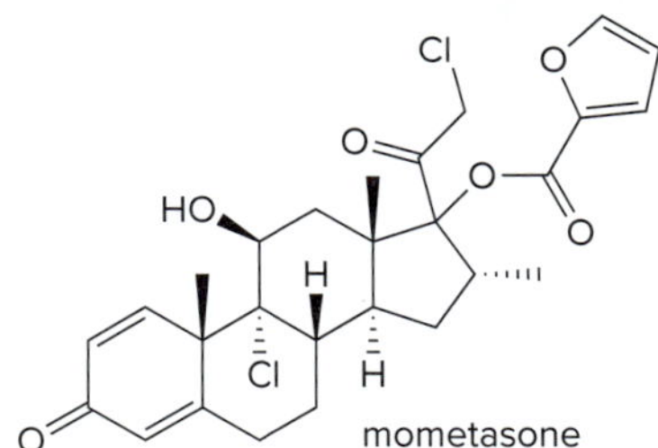

a. Mometasone의 어느 염화 알킬이 S_N1 반응에서 더 빠르게 반응하는가?
b. 어느 염화 알킬이 S_N2 반응에서 더 빠르게 반응하는가?

7.14B 친핵체

친핵체의 세기가 S_N1 또는 S_N2 메커니즘에 어떻게 영향을 미치는가? 친핵체가 반응 속도식에 포함되지 않기 때문에 친핵체의 본질성은 S_N1 반응의 속도에 영향을 주지 않는다(반응 속도 = k[RX]). 그러나 S_N2 반응에서는 친핵체가 속도식에 포함되기 때문에 친핵체의 본질성이 매우 중요하다(반응 속도 = k[RX][:Nu$^-$]).

- **강한** 친핵체가 높은 농도로 있으면 S_N2 반응을 선호한다.
- **약한** 친핵체는 모든 경쟁 S_N2 반응 속도를 감소시킴으로써 S_N1 반응을 선호한다.

S_N2 반응에서 가장 일반적인 친핵체는 알짜 음전하를 띤다. S_N1 반응에서 가장 일반적인 친핵체는 H_2O나 ROH와 같은 약한 친핵체이다. 2° 할로젠화 알킬이 출발물일 때, 친핵체의 본질성은 메커니즘을 결정하는 가장 중요한 요인이 되며, 따라서 친핵성 치환의 입체 화학이 결정된다.

2° 할로젠화 알킬 **A** (*cis*-1-bromo-4-methylcyclohexane)가 센 친핵체 ^-OH 또는 약한 친핵체 H_2O 둘 중 하나와 반응할 때 생성되는 치환 생성물을 비교해보자. 2° 할로젠화 알킬은 두 메커니즘

모두에 의하여 반응할 수 있기 때문에 친핵체의 세기가 어느 메커니즘이 일어날지를 결정한다.

cis-1-bromo-4-methyl-cyclohexane
A

^{-}OH (센 친핵체)

H_2O (약한 친핵체)

센 친핵체 $^{-}$OH는 S_N2 반응을 선호한다. 친핵체가 **뒤쪽**에서 공격해서 **배열의 반전**이 일어난다. 이탈기 Br^-가 고리 평면의 위에 있기 때문에 친핵체는 고리 평면 아래에서 공격한다. 따라서 오직 하나의 생성물 **B**가 만들어진다.

위치 배열의 **반전**이 일어남

A + ^{-}OH (센 친핵체) —S_N2→ trans-4-methylcyclohexanol B + Br^-

약한 친핵체인 H_2O는 S_N1 반응을 선호한다. 이 반응은 탄소 양이온 중간체를 거쳐 일어난다. **A**에서 이탈기가 떨어지면 탄소 양이온이 생성되고, 이 탄소 양이온이 고리 평면의 위와 아래에서 친핵성 반응을 하여 두 개의 생성물 **C**와 **D**를 생성한다. 양성자 전달 과정으로 양성자를 잃어버리면 최종 생성물 **B**와 **E**가 얻어진다. **B**와 **E**는 서로 부분 입체 이성질체 관계이다(**B**는 트랜스 이성질체이고 **E**는 시스 이성질체이다).

A → 평면 구조의 탄소 양이온 + Br^-

H_2O: 위 → C → 시스 이성질체 E + HBr

아래 → D → 트랜스 이성질체 B

친핵체가 **위**와 **아래**에서 공격한다.

따라서 친핵성 치환 반응의 메커니즘이 생성물의 입체 화학을 결정한다.

문제 7.29 각각의 할로젠화 알킬과 친핵체에 대하여 [1] 친핵성 치환 반응의 생성물을 그려라. [2] 가능한 메커니즘(S_N1 또는 S_N2)은 무엇인가?

a. (Cl 화합물) + CH_3OH

b. (Br 화합물) + ^{-}SH

c. (I 화합물) + $CH_3CH_2O^-$

d. (Br 화합물) + CH_3OH

문제 7.30 다음 각 반응의 생성물을 그려라(입체 화학을 포함하여).

7.14C 이탈기

이탈기의 정체성은 어떻게 S_N1 또는 S_N2 반응에 영향을 미치는가?

- **좋은** 이탈기는 S_N1과 S_N2 반응의 속도를 **모두** 증가시킨다.

S_N2 메커니즘의 유일한 단계의 전이 상태와 S_N1 메커니즘의 느린 단계의 전이 상태에서 이탈기와의 결합이 부분적으로 끊어지기 때문에 **좋은 이탈기는 S_N1과 S_N2 반응의 속도를 모두 증가시킨다.** 이탈기가 더 좋을수록 C−X 결합에서 전자쌍을 더 잘 받으려 하고, 반응은 더 빨라진다.

할로젠화 알킬에서 S_N1과 S_N2 메커니즘에 대하여 다음과 같은 반응성 순서가 관찰된다.

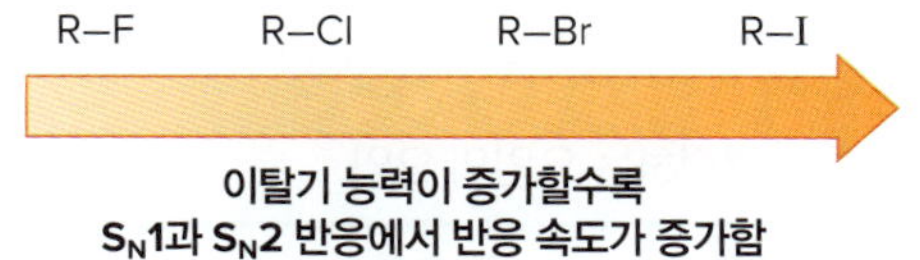

문제 7.31 다음 해양 천연물에서 할로젠화 알킬(붉은색)을 S_N1 반응에서의 반응성이 증가하는 순서로 나열하라.

7.14D 용매

극성 양성자성 용매와 극성 비양성자성 용매는 S_N1 반응과 S_N2 반응 속도에 다르게 영향을 준다.

- 극성 **양성자성** 용매는 S_N1 반응에 특별히 좋다.
- 극성 **비양성자성** 용매는 S_N2 반응에 특별히 좋다.

> 용매 효과의 요약
> - 이온 중간체가 용매화에 의해 안정화되기 때문에 **극성 양성자성 용매는 S_N1 반응을 선호한다.**
> - 친핵체의 용매화가 잘 되지 않고 따라서 친핵성이 더 증가하기 때문에 **극성 비양성자성 용매는 S_N2 반응을 선호한다.**

H_2O나 ROH와 같은 극성 양성자성 용매는 양이온과 음이온을 모두 잘 용매화한다. 이 특성은 두 이온(탄소 양이온과 이탈기)이 C−X 결합의 불균일 분해로 생성되는 S_N1 메커니즘에서 중요하다. 탄소 양이온은 극성 용매와 이온−쌍극자 상호작용으로 용매화되고, 이탈기는 수소 결합에 의하여 용매화된다. 7.8C절에서 Na^+와 Br^-가 용매화되는 것과 매우 유사한 방법이다. 이 상호작용은 반응성이 큰 중간체를 안정화한다. 사실 S_N1 반응에는 일반적으로 극성 양성자성 용매가 필요하다.

극성 비양성자성 용매는 쌍극자−쌍극자 상호작용을 한다. 그러나 수소 결합은 하지 않는다. 그 결과로 음이온을 잘 용매화하지 못한다. 이 현상은 음이온 친핵체의 친핵성에 매우 큰 영향을 미친다. 용매와 강하게 상호작용을 하지 않는 친핵체는 '숨겨져' 있지 않기 때문에 이 친핵체는 **친핵성이 더욱 커진다.** 더 센 친핵체는 S_N2 반응을 선호하기 때문에 **극성 비양성자성 용매는 S_N2 반응에 특별히 좋다.**

문제 7.32 다음 중 어느 용매가 S_N1 반응을 선호하며, 어느 용매가 S_N2 반응을 선호하는가?

a. (에탄올 골격 구조, OH) b. CH_3CN c. (아세트산 골격 구조, O, OH) d. (다이에틸 에터 골격 구조, O)

문제 7.33 각 치환에 대하여 메커니즘을 결정하고 그 다음에 반응을 더 빠르게 일어나게 하는 용매를 결정하라.

a. $(CH_3CH_2)_2CClCH_3 + CH_3OH$ in CH_3OH 또는 DMSO
b. $CH_3CH_2CH_2Br + {}^{-}OH$ in H_2O 또는 DMF
c. $(CH_3CH_2)_2CHCl + CH_3O^{-}$ in CH_3OH 또는 HMPA

7.14E S_N1 메커니즘이 일어날지, 또는 S_N2 메커니즘이 일어날지 결정하는 요인의 요약

표 7.6에 반응이 S_N1 메커니즘으로 일어날지, 또는 S_N2 메커니즘으로 일어날지 결정하는 요소들을 요약하였다. 예제 7.5와 7.6은 주어진 반응의 메커니즘을 결정할 때 이 요인들을 어떻게 사용하는지 설명한다.

표 7.6 S_N1 또는 S_N2 메커니즘을 결정하는 요인의 요약

할로젠화 알킬	메커니즘	다른 요인
CH_3X RCH_2X (1°)	S_N2	다음 경우에 선호 • **센 친핵체**(일반적으로 알짜 음전하) • 극성 **비양성자성** 용매
R_3CX (3°)	S_N1	다음 경우에 선호 • **약한 친핵체**(일반적으로 중성) • 극성 **양성자성** 용매
R_2CHX (2°)	S_N1 또는 S_N2	메커니즘은 다음 조건에 따른다. • **센 친핵체는 S_N1보다 S_N2를 선호한다.** 예를 들면, RO^{-}는 ROH보다 센 친핵체이다. 따라서 RO^{-}는 S_N2 반응을 선호하고 ROH는 S_N1 반응을 선호한다. • **양성자성 용매는 S_N1 메커니즘을 선호하고 비양성자성 용매는 S_N2 메커니즘을 선호한다.** 예를 들면, H_2O나 CH_3OH는 극성 양성자성 용매이므로 S_N1 메커니즘을 선호하는 반면에, 아세톤$[(CH_3)_2C{=}O]$과 DMSO$[(CH_3)_2S{=}O]$는 극성 비양성자성 용매이므로 S_N2 메커니즘을 선호한다.

예제 7.5 친핵성 치환 반응의 메커니즘 결정하기

각 반응의 친핵성 치환 메커니즘을 결정하고 생성물을 그려라.

a. (1-브로모프로페인 골격 구조)Br + ${}^{-}$:C≡CH ⟶ b. (브로모사이클로펜테인)Br + ${}^{-}$CN ⟶

풀이

a. 이 할로젠화 알킬은 1°이다. 따라서 친핵체 ${}^{-}$:C≡CH와 S_N2 메커니즘으로 반응해야 한다.

1° 할로젠화 알킬 + 센 친핵체 $\xrightarrow{S_N2}$ + Br^-

b. 이 할로젠화 알킬은 2°이므로 S_N1이나 S_N2 메커니즘으로 반응할 수 있다. 센 친핵체는 S_N2 메커니즘을 선호한다.

2° 할로젠화 알킬 + 센 친핵체($^-$:CN) $\xrightarrow{S_N2}$ (cyclopentyl)—CN + Br^-

예제 7.6 친핵성 치환 반응에서 메커니즘과 입체 화학을 결정하기

다음 각 반응에 대한 친핵성 치환의 메커니즘을 결정하고 생성물 구조를 그려라.

a. (2-chlorobutane) + $^-OCH_3$ $\xrightarrow{DMSO}$ b. (3° chloride) + CH_3OH ⟶

풀이

a. 2° 할로젠화 알킬은 S_N1이나 S_N2 메커니즘으로 반응한다. **센 친핵체($^-OCH_3$)는 S_N2 메커니즘을 선호하며, 극성 비양성자성 용매**(DMSO)도 마찬가지이다. S_N2는 배열의 **반전**이 일어난다.

CH_3O^- (센 친핵체) + 2° 할로젠화 알킬 $\xrightarrow[S_N2]{DMSO}$ CH_3O— (배열이 **반전**됨) + Cl^-

b. 할로젠화 알킬이 3°이므로 약한 친핵체(CH_3OH)는 **S_N1** 메커니즘으로 진행된다. S_N1은 입체 발생 중심이 있으면 **라셈화**가 되면서 진행된다. 따라서 두 개의 생성물이 만들어진다.

3° 할로젠화 알킬 + CH_3OH (약한 친핵체) $\xrightarrow{S_N1}$ —OCH_3 + —OCH_3 + HCl

친핵성 치환의 두 가지 생성물

문제 7.34 각 반응의 메커니즘을 결정하고 생성물을 그려라. 모든 입체 발생 중심에서 입체 화학을 표시하라.

a. (bromomethylcyclopentane) + $CH_3CH_2O^-$ ⟶ c. (tertiary iodide) + CH_3OH ⟶

b. (bromide) + N_3^- ⟶ d. (tertiary chloride) + H_2O ⟶

추가 문제: 문제 7.63을 풀어보라.

7.15 생물학 관점에서의 친핵성 치환

친핵성 치환은 다양한 생물학적 반응에서 일어난다.

7.15A 인에서 유도된 이탈기들

실험실에서 할로젠화 알킬을 반응물로 사용하고 할로젠 음이온을 이탈기로 사용하는 친핵성 치환과 달리, 생물학적 치환 반응은 인산염(phosphate, $\mathbf{PO_4^{3-}}$, 무기인산염 $\mathbf{P_i}$로 표기), 이인산염($\mathbf{P_2O_7^{4-}}$, $\mathbf{PP_i}$로 표기)과 삼인산염($\mathbf{P_3O_{10}^{5-}}$, $\mathbf{PPP_i}$)을 이탈기로 자주 사용한다. 이 음이온은 **약하고, 공명 안정화된 염기**이므로 매우 좋은 이탈기이다.

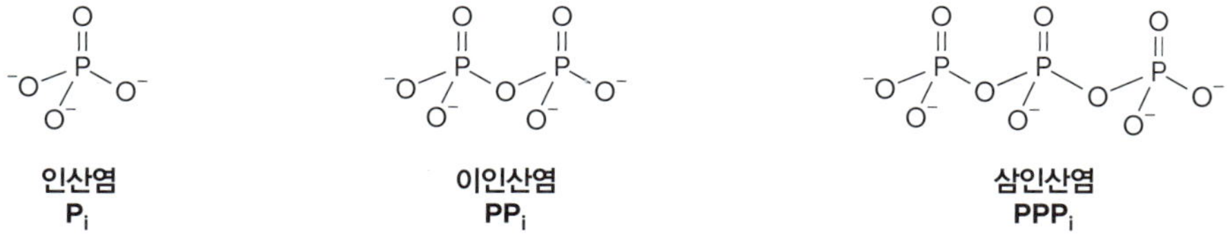

인산염 P_i 이인산염 PP_i 삼인산염 PPP_i

유기 화합물이 이 이탈기와 결합된 탄소가 있을 때 유기 인산, 유기 이인산, 유기 삼인산이라고 한다.

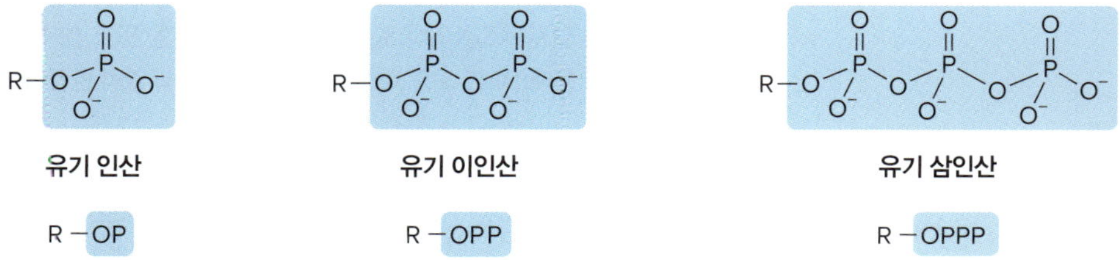

유기 인산 R−OP 유기 이인산 R−OPP 유기 삼인산 R−OPPP

아데노신 삼인산(adenosine triphosphate, ATP)은 유기 삼인산이다.

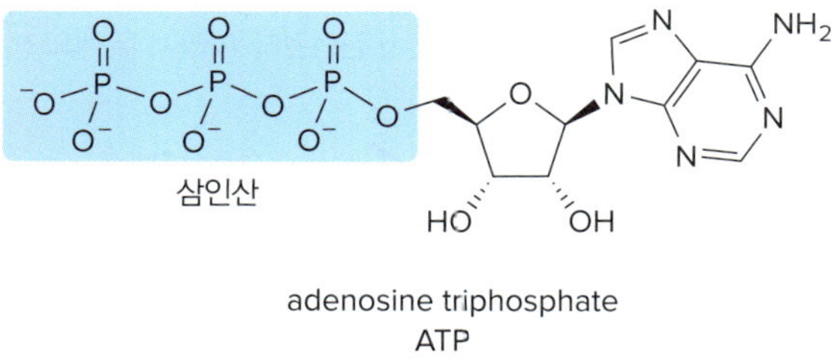

삼인산

adenosine triphosphate
ATP

이러한 화합물의 친핵성 치환은 아래의 일반적 이인산 R_2CHOPP를 이용해 나타낸 것처럼 S_N2나 S_N1 과정으로 일어날 수 있다.

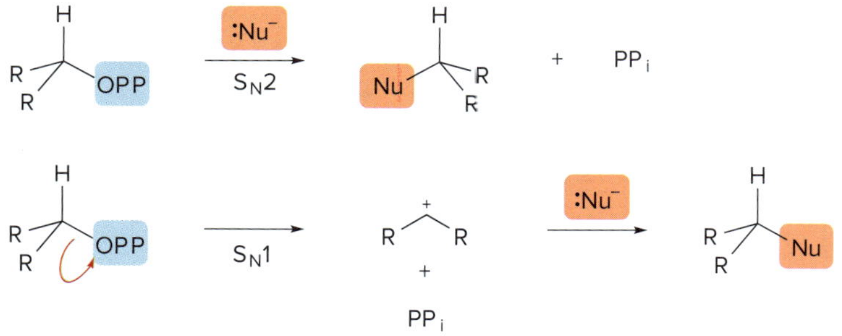

$R_2CH-OPP \xrightarrow[S_N2]{:Nu^-} Nu-CHR_2 + PP_i$

$R_2CH-OPP \xrightarrow{S_N1} R_2CH^+ + PP_i \xrightarrow{:Nu^-} R_2CH-Nu$

향수의 제조에 사용되는 장미 오일에 포함된 geraniol의 생합성 마지막 단계도 물에서 일어나는 geranyl diphosphate의 S_N1 반응이다. 이 반응은 공명 안정화된 탄소 양이온으로 인해 일어난다. 이인산에 대해서는 14장에서 더 다룰 것이다.

geranyl diphosphate —(S_N1)→ 탄소 양이온 (+ PP_i) —($H_2\ddot{O}$:)→ $\overset{+}{O}H_2$ —($-H^+$)→ geraniol

7.15B *S*-adenosylmethionine

SAM-e라는 이름으로 시판되는 영양 보조제인 SAM은 유럽에서 우울증과 관절염 치료에 20년 이상 사용되어 왔다. 세포 내에서 SAM은 주요 아미노산, 호르몬 및 신경 전달제를 합성하는 친핵성 치환 반응에 사용된다.
Jill Braaten

S-adenosylmethionine **(SAM)**은 흔한 친핵성 치환 반응을 수행할 수 있다. SAM은 세포 내에서 CH_3I와 동등한 물질이다. SAM에 있는 많은 극성 작용기가 SAM이 세포 안의 수용성 환경에서 녹을 수 있게 해준다.

친핵체가 여기를 공격함 (CH_3)

이 분자의 나머지 모든 부분이 하나의 **이탈기**이다.

S-adenosylmethionine
SAM

이 구조식을 간단히 나타내면, $CH_3-\overset{+}{S}R_2$
설포늄염

축약 구조식$\mathbf{(CH_3SR_2)^+}$으로 쓰는 SAM에서 CH_3기는 좋은 이탈기를 구성하는 양전하로 하전된 황 화학종인 **설포늄염**에 연결되어 있다. SAM의 CH_3기에서 친핵성 공격이 일어나면 좋은 중성 이탈기인 R_2S가 치환된다. CH_3기가 하나의 화합물(SAM)에서 다른 화합물(:Nu^-)로 전이되므로 이 반응을 **메틸화 반응(methylation)**이라고 한다.

$$:Nu^- + CH_3-\overset{+}{S}R_2 \longrightarrow CH_3-Nu + SR_2$$

SAM / S_N2 생성물 / 이탈기

예를 들어, **adrenaline** (epinephrine)은 SAM의 친핵성 치환을 이용하여 부신에서 noradrenaline (norepinephrine)으로부터 만들어지는 호르몬이다(그림 7.16). 각 화합물은 위험을 감지하거나 스트레스를 받으면 뇌의 시상하부 지역에서 부신샘으로 adrenaline을 합성하여 방출하라는 신호를 보낸다. Adrenaline은 혈류에 들어가서 많은 기관에서 응답을 자극한다. 저장된 탄수화물은 간에서 포도당으로 대사된다. 포도당은 더욱 대사되어 에너지를 증가시킨다. 심장 박동과 혈압이 증가하고 허파 기관이 확장된다. 이런 신체적 변화는 'adrenaline의 항진'의 결과이고, 개인에게 '맞서거나 도망갈(fight or flight)' 준비를 하도록 해준다.

그림 7.16
스트레스에 대한 반응으로 noradrenaline에서 adrenaline 합성

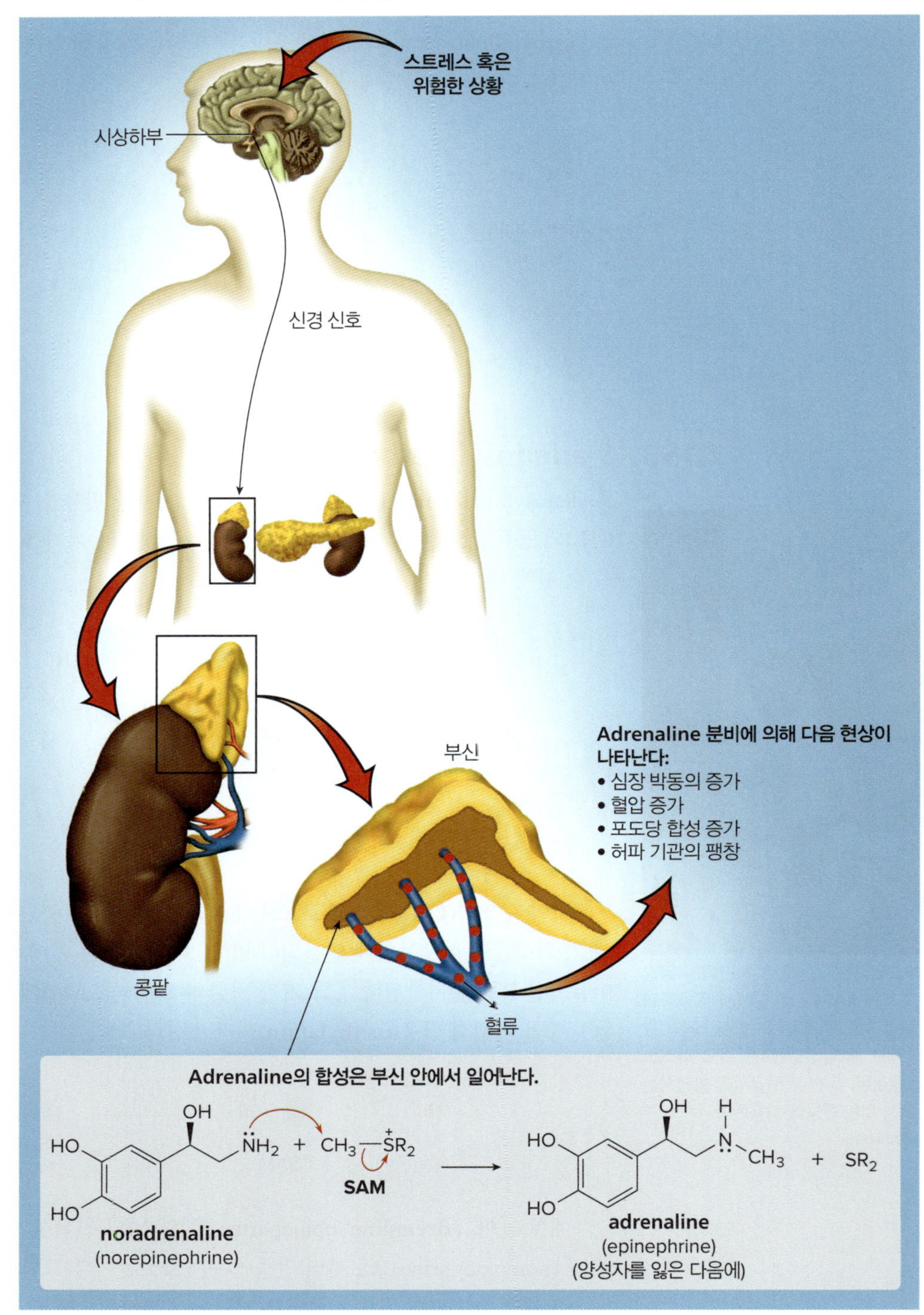

문제 7.35 담배에 들어 있는 독성과 중독성이 있는 화합물인 nicotine은 SAM을 이용하여 **A**로부터 합성된다. **A**를 nicotine으로 변환시키는 반응을 쓰라.

A → nicotine

7.16 할로젠화 바이닐과 할로젠화 아릴

할로젠화 바이닐

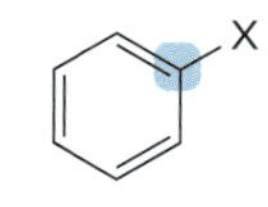

할로젠화 아릴

C는 X에 결합된 ***sp*²** 혼성 탄소

S_N1과 S_N2 반응은 sp^3 혼성화된 탄소에서만 일어난다. 친핵성 치환 반응에 대해 학습했으므로 할로젠 원자가 sp^2 혼성화된 탄소에 결합된 **할로젠화 바이닐(vinyl halide)**과 **할로젠화 아릴(aryl halide)**이 S_N1이나 S_N2 메커니즘으로 치환 반응을 하지 않는다는 것을 이해할 수 있다. 여기서는 할로젠화 바이닐에 대해서 중심으로 다루지만, 비슷한 논리가 할로젠화 아릴에도 적용된다.

할로젠화 바이닐의 S_N2 반응이 일어나지 않는 이유는 부분적으로 C−X 결합에서 탄소 원자의 혼성 오비탈에서의 퍼센트 *s*-성질 때문이다. 할로젠화 알킬의 sp^3 혼성 오비탈에 비교하여 할로젠화 바이닐의 sp^2 혼성 오비탈의 높은 퍼센트 *s*-성질(33% 대 25%)은 결합을 더 짧고 강하게 만든다.

C−X 결합이 불균일 분해되면 **매우 불안정한 바이닐 탄소 양이온**이 생성되기 때문에 할로젠화 바이닐은 S_N1 반응을 하지 않는다. 이 탄소 양이온은 양전하 탄소 주위에 두 개의 기만 있기 때문에 이 탄소는 *sp* 혼성이다. 이 탄소 양이온은 1° 탄소 양이온보다 불안정하다. 따라서 S_N1 반응은 일어나지 않는다.

$$H_2C{=}CHBr \longrightarrow H_2C{=}\overset{+}{C}{-}H \;+\; :\ddot{\underset{..}{Br}}:^-$$

매우 불안정한
바이닐 탄소 양이온

문제 7.36 다음 해양 천연물의 할로젠화 알킬을 S_N2 반응에서의 반응성이 증가하는 순서로 정렬하라.

문제 7.37 (a) **A**, **B**, **C**를 S_N2 반응성이 증가하는 순서로 정렬하라. (b) **A**, **B**, **C**를 S_N1 반응성이 증가하는 순서로 정렬하라.

A **B** **C**

7.17 유기 합성

이제까지 우리는 친핵성 치환에서 출발물(할로젠화 알킬)에 집중하고 생성물에는 많은 관심을 두지 않았다. 친핵성 치환 반응, 특히 S_N2 반응으로 분자에 아주 다양한 다른 작용기를 도입할 수 있다. 예를 들면, ^-OH, ^-OR, 그리고 ^-CN을 친핵체로 사용하면 생성물은 각각 알코올(ROH), 에터(ROR), 그리고 나이트릴(RCN)이 된다. 표 7.7에 친핵성 치환 반응으로 쉽게 도입하는 몇 개의 작용기를 나타내었다.

친핵성 치환 반응을 유기 화합물의 특정한 종류의 화합물을 만드는 반응으로 생각하면서 **합성**에 대해 알아보자.

- 유기 합성은 쉽게 구할 수 있는 출발물에서 한 단계나 많은 단계로 한 화합물을 만드는 체계적인 제법이다.

표 7.7 R−X로부터 S_N2 반응을 사용하여 합성하는 분자들

	친핵체(:Nu-)	생성물	이름
산소 화합물	^-OH	R−OH	알코올
	$^-OR'$	R−OR'	에터
	$^-O-C(=O)-R'$	R−O−C(=O)−R'	에스터
탄소 화합물	^-CN	R−CN	나이트릴
	$^-:C\equiv C-H$	R−C≡C−H	알카인
질소 화합물	N_3^-	$R-N_3$	아자이드
	$:NH_3$	$R-NH_2$	아민
황 화합물	^-SH	R−SH	싸이올
	$^-SR'$	R−SR'	황화물

7.17A 유기 합성의 배경

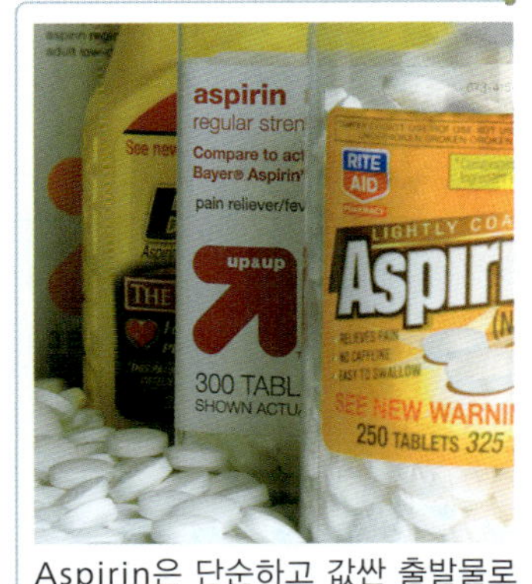

Aspirin은 단순하고 값싼 출발물로부터 두 단계 과정으로 합성한다(그림 7.17). Jill Braaten

Aspirin 합성의 출발물인 phenol은 산업적 합성에서 대량으로 사용되는 대부분의 출발물처럼 하나의 석유 제품이다. 따라서 석유 비축이 모자라면 교통 수단의 연료 공급만이 아니라 대부분의 화학 합성에 필요한 원료 물질 공급도 영향을 받는다.

화학자는 여러 가지 이유로 분자들을 합성한다. 때로는 자연계에서 분리된 **천연물**에서 유용한 의약적 특성을 찾을 수 있지만, 생물계에서 매우 작은 양만 생산된다. 합성 화학자가 간단한 출발물로부터 이러한 분자를 합성하게 되면 많은 사람이 이 약을 사용할 수 있을 것이다.

때로는 화학자는 천연에 존재하지 않는 분자들(비록 천연물과 비슷하지만)을 합성하기도 한다. 왜냐하면 이러한 화합물이 천연에 존재하는 상대보다 특성이 탁월하기 때문이다. **Aspirin acetylsalicylic acid** (2.7절)은 잘 알려진 예이다. Acetylsalicylic acid는 석유 산업의 생산물인 phenol에서 두 단계 공정으로 합성한다(그림 7.17). 뛰어난 진통 효과와 소염 성질이 있으며, 값싸고 쉽게 구할 수 있기 때문에 aspirin은 가장 인기 있고 널리 쓰이는 의약품 가운데 하나이다.

그림 7.17 Aspirin 합성

phenol → [1] NaOH, [2] CO_2, [3] H_3O^+ → (salicylic acid: OH, COOH) → $(CH_3CO)_2O$, 산 → aspirin

7.17B 친핵성 치환과 유기 합성

합성을 수행하기 위해 역으로 생각해야 한다. 화합물을 검토하고 다음과 같이 묻는다. **그 화합물을 만들기 위해 어떤 출발물과 시약이 필요한가?** 친핵성 치환 반응을 사용한다면 특정한 화합물을 생성하기 위하여 어떤 할로젠화 알킬과 어떤 친핵체를 사용할 것인지를 결정해야 한다. 한 단계만 포

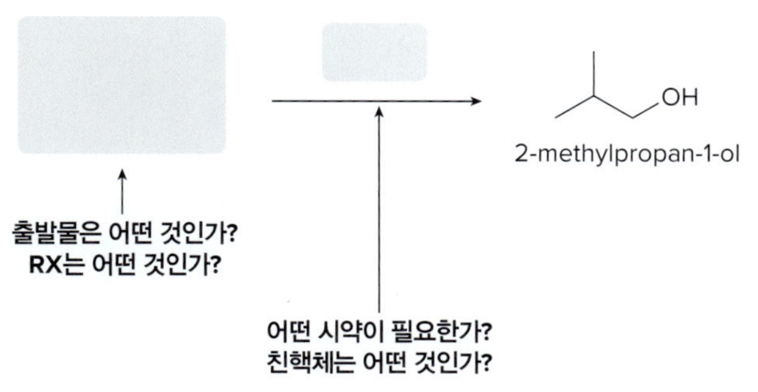

함되기 때문에 이것은 합성에서 가장 간단한 경우이다. 11장에서 다단계 합성에 대해 배울 것이다.

예를 들면, $(CH_3)_2CHCH_2OH$ (2-methylpropan-1-ol)를 할로젠화 알킬과 필요한 시약으로부터 합성하라는 요청을 받았다고 가정하자. 이 합성을 완수하기 위해 다음 반응식에서 출발물과 시약을 '빈 상자에 채워야 한다.'

합성에 필요한 두 구성 성분을 결정하기 위해 탄소 원자는 유기 출발물에서 온다는 것을 기억하자[이 경우 1° 할로젠화 알킬, $(CH_3)_2CH$-CH_2Br]. **작용기는 친핵체로부터 온다**(이 경우 ^-OH). 이와 같은 사항을 고려하면 합성을 완성하기 위하여 필요한 '빈 상자를 채울 수 있다.'

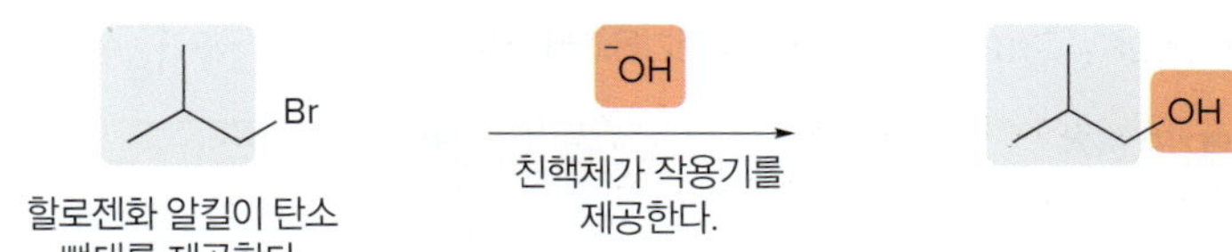

어떠한 합성이라도 제안한 다음에는 우리가 아는 반응들의 정보에 근거하여 그 합성이 타당한지 검토한다. 작성한 반응이 높은 수율의 생성물을 줄 것인가? $(CH_3)_2CHCH_2OH$의 합성은 타당하다. 왜냐하면 출발물은 1° 할로젠화 알킬이고, 센 친핵체(^-OH)이다. 두 사실 모두 성공적인 S_N2 반응에 기여한다.

문제 7.38 다음 각 화합물의 합성에 필요한 할로젠화 알킬과 친핵체는 무엇인가?

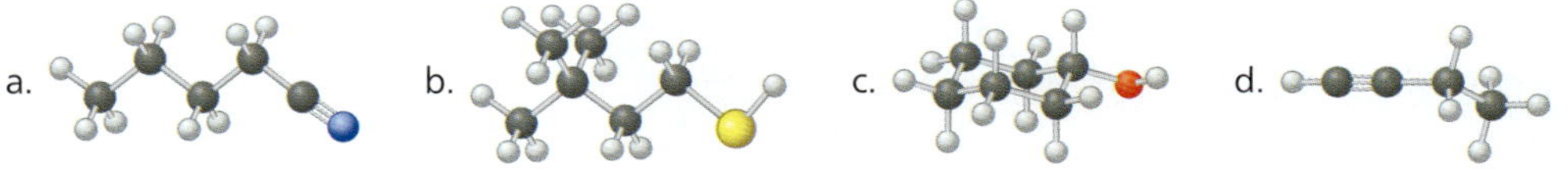

문제 7.39 에터 $CH_3OCH_2CH_3$는 두 개의 다른 친핵성 치환 반응으로 합성할 수 있다. 한 방법은 CH_3O^-를 친핵체로 사용하는 것이고, 다른 방법은 $CH_3CH_2O^-$를 친핵체로 사용하는 것이다. 두 경로를 모두 그려라.

Chapter 07 복습

핵심 개념

[1] 할로젠화 알킬(RX)의 반응에 대한 일반적인 사실

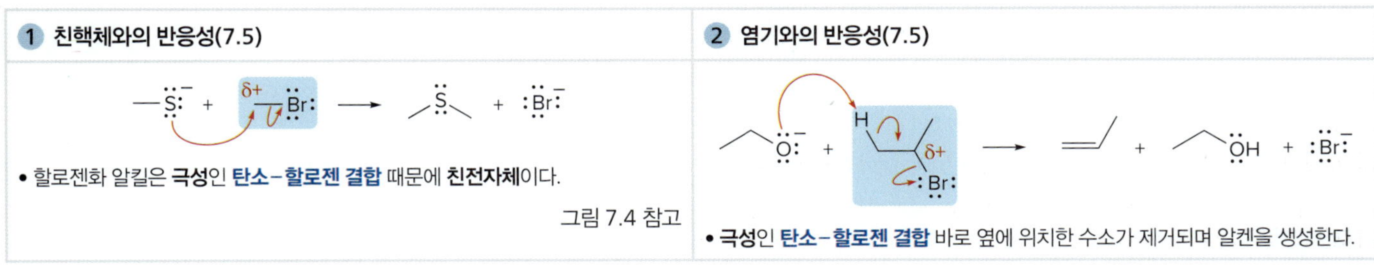

① 친핵체와의 반응성(7.5)	② 염기와의 반응성(7.5)
• 할로젠화 알킬은 **극성**인 **탄소-할로젠 결합** 때문에 **친전자체**이다. 그림 7.4 참고	• **극성**인 **탄소-할로젠 결합** 바로 옆에 위치한 수소가 제거되며 알켄을 생성한다.

[2] 친핵성 치환(7.6)

- 친핵체는 sp^3 혼성 탄소에 있는 이탈기를 치환시킨다.
- σ 결합 한 개가 끊어지고, σ 결합 한 개가 만들어진다. 두 가지 가능한 메커니즘(S_N1과 S_N2)이 있다.

문제 7.46을 풀어보라.

[3] 주기적 경향

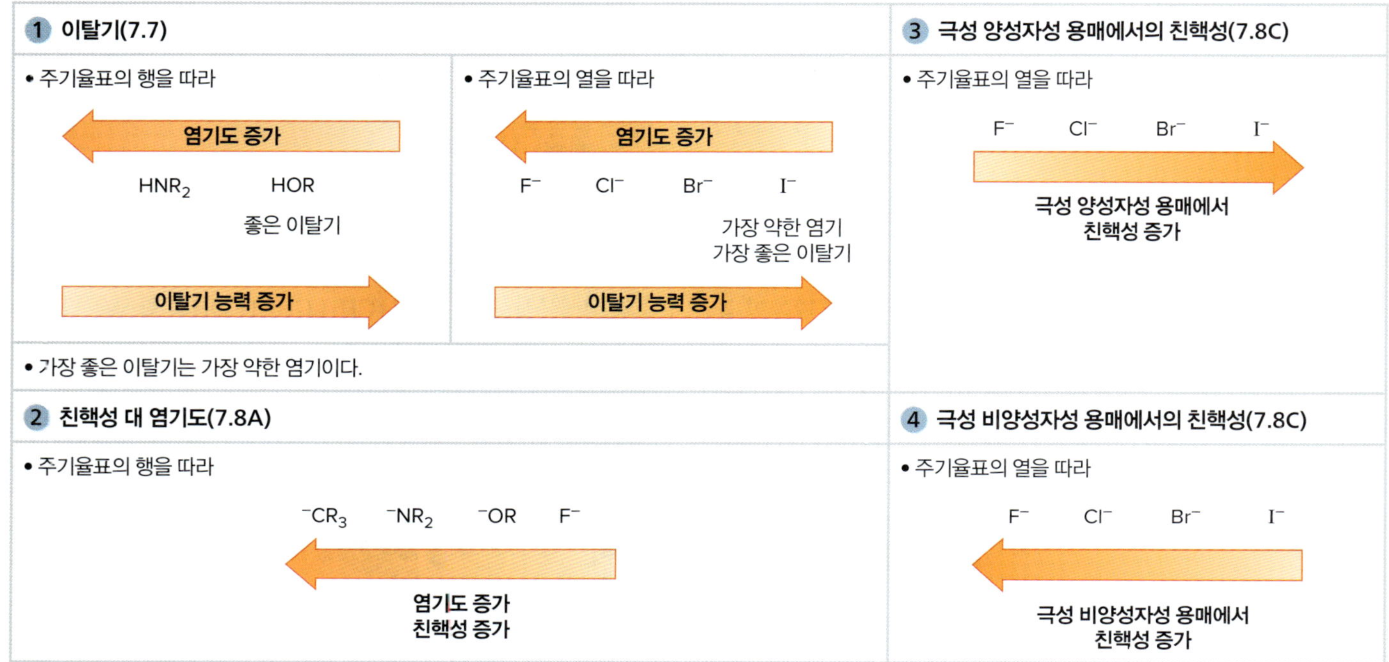

문제 7.47, 7.48, 7.50을 풀어보라.

[4] 탄소 양이온의 안정성(7.12)

- 탄소 양이온의 안정성은 **양전하를 띠는 탄소**에 붙은 **알킬**기처럼 전자를 주는 치환기의 수가 증가함에 따라서 증가한다.

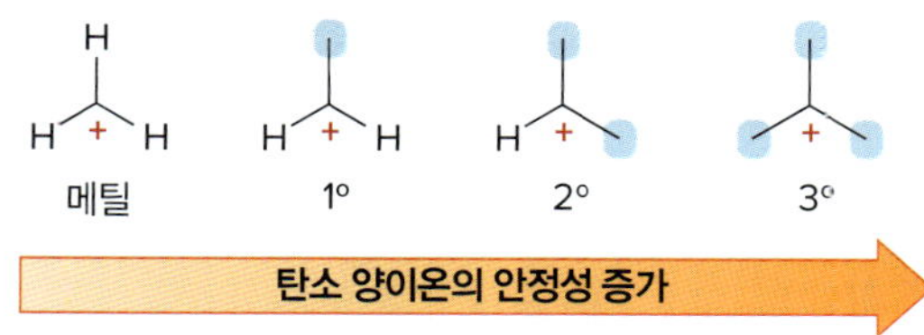

핵심 기법

[1] 생성물이 선호되는지를 확인하기 위해 친핵체와 이탈기 비교하기(7.7)

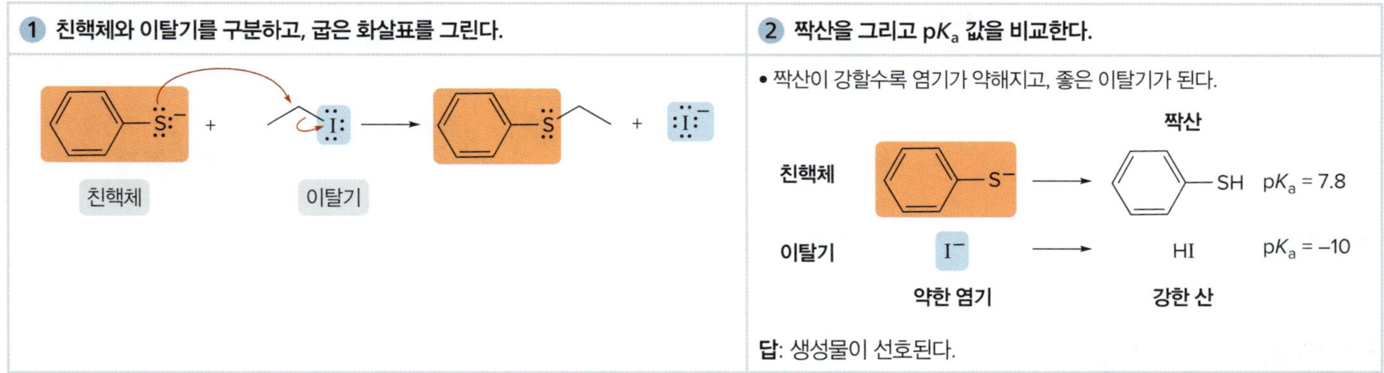

예제 7.1 참고. 문제 7.49를 풀어보라.

[2] S_N2 반응의 생성물 그리기(7.10)

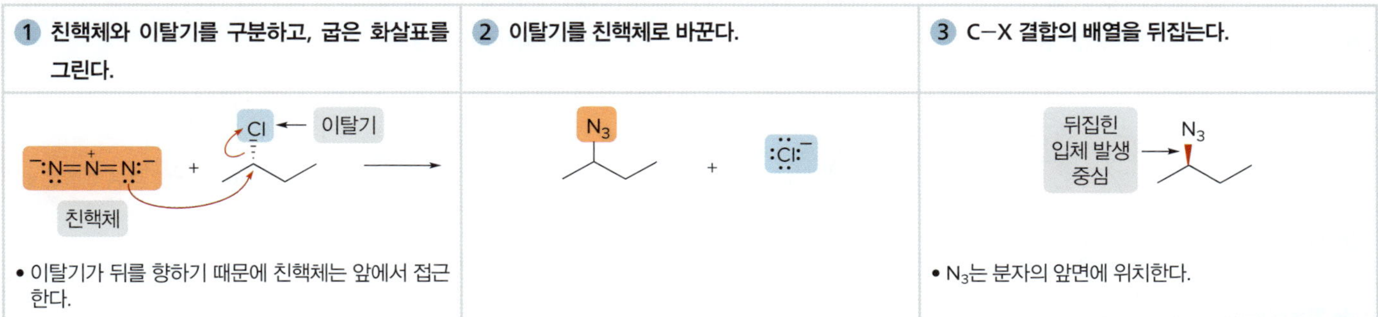

예제 7.2 참고. 그림 7.7, 7.8. 문제 7.41, 7.53~7.57을 풀어보라.

[3] S_N1 반응의 생성물 그리기(7.11)

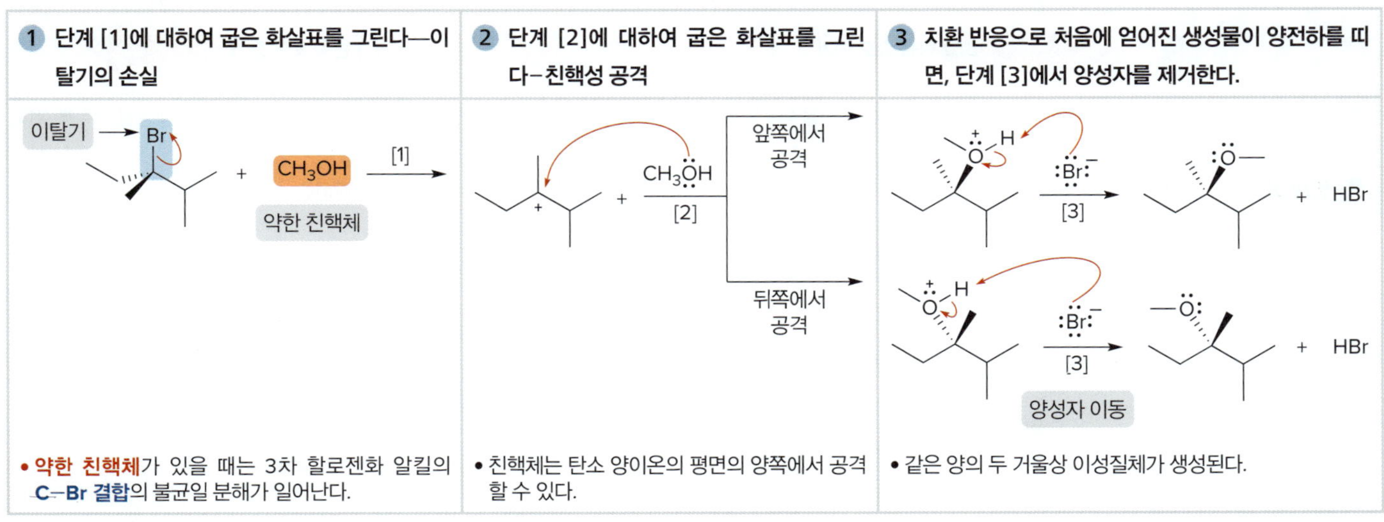

예제 7.4, 그림 7.12 참고. 문제 7.60을 풀어보라.

[4] 반응이 S_N1 또는 S_N2로 진행되는지 결정하기(7.14E)

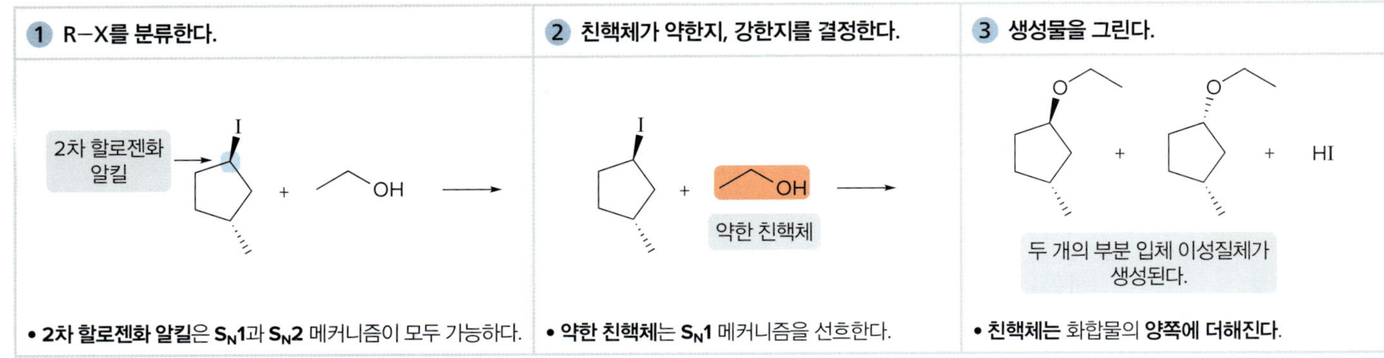

예제 7.5, 7.6, 표 7.6 참고. 문제 7.63을 풀어보라.

핵심 메커니즘 개념

S_N1과 S_N2 메커니즘 비교

	S_N2 메커니즘	S_N1 메커니즘
1 메커니즘	• 한 단계(7.10B) 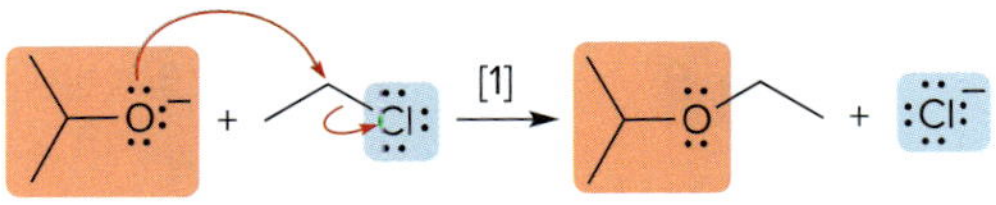 [1]	• 두 단계(7.11B) 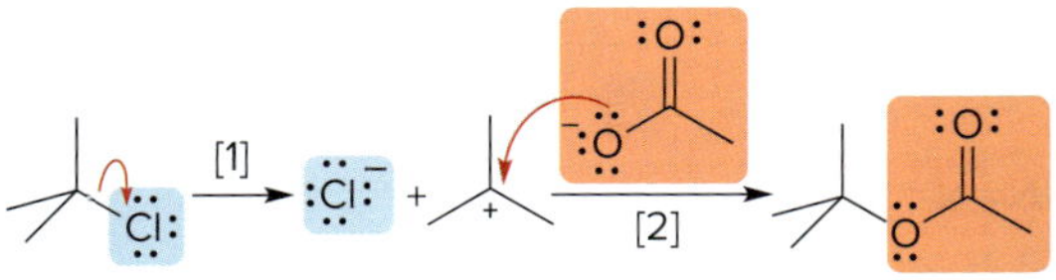 [1] [2]
2 반응 속도	• 속도 = k[RCl][:Nu$^-$] • 2차 반응 속도(7.10A)	• 속도 = k[RCl] • 1차 반응 속도(7.11A)
3 할로젠화 알킬	• 반응성 순서(7.10D) 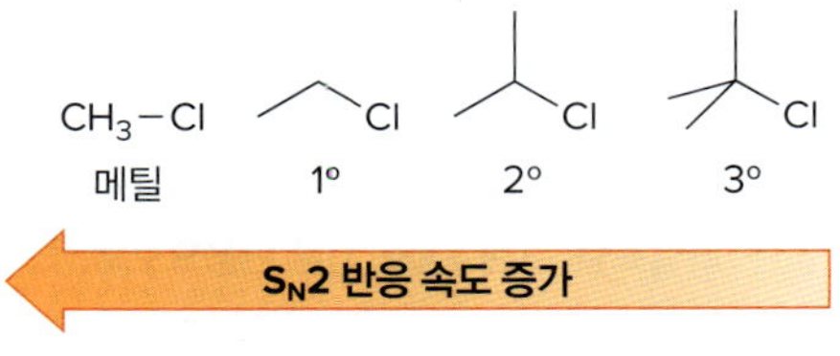 CH_3-Cl 메틸, 1°, 2°, 3° S_N2 반응 속도 증가 • 탄소−할로젠 결합 주위의 입체 장애가 작을수록 빠르다.	• 반응성 순서(7.11D) 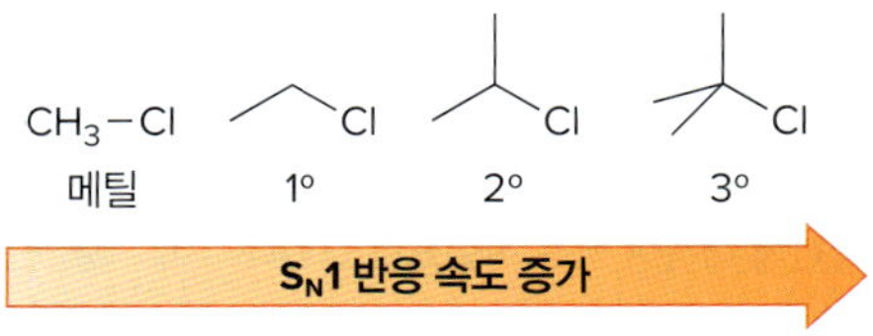 CH_3-Cl 메틸, 1°, 2°, 3° S_N1 반응 속도 증가 • 안정한 탄소 양이온(치환이 많이 되었을수록)이 생성될수록 빠르다(7.13).
4 입체 화학	• 친핵체가 뒤쪽에서 공격(7.10C) 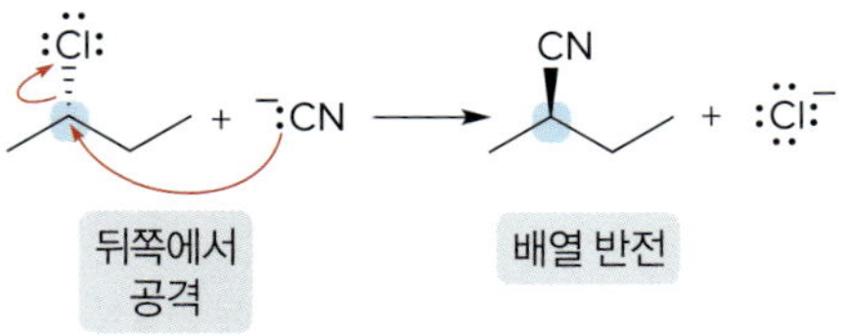 $^-$:CN, CN 뒤쪽에서 공격 배열 반전	• 삼각 평면 탄소 양이온 중간체(7.11C) 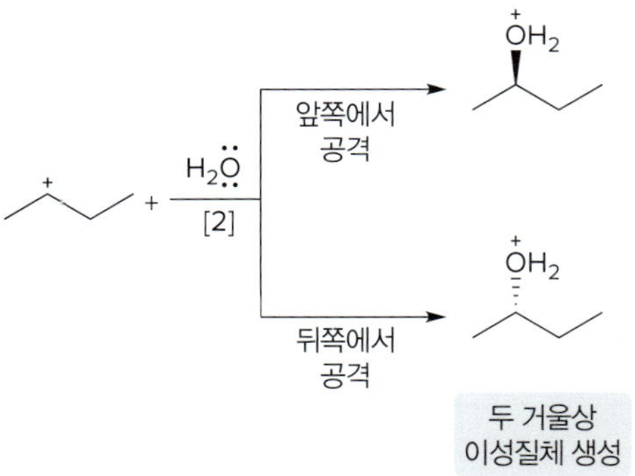 $H_2\ddot{O}$ [2] 앞쪽에서 공격 → $\overset{+}{O}H_2$ 뒤쪽에서 공격 → $\overset{+}{O}H_2$ 두 거울상 이성질체 생성

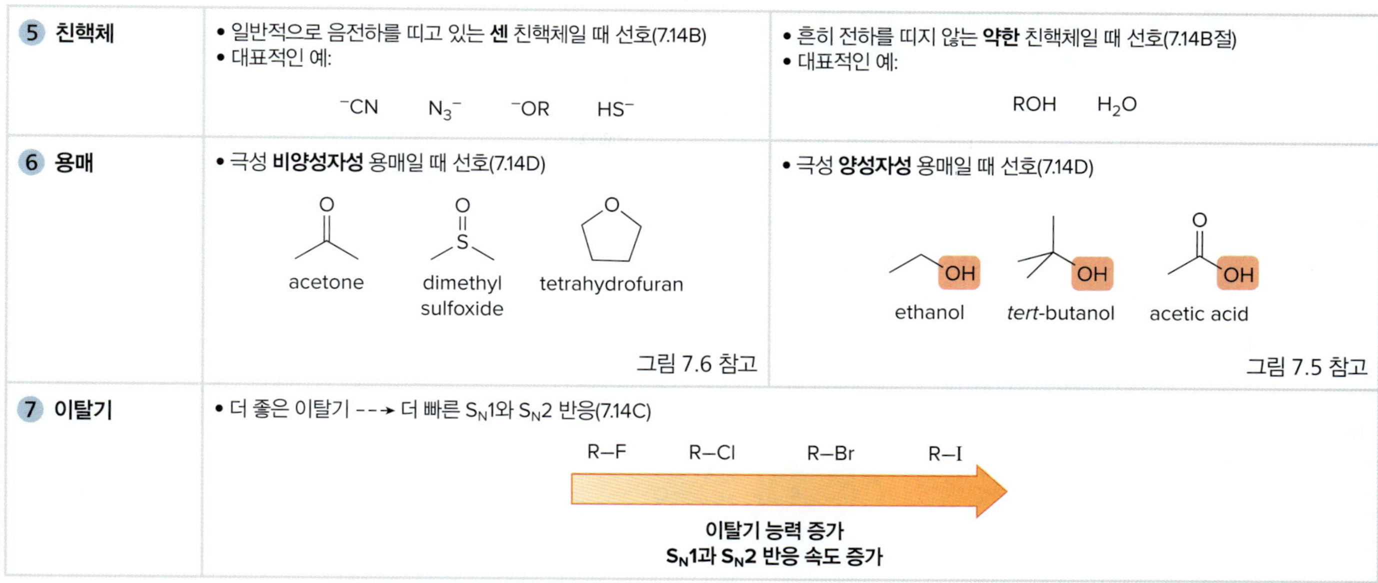

표 7.4, 7.5, 7.6 참고. 문제 7.48, 7.50, 7.52, 7.59, 7.63을 풀어보라.

7장 선다형 자가–시험

자가–시험은 American Chemical Society 유기 화학 시험과 유사한 객관식 문제로 구성되어 있다. 정답은 장의 마지막 부분에 나와 있다.

1. 어느 양이온이 가장 안정한가?

a. 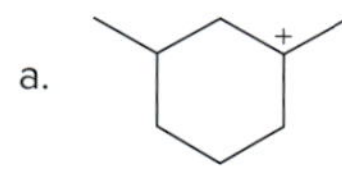 b. 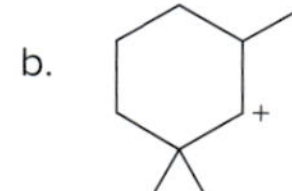 c. 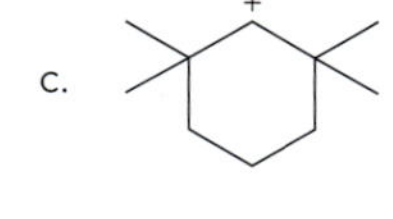 d. 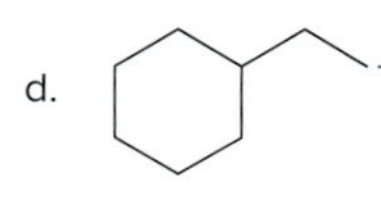

2. 어느 음이온이 가장 좋은 이탈기인가: (a) H^-; (b) H_2N^-; (c) Cl^-; (d) Br^-?

3. S_N2 반응에서 반응성이 증가하는 순서로 **A–D**를 정렬하라.

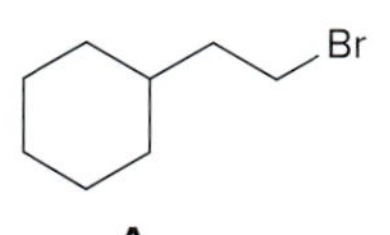
A

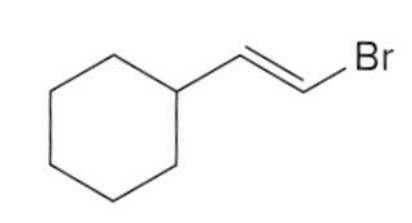
B

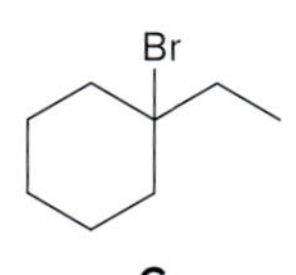
C

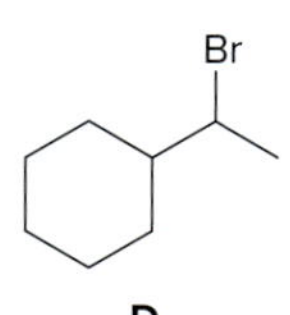
D

a. **A** < **D** < **C** < **B** b. **C** < **D** < **B** < **A** c. **C** < **B** < **D** < **A** d. **B** < **C** < **D** < **A**

4. 다음 할로젠화물의 IUPAC 이름을 쓰라.

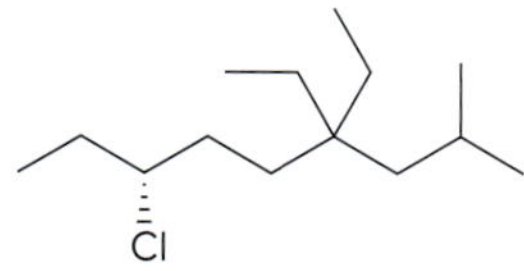

a. (*R*)-7-chloro-4,4-diethyl-2-methylnonane
b. (*R*)-3-chloro-6,6-diethyl-8-methylnonane
c. (*S*)-3-chloro-6,6-diethyl-8-methylnonane
d. (*S*)-7-chloro-4,4-diethyl-2-methylnonane

5. 맞지 **않는** 서술은 무엇인가?

a. 전자 주는 기는 인접한 양전하를 안정화시킨다.
b. 입체 장애는 친핵성도와 염기도를 감소시킨다.
c. 흡열 반응에서는 가장 안정한 생성물이 더 빠르게 생성된다.
d. 극성 비양성자성 용매는 친핵성을 증가시킨다.

6. **A**를 ^-SH로 처리하였을 때 무슨 생성물(들)이 생기는가?

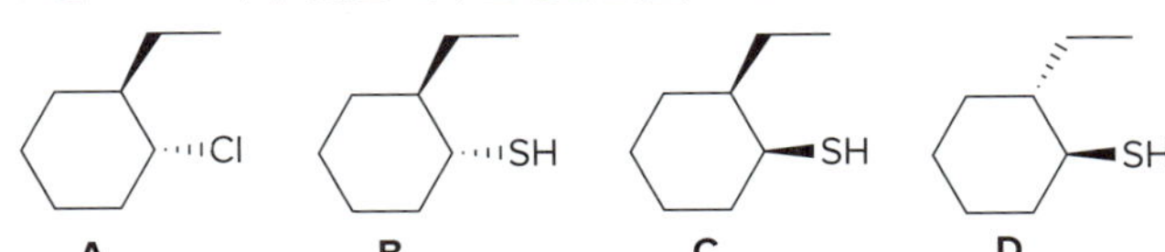

a. **B**만
b. **C**만
c. **D**만
d. **B**와 **C**의 동일한 양의 혼합물

7. 어느 변화가 **E**와 H_2O 사이의 친핵성 치환 반응의 속도를 증가시키겠는가?

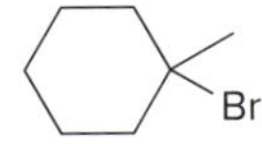

a. 이탈기를 Br^-에서 Cl^-로 바꾼다.
b. H_2O의 양을 세 배로 늘린다.
c. **E**의 농도를 증가시킨다.
d. 용매를 H_2O에서 $(CH_3)_2CO$로 바꾼다.

8. 어느 반응에서 $C_6H_5OCH_2CH_2CH_3$가 가장 좋은 수율로 얻어지는가?

a. C_6H_5–Br + ^-OCH₂CH₂CH₃

b. C_6H_5–OH + Br–CH₂CH₂CH₃

c. C_6H_5–O^- + Br–CH₂CH₂CH₃

d. C_6H_5–O^- + Cl–CH₂CH₂CH₃

9. 어느 음이온이 극성 비양성자성 용매에서 가장 강한 친핵체인가: (a) $CH_3CH_2S^-$; (b) $CH_3CH_2O^-$; (c) Cl^-; (d) $CH_3CO_2^-$?

10. **F**가 CH_3OH와 반응하였을 때 생기는 생성물의 혼합물에 대하여 가장 잘 기술하는 것은 무엇인가?

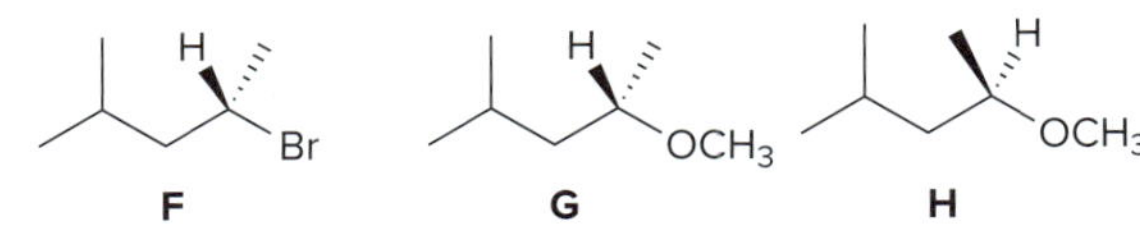

a. 생성물은 광학 활성이고 **G**만 들어 있다.
b. 생성물은 광학 활성이고 **H**만 들어 있다.
c. **G**와 **H**의 광학 불활성 혼합물이 생성된다.
d. **G**와 **H**의 광학 활성 혼합물이 생성된다.

문제

삼차원 모형을 이용하는 문제

7.40 R,S 표시를 포함하여 각 화합물의 IUPAC 이름을 쓰라.

a. 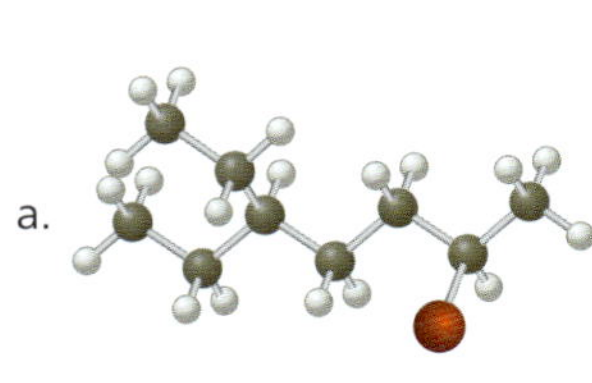

b. 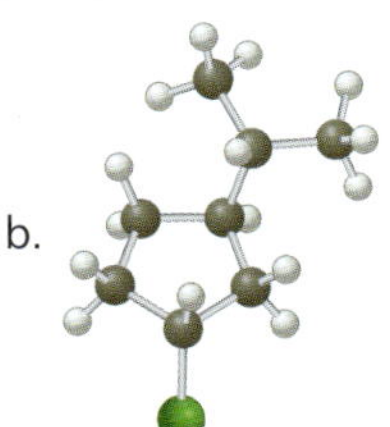

7.41 각 할로젠화 알킬을 NaCN으로 처리하였을 때 얻어지는 생성물의 구조를 그려라.

a. 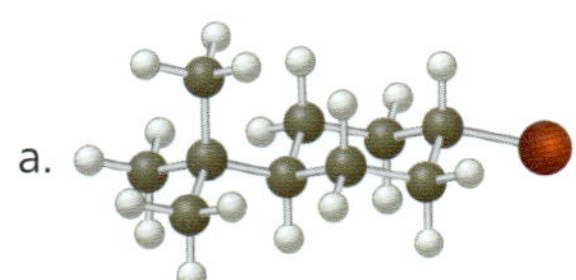

b. 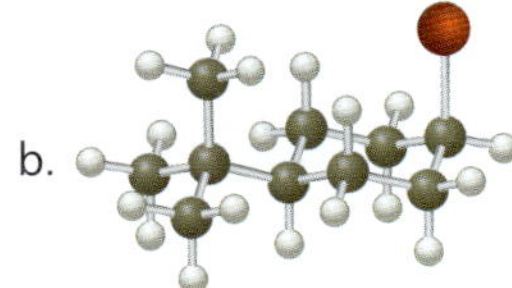

7.42 각 화합물의 IUPAC 이름을 쓰라.

a. F

b. I

c. Cl Cl

d. Br I

e. Br Cl

f. I
이름에 *R*, *S* 표시 포함

7.43 각 이름에 대응하는 구조를 그려라.

a. 3-bromo-4-ethylheptane

b. 1,1-dichloro-2-methylcyclohexane

c. 1-bromo-4-ethyl-3-fluorooctane

d. (*S*)-3-iodo-2-methylnonane

e. (1*R*,2*R*)-*trans*-1-bromo-2-chlorocyclohexane

f. (*R*)-4,4,5-trichloro-3,3-dimethyldecane

7.44 분자식이 $C_5H_{11}Cl$인 구조 이성질체 여덟 개의 구조를 그려라.

a. 각 화합물에 IUPAC 이름을 쓰라(*R*, *S* 표시는 무시한다).

b. 각 할로젠화 알킬을 1°, 2°, 3°로 분류하라.

c. 입체 발생 중심이 하나 있는 각 구조 이성질체의 가능한 입체 이성질체 구조를 모두 그려라. 각 입체 생성 중심을 *R*, *S*로 표시하라.

성질

질량 분석법을 이미 배운 학생은 문제 A.6; A.7a, b; A.9; A.16d, e; A.19와 A.24(**A**), (**B**)를 풀어 볼 수 있다. 핵자기 공명 분광법을 이미 배운 학생은 문제 C.32; C.62a, b를 풀어 볼 수 있다.

7.45 끓는점을 각각의 주어진 화합물에 연결시켜라; 끓는점: 73 °C, 102 °C, 246 °C, 51 °C, 130 °C;
화합물: (a) $(CH_3)_3CBr$; (b) $CH_3CH_2CH_2CH_2Br$; (c) $ICH_2CH_2CH_2CH_2I$; (d) $CH_3CH_2CH_2CH_2I$; (e) $(CH_3)_3CCl$.

일반적 친핵성 치환, 이탈기 및 친핵체

7.46 각 친핵성 치환 반응의 생성물을 그려라.

a. I + NaCN ⟶

b. I + H_2O ⟶

c. Cl + OH ⟶

d. Cl + S ⟶

7.47 다음 분자 중에서 어느 것이 좋은 이탈기가 있는가?

a. OH b. Cl c. d. $\overset{+}{O}H_2$

7.48 다음 분자를 ⁻CN 친핵체와의 치환 반응에서 반응성이 증가하는 순서로 정렬하라.

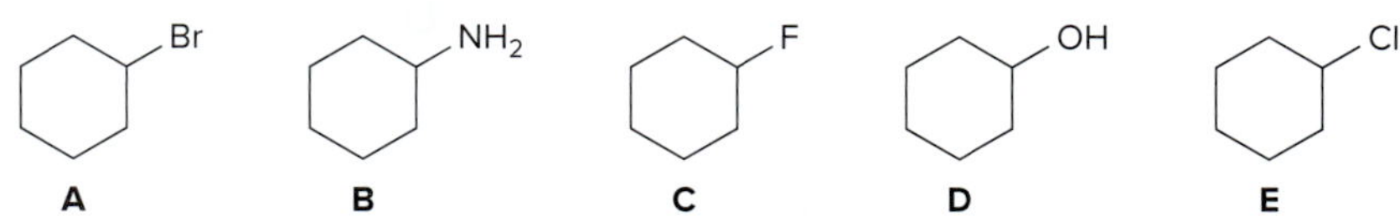

7.49 다음 친핵성 치환 반응 중에서 어느 것이 일어나겠는가??

a. NH_2 + I^- ⟶ I + $^-NH_2$

b. I + CH_3O^- ⟶ O + I^-

7.50 다음 음이온을 아세톤에서 친핵성도가 증가하는 순서로 정렬하라: CH_3S^-, CH_3NH^-, I^-, Br^-, CH_3O^-.

7.51 각 용매를 양성자성 용매 또는 비양성자성 용매로 구별하라: (a) $(CH_3)_2CHOH$; (b) CH_3NO_2; (c) CH_2Cl_2; (d) NH_3.

S_N2 반응

7.52 다음 S_N2 반응에 대하여 답하라.

Br + ⁻CN —acetone→ CN + Br⁻

a. 굽은 화살표를 이용하여 메커니즘을 그려라.

b. 에너지 그림을 그려라. 축, 반응물, 생성물, E_a, $\Delta H°$를 표시하라. 이 반응은 발열 반응이라고 가정한다.

c. 전이 상태의 구조를 그려라.

d. 속도식은 무엇인가?

e. 각각의 다음 경우에 반응 속도는 어떻게 변화하는가? [1] 이탈기를 Br^-에서 I^-로 바꾸었다. [2] 용매를 아세톤에서 CH_3CH_2OH로 바꾸었다. [3] 할로젠화 알킬을 $CH_3(CH_2)_4Br$에서 $CH_3CH_2CH_2CH(Br)CH_3$로 바꾸었다. [4] ^-CN의 농도를 다섯 배 증가시켰다. [5] 할로젠화 알킬의 농도와 ^-CN의 농도를 모두 다섯 배 증가시켰다.

7.53 각 S_N2 반응의 생성물을 그리고 필요하면 입체 화학을 표시하라.

a. 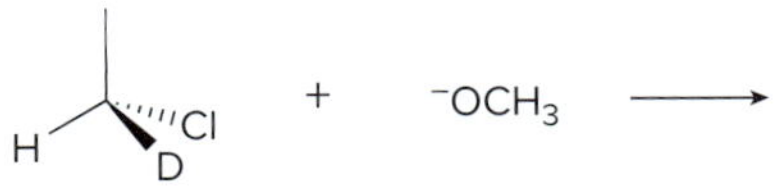 H, Cl, D + $^-OCH_3$ →

b. Cl + $^-OCH_2CH_3$ →

c. 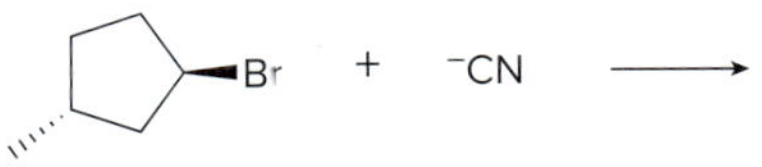 Br + ^-CN →

d. Cl + NaSH →

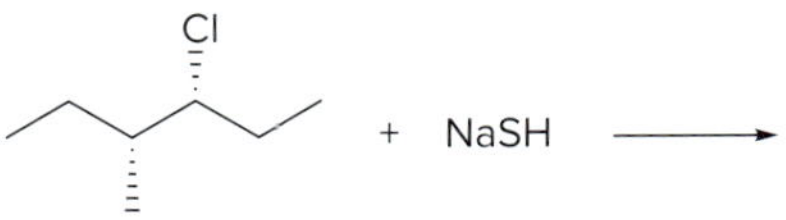

7.54 Salmeterol(상품명 Serevent)은 천식과 만성 폐쇄성 폐질환(COPD)의 치료에 사용되는 장시간 작용하는 기관 확장제이다. Salmeterol은 두 번의 S_N2 반응을 이용하는 일련의 반응으로 만들 수 있다. 중간체 **X**와 salmeterol 생성물의 구조를 그려라.

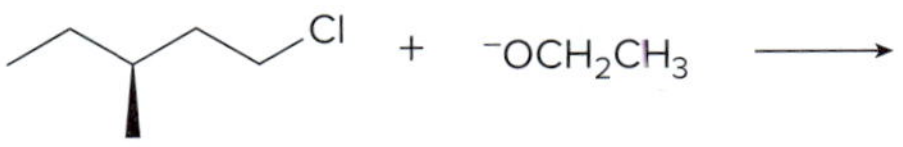

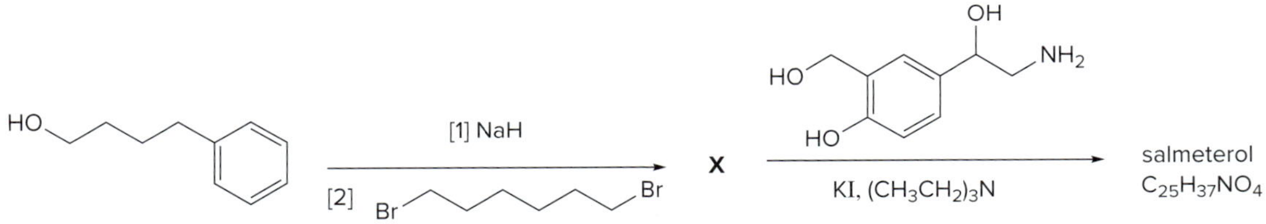

HO(CH₂)₄Ph —[1] NaH; [2] Br(CH₂)₆Br→ **X** —(HOCH₂)(HO)C₆H₃CH(OH)CH₂NH₂, KI, $(CH_3CH_2)_3N$→ salmeterol $C_{25}H_{37}NO_4$

7.55 다음 S_N2 반응의 생성물을 모든 입체 발생 중심에서의 입체 화학을 포함하여 그려라. 이 반응의 생성물인 aprepitant는 화학 요법을 받고 있는 환자의 메스꺼움과 구토를 치료하는 데 쓰인다.

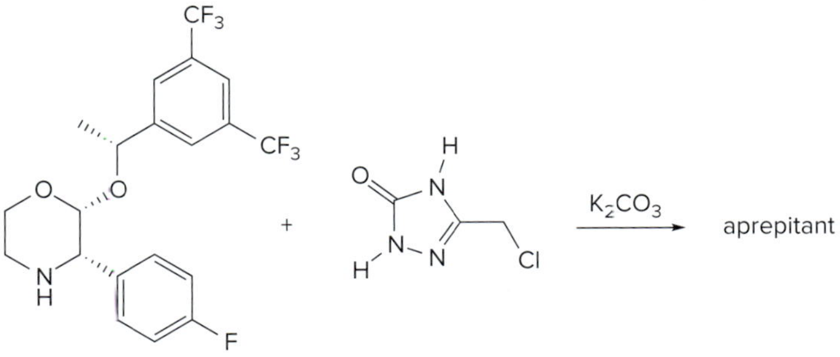

(CF_3, CF_3, O, N, H, F) + (O, H, N, N, N, H, Cl) —K_2CO_3→ aprepitant

7.56 항위궤양제인 omeprazole(상품명 Prilosec)의 제조에 사용되는 다음 일련의 반응에서 **M**은 무엇인가?

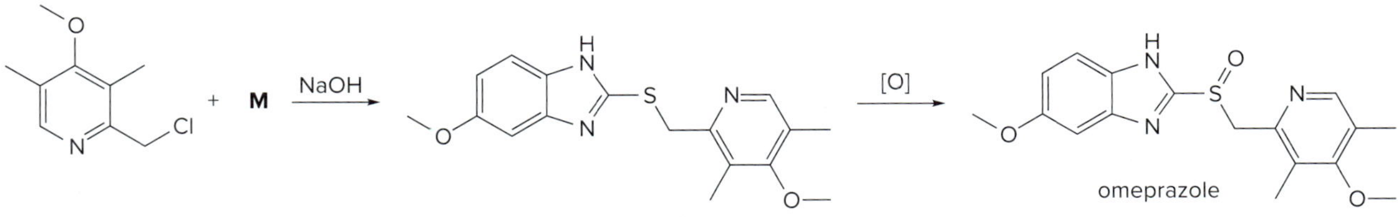

(O, N, Cl) + **M** —NaOH→ (H, N, N, S, N, O, O) —[O]→ omeprazole

7.57 졸리지 않은 안티히스타민제인 cetirizine(상품명 Zyrtec)은 두 번 연속적으로 일어나는 치환 반응으로 제조된다. 다음 일련의 반응에서 **N**과 **O**의 구조를 밝혀라.

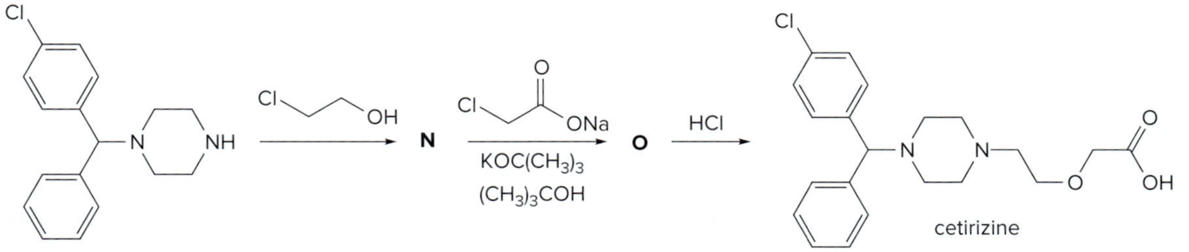

Cl, N, NH, Cl, OH, **N**, Cl, O, ONa, $KOC(CH_3)_3$, $(CH_3)_3COH$, **O**, HCl, Cl, N, N, O, O, OH, cetirizine

탄소 양이온

7.58 다음 탄소 양이온(**A** 혹은 **B**) 중 어느 것이 더 안정한가? 설명하라.

A B

S_N1 반응

7.59 다음 S_N1 반응에 대하여 답하라.

$$\text{I} + H_2O \longrightarrow \overset{+}{O}H_2 + I^-$$

a. 굽은 화살표를 이용하여 이 반응의 메커니즘을 그려라.

b. 에너지 그림을 그려라. 축, 반응물, 생성물, E_a와 $\Delta H°$를 표시하라. 출발물과 생성물은 에너지가 같다고 가정한다.

c. 전이 상태의 구조를 그려라.

d. 반응 속도식은 무엇인가?

e. 다음 경우에 반응 속도는 어떻게 변화하는가? [1] 이탈기를 I^-에서 Cl^-로 바꾸었다. [2] 용매를 H_2O에서 DMF로 바꾸었다. [3] 할로젠화 알킬을 $(CH_3)2C(I)CH_2CH_3$에서 $(CH_3)_2CHCH(I)CH_3$로 바꾸었다. [4] 할로젠화 알킬의 농도와 H_2O의 농도를 모두 다섯 배 증가시켰다.

7.60 S_N1 반응 생성물의 구조를 그리고 필요하면 입체 화학을 표시하라.

a. 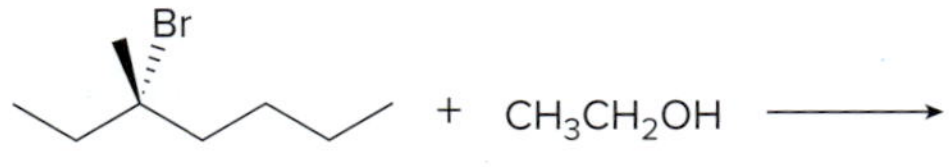 Br + CH_3CH_2OH ⟶ b. 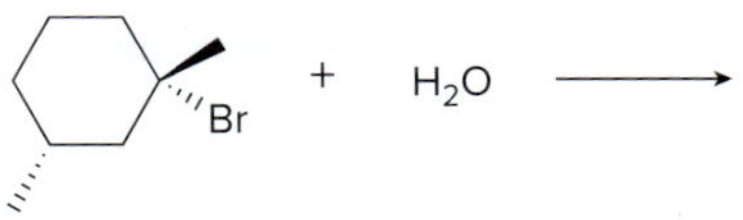 Br + H_2O ⟶

7.61 다음 반응의 메커니즘을 그리고, 치환 반응 생성물이 두 개 생기는 이유를 설명하라. 또한 1-bromohex-2-ene이 일차 할로젠화 알킬이지만 약한 친핵체인 CH_3OH와 쉽게 S_N1 반응을 하는 이유를 설명하라.

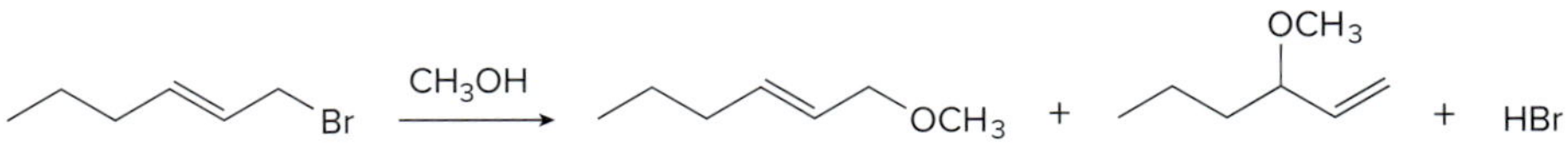

Br $\xrightarrow{CH_3OH}$ OCH_3 + OCH_3 + HBr

1-bromohex-2-ene

S_N1과 S_N2 반응

7.62 (a) 다음 해양 천연물에서 어느 할로젠화물이 S_N2 반응을 더 빠르게 하겠는가? (b) 어느 할로젠화물이 S_N1 반응을 더 빠르게 하겠는가?

Br, Cl, Br, OH, OH

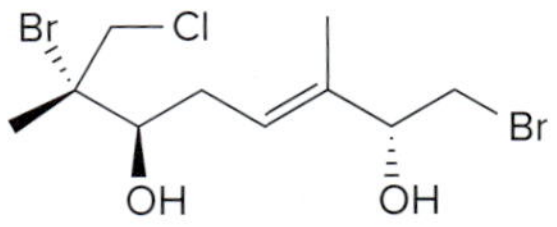

plocamenol A

7.63 각 반응의 치환 반응 메커니즘을 결정하고 입체 화학을 포함하여 생성물을 그려라.

a. (Br) + $^{-}OCH_3$ $\xrightarrow{\text{DMSO}}$

b. (Br) + CH_3OH $\longrightarrow$

c. (I) + CH_3CO_2H $\longrightarrow$

d. (Cl) + CH_3CH_2OH $\longrightarrow$

7.64 Uridine monophosphate (UMP)는 RNA를 구성하는 네 가지 뉴클레오타이드 중 하나이다. RNA 핵산은 DNA의 유전 정보를 전달하여 세포의 기능과 발달에 필요한 단백질을 합성한다. UMP 합성의 핵심 단계는 **A**와 **B** 사이의 반응으로 **C**를 생성하는 S_N1 반응이며, **C**는 한 단계로 UMP로 전환된다. 이 S_N1 반응의 메커니즘을 그려라.

A + **B** ⟶ **C** + HO—PP $\xrightarrow{\text{한 단계}}$ UMP

7.65 Benadryl에 들어있는 항히스타민제인 diphenhydramine은 다음과 같은 두 단계 과정으로 합성할 수 있다. Diphenhydramine의 구조는 무엇인가?

$(CH_3)_2NCH_2CH_2OH$ $\xrightarrow{\text{[1] NaH; [2] } (C_6H_5)_2CHBr}$ diphenhydramine

7.66 다음 반응의 상세한 메커니즘을 단계별로 쓰라. 전자의 이동은 굽은 화살표로 나타내라.

(Br) $\xrightarrow{\text{CH}_3\text{CH}_2\text{OH}}$ (O) + (O) + HBr

7.67 하나의 화합물에 친핵체와 이탈기가 모두 있을 때 **분자내(intramolecular)** 반응이 일어날 수 있다. 이러한 점을 고려하여 다음 반응의 생성물의 구조를 그려라.

(OH, Br) $\xrightarrow{^{-}OH}$ (O⁻, Br) + H_2O $\longrightarrow$ $C_7H_{10}O_2$ + Br^-

7.68 Quinapril(상품명 Accupril)은 고혈압과 출혈성 심장 쇠약을 치료하는 데 사용한다. Quinapril 합성의 한 단계는 라셈 브로민화 알킬 **A**와 아미노 에스터 **B**의 단 하나의 거울상 이성질체와의 반응이다. (a) 이 반응에서 생성되는 두 개의 생성물은 무엇인가? (b) 주어진 quinapril의 구조에서 이 의약품을 합성하는 데 필요한 생성물은 두 개의 생성물 중 어느 것인가?

quinapril

라셈 혼합물 **A** + **B** $\xrightarrow{(CH_3CH_2)_3N}$

7.69 다음 반응의 상세한 메커니즘을 단계별로 그려라.

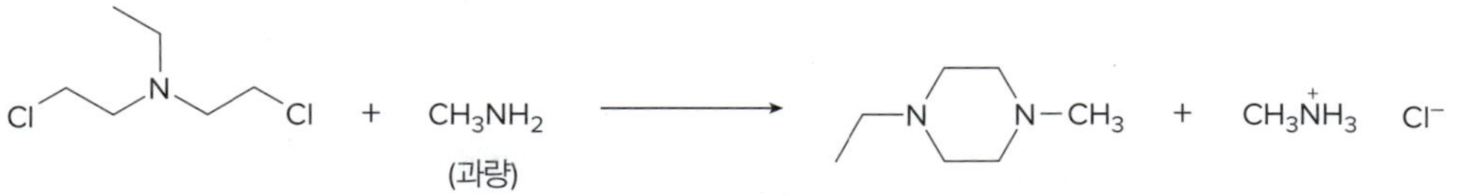

Cl N Cl + CH_3NH_2 (과량) → N N−CH_3 + $CH_3\overset{+}{N}H_3$ Cl^-

7.70 (*R*)-6-bromo-2,6-dimethylnonane을 CH_3OH에 녹이면, 친핵성 치환 반응이 일어나서 광학 불활성 용액이 얻어진다. 이성질성 할로젠화물인 (*R*)-2-bromo-2,5-dimethylnonane을 같은 조건에서 CH_3OH에 녹이면, 친핵성 치환 반응으로 광학 활성 용액이 얻어진다. 각 반응의 생성물의 구조를 그리고, 광학 활성도의 차이가 관찰된 이유를 설명하라.

합성

7.71 각각의 다음 반응에서 적절한 시약과 출발물을 빈 칸에 채워라.

a. 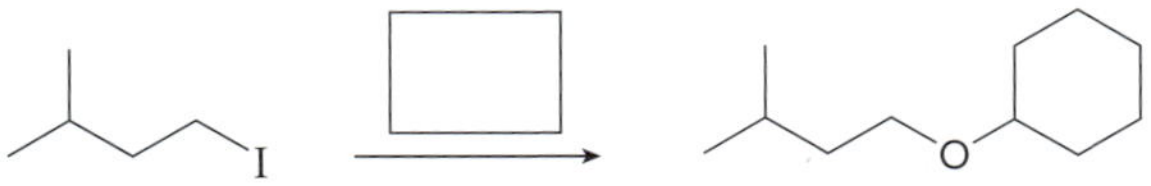 I → O
b. 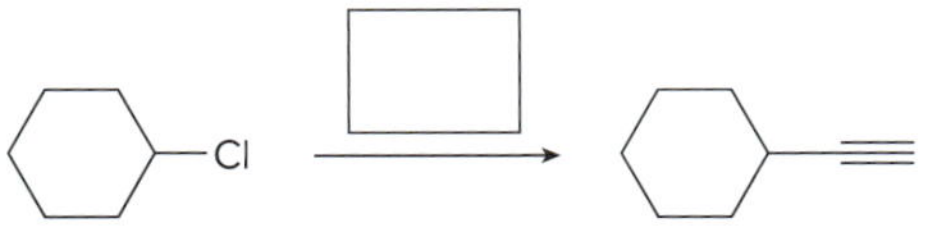 Cl →
c. 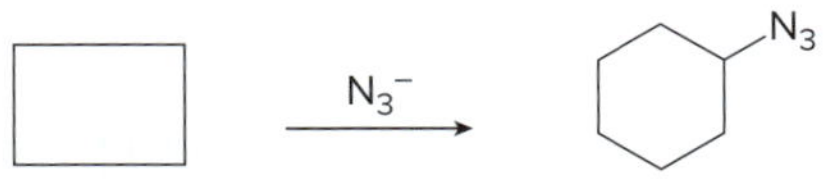 N_3^- → N_3
d. 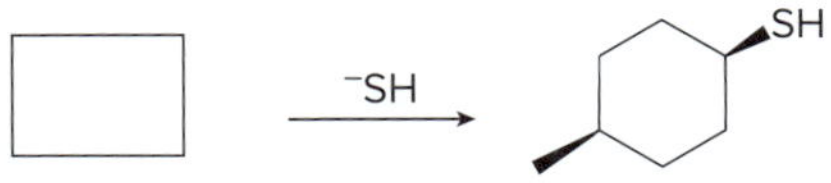 ^-SH → SH

7.72 각각의 화합물을 할로젠화 알킬에서 출발하여 합성하는 방법을 제시하라. 어떤 유기 혹은 무기 화합물 시약을 사용하여도 좋다.

a. 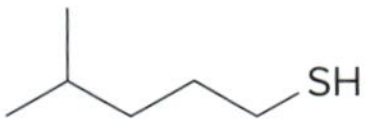 SH b. 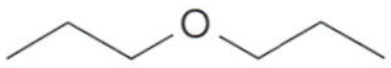 O c. 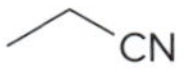 CN d. 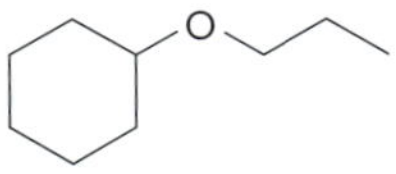 O e. 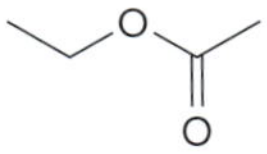 O O

7.73 **A—D**와 같은 화합물을 마음대로 사용할 수 있다고 가정한다. 이 화합물을 이용하여 **E**를 만드는 두 가지 다른 방법을 고안하라. 두 방법 가운데 어느 것이 더 좋은가? 그 이유를 설명하라.

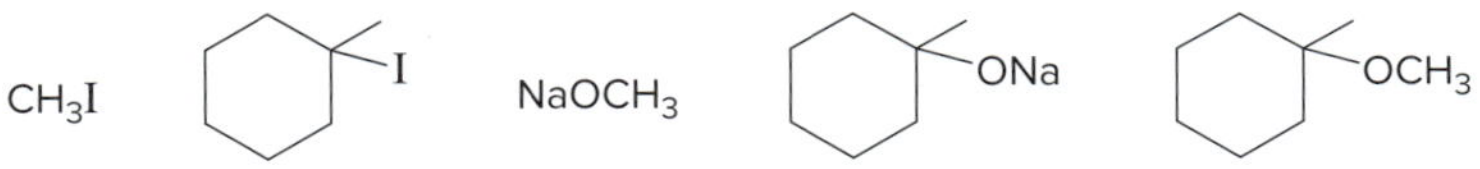

CH_3I (**A**) I (**B**) $NaOCH_3$ (**C**) ONa (**D**) OCH_3 (**E**)

7.74 흔한 집파리의 성 페로몬인 muscalure는 두 번의 친핵체 치환 반응을 사용하는 반응으로 합성할 수 있다. Muscalure 합성 과정에서 **A—D** 화합물을 확인하라.

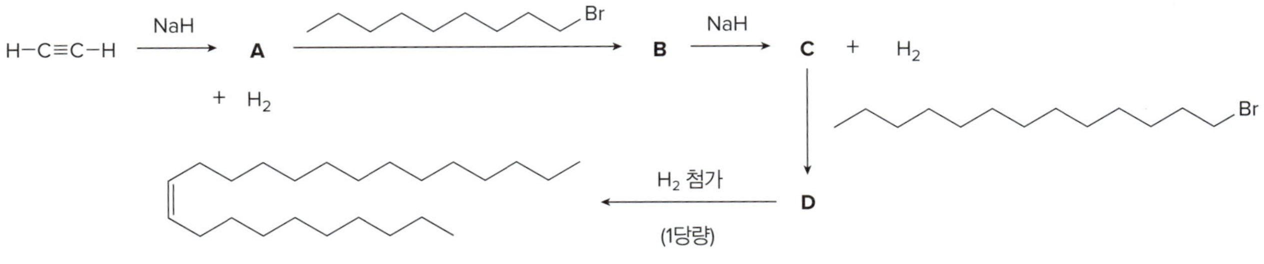

H−C≡C−H —NaH→ **A** + H_2 —Br→ **B** —NaH→ **C** + H_2 —Br→ **D** —H_2 첨가 (1당량)→ muscalure

도전 문제

7.75 비록 두 화합물 모두 세 개의 R기가 질소에 결합되어 있지만, quinuclidine이 trimethylamine보다 더 반응성이 큰 친핵체인 이유를 설명하라.

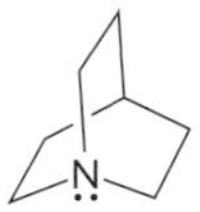

N̈ quinuclidine   N̈ triethylamine

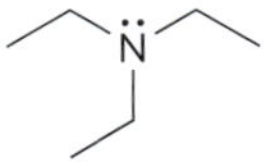

7.76 다음 일련의 반응의 단계별 메커니즘을 쓰라.

[1] NaH
[2] CH_3Br
+ H_2 + NaBr

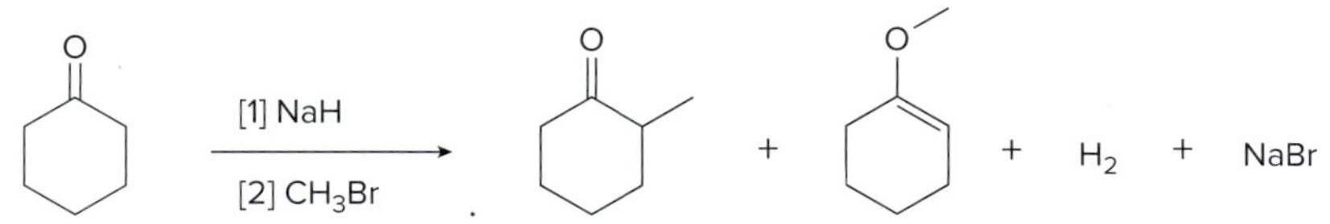

주생성물 소량 생성물

7.77 아편성 진통제 및 마취제인 펜타닐(fentanyl)에서 어떤 N 원자가 더 친핵성인가? 선택한 이유를 설명하라.

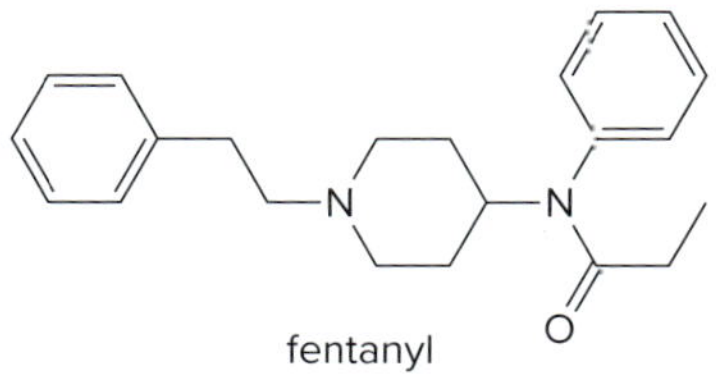

fentanyl

7.78 삼염화물 **J**를 CH_3OH와 반응시키면 친핵성 치환 반응이 일어나 이염화물 **K**가 얻어진다. 이 반응의 메커니즘을 쓰고, 하나의 염소가 다른 두 개의 염소에 비해 반응성이 커서 하나의 치환 생성물만 생성하는 이유를 설명하라.

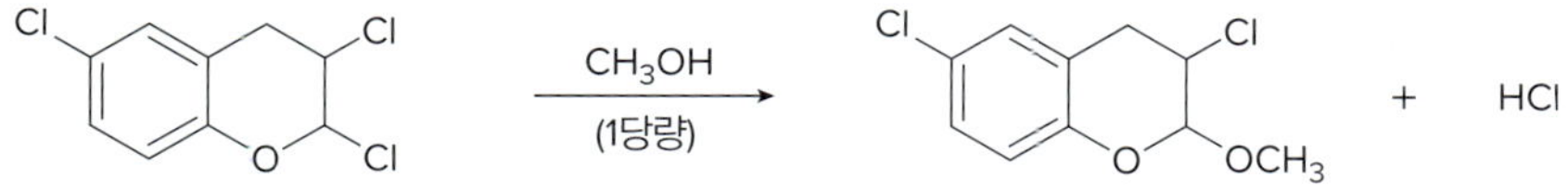

CH_3OH (1당량)
+ HCl

J **K**

7.79 S_N1 조건하에서 일어나는 어떤 친핵성 치환 반응에서는 완전한 라셈화 반응이 일어나지 않고 한 거울상 이성질체가 약간 과량으로 존재한다. 예를 들면, 광학적으로 순수한 1-bromo-1-phenylpropane을 물로 처리하면 1-phenylpropan-1-ol이 생성된다. (a) 주어진 광회전 자료를 사용하여 각 거울상 이성질체가 각각 얼마나 존재하는지 계산하라. (b) 어느 생성물—즉, 배열 반전 생성물과 보전 생성물—이 우세한가? (c) 이러한 현상의 설명을 제안하라.

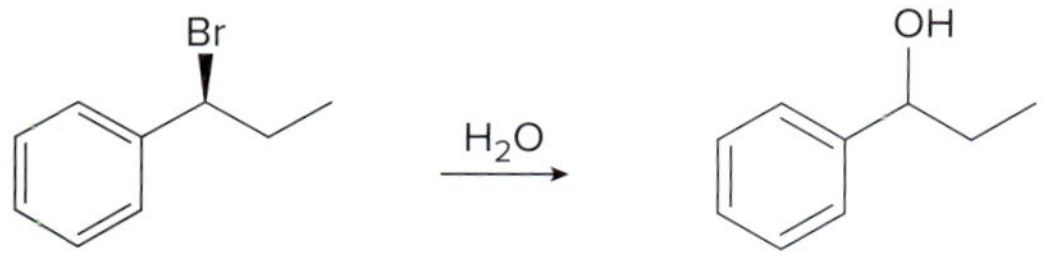

H_2O

1-bromo-1-phenylpropane

1-phenylpropan-1-ol
관찰된 [α] = +5.0
광학적으로 순수한 *S* 이성질체 [α] = −48

7.80 어떤 리피드의 합성에서 중요한 반응은 geranyl diphosphate가 linalyl diphosphate로 자리를 옮기는 반응이다. 7.15A의 정보를 이용하여 이 과정의 단계별 메커니즘을 쓰라.

geranyl diphosphate linalyl diphosphate

자가-시험 해답

1. a 2. d 3. d 4. a 5. b 6. b 7. c 8. c 9. b 10. c

할로젠화 알킬과 제거 반응

Alkyl Halides and Elimination Reactions

08

ORGANIC CHEMISTRY

많은 과학자는 1944년에 발표된 **퀴닌(quinine)**의 우아한 합성을 현대 유기 합성의 시작으로 여긴다. 안데스산맥이 원산지인 신코나 나무의 껍질에서 분리되는 천연물인 퀴닌은 강력한 해열제이다. 퀴닌은 수 세기 동안 말라리아를 효과적으로 치료할 수 있는 유일한 약이었다. 퀴닌의 쓴맛은 토닉 워터(tonic water)에 특이한 풍미를 준다. 퀴닌의 매우 긴 합성 단계의 하나는 할로젠화 알킬의 특징적 반응이면서 8장의 주제인 제거 반응이다.

왜 공부하는가? . . .

제거 반응이란?

제거 반응은 유기 화합물에 π 결합을 도입하므로 π 결합이 각각 한 개 또는 두 개 있는 탄화수소인 **알켄**과 **알카인**을 합성하는 데 이용된다. 제거 반응은 두 탄소에 걸쳐 있는 작용기를 생성하므로 유기 합성에서 유용하다. 친핵성 치환 반응과 같이, 제거 반응은 반응 조건에 따라 두 가지 다른 경로로 일어난다. 따라서 8장을 끝내면, 두 개의 친핵성 치환 반응(S_N1과 S_N2) 및 두 개의 제거 반응(E1과 E2)으로 네 개의 서로 다른 유기 반응 메커니즘을 배우게 된다.

이 과정에서 가장 큰 도전은 네 개의 다른 메커니즘을 따르는 두 개의 서로 다른 반응을 가려내는 방법을 배우는 것이다. **특정한 할로젠화 알킬의 경우 주어진 시약과 치환 반응 혹은 제거 반응이 일어날 것인가, 그리고 네 가지 가능한 메커니즘 중 어떤 것에 의해 일어날 것인가?** 이 질문에 대답하기 위해, 주어진 기질에 대해 어떠한 반응과 메커니즘이 가능할지 예측할 수 있도록 요약하면서 8장을 마무리할 것이다.

8.1 제거 반응의 일반적 특성

제거 반응이 일어나면 출발물로부터 어떤 성분이 제거되면서 생성물에서 새로운 π 결합이 생성된다.

- 할로젠화 알킬은 Brønsted-Lowry 염기에 의해 제거 반응이 일어난다. HX 분자가 떨어져 나가서 알켄이 생성된다.

H, X + :B (염기) —HX의 제거→ 알켄 (새로운 π 결합) + $H-B^+$ + $:X^-$

식 [1]과 [2]는 제거 반응의 예를 보여준다. 두 반응에서 염기는 유기 출발물로부터 산 HBr 혹은 HCl을 제거한다.

[1] (H, Br) —$K^+\ ^-OC(CH_3)_3$ [–HBr]→ (알켄) + $HOC(CH_3)_3$ + $K^+\ Br^-$

[2] (H, Cl) —$Na^+\ ^-OCH_2CH_3$ [–HCl]→ (고리 알켄) + $HOCH_2CH_3$ + $Na^+\ Cl^-$

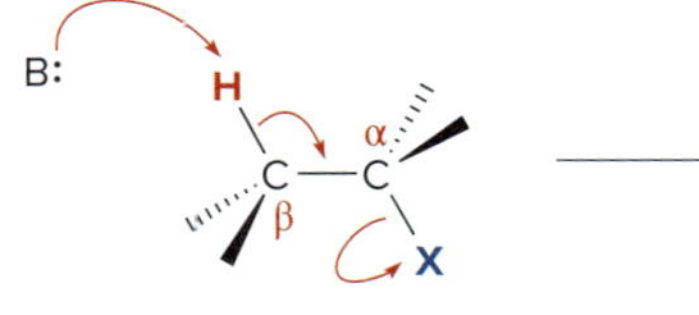

→ C=C (α, β) + $H-B^+$ + $:X^-$

새로운 π 결합 이탈기

할로젠화수소 이탈 반응(dehydrohalogenation)이라 부르는 HX의 제거는 π 결합을 도입하여 알켄을 만드는 가장 흔한 방법 가운데 하나이다. 할로젠화수소 이탈 반응은 **β 제거 반응**의 한 예이다. β 제거 반응이라고 하는 이유는 두 인접한 원자, 즉 이탈기 X가 결합되어 있는 **α 탄소**와 이 탄소에 인접한 **β 탄소**로부터 원소들이 제거되기 때문이다. 이 과정에서 네 개의 결합이 어떻게 만들어지고 끊어지는가를 세 개의 굽은 화살표로 나타내었다.

- 염기(B:)가 β 탄소에 있는 수소를 제거하면 $H-B^+$가 생긴다.
- β C–H 결합에 있는 전자쌍은 α와 β 탄소 사이에 새로운 π 결합을 만든다.
- C–X 결합에 있는 전자쌍은 할로젠으로 이동하여 이탈기 $:X^-$를 만든다.

제거 반응에 가장 많이 사용되는 염기는 $^-$**OH**와 알킬 유도체인 **알콕사이드(alkoxide),** $^-$**OR** 같이 음전하를 띤 산소 화합물로서 표 8.1에 나타내었다. **부피가 큰 비친핵성 염기인 *tert*-뷰톡시화 포타슘, $K^+\ ^-OC(CH_3)_3$은 특히 유용하다**(7.8B절).

표 8.1 할로젠화수소 이탈 반응에 사용되는 일반적인 염기

구조	이름
$Na^+\ ^-OH$	수산화 소듐
$K^+\ ^-OH$	수산화 포타슘
$Na^+\ ^-OCH_3$	메톡시화 소듐
$Na^+\ ^-OCH_2CH_3$	에톡시화 소듐
$K^+\ ^-OC(CH_3)_3$	*tert*-뷰톡시화 포타슘

할로젠화수소 이탈 반응의 생성물 그리기:

- α 탄소를 찾아라—이탈기에 결합된 sp^3 혼성 탄소이다.
- H 원자가 있는 모든 β 탄소를 확인하라.
- α와 β 탄소에서 H와 X를 제거하여 π 결합을 만든다.

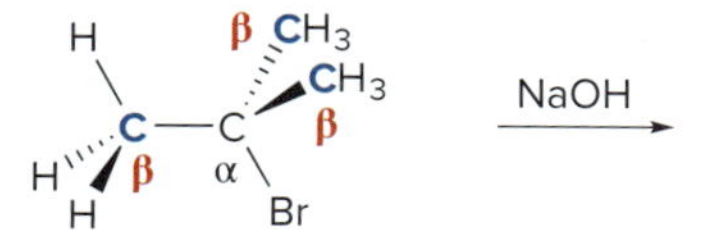

2-bromo-2-methylpropane

NaOH →

한 개의 알켄 생성

예를 들면 2-bromo-2-methylpropane에는 β 탄소(3개의 CH_3기)가 세 개 있다. 그러나 세 개가 동일하기 때문에 HBr이 제거되면서 하나의 알켄만이 생성된다. 이와는 다르게, 2-bromobutane에는 두 개의 서로 다른 β 탄소(β_1과 β_2로 표시)가 있다. 따라서 α와 β_1 탄소나 α와 β_2 탄소에서 HBr이 제거되면 두 개의 구조 이성질체가 얻어진다. 어느 화합물이 많이 생성되는지와 그 이유에 대해서는 8.5절에서 배운다.

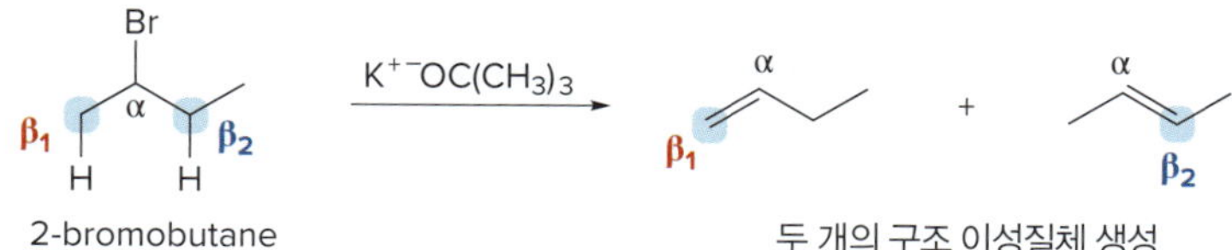

2-bromobutane

두 개의 구조 이성질체 생성

DDE와 DDT는 물수리 같은 포식동물 조류의 지방 조직에 축적된다. DDE와 DDT 농도가 높을 때에는, 암컷 물수리는 쉽게 깨지는 껍질이 얇은 알을 낳기 때문에 물수리 새끼가 덜 부화하게 된다. *Comstock/Getty Images*

제거 반응은 **살충제 DDT** (7.4절)가 간단한 화합물로 천천히 분해되는 첫 번째 단계이다. DDT에서 HCl가 제거되면 분해 생성물 **DDE** (dichlorodiphenyldichloroethene)가 생성된다. 이 안정한 알켄은 미국 성인의 지방 조직에서 낮은 농도로 발견되고 있다.

B: —HCl→

DDT DDE

문제 8.1 각각의 할로젠화 알킬에서 α 탄소와 β 탄소를 표시하라. 각 할로젠화 알킬을 $K^+\ {}^-OC(CH_3)_3$를 처리했을 때 생기는 제거 반응 생성물의 구조를 모두 그려라.

a. Cl b. Cl c. Br d. Cl

8.2 알켄—제거 반응의 생성물

할로젠화 알킬의 제거 반응은 알켄을 생성하기 때문에 앞에서 알켄 구조에 대해 공부했던 것을 복습하고 몇 개의 추가 사항을 배워보자.

8.2A 탄소–탄소 이중 결합에서의 결합

알켄은 탄소–탄소 이중 결합이 있는 탄화수소라는 내용의 1.10B절을 상기하라. 이중 결합의 각 탄소는 sp^2 혼성화되어 있고 평면 삼각형이며, 모든 결합각은 120°이다.

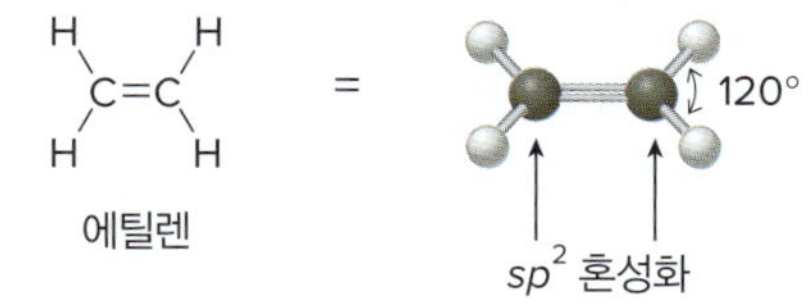

에틸렌

sp^2 혼성화

가장 단순한 알켄인 에틸렌은 식물성장 및 과일의 숙성을 조절하는 호르몬이다. 바나나는 에틸렌을 방출하기 때문에 잘 익은 바나나는 초록색 토마토의 숙성을 촉진시킨다.
Jill Braaten/McGraw Hill

알켄의 이중 결합은 하나의 σ 결합과 하나의 π 결합으로 되어 있다.

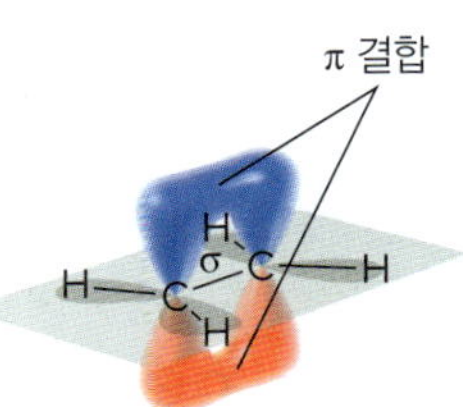

- σ 결합은 sp^2 혼성 오비탈의 정면 겹침으로 만들어지며 분자 평면에 있다.
- π 결합은 두 개의 2*p* 오비탈의 측면 겹침으로 만들어지며 분자 평면과 수직이다. 제거 반응이 일어나는 동안 π 결합이 생성된다.

알켄은 이중 결합 탄소에 붙은 탄소 원자 수에 따라 분류된다. **단일 치환 알켄(monosubstituted alkene)**은 이중 결합 탄소에 하나의 탄소 원자가 결합되어 있다. **이중 치환 알켄(disubstituted alkene)**은 이중 결합 탄소에 두 개의 탄소 원자가 결합되어 있다.

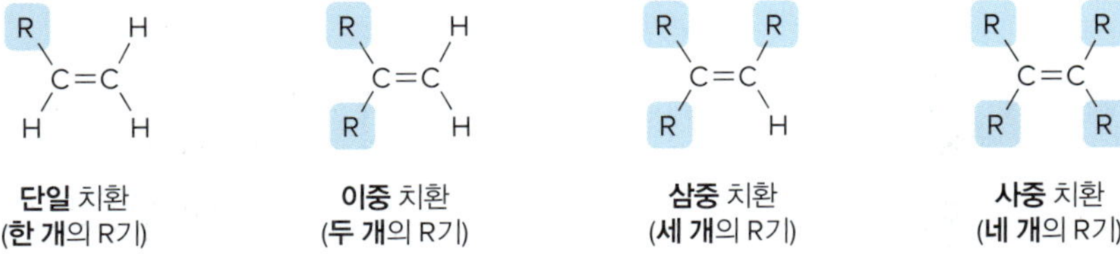

그림 8.1에 몇 개의 알켄이 어떻게 분류되는지 나타내었다. 반응에서 알켄의 혼합물이 생성될 때 제거 반응의 주생성물과 부생성물을 결정하려면 이런 방법으로 알켄을 분류할 수 있어야 한다.

그림 8.1
알켄은 이중 결합 주위에 결합된 R기의 수에 의해 분류된다.

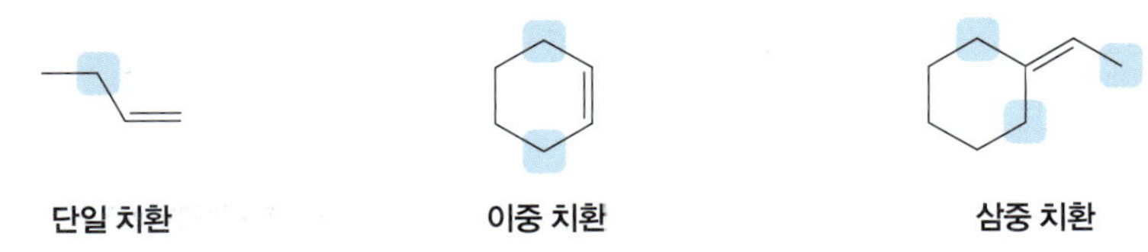

- 이중 결합에 결합된 탄소 원자는 청색으로 표시하였다.

문제 8.2 이중 결합 탄소에 붙은 탄소 원자의 수에 따라 알켄을 분류하라.

a. 비타민 A

b. 비타민 D_3

8.2B 제한된 회전

그림 8.2에서 보듯이 뷰테인에서는 탄소–탄소 단일 결합 주위로 자유롭게 회전할 수 있지만, 뷰트-2-엔의 탄소–탄소 이중 결합에 대해서는 그렇지 못하다. 회전이 제한되어 있기 때문에 뷰트-2-엔의 경우 두 가지 입체 이성질체가 가능하다.

그림 8.2
C−C 및 C=C을 중심으로 하는 회전의 비교

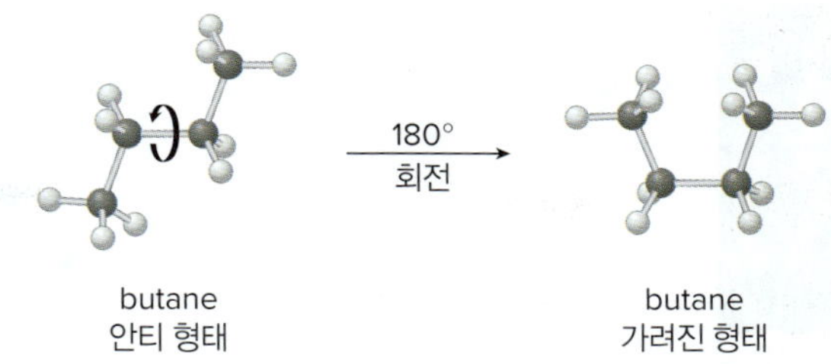

이 형태는 회전하면서 서로 **변환된다**.
이 형태는 **같은** 분자이다.

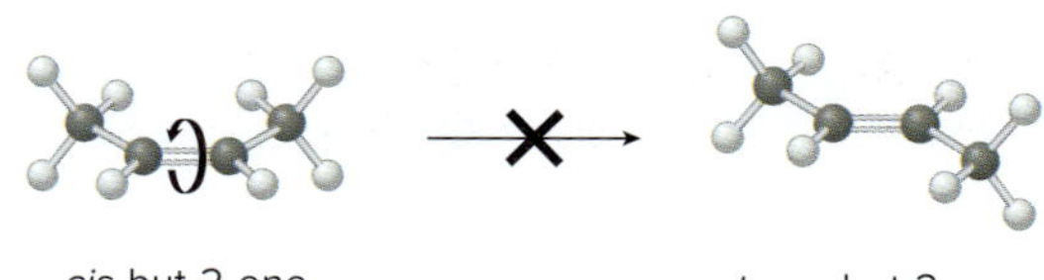

이들 분자는 회전에 의해 **변환되지 않는다**.
그들은 **다른** 분자이다.

> 시스와 트랜스 이성질체의 개념은 4장에서 이중 치환된 사이클로알케인에서 처음으로 소개되었다. 두 경우에서 고리 또는 이중 결합은 움직이는 것을 제한하고, 고리 또는 이중 결합의 한쪽에서 다른 쪽으로 기가 회전하는 것을 방해한다.

- 시스 이성질체는 두 기가 이중 결합의 **같은 쪽**에 있다.
- 트랜스 이성질체는 두 기가 이중 결합의 **반대쪽**에 있다.

cis-But-2-ene과 *trans*-but-2-ene은 입체 이성질체이다. 그러나 서로 거울상은 아니다. 따라서 서로 **부분 입체 이성질체** 관계이다.

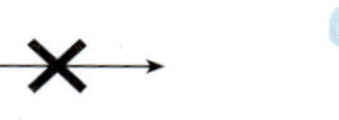

***cis*-but-2-ene**
같은 쪽에 두 개의 R기가 존재

***trans*-but-2-ene**
반대쪽에 두 개의 R기가 존재

But-2-ene의 시스와 트랜스 이성질체는 탄소−탄소 이중 결합에서 나타나는 입체 이성질체의 일반적 유형의 구체적인 예이다. **탄소−탄소 이중 결합의 각각의 탄소에서 두 개의 기가 서로 다를 때 두 개의 부분 입체 이성질체가 가능하다.**

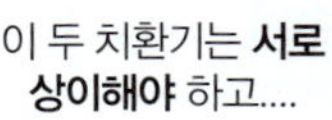
이 두 치환기는 **서로 상이해야** 하고....

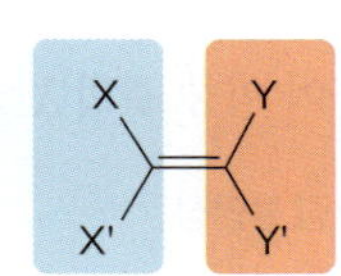

...이들 두 치환기 역시 **서로 상이해야** 한다.

문제 8.3 어느 이중 결합에서 입체 이성질체가 가능한가?

a. OH

c. OH
nerolidol
(흰독말풀속 식물에서 유래)

b.

d.

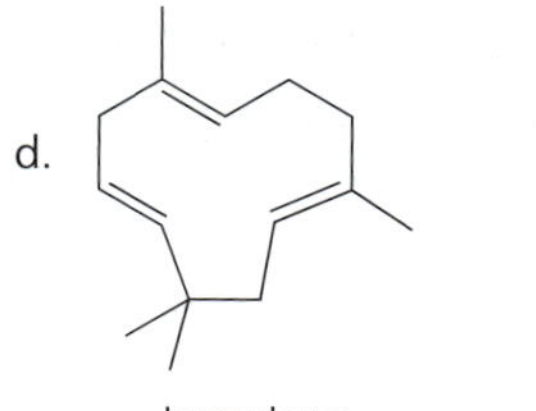

humulene
[홉스(hops)에서 유래]

특징적인 라일락 향기(문제 8.4)는 (*E*)-ocimene과 다른 휘발성 에터, 알데하이드 및 알코올의 혼합물이다.
Steven P. Lynch

문제 8.4 (a) 라일락 꽃 향의 주 성분인 (*E*)-ocimene에서 어느 이중 결합이 입체 이성질체를 나타내는가? (b) (*E*)-ocimene의 부분 입체 이성질체를 그려라.

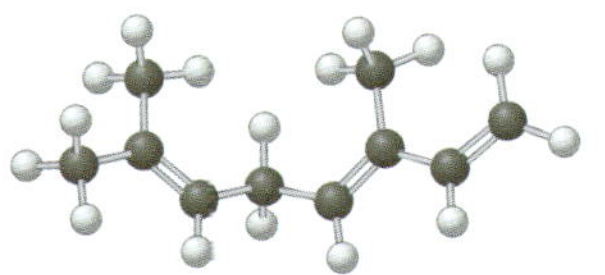

(*E*)-ocimene

문제 8.5 각 쌍의 알켄을 구조 이성질체, 입체 이성질체, 동일 화합물로 표시하라.

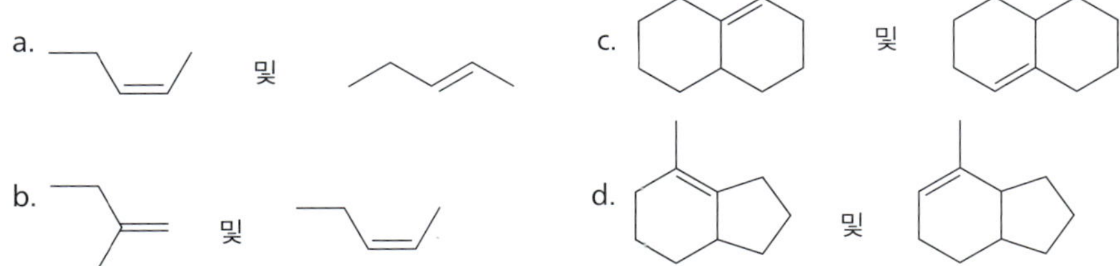

8.2C 알켄의 안정성

어떤 알켄은 다른 알켄보다 안정하다. 예를 들면 이중 결합 탄소에 붙어 있는 기가 서로 멀리 떨어지면 입체 장애가 감소되기 때문에 **트랜스 알켄은 시스 알켄보다 안정하다.**

더욱이 **이중 결합 탄소에 결합된 R기의 수가 증가하면** 알켄의 안정성은 더욱 증가한다.

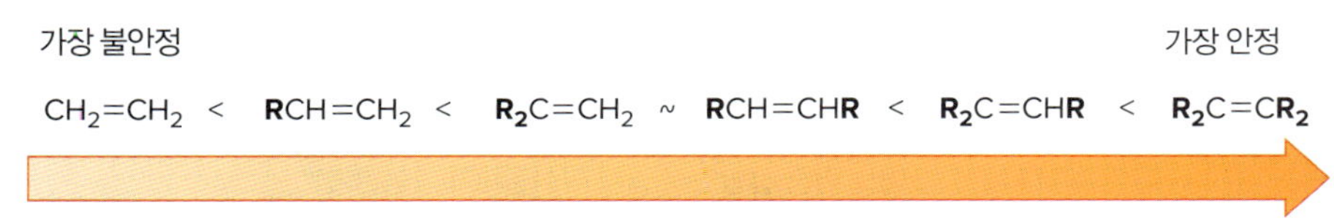

R기는 sp^3 혼성화되어 있는 반면 이중 결합 탄소 원자는 sp^2 혼성화되어 있기 때문에 R기는 알켄의 안정성을 증가시킨다. 1.11B절과 2.5D절에서 sp^3에서 sp^2로 갈 때 혼성 오비탈의 *s*-성질이 25%에서 33%로 증가했다는 것을 상기하라. *s*-성질의 비율이 더 커지면 전자 밀도를 더 쉽게 받아들인다. 따라서 **sp^2 혼성 탄소 원자는 전자 밀도를 받아들이는 능력이 더 커진다.** 그리고 **sp^3 혼성 탄소는 전자 밀도를 내어주는 능력이 더 커진다.**

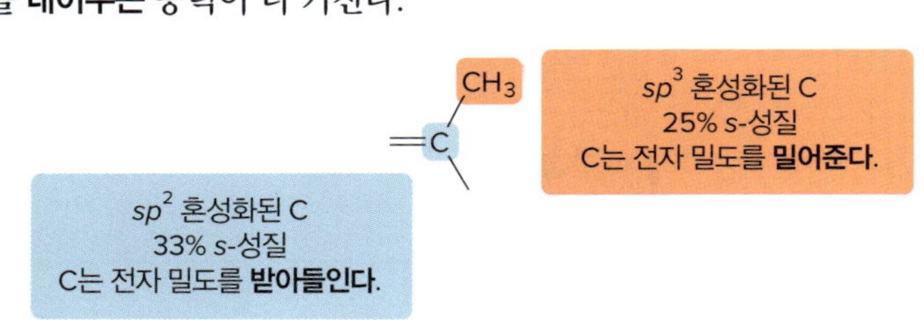

- 결과적으로 전자 밀도를 받을 수 있는 탄소 원자에 전자를 내어주는 R기의 수가 **증가하면** 알켄은 **더 안정하게** 된다.

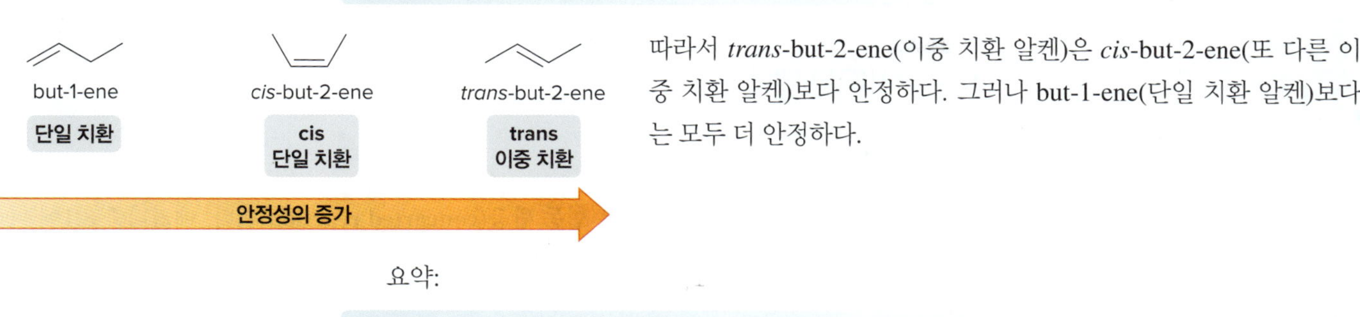

따라서 *trans*-but-2-ene(이중 치환 알켄)은 *cis*-but-2-ene(또 다른 이중 치환 알켄)보다 안정하다. 그러나 but-1-ene(단일 치환 알켄)보다는 모두 더 안정하다.

요약:

- 입체 장애가 작기 때문에 트랜스 알켄은 시스 알켄보다 **더 안정하다**.
- 전자를 밀어주는 유발 효과 때문에 알킬 치환이 **증가하면** 알켄이 **안정화된다**.

문제 8.6 각 쌍에서 어느 알켄이 더 안정한가?

a. 또는 b. 또는

문제 8.7 다음 알켄을 안정성이 증가하는 순서로 정렬하라.

A B C D

8.3 제거 반응의 메커니즘

제거 반응 메커니즘은 무엇인가? 결합이 끊어지고 만들어지는 순서는 무엇인가? 반응이 한 단계인가? 아니면 여러 단계로 일어나는가?

친핵성 치환 반응에서 S_N2와 S_N1 두 메커니즘이 있는 것과 같이, 제거 반응에도 **E2**와 **E1** 두 메커니즘이 있다.

- **E2 메커니즘(이분자 제거 반응)**
- **E1 메커니즘(일분자 제거 반응)**

E2와 E1 메커니즘은 S_N2와 S_N1 메커니즘과 비슷하게 결합이 끊어지고 만들어지는 타이밍이 다르다. 사실 E2와 S_N2 반응은 공통적인 특징이 있고, E1과 S_N1도 공통적인 특징이 있다.

8.4 E2 반응 메커니즘

할로젠화수소 이탈 반응에서 가장 일반적인 메커니즘은 E2 메커니즘이다. 예를 들면 $(CH_3)_3CBr$이 ^-OH와 반응하면 E2 메커니즘을 통해서 $(CH_3)_3C{=}CH_2$이 생성된다.

$(CH_3)_2C(Br)\text{—}CH_3 + {:}\ddot{O}H \xrightarrow{\text{E2 반응}} (CH_3)_2C{=}CH_2 + H\text{—}\ddot{O}H + {:}\ddot{Br}{:}^-$

8.4A 속도론

E2 반응은 **2차 반응 속도식**을 나타낸다. 반응이 **이분자성**이며 할로젠화 알킬 및 염기가 모두 속도식에 나타난다.

- 속도 = $k[(CH_3)_3CBr][^-OH]$

8.4B 한 단계 메커니즘

2차 속도식에 대한 가장 적합한 설명은 **협동 반응(concerted reaction)**이다. 메커니즘 8.1에 나타낸 것처럼 **모든 결합이 동시에 끊어지고 생성된다.**

메커니즘 8.1 E2 메커니즘

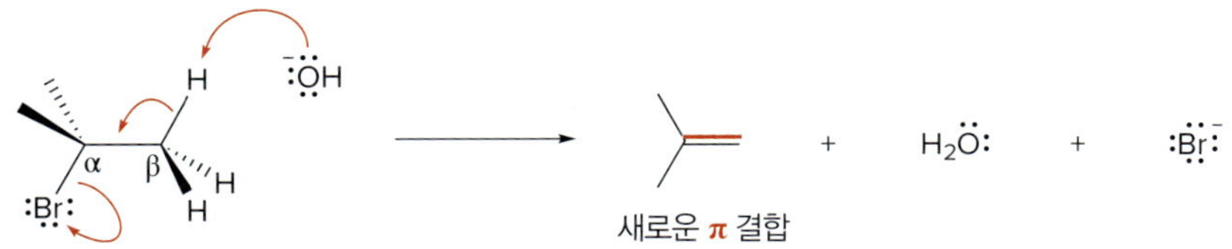

- 염기($^-$**OH)**가 β 탄소로부터 **양성자를 제거해서** H_2O(부산물)을 생성한다.
- C−H 결합에 있는 전자쌍은 **새로운 π 결합**을 생성한다.
- **이탈기인 Br^-가** C−Br 결합에 있는 전자쌍과 함께 **떨어져 나온다.**

E2 메커니즘의 유일한 단계에서 두 개의 결합이 끊어지고(C−H와 C−Br) 두 개의 결합이 생성되므로(H−OH와 π 결합) 전이 상태에서는 **네 개의 부분 결합**이 있고 음전하는 염기와 이탈기에 분산되어 있다. 두 분자의 출발물이 세 분자의 생성물을 만들기 때문에 **엔트로피는 E2 반응 생성물을 선호한다.**

문제 8.8 다음 E2 반응에서 전자의 이동을 굽은 화살표를 이용하여 그려라. 전이 상태 구조를 그려라.

염기, 이탈기 및 용매의 성질이 반응 속도에 영향을 미치는 면에서 E2와 S_N2 메커니즘 사이에 밀접한 유사 관계가 있다.

염기

- 염기는 반응 속도식에 나타난다. 따라서 염기의 세기가 **증가하면** E2 반응 속도는 **증가한다.**

E2 반응은 일반적으로 강하고 음전하를 띤 $^-$OH와 $^-$OR 같은 염기가 사용될 때 일어난다. **DBN**과 **DBU**로 부르는 두 개의 강하고 입체 장애가 큰 질소 염기도 때때로 사용된다.

DBN과 **DBU**의 IUPAC 이름은 복잡하기 때문에 거의 쓰이지 않는다. **DBN**은 1,5-**d**iaza**b**icyclo[4.3.0] **n**on-5-ene이고 **DBU**는 1,8-**d**iaza**b**icyclo[5.4.0]**u**ndec-7-ene이다.

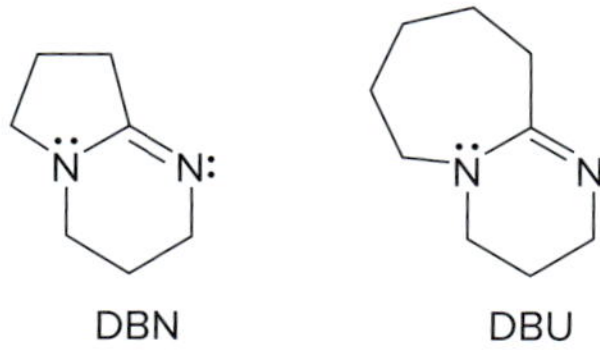

이탈기

- 이탈기와 탄소의 결합이 전이 상태에서 부분적으로 끊어지기 때문에 이탈기가 **더 좋을수록** E2 반응은 **더 빨라진다.**

F Cl Br I

이탈기 능력 증가
E2 반응 속도 증가

용매

- 극성 비양성자성 용매는 E2 반응 속도를 **증가시킨다.**

$(CH_3)_2C{=}O$와 같은 **극성 비양성자성 용매**는 음이온을 잘 용매화시키지 못하기 때문에, 용매와의 강한 상호작용으로 음전하를 띤 염기가 '숨겨지지' 않는다(7.14D절). 따라서 그 염기는 더 세진다. **더 센 염기는 반응 속도를 증가시킨다.**

8.4C 할로젠화 알킬의 정체성

R기가 반응 속도에 영향을 미치는 방법은 S_N2와 E2 반응 메커니즘에서 서로 다르다.

- 이탈기가 붙어 있는 탄소에 R기의 개수가 **증가하면**, E2 반응 속도가 **증가한다.**

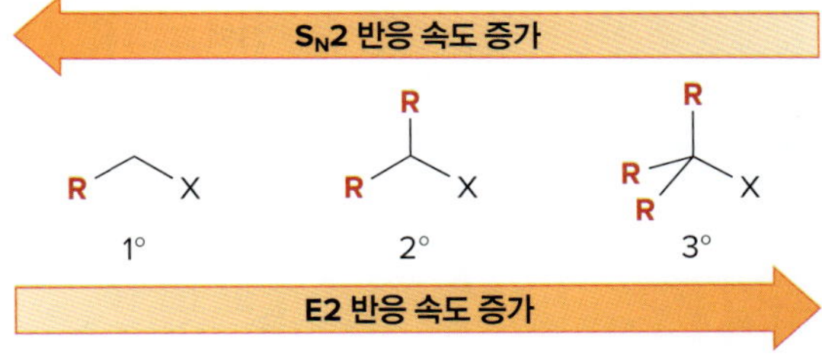

이 경향은 할로젠화 알킬의 S_N2 반응의 반응성과 정반대이다. S_N2 반응에서는 알킬 치환이 증가하면 반응 속도는 감소한다(7.10D절).

왜 알킬 치환이 증가하면 E2 반응 속도가 증가하는가? 전이 상태에서 이중 결합은 부분적으로 생성된다. 따라서 알킬 치환으로 이중 결합의 안정성이 증가하면 전이 상태가 안정되고(즉 E_a가 낮아지므로) 반응 속도가 증가된다.

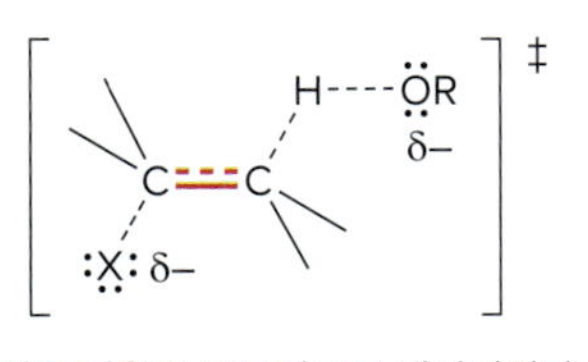

이중 결합이 부분적으로 생성되었다.

- 이탈기가 있는 탄소에서 R기의 개수가 증가하면 E2 반응에서 더 많이 치환되고 **더 안정한** 알켄이 생성된다.

예를 들면 1° 할로젠화 알킬(1-bromobutane)은 단일 치환 알켄을 생성하지만, 3° 할로젠화 알킬(2-bromo-2-methylpropane)은 이중 치환 알켄을 생성한다. 이중 치환 알켄은 보다 안정하기 때문에 **3° 할로젠화 알킬이 1° 할로젠화 알킬보다 빠르게 반응한다.**

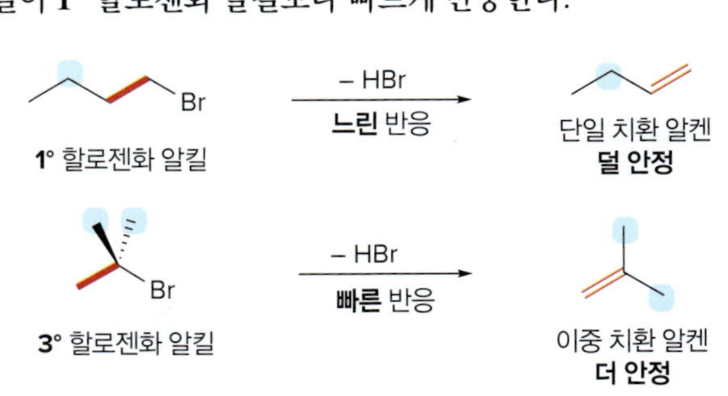

제거 반응은 종종 복잡한 천연물의 합성에서 사용된다. 예로서 화합물 **A**에서 HCl을 제거하면 이 장의 서두에 나온 분자인 항말라리아제 quinine으로 변환되는 알켄 **B**가 얻어진다.

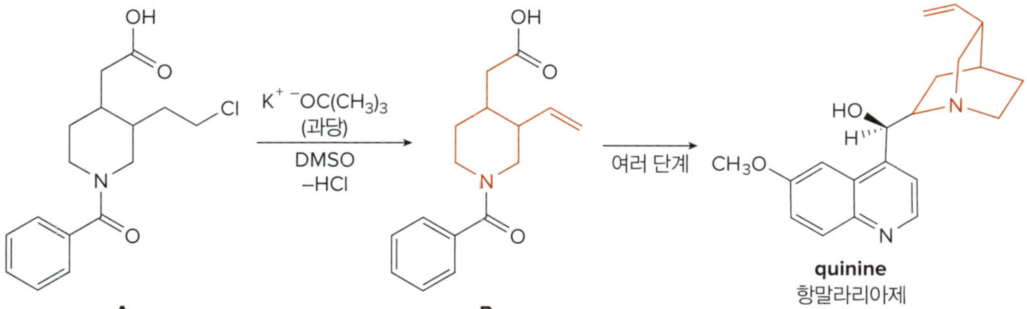

$K^+ \ ^-OC(CH_3)_3$ (과당), DMSO, −HCl

여러 단계

A **B** **quinine** 항말라리아제

표 8.2에 E2 반응 메커니즘의 특징을 요약하였다.

표 8.2 E2 반응의 특징

특징	결과
속도식	• **2차**
메커니즘	• **한 단계**
R의 특성	• **많이 치환된 할로젠화 알킬이 가장 빠름** • 속도: $R_3CX > R_2CHX > RCH_2X$
염기	• **강염기**에 의해 선호됨
이탈기	• **더 좋은 이탈기** ⟶ 더 빠른 반응
용매	• 극성 비양성자성 용매일 때 선호

문제 8.9 각 그룹의 할로젠화 알킬을 E2 반응에서 반응성이 증가하는 순서로 나열하라.

a.

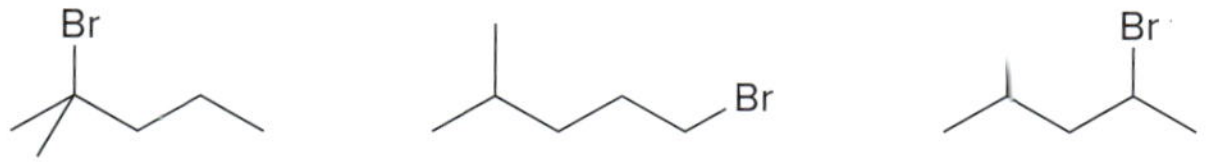

b.

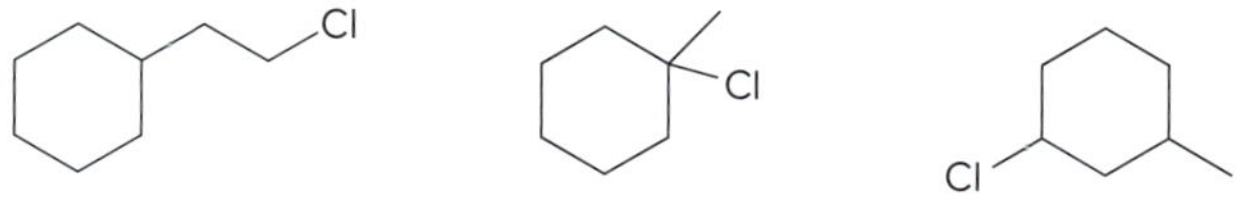

문제 8.10 다음 변화는 E2 반응 속도에 어떤 영향을 미치는가?

a. [RX]를 세 배로
b. [B:]를 반으로
c. 용매를 CH_3OH에서 DMSO로 바꿈
d. 이탈기를 I^-서 Br^- 바꿈
e. 염기를 ^-OH에서 H_2O로 바꿈
f. 할로젠화 알킬을 CH_3CH_2Br에서 $(CH_3)_2CHBr$로 바꿈

8.5 Zaitsev 규칙

8.1절에서 배운 바와 같이, β 탄소 원자가 두 개 이상인 할로젠화 알킬의 할로젠화수소 이탈 반응에서 알켄의 혼합물이 생성된다는 사실을 기억하라. 이 경우에 대개 생성물 중에서 하나가 더 많이 만들어진다. **주생성물은 더 안정한 생성물, 즉 치환이 더 많이 된 이중 결합이 있는 생성물이다.** 예를 들면 1-iodo-1-methylcyclohexane에서 원소 H와 I를 제거하면 두 개의 구조 이성질체가 생성된다:

삼중 치환된 알켄 **A**(주생성물)와 이중 치환된 알켄 **B**(부생성물).

β_1 β_2 I β_1 ^-OH β_1 + β_2

1-iodo-1-methylcyclohexane

A
주생성물
삼중 치환 알켄

B
부생성물
이중 치환 알켄

이 현상은 이러한 경향을 처음 발견했던 러시아 화학자의 이름을 따서 **Zaitsev 규칙** 또는 **Sayzeff 규칙**이라 한다.

- Zaitsev 규칙: β 제거에서는 주생성물에 더 많은 치환된 이중 결합이 있다.

두 개 이상의 생성물이 가능할 경우, 어느 한 개의 구조 이성질체가 우세하게 혹은 유일하게 얻어질 때 위치 선택적(*regioselective*) 반응이라 한다. 더 많이 치환된 알켄이 우세하게 생성되기 때문에 E2 반응은 **위치 선택적** 반응이다.

E2 반응은 전이 상태에서 이중 결합이 부분적으로 생성되기 때문에 Zaitsev 규칙의 결과가 얻어진다. 그러므로 R기를 첨가하여 이중 결합의 안정성을 증가시키면 전이 상태의 에너지가 낮아지기 때문에 반응 속도가 증가한다. 1-Bromo-1-methylcyclopentane에서 HBr을 제거하면 알켄 **C**와 **D**가 생성된다. **이중 결합이 더 많이 치환된 D가 주생성물이다.** 왜냐하면 **D**를 생성하는 전이 상태 에너지가 더 낮기 때문이다.

^-OH
β_1 C–H 결합 끊어짐

덜 안정한
전이 상태

부생성물
이중 치환 알켄
C

Br = Br H β_2 H

1-bromo-1-methyl-
cyclopentane

^-OH
β_2 C–H 결합 끊어짐
선호되는 경로

더 안정한
전이 상태

주생성물
삼중 치환 알켄
D

할로젠화수소 이탈 반응에서 입체 이성질체의 혼합물의 생성이 가능할 때 **주생성물은 더 안정한 입체 이성질체이다.** 예를 들면 할로젠화 알킬 **X**의 할로젠화수소 이탈 반응은 트랜스와 시스 알켄의 혼합물을 생성한다(**Y**와 **Z**). 트랜스 알켄 Y가 더 안정하기 때문에 주생성물이 된다.

H Br $Na^+ \ ^-OCH_2CH_3$ +

X

Y
트랜스 알켄
주생성물

Z
시스 알켄
부생성물

두 개 혹은 그 이상의 생성물이 가능할 때 하나의 입체 이성질체가 우세하게 혹은 유일하게 얻어지면 이 반응은 입체 선택적(*stereoselective*)인 반응이다. 하나의 입체 이성질체가 우선적으로 생성되기 때문에 **E2 반응은 입체 선택적 반응이다.**

예제 8.1 E2 반응의 주생성물 예측하기

다음 E2 반응에서 주생성물을 예측하라.

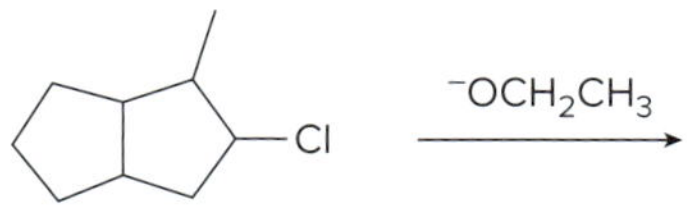

풀이

할로젠화 알킬에는 두 개의 다른 β 탄소 원자가 있다(β_1, β_2로 표시). 따라서 두 개의 다른 알켄이 가능한데, 하나는 α와 β_1 탄소에서 HCl을 제거하여 생성되고, 다른 하나는 α와 β_2 탄소에서 HCl을 제거하여 생성된다. Zaitsev 규칙을 이용하여 판단하면, **더 많이 치환된 A**가 주생성물이 되어야 한다.

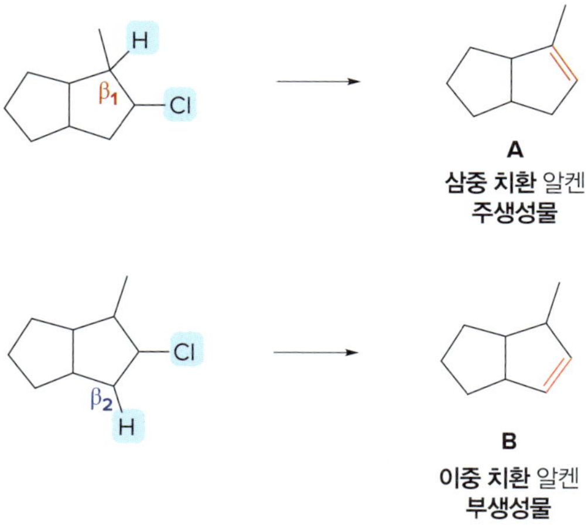

A
삼중 치환 알켄
주생성물

B
이중 치환 알켄
부생성물

문제 8.11 다음 각 할로젠화 알킬에서 E2 반응으로 어떤 알켄이 만들어지는가? 주생성물을 예측할 때 Zaitsev 규칙을 이용하라.

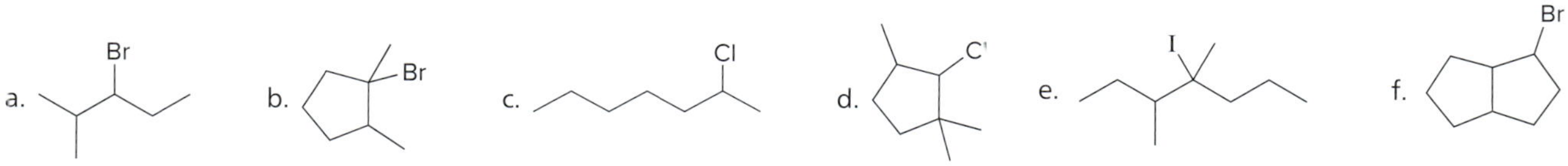

a. b. c. d. e. f.

추가 문제: 문제 8.29, 8.30, 8.32를 풀어보라.

8.6 E2 반응의 입체 화학

E2 반응의 전이 상태는 동시에 반응하는 네 개의 원자로 구성되어 있고, 이 원자들이 특별한 입체화학적 배열을 하고 있을 때에만 반응이 일어난다.

8.6A 입체 화학의 일반 특성

E2 반응의 전이 상태에서는 할로젠화 알킬의 **네 개의 원자**, 즉 수소 원자 하나, 두 개의 탄소 원자 및 이탈기 X가 **한 평면에 배열되어 있다.** C—H 결합과 C—X 결합이 동일 평면에 놓일 수 있는 방법에는 두 가지가 있다.

신 준평면　　**안티 준평면**

C−H와 C−X 결합의 이면각(dihedral angle)이 **0°**이면 신 준평면이고, **180°**이면 안티 준평면이다.

- H 및 X 원자가 분자의 같은 쪽에 배열될 수 있다. 이 기하 구조를 **신 준평면(syn periplanar)**이라 부른다.
- H 및 X 원자가 분자의 반대쪽에 배열될 수 있다. 이 기하 구조를 **안티 준평면(anti periplanar)**이라 부른다.

모든 증거에 의하면 **E2 반응은 안티 준평면 기하 구조에서 가장 흔하게 일어난다.** 이 배열에서는 분자가 에너지가 더 낮은 엇갈린(*staggered*) 형태에서 반응한다. 그림 8.3에 나타낸 것처럼 이런 배열이 되면 전자가 풍부한 두 화학종(들어오는 염기와 떠나는 이탈기)이 서로 멀리 떨어져 있게 된다.

할로젠화 알킬에서 E2 제거 반응이 일어나는 경우, 안티 준평면 기하 구조가 고리 또는 비고리 구조이든 관계없이 **선호되는 배열이다.** 이러한 입체 화학적 요구 조건은 육원자 고리 화합물에서 중요하다.

그림 8.3
E2 반응의 두 가지 가능한 기하 구조

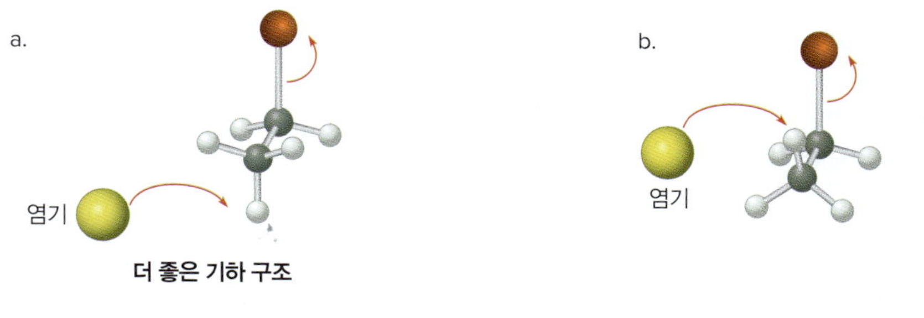

- **안티 준평면** 배열은 **엇갈린** 형태이다.
- 전자가 풍부한 두 기는 멀리 떨어져 있다.

- **신 준평면**은 **가려진** 형태이다.
- 전자가 풍부한 두 기가 가까이 있다.

문제 8.12 E2 반응이 안티 준평면 기하 구조로 일어난다고 가정하여 각 제거 반응의 생성물을 그려라. (a)와 (b)의 할로젠화 알킬은 부분 입체 이성질체이다. 반응의 생성물은 어떤 관계에 있는가? 3.2A절에서 언급하였듯이, C_6H_5-는 페닐 기이며 다른 기에 결합된 벤젠 고리를 나타낸다는 것을 기억하라.

a. H, CH_3, C_6H_5 / C_6H_5, H, Br $\xrightarrow{^-OCH_2CH_3}$

b. H, C_6H_5, CH_3 / C_6H_5, H, Br $\xrightarrow{^-OCH_2CH_3}$

8.6B 안티 준평면 기하구조와 할로젠화 사이클로헥세인

4.12절에서 cyclohexane은 빠르게 서로 변환되는 두 개의 의자 형태로 존재하고, 치환된 cyclohexane은 치환기가 공간이 넓은 **수평 방향**에 있을 때 더 안정하다는 것을 배웠다. Chlorocyclohexane은 두 개의 의자 형태로 존재하지만 Cl이 수평 방향에 있기 때문에 **X**가 선호된다.

H, Cl 수평 방향 ⇌ H, Cl 수직 방향

더 안정 **X** — 덜 안정 **Y**

chlorocyclohexane

E2 제거 반응에서 **C−Cl 결합은 β 탄소에 있는 C−H 결합과 안티 준평면이어야 한다.** 이러한 배열은 H와 Cl 원자가 모두 **수직** 방향에 위치할 때만 가능하다. **트랜스 이수직 방향 기하 구조(trans diaxial geometry)**에 대한 요구 사항은 E2 제거가 그림 8.4에 나타낸 것처럼 덜 안정한 형태 **Y**에서 일어나야 한다는 것을 의미한다.

그림 8.4
Chlorocyclohexane의 E2 제거에서 트랜스 이수직 방향 기하 구조

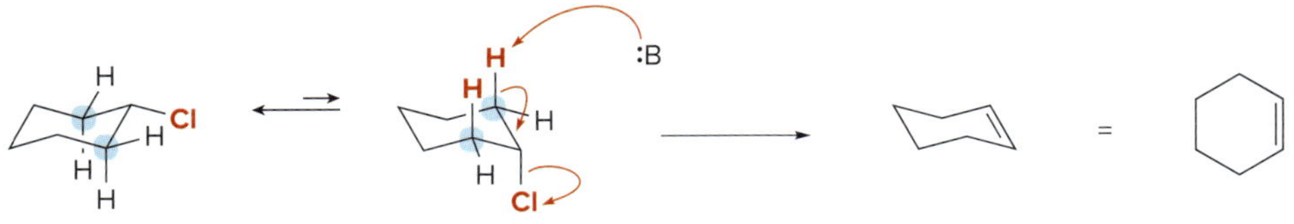

X
이 형태에서는 반응이 일어나지 **않음**

Y
이 형태는 반응함

- 형태 **X**(**수평 방향** Cl기)에서 β C−H 결합과 C−Cl 결합은 **절대로** 안티 준평면이 되지 않는다. 따라서 **E2** 제거가 일어날 수 **없다**. β 탄소는 청색으로 강조하였다.
- 형태 **Y**(**수직 방향** Cl기)에서 β C−H 결합과 C−Cl 결합은 **트랜스 이수직** 방향이다. 따라서 **E2 제거가 일어난다**. 반응이 일어나는 β 탄소 위의 수직 방향 H는 적색으로 강조하였다.

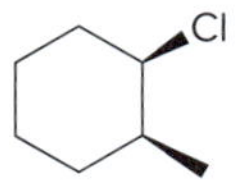

cis-1-chloro-2-methyl-cyclohexane

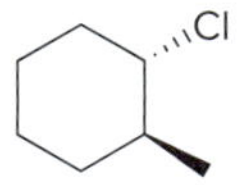

trans-1-chloro-2-methyl-cyclohexane

때대로 이런 엄격한 입체 화학적 요구 조건 때문에 치환된 cyclohexane의 E2 반응의 위치 선택성이 영향을 받는다. E2 메커니즘으로 일어나는 *cis*-와 *trans*-1-chloro-2-methylcyclohexane의 할로젠화수소 이탈 반응으로부터 이런 현상을 설명할 수 있다.

시스 이성질체는 두 가지 형태(**A**와 **B**)로 존재한다. 각각 하나의 기는 수평 방향, 그리고 하나는 수직 방향에 있다. E2 반응은 Cl 원자가 **수직** 방향인 형태 **B**에서 일어난다.

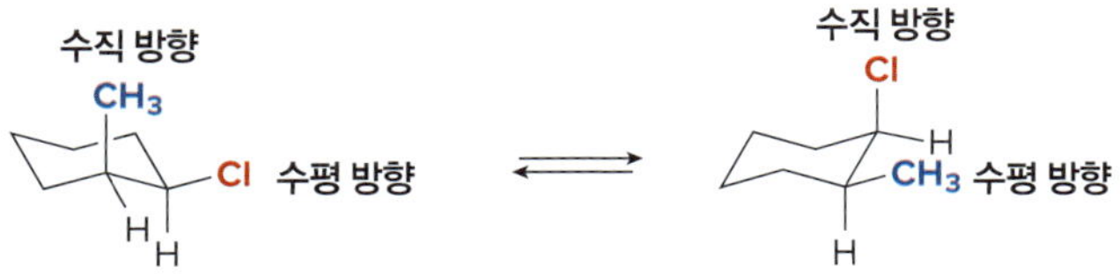

시스 이성질체
A

시스 이성질체
B
이 형태가 반응한다.

형태 **B**는 두 개의 다른 β 수소 원자(H_a와 H_b로 표시)가 있기 때문에 E2 반응은 두 가지 다른 방향으로 진행되어 두 개의 알켄을 생성한다. **Zaitsev 규칙에서 예측한 것처럼 주생성물은 더 안정한 삼중 치환 이중 결합 화합물이다.**

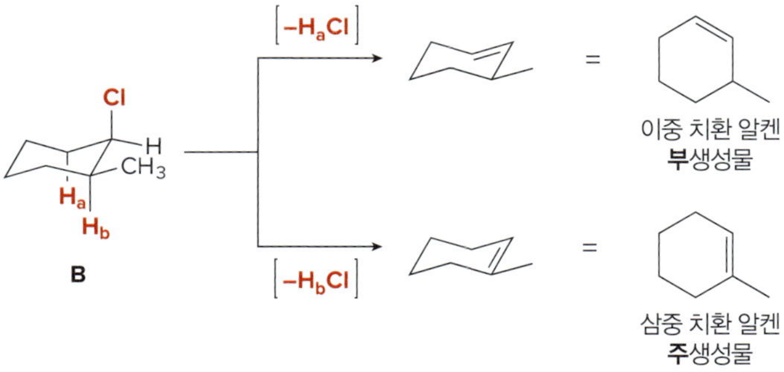

트랜스 이성질체는 두 가지 형태로 존재한다. **C**는 수평 방향 치환기가 두 개이고, **D**는 수직 방향 치환기가 두 개이다. E2 반응은 Cl 원자가 **수직 방향**인 형태 **D**에서 일어나야 한다.

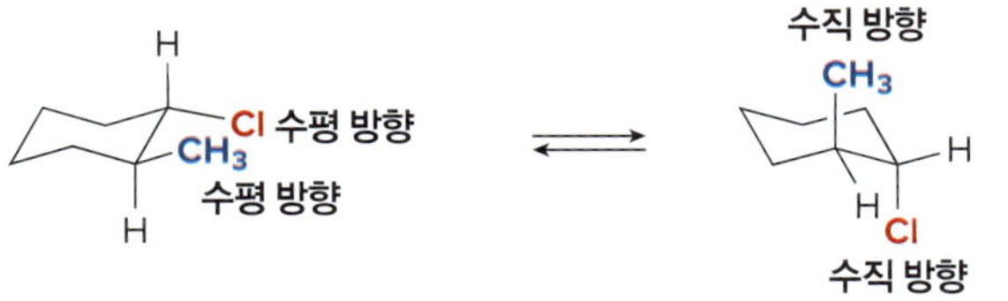

트랜스 이성질체
C

트랜스 이성질체
D
이 형태가 반응한다.

형태 D에는 **수직 방향 β 수소가 오직 하나**이므로 E2 반응이 한 방향으로만 일어나게 되어 이중 치환 이중 결합 화합물인 **한 가지 생성물**이 얻어진다. 이것은 Zaitsev 규칙으로 예측되지 **않는다. E2 반응에 대한 필요조건은 H와 Cl이 트랜스이고 이수직 방향에 위치하는 것이며,** 트랜스 이성질체인 경우 이 조건은 덜 안정한 알켄이 생성물로 만들어질 때만 가능하다.

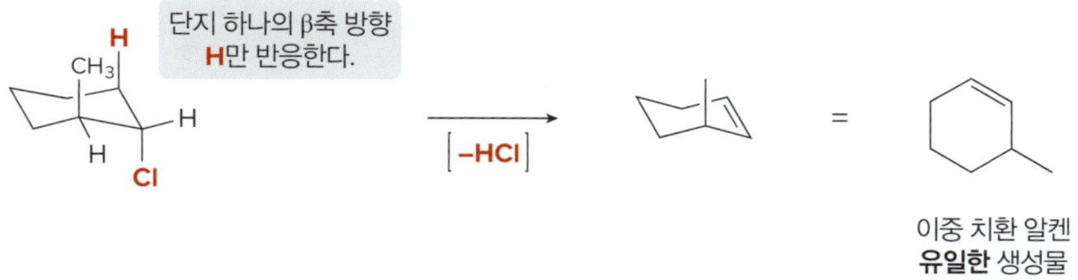

단지 하나의 β축 방향 H만 반응한다.

[–HCl]

이중 치환 알켄
유일한 생성물

- 치환된 사이클로헥세인의 E2 제거 반응은 H와 X가 트랜스 이수직 방향 배열일 때 일어나야 한다. 이와 같은 필요조건 때문에 더 많이 치환된 알켄이 항상 주생성물이 되지는 않는다.

예제 8.2 할로사이클로헥세인의 E2 생성물 그리기

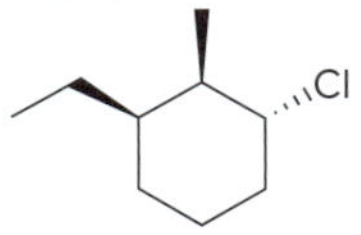

다음 할로젠화 알킬의 E2 제거 반응의 주생성물을 그려라.

풀이

제거 생성물을 그리기 위해서는 β 탄소에 위치한 **H 원자가 이탈기와 트랜스여야 한다**. 주어진 염화 알킬에는 β_1과 β_2로 표기된 β 탄소가 두 개 있다. **제거 반응은 이탈기 Cl과 β 탄소에 있는 H 원자가 서로 트랜스일 때에만 일어난다.**

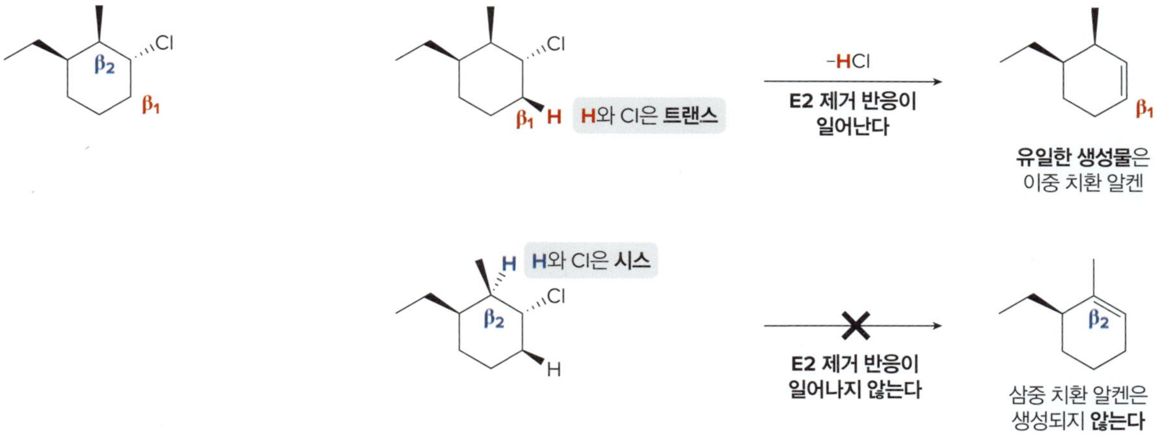

H와 Cl은 **트랜스**

–HCl

E2 제거 반응이 일어난다

유일한 생성물은 이중 치환 알켄

H와 Cl은 **시스**

E2 제거 반응이 일어나지 않는다

삼중 치환 알켄은 생성되지 **않는다**

β_1 C에 Cl에 대해 **트랜스** 위치인 H가 있으므로 E2 제거 반응이 일어나서 이중 치환 알켄이 생성된다. β_2 C에 있는 H는 트랜스 위치가 아니므로 이 방향에서는 E2 제거 반응이 **일어날 수 없고,** 더 안정한 삼중 치환 알켄은 생성되지 **않는다.** Zaitsev 규칙에 의한 예측이 결과와 다르지만, **E2 제거 반응이 일어나기 위해 H와 X 원자가 서로 트랜스 위치에 있어야만** 필요조건과 일치한다.

문제 8.13 다음 각각의 할로젠화 알킬의 E2 제거 반응으로 얻어지는 주생성물의 구조를 그려라.

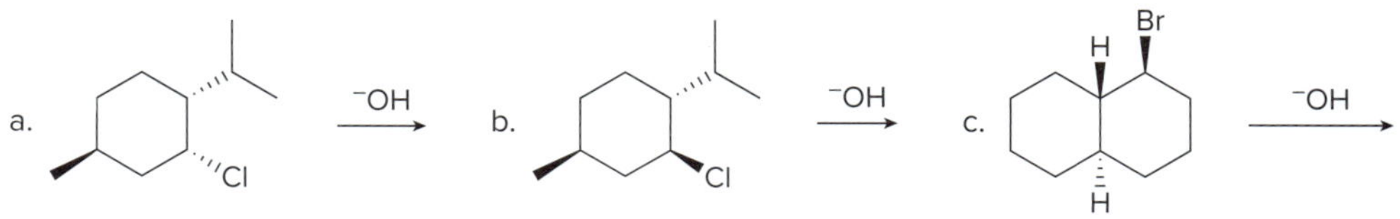

a. $\xrightarrow{^-OH}$ b. $\xrightarrow{^-OH}$ c. $\xrightarrow{^-OH}$

추가 문제: 문제 8.33, 8.34, 8.36, 8.37, 8.57을 풀어보라.

문제 8.14 *cis*-1-Chloro-2-methylcyclohexane은 E2 반응이 트랜스 이성질체보다 훨씬 빠르게 진행된다. 그 이유를 설명하라.

역자주:
문제 8.14에서 과연 시스 화합물이 트랜스 화합물보다 더 빠르게 반응할까?

8.7 E1 메커니즘

제거 반응의 두 번째 메커니즘인 **E1 메커니즘**은 $(CH_3)_3CI$가 H_2O와 반응하여 $(CH_3)_2C{=}CH_2$를 생성하는 할로젠화수소 이탈 반응을 예로 들어 설명할 수 있다.

$(CH_3)_3C{-}CH_2{-}H$ (with I on C) + $H_2\ddot{O}{:}$ —(E1 반응)→ $(CH_3)_2C{=}CH_2$ + $H{-}\overset{+}{O}H_2$ + $:\ddot{I}:^-$

8.7A 속도론

E1 반응은 **1차 반응 속도식**을 나타낸다.

- 속도 = $k[(CH_3)_3C\mathbf{I}]$.

S_N1 반응 메커니즘처럼 속도론에서 이 메커니즘은 두 단계 이상의 단계를 포함하며 느린 단계에서 할로젠화 알킬만 관여하는 **일분자 반응**이다.

8.7B 두 단계 메커니즘

1차 반응 속도론에 대한 가장 올바른 설명은 메커니즘 8.2에 나타낸 것처럼 **π 결합이 생성되기 전에 이탈기 결합이 먼저 끊어지는 두 단계 반응이다.**

메커니즘 8.2 E1 메커니즘

1 느림 — 탄소 양이온 + $:\ddot{I}:^-$; 2 — + $H_3\ddot{O}{:}^+$

1. 속도 결정 단계에서 C−I 결합이 불균일 분해되어 **탄소 양이온**을 생성한다.
2. 염기(H_2O나 I^-)가 탄소 양이온의 인접한 탄소로부터 양성자를 제거하면 C−H 결합에 있는 전자쌍은 π 결합을 생성한다.

E1과 E2 반응 메커니즘 모두 같은 수의 결합이 끊어지고 생성된다. **유일한 차이점은 결합이 끊어지고 생성되는 순서의 차이이다.**

- E1 반응에서는 이탈기가 **먼저** 떨어지고 β 양성자가 제거되며 반응은 **두** 단계로 일어난다.
- E2 반응에서는 이탈기가 떨어지면서 β 양성자가 제거되며 반응은 **한** 단계로 일어난다.

$(CH_3)_3Cl + H_2O$ 반응에 대한 에너지 도표가 그림 8.5에 있다. 각 단계에는 에너지가 가장 높은 점에서 전이 상태가 있는 에너지 장벽이 있다. **단계 [1]의** 전이 상태 에너지가 더 높기 때문에 이 단계에서 **반응 속도가 결정된다.** 결합이 끊어지기만 하기 때문에 단계 [1]의 $\Delta H°$는 양의 값이다. 하지만

두 개의 결합이 만들어지고 끊어지는 결합은 한 개뿐이기 때문에 단계 [2]의 $\Delta H°$는 음의 값이다.

그림 8.5

E1 반응의 에너지 도표: $(CH_3)_3CI + H_2O \rightarrow (CH_3)_2C{=}CH_2 + H_3O^+ + I^-$

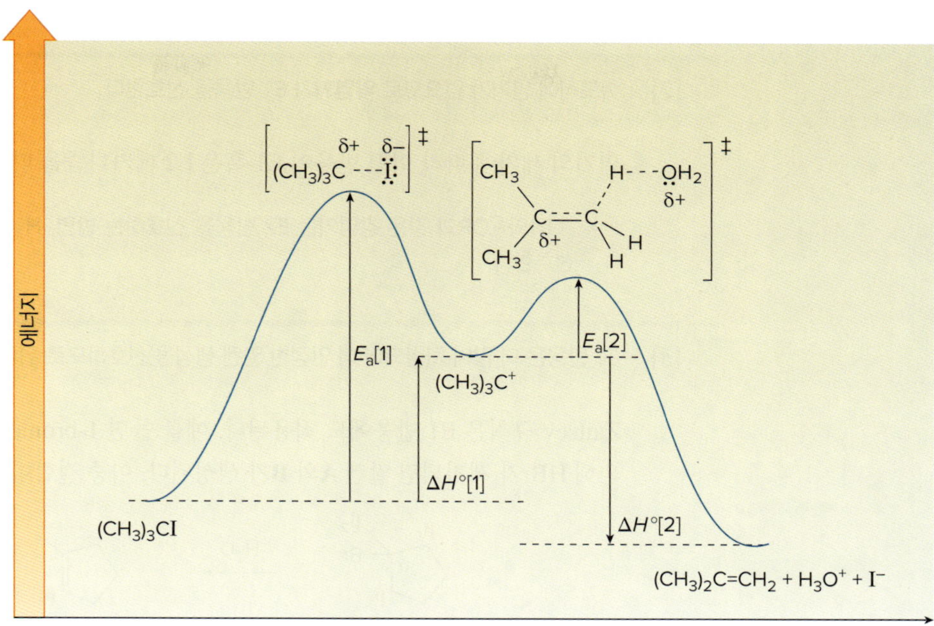

- E1 반응은 **두 단계** 과정이므로 두 개의 에너지 장벽이 있다.
- **단계 [1]이 속도 결정 단계이다.**

문제 8.15 다음 반응의 E1 반응 메커니즘을 그려라. 각 단계의 전이 상태를 그려라.

[2-chloro-2-methylbutane] + CH_3OH ⟶ [2-methyl-2-butene] + $CH_3\overset{+}{O}H_2$ + Cl^-

8.7C E1 반응의 다른 특성

E1 반응의 다른 세 가지 특징을 주목할 필요가 있다.

[1] 이탈기가 있는 탄소에 R기의 수가 **증가할수록** E1 반응의 속도는 **증가한다**.

알킬 치환기의 수를 증가시키면 E1, E2 반응 모두 속도에 같은 영향을 준다; E1, E2 반응의 속도 증가: RCH_2X (1°) < R_2CHX (2°) < R_3CX (3°).

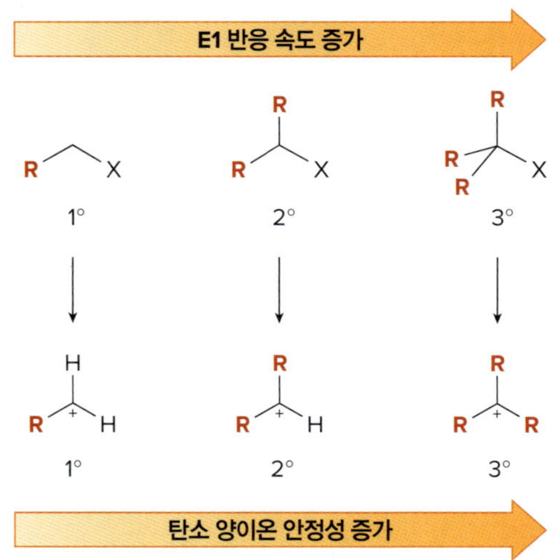

S_N1 반응처럼 더 많이 치환된 할로젠화 알킬은 속도 결정 단계에서 더 많이 치환된(더 안정한) 탄소 양이온을 만든다. **탄소 양이온의 안정성이 증가되면,** 결국 느린 단계에 대한 E_a를 낮추어 주게 되어 Hammond 가설에 따라 **E1 반응 속도가 증가한다.**

[2] 속도식에 염기가 없으므로 **약염기**가 E1 반응을 선호한다.

염기의 세기에 따라 어떤 반응이 E1 혹은 E2 메커니즘을 따를 것인지가 결정된다.

- $^-$OH와 $^-$OR과 같은 **강**염기는 E2 반응을 선호하는 반면, H_2O나 ROH와 같은 **더 약한** 염기는 E1 반응을 선호한다.

[3] E1 반응은 더 많이 치환되어 더 안정한 알켄 생성을 선호하므로 위치 선택적 반응이다.

Zaitsev 규칙은 E1 반응에도 적용된다. 예를 들면 1-bromo-1-methylcyclopentane에서 E1 반응에 의해 HBr가 제거되면 알켄 **A**와 **B**가 생성된다. 이중 결합이 더 많이 치환된 **A**가 주생성물이 된다.

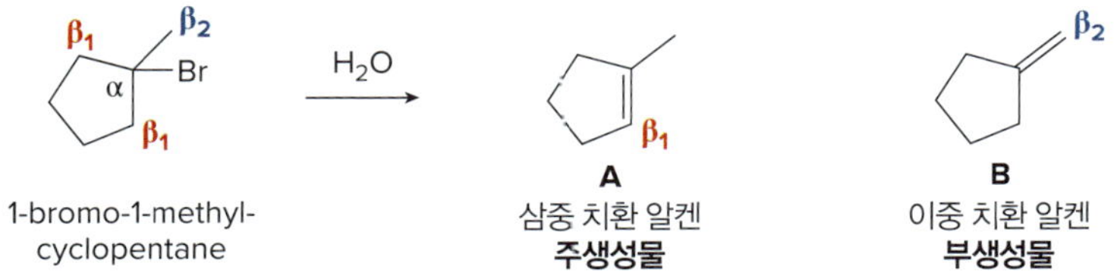

β_1 β_2 Br α β_1 —H_2O→ β_1 β_2

1-bromo-1-methyl-cyclopentane

A
삼중 치환 알켄
주생성물

B
이중 치환 알켄
부생성물

표 8.3에 E1 반응의 특성을 요약하였다.

표 8.3 E1 메커니즘의 특성

특성	결과
속도론	• **1차**
메커니즘	• **두 단계**
R의 특성	• **많이 치환된 할로젠화 알킬이 가장 빠름** • 속도: $R_3CHX > R_2CHX > RCH_2X$
염기	• H_2O과 ROH와 같은 **더 약한 염기**에 의해 선호됨
이탈기	• 이탈기와 탄소의 결합이 속도 결정 단계에서 부분적으로 끊어지기 때문에 **더 좋은 이탈기**일수록 반응은 빨라짐
용매	• 이온성 중간체를 용매화시킬 수 있는 **극성 양성자성 용매**가 필요함

문제 8.16 E1 반응에 의해 각 할로젠화 알킬에서 생성되는 알켄은 무엇인가? Zaitsev 규칙을 이용하여 주생성물을 예측하라.

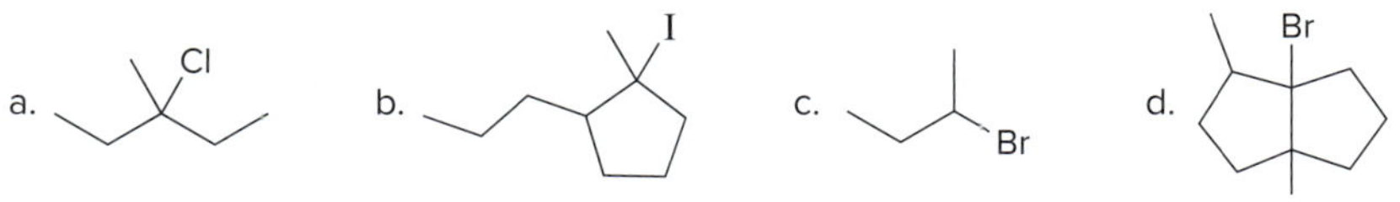

a. (Cl)　b. (I)　c. (Br)　d. (Br)

문제 8.17 다음 변화가 E1 반응 속도에 어떤 영향을 미치는가?

a. [RX]를 2배로 한다.
b. [B:]를 2배로 한다.
c. 할로젠화 알킬을 $(CH_3)_3CBr$에서 $CH_3CH_2CH_2Br$로 바꿔준다.
d. 이탈기 Cl^-를 Br^-로 바꿔준다.
e. 용매를 DMSO에서 CH_3OH로 바꿔준다.

8.8 S_N1과 E1 반응

S_N1과 E1 반응에서 탄소 양이온이 생성되는 첫 단계는 정확하게 동일하다. 두 반응은 탄소 양이온에 무엇이 일어나는가가 서로 다르다.

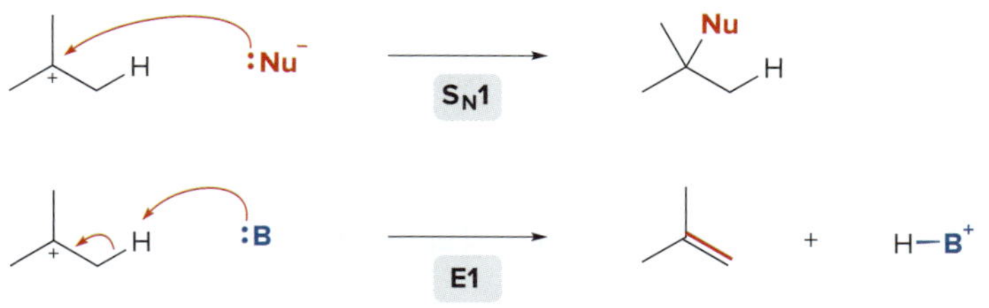

- S_N1 반응에서 친핵체는 탄소 양이온을 공격하여 치환 생성물을 만든다.
- E1 반응에서 염기가 양성자를 제거하여 새로운 π 결합을 만든다.

기질로서 3° 할로젠화 알킬, 시약으로서 약한 친핵체 혹은 염기 및 극성 양성자성 용매를 사용하는 조건은 S_N1 메커니즘에 의한 치환도 선호하고 E1 메커니즘에 의한 제거도 선호한다. 따라서 예제 8.3에서 설명한 것처럼 두 반응이 모두 같은 반응 혼합물에서 일어나므로, 생성물이 혼합물로서 얻어진다.

예제 8.3 S_N1과 E1 반응의 생성물 그리기

$(CH_3)_3CBr$과 H_2O가 반응하여 생성되는 S_N1과 E1 생성물을 쓰라.

풀이

두 반응에서 첫 단계는 C−Br 결합이 불균일 분해되어 **탄소 양이온**을 생성하는 것이다.

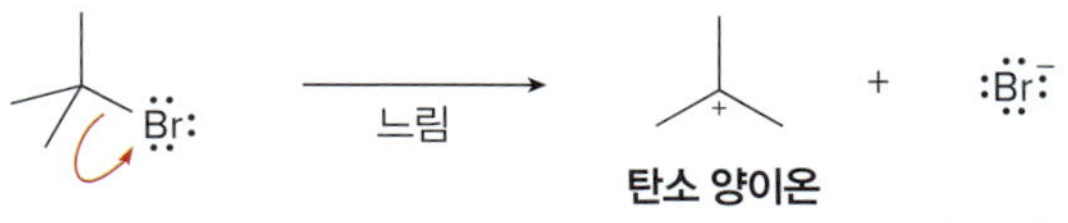

탄소 양이온이 친핵체 H_2O와 반응하면 치환 생성물이 생긴다(반응 [1]). 또는 H_2O가 염기로 작용하여 양성자를 제거하면 제거 생성물이 생긴다(반응 [2]). **두 개의 생성물이 만들어진다.**

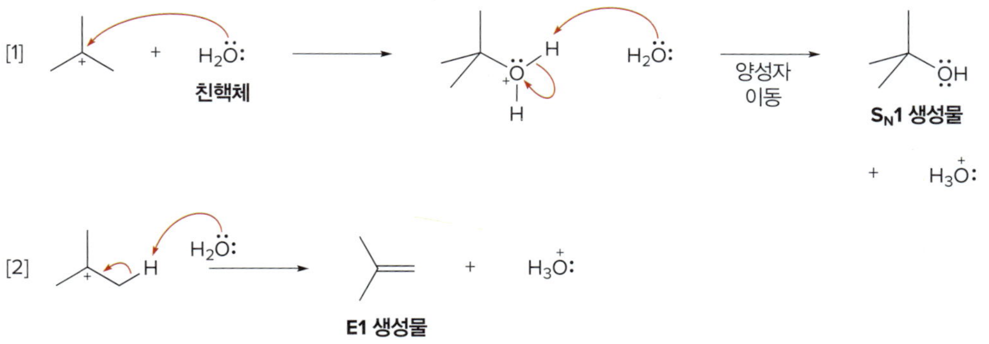

느림

탄소 양이온

[1] 친핵체 양성자 이동 S_N1 생성물 + H_3O^+

[2] E1 생성물 + H_3O^+

문제 8.18 각 반응의 S_N1과 E1 생성물을 그려라.

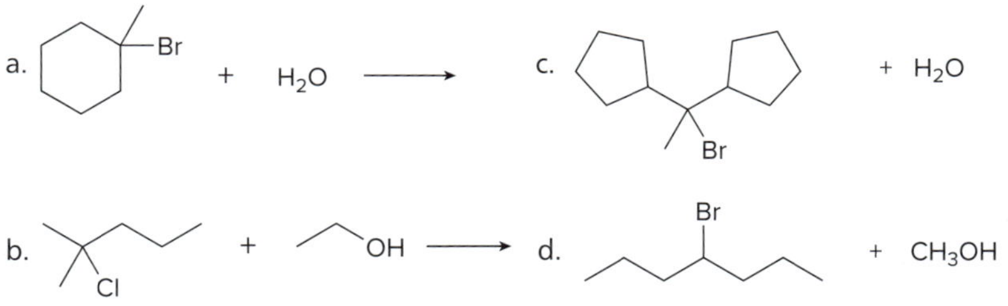

a. + H_2O →

b. + OH →

c. + H_2O

d. + CH_3OH

추가 문제: 문제 8.46d, f; 8.48b, c, f; 8.49a; 8.51; 8.52; 8.54를 풀어보라.

E1 반응은 흔히 경쟁하는 S_N1 반응과 함께 일어나기 때문에 **할로젠화 알킬의 E1 반응은 E2 반응보다 덜 유용하다.**

8.9 어느 때 E1 또는 E2 반응 메커니즘이 일어나는가?

어떤 특정한 출발물과 염기가 주어졌을 때 반응이 E1 혹은 E2 메커니즘으로 일어날지 어떻게 알 수 있는가?

이탈기가 있는 탄소에 결합된 R기의 수가 증가하면 E1과 E2 반응 모두 속도가 증가하기 때문에 **할로젠화 알킬의 정체성을 이용하여 어느 제거 메커니즘이 일어날지 결정할 수 없다.**

- 염기의 세기가 제거 반응 메커니즘을 결정하는 데 가장 중요한 요소가 된다. 강염기는 E2 메커니즘을 선호한다. 약염기는 E1 메커니즘을 선호한다.

표 8.4에서 E1과 E2 메커니즘을 비교하였다.

표 8.4 E1과 E2 메커니즘의 비교

메커니즘	설명
E2 메커니즘	• 훨씬 더 일반적이고 유용하다. • **강하고 음전하를 띤 염기**(특히 ^-OH와 ^-OR)에 의해 선호된다. • 1°, 2°, 3° 할로젠화 알킬에서 일어난다. 반응성 순서: **$R_3CX > R_2CHX > RCH_2X$**
E1 메커니즘	• 대체로 S_N1과 E1 생성물이 혼합물로 만들어지기 때문에 유용성이 훨씬 떨어진다. • H_2O와 ROH 같은 **약하고 중성인 염기**에 의해 선호된다. • 1° RX는 매우 불안정한 1° 탄소 양이온을 생성하기 때문에 1° RX에서는 일어나지 않는다.

문제 8.19 각 반응에서 어느 메커니즘(E1 혹은 E2)이 일어나는가?

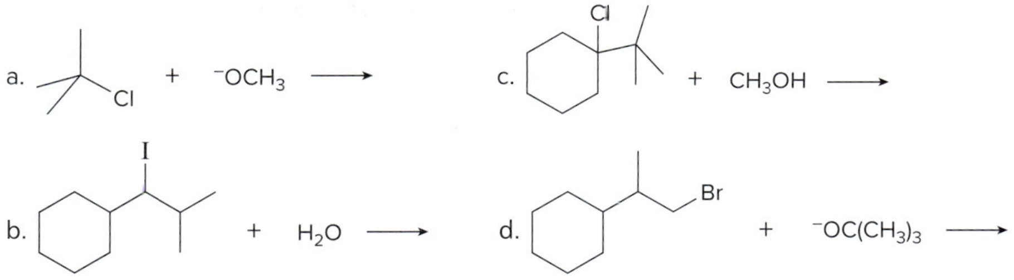

a. (CH₃)₃CCl + $^-OCH_3$ ⟶

b. + H_2O ⟶

c. + CH_3OH ⟶

d. + $^-OC(CH_3)_3$ ⟶

8.10 E2 반응과 알카인 합성

알카인의 탄소–탄소 삼중 결합은 한 개의 σ 결합과 두 개의 π 결합으로 구성된다는 1.10C절의 내용을 기억하라.

제거 반응이 한 번 일어나면 알켄의 π 결합이 만들어진다. **두 번의 연속적인 제거 반응은 알카인의 두 개의 π 결합을 생성한다.**

C=C — 알켄, **한 개**의 π 결합 — **한 번**의 제거 반응이 필요하다.

—C≡C— — 알카인, **두 개**의 π 결합 — **두 번**의 제거 반응이 필요하다.

- 알카인은 두 개의 연속되는 할로젠화수소 이탈 반응으로 제조할 수 있다.

이할로젠화물 기질에서 HX가 2몰 제거되기 위해서는 두 번의 제거 반응이 필요하다. 두 가지의 출발물이 쓰일 수 있다.

이웃자리 이할로젠화물 같은자리 이할로젠화물

- **이웃자리(vicinal) 이할로젠화물**은 두 개의 X 원자가 **이웃하는** 탄소에 있다.
- **같은자리(geminal) 이할로젠화물**은 두 개의 X 원자가 **같은** 탄소에 있다.

같은자리라는 단어는 '쌍둥이'를 뜻하는 라틴어 *geminus*라는 단어에서 유래되었다.

식 [1]과 [2]에서 어떻게 2몰의 HX가 이할로젠화물에서 염기에 의해 제거되는가를 나타내었다. 강염기 2당량이 사용되었고 각 단계는 **E2 메커니즘**을 따른다.

[1] 이웃자리 이할로젠화물 —E2, −HX→ 할로젠화 바이닐 —E2, −HX→ R—≡—R

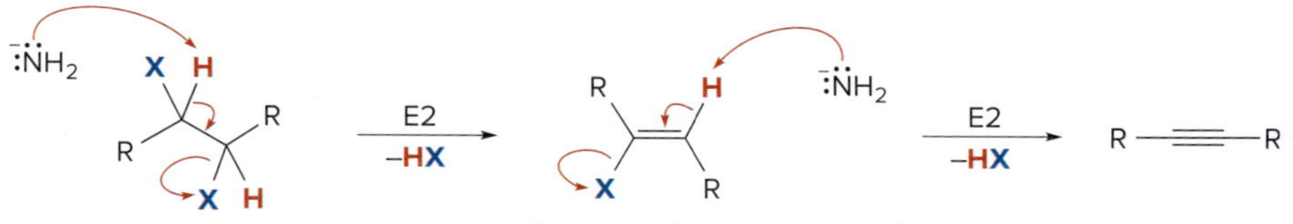

[2] 같은자리 이할로젠화물 —E2, −HX→ 할로젠화 바이닐 —E2, −HX→ R—≡—R

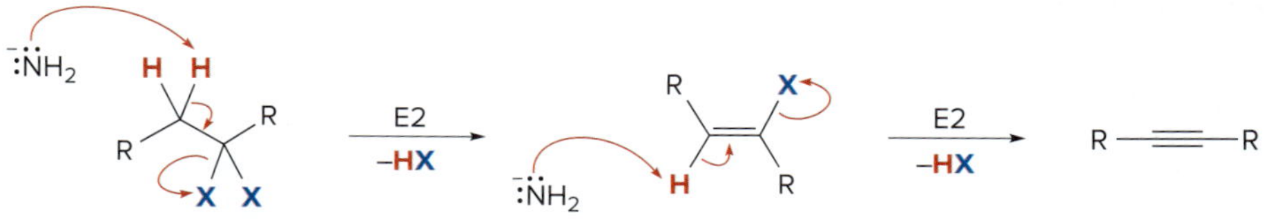

C−H 결합의 상대적 세기는 탄소 원자의 혼성화에 달려 있다: $sp > sp^2 > sp^3$. 더 많은 정보를 원하면 1.11B절을 복습하라.

할로젠화수소 이탈 반응을 이용하여 알카인을 합성할 때는 알켄을 합성할 때보다 더 강한 염기가 필요하다. 전형적인 염기는 **아마이드화 이온(amide, $^{-}NH_2$)**으로 소듐 염으로 사용한다(sodium amide, **$NaNH_2$**). $KOC(CH_3)_3$도 DMSO를 용매로 하여 사용된다. DMSO는 극성 비양성자성 용매이기 때문에 음이온 염기는 잘 용매화되지 않는다. 따라서 **염기성을 증가시켜** HX 2당량을 제거하기에 충분한 세기가 되게 한다. 그림 8.6에 예를 나타내었다.

알카인의 합성에서는 강염기성 조건이 필요한데, 이는 중간체인 RCH=C(R)X와 같은 할로젠화 바이닐로부터 두 번째 당량의 HX의 제거가 어렵기 때문이다. H와 X는 둘 다 sp^2 혼성 탄소에 결합하고 있으므로, 이들 결합은 할로젠화 알킬의 sp^3 혼성 C−H 결합보다 짧고 강한 결합이기 때문에 더 센 염기가 필요하다.

그림 8.6
이할로젠화물이 할로젠화수소 이탈 반응으로 알카인이 되는 예

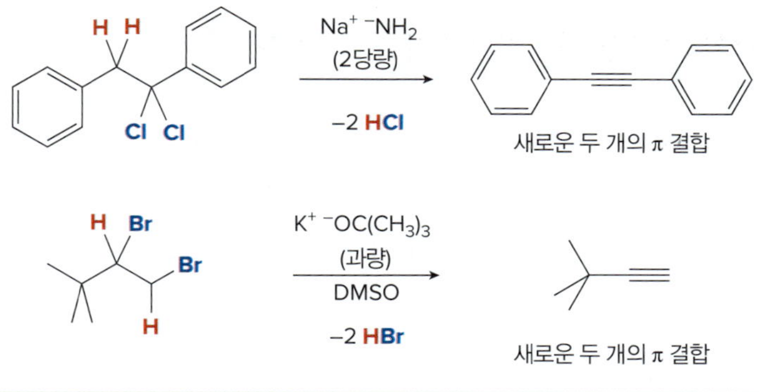

$Na^+ \; ^{-}NH_2$ (2당량), −2 HCl → 새로운 두 개의 π 결합

$K^+ \; ^{-}OC(CH_3)_3$ (과량), DMSO, −2 HBr → 새로운 두 개의 π 결합

문제 8.20 다음의 이할로젠화물을 과량의 염기와 반응하였을 경우 생성되는 알카인을 그려라.

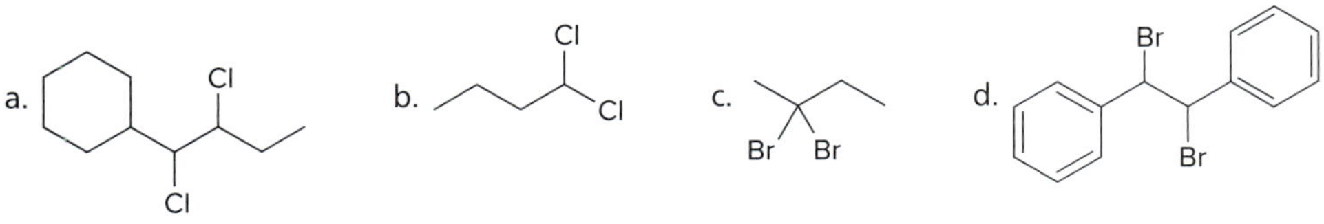

a. b. c. d.

8.11 S_N1, S_N2, E1, E2 반응은 언제 일어나는가?

이제까지 한 가지 종류의 화합물(할로젠화 알킬)에서 시작되는 반응의 두 개의 다른 종류(치환과 제거 반응)와 네 개의 다른 메커니즘(S_N1, S_N2, E1 및 E2)을 취급하였다. 주어진 할로젠화 알킬이 어떤 염기 혹은 친핵체와 반응할 때 치환 혹은 제거 반응으로 갈 것인지 그리고 어떤 메커니즘으로 갈 것인지를 어떻게 알 수 있을까?

불행히도 쉽게 답할 수 없으며, 흔히 생성물은 혼합물로 얻어진다. 치환 또는 제거 반응인지를 결정하기 위해서는 일반적인 두 가지 방법이 있다.

[1] **약**염기인 **좋은** 친핵체는 제거보다 **치환** 반응을 선호한다.

어떤 음이온은 좋은 친핵체이지만 약염기이기 때문에 항상 치환 생성물을 생성한다. 이러한 것에는 $\mathbf{I^-}$, $\mathbf{Br^-}$, $\mathbf{HS^-}$, $\mathbf{^-CN}$, $\mathbf{CH_3CO_2^-}$ 등이 있다.

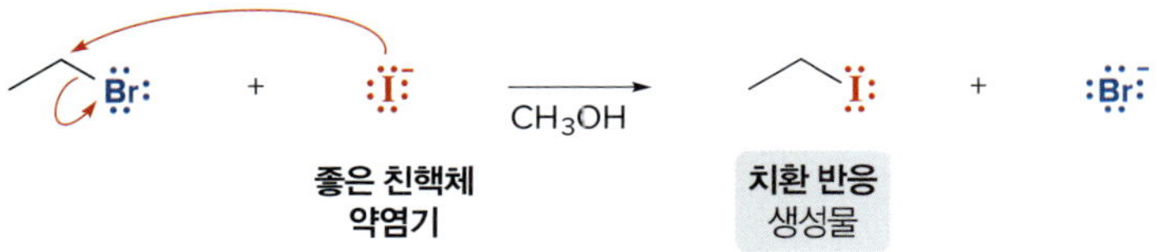

CH_3OH

좋은 친핵체
약염기

치환 반응
생성물

[2] **부피가 크고** 친핵성이 없는 염기는 치환 반응보다 **제거** 반응을 선호한다.

$KOC(CH_3)_3$, DBU, DBN은 정사면체 탄소를 공격하기에는 입체적 장애가 너무 크다. 그러나 작은 양성자를 제거하는 능력은 있어서 치환 반응보다 제거 반응을 더 선호한다.

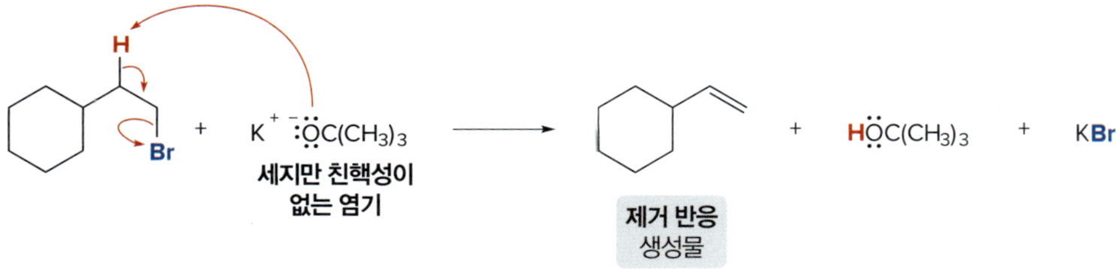

K^+ $^-OC(CH_3)_3$ + $HOC(CH_3)_3$ + KBr

세지만 친핵성이 없는 염기

제거 반응
생성물

하지만 대부분의 경우 이런 반응들의 결과를 예측하려면 다른 기준에 의존해야 할 것이다. 할로젠화 알킬의 어떤 반응의 생성물을 결정하기 위해서는,

[1] 할로젠화 알킬을 1°, 2°, 또는 3°로 분류하라.
[2] 염기 혹은 친핵체를 강함, 약함, 부피의 크기에 따라 분류하라.

어떤 반응의 치환 혹은 제거 반응 생성물을 예측하기 위해서는 표 8.5에 요약한 바와 같이 할로젠화 알킬의 유형에 따라 정리할 수 있다. 표에 따르는 설명에서 2° 할로젠화 알킬을 가장 나중에 정리하는데, 이는 이들 2° 할로젠화 알킬은 네 가지의 메커니즘 어느 것을 따를 수도 있으며 흔히 생성물은 혼합물로 얻어지기 때문이다.

표 8.5 할로젠화 알킬과 S_N1, S_N2, E1 및 E2 메커니즘의 요약

할로젠화 알킬의 종류	반응물		메커니즘
1° RCH_2X	• 강한 친핵체	--→	S_N2
	• 부피가 큰 강한 염기	--→	E2
2° R_2CHX	• 강한 염기와 친핵체	--→	S_N2 및 E2
	• 강한 부피가 큰 염기	--→	E2
	• 약한 염기 및 친핵체	--→	S_N1 및 E1
3° R_2CHX	• 약한 염기 및 친핵체	--→	S_N1 및 E1
	• 강한 염기	--→	E2

8.11A 삼차 할로젠화 알킬

삼차 할로젠화 알킬은 S_N2를 제외한 모든 메커니즘으로 반응한다.

- 강염기를 사용하면, 제거 반응이 E2 메커니즘으로 일어난다.

강염기 또는 친핵체는 S_N2 혹은 E2 메커니즘을 선호한다. 그러나, 3° 할로젠화물은 S_N2 반응이 일어나기에는 입체적으로 매우 가려져 있어서 E2 제거 반응만 일어난다.

- 약한 친핵체 혹은 염기는 S_N1과 E1 생성물의 혼합물을 생성한다.

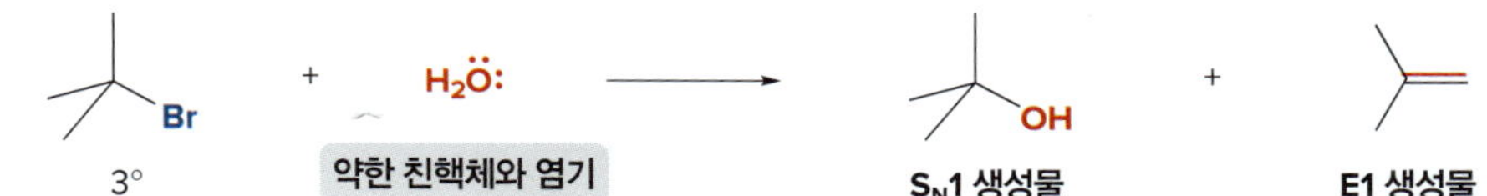

약한 염기 혹은 친핵체는 S_N1과 E1 메커니즘을 선호하며, 두 가지 반응이 모두 일어난다.

8.11B 일차 할로젠화 알킬

일차 할로젠화 알킬은 S_N2과 E2 메커니즘으로 일어난다.

- 강한 친핵체는 S_N2 메커니즘을 거쳐 치환 반응이 일어난다.

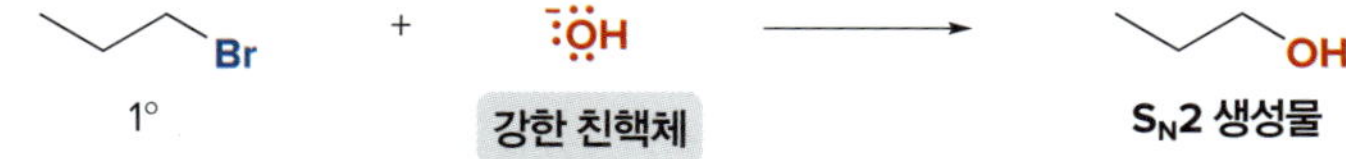

강염기 또는 친핵체는 S_N2 또는 E2를 선호하지만, 1° 할로젠화물은 제거 반응 시 반응성이 가장 낮은 할로젠화물이므로 S_N2 반응만 일어난다.

- 강하고 부피가 큰 염기를 이용하는 제거 반응은 E2 메커니즘에 의해 일어난다.

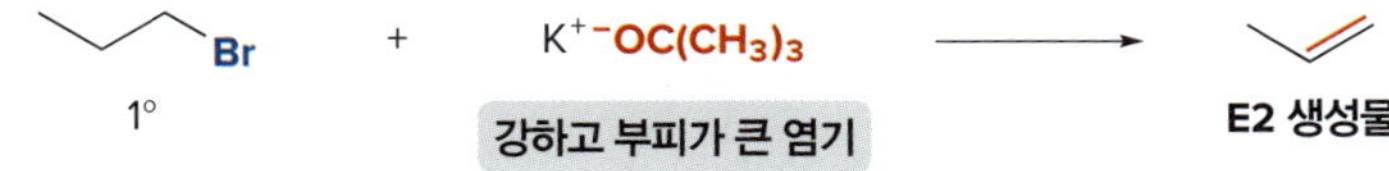

강하고 부피가 큰 염기는 친핵체로 작용할 수 없으므로 제거 반응이 일어나며, 메커니즘은 E2이다.

8.11C 이차 할로젠화 알킬

이차 할로젠화 알킬은 **모든** 메커니즘에 의해 반응한다.

- 강한 염기와 친핵체와는 S_N2 및 E2 생성물의 혼합물이 얻어진다.

Br, 2°, +, $:\ddot{O}H$, 강한 염기 및 친핵체, OH, S_N2 생성물, +, E2 생성물

강한 염기이며 또한 강한 친핵체는 S_N2와 E2 생성물의 혼합물을 생성한다.

- 강염기이며 부피가 큰 염기로는 E2 메커니즘에 의해 제거 반응이 일어난다.

Br, 2°, +, $K^+ \ ^-OC(CH_3)_3$, 강하고 부피가 큰 염기, E2 생성물

강하고 부피가 큰 염기는 친핵체로 작용할 수 없으므로 제거 반응이 일어나며, 메커니즘은 E2이다.

- 약한 친핵체 혹은 염기와는 S_N1 및 E1 생성물이 얻어진다.

Br, 2°, +, $H_2\ddot{O}:$, 약한 친핵체 및 염기, OH, S_N2 생성물, +, E2 생성물

약한 염기 혹은 친핵체는 S_N1 및 E1 메커니즘을 선호하며, 두 가지 반응이 다 일어난다.

예제 8.4~8.6은 표 8.5의 정보를 특정한 할로젠화 알킬에 어떻게 적용하는지를 보여준다.

예제 8.4 할로젠화 알킬의 치환과 제거 생성물 결정하기

다음 반응의 생성물을 그려라.

Br, + H_2O ⟶

풀이

- 메커니즘을 결정하기 위해서 **할로젠화 알킬을 1°, 2°, 또는 3°로 분류하고 시약을 강염기 혹은 약염기(그리고 친핵체)로 분류하라**. 이 경우에서 할로젠화 알킬은 3°이고 시약(H_2O)은 약염기이면서 약한 친핵체이다. 따라서 **S_N1** 및 **E1** 메커니즘 생성물이 모두 생성된다.
- S_N1 생성물을 그리기 위해서는 **이탈기(Br^-)를 친핵체(H_2O)로 대체하고** 양성자를 제거한 후 중성 생성물을 그린다.
- E1 생성물을 그리려면 α와 β 탄소에서 **H와 Br 성분을 제거한다**. H 원자가 있는 두 β C 원자가 같으므로 하나의 제거 반응 생성물만 가능하다.

β, Br, α, β, + H_2O ⟶ OH, S_N2 생성물, +, E1 생성물

예제 8.5 2° 할로젠화 알킬의 치환과 제거 생성물 그리기

다음 반응의 생성물을 그려라.

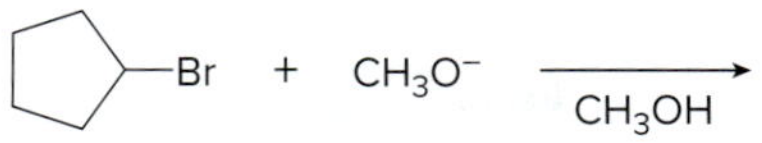

Br + CH_3O^- → CH_3OH

풀이

- 메커니즘을 결정하기 위해서 **할로젠화 알킬을 1°, 2°, 또는 3°로 분류하고 시약을 강염기 혹은 약염기(그리고 친핵체)로 분류하라**. 이 경우에서 할로젠화 알킬은 2°이고 시약(CH_3O^-)은 강염기이면서 센 친핵체이다. 따라서 **S_N2 및 E2** 메커니즘 생성물이 모두 생성된다.
- S_N2 생성물을 그리기 위해 **이탈기(Br^-)를 친핵체(CH_3O^-)로 대체한다**.
- E2 생성물을 그리려면 α와 β 탄소에서 **H와 Br 성분을 제거한**다. H 원자가 있는 두 β C 원자가 같으므로 하나의 제거 반응 생성물만 가능하다.

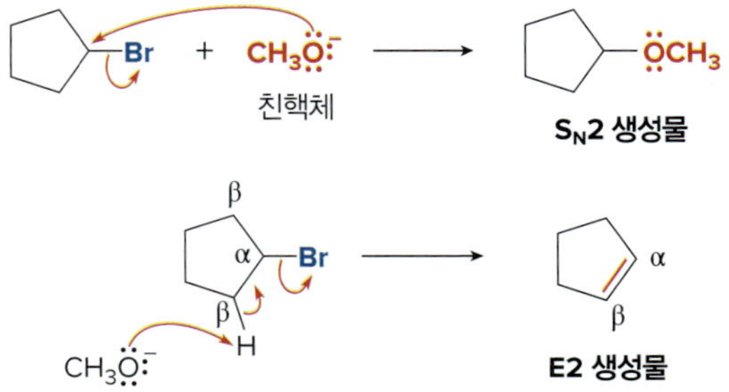

Br + $CH_3\ddot{O}:^-$ (친핵체) → $\ddot{O}CH_3$ (S_N2 생성물)

β, α, Br, β, H, $CH_3\ddot{O}:^-$ → α, β (**E2 생성물**)

문제 8.21 각 반응의 생성물을 그려라.

a. 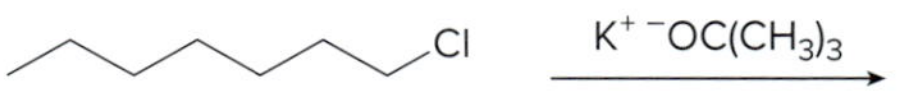 Cl, $K^+\ {}^-OC(CH_3)_3$ →

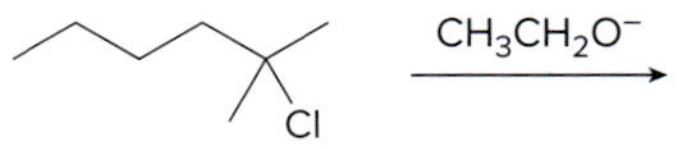

b. 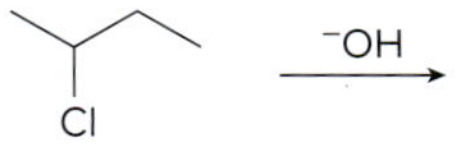 Cl, ^-OH →

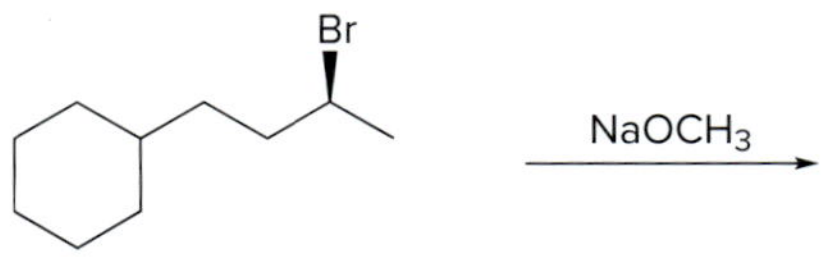

c. 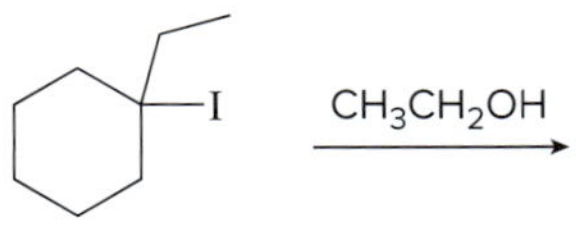 I, CH_3CH_2OH →

d. Cl, $CH_3CH_2O^-$ →

e. Br, $NaOCH_3$ →

f. 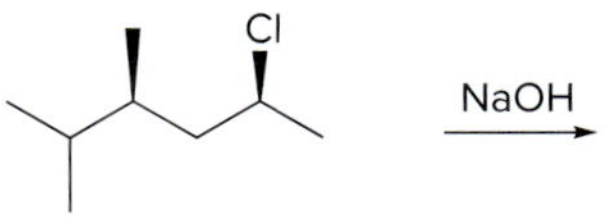 Cl, NaOH →

추가 문제: 문제 8.46, 8.48, 8.49, 8.53을 풀어보라.

예제 8.6 한 반응이 치환과 제거 둘 다로 일어날 때 메커니즘 그리기

다음 반응의 생성물을 그려라. 각 생성물이 어떻게 생성되는지를 보여주는 메커니즘을 그려라.

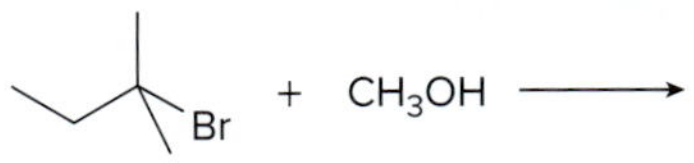

Br + CH_3OH →

풀이

- 메커니즘을 결정하기 위해서 **할로젠화 알킬을 1°, 2°, 또는 3°로 분류하고 시약을 강염기 혹은 약염기(그리고 친핵체)로 분류하라**. 이 경우에 할로젠화 알킬은 3°이고 시약(CH_3OH)은 약염기이면서 약한 친핵체이다. 따라서 **S_N1 및 E1** 메커니즘 생성물이 모두 생성된다.
- 생성물을 주는 각 단계의 메커니즘을 그려라. 두 메커니즘은 이탈기가 떨어져서 **탄소 양이온**이 생기는 동일한 첫 단계로 시작한다.

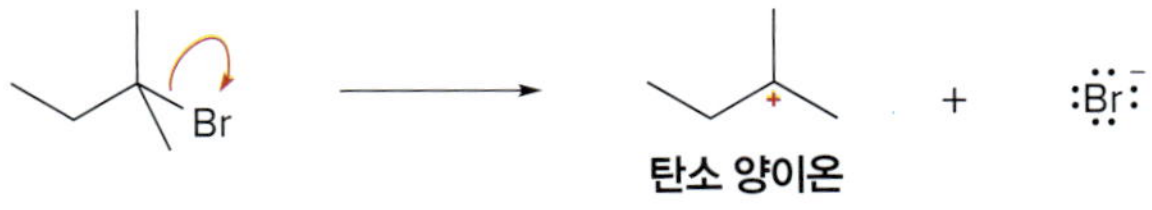

Br → + (**탄소 양이온**) + $:\ddot{Br}:^-$

- **S_N1: 탄소 양이온이 친핵체와 반응한다.** CH_3OH가 탄소 양이온을 친핵성 공격하면 양전하를 띠는 중간체가 생성된다. 이 중간체가 양성자를 잃으면 중성 S_N1 생성물이 생성된다.

친핵체 공격 양성자 전달

S_N1 생성물

- **E1: 염기(CH_3OH 또는 Br^-)가 탄소 양이온에서 양성자를 제거한다.** 탄소 양이온에 다른 β 탄소가 두 개 있기 때문에 두 가지 다른 제거 반응 생성물이 얻어진다.

E1 생성물

E1 생성물

이 문제에서 세 개의 생성물이 얻어졌다. 한 개는 S_N1 반응에서 생성되고 다른 두 개는 E1 반응에서 생성되었다.

문제 8.22 다음 반응의 단계별 메커니즘을 그려라.

추가 문제: 문제 8.51, 8.52, 8.54를 풀어보라.

Chapter 08 복습

핵심 개념

S_N1, S_N2, E1, E2 반응에서 친핵체와 염기(8.11)

① 약염기인 친핵체	② 부피가 큰 강염기	③ 강한 친핵체이면서 강염기	④ 약한 친핵체이면서 약염기
^-SH Br^- ^-CN I^- $CH_3CO_2^-$	$^-OC(CH_3)_3$ DBU DBN	^-OH ^-OR	H_2O ROH
• **치환** 반응을 제거 반응보다 선호한다.	• **E2** 제거 반응을 치환 반응보다 선호한다.	• **S_N2**와 **E2** 메커니즘을 선호한다.	• **S_N1**과 **E1** 메커니즘을 선호한다.

문제 8.53을 풀어보라.

핵심 기법

[1] 알켄의 안정성 비교(8.2)

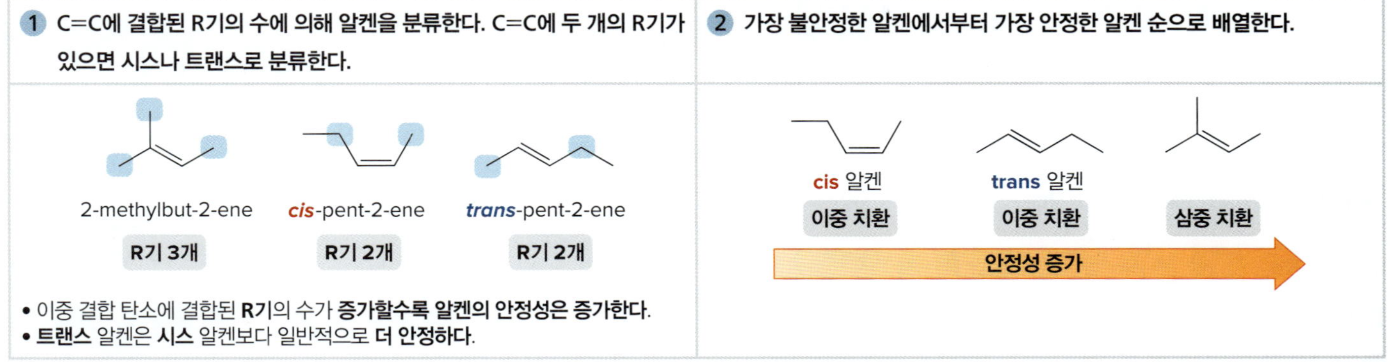

문제 8.27을 풀어보라.

[2] 모든 생성물 그리기와 제거 반응의 주생성물 예측하기(8.5)

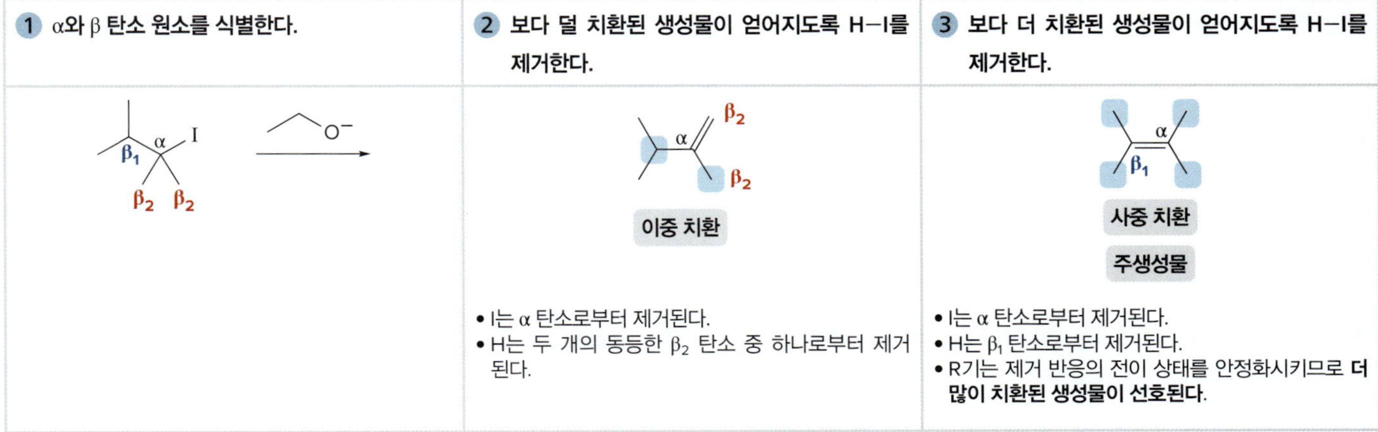

예제 8.1 참고. 문제 8.29 8.38을 풀어보라.

[3] HX의 제거가 안티 준평면일 때 할로사이클로헥세인의 E2 반응 생성물 그리기(8.6B)

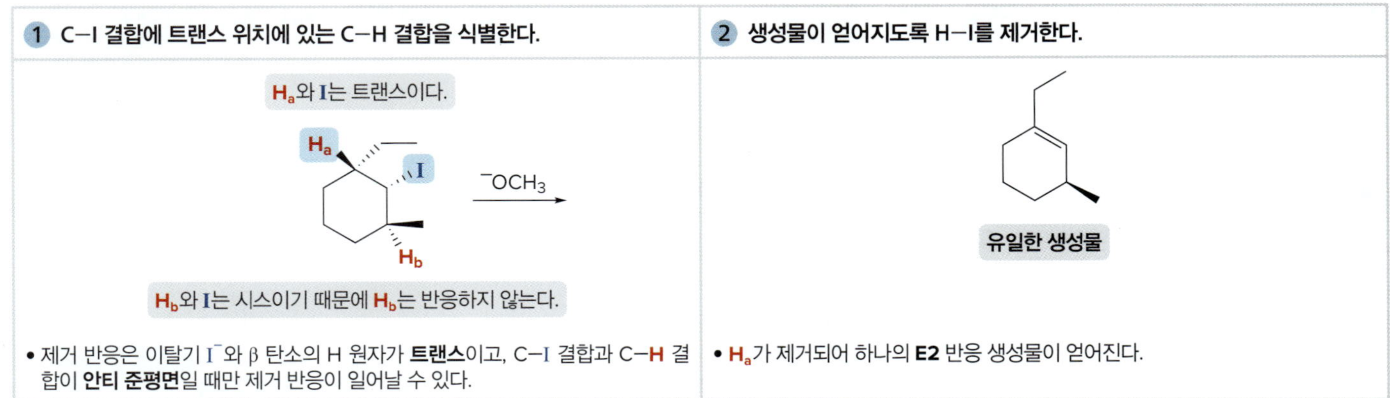

그림 8.4. 예제 8.2 참고. 문제 8.34-8.36을 풀어보라.

[4] E1 또는 E2 메커니즘으로 제거 반응이 진행되는지 결정하기(8.9)

표 8.4 참고. 문제 8.40을 풀어보라.

[5] S_N1, S_N2, E1, E2로 진행되는 반응 결정하기(8.11)

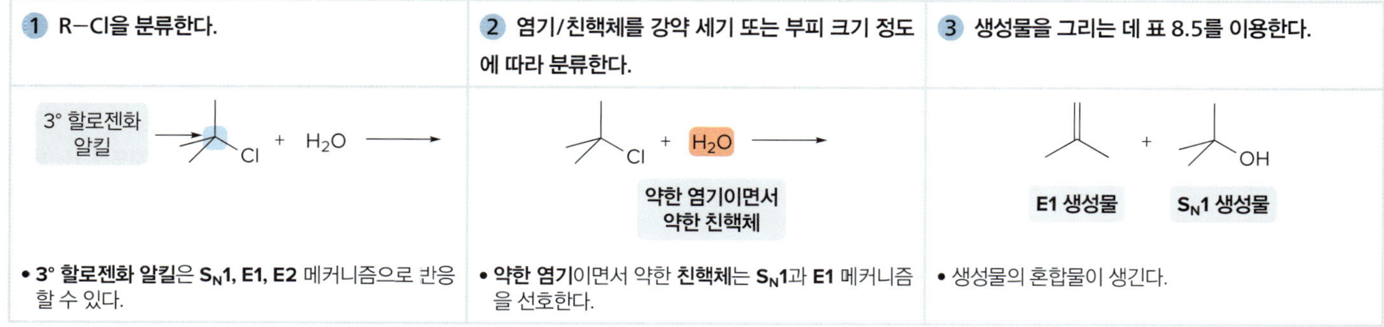

문제 8.46, 8.48, 8.49, 8.53을 풀어보라.

[6] 1° 할로젠화 알킬의 반응 생성물 그리기(8.11B)

문제 8.46a, c를 풀어보라.

[7] 2° 할로젠화 알킬의 반응 생성물 그리기(8.11C)

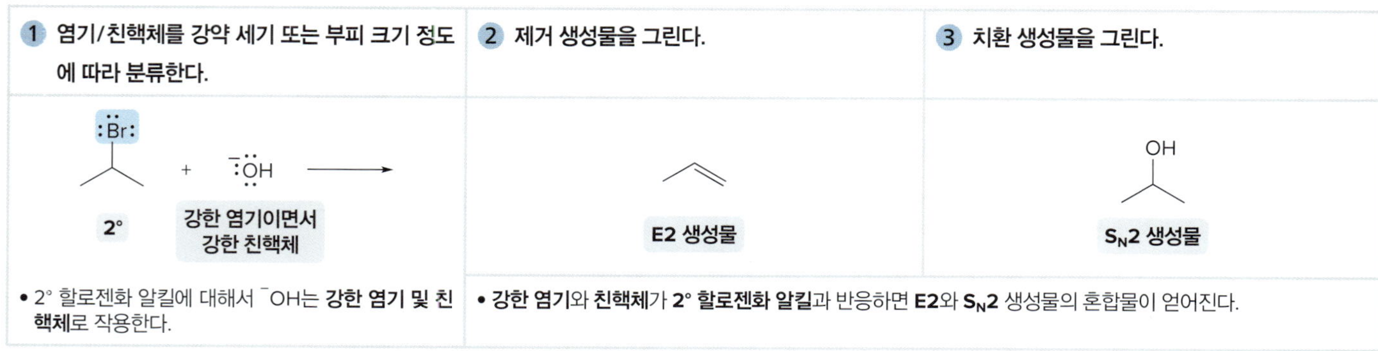

예제 8.5 참고. 문제 8.48a, b, d, f를 풀어보라.

핵심 메커니즘 개념

[1] E1과 E2 반응 비교

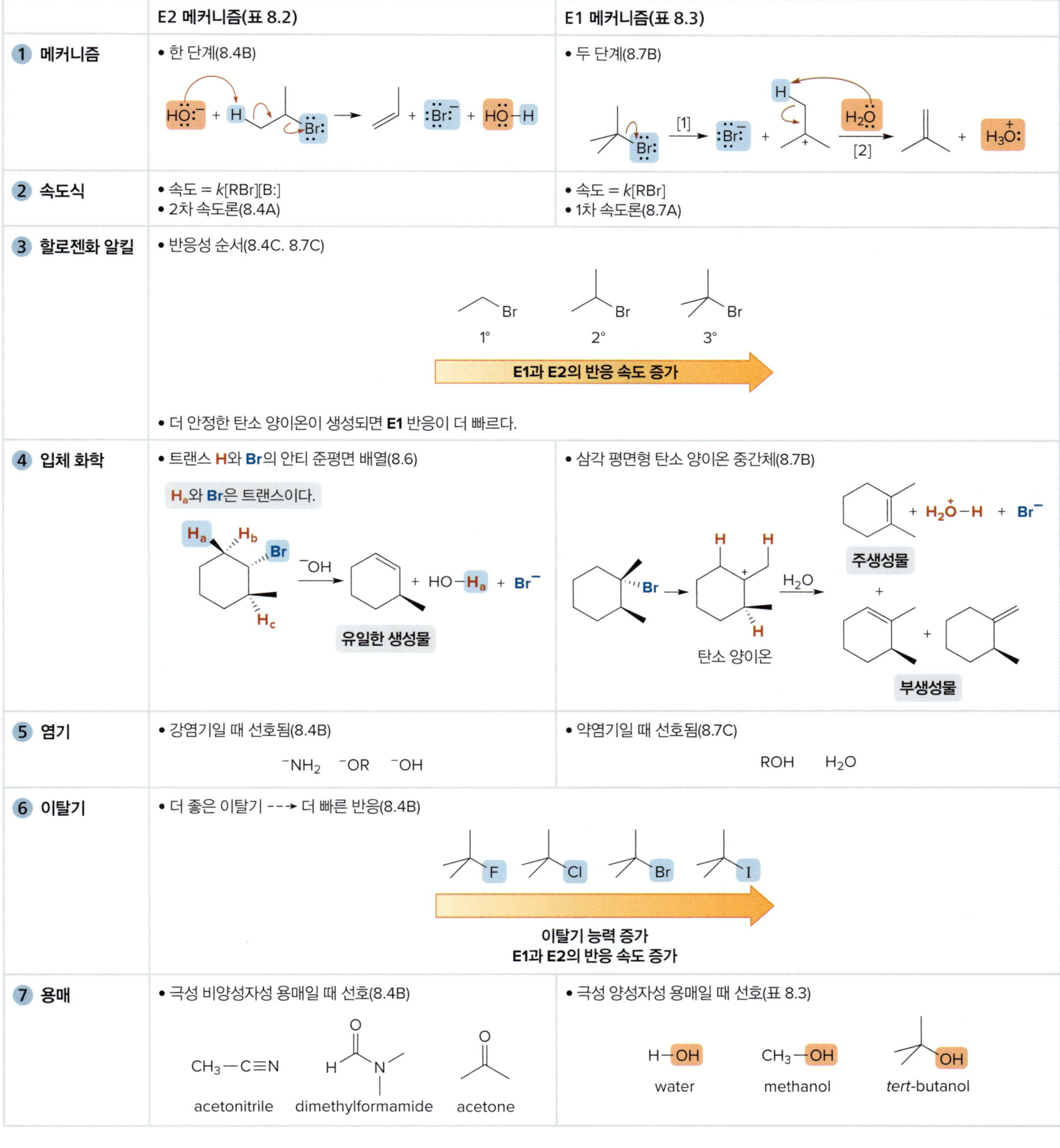

	E2 메커니즘(표 8.2)	E1 메커니즘(표 8.3)
① 메커니즘	• 한 단계(8.4B) HO:⁻ + H–C–C–Br: → 알켄 + :Br:⁻ + HO–H	• 두 단계(8.7B) (CH₃)₃C–Br: —[1]→ :Br:⁻ + 탄소 양이온; H_2O —[2]→ 알켄 + H_3O^+
② 속도식	• 속도 = *k*[RBr][B:] • 2차 속도론(8.4A)	• 속도 = *k*[RBr] • 1차 속도론(8.7A)
③ 할로젠화 알킬	• 반응성 순서(8.4C. 8.7C) Br 1° 2° 3° **E1과 E2의 반응 속도 증가** • 더 안정한 탄소 양이온이 생성되면 **E1** 반응이 더 빠르다.	
④ 입체 화학	• 트랜스 **H**와 **Br**의 안티 준평면 배열(8.6) H_a와 **Br**은 트랜스이다. H_a H_b Br H_c —⁻OH→ + HO–H_a + Br^- 유일한 생성물	• 삼각 평면형 탄소 양이온 중간체(8.7B) Br → H H H 탄소 양이온 —H_2O→ + $H_2\overset{+}{O}$–H + Br^- 주생성물 + 부생성물
⑤ 염기	• 강염기일 때 선호됨(8.4B) $^-NH_2$ ^-OR ^-OH	• 약염기일 때 선호됨(8.7C) ROH H_2O
⑥ 이탈기	• 더 좋은 이탈기 --→ 더 빠른 반응(8.4B) F Cl Br I **이탈기 능력 증가** **E1과 E2의 반응 속도 증가**	
⑦ 용매	• 극성 비양성자성 용매일 때 선호(8.4B) $CH_3-C\equiv N$ acetonitrile; dimethylformamide; acetone	• 극성 양성자성 용매일 때 선호(표 8.3) H–OH water; CH_3–OH methanol; *tert*-butanol

8 생성물	• E2와 E1 반응에서 더 많이 치환된 알켄이 선호됨(Zaitsev 규칙, 8.5. 8.7C)

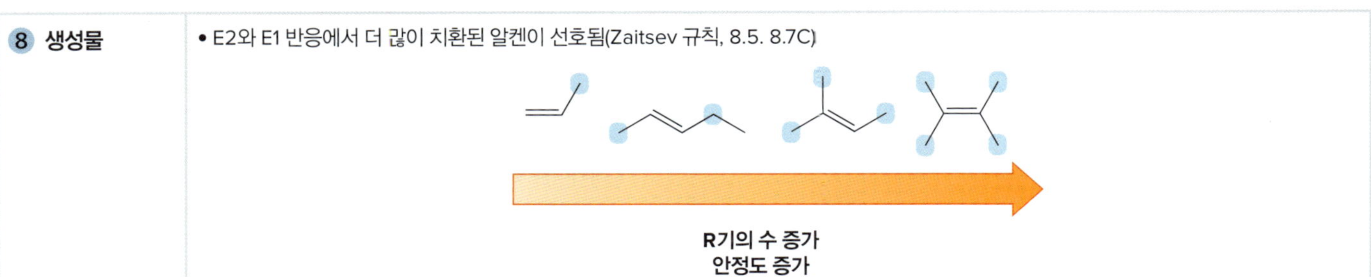

문제 8.31, 8.45, 8.49, 8.51, 8.54를 풀어보라.

[2] S_N1, S_N2, E1, E2 반응의 요약(8.11)

할로젠화 알킬 유형	조건		메커니즘
1 1° RCH_2X	• 강한 친핵체 • **부피가 큰** 강염기	--→ --→	**S_N2** **E2**
2 2° R_2CHX	• 강염기, 센 친핵체 • **부피가 큰** 강염기 • **약**염기, 약한 친핵체	--→ --→ --→	**S_N2 + E2** **E2** **S_N1 + E1**
3 3° R_3CX	• **약**염기, 약한 친핵체 • 강염기	--→ --→	**S_N1 + E1** **E2**

8장 선다형 자가-시험

자가-시험은 American Chemical Society 유기 화학 시험과 유사한 객관식 문제로 구성되어 있다. 정답은 장의 마지막 부분에 나와 있다.

1. **A**가 $NaOCH_2CH_3$와 반응하였을 때 얻어지지 **않는** 생성물은 무엇인가?

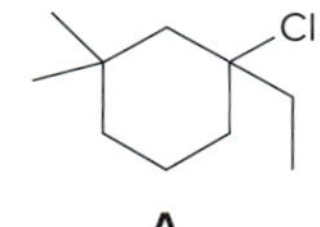

A

a. 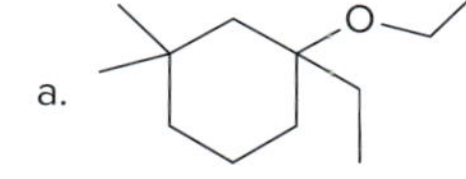

b. 

c. 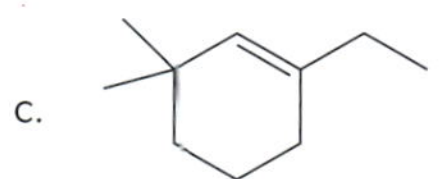

d. 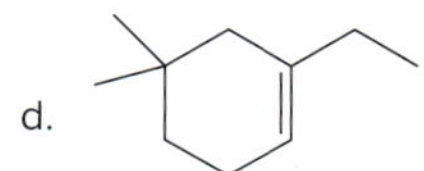

2. 가장 안정한 알켄과 가장 불안정한 알켄을 골라라.

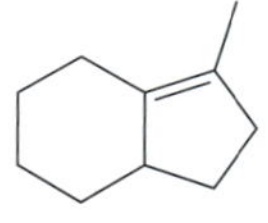

A

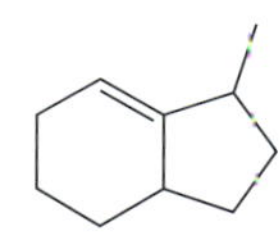

B

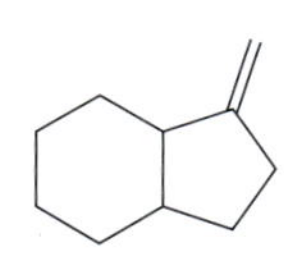

C

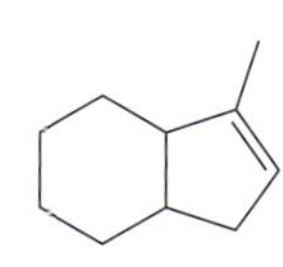

D

a. **A**가 가장 안정하고 **B**가 가장 불안정하다.

b. **A**가 가장 안정하고 **C**가 가장 불안정하다.

c. **D**가 가장 안정하고 **C**가 가장 불안정하다.

d. **B**가 가장 안정하고 **B**가 가장 불안정하다.

3. **B**의 E2 제거 반응에서 생성되는 주생성물은 무엇인가?

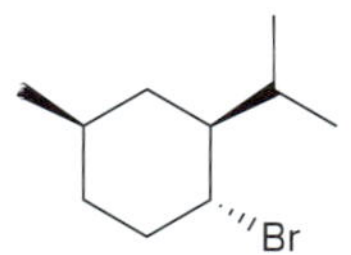

B

a. 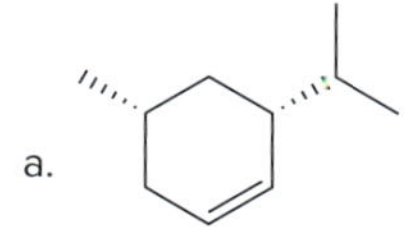

b. 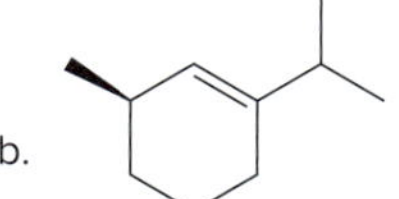

c. 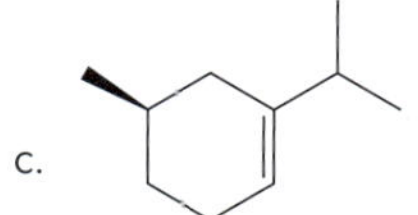

d. 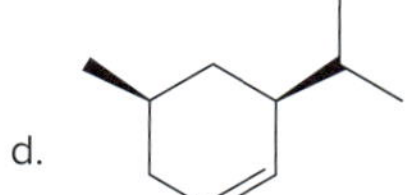

4. 각각의 반응 조건에서 관찰될 것이라고 예상되는 제거 메커니즘은 무엇인가?

A 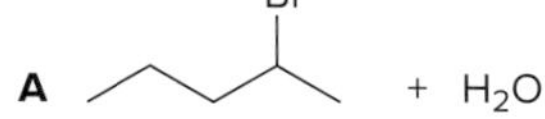 + H_2O

B Br + ^-OH

C Cl + CH_3O^-

a. 반응 **C**는 E1 메커니즘이고 반응 **A**와 **B**는 E2 메커니즘이다.
b. 반응 **A**와 **C**는 E1 메커니즘이고 반응 **B**는 E2 메커니즘이다.
c. 반응 **A**는 E1 메커니즘이고 반응 **B**와 **C**는 E2 메커니즘이다.
d. 반응 **A**와 **B**는 E2 메커니즘이고 반응 **C**는 E1 메커니즘이다.

5. E2 반응에서 가장 빠르게 반응하는 화합물은 어느 것인가?

a. 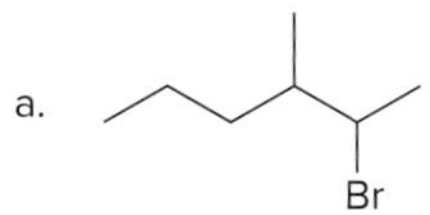 b. Br c. Cl d. Cl

6. 센 염기로 처리하였을 때 어느 이염화물(dichloride)로부터 hex-2-yne이 얻어질 수 있는가?

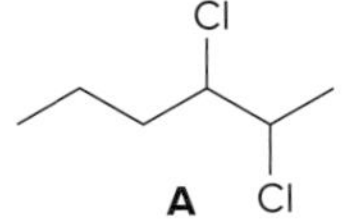

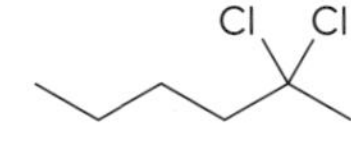

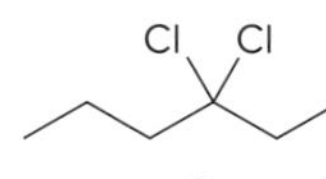

A **B** **C**

a. **A** 만 b. **B** 만 c. **C** 만 d. **A, B** 그리고 **C** 모두 깨끗하게 hex-2-yne을 생성한다.

7. E2 반응에서 하나의 구조 이성질체만을 주는 할로젠화 알킬은 무엇인가?

a. 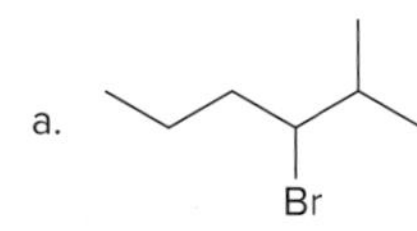 b. Cl c. 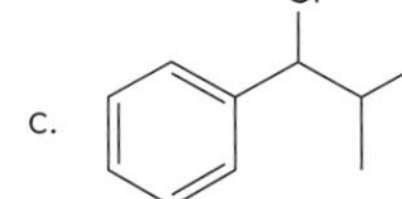 d. Br

8. 이성질체 **A**, **B**와 **C**는 서로 무슨 관계인가?

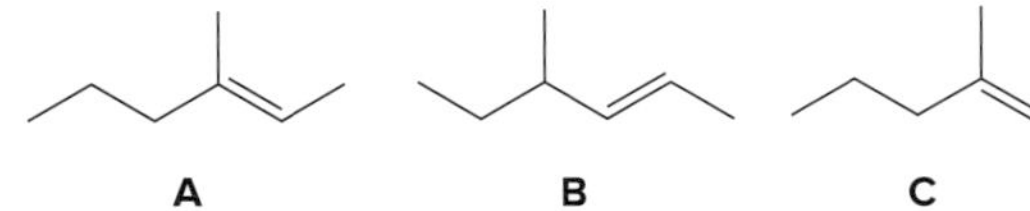

a. **A**는 **B**와 **C**의 구조 이성질체이다.
b. **B**는 **A**와 **C**의 구조 이성질체이다.
c. **A**는 **B**와 **C**의 입체 이성질체이다.
d. **C**는 **A**와 **B**의 구조 이성질체이다.

9. **D**와 CH_3O^- 사이의 반응에 대한 서술 중에서 맞는 것은 무엇인가?

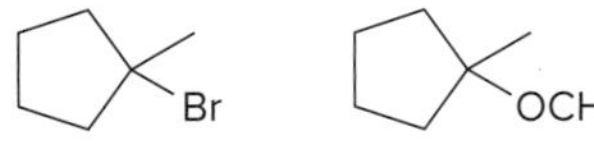

a. 주생성물은 S_N1 반응으로 생성되는 에터 **E**이다.
b. 반응은 속도론적으로 이차이다.
c. 치환과 제거 생성물의 혼합물이 얻어진다.
d. 이탈기를 Br에서 Cl로 바꾸면 반응 속도가 증가한다.

10. 염화 알킬 **F**가 CH_3CH_2OH와 반응하였을 때, 어느 생성물이 생기지 **않는가**?

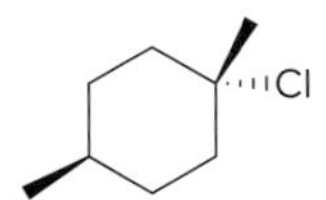

F

a. 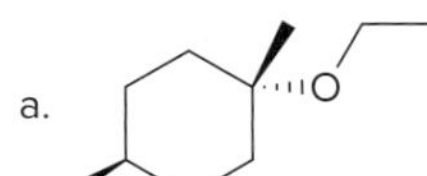 b. 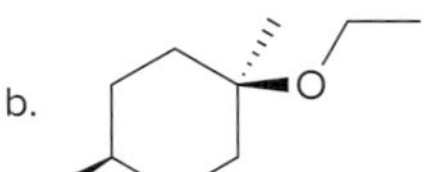 c. 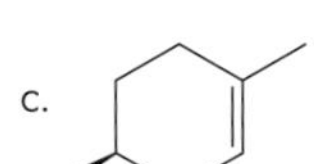 d. 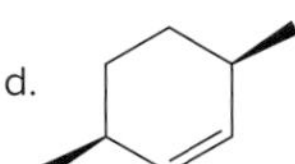

문제

삼차원 모형을 이용하는 문제

8.23 각 화합물을 명명하고 어느 입체 이성질체가 E2 제거 반응에서 더 빨리 반응하는가를 결정하고 그 이유를 설명하라.

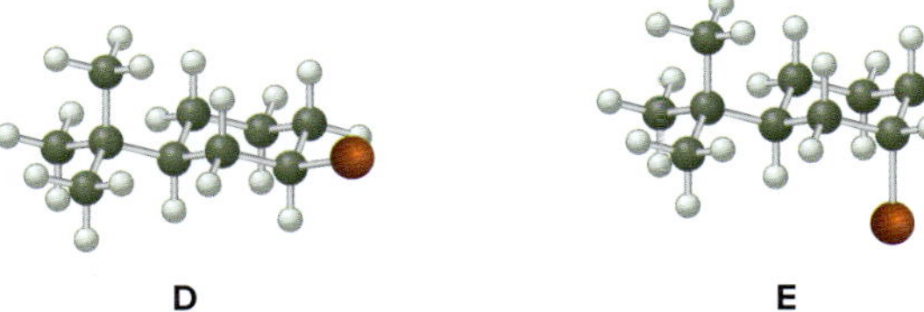

일반적 제거 반응

8.24 각 할로젠화 알킬의 할로젠화수소 이탈 반응에서 생성되는 가능한 구조 이성질체를 모두 그려라.

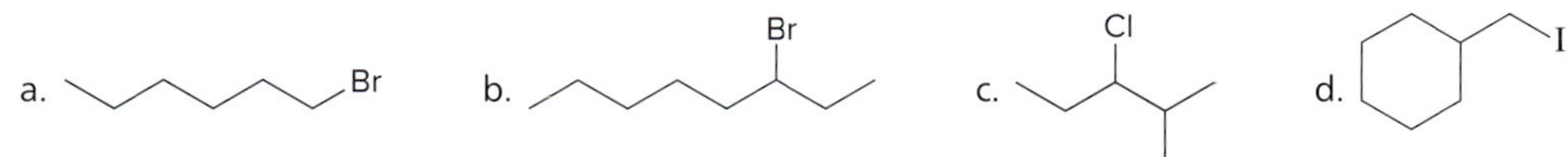

8.25 제거 반응이 일어나는 경우 각각의 다음 알켄이 **유일한** 생성물로 만들어지는 할로젠화 알킬은 무엇인가?

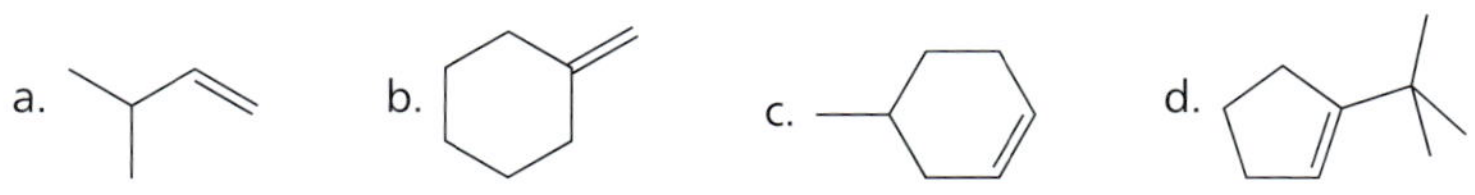

알켄

8.26 알켄의 각 쌍을 구조 이성질체, 입체 이성질체, 혹은 동일 화합물로 표시하라.

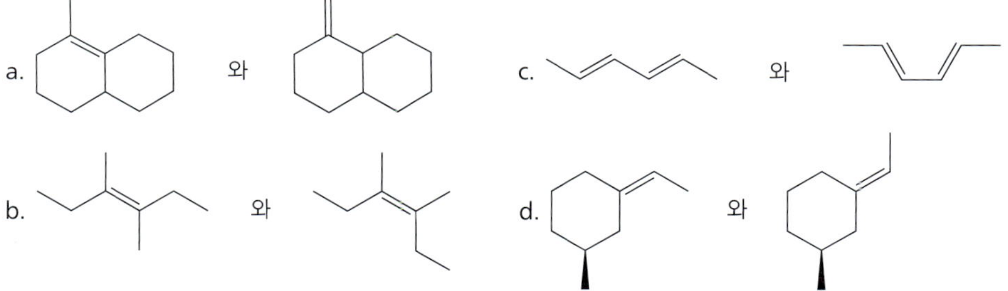

8.27 각 알켄을 안정성이 증가하는 순서로 나열하라.

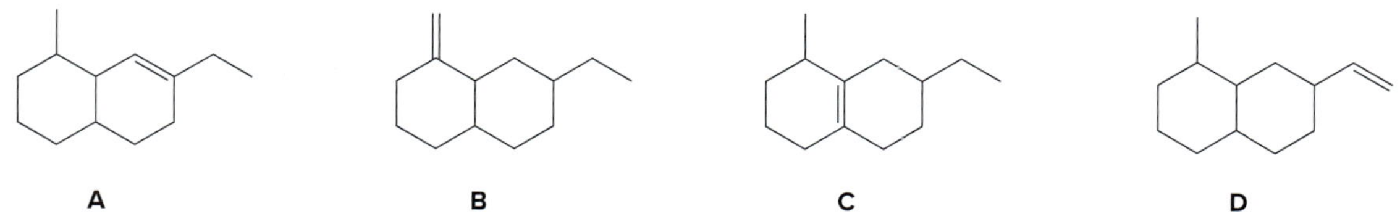

8.28 일련의 비슷한 반응에서 얻은 $\Delta H°$ 값은 알켄의 상대적 안정성을 결정하는 데 사용되는 한 세트의 실험 자료이다. 다음 자료를 보고 *cis*-but-2-ene이 but-1-ene보다 더 안정하다는 것을 설명하라(12.3A절).

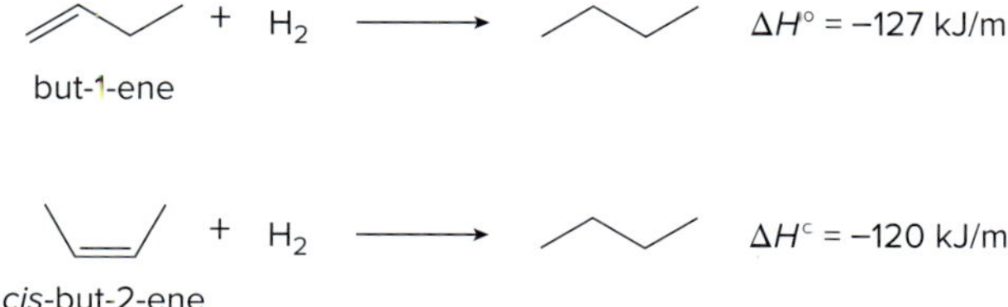

E2 반응

8.29 각 E2 반응에서 생성되는 구조 이성질체를 모두 그려라. 그리고 Zaitsev 규칙을 이용하여 주생성물을 예측하라.

a. Cl $\xrightarrow{^{-}OCH_2CH_3}$ b. O O Cl $\xrightarrow{DBU}$ c. Br $\xrightarrow{^{-}OH}$

8.30 다음의 각 알켄에 대해서, 할로젠화수소 이탈 반응의 유일한 생성물로서 주어진 알켄을 생성하는 할로젠화 알킬의 구조를 두 개 그려라.

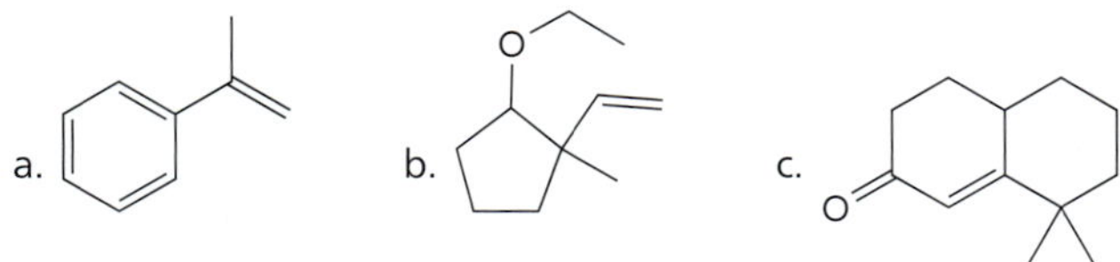

8.31 다음 E2 반응을 고려하자.

Br $\xrightarrow[(CH_3)_3COH]{^{-}OC(CH_3)_3}$

a. 반응의 부산물을 그리고 굽은 화살표를 이용하여 전자의 이동을 표시하라.

b. 각각의 다음 변화는 반응 속도에 어떠한 영향을 미치는가? [1] 용매를 DMF로 바꾼다. [2] $^{-}OC(CH_3)_3$의 농도를 감소시킨다. [3] 염기를 ^{-}OH로 바꾼다. [4] 할로젠화물을 $CH_3CH_2CH_2CH_2CH(Br)CH_3$로 바꾼다. [5] 이탈기를 I^-로 바꾼다.

8.32 각 할로젠화 알킬이 $KOC(CH_3)_3$과 반응할 때 생성되는 주 입체 이성질체는 무엇인가?

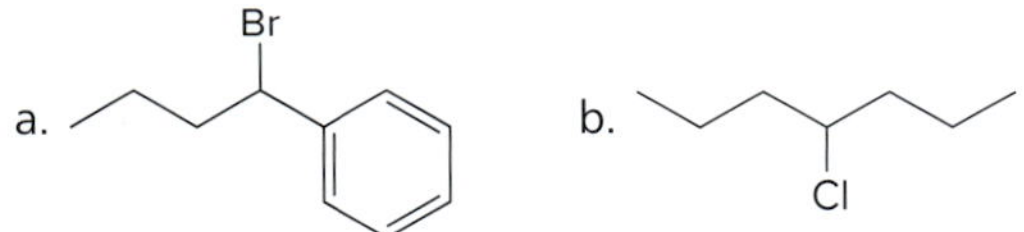

입체 화학과 E2 반응

8.33 각 할로젠화물의 주 E2 제거 반응 생성물은 무엇인가?

a. CH_3, C_6H_5, Br, H, CH_2CH_3, CH_3 b. Br, H, CH_3, C_6H_5, CH_3, CH_2CH_3 c. C_6H_5, CH_3, H, CH_3, Br, CH_2CH_3

8.34 안티 준평면 기하 구조를 고려하여 각각의 출발물의 E2 반응에서 얻어지는 주생성물을 예측하라.

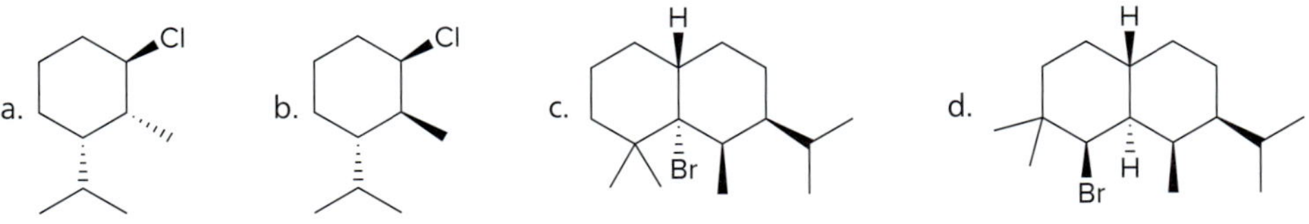

8.35 *cis*- 혹은 *trans*-1-bromo-4-*tert*-butylcyclohexane 중에서 어떤 것이 E2 반응을 더 빠르게 하는가?

8.36 E2 반응의 유일한 생성물로서 주어진 알켄을 생성하는 할로젠화 알킬의 구조(입체 화학을 포함하여)를 그려라.

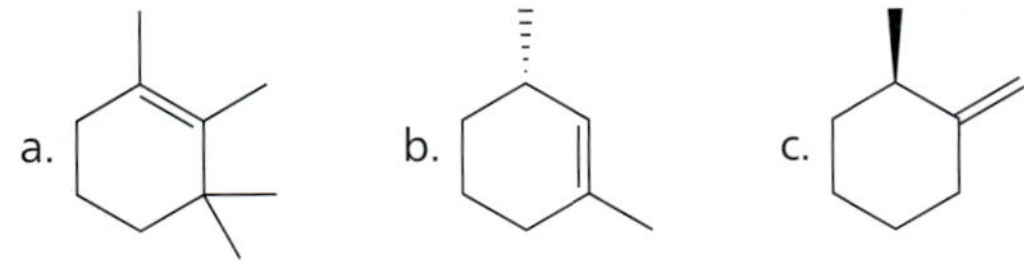

8.37 각 화합물과 NaOH의 제거 반응에서 생기는 주 입체 이성질체를 그려라.

E1 반응

8.38 E1 반응에서 각 할로젠화 알킬로부터 생성되는 주 알켄 생성물은 무엇인가?

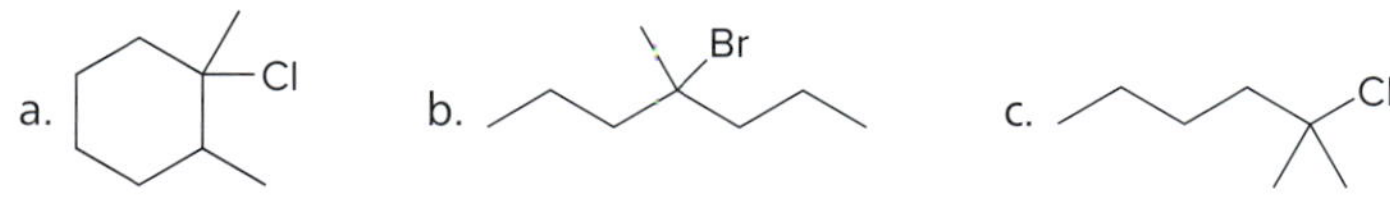

E1과 E2

8.39 E2 반응성이 증가하는 순서로 각각의 할로젠화 알킬을 나열하라. 그리고 E1 반응성에 대해서도 나열하라.

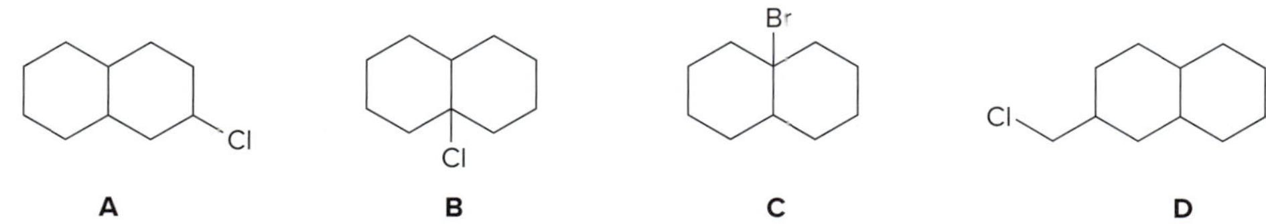

8.40 각각의 제거 반응에서 생성되는 모든 구조 이성질체를 그려라. 메커니즘을 E2 혹은 E1으로 표시하라.

a. Br $\xrightarrow{CH_3OH}$

c. Cl $\xrightarrow{^-OH}$

b. Cl $\xrightarrow{H_2O}$

d. Br $\xrightarrow{^-OCH_3}$

8.41 Bromocyclodecane의 할로젠화수소 이탈 반응에서 주생성물은 *trans*-cyclodecene이 아니고 *cis*-cyclodecene이다. 그 이유를 제안하라.

알카인

8.42 각각의 이할로젠화물(dihalide)과 과량의 $NaNH_2$의 반응에서 생성되는 생성물을 그려라.

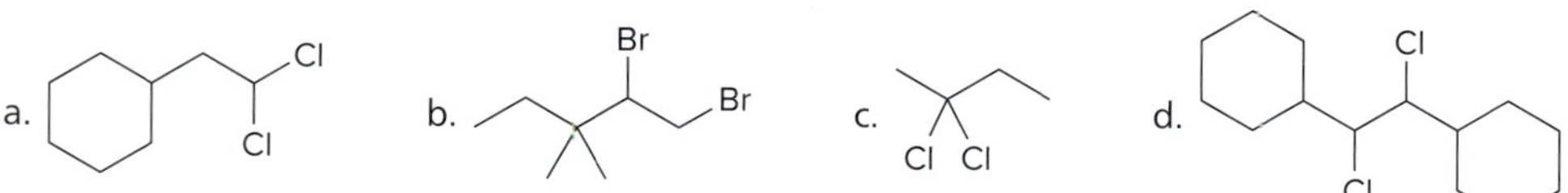

8.43 각각의 알카인을 얻는 데 사용할 수 있는 이할로젠화물(dihalide)의 구조를 그려라. 두 개 이상의 이할로젠화물이 가능하다.

a. b. c.

8.44 어떤 반응 조건에서 2,3-dibromobutane이 2당량의 염기와 반응하면 두 개의 새로운 π 결합이 있는 생성물 세 개가 생성된다. 생성물 **A**는 *sp* 혼성 탄소가 두 개 있으며, 화합물 **B**는 *sp* 혼성 탄소가 한 개 있고, 생성물 **C**는 없다. **A**, **B**, **C**의 구조는 무엇인가?

S_N1, S_N2, E1, 그리고 E2 메커니즘

8.45 각각의 다음 S_N1, S_N2, E1 또는 E2 반응 메커니즘에 대한 설명에서 맞는 것은 어느 것인가? 한 개 또는 그 이상의 메커니즘에 대해 맞는 설명일 수도 있다.

a. 탄소 양이온 중간체를 포함하는 메커니즘
b. 두 단계 메커니즘
c. 더 좋은 이탈기일수록 반응 속도가 증가한다.
d. 용매를 CH_3OH에서 $(CH_3)_2SO$로 바꾸면 반응 속도가 증가한다.
e. 반응 속도는 할로젠화 알킬만의 농도에만 의존한다.
f. 협동 메커니즘이다.
g. CH_3CH_2Br과 NaOH와의 반응은 이 메커니즘에 의해 일어난다.
h. 입체 발생 중심에서 라셈화가 일어난다.
i. 3차 할로젠화 알킬은 2차 또는 1차 할로젠화 알킬보다 빠르게 반응한다.
j. 반응은 2차 속도식을 따른다.

8.46 각 반응에서 생기는 유기 생성물을 그려라.

a. 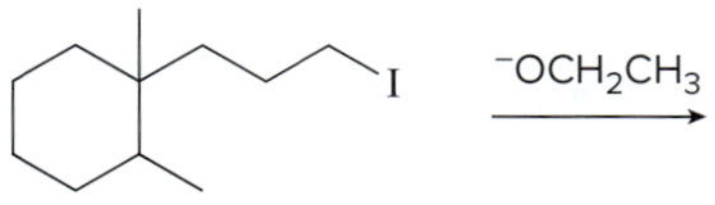 I, $^-OCH_2CH_3$ →
b. 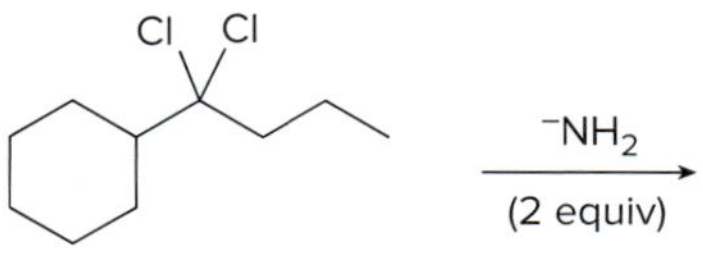 Cl Cl, $^-NH_2$ (2 equiv) →
c. 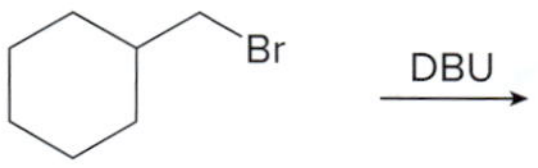 Br, DBU →
d. 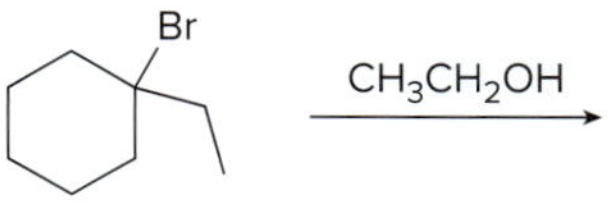 Br, CH_3CH_2OH →
e. 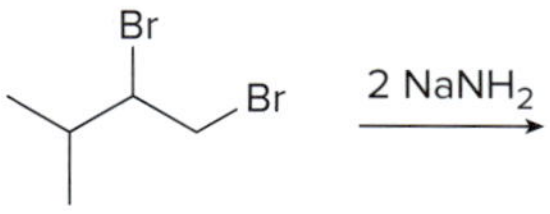 Br, Br, 2 $NaNH_2$ →
f. 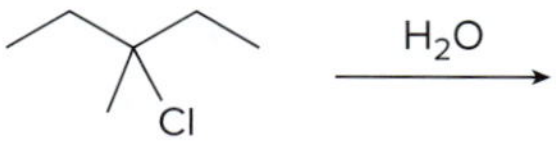 Cl, H_2O →

8.47 각각의 다음 변환에 필요한 시약과 반응 조건은 무엇인가?

a. 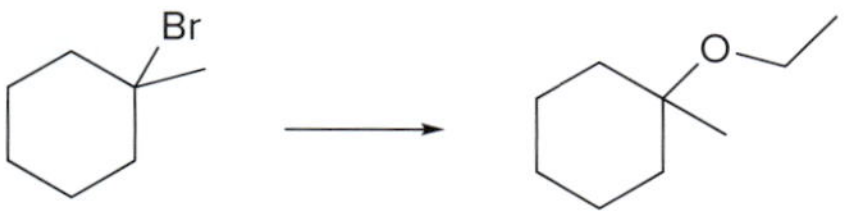 Br → O
b. 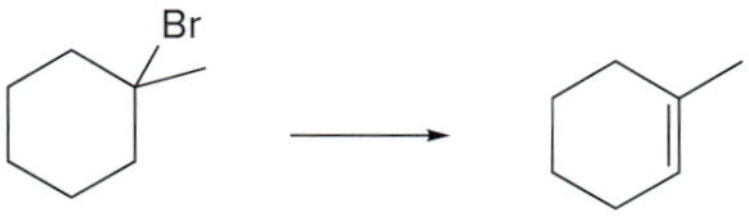 Br →
c. 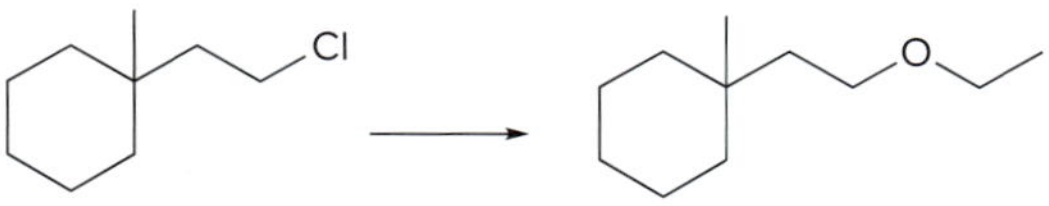 Cl → O
d. 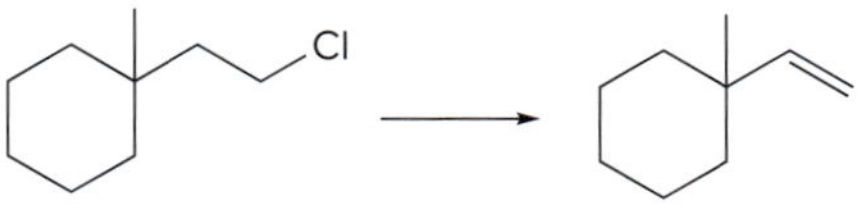 Cl →

8.48 각 반응의 생성물을 입체 이성질체를 포함하여 모두 그려라.

a. 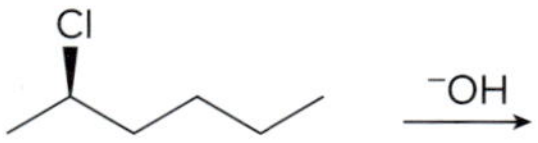 Cl, ^-OH →
b. 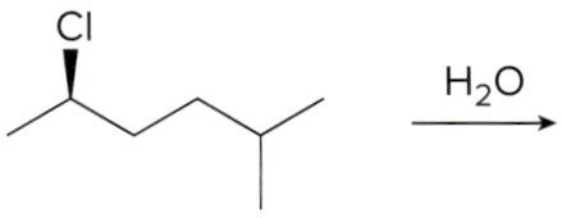 Cl, H_2O →
c. Cl, CH_3OH →
d. 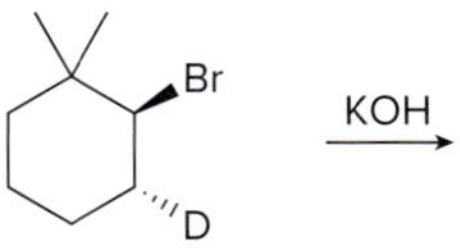 Br, D, KOH →
e. Br, $NaOCH_3$ →
f. 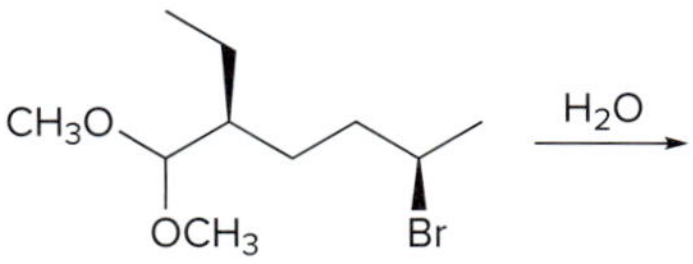 CH_3O, OCH_3, Br, H_2O →

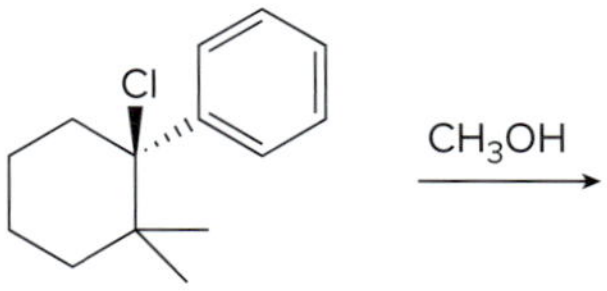

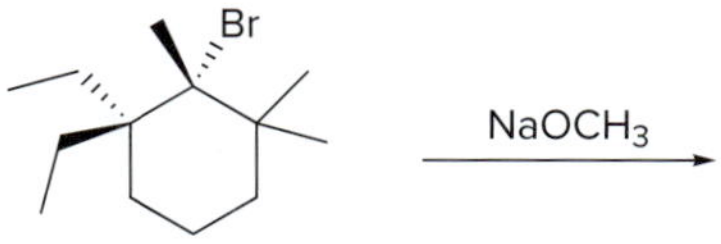

8.49 Cl, H

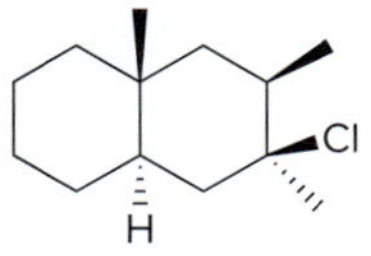

다음 할로젠화 알킬과 각각의 시약으로부터 생성되는 모든 치환 및 제거 반응의 생성물을 그려라. 생성물에 존재하는 입체 발생 중심 주위의 입체 화학 및 각 생성물이 만들어지는 메커니즘을 밝혀라.

(a) CH_3OH
(b) KOH

8.50 아래 반응식에 그려진 생성물은 주생성물이 아니다. 그 이유를 설명하고 실제로 얻어지는 주생성물의 구조를 그려라.

a. $\xrightarrow{^{-}OCH_2CH_3}$ c. Cl $\xrightarrow{^{-}OH}$

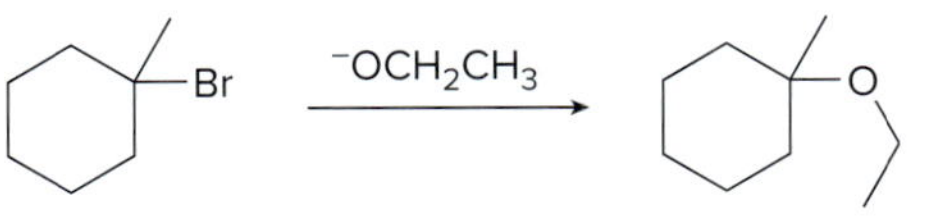

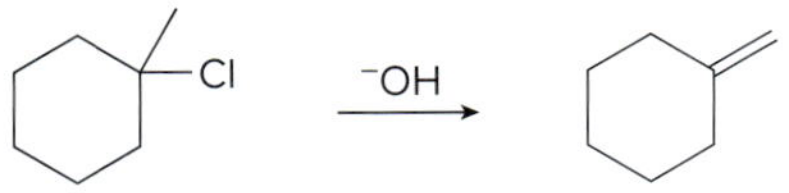

b. Br $\xrightarrow{^{-}OCH_3}$ d. Cl $\xrightarrow{I^-}$

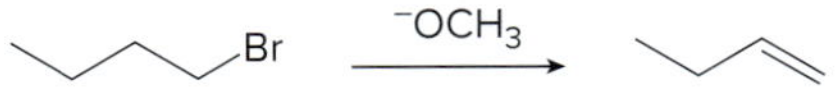

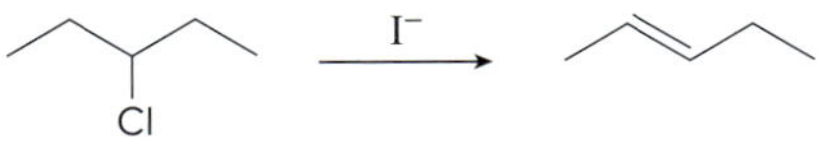

8.51 각 반응의 단계별 상세한 메커니즘을 그려라.

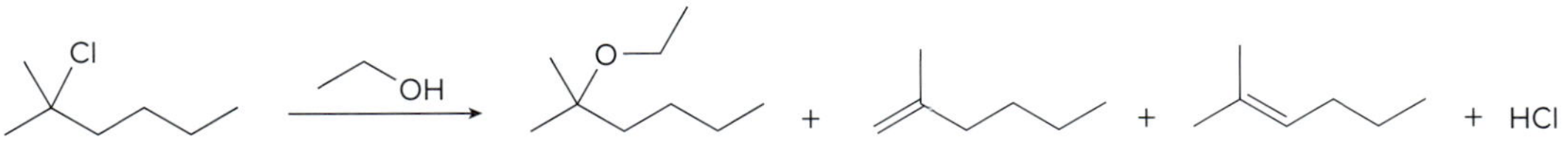

Cl $\xrightarrow{\text{OH}}$ O + + + HCl

8.52 7.15A절에서 인산염(PO_4^{3-}, P_i로 축약함)은 생물학적 반응에서 좋은 이탈기임을 배웠다. 이 사실을 염두에 두고, chorismate를 합성하는 다음 E1 반응의 단계별 메커니즘을 그려라. 이 화합물은 아미노산 생합성의 한 가지 중간체이다,

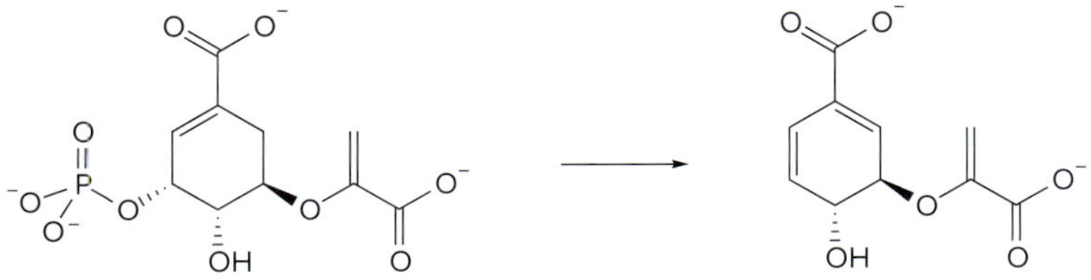

chorismate

8.53 (*R*)-1-chloro-3-methylpentane이 다음 각 시약과 반응하였을 때 생기는 주생성물을 그려라: (a) $NaOCH_2CH_3$; (b) KCN; (c) DBU.

8.54 다음 반응의 단계별 메커니즘을 그려라.

Br $\xrightarrow{H_2O}$ OH + OH + + HBr

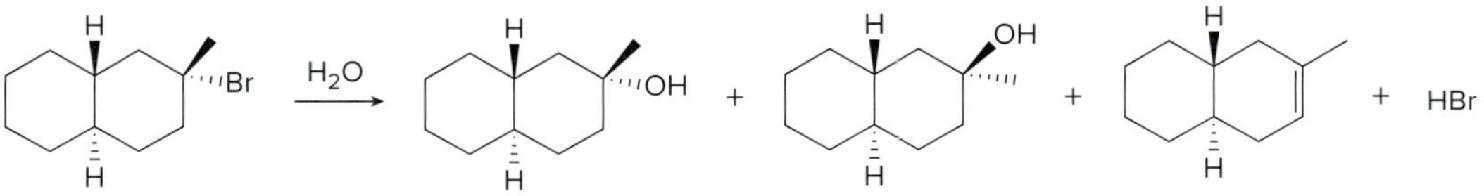

도전 문제

8.55 알켄 **B**가 이중 결합에 결합된 탄소 원자가 알켄 **A**보다 더 많음에도 불구하고 **A**가 **B**보다 더 안정한 이유를 설명하라. 화합물 **C**가 **A**와 **B**보다 더 안정한지, 덜 안정한지를 예측하라.

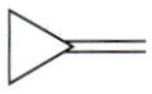

A 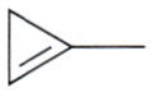 **B** 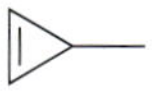 **C**

8.56 다음 반응에서 네 개의 유기 생성물이 어떻게 얻어지는지 각 단계의 상세한 메커니즘을 써서 설명하라.

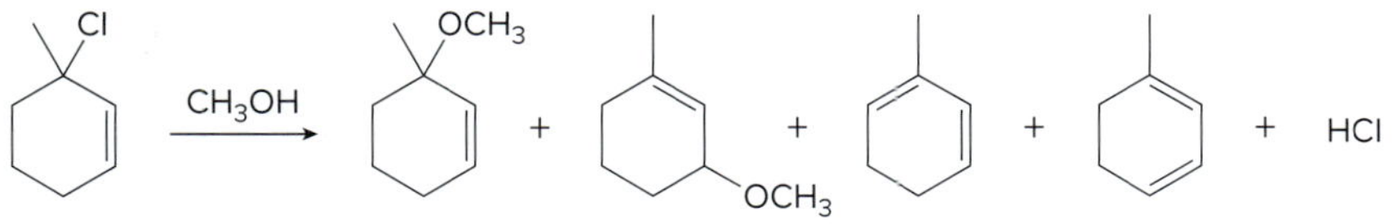

Cl $\xrightarrow{CH_3OH}$ OCH_3 + OCH_3 + + + HCl

8.57 Zaitsev 규칙과 E2 반응에서 할로젠화수소 이탈 반응의 입체 화학에 대하여 배운 것을 이용하여, 다음 화합물이 센 염기와 반응하였을 때 유일하게 생기는 입체 이성질체를 그려라.

a. b.

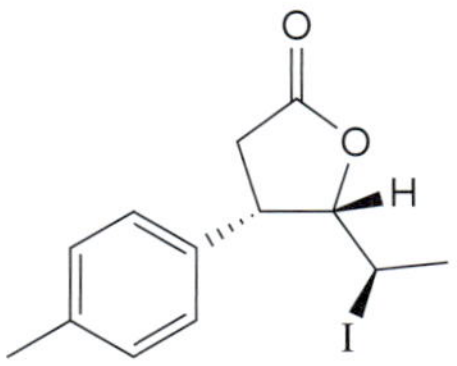

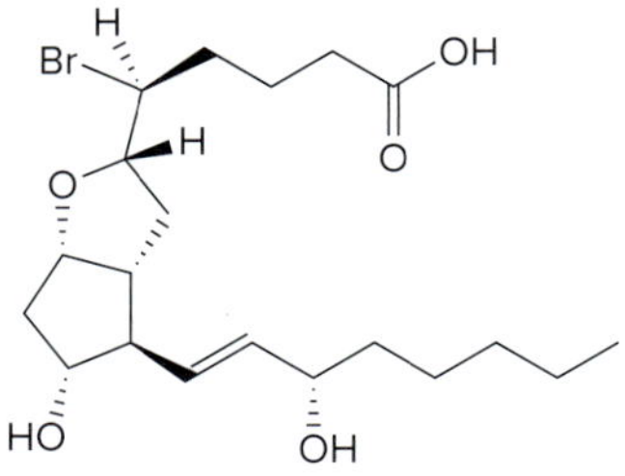

8.58 다음 반응의 각 단계별 메커니즘을 그려라. 출발물과 생성물에서 사원자 고리를 β-락탐(lactam)이라고 한다. 20장에서 논의된 것처럼 이 작용기 때문에 페니실린과 그와 비슷한 여러 항생제들이 생물 활성을 띠게 된다(힌트: 이 메커니즘은 β 제거 반응으로 시작하며 단지 두 단계로 일어난다).

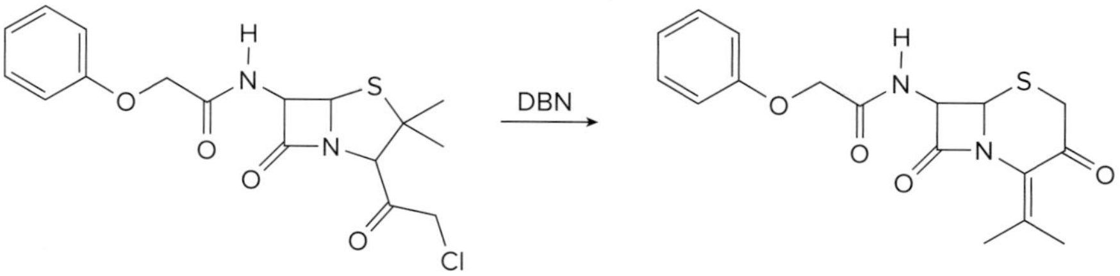

DBN

8.59 안티 준평면 기하 구조에서 할로젠화수소 이탈 반응이 일어나지만, 어떤 제거 반응은 신 준평면에서 일어날 수도 있다. 각 제거 반응의 출발물과 생성물을 살펴보고 제거 반응이 신 또는 안티 준평면에서 일어나는지 언급하라.

a. 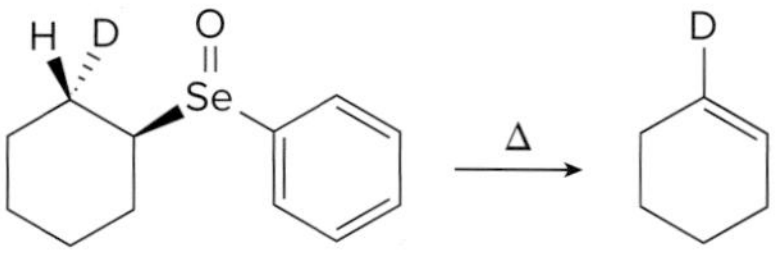 Δ

b. 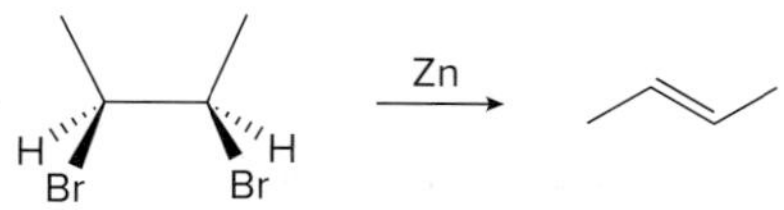 Zn

8.60 **X**를 염기로 처리하면 분자식이 $C_{38}H_{26}$인 생성물이 얻어진다. 생성물의 구조와 생성 메커니즘을 제안하라.

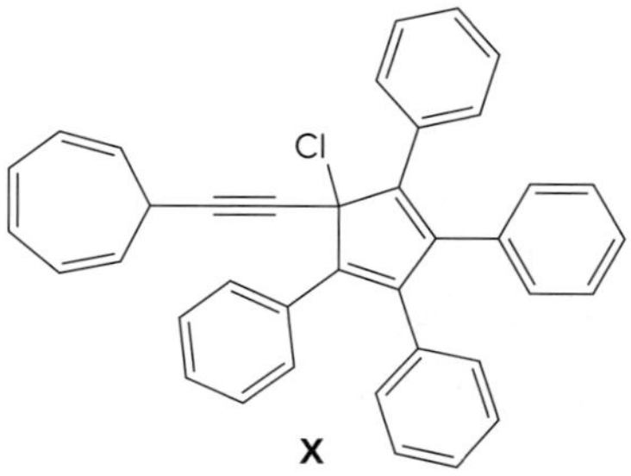

X

자가-시험 해답

1. a 2. b 3. d 4. c 5. b 6. a 7. c 8. b 9. b 10. d

알코올, 에터 및 연관 화합물

Alcohols, Ethers, and Related Compounds

09

ORGANIC CHEMISTRY

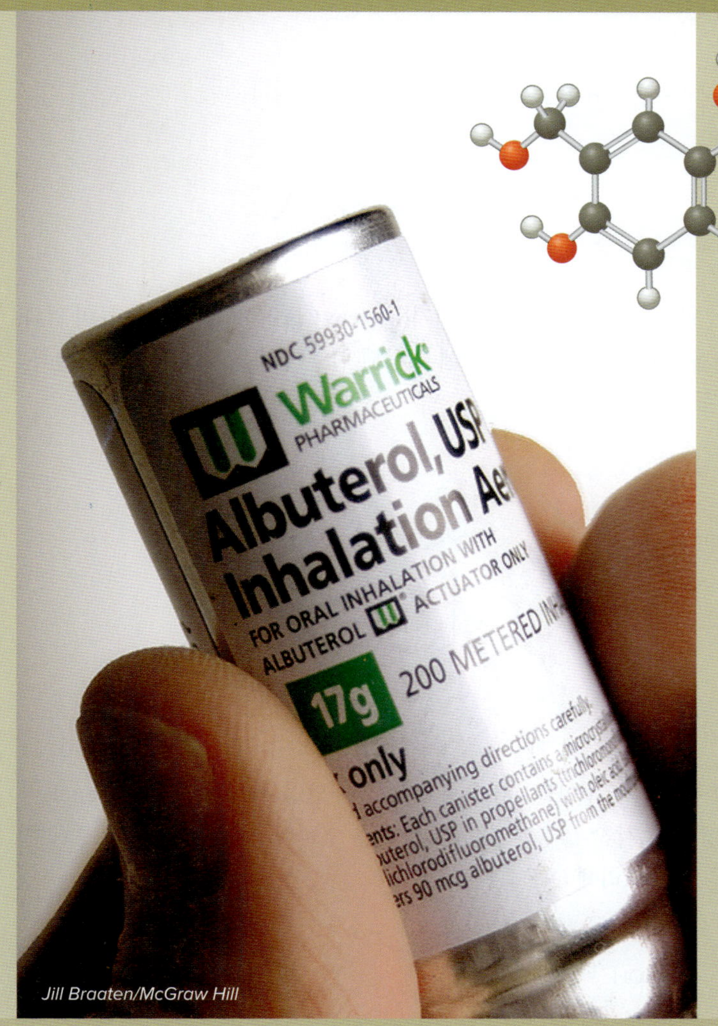

Jill Braaten/McGraw Hill

기관확장제 **알부테롤**(**albuterol**, 상품명 Proventil, Ventoin 등)은 천식과 만성폐쇄성 질환(COPD)의 효과적 치료제이다. 이 약물은 1982년에 미국에서 사용이 승인되었으며 천식 발작 동안에 기도를 열어주는 응급 흡입기에 들어 있는 가장 흔한 약품 중의 하나이다. 알부테롤은 입체 발생 중심이 하나이고 거울상 이성질체 하나만 생물학적 활성이 있지만, 라셈 혼합물로 판매되고 있다. 알부테롤은 알코올 작용기가 두 개 있고 에폭사이드로부터 합성된다. 9장에서는 이 두 작용기에 대하여 배울 것이다.

왜 공부하는가? . . .

알코올, 에터, 에폭사이드, 싸이올과 황화물이란?

9장에서는 이탈기, 친핵체 그리고 염기에 대하여 7장과 8장에서 배운 원리를 극성 C−O 결합으로 이루어진 세 개의 새로운 작용기인 **알코올(alcohol)**, **에터(ether)** 및 **에폭사이드(epoxide)**에 적용하고자 한다. 알코올의 하이드록시기(OH)는 천연물에 특히 많이 존재하며 알코올의 반응은 유기 합성에서 널리 쓰이고 있다. 9장에서 여러분은 모든 반응이 7장과 8장에서 소개된 네 개의 기본 메커니즘—S_N1, S_N2, E1 또는 E2—중의 하나를 따르므로 **새로 배워야 할 메커니즘은 없다**는 것을 알게 될 것이다.

또한 이 장의 뒷부분에서 알코올과 에터의 황 유사물인 **싸이올(RSH)**과 **황화물(R_2S)**에 대해 배우게 될 것이다. 이러한 작용기는 생체 분자, 특히 27장에서 논의될 단백질의 화학에서 중요한 역할을 한다.

9.1 서론

알코올, **에터** 및 **에폭사이드**는 탄소−산소 σ 결합이 있는 세 개의 작용기이다.

알코올 에터 에폭사이드

알코올에는 sp^3 혼성화 탄소 원자와 결합된 **하이드록시기(hydroxy group, OH기)가 들어 있다.** 3.2절에서 배운 바와 같이 알코올은 OH기가 있는 탄소에 결합된 탄소 원자의 수에 따라 **1°(일차)**, **2°(이차)**, **3°(삼차)** 알코올로 분류된다.

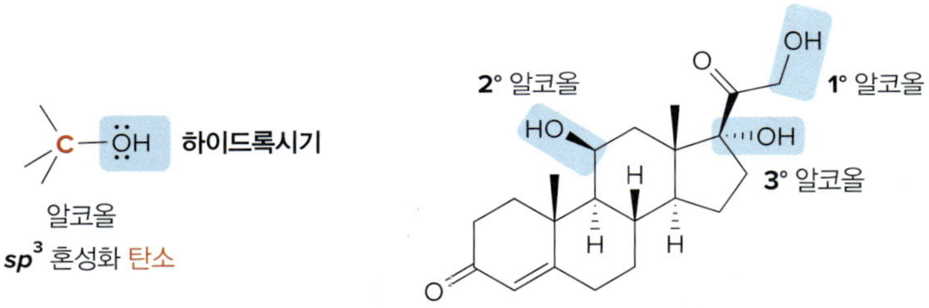

하이드록시기

알코올
sp^3 혼성화 탄소

2° 알코올 1° 알코올 3° 알코올

cortisol
항염증 스테로이드

sp^2 혼성화 탄소 원자에 하이드록시기(OH기)가 있는 화합물—**엔올(enol)**과 **페놀(phenol)**—은 알코올과는 다른 반응을 수행하며, 각각 11장과 19장에서 다룰 것이다. **엔올**은 C−C 이중 결합의 탄소에 OH기가 있다. **페놀**은 벤젠 고리에 OH기가 있다.

엔올 페놀

• OH에 결합된 C는 sp^2 혼성이다.

에터는 한 산소 원자에 두 개의 알킬기가 결합하고 있다. 만약 두 알킬기가 같다면 **대칭** 에터, 다르다면 **비대칭** 에터이다. 알코올과 에터는 둘 다 H_2O의 유기 유도체로서 산소 원자에 결합된 하나 또는 두 수소가 각각 R기로 치환되어 생성된다.

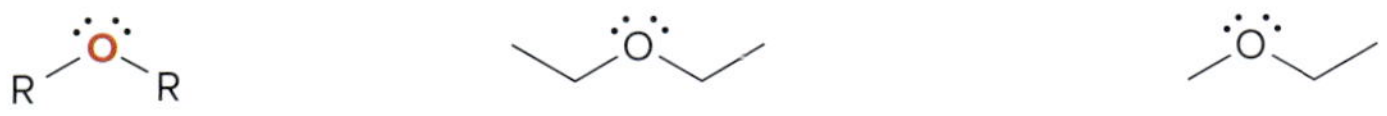

에터

대칭형 에터
R기는 같다.

비대칭형 에터
R기는 서로 다르다.

에폭사이드는 삼원자 고리에 산소 원자가 있는 에터이다. 에폭사이드는 **옥시레인(oxirane)**이라고도 부른다.

에폭사이드 또는 **옥시레인**

문제 9.1 천연 해양 생성물인 brevenal에서 에터와 알코올을 각각 표시하고, 각 알코올을 1°, 2°, 3°로 구분하라.

brevenal

Brevenal(문제 9.1)은 바닷물을 적색, 갈색 또는 녹색으로 바꿔 놓는 거대한 조류 대증식(algal bloom)인 적조(red tide)기에 증식하는 단세포 유기체인 **카레니아 브레비스(Karenia brevis)**가 생성하는 무독성 해양 폴리에터이다.
Don Paulson Photography/Purestock/Alamy Stock Photo

9.2 구조와 결합

알코올, 에터 및 에폭사이드는 각각 산소 원자가 두 개의 원자와 두 개의 비결합 전자쌍으로 둘러싸여 있으므로 O 원자는 **사면체 구조**이고 ***sp*^{3}** 혼성화이다. O 주위의 네 개의 기 중 두 개만이 원자이기 때문에 알코올과 에터는 H_2O와 같이 **굽은** 모양이다. 산소는 탄소나 수소보다 훨씬 더 전기 음성이므로 C−O와 O−H 결합은 모두 극성이며 O 원자는 전자가 풍부하고 C와 H 원자는 전자가 부족하다.

109°　　111°

알코올 또는 에터의 산소 주위의 결합각은 정사면체 결합각인 **109.5°**와 비슷하다. 반면에 에폭사이드의 C−O−C 결합각은 정사면체 결합각에서 상당히 벗어난 **60°**여야 한다. 이 때문에 **에폭사이드는 각 무리(angle strain)가 있어서** 다른 에터보다 반응성이 훨씬 크다.

60°

각 무리가 있는 삼원자 고리

9.3 명명법

IUPAC 규칙으로 알코올, 에터 또는 에폭사이드를 명명하려면 작용기를 치환기로서 명명하거나 아니면 어미명에 추가되는 접미사를 사용하여 치환기를 명명하는 방법을 배워야 한다.

9.3A 알코올 명명법

- IUPAC 명명법에 따라 알코올은 접미사 **-올(-ol)**을 붙인다.

해결 방법 IUPAC 규칙에 따르는 알코올 명명법

예 IUPAC 명명법에 따라 다음 알코올의 이름을 쓰라.

OH

단계 [1] OH기를 포함하는 가장 긴 탄소 사슬을 찾는다.

OH

가장 긴 사슬에 **여섯** 개의 탄소

여섯 개의 C --→ hexane --→ hexano*l*

• 어미 알케인에 어미 **-*e***를 **-*ol***로 바꾼다.

단계 [2] OH기가 결합된 탄소가 작은 번호가 되도록 탄소에 번호를 붙이고 명명법의 다른 규칙을 적용한다.

a. 사슬에 **번호**를 붙인다.

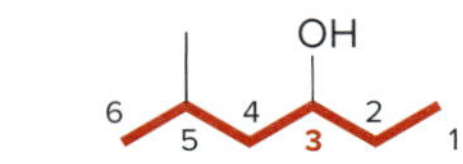

• OH기가 결합된 탄소는 4번이 아니라 **3**번으로 사슬에 번호를 붙인다.

hexan-3-ol

b. 치환기의 **이름**과 **번호**를 붙인다.

methyl at C5

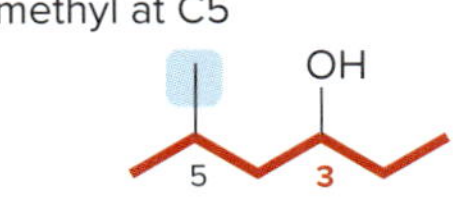

답: 5-methylhexan-3-ol

> $CH_3CH_2CH_2CH_2OH$은 IUPAC의 1979년 권고에 의하면 1-butanol로 명명하고 1993년 권고에 의하면 butan-1-ol로 명명한다.

OH기가 고리에 결합되어 있는 경우에 **고리는 OH기가 붙어 있는 탄소부터 시작하여 번호를 매긴다.** 작용기는 항상 C1에 위치하기 때문에 일반적으로 OH의 위치 번호 "1"은 생략한다. 고리 번호는 다음 치환기에 더 작은 번호가 매겨지도록 시계 방향 또는 시계 반대 방향으로 부여된다.

간단한 알코올은 때때로 관용명이 사용된다. 관용명을 지정하기 위하여

- 분자의 모든 탄소 원자를 단일 **알킬기**로 명명한다.
- 한 칸 띄우고 **알코올**을 붙인다.

아이소프로필기 OH

아이소프로필 알코올

하이드록시기가 두 개인 화합물을 **다이올(diol**, IUPAC 명명법에 따라) 또는 **글라이콜(glycol)**이라 부른다. 세 개의 하이드록시기가 있는 화합물은 **트라이올(triol)**이라 부른다. 예를 들어, 다이올은 어디 알케인의 이름에 접미사 **-다이올(-*diol*)**을 붙이고, 두 OH기의 위치는 숫자를 사용하여 나타낸다.

HO OH

ethylene glycol
(ethane-1,2-diol)

OH HO CH

glycerol
(propane-1,2,3-triol)

일반적으로 이와 같이 간단한 화합물에는 관용명이 사용된다.

HO 1 HO 2

***trans*-cyclopentane-1,2-diol**

두 OH기의 위치 번호가 필요하다.

예제 9.1 IUPAC 명명법을 이용하여 알코올 명명하기

각 알코올의 IUPAC 이름을 쓰라.

a. —OH

b. OH

풀이

(a)

- 분자를 C1에 OH기가 있는 사이클로헥산올로 명명한다.
- 두 번째 치환기(CH_3)에 더 작은 숫자가 부여되도록 번호를 매긴다.
- 치환기를 명명하고 번호를 매긴다. 부분들을 합친다.

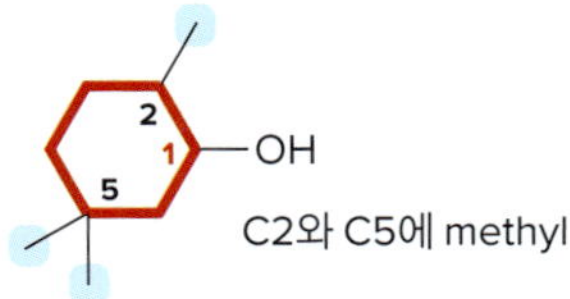

- **답: 2,5,5-trimethylcyclohexanol**

(b)

- OH가 연결된 C를 포함하는 가장 긴 사슬을 찾는다.
  9 C's → **nonanol**
- OH에 더 작은 숫자가 부여되도록 번호를 매기고 명명법의 다른 규칙을 모두 적용한다.

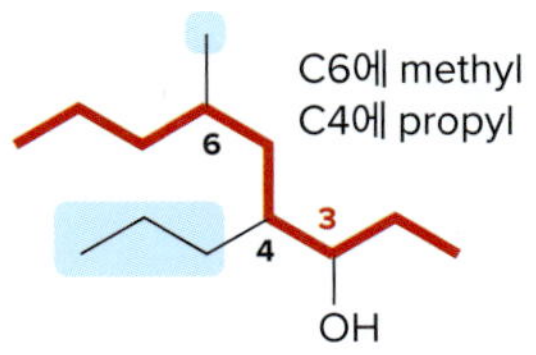

- **답: 6-methyl-4-propylnonan-3-ol**

문제 9.2 각 화합물의 IUPAC 이름을 쓰라.

a. OH　c. OH　e. OH OH

b. OH　d. OH　f. OH

추가 문제: 문제 9.37a; 9.39; 9.41a~d, g를 풀어보라.

문제 9.3 다음 화합물의 구조식을 쓰라.

a. 7,7-dimethyloctan-4-ol　　c. 2-*tert*-butyl-3-methylcyclohexanol

b. 5-methyl-4-propylheptan-3-ol　　d. *trans*-cyclohexane-1,2-diol

9.3B 에터 명명법

일반적으로 **간단한 에터들**은 관용명으로 부른다. 산소에 결합된 **두 알킬기의 이름**을 알파벳 순서에 따라 나열하고 **에터**를 붙인다. 대칭 에터의 경우에는 접두사 **다이-(*di*-)**를 알킬기 앞에 쓴다.

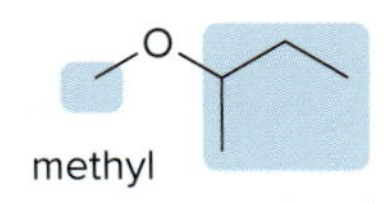

sec-butyl methyl ether

[알파벳 순으로 methyl보다 butyl을 먼저 표기한다.]

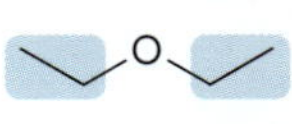

ethyl　ethyl

diethyl ether

더 복잡한 에터는 IUPAC 명명법에 따라 명명한다. 한 알킬기는 탄화수소 사슬로 이름을 붙이고, 다른 알킬기는 사슬에 결합된 치환기의 부분으로 명명한다.

- 간단한 알킬기 + O 원자는 알킬기의 **-일(-*yl*)**을 **-옥시(-*oxy*)**로 바꿔 알콕시 치환기로서 명명한다.
- 나머지 알킬기를 알케인으로 명명하고 알콕시기는 이 사슬에 결합된 치환기로 간주한다.

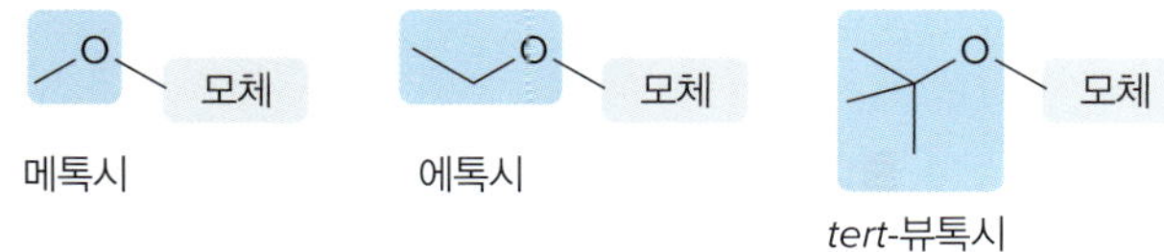

예제 9.2 IUPAC 명명법을 이용하여 에터 명명하기

다음 에터의 IUPAC 이름을 쓰라.

풀이

[1] 긴 사슬을 어미로 명명하고 짧은 사슬은 알콕시기로 명명한다.

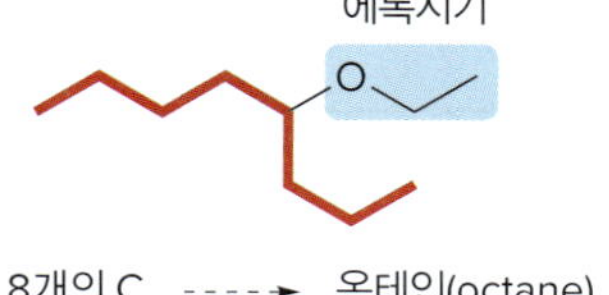

[2] 명명을 완결하기 위하여 다른 명명법 규칙을 적용한다.

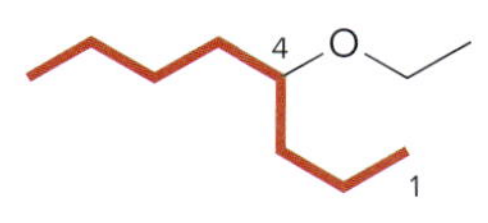

답: 4-ethoxyoctane

문제 9.4 다음 에터를 명명하라.

a. b. c. d.

추가 문제: 문제 9.40a; 9.41f, h를 풀어보라.

tetrahydrofuran
THF

고리 에터는 고리에 산소 원자가 있다. 친핵성 치환(7.8C절)과 다른 많은 유기 반응에서 극성 비양성자성 용매로 사용되는 **테트라하이드로퓨란(THF)**은 잘 알려진 고리 에터이다.

9.3C 에폭사이드 명명법

헤테로 원자가 있는 고리 화합물을 헤테로 고리 화합물(heterocycle)이라 부른다.

에폭사이드는 **에폭시알케인(epoxyalkane)**, **옥시레인(oxirane)** 또는 **알켄 옥사이드(alkene oxide)**와 같이 세 가지의 다른 방법으로 명명된다.

에폭사이드를 **에폭시알케인**으로 명명하기 위하여, 먼저 산소가 결합해 있는 알케인 사슬 또는 고리의 이름을 붙인 다음 접두사 **에폭시(*epoxy*)**를 사용하여 에폭사이드를 치환기로 나타낸다. 산소에 결합된 원자들의 위치는 숫자 두 개로 표시한다.

1,2-epoxycyclohexane

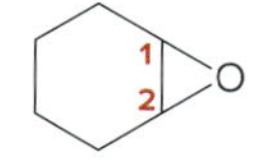

1,2-epoxy-2-methylpropane

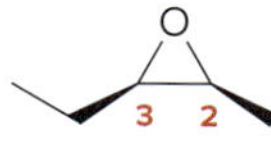

***cis*-2,3-epoxypentane**

탄소 원자 사슬에 결합된 에폭사이드는 두 개의 탄소와 한 개의 산소로 고리를 이루는 가장 간단한 에폭사이드인 **옥시레인** 유도체로 불리기도 한다. 옥시레인 고리의 **산소에 위치 번호 1을, 첫 번째 치환기에 위치 번호 2를 부여**한다. 한 개의 치환기가 있는 옥시레인의 치환기에는 위치 번호를 부여하지 않는다.

oxirane

2,2-dimethyloxirane

에폭사이드는 때때로 알켄에 산소 원자를 첨가하여 제조되기 때문에(12장) **알켄 옥사이드**로 명명되기도 한다. 이 방법으로 에폭사이드를 명명하기 위하여, 마음속으로 에폭사이드 산소를 이중 결합으로 바꿔 알켄(10.3절)을 명명하고 **옥사이드(*oxide*)**를 뒤에 붙인다. 예를 들어, 옥시레인의 관용명은 알켄 에틸렌으로부터 유도된 에폭사이드이기 때문에 에틸렌 옥사이드이다. 10장에서 알켄의 명명법을 상세히 다룬 후 에폭사이드의 명명법으로 이 방법을 사용할 것이다.

에틸렌 → **에틸렌 옥사이드**
옥시레인

문제 9.5 각 에폭사이드를 명명하라.

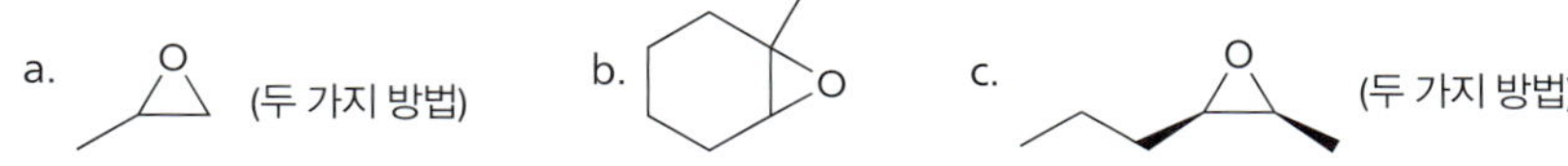

9.4 알코올, 에터, 에폭사이드의 성질

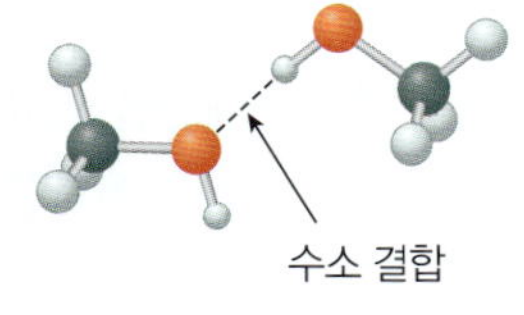

알코올, 에터, 에폭사이드는 극성 결합이 두 개인 굽은 구조이므로 쌍극자–쌍극자 상호작용을 보인다. **알코올은 또한** 산소 원자에 수소 원자가 결합하고 있기 때문에 **분자간 수소 결합을 할 수도 있고**, 따라서 에터와 에폭사이드보다 훨씬 더 극성이다.

입체 요인은 수소 결합의 정도에 영향을 미친다. 모든 알코올은 수소 결합을 할 수 있지만 **OH기가 있는 탄소에 결합된 R기의 수가 증가하면 수소 결합력은 감소한다.** 따라서 1° 알코올이 가장 강하게 수소 결합을 하는 반면, 3° 알코올은 가장 약한 수소 결합을 한다.

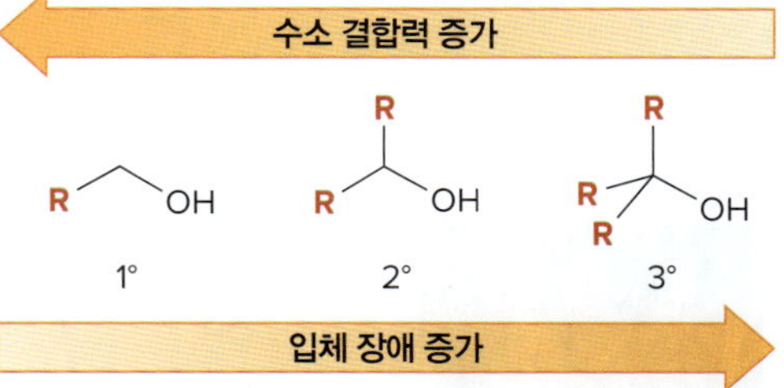

탄소 수가 다섯 개 이하인 알코올, 에터와 에폭사이드는 물에 녹는데, 그 이유는 각 화합물에 H_2O와 수소 결합할 수 있는 산소 원자가 하나씩 있기 때문이다. 이러한 작용기의 끓는점과 녹는점은 수소 결합의 크기와 정도에 따라 증가한다. 따라서 에터는 분자량이 비슷한 알코올보다 끓는점이 더 낮으며 알코올의 끓는점은 다음과 같은 추세를 따른다: 3° ROH < 2° ROH < 1° ROH.

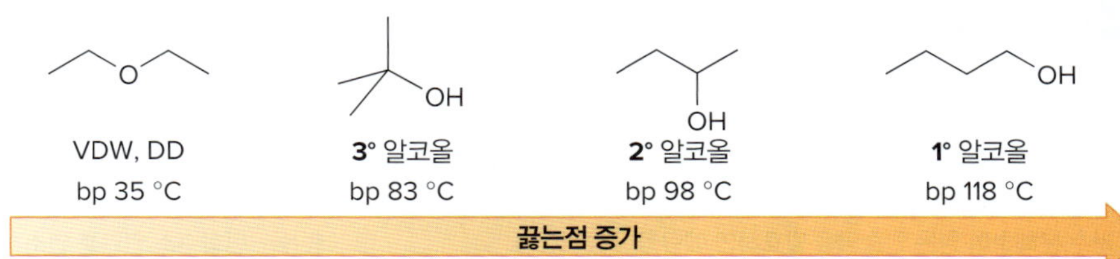

문제 9.6 다음 화합물을 끓는점이 증가하는 순서에 따라 나열하라.

a. (구조식: O, OH, OH)

b. (구조식: OH, OH, OH, O)

분광학을 이미 공부하였거나 알코올과 에터의 분광학적 성질에 대하여 배우고 싶은 학생은 다음 절을 참조하기 바란다.

- 질량 분석법: A.4B절, 그림 A.6
- 적외선 분광법: B.4B절, 예제 B.3
- 핵자기 공명 분광법: C.9A절, 그림 C.12, C.14a, 예제 C.3, C.6

9.5 흥미로운 알코올, 에터 및 에폭사이드

많은 수의 알코올, 에터 및 에폭사이드의 성질은 흥미로우면서 유용하다.

9.5A 에탄올

가장 널리 알려진 간단한 알코올인 **에탄올(ethanol**, CH_3CH_2OH)은 곡류, 포도, 감자 같은 탄수화물의 발효로 생성되며 알코올 음료에 존재하는 알코올이다. 알코올 생산은 최소한 4,000년 전부터 알려져 왔기 때문에 아마도 에탄올은 인간에 의해 최초로 합성된 유기 화합물일 것이다. 에탄올은 중추신경계 기능을 약화시키고, 위산 분비를 증가시키며, 혈관을 확장시켜 홍조를 띠게 한다. 에탄올은 실험실에서 일상적으로 용매로 사용되기도 하는데, 이 경우는 소량의 벤젠 또는 메탄올(둘 다 독성이 있음)을 가하여 섭취에는 부적적절하게 제조된다.

에탄올은 친환경 연료라고 홍보되는 휘발유 첨가제이다. 두 가지 흔한 가솔린-에탄올 연료는 10%의 에탄올이 들어 있는 가소올(gasohol)과 에탄올을 85% 포함하는 E-85이다. 현재 에탄올은

그림 9.1 재생 가능한 연료원인 옥수수로부터 에탄올 얻기

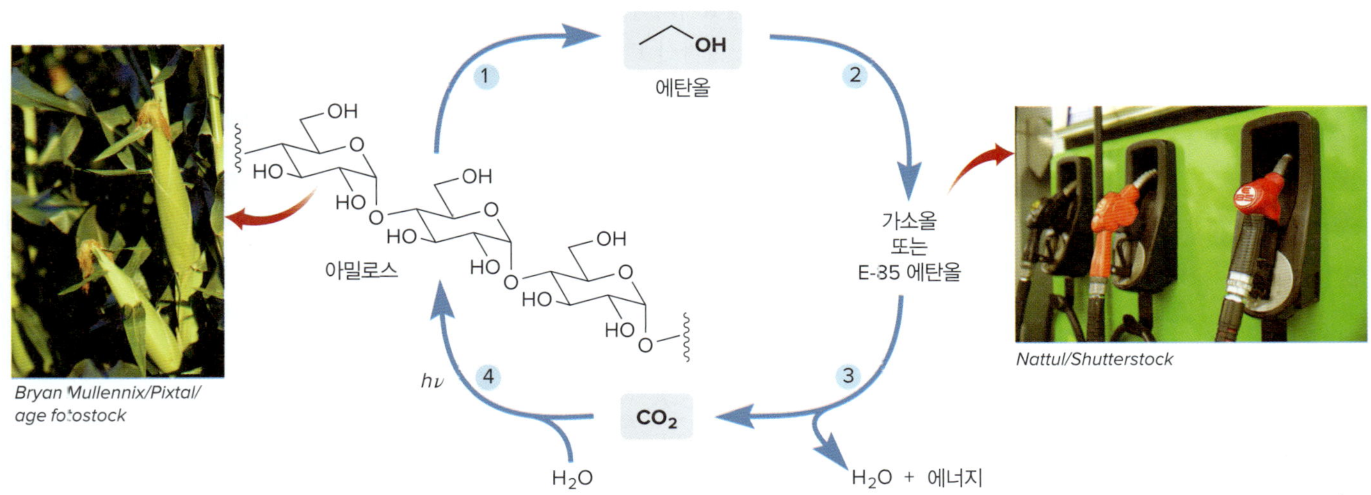

1 녹말을 가수 분해하여 얻은 단순당을 **발효**하면 에탄올이 얻어진다.
2 에탄올을 석유 정제로 얻은 탄화수소와 혼합하여 유용한 연료를 만든다.
3 에탄올-탄화수소 연료를 **연소**하면 CO_2와 다량의 에너지가 방출된다.
4 **광합성**은 대기 중의 CO_2를 다시 탄수화물로 만들고, 순환은 계속된다.

일상적으로 옥수수의 탄수화물에서 얻어진다(그림 9.1). 복잡한 탄수화물 고분자인 녹말을 가수 분해하면 단순당인 포도당이 얻어지고, 이를 발효시키면 에탄올이 얻어진다. 에탄올을 가솔린과 혼합하면 유용한 연료가 만들어지는데, 연소하면 CO_2와 H_2O 및 많은 양의 에너지가 생성된다.

녹색 식물은 광합성하는 동안 햇빛을 이용하여 CO_2와 H_2O를 탄수화물로 만들기 때문에 이듬해 옥수수 곡류는 자라면서 대기 중에서 CO_2를 제거하면 새로운 녹말 분자가 만들어진다. 이러한 방식으로 에탄올은 **재생 가능한** 연료의 원천이지만, 대규모 농장 설비와 비료 및 제초제에 대한 의존도가 증가하면서 에탄올 제조 비용이 상승하였다. 게다가 많은 사람들은 유효 농지를 식량 생산이 아니라 에너지 생산용 곡물 재배에 사용하는 것을 비판한다. 따라서 화석 연료를 대체하는 에너지원으로서 에탄올에 대한 논의가 계속되고 있다.

9.5B 흥미로운 에터와 에폭사이드

일반적인 마취제로 사용할 수 있는 **다이에틸 에터(diethyl ether**, $CH_3CH_2OCH_2CH_3$)의 발견은 19세기 외과 수술에 대변혁을 일으켰다. 다이에틸 에터는 불완전한 마취제이지만 19세기에 있어서 다른 대안을 고려해볼 때 환자들이 수술의 극심한 고통을 견딜 수 있게 해주는 다이에틸 에터는 기적의 약이었다. 이 물질은 안전하며 투약이 쉽고 사망률이 낮았지만, 너무 가연성이 높으며 많은 환자들에게 메스꺼움을 유발하였다. 이로 인해 비가연성이며 환자들에게 별 불쾌감을 주지 않는 sevoflurane 및 다른 할로젠화 에터로 대부분 대체되었다.

세보플루렌

구조가 복잡한 몇 약품은 다른 작용기와 함께 에터 또는 에폭사이드가 들어있다. 이러한 약품의 예로 eplerenone, cabazitaxel, 그리고 eribulin mesylate를 들 수 있다. Eplerenone은 심장 마비를 이미 겪었던 환자에게서 심혈관 위험성을 감소시키기 위하여 처방되는 에폭사이드 함유 약물이다. Cabazitaxel은 5장 서두에서 언급하였던 항암제 Taxol과 관련된 약물로서 전립선암의 치료에 사용된다. Eribulin mesylate는 해양 해면에서 분리된 더 복잡한 화합물의 합성 유사체로서 2010년에 미국에서 전이성 유방암 치료제로 승인되었다. 에터와 에폭사이드는 붉은색으로 표시되어 있다.

eplerenone
상품명: Inspra

cabazitaxel
상품명: Jevtana

eribulin mesylate
상품명: Halaven

9.6 알코올, 에터 및 에폭사이드의 제법

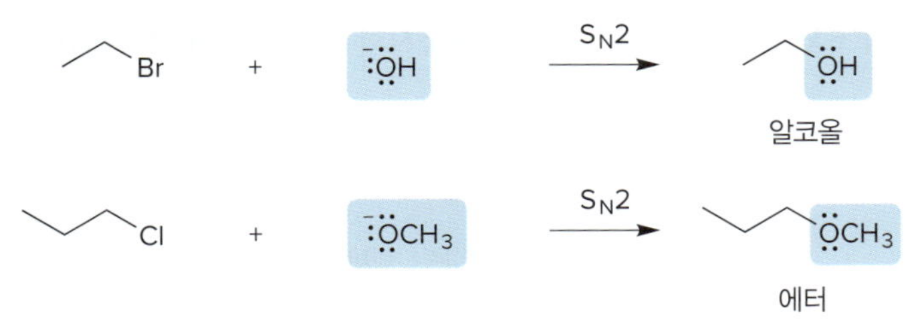

알코올과 에터는 모두 일반적인 친핵성 치환에 의한 생성물이다. 이들은 센 친핵체를 사용하는 S_N2 반응에 의하여 할로젠화 알킬로부터 합성된다. 모든 S_N2 반응에서와 마찬가지로 방해받지 않는 할로젠화 메틸과 1° 할로젠화 알킬로부터 가장 높은 수율로 생성물이 얻어진다.

이와 같은 방법의 에터 제조법을 **Williamson 에터 합성법**이라 부르는데, 1800년대에 처음 보고되었음에도 현재까지 에터를 제조하는 가장 일반적인 방법이다. 비대칭 에터는 두 가지 다른 방법으로 합성될 수 있지만 때때로 한 방법만이 선호된다.

예를 들어, ethyl isopropyl ether는 $CH_3CH_2O^-$와 2-bromopropane(경로 [a]), 또는 $(CH_3)_2CHO^-$와 2-bromoethane으로부터(경로 [b]) 얻을 수 있을 것이다. S_N2 메커니즘이므로 **입체적으로 장애가 작은 할로젠화물인 CH_3CH_2Br을 사용하는 과정**(경로 [b])**이 유리하다.**

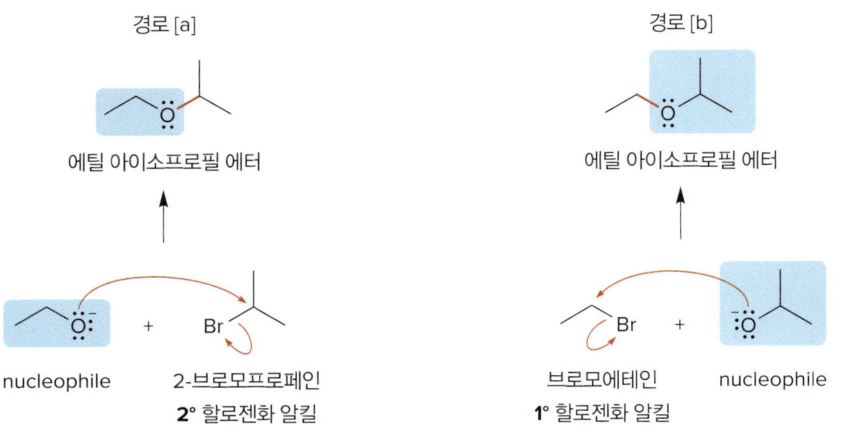

문제 9.7 각 반응의 유기 생성물을 그려라.

a. (1-bromobutane) + ^-OH ⟶

b. (1-chlorohexane) + $^-OCH_3$ ⟶

c. (2-cyclohexyl-1-iodoethane) + $^-OCH(CH_3)_2$ ⟶

d. (1-bromo-4-methylpentane) + $^-OCH_2CH_3$ ⟶

문제 9.8 항우울제 paroxetine(상품명 Paxil)을 합성하는 중요한 단계는 **X**의 비고리 에터 합성에 Williamson 에터 합성법을 사용하고 있다. 이 에터를 만드는 두 가지 경로를 그리고, 더 우세한 경로를 정하라.

페록세틴 **X**

알코올을 합성하기 위하여 친핵체로서 **수산화물**이 필요한데, **NaOH**와 **KOH**와 같은 염은 값이 싸며 상업적으로 유용하다. **알콕시화 음이온** 염은 에터를 제조하는 데 필요하다. 메톡시화 소듐($NaOCH_3$)과 같은 간단한 알콕시화 음이온은 구입이 가능하지만, 다른 것들은 알코올로부터 Brønsted–Lowry 산–염기 반응에 의해 제조되어야 한다. 예를 들면, **에톡시화 소듐($NaOCH_2CH_3$)**은 에탄올을 NaH와 반응시켜 제조한다.

반응의 부산물인 H_2가 반응물로부터 거품을 일으키며 빠져나가는 기체이기 때문에 NaH는 알콕시화 음이온을 제조하는 데 매우 좋은 염기이다.

$CH_3CH_2\ddot{O}H$ + $Na^+ H:^-$ ⟶ $CH_3CH_2\ddot{O}:^- Na^+$ + H_2

알콕시화 음이온 친핵체

에톡시화 소듐

이웃한 탄소에 하이드록시기와 할로젠 원자가 모두 있는 유기 화합물은 이 반응의 **분자내 변환**으로 에폭사이드를 생성한다. 이와 같은 연속적인 두 단계 반응의 출발물인 **할로하이드린(halohydrin)**은 알켄에서 얻어지며, 10장에서 배울 것이다.

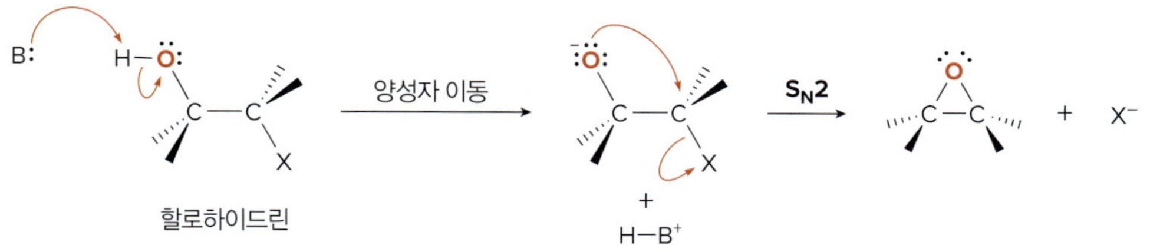

할로하이드린 — 양성자 이동 → (+ H—B⁺) — S_N2 → + X^-

예제 9.3 연속적인 두 단계 반응으로 에터 합성하기

다음 연속적인 두 단계 반응의 생성물을 그려라.

[1] NaH
[2] Br

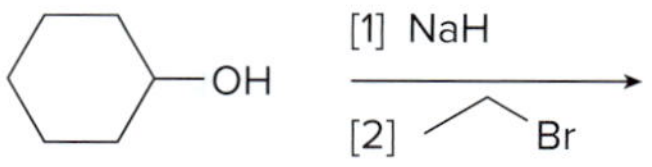

풀이

[1] 염기는 OH기로부터 양성자를 제거하여 알콕시화 음이온을 생성한다.

[2] 알콕시화 음이온은 S_N2 반응에서 친핵체로 작용하여 에터를 생성한다.

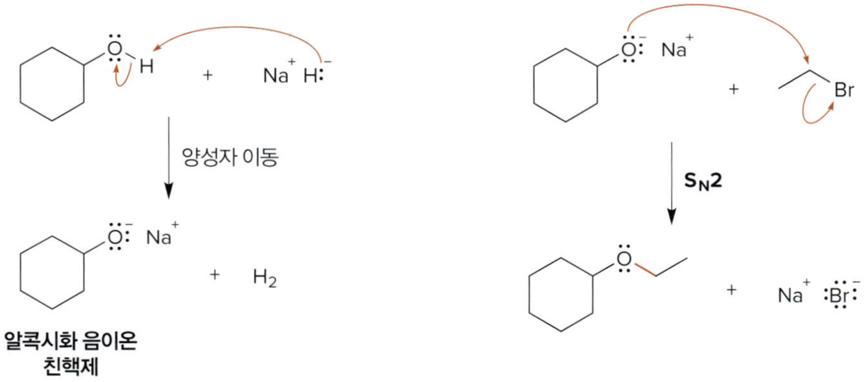

양성자 이동

$+ H_2$

알콕시화 음이온 친핵제

S_N2

+ Na^+ $:\ddot{Br}:^-$

- 이 연속적인 두 단계 반응은 알코올을 에터로 변환시킨다. 에터의 새로운 C—O 결합은 붉은색으로 나타나 있다.

문제 9.9 각 반응의 생성물을 그려라.

a. OH + NaH →

b. OH + $NaNH_2$ →

c. OH [1] NaH [2] Br →

d. OH Br NaH → $C_6H_{10}O$

e. OH [1] NaH [2] Cl →

f. OH [1] NaH [2] Br →

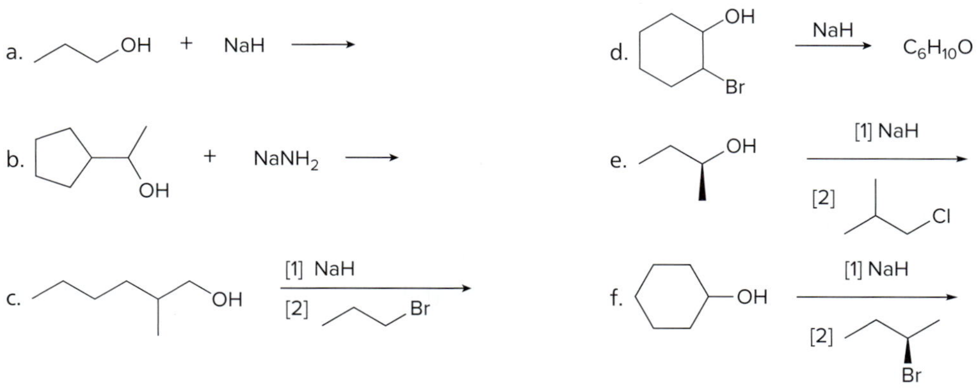

추가 문제: 문제 9.42h, 9.45a, 9.46, 9.63i를 풀어보라.

9.7 일반적 특징—알코올, 에터 및 에폭사이드의 반응

알코올, 에터 및 에폭사이드의 화학적 반응에 대해 각 작용기의 일반적 반응 특징의 관점에서 논의를 시작한다.

9.7A 알코올

많은 분자종과는 다르게 알코올의 반응은 한 반응 종류로 나타내기에 적합하지 않다. 9장에서는 오직 알코올의 치환 반응과 β 제거 반응에 대해서만 논의한다. 알코올은 산화 반응(12장)에서 역시 중요한 출발물이다. 알코올의 극성 O—H 결합은 많은 다른 유기 화합물에 비하여 알코올이 더 산성을 띠도록 하는데, 그 특징은 19장에서 다룬다.

알코올과 할로젠화 알킬은 모두 sp^3 혼성화 탄소 원자에 전기 음성도가 큰 원소가 있다는 점에서 유사하다. **그러나 할로젠화 알킬에는 좋은 이탈기(X^-)가 있는 반면에 알코올은 그렇지 않다.** ROH를 출발물로 하는 친핵성 치환은 **강염기이기 때문에 나쁜 이탈기인 $^-$OH**를 치환하여야 한다.

$$R-X + :Nu^- \longrightarrow R-Nu + X^- \quad \text{좋은 이탈기}$$

$$R-OH + :Nu^- \not\longrightarrow R-Nu + {}^-OH \quad \text{나쁜 이탈기}$$

알코올이 친핵성 치환 또는 제거 반응을 수행하기 위해서는 **OH기가 좋은 이탈기로 변환되어야 한다.** 이 과정은 산과의 반응으로 이루어진다. 알코올을 HCl 또는 H_2SO_4와 같은 센산으로 처리하면 산–염기 반응에 의하여 산소 원자에 양성자 첨가가 일어난다. $^-$OH는 이 과정에서 **약염기이기 때문에 좋은 이탈기인 H_2O**로 변환된다.

$$R-\ddot{O}H + \underset{\text{센산}}{H-Cl} \rightleftharpoons \underset{\substack{\text{약염기}\\ \text{좋은 이탈기}}}{R-\overset{+}{O}H_2} + Cl^-$$

알코올의 OH기가 좋은 이탈기로 변환되면 알코올은 9.8~9.12절에 나오는 β 제거 반응과 친핵성 치환이 잘 일어날 수 있다.

$(ROH_2)^+$의 pK_a는 약 −2이기 때문에 알코올은 매우 센산에 의해서만 양성자 첨가가 일어난다.

사이클로헥산올(OH) —β 제거, $-H_2O$→ 사이클로헥센: **β 제거 반응에 의해 알켄이 생성된다.** (9.8~9.10절)

사이클로헥산올(OH) —친핵성 치환→ 할로사이클로헥세인(X): **친핵성 치환에 의해 할로젠화 알킬이 생성된다.** (9.11~9.12절)

9.7B 에터와 에폭사이드

알코올과 마찬가지로 **에터는 좋은 이탈기가 없는데,** 이는 친핵성 치환과 β 제거 반응이 직접적으로 일어나지 않음을 의미한다. 에터의 반응은 알코올에 비하여 유용성이 낮다.

$$R-\ddot{O}R \quad \text{나쁜 이탈기}$$

에폭사이드 역시 좋은 이탈기가 없지만 알코올뿐만 아니라 에터에 없는 특징이 있다. **'이탈기'는 무리가 있는 삼원자 고리에 포함되어 있다는 점이다.** 친핵성 공격이 삼원자 고리를 열면 각 무리가 사라지기 때문에 에폭사이드는 나쁜 이탈기에도 불구하고 친핵성 공격이 잘 일어난다. 상세한 예는 9.16절에 소개한다.

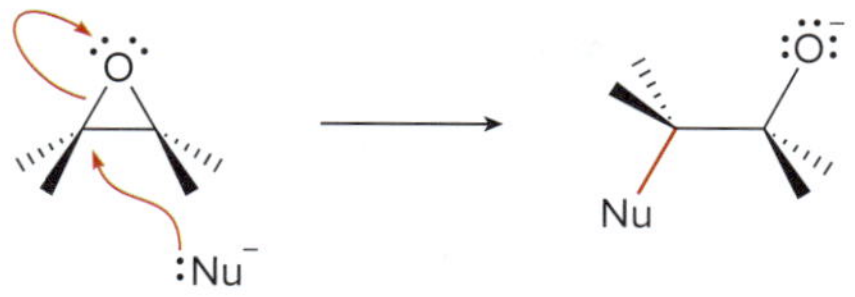

:Nu⁻ → Nu

9.8 알코올의 탈수에 의한 알켄의 제조

8장에서 언급한 할로젠화 알킬의 할로젠화수소 이탈 반응은 분자에 π 결합을 도입하는 방법 중 하나이다. 다른 방법으로는 알코올로부터 물을 제거하는 **탈수 반응(dehydration)**이 있다.

- 탈수 반응은 α와 β 탄소 원자로부터 각각 OH와 H가 제거되는 β 제거 반응이다.

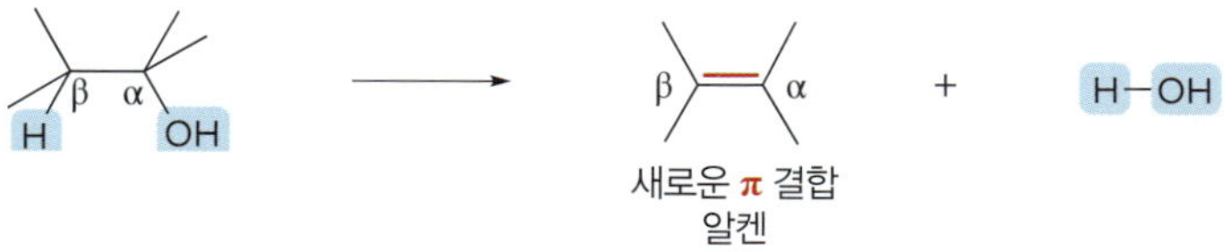

β α H OH → β α 새로운 π 결합 알켄 + H–OH

탈수 반응은 일반적으로 $\mathbf{H_2SO_4}$와 다른 센 산 또는 아민 염기 존재하에서 $\mathbf{POCl_3}$를 사용하여 진행된다. 우선 산 조건에서의 탈수 반응을 다루고, $POCl_3$에 의한 탈수 반응은 9.10절에서 취급할 것이다.

9.8A 산 조건에서 일어나는 탈수 반응의 일반적 특징

반응식 [1]과 [2]에 나타낸 것처럼 **알코올은 센 산의 존재하에서 탈수되어 알켄으로 변환된다.** 이 변환에서 일반적으로 사용되는 산은 H_2SO_4 또는 *p*-toluenesulfonic acid (TsOH)이다.

2.6절에서 다룬 것처럼 *p*-toluenesulfonic acid는 센 유기산(pK_a = −1.3)임을 상기한다.

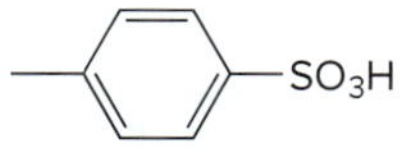

SO_3H

p-톨루엔설폰산
TsOH

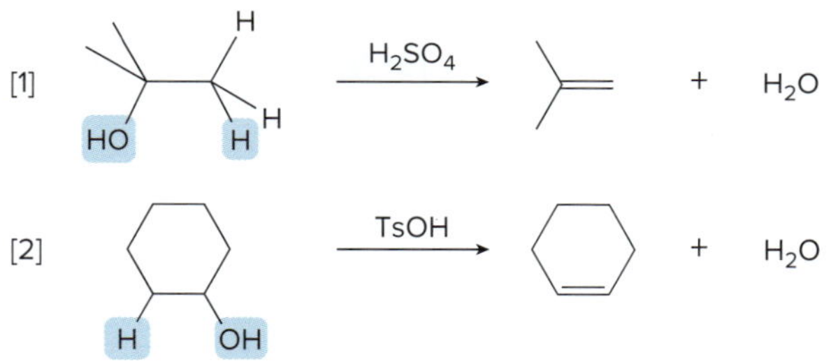

[1] HO H H H $\xrightarrow{H_2SO_4}$ + H_2O

[2] H OH $\xrightarrow{TsOH}$ + H_2O

치환기가 많은 알코올은 쉽게 탈수되며, 반응성은 다음과 같다.

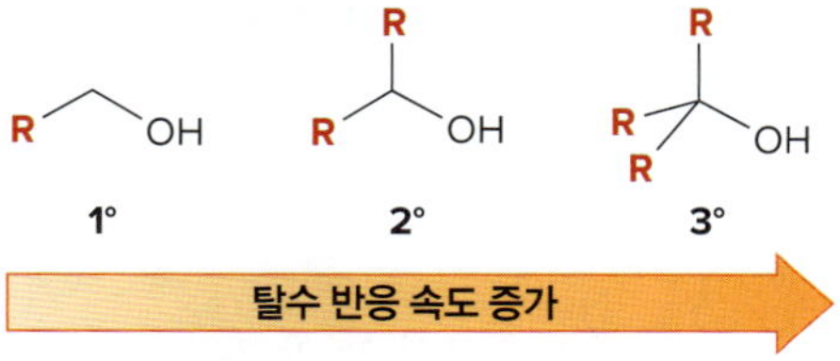

R OH (1°) R R OH (2°) R R R OH (3°)

탈수 반응 속도 증가 →

알코올에 둘 또는 세 개의 다른 β 탄소가 있다면 탈수 반응은 위치 선택적으로 일어나며 Zaitsev 규칙을 따른다. **구조 이성질체 혼합물의 생성이 가능하다면, 더 많은 치환기가 있는 알켄이 주 생성물이다.** 예를 들면, 2-methylbutan-2-ol로부터 H와 OH를 제거하면 두 개의 구조 이성질체가 생성된다. 세 개의 치환기가 있는 알켄 **A**가 **주**생성물이며 두 개의 치환기가 있는 알켄 **B**는 **부**생성물이다.

β_2, α, β_1, OH, β_1 — 2-메틸뷰탄-2-올 $\xrightarrow{H_2SO_4}$ β_2 **A** **주생성물** 삼중 치환 알켄 + β_1 **B** **부생성물** 이중 치환 알켄

문제 9.10 각 알코올이 TsOH와 탈수 반응을 일으킬 때의 생성물을 그리고, 혼합물이 얻어진다면 주생성물을 그려라.

a. OH b. OH c. OH

문제 9.11 다음 알코올이 H_2SO_4와 탈수 반응을 일으킬 때 반응성이 증가하는 순서로 나열하라.

OH OH HO

9.8B 2°와 3° 알코올의 탈수 반응에 대한 E1 메커니즘

탈수 반응 메커니즘은 알코올의 구조에 의존한다. **1° 알코올은 E2 메커니즘에 의하여 반응하는 데 반하여 2°와 3° 알코올은 E1 메커니즘으로 반응한다.** 그러나 알코올의 종류에 관계없이 O 원자에 양성자를 첨가하여 좋은 이탈기를 얻기 위하여 센 산은 **항상** 필요하다.

2°와 3° 알코올의 E1 탈수 반응은 출발물로서 $(CH_3)_3COH$ (3° 알코올)를 사용하여 $(CH_3)_2C{=}CH_2$를 생성물로 얻는 반응을 예로 들어 설명할 수 있다(메커니즘 9.1). 이 메커니즘은 **세 단계**로 구성된다.

메커니즘 9.1 2°와 3° ROH의 탈수 반응—E1 메커니즘

$\ddot{O}H$ + $H-OSO_3H$ →[1] $\overset{+}{O}H_2$ + HSO_4^- →[2] 느림 탄소 양이온 + $H_2\ddot{O}$: 좋은 이탈기 →[3] HSO_4^- 새로운 π 결합 + H_2SO_4

1. 산소 원자의 **양성자 첨가** 반응은 나쁜 이탈기(^-OH)를 **좋은 이탈기**(H_2O)로 변환시킨다.
2. C−O 결합의 불균일 분해는 속도 결정 단계에서 **탄소 양이온**을 생성한다.
3. 염기(HSO_4^- 또는 H_2O)는 탄소 양이온 이웃의 탄소로부터 양성자를 제거하고 새로운 **π 결합**을 생성한다.

따라서 **2°와 3° 알코올의 탈수 반응은 첫 번째 단계가 추가되어 E1 메커니즘으로 일어난다.** 단계 [1]에서 OH기에 양성자가 첨가되면 좋은 이탈기가 얻어진다. 단계 [2]와 [3]은 E1 메커니즘의 두 단계, 즉 이탈기(이 경우에는 H_2O)의 손실로 인한 탄소 양이온의 생성과 뒤이은 β 양성자 제거에 의한 π 결합 생성이다. 단계 [1]에서 알코올에 양성자 첨가를 위해 사용된 산은 단계 [3]에서 양성자 제거를 통하여 재생된다. 따라서 탈수는 **산 촉매** 반응이다.

산을 사용한 2°와 3° 알코올의 E1 탈수 반응은 S_N1 반응에 의한 부산물 없이 오직 제거 반응 생성물만 얻어진다. 따라서 할로젠화 알킬의 E1 할로젠화수소 이탈 반응(8.7절)보다 알코올의 E1 탈수 반응이 합성적으로 훨씬 더 유용하다. 반응물에는 중간체인 탄소 양이온과 반응할 좋은 친핵체가 없어서 **S_N1 반응과 경쟁 반응이 없기** 때문에 제거 반응만 일어난다.

E1 메커니즘에 의한 알코올의 탈수 반응은 생물학적 계에서도 일어난다. 다이올 **A**가 E1 탈수 반응을 하면 알켄이 OH에 결합된 **엔올** B가 얻어진다. **B**는 아미노산인 히스티딘의 생합성에서 한 중간체이다.

A —$-H_2O$, E1→ enol B → histidine

9.8C 1° 알코올의 탈수 반응에 대한 E2 메커니즘

1° 탄소 양이온은 매우 불안정하기 때문에 1° 알코올의 탈수 반응은 탄소 양이온을 중간체로 포함하는 E1 메커니즘으로 일어나지 않는다. 그러므로 1° 알코올의 **탈수 반응은 E2 메커니즘을 따른다.** $CH_3CH_2CH_2OH$ (1° 알코올)가 산 촉매인 H_2SO_4와 함께 $CH_3CH{=}CH_2$로 변환되는 두 단계 과정을 메커니즘 9.2에 나타내었다.

메커니즘 9.2 1° ROH의 탈수 반응—E2 메커니즘

$\text{CH}_3\text{CH}_2\text{CH}_2\ddot{\text{O}}\text{H} + \text{H–OSO}_3\text{H} \xrightarrow{1} \text{CH}_3\text{CH(H)CH}_2\overset{+}{\text{O}}\text{H}_2 \;(+\,\text{HSO}_4^-) \xrightarrow{2}$ $CH_3CH{=}CH_2$ (새로운 π 결합) + $H_2\ddot{O}$: (좋은 이탈기) + H_2SO_4

1. 알코올의 산소 원자에 대한 **양성자 첨가**는 나쁜 이탈기(^-OH)를 **좋은 이탈기**(H_2O)로 변환시킨다.
2. 두 결합이 끊어지고 두 결합이 생성된다. 염기(HSO_4^- 또는 H_2O)는 β 탄소로부터 양성자를 제거하고, β C–H 결합의 전자쌍은 새로운 π **결합**을 생성하며, 이탈기(H_2O)는 이탈한다.

1° 알코올의 탈수 반응은 좋은 이탈기를 생성하기 위해 2°와 3° 알코올의 탈수 반응과 똑같이 OH기에 양성자 첨가와 함께 시작된다. 그러나 1° 알코올에서는 이탈기와 β 양성자가 **동시에** 제거되므로 **매우 불안정한 1° 탄소 양이온이 생성되지 않는다.**

9.8D Le Châtelier 원리

비록 **엔트로피**는 탈수 반응에서 **생성물 생성에 유리하게** 작용하지만(반응물 한 분자로부터 생성물 두 분자가 생성된다), 반응물에서 끊어지는 두 σ 결합은 생성물에서 생성되는 σ와 π 결합보다 더 세기 때문에 **엔탈피는 유리하지 않다.** 생성물 생성은 Le Châtelier 원리를 이용하면 선호될 수 있다. **Le Châtelier 원리에 따르면 평형에서의 계는 평형을 방해하는 요소를 제거하는 방향으로 반응한다.** 그러므로 반응 혼합물로부터 생성되는 생성물을 제거하면 평형이 더 많은 생성물이 생성되는 오른쪽으로 치우치게 된다.

탈수 반응에서 알켄 생성물은 알코올 반응물보다 끓는점이 더 낮다. 따라서 알켄이 생기는 대로 반응 혼합물로부터 증류하면 알코올과 산이 더 반응하여 더 많은 생성물이 생기게 된다.

문제 9.12 어느 알코올에서 탄소 양이온 중간체가 생기는 탈수 반응이 일어나는가?

a. b. c. d.

9.9 탄소 양이온의 자리 옮김

탈수 반응에서 종종 '예상하지 못한' 생성물이 생성된다. 즉 출발물과 생성물의 탄소 골격이 다르거나 이중 결합이 다른 위치에 놓이기도 한다. 예를 들면 3,3-dimethylbutan-2-ol의 탈수 반응 생성물의 탄소 골격은 출발물의 것과 일치하지 않는다.

H_2SO_4 + + H_2O

3,3-dimethylbutan-2-ol

1,2-이동에서 이동하는 기는 결합 전자쌍과 함께 이동하기 때문에 남겨지는 탄소는 오직 세 개의 결합(여섯 개의 전자)만 있으며, 전체적으로 양(+)전하를 띠게 된다.

이와 같은 현상은 탄소 양이온이 반응 중간체인 경우에 종종 일어난다. **덜 안정한 탄소 양이온은 수소 원자 또는 알킬기 이동에 의하여 더 안정한 탄소 양이온으로 자리를 옮긴다.** 이와 같은 자리 옮김은 알킬기 또는 수소 원자가 한 탄소로부터 바로 이웃의 탄소 원자로 이동하기 때문에 **1,2- 이동(1,2-shift)**이라 부른다. 이동기는 결합 전자쌍과 함께 탄소 골격으로 이동한다.

R (또는 H) 1,2-이동 탄소 양이온 자리 옮김 R (또는 H)

- 수소 원자의 이동은 1,2-수소화물 이동(1,2-hydride shift)이라 부른다.
- 알킬기의 이동은 1,2-알킬 이동(1,2-alkyl shift)이라 부른다.

예를 들어, 2° 탄소 양이온 **A**는 1,2-수소화물 이동으로 더 안정한 3° 탄소 양이온으로 자리 옮김을 하지만, 탄소 양이온 **B**는 이미 3° 탄소 양이온이기 때문에 자리 옮김하지 않는다.

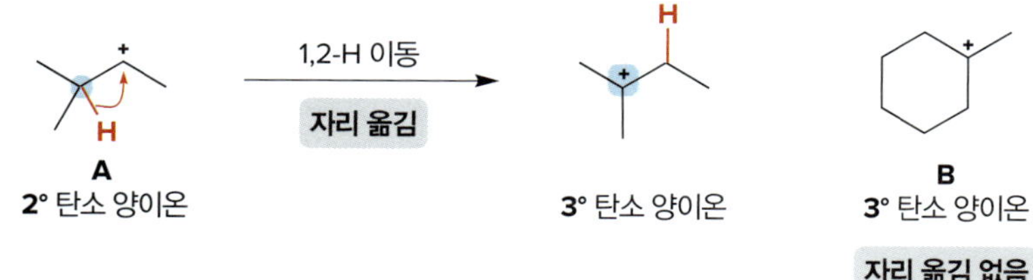

문제 9.13 각 중간체로부터 1,2-이동이 어떻게 더 안정한 탄소 양이온을 생성하는지를 그려라.

a. b. c. d.

두 가지 다른 방법

메커니즘 9.3에 나타낸 바와 같이 3,3-dimethylbutan-2-ol의 탈수 반응은 **1,2-메틸 이동(1,2-methyl shift)**에 의한 2°에서 3° 탄소 양이온으로의 자리 옮김을 보여준다. 탄소 양이온 자리 옮김은 네 단계 메커니즘 중 단계 [3]에서 일어난다.

메커니즘 9.3 1,2-메틸 이동—탈수 반응 중에 탄소 양이온 자리 옮김

부분 [1] 2° 탄소 양이온의 생성과 자리 옮김

3,3-dimethylbutan-2-ol + HSO_4^- + H_2O: 2° 탄소 양이온 1,2-이동 3° 탄소 양이온 더 안정한

1. 산소 원자의 **양성자화**는 나쁜 이탈기(^-OH)를 **좋은 이탈기**(H_2O)로 전환한다.
2. C—O 결합의 불균일 분해는 **2° 탄소 양이온**을 생성한다.
3. CH_3기의 1,2-이동은 2° 탄소 양이온을 **더 안정한 3° 탄소 양이온**으로 전환한다.

부분 [2] 양성자를 잃고 π 결합을 생성

HSO_4^- → H_2SO_4

또는

HSO_4^- → H_2SO_4

4. β탄소(β_1과 β_2로 표기)에서 **양성자 이탈**은 두 가지 다른 알켄을 생성한다.

3,3-dimethylbutan-2-ol의 탈수 반응 메커니즘에서 단계 [1], [2] 그리고 [4]는 앞에서 보았던 탈수 반응 단계와 똑같다: 양성자 첨가, H_2O의 이탈 그리고 양성자 이탈. 단지 덜 안정한 2° 탄소 양이온이 더 안정한 3° 탄소 양이온으로 자리 옮김을 하는 단계 [3]만 새로운 단계이다.

- 모든 1,2-이동은 덜 안정한 탄소 양이온을 더 안정한 탄소 양이온으로 변환시킨다.

예제 9.4는 **1,2-수소화물** 이동이 수반되는 탈수 반응을 나타낸다.

예제 9.4 자리 옮김이 일어나는 탈수 반응 그리기

1,2-수소화물 이동을 이용하여 알코올 **X**로부터 알켄 **Y**가 생성되는 과정을 설명하라.

X —H_2SO_4→ **Y** (주생성물) + H_2O

풀이

단계 [1]과 [2] **X**의 양성자 첨가와 H_2O 이탈은 2° 탄소 양이온을 생성한다.

X + $H-OSO_3H$ —[1]→ + HSO_4^- —[2] 이탈기 잃음→ 2° 탄소 양이온 + H_2O:

단계 [3]과 [4] **1,2-수소화물 이동**에 의한 2° 탄소 양이온의 자리 옮김은 더 안정한 3° 탄소 양이온을 생성한다. β 탄소로부터의 양성자 이탈은 알켄 **Y**를 생성한다.

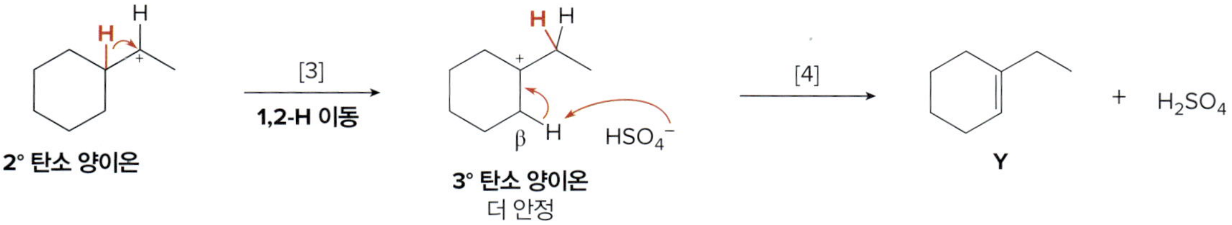

2° 탄소 양이온 —[3] 1,2-H 이동→ 3° 탄소 양이온 더 안정 —[4]→ Y + H_2SO_4

문제 9.14 예제 9.4에서 **Y**와 함께 어떤 다른 알켄이 생성될 수 있는가? 만약 탄소 양이온 자리 옮김이 일어나지 않는다면 **X**로부터 어떤 알켄이 생성되는가?

추가 문제: 문제 9.43d, f; 9.47a; 9.49; 9.50을 풀어보라.

문제 9.15 산의 존재하에서 각 알코올이 탈수 반응을 할 때 생기는 구조 이성질체를 모두 그려라. 자리 옮김을 조심해라.

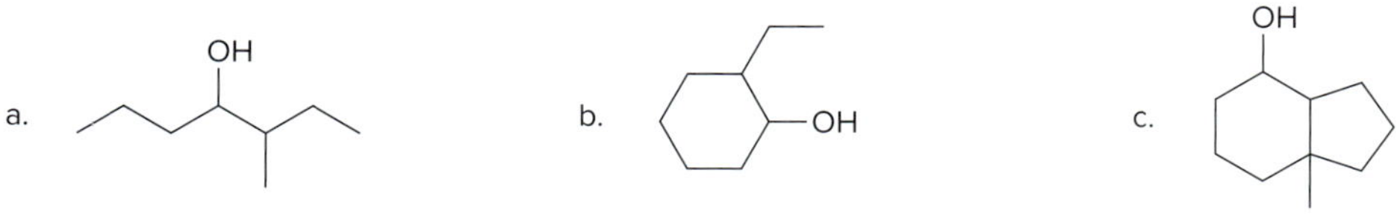

a. b. c.

자리 옮김이 탈수 반응에서만 독특하게 일어나는 것은 아니다. **자리 옮김은** S_N1이나 E1 반응과 같이 **탄소 양이온이 반응 중간체로 생성되는 경우에 항상 일어날 수 있다.** 실제로 자리 옮김 생성물의 존재는 종종 탄소 양이온 중간체의 존재를 나타낸다.

9.10 $POCl_3$와 피리딘을 이용한 탈수 반응

어떤 유기 화합물은 센 산의 존재하에서 분해되기 때문에 센 산을 사용하지 않고 알코올을 알켄으로 변환시키는 다른 방법들이 개발되어 왔다. 일반적으로 H_2SO_4와 TsOH 대신에 **삼염화 산화 인 ($POCl_3$)**과 피리딘(아민 염기)이 사용된다. 예를 들어, 사이클로헥산올을 $POCl_3$와 피리딘으로 처리하면 사이클로헥센이 높은 수율로 생성된다.

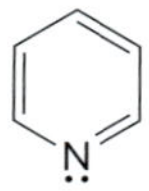

pyridine

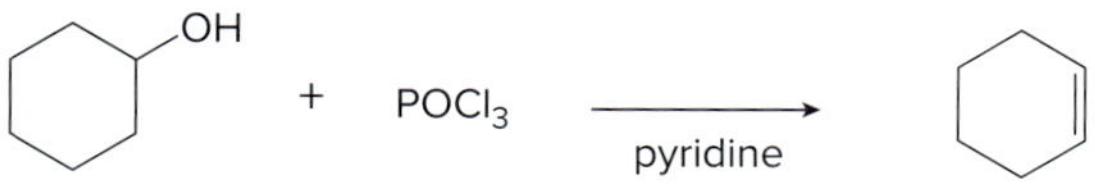

cyclohexanol + $POCl_3$ —pyridine→ cyclohexene

$POCl_3$는 산 촉매 탈수 반응에서 센 산이 하는 역할과 똑같이 작용하는데, **나쁜 이탈기(^-OH)를 좋은 이탈기로 변환시킨다.** 그리고 탈수 반응은 메커니즘 9.4에 나타낸 바와 같이 **E2 메커니즘**에 의해 진행된다. 피리딘은 제거 과정에서 β 양성자를 제거하는 염기이다.

$POCl_3$를 이용한 탈수 반응에서는 **자리 옮김이** 일어나지 **않는데,** 이 사실은 이 반응 중에는 탄소 양이온이 중간체로 생성되지 **않음**을 암시한다. 메커니즘의 단계 [1]과 [2]는 OH기를 좋은 이탈기로 변환시킨다. 단계 [3]에서 C—H와 C—O 결합이 끊어지고, π 결합이 생성된다.

메커니즘 9.4 $POCl_3$ + 피리딘을 이용한 탈수 반응—E2 메커니즘

1 ~ 2 $POCl_3$과 OH의 반응과 뒤이은 양성자 제거는 나쁜 이탈기(^-OH)를 **좋은 이탈기**($^-OPOCl_2$)로 변환시킨다.

3 두 결합이 끊어지고 두 결합이 생성된다. 염기(피리딘)는 양성자를 제거하고, β C−H 결합의 전자쌍은 **π 결합**을 생성한다. 이탈기($^-OPOCl_2$)는 이탈한다.

우리는 이제 알코올 탈수에 사용되는 다른 두 시약—센산(H_2SO_4와 TsOH)과 $POCl_3$ + 피리딘—에 관하여 배웠다. 어떤 알코올에 대한 최상의 탈수법을 미리 아는 것은 때로는 어렵기 때문에 유기 화학자들은 변환 방법을 두 가지 이상 개발하고자 한다. 그림 9.2에 천연물 합성에 이용되는 탈수 반응의 두 가지 예를 나타내었다.

문제 9.16 $POCl_3$와 피리딘을 이용하는 탈수 반응이 Zaitsev 규칙과 E2 메커니즘을 따른다면, 이 조건하에서 각 알코올로부터 얻어지는 주생성물을 그려라.

a. b. c.

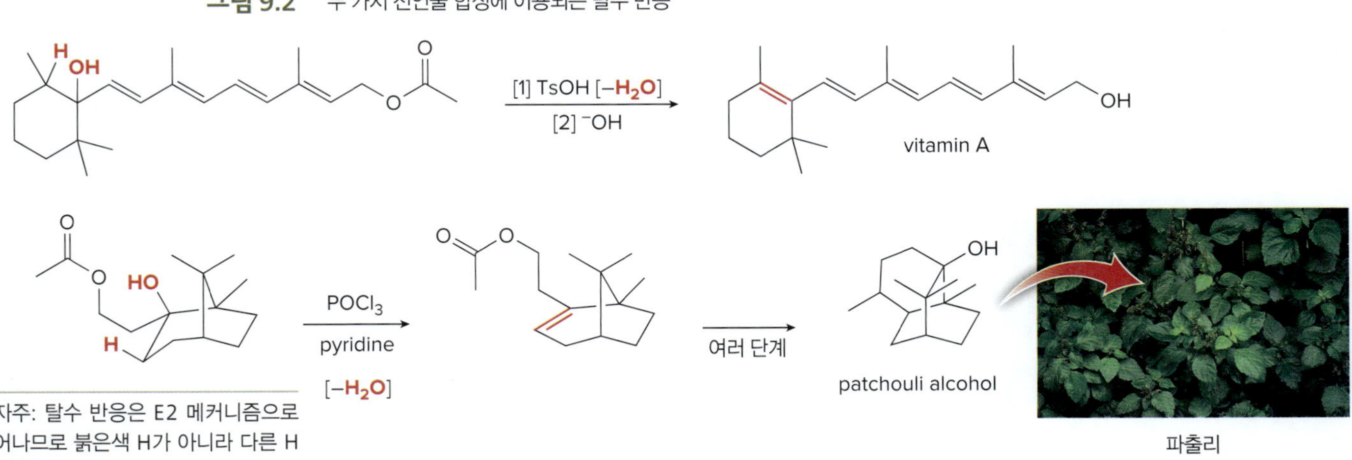

그림 9.2 두 가지 천연물 합성에 이용되는 탈수 반응

- 탈수 반응으로 새로 생성된 이중 결합은 붉은색으로 나타내었다.
- 말레이시아가 원산지인 파출리(patchouli)에서 추출한 **파출리 알코올(patchouli alcohol)**은 이국적인 향 때문에 향수 제조에 이용된다. 1800년대에 인도에서 수입한 숄(shawl)은 해충으로부터 보호하기 위해 종종 파출리 잎과 함께 포장되었기 때문에, 독특한 향이 옷에 스며들기도 했다.

9.11 HX를 이용한 알코올의 할로젠화 알킬로의 변환

알코올은 친핵성 공격 전에 OH기가 더 좋은 이탈기로 변환된 경우에만 친핵성 치환 반응이 진행된다. 따라서 알코올을 X^-와 반응시키는 경우에는 **$^-$OH가 좋은 이탈기가 아니기 때문에** 치환은 일어나지 않는다(반응 [1]). 그러나 알코올을 HX로 처리하면 H_2O가 이제 이탈기이기 때문에 치환이 일어난다(반응 [2]).

[1] R−ÖH + X^- —✕→ R−X + $^-$OH — 나쁜 이탈기 **반응은 일어나지 않는다.**

[2] R−ÖH + H−**X** ⟶ R−**X** + H_2O — 좋은 이탈기 **반응이 진행된다.**

할로젠화 알킬

- 알코올과 HX (X = Cl, Br, I)의 반응은 1°, 2° 및 3° 할로젠화 알킬을 제조하는 일반적인 방법이다.

(propanol) —H**Br**→ (propyl bromide) **Br** + H_2O

(1-methylcyclohexanol) OH —H**Cl**→ (1-chloro-1-methylcyclohexane) **Cl** + H_2O

일반적으로 치환기가 많은 알코올은 HX와 더 빠르게 반응한다.

RCH₂OH (1°) — **R**₂CHOH (2°) — **R**₃COH (3°)

HX와의 반응 속도 증가 →

문제 9.17 각 반응의 생성물을 그려라.

a. (CH) —HCl→ b. (cyclopentanol) OH —HI→ c. OH —HBr→

9.11A ROH와 HX 반응에 대한 두 메커니즘

ROH와 HX의 반응은 어떻게 일어날까? 산−염기 반응은 매우 빨라서 센 산인 HX는 알코올의 OH기에 양성자를 첨가하여 **좋은 이탈기**(H_2O)와 **좋은 친핵체**(짝염기, X^-)를 생성한다. 두 성분은 친핵성 치환에 모두 필요하다. H_2O 대신에 X^-가 치환되는 반응의 메커니즘은 R기의 구조에 의존한다.

산소를 포함하는 반응물과 센 산이 함께 있다면, 메커니즘의 첫 번째 단계는 항상 **산소 원자에 대한 양성자 첨가**이다.

R−ÖH + H−X —(양성자 이동)→ R−$\overset{+}{O}H_2$ (**좋은 이탈기**) + :Ẍ:$^-$ (**좋은 친핵제**) —(S_N1 또는 S_N2)→ R−Ẍ: + H_2O

- 메틸 알코올과 1° ROH는 S_N2 메커니즘에 의하여 RX를 생성한다.
- 2°와 3° ROH는 S_N1 메커니즘에 의하여 RX를 생성한다.

CH_3CH_2OH와 HBr의 반응은 1° 알코올의 **S_N2** 메커니즘으로 일어난다(메커니즘 9.5). 양성자가 첨가된 알코올에 대한 친핵성 공격은 한 단계로 일어나는데, **친핵체 X^-와의 결합이 생성되면서 이탈기(H_2O)와의 결합이 끊어진다.**

메커니즘 9.5 1° ROH와 HX의 반응—S_N2 메커니즘

1 OH기에 대한 **양성자 첨가**는 **좋은 이탈기**(H_2O)를 만든다.

2 이탈기의 이탈과 함께 친핵체의 결합이 생성된다.

$(CH_3)_3COH$와 HBr의 반응은 3° 알코올의 **S_N1** 메커니즘으로 일어난다(메커니즘 9.6). 양성자가 첨가된 알코올에 대한 친핵성 공격은 두 단계로 일어나는데, **친핵체 X^-와의 결합이 생성되기 전에 이탈기(H_2O)와의 결합이 끊어진다.**

메커니즘 9.6 2°와 3° ROH와 HX의 반응—S_N1 메커니즘

1 OH기에 대한 **양성자 첨가**는 좋은 이탈기(H_2O)를 만든다.

2 이탈기의 이탈은 **탄소 양이온**을 생성한다.

3 Br^-의 **친핵성 공격**은 치환 생성물을 생성한다.

두 메커니즘은 모두 같은 첫 번째 단계—좋은 이탈기를 만들기 위한 산소 원자에 대한 양성자 첨가—로 시작하고, 생성물로 모두 할로젠화 알킬(RX)이 생긴다. 두 메커니즘은 오직 결합이 끊어지고 생성되는 타이밍만 다르다.

할로젠화수소의 반응성은 산도 증가에 따라 증가한다.

H–Cl H–Br H–I

ROH에 대한 반응성 증가

Cl^-는 Br^- 또는 I^-에 비하여 나쁜 친핵체이기 때문에 1° 알코올과 HCl의 반응은 보통 **$ZnCl_2$**와 같은 Lewis 산 촉매를 첨가한 경우에만 일어난다. $ZnCl_2$는 Lewis 산–염기 반응에 따라 알코올의 산소 원자와 결합하여 매우 좋은 이탈기를 만들어 S_N2 반응을 촉진하는 착물을 생성한다.

1° 알코올 Lewis 염기 + $ZnCl_2$ Lewis 산 → (S_N2) → $ZnCl_2(OH)^-$ 이탈기

입체 발생 중심에서 반응이 일어나는 경우, 메커니즘을 알면 생성물의 입체 화학을 예측할 수 있다.

- 1° 알코올은 S_N2 메커니즘으로 반응하기 때문에 입체 발생 중심에서 **반전**이 일어난다.
- 2°와 3° 알코올은 S_N1 메커니즘으로 반응하기 때문에 입체 발생 중심에서 **라셈화**가 일어난다.

예제 9.5 알코올과 할로젠화수소가 반응할 때 입체 화학 예측하기

각 반응의 생성물과 입체 화학을 그려라.

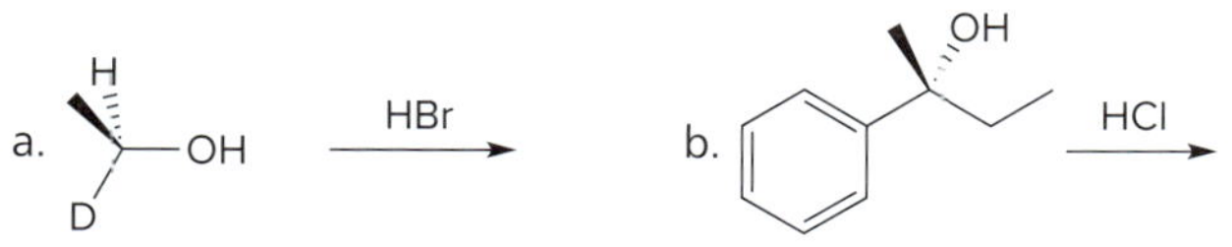

a. (H, D, OH 치환 탄소) —HBr→ b. (OH 치환 3° 벤질 알코올) —HCl→

풀이

a. 알코올이 **1°**이므로 치환 메커니즘은 **S_N2**이다. OH 이탈기(양성자 첨가되어 H_2O 생성)가 **오른쪽**에 그려져 있기 때문에 S_N2 반응은 **입체 발생 중심에서 입체 화학이 반전되어** 친핵체가 **왼쪽**으로 접근하여 한 가지 생성물만 생성된다.

H, D, OH — HBr, S_N2 → Br, H, D + H−OH

1° 알코올 **반전 생성물**

b. 알코올이 **3°**이므로 치환 메커니즘은 **S_N1**이다. S_N1 메커니즘은 **삼각 평면 탄소 양이온**을 생성하기 때문에 Cl^-의 친핵성 공격이 앞뒤 모두에서 일어나면 두 거울상 이성질체의 **라셈 혼합물**이 얻어진다.

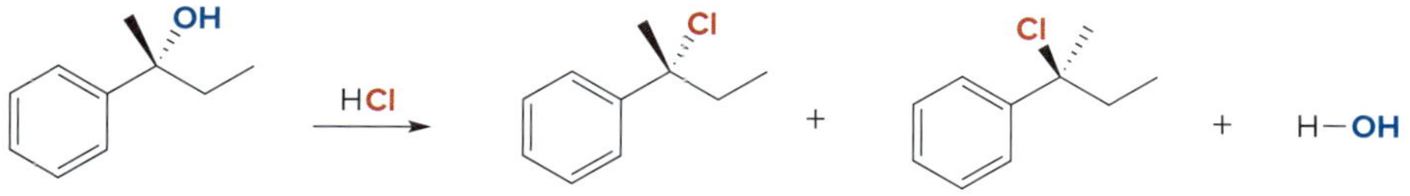

OH — HCl → Cl + Cl + H−OH

3° 알코올 **두 거울상 이성질체 라셈 혼합물**

문제 9.18 각 반응의 생성물을 그리고, 입체 발생 중심에서의 입체 화학을 그려라.

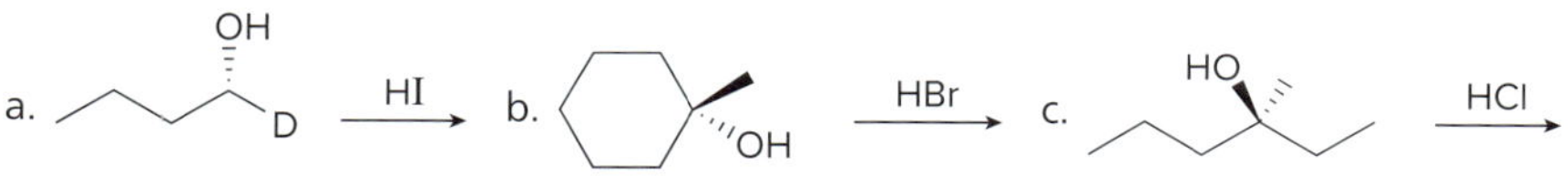

a. (OH, D) —HI→ b. (OH) —HBr→ c. (HO) —HCl→

추가 문제: 문제 9.38a, c; 9.44a~c, e, f; 9.63b를 풀어보라.

9.11B S_N1 반응에서의 탄소 양이온 자리 옮김

예제 9.6에 나타낸 바와 같이 HX와 2° 및 3° 알코올의 S_N1 반응에서 탄소 양이온이 생성되기 때문에 **탄소 양이온의 자리 옮김이 가능하다.**

예제 9.6 자리 옮김 반응이 일어나는 S_N1 반응 메커니즘 그리기

다음 반응의 메커니즘을 단계적으로 그려라.

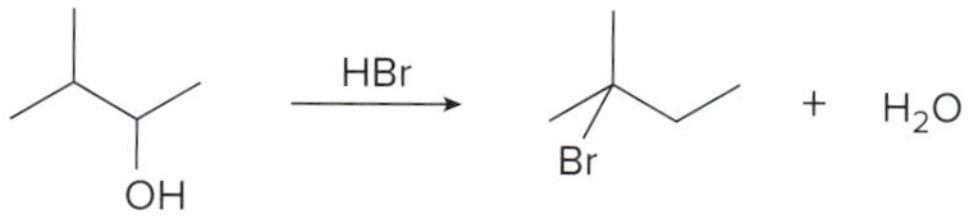

OH —HBr→ Br + H_2O

풀이

2° 알코올은 HBr과 S_N1 메커니즘으로 반응한다. 이 예에서 치환은 2° 알코올을 3° 할로젠화 알킬로 변환시키기 때문에 **탄소 양이온 자리 옮김**이 반드시 일어나야 한다.

단계 [1]과 [2] 산소 원자에 대한 양성자 첨가와 뒤이은 H_2O 이탈은 **2° 탄소 양이온**을 생성한다.

[1] [2] 2° 알코올 2° 탄소 양이온 + H_2O + Br^-

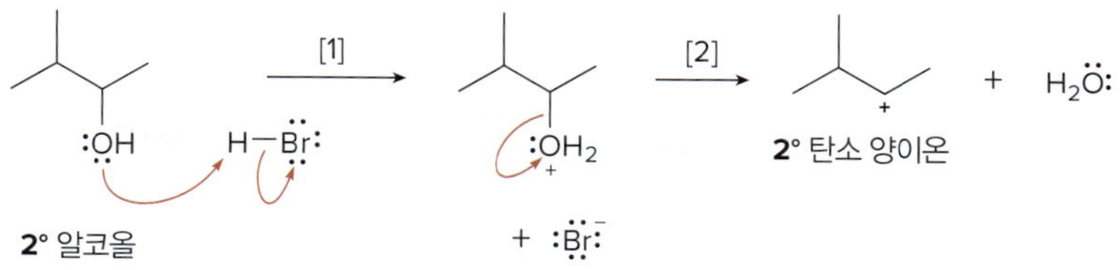

단계 [3]과 [4] **1,2-수소화물 이동에 의한 2° 탄소 양이온의 자리 옮김은 더 안정한 3° 탄소 양이온을 생성한다.** 친핵체 공격은 치환 생성물을 생성한다.

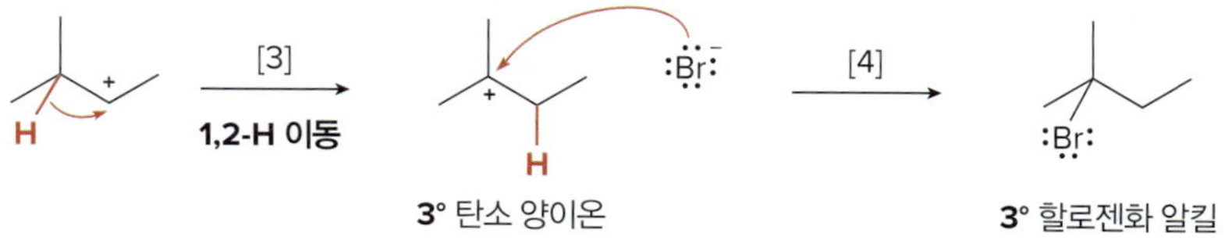

[3] 1,2-H 이동 3° 탄소 양이온 [4] 3° 할로젠화 알킬

문제 9.19 각 알코올이 HCl과 반응하면 어떤 주생성물이 생성되는가?

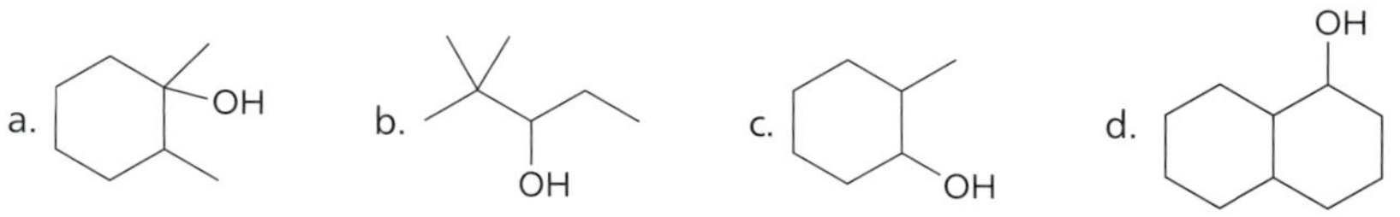

a. b. c. d.

추가 문제: 문제 9.48을 풀어보라.

9.12 $SOCl_2$와 PBr_3을 이용한 알코올의 할로젠화 알킬로의 변환

1°와 2° 알코올은 **$SOCl_2$**와 **PBr_3**에 의하여 할로젠화 알킬로 변환될 수 있다.

- $SOCl_2$(염화 싸이오닐)는 알코올을 염화 알킬로 변환시킨다.
- PBr_3(삼브로민화 인)는 알코올을 브로민화 알킬로 변환시킨다.

두 시약은 반응 혼합물에서 직접적으로 **$^-$OH기를 좋은 이탈기로 변환시킴**과 동시에 이탈기를 치환시키는 **친핵체**(Cl^- 또는 Br^-)를 제공한다.

9.12A ROH와 $SOCl_2$의 반응

1° 또는 2° 알코올을 염화 싸이오닐(thionyl chloride, $SOCl_2$) 및 피리딘과 반응시키면 **염화 알킬**이 얻어지고, SO_2와 HCl이 부산물로 생성된다.

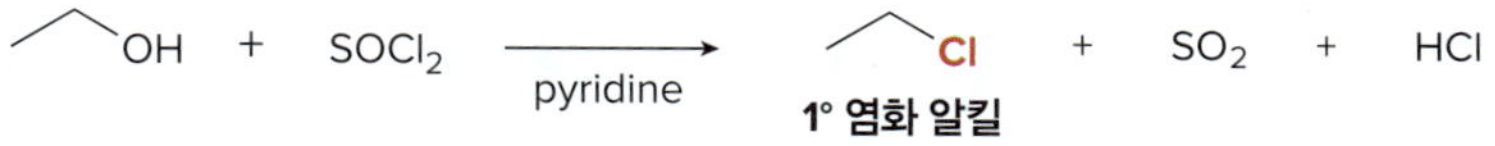

$$CH_3CH_2OH + SOCl_2 \xrightarrow{\text{pyridine}} CH_3CH_2Cl + SO_2 + HCl$$

1° 염화 알킬

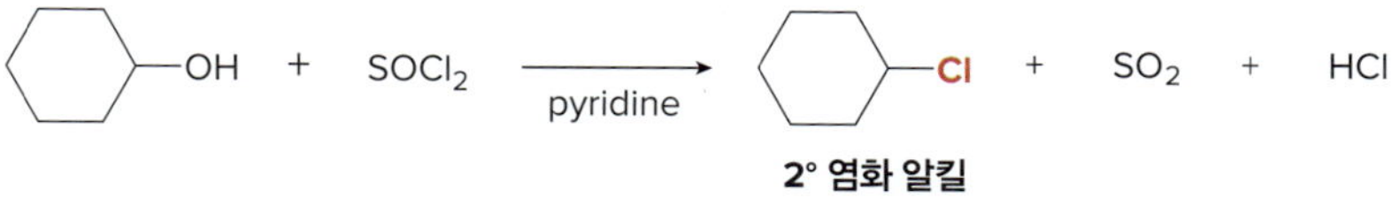

$$C_6H_{11}OH + SOCl_2 \xrightarrow{\text{pyridine}} C_6H_{11}Cl + SO_2 + HCl$$

2° 염화 알킬

이 반응의 메커니즘은 두 부분으로 구성되어 있다. 메커니즘 9.7에 나타낸 바와 같이 **OH기는 좋은 이탈기로 변환되고 S_N2 반응에 의하여 Cl^-의 친핵성 공격이 일어난다.**

메커니즘 9.7 ROH와 $SOCl_2$ + 피리딘의 반응—S_N2 메커니즘

1 ~ 2 알코올이 $SOCl_2$와 반응한 후 양성자가 제거되면 OH기가 **좋은 이탈기**인 OSOCl로 변환된다.

3 염화 이온이 **친핵성 공격**을 하면 이탈기(SO_2와 Cl^-)가 떨어지면서 한 단계로 RCl이 얻어진다.

문제 9.20 알코올과 $SOCl_2$ 및 피리딘의 반응이 S_N2 메커니즘을 따른다면, (*R*)-butan-2-ol로부터 생성되는 염화 알킬의 입체 화학은 무엇인가?

9.12B ROH와 PBr_3의 반응

비슷한 유형으로 1° 또는 2° 알코올이 삼브로민화 인(PBr_3)과 반응하면 브로민화 알킬이 얻어진다.

이 메커니즘 역시 두 부분으로 구성된다. 메커니즘 9.8에 나타낸 바와 같이 **OH기는 좋은 이탈기로 변환되고, S_N2 반응에 의하여 Br^-의 친핵성 공격이 일어난다.**

메커니즘 9.8 ROH와 PBr_3의 반응—S_N2 메커니즘

1 알코올과 PBr_3의 반응은 OH기를 **좋은 이탈기**인 $OPBr_2$로 전환시키고, 친핵체인 Br^-를 생성한다.

2 브로민화 이온의 **친핵성 공격**과 이탈기의 손실은 한 단계에서 RBr을 생성한다.

문제 9.21 알코올과 PBr_3의 반응이 S_N2 메커니즘을 따른다면 (*R*)-butan-2-ol로부터 생성되는 브로민화 알킬의 입체 화학은 무엇인가?

9.11절과 9.12절에 소개된 알코올을 할로젠화 알킬로 변환시키는 방법을 표 9.1에 요약하였다. 예제 9.7은 바쁜 ^-OH 이탈기를 더 좋은 X^- 이탈기로 바꾸는 것은 다른 작용기를 도입하는 반응의 첫 단계로 유용하다는 점을 보여 주고 있다.

표 9.1 ROH를 RX로 전환하는 방법의 요약

전체 반응	시약	설명
ROH → RCl	HCl	• 모든 ROH에 유용 • 2°, 3° ROH의 $\mathbf{S_N1}$ 메커니즘; CH_3OH, 1° ROH의 $\mathbf{S_N2}$ 메커니즘
	$SOCl_2$	• CH_3OH, 1°, 2° ROH에 최선 • $\mathbf{S_N2}$ 메커니즘
ROH → RBr	HBr	• 모든 ROH에 유용 • 2°, 3° ROH의 $\mathbf{S_N1}$ 메커니즘; CH_3OH, 1° ROH의 $\mathbf{S_N2}$ 메커니즘
	PBr_3	• CH_3OH, 1°, 2° ROH에 최선 • $\mathbf{S_N2}$ 메커니즘
ROH → RI	HI	• 모든 ROH에 유용 • 2°, 3° ROH의 $\mathbf{S_N1}$ 메커니즘; CH_3OH, 1° ROH의 $\mathbf{S_N2}$ 메커니즘

예제 9.7 두 단계로 알코올을 S_N2 생성물로 변환하기

Propan-1-ol을 butanenitrile (**A**)로 변환시켜라.

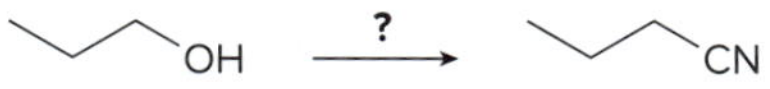

propan-1-ol → ? → butanenitrile **A**

풀이

$^-$OH가 나쁜 이탈기이기 때문에 $^-$CN을 친핵체로 사용하여 propan-1-ol을 **A**로 직접 변환시키는 것은 불가능하다. 그러나 OH기를 Br 원자로 변환시키면 좋은 이탈기가 생성되기 때문에 $^-$CN과 S_N2 반응이 쉽게 진행되어 **A**를 생성한다. 이 두 단계 반응의 전체적 결과는 $^-$CN에 의한 $^-$OH의 치환이다.

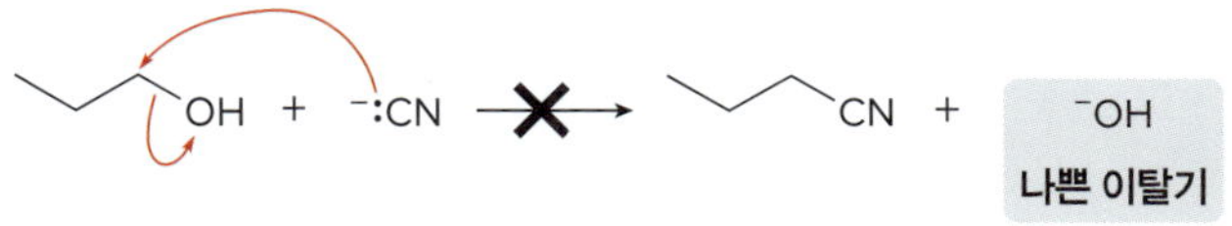

OH + $^-$:CN ✕→ CN + $^-$OH **나쁜 이탈기**

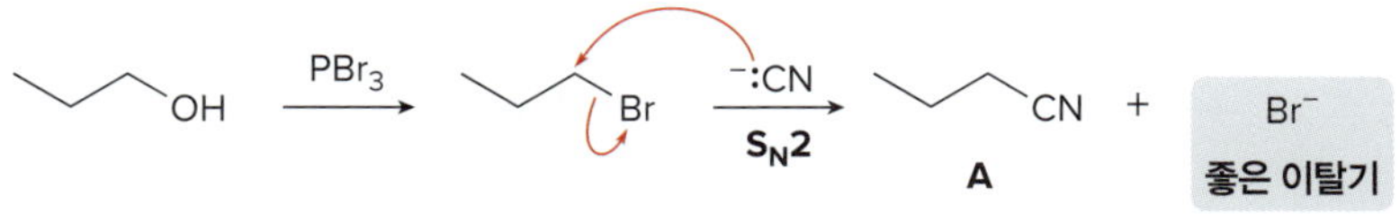

OH —PBr_3→ Br —$^-$:CN, $\mathbf{S_N2}$→ CN **A** + Br^- **좋은 이탈기**

문제 9.22 **A**를 각 화합물(**B**와 **C**)로 변환하라.

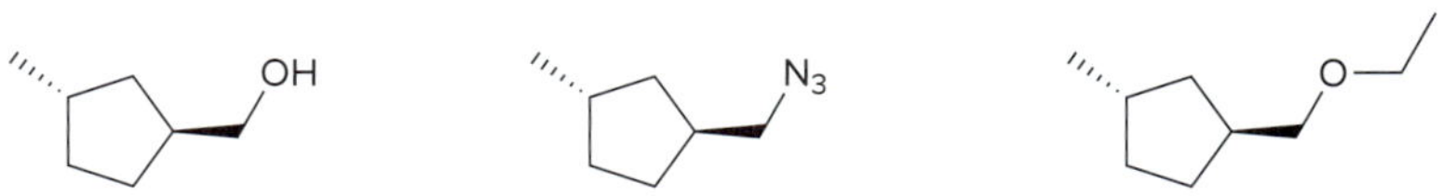

A (OH) **B** (N_3) **C** (O)

추가 문제: 문제 9.45c, 9.63f, 9.64를 풀어보라.

문제 9.23 각 반응에서 생성되는 유기 생성물을 그리고 입체 발생 중심이 있는 생성물의 입체 화학을 그려라.

a. 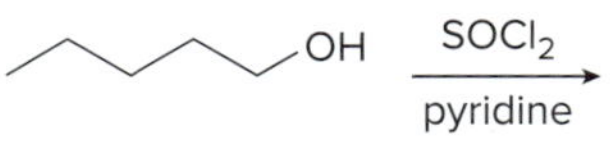 OH —$SOCl_2$, pyridine→ b. 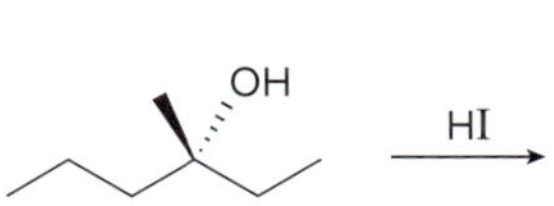 OH —HI→ c. 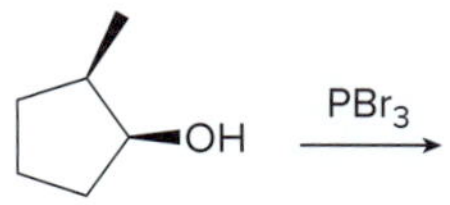 OH —PBr_3→

9.13 토실레이트—또 다른 좋은 이탈기

알코올의 OH기를 좋은 이탈기로 변환시키는 두 종류의 반응, 즉 센 산과의 반응(9.8A절), 할로젠화 알킬로의 변환(9.11−9.12절)에 대해 배웠다. 알코올은 **알킬 토실레이트(alkyl tosylate)**로도 변환될 수 있다.

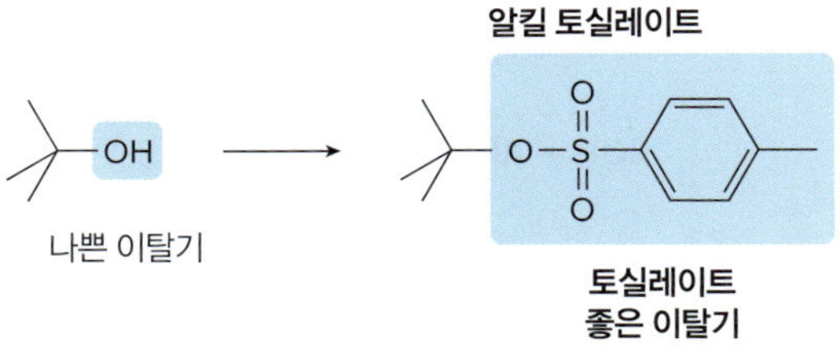

알킬 토실레이트

나쁜 이탈기

토실레이트
좋은 이탈기

1.5절에서 공부한 바와 같이 황과 같은 3주기 원소는 Lewis 구조에서 주위에 10개 또는 12개의 전자를 가질 수 있다.

알킬 토실레이트는 종종 간단히 **토실레이트로** 불린다.

알킬 토실레이트는 두 부분—알코올로부터 유래된 **알킬기 R**, 좋은 이탈기인 **토실레이트(*p*-톨루엔설포네이트**의 약어)—으로 구성되어 있다. 토실기 $CH_3C_6H_4SO_2$−를 **Ts**로 줄여 표현하므로 알킬 토실레이트는 **ROTs**이다.

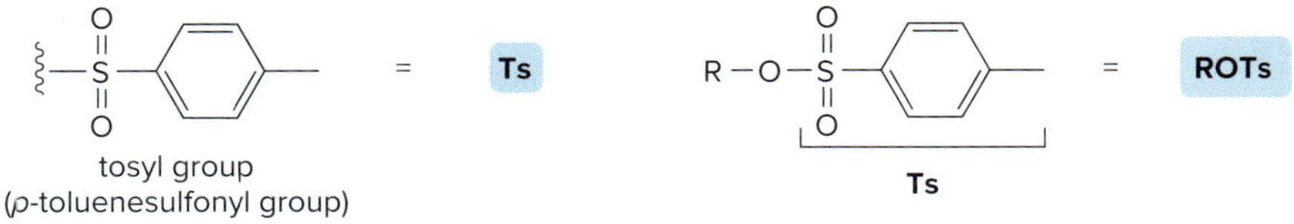

= Ts

tosyl group
(*p*-toluenesulfonyl group)

R−O− = ROTs

Ts

9.13A 알코올의 알킬 토실레이트로의 변환

토실레이트(TsO^-)는 이탈기로서의 반응성이 I^-와 비슷하다.

알코올이 피리딘 존재하에서 *p*-toluenesulfonyl chloride (TsCl)와 반응하면 토실레이트로 변환된다. 이 전체 과정은 나쁜 이탈기(^-OH)를 좋은 이탈기(^-OTs)로 변환시킨다. 토실레이트는 짝산인 *p*-toluenesulfonic acid ($CH_3C_6H_4SO_3H$, TsOH)가 센 산(pK_a = −1.3, 2.6절)이기 때문에 좋은 이탈기이다.

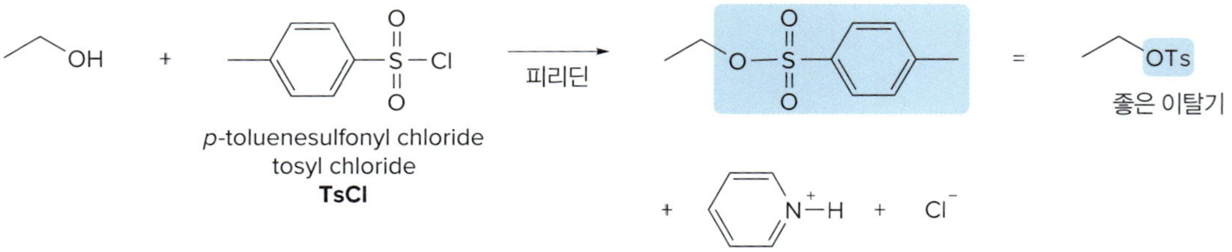

OH + 피리딘 = OTs 좋은 이탈기

p-toluenesulfonyl chloride
tosyl chloride
TsCl

+ N⁺−H + Cl^-

(*S*)-butan-2-ol은 입체 발생 중심에서의 **배열이 보존**되면서 토실레이트로 변환된다. 따라서 토실레이트가 생성될 때 알코올의 C−O 결합은 끊어지지 않는다.

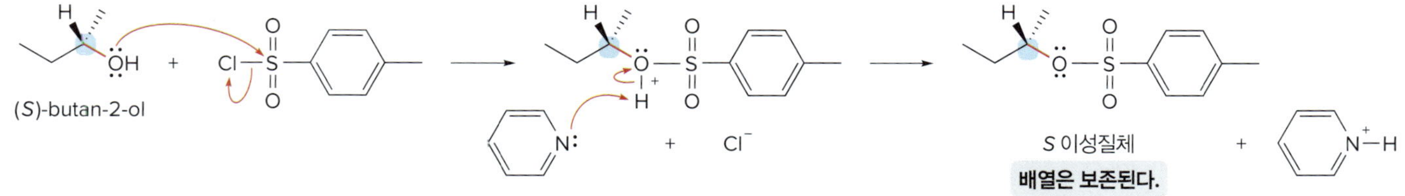

(*S*)-butan-2-ol + Cl^-

S 이성질체
배열은 보존된다.

문제 9.24 다음 반응의 생성물을 그리고, 입체 발생 중심에서의 입체 화학을 그려라.

a. 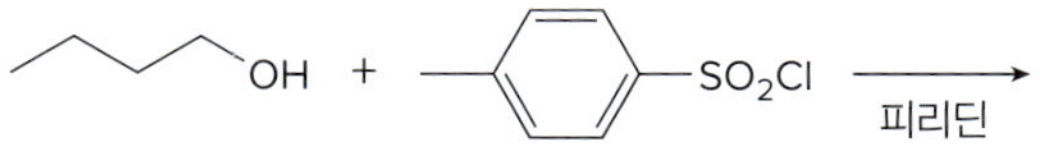 OH + SO_2Cl → 피리딘

b. 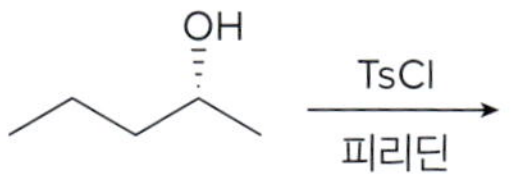 OH, TsCl / 피리딘 →

9.13B 알킬 토실레이트의 반응

알킬 토실레이트에는 좋은 이탈기가 있기 때문에 할로젠화 알킬과 똑같이 **친핵성 치환과 β 제거 반응이 모두 일어난다.** 일반적으로 알킬 토실레이트가 센 친핵성 염기와 반응하면 치환은 S_N2 메커니즘으로, 제거는 **E2** 메커니즘으로 진행된다.

예를 들어, 1° 탄소에 이탈기가 있는 propyl tosylate가 $NaOCH_3$와 반응하면 S_N2 메커니즘에 의한 친핵성 치환 생성물인 methyl propyl ether가 얻어진다. Propyl tosylate가 입체 장애가 있는 강염기인 $KOC(CH_3)_3$와 반응하면 E2 메커니즘으로 propene이 얻어진다.

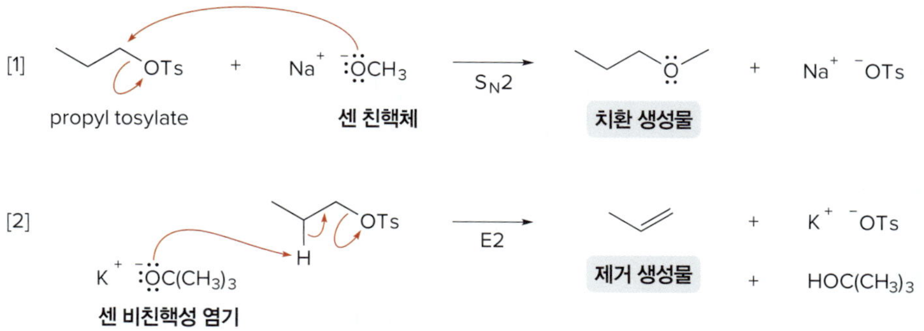

[1] propyl tosylate + $Na^+ \ ^-OCH_3$ (센 친핵체) $\xrightarrow{S_N2}$ 치환 생성물 + $Na^+ \ ^-OTs$

[2] $K^+ \ ^-OC(CH_3)_3$ (센 비친핵성 염기) $\xrightarrow{E2}$ 제거 생성물 + $K^+ \ ^-OTs$ + $HOC(CH_3)_3$

치환은 S_N2 메커니즘을 경유하여 일어나기 때문에 이탈기가 입체 발생 중심에 결합되어 있으면, **배열의 반전**이 일어난다.

$^-$:CN + (H, OTs) ⟶ NC—(H) + ^-OTs

배열의 **반전**

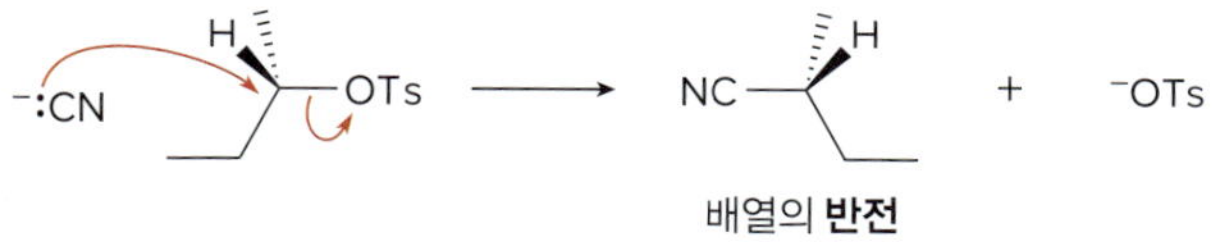

예제 9.8 알킬 토실레이트의 치환 생성물 그리기

다음 반응의 생성물을 입체 화학을 포함하여 그려라.

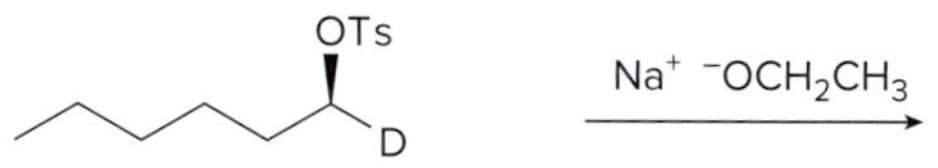

(OTs, D) $\xrightarrow{Na^+ \ ^-OCH_2CH_3}$

풀이

1° 알킬 토실레이트와 입체 장애가 없는 센 친핵체는 모두 후면 공격이 일어나는 S_N2 메커니즘에 의한 치환을 선호하기 때문에 입체 발생 중심에서 배열의 **반전**이 일어난다. 이탈기가 앞쪽에(쐐기에) 그려져 있으므로 친핵체가 뒤쪽에서 접근하면 친핵체는 점선쐐기에 놓이게 된다.

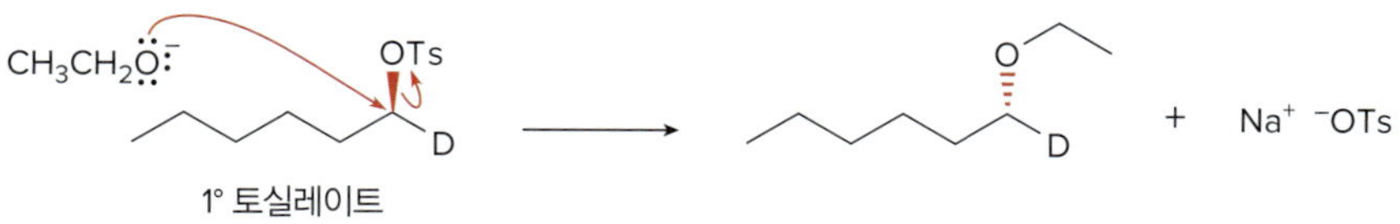

$CH_3CH_2\ddot{O}^-$ + (OTs, D) 1° 토실레이트 ⟶ (O, D) + $Na^+ \ ^-OTs$

문제 9.25 각 반응의 생성물을 그리고, 입체 발생 중심이 있는 생성물의 입체 화학을 그려라.

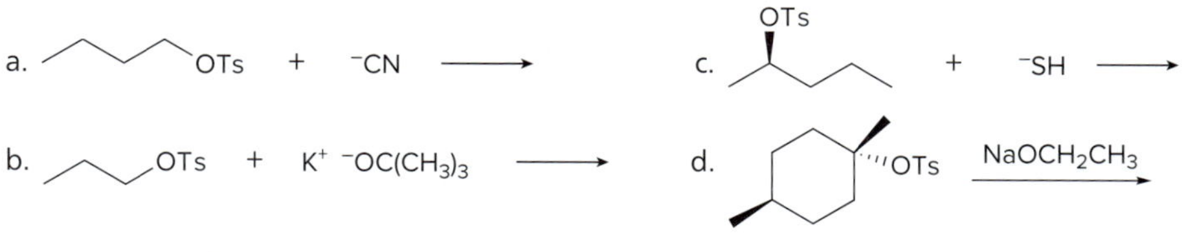

a. OTs + ^-CN ⟶

b. OTs + $K^+ \ ^-OC(CH_3)_3$ ⟶

c. OTs + ^-SH ⟶

d. OTs $\xrightarrow{NaOCH_2CH_3}$

추가 문제: 문제 9.44d; 9.45b; 9.63d, f를 풀어보라.

9.13C 알코올을 치환 생성물로 변환시키는 두 단계 반응

이제 우리는 **알코올을 치환 생성물로 변환시키는 두 단계 반응**, 즉 알코올과 TsCl 및 피리딘의 반응에 의한 알킬 토실레이트의 생성(단계 [1])과 연이은 토실레이트에 대한 친핵성 공격(단계 [2])에 대해 배웠다.

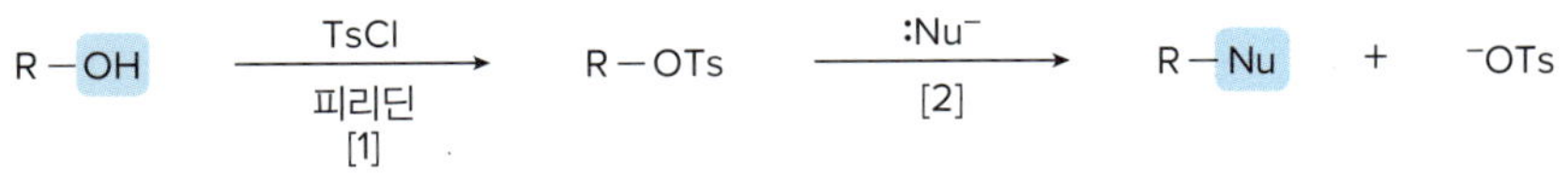

R−OH —(TsCl, 피리딘 [1])→ R−OTs —(:Nu⁻ [2])→ R−Nu + ⁻OTs

이 두 단계 과정에서 입체 화학을 고려하자.

- 토실레이트를 생성하는 단계 [1]은 C−O 결합이 본래대로 유지되기 때문에 배열이 **보존(retention)**되면서 진행된다.
- 단계 [2]는 친핵체의 뒤쪽 공격으로 **배열의 반전이** 함께 진행되는 S_N2 반응이다.
- 전체적으로 입체 발생 중심에서 **배열의 알짜 반전(net inversion of configuration)**이 일어난다.

예를 들어 *cis*-3-methylcyclohexanol이 *p*-toluenesulfonyl chloride 및 피리딘과 반응하면 시스 토실레이트 **A**가 얻어지고, **A**는 친핵체 $^{-}OCH_3$에 의한 뒤쪽 공격으로 트랜스 에터 **B**를 생성한다.

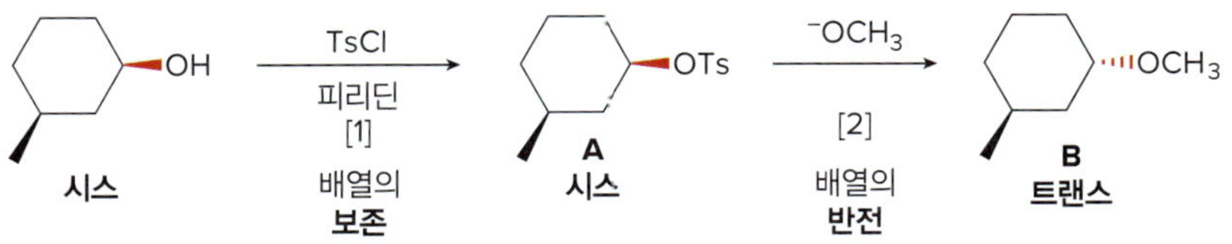

시스 —(TsCl, 피리딘 [1], 배열의 **보존**)→ **A** 시스 (OTs) —($^{-}OCH_3$ [2], 배열의 **반전**)→ **B** 트랜스 (OCH_3)

문제 9.26 (*S*)-butan-2-ol을 TsCl와 피리딘과 반응시키고, 뒤이어 NaOH와 반응시켰을 때 생성되는 생성물을 그려라. 각 화합물의 입체 발생 중심을 R 또는 S로 그려라. 출발 알코올과 최종 생성물 사이의 입체 화학적 관계는 무엇인가?

9.13D 알코올의 치환 반응과 제거 반응에 대한 요약

9.8−9.13C절에서 배운 알코올의 반응은 두 가지 우사성이 있다.

- OH기는 산 또는 다른 반응 시약과 반응하여 더 좋은 이탈기로 변환된다.
- 그 결과로 얻어진 생성물은 반응 조건에 따라서 제거 또는 치환이 일어난다.

그림 9.3에 사이클로헥산올을 출발물로 이용한 반응을 요약하였다.

그림 9.3
요약: 알코올의 친핵성 치환과 β 제거 반응

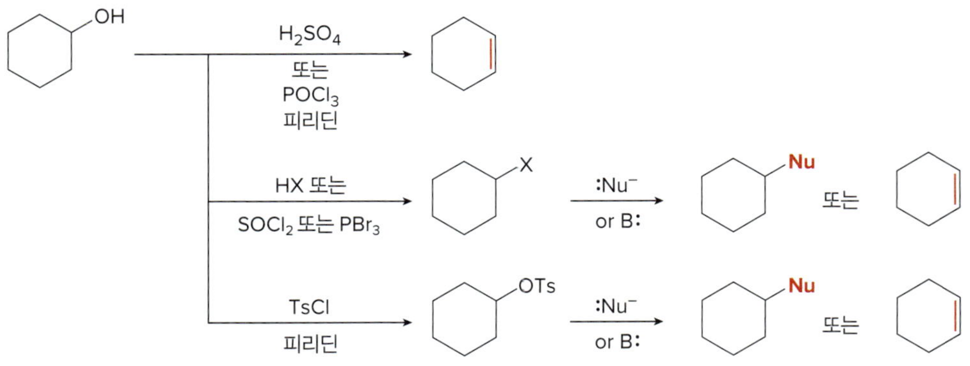

문제 9.27 $(CH_3)_2CHOH$를 다음 반응 시약과 반응시켰을 때 생성되는 생성물을 그려라.

a. $SOCl_2$, 피리딘
b. TsCl, 피리딘
c. H_2SO_4
d. HBr
e. PBr_3, 다음에 NaCN
f. $POCl_3$, 피리딘

9.14 에터와 센산의 반응

에터는 반응성이 거의 없기 때문에 다이에틸 에터와 테트라하이드로퓨란(THF)은 유기 반응에서 용매로 자주 사용된다.

9.7B절에서 언급한 바와 같이 에터에는 나쁜 이탈기가 있으므로 친핵성 치환 또는 β 제거 반응이 직접적으로 일어날 수 없다는 것을 기억하라. 대신에 에터는 센산과 반응하여 좋은 이탈기로 변환되어야 한다. **HBr**과 **HI**은 센산이면서 역시 좋은 친핵체(Br^-와 I^-)를 제공하므로 이들 산만이 사용된다. **에터가 HBr 또는 HI와 반응하면 두 C—O 결합이 모두 끊어지며, 두 개의 할로젠화 알킬이 생성물로 생성된다.**

$$R{-}O{-}R \xrightarrow[\text{(2당량)}]{H{-}X} R{-}X + R{-}X + H_2O$$

X = Br 또는 I

HBr 또는 HI는 에터의 산소 원자에 양성자 첨가를 일으키는 센산으로 작용하며 좋은 친핵체(Br^-와 I^-)를 제공한다. 에터의 두 C—O 결합이 모두 끊어지기 때문에 **두 번의 연속적인 친핵성 치환 반응이 일어난다.**

(사이클로헥실 에틸 에터) + H—Br (2당량) ⟶ (브로모사이클로헥세인) + (브로모에테인) + H_2O

(tert-뷰틸 메틸 에터, OCH_3) + H—I (2당량) ⟶ (tert-뷰틸 아이오다이드) + $CH_3{-}I$ + H_2O

- 에터 절단은 R의 구조에 따라서 S_N1또는 S_N2 메커니즘으로 진행된다.
- 에터의 산소 원자에 2° 또는 3° 알킬기가 결합된 경우에는 C—O 결합이 끊어져 탄소 양이온을 포함한 S_N1 메커니즘으로 진행되고, 메틸 또는 1° R기인 경우에는 C—O 결합이 S_N2 메커니즘으로 절단된다.

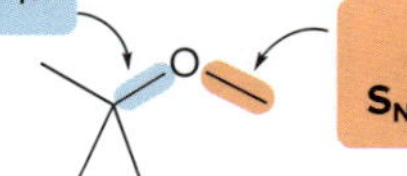

예를 들어, 메커니즘 9.9에 나타낸 바와 같이 $(CH_3)_3COCH_3$와 HI의 반응에서 절단은 두 결합에서 일어난다. 한쪽의 C—O 결합 절단으로 생성된 3° 알킬기는 $\mathbf{S_N1}$ 메커니즘에 의하여 친핵성 치환이 일어난다. 두 번째 C—O 결합 절단으로 생성된 메틸기는 $\mathbf{S_N2}$ 메커니즘에 의하여 친핵성 치환이 일어난다.

메커니즘은 반응에서 HX의 중심 역할을 설명한다.

- HX는 에터 산소에 양성자를 첨가하여 좋은 이탈기를 만든다.
- HX는 친핵성 공격을 위한 X^-의 공급원이다.

문제 9.28 각 에터를 HBr로 처리하면 무슨 할로젠화 알킬이 생기는가?

a. (다이에틸 에터) b. (아이소프로필 에틸 에터) c. (사이클로헥실 3,4-다이메틸사이클로펜틸 에터)

메커니즘 9.9 센산에서의 에터 절단 메커니즘—$(CH_3)_3COCH_3 + HI \rightarrow (CH_3)_3CI + CH_3I + H_2O$

부분 [1] **S_N1** 메커니즘에 의한 3° C—O 결합의 절단

1 에터 O 원자의 **양성자 첨가**는 **좋은 이탈기**를 생성한다.

2 3° 탄소에 대한 C—O 결합의 절단은 **3° 탄소**와 CH_3OH를 생성한다.

3 **I^-의 친핵성 공격**은 치환 생성물을 생성한다.

부분 [2] **S_N2** 메커니즘으로 CH_3—O 결합의 절단

4 OH기의 **양성자 첨가**는 **좋은 이탈기**(H_2O)를 생성한다.

5 아이오딘화 이온의 **친핵성 공격**으로 두 번째 할로젠화 알킬 CH_3I가 생성된다. 메커니즘은 **S_N2**이므로 C—I 결합(붉은색 표시)의 생성과 함께 C—O 결합은 끊어진다.

문제 9.29 아니솔(anisole)을 HBr과 반응시키면, 왜 브로모벤젠이 생성되지 않고 페놀과 CH_3Br이 생성되는지를 설명하라.

9.15 싸이올과 황화물

싸이올과 **황화물**은 각각 알코올과 에터의 황 유사체이다.

싸이올 (R–S–H) 황화물 (R–S–R)

9.15A 싸이올

머캅탄(mercaptan)이라고도 하는 **싸이올**은 **머캅토(mercapto)기(SH)**가 탄소 원자에 결합하고 있는 화합물이다. 황은 주기율표상에서 산소 아래에 있으므로 황 원자는 두 개의 원자와 두 개의 고립쌍으로 둘러싸여 있고, 싸이올은 **굽은 형태**를 띤다. 그러나 알코올과 달리 싸이올은 분자간 수소 결합이 불가능하므로 탄소 수가 비슷한 알코올에 비해 끓는점과 녹는점이 낮다.

싸이올 (머캅토기)

에테인싸이올 bp 35 °C

에탄올 bp 78 °C

많은 단순 싸이올은 톡 쏘는 불쾌한 냄새를 풍긴다. 스컹크, 양파, 그리고 사람의 땀에는 모두 싸이올이 함유되어 있다.

propane-1-thiol	3-methylbutane-1-thiol	(*S*)-3-methyl-3-sulfanylhexan-1-ol
양파 냄새	스컹크 냄새	양파 냄새 비슷한 사람의 땀내

싸이올은 알코올과 비슷하게 접미사 **-올(*-ol*)** 대신 접미사 **-싸이올(*-thiol*)**을 사용하여 명명한다. IUPAC 명명법에서 싸이올의 명명은

- 어미 탄소 사슬에 접미사 **싸이올(-thiol)**을 추가하여 명명한다.
- SH기에 낮은 숫자가 부여되도록 탄소 사슬에 번호를 매기고 기타의 명명법을 적용한다.

싸이올 명명법의 예가 그림 9.4에 나와 있다.

그림 9.4
싸이올 명명법

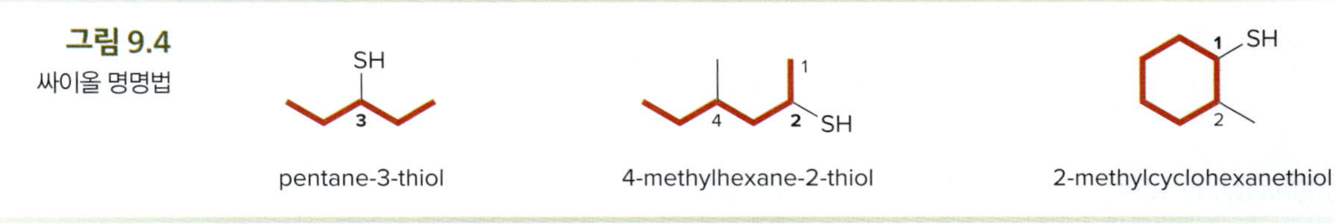

문제 9.30 각 싸이올의 이름을 쓰라.

a. SH b. SH c. SH

싸이올은 좋은 친핵체인 $^-$SH와 할로젠화 알킬의 S_N2 반응에 의해 합성된다.

Br + :SH → SH + :Br:$^-$

싸이올은 Br_2 또는 I_2와 쉽게 산화되어 황–황 결합을 포함하는 **이황화물(disulfide, RSSR)**을 생성한다. 이황화물을 생성할 때 H 원자가 싸이올에서 제거되므로 이 반응은 산화이다(4.13절). 이황화물은 Zn 및 산과 반응하여 싸이올로 환원된다.

SH $\xrightarrow{Br_2 \text{ or } I_2}$ S–S

S–S $\xrightarrow{Zn, HCl}$ SH + HS

27장에서 배우겠지만, 이황화물 생성은 아미노산 시스테인을 포함하는 일부 단백질의 형태와 특성을 결정하는 데 특히 중요하다.

문제 9.31 각 반응의 생성물을 그려라.

그레이프푸루트 머캡탄

b. D Cl NaSH d. S S Zn, HCl

그레이프푸루트 머캡탄(문제 9.31c)의 강한 향은 그레이프푸루트의 독특한 향에 기여한다.
Purestock/SuperStock

9.15B 황화물

황화물은 두 알킬기가 황 원자와 결합하고 있는 화합물이다. 황화물은 에테르의 명명법과 같은 규칙으로 명명된다. 간단한 화합물에 대해서는 접미사 -에터(*-ether*) 대신 **-황화물(*sulfide*)**을 사용한다.

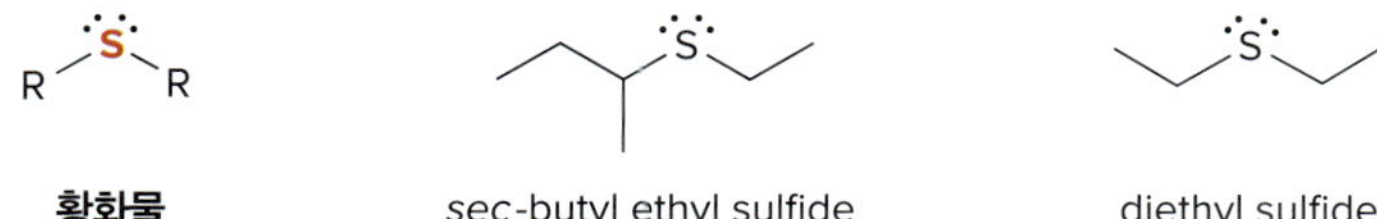

황화물 *sec*-butyl ethyl sulfide diethyl sulfide

보다 복잡한 황화물을 명명하기 위한 IUPAC 명명 체계는, 하나의 알킬기를 어미 사슬로 명명하고 다른 하나를 그 사슬에 결합된 치환기의 일부로 명명한다.

- 간단한 알킬기 + S 원자는 **알킬싸이오(alkylthio)** 치환기로 명명한다.
- 나머지 알킬기는 일반적인 명명 규칙을 사용하여 알킬싸이오 치환기가 있는 알케인으로 명명한다.

methyl**thio**cyclohexane 3-ethyl**thio**-5-methyloctane

문제 9.32 각 황화물에 대해 IUPAC 명명을 쓰라.

a. S b. S c. S

황화물은 S_N2 반응으로 싸이올에서 합성되는데, Williamson 에터 합성과 유사하다.

propane-1-thiol $\xrightarrow{Na^+ \; H:^-}$ 황 친핵체 + H_2 $\xrightarrow[S_N2]{CH_3CH_2Br}$ 에틸 프로필 황화물 + $:Br:^-$

황화물의 친핵성 원자가 입체적으로 장애가 없는 할로젠화 알킬과 쉽게 반응하면 **설포늄 이온(sulfonium ion)**이 생성된다.

황화물 + CH_3CH_2Br $\xrightarrow{S_N2}$ **설포늄 이온** + $:Br:^-$

7.15절에 소개된 생물학적 설포늄 이온인 *S*-Adenosylmethionine (SAM)은 친핵성 황화물인 아미노산 메싸이오닌과 삼인산염(triphosphate) 이탈기를 포함하는 adenosine triphosphate (ATP)로부터 합성된다(7.15절).

CH_3 H_2N HO O PPPO 이탈기 + HO OH N NH_2 S_N2 + PPP_i 삼인산염 이탈기

methionine   adenosine triphosphate ATP   *S*-adenosylmethionine

문제 9.33 각 반응의 생성물을 그려라.

a. SH [1] NaH [2] CH_3Br →   b. S Cl →

9.16 에폭사이드의 반응

에폭사이드는 좋은 이탈기가 없지만 두 개의 극성 결합이 있으면서 무리가 걸린 삼원자 고리이다. **친핵성 공격이 일어나면 무리가 걸린 삼원자 고리가 열리기 때문에,** 나쁜 이탈기가 떨어짐에도 불구하고 이 과정은 잘 일어난다.

δ− δ+ δ+ :Nu⁻ → :Ö:⁻ 이탈기 Nu 새로운 C−Nu 결합

이 반응은 ⁻CN과 같은 센 친핵체, 그리고 HZ와 같은 산(Z는 친핵체 원자)과 함께 쉽게 일어난다.

[1] ⁻CN [2] H_2O → NC, OH

HCl → HO, Cl

9.16A 센 친핵체에 의한 에폭사이드의 고리 열림

실제로 모든 센 친핵체는 연속적인 두 단계 반응에 의하여 에폭사이드를 연다.

:Nu⁻ [1] → Nu :Ö:⁻ H−OH H_2O [2] → Nu :ÖH + ⁻OH

- **단계 [1]**: 친핵체는 에폭사이드의 전자가 부족한 탄소를 공격하여 C−O 결합을 절단하고, 삼원자 고리의 무리를 제거한다.
- **단계 [2]**: 알콕시화 음이온의 양성자 첨가는 물로부터 이루어지며, 이는 이웃하는 탄소에 두 작용기가 있는 중성 생성물을 만든다.

에폭사이드 고리를 여는 일반적인 친핵체에는 ^-OH, ^-OR, ^-CN, ^-SR과 NH_3가 있다. 이와 같은 센 친핵체에 의한 고리 열림 반응은 **S_N2 메커니즘**으로 일어나며 다음 두 가지 결과를 가져온다.

- 친핵체는 뒤쪽으로부터 에폭사이드 고리를 연다.

[1] S_N2 뒤쪽 공격 → [2] H_2O

생성물에서 CH_3O와 OH는 서로 **안티** 관계에 놓인다.

에폭사이드 고리의 친핵성 고리 열림에 대한 다른 예는 12.6절과 17.14절에서 소개된다.

- 비대칭 에폭사이드에서 친핵체는 치환기가 **적은** 탄소 원자를 공격한다.

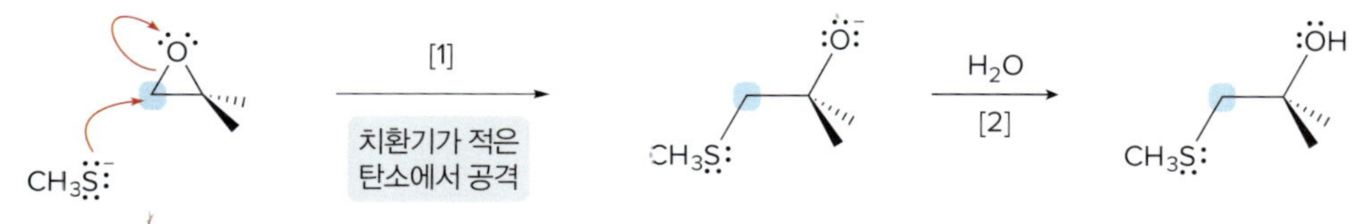

문제 9.34 각 반응의 생성물을 그리고, 입체 발생 중심에서의 입체 화학을 그려라.

a. [1] $CH_3CH_2O^-$ [2] H_2O

b. [1] $H-C≡C^-$ [2] H_2O

대칭면이 있어서 비카이랄 에폭사이드인 1,2-epoxycyclohexane이 $^-OCH_3$와 반응하면 서로 **거울상 이성질체**인 두 개의 트랜스-1,2-이중 치환 사이클로헥세인 **A**와 **B**가 얻어진다. 이들 분자에는 각각 두 개의 입체 발생 중심이 존재한다.

1,2-epoxycyclohexane → [1] $^-OCH_3$ [2] H_2O → A + B

1,2-epoxycyclohexane

비카이랄 출발물

거울상 이성질체

[*는 입체 발생 중심을 나타냄]

역자주:
1,2-epoxycyclohexane의 고리 열림 반응은 교재에 나온 방식으로는 절대 일어나지 않는다. 이 분자의 형태는 평면이 아니라 반의자(half-chair) 형태이다. 이러한 경우 친핵체는 에폭사이드의 두 탄소 중에서 한 탄소만 위치 선택적으로 공격한다[대부분의 유기 화학 교재는 할로젠 첨가 반응(10.14절)에서 왜 cyclohexene이 아닌 cyclopentene을 예로 들까?].

이 경우에 **양쪽이 모두 동등하게 치환되어 있기 때문에 어느 쪽에서든 C–O 결합의 뒤쪽에서 비카이랄 $^-OCH_3$의 친핵성 공격이 일어난다.** 어느 쪽이든 공격이 일어날 가능성은 같기 때문에 같은 양의 두 거울상 이성질체가 생성된다—**라셈 혼합물**. 이것은 비카이랄 반응물로부터 얻어지는 생성물의 입체 화학에 관한 일반적 규칙의 구체적 예이다.

에폭사이드는 평면 아래에 있다.

친핵체는 양쪽의 아래에서 공격한다.

트랜스 생성물 → H_2O → A, B

거울상 이성질체

- 비카이랄 반응물이 입체 발생 중심이 있는 생성물을 만드는 경우에 생성물은 언제나 비카이랄(메소) 또는 라셈이다.

이 일반적 규칙은 광학 활성과 관련하여 바꿔 말할 수 있다. 5.12절에서 다룬 바와 같이 화합물과 라셈 혼합물은 광학적으로 비활성임을 상기하라.

- 광학적으로 **비활성**인 출발물은 광학적으로 **비활성**인 생성물을 만든다.

문제 9.35 2,3-Dimethyloxirane의 시스와 트랜스 이성질체는 모두 ^{-}OH와 반응하여 butane-2,3-diol을 생성한다. 한 입체 이성질체는 하나의 비카이랄 생성물을 만들며, 다른 것은 두 개의 카이랄성 거울상 이성질체를 만든다. 어떤 에폭사이드가 하나의 생성물을 만들며 어떤 것이 두 개의 생성물을 만드는가?

cis-2,3-dimethyloxirane　　*trans*-2,3-dimethyloxirane의 거울상 이성질체 중의 하나

9.16B 산 HZ와의 반응

Z가 친핵체인 산 **HZ**는 연속적인 두 단계 반응으로 에폭사이드 고리를 연다.

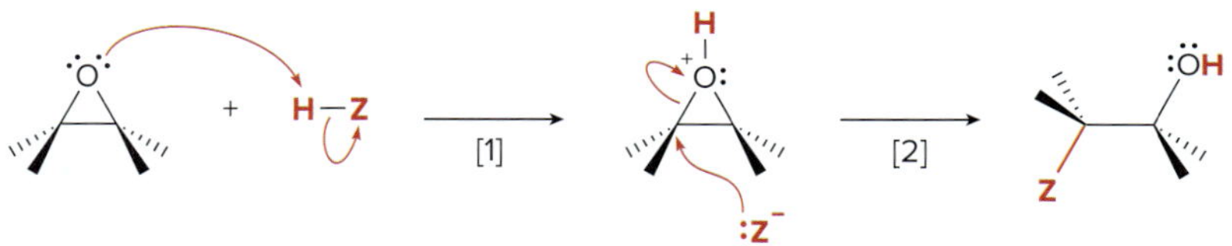

- **단계 [1]**: HZ에 의한 에폭사이드 산소의 양성자 첨가는 에폭사이드 산소를 좋은 이탈기(OH)로 만든다. 또한 HZ는 에폭사이드 고리를 여는 좋은 친핵체(Z^{-})를 제공하기도 한다.
- **단계 [2]**: 친핵체 Z^{-}는 **뒤쪽** 공격으로 양성자가 첨가된 에폭사이드 고리를 연다.

이 두 단계—**양성자 첨가와 뒤이은 친핵체 공격**—는 양성자 첨가에 앞서 친핵체 공격이 일어나는 센 친핵체에 의한 에폭사이드 고리 열림과는 완전히 역순이다.

HCl, **HBr** 그리고 **HI**는 모두 이와 같은 방법으로 에폭사이드를 연다. **H_2O**와 **ROH**도 할 수 있지만 반드시 산이 첨가되어야 한다. 반응에 관계없이 생성물의 한 탄소에는 에폭사이드로부터 형성되는 OH기가, 바로 이웃 탄소에는 친핵체로부터 생성되는 새로운 작용기 Z가 있다. 고리에 접합된 에폭사이드는 **트랜스-1,2-이중 치환 사이클로알케인**을 생성한다.

O (에폭사이드) —HBr→ Br⁀⁀OH

(사이클로헥센 옥사이드) —H_2O, H_2SO_4→ OH / OH + OH / OH

거울상 이성질체

친핵체의 뒤쪽 공격은 이 반응이 S_N2 메커니즘에 의해 일어나는 것을 나타내지만, 비대칭 에폭사이드와의 반응에서 위치 선택성은 그렇지 않다.

- 비대칭 에폭사이드와의 반응에서 친핵체 공격은 치환기가 **더 많은** 탄소에서 일어난다.

예를 들어, 2,2-dimethyloxirane을 HCl과 반응시키면 친핵성 공격은 두 메틸기가 있는 탄소에서 일어난다.

2,2-다이메틸옥시레인 —HCl (치환기가 **더 많은** 탄소에서 공격)→

친핵체의 뒤쪽 공격은 S_N2 메커니즘을 암시하지만, 치환기가 더 많은 탄소에서 공격이 일어난다는 것은 S_N1 메커니즘을 뜻한다. 이 결과에 대한 설명으로, **친핵성 공격 메커니즘은 S_N1과 S_N2 사이에 놓이는 것으로 생각된다.**

2,2-Dimethyloxirane과 HCl의 반응에 대한 두 가지 가능한 경로를 그림 9.5에 나타내었다. 치환기가 더 많은 탄소에 대한 Cl^-의 뒤쪽 공격은 전이 상태 **A**를 경유하는 반면에, 치환기가 더 적은 탄소에 대한 Cl^-의 뒤쪽 공격은 전이 상태 **B**를 경유한다. **전이 상태 A는 치환기가 더 많은 탄소에 부분 양전하가 있기 때문에 더 안정하다.** 따라서 에너지가 낮은 상태 **A**를 경유하는 반응 경로가 유리하다.

그림 9.5
HCl을 이용한 비대칭 에폭사이드 고리 열림

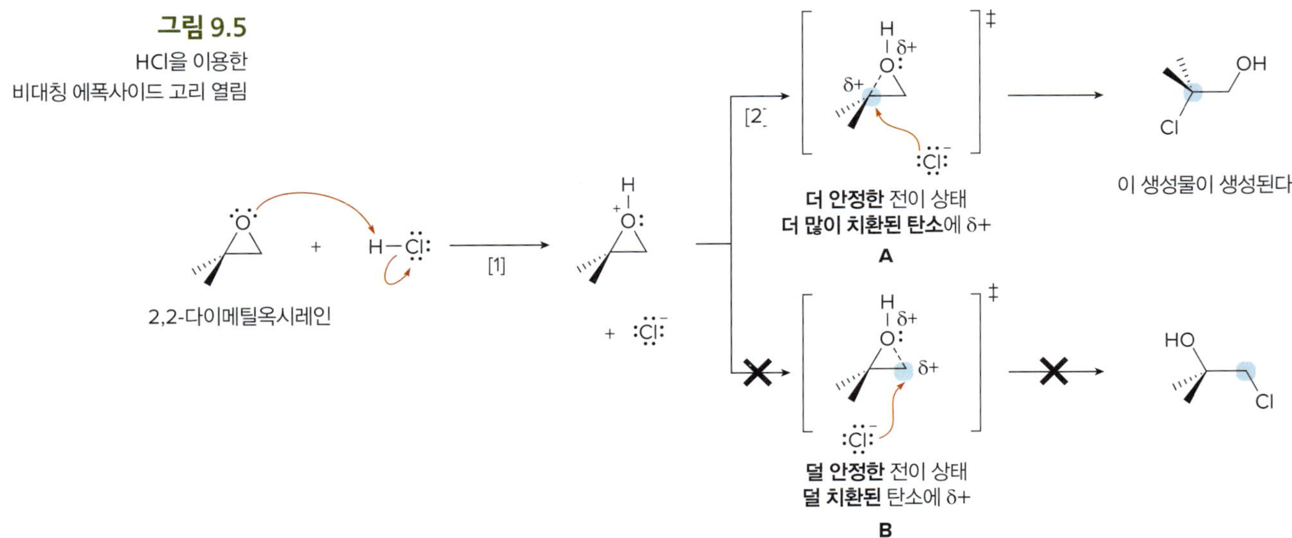

- 전이 상태 **A**는 부분 양전하(δ+)가 **더 많이** 치환된 탄소에 위치하므로 에너지가 더 낮다. 그래서 이 경우에는 **더 많이** 치환된 탄소(S_N1 특성)의 뒤쪽에서 친핵성 공격(S_N2 특성)이 일어난다.

센 친핵체 $:Nu^-$ 또는 산 HZ와 함께 일어나는 에폭사이드의 고리 열림은 한 구조 이성질체가 주 생성물이거나 유일한 생성물이기 때문에 **위치 선택적(regioselective)**이다. 하지만 **두 반응의 자리 선택성(site selectivity)은 정확히 정반대이다.**

- 센 친핵체와의 반응에서 $:Nu^-$는 치환기가 **적은** 탄소를 공격한다.
- 산 HZ와의 반응에서 친핵체는 치환기가 **더 많은** 탄소를 공격한다.

예제 9.9 에폭사이드 고리 열림 반응의 위치 선택성 결정

2,2-Dimethyloxirane을 각 시약으로 처리할 때 어떤 생성물이 얻어질까?: $^-OCH_3$ 그다음 H_2O 또는 CH_3OH와 H_2SO_4

풀이

모든 친핵체는 에폭사이드의 뒤쪽을 공격하여 고리를 연다. 친핵체가 **더 많이** 치환된 탄소를 공격하는지 또는 **덜** 치환된 탄소를 공격하는지 분류하라. 음전하의 **센** 친핵체는 **덜** 치환된 탄소를 공격하는 반면에, **산 HZ**를 이용한 친핵성 공격은 **더 많이** 치환된 탄소에서 일어난다.

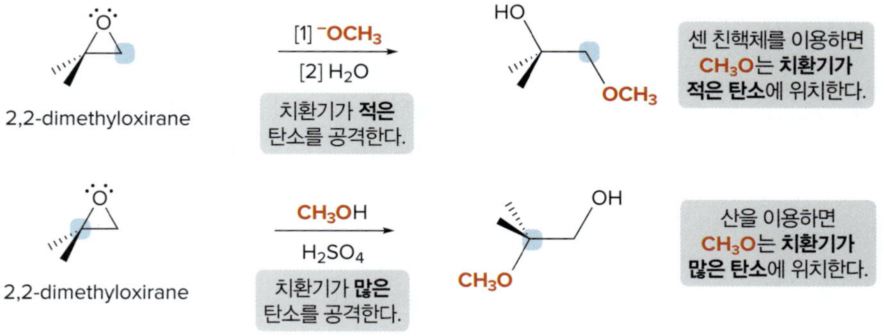

2,2-dimethyloxirane → [1] $^-OCH_3$ [2] H_2O (치환기가 **적은** 탄소를 공격한다.) → 센 친핵체를 이용하면 CH_3O는 **치환기가 적은 탄소**에 위치한다.

2,2-dimethyloxirane → CH_3OH, H_2SO_4 (치환기가 **많은** 탄소를 공격한다.) → 산을 이용하면 CH_3O는 **치환기가 많은 탄소**에 위치한다.

문제 9.36 각 반응의 생성물을 그려라.

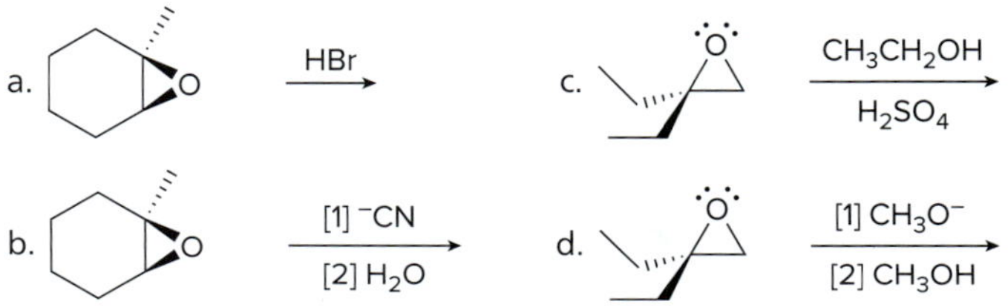

a. HBr
b. [1] ^-CN [2] H_2O
c. CH_3CH_2OH, H_2SO_4
d. [1] CH_3O^- [2] CH_3OH

추가 문제: 문제 9.58; 9.59; 9.61; 9.63g, h를 풀어보라.

친핵체에 의한 에폭사이드 고리 열림 반응은 천식 치료에 있어서 기관지확장제로 사용되는 **albuterol**을 포함하는 많은 생리 활성 화합물을 합성하는 데 매우 중요하다(그림 9.6).

그림 9.6 에폭사이드의 고리 열림 반응을 이용하는 albuterol 합성

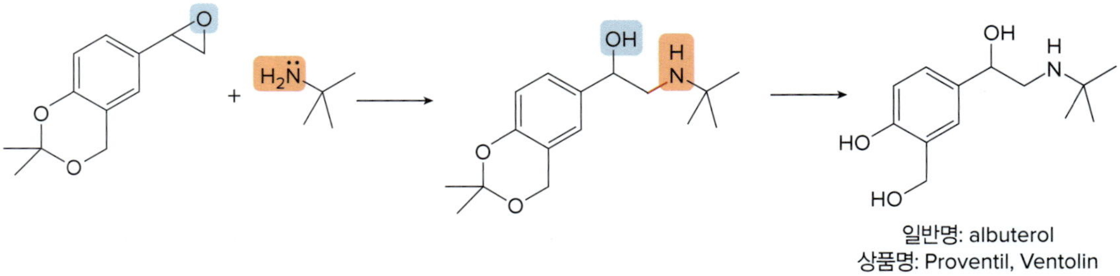

일반명: albuterol
상품명: Proventil, Ventolin

- 합성에서 중요 단계는 질소 친핵체에 의한 에폭사이드 고리 열림 반응으로 붉은색으로 표시한 새로운 C−N 결합을 생성하는 것이다.

9.17 응용: 에폭사이드, 류코트라이엔 및 천식

친핵체에 의한 에폭사이드 고리 열림 반응은 어떤 중요한 생물학적 과정에서 핵심 단계이다.

9.17A 천식과 류코트라이엔

천식은 수백만 명의 미국인이 앓고 있는 폐색성 폐질환이다. 천식은 기도를 일시적으로 수축하여 좁아지게 하므로 알부테롤(그림 9.6)과 같은 기관지 확장제를 사용하여 기도를 확장시킴으로써 치료한다. 또한 천식은 만성 염증의 특징이 있으므로 염증을 줄여주는 흡입 스테로이드 역시 일반적으로 사용된다.

류코트라이엔은 1990년 노벨 화학상 수상자인 E.J. Corey 교수 연구실에서 1980년에 처음 합성되었다.

류코트라이엔(leukotriene)은 천식을 일으키는 분자이다. 전형적인 예로 **류코트라이엔 C_4**를 아래에 나타내었다. 이 화합물의 생리 활성은 1930년대에 처음으로 관찰되었음에도 불구하고 1979년까지 류코트라이엔 C_4의 화학적 구조는 결정되지 못하였다. 류코트라이엔은 매우 불안정하고 약효가 매우 커서 세포 조직에 극히 소량만 존재하기 때문에 구조 결정과 화학적 합성이 어려웠다.

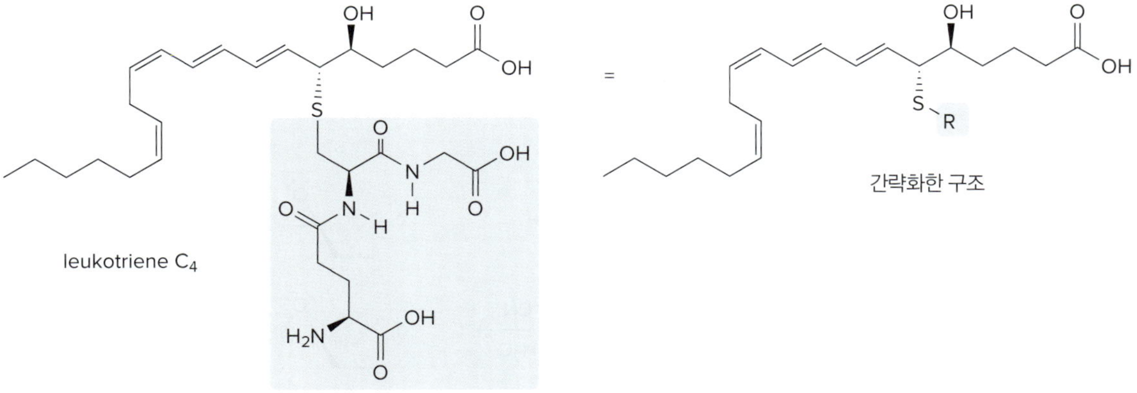

leukotriene C_4 = 간략화한 구조

9.17B 류코트라이엔의 합성과 천식약

류코트라이엔은 세포 내에서 **아라키돈산(arachidonic acid)**이 5-HPETE로 산화되고 그 다음에 5-HPETE이 일종의 에폭사이드인 **류코트라이엔 A_4**로 변환됨으로써 합성된다. 황 친핵체 **RSH**가 에폭사이드 고리를 열면 류코트라이엔 C_4가 생성된다.

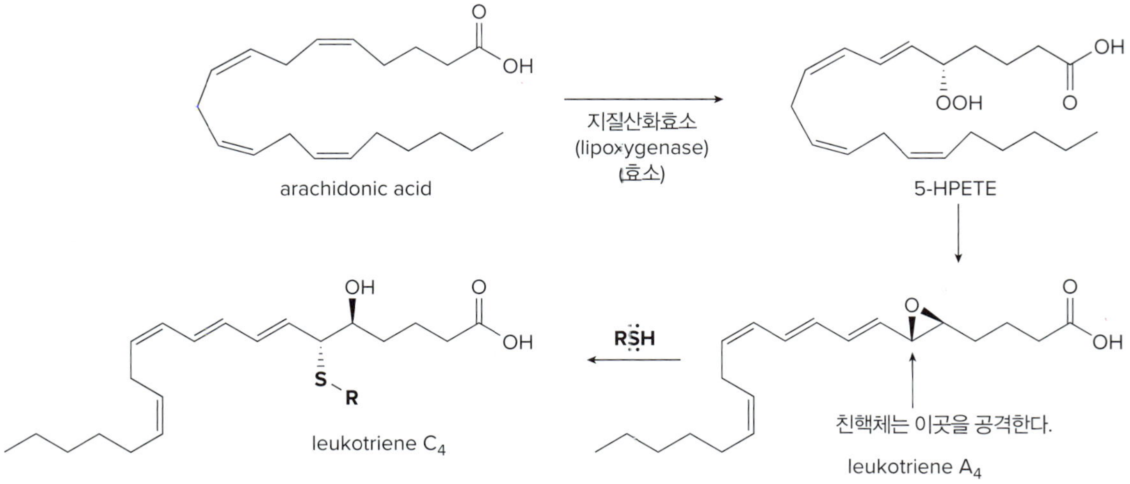

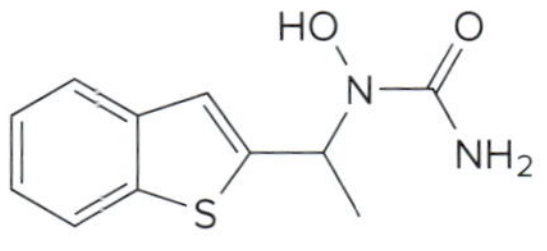

arachidonic acid → 지질산화효소 (lipoxygenase) (효소) → 5-HPETE → leukotriene A_4 (친핵체는 이곳을 공격한다.) → RSH → leukotriene C_4

새로운 항천식제는 아라키돈산으로부터 류코트라이엔 C_4의 합성을 방해하는 작용을 한다. 예를 들어, **zileuton**(상품명 Zyflo)은 이 과정 중 첫 단계에서 필요한 효소(lipoxygenase)를 억제한다. 질병을 일으키는 류코트라이엔 C_4의 합성을 방해함으로써 zileuton은 **천식 예방**에 사용되지만 치료제는 아니다.

일반명: zileuton
상품명: Zyflo 항천식제

9.18 응용: 벤조[*a*]피렌, 에폭사이드 및 암

트럭이나 버스에서 배출되는 검댕 같은 가스에는 벤조[*a*]피렌과 같은 PAH가 함유되어 있다.
John Thoeming/McGraw Hill

벤조[*a*]피렌은 가솔린, 연료, 목재, 쓰레기 그리고 담배 등 모든 형태의 유기 물질이 연소할 때 생성되는 만연된 환경오염 물질이다. 이는 15장에서 더 논의될 화합물 종류인 **여러 고리 방향족 탄화수소(PAH, polycyclic aromatic hydrocarbon)**이다.

벤조[*a*]피렌 —(산화, 여러 단계)→ 다이올 에폭사이드 —(:Nu^-)→ (Nu, HO, HO, OH 치환 생성물)

벤조[*a*]피렌
물에 녹지 않는다.

다이올 에폭사이드
발암 물질
물에 더 잘 녹는다.

무극성이며 물에 녹지 않는 이 화합물을 흡입하거나 섭취하면 이 물질은 간에서 다이올 에폭사이드로 산화된다. 산화는 신체에 유용하지 않은 이물질의 공통적인 최후이다. 산화물은 산소를 포함하는 작용기가 세 개 있기 때문에 물에 더 잘 용해되어 더 쉽게 소변으로 배출된다. 또한 이 화합물은 유력한 발암 물질이다. 무리가 있는 에폭사이드의 삼원자 고리는 생물학적 친핵체 :Nu^-(DNA 또는 효소)와 쉽게 반응하여 정상적인 세포 작용을 혼란시켜 암 또는 세포 소멸을 일으키는 고리 열린 생성물을 만든다.

이런 예들은 두 가지의 잘 알려진 세포 과정(cellular process)에서 에폭사이드의 친핵성 고리 열림 반응이 중심 역할을 한다는 것을 보여준다.

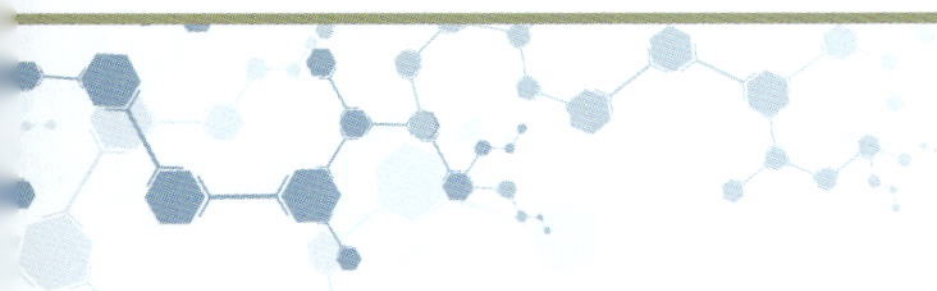

Chapter 09 복습

핵심 개념

탄소 양이온의 자리 옮김 반응(9.9)

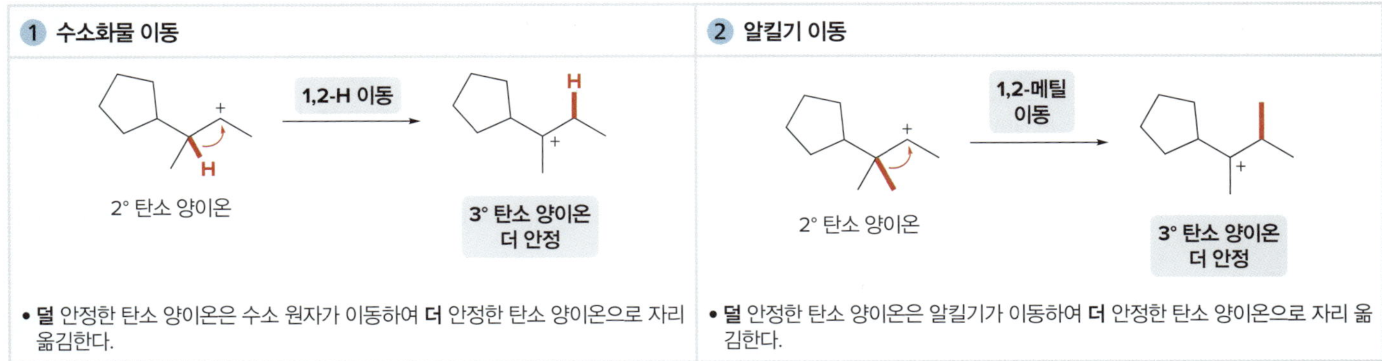

- **덜** 안정한 탄소 양이온은 수소 원자가 이동하여 **더** 안정한 탄소 양이온으로 자리 옮김한다.
- **덜** 안정한 탄소 양이온은 알킬기가 이동하여 **더** 안정한 탄소 양이온으로 자리 옮김한다.

핵심 반응

[1] 알코올, 알콕시화 이온, 에터, 에폭사이드, 싸이올 및 황화물 만들기

1. $CH_3-X + {}^{-}OH \xrightarrow{S_N2\ (9.6)} CH_3-OH + X^-$ (X = Cl, Br, I) 알코올

2. $CH_3O-H + Na^+H^- \xrightarrow{\text{양성자 이동}\ (9.6)} CH_3O^-Na^+ + H-H$ 알콕시화 이온

3. 에틸-X + ${}^{-}OCH_3$ → 에틸-OCH_3 + X^- (X = Cl, Br, I) S_N2, Williamson 에터 합성 (9.6) 에터

4. $Na^+H:^-$ + H–Ö:–(할로알킬) (X = Cl, Br, I) → [1] (9.6) → $^-$:Ö:–(할로알킬) + H–H → [2] S_N2 → 에폭사이드 + X^-

5. $CH_3-X + {}^{-}SH \xrightarrow{S_N2\ (9.15)} CH_3-SH + X^-$ (X = Cl, Br, I) 싸이올

6. 에틸-X + ${}^{-}SCH_3$ → 에틸-SCH_3 + X^- (X = Cl, Br, I) S_N2 (9.15) 황화물

문제 9.42h, i; 9.45; 9.46; 9.53; 9.60; 9.63d, i, k를 풀어보라.

[2] 알코올의 반응

1. 사이클로헥산올(OH, H) $\xrightarrow{H_2SO_4 \text{ or } TsOH}$ 알켄 + H–OH (탈수 반응, 9.8)

2. 2,2-다이메틸사이클로헥산올(OH, H) $\xrightarrow{POCl_3,\ pyridine}$ 알켄 + H–OH (탈수 반응, 9.10)

3. 1-메틸사이클로헥산올 $\xrightarrow{H-X}$ 할로젠화 알킬 + H–OH (X = Cl, Br, I) (9.11)

4. 사이클로헥산올 $\xrightarrow{SOCl_2,\ pyridine}$ 염화 알킬 + 피리디늄(N^+–H) Cl^- + SO_2 (S_N2, 9.12)

5. 사이클로헥산올 $\xrightarrow{PBr_3}$ 브로민화 알킬 + HO–PBr_2 (S_N2, 9.12)

6. 사이클로헥산올 $\xrightarrow{Ts-Cl,\ pyridine}$ 알킬 토실레이트(O–Ts) + 피리디늄(N^+–H) Cl^- (9.13A)

표 9.1, 그림 9.3 참고. 문제 9.37f, 9.38, 9.42–9.46을 풀어보라.

[3] 알킬 토실레이트의 반응

1. 3-메틸사이클로헥실 OTs + ${}^{-}SCH_3$ $\xrightarrow{S_N2\ (9.13B)}$ 3-메틸사이클로헥실 SCH_3 + ${}^{-}OTs$

2. 사이클로헥실 OTs (H) + ${}^{-}OCH_3$ $\xrightarrow{E2\ (9.13B)}$ 사이클로헥센 + H–OCH_3 + ${}^{-}OTs$

예제 9.8 참고. 문제 9.44d; 9.45b; 9.63d, f를 풀어보라.

[4] 에터의 반응

$CH_3CH_2-O-CH_3 \xrightarrow[X\ =\ Br,\ I\ (9.14)]{H-X\ (2당량)} CH_3CH_2-X + CH_3-X + H-OH$

문제 9.55, 9.63j를 풀어보라.

[5] 싸이올, 황화물을 포함한 반응

1. $CH_3-SH \xrightarrow[X\ =\ Br,\ I]{X_2} CH_3-S-S-CH_3$ (이황화물) 산화 (9.15A)
2. $CH_3-S-S-CH_3 \xrightarrow{Zn,\ HCl} 2\ CH_3-SH$ 환원 반응 (9.15A)
3. $CH_3CH_2-S-CH_3 + CH_3CH_2-X \xrightarrow{S_N2} (CH_3CH_2)_2\overset{+}{S}-CH_3 + X^-$ (설포늄 이온), X = Cl, Br, I (9.15B)

문제 9.63c, k, l을 풀어보라.

[6] 에폭사이드의 반응

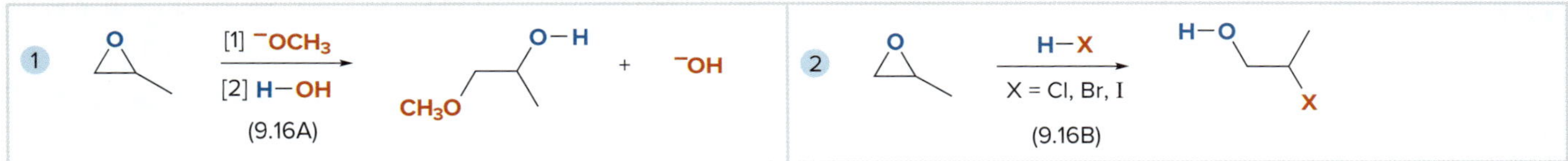

예제 9.9, 그림 9.5 참고. 문제 9.58; 9.59; 9.61; 9.63g, h를 풀어보라.

핵심 기법

[1] 비고리형 알코올의 IUPAC 명명법(9.3A)

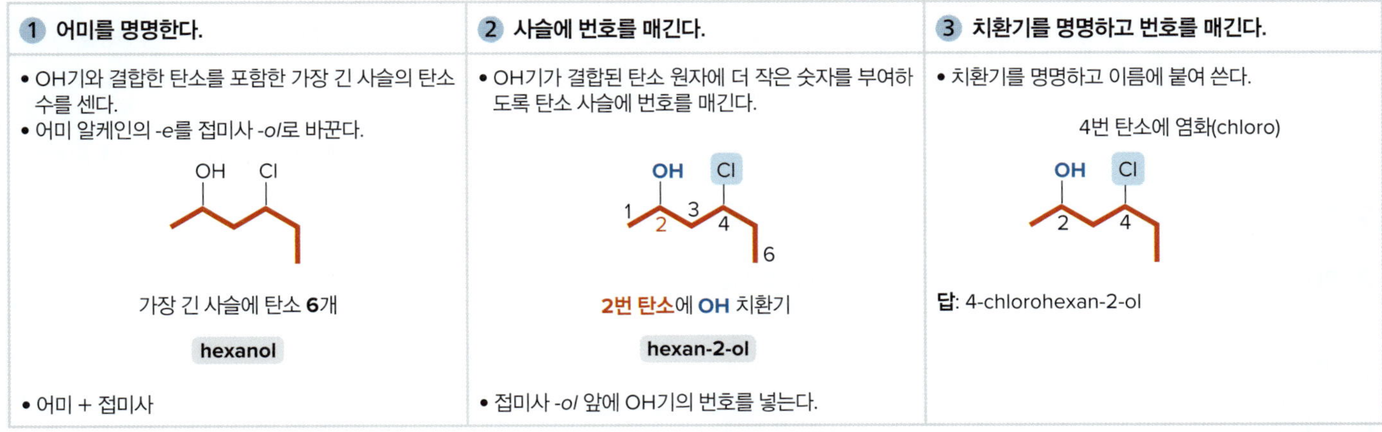

1 어미를 명명한다.	2 사슬에 번호를 매긴다.	3 치환기를 명명하고 번호를 매긴다.
• OH기와 결합한 탄소를 포함한 가장 긴 사슬의 탄소 수를 센다. • 어미 알케인의 -*e*를 접미사 -*ol*로 바꾼다. OH Cl 가장 긴 사슬에 탄소 **6**개 **hexanol** • 어미 + 접미사	• OH기가 결합된 탄소 원자에 더 작은 숫자를 부여하도록 탄소 사슬에 번호를 매긴다. OH Cl 1 2 3 4 6 **2번 탄소**에 **OH** 치환기 **hexan-2-ol** • 접미사 -*ol* 앞에 OH기의 번호를 넣는다.	• 치환기를 명명하고 이름에 붙여 쓴다. 4번 탄소에 염화(chloro) OH Cl 2 4 **답**: 4-chlorohexan-2-ol

예제 9.1 해결 방법 p. 345 참고. 문제 9.37a; 9.39; 9.41a–d, g를 풀어보라.

[2] Williamson 에터 합성법으로 알코올을 에터로 바꾸기(9.6)

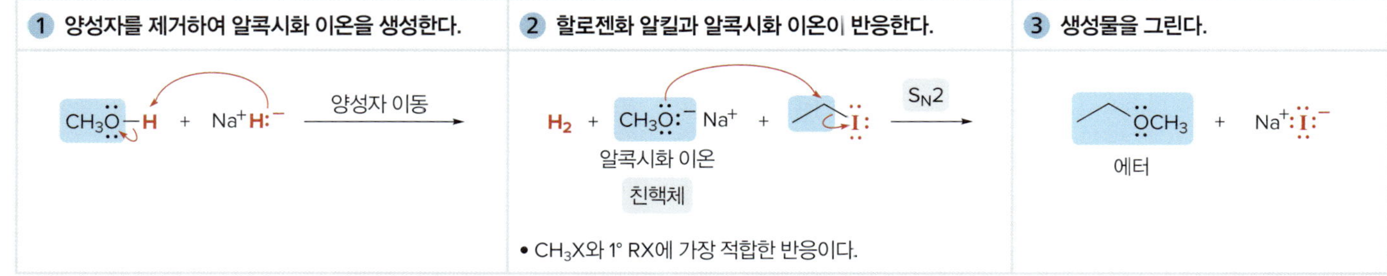

예제 9.3 참고. 문제 9.42h; 9.45a, c; 9.46; 9.53; 9.63i를 풀어보라.

[3] 탄소 양이온의 자리 옮김 여부 판단(9.9)

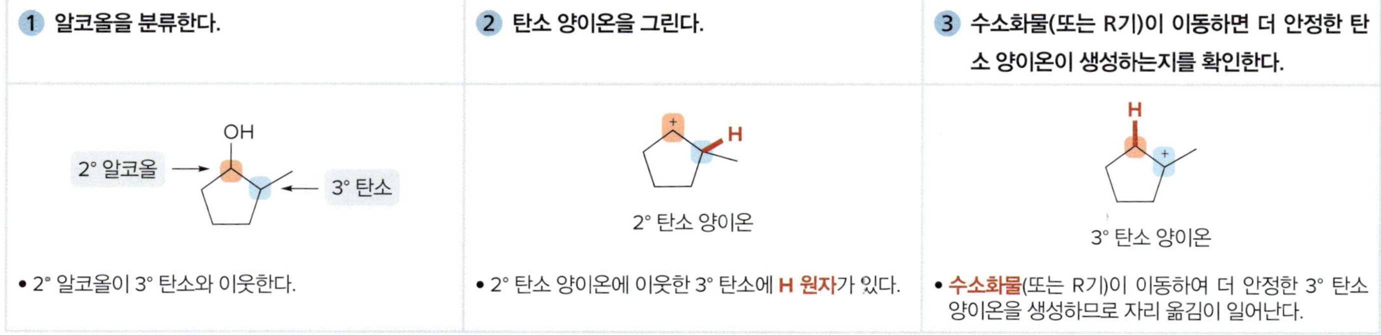

문제 9.43d, f; 9.47a; 9.48; 9.49를 풀어보라.

[4] 1,2-메틸기 이동이 일어날 때의 탈수 반응 생성물 그리기(9.9)

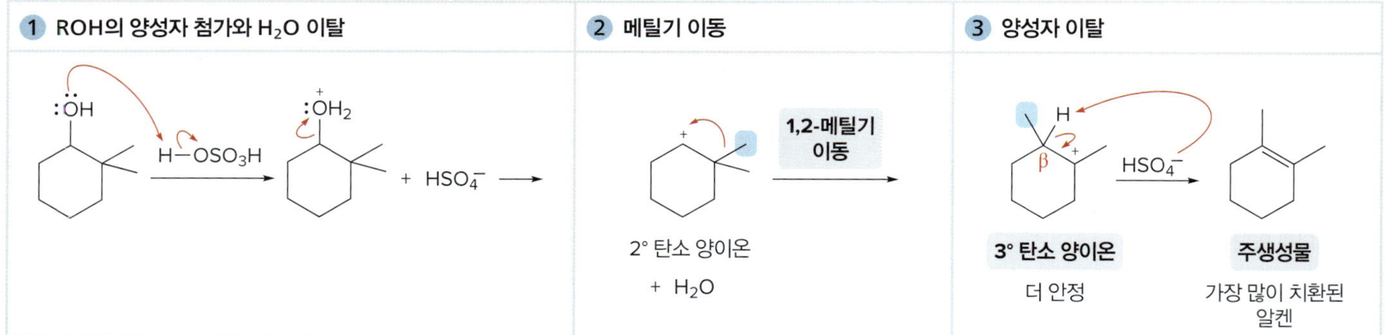

예제 9.4 참고. 문제 9.43d, f; 9.47a; 9.49를 풀어보라.

[5] 1,2-수소화물이 이동될 때 S_N1 반응의 생성물 그리기(9.11B)

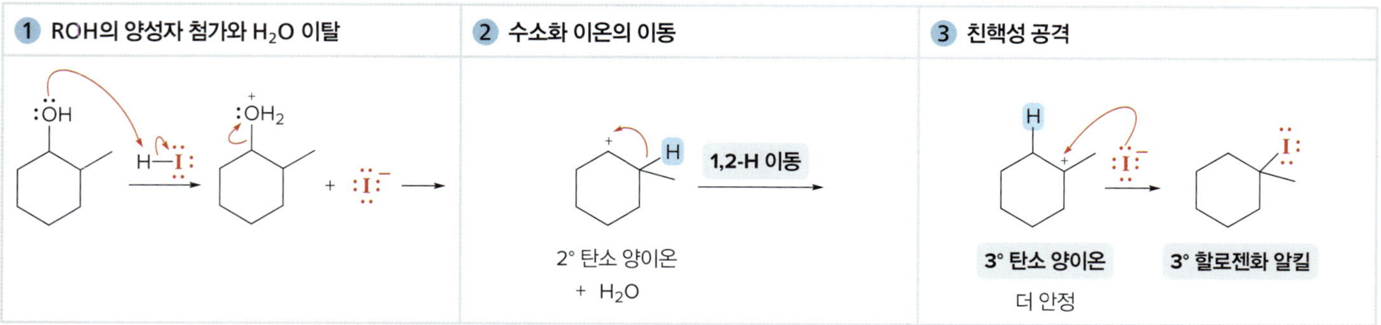

예제 9.6 참고. 문제 9.37f[4], 9.48을 풀어보라.

[6] ROH를 RCl로 변환할 때 입체 화학 결정하기(9.12)

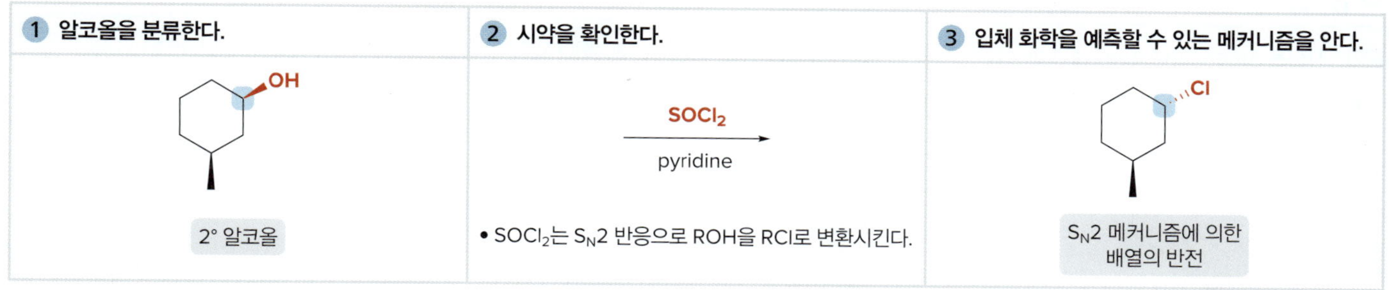

예제 9.5 참고. 문제 9.37f; 9.38; 9.44a – c, e, f를 풀어보라.

[7] 에폭사이드 고리 열림 반응의 생성물 그리기(9.16)

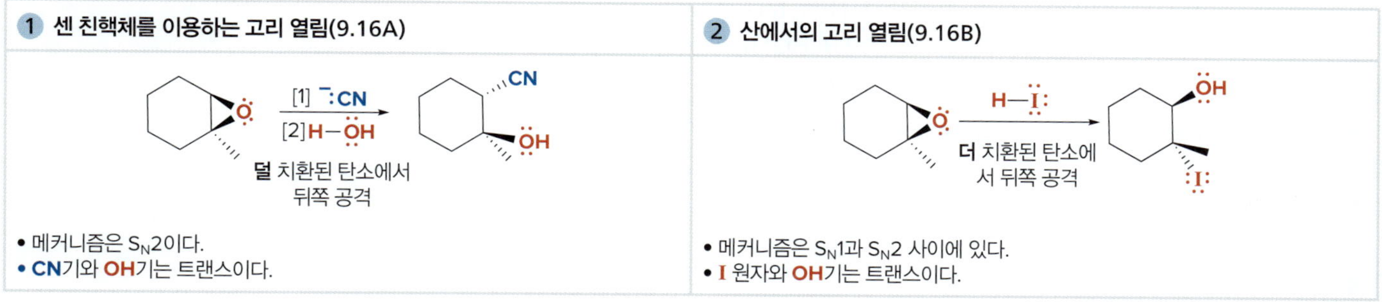

예제 9.9, 그림 9.5 참고. 문제 9.58; 9.59; 9.61; 9.63g, h를 풀어보라.

알코올의 반응에서 핵심 메커니즘 개념

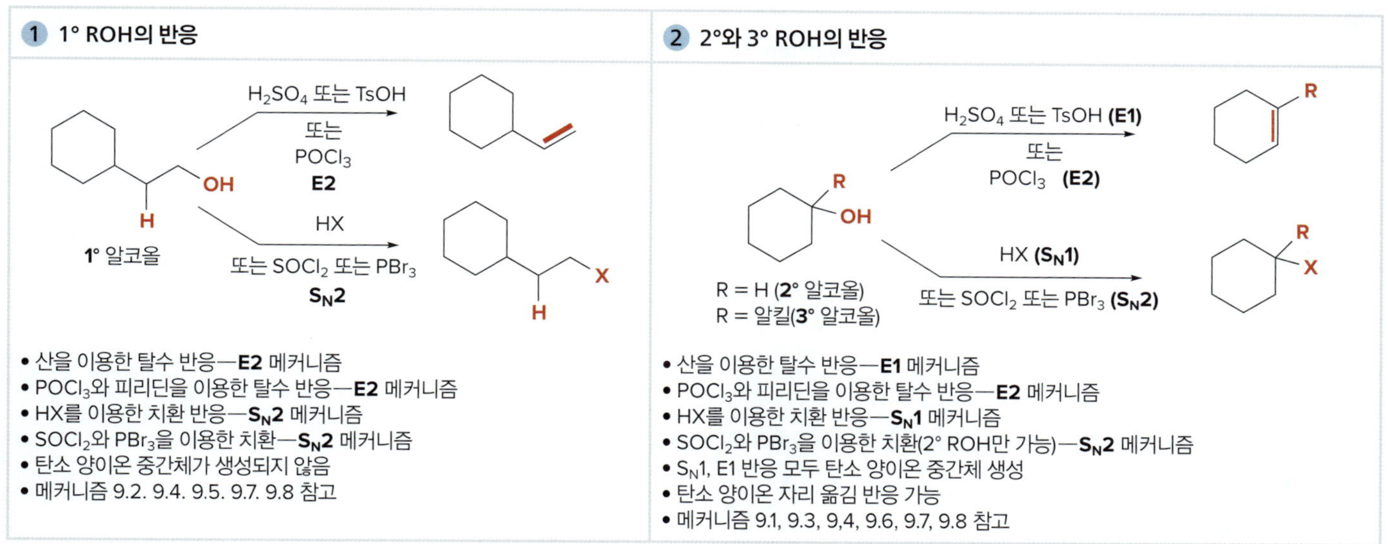

9장 선다형 자가–시험

자가–시험은 American Chemical Society 유기 화학 시험과 유사한 객관식 문제로 구성되어 있다. 정답은 장의 마지막 부분에 나와 있다.

1. 어느 알코올이 탈수 반응에서 가장 빠르게 반응하는가?

a. 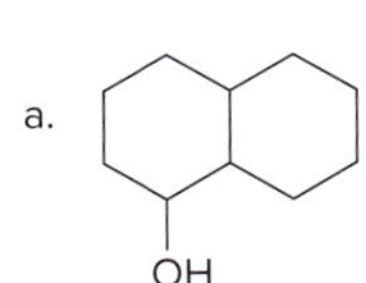

b. OH

c. OH

d. HO

2. 무슨 일련의 반응이 **A**를 **B**로 변환하는가?

OH **A** OCH_3 **B**

a. [1] TsCl, pyridine; [2] $NaOCH_3$
b. [1] HBr; [2] $NaOCH_3$
c. [1] HCl; [2] H_2SO_4; [3] $NaOCH_3$
d. [1] NaH; [2] CH_3I

3. 자리 옮김이 일어날 가능성이 있는 탄소 양이온은 무엇인가?

a. 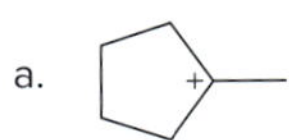
b. 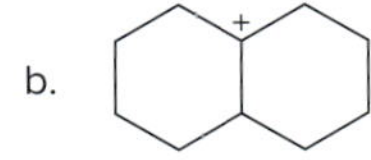
c. 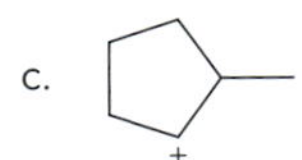
d. +

4. **A~D**를 끓는점이 증가하는 순서로 정렬하라.

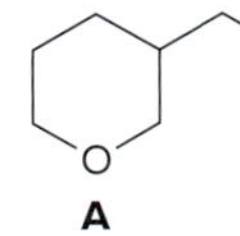

A

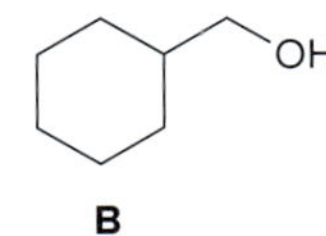

B

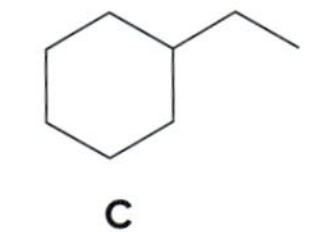
C

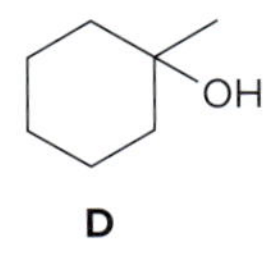

D

a. **C** < **A** < **D** < **B** b. **C** < **A** < **B** < **D** c. **A** < **C** < **D** < **B** d. **B** < **D** < **A** < **C**

5. 다음 알코올의 IUPAC 이름을 쓰라.

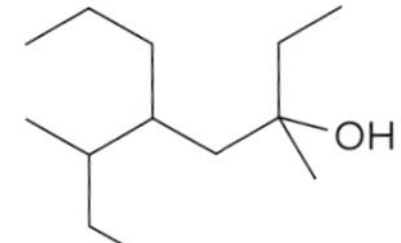

a. 3,6-dimethyl-5-propyloctan-3-ol
b. 5-*sec*-butyl-3-methyloctan-3-ol
c. 3-methyl-5-*sec*-butyloctan-3-ol
d. 3,6-dimethyl-4-propyloctan-6-ol

6. **C**가 산–촉매화 탈수 반응을 수행할 때 생기는 주생성물은 무엇인가?

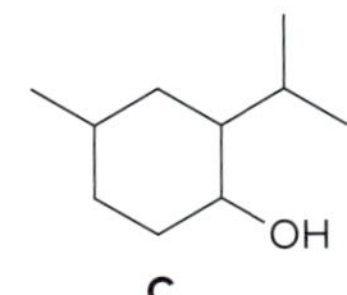

C

a. 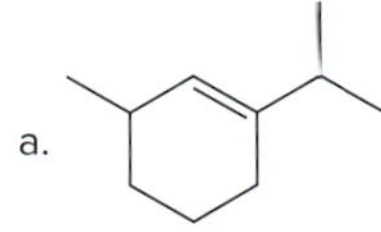
b. 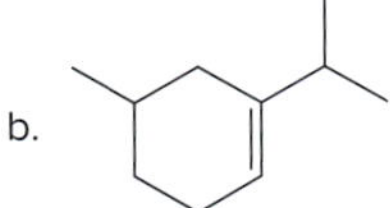
c. 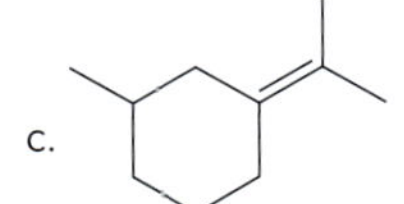
d.

7. 에폭사이드 **D**를 ^{-}SH와 연이은 H_2O로 처리하면 무슨 생성물이 생기는가?

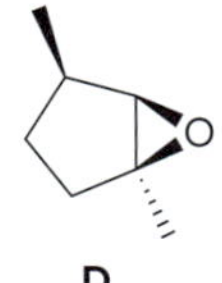

D

a. 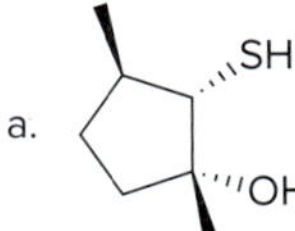

b. 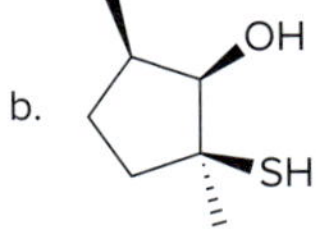

c. 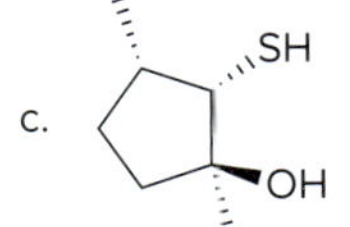

d. SH OH

8. 에폭사이드 **E**의 허용할 수 있는 이름은 무엇인가?

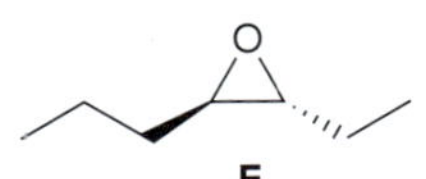

E

a. *trans*-3,4-epoxyhept-3-ene
b. *trans*-4,5-epoxyheptane
c. *trans*-2-ethyl-3-propyloxirane
d. *trans*-1-ethyl-2-propyloxirane

9. 다음 순차적 두 단계 반응에서 무슨 생성물이 생기는가?

OH [1] PBr_3 [2] NaCN a. CN b. CN c. CN d. CN

10. 어느 하이드록시기가 HBr과 가장 빨리 반응하는가?

a. HO b. HO c. OH OH d.

문제

삼차원 모형을 이용하는 문제

9.37 화합물 **A**의 공–막대 모형을 이용하는 각 질문에 답하라.

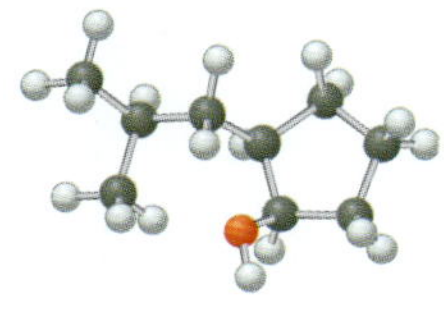

A

a. 입체 발생 중심에 *R*, *S* 표시를 포함하는 **A**의 IUPAC 명을 쓰라.

b. **A**를 1°, 2°, 3° 알코올로 분류하라.

c. **A**의 입체 이성질체를 그리고 IUPAC 명을 쓰라.

d. OH기가 있는 구조 이성질체를 그리고 IUPAC 명을 쓰라.

e. 에터를 포함하는 구조 이성질체를 그리고 IUPAC 명을 쓰라.

f. **A**를 각각의 시약으로 처리하였을 때 생성되는 생성물을 입체 화학을 포함하여 그려라.
[1] NaH; [2] H_2SO_4; [3] $POCl_3$, pyridine; [4] HCl; [5] $SOCl_2$, pyridine; [6] TsCl, pyridine

9.38 알코올을 각각의 시약으로 처리하였을 때 생성되는 생성물을 그리고 입체 화학을 표시하라: (a) HBr; (b) PBr_3; (c) HCl; (d) $SOCl_2$ and pyridine.

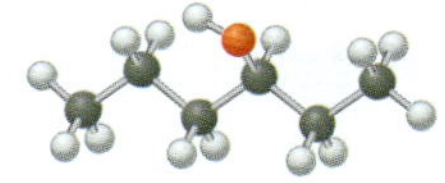

명명법

9.39 각 알코올의 IUPAC 명을 쓰라.

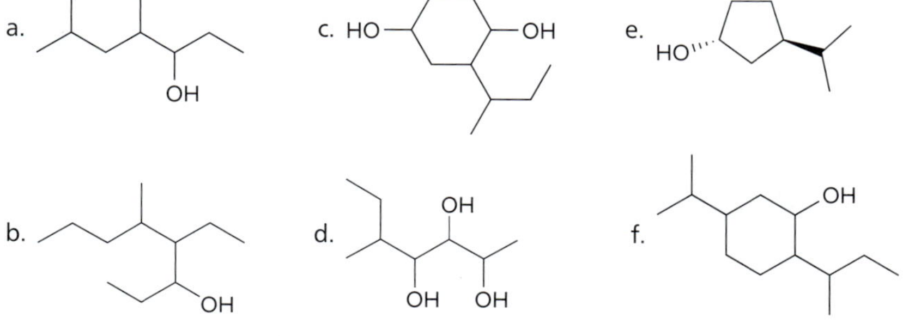

9.40 각각의 에터와 에폭사이드, 싸이올, 설파이드를 명명하라.

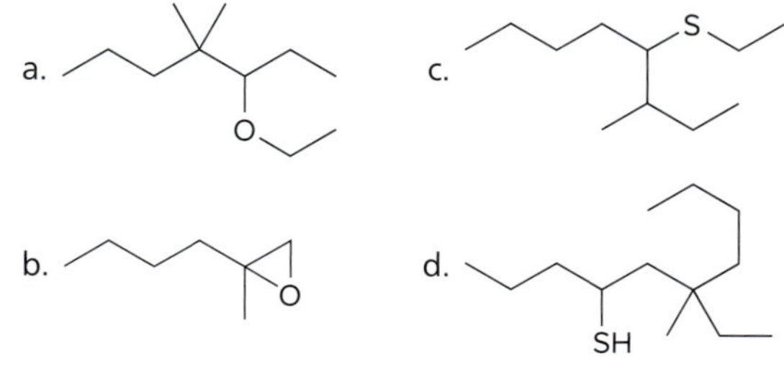

9.41 각 이름에 해당하는 구조를 그려라.

a. *trans*-2-methylcyclohexanol
b. 2,3,3-trimethylbutan-2-ol
c. 6-*sec*-butyl-7,7-diethyldecan-4-ol
d. 3-chloropropane-1,2-diol
e. 1,2-epoxy-1,3,3-trimethylcyclohexane
f. 1-ethoxy-3-ethylheptane
g. (2*R*,3*S*)-3-isopropylhexan-2-ol
h. (*S*)-2-ethoxy-1,1-dimethylcyclopentane
i. 4-ethylheptane-3-thiol
j. 1-isopropylthio-2-methylcyclohexane

알코올

9.42 $CH_3CH_2CH_2OH$가 각 반응 시약과 반응하여 생성되는 유기 생성물을 그려라.

a. H_2SO_4
b. NaH
c. HCl + $ZnCl_2$
d. HBr
e. $SOCl_2$, pyridine
f. PBr_3
g. TsCl, pyridine
h. [1] NaH; [2] CH_3CH_2Br
i. [1] TsCl, pyridine; [2] NaSH
j. $POCl_3$, pyridine

9.43 각 알코올이 TsOH로 탈수시켰을 때 무슨 알켄이 생성되는가? 혼합물이 얻어질 경우에는 주생성물을 표시하라.

a. b. c. 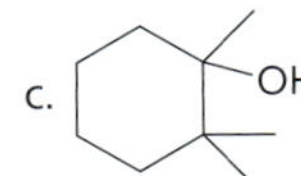 d. e. f.

9.44 각 반응의 생성물을 그리고, 입체 발생 중심의 입체 화학을 표시하라.

a. → HBr
b. → HCl, $ZnCl_2$
c. 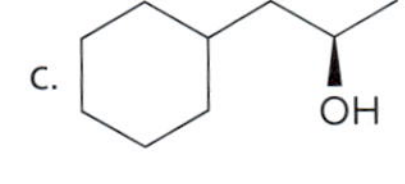 → $SOCl_2$, pyridine
d. → TsCl, pyridine → KI
e. → HBr
f. → HCl

9.45 (*R*)-hexan-2-ol을 각각의 일련의 시약과 반응시켰을 때 생성되는 생성물을 입체 화학을 포함하여 그려라. 이들 중 같은 생성물이 얻어지는 두 과정은 무엇인가?

(a) NaH 첨가 후 CH_3I를 첨가 (b) TsCl과 pyridine 첨가 후 $NaOCH_3$를 첨가 (c) PBr_3 첨가 후 $NaOCH_3$를 첨가

9.46 각 두-단계 반응에서 생성되는 생성물을 입체 화학을 포함하여 그려라.

a. → [1] NaH; [2]
b. → [1] NaH; [2] 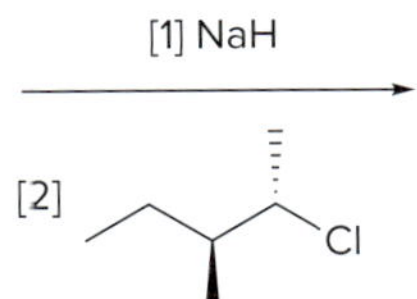

9.47 (a) **A**가 H_2SO_4와 탈수 반응할 때 생성되는 주 알켄 생성물은 무엇인가? (b) **A**가 $POCl_3$ 및 pyridine과 반응할 때 생성되는 주 알켄 생성물은 무엇인가? 이 두 반응에서 서로 다른 주생성물이 생성되는 이유를 설명하라.

A

9.48 2° 알코올 **A**를 HCl과 반응시키면, 세 개의 염화 알킬이 생기는데, 모두 처음에 생겼던 2° 탄소 양이온의 자리 옮김 반응으로 생긴 것이다. 생성물의 구조를 그리고 각각이 어떻게 생성되는지를 보여주는 메커니즘을 그려라.

A

9.49 다음 반응의 단계별 메커니즘을 그려라.

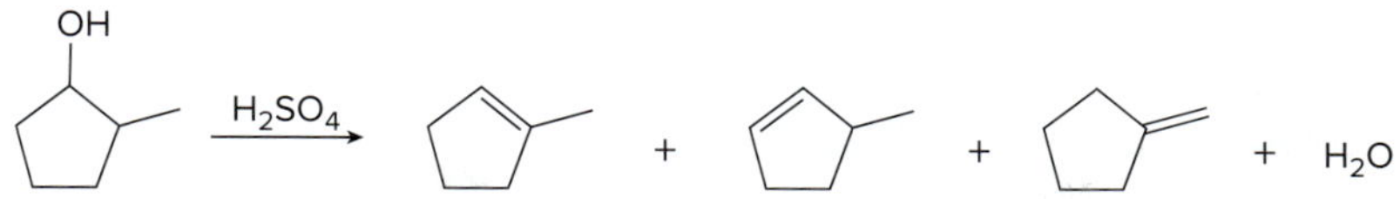

OH, H_2SO_4, +, +, + H_2O

9.50 때때로 탄소 양이온의 자리 옮김이 일어나면 고리의 크기가 바뀌곤 한다. 다음 반응에 대한 자세한 메커니즘을 단계적으로 그려라.

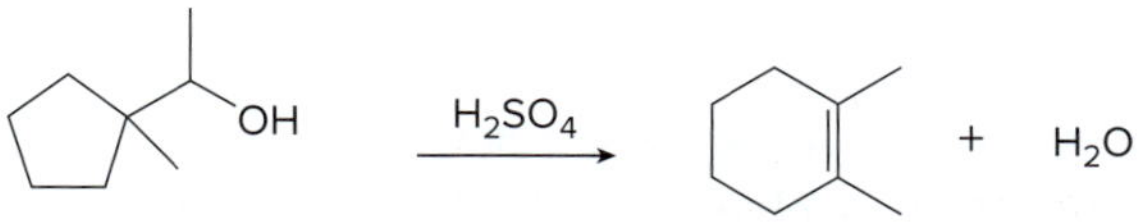

OH, H_2SO_4, + H_2O

9.51 알릴성 알코올(allylic alcohol)은 C−C 이중 결합에 이웃하고 있는 탄소 원자에 OH기가 있는 알코올이다. 알릴성 알코올 **A**를 HCl과 반응시키면 두 개의 알릴성 클로라이드(allylic chloride) **B**와 **C**가 생성된다. 두 생성물이 어떻게 생성되는지를 보여주는 단계적 메커니즘을 그려라.

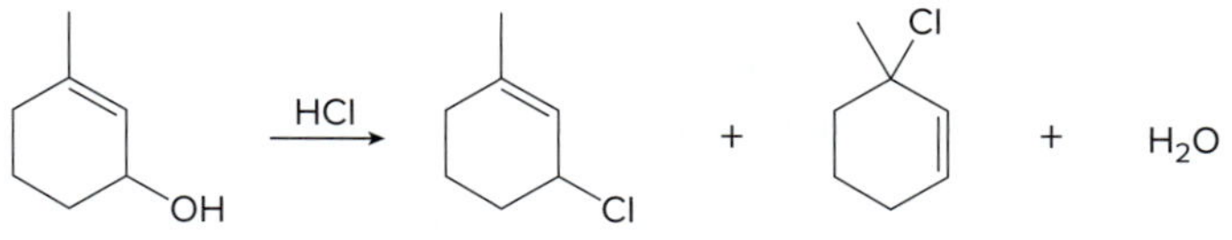

OH, HCl, Cl, +, Cl, + H_2O

A **B** **C**

9.52 다음 반응의 단계적 메커니즘을 자세히 쓰라.

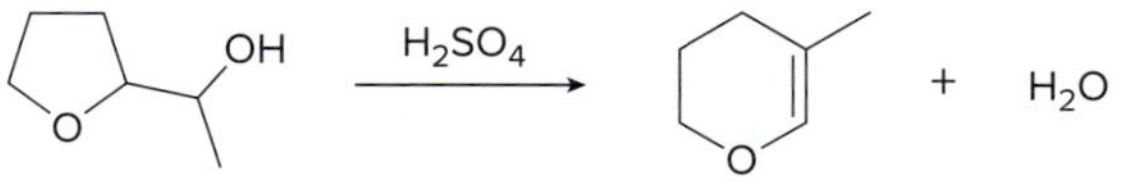

O, OH, H_2SO_4, O, + H_2O

에터

9.53 Williamson 에터 합성을 사용하여 각각의 다음 에터를 합성하는 두 가지 방법을 나타내라. 만약 한 가지 방법이 다른 방법보다 더 좋다면 그 방법을 표기하라.

a. 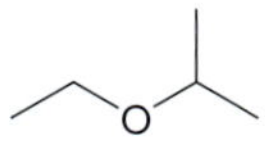 O b. 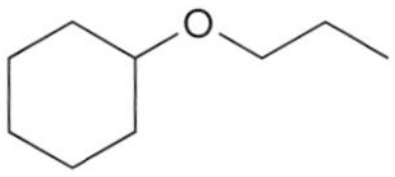 O c. 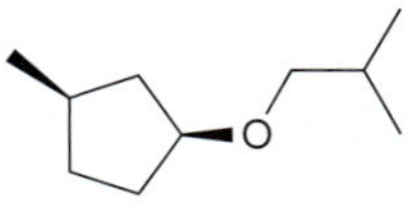 O

9.54 Williamson 에터 합성으로 *tert*-butyl phenyl ether를 제조할 수 없는 이유를 설명하라.

9.55 각 에터가 2당량의 HBr과 반응하였을 때 얻어지는 생성물을 그려라.

a. 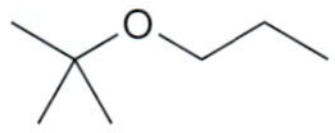 O b. 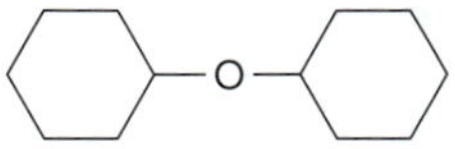 O c. 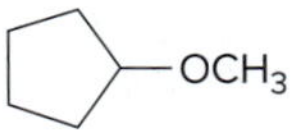 OCH_3

9.56 각 반응의 단계적 메커니즘을 쓰라.

a. 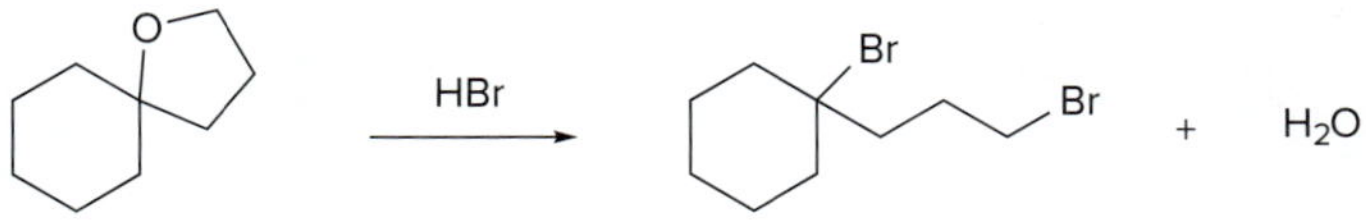 O, HBr, Br, Br, + H_2O

b. 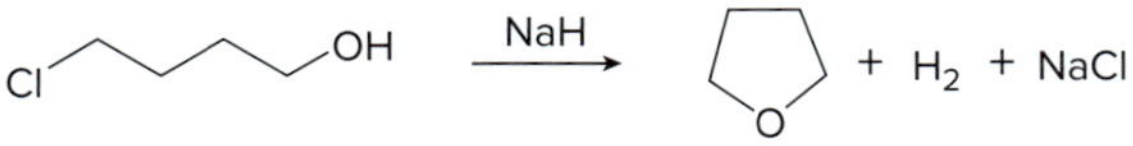 Cl, OH, NaH, O, + H_2 + NaCl

9.57 각 반응의 단계적 메커니즘을 쓰라.

O, CF_3CO_2H, OH, +

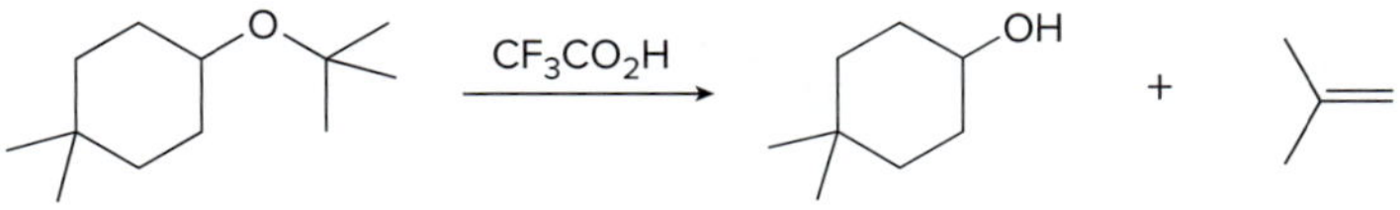

에폭사이드

9.58 산화 에틸렌(ethylene oxide)과 각 시약과의 반응으로 생성되는 생성물을 그려라.

a. HBr
b. H_2O (H_2SO_4)
c. [1] $CH_3CH_2O^-$; [2] H_2O
d. [1] $HC{\equiv}C^-$; [2] H_2O
e. [1] ^-OH; [2] H_2O
f. [1] CH_3S^-; [2] H_2O

9.59 각 반응의 생성물을 그려라.

a. 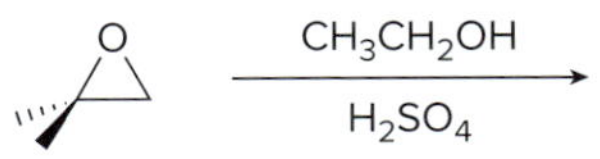 $\xrightarrow[H_2SO_4]{CH_3CH_2OH}$

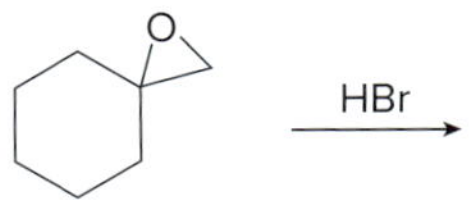

b. 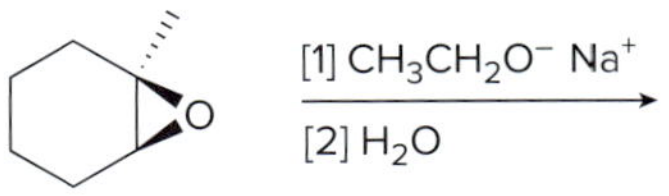 $\xrightarrow[[2]\ H_2O]{[1]\ CH_3CH_2O^-\ Na^+}$

c. $\xrightarrow{HBr}$

d. 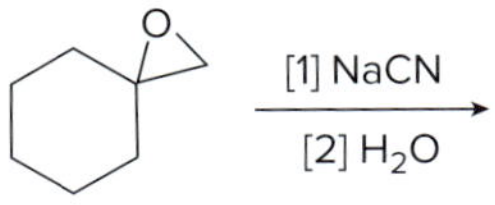 $\xrightarrow[[2]\ H_2O]{[1]\ NaCN}$

9.60 각 할로하이드린을 NaH로 처리하면 분자식이 C_4H_8O인 생성물이 얻어진다. 생성물의 구조를 그리고 입체 화학을 표시하라.

a. 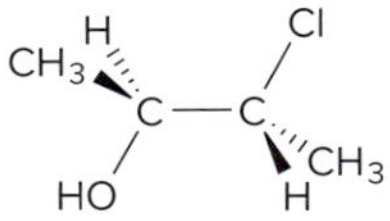 CH_3, H, HO, Cl, CH_3, H

b. 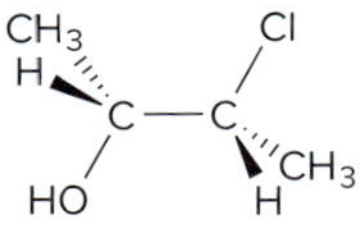 CH_3, H, HO, Cl, CH_3, H

c. 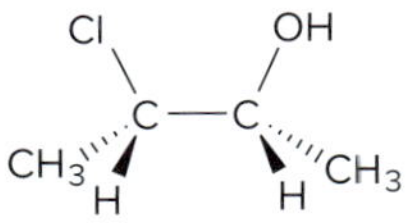 Cl, CH_3, H, OH, CH_3, H

9.61 (a) (*R*)-2-ethyl-2-methyloxirane을 (*R*)-2-methylbutane-1,2-diol로 변환하는 데 필요한 반응 조건은 무엇인가?
(b) (*R*)-2-ethyl-2-methyloxirane을 (*S*)-2-methylbutane-1,2-diol로 변환하는 데 필요한 반응 조건은 무엇인가?

9.62 Tezacaftor(상품명 Trikafta)은 낭포성 섬유증의 치료제로 2019년에 미국에서 승인된 3약제 요법의 한 가지 성분이다. Tezacaftor의 다단계 합성의 한 반응은 **A**와 에폭사이드 **B**를 반응시켜 중간체 **C**를 얻는 것이다. 새로 생기는 입체 발생 중심을 모두 포함하여 **C**의 구조를 그려라.

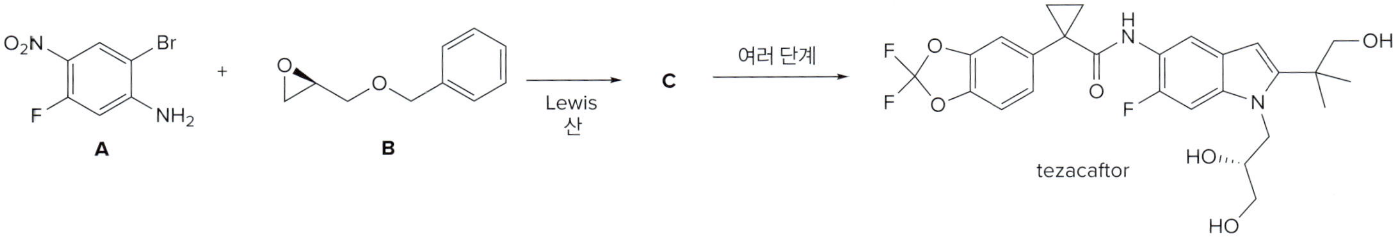

A (O_2N, Br, F, NH_2) + **B** $\xrightarrow{\text{Lewis 산}}$ **C** $\xrightarrow{\text{여러 단계}}$ tezacaftor

개념 통합 문제

9.63 각각의 반응의 생성물을 그리고 필요하면 입체 화학을 표시하라.

a.  OTs $\xrightarrow{KOC(CH_3)_3}$

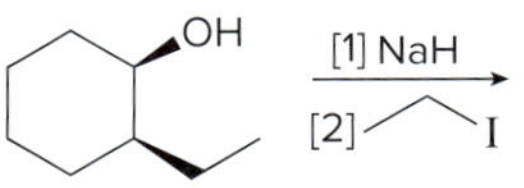

b. 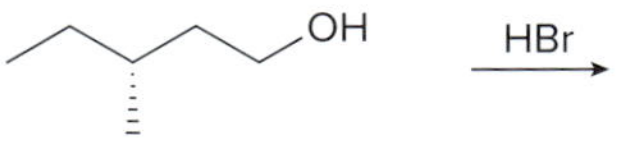 OH $\xrightarrow{HBr}$

c. 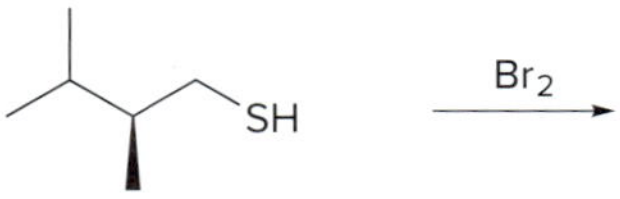 SH $\xrightarrow{Br_2}$

d. OTs $\xrightarrow{KSH}$

e. OH $\xrightarrow{PBr_3}$

f. OH, D $\xrightarrow{[1]\ TsCl,\ pyridine;\ [2]\ CH_3CO_2^-}$

g. 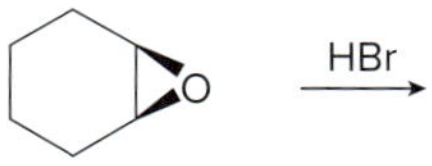 O $\xrightarrow{HBr}$

h. O $\xrightarrow[[2]\ H_2O]{[1]\ NaOCH_3}$

i. OH $\xrightarrow{[1]\ NaH;\ [2]\ CH_3CH_2I}$

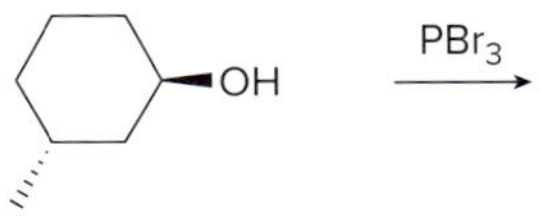

j. O $\xrightarrow[(2\ equiv)]{HI}$

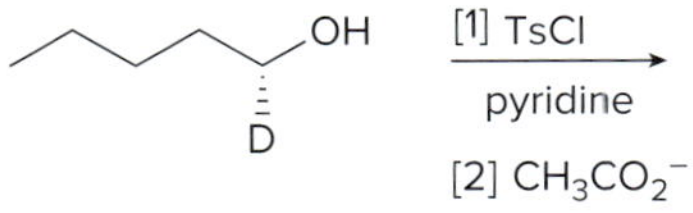

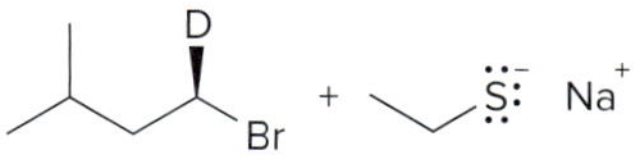

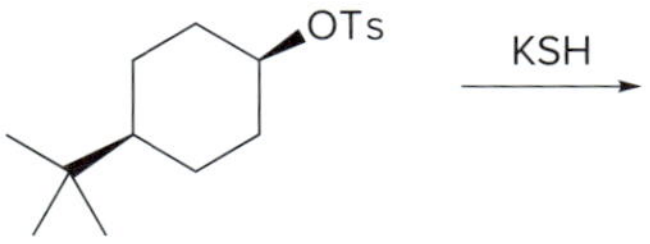

k. D, Br + $CH_3CH_2\ddot{S}:^-\ Na^+$

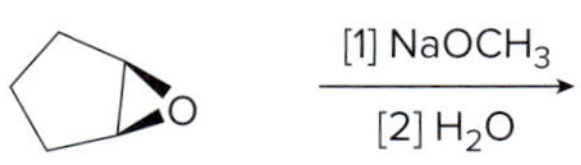

l. 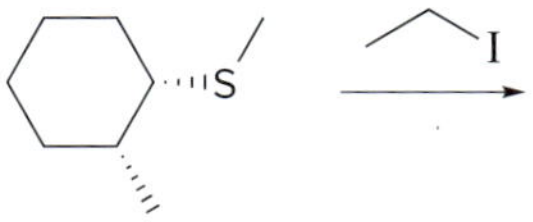 S $\xrightarrow{CH_3CH_2I}$

9.64 사이클로펜탄올(cyclopentanol)로부터 각 화합물을 합성하라. 어떤 경우에는 두 단계 이상이 필요하다.

a. 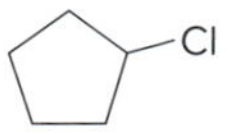 Cl b. 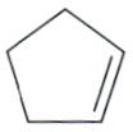 c. 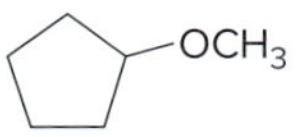 OCH_3 d. 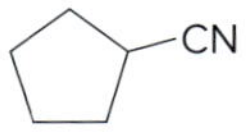 CN

9.65 다음 반응에서 **Y**는 무엇인가? 이 반응은 주의력 결핍 및 과잉 행동 장애(ADHD)의 치료제인 methylphenidate 합성의 한 단계이다.

X + Y → Z → methylphenidate

9.66 고혈압 치료제로 사용되는 propranolol은 1-나프톨(1-naphthol), 에피클로로하이드린(epichlorohydrin), 그리고 아이소프로필아민(isopropylamine)으로부터 두 개의 연속적인 친핵성 치환 반응으로 제조될 수 있다. 이 출발물로부터 propranolol을 합성하는 다단계 합성을 고안하라.

propranolol 1-naphthol epichlorohydrin isopropylamine

분광법

문제 9.67−9.70은 A−C장의 분광법을 이미 배운 학생들을 위한 것이다.

9.67 각각의 스펙트럼 자료에 부합하는 구조를 그려라.

a. $C_6H_{14}O$: IR 피크; 3600−3200 cm^{-1}; NMR (ppm):
0.8 (삼중선, 6 H) 1.5 (사중선, 4 H)
1.0 (단일선, 3 H) 1.6 (단일선, 1 H)

b. $C_6H_{14}O$: IR 피크; 3000−2850 cm^{-1}; NMR (ppm):
1.10 (이중선, 상대 면적 = 6)
3.60 (칠중선, 상대 면적 = 1)

9.68 17장에서 배울 것이지만, $(CH_3)_2CO$과 LiC≡CH의 반응 후에 H_2O를 가하면 화합물 **D**가 얻어진다. 이 화합물은 질량 스펙트럼에서 분자 이온이 84에서 나타나고 IR 스펙트럼에서는 3600−3200, 3303, 2938과 2120 cm^{-1}에서 눈에 잘 띄는 흡수가 나타난다. **D**의 ^1H NMR 스펙트럼 자료는 다음과 같다: 1.53 (단일선, 6 H), 2.37 (단일선, 1 H) 및 2.43 (단일선, 1 H) ppm. **D**의 구조는 무엇인가?

9.69 $(CH_3)_2CHCH(OH)CH_2CH_3$를 TsOH로 처리하면 분자식이 C_6H_{12}인 두 생성물(**M**과 **N**)이 얻어진다. **M**과 **N**의 ^1H NMR 스펙트럼은 아래에 나와 있다. **M**과 **N**의 구조를 제안하고 화합물들의 생성 메커니즘을 그려라.

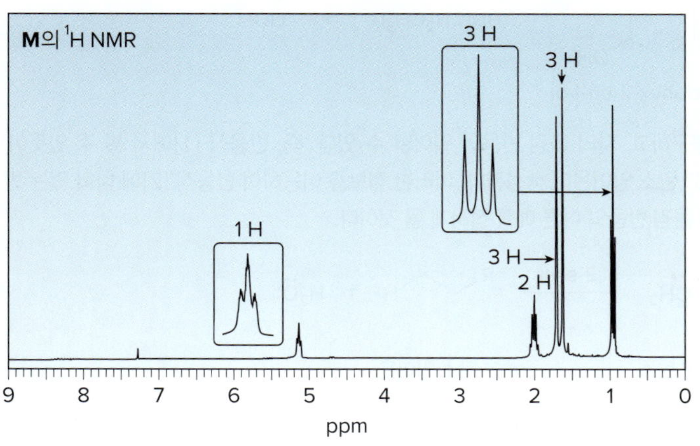

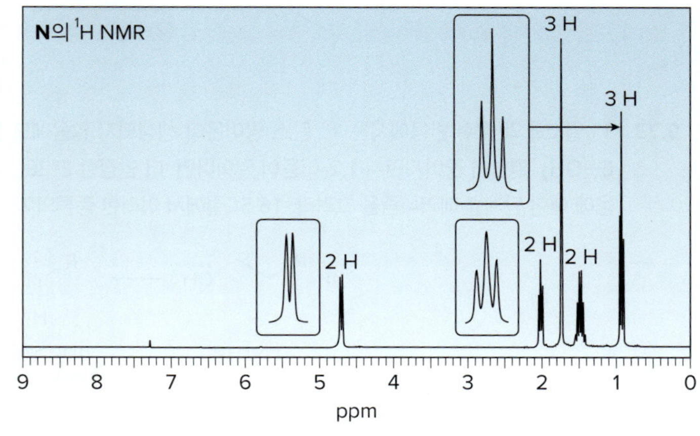

9.70 아래에 나와 있는 ^{1}H NMR과 IR 스펙트럼을 이용하여 분자식이 $C_4H_8O_2$인 화합물 **A**의 구조를 결정하라.

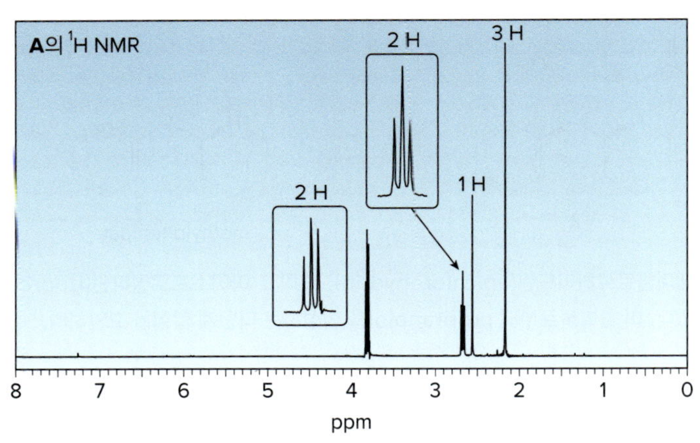

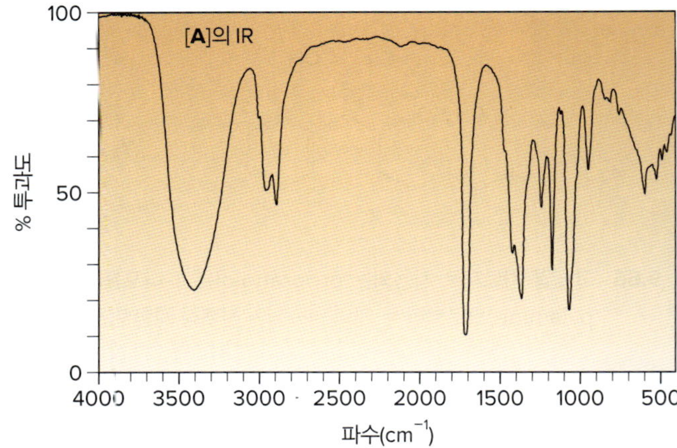

알코올, 에터와 에폭사이드에 관련된 추가 문제가 A–C장에 나와 있다.

- 질량 분석법: A.4a, A.13, A.28, A.29a, A.31, A.32, A.34, A.36, A.37
- 적외선 분광법: B.10; B.14; B.15b; B.20b; B.21b; B.22b; B.24; B.30(**B**), (**D**); B.31c
- 핵자기 공명 분광법: C.20; C.23a, b; C.25; C.27b; C.29; C.31c; C.36a; C.38b, e, g, h; C.44b, c; C.45c, e, f; C.52b, e; C.54a, c; C.72; C.73b; C.80; C.83

도전 문제

9.71 다음 반응의 단계별 메커니즘을 그려라. 이 반응은 프로스타글란딘(19.5절) 합성의 한 단계이다.

NaH, (epichlorohydrin) → H_2O → (spiro product)–OH

9.72 에폭사이드가 lithium diethylamide [$LiN(CH_2CH_3)_2$] 같은 비친핵성 염기와 반응하면 알릴성 알코올(allylic alcohol)로 변환된다. 1,2-Epoxycyclohexane이 이 염기에 의해 cyclohex-2-en-1-ol로 변환되는 단계별 메커니즘을 쓰고, 이 반응에서 강하면서 덩치가 큰 염기가 꼭 필요한 이유를 설명하라.

[1] $LiN(CH_2CH_3)_2$, [2] H_2O → cyclohex-2-en-1-ol + $HN(CH_2CH_3)_2$ + LiOH

9.73 1° 알코올의 탈수 반응에서는 1° 탄소 양이온이 생성되지 않음에도 불구하고, 자리 옮김 반응이 일어날 수 있다. 즉, 반응식 [1]에서 볼 수 있듯이, $C-OH_2^+$결합이 끊어지면서 1,2-이동이 일어나면, 더 안정한 2° 또는 3° 탄소 양이온이 생성된다. 이러한 정보를 이용하여 반응식 [2]에 나와 있는 반응에 대한 단계별 메커니즘을 그려라. 16.5C절에서 이러한 종류의 자리 옮김 반응의 다른 예를 접하게 될 것이다.

[1] 1° 알코올 → 이 단계에서 1° 탄소 양이온은 생기지 않음 —1,2-shift→ 2° 탄소 양이온 + $H_2\ddot{O}$:

[2] (tetrahydrofurfuryl alcohol) —H_2SO_4→ (2-methyl-dihydropyran)

9.74 1,2,2-Trimethylcyclohexanol을 H_2SO_4로 탈수시키면 1-*tert*-butylcyclopentene이 부생성물로 얻어진다. (a) 이 알켄이 어떻게 생성되는지를 보여주는 메커니즘을 그려라. (b) 이 탈수 반응에서 생성되는 다른 알켄을 그려라. 적어도 하나는 오원자 고리가 있어야 한다.

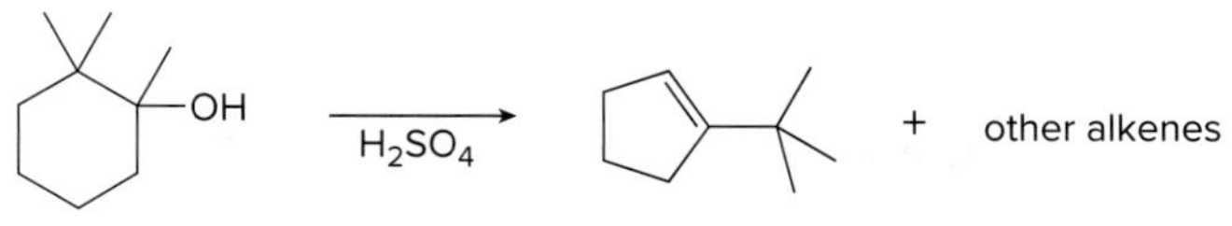

OH —H_2SO_4→ + other alkenes

1,2,2-trimethylcyclohexanol 1-*tert*-butylcyclopentene

9.75 다음 반응의 단계별 메커니즘을 그려라.

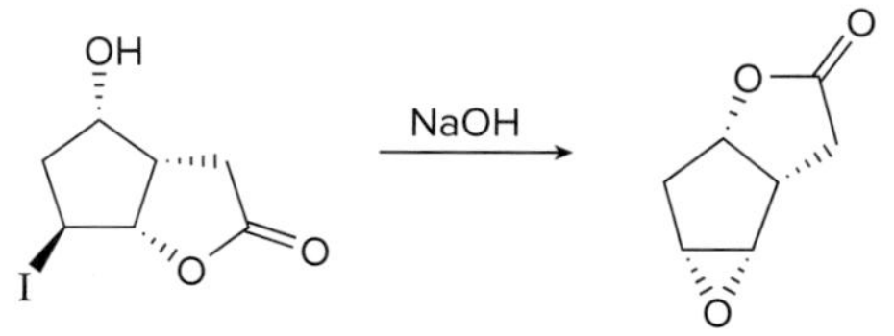

OH, I, O, O —NaOH→ O, O, O

9.76 에폭사이드 **A**가 물에서 고리 열림 반응을 하면 **B**(주생성물)와 **C**(부생성물)의 혼합물이 얻어진다. (a) 굽은 화살표를 이용하여 어떻게 고리화가 두 생성물을 만드는지를 보여라. (b) 비슷한 방식으로, 에폭사이드 고리가 두 개 또는 세 개 있는 화합물이 에폭사이드가 열리는 단계적 반응을 하면, 각각 새로운 고리가 두 개 또는 세 개가 생긴다. Diepoxide **D**와 triepoxide **E**에 비슷한 고리화 반응이 일어날 때 생기는 주생성물을 그려라.

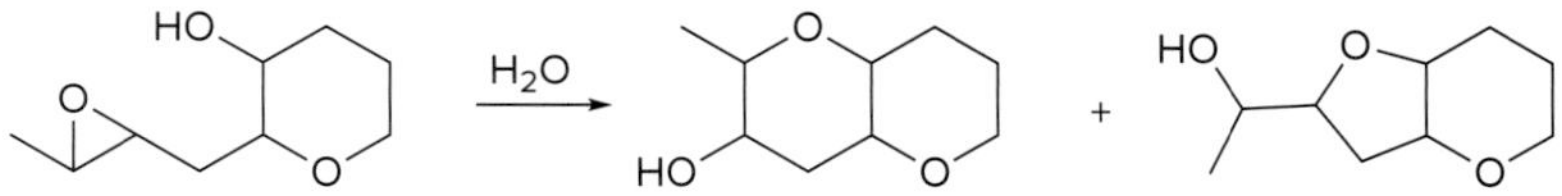

HO, O, O —H_2O→ O, HO, O + HO, O, O

A **B** **C**

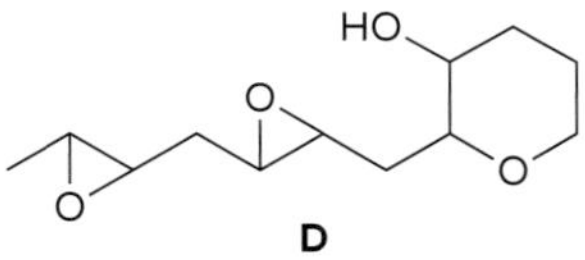

HO, O, O, O HO, O, O, O, O

D 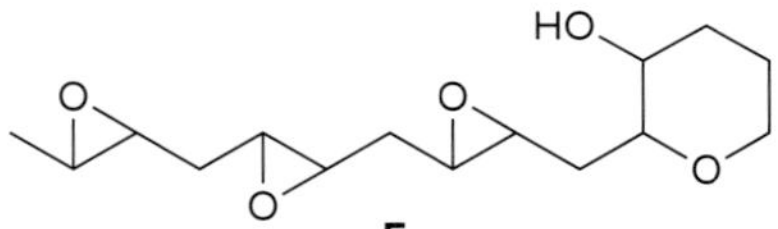 **E**

자가-시험 해답

1. c 2. d 3. c 4. a 5. a 6. c 7. d 8. c 9. b 10. d

알켄과 첨가 반응

Alkenes and Addition Reactions

10

ORGANIC CHEMISTRY

McGraw Hill

아이소프로필 알코올이라고 흔히 부르는 **2-프로판올**은 피부를 소독하는 알코올과 세균을 죽이는 손 세정제에 들어 있는 활성 성분이다. 이 알코올은 많은 극성 및 무극성 화합물을 녹이기 때문에, 산업 공정과 실험실 반응에서 용매로 사용된다. 물에서 70% 2-프로판올이 들어 있는 손 세정제는 COVID-19 유행병을 일으켰던 바이러스인 Sars-CoV-2 바이러스의 핵심부를 둘러싸고 있는 리피드 막을 녹여서 바이러스를 죽이는 데 효과적이다. 소비자 제품에서 사용되는 2-프로판올은 주로 10장의 주제인 알켄의 첨가 반응의 하나인 프로펜의 수화 반응으로 합성된다.

왜 공부하는가? . . .

알켄이란 무엇인가?

10장과 11장에서는 각각 한 개의 π 결합과 두 개의 π 결합이 있는 **알켄(alkene)**과 **알카인(alkyne)**에 대하여 논의한다. π 결합은 쉽게 끊어지기 때문에 알켄과 알카인은 유기 반응의 세 번째 일반적인 반응인 **첨가 반응(addition reaction)**을 일으킨다. 다중 결합은 탄소 원자를 전자 풍부하게 만들어주므로 알켄과 알카인은 매우 다양한 친전자성 시약과 유기 합성에서 매우 다재다능한 첨가 반응을 일으킨다.

10장에서는 먼저 알켄의 성질과 합성을 복습한 후 반응에 관하여 논의할 것이다. **10장의 새로운 반응은 모두 첨가 반응이다.** 가장 주목할 부분은 각 반응을 특징짓는 반응 시약, 메커니즘, 그리고 입체 화학에 대해 배우는 것이다.

10.1 서론

알켄은 **올레핀(olefin)**이라고도 한다.

알켄은 탄소–탄소 이중 결합이 있는 화합물이다. **말단 알켄(terminal alkene)**은 탄소 사슬의 끝에 이중 결합이 있으며, **내부 알켄(internal alkene)**은 이중 결합의 양 끝에 적어도 한 개 이상의 탄소가 있다. **사이클로알켄(cycloalkene)**은 고리 내에 이중 결합이 있다.

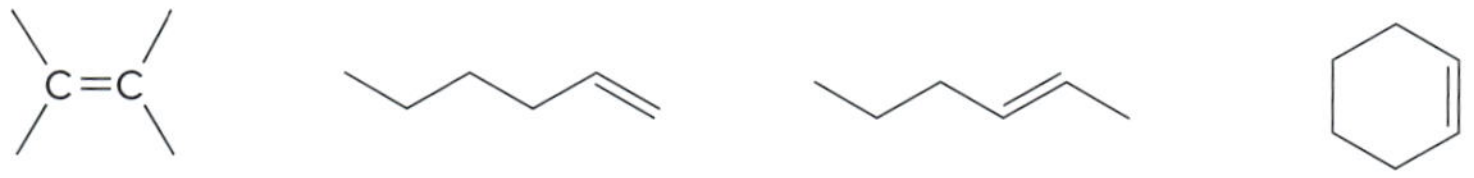

C=C

알켄 말단 알켄 내부 알켄 사이클로알켄

알켄의 이중 결합은 한 개의 σ 결합과 한 개의 π 결합으로 이루어져 있다. 각 탄소는 sp^2 혼성화되어 있으며 삼각 평면이고, 모든 결합각은 약 120°이다(8.2A절).

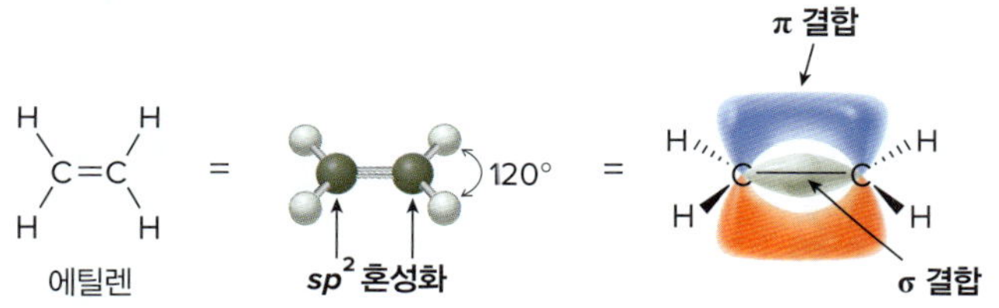

π 결합

H H C=C H H = 120° = H C C H H H

에틸렌 sp^2 혼성화 σ 결합

에테인(오직 σ 결합만)과 에틸렌(한 개의 σ 결합과 한 개의 π 결합)의 C−C 결합 해리 에너지는 이중 결합의 π 결합 세기를 추정하는 데 이용될 수 있다. 만약 에틸렌의 σ 결합 세기가 에테인의 σ 결합 세기(368 kJ/ mol)와 비슷하다고 가정하면, π 결합의 세기는 267 kJ/mol 정도이다.

$CH_2{=}CH_2$		$CH_3{-}CH_3$		
635 kJ/mol	−	368 kJ/mol	=	267 kJ/mol
(σ + π 결합)		(σ 결합)		**π 결합만**

- π 결합은 C−C 이중 결합의 σ 결합보다 훨씬 **약하기** 때문에 매우 쉽게 끊어진다. 그 때문에 알켄은 알케인이 일으키지 않는 많은 반응을 일으킨다.

8장에서 소개하였던 탄소–탄소 이중 결합의 다른 특징을 표 10.1에 요약하였다.

탄소 원자가 여덟 개보다 적은 사이클로알켄은 시스 기하구조이다. 트랜스 사이클로알켄은 너무 큰 무리를 받지 않을 정도로 충분히 긴 탄소 사슬이 이중 결합 끝에 연결되어 있어야 한다. *trans*-cyclooctene은 분리가 가능한 가장 작은 트랜스 사이클로알켄이지만 *cis*-cyclooctene에 비하여 상당히 덜 안정하며 에너지가 더 높은 몇 종류의 트랜스 이성질체 중의 하나이다.

표 10.1 탄소-탄소 이중 결합의 성질

성질	결과
제한된 회전	• **C−C 이중 결합을 축으로 회전하는 것은 불가능하다.** 회전은 π 결합이 끊어지고 나서 다시 생성될 때에만 일어나는데, 이 과정은 불리하다(8.2B절).
입체 이성질 현상	• C=C 이중 결합의 각 끝의 두 알킬기가 서로 다르다면, 두 개의 부분 입체 이성질체가 가능하다. *cis*-와 *trans*-but-2-ene(표 10.1 아래 그림)은 부분 입체 이성질체이다(8.2B절).
안정성	• **트랜스** 알켄은 일반적으로 **시스** 알켄보다 더 안정하다. • **C=C에 붙어 있는 R기의 수가 증가할수록 알켄의 안정성은 증가한다**(8.2C절). but-1-ene　*cis*-but-2-ene　*trans*-but-2-ene **안정성 증가**

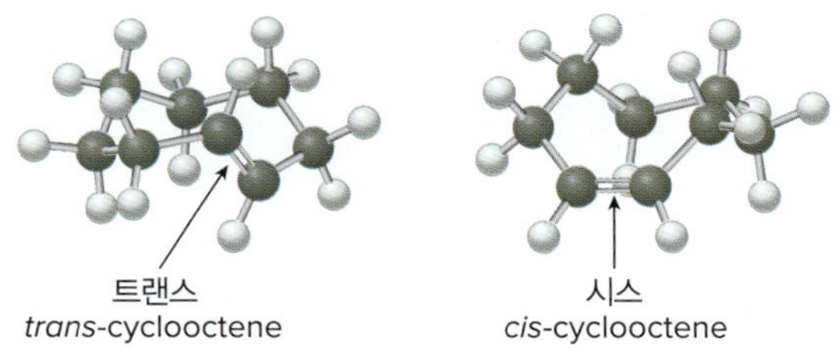

문제 10.1 분자식이 C_5H_{10}인 여섯 개의 알켄을 그려라. 부분 입체 이성질체 한 쌍을 표시하라.

10.2 불포화도의 계산

비고리 알켄의 분자식은 C_nH_{2n}으로 탄소 수가 같은 비고리 알켄에 비해 수소가 두 개 적다.

- 알켄은 탄소당 최대 수소 원자 수보다 수소가 두 개 적으므로 **불포화 탄화수소**이다.

12장에서 π 결합에 의한 불포화도와 고리에 의한 불포화도를 결정하기 위하여 π 결합의 수소 첨가를 이용하는 방법에 대하여 배우게 된다.

사이클로알케인의 일반 분자식 역시 C_nH_{2n}이다. 따라서 **각 π 결합 또는 고리는 분자로부터 두 개의 수소 원자를 제거하며, 불포화도(*degree of unsaturation*)는 1이다.** 특정 분자에 대한 불포화도는 화합물 내에 있는 실제 H 원자의 수와 가능한 H 원자의 최대 수를 비교하여 계산한다. *n*개의 탄소에 대하여 **수소 원자의 최대 수는 $2n + 2$**임을 기억하자(4.1절). 이러한 방법으로 분자 내의 고리와 π 결합의 총 수를 계산한다.

예제 10.1 탄화수소에서 불포화도 계산하기

분자식이 C_4H_6인 화합물의 불포화도를 계산하고, 가능한 구조를 제안하라.

풀이

[1] 가능한 최대 H 원자의 수를 계산한다.

- n개의 탄소에 대하여, 수소 원자의 최대 수는 **$2n + 2$**이다. 이 예에서 $2n + 2 = 2(4) + 2 = 10$.

[2] 최대 수에서 실제 H 원자의 수를 빼고 둘로 나눈다.

- 10H(최대 수) − 6H(실제 수) = 4H

$$\frac{\text{4H(최대 수보다 적은 H 수)}}{\text{2H(불포화도 한 개당 제거되는 H 수)}} =$$

답: 불포화도 2

불포화도 2인 화합물은 다음과 같다.

C_4H_6의 가능한 구조: **두 개의 고리** 또는 **두 개의 π 결합** 또는 **한 개의 고리와 한 개의 π 결합**

문제 10.2

각 분자식에 대하여 불포화도를 계산하고, 가능한 구조 두 개를 제안하라.

a. C_8H_{12}　　b. $C_{10}H_{10}$

추가 문제: 문제 10.34a, b; 10.35를 풀어보라.

이러한 방법은 예제 10.2에 나타낸 바와 같이 산소 및 할로젠과 같은 헤테로 원자의 화합물에도 적용될 수 있다.

예제 10.2 O, X 또는 N이 있는 화합물의 불포화도를 계산하기

각 분자식에 대하여 불포화도를 계산하고 각 화합물의 가능한 구조 하나를 제안하라.

a. C_5H_8O　　b. $C_6H_{11}Cl$　　c. C_8H_9N.

풀이

a. 화합물에 산소 원자가 있을 때 계산에서 **주어진 C와 H의 수만 사용하고 O 원자는 무시한다**. 즉 불포화도를 계산할 때 C_5H_8O는 C_5H_8과 동등하다.

[1] 5 C에 대하여, 최대 H 수 = $2n + 2 = 2(5) + 2 = 12$.

[2] 화합물에는 여덟 개의 H가 있으므로 H의 최대 수보다 4가 작다($12 - 8 = 4$).

[3] 불포화도 한 개당 H 두 개가 제거되므로 단계 [2]의 값을 2로 나눈다.

답: 불포화도 2

b. **할로젠 원자의 화합물은 H가 한 개 더 있는 탄화수소와 동등하다**. 즉 $C_6H_{11}Cl$은 불포화도를 계산할 때 C_6H_{12}와 동등하다.

[1] 6 C에 대하여 최대 H 수 = $2n + 2 = 2(6) + 2 = 14$.

[2] 화합물에는 열두 개의 H가 있으므로 H의 최대 수보다 2가 작다($14 - 12 = 2$).

[3] 불포화도 한 개당 H 두 개가 제거되므로 단계 [2]의 값을 2로 나눈다.

답: 불포화도 1

c. **질소 원자가 하나 있는 화합물은 H가 하나 부족한 탄화수소와 동등하다**. 즉 C_8H_9N은 불포화도를 계산할 때 C_8H_8과 동등하다.

[1] 8 C에 대하여 최대 H 수 = $2n + 2 = 2(8) + 2 = 18$.

[2] 화합물에는 여덟 개의 H가 있으므로 H의 최대 수보다 10이 작다($18 - 8 = 10$).

[3] 불포화도 한 개당 H 두 개가 제거되므로 단계 [2]의 값을 2로 나눈다.

답: 불포화도 5

가능한 구조

a. b. Cl c. N H

문제 10.3 각 화합물의 불포화도를 계산하라.

a. C_6H_6 b. C_8H_{18} c. C_7H_8O d. $C_7H_{11}Br$ e. C_5H_9N

문제 10.4 다음 각 약물에 대한 불포화도를 계산하라.

a. zolpidem (Ambien)이라는 상품명으로 시판되는 수면 보조제), $C_{19}H_{21}N_3O$

b. mefloquine(항말라리아제), $C_{17}H_{16}F_6N_2O$

10.3 명명법

- IUPAC 명명법에서 알켄은 접미사 **엔(*-ene*)**을 사용한다.

10.3A 일반적인 IUPAC 규칙

해결 방법 알켄의 명명법

예 **IUPAC 명명법에 따라 다음 알켄의 이름을 쓰라.**

단계 [1] **가장 긴 사슬을 찾고 어미 알케인의 에인(-ane) 끝말을 엔(-ene)으로 바꾼다.**

가장 긴 사슬에 여섯 개의 C가 있다.

헥세인 ----→ 헥센

단계 [2] **이중 결합이 낮은 번호가 되도록 탄소 사슬에 번호를 붙인 다음, 명명법의 다른 규칙을 적용한다.**

a. 사슬에 **번호**를 붙이고, C=C 이중 결합에 표시된 **첫 번째 번호**를 사용하여 명명한다.

1 2 3 4 5 6

- 사슬에 C=C 이중 결합을 나타내는, 번호는 C4가 아니라 C**2**이다.

hex-**2**-ene

b. 치환기의 **번호**와 **이름을 붙인다.**

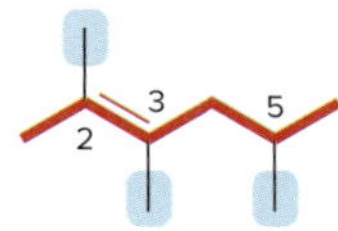

C2, C3, C5에 세 개의 메틸기가 있다.

답: 2,3,5-trimethylhex-2-ene

이중 결합이 둘인 화합물을 **다이엔(diene)**으로 부르며 어미 알케인의 끝 **-에인(*-ane*)**을 빼고 접미사 **-아다이엔(*-adiene*)**을 붙인다. 이중 결합이 세 개인 경우에는 **트라이엔(triene)**으로 부른다. 사이클로알켄의 명명법에서 **이중 결합은 C1과 C2에 놓이며**, 이중 결합 위치를 나타내는 '1'은 이름을 쓸 때 생략한다. 고리는 첫 번째 치환기가 낮은 번호가 되도록 시계 방향 또는 시계 반대 방향으로 번호를 붙인다. 그림 10.1에 대표적인 예를 제시하였다.

그림 10.1
사이클로알켄 명명의 예

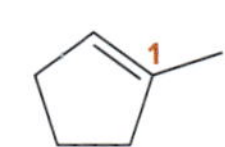

1-methylcyclopentene

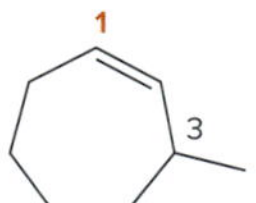

3-methylcycloheptene

C=C를 시작으로 시계 방향으로 번호를 붙여 CH_3가 C3에 놓인다.

1,6-dimethylcyclohexene

C=C를 시작으로 시계 반대 방향으로 번호를 붙여 처음 CH_3가 C1에 놓인다.

문제 10.5 각 알켄의 IUPAC 이름을 쓰라.

a. b. c.

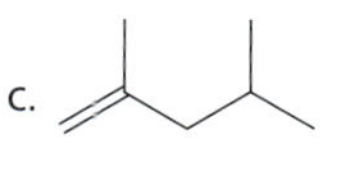

d. e.

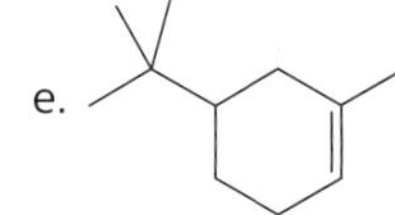

> $CH_3CH_2CH{=}CH_2$는 1979년 IUPAC 권고에서는 1-butene으로 명명하였으나, 1993년 권고안은 but-1-ene으로 명명하였다.

이중 결합과 하이드록시기가 모두 있는 화합물을 **알켄올(alkenol)**이라 부르는데, 사슬(또는 고리)의 **OH기에 더 작은 번호가 부여되도록** 번호를 매긴다.

prop-2-en-1-ol

6-methylhept-6-en-2-ol

문제 10.6 다음 다중작용기 화합물의 IUPAC 이름을 쓰라.

a. b. c.

10.3B 입체 이성질체의 명명법

부분 입체 이성질체가 가능한 두 알켄을 구별하기 위한 접두사가 필요하다.

접두사로 시스와 트랜스를 사용

이중 결합의 각 탄소 원자에 알킬기가 하나씩만 결합되어 있는 알켄은 두 알킬기의 상대적 위치를 나타내기 위하여 접두사로 **시스**와 **트랜스**를 사용하여 명명한다. 예를 들어, *cis*-hex-3-ene은 이중 결합의 **같은 쪽**에 두 개의 에틸기가 있는 데 반하여, *trans*-hex-3-ene은 이중 결합의 **반대쪽**에 두 개의 에틸기가 있다.

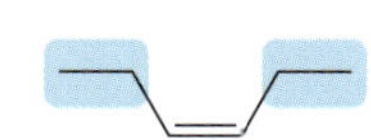

두 R'기가 **같은** 쪽에 있다.
***cis*-hex-3-ene**

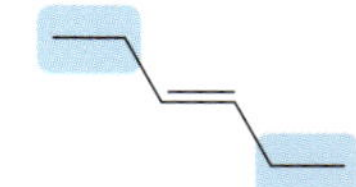

두 R'기가 서로 **반대쪽**에 있다.
***trans*-hex-3-ene**

접두사로 *E*와 *Z*를 사용

*E*는 '반대쪽'을 의미하는 독일어 ***ent****gegen*을 나타낸다. *Z*는 '함께'를 의미하는 독일어 ***z****usammen*을 나타낸다. *E*, *Z* 명명법을 사용하면, 시스 이성질체는 *Z* 배열, 트랜스 이성질체는 *E* 배열이다.

C=C에 두 개의 알킬기가 결합되어 있을 때, 부분 입체 이성질체를 구별하기 위하여 접두사로 시스와 트랜스가 사용되지만, C=C에 세 개 또는 네 개의 알킬기가 결합되어 있는 경우에는 이들을 사용할 수 없다.

A 3-methylpent-2-ene

B 3-methylpent-2-ene

예를 들어, 알켄 **A**와 **B**는 모두 3-methylpent-2-ene으로 부르는 두 개의 서로 다른 화합물이다. **A**의 두 CH_3기는 시스이지만, **B**에서는 CH_3와 CH_2CH_3기가 시스이다. ***E*,*Z* 명명 체계**는 이와 같은 종류의 알켄을 명확하게 이름지을 수 있도록 고안되었다.

해결 방법 알켄에 접두사 *E*와 *Z*를 설정하는 법

단계 [1] *R*,*S* 명명법에서의 순위 규칙을 사용하여, C=C 각 끝의 두 치환기의 우선순위를 정한다(5.6절).

- **이중 결합을 반으로 나누고**, 각 끝의 두 치환기의 상대적 우선순위를 번호 1과 2로 나타낸다—우선순위가 높은 기는 **1**로 표시하고, 우선순위가 낮은 기는 **2**로 표시한다.

1 2 2 H 1

각 끝의 치환기에 대하여 각각 우선순위를 정한다.

단계 [2] 우선순위가 높은(1) 두 기의 위치를 바탕으로 *E* 또는 *Z*를 표시한다.

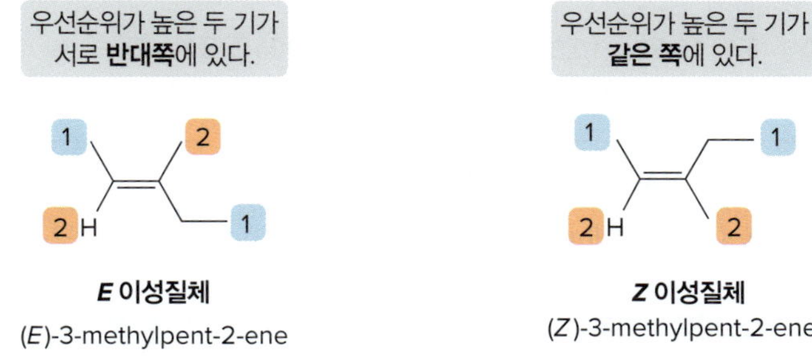

***E* 이성질체**
(*E*)-3-methylpent-2-ene

***Z* 이성질체**
(*Z*)-3-methylpent-2-ene

- ***E*** 이성질체는 우선순위가 높은 두 기가 **반대쪽**에 있다.
- ***Z*** 이성질체는 우선순위가 높은 두 기가 **같은 쪽**에 있다.

문제 10.7 각 C–C 이중 결합을 *E* 또는 *Z*로 표시하라. Clavulanic acid (d)는 항생제 amoxicillin과 조합하여 상표명 Augmentin으로 판매되고 있다.

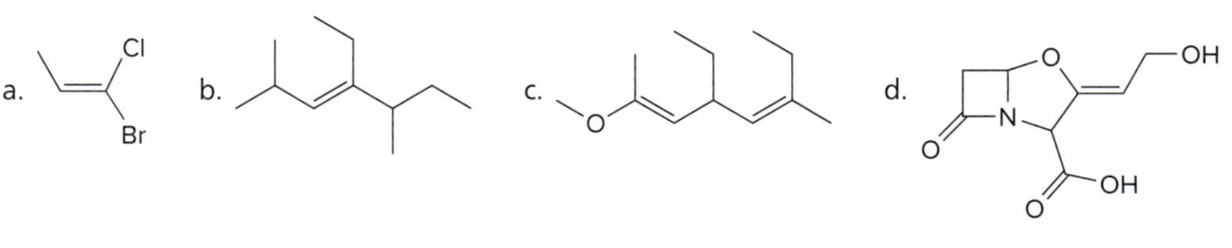

clavulanic acid

예제 10.3 IUPAC 명명법으로 알켄을 명명하기

이중 결합의 *E*, *Z* 표기를 포함하여 다음 알켄의 IUPAC 이름을 쓰라.

풀이

[1] 탄소 골격과 치환기를 명명한다.

- 가장 긴 사슬을 명명한다; 10개의 C → **decene**
- C=C이 낮은 번호가 되도록 번호를 매긴다; **dec-3-ene**
- 치환기를 명명하고 번호를 매긴 후 이름들을 합친다.

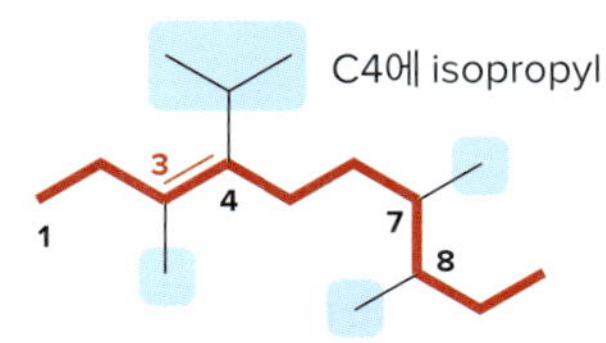

C3, C7, C8에 세 개의 methyl

4-isopropyl-3,7,8-trimethyldec-3-ene

[2] 접두사 *E* 또는 *Z*를 부여한다.

- C=C의 양 끝에 있는 두 치환기에 우선순위를 부여한다.
- *E* 이성질체는 우선순위가 높은 두 기가 **반대쪽**에 있다.
- *Z* 이성질체는 우선순위가 높은 두 기가 **같은** 쪽에 있다.

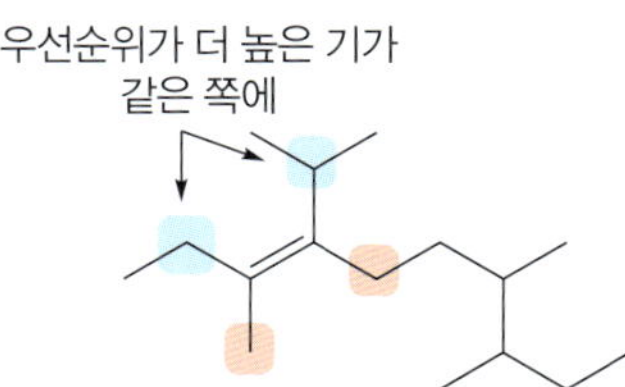

답: (*Z*)-4-isopropyl-3,7,8-trimethyldec-3-ene

문제 10.8 각 알켄의 IUPAC 이름을 쓰라.

a. 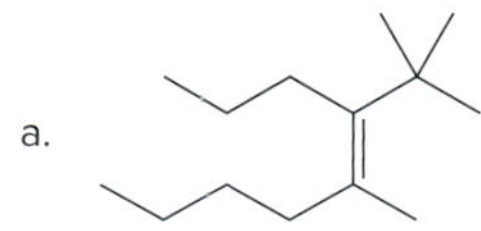

b.

c. 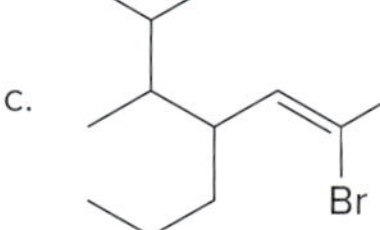

추가 문제: 문제 10.32a; 10.38a, e; 10.39a, d; 10.40a를 풀어보라.

문제 10.9 다음 IUPAC 이름에 상응하는 화합물의 구조를 그려라.

a. (*Z*)-4-ethylhept-3-ene b. (*E*)-3,5,6-trimethyloct-2-ene c. (*Z*)-2-bromo-1-iodohex-1-ene

---

문제 10.10 (a) 다음 화합물을 *E*,*Z* 및 *R*,*S*를 포함하여 명명하라. (b) 탄소–탄소 이중 결합에서의 입체 이성질체를 그려라. (c) 입체 발생 중심에서의 입체 이성질체를 그려라.

10.3C 관용명

IIUPAC 체계에서 **에텐(ethene)**으로 명명된 가장 간단한 알켄 $CH_2=CH_2$는 **에틸렌(ethylene)**이라는 관용명이 자주 사용된다. 알켄에서 유래된 세 **알킬기** 역시 관용명이 사용된다. 이 관용명을 사용하여 유기 분자를 명명한 두 예를 그림 10.2에 나타내었다.

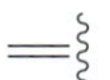

methylene group **vinyl** group **allyl** group

그림 10.2
일반 치환기 이름으로 알켄 명명하기

methylene group

vinyl group

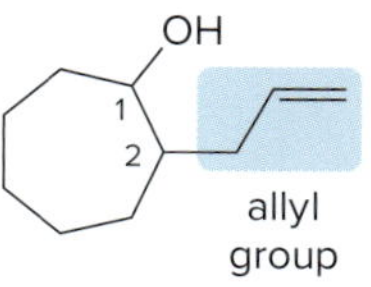

methylenecyclohexane　1-vinylcyclopentene　2-allylcycloheptanol

10.4 알켄의 성질

대부분의 알켄은 오직 약한 van der Waals 상호작용만을 나타내기 때문에 물리적 성질은 분자량이 비슷한 알케인과 유사하다.

- 알켄은 녹는점과 끓는점이 낮다.
- 녹는점과 끓는점은 탄소 수가 증가함에 따라 표면적이 커지기 때문에 증가한다.
- 알켄은 유기 용매에는 녹지만 물에는 녹지 않는다.

시스와 트랜스 알켄의 물리적 성질은 종종 서로 다르게 나타난다. 예컨대 *cis*-but-2-ene의 끓는점(4°C)은 *trans*-but-2-ene (1°C)에 비해 높다. 이 차이는 알켄 이중 결합의 한 탄소와 알킬기 사이의 C−C 단일 결합이 약한 극성이기 때문에 생긴다. ***sp*³ 혼성 알킬 탄소는 *sp*² 혼성 알켄일 탄소에 전자 밀도를 제공한다.**

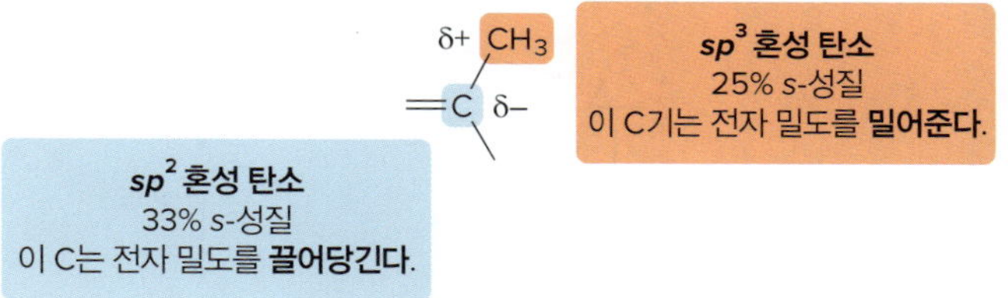

왜 알켄의 안정성이 알킬 치환기가 증가함에 따라 증가하는지를 설명하기 위하여 8.2C절에서 $C_{sp^3}-C_{sp^2}$ 결합과 관련된 논의가 있었다.

*sp*² 혼성 오비탈(33%)은 *sp*³ 혼성 오비탈(25%)보다 *s*-성질이 더 크기 때문에 결합 쌍극자는 알킬 탄소(*sp*³)에 비하여 알켄일 탄소(*sp*²)에 부분 음전하가 놓이도록 한다. **시스 이성질체에서는 두 개의 $C_{sp^3}-C_{sp^2}$ 결합 쌍극자가 서로 강화되어, 작은 알짜 분자 쌍극자(net molecular dipole)를 만들어 낸다. 트랜스 이성질체에서는 두 결합 쌍극자가 상쇄된다.**

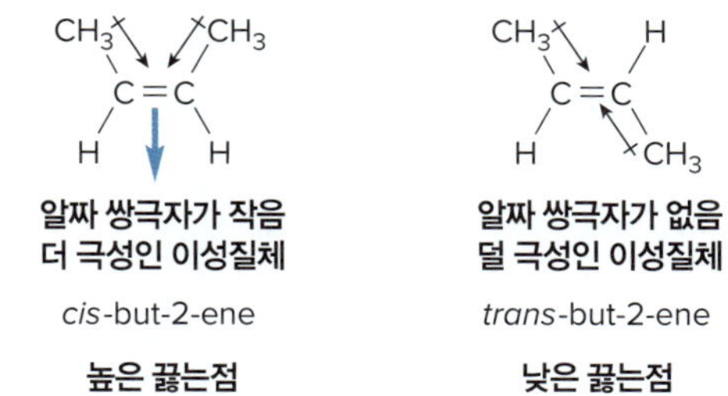

- 시스 알켄은 트랜스 알켄보다 극성이 더 세기 때문에 끓는점이 약간 더 높으며, 극성 용매에서 더 잘 녹는다.

문제 10.11 끓는점이 증가하는 순서에 따라 다음 이성질체를 나열하라.

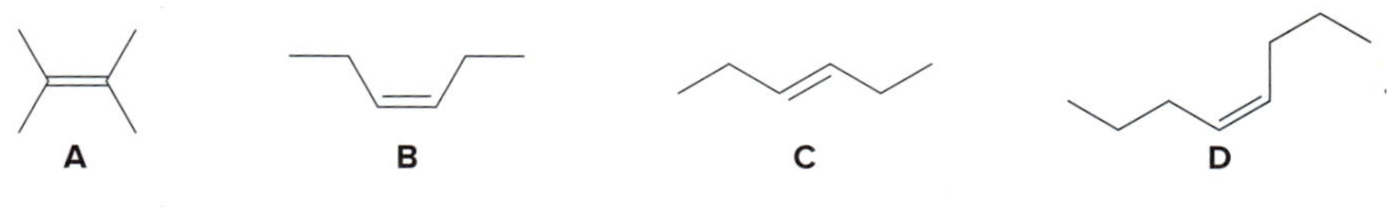

분광학을 이미 공부하였거나 알켄의 분광학적 성질에 대하여 배우고 싶은 학생은 다음 절을 참조하기 바란다.

- 적외선 분광법: B.3A, B.3D, B.4절; 표 B.1, B.2
- 핵자기 공명 분광법: C.8절; 표 C.1, C.2, C.4, C.5; 예제 C.7c, C.9c

10.5 흥미로운 알켄

에틸렌(ethylene)은 **크래킹(cracking)**이라 부르는 과정을 통하여 석유로부터 제조된다. 에틸렌은 가장 많이 생산되는 유기 화학 물질로서 광범위하게 사용되는 플라스틱인 **폴리에틸렌**뿐만 아니라, 그림 10.3에서 보여주는 바와 같이 다른 많은 유용한 유기 화합물의 출발물로 사용된다.

그림 10.3
많은 유용한 생성물의 산업적 출발물인 에틸렌

에틸렌

폴리에틸렌
(포장재, 병, 필름)

에탄올
(용매, 연료 첨가제)

폴리(염화 바이닐)
(단열재, 필름, 파이프)

에틸렌 글라이콜
(부동액)

폴리스타이렌
(스티로폼, 성형 플라스틱)

폴리(바이닐 아세테이트)
(페인트, 접착제)

당근의 오렌지색 색소인 β-carotene (3.5A절)과 생강 기름에 들어 있는 트라이엔인 zingiberene 같이 탄소–탄소 이중 결합이 있는 많은 유기 화합물이 자연계로부터 분리되었다.

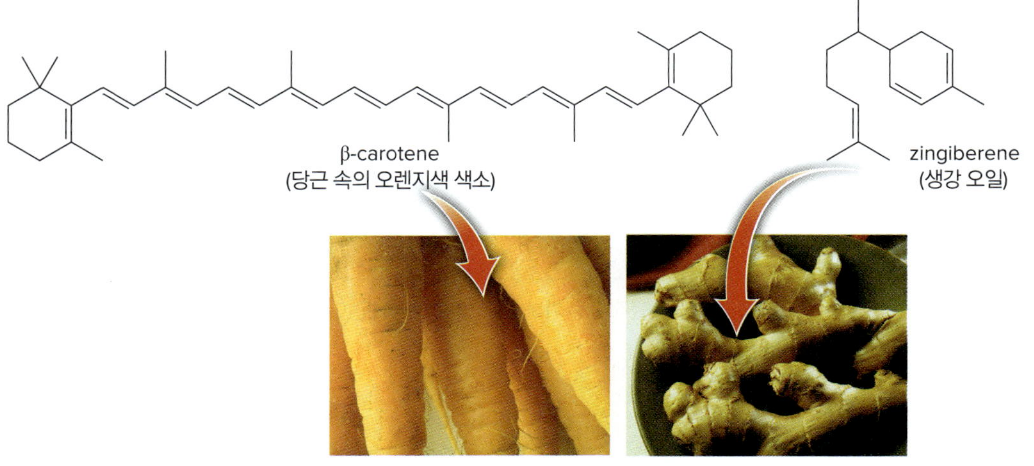

I. Rozenbaum & F. Cirou/PhotoAlto *Jill Braaten/McGraw Hill*

10.6 지질—2부

주로 무극성 C−C와 C−H 결합으로 구성된 지질은 물에 불용성인 생체 분자이다(4.14절).

에스터의 일반 구조

C−C 이중 결합의 기하 구조를 이해하면 가장 풍부한 지질인 **트라이아실글리세롤(triacylglycerol)**의 성질을 통찰할 수 있다. 트라이아실글리세롤은 각각 카보닐기(C=O)에 결합된 긴 탄소 사슬(R, R', R" 으로 표시)이 있는 세 개의 에스터기로 이루어져 있다.

트라이아실글리세롤

10.6A 지방산

하와이에서 쿠쿠이 너츠(Kukui nuts)로 알려진 캔들넛(Candlenuts)은 두 가지 필수 지방산인 리놀레산과 리놀렌산이 풍부하다. 필수 지방산은 체내에서 합성되지 않기 때문에 음식을 통하여 섭취되어야 한다.
inga spence/Alamy Stock Photo

트라이아실글리세롤은 글리세롤(트라이올)과 일반 구조식이 RCO_2H인 세 개의 **지방산(fatty acid)**으로 가수 분해된다. 자연계에 존재하는 지방산은 12~20 탄소 원자로 이루어져 있으며, 사슬의 끝에 카복시기가 있다.

- 포화 지방산은 긴 탄화수소 사슬에 이중 결합이 없으며, 불포화 지방산은 긴 탄화수소 사슬에 하나 이상의 이중 결합이 있다.
- 천연 지방산에 존재하는 모든 이중 결합은 *Z* 배열이다.

표 10.2에 탄소 원자가 18개인 지방산 네 개의 구조와 녹는점을 나타내었다. 스테아르산(stearic acid)은 가장 흔한 두 개의 포화 지방산 중의 하나이며, 올레산(oleic acid)과 리놀레산(linoleic acid)은 가장 흔한 불포화 지방산이다. 표 10.2의 자료들은 *Z* 이중 결합이 지방산의 녹는점에 미치는 영향을 보여준다.

- 지방산에 이중 결합 수가 **증가하면** 녹는점은 **낮아진다**.

표 10.2 이중 결합이 지방산의 녹는점에 미치는 영향

이름	구조	녹는점(°C)
스테아르산 (**0** C=C)	[구조식] OH	69
올레산 (**1** C=C)	[구조식] OH	4
리놀레산 (**2** C=C)	[구조식] OH	−5
리놀렌산 (**3** C=C)	[구조식] OH	−11

이중 결합 수의 증가

그림 10.4에 나타낸 지방산의 삼차원 구조는 어떻게 긴 탄화수소 사슬에서 Z 이중 결합이 비틀림(kink)을 초래하여 결정 격자로 잘 쌓일 수 있는 능력을 감소시키는지를 보여준다. **Z 이중 결합 수가 증가할수록 긴 탄화수소 사슬이 비틀어져 녹는점이 더 낮아진다.**

그림 10.4
C_{18} 지방산 네 개의 삼차원 구조

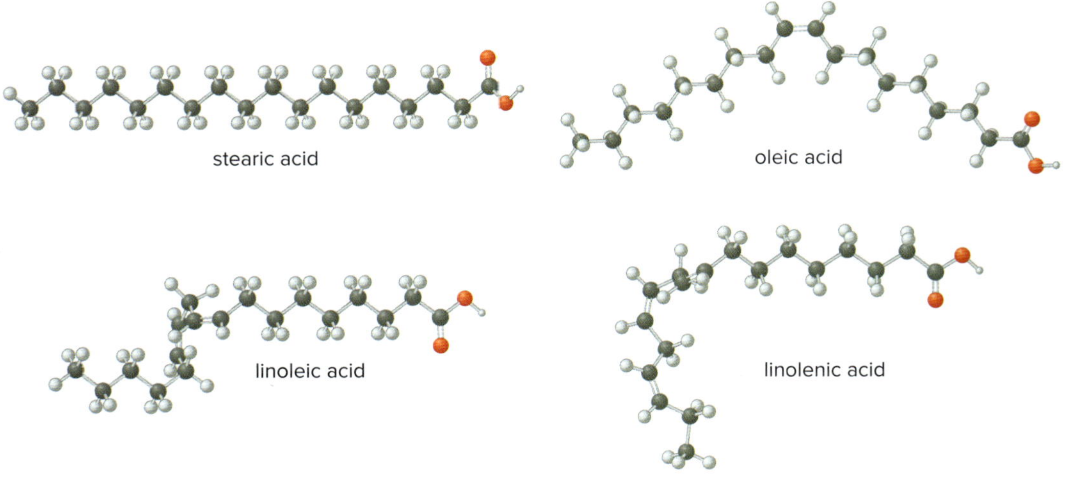

문제 10.12 Linolenic acid(표 10.2)와 stearidonic acid는 오메가-3 지방산이다. 이들 지방산은 사슬 끝의 메틸기로부터 번호를 매길 때 C3에 첫 번째 이중 결합이 있다. Stearidonic acid의 녹는점은 linolenic acid와 stearic acid의 녹는점에 비해 어떠할 것으로 예측되는가? Stearidonic acid가 풍부하게 들어 있는 콩기름이 불포화도가 더 낮은 식물성 기름의 더 건강한 대안으로 유럽 식품 안정성청에 의하여 승인되었다.

C3 → O OH

stearidonic acid

10.6B 지방과 기름

지방(fat)과 기름(oil, 유지)은 물리적 성질이 다른 트라이아실글리세롤이다.

- 지방은 녹는점이 더 높다—실온에서 **고체**이다.
- 기름은 녹는점이 더 낮다—실온에서 **액체**이다.

캐놀라(canola), 콩, 아마 등은 우리 몸에 좋은 지방산인 리놀렌산을 섭취할 수 있는 아주 좋은 재료들이다. 오메가-3 지방산에 속하는 이들 기름(문제 10.12 참조)은 심장병의 진행을 막는 효과가 있다고 알려져 있다.
Jill Braaten/McGraw Hill

트라이아실글리세롤에 존재하는 세 가지의 지방산의 정체가 이것이 지방인지 또는 기름인지를 결정한다. **지방산의 곁사슬에 있는 이중 결합 수가 증가하면 트라이아실글리세롤의 녹는점이 내려간다.**

- 지방(fat)은 이중 결합이 적은 지방산으로부터 얻어진다.
- 기름(oil)은 이중 결합 수가 많은 지방산으로부터 얻어진다.

포화 지방은 전형적으로 동물로부터 얻지만, 불포화 기름은 흔히 식물에서 얻는다. 따라서 버터와 돼지 기름은 포화 트라이아실글리세롤이며, 올리브 기름과 잇꽃(safflower) 기름은 불포화 트라이아실글리세롤이다. 예외적으로 코코넛 기름은 많은 포화 알킬 곁사슬로 구성되어 있다.

콜레스테롤 양의 증가가 심장병을 일으킬 확률을 높인다는 많은 증거들이 알려져 있다. 포화 지방산은 간에서 콜레스테롤의 합성을 촉진하여 혈중 콜레스테롤의 농도를 증가시킨다.

10.7 알켄의 제법

8장과 9장에서 알켄은 할로젠화 알킬과 알코올로부터 제거 반응을 거쳐 제조될 수 있음을 배웠다. 예를 들어, **할로젠화 알킬을 강염기로 처리하면 E2 메커니즘으로 할로젠화수소 이탈 반응이 일어나서 알켄이 얻어진다**(8.4와 8.5절).

- 전형적인 염기에는 $^-$**OH**와 $^-$**OR**[특히 $^-OC(CH_3)_3$] 그리고 **DBU** 및 **DBN**과 같은 비친핵성 염기가 있다.
- **알킬 토실레이트**도 역시 유사한 반응 조건에서 출발물로 사용될 수 있다(9.13절).

Br, $NaOCH_2CH_3$ →

OTs, $KOC(CH_3)_3$ →

OH, H_2SO_4 →

OH, $POCl_3$ 피리딘 →

H_2SO_4 또는 TsOH를 사용하는 알코올의 산–촉매 탈수 반응도 역시 알켄을 합성한다(9.8과 9.9절). 반응은 2°와 3° 알코올에 대해서는 E1 메커니즘을 경유하며, 1° 알코올에 대해서는 E2 메커니즘을 경유하여 일어난다. E1 반응은 탄소 양이온 중간체를 거쳐 일어나기 때문에 자리 옮김이 가능하다. 알코올은 **$POCl_3$와 피리딘에 의해서도** E2 메커니즘으로 **탈수가 일어난다**(9.10절).

이러한 제거 반응은 **입체 선택적**이고 **위치 선택적**이기 때문에 **가장 안정한 알켄이 주생성물로 대개 얻어진다.**

Br, $KOC(CH_3)_3$ → +

주생성물
삼중 치환 알켄

OH, H_2SO_4 → + +

주생성물
트랜스 이중 치환 알켄

문제 10.13 다음 제거 반응의 생성물을 그려라.

a. OH, H_2SO_4 → b. Br, $NaOCH_2CH_3$ →

10.8 첨가 반응 개론

알켄의 C–C π 결합은 C–C σ 결합보다 훨씬 약하기 때문에 알켄 반응의 특징은 **첨가 반응**이다. 즉 **π 결합이 끊어지고 두 개의 새로운 σ 결합이 생성된다.**

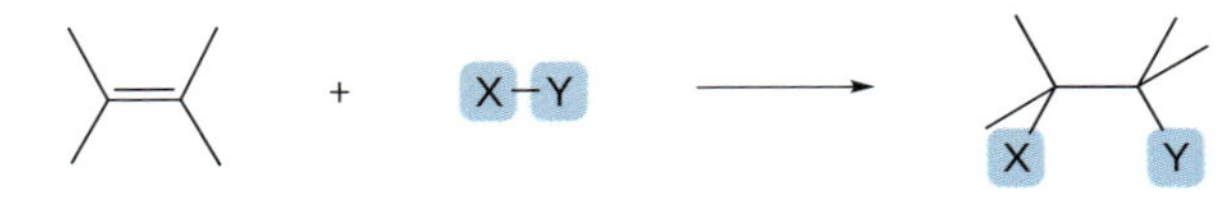

이 π 결합이 끊어진다. 두 개의 σ 결합이 생성된다.

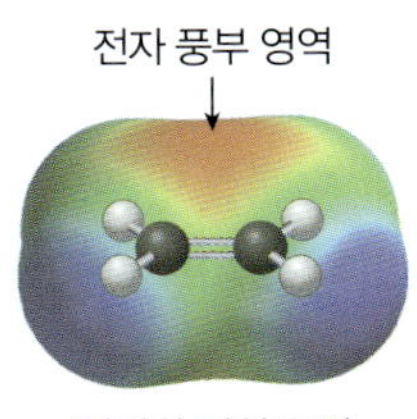

정전기 전위 그림

알켄의 첨가 반응은 10.9~10.16절과 12장(산화와 환원)에서 논의될 것이다.

알켄은 정전기 전위 그림에서와 같이 **전자가 풍부하다.** π 결합의 전자 밀도는 분자 평면의 위와 아래에 밀집해 있어 σ 결합보다 π 결합이 더 노출되어 있다.

약하고 전자가 풍부한 알켄의 π 결합에 어떤 종류의 반응 시약이 첨가될까? 여기에는 많은 시약이 해당되는데, 이러한 것들은 알켄 화학에 도전할 만한 가치를 만든다. 이와 같은 정보를 정리하기 위해서는 다음을 기억해두자.

- 알켄의 모든 반응은 **첨가 반응**을 수반한다. 즉, 항상 π 결합이 끊어진다.
- 알켄은 전자가 풍부하기 때문에 단순한 알켄은 그 자체로 전자가 풍부한 시약인 친핵체 또는 염기와 반응하지 **않는다**. 알켄은 **친전자체**와 반응한다.

첨가 반응의 입체 화학은 때때로 반응 메커니즘을 표현하는 데 중요하다. 이중 결합의 탄소 원자들은 모두 삼각 평면에 놓이기 때문에 원소 X와 Y는 서로 **같은 쪽** 또는 **반대쪽**으로 첨가될 수 있다.

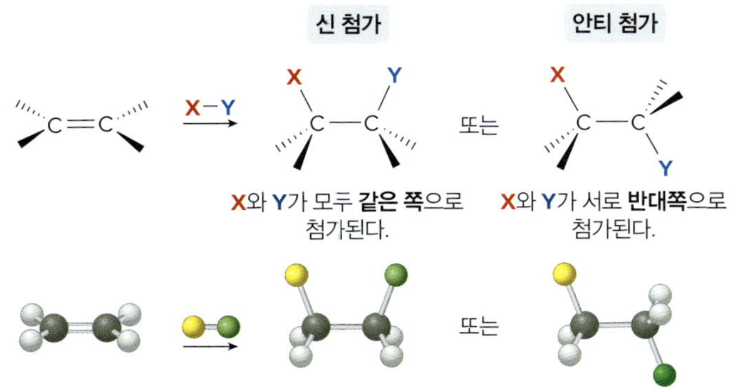

- **신 첨가(syn addition)**는 X와 Y가 모두 **같은** 쪽으로 첨가될 때 일어난다.
- **안티 첨가(anti addition)**는 X와 Y가 서로 **반대**쪽으로 첨가될 때 일어난다.

10장에서는 알켄의 다섯 가지 반응에 대하여 논의하는데, 각 반응은 cyclohexene을 출발물로 하여 그림 10.5에 나타내었다.

그림 10.5
Cyclohexene의 다섯 가지 첨가 반응

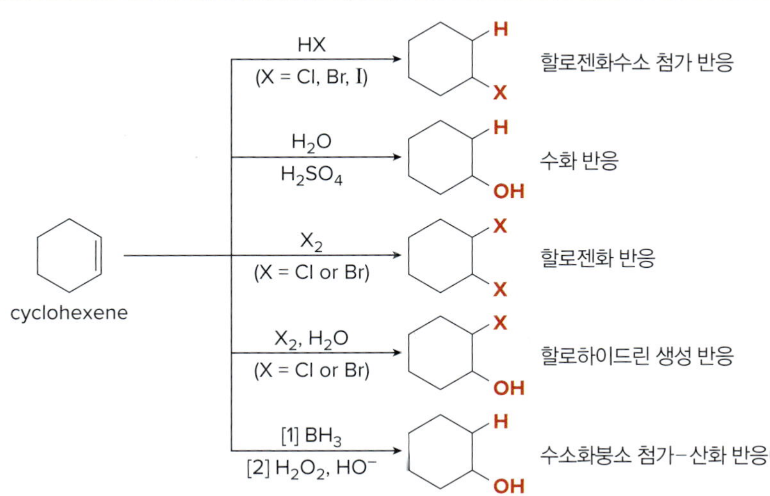

- 각 반응에서 π 결합이 끊어지고, 두 개의 새로운 σ 결합이 생성된다.

10.9 할로젠화수소 첨가—HX의 친전자성 첨가

알켄의 할로젠화수소 첨가로 할로젠화 알킬을 만드는 것은 할로젠화 알킬의 할로젠화수소 이탈로 알켄을 만드는 것의 역과정이며, 이 반응은 8.4절과 8.5절에서 상세하게 논의되었다.

할로젠화수소 첨가 반응(hydrohalogenation)은 할로젠화수소 **HX** (X = Cl, Br, 및 I)가 알켄에 첨가되어 할로젠화 알킬을 생성하는 반응이다.

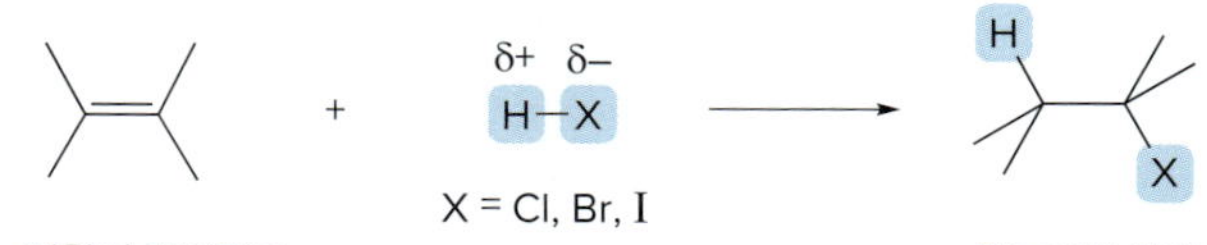

δ+ δ– H–X

X = Cl, Br, I

이 π 결합이 끊어진다.

할로젠화 알킬

이 반응에서는 두 개의 결합(알켄의 약한 π 결합과 HX 결합)이 끊어지고, 두 개의 새로운 σ 결합이 생성된다—하나는 H와 다른 하나는 X와 σ 결합을 생성한다. X는 H보다 전기 음성도가 더 크기 때문에 H–X 결합은 H에 부분 양전하가 놓이는 방향으로 분극되어 있다. HX의 친전자성(H) 끝부분이 전자가 풍부한 이중 결합으로 끌어당겨지기 때문에 이 반응을 **친전자성 첨가**라고 한다.

첨가 반응의 생성물은 다음과 같이 나타낸다.

- C–C 이중 결합의 위치를 확인한다.
- 반응 시약에서 절단되는 σ 결합을 식별한다—즉 할로젠화수소 첨가에서는 H–X 결합.
- 알켄의 π 결합과 반응 시약의 σ 결합을 절단하고, 이중 결합의 탄소 원자에 새로운 두 개의 σ 결합을 만든다.

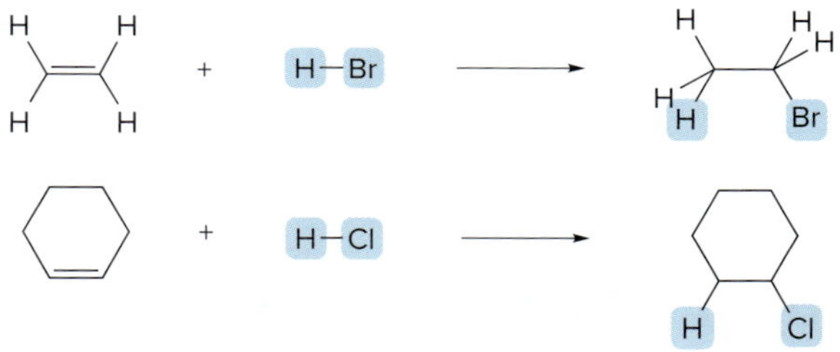

H–Br

H–Cl

생성물에서 생성된 두 개의 σ 결합은 반응물에서 절단되는 σ와 π 결합보다 더 세기 때문에 **첨가 반응은 발열 반응이다.** 예를 들면, 그림 10.6에 나타낸 바와 같이 에틸렌에 대한 HBr 첨가 반응의 $\Delta H°$는 −60 kJ/mol이다.

그림 10.6
$CH_2=CH_2$에 대한 HBr의 첨가–발열 반응

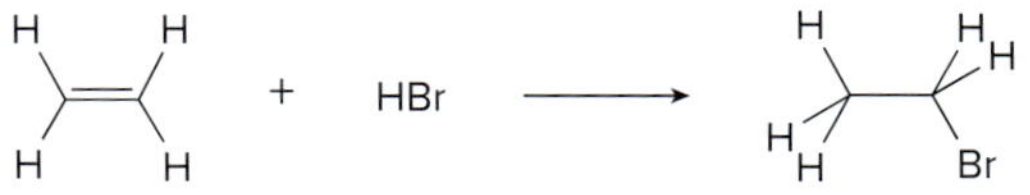

$\Delta H°$의 계산

[1] 결합 절단

	$\Delta H°$ (kJ/mol)
$CH_2=CH_2$ π 결합	+267
H–Br	+368
전체	+635 kJ/mol

결합 절단에 필요한 에너지

[2] 결합 생성

	$\Delta H°$ (kJ/mol)
$BrCH_2CH_2$–H	–410
CH_3CH_2–Br	–285
전체	–695 kJ/mol

결합 생성으로 방출되는 에너지

[3] 전체 $\Delta H°$ =

단계 [1]의 합계 + 단계 [2]의 합계

+635 kJ/mol
–695 kJ/mol

$\Delta H°$ = –60 kJ/mol

발열 반응이다.

[부록 E로부터 값을 가져왔음]

HX의 친전자성 첨가 메커니즘은 탄소 양이온을 생성하는 H^+의 첨가와 뒤이은 X^-의 친핵성 공격의 **두 단계**로 구성된다. *cis*-But-2-ene과 HBr의 반응 메커니즘을 메커니즘 10.1에 나타내었다.

메커니즘 10.1 알켄에 대한 HX의 친전자성 첨가

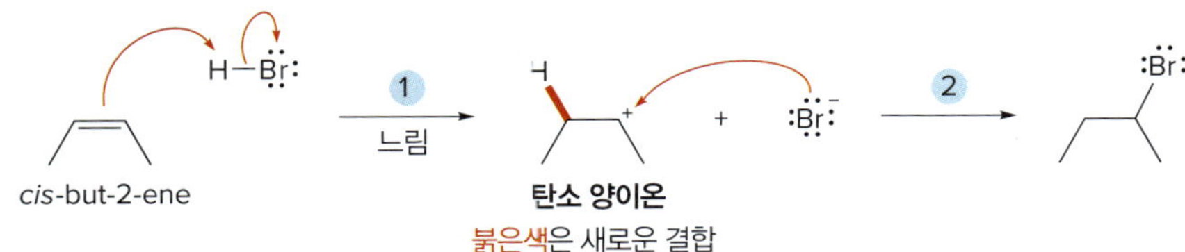

1 알켄의 π 결합이 HBr의 H를 공격하면 속도 결정 단계에서 새로운 C−H 결합과 **탄소 양이온**이 생성된다.

2 탄소 양이온에 대한 **Br^-의 친핵성 공격**은 새로운 C−Br 결합을 생성한다.

친전자성 첨가 반응의 메커니즘은 두 개의 연속적인 Lewis 산−염기 반응으로 구성된다. 단계 [1]에서 **Lewis 산인 H−Br**에 전자쌍을 제공하는 **알켄이 Lewis 염기**인 반면에 단계 [2]에서는 **Lewis 산인 탄소 양이온**에 전자쌍을 제공하는 **Br^-이 Lewis 염기**이다.

문제 10.14 각 알켄이 HCl과 반응하였을 때 생성되는 생성물은 무엇인가?

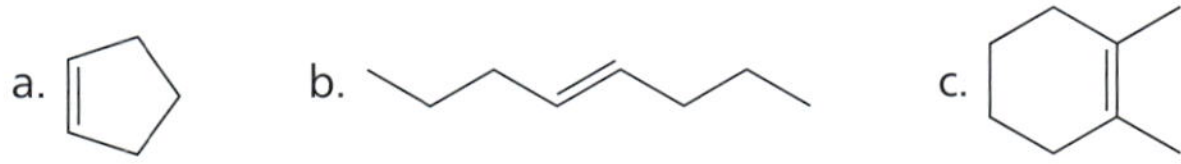

10.10 Markovnikov 규칙

비대칭 알켄의 이중 결합에 HX를 첨가하면 두 개의 구조 이성질체가 생성될 수 있다.

프로펜 (2, 1) —H−Cl→ 1-클로로프로페인 (H, Cl, 1) or 2-클로로프로페인 (Cl, 2, H)

단일 생성물

예를 들어, propene에 HCl이 첨가할 때 이론적으로 H와 Cl이 각각 C2와 C1에 첨가되어 1-chloropropane이 생길 수도 있고 H와 Cl이 C1과 C2에 첨가되어 2-chloropropane이 생길 수도 있다. 실제로 **친전자성 첨가에서는 오직 2-chloropropane만 얻어진다.** 이는 HX의 친전자성 첨가의 위치 선택성을 처음으로 결정한 러시아 화학자의 이름을 딴 **Markovnikov 규칙**의 구체적인 한 예이다.

- 비대칭 알켄에 HX가 첨가될 때 H 원자는 **치환기가 적은** 탄소 원자, 즉 처음부터 H 원자가 더 많은 탄소에 결합한다.

Markovnikov 규칙의 근거는 메커니즘의 속도 결정 단계에서 탄소 양이온의 생성이다. 프로펜의 경우, 수소와 새로운 결합을 생성하는 이중 결합의 탄소 원자에 따라 첫 단계에서 두 가지의 가능한 경로가 있다.

[1] H—Cl ✕→ 1° 탄소 양이온 + Cl^-

[2] H—Cl → (적합한 경로) 2° 탄소 양이온 + Cl^- → 2-chloropropane

Hammond 가설은 1°, 2°, 그리고 3° RX의 S_N1 반응에서의 상대 속도를 설명하기 위하여 7.13절에서 처음 소개되었다.

경로 [1]은 매우 불안정한 1° 탄소 양이온을 생성하는 데 비하여, 경로 [2]는 **더 안정한 2° 탄소 양이온**을 생성한다. Hammond 가설에 따르면, 탄소 양이온의 생성은 흡열 과정이기 때문에 경로 [2]가 더 빠르다. 그림 10.7의 에너지 도표에 나타낸 것과 같이, **더 안정한 2° 탄소 양이온을 생성하는 전이 상태의 에너지가 더 낮으므로** 경로 [2]가 경로 [1]보다 더 빠르게 진행된다.

- 비대칭 알켄에 대한 HX의 첨가에서 H 원자는 치환기가 적은 탄소에 첨가하며, 그 결과 더 안정한, 치환기가 더 많은 탄소 양이온이 얻어진다.

그림 10.7
친전자성 첨가와 Hammond 가설

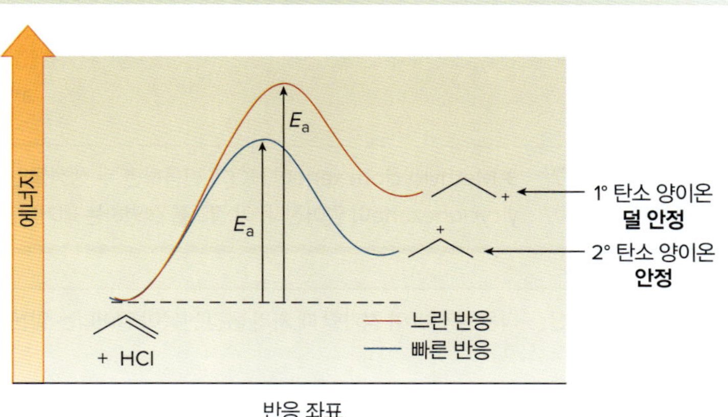

- 더 안정한 2° 탄소 양이온 생성에 대한 E_a는 1° 탄소 양이온 생성에 대한 E_a보다 **낮다**. 2° 탄소 양이온이 **더 빨리** 생성된다.

탄소 양이온 중간체를 포함하는 다른 친전자성 첨가에서도 비슷한 결과가 나타난다. 즉, **치환기가 적은 탄소에 친전자체가 첨가되어 더 안정하고, 치환기가 더 많은 탄소 양이온이 생성된다.**

문제 10.15 다음 알켄을 HCl과 반응시켰을 때 얻어지는 생성물을 그려라.

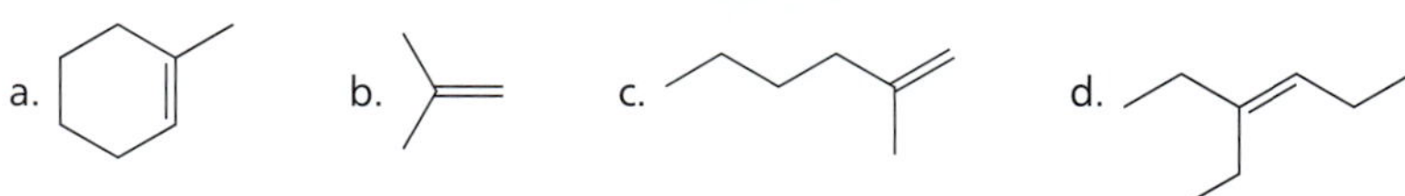

문제 10.16 Hammond 가설을 이용하여 HX의 친전자성 첨가에서 $(CH_3)_2C{=}CH_2$가 $CH_3CH{=}CH_2$보다 빨리 반응하는 이유를 설명하라.

할로젠화수소 첨가에서 탄소 양이온이 중간체로 생성되기 때문에 예제 10.4에 나타낸 바와 같이 탄소 양이온 자리 옮김이 일어날 수 있다.

예제 10.4 탄소 양이온 자리 옮김이 일어나는 할로젠화수소 첨가 그리기

다음 반응의 단계별 메커니즘을 그려라.

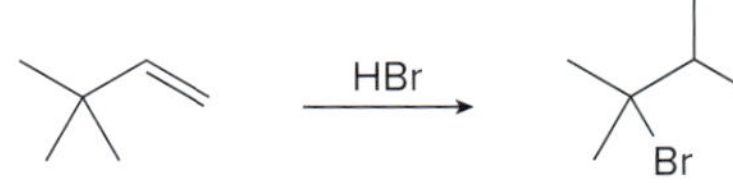

풀이

출발물과 생성물의 탄소 골격이 **다르기** 때문에—알켄 반응물은 4° 탄소이지만, 생성물인 할로젠화 알킬은 그렇지 않다—탄소 양이온 자리 옮김이 일어나야 한다.

단계 [1] HBr이 Markovnikov 첨가하면 H^+가 이중 결합의 치환기가 적은 탄소에 첨가하여 2° 탄소 양이온이 생성된다.

H—Br: [1] + :Br:⁻

2° 탄소 양이온
붉은색은 새로운 결합

단계 [2] 1,2-메틸 이동에 의한 2° 탄소 양이온의 자리 옮김은 더 안정한 3° 탄소 양이온을 생성한다. 단계 [3]에서 Br^-의 친핵성 공격에 의해 생성물인 3° 할로젠화 알킬이 생성된다.

[2] 1,2-메틸 이동 :Br:⁻ [3] :Br:

3° 탄소 양이온

문제 10.17 3-Methylcyclohexene이 HCl과 반응하면 두 생성물인 1-chloro-3-methylcyclohexane과 1-chloro-1-methylcyclohexane이 얻어진다. 이 결과를 설명하는 메커니즘을 그려라.

문제 10.18 다음 중 HBr이 첨가할 때 자리 옮김 반응이 일어나는 알켄은 어느 것인가?

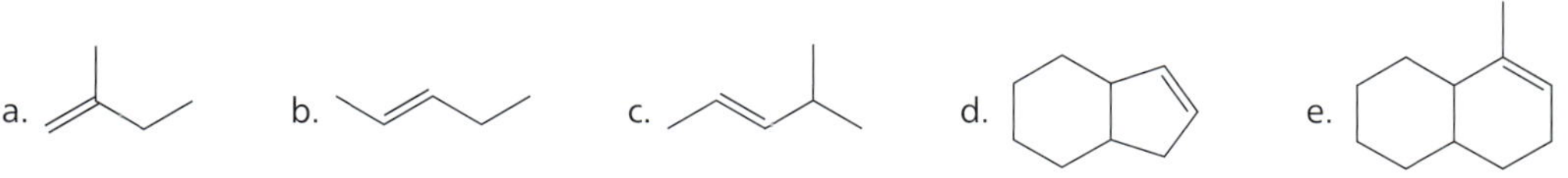

10.11 HX의 친전자성 첨가에서의 입체 화학

친전자성 첨가에서의 입체 화학을 이해하기 위하여 7장과 9장에서 배운 두 가지 입체 화학 법칙을 상기하자.

- 삼각 평면의 원자는 두 방향에서 같은 확률로 시약과 반응한다(7.11C절).
- 비카이랄 출발물은 비카이랄 또는 라셈 생성물을 만든다(9.16절).

많은 할로젠화수소 첨가 반응은 **비카이랄 반응물**과 반응하여 **비카이랄 생성물**을 만든다. 예를 들어, 비카이랄 알켄인 cyclohexene에 HBr이 첨가하면 비카이랄 할로젠화 알킬인 bromocyclohexane이 생성된다.

+ H—Br ⟶ Br

cyclohexene
비카이랄 출발물

bromocyclohexane
비카이랄 생성물

그러나 첨가는 sp^2 혼성 탄소를 sp^3 혼성 탄소로 변환시키므로 할로젠화수소 첨가 반응에 의하여 종종 새로운 입체 발생 중심이 생성된다. 예를 들어, 비카이랄 알켄인 1,3,3-trimethylcyclohexene에 HCl이 Markovnikov 첨가하면 하나의 구조 이성질체인 1-chloro-1,3,3-trimethylcyclohexane이 생성된다. 이 생성물은 새로이 생성된 sp^3 혼성 탄소 중의 하나에 입체 발생 중심이 있으므로 **같은 양의 두 개의 거울상 이성질체—라셈 혼합물**—가 생성되어야 한다.

새로운 입체 발생 중심

HCl

1,3,3-trimethylcyclohexene
비카이랄 출발물

1-chloro-1,3,3-trimethyl-cyclohexane

A + **B**

생성물은 새로운 입체 발생 중심이 하나이므로
두 개의 거울상 이성질체가 얻어진다.

할로젠화수소 첨가의 메커니즘은 어떻게 두 개의 거울상 이성질체가 생성되는지를 보여준다. 친전자체 H^+ (HCl로부터)의 초기 첨가는 **평면인 이중 결합의 어느 쪽에서나** 일어나며 탄소 양이온을 생성한다. 두 유형의 첨가(아래쪽과 위쪽)는 모두 같은 **비카이랄 탄소 양이온**을 만든다. 이 탄소 양이온의 두 구조 모두 메커니즘의 두 번째 단계를 그리는 데 사용할 수 있다.

위에서 H^+ + **아래**에서 H^+ + $:Cl:^-$

동등한 탄소 양이온

삼각 평면 탄소 양이온에 대한 Cl^-의 친핵성 공격 역시 다른 두 방향에서 일어나며, 새로운 입체 발생 중심이 있는 두 개의 생성물 **A**와 **B**를 생성한다. **A**와 **B**는 서로 겹치지 않기 때문에 **거울상 이성질체**이다. 다른 방향에서의 공격은 같은 확률로 일어나기 때문에 **A**와 **B**의 **라셈 혼합물**이 생성된다.

위에서 Cl^- — **A** — **신 첨가** — H와 Cl은 **같은 쪽**에서 첨가된다.

아래에서 Cl^- — **B** — **안티 첨가** — H와 Cl은 서로 **반대쪽**에서 첨가된다.

시스와 **트랜스**는 일반적으로 알켄 또는 두 개의 치환기가 있는 사이클로알케인과 같은 특정한 화합물의 치환기 배열을 나타내는 데 많이 쓰인다. **신**과 **안티**는, 예컨대 두 기가 이중 결합에 첨가되는 방식을 표현하는 것과 같은 과정의 입체 화학을 기술한다.

할로젠화수소 첨가는 **평면** 이중 결합에서 시작하여 **평면** 탄소 양이온을 생성하기 때문에, H와 Cl의 첨가는 두 가지 다른 방법으로 일어난다. H와 Cl 원소는 이중 결합의 같은 방향으로 첨가(즉 **신 첨가**)되거나 반대쪽으로 첨가(즉 **안티 첨가**)될 수 있다. 양쪽 유형의 첨가가 이 두 단계 반응 메커니즘에서 일어난다.

- 할로젠화수소 첨가 반응은 HX의 신과 안티 첨가로 일어난다.

알켄에 대한 HX의 친전자성 첨가의 특징을 표 10.3에 요약하였다.

표 10.3 요약: 알켄에 대한 HX의 친전자성 첨가 반응

	관찰 사항
메커니즘	• 메커니즘은 **두 단계**이다. • 속도 결정 단계에서 **탄소 양이온**이 생성된다. • **자리 옮김**이 일어날 수 있다.
위치 선택성	• **Markovnikov 규칙을 따른다**. 비대칭 알켄에서 H는 치환기가 적은 C에 결합하여 더 안정한 탄소 양이온을 생성한다.
입체 화학	• **신**과 **안티** 첨가가 일어난다.

문제 10.19 다음 반응의 생성물을 입체 화학을 포함하여 그려라.

a. (alkene) $\xrightarrow{HBr}$ b. (cyclohexene) $\xrightarrow{HCl}$ c. (CH_3O, CH_3O bicyclic alkene) $\xrightarrow{HCl}$

문제 10.20 1,2-Dimethylcyclohexene이 HCl과 반응하였을 때 얻어지는 모든 입체 이성질체를 그려라. 거울상 이성질체의 쌍을 표시하라.

10.12 수화—물의 친전자성 첨가

이 π 결합이 끊어진다.

propene

2-propanol
소독용 알코올과
손 세정제에 존재

수화(hydration)는 알켄에 **물이 첨가**되어 알코올을 생성하는 반응이다. H_2O 자체는 알켄에 양성자를 첨가하기에는 매우 약한 산이지만, H_2SO_4를 첨가하면 H_3O^+가 생성되어 첨가가 쉽게 일어난다.

수화는 **친전자성 첨가**의 간단한 다른 예이다. 메커니즘의 처음 두 단계는 HX의 알켄에 대한 친전자성 첨가 반응과 유사하다. 즉, H^+ (H_3O^+로부터)의 첨가에 따른 탄소 양이온의 생성과 뒤이은 H_2O의 친핵성 공격이다. 메커니즘 10.2에 cyclohexene에 H_2O가 첨가되어 cyclohexanol이 생성되는 과정을 나타내었다.

메커니즘 10.2 알켄에 대한 H_2O의 친전자성 첨가—수화

느림

탄소 양이온
붉은색은 새로운 결합

cyclohexanol

1. 알켄의 π 결합이 H_3O^+의 H를 공격하면 속도 결정 단계에서 새로운 C−H 결합과 **탄소 양이온**이 생성된다.
2. 탄소 양이온에 대한 **H_2O의 친핵성 공격**은 새로운 C−O 결합을 생성한다.
3. H_2O이 **양성자를 제거**하면 중성 알코올이 생성된다. 단계 [1]에서 사용된 산이 단계 [3]에서 재생산되므로 반응은 산 촉매 반응이다.

알켄의 수화 반응으로 알코올을 만드는 것은 알코올의 탈수 반응으로 알켄을 만드는 것의 역과정이며, 이 반응은 9.8절에서 상세하게 논의되었다.

탄소 양이온 중간체가 생기기 때문에 다음과 같은 세 가지 중요한 결과가 관찰된다.

- 비대칭 알켄에 대하여 H는 치환기가 **적은** 탄소에 첨가되어 **더** 안정한 탄소 양이온을 생성한다. 즉 Markovnikov 규칙을 따른다.
- H와 OH의 첨가는 신과 안티 방식으로 모두 일어난다.
- 탄소 양이온의 **자리 옮김**이 일어날 수 있다.

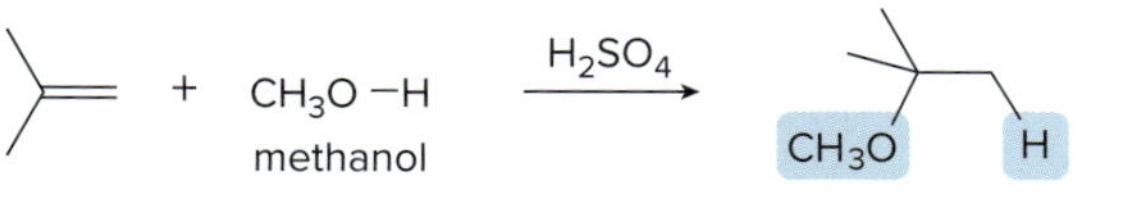

+ CH_3O-H methanol → (H_2SO_4) CH_3O H *tert*-butyl methyl ether **MTBE**

알켄에 알코올을 첨가할 때 에터가 생성되는 반응도 같은 메커니즘으로 일어난다. 예를 들어, 2-methylpropene에 CH_3OH를 첨가하면 3.4C절에서 설명한 옥테인 값이 높은 연료 첨가제인 *tert*-butyl methyl ether (**MTBE**)가 얻어진다.

문제 10.21 산 촉매 수화에 의하여 다음 각 알코올을 주생성물로 생성하는 알켄을 각각 두 개씩 그려라.

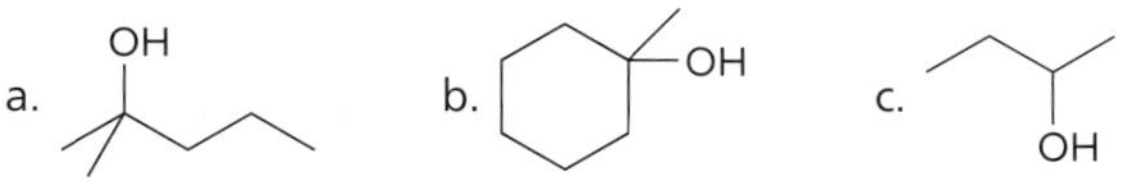

a. OH b. OH c. OH

문제 10.22 각 반응에서 생성되는 입체 이성질체를 모두 그려라.

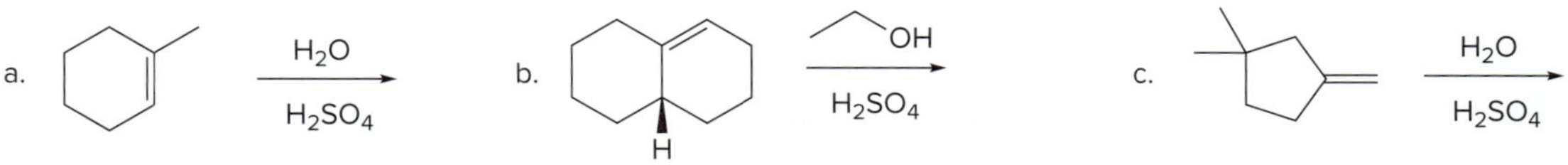

a. → H_2O / H_2SO_4 b. H → OH / H_2SO_4 c. → H_2O / H_2SO_4

10.13 할로젠화 반응—할로젠의 첨가 반응

할로젠 첨가(halogenation) 반응은 알켄에 **할로젠 X_2** (X = Cl 또는 Br)를 **첨가**하여 **이웃자리 이할로젠화물(vicinal dihalide)**을 생성하는 반응이다.

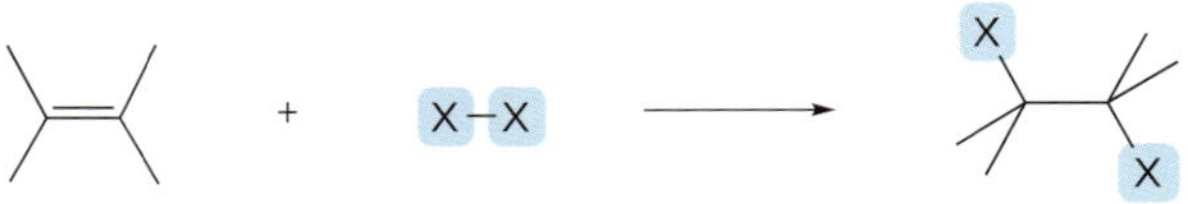

+ X–X → X X

π 결합이 끊어진다. **이웃자리 이할로젠화물**

할로젠 첨가는 오직 Cl_2와 Br_2 첨가만이 유용한 합성이다. 이 반응에서 생성되는 이염화물과 이브로민화물은 8.10절에서 배운 바와 같이 알카인 합성에서 출발물로 사용된다.

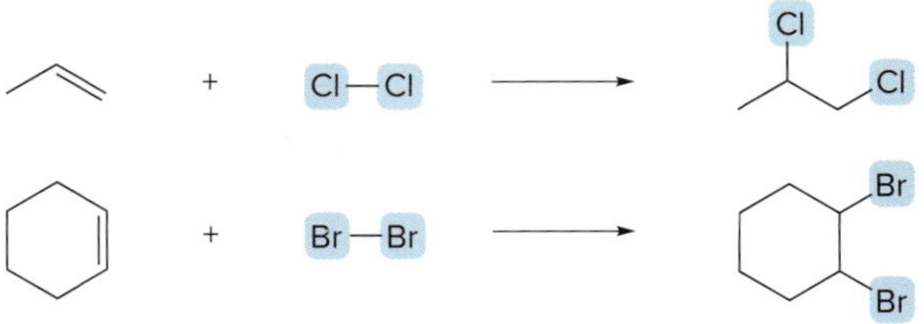

+ Cl–Cl → Cl Cl

+ Br–Br → Br Br

할로젠은 **편극화**되기 때문에 π 결합에 첨가된다. 전자가 풍부한 이중 결합은 접근하는 할로젠 분자에 쌍극자를 유도하여, 한 할로젠 원자는 전자가 부족하고 다른 할로젠 원자는 전자가 풍부하게 만든다($X^{\delta+}-X^{\delta-}$). 그 다음에 **친전자성 할로젠 원자가 친핵성 이중 결합에 끌어당겨지면** 첨가가 가능해진다.

두 가지 사실로부터 할로젠 첨가는 할로젠화수소 첨가 반응 또는 수화와는 다른 메커니즘을 따

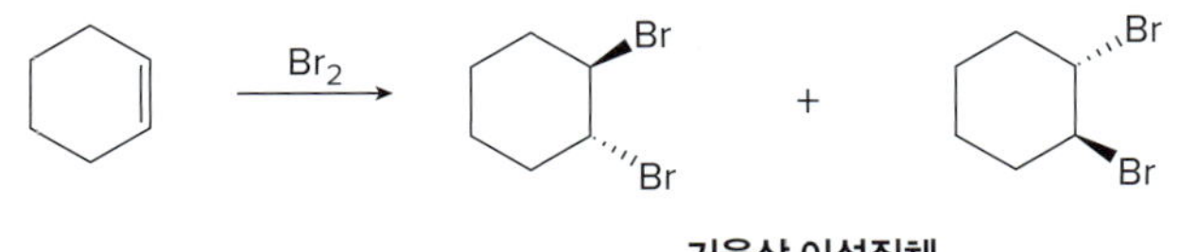

른다는 것을 알 수 있는데, 첫 번째는 **자리 옮김이** 일어나지 **않으며**, 두 번째는 오직 **X_2의 안티 첨가**만 관찰된다는 것이다. 예를 들어, cyclohexene과 Br_2의 반응은 **안티 첨가**에 의한 두 개의 **트랜스** 거울상 이성질체를 생성한다.

이 사실은 **할로젠 첨가에서 탄소 양이온이 중간체가 아님**을 나타낸다. 불안정한 탄소 양이온은 자리 옮김을 하며, 탄소 양이온 중간체에 대해서는 신과 안티 첨가 모두 가능하다. 할로젠 첨가에 대하여 인정된 메커니즘은 **두 단계**로 구성되어 있지만, 메커니즘 10.3에서 보는 바와 같이 탄소 양이온 생성은 일어나지 않는다.

메커니즘 10.3 알켄에 대한 X_2의 첨가—할로젠 첨가 반응

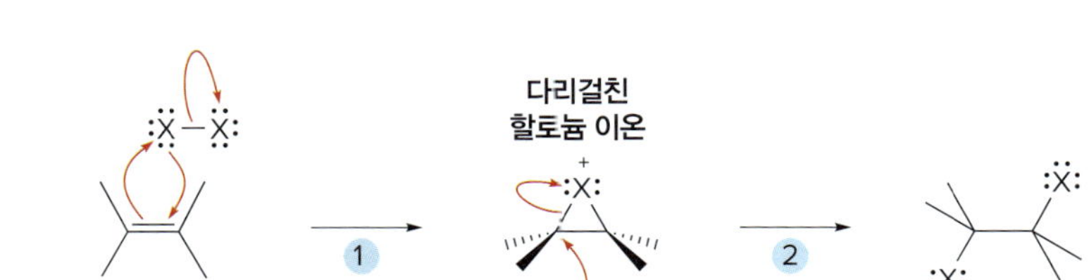

1 네 개의 결합이 깨지거나 생성되면 삼원자 고리인 불안정한 **다리걸친 할로늄 이온**이 생성된다. π 결합의 전자쌍과 할로젠 원자의 고립쌍이 두 개의 새로운 C−X 결합을 생성하는 데 사용되고, X−X 결합은 분해된다.

2 **X^-의 친핵성 공격**으로 할로늄 이온 고리가 열리면 새로운 C−X 결합이 생성된다.

다리걸친 할로늄 이온은 친핵체와 쉽게 반응하는 수명이 짧은 중간체라는 점에서 탄소 양이온과 공통점이 있다. 탄소 양이온은 탄소 주위에 오직 여섯 개의 전자가 있으므로 본질적으로 불안정한 반면, **할로늄 이온은** 양전하의 할로젠 원자를 포함하는 **무리 있는 삼원자 고리이기 때문에 불안정하다.**

탄소 양이온

C에는 팔전자가 없다.

다리걸친 할로늄 이온

고리에 결합 각이 있다.

문제 10.23 각 반응에서 생성되는 구조 이성질체를 그려라.

a. (cyclobutene) $\xrightarrow{Br_2}$ b. (1-methylcyclohexene) $\xrightarrow{Cl_2}$ c. (alkene) $\xrightarrow{Br_2}$

10.14 할로젠화 반응의 입체 화학

다리걸친 할로늄 이온이 관여하는 제안된 메커니즘으로 **할로젠 첨가 반응의** 관찰된 **트랜스 생성물**을 어떻게 설명할 것인가? 예를 들어, 사이클로펜텐의 염소화 반응은 시스 생성물 없이 두 거울상 이성질체인 *trans*-1,2-dichlorocyclopentane을 만든다.

Cl_2 → Cl, Cl + Cl, Cl

트랜스 거울상 이성질체

친전자체 Cl^+ (Cl_2로부터)의 초기 첨가는 평면 이중 결합의 어느 쪽으로도 일어나며 다리걸친 할로늄 이온을 생성한다. 이 예에서 두 유형의 첨가(아래쪽과 위쪽)는 모두 같은 **비카이랄** 중간체를 만들기 때문에, 아무 구조나 두 번째 단계를 그리는 데 사용할 수 있다.

또는

위에서 첨가 **아래**에서 첨가

동일한 비카이랄성 클로로늄 이온

> 다리걸친 할로늄 이온 중간체의 고리 열림은 9.16절에서 논의한 친핵체에 의한 에폭사이드 고리 열림과 공통점이 있다.

두 번째 단계에서 **Cl^-의 친핵성 공격은 뒤쪽에서 일어나야 한다.** 즉 오원자 고리에 있는 다리걸친 클로로늄 이온이 있는 쪽에 대하여 반대쪽으로부터 일어나야 한다. 이 예에서 친핵체는 아래쪽에서 공격하고, 이탈기는 위쪽에서 이탈되기 때문에 생성물의 두 Cl 원자는 서로 **트랜스** 위치에 놓인다. 삼원자 고리의 각 탄소에 대한 뒤쪽 공격은 같은 확률로 일어나기 때문에 같은 양의 두 거울상 이성질체—**라셈 혼합물**—가 생성된다.

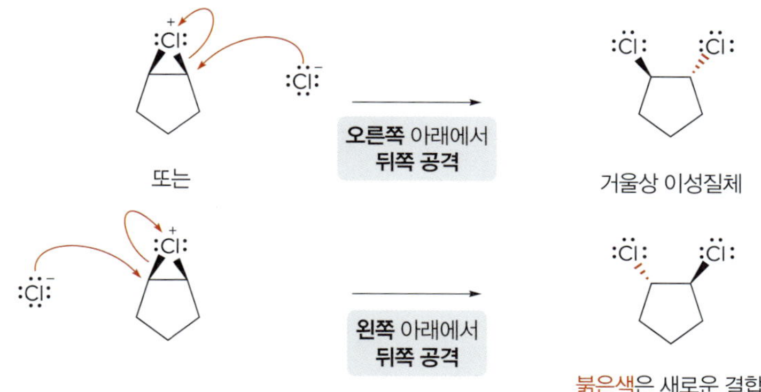

요약하면, 알켄에 대한 할로젠 첨가는 두 단계로 일어난다.

- X^+의 첨가는 속도 결정 단계에서 불안정한 다리걸친 할로늄 이온을 생성한다.
- X^-의 친핵성 공격은 **뒤쪽**에서 일어나며 트랜스 생성물을 생성한다. 전체적인 결과로서 X_2 첨가는 이중 결합에 대하여 **안티 첨가**이다.

할로젠 첨가는 오로지 안티 형태로만 일어나기 때문에 시스와 트랜스 알켄은 다른 입체 이성질체를 생성한다. 알켄에 대한 할로젠 첨가는 **입체특이성 반응(stereospecific reaction)**이다.

- 출발물인 두 개의 특정한 입체 이성질체가 각각 특정한 하나의 입체 이성질체 생성물을 만든다면, 이 반응은 입체특이성 반응이다.

cis-But-2-ene은 두 개의 거울상 이성질체를 생산하는 데 비하여, 그림 10.8에 보인 바와 같이 *trans*-but-2-ene은 단 하나의 비카이랄 메소(meso) 화합물을 생성한다.

문제 10.24 다음 반응에서 생성되는 모든 입체 이성질체를 그려라.

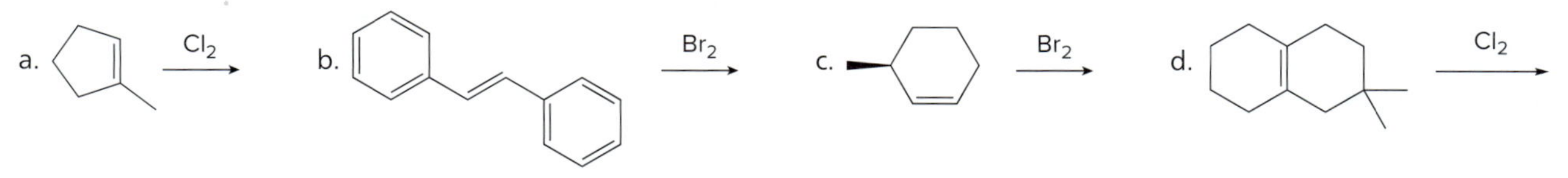

그림 10.8
cis-But-2-ene과 *trans*-but-2-ene에 대한 할로젠 첨가

할로젠 첨가의 생성물은 다음과 같이 그린다.

- 이중 결합에 대하여 **안티** 첨가로 Br_2가 첨가되며, 나머지 다른 모든 기들은 원래 배열대로 유지된다. 알켄을 종이면에 놓고서 **Br 하나는 앞쪽에(쐐기로 나타냄), 다른 Br은 뒤쪽에서(점선쐐기로 나타냄) 첨가한다.**
- 때때로 이 반응은 같은 양의 **두 개의 입체 이성질체**를 생성하는 *cis*-but-2-ene과 같이 두 개의 입체 이성질체를 생성한다. 때때로 이 반응은 **메소** 화합물을 생성하는 *trans*-but-2-ene과 같이 단 하나의 화합물을 생성한다.

10.15 할로하이드린의 생성

알켄이 할로젠 X_2 및 H_2O와 반응하면 이중 결합에 X와 OH가 첨가되어 **할로하이드린(halohydrin)**이 생성된다.

할로하이드린 생성 메커니즘은 할로젠 첨가 메커니즘과 유사하다. 즉, 친전자체 X^+ (X_2로부터)의 첨가는 **다리걸친 할로늄 이온**을 생성하며, 뒤이어서 삼원자 고리의 뒤쪽으로 H_2O에 의한 친핵성 공격(메커니즘 10.4)이 일어난다. 메커니즘의 단계 [1]에서 X^-가 생성됨에도 불구하고 H_2O(종종 용매로 사용)에 비하여 농도가 낮기 때문에 친핵체는 X^-가 아니라 H_2O이다.

메커니즘 10.4 X와 OH의 첨가—할로하이드린 생성

1 네 개의 결합이 끊어지거나 생성되면 삼원자 고리인 불안정한 **다리걸친 할로늄 이온**이 생성된다. π 결합의 전자쌍과 할로젠 원자의 고립쌍이 두 개의 새로운 C−X 결합을 생성하는 데 사용되고, X−X 결합은 분해된다.

2 **H_2O의 친핵성 공격**으로 할로늄 이온 고리가 열리면 새로운 C−O 결합이 생성된다.

3 양성자를 잃으면 할로하이드린이 생성된다.

7.8C절에서 다룬 바와 같이 DMSO (다이메틸 설폭사이드)는 극성인 비양성자성 용매임을 상기하자.

Br_2와 H_2O을 같이 사용하면 알켄에서 효율적으로 **브로모하이드린(bromohydrin)**을 얻을 수 있지만, 다른 시약도 사용할 수 있다. 브로모하이드린은 **DMSO [$(CH_3)_2S{=}O$] 수용액에서 *N*-bromosuccinimide (NBS)**와의 반응으로도 생성된다. NBS는 Br_2의 원천으로 작용하는데, Br_2가 그 다음에 반응하며 같은 반응 메커니즘으로 브로모하이드린을 생성한다.

N-bromosuccinimide
NBS
→ Br_2

NBS / DMSO, H_2O
브로모하이드린

10.15A 할로하이드린 생성의 입체 화학과 위치 선택성

다리걸친 할로늄 이온 고리는 H_2O의 뒤쪽 공격으로 열리기 때문에 X와 OH의 첨가는 **안티** 형태로 일어나며 **트랜스** 생성물이 얻어진다.

Br_2 / H_2O
트랜스 거울상 이성질체

비대칭 알켄에 대한 X와 OH의 첨가에서 두 개의 구조 이성질체가 가능하지만 오직 하나만 생성된다. **주생성물은 친전자체 X^+가 치환기가 적은 탄소 원자에 결합된 것이다.** 즉, 반응하는 알켄에서 처음부터 더 많은 H 원자가 있는 탄소와 반응한다. 따라서 **친핵체(H_2O)는 치환기가 많은 탄소에 결합한다.**

Br_2 / H_2O
단일 생성물
생성되지 않음
전자체 Br은 치환기가 **적은** 탄소에 결합한다.

이 결과는 9.16B절에서 다루었던 산 HZ (Z = 친핵체)에 의한 에폭사이드 고리 열림 반응을 생각나게 한다. 에폭사이드 고리 열림 반응에서와 같이 **친핵체는 다리걸친 할로늄 이온 끝 쪽의 치환기가 더 많은 탄소를 공격한다.** 이는 치환기가 더 많은 탄소가 전이 상태에서 부분 양전하를 더 잘 수용할 수 있기 때문이다.

친핵체는 치환기가 **더 많은** C를 공격한다.

표 10.4에 할로하이드린 생성의 특징을 요약하였다.

표 10.4 요약: 알켄의 할로하이드린으로의 변환

	관찰 사항
메커니즘	• 메커니즘은 **두 단계**이다. • 속도 결정 단계에서 **다리걸친 할로늄 이온**이 생성된다. • **자리 옮김**은 일어나지 **않는다**.
위치 선택성	• X^+는 **치환기가 적은 탄소**에 결합한다.
입체 화학	• **안티** 첨가가 일어난다.

예제 10.5 알켄 첨가에서 생기는 할로하이드린 그리기

다음 반응의 생성물을 입체 화학을 포함하여 그려라.

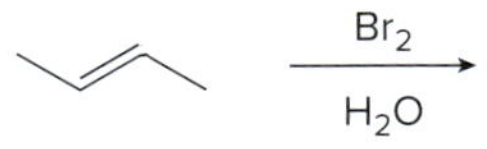

Br_2 / H_2O

trans-but-2-ene

풀이

반응 시약($Br_2 + H_2O$)은 원소 **Br**과 **OH**를 이중 결합에 **안티** 방식, 즉 **반대 방향**으로 첨가한다. 두 개의 안티 첨가 생성물을 그릴 때 한 생성물에서는 **Br을 위쪽, OH는 아래쪽**으로 나타내고, 다른 생성물에서는 **Br을 아래쪽, OH는 위쪽**으로 나타낸다. 이 예에서 두 생성물은 서로 겹치지 않는 **거울상 이성질체**이다.

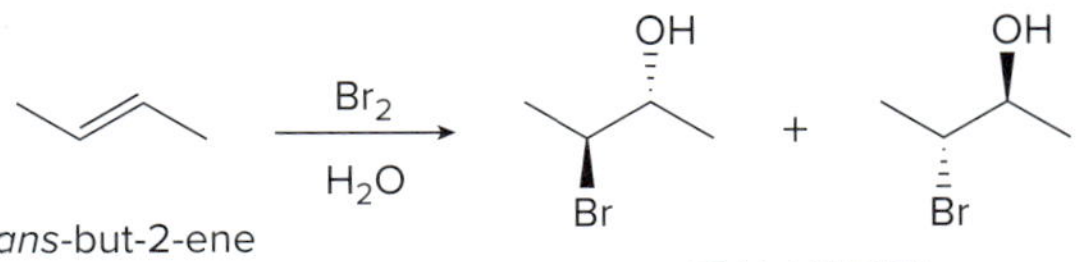

trans-but-2-ene → (Br_2, H_2O) OH, Br + OH, Br

거울상 이성질체

문제 10.25 다음 각 반응의 생성물을 그리고, 생성물의 입체 화학을 표시하라.

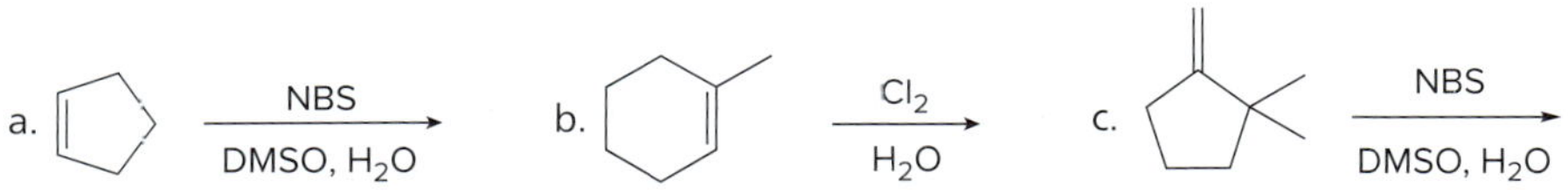

a. NBS / DMSO, H_2O b. Cl_2 / H_2O c. NBS / DMSO, H_2O

추가 문제: 문제 10.45e, f; 10.48c; 10.50b, c를 풀어보라.

10.15B 할로하이드린: 유기 합성에 있어서 유용한 화합물

할로하이드린은 분자 내 S_N2 반응(9.6절)에 의하여 쉽게 에폭사이드로 변환되기 때문에 많은 천연물 합성에 사용되고 있다. 여성 호르몬인 에스트론(estrone)의 합성에 있어서 중요 단계를 그림 10.9에 나타내었다.

그림 10.9 클로로하이드린으로부터 에스트론의 합성

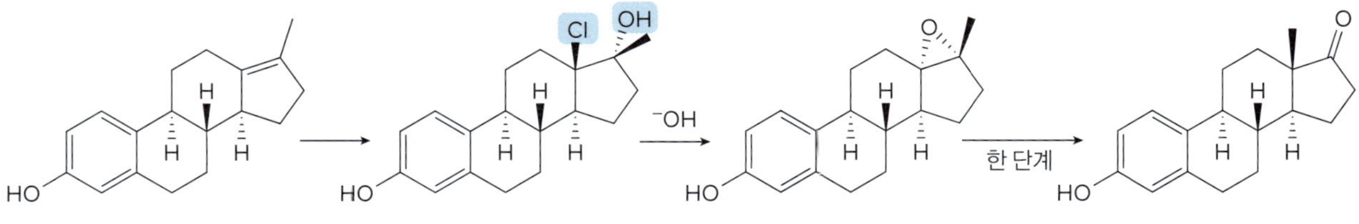

• 알켄 **A**에 Cl과 OH를 첨가하여 합성된 클로로하이드린 **B**는 염기와 반응하여 에폭사이드 **C**로 변환된다. **C**는 한 단계로 에스트론으로 변환된다.

10.16 수소화붕소 첨가-산화 반응

수소화붕소 첨가-산화 반응(**hydroboration-oxidation**)은 연속적인 두 단계 반응이며 알켄을 알코올로 변환시킨다.

BH_3 (수소화붕소 첨가) → 알킬보레인 (H, BH_2) → H_2O_2, HO^- (산화) → 알코올 (H, OH)

- **수소화붕소 첨가**는 알켄에 보레인(BH_3)을 첨가하여 알킬보레인을 생성한다.
- **산화 반응**은 알킬보레인의 C–B 결합을 C–O 결합으로 변환시킨다.

수소화붕소 첨가-산화 반응은 결과적으로 알켄에 **H_2O이 첨가**되는 반응이다.

BH_3 → H, BH_2 → H_2O_2, HO^- → H, OH

BH_3 → H, BH_2 → H_2O_2, HO^- → H, OH

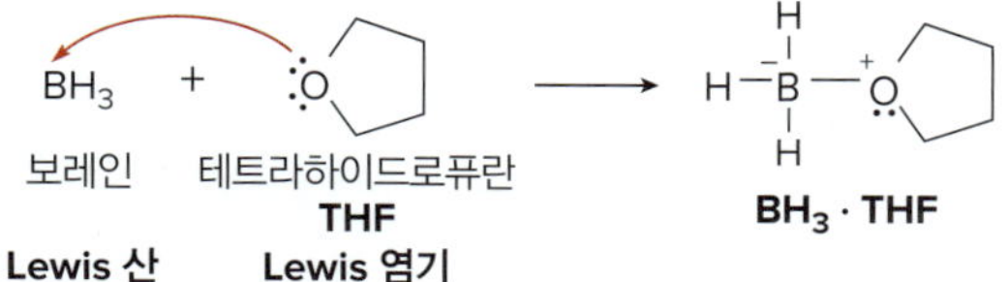

$BH_3 \cdot THF$

보레인(BH_3)은 거의 대부분 이합체인 다이보레인(B_2H_6)으로 존재하는 반응성 기체이다. 보레인은 Lewis 염기와 쉽게 반응하는 센 **Lewis 산**이다. 실험실에서 쉽게 다룰 수 있도록 보레인은 일반적으로 테트라하이드로퓨란(THF)과의 착물로 사용된다.

10.16A 수소화붕소 첨가 반응

수소화붕소 첨가-산화 반응의 첫 단계는 알켄의 π 결합에 대한 **원소 H와 BH_2의 첨가**에 따라 중간체인 알킬보레인이 생성되는 것이다.

BH_3 → H, BH_2 (알킬보레인)

이중 결합에 **신 첨가**가 일어나고 **탄소 양이온의 자리 옮김**이 관찰되지 **않기** 때문에 메커니즘 10.5에서 보여주는 바와 같이, 수소화붕소 첨가 동안에 탄소 양이온은 생성되지 않는다. 제안된 메

메커니즘 10.5 H와 BH_2 첨가-수소화붕소 첨가 반응

한 단계 π 결합과 H–BH_2 결합은 C–H와 C–B 결합이 생성되면서 절단된다.

H–BH_2 → [H---BH_2]‡ (전이 상태) → H, BH_2 (신 첨가)

커니즘은 **평면 이중 결합의 같은 쪽에서 H와 BH_2의 협동 첨가(concerted addition)**를 포함하는데, π 결합과 $H-BH_2$ 결합은 두 개의 새로운 σ 결합이 생성되면서 절단된다. 네 개의 원자가 포함되기 때문에 **사중심(four-centered)** 전이 상태라고 한다.

1당량의 알켄과의 반응으로 생성되는 알킬보레인에는 아직도 B−H 결합이 두 개 있기 때문에 2당량의 알켄과 더 반응하여 트라이알킬보레인이 생길 수 있다. 이것을 $CH_2=CH_2$와 BH_3의 반응으로 그림 10.10에 나타내었다.

그림 10.10
3당량의 $CH_2=CH_2$을 이용하는 BH_3의 트라이알킬보레인으로의 변환

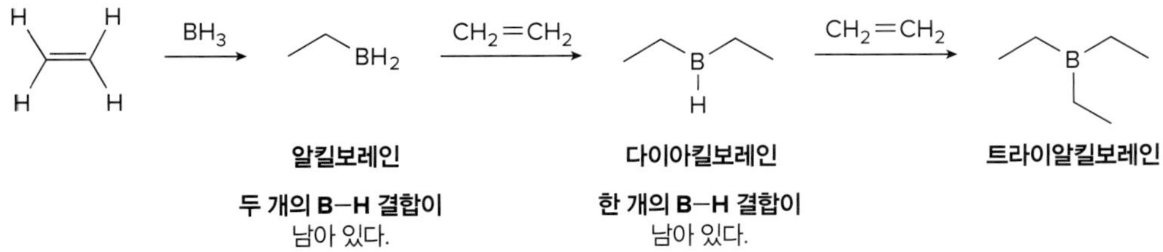

알킬보레인
두 개의 **B−H 결합이** 남아 있다.

다이아킬보레인
한 개의 **B−H 결합이** 남아 있다.

트라이알킬보레인

- 수소화붕소 첨가는 때때로 BH_3와 1당량의 알켄이 반응한 후 첨가가 중단되는 것처럼 나타낸다. 그러나 세 개의 모든 B−H 결합은 실제로 3당량의 알켄과 반응하여 트라이알킬보레인을 생성한다. **유기보레인(organoborane)**이란 용어는 탄소−붕소 결합이 있는 모든 화합물에 대하여 사용된다.

수소화붕소 첨가에는 오직 하나의 B−H 결합이 필요하기 때문에 때때로 BH_3 대신에 일반 구조식 $\mathbf{R_2BH}$인 상업적으로 이용 가능한 다이알킬보레인이 사용된다. 일반적으로 사용하는 것은 9-borabicyclo[3.3.1]nonane **(9-BBN)**이다. 9-BBN은 BH_3와 같은 방법으로 수소화붕소 첨가를 진행한다.

= R_2BH

9-borabicyclo[3.3.1]nonane
9-BBN

수소화붕소 첨가는 위치 선택적이다. **비대칭 알켄에 대하여 붕소 원자는 치환기가 적은 탄소 원자에 결합한다.** 예를 들어, 프로펜에 대한 BH_3의 첨가는 B가 말단 탄소에 결합한 알킬보레인을 생성한다.

단일 생성물 생성되지 않음

B는 말단 탄소에 결합한다.

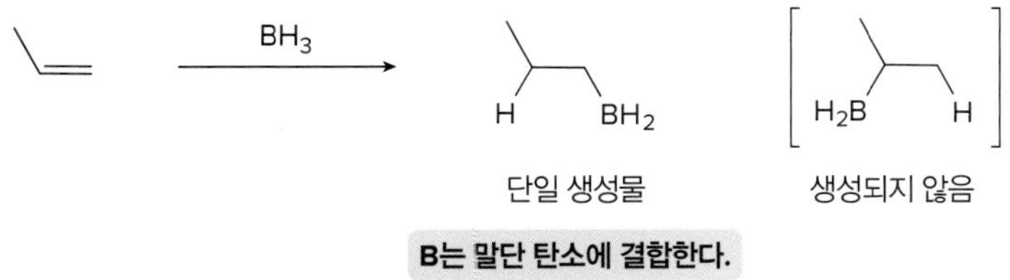

붕소보다 수소의 전기 음성도가 더 크기 때문에 B−H 결합이 편극화되면 붕소가 부분 양전하($H^{\delta-}-B^{\delta+}$)를 띠게 된다. 그러면 수소화붕소 첨가에서 BH_2가 친전자체가 된다.

입체적 요인은 이와 같은 위치 선택성을 설명해준다. 큰 붕소 원자는 입체 장애가 적어 더 접근하기 쉬운 탄소 원자에 결합한다.

전자적 요인도 역시 이와 같은 위치 선택성을 설명해준다. 결합 절단과 결합 생성이 완전히 대칭이 아니라면, 전이 상태에서 붕소는 부분 음전하를 띠며, 탄소는 부분 양전하를 띤다. 알킬기는 양전하를 안정화하기 때문에 그림 10.11에 나타낸 바와 같이 치환기가 더 많은 탄소에 부분 양전하가 있는 전이 상태가 더 안정하다.

- 수소화붕소 첨가에서 붕소 원자는 치환기가 **적은** 탄소에 결합한다.

그림 10.11
비대칭 알켄의 수소화붕소 첨가

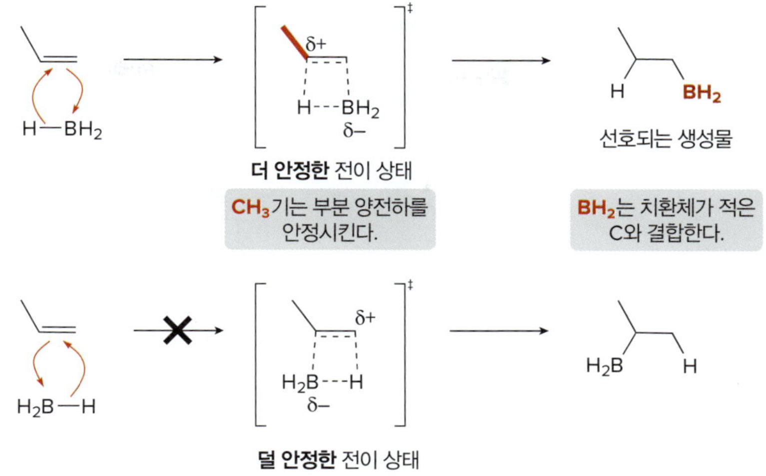

문제 10.26 다음 알켄에 대한 수소화붕소 첨가로 생성되는 알킬보레인을 그려라.

a. b. c.

10.16B 알킬보레인의 산화 반응

알킬보레인은 물과 빠르게 반응하고 공기 중에 노출되는 경우 자연적으로 연소되기 때문에 분리하지 않은 채로 염기성 과산화 수소(H_2O_2, HO^-)에 의하여 산화된다. **산화 반응은 C−B 결합을 C−O 결합으로 바꾸며 배열이 보존된 새로운 OH기를 생성한다.** 즉 **OH기는** 탄소에 있는 다른 세 개의 기에 대하여 **같은 위치에서 BH$_2$와 교체된다.**

BH$_2$ —H_2O_2, HO^-→ OH

배열 보존

따라서 수소화붕소 첨가−산화 반응의 생성물을 그리는 데 다음 두 가지 입체 화학적 사실을 기억하자.

- 수소화붕소 첨가는 신 첨가로 일어난다.
- 산화 반응은 배열이 보존되는 방식으로 일어난다.

이 연속적인 두 단계의 전체 결과는 예제 10.6에 나타낸 바와 같이 이중 결합에 대한 **원소 H와 OH의 신 첨가**이다. **OH기는 치환기가 적은 탄소에 결합한다.**

예제 10.6 수소화붕소 첨가−산화 반응의 생성물을 그리기

다음 연속 반응의 생성물을 입체 화학을 포함하여 그려라.

[1] BH$_3$
[2] H_2O_2, HO^-

풀이

단계 [1]에서 **비대칭 알켄에 대한 BH_3의 신 첨가는 BH_2기를 이중 결합 평면의 위 또는 아래쪽에서 치환기가 적은 탄소에 첨가한다**. 알킬보레인의 두 개의 거울상 이성질체가 생성된다. 단계 [2]에서 산화 반응은 각 거울상 이성질체에서 **배열 보존**을 유지하면서 BH_2기를 OH기로 교체하여, 역시 거울상 이성질체인 두 개의 알코올을 생성한다.

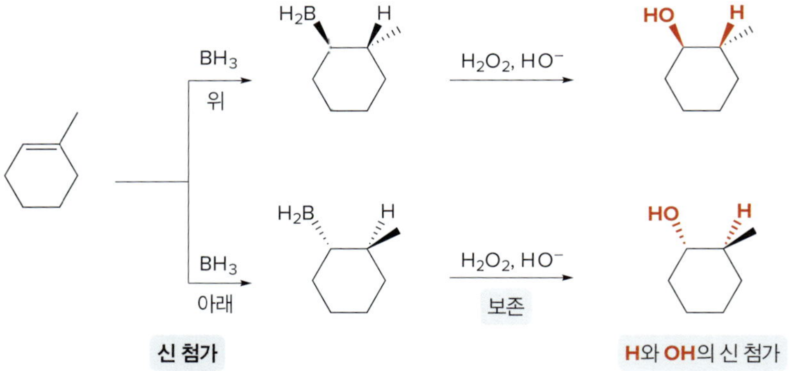

BH3 위 / BH3 아래 / H2O2, HO⁻ / 보존 / 신 첨가 / H와 OH의 신 첨가

수소화붕소 첨가-산화 반응은 이중 결합에 **신 형태로 H와 OH가 첨가**되는 결과를 만든다. 비카이랄 알켄은 같은 양의 두 개의 거울상 이성질체, 즉 **알코올의 라셈 혼합물**을 생성한다.

문제 10.27 다음 알켄을 BH_3와 반응시킨 후 H_2O_2 및 HO^-와 반응시켰을 때 얻어지는 생성물을 그려라. 모든 입체 발생 중심에서의 입체 화학도 그려라.

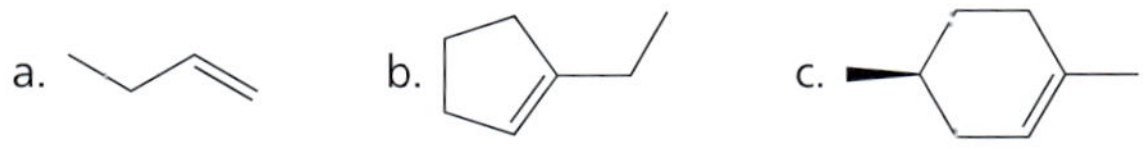

a. b. c.

추가 문제: 문제 10.45g; 10.48b, d; 10.50g를 풀어보라.

문제 10.28 두 단계 반응, 즉 수소화붕소 첨가-산화 반응의 연속 반응으로 다음의 알코올을 제조할 수 있는 알켄을 제시하라.

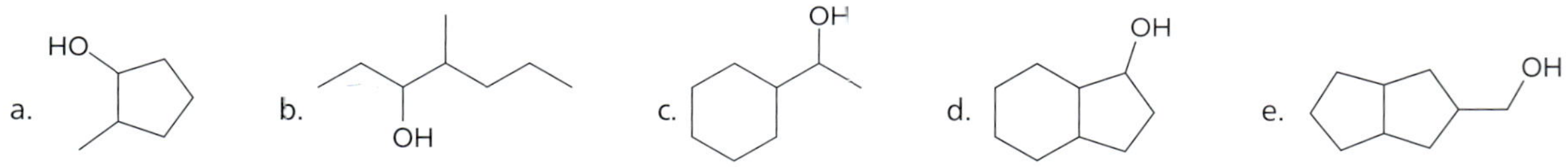

a. b. c. d. e.

표 10.5에 수소화붕소 첨가-산화 반응의 특징을 요약하였다.

표 10.5 요약: 알켄의 수소화붕소 첨가-산화 반응

	관찰 사항
메커니즘	• H와 BH_2의 첨가는 **한 단계**로 일어난다. • **자리 옮김**은 일어나지 **않는다**.
위치 선택성	• **OH기는 치환기가 적은** 탄소에 **결합한다**.
입체 화학	• **신 첨가**가 일어난다. • 배열 **보존**을 유지하면서 OH기는 BH_2기와 자리를 바꾼다.

수소화붕소 첨가-산화 반응은 이중 결합에 H_2O를 첨가하는 매우 일반적인 반응이다. 한 가지 예는 말라리아 치료약으로 사용되는 중국 **개똥쑥**(칭하오, **qinghao**)의 활성 성분인 **artemisinin**(또는 **qinghaosu**)의 합성에서 볼 수 있다(그림 10.12).

그림 10.12
합성에서 수소화붕소 첨가–산화 반응의 한 예

• 알코올 **A**로부터 아르테미시닌에 도입된 탄소 원자들은 붉은색으로 표시하였다.

중국 전통 의학에서 수백 년 동안 사용하였던 식물인 **개똥쑥**은 말라리아를 치료하기 위하여 다른 약물과 조합하여 사용하는 아르테미시닌의 원료이다. Tu Youyou는 아르테미시닌의 항말라리아 효과를 발견한 업적으로 2015년도 노벨 생리학 및 의학상을 수상하였다. *Adam Gault/Getty Images*

10.16C 수화 방법의 비교

수화(H_2O, H^+)와 수소화붕소 첨가–산화 반응(BH_3와 뒤이은 H_2O_2, HO^-)은 모두 이중 결합에 H_2O의 두 원소를 첨가한다. 유사성에도 불구하고 예제 10.7에서와 같이 이 반응은 다른 구조 이성질체를 생성한다.

예제 10.7 알켄 수화의 두 다른 방법 비교하기

$CH_3CH_2CH_2CH_2CH{=}CH_2$가 (a) H_2O, H_2SO_4, (b) BH_3에 이은 H_2O_2, HO^-와 반응할 때 생성되는 생성물을 그려라.

풀이

$H_2O + H_2SO_4$의 조건에서 H와 OH의 친전자성 첨가는 **H 원자를** 알켄의 **치환기가 적은 탄소에 결합시키므로 2° 알코올**이 얻어진다. 반면에 BH_3의 첨가는 **BH_2기가 치환기가 적은** 알켄의 **말단 탄소에 결합**된 알킬보레인을 생성한다. 산화 반응은 BH_2기를 OH로 바꾸어 **1° 알코올**을 생성한다.

문제 10.29 아래의 알켄을 다음 시약과 반응시켰을 때 생성되는 구조 이성질체의 구조식을 쓰라.

[1] H_2O, H_2SO_4, 또는 [2] BH_3에 이은 H_2O_2, HO^-

a. b. c. d.

추가 문제: 문제 10.47을 풀어보라.

10.17 반응 경로의 추적

7~10장에서 기본적인 세 가지 종류의 유기 반응, 즉 **친핵성 치환**, **β 제거** 그리고 **첨가**를 소개하였다. 반응 과정 중에 많은 특별한 반응 시약이 언급되었고, 다른 많은 메커니즘으로부터 얻어진 입체화학이 조사되었다. **모든 반응의 경로를 어떻게 추적할 수 있을까?**

그 과정을 쉽게 하기 위하여 **대부분의 유기 분자는 오직 하나 또는 두 종류의 반응을 한다는 것을 기억하자.** 예를 들어

- 할로젠화 알킬은 좋은 이탈기가 있기 때문에 치환 또는 제거가 일어난다.
- 알코올은 단지 OH기를 좋은 이탈기로 변환시켰을 때만 치환 또는 제거가 일어난다.
- 알켄은 쉽게 절단되는 π 결합이 쉽게 깨지므로 첨가가 일어난다.

많은 반응을 보다 자세히 익혀야 하지만, 사실 이것들을 배우기 위한 특별한 방법은 없다. **이 반응들을 눈으로 보고 쓰는 것을 넘어 반복적으로 연습하여야 한다.** 어떤 학생들은 각 작용기들의 특별한 반응 목록을 만든 다음, 다른 출발물로 다시 작성한다. 또 다른 학생들은 플래시 카드(출발물과 반응 시약을 한쪽에 쓰고 생성물을 다른 쪽에 써 넣은 색인 카드)를 만든다. 어떤 방법을 택하든 2 + 2와 같은 간단한 덧셈의 답이 주저 없이 나오듯이 **세부적인 내용들도 습관처럼 자연스럽게 이끌려 나와야 한다.**

반응을 배우는 것은 실제로 두 단계 과정이다.

- 첫째, 작용기에 대한 반응의 기본 유형을 배운다. 이는 반응에 대한 전체적인 구성에 관한 정보를 제공한다.
- 그런 다음 각 반응에 필요한 특정한 반응 시약에 대하여 배운다. 이로써 반응 시약을 성질에 따라 분류할 수 있다. 이 시약은 산인가 염기인가? 이 시약은 친핵체인가 친전자체인가? 이 시약은 산화제인가 환원제인가?

예제 10.8에 이 과정을 나타내었다.

예제 10.8 작용기와 시약을 사용하여 반응의 종류 확인하기

다음 각 반응의 생성물을 그려라.

a. (1-bromo-2-ethylbutane) Br $\xrightarrow{KOC(CH_3)_3}$

b. (3-ethyl-1-pentene) $\xrightarrow[H_2O]{Br_2}$

풀이

각 문제에서 일반 반응 유형—치환, 제거 또는 첨가—을 결정하는 **작용기를 확인한다.** 그리고 **반응 시약이 친전자체, 친핵체, 산, 염기** 등인지를 **결정한다.**

a. 반응물은 치환과 제거가 일어날 수 있는 **1° 할로젠화 알킬**이다. 반응 시약[$KOC(CH_3)_3$]은 E2 메커니즘에 의하여 제거를 선호하는 **센 비친핵성 염기**이다.

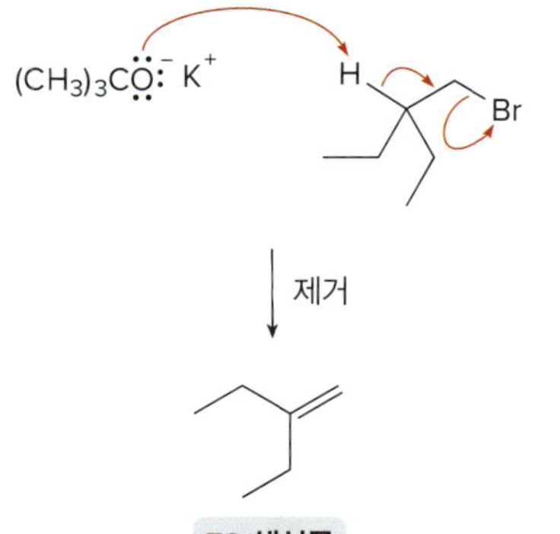

b. 반응물은 π 결합 첨가가 일어나는 **알켄**이다. 반응 시약($Br_2 + H_2O$)은 **친전자체** Br^+를 제공하여, 결과적으로 이중 결합에 Br과 OH의 **첨가**가 일어난다(10.15절).

Br_2 + H_2O

OH

Br

첨가 생성물

문제 10.30 다음 반응의 생성물을 예제 10.8에서와 같은 두 부분의 전략적 개념을 사용하여 그려라.

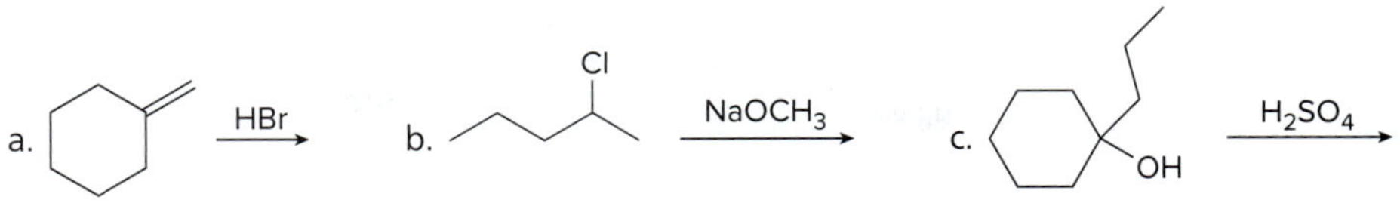

a. (methylenecyclohexane) $\xrightarrow{HBr}$ b. (2-chlorobutane, Cl) $\xrightarrow{NaOCH_3}$ c. (1-propylcyclohexanol, OH) $\xrightarrow{H_2SO_4}$

추가 문제: 문제 10.33b, 10.45, 10.48을 풀어보라.

10.18 유기 합성에서의 알켄

알켄은 유기 화학에서 중심 작용기이다. **알켄은** 할로젠화수소 이탈 및 탈수와 같은 **제거 반응으로 쉽게 제조된다. 알켄의 π 결합은 쉽게 분해되기 때문에** 많은 첨가 반응이 일어날 수 있고, 그러면 여러 가지 유용한 화합물을 얻을 수 있다.

역자주:
생성물의 입체 화학은 트랜스여야 한다.

예를 들어, 싸고 쉽게 구할 수 있는 출발물인 cyclohexanol로부터 1,2-dibromocyclohexane을 합성하여야 한다고 가정하자. 이 변환 과정을 한 단계로 이룰 수 있는 방법은 없기 때문에 합성은 최소한 두 단계여야 한다.

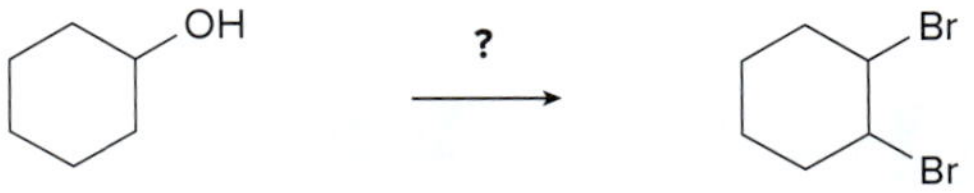

OH
?
Br
Br
cyclohexanol
출발물
1,2-dibromocyclohexane
생성물

이 문제를 풀기 위해서는 다음과 같이 진행하여야 한다.

- 주어진 생성물로부터 역행하여 작업한다: 어떤 유형의 반응이 생성물의 작용기를 도입하는가?
- 주어진 출발물로부터 앞쪽으로 작업한다: 출발물은 어떤 유형의 반응을 일으키는가?

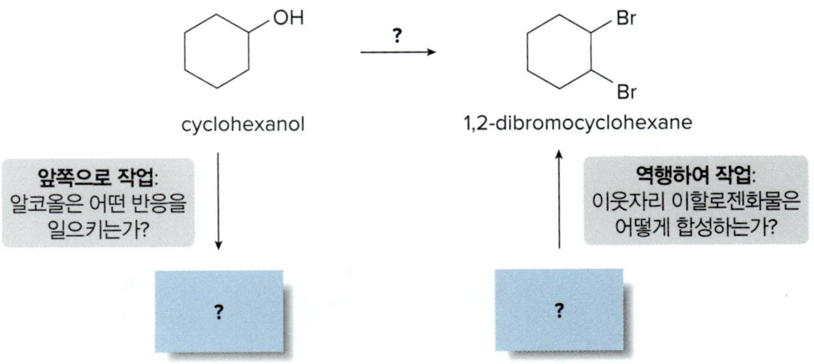

OH
?
Br
Br
cyclohexanol
1,2-dibromocyclohexane
앞쪽으로 작업: 알코올은 어떤 반응을 일으키는가?
역행하여 작업: 이웃자리 이할로젠화물은 어떻게 합성하는가?
?
?

11장에서 역합성 분석에 대하여 더 자세히 배울 것이다.

생성물로부터 반대로 진행하여 출발물을 결정하는 과정을 역합성 분석(*retrosynthetic analysis*)이라 부른다.

우리는 이 질문들에 대한 답이 될 수 있는 반응을 알고 있다.

역행하여 작업:

[1] 이웃자리 이할로젠화물인 1,2-dibromocyclohexane은 **cyclohexene**에 대한 Br_2 첨가 반응으로 제조된다.

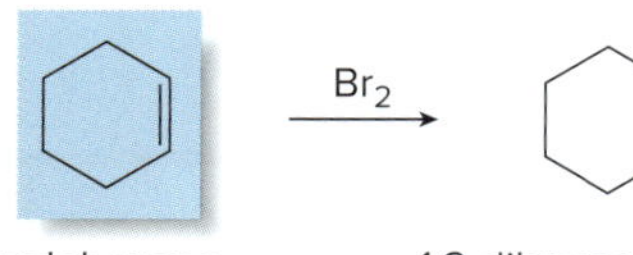

cyclohexene 1,2-dibromocyclohexane

앞쪽으로 작업:

[2] Cyclohexanol이 산 촉매 탈수 반응을 하면 **cyclohexene**이 얻어진다.

OH H_2SO_4

cyclohexanol cyclohexene

> **반응 중간체(reactive intermediate)**는 탄소 양이온처럼 불안정한 중간체이며, 안정한 출발물로부터 안정한 생성물로 변환되는 과정에서 생성된다. **합성 중간체**는 한 단계 후의 생성물이며 안정한 화합물로서 다단계 합성에서 또 다른 출발물이다.

Cyclohexene은 **한 단계의 생성물이며 또 다른 단계의 출발물**이기 때문에 **합성 중간체(synthetic intermediate)** 또는 간단히 **중간체(intermediate)**라고 부른다. 이제 우리는 cyclohexanol을 1,2-dibromocyclohexane으로 변환하는 연속적인 두 단계를 알게 되었으며 합성은 완료되었다. 이 합성 과정에서 알켄의 중심적인 역할을 주목하자.

OH H_2SO_4 Br_2 Br Br

합성 중간체

예제 10.9 알켄으로부터 합성 고안하기

1-Methylcyclohexene으로부터 1-ethoxy-2methylcyclohexane의 합성을 제안하라.

? O

1-methylcyclohexene 1-ethoxy-2-methylcyclohexane

풀이

공통의 중간체에 도달할 때까지 생성물로부터 역으로 작업하고 출발물로부터 앞으로 작업한다.

역으로 작업하기

[1] Williamson 에터 합성은 두 단계 과정에 의해서 2-methylcyclohexanol을 1-ethoxy-2-methylcyclohexanol로 전환시킨다. 염기 NaH를 이용하여 알콕사이드 **A**를 얻은 후 A가 CH_3CH_2Br와 S_N2 반응을 하면 에터가 생성된다.

OH NaH O: Br S_N2 O

2-methylcyclohexanol **A** + H_2 1-ethoxy-2-methylcyclohexane

앞쪽으로 작업하기

1-Methycyclohexene의 수소화붕소 첨가–산화 반응은 OH기가 치환체가 **적은** 탄소에 붙은 2-methylcyclohexanol을 생성한다.

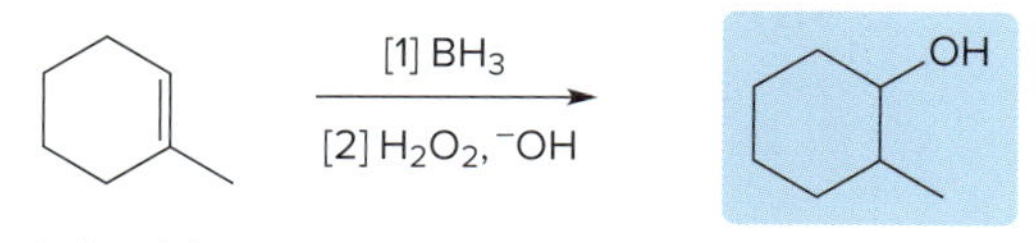

1-methylcyclohexene 2-methylcyclohexanol

역자주:
당연히 이 반응의 최종 생성물은 트랜스일 것이다.

2-Methylcyclohexanol은 **합성 중간체**이며 합성은 두 조작을 통하여 완성된다.

1-methylcyclohexene → ([1] BH_3; [2] H_2O_2, ^{-}OH) → 2-methylcyclohexanol → ([1] NaH; [2] CH_3CH_2Br) → 1-ethoxy-2-methylcyclohexane

문제 10.31 제시된 출발물로부터 생성물을 합성하는 방법을 제시하라.

a. 1-bromobutane (Br) —?→ (OH, Cl 생성물)

b. 1-methylcyclohexanol (OH) —?→ 2-methylcyclohexanol (OH)

추가 문제: 문제 10.60, 10.61을 풀어보라.

Chapter 10 복습

핵심 개념

Markovnikov 규칙(10.10, 10.12)

비대칭 알켄에 HX의 첨가에서 H 원자는 치환체가 **적은** 탄소에 결합한다.

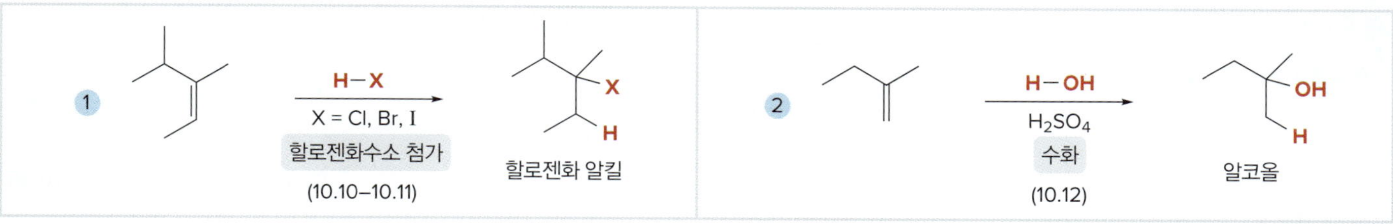

문제 10.33b; 10.45a~c; 10.48a를 풀어보라.

알켄 첨가의 입체 화학(10.8)

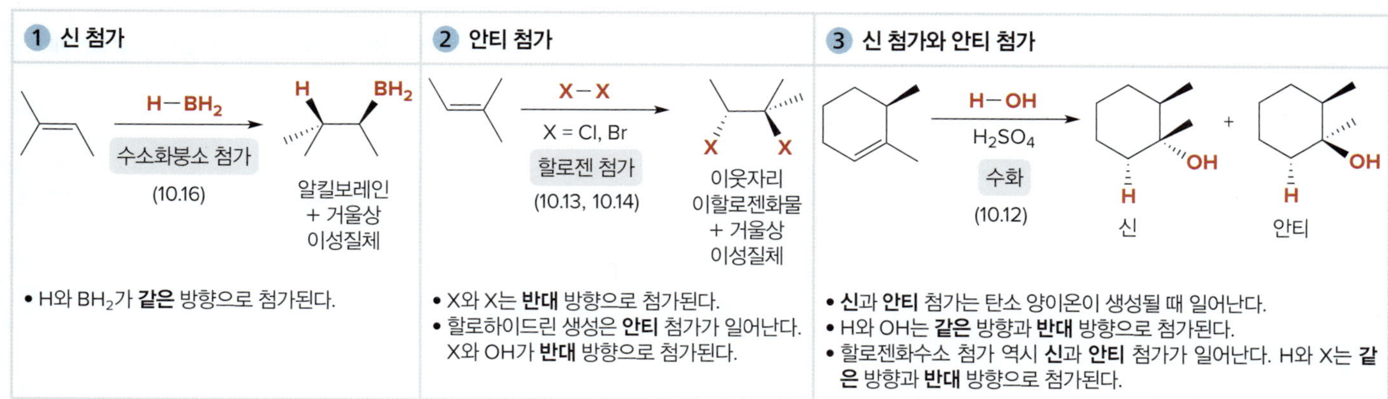

문제 10.50을 풀어보라.

핵심 반응

알켄의 모든 반응은 **첨가** 반응이 수반된다—약한 π 결합이 끊어지고 두 개의 새로운 σ 결합이 생성된다.

예제 10.4, 10.5, 10.6 참고. 문제 10.33b, 10.45, 10.48, 10.50을 풀어보라.

핵심 기법

[1] 불포화도 계산하기(10.2)

① 가능한 H의 최대 수를 계산한다.	② 최대 수에서 실제 수를 빼고 2로 나눈다.
예: C_5H10 • *n*개의 탄소에 대해서 H의 최대 수는 2*n* + 2이다. 예를 들어 2*n* + 2 = 2(**5**) +2 = 12	• 12개 H(최대) − 10개 H(실제) = 최대 수보다 H가 2개 적음 $\frac{\text{최대 수보다 H가 2개 적음}}{\text{각 불포화도에 대해 H 2개가 제거됨}} =$ **답: 불포화도 1**

예제 10.1 참고. 문제 10.34, 10.35.

[2] 알켄을 명명할 때 *E*, *Z* 정하기(10.3)

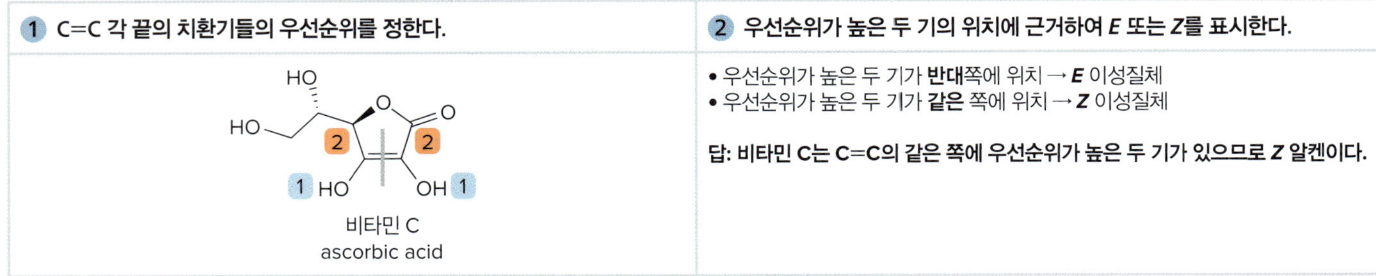

해결 방법 p. 399 참고. 문제 10.33a, 10.36, 10.37a를 풀어보라.

[3] 첨가 반응의 생성물 그리기(10.8~10.16)

① C=C에 첨가되는 두 기를 확인할 수 있는 시약을 사용한다.	② 비대칭 알켄에서 위치 선택성을 결정한다.	③ 입체 화학을 결정할 수 있는 메커니즘을 사용한다.
Cl_2, H_2O (10.15) → Cl과 OH가 첨가된다.	Cl은 치환체가 **적은** C에 위치한다.	HO, Cl 안티 클로로하이드(chlorohydrin) + 거울상 이성질체

문제 10.33b, 10.45, 10.48, 10.50을 풀어보라.

[4] 알켄의 수화 생성물 비교하기(10.12, 10.16)

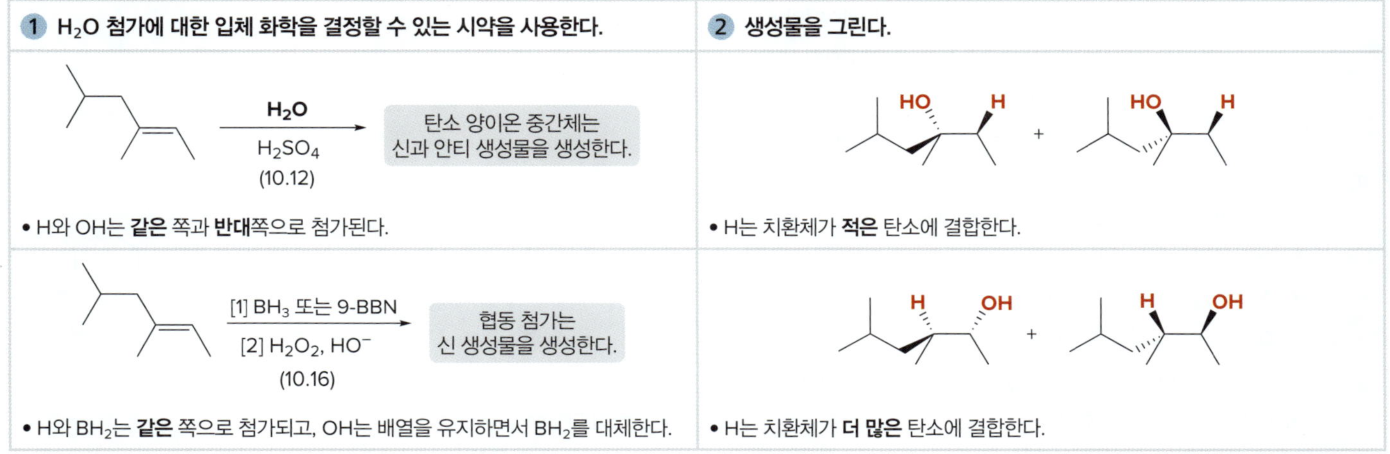

예제 10.7 참고. 문제 10.47을 풀어보라.

핵심 메커니즘 개념

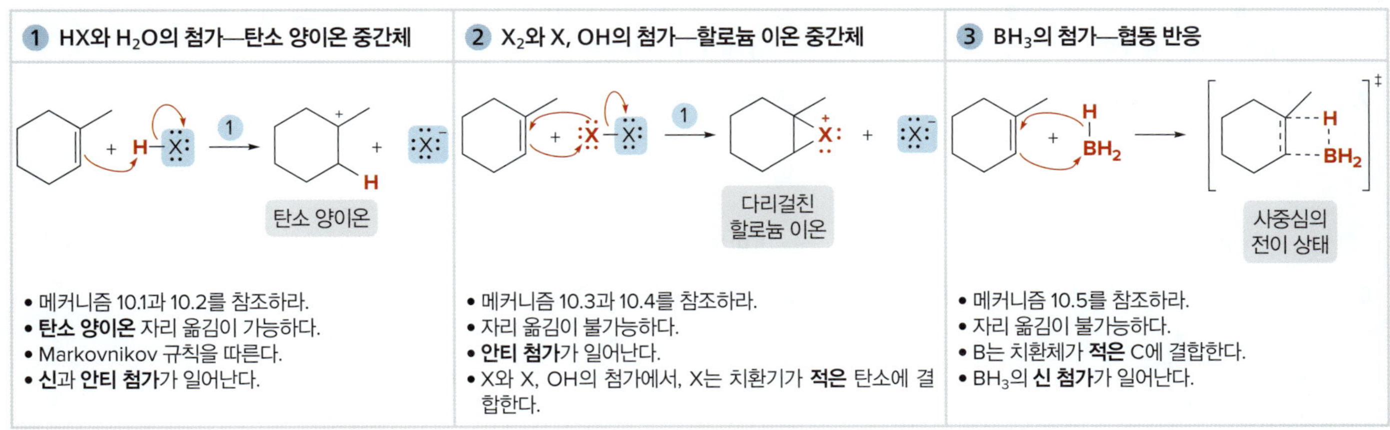

표 10.3, 10.4, 10.5 참고. 문제 10.53~10.55를 풀어보라.

10장 선다형 자가-시험

자가-시험은 American Chemical Society 유기 화학 시험과 유사한 객관식 문제로 구성되어 있다. 정답은 장의 마지막 부분에 나와 있다.

1. 카바(kava)에서 분리되는 천연물인 kavain에서 강조 표시된 이중 결합을 *E* 또는 *Z*로 표시하라.

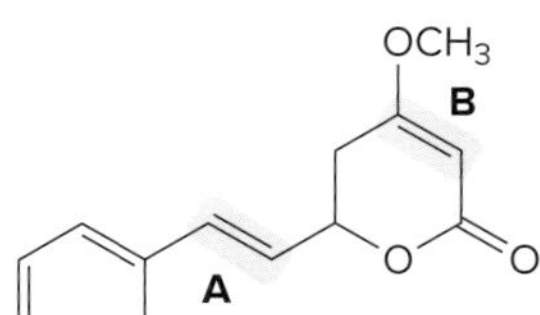

a. **A:** *E*; **B:** *E*
b. **A:** *E*; **B:** *Z*
c. **A:** *Z*; **B:** *Z*
d. **A:** *Z*; **B:** *E*

2. 분자식이 $C_8H_{12}O_3$인 화합물의 불포화도는 얼마인가: (a) 1 (b) 2; (c) 3; (d) 4?

3. 다음 알켄의 IUPAC 이름은 무엇인가?

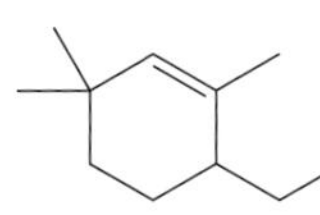

a. 6-ethyl-1,3,3-trimethylcyclohexene
b. 2-ethyl-1,5,5-trimethylcyclohex-6-ene
c. 4-ethyl-1,1,3-trimethylcyclohex-2-ene
d. 3-ethyl-2,6,6-trimethylcyclohex-1-ene

4. 가장 안정한 알켄과 가장 불안정한 알켄을 골라라.

a. **A**가 가장 안정하고 **B**가 가장 불안정하다.
b. **D**가 가장 안정하고 **C**가 가장 불안정하다.
c. **A**가 가장 안정하고 **C**가 가장 불안정하다.
d. **D**가 가장 안정하고 **B**가 가장 불안정하다.

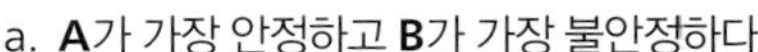

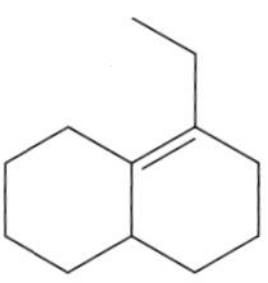

B

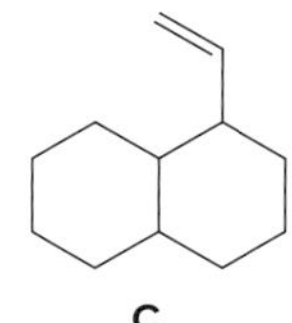

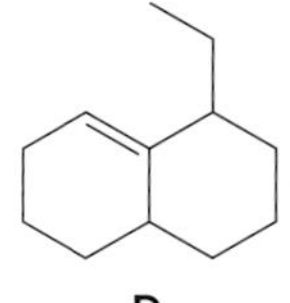

5. 어느 반응에서 탄소 양이온 자리 옮김이 일어날 수 있는가?

a. 수소화붕소 첨가-산화 반응
b. Cl_2을 이용하는 염소화 반응
c. 할로하이드린 생성 반응
d. H_2O, H_2SO_4를 이용하는 수화 반응

6. **A**가 HCl와 반응할 때 무슨 생성물(들)이 생기는가?

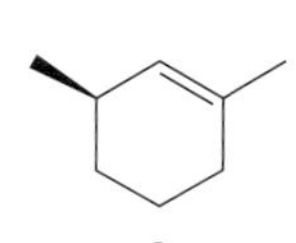

Cl

B

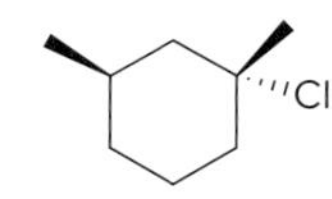

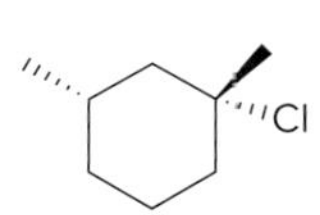

a. **B**만　b. **C**만　c. **B**와 **C**의 혼합물　d. **B**, **C**, **D**의 혼합물

7. 어느 알켄이 주어진 시약과 반응하여 알코올 **A**를 깨끗하게 생성하는가?

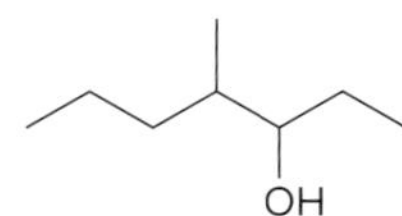

a. + H_2O, H_2SO_4

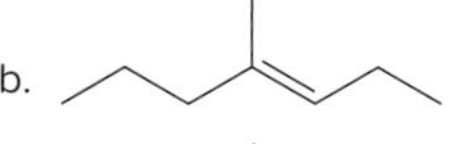

b. + [1] BH_3 [2] H_2O_2, HO^-

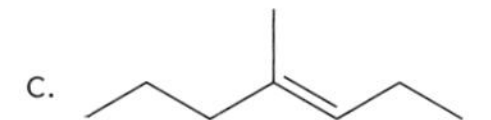

c. + H_2O, H_2SO_4

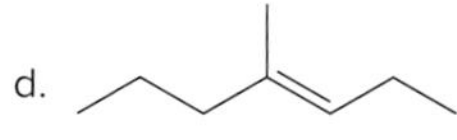

d. + H_2O, NBS, DMSO

8. Br과 OH가 1-methylcycloxene에 첨가하였을 때 생성되는 할로하이드린은 무엇인가?

a.

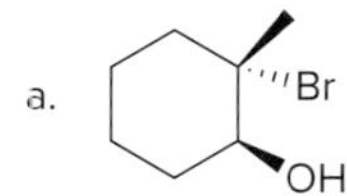

b. Br, OH

c.

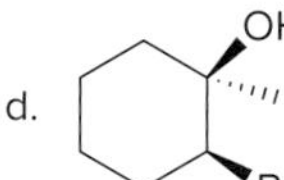

d. OH, Br

9. 무슨 시약이 탄소-탄소 이중 결합에 신과 안티 첨가를 둘 다 하는가?

a. BH_3　b. Cl_2, H_2O　c. Br_2　d. H_2O, H_2SO_4

10. **B**를 **C**로 변환하는 데 필요한 시약은 무엇인가?

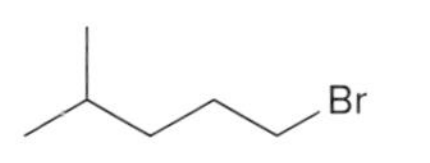

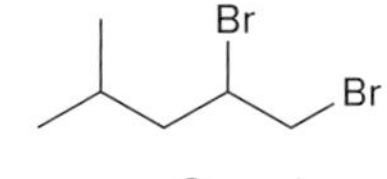

a. [1] $KOC(CH_3)_3$; [2] Br_2
b. HBr
c. [1] $KOC(CH_3)_3$; [2] HBr
d. Br_2, H_2O

문제

삼차원 모형을 이용하는 문제

10.32 각각의 화학물의 IUPAC 이름을 쓰라.

a. 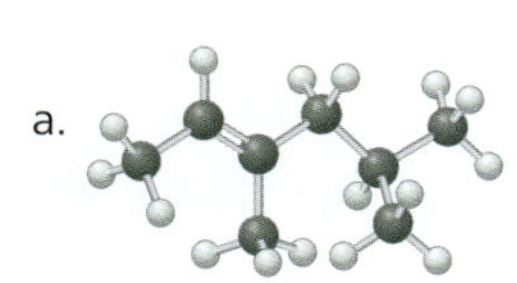

b. 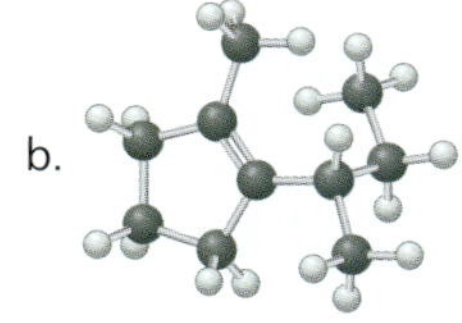

10.33 (a) **A**의 탄소–탄소 이중 결합을 *E* 혹은 *Z*로 나타내라. (b) **A**를 H_2SO_4의 존재하에서 H_2O로 처리하였을 때 생기는 생성물을 그려라(입체 화학을 포함하여).

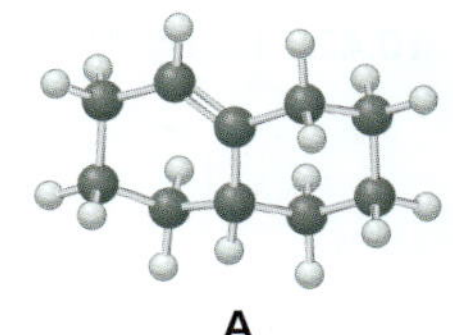

A

불포화도

10.34 각 분자식에 대하여 불포화도를 구하라.

a. C_6H_8 c. $C_{10}H_{16}O_2$ e. C_8H_9ClO g. C_4H_8BrN

b. $C_{40}H_{56}$ d. C_8H_9Br f. $C_7H_{11}N$ h. $C_{10}H_{18}ClNO$

10.35 분자식이 $C_{10}H_{14}$인 화합물에는 몇 개의 고리와 π 결합이 있는가? 모든 가능성을 적어라.

명명법과 입체 화학

10.36 각각의 의약품에 있는 알켄을 *E* 혹은 *Z*로 나타내라. Enchlomiphene은 임신 촉진제의 한 성분, tamoxifen은 항암제 그리고 cilastatin은 광범위 2종 항생제의 한 성분이다.

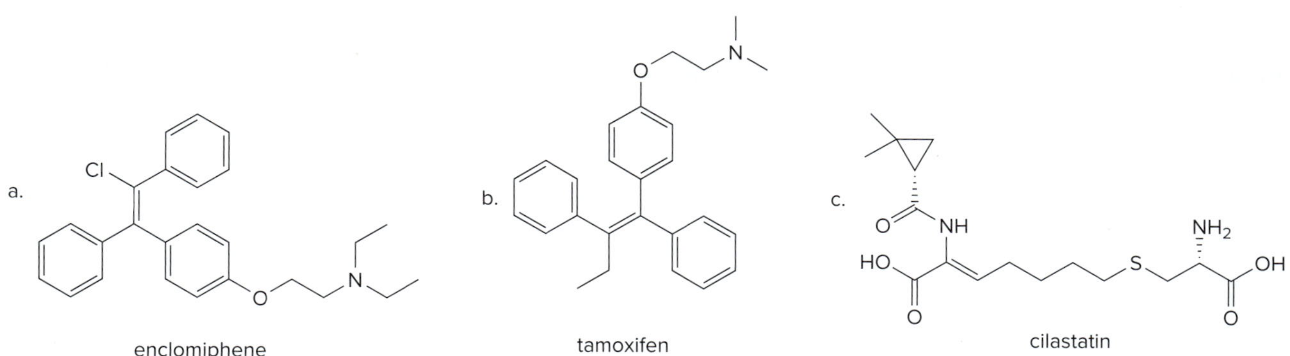

10.37 꽃양배추와 브로콜리에 존재하는 brassicadiene은 노린재를 유인하기 때문에 이들 농작물에 광범위한 손상을 입힌다. 2018년에 보고된 brassicadiene의 구조 결정은 농부들이 원하지 않는 해충으로부터 농작물을 궁극적으로 보호하는 데 도움이 될 것이라고 기대된다.

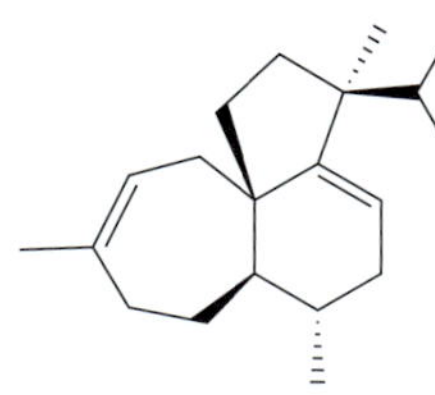

brassicadiene

a. 이중 결합을 *E* 또는 *Z*로 표시하라.

b. 각 사면체 입체 발생 중심을 *R* 또는 *S*로 표시하라.

c. 두 이중 결합은 탄소가 여덟 개 미만인 고리에 존재한다. 그렇다면 어느 하나의 C=C에서 입체 이성질체가 가능한가?

d. 부분 (c)의 답을 참고하면, brassicadiene는 몇 개의 입체 이성질체가 가능한가?

10.38 각 화합물의 IUPAC 이름을 쓰라.

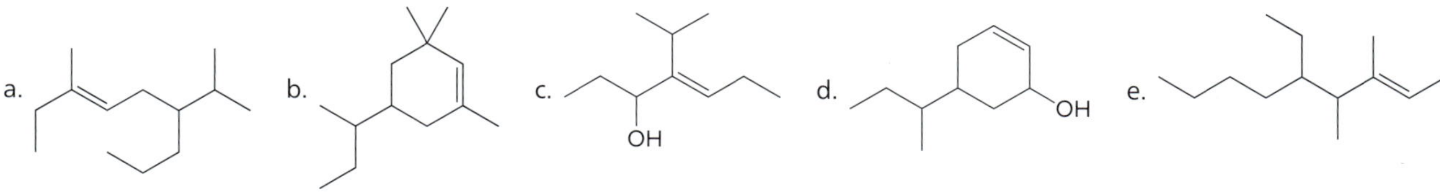

10.39 각 이름에 해당하는 구조를 그려라.

a. (*E*)-4-ethylhept-3-ene
b. 3,3-dimethylcyclopentene
c. 4-vinylcyclopentene
d. (*Z*)-3-isopropylhept-2-ene
e. *cis*-3,4-dimethylcyclopentene
f. 1-isopropyl-4-propylcyclohexene
g. 3,4-dimethylcyclohex-2-enol
h. 3,5-diethylhex-5-en-3-ol

10.40 (a) 4-Methylnon-2-ene의 모든 입체 이성질체의 구조를 그리고 각각의 이성질체의 이름을 *E*, *Z*, *R*, *S* 접두사를 포함하여 쓰라. (b) 두 쌍의 거울상 이성질체는 어느 것인가? (c) 네 쌍의 부분 입체 이성질체를 표시하라.

10.41 (a) (1*E*,4*R*)-1,4-Dimethylcyclodecene의 구조를 그려라. (b) 이것의 거울상 이성질체의 구조를 그리고 그 이름을 *E*, *Z*, *R*, *S* 접두사를 포함하여 쓰라. (c) 두 부분 입체 이성질체를 그리고 그 이름을 *E*, *Z*, *R*, *S* 접두사를 포함하여 쓰라.

10.42 10.3절에서 알켄의 명명법을 배웠으므로 9.3절에 기술된 것처럼 다음 에폭사이드를 알켄 옥사이드(alkene oxide)로 명명하라.

a. 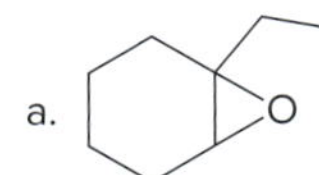

b. 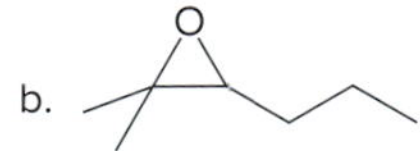

c. 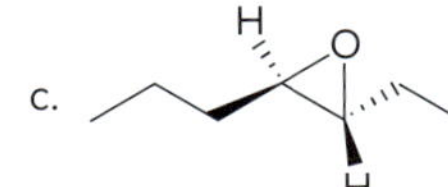

d.

10.43 Iejimalide **B**는 24-원자 고리의 항암제로 오키나와의 섬에서 발견되는 멍게로부터 분리된다. (a) Iejimalide B에 있는 각 이중 결합을 *E* 또는 *Z*로 표시하라. (b) 사면체 입체 발생 중심을 *R* 또는 *S*로 표시하라. (c) Iejimalide B에 가능한 입체 이성질체의 수는 몇 개인가?

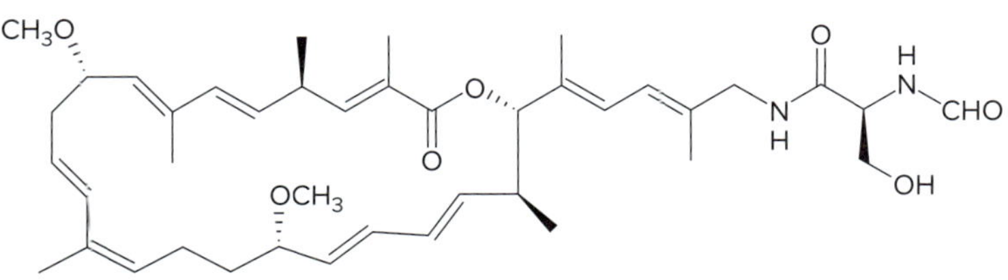

iejimalide B

리피드

10.44 Eleostearic acid는 중국에서 고유하게 자라는 낙엽성 나무인 유동나무(Aleurites fordii)의 열매에서 얻어지는 불포화 지방산이다. (a) Eleostearic acid보다 녹는점이 더 높은 입체 이성질체의 구조를 그려라. (b) 녹는점이 더 낮은 입체 이성질체의 구조를 그려라.

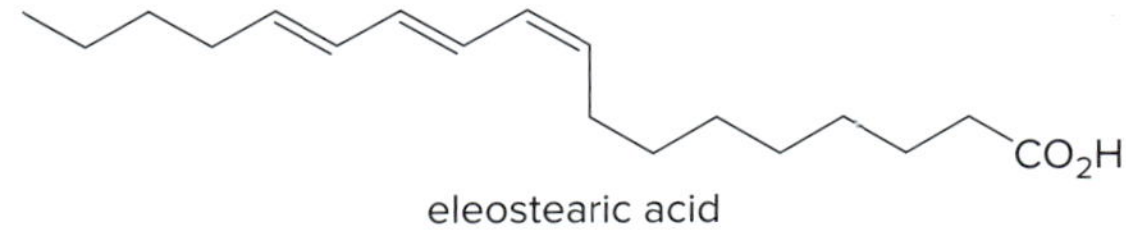

eleostearic acid

알켄의 반응

10.45 $(CH_3)_2C{=}CH_2$가 각각의 시약과 반응하였을 때 생성되는 생성물을 그려라.

a. HBr
b. H_2O, H_2SO_4
c. CH_3CH_2OH, H_2SO_4
d. Cl_2
e. Br_2, H_2O
f. NBS (aqueous DMSO)
g. [1] BH_3; [2] H_2O_2, HO^-

10.46 첨가 반응의 유일하거나 주생성물로서 각 할로젠화 알킬 또는 이할로젠화물을 얻는 데 사용할 수 있는 알켄은 무엇인가?

a. 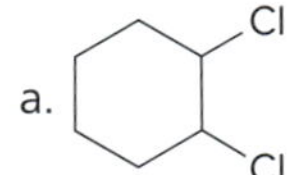

b. 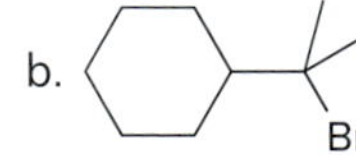

c. 

d. 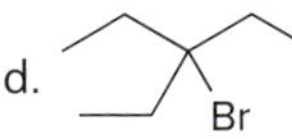

10.47 어떤 알코올이 알켄의 수소화붕소 첨가–산화 반응을 이용하여 단 하나의 생성물로 얻어질 수 있는가? 어떤 알코올이 알켄에 물의 산 촉매 첨가 반응에 의해 단 하나의 생성물로 얻어질 수 있는가?

a. 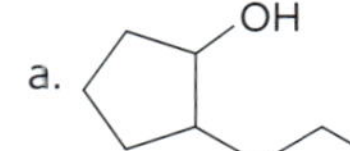

b.

c.

d. 

10.48 각각의 반응에서 생성되는 구조 이성질체를 그려라.

a. 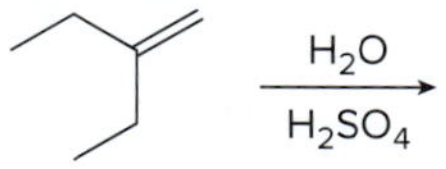 $\xrightarrow[H_2SO_4]{H_2O}$

b. 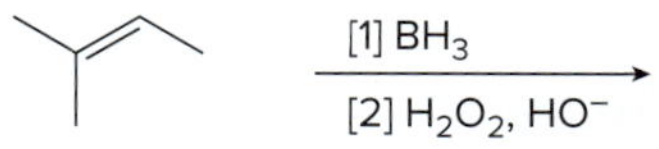 $\xrightarrow[\text{[2] } H_2O_2,\ HO^-]{\text{[1] } BH_3}$

c. 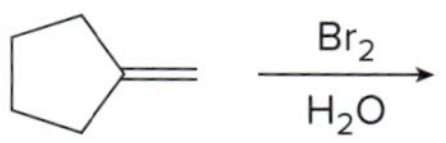 $\xrightarrow[H_2O]{Br_2}$

d. 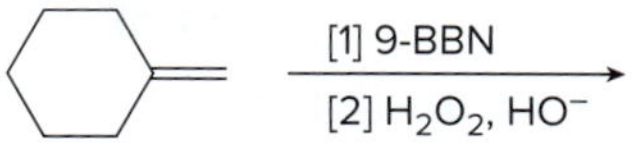 $\xrightarrow[\text{[2] } H_2O_2,\ HO^-]{\text{[1] 9-BBN}}$

10.49 HCl의 첨가 반응으로 3-chloro-3-methylhexane을 얻는 데 사용할 수 있는 세 가지 알켄(입체 이성질체 포함)은 무엇인가?

10.50 각 반응의 생성물을 입체 이성질체를 포함하여 그려라.

a. 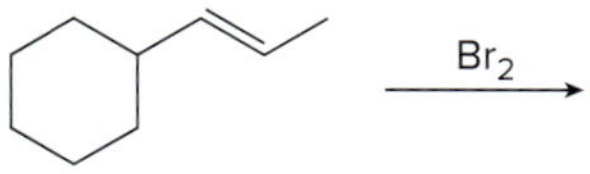 $\xrightarrow{Br_2}$

b. 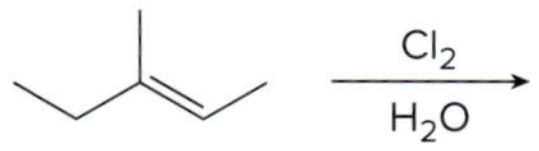 $\xrightarrow[H_2O]{Cl_2}$

c. $\xrightarrow[\text{DMSO, } H_2O]{\text{NBS}}$

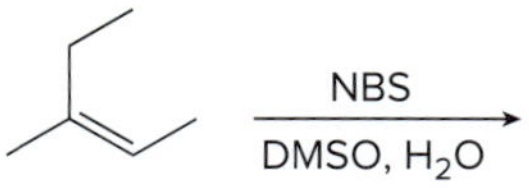

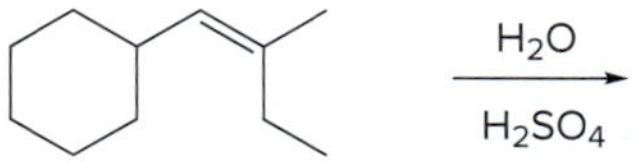

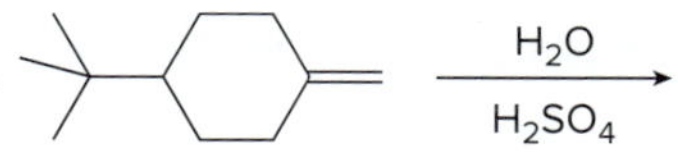

d. $\xrightarrow[H_2SO_4]{H_2O}$

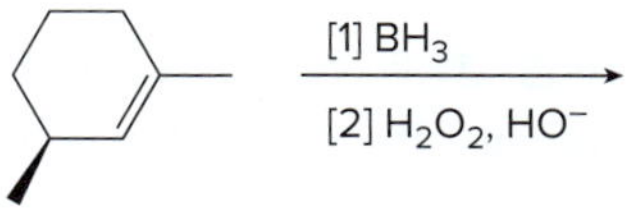

e. $\xrightarrow[H_2SO_4]{H_2O}$

f. $\xrightarrow{HI}$

g. $\xrightarrow[\text{[2] } H_2O_2,\ HO^-]{\text{[1] } BH_3}$

h. $\xrightarrow[H_2SO_4]{\text{EtOH}}$ (OH)

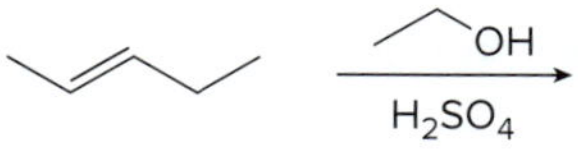

i. 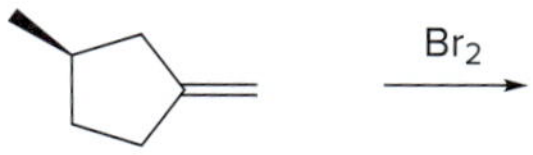 $\xrightarrow{Br_2}$

10.51 어느 알켄이 HBr과 더 빨리 반응하겠는가? 고른 이유를 설명하라.

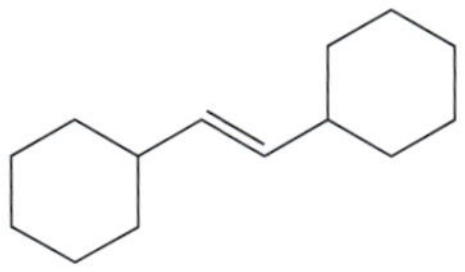

A 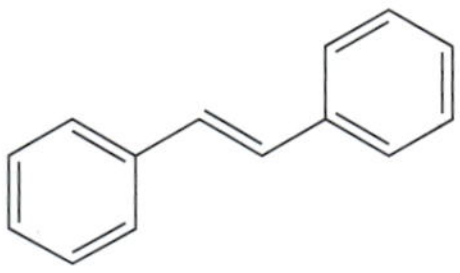 **B**

10.52 (a) CCl_4 용액에서 Br_2로 처리하였을 때 **A**와 **B**를 주는 알켄은 무엇인가? (b) 같은 조건에서 무슨 알켄이 **C**와 **D**를 주겠는가?

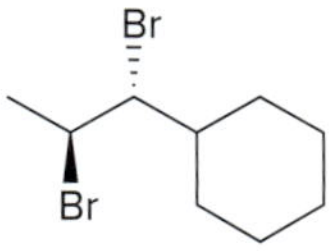

Br Br Br Br
Br Br Br Br
A 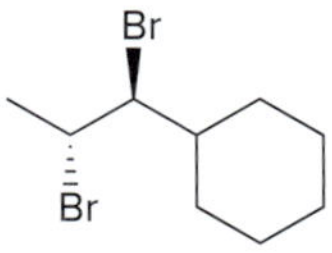 **B** 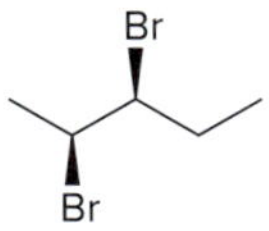 **C** 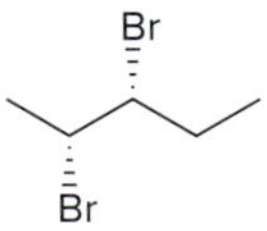 **D**

메커니즘

10.53 육원자 고리가 칠원자 고리로 고리가 확장되는 다음 반응의 단계별 메커니즘을 쓰라.

$\xrightarrow[H_2SO_4]{H_2O}$ OH

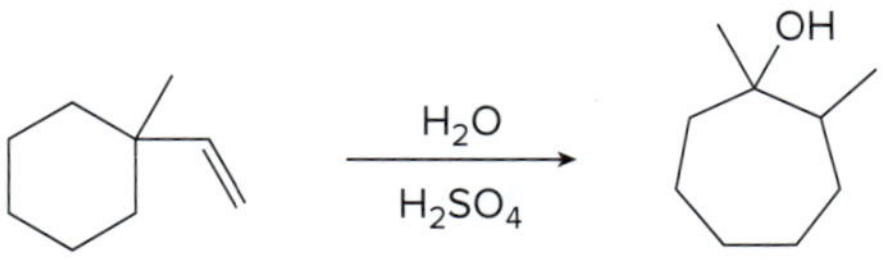

10.54 Hex-5-en-1-ol을 고리형 에터 **A**로 전환시키는 반응에 대하여 단계별 메커니즘을 그려라.

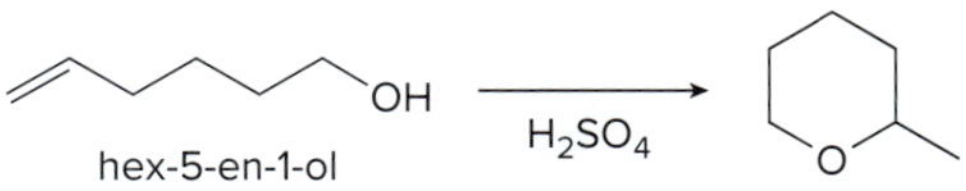

OH hex-5-en-1-ol $\xrightarrow{H_2SO_4}$ O **A**

10.55 두고리(bicyclic) 알켄으로부터 어떻게 세 가지 알코올이 모두 생성되는지를 보여주는 단계별 메커니즘을 쓰라.

$\xrightarrow[H_2SO_4]{H_2O}$ OH + OH + OH

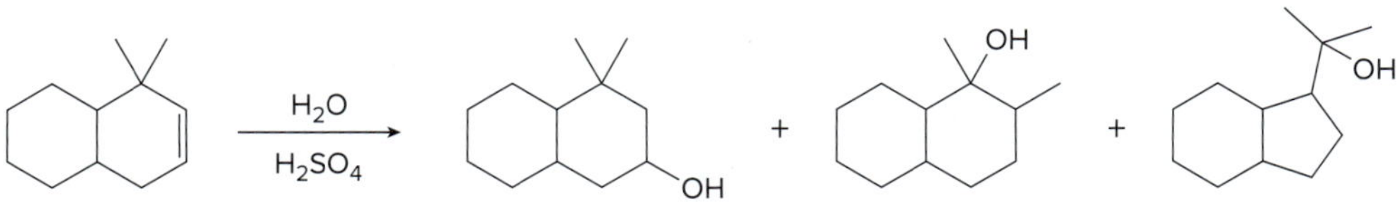

10.56 덜 안정한 알켄이 센산과 반응하면 더 안정한 알켄으로 이성질화될 수 있다. 예를 들어, 2,3-dimethylbut-1-ene은 H_2SO_4와 반응에서 2,3-dimethylbut-2-ene으로 변환된다. 이 이성질화 과정의 단계별 메커니즘을 나타내라.

10.57 Buta-1,3-diene ($CH_2{=}CH{-}CH{=}CH_2$)이 HBr과 반응하면 두 개의 구조 이성질체 $CH_3CHBrCH{=}CH_2$와 $BrCH_2CH{=}CHCH_3$가 생성된다. 두 화합물의 생성을 설명할 수 있는 단계별 메커니즘을 나타내라.

10.58 알켄 **A**와 **C**에 대한 HBr의 첨가 반응이 각각 첨가 생성물 **B**와 **D**를 생성하는 위치 선택적 반응인 이유를 설명하라.

OCH_3 **A** —HBr→ Br, OCH_3 **B** O, OCH_3 **C** —HBr→ Br, O, OCH_3 **D**

10.59 이중 결합에 원소 Br과 OR을 첨가하는 브로모에테르화 반응(bromoetherification)은 산소 원자를 포함하는 고리를 생성하는 데 사용되는 일반적인 방법이다. 이 반응은 폴리에테르 항생제인 monensin에서 이용된 적이 있다(문제 18.35). 다음 분자 내 브로모에테르화 반응에 대한 단계별 메커니즘을 나타내라.

OH —Br_2→ O, Br + HBr

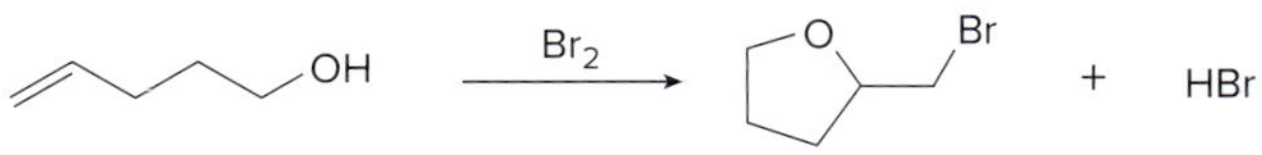

합성

10.60 주어진 출발물로부터 각 생성물의 합성법을 제시하라. 두 단계 이상이 요구된다.

a. 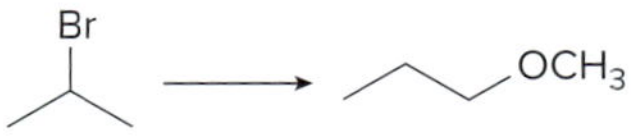 Br → OCH_3

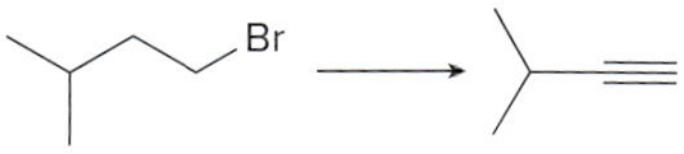

b.

c. Br →

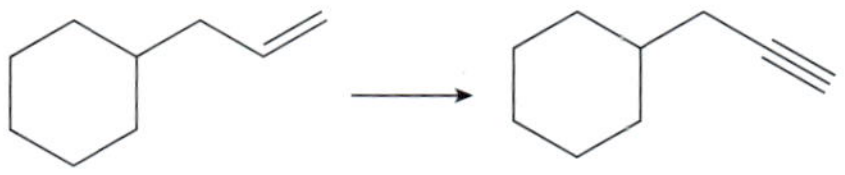

d.  Cl → O

10.61 Cyclohexene 출발물로부터 각각의 화합물을 합성하는 방법을 제시하라. 두 단계 이상이 요구된다.

a. 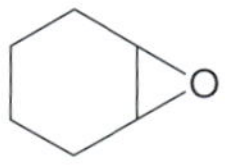 O b. 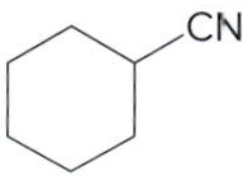 CN c. 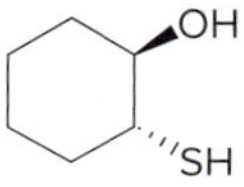 OH, SH

+ enantiomer

분광법

문제 10.62는 A–C장의 분광법을 이미 배운 학생들을 위한 것이다.

10.62 2-Bromo-3,3-dimethylbutane을 $K^{+}\ {}^{-}OC(CH_3)_3$로 처리하면 분자식이 C_6H_{12}인 생성물 **T**만 얻어진다. 3,3-Dimethylbutane-2-ol을 H_2SO_4로 처리하면 분자식이 같은 화합물 **U**가 주생성물로 얻어진다. 다음 ^{1}H NMR 자료로부터 **T**와 **U**의 구조를 결정하라. **T**에서 세 개의 갈라진 신호에서 관찰되는 갈라짐 패턴을 자세히 설명하라.

T의 ^{1}H NMR: 1.01 (단일선, 9 H), 4.82 (이중선의 이중선, 1 H, J = 10, 1.7 Hz), 4.93 (이중선의 이중선, 1 H, J = 18, 1.7 Hz), 5.83 (이중선의 이중선, 1 H, J = 18, 10 Hz) ppm

U의 ^{1}H NMR: 1.60 (단일선) ppm

알켄의 분광법에 관련된 추가 문제가 A~C장에 나와 있다.

- 질량 분석법: A.18b, A.22, A.25.
- 적외선 분광법: B.5, B.8(**A**), B.9, B.15c, B.17a
- 핵자기 공명 분광법: C.12a; C.15d, e; C.18c, d; C.21; C.22; C.31d; C.34d; C.40d, f; C.45i, j; C.46; C.47; C.49d, f, h; C.53b; C.54c

도전 문제

10.63 왜 **A**는 안정한 화합물이나 **B**는 그렇지 않은 이유를 설명하라.

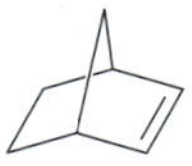

A 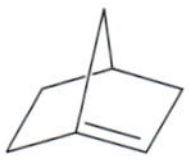 **B**

10.64 알켄 **A**는 TsOH와의 반응으로 메역취(goldenrod)로부터 분리되는 천연물인 isocomene으로 이성질화될 수 있다. 이 변환에 대한 단계별 메커니즘을 그려라(힌트: 탄소 양이온 자리 옮김이 일어남).

TsOH

A isocomene

10.65 알켄에 대한 첨가 반응인 **할로락톤화 반응(halolactonization)**을 이용하면 화합물 **A**와 같은 고리 에스터인 락톤을 얻을 수 있다. 예를 들어, **B**의 아이오도락톤화 반응으로부터 프로스타글란딘 $PGF_{2\alpha}$ 합성(19.5절)의 중요한 중간체인 락톤 **C**를 얻을 수 있다. 이 첨가 반응의 단계별 메커니즘을 그려라.

I_2, $NaHCO_3$, 아이오도락톤화 / 여러 단계

A **B** **C** $PGF_{2\alpha}$

10.66 다음 반응의 단계별 메커니즘을 그려라.

H_2SO_4 + H_2O

10.67 다른 친전자체처럼, 탄소 양이온이 알켄에 첨가되면 새로운 탄소 양이온이 생성되며, 이 새로운 중간체는 반응 조건에 따라 치환 또는 제거 반응을 수행할 수 있다. 이 점을 기억하면서 친전자체인 탄소 양이온이 이중 결합에 첨가되는 반응인 다음 반응의 단계별 메커니즘을 쓰라.

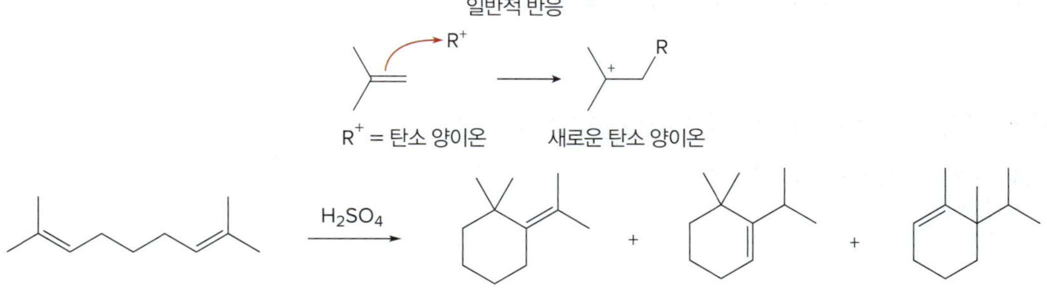

10.68 다음 반응의 단계별 메커니즘을 쓰라. 이 반응은 두 과정이 서로 연결되어 있는데, 친핵체에 의해 에폭사이드 고리가 열리는 과정과 친전자체가 탄소-탄소 이중 결합에 첨가되는 과정이다(힌트: 에폭사이드 고리에 양성자가 첨가되는 과정으로 메커니즘이 시작된다).

H_2SO_4, H_2O

자가-시험 해답

1. a 2. c 3. a 4. c 5. d 6. c 7. b 8. c 9. d 10. a

11 알카인과 합성

Alkynes and Synthesis

ORGANIC CHEMISTRY

McGraw Hill

에타이닐에스트라다이올(ethynylestradiol)은 탄소 골격이 에스트로젠 여성 호르몬과 거의 닮은 합성 화합물이다. 이 물질은 천연물 유사체보다 활성이 훨씬 강하므로, 경구 피임약으로 널리 사용되는 화합물 성분의 하나이다. 에타이닐에스트라다이올 및 생리활성이 비슷한 유사 화합물은 탄소-탄소 삼중 결합이 있다. 11장에서 우리는 삼중 결합을 지닌 탄화수소인 알카인에 대해 배우게 된다.

왜 공부하는가? . . .

알카인이란?

11장에서 우리는 **탄소-탄소 삼중 결합이 있는 화합물인 알카인**을 살펴보면서, 전자 풍부한 작용기가 있는 유기 분자에 계속 관심을 가지게 될 것이다. 알켄과 마찬가지로 **알카인도 쉽게 분해되는 π 결합이 있는 친핵체**이므로, 친전자성 시약과 **첨가** 반응을 일으킨다.

알카인은 또한 알켄 화학과는 유사하지 않은 반응을 하기도 한다. 알카인의 C−H 결합은 알케인이나 알켄에서의 C−H 결합보다 산성이 더 강하므로 알카인은 강염기에 의해 양성자 이탈 반응이 일어난다. 그 결과 얻어진 친핵체는 친전자체와 반응하여 새로운 C−C σ 결합을 생성하므로, 간단한 출발물로부터 복잡한 분자를 만들어내는 데 이용된다. 그러므로 알카인에 대해 학습함으로써 유기 합성에 대해 좀 더 배울 기회를 갖게 될 것이다.

11.1 서론

알카인은 탄소-탄소 결합이 있는 분자이다. **말단 알카인(terminal alkyne)**은 탄소 사슬의 끝에 삼중 결합이 있다. 그래서 하나의 수소 원자가 삼중 결합의 탄소 원자에 직접 결합되어 있다. **내부 알카인(interanl alkyne)**은 삼중 결합의 탄소 원자에 탄소 원자가 각각 결합되어 있다.

알카인은 일반적으로 분자식이 C_nH_{2n-2}르서 가능한 최대 수보다 수소가 네 개 적다. 불포화도 하나당 두 개의 수소가 감소하므로 **삼중 결합이 하나 있으면 불포화도가 둘 만큼 증가한다.**

삼중 결합의 각 탄소는 ***sp*** 혼성화되어 있어서 **선형(linear)**이다. 그러므로 모든 결합각은 **180도**이다(1.10 C절). 알카인의 삼중 결합은 **한 개의 σ 결합**과 **두 개의 π 결합**으로 되어 있다.

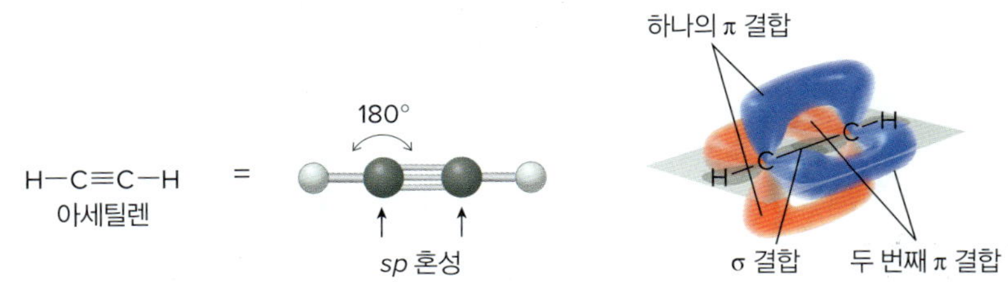

- σ 결합은 두 *sp* 혼성 오비탈의 정면 겹침으로 생성된다.
- π 결합은 두 2*p* 오비탈의 측면 겹침으로 생성된다.

역자주:
삼중 결합의 두 π 결합은 같은데, 이렇게 각 π 결합의 결합 세기를 구분할 필요가 있을까?

삼중 결합의 두 번째 π 결합의 세기를 추정하는 데 에틸렌(한 개의 σ 결합과 한 개의 π 결합)과 아세틸렌(한 개의 σ 결합과 두 개의 π 결합)의 C−C 결합 해리 에너지를 사용할 수 있다. 만약 아세틸렌에서 σ 결합과 첫 번째 π 결합의 세기가 에틸렌에서의 σ와 π 결합의 세기(각각 368, 267 kJ/mol)와 비슷하다고 가정하면, 두 번째 π 결합은 202 kJ/mol에 해당한다.

HC≡CH		$CH_2=CH_2$		
837 kJ/mol	−	635 kJ/mol	=	202 kJ/mol
(σ + 두 개의 π 결합)		(σ + π 결합)		↑ **두 번째 π 결합**

알카인의 골격 구조식은 다소 비정상적으로 보이나, 통상적인 관례에 따른다. 탄소 원자는 두 선의 교차점과 끝점에 놓이게 된다. 따라서 다음과 같이 그릴 수 있다.

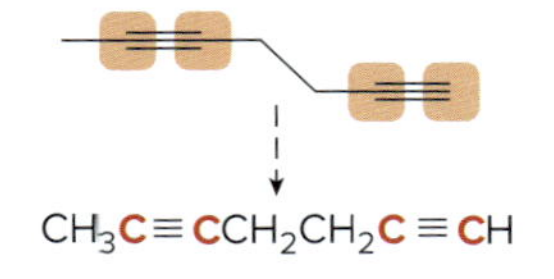

- C−C 삼중 결합의 π 결합 모두 C−C σ 결합보다 **약해서** 쉽게 끊어진다. 그 결과 알카인은 많은 첨가 반응을 일으킨다.
- π 결합의 전자들은 좀 더 느슨하게 붙잡혀 있어서 알카인은 알켄보다도 편극성이 더 크다.

문제 11.1 Corticatic acid A는 해양 해면에서 분리되는 항진균성 아세틸렌성 지방산이다.

O OH

OH

corticatic acid A

a. 가장 산성 H 원자를 표시하라.
b. Corticatic acid A는 불포화도가 얼마인가?
c. 각 삼중 결합을 내부 또는 말단으로 표시하라.
d. $C_{sp}-C_{sp^2}$로부터 몇 개의 결합이 생성되는가?

11.2 명명법

알카인은 10.3절에서 명명하였던 알켄과 같은 방법으로 명명한다.

- IUPAC 체계에서, 어미 알케인의 **에인(*-ane*)** 끝말을 접미사 **아인(*-yne*)**으로 바꾼다.
- 삼중 결합의 원자 모두를 포함하는 가장 긴 사슬을 선택하여, 삼중 결합에 더 작은 숫자를 주도록 사슬에 번호를 붙인다.
- 삼중 결합이 두 개인 화합물은 **다이아인(diyne)**이라고 명명하며, 계속해서 **트라이아인(triyne)** 등으로 명명한다.
- 이중 결합과 삼중 결합이 둘 다 있는 화합물은 **엔아인(enyne)**이라고 명명한다. 사슬에서 불포화된 첫 번째 자리(C=C이든 C≡C이든)에 낮은 숫자가 부여되도록 번호를 붙인다.

예제 11.1 알카인 명명하기

다음 알카인의 IUPAC 이름을 제시하라.

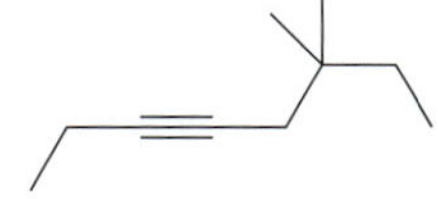

풀이

[1] 가장 긴 사슬을 찾는다.

가장 긴 사슬에 있는 8개의 탄소

oct*ane* ---→ oct*yne*

[2] 긴 사슬에 번호를 붙이고, 치환기의 이름과 번호를 붙인다.

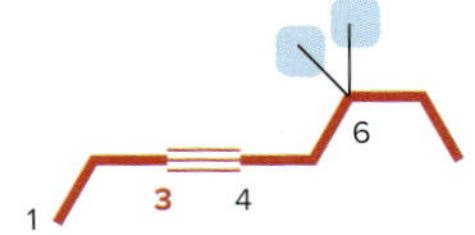

C6에 두 개의 메틸기

답: 6,6-dimethyloct-3-yne

문제 11.2 다음 각 화합물의 IUPAC 이름을 명명하라.

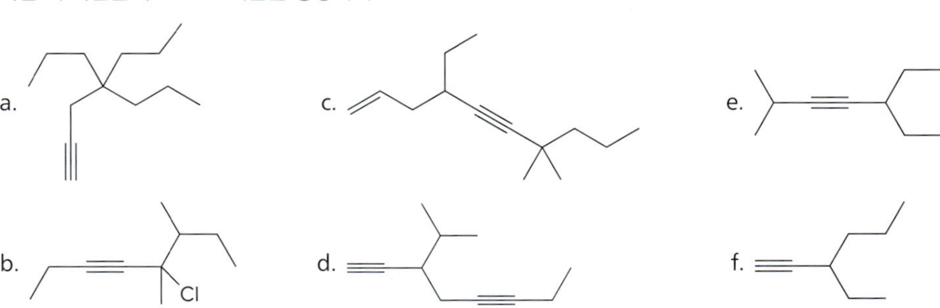

추가 문제: 문제 11.27, 11.29, 11.30을 풀어보라.

가장 간단한 알카인인 HC≡CH는 IUPAC 체계로 **에타인(ethyne)**이며, 흔히 일반명인 **아세틸렌(acetylene)**이라고도 불린다. 아세틸렌으로부터 유도된 탄소 두 개의 알킬기는 **에타이닐(ethynyl) 기**(HC≡C−)라고 한다. 알카인의 명명의 예는 그림 11.1에 제시되어 있다.

문제 11.3 다음 이름의 각각에 해당하는 구조식을 쓰라.

a. *trans*-2-ethynylcyclopentanol b. 4-*tert*-butyldec-5-yne c. 3,3,5-trimethylcyclononyne

그림 11.1
알카인의 명명법의 예

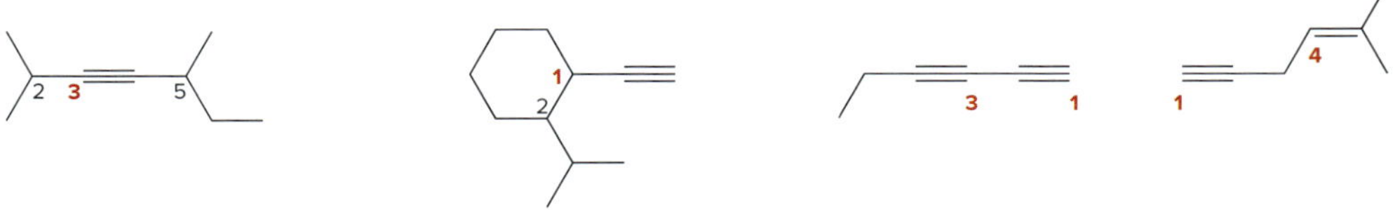

2,5-dimethylhept-3-yne 1-ethynyl-2-isopropylcyclohexane hexa-1,3-diyne 5-methylhex-4-en-1-yne

11.3 알카인의 성질

알카인의 물리적 성질은 모양과 분자량이 유사한 탄화수소와 비슷하다.

- 알카인은 녹는점과 끓는점이 낮다.
- 탄소의 수가 증가하면서 녹는점과 끓는점이 올라간다.
- 알카인은 유기용매에 녹으며, 물에는 녹지 않는다.

문제 11.4 알카인이 종종 분자량이 비슷한 알켄보다 끓는점이 약간 높은 이유를 설명하라. 예를 들어 pent-1-ene의 끓는점이 30°C인데, pent-1-yne의 끓는점은 39°C이다.

분광학을 이미 공부하였거나 알카인의 분광학적 성질에 대하여 배우고 싶은 학생은 다음 절을 참조하기 바란다.

- 적외선 분광법: B.3A, B.4A절, 표 B.1, B.2, 예제 B.2b
- 핵자기 공명 분광법: C.4절, 표 C.1, C.2, C.5

11.4 흥미로운 알카인

아세틸렌(HC≡CH)은 산소에서 타면 CO_2와 H_2O를 생성하는 에터 냄새의 무색의 기체이다. 아세틸렌의 연소에서는 다른 탄화수소보다 생성물 1 mole당 더 많은 에너지가 나오기 때문에 고온의 불꽃을 내며 타고, 따라서 용접용 토치의 훌륭한 연료로 쓰인다.

11장을 시작했을 때 소개했던 분자인 **ethynylestradiol**과 **norethindrone**은 탄소−탄소 삼중 결합이 있는 경구 피임약의 두 종류의 성분(그림 11.2)이다. 이 분자들은 천연 여성호르몬인 estradiol과 progesterone의 합성 유사체이지만, 효력이 더 강하므로 조금만 복용해도 된다. 경구 피임약의 대부분은 이 두 가지 합성 호르몬을 함유하고 있다. 이들은 여성에게 인위적으로 호르몬 수치를 증가시켜서 배란을 방지한다.

estradiol progesterone

그림 11.2 어떻게 경구 피임약이 작용하는가

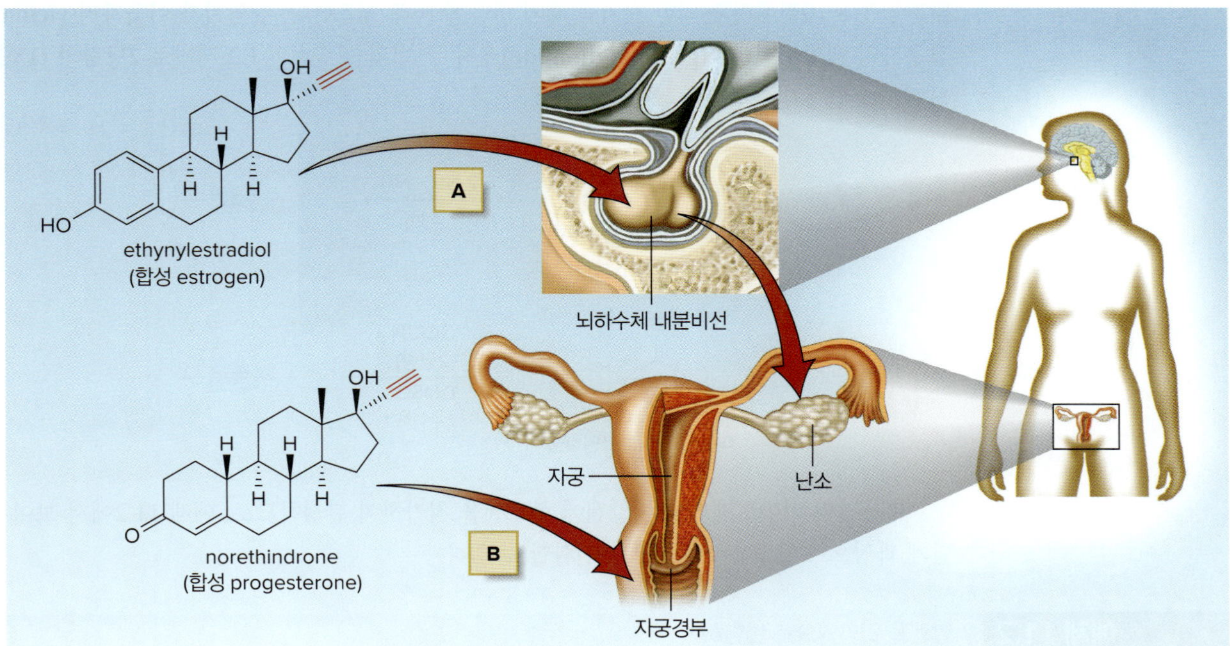

- 뇌하수체 내분비선에서 월경주기의 호르몬 분비는 배란을 일으키며, 난소에서 난자를 배출하게 한다. 많은 경구 피임약에 들어있는 두 가지 합성 호르몬은 임신을 방지하기 위해 여성의 생식계에 서로 다른 효과를 준다.

A: 합성 에스트로젠인 **ethynylestradiol**의 수치가 증가하면 뇌하수체가 여성이 임신 중이라고 "착각"하게 되어 배란이 일어나지 않는다.
B: 합성 프로제스테론인 **norethindrone** 수치의 증가는 자궁 내에 점액의 두께를 두껍게 생성하도록 자극해서 정충이 자궁에 도달하기 어렵게 한다.

알카이닐기가 있는 또 다른 두 가지 합성 호르몬은 **desogestrel**과 **levonorgestrel**이다. Desogestrel은 경구 피임제 및 폐경기 증상 치료제로서 1992년 미국에서 사용 승인을 받은 합성 progesterone이다. Levonorgestrel은 배란을 저해하므로 피임하지 않은 성교 후 며칠 내로 복용하면 임신을 막을 수 있다.

desogestrel

levonorgestrel
(상품명: Plan B)

의약품 ponatinib과 efavirenz에도 다른 작용기와 함께 탄소-탄소 삼중 결합이 들어 있다. Ponatinib은 만성 골수성 백혈병의 치료제이고 efavirenz는 독립형 약 또는 다른 약과의 조합으로 팔리고 있는데, HIV의 치료에 사용되는 경구 항레트로 바이러스제(antiretroviral agent)이다.

ponatinib

efavirenz

11.5 알카인의 제법

알카인은 8.10절에서 논의한 것처럼 제거 반응에 의해 제조한다. **강염기가 이웃자리(vicinal) 또는 같은자리 이할로젠화물(geminal dihalide)**에서 두 번의 연속적인 E2 제거로 **2당량의 HX를 제거하면 알카인이 얻어진다.**

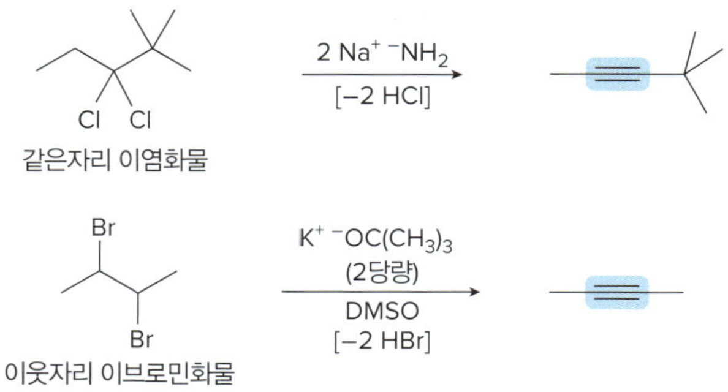

2 $Na^+ \ ^-NH_2$ [−2 HCl]
같은자리 이염화물

$K^+ \ ^-OC(CH_3)_3$ (2당량) DMSO [−2 HBr]
이웃자리 이브로민화물

이웃자리 이할로젠화물은 알켄에 할로젠을 첨가하여 합성하므로, 예제 11.2에서 보여주는 두 단계 과정으로 알켄은 알카인으로 전환할 수 있다.

예제 11.2 알켄을 알카인으로 변환하기

단계적인 방법으로 알켄 **A**를 알카인 **B**로 변환하라.

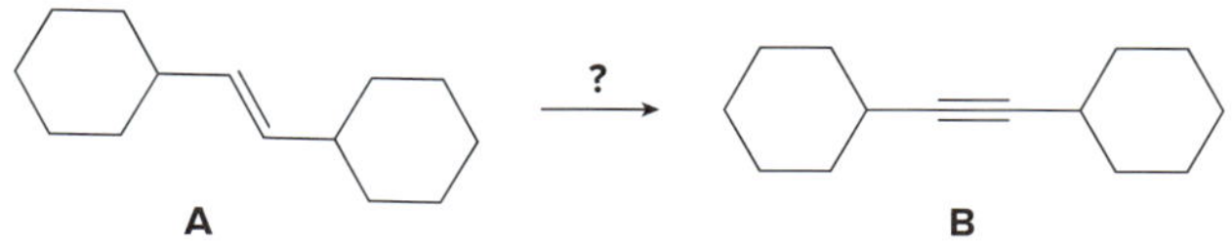

A → ? → **B**

풀이

두 단계 방법이 필요하다.

- **X_2의 첨가**로 이웃자리 이할로젠화물을 생성한다.
- 2당량의 HX를 **제거**하여 2개의 π 결합을 생성한다.

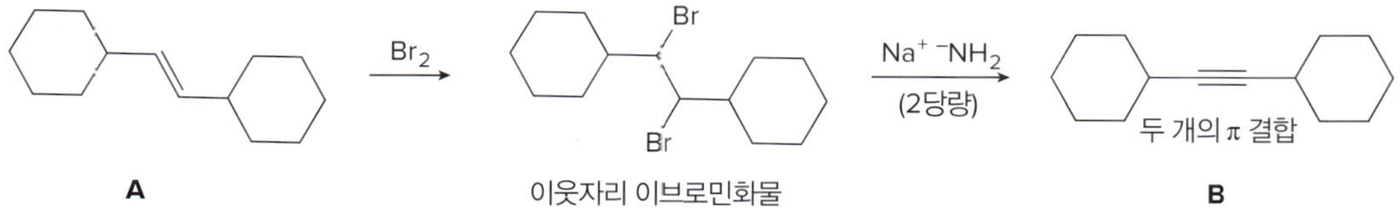

A —Br_2→ 이웃자리 이브로민화물 —$Na^+ \ ^-NH_2$ (2당량)→ **B** (두 개의 π 결합)

- **이 두 단계 과정은 한 등급의 불포화도를 도입하는데,** π 결합이 한 개인 알켄이 π 결합이 두 개인 알카인으로 전환된다.

문제 11.5 다음의 각 화합물을 hex-1-yne, $HC{\equiv}CCH_2CH_2CH_2CH_3$으로 전환하라.

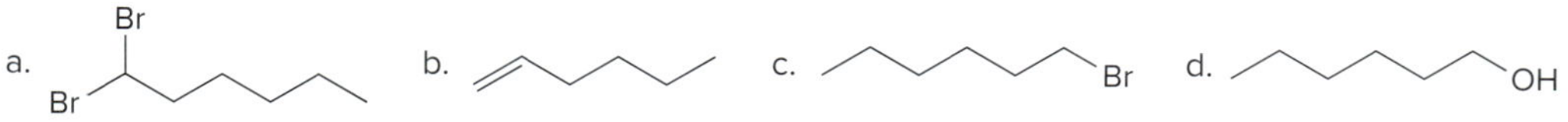

a. b. c. d.

추가 문제: 문제 11.39c, 11.50a를 풀어보라.

11.6 알카인의 반응의 개요

알카인은 **π 결합이 쉽게 깨지거나** 말단 알카인의 경우에는 ***sp* 혼성 C−H 결합이 산성**이므로 알카인의 모든 반응이 일어난다.

11.6A 첨가 반응

알켄과 마찬가지로 **알카인은 π 결합이 약하므로 첨가 반응이 일어난다.** 두 번의 연속적인 반응이 일어난다. 즉, 1당량의 시약이 첨가되면 알켄이 생성되며, 다시 두 번째 당량의 시약이 첨가되면 **새로운 결합이 네 개** 생긴 생성물이 얻어진다.

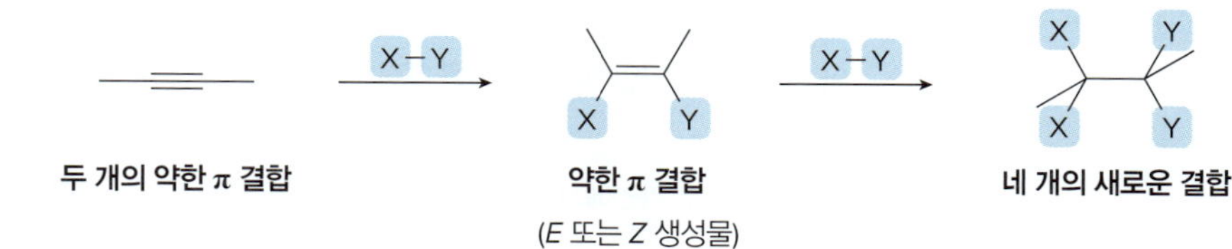

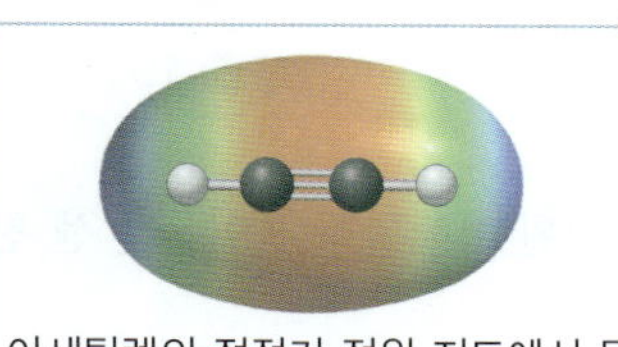

아세틸렌의 정전기 전위 지도에서 두 탄소 원자 사이의 전자가 풍부한 붉은색 구역은 원통형 모양의 전자 밀도를 생성한다.

아세틸렌의 정전기 전위 지도에서 보여주듯이 알카인은 전자가 풍부하다. 두 개의 π 결합은 두 개의 *sp* 혼성화된 탄소 원자 사이에서 원통형의 전자 밀도를 생성하며, 이 노출된 전자 밀도로 인하여 삼중 결합이 친핵성을 나타낸다. 결과적으로, **알카인은 친전자체와 반응한다.** 네 가지 첨가 반응이 11장에서 논의될 것이며 그림 11.3에 but-1-yne을 출발물로 사용하는 반응이 나와 있다. 알카인의 산화, 환원 반응은 또한 첨가가 수반된 반응이며 12장에서 논의한다.

그림 11.3
But-1-yne의 네 가지 첨가 반응

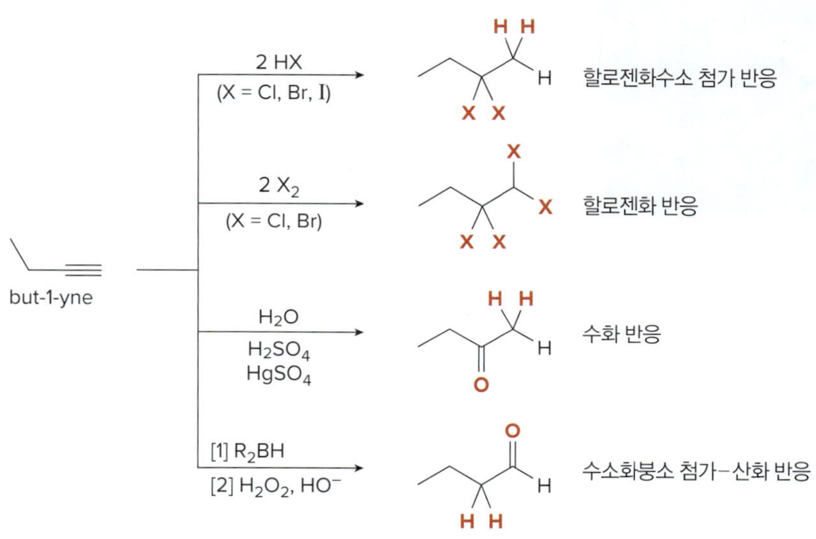

• 각 첨가 반응에서 삼중 결합의 두 π 결합이 깨지고 네 개의 결합이 새로 생긴다.

11.6B 말단 알카인—산으로서의 반응

***sp* 혼성화된 C−H 결합은 sp^2나 sp^3 혼성화된 C−H 결합보다 산성이 더 강하므로,** 말단 알카인은 Brønsted−Lowry 산−염기 반응에서 강염기에 의해 쉽게 탈양성자화할 수 있다. 결과적으로 생성된 음이온은 **아세틸렌화 음이온(acetylide anion)**이라고 한다.

2.5D절에서 C의 s-성질 백분율이 커질수록 C−H 결합의 산성도가 커지는 것을 배웠음을 상기하라. 따라서 상대적인 산성도의 세기 순서는 다음과 같다.
C_{sp^3}−H < C_{sp^2}−H < C_{sp}−H

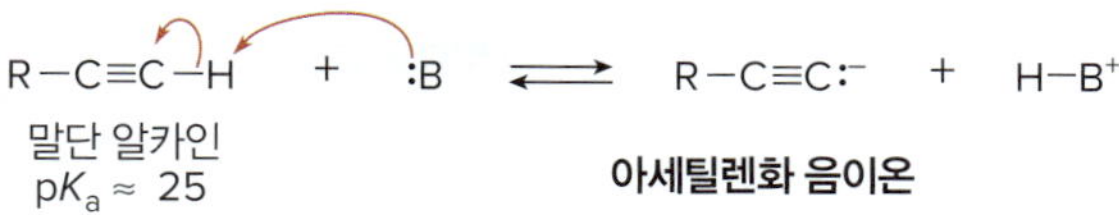

이 반응을 위해 어떤 염기를 사용할 수 있을까? 산−염기 평형은 더 약한 염기와 산 쪽으로 치우치므로 **짝산의 pK_a 값이 말단 알카인보다 큰—pK_a 값 > 25—염기만이** 대부분의 아세틸렌화 음이

온을 생성할 수 있다. 표 11.1에서 보여주듯이 $^{-}NH_2$와 H^{-}가 말단 알카인의 양성자를 떼어낼 수 있을 정도로 세나, ^{-}OH나 ^{-}RO는 그렇지 못하다.

표 11.1 알카인의 탈양성자화를 위한 염기들의 비교

	염기	짝산의 pK_a
이 염기들은 알카인에서 양성자를 떼어내기에 충분히 **강하다**.	$^{-}NH_2$ H^{-}	38 35
이 염기들은 알카인에서 양성자를 떼어내기에 충분히 강하지 **않다**.	^{-}OH ^{-}OR	14 15.5~18

이 반응은 왜 유용할까? 말단 알카인의 양성자 이탈 반응으로 생성된 아세틸화 음이온은 **센 친핵체**이므로, 11.11절에서 보여준 많은 친전자체와 반응할 수 있다.

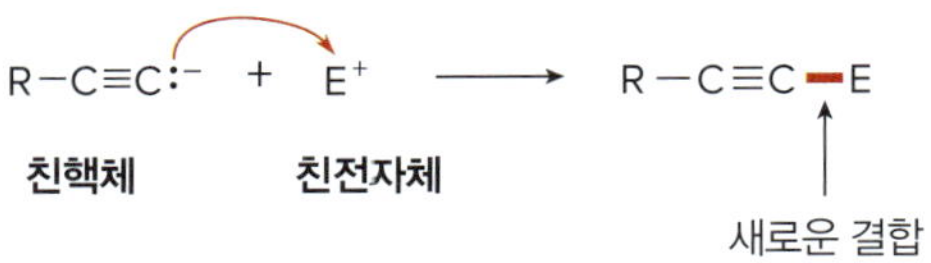

문제 11.6 어떤 염기가 아세틸렌에게서 양성자를 떼어낼 수 있는가? 괄호 안에 짝산의 pK_a 값이 주어져 있다.

a. CH_3NH^{-} (pK_a = 40) b. CO_3^{2-} (pK_a = 10.2) c. $CH_2=CH^{-}$ (pK_a = 44) d. $(CH_3)_3CO^{-}$ (pK_a = 18)

문제 11.7 Histrionicotoxin은 포식자로부터 독화살 개구리(*Dendrobates histrionicus*)를 보호하는 방어용 독소이다. 말단 알카인의 pK_a와 표 11.1에 나와 있는 정보를 사용하여 histrionicotoxin에 표시된 양성자를 산도가 증가하는 순서로 나열하라.

OH_b H_c N H_a histrionicotoxin

독화살 개구리(*Dendrobates histrionicus*)는 서부 Ecuador와 Colombia의 열대 우림의 축축하고 습한 바닥에서 서식한다. 개구리가 분비하는 방어용 독소인 histrionicotoxin(문제 11.7)은 포유동물에서 신경 전달을 간섭하는 역할을 하며, 그 결과로 근육 수축이 오랫동안 지속된다.
Dirk Ercken/Shutterstock.com

11.7 할로젠화수소의 첨가

알카인에 **할로젠화수소, HX**(X = Cl, Br, I)를 **가하면 할로젠화수소 첨가 반응**이 일어난다. 일반적으로 2당량의 HX가 사용되는데, 1몰이 첨가되면 **할로젠화 바이닐(vinyl halide)**이 생성되고, HX의 두 번째 몰이 첨가되면 **같은자리 이할로젠화물**이 만들어진다.

R−C≡C−R —H−X (X = Cl, Br, I)→ RC(H)=C(X)R —H−X→ RCH₂?

두 개의 약한 π 결합 / (*E*, *Z* 생성물) 할로젠화 바이닐 / 같은자리 이할로젠화물

알카인에 대한 HX의 첨가는 **친전자성 첨가**의 또 다른 예이다. 왜냐하면 시약의 친전자성 말단인 H가 전자가 풍부한 삼중 결합에 유인되기 때문이다.

- 2당량의 HX를 사용하면 수소 원자 모두 **같은** 탄소와 결합한다.
- 말단 알카인에서는 **말단**의 탄소가 H와 결합한다. 즉, 알카인의 할로젠화수소 첨가 반응은 Markovnikov 규칙을 따른다.

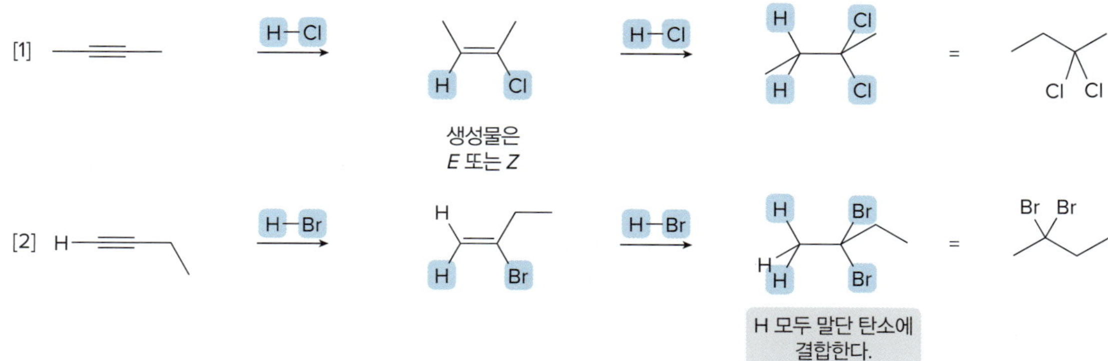

- 단지 1당량의 HX만 사용하면 반응은 할로젠화 바이닐의 생성 단계에서 멈춘다.

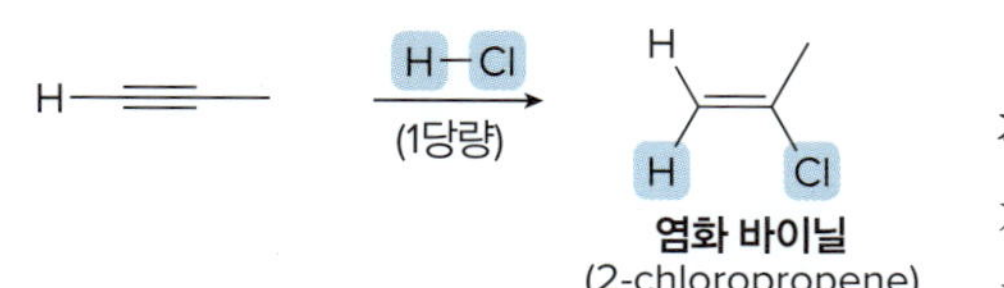

알카인에 2당량의 HX가 첨가되는 반응에 대한 한 가지 제안된 메커니즘은 **HX의 각각의 첨가에 대한 두 단계**, 즉 (HX로부터 온) H^+의 첨가로 탄소 양이온이 생기는 단계와 연이은 X^-의 공격으로 이루어져 있다. 메커니즘 11.1은 but-1-yne에 HBr이 첨가되어 2,2-dibrombutane이 생성되는 과정을 보여주고 있다. 각각의 두 단계 메커니즘은 10.9절에서 검토한 *cis*-but-2-ene에 대한 HBr의 두 단계 첨가와 유사하다.

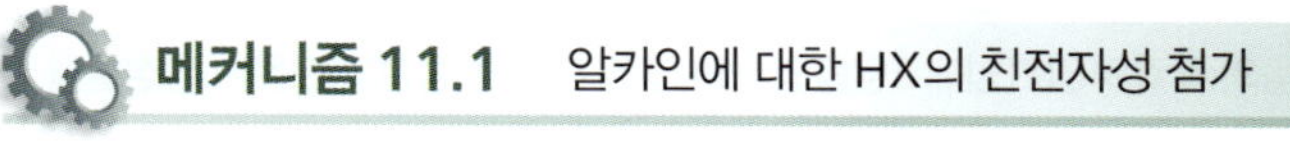

메커니즘 11.1 알카인에 대한 HX의 친전자성 첨가

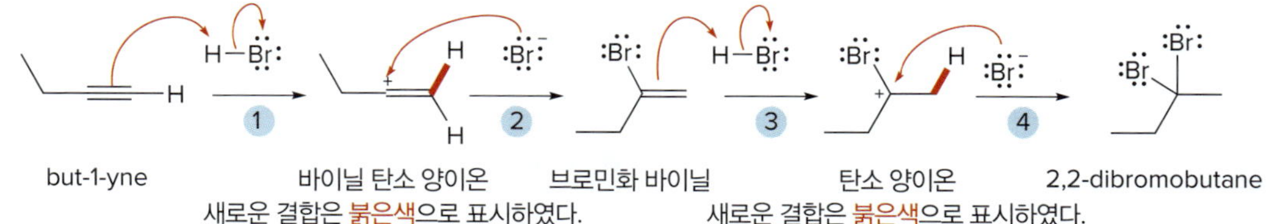

1. **H^+의 첨가는 바이닐 탄소 양이온을 생성하며 Markovnikov 규칙을 따른다.** H 원자가 말단 탄소에 결합하면, 더 많이 치환된 탄소 양이온이 생성된다.
2. Br^-의 친핵성 공격은 브로민화 바이닐을 생성한다. 2단계에서 1당량의 HBr이 첨가되었다.
3. 두 번째 당량의 HBr의 첨가가 같은 방식의 두 번째 단계로 뒤따른다. 브로민화 바이닐에 H^+가 첨가되면 탄소 양이온이 얻어진다.
4. Br^-의 친핵성 공격으로 같은 자리 브로민화물인 2,2-dibromobutane이 생성된다.

바이닐 탄소 양이온이 불안정하기 때문에 HX의 첨가에 대해 별도의 탄소 양이온을 생성하지 않는 또 다른 메커니즘이 제안되기도 했다. 어느 정도는 알카인 기질의 정체에 따라 두 가지 이상의 메커니즘으로 일어나는 것으로 보인다.

(단계 1과 3에서) 두 탄소 양이온의 생성을 좀 더 상세히 살펴볼 필요가 있다. **단계 1에서 생성된 바이닐 탄소 양이온은 *sp* 혼성화되어 있어서 2° sp^2 혼성화된 탄소 양이온(7.17절)보다 덜 안정하다.** 알카인이 알켄보다 더 잘 편극화할 수 있고 π 전자들이 더 느슨하게 결합하고 있지만, 이 때문에 알카인에 대한 HX의 첨가가 알켄에 대한 HX의 첨가보다 **느리다**.

_sp_ 혼성화됨
바이닐 탄소 양이온

or

A
더 안정한 탄소 양이온
새로운 결합은 붉은색으로 표시하였다.

B
생성되지 **않음**
새로운 결합은 붉은색으로 표시하였다.

3단계에서 두 가지 탄소 양이온이 가능하지만, 단지 한 가지만 생성된다. 3단계에서의 Markovnikov 첨가로 인해 말단 탄소에 H가 첨가되어 치환이 덜 된 탄소 양이온 **B**보다 치환이 많이 된 탄소 양이온 **A**가 만들어진다. 더 안정한 탄소 양이온이 더 빨리 생성되기 때문에—Hammond 가설의 또 다른 예—탄소 양이온 **A**가 탄소 양이온 **B**보다 더 안정함에 틀림없다.

탄소 양이온 **A**는 양전하를 띤 탄소에 브로민 원자가 있는데 왜 더 안정할까? 전기 음성도가 큰 브로민 원자는 양전하를 띤 곳에서 전자를 끌어당기지 않을까? 그래서 더 불안정하게 하지 않을까? 그와 반대로 **A는 공명으로 안정화되어 있지만, B**는 그렇지 않다. 탄소 양이온 **A**에 대해 두 개의 공명 구조를 그릴 수 있지만, 탄소 양이온 **B**에 대해서는 한 가지 Lewis 구조만 있다.

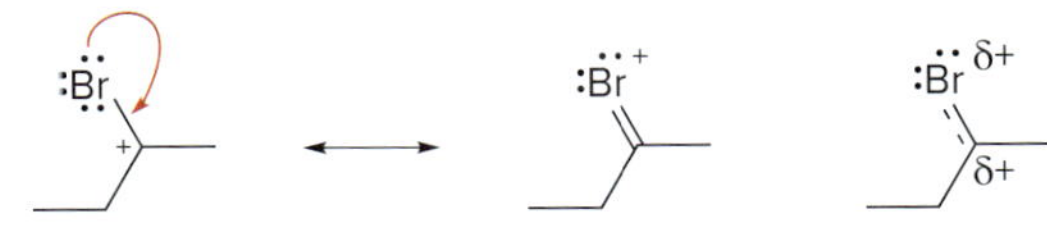

A의 두 가지 공명 구조

혼성체
양전하가 비편재화된다.

- 공명은 전하와 전자의 밀도를 분산시켜 분자를 안정화시킨다.
- 따라서 할로젠은 공명에 의해 인접한 양전하를 안정화시킨다.

H^+의 첨가는 공명으로 안정한 탄소 양이온을 생성하므로 할로젠화 바이닐에 대한 HX의 첨가는 Markovnikov 규칙이 적용된다. 결과적으로 삼중 결합에 HX가 매번 첨가될 때마다 H 원자는 모두 덜 치환된 탄소에 결합한다.

문제 11.8 다음의 각각의 알카인에 2당량의 HBr이 첨가될 때 생성되는 유기 생성물을 그려라.

a. b. c.

문제 11.9 다음의 각각의 탄소 양이온에 대해 추가적으로 공명 구조를 그려라.

a. b. c.

11.8 할로젠의 첨가

여러 가지 점에서 **할로젠, X_2 (X = Cl 또는 Br)**은 알켄에 첨가되는 것과 같은 방법(10.13절)으로 **알카인에 첨가된다.** X_2 1몰의 첨가는 **트랜스 이할로젠화물을** 생성하며, 이어서 두 번째 X_2가 첨가되면 **사할로젠화물(tetrahalide)**이 얻어진다.

트랜스 이할로젠화물 **사할로젠화물**

문제 11.10 $CH_3CH_2C{\equiv}CCH_2CH_3$을 다음의 각각의 시약으로 처리했을 때 생성되는 생성물의 구조를 그려라.

a. Br_2 (2당량) b. Cl_2 (1당량)

문제 11.11 다음의 결과를 설명하라. 친전자체에 대해 일반적으로 알켄이 알카인보다 더 반응성이 크지만, but-2-yne과 Cl_2의 반응은 Cl_2 1당량이 첨가된 후에 멈출 수 있다.

11.9 물의 첨가

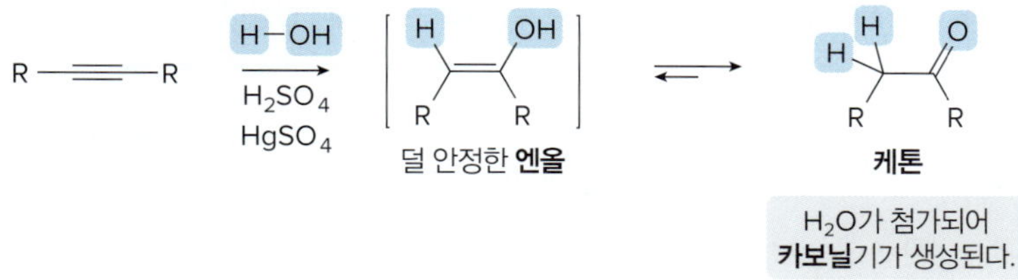

알카인에 대한 H_2O의 첨가는 알켄에 대한 H_2O의 산 촉매 첨가와 여러 가지 면에서 유사하지만, 중요한 차이점이 있다. 센산이나 Hg^{2+} 촉매하에서 **H_2O의 원소들이 삼중 결합에 첨가하지만**, 초기 생성물인 **엔올(enol)**은 불안정하여 **카보닐(C=O)** 생성물로 자리 옮김이 일어난다. C=O 탄소에 두 개의 알킬기가 결합된 카보닐 화합물을 **케톤(ketone)**이라 한다.

내부 알카인은 진한 산에 의하여 수화(hydration)가 일어나지만, 말단 알카인은 Hg^{2+} 촉매(일반적으로 $HgSO_4$)가 추가적으로 있어야만 **H_2O의 Markovnikov 첨가**가 일어나고 그 결과로 메틸 케톤이 얻어진다.

엔올은 C=C와 하이드록실기가 있으므로 **엔올(enol)**이라는 이름은 알켄(alk**ene**) + 알코올(alcoh**ol**)에서 유래한다.

$HgSO_4$는 더 온화한 반응 조건에서 수화가 일어나게 하기 때문에 내부 알켄의 수화에도 흔히 사용된다.

H_2O, H_2SO_4 → [엔올] ⇌ 케톤

H−C≡C− H_2O, H_2SO_4, $HgSO_4$ → [엔올] ⇌ 메틸 케톤

H_2O의 Markovnikov 첨가
H는 말단 탄소에 첨가됨

우선 일반적인 엔올 **A**가 카보닐 화합물 **B**로 전환하는 것을 살펴보자. **A**와 **B**는 **토토머(tautomer)**라 한다. **A는 토토머의 엔올형이며 B는 케토형이다.**

- **토토머**는 이중 결합과 수소 원자의 위치가 서로 다른 구조 이성질체이다. 두 토토머는 서로 평형을 이루고 있다.

엔올형 **A** ⇌ 케토형 **B**

토토머는 이중 결합과 수소 원자의 위치가 다르다. 21장에서 케토−엔올 토토머에 대해 상세하게 논의한다.

- 엔올 토토머는 C=C에 O−H기가 결합하고 있다.
- 케토 토토머는 C=O와 추가적으로 C−H 결합이 있다.

C=O가 C=C보다 훨씬 강하기 때문에 평형은 케토형을 주로 선호한다. 한 토토머에서 다른 토토머로 전환하는 과정인 **토토머화(tautomerization)**는 산이나 염기에 의해 촉매화된다. 수화 반응의 센 산성 조건에서 엔올의 케토형으로의 토토머화는 메커니즘 11.2에서 보듯이 두 단계 과정, 즉 **양성자 첨가**와 연이은 **양성자 이탈 반응**으로 빠르게 일어난다.

메커니즘 11.2 산에서의 토토머화

새로운 결합은 붉은색

탄소 양이온의 두 개의 공명 구조

+ H_3O^+

1 이중 결합에 양성자가 첨가되면 **공명 안정화된 탄소 양이온**이 생긴다.

2 어느 쪽 공명 구조로도 그릴 수 있는 양성자의 이탈은 **카보닐기**를 생성한다. 이 과정에서 산이 다시 생성되므로 토토머화는 산 촉매 반응이다.

문제 11.12 화합물의 각 쌍을 케토–엔올 토토머 또는 구조 이성질체이나 토토머는 아님으로 분류하라.

a. [structure] and [structure] b. [structure] and [structure] c. [structure] and [structure]

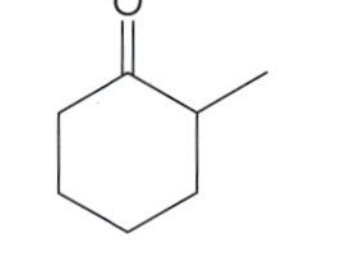

2-methylcyclohexanone

문제 11.13 (a) 2-Methylcyclohexanone의 두 개의 다른 엔올 토토머를 그려라. (b) C=C와 OH기가 있지만 토토머는 아닌 두 개의 구조 이성질체를 그려라.

센산에 의한 내부 알카인의 수화는 산 촉개하의 알켄의 수화와 유사한 메커니즘(10.12절)으로 엔올을 생성한다. 메커니즘 11.3은 H_2O와 H_2SO_4에 의한 but-2-yne의 수화 반응을 설명하고 있다. 생성하자마자 엔올은 양성자 첨가에 이은 양성자 이탈에 의해 더 안정한 케토형으로 토토머화한다.

메커니즘 11.3 알카인의 수화

부분 [1] 엔올을 생성하는 물의 첨가

but-2-yne

바이닐 탄소 양이온
새로운 결합은 붉은색

(*E*, *Z* 이성질체)

엔올

+ H_3O^+

1 H^+의 첨가로 **바이닐 탄소 양이온**이 생성된다.

2 ~ 3 **친핵성 공격**에 이은 탈양성자 반응으로 엔올이 생성된다.

부분 [2] 토토머화

엔올

새로운 결합은 붉은색

공명 안정화된 탄소 양이온

케톤

4 엔올의 케토형으로의 토토머화는 이중 결합에 양성자가 첨가되어 **탄소 양이온**이 생기면서 일어난다.

5 어느 쪽 공명 구조로도 그릴 수 있는 양성자의 이탈은 **케톤**을 생성한다.

예제 11.3 알카인의 수화로 생성되는 엔올과 케톤 토토머 그리기

다음 반응에서 엔올 중간체와 케톤 생성물의 구조를 그려라.

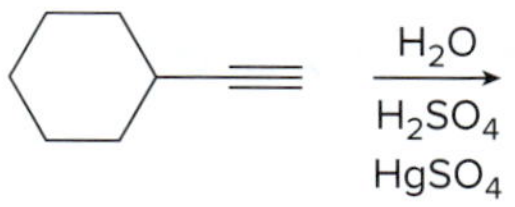

H_2O, H_2SO_4, $HgSO_4$

풀이

Markovnikov 규칙에 따라 우선 **덜 치환된 말단 탄소에 수소를 결합**하고 삼중 결합에 H_2O를 첨가하여 엔올을 만든다.

엔올을 케토 토토머로 전환시키기 위하여 C=C에 양성자를 첨가하고, OH기로부터 양성자를 이탈시킨다. 토토머화에서 C−OH 결합은 C=O로 변환되고, 엔올의 또 다른 탄소에서는 새로운 C−H 결합이 생성된다.

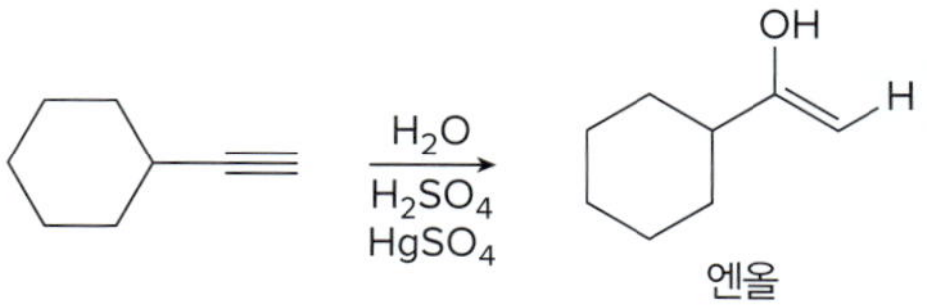

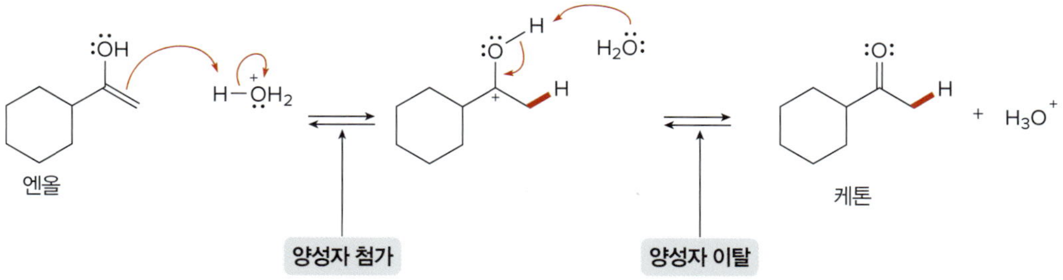

H_2O, H_2SO_4, $HgSO_4$ → 엔올

엔올 + $H-\overset{+}{O}H_2$ ⇌ (양성자 첨가) ⇌ (양성자 이탈) 케톤 + H_3O^+

- **전체적인 결과로 삼중 결합에 물이 첨가되면 케톤이 생성된다.**

문제 11.14 각각의 엔올의 케토 토토머를 그려라.

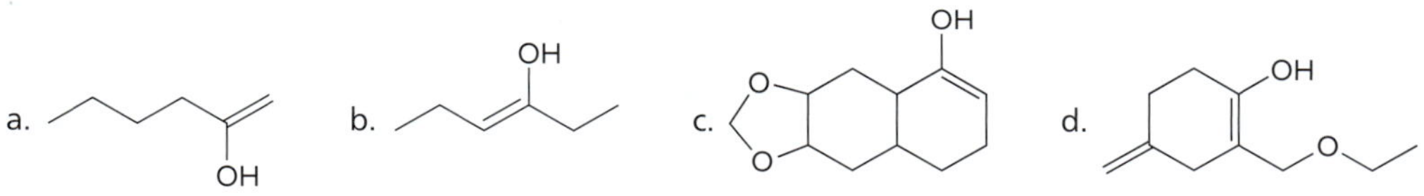

a. b. c. d.

추가 문제: 문제 11.31 – 11.33, 11.39f를 풀어보라.

문제 11.15 각 알카인을 H_2O, H_2SO_4 및 $HgSO_4$로 처리했을 때 생성되는 엔올을 그려라. 그 다음에 이 엔올이 토토머화 후에 생성되는 케톤의 구조를 그려라.

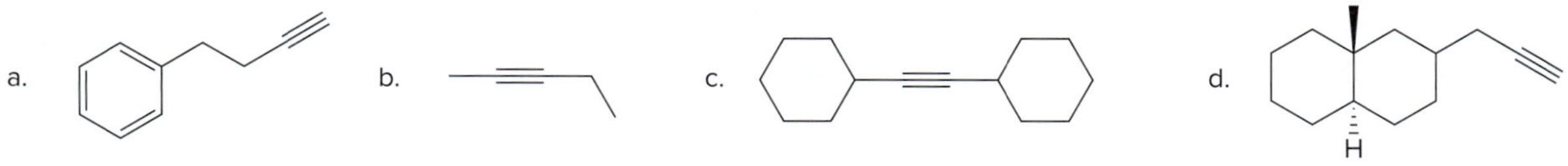

a. b. c. d.

11.10 수소화붕소 첨가−산화

수소화붕소 첨가−산화 반응(hydroboration-oxidation)은 알카인을 카보닐 화합물로 변환시키는 연속된 두 단계의 반응이다.

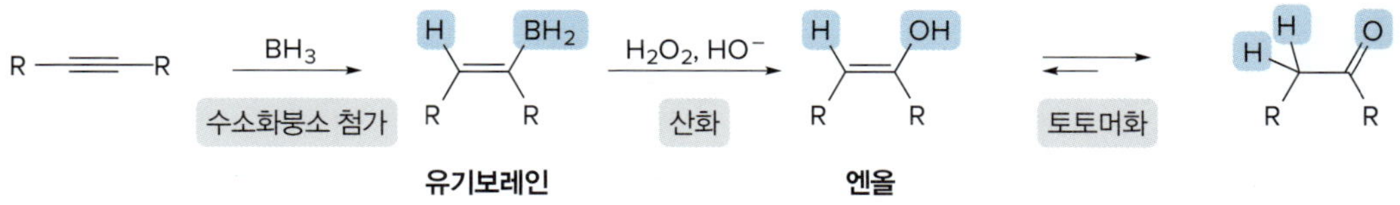

R−≡−R —BH_3 (수소화붕소 첨가)→ 유기보레인 —H_2O_2, HO^- (산화)→ 엔올 ⇌ (토토머화)

- 보레인(borane)을 첨가하면 유기보레인(organoborane)이 생성된다.
- 염기성 H_2O_2로 산화하면 엔올이 생성된다.
- 엔올이 토토머화하여 카보닐 화합물을 생성한다.
- 전체적인 결과는 삼중 결합에 H_2O를 첨가한 것이다.

내부 알카인에 수소화붕소 첨가–산화 반응이 일어나면 **케톤**이 생성된다. **말단 알카인의 수소화붕소 첨가에서는 붕소가 치환이 덜 된 말단 탄소에 첨가된다.** 엔올로 산화된 후 토토머화가 일어나면 카보닐 탄소에 수소 원자 하나가 결합된 카보닐 화합물인 **알데하이드**가 얻어진다. 말단 알카인의 수소화붕소 첨가는 일반적으로 다이알킬보레인(R_2BH)으로 반응시키며, 이 시약은 BH_3으로부터 제조할 수 있다(10.16절).

수화(H_2O, H_2SO_4 및 $HgSO_4$)와 **수소화붕소 첨가–산화 반응**(R_2BH 첨가 후, 연이어 H_2O_2/HO^-)은 모두 **삼중 결합에 H_2O의 성분을 첨가**하는 것이다. 예제 11.4에서는 이러한 두 반응이 유사함에도 불구하고 말단 알카인으로부터 구조적으로 다른 이성질체가 생성됨을 보여주고 있다.

- H_2O, H_2SO_4 및 $HgSO_4$를 사용하여 H_2O를 첨가시키면 말단 알카인으로부터 메틸 케톤이 생성된다.
- 유기보레인을 사용한 H_2O의 첨가 후, H_2O_2와 HO^-는 말단 알카인으로부터 알데하이드를 생성한다.

예제 11.4 두 가지 다른 방법을 이용하여 수화 생성물 비교하기

$CH_3CH_2C{\equiv}CH$를 다음의 각각의 시약들과 반응시켰을 때, 생성되는 생성물의 구조를 그려라.

a. H_2O, H_2SO_4, $HgSO_4$ b. R_2BH와 H_2O_2, HO^-

풀이

(a) $H_2O + H_2SO_4 + HgSO_4$에 의한 H와 OH의 친전자성 첨가에서 **H 원자**는 알카인의 **치환이 덜 된 탄소**에 첨가되어 토토머화 후에 **케톤**을 생성한다. (b) 그와 반대로 R_2BH의 첨가에서는 **R_2B가** 알카인의 **치환이 덜 된 말단 탄소**에 위치한다. 산화 및 토토머화가 일어나면 **알데하이드**가 얻어진다. 이 반응에서 생성되는 케톤과 알데하이드는 구조 이성질체이다.

문제 11.16 아래의 알카인을 다음 시약과 반응시켰을 때 생성되는 생성물의 구조를 그려라.
[1] H_2O, H_2SO_4, $HgSO_4$ 또는 [2] R_2BH와 H_2O_2, ^{-}OH.

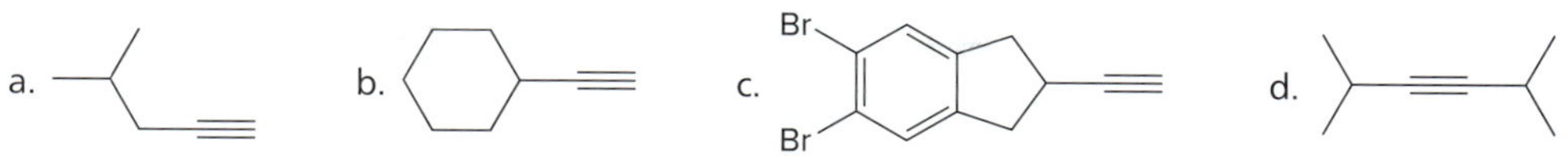

a. b. c. Br Br d.

추가 문제: 문제 11.35d, e; 11.39d, f를 풀어보라.

문제 11.17 어떤 알카인이 산 촉매 수화 반응과 수소화붕소 첨가–산화 반응 모두에서 다음 각 케톤을 유일한 생성물로 만드는가?

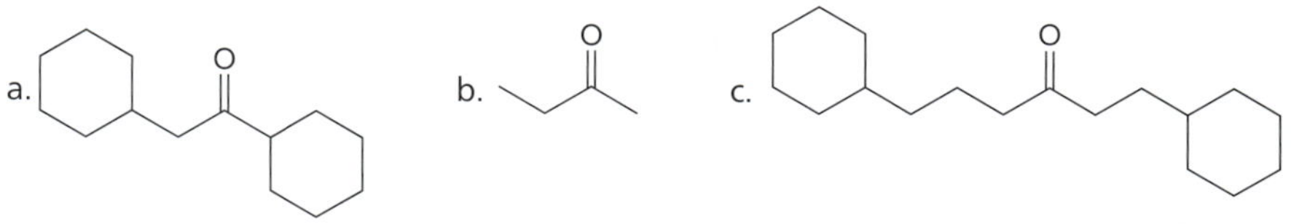

a. O b. O c. O

11.11 아세틸렌화 음이온의 반응

말단 알카인은 $NaNH_2$와 NaH와 같은 강염기에 의하여 아세틸렌화 음이온으로 쉽게 변환된다. 이 음이온은 강한 친핵체이므로 할로젠화 알킬(alkyl halide) 및 에폭사이드(epoxide)와 같은 친전자체와 반응할 수 있다.

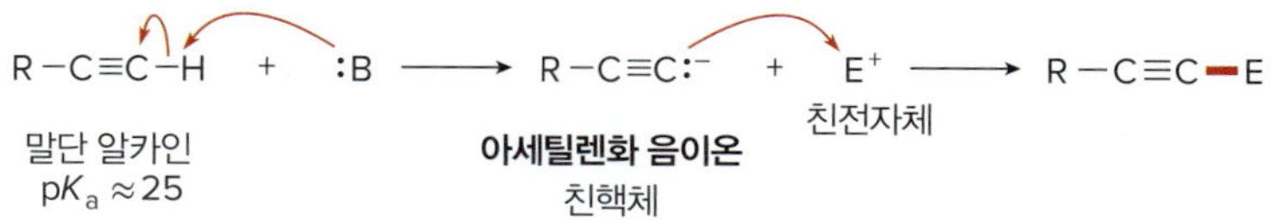

$$R-C\equiv C-H + :B \longrightarrow R-C\equiv C:^{-} + E^{+} \longrightarrow R-C\equiv C-E$$

말단 알카인 $pK_a \approx 25$ / **아세틸렌화 음이온** 친핵체 / 친전자체

11.11A 할로젠화 알킬과 아세틸렌화 음이온의 반응

아세틸렌화 음이온은 입체 장애가 적은 할로젠화 알킬과 반응하여 친핵성 치환 생성물을 생성한다.

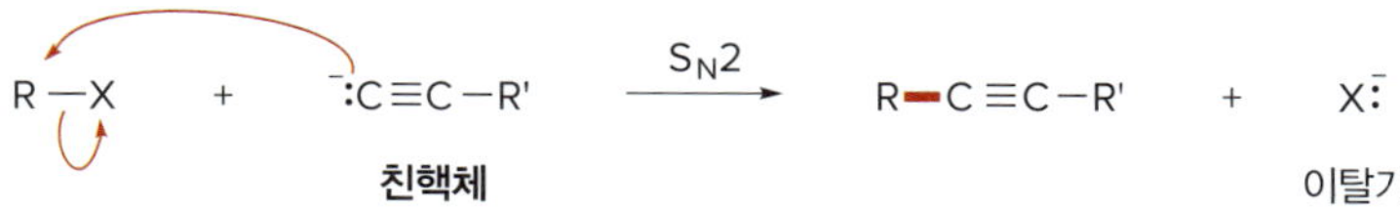

$$R-X + {}^{-}:C\equiv C-R' \xrightarrow{S_N2} R-C\equiv C-R' + X:^{-}$$

친핵체 / 이탈기

아세틸렌화 음이온은 센 친핵체이므로 친핵성 치환 반응의 메커니즘은 $\mathbf{S_N2}$이다. 따라서 **CH_3X 및 1° 할로젠화 알킬과 가장 빠르게 반응한다.** 말단 알카인(반응 [1])이나 내부 알카인(반응 [2])은 아세틸렌화 음이온의 구조에 따라 제조될 수 있다.

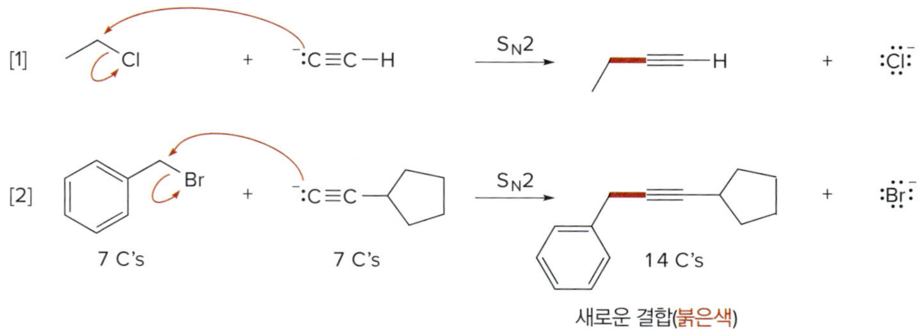

[1] CH₃CH₂Cl + $^{-}:C\equiv C-H$ $\xrightarrow{S_N2}$ $CH_3CH_2C\equiv C-H$ + $:\ddot{Cl}:^{-}$

[2] (벤질 브로민화물) Br + $^{-}:C\equiv C$–(사이클로펜틸) $\xrightarrow{S_N2}$ (생성물) + $:\ddot{Br}:^{-}$

7 C's 7 C's 14 C's

새로운 결합(붉은색)

- 아세틸렌화 음이온에 의한 친핵성 치환은 새로운 탄소–탄소 결합을 생성한다.

유기 화합물은 탄소 골격 구조로 구성되어 있기 때문에 탄소–탄소 결합을 생성하는 반응이 특히 유용하다. 예를 들어, 반응 [2]에서 탄소가 일곱 개인 아세틸렌화 음이온이 탄소가 일곱 개인 할로젠화 알킬에 친핵성 공격을 하면 탄소가 열네 개인 알카인이 생성물로 얻어진다.

아세틸렌화 음이온에 의한 친핵성 치환은 매우 가치 있는 탄소–탄소 결합 생성 반응이지만, 다른 S_N2 반응과 같은 제한점이 있다. **이탈기 주위에 입체 장애가 있는 2°와 3° 할로젠화 알킬은 2-bromo-2-methylpropane과의 반응에서 보듯이 E2 메커니즘에 의하여 제거 반응이 일어난다.** 이렇게 아세틸렌화 음이온에 의한 친핵성 치환은 단지 장애가 적은 CH_3X 및 1° 할로젠화 알킬의 경우에만 높은 수율로 탄소–탄소 결합을 생성하게 한다.

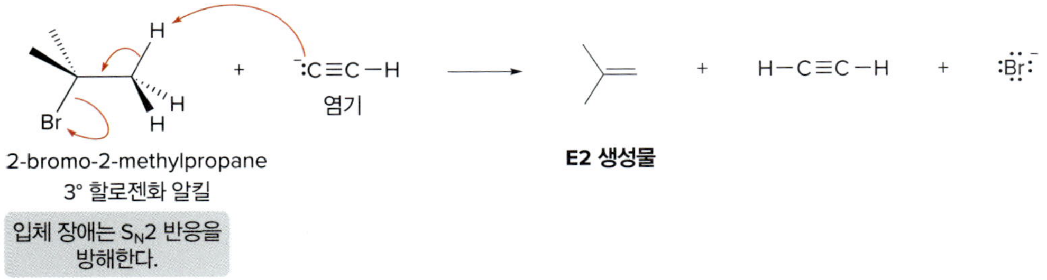

2-bromo-2-methylpropane
3° 할로젠화 알킬
+ $^-$:C≡C–H 염기 ⟶ E2 생성물 + H–C≡C–H + :Br:$^-$

입체 장애는 S_N2 반응을 방해한다.

예제 11.5 아세틸렌화 음이온이 할로젠화 알킬과 반응할 때 생성물 그리기

각 반응에서 생성되는 유기 생성물의 구조를 그려라.

a. (1-chlorobutane) + $^-$:C≡C–H ⟶   b. (bromocyclohexane) + $^-$:C≡C–(phenyl) ⟶

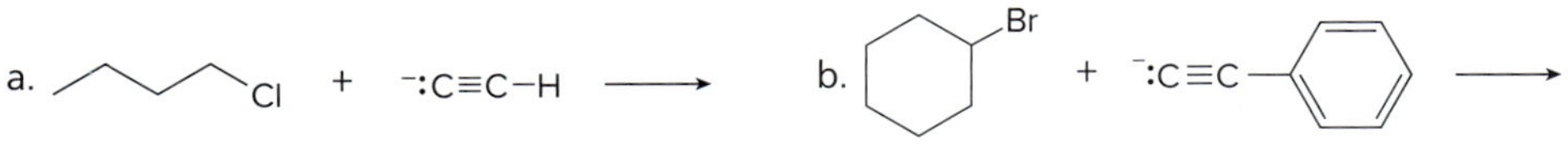

풀이

a. 할로젠화 알킬은 **1°**이고, 아세틸렌화 음이온은 강한 친핵체이므로 새로운 C–C 결합을 생성하는 **S_N2** 메커니즘으로 치환 반응이 일어난다.

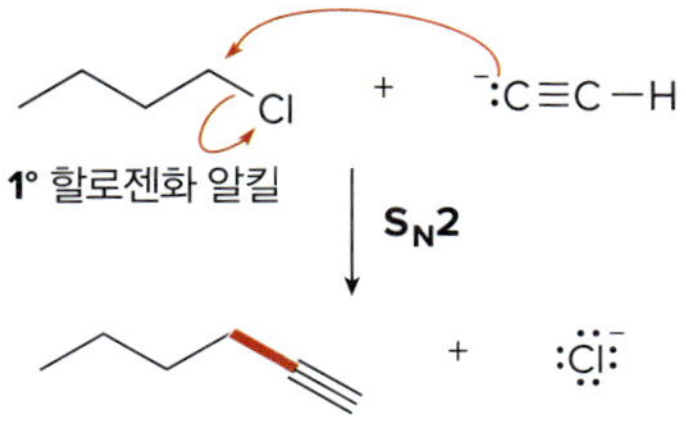

1° 할로젠화 알킬 + $^-$:C≡C–H —S_N2→ (1-hexyne) + :Cl:$^-$

b. 할로젠화 알킬이 **2°**이므로 **E2** 메커니즘에 의해 제거 반응이 일어나서 주생성물이 생성된다.

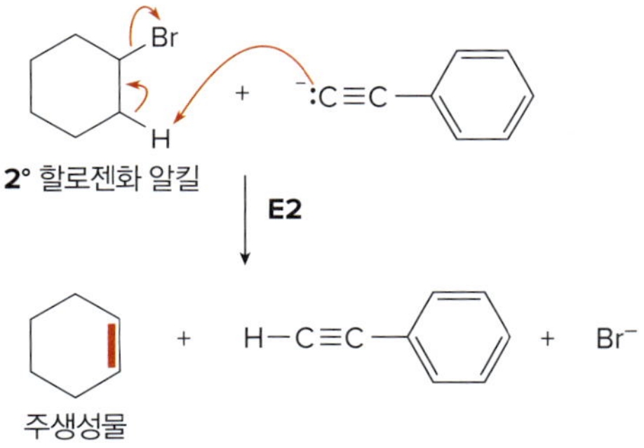

2° 할로젠화 알킬 + $^-$:C≡C–(phenyl) —E2→ (cyclohexene) 주생성물 + H–C≡C–(phenyl) + Br^-

문제 11.18 각 반응에서 생성되는 유기 생성물의 구조를 그려라.

a. H–C≡C–H —[1] NaH [2] (1-chloro-2-methylpropane)→

b. (cyclopentylacetylene) —[1] NaH [2] (bromoethane)→
　　　　　　　　—[1] $NaNH_2$ [2] (2-chloro-2-methylpropane)→

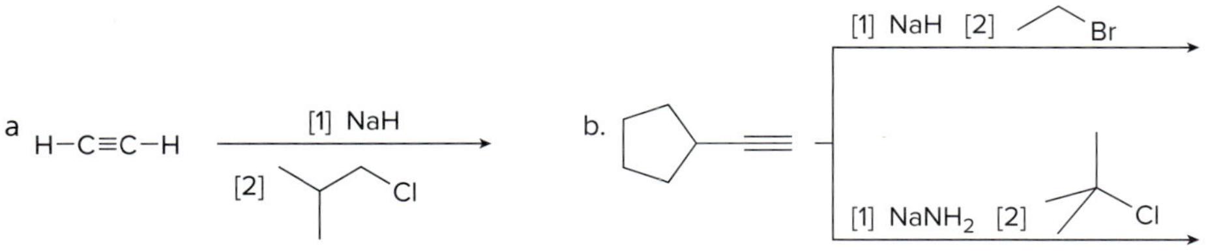

추가 문제: 문제 11.35g; 11.39g, i; 11.41a, b; 11.47을 풀어보라.

문제 11.19 다음의 알카인을 제조하는 데 어떤 아세틸렌화 음이온과 할로젠화 알킬을 사용할 수 있는가? 두 가지 방법 이상일 경우에는 가능한 모든 방법을 제시하라.

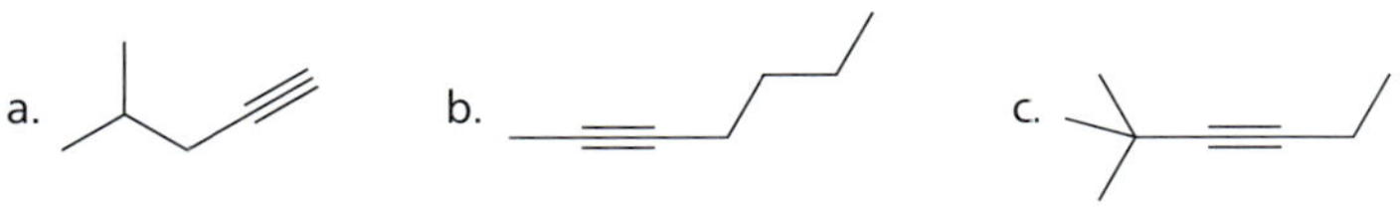

a. (structure)　b. (structure)　c. (structure)

아세틸렌은 두 개의 *sp* 혼성화 C−H 결합이 있으므로 예제 11.6에서 보듯이 두 번의 연속적인 반응으로 **두 개의 새로운 탄소−탄소 결합**을 생성할 수 있다.

예제 11.6 두 개의 연속적인 S_N2 반응으로 내부 알카인 생성하기

다음의 연속적인 반응에서 말단 알카인 **A**와 내부 알카인 **B**의 구조를 제시하라.

H−C≡C−H —[1] $NaNH_2$, [2] (1-브로모프로페인) Br→ **A** —[1] $NaNH_2$, [2] (클로로에테인) Cl→ **B**

풀이

각 단계에서 $^-NH_2$ 염기가 *sp* 혼성화 탄소에서 양성자를 제거하여 생성된 아세틸렌화 음이온의 친핵체가 할로젠화 알킬과 반응하여 S_N2 생성물을 생성한다. 첫 번째의 연속된 두 단계 반응으로 아세틸렌화 음이온이 $CH_3CH_2CH_2Br$에 친핵성 공격을 하여 **말단 알카인 A**를 생성한다.

H−C≡C−H + $^-$:$\ddot{N}H_2$ → H−C≡C:$^-$ (아세틸렌화 음이온) + :NH_3; H−C≡C:$^-$ + (프로필)Br → **말단** 알카인 **A** + Br^-

두 번째의 연속된 두 단계 반응으로 아세틸렌화 음이온이 CH_3CH_2Cl에 친핵성 공격을 하여 **내부 알카인 B**를 생성한다.

$^-$:$\ddot{N}H_2$ + H−C≡C−(프로필) → $^-$:C≡C−(프로필) (아세틸렌화 음이온) + :NH_3; + (에틸)Cl → **내부** 알카인 **B**

문제 11.20 $CH_3CH_2C{\equiv}CCH_2CH_2CH(CH_3)_2$를 합성하는 데 HC≡CH, CH_3CH_2Br 및 $(CH_3)_2CHCH_2CH_2Br$이 어떻게 사용되는지를 보여라. 모든 시약을 제시하고, 전자쌍의 이동을 보여주는 굽은 화살표를 사용하라.

추가 문제: 문제 11.35g; 11.39g, i; 11.41a, b; 11.49a; 11.52a를 풀어보라.

문제 11.21 아세틸렌 말고도 각 내부 알카인을 친핵성 치환 반응으로 합성하는 데 무슨 할로젠화 알킬이 필요한가?

a. (구조식)　b. (구조식, O 포함)　c. (구조식)

연산호 **Capnellai mbricata**는 천연물인 캡넬렌의 공급원이다.
Michael G. Moye

예제 11.6은 탄소가 일곱 개인 생성물을 세 개의 작은 분자로부터 두 개의 새로운 탄소−탄소 결합을 생성하여 제조하는 방법을 설명하고 있다.

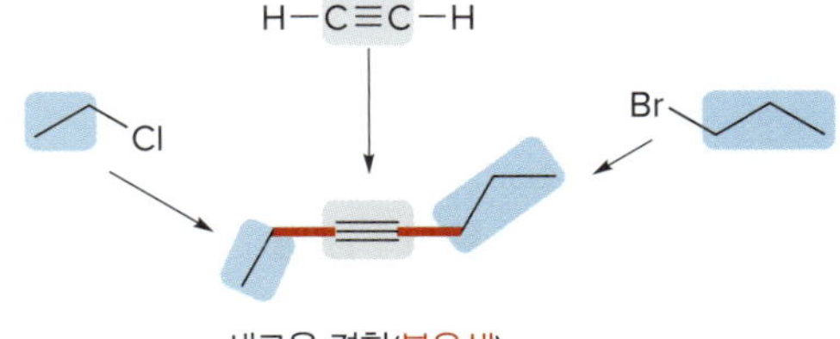

아세틸렌화 음이온에 의한 탄소−탄소 결합 생성은 수많은 천연물의 합성에서 사용되는 가치 있는 반응이다. 연산호(*Capnella imbricata*)에서 추출된 **캡넬렌(capnellene)**과 붉은 해면동물에서 추출된 **니파톡신(niphatoxin) B**의 두 가지 예가 그림 11.4에 나와 있다.

그림 11.4
두 개의 해양 천연물의 합성에 사용한 아세틸렌화 음이온의 반응

[1] $^{-}$:C≡CH
[2] H_2O
여러 단계
capnellene

RO ... Br
[1] ≡—OH + 염기 (2당량)
[2] H_2O
여러 단계
niphatoxin B

• 아세틸화 음이온으로부터 생성된 새로운 탄소–탄소 결합은 붉은색으로 표시되어 있다.

11.11B 에폭사이드와 아세틸렌화 음이온의 반응

아세틸렌화 음이온은 S_N2 메커니즘에 의하여 에폭사이드 고리를 열 수 있는 강한 친핵체이다. 이 반응으로 또한 **새로운 탄소–탄소 결합**이 생성된다. 후면 공격이 에폭사이드의 **치환이 덜 된** 끝 쪽에서 일어난다.

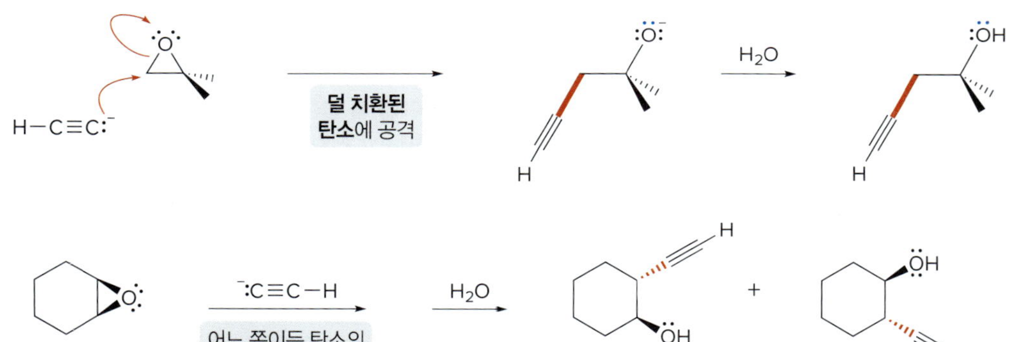

센 친핵체로 에폭사이드 고리를 여는 반응은 9.16A절에서 처음 논의되었다.

문제 11.22 각 반응의 생성물을 그려라.

a. [1] $^{-}$:C≡C−H [2] H_2O →   b. [1] $^{-}$:C≡C−H [2] H_2O →

문제 11.23 다음의 각 화합물과 $CH_3CH_2C{\equiv}C^{-}Na^{+}$를 반응시켰을 때 얻어지는 생성물을 그려라.

a. $CH_3CH_2CH_2Br$
b. $(CH_3)_2CHCH_2CH_2Cl$
c. $(CH_3CH_2)_3CCl$
d. $BrCH_2CH_2CH_2CH_2OH$
e. 에틸렌 옥사이드(ethylene oxide)와 반응시킨 다음 H_2O을 가한다.
f. 프로펜 옥사이드(prcpene oxide)와 반응시킨 다음 H_2O을 가한다.

예제 11.7 알코올 합성에 필요한 아세틸렌화 음이온과 에폭사이드 알아내기

C를 합성하는 데 필요한 아세틸렌화 음이온과 에폭사이드는 무엇인가?

OH

C

풀이

아세틸렌화 음이온이 에폭사이드 고리를 열 때 생성되는 결합을 알아내려면 **OH가 결합된 탄소와 C≡C에 결합하는 이웃 탄소의 위치를 알아내라**. 아세틸렌화 음이온이 에폭사이드의 덜 치환된 끝을 친핵성 공격하면 새로운 C−C 결합이 생기면서 알콕사이드가 생성되는데, 이 알콕사이드에 물의 양성자가 첨가되면 **C**가 얻어진다.

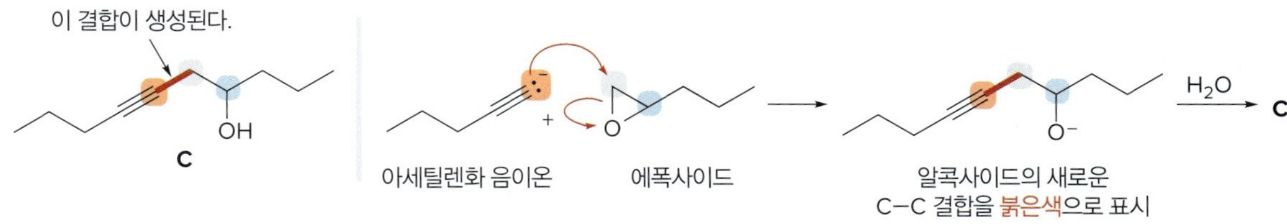

문제 11.24 다음 각각의 화합물을 합성하는 데 필요한 아세틸렌화 음이온과 에폭사이드는 무엇인가?

a. OH b. OH c. OH

추가 문제: 문제 11.48을 풀어보라.

11.12 합성

아세틸렌화 음이온의 반응은 우리에게 유기 합성을 보다 더 조직적으로 고찰할 기회를 제공한다. 다단계 합성을 수행하는 것은 어려울 수 있다. 여러분들은 특별한 작용기의 반응을 알아야 할 뿐만 아니라, 이러한 반응들을 논리적으로 나열하여 많은 연습으로 숙달되도록 해야 한다.

11.12A 일반적인 용어와 규약

두 단계 이상의 합성을 계획하기 위하여 **역합성 분석(retrosynthetic analysis)**이라는 과정을 사용한다. 즉 원하는 생성물로부터 거꾸로 작업을 하여 생성물이 만들어지는 출발물을 결정한다(10.18절). 생성물로부터 출발물로의 역합성 과정은 **열린 화살표**(⇒)를 사용하여 작성하는데, 생성물을 왼쪽, 출발물을 오른쪽에 나타낸다.

합성하고자 하는 생성물을 흔히 **목표 화합물(target compound)**이라 한다. 역합성 분석을 사용하여 어떤 화합물이 하나의 반응에 의해 목표 화합물로 변환될 수 있는지를 결정해야 한다. 즉 **목표 화합물의 직접적인 전구물질(precursor)은 무엇인가?** 적절한 전구물질이 밝혀진 후에 특정한 출발물에 도달할 때까지 이 과정을 계속해야 한다. 때로는 특별한 경로가 결정되기 전에 복수의 역합성 경로가 고찰되기도 한다.

각 합성 문제에 대한 지시사항을 주의 깊게 살펴보자. 때로는 출발물이 고정되기도 하지만, 어떤 경우에는 특정한 기준을 충족하는 화합물로 시작하는 경우도 있다. 예를 들어, 탄소 원자가 다섯 개 또는 그 이하인 알코올로부터 화합물을 합성하도록 요구받을 수도 있다. 이러한 제한은 다단계 합성을 설계할 때 방향을 제시해준다.

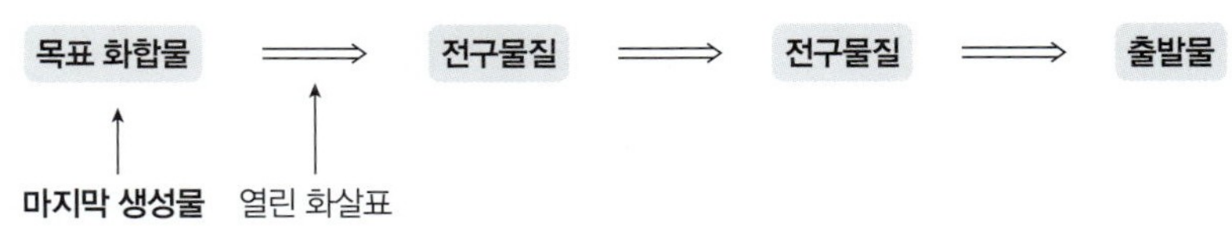

합성을 설계하는 데 있어서, 반응은 흔히 두 부류로 나뉜다.

- 새로운 탄소−탄소 결합을 생성하는 반응
- 한 작용기를 다른 작용기로 변환하는 반응—즉, 작용기 상호변환(FGI, functional group interconversion)

부록 F는 이 교재에서 다루는 C−C 결합 생성 반응을 수록하고 있다.

탄소−탄소 결합의 생성 반응은 더 간단하고 덜 가치가 있는 출발물이 더 복잡한 생성물로 변환될 수 있기 때문에 유기 합성의 중심 반응이다. 합성된 생성물이 출발물보다 탄소−탄소 결합이 더 많을 때마다 합성은 이러한 반응들 중 최소한 한 개를 포함한다는 점을 염두에 두자.

해결 방법 역합성 분석을 전개하는 방법

단계 [1] 출발물과 생성물의 탄소 골격을 비교한다.

- 생성물이 출발물보다 더 많은 탄소−탄소 σ 결합이 있다면, 합성은 하나 또는 그 이상의 C−C 결합을 생성해야 한다. 그렇지 않다면 작용기 상호변환만 일어난다.
- **출발물에 있는 탄소를 생성물에 있는 탄소와 맞추어서** 새로운 C−C 결합이 어디에서 첨가되었거나 작용기가 어디에서 변해야 하는지를 알아본다.

단계 [2] 출발물과 생성물에 있는 작용기에 주의를 기울여보고 질문해본다.

- 생성물에 있는 작용기를 어떤 방법으로 도입할 수 있는가?
- 출발물은 어떤 종류의 반응을 일으키는가?

단계 [3] 생성물로부터 역방향으로, 출발물로부터 정방향으로 분석한다.

- 질문: **생성물의 직접적인 전구물질은 무엇인가?**
- 각 전구물질을 출발물과 비교하여 하나를 다른 하나로 변환시키는 한 단계의 반응이 있는지를 결정한다. 출발물에 도달할 때까지 이 과정을 계속한다.
- 역과정을 작성할 때 항상 **더 간단한** 전구물질을 고안한다.
- 경로가 여러 개 가능할 경우에는 **더 적은** 단계를 사용한다.
- 주어진 화합물에 대하여 여러 가지 다른 전구물질을 평가할 필요가 있다는 점을 유념한다.

단계 [4] 합성 방향으로 작성하여 합성을 점검한다.

- 역합성을 점검해보기 위하여, 필요한 모든 시약을 제시하여 출발물에서 시작하는 단계들을 작성한다.

11.12B 다단계 합성의 예

아세틸렌화 음이온에 의한 역합성 분석은 예제 11.8과 11.9에 설명되어 있다.

예제 11.8 간단한 합성 고안하기

$HC{\equiv}CCH_2CH_2CH_3$의 합성을 $HC{\equiv}CH$와 다른 유기 또는 두기 시약으로부터 고안해보라.

역합성 분석

출발물에 있는 두 개의 탄소는 생성물에 있는 두 개의 *sp* 혼성화 탄소에 해당하므로 세 개의 탄소 단위가 첨가되어야 한다.

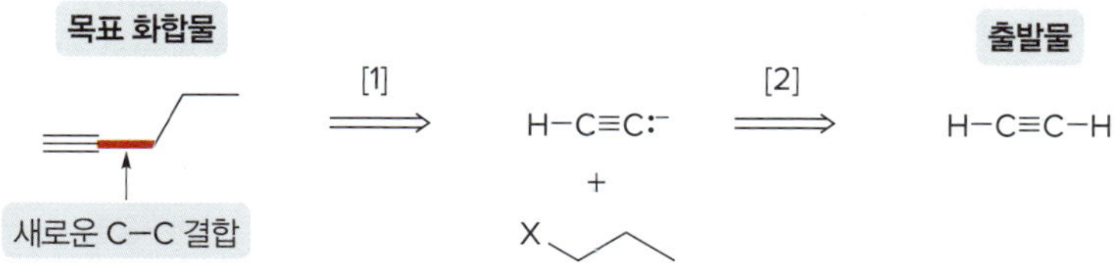

역으로 생각하면:

[1] 아세틸렌화 음이온과 1° 할로젠화 알킬을 사용하여 새로운 C−C 결합을 생성한다.

[2] 아세틸렌을 염기로 처리하여 아세틸렌화 음이온을 제조한다.

합성

HC≡CH를 NaH로 양성자 이탈 반응을 시키면 아세틸렌화 음이온이 생성되며, 이것은 할로젠화 알킬과 S_N2 반응을 일으켜 탄소가 다섯 개인 알카인 목표 화합물을 생성한다.

두 단계 과정:

H−C≡C−H →(Na⁺H⁻) H−C≡C:⁻ + H_2 ; H−C≡C:⁻ + Cl(propyl) → (목표 화합물) + Cl⁻

목표 화합물

문제 11.25 역합성 분석을 사용하여 hex-3-yne을 아세틸렌과 다른 유기 및 무기 화합물로부터 어떻게 제조할 수 있는지를 보여라. 필요한 모든 시약을 제시하여 합성 방향으로의 합성을 그려라.

추가 문제: 문제 11.47a를 풀어보라.

예제 11.9 세 단계 이상의 합성법 고안하기

탄소가 두 개 이하인 출발물로부터 다음 화합물의 합성을 고안하라.

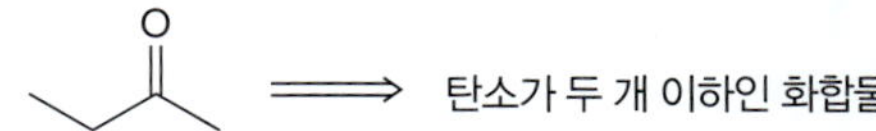

역합성 분석

탄소가 두 개인 출발물이 탄소가 네 개인 생성물로 변환하기 위해 탄소−탄소 결합의 생성 반응이 사용되어야 한다.

목표 화합물 ⟹[1] but-1-yne ⟹[2] ⁻:C≡C−H + (CH₃CH₂X) ⟹[3] H−C≡C−H 출발물

이 결합이 생성된다.

역으로 생각하면:

[1] 삼중 결합을 수화시켜 카보닐기를 만든다.

[2] 아세틸렌화 음이온과 1° 할로젠화 알킬을 사용하여 새로운 C−C 결합을 생성한다.

[3] 아세틸렌을 염기로 처리하여 아세틸렌화 음이온을 제조한다.

합성

합성을 완결시키기 위하여 세 단계가 필요하다. HC≡CH를 NaH로 처리하면 아세틸렌화 음이온이 생성되며, 이것은 할로젠화 알킬과 S_N2 반응을 일으켜 탄소가 네 개인 말단 알카인을 생성한다. 알카인을 H_2O, H_2SO_4 및 $HgSO_4$로 수화시키면 목표 화합물이 생성된다.

H−C≡C−H →(Na⁺H⁻) H−C≡C:⁻ + H_2 ; + Cl(ethyl) → (but-1-yne) + Cl⁻ →(H_2O, H_2SO_4, $HgSO_4$) 목표 화합물

문제 11.26 탄소가 두 개인 출발물로부터 각 화합물의 합성을 고안하라.

a. (butanal: H, O) b. (2,2-dibromobutane: Br Br)

추가 문제: 문제 11.47, 11.49~11.56을 풀어보라.

이 예들은 다단계 경로에 의하여 유기 화합물을 합성하는 과정을 설명하고 있다. 12장에서 우리는 다른 유용한 반응들을 배워서 합성의 수행 능력을 신장시켜 나갈 것이다.

Chapter 11 복습

핵심 개념

[1] 첨가 반응

각 첨가 반응에서 삼중 결합의 결합 두 개가 모두 끊어지고 네 개의 새로운 결합이 생성된다.

① H−X (2당량), X = Cl, Br, I, 수소할로젠화 반응 (11.7) → 같은자리 이할로젠화물	③ H−OH, H_2SO_4, $HgSO_4$, 수화 반응 (11.9) → [엔올] ⇌ 케톤
② X−X (2당량), X = Cl, Br, 할로젠화 반응 (11.8) → 사할로젠화물	④ [1] R_2BH [2] H_2O_2, HO^-, 수소화붕소 첨가−산화 반응 (11.10) → [엔올 (*E*, *Z* 이성질체)] ⇌ 알데하이드

그림 11.3 참고. 문제 11.35a~e; 11.39a, b, d, f를 풀어보라.

[2] 아세틸렌화 음이온이 관여하는 반응

① HC≡C−H + H:⁻ ⇌ HC≡C:⁻ + H_2 (11.6B) 아세틸렌화 음이온	② HC≡C:⁻ + CH_3−X → HC≡C−CH_3 + X^-, X = Cl, Br, I (11.11A)	③ 에폭사이드: [1] HC≡C:⁻ [2] H−OH (11.11B) → O−H + ⁻OH

표 11.1 참고. 문제 11.35f~h; 11.39g~j; 11.41; 11.47; 11.48을 풀어보라.

핵심 기법

[1] 알카인을 알켄으로 바꾸기(11.5)

① 할로젠(X_2)을 알켄에 첨가한다.	② 강한 염기로 처리하여 2당량의 HX를 제거한다.
알켄 + Cl_2 →	이웃자리 이염화물 + Na^+ $^-NH_2$ (2당량) → 알카인 + 2 NH_3 + 2 NaCl

예제 11.2 참고. 문제 11.39c, 11.50a를 풀어보라.

[2] 첨가 반응 생성물 그리기(11.6~11.10)

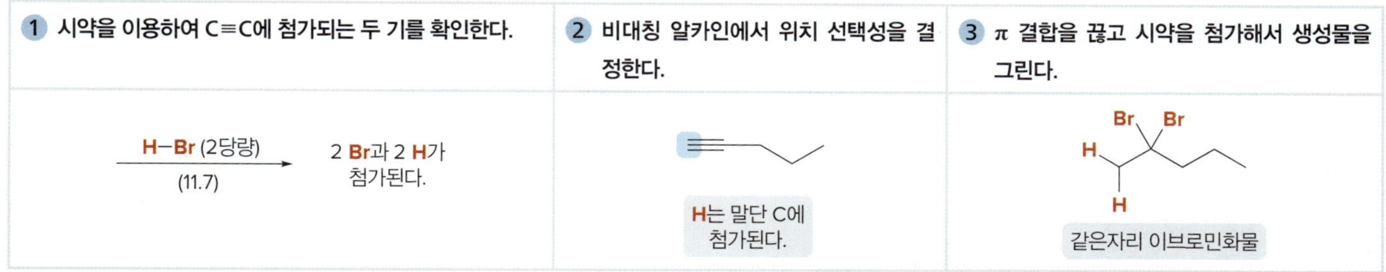

문제 11.35a~e; 11.39a, b, d, f를 풀어보라.

[3] 산에서 엔올을 케토 토토머로 바꾸기(11.9)

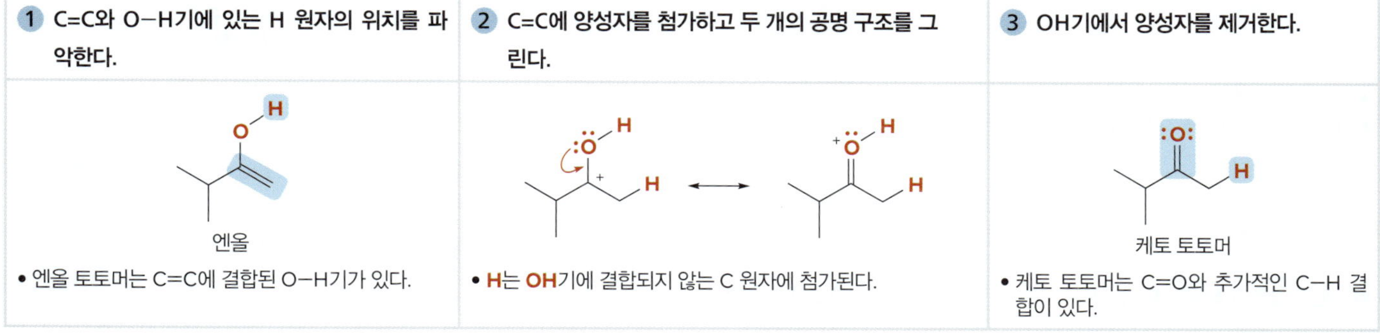

메커니즘 11.2 참고. 문제 11.31c, d; 11.33a를 풀어보라.

[4] 산에서 케토 토토머를 엔올로 바꾸기(11.9)

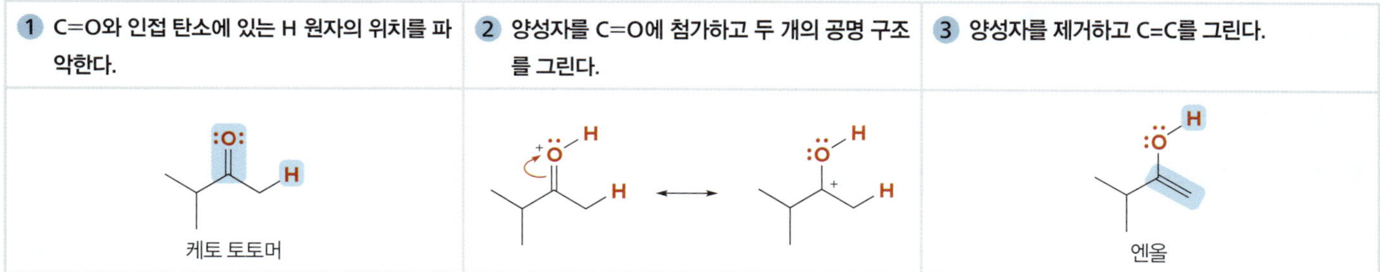

문제 11.31a, b; 11.33b를 풀어보라.

[5] 알카인의 수화 반응 생성물 비교하기(11.9, 11.10)

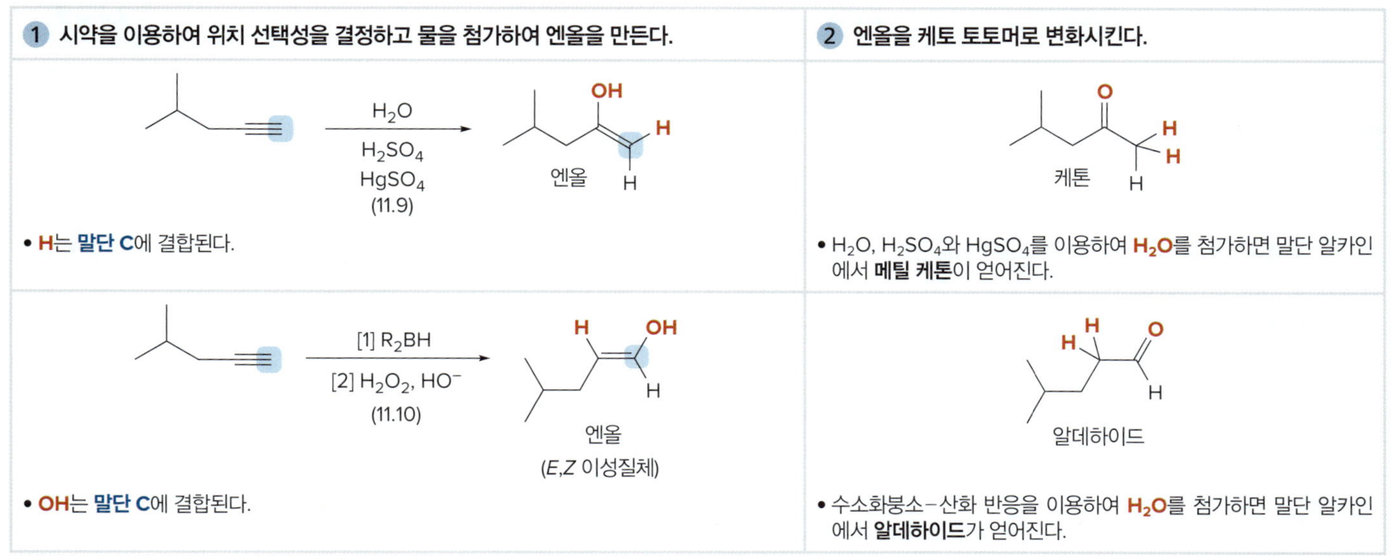

예제 11.3, 11.4 참고. 문제 11.35d, e; 11.39d, f를 풀어보라.

[6] 아세틸렌화 음이온의 반응 비교하기(11.11)

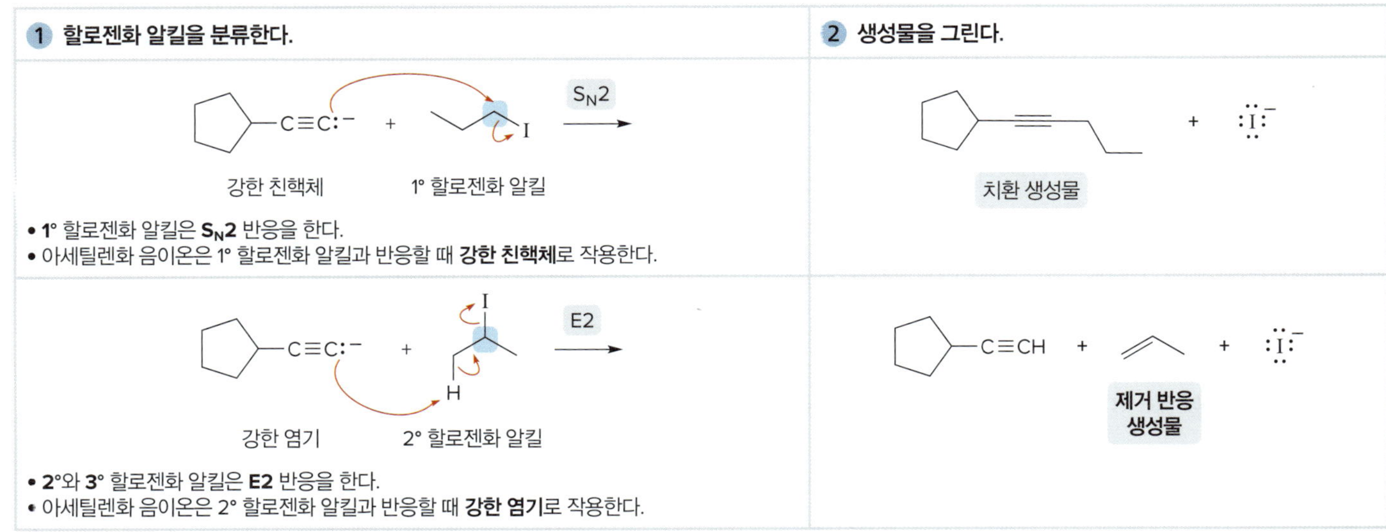

예제 11.5 참고. 문제 11.35g; 11.39g, i; 11.41a, b를 풀어보라.

[7] 합성 고안하기(11.12); 예: $(CH_3)_2CHCH{=}CH_2$에서 $(CH_3)_2CHCH_2CHO$

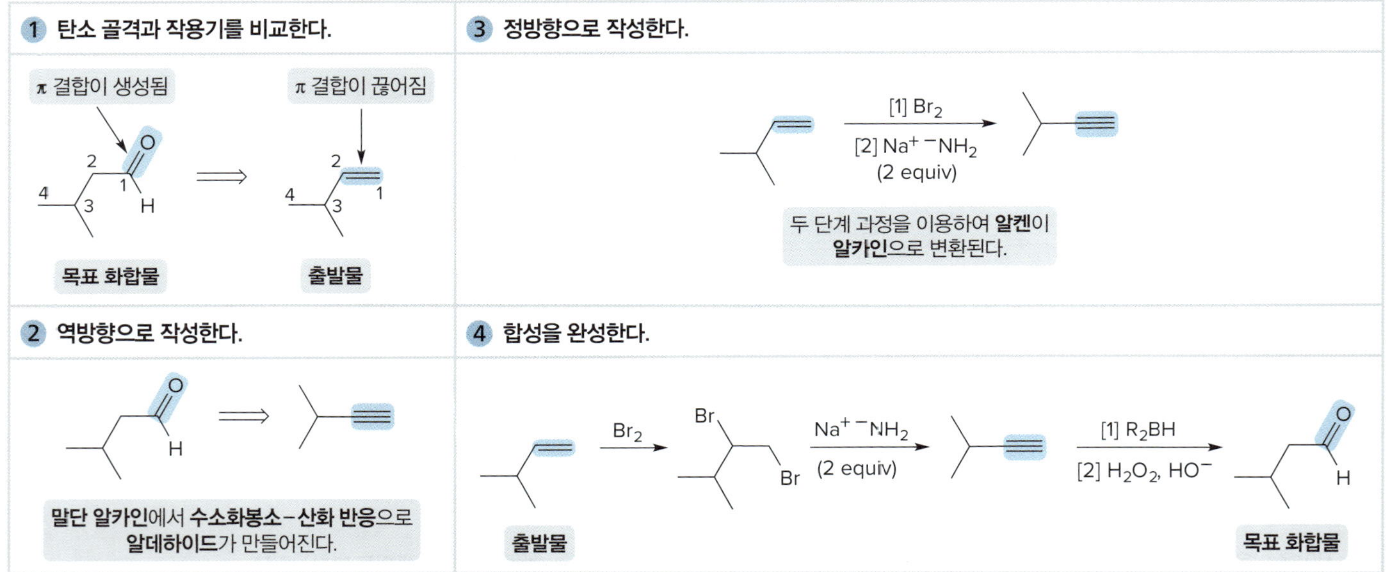

해결 방법 p. 455; 예제 11.8, 11.9 참고. 문제 11.49~11.56을 풀어보라.

11장 선다형 자가-시험

자가-시험은 American Chemical Society 유기 화학 시험과 유사한 객관식 문제로 구성되어 있다. 정답은 장의 마지막 부분에 나와 있다.

1. 평형에서 생성물이 선호되도록 hex-1-yne (pK_a = 25)에서 양성자를 떼어 낼 수 있는 염기는 어느 것인가? 염기의 짝산의 pK_a 값이 아래에 나와 있다.

a. $NaOCOCH_3$ (pK_a = 4.8) c. NH_3 (pK_a = 9.3)

b. $NaOCH_2CH_3$ (pK_a = 16) d. $CH_3CH_2CH_2CH_2Li$ (pK_a = 50)

2. 다음 알카인의 IUPAC 이름을 쓰라.

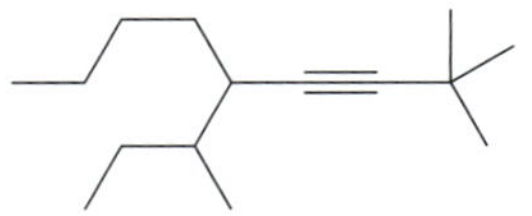

a. 5-*sec*-butyl-2,2-dimethylnon-3-yne

b. 5-isobutyl-2,2-dimethylnon-3-yne

c. 3-*sec*-butyl-1-*tert*-butylhept-1-yne

d. 2,2-dimethyl-5-*sec*-butylnon-3-yne

3. **A**의 토토머는 어느 화합물인가?

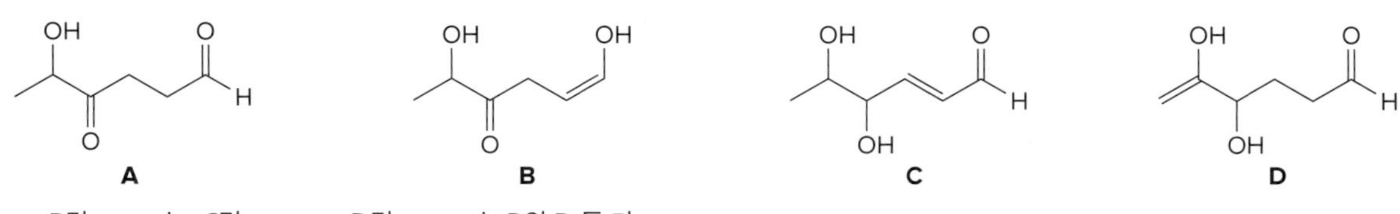

a. **B**만 b. **C**만 c. **D**만 d. **B**와 **D** 둘 다

4. 다음과 같은 일련의 반응에서 무슨 생성물이 생기겠는가?

[1] $NaNH_2$
[2] (epoxide)
[3] H_2O

a. b. c. d.

5. 다음 반응에 필요한 시약은 무엇인가?

a. Br_2
b. [1] $NaNH_2$; [2] Br_2
c. HBr (2당량)
d. Br_2, H_2O

6. 화합물 **A**를 만드는 방법으로 더 선호되는 것은 무엇인가?

A

a. Br + Na^+ $^-$
c. $^-$ Na^+ + Br
b. Br + Na^+ $^-$
d. $^-$ Na^+ + Br

7. 다음 반응에서는 어떠한 생성물이 얻어지는가?

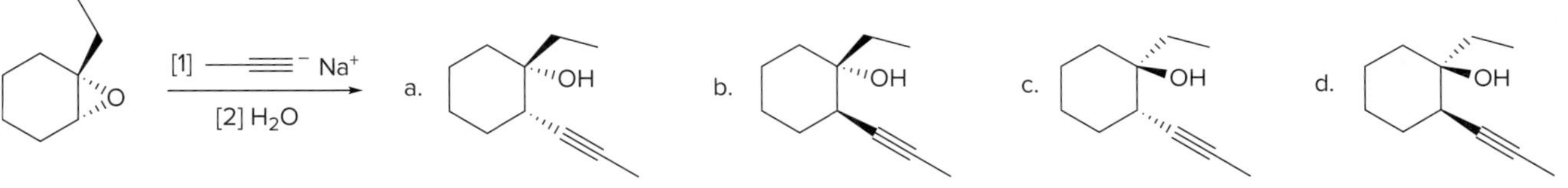

8. 케톤 **C**가 얻어지지 **않는** 반응(또는 일련의 반응)은 무엇인가?

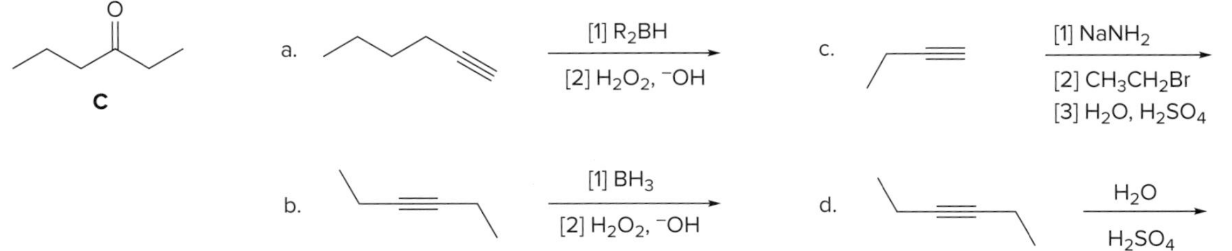

9. 다음 반응에서 얻어지지 **않는** 화합물은 무엇인가?

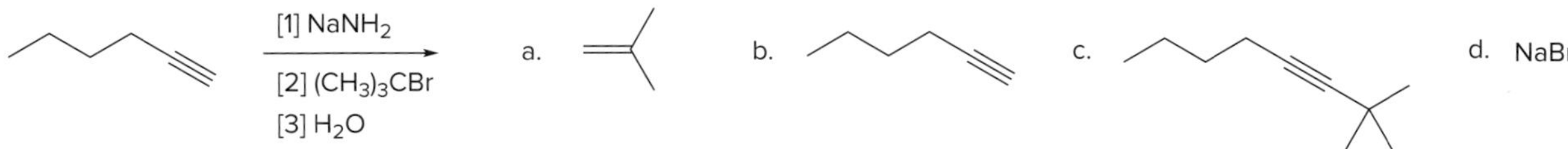

10. $CH_3CH=CHCH_3$를 $CH_3C\equiv CCH_3$로 변환하는 데 필요한 시약은 무엇인가?

a. [1] Br_2; [2] $NaNH_2$ (2당량)
b. [1] HBr; [2] $KOC(CH_3)_3$
c. [1] Cl_2; [2] NaOH (2당량)
d. [1] HCl (2당량); [2] $NaNH_2$ (2당량)

문제

삼차원 모형을 이용하는 문제

11.27 각 화합물의 IUPAC 이름을 쓰라.

a. 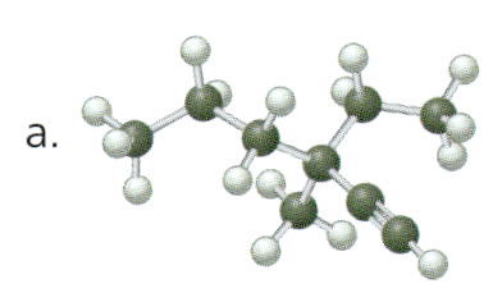

b. 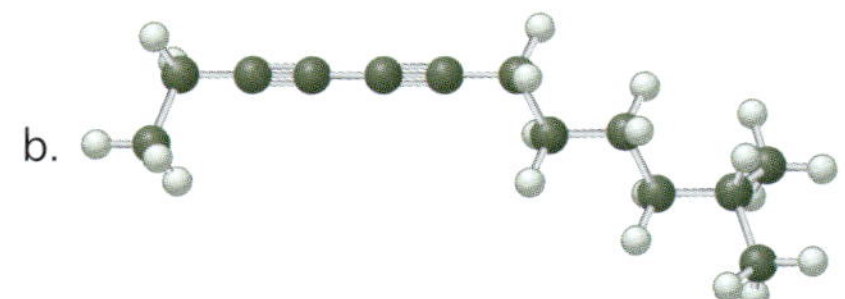

구조와 명명법

11.28 Erlotinib과 terbinafine에 대한 다음 물음에 답하라. 상품명 Tarceva로 팔리고 있는 erlotinib은 폐암과 췌장암 치료제로 사용되고 있다. Terbinafine(상품명 Lamisil)은 버짐과 손톱의 곰팡이 감염을 치료하는 데 쓰이는 항진균제이다.

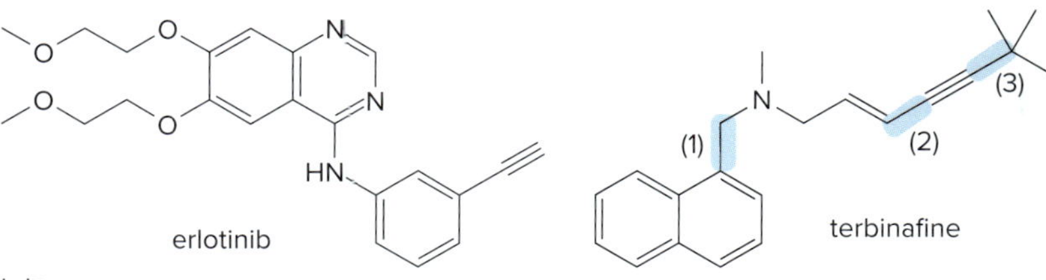

a. Erlotinib의 C−H 결합 중에서 어느 것이 가장 산성인가?

b. Erlotinib에서 가장 짧은 C−C 단일 결합을 생성하는 데 사용된 오비탈은 무엇인가?

c. Terbinafine의 표시한 결합을 결합 세기가 증가하는 순으로 나열하라.

d. Terbinafine의 공명 구조를 두 개 더 그려라. 단, 모든 원자는 전하를 띠지 않는다.

11.29 각 알카인의 IUPAC 이름을 쓰라.

a. 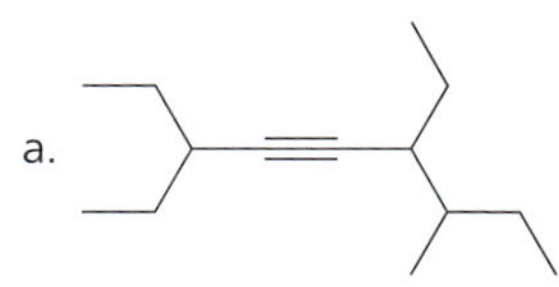

b. 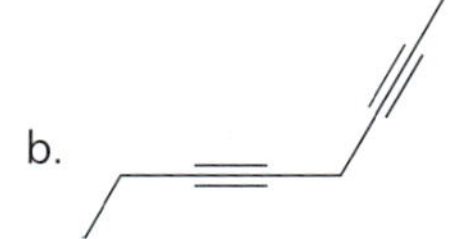

c. 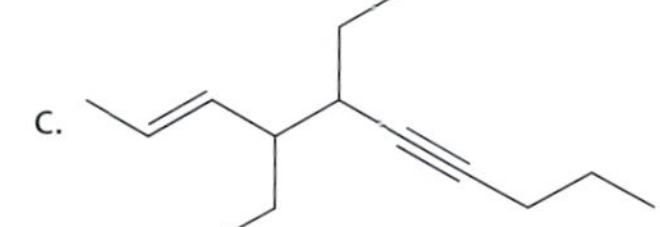

d.

11.30 각 이름에 해당하는 구조를 그려라.

a. 5,6-dimethylhept-2-yne

b. 5-*tert*-butyl-6,6-dimethylnon-3-yne

c. (*S*)-4-chloropent-2-yne

d. *cis*-1-ethynyl-2-methylcyclopentane

e. 3,4-dimethylocta-1,5-diyne

f. (*Z*)-6-methyloct-6-en-1-yne

토토머

11.31 (a)와 (b)에 나와 있는 각 케토 토토머의 엔올형을 그려라. 그리고 (c)와 (d)에 나와 있는 각 엔올 토토머의 케토형을 그려라.

a. 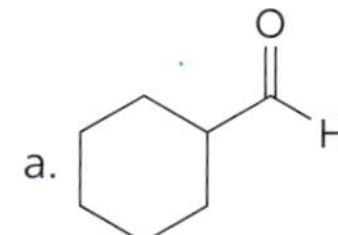

b. 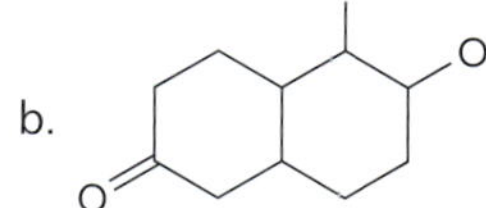

c. 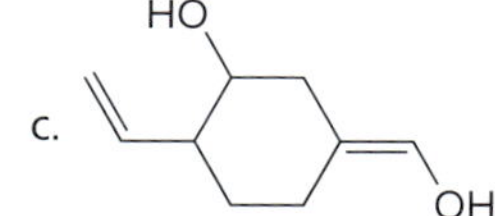

d. 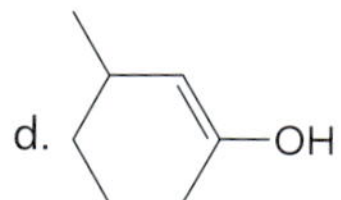

11.32 다음 각 화합물은 **A**와 어떤 관계인가? 토토머인가? 토토머가 아니라면 구조 이성질체인가? 또는 둘 다 아닌지를 선택하라.

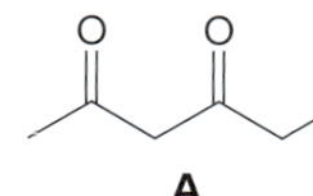

a. (OH, O)

b. (O, OH)

c. (OH, O)

d. (O, OH)

11.33 보통 엔올 토토머로 그리는 와파린(warfarin)은 피의 응고를 방지하는 항응고제이다.

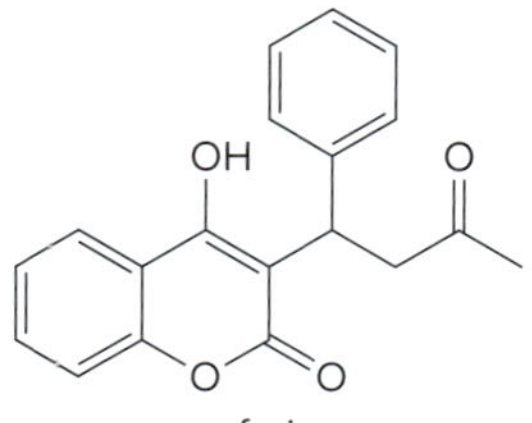

warfarin

a. 와파린의 케토 토토머를 그려라.

b. 와파린의 모노 엔올 토토머를 세 개 더 그려라.

11.34 엔아민과 이민은 N 원자가 들어있는 토토머이다. 엔아민 **X**가 이민 **Y**로 변환되는 산 촉매화 반응의 단계별 메커니즘을 그려라.

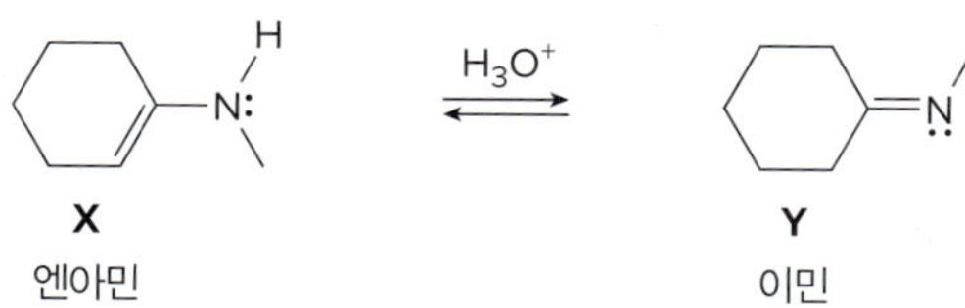

반응

11.35 Hex-1-yne을 각각의 시약과 반응시켰을 때 생성되는 생성물을 그려라.

a. HCl (2당량)
b. HBr (2당량)
c. Cl_2 (2당량)
d. $H_2O + H_2SO_4 + HgSO_4$
e. [1] R_2BH; [2] H_2O_2, HO^-
f. NaH
g. [1] $^-NH_2$; [2] CH_3CH_2Br
h. [1] $^-NH_2$; [2] (에폭사이드); [3] H_2O

11.36 모순처럼 보이는 다음 사실을 설명하라: 알카인에 1당량의 HX가 첨가되는 반응이 알켄에 HX가 첨가되는 반응보다 더 발열이지만, 알켄이 HX와 더 빨리 반응한다.

11.37 H_2O, H_2SO_4 및 $HgSO_4$로 수화할 때 유일한 생성물로 각각의 다음 케톤만 생성하는 알카인은 무엇인가?

a. 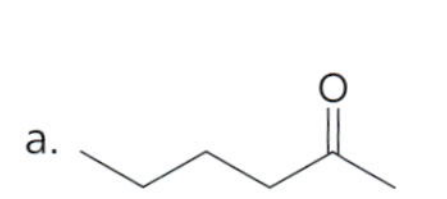

b. 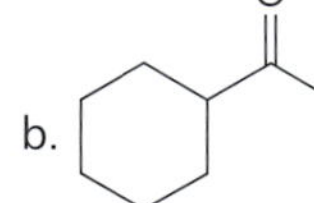

c.

11.38 수소화붕소 첨가–산화 반응 후에 유일한 생성물로 각각의 다음 화합물만 생성하는 알카인은 무엇인가?

a.
b.

11.39 각 반응에서 생성되는 유기 생성물을 그려라.

a. $\xrightarrow{2\ HBr}$

b. $\xrightarrow{2\ Cl_2}$

c. $\xrightarrow{[1]\ Cl_2}$ [2] $NaNH_2$ (2당량)

d. $\xrightarrow{[1]\ R_2BH}$ [2] H_2O_2, HO^-

e. $HC{\equiv}C^- + D_2O \longrightarrow$

f. $\xrightarrow[H_2SO_4]{H_2O}$

g. $\xrightarrow{[1]\ NaNH_2}$ [2] OTs

h. $\xrightarrow{[1]\ HC{\equiv}C^-}$ [2] H_2O

i. $\xrightarrow{[1]\ NaNH_2}$ [2] I

j. $\xrightarrow{[1]\ NaH}$ [2] (에폭사이드) [3] H_2O

11.40 알카인 **A**를 $NaNH_2$와 반응시킨 다음 연이어 CH_3I로 처리하면 분자식이 $C_6H_{10}O$인 생성물이 얻어지나 화합물 **B**는 생성물이 **아니다**. 이 생성물의 구조는 무엇이며, 왜 이것이 생성되는가?

OH **A** —✕→ [1] $NaNH_2$ [2] CH_3I OH **B**

11.41 각 반응에서 생성되는 생성물을 그리고 입체 화학을 나타내라.

a. 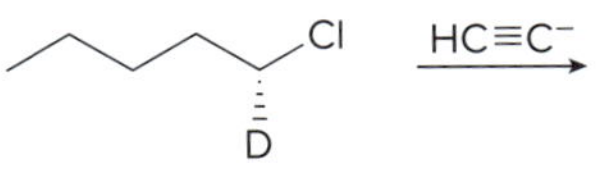 Cl, D, $HC{\equiv}C^-$ b. Cl, $HC{\equiv}C^-$ c. O, [1] $HC{\equiv}C^-$ [2] H_2O

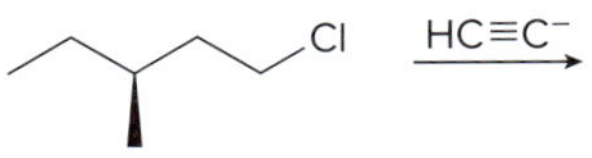

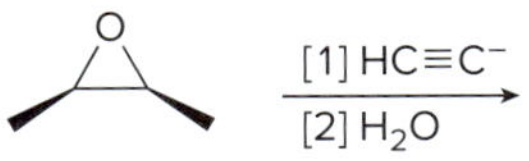

11.42 알코올 **A**를 알카인 **B** 또는 알카인 **C**로 변환시키는 데 필요한 반응은 무엇인가?

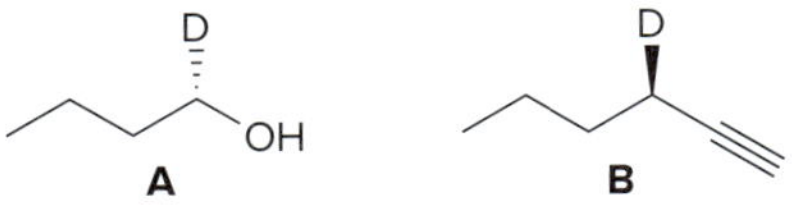

D, OH, **A** D, **B** D, **C**

11.43 다음 반응 도식에서 문자로 표기한 화합물을 밝혀라.

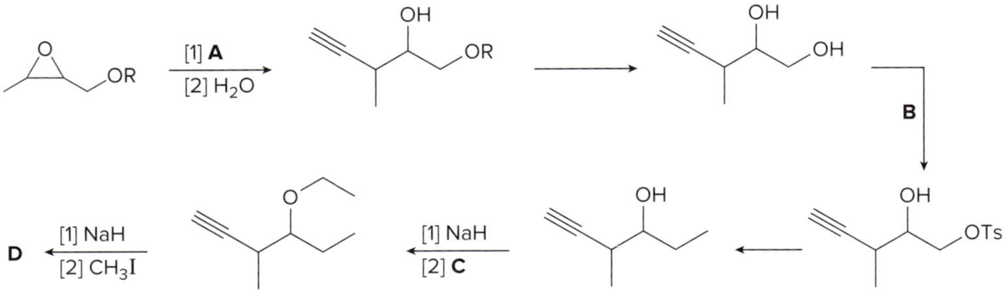

O, OR, [1] **A** [2] H_2O, OH, OR, OH, OH, **B**, OH, OTs, OH, [1] NaH [2] **C**, O, **D** [1] NaH [2] CH_3I

메커니즘

11.44 항히스타민제 fexofenadine (23.5절) 합성의 한 단계는 **A**의 삼중 결합의 산 촉매화 수화 반응이다. 이 반응의 단계별 메커니즘을 그리고 왜 케톤 **B**만 생성되는지를 설명하라.

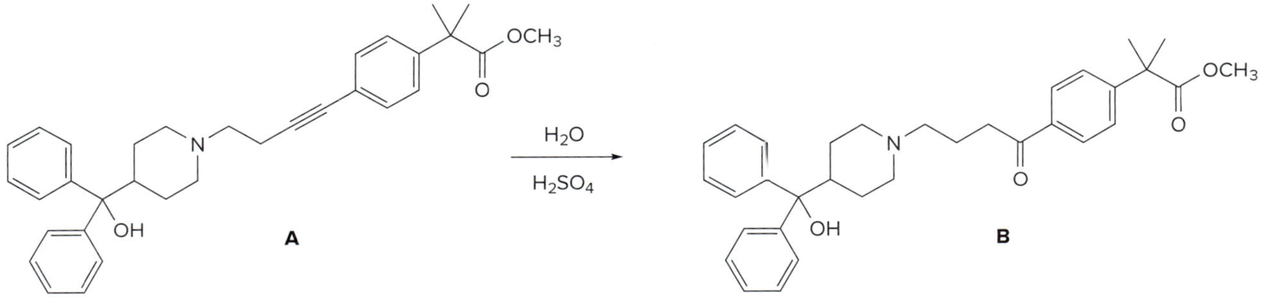

OCH_3, O, N, OH, **A**, H_2O, H_2SO_4, OCH_3, O, N, O, OH, **B**

11.45 염기 조건에서 일어나는 토토머화는 산 조건에서 일어나는 토토머화와 유사하지만, 두 단계 반응 메커니즘에서 탈양성자화가 양성자 첨가보다 먼저 일어난다. (a) 다음 토토머화 반응에 대한 단계별 메커니즘을 그려라. (b) 케토형에서 엔올형으로 전환하는 역반응의 메커니즘을 단계별로 그려라.

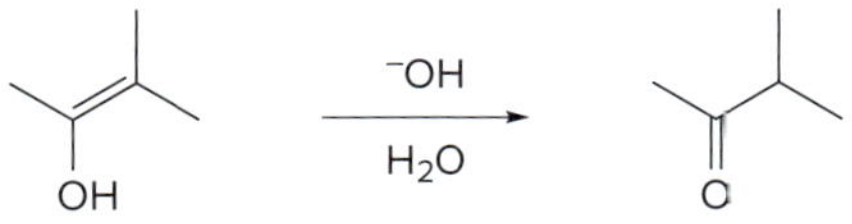

OH 엔올형, ^-OH, H_2O, O 케토형

11.46 각 반응의 단계별 반응 메커니즘을 쓰라.

a. 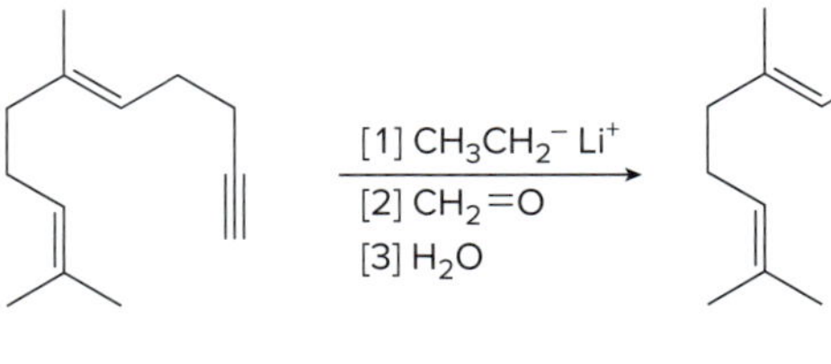 [1] $CH_3CH_2^-\ Li^+$ [2] $CH_2{=}O$ [3] H_2O, OH

b. 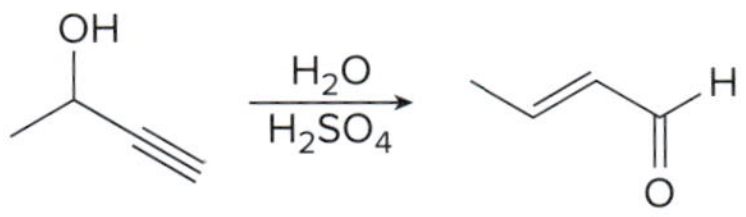 OH, H_2O, H_2SO_4, H, O

합성

11.47 각각의 알카인을 합성할 때 어떤 아세틸렌화 음이온과 할로젠화 알킬이 필요한가?

a. b. c.

11.48 각각의 화합물을 합성할 때 어떤 아세틸렌화 음이온과 에폭사이드가 필요한가?

a. CH_3O b. c.

11.49 아세틸렌으로부터 각 화합물을 합성하라. 다른 유기 또는 무기 시약은 아무거나 사용해도 좋다.

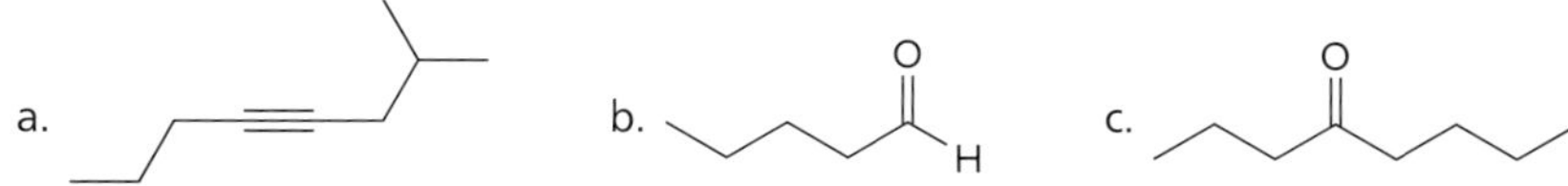

11.50 $CH_3CH_2CH{=}CH_2$를 출발물로 사용하여 각각의 다음 화합물의 합성을 고안하라. 다른 유기 또는 무기 시약을 아무거나 사용해도 좋다.

a. b. c.

(+거울상 이성질체)

11.51 브로민화 알킬 **X**, CH_3I 및 필요한 다른 시약을 사용하여 알카인 **Y**의 합성을 고안하라.

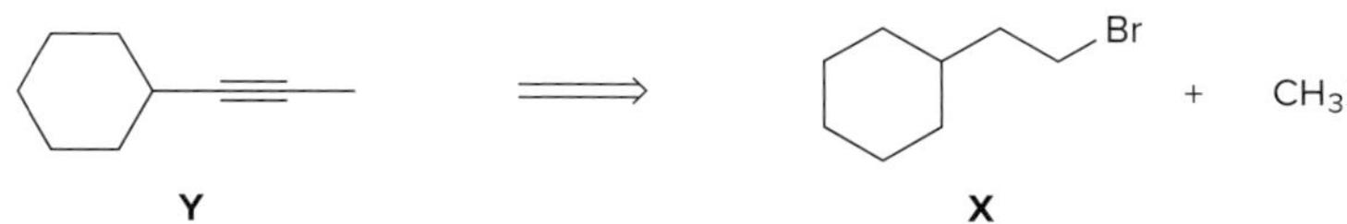

11.52 각 화합물의 합성을 고안하라. 유기 출발물로서 HC≡CH, 에틸렌 옥사이드, 할로젠화 알킬을 사용할 수 있고, 어떤 무기 시약을 사용해도 좋다.

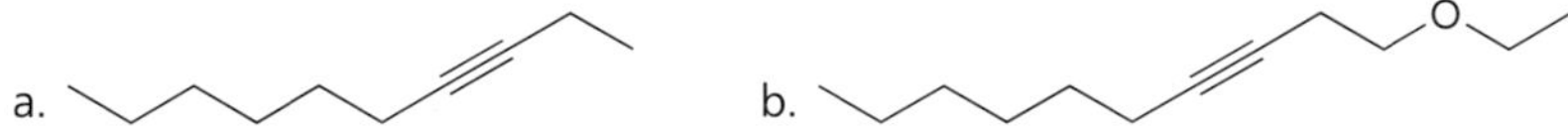

11.53 유일한 유기 출발물로서 CH_3CH_2Br을 사용하여 케톤인 hexan-3-one ($CH_3CH_2COCH_2CH_2CH_3$)을 합성하라. Hexan-3-one에 들어 있는 모든 탄소는 CH_3CH_2Br에서 와야 한다. 다른 필요한 시약은 아무거나 사용해도 좋다.

11.54 Hex-1-ene ($CH_3CH_2CH_2CH_2CH{=}CH_2$)을 유일한 유기 출발물로 사용하여 dodec-7-yn-5-ol의 합성을 고안하라.

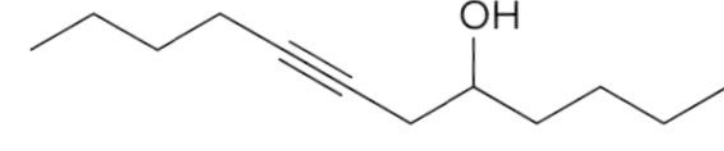

dodec-7-yn-5-ol

11.55 유일한 유기 출발물로서 $CH_3CH_2CH_2OH$을 사용하여 각각의 다음 화합물을 합성하라. 다른 필요한 무기 시약은 아무거나 사용해도 좋다. (a) $CH_3C{\equiv}CCH_2CH_2CH_3$; (b) $CH_3C{\equiv}CCH_2CH(OH)CH_3$.

11.56 유일한 유기 출발물로서 CH_3CH_2OH만을 사용하여 $CH_3CH_2C{\equiv}CCH_2CH_2OH$을 합성하라. 다른 필요한 시약은 아무거나 사용해도 좋다.

분광법

문제 11.57은 A–C장의 분광법을 이미 배운 학생들을 위한 것이다.

11.57 화합물 **Y**(분자식 C_6H_{10})은 ^{13}C NMR 스펙트럼에서 네 개의 선(27, 30, 67, 93 ppm)을 보이고 있으며 IR 스펙트럼은 다음과 같다. **X**의 구조를 제안하라.

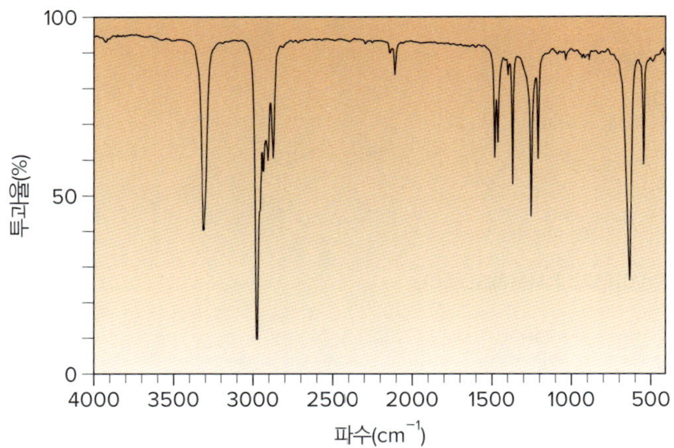

알카인에 관한 분광학 문제가 장 B와 C에 추가적으로 나와 있다.

- 적외선 분광학: B.4a, B.5, B.9, B.13, B.20a, B.22a, B.29, B.33
- 핵자기 공명 분광학: C.12a

도전 문제

11.58 엔올의 C=C는 엔올의 전기 음성 산소 원자가 탄소–탄소 이중 결합으로부터 전자 밀도를 당기고 있음에도 불구하고, 알켄의 C=C보다 더 친핵성인 이유를 설명하라.

11.59 *N*-chlorosuccinimide (NCS)는 알켄과 알카인의 친전자성 첨가 반응에서 Cl^+의 공급원으로 사용된다. 이 점을 마음에 담고, 다음과 같은 but-2-yne의 첨가 반응에 대한 단계별 메커니즘을 그려라.

but-2-yne + *N*-chlorosuccinimide —(CH_3OH)→

N-chlorosuccinimide

11.60 다음 반응의 단계별 메커니즘을 그려라.

—(H_3O^+)→

11.61 다음 반응의 단계별 메커니즘을 그려라.

—(Br_2, H_2O)→

11.62 다음 분자내 반응의 단계적 메커니즘을 쓰라.

—(HCO_2H, H_2O)→

11.63 (*R*)-α-methylbutyrophenone의 광학 활성인 용액에 묽은 산을 가했을 때 왜 용액이 광학 활성을 잃게 되는지를 설명하라.

(*R*)-α-methylbutyrophenone

자가–시험 해답

1. d 2. a 3. a 4. b 5. c 6. c 7. b 8. a 9. c 10. a

산화와 환원

Oxidation and Reduction

12

ORGANIC CHEMISTRY

Amarita/Shutterstock

콩기름에는 두 가지 불포화 지방산인 **올레산(oleic acid)**과 **리놀레산(linoleic acid)**이 풍부하다. 불포화 지방산이 들어 있는 식물성 기름을 수소로 처리하면, 몇몇의 π 결합 혹은 모든 π 결합에 수소가 첨가되면 불포화도가 감소하고 녹는점이 증가한다. 알켄에 대한 수소 첨가는 생성물에서 탄소−수소 결합의 수를 증가시키는 환원 반응이다. 12장에서는 알켄 및 다른 작용기의 산화 그리고 환원 반응에 대하여 배울 것이다.

왜 공부하는가? . . .

산화와 환원이란?

12장에서 우리는 **극성 C−X σ결합**이 있는 화합물—알코올, 할로젠화 알킬 및 에폭사이드—뿐만 아니라 **알켄**과 **알카인**의 산화와 환원을 논의한다. 여기에는 다른 많은 종류의 시약과 메커니즘이 있지만, 우리는 이러한 반응을 한 부류로 논의함으로써 다른 반응과 더 쉽게 비교 대조해 볼 수 있다.

이 장에서 메커니즘은 느슨하게 다룬다. 할로젠화 알킬의 S_N1 반응이나 알켄의 친전자성 첨가와는 대조적으로, 12장에 제시된 몇 개의 메커니즘은 확실하지 않은 것으로 알려져 있다. 예를 들어, 특별한 중간체의 구조는 실험에 의하여 확인될 수 있지만, 다른 상세한 메커니즘은 마지막 생성물의 구조와 입체 화학에 의하여 제안되기도 한다.

산화와 환원은 매우 광범위하며, 우리는 이러한 반응들을 앎으로써 더 복잡한 유기 합성을 고안해 볼 수 있다.

12.1 서론

4.13절에서 유기 화합물이 산화되는지 환원되는지를 **C−H**와 **C−Z** (Z = 탄소보다 전기 음성도가 더 큰 원소) **결합의 상대적인 수**를 비교하여 결정한 것을 상기하라.

산화나 환원 반응에는 두 개의 성분이 항상 존재한다—**한 성분은 산화되고 다른 한 성분은 환원된다**. 유기 화합물이 시약에 의하여 **산화될** 때, 이 시약은 **환원**되어야 한다. 마찬가지로 유기 화합물이 시약에 의하여 **환원**될 때, 이 시약은 **산화된다**.

- **산화**가 일어나면, C−Z 결합(보통은 C−O)의 수가 **증가하거나** C−H 결합의 수가 **감소한다**.
- **환원**이 일어나면, C−Z 결합(보통은 C−O)의 수가 **감소하거나** C−H 결합의 수가 **증가한다**.

따라서 그림 12.1에서 보이는 바와 같이 CH_4와 같은 유기 화합물은 C−H 결합이 C−O 결합으로 교체됨으로써 산화될 수 있다. 환원은 산화의 반대로, 그림 12.1은 C−O 결합을 C−H 결합으로 교체함으로써 화합물이 환원될 수 있음을 보여준다. **[O]**와 **[H]** 표시는 각각 산화와 환원을 의미한다.

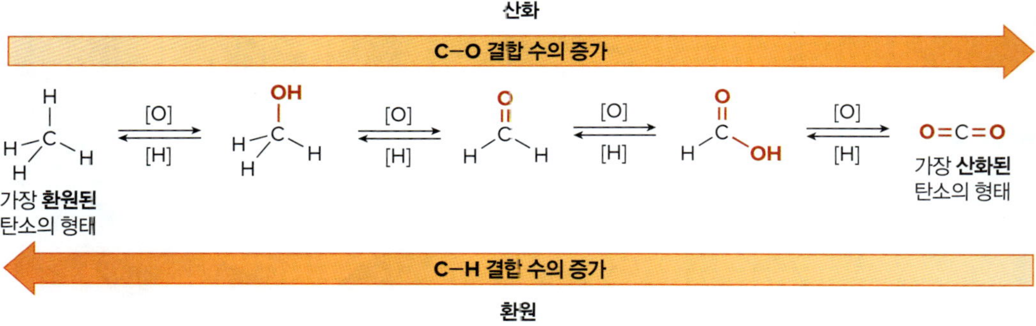

그림 12.1 탄소 화합물의 산화와 환원에 대한 일반적인 도식

때때로 두 개의 탄소 원자가 단일 산화 또는 환원 반응에 참여하기 때문에, 두 탄소 원자에 있는 C−H나 C−Z 결합의 알짜 변화를 고려하여야 한다. 그림 12.2에 제시된 것처럼 **알카인의 알켄으로의** 변환과 **알켄의 알케인으로의** 변환은 각 과정에서 출발물에 두 개의 새로운 C−H 결합이 첨가되므로 **환원**의 예에 해당한다.

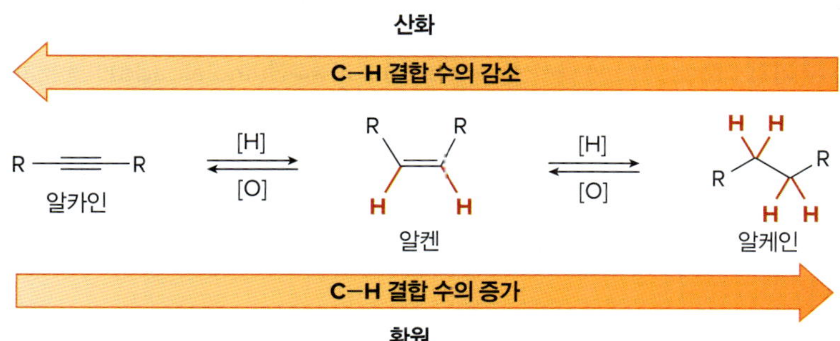

그림 12.2 탄화수소의 산화와 환원

문제 12.1 각 반응을 산화, 환원, 또는 둘 다 아닌 것으로 구분하라.

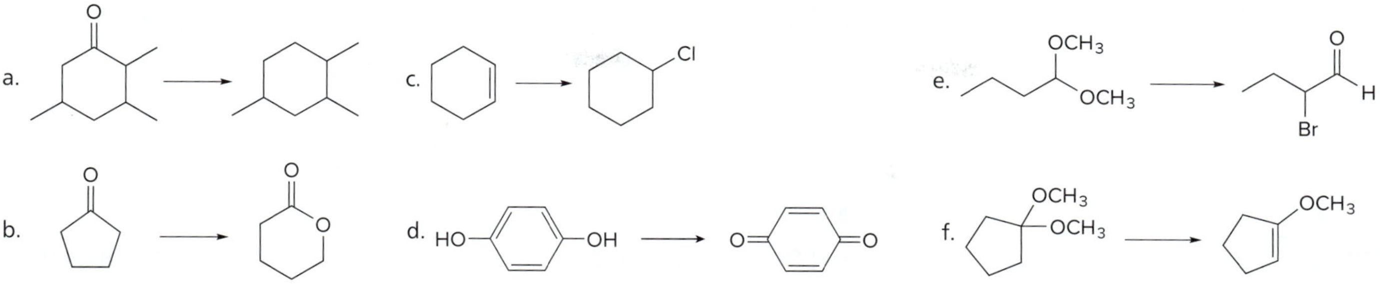

a. b. c. d. e. f.

12.2 환원제

모든 환원제는 두 개의 수소 원자에 해당하는 동등체를 제공하지만, H_2를 첨가시키는 방법이 다른 **세 가지 유형의 환원**이 있다. 가장 간단한 환원제는 분자 $\mathbf{H_2}$이다. 이러한 종류의 환원은 반응이 일어나는 표면으로 작용하는 금속 촉매의 존재하에 시행된다.

환원에서 H_2를 전달하는 두 번째 방법은 기질에 두 개의 양성자와 두 개의 전자를 첨가하는 것이다. 즉, $\mathbf{H_2 = 2H^+ + 2e^-}$. 이런 종류의 환원에서는 전자의 공급원으로서 알칼리 금속, 양성자의 공급원으로서 액체 암모니아(NH_3)를 사용한다. **$\mathbf{NH_3}$ 용액에서 Na**로 환원하는 것을 **용해성 금속 환원(dissolving metal reduction)**이라 한다.

$$2\ \text{Na} \longrightarrow 2\ \text{Na}^+ + 2\ e^-$$

$$2\ \text{NH}_3 \longrightarrow 2\ {}^-\text{NH}_2 + 2\ \text{H}^+$$

환원에 필요한 1당량의 H_2

두 개의 수소 원자에 해당하는 동등체를 전달하는 세 번째 방법은 **수소 음이온(hydride, $\mathbf{H^-}$)**과 **양성자(proton, $\mathbf{H^+}$)**를 첨가하는 것이다. 가장 흔한 수소 음이온 환원제는 수소 원자가 붕소 또는 알루미늄에 결합되어 있는 화합물이다. 간단한 예는 **수소화붕소 소듐(sodium borohydride, $\mathbf{NaBH_4}$)**과 **수소화 알루미늄 리튬(lithium aluminum hydride, $\mathbf{LiAlH_4}$)**이다. 이러한 시약은 기질에 H^-를 전달하고, 연이어 H_2O나 알코올로부터 양성자가 첨가된다.

Na^+ $H-\overset{-}{B}H_3$ Li^+ $H-\overset{-}{Al}H_3$

수소화붕소 소듐 **$\mathbf{NaBH_4}$**   수소화 알루미늄 리튬 **$\mathbf{LiAlH_4}$**

- 금속 수소화물 시약은 수소 원자에 부분 음전하를 띠게 해주는 극성 금속–수소 결합이 있기 때문에 H^-의 공급원으로 작용한다.

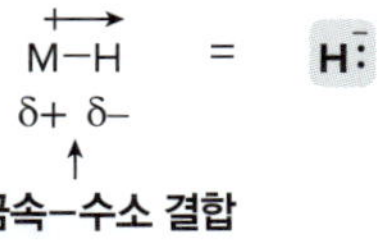

$$\overset{\delta+}{\text{M}}-\overset{\delta-}{\text{H}} = \text{H:}^-$$

극성 금속–수소 결합

M = B 또는 Al

12.3 알켄의 환원

H_2 첨가로 알켄을 환원하면 알케인이 생성된다. 두 개의 결합—알켄의 **약한 π 결합**과 H_2의 σ 결합—이 끊어지고, 두 개의 새로운 C−H σ 결합이 생성된다.

H−H, 금속 촉매, H, H

π 결합이 끊어진다. **두 개의 C−H σ 결합**이 생성된다.

수소화 촉매는 보통의 용매에 녹지 않으므로 **불균일** 반응 혼합물이 생긴다. 이러한 불용성은 실용적인 장점이 있다. 이러한 촉매에는 값비싼 금속이 있지만, 반응이 완결된 후에 촉매는 다른 반응물로부터 여과로 분리되고 다시 사용될 수 있다.

H_2의 첨가는 **금속 촉매(metal catalyst)**의 존재하에서만 일어나므로 **촉매 수소화(catalytic hydrogenation)** 반응이라고 한다. 촉매는 활성탄과 같이 잘게 나눠진 비활성 고체에 흡착된 금속—대개 Pd, Pt 또는 Ni—으로 구성되어 있다. 예를 들어, 탄소에 담지한 10% Pd 촉매는 10% Pd와 90% 탄소의 질량으로 구성된 것이다. H_2는 식 [2]와 같이 **신(syn)** 형식으로 첨가된다.

[1] + H−H, Pd-C, H, H

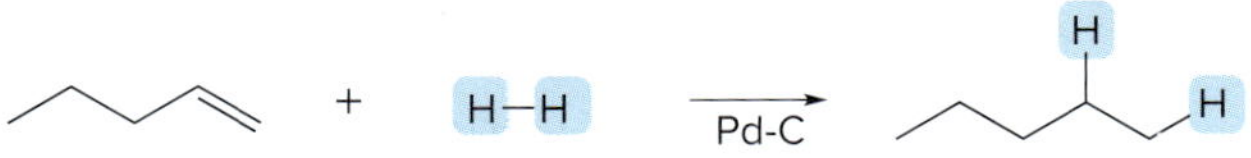

[2] + H−H, Pd-C, H, H

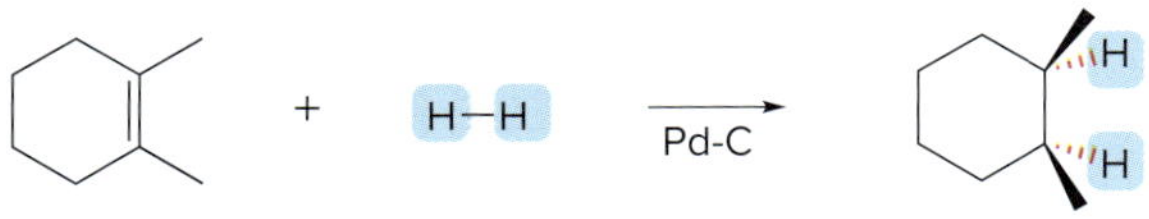

신 첨가

문제 12.2 각 알켄을 H_2와 Pd 촉매로 처리할 때 어떤 알케인이 생성되는가?

a. 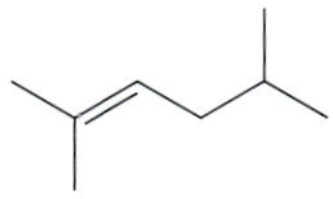 b. 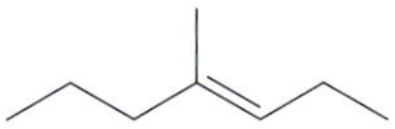 c.

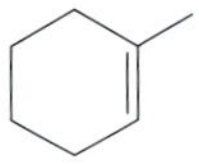

문제 12.3 팔라듐 촉매의 존재하에서 1당량의 H_2와 반응하여 다음 알케인을 생성하는 모든 알켄의 구조를 그려라. 구조 이성질체만을 고려하라.

a. 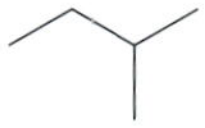 b. 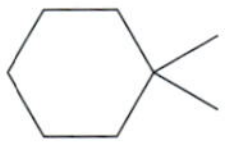 c.

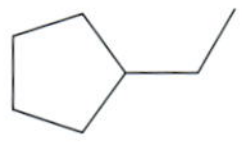

12.3A 수소화와 알켄의 안정성

수소화 반응은 생성물의 결합이 출발물의 결합보다 더 세기 때문에 **발열(exothermic)**이다. **수소화열(heat of hydrogenation)**이라고 하는 수소화의 $\Delta H°$는, 똑같은 알케인으로 수소화되는 두 개의 서로 다른 알켄의 상대적 안정성의 척도로 사용될 수 있다.

8장에서 배운 것처럼 **트랜스 알켄이 일반적으로 시스 알켄보다 더 안정하다는 것을 상기하라.**

예를 들어, *cis*- 및 *trans*-but-2-ene은 모두 butane으로 수소화되며, 트랜스 이성질체의 수소화열은 시스 이성질체의 수소화열보다 작다. **트랜스 알켄을 butane으로 변환하는 데 더 적은 에너지가 방출되기 때문에 트랜스 알켄의 에너지가 낮으며 더 안정하다.** Butene 이성질체의 상대적 에너지를 그림 12.3에 설명하였다.

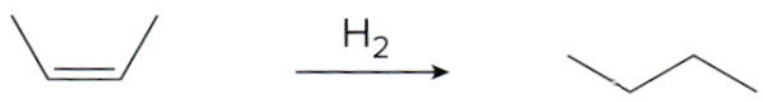

cis-but-2-ene, H_2, Pd-C, butane, $\Delta H° = -120$ kJ/mol

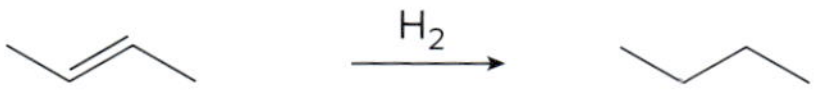

trans-but-2-ene, H_2, Pd-C, butane, $\Delta H° = -115$ kJ/mol, **더 적은 에너지**가 방출된다.

더 안정한 출발물

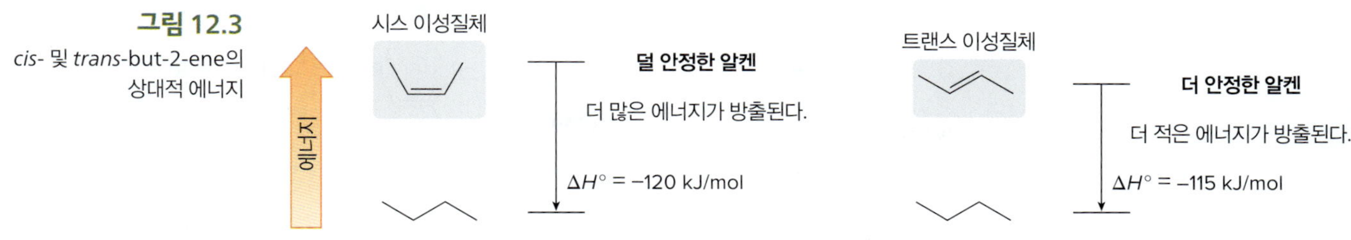

그림 12.3
cis- 및 *trans*-but-2-ene의 상대적 에너지

- 두 개의 알켄이 수소화되어 똑같은 알케인을 생성할 때, 더 안정한 알켄은 수소화열이 **더 적다**.

문제 12.4 각 쌍에서 어느 알켄의 수소화열이 더 큰가?

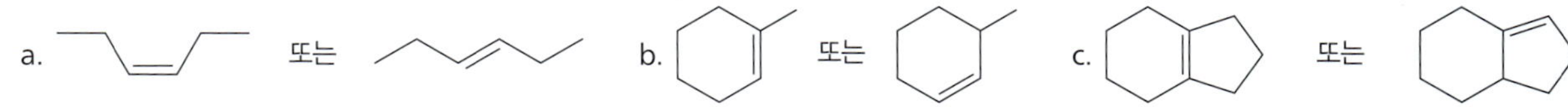

문제 12.5 2-Methylpent-2-ene과 3-methylpent-1-ene의 상대적 안정성을 결정하는 데 왜 수소화열을 사용할 수 없는지 그 이유를 설명하라.

12.3B 촉매 수소화의 메커니즘

촉매 수소화에 대하여 일반적으로 인정된 메커니즘에서 금속 촉매의 표면은 H_2와 알켄을 묶어 주며, H_2가 단계적인 빠른 과정으로 π 결합으로 이동한다(메커니즘 12.1).

메커니즘 12.1 알켄에 대한 H_2의 첨가—수소화 반응

1 **H_2는** H—H 결합이 부분적으로 또는 완전히 끊어진 상태로 **촉매 표면에 흡착된다.**

2 알켄의 π 결합이 금속에 착물화된다.

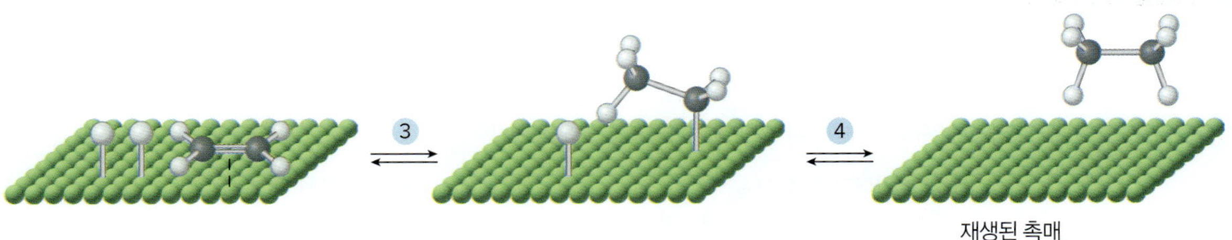

3 ~ 4 **두 개의 H 원자가** π 결합으로 **연속적으로 이동하여** 알케인을 생성한다. 알케인 생성물은 금속에 착물화된 π 결합이 더 이상 없으므로 알케인은 촉매 표면으로부터 방출된다.

메커니즘은 수소화에 대하여 두 가지 사실을 설명한다.

- H_2의 빠르고 연속적인 첨가는 금속 표면에 착물화된 알켄 쪽에서 일어나므로 신 첨가가 일어난다.
- 입체 효과가 적은 이중 결합이 촉매 표면에 더 쉽게 착물을 생성하므로 반응이 **더 빠르게** 일어난다.

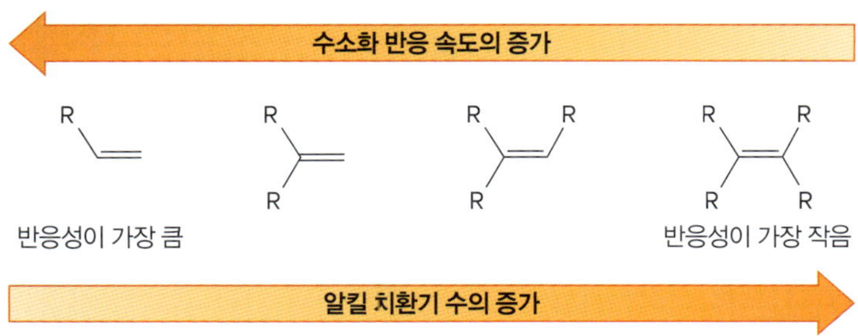

문제 12.6 H_2의 신(syn) 첨가는 삼각 평면형 이중 결합의 양쪽에서 일어난다. 각 화합물을 H_2로 처리할 때 생성되는 모든 입체 이성질체를 그려라.

a. b. c. d.

문제 12.7 (a) 각 그룹의 알켄을 수소화 반응 속도가 증가하는 순서로 정렬하라. (b) 각 그룹의 알켄을 수소화열이 증가하는 순서로 정렬하라.

[1] A B C [2] D E F

12.3C 수소화 반응 데이터와 불포화도

10.2절에서 배운 바와 같이 **불포화도는 분자에 존재하는 고리와 π 결합의 총 개수를 알려준다.** H_2는 고리의 C−C σ 결합에 첨가되는 것이 아니라, π 결합에 첨가되므로 우리는 수소화로부터 π 결합으로 인한 불포화도 개수와 고리로 인한 불포화도 개수를 결정할 수 있다. 예제 12.1에 설명된 것처럼, 이것은 분자가 H_2로 처리되기 전과 후의 불포화도를 비교하여 알 수 있다.

예제 12.1 수소화 반응 데이터를 이용하여 분자에 존재하는 고리와 π 결합의 수 결정하기

분자식 C_8H_{14}로 수소화되는, 분자식이 C_8H_{12}인 화합물에는 몇 개의 고리와 π 결합이 있는가?

풀이

[1] 수소화 전과 후의 화합물의 불포화도 수를 결정한다.

H_2가 첨가되기 전: C_8H_{12}

- n개의 C가 가질 수 있는 최대의 수소 수는 $2n + 2$이다. 이 예에서
  $2n + 2 = 2(8) + 2 = 18$
- 18개 H(최대) − 12개 H(실제) = 최대 수보다 6개의 H가 적음

$$\frac{\text{최대 수보다 6개의 H가 적음}}{\text{불포화도 1에 대하여 2개의 H가 제거됨}} =$$

불포화도 3

H_2가 첨가된 후: C_8H_{14}

- n개의 C가 가질 수 있는 최대의 수소 수는 $2n + 2$이다. 이 예에서
  $2n + 2 = 2(8) + 2 = 18$
- 18개 H(최대) − 14개 H(실제) = 최대 수보다 4개의 H가 적음

$$\frac{\text{최대 수보다 4개의 H가 적음}}{\text{불포화도 1에 대하여 2개의 H가 제거됨}} =$$

불포화도 2

[2] 다음과 같이 고리나 π 결합에 대한 불포화도 수를 할당한다.

- H_2가 첨가된 후에 생성물에 남아 있는 불포화도 수 = 출발물에 있는 **고리의 수**
- H_2와 반응하는 불포화도 수 = **π 결합의 수**

이 예에서 수소화 후에 **두 개**의 불포화도가 남으므로 출발물에는 **두 개**의 고리가 있다.

H_2가 첨가되기 전		H_2가 첨가된 후		
세 개의 불포화도	−	**두 개**의 불포화도	=	H_2와 반응하는 불포화도는 **한 개**
C_8H_{12} 속의 세 개의 고리 또는 π 결합	=	**두 개의 고리**	=	**한 개의 π 결합** 답

문제 12.8 각각 수소화 반응을 하는 화합물 **A**, **B**, **C**에 대한 비어 있는 정보를 채워라. 고리와 π 결합의 수는 수소화되기 전의 반응물(**A**, **B**, **C**)에 관한 것이다.

화합물	수소화 전의 분자식	수소화 후의 분자식	고리의 개수	π 결합의 개수
A	$C_{10}H_{12}$	$C_{10}H_{16}$	?	?
B	?	C_4H_{10}	0	1
C	C_6H_8	?	1	?

추가 문제: 문제 12.36을 풀어보라.

12.3D 알데하이드와 케톤의 수소화

카보닐기 화합물 또한 H_2 및 금속 촉매와 반응한다. 예를 들어, **알데하이드와 케톤은** 각각 **1°와 2° 알코올로 환원된다.** 우리는 이 반응을 17장에서 다시 다룰 것이다.

알데하이드 —(H_2, Pd-C)→ 1° 알코올

케톤 —(H_2, Pd-C)→ 2° 알코올

12.4 응용: 기름의 수소화

땅콩버터, 마가린 및 크래커와 같은 많은 가공 식품에는 **부분적으로 수소화된** 식물성 기름이 들어 있다. 이러한 기름은 트라이아실글리세롤(triacylglycerol)의 긴 탄화수소 사슬을 수소화하여 생산된다.

10.6절에서 **지방(fat)과 기름(oil)**은 긴 알킬 곁사슬에서 **불포화도 수가 다른 트라이아실글리세롤**이라는 것을 배웠다.

트라이아실글리세롤

R기에 있는 이중 결합의 수에 따라 트라이아실글리세롤은 지방이나 기름이 된다.

- 지방—대개 동물이 공급원—은 불포화도가 거의 없는 트라이아실글리세롤이고 고체이다.
- 기름—대개 식물이 공급원—은 불포화도가 많은 트라이아실글리세롤이고 액체이다.

불포화 식물 기름을 수소로 처리할 때, H_2가 몇 개(또는 모두)의 π 결합에 첨가하므로 불포화도는 감소한다(그림 12.4). 이로 인하여 기름의 녹는점은 증가한다. 예를 들어, 마가린은 식물 기름을 부분 수소화하여 버터와 유사한 반고체 성질의 생성물로 제조된다. 이러한 과정을 **경화(*hardening*)**라 한다.

그림 12.4 식물 기름에 있는 이중 결합의 부분 수소화

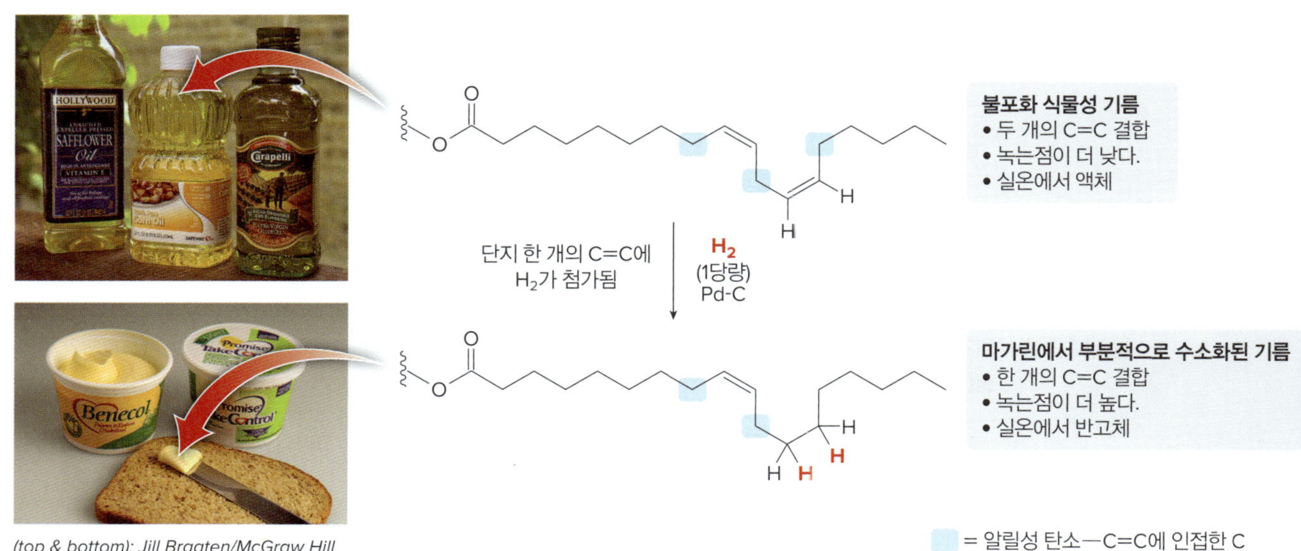

(top & bottom): Jill Braaten/McGraw Hill

- 불포화도가 **감소**하면 녹는점이 **증가한다**. 트라이글리세롤의 단 한 개의 긴 사슬만을 나타내었다.
- 기름이 **부분적으로** 수소화될 때, 몇 개의 이중 결합은 H_2와 반응하지만 몇 개의 이중 결합은 생성물에 남아 있다.
- 부분 수소화하면 알릴성 자리(allylic site, 푸른색으로 나타냄)의 수가 **감소하여** 트라이아실글리세롤을 산화에 **덜** 민감하게 해주므로 더 오래 보관할 수 있다.

땅콩버터는 부분적으로 수소화된 식물성 기름이 들어 있는 흔한 소비 제품이다.

불포화 기름이 포화 지방보다 건강에 더 좋다면 왜 식품 산업에서 기름을 수소화할까? 이는 미적인 측면과 유통 기한 측면에서의 두 가지 이유 때문이다. 소비자는 액체 기름보다는 반고체 성질의 마가린을 더 좋아한다. 토스트나 팬케이크 조각에 식물성 기름을 붓는다고 상상해보라.

더욱이 13장에서 논의되겠지만, 불포화 기름은 포화 지방보다 **알릴성 탄소 원자**—이중 결합 탄소에 인접한 탄소—에서 산화에 더 민감하다. 산화가 일어나면 기름에서 고약한 냄새가 나므로 식용에 적합하지 않다. 그림 12.4에 설명된 것처럼 이중 결합을 수소화하면, 알릴성 탄소의 수가 감소하므로 산화의 가능성을 감소시켜 식품 생산물의 저장 수명이 증가한다. 이러한 식품 가공은 부패를 막아 저장 수명을 최대화하는 것과 소비자에게 건강에 더 좋은 식품 생산물을 제공하는 것 사이의 미묘한 균형을 반영하고 있다.

또 다른 한 가지 가치 있는 정보가 있다. 수소화 반응의 단계는 가역적이고, H 원자는 동시에 첨가되는 것이 아니라 연속적으로 첨가되므로 **시스 이중 결합은 트랜스 이중 결합으로 이성질화될 수 있다.** H 원자 하나가 첨가(메커니즘 12.1에서 단계 [3])된 후, 중간체는 수소 원자를 잃고, 시스 또는 트랜스 이중 결합으로 다시 되돌아 갈 수 있다.

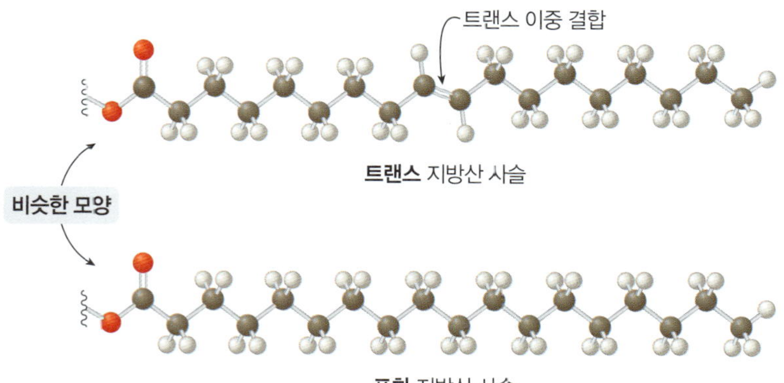

그 결과, 수소화가 일어나는 과정에서 식물성 기름의 시스 이성질체의 일부가 트랜스 이중 결합으로 변환되는데, 이를 **'트랜스 지방(trans fats)'**이라고 부른다. 이때 생기는 지방산 사슬의 모양은 매우 다른데, **포화** 지방산 사슬의 모양과 매우 비슷하다. 그 결과, 트랜스 지방은 혈중 콜레스테롤의 수준에 대한 영향이 포화 지방산과 거의 같은 나쁜 효과를 나타내는 것으로 생각된다. 즉, 트랜스 지방은 간에서 콜레스테롤의 합성을 자극하여 혈중 콜레스테롤의 수준을 증가시켜 심장 질환 위험을 증가시키는 요인이 된다.

문제 12.9 트라이아실글리세롤 **A**를 각 시약으로 처리할 때 생성되는 화합물 **B**와 **C**의 구조를 그려라. **A**, **B**, **C**를 녹는점이 증가하는 순서로 나열하라.

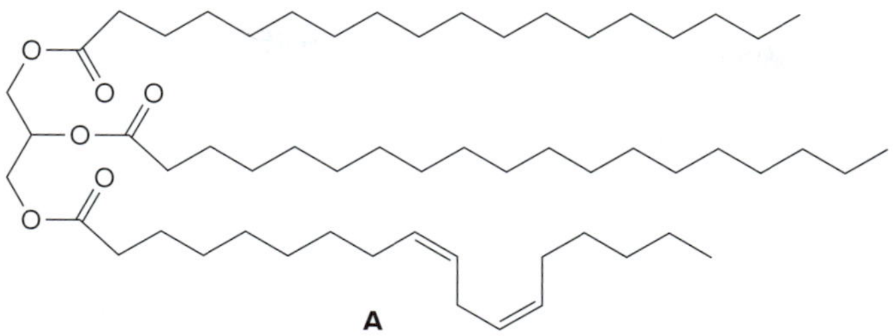

A

a. H_2 (과량), Pd-C (화합물 **B**)
b. H_2 (1당량), Pd-C (화합물 **C**)

12.5 알카인의 환원

알카인의 환원은 한 개 또는 두 개의 π 결합에 H_2를 첨가하는 것이다. H_2의 원소를 삼중 결합에 첨가하는 방법에는 세 가지가 있다.

- 2당량의 H_2를 첨가하면 알케인이 생성된다.

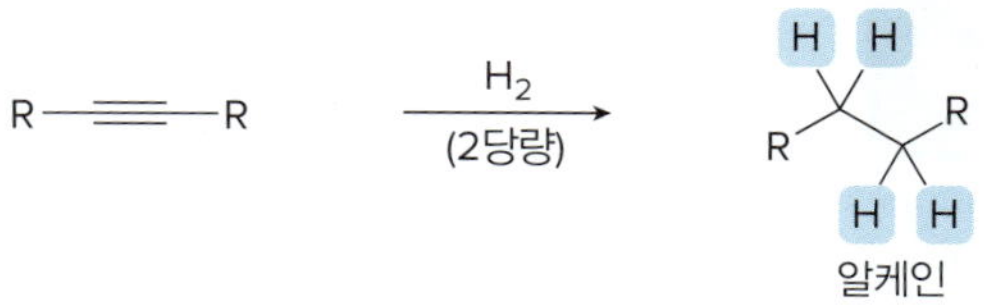

R—≡—R →(H_2, (2당량)) 알케인

- 1당량의 H_2를 신(syn) 첨가하면 시스 알켄이 생성된다.

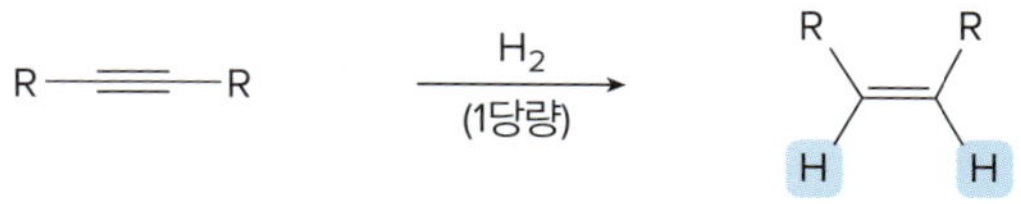

R—≡—R →(H_2, (1당량)) **시스** 알켄 — **신** 첨가

- 1당량의 H_2를 안티(anti) 첨가하면 트랜스 알켄이 생성된다.

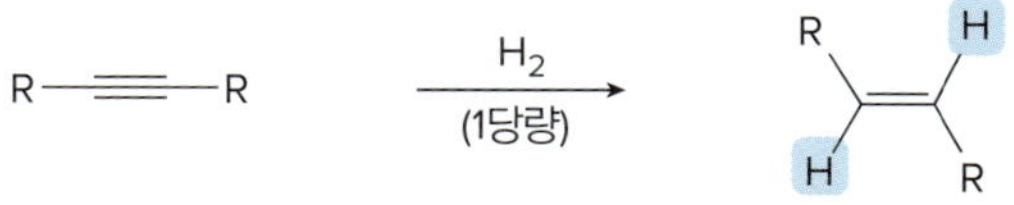

R—≡—R →(H_2, (1당량)) **트랜스** 알켄 — **안티** 첨가

12.5A 알카인을 알케인으로 환원

알카인을 2당량 이상의 H_2와 Pd 촉매로 처리하면 두 π 결합의 환원이 일어난다. 1당량의 H_2가 **신 첨가**하면 시스 알켄이 생성되며, 이 알켄에 두 번째 당량의 H_2가 첨가하면 **알케인**이 얻어진다. **네 개의 새로운 C−H 결합이 생성된다.** Pd-C 촉매를 사용하여 단지 1당량의 H_2를 첨가한 후에 반응을 멈추는 것은 불가능하다.

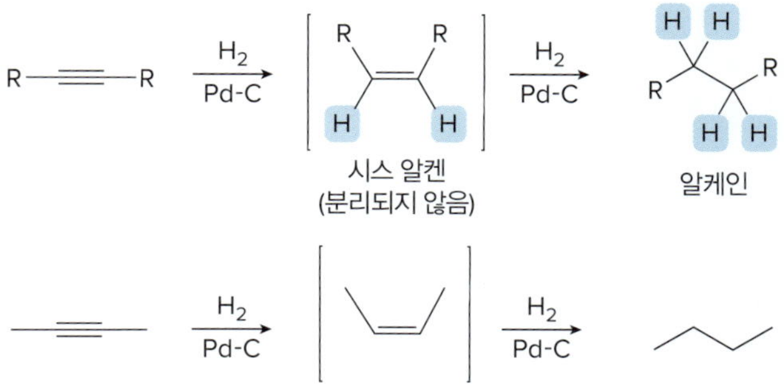

R—≡—R →(H_2, Pd-C) [시스 알켄 (분리되지 않음)] →(H_2, Pd-C) 알케인

문제 12.10 $HC\equiv CCH_2CH_2CH_3$와 $CH_3C\equiv CCH_2CH_3$ 중에서 어느 알카인의 수소화 반응열이 적은가? 여러분의 선택에 대해 설명하라.

12.5B 알카인의 시스 알켄으로의 환원

CaCO₃에 흡착된 Pd + $Pb(OCOCH_3)_2$ + 퀴놀린

Lindlar 촉매

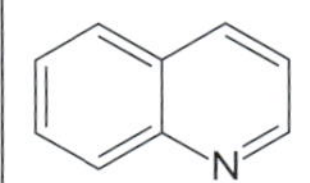

퀴놀린

팔라듐(Pd) 금속은 활성이 매우 큰 촉매이므로 1당량의 H_2를 반응시킨 후 알카인의 수소화를 멈추게 할 수 없다. 알카인과 H_2로부터 시스 알켄을 제조하기 위하여 활성이 작은 Pd 촉매(lead(II) acetate와 quinoline이 첨가된 $CaCO_3$에 흡착된 Pd)가 사용된다. 이 촉매는 처음 제조한 화학자의 이름을 따서 **Lindlar 촉매**라고 한다. Pd 금속과 비교할 때 **Lindlar 촉매는 활성이 약하며 피독되었다('poisoned')고 지칭한다.**

Lindlar 촉매를 사용하면 1당량의 H_2가 알카인에 첨가되며, 시스 알켄은 반응성이 낮아 더 이상 환원되지 않는다.

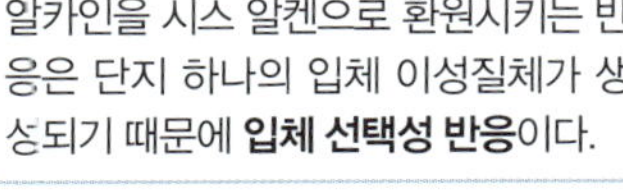
알카인을 시스 알켄으로 환원시키는 반응은 단지 하나의 입체 이성질체가 생성되기 때문에 **입체 선택성 반응**이다.

R—≡—R →(H_2, Lindlar 촉매) **시스** 알켄

—≡— →(H_2, Lindlar 촉매) *cis*-but-2-ene

재스민 꽃은 향료 성분인 *cis*-jasmone의 원천이다. *Charlotte Björnström/EyeEm/Getty Images*

문제 12.11 Lindlar 촉매 존재하에서 알카인 **A**를 H_2로 처리하여 생성되는 *cis*-jasmone(재스민 꽃으로부터 추출된 천연물)의 구조는 무엇인가?

A →(H_2, Lindlar 촉매) 시스-재스몬

문제 12.12 (a) Pb-C의 존재하에서는 H_2와 반응하지만, Lindlar 촉매의 존재하에서는 H_2와 반응하지 않는 분자식 C_6H_{10}인 화합물의 구조식을 그려라. (b) 어느 촉매가 있어도 H_2와 반응하는 분자식 C_6H_{10}인 화합물의 구조식을 그려라.

12.5C 알카인의 트랜스 알켄으로의 환원

촉매 수소화는 알카인으로부터 시스 알켄을 제조하는 편리한 방법이지만, 트랜스 알켄을 제조하는 데는 사용될 수 없다. 그러나 **용해성 금속 환원**에 의하여 H_2의 원소를 **안티** 형식으로 삼중 결합에 첨가하면 **트랜스 알켄**이 생성된다. 예를 들어, but-2-yne은 NH_3 용액에서 Na와 반응하여 *trans*-but-2-ene을 생성한다.

R—≡—R →(Na, NH_3) **트랜스** 알켄

but-2-yne →(Na, NH_3) *trans*-but-2-ene

NH_3 용액에서 Na를 사용하는 용해성 금속 환원의 **메커니즘**에서는 전자와 양성자가 삼중 결합에 연속적으로 첨가된다. 전자 한 개의 이동을 의미하는 반쪽머리 화살표는 Na가 한 개의 전자를 공여하는 두 단계에서 사용되어야 한다. 메커니즘은 개념적으로 두 부분으로 나뉠 수 있으며, 각 메커니즘은 메커니즘 12.2에 제시된 것처럼 두 단계, 즉 **전자의 첨가 단계와 그로 인해 생성된 음전하의 연이은 양성자화의 단계**로 구성되어 있다.

메커니즘 12.2 알카인의 트랜스 알켄으로의 용해성 금속 환원

라디칼 음이온 · 라디칼 · 탄소 음이온

1. 삼중 결합에 전자 한 개가 첨가되면 음전하와 홀전자를 **모두** 포함하는 화학종인 **라디칼 음이온(radical anion)**이 생성된다.
2. NH_3 용매가 음이온에 양성자를 주면 **라디칼**이 얻어진다. 처음 두 단계의 알짜 결과는 삼중 결합에 한 개의 수소 원자가 첨가되는 셈이다.
3. 두 번째 전자가 첨가되면 **탄소 음이온**이 얻어진다.
4. 탄소 음이온에 양성자가 첨가되면 **트랜스 알켄**이 생성된다. 단계 [3]과 [4]에서 삼중 결합에 두 번째 수소 원자가 첨가된다.

단계 [3]에서 생성된 바이닐 탄소 음이온은 R기가 두 가지 다른 배열을 할 수 있지만, 더 안정한 바이닐 탄소 음이온에서 생성된 트랜스 알켄만 얻어진다. 즉 이 탄소 음이온은 입체 상호작용을 피하기 위하여 큰 R기가 서로 멀리 떨어져 있다. 이 음이온에 양성자가 첨가되면 더 안정한 트랜스 생성물이 얻어지게 된다.

더 큰 R 기는 서로 멀리 떨어져 있다.

더 안정한 바이닐 탄소 음이온은 트랜스 알켄을 생성한다.

가까운 R기 사이의 입체 상호작용으로 이 바이닐 탄소 음이온이 **불안정해진다.**

> NH_3 용액에서 Na로 삼중 결합을 용해성 금속 환원하는 것은 트랜스 생성물을 지배적으로 생성하기 때문에 **입체 선택성 반응**이다.

- 용해성 금속 환원은 항상 더 안정한 트랜스 생성물을 우선적으로 생성한다.

출발물로서 hex-3-yne을 사용하여 삼중 결합을 환원하는 세 가지 방법이 그림 12.5에 요약되어 있다.

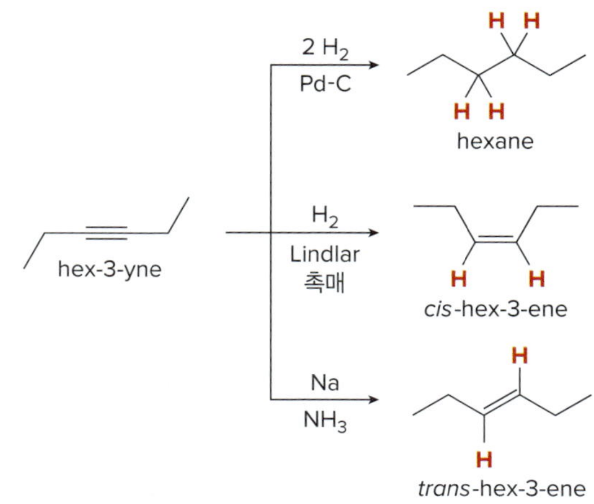

그림 12.5
요약: 삼중 결합을 환원하는 세 가지 방법

마지막으로, 말단 알카인은 Na와 NH_3가 아니라 H_2와 Lindlar 촉매를 사용하여 말단 알켄으로 환원될 수 있다. NH_3에서 시약 Na가 말단 알카인의 산성 양성자를 제거하면 아세틸렌화 음이온이 생기는데, 이 음이온은 알켄으로 환원되지 않는다.

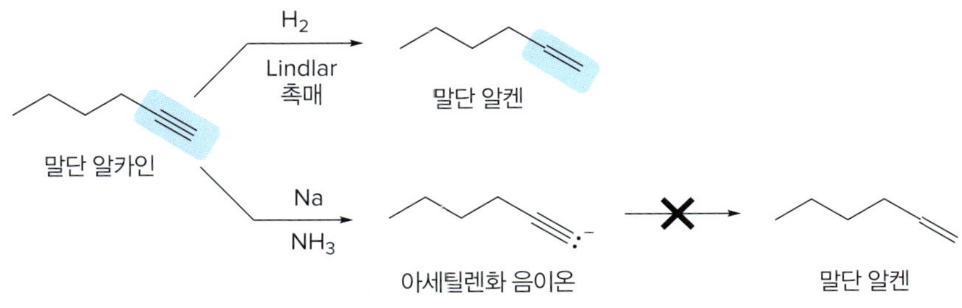

문제 12.13 $CH_3OCH_2CH_2C{\equiv}CCH_2CH(CH_3)_2$가 각 시약 (a) H_2 (과량), Pd-C, (b) H_2 (1당량), Lindlar 촉매, (c) H_2 (과량), Lindlar 촉매, (d) Na, NH_3로 처리될 때 생성되는 생성물은 무엇인가?

문제 12.14 분자식이 C_6H_{10}인 카이랄 알카인 **A**가 H_2와 Lindlar 촉매에 의해 입체 발생 중심이 *R* 배열인 **B**로 환원되었다. **A**와 **B**의 구조는 무엇인가?

12.6 극성 C−X σ 결합의 환원

센 친핵체와 반응하는 극성 C−X σ 결합 화합물은 가장 흔히 수소화 알루미늄 리튬($LiAlH_4$)과 같은 금속 수소화물 시약으로 환원된다. 이러한 특성 두 가지를 보유하고 있는 두 작용기는 **할로젠화 알킬**과 **에폭사이드**이다. 할로젠화 알킬은 이탈기인 X^-가 떨어지면서 알케인으로 환원된다. 에폭사이드는 고리가 열려 알코올을 생성한다.

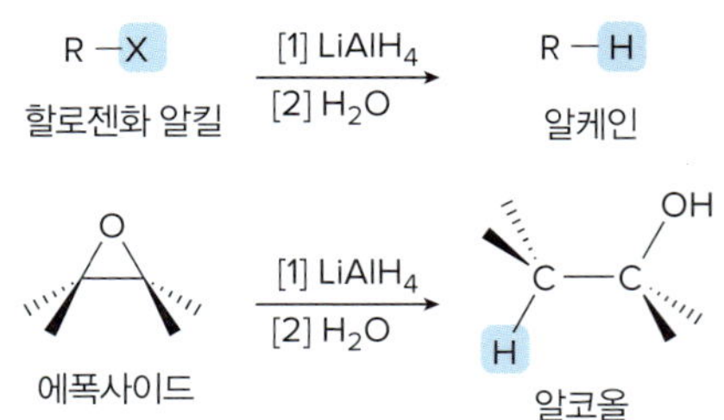

이러한 C−X σ 결합의 환원은 $LiAlH_4$가 수소화 음이온 친핵체(H^-)의 공급원 역할을 하는 친핵성 치환의 또 다른 예이다. **H^-는 센 친핵체이므로** 메커니즘 12.3의 할로젠화 알킬의 한 단계 환원에 설명된 것처럼 이 반응은 **S_N2 메커니즘**을 따른다.

메커니즘 12.3 $LiAlH_4$에 의한 RX의 환원

$$R\text{–}CH_2\text{–}X \; + \; H\text{–}\overset{-}{A}lH_3 \;\; Li^+ \longrightarrow R\text{–}CH_2\text{–}H \; + \; Li^+X^- \; + \; AlH_3$$

$LiAlH_4$는 H^-를 제공한다.

- H^- 친핵체가 한 단계로 이탈기 X^-를 치환한다.

반응은 S_N2 메커니즘을 따르기 때문에

- 입체 효과가 작은 CH_3X와 1° 할로젠화 알킬은 더 많이 치환된 2°, 3° 할로젠화 알킬보다 더 쉽게 환원된다.
- 비대칭 에폭사이드에서 $LiAlH_4$로부터 온 H^-의 친핵성 공격은 치환이 **덜 된** 탄소 원자에서 일어난다.

그림 12.6에 예가 제시되어 있다.

그림 12.6
$LiAlH_4$로 C−X σ 결합을 환원하는 예

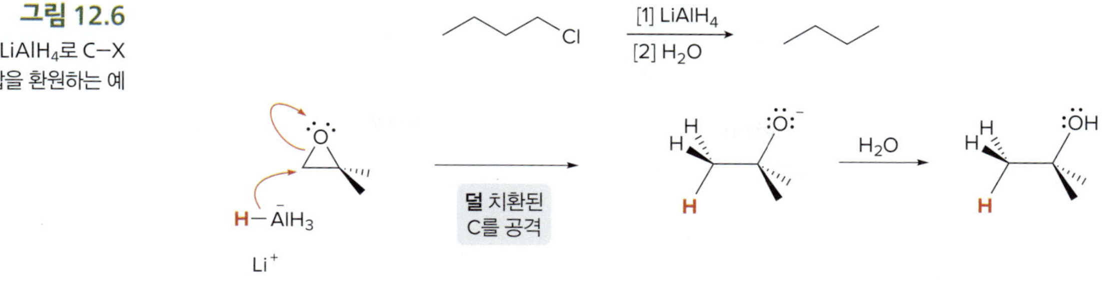

문제 12.15 각 반응의 생성물을 그려라.

a. (Cl 화합물) [1] $LiAlH_4$ [2] H_2O →　b. (에폭사이드) [1] $LiAlH_4$ [2] H_2O →

12.7 산화제

산화제(oxidizing agent)는 두 부류로 나뉜다.

- **산소−산소 결합이 있는 시약**
- **금속−산소 결합이 있는 시약**

O−O 결합이 있는 산화제의 예는 $\mathbf{O_2}$, $\mathbf{O_3}$ (오존), $\mathbf{H_2O_2}$ (과산화수소), $\mathbf{(CH_3)_3COOH}$ (*tert*-butyl hydroperoxide) 및 과산화산이다. 일반 구조가 $\mathbf{RCO_3H}$인 **과산화산(peroxyacid**, 또는 과산)은 카복실산(RCO_2H)보다 산소가 한 개 더 있다. 어떤 과산화산은 제조하여 분리하지 않고 사용하기도 하지만, 몇몇 과산화산은 상업적으로 이용 가능하다. Peroxyacetic acid와 **mCPBA**로 축약하는 *meta*-chloroperoxybenzoic acid가 일반적인 두 개의 과산화산이다.

과산화산　　과산화아세트산　　메타−클로로퍼옥시벤조산 **mCPBA**

금속−산소 결합이 있는 산화제의 가장 흔한 예는 산화수(여섯 개의 Cr−O 결합)가 +6인 크로뮴이나 산화수(일곱 개의 Mn−O 결합)가 +7인 망가니즈이다. 일반적인 Cr^{6+} 시약은 chromium(VI) oxide ($\mathbf{CrO_3}$)와 sodium 또는 potassium dichromate ($\mathbf{Na_2Cr_2O_7}$, $\mathbf{K_2Cr_2O_7}$)이다. **이들 시약은** H_2SO_4와 같은 센산의 수용액에서 **센 산화제**로 사용된다. 할로젠화 유기 용매에 녹는 Cr^{6+} 시약인 **pyridinium chlorochromate (PCC)**는 센산 없이도 사용될 수 있다. 이로 인하여 PCC는 12.12절에 설명된 것처럼 **선택성이 더 큰 Cr^{6+} 산화제**이다.

6^+ 산화수　　6^+ 산화수

chromium(VI) oxide **CrO_3**　　pyridinium chlorochromate **PCC**

가장 흔한 Mn^{7+} 시약은 물에 녹는 센 산화제인 **$KMnO_4$** (potassium permanganate)이다. 금속을 포함하는 다른 산화제로는 **OsO_4** (osmium tetroxide)와 **Ag_2O** [silver(I) oxide]가 있다.

12장의 나머지 부분에서는 알켄, 알카인, 알코올—이 교재에서 이미 소개된 세 가지 작용기—의 산화를 설명한다(그림 12.7). C—O 결합 수를 증가시키는 알켄과 알카인의 첨가 반응은 12.8~12.11절에서 논의된다. 알코올의 카보닐 화합물로의 산화는 12.12−12.14절에 나와 있다.

그림 12.7
알켄, 알카인 및 알코올의 산화 반응

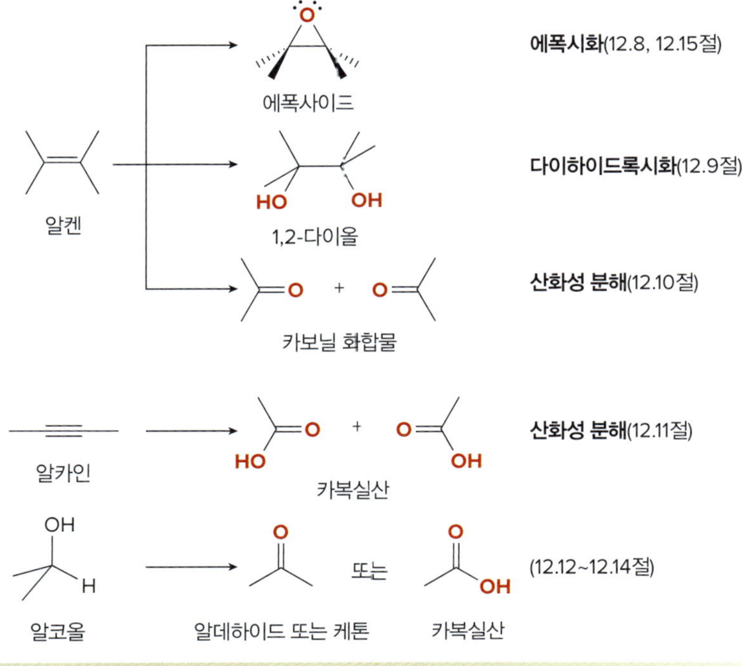

12.8 에폭시화

에폭시화(epoxidation)는 알켄에 **산소 원자 한 개가 첨가되어 에폭사이드**를 생성하는 반응이다.

과산화산 　 에폭사이드 　 카복실산

알켄의 약한 π 결합이 끊어지고, 두 개의 새로운 C—O σ 결합이 생성된다. 에폭시화는 전형적으로 과산화산으로 수행되며, 이 시약의 약한 O—O 결합이 분해된다.

과산화아세트산

mCPBA

메커니즘 12.4에 제시된 것처럼, 에폭시화는 π 결합에 과산화산의 산소 원자 한 개가 협동 첨가되어 일어난다. 에폭시화는 한 단계에서 삼원자 고리에 두 개의 결합이 생성되는 다리걸친 할로늄 이온(10.13절)의 생성과 유사하다.

메커니즘 12.4 과산화산에 의한 알켄의 에폭시화

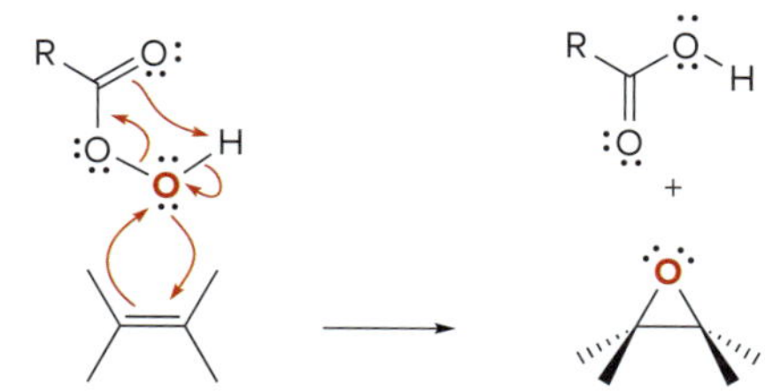

- **모든 결합은 한 단계에서 끊어지고 생성된다.** 두 에폭사이드 C−O 결합은 π 결합의 전자쌍 하나와 과산화산의 고립쌍 하나로부터 생성된다. **약한 O−O 결합은 끊어진다.**

문제 12.16 각 알켄을 mCPBA로 처리하면 무슨 에폭사이드가 생기는가?

a. 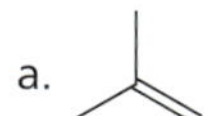 b.  c. 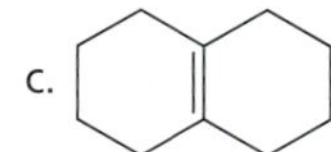

12.8A 에폭시화의 입체 화학

에폭시화는 평면 이중 결합의 각 한쪽으로부터 O 원자의 **신 첨가**로 일어나므로, 두 C−O 결합이 같은 쪽에서 생성된다. 알켄 반응물에 있는 치환기의 상대적 위치는 에폭사이드 생성물에서 **보존**된다.

- 시스 알켄은 치환기가 시스인 에폭사이드를 생성한다. 트랜스 알켄은 치환기가 트랜스인 에폭사이드를 생성한다.

에폭시화는 예제 12.2에 설명된 것처럼 시스와 트랜스 알켄이 다른 입체 이성질체를 생성하므로 **입체특이성** 반응이다.

예제 12.2 에폭시화에서 생성되는 입체 이성질체 그리기

cis- 및 *trans*-But-2-ene이 mCPBA로 에폭시화될 때 얻어지는 입체 이성질체를 그려라.

풀이

에폭시화의 각 생성물을 그리려면, 알켄의 한쪽에 O 원자를 첨가하고, 모든 치환기는 **본래의** 위치에 있도록 한다. *cis*-But-2-ene에 있는 **시스** 메틸기는 에폭사이드에서 **시스** 치환기가 된다. 삼각 평면형 알켄의 양쪽에서 O 원자가 첨가되면 똑같은 생성물—**푸른색으로 표시된 두 개의 입체 발생 중심이 있는 비카이랄 메소 화합물**—이 얻어진다.

H, C=C, H, CH_3, CH_3 —mCPBA→ O + O

시스 CH_3기
cis-but-2-ene

시스 CH_3기
O가 평면 위에서 첨가된다.

시스 CH_3기
O가 평면 아래에서 첨가된다.

생성물은 **비카이랄 메소 화합물**이다.

cis- 및 *trans*-But-2-ene의 에폭시화는 반응의 입체 화학에 관한 일반적인 규칙을 설명해 준다. **비카이랄 출발물은 비카이랄 또는 라셈 생성물을 생성한다.**

trans-But-2-ene에 있는 **트랜스** 메틸기는 에폭사이드에서 **트랜스** 치환기가 된다. 삼각 평면형 알켄의 양쪽에서 O 원자가 첨가되면 푸른색으로 표시된 두 입체 발생 중심이 있는 두 거울상 이성질체의 동일한 혼합물—**라셈 혼합물**—이 얻어진다.

CH_3 C=C H / H CH_3 —mCPBA→ (에폭사이드) + (에폭사이드)

트랜스 CH_3기
trans-but-2-ene

트랜스 CH_3기
O가 평면 위에서 첨가된다.

트랜스 CH_3기
O가 평면 아래에서 첨가된다.

생성물은 **거울상 이성질체**이다.

문제 12.17 각 알켄을 mCPBA와 반응시킬 때 얻어지는 모든 입체 이성질체를 그려라.

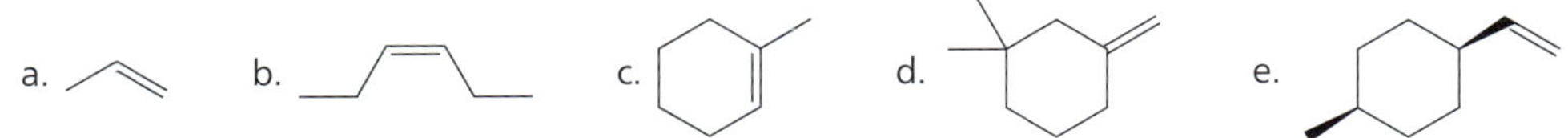

추가 문제: 문제 12.32b; 12.37d, k; 12.38b; 12.41e, f; 12.44a를 풀어보라.

12.8B Disparlure 합성

암컷 매미나방의 성 호르몬인 **disparlure**는 마지막 단계에서 에폭시화 반응을 사용하는 단계적인 반응 순서에 의하여 합성된다. Disparlure의 역합성 분석은 세 단계의 주요 과정으로 이루어진다.

Disparlure는 미국의 북동부 지역에서 참나무와 유실수를 고사시켜 주기적으로 삼림을 황폐화시키는 해충인 매미나방 애벌레의 확산을 억제하는 데 사용되고 있다. 활성 페로몬을 독이나 끈적한 물질이 들어있는 덫에 놓아두면, 수컷 나방이 페로몬에 이끌려 덫으로 유인된다. 다른 방식으로는, disparlure 미끼를 바른 수천 개의 덫을 감염 지역의 가장자리를 따라 놓아둔다. 페로몬이 공기 중으로 퍼져 나가면 수컷이 혼동이 되어 암컷을 찾을 수 없게 되고 그러면 짝짓기가 중단된다.
Safwan Abd Rahman/Shutterstock

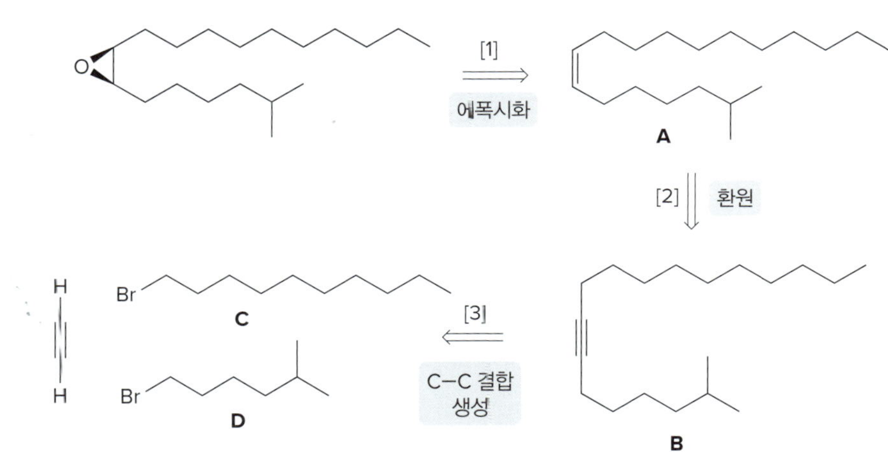

- **단계 [1]**: Disparlure의 시스 에폭사이드는 시스 알켄 **A**의 에폭시화로 제조된다.
- **단계 [2]**: **A**는 내부 알카인 **B**의 환원으로 제조된다.
- **단계 [3]**: **B**는 아세틸렌화 음이온의 S_N2 반응에 의하여 아세틸렌과 두 개의 1° 할로겐화 알킬(**C**와 **D**)로부터 제조된다.

그림 12.8은 아세틸렌에서 시작하는 disparlure의 합성을 보여 주고 있다.

이중 결합의 두 다른 쪽에서 시스 알켄 **A**를 에폭시화하면(부분 [3], 그림 12.8) 마지막 단계에서 두 개의 시스 에폭사이드—두 거울상 이성질체의 라셈 혼합물—가 생성된다. 이렇게 생성물의 반은 원하는 페로몬 disparlure이지만, 나머지 반은 생물학적으로 비활성인 거울상 이성질체이다. 원하지 않는 거울상 이성질체로부터 원하는 거울상 이성질체를 분리하는 일은, 두 화합물의 물리적 성질이 똑같기 때문에 비용이 많이 들며 어렵다. 라셈 혼합물을 생성하지 않으면서 비카이랄 전구물질로부터 카이랄 에폭사이드를 생성하는 반응은 12.15절에서 논의된다.

라셈 혼합물을 구성 성분인 거울상 이성질체로 분리하는 방법은 27.2절에서 논의할 것이다.

그림 12.8 Disparlure의 합성

부분 [1] 아세틸렌화 음이온을 사용한 두 개의 C−C 결합의 생성(11.11A절)

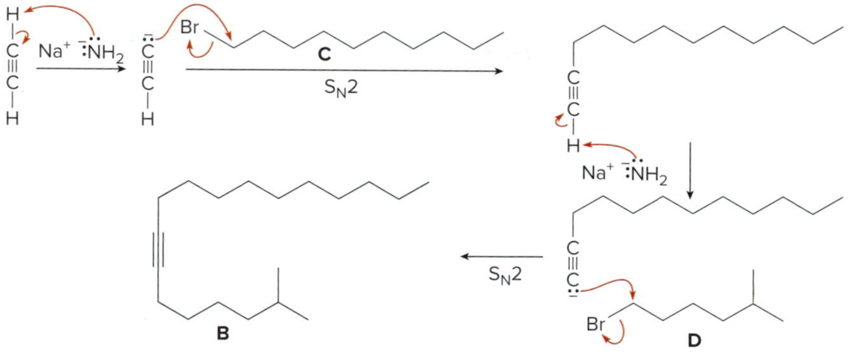

부분 [2] 알카인 **B**의 환원으로 시스 알켄 **A**의 생성(12.5B절)

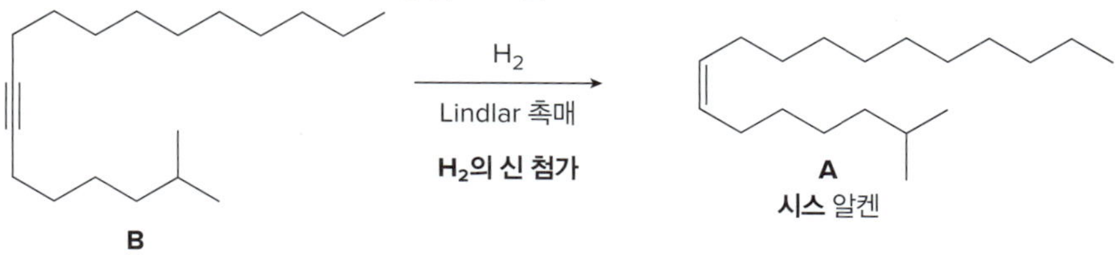

부분 [3] **A**의 에폭시화로 disparlure의 생성(12.8절)

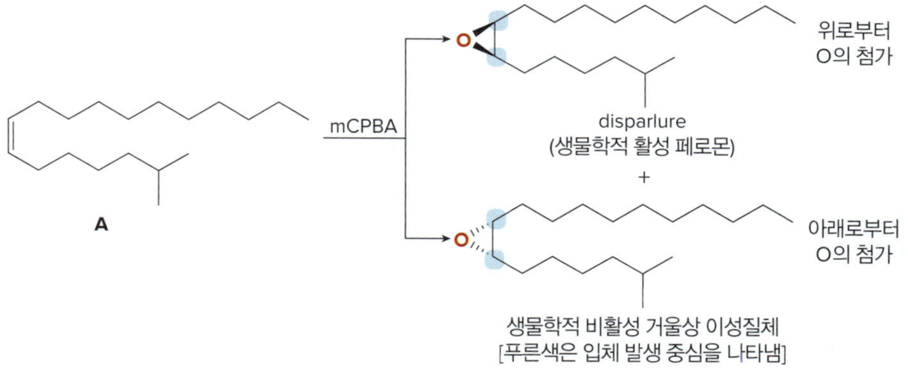

Disparlure의 합성은 개념적으로 세 부분으로 나뉜다.
- **부분 [1]**: 아세틸렌은 두 개의 C−C 결합을 생성함으로써 내부 알카인 **B**로 변환된다. 각 결합은 알카인을 염기($NaNH_2$)로 처리하여 아세틸렌화 음이온을 얻고, 이 음이온이 S_N2 반응으로 할로젠화 알킬(**C** 또는 **D**)과 반응함으로써 생성된다(11.11A절).
- **부분 [2]**: 내부 알카인 **B**는 Lindlar 촉매를 사용한 H_2의 신 첨가에 의하여 시스 알켄 **A**로 환원된다(12.5B절).
- **부분 [3]**: 시스 알켄 **A**는 mCPBA와 같은 과산화산을 사용하여 disparlure로 에폭시화된다.

12.9 다이하이드록시화

다이하이드록시화(dihydroxylation)는 이중 결합에 **두 개의 하이드록시기(hydroxy group)**를 첨가하여 **1,2-다이올(1, 2-diol)** 또는 **글라이콜(glycol)**을 생성하는 반응이다. 시약에 따라 두 개의 새로운 OH기가 이중 결합의 반대쪽(**안티** 첨가) 또는 같은 쪽(**신** 첨가)에 첨가될 수 있다.

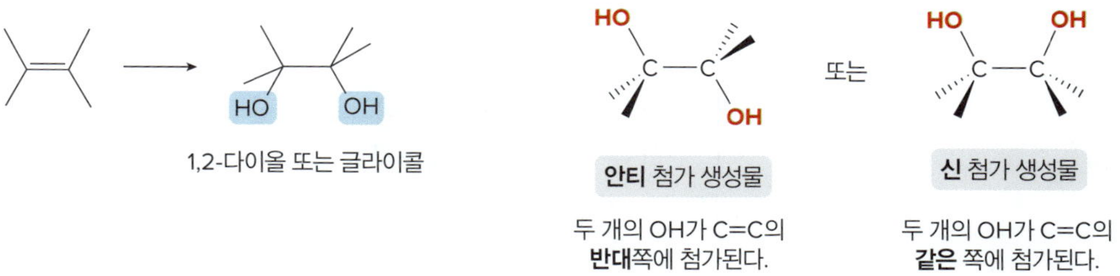

12.9A 안티 다이하이드록시화

안티 다이하이드록시화는 두 단계—에폭시화와 $^{-}$OH 또는 H_2O에 의한 연이은 고리의 열림—**로 수행된다.** 예를 들어, cyclohexene은 두 개의 OH기가 안티 첨가되어 두 개의 *trans*-cyclohexane-1,2-diol의 라셈 혼합물로 변환된다.

[1] RCO_3H
[2] H_2O (H^+ or ^{-}OH)

트랜스-1,2-다이올
거울상 이성질체

생성물의 입체 화학은 각 단계의 입체 화학을 고찰함으로써 이해될 수 있다.

mCPBA
비카이랄 에폭사이드
친핵체는 아래로부터 공격한다.
C_a에서 공격 경로
C_b에서 공격 경로
트랜스 생성물
거울상 이성질체

역자주:
사이클로헥센의 에폭사이드는 이러한 방식으로 $^{-}$OH와 절대로 반응하지 않는다(9.16A절 역자주 참조).

Cyclohexene을 에폭시화하면 이중 결합의 평면 위 또는 아래에서 O 원자가 첨가되어 단일 **비카이랄 에폭사이드**를 생성하므로 단 하나의 구조만 그렸다. 에폭사이드 고리의 열림은 **C−O 결합의 각 양쪽에서 후면 공격**으로 일어난다. 에폭사이드는 육원자 고리의 평면 위에 그려져 있기 때문에, 친핵성 공격은 평면 **아래**에서 일어난다. 이 반응은 9.16A절에서 이미 보았듯이, 센 친핵체가 에폭사이드 고리를 여는 특정한 예이다.

1,2-다이올에서 한 개의 OH기는 에폭사이드로부터 오고 다른 한 개의 OH기는 친핵체($^{-}$OH)로부터 왔기 때문에, 전체적으로는 **두 개의 OH기**가 알켄에 **안티 첨가**한 결과가 된다.

문제 12.18 *cis*- 및 *trans*-But-2-ene을 과산화산과 연이어서 H_2O에서 $^{-}$OH으로 처리하였을 때 생성되는 생성물을 그려라. 이러한 반응이 안티 다이하이드록시화가 입체특이적으로 일어난다는 것을 어떻게 보여주는지를 설명하라.

12.9B 신 다이하이드록시화

신 다이하이드록시화는 알켄을 $\mathbf{KMnO_4}$ 또는 $\mathbf{OsO_4}$로 처리할 때 일어난다.

$KMnO_4$
H_2O, HO^-
cis-cyclohexane-1,2-diol

[1] OsO_4
[2] $NaHSO_3$, H_2O
cis-cyclopentane-1,2-diol

각 시약이 이중 결합의 **같은 쪽으로 두 산소 원자를 첨가하면**—즉 **신** 방식—고리 중간체가 생성된다. 고리 중간체가 가수 분해하면 금속−산소 결합이 깨지고 시스-1,2-다이올이 얻어진다. OsO_4의 경우에는 가수 분해 단계에서 sodium bisulfite ($NaHSO_3$)을 가해준다.

두 개의 O 원자가 C=C의 **같은** 쪽에 첨가된다.

신 첨가

H_2O

시스-1,2-다이올

신 첨가

$NaHSO_3$, H_2O

$KMnO_4$는 가격이 저렴하고 쉽게 구입이 가능하지만, 유기 용매에 녹지 않으므로 그 용도가 제한된다. 1,2-다이올 생성물의 연속적인 산화를 방지하기 위하여 반응 혼합물에 ^-OH를 첨가하여 염기성으로 유지해주어야 한다.

NMO는 **아민 산화물(amine oxide)** 이다. 원자가 중성인 아민 산화물의 Lewis 구조를 그리는 것은 불가능하다.

아민 산화물

OsO_4는 $KMnO_4$보다 선택성이 더 큰 산화제이며 유기 용매에 녹지만, 독성이 있으며 가격이 비싸다. 이러한 단점을 극복하기 위하여 다이하이드록시화는 산화제 ***N*-methylmorpholine *N*-oxide (NMO)** 의 존재하에서 **촉매** 양의 OsO_4를 사용하여 수행될 수 있다.

N-methylmorpholine *N*-oxide

NMO

이 촉매 과정에서 이중 결합을 다이하이드록시화하면 Os^{8+} 산화제가 Os^{6+}으로 변환되며, 이것은 NMO에 의하여 Os^{8+}로 재산화된다. 이 Os^{8+} 시약은 다시 다이하이드록시화에 사용될 수 있으므로 촉매 순환이 계속된다.

+ **+ Os^{8+} 산화제** ⟶ + **Os^{6+} 생성물**

촉매

NMO는 **Os^{6+} 생성물**을 **Os^{8+}**로 산화시켜 다시 순환을 시작한다.

문제 12.19 *cis-* 및 *trans*-But-2-ene을 OsO_4로 처리한 후, 연이어 $NaHSO_3 + H_2O$로 가수 분해할 때 생성되는 생성물을 그려라. 이러한 반응이 신 다이하이드록시화가 입체특이적으로 일어난다는 것을 어떻게 보여주는지를 설명하라.

문제 12.20 각 반응에서 생성되는 입체 이성질체를 모두 그려라.

a. [1] CH_3CO_3H [2] H_2O, HO^-

b. [1] OsO_4 [2] $NaHSO_3$, H_2O

c. [1] CH_3CO_3H [2] H_2O, HO^-

d. [1] OsO_4 [2] $NaHSO_3$, H_2O

12.10 알켄의 산화성 분해

번개는 뇌우 동안에 O_2로부터 O_3을 생성한다. 복사기를 사용할 때 나는 자극적인 냄새는 작업 동안 O_2로부터 생성된 O_3 때문이다. 지표면에서의 O_3는 원치 않는 대기 오염물이다. 그러나 성층권에서의 오존은, 13장에서 논의하겠지만 해로운 자외선 복사로부터 우리를 보호해 준다.
Balazs Kovacs/Getty Images

알켄을 산화성 분해하면 이중 결합의 σ와 π 결합이 모두 끊어져 두 개의 카보닐기가 생성된다. 이중 결합에 결합된 R기의 수에 따라 산화성 분해로 **케톤**이나 **알데하이드**가 생성된다.

σ와 π 결합이 끊어진다. —[O]→ 케톤 + 알데하이드

산화성 분해의 한 방법은 첫 단계에서 **산화제로 오존(ozone, O_3)**을 사용하는 두 단계 과정이다. 오존으로 분해하는 반응을 **가오존 분해 반응(ozonolysis)**이라 한다.

[1] O_3 / [2] Zn, H_2O → 케톤 + 알데하이드

[1] O_3 / [2] CH_3SCH_3

알켄의 π 결합에 오존을 첨가하면 **몰오조나이드(molozonide)**라 하는 불안정한 중간체가 생성되며, 이것은 단계적인 과정으로 **오조나이드(ozonide)**로 자리 옮김한다. 불안정한 오조나이드를 분리되지 않고 환원하면 카보닐 화합물이 얻어진다. **H_2O에서의 Zn**이나 **dimethyl sulfide (CH_3SCH_3)**는 오조나이드를 카보닐 화합물로 변환하는 데 사용되는 두 가지 흔한 시약이다.

몰오조나이드 → 오조나이드 —Zn, H_2O 또는 CH_3SCH_3→ 부산물: $Zn(OH)_2$ 또는 $(CH_3)_2S{=}O$

어떤 산화성 분해의 생성물을 그리기 위해서는

- **분자에 있는 모든 π 결합을 찾아낸다.**
- **각 C=C를 두 개의 C=O 결합으로 바꿔 넣는다.**

예제 12.3 알켄의 산화성 분해 생성물 그리기

각 알켄을 O_3로 처리한 후, 연이어 CH_3SCH_3로 반응시킬 때 얻어지는 생성물을 그려라.

a. b.

풀이

a. 이중 결합을 끊고, 그것을 두 개의 카보닐기로 바꾼다.

σ와 π 결합을 모두 끊는다. —[1] O_3 / [2] CH_3SCH_3→ 케톤 + 케톤

b. 사이클로알켄의 경우에 산화성 분해가 일어나면, **카보닐기가 두 개인 분자—다이카보닐(dicarbonyl) 화합물**—가 생성된다.

[1] O_3
[2] CH_3SCH_3

σ와 π 결합을 모두 끊는다.

두 알데하이드기

다이카보닐 화합물

문제 12.21 각 화합물을 O_3로 처리한 후, 연이어 Zn, H_2O로 반응시킬 때 생성되는 생성물을 그려라.

a. b. c. d.

추가 문제: 문제 12.37i; 12.39c; 12.40a, b; 12.48a, b; 12.51을 풀어보라.

다이엔(및 다른 폴리엔)을 가오존 분해하면 모든 C=C 결합의 산화성 분해가 일어난다. 생성물에 생성된 카보닐기의 수는 출발물에 있는 이중 결합 수의 두 배이다. Limonene의 이중 결합 두 개는 카보닐기가 네 개인 생성물로 변환된다.

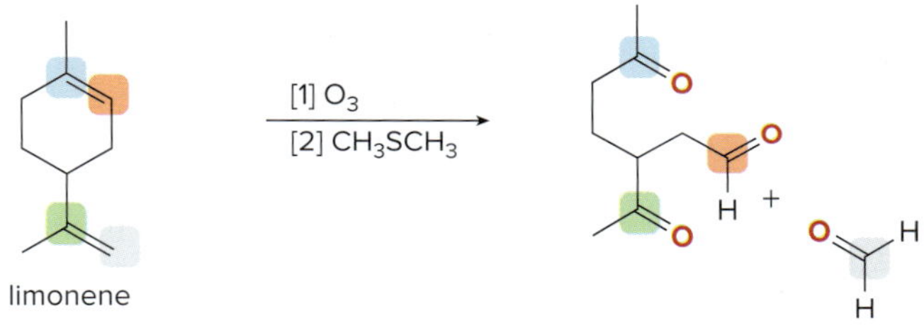

산화성 분해는 미지 화합물의 구조를 결정하기 위한 귀중한 수단이다. 예제 12.4에 설명된 것처럼, 어떤 알켄이 산화성 분해 생성물의 특정한 쌍을 유발하는지 결정하는 능력은 유용한 기술이다.

예제 12.4 산화성 분해 생성물을 생성하는 알켄 결정하기

O_3로 처리한 후, 연이어 CH_3SCH_3로 반응시킬 때 다음 생성물을 생성하는 알켄은 무엇인가?

풀이

출발물을 작성하기 위하여 카보닐기에 있는 **O 원자를 무시하고, 카보닐 탄소를 C=C로 결합시킨다.**

표시한 C를 서로 연결하여 알켄을 그린다.

문제 12.22 산화성 분해 생성물의 각 조를 생성하는 알켄은 무엇인가?

a. (구조식) + (구조식) b. (구조식) + (구조식) c. (구조식) 하나만 d. (구조식)

($C_{10}H_{18}$으로부터)

추가 문제: 문제 12.45b; 12.49a, b; 12.50을 풀어보라.

문제 12.23 *Naphthea* 속의 연산호에서 분리된 cembrene A을 O_3과 연이은 CH_3SCH_3으로 처리할 때 생기는 생성물을 그려라. 각 생성물이 카이랄 또는 비카이랄한지 표시하라.

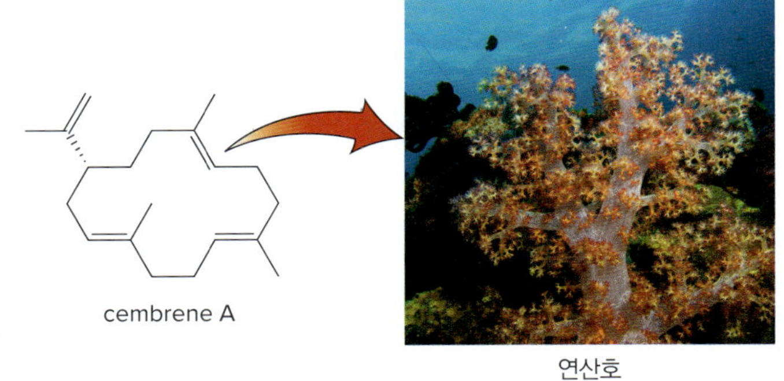

연산호
magnusdeepbelow/Shutterstock

문제 12.24 (a) 호박(amber)에서 분리된 지질인 biformene의 공-막대 모형을 골격 구조로 바꿔라. 입체 발생 중심이 있으면 쐐기와 점선쐐기를 사용하라. (b) Biformene을 O_3과 연이은 CH_3SCH_3으로 처리할 때 생기는 생성물을 그려라.

호박
Hjochen/Shutterstock

12.11 알카인의 산화성 분해

알카인도 삼중 결합의 σ 결합과 두 개의 π 결합의 **산화성 분해를 일으킨다**. 내부 알카인은 **카복실산**으로 산화되는 반면에, 말단 알카인은 카복실산(RCOOH)과 *sp* 혼성화된 C−H 결합으로부터 온 CO_2로 산화된다.

R−C≡C−R' (내부 알카인) → [1] O_3, [2] H_2O → RCOOH + R'COOH (카복실산)

σ와 두 개의 π 결합이 끊어진다.

R−C≡C−H (말단 알카인) → [1] O_3, [2] H_2O → RCOOH + CO_2

산화성 분해는 일반적으로 O_3로 처리한 후, 연이어 오조나이드 중간체를 H_2O로 분해시켜 수행된다.

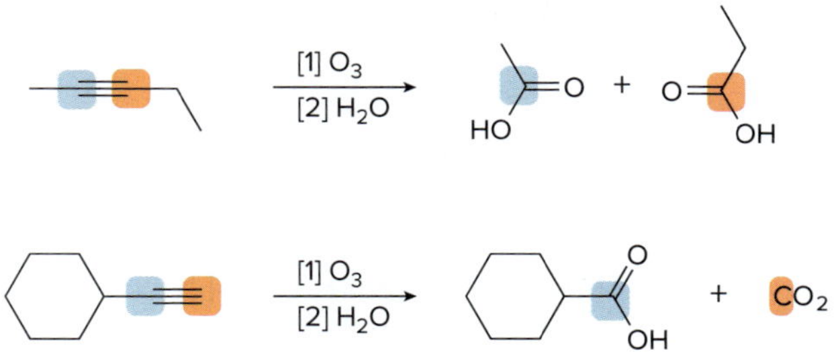

[1] O_3 [2] H_2O → HO, O + O, OH

[1] O_3 [2] H_2O → O, OH + CO_2

문제 12.25 각 알카인을 O_3로 처리한 후, 연이어 H_2O로 반응시킬 때 생성되는 생성물을 그려라.

a. b. c.

문제 12.26 어떤 알카인(또는 다이아인)이 다음 각 산화성 분해 반응의 생성물을 만들어내는가?

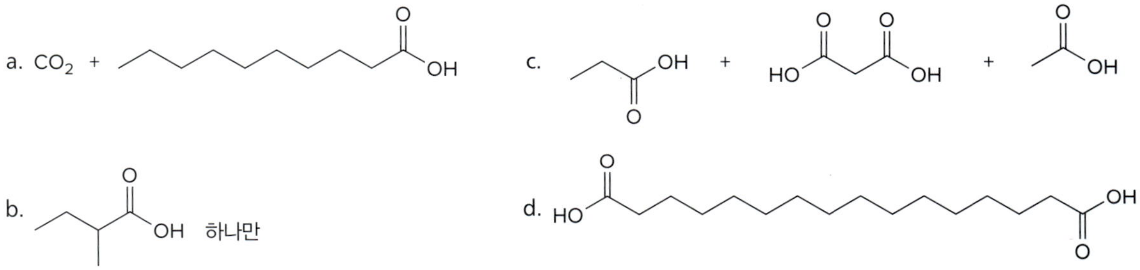

a. CO_2 + O, OH

b. O, OH 하나만

c. OH, O + O, O, HO, OH + O, OH

d. O, HO, OH, O

12.12 알코올의 산화

알코올은 알코올의 유형이나 시약에 따라 **다양한 종류의 카보닐 화합물로 산화된다.** 산화는 *OH*기가 있는 탄소 원자의 C—H 결합을 C—O 결합으로 바꿈으로써 일어난다.

- **1° 알코올**은 한 개 또는 두 개의 C—H 결합을 C—O 결합으로 바꿈으로써 **알데하이드**나 **카복실산**으로 산화된다.

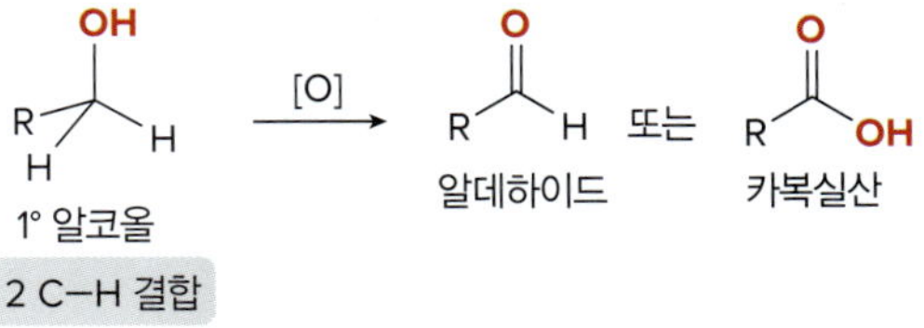

OH, R, H, H → [O] → O, R, H 또는 O, R, OH

1° 알코올 — 2 C—H 결합; 알데하이드; 카복실산

- **2° 알코올**은 한 개의 C—H 결합을 C—O 결합으로 바꿈으로써 **케톤**으로 산화된다.

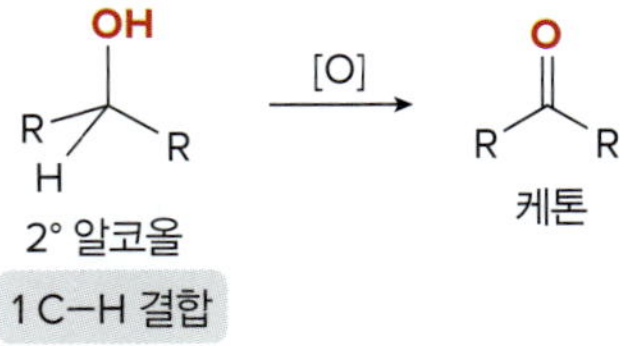

OH, R, R, H → [O] → O, R, R

2° 알코올 — 1 C—H 결합; 케톤

- **3° 알코올은 OH기가 있는 탄소에 H 원자가 없으므로** 쉽게 산화되지 **않는다.**

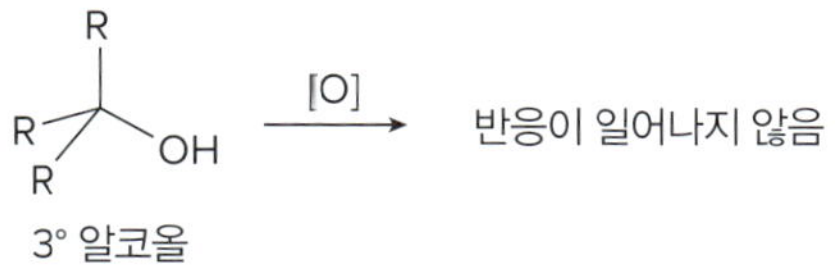

알코올 산화는 종종 이탈기 Z를 산소에 결합시키는 경로로 일어나는데, Z는 전형적으로 높은 산화 상태의 금속이다. 그런 다음 염기로 제거하면 C = O와 낮은 산화 상태의 금속이 생성된다.

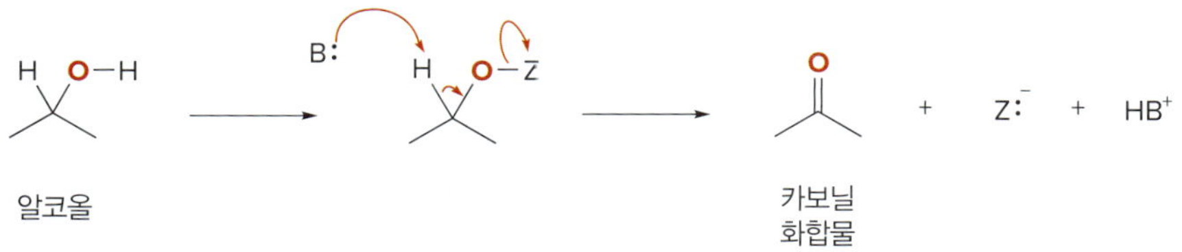

알코올의 카보닐 화합물로의 산화는 전형적으로 Cr^{6+} 산화제를 사용하여 수행된다. **빨간 오렌지색의 Cr^{6+} 시약이 Cr^{3+}로 환원되면서** 색이 변하는 것이 Cr^{6+} 산화의 특징이다.

- **CrO_3, $Na_2Cr_2O_7$ 및 $K_2Cr_2O_7$**은 산성 수용액($H_2SO_4 + H_2O$)에서 사용되는 **비선택적인 센 산화제**이다.
- **PCC** (12.7절)는 CH_2Cl_2 (dichloromethane)에 용해되며, 센산 없이도 사용될 수 있으므로 **선택성이 더 크고, 더 온화한 산화제이다.**

12.12A 2° 알코올의 산화

어떤 Cr^{6+} 산화제라도 2° 알코올을 케톤으로 효과적으로 산화시킨다.

알코올 산화의 메커니즘은 두 주요 부분, **chromate ester의 생성과 양성자의 이탈**로 구성된다. 메커니즘 12.5에 CrO_3에 의한 일반적인 2° 알코올의 산화가 설명되어 있다.

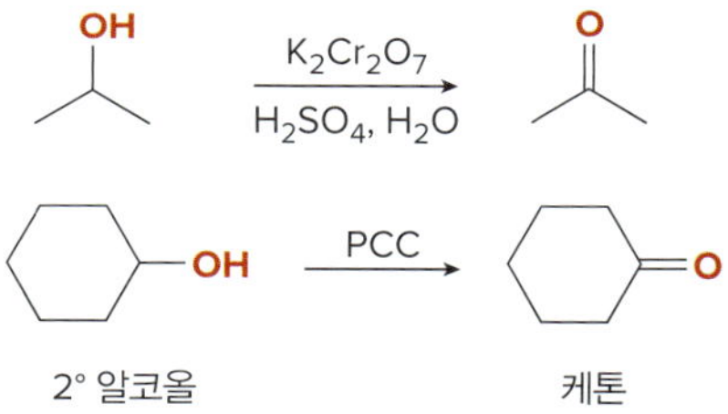

메커니즘 12.5 CrO_3에 의한 알코올의 산화

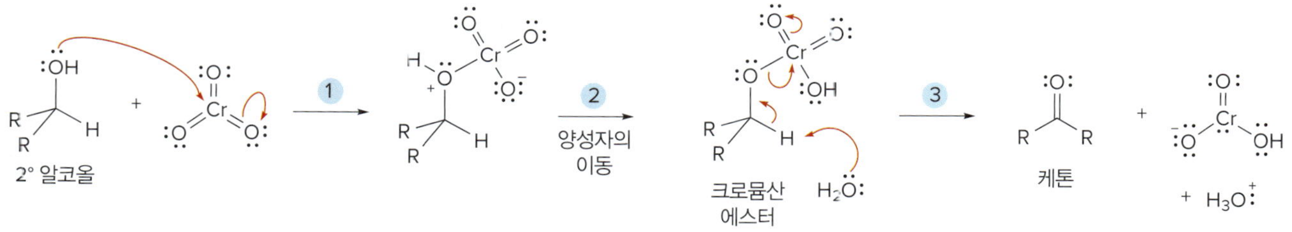

1 ~ 2 친전자성 금속(Cr^{6+} 산화 상태)에 대한 알코올의 친핵성 공격과 연이은 양성자의 이동으로 **chromate ester**가 생성된다.

3 염기가 양성자를 제거하고 C−H 결합에 있는 전자쌍이 C=O의 **새로운 π 결합**을 생성한다. **C−O 결합의 수가 증가하기** 때문에 탄소는 산화되며 **Cr^{6+}은 Cr^{4+}로 환원된다.**

이 세 단계에서 Cr^{6+} 산화제는 Cr^{4+} 생성물로 변환되며, 이것은 일련의 단계를 거쳐 Cr^{3+}로 더 환원된다.

12.12B 1° 알코올의 산화

1° 알코올은 시약에 따라 알데하이드 또는 카복실산으로 산화된다.

- 1° 알코올은 CH_2Cl_2에서 PCC를 사용하는 온화한 반응 조건에서는 알데하이드(RCHO)로 산화된다.
- 1° 알코올은 H_2O와 H_2SO_4 존재하에서 $Na_2Cr_2O_7$, $K_2Cr_2O_7$ 또는 CrO_3를 사용하는 더 격렬한 반응 조건에서는 카복실산(RCOOH)으로 산화된다.

1° 알코올 —PCC→ 알데하이드

1° 알코올 —$K_2Cr_2O_7$, H_2SO_4, H_2O→ 카복실산

1° 알코올의 알데하이드로의 산화는 12.12A절에서 설명된 2° 알코올의 케톤으로의 산화와 비슷하게 일어난다. 1° 알코올의 카복실산으로의 산화는 메커니즘 12.6에 나와 있듯이 **먼저 알데하이드로의 산화, 물과의 반응** 후 **카복실산으로의** 추가적 **산화**라는 세 가지 과정이 필요하다.

메커니즘 12.6 1° 알코올의 카복실산으로의 산화

1° 알코올 —부분 1 [메커니즘 12.5]→ **알데하이드** + $HCrO_3^-$ —부분 2 [메커니즘 18.8]→ **수화물** —부분 3 두 단계→ 크로뮴산 에스터 (H_2O:) → **카복실산** + $HCrO_3^-$ + H_3O^+

부분 1 1° 알코올의 알데하이드로의 산화는 메커니즘 12.5에 설명된 세 단계 메커니즘으로 일어난다.

부분 2 18.12절에 소개된 메커니즘에 의해 물이 C=O에 첨가하면, 같은 탄소 원자에 OH기가 두 개 있는 화합물인 **수화물(hydrate)**이 생성된다.

부분 3 수화물의 C–H 결합의 산화는 메커니즘 12.5 (chromate ester의 생성과 양성자의 제거)를 따른다.

문제 12.27 다음 각 반응의 유기 생성물을 그려라.

a. (1-펜탄올) —PCC→

b. (OH 세 개를 가진 사이클로헥세인 화합물) —PCC→

c. (사이클로헥실메탄올) —CrO_3, H_2SO_4, H_2O→

d. HO(…)OH (사이클로헥산온 화합물) —CrO_3, H_2SO_4, H_2O→

문제 12.28 **A**를 각 화합물로 변환하는 데 필요한 시약은 무엇인가?

A (OH) a. (H, O) b. (OH, OH) c. (OH, O)

12.13 청정 화학

산화 반응에 관한 몇 가지 새로운 방법은 청정 화학(green chemistry)에 기초를 두고 있다. **청정 화학은 화합물을 합성할 때 환경 친화적인 방법을 사용하는 것이다.** 그 목적은 더 안정한 시약과 더 작은 양의 용매를 사용하고 부산물과 폐기물을 적게 만드는 반응을 개발하는 데 있다.

많은 산화 반응이 유독한 약품(OsO_4와 O_3 등)과 부식성 산(H_2SO_4 등)을 사용하거나 발암성 부산물(Cr^{3+} 등)을 생성하므로 대체 반응이 개발되었다. 그 한 가지 방법은 센산을 사용하는 대신 고분자로 지지된 Cr^{6+} 시약—$HCrO_4^-$ amberlyst A-26 수지—을 사용하고, 여과에 의해 생성물로부터 Cr^{3+} 부산물을 쉽게 제거하는 것이다.

Amberlyst A-26 수지는 음이온성 크로뮴 산화제 $HCrO_4^-$에 상대 이온으로 작용하는 양이온성 암모늄 이온 부속 성분이 있는 복합 탄화수소 조직으로 구성되어 있다. 불용성 고분자 시약을 알코올과 함께 가열하면 알코올이 카보닐 화합물로 산화되며 불용성 Cr^{3+}이 부산물로 생긴다. 금속성 부산물은 용매를 첨가하지 않고 제거될 수 있으며, 재생한 후에 다음 반응에서 다시 사용할 수 있다.

고분자 —$\overset{+}{N}(CH_3)_3$ $^-O-Cr(=O)_2-OH$

Amberlyst A-26 수지 Cr^{6+} 산화제

Amberlyst A-26 수지-$HCrO_4^-$를 사용하면 **1° 알코올은 알데하이드로 산화되며 2° 알코올은 케톤으로 산화된다.**

1° 알코올 —($HCrO_4^-$, Amberlyst A-26 수지)→ 알데하이드 + 고분자에 지지된 Cr^{3+} 부산물

2° 알코올 —($HCrO_4^-$, Amberlyst A-26 수지)→ 사이클로헥산온 + 고분자에 지지된 Cr^{3+} 부산물

K^+ $^-O-S(=O)_2-O-OH$

potassium peroxymonosulfate

금속성 부산물을 생성하지 않고 산화 반응을 일으키는 다른 많은 청정화학적 접근이 활발히 연구되고 있다. 예를 들면, **potassium peroxymonosulfate ($KHSO_5$)**는 옥손(Oxone)이라는 상품명으로 팔리고 있는 3중염(triple salt, $2\ KHSO_5 \cdot KHSO_4 \cdot K_2SO_4$)으로서 과산화수소의 황산염 유도체이다. 옥손은 크로뮴이나 망가니즈 같은 중금속이 없어도 다양한 물질을 산화시킬 수 있는데, 어떤 경우에는 산화 반응이 물이나 수용액 상태에서도 일어날 수 있다. 산화 반응 동안에 **이 시약의 약한 O−O 결합이 깨지면서** 황산염(K_2SO_4)이 부산물로 생성된다. 알코올 산화 반응의 2가지 예는 다음과 같다.

벤질 알코올 —(옥손, NaBr, CH_3CN, H_2O)→ 벤즈알데하이드

보르네올 —(옥손, NaCl, ethyl acetate, H_2O)→ 캠퍼

문제 12.29 아세트산에서 sodium hypochlorite (NaOCl, 가정용 표백 산화제)는 '청정'산화제로 홍보되고 있다. 이 반응에서는 금속이 없으며 산화의 부산물은 NaCl과 H_2O이다. 더군다나, CH_3CO_2H에서 NaOCl은 1° 알코올이 있어도 2° 알코올만 선택적으로 산화한다. 이 사실을 염두에 두고, **A**를 각 산화제로 처리하였을 때 생기는 생성물을 그려라.

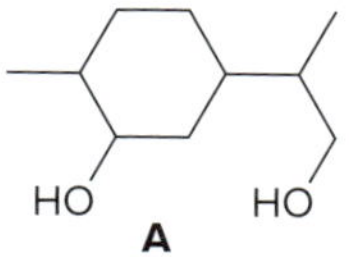

HO HO **A**

a. NaOCl, CH_3CO_2H
b. PCC
c. CrO_3, H_2SO_4
d. $HCrO_4^-$–Amberlyst A-26 수지

12.14 생물학적 산화

생물계에서 일어나는 많은 반응은 산화 또는 환원 반응이다. 산화하는 데 Cr^{6+}를 사용하는 대신 세포는 두 개의 유기 화합물—분자량이 큰 **효소(enzyme)**와 산화제 역할을 하는 더 간단한 **보효소**(조효소, **coenzyme**)—을 사용한다.

생물계에서 알코올을 산화하는데 자주 사용되는 효소는 **NAD^+**라고 약칭하는 **nicotinamide adenine dinucleotide**이다. 구조가 복잡해 보이지만, 붉은색으로 표시된 분자의 일부분만 산화환원 반응에 참여한다.

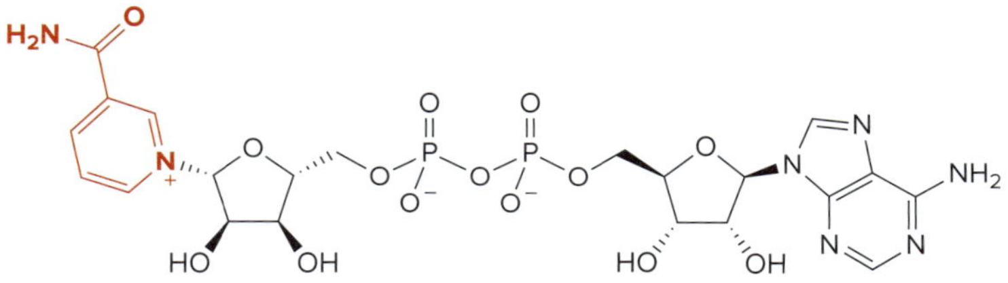

니코틴아마이드 아데닌 다이뉴클레오타이드
NAD^+

전자 두 개가 들어 있는 수소 원자인 수소화 이온이 알코올에서 NAD^+로 이동하면 알코올이 카보닐기로 생화학적으로 산화된다. 이 과정에서 NAD^+는 **NADH**로 약칭하는 nicotinamide adenine dinucleotide(환원된 구조)로 환원된다. NADH는 17.6절에서 논의할 예정인데, 카보닐 화합물을 알코올로 변환시키는 생물학적 환원제이다.

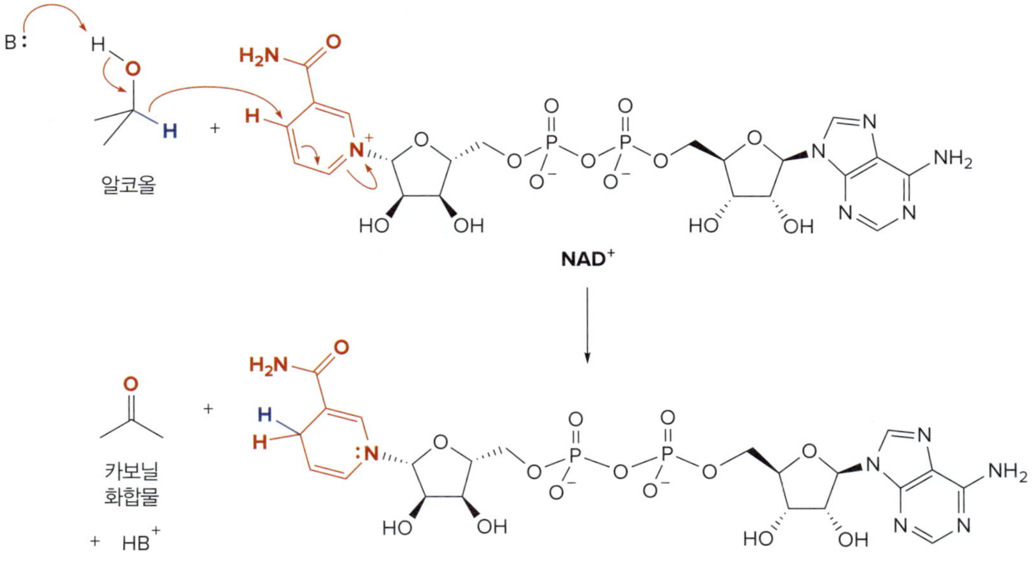

알코올 + **NAD^+** → 카보닐 화합물 + HB^+ + nicotinamide adenine dinucleotide (환원된 구조) **NADH**

예를 들어, CH_3CH_2OH (에탄올)을 섭취하면, 알코올이 처음에는 간에서 NAD^+에 의해 CH_3CHO (아세트알데하이드)로 산화되고, 그 후 CH_3COO^- (아세트산 음이온, 아세트산의 짝염기)로 산화된다. 아세트산 음이온은 지방산과 콜레스테롤을 합성하기 위한 출발물이다. 두 산화는 탈수소 효소(dehydrogenase enzyme)에 의하여 촉매화된다.

에탄올 —(NAD^+, 알코올 탈수소 효소)→ 아세트알데하이드 —(NAD^+, 알데하이드 탈수소 효소)→ 아세트산 음이온

주어진 시간 안에 신진대사를 일으킬 수 있는 양보다 더 많은 에탄올을 섭취한다면, 아세트알데하이드의 농도는 증가한다. 이 독성 화합물로 인하여 숙취를 느끼게 된다.

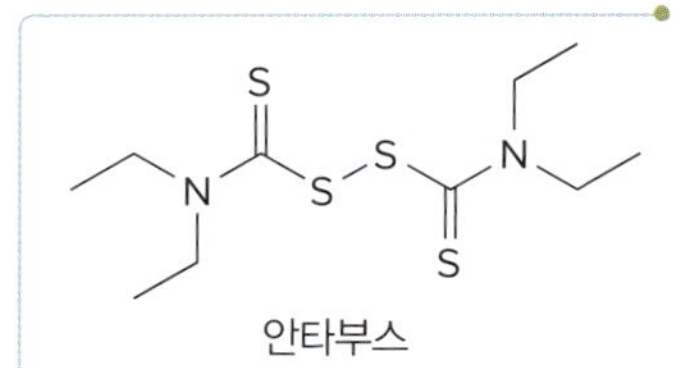
안타부스

알코올 중독자의 알코올 음료 소비를 방지하는 데 사용되는 의약품인 **antabuse**는 에탄올의 정상적인 산화를 방해한다. Antabuse는 아세트알데하이드가 아세트산 음이온으로 산화되는 것을 억제한다. 에탄올 신진대사에서 첫 단계는 일어나지만 두 번째 단계는 일어나지 않기 때문에, 아세트알데하이드의 농도가 증가하여 고통을 심하게 느끼게 한다.

에탄올과 마찬가지로 메탄올은 같은 효소에 의하여 산화되어 알데하이드와 산—폼알데하이드와 폼산—을 생성한다. 이 산화 생성물은 인체가 사용할 수 없기 때문에 독성이 매우 크다. 이 결과로 혈액의 pH가 감소하여 눈이 멀고 사망에 이르게 한다.

CH_3-OH (메탄올) —(NAD^+, 알코올 탈수소 효소)→ 폼알데하이드 —(NAD^+, 알데하이드 탈수소 효소)→ 폼산

효소는 메탄올보다 에탄올에 대한 친화력이 더 크므로, 메탄올에 중독된 사람을 치료하는 데 에탄올이 사용된다. 에탄올과 메탄올이 둘 다 환자의 몸 안에 있을 때, 효소는 에탄올과 더 빠르게 반응하므로 메탄올은 독성 산화 생성물이 생성되지 않고, 변화가 없는 상태로 배출된다.

12.15 Sharpless 에폭시화

지금까지 논의된 모든 반응에서 **비카이랄 출발물은 비카이랄 시약과 반응하여 비카이랄 생성물이나 두 거울상 이성질체의 라셈 혼합물을 생성하였다.** 여러분이 카이랄 생성물을 제조하려 한다면, 이것은 혼합 생성물의 절반은 원하는 거울상 이성질체이고, 나머지 절반은 원하지 않는 거울상 이성질체라는 뜻이다. 그림 12.8에 요약된 disparlure의 합성은 이러한 난관을 보여주고 있다.

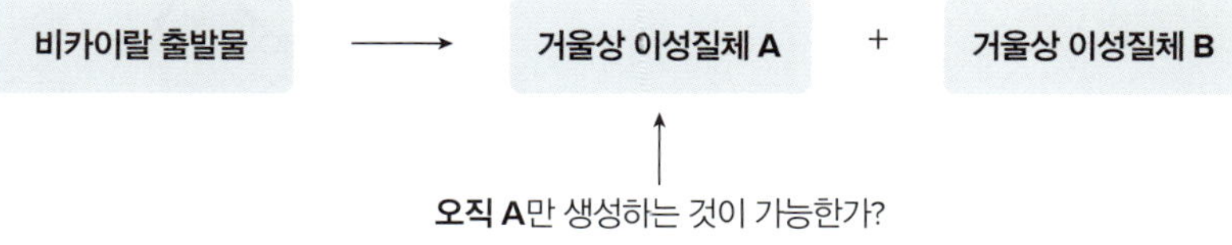

Sharpless는 카이랄 산화 반응에 대한 업적으로 2001년도 노벨 화학상을 공동수상하였다.

Scripps 연구소의 K. Barry Sharpless는 카이랄 시약을 사용하여 하나의 거울상 이성질체의 생성이 가능하다는 것을 밝혀내었다.

- **거울상 선택성 반응(enantioselective reaction)**은 하나의 거울상 이성질체를 지배적으로 또는 주로 생성한다.
- 비카이랄 출발물을 주로 하나의 거울상 이성질체로 변환시키는 반응을 **비대칭 반응(asymmetric reaction)**이라고 한다.

Sharpless 비대칭 에폭시화는 알켄을 에폭사이드로 산화하는 거울상 선택성 반응이다. 이 반응에서 **알릴성 알코올(allylic alcohol)**—즉 C=C에 인접한 탄소에 하이드록시(OH)기가 있는 알코올—의 이중 결합만이 산화된다.

알릴성 알코올 → (Sharpless 시약) → **위**에서 O 첨가 또는 **아래**에서 O 첨가

Sharpless 시약
$(CH_3)_3C{-}OOH$
$Ti[OCH(CH_3)_2]_4$
(+)- 또는 (–)-diethyl tartrate

- Sharpless 시약을 사용하면 하나의 거울상 이성질체가 더 많이 생긴다.
- 새로운 입체 발생 중심은 푸른색으로 표시하였다.

Sharpless 시약은 *tert*-butyl hydroperoxide (**$(CH_3)_3COOH$**), 타이타늄 촉매[titanium(IV) isopropoxide, **$Ti[OCH(CH_3)_2]_4$**] 및 **diethyl tartrate (DET)** 등 세 가지 요소로 구성되어 있다. 두 개의 다른 카이랄 diethyl tartrate 이성질체가 있으며, 편광을 회전시키는 방향에 따라 (+)-DET 또는 (−)- DET로 표시된다.

(+)-(*R*,*R*)-diethyl tartrate **(+)-DET**　　(–)-(*S*,*S*)-diethyl tartrate **(–)-DET**

DET 이성질체의 구조는 Sharpless 시약에 의한 알릴성 알코올의 에폭시화에서 **어떤 거울상 이성질체가 주생성물로 얻어지는지를 결정하게 해준다.**

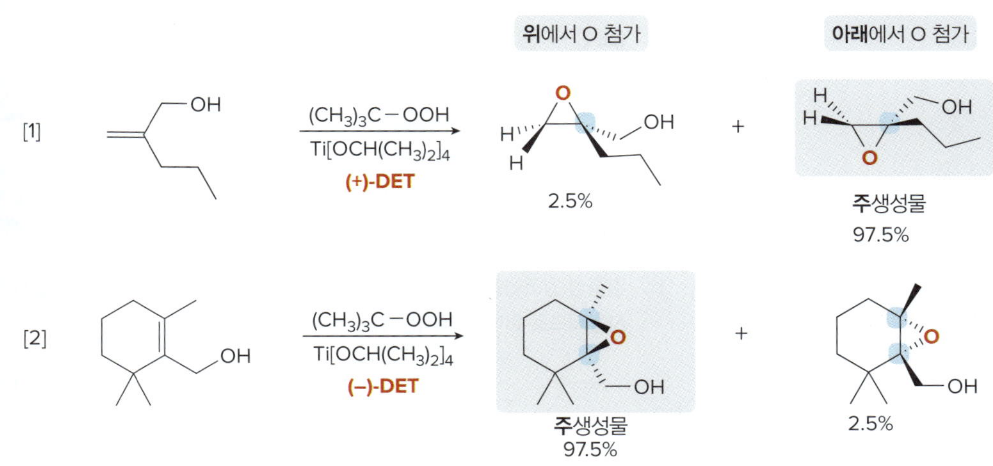

(+)-DET는 (+)-(*R*, *R*)-tartaric acid [$HO_2CCH(OH)CH(OH)CO_2H$]로부터 제조된다. 이 산은 포도에서 발견되며, 양조 산업의 부산물로 시판되는 자연계에 존재하는 카복실산이다.
Jenny Cundy/Image Source

거울상 초과량 = ***ee*** = 한 거울상 이성질체의 % – 다른 거울상 이성질체의 %

반응의 거울상 선택성도(degree of enantioselectivity)는 거울상 초과량(enantiomeric excess, *ee*)(5.12D절)에 의하여 측정된다. 반응 [1]과 [2]는 각각 거울상 초과량(97.5%의 주 거울상 이성질체 − 2.5%의 부 거울상 이성질체)이 95%이므로 거울상 선택성이 매우 높다.

제시된 DET 이성질체에 대하여 어떤 거울상 이성질체가 생성되는지를 결정하기 위하여 평면에 알릴성 알코올을 그릴 때 **C=C기는 수평면에, OH기는 오른쪽 위 모서리에 위치**하도록 그린다. 그 다음,

- (−)-DET로 에폭시화할 때는 평면 **위**에서 산소 원자가 첨가한다.
- (+)-DET로 에폭시화할 때는 평면 **아래**에서 산소 원자가 첨가한다.

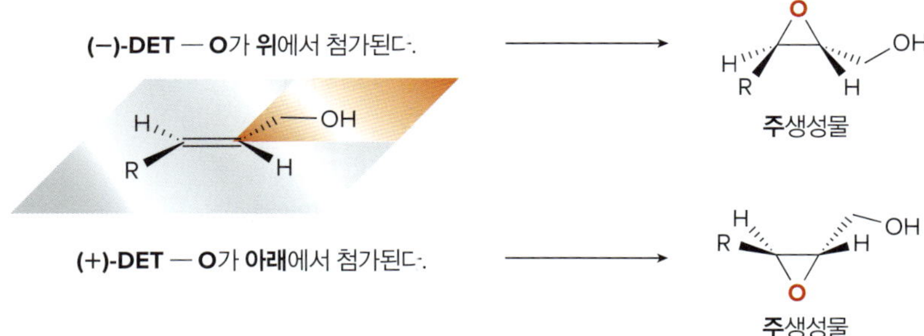

예제 12.5 Sharpless 에폭시화 생성물 그리기

각 에폭시화에서 주생성물을 그려라.

a. OH $\xrightarrow[\text{Ti[OCH(CH}_3)_2]_4,\ (+)\text{-DET}]{(CH_3)_3C-OOH}$

b. HO $\xrightarrow[\text{Ti[OCH(CH}_3)_2]_4,\ (-)\text{-DET}]{(CH_3)_3C-OOH}$

풀이

에폭시화 생성물을 그리기 위하여

- 알릴성 알코올의 경우 **C=C는 수평선에, OH기는 알켄의 오른쪽 위 모서리**에 위치하도록 그린다. 필요하다면 알켄을 다시 그린다.
- **(+)-DET**는 **아래**에서 O 원자가 첨가하며, **(−)-DET**는 **위**에서 O 원자가 첨가한다.

a. C=C는 수평선에, OH기는 이중 결합의 오른쪽 위 모서리에 그려졌으므로 알켄을 다시 그릴 필요가 없다. **(+)-DET**가 사용되므로 O 원자는 **아래**에서 첨가된다.

OH $\xrightarrow[\text{Ti[OCH(CH}_3)_2]_4,\ \textbf{(+)-DET}]{(CH_3)_3C-OOH}$ H, H, OH, O

오른쪽 위 모서리에 OH

O 원자는 평면 **아래**에서 첨가된다.

b. 알릴성 알코올은 수평 방향 C=C로 그리고, OH기를 **오른쪽 위의 모서리**에 위치하도록 다시 그린다. **(−)-DET**가 사용되므로 이때 O 원자는 **위**에서 첨가된다.

HO → **분자를 거꾸로 뒤집어** 다시 그린다. → OH $\xrightarrow[\text{Ti[OCH(CH}_3)_2]_4,\ \textbf{(−)-DET}]{(CH_3)_3C-OOH}$ O, OH, H, H

오른쪽 위 모서리에 OH

O 원자는 평면 **위**에서 첨가된다.

문제 12.30 각 Sharpless 에폭시화의 생성물을 그려라.

a. OH $\xrightarrow[\text{Ti[OCH(CH}_3)_2]_4,\ (+)\text{-DET}]{(CH_3)_3C-OOH}$

b. OH $\xrightarrow[\text{Ti[OCH(CH}_3)_2]_4,\ (-)\text{-DET}]{(CH_3)_3C-OOH}$

추가 문제: 문제 12.32e; 12.37j; 12.38e, f; 12.42a; 12.56~12.58을 풀어보라.

Sharpless 에폭시화는 그림 12.9에서 보듯이, 두 가지 곤충 페로몬인 (+)-α-multistriatin과 (−)-frontalin을 포함하여 많은 카이랄 천연물을 합성하는 데 사용되어 왔다.

그림 12.9
비대칭 에폭시화를 이용한 카이랄 곤충 페로몬의 합성

OH → $(CH_3)_3C{-}OOH$, $Ti[OCH(CH_3)_2]_4$, **(+)-DET** → OH → 여러 단계 → (+)-α-multistriatin, 유럽 느릅나무 좀의 페로몬

OH → $(CH_3)_3C{-}OOH$, $Ti[OCH(CH_3)_2]_4$, **(−)-DET** → OH → 두 단계 → (−)-frontalin 서부 소나무 좀의 페로몬

• 생성물에서 에폭사이드 중간체로부터 유도된 결합은 붉은색으로 표시되어 있다.

문제 12.31 왜 Sharpless 시약이 geraniol의 C=C 하나만 에폭시화하는지를 설명하라.

OH

geraniol

Chapter 12 복습

핵심 개념

반응 선택성

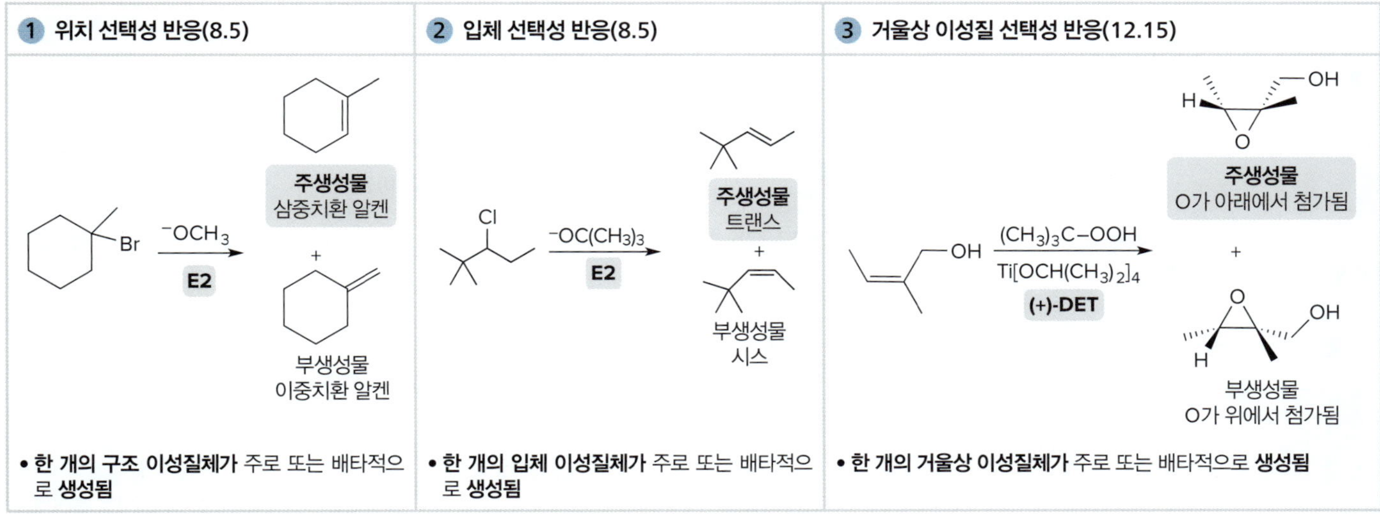

핵심 반응

환원 반응

[1] 알켄의 환원

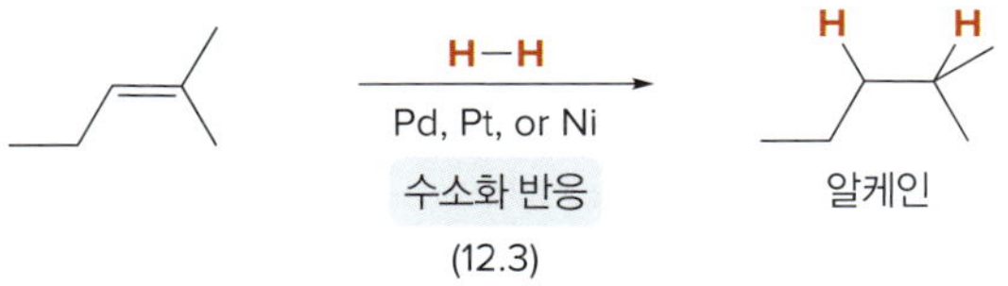

H—H / Pd, Pt, or Ni / 수소화 반응 (12.3) → 알케인

문제 12.32a, 12.34, 12.37a, 12.38a, 12.40c, 12.42b를 풀어보라.

[2] 알카인의 환원

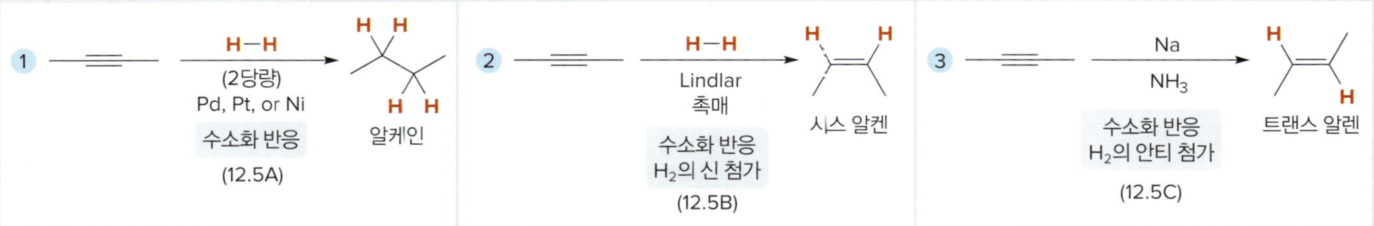

1. H—H (2당량) Pd, Pt, or Ni / 수소화 반응 (12.5A) → 알케인
2. H—H / Lindlar 촉매 / 수소화 반응, H_2의 신 첨가 (12.5B) → 시스 알켄
3. Na / NH_3 / 수소화 반응, H_2의 안티 첨가 (12.5C) → 트랜스 알켄

그림 12.5 참고. 문제 12.41d를 풀어보라.

[3] 할로젠화 알킬과 에폭사이드의 환원

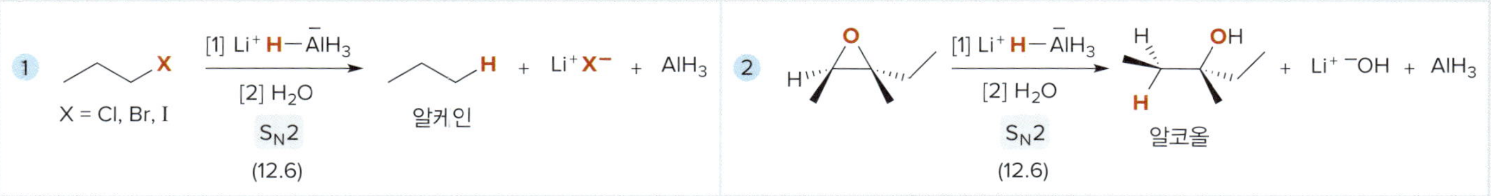

1. X = Cl, Br, I; [1] $Li^+ H-\bar{A}lH_3$ [2] H_2O / S_N2 (12.6) → 알케인 + Li^+X^- + AlH_3
2. [1] $Li^+ H-\bar{A}lH_3$ [2] H_2O / S_N2 (12.6) → 알코올 + $Li^+ {}^-OH$ + AlH_3

그림 12.6 참고. 문제 12.37l; 12.38g; 12.41a, c를 풀어보라.

산화 반응

[1] 알켄의 산화

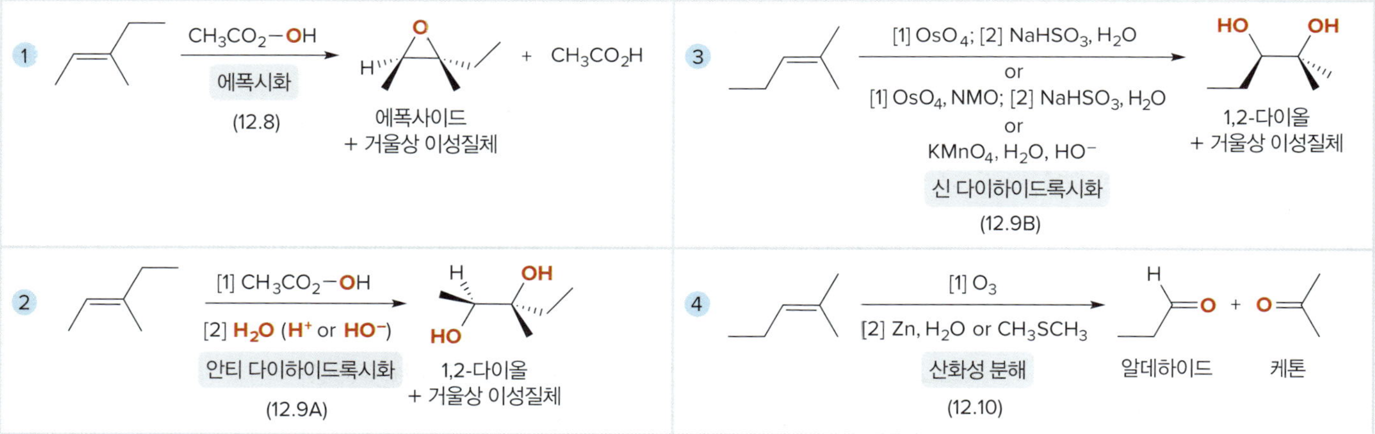

1. CH_3CO_2-OH / 에폭시화 (12.8) → 에폭사이드 + 거울상 이성질체 + CH_3CO_2H
2. [1] CH_3CO_2-OH [2] H_2O (H^+ or HO^-) / 안티 다이하이드록시화 (12.9A) → 1,2-다이올 + 거울상 이성질체
3. [1] OsO_4; [2] $NaHSO_3$, H_2O or [1] OsO_4, NMO; [2] $NaHSO_3$, H_2O or $KMnO_4$, H_2O, HO^- / 신 다이하이드록시화 (12.9B) → 1,2-다이올 + 거울상 이성질체
4. [1] O_3 [2] Zn, H_2O or CH_3SCH_3 / 산화성 분해 (12.10) → 알데하이드 + 케톤

예제 12.2, 12.3, 그림 12.7 참고. 문제 12.32b; 12.37d~g, i, k; 12.38b; 12.41b, e, f; 12.44a; 12.48a, b; 12.51을 풀어보라.

[2] 알카인의 산화성 분해 반응

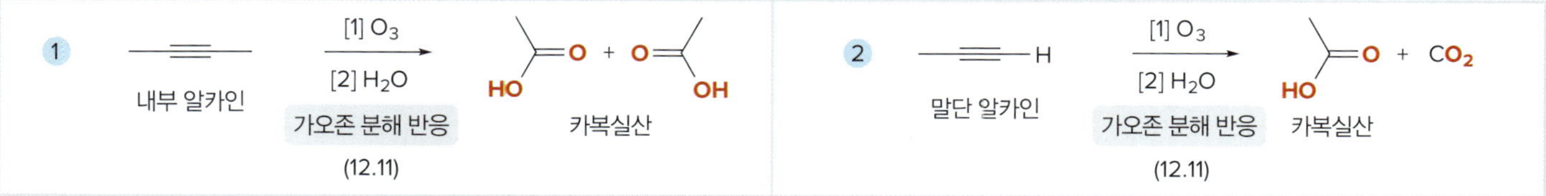

1. 내부 알카인: [1] O_3 [2] H_2O / 가오존 분해 반응 (12.11) → 카복실산
2. 말단 알카인: [1] O_3 [2] H_2O / 가오존 분해 반응 (12.11) → 카복실산 + CO_2

문제 12.48c, d를 풀어보라.

[3] 알코올의 산화

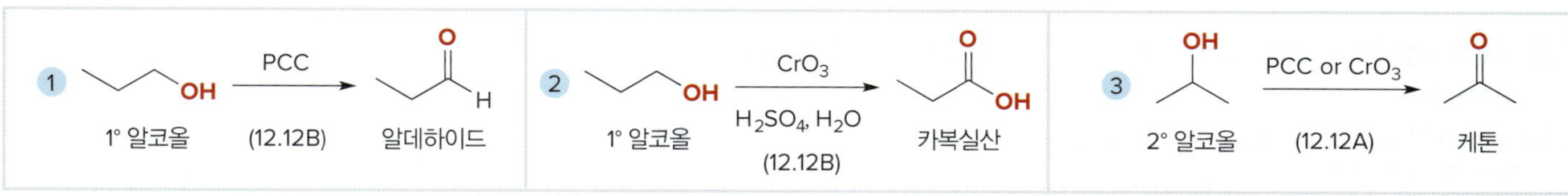

문제 12.32c, d; 12.38c, d, h; 12.42c, d를 풀어보라.

[4] 알릴성 알코올의 비대칭 에폭시화(12.15)

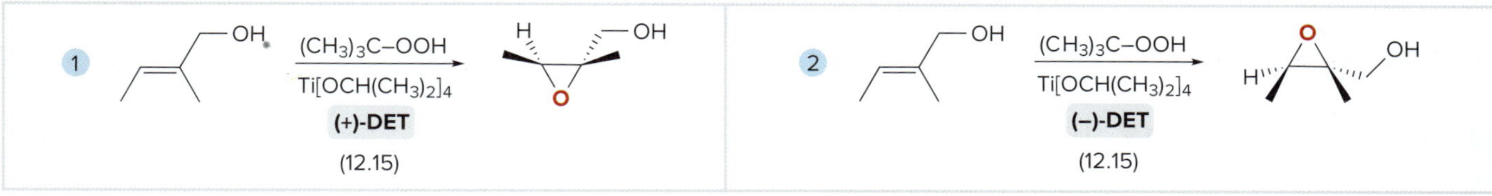

예제 12.5, 그림 12.9 참고. 문제 12.32e; 12.37j; 12.38e, f; 12.42a; 12.56 – 12.58을 풀어보라.

핵심 기법

[1] 분자식이 $C_{14}H_{26}$인 화합물로 수소화 첨가되는 화합물($C_{14}H_{20}$)에 존재하는 고리의 개수와 π 결합의 개수 결정하기 (12.3C)

① 수소화 반응 전후의 불포화도를 결정한다.

H_2 첨가 전—$C_{14}H_{20}$	**H_2 첨가 후—$C_{14}H_{26}$**
• n개 C에 대한 최대 H의 수는 ($2n$ +2); 본 예제에서, $2n + 2 = 2(14) + 2 = 30$ • H 30개(최대) – H 20개(실제) = 10 (H가 최대 수보다 10개 적다)	• n개 C에 대한 최대 H의 수는 ($2n$ + 2), 본 예제에서, $2n + 2 = 2(14) + 2 = 30$ • H 30개(최대) – H 26개(실제) = 4(H가 최대 수보다 4개 적다)
$\dfrac{\text{H가 최대 수보다 10개 적다.}}{\text{각 불포화도에 대해 H가 2개 제거됨}}$ =	$\dfrac{\text{H가 최대 수보다 4개 적다.}}{\text{각 불포화도에 대해 H가 2개 제거됨}}$ =
불포화도 5	**불포화도 2**

② 불포화도 배분

H_2 첨가 전		H_2 첨가 후		
불포화도 **5**	–	불포화도 **2**	=	H_2와 반응한 불포화도 **3**
$C_{14}H_{20}$에 존재하는 5개의 고리 또는 π 결합	=	**고리 2개**	+	**π 결합 3개**

예제 12.1 참고. 문제 12.36을 풀어보라.

[2] 알켄이 mCPBA와 에폭시화 반응을 할 때 얻어지는 입체 이성질체 그리기(12.8A); 예: (*Z*)-3-methylpent-2-ene

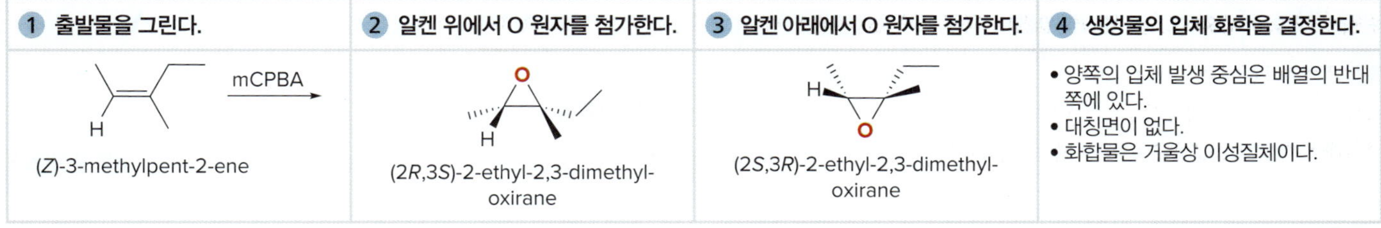

① 출발물을 그린다.	② 알켄 위에서 O 원자를 첨가한다.	③ 알켄 아래에서 O 원자를 첨가한다.	④ 생성물의 입체 화학을 결정한다.
mCPBA H (*Z*)-3-methylpent-2-ene	O H (2*R*,3*S*)-2-ethyl-2,3-dimethyl-oxirane	H O (2*S*,3*R*)-2-ethyl-2,3-dimethyl-oxirane	• 양쪽의 입체 발생 중심은 배열의 반대쪽에 있다. • 대칭면이 없다. • 화합물은 거울상 이성질체이다.

예제 12.2 참고. 문제 12.32b; 12.37d, k; 12.38b를 풀어보라.

[3] 알켄의 다이하이드록시화 반응 생성물 그리기(12.9)

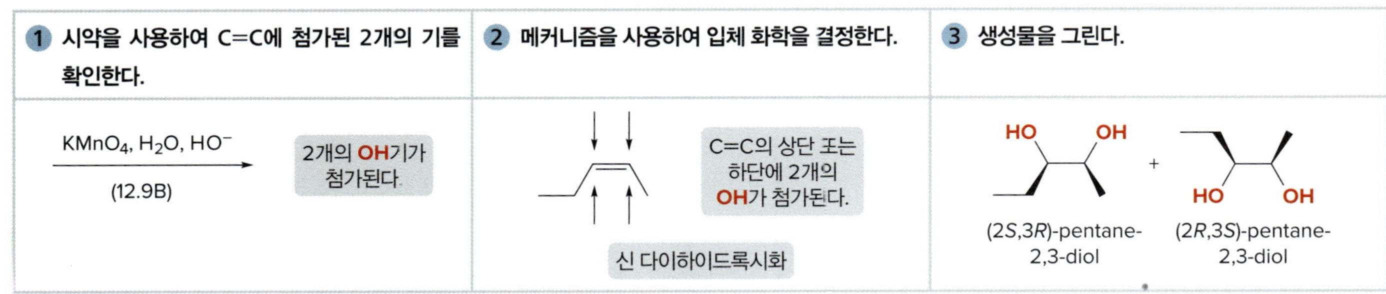

문제 12.37e~g, 12.41b, 12.46을 풀어보라.

[4] 가오존 분해 반응의 생성물 그리기(12.10)

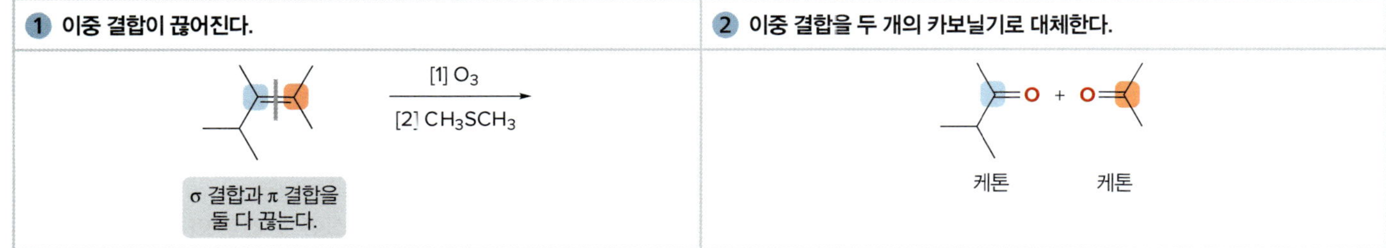

예제 12.3 참고. 문제 12.37i; 12.39c; 12.40a, b; 12.48a, b; 12.51을 풀어보라.

[5] 가오존 분해 반응의 생성물로부터 알켄 확인하기(12.10)

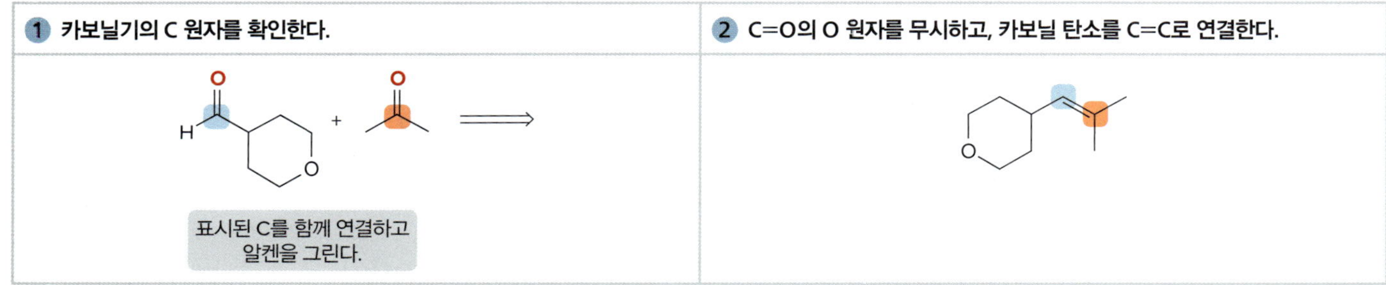

예제 12.4 참고. 문제 12.49a, b; 12.50을 풀어보라.

[6] Sharpless 반응의 생성물 예측하기(12.15)

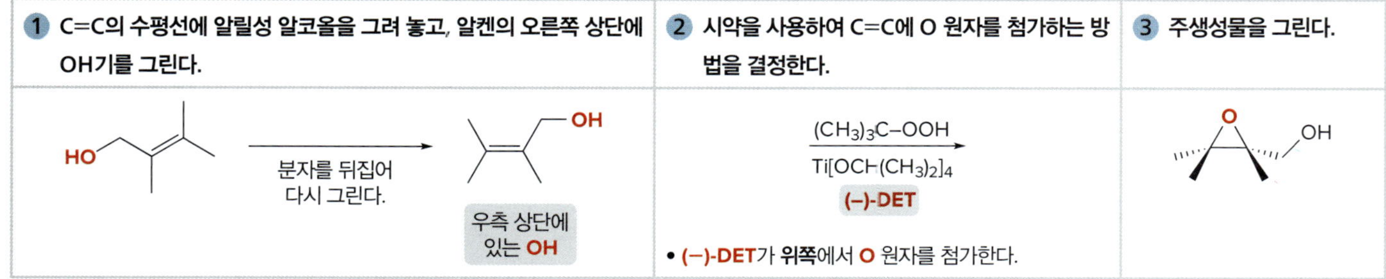

예제 12.5 참고. 문제 12.32e; 12.37j; 12.38e, f; 12.42a; 12.56~12.58을 풀어보라.

12장 선다형 자가-시험

자가-시험은 American Chemical Society 유기 화학 시험과 유사한 객관식 문제로 구성되어 있다. 정답은 장의 마지막 부분에 나와 있다.

1. 분자식이 $C_{15}H_{28}$인 화합물로 수소화 첨가되는, 분자식이 $C_{15}H_{26}$인 화합물에는 몇 개의 고리와 π 결합이 있는가?

a. 고리 세 개
b. 고리 두 개와 π 결합 한 개
c. 고리 한 개와 π 결합 두 개
d. π 결합 세 개

2. 각 반응을 산화, 환원, 또는 둘 다 아닌 것으로 구분하라.

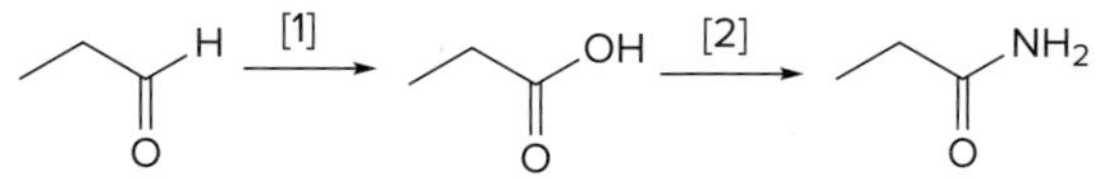

a. 둘 다 산화
b. [1] 산화, [2] 환원
c. [1] 산화, [2] 둘 다 아님
d. [1] 둘 다 아님, [2] 환원

3. 알켄 **A—D**를 수소화열이 증가하는 순서로 정렬하라.

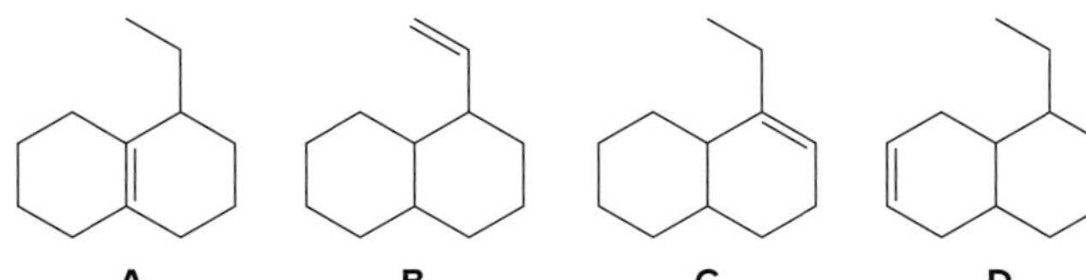

a. **A** < **C** < **D** < **B**
b. **A** < **B** < **C** < **D**
c. **B** < **D** < **C** < **A**
d. **B** < **C** < **D** < **A**

4. **A**가 PCC와 반응하면 무슨 생성물이 생기는가?

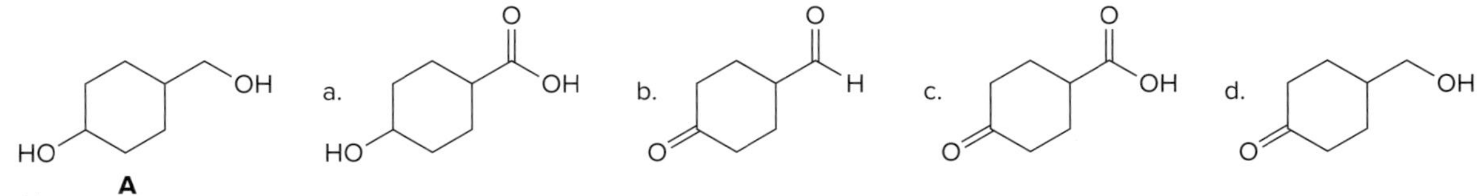

5. **B**의 가오존 분해 반응에서 어느 생성물이 생기지 **않는가**?

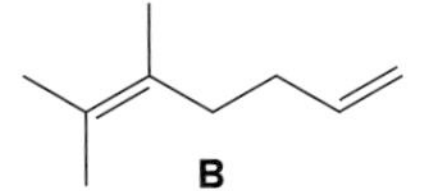

a. b. c. d.

6. Hexan-2-ol이 생기지 **않는** 반응은 무엇인가?

a.
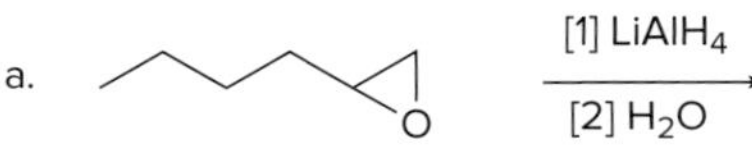

b. [1] PBr_3 [2] $LiAlH_4$

c. H_2 / Pd-C

d. H_2 / Pd-C

7. $CH_3CH_2C{\equiv}CCH_2CH_3$를 NH_3에서 Na로 처리한 후, 연이어 mCPBA와 반응시켰을 때 무슨 생성물(들)이 생기는가?

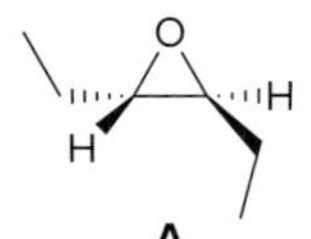

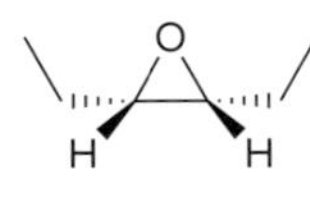

C

a. **A**만
b. **B**만
c. **C**만
d. **A**와 **C**의 혼합물

8. 어느 서술이 틀리는가?

a. 2° 알코올을 CrO_3로 산화하면 케톤이 얻어진다.

b. Cyclopentene을 OsO_4로 처리한 후, 연이어 $NaHSO_3$ 수용액과 반응시키면 두 거울상 이성질체의 동일한 양의 혼합물이 얻어진다.

c. $CH_3CH_2C{\equiv}CCH_2CH_3$은 Pd-C 또는 Lindlar 촉매 존재하에서 H_2와 반응한다.

d. *trans*-But-2-ene을 RCO_3H로 처리한 후 ^-OH와 반응시키면 메소 화합물이 얻어진다.

9. **C**를 Sharpless 시약과 (−)-DET로 처리하면 무슨 생성물이 생기는가?

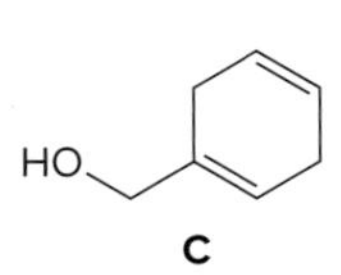

a.
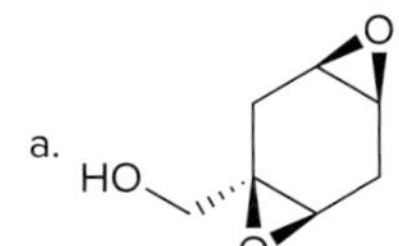

b.
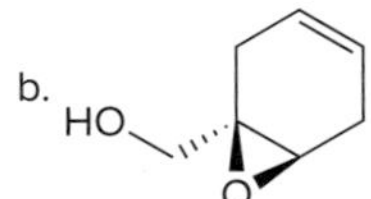

c.
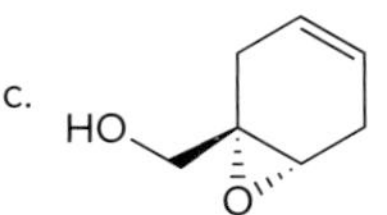

d.
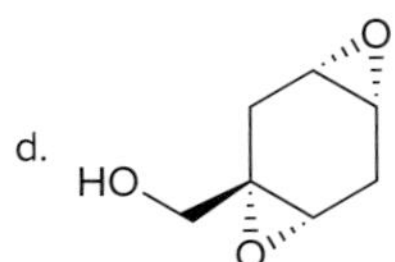

10. 어느 화합물이 Pd 촉매 존재하에서 H_2와 반응하지 **않는가**?

a.
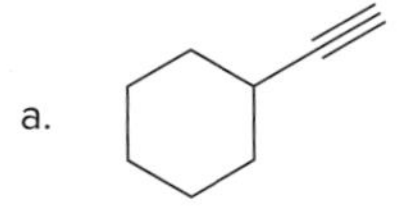

b.
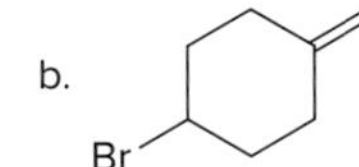

c.
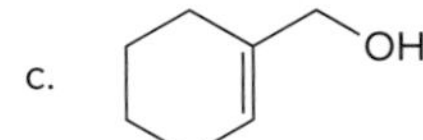

d.
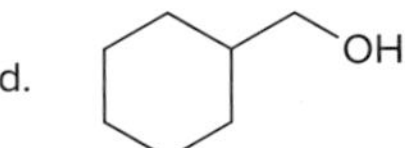

문제

삼차원 모형을 이용하는 문제

12.32 **A**가 각각의 시약으로 처리될 때 생성되는 생성물을 그려라. (a) H_2 + Pd-C; (b) mCPBA; (c) PCC; (d) CrO_3, H_2SO_4, H_2O; (e) (+)-DET와 같이 Sharpless 시약

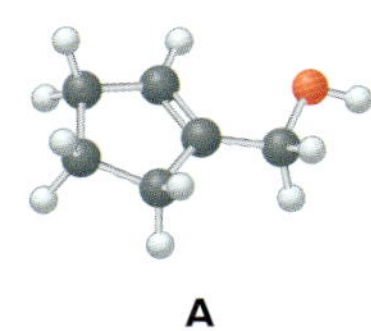

A

12.33 아세틸렌과 탄소가 두 개 이하인 유기 화합물로부터 다음 화합물의 합성을 고안하라. 다른 필요한 시약은 아무거나 사용할 수 있다.

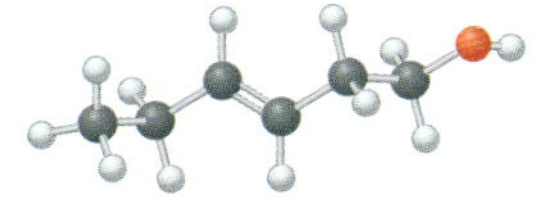

수소화 반응

12.34 각 화합물이 Pd-C 촉매 존재하에서 H_2와 반응할 때 생성되는 유기 생성물을 그려라. 생성된 모든 입체 이성질체의 삼차원 구조를 나타내라.

a. 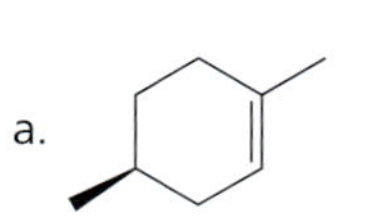 b. 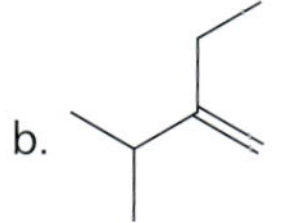 c. 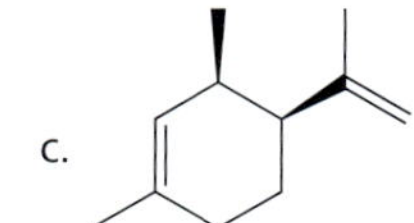 d. 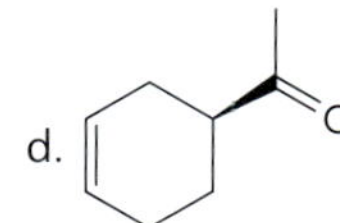

12.35 각 알켄을 그 수소화열과 짝지어라.
알켄: 3-methylbut-1-ene, 2-methylbut-1-ene, 2-methylbut-2-ene
$\Delta H°$(수소화) kJ/mol: −119, −127, −112

12.36 화합물 **A**−**C**에는 몇 개의 고리와 π 결합이 포함되어 있는가? 각 화합물에 대하여 가능한 한 개의 구조를 그려라.

a. 화합물 **A**는 분자식이 C_5H_8이고 분자식이 C_5H_{10}인 화합물로 수소화된다.
b. 화합물 **B**는 분자식이 $C_{10}H_{16}$이고 분자식이 $C_{10}H_{18}$인 화합물로 수소화된다.
c. 화합물 **C**는 분자식이 C_8H_8이고 분자식이 C_8H_{16}인 화합물로 수소화된다.

반응−일반

12.37 Cyclopentene을 각 시약으로 처리할 때 생성되는 유기 생성물을 그려라. 몇몇 시약의 경우에는 반응이 일어나지 않는다.

a. H_2 + Pd-C
b. H_2 + Lindlar 촉매
c. Na, NH_3
d. CH_3CO_3H
e. [1] CH_3CO_3H; [2] H_2O, HO^-
f. [1] OsO_4 + NMO; [2] $NaHSO_3$, H_2O
g. $KMnO_4$, H_2O, HO^-
h. [1] $LiAlH_4$; [2] H_2O
i. [1] O_3; [2] CH_3SCH_3
j. $(CH_3)_3COOH$, $Ti[OCH(CH_3)_2]_4$, (−)-DET
k. mCPBA
l. (k)번의 생성물; 그 다음 [1] $LiAlH_4$; [2] H_2O

12.38 알릴성 알코올 **A**가 각 시약으로 처리될 때 성성되는 유기 생성물을 그려라.

(구조식: 2-methylbut-2-en-1-ol 유사 구조, OH) **A**

a. H_2 + Pd-C
b. mCPBA
c. PCC
d. CrO_3, H_2SO_4, H_2O
e. $(CH_3)_3COOH$, $Ti[OCH(CH_3)_2]_4$, (+)-DET
f. $(CH_3)_3COOH$, $Ti[OCH(CH_3)_2]_4$, (−)-DET
g. [1] PBr_3; [2] $LiAlH_4$; [3] H_2O
h. $HCrO_4^-$−Amberlyst A-26 수지

12.39 다음 문제는 알켄 **A**, **B**, **C** 그리고 **D**에 관한 것이다: (a) **A**−**D**를 수소화열이 증가하는 순서로 정렬하라. (b) **A**−**D**를 H_2, Pd-C와의 반응 속도가 증가하는 순서로 정렬하라. (c) 각 알켄을 오존과 연이은 Zn, H_2O로 처리하였을 때 생성되는 생성물을 그려라.

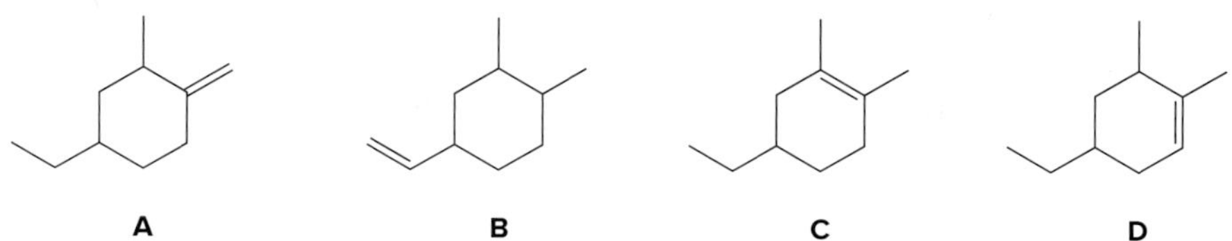

12.40 Cadinene은 지중해 지역의 고유종인 향나무에서 분리되는 탄화수소의 그룹이다.

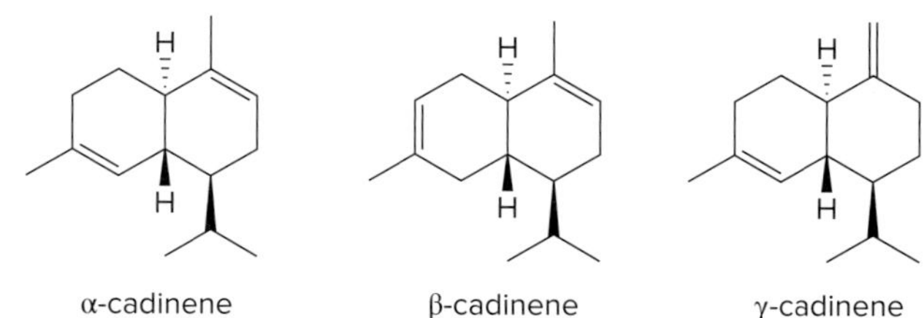

α-cadinene β-cadinene γ-cadinene

a. 가오존 분해 반응 후에 어느 이성질체에서 비고리형 화합물이 얻어지는가? 생성물의 구조를 그려라.

b. 가오존 분해 반응 후에 어느 이성질체에서 고리가 하나인 화합물이 얻어지는가? 생성물의 구조를 그려라.

c. α-Cadinene이 Pd-C의 존재하에서 과량의 H_2와 반응한 후에 생성되는 모든 생성물의 구조를 그려라.

12.41 각 반응에서 생기는 유기 생성물을 그려라.

a. OH → [1] $SOCl_2$, pyridine [2] $LiAlH_4$ [3] H_2O

b. → [1] OsO_4 [2] $NaHSO_3$, H_2O

c. → [1] mCPBA [2] $LiAlH_4$ [3] H_2O

d. → H_2, Lindlar 촉매

e. → mCPBA

f. H → mCPBA

12.42 각 반응에서 생기는 생성물을 그려라. 각 반응은 의약품이나 천연물 합성의 한 단계이다: (a) 항우울제 fluoxetine(여는 장); (b) 항우울제 sertraline (15.5절); (c) 항암제 exemestane (5.5절); (d) monensin (18.15절).

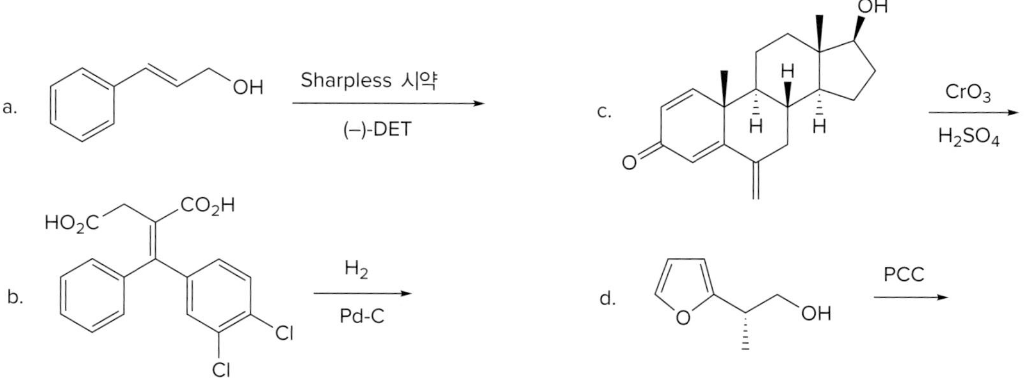

12.43 $LiAlH_4$로 환원하였을 때 2-methylpentane-2-ol [$(CH_3)_2C(OH)CH_2CH_2CH_3$]를 생성하는 두 서로 다른 에폭사이드의 구조를 그려라.

12.44 Pd-C의 존재하에서 알켄 **A**가 D_2와 수소화 반응을 하면 단일 생성물 **B**가 얻어진다. 이 결과를 염두에 두고, **A**를 각 시약으로 처리하였을 때 생기는 화합물은 무엇인가: (a) mCPBA; (b) Br_2, H_2O와 연이은 염기 처리. 이들 결과를 설명하라.

A → D_2, Pd-C → B (D, D, H, H)

12.45 뇌와 망막에 풍부하게 존재하는 지방산인 화합물 **X**는 분자식이 $C_{22}H_{32}O_2$이다. (a) **X**의 불포화도는 얼마인가? (b) **X**를 O_3와 연이은 $(CH_3)_2S$로 처리하면 다음과 같은 생성물이 혼합물로 얻어진다: $HO_2CCH_2CH_2CHO$, $CH_2(CHO)_2$ (5당량) 그리고 CH_3CH_2CHO. 모든 C=C는 *Z* 배열이라고 가정하고 **X**의 구조를 제안하라. (c) **X**를 두 당량의 H_2로 처리하였을 때 생기는 생성물 **Y**의 가능한 구조를 그려라. (d) **X**를 과량의 H_2로 처리하였을 때 생기는 생성물 **W**의 구조를 그려라. (e) **X**, **Y**와 **W**를 녹는점이 증가하는 순서로 정렬하라.

12.46 각각의 1,2-다이올을 합성하고자 한다. 두 가지 조건에서 각 1,2-다이올을 합성하려면 어떤 알켄이 필요한가? [1] OsO_4로 반응시킨 다음, H_2O에서 $NaHSO_3$와 반응시킨다. [2] CH_3CO_3H와 반응시킨 다음, H_2O에서 ^-OH와 반응시킨다.

a. 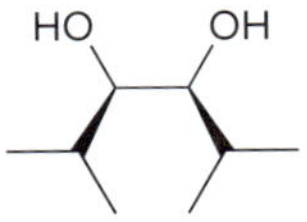 HO OH

b. 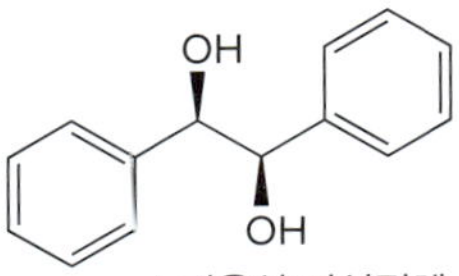 OH OH + 거울상 이성질체

c. 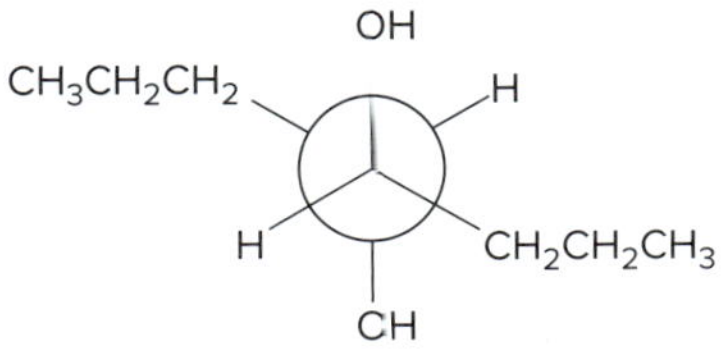 OH, $CH_3CH_2CH_2$, H, H, $CH_2CH_2CH_3$, CH

12.47 (a) 다음 반응의 단계 [1]에서 어떤 생성물이 생성되는가? (b) 관찰된 입체 화학을 설명하는 단계 [2]의 메커니즘을 그려라. (c) Prop-2-en-1-ol (CH_2=$CHCH_2OH$)로부터 카이랄 **A**를 합성하기 위해 필요한 반응 조건은 무엇인가?

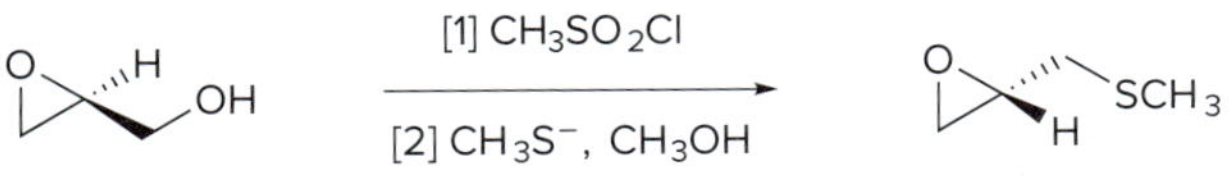

A →([1] CH_3SO_2Cl; [2] CH_3S^-, CH_3OH) **B** (SCH_3)

산화성 분해

12.48 각 산화성 분해에서 생기는 생성물을 그려라.

a. 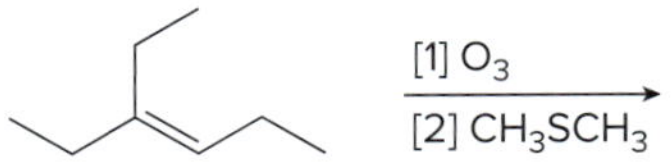 →([1] O_3; [2] CH_3SCH_3)

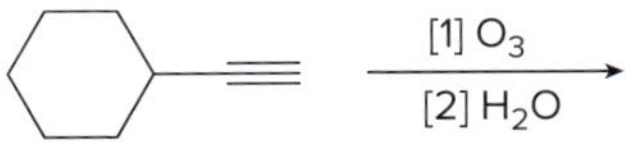

b. 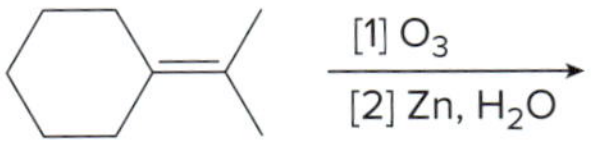 →([1] O_3; [2] Zn, H_2O)

c. →([1] O_3; [2] H_2O)

d. 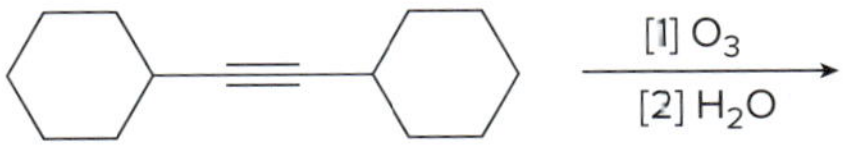 →([1] O_3; [2] H_2O)

12.49 오존에 의한 산화성 분해 후 각각의 생성물을 생성하는 알켄 또는 알카인은 무엇인가?

a. 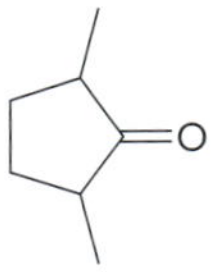 와

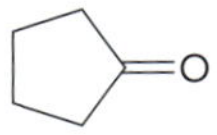

b. 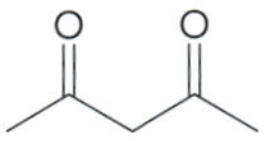 와 CH_2=O 2당량

c. OH 와 CO_2

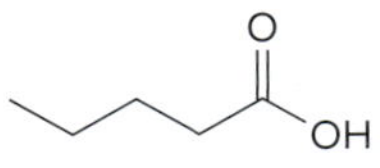

d. OH 와 OH

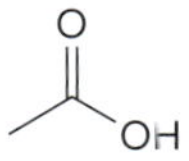

12.50 각각의 반응에서 출발물을 확인하라.

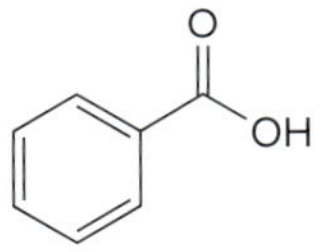

a. $C_{10}H_{18}$ →([1] O_3; [2] CH_3SCH_3)

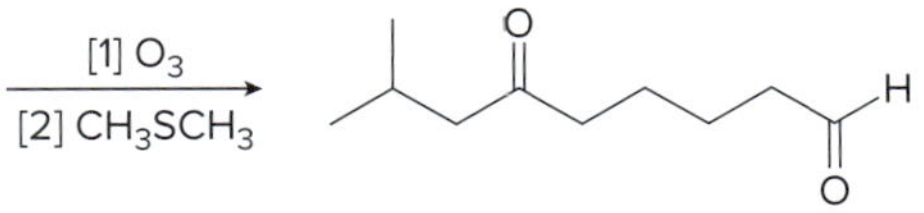

b. $C_{10}H_{16}$ →([1] O_3; [2] CH_3SCH_3)

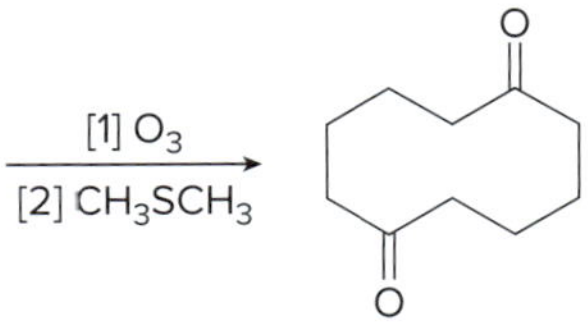

12.51 각각의 천연물을 O_3로 처리한 후, 연이어 Zn, H_2O로 반응시킬 때 생성되는 생성물을 그려라.

a. 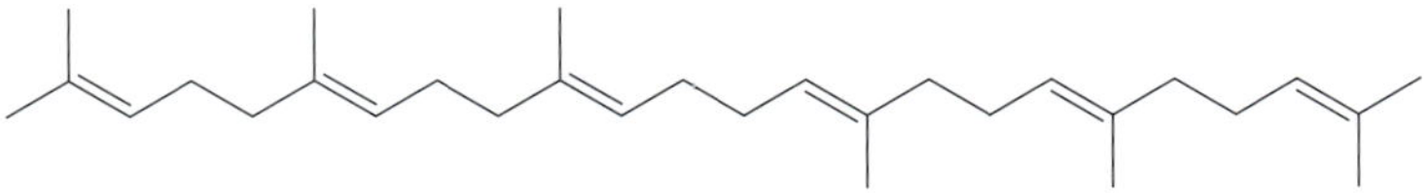 squalene

b. 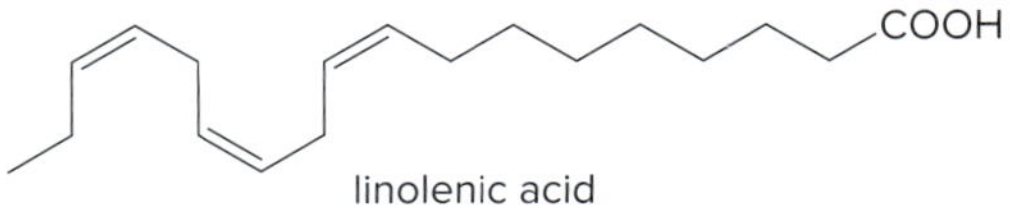 COOH linolenic acid

c. 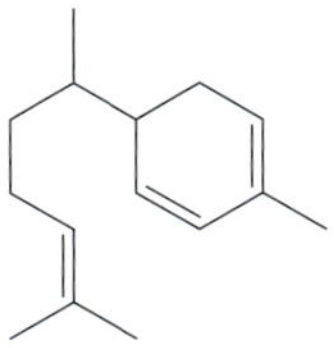 zingiberene

반응에서 화합물의 구조 결정

12.52 화합물 **A**는 분자식이 C_6H_{10}이며 Pd 존재하에서 과량의 H_2로 처리하면 $(CH_3)_2CHCH_2CH_2CH_3$이 얻어진다. **A**가 $NaNH_2$ 및 CH_3I와 반응하면 화합물 **B**(분자식 C_7H_{12})가 얻어진다. 화합물 **A**와 **B**의 구조는 무엇인가?

12.53 자주개자리(alfalfa)로부터 추출된 두 탄화수소 화합물인 oximene과 myrcene은 분자식이 $C_{10}H_{16}$으로 H_2 및 Pd 촉매로 처리될 때 둘 다 모두 2,6-dimethyloctane을 생성한다. Oximene을 가오존 분해하면 $(CH_3)_2C{=}O$, $CH_2{=}O$, $CH_2(CHO)_2$ 및 CH_3COCHO를 생성한다. Myrcene을 가오존 분해하면 $(CH_3)_2C{=}O$, $CH_2{=}O$ (2당량) 및 $HCOCH_2CH_2COCHO$를 생성한다. Oximene과 myrcene의 구조를 밝혀라.

12.54 하와이의 해변에서 '바닷가 냄새'의 원인 물질 중의 한 화합물은 dictyopterene D'이다. 이 물질은 limu lipoa라고 부르는 갈색의 먹을 수 있는 해초의 한 성분이다. Dictyopterene D'를 Pd 촉매 존재하에서 과량의 H_2로 수소화하면 butylcycloheptane이 생성된다. O_3로 가오존 분해 반응시킨 다음, $(CH_3)_2S$로 처리하면 $CH_2(CHO)_2$, $HCOCH_2CH(CHO)_2$ 및 CH_3CH_2CHO이 생성된다. Dictyopterene D'의 가능한 구조는 무엇인가?

12.55 분자식이 $C_{14}H_{18}$인 화합물 **W**를 수소와 반응시키면 **X**가 생성된다. **W**를 O_3로 가오존 분해 반응시킨 다음, CH_3SCH_3로 처리하면 **Y**가 생성된다. **W**의 구조는 무엇인가?

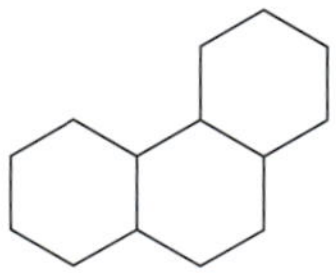

X 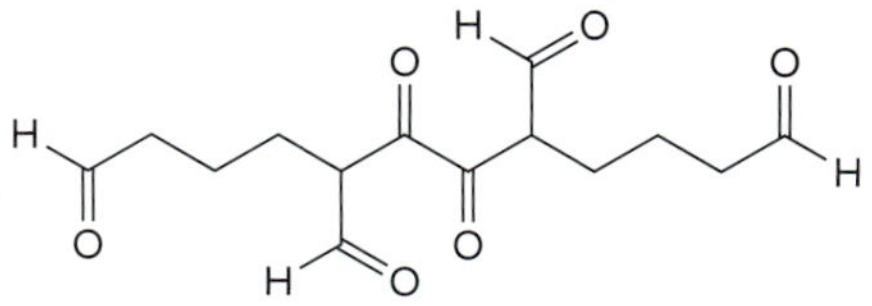 **Y**

Sharpless 비대칭 에폭시화

12.56 각 비대칭 에폭시화 반응의 생성물을 그려라.

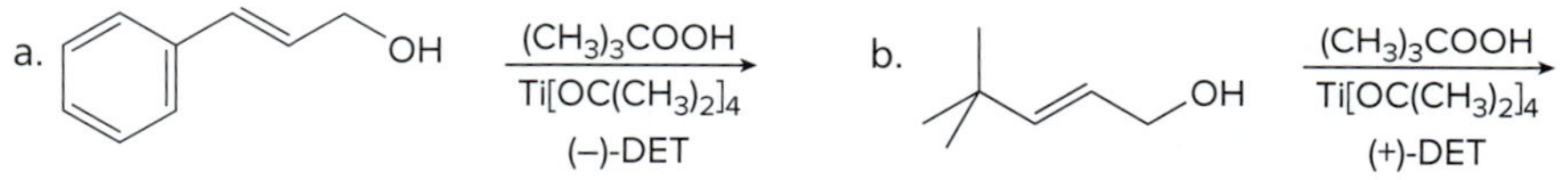

a. OH $\xrightarrow[\text{(−)-DET}]{(CH_3)_3COOH,\ Ti[OC(CH_3)_2]_4}$ b. OH $\xrightarrow[\text{(+)-DET}]{(CH_3)_3COOH,\ Ti[OC(CH_3)_2]_4}$

12.57 Sharpless 시약을 (+)-DET와 함께 사용하여 다음 알릴성 알코올을 에폭시화하면 87:13의 비율로 두 개의 에폭시 알코올이 생성된다.

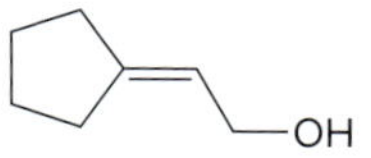

OH

a. 주생성물과 부생성물의 구조를 제시하라.

b. 이 반응에서 거울상 초과량은 얼마인가?

12.58 Sharpless 비대칭 에폭시화 반응을 사용하여 각 카이랄 에폭사이드를 제조하는 데 어떤 알릴성 알코올과 DET 이성질체가 필요한가?

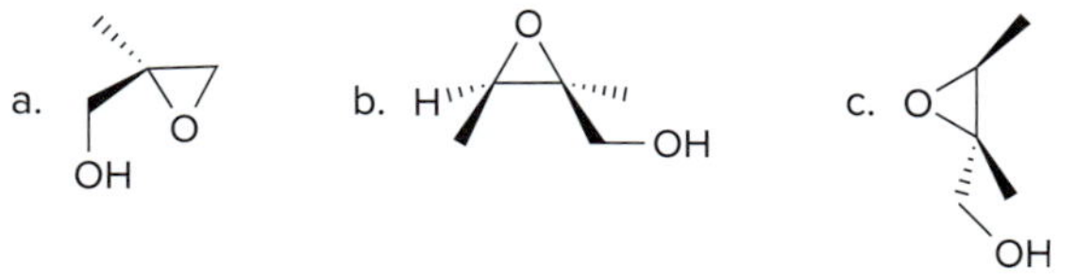

a. O OH b. H O OH c. O OH

12.59 다음 반응에서 **A**를 확인하고, **A**에서 **B**로의 변환 메커니즘을 그려라. **B**는 미국 이외의 지역에서 시판되는 항우울제인 (*S*,*S*)-reboxetine으로 변환되었다.

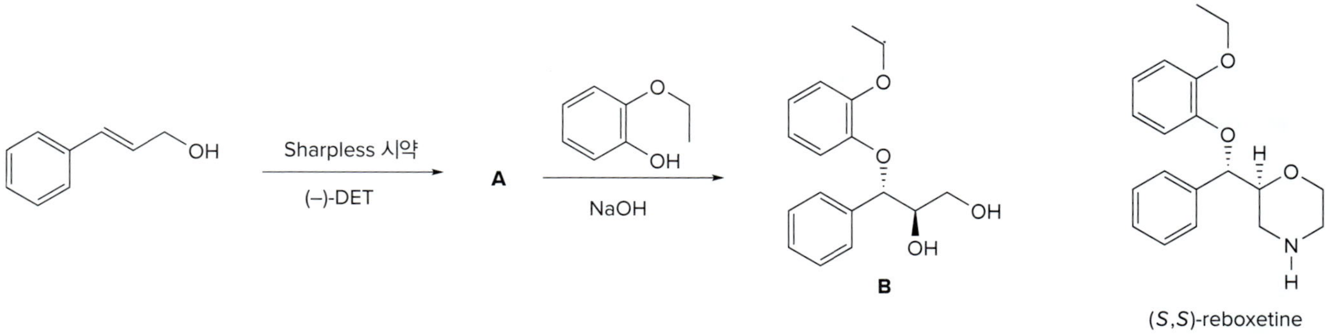

OH $\xrightarrow[\text{(−)-DET}]{\text{Sharpless 시약}}$ **A** $\xrightarrow[\text{NaOH}]{}$ **B**

(*S*,*S*)-reboxetine

합성

12.60 난초는 수분에 필요한 수컷 벌을 유인하기 위하여 암컷 벌의 성 호르몬에 냄새가 비슷한 냄새를 방출한다. *Ophrys exaltata* 속 난초가 분비하는 페로몬 성분의 하나인 (*Z*)-tricosene을 아세틸렌과 할로젠화 알킬로부터 합성하라.

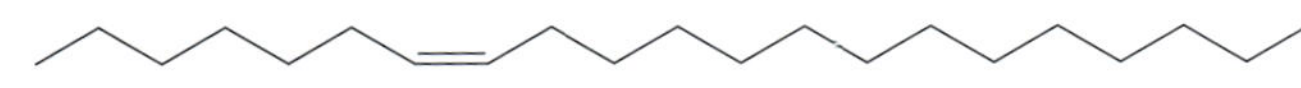

(*Z*)-tricosene

12.61 합성 반응에서 시스 알켄을 트랜스 알켄으로 이성질화하는 것이 가끔 필요하나, 이 과정은 한 단계로 이루질 수는 없다. 8–12장에서 배운 반응을 이용하여 *cis*-but-2-ene을 *trans*-but-2-ene으로 변환하는 단계를 제안하라.

12.62 아세틸렌과 다른 필요한 시약으로부터 각 화합물의 합성을 고안하라.

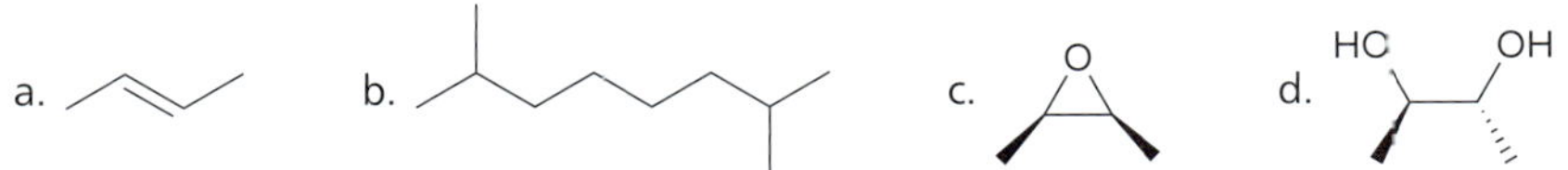

12.63 주어진 출발물로부터 화합물 **A**의 합성을 고안하라. 다른 무기 시약과 유기 알코올을 사용할 수도 있다. **A**는 고혈압 치료제인 aliskiren을 제조하는 데 사용되었다(문제 5.6 참조).

CH_3O … Br ⟹ HO … CHO, CH_3O + Br … Br

A

aliskiren

12.64 아래 제시된 출발물과 탄소가 하나나 두 개인 유기 화합물 그리고 다른 필요한 시약으로부터 각 화합물의 합성을 고안하라.

a. b. c. H–C≡C–H ⟶

(+ 거울상 이성질체)

12.65 아래 제시된 출발물로부터 시약으로부터 각 화합물의 합성을 고안하라. 필요한 유기 또는 무기 시약은 아무거나 사용할 수 있다.

a. HO … OH ⟹ Br   b. ⟹ OH

12.66 아세틸렌과 필요한 유기 화합물 및 무기 시약으로부터 (3*R*,4*S*)-3,4-dichlorohexane의 합성을 고안하라.

12.67 유기 출발물로서 오직 CH_3CH_2OH만을 사용하여 다음 각 화합물의 합성을 고안하라. 즉 생성물의 모든 탄소는 에탄올 분자의 탄소로만 구성되어야 한다. 다른 필요한 무기 시약은 아무거나 사용할 수 있다.

a. b. c.

12.68 주어진 세 개의 출발물로부터 **A**의 합성을 고안하라. 다른 필요한 유기 또는 무기 시약은 아무거나 사용할 수 있다.

A ⟹ H—≡—H + O + OH

분광법

문제 12.69와 12.70은 A–C장의 분광법을 이미 배운 학생들을 위한 것이다.

12.69 알코올 **A**(분자식 $C_5H_{12}O$)를 CrO_3, H_2SO_4, H_2O로 처리하면 분자식이 $C_5H_{10}O$이고 IR 흡수가 1718 cm^{-1}에서 나타나는 화합물 **B**가 얻어진다. **B**의 ^1H NMR 스펙트럼은 다음 신호를 보여 준다: 1.10(이중선, 6 H), 2.14(단일선, 3 H) 및 2.58(칠중선, 1 H) ppm. **A**와 **B**의 구조는 무엇인가?

12.70 화합물 **C**(분자식 $C_9H_{12}O$)를 PCC로 처리하면 화합물 **D**(분자식 $C_9H_{10}O$)가 얻어진다. **D**의 ^{1}H NMR과 IR 스펙트럼을 이용하여 **C**와 **D**의 구조를 결정하라.

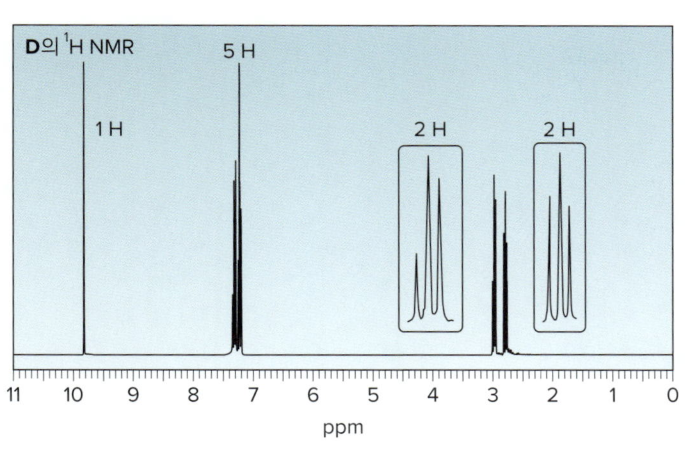

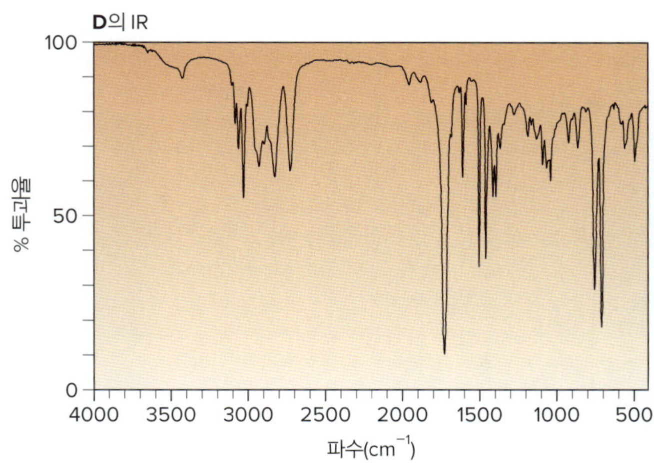

도전 문제

12.71 Birch 환원 반응은 알코올의 존재하에서 Li 금속과 액체 암모니아를 사용하여 치환된 벤젠을 cyclohexa-1,4-diene으로 변환시키는 용해성 금속 반응이다. 다음 Birch 환원 반응의 단계별 메커니즘을 쓰라.

$$\text{C}_6\text{H}_5\text{–OCH}_3 \xrightarrow[\text{NH}_3,\ \text{CH}_3\text{CH}_2\text{OH}]{\text{Li}} \text{1-methoxycyclohexa-1,4-diene}$$

12.72 Cyclohexanol의 Cr^{6+} 산화에서 입체적으로 장애를 받는 알코올은 장애가 없는 알코올보다 더 빠르게 반응한다는 것은 일반적으로 사실이다. 다음 알코올 중에서 어느 알코올이 더 빠르게 산화되는가?

12.73 알켄의 다이하이드록실화는 HCO_2H에서 H_2O_2로 수행할 수 있다. 이 반응에서 *trans*-but-2-ene은 (2*R*, 3*S*)-butane-2,3-diol을 생성하고, *cis*-but-2-ene은 (2*R*, 3*R*)-butane-2,3-diol과 (2*S*, 3*S*)-butane-2,3-diol의 혼합물을 생성한다. 이 방법에 의한 다이하이드록실화 반응은 신 첨가인가, 안티 첨가인가?

12.74 다음 반응의 단계별 메커니즘을 그려라.

$$\xrightarrow[\text{H}_2\text{SO}_4,\ \text{H}_2\text{O}]{\text{CrO}_3}$$

12.75 알릴성 알코올 **X**를 Sharpless 에폭시화하면 화합물 **Y**가 얻어진다. **Y**를 알코올–물 혼합 용액에서 NaOH와 C_6H_5SH로 처리하면 **Z**가 얻어진다. **Y**의 구조를 밝히고, **Y**에서 **Z**로의 변환에 관한 메커니즘을 그려라. **Z**에 존재하는 입체 발생 중심에 대한 입체 화학을 설명하라. **Z**는 카이랄 탄수화물 합성의 중간체로 사용되었다.

$$\mathbf{X} \xrightarrow[\text{(+)-DET}]{\text{Sharpless 에폭시화}} \mathbf{Y} \xrightarrow[\text{H}_2\text{O, (CH}_3)_3\text{COH}]{\text{NaOH, C}_6\text{H}_5\text{SH}} \mathbf{Z}$$

자가–시험 해답

1. c 2. c 3. a 4. b 5. a 6. b 7. d 8. b 9. b 10. d

분광학

A

질량 분석법

Mass Spectrometry

ORGANIC CHEMISTRY

MizC/Getty Images

Nootkatone은 자몽 향기의 핵심 성분인 방향성 리피드이다. 미국 질병통제예방센터의 연구에 의하면 nootkatone은 진드기, 모기 및 기타 곤충의 살충제와 퇴치제로 작용한다고 한다. 시트로넬라같이 식물에서 유래한 퇴치제보다 그 효과가 더 오래 지속되고 독성이 없기 때문에 nootkatone은 미국 식품의약청에 의하여 진드기와 모기를 조절하는 제품의 한 성분으로 허가를 받았다. Nootkatone과 다른 복잡한 유기 화합물의 구조를 결정하기 위해서 화학자는 다양한 분석 기기를 사용한다. 분광학 A에서는 유기 화합물의 분자량을 결정하는 방법인 질량 분석법을 공부할 것이다.

왜 공부하는가? . . .

분광학이란?

어떤 화합물이 실험실에서 만들어지거나 자연계에서 추출되면, 우리는 먼저 그 화합물의 정체를 알아야 한다. 70여 년 전에는 유기 화합물의 구조를 결정한다는 것이 매우 힘들고 지루한 작업이었다. 화합물의 물리적 성질(녹는점, 끓는점, 용해도, 밀도)을 측정하고, 화학적 성질에 관한 다양한 시험을 시행하여 작용기를 확인했으며 물리적, 화학적 성질이 알려진 여러 유도체를 만들어 그 특성을 측정해야만 했었다.

화합물의 구조 결정은 오늘날에도 결코 쉬운 일은 아니지만, 이제는 현대적 기기의 사용으로 훨씬 간편해졌다. 새로운 기술을 활용함으로써 화합물의 구조 결정에 소요되는 시간을 크게 줄일 수 있게 되었을 뿐만 아니라, 갈수록 복잡한 화합물의 구조도 완벽하게 알아낼 수 있게 되었다.

분광학 A에서는 화합물의 분자량과 분자식을 측정하는 데 사용되는 **질량 분석법(MS, mass spectrometry)**을 소개한다. 분광학 B에서는 화합물의 작용기를 알아내는 데 유용한 **적외선 분광법[infrared (IR) spectroscopy]**을 공부하게 된다. 화합물의 탄소-수소 골격을 알아내는 데 사용되는 **핵자기 공명 분광법[nuclear magnetic resonance (NMR) spectroscopy]**은 분광학 C에서 공부하게 되는데, 이 방법은 화합물의 구조를 규명하는 데 가장 강력한 분광학적 수단이다. 각각의 방법은 유기 화합물의 구조 결정에 중요한 정보를 준다. 우리는 에너지원과 분자 사이에서 일어나는 상호작용의 변화를 스펙트럼으로 기록하여, 구조를 알아내는 세 가지 방법을 자세히 살펴볼 것이다.

A.1 질량 분석법과 분자 이온

질량 분석법은 유기 분자의 분자식과 분자량을 알아내는 데 사용되는 방법이다.

A.1A 일반적인 특징

그림 A.1에 나타낸 것처럼, 가장 흔한 형태의 **질량 분석기(mass spectrometer)**에서 분자는 기화된 후, 에너지가 높은 전자 빔과 충돌하여 이온화된다. 이때 사용되는 전자의 에너지는 대략 6400 kJ, 즉 70전자 볼트(eV) 정도 된다. 전자 빔은 분자로부터 전자를 떨어져 나가게 함으로써 분자를 이온화한다.

그림 A.1
질량 분석기의 개략도

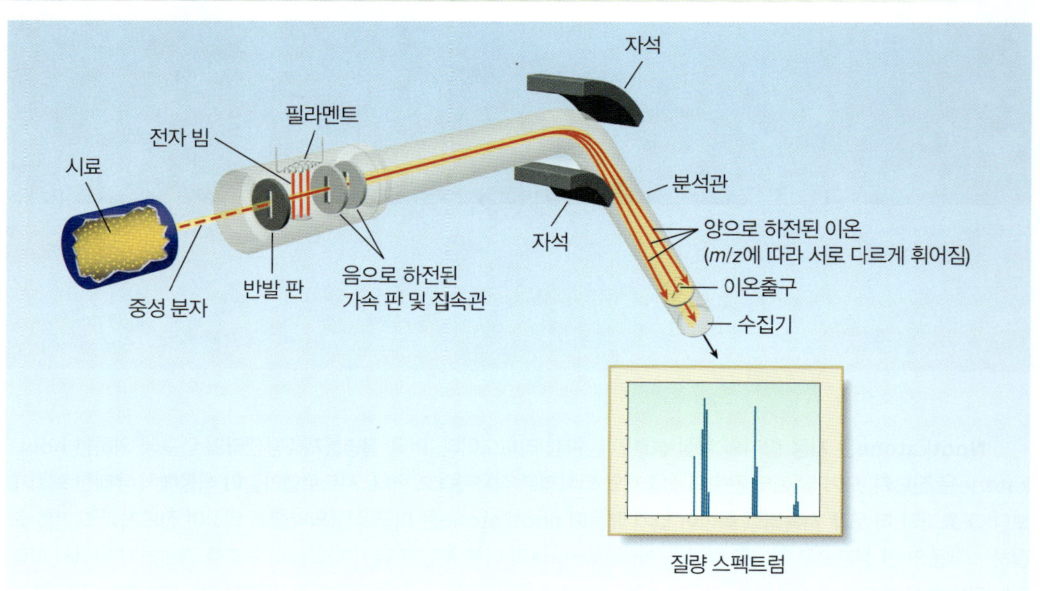

• 질량 분석기 내에서 시료는 기화되어 전자 빔과 충돌하면서 불안정한 라디칼 양이온으로 되는데 이것은 곧 작은 조각으로 깨진다. 양전하를 띤 이온은 음으로 하전된 가속판 쪽으로 가속된 후 자기장이 걸린 구부러진 분석관을 통과하게 되는데, 이때 이온의 단위 전하당 질량비(m/z)에 따라 서로 다르게 구부러진다. 질량 스펙트럼은 검출기에 도착한 각 이온의 세기를 각각의 m/z 값에 대해서 기록한 것이다.

분광법(spectroscopy)이라는 용어는 원래 에너지원으로 전자파를 이용하는 분석 방법을 지칭하는 말이다. 질량 분석법에서는 에너지원이 전자 빔인 관계로, 분광법이라는 용어 대신 **질량 분석법**이라는 말을 쓴다.

이때 만들어지는 화학종은 **라디칼 양이온**으로서, $M^{+\bullet}$로 표시한다. 이 화학종은 짝짓지 않은 전자가 있으므로 라디칼이고, 원래 중성이던 때보다 전자를 한 개 적게 가지고 있으므로 양이온이다.

- 라디칼 양이온 $M^{+\bullet}$는 **분자 이온(molecular ion)** 또는 **어미 이온(parent ion)**이라고 한다.

전자 한 개의 질량은 무시해도 좋을 만큼 작으므로 **$M^{+\bullet}$의 값이** 바로 M의 **분자량을 나타낸다.** 분자 이온 $M^{+\bullet}$는 원래 불안정한 존재이므로 곧 분해된다. 단일 결합이 끊어져 **조각(*fragment*)**으로 나누어지면서 **분자 이온보다 분자량이 작은 라디칼과 양이온을 만들어낸다.** 질량 분석기는 양이온의 질량만을 검출해낼 수 있다. 양이온은 전기장에 의해서 가속되며 자기장 속에서 **질량 대 전하 비(*m/z*)**에 따라 서로 다르게 구부러지므로 분자 이온과 쪼개진 여러 조각이 서로 다른 위치에 나타난다. 거의 모든 경우에 전하(z)는 +1이므로 m/z는 실제로는 각 이온의 질량(m)을 나타내는 셈이다.

M $\xrightarrow{e^-}$ $M^{+\bullet}$ ⟶ 라디칼 + 양이온

분자 — 불안정한 라디칼 양이온 — 이 양이온을 분석하게 된다.

- **질량 스펙트럼(mass spectrum)**은 각각의 양이온의 상대적인 양을 양이온의 질량에 대해서 표시한 것이다.

CH_4의 정수로 된 질량 값은 (1 C × 12 amu) + (4 H × 1 amu) = 16 amu이다. 여기서 amu란 원자 질량 단위(atomic mass unit)를 말한다.

질량 분석기는 개별적인 분자의 질량을 분석해주는 것으로 분자량의 평균값을 알려주는 것은 아니므로, 분자 이온의 분자량을 계산하기 위해서는 가장 널리 존재하는 동위 원소의 정수로 된 원자 질량 단위(amu) 값으로부터 분자량을 계산해야 한다. 따라서 CH_4 분자 이온의 질량은 16이며, 그 결과 CH_4의 질량 스펙트럼은 어미 피크인 분자 이온(**M**)이 m/z = 16에서 나타난다.

CH_4의 질량 스펙트럼

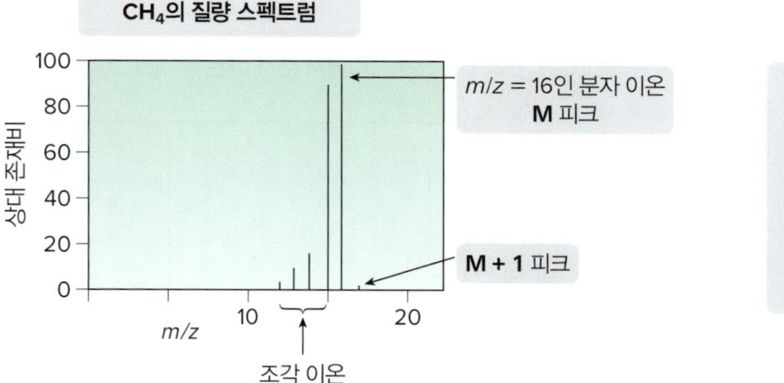

m/z	상대 존재비	
17	1.2	
16	100.0	⟵ 주피크
15	85.9	
14	16.1	
13	8.1	
12	2.8	

질량 스펙트럼에서 가장 큰 피크를 **주피크(base peak)**라고 한다. CH_4에서 주피크가 곧 분자 이온 피크인데, 모든 유기 분자에서 언제나 주피크가 분자 이온을 나타내는 것은 아니다.

CH_4의 질량 스펙트럼을 보면 분자 이온 M 이외에도 여러 피크가 보인다. m/z < 16인 피크들은 어떻게 나온 것일까? 분자 이온은 불안정하기 때문에 메테인보다 수소 원자가 하나, 둘, 셋 또는 넷이 적은 양이온, 라디칼 양이온 조각으로 쪼개진다. 즉 m/z = 15, 14, 13 및 12인 피크는 분자량보다 작은 조각으로부터 나타나는 피크이다. 분자 이온이 더 작은 분자량의 조각으로 쪼개지는 것을 **조각내기(fragmentation)**라고 한다.

$$CH_4 \xrightarrow{e^-} (CH_4)^{+\cdot} \xrightarrow{-H\cdot} CH_3^+ \xrightarrow{-H\cdot} CH_2^{+\cdot} \xrightarrow{-H\cdot} CH^+ \xrightarrow{-H\cdot} C^{+\cdot}$$

질량 16 (분자 이온) / 질량 15, 질량 14, 질량 13, 질량 12 (조각 이온)

CH_4의 질량 스펙트럼에서 m/z = 17에 보이는 작은 피크는 어떻게 나타났을까? 대부분의 탄소 원자는 원자량이 12이지만 탄소 원자 중 1.1%는 핵에 중성자 하나가 더 있으므로 원자량이 13이다. 이 탄소-13 동위 원소 하나가 메테인에 있다고 하면, 이 분자는 m/z = 17에 분자 이온 피크가 나타나게 된다. 이 피크를 **M + 1** 피크라고 부른다.

위에서 이야기한 중요한 사항인 분자 이온, 주피크 및 M + 1 피크 모두가 그림 A.2 헥세인의 질량 스펙트럼에 설명되어 있다.

그림 A.2
헥세인의 질량 스펙트럼
($CH_3CH_2CH_2CH_2CH_2CH_3$)

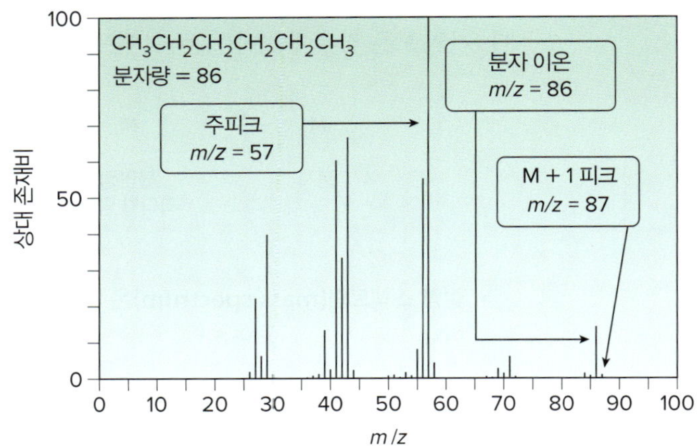

- 분자식이 C_6H_{14}인 헥세인의 분자 이온은 m/z = 86에 나타나 있다.
- 주피크(상대 존재비 = 100)는 m/z = 57에서 보인다.
- 조그마한 M + 1 피크가 m/z = 87에 나타나 있다.

문제 A.1 아래의 펜테인(C_5H_{12})의 질량 스펙트럼에서 분자 이온, 주피크 그리고 M + 1 피크를 표시하라.

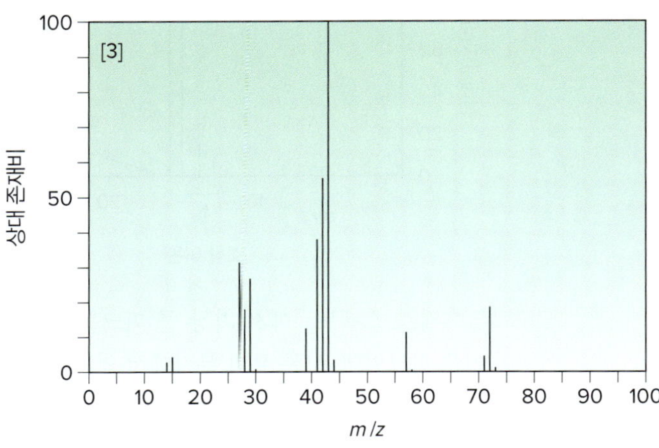

A.1B 분자 이온을 이용한 미지 시료의 분석

분자 이온의 질량이 바로 화합물의 분자량이기 때문에 아래 예제 A.1에서와 같이, 질량 스펙트럼은 물리적 성질은 비슷하지만 분자량이 서로 다른 화합물을 구별하는 데 활용되고 있다.

예제 A.1 분자 이온을 이용하여 화합물을 확인하기

Pent-1-ene과 pent-1-yne은 질량 스펙트럼에서 분자 이온이 서로 다른, 끓는점이 낮은 탄화수소이다. 각 화합물을 질량 스펙트럼과 연관지어라.

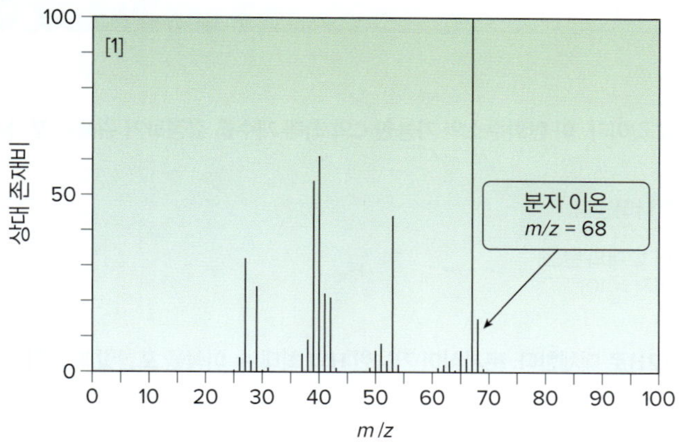

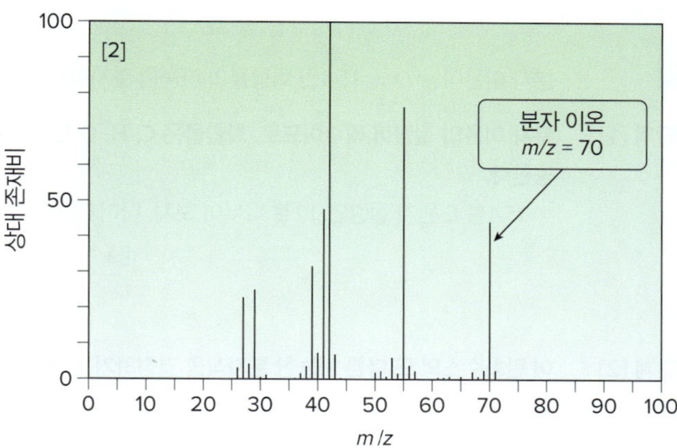

풀이

이 문제를 풀려면, 먼저 각 화합물의 분자식과 분자량을 알아야 한다. 분자량은 분자 이온의 질량과 같으므로, 분자량을 분자 이온의 m/z 값에 맞추면 된다.

화합물	분자식	분자량 = 분자 이온의 m/z	스펙트럼 번호
pent-1-ene	C_5H_{10}	70	[2]
pent-1-yne	C_5H_8	68	[1]

문제 A.2 분자식이 각각 다음과 같은 화합물로부터 만들어지는 분자 이온의 질량을 구하라.

a. C_3H_6O b. $C_{10}H_{20}$ c. $C_8H_8O_2$ d. methamphetamine ($C_{10}H_{15}N$)

추가 문제: 문제 A.18을 풀어보라.

문제 A.3 다음 중에서 어느 화합물의 분자 이온이 m/z = 122에서 나타나는가?

$C_6H_5CH_2CH_2CH_3$, $C_6H_5COCH_2CH_3$, 또는 $C_6H_5OCH_2CH_3$?

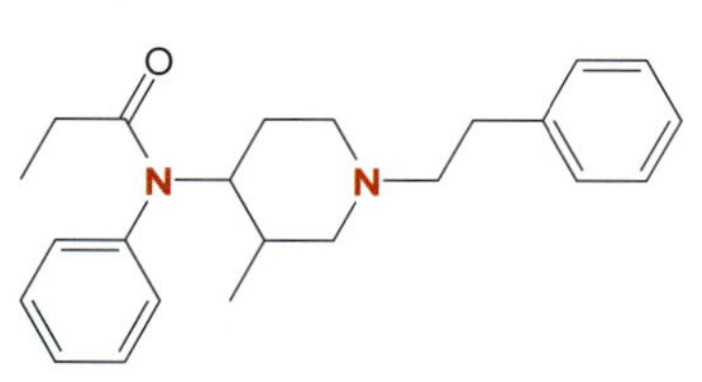

3-methylfentanyl
$C_{23}H_{30}N_2O$
분자량 = 350

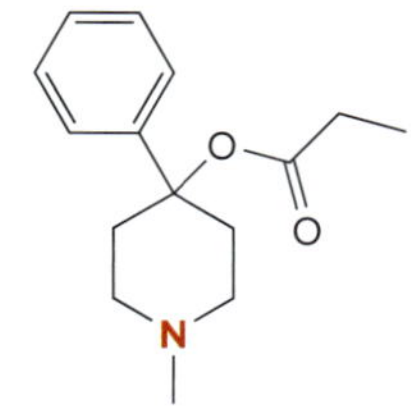

MPPP
(1-methyl-4-phenyl-4-propionoxypiperidine)
$C_{15}H_{21}NO_2$
분자량 = 247

메테인(CH_4)이나 헥세인(C_3H_{14})과 같은 탄화수소나 다른 C, H 그리고 O 원자로만 이루어진 화합물의 분자 이온은 질량이 항상 짝수이다. 일반적으로 분자 이온의 질량이 홀수로 나타나는 것은 분자에 질소 원자가 있음을 뜻한다.

질량 스펙트럼에서 분자 이온의 질량에 N 원자가 미치는 영향을 **질소 규칙(nitrogen rule)**이라고 한다. **N 원자 수가 홀수인 화합물은 분자 이온이 홀수이다.** 반대로 0을 포함하여 N 원자 수가 **짝수**인 화합물은 분자 이온이 **짝수**이다. 헤로인의 효과를 모방한 '거리' 마약 두 가지는 이 원리를 설명한다. 그중 하나인 3-methylfentanyl은 N 원자가 두 개인 화합물로 분자량이 짝수이며, N 원자가 하나인 MPPP는 분자량이 홀수이다.

A.1C 분자 이온을 이용한 분자식 제안

분자 이온을 이용하여 미지 시료의 분자식을 제안하는 방법이 예제 A.2에 단계별 과정으로 나와 있다.

해결 방법 분자 이온의 질량을 사용하여 미지 시료의 분자식 제안하기

예 분자 이온이 m/z = 154인 화합물의 가능한 분자식을 제안하라.

단계 [1] 분자 이온의 질량이 짝수이므로, 화합물은 C, H, O 원자를 포함할 것이다. 이 탄화수소의 가능한 C의 최대 개수를 결정하기 위해서 분자 이온을 사용한다.

- 154를 C 원자 질량인 12로 나누어 보자. 나머지는 H의 개수를 나타낸다.

$$\frac{154}{12} = 12\text{ C(최대 12개의 탄소)}\ \text{(나머지 = 10)} \longrightarrow C_{12}H_{10}$$

단계 [2] 이 탄화수소의 또 다른 가능한 분자식을 결정하기 위해서, 1C를 12H로 대체한다. 분자식이 가능한 H의 최대 수 이상을 포함할 때까지 과정을 반복한다.

$$C_{12}H_{10} \xrightarrow[+12\text{ H's}]{-1\text{ C}} C_{11}H_{22}$$

$$C_{11}H_{22} \xrightarrow[+12\text{ H's}]{-1\text{ C}} C_{10}H_{34}$$

H 수가 너무 많아서 가능한 식이 아니다.

- C가 11개인 화합물의 최대 H 수는 24 ($C_{11}H_{2(11)+2}$)이므로, $C_{10}H_{34}$는 가능한 식이 아니다.

단계 [3] O 원자를 포함한 화합물의 가능한 분자식을 결정하기 위해서, 각 식에서 CH_4(질량 16)를 O(질량 16)로 대체한다. 이 과정을 반복하여 두 개 또는 그 이상의 O 원자가 있는 화합물의 가능한 분자식을 구한다.

- 가능한 네 가지 경우를 아래에 제시하였다.

$$C_{12}H_{10} \xrightarrow[+1\text{ O}]{-1\text{ CH}_4} C_{11}H_6O$$

$$C_{11}H_{22} \xrightarrow[+1\text{ O}]{-1\text{ CH}_4} C_{10}H_{18}O \xrightarrow[+1\text{ O}]{-1\text{ CH}_4} C_9H_{14}O_2 \xrightarrow[+1\text{ O}]{-1\text{ CH}_4} C_8H_{10}O_3$$

예제 A.2 분자 이온을 이용하여 분자식 제안하기

분자 이온의 m/z = 86인 화합물의 분자식을 제안하라.

풀이

분자 이온의 질량이 **짝수**이므로, 이 화합물은 아마도 C, H 그리고 O 원자가 있을 것으로 생각된다. 분자 이온이 86인 탄화수소를 먼저 생각해보자. 그런 다음 O 원자의 질량은 CH_4와 같은 16이므로 분자식에서 CH_4를 O 원자 하나로 바꾸어 본다. 이 과정을 되풀이해서 산소 원자가 둘 이상인 화합물의 가능한 분자식도 찾아본다.

m/z = 86인 분자 이온에 대하여

가능한 탄화수소:

- 86을 탄소 원자 하나의 질량인 12로 나누면 가능한 최대의 탄소 수가 나온다.

$$\frac{86}{12} = 7\text{ C(최대 7개의 탄소)}\ \text{(나머지 = 2)} \longrightarrow C_7H_2$$

- C 하나를 빼고 12를 넣어서 또 다른 가능한 분자식을 얻어낸다.

$$C_7H_2 \xrightarrow[+12\text{ H's}]{-1\text{ C}} C_6H_{14}$$

C, H 그리고 O가 있는 가능한 화합물:

- CH_4를 산소 원자 하나로 대체한다(C_7H_2에는 적용 불가).

$$C_6H_{14} \xrightarrow[+1\text{ O}]{-\text{ CH}_4} C_5H_{10}O$$

- 위 과정을 반복한다.

$$C_5H_{10}O \xrightarrow[+1\text{ O}]{-\text{ CH}_4} C_4H_6O_2$$

문제 A.4 각각의 다음 분자 이온에 대하여 분자식을 두 개 제안하라.

a. 72 b. 100 c. 73

추가 문제: 문제 A.20, A.21을 풀어보라.

예제 A.3 분자 이온과 불포화도를 이용하여 분자식 제안하기

이번 장을 시작하면서 소개하였던 nootkatone의 분자식을 제시하라. Nootkatone은 C, H, 그리고 O를 포함하고 있으며, 불포화도는 5, 질량 스펙트럼에서 분자 이온 피크는 m/z = 218에서 나타난다.

풀이

예제 A.2의 과정을 이용하여 가능한 분자식을 결정한다. 각 불포화도는 2 H를 제거하기 때문에 올바른 분자식은 H가 최대 수보다 10개 적을 것이다.

m/z = 218에서의 분자 이온: $\frac{218}{12}$ = 최대 18개의 탄소 (나머지 = 2) ⟶ $C_{18}H_2$ 충분하지 않은 H

$C_{18}H_2 \xrightarrow[+12\ H's]{-1\ C} C_{17}H_{14} \xrightarrow[+1\ O]{-1\ CH_4} C_{16}H_{10}O$ 충분하지 않은 H

$C_{17}H_{14} \xrightarrow[+12\ H's]{-1\ C} C_{16}H_{26} \xrightarrow[+1\ O]{-1\ CH_4} C_{15}H_{22}O$ 불포화도 5 **답**

탄소가 15개인 화합물의 최대 H 수는 $2n + 2 = 2(15) + 2 = 32$이다. H가 22개인 화합물은 최대 수소 수보다 H가 10개 적으므로 불포화도는 5이다.

문제 A.5 각 화합물의 분자식을 제안하라.

a. 불포화도가 3이고, 분자 이온이 m/z = 222인, 삼목유(cedar oil)에서 발견되는 알코올인 cedrol
b. 불포화도가 4이고, 분자 이온이 m/z = 204인, 홉스(hops)와 로즈메리에서 발견되는 탄화수소인 caryophyllene
c. 불포화도가 4이고, 분자 이온이 m/z = 192인, 제비꽃에서 발견되는 케톤인 β-ionone

추가 문제: 문제 A.22, A.23을 풀어보라.

A.2 할로젠화 알킬과 M + 2 피크

유기 화합물에 포함되어 있는 대부분의 원소, 즉 탄소, 수소, 산소, 질소, 황, 인, 플루오린 그리고 아이오딘은 주요 동위 원소가 한 가지뿐이다. 그러나 **염소**와 **브로민**은 주요 동위 원소가 두 가지로서, 이를 포함하고 있는 화합물의 질량 스펙트럼은 특징적인 모양을 나타낸다.

염소에는 두 가지 중요한 동위 원소 ^{35}**Cl**과 ^{37}**Cl**이 있는데, 이 두 동위 원소는 3:1의 비율로 존재한다. 따라서 **염화 알킬의 분자 이온 피크 두 개가 3:1 비로 나타난다.** 큰 것이 **M** 피크로서 ^{35}Cl가 있는 화합물에 해당하고, 작은 것은 **M + 2** 피크로서 ^{37}Cl가 있는 화합물에 해당한다.

- 분자 이온이 3:1 비인 두 피크(M과 M + 2)로 이루어졌다면, Cl 원자가 하나 있다.

예제 A.4 염화 알킬의 분자 이온 결정하기

2-Chloropropane [$(CH_3)_2CHCl$]의 질량 스펙트럼에 나타나는 분자 이온의 모양을 설명하라.

풀이

염소의 주요 동위 원소 두 가지를 사용하여 분자량을 계산해본다.

분자량	분자 이온의 질량(*m*/*z*)
$C_3H_7{}^{35}Cl$	78 (M 피크)
$C_3H_7{}^{37}Cl$	80 (M +2 피크)

그림 A.3에 나와 있는 2-chloropropane의 질량 스펙트럼처럼 *m*/*z*가 78과 80인 위치에 피크 두 개가 3:1의 비율로 나타나야 한다.

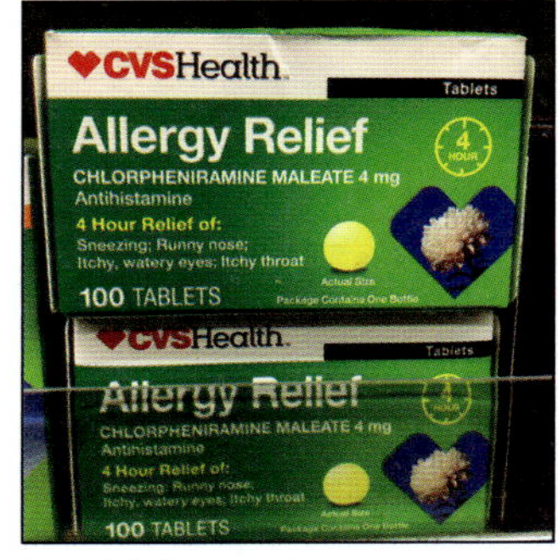

Daniel C. Smith

문제 A.6 항히스타민제인 chlorpheniramine의 질량 스펙트럼에는 어떤 분자 이온이 존재하겠는가?

chlorpheniramine

추가 문제: 문제 A.19, A.24를 풀어보라.

그림 A.3
2-Chloropropane [$(CH_3)_2CHCl$]의 질량 스펙트럼

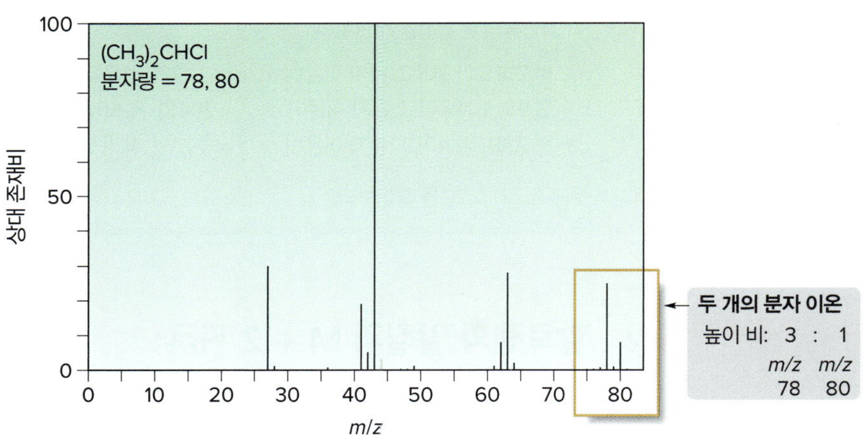

브로민에는 중요한 두 가지 동위 원소, 즉 ^{79}**Br**과 ^{81}**Br**이 1:1의 비율로 존재한다. 따라서 **브로민화 알킬의 분자 이온은 피크 두 개가 1:1 비로 나타난다.** 예를 들어 2-브로모프로페인의 질량 스펙트럼(그림 A.4)을 보면, M 피크가 *m*/*z* = 122에서 나타나 있고, M + 2 피크가 *m*/*z* = 124에서 나타나 있다.

- 분자 이온이 1:1 비인 두 피크(M과 M + 2)로 이루어졌다면, Br 원자가 하나 있다.

그림 A.4
2-Bromopropane [$(CH_3)_2CHBr$]의 질량 스펙트럼

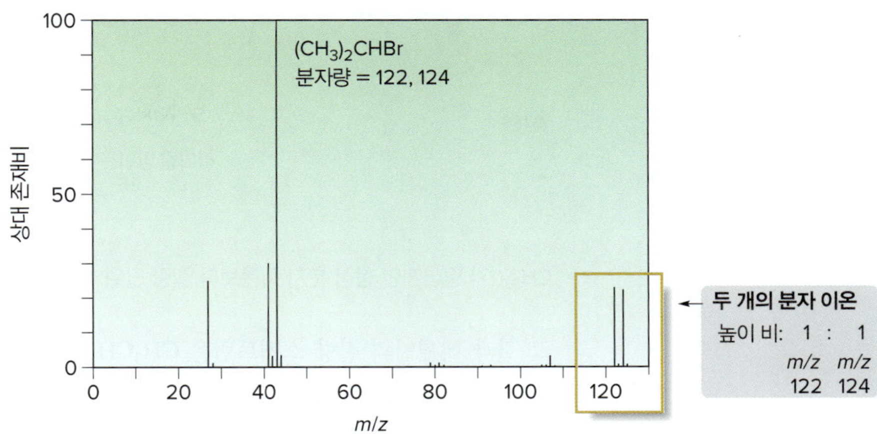

문제 A.7 분자식이 다음과 같은 화합물의 분자 이온을 예측하라.

a. C_4H_9Cl b. C_3H_7F c. $C_4H_{11}N$ d. $C_4H_4N_2$

문제 A.8 각각의 다음 의약품의 분자 이온(들)을 예측하라.

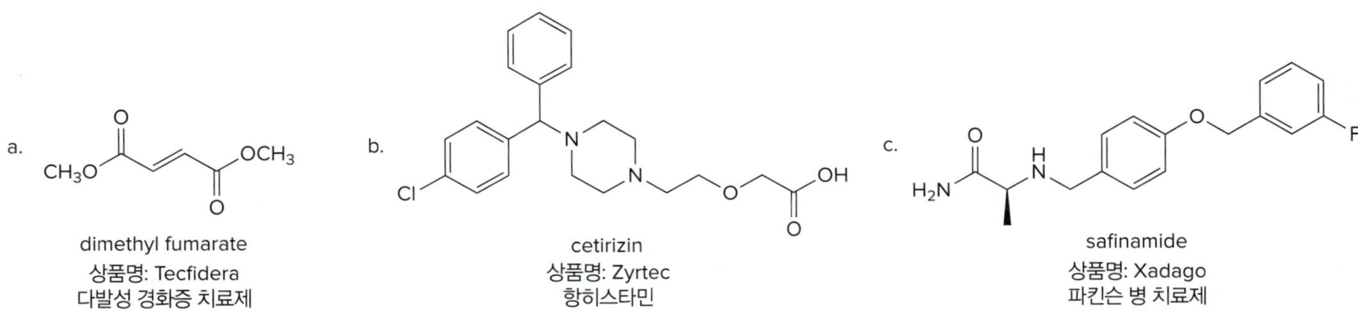

a. dimethyl fumarate 상품명: Tecfidera 다발성 경화증 치료제

b. cetirizin 상품명: Zyrtec 항히스타민

c. safinamide 상품명: Xadago 파킨슨 병 치료제

문제 A.9 하나 또는 둘 이상의 다음 기준에 맞는 화합물을 **A~D**에서 골라라: (a) 홀수인 분자 이온; (b) 짝수인 분자 이온; (c) 주요한 M과 M + 2 피크가 1:1 비; (d) 주요한 M과 M + 2 피크가 3:1 비. 위의 기준은 두 개 이상의 화합물에 적용될 수 있다.

A (Cl, N) **B** (O, OH) **C** (N, NH_2) **D** (O, O, Br)

A.3 조각내기

많은 화학자들이 화합물의 분자량과 분자식을 결정하는 데만 질량 스펙트럼을 사용하고 있지만, 조각내기의 유형으로부터 화합물의 구조에 대한 유용한 정보를 추가적으로 얻을 수 있다. 각 유기 화합물은 독특한 방식으로 조각나긴 하지만, 특정 작용기는 공통적인 조각내기 유형을 보여준다.

예로 질량 스펙트럼이 그림 A.2에 나왔던 헥세인을 생각해보자. 전자 빔으로 충격시키면, 대단히 불안정한 라디칼 양이온(m/z = 86)이 생성되는데, 이 라디칼 양이온은 C—C 결합이 끊어져 분해된다. 그래서 말단의 C—C 결합이 끊어지면 $CH_3CH_2CH_2CH_2CH_2^+$와 $CH_3\cdot$이 생성된다. 조각내기는 항상 양이온과 라디칼을 생성하며, **일반적으로 결합이 끊어질 때는 더 안정하고, 더 많이 치환된 탄소 양이온이 생성된다.**

e^-

붉은색 결합이 끊어짐

라디칼 양이온
$m/z = 86$

양이온
$m/z = 71$

+ $\cdot CH_3$
라디칼

- CH_3기가 떨어지면 항상 분자 이온보다 질량 단위 15가 적은 조각 이온이 생성된다.

그 결과 헥세인의 질량 스펙트럼은 $CH_3CH_2CH_2CH_2CH_2^+$에 기인하는 $m/z = 71$에서 피크가 나타난다. 그림 A.5는 헥세인에서 다른 C−C 결합이 끊어져서 그 질량에 해당하는 다른 조각 이온이 생성되는 것을 보여주고 있다.

그림 A.5
헥세인의 질량 스펙트럼에서 조각 이온의 확인

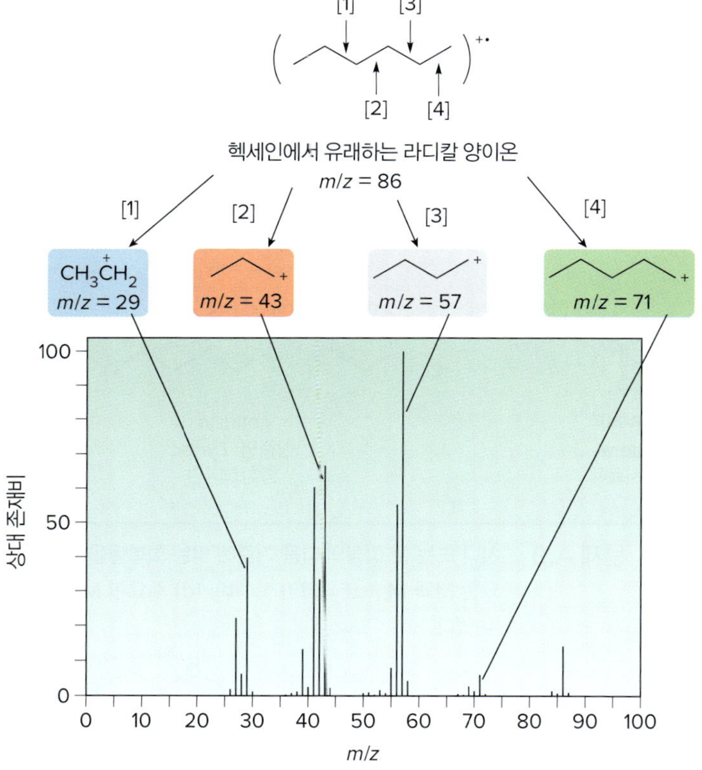

- 헥세인에서 [1]~[4]의 C−C 결합이 끊어지면 질량 스펙트럼에서 선에 해당하는 더 적은 분자량 조각 이온이 형성된다. 스펙트럼에서 보는 바와 같이 질량 스펙트럼이 다소 복잡하지만, 몇 가지 조각 이온의 가능한 구조를 확인할 수 있다.

예제 A.5 질량 스펙트럼에서 조각에 가능한 구조를 부여하기

2,3-Dimethylpentane [$(CH_3)_2CHCH(CH_3)CH_2CH_3$]은 $m/z = 85$와 71에서 조각 이온을 보여주고 있다. 이 피크를 나타내는 이온에 대한 가능한 구조를 제안하라.

풀이

이런 종류의 문제를 해결하려면 먼저 분자 이온의 질량을 계산해야 한다. 화합물의 구조를 그리고, C−C 결합을 끊는다. 그리고 상겨난 조각 이온들의 질량을 계산한다. 원하는 질량 대 전하 비의 조각 이온이 나올 때까지 다른 C−C 결합에 대하여 이 과정을 반복한다.

결합 [1]이 끊어짐

[1] [2] m/z = 100 e^- → m/z = 85 + $\cdot CH_3$

결합 [2]가 끊어짐

→ m/z = 71 + $\cdot CH_2CH_3$

이 예에서 2,3-dimethylpentane은 m/z = 100에서 분자 이온의 피크가 있다. 결합 [1]이 끊어지면 m/z = 85의 2차 탄소 양이온과 $CH_3\cdot$가 생성된다. 결합 [2]가 끊어지면 m/z = 71의 2차 탄소 양이온과 $CH_3CH_2\cdot$가 생성된다. 그러므로 m/z = 85와 71에서의 조각 이온은 앞의 그림에서 나타낸 두 탄소 양이온에 해당하는 피크임을 알 수 있다.

문제 A.10 2,3-Dimethylpentane의 질량 스펙트럼은 m/z = 57 그리고 43에서 피크를 나타내고 있다. 이 피크를 나타내는 조각 이온의 가능한 구조를 제안하라.

추가 문제: 문제 A.17을 풀어보라.

예제 A.6 조각내기 유형으로부터 이성질체 확인하기

A와 **B** 중 어떤 질량 스펙트럼이 각 이성질체에 해당하는지 나타내라.

2-methylpentane [$(CH_3)_2CHCH_2CH_2CH_3$] 또는 2,2-dimethylbutane [$(CH_3)_3CCH_2CH_3$]

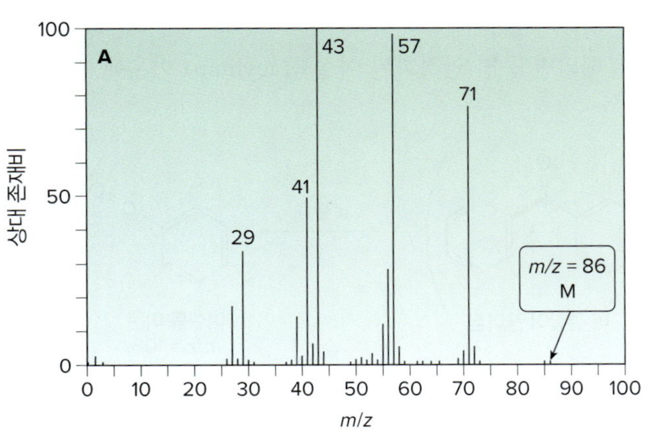

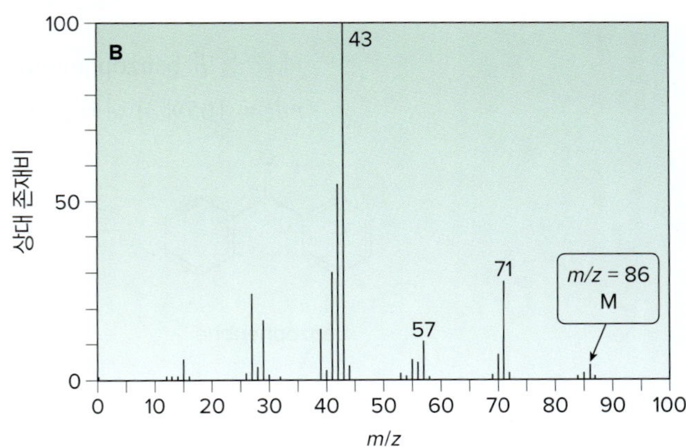

풀이

두 화합물은 분자식(C_6H_{14})이 같으므로 m/z = 86에서 같은 분자 이온을 나타낸다. 이성질체를 구분하는 데 조각내기 유형을 반드시 사용해야 한다. 각 화합물에서 다른 스펙트럼보다 한 스펙트럼에서 더 많이 나타나는 조각을 만드는 결합 절단을 살펴보자.

이 결합이 끊어짐

2-methylpentane e^- → m/z = 43 + $\cdot$

이 결합이 끊어짐

2,2-dimethylbutane e^- → m/z = 57 + $\cdot CH_2CH_3$

예를 들어 2-methylpentane의 경우, 붉은색으로 표시된 결합이 끊어지면 m/z = 43에서 스펙트럼 **B**에서 주피크인 조각(2° 탄소 양이온에 기인함)이 얻어진다. 반면 2,2-dimethylbutane의 경우, 푸른색으로 표시된 결합이 끊어지면 스펙트럼 **A**에서 두드러진 조각(3° 탄소 양이온에 기인함)이 m/z = 57에서 얻어진다. 이러한 정보를 이용하여, 스펙트럼 **B**는 2-methylpentane이고, 스펙트럼 **A**는 2,2-dimethylbutane으로 지정할 수 있다.

문제 A.11 2,2,4-Trimethylpentane [$(CH_3)_3CCH_2CH(CH_3)_2$]은 m/z = 57에서 주피크를 보여주고 있다. 이 피크에 해당하는 이온은 무엇인가? 또한 이 이온이 가장 풍부한 이유는 무엇인가?

추가 문제: 문제 A.30을 풀어보라.

A.4 몇 가지 작용기의 조각내기의 유형

각 작용기는 질량 스펙트럼을 분석하는 데 도움을 주는 특징적인 조각내기의 유형을 나타낸다.

A.4A 알데하이드와 케톤

알데하이드와 케톤은 **카보닐 탄소와 카보닐 탄소에 바로 인접한 탄소 사이의 결합이 끊어지는 α 분해(α cleavage)**가 종종 일어난다. 이 끊어짐이 일어나면 중성 라디칼과 공명 안정화된 아실륨(acylium) 이온이 생성된다.

α 분해

R—C⁺=Ö: ⟷ R—C≡O⁺: + R'·

공명 안정화된 아실륨 이온

이 결합이 끊어짐

R = H 또는 알킬기

예를 들면 benzophenone이 α 분해되면 공명 안정화된 아실륨(acylium) 이온에 기인하는 조각이 m/z = 105에서 나타난다.

benzophenone

e^-

이 결합이 끊어짐

α 분해

아실륨 이온
m/z = 105
(주피크)

예제 A.7 α 분해로부터 생성된 조각 그리기

Pentan-2-one [$CH_3COCH_2CH_2CH_3$]의 α 분해로 생성되는 조각 이온은 무엇인가?

풀이

α 분해는 카보닐 탄소와 카보닐 탄소의 인접한 탄소 사이의 결합을 자르며, 그 결과 중성인 라디칼과 공명 안정화된 아실륨 이온을 생성한다. Pentan-2-one과 같이 카보닐 탄소에 결합된 두 알킬기가 다른 케톤은 두 가지 경로로 α 분해가 일어날 수 있다.

결합 [1]이 끊어짐 → m/z = 71 + CH_3·

결합 [2]가 끊어짐 → CH_3—C⁺=O: m/z = 43 + ·

그 결과, pentan-2-one의 α 분해가 일어나면 m/z = 71, m/z = 43에서 두 개의 조각 이온이 생성된다.

문제 A.12 질량 분석기에서 다음 각 화합물의 α 분해로 생긴 양이온은 무엇인가?

a. b. c. d.

추가 문제: 문제 A.29b, c; A.35를 풀어보라.

A.4B 알코올

알코올은 α 분해와 탈수 반응의 두 가지 다른 방식으로 조각내기가 일어난다. 알킬기와 OH기가 결합된 탄소 사이의 결합이 끊어지는 α 분해가 일어나면, 알킬 라디칼과 공명 안정화된 탄소 양이온이 생긴다.

α 분해

이 결합이 끊어짐

공명 안정화된 탄소 양이온

마찬가지로, 알코올은 두 인접한 원자에서 H_2O가 제거되는 탈수 반응이 일어난다. 이제까지 논의한 조각내기와는 달리, 탈수 반응이 일어나면 두 개의 결합이 끊어지고 H_2O와 알켄에서 유래하는 라디칼 양이온이 얻어진다.

탈수 반응 + H_2O

예를 들어 사이클로헥산올의 탈수 반응은 그림 A.6에 나타낸 바와 같이, 분자 이온의 질량보다 18 질량 단위가 적은 조각 이온인 사이클로헥센의 라디칼 양이온을 생성한다.

탈수 반응 + H_2O

cyclohexanol $m/z = 100$ cyclohexene $m/z = 82$

- 알코올에서 H_2O가 떨어져 나가면 항상 분자 이온보다 18 질량 단위가 적은 조각 이온이 생성된다.

그림 A.6
사이클로헥산올의 질량 스펙트럼

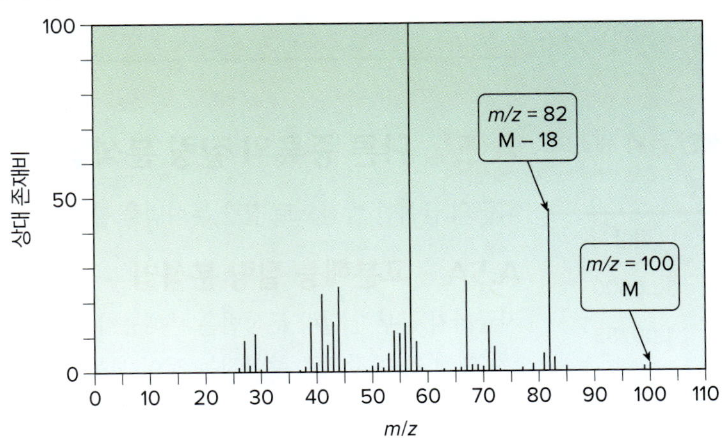

문제 A.13 (a) Butan-2-ol [$CH_3CH(OH)CH_2CH_3$]의 α 절단으로 생성되는 질량 스펙트럼 조각은 무엇인가?
(b) Butan-2-ol의 탈수로 무슨 조각이 생기는가?

A.4C 아민

알코올처럼 아민도 α 분해로 조각내기가 일어난다. 알킬기와 아민 질소가 연결된 탄소 사이의 결합이 끊어지는 α 분해가 일어나면, 알킬 라디칼과 공명 안정화된 탄소 양이온이 얻어진다.

$$\left(:NR'_2 \text{ (R 결합)} \right)^{+\cdot} \xrightarrow{\alpha \text{ 분해}} [\,:NR'_2 \text{ (탄소 양이온)} \longleftrightarrow {}^{+}NR'_2 = C\,] + R\cdot$$

이 결합이 끊어짐

공명 안정화된 탄소 양이온

예를 들어, triethylamine(분자 이온 m/z = 101)의 α 분해에서는 $CH_3\cdot$와 m/z = 86에서 공명 안정화된 양이온이 얻어진다.

이 결합이 끊어짐

α 분해 → + $\cdot CH_3$

triethylamine
m/z = 101

공명 안정화된 탄소 양이온
m/z = 86

문제 A.14 Hexan-3-amine의 질량 스펙트럼에서 가장 풍부하게 나타나는 두 조각에 대한 구조를 제안하라.

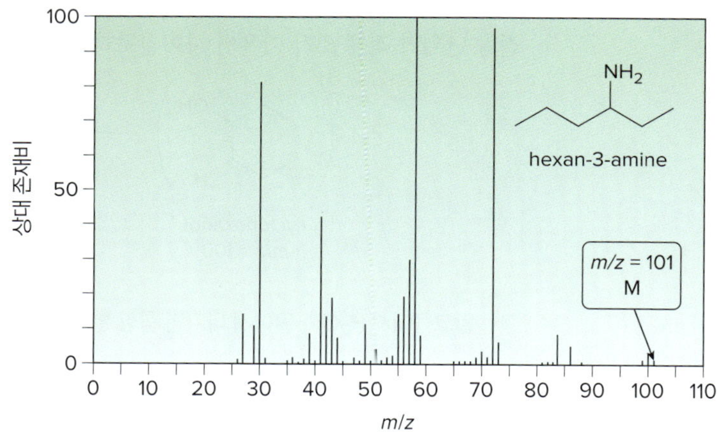

표 A.1 대표적인 동위 원소의 정확한 질량

동위 원소	질량
^{12}C	12.0000
^{1}H	1.00783
^{16}O	15.9949
^{14}N	14.0031

A.5 다른 종류의 질량 분석법

최근의 급속한 발전으로 질량 분석법을 활용하여 더욱 다양한 정보를 얻어낼 수 있게 되었다.

A.5A 고분해능 질량 분석법

지금까지 공부한 질량 분석법은 분해능이 상대적으로 낮은 스펙트럼을 활용한 것이었다. 여기서 m/z는 대개 정수 값으로 주어지는 것이 보통이다. 따라서 어떤 분자 이온에 해당하는 분자식은 예제 A.2와 같이 여러 가지로 나타날 수 있다.

고분해능 질량 분석기는 m/z를 소수점 아래 네 자리 또는 그 아래까지 측정할 수 있다. 이것이 중요한 이유는 12.0000으로 정의한 탄소-12 이외의 모든 핵종들은 원자량이 정수에 가깝기는 하지만 정수가 아니기 때문이다. 표 A.1에는 주요 핵종 몇 가지의 정확한 질량 값이 나타나 있다. 정확한 질량 값을 사용하면 어떤 분자 이온에 해당하는 분자식 하나만을 알아낼 수 있다.

예를 들어, 저분해능 질량 분석기에서 분자 이온이 $m/z = 60$인 화합물은 분자식이 다음과 같을 수 있다.

분자식	정확한 질량
C_3H_8O	60.0575
$C_2H_4O_2$	60.0211
$C_2H_8N_2$	60.0688

만약 분자 이온의 정확한 질량이 60.0578로 나타났다면, C_3H_8O가 이 측정한 값에 가장 가까우므로 이것이 바로 이 화합물의 분자식이 된다.

문제 A.15 어떤 미지 진통제 **X**의 저분해능 질량 스펙트럼에서 분자 이온이 151에서 나타났는데, 가능한 분자식은 $C_7H_5NO_3$, $C_8H_9NO_2$, 그리고 $C_{10}H_{17}N$이다. 고분해능 질량 스펙트럼을 찍어 보니 정확한 질량이 151.0640으로 나왔다. 화합물 **X**의 분자식은 무엇인가?

A.5B 기체 크로마토그래피–질량 분석법(GC–MS)

두 종류의 분석 방법, 즉 **기체 크로마토그래피(GC, gas chromatography)**와 **질량 분석법(MS)**을 하나로 통합하여(**GC–MS**) 여러 화합물이 섞여 있는 혼합물을 분석할 수 있다(그림 A.7a). 기체 크로마토그래프를 사용하여 혼합물을 분리해내고, 질량 분석기로는 각 성분의 질량 스펙트럼을 얻어낸다.

기체 크로마토그래프는 점성이 매우 크면서 끓는점이 높은 액체가 발라진 모세관 형태의 칼럼 분리관이 오븐 속에 들어 있는 구조를 하고 있다. 시료가 GC 속에 주입되면, 기화된 다음 비활성 운반 기체에 의하여 칼럼 속으로 흘러 들어간다. 혼합물은 모세관을 각각 다른 속도로 흘러가면서 각 성분의 끓는점에 따라 분리되는데, 끓는점이 낮은 성분이 높은 성분보다 먼저 모세관 칼럼으로부터 흘러 나온다. 분리된 각 성분은 이제 질량 분석기로 들어가서 이온화되어 분자 이온과 분자량이 더 작은 조각을 만들어 낸다. GC–MS 기기를 사용하면 혼합물에 대해서 기체 각 성분의 **머무름 시간(retention time)**, 즉 각 성분이 모세관 칼럼을 통과하는 데 걸린 시간에 대한 각 성분의 양을 기록한 크로마토그램(chromatogram)을 얻게 된다. 혼합물 내 각 성분이 무엇인지는 기체 크로마토그램에서의 머무름 시간과 질량 스펙트럼에서 분자 이온을 통하여 알 수 있다(그림 A.7b).

그림 A.7 GC–MS를 이용한 화합물 분석

a. GC–MS 기기의 개략도

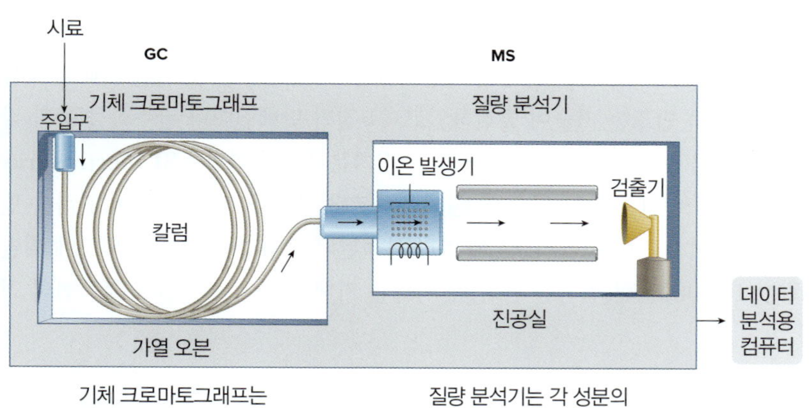

기체 크로마토그래프는 혼합물을 각 성분별로 분리해낸다.

질량 분석기는 각 성분의 질량 스펙트럼을 기록한다.

b. 세 가지 성분 혼합물의 기체 크로마토그램. 질량 분석기는 각 성분에 대한 질량 스펙트럼을 나타낸다.

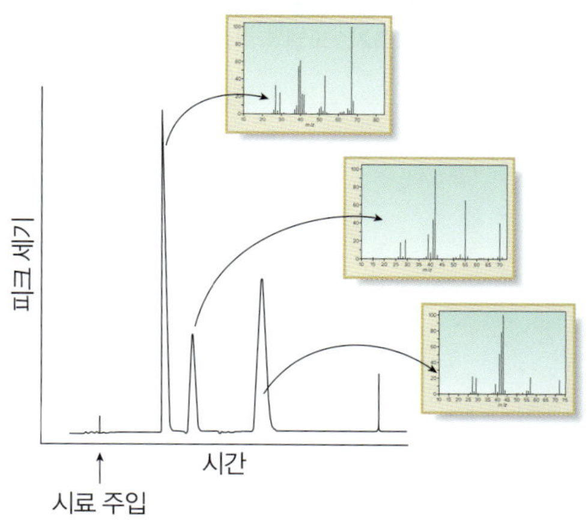

GC−MS는 환경 오염 물질을 분석하는 데 널리 활용되고 있고, 또한 운동선수의 소변이나 머리카락에서 금지된 약물을 검출해내는 데도 유용하게 쓰인다.

소변 속에 들어 있는 THC(마리화나에 들어 있는 향정신성 물질의 주성분)를 분석하기 위해서는, 먼저 이 화합물을 소변에서 추출하여 정제, 농축 단계를 거친 다음 GC−MS 기기에 주입한다. THC가 존재한다면 이는 주어진 실험 조건하에서 특정한 시간에 기체 크로마토그램에서의 피크로 나타나며, 질량 스펙트럼에서는 그림 A.8에서 보는 바와 같이 THC의 분자량인 314의 분자 이온을 보여준다.

향정신성 약물인 tetrahydrocannabinol이 들어있는 대마초를 오락용으로 사용하는 것은 현재 미국의 많은 주에서 합법이다. *Atomazul/123RF*

그림 A.8 Tetrahydrocannabinol (THC)의 질량 스펙트럼

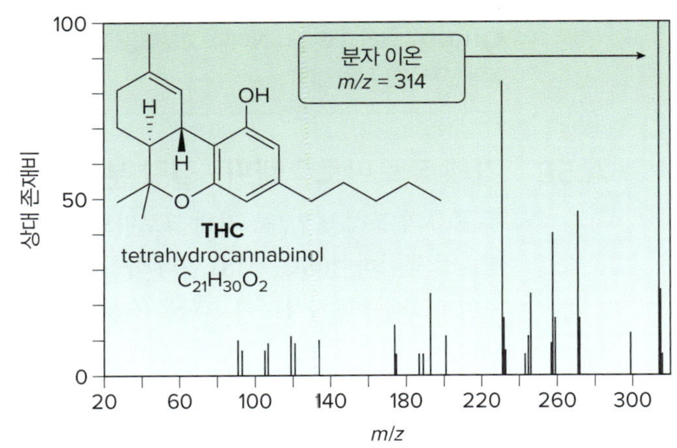

문제 A.16 옥테인 값을 높이기 위해 벤젠, 톨루엔 및 *p*-자일렌(BTX)을 휘발유에 첨가하기도 한다. 이 세 가지의 혼합물을 GC−MS로 처리하면 크로마토그램에는 몇 개의 피크가 나타나는가? 각 피크의 상대적 위치는 어디이며, 질량 스펙트럼에서 나타나는 분자 이온은 어떤 것인가?

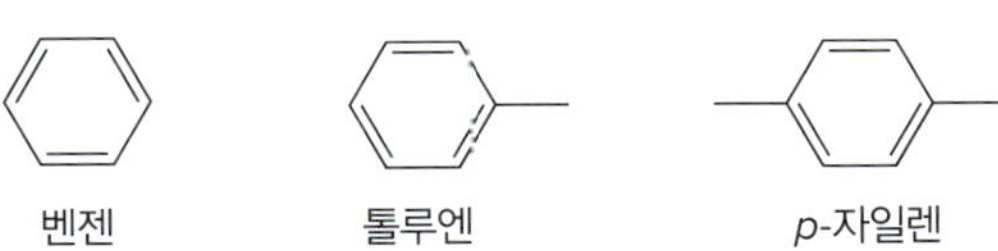

A.5C 고분자량 생체 분자의 질량 스펙트럼

John Fenn 박사는 ESI 질량 분석법을 개발한 공로로 2002년 노벨 화학상을 공동 수상하였다.

1980년대 이전에 질량 스펙트럼을 얻을 수 있는 대상은 진공 중에서 가열할 때 손쉽게 기화할 수 있는 분자, 즉 분자량이 대체로 800보다 작은 분자에 국한되었다. 그러나 최근 35년간 거대 분자를 기체 상태로 바꾸어 분자 이온을 만드는 기술이 발전하였고, 그 결과 단백질이나 탄수화물 등과 같은 분자의 질량 스펙트럼을 얻을 수 있게 되었다. 예를 들어, **전기분무 이온화법(ESI, electrospray ionization)**에서는 전기장 안에서 전하를 띤 아주 작은 방울로부터 이온을 만든다. 이어 전하를 띤 방울은 기체 상태의 이온으로 변하고 이 이온의 m/z에 따라 분석된다. ESI와 관련 기술 덕분에 휘발성이 거의 없는, 분자량이 100,000돌턴(원자량 단위)에 이르는 거대 분자에까지 질량 분석법의 적용 범위가 확대되었다.

분광학 A 복습

핵심 개념

질량 분석법에서 분자 이온(M) (A.1, A.2)

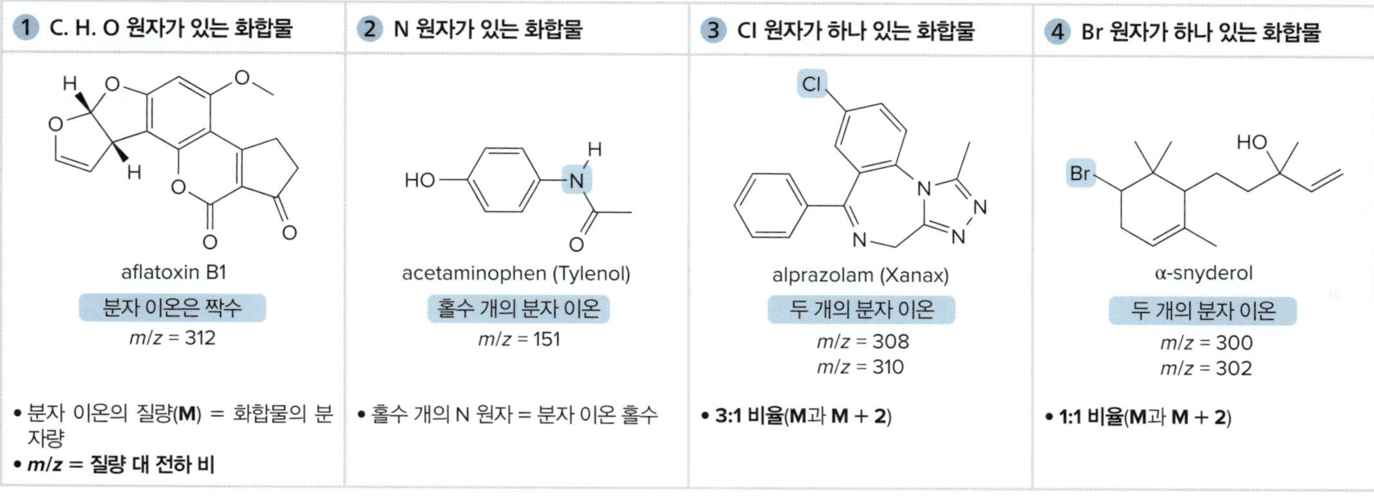

① C. H. O 원자가 있는 화합물	② N 원자가 있는 화합물	③ Cl 원자가 하나 있는 화합물	④ Br 원자가 하나 있는 화합물
aflatoxin B1 분자 이온은 짝수 $m/z = 312$	acetaminophen (Tylenol) 홀수 개의 분자 이온 $m/z = 151$	alprazolam (Xanax) 두 개의 분자 이온 $m/z = 308$ $m/z = 310$	α-snyderol 두 개의 분자 이온 $m/z = 300$ $m/z = 302$
• 분자 이온의 질량(**M**) = 화합물의 분자량 • ***m/z* = 질량 대 전하 비**	• 홀수 개의 N 원자 = 분자 이온 홀수	• **3:1 비율(M과 M + 2)**	• **1:1 비율(M과 M + 2)**

문제 A.18, A.19, A.24, A.26a-c를 풀어보라.

핵심 기법

[1] 주어진 분자 이온과 C, H, 그리고 아마도 O가 있는 화합물의 가능한 분자식 제안하기(A.1); 예: $m/z = 100$

가능한 탄화수소		C, H, O가 있는 가능한 화합물	
① 100을 12로 나눈다.	② 한 개의 C 원자를 12개의 H 원자로 치환한다.	③ 한 개의 O 원자로 CH_4를 치환한다.	④ 이 과정을 반복한다.
$\frac{100}{12}$ = 최대 8개의 C (나머지 = 4) ⟶ C_8H_4	$C_8H_4 \xrightarrow[+12\ H's]{-1\ C} C_7H_{16}$	$C_7H_{16} \xrightarrow[+1\ O]{-CH_4} C_6H_{12}O$	$C_6H_{12}O \xrightarrow[+1\ O]{-CH_4} C_5H_8O_2$

해결 방법 (A.1C), 예제 A.2, A.3 참고. 문제 A.20~A.23을 풀어보라.

[2] Cl 혹은 Br가 있는 화합물의 분자 이온 결정하기(A.2); 예: bromocyclohexane ($C_6H_{11}Br$)

① 일반적인 동위 원소 각각을 사용하여 분자식을 얻는다.	② 분자식으로부터 분자량을 계산한다.
분자식	**분자 이온의 질량(*m/z*)**
$C_6H_{11}{}^{79}Br$	162 (**M** 피크)
$C_6H_{11}{}^{81}Br$	164 (**M + 2** 피크)

예제 A.4, 그림 A.3, A.4 참고. 문제 A.19, A.24를 풀어보라.

[3] α 분해에 의한 조각내기의 가능한 구조 제안하기(A.3, A.4)

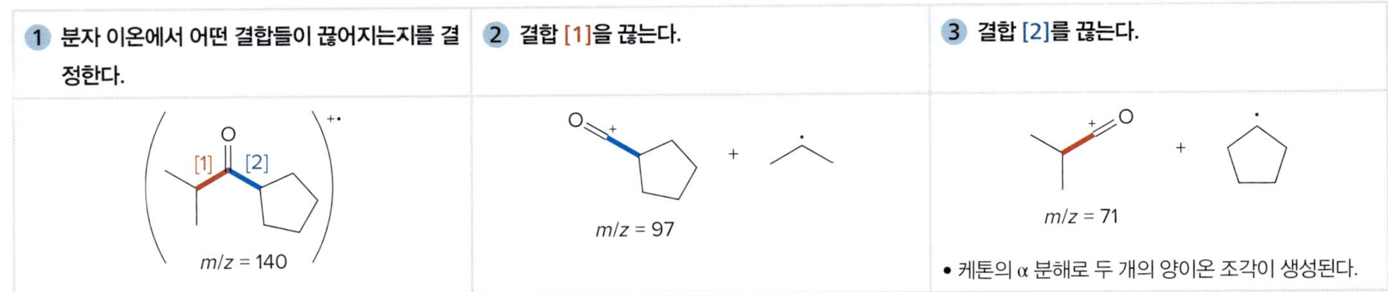

예제 A.6, A.7, 그림 A.5 참고, 문제 A.28-A.35를 풀어보라.

분광학 장 A 선다형 자가-시험

자가-시험은 American Chemical Society 유기 화학 시험과 유사한 객관식 문제로 구성되어 있다. 정답은 장의 마지막 부분에 나와 있다.

1. 질량 스펙트럼에서 어느 화합물의 M + 2 피크가 눈에 잘 띄는가?

a. F b. OH c. Cl d. NH_2

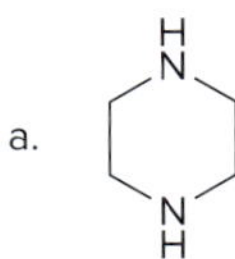

2. 질량 스펙트럼에서 어느 화합물의 분자 이온이 홀수인가?

a. b. Br c. OH d. Cl

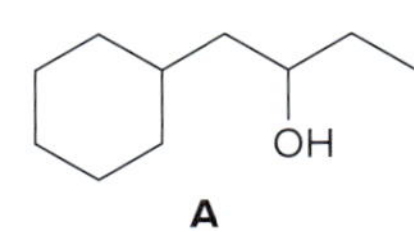

3. **A**의 질량 스펙트럼에서 생성되지 **않는** 조각은 무엇인가?

A a. b. c. d.

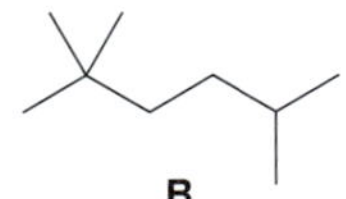

4. 분자 이온의 m/z 값이 가장 큰 화합물은 무엇인가?

a. b. c. OH d.

5. m/z = 102에서 분자 이온이 나타나는 화합물의 분자식 중에서 가능하지 **않는** 것은 무엇인가?

a. C_8H_6 b. C_7H_{18} c. $C_6H_{14}O$ d. $C_5H_{10}O_2$

6. **B**의 질량 스펙트럼에서 어느 조각이 주피크에 해당되겠는가?

B a. b. c. d.

문제

질량 분석법과 적외선 분광법을 통합한 문제는 분광학 B의 끝에 나와 있다. 질량 분석법, 적외선 분광법과 핵자기 공명 분광법을 통합한 문제는 분광학 C의 끝에 나와 있다.

삼차원 모형을 이용하는 문제

A.17 다음 화합물의 질량 스펙트럼은 m/z = 127, 113 그리고 85에서 조각이 나타난다. 이 피크에 해당하는 이온의 구조를 제안하라.

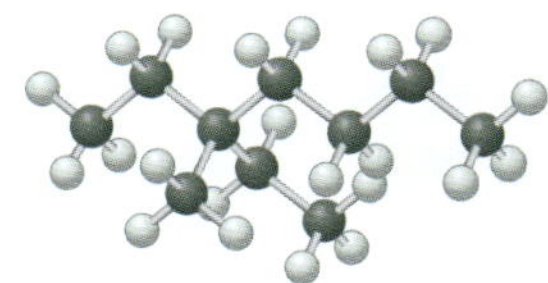

분자 이온과 분자식

A.18 각 화합물의 분자 이온을 예측하라.

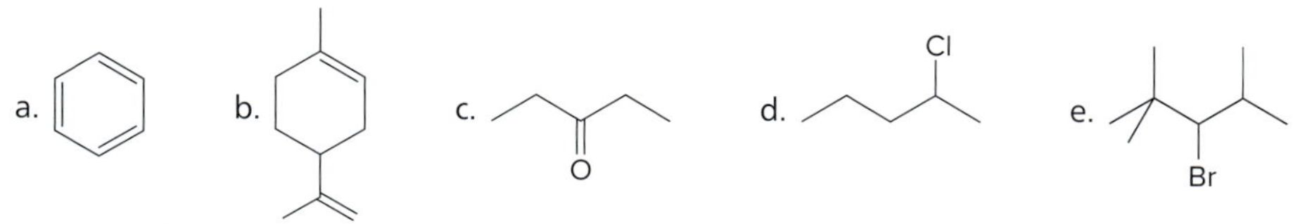

A.19 Diphenhydramine ($C_{17}H_{21}NO$), brompheniramine ($C_{16}H_{19}BrN_2$)과 loratadine ($C_{22}H_{23}ClN_2O_2$)은 약국에서 처방전 없이 살 수 있는 흔한 세 가지 항히스타민제이다. m/z 값에서의 차이 말고, 각 의약품의 분자 이온의 어떠한 특징이 세 가지를 서로 구별하는 것을 가능하게 하겠는가?

A.20 각각의 분자 이온에 해당하는 분자식을 두 개 제안하라. (a) 102; (b) 98; (c) 119; (d) 74.

A.21 분자 이온이 m/z = 112인 탄화수소에 대하여 가능한 네 개의 구조를 제안하라.

A.22 히말라야 삼나무로부터 얻은 탄화수소인 α-himachalene의 분자식은 무엇인가? 이 화합물의 불포화도는 4이고 질량 스펙트럼에서 분자 이온 피크는 m/z = 204에서 나타난다.

A.23 장미와 제라니움에서 분리한 장미향을 내는 물질인 장미 산화물의 분자식을 제시하라. 이 화합물은 C, H, O가 있고, 불포화도는 2이며, 분자 이온 피크는 m/z = 154에서 나타난다.

A.24 주어진 구조와 질량 스펙트럼을 짝지어라.

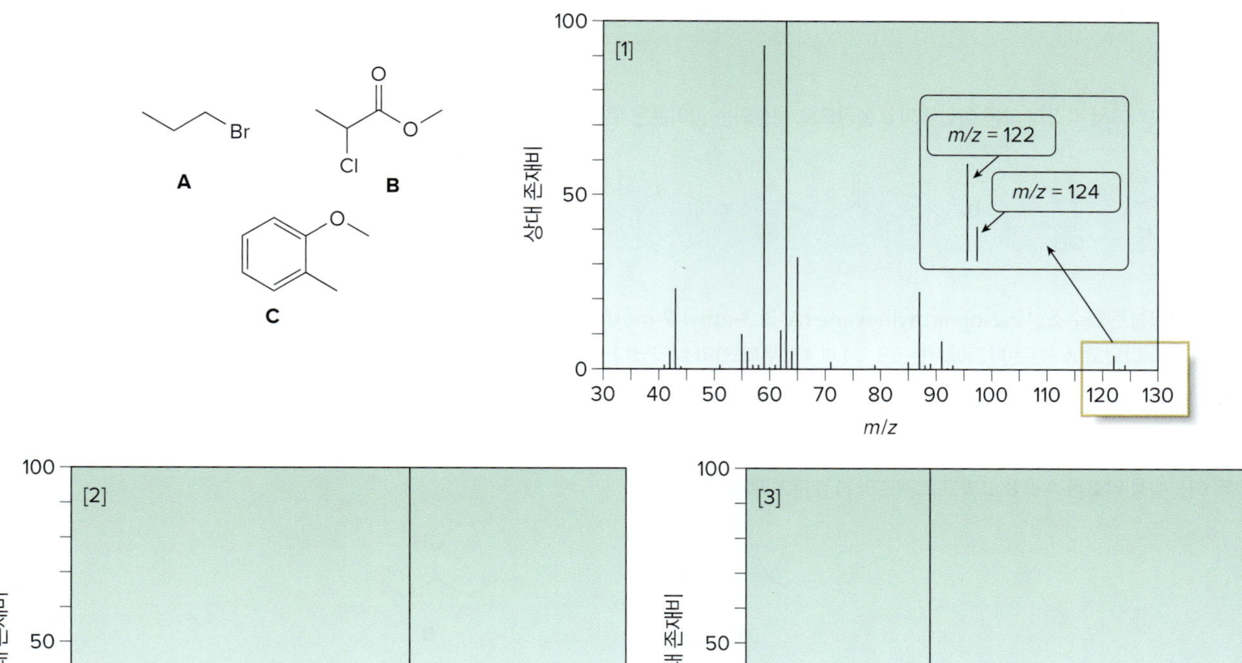

A.25 정확한 분자량이 96.0939이고 H_2와 Pd-C로 수소화하면 ethylcyclopentane을 생성하는 탄화수소의 가능한 구조를 두 개 제안하라.

A.26 다음에 주어진 데이터와 일치하는 구조를 제안하라.

a. 벤젠 고리가 하나 있고 분자 이온이 $m/z = 107$인 화합물

b. sp^3 혼성화 탄소만 있고 분자 이온이 $m/z = 84$인 화합물

c. 카보닐기가 하나 있고 분자 이온이 $m/z = 114$인 화합물

d. C, H, N, O가 있고 분자 이온의 정확한 질량이 $m/z = 101.0841$인 화합물

A.27 신경전달물질인 dopamine의 저분해능 질량 스펙트럼에서 분자 이온이 $m/z = 153$에서 나타났다. 이 분자 이온에 대한 두 가지 가능한 분자식은 $C_8H_{11}NO_2$와 $C_7H_{11}N_3O$이다. 고분해능 질량 스펙트럼에서는 정확한 분자량이 153.0680으로 밝혀졌다. 위 두 분자식 중 어느 것이 옳은가?

조각내기

A.28 Hexan-2-ol [$CH_3CH(OH)CH_2CH_2CH_2CH_3$]의 질량 스펙트럼에서 분자 이온, 주피크, H_2O의 손실로 생기는 조각 및 α 절단 조각을 표시하라.

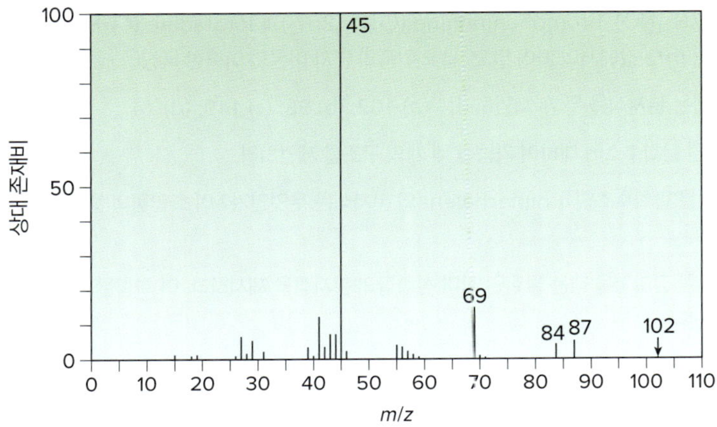

A.29 질량 분석기에서 각각의 다음 화합물의 α 절단으로 생성되는 양이온은 무엇인가?

a. OH

b. O

c. O

d. NH_2

A.30 두 이성질성 탄화수소인 2,2-dimethylhexane (**A**)과 3-ethyl-2-methylpentane (**B**)의 질량 스펙트라를 얻었다. 스펙트럼 [1]에서는 99와 57(주피크)이 나타났고 스펙트럼 [2]에서는 85, 71과 43(주피크)이 나타났다. 각 스펙트럼을 화합물 **A**와 **B**에 배정하라.

A.31 두 이성질성 알코올인 3,3-dimethylpentan-2-ol (**C**)과 heptan-2-ol (**D**)의 질량 스펙트라를 얻었다. 스펙트럼 [1]에서는 101, 87와 71(주피크)이 나타났고 스펙트럼 [2]에서는 101, 98과 45(주피크)가 나타났다. 각 스펙트럼을 화합물 **C**와 **D**에 배정하라.

A.32 두 이성질성 알코올 **A**와 **B** 그리고 스펙트라 [1]과 [2]에서,

OH

A

OH

B

(a) 각 스펙트럼에서 분자 이온과 주피크를 표시하라. (b) 조각내기 패턴을 사용하여 각 질량 스펙트럼을 이성질체 **A**와 **B**에 배정하라.

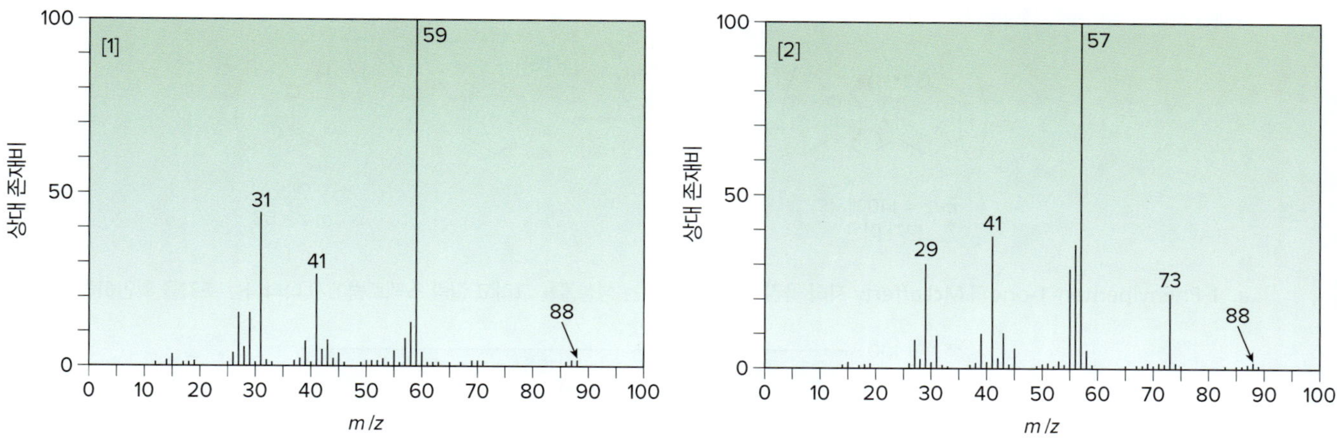

A.33 헥산-2-아민의 질량 스펙트럼에서 분자 이온과 주피크를 표시하고 주피크에 해당하는 조각에 대한 구조를 제안하라.

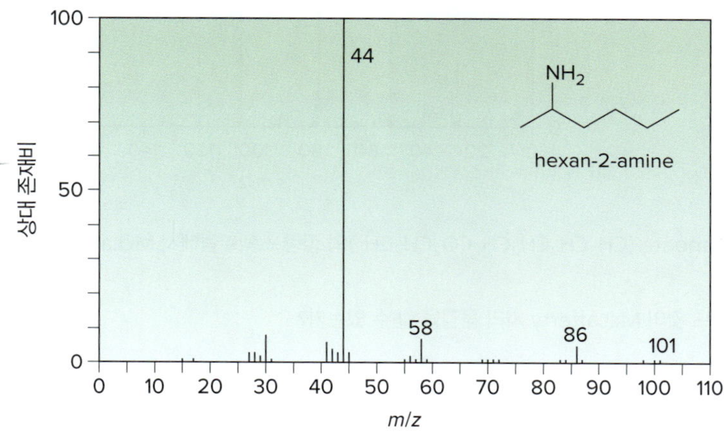

A.34 다음 각 화합물에 대하여 각각의 m/z 값에 해당하는 조각 이온의 구조를 쓰라. 그리고, 각 조각 이온이 어떻게 생성되는지 설명하라.

a. $C_6H_5CH_2CH_2OH$; $m/z = 104, 91$에 피크

b. $CH_2 = C(CH_3)CH_2CH_2OH$; $m/z = 71, 68, 41, 31$에 피크

A.35 케톤 **A**와 케톤 **B**라고 표기된 두 개의 병이 있다고 가정하자. 한쪽 병에는 $CH_3CO(CH_2)_5CH_3$이 들어 있고, 다른 쪽 병에는 $CH_3CH_2CO(CH_2)_4CH_3$이 들어 있는 것을 알고 있지만 어느 케톤이 어느 병에 들어있는지는 모른다. 케톤 **A**는 조각이 $m/z = 99$에서 나타났고, 케톤 **B**는 $m/z = 113$에서 조각이 나타났다. 이 조각내기 자료로부터 케톤 **A**와 **B**의 구조를 제시하라.

A.36 일차(1°) 알코올은 흔히 질량 스펙트럼의 $m/z = 31$에서 피크가 나타난다. 이 조각 이온에 대한 구조를 제시하라.

A.37 알코올과 같이, 에터도 에터 산소 원자에 결합된 탄소와 알킬기 사이의 탄소−탄소 결합이 끊어지는 α 분해가 일어난다. 즉 $R-CH_2OR'$에서 붉은색의 C−C 결합이 끊어진다. 이것을 마음속에 그리면서 $(CH_3)_2CHCH_2OCH_2CH_3$의 α 분해에 의해 생성된 조각의 구조를 제시하라. 왜 에터는 α 분해로 조각이 나는지를 설명하라.

도전 문제

A.38 C, H 및 (a) 1 Br과 1 Cl (b) 3 Br로 이루어진 화합물의 질량 스펙트럼에서 무슨 분자 이온이 존재할까? 각 경우에 분자 이온의 상대적 피크 세기는 무엇인가?

A.39 α 절단 말고도, 어떤 알데하이드와 케톤은 McLafferty 자리 옮김을 할 수 있다. McLafferty 자리 옮김에서는 C=O로부터 세 원자 떨어져 있는 탄소의 수소가 카보닐 산소로 이동하면서 탄소–탄소 결합이 깨진다. 이 과정이 일어나면 알켄과 질량 스펙트럼에서 하나의 조각으로 나타나는, 엔올에서 유래한 라디칼 양이온이 생성된다.

McLafferty 자리 옮김

$m/z = 140$에서의 분자 이온

엔올 $m/z = 58$

a. 1-Phenylpentan-1-one의 McLafferty 자리 옮김으로부터 생기는 생성물을 그리고 질량 스펙트럼에서 나타나는 조각을 확인하라.

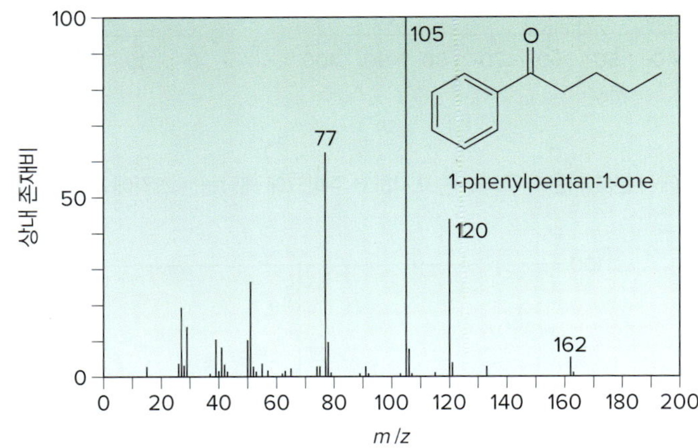

b. 에스터인 ethyl pentanoate ($CH_3CH_2CH_2CH_2CO_2CH_2CH_3$)의 질량 스펙트럼에서 McLafferty 자리 옮김으로 생기는 라디칼 양이온의 질량은 얼마인가?

c. 다음 화합물 중에서 어느 것이 McLafferty 자리 옮김을 할 수 있는가?

A **B** **C**

자가-시험 해답

1. c 2. c 3. d 4. c 5. b 6. a

적외선 분광법

Infrared Spectroscopy

T.Daly/Alamy Stock Photo

1928년에 스코틀랜드 세균학자인 알렉산더 플레밍 경이 푸른곰팡이(*Penicillium*) 속의 곰팡이로부터 **페니실린(penicillin)**을 우연히 발견한 사건은 의학의 역사에서 가장 중요한 단일 사건의 하나로 간주되고 있다. 페니실린 G 및 관련된 화합물은 β-락탐 계열의 항생제이며, 모두 생물학적 활성에 관여하는 무리가 있는 사원자 아마이드 고리로 이루어져 있다. 페니실린은 1942년에 연쇄구균 감염을 치료하는 데 최초로 사용되었으며, 제2차 세계대전에서 부상당한 수많은 군인을 치료하는 데 필요하였기 때문에, 1944년까지 미국 정부는 페니실린 생산에 최우선권을 부여하였다. 페니실린의 특이한 구조는 1940년대에 현대 기기 분석법을 사용하여 밝혀졌다. 분광학 B에서는 페니실린 같은 유기 화합물의 작용기를 규명하는 데 사용되는 적외선 분광법을 배울 것이다.

왜 공부하는가? . . .

적외선 분광법이란?

질량 분석법은 유기 화합물에 대한 분자량과 분자식을 알려 주지만, 복잡한 화합물의 구조를 완벽하게 파악하기 위해서는 다른 종류의 분광법이 반드시 사용되어야 한다. **적외선 분광법(infrared spectroscopy)**은 화합물과 상호작용하기 위해 적외선을 사용하는 기술이다. 적외선은 결합을 구부리거나 진동시키므로 **특정한 작용기에 대한 특징적인 흡수 스펙트럼**을 얻을 수 있다. 유기 화합물의 반응과 성질은 대부분 작용기의 존재 여부로 결정되기 때문에 적외선 분광법은 자연 원료로부터 분리된 화합물의 구조를 결정하고, 작용기의 첨가 혹은 제거의 결과로 나타나는 반응의 진행 여부를 모니터링하는 데에 매우 귀중한 방법이다.

우리는 적외선 분광법에서 사용되는 에너지원인 적외선을 공부함으로써 이 장을 시작하고자 한다.

B.1 전자기 복사

적외선(IR) 분광법과 **핵자기 공명(NMR)** 분광법(분광학 C)에서 에너지 근원으로서 전자기 복사를 사용한다. 따라서 IR과 NMR을 이해하기 위해서는 파동과 입자라는 두 가지 성질을 나타내는 **전자기 복사(electromagnetic radiation)**의 성질을 알아야 한다.

전자기 복사의 입자를 **광자(photon)**라고 부르는데, 각기 **양자(quantum)**라고 부르는 광자의 에너지는 그 값이 불연속적이다. 전자기 복사는 또 파동으로서의 성질도 있으므로, **파장**과 **진동수**로도 전자기 복사를 특징지을 수 있다.

파장을 나타내는 데 흔히 사용되는 길이의 단위:

단위	길이
미터(m)	1 m
센티미터(cm)	10^{-2} m
마이크로미터(μm)	10^{-6} m
나노미터(nm)	10^{-9} m
옹스트롬(Å)	10^{-10} m

- 파장(λ)이란 파동의 어느 한 점(예를 들면, 피크 또는 골짜기)에서 인접한 파동의 같은 점까지의 길이를 말한다. 파장의 단위로는 복사의 종류에 따라 다양한 길이 단위가 사용된다.
- 진동수(ν)란 단위 시간당 주어진 점을 지나가는 파동의 개수를 말한다. 진동수의 단위로는 초당(s^{-1}) 사이클 또는 헤르츠(hertz, Hz)를 사용한다.

일상생활에서 우리는 여러 종류의 전자기 복사를 경험한다. 예를 들어, 이 책을 읽는 데는 가시광선을 이용하고 있고, 극초단파를 사용해 요리를 하며, 자외선의 해로운 효과로부터 피부를 보호하기 위하여 자외선 차단 크림을 바르기도 한다.

그림 B.1
전자기 스펙트럼

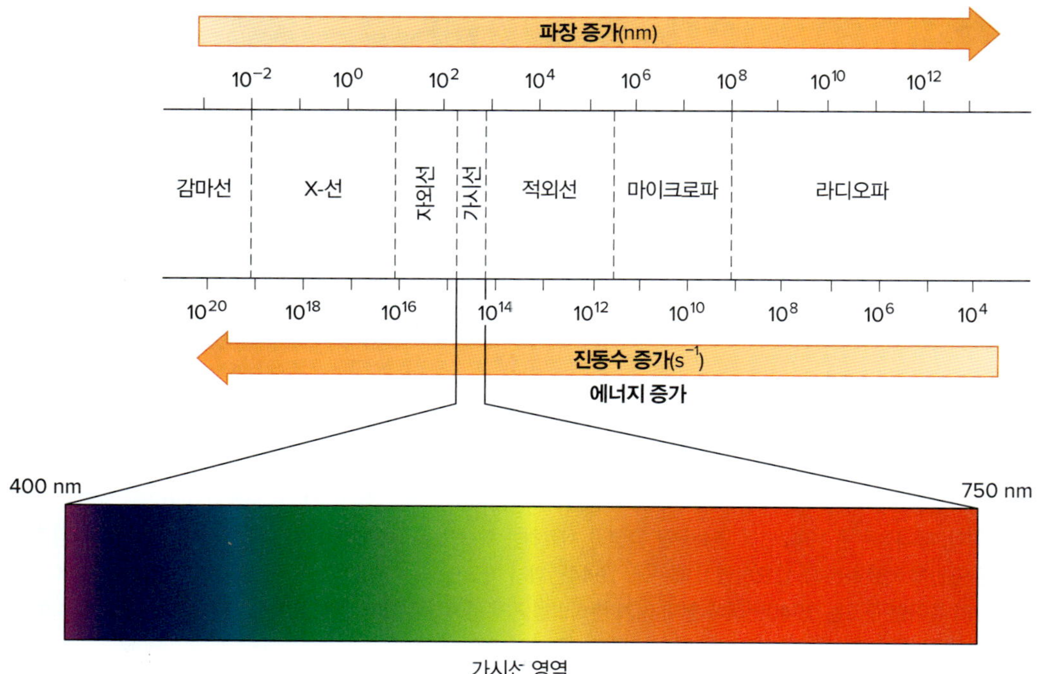

- 가시광선은 전자기 스펙트럼 중 아주 작은 부분을 차지한다.

여러 종류의 전자기 복사가 모여서 **전자기 스펙트럼(electromagnetic spectrum)**이 이루어진다. 전자기 복사 스펙트럼은 그림 B.1에 나타낸 것처럼 여러 영역으로 나누어지는데, 그 기준은 임의로 정한 것이다. 모든 전자기 복사는 빛의 속도(c), 즉 3.0×10^8 m/s로 움직인다.

전자기 복사의 속도(c)는 파장과 진동수에 비례한다.

$$c = \lambda\nu$$

빛의 속도(c)는 상수이므로 파장과 진동수는 반비례 관계이다.

- $\lambda = c/\nu$: 진동수가 감소하면 파장은 커진다.
- $\nu = c/\lambda$: 파장이 감소하면 진동수는 증가한다.

광자의 에너지(E)는 진동수에 비례한다. 여기에서 h는 Planck 상수(6.63×10^{-34} J · s)이다.

$$E = h\nu$$

진동수와 파장은 반비례 관계이고($\nu = c/\lambda$), 에너지와 파장도 반비례 관계이다.

$$E = h\nu = \frac{hc}{\lambda}$$

- 전자기 복사 에너지는 진동수 증가와 파장의 감소에 따라 증가한다.

전자기 복사와 분자가 만나면 특정 파장(결코 모든 파장은 아니다)의 전자기 복사가 분자에 흡수된다. 분자는 내부 에너지 준위가 불연속이므로 일부 파장의 전자기 복사만 흡수되는 것이다. 분자에서 전자, 진동 및 핵 스핀 상태의 에너지 준위는 연속적이 아니고 양자화되어 있다.

- 전자기 복사의 흡수가 일어나기 위해서 광자의 에너지가 분자 내 두 에너지 준위의 차이와 맞아야 한다.

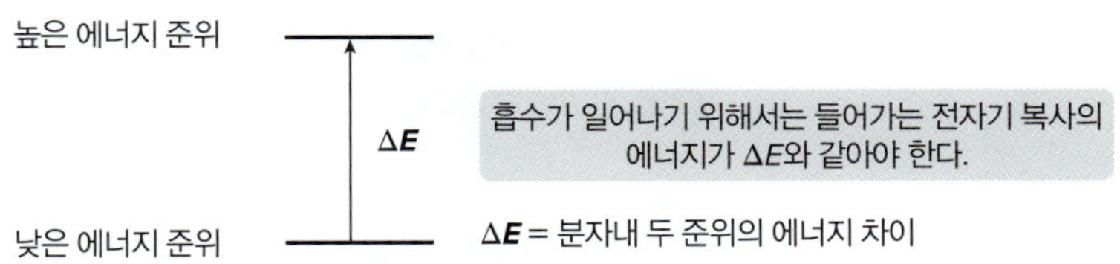

- 두 준위 사이의 에너지 차이가 **클수록** 흡수를 일으키는 데 필요한 전자기 복사의 에너지는 **커지고** 진동수는 **높아지며**, 파장은 **짧아진다**.

문제 B.1 다음 중 어떤 것이 진동수가 더 높은가?

a. 파장이 10^2 또는 10^4 nm인 빛　b. 파장이 100 nm 또는 100 μm인 빛　c. 붉은빛 또는 푸른빛

문제 B.2 다음 중 어떤 것이 에너지가 더 높은가?

a. ν가 10^4 Hz 또는 10^8 Hz인 빛　b. λ가 10 nm 또는 1000 nm인 빛　c. 붉은빛 또는 푸른빛

B.2 적외선 분광법의 일반적 특징

유기 화학에서 적외선 분광법은 화합물 내에 존재하는 작용기를 알아내는 데 사용된다.

B.2A 배경

적외선의 진동수를 표현할 때 파수 단위(4000–400 cm^{-1})를 사용하면 헤르츠 단위(1.2×10^{14}–1.2×10^{15} Hz)를 사용할 때보다 보고하기가 쉽다.

적외선(λ = 2.5–25 μm)은 적외선 분광법에 사용되는 에너지원이다. 적외선은 가시광선보다 파장이 약간 더 길고, 따라서 진동수는 더 낮으며 에너지 또한 가시광선보다 낮다. 적외선 분광법에서 적외전의 진동수는 흔히 **파수**(wavenumber, $\tilde{\nu}$)라는 단위로 표시된다.

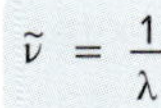

$$\tilde{\nu} = \frac{1}{\lambda}$$

파수는 파장에 반비례하며 단위는 **센티미터의 역수(cm^{-1})**이다. 또 파수는 진동수(ν)에 비례한다. **진동수(그리고 에너지)는 파수가 증가함에 따라 증가한다.** 파수 단위를 사용하면 적외선은 **4000–400 cm^{-1}**에 해당한다.

- 분자가 적외선을 흡수하면 진동하는 방식이 달라진다.

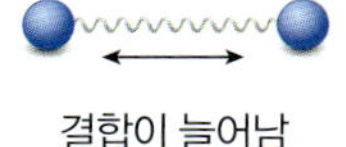

결합이 늘어남

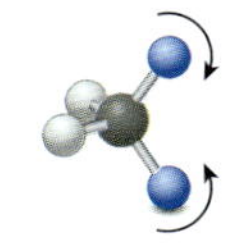

두 결합이 굽혀짐

공유 결합은 가만히 정지하고 있는 결합이 아니다. 마치 양쪽 끝에 추가 달린 용수철 같다고 볼 수 있다. 원자 두 개가 서로 결합할 때, 결합은 길이가 줄었다 늘어났다 하는 신축 운동을 한다. 원자가 세 개 이상 결합한 경우에는, 결합이 굽혀졌다 펴졌다 하는 운동도 한다. 이러한 결합의 신축 진동과 굽힘 진동은 한 분자에서 가능한 여러 가지 진동 방식을 나타낸다.

분자 내 진동은 양자화되어 있기 때문에 특정 진동수에서만 일어나는데, 이 진동수가 적외선의 진동수에 해당한다. **적외선의 진동수가 분자 내 특정 진동의 진동수와 맞으면 적외선이 분자에 흡수되고,** 특정 신축 또는 굽힘 진동의 진폭이 증가한다.

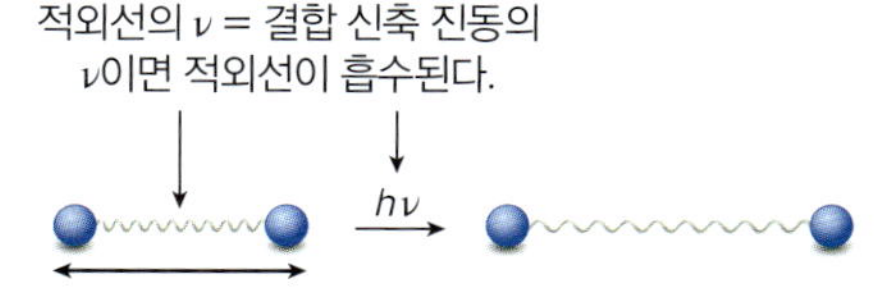

- 결합의 종류에 따라 진동의 진동수도 다르다. 따라서 흡수하는 적외선의 진동수도 다르다.
- 적외선 분광법으로 분자내에 존재하는 서로 다른 결합을 구별해낼 수 있다. 그 결과 분자 내에 존재하는 작용기를 알아낼 수 있는 것이다.

문제 B.3 다음 중 어느 것이 에너지가 더 높은가?

a. 파수가 3000 cm^{-1} 또는 1500 cm^{-1}인 적외선 b. 파장이 10 μm 또는 20 μm인 적외선

B.2B IR 스펙트럼의 특징

IR 분광기 내에서 적외선은 시료를 통과한다. 이때 시료의 진동에 해당하는 진동수의 적외선은 시료에 흡수되지만, 나머지 적외선은 시료를 그대로 통과하여 검출기에 도달한다. IR 스펙트럼은 통과한 빛의 양을 파수에 대해 기록한 것이다. Propan-1-ol [$CH_3CH_2CH_2OH$]의 IR 스펙트럼은 적외선 분광법의 몇 가지 중요한 특징을 보여준다.

- 스펙트럼에서 흡수 피크는 아래로 내려간다. 수직 y축은 **퍼센트 투과율(percent transmittance)**인데, 100% 투과율이란 빛이 시료에 전혀 흡수되지 않고 모두 통과되었음을 뜻한다. 반대로 0% 투과율이란 빛이 하나도 통과되지 않고 시료에 모두 흡수되었다는 뜻이다. **강한 흡수는 빛이 많이 흡수되었기 때문에 % 투과율이 낮다.**

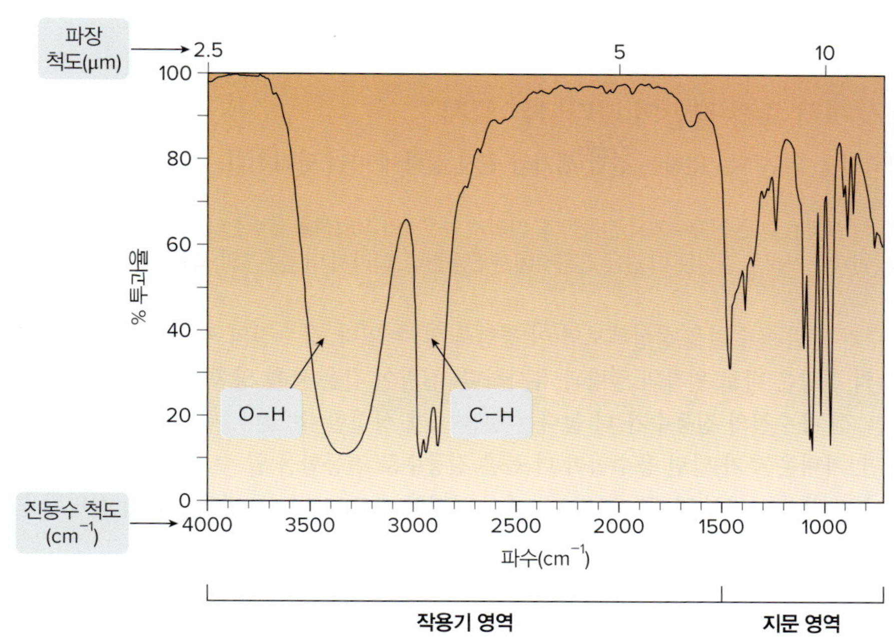

- 각각의 피크는 특정 종류의 결합에 해당한다. 또 결합의 종류마다(예를 들어, **O–H** 또는 **C–H** 결합) 그것에 해당하는 특정 진동수가 존재한다.
- IR 스펙트럼의 x축의 단위는 파장이나 파수이다. 파장의 단위로는 μm (2.5–25)를 사용한다. 파수, 진동수 그리고 에너지는 왼쪽에서 오른쪽으로 갈수록 **감소한다**. 피크가 나타나는 위치는 센티미터의 역수(cm^{-1})로 표시한다.

IR 스펙트럼은 개념적으로 두 영역으로 나누어 볼 수 있다.

- 작용기 영역(functional group region)은 ≥1500 cm^{-1}에서 나타난다. 주요 작용기는 이 영역에서 특징적인 진동수로 한두 개의 피크를 선보인다.
- 지문 영역(fingerprint region)은 <1500 cm^{-1}에서 나타난다. 이 영역은 종종 각 화합물의 고유한 복잡한 피크를 보여준다.

예를 들어, 그림 B.2에는 5-methylhexan-2-one (**A**)과 ethyl propanoate (**B**)의 IR 스펙트럼이 주어져 있는데, 두 화합물 모두 카보닐기(C=O)와 몇 개의 sp^3 혼성화된 C–H 결합이 있기 때문에 작용기 영역의 스펙트럼은 비슷하게 보인다. 하지만 두 화합물은 다른 화합물이기 때문에 지문 영역은 아주 다르다는 것을 알 수 있다.

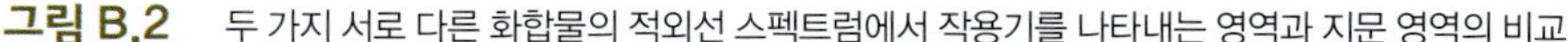

그림 B.2 두 가지 서로 다른 화합물의 적외선 스펙트럼에서 작용기를 나타내는 영역과 지문 영역의 비교

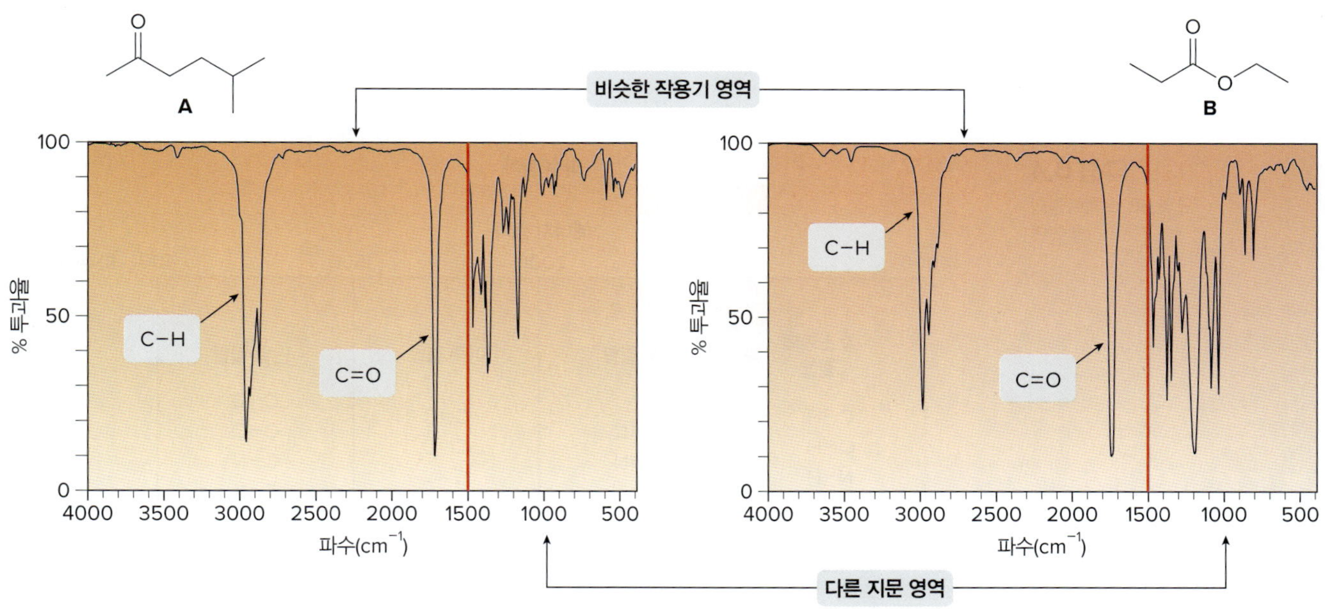

- **A**와 **B**는 작용기 영역에서 C=O기와 sp^3 혼성화된 C–H기에 대한 흡수가 비슷하다.
- **A**와 **B**는 다른 화합물이므로 그들의 지문 영역은 매우 다르다.

B.3 적외선 흡수

B.3A IR 스펙트럼상에서 특정 결합이 나타나는 위치

어떤 결합이 적외선을 흡수하는 위치는 **결합 세기**와 **원자 질량**에 따라 달라진다.

- 결합의 세기: 센 결합은 높은 진동수에서 진동한다. 따라서 높은 $\tilde{\nu}$의 적외선을 흡수한다.
- 원자의 질량: 원자가 가벼운 결합은 더 높은 진동수에서 진동한다. 따라서 더 높은 $\tilde{\nu}$의 적외선을 흡수한다.

양쪽 끝에 추가 달린 용수철을 상상해보면 이 경향을 알 수 있다. 용수철의 세기는 결합의 세기와 유사하고, 추의 질량은 바로 원자의 질량과 유사하다. 질량이 같은 추를 양쪽에 매단 용수철 두 개를 비교해보면, **센 용수철의 진동수가 더 높다**는 것을 쉽게 상상할 수 있다. 세기가 같은 용수철 두 개를 비교하면, **가벼운 추가 달린 용수철이 더 높은 진동수로 진동함**을 알 수 있다. 진동의 진동수와 결합의 세기 및 질량 사이의 관계는 그림 B.3에서 설명한 대로 Hooke의 법칙으로 잘 설명됨을 알 수 있다.

그림 B.3 Hooke의 법칙: 결합 진동의 진동수는 결합 세기와 원자 질량에 따라 달라진다.

진동하는 용수철의 운동을 기술하는 Hooke의 법칙으로부터 결합 진동의 진동수를 알아낼 수 있다.

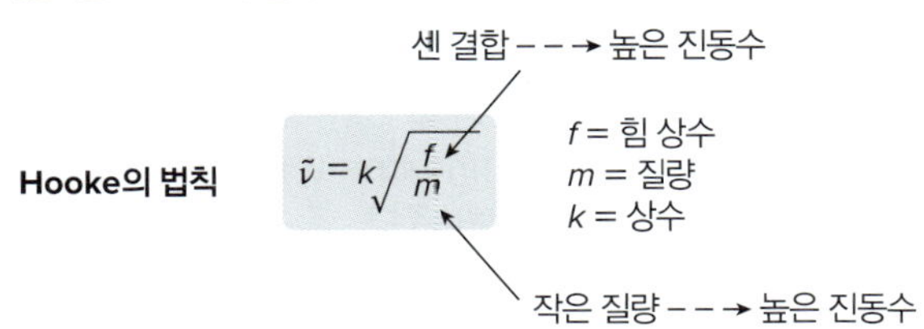

- 힘 상수(f)는 결합(용수철)의 세기를 나타낸다. 그 값이 **클수록** 결합이 더 **세고** 결합은 **더 높은** 파수에서 진동한다.
- 질량(m)은 원자(추)의 질량을 말한다. m 값이 **작을수록** $\tilde{\nu}$ 값이 **커진다**.

이와 같은 이유로, **IR 스펙트럼에서 결합이 흡수를 할 것이라고 예상하는 영역은 크게 네 부분으로 나누어진다**. 이 네 영역과 각 영역에서 흡수하는 결합의 종류가 그림 B.4에 설명되어 있다. 이 그림을 외워두면 모르는 화합물의 IR 스펙트럼을 해석하는 데 유용할 것이다. 더불어 다음 두 가지 사항을 이해하면 그림 B.4의 내용을 기억하는 데 도움이 될 것이다.

그림 B.4 요약: IR 스펙트럼의 네 영역

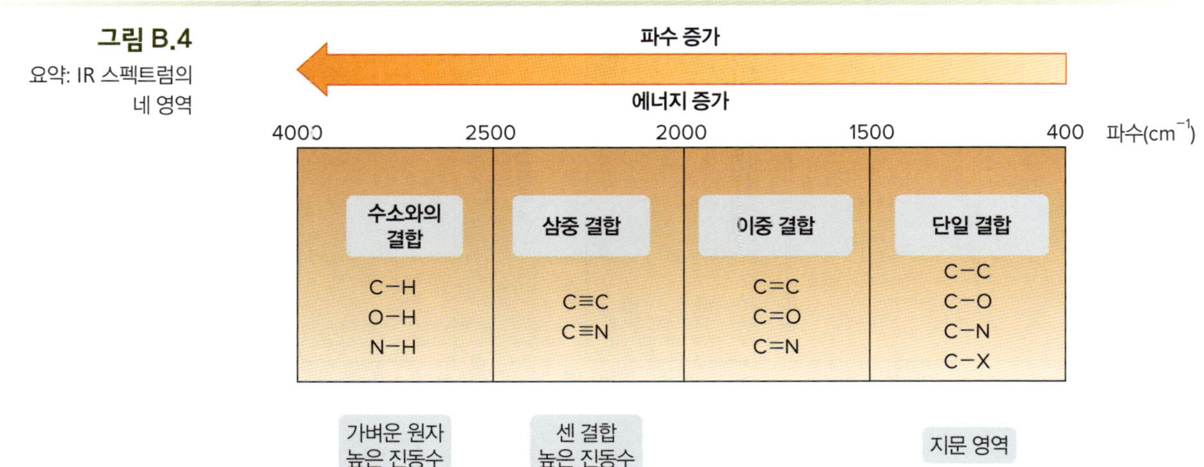

- 수소와 연결된 결합은 언제나 스펙트럼의 **왼쪽**(높은 파수 영역)에서 흡수한다. H−Z 결합(여기서 Z = C, O, N)에서 수소는 질량이 작고, 따라서 진동수가 **높기** 때문이다.
- 결합의 세기는 C≡C → C=C → C−C로 갈수록 약해지고, 따라서 진동의 진동수는 **감소**한다. 즉 이들 결합의 흡수는 스펙트럼의 오른쪽으로 이동한다.

작용기 영역에는 모든 다중 결합의 흡수뿐만 아니라 수소와 연결된 단일 결합(모든 H−Z 결합)의 흡수가 나타난다. 작용기 영역에서 나타나는 대부분의 흡수는 결합의 굽힘 진동보다는 신축 진동에 기인한다. 지문 영역에서는 H−Z 결합을 제외한 다른 단일 결합에 의한 흡수가 모두 나타나는 관계로 아주 복잡한 모습으로 나타나고 해석도 쉽지 않다.

IR 스펙트럼에 대하여 개괄적인 내용을 알고 난 다음에는 대표적인 결합이 흡수하는 진동수를 알아야 한다. 표 B.1에는 작용기 영역에서 나타나는 중요한 흡수 피크의 위치가 수록되어 있다. 적외선 흡수에 관한 자세한 내용은 앞으로 이 책의 여러 작용기에 관한 부분에서 같이 공부하게 될 것이다. 부록 G에 흔히 볼 수 있는 결합의 흡수 진동수를 자세히 수록해 놓았다.

표 B.1 중요한 IR 흡수 피크

결합 유형	대략적인 $\tilde{\nu}$ (cm^{-1})	세기
O−H	3600−3200	강함, 폭넓음
N−H	3500−3200	중간
C−H	~3000	
• C_{sp^3}−H	3000−2850	강함
• C_{sp^2}−H	3150−3000	중간
• C_{sp}−H	3300	중간
C≡C	2250	중간
C≡N	2250	중간
C=O	1800−1650(흔히 ~1700)	강함
C=C	1650	중간
(벤젠 고리)	1600, 1500	중간

분자 내 거의 모든 결합이 적외선 영역에서 흡수를 일으키지만, 몇 개의 결합은 적외선을 흡수하지 않는다. **적외선 흡수가 일어나기 위해서는 결합이 진동하는 동안 쌍극자 모멘트가 달라져야 한다.** 따라서 대칭적이고 무극성인 결합의 경우 적외선 흡수는 일어나지 않는다. 예를 들어, but-2-yne의 C≡C 삼중 결합은 무극성이고 축을 따라 신축 운동을 할 때 쌍극자 모멘트의 변화가 일어나지 않기 때문에 2250 cm^{-1}에서 IR 신축 흡수를 보여주지 않는다. 이와 같은 진동을 **적외선 비활성(IR inactive)**이라고 부른다.

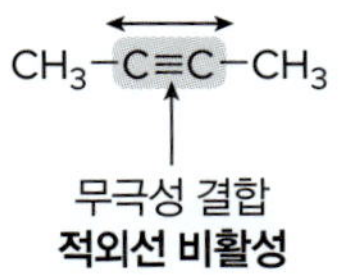

문제 B.4 각 쌍에서 어느 강조 표시한 결합이 더 높은 파수에서 적외선을 흡수하는가?

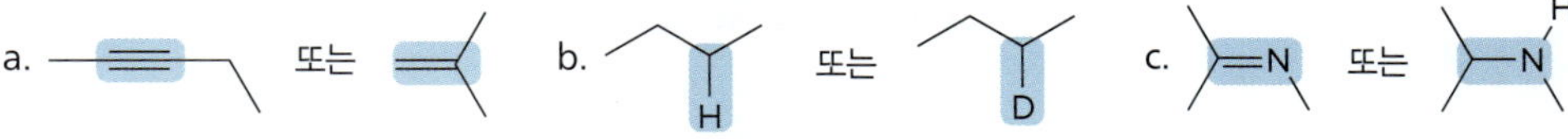

B.3B *s*-성질 퍼센트가 C–H 흡수에 미치는 영향

결합의 세기에 영향을 미치는 어떠한 요인도 적외선 흡수 진동수의 위치에 영향을 준다. 이 책의 1.11절에서 우리는 **탄소 혼성 오비탈의 *s*-성질 퍼센트가 커질수록 C–H 결합의 세기가 증가한다**는 사실을 공부한 바 있다. 즉,

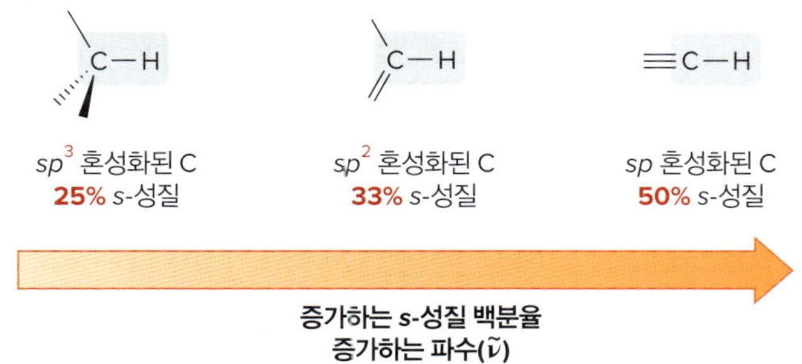

- *s*-성질 백분율이 **커질수록** 결합은 더 **세지고** 흡수 파수도 더 **높아진다**.

문제 B.5 화합물 **A**와 **B**에 표시된 결합을 (a) 세기, (b) 결합 길이, (c) *s*-성질 백분율, (d) 흡수 파수가 증가하는 순으로 정렬하라. Mestranol (**A**)은 최초로 판매한 경구 피임제의 성분이었으며, petroformymic acid (**B**)는 해양 해면에서 분리되었다.

mestranol
A

petroformymic acid
B

B.3C IR 흡수에 미치는 공명 효과

한 화합물에 카보닐기(C=O)가 있을 때, 종종 카보닐 흡수는 IR 스펙트럼에서 가장 강렬한 피크로 나타난다. 이 흡수의 정확한 위치는 카보닐 탄소에 직접 결합하고 있는 기가 어떤 것인지에 따라 달라진다.

하나의 카보닐기가 탄소–탄소 이중 결합 혹은 벤젠 고리와 결합하고 있을 때, **두 개의 불포화 부위가 하나의 σ 결합에 의해 분리되어 있는데, 이러한 계를 콘쥬게이션되었다**고 **말한다**. 14장에서 배울 바와 같이, **콘쥬게이션** 화합물은 독특한 성질을 많이 띠게 된다. 이 중 한 가지가 카보닐 흡수 위치이다.

σ 결합 1개 — 콘쥬게이션

σ 결합 1개 — 콘쥬게이션

σ 결합 2개 — 콘쥬게이션되어 있지 않음

- 카보닐기가 C=C 혹은 벤젠 고리와 콘쥬게이션을 이루면 IR 흡수가 ~30 cm^{-1} 정도 낮은 파수로 이동한다.

C=O 흡수 진동수에 미치는 콘쥬게이션 효과는 **공명**으로 설명된다. α, β-불포화 카보닐 화합물은 세 가지 공명 구조를 쓸 수 있으며, 이 중 두 개는 카보닐기의 탄소와 산소 원자 사이에 하나의 단

일 결합이 놓여 있다. 결과적으로, 카보닐기의 π 결합은 비편재화되고 콘쥬게이션된 카보닐기는 약간의 단일 결합 성격을 띠게 되어, 콘쥬게이션되어 있지 않은 C=O보다 다소 **약한** 결합이 된다. **IR 스펙트럼에서 약한 결합은 더 낮은 진동수(더 낮은 파수)에서 흡수한다.**

α,β-불포화 카보닐기

두 가지 공명 기여체는 **C—O 단일 결합**을 하고 있다.

혼성

π 결합은 비편재화되어 있다.

그림 B.5는 몇 가지 대표적인 화합물에서 카보닐 흡수 위치에 미치는 콘쥬게이션 효과를 보여 주고 있다.

그림 B.5
IR 스펙트럼에서 카보닐 흡수 위치에 미치는 콘쥬게이션 효과

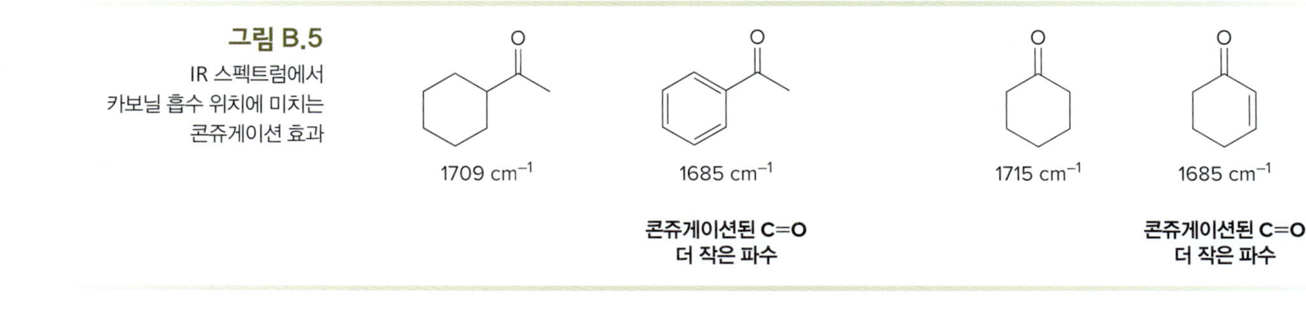

공명은 또한 Z에 비공유 전자쌍이 있을 때, 화합물 RCOZ의 카보닐 흡수의 상대적 위치에 영향을 미친다. RCOZ는 세 가지 공명 구조로 그릴 수 있다.

공명 구조 **2**와 **3**은 탄소–산소 단일 결합이 있기 때문에, 이 구조들이 공명 혼성에 더 많이 기여할수록 카보닐기가 단일 결합 성격을 더 많이 띠게 되고, 그러면 카보닐 흡수의 진동수는 더 낮아지게 된다.

- Z가 더 염기성일수록, Z는 전자쌍을 더 많이 주게 되고 공명 구조 3은 혼성에 더 많이 기여하게 된다.
- 결과적으로 Z의 염기도가 **증가할수록** 카보닐 흡수의 진동수는 **감소한다**.

에스터(RCO_2R')와 아마이드($RCONR'_2$)의 카보닐 흡수를 비교하기 위해서, $-OR'$기와 $-NR'_2$기의 상대적인 염기도를 살펴보아야 한다. 염기도는 주기율표에서 오른쪽으로 갈수록 감소하므로, $-NR'_2$기가 $-OR'$기보다 더 염기성이다. 결과적으로 **아마이드 카보닐은 에스터 카보닐보다 단일 결합 성격을 더 많이 띠게 되고, 따라서 더 낮은 파수에서 카보닐 흡수가 나타난다.**

예를 들어 에스터인 ethyl acetate의 카보닐 흡수는 1743 cm^{-1}에서 나타나고, 아마이드인 *N,N*-dimethylacetamide의 카보닐 흡수는 1662 cm^{-1}에서 나타난다.

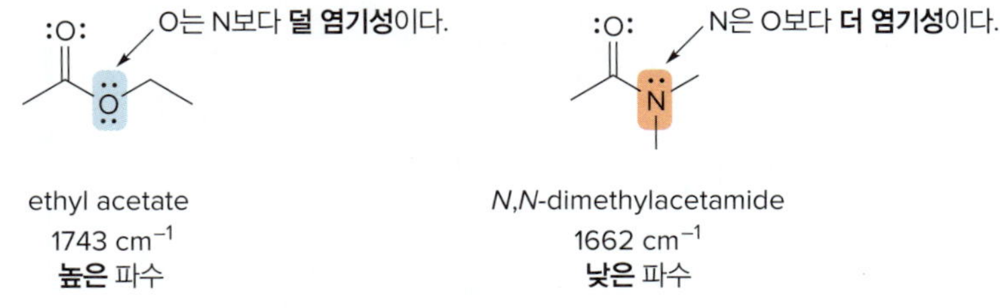

예제 B. 1은 세 가지 화합물에서 어떻게 공명이 카보닐 흡수 위치에 영향을 미치는지를 보여 주고 있다.

예제 B.1 카보닐 흡수의 상대적 위치 예측하기

화합물 **A**, **B**, **C**를 IR 스펙트럼에서 카보닐 흡수의 진동수가 증가하는 순서대로 나열하라.

A B C

풀이

화합물을 비교해 보도록 하자. **A**와 **B**는 모두 아마이드이다. 하지만 **B**는 벤젠 고리와 콘쥬게이션된 하나의 카보닐기가 있다. 콘쥬게이션은 카보닐 흡수를 더 낮은 파수로 이동시키므로 **B**는 **A**보다 더 낮은 파수에서 흡수한다. **C**는 콘쥬게이션되지 않은 에스터이다. **A**와 **C**의 카보닐 흡수를 비교하면, 아마이드 **A**는 더 염기성인 N 원자가 있으므로, **A**의 카보닐 흡수는 에스터 **C**의 카보닐 흡수보다 더 낮은 파수에서 일어난다. 결과적으로 진동수(파수)가 증가하는 순서는 다음과 같다. **B**<**A**<**C**

문제 B.6 (a) 화합물 **A**, **B**, **C**, **D** 중 어느 화합물이 C=O가 **가장 높은** 파수에서 흡수하는가? (b) 어느 화합물이 C=O가 **가장 낮은** 파수에서 흡수하는가?

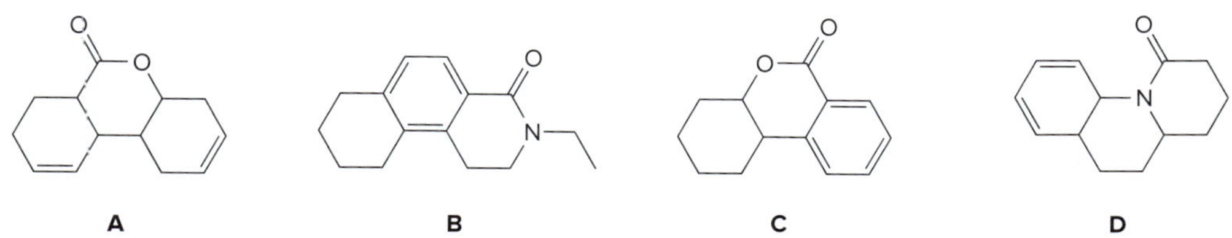

추가 문제: 문제 B.25, B.26을 풀어보라.

문제 B.7 IR 스펙트럼에서 카보닐 흡수의 진동수가 증가하는 순서로 화합물 **A**–**C**를 정렬하라.

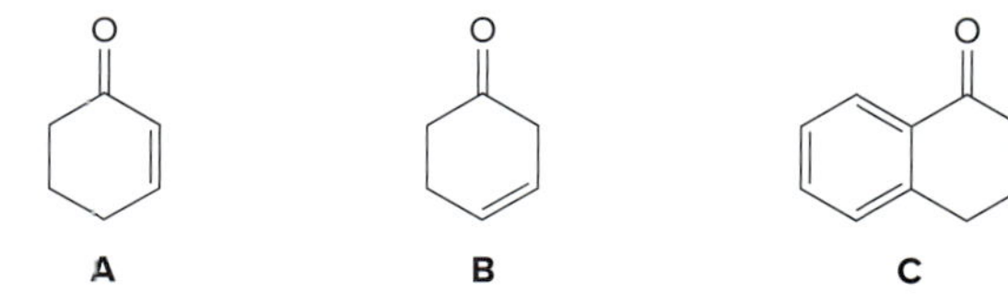

B.3D IR 스펙트럼 분석하기

이 절에서 배운 원리를 이용하면 단계별 해결 방법이 보여 주듯이, 한 화합물에 존재하는 결합의 유형을 결정할 수 있다.

해결 방법 IR 스펙트럼 분석하기

예 **A**, **B**, **C** 화합물 중 어떤 화합물이 아래의 IR 스펙트럼을 나타내겠는가?

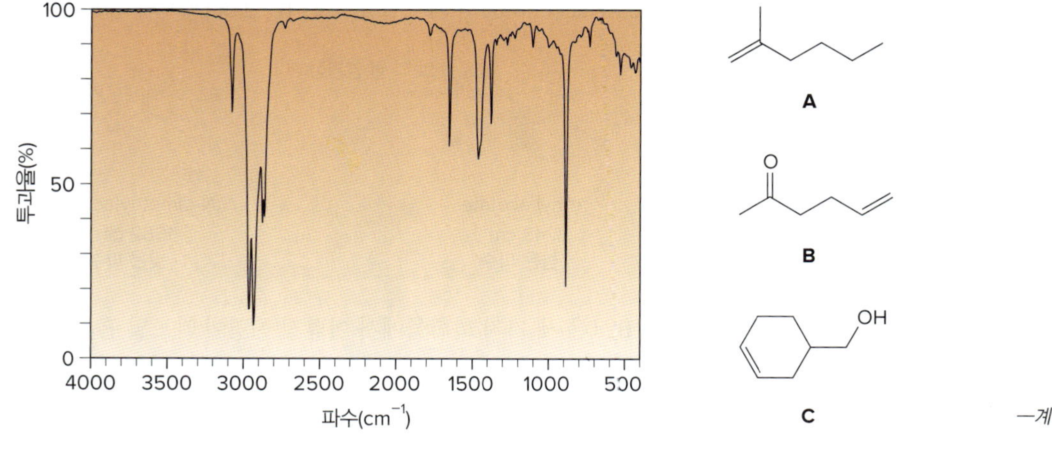

—계속

단계 [1] **1500 cm^{-1} 이상의 작용기 영역을 집중해서 살펴보고, 표 B.1에 제시된 값을 사용하여 이중 결합과 삼중 결합이 흡수를 보이는 두 부분을 검토한다.**

- C=C 결합은 ~1650 cm^{-1}에서 흡수한다.
- C=O 결합은 종종 1700 cm^{-1} 부근의 1650과 1800 cm^{-1} 사이에서 흡수한다.
- C≡C 결합 혹은 C≡N 결합은 ~2250 cm^{-1}에서 흡수한다.

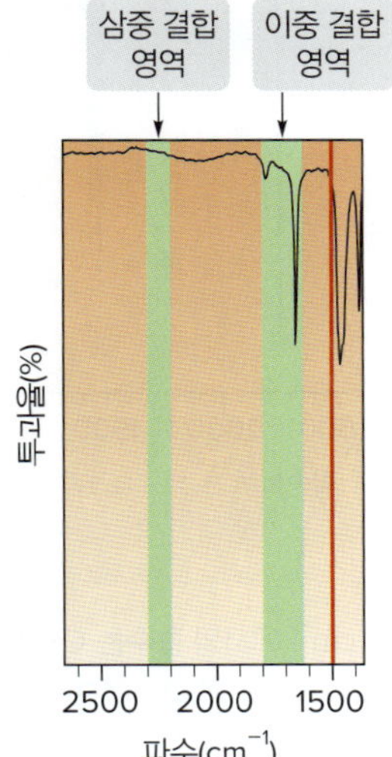

- 이 예는 삼중 결합 영역에서 흡수를 보이지 않고 1650 cm^{-1}에서 중간 세기의 흡수를 보인다. 이는 화합물이 C=C 결합을 하고 있음을 의미한다.
- ~1700 cm^{-1}에서 강한 흡수를 보이지 않으므로, 이 화합물은 C=O 결합이 **없다**.
- 위 데이터를 이용하면, **B**는 C=O 결합이 있으므로 **B**의 가능성을 배제할 수 있다.

단계 [2] **3000 cm^{-1} 주변의 C−H 영역을 검토한다.**

- C_{sp^3}−H 결합은 3000−2850 cm^{-1}에서 흡수한다.
- C_{sp^2}−H 결합은 3150−3000 cm^{-1}에서 흡수한다.
- C_{sp}−H 결합은 3300 cm^{-1}에서 흡수한다.

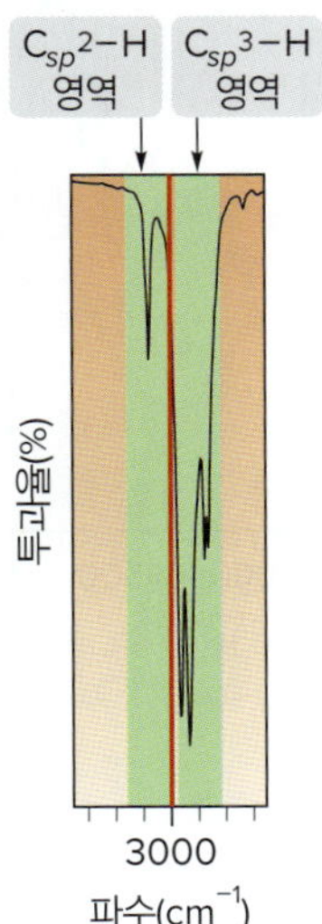

- 거의 모든 유기 화합물에 존재하는 C_{sp^3}−H 결합 외에, 이 화합물은 C_{sp^2}−H 영역의 흡수를 보인다.
- **A**와 **C**는 모두 C_{sp^2}−H 결합이 있으므로, 두 화합물 모두 가능하다.

단계 [3] **O−H와 N−H 결합은 3000 cm^{-1} 이상의 영역을 검토한다.**

- O−H 결합은 3600−3200 cm^{-1}에서 강하고 넓은 피크로 나타난다.
- 아민과 아마이드의 N−H 결합은 3500−3200 cm^{-1} 영역에서 중간 세기로 흡수한다.

IR은 3600−3200 cm^{-1}에서 흡수를 보이지 않으므로, 이 화합물은 OH기가 없다. 이는 **C**를 가능성에서 배제하기 때문에, 이 IR 스펙트럼은 **A**에 기인한다.

예제 B.2 IR 분광법을 사용하여 화합물에 존재하는 결합의 유형 결정하기

화합물 **A**와 **B**에서 1500 cm^{-1} 이상의 흡수는 무슨 유형의 결합 때문인가?

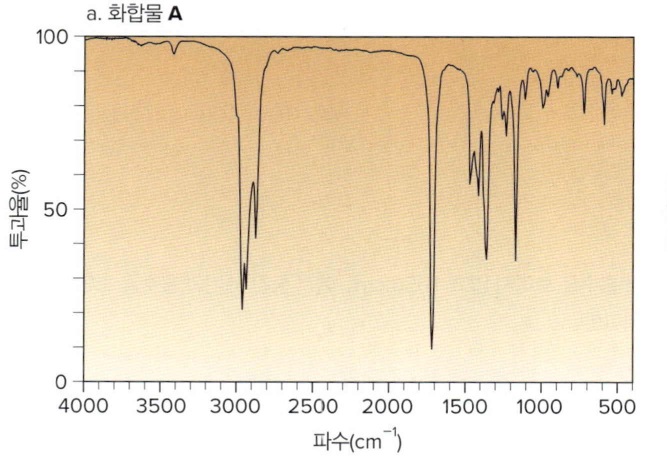

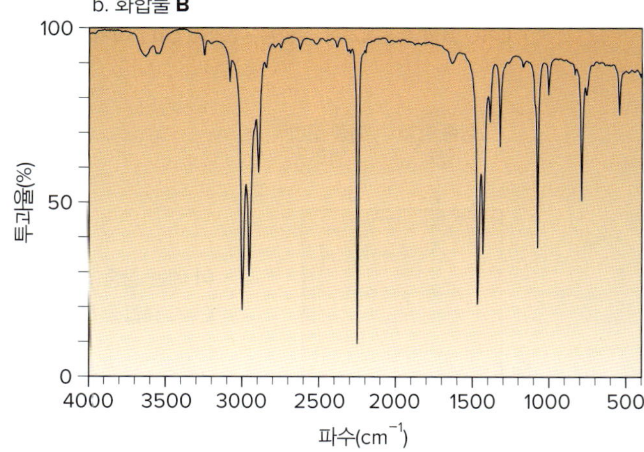

풀이

a. 화합물 **A**는 1500 cm^{-1} 이상에서 두 가지 주요한 흡수를 보인다. ~3000 cm^{-1}에서의 흡수는 C−H 결합에 기인하고, ~1700 cm^{-1}의 흡수는 C=O기에 의한 것이다. C−H 흡수는 < 3000 cm^{-1}에서 나타나므로, 모든 C−H 결합은 sp^3 혼성화된 C 원자가 있다.

b. 화합물 **B**는 1500 cm^{-1} 이상에서 두 가지 주요한 흡수를 보인다. ~3000 cm^{-1}에서의 흡수는 C_{sp^3}−H 결합에 기인하고 ~2250 cm^{-1}의 흡수는 C≡C 혹은 C≡N 삼중 결합에 의한 것이다.

문제 B.8 화합물 **A**와 **B**의 IR 스펙트럼에서 1500 cm^{-1} 이상의 흡수는 무슨 유형의 결합 때문인가?

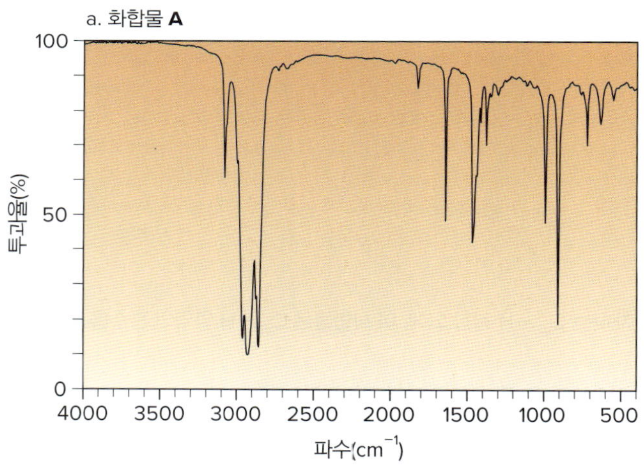

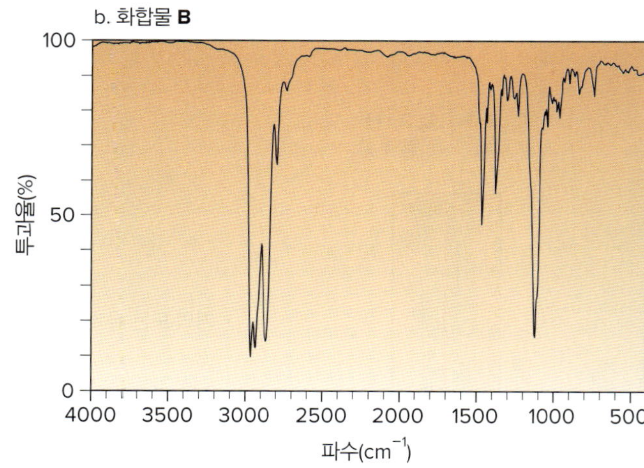

추가 문제: 문제 B.21, B.22, B.23a, B.30을 풀어보라.

B.4 대표적인 작용기의 적외선 스펙트럼

각 종류의 화합물은 적외선에서 특징적인 흡수를 나타낸다.

B.4A 탄화수소의 IR 흡수

알케인, 알켄, 알카인 그리고 벤젠 고리 방향족 화합물의 IR 스펙트럼을 살펴보면, 이들의 특징적인 차이점이 잘 나타나 있다(그림 B.6).

- **알케인** hexane(그림 B.6a)은 C−C 단일 결합과 sp^3 혼성화된 C 원자만 있으므로, 1500 cm^{-1} 위쪽의 파수에서는 중요한 흡수가 하나밖에 나타나지 않는다. 즉, C_{sp^3}−H 흡수는 3000−2850 cm^{-1}에서 나타난다.
- **알켄** hex-1-ene(그림 B.6b)은 sp^3 혼성화된 C 원자 외에 C=C와 C_{sp^2}−H 결합이 있다. 그 결과 1500 cm^{-1} 위쪽의 파수에서는 중요한 흡수 피크 세 개가 관찰된다: C_{sp^2}−H는 3150–3000 cm^{-1}에서, C_{sp^3}−H는 3000–2850 cm^{-1}에서, C=C는 1650 cm^{-1}에서
- **알카인** hex-1-yne(그림 B.6c)은 sp^3 혼성화된 C 원자 외에 C≡C와 C_{sp}−H 결합이 있다. 그 결과 중요한 흡수 피크 세 개가 관찰된다: C_{sp}−H는 3300 cm^{-1}에서, C_{sp^3}−H는 3000–2850 cm^{-1}에서, C≡C는 ~2250 cm^{-1}에서
- **방향족 화합물**(그림 B.6d) isopropylbenzene은 sp^3 혼성화된 C 원자 외에 하나의 벤젠 고리와 C_{sp^2}−H 결합이 있다. 그러므로 중요한 흡수 피크 세 개가 관찰된다: C_{sp^2}−H는 3150–3000 cm^{-1}에서, C_{sp^3}−H는 3000–2850 cm^{-1}에서, 벤젠 고리는 1600, 1500 cm^{-1}에서

그림 B.6 탄화수소의 IR 스펙트럼

a. **알케인(hexane)**

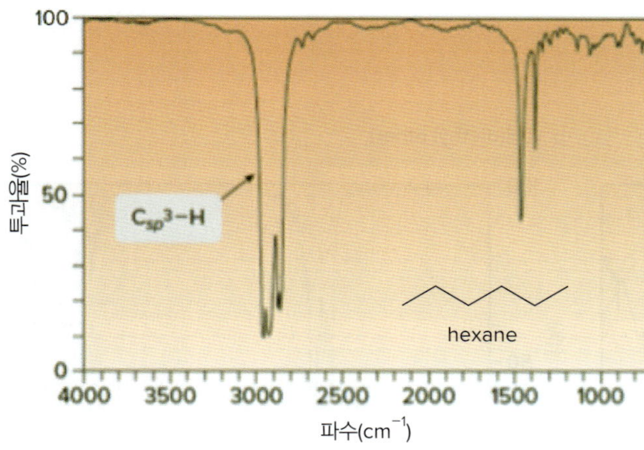

- C_{sp^3}−H 흡수는 3000~2850 cm^{-1}에서 나타난다.

c. **알카인(hex-1-yne)**

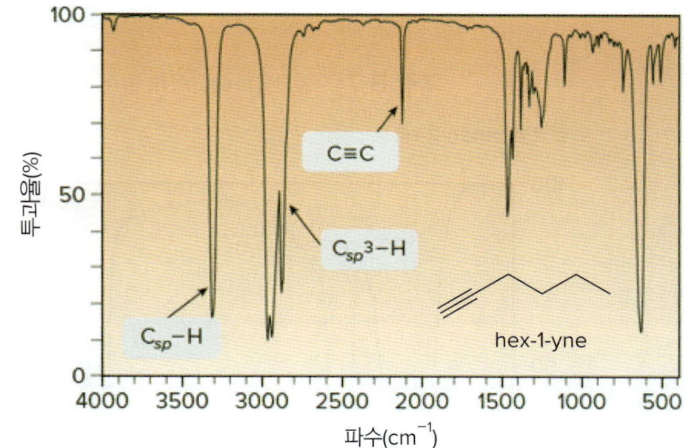

- C_{sp}−H는 3300 cm^{-1}에서
- C_{sp^3}−H는 3000~2850 cm^{-1}에서
- C≡C는 ~2250 cm^{-1}에서

b. **알켄(hex-1-ene)**

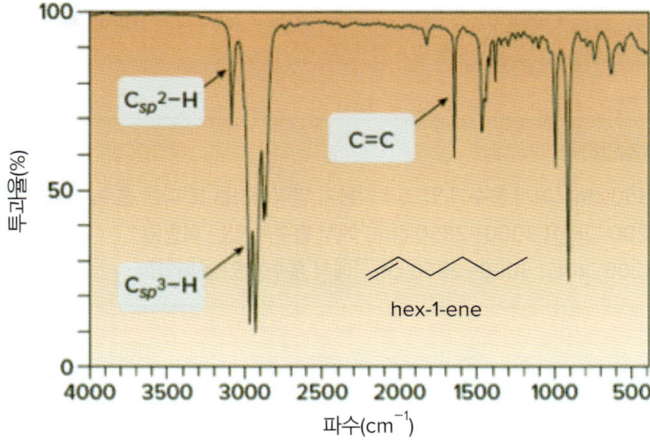

- C_{sp^2}−H는 3150~3000 cm^{-1}에서
- C_{sp^3}−H는 3000~2850 cm^{-1}에서
- C=C는 1650 cm^{-1}에서

d. **벤젠 고리 방향족 화합물(isopropylbenzene)**

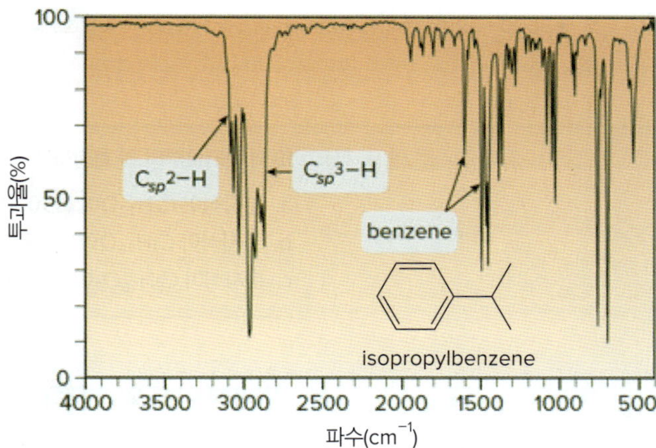

- C_{sp^2}−H는 3150~3000 cm^{-1}에서
- C_{sp^3}−H는 3000~2850 cm^{-1}에서
- 벤젠 고리는 1600, 1500 cm^{-1}에서

문제 B.9 각 쌍의 이성질체는 IR 스펙트럼이 어떻게 다른가?

a. cyclopentane과 pent-1-ene
b. cyclopentene과 pent-1-yne
c. benzene과 hexa-1,3-diyne

B.4B 산소를 포함하는 화합물의 적외선 흡수

산소가 포함된 화합물에서 가장 중요한 적외선 흡수는 **3600−3200 cm^{-1}** 부근의 **OH기 흡수**와 **1700 cm^{-1}** 부근에서 나타나는 **C=O 흡수**이다.

알코올과 에터(그림 B.7)

- Butan-2-ol 같은 **알코올**의 가장 현저한 흡수(그림 B.7a)는 **OH**기 때문에 **3600−3200 cm^{-1}**에서 나타나는 폭이 넓고 센 흡수이다.
- Diethyl ether 같은 **에터**(그림 B.7b)는 OH기나 C=O기가 없으므로 1500 cm^{-1} 이상에서는 ~3000 cm^{-1}에서 C_{sp^3}−H에 의한 흡수만 나타난다. **산소가 있는 화합물로서 OH나 C=O 흡수를 보이지 않는 화합물은 에터이다.**

그림 B.7 알코올과 에터의 IR 흡수

a. **알코올(butan-2-ol)**

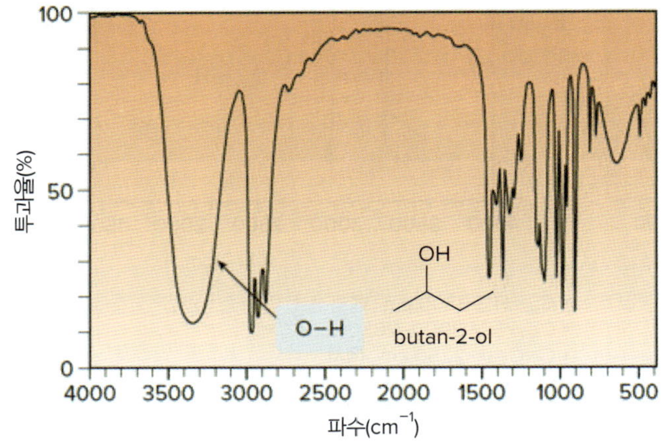

• 3600 − 3200 cm^{-1}에서 O − H

b. **에터(diethyl ether)**

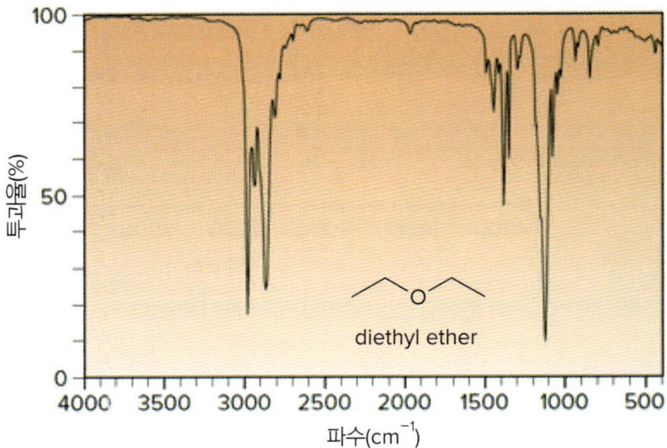

• ~3000 cm^{-1}에서 C−H를 제외하고 1500 cm^{-1} 위로는 흡수 없음

문제 B.10 IR 데이터로부터 각 화합물의 구조를 제안하라.

a. 분자식이 $C_6H_{12}O$이고 3000−2850 cm^{-1}에서 흡수가 있으나 작용기 영역에서는 또 다른 흡수가 없는 화합물
b. 분자식이 $C_7H_{16}O$이고 3600−3200 그리고 3000−2850 cm^{-1}에서 흡수가 있는 화합물
c. 분자식이 $C_8H_{16}O_2$이고 3600−3200 그리고 3000−2850 cm^{-1}에서 흡수가 있는 화합물

알데하이드와 케톤(그림 B.8)

- Propanal(그림 B.8a) 같은 **알데하이드**는 C=O와 C_{sp^2}−H가 있다. C_{sp^3}−H 흡수 이외에도, 두 가지 주요한 흡수가 있다. 2830~2700 cm^{-1}(하나 또는 두 피크)에서 알데하이드의 C_{sp^2}−H 흡수 그리고 ~1700 cm^{-1}에서 C=O 흡수가 바르 그것이다.

- Butan-2-one(그림 B.8b) 같은 **케톤**은 C_{sp^3}—H 흡수 이외에도, ~1700 cm^{-1}에서 C=O 주요 흡수가 하나 있다.

그림 B.8 알데하이드와 케톤의 IR 흡수

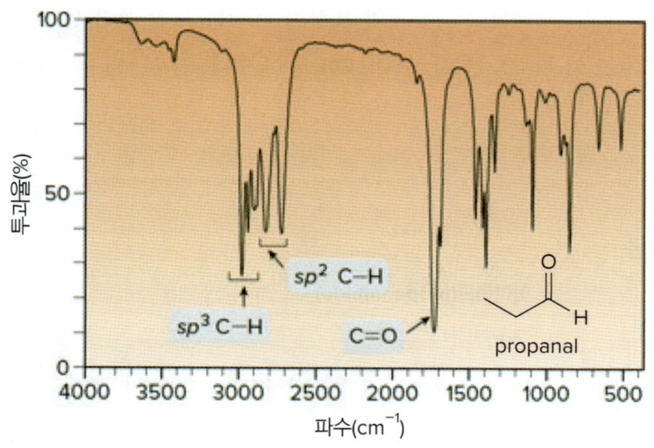

- C—H의 C_{sp^2}—H: 2830–2700 cm^{-1} (하나 또는 두 피크)
- C=O: ~1700 cm^{-1}

b. **케톤(butan-2-one)**

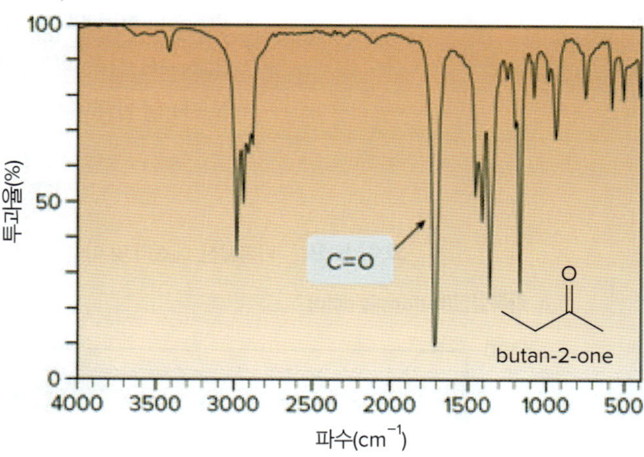

- C=O는 ~1700 cm^{-1}에서

카보닐기 흡수의 정확한 위치를 알면 화합물에 대하여 더 많은 정보를 알 수 있다. B.3C절에서 C=O가 C=C나 벤젠 고리와 콘쥬게이션하면 그 흡수가 더 낮은 파수로 이동한다고 배운 바 있다.

카보닐 탄소가 고리 안에 있다면, **고리 크기**도 카보닐 흡수의 위치에 영향을 미친다.

- 고리형 케톤의 카보닐 흡수는 고리 크기가 감소하여 고리 무리가 증가함에 따라 더 높은 파수로 이동한다.

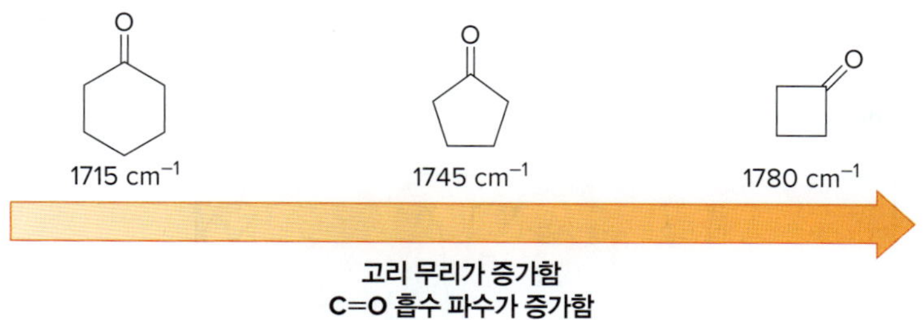

문제 B.11 다음 화합물을 카보닐 흡수의 진동수가 증가하는 순서로 나열하라.

O

A B C

카복실산, 에스터 및 아마이드(그림 B.9)

- Butanoic acid(그림 B.9a) 같은 카복실산은 두 개의 특징적 IR 흡수를 보인다: C−H 피크(~3000 cm^{-1})를 거의 가리는, 폭이 넓고 강한 흡수인 3500−2500 cm^{-1}의 O−H 피크와 ~1710 cm^{-1}의 C=O 피크.
- Methyl propanoate(그림 B.9b) 같은 **에스터**는 C_{sp^3}−H 흡수 이외에도, ~1745−1735 cm^{-1}에서 C=O기에 의한 강한 흡수가 나타난다.
- Propanamide(그림 B.9c) 같은 **아마이드**는 세 개의 특정적 흡수를 보인다: 3400−3200 cm^{-1}의 N−H 신축 피크(하나 또는 두 피크), 1680−1630 cm^{-1}의 C=O 피크 그리고 ~1640 cm^{-1}의 N−H 굽힘 흡수.

그림 B.9 카복실산, 에스터 및 아마이드의 IR 흡수

a. **카복실산(butanoic acid)**

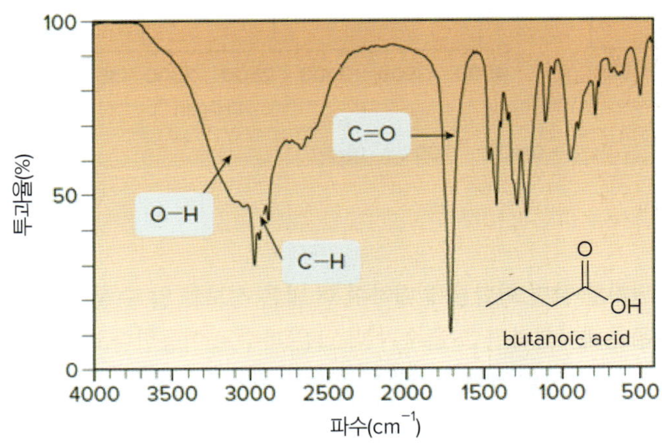

- O−H: ~3000 cm^{-1}의 C−H 피크를 거의 가리는, 폭이 넓고 강한 흡수인 3500−2500 cm^{-1}
- C=O: ~1700 cm^{-1}에서 피크.

c. **아마이드(propanamide)**

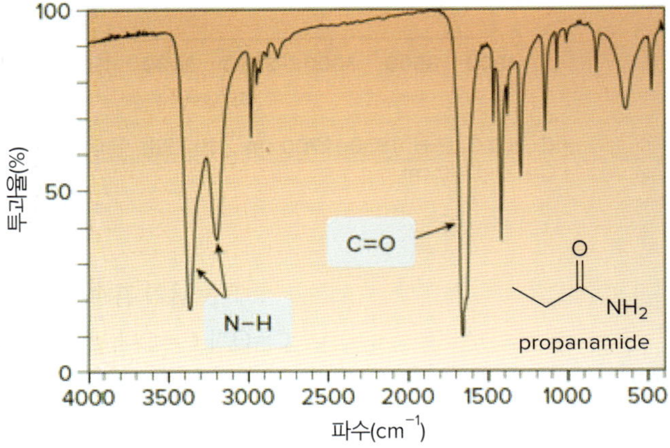

- N−H 신축 피크: 3400−3200 cm^{-1} (하나 또는 두 피크)
- C=O: 1680−1630 cm^{-1}
- N−H 굽힘 흡수: ~1640 cm^{-1}

b. **에스터(methyl propanoate)**

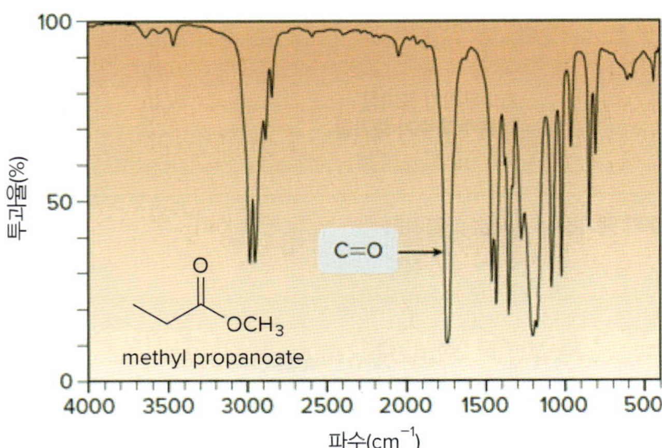

- C=O: ~1745–1735 cm^{-1}

문제 B.12 각 쌍의 화합물은 IR 스펙트럼이 어떻게 다르겠는가?

a. A 그리고 B

b. C 그리고 D

c. E 그리고 F

d. G 그리고 H

B.4C 아민과 나이트릴의 IR 흡수

질소 원자가 들어 있는 흔한 작용기도 1500 cm^{-1} 위에서 나타나는 IR 흡수로 구별할 수 있다(그림 B.10).

- Octylamine(그림 B.10a) 같은 **아민**의 **N–H** 결합은 3300과 3400 cm^{-1}에서 두 개의 약한 흡수를 보인다.
- Octanenitrile(그림 B.10b) 같은 **나이트릴**의 **C≡N**기는 삼중 결합 영역인 ~2250 cm^{-1}에서 흡수한다.

그림 B.10 아민과 나이트릴의 IR 흡수

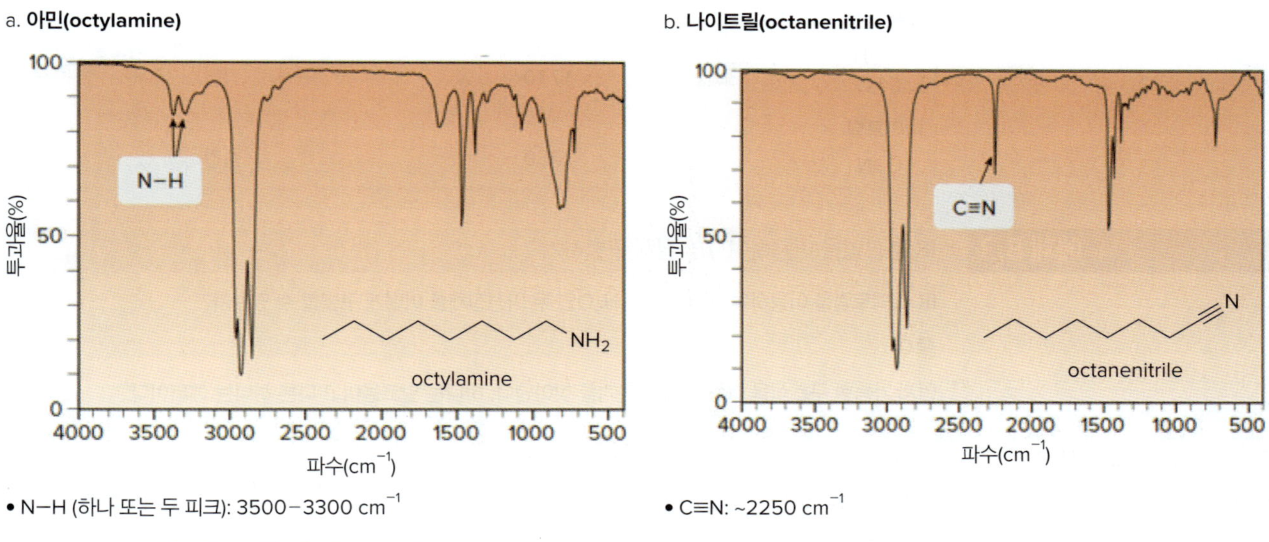

- N–H (하나 또는 두 피크): 3500–3300 cm^{-1}
- C≡N: ~2250 cm^{-1}

문제 B.13 다음 화합물은 IR 스펙트럼이 어떻게 다르겠는가?

N 그리고 ≡N

B.4D 대표적 작용기의 IR 흡수 요약

표 B.2에 대표적 작용기의 전형적 IR 흡수가 요약되어 있다.

표 B.2 작용기 영역에서 특징적인 IR 흡수

화합물 유형	흡수 (cm^{-1})	세기
알케인		
C_{sp^3}–H	3000–2850	강함
알켄		
C_{sp^2}–H	3150–3000	중간
C=C	1650	중간
알카인		
C_{sp}–H	3300	중간
C≡C	2250	중간
벤젠	1600, 1500	중간
알코올		
O–H	3600–3200	강함, 폭넓음
아민		
N–H	3500–3300	중간
카보닐 화합물		
알데하이드 C_{sp^2}–H	2830–2700	중간
알데하이드 C=O	1730	강함
케톤 C=O	1715	강함
에스터 C=O	1745–1735	강함
아마이드 C=O	1680–1630	강함
아마이드 N–H	3400–3200	중간
카복실산		
O–H	3500–2500	강함, 매우 폭넓음
C=O	1710	강함
나이트릴		
C≡N	2250	중간

예제 B.3 IR 분광법을 이용하여 이성질체 구별하기

IR 스펙트럼을 이용하여 분자식이 C_2H_6O인 두 이성질체를 어떻게 구별할 수 있는가?

풀이

먼저 가능한 구조식을 그린 다음 작용기를 찾아낸다. 하나는 알코올이고 다른 하나는 에터이다.

하이드록시기

에탄올

- ~3000 cm^{-1}에서 C–H 흡수 피크
- 3600–3200 cm^{-1}에서 O–H 흡수 피크

OH기가 **없음**

다이메틸 에터

- ~3000 cm^{-1}에서 C–H 흡수 피크**만**

두 화합물 모두 sp^3 혼성화된 C–H 결합이 있지만, 에탄올은 OH기가 있으므로 3600–3200 cm^{-1}에서 강한 흡수를 보여주는 반면에 에터는 그렇지 못하다. 이 차이로 두 화합물을 구별할 수 있다.

문제 B.14 분자식이 C_3H_6O인 세 이성질체(**A**, **B**, **C**)의 IR 스펙트럼은 어떻게 다른가?

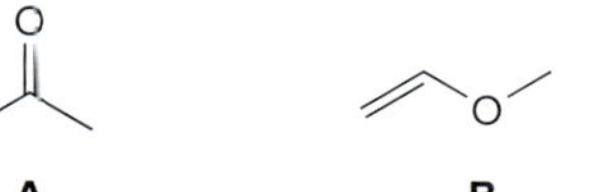

추가 문제: 문제 B.24, B.27–B.30을 풀어보라.

문제 B.15 다음 화합물의 작용기가 나타내는 주요 적외선 흡수 피크에는 어떤 것들이 있는가?

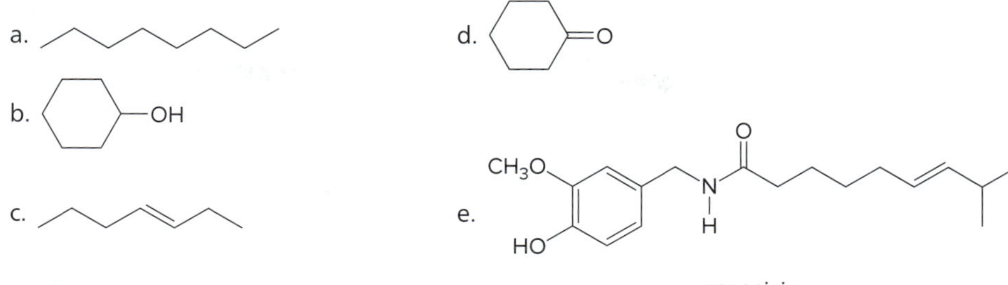

옥수수와 올리브 기름에는 oleic acid 같은 불포화 지방산이 풍부하게 들어 있다(문제 B.16).
Elite Images/McGraw Hill

문제 B.16 흔한 불포화 지방산인 oleic acid의 작용기가 나타내는 주요 적외선 흡수 피크에는 어떤 것들이 있는가(10.6A절)?

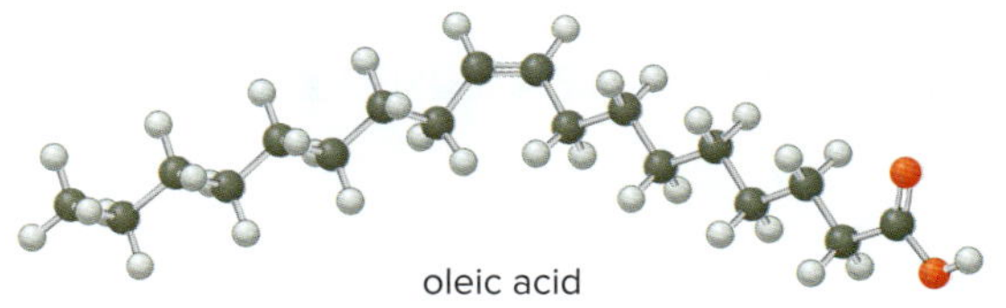

B.5 적외선과 구조 결정

적외선 분광법이 처음 개발된 이래, 이 방법은 유기 분자의 작용기를 결정하는 데 요긴한 방법으로 발전되어 왔다.

1940년대 적외선 분광법은 항생제의 일종인 페니실린 G의 구조를 밝혀내는 데 큰 역할을 하였다. 아마이드 구조의 사원자 고리인 **β-락탐**의 카보닐기는 보통의 다른 카보닐기가 흡수하는 것보다 훨씬 높은 진동수에서(~1760 cm^{-1}) 흡수를 일으킨다. 페니실린 G가 이렇게 높은 진동수에서 흡수를 나타냈기 때문에, 원래 그럴듯하다고 생각되었던 아래의 **B** 구조가 아니라 **A** 구조가 페니실린의 가능한 구조로 제안된 것이다. 그 후 X선 결정구조법으로 **A**의 구조가 확인되었다.

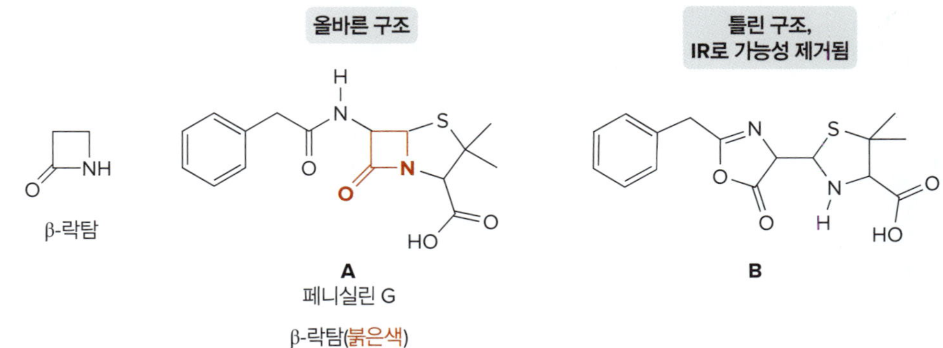

문제 B.17 Cilastatin(문제 10.36c)과 함께 조합하여 판매하고 있는 imipenem은 세균 감염의 치료에 쓰이는 광범위 항생제이다. Imipenem이 작용기 영역에서 보이는 IR 흡수를 다섯 가지 쓰라.

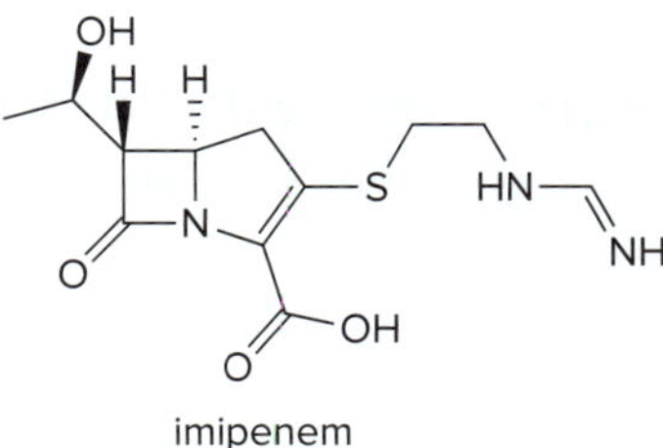

IR 분광법은 화학 반응의 결과를 알아내는 데도 자주 쓰인다. 예를 들어, 화합물 **C**의 하이드록시기를 카보닐기로 산화시켜 periplanone B를 만드는 반응에서 생성물의 IR 스펙트럼을 살펴보면, OH 흡수(3600–3200 cm^{-1})는 점점 없어지고 1700 cm^{-1}부근에서 카보닐 흡수가 나타난다. Periplanone B는 미국 바퀴벌레 암컷의 성 페로몬이다.

3600~3200 cm^{-1}에서 흡수가 사라진다.

약 1700 cm^{-1}에서 흡수가 나타난다.

C —(Cr^{6+} 산화제)→ periplanone B

문제 B.18 다음 반응이 언제 완결되는지를 IR 분광법을 이용하여 어떻게 알 수 있을까?

(H_2O, H_2SO_4)

적외선 및 질량 스펙트럼을 종합해서 분석하면 미지 화합물의 구조에 관한 중요한 정보를 얻을 수 있다. 질량 스펙트럼은 미지 시료의 분자량 또는 분자식(정확한 분자량이 알려진 경우)을 알려주며, IR 스펙트럼은 중요한 작용기에 관한 정보를 제공한다.

해결 방법 적외선 및 질량 스펙트럼을 이용한 구조 결정 방법

예 **구조를 모르는 화합물 X의 질량 및 IR 스펙트럼으로부터 어떤 정보를 얻어낼 수 있는가? 화합물 X에는 원소 C, H 및 O가 있다.**

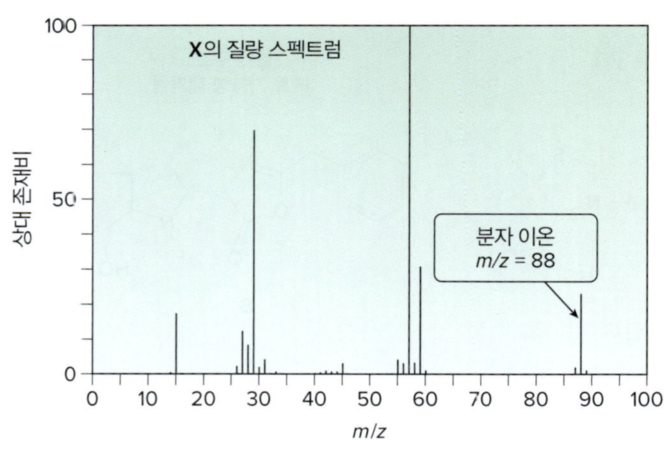

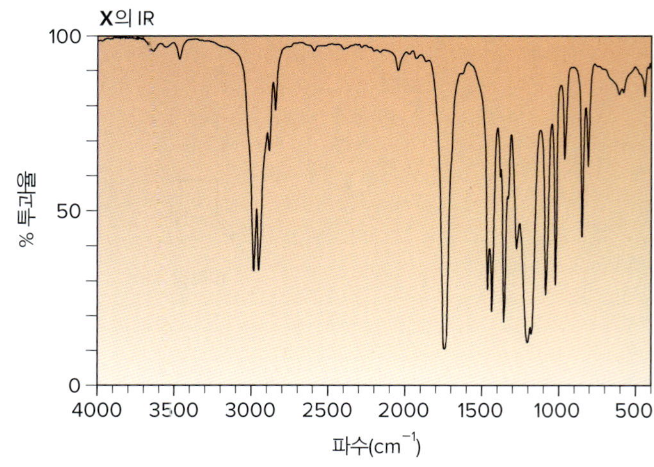

단계 [1] **가능한 몇 가지 분자식을 유도해내기 위하여 분자 이온을 활용한다. 정확한 분자량을 아는 경우에는 분자식을 정확히 알아낼 수 있다.**

- 예제 A.2에 주어진 방법을 활용하여 분자식을 계산해낸다. m/z = 88인 분자 이온에 대하여:

$$\frac{88}{12} = 7\text{개의 C} \dashrightarrow C_7H_4 \xrightarrow[+1\,O]{-CH_4} C_6O \xrightarrow[+12\,H\text{'s}]{-1\,C} C_5H_{12}O \xrightarrow[+1\,O]{-CH_4} C_4H_8O_2 \xrightarrow[+1\,O]{-CH_4} C_3H_4O_3$$

최대 (남는 수 = 4)

세 가지 가능한 분자식

—계속

- C_7H_4(탄화수소로서 불가능한 분자식)와 C_6O (H가 없음)을 제외하면 **X**에 가능한 분자식은 셋이 남는다.
- 고분해능 질량 분석기를 사용한다면, 분자식을 바로 얻어낼 수 있다. 분자 이온의 정확한 분자량이 88.0580이라면, **X**의 분자식은 $C_5H_{12}O$(정확한 분자량 = 88.0888)나 $C_3H_4O_3$(정확한 분자량 = 88.0160)가 아니라 $\mathbf{C_4H_8O_2}$(정확한 분자량 = 88.0524)이다.

단계 [2] **불포화도(10.2절)를 계산한다.**

- 분자식이 $C_4H_8O_2$인 화합물에서 가능한 최대의 수소 수는 $2n + 2 = 2(4) + 2 = 10$이다.
- 이 화합물은 수소가 여덟 개밖에 없으므로 최대 가능한 수보다 $10 - 8 = 2$개의 수소가 모자란다.
- 두 개의 수소가 불포화도 1에 해당하므로 **X**의 불포화도는 1이다. **X는 고리 또는 π 결합이 하나 있다.**

단계 [3] **IR 스펙트럼에서 작용기를 알아낸다.**

- IR 스펙트럼의 1500 cm^{-1}보다 높은 파수에서 나타난 두 개의 중요한 흡수는 sp^3 혼성화된 C–H 결합(약 3000–2850 cm^{-1})과 C=O (1740 cm^{-1})에 의한 것이다. 따라서 X의 불포화도 1은 **C=O** 때문에 나타난 것으로 볼 수 있다.

질량 및 IR 스펙트럼은 미지 화합물의 구조에 대한 중요한 정보를 제공해주기는 하지만 그 내용이 제한되어 있다. 위의 예에서 화합물 **X**는 분자식이 $C_4H_8O_2$이고 카보닐기가 있다는 사실을 알 수 있지만, 구조를 완벽히 알아내기 위해서는 좀 더 많은 정보가 필요하다. 분광법 C에서 우리는 분자 구조를 알아내는 데 필수적인 또 다른 분광학적 방법을 배우게 될 것이다.

문제 B.19 IR 스펙트럼으로부터 다음 중 어느 것을 **X**의 가능한 구조에서 제외시킬 수 있는가?

a. (O, O)　b. HO (H, O)　c. (O, O)　d. (O, OH)

문제 B.20 다음 각 항의 자료와 일치하는 구조를 적어라.

a. 분자 이온 $m/z = 68$이고, 적외선 흡수가 3310, 3000–2850 그리고 2120 cm^{-1}에서 나타난다.

b. 원소 C, H, O를 포함하고 분자 이온 $m/z = 60$이며, 적외선 흡수는 3600–3200 그리고 3000–2850 cm^{-1}에서 나타난다.

분광학 B 복습

핵심 개념

[1] 전자기 복사(B.1)

① 파장과 진동수	② 에너지와 진동수
• 전자기 복사의 파장(λ)과 진동수(ν)는 **반비례**한다(*c* = 빛의 속도). $\lambda = c/\nu$ 또는 $\nu = c/\lambda$	• 광자의 에너지(*E*)는 진동수(ν)에 **비례**한다. 진동수가 높으면 에너지가 커진다[*h* = Planck 상수(6.63×10^{-34} J.s)]. $E = h\nu$

문제 B.1 – B.3을 풀어보라.

[2] 결합 세기와 IR 흡수(B.3)

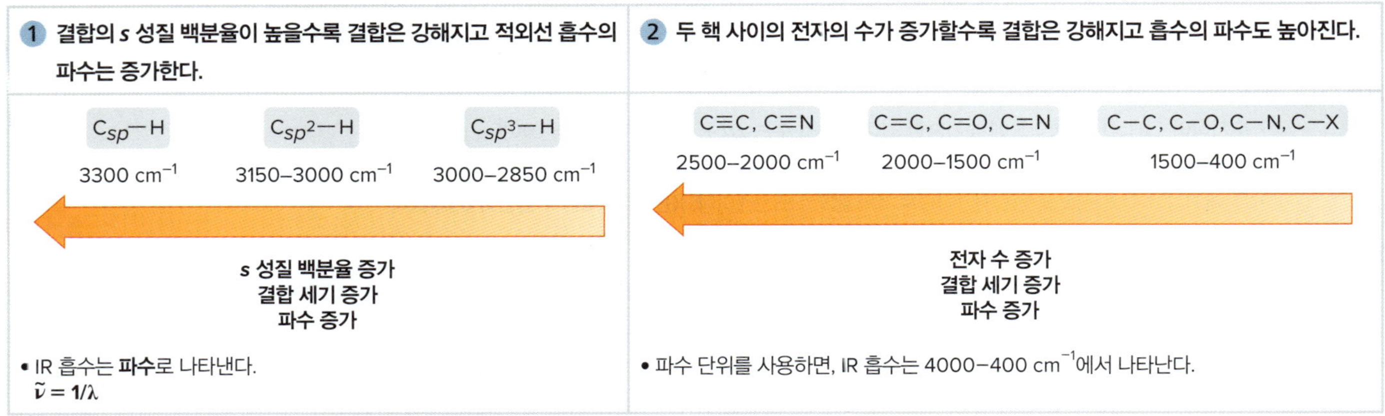

표 B.1 참고. 문제 B.4, B.5를 풀어보라.

[3] 카보닐 흡수의 위치에 영향을 미치는 인자(B.3C, B.4B)

예제 B.1, 표 B.2 참고. 문제 B.25, B.26을 풀어보라.

핵심 기법

[1] IR 분광법으로 작용기를 사용하여 두 화합물 구별하기(B.4D)

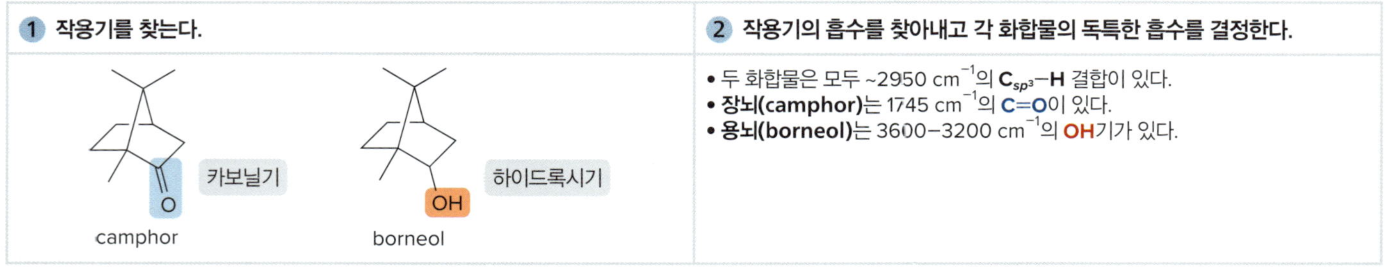

예제 3.3, 표 B.2 참고. 문제 B.24, B.27–B.29를 풀어보라.

[2] MS와 IR을 사용하여 C, H, O가 들어 있는 화합물의 가능한 구조 결정하기(B.5); 예: $m/z = 86$

1 분자 이온을 이용하여 가능한 분자식을 결정한다.

m/z = 86에서 분자 이온

[1] $\frac{86}{12}$ = 7개 C 최대 (남는 수 = 2) → C_7H_2 (탄화수소)

[2] C_7H_2 —(−1 C, +12 H's)→ C_6H_{14} (탄화수소)

[3] C_6H_{14} —(− CH_4, +1 O)→ $C_5H_{10}O$

[4] $C_5H_{10}O$ —(− CH_4, +1 O)→ $C_4H_6O_2$

3 정확한 분자량을 사용하여 분자식을 결정한다.

- 고분해능 질량 분석기는 화합물의 분자식을 제공한다.
- 만약 **정확한 분자량**이 **86.0775**라면, **X**의 분자식은 $C_4H_6O_2$(정확한 분자량 = 86.0368)가 아니라 **$C_5H_{10}O$(정확한 분자량 = 86.0732)**이다.

2 불포화도를 계산한다(10.2).

$C_5H_{10}O_2$	$C_4H_6O_2$
n개의 탄소가 있을 때, H의 최대 수는 $(2n + 2)$이다. 이 예에서는 $2n + 2 = 2(5) + 2 = 12$이다.	n개의 탄소가 있을 때, H의 최대 수는 $(2n + 2)$이다. 이 예에서는 $2n + 2 = 2(4) + 2 = 10$이다.
12개 H(최대) − 10개 H(실제) = 2개 H. 최대 수보다 H가 2개 적다.	10개 H(최대) − 6개 H(실제) = 4개 H 최대 수보다 H가 4개 적다.
최대 수보다 H가 2개 적다. / 불포화도 하나당 2개의 H	최대 수보다 H가 4개 적다. / 불포화도 하나당 2개의 H
답: 불포화도 1	**답: 불포화도 2**

4 IR를 사용하여 작용기를 결정한다.

- **C_{sp^3}−H** 결합은 2973−2877 cm^{-1}
- **C=O** 결합(1718 cm^{-1})

pentan-3-one **pentan-2-one** **3-methylbutan-2-one**

세 구조는 케톤이고, 이는 데이터와 일치한다.

해결 방법 (B.5), 표 B.2 참고. 문제 B.31−B.41을 풀어보라.

분광학 장 B 선다형 자가−시험

자가−시험은 American Chemical Society 유기 화학 시험과 유사한 객관식 문제로 구성되어 있다. 정답은 장의 마지막 부분에 나와 있다.

1. $CH_3CH_2CH_2CO_2CH_3$는 IR 스펙트럼의 어떤 영역에서 흡수하지 **않을까**? (a) 4000 − 2500 cm^{-1}; (b) 2500 − 2000 cm^{-1}; (c) 2000 − 1500 cm^{-1}; (d) < 1500 cm^{-1}

2. 어떤 화합물에서 카보닐기가 가장 높은 파수에서 흡수하겠는가?

a.

b. 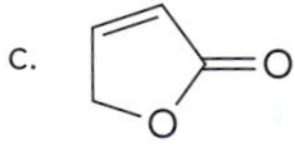

c. 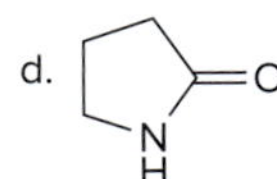

d.

3. 어떤 화합물이 3300과 2250 cm^{-1}에서 IR 흡수가 나타나겠는가?

a. 

b.

c. 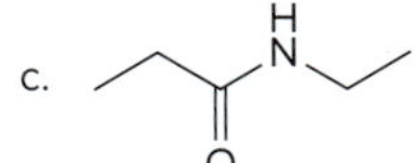

d. 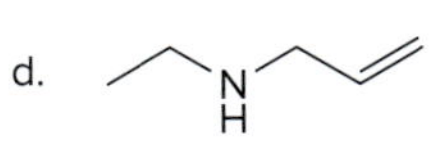

4. 가장 높고 가장 낮은 파수에서 흡수하는 C−H 결합을 표시하라.

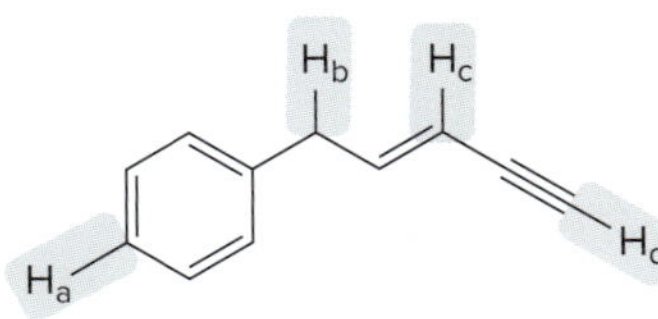

a. C−H_d가 가장 높은 파수에서 흡수하고 C−H_a가 가장 낮은 파수에서 흡수한다.
b. C−H_b가 가장 높은 파수에서 흡수하고 C−H_d가 가장 낮은 파수에서 흡수한다.
c. C−H_a가 가장 높은 파수에서 흡수하고 C−H_b가 가장 낮은 파수에서 흡수한다.
d. C−H_d가 가장 높은 파수에서 흡수하고 C−H_b가 가장 낮은 파수에서 흡수한다.

5. IR 흡수가 3600–3200, 2950과 1720 cm^{-1}에서 나타나는 화합물에 맞는 구조는 무엇인가?

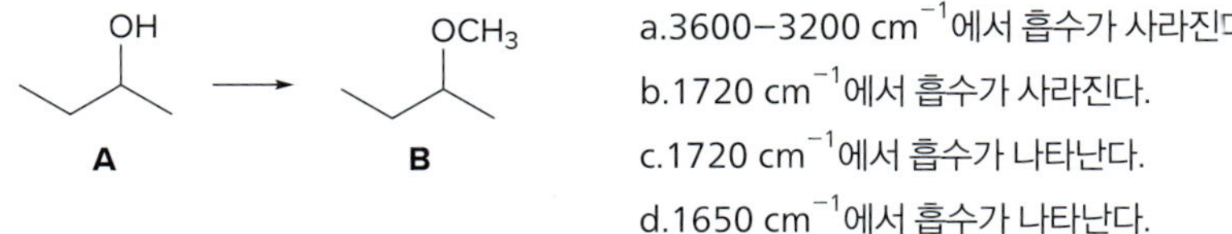

6. **A**가 **B**로 변환되었을 때 반응 혼합물의 IR 스펙트럼은 어떻게 변하겠는가?

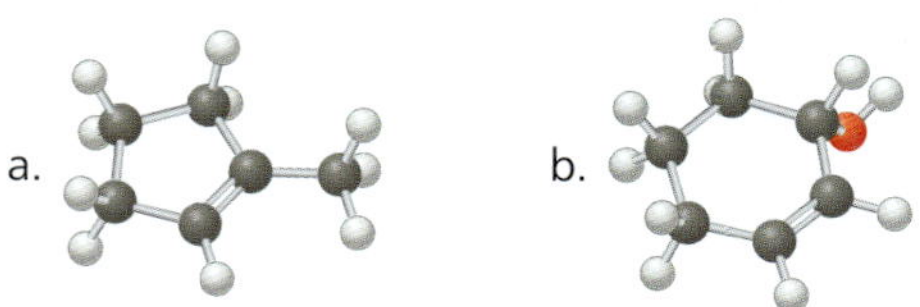

a. 3600–3200 cm^{-1}에서 흡수가 사라진다.
b. 1720 cm^{-1}에서 흡수가 사라진다.
c. 1720 cm^{-1}에서 흡수가 나타난다.
d. 1650 cm^{-1}에서 흡수가 나타난다.

문제

질량 분석법, 적외선 분광법과 핵자기 공명 분광법을 통합하는 문제는 분광학 C의 끝에 나와 있다.

삼차원 모형을 이용하는 문제

B.21 각 화합물에서 1500 cm^{-1}보다 위에서 나타나는 주요한 IR 흡수는 무엇인가?

a. b.

적외선 분광법

B.22 각각의 화합물의 IR 스펙트럼에서 1500 cm^{-1}보다 위에서 나타나는 주요한 흡수는 무엇인가?

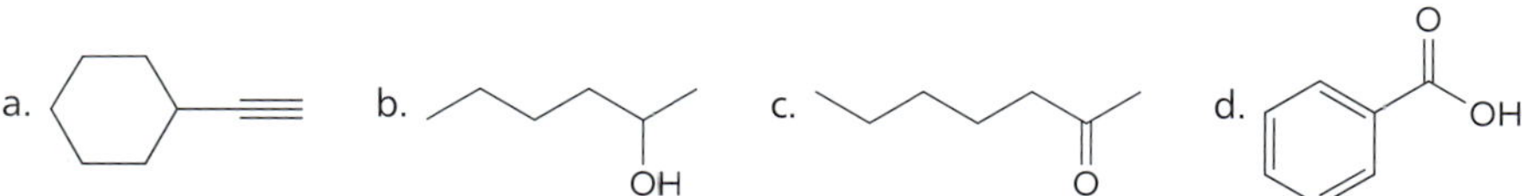

B.23 Estrone은 여성 성 호르몬이고 etonogestrel은 임신을 예방하기 위한 피임용 이식 장치에 사용하는 합성 호르몬이다: (a) 각 화합물에서 작용기가 보여주는 중요한 IR 흡수는 무엇인가? (b) 이 두 화합물에서 카보닐 흡수의 위치는 어떻게 비교되는가? 여러분의 추론을 설명하라.

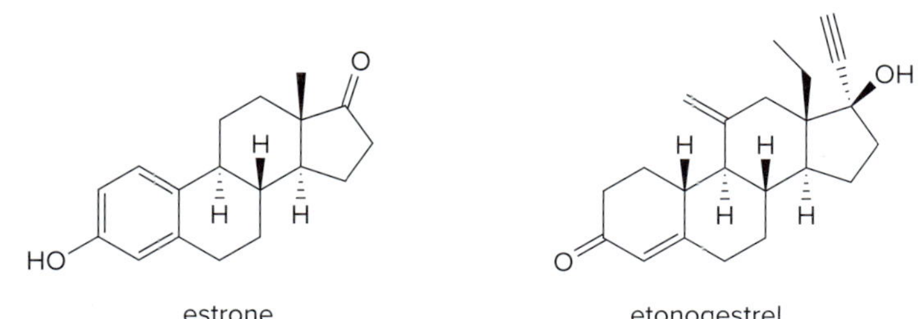

estrone etonogestrel

B.24 Morphine, heroin, 그리고 oxycodone은 중독성이 매우 큰 진통성 마약이다. IR 스펙트럼으로 이 세 화합물을 어떻게 구별할 수 있겠는가?

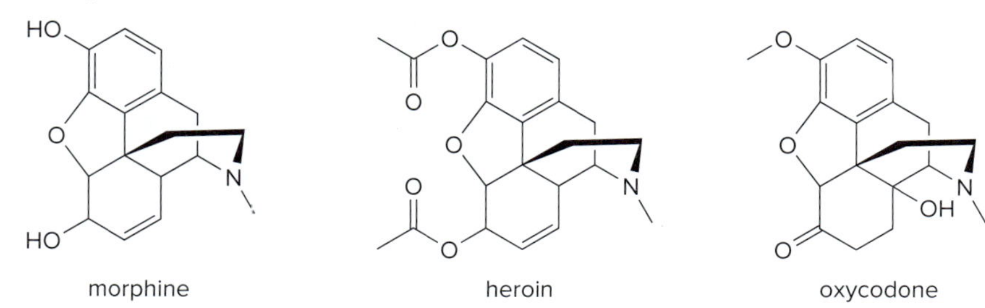

morphine heroin oxycodone

B.25 (a) 다음 화합물 중에서 어느 것이 **가장 높은** 파수에서 흡수하는 C=O기가 있는가? (b) 다음 화합물 중에서 어느 것이 **가장 낮은** 파수에서 흡수하는 C=O기가 있는가?

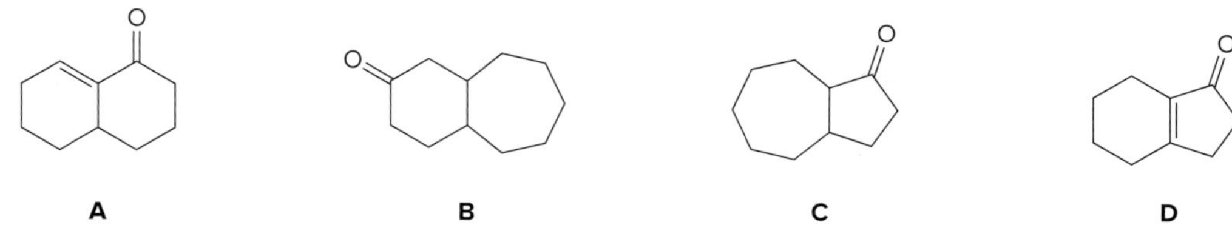

A B C D

B.26 다음 화합물을 IR에서 카보닐 흡수의 파수가 증가하는 순서로 정렬하라.

A B C D

B.27 각 반응이 언제 완결될지를 결정하는 데 어떻게 IR 분광법이 사용될 수 있는지를 말하라.

a. H_2, Pd-C

b. [1] O_3 [2] CH_3SCH_3

B.28 주의력 결핍 및 과잉 행동 장애(ADHD)의 치료제로 승인된 의약품인 atomoxetine 합성에서 마지막 세 반응에 관련된 화합물이 아래에 나와 있다. 각 반응에서 반응물과 생성물의 IR 스펙트럼은 어떻게 변하겠는가?

[1] [2] [3]

atomoxetine

B.29 인도양과 태평양에서 발견되는 연산호에서 추출되는 화합물인 sarcophytol B 합성에서 마지막 세 반응에 관련된 화합물이 아래에 나와 있다. 각 반응에서 반응물과 생성물의 IR 스펙트럼은 어떻게 변하겠는가?

[1] [2] [3]

sarcophytol B

B.30 각 구조를 해당 IR 스펙트럼과 연결시켜라.

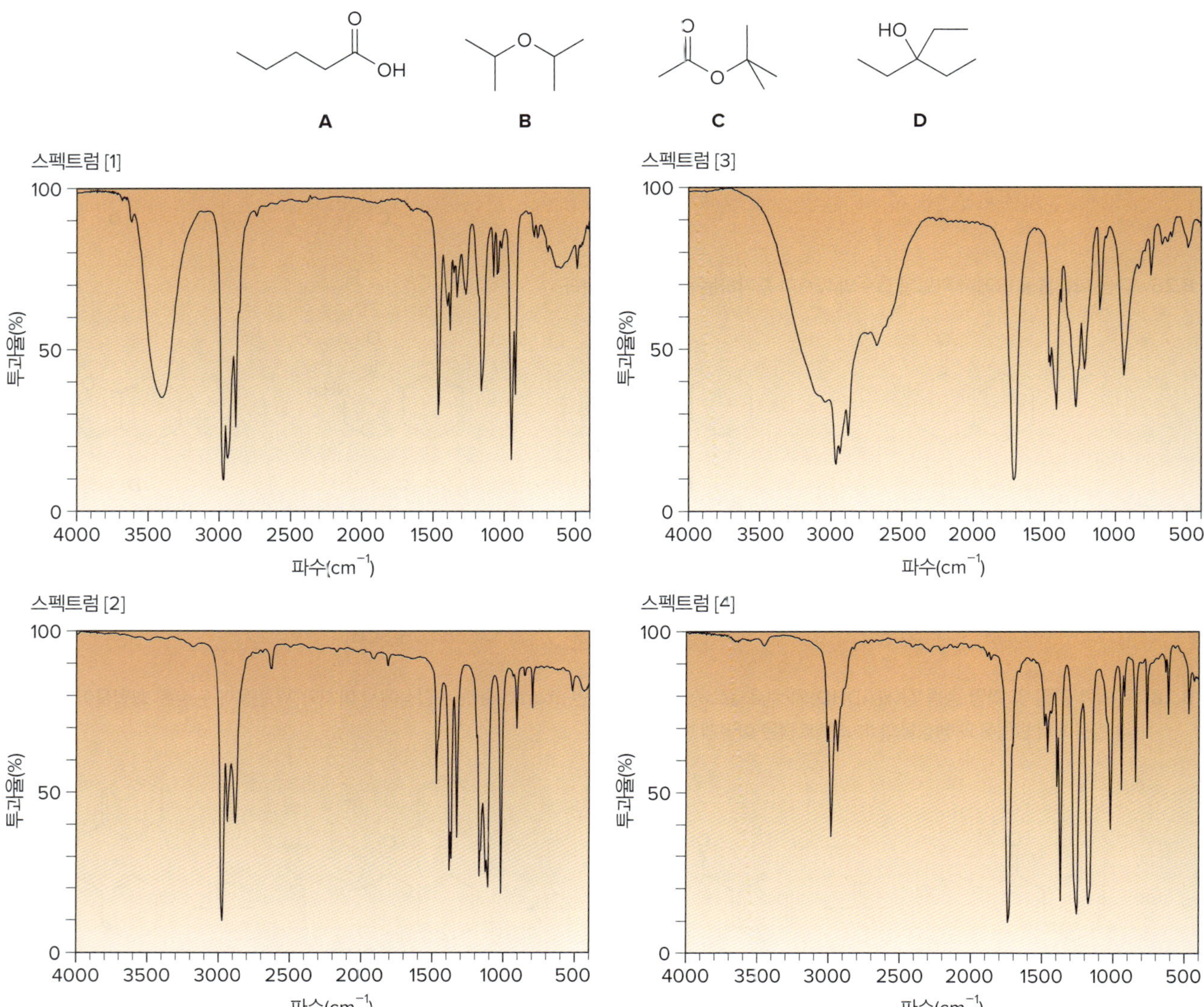

질량 분석법과 IR 분광법을 통합하는 분광법 문제

B.31 아래에 주어진 자료에 맞는 구조를 제안하라. 각 화합물은 sp^3 혼성화 C−H 흡수가 있다고 가정한다. 오로지 1500 cm^{-1}보다 큰 파수에서 나타나는 주 IR 흡수만을 제시하였다.

a. 분자 이온이 72에서 나타나고 1725 cm^{-1}에서 적외선 흡수를 보여주는 화합물

b. 분자 이온이 55에서 나타나고 ~2250 cm^{-1}에서 적외선 흡수를 보여주는 화합물

c. 분자 이온이 74에서 나타나고 3600−3200 cm^{-1}에서 적외선 흡수를 보여주는 화합물

B.32 카이랄 탄화수소 **X**의 질량 스펙트럼을 보면 82에서 분자 이온이 나타나며, IR 스펙트럼에서는 흡수가 3300, 3000−2850 및 2250 cm^{-1}에서 나타난다. 화합물 **X**의 구조를 제안하라.

B.33 카이랄 화합물 **Y**는 IR 스펙트럼에서 센 흡수가 2970–2840 cm^{-1}에서 나타나며, 그 질량 스펙트럼은 아래에 나와 있다. **Y**의 구조를 제안하라.

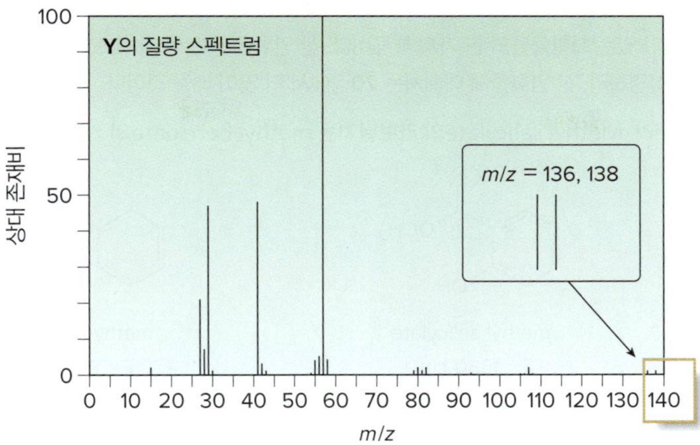

B.34 Benzoic acid ($C_6H_5CO_2H$)를 NaOH로 처리한 후 1-iodo-3-methylbutane과 반응시키면 **H**가 생성된다. **H**는 192에서 분자 이온이 나타나고, 3064, 3035, 2960–2872 그리고 1721 cm^{-1}에서 IR 흡수가 나타난다. **H**의 구조를 제안하라.

B.35 HCl 수용액에서 benzaldehyde (C_6H_5CHO)를 Zn(Hg)와 반응시키고 질량 분석을 한 결과 92에서 분자 이온이 나타나는 화합물 **Z**가 얻어진다. **Z**는 3150–2950, 1605 및 1496 cm^{-1}에서 IR 흡수가 나타난다. **Z**의 가능한 구조를 예측하라.

B.36 *tert*-Butyl pentyl ether [$CH_3CH_2CH_2CH_2CH_2OC(CH_3)_3$]를 HBr과 반응시키면 1-bromopentane ($CH_3CH_2CH_2CH_2CH_2Br$)과 미지의 화합물 **B**가 얻어진다. **B**는 질량 스펙트럼에서 분자 이온이 56에서 나타나며, IR 스펙트럼에서는 3150–3000, 3000–2850 및 1650 cm^{-1}에서 흡수가 관찰된다. 화합물 **B**의 구조를 제안하고, 이것이 생성되는 단계적 메커니즘을 그려라.

B.37 2-methylpropanoic acid [$(CH_3)_2CHCO_2H$]를 $SOCl_2$와 반응시킨 후, 2-methylpropan-1-ol과 반응시키면 **X**가 얻어진다. **X**는 분자 이온이 144에서 나타나고, 2965, 2940, 1739 cm^{-1}에서 IR 흡수가 관찰된다 . **X**의 구조를 제안하라.

B.38 Pentanoyl chloride [$CH_3CH_2CH_2CH_2COCl$]를 lithium dimethyl cuprate [$LiCu(CH_3)_2$]와 반응시키면 화합물 **J**가 얻어진다. **J**의 질량 스펙트럼에서 분자 이온은 100에서 나타나며, 다른 조각 이온들은 m/z = 85, 57 및 43(기준)에서 나타난다. **J**의 IR 스펙트럼은 2962와 1718 cm^{-1}에서 강한 흡수 피크를 보인다. **J**의 구조를 제안하라.

B.39 Benzonitrile (C_6H_5CN)은 사용한 환원제에 따라 두 개의 다른 생성물로 환원된다. 수소화알루미늄 리튬과 반응시킨 다음, 물을 가하면 **K**가 얻어진다. **K**의 질량 스펙트럼에서는 107에서 분자 이온이 나타나며, IR 흡수는 다음과 같다: 3373, 3290, 3062, 2920 및 1600 cm^{-1}. 좀 더 온화한 환원제로 환원하면 **L**이 생성된다. **L**의 질량 스펙트럼을 보면 106에서 분자 이온이 나타나며, IR 흡수는 다음과 같다: 3086, 2820, 2736, 1703 및 1600 cm^{-1}. **L**의 질량 스펙트럼에서 조각 이온은 m/z = 105와 77에서 나타난다. **K**와 **L**의 구조를 제시하고 여러분이 어떻게 그러한 결론에 도달하였는지를 설명하라.

B.40 Anisole ($CH_3OC_6H_5$)을 Cl_2 및 $FeCl_3$와 반응시키면 **P**가 얻어진다. P의 질량 스펙트럼은 다음과 같다. m/z = 142 (M), 144 (M + 2), 129 및 127. **P**의 IR 스펙트럼은 3096–2837(여러 개의 흡수 피크), 1582 및 1494 cm^{-1}에서 흡수를 보여주고 있다. **P**의 가능한 구조를 제시하라.

B.41 $BrCH_2CH_2CH_2CH_2NH_2$를 NaH와 반응시키면 화합물 **W**가 얻어지는데, 그 질량 스펙트럼 및 IR 스펙트럼이 아래에 나와 있다. 화합물 **W**의 구조를 제안하고, 이것이 어떻게 만들어지는지를 보여주는 단계별 메커니즘을 그려라.

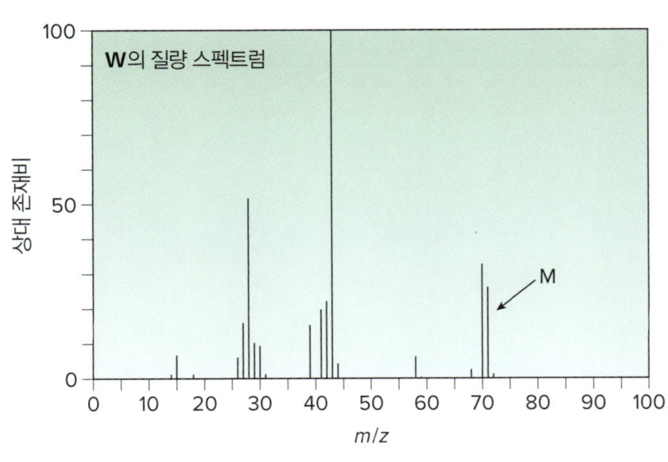

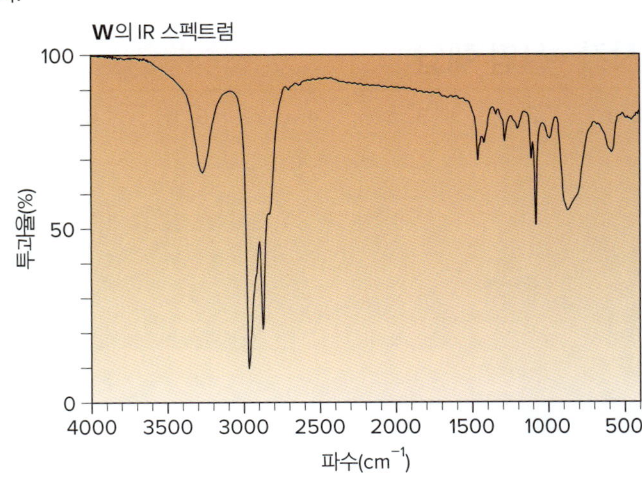

도전 문제

B.42 산 염화물(RCOCl)은 카보닐기가 있는 화합물들의 한 가지 부류이다. 산 염화물의 C=O가 에스터보다 더 높은 혹은 더 낮은 파수에서 흡수할 것이라고 예상하는가? 여러분의 추론을 설명하라. 산 염화물에 대해서는 20장에서 더 많이 배울 것이다.

B.43 다음 관찰에 대한 설명을 제안하라. Methyl salicylate의 카보닐기는 methyl benzoate의 카보닐기보다 상당히 낮은 파수에서 흡수한다.

methyl salicylate
$\tilde{\nu}$ = 1680 cm^{-1}

methyl benzoate
$\tilde{\nu}$ = 1728 cm^{-1}

B.44 Diethyl ether의 C−O 결합(적색)은 1050 cm^{-1}에서 흡수하나 methyl acetate의 C−O 결합(적색)은 1250 cm^{-1}에서 흡수하는 이유를 설명하라.

diethyl ether

methyl acetate

B.45 장미와 제라늄 오일의 성분인 citronellol을 $NaOCOCH_3$ 존재하에서 PCC로 산화하면 화합물 **A**가 얻어진다. **A**의 질량 스펙트럼에서 분자 이온은 154에 나타나며, IR 스펙트럼에서는 C−H 신축 흡수 이외에 강한 흡수가 1730 cm^{-1}에서 관찰된다. 만약 $NaOCOCH_3$를 넣지 않고 PCC로 citronellol을 산화하면 isopulegone이 만들어지는데, 이 화합물은 염기 수용액에서 **B**로 바뀐다. **B**의 분자 이온은 152에서 나타나고, 적외선 흡수는 C−H 신축 흡수 이외에 1680 cm^{-1}에서 관찰된다.

A ← PCC, $NaOCOCH_3$ — citronellol — PCC → isopulegone — ^{-}OH, H_2O → B

citronellol　　isopulegone

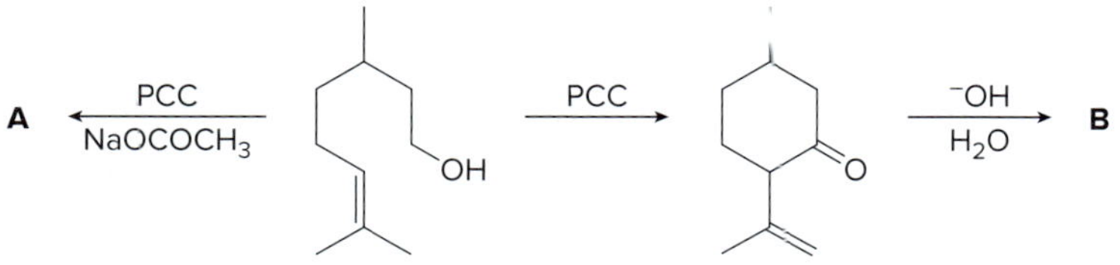

a. 화합물 **A**와 **B**의 구조를 쓰라.

b. Citronellol이 isopulegone으로 변환되는 반응의 메커니즘을 쓰라.

c. Isopulegone이 **B**로 바뀌는 반응의 메커니즘을 쓰라.

B.46 에스터 **X**와 **Y**는 카보닐 흡수가 25 cm^{-1} 만큼 차이가 난다. 어느 화합물이 더 높은 파수에서 흡수하는가? 그 이유는 무엇인가?

X　　**Y**

자가-시험 해답

1. b　2. b　3. a　4. d　5. b　6. a

핵자기 공명 분광법

Nuclear Magnetic Resonance Spectroscopy

ORGANIC CHEMISTRY

Daniel C. Smith

서태평양에 위치한 Palau 국가는 흥미로운 천연물을 함유한 다양한 해양 생물이 서식하는 자연 그대로의 물로 둘러싸인 300개 이상의 섬으로 이루어져 있다. 그러한 화합물 중 하나가 바다 해면 **Hymeniacidon agminata(**이전 **stylotella agminata)**에서 분리한 복잡한 천연물인 palau'amine이다. 1993년 처음 제안된 palau'amine의 구조는 2007년, 핵자기 공명(NMR, nuclear magnetic resonance) 분광법을 포함하는 다양한 현대 분광학적 기술을 통해 수정되었다. Palau'amine에 포함된 다양한 작용기와 그것의 항암성과 면역 억제성으로 인해 많은 화학자가 관심을 가졌고 2010년 전 합성이 보고되었다. 분광학 C에서는 유기 화합물의 구조를 결정하는 데 핵자기 공명 분광법이 어떤 역할을 하는지 공부한다.

왜 공부하는가? . . .

핵자기 공명 분광법이란?

분광학 C에서 우리는 **핵자기 공명(NMR)** 분광법을 공부함으로써 유기 화합물의 구조 결정에 대한 공부를 계속할 것이다. NMR 분광법은 **화합물의 탄소–수소 뼈대를 정확히 알려주므로** 지금까지 공부한 유기 화합물의 구조 결정법 중에서 가장 강력한 분광법이라고 할 수 있다.

C.1 NMR 분광법의 소개

유기 구조를 결정하기 위해서는 대표적으로 두 종류의 NMR 분광법이 사용되고 있다.

- **^{1}H NMR(양성자 NMR)**은 분자 내에 존재하는 수소 원자의 종류와 수를 알아내는 데 사용된다.
- **^{13}C NMR(탄소 NMR)**은 분자 내에 존재하는 탄소 원자의 종류를 알아내는 데 사용된다.

유기 화합물의 구조를 결정하기 위한 NMR 활용법을 공부하기 전에 이 방법의 기초를 이루고 있는 물리에 대해서 조금 이해하여야 한다. 그러나 NMR 역시 근본적으로는 다른 분광법과 같은 원리에 의해서 나타나는 현상이다. 즉 에너지가 분자와 상호작용을 하면, 들어오는 에너지가 두 에너지 상태의 에너지 차이와 일치할 때만 흡수가 일어난다.

C.1A NMR의 기초 분광법의 기초

NMR에서 에너지 공급원은 라디오파이다. 전자기 스펙트럼 중 라디오파 영역의 파(흔히 **RF**파라고 한다)는 파장이 매우 길기 때문에 진동수와 에너지는 상대적으로 매우 낮은 편에 속한다. 이러한 **에너지가 낮은 라디오파가 분자와 상호작용하면 ^{1}H나 ^{13}C를 비롯한 몇 가지 원소의 핵 스핀이 바뀔 수 있다.**

자전하는 양성자가 자기장을 일으킨다.

양성자처럼 전하를 띤 입자가 내부의 축을 중심으로 자전(spin)하면 자기장이 생성된다. 따라서 원자 핵을 작은 막대 자석처럼 생각하여 ↕로 표시하면서 이 부분을 공부하기로 한다. 통상적으로 핵 자석(nuclear magnets)은 공간에서 무질서하게 배열되어 있지만 외부 자기장 B_0가 걸리게 되면 이 자기장에 같거나 반대되는 방향으로 배열된다. 자기장의 방향과 같도록 배열되는 핵이 더 많은데 이 배열이 에너지보다 더욱 낮기 때문이다. 하지만, 이 **두 상태의 에너지 차이는 매우 작다**(< 0.4 J/mol).

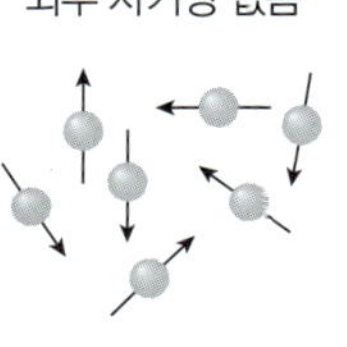

핵 자석이 제멋대로 흩어져 있다.

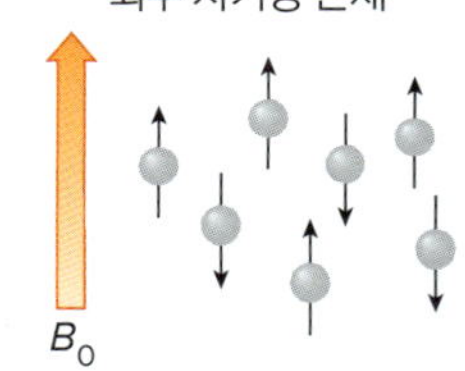

핵 자석이 B_0와 같은 방향 또는 반대 방향으로 정렬되어 있다.

자기장 속에서 양성자는 두 에너지 상태로 존재하게 된다.

- **핵이 외부 자기장 B_0와 같은 방향으로 놓여 있는 낮은 에너지 상태**
- **핵이 외부 자기장 B_0와 반대 방향으로 놓여 있는 높은 에너지 상태**

두 에너지 상태의 차이(ΔE)에 해당하는 어떤 외부 에너지원($h\nu$)이 공급되면 에너지가 흡수되면서 **핵의 스핀이 한 방향에서 다른 방향으로 '뒤집어지는(spin flip)'** 일이 일어난다. 이러한 두 핵 스핀 상태 사이의 에너지 차이는 전자기 스펙트럼 중 낮은 진동수의 라디오파(RF)에 해당한다.

RF를 흡수하면 핵의 스핀이 뒤집어진다.

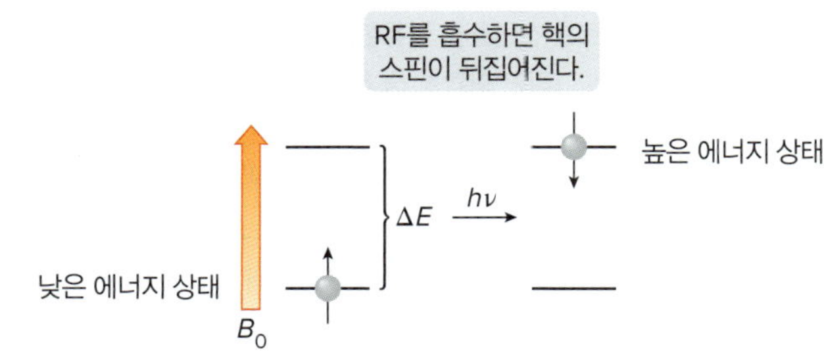

- 핵이 RF를 흡수하여 스핀이 더 높은 에너지 상태로 "뒤집어(spin flip)"질 때, 핵이 **공명(resonance)**하고 있다라고 한다.

두 가지 변수가 NMR을 특성화한다.

- **외부 자기장 B_0.** 외부 자기장의 세기 단위는 테슬라(tesla, T) 단위로 측정한다.
- **공명을 일으키는 데 사용한 전자기 복사의 진동수 ν**, 헤르츠(Hz) 또는 메가헤르츠(MHz, 1 MHz = 10^6 Hz) 단위로 측정한다.

공명을 일으키는 데 필요한 진동수와 외부 자기장의 세기는 서로 비례 관계이다.

$$\nu \propto B_0$$

진동수 외부 자기장 세기

- 외부 자기장의 세기가 **커질수록** 핵의 두 스핀 상태의 에너지 차이도 **커지고** 그에 따라 공명을 일으키는 데 필요한 ν도 **높아진다**.

NMR 분광기는 공명을 일으키는 데 필요한 RF의 진동수에 따라 300 MHz 또는 500 MHz 등으로 불린다.

초기 NMR 분광기에서 자기장의 세기는 1.4 T 정도였는데, 이 값은 공명을 위해 60 MHz의 RF 복사를 필요로 하였다. 최근에 나오는 NMR 분광기는 센 자석을 사용하고 따라서 공명 진동수도 매우 높다. 예를 들어, 자기장의 세기가 7.05 T인 경우 양성자가 공명을 일으키기 위해서는 300 MHz의 RF가 필요하다. 이런 분광기는 아주 강력한 자기장을 사용하여 핵의 두 스핀 상태에서 작지만 측정할 수 있는 에너지 차이를 만든다. NMR 분광기의 대략적 모습이 그림 C.1에 수록되어 있다.

주어진 외부 자기장에서 모든 양성자가 동일한 진동수에서 흡수를 일으킨다면 모든 화합물의 NMR스펙트럼은 한 줄로 나타날 것이고, 그렇다면 NMR이라는 방법은 화합물의 구조 결정에는 아무 쓸모도 없어지게 된다. 그러나 다행스럽게 이러한 일은 일어나지 않는다.

그림 C.1 NMR 분광기의 대략적인 그림

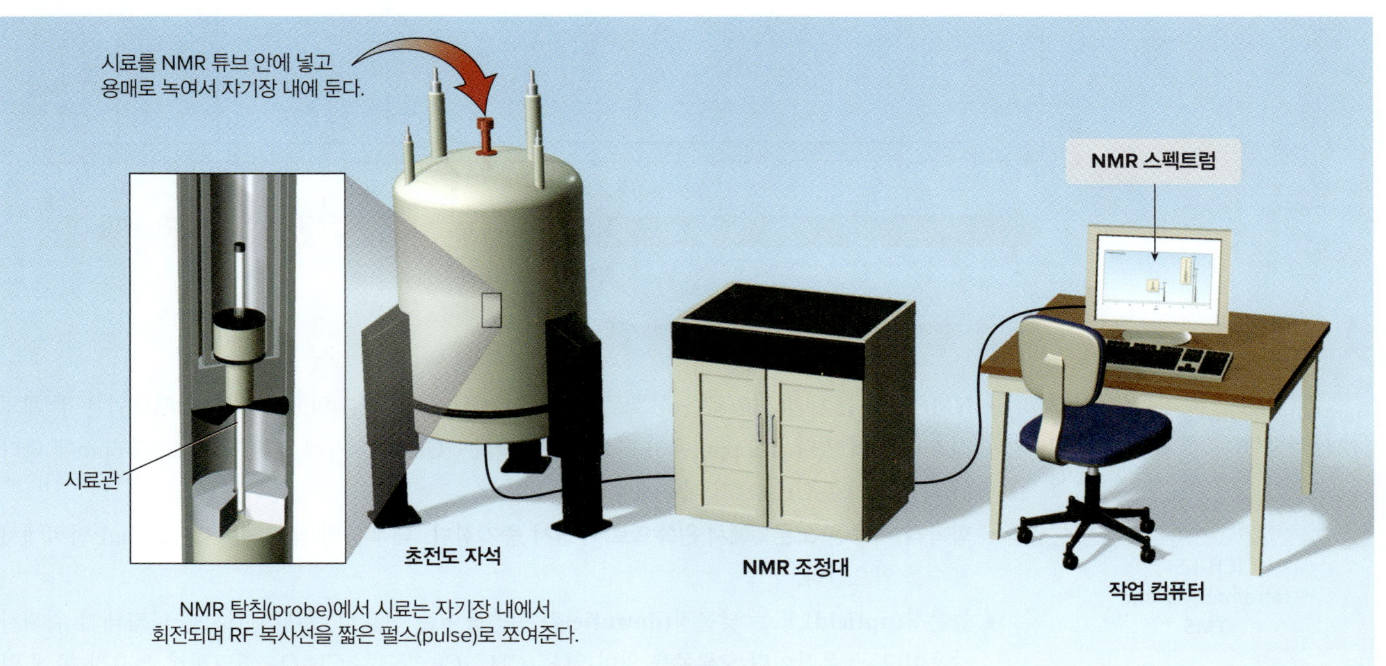

- **NMR 분광기**. 시료를 $CDCl_3$(중수소화클로로폼)와 같은 용매에 녹여 자기장 속에 넣어 준 다음 라디오파 발생기를 통하여 라디오파를 짧은 펄스로 공명을 일으키도록 쪼여준다. 원자 핵이 낮은 에너지 상태로 돌아올 때 방출되는 에너지를 검출기가 잡아내어 스펙트럼을 기록한다. 요즘 나오는 신형 NMR 분광기에 사용되는 초전도 자석은 액체 헬륨으로 냉각시킨 코일을 사용하는데, 이 코일에는 실질적으로 저항이 없는 상태에서 전류가 흐른다.

- 모든 양성자는 동일한 진동수에서 흡수하지 **않는다**. 주위 환경이 다른 양성자는 조금씩 다른 진동수에서 흡수를 일으키며 NMR은 이 차이를 구별해낸다.

어떤 특정 양성자가 흡수하는 진동수는 양성자 주위의 전자 환경에 따라 결정된다(C.3절). 전자 역시 전하를 띤 움직이는 입자이므로 외부에서 걸어 준 자기장 B_0와 반대되는 방향으로 자기장을 일으키며, 양성자 주위에 나타나는 자기장의 세기에 따라 양성자가 흡수하는 진동수가 결정된다. 현대의 NMR 분광기는 일정한 자기장의 세기 B_0를 가해준 다음, 모든 양성자가 공명을 일으키도록 좁은 범위의 진동수를 가해준다.

질량수가 홀수이거나(^{1}H, ^{13}C, ^{19}F 및 ^{31}P) 원자 번호(^{2}H 또는 ^{14}N)가 홀수인 원소만이 NMR 신호를 준다. ^{1}H 그리고 조금밖에 존재하지 않는 탄소의 동위 원소인 ^{13}C는 둘 다 NMR 활성이므로 유기 분자의 수소나 탄소 골격을 측정할 수 있게 되는 것이다.

C.1B ^{1}H NMR 스펙트럼

NMR 스펙트럼에서는 **신호의 세기**를 **ppm** 단위로 표시되는 **화학적 이동(chemical shift)**에 대하여 기록한다. 널리 쓰이는 화학적 이동의 척도는 **δ(델타) 척도**이다. *tert*-butyl methyl ether [$CH_3OC(CH_3)_3$]의 양성자 NMR 스펙트럼으로부터 몇 가지 중요한 사실을 공부하도록 한다.

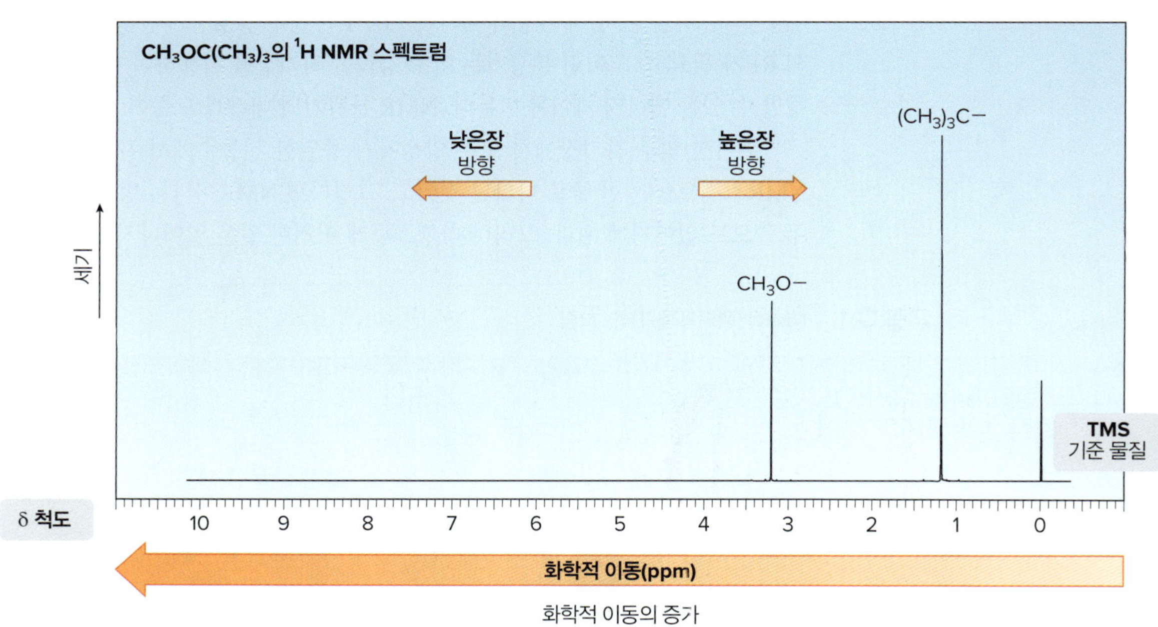

Spectra courtesy of the Chemistry Department of Rutgers University

tert-butyl methyl ether (MTBE)는 휘발유에 옥테인 값을 높이기 위해 넣어주는 첨가제로서 일부 지역에서는 상수원을 오염시키기도 하였다(3.4절).

$(CH_3)_4Si$
tetramethylsilane
TMS

- NMR 흡수는 대개 날카로운 신호로 나타난다. $CH_3OC(CH_3)_3$의 ^{1}H NMR 스펙트럼은 두 개의 신호로 되어 있다. 1.2 ppm에서 나오는 큰 피크는 $(CH_3)_3C$–기에 의한 것이고 3.2 ppm에 나타난 작은 피크는 CH_3O–기 때문에 나온 것이다.
- **화학적 이동은 오른쪽에서 왼쪽으로 가면서 증가한다.** 대부분의 양성자는 0~12 ppm 범위에서 흡수를 일으킨다.
- **높은장(upfield)** 또는 **낮은장(downfield)**이란 용어는 신호의 상대적 위치를 나타내기 위해서 사용한다. **높은장이란 오른쪽을 의미한다.** $(CH_3)_3C$– 피크는 CH_3O– 피크보다 높은장 쪽에 있다. **낮은장이란 왼쪽을 의미한다.** CH_3O– 피크는 $(CH_3)_3C$– 피크보다 낮은장 쪽에 위치한다.

NMR 흡수는 tetramethylsilane (TMS)으로 인해 δ 척도에서 0 ppm에서 나타나는 기준 신호 위치에 상대적으로 측정된다. **TMS**는 다른 일반적 NMR 흡수보다 높은장에서 단일선을 주는 휘발성의 비활성 화합물이다.

x축의 **화학적 이동**은 아래 식에 따라 ppm 단위로 측정한 NMR 신호의 위치를 나타낸다.

화학적 이동은 0 ppm에서 나타나는 TMS 피크에 대하여 상대적으로 나타내지만 기준이 되는 이 피크는 스펙트럼에 나타나지 않을 때도 있다.

δ 척도에서 **양**의 값은 TMS로부터 **낮은장** 쪽에 있다. TMS보다 높은장인 δ 척도의 음의 방향에서 일어나는 흡수는 매우 드물다(문제 C.82 참조).

$$\text{화학적 이동 } (\delta \text{ 척도의 ppm}) = \frac{\text{TMS로부터 낮은장 쪽으로 관찰된 화학적 이동(Hz)}}{\text{NMR 분광기의 } \nu \text{ (MHz)}}$$

공명을 일으키는 데 필요한 라디오파의 진동수는 외부 자기장 B_0의 세기에 비례하므로 B_0의 세기가 명시되지 않는 한 NMR 흡수를 진동수로 나타내는 것은 무의미한 일이다. 그러나 흡수를 NMR의 작동 진동수의 분율로 표시한다면 분광기에 무관한 단위, 즉 ppm을 얻어낼 수 있게 되는 것이다.

예제 C.1 화학적 이동 계산하기

300 MHz NMR에서 TMS로부터 낮은장 쪽으로 1500 Hz에서 나타나는 흡수의 화학적 이동을 계산하라.

풀이

화학적 이동을 ppm 단위로 나타내는 식을 사용하면 다음과 같다.

$$\text{화학적 이동} = \frac{\text{TMS로부터 1500 Hz 낮은장 쪽}}{\text{300 MHz 작동 진동수}} = 5 \text{ ppm}$$

문제 C.1 500 MHz NMR 분광기로 CH_3OH의 ^1H NMR 스펙트럼을 기록하였더니 두 개의 신호가 나타났다. 두 신호 모두 TMS로부터 낮은장에서 나타났다. 한 개의 신호는 1715 Hz에서 CH_3의 양성자에 기인하는 것이었고, 다른 한 개는 1830 Hz에서 OH 양성자에 기인하는 신호였다. (a) 각 흡수의 화학적 이동을 계산하라. (b) CH_3 양성자는 OH 양성자보다 높은장에서 흡수가 일어나겠는가 아니면 낮은장에서 흡수가 일어나겠는가?

추가 문제: 문제 C.42, C.43을 풀어보라.

문제 C.2 1,2-Dimethoxyethane ($CH_3OCH_2CH_2OCH_3$)의 ^1H NMR 스펙트럼을 300 MHz NMR 분광기로 기록하였다. TMS로부터 낮은장인 1017 Hz와 1065 Hz에서 두 개의 신호가 나타났다. (a) 각 흡수의 화학적 이동을 계산하라. (b) 만일 스펙트럼을 500 MHz NMR 분광기로 기록하였다면 각 흡수가 일어나는 진동수는 얼마인가?

^1H NMR 스펙트럼의 네 가지 다른 특성으로부터 화합물의 구조에 대한 정보를 얻을 수 있다.

[1] 신호의 개수(C.2절)

[2] 신호의 위치(C.3 및 C.4절)

[3] 신호의 세기(C.5절)

[4] 신호의 스핀-스핀 갈라짐(C.6-C.8절)

C.2 ^{1}H NMR: 신호의 개수

한 화합물에서 ^{1}H NMR 신호는 몇 개나 나타날까? NMR 신호의 개수는 그 화합물에서 유형이 서로 다른 양성자의 수와 동일하다.

C.2A 일반 법칙

- 서로 다른 환경에 놓여 있는 양성자는 NMR에서 다른 신호를 나타낸다. 동등한 양성자는 같은 NMR 신호를 나타낸다.

주어진 분자 내에서 CH_3기는 CH_2기와 다르고 이것은 또 CH기와 다르다. CH_3OCH_3에서처럼 두 CH_3기는 같을 수도 있고 $CH_3OCH_2CH_3$에서와 같이 CH_3기가 어느 것과 연결되어 있느냐에 따라 서로 다를 수도 있다.

tert-butyl methyl ether [$CH_3OC(CH_3)_3$] (C.1절)는 두 종류의 서로 다른 양성자가 있기 때문에 NMR에서 두 개의 신호를 나타낸다. CH_3기 하나는 $-OC(CH_3)_3$에 결합되어 있는 반면, 다른 CH_3 세 개는 모두 같은 기인 $[-C(CH_3)_2]OCH_3$와 결합하고 있다.

많은 경우 두 양성자가 서로 같은지 다른지는 직관적으로 판단해 낼 수 있다.

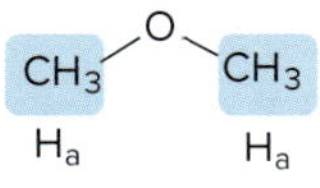

모두 동등한 H
1개의 NMR 신호

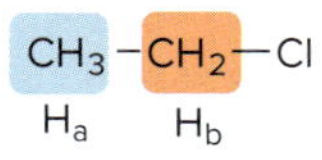

2종류의 H
2개의 NMR 신호

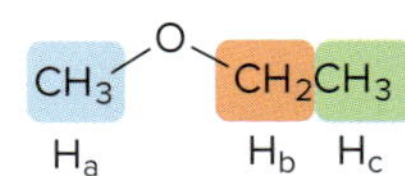

3종류의 H
3개의 NMR 신호

- **CH_3OCH_3:** 각 CH_3기는 같은 기($-OCH_3$)에 결합되어 있으므로 두 개의 CH_3기는 동등하다.
- **CH_3CH_2Cl:** CH_3기의 양성자는 CH_2기의 양성자와는 다르다.
- **$CH_3OCH_2CH_3$:** CH_2기의 양성자는 모든 CH_3기의 양성자와 서로 다르다. 두 CH_3기의 양성자도 서로 다르다. 한 개의 CH_3기는 $-OCH_2CH_3$에 결합되어 있고 다른 CH_3기는 $-CH_2OCH_3$에 결합되어 있다.

어떤 경우에는 바로 보아서는 금방 두 종류의 양성자가 동등한지 서로 다른지를 잘 모를 때도 있다. 두 종류의 양성자가 같은 환경(그래서 하나의 NMR 신호를 줌)에 있는지를 엄밀히 알아보기 위해서는 각각의 수소 원자를 다른 임의의 원소 Z로 바꿔 본다(예를 들어, Z = Cl). **만약 Z에 의한 치환으로 동일한 화합물이나 거울상이 얻어진다면 두 양성자는 동등하다**(예제 C.2).

예제 C.2 분자에서 다른 유형의 H 결정하기

$CH_3CH_2CH_2CH_2CH_3$에는 몇 종류의 H 원자가 있는가?

풀이

두 개의 H 원자를 비교하려면 각각의 H를 Z로 바꾼 다음(예를 들어, Z = Cl) 나타나는 화합물을 살펴본다. 양 끝에 있는 CH_3의 H를 Cl로 바꾸면 모두 동일한 1-chloropentane이 얻어지기 때문에 두 CH_3기는 동등하다.

H H H 1 5 H H H → C1 또는 C5 자리를 Cl로 치환 → Cl 1-chloropentane

CH_2기는 다른 두 종류가 있으며, C2 또는 C4 자리의 H를 Cl로 치환하면 동일하게 2-chloropentane이 얻어지므로 두 H는 동일하다. 또한 C3 자리의 H를 Cl로 치환하면 다른 생성물인 3-chloropentane이 얻어지므로 CH_2기는 앞의 두 CH_2와는 다르다.

H H H H 2 3 4 H H → Cl 2-chloropentane (C2 또는 C4 자리를 Cl로 치환) or Cl 3-chloropentane (C3 자리를 Cl로 치환)

따라서 $CH_3CH_2CH_2CH_2CH_3$에는 세 종류의 양성자가 있고 NMR 신호는 세 종류가 나타난다.

$CH_3-CH_2-CH_2-CH_2-CH_3$
Ha Hb Hc Hb Ha

문제 C.3 다음 각 화합물의 ^{1}H NMR에서 몇 개의 신호가 나타나는가?

a. b. O c. d. O O e. O f. Cl g. OH h. O O

추가 문제: 문제 C.39a, C.40, C.41, C.55d, C.60a, C.61d를 풀어보라.

그림 C.2
몇 가지 대표적인 유기 분자에서 나타나는 ^{1}H NMR 신호의 개수

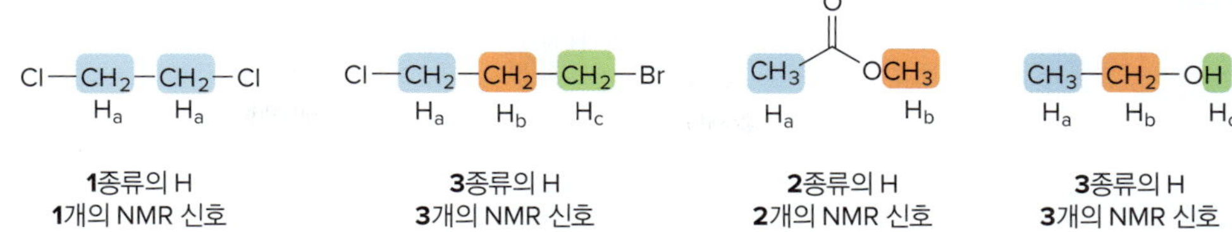

그림 C.2에서는 네 개의 서로 다른 분자가 나타내는 NMR 신호를 설명하고 있다. 탄소 원자에 결합된 양성자뿐만 아니라 모든 종류의 양성자가 NMR 신호를 나타낸다. 예를 들어, 에탄올(CH_3CH_2OH)은 세 개의 NMR 신호를 보여주는데 그중 하나는 OH의 양성자로부터 나타난 것이다.

C.2B 알켄과 사이클로알케인에서 동등한 양성자 결정하기

결합이 자유롭게 회전을 할 수 없는 알켄과 사이클로알케인에서 동등한 양성자를 알아보기 위해서는 **수소와 결합하고 있는 모든 결합**을 항상 **그려 보아야 한다.**

이렇게 그려라 (H, H, H, Cl, H, H) ▷—Cl **이 아님**

이렇게 그려라 (Cl, H, H, H) $ClCH=CH_2$ **이 아님**

그 다음 고리나 이중 결합에 위치한 두 개의 H 원자를 비교할 때, **두 양성자가 같은 기에 대하여 시스(혹은 트랜스)인 경우에만 동등하다.** 아래에 1,1-dichloroethylene, 1-bromo-1-chloroethylene 그리고 chloroethylene을 예로 들어 설명하였다.

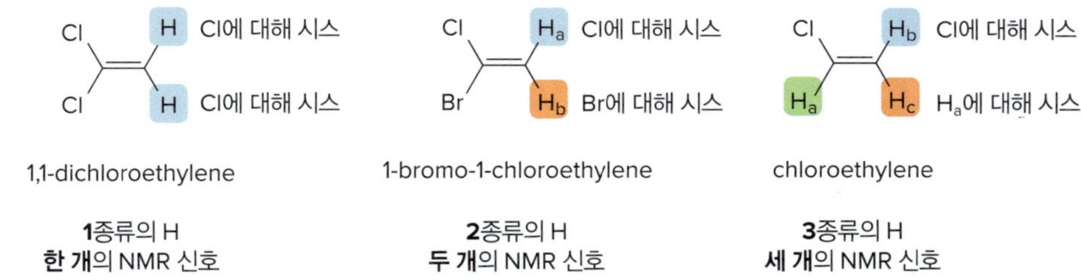

- **1,1-Dichloroethylene:** C=C에 있는 두 개의 H 원자는 둘 다 Cl 원자에 대하여 시스이다. 따라서 두 수소는 동등하다.
- **1-Bromo-1-chloroethylene:** H_a는 Cl 원자에 대하여 시스이고 H_b는 Br 원자에 대하여 시스이다. 따라서 H_a와 H_b는 서로 다르고 두 개의 NMR 신호를 나타낸다.
- **Chloroethylene:** H_a는 Cl이 붙어 있는 탄소와 결합하고 있으므로 H_b 및 H_c와 다르다. 나머지 두 H 원자 중 H_b는 Cl 원자에 대해서 시스이고 H_c는 H 원자에 대해서 시스이므로 서로 다르다. 이 화합물에 있는 세 개의 수소 원자는 모두 다르다.

사이클로알케인에 있는 양성자의 동등성도 비슷한 방법으로 판단할 수 있다.

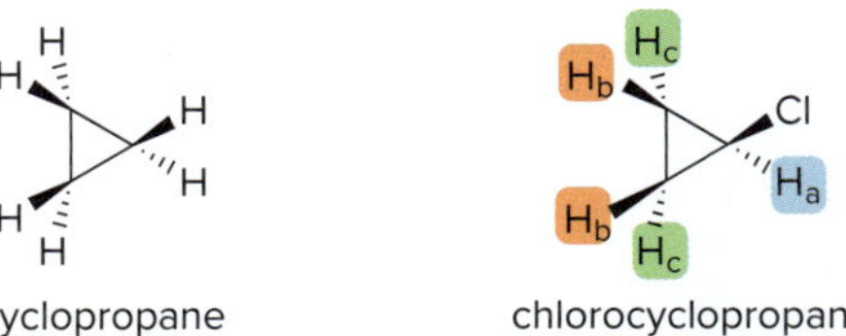

- **Cyclopropane:** 모든 H 원자는 동등하다. 따라서 NMR 신호는 한 가지만 나온다.
- **Chlorocyclopropane:** 세 종류의 H 원자가 존재한다. H_a는 Cl이 결합한 탄소에 결합하고 있고, 두 H_b 양성자는 둘 다 Cl에 대해서 시스인 반면에 두 H_c 양성자는 둘 다 다른 H에 대해서 시스이다.

예제 C.3 고리 화합물에서의 양성자의 동등성 판단하기

화합물 **A**는 몇 개의 ^{1}H NMR 신호를 보이는가?

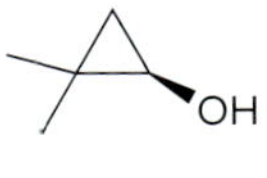

A

풀이

쐐기와 점선쐐기를 이용해 고리 화합물에 있는 작용기의 상대적인 위치를 표기한다. **두 양성자는 같은 기에 대하여 시스(혹은 트랜스)인 경우에 대해서만 동등하다.** 가장 쉽게 표기할 수 있는 양성자부터 시작한다. 이번 예시처럼 고리에 있는 OH와 CH는 다른 양성자와는 다르게 보이므로 두 개의 NMR 신호를 보인다. 두 개의 CH_3기는 H_b에 대하여 하나는 시스이며, 다른 하나는 트랜스이기 때문에 서로 다르다. 마찬가지로 H_e는 H_b에 대하여 트랜스인 반면, H_f는 H_b에 대하여 시스이기 때문에, H_e와 H_f는 서로 다르다.

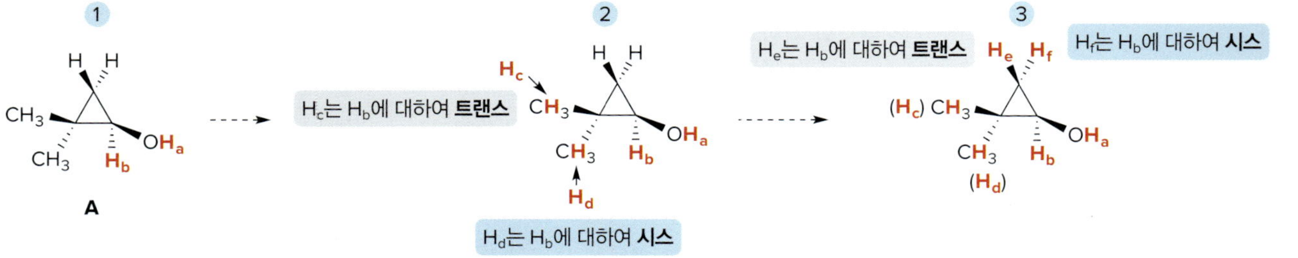

1 A: H, H, CH_3, CH_3, OH_a, H_b

H_c는 H_b에 대하여 **트랜스**

2: H_c, H, H, CH_3, OH_a, CH_3, H_b, H_d

H_d는 H_b에 대하여 **시스**

H_e는 H_b에 대하여 **트랜스**

3: H_e, H_f, (H_c) CH_3, OH_a, CH_3 (H_d), H_b

H_f는 H_b에 대하여 **시스**

따라서 **A** 화합물은 다른 수소 원자가 **6**개이므로 **6**개의 ^{1}H NMR 신호를 보인다.

문제 C.4 각 dimethylcyclopropane은 몇 개의 ^{1}H NMR 신호를 보이는가?

a.  b.  c.

추가 문제: 문제 C.40h~j, C.55d, C.60a를 풀어보라.

문제 C.5 각 알켄은 몇 개의 ^{1}H NMR 신호를 보이는가?

a. 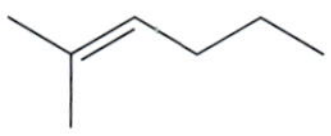 b. 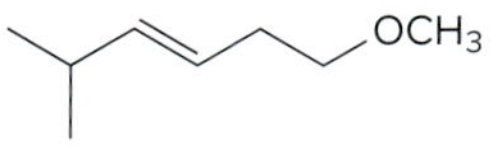 OCH_3 c. 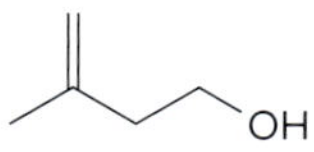 OH

문제 C.6 각 화합물은 ^{1}H NMR 신호가 몇 개인가?

a. 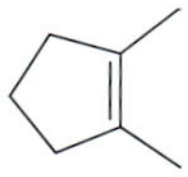 b. 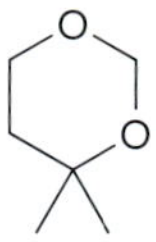 c. 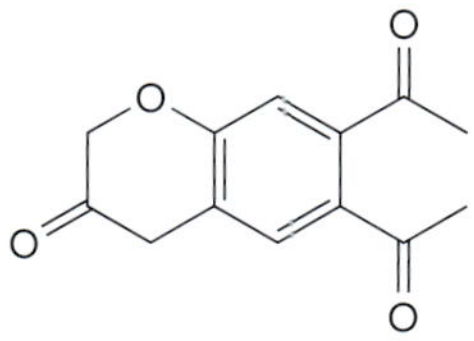 d.

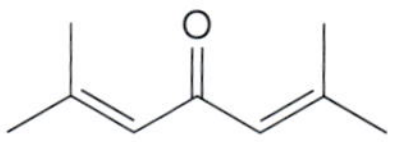

C.2C 대칭교환자리, 거울상 이성질성 및 부분 입체 이성질성 양성자

이제 CH_2기에 있는 두 개의 sp^3 혼성화된 양성자가 서로 항상 동등한지를 좀 더 자세히 알아보기로 하자. 세 가지 예를 보면 서로 다른 결과가 나올 수 있음을 알 수 있다.

$CH_3CH_2CH_3$는 CH_3기의 양성자와 CH_2기의 양성자가 있으므로 양성자가 두 종류이다. 이는 CH_2기의 두 개의 H 원자는 서로 동등하다는 것을 의미한다. H를 Z로 대체할 경우 생성물이 같기 때문에 한 개의 NMR 신호를 보인다.

H를 Z로 치환

H_a와 H_b는 **대칭교환자리 관계**

동일한 생성물

- 두 H 원자를 Z로 치환하였을 때 **같은** 생성물이 생긴다면, 이러한 동등한 수소를 **대칭교환자리(homotopic)** 양성자라고 한다.

CH_3CH_2Cl는 두 종류의 양성자, 즉 CH_3기의 수소와 CH_2기의 수소가 있으며 이는 CH_2기의 두 H 원자는 서로 동등함을 의미한다. CH_2기의 각 H를 원자 Z로 치환하면 새로운 입체 발생 중심이 생기기 때문에 **거울상 이성질체**인 두 생성물이 얻어진다.

H를 Z로 치환

H_a와 H_b는 **거울상 이성질성 관계**이다.

거울상 이성질체

- 두 H 원자를 Z로 치환하였을 때 **거울상 이성질체**가 생긴다면, 그 두 H 원자는 동등하며 하나의 NMR 신호를 준다. 이러한 두 H 원자를 **거울상 이성질성(enantiotopic)** 양성자라고 한다.

반면에 입체 발생 중심이 하나인 (*R*)-2-chlorobutane에서 CH_2기의 두 개의 H 원자는 서로 동등 하지 않다. 각 H를 Z로 치환하면 두 개의 **부분 입체 이성질체**가 생성되며, 따라서 이 두 H 원자는 서로 다른 NMR 신호를 보여준다.

H를 Z로 치환

(*R*)-2-chlorobutane

H_a와 H_b는 **부분 입체 이성질성 양성자**이다.

부분 입체 이성질체

- 두 개의 수소 원자를 각각 Z 원자로 치환하였을 때 **부분 입체 이성질체**가 만들어진다면, 두 개의 H는 서로 동등하지 **않고** 두 개의 NMR 신호를 보여준다. 이때 두 H는 **부분 입체 이성질성(diastereotopic)** 양성자라고 부른다.

예제 C.4 양성자를 대칭교환자리, 거울상이성질성, 부분 입체 이성질성으로 분류하기

표시된 각 CH_2기에 있는 양성자를 대칭교환자리, 거울상 이성질성, 부분 입체 이성질성으로 표시하라.

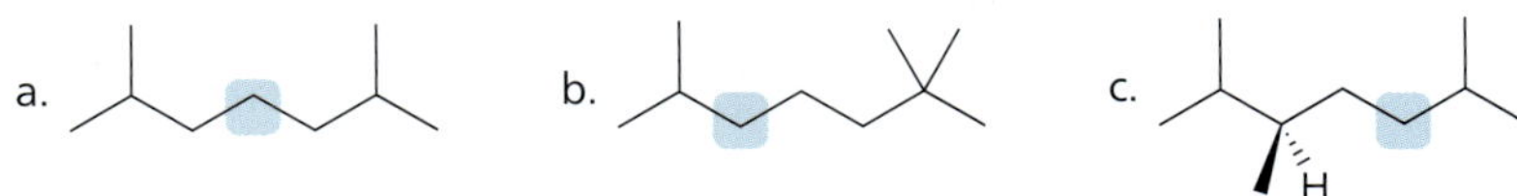

풀이

이 경우에 동등성을 결정하기 위하여 먼저 화합물에 입체 발생 중심이 있는지, 그리고 H 원자를 Z로 치환하였을 때 새로 운 입체 발생 중심이 생성되는지를 조사한다.

a. 화합물은 비카이랄하며, 입체 발생 중심이 없다. H를 Z로 치환하여도 동일한 생성물이 얻어지기 때문에 **대칭교환자리성**이다. 따라서 CH_2기에 있는 H는 서로 **동등하며 한 개**의 NMR 신호를 나타낸다.

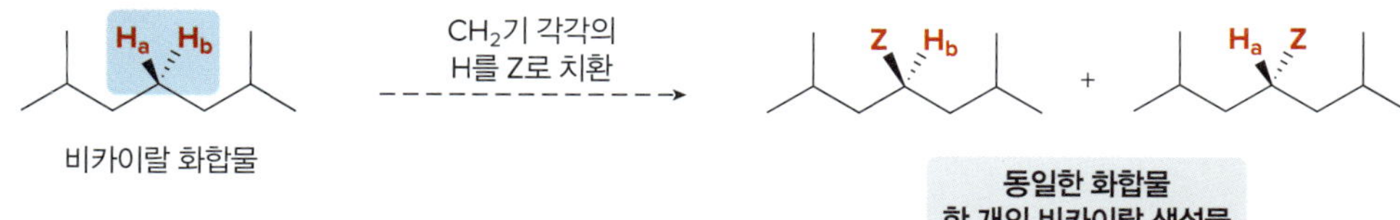

b. 화합물은 비카이랄하며, 입체 발생 중심이 없다. H를 Z로 치환하면 새로운 입체 발생 중심이 생기므로 CH_2기의 양성자는 **거울상 이성질성**이다. CH_2기에 있는 H는 서로 **동등하며 한 개**의 NMR 신호를 나타낸다.

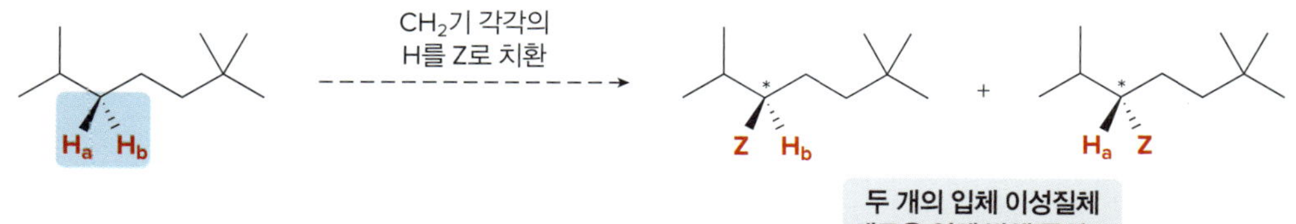

c. 화합물은 한 개의 입체 발생 중심이 있다. H를 Z로 치환하면 새로운 입체 발생 중심이 생기므로, 양성자는 **부분 입체 이성질성**이다. CH_2기에 있는 H는 서로 **다르며**, **다른** NMR 신호를 나타낸다.

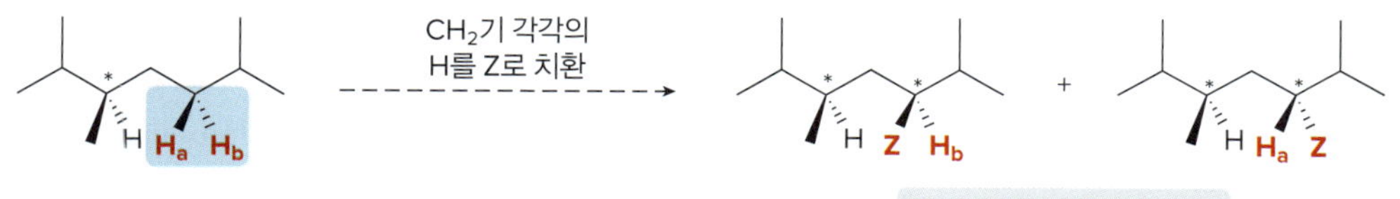

문제 C.7 표시된 CH_2 양성자가 거울상 이성질성, 부분 입체 이성질성 또는 대칭교환자리성인지 말하라.

a. O b. c. d.

문제 C.8 다음 각 화합물에서 몇 개의 ^{1}H NMR 신호가 관찰되겠는가?

a. Cl b. Cl O c. Br d. Cl Cl

C.3 ^{1}H NMR: 신호의 위치

C.1B절에서 살펴본 바 있는 *tert*-butyl-methyl-ether의 NMR 스펙트럼에서 왜 CH_3O–기는 –$C(CH_3)_3$기보다 낮은장 쪽에서 흡수하는가?

- 특정 양성자가 흡수하는 위치는 전자적 환경에 따라 결정된다.

C.3A 가림과 벗김의 효과

핵 주위의 전자적 환경이 화학적 이동에 미치는 영향을 이해하기 위해서는 우선 전자가 외부 자기장 B_0에 반대 방향으로 약한 자기장을 발생시킨다는 사실을 기억해야 한다. 이것을 **전자가 핵을 B_0로부터 가린다(*shield*)**라고 말한다.

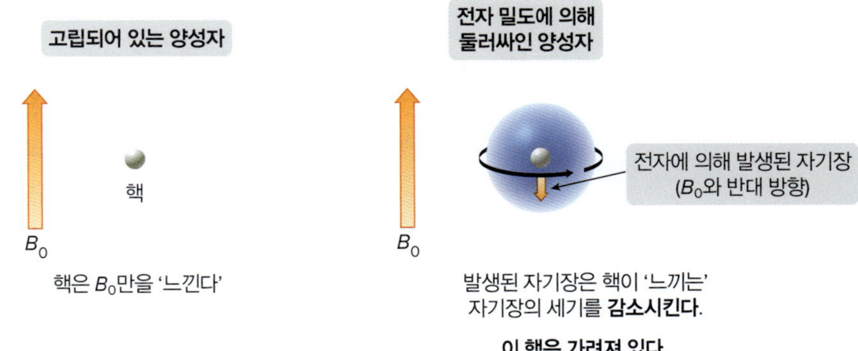

그러므로 핵 주위에서는 돌고 있는 전자에 의해 발생된 자기장이 양성자가 '느끼는' 외부 자기장을 감소시킨다. 그 결과 양성자는 줄어든 자기장의 세기를 느끼게 되므로 공명을 일으키기 위해서는 낮아진 진동수가 필요하게 된다. 진동수가 낮아진다는 것은 NMR 스펙트럼에서 오른쪽으로, 즉 화학적 이동의 값이 작은 쪽으로 옮겨지는 것이다. 그림 C.3a에서 보는 것처럼 **가림은 흡수를 높은장 쪽으로 이동시킨다.**

핵 주위의 전자의 밀도가 감소한다면 어떤 일이 일어나는가? 예를 들어, CH_4와 CH_3Cl의 양성자의 화학적 이동 값은 어떻게 다른가?

그림 C.3 화학적 이동에 미치는 전자 밀도의 효과

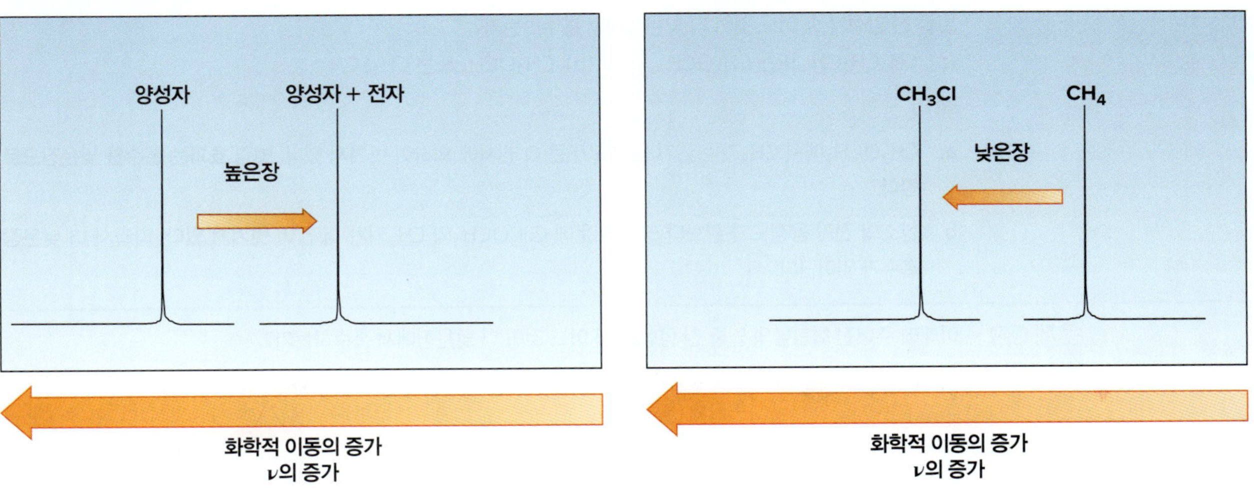

핵이 덜 가려져 있을수록 가해 준 자기장(B_0)을 더 크게 느끼게 된다. 즉 벗겨진(*deshielded*) 핵은 더욱 센 외부 자기장을 경험하게 되므로 공명을 일으키기 위해서는 더 높은 진동수가 필요하게 된다. 높은 진동수는 NMR 스펙트럼의 왼쪽, 즉 화학적 이동 값이 큰 쪽을 의미하므로 그림 C.3b에서 CH_3Cl과 CH_4를 비교하면서 나타낸 바와 같이 **벗김(deshielding) 효과는 흡수를 낮은장 쪽으로 이동시킨다.** CH_3Cl에서는 전기 음성 Cl 원자가 탄소와 수소 원자로부터 전자를 끌어당겨 CH_4에 비해서 전자를 벗기는 효과를 나타낸다.

전자 밀도가 낮아지면 핵에서 벗김 효과가 나타나고 흡수는 낮은장 쪽으로 이동하는 경향이 있음을 기억하라.

- 전기 음성도가 높은 원자 주위에 인접한 양성자는 벗겨진 상태가 되고, 따라서 낮은장에서 흡수한다.

그림 C.4에 가림과 벗김의 효과를 요약하였다.

화학적 이동에 대하여 전자 밀도가 미치는 영향을 이해하면 많은 화합물에서 NMR 신호의 상대적 위치를 설명할 수 있다.

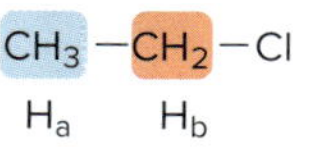

- 양성자 H_b는 전기 음성도가 큰 Cl 원자에 가깝게 위치하고 있기 때문에 **벗겨져 있다.** 따라서 H_a보다 **낮은장** 쪽에서 흡수한다.

Br — CH_2 — CH_2 — F
H_a H_b

- F의 전기 음성도가 Br보다 크므로 H_b가 H_a보다 더 **벗겨져** 있다. 따라서 H_b가 H_a보다 **낮은장**에서 흡수를 일으킨다.

Cl — CH_2 — $CHCl_2$
H_a H_b

- 전기 음성도가 큰 Cl 원자의 개수가 더 많으므로(한 개 대 두 개) H_b는 H_a 양성자보다 더 **벗겨져** 있다. 따라서 H_a 양성자는 더 **낮은장**에서 흡수한다.

그림 C.4
가림과 벗김의 효과

a. 가려진 핵

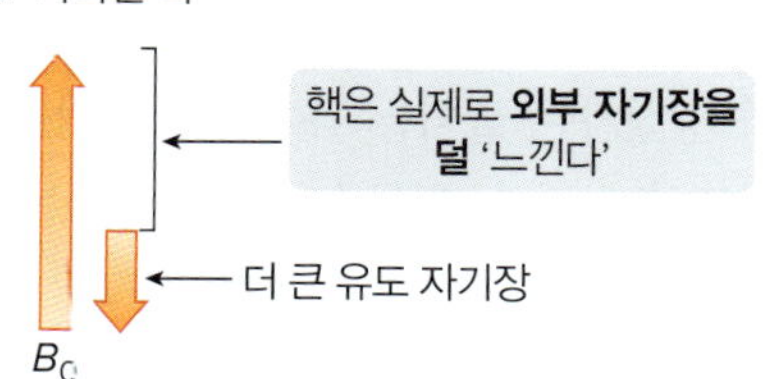

- 핵 주위에 전자 밀도가 증가하면 핵이 느끼는 외부 자기장의 세기는 **약해지고,** 그 결과 공명을 일으키는 데 필요한 라디오파의 진동수는 **낮아진다.**
- **흡수선은 높은장 쪽으로 이동한다.**

b. 벗겨진 핵

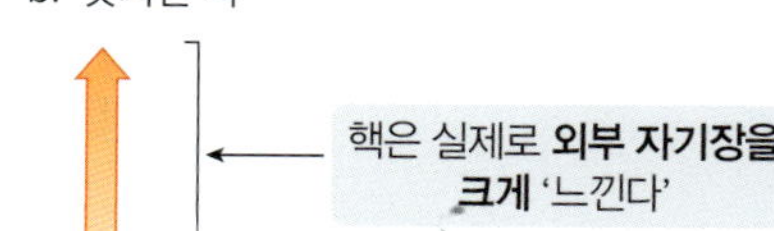

- 핵 주위에 전자 밀도가 감소하면 핵이 느끼는 외부 자기장의 세기는 더욱 **커지고,** 그 결과 공명을 일으키는 데 필요한 라디오파의 진동수는 **높아진다.**
- **흡수선은 낮은장 쪽으로 이동한다.**

예제 C.5 가림과 벗김의 효과 결정하기

밑줄 친 양성자 중 어느 것이 더 낮은장에서 흡수하는가?

(a) $CH_3CH_2CH_3$ 또는 CH_3OCH_3 (b) CH_3OCH_3 또는 CH_3SCH_3

풀이

a. CH_3OCH_3에서 CH_3기는 전기 음성도가 큰 O 원자에 의하여 벗겨져 있다. **벗김 효과는 흡수를 낮은장으로 이동시킨다.**

b. 산소의 전기 음성도가 황보다 크기 때문에 CH_3OCH_3의 CH_3기가 더 많이 **벗겨져 있다.** 따라서 더 **낮은장** 쪽에서 흡수가 일어난다.

문제 C.9 아래에 주어진 화합물의 밑줄 친 양성자 중 어느 것이 더 낮은장에서 흡수하는가?

a. 

b. 

c. 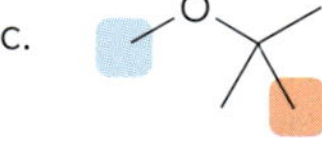

추가 문제: 문제 C.44, C.55b를 풀어보라.

C.3B 화학적 이동의 값

NMR에서 각 흡수의 상대적인 위치만 예측할 수 있을 뿐만 아니라 양성자의 종류에 대한 대략적인 화학적 이동의 값도 예측할 수 있다.

- NMR 스펙트럼에서 주어진 전자 환경에 있는 양성자가 흡수하는 영역은 예측할 수 있다.

화학적 이동 값에 대한 자세한 자료는 부록 H에서 찾아볼 수 있다.

표 C.1에는 유기 화합물에서 흔히 볼 수 있는 결합의 일반적인 화학적 이동 값을 실어 놓았다.

표 C.1을 보면 정해진 C–H 결합의 화학적 이동 값은 대략 1–2 ppm에 이르는 좁은 범위에서 나타남을 알 수 있다. 예를 들어, 알케인과 사이클로알케인에서 볼 수 있는 모든 sp^3 혼성화된 C–H 결합은 0.9와 2.0 ppm 사이에서 흡수한다. 그러나 한편으로 N–H나 O–H 양성자에 의한 흡수는 넓은 범위에 걸쳐서 나타난다. 예를 들어, 알코올의 OH 양성자는 1–5 ppm 범위에서 나온다. 정확한 위치는 수소 결합의 정도에 따라서도 또 달라진다.

표 C.1 대표적인 양성자의 화학적 이동 값

양성자의 종류	화학적 이동(ppm)	양성자의 종류	화학적 이동(ppm)
C–H (sp³) • RCH_3 • R_2CH_2 • R_3CH	0.9–2 ~0.9 ~1.3 ~1.7	$R_2C{=}CH$ (비닐 H)	4.5–6
		벤젠 고리–H	6.5–8
Z=C–C–H Z = C, O, N	1.5–2.5	RC(=O)H	9–10
–C≡C–H	~2.5	RC(=O)OH	10–12
Z–C–H Z = N, O, X	2.5–4	R–O–H or R–N–H	1–5

특정 C–H 결합의 화학적 이동은 탄소 원자에 연결되어 있는 R기의 수에 따라서도 달라진다.

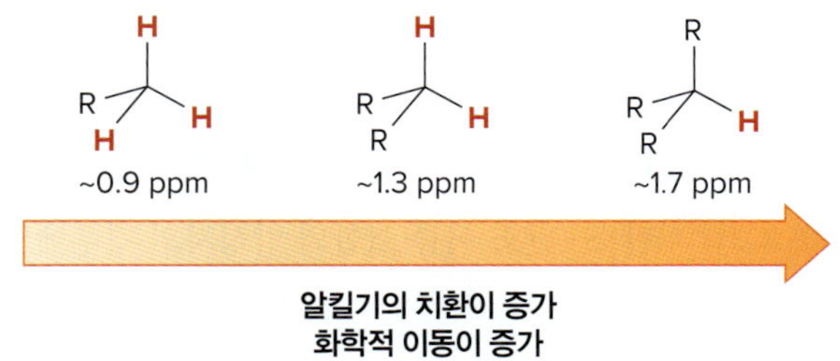

• C–H 결합의 화학적 이동 값은 알킬 치환기가 **많아질수록 커진다**.

문제 C.10 아래에 주어진 화합물에서 서로 다른 종류의 양성자를 구별해 낸 다음 이들을 화학적 이동 값이 증가하는 차례대로 나열하라.

a. Cl∕∖∕Br b. ∕O∖∕O∖C(CH₃)₃ c. (2-뷰탄온 구조) d. ∕O–C(=O)–O∖∕∖

문제 C.11 각 문장이 진실 혹은 거짓임을 밝히라.

a. 핵이 강하게 가려지면, 유효(effective) 자기장은 외부 자기장보다 크며 흡수는 낮은장으로 이동한다.
b. 핵이 강하게 가려지면, 유효 자기장은 외부 자기장보다 작으며 흡수는 높은장으로 이동한다.
c. 강하게 벗겨진 핵이 공명되기 위해서는 낮은 자기장 세기가 필요하다.
d. 강하게 가려진 핵은 높은 δ 값에서 흡수한다.

C.4 sp^2와 sp 혼성화 탄소에 결합된 양성자의 화학적 이동

벤젠 고리와 C–C 이중 결합, 그리고 C–C 삼중 결합 탄소에 연결된 양성자의 화학적 이동에 관해서는 좀 더 자세히 공부할 필요가 있다.

위의 세 가지 작용기는 모두 비교적 **π 전자가 느슨하게 붙어 있는** π 결합이 있다. 자기장 속에서 이 π 전자는 원형 궤도 경로로 운동하면서 새로운 자기장을 일으킨다. 이렇게 유도된 자기장이 양성자의 화학적 이동에 미치는 영향은 그 양성자 주위에 나타나는 유도 자기장의 방향에 따라 결정된다.

벤젠 고리의 양성자

자기장 속에서 **벤젠**에 있는 여섯 개의 π 전자는 고리를 따라 순환하면서 고리 전류를 일으킨다. 움직이는 전자에 의하여 유도된 자기장은 양성자 주위에서 이미 가해지고 있던 외부 자기장에 더해져 자기장의 세기를 **증가시킨다**. 따라서 양성자는 더 센 자기장을 느끼게 되며 공명을 일으키는 데는 더 높은 진동수가 필요해진다. 따라서, **양성자는 벗겨지고 흡수는 낮은장에서 일어난다.**

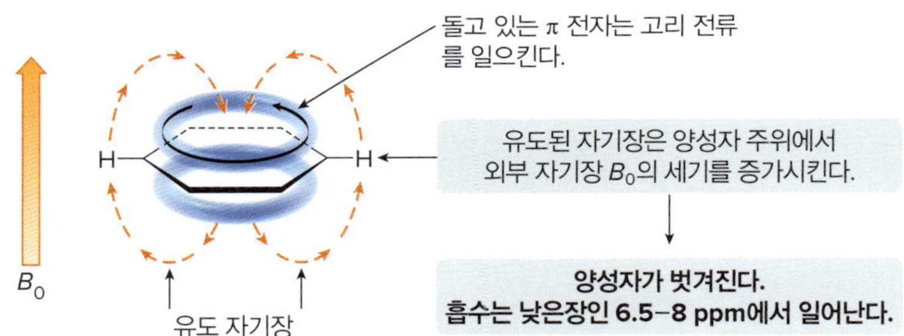

탄소–탄소 이중 결합의 양성자

탄소–탄소 이중 결합의 양성자의 경우에도 비슷한 현상이 나타난다. 느슨한 π 전자는 자기장 속에서 양성자 주위의 외부 자기장의 세기를 **증가시키는** 효과를 나타낸다. 이제 양성자는 더욱 센 자기장을 느끼게 되므로 공명을 일으키는 데 더욱 높은 진동수가 필요하다. **양성자는 벗겨지고 흡수는 낮은장에서 일어난다.**

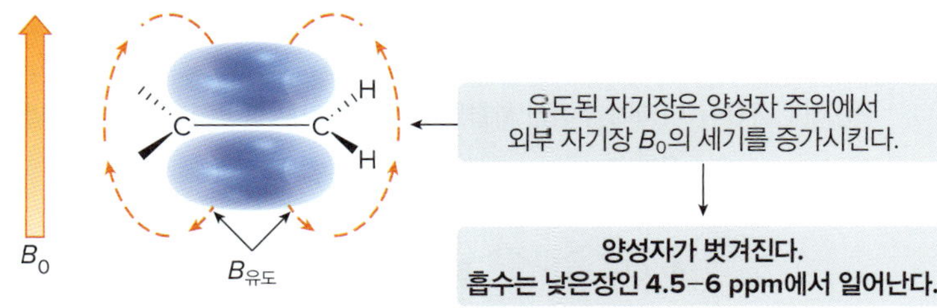

탄소-탄소 삼중 결합의 양성자

탄소-탄소 삼중 결합을 이루는 π 전자에 대해서도 외부 자기장은 원운동을 유도한다. 그러나 이 경우 유도된 자기장은 외부 자기장 B_0와 방향이 반대이다. 그 결과 양성자는 더 약한 자기장을 느끼게 되고 공명을 위해서는 더 낮은 진동수가 필요하다. **핵은 가려져 있으며 흡수는 높은장에서 일어난다.**

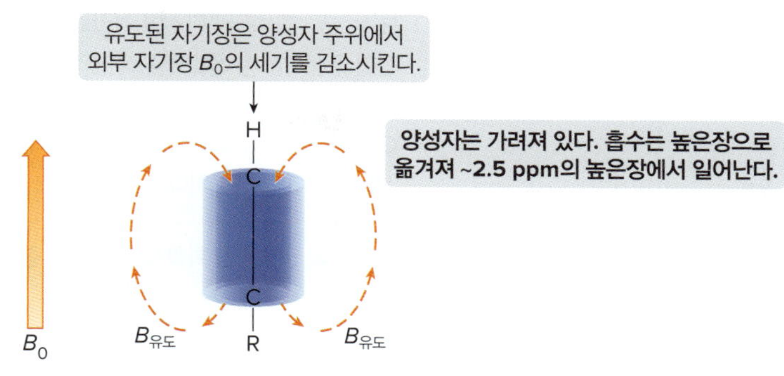

표 C.2에는 순환하는 π 전자에 의한 가림 효과와 벗김 효과를 요약해 놓았다.

표 C.2 화학적 이동에 미치는 π 전자의 효과

양성자 종류	효과	화학적 이동(ppm)
(벤젠 고리)—H	크게 벗겨짐	6.5–8
(알켄)—H	벗겨짐	4.5–6
(알카인)—H	가려짐	~2.5

그림 C.5처럼 ^{1}H NMR 스펙트럼을 여섯 영역으로 나누면 몇몇 대표적인 결합의 화학적 이동 값을 기억하기가 수월하다.

그림 C.5
^{1}H NMR 스펙트럼의 영역

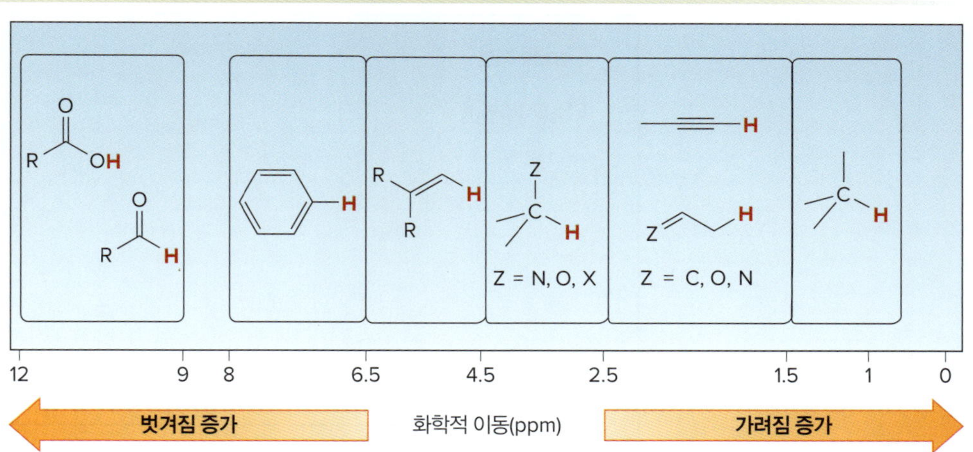

- **가려진** 양성자는 **낮은** 화학적 이동(**오른쪽**)에서 흡수한다.
- **벗겨진** 양성자는 **높은** 화학적 이동(**왼쪽**)에서 흡수가 일어난다.
- 주의: 여기에 나타낸 화학적 이동의 눈금은 일정한 간격으로 나타내지 않았다.

예제 C.6 양성자의 상대적 화학적 이동 예측하기

다음 H_a, H_b 및 H_c를 화학적 이동 값이 증가하는 차례대로 나열하라.

H_c

OCH_2CH_3

H_b H_a

풀이

H_a는 sp^3 혼성화된 탄소에 결합되어 있으므로 가려져 있다. 따라서 H_b나 H_c보다 높은장에서 흡수한다. 양성자 H_b는 전기 음성도가 큰 산소 원자에 연결된 탄소와 결합하고 있으므로 벗겨져 있다. 따라서 H_a보다 낮은장 쪽에서 흡수가 일어난다. H_c는 두 가지 요인에 의해서 벗겨진다. 전기 음성인 산소 원자가 H_c의 전자 밀도를 감소시킨다. 더욱이 H_c는 C=C에 직접 결합되어 있기 때문에 π 전자에 의하여 유도된 자기장이 더욱 벗김을 일으킨다. 따라서 화학적 이동의 순서는 $H_a < H_b < H_c$이다.

문제 C.12 각 그룹의 양성자를 화학적 이동 값이 증가하는 순서로 나열하라.

a. H_a H_b H_c b. $CH_3C(=O)OCH_2CH_3$ (H_a: CH_3, H_b: OCH_2, H_c: CH_3)

추가 문제: 문제 C.44를 풀어보라.

C.5 ^1H NMR: 신호의 세기

^1H NMR 신호의 상대적인 세기도 화합물의 구조에 관한 정보를 제공한다.

- NMR 신호 아래의 면적은 흡수하는 양성자의 수에 비례한다.

예를 들어, $CH_3OC(CH_3)_3$의 ^1H NMR 스펙트럼에서 낮은장 쪽 피크(CH_3O–기) 아래의 면적과 높은장 쪽 피크[$-C(CH_3)_3$] 아래 면적의 비는 1:3이다. NMR 분광기는 자동적으로 피크 아래의 면적을 적분한 뒤 NMR 신호의 **상대적** 면적을 디지털 화면에 표시한다. 과거 NMR 분광기는 계단 모양의 곡선(**적분**)을 스펙트럼에 나타내었다. 각 계단의 높이가 바로 피크 아래 면적과 비례하며 면적은 흡수하는 양성자의 수에 비례한다.

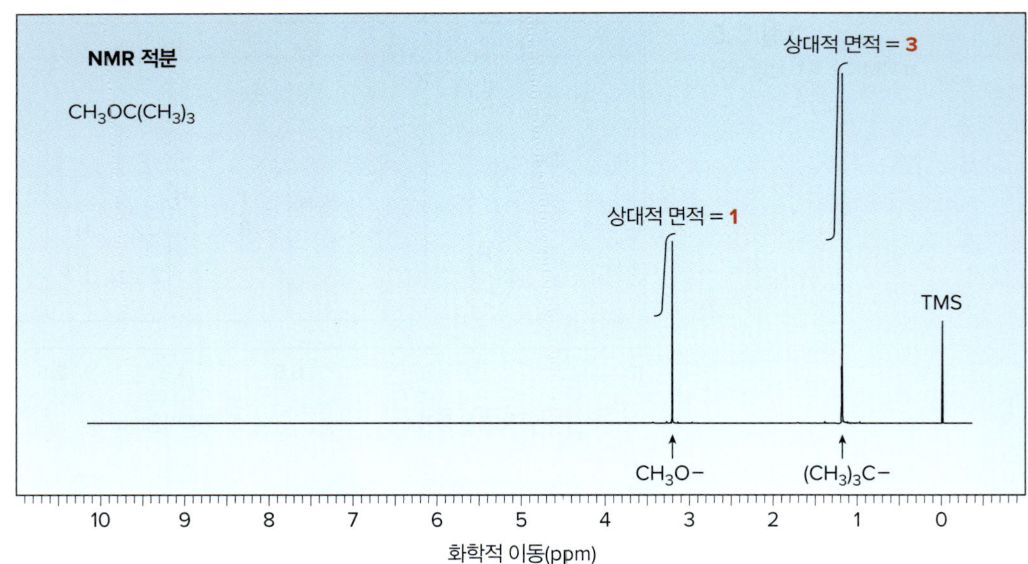

적분은 손으로 측정할 수도 있지만 현대적 NMR 분광기는 적분을 자동으로 계산하여 각 적분의 값을 임의 단위로 그린다. 만일 두 적분 높이의 비율이 1:3이면 흡수된 양성자의 비율이 1:3 또는 2:6 또는 3:9라는 의미이다. 이것은 절대수가 아닌 상대적인 **비율**을 말한다.

문제 C.13 다음 중 ^1H NMR 스펙트럼에서 2:3 비율로 두 개의 신호를 관찰할 수 있는 화합물은 어느 것인가?

a. Cl b. c. O d. O O

문제 C.14 화합물 **A**는 ^{1}H 스펙트럼에서 2.64와 3.69 ppm에서 두 개의 신호를 보이며 흡수 신호의 비율은 2:3이다. 화합물 **B**는 ^{1}H 스펙트럼에서 2.09와 4.27 ppm에서 두 개의 신호를 보이며 흡수 신호의 비율이 3:2이다. Dimethyl succinate에 해당되는 화합물은 어떤 것이며 ethylene diacetate에 해당되는 화합물은 어느 것인가?

dimethyl succinate

ethylene diacetate

C.6 ^{1}H NMR: 스핀–스핀 갈라짐

우리가 지금까지 보아 온 ^{1}H NMR 스펙트럼은 하나 이상의 **단일선(singlet)**이라고 부르는 흡수로만 구성되어 있었다. 하지만 $BrCH_2CHBr_2$의 ^{1}H NMR 스펙트럼에서 두 종류의 서로 다른 양성자에 의하여 나타나는 두 종류의 신호는 둘 이상의 피크로 갈라져 나타난다. 즉, **스핀–스핀 갈라짐(spin-spin splitting)**의 결과로 나타나는 갈라지는 모양으로 흡수하는 양성자의 인근 탄소에 몇 개의 양성자가 결합되어 있는지를 알 수 있다.

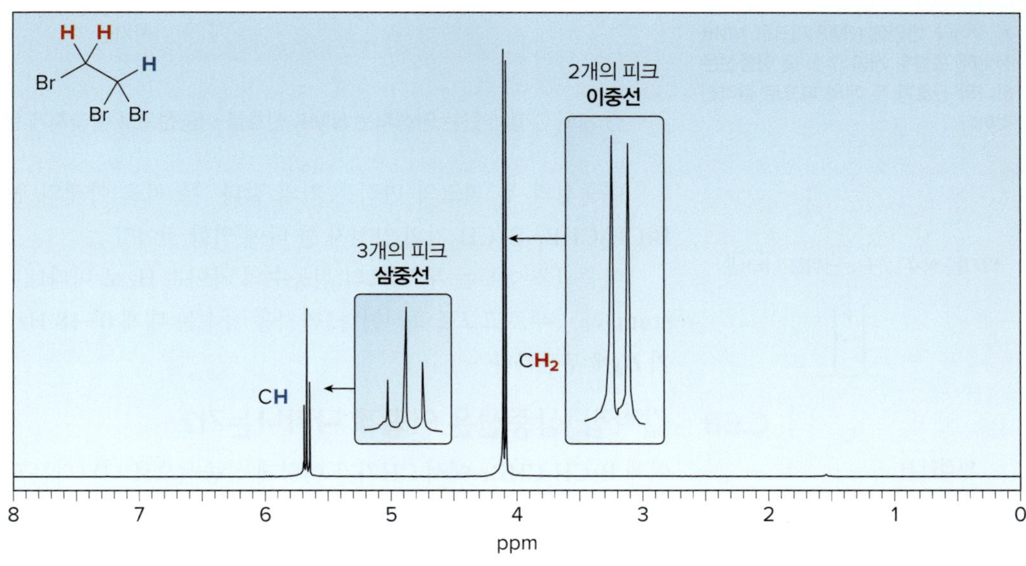

스핀–스핀 갈라짐을 이해하려면 먼저 NMR 신호를 나타나게 하는 **흡수하는 양성자**와 이 **양성자에 인접해 있으면서** 신호를 갈라지게 하는 양성자를 구별할 줄 알아야 한다. **인접해 있는 양성자가 우리가 최종적으로 보는 것처럼 신호를 갈라지게 만든다.**

- CH_2 신호는 **이중선(*doublet*)**이라고 부르는 **두 개의 피크**로 갈라져 나타난다. 이중선의 피크 아래의 상대적인 면적비는 1:1이다.
- CH 신호는 **삼중선(*triplet*)**이라고 부르는 **세 개의 피크**로 갈라져 나타난다. 삼중선의 피크 아래의 상대적인 면적비는 1:2:1이다.

오직 같은 탄소 또는 인접해 있는 탄소에 결합된 동등하지 않은 양성자 사이에서만 스핀–스핀 갈라짐이 관찰된다. 스핀–스핀 갈라짐이 왜 일어나는지를 알아보기 위해서 흔히 볼 수 있는 인접한 탄소에 결합해 있는 서로 동등하지 않은 양성자를 생각해보자. 외부 자기장 속에서는 양성자 역시 작은 자석처럼 행동하여 외부 자기장과 같은 방향이거나 아니면 반대 방향으로 정렬하게 되고, 이 정렬 상태가 인접한 양성자가 느끼는 자기장의 세기에 영향을 미치기 때문에 스핀–스핀 갈라짐 현상이 나타난다.

C.6A 갈라짐: 이중선은 어떻게 나타나는가?

우선 $BrCH_2CHBr_2$의 CH_2기가 어떻게 이중선으로 갈라지는지를 살펴보자. CH_2기에는 흡수하는 양성자가 붙어 있고 CH기에는 피크를 갈라지게 하는 인접 양성자가 붙어 있다.

흡수하는 H

H H
H 인접한 H
Br
Br Br

인접한 H는 B_0에 대하여 같은 방향(↑) 또는 반대 방향(↓)으로 배열할 수 있다.

외부 자기장(B_0)에 놓여 있을 때 인접한 양성자($CHBr_2$)는 B_0와 같은 방향(↑) 또는 반대 방향(↓)으로 정렬할 수 있다. 따라서, 흡수하는 양성자(CH_2Br)는 아주 조금씩 서로 다른 두 자기장, 즉 한 경우는 B_0보다 조금 크고 다른 한 경우에는 B_0보다 조금 작은 자기장을 느낀다. 흡수하는 양성자가 두 다른 자기장을 느끼므로 NMR 스펙트럼에서 각기 다른 진동수에서 흡수하고, 그 결과 하나의 흡수가 이중선으로 갈라지게 되는 것이다.

이중선은 어떻게 나타나는가?

인접한 H가 없는 경우:
흡수하는 H는 오직 한 가지의 자기장을 느낀다.

B_0

NMR 신호는 **단일의 피크**

한 개의 인접한 H가 있는 경우:
흡수하는 H는 두 가지 서로 다른 세기의 자기장을 느끼므로 두 개의 다른 진동수에서 흡수한다.

B_0 ↑ ↓ B_0

두 개의 다른 자기장

1:1

NMR 신호는 **이중선**으로 갈라진다.

NMR 신호와 **NMR 피크**의 차이를 확실히 알아야 한다. NMR 신호란 한 종류의 양성자에 의한 모든 흡수를 말하는 것이다. 반면에 NMR 피크란 NMR 신호에 포함된 개념이다. 즉 **이중선은 하나의 신호가 두 개의 피크로 갈라진 것이다.**

- 한 개의 인접해 있는 양성자는 NMR 신호를 이중선으로 갈라지게 한다.

이중선의 두 피크의 면적은 거의 같다. 두 피크 아래의 면적, 즉 전체 NMR 신호의 면적은 $BrCH_2CHBr_2$의 CH_2기의 양성자 둘 다에 의한 것이다.

짝지음 상수, ***J***, Hz 단위로 나타냄

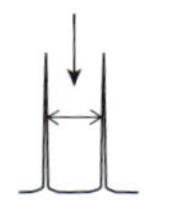

이중선을 이루는 두 피크의 진동수의 차이는 Hz로 나타내며 이를 **짝지음 상수(coupling constant)**라고 부르고 J로 표시한다. 짝지음 상수는 대개 0–18 Hz 범위에 있으며 **가해준 자기장의 세기 B_0에 무관하다.**

C.6B 갈라짐: 삼중선은 어떻게 나타나는가?

인접한 H

H_a H_b
H 흡수하는 H
Br
Br Br

H_a와 H_b는 각각 B_0에 대하여 같은 방향(↑) 또는 반대 방향(↓)으로 배열할 수 있다.

이제 $BrCH_2CHBr_2$에서 CH기가 어떻게 삼중선으로 나타나는지 살펴보도록 하자. CH기에는 흡수하는 양성자가 붙어 있고 CH_2기에는 피크를 갈라지게 하는 인접 양성자(H_a와 H_b)가 붙어 있다.

외부 자기장(B_0)에 놓여 있을 때, 인접한 양성자 H_a와 H_b는 각각 자기장 B_0와 같은(↑) 방향 또는 반대(↓) 방향으로 정렬할 수 있다. 그 결과 흡수하는 양성자는 조금씩 서로 다른 세기의 자기장, 즉 B_0보다 약간 크거나 작거나 아니면 B_0와 같은 세기의 자기장을 경험하게 된다.

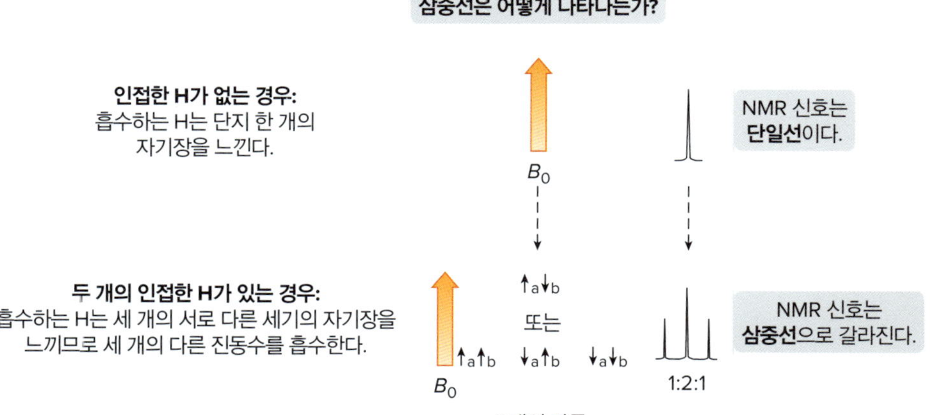

흡수하는 양성자는 세 개의 다른 자기장을 느끼므로 NMR 스펙트럼에서는 서로 다른 세 개의 진동수에서 흡수를 일으켜서 단일 흡수가 삼중선으로 갈라지게 된다. 양성자 하나는 외부 자기장과 같은 방향, 그리고 하나는 다른 방향으로 배열시키는 방법이 두 가지, 즉 $\uparrow_a\downarrow_b$와 $\downarrow_a\uparrow_b$가 있으므로 가운데 피크는 바깥쪽 피크보다 대략 두 배 정도 세기가 크고 피크 아래 면적의 비는 1:2:1로 나타난다.

- 두 개의 인접한 양성자는 NMR 신호를 삼중선으로 갈라지게 한다.

두 양성자가 상대방의 NMR 신호를 갈라지게 할 때 이 두 양성자가 서로 **짝지었다(*coupled*)**라고 말한다. $BrCH_2CHBr_2$에서 CH의 양성자는 CH_2 양성자와 짝지은 상태이다. **갈라진 NMR 신호에서 짝지은 양성자가 나타내는 피크 사이의 거리는 서로 같으며 *J* 값으로 나타낸다.**

C.6C 갈라짐의 규칙과 예

다음의 세 가지 규칙은 유기 화합물의 ^{1}H NMR 스펙트럼에서 볼 수 있는 갈라짐의 유형을 설명한다.

규칙 [1] 동등한 양성자끼리는 서로 신호를 갈라지게 하지 않는다.

규칙 [2] *n*개의 동등하지 않은 양성자의 세트는 인접한 양성자를 *n* + 1개의 피크로 갈라지게 한다.

표 C.3 NMR 신호에서 피크 수에 대한 이름

피크 수	이름
1	단일선
2	이중선
3	삼중선
4	사중선
5	오중선
6	육중선
7	칠중선
> 7	다중선

- 예를 들면, $BrCH_2CHBr_2$에서 CH의 양성자 한 개는 인접한 양성자의 NMR 신호를 둘(이중선)로 갈라지게 하며 CH_2의 양성자 두 개는 인접한 양성자의 NMR 신호를 셋(삼중선)으로 갈라지게 만든다. 둘에서 일곱 개의 피크로 갈라진 NMR 신호의 이름은 표 C.3에 나와 있다. 여덟 개 이상으로 갈라진 피크는 **다중선(multiplet)**이라고 부른다.
- 갈라진 NMR 신호는 한가운데의 것이 가장 세다. 피크 아래의 면적은 안쪽에서 바깥쪽으로 갈수록 점점 줄어든다.

규칙 [3] 갈라짐은 같은 탄소나 인접한 탄소에 붙어 있는 동등하지 않은 양성자에서 나타난다.

H_a와 H_b가 동일하지 않은 경우, 다음 각 경우에 갈라짐이 관찰된다.

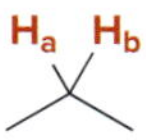

H_a H_b H_a H_b H_a H_b

NMR 신호의 갈라짐은 동등하지 않은 인접한 양성자의 개수를 알려 준다. 흡수하는 양성자 자체에 관해서는 어떤 정보도 주지 않는다.

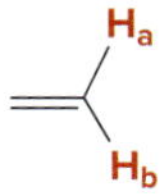

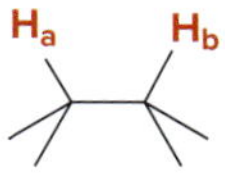

일반적으로 네 개 이상의 시그마(σ) 결합으로 분리된 양성자 사이에서는 갈라짐이 관찰되지 않는다. Ethyl methyl ether와 butan-2-one의 H_a와 H_b는 서로 동등하지 않지만, H_a와 H_b는 네 개의 σ 결합으로 분리되어 있으므로 서로의 NMR 신호를 갈라지게 하기에는 너무 멀리 떨어져 있다.

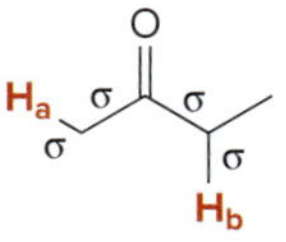

butan-2-one
H_a와 H_b는 **네 개**의 σ 결합으로 분리되어 있다.
H_a와 H_b 사이에 **갈라짐은 일어나지 않음**

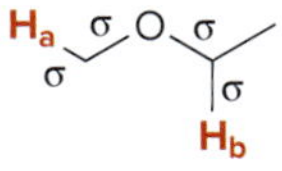

ethyl methyl ether
H_a와 H_b는 **네 개**의 σ 결합으로 분리되어 있다.
H_a와 H_b 사이에 **갈라짐은 일어나지 않음**

표 C.4는 인접한 동등하지 않은 양성자에서 흔히 나타나는 갈라짐의 모습을 보여준다.

표 C.4 ¹H NMR에서 흔히 나타나는 갈라짐의 유형

예		유형	분석				
[1]	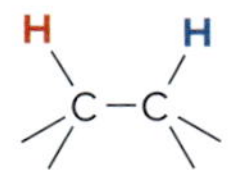 H–C–C–H	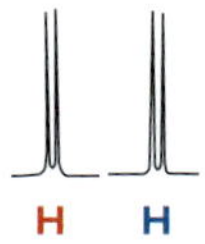 H H	• H: 인접한 양성자 H 한 개 • H: 인접한 양성자 H 한 개	---→ ---→	피크 두 개 피크 두 개	---→ ---→	이중선 이중선
[2]	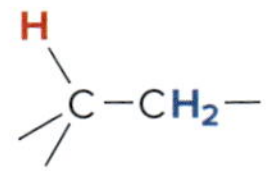 H–C–CH_2–	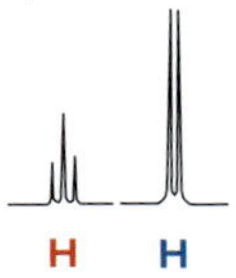 H H	• H: 인접한 양성자 H 두 개 • H: 인접한 양성자 H 한 개	---→ ---→	피크 세 개 피크 두 개	---→ ---→	삼중선 이중선
[3]	–CH_2CH_2–	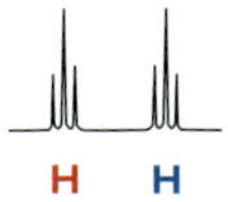 H H	• H: 인접한 양성자 H 두 개 • H: 인접한 양성자 H 두 개	---→ ---→	피크 세 개 피크 세 개	---→ ---→	삼중선 삼중선
[4]	–CH_2CH_3	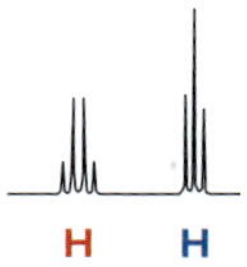 H H	• H: 인접한 양성자 H 세 개 • H: 인접한 양성자 H 두 개	---→ ---→	피크 네 개 피크 세 개	---→ ---→	사중선* 삼중선
[5]	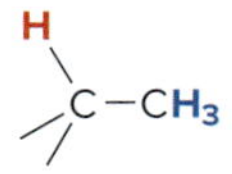 H–C–CH_3	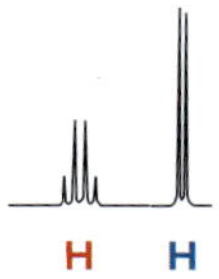 H H	• H: 인접한 양성자 H 세 개 • H: 인접한 양성자 H 한 개	---→ ---→	피크 네 개 피크 두 개	---→ ---→	사중선* 이중선

*사중선 피크의 상대적인 면적비는 1:3:3:1이다.

갈라짐은 항상 두 단계 과정으로 예측할 수 있다:

- **두 양성자가 동등한지 아니면 다른지를 판단한다.** 오직 동등하지 않은 양성자들끼리만 갈라지게 만든다.
- **동등하지 않은 두 양성자가 서로의 신호를 갈라지게 할 만큼 가깝게 위치하고 있는지를 결정한다.** 동등하지 않은 양성자가 같거나 인접한 탄소에 위치해 있을 때에 한해서 갈라짐이 관찰된다.

구체적인 화합물을 예로 들어 스핀-스핀 갈라짐에 대한 이 두 단계 전략의 결과를 설명하기로 한다.

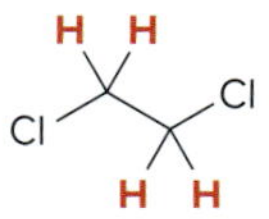

H H / Cl–C–C–Cl / H H

- 모든 양성자(H_a)는 동등하다. 따라서 NMR 신호는 갈라지지 않고 단일선으로 나타난다.

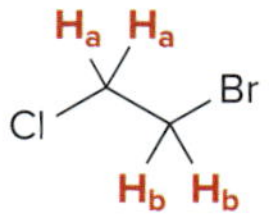

H_a H_a / Cl–C–C–Br / H_b H_b

- 두 개의 NMR 신호가 나타난다. H_a와 H_b는 동등하지 않은 양성자이고 인접한 탄소에 위치하므로 상대방의 NMR 신호를 갈라지게 할 만큼 가깝게 있다. H_a 신호는 H_b 두 개에 의해서 삼중선으로 갈라지며, H_b 신호는 두 개의 H_a 양성자에 의해 삼중선으로 갈라진다.

O / CH_3–C–CH_2CH_3 / H_a H_b H_c

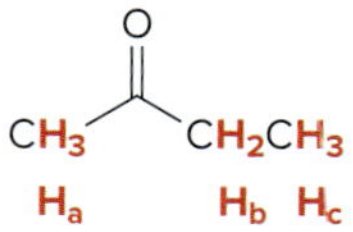

- 세 개의 NMR 신호가 나타난다. H_a 주위에는 인접한 양성자가 없으므로 신호는 단일선이다. H_b는 세 개의 H_c 양성자에 의해 사중선으로 갈라진다. H_c는 두 개의 H_b 양성자에 의해 삼중선으로 갈라진다.

Cl, Br / C=C / H_a, H_b

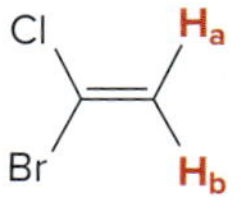

- NMR 신호는 두 개가 나타난다. H_a와 H_b는 동등하지 않으며 같은 탄소에 있으므로 서로의 신호를 갈라지게 하기에 충분할 만큼 가깝게 있다. H_b는 H_a에 의해서, 그리고 H_a는 H_b에 의해서 각각 이중선으로 갈라진다.

문제 C.15 표시한 양성자는 각각 몇 개의 피크로 갈라지는가?

a. O, CH_3CH_2, Cl b. Br Br, CH_3, **H** c. O, CH_3, CH_2CH_2Br d. **H**, Cl, Br, **H** e. **H**, **H** f. O O, $ClCH_2$, **H**

문제 C.16 각 화합물에서 나오는 ^{1}H NMR 신호의 수는 몇 개인가? 각 신호는 몇 개의 피크로 갈라지는가?

a. O b. O, O, O c. O, H d. Cl, O, Cl, O

문제 C.17 화합물 CH_3CH_2Cl의 NMR 스펙트럼을 간략히 그려보라. 각 신호의 대략적인 위치도 표시하라.

C.7 더욱 복잡하게 갈라지는 경우

지금까지 공부한 예에서 스핀–스핀 갈라짐은 흡수하는 양성자에 바로 이웃한 탄소 **하나**에만 양성자가 있는 경우에 일어났다. 그런데 흡수하는 양성자에 인접한 탄소 **두** 개에 동등하지 않은 양성자가 있는 경우, 갈라짐이 어떻게 일어날까? 인접한 탄소에 붙어 있는 동등하지 않은 양성자가 서로 **같은지** 아니면 **다른지**에 따라 두 가지 서로 다른 결과가 예상된다.

예를 들어, 2-bromopropane [$(CH_3)_2CHBr$]은 두 종류의 양성자 H_a와 H_b가 있기 때문에 그림 C.6에서 보는 바와 같이 두 개의 NMR 신호를 보여준다.

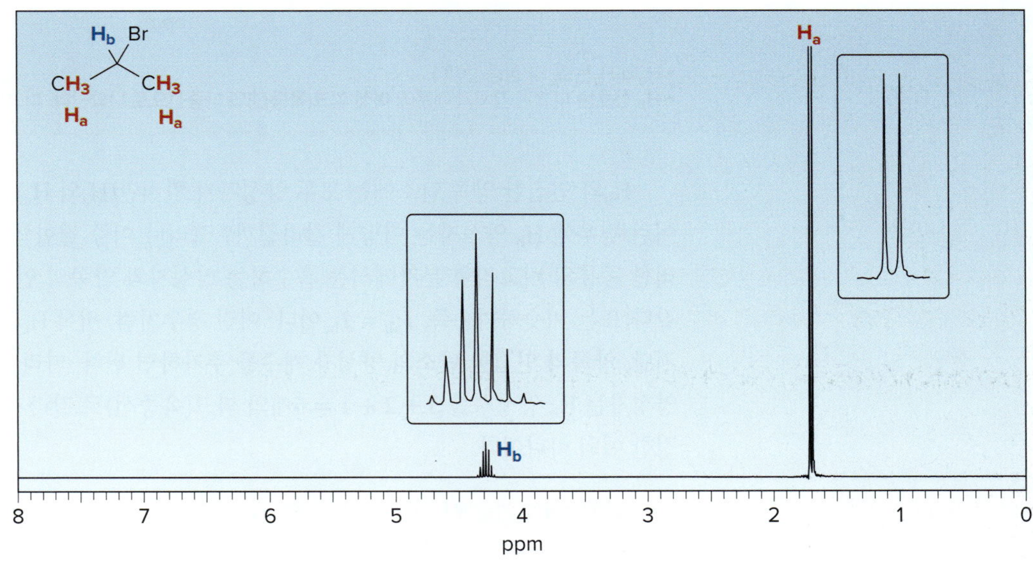

그림 C.6 2-Bromopropane [$(CH_3)_2CHBr$]의 ^{1}H NMR 스펙트럼

- H_a는 동등하지 않은 양성자(H_b)가 하나만 인접해 있으므로 신호는 두 개의 피크로 갈라져 **이중선**으로 나타난다.
- H_b는 양성자 H_a가 양쪽에 각각 세 개씩 있다. 여섯 개의 양성자 H_a는 **서로 동등하므로** 갈라짐에 ***n* + 1** 법칙을 적용하여 H_b가 일곱 개(6 + 1 = 7)로 갈라져 **칠중선**을 나타낼 것이라고 예상할 수 있다.

위의 예에서 얻어낼 수 있는 갈라짐에 관한 좀 더 일반적인 규칙은 다음과 같다.

- 인접해 있는 두 개(또는 세 개) 세트의 양성자가 **서로 동등하다면**, *n* + 1 규칙을 이용하여 갈라지는 모습을 예측할 수 있다.

흡수하는 양성자가 서로 동등하지 않은 두 세트의 인접한 양성자 옆에 있을 때는 흡수하는 양성자와 이웃한 양성자 사이의 짝지음 상수(J)에 따라 다른 결과가 나타난다.

유연한 알킬 사슬에서 일어나는 결과부터 생각해 보자. 예시된 1-bromopropane에서처럼, **흡수하는 양성자 그리고 인접한 양성자는 고리 또는 이중 결합에 연결되어 있지 않다.**

$CH_3CH_2CH_2$—Br
H_a H_b H_c

$CH_3CH_2CH_2Br$은 양성자 H_a, H_b, H_c가 모두 다르기 때문에, 세 개의 NMR 신호를 보인다. 그림 C.7에서 보였듯이, 양성자 H_a와 H_c는 모두 두 개의 H_b에 인접하고 있기 때문에 삼중선으로 나타난다.

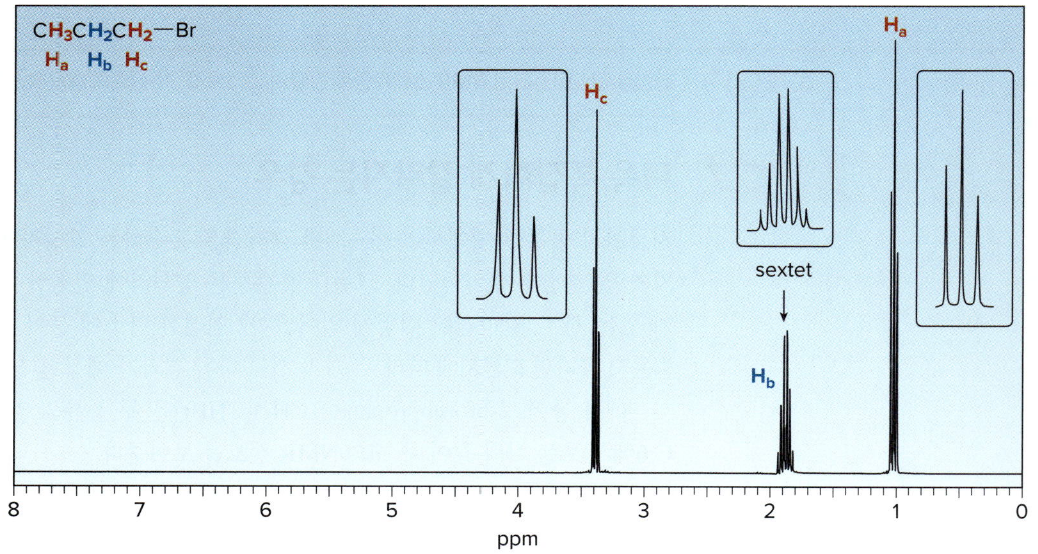

그림 C.7
1-Bromopropane ($CH_3CH_2CH_2Br$)의 ^{1}H NMR 스펙트럼

역자주:
그림 C.7은 무언가가 잘못 그려졌다(이러한 오류가 분광학 C장에 몇 개 더 나옴).

- H_a와 H_c는 둘 다 삼중선이다.
- **H_b 신호는** 피크가 겹치기 때문에 **여섯 피크(육중선)의 다중선으로 나타난다.** 피크의 수 = $n + m + 1 = 3 + 2 + 1 = 6$**피크**

H_b와 인접한 양쪽 탄소에는 모두 양성자가 있지만(H_a와 H_c), 이 둘은 서로 동등하지 않지 않다. 이런 경우에 H_b 양성자는 어떻게 갈라질까? 고리나 이중 결합의 기하 구조의 제약을 받지 않는 이러한 종류의 비고리형 분자에서는 흡수하는 양성자와 양쪽의 인접한 양성자 사이의 짝지음 상수는 같다(또는 비슷하다). 즉, $\boldsymbol{J_{ab} = J_{bc}}$이다. 이런 경우처럼, 비록 H_a와 H_c 양성자가 서로 동등하지는 않지만, **양쪽의 인접한 탄소의 양성자 개수를 추가하면 된다.** 따라서 세 개의 H_a 양성자와 두 개의 H_c 양성자는 H_b 양성자를 $\mathbf{3 + 2 + 1 = 6}$개의 피크(**육중선**)로 갈라지게 한다. 이는 일반적인 현상의 특정한 예의 하나이다.

- 유연한 알킬 사슬에서, 한 인접 탄소의 n개의 알킬 양성자와 또 다른 인접 탄소의 m개의 양성자는 관찰된 신호를 $n + m + 1$개의 피크로 갈라지게 한다.

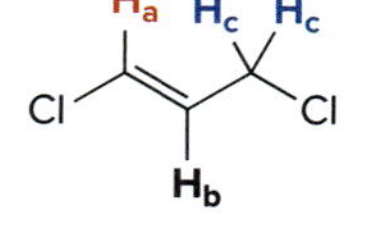

(*E*)-1,3-dichloropropene

이제 (*E*)-1,3-dichloropropen에서처럼 흡수하는 양성자(**H_b**)가 그 인접 양성자(**H_a**와 **H_c**)의 옆에 있고, 그중 적어도 하나가 **고리나 이중 결합**과 연결되어 있을 때 관찰되는 갈라짐을 살펴보자. 이 예에서, $J_{ab} >> J_{bc}$이다.

이 경우에 H_b 신호의 갈라짐을 결정하기 위해서는, H_a 양성자와 H_c 양성자의 영향을 따로따로 고려하여야 한다. H_a 양성자는 H_b 신호를 두 피크로 갈라지게 하고 두 H_c 양성자는 이들 두 피크를 세 피크로 각각 갈라지게 한다. 즉, H_b의 NMR 신호는 $\mathbf{2 \times 3 = 6}$**피크, 삼중선의 이중선(doublet of triplets)**이다. 그림 C.8에 어떻게 이 여섯 개 피크가 얻어졌는지를 보여주는 갈라짐 그림(splitting diagram)이 있다. 이는 일반적인 현상의 특정한 예의 하나이다.

- 인접한 두 세트의 양성자가 **서로 다를 때**(양성자 n개는 인접 탄소 하나에, 양성자 m개는 또 다른 인접 탄소에) NMR 신호의 피크 수 = $(n+1)(m+1)$이다.

그림 C.8
(*E*)-1,3-dichloropropen에서 H_b의 갈라짐 그림

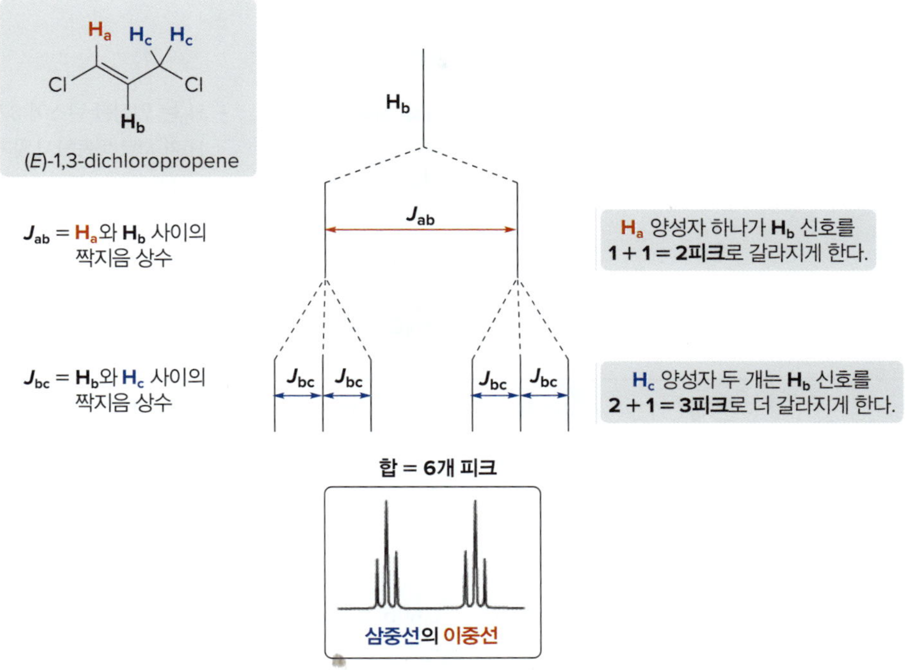

- H_b 신호는 6개의 피크, **삼중선의 이중선**으로 갈라진다. 실제로 보이는 피크의 수는 짝지음 상수, J_{ab}와 J_{bc}의 상대적 크기에 좌우된다. $J_{ab} >> J_{bc}$이면, 여섯 개의 선이 모두 관찰된다. J_{ab}와 J_{bc}의 값이 비슷하면, 피크가 겹치기 때문에 적은 수의 피크만 관찰된다.

흡수하는 양성자의 두 인접 탄소에 있는 양성자가 동등하지 않은 경우, 갈라짐 양식을 결정하는 세 가지 가능성이 있는데, 이 문제는 예제 C.7과 장 복습의 핵심 기법에 예가 나와 있다.

탄소−탄소 이중 결합의 양성자가 보여주는 갈라짐의 더 많은 양상을 C.8절에서 논의한다. 예제 C.7은 세 가지 다른 화합물에서 갈라짐을 결정하는 방법을 보여주고 있다.

$(n+1)(m+1)$ 갈라짐 규칙은 항상 흡수하는 양성자의 한쪽에 n개의 인접 양성자가 있으며 다른 쪽에는 m개의 양성자가 있고, 또한 인접 양성자 사이의 짝지음 상수가 다를 때 가능한 피크의 **최대** 수를 알려준다. J 값 사이의 차이가 줄어들면, 피크가 겹치기 때문에 최대 수의 피크보다 더 작은 수의 피크가 관찰된다.

예제 C.7 NMR 신호에서 피크 수 결정하기

각 화합물에 표시한 양성자의 NMR 신호는 몇 개의 피크로 갈라지는가?

a. Cl–CH₂–C(H H)–CH₂–Cl   b. Cl–CH₂–C(H H)–CH₂–Br   c. CH₃–C(H)=C(H)–CH₂–OH

풀이

흡수하는 양성자가 양쪽의 인접한 양성자 옆에 있다면, (a), (b), (c)에 보이는 것처럼 세 가지의 갈라짐 양식이 가능하다.

a. **5개의 H_b 피크**
$(n+1) = (4\ H_a + 1)$
Hb Hb / Cl Cl / Ha Ha Ha Ha
4개의 인접한 H_a 양성자

- H_b는 인접한 두 탄소 각각에 H_a가 2개씩 있다. 4개의 양성자 H_a는 서로 동등하기 때문에 $n+1$ 규칙을 활용할 수 있다. 따라서 4 + 1 = **5개의 피크**로 갈라져 오중선을 보여 준다.

b. **5개의 H_b 피크**
$(n + m + 1) = (2\ H_a + 2\ H_c + 1)$

H_b H_b
Cl Br
H_a H_a H_c H_c

알킬 사슬에 결합된
2개의 H_a와 **2**개의 H_c 양성자

• 비록 H_a와 H_c는 서로 동등하지 않지만 유연한 알킬 사슬에 결합되어 있다. 이런 경우 양쪽에 인접한 탄소의 양성자의 개수에 추가적으로 더하면 된다. 따라서 H_b = $\boldsymbol{n + m + 1}$ = 2 + 2 + 1 = **5개의 피크**를 보인다.

c. **8개의 H_b 피크**
$(n + 1)(m + 1) = (3\ H_a + 1)(1\ H_c + 1)$

H_b
CH_3 OH
H_a H_c

C=C에 결합된
3개의 H_a와 **1**개의 H_c 양성자

• H_b는 인접한 탄소에 3개의 H_a 양성자와 1개의 H_c 양성자가 있다. H_a와 H_c가 서로 동등하지 않기 때문에 H_b = $\boldsymbol{(n + 1)(m + 1)}$ = (3 + 1)(1 + 1) = **8개의 피크**를 보인다.

문제 C.18 아래에 표시된 양성자의 NMR 신호는 모두 몇 개의 피크로 갈라지는가?

a. O H b. H H H c. Cl Br H H d. H H Br H

추가 문제: 문제 C.45, C.46, C.60b, C.61e를 풀어보라.

문제 C.19 아래에 주어진 화합물의 ^{1}H NMR 스펙트럼을 설명하라. NMR 신호가 몇 개 나타나는지를 말하고 각 신호는 몇 개의 피크로 갈라지는지와 화학적 이동의 대략적인 위치를 표시하라.

a. O b. O O c. O O d.

문제 C.20 어느 화합물(**A**–**C**)의 NMR 신호 중에 주어진 갈라짐 양상이 나타나는가?

OH, HO, OH — **A** OCH_3, CH_3O, OH — **B** O — **C**

a. 오중선 b. 이중선 c. 삼중선의 이중선 d. 육중선 e. 삼중선 f. 칠중선

C.8 알켄에서 나타나는 스핀–스핀 갈라짐

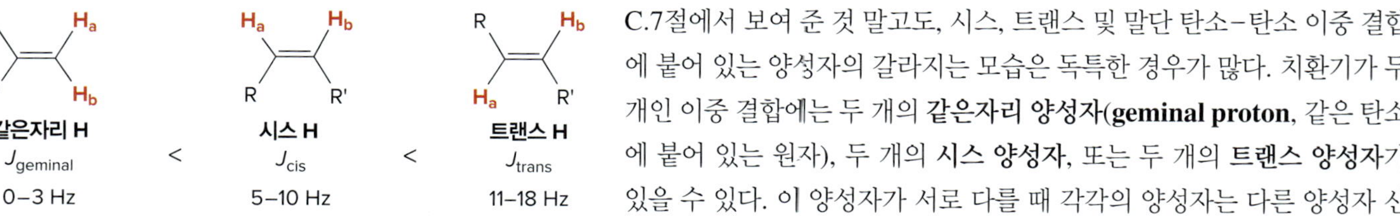

C.7절에서 보여 준 것 말고도, 시스, 트랜스 및 말단 탄소–탄소 이중 결합에 붙어 있는 양성자의 갈라지는 모습은 독특한 경우가 많다. 치환기가 두 개인 이중 결합에는 두 개의 **같은자리 양성자(geminal proton**, 같은 탄소에 붙어 있는 원자), 두 개의 **시스 양성자**, 또는 두 개의 **트랜스 양성자**가 있을 수 있다. 이 양성자가 서로 다를 때 각각의 양성자는 다른 양성자 신호를 갈라지게 하여 각 양성자는 이중선으로 나타난다. **이중선에서 관찰되는 짝지음 상수 J는 각각의 수소 원자가 어떻게 위치하고 있는가에 따라 결정된다.**

따라서 3-chloropropenoic acid의 *E*와 *Z* 이성질체에서 알켄의 양성자 두 개는 모두 이중선으로 갈라지는데, 그림 C.9에서 보는 바와 같이 양성자가 트랜스 관계에 있을 때가 시스로 있을 때보다 짝지음 상수가 더 크다.

그림 C.9
(*E*)-와 (*Z*)-3-chloropropenoic acid의 알켄 양성자를 보여주는 ^{1}H NMR 스펙트럼

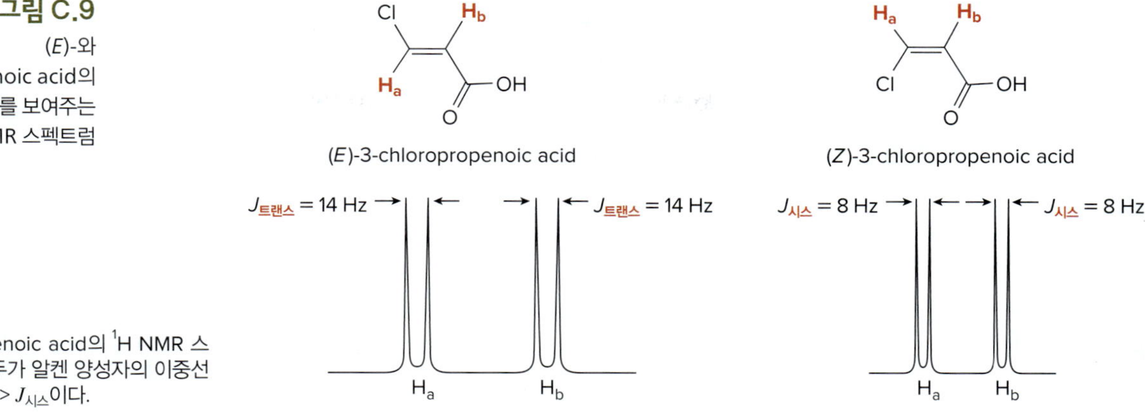

- (*E*)-및 (*Z*)-3-chloropropenoic acid의 ^{1}H NMR 스펙트럼에서 두 화합물 모두가 알켄 양성자의 이중선을 보여주고 있지만 $J_{트랜스} > J_{시스}$이다.

치환기가 하나만 있는 이중 결합은 양성자 세 개가 동등하지 않고 세 양성자는 서로 간에 모두 짝지음을 하기 때문에 갈라지는 모양은 더욱 복잡해진다. 예를 들면, vinyl acetate (CH_2=CHOCO-CH_3)에는 네 종류의 양성자가 있는데 이 중 세 개가 이중 결합에 연결되어 있다. CH_3기가 나타내는 단일선 외 이중 결합에 붙어 있는 양성자는 다른 두 개의 양성자와 짝을 짓기 때문에 그림 C.10과 같은 스펙트럼이 나타난다. 양성자가 이중 결합에 연결되어 있기 때문에, $(n + 1)(m + 1)$ 규칙을 이용하여 갈라짐을 결정할 수 있다.

- H_b는 자신의 신호를 갈라지게 만드는 동등하지 않은 인접 양성자가 두 개, 즉 같은자리 양성자 H_c와 트랜스 양성자 H_d가 있다. H_d는 H_b의 신호를 이중선으로 갈라지게 하며 H_c는 이중선 각각을 다시 이중선으로 갈라지게 만든다. 이러한 네 피크 모습을 **이중선의 이중선(doublet of doublets)**이라고 한다.
- H_c는 자신의 신호를 갈라지게 만드는 동등하지 않은 인접 양성자가 두 개, 즉 같은자리 양성자 H_b와 시스 위치의 양성자 H_d가 있다. H_d는 H_c의 신호를 이중선으로 갈라지게 만들고 H_b는 이중선을 또다시 이중선으로 갈라지게 하여 **이중선의 이중선**을 하나 더 만들어 낸다.
- H_d는 자신의 신호를 갈라지게 만드는 동등하지 않은 인접 양성자가 두 개, 즉 트랜스 위치의 H_b와 시스 위치의 양성자 H_c가 있다. H_b는 H_d의 신호를 이중선으로 갈라지게 만들고 H_c는 이중선을 또다시 이중선으로 갈라지게 하여 또 다른 **이중선의 이중선**을 만들어 낸다.

그림 C.10
Vinyl acetate (CH_2=$CHOCOCH_3$)의 ^{1}H NMR 스펙트럼

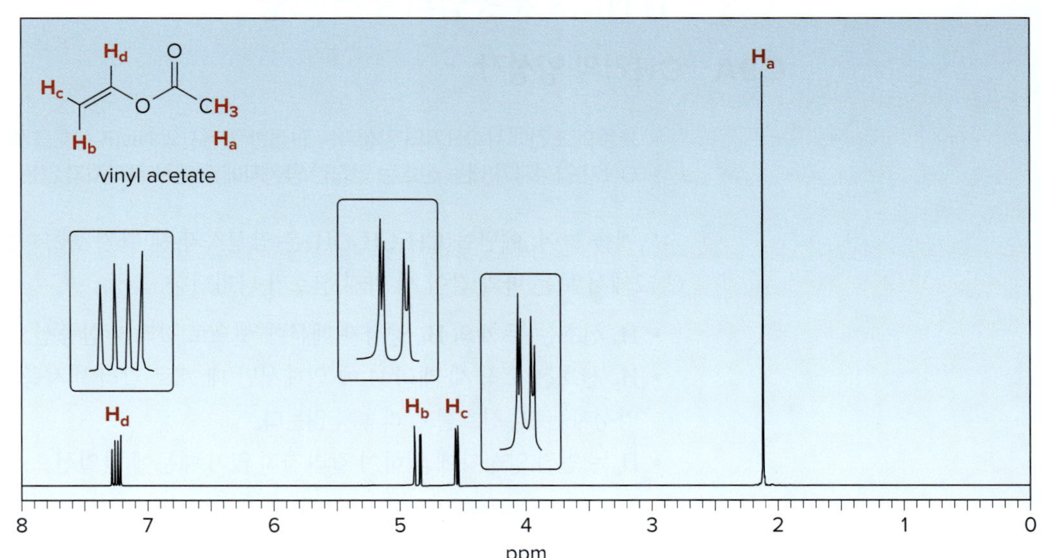

Vinyl acetate를 중합하면 페인트나 접착제의 원료로 널리 사용되는 poly(vinyl acetate)를 만들어 낼 수 있다(문제 13.26).

Vinyl acetate에서 알켄 양성자의 신호가 갈라지는 모습을 그림 C.11에 그려 놓았다. 각각 갈라지는 경우 짝지음 상수의 크기가 서로 다르기 때문에 갈라지는 모양이 서로 다르게 나타난다는 사실에 주의하기 바란다.

그림 C.11 Vinyl acetate ($CH_2 = CHOCOCH_3$)에서 알켄 양성자의 갈라짐 그림

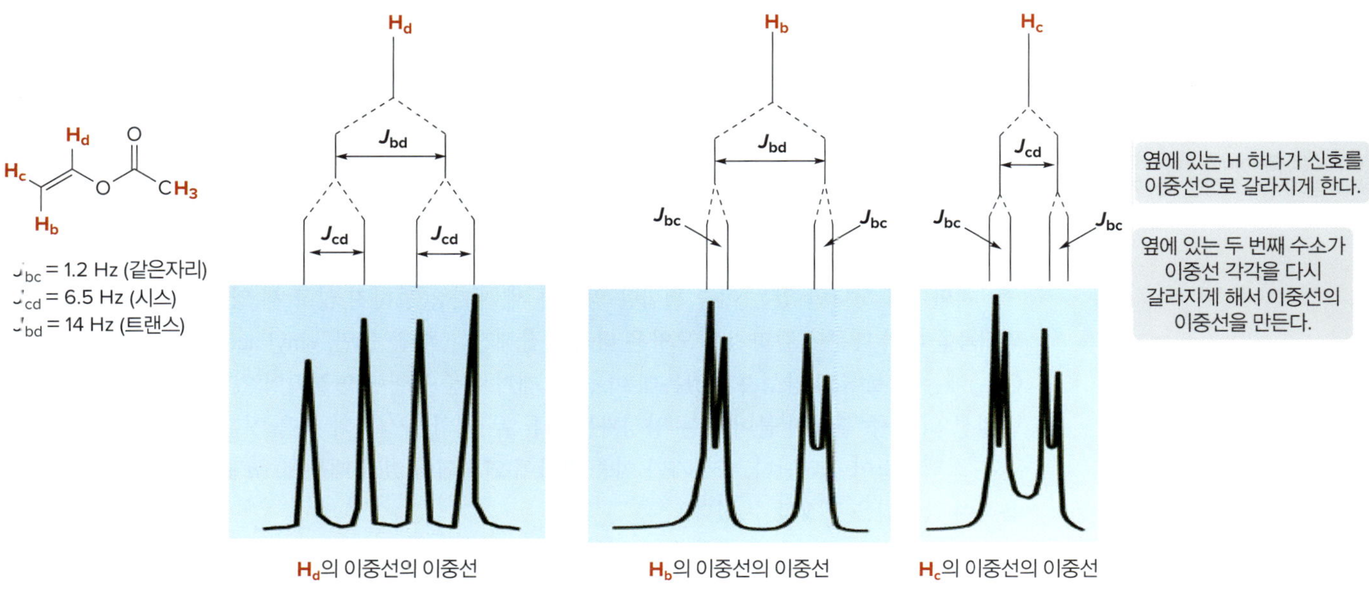

문제 C.21 분자식 $C_3H_4Cl_2$인 두 이성질체 **A**, **B**의 ^{1}H NMR 자료가 다음과 같을 때 각각의 구조를 확인하라. 화합물 **A**는 1.75(이중선, 3 H, J = 6.9 Hz) ppm과 5.89(사중선, 1 H, J = 6.9 Hz) ppm에서 신호를 나타내며, 화합물 **B**는 4.16(단일선, 2 H), 5.42(이중선, 1 H, J = 1.9 Hz) 및 5.59(이중선, 1 H, J = 1.9 Hz) ppm에서 신호를 나타낸다.

문제 C.22 다음 서술에 부합하는 분자식이 C_6H_{12}인 알켄의 구조를 그려라.

a. 알켄 양성자에 대한 세 개의 신호가 각각 이중선의 이중선으로 나타나는 화합물
b. 알켄 양성자가 단일선 하나로 나타나는 화합물

C.9 ^{1}H NMR 분광법의 추가 사항

C.9A OH기의 양성자

- 보통의 조건에서 OH기의 양성자는 인접한 양성자의 NMR 신호를 갈라지게 하지 않는다.
- OH기 양성자가 내는 신호는 인접한 양성자에 의해서 갈라지지 않는다.

예를 들어, 에탄올(CH_3CH_2OH)은 양성자가 세 가지 종류이므로 ^{1}H NMR 스펙트럼에는 그림 C.12에서 보는 바와 같이 세 가지 신호가 나타난다.

- H_a 신호는 두 개의 H_b 양성자 때문에 셋으로 갈라져 **삼중선**으로 나타난다.
- H_b 신호는 오직 세 개의 H_a에 의해서만 네 개로 갈라져 **사중선**으로 나타난다. 인접해 있는 OH 양성자는 H_b 신호를 갈라놓지 않는다.
- H_c는 인접 양성자에 의하여 갈라지지 않기 때문에 **단일선**으로 나타난다.

^{1}H NMR 스펙트럼에서 산소 원자에 결합된 양성자는 왜 단일선으로만 나타나는 것일까? 아주 조금 흔적량만큼이라도 산이나 염기가 존재하는 경우 전기 음성도가 큰 원소와 결합한 양성자는 다

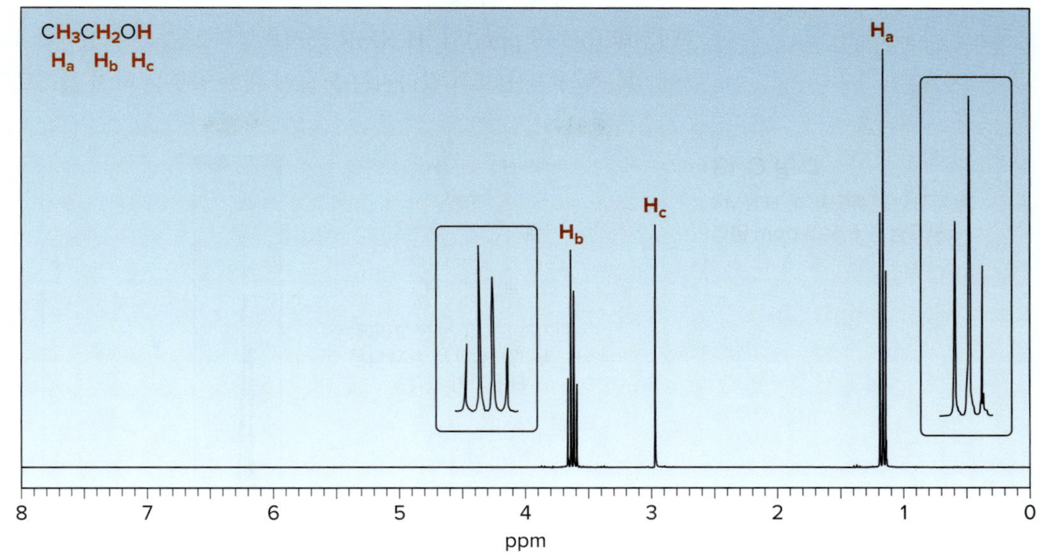

그림 C.12
Ethanol (CH_3CH_2OH)의 ^{1}H NMR 스펙트럼

른 분자 사이를 매우 빠르게 왔다 갔다 하는 양성자 **교환(exchange)**을 일으킨다. 그 결과 에탄올의 CH_2기는 OH 양성자의 존재를 거의 '느끼지' 못한다. OH 양성자가 이 분자에서 저 분자로 매우 빠르게 왔다 갔다 이동하기 때문이다. 그러므로 OH 양성자가 나타내는 피크는 관찰은 되지만 갈라짐이 없는 하나의 피크로 나타나게 된다. 이 현상은 대개 OH나 NH 양성자에서 관찰된다.

문제 C.23 다음 화합물의 ^{1}H NMR 스펙트럼에는 몇 개의 신호가 나타나는가? 각 신호가 갈라지는 모습은 어떠한가?

a. OH b. OH c. NH_2

C.9B 사이클로헥세인의 형태

탄소–탄소 σ 결합의 회전과 사이클로헥세인의 고리 뒤집힘은 NMR 스펙트럼에 어떤 영향을 미치는가? 실온에서 이 두 과정은 매우 빠르게 일어나고 있기 때문에 NMR 스펙트럼은 화합물이 취할 수 있는 모든 형태의 **평균**을 기록한다.

H_a 수직 방향 H_b ⇌ H_a 수평 방향 H_b

수직 방향과 수평 방향의 수소는 매우 빠르게 바뀐다. NMR은 평균 환경만을 관찰하여 하나의 신호로 기록한다.

따라서 사이클로헥세인의 탄소 각각은 수직 방향과 수평 방향의 두 종류의 서로 다른 수소가 있지만 사이클로헥세인의 두 의자 형태는 매우 빠르게 상호 변환하기 때문에 **NMR 스펙트럼에는 평균적인 환경에서 나타나는 하나의 신호**만이 표시된다.

문제 C.24 각 화합물에는 몇 개의 NMR 신호가 존재하는가?

a. 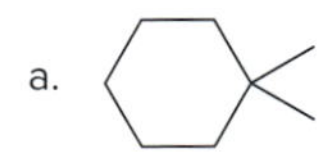

b. 

c. 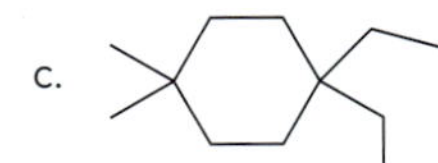

d. 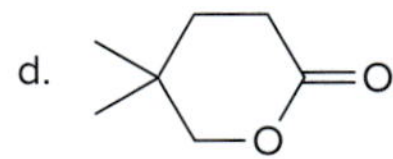

C.9C 벤젠 고리에 있는 양성자

벤젠 유도체의 분광학적 흡수에 관해서는 15장에서 공부하기로 한다.

벤젠은 동등한, 벗겨진 양성자가 여섯 개 있으며 ^{1}H NMR 스펙트럼에서는 피크 하나가 7.27 ppm에서 나타난다. 그러나 벤젠의 수소 하나가 다른 치환기 Z로 치환된 일치환 벤젠에서는 모든 양성자가 서로 동등하지 않은 다섯 개의 벗겨진 양성자가 있게 된다. 그림 C.13에서 보듯이 Z의 정체는 이 지역(6.5–8 ppm)의 ^{1}H NMR 스펙트럼의 모습을 결정한다. 치환기가 하나만 있는 벤젠의 고리에 있는 양성자 신호의 갈라지는 모습에 대한 공부는 하지 않기로 한다.

그림 C.13
세 가지 벤젠 유도체의 ^{1}H NMR 스펙트럼 중 6.5–8 ppm 영역

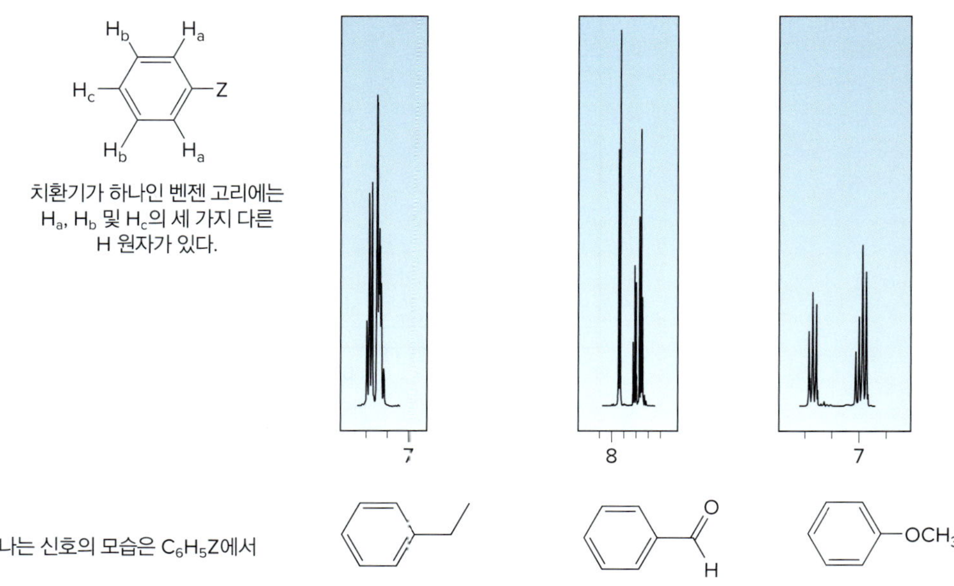

- ^{1}H NMR 스펙트럼의 6.5–8 ppm 영역에서 나타나는 신호의 모습은 C_6H_5Z에서 Z에 따라 달라진다.

문제 C.25 아래 ^{1}H NMR 스펙트럼에서 각각의 신호가 나타내는 알코올 **A**의 양성자는 어떤 것인가? 0–7 ppm 영역에 나타나는 모든 신호의 갈라지는 모습에 대해서도 설명하라.

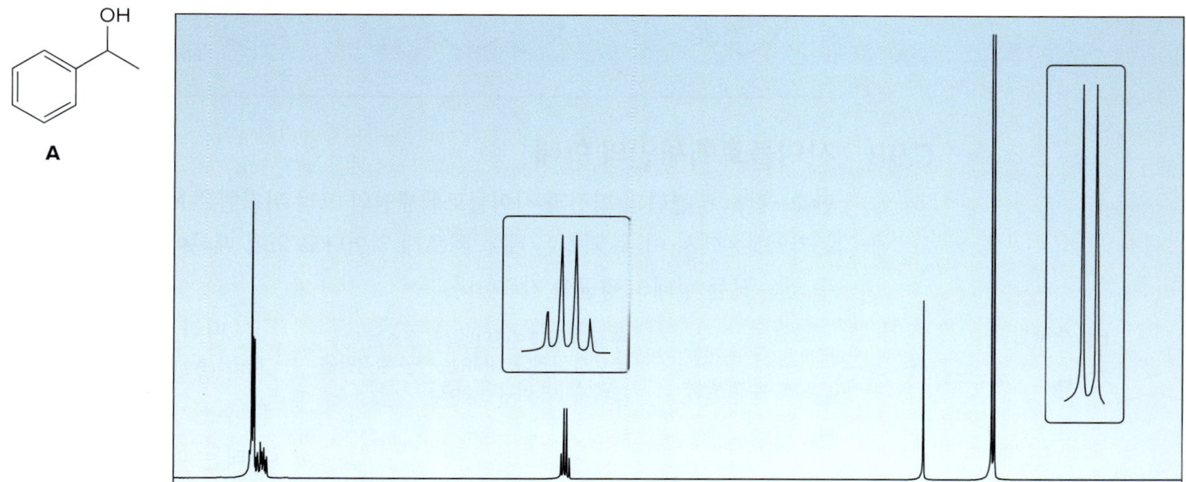

문제 C.26 이번 장의 도입 부분에 소개된 분자인 palau'amine의 붉은색으로 표시한 각각의 양성자는 ^{1}H NMR 신호에서 얼마나 많은 피크로 관찰되는가?

palau'amine

C.10 ^{1}H NMR을 이용한 미지 시료의 구조 결정

^{1}H NMR 분광법은 예제 C.8에서와 같이 이성질체를 구분하는 데 사용할 수 있는 강력한 기술이다.

예제 C.8 ^{1}H NMR 분광법을 사용하여 화합물 구별하기

화합물 **X**와 **Y**를 구분하기 위해 ^{1}H NMR 분광법을 어떻게 활용할 수 있을까?

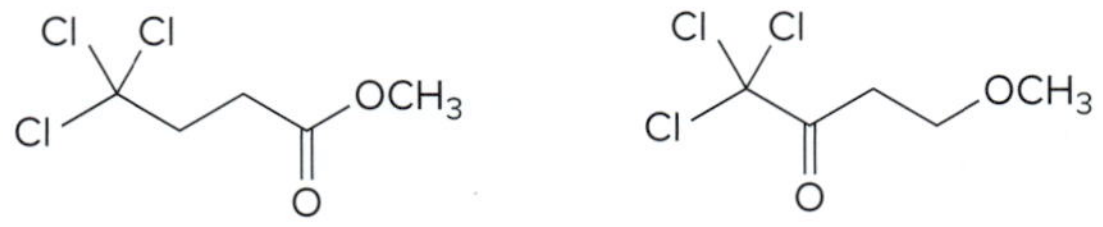

풀이

[1] 각 화합물에서 예상되는 신호의 개수를 결정한다.

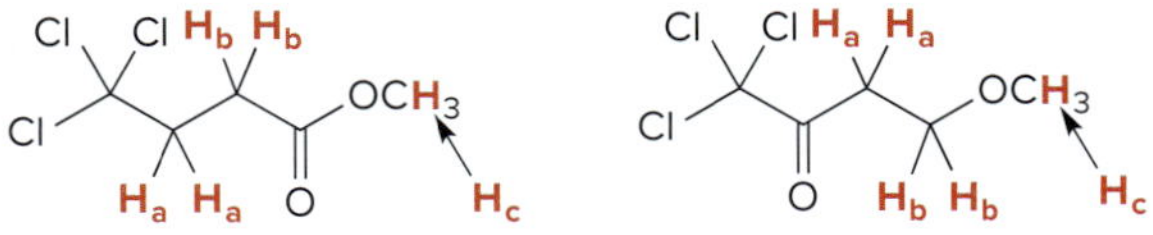

이 예에서 **X**와 **Y**는 둘 다 세 가지 종류의 **H**가 있으므로 신호도 세 개이다. 따라서 다른 차이점을 찾아야 한다.

[2] 각 신호의 갈라짐 양식을 결정한다.

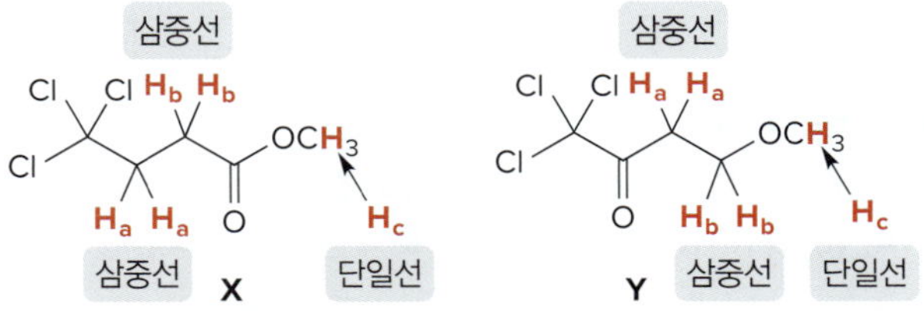

두 화합물의 ^{1}H NMR 신호는 둘 다 한 개의 단일선과 두 개의 삼중선으로 이루어져 있다.

[3] 하나 또는 그 이상의 종류의 H에 대한 대략적인 화학적 이동을 결정한다.

화학적 이동이 하나만 달라도 화합물을 구별할 수 있다. **Y** 화합물의 H_b 양성자는 전기 음성도가 큰 산소 원자가 결합된 탄소에 붙어 있다. 따라서 이러한 양성자는 벗겨져 있고 δ 3−4범위에서 흡수한다. **X** 화합물의 삼중선 역시 전기 음성도가 큰 원자에 결합된 탄소에 붙어 있지만 **X** 화합물에서의 삼중선은 이러한 영역에서 흡수되지 않는다. 따라서 대략적인 화학적 이동 값은 두 이성질체를 구분하는 데 사용될 수 있다.

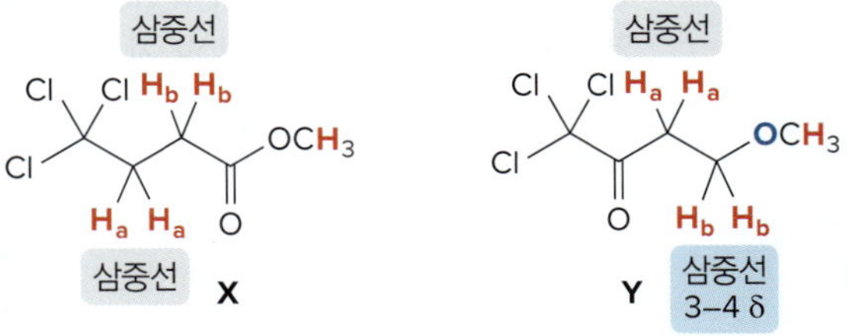

문제 C.27 각 쌍의 화합물을 구분하기 위해 ^{1}H NMR 분광법을 어떻게 활용할 수 있을까?

a. 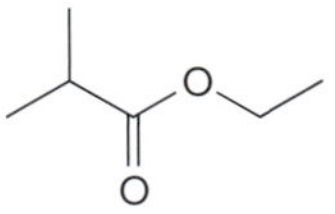 와

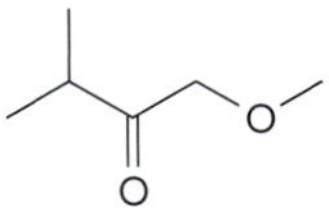

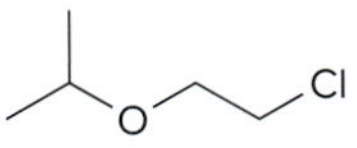

b.  와

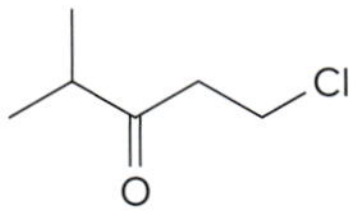

c. 와

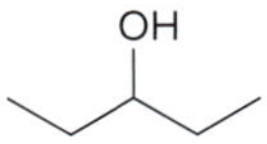

추가 문제: 문제 C.56, C.58, C.63, C.68, C.69를 풀어보라.

질량 분석 자료에서 화합물의 분자식 그리고 IR 스펙트럼으로부터 작용기에 관한 내용을 알고 나면 이제 ^{1}H NMR 스펙트럼을 이용하여 그 구조를 알아낼 수 있다. 이 방법을 B.5절에서 이미 분자식(C_4H_8O)과 작용기(C=O)가 결정되었던 화합물 **X**를 예로 들어 알아보기로 한다.

해결 방법 ^{1}H NMR을 구조 결정에 활용하는 방법

예 분자식이 $C_4H_8O_2$이고 IR 스펙트럼에서 C=O 흡수를 나타내는 미지 화합물 **X**가 있다. ^{1}H NMR 스펙트럼을 이용하여 구조를 결정하라.

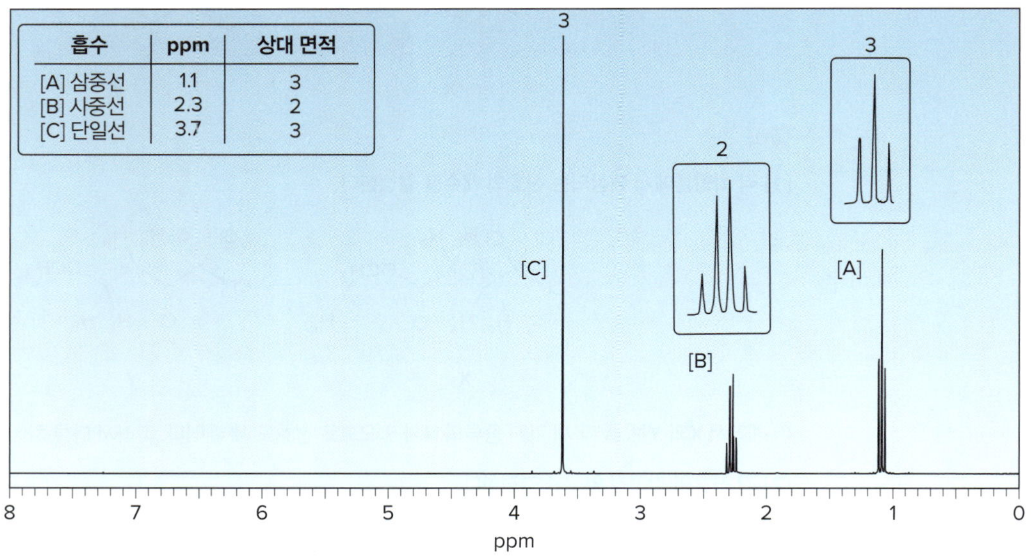

흡수	ppm	상대 면적
[A] 삼중선	1.1	3
[B] 사중선	2.3	2
[C] 단일선	3.7	3

단계 [1] **다른 종류의 양성자를 가려낸다.**

- **NMR 신호의 개수는 서로 다른 양성자 종류의 수와 같다.**
- 이 분자는 [A], [B] 및 [C] NMR 신호가 셋이므로 **세** 종류의 양성자(H_a, H_b 및 H_c)가 있다.

단계 [2] **상대적 면적을 활용하여 각 신호에서 나타내는 양성자의 수를 결정한다.**

- 상대 면적(위 그림에서 각각의 신호 위에 쓰여진 숫자)은 각 신호를 주는 양성자의 **비율**을 의미한다. 이 경우의 비율은 왼쪽에서부터 오른쪽으로 3 : 2 : 3이다.
- **상대 면적의 합이 분자식의 H 수와 같을 때, 상대 면적은 NMR 신호에 해당되는 흡수하는 H 수를 의미한다.** 이 경우, 상대 면적의 합은 3 + 2 + 3 = 8이고, 미지의 화합물은 양성자가 8개이므로 신호는 스펙트럼에서 왼쪽에서부터 오른쪽으로 3개, 2개 그리고 3개의 양성자에 의한 것이다.

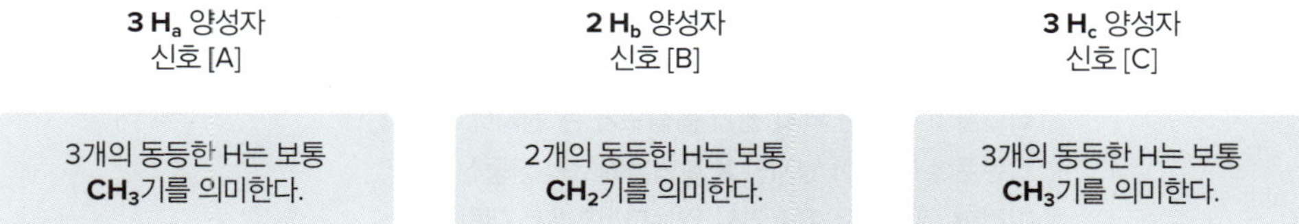

단계 [3] **각 신호가 갈라진 모습을 보고 탄소가 어떻게 연결되어 있는지를 결정한다.**

- 단일선부터 알아보자. 신호 [C]는 동등하지 않은 인접 수소가 없는 CH_3기에서 나온 것이다. 가능한 구조는

CH_3O— 또는 CH_3–C(=O)– 또는 CH_3–C<

- 신호 [A]는 **삼중선**이므로 인접한 탄소에는 **수소가 두 개**(CH_2기) 있어야 한다.
- 신호 [B]는 **사중선**이므로 인접한 탄소에는 **수소가 세 개**(CH_3기) 있어야 한다.
- 위 사실로부터 **X**는 **에틸**기, 즉 CH_3CH_2–임을 알 수 있다.

—계속

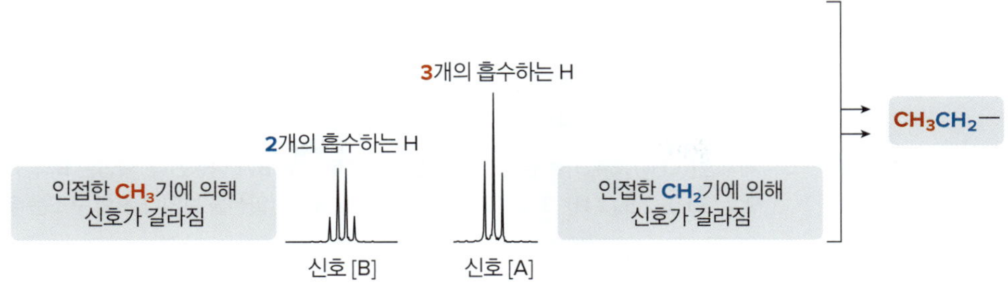

이상을 요약하면, **X**는 CH_3—, CH_3CH_2— 및 C=O (IR로부터)가 있다. 이것을 분자식과 비교하면 산소 하나가 아직 모자라는 것을 알 수 있다. 산소 원자는 ^{1}H NMR 스펙트럼에서 흡수를 일으키지 않으므로 산소의 존재 여부는 산소에 인접한 양성자의 화학적 이동 값을 살펴봄으로써만 알 수 있다. 산소는 탄소보다 더욱 전기 음성이므로 근처의 양성자에 벗김의 영향을 주고 그 결과 흡수가 낮은장 쪽으로 이동시킨다.

단계 [4] **화학적 이동 값을 이용하여 구조 결정을 마무리한다.**

- 화학적 이동 값과 갈라진 모습이 맞도록 부분 구조를 조합한다.
- 이 예에서 갈라진 모습만으로 생각해 본다면 **X**의 구조로 두 가지 이성질체 **A**와 **B**가 가능하다.

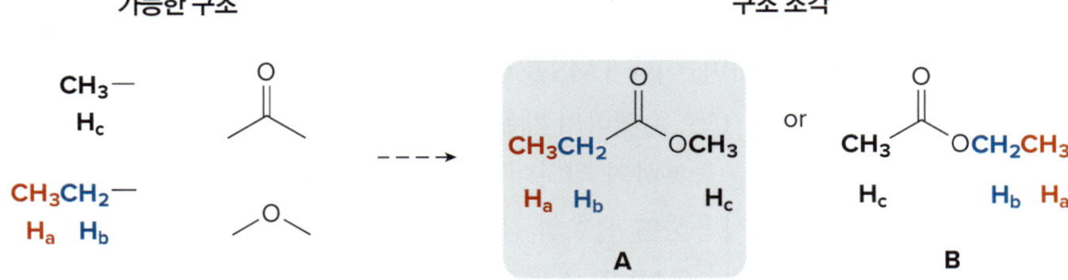

- 화학적 이동 값을 이용하여 두 구조 중 하나를 고른다. **전기 음성도가 큰 산소는 인접한 수소를 벗기고 낮은장 쪽으로 이동시켜** 3 ppm과 4 ppm 사이에 나타나게 한다. **A**가 옳은 구조라고 한다면 CH_3기(H_c)에서 나온 단일선이 낮은장에서 나타나야 하고, 만약 **B**가 옳다면 CH_2기(H_b)에서 나온 사중선이 낮은장에서 나타나야 한다.
- 그런데 **X**의 NMR은 3.7에서 사중선이 아닌 단일선을 보여주기 때문에 **옳은 구조는 A이다**.

문제 C.28 분자식이 $C_7H_{14}O_2$이면서 1740 cm^{-1}에서 IR을 흡수하고 ^{1}H NMR 자료가 다음과 같은 화합물의 구조를 제안하라.

흡수	ppm	상대 면적
단일선	1.2	9
삼중선	1.3	3
사중선	4.1	2

문제 C.29 분자식은 C_3H_8O이고 IR 흡수는 3600−3200 cm^{-1}에서 나타나며, NMR 자료는 다음과 같은 화합물의 구조를 제안하라.

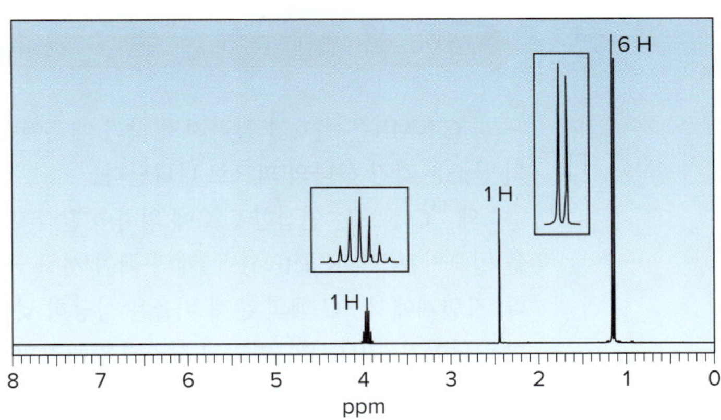

문제 C.30 주어진 ^{1}H NMR 자료를 이용하여 생성물 **A**와 **B**를 확인하라.

a. $CH_2{=}CHCOCH_3$를 1당량의 HCl로 처리하면 화합물 **A**가 생성된다. **A**의 ^{1}H NMR 스펙트럼은 다음과 같은 흡수를 나타낸다: 2.2(단일선, 3 H), 3.05(삼중선, 2 H), 3.6(삼중선, 2 H) ppm. **A**의 구조는 무엇인가?

b. 아세톤[$(CH_3)_2C{=}O$]을 묽은 수용성 염기로 처리하면 **B**가 생성된다. 화합물 **B**의 ^{1}H NMR 스펙트럼은 1.3 (6 H), 2.2 (3 H), 2.5 (2 H), 3.8 (1 H) ppm에서 네 개의 단일선을 보인다. **B**의 구조는 무엇인가?

C.11 ^{13}C NMR 분광법

^{13}C NMR 분광법 역시 유기 분자의 구조를 결정하는 데 중요한 수단이다. ^{13}C NMR의 물리적 기초 이론은 ^{1}H NMR과 동일하다. 외부 자기장 B_0 속에서 ^{13}C 핵은 자기장과 같은 방향 아니면 반대 방향으로 정렬하는데 외부 자기장과 같은 방향이 에너지가 낮은 상태이므로 좀 더 많은 수의 ^{13}C 핵이 같은 방향으로 정렬하고 있다. 여기에 외부에서 적절한 진동수의 라디오파(RF)를 가해 주면 핵이 외부에서 가해 준 장과 반대 방향으로 정렬하도록 스핀을 뒤집을 수 있다.

^{1}H NMR과 마찬가지로 ^{13}C NMR 스펙트럼에서도 피크의 세기를 화학적 이동에 대해서 그래프로 나타내며, 이때 TMS를 0 ppm의 표준 신호로 사용한다. 그러나 자연계에는 단지 전체 탄소의 1.1%단이 ^{13}C로 존재하기 때문에 ^{13}C NMR 신호의 세기는 ^{1}H NMR 신호와 비교하면 매우 약하다. 이 문제점을 극복하기 위하여 최신형의 기기에서는 시료에 수많은 RF 복사선의 펄스를 주고 수학적 도구를 사용하여 신호의 감도를 올리고 배경의 잡음 신호를 감소시킨다. 아세트산(CH_3COOH)의 예를 통해 ^{13}C NMR 스펙트럼의 일반적인 도습을 살펴보자.

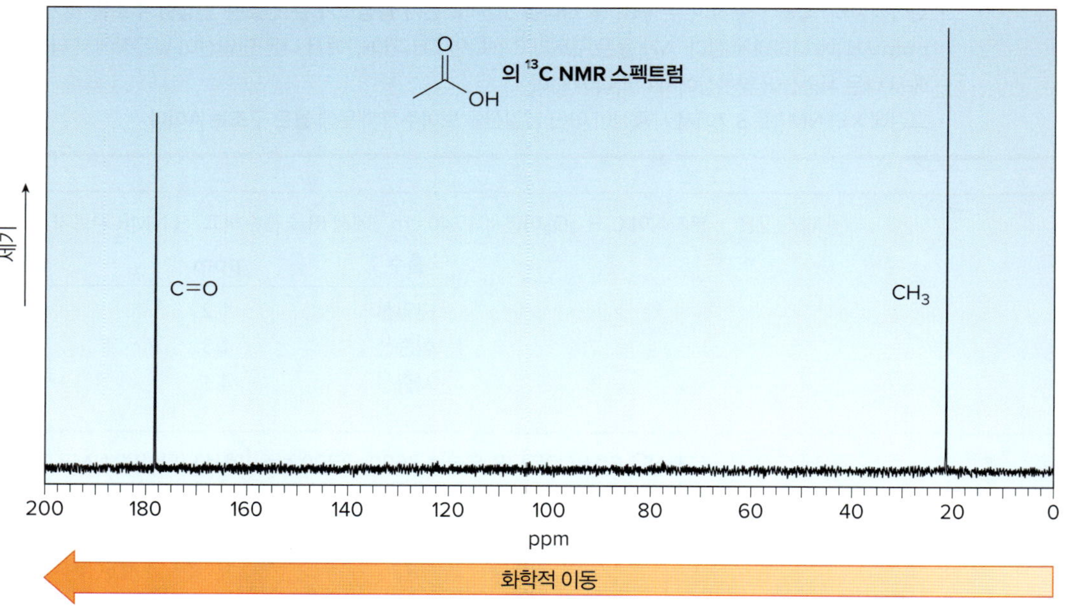

^{13}C NMR은 신호가 갈라지지 않기 때문에 ^{1}H 스펙트럼보다 해석하기가 쉽다. **각기 다른 종류의 탄소는 각각 하나의 피크로 나타난다.**

왜 ^{13}C 신호는 인접한 탄소에 의하여 갈라지지 않는가? 우리는 C.6절에서 두 양성자처럼 NMR을 일으키는(NMR active) 두 개의 핵이 서로 근접해 있을 때 갈라짐이 일어난다는 사실을 알아냈다. 자연계에서 ^{13}C 핵의 존재 비율은 상당히 낮기 때문에(1.1%) ^{13}C 핵이 연속해서 위치할 확률은 더욱 낮아지고(0.01%), 따라서 갈라짐은 관찰되지 않는 것이다.

^{13}C NMR 신호는 또한 인접한 양성자에 의하여 갈라질 수 있다. 그러나 실제로 많은 스펙트럼에서는 기기적 기술을 써서 양성자–탄소 사이의 상호작용을 제거하므로 ^{1}H–^{13}C 갈라짐이 나타나지 않게 되고, 그 결과 ^{13}C NMR 스펙트럼에서 모든 신호가 단일선으로 나타난다.

^{13}C NMR 스펙트럼의 두 가지 특징, 즉 나타나는 **신호의 개수**가 많은 점과 **화학적 이동**의 폭이 넓은 점 때문에 이 스펙트럼이 유기 화합물의 구조에 관한 정보를 가장 많이 제공해 준다.

C.11A ^{13}C NMR: 신호의 개수

- ^{13}C 스펙트럼에서 나타나는 신호의 개수는 바로 그 분자 내에 존재하는 서로 다른 종류의 탄소 개수를 나타낸다.

같은 환경에 위치한 탄소 원자는 같은 NMR 신호를, 그리고 다른 환경에 위치한 탄소는 서로 다른 신호를 나타낸다. CH_3COOH은 두 개의 서로 다른 종류의 탄소 원자가 있기 때문에 ^{13}C NMR 스펙트럼에서 두 개의 신호를, 즉 CH_3기의 C와 카보닐(C=O)의 C를 보여준다.

- ^{13}C NMR의 신호는 갈라지지 않으므로 신호의 개수는 바로 ^{13}C NMR 스펙트럼에 나타난 선의 수를 의미한다.

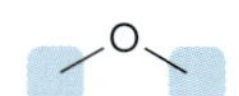

dimethyl ether

한 개의 ^{13}C NMR 신호
두 C는 동등하다.

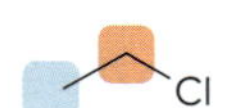

chloroethane

두 개의 ^{13}C NMR 신호

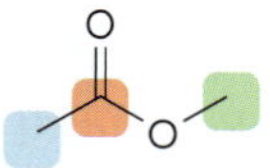

methyl acetate

세 개의 ^{13}C NMR 신호

Dimethyl ether, chloroethane 및 methyl acetate는 각각 한 종류, 두 종류, 그리고 세 종류의 서로 다른 탄소가 있으므로 ^{13}C NMR 스펙트럼에서 각각 하나, 두 개 및 세 개의 선을 보여 준다.

양성자 NMR과는 달리 피크의 세기는 흡수하는 탄소의 수와 관계가 없으므로 ^{13}C NMR 신호에 대해서는 적분을 하지 않는다.

예제 C.9 ^{13}C NMR 스펙트럼에서 선의 개수 결정하기

아래 각 화합물의 ^{13}C NMR 스펙트럼에는 몇 개의 선이 보이는가?

a. 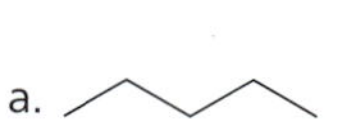
b. 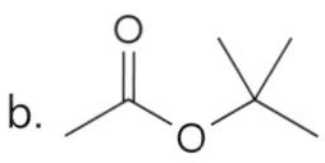

c. 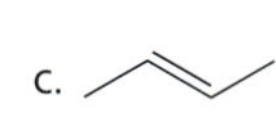

풀이

서로 다른 종류 탄소의 수는 바로 ^{13}C NMR 스펙트럼에 나타난 선의 수와 같다.

a. 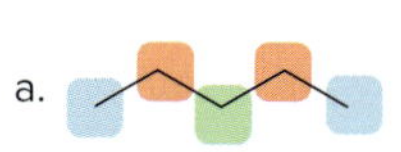

세 종류의 C
세 개의 ^{13}C NMR 신호

b. 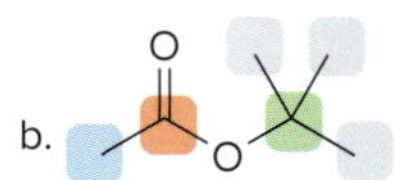

네 종류의 C
네 개의 ^{13}C NMR 신호

c. 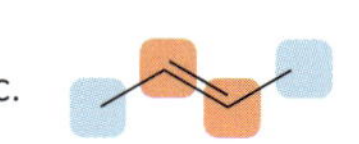

두 종류의 C
두 개의 ^{13}C NMR 신호

문제 C.31 아래 각 화합물의 ^{13}C NMR 스펙트럼에는 몇 개의 선이 나타나겠는가?

a. 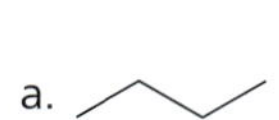
b. (O, O)
c. 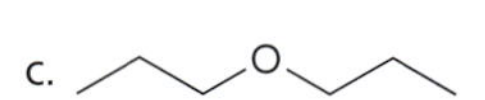

d.

추가 문제: 문제 C.39b, C.50, C.52, C.55c, C.60c, C.61c를 풀어보라.

문제 C.32 분자식이 $C_3H_6Cl_2$인 화합물의 모든 구조 이성질체를 그려라.

a. 각 이성질체는 ^{1}H NMR 스펙트럼에서 몇 개의 신호가 나타나는가?
b. 각 이성질체는 ^{13}C NMR 스펙트럼에서 몇 개의 선이 나타나는가?
c. 단지 ^{1}H와 ^{13}C NMR 분광기에서 나타난 신호의 수만으로, 이들 모든 구조 이성질체를 구별할 수 있겠는가?

문제 C.33 Chrysanthemic acid의 에스터는 천연 살충제이다. Chrysanthemic acid의 ^{13}C NMR 스펙트럼에는 몇 개의 선이 나타나겠는가?

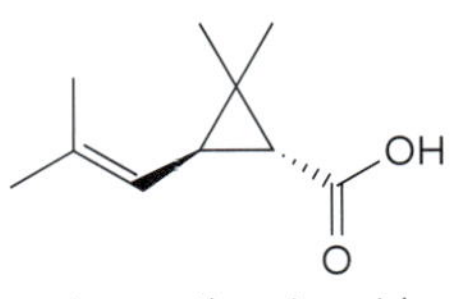

Chrysanthemic acid의 에스터는 제충국(*Chrysanthemum cinerariifolium*)으로부터 얻어진다. 이 물질은 성분해성이고 다양한 곤충에 대하여 활성이 있으므로 살충제로 널리 이용된다(24.5절 참조).
Gail Whitfield/Alamy Stock Photo

C.11B ^{13}C NMR: 신호의 위치

^{1}H NMR에서 보았던 좁은 범위(대개 0–12 ppm)의 화학적 이동과는 달리 ^{13}C NMR에서 흡수는 매우 넓은 범위, 즉 0–220 ppm 범위에서 나타난다. ^{13}C NMR에서 탄소 원자의 화학적 이동에 미치는 영향은 ^{1}H NMR에서 양성자의 화학적 이동에 미치는 영향과 동일하다.

- sp^3 혼성화 탄소는 가려져 있고 따라서 높은장에서 흡수한다.
- 할로젠, 질소, 그리고 산소와 같이 전기 음성도가 큰 원소는 흡수가 낮은장에서 일어나도록 한다.
- 벤젠이나 알켄에서와 같이 sp^2 혼성화 탄소 원자는 낮은장에서 흡수한다.
- 카보닐 탄소는 크게 벗겨져 있어서 다른 어떤 종류의 탄소보다 낮은장에서 흡수한다.

표 C.5에서는 대표적인 ^{13}C 화학적 이동 값을 보여주고 있다. 그림 C.14에서 propan-1-ol ($CH_3CH_2CH_2OH$)과 methyl acetate ($CH_3CO_2CH_3$)의 ^{13}C NMR 스펙트럼을 보면 이러한 원리를 알 수 있을 것이다.

표 C.5 대표적인 ^{13}C 화학적 이동 값

탄소의 종류	화학적 이동(ppm)	탄소의 종류	화학적 이동(ppm)
C	5–45	C=C	100–140
Z–C (Z = N, O, X)	30–80	(벤젠 고리)C—	120–150
—C≡C—	65–100	C=O	160–210

문제 C.34 각 분자에서 강조 표시된 탄소 중 어느 것이 더 낮은장에서 흡수하는가?

a. 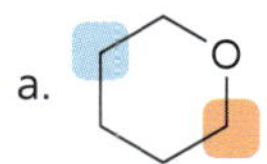

b. Br, Br, Br

c. 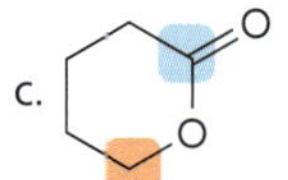

d. 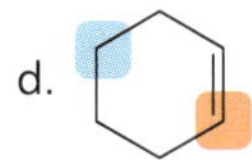

문제 C.35 각 분자에서 강조 표시된 탄소를 화학적 이동이 증가하는 순으로 정렬하라.

a. 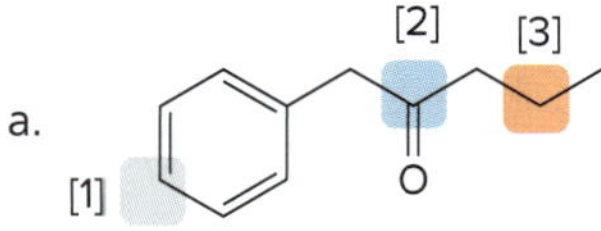

b. 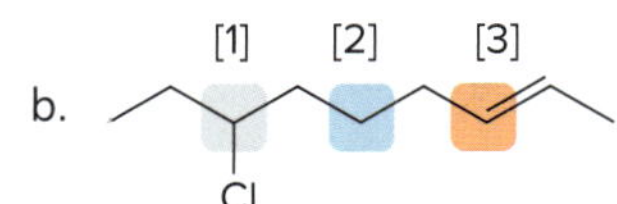

그림 C.14 대표적인 ^{13}C NMR 스펙트럼

a. Propan-1-ol

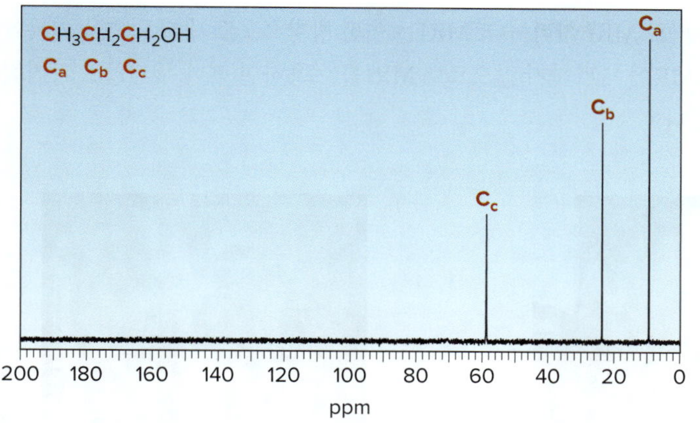

- Propan-1-ol에서 볼 수 있는 세 종류의 탄소—C_a, C_b 및 C_c로 표시—는 세 개의 ^{13}C NMR 신호를 보여 준다.
- 탄소 원자가 전기 음성도가 큰 산소 원자에 가까이 있을수록 크게 벗겨지고 흡수는 낮은장 쪽으로 이동한다. 따라서 화학적 이동이 증가하는 차례를 보면 $C_a < C_b < C_c$이다.

b. Methyl acetate

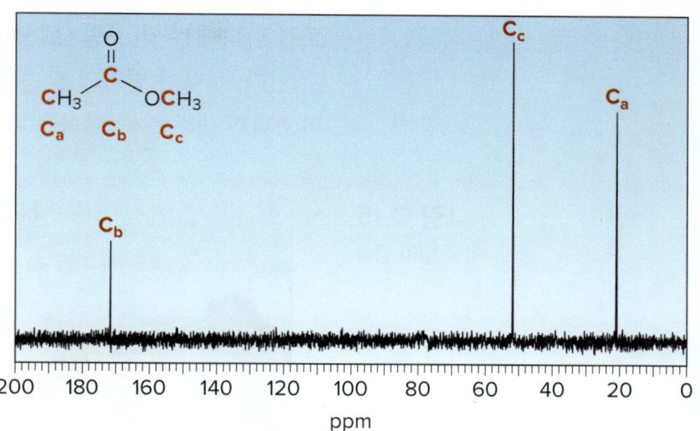

- Methyl acetate에서 볼 수 있는 세 종류의 탄소—C_a, C_b 및 C_c로 표시—는 세 개의 ^{13}C NMR 신호를 보여 준다.
- **카보닐 탄소(C_b)는 매우 크게 벗겨져 있기 때문에 가장 낮은장에서 흡수한다.**
- 산소 원자에 결합되지 않은 sp^3 혼성화된 탄소인 C_a는 가장 크게 가려져 있기 때문에 가장 높은장에서 흡수한다.
- 따라서 화학적 이동이 증가하는 차례를 보면 $C_a < C_c < C_b$이다.

문제 C.36 각 NMR 신호에 해당하는 탄소를 지정해보라.

a.

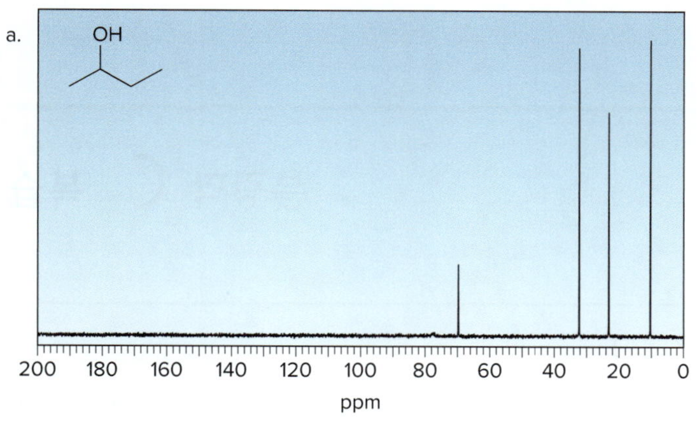

b.

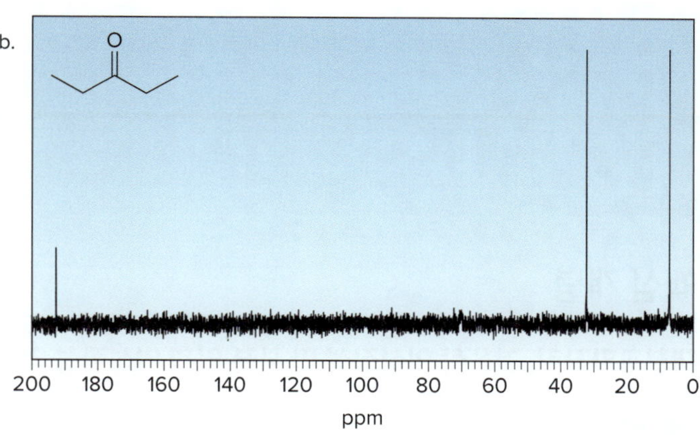

문제 C.37 분자식이 $C_4H_8O_2$인 화합물의 IR에서는 3600~3200이나 1700 cm^{-1} 부근에서 아무런 피크도 관찰되지 않았다. ^1H NMR 스펙트럼을 보니 3.69 ppm에서 단일선 하나, 그리고 ^{13}C NMR에서는 67 ppm에서 신호가 관찰되었다. 이 미지의 시료의 구조는 무엇인가?

문제 C.38 160 ppm 이상에서 ^{13}C NMR 스펙트럼의 신호를 보여주고 분자식이 C_4H_8O인 화합물의 구조를 그려라. 또한, 모든 ^{13}C NMR 스펙트럼의 신호가 160 ppm 이하에서 나타나고 분자식이 C_4H_8O인 이성질체의 구조를 그려라.

C.12 자기 공명 영상법

자기 공명 영상법(MRI, magnetic resonance imaging)은 의학 분야에서 사용하는 NMR 분광법인데 대단히 강력한 진단 기술(그림 C.15a)이다. 여기서 '시료'인 환자는 자기장 속에 위치한 동굴 같은 공간에 눕혀진 다음 라디오파를 쪼이게 된다. 사용되는 라디오파의 진동수와 에너지도 낮기 때문에, MRI법은 높은 진동수에 높은 에너지를 갖는 복사선을 사용하여 살아있는 세포를 파괴하는 것으로 알려진 X선이나 CT법보다 훨씬 안전하다.

살아 있는 조직에서는 수많은 양성자(특히 H_2O의 H 원자)가 다양한 농도와 환경하에 존재하고 있다. 여기에 라디오파를 쪼여 주면 양성자는 높은 에너지의 스핀 상태로 들뜬 다음 다시 낮은 에너지 스핀 상태로 내려오게 된다. 이때 발생되는 데이터를 컴퓨터로 분석하여 몸 안 조직의 양성자 밀도를 나타내는 것(그림 C.15b)이 바로 MRI 기기이다. MRI는 어떤 방향으로도 내부 단면을 기록할 수 있다. 게다가 뼛속의 칼슘은 NMR에 나타나지 않으므로 MRI를 이용하면 뼈나 두개골로 가려진 연조직의 내부를 '들여다볼 수' 있다.

그림 C.15 목의 MRI 영상

a.

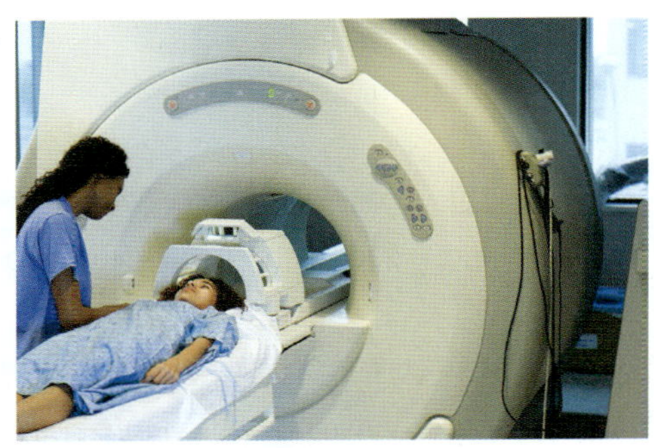

ERproductions Ltd/Blend Images

b.

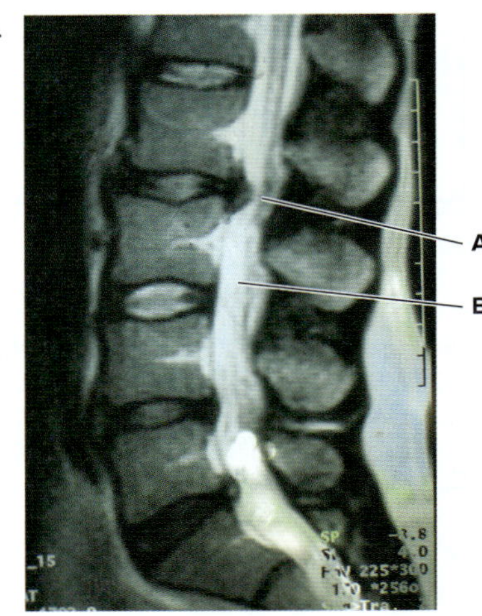

With permission, Daniel C. Smith.

a. MRI 기기: MRI 기기는 몸속의 연조직을 들여다보는 데 특히 유용하다. 2003년 노벨 생리의학상은 MRI의 개발에 대한 공로로 화학자인 Paul C. Lauterbur와 물리학자인 Sir Peter Mansfield에게 수여되었다.
b. 등 아래 부분의 MRI 영상: **A**: 디스크에서 빠져 나온 척수. **B**: 척수(X선에서는 나타나지 않음)

분광학 C 복습

핵심 개념

대칭교환자리, 거울상 이성질성 및 부분 입체 이성질성 양성자(C.2C)

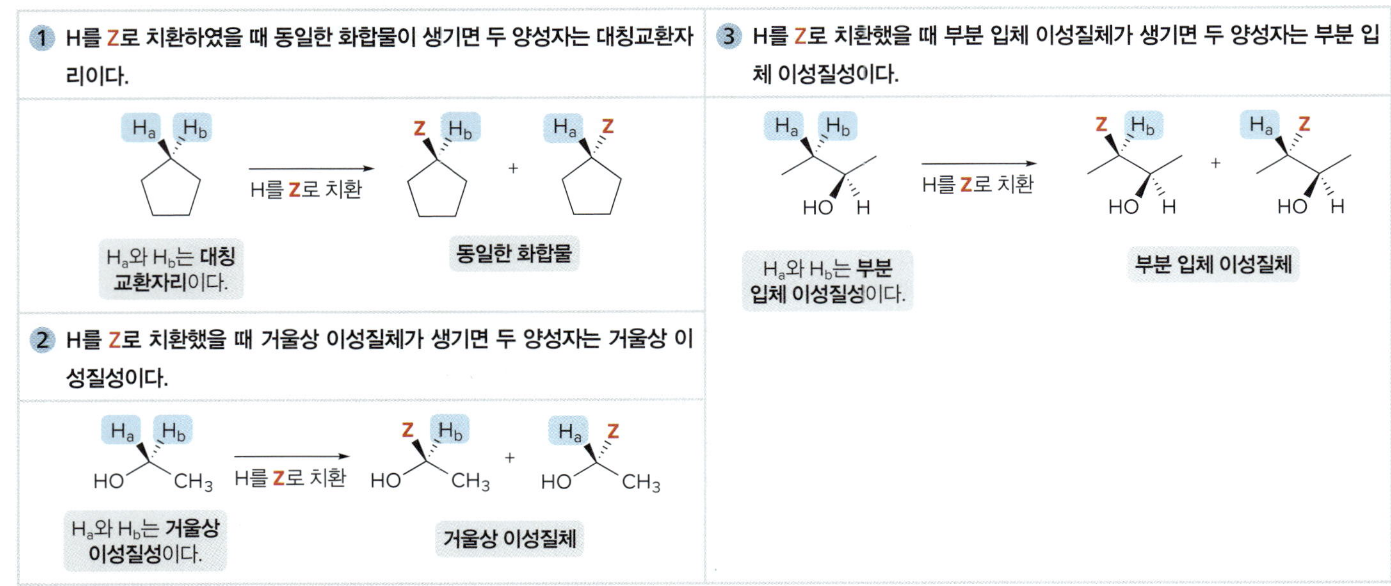

예제 C.4 참고. 문제 C.7을 풀어보라.

핵심 기법

[1] 400 MHz NMR 분광기를 사용하여 TMS로부터 1000 Hz 낮은장에서 흡수할 때 화학적 이동 값 계산하기(C.1)

예제 C.1 참고. 문제 C.42, C.43을 풀어보라.

[2] 화합물에서 다른 종류의 양성자 결정하기(C.2A); 예: 1,4-dichlorobutane

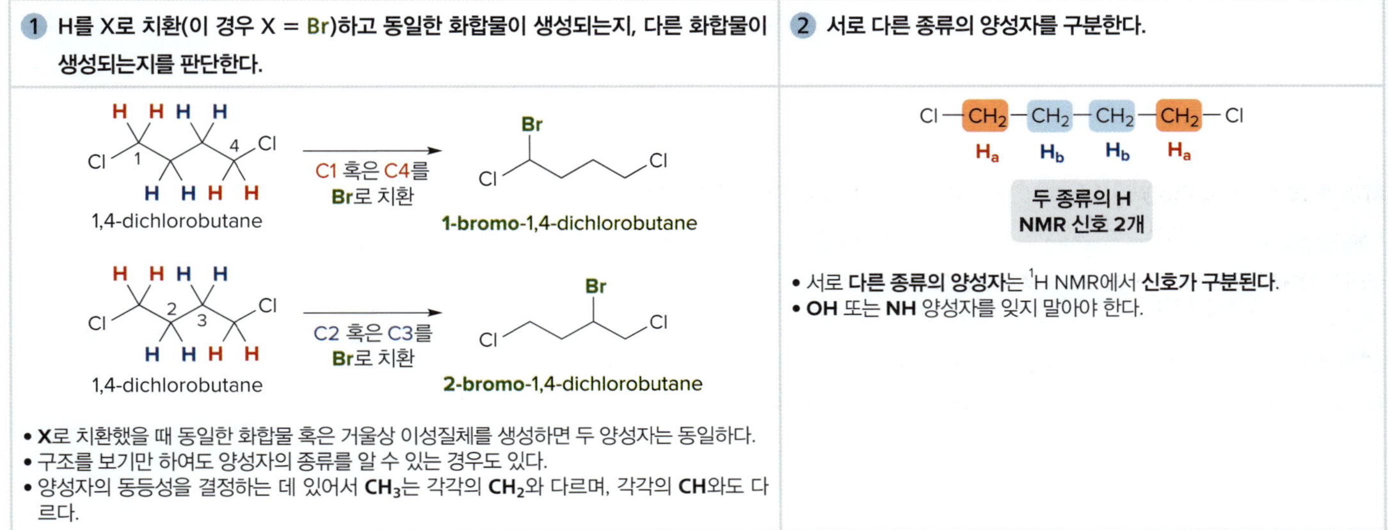

예제 C.2, 그림 C.2 참고. 문제 C.39a, C.40, C.41, C.55d, C.60a, C.61d를 풀어보라.

[3] 사이클로알케인에서 동등성 결정하기(C.2B)

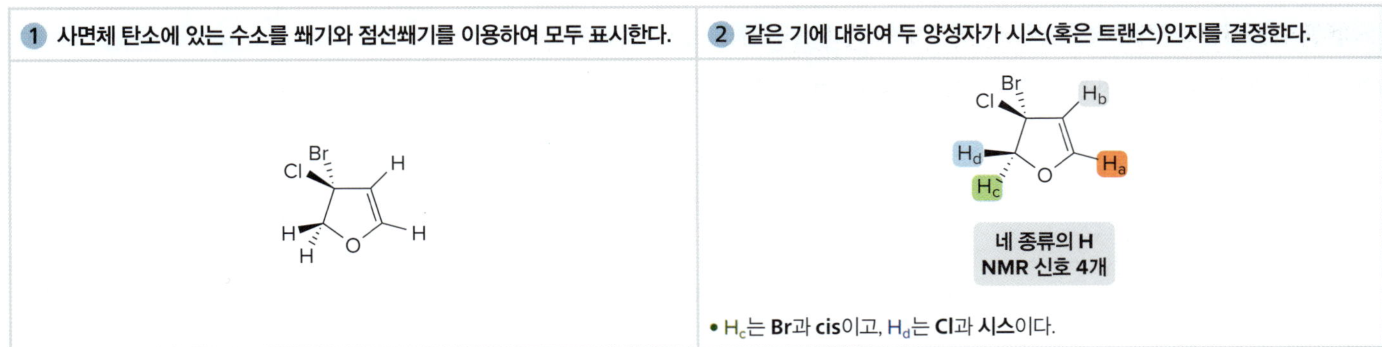

예제 C.3 참고. 문제 C.40h~j, C.60a를 풀어보라.

[4] 더 낮은장에서 흡수하는 양성자 결정하기; 두 가지 요소

① 주변의 전기 음성 원자의 존재를 이용하여 벗김 효과(C.3A)를 결정한다.	② 양성자가 sp^2 및 sp로 혼성화된 탄소에 결합되었을 때 가림과 벗김효과를 결정한다.
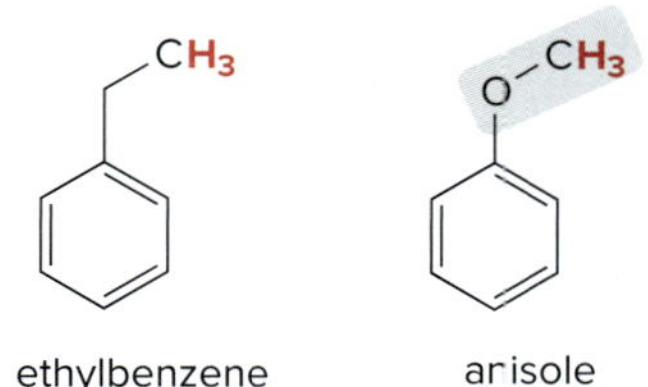 • Anisole에 있는 CH_3기는 **전기 음성도가 큰 O 원자**에 의해 **벗겨져 있다**. • 전기 음성도가 큰 원자는 전자 밀도를 끌어당겨서 핵이 **벗겨지게** 되고 **낮은장**에서 흡수한다. • 가림은 흡수를 **높은장** 쪽으로 이동한다. 예제 C.5 참고	H_a, H_b, H_c • H_c는 ***sp* 혼성화된 탄소**에 결합되었기 때문에 **가려져** 있다. • H_b는 ***sp*^{2} 혼성화된 탄소**에 결합되었기 때문에 **벗겨져** 있다. • H_a는 **벤젠 고리의 *sp*^{2} 혼성화된 탄소**에 결합되었기 때문에 **매우 벗겨져** 있다. **답:** 화학적 이동이 증가하는 순서는 $H_c < H_b < H_a$이다. 예제 C.6 참고

문제 C.44, C.55b를 풀어보라.

[5] 화합물에서 ^{1}H NMR 적분 비율 결정하기(C.5); 예: $CH_3CH_2OCH_3$

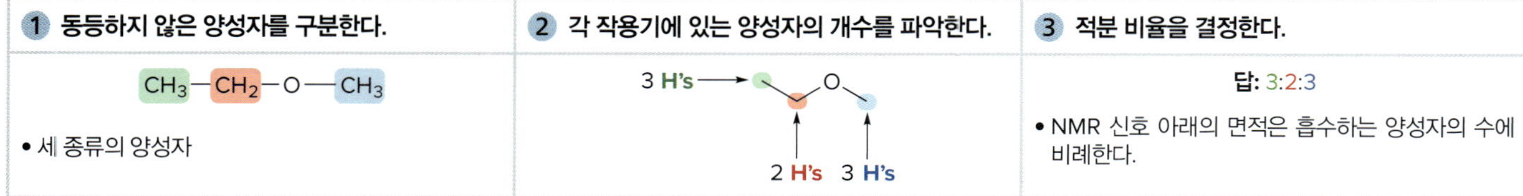

① 동등하지 않은 양성자를 구분한다.	② 각 작용기에 있는 양성자의 개수를 파악한다.	③ 적분 비율을 결정한다.
CH_3—CH_2—O—CH_3 • 세 종류의 양성자	3 H's → 2 H's 3 H's	**답:** 3:2:3 • NMR 신호 아래의 면적은 흡수하는 양성자의 수에 비례한다.

문제 C.13, C.14를 풀어보라.

[6] $n + 1$ 규칙을 이용하여 분자의 갈라짐 양식 결정하기(C.6)

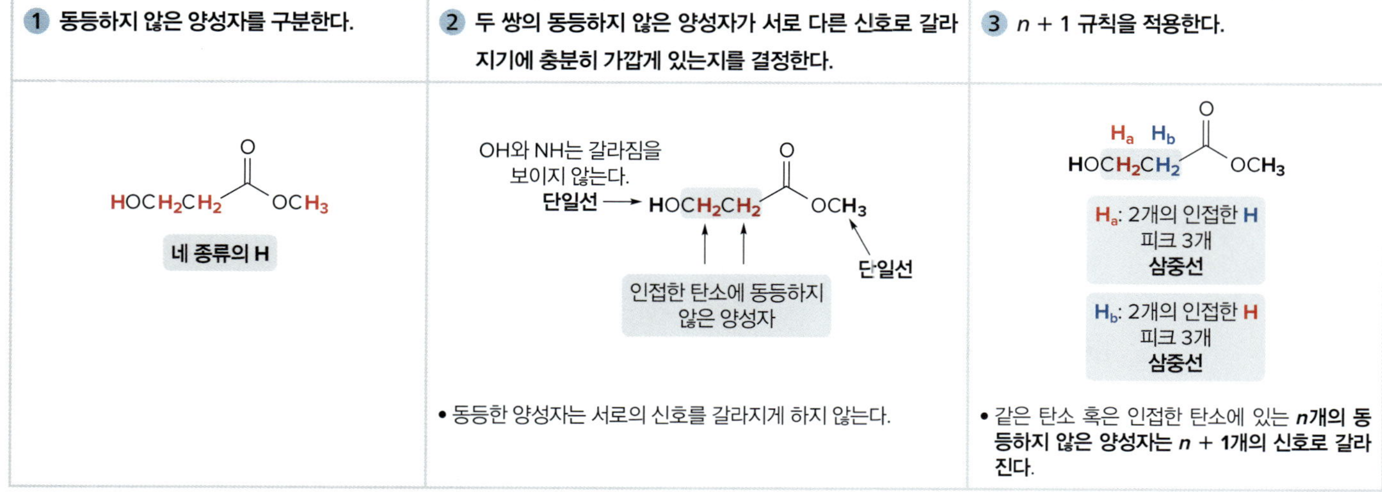

① 동등하지 않은 양성자를 구분한다.	② 두 쌍의 동등하지 않은 양성자가 서로 다른 신호로 갈라지기에 충분히 가깝게 있는지를 결정한다.	③ $n + 1$ 규칙을 적용한다.
$HOCH_2CH_2C(=O)OCH_3$ **네 종류의 H**	OH와 NH는 갈라짐을 보이지 않는다. **단일선** → $HOCH_2CH_2C(=O)OCH_3$ ← **단일선** 인접한 탄소에 동등하지 않은 양성자 • 동등한 양성자는 서로의 신호를 갈라지게 하지 않는다.	H_a H_b $HOCH_2CH_2C(=O)OCH_3$ H_a: 2개의 인접한 H 피크 3개 **삼중선** H_b: 2개의 인접한 H 피크 3개 **삼중선** • **같은 탄소 혹은 인접한 탄소에 있는 *n*개의 동등하지 않은 양성자는 $n + 1$개의 신호로 갈라진다.**

표 C.3, C.4 참고. 문제 C.45, C.60b, C.61b를 풀어보라.

[7] $(n+1)(m+1)$ 규칙을 이용한 알켄의 ¹H NMR 피크 수 결정하기(C.7); 예: (Z)-1-bromoprop-1-ene

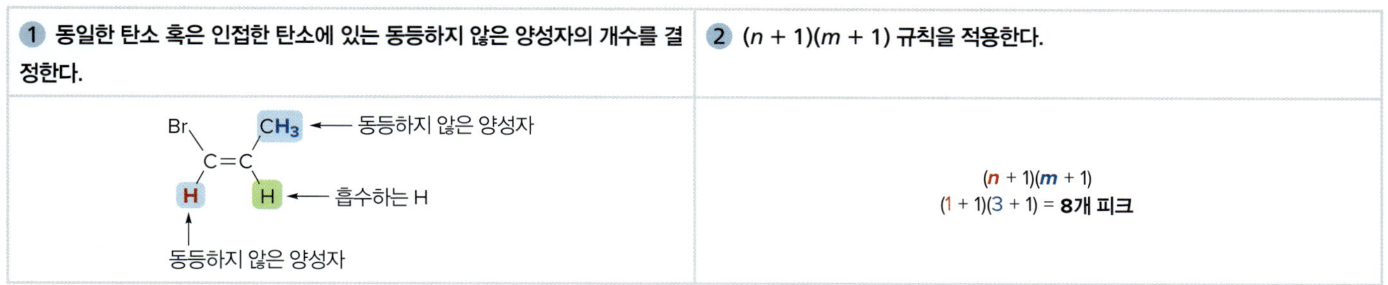

그림 C.8, 예제 C.7 참고. 문제 C.45i, j; C.46; C.47; C.60b를 풀어보라.

[8] 흡수하는 양성자가 인접한 두 개의 탄소에 동등하지 않은 양성자가 있을 때 갈라짐 양식 결정하기(C.7~C.8); 세 가지 가능성

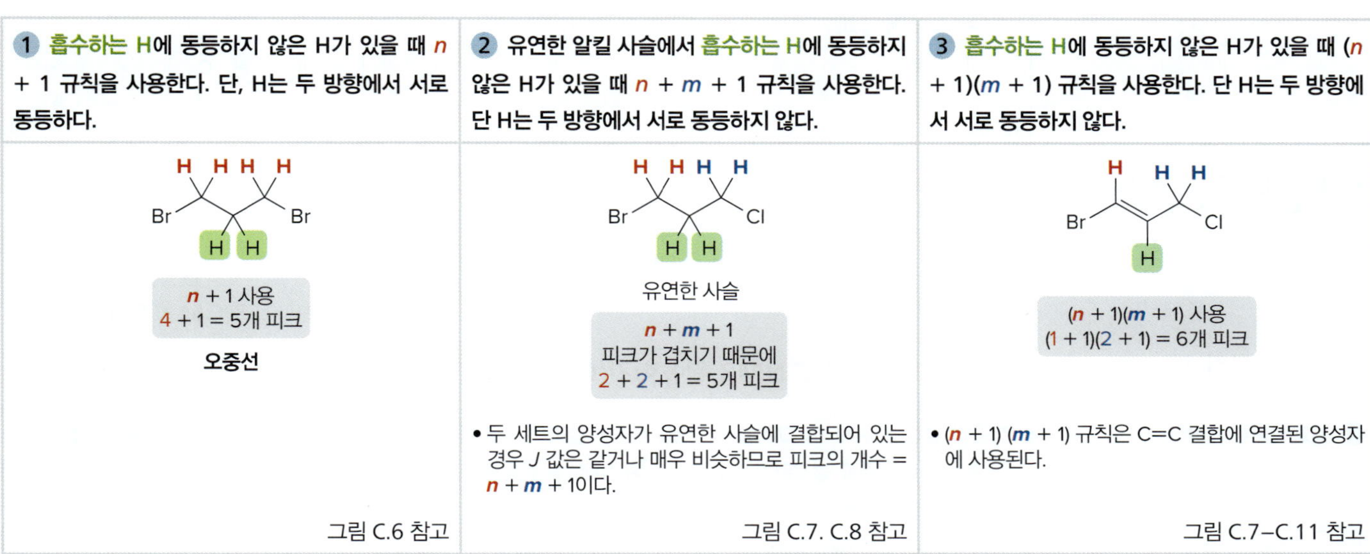

예제 C.7, 표 C.3, C.4 참고. 문제 C.45d–j, C.46을 풀어보라.

[9] 화합물의 구조 결정을 위한 분자식과 ¹H NMR 데이터 활용하기(C.10); 예: $C_4H_{10}O$의 ¹H NMR

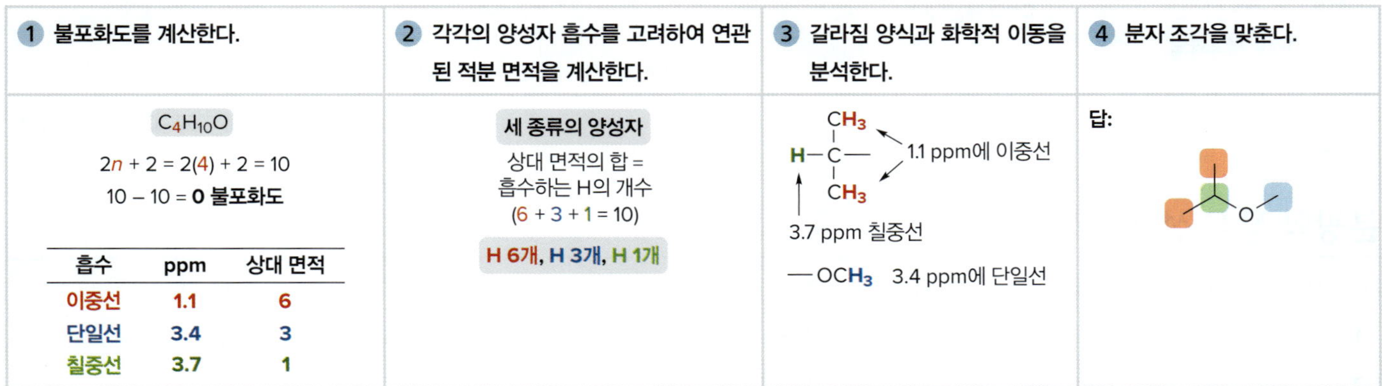

해결 방법 (p. 586). 문제 C.62, C.63, C.68–C.70을 풀어보라.

[10] 화합물에서 다른 종류의 C 원자 결정하기(C.11A)

① 각각의 다른 종류의 탄소를 표시한다.	② ^{13}C NMR 신호의 개수를 구분한다.
O	3종류의 C NMR 신호 3개 • 모든 신호는 단일선이다. • **다른 종류의 탄소 원자 개수는** ^{13}C NMR 스펙트럼에서 **선의 개수와 같다.**

예제 C.9 참고. 문제 C.50, C.52, C.55c, C.57, C.60c, C.61c를 풀어보라.

[11] 낮은장에서 흡수하는 C 원자 결정하기(C.11); 두 가지 요소

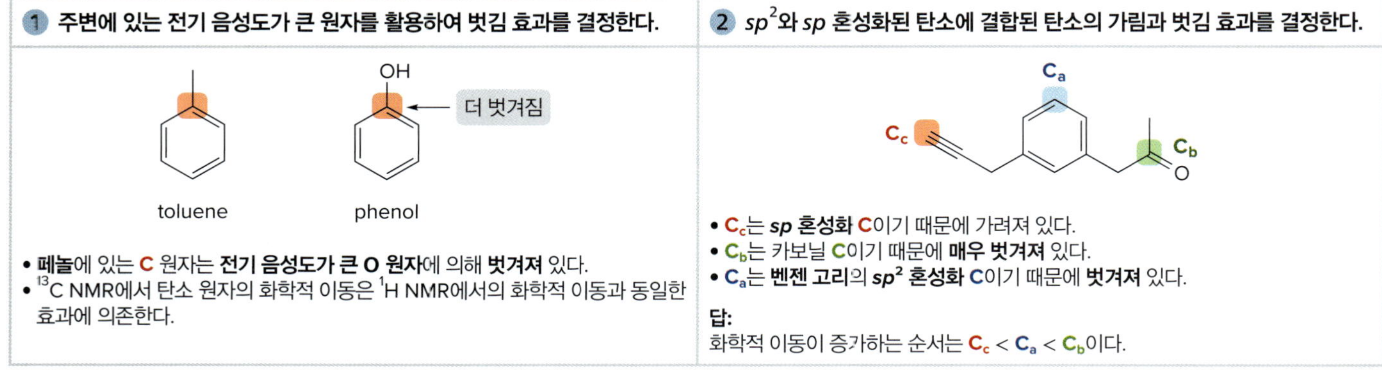

문제 C.53, C.54, C.55a를 풀어보라.

[12] 구조 규명을 위한 분자식, IR, ^{1}H NMR 및 ^{13}C NMR 활용하기(C.10); 예: C_3H_5ClO

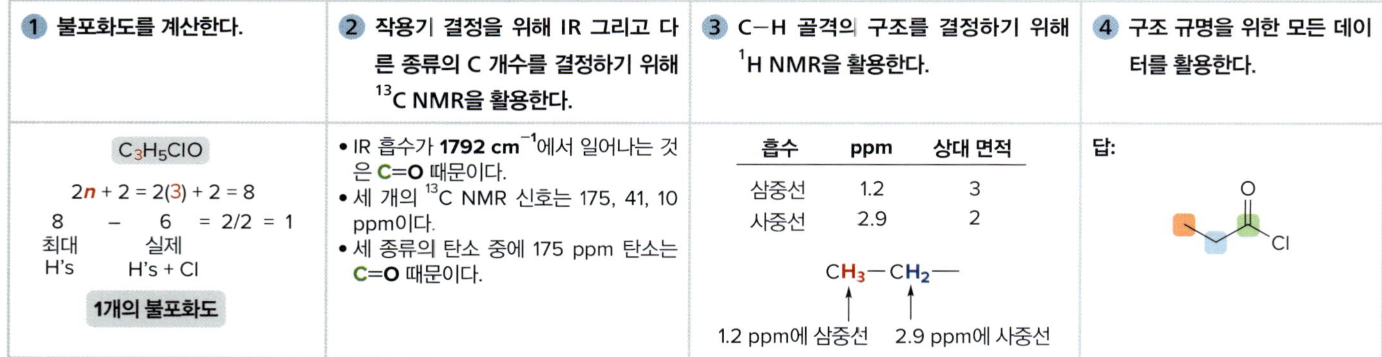

문제 C.62–C.79를 풀어보라.

분광학 장 C 선다형 자가–시험

자가–시험은 American Chemical Society 유기 화학 시험과 유사한 객관식 문제로 구성되어 있다. 정답은 장의 마지막 부분에 나와 있다.

1. Butan-2-ol [$CH_3CH(OH)CH_2CH_3$]에는 다른 종류의 H 원자가 몇 개 있는가?: (a) 세 개; (b) 네 개; (c) 다섯 개; (d) 여섯 개

2. NMR 스펙트럼에서 어떤 표시된 수소가 삼중선으로 나타나는가?

3. 어떤 표시된 수소가 낮은장으로 가장 멀리에서 흡수하는가?

4. 어떤 표시된 수소가 NMR 신호에서 여섯 개의 피크로 나타나는가?

a. 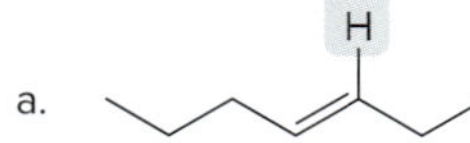

b. c. d.

5. IR 스펙트럼에서 ~1720 cm^{-1}에 피크가 있고 NMR 스펙트럼에서는 두 개의 단일선이 있는 화합물에 대하여 가능한 구조는 무엇인가?

a. 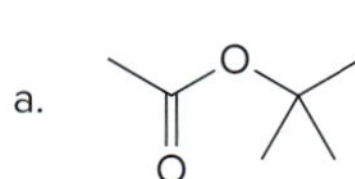

b. c. d.

6. 화합물 **A**의 ^{13}C NMR 스펙트럼에는 몇 개의 선이 존재하는가?

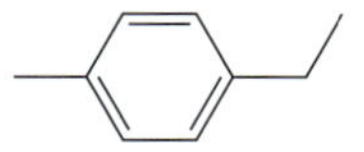

A

a. 세 개 c. 일곱 개

b. 다섯 개 d. 아홉 개

7. NMR 스펙트럼에서 신호의 개수가 가장 적은 화합물은 무엇인가?

a. 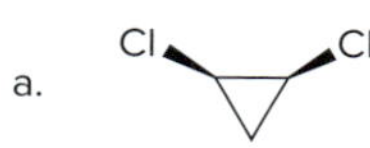

b.

c. 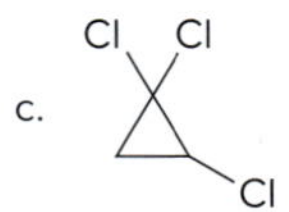

d.

8. 어느 화합물이 ^{13}C와 ^{1}H NMR 스펙트럼 모두에서 신호가 하나만 있겠는가?

a. 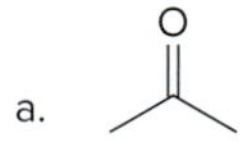

b. c. d.

9. 다음 서술 중에서 사실인 것은 무엇인가?

a. 벤젠의 양성자는 매우 가려져 있기 때문에 멀리 낮은장에서 흡수한다.

b. 400 Hz 신호는 200 Hz 신호로부터 낮은장에 있다.

c. 동일하지 않은 양성자가 여섯 개 인접하고 있는 양성자는 오중선으로 나타난다.

d. 500 MHz NMR 분광기에서 두 신호가 1.0과 1.5 ppm에서 일어난다면, 이 두 신호는 25 Hz만큼 떨어져 있다.

10. NMR 스펙트럼에서 삼중선 한 개가 ~4.0 ppm에서 나타나는 화합물은 무엇인가?

a. 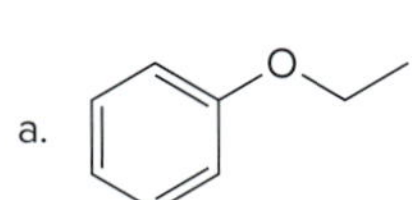

b.

c. 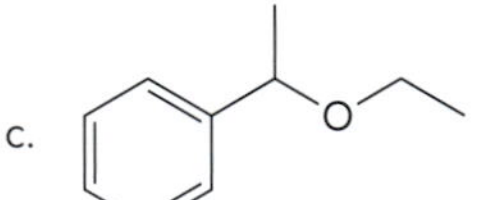

d. 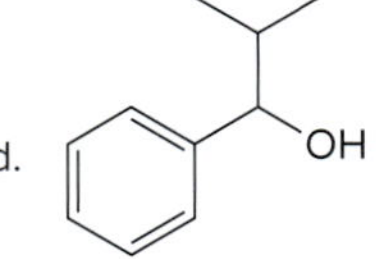

문제

삼차원 모형을 이용하는 문제

C.39 (a) 다음 각 화합물은 몇 개의 ^{1}H NMR 신호를 보이는가? (b) 다음 각 화합물은 몇 개의 ^{13}C NMR 신호를 보이는가?

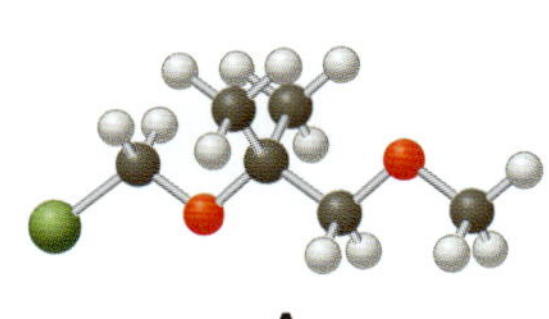

A

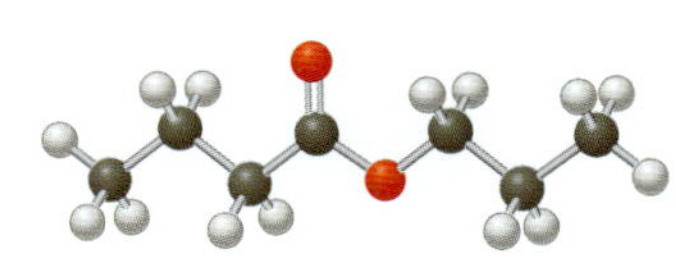

B

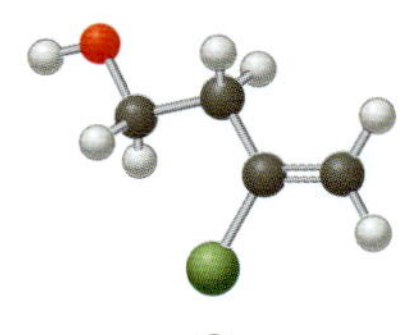

C

¹H NMR 분광법—동등한 양성자 결정하기

C.40 각 화합물에는 몇 종류의 서로 다른 양성자가 존재하는가?

a. 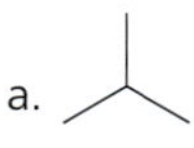

b. c. d. e. f. g. h. i. j.

C.41 각 천연물은 몇 개의 ¹H NMR 신호를 보이겠는가?

a. 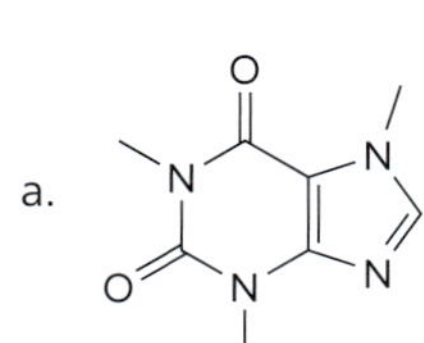

caffeine
(커피 열매와 찻잎에서)

b. 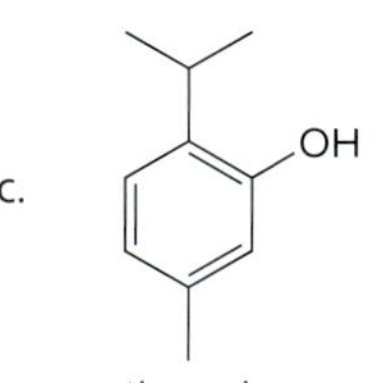

vanillin
(바닐라 열매에서)

c. thymol
[타임(tyme)에서]

d. capsaicin
(고추에서)

¹H NMR—화학적 이동

C.42 300 MHz NMR 기기를 사용할 때

a. 2.5 ppm에서 나타나는 신호는 TMS로부터 몇 Hz만큼 낮은장에 위치하는가?

b. TMS로부터 1200 Hz만큼 낮은장에서 나타나는 신호는 몇 ppm에서 나타나는가?

c. 두 신호가 서로 2 ppm 떨어져 있다면, 이 값은 몇 Hz에 해당하는가?

C.43 ¹H NMR 스펙트럼의 작동 주파수를 증가시키면 각각의 값에 어떤 영향을 미치는가?

a. 화학적 이동(δ) b. 흡수 진동수(Hz) c. 짝지음 상수의 크기(J)

C.44 표시한 양성자를 화학적 이동이 증가하는 순서로 정렬하라.

a. 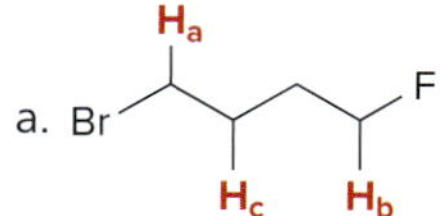

b. c.

¹H NMR—갈라짐

C.45 표시된 양성자의 신호는 몇 개의 피크로 갈라지는지 예상하라.

a. 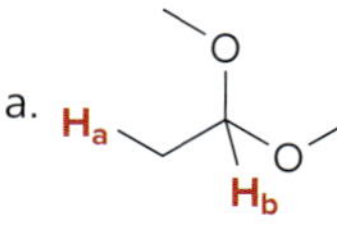

b. c. d. e. f. g. h. i. j.

C.46 다음 화합물에서 각 양성자는 어떤 갈라짐 패턴을 보이는가?

a. 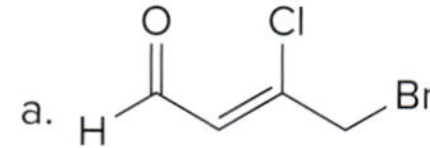

b.

C.47 Acrylonitrile ($CH_2 = CHCN$)의 ^1H NMR 스펙트럼에서 어느 신호가 양성자 H_a, H_b 및 H_c에 의한 것인지를 표시하라. 양성자 H_a의 흡수로 나타나는 신호의 갈라짐을 설명하는 도표를 그려라.

역자주:
세 양성자의 화학적 이동은 6.24, 6.11과 5.69 ppm에서 나타난다고 한다. (sdbs.db.aist.go.jp 참조). 그리고 그림 C.7에서와 비슷한 오류가 이 그림에도 있다.

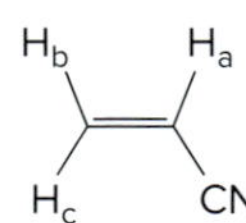

$J_{ab} = 11.8$ Hz
$J_{bc} = 0.9$ Hz
$J_{ac} = 18$ Hz

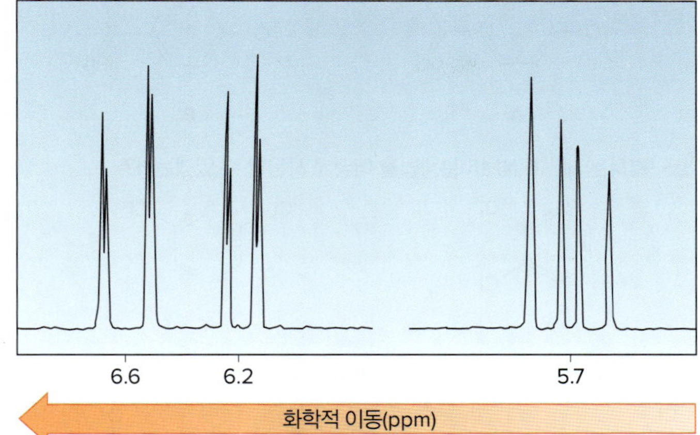

C.48 짝지음 상수가 다음과 같은 때, 화합물 **X**의 H_b에 대한 갈라짐 그림을 그려라: (a) $J_{ab} >> J_{bc}$; (b) $J_{ab} = J_{bc}$. 각 경우에 H_b 신호는 몇 개의 피크로 보이는지를 분명하게 나타내라.

Ha Ha Hc Hc
W Z
Hb Hb
X

C.49 육중선과 삼중선의 이중선 사이의 차이는 무엇인가?

^{13}C NMR

C.50 분자식이 C_4H_9Br인 네 가지 구조 이성질체를 그려라. 각 경우 몇 가지 서로 다른 탄소가 존재하는가?

C.51 ^{13}C NMR NR 스펙트럼에서 알데하이드나 케톤의 카보닐 탄소는 에스터의 카보닐 탄소보다 훨씬 더 낮은장에서 흡수가 일어나는 이유는 무엇인가?

C.52 각 화합물의 ^{13}C NMR 스펙트럼에서 몇 개의 신호가 관찰되는가?

a. 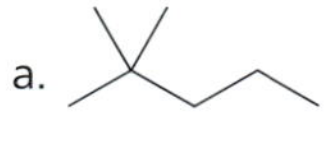

c. 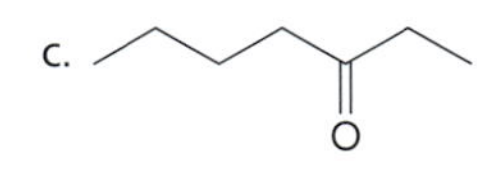

e. 

g. 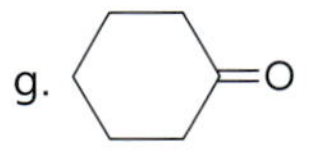

b. 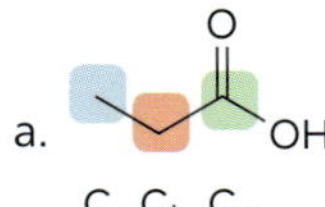

d. 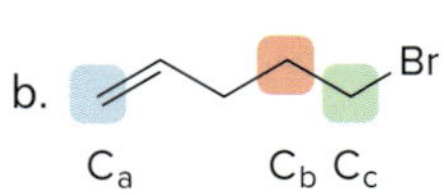

f.

h.

C.53 각 화합물에서 강조 표시된 탄소 원자를 화학적 이동이 증가되는 순서로 나열하라.

a. O OH
C_a C_b C_c

b. Br
C_a C_b C_c

C.54 각 화합물의 ^{13}C NMR 스펙트럼에서 각각의 신호를 주는 탄소 원자를 확인하라.

a. $CH_3CH_2CH_2CH_2OH$; ^{13}C NMR: 14, 19, 35 및 62 ppm

b. $(CH_3)_2CHCHO$; ^{13}C NMR: 16, 41 및 205 ppm

c. CH_2=$CHCH(OH)CH_3$; ^{13}C NMR: 23, 69, 113 및 143 ppm

NMR 분광법을 이용하여 이성질체를 구별하기

C.55 이성질체 **A**, **B**, **C**에 관한 다음 질문에 답하라.

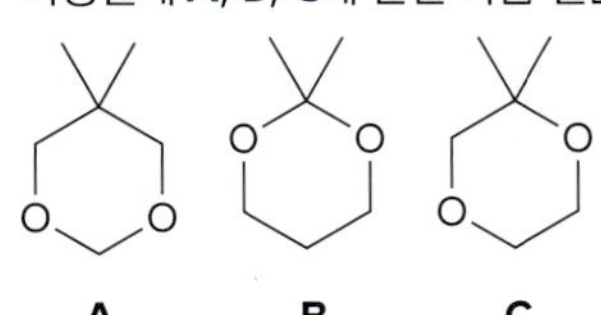

a. 어느 화합물의 탄소가 ^{13}C NMR에서 가장 멀리 떨어진 낮은장에서 흡수하는가?

b. 어느 화합물의 탄소가 ^{1}H NMR에서 가장 멀리 떨어진 낮은장에서 흡수하는가?

c. ^{13}C NMR 스펙트럼에서 어느 화합물이 가장 많은 흡수선을 보이는가?

d. ^{1}H NMR 스펙트럼에서 어느 화합물이 가장 많은 수의 신호를 보이는가?

C.56 이성질체 **A**, **B**와 **C**를 구별하는 데 ^{1}H NMR 분광법을 어떻게 사용할 수 있겠는가?

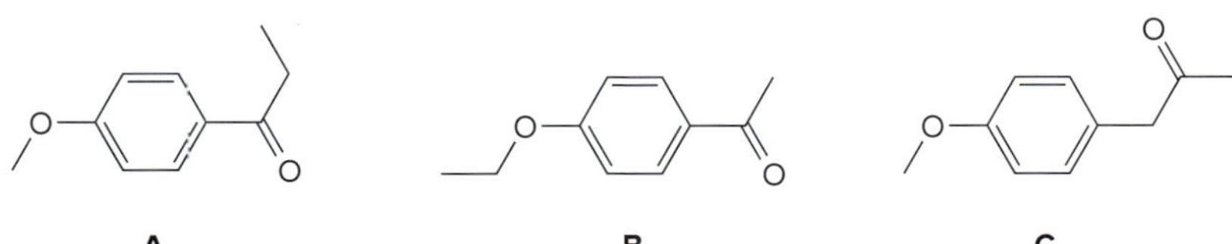

A **B** **C**

C.57 이성질체 **X**, **Y**와 **Z**를 구별하는 데 ^{13}C NMR 분광법을 어떻게 사용할 수 있겠는가?

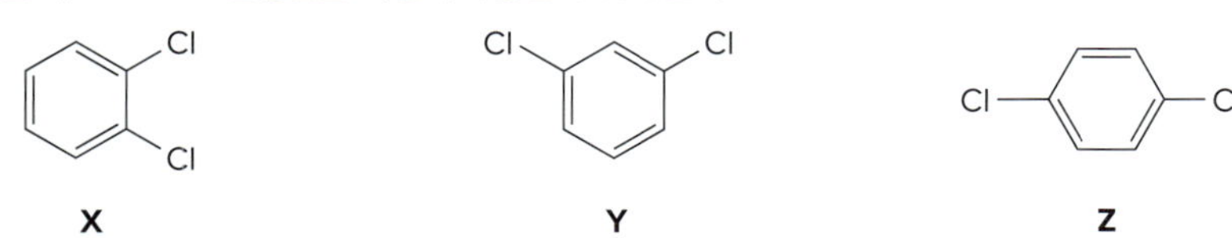

X **Y** **Z**

C.58 각 화합물 쌍을 구별하는 데 ^{1}H NMR 분광법을 어떻게 사용할 수 있겠는가?

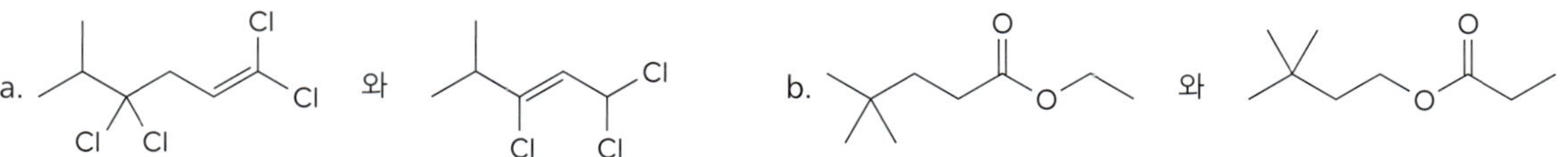

통합 분광법 문제

분광법 문제는 9–2, 13–21과 23장의 끝에 더 나와 있다.

C.59 다음 의약품 중에서 어느 것이 NMR 스펙트럼에서 ^{1}H NMR 신호보다 ^{13}C NMR 신호가 더 많은가?

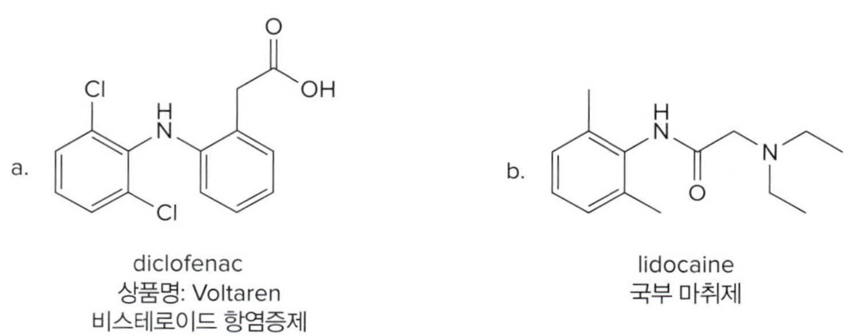

diclofenac
상품명: Voltaren
비스테로이드 항염증제

lidocaine
국부 마취제

C.60 아래 나와있는 화합물 **L**, **M**과 **N**에 관한 다음 질문에 답하라.

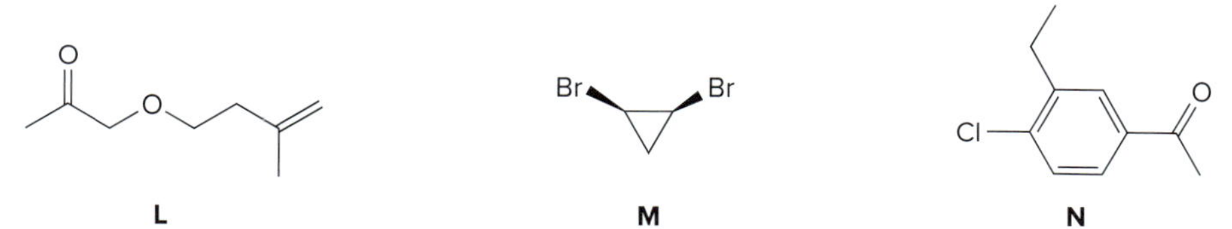

L **M** **N**

a. ^{1}H NMR에서 몇 개의 신호가 예상되는가?

b. ^{1}H NMR 스펙트럼에서 각 신호는 몇 개의 피크로 갈라지는가?

c. ^{13}C NMR 스펙트럼에서 몇 개의 흡수선이 예상되는가?

C.61 다음 hydroxyl ketone인 1-hydroxybutan-2-one (**A**)과 4-hydroxybutan-2-one (**B**)에 관한 다음 질문에 대답하라.

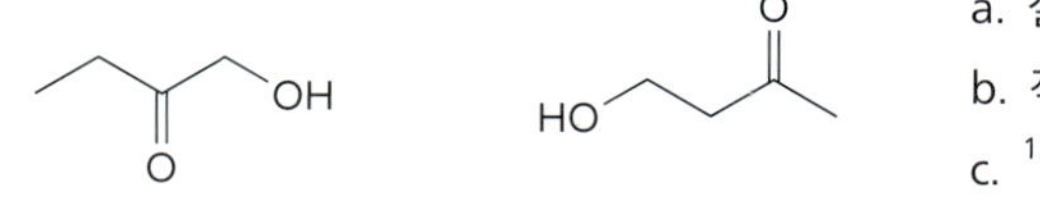

1-hydroxybutan-2-one **A**

4-hydroxybutan-2-one **B**

a. 질량 스펙트럼에서 분자 이온은 무엇인가?

b. 작용기 영역에서 어떤 IR 흡수가 존재하는가?

c. ^{13}C NMR 스펙트럼에서 몇 개의 흡수선이 관찰되는가?

d. ^{1}H NMR 스펙트럼에서 몇 개의 신호가 관찰되는가?

e. 각각의 양성자에서 관찰되는 갈라짐 형태와 대략적인 화학적 이동 값을 설명하라.

C.62 각 스펙트럼 자료와 일치하는 구조를 제안하라.

a. $C_4H_8Br_2$: IR 피크 3000−2850 cm^{-1}; NMR (ppm):
1.87(단일선, 6 H)
3.86(단일선, 2 H)

b. $C_3H_6Br_2$: IR 피크 3000−2850 cm^{-1}; NMR (ppm):
2.4(오중선)
3.5(삼중선)

c. $C_5H_{10}O_2$: IR 1740 cm^{-1}; NMR (ppm):
1.15(삼중선, 3 H) 2.30(사중선, 2 H)
1.25(삼중선, 3 H) 4.72(사중선, 2 H)

d. C_3H_6O: IR 1730 cm^{-1}; NMR (ppm):
1.11(삼중선)
2.46(다중선)
9.79(삼중선)

C.63 이성질체 **A**와 **B**의 구조를 결정하라(분자식 $C_9H_{10}O$).
화합물 **A**: 1742 cm^{-1}에서 IR 피크; ^{1}H NMR 자료(ppm), 2.15(단일선, 3 H), 3.70(단일선, 2 H) 및 7.20(넓은 단일선, 5 H).
화합물 **B**: 1688 cm^{-1}에서 IR 피크; ^{1}H NMR 자료(ppm), 1.22(삼중선, 3 H), 2.98(사중선, 2 H) 및 7.28~7.95(다중선, 5 H).

C.64 $C_6H_5CH_2CH_2OH$을 CH_3COCl과 반응시키면 분자식이 $C_{10}H_{12}O_2$인 화합물 **W**가 얻어진다. **W**는 3088−2897, 1740, 1606 cm^{-1}에서 중요한 IR 흡수를 보인다. **W**는 ^{1}H NMR 스펙트럼에서 2.02(단일선), 2.91(삼중선), 4.25(삼중선), 7.20~7.35(다중선) ppm의 신호를 나타낸다. **W**의 구조는 무엇인가? 우리는 20장에서 이 반응에 대해 배울 것이다.

C.65 2-Methylpropanenitrile [$(CH_3)_2CHCN$]을 $CH_3CH_2CH_2MgBr$과 반응시킨 후 수용성 산으로 처리하면 분자식이 $C_7H_{14}O$인 화합물 **V**가 얻어진다. **V**는 1713 cm^{-1}에서 강하게 IR을 흡수하고 ^{1}H NMR 데이터는 0.91(삼중선, 3 H), 1.09(이중선, 6 H), 1.6(다중선, 2 H), 2.43(삼중선, 2 H), 2.60(육중선, 1 H) ppm이다. **V**의 구조는 무엇인가? 우리는 19장에서 이 반응에 대해 배울 것이다.

C.66 화합물 **C**는 질량 스펙트럼을 보면 146에서 분자 이온이 나타나고, IR 스펙트럼을 보면 1762 cm^{-1}에서 센 흡수 피크가 나타난다. **C**의 ^{1}H NMR 스펙트럼은 1.47(이중선, 3 H), 2.07(단일선, 6 H), 및 6.84(사중선, 1 H) ppm이다. **C**의 구조는 무엇인가?

C.67 화합물 **D**를 $LiAlH_4$로 처리한 후 H_2O를 가하면 화합물 **E**가 얻어진다. **D**는 질량 스펙트럼을 보면 m/z = 71에서 분자 이온이 나타나고, IR 스펙트럼을 보면 3600−3200과 2263 cm^{-1}에서 흡수 피크가 나타난다. **E**는 질량 스펙트럼을 보면 m/z = 75에서 분자 이온이 나타나고, IR 스펙트럼을 보면 3636과 3600−3200 cm^{-1}에서 흡수 피크가 나타난다. 이 자료와 ^{1}H NMR 스펙트럼으로부터 **D**와 **E**의 구조를 제안하라.

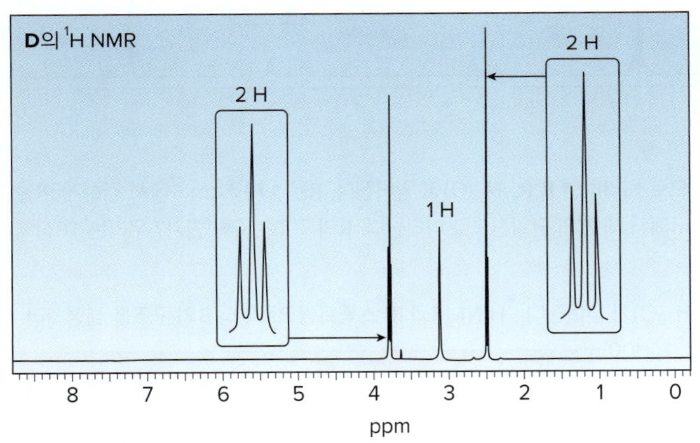

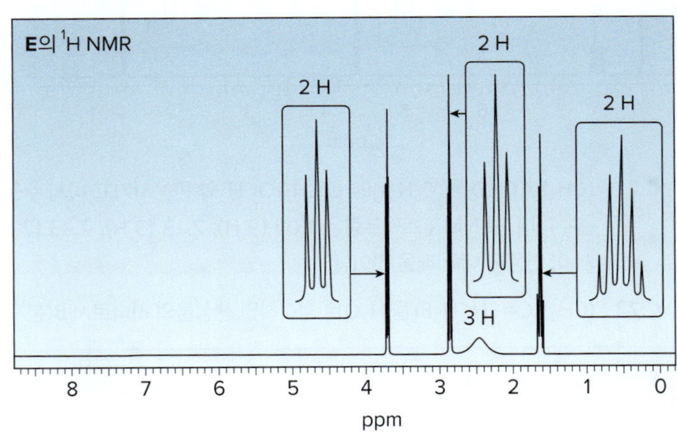

C.68 이성질체 **E**와 **F** (분자식 $C_4H_8O_2$)의 구조를 결정하라. 각 신호 위에 상대적 면적이 나와 있다.

a. **화합물 E**: 1743 cm^{-1}에서 IR 흡수

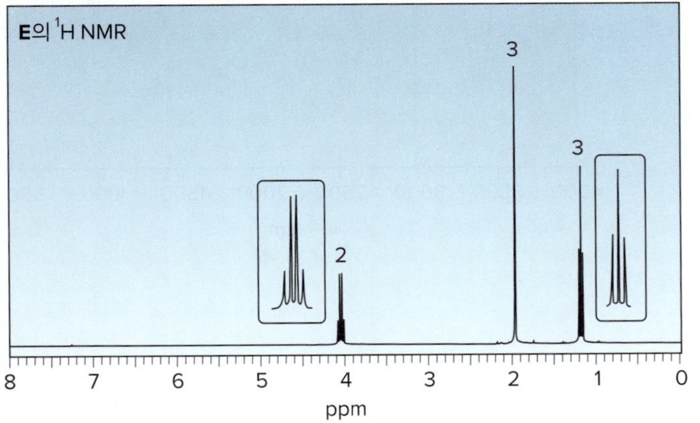

b. **화합물 F**: 1730 cm^{-1}에서 IR 흡수

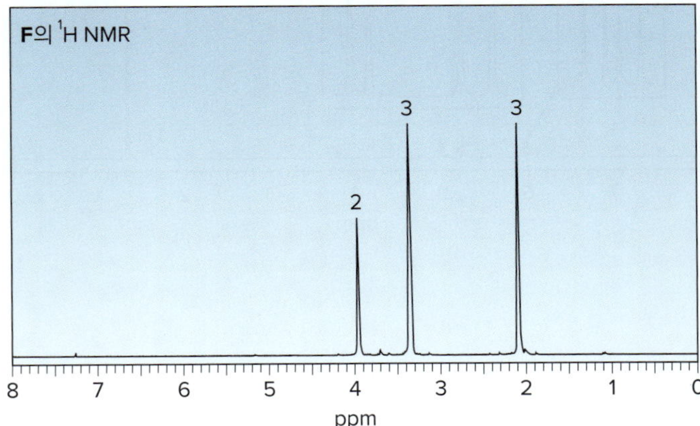

C.69 이성질체 **H**와 **I**(분자식 $C_8H_{11}N$)의 구조를 결정하라.

a. **화합물 H**: 3365, 3284, 3026, 2932, 1603, 1497 cm^{-1}에서 IR 흡수

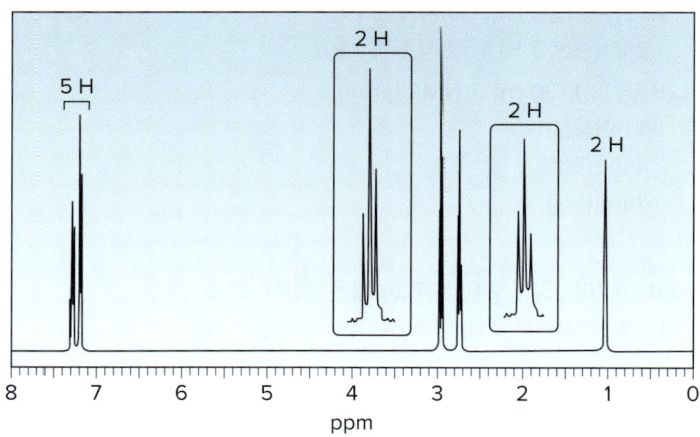

b. **화합물 I**: 3367, 3286, 3027, 2962, 1604, 1492 cm^{-1}에서 IR 흡수

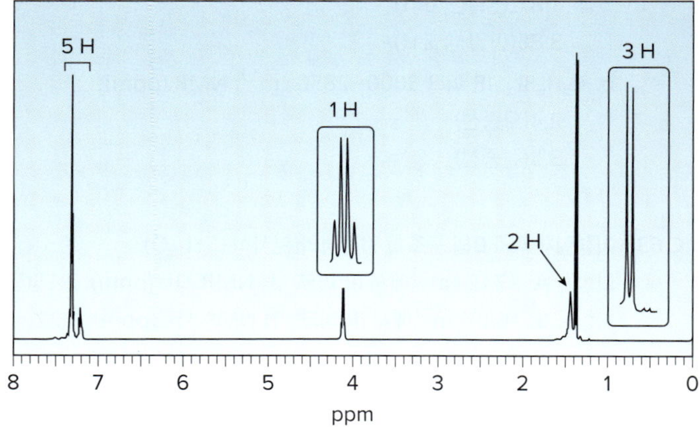

C.70 아래에 주어진 자료에 부합하는 구조를 제안하라.

a. $C_9H_{10}O_2$: 1718 cm^{-1}에서 IR 흡수

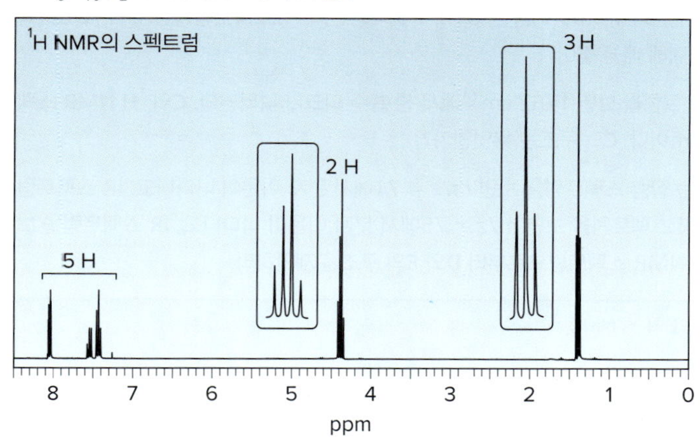

b. C_9H_{12}: 2850~3150 cm^{-1}에서 IR 흡수

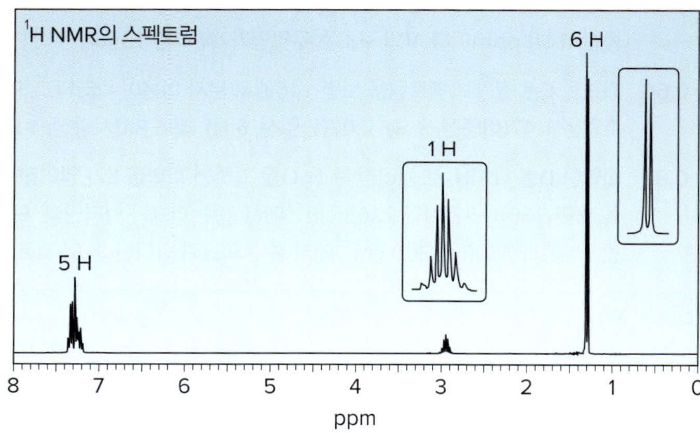

C.71 $(CH_3)_3CCHO$를 $(C_6H_5)_3P{=}C(CH_3)OCH_3$와 반응시키고 나서 수용성 산으로 처리하면 **R** ($C_7H_{14}O$)이 얻어진다. **R**은 1717 cm^{-1}에서 강하게 IR을 흡수하며 ^1H NMR 스펙트럼은 1.02 (9 H), 2.13 (3 H), 2.33 (2 H) ppm에서 세 개의 단일선으로 나타난다. **R**의 구조는 무엇인가? 우리는 18장에서 이 반응에 대해 배울 것이다.

C.72 $(CH_3)_2C{=}CHCH_2Br$을 H_2O로 처리하면 생성물의 하나로서 **B**(분자식 $C_5H_{10}O$)가 얻어진다. ^1H NMR과 IR 스펙트럼으로부터 **B**의 구조를 결정하라.

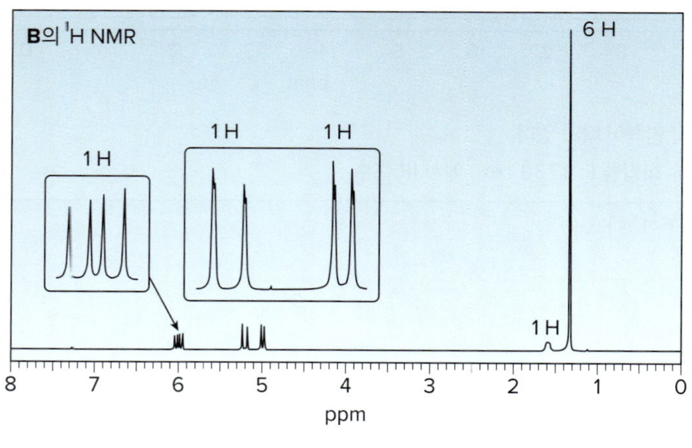

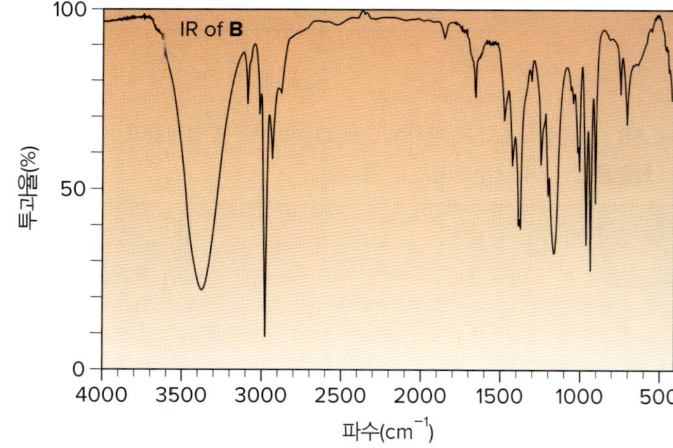

C.73 주어진 자료와 일치하는 구조를 제안하라.

a. 화합물 **J**: 분자 이온 72; 1710 cm^{-1}에서 IR 피크; ^{1}H NMR (ppm) 1.0(삼중선, 3 H), 2.1(단일선, 3 H), 2.4(사중선, 2 H)

b. 화합물 **K**: 분자 이온 88; 3600−3200 cm^{-1}에서 IR 피크; ^{1}H NMR (ppm) 0.9(삼중선, 3 H), 1.2(단일선, 6 H), 1.5(사중선, 2 H), 1.6(단일선, 1 H)

C.74 미지의 화합물 **D**는 1692 cm^{-1}에서 강한 IR 흡수가 나타난다. **D**의 질량 스펙트럼을 보면, 분자 이온은 m/z = 150, 주피크는 121이다. **D**의 ^{1}H NMR 스펙트럼은 아래에 나와 있다. **D**의 구조는 무엇인가?

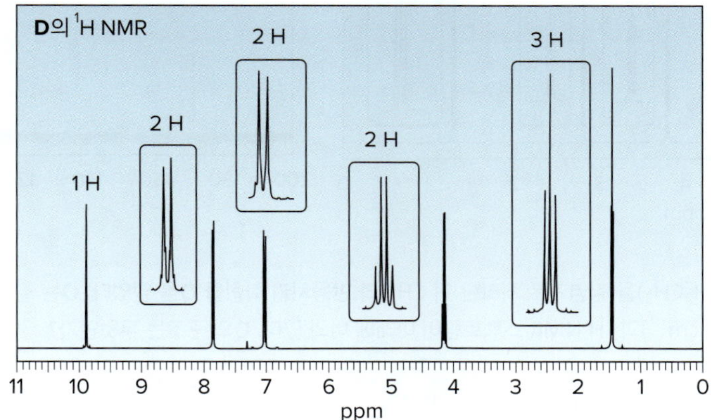

C.75 소량의 산의 존재하에서 메탄올(CH_3OH)에 녹인 아세트알데하이드(CH_3CHO) 용액을 그대로 두었더니, 새로운 화합물 **L**이 얻어졌다. **L**의 질량 스펙트럼은 90에서 분자 이온 피크를 보여주었고, IR 스펙트럼은 2992와 2941 cm^{-1}에서 흡수를 나타내었다. **L**의 ^{13}C NMR 스펙트럼에서는 19, 52 및 101 ppm에서 신호를 보여주었다. **L**의 ^{1}H NMR 스펙트럼은 아래에 나와 있다. **L**의 구조는 무엇인가?

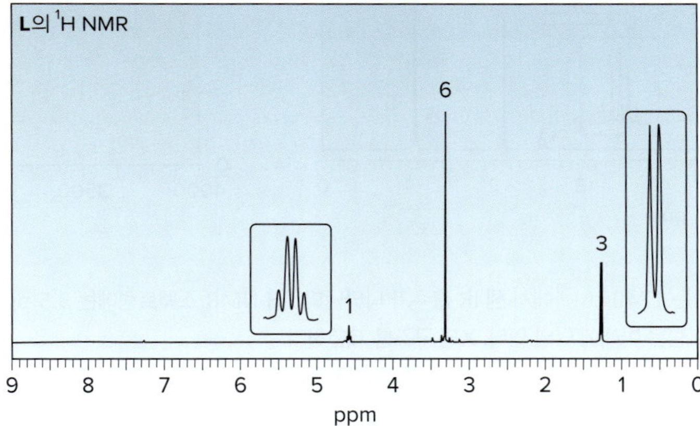

C.76 화합물 **O**의 분자식은 $C_{10}H_{12}O$이고 1687 cm^{-1}에서 IR 흡수를 보여준다. **O**의 ^{1}H NMR 스펙트럼은 아래에 주어져 있다. **O**의 구조는 무엇인가?

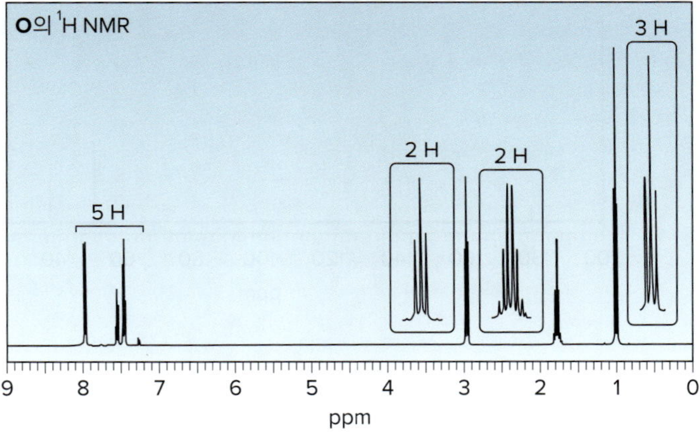

C.77 화합물 **P**는 분자식이 $C_5H_9ClO_2$이다. ^{1}H와 ^{13}C NMR 스펙트럼으로부터 **P**의 구조를 유추하라.

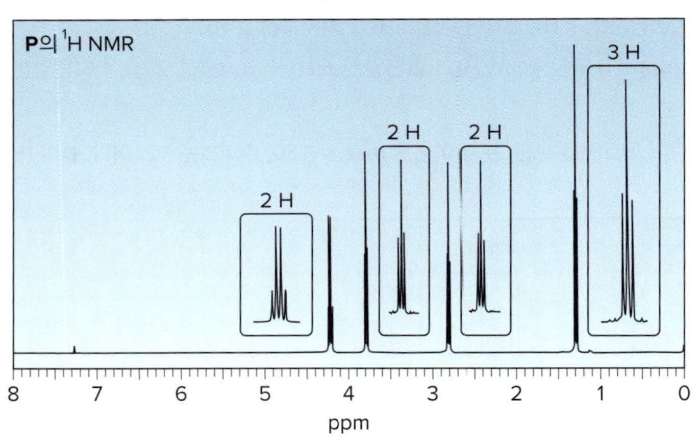

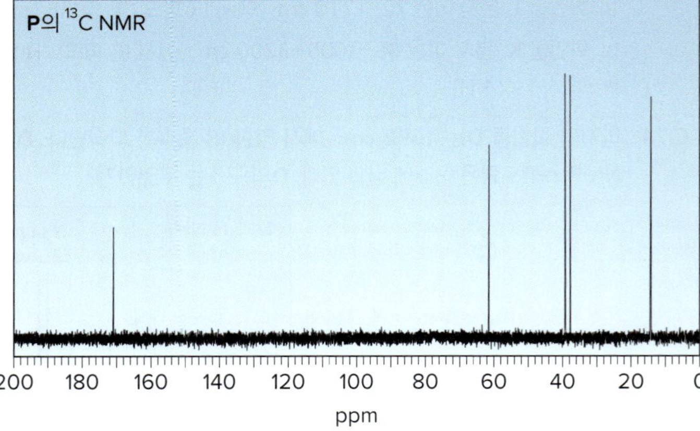

C.78 Butan-2-one ($CH_3COCH_2CH_3$)을 강염기로 처리한 뒤 CH_3I와 반응시켜 화합물 **Q**를 얻었다. **Q**는 질량 분석 스펙트럼에서 86에서 분자 이온이 나타났으며 **Q**의 IR (> 1500 cm^{-1})과 ^{1}H NMR 스펙트럼이 아래에 나와 있다. **Q**의 구조는 무엇인가?

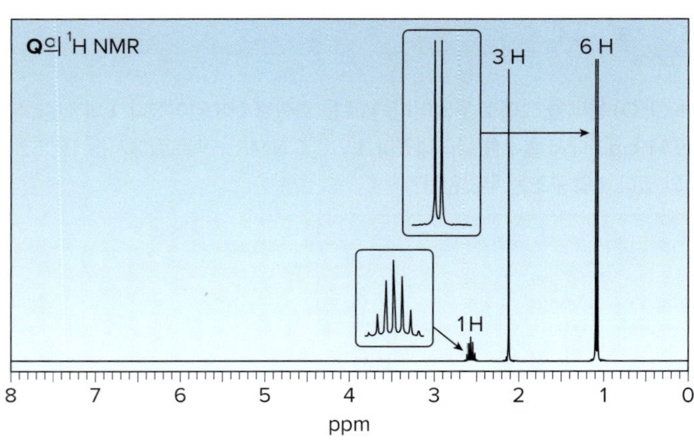

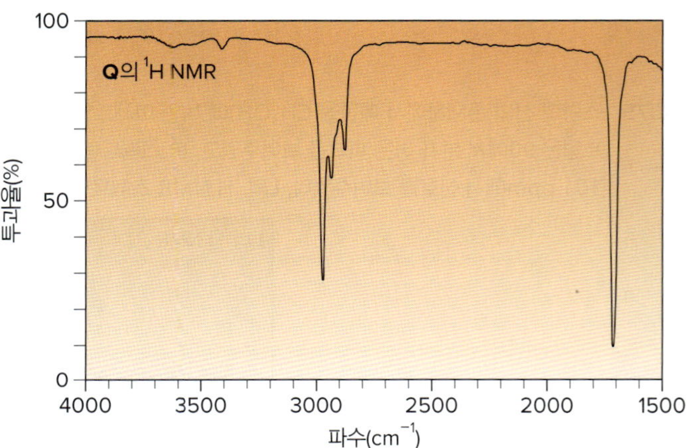

C.79 화합물 **X**(분자식 $C_6H_{12}O_2$)는 1740 cm^{-1}에서 센 IR 흡수가 나타난다. ^{1}H NMR 스펙트럼에는 3.5 ppm에 나타난 신호를 포함해서 단일선 두 개만이 보인다. ^{13}C NMR 스펙트럼은 아래에 나와 있다. **X**의 구조를 제안하라.

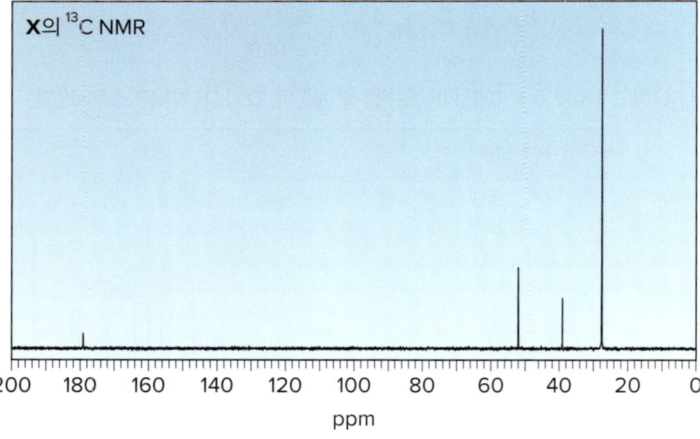

도전 문제

C.80 미지 **A**가 HCl와 반응하면 주생성물로서 클로로하이드린 **B**가 생성된다. **A**는 1700 cm^{-1} 혹은 3600~3200 cm^{-1}에서 IR을 흡수하지 않으며 ^1H NMR 자료는 1.4(이중선, 3 H), 3.0(이중선의 사중선, 1 H), 3.5(이중선, 1 H), 3.8(단일선, 3 H), 6.9(이중선, 2 H), 7.2(이중선, 2 H) ppm이다. (a) 입체구조를 포함하여, **A**의 구조를 제안하라. (b) 이 반응에서 왜 **B**가 주생성물인지 설명하라.

Cl OH O

B

C.81 *N*,*N*-Dimethylforamide의 ^1H NMR 스펙트럼에는 2.9, 3.0 및 8.0 ppm에서 단일선 세 개가 나타난다. 두 CH_3기는 서로 동등하지 않아서, 서로 다른 두 개의 NMR 신호를 나타낸다. 그 이유를 설명하라.

O H N

N,*N*-dimethylformamide

C.82 18-Annulene은 ^1H NMR 스펙트럼에서 두 개의 신호가 각각 8.9 ppm (12 H)과 −1.8 ppm (6 H)에서 나타난다. 벤젠 양성자의 화학적 이동을 설명하는 데 사용했던 이론을 활용하여 18-annulene에서 왜 가려진 화학적 이동 값과 벗겨진 화학적 이동 값이 관찰되는지를 설명하라.

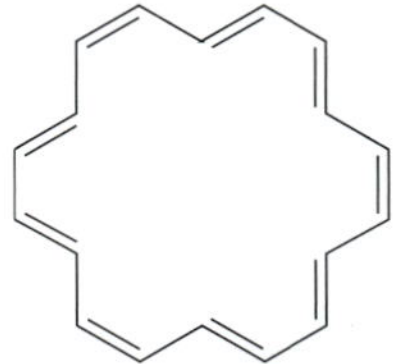

18-annulene

C.83 3-Methylbutan-2-ol의 ^{13}C NMR 스펙트럼에는 왜 다섯 개의 신호만 나타나는지를 설명하라.

C.84 ^{31}P은 질량수가 홀수이기 때문에 ^{31}P 핵은 NMR에서 흡수가 일어나고, 많은 면에서 ^{31}P 핵은 NMR 분광학에서 양성자와 비슷하게 행동한다. 이러한 사실을 생각하면서, methyl dimethylphosphonate [$CH_3PO(OCH_3)_2$]의 ^1H NMR 스펙트럼에서 두 개의 이중선이 1.5 및 3.7 ppm에서 나타나는 이유를 설명하라.

C.85 Cyclohex-2-enone은 탄소−탄소 이중 결합에 두 개의 양성자(H_a와 H_b로 표시된)와 이중 결합에 인접한 탄소에 두 개의 양성자(H_c로 표시)가 있다. (a) 만약 J_{ab} = 11 Hz이고 J_{bc} = 4 Hz라면, sp^2 혼성 탄소에 있는 각 양성자에서 관찰되는 갈라짐 패턴을 그려라. (b) H_a는 전자를 끄는 C=O에 인접하고 있음에도 불구하고 H_b 신호보다 더 높은장에서 흡수가 일어나는 이유를 설명하라(6.0 대 7.0 ppm).

H_c H_c O H_b H_a

cyclohex-2-enone

자가−시험 해답

1. d　2. d　3. b　4. a　5. a　6. c　7. d　8. d　9. b　10. b

라디칼 반응

Radical Reactions

13

ORGANIC CHEMISTRY

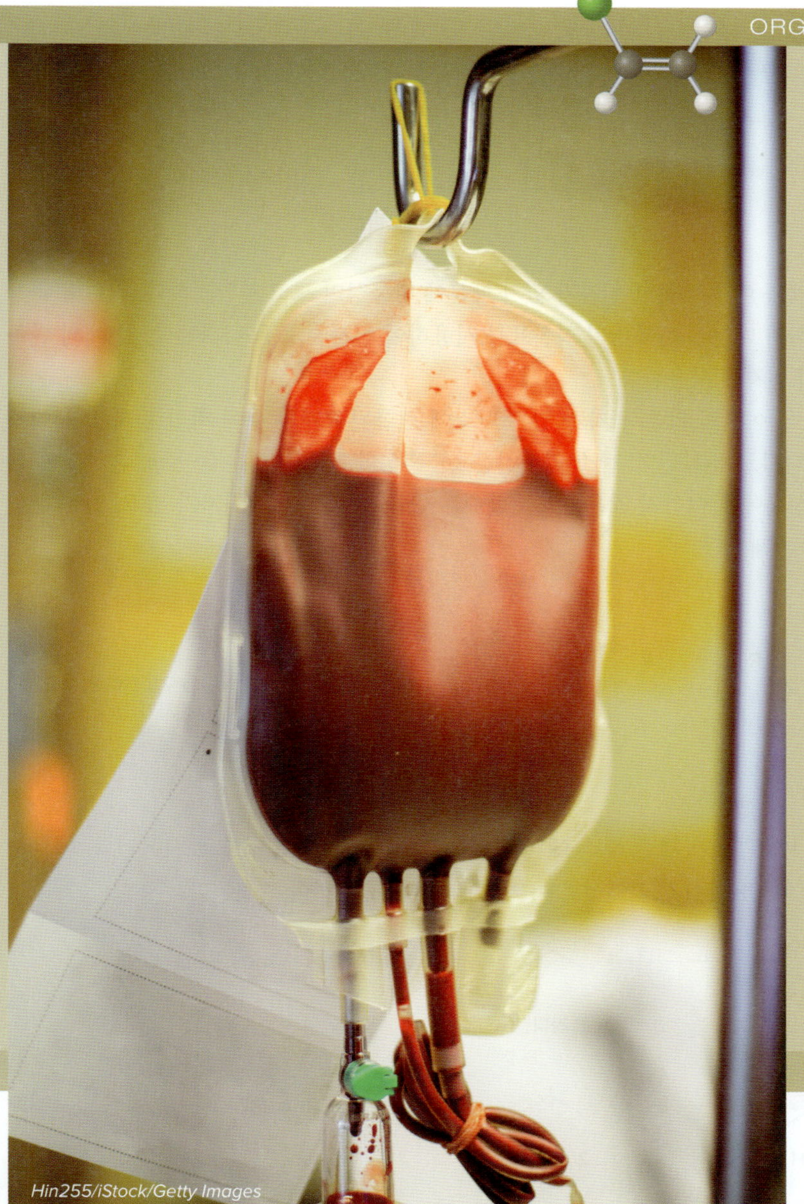

염화 바이닐 단위체로부터 제조되는 합성 고분자인 폴리(염화 바이닐)(PVC)은 다양한 종류의 의학, 산업 및 가정 제품으로 사용되고 있다. 단단한 PVC는 파이프나 병으로 사용되는 반면에 유연한 PVC는 혈액용 백, 튜빙 및 혈액 투석이나 심장 바이패스 수술에 필요한 재료에 사용된다. PVC는 물에 녹지 않기 때문에 정원용 호스, 하수관과 우의는 PVC로 만든다. PVC는 가볍고 찢어지지 않으며 쉽게 멸균할 수 있기 때문에 더 이상 사용할 수 없을 때까지 여러 번 재활용할 수 있다. 13장에서는 폴리(염화 바이닐) 같은 고분자를 어떻게 만드는지를 공부할 것이다.

왜 공부하는가? . . .

라디칼이란?

반응의 수는 비록 작지만, 그래도 중요한 반응 중의 하나가 무극성 결합이 균일 분해하여 반응성이 매우 큰 **라디칼 중간체(radical intermediate)**가 생기는 반응이다. 이런 반응은 다른 유기 반응들과 다르지만, 라디칼 변환은 많은 생물학적, 산업적 공정에 중요하다. 기체인 O_2와 NO(산화 질소)는 모두 라디칼로 존재한다. 산소에 의한 산화 반응은 라디칼 중간체를 거쳐 일어나며, 혈액 응고나 신경전달처럼 NO가 중재하는 생물학적 과정도 라디칼 반응이다. 스티로폼, 폴리에틸렌과 같은 많은 유용한 산업 생산품이 라디칼 공정에 의하여 제조된다.

13장에서는 라디칼 반응에 의한 무극성 결합의 분해에 대해 조사한다.

13.1 서론

6.3절에서 라디칼이 처음 소개되었다.

- **라디칼**은 공유 결합의 균일 분해에 의하여 생성된, 쌍을 이루지 않은 한 개의 전자가 있는 반응 중간체이다.

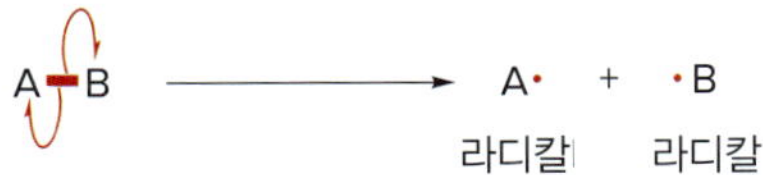

라디칼 반응에는 반쪽머리 굽은 화살표를 사용한다.

라디칼은 팔전자계를 이루지 못한 원자가 있기 때문에 반응성이 크고 불안정하다. 라디칼 과정은 전자 한 개가 관여하기 때문에 반쪽머리 화살표를 사용하여 전자 이동을 나타낸다. **한 개의 반쪽머리 화살표는 한 개의 전자에 사용된다.**

탄소 라디칼은 쌍을 이루지 않은 전자가 있는 탄소에 결합된 R기의 수에 따라 **일차(1°), 이차(2°)** 또는 **삼차(3°)** 라디칼로 분류된다. 탄소 라디칼은 sp^2 혼성화 탄소 양이온같이 $\boldsymbol{sp^2}$ 혼성이며 **삼각 평면 구조**이다. 혼성화에 참여하지 않은 *p* 오비탈에는 쌍을 이루지 않는 전자가 있고, 삼각 평면 탄소의 위와 아래쪽에 존재한다.

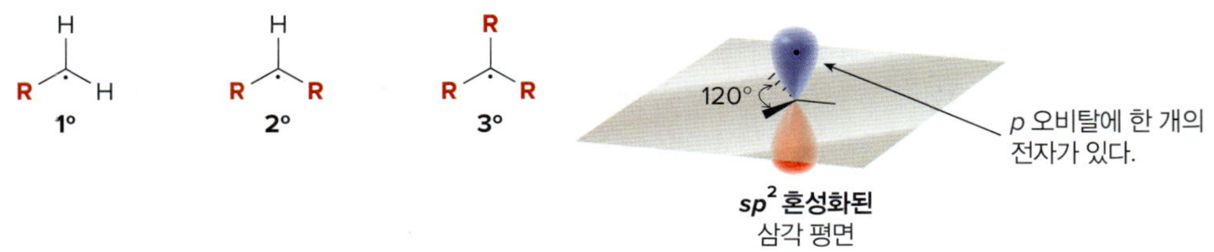

C–H 결합의 분해에 필요한 결합 해리 에너지는 라디칼의 안정성의 척도로 사용된다. 예로서 두 종류의 다른 라디칼이 $CH_3CH_2CH_3$에서 C–H 결합의 분해에 의하여 생성된다.

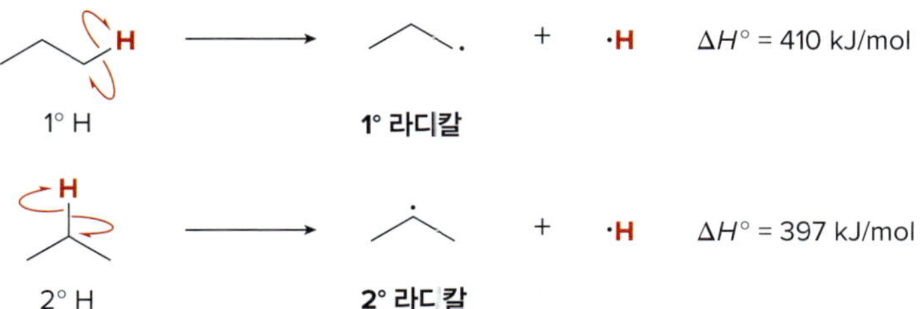

더 강한 1° C–H 결합을 분해하여 1° 라디칼($CH_3CH_2CH_2\cdot$)을 만들려면 **더 약한 2° C–H** 결합을 분해하여 2° 라디칼[$(CH_3)_2CH\cdot$]을 만드는 것보다 더 많은 에너지가 필요하다(410 대 397 kJ/mol). 이런 결합 에너지의 차이가 2° 라디칼을 더 안정하게 하는데, 이는 그림 13.1에서와 같이 라디칼 생성에 필요한 에너지가 더 적기 때문이다. 이와 같이 **더 약한 결합을 분해하면 더 안정한 라디칼이 생기는데,** 이는 일반적 경향의 특정한 예이다.

그림 13.1
1°, 2° 탄소 라디칼의 상대적 안정도

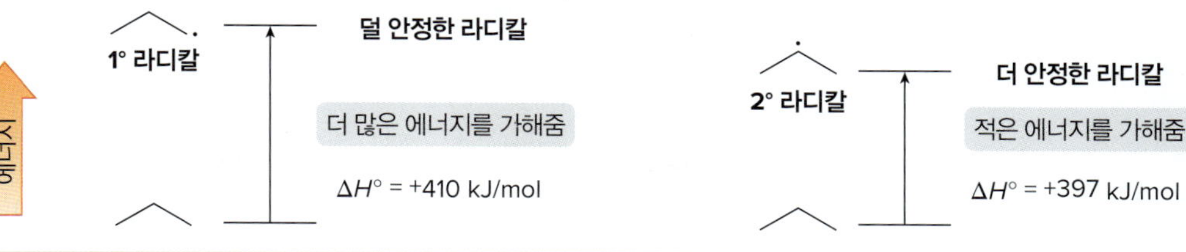

- 라디칼의 안정성은 탄소 라디칼에 결합된 알킬기의 수가 많을수록 증가한다.

C−H 결합의 결합 해리 에너지가 **작을수록 더 안정한** 탄소 라디칼이 생성된다.

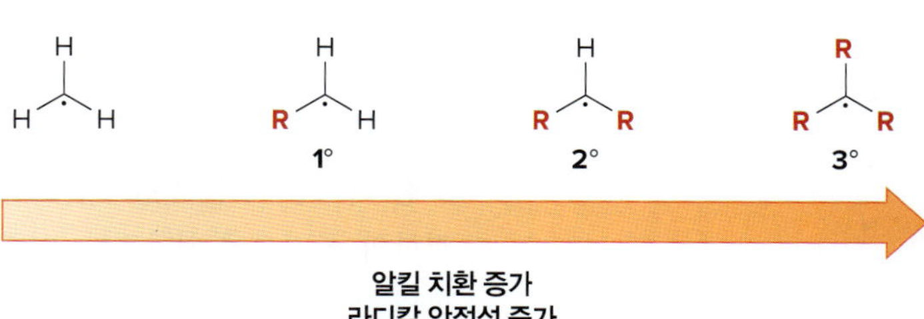

따라서 3° 라디칼은 2° 라디칼보다 안정하고, 2° 라디칼은 1° 라디칼보다 안정하다. 알킬 치환기가 증가하면 탄소 양이온의 안정성이 증가하는 것 같이 라디칼 안정성도 증가한다. **알킬기는 수소 원자보다 편극성이 크기 때문에** 전자가 부족한 탄소 라디칼로 전자 밀도를 주어 안정성을 증가시킨다.

그러나 탄소 양이온과는 다르게, **불안정한 라디칼은 더 안정한 라디칼로 자리 옮김하지 않는다.** 이 차이점을 라디칼 반응과 탄소 양이온 반응을 구별하는 데 이용할 수 있다.

문제 13.1 다음 라디칼을 1°, 2° 또는 3°로 분류하라.

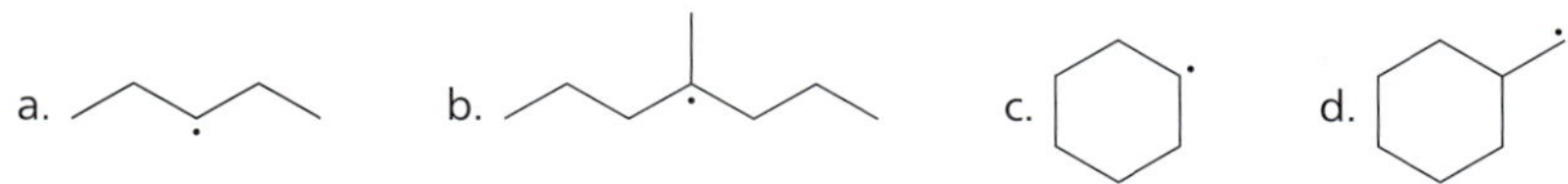

문제 13.2 다음 각 분자의 C−H 결합이 끊어져서 생기는 가장 안정한 라디칼을 그려라.

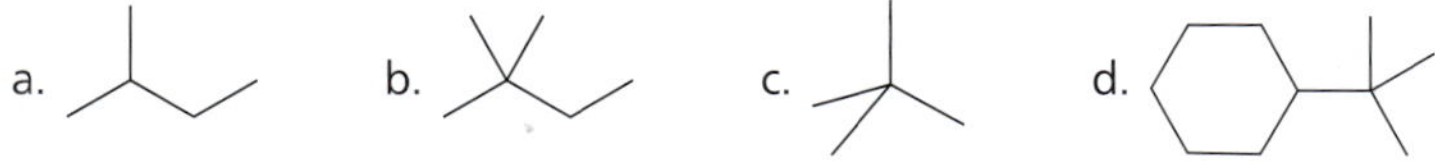

13.2 라디칼 반응의 일반적 특성

R−Ö·
라디칼 **개시제**

라디칼은 **열(Δ)**이나 **빛($h\nu$)**의 형태로 에너지를 가하여 공유 결합으로부터 생성된다. 어떤 라디칼 반응은 라디칼 공급원으로서 역할을 하는 매우 결합이 약한 화합물인 **라디칼 개시제(radical initiator)**의 존재하에서 수행된다. 일반적으로 **RO−OR** 구조의 **과산화물(peroxide)**이 가장 보편적으로 사용되는 라디칼 개시제이다. 과산화물을 가열하면 약한 O−O 결합의 균일 분해가 쉽게 일어나며 두 개의 RO· 라디칼이 생성된다.

13.2A 라디칼의 전형적인 두 가지 반응

라디칼은 두 가지의 주된 반응을 수행한다. 즉, **σ 결합과 반응하거나 π 결합에 첨가되며** 두 경우 모두에서 라디칼은 팔전자계를 이룬다.

[1] 라디칼 X·와 C−H 결합의 반응

라디칼 X·가 C−H의 σ 결합으로부터 수소 원자를 떼어내면 탄소 라디칼과 H−X가 생성된다. C−H 결합에서 한 개 전자는 새로운 H−X 결합을 생성하는 데 사용되고, C−H 결합의 나머지 한 개 전자는 탄소에 남는다. 결과적으로 원래의 라디칼 X·에는 여덟 개의 전자가 남고 한 개의 새로운 라디칼이 생성된다.

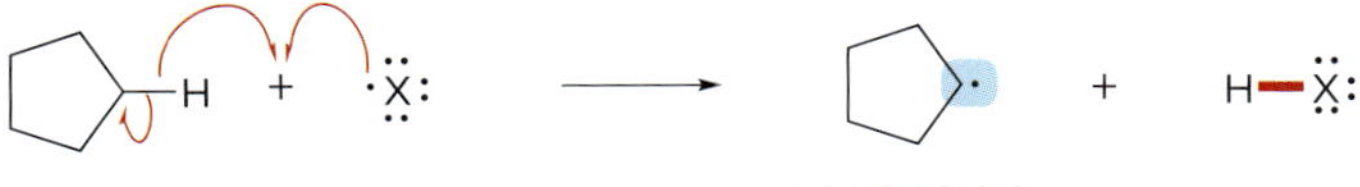

- H−X에서 한 개의 전자는 라디칼로부터 제공된다.
- H−X에서 한 개의 전자는 C−H 결합에서 제공된다.

이런 라디칼 반응은 극성이나 이온성 친전자체 또는 친핵체와 반응할 수 없는 **알케인**의 무극성 C−H 결합에서 전형적으로 볼 수 있다.

[2] 라디칼 X·와 C=C의 반응

또한 라디칼 X·는 탄소−탄소 이중 결합의 π 결합에 첨가된다. 이중 결합의 한 개 전자는 새로운 C−X 결합을 생성하는 데 사용되고, 나머지 한 개 전자는 원래의 이중 결합의 다른 탄소에 남아 있게 된다.

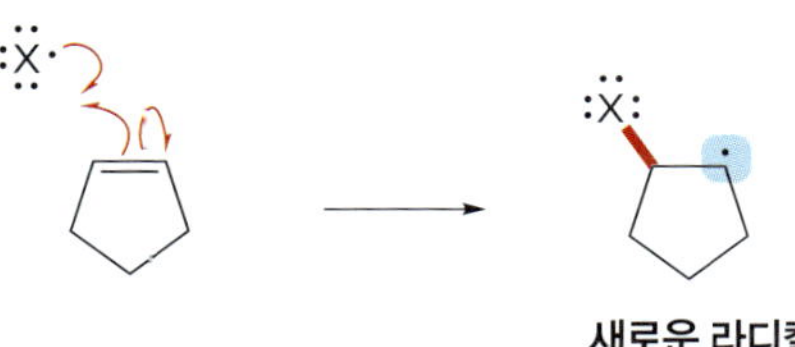

- C−X에서 한 개의 전자는 라디칼로부터 제공된다.
- C−X에서 한 개의 전자는 π 결합으로부터 제공된다.

라디칼이 안정한 단일 결합 또는 이중 결합과 반응할 때마다 **새로운 라디칼이** 생성물에서 **생성된다.**

알켄의 전자가 풍부한 이중 결합은 이온성 첨가 메커니즘에 의하여 친전자체와 반응하지만, 라디칼 또한 전자가 부족한 반응성이 큰 중간체이기 때문에 이중 결합이 라디칼과 반응한다.

13.2B 라디칼 두 개의 상호 반응

라디칼이 생성되기만 하면, 라디칼은 그 무엇과도 빠르게 반응한다. 일반적으로 그 무엇은 안정한 σ 결합과 π 결합을 의미한다. 그러나 두 개의 라디칼은 때때로 서로 접촉하고, σ 결합을 생성하는 반응을 한다.

:X· + ·X: ⟶ :X—X:

X−X에서 한 개의 전자는 각각의 라디칼에서 제공된다.

바닥 상태의 전자 배치에서 쌍라디칼(diradical)인 산소와 라디칼의 반응은 서로 반응하는 두 라디칼의 또 다른 예이다. 이 경우 O_2와 X·의 반응은 새로운 라디칼을 생성함으로써 X·가 다른 유기 기질과 반응하는 것을 방해한다.

·O—O· + ·X: ⟶ ·O—O—X:

쌍라디칼

라디칼 반응을 억제하는 화합물을 라디칼 억제제(*radical inhibitor*) 또는 라디칼 포착제(*radical scavenger*)라 부른다. 산소 외에 13.12절에서 설명될 비타민 E 및 관련 화합물 또한 라디칼 포착제이다. 이러한 화합물이 어떤 반응을 억제한다면, 이는 이 반응이 라디칼 중간체를 경유하여 일어난다는 것을 의미한다.

문제 13.3 염소 원자(Cl·)가 다음의 각 화학종과 반응할 때 생성되는 생성물을 그려라.

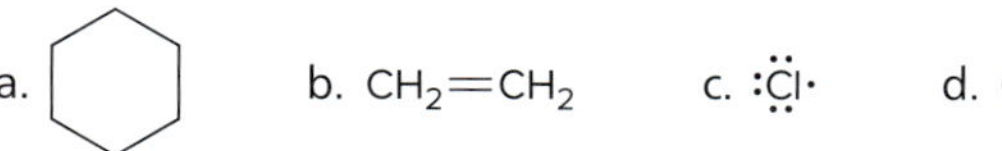

13.3 알케인의 할로젠화

$$\text{H}-\text{C} + X_2 \xrightarrow[h\nu \text{ 또는 } \Delta]{} \text{X}-\text{C} + \text{H}-\text{X}$$

X = Cl 또는 Br   할로젠화 알킬

빛이나 열의 존재하에서 알케인이 할로젠과 반응하면 할로젠화 알킬이 생성된다. 할로젠화는 라디칼 중간체를 포함하는 메커니즘에 의하여 할로젠 원자 X가 수소 원자를 치환하기 때문에 **라디칼 치환 반응**이다.

알케인의 할로젠화는 오직 Cl_2와 Br_2를 사용할 때만 유용하다. F_2와의 반응은 너무 격렬하고 I_2 와의 반응은 너무 느려서 효과적이지 못하다. 수소 원자의 유형이 두 가지 이상인 알케인은 할로젠화 알킬 혼합물을 생성시킬 수 있다(반응 [2]).

알케인의 할로젠화 생성물을 그리라고 할 때, 특별한 지시가 없는 한 **오직 단일할로젠화 생성물만 그려라.**

[1] cyclohexane + Br_2 $\xrightarrow{h\nu \text{ 또는 } \Delta}$ bromocyclohexane + H−Br

[2] 2 propane + 2 Cl_2 $\xrightarrow{h\nu \text{ 또는 } \Delta}$ 1-chloropropane + 2-chloropropane + 2 H−Cl

1 : 1

이들 할로젠화 예에서, 할로젠은 알케인의 수소 원자 한 개를 치환한다. 다른 수소 원자들도 치환될 수 있을까? 그림 13.2는 CH_4가 과량의 Cl_2로 처리될 때 네 개의 수소 원자 모두가 순차적으로 Cl로 치환되어 CCl_4가 생성되는 것을 보여준다. **단일할로젠화(monohalogenation,** 한 개의 수소가 X로 치환됨)는 과량의 알케인에 할로젠 X_2를 첨가하여 실험적으로 수행될 수 있다.

그림 13.2
과량의 Cl_2를 이용한 CH_4의 완전 할로젠화

$$CH_4 \xrightarrow[h\nu]{Cl_2} CH_3Cl + HCl \xrightarrow[h\nu]{Cl_2} CH_2Cl_2 + HCl \xrightarrow[h\nu]{Cl_2} CHCl_3 + HCl \xrightarrow[h\nu]{Cl_2} CCl_4 + HCl$$

예제 13.1 알케인의 염소화 생성물 그리기

Cl_2와 $h\nu$를 이용한 $(CH_3)_2CHCH_2CH_3$의 단일할로젠화에 의하여 생성되는 모든 구조 이성질체를 그려라.

풀이

각 탄소의 H를 Cl로 치환하고 어떤 생성물이 동일한지를 조사한다. 출발물에는 다섯 개의 탄소가 있으나, 두 개 탄소 원자에서 한 개 수소 원자를 치환하면 동일한 생성물이 생성된다. 따라서 **$(CH_3)_2CHCH_2CH_3$는 네 개의 단일염소화 치환 생성물을 생성한다.**

$\xrightarrow[h\nu]{Cl_2}$ **1**-chloro-**3**-methylbutane + **2**-chloro-**3**-methylbutane + **2**-chloro-**2**-methylbutane + **1**-chloro-**2**-methylbutane + **1**-chloro-**2**-methylbutane

같은 이름
동일한 화합물

문제 13.4 각 알케인의 단일염소화에 의해 생성되는 모든 구조 이성질체를 그려라.

a. b. c. d.

추가 문제: 문제 13.28a, 13.35, 13.46a를 풀어보라.

문제 13.5 화합물 **A**와 **B**는 분자식이 C_5H_{12}인 이성질체이다. Cl_2와 함께 **A**를 가열하면 단일할로젠화에 의해 단일 생성물이 생성되는 반면, 같은 조건하에서 **B**를 가열하면 세 개의 구조 이성질체가 생성된다. **A**와 **B**의 구조는 무엇인가?

13.4 할로젠화 반응 메커니즘

친핵성 치환은 출발물과 시약에 의존하여 두 개의 다른 메커니즘으로 진행되지만, 알케인의 모든 할로젠화 반응은 사용된 할로젠과 알케인에 관계없이 같은 메커니즘으로 진행된다. 할로젠화에 관한 세 가지 사실로부터 이온 중간체가 아닌 **라디칼** 중간체가 관여하는 메커니즘을 제시할 수 있다.

사실	설명
[1] 빛, 열 또는 과산화물의 첨가가 반응에 필요하다.	• 빛이나 열이 결합의 균일 분해에 필요한 에너지를 공급해야만 라디칼이 생성된다. 과산화물의 약한 O−O 결합을 분해하는 것도 라디칼 반응을 개시하는 방법이다.
[2] O_2는 반응을 억제한다.	• 쌍라디칼인 O_2는 반응 혼합물로부터 라디칼을 제거하여 반응을 중지시킨다.
[3] 자리 옮김은 관찰되지 않는다.	• **라디칼은 자리 옮김하지 않는다.**

13.4A 단계별 라디칼 할로젠화

Cyclopentane의 염소화는 **라디칼 할로젠화의 세 단계**를 보여주고 있다(메커니즘 13.1).

$$\text{cyclopentane} + Cl_2 \xrightarrow[h\nu \text{ 또는 } \Delta]{} \text{chlorocyclopentane} + HCl$$

cyclopentane chlorocyclopentane

- **개시(initiation)**: 두 개의 라디칼이 σ 결합의 균일 분해에 의하여 생성되고, 라디칼이 반응을 개시한다.
- **전파(propagation)**: 한 개의 라디칼은 반응물과 반응하여 새로운 σ 결합과 또 다른 라디칼을 생성한다.
- **종결(termination)**: 두 개의 라디칼이 결합하면 안정한 결합이 생성된다. 라디칼이 새로 생기지 않고 반응 혼합물에서 라디칼이 제거되기 때문에 반응이 멈추게 된다.

개시 반응이 반응을 시작하는 데 필요한 라디칼 Cl·을 발생시키지만, **전파 단계([2]와 [3])가 두 개의 반응 생성물**인 chlorocyclopentane과 HCl을 **생성한다.** 과정이 개시되기만 하면 전파 단계 [1]이 발생할 필요도 없이 연속적으로 일어난다. **라디칼 할로젠화와 같이 두 개 이상의 반복 단계로 일어나는 메커니즘을 연쇄 메커니즘(*chain mechanism*)이라 한다.** 각 전파 단계에서 안정한 결합에서 반응성 라디칼이 원자를 제거하면, 새로운 결합 그리고 **연쇄 반응을 계속시킬 또 다른 라디칼**이 생기게 된다.

메커니즘 13.1 알케인의 라디칼 할로젠화

부분 [1] 개시

1 **결합 분해는 두 개의 라디칼을 생성한다.** 가장 약한 결합(Cl−Cl)의 균일 분해는 빛이나 열이 필요하며 두 개의 염소 라디칼을 생성한다.

부분 [2] 전파

2 **라디칼 Cl·은** cyclopentane에서 **한 개의 수소 원자를 떼어내** HCl(반응 생성물)과 새로운 탄소 라디칼을 생성한다.

3 **탄소 라디칼은** Cl_2로부터 **염소 원자를 떼어내고** chlorocyclopentane(반응 생성물)과 새로운 염소 라디칼(Cl·)을 생성한다. 라디칼 Cl·은 단계 [2]에서는 반응물이기 때문에, **단계 [2]와 [3]은** 부가적인 개시 반응(단계 [1]) 없이 **반복적으로 일어날 수 있다.**

부분 [3] 종결

4 두 개의 라디칼이 결합을 생성할 때 연쇄 반응은 **종결**된다.

일반적으로 라디칼이 안정한 결합과 반응하면 연쇄 반응이 전파되나, 때때로 두 개의 라디칼이 결합하기도 하며, 그러면 이 반응은 연쇄 반응을 종결시킨다. 반응의 종류와 반응 조건에 따라 어떤 라디칼 연쇄 메커니즘은 종결이 일어나기 전에 수천 번 반복할 수 있다.

종결 단계 [4a]는 하나의 반응물인 Cl_2를 생성하나, 단계 [4c]는 반응 생성물 중의 하나인 chlorocyclopentane을 생성한다. 종결 단계 [4b]는 반응물이나 원하는 생성물이 아닌 **A**를 생성한다. 그러나 적은 양의 **A**가 생겼다는 점은 라디칼이 반응에서 생성되었다는 증거로 볼 수 있다.

라디칼 할로젠화에서 가장 중요한 단계는 생성물로 이끄는 전파 단계이기 때문에 이 반응에 대한 계속되는 설명에서는 전파 단계를 집중적으로 다룬다.

문제 13.6 두 고리 알케인 **A**를 Cl_2와 같이 가열하면 다른 단일염소화 생성물과 함께 **B**가 얻어진다. 이 반응의 사슬 전파 단계의 두 가지를 쓰라.

13.4B 에테인의 염소화 동안의 에너지 변화

$$CH_3CH_3 + Cl_2 \xrightarrow{h\nu \text{ 또는 } \Delta} CH_3CH_2Cl + HCl$$

에테인의 염소화는 결합 해리 에너지(6.4절)가 전파 단계에 대한 $\Delta H°$를 계산하기 위하여 어떻게 이용될 수 있는지를 보여준다.

그림 13.3
에테인의 염소화에서 전파 단계의 에너지 변화

[1] $CH_3CH_2\text{—}H + \cdot\ddot{Cl}: \longrightarrow CH_3\dot{C}H_2 + H\text{—}\ddot{Cl}:$

	끊어진 결합	생성된 결합	
[1]	+410 kJ/mol	−431 kJ/mol	$\Delta H°[1] = -21$ kJ/mol

[2] $CH_3\dot{C}H_2 + :\ddot{Cl}\text{—}\ddot{Cl}: \longrightarrow CH_3CH_2\text{—}\ddot{Cl}: + \cdot\ddot{Cl}:$

	끊어진 결합	생성된 결합	
[2]	+242 kJ/mol	−339 kJ/mol	$\Delta H°[2] = -97$ kJ/mol

$\Delta H°_{\text{전체}} = \Delta H°[1] + \Delta H°[2]$
$= -118$ kJ/mol
발열 반응

그림 13.3에 나타난 것처럼 전파 단계는 메커니즘 13.1에 있는 동일한 두 단계로 구성되어 있다. 즉, 먼저 수소 원자가 떼어져서 $CH_3CH_2\cdot$와 HCl을 생성하는 단계와 연이어서 $CH_3CH_2\cdot$에 의해 염소 원소가 떼어져서 CH_3CH_2Cl과 염소 라디칼(Cl·)을 생성하는 단계이다. 각 단계의 $\Delta H°$가 음의 값이기 때문에 전체 $\Delta H°$도 음의 값이고 반응은 발열 반응이다. 첫 번째 전파 단계의 전이 상태 에너지가 두 번째 전파 단계의 전이 상태 에너지보다 높기 때문에 **첫 번째 단계가 속도 결정 단계**이다. 이러한 사실을 그림 13.4의 에너지 도표에서 설명하였다.

문제 13.7 CH_4와 I_2의 반응에서 속도 결정 단계에 대한 $\Delta H°$를 계산하라. 이 결과를 이용하여 왜 이 반응이 대단히 느린지를 설명하라.

그림 13.4
에테인의 염소화에서 전파 단계의 에너지 도표

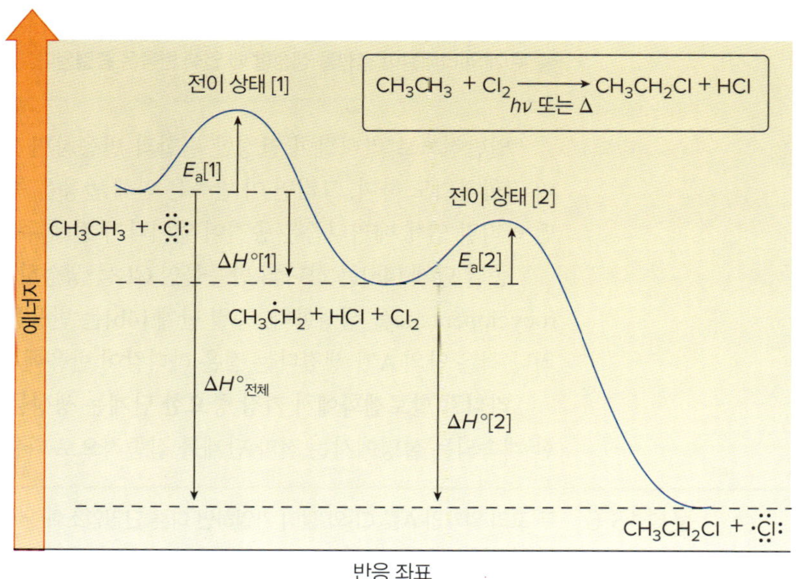

- 라디칼 할로젠화가 두 개의 전파 단계로 구성되기 때문에 에너지 도표는 에너지 장벽이 둘이다.
- 첫 단계의 전이 상태 에너지가 높기 때문에 **첫 단계가 속도 결정 단계이다.**
- $\Delta H°_{\text{전체}}$가 음수이기 때문에 **반응은 발열 반응이다.**

13.5 다른 알케인의 염소화

$CH_3CH_2CH_3$의 염소화는 $CH_3CH_2CH_2Cl$ (1° 수소의 제거로부터 생성)과 $(CH_3)_2CHCl$ (2° 수소의 제거로부터 생성)의 1:1 혼합물을 생성한다고 배운 13.3절의 내용을 상기하자.

$CH_3CH_2CH_3$ + Cl_2 $\xrightarrow{h\nu \text{ 또는 } \Delta}$ $CH_3CH_2CH_2Cl$ + $(CH_3)_2CHCl$

1° H
2° H

	여섯 개의 1° H		두 개의 2° H
예상 비	3	:	1
관찰 비	1	:	1
	더 적은 생성물		더 많은 생성물

$CH_3CH_2CH_3$에는 여섯 개의 1° 수소와 오직 두 개의 2° 수소 원자가 있다. 모든 수소의 반응성이 똑같다면 생성물인 $CH_3CH_2CH_2Cl$과 $(CH_3)_2CHCl$의 비율은 3:1일 것이다. 그러나 관찰된 비율이 1:1이기 때문에 2° C−H 결합의 반응성이 더 크다는 것을 알 수 있다. 즉 **2° C−H 결합이 1° C−H 결합보다 균일 분해가 더 쉬워야 한다.** 2° C−H 결합이 1° C−H 결합보다 **약하다는** 것은 13.2절에서 다루었다. 이와 같이

- 라디칼 할로젠화에서 C−H 결합이 약하면 **약할수록** 수소 원자가 **더 쉽게** 제거된다.

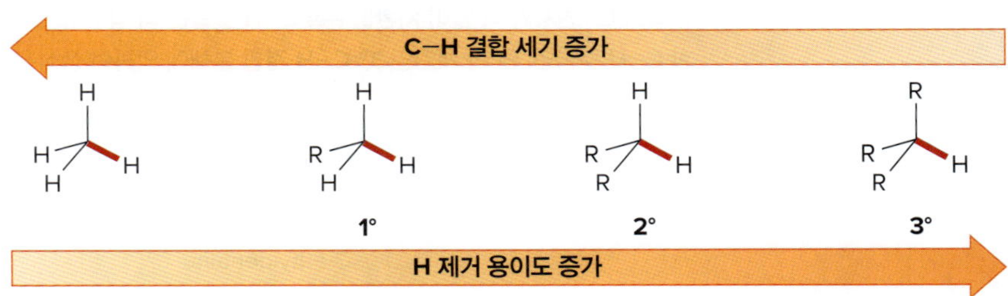

알케인의 Cl_2 반응 생성물은 혼합물이며, 통계적인 예상 값보다 더 약한 C−H 결합의 분해에 의하여 더 많은 생성물이 생성된다.

문제 13.8 각각의 화합물에서 어느 C−H 결합이 라디칼 할로젠화에서 가장 쉽게 제거되는가?

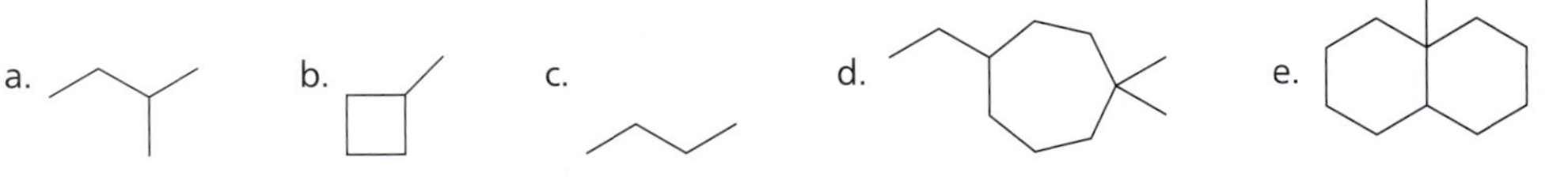

13.6 염소화 대 브로민화

알케인이 Cl_2 및 Br_2와 라디칼 치환 반응을 수행하지만 염소화 및 브로민화는 두 가지 차이점을 보여준다.

- 염소화가 브로민화보다 **빠르다**.
- 염소화는 **선택성이 없어서** 혼합 생성물을 생성하지만 브로민화는 일반적으로 **선택성**이 높아서 한 개의 주 생성물을 생성한다.

예를 들면, 프로페인은 Cl_2와 반응하여 1°와 2° 염소화 알킬 혼합물을 1:1로 생성한다. 반면에 프로페인과 Br_2의 반응은 훨씬 느리지만 99%의 $(CH_3)_2CHBr$을 생성한다.

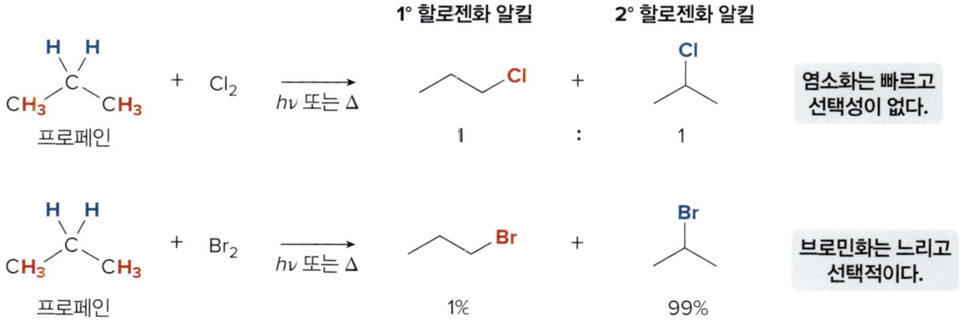

반응물		조건	1° 할로젠화 알킬		2° 할로젠화 알킬	
프로페인	+ Cl_2	$h\nu$ 또는 Δ	1	:	1	염소화는 빠르고 선택성이 없다.
프로페인	+ Br_2	$h\nu$ 또는 Δ	1%		99%	브로민화는 느리고 선택적이다.

- 브로민화에서 주생성물(또는 독점 생성물)은 **가장 약한** C—H 결합 분해 생성물이다.

예제 13.2 알케인의 브로민화 생성물 그리기

3-Ethylpentane과 Br_2를 가열할 때 얻어지는 주생성물을 그려라.

풀이

주의: **탄소 원자가 더 많이 치환될수록** C—H **결합은 더 약하다.** 3-Ethylpentane에서 브로민화의 주생성물은 가장 약한 C—H 결합인, 단 한 개뿐인 **3° C—H 결합** 분해에 의하여 생성된다.

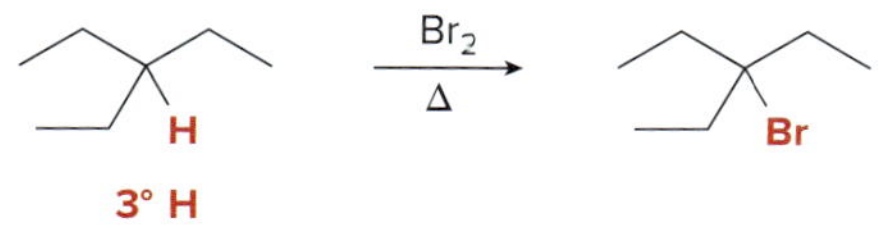

3-ethylpentane (3° H) $\xrightarrow[\Delta]{Br_2}$ 주생성물

문제 13.9 다음의 각 사이클로알케인을 Br_2와 가열하였을 때 생성되는 주생성물을 그려라.

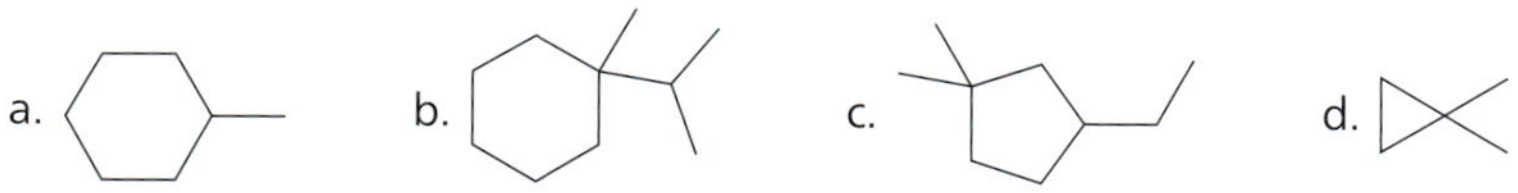

a. b. c. d.

추가 문제: 문제 13.28b, 13.36, 13.46b를 풀어보라.

염소화와 브로민화의 차이를 설명하기 위하여, Hammond 가설(7.13절)로 돌아가서 추측해보자. **할로젠화에서 속도 결정 단계는 할로젠 라디칼에 의하여 수소 원자가 제거**되는 과정이어서, 우리는 염소화와 브로민화에서 이 단계들을 비교하여야 한다. 다음 사항을 주의하자.

- 흡열 반응에서 전이 상태는 **생성물**과 유사하다. 더 안정한 생성물이 더 빨리 생성된다.
- 발열 반응에서 전이 상태는 **출발물**과 유사하다. 생성물의 상대적 안정성은 전이 상태의 상대적 에너지에 크게 영향을 주지 않는다. 따라서 생성물은 일반적으로 혼합물이다.

브로민화: $CH_3CH_2CH_3 + Br_2$

브로민 라디칼이 프로페인에서 1° 또는 2° 수소를 떼어내면 1° 또는 2° 라디칼이 생성된다. 결합 해리 에너지를 이용하여 $\Delta H°$를 계산하면, 두 개의 반응이 모두 **흡열** 과정이라는 것과 **더 안정한 2° 라디칼 생성에 더 적은 에너지가 소모된다**는 것을 알 수 있다.

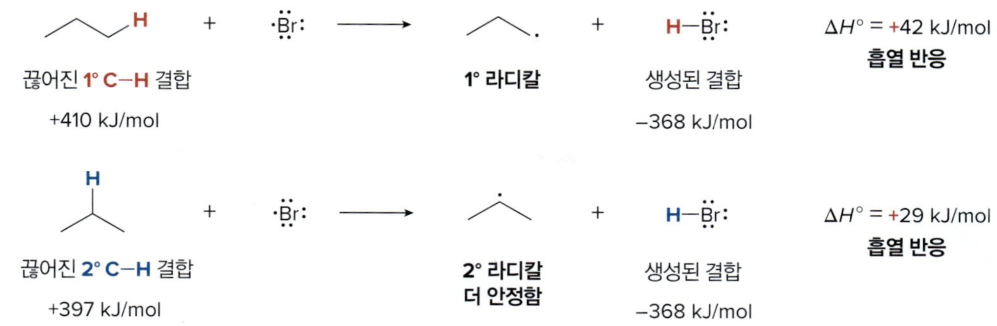

Hammond 가설에 따르면, 흡열 반응의 전이 상태는 생성물과 유사하므로 그림 13.5의 에너지 도표에서와 같이 더 안정한 2° 라디칼을 만드는 데 필요한 활성화 에너지가 더 낮아서 라디칼이 더 빠르게 생성된다. 2° 라디칼[$(CH_3)_2CH\cdot$]은 두 번째 전파 단계에서 2-bromopropane으로 변환되기 때문에 **2° 할로젠화 알킬이 브로민화의 주생성물이다.**

- 결론: 브로민화에서 속도 결정 단계는 **흡열** 과정이기 때문에 **더 안정한** 라디칼이 더 빨리 생성되고, 단일 라디칼 할로젠화 생성물이 주로 생성된다.

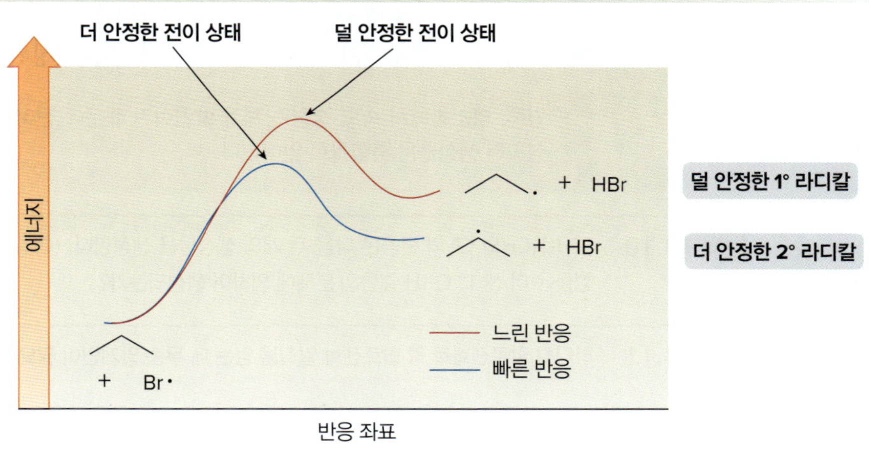

그림 13.5
선택적 흡열 반응에 대한 에너지 도표

- 불안정한 1° 라디칼($CH_3CH_2CH_2\cdot$)을 생성하는 전이 상태가 더 안정한 2° 라디칼[$(CH_3)_2CH\cdot$]을 생성하는 전이 상태보다 에너지가 더 높다. 따라서 **2° 라디칼이 더 빨리 생성된다.**

염소화: $CH_3CH_2CH_3 + Cl_2$

염소 라디칼도 프로페인에서 1° 또는 2° 수소를 떼어내 1° 또는 2° 라디칼을 만들 수 있다. 결합 해리 에너지를 이용하여 $\Delta H°$를 계산하면 두 반응이 **발열 과정**이라는 것을 알 수 있다.

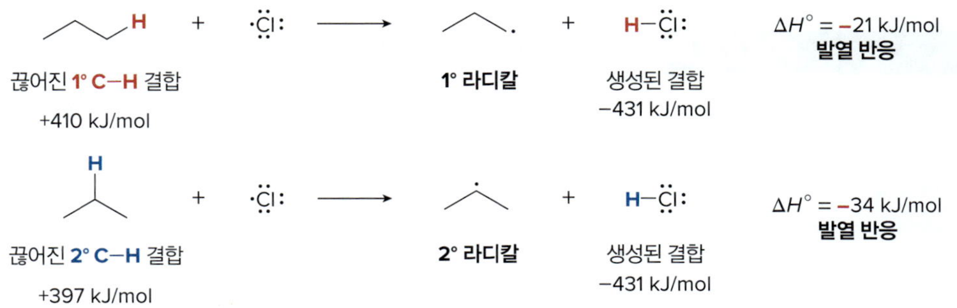

그림 13.6
비선택적 발열 반응의 에너지 도표

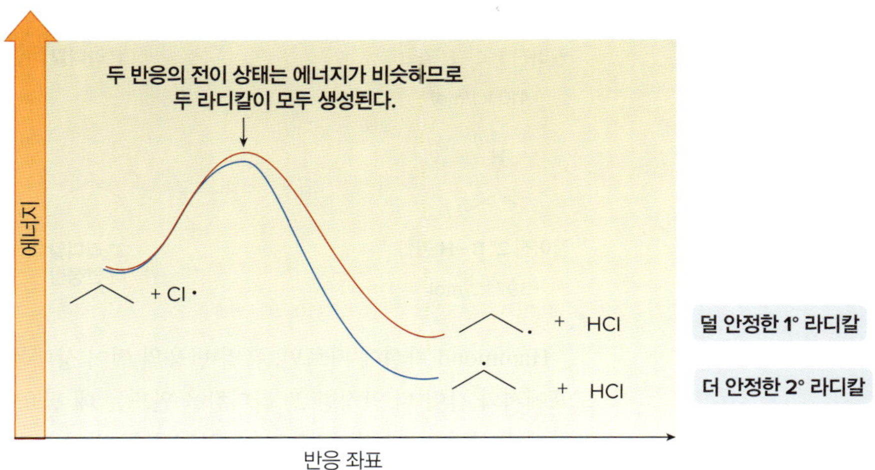

염소화는 속도 결정 단계가 발열이기 때문에 두 라디칼을 생성하는 전이 상태는 **같은 출발물**인 $CH_3CH_2CH_3$를 **닮는다.** 결과적으로 두 라디칼의 상대적 안정성이 훨씬 덜 중요하기 때문에 **두 라디칼이 모두 생성된다.** 이 과정의 에너지 도표를 그림 13.6에 나타냈다. 1°와 2° 라디칼은 두 번째 전파 단계에서 각각 1-chloropropane ($CH_3CH_2CH_2Cl$)과 2-chloropropane [$(CH_3)_2CHCl$]으로 변환되기 때문에 **두 할로젠화 알킬이 염소화에서 모두 생성된다.**

- 결론: 염소화에서 속도 결정 단계가 **발열**이기 때문에 전이 상태는 출발물을 닮아서 두 종류의 라디칼이 생성되어 생성물은 **혼합물**로 얻어진다.

문제 13.10 $(CH_3)_3CH$와 Cl_2의 반응은 다음 두 개의 생성물을 생성한다: $(CH_3)_2CHCH_2Cl$ (63%)과 $(CH_3)_3CCl$ (37%). 왜 주생성물은 더 센 1° C−H 결합의 분해에 의하여 생성되는가?

문제 13.11 라디칼 할로젠화로 각 할로젠화 알킬을 얻는 데 무슨 알케인이 필요한가?

a. Br b. Br c. Cl

13.7 유기 합성 도구로서의 할로젠화 반응

할로젠화는 작용기가 없는 분자에 작용기를 첨가하여 **할로젠화 알킬**을 만드는 유용한 도구이다. 이들 할로젠화 알킬은 제거에 의하여 알켄으로 변환되거나, 친핵성 치환에 의하여 알코올과 에터로 변환될 수 있다.

예제 13.3 합성에서 할로젠화 이용하기

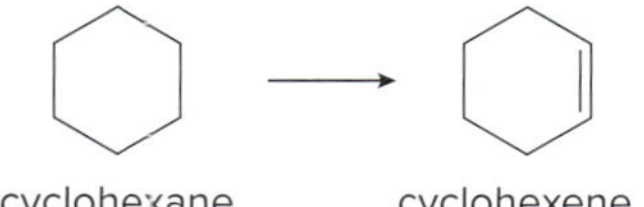

Cyclohexane이 cyclohexene으로 어떻게 변환되는지를 단계별로 나타내라.

풀이

알케인을 알킨으로 한 단계로 변화시키는 방법은 없다. 두 단계 방법이 필요하다.

[1] **라디칼 할로젠화**로 할로젠화 알킬을 만든다.

[2] 센염기로 **HCl을 제거**하면 cyclohexene이 생성된다.

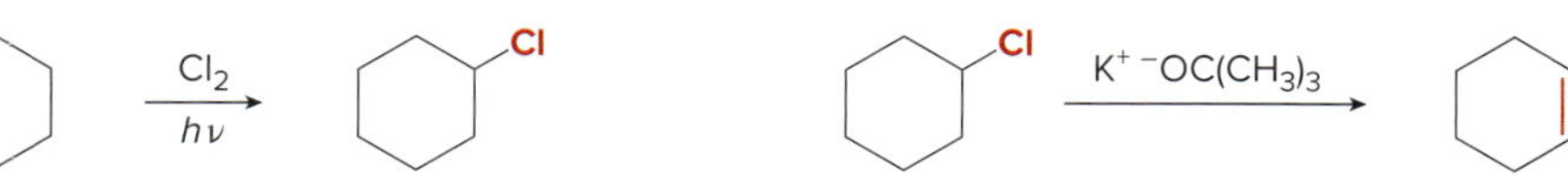

문제 13.12 $(CH_3)_3CH$로부터 다음 각 화합물을 합성하라.

a. b. OH c. OH

추가 문제: 문제 13.58a, b, d; 13.60~13.62를 풀어보라.

문제 13.13 Cyclohexane을 다음 각각의 화합물로 변환하기 위하여 필요한 모든 반응 단계와 시약을 나타내라.

a. *trans*-1,2-dibromocyclohexane의 두 거울상 이성질체 b. 1,2-epoxycyclohexane

13.8 할로젠화 반응의 입체 화학

반응 생성물의 입체 화학은 반응이 입체 발생 중심 또는 다른 원자에서 일어나는지, 그리고 새로운 입체 발생 중심이 생성되는지에 달려 있다. 반응 생성물의 입체 화학을 예측하는 법칙이 표 13.1에 요약되어 있다.

표 13.1 반응 생성물의 입체 화학을 예측하는 법칙

출발물	결과
비카이랄	• 비카이랄 출발물은 항상 비카이랄 또는 라셈 생성물을 생성한다.
카이랄	• 반응이 입체 발생 중심에서 일어나지 않으면, 입체 발생 중심의 배열은 생성물에서 **유지된다**. • 반응이 입체 발생 중심에서 일어나면, 생성물의 입체 화학을 예측하기 위한 **메커니즘**을 알아야 한다.

13.8A 비카이랄 출발물의 할로젠화

비카이랄 출발물인 $CH_3CH_2CH_2CH_3$의 할로젠화는 1° 또는 2° 수소의 치환에 의하여 두 개의 구조 이성질체를 생성한다.

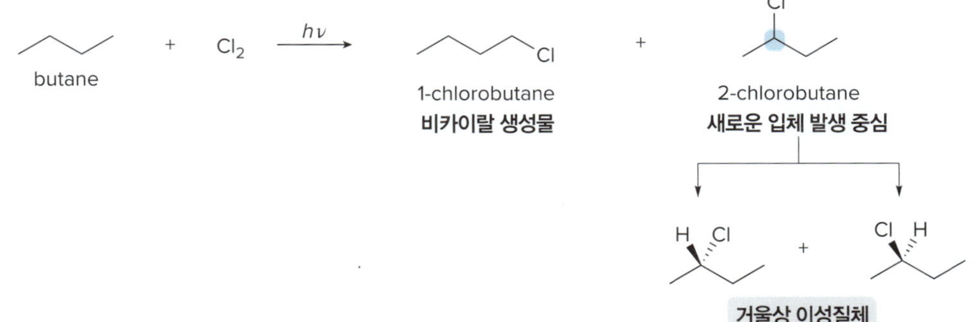

- 1-Chlorobutane ($CH_3CH_2CH_2CH_2Cl$)은 입체 발생 중심이 없으므로 **비카이랄** 화합물이다.
- 2-Chlorobutane [$CH_3CH(Cl)CH_2CH_3$]은 입체 발생 중심이 있으므로 **두 개의 거울상 이성질체가 같은 양만큼** 생성된다. 즉 **라셈 혼합물**이 생긴다.

라셈 혼합물은 첫 번째 전파 단계에서 **평면 sp^2 혼성 라디칼**의 생성으로 새로운 입체 발생 중심이 생성될 때 얻어진다. 그 다음에 Cl_2가 두 측면에서 평면 라디칼과 반응하면 두 거울상 이성질체가 같은 양으로 얻어진다.

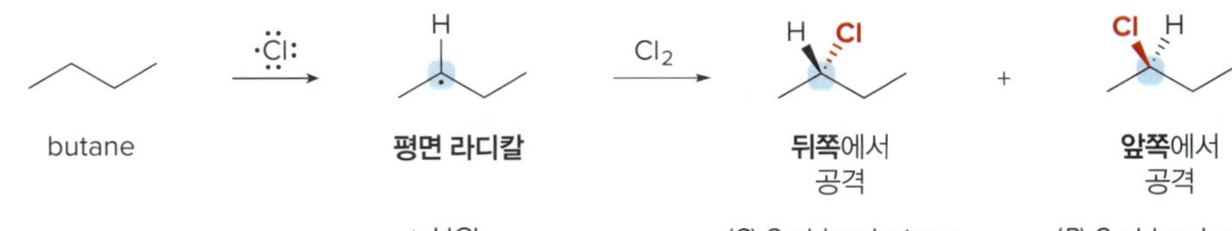

이와 같이 비카이랄 출발물인 butane은 비카이랄 생성물(1-chlorobutane)과 두 개의 거울상 이성질체[(*R*)- 및 (*S*)-2-chlorobutane]로 구성된 라셈 혼합물을 생성한다.

13.8B 카이랄 출발물의 할로젠화

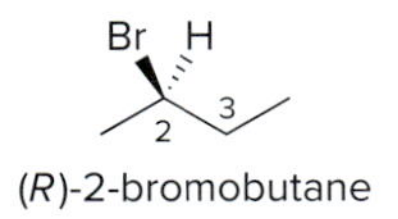

(*R*)-2-bromobutane

카이랄 출발물인 (*R*)-2-bromobutane의 C2와 C3 위치에서 일어나는 염소화를 살펴보자.

C2 위치에서의 염소화는 입체 발생 중심에서 일어난다. C2에서 수소 원자가 제거되면 비카이랄 삼각 평면 sp^2 혼성 라디칼이 생긴다. 그 다음에 이 비카이랄 라디칼이 두 면에서 Cl_2와 반응하면 새로운 입체 발생 중심이 생기고, 결국에는 **두 거울상 이성질체가 같은 양으로, 즉 라셈 혼합물**로 얻어진다.

Br H
2
·Cl:
Br
Cl_2
Cl Br
+
Br Cl
평면 비카이랄 라디칼
+ HCl
앞쪽에서 공격
뒤쪽에서 공격
거울상 이성질체

- 입체 발생 중심에서의 라디칼 할로젠화 반응은 **라셈화**로 일어난다.

C3 위치에서의 염소화는 입체 발생 중심에서 일어나지 않으나 새로운 입체 발생 중심을 생성한다. 입체 발생 중심인 C2에서는 어떠한 결합도 깨어지지 않기 때문에 **C2의 배열은 유지된다.** C3에서는 수소 원자가 제거되어 여전히 입체 발생 중심이 있는 **삼각 평면**의 sp^2 혼성 라디칼을 생성한다. 라디칼이 양쪽 측면에서 Cl_2와 반응하면 새로운 입체 발생 중심이 생기므로 생성물에는 두 개의 입체 발생 중심이 있게 된다. 두 화합물은 C2에서의 배열은 동일하지만, C3에서의 배열은 **다르므로 부분 입체 이성질체**이다.

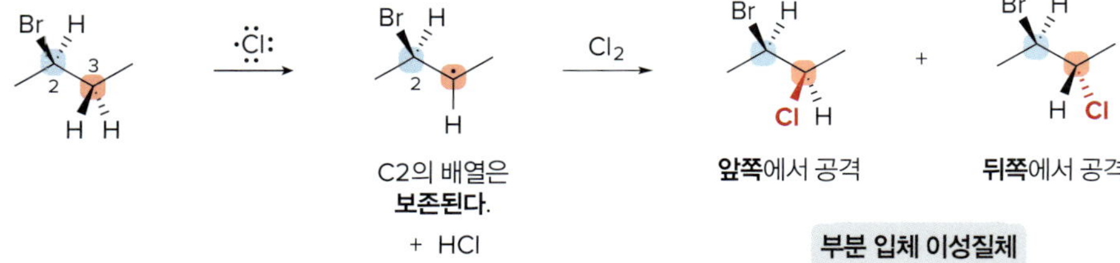

따라서 네 개의 이성질체가 (*R*)-2-bromobutane의 C2와 C3 염소화에 의하여 생성된다. 입체 발생 중심인 C2에서 반응이 일어나면 입체 발생 중심이 하나 생기고 결국 거울상 이성질체의 혼합물이 얻어지게 된다. C3에서 반응이 일어나면 새로운 입체 발생 중심이 생기고 부분 입체 이성질체의 혼합물이 얻어진다.

예제 13.4 단일염소화로 생성되는 모든 입체 이성질체 그리기

A의 단일염소화로 생성되는 모든 입체 이성질체를 그려라.

Cl
Cl
Br
A

풀이

H와 따로 결합하고 있는 각각의 C를 찾고 반응이 입체 발생 중심에서 일어나는지 아니면 입체 발생 중심이 생성될지를 고려하라. 반응물 **A**는 입체 발생 중심이 하나 있기 때문에 카이랄하다.

푸른색의 CH_3는 입체 발생 중심이 **아니고**, H 원자를 Cl로 치환하여도 새로운 입체 발생 중심이 생성되지 **않는다**. 한 개의 입체 이성질체 **B**가 생성되고 입체 발생 중심의 배열은 유지된다.

입체 발생 중심

A $\xrightarrow[h\nu \text{ 또는 } \Delta]{Cl_2}$ **B**

붉은색의 CH_2는 입체 발생 중심이 **아니나** H 원자를 Cl로 치환하면 **새로운** 입체 발생 중심이 생긴다. Cl과의 새로운 결합은 평면 라디칼 중간체의 위 또는 아래에서 생성된다. 두 생성물 **C**와 **D**는 부분 입체 이성질체이다.

A $\xrightarrow[h\nu \text{ 또는 } \Delta]{Cl_2}$ **C** + **D**

Cl과 Br은 **트랜스** / Cl과 Br은 **시스**

부분 입체 이성질체

이와 같이 **A**의 염소화는 세 가지 생성물 **B, C, D**를 생성한다.

문제 13.14 C1과 C4에서 (*R*)-2-bromobutane의 단일염소화로부터 생성되는 생성물은 무엇인가? 각 입체 발생 중심을 *R*과 *S*로 표시하라.

추가 문제: 문제 13.48a, d; 13.49~13.51을 풀어보라.

문제 13.15 다음 각 화합물을 Cl_2와 가열할 때 생성되는 단일염소화 생성물을 그려라. 입체 발생 중심이 있다면 입체 화학을 나타내라.

a. b. c. d. (C2와 C3에서의 반응만 고려)

1995년도 노벨 화학상은 오존과 CFC의 관계를 규명한 업적으로 Mario Molina, Paul Crutzen, F. Sherwood Rowland에게 수여되었다.

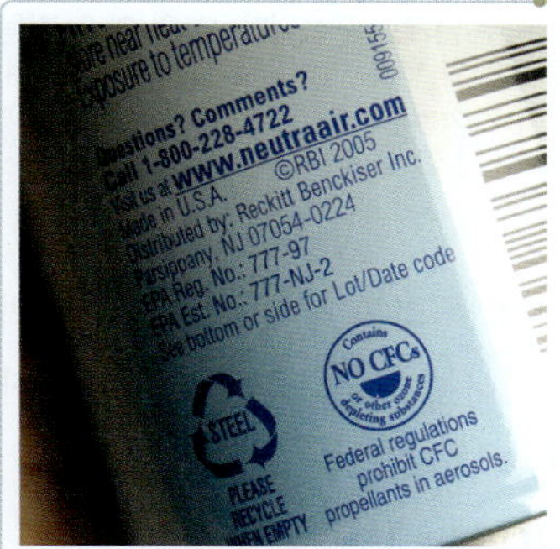

지금은 스프레이 캔의 분사제로 CFC 대신에 프로페인과 뷰테인이 사용된다.
Jill Braaten/McGraw Hill

13.9 응용: 오존층과 클로로플루오로탄소(CFC)

오존(ozone)은 산소 분자와 산소 원자의 반응에 의하여 초고층 대기에서 생성된다. 오존은 또한 햇빛에 의하여 다시 원래의 두 화합물로 분해된다. 이 반응의 전체 결과는 높은 에너지인 자외선을 열로 변환하는 것이다.

오존의 합성 $O_2 + \cdot\ddot{O}\cdot \longrightarrow O_3$ (오존) + 열

오존의 분해 O_3 (오존) $\xrightarrow{h\nu} O_2 + \cdot\ddot{O}\cdot$

오존은 생명 유지에 필수적이다. 즉 오존은, 파괴적인 자외선으로부터 지구 표면을 보호하는 방패처럼 작용한다. 이 보호층에서 오존 농도가 감소하면 피부암 및 백내장 발병률의 증가와 같은 즉각적인 결과가 발생할 것이다. 이 외에도 면역력의 저하, 식물에서의 광합성 저해, 대양 먹이사슬의 중추인 플랑크톤 성장의 저해와 같은 장기적인 영향을 초래한다.

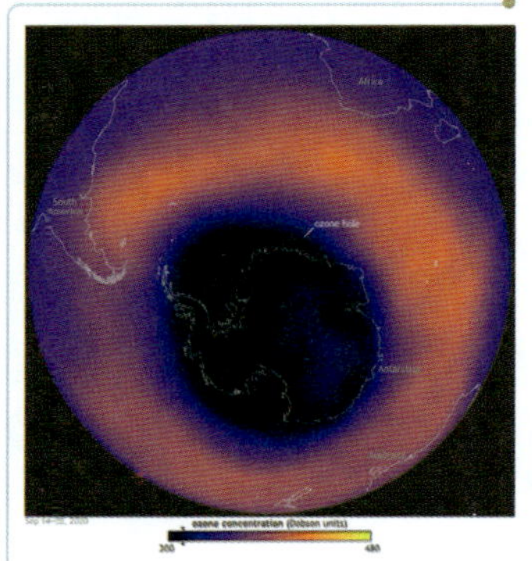

O_3 파괴는 오존 구멍을 위성 사진으로 볼 수 있는 남극 지역에서 가장 심각하다. 오존을 파괴하는 화합물의 농도가 감소함에 따라 남반구의 오존 구멍 크기가 줄어들게 되었으나 더 많은 개선이 필요하다. *NOAA*

현재 진행 중인 연구로부터 **클로로플루오로탄소(CFC, chlorofluorocarbon)**가 초고층 대기의 오존을 파괴하는 주범이라는 것이 알려졌다. **CFC**는 프레온이라는 상품명으로 제조되는 할로젠을 포함하는 단순 유기 화합물이다.

CFC는 비활성, 무취 및 무독성으로 냉매제, 용매, 에어로솔 추진제 등으로 사용된다. CFC는 휘발성이고 물에 녹지 않기 때문에 초고층 대기로 쉽게 탈출한다. 여기에서 CFC가 높은 에너지의 햇빛에 의해 분해되면 그림 13.7에서 보이는 것처럼 라디칼 연쇄 메커니즘으로 오존을 파괴하는 라디칼이 생성된다.

그림 13.7
CFC와 오존층 파괴

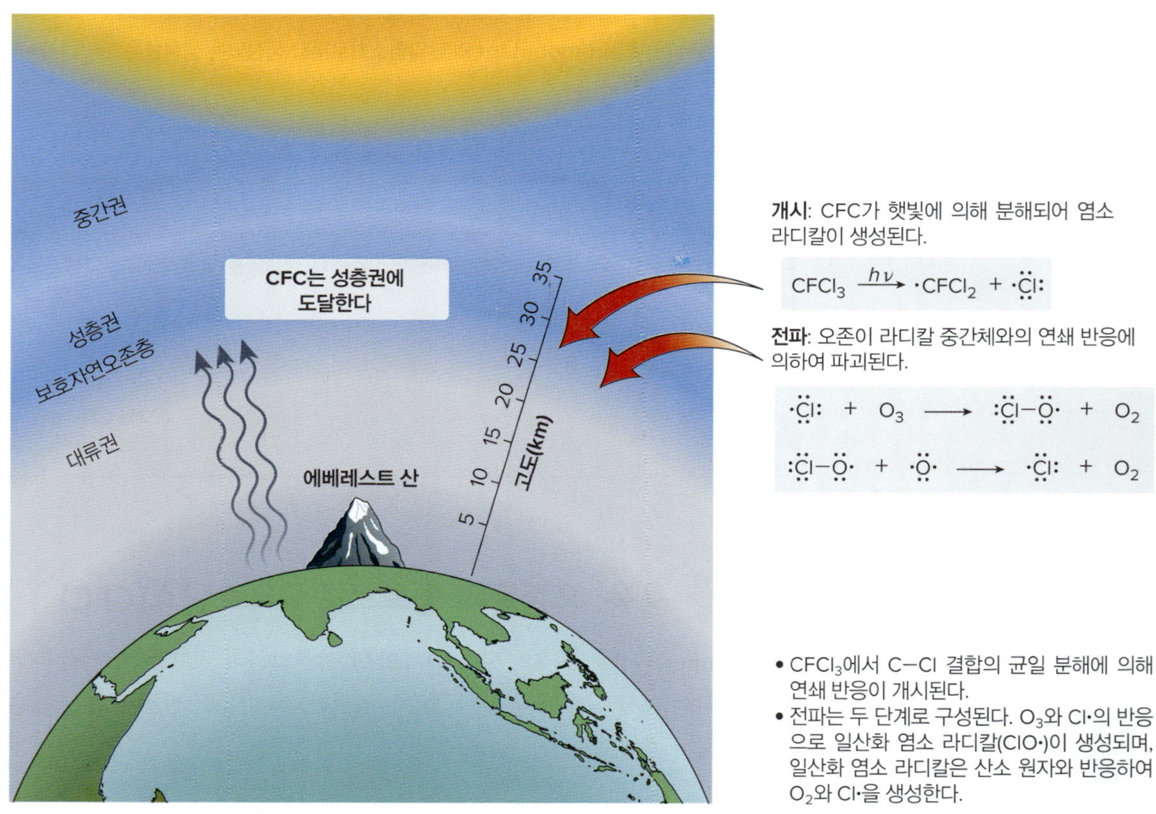

전체 결과는 O_3가 반응물로 소모되고 O_2 분자가 생성되는 것이다. 이러한 방식으로 적은 양의 CFC가 막대한 양의 O_3를 파괴할 수 있다. 이에 따라 1978년에 미국에서는 에어로졸 추진제에 대한 CFC의 사용을 금지시켰으며, 냉동 시스템에서 CFC의 사용을 단계적으로 감소시켰다.

CFC의 새로운 대체물은 CH_2FCF_3와 같은 **hydrofluorocarbons (HFCs)**, 그리고 $CH_2{=}CHCF_3$와 같은 **hydrofluoroolefins (HFOs)**이다. HFC는 오존층에는 영향을 거의 주지 않지만, 지구 온난화에 심각한 영향을 줄 수 있다. 따라서 미국 환경보호청(EPA)은 2021년 말에 HFC의 사

용을 점차 줄이는 명령을 공표하였다. HFO는 오존층에 도달하기 전에 분해되고 지구 온난화를 거의 일으키지 않기 때문에, 현재 이 물질이 가장 안전한 CFC 대체물질로 간주되고 있다.

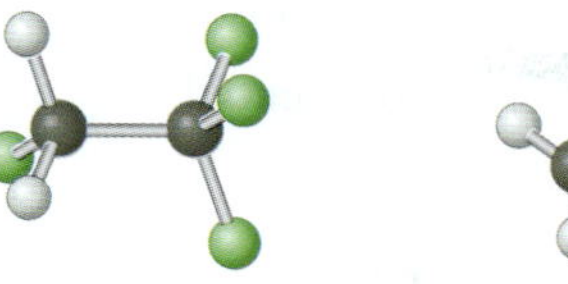

CH_2FCF_3
HFC-134a

2,3,3,3-tetrafluoropropene
HFO-1234yf

문제 13.16 천식 흡입기에 쓰이는 추진제는 현재 1,1,1,2-tetrafluoroethane (CH_2FCF_3) 같은 hydrofluoroalkane을 사용하고 있다. CH_2FCF_3는 성층권에 도달하기 전에 하이드록시 라디칼(·OH)이 수소 원자를 떼어냄으로써 분해된다. 이 반응의 생성물을 그려라.

13.10 알릴성 탄소의 라디칼 할로젠화

propene → 알릴 라디칼 + ·H $\Delta H° = +364$ kJ/mol

알릴 C−H 결합(붉은색)

이제 **이중 결합 옆에 붙어 있는 탄소인 알릴성 탄소(*allylic carbon*)**의 라디칼 할로젠화를 조사해보자. 프로펜의 알릴성 C−H 결합이 균일 분해되면 이중 결합에 인접한 탄소에 쌍을 이루지 않은 전자가 있는 **알릴 라디칼**이 생성된다.

이 과정의 결합 해리 에너지(364 kJ/mol)는 3° C−H 결합에서(381 kJ/mol) 보다 더 적다. C−H 결합이 약하면 약할수록 생기는 라디칼은 더 안정하기 때문에, **알릴 라디칼은 3° 라디칼보다 더 안정하고**, 라디칼 안정성의 순서는 다음과 같다.

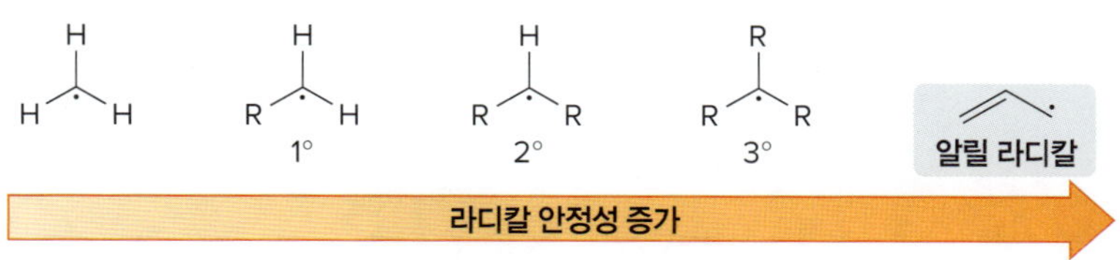

알릴 라디칼은 두 개의 공명 구조가 그려질 수 있기 때문에 다른 라디칼보다 더 안정하다.

공명 구조를 그리는 데 있어서 원자들과 σ 결합 위치는 항상 같다. 공명 구조는 오직 π 결합과 비공유 전자들의 위치만 다르다.

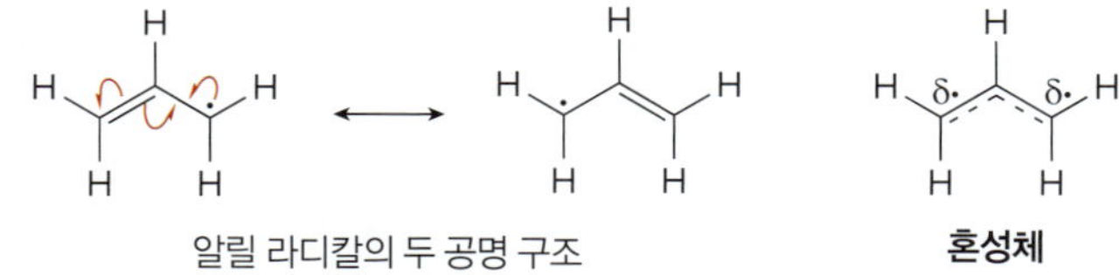

알릴 라디칼의 두 공명 구조

혼성체

- 알릴 라디칼의 '실제' 구조는 두 개 공명 구조의 혼성체이다. 혼성체에서 π 결합, 그리고 쌍을 이루지 않은 전자는 비편재화된다.
- 전자 밀도가 비편재화되면 혼성체의 에너지가 낮아져 알릴성 라디칼이 안정해진다.

문제 13.17 각 라디칼의 두 번째 공명 구조를 그려라. 그 다음에 혼성체를 그려라.

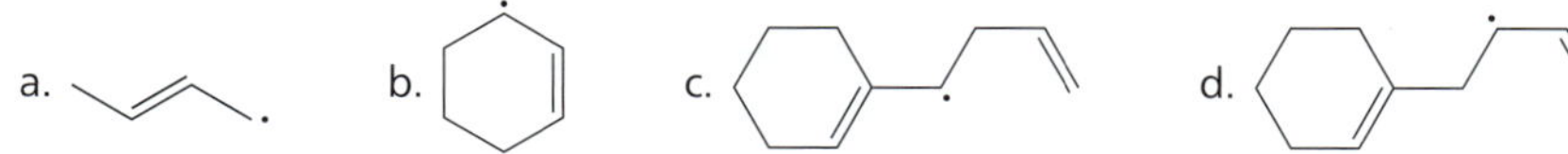

13.10A 알릴성 C−H 결합의 선택적 브로민화

알릴성 C−H 결합은 다른 sp^3 혼성 C−H 결합보다 약하기 때문에 **알릴성 탄소는** 빛이나 과산화물의 존재하에서 *N*-bromosuccinimide (**NBS**, 10.15절)를 사용하여 **선택적으로 할로젠화할 수 있다.** 이 조건에서 cyclohexene의 알릴성 C−H 결합만 반응하여 할로젠화 알릴이 생성된다.

N−Br

N-bromosuccinimide
NBS

NBS
hν 또는 ROOR
알릴성 C
Br
할로젠화 알릴

NBS에는 빛으로 균일하게 분해되어 브로민 라디칼을 생성하는 약한 N−Br 결합이 있어서 알릴성 할로젠화 반응이 개시된다. 그 다음에 전파 단계는 메커니즘 13.2에서와 같이 일반적인 두 단계의 라디칼 할로젠화로 구성된다.

메커니즘 13.2 NBS를 이용하는 알릴성 브로민화 반응

부분 [1] 개시

N−Br: → (hν, 1) N· + ·Br:
NBS

1 빛 에너지를 이용한 약한 N−Br 결합이 균일 분해되면 라디칼 할로젠화를 개시하는 **라디칼 Br·**이 생성된다.

부분 [2] 전파

H + ·Br: → (2) **알릴성 라디칼** + H−Br:
알릴성 라디칼 + :Br−Br: (NBS에서) → (3) Br + ·Br:

2 Br· 라디칼이 알릴성 H를 떼어내면 **알릴성 라디칼**이 생성된다(공명 구조는 오직 한 개만 그려져 있다).

3 알릴성 라디칼이 Br_2와 반응하면 **할로젠화 알릴**이 생성된다. 단계 [3]에서 생성된 라디칼 Br·이 단계 [2]에서 반응할 수 있기 때문에 단계 [2]와 [3]은 추가적 개시 단계 없이 반복적으로 일어난다.

NBS는 반응을 개시하기 위한 Br· 공급원으로서의 역할 외에 두 번째 연쇄 전파 단계(메커니즘의 단계 [3])에서 필요한 **Br_2를 낮은 농도로 발생시킨다.** 단계 [2]에서 생성된 HBr가 NBS와 반응하면 Br_2가 생성되고, 이 Br_2는 메커니즘의 단계 [3]에서 할로젠화에 이용된다.

N−Br + HBr → N−H + **Br_2**
NBS succinimide
단계 [3]의 알릴성 브로민화 반응에 사용됨

NBS로부터 생성된 **낮은 농도의 Br_2는 첨가보다 알릴성 치환을 선호**하는데, 그 이유 중의 하나는 브로민이 메커니즘상 오직 **한** 단계에서만 필요하기 때문이다. Br_2가 이중 결합에 첨가할 때, 낮은 Br_2 농도는 낮은 농도의 다리 걸친 브로모늄 이온(10.13절)을 생성할 것이고, 이 이온이 두 번째 단계에서 더 많은 브로민(Br^- 형태로 존재하는)과 반응해야만 이브로민화물(dibromide)이 얻어진다. **두 반응 중간체인 브로모늄 이온과 Br^-의 농도가 낮다면, 첨가 반응에 대한 전체 반응 속도가 매우 느려질 것이다.**

따라서 알릴성 C—H 결합이 있는 알켄은 반응 조건에 따라 두 가지 다른 반응을 수행한다.

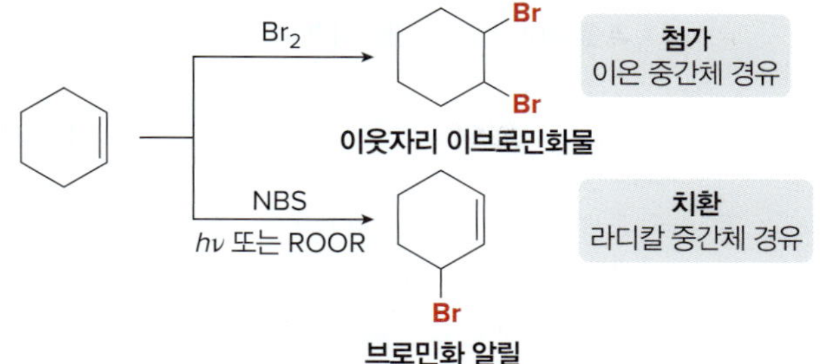

- CCl_4와 같은 유기 용매에서 cyclohexene과 Br_2가 반응하면 **이온 중간체**(10.13절)를 거쳐 **첨가 반응**이 일어난다.
- NBS (+ $h\nu$ 또는 ROOR)와 cyclohexene의 반응에서는 **라디칼 중간체**를 거쳐 **알릴성 치환 반응**이 일어난다.

문제 13.18 각 반응의 생성물을 그려라.

a. (cyclopentene) $\xrightarrow[h\nu]{\text{NBS}}$ b. (propene) $\xrightarrow[h\nu]{\text{NBS}}$ c. (cycloheptene) $\xrightarrow{Br_2}$

13.10B 알릴성 할로젠화의 혼합 생성물

알릴성 탄소에서 할로젠화는 자주 혼합물을 생성한다. 예를 들면, 라디칼 조건하에서 3-methylbut-1-ene의 브로민화는 3-bromo-3-methylbut-1-ene과 1-bromo-3-methylbut-2-ene의 혼합물을 생성한다.

3-methylbut-1-ene $\xrightarrow[h\nu\ \text{또는 ROOR}]{\text{NBS}}$ 3-bromo-3-methylbut-1-ene + 1-bromo-3-methylbut-2-ene

혼합물이 생기는 이유는 반응이 **공명 안정화된 라디칼**에 의하여 진행되기 때문이다. Br· 라디칼(NBS로부터 얻어진)이 알켄에서 알릴성 수소를 제거하면 **두 개의 다른 Lewis 구조**로 그릴 수 있는 알릴성 라디칼이 생성된다.

두 개의 다른 공명 구조

(3-methylbut-1-ene) + ·Br: ⟶ (allylic radical) ⟷ (allylic radical) + H—Br:

↓ Br_2 ↓ Br_2

3-bromo-3-methylbut-1-ene + **1**-bromo-3-methylbut-2-ene + ·Br:

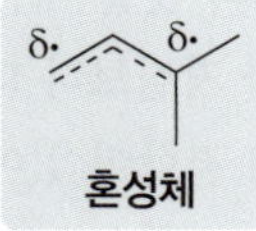

혼성체

결과적으로 두 다른 탄소 원자는 부분적인 라디칼 성질이 있기 때문에(δ·로 표시) Br_2는 두 개의 다른 위치에서 반응하고 두 개의 알릴성 할로젠화물을 생성한다.

- 알릴성 라디칼에 대하여 두 개의 다른 공명 구조가 그려질 수 있다면, 라디칼 치환에 의하여 두 개의 **다른** 알릴성 할로젠화물이 생성된다.

예제 13.5 알릴성 할로젠화의 생성물 그리기

A를 NBS + $h\nu$와 반응시킬 때 생성되는 생성물을 그려라.

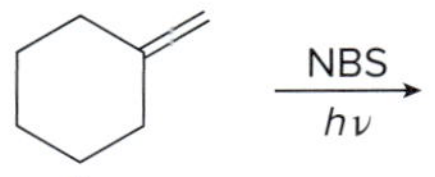

NBS
$h\nu$
A

풀이

알릴성 탄소의 수소 제거는 두 개의 다른 공명 구조로 그릴 수 있는 **공명 안정화된 라디칼**을 생성하고, 이 라디칼이 Br_2와 반응하면 두 구조 이성질체가 얻어진다.

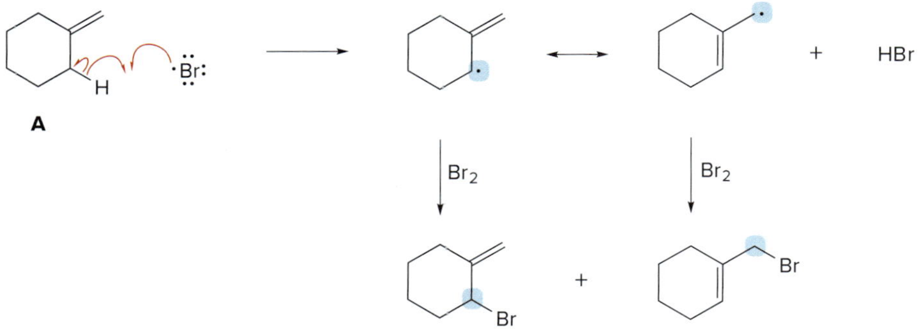

H ·Br: A + HBr Br_2 Br_2 Br + Br

두 개의 구조 이성질체

문제 13.19 각각의 알켄을 NBS + $h\nu$와 반응시킬 때 생성되는 구조 이성질체를 그려라.

a.  b. 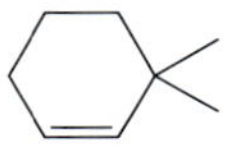 c.

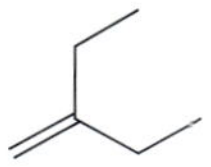

추가 문제: 문제 13.43, 13.44, 13.46f를 풀어보라.

문제 13.20 3-Methylcyclohexene을 NBS + $h\nu$로 처리할 때 생성되는 네 개의 알릴성 할로젠화물의 구조를 그려라.

13.11 응용: 불포화 지질의 산화

기름은 긴 탄소 사슬에 불포화 결합이 한 개 이상 있는 트라이아실글리세롤로서 기름의 알릴성 탄소 원자는 산화에 민감하다. 산화는 그림 13.8에서와 같이 라디칼 연쇄 메커니즘에 의하여 일어난다.

- **단계 [1]**: 알릴성 C−H 결합이 다른 C−H 결합보다 약하기 때문에, 공기 중의 산소가 알릴성 수소 원자를 떼어내면 알릴성 라디칼이 생긴다.
- **단계 [2]**: 알릴성 라디칼이 또 다른 O_2 분자와 반응하면 과산화 라디칼이 생긴다.
- **단계 [3]**: 과산화(peroxy) 라디칼은 또 다른 지방질 분자로부터 알릴성 수소를 떼어내어, 연쇄를 계속할 수 있는 또 다른 알릴성 라디칼과 과산화물을 생성한다. 단계 [2]와 [3]은 어떤 다른 라디칼이 연쇄를 종결할 때까지 전파를 반복한다.

이 과정에 의하여 생성된 과산화물은 불안정하고, 많은 경우 불쾌한 냄새와 맛을 내는 다른 산화 생성물로 분해된다. **이 과정이 유지의 산패를 유도한다. 불포화 지질은 포화 지질보다 더 쉽게 산화되는데,** 이는 불포화 지질이 반응의 단계 [1]에서 쉽게 파괴되는 **약한 C−H 결합**이 있어서, 공명 안정화된 알릴성 라디칼을 생성하기 때문이다. 포화 지방은 이중 결합이 없고 그래서 약한 C−H 알릴성 결합이 없기 때문에 공기 산화에 훨씬 덜 민감하고 더 오래 보관할 수 있다.

그림 13.8
불포화 지방질의 O_2에 의한 산화

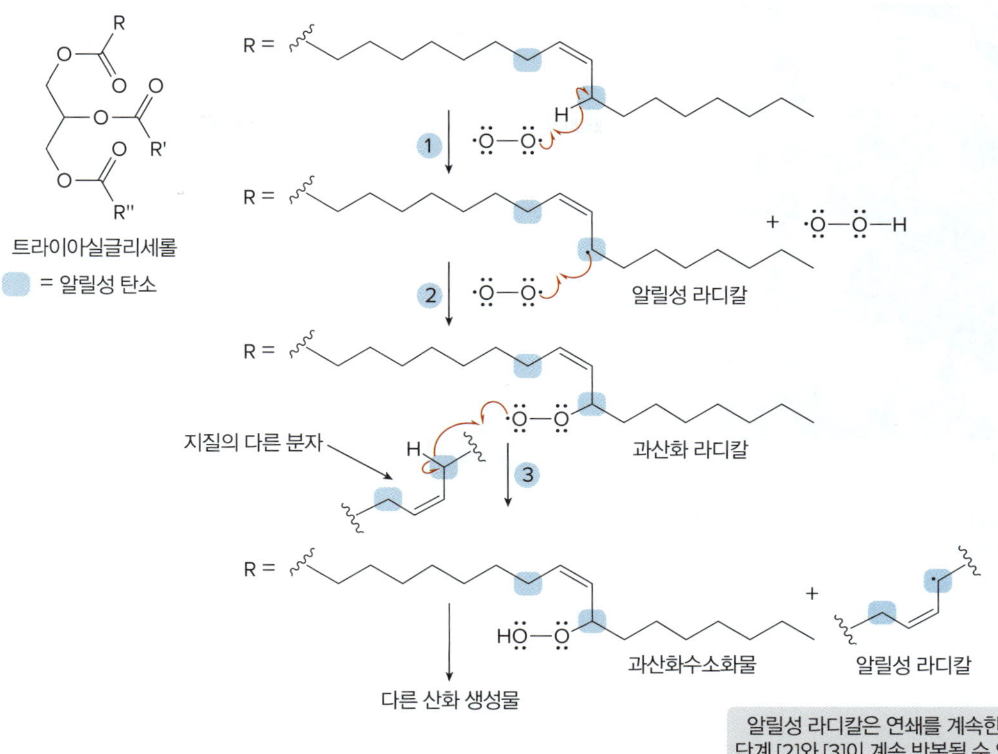

- 이 그림에서는 한 개의 알릴성 탄소에서 산화 반응이 일어나는 것만을 나타내었다. 표시한 다른 알릴성 탄소의 반응도 가능하다.

문제 13.21 Linoleic acid에서 어느 C−H 결합이 가장 쉽게 끊어지는가? 생성되는 라디칼에 대한 모든 가능한 공명 구조를 그려라. 이 공명 안정화된 라디칼과 O_2의 반응에 의하여 생성된 모든 과산화물을 그려라.

O
OH
linoleic acid

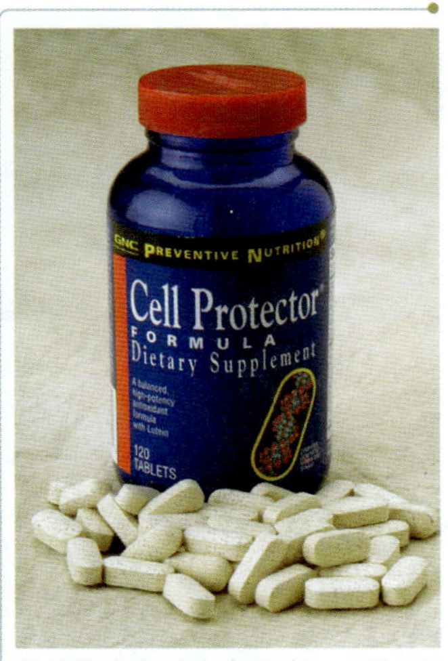

항산화제가 건강에 좋다는 소문으로 많은 노화 방지 제품에 항산화제가 이용되고 있다. *Elite Images/McGraw Hill*

13.12 응용: 항산화제

항산화제(*antioxidant*)는 산화 반응이 일어나는 것을 억제시키는 화합물이다.

- 천연 항산화제인 **비타민 E**는 세포의 손상을 일으키는 라디칼 반응을 방해한다.
- **BHT** (**b**utylated **h**ydroxy **t**oluene)와 같은 합성 항산화제는 포장, 보존된 식품이 산화 및 변질되는 것을 방지하기 위하여 첨가된다.

HO

비타민 E

OH

BHT
(뷰틸레이티드 하이드록시 톨루엔)

개암, 아몬드 및 여러 다른 유형의 견과류는 천연 산화제인 비타민 E의 우수한 공급원이다.
Stockbyte/Corbis/Getty Images

비타민 E와 BHT는 라디칼 억제제로서 라디칼과 반응하여 연쇄 메커니즘을 종료시킨다. 이들이 어떻게 라디칼을 억제할까? 비타민 E와 BHT는 **페놀(phenol)**로 알려진 벤젠 고리에 결합된 하이드록시기가 있다.

라디칼(R·)은 항산화제의 하이드록시기(OH기)로부터 수소 원자를 떼어내고 새로운 공명 안정화된 라디칼을 생성한다. **이 새로운 라디칼은 연쇄 전파에 참여하지 않고,** 연쇄를 종결시키며 산화과정을 정지시킨다. 모든 페놀류(비타민 E와 BHT를 포함)는 이 라디칼 과정에 의해 산화를 방지한다.

페놀 —(R·은 OH기에서 H 원자를 떼어낸다.)→ 다섯 개의 공명 구조 + R—H

R· = 일반적인 유기 라디칼

비타민 E는 많은 무극성 C—C와 C—H 결합 때문에 유지에 용해되고, 또한 세포막의 무극성 내부에 녹아서 인산 지질(phospholipid)의 불포화 지방산의 산화를 방지한다고 생각된다. 세포 내에서 라디칼 메커니즘에 의한 지질의 산화 손상은 노화 과정에 중요한 역할을 한다고 알려져 있다. 이런 이유 때문에 비타민 E 같은 항산화제를 포함하는 많은 노화 방지제가 소비자 제품으로 인기가 있다.

문제 13.22 로즈마린산(rosemarinic acid)은 로즈마리로부터 분리된 항산화제이다. 로즈마린산에서 붉은색으로 표시된 수소를 제거한 결과로 생성된 라디칼의 공명 구조를 그려라.

로즈마린산

로즈마리 추출물은 불포화 식물유의 산화를 방지하는 항산화제인 로즈마린산(문제 13.22)을 포함하고 있다.
Daniel C. Smith

13.13 이중 결합의 라디칼 첨가 반응

이제 라디칼에서 두 번째로 자주 발생하는 이중 결합의 첨가 반응을 고려해보자. 알켄은 전자가 풍부하고 쉽게 끊어지는 π 결합이 있기 때문에 전자가 부족한 라디칼과 반응한다.

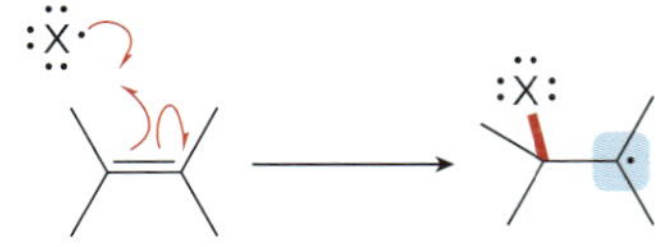
π 결합이 끊어진다. **새로운 라디칼**

라디칼은 앞에서 언급한 라디칼 치환과 유사한 개시, 전파, 종결로 구성되는 라디칼 연쇄 메커니즘에 의하여 알켄과 반응한다.

13.13A HBr의 첨가

HBr이 빛, 열, 또는 과산화물의 존재하에 알켄과 반응하면 브로민화 알킬이 생성된다.

알켄 + H—Br —($h\nu$, Δ, 또는 ROOR)→ 브로민화 알킬

π 결합이 끊어진다.

비대칭 알켄의 첨가에 대한 위치 선택성은 빛, 열, 과산화물이 없는 조건에서 HBr이 첨가되는 경우와 다르다.

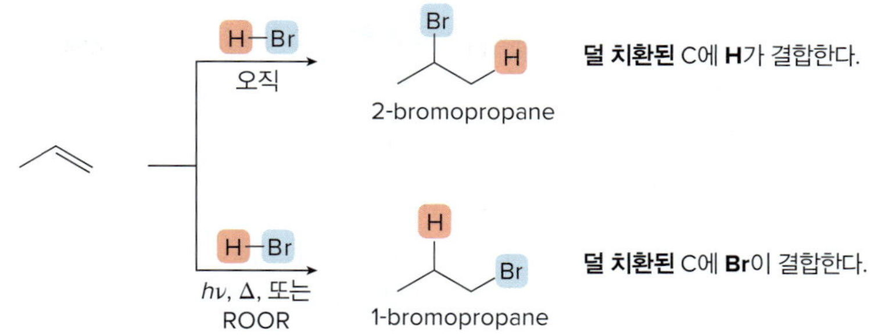

- 빛, 열, 과산화물이 없는 조건에서 프로펜에 대한 HBr의 첨가는 2-bromopropane을 생성한다. **H 원자는 더 적게 치환된 탄소에 첨가된다**. 이 반응은 **탄소 양이온** 중간체를 거쳐 발생한다(10.10절).
- 빛, 열 또는 과산화물의 존재하에서 프로펜에 대한 HBr의 첨가는 1-bromopropane을 생성한다. **Br 원자는 더 적게 치환된 탄소에 첨가된다**. 이 반응은 **라디칼** 중간체를 거쳐 일어난다.

문제 13.23 다음의 각 알켄을 [1] 오직 HBr과 반응시킬 때, [2] 과산화물의 존재에서 HBr과 반응시킬 때 생성되는 생성물을 그려라.

13.13B 알켄에 대한 HBr의 라디칼 첨가 메커니즘

빛, 열, 과산화물의 존재하에서 HBr이 알켄에 첨가하면 라디칼 중간체가 생성되고, 첨가 반응은 다른 라디칼 반응에서와 같이 개시, 전파, 종결로 분리된 메커니즘으로 진행된다. 메커니즘 13.3에는 $CH_3CH{=}CH_2$가 HBr 및 ROOR과 반응하여 $CH_3CH_2CH_2Br$을 생성하는 반응을 나타내었다.

메커니즘 13.3 알켄에 대한 HBr의 라디칼 첨가

부분 [1] 개시

RO–OR → (1) 2 RO· + H–Br: → (2) ROH + ·Br:

1 ~ 2 ROOR을 사용한 개시는 두 단계, 즉 **약한 O–O 결합의 균일 분해**와 H의 떼어내기에 의한 Br· 라디칼 생성으로 일어난다.

부분 [2] 전파

·Br: → (3) 2° 라디칼, 새로운 결합(붉은색) + H–Br: → (4) 새로운 결합(붉은색) + ·Br:

3 Br· 라디칼이 말단 탄소에 첨가되면 **2° 탄소 라디칼**이 생긴다.

4 HBr로부터 H 원자를 떼어내면 새로운 C–H 결합과 Br· 라디칼이 생성되기 때문에 단계 [3]과 [4]는 반복적으로 일어난다.

—계속

부분 [3] 종결

5 두 라디칼이 서로 반응하여 결합을 생성하면 연쇄 반응이 종결된다.

첫 전파 단계(메커니즘의 단계 [3], 이중 결합에 대한 Br·의 첨가)는 주목할 만하다. 프로펜의 경우에 이중 결합의 어느 탄소 원자가 브로민과 새로운 결합을 생성하는지에 따라 이 단계에 대한 두 가지 가능한 경로가 있다. 경로 [A]는 더 불안정한 1° 라디칼을 생성하지만, 경로 [B]는 더 안정한 2° 라디칼을 생성한다. **더 안정한 2° 라디칼이 더 빨리 생성되기 때문에** 경로 [B]를 선호한다.

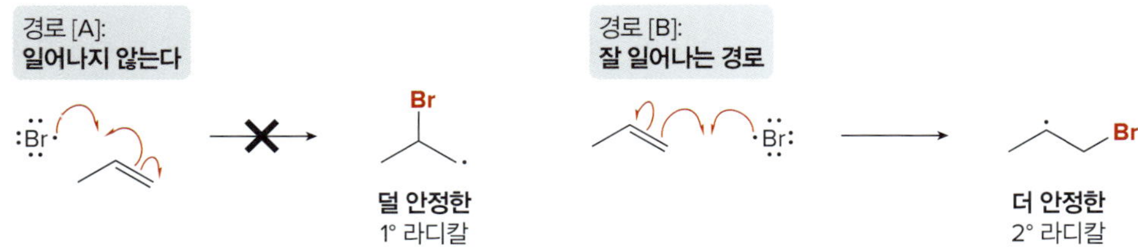

메커니즘은 HBr 첨가에 대한 위치 선택성이 왜 반응 조건에 따라 다른지를 설명한다. 양쪽 반응에서 H와 Br이 이중 결합에 첨가되나 첨가의 순서는 메커니즘에 의존한다.

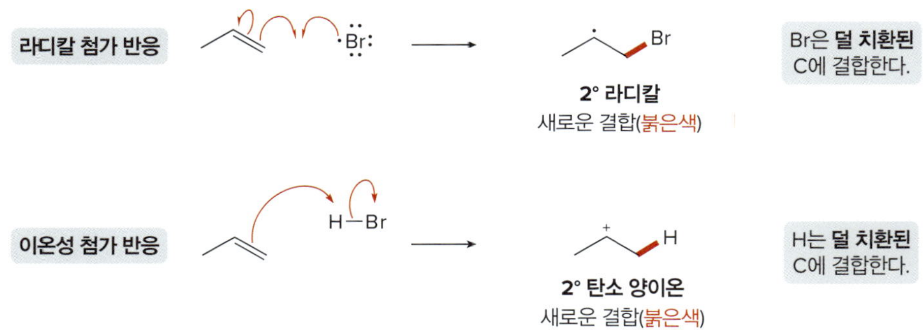

- 라디칼 첨가(HBr을 빛, 열 또는 ROOR과 반응시킴)에서는 **Br·이 먼저 첨가**하여 더 안정한 라디칼을 생성한다.
- 이온성 첨가(오직 HBr만 반응)에서는 ***H^+*가 먼저 첨가**하여 더 안정한 탄소 양이온을 생성한다.

문제 13.24 라디칼 조건하에서 HBr이 $(CH_3)_2C{=}CH_2$에 첨가될 때, 연쇄 전파의 첫 단계에서 두 라디칼이 생길 수 있다. 두 개의 라디칼 구조를 그리고 어느 것이 생성되는지를 지적하라. 그리고 라디칼 조건하에서 HBr의 첨가로 생성되는 주생성물을 그려라.

문제 13.25 1-Ethylcyclohexene을 (a) 1-bromo-2-ethylcyclohexane; (b) 1-bromo-1-ethylcyclohexane; (c) 1,2-dibromo-1-ethylcyclohexane으로 변환하기 위하여 어떤 시약이 필요한가?

13.13C HBr의 라디칼 첨가에 대한 에너지 변화

$CH_2{=}CH_2$에 대한 HBr의 라디칼 첨가에서 전파 과정의 에너지 변화는 그림 13.9에서와 같이 결합 해리 에너지로부터 계산될 수 있다.

HBr 첨가에 대한 두 개의 전파 단계가 발열이기 때문에 전체 전파는 에너지 측면에서 선호되는 발열이다. 그러나 HCl과 HI 첨가에서는 전파 단계 중의 하나가 상당히 흡열이어서 연쇄 메커니즘을 반복하기가 어렵다. 따라서 **HBr은 라디칼 조건하에 알켄에 첨가되지만 HCl과 HI는 그렇지 못하다.**

그림 13.9
전파 단계에서의 에너지 변화:
$CH_2{=}CH_2 + HBr \rightarrow CH_3CH_2Br$

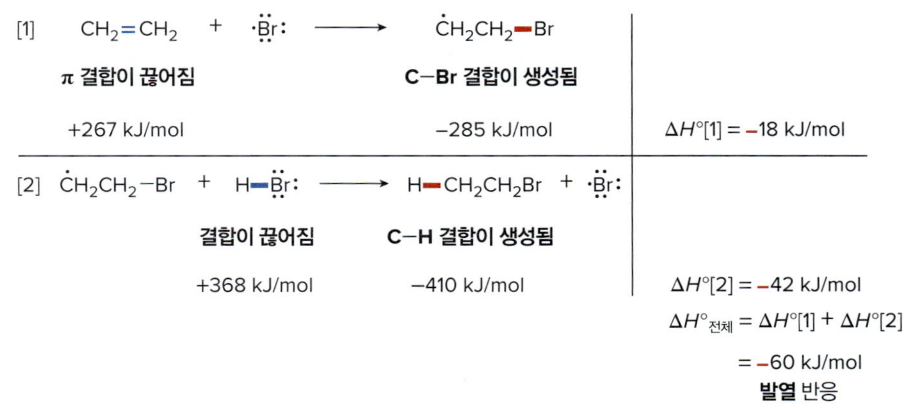

13.14 고분자와 중합

HDPE(고밀도 폴리에틸렌)와 **LDPE**(저밀도 폴리에틸렌)는 다른 반응 조건에서 제조되고 물리적 성질이 다른, 흔한 종류의 폴리에틸렌이다. HDPE는 불투명하고 단단하며, 우유 용기와 물 주전자로 사용된다. LDPE는 약간 투명하며 더 유연하고, 비닐 봉투와 전기 절연체로 사용된다. HDPE와 LDPE 및 다른 플라스틱을 포함하는 제품에는 일반적으로 재활용 편의성을 표시하는 라벨이 있는데, 숫자가 작을수록 재활용이 쉽다.
Jill Braaten/McGraw Hill

고분자(*polymer*)는 단위체(*monomer*)라 부르는 작은 분자의 반복 단위로 구성된 거대 분자이다. 단백질과 탄수화물 같은 생물학적으로 중요한 화합물도 일종의 고분자이다. 또한 폴리에틸렌, 폴리(염화 바이닐)(PVC), 폴리스티렌과 같은 공업적으로 중요한 플라스틱도 고분자이다.

13.14A 합성 고분자

실험실에서 합성되는 많은 고분자는 현대 사회에서 가장 폭넓게 사용되는 유기 화합물에 속한다. 합성 고분자는 천연 고분자와 유사한 것도 있지만, 많은 합성 고분자는 그 성질이 천연 재료와 다르고 특이하기 때문에 천연 재료보다 더 유용하다. 청량음료 병, 비닐 봉투, 음식 포장용 랩, 콤팩트 디스크, 테플론과 스티로폼은 모두 합성 고분자로 제조된다. 이 장에서는 알켄 단위체로부터 만들어진 고분자에 대해서 알아본다. 다양한 종류의 합성 고분자의 성질과 합성에 관해서는 31장에서 자세히 설명할 것이다.

- **중합(polymerization)**은 단위체들을 연결하여 고분자를 만드는 것이다.

예를 들어, **에틸렌 단위체**를 함께 연결하면 우유 팩이나 샌드위치 포장지에 사용되는 플라스틱인 **폴리에틸렌** 고분자가 얻어진다.

$$CH_2{=}CH_2 + CH_2{=}CH_2 + CH_2{=}CH_2 \xrightarrow{\text{중합}} \sim CH_2CH_2CH_2CH_2CH_2CH_2 \sim$$

에틸렌 단위체

폴리에틸렌 고분자
붉은색은 새로 생성된 결합

$CH_2=CHZ$와 같은 일반적인 구조의 많은 에틸렌 유도체들 또한 중합을 위한 단위체로 사용된다. Z의 종류가 생성된 고분자의 물리적 성질에 영향을 미치기 때문에, 어떤 고분자는 한 가지 소비재(플라스틱 봉지나 주방용 랩)에 다른 소비재(음료수 병이나 CD)보다 더 적합하다. $CH_2=CHZ$의 중합은 일반적으로 사슬 내의 탄소 원자에 Z기가 하나 걸려서 있는 고분자를 만든다. 표 13.2에 의학과 치과학에서 사용하는 두 가지 흔한 단위체와 고분자가 나와 있다.

표 13.2 의학과 치과학에서 사용하는 흔한 단위체와 고분자

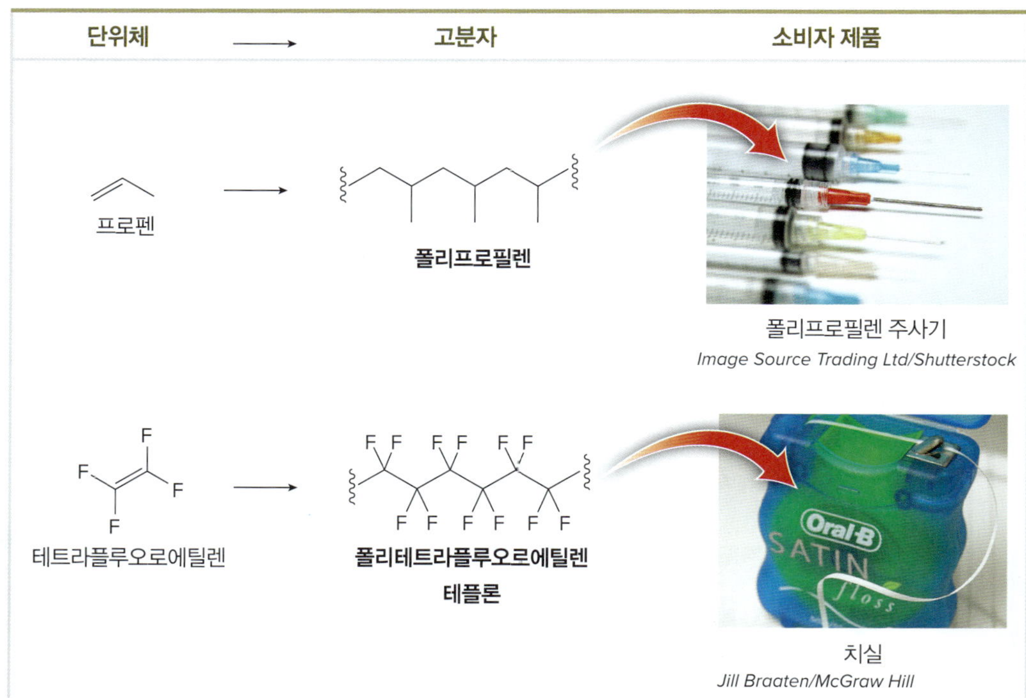

폴리(아크릴산; 예제 13.6)는 물에서 자기 무게의 30배를 흡수하므로 일회용 기저귀에 사용된다.
Daniel C. Smith

붉은색은 새로 생성된 결합

예제 13.6 단위체로부터 생성되는 고분자의 구조 그리기

Acrylic acid ($CH_2=CHCO_2H$)를 중합하였을 때 생성되는 고분자는 무엇인가?

풀이

세 개 이상의 알켄 단위체(monomer)를 그린 다음, **각 이중 결합 중에서 한 개를 끊고 알켄들을 단일 결합으로 연결하라**. 비대칭 알켄에서는 치환기가 매번 다른 탄소에 결합된다.

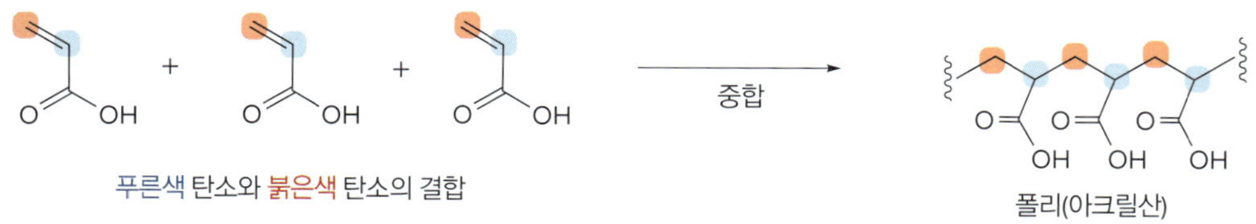

푸른색 탄소와 붉은색 탄소의 결합

폴리(아크릴산)

문제 13.26 (a) 폴리스티렌은 styrene 단위체, $C_6H_5CH{=}CH_2$를 중합하여 얻는다. 폴리스티렌의 구조를 그려라. (b) 고분자 **A**, **B** 와 **C**를 제조하려면 어떤 단위체를 사용해야 하는가?

A
poly(vinyl acetate)
페인트와 접착제에 사용

B
polyacrylonitrile
Orlon 섬유 제조에 사용

C
poly(ethyl α-cyanoacrylate)
Super Glue에 사용

추가 문제: 문제 13.68, 13.69, 13.71a를 풀어보라.

포장 재료와 뜨거운 음료용 컵으로 쓰이는 폴리스티렌 foam(문제 13.26)은 styrofoam이라고 한다. 재활용한 폴리스티렌으로 쟁반이나 쓰레기통을 만들 수 있다.
Jamie Grill/Getty Images

중합에 쓰이는 알켄 단위체는 석유로부터 얻는다.

13.14B 라디칼 중합

13.14A절에 설명된 모든 고분자는 **라디칼을 π 결합에 첨가**함으로써 일어나는 알켄 단위체의 중합에 의하여 제조된다. 메커니즘은 알켄에 대한 HBr의 라디칼 첨가와 유사하며, **브로민 원자가 아닌 탄소 라디칼이 이중 결합에 첨가**되는 것만 다르다. 메커니즘 13.4는 일반적인 단위체인 $CH_2{=}CHZ$를 이용하여 쓰여졌으며 개시, 전파 및 종결의 세 부분으로 되어 있다.

메커니즘 13.4 $CH_2{=}CHZ$의 라디칼 중합

부분 [1] 개시

$$RO{-}OR \xrightarrow{1} 2\ RO\cdot + CH_2{=}CHZ \xrightarrow{2} RO{-}CH_2{-}\dot{C}HZ$$

1 ~ 2 ROOR을 사용한 개시는 두 단계, 즉 **약한 O–O 결합**의 균일 분해와 알켄에 대한 RO· 라디칼의 첨가로 탄소 라디칼이 생성하는 단계로 일어난다.

부분 [2] 전파

$$RO{-}CH_2{-}\dot{C}HZ + CH_2{=}CHZ \xrightarrow{3} RO{-}CH_2CHZ{-}CH_2\dot{C}HZ$$

3 **연쇄 전파는 단일 단계로 구성된다.** 탄소 라디칼이 또 다른 알켄 분자에 첨가되면 새로운 C–C 결합과 다른 탄소 라디칼이 생긴다. 첨가가 일어나면 Z 치환기가 있는 원자에 홀전자가 있는 라디칼이 생성된다.

부분 [3] 종결

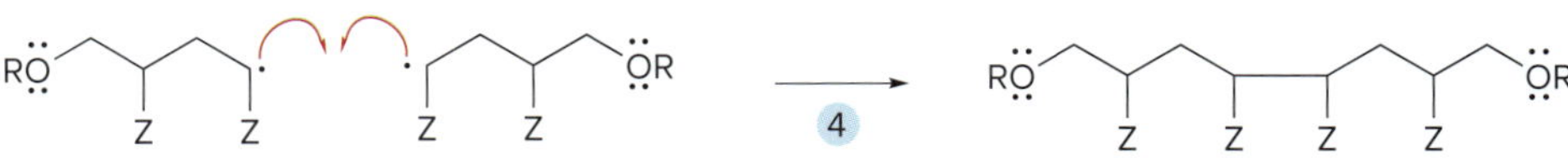

4 두 개의 라디칼이 반응하여 결합이 생기면 연쇄 반응이 종결된다.

라디칼 중합에서, 더 많이 치환된 라디칼이 항상 단위체의 더 적게 치환된 부분에 첨가되는데, 이를 **머리–꼬리 중합(head-to-tail polymerization)** 과정이라 한다.

더 많이 치환된 라디칼이 이중 결합의
덜 치환된 말단에 첨가된다.

RÖ–CH₂–ĊH–Z + CH₂=CH–Z ⟶ RO–CH₂–CH(Z)–CH₂–ĊH–Z

새로운 라디칼은 항상 Z가 결합된 탄소에 위치한다.

문제 13.27 Vinyl chloride (CH_2=CHCl)를 poly(vinyl chloride)로 변환하는 메커니즘의 각 단계를 그려라.

Chapter 13 복습

핵심 개념

라디칼 안정도(13.1)

- 라디칼은 홀전자 한 개가 있는 반응 중간체이다.
- 라디칼의 안정성은 라디칼 탄소에 알킬기같이 전자 주는 기가 더 많이 결합되어 있을수록 증가한다.

methyl　1°　2°　3°

라디칼 안전성 증가 ⟶

문제 13.30–13.33을 풀어보라.

핵심 반응

라디칼 반응

1	사이클로펜테인–H → (X_2, $h\nu$ 또는 Δ, X = Cl, Br) → 사이클로펜테인–X 할로젠화 (13.4) 할로젠화 알킬	3	1-메틸사이클로펜텐 → (H–Br, $h\nu$, Δ, 또는 ROOR) → 브로민화 알킬 첨가 반응 (13.13)
2	사이클로펜텐–H → (NBS, $h\nu$ 또는 ROOR) → 사이클로펜텐–Br 알릴성 할로젠화 (13.10) 할로젠화 알킬	4	CH_2=CHCl → (ROOR) → ~CH₂CH(Cl)CH₂CH(Cl)CH₂CH(Cl)~ 중합 (13.14) 고분자

문제 13.28, 13.35, 13.36, 13.43, 13.44, 13.46, 13.68, 13.69, 13.71a를 풀어보라.

핵심 기법

[1] Methylcyclopentane에 Cl_2와 열을 가하여 만든 단일염소화 반응의 구조 이성질체 그리기(13.3)

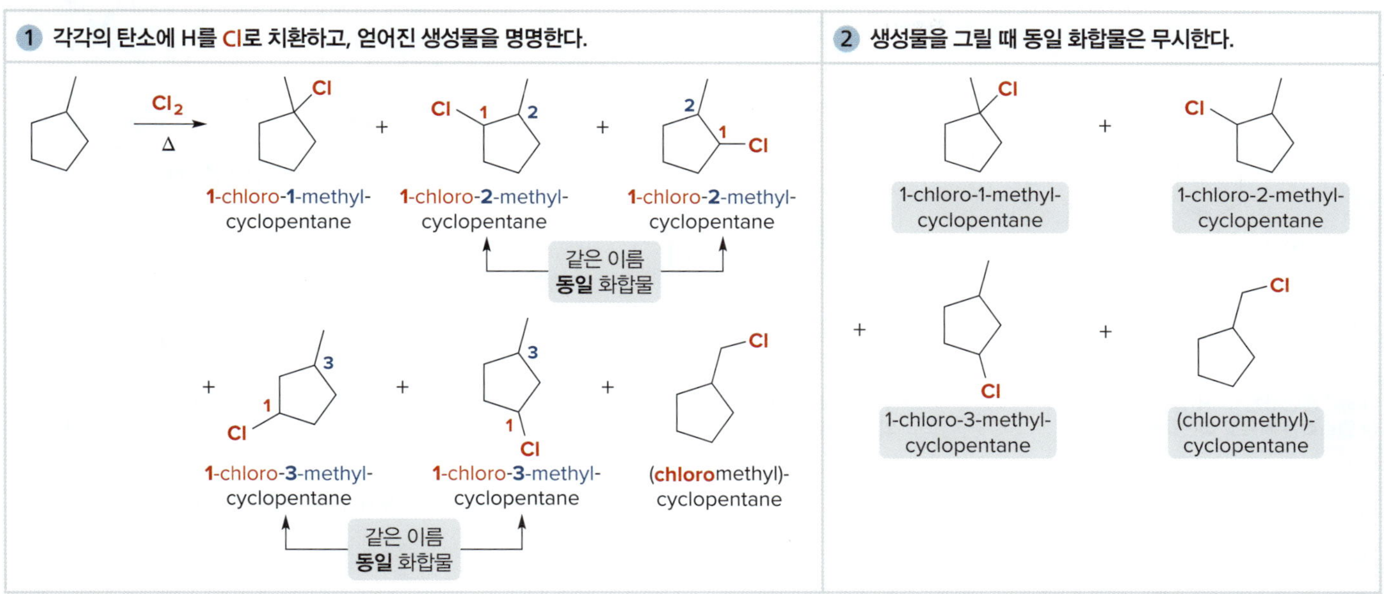

예제 13.1 참고. 문제 13.28a, 13.35, 13.46a를 풀어보라.

[2] Br_2과 $h\nu$을 이용한 methylcyclopentane의 브로민화 반응의 주생성물 그리기(13.6)

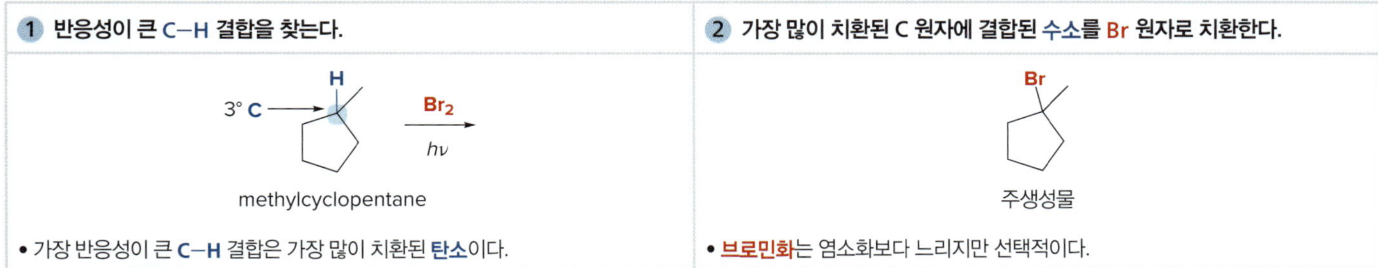

예제 13.2 참고. 문제 13.28b, 13.36, 13.46b를 풀어보라.

[3] 합성 설계(13.7); 예: $CH_3CH_2CH_3$로부터 $CH_3CH(SCH_3)CH_3$

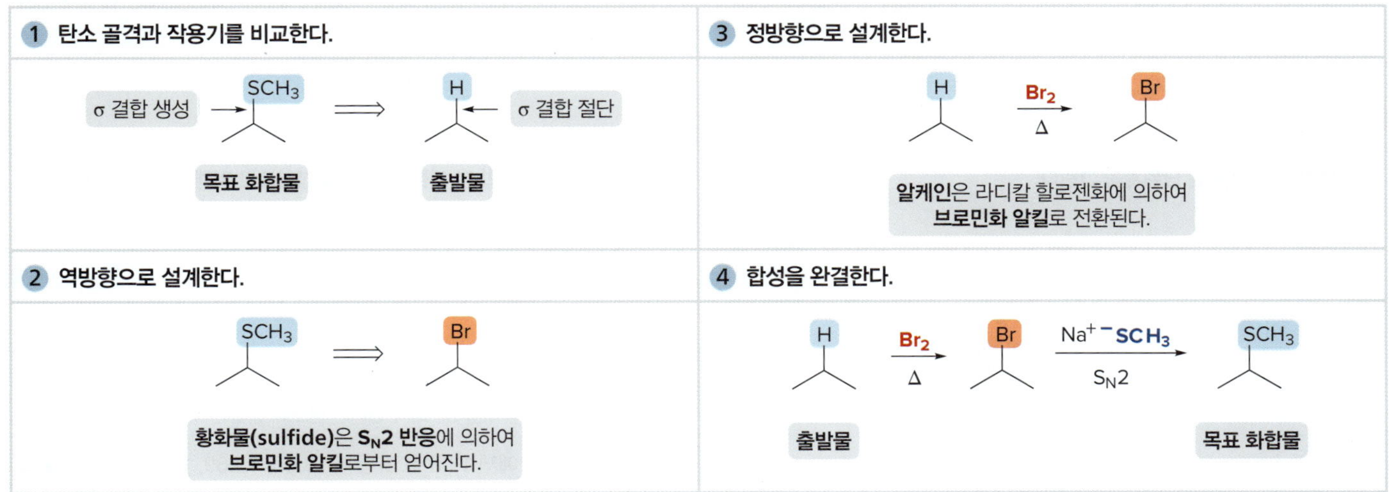

예제 13.3 참고. 문제 13.58–13.62를 풀어보라.

[4] 카이랄 출발물과 Cl_2에 열을 가하여 만든 단일염소화 반응의 입체 이성질체 그리기(13.8)

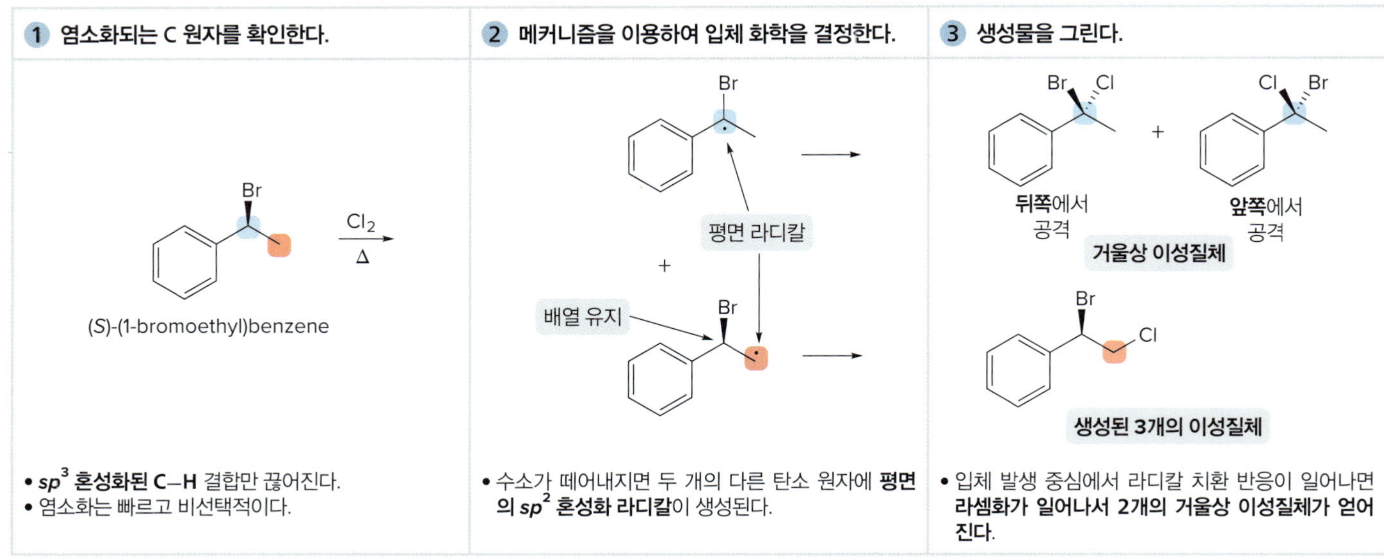

예제 13.4 참고. 문제 13.48a, d; 13.49–13.51을 풀어보라.

[5] Methylenecyclopentane을 NBS와 ROOR로 처리했을 때 얻어지는 생성물 그리기(13.10)

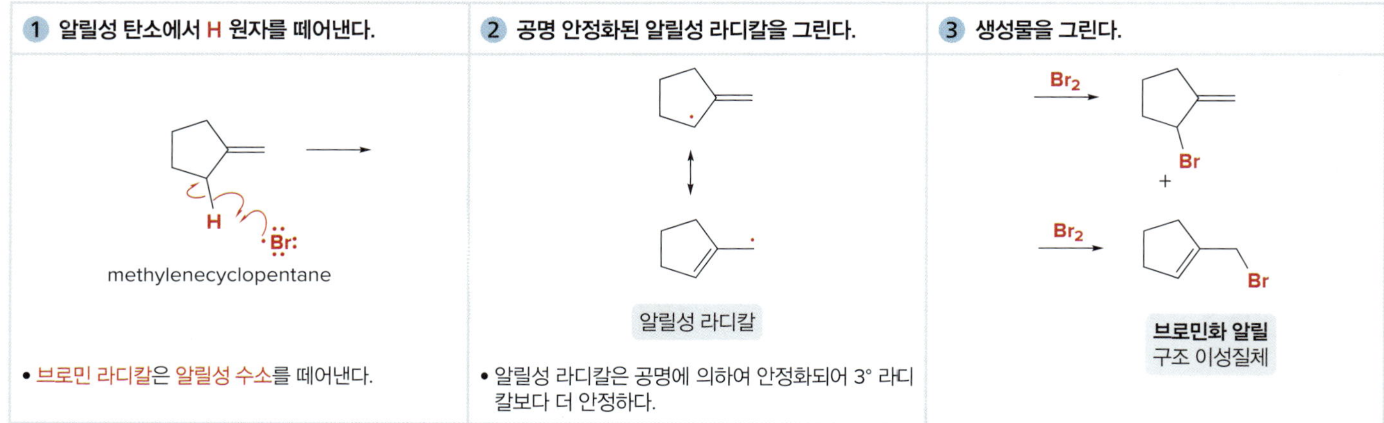

예제 13.5 참고. 문제 13.43, 13.44, 13.46f를 풀어보라.

[6] 중합 반응 생성물 그리기(13.14); 예: $CH_2{=}CHCH_3$의 중합

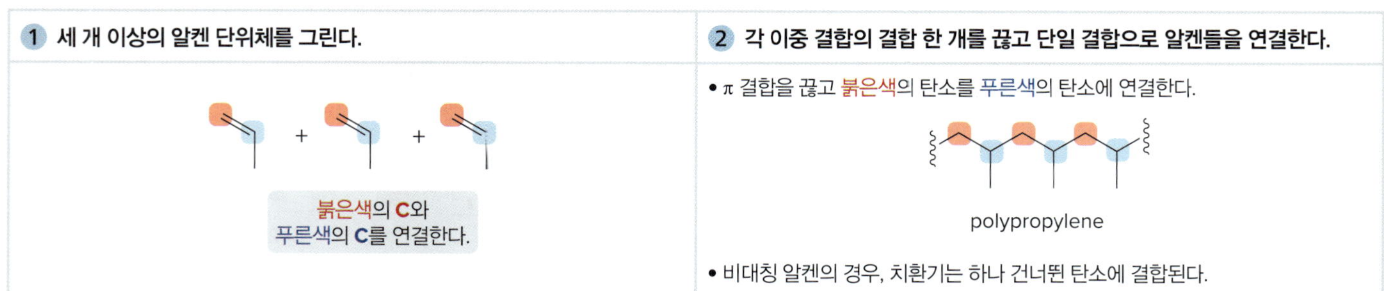

예제 13.6 참고. 문제 13.68, 13.69, 13.71a를 풀어보라.

13장 선다형 자가-시험

자가-시험은 American Chemical Society 유기 화학 시험과 유사한 객관식 문제로 구성되어 있다. 정답은 장의 마지막 부분에 나와 있다.

1. 가장 안정한 라디칼과 가장 불안정한 라디칼을 골라라.

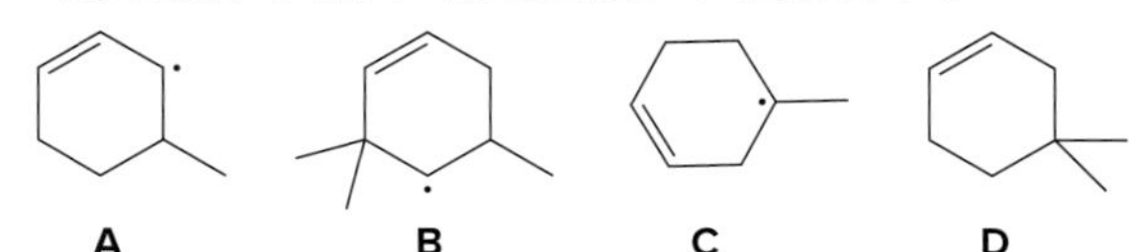

a. **C**가 가장 안정하고 **D**가 가장 불안정하다.
b. **C**가 가장 안정하고 **B**가 가장 불안정하다.
c. **B**가 가장 안정하고 **D**가 가장 불안정하다.
d. **A**가 가장 안정하고 **D**가 가장 불안정하다.

2. 라디칼 할로젠화 반응에서 어느 H가 가장 쉽게 떨어지는가?

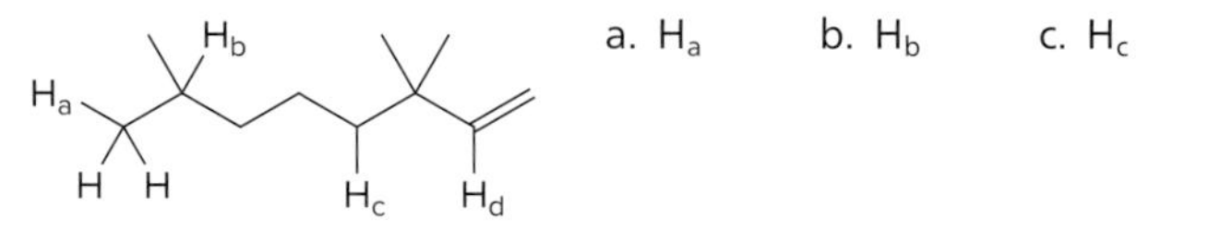

a. H_a b. H_b c. H_c d. H_d

3. **X**를 NBS, ROOR로 처리하였을 때 어느 생성물이 생기지 **않는가**?

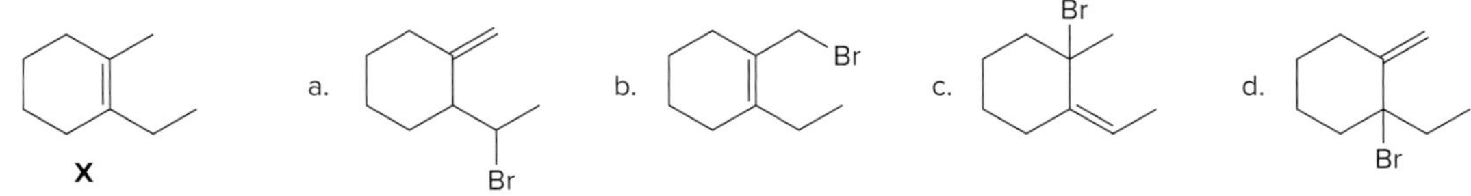

4. 알케인의 라디칼 할로젠화 반응을 이용하면 좋은 수율로 얻어질 수 있는 할로젠화 알킬은 무엇인가?

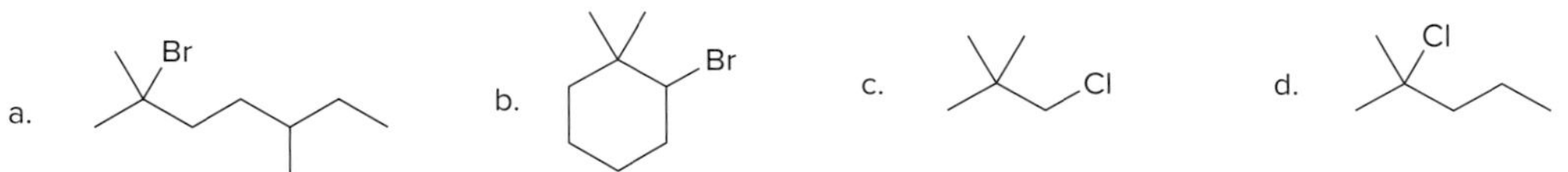

5. $CH_3CH(CH_2CH_3)_2$를 Cl_2와 함께 가열하였을 때 분자식이 $C_6H_{13}Cl$인 구조 이성질체는 몇 가지가 얻어지는가?: (a) 세 개; (b) 네 개; (c) 다섯 개; (d) 여섯 개

6. ROOR의 존재하에서 2-methylbut-1-ene이 HBr과 반응하면 무슨 중간체가 생성되는가?

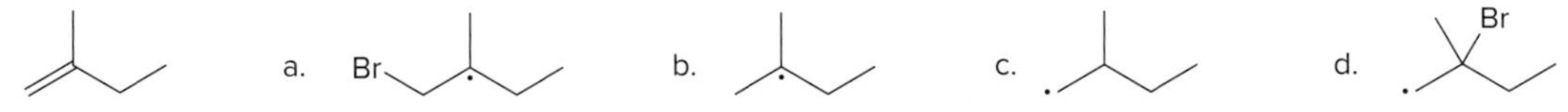

7. 1,1,1-tribromopropane을 Cl_2와 가열하였을 때 어느 생성물이 생기지 **않는가**?

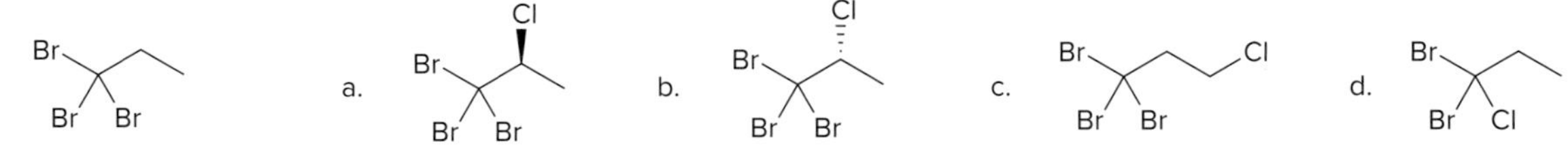

8. **Y**가 다음과 같은 두-단계 반응을 하였을 때 생기는 주생성물은 무엇인가: [1] $KOC(CH_3)_3$; [2] HBr, ROOR?

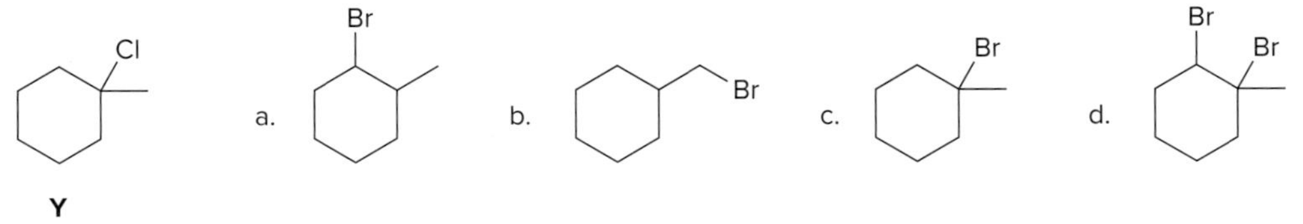

9. **Z**를 얻기 위하여 필요한 단위체는 무엇인가?

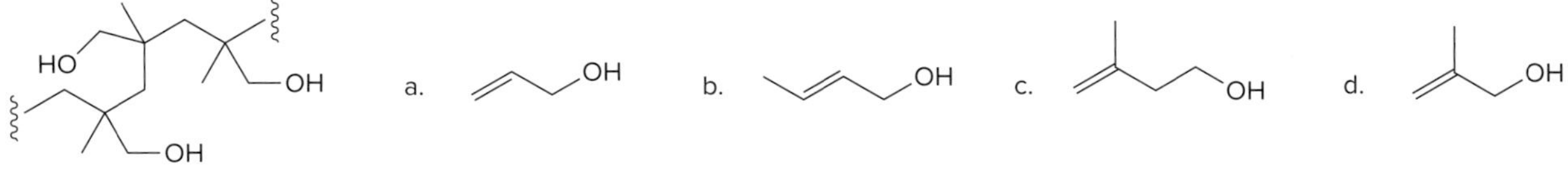

10. **A**의 라디칼 브로민화 반응으로 생성되는 주생성물은 무엇인가?

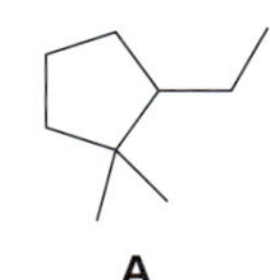

A

a. b. c. d.

문제

삼차원 모형을 이용하는 문제

13.28 (a) 각 알케인이 Cl_2와 $h\nu$ 조건에서 단일염소화 반응을 하였을 때 생성되는 모든 구조 이성질체를 그려라. (b) 각 알케인을 Br_2와 같이 가열하였을 때 생성되는 단일브로민화의 주생성물을 그려라.

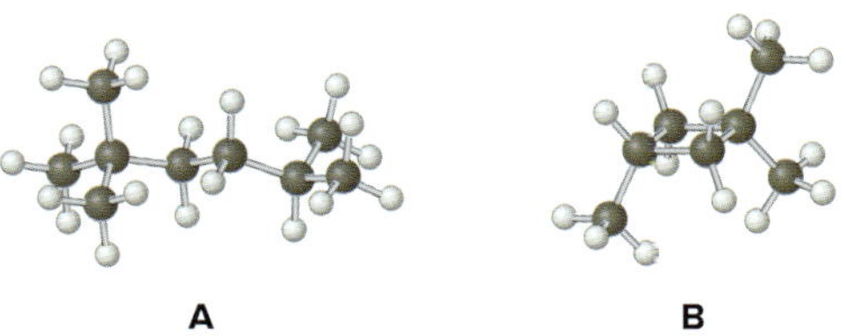

A **B**

13.29 항산화제 BHA (**b**utylated **h**ydroxy **a**nisole)에서 수소 원자 하나를 제거하여 생성되는 라디칼의 모든 공명 구조를 그려라.

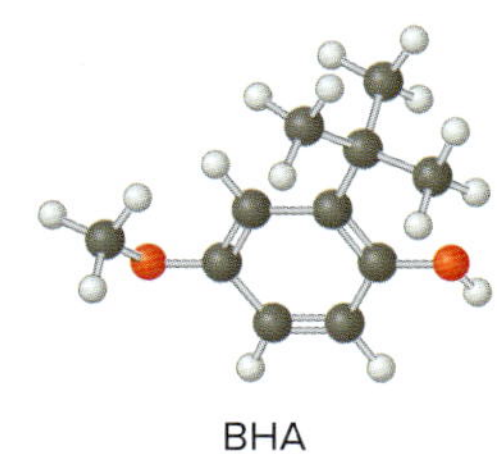

BHA

라디칼과 결합 세기

13.30 다음 화합물에서 표시된 C−H 결합을 참조하여 답하라.

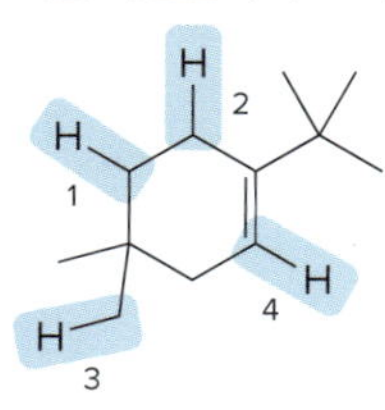

a. C−H 결합을 결합 세기가 증가하는 순으로 나열하라.

b. 각 C−H 결합이 분해하여 생기는 라디칼을 그리고 1°, 2° 또는 3°로 분류하라.

c. 라디칼을 안정성이 증가하는 순으로 나열하라.

d. 라디칼 할로젠화 반응에서 H 제거의 용이도가 증가하는 순으로 C−H 결합을 나열하라.

13.31 다음 라디칼을 안정성이 증가하는 순으로 정렬하라.

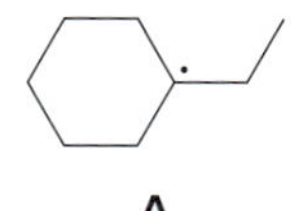

A **B** **C** **D**

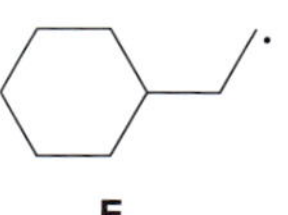

E

13.32 (a) 부록 E의 결합 해리 에너지를 이용하여 다음 라디칼의 상대적 안정성을 예측하라. (b) 각 화학종에서 홀전자는 어떠한 종류의 오비탈에 놓여 있는가?

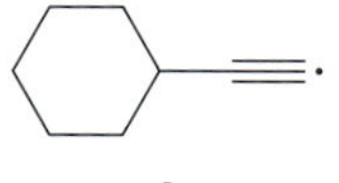

A **B**

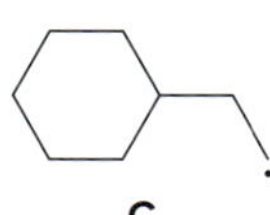

C

13.33 라디칼 **A**와 **B**가 에틸 라디칼보다 더 안정한 이유를 설명하라.

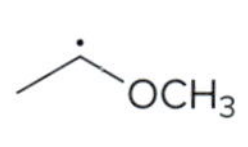

A

O

B

$CH_3\dot{C}H_2$

ethyl radical

알케인의 할로젠화

13.34 라디칼 할로젠화 반응에서 제거가 용이한 순으로 표시된 수소 원자를 나열하라.

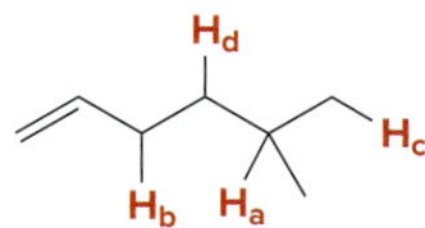

13.35 Cl_2와 $h\nu$ 조건에서 각 알케인의 단일염소화에 의하여 생성되는 구조 이성질체를 모두 그려라.

a. 
b.
c. 

13.36 각각의 알케인을 Br_2와 가열할 때 생성되는 단일브로민화의 주생성물은 무엇인가?

a. 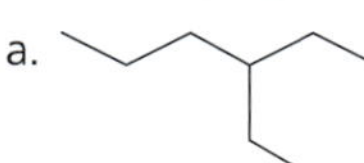
b.
c. 

13.37 분자식이 C_6H_{14}인 다섯 개의 이성질성 알케인(**A**–**E**)을 각각 $Cl_2 + h\nu$로 처리하면 분자식이 $C_6H_{13}Cl$인 할로젠화 알킬이 여러 개 생성된다. **A**는 구조 이성질체가 다섯 개, **B**는 네 개, **C**는 두 개이다. **D**는 구조 이성질체가 세 개이며, 그중 두 개에 입체 발생 중심이 있다. **E**는 구조 이성질체가 세 개이며, 그중 하나에만 한 개의 입체 발생 중심이 있다. **A**–**E**의 구조를 밝혀라.

13.38 어느 알킬 할로젠화물이 알케인의 라디칼 할로젠화에서 우수한 수득률로 생성되는가?

a. 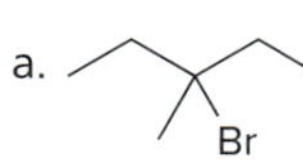

b. Cl
c. 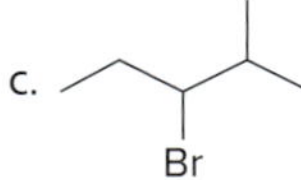

13.39 다음 각 화합물의 라디칼 염소화 및 브로민화의 생성물을 그려라. 어떤 화합물이 두 반응 모두에서 하나의 구조 이성질체만 생성하는가? 두 반응 모두에서 하나의 생성물만을 생성하기 위해서는 반응물의 구조에서 어떤 점이 사실이어야 하는가?

a. 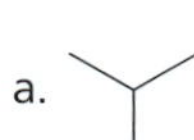
b.
c. 

13.40 *p*-Xylene의 라디칼 브로민화 반응에서는 **D**보다 **C**가 생성된다. 그 이유를 설명하라.

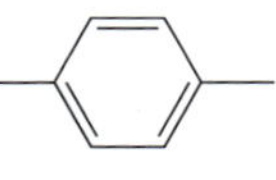

$\xrightarrow[\Delta]{Br_2}$
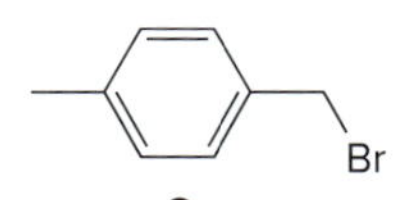

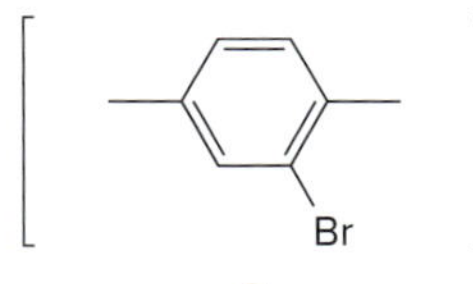

D
생성되지 않음

13.41 a. **Y**를 Cl_2와 함께 가열하면 어떤 생성물(들) (입체 이성질체는 배제)이 생성되겠는가?
b. **Y**를 Br_2와 함께 가열하면 어떤 생성물(들) (입체 이성질체는 배제)이 생성되겠는가?
c. **Y**를 알켄 **Z**로 변환시키는 데 필요한 단계는 무엇인가?

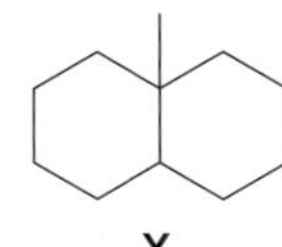
Y

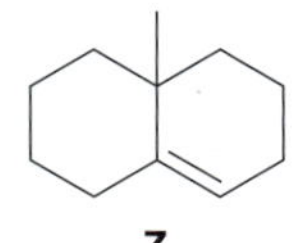
Z

공명

13.42 각 라디칼의 공명 구조를 그려라.

a. 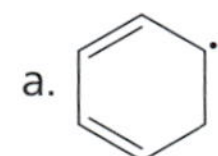
b. 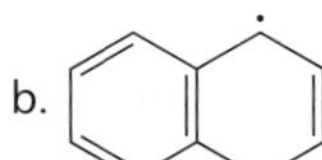
c. 
d. 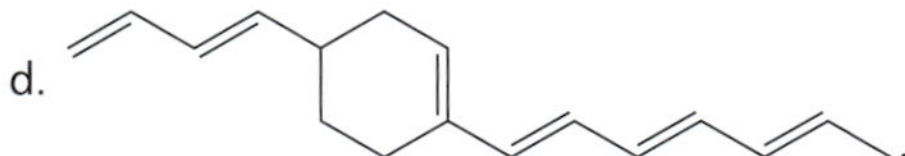

알릴성 할로젠화 반응

13.43 각각의 알켄을 NBS + $h\nu$로 처리하였을 때 생성되는 생성물을 그려라.

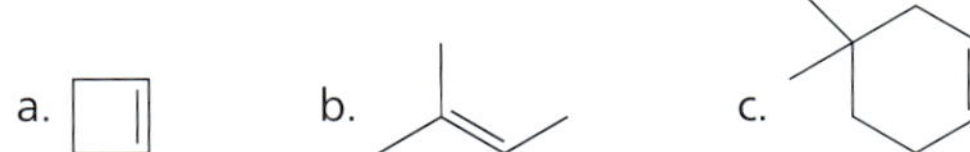

13.44 **X**를 NBS + $h\nu$로 처리하였을 때 생성되는 모든 구조 이성질체를 그려라.

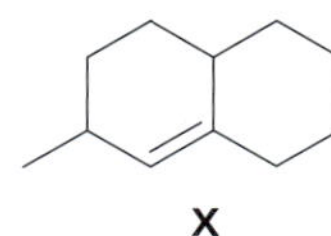

X

13.45 Propylbenzene을 NBS + $h\nu$로 처리하면 유일한 구조 이성질체가 생성된다. 생성물의 구조와 이 화합물이 생기는 이유를 제안하라.

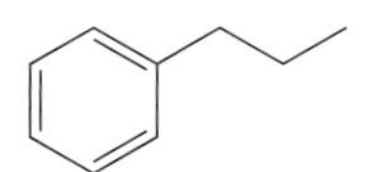

propylbenzene

반응

13.46 각각의 반응에서 생성되는 유기 생성물을 그려라.

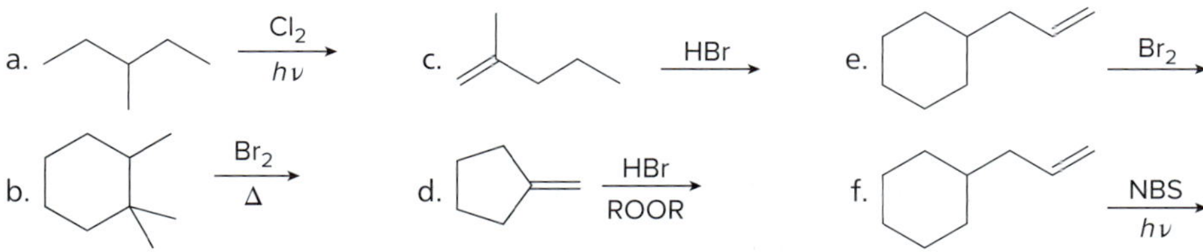

13.47 탄화수소 **A**(분자식 C_9H_{18})와 Br_2를 빛의 존재하에서 반응시키면 분자식이 $C_9H_{17}Br$인 할로젠화 알킬 **B**와 **C**가 생성된다. $KOC(CH_3)_3$와 **B** 또는 **C**와의 반응은 주생성물로서 화합물 **D** (C_9H_{16})를 생성한다. 화합물 **D**의 가오존 분해 반응은 사이클로헥산온과 아세톤을 생성한다. **A**–**D**의 구조를 밝혀라.

cyclohexanone acetone

입체 화학과 반응

13.48 각각의 반응에서 생성되는 생성물을 입체 발생 중심 주위의 입체 화학을 포함하여 그려라.

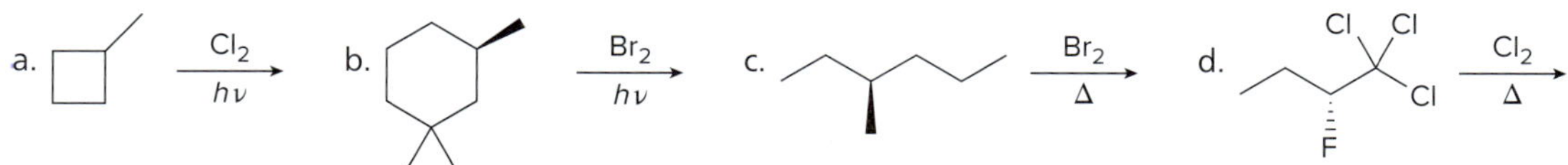

13.49 Chlorocyclopropane을 Cl_2와 함께 가열할 때 생성되는, 분자식이 $C_3H_4Cl_2$인 생성물을 입체 이성질체를 포함하여 그려라. (b) 물리적 성질이 다른 생성물은 분리될 수 있다고 가정하면, 생성물의 혼합물을 효율적인 분별 증류를 사용하여 증류하였을 때 몇 가지의 분획이 얻어지겠는가? (c) 몇 개의 분획이 광학 활성인가?

13.50 (a) (*R*)-2-Chloropentane을 Cl_2와 함께 가열할 때 생성되는, 분자식이 $C_5H_{10}Cl_2$인 모든 입체 이성질체를 그려라. (b) 물리적 성질이 다른 생성물은 분별 증류와 같은 물리적 방법을 이용하여 분리될 수 있다고 가정하면, 몇 가지의 다른 생성물이 얻어지겠는가? (c) 이들 중에 어느 것이 광학 활성인가?

13.51 (a) 아래에 구조가 나와 있는 1,2-dimethylcyclohexane의 시스와 트랜스 이성질체의 단일브로민화에서 생기는 입체 이성질체를 모두 그려라. (b) 각 반응물로부터 생기는 생성물은 어떠한 관계인가? 같은 화합물, 입체 이성질체와 구성 이성질체 중에서 골라라.

cis-1,2-dimethylcyclohexane *trans*-(1*R*,2*S*)-dimethylcyclohexane

13.52 **A**를 NBS + $h\nu$로 반응시킬 때 생성되는 여섯 개의 생성물(입체 이성질체 포함)을 그려라.

A

13.53 각 화합물을 과산화물의 존재하에서 HBr로 처리하였을 때 생성되는 입체 이성질체를 모두 그려라.

a. 

b. 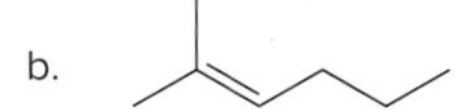

c. 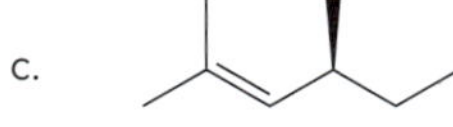

메커니즘

13.54 다음 브로민화에서: $(CH_3)_3CH + Br_2 \xrightarrow{\Delta} (CH_3)_3CBr + HBr$

a. 표 6.2의 결합 해리 에너지를 이용하여 이 반응의 $\Delta H°$를 계산하라.

b. 개시, 전파 및 종결 단계를 포함하는 반응의 단계별 메커니즘을 쓰라.

c. 각 전파 단계의 $\Delta H°$를 계산하라.

d. 전파 단계에 대한 에너지 도표를 그려라.

e. 각 전파 단계의 전이 상태 구조를 그려라.

13.55 다음 반응의 단계별 메커니즘을 쓰라.

NBS, $h\nu$ → Br + Br + HBr

13.56 탄소 양이온처럼, 다른 작용기가 있는 화합물로부터 생성된 라디칼은 분자내 반응을 수행할 수 있다. 다음 분자내 반응의 사슬 전파 단계의 단계별 메커니즘을 그려라.

NBS, $h\nu$ → Br

13.57 3,3-Dimethylbut-1-ene과 HBr만의 반응에서는 주생성물이 2-bromo-2,3-dimethylbutane이다. 같은 알켄을 HBr 및 과산화물과 반응시켰을 때는 유일한 생성물로 1-bromo-3,3-dimethylbutane이 얻어진다. 메커니즘을 참고하여 이 결과를 설명하라.

합성

13.58 Cyclopentane과 다른 유기 또는 무기 시약을 이용하여 각 화합물의 합성을 고안하라.

a. 

b. 

c. 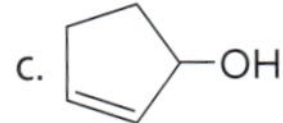

d. 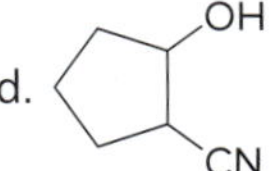

13.59 HC≡CH로부터 $CH_3CH_2CH_2CH_2Br$의 합성을 고안하라. 다른 유기 및 무기 시약을 사용할 수 있다.

13.60 탄소 원자의 유일한 원천으로 CH_3CH_3를 사용하여 각 화합물을 합성하라. 필요한 유기 또는 무기 시약은 아무거나 사용할 수 있다.

a. HC≡CH

b. OH

c.

d. O

13.61 Cyclohexane로부터 $OHC(CH_2)_4CHO$의 합성을 고안하라. 필요하다면 어떠한 유기 또는 무기 시약을 사용할 수 있다.

13.62 탄소 원자의 유일한 원천으로 propane을 사용하여 hexane-2,3-diol의 합성을 고안하라. 필요하다면 어떠한 유기 또는 무기 시약을 사용할 수 있다.

라디칼 산화 반응

13.63 9.17절에서 기술하였듯이, 천식 반응에서 중요한 화합물인 leukotriene은 arachidonic acid로부터 과산화물인 5-HPETE를 경유하여 합성된다. O_2가 참여하는 반응인, arachidonic acid의 5-HPETE로의 변환에 대한 단계별 메커니즘으로 쓰라.

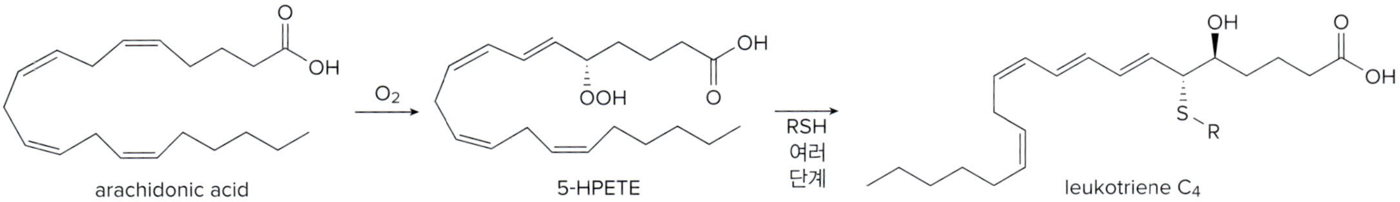

arachidonic acid $\xrightarrow{O_2}$ 5-HPETE $\xrightarrow{\text{RSH, 여러 단계}}$ leukotriene C_4

13.64 에터는 산소에 의해 산화되어 과산화 수소화물을 생성한다. 과산화 수소화물은 가열하면 격렬하게 분해된다. 과산화 수소화물을 생성하는 반응의 단계별 메커니즘을 쓰라.

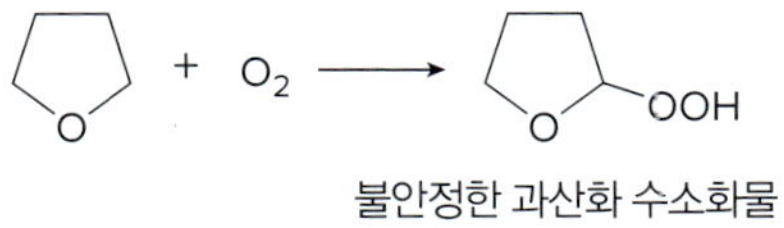

+ O_2 ⟶ OOH

불안정한 과산화 수소화물

항산화제

13.65 Resveratrol은 적포도의 껍질에서 발견되는 항산화제이다. 이 물질의 항암, 항염, 그리고 다양한 심혈관계 질병에 대한 효능은 현재 연구가 진행 중이다. (a) 붉은색으로 표시된 OH 결합의 균일 분해에 의해 생기는 라디칼의 모든 공명 구조를 그려라. (b) 왜 이 OH 결합의 균일 분해가 다른 벤젠 고리에 있는 OH의 균일 분해보다 선호되는지 그 이유를 설명하라.

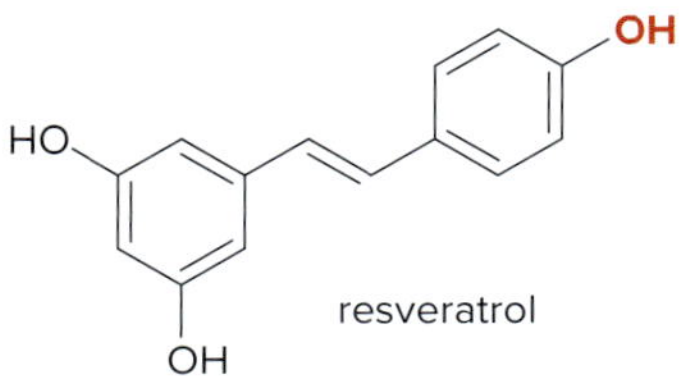

resveratrol

13.66 세포 내에서 대부분 짝염기인 ascorbate ion으로 존재하는 비타민 C는 항산화제이다. Ascorbate ion이 라디칼과 반응하면, ascorbate ion은 음으로 하전된 산소에서 전자 하나를 잃고 라디칼을 생성한다. 이 라디칼의 모든 공명 구조를 그려라.

vitamin C
ascorbic acid

ascorbate

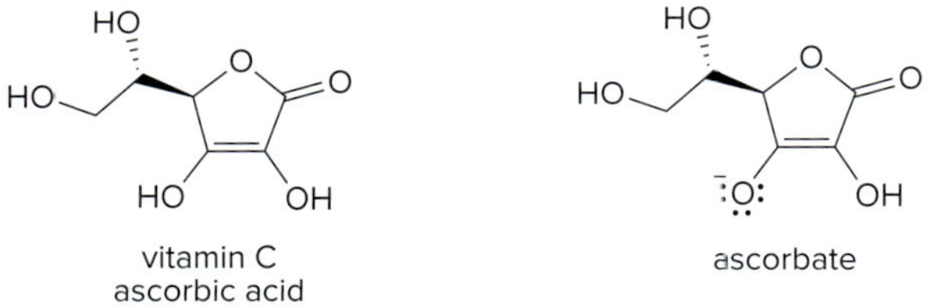

고분자와 중합

13.67 각각의 고분자를 얻는 데 무슨 단위체가 필요한가?

a. polyisobutylene
(농구공 만드는 데 사용)

b. poly(ethyl acrylate)
(라텍스 페인트에 사용)

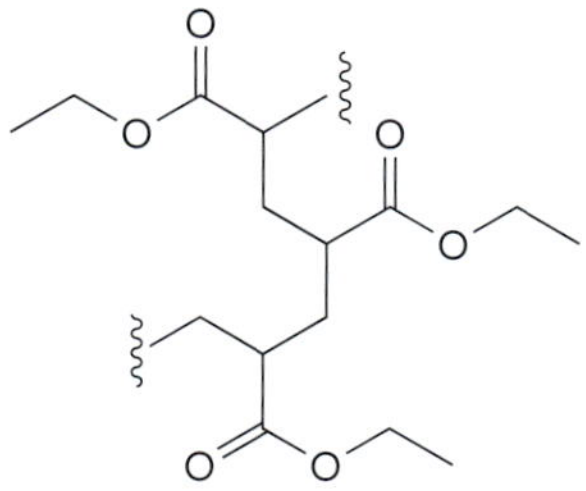

13.68 각 단위체로부터 무슨 고분자가 얻어지는가? butyl α-cyanoacrylate (b)는 국소 피부 접착제인 LiquiBand에서 사용되며 vinylpyrrolidone (c)은 막대 모양 풀(glue stick)의 제조에 사용된다.

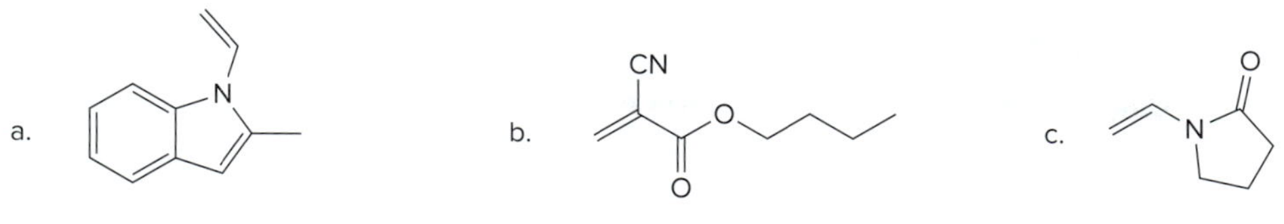

13.69 (a) 1960년대에 처음 유행하던 하드 콘택트렌즈는 methyl methacrylate [$CH_2{=}C(CH_3)CO_2CH_3$]를 중합하여 만든 poly(methyl methacrylate)(PMMA)였다. PMMA의 구조를 그려라. (b) 1970년대에 도입된 더 편리한 소프트 콘택트렌즈는 hydroxyethyl methacrylate [$CH_2{=}C(CH_3)CO_2CH_2CH_2OH$]를 중합하여 만든 poly(hydroxyethyl methacrylate)(poly-HEMA)였다. poly-HEMA의 구조를 그려라. 두 콘택트렌즈 모두 공기에서 눈의 망막까지 산소가 투과하지 못하는 데 비해, 오늘날에는 편리성과 산소 투과도 모두 만족시키는 더 새로운 콘택트렌즈가 개발되었다.

13.70 Polystyrene이 polyethylene보다 O_2에 의해 더 쉽게 산화되는 이유를 설명하라. 또한 polystyrene의 어떤 수소가 가장 쉽게 제거가 되는가? 그리고 그 이유는 무엇인가?

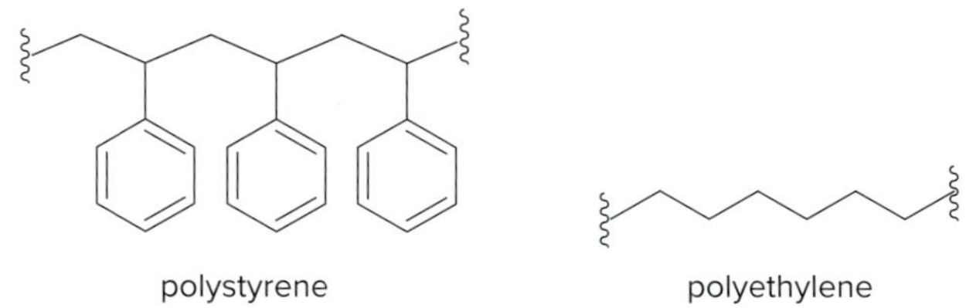

13.71 31장에서 배우게 되겠지만, **A**와 같은 styrene 유도체는 라디칼 중간체 대신에 양이온 중간체가 생성되는 방법으로 중합된다. 양이온 중합 반응은 알켄에 대한 친전자성 첨가 반응의 한 가지 예로서 탄소 양이온이 관여하는 반응이다.

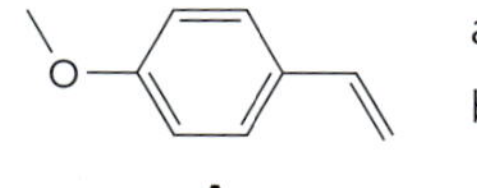

a. **A**의 중합 반응으로 생성되는 중합체의 짧은 반복 부분을 그려라.

b. **A**가 양이온 중합 반응에서 styrene ($C_6H_5CH{=}CH_2$)보다 더 빨리 반응하는 이유는 무엇인가?

13.72 두 단위체(**X**와 **Y**)가 같이 중합되면 공중합체(copolymer)가 생성된다. 교대 공중합체(alternating copolymer)는 고분자 사슬에서 두 단위체 **X**와 **Y**가 규칙적으로 교대될 때 생성된다. 두 단위체 $CH_2{=}CCl_2$와 $CH_2{=}CHC_6H_5$가 같이 중합될 때 생성되는 교대 공중합체의 구조를 그려라.

13.73 Isoprene이 라디칼 조건에서 중합하면 생성물이 혼합물로 얻어지며, 그중에서 두 가지(**A**와 **B**)가 아래에 나와 있다. 두 생성물이 어떻게 생성되는지를 보여주는 단계별 메커니즘을 그려라. Polyisoprene (**A**)는 상업적으로 판매하는 라텍스 재질이 아닌 콘돔의 주요한 성분이다.

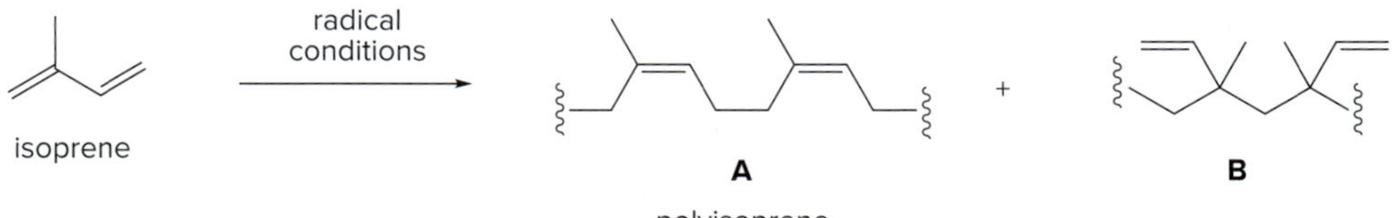

분광법

13.74 화학식이 $C_3H_5Cl_3$인 **A**와 **B** 이성질체는 분자식이 $C_3H_6Cl_2$인 이할로젠화물 **C**의 라디칼 염소화에 의하여 생성된다.

a. 다음의 ^{1}H NMR 자료를 이용하여 **A**와 **B**의 구조를 밝혀라.

화합물 **A**: 2.23 ppm(단일선), 4.04 ppm(단일선)

화합물 **B**: 1.69 ppm(이중선), 4.34 ppm(다중선), 5.85 ppm(이중선)

b. **C**의 구조는 무엇인가?

13.75 Propane의 라디칼 염소화 반응에서 생성되는 부생성물의 구조를 밝혀라. 이 부생성물의 분자식은 $C_3H_6Cl_2$이고, ^1H NMR 스펙트럼은 다음과 같다.

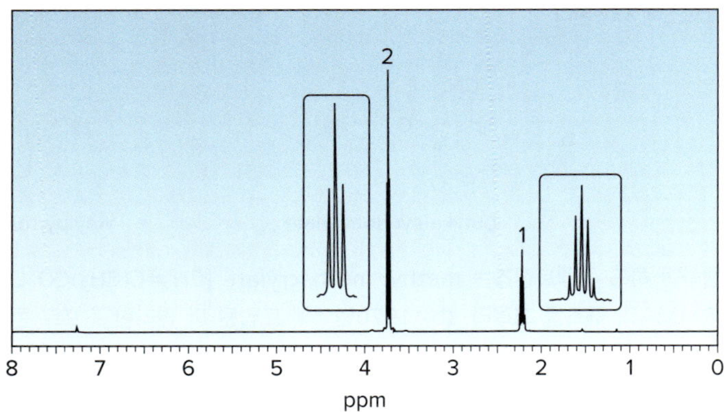

도전 문제

13.76 Triphenylmethyl 라디칼은 이 라디칼의 이합체(dimer)와 평형을 이루면서 용액에서 계속 존재하는 특이한 라디칼이다. 70년 동안 이 이합체는 hexaphenylethane으로 생각되었지만, 1970년에 NMR 데이터를 통하여 이 이합체가 **A**임이 밝혀졌다.

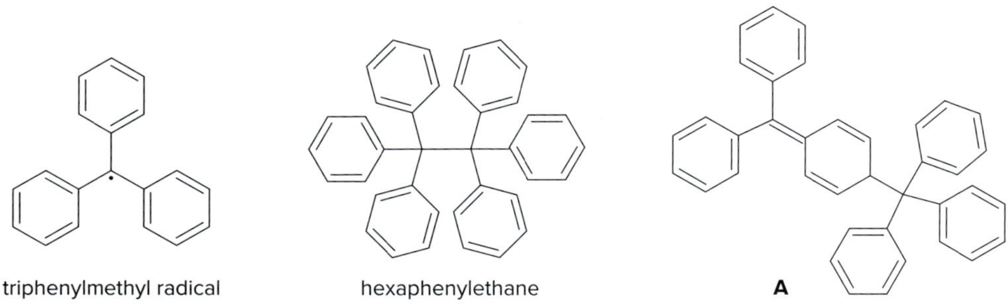

a. 왜 triphenylmethyl 라디칼이 다른 모든 라디칼보다 더 안정한가?

b. 두 개의 triphenylmethyl 라디칼이 어떻게 결합하여 **A**를 생성하는지 굽은 화살표 표현법을 사용하여 설명하라.

c. Hexaphenylethane보다 **A**가 생성되는 이유를 제안하라.

d. Hexaphenylethane과 **A**를 구별하기 위하여 어떻게 ^1H과 ^{13}C 분광법이 사용될 수 있는가?

13.77 라디칼 개시제(Z·)의 존재하에서 tributyltin hydride (R_3SnH, $R = CH_3CH_2CH_2CH_2$)는 할로젠화 알킬을 알케인으로 환원시킨다. $R'X + R_3SnH \rightarrow R'H + R_3SnX$. 이 메커니즘은 주석 중간체가 참여하는 라디칼 연쇄 과정으로 구성된다.

개시: $R_3SnH + Z\cdot \longrightarrow R_3Sn\cdot + HZ$

전파:

$R'{-}Br + R_3Sn\cdot \longrightarrow R'\cdot + R_3SnBr$

$R'\cdot + R_3SnH \longrightarrow R'{-}H + R_3Sn\cdot$

이 반응은 라디칼 고리화 반응에 많이 이용되고 있다. 다음 반응의 단계별 메커니즘을 쓰라.

Br $\xrightarrow[Z\cdot]{R_3SnH}$ + + + R_3SnBr

13.78 천연 지질인 hirsutene은 문제 13.77에서 기술하였던 tributyltin hydride 화학에 근거한 일련의 단계적 라디칼 고리화 반응으로 **A**로부터 한 단계로 합성되었다. 한 가지 반응에서 어떻게 두 고리가 합성되는지를 보여주는 이 과정의 단계별 메커니즘을 그려라.

R_3SnH
radical initiator

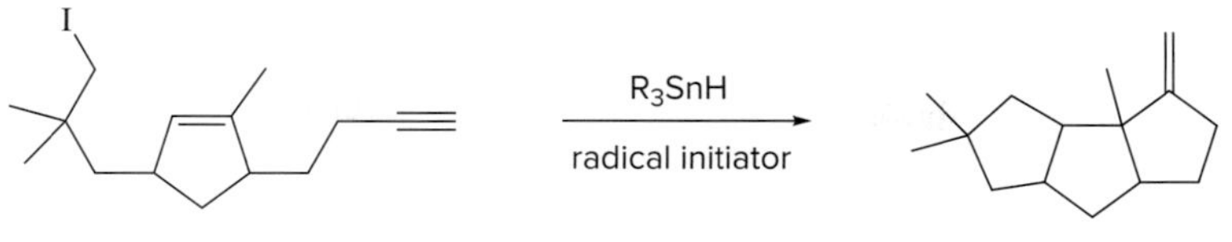

A hirsutene

13.79 $PGF_{2\alpha}$ (19.5절)은 다단계 라디칼 경로를 촉매화하는 고리산소화효소를 사용하여 arachidonic acid ($C_{20}H_{32}O_2$)로부터 세포에서 합성된다. 이 과정의 한 부분은 라디칼 **A**가 불안정한 중간체인 PGG_2로 변환되는 반응이다. 이 중간체는 그 다음에 $PGF_{2\alpha}$와 다른 프로스타글란딘으로 변환된다. **A**가 PGG_2로 변환되는 반응의 단계별 메커니즘을 그려라. (힌트: 메커니즘은 탄소–탄소 이중 결합으로 라디칼이 첨가되어 공명 안정화 라디칼을 만드는 반응으로 시작한다.)

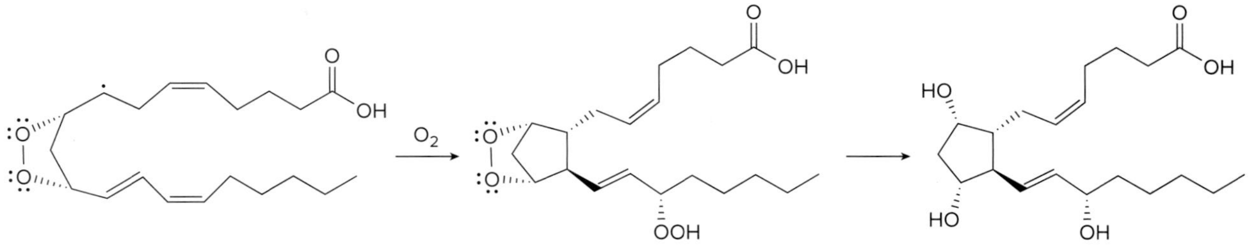

O_2

A PGG_2 불안정한 중간체 $PGF_{2\alpha}$

자가–시험 해답

1. d 2. b 3. a 4. c 5. b 6. a 7. d 8. a 9. d 10. c

콘쥬게이션, 공명 및 다이엔

Conjugation, Resonance, and Dienes

14

ORGANIC CHEMISTRY

Pixtal/age fotostock

비타민 A는 고도로 콘쥬게이션되어 있고 지용성 비타민으로서 간, 기름기가 많은 생선과 유제품에서 얻으며 당근의 오렌지색 색소인 β-카로텐(carotene)으로부터 합성된다. 신체에서 비타민 A는 모든 척추동물에서 시각을 담당하는 감광 물질인 11-*시스*-레티날(retinal)로 변환된다. 비타민 A가 부족하면 눈과 피부가 건조해지고 야맹증이 생긴다. 14장에서는 비타민 A 같은 콘쥬게이션 다이엔과 폴리엔의 특이한 화학에 대하여 공부할 것이다.

왜 공부하는가? . . .

콘쥬게이션이란?

14장은 콘쥬게이션 분자(이웃하는 세 개 이상의 원자에 걸쳐서 *p* 오비탈이 겹치는 분자)에 대한 화학을 논하는 세 장 중 첫 번째 장이다. 14장은 주로 비고리 콘쥬게이션 화합물에 초점을 맞추고, 15장과 16장은 벤젠 그리고 이와 연관된 고리의 모든 원자에 *p* 오비탈이 있는 화합물에 대한 화학을 논한다.

14장의 상당 부분은 1,3-다이엔의 특성과 반응에 대한 것이다. 가장 특별한 반응은 Diels-Alder 반응인데, 이 반응은 천연 화합물의 합성에 널리 쓰인다. 그러나 이 화합물을 이해하기 위해서는 이웃하는 세 개 이상의 원자에 *p* 오비탈이 존재함으로써 얻을 수 있는 영향에 대해 먼저 배워야 한다. 또한 공명 구조를 그릴 수 있는 능력이 이러한 화합물을 공부하는 데 기본이 되기 때문에 공명 이론의 핵심 관점에 대해 자세히 언급한다.

14.1 콘쥬게이션

콘쥬게이션(*conjugation*)은 세 개 이상의 이웃한 원자에 *p* 오비탈이 겹칠 수 있을 때 발생한다. 두 가지 일반적인 콘쥬게이션 계로는 1,3-다이엔과 알릴 탄소 양이온이 있다.

1,3-다이엔 알릴 탄소 양이온

14.1A 1,3-다이엔

Buta-1,3-diene과 같은 1,3-다이엔은 **두 개의 탄소–탄소 이중 결합이 단일 σ 결합으로 연결되어 있다.** 1,3-다이엔에 있는 각각의 탄소 원자는 세 개의 다른 원자와 결합되어 있으며 비결합 전자쌍은 없다. 그래서 각 탄소 원자는 sp^2 혼성화를 이루며 전자가 한 개씩 들어있는 *p* 오비탈이 있다. **이웃하는 원자에 존재하는 네 개의 *p* 오비탈로 인해 1,3-다이엔은 콘쥬게이션 계가 된다.**

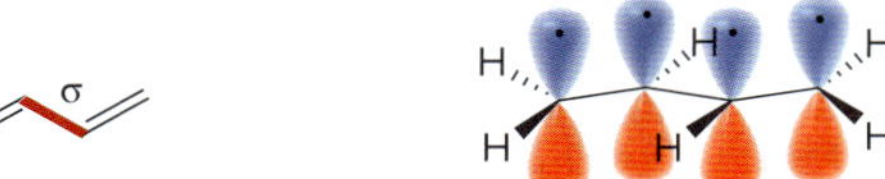

buta-1,3-diene
이중 결합 사이에 한 개의 σ 결합

이웃하는 4개의 *p* 오비탈
각각의 탄소 원자는 sp^2 혼성화를 이루고 한 개의 전자로 이루어진 *p* 오비탈이 있다.

콘쥬게이션의 특이성은 무엇인가? 이웃하는 원자에 세 개 이상의 *p* 오비탈이 존재하면 *p* 오비탈끼리 겹치게 되고 **전자가 비편재된다.**

두 π 결합의 전자 밀도는 **비편재**되어 있다.

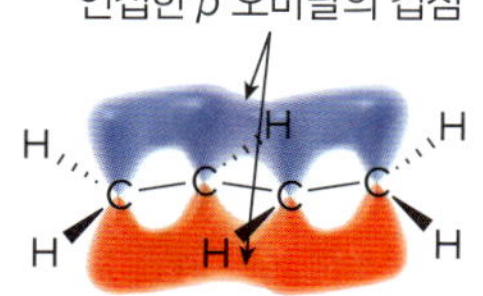

- *p* 오비탈이 겹치면 각 π 결합에 있는 전자 밀도는 더 넓은 범위로 분산되기 때문에 분자의 에너지가 낮아지고 분자가 더욱 안정해진다.

두 개의 이중 결합이 두 개 이상의 σ 결합으로 분리되어 있는 penta-1,4-diene은 콘쥬게이션 계인 buta-1,3-diene과는 본질적으로 다르다. Penta-1,4-diene의 π 결합은 콘쥬게이션을 이루기에는 너무 멀리 떨어져 있다.

콘쥬게이션 다이엔

buta-1,3-diene
π 결합 전자는 **비편재화**되어 있다.

고립된 다이엔

penta-1,4-diene
π 결합 전자는 **편재화**되어 있다.

그림 14.1
콘쥬게이션 다이엔과 고립된 다이엔의 정전기 전위 그림

콘쥬게이션 다이엔

buta-1,3-diene
전자가 풍부한 붉은 부분이 네 개의 원자에 걸쳐 분포한다.

고립된 다이엔

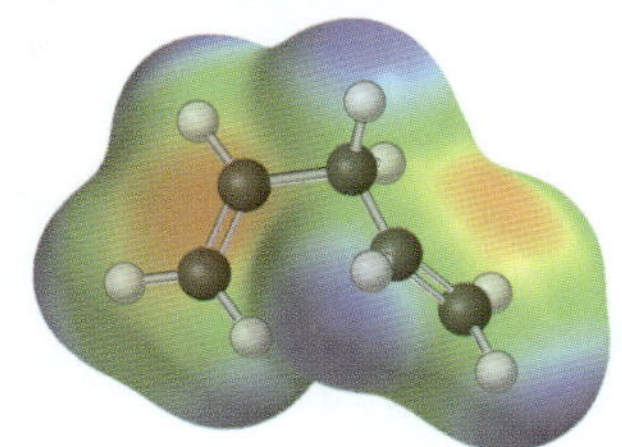

penta-1,4-diene
전자가 풍부한 붉은 부분이 양 끝에 있는 두 개 분자의 π 결합에 **편재**되어 있다.

Penta-1,4-diene은 **고립된 다이엔(isolated diene)**이다. 고립된 다이엔의 π 결합 전자 밀도는 두 탄소 원자 사이에 **편재**되어 있다. 그러나 buta-1,3-diene의 경우는 π 결합 전자 밀도가 네 개의 원자에 걸쳐 **비편재**되어 있다. 그림 14.1의 정전기 전위 그림은 편재된 π 결합과 비편재된 π 결합 사이의 차이점을 분명히 나타내고 있다.

문제 14.1 각 탄소–탄소 이중 결합을 고립된 것과 콘쥬게이션된 것으로 구분하라.

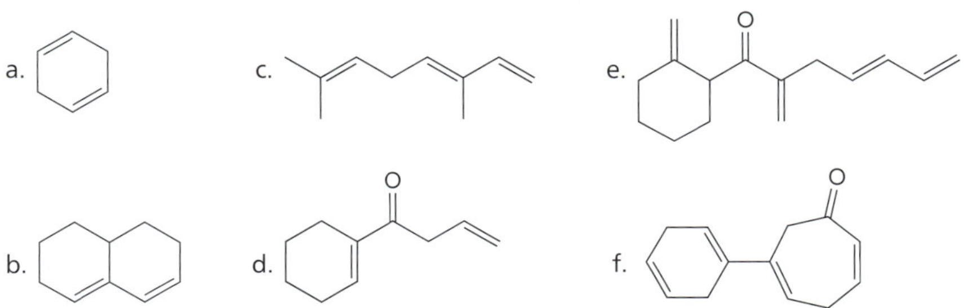

14.1B 알릴성 탄소 양이온

알릴 탄소 양이온(allyl carbocation)은 콘쥬게이션 계의 또 다른 예이다. 알릴 탄소 양이온의 세 개의 탄소 원자(양전하를 띠고 있는 탄소 원자와 이중 결합을 생성하고 있는 두 탄소 원자)는 sp^2 혼성화를 이루고 있고, 혼성화되지 않은 p 오비탈이 한 개 있다. 이중 결합 탄소의 각 p 오비탈에는 전자 하나가 있는 반면에 탄소 양이온의 p 오비탈은 비어 있다.

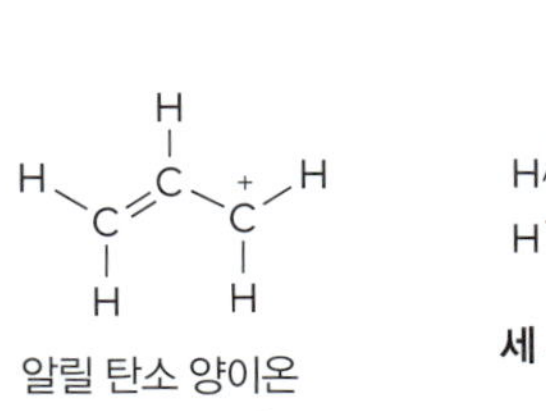

알릴 탄소 양이온
각각의 탄소 원자는 sp^2 혼성이고 p 오비탈이 한 개 있다.

π 결합 탄소 양이온

세 개의 인접한 p 오비탈

- 비록 p 오비탈의 하나는 비어 있지만 세 개의 인접 원자에 있는 세 개의 p 오비탈 때문에 알릴 탄소 양이온은 콘쥬게이션되어 있다.

세 개의 인접 p 오비탈의 중첩으로 π 결합의 전자 밀도가 세 원자에 걸쳐 비편재화되기 때문에 **콘쥬게이션은 알릴 탄소 양이온을 안정화시킨다.**

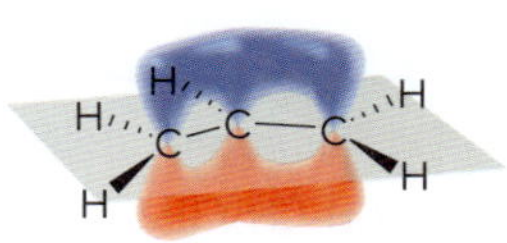

인접한 p 오비탈의 겹침

문제 14.2 다음 화학종 중에서 어느 것이 콘쥬게이션되어 있는가?

a. b. c. d. e.

14.2 공명 및 알릴성 탄소 양이온

공명이라는 단어는 두 가지 다른 의미로 사용된다. 핵자기 공명 분광학(NMR spectroscopy)에서는 핵이 에너지를 흡수하여 더 높은 에너지 상태로 되면 **공명**이라고 하며, 분자를 그릴 때 같은 원자 배열을 두 가지 **Lewis** 구조로 다르게 그릴 수 있을 때를 두고도 **공명**이라고 한다.

1.6절에서 공명 구조란 같은 원자 배열을 나타내는 두 가지 이상의 다른 Lewis 구조라고 하였다. 정확한 공명 구조를 그릴 수 있는 능력이 콘쥬게이션 다이엔의 반응을 이해하는 데 매우 중요하다.

- 두 개의 공명 구조는 π 결합과 비결합 전자의 배치가 다를 뿐 원자나 σ 결합의 배치는 동일하다.

14.2A 알릴성 탄소 양이온의 안정성

우리는 이미 아세트산 음이온(2.5C절)과 알릴 라디칼(13.10절)의 공명 구조를 그려보았다. **콘쥬게이션된 알릴 탄소 양이온(conjugated allyl carbocation)**은 두 개의 공명 구조를 그릴 수 있는 화합물의 또 다른 예이다. 알릴 탄소 양이온의 공명 구조를 그리는 것은 Lewis 구조를 이용하여 콘쥬게이션이 전자를 어떻게 비편재화하는지를 보여주는 한 가지 방법이다.

δ+ δ+

알릴 탄소 양이온의 두 개의 공명 구조

혼성체

알릴 탄소 양이온의 실제 구조는 두 가지 공명 구조의 **혼성체**이다. 혼성체에서 π 결합은 세 가지 원자 모두에 비편재되어 있다. 그 결과, 알릴 탄소 양이온 자체의 양전하 또한 양 끝에 있는 두 개의 탄소에 걸쳐 비편재되어 있다. **전자 밀도의 비편재화는 혼성체의 에너지를 낮추기 때문에** 결과적으로 알릴 탄소 양이온이 안정화되어 보통의 1° 탄소 양이온보다 더 안정하게 된다. 실험 자료에 의하면 알릴 탄소 양이온의 안정성은 더 많이 치환된 2° 탄소 양이온과 비슷하다.

가장 불안정 < 1° < 2° ≈ 알릴 < 3° 가장 안정

안정성 증가

문제 14.3 각 탄소 양이온의 두 번째 공명 구조를 그려라. 그리고 혼성체도 그려라.

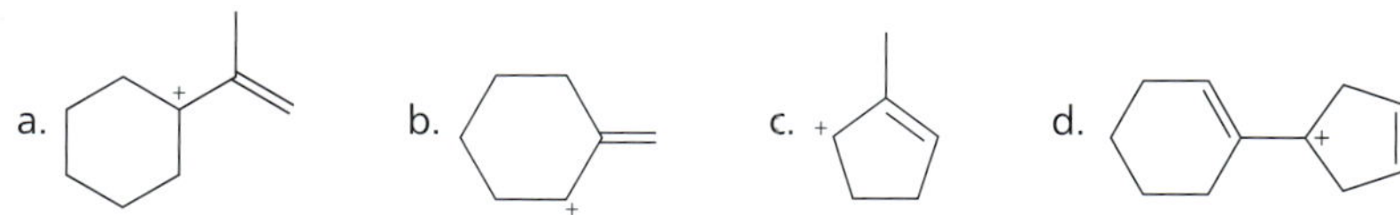

문제 14.4 공명 이론과 Hammond 가정을 이용하여 S_N1 반응에서 3-chloroprop-1-ene ($CH_2{=}CHCH_2Cl$)이 1-chloropropane ($CH_3CH_2CH_2Cl$)보다 반응성이 좋은 이유를 설명하라.

14.2B 생물학적 반응에서 알릴성 탄소 양이온

유기 다이포스페이트

R−OPP

다이포스페이트 이탈기
PP_i

다이포스페이트(7.15절)로부터 생성된 알릴성 탄소 양이온은 두 다섯−탄소 기질인 dimethylallyl diphosphate, 그리고 isopentenyl diphosphate로부터 geranyl diphosphate의 합성 같은 다양한 생물학적 반응에서 중요한 중간체이다. Geranyl diphosphate는 식물과 동물에서 발견되는 많은 지질의 전구물질이다.

dimethylallyl diphosphate + isopentenyl diphosphate → geranyl diphosphate

이러한 생물학적 과정을 통해 탄소−탄소 결합이 생성되는데, 이 과정에서 일어나는 두 주요 반응은 좋은 이탈기(다이포스페이트 이온, $P_2O_7^{4-}$, 또는 약자로 PP_i)가 떨어져서 알릴성 양이온이 생기는 단계 및 그 다음에 일어나는 이 양이온에 대한 전자 풍부 이중 결합의 친핵성 공격이다. 메커니즘의 각 단계가 메커니즘 14.1에 제시되었다.

메커니즘 14.1 Geranyl diphosphate의 생물학적 생성

1 다이포스페이트 이탈기가 떨어져 **알릴성 탄소 양이온**을 생성한다.
2 알릴성 탄소 양이온에 isopentenyl diphosphate가 친핵성 공격을 하면 **새로운 C−C σ 결합**이 생긴다.
3 **양성자의 제거**(일반 염기 B:에 의하여)는 geranyl diphosphate를 생성한다.

29장에서 다이포스페이트로부터 유래된 알릴성 탄소 양이온이 수행하는 생물학적 반응들에 대해 더 자세히 학습한다.

문제 14.5 Farnesyl diphosphate는 메커니즘 14.1에서와 같은 유사한 방법으로 isopentenyl diphosphate와 **X**로부터 합성된다. **X**의 구조를 그려라.

isopentenyl diphosphate + **X** → farnesyl diphosphate

14.3 공명의 일반적인 예

분자 또는 반응 중간체의 공명 구조는 언제 그리는가? 공명에서는 **π 결합**과 **비결합 전자쌍**의 비편재화가 일어나므로, 이러한 구조적 특징이 하나 혹은 모두 있어야 공명 구조를 더 그릴 수 있다. 두 개 이상의 Lewis 구조를 그릴 수 있는 네 가지 일반적인 결합 유형이 있다.

유형 [1] '알릴' 계를 구성하는 세 원자, X=Y−Z*

- 이중 결합 X=Y와 원자 Z로 이루어진 세 원자의 그룹에 대하여 두 개의 공명 구조가 가능하다. 여기에서 Z는 0, 1개 또는 2개의 전자를 포함하는 *p* 오비탈이 있는 원자이다.

X=Y−Z ⟷ X−Y=Z

별표[*] 표시는 전하, 라디칼, 고립쌍들을 나타낸다.

* = +, −, ·, or ··

이것은 알릴성 탄소 양이온, 알릴성 탄소 음이온, 알릴성 라디칼의 경우, 이렇게 그릴 수 있기 때문에 **알릴형(allyl** type) 공명이라 부른다.

알릴성 탄소 양이온

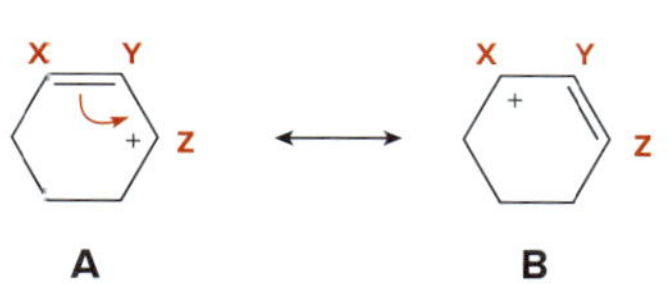

아세트산 음이온

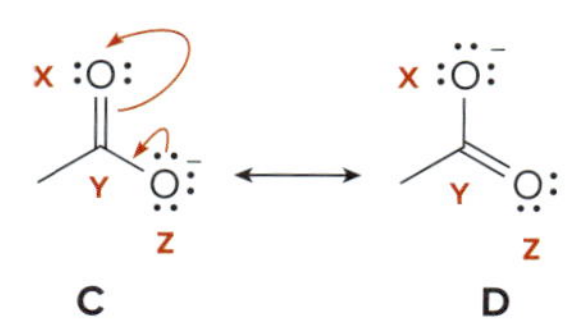

X, **Y**, **Z**는 알릴성 탄소 양이온(공명 구조 **A**, **B**)의 경우 모두 탄소 원자가 될 수 있고, 아세트산 음이온(공명 구조 **C**, **D**)의 경우 헤테로 원자가 될 수 있다. 다중 결합에 결합되어 있는 원자 **Z**는 (알짜 양전하 또는 음전하로) 전하를 띠고 있을 수 있고, (비결합 전자쌍이 0개, 한 개 또는 두 개 있는) 중성일 수도 있다. **두 가지 공명 구조는 이중 결합의 위치가 다르며 [*]로 일반화한 전하, 라디칼 또는 고립쌍이 다르다.**

유형 [2] 콘쥬게이션 이중 결합

벤젠과 같이 완전히 콘쥬게이션된 고리는 고리 주위에 있는 전자들을 순환시키는 방식으로 이동함으로써 **두 개의 공명 구조를 그릴 수 있다. 콘쥬게이션 다이엔은 세 가지 공명 구조로 그릴 수 있는데**, 그중 두 가지는 전하가 분리된 구조이다.

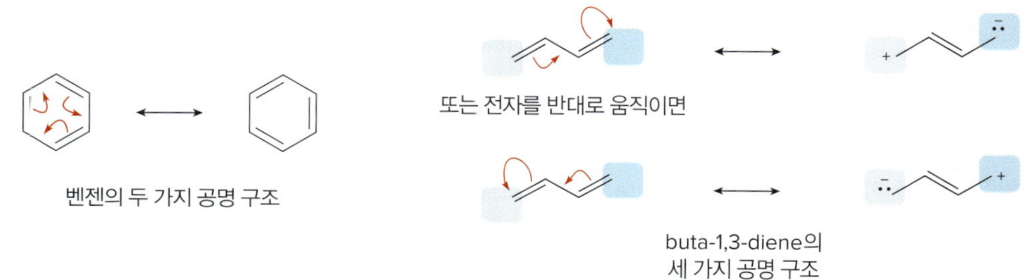

벤젠의 두 가지 공명 구조

buta-1,3-diene의 세 가지 공명 구조

유형 [3] 양전하가 고립쌍과 이웃하는 양이온

- 고립쌍과 양전하가 이웃하는 원자에 위치할 때, 두 가지 공명 구조를 그릴 수 있다.

$\ddot{X}-\overset{+}{Y}$ ⟷ $\overset{+}{X}=Y$ $\qquad$ $CH_3-\ddot{\underset{..}{O}}-\overset{+}{C}H_2$ ⟷ $CH_3-\overset{+}{\ddot{O}}=CH_2$

두 가지 공명 구조에서 전체 전하는 같다. 형식 전하에 근거하여, 한 구조에서 중성인 **X**는 다른 한 구조에서 (+) 전하를 띠고 있어야 한다.

유형 [4] 전기 음성도가 다른 원자들로 이루어진 이중 결합

- X=Y의 이중 결합에서 Y의 전기 음성도가 X보다 크다면, 두 번째 공명 구조는 이중 결합의 π 전자가 Y로 이동한 구조로 그릴 수 있다.

X=Y ⟷ $\overset{+}{X}-\overset{-}{Y}$:

전기 음성도 **Y** > **X**

예제 14.1은 이러한 다른 유형의 공명을 실제 분자에 어떻게 적용하는지를 보여준다.

예제 14.1 공명 구조 그리기

아래 화합물에 대한 공명 구조를 각각 두 개 더 그려라.

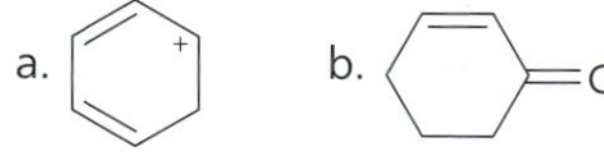

풀이

추가적인 공명 구조를 그리기 쉽도록 머릿속으로 분자를 두 개 또는 세 개 원자 단위로 나누어 생각한다.

a. 육원자 고리 **A**의 맨 위에 있는 원자 세 개를 하나의 '알릴' 단위로 생각해보자. π 결합이 이동함에 따라 **B**와 같이 새로운 '알릴' 단위가 만들어지며, **B**에서 다시 π 결합이 이동하면 세 번째 공명 구조인 **C**가 만들어진다. **C**에서 전자를 이동하여도 타당한 공명 구조를 새로 더 그릴 수 없다.

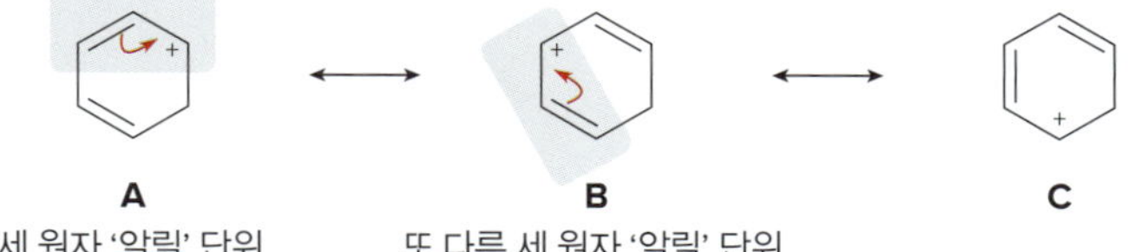

b. 화합물 **D**에는 카보닐기가 있기 때문에 전기 음성도가 큰 산소 원자로 이중 결합의 전자쌍이 이동하여 전하가 분리되면, **E**와 같은 구조가 생성된다. **E**는 탄소 세 개로 이루어진 '알릴' 단위이므로 남아 있는 π 결합을 이동하면 구조 **F**가 생성된다.

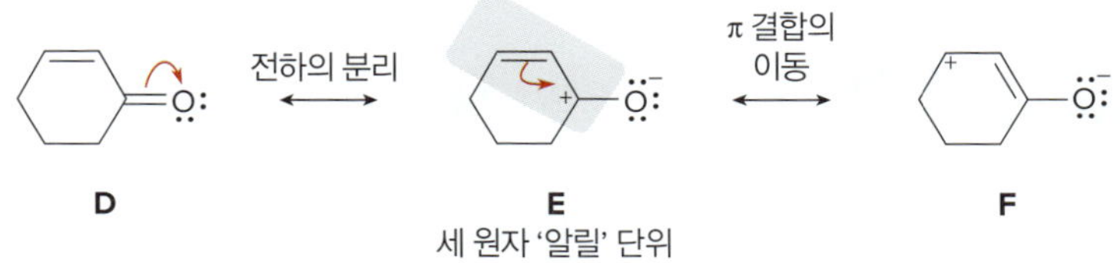

문제 14.6 각 이온들에 대하여 추가적인 공명 구조를 그려라.

a. b. c. d.

추가 문제: 문제 14.35, 14.36을 풀어보라.

14.4 공명 혼성체

> 공명 구조의 에너지가 낮을수록 혼성체의 전체에 기여하는 공명 구조의 중요성은 커진다.

비록 공명 혼성체가 모든 유효한 공명 구조들의 조합이라 해도 **혼성체는 가장 안정한 공명 구조와 가장 흡사하다.** 1.6C절에서 이미 논의되었던 것처럼 가장 안정한 공명 구조를 **주기여체(major contributor)**, 덜 안정한 공명 구조를 **부기여체(minor contributor)**라 한다. 두 개의 동등한 공명 구조는 혼성체에 동등하게 기여한다.

둘 이상의 유효한 공명 구조들의 상대적 안정성을 평가하기 위해, 아래와 같은 세 가지 규칙을 사용한다.

규칙 [1] 결합 개수가 많고, 전하가 적을수록 공명 구조는 더 안정하다.

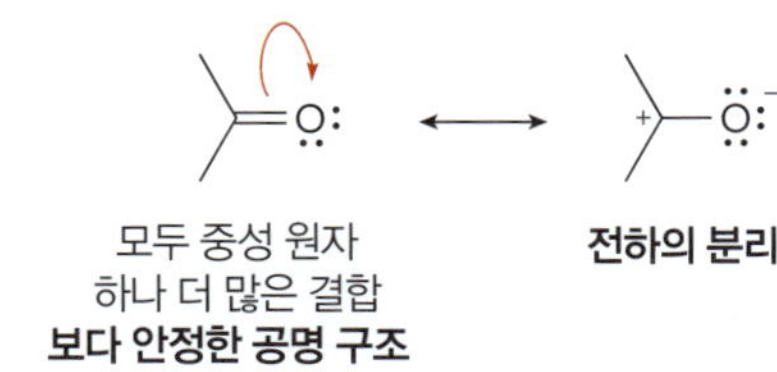

규칙 [2] 모든 원자가 팔전자계를 만족시키는 공명 구조가 더 안정하다.

모든 2주기 원소가 **팔전자계**를 이룸
보다 안정한 공명 구조

이 예에서 전기 음성도가 큰 산소 원자에 (+) 전하가 배치되더라도 모든 원자가 팔전자계를 만족시키는 공명 구조가 더 좋다.

규칙 [3] 전기 음성도가 큰 원자에 음전하가 위치한 공명 구조가 더 안정하다.

전기 음성도가 큰 O 원자에 (–) 전하가 위치
보다 안정한 공명 구조

예제 14.2는 기여하는 공명 구조와 혼성체의 상대적 에너지를 결정하는 방법을 보여준다.

예제 14.2 공명 구조와 혼성체의 상대적 에너지를 결정하기

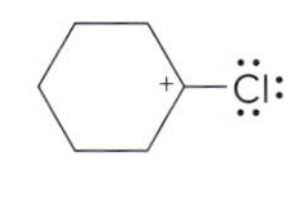

A

탄소 양이온 **A**의 두 번째 공명 구조와 두 가지 공명 구조의 혼성체를 그려라. 그런 다음 규칙 [1]–[3]을 사용하여 공명 구조와 혼성체를 상대적인 안정성이 증가하는 순으로 나열하라.

풀이

A는 고립쌍이 있는 원자 바로 옆에 양전하를 띠고 있기 때문에 두 번째 공명 구조 **B**를 그릴 수 있다. **B**는 결합 개수가 많고 모든 2주기 원소가 모두 팔전자계를 이루고 있기 때문에 **A**보다 **안정하며**, 혼성체 **C**의 **주기여체**가 된다. 혼성체 **C**는 두 가지 공명 구조보다 안정하기 때문에 **A**, **B**, **C**의 상대적 안정성은 아래와 같다.

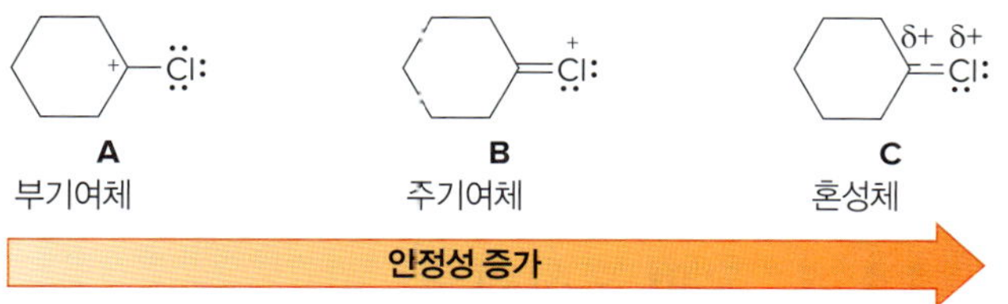

문제 14.7 아래 화학종의 두 번째 공명 구조와 혼성체를 각각 그리고, 두 가지 공명 구조와 혼성체를 안정성이 증가하는 순서로 나열하라.

a. b. c. d.

문제 14.8 각 이온의 모든 가능한 공명 구조를 쓰라. 그리고 어떤 구조가 공명 혼성체에 가장 크게 기여하는지를 지적하라.

a. b.

14.5 전자의 비편재화, 혼성화 및 기하 구조

비공유 전자쌍 또는 π 전자가 비편재화되기 위해서는 겹칠 수 있는 *p* 오비탈이 반드시 있어야 한다. 이것은 한 원자의 혼성화가 1장에서 처음으로 다루었던 규칙을 사용하여 예측한 것과는 **다름**을 의미한다.

예를 들어, 아래와 같이 공명 안정화된 음이온[$(CH_3COCH_2)^-$]에는 두 가지의 Lewis 구조(**A**와 **B**)가 있다.

A ⟷ **B**

이 탄소는 네 개의 기로 둘러싸여 있다 —
세 개의 원자와 하나의 비결합 전자쌍
이 탄소는 sp^3 혼성인가?

이 탄소는 세 개의 기로 둘러싸여 있다 —
그러나 비결합 전자쌍은 없는 구조
이 탄소는 sp^2 혼성인가?

구조 **A**에 근거하면, 표시된 탄소는 고립 전자쌍이 sp^3 혼성 오비탈에 있으면서 sp^3 혼성화되어 있다. 하지만 구조 **B**에 근거하면, 이 탄소는 혼성에 참여하지 않는 *p* 오비탈이 이중 결합의 π 부분을 이루면서 sp^2 혼성화되어 있다.

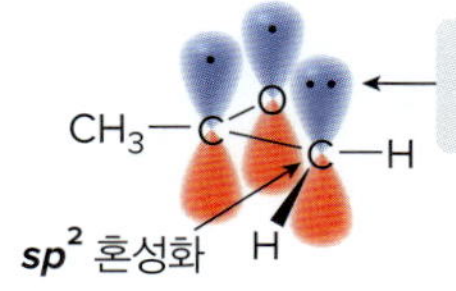

전자의 비편재화는 분자를 안정화한다. C=O 바로 옆에 있는 탄소 원자의 전자쌍은 이웃하는 두 원자의 *p* 오비탈과 겹칠 수 있는 *p* 오비탈이 있을 때에만 비편재될 수 있다. 따라서 가장 말단의 탄소 원자는 삼각 평면 기하 구조의 sp^2 혼성화를 이룬다. **세 개의 이웃하는 *p* 오비탈은 음이온을 콘쥬게이션 계로 만든다.**

- X=Y−Z:의 계에서, Z는 일반적으로 sp^2 혼성이고 비결합 전자쌍은 *p* 오비탈을 차지하여 계가 콘쥬게이션을 이루도록 한다.

예제 14.3 콘쥬게이션 계에서 혼성화 결정하기

옆의 음이온에서 표시된 탄소 원자의 혼성화를 결정하라.

풀이

이 이온은 알릴형 계(X=Y−Z*)이기 때문에 두 번째 공명 구조는 고립쌍과 π 결합을 '이동'시켜 그릴 수 있다. 고립쌍을 비편재화하여 계를 콘쥬게이션으로 만들려면 **표시한 탄소 원자는 고립쌍이 *p* 오비탈에 있으면서 sp^2** 혼성이어야 한다.

표시한 C 원자는 고립쌍이 *p* 오비탈에 있으면서 sp^2혼성이어야 한다.

문제 14.9 각 화학종에서 표시된 원자의 혼성화를 결정하라.

a. b. c. d.

추가 문제: 문제 14.37을 풀어보라.

14.6 콘쥬게이션 다이엔

π 결합이 여러 개인 화합물을 **폴리엔(polyene)**이라고 한다.

14장의 나머지 부분에서는 두 개의 이중 결합이 한 개의 σ 결합으로 연결된 화합물인 **콘쥬게이션 다이엔(conjugated diene)**에 관하여 논할 것이다. 콘쥬게이션 다이엔은 **1,3-다이엔(1,3-diene)**이라고도 한다. Buta-1,3-diene (CH_2=CH−CH=CH_2)은 가장 단순한 콘쥬게이션 다이엔이다.

양 끝 탄소에 알킬기가 치환된 1,3-다이엔에는 세 개의 입체 이성질체가 존재한다(RCH=CH−CH=CHR).

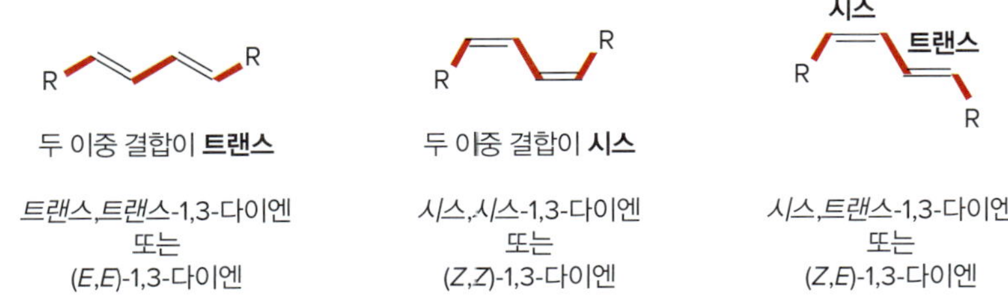

두 개의 이중 결합을 연결하고 있는 C−C 결합이 회전함에 따라 두 가지 형태가 만들어진다.

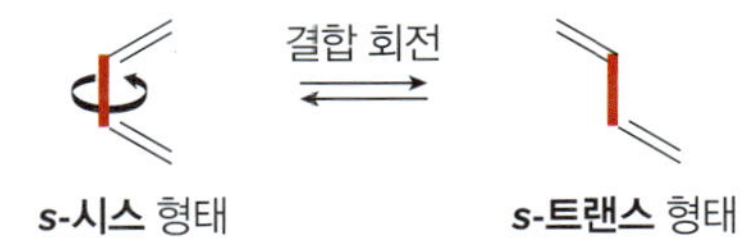

- *s*-시스 형태는 단일 결합을 중심으로 두 이중 결합이 **같은** 방향에 위치한다.
- *s*-트랜스 형태는 단일 결합을 중심으로 두 이중 결합이 **반대** 방향에 위치한다.

입체 이성질체가 별개의 분자를 나타내는 반면, **형태는 같은 분자를 말하며 회전에 의해 변환이 가능하다**는 점을 기억하자. 아래에 나타낸 hexa-2,4-diene의 세 가지 구조는 1,3-다이엔의 입체 이성질체와 형태 사이의 차이를 보여준다.

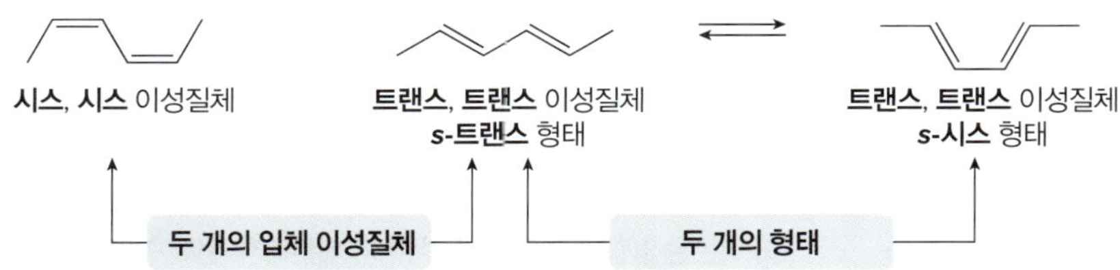

예제 14.4 화합물을 입체 이성질체나 형태로 분류하기

각 한 쌍의 화합물이 입체 이성질체 또는 형태로 분류하라. (a) **X**와 **Y** (b) **X**와 **Z**

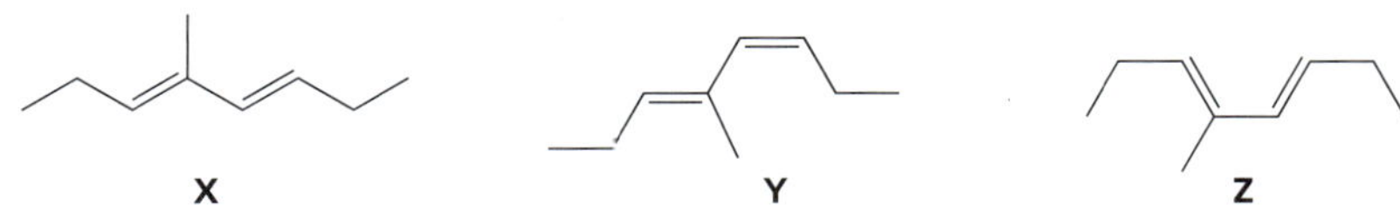

풀이

- **입체 이성질체는 다른 화합물이다.** 탄소−탄소 이중 결합의 양 끝에 있는 기는 다르게 배열되어 있다.
- **두 형태는 같은 화합물이며**, 결합 회전으로 상호 변환된다.

a. **X**와 **Y**는 **입체 이성질체**인데, 푸른색 C=C 주위의 기는 다르게 배열되어 있다. 즉 **X**에서는 두 기가 서로 트랜스이고, **Y**에서는 두 기가 시스이다.

b. **X**와 **Z**의 각 C=C에는 같은 기가 연결되어 있고 E 배열이다. **X**는 푸른색의 C−C 결합의 반대쪽에 두 이중 결합이 있지만, **Z**는 두 이중 결합이 이들을 서로 연결하는 단일 결합의 같은 쪽에 있다. 따라서 **X**와 **Z**는 서로 다른 형태이다.

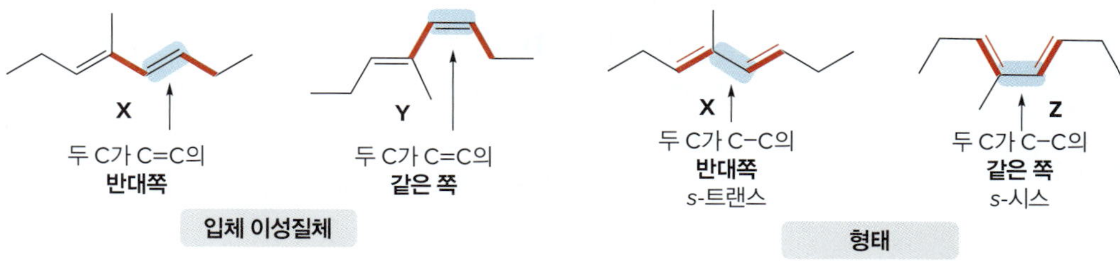

문제 14.10 화합물 **B~D**를 입체 이성질체, 형태 또는 구조 이성질체로 분류하라.

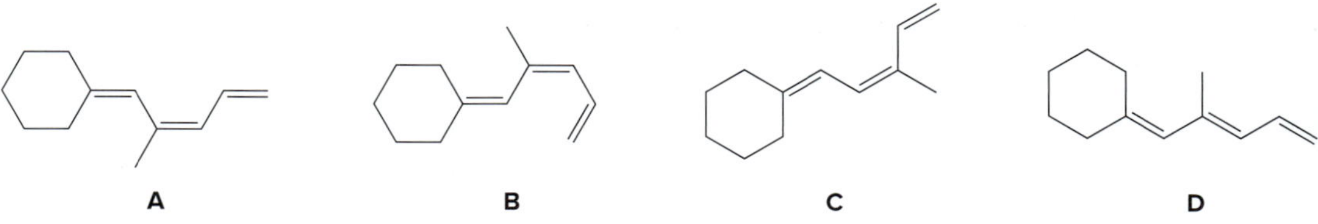

추가 문제: 문제 14.41을 풀어보라.

문제 14.11 각각의 설명과 일치하는 구조를 그려라.

a. *s*-트랜스 형태의 (2*E*,4*E*)-octa-2,4-diene
b. *s*-시스 형태의 (3*E*,5*Z*)-nona-3,5-diene
c. (3*Z*,5*Z*)-4,5-dimethyldeca-3,5-diene의 *s*-트랜스 형태와 *s*-시스 형태

문제 14.12 Nuroprotectin D1 (NPD1)은 고도로 불포화된 필수 지방산으로부터 체내에서 합성된다. NPD1은 강력한 천연 항염증제이다.

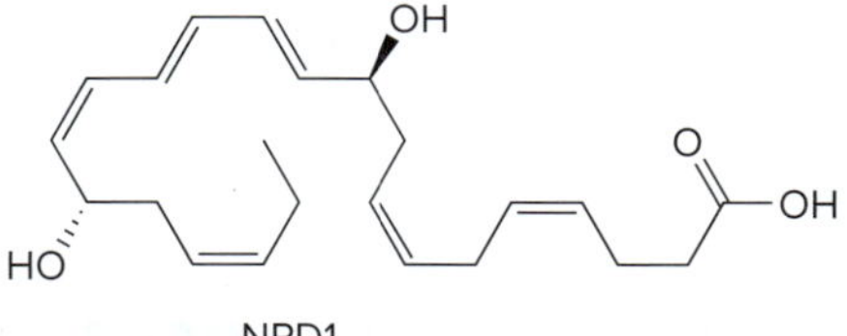

a. 각각의 탄소−탄소 이중 결합을 고립된 것과 콘쥬게이션된 것으로 나누어보라.
b. 각각의 이중 결합을 *E*, *Z*로 나누어보라.
c. 콘쥬게이션된 이중 결합에 대해서 주어진 형태를 *s*-시스와 *s*-트랜스로 나누어보라.

14.7 흥미로운 다이엔과 폴리엔

Isoprene은 Virginia의 Blue Ridge 산맥에서처럼, 숲이 우거진 언덕 위쪽에 보이는 푸른빛의 안개를 이루는 구성 성분이다. *daveallenphoto/123RF*

Isoprene과 **lycopene**은 콘쥬게이션 이중 결합이 있는 두 가지 천연물이다.

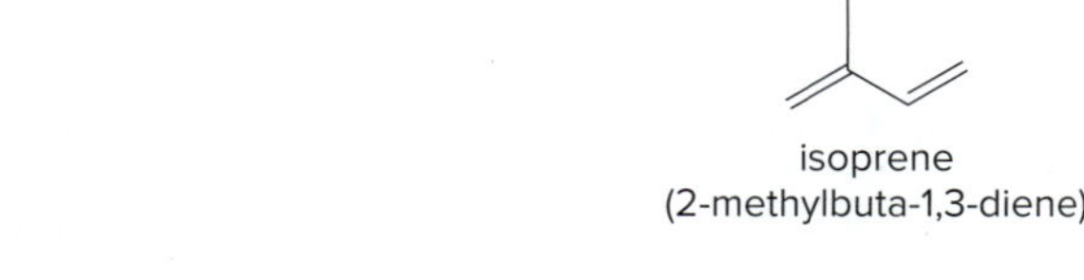
isoprene
(2-methylbuta-1,3-diene)

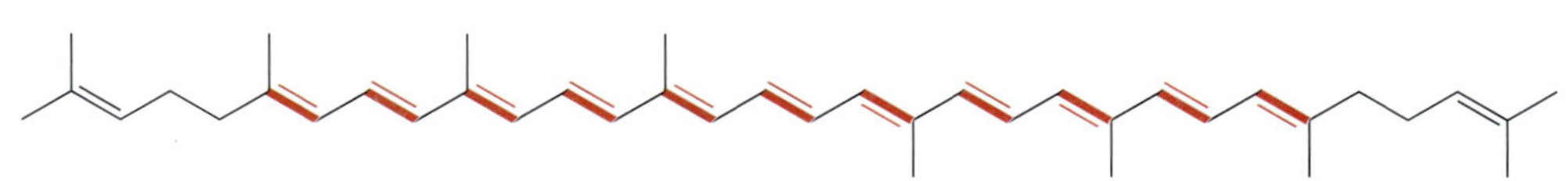
붉은색으로 표시한 11개의 콘쥬게이션 이중 결합

lycopene

IUPAC 이름이 2-methylbuta-1,3-diene인 **isoprene**은 온도가 상승함에 따라 식물에 의하여 방출되는데, 이는 식물이 열에 대한 저항성을 증가시켜려는 과정이라고 생각된다.

토마토와 다른 과일들의 붉은색을 나타내는 주 성분인 **lycopene**은 비타민 E와 같은 항산화제이다. Lycopene에 있는 11개의 콘쥬게이션 이중 결합은 lycopene이 붉은색을 띠게 하는데, 이와 연관된 내용은 14.15A절에서 다룰 것이다.

비타민 A와 **D**는 콘쥬게이션 이중 결합이 있는 두 가지 지용성 비타민이다. 이 장을 시작하면서 언급한 바와 같이, 비타민 A는 모든 척추동물에서 시각에 관여하는 일련의 반응의 출발물이고 비타민 D는 칼슘과 인의 물질대사를 조절하는 데 도움을 준다. 우유는 비타민 D로 강화되기 때문에 우리는 이 중요한 영양 성분을 충분히 섭취할 수 있다.

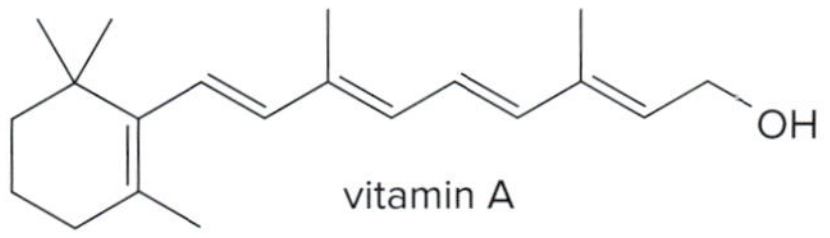
OH
vitamin A

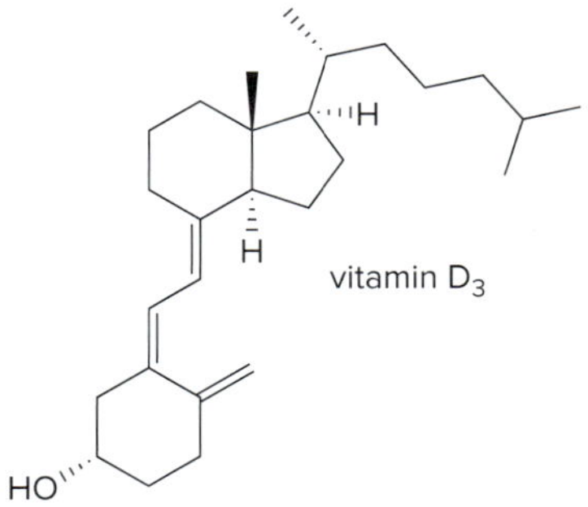
H
H
vitamin D_3
HO

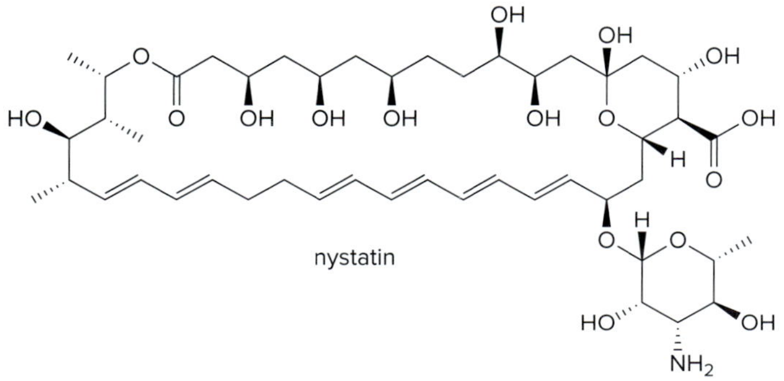
OH
OH
OH
O
HO
O
OH
OH
OH
OH
O
OH
H
O
nystatin
O
H
O
HO
OH
NH_2

폴리인 항생제는 진균류(fungi)를 대상으로 삼는 항균제의 한 부류이다. 그 예에는 amphotericin B(문제 5.65)와 여섯 개의 콘쥬게이션 π 결합이 있는 nystatin(상품명 Mycostatin)이 있다. 피부의 *Candida* 감염을 치료하는 데 쓰이는 nystatin은 균류의 세포막에 있는 스테로이드인 ergosterol에 결합하여 이온과 분자가 막을 통하여 정상적으로 이동하는 것을 방해한다고 생각된다.

문제 14.13 비타킨 D_3의 이중 결합을 *E*, *Z* 또는 둘 다 아님으로 분류하라. (b) 각 쌍의 이중 결합을 연결하는 C–C 결합의 형태를 *s*-시스 또는 *s*-트랜스로 분류하라.

14.8 Buta-1,3-diene에서 탄소–탄소 σ 결합 길이

콘주게이션 다이엔이 고립된 다이엔과 다른 네 가지 특징은 다음과 같다.

[1] 두 개의 이중 결합을 잇는 C–C 단일 결합은 특이하게 짧다.

[2] 콘쥬게이션 다이엔은 유사한 형태의 고립된 다이엔보다 더욱 안정하다.

[3] 콘쥬게이션 다이엔의 몇 가지 반응은 고립된 이중 결합에서 일어나는 반응과는 다른 양상을 보인다.

[4] 콘쥬게이션 다이엔은 더 긴 파장의 자외선을 흡수한다.

혼성화는 중심 탄소–탄소 단일 결합이 에테인의 C–C 결합 길이보다 짧은 이유를 설명할 수 있다.

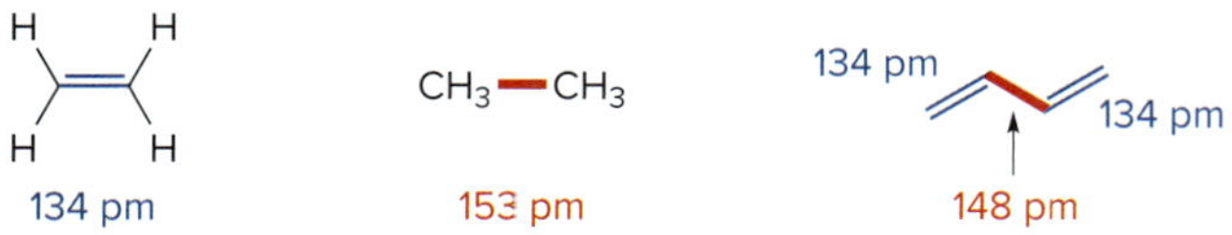
H H
H H
134 pm
CH_3—CH_3
153 pm
134 pm
134 pm
148 pm

Buta-1,3-diene의 각 탄소 원자는 sp^2 혼성화를 이루기 때문에, 가운데 C−C 단일 결합은 CH_3CH_3에서 C−C 결합을 생성하는 데 사용되는 sp^3 혼성 오비탈보다는 **두 개의 sp^2 혼성 오비탈**의 겹침에 의해 생성된다.

s-성질이 증가할수록 결합 길이는 감소한다는 1.11B절의 내용을 상기하자.

- 혼성화에 근거하면, C_{sp^2}−C_{sp^2} 결합은 s-성질 %가 **더 높은** 오비탈에 의해 생성되기 때문에 C_{sp^3}−C_{sp^3} 결합보다 짧아야 한다.

문제 14.14 혼성화를 이용하여 CH_3CH_3와 CH_2=CH−CH=CH_2의 C−C σ 결합 길이와 비교했을 때, HC≡C−C≡CH의 C−C 결합 길이는 어떠할지 예측하라.

문제 14.15 공명 구조 이론을 이용하여 아세트산 음이온에서 C−O 결합 길이가 왜 같은지 설명하라.

acetate

14.9 콘쥬게이션 다이엔의 안정성

12.3절에서는 수소 분자가 알켄에 첨가되어 알케인이 생성됨을 배웠다. 이 과정에서 방출되는 열을 **수소화열(heat of hydrogenation)**이라 하며, 알켄의 안정성을 측정하는 데 사용된다.

+ H_2 → (Pd-C) H H **$\Delta H°$ = 수소화열**

콘쥬게이션 다이엔과 고립된 다이엔의 상대적인 안정성은 수소화열을 비교함으로써 결정할 수 있다.

- 수소화 반응이 두 개의 다른 다이엔으로부터 같은 알케인을 준다면, 더 안정한 다이엔이 더 **적은** 수소화열을 방출할 것이다.

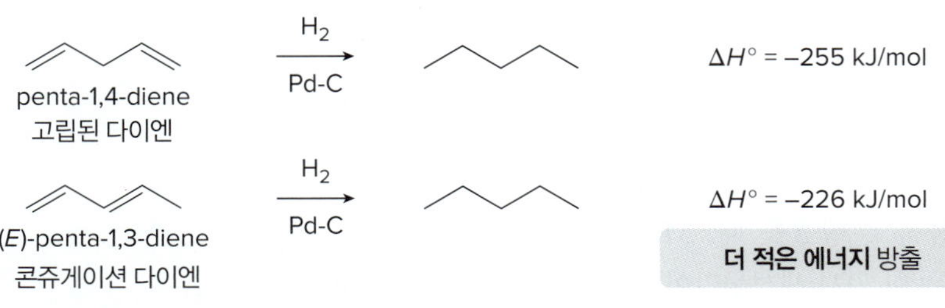

더 안정한 출발물

예를 들어, 2당량 수소를 사용하여 penta-1,4-diene(고립된 다이엔)과 (E)-penta-1,3-diene(콘쥬게이션 다이엔)의 수소화 반응을 통해 펜테인이 생성된다고 하자. 콘쥬게이션 다이엔이 펜테인으로 될 때 더 적은 에너지가 방출되기 때문에, (E)-penta-1,3-diene은 에너지가 더 낮다(더 안정함). 이러한 pentadiene 이성질체 간의 상대적인 에너지가 그림 14.2에 나와 있다.

- 콘쥬게이션 다이엔은 수소화열이 더 적으며, 비슷한 고립된 다이엔보다 더 안정하다.

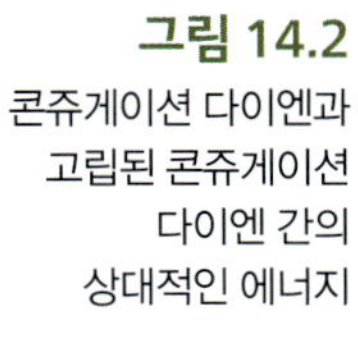

그림 14.2
콘쥬게이션 다이엔과 고립된 콘쥬게이션 다이엔 간의 상대적인 에너지

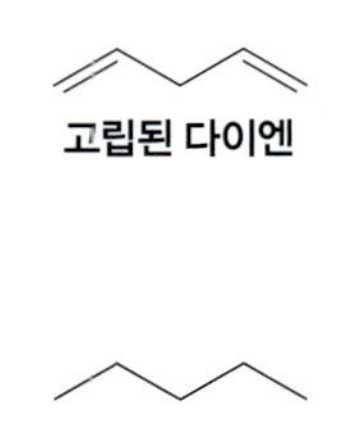

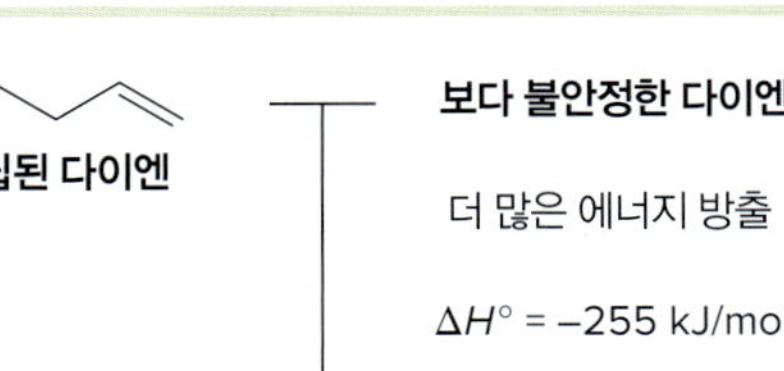

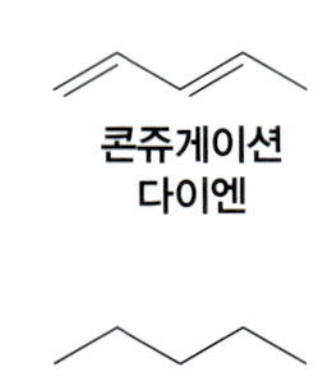

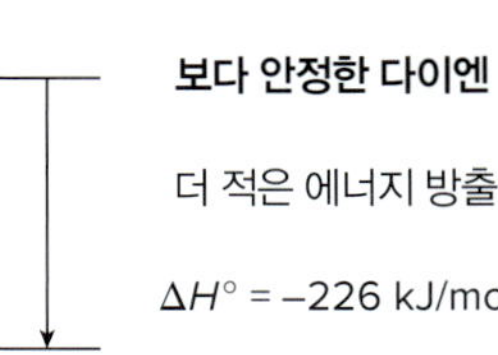

14.1절에서 왜 콘쥬게이션 다이엔이 고립된 다이엔보다 더 안정한지를 배웠다. 콘쥬게이션 다이엔은 이웃하는 네 원자에 있는 p 오비탈이 겹치기 때문에 **π 전자가 4개 원자에 걸쳐 비편재화되어 다이엔을 안정화시킨다.** 비편재화는 고립된 다이엔에서는 발생할 수 없고, 따라서 고립된 다이엔은 콘쥬게이션 다이엔보다 불안정하다.

문제 14.16 아래의 쌍 중에서 어떤 화합물의 수소화열이 더 높은가?

a. 또는

b. 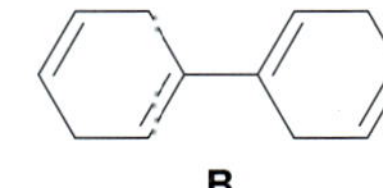 또는 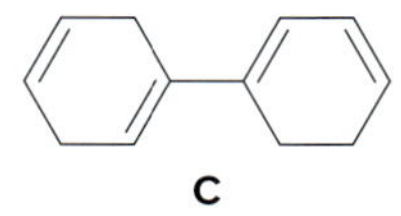

문제 14.17 아래 화합물들을 안정성이 증가하는 순서대로 나열하라.

A B C

14.10 친전자성 첨가: 1,2-첨가 대 1,4-첨가

10장과 11장에서 π 결합의 특징적인 반응은 **첨가**라는 것을 배웠다. 콘쥬게이션 다이엔의 π 결합 역시 첨가가 일어난다. 그러나 그것은 고립된 다이엔의 첨가와는 다른 두 가지 방식으로 반응이 일어난다.

- 콘쥬게이션 다이엔의 친전자성 첨가는 혼합물을 생성한다.
- 콘쥬게이션 다이엔은 알켄이나 고립된 다이엔에서 관찰할 수 없었던 특징적인 첨가를 일으킨다.

우리는 10장에서 HX가 알켄의 π 결합에 첨가되어 할로젠화 알킬을 생성한다는 것을 배웠다.

π 결합이 끊어짐 + δ+ δ– H–X → H, X 할로젠화 알킬

1당량의 HBr을 사용하여 **고립된 다이엔**에 친전자성 첨가 반응을 수행했을 때, Markovnikov 규칙을 따르는 한 가지 생성물만이 만들어진다. H 원자는 덜 치환된 탄소 원자, 즉 더 많은 수의 수소 원자와 결합하고 있는 이중 결합의 탄소 원자와 결합한다.

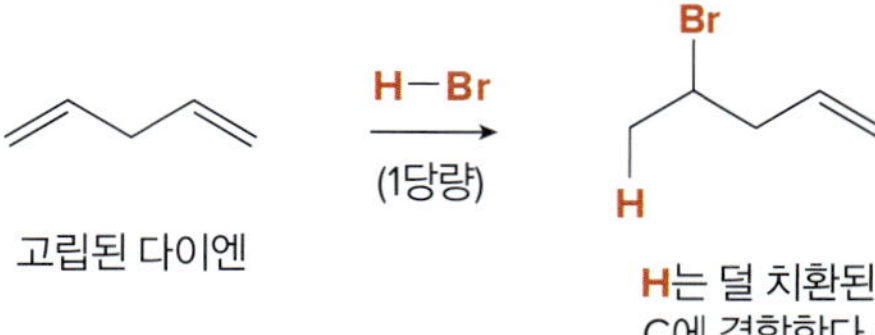

1당량의 HBr이 콘쥬게이션 다이엔에 친전자성 첨가 반응할 경우, 두 가지의 생성물이 얻어진다.

콘쥬게이션 다이엔 → H—Br (1당량) → 1,2-생성물 + 1,4-생성물

> C1과 C4로 불리는 1,3-다이엔의 말단 탄소는 IUPAC의 규칙을 고려하지 않고 임의로 붙인 것이다.

- **1,2-첨가 생성물**은 HBr이 Markovnikov 규칙에 따라 다이엔의 이웃하는 두 탄소 원자(C1과 C2)에 첨가되어 얻어진다.
- **1,4-첨가 생성물**은 HBr이 다이엔의 양 끝 탄소 원자(C1과 C4)에 첨가되어 얻어진다. 1,4-첨가를 **콘쥬게이션 첨가**라고도 한다.

HX의 친전자성 첨가의 메커니즘은 **두 단계**로 나눌 수 있다. 먼저 H^+가 첨가하여 **공명 안정화 탄소 양이온**이 생성된 다음, 두 탄소 양이온의 친전자성 말단 중의 하나에서 X^-의 친핵성 공격이 일어나 두 가지 생성물을 생성한다. 메커니즘 14.2는 HBr과 buta-1,3-diene의 반응에 대해 설명하고 있다.

메커니즘 14.2 1,3-다이엔에 대한 HBr의 친전자성 첨가(1,2-첨가와 1,4-첨가)

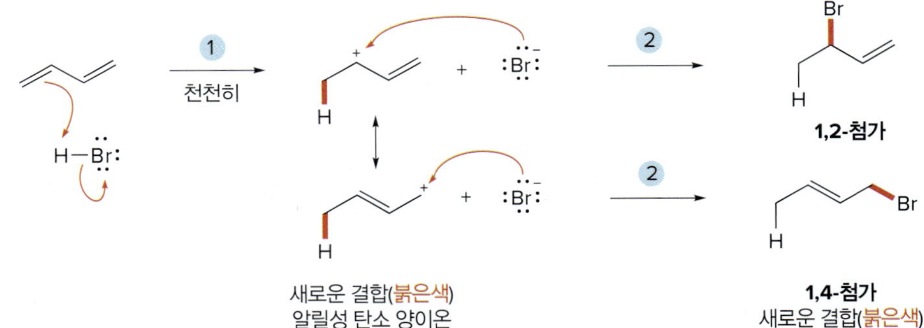

1. HBr의 H^+가 1,3-다이엔의 말단 C에 첨가되어 **공명 안정화된 알릴성 탄소 양이온**을 생성한다.
2. **Br^-의 친핵성 공격**이 (+) 전하를 띠는 공명 안정화 탄소 양이온의 어느 한쪽에 발생하며 1,2-첨가물 또는 1,4-첨가물을 생성한다.

알켄에 대한 HX의 친전자성 첨가처럼 속도 결정 단계인 단계 [1]에서 콘쥬게이션 다이엔에 HBr이 첨가하면 더욱 안정한 탄소 양이온이 얻어진다. 그러나 이러한 경우 탄소 양이온은 2°이며 **알릴성**이기 때문에 그에 따른 두 가지 Lewis 구조가 그려질 수 있다. 단계 [2]에서는 친전자성을 띠는 두 위치에 Br^-의 친핵성 공격이 일어나 두 종류의 생성물이 만들어진다.

- 콘쥬게이션 다이엔에 대한 HX의 첨가는 공명 안정화된 알릴성 탄소 양이온 중간체를 거쳐 반응이 진행되기 때문에 1,2-첨가와 1,4-첨가 생성물이 만들어진다.

예제 14.5 1,2-첨가와 1,4-첨가 생성물 그리기

아래 반응의 생성물을 그려라.

HBr (1당량)

풀이

생성물의 구조를 결정하는 메커니즘의 단계를 써보자. H^+의 첨가는 안정한 2° 알릴성 탄소 양이온을 생성하는데, 이 양이온은 두 가지 공명 구조로 표현될 수 있다. **H^+는 항상 1,3-다이엔의 말단 탄소**(푸른색)**에 결합한다**. 친핵성 Br^-이 알릴성 탄소 양이온의 양 끝에서 공격하면, 다이엔에 대한 1,2-첨가와 1,4-첨가로 생성되는 두 구조 이성질체가 얻어진다.

2° 알릴성 탄소 양이온

1,2-생성물

1,4-생성물

문제 14.18 아래의 다이엔을 1당량의 HCl과 반응시켰을 때 얻어지는 생성물을 그려라.

a. b. c. d.

추가 문제: 문제 14.43; 14.62a, d를 풀어보라.

14.11 반응 속도론적 생성물 대 열역학적 생성물

콘쥬게이션 다이엔인 buta-1,3-diene에 대한 친전자성 첨가에서 1,2-첨가와 1,4-첨가 생성물의 양은 반응 조건에 크게 영향을 받는다.

HBr

	1,2-생성물	1,4-생성물
낮은 온도 (–80 °C)	80%	20%
높은 온도 (40 °C)	20%	80%

- **낮은 온도에서는 1,2-첨가 생성물이 주생성물이다.**
- **높은 온도에서는 1,4-첨가 생성물이 주생성물이다.**

또한 1,2-첨가 생성물이 더 많이 들어 있는 혼합물을 가열하면, 1,4-첨가 생성물이 생성되는 방향으로 평형이 이동한다.

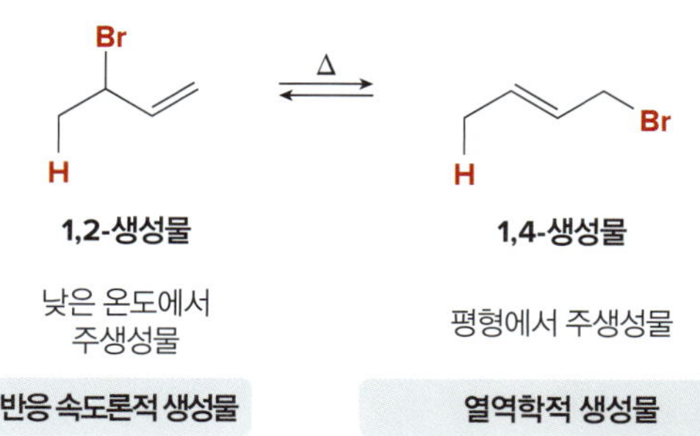

- 1,2-생성물은 낮은 온도에서 우세하게 존재하기 때문에 더 **빠르게** 생성되어야 한다. 이렇게 빠르게 생성된 생성물을 **반응 속도론적 생성물(kinetic product)**이라 한다.
- 1,4-생성물은 평형 상태에서 우세하게 존재하기 때문에 **더 안정함**에 틀림없다. 이렇게 평형에서 우세하게 존재하는 생성물을 **열역학적 생성물(thermodynamic product)**이라 한다.

그동안 접했던 많은 반응에서 우리는 더 안정한 생성물이 더 빨리 생성된다고 배웠다. 즉, 반응 속도론적 생성물과 열역학적 생성물이 같다. Buta-1,3-diene에 대한 HBr의 첨가는 **안정한 생성물이 더 느리게 생성된다**는 점에서 차이를 보인다. 즉 반응 속도론적 생성물과 열역학적 생성물이 다르다는 것이다. 왜 안정한 생성물이 더 늦게 만들어질까?

이 물음에 답하기 위해 **반응 속도는 활성화 에너지가 결정하지만, 평형에서의 생성물의 양은 그 안정성이 결정한다**는 사실을 상기하라(그림 14.3). 단일 출발물 **A**로부터 두 가지 발열 반응을 통해 두 가지 다른 생성물(**B**와 **C**)이 얻어질 때, 에너지 장벽의 상대적인 높이가 얼마나 빨리 **B**와 **C**가 생성되는지를 결정한다. 반면에, **B**와 **C**의 상대적 에너지는 평형에서 각각의 양을 결정한다. 발열 반응에서 **B**와 **C**의 상대적 에너지는 **B**와 **C**를 생성하는 상대적 활성화 에너지를 결정하는 요소가 되지 않는다.

그림 14.3
A → B + C의 반응에서 반응 속도론적 생성물과 열역학적 생성물이 생성되는 방법

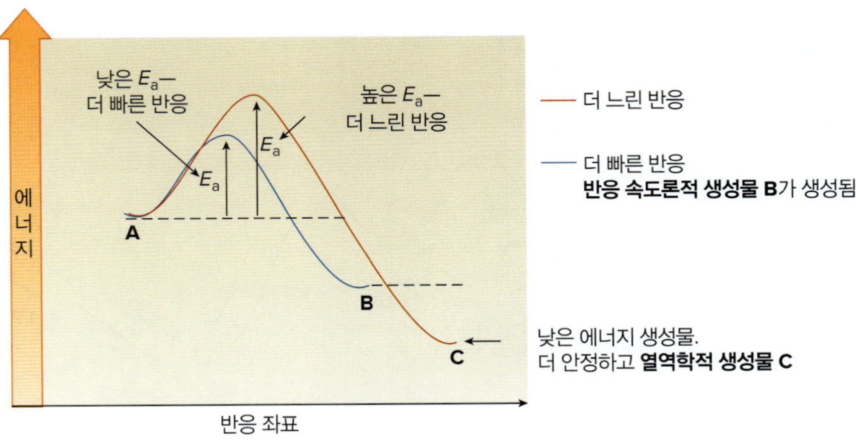

- **A → B**로의 변환은 **B**를 생성하는 경로의 활성화 에너지가 **더 낮기** 때문에 더 빠르게 진행된다. **B**는 **반응 속도론적 생성물**이다.
- **C**는 에너지가 **낮으므로**, **C**는 **열역학적 생성물**이다.

Buta-1,3-diene에 대한 HBr의 첨가에서 왜 1,4-생성물이 더 안정한 열역학적 생성물일까? 1,4-생성물(1-bromobut-2-ene)은 탄소–탄소 이중 결합에 두 개의 알킬기가 있으므로 더 안정한 반면, 1,2-생성물(3-bromobut-1-ene)은 단 한 개의 알킬기만 있다.

3-bromobut-1-ene	1-bromobut-2-ene
1,2-생성물	**1,4-생성물**
단일 치환 알켄	이중 치환 알켄
덜 안정함	**더 안정함**
	열역학적 생성물

- 더 치환된 알켄이 더 안정하기 때문에, 1-bromobut-2-ene이 열열학적 생성물이다.

근접 효과는 한 가지 화학종이 다른 화학종보다 가까이 있을 때 일어난다.

1,2-첨가 생성물은 **근접 효과(proximity effect)**로 인한 속도론적 생성물이다. HBr로부터 생성된 H^+가 이중 결합에 첨가될 때, Br^-는 C4 탄소 원자보다 C2 탄소 원자 가까이에 있어 C2를 보다 손쉽게 공격할 수 있다. 비록 공명 안정화된 탄소 양이온의 부분적인 양전하가 C2와 C4에 모두 있다 하더라도 Br^-는 더 가까운 위치에 있는 C2를 더 빠르게 공격한다.

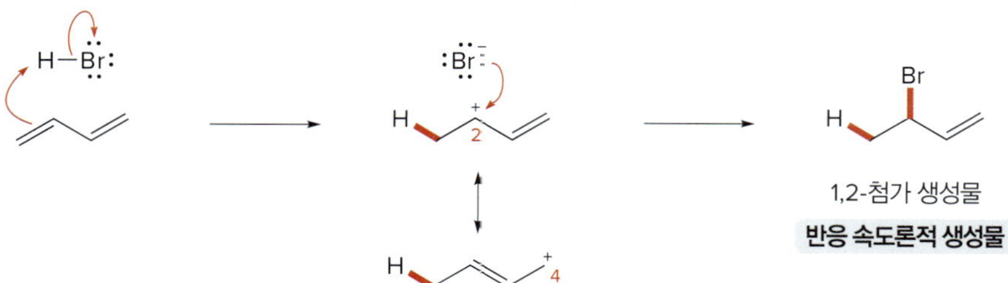

Br^-가 C4보다 C2에 더 가깝다.

- **속도론적 생성물**은 항상 **1,2-생성물**이다.
- **열역학적 생성물**은 항상 **이중 결합이 더 많이 치환**되어 있다.

- Br^-가 C2에 더 가깝기 때문에 1,2-생성물이 더 빠르게 생성된다.

1,2-첨가 생성물과 1,4-첨가 생성물을 만드는 buta-1,3-diene에 대한 HBr의 첨가에 관한 전체적인 두 단계 메커니즘은 그림 14.4와 같은 에너지 도표를 통해 나타낼 수 있다.

그림 14.4
$CH_2{=}CH{-}CH{=}CH_2$에 대한 HBr의 두 단계 첨가의 에너지 도표

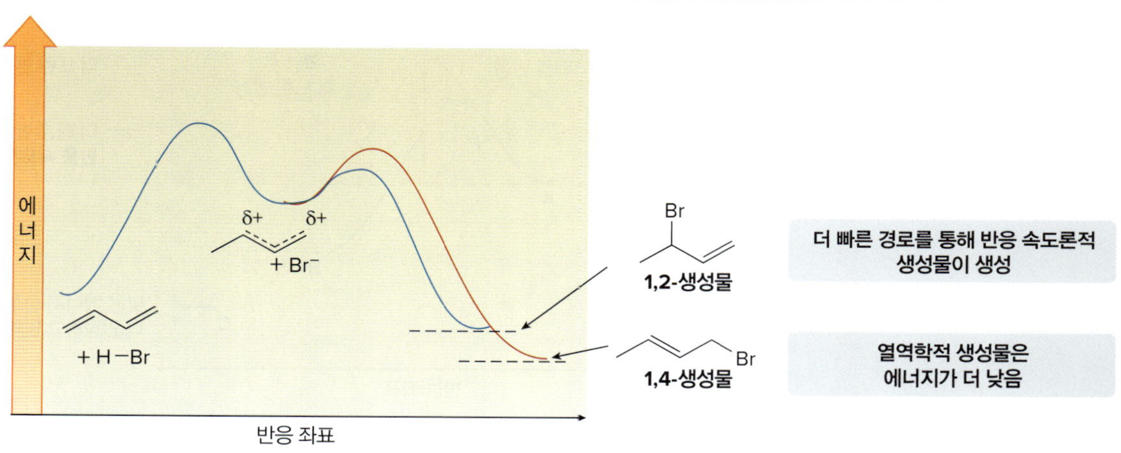

왜 생성물의 비율은 온도에 의존하는가?

- **낮은 온도에서는 활성화 에너지가 더 중요한 요인으로 작용한다.** 낮은 온도에서는 대부분의 분자가 높은 에너지 장벽을 넘을 수 있는 충분한 운동 에너지가 없기 때문에 반응이 빨리 일어나는 경로를 통해 반응 속도론적 생성물이 얻어진다.
- **높은 온도에서는** 대부분의 분자는 전이 상태에 도달하기 위한 운동 에너지가 충분히 있다. 두 가지 생성물은 서로 평형에 있으므로 **더 안정한 화합물**, 즉 에너지가 더 낮은 화합물이 **주생성물이 된다.**

문제 14.19 아래의 반응에서 각각의 생성물을 1,2-첨가 생성물 또는 1,4-첨가 생성물로 표시하고, 어느 것이 반응 속도론적 생성물인지, 열역학적 생성물인지를 결정하라.

HCl, Cl, +, Cl

문제 14.20 각 다이엔이 1당량의 HCl과 반응하였을 때 생기는 생성물을 그리고 각 생성물을 1,2-첨가 생성물 또는 1,4-첨가 생성물로 표시하고, 어느 것이 반응 속도론적 생성물인지, 열역학적 생성물인지를 결정하라.

a. b. c.

14.12 Diels–Alder 반응

Diels와 Alder는 이러한 놀라운 반응에 대한 복잡한 세부 사항을 설명함으로써 1950년도 노벨 화학상을 수상했다.

Diels–Alder 반응에서 전자의 이동을 나타내는 화살표는 전자의 흐름을 표시하기 위해 시계 방향 또는 반시계 방향으로 그려질 수 있다.

독일의 화학자 Otto Diels와 Kurt Alder의 이름을 딴 **Diels–Alder 반응**은 **1,3-다이엔**과 **친다이엔체(dienophile)**라고 불리는 알켄이 첨가 반응을 일으켜 새로운 육원자 고리를 생성하는 반응이다.

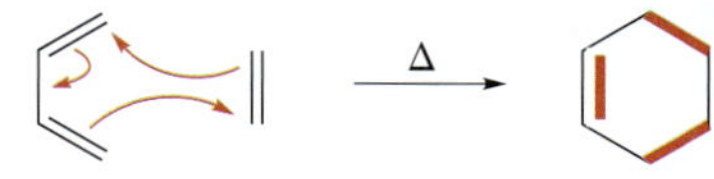

세 개의 π 결합이 끊어지고 두 개의 σ 결합과 한 개의 π 결합이 생성되므로 전자쌍들의 순환 이동을 표시하기 위해서는 세 개의 굽은 화살표가 필요하다. 각각의 새로운 σ 결합은 끊어진 π 결합에 비해 약 100 kJ/mol만큼 더 세므로, 일반적 Diels–Alder 반응에서는 약 200 kJ/mol의 에너지가 방출된다. 아래 반응식은 Diels-Alder 반응의 두 가지 예를 보여준다.

1,3-다이엔 | 친다이엔체 | Diels-Alder 생성물

OCH_3 Δ OCH_3

세 개의 새로운 결합은 붉은색으로 표시되어 있다.

모든 Diels–Alder 반응은 일반적으로 다음과 같은 특징이 있다.

[1] 반응은 열을 가함으로써 개시된다. 즉 Diels–Alder 반응은 열에 의한 반응이다.

[2] 반응 결과 육원자 고리가 생성물로 얻어진다.

[3] 세 개의 π 결합이 끊어지고, 두 개의 새로운 C−C σ 결합과 한 개의 새로운 C−C π 결합이 생성된다.

[4] 반응은 협동적(concerted)으로 일어난다. 즉, 모든 결합은 동시에 끊어지고 생성된다.

Diels–Alder 반응은 새로운 C−C 결합을 생성시키는 반응이다. 그렇기 때문에 이는 단순한 분자로부터 더 크고 복잡한 분자를 생성하는 데 사용될 수 있다. 예를 들면, 다이엔 **A**와 친다이엔체 methyl acrylate가 반응하면 Diels–Alder 첨가물 **B**가 얻어지는데, 이 물질은 네 단계로 shikimic acid로 변환될 수 있다. Shikimic acid는 문제 3.10에서 언급하였듯이 독감을 치료하는 데 사용하는 항바이러스제 oseltamivir(상품명 Tamiflu) 합성의 출발물이다.

A + methyl acrylate (OCH_3) → Diels–Alder 반응 → B (OCH_3) → 네 단계 → shikimic acid (HO, HO, OH, OH)

Diels–Alder 반응은 처음에는 복잡해보일 수 있으나 실제로는 우리가 이미 접했던 여러 단계의 메커니즘과 탄소 양이온 중간체를 거치는 반응들보다는 덜 복잡하다. **중요한 것은** 생성물의 구조를 쉽게 알아볼 수 있도록 **출발물을 어떻게 배열하는가를 아는 것이다**.

해결 방법 Diels–Alder 반응의 생성물을 그리는 방법

예 다음 Diels–Alder 반응의 생성물을 그려라.

단계 [1] **1,3-다이엔과 친다이엔체를 서로 가까이 배치한다. 이때 다이엔은 *s*-시스 형태로 그린다.**

- ***s*-시스** 형태가 되도록 **다이엔을 회전시키고 다이엔의 양 끝 탄소를 친다이엔체의 이중 결합에 가까이 위치하도록** 하는 것이 중요하다.

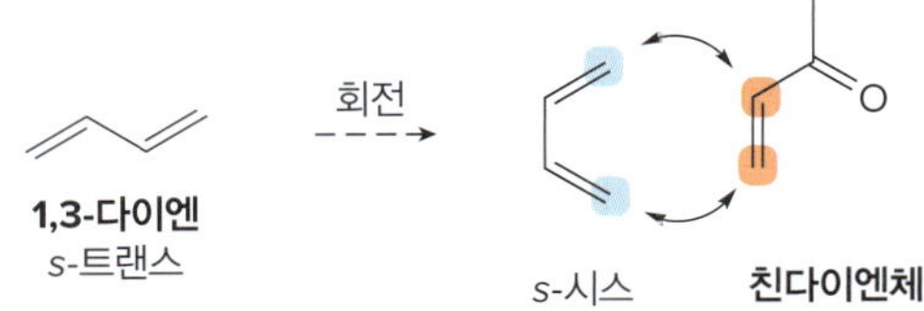

단계 [2] **세 개의 π 결합을 절단하고, 화살표를 이용해 새로 생성되는 결합을 표시한다.**

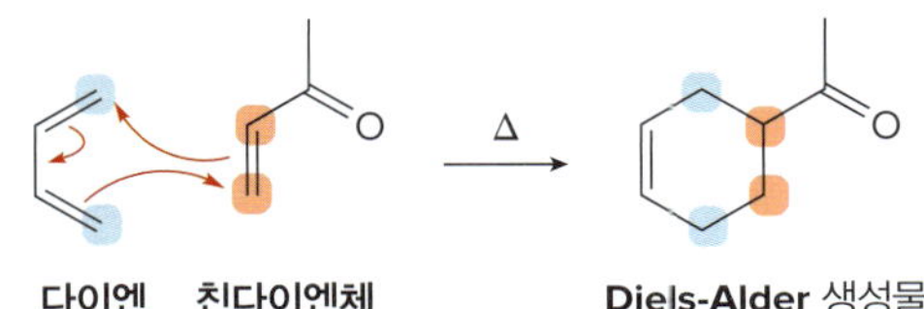

문제 14.21 각 다이엔과 친다이엔체가 Diels–Alder 반응에서 반응할 때 생기는 생성물을 그려라.

a. + b. + c. +

14.13 Diels–Alder 반응을 지배하는 특별한 규칙

Diels–Alder 반응은 몇 가지 규칙에 의해 진행된다.

14.13A 다이엔의 반응성

규칙 [1] 다이엔은 *s*-시스 형태일 경우에만 반응이 일어난다.

콘쥬게이션 다이엔의 양 끝은 친다이엔체의 π 결합과 가까이 위치해야 한다. 즉 *s*-트랜스 형태의 비고리형 다이엔은 반응이 일어나기 전 중앙의 C−C σ 결합이 회전하여 **s-시스 형태**가 만들어져야 한다.

회전 회전

s-트랜스 → ***s*-시스** 반응 가능 형태   *s*-시스 → ***s*-시스** 반응 가능 형태

고리형 다이엔에서는 이러한 회전이 일어나지 않는다. 결과적으로

- 다이엔의 두 이중 결합이 강제적으로 *s*-시스 형태를 유지하고 있다면, 이러한 다이엔은 상당히 **반응성이 좋다**.
- 두 개의 이중 결합이 *s*-트랜스 형태로 고정되어 있다면, 이러한 다이엔에서는 Diels–Alder **반응이 일어나지 않는다**.

***s*-시스** 1,3-다이엔
매우 큰 반응성

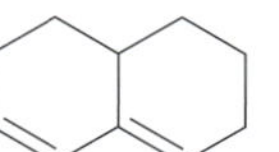

***s*-트랜스** 1,3-다이엔
반응성 없는 다이엔

Zingiberene과 β-sesquiphellandrene(문제 14.23)은 생강 뿌리에서 분리되는 트라이엔이다. 생강은 인도와 중국 요리에서 향료로 사용되고 있으며, 생강 캔디는 배멀미로 인한 메스꺼움을 완화시키는 데 가끔 사용되기도 한다. *Alvis Upitis/Getty Images*

문제 14.22 Diels–Alder 반응에서 아래 다이엔을 반응성이 크거나 반응성이 없는 것으로 구분하라.

a. 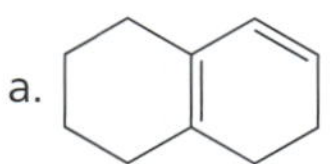 b. 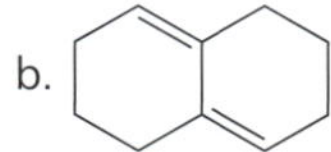 c. 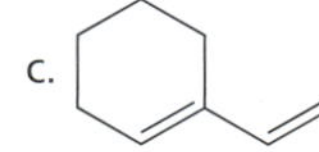 d. 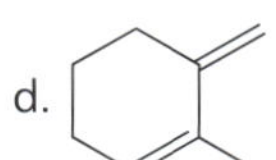 e. 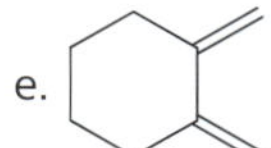

문제 14.23 생강 뿌리로부터 분리되는 천연물인 zingiberene과 β-sesquiphellandrene은 콘쥬게이션 다이엔 구조이다. 어느 다이엔이 Diels–Alder 반응에서 더 빨리 반응하는가? 그리고 그 이유는 무엇인가?

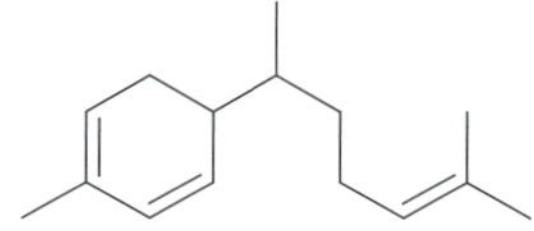

zingiberene

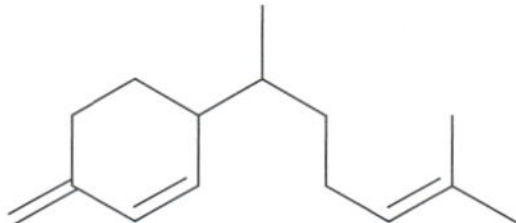

β-sesquiphellandrene

14.13B 친다이엔체의 반응성

규칙 [2] 친다이엔체에 전자 끄는 치환기가 존재하면 반응 속도가 증가한다.

Diels–Alder 반응에서 콘쥬게이션 다이엔은 친핵체로, 친다이엔체는 친전자체로 거동한다. 그 결과, **전자 끄는 기는** 친다이엔체의 이중 결합의 전자를 잡아당김으로써 **친다이엔체의 친전자성을 증가시킨다**. 만약 Z가 전자 끄는 치환기라면 친전자체의 반응성은 아래와 같이 증가할 것이다.

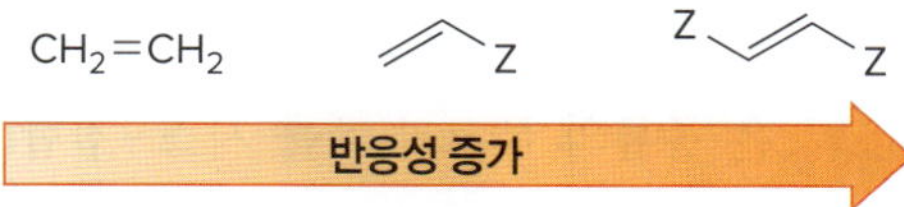

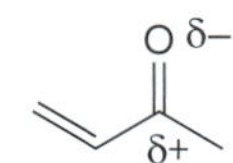

전자가 부족한 카보닐 탄소

카보닐기는 카보닐 탄소가 부분적인 양전하(δ+)를 띠어 이중 결합의 전자를 끌어당기기 때문에 효과적인 전자 끄는 기가 된다. 카보닐기를 포함하는 일반적인 친다이엔체가 그림 14.5에 표시되어 있다.

문제 14.24 다음 친다이엔체를 반응성이 증가하는 순서대로 나열하라.

A B C

그림 14.5
Diels–Alder 반응에서의 몇 가지 일반적인 친다이엔체

acrolein　methyl vinyl ketone　methyl acrylate　maleic anhydride　benzoquinone

14.13C 입체특이성

규칙 [3] 친다이엔체의 입체 화학은 생성물에서도 그대로 유지된다.

- 시스–친다이엔체는 시스–치환된 사이클로헥센을 생성한다.
- 트랜스–친다이엔체는 트랜스–치환된 사이클로헥센을 생성한다.

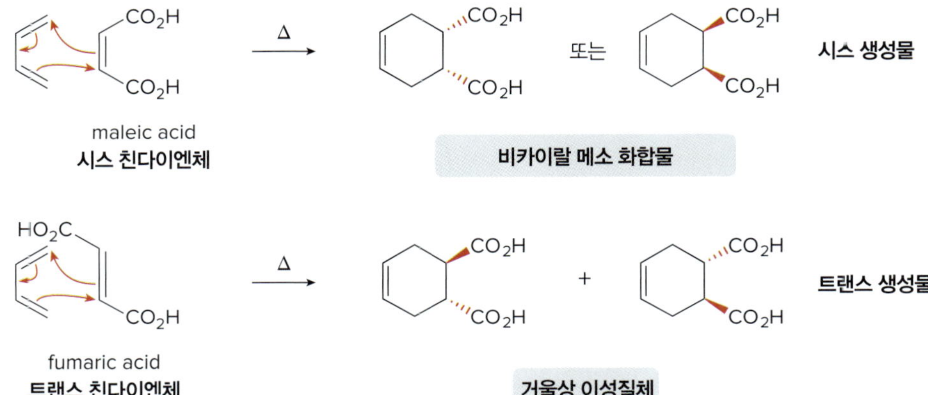

두 개의 CO_2H기가 **시스**로 위치한 maleic acid는 Diels–Alder 반응 후 **시스**로 치환된 생성물이 얻어진다. CO_2H기는 둘 다 평면의 위쪽 또는 아래쪽에 그려지며, 비카이랄 **메소** 화합물이 얻어진다. Fumaric acid와 같은 **트랜스 친다이엔체**는 **트랜스**로 위치한 CO_2H기로 인해 두 개의 거울상 이성질체가 만들어진다.

고리형 친다이엔체를 이용하면 **두고리 생성물(bicyclic product)**을 생성할 수 있다. 두 개의 고리가 C–C 결합을 공유하는 두고리 계를 **접합 고리 계(fused ring system)**라고도 한다. 출발물인 친다이엔체가 시스 형태이기 때문에 생성된 고리의 다리목 탄소에 결합된 두 개의 수소 원자는 시스로 위치해야 한다. 이와 같은 종류의 두고리 계를 **시스–접합(cis-fused)**이라고 한다.

고리형 친다이엔체
친다이엔체에서 **수소는 시스**

두고리 생성물
생성물에서 **수소는 시스**

문제 14.25 각 Diels–Alder 반응의 생성물을 그리고, 입체 화학을 나타내라.

a. + CH_3O … OCH_3

b. + CH_3O … OCH_3

c. +

d. +

14.13D 내향 첨가 규칙

규칙 [4] 외향 생성물과 내향 생성물이 가능할 때 내향 생성물의 생성이 지배적이다.

내향 첨가(endo addition)의 규칙을 이해하기 위해 우리는 먼저 고리형 1,3-다이엔의 Diels–Alder 생성물을 조사해보아야 한다. Cyclopentadiene이 에틸렌과 같은 친다이엔체와 반응하면, 생성된 고리 위에 녹색으로 표시한 **원자 한 개짜리 '다리(bridge)'**가 있는 새로운 육원자 고리가 생성된다. 이 탄소 원자는 반응에 참여하지 않는 sp^3 혼성화된 다이엔의 탄소로부터 비롯되었다.

Δ

고리형 1,3-다이엔

다리걸친 두고리 계

고리형 1,3-다이엔의 Diels–Alder 반응 생성물은 두고리 계(bicyclic system)이지만, 두 고리가 공유하는 탄소 원자는 **인접해 있지 않다**. 즉 이러한 두고리 생성물은 고리형 친다이엔체로부터 얻어지는 접합 고리 계와는 다르다.

- 인접하지 않은 탄소 원자를 공유하는 두고리 접합 고리 계를 **다리걸친(bridged)** 고리 계라고 한다.

그림 14.6에서는 접합 고리 계와 다리걸친 고리 계를 비교하고 있다.

그림 14.6 접합 고리 계와 다리걸친 고리 계의 비교

a. 접합된 두고리 계

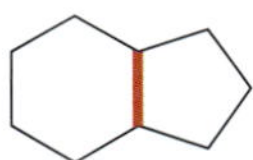

- 한 개의 결합(붉은색)이 두 고리에 의해 공유됨
- 공유된 C는 인접해 있다.

b. 다리걸친 두고리 계

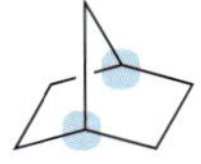

- 인접하지 않은 두 개의 탄소(푸른색)가 두 고리에 의해 공유됨

Cyclopentadiene이 친다이엔체(CH_2=CHZ)로서 치환된 알켄과 반응할 때, 생성물에서 치환기 Z는 둘 중 한 가지 방식으로 배향된다. **내향(endo)**과 **외향(exo)**이라는 용어는 Z의 위치를 가리키는 데 사용된다.

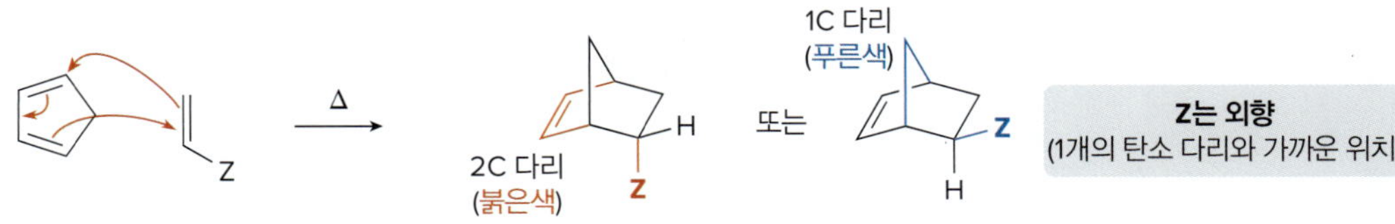

Z는 내향
(2개의 탄소 다리와 가까운 위치)

선호되는 생성물

- 치환기가 두고리에 공통인 탄소를 연결하는 더 **긴** 다리에 가까이 있는 것이 **내향**이다.
- 치환기가 탄소를 연결하는 더 **짧은** 다리와 가까이 있는 것이 **외향**이다.

내향과 외향을 구별하기 위해서는 내향 치환기는 새로이 생성되는 육원자 고리 아래에 위치한다는 것을 기억하자.

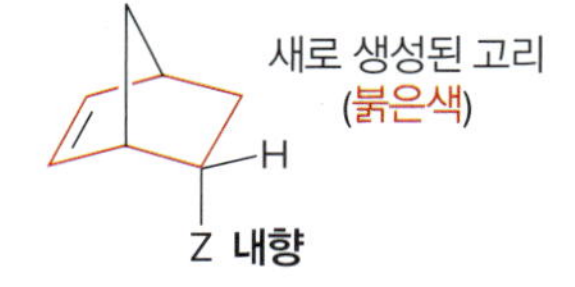

다음 쪽의 두 가지 예시에서 볼 수 있듯이, Diels–Alder 반응에서는 **내향** 생성물이 우선적으로 만들어진다.

Δ

O

H

O

우세한 생성물

붉은색 결합이 내향 생성물임

O

O

O

Δ

H

H

O

O

O

우세한 생성물

Diels–Alder 반응의 더 상세한 내용은 25.4절에서 설명된다.

Diels–Alder 반응은 **협동** 반응이다. 그리고 그림 14.7에 나와 있는 것처럼 다이엔과 친다이엔체가 옆으로 배열된 모습이 아니라, 한 화합물이 다른 화합물 위에 위치한 모습을 취하여야 반응이 일어난다. 이론적으로 치환기 Z가 다이엔 아래에 직접 위치하여 내향 생성물이 생기거나(그림 14.7의 경로 [1]) 아니면 다이엔과 멀리 위치하여 외향 생성물이 생길 수 있다(경로 [2]). 그러나 실제로는 **내향 생성물이 주생성물이다. 내향 생성물을 만드는 전이 상태는 전자가 풍부한 다이엔이 전자 끄는 치환기 Z가 있는 친다이엔체와 상호작용을 더 많이 할 수 있게 하는데,** 이러한 상호작용은 에너지 측면에서 유리하다.

그림 14.7
Diels–Alder 반응을 통해 어떻게 내향 또는 외향 생성물이 만들어지는가

경로 [1] 다이엔의 아래에 위치한 Z로 인해 내향 생성물이 얻어진다.

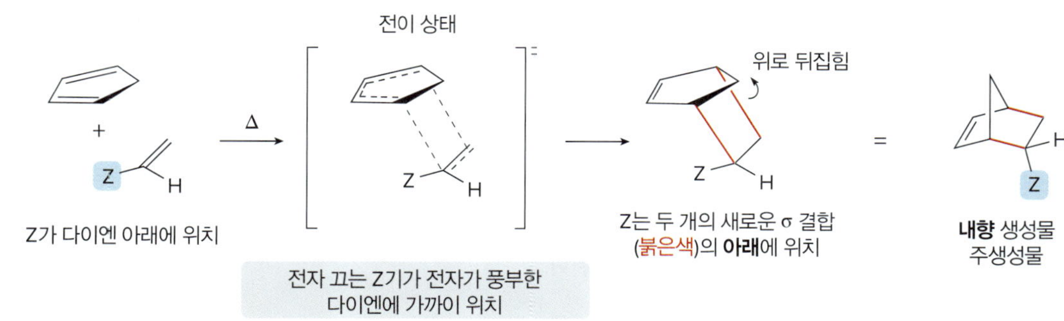

경로 [2] 다이엔의 바깥쪽에 위치한 Z로 인해 외향 생성물이 얻어진다.

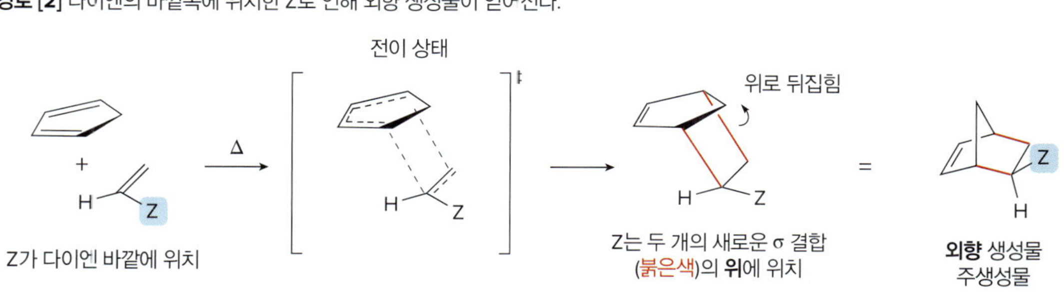

문제 14.26 각 Diels–Alder 반응의 생성물을 그려라.

a. (cyclopentadiene) + (methyl acrylate) $\xrightarrow{\Delta}$ b. (1,3-cyclohexadiene) + (dimethyl maleate) $\xrightarrow{\Delta}$

14.14 Diels–Alder 반응에 대한 다른 사실들

14.14A Diels–Alder 생성물에 대한 역합성 분석

Diels–Alder 반응은 유기 합성에서 널리 사용되기 때문에, 우리는 화합물을 보고 어떠한 콘쥬게이션 다이엔과 친다이엔체가 반응하여 그것이 만들어졌는지 구분할 수 있는 기량을 갖추어야 한다. 주어진 Diels–Alder 생성물에 대한 출발물들을 그리기 위해서는

- C=C를 포함하는 육원자 고리의 위치를 파악한다.
- 사이클로헥센 고리를 따라 π 결합에서부터 시작하여 세 개의 화살표를 그려본다. 화살표는 이웃하는 결합에 전자 두 개를 이동시키는데, 이러한 전자의 이동으로 한 개의 π 결합과 두 개의 σ 결합이 끊어지고 세 개의 π 결합이 생성된다.
- 친다이엔체의 C=C에 있는 치환기의 입체 화학은 그대로 유지한다. 육원자 고리에서 시스로 배열된 치환기는 시스 친다이엔체를 생성한다.

이러한 단계적인 역합성 분석을 통해 우리는 그림 14.8처럼 Diels–Alder 반응에 필요한 1,3-다이엔과 친다이엔체를 알아낼 수 있다.

그림 14.8 Diels–Alder 반응에 필요한 다이엔과 친다이엔체 찾기

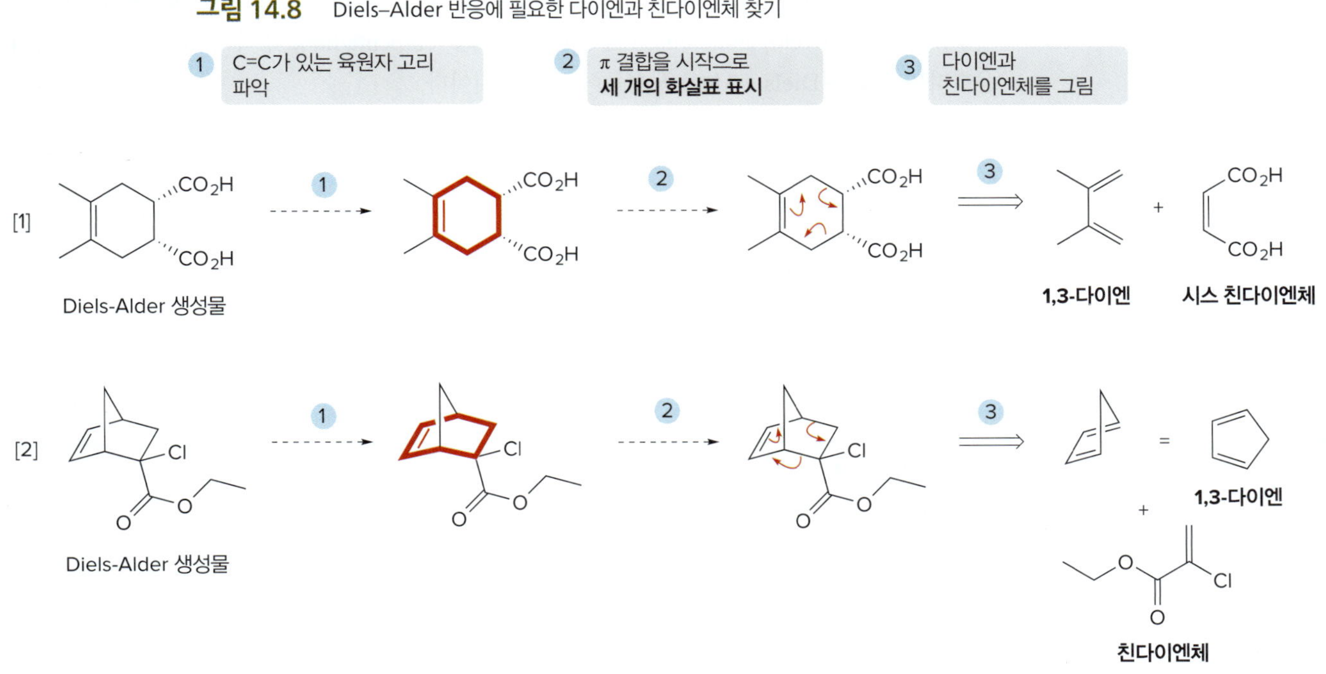

일본 복어(puffer fish)
Stephen Frink/Photodisc/Getty Images

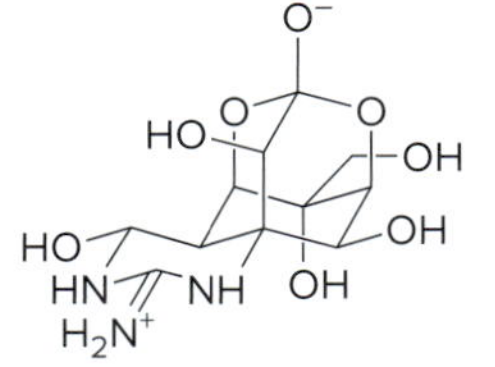

tetrodotoxin

Tetrodotoxin은 복어의 간과 알집에 존재하는 독성 물질이다. 복어는 위급할 때 자신의 몸을 공처럼 부풀리기 때문에 이와 같은 이름이 붙여졌다.

문제 14.27 아래의 화합물을 만드는 데 어떤 다이엔과 친다이엔체가 필요한가? 화합물 (d)는 복잡한 해양 천연물인 tetrodotoxin 합성의 중간체였다.

a. b. c. d.

14.14B 역 Diels–Alder 반응

Cyclopenta-1,3-diene과 같이 반응성이 좋은 다이엔은 그 자체로도 쉽게 Diels–Alder 반응이 일어난다. 즉 **cyclopenta-1,3-diene은 한 분자가 다이엔으로, 다른 분자가 친다이엔체로 작용하여 이합체를 생성한다.**

다이엔 친다이엔체 → (Δ) dicyclopentadiene **이합체** = 내향 생성물

Cyclopentadiene이 완전히 이합체화하여 dicyclopentadiene이 생성되는 반응은 실온에서 몇 시간 정도면 완결될 정도로 매우 빠르게 진행된다. 그러면 실제로 이합체로 존재하는 cyclopentadiene을 어떻게 Diels–Alder 반응에 사용할 수 있을까?

열을 가하면 dicyclopentadiene에 **역 Diels–Alder 반응(retro Diels–Alder reaction)**이 일어나고, 두 분자의 cyclopentadiene이 재생된다. 만약 cyclopentadiene이 즉시 다른 친다이엔체와 반응한다면 새로운 Diels – Alder 생성물이 얻어질 것이다.

dicyclopentadiene → (Δ) 두 분자의 cyclopentadiene → (Z-CH=CH₂, Δ) 생성물

이제 이 다이 엔이 다른 친다이엔체와의 반응에 사용된다.

문제 14.28 각 반응의 생성물을 그려라.

a. [1] Δ [2] (메틸 비닐 케톤 유도체)

b. [1] Δ [2] O=⟨⟩=O

14.14C 스테로이드 합성에서 Diels–Alder 반응의 적용

4.14절에서 다룬 것처럼 지질은 구조가 다양하고 물에 녹지 않는 생체 분자임을 상기하자.

스테로이드(*steroid*)는 세 개의 육원자 고리와 한 개의 오원자 고리를 포함한 네 개의 고리로 이루어진 지질이다. 네 개의 고리는 각각 **A**, **B**, **C** 및 **D**로 표기된다.

스테로이드의 골격 구조

위에서 본 삼차원 구조

옆에서 본 삼차원 구조

스테로이드는 고리에 있는 작용기의 치환 패턴에 따라 광범위한 생물학적 특성을 나타낸다. **Cholesterol**(심혈관 질환과 관련된 세포막의 한 성분), **estrone**(생리주기를 조절하는 여성 성 호르몬), **cortisone**(탄수화물의 물질대사를 조절하고 염증을 조절하는 호르몬) 등이 여기에 포함된다.

cholesterol　　estrone　　cortisone

Diels–Alder 반응은 육원자 고리를 생성하기 때문에 스테로이드의 육원자 고리의 실험실 합성에 널리 사용되어 왔다. 예로서 estrone의 C 고리를 만드는 데 사용된 Diels–Alder 반응이 아래에 나와 있다.

다이엔　친다이엔체　→(Δ)　Diels-Alder 생성물　→(여러 단계)　estrone

아편의 진통 효과와 마취 효과는 주로 morphine(문제 14.29) 때문이다. Morphine을 함유하고 있는 양귀비 씨 차는 제2차 세계대전까지 영국의 일부분에서는 민간 요법으로 사용된 바 있다. *John Foxx/Getty Images*

문제 14.29 아래 Diels–Alder 반응의 생성물(**A**)의 구조를 그려라. **A**는 양귀비에서 분리된 중독성이 있는 진통제인 morphine을 합성하는 데 거쳐야 할 중요한 중간체이다.

→ **A** →(여러 단계) morphine

14.15 콘쥬게이션 다이엔과 자외선

적외선(infrared) 영역의 에너지 흡수는 분자를 낮은 진동 에너지 상태에서 높은 에너지를 상태로 들뜨게 한다고 설명한 분광학 B의 내용을 상기해보자. 같은 방식으로 **자외선(ultraviolet)의 흡수는 낮은 에너지의 전자 상태를 높은 에너지 상태로 들뜨게 한다.** 자외선은 가시광선보다 파장이 짧고 진동수가 크다. 이러한 목적으로 사용하려 할 때 가장 유용한 자외선 영역은 **200–400 nm** 사이이다.

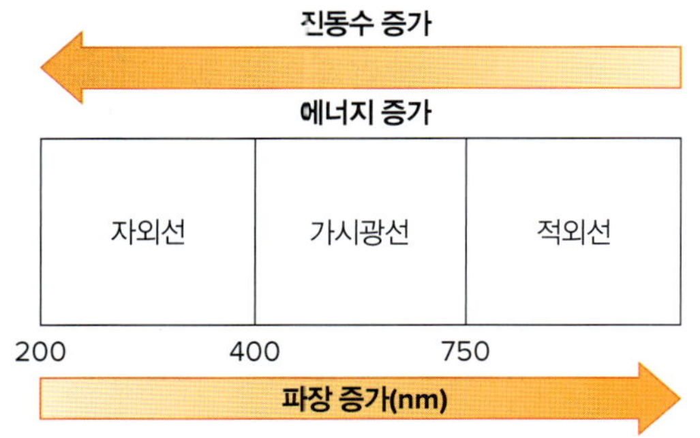

14.15A 기본 원리

낮은 에너지 상태[**바닥 상태(ground state)**]에 있는 전자가 적절한 에너지의 빛을 흡수하면 전자는 높은 에너지 상태[**들뜬 상태(excited state)**]로 이동한다.

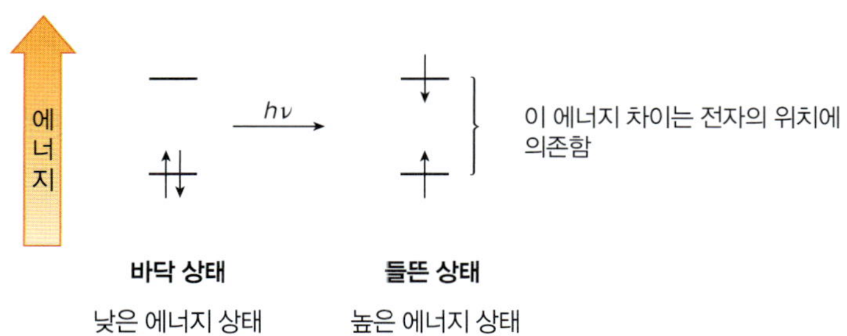

두 상태 간의 에너지 차이는 전자의 위치에 의존한다. **σ 결합 전자와 콘쥬게이션을 이루지 않은 π 결합 전자가 들뜨기 위해서는 파장이 200 nm 이하인 빛이 필요하다.** 이 빛은 전자기 스펙트럼에서 자외선 영역의 빛보다 파장이 짧고 에너지는 더 크다. 그러나 콘쥬게이션 다이엔일 경우에는 바닥 상태와 들뜬 상태의 에너지 차이가 감소하기 때문에 **전자를 들뜨게 하는 데 더 긴 파장의 빛이 사용된다.** 화합물에 의해 흡수되는 파장을 흔히 최대 흡수 파장(**λ_{max}**)이라 부른다. 예를 들어, buta-1,3-diene은 λ_{max} = 217 nm에서 자외선을 흡수하고 cyclohexa-1,3-diene은 λ_{max}이 256 nm이다.

- 콘쥬게이션 다이엔과 폴리엔은 전자기 스펙트럼의 자외선 영역(200–400 nm)의 빛을 흡수한다.

UV 스펙트럼은 파장에 대한 UV 빛의 흡광도를 표시한다. 그림 14.9에 나와 있는 isoprene의 UV 스펙트럼에서와 같이 UV 스펙트럼은 띠로 이루어져 있으며, 최대 흡광도(absorbance)는 λ_{max}에 해당한다.

그림 14.9
Isoprene의 UV 스펙트럼

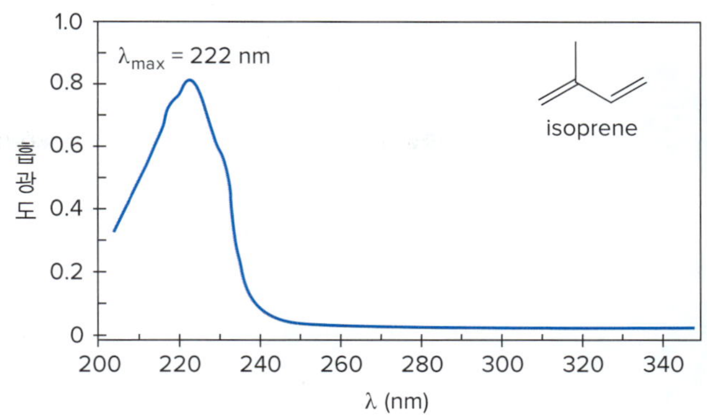

Lycopene은 토마토, 수박, 파파야, 구아바, 분홍 그레이프프루트에서 발견되는 붉은색 안료이다. Lycopene은 과일과 야채가 가공될 때 파괴되지 않기 때문에 토마토 주스와 케첩에는 라이코펜이 풍부하다.
C Squared Studios/Getty Images

콘쥬게이션된 π 결합 개수가 증가할수록 바닥 상태와 들뜬 상태 간의 에너지 차이가 감소하기 때문에 흡수는 더 긴 파장으로 이동한다.

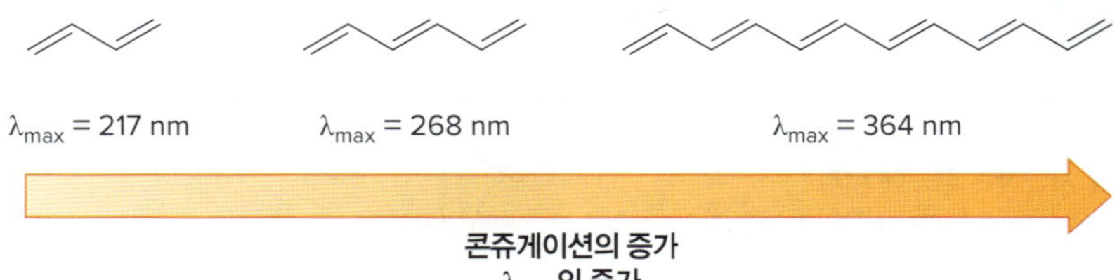

여덟 개 이상의 콘쥬게이션 π 결합이 있는 분자에서 빛의 흡수는 자외선에서 가시광선 영역으로 이동한다. 화합물은 자신이 흡수하지 않는 가시광선의 파장에 해당하는 색깔을 띤다. 예를 들어, lycopene의 가시광선의 최대 흡수 파장은 470 nm으로 가시광선 영역의 청록색 구역에 해당한다. 붉은 영역의 빛을 흡수하지 않기 때문에 lycopene은 선홍색으로 보인다(그림 14.10).

그림 14.10 Lycopene은 왜 붉은색일까?

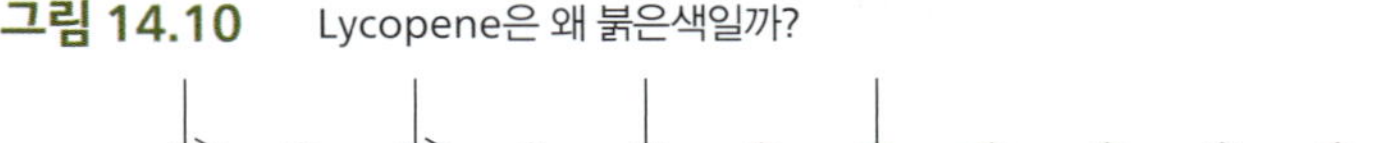

lycopene—콘쥬게이션을 이루는 11개의 π 결합들

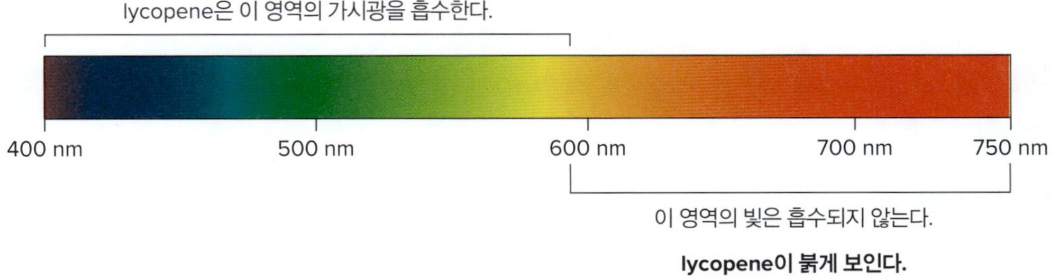

문제 14.30 어떤 화합물이 더 긴 파장의 자외선을 흡수하는가?

문제 14.31 식품 착색료로 사용하는 많은 화합물은 고도로 콘쥬게이션되어 있어서 전자기 스펙트럼의 가시광선 영역에서 빛을 흡수한다. 한 가지 식품의 색깔은 λ_{max} 값이 524 nm에서 나타나고 다른 것은 λ_{max} 값이 630 nm에서 나타난다. 어느 화합물이 푸른색으로 보이고 어느 것이 붉은색으로 보이는가?

14.15B 자외선 차단제

상업적으로 판매되는 자외선 차단제에는 자외선을 차단하는 정도에 따라 **SPF** (sun protection factor) 값이 표기되어 있다. 숫자가 클수록 자외선 차단 효과도 크다.
Jill Braaten/McGraw Hill

태양으로부터 내리쬐는 자외선은 화학 결합을 절단시키기에 에너지가 충분히 크므로, 피부를 빠르게 노화시키고 피부암을 유발할 수 있는 라디칼을 만들 수 있다. 자외선 영역은 자외선의 파장에 따라 UV-A (320−400 nm), UV-B (290−320 nm) 및 UV-C (< 290 nm)로 세분할 수 있다. 다행스럽게도 에너지가 높은 대부분의 자외선은 오존층에 의해 걸러지므로 파장이 290 nm 이상인 자외선만 피부 표면에 도달한다. 이러한 자외선은 피부에 존재하는 고도로 콘쥬게이션된 색소로서 UV의 유해성에 대항하여 신체의 천연 보호물의 역할을 하는 **멜라닌(melanin)**에 의해 대부분 흡수된다.

오랫동안 햇빛에 노출되면, 멜라닌이 흡수할 수 있는 양보다 더 많은 양의 자외선이 피부에 닿는다. 시판되는 자외선 차단제는 자외선을 흡수하여 피부를 해로운 자외선으로부터 (당분간) 보호할 수 있는 콘쥬게이션 화합물이다. 여는 장에서 언급하였던 최근 연구에 따르면, 이러한 자외선 차단제 몇몇은 산호초에 해를 입힌다. 따라서 이러한 이유로 oxybenzone이나 octinoxate가 함유된 자외선 차단제는 하와이주에서는 현재 금지되어 있다.

oxybenzone　　　octinoxate

생물 자원으로부터 더 환경친화적인 자외선 차단제를 얻고자 하는 탐색 과정에서, 과학자는 조류(algae), 산호 그리고 사이아노박테리아(cyanobacteria)에서 UV를 흡수하는 콘쥬게이션 화합물을 발견하였다. Shinorine은 홍조류 *Porphyra umbilicalis*에서 분리된 그러한 화합물의 하나이다. 이 물질은 또한 유전자를 조작한 사이아노박테리아로부터 더 빠르고 더 높은 수율로 제조할 수 있다. Shinorine를 함유한 자외선 차단제는 유럽에서 구할 수 있다.

shinorine

문제 14.32 카복시기의 공명 구조를 제외하고, 헤테로 원자로 치환된 콘쥬게이션 이중 결합을 포함하는 shinorine의 다른 공명 구조를 모두 그려라.

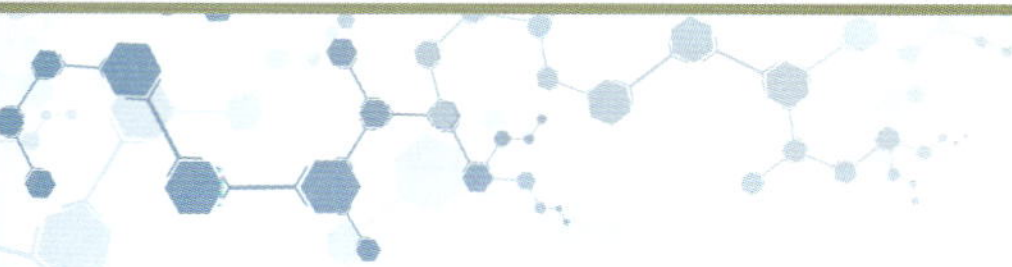

Chapter 14 복습

핵심 개념

[1] 공명의 네 가지 흔한 예(14.3)

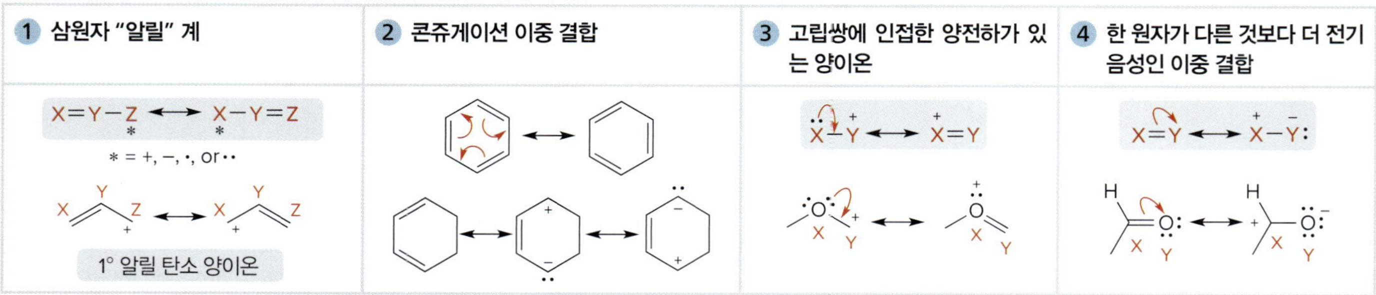

예제 14.1 참고. 문제 14.35, 14.36을 풀어보라.

[2] 콘쥬게이션 다이엔의 독특한 성질

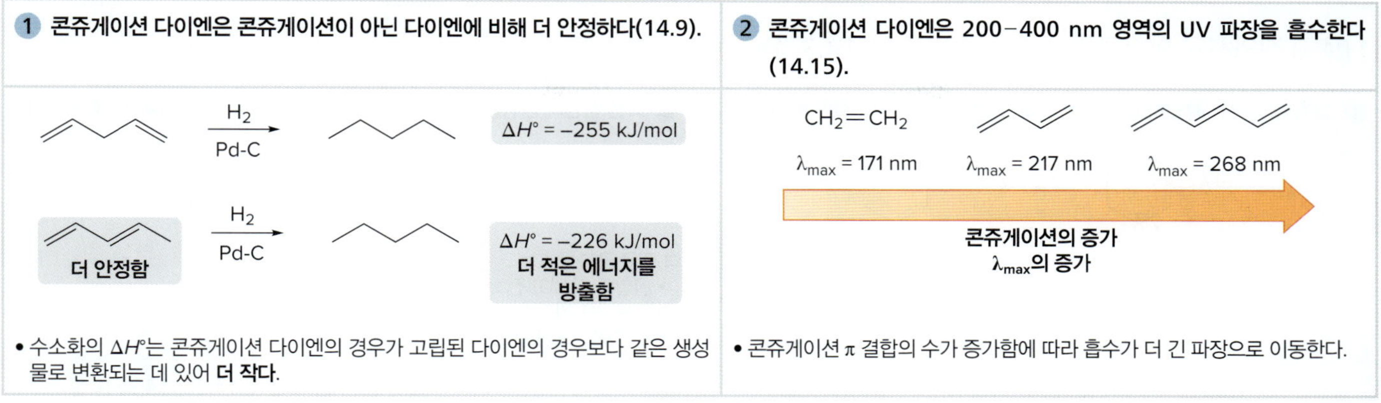

그림 14.2 참고. 문제 14.42; 14.60a, d; 14.68을 풀어보라.

[3] 1,3-다이엔의 형태와 입체 이성질체 사이의 차이(14.6)

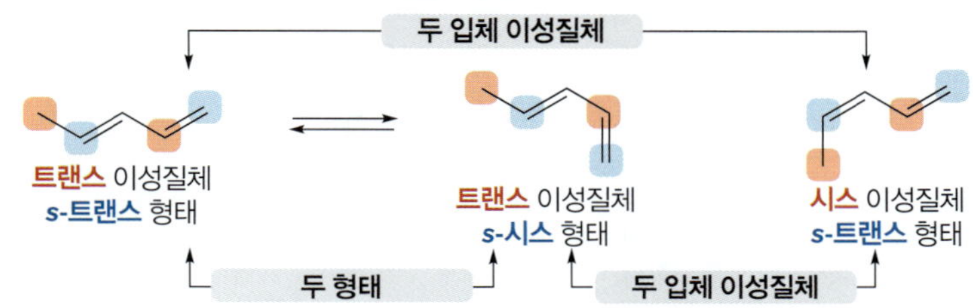

예제 14.4 참고. 문제 14.41을 풀어보라.

[4] Diels–Alder 반응의 상대적 반응성

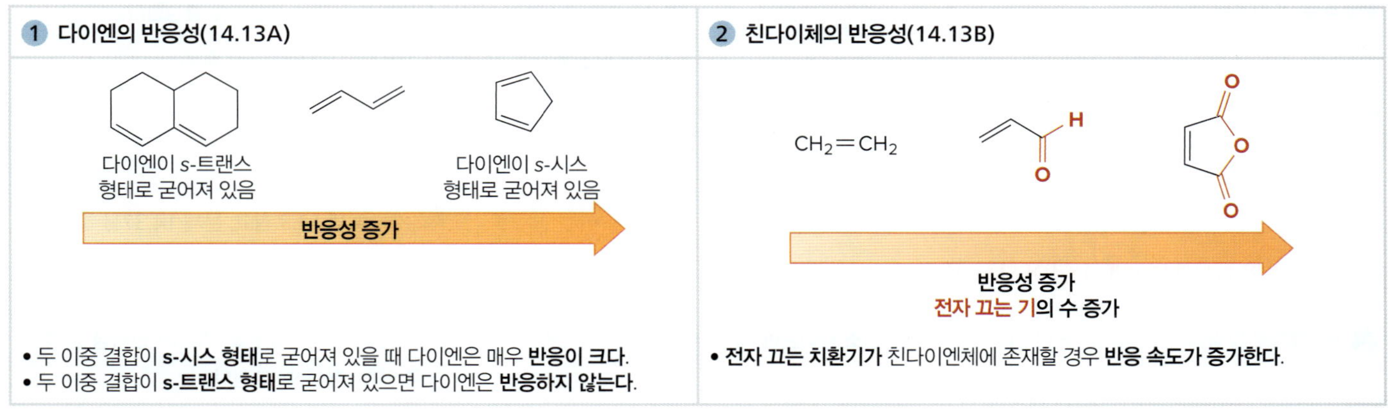

문제 14.60b, c를 풀어보라.

핵심 반응

콘쥬게이션 다이엔의 반응

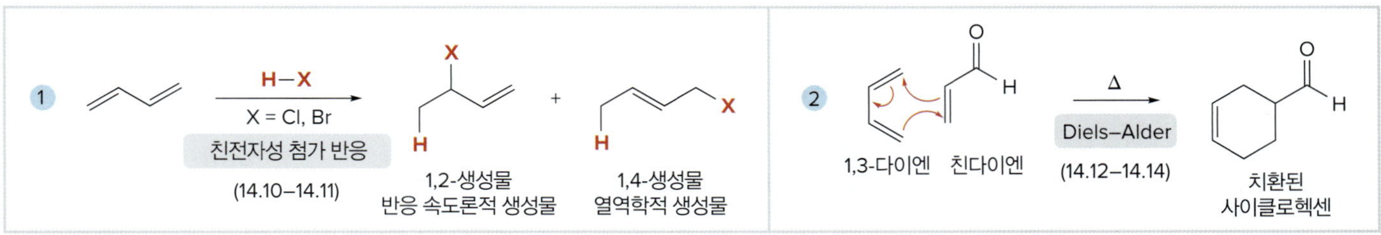

문제 14.43b, c; 14.50; 14.62를 풀어보라.

핵심 기법

[1] 콘쥬게이션된 화합물의 공명 구조 그리기(14.3, 14.4)

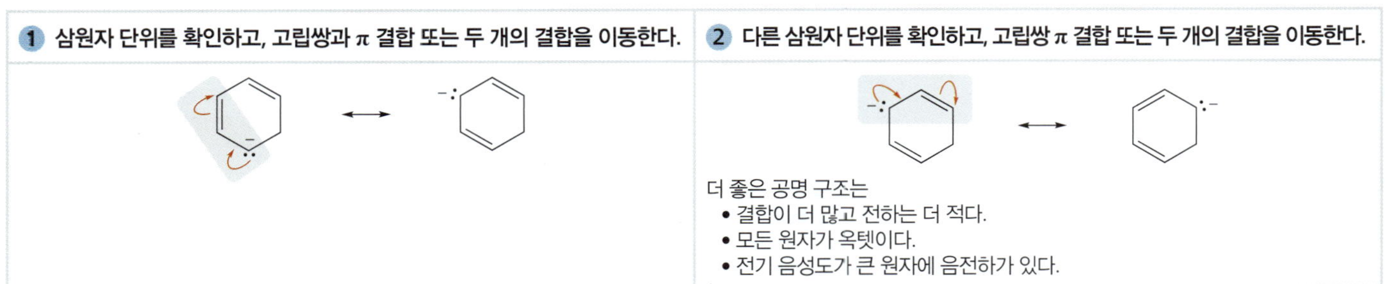

예제 14.1 참고. 문제 14.35, 14.36을 풀어보라.

[2] 세 개의 공명 구조에서 생성된 공명 혼성체 그리기(14.4); 예: acrolein

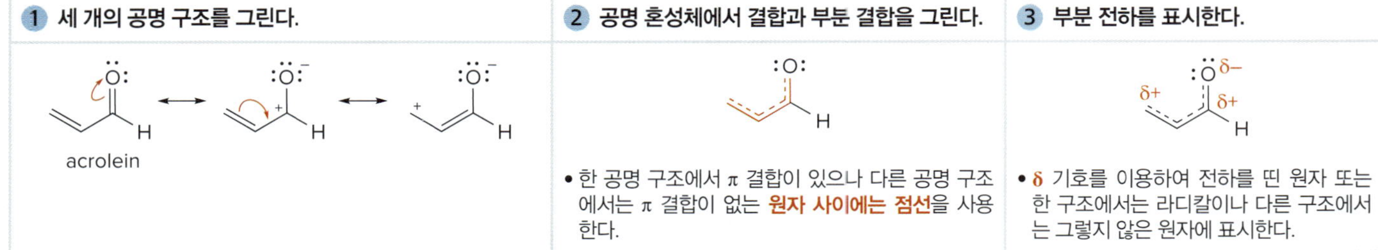

예제 14.2 참고.

[3] 두 개의 공명 구조를 이용하여 표시된 탄소 원자의 혼성화 결정(14.5)

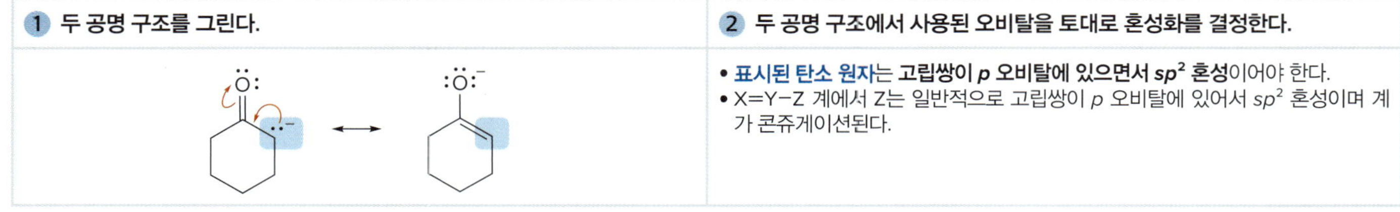

예제 14.3 참고. 문제 14.37을 풀어보라.

[4] 다이엔의 HX 첨가에서 얻어지는 생성물 그리기(14.10)

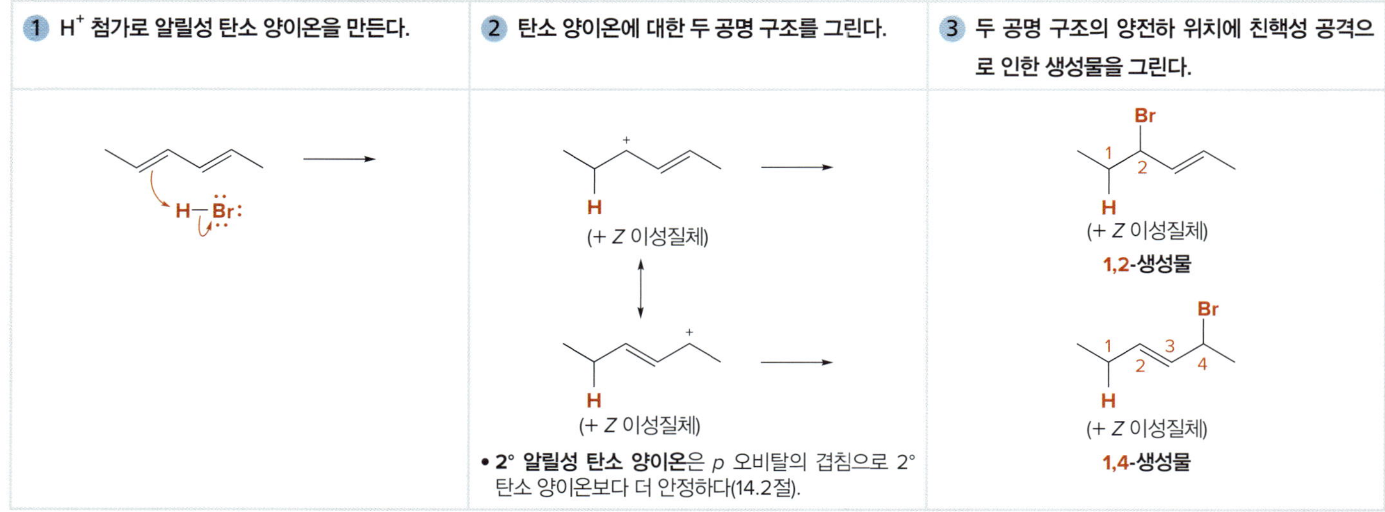

예제 14.5 참고. 문제 14.43b, c; 14.62a, d를 풀어보라.

[5] 생성물이 반응 속도론적 생성물인지, 열역학적 생성물인지 결정하기(14.11)

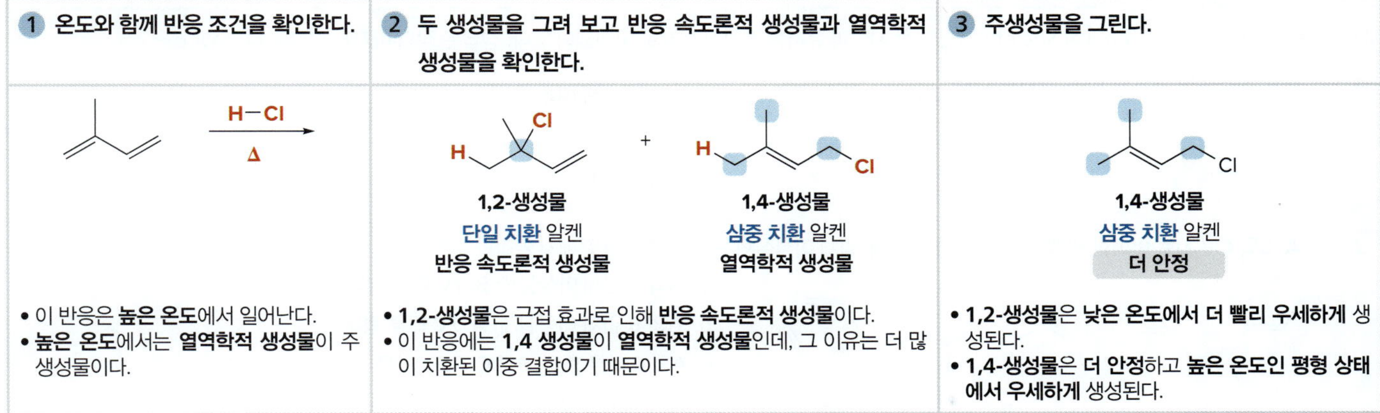

① 온도와 함께 반응 조건을 확인한다.	② 두 생성물을 그려 보고 반응 속도론적 생성물과 열역학적 생성물을 확인한다.	③ 주생성물을 그린다.
H−Cl, Δ	1,2-생성물 **단일 치환** 알켄 반응 속도론적 생성물 + 1,4-생성물 **삼중 치환** 알켄 열역학적 생성물	1,4-생성물 **삼중 치환** 알켄 더 안정
• 이 반응은 **높은 온도**에서 일어난다. • **높은 온도**에서는 **열역학적 생성물**이 주생성물이다.	• **1,2-생성물**은 근접 효과로 인해 **반응 속도론적 생성물**이다. • 이 반응에는 **1,4 생성물**이 **열역학적 생성물**인데, 그 이유는 더 많이 치환된 이중 결합이기 때문이다.	• **1,2-생성물**은 **낮은 온도에서 더 빨리 우세하게** 생성된다. • **1,4-생성물**은 **더 안정**하고 **높은 온도인 평형 상태에서 우세하게** 생성된다.

문제 14.47, 14.48을 풀어보라.

[6] Diels–Alder 반응의 생성물 그리기(14.12)

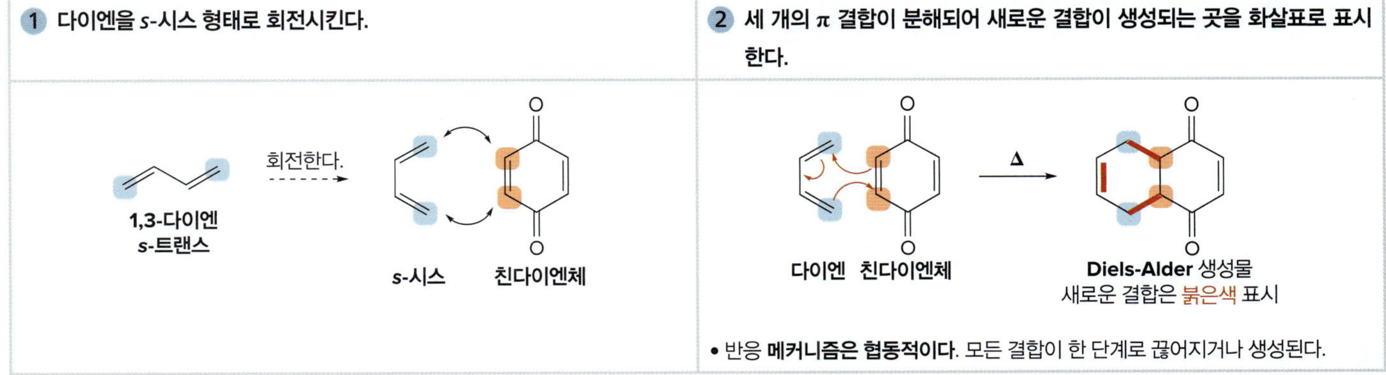

① 다이엔을 *s*-시스 형태로 회전시킨다.	② 세 개의 π 결합이 분해되어 새로운 결합이 생성되는 곳을 화살표로 표시한다.
1,3-다이엔 *s*-트랜스 → 회전한다. → *s*-시스, 친다이엔체	다이엔, 친다이엔체 → Δ → **Diels-Alder** 생성물 새로운 결합은 붉은색 표시
	• 반응 **메커니즘은 협동적이다**. 모든 결합이 한 단계로 끊어지거나 생성된다.

해결 방법, p. 664 참고. 문제 14.50을 풀어보라.

[7] Diels–Alder 반응에 필요한 다이엔과 친다이엔체 찾기(14.14)

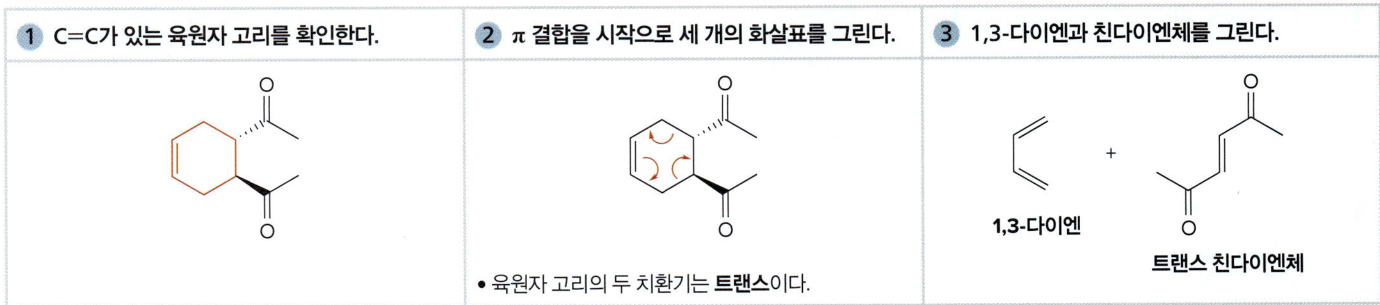

① C=C가 있는 육원자 고리를 확인한다.	② π 결합을 시작으로 세 개의 화살표를 그린다.	③ 1,3-다이엔과 친다이엔체를 그린다.
	• 육원자 고리의 두 치환기는 **트랜스**이다.	**1,3-다이엔** + **트랜스 친다이엔체**

그림 14.8 참고. 문제 14.51, 14.52, 14.55를 풀어보라.

14장 선다형 자가-시험

자가-시험은 American Chemical Society 유기 화학 시험과 유사한 객관식 문제로 구성되어 있다. 정답은 장의 마지막 부분에 나와 있다.

1. 어느 화학종이 콘쥬게이션 계가 **아닌가**?

a. 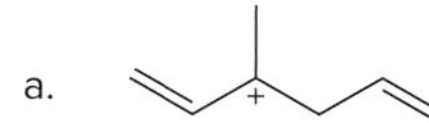
b. 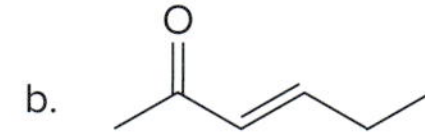
c. 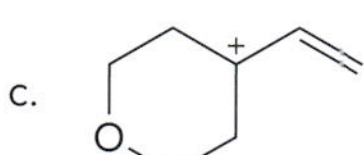
d.

2. **A**, **B**와 **C**는 서로 어떠한 관계인가? 구조 이성질체, 입체 이성질체 또는 다른 형태 중에서 골라라.

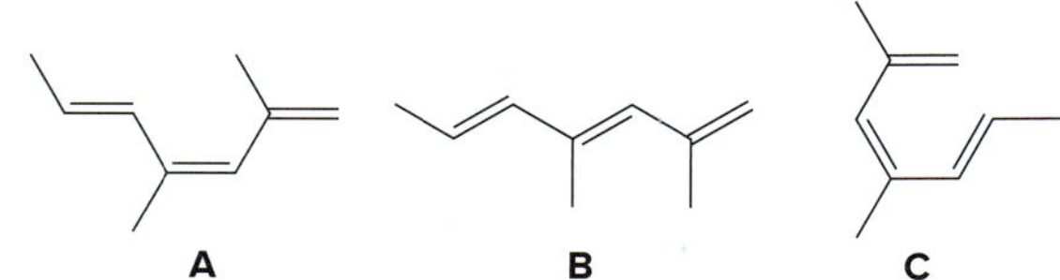

a. **A**와 **B** 입체 이성질체; **B**와 **C** 다른 형태
b. **A**와 **B** 입체 이성질체; **A**와 **C** 다른 형태
c. **A**와 **C** 다른 형태; **B**와 **C** 구조 이성질체
d. **A**, **B**와 **C**는 모두 입체 이성질체이다.

3. 어느 다이엔이 Diels–Alder 반응에서 반응성이 가장 큰가?

a. 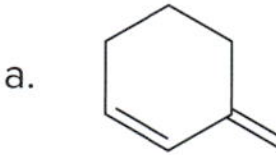
b. 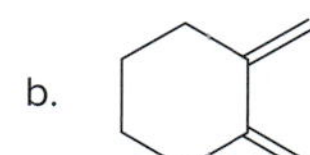
c. 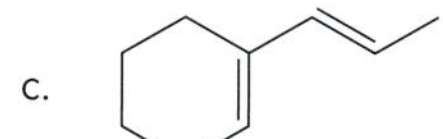
d. 

4. 어느 화학종이 **A**의 타당한 공명 구조가 **아닌가**?

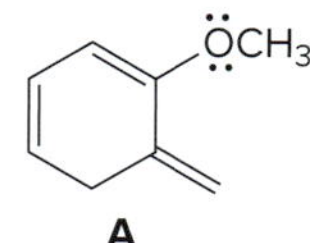

a. 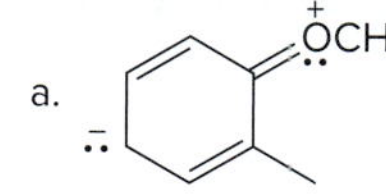
b. 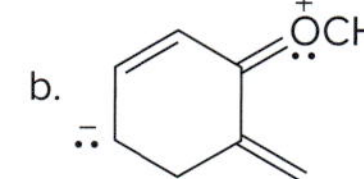
c. 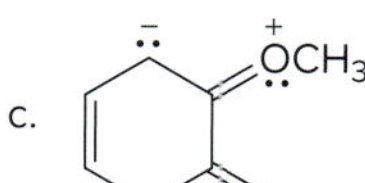
d.

5. 가장 파장이 긴 자외선을 흡수하는 화합물은 무엇인가?

a. 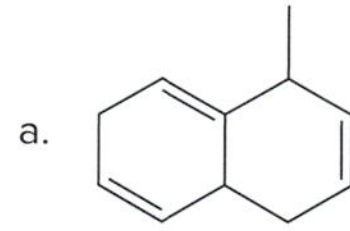
b. 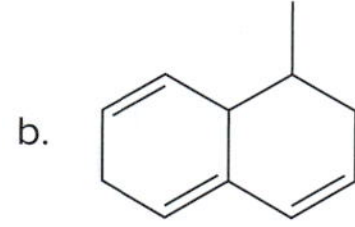
c. 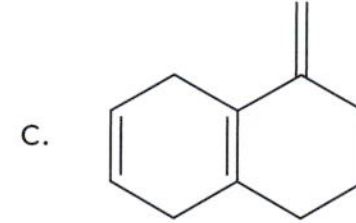
d.

6. 다음 다이엔의 IUPAC 이름을 쓰라.

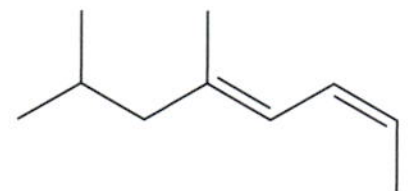

a. (2*Z*,4*E*)-5,7-dimethylocta-2,4-diene
b. (4*E*,6*Z*)-2,4-dimethylocta-4,6-diene
c. (2*Z*,4*Z*)-5,7-dimethylocta-2,4-diene
d. (1*Z*,3*E*)-1,4,6-trimethylhepta-1,3-diene

7. 다음 Diels–Alder 반응에서 무슨 생성물이 생기는가?

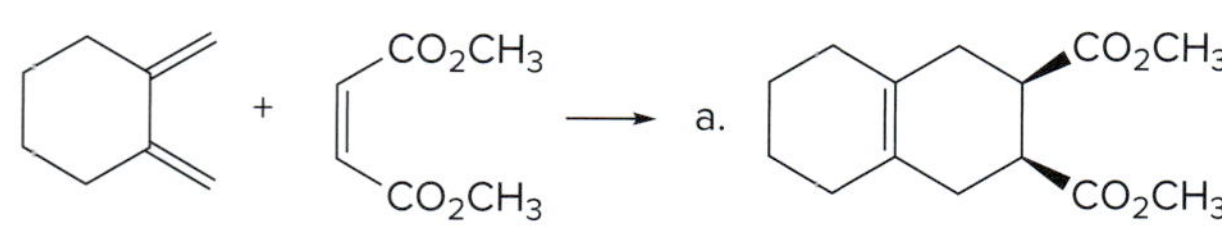

b. 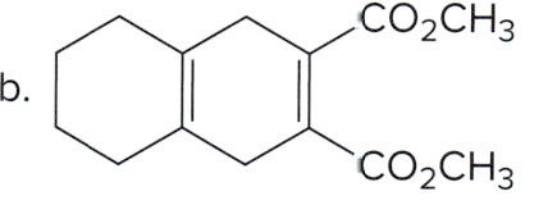

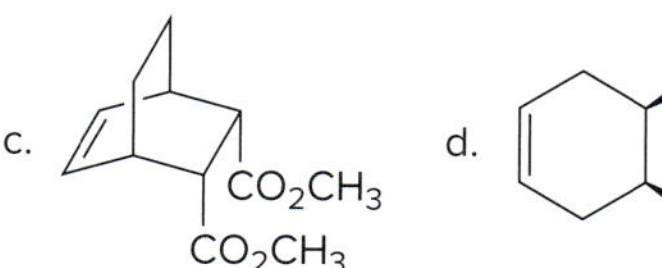

8. 어느 표시된 원자가 sp^2 혼성인가?

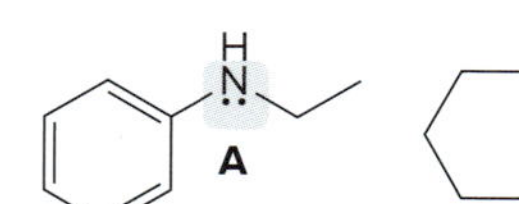

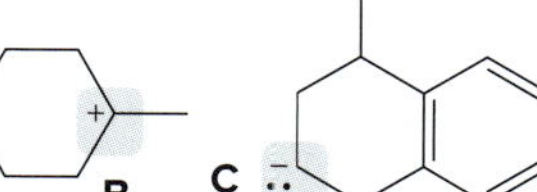

a. **A**, **B** 및 **C**
b. **A**와 **B**
c. **B**와 **C**
d. **B**만

9. 다이엔 **A**가 1당량의 HCl과 반응하였을 때 어느 생성물이 생성되지 **않는가**?

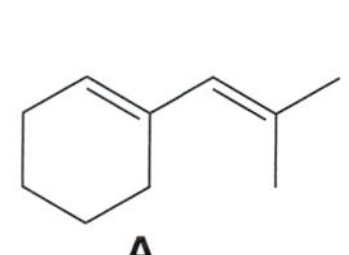

a.
b. 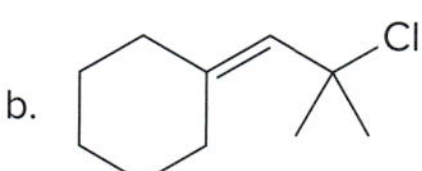
c. 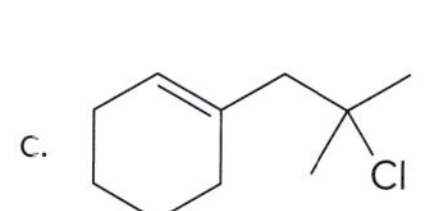
d.

10. 다음 Diels–Alder 반응에서 무슨 생성물이 생기는가?

문제

삼차원 모형을 이용하는 문제

14.33 각각의 다이엔 화합물을 명명하고 공–막대 모형이 *s*-시스 형태인지 *s*-트랜스 형태인지 결정하라.

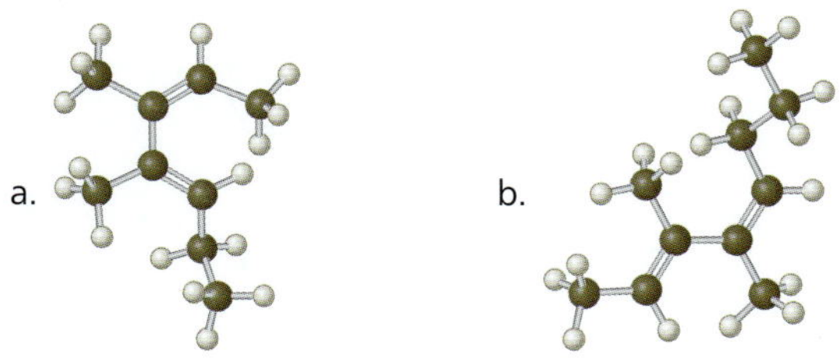

콘쥬게이션

14.34 아래 보기 중에서 콘쥬게이션 계인 것을 찾아라.

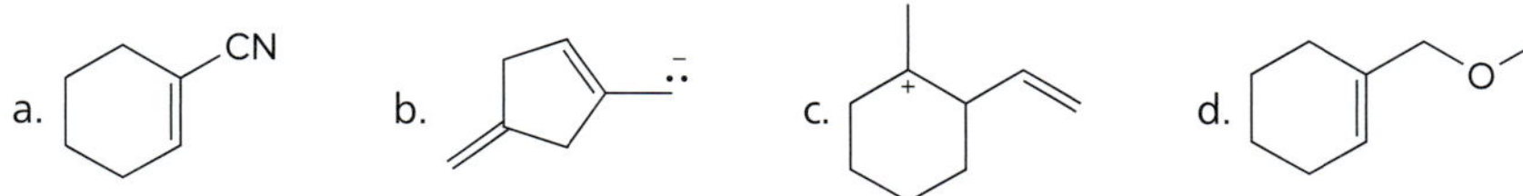

공명과 혼성

14.35 각 화학종의 가능한 모든 공명 구조를 그려라.

14.36 각 화합물의 가능한 모든 공명 구조를 그려라.

14.37 각 의약품에서 표시된 원자의 혼성을 결정하라.

a. lamivudine
HIV antiviral

b. duloxetine
상품명: Cymbalta
antidepressant

14.38 Cyclopentadienide anion **A**의 ^{13}C NMR 스펙트럼에서는 한 개의 신호만 나타난다. 그 이유를 설명하라.

콘쥬게이션 다이엔의 명명법과 입체 이성질체

14.39 아래 화합물의 구조를 그려라.

a. (*Z*)-penta-1,3-diene in the *s*-trans conformation

b. (2*E*,4*Z*)-1-bromo-3-methylhexa-2,4-diene

c. (2*E*,4*E*,6*E*)-octa-2,4,6-triene

d. (2*E*,4*E*)-3-methylhexa-2,4-diene in the *s*-cis conformation

14.40 각 화합물을 명명하고 두 이중 결합을 연결하는 σ 결합 둘레의 형태를 나타내라.

a. 

b. 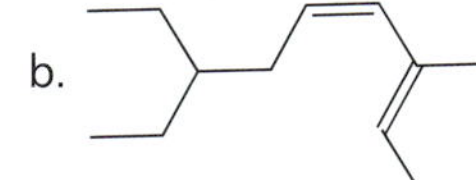

14.41 각 쌍의 화합물을 입체 이성질체, 형태 또는 구조 이성질체로 분류하라: (a) **A**와 **B**; (b) **A**와 **C**; (c) **A**와 **D**; (d) **C**와 **D**.

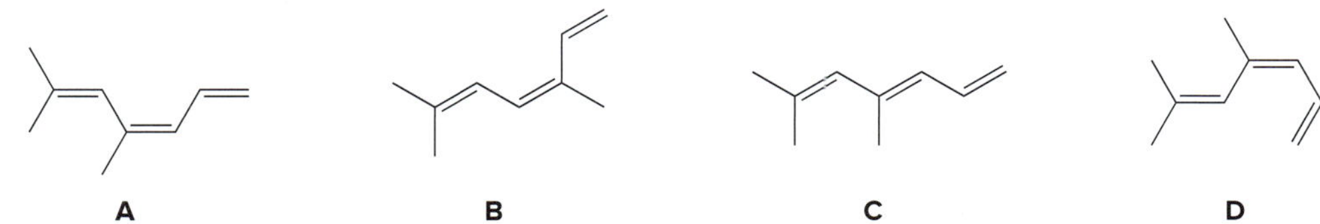

14.42 아래의 다이엔을 수소화열이 증가하는 순서로 정렬하라.

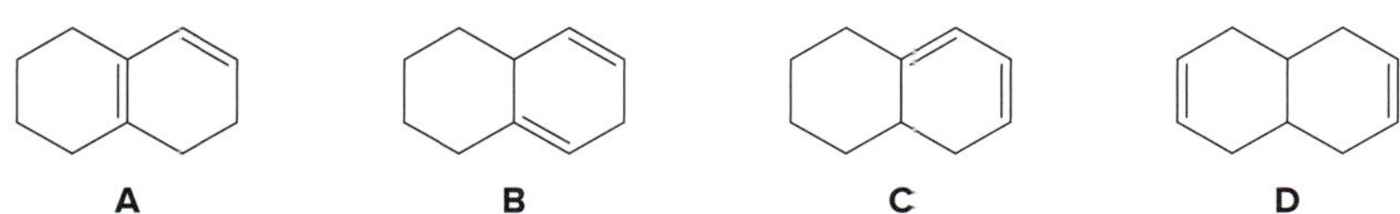

친전자성 첨가

14.43 각 화합물이 1당량의 HBr과 반응할 때 생성되는 생성물을 그려라.

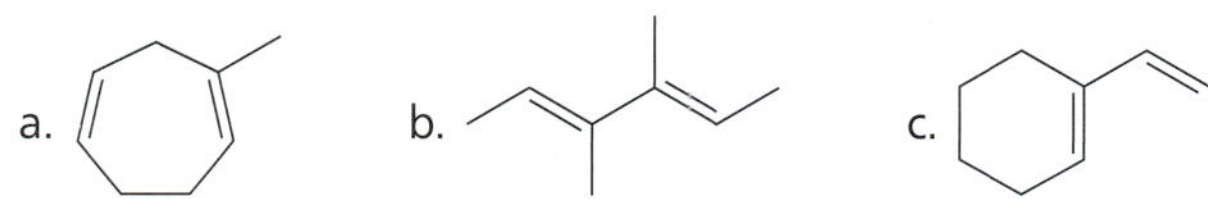

14.44 (*E*)-Hexa-1,3,5-triene과 HBr의 첨가 반응에 의해 생성되는 모든 생성물을 입체 이성질체를 무시하고 그려라.

14.45 알켄 **A**와 **B**를 HBr과 반응시키면 같은 할로젠화 알킬인 **C**가 만들어진다. 생성되는 중간체의 가능한 모든 공명 구조를 포함하여 각 반응의 메커니즘을 그려라.

A —HBr→ C ←HBr— B

14.46 다음 반응의 단계적 메커니즘을 그려라.

HBr, ROOR → Br 생성물 + Br 생성물

14.47 알켄 **X**에 HCl를 첨가하면 두 가지 할로젠화 알킬 **Y**와 **Z**가 얻어진다.

고리 바깥에 위치한 (exocyclic) C=C

X —HCl→ Y (Cl) + Z (Cl)

a. **Y**와 **Z**가 1,2-첨가 생성물인지 1,4-첨가 생성물인지 결정하라.

b. **Y**와 **Z**가 반응 속도론적 생성물인지 열역학적 생성물인지 결정하고 그 이유를 설명하라.

c. 왜 HCl의 첨가 반응은 다른 C=C(고리안 이중 결합이라고 하는)이 아닌 화살표로 표시된 C=C(고리밖 이중 결합이라고 하는)에서만 일어나는가?

14.48 $(CH_3)_2C{=}CH{-}CH{=}C(CH_3)_2$에 HBr을 가하였을 때 생성되는 주생성물은 저온과 고온에서 같다. 주생성물을 그리고 반응 속도론적 생성물과 열역학적 생성물이 같은 이유를 설명하라.

14.49 14.10절에서 콘쥬게이션 다이엔의 반응에 대하여 배운 것으로부터, 각각의 다음 친전자성 첨가의 생성물을 예측하라.

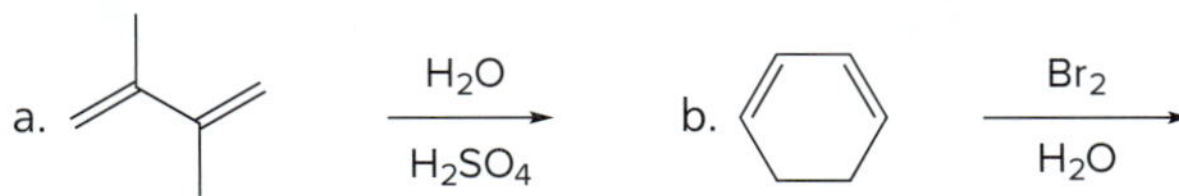

Diels–Alder 반응

14.50 다음 Diels–Alder 반응의 생성물을 그려라. 필요한 곳에는 입체 화학을 표시하라.

a. + Cl–CH=CH–C(=O)OCH₃ →(Δ)

b. + Cl–CH=CH–C(=O)OCH₃ →(Δ)

c. [1] Δ, [2] 2-cyclohexen-1-one

d. + →(Δ)

e. + →(Δ)

f. + →(Δ)

14.51 각 Diels–Alder 생성물을 얻기 위해서 어떤 다이엔과 친다이엔체가 필요한가?

a. b. c. d. e. f.

14.52 Diels–Alder 반응을 이용하여 다음 화합물을 만들 수 있는 두 가지 다른 방법을 제시하라. 그중 어느 반응이 더 좋은지를 설명하라.

14.53 삼중 결합 화합물 또한 Diels–Alder 반응의 친다이엔체로 쓰일 수 있다. 이것을 염두에 두고, 각 반응의 생성물을 그려라.

a. + HC≡C–C(=O)OCH₃ →(Δ)

b. + CH_3O–C(=O)–C≡C–C(=O)–OCH_3 →(Δ)

14.54 단일 치환 다이엔(예를 들어, $CH_2{=}CH{-}CH{=}CHOCH_3$)과 단일 치환 친다이엔체(예를 들어, $CH_2{=}CHCHO$)의 Diels–Alder 반응은 생성물이 혼합물로 얻어지나, 1,2-이중 치환 생성물이 주생성물이다. 각각의 반응물에 대한 공명 혼성체를 그리고, 왜 1,2-이중 치환 생성물이 주생성물이 되는지를 공명 혼성체의 전하 분포를 사용하여 설명하라.

1,2-disubstituted product **major** 1,3-disubstituted product **minor**

14.55 흰개미의 군인 페로몬인 kempene-2의 다단계 합성의 두 단계는 Diels–Alder 반응이다. 각각의 이들 반응에 필요한 출발물은 무엇인가?

kempene-2

14.56 Diels–Alder 반응을 한 단계에서 사용하여 dicyclopentadiene으로부터 아래 화합물의 단계적 합성을 고안하라. 탄소 네 개 이하의 유기 물질과 필요한 유기, 무기 시약은 아무거나 사용할 수 있다.

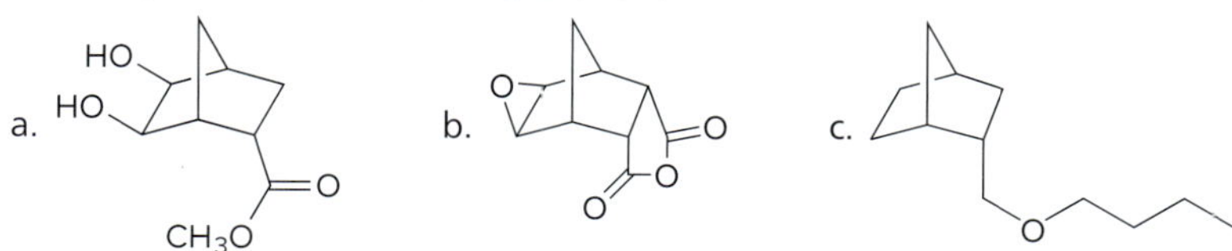

14.57 **A**의 **B**로의 변환에서 볼 수 있듯이, 분자 내 Diels–Alder 반응은 기질에 1,3-다이엔과 친다이엔체 둘 다 있을 때 일어날 수 있다. 이를 염두에 두고, 각각의 화합물이 분자 내 Diels–Alder 반응을 수행할 때 얻어지는 생성물을 그려라.

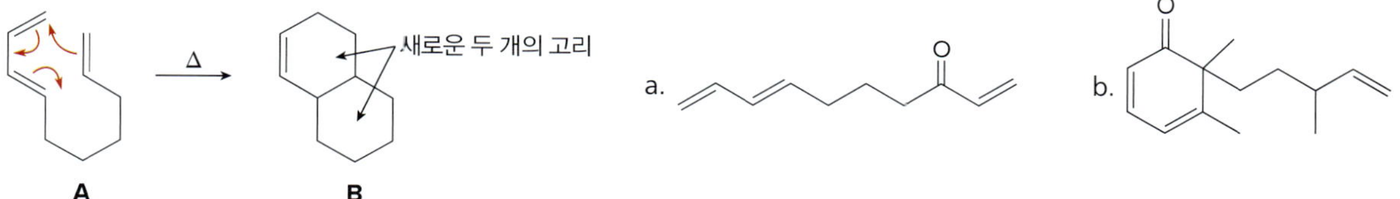

14.58 분자내 Diels–Alder 반응으로 화합물 **A**를 만드는 데 무슨 출발물이 사용되었는가? **A**는 강낭콩속(*erythrina*) 식물에서 분리되는 아민인 β-erythroidine 합성의 한 중간체이다.

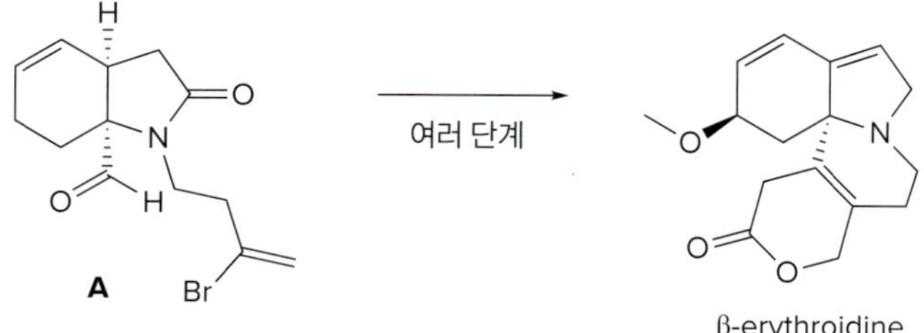

14.59 하나의 고리에 다이엔과 친다이엔체가 다 들어 있는 화합물에서 분자 내 반응인 고리 횡단(transannular) Diels–Alder 반응이 일어나면 세고리 계의 생성물이 생성된다. 다음 triene의 고리 횡단 Diels–Alder 반응에서 생성되는 생성물을 그려라.

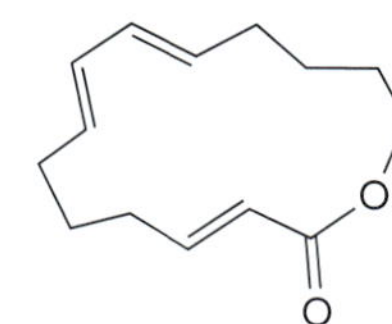

개념 통합 문제

14.60 네 가지 triene **E~H**를 고려하자.

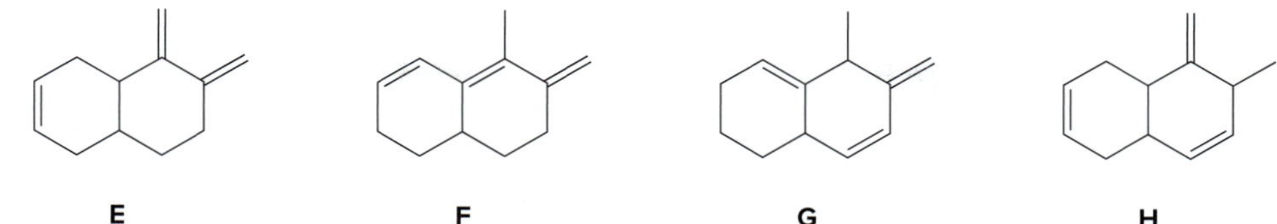

a. 화합물 **E~H**를 수소화열이 증가하는 순서로 정렬하라.

b. 어느 화합물이 Diels–Alder 반응에서 가장 반응성이 큰가?

c. 어느 화합물이 Diels–Alder 반응에서 가장 반응성이 작은가?

d. 어느 화합물이 가장 긴 파장의 자외선을 흡수하는가?

14.61 다음 반응의 단계별 메커니즘을 그려라.

OH $\xrightarrow{HBr}$ Br + Br + H_2O

14.62 각 반응의 생성물을 그려라. Diels–Alder 반응 생성물은 입체 화학을 표시하라.

a. $\xrightarrow[\text{(1당량)}]{HI}$ b. O + O O O $\xrightarrow{\Delta}$ c. + CO_2CH_3 $\xrightarrow{\Delta}$ d. $\xrightarrow[\text{(1당량)}]{HBr}$

14.63 Linalyl diphosphate가 생물학적으로 limonene으로 변환되는 과정의 단계별 메커니즘을 그려라.

OPP → + PP_i

linalyl diphosphate limonene

14.64 어느 벤질성 할로젠화물이 S_N1 반응에서 더 빠르게 반응하는가? 설명하라.

CH_3O Br **A** O Br **B**

14.65 다른 알켄들과 마찬가지로 콘쥬게이션 다이엔도 제거 반응으로 합성될 수 있다. 3-Methylbut-2-ene-1-ol [$(CH_3)_2C{=}CHCH_2OH$]의 산 촉매 탈수 반응에 의해 isoprene [$CH_2{=}C(CH_3)CH{=}CH_2$]이 생성되는 과정의 단계별 메커니즘을 쓰라.

14.66 (a) $CH_2{=}CHCH_2CH(Cl)CH(CH_3)_2$를 알콕시화 음이온 염기로 처리하였을 때 얻어지는, 서로 이성질체인 두 다이엔 화합물의 구조를 그려라. (b) 이 반응의 주생성물이 치환기가 더 많은 알켄이 아닌 이유를 설명하라.

분광법

14.67 Isoprene [$CH_2{=}C(CH_3)CH{=}CH_2$]과 1당량의 mCPBA가 반응하면 주생성물로 **A**가 생성된다. **A**는 질량 스펙트럼에서는 분자 이온이 84이고, IR 스펙트럼에서는 2850−3150 cm^{-1}에서 피크가 나타난다. **A**의 ^1H NMR 스펙트럼은 아래에 나와 있다. **A**의 구조는 무엇인가?

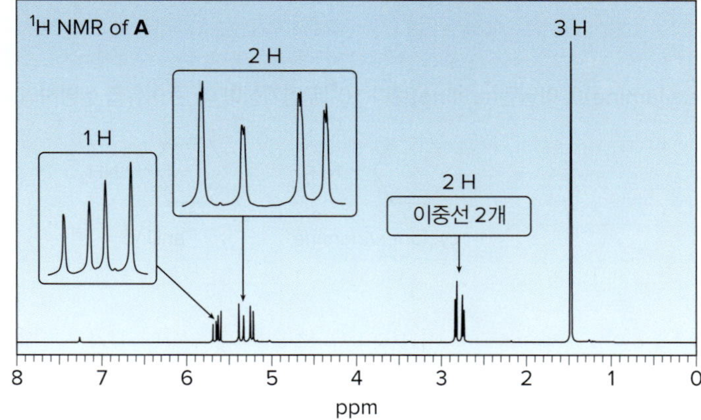

자외선 흡수

14.68 다음 화합물을 흡수하는 자외선의 파장이 증가하는 순서로 정렬하라.

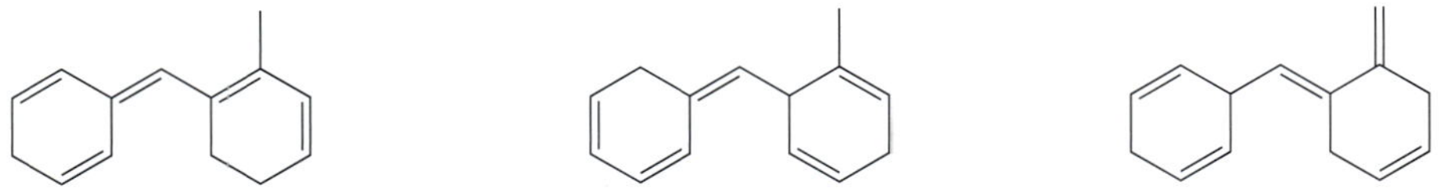

A B C

14.69 Palythine은 1,3-다이엔이 아님에도 불구하고 전자기 스펙트럼의 UV 영역에서 빛을 흡수하는 이유를 설명하라. 홍조에서 분리되는 palythine을 자외선 차단제 성분으로 쓸 수 있는지는 연구 중에 있다.

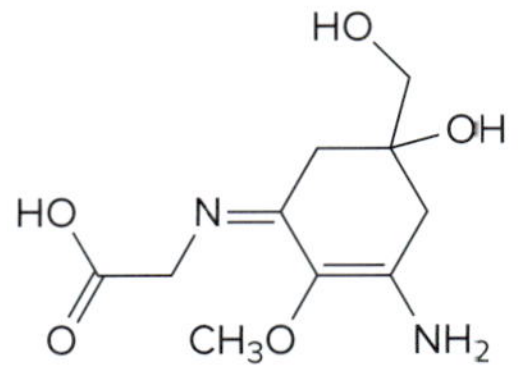

HO OH HO N= O CH_3O NH_2

palythine

14.70 벼와 귀리 등 여러 작물에 들어 있는 천연물인 ferulic acid가 항산화제나 햇빛 차단제로 쓰일 수 있는 이유를 설명하라.

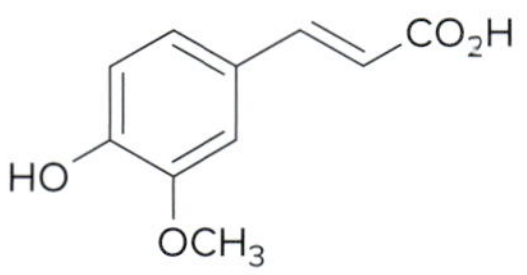

CO_2H HO OCH_3

ferulic acid

도전 문제

14.71 바다딸기(*Eleutherobia*)속 해양 연산호에서 추출되는 항암제 eleutherobin의 실용적 합성을 탐구하는 과정에서 화합물 **A**와 **B**의 두 연속적 Diels–Alder 반응으로 **C**를 얻었다. 굽은 화살표를 이용하여 분자간 반응과 연이은 분자내 반응으로 이루어진 이 반응을 나타내라.

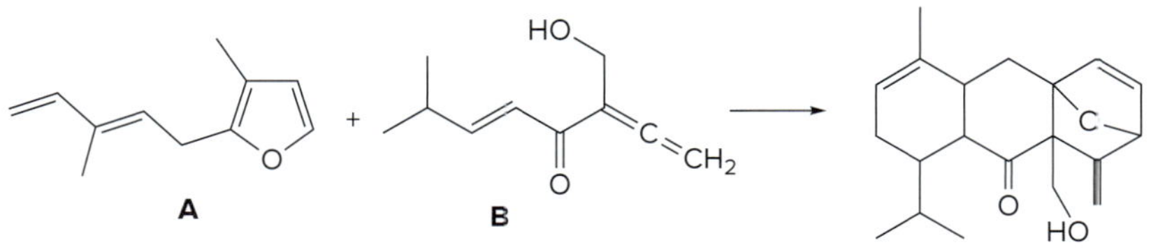

A + B (CH_2) → C

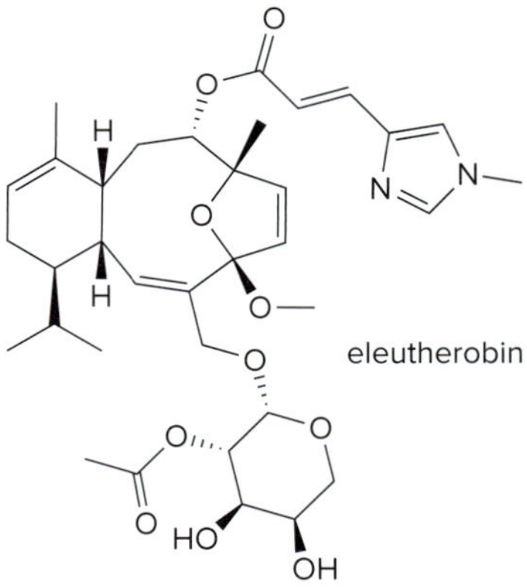

eleutherobin

14.72 사이클로헥산아민(cyclohexylamine)이 아닐린(aniline)보다 10^6배 염기성이 더 큰 이유를 설명하라.

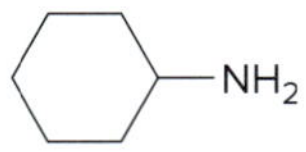

NH_2 NH_2

cyclohexanamine 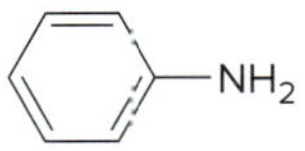 aniline

14.73 주어진 출발물로부터 **X**를 합성하는 과정을 설계하라. 유기 또는 무기 시약은 아무거나 사용할 수 있다. **X**에서 관찰되는 입체 화학을 설명하라.

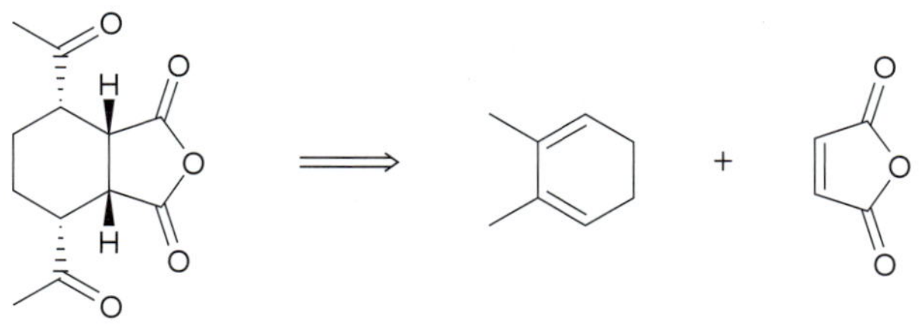

X

14.74 백향목에서 분리된 천연물인 occidentalol 합성의 한 단계는 다음 반응이다. **A**의 구조를 밝히고 **A**가 어떻게 **B**로 변환하는지를 보여라.

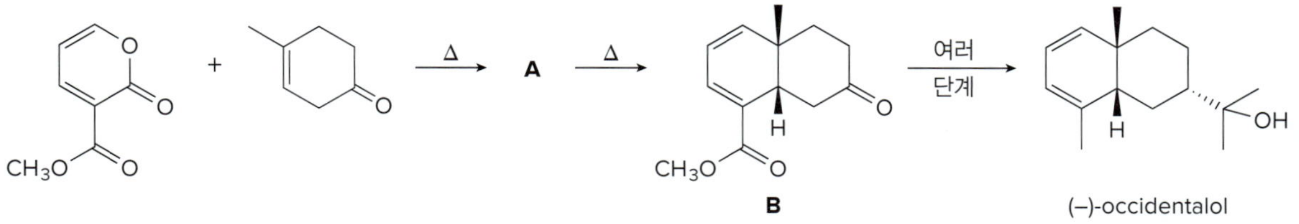

CH_3O — Δ → **A** — Δ → **B** — 여러 단계 → (−)-occidentalol

14.75 Dodecahedrane (4.10절) 합성의 한 단계는 tetraene (**C**)과 dimethylacetylene dicarboxylate (**D**)가 반응하여 분자식이 $C_{16}H_{16}O_4$인 두 화합물이 만들어지는 반응이다. 이러한 반응을 연쇄(domino) Diels–Alder 반응이라고 한다. 두 생성물의 구조를 그려라.

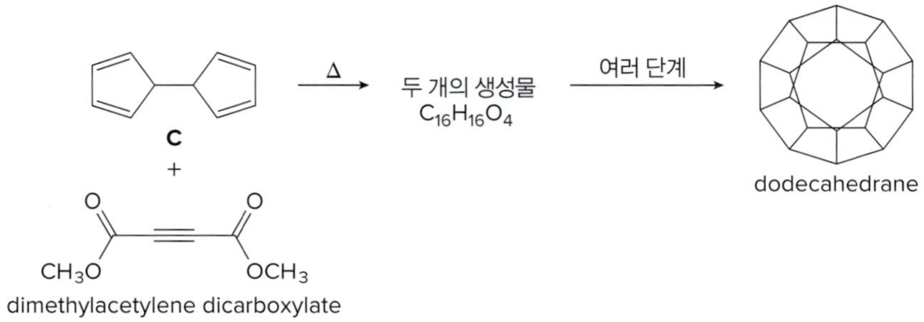

C + **D** (dimethylacetylene dicarboxylate) — Δ → 두 개의 생성물 $C_{16}H_{16}O_4$ — 여러 단계 → dodecahedrane

14.76 **M**을 **N**으로 변환시키는 과정의 단계별 메커니즘을 쓰라. **N**은 몇 단계를 거쳐 lysergic acid로 변환시킬 수 있다. Lysergic acid는 환각제인 LSD의 천연 선구 물질이다(그림 16.4).

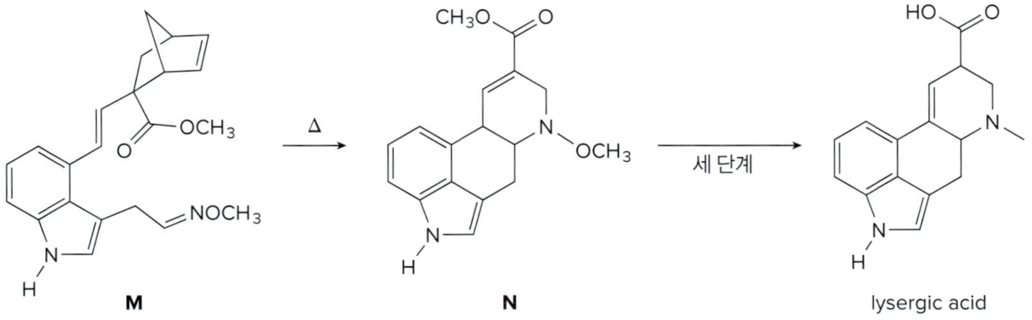

M — Δ → **N** — 세 단계 → lysergic acid

자가-시험 해답

1. d 2. b 3. b 4. a 5. d 6. a 7. a 8. b 9. c 10. b

벤젠과 방향족 화합물

Benzene and Aromatic Compounds

15

ORGANIC CHEMISTRY

Schafer & Hill/Photolibrary/Getty Images

방향족 헤테로 고리인 **필로카르핀(pilocarpine)**은 흔히 야보란디(jaborandi)라고 부르는 *운향과 식물(Pilocarpus microphyllus)*의 잎에서 분리되는 천연물로서 녹내장 약물과 구강 건조 치료제로 사용된다. 필로카르핀에 대한 수요가 1970년대에 특히 높았을 때, 야보란디가 브라질 북부에서 과도하게 수확되었다. 최근에는 두 회사가 야보란디의 지속 가능한 수확을 촉진하고 또한 이 식물을 생산하는 소규모 가족 농장에 보다 공정하게 보상하기 위한 관행을 확립하기 위한 노력을 주도하고 있다. 15장에서는 필로카르핀 같은 헤테로 고리를 포함하여 방향족 화합물의 특징에 대하여 배울 것이다.

왜 공부하는가? . . .

방향족 화합물이란?

14장의 콘쥬게이션 다이엔과 폴리엔뿐만 아니라 알케인, 알켄 및 알카인을 포함하여 지금까지 배웠던 탄화수소는 지방족 탄화수소였다. 15장에서는 **방향족 탄화수소(aromatic hydrocarbon)**를 살펴보면서 콘쥬게이션 계를 계속해서 공부할 것이다.

방향족이 무엇을 의미하는지에 대한 현대적 정의를 배우기 위해 **벤젠(benzene)**을 시작으로 다른 고리형, 평면형, 그리고 콘쥬게이션 고리 계를 알아볼 것이다. 그러고 나서 16장에서는 다른 불포화 화합물처럼 첨가 반응을 하지 않는 매우 불포화된 탄화수소인 방향족 화합물의 반응에 대해 배울 것이다. 이러한 반응에 대한 설명은 15장에 있는 방향족 화합물의 구조에 대한 이해를 토대로 한다. 많은 천연물에는 방향족 고리가 있으며 방향족인 유용한 약물도 많이 있다.

15.1 배경

여섯 개의 C에 대해 H의 최대 수는 $2n + 2 = 2(6) + 2 = 14$이다. 벤젠에는 오직 여섯 개의 H가 있으므로 최대 수보다 8이 적다($14 - 6 = 8$). 이것은 불포화도 8H/2H에 대응하므로 **벤젠의 불포화도는 4**이다.

벤젠(C_6H_6)은 가장 간단한 방향족 탄화수소(또는 아렌)이다. 1825년 런던에서 Michael Faraday에 의해 조명 가스관에 남아 있던 기름 잔유물로부터 분리된 이래로 이 물질은 특이한 화합물로 인식되었다. 10.2절에 소개된 계산에 따르면, **벤젠은 불포화도가 4인 고도로 불포화된 탄화수소이다.** 그러나 알켄, 알카인 및 다이엔과 같은 불포화 탄화수소는 쉽게 첨가 반응을 하는 반면 **벤젠은 그렇지 않다.** 예를 들어 브로민은 에틸렌에 첨가되어 이브로민화물(dibromide)을 생성하지만, 벤젠은 유사한 조건에서 비활성이다.

에틸렌 $\xrightarrow{Br_2}$ $BrCH_2CH_2Br$ — 첨가 생성물

C_6H_6 (벤젠) $\xrightarrow{Br_2}$ 반응하지 않음

벤젠은 오직 $FeBr_3$ (Lewis 산) 존재하에서만 브로민과 반응하는데, 이 반응은 첨가(addition)가 아닌 **치환(substitution)**이다.

$$C_6H_6 \xrightarrow[FeBr_3]{Br_2} C_6H_5Br$$

치환
H가 Br로 치환된다.

그래서 벤젠에 대해 제시된 구조는 벤젠의 높은 불포화도와 친전자성 첨가에 대한 반응성이 없는 것을 설명할 수 있어야 한다.

19세기 중후반에 August Kekulé는 현대적 벤젠 구조와 비슷한 구조를 제안했다. Kekulé 모형에서 벤젠은 세 개의 π 결합이 번갈아 나타나는 육원자 고리의 두 화합물이 빠르게 평형을 이루는 혼합물로 생각되었다. 이러한 구조를 **Kekulé 구조**라 한다. Kekulé 모형에서 두 탄소 원자 간의 결합은 때로는 단일 결합이고 때로는 이중 결합이다.

Kekulé 모형: 평형

비록 벤젠이 세 개의 π 결합이 교대로 있는 육원자 고리로 그려진다 하더라도, **다른 두 종류의 벤젠 분자 간의 평형은 실제로는 없다.** 대신에 최근의 벤젠 구조는 15.2절에 묘사된 것처럼 오비탈 겹침으로 인한 공명과 전자 비편재화에 근거를 두고 있다.

19세기에 벤젠과 특성이 비슷한 많은 화합물이 자연계로부터 얻어졌다. 이러한 화합물은 강하고 특징적인 향을 발산하므로 **방향족 화합물(*aromatic* compound)**이라 부른다. 하지만 이러한 화합물을 특별하게 만드는 것은 화학적 성질이지 향이 아니다.

- 방향족 화합물은 벤젠과 유사하다—방향족 화합물은 알켄의 특징인 첨가 반응을 하지 않는 불포화 화합물이다.

15.2 벤젠의 구조

벤젠에 대한 구조는 아래의 관찰들을 설명할 수 있어야 한다.

- 육원자 고리이고 불포화도는 3이다.
- 평면 구조이다.
- 모든 C−C 결합 길이는 동일하다.

Kekulé 구조가 첫 번째 두 가지 기준은 만족시키지만, 교대하는 π 결합이 있다는 것은 벤젠이 세 개의 짧은 이중 결합과 더 긴 세 개의 단일 결합이 교대로 나타낸다는 것을 의미하므로 세 번째 기준은 만족시키지 못한다.

다시 그림

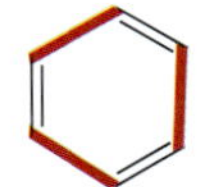

이 구조는 C-C 결합이 **두 개의 서로 다른 길이**여야 한다는 것을 의미한다.

- 세 개의 더 긴 결합은 붉은색
- 세 개의 더 짧은 결합은 검은색

공명

벤젠은 콘쥬게이션되어 있다. 그래서 그 구조를 묘사하기 위해 공명과 오비탈을 이용해야 한다. 벤젠의 공명 구조는 이중 결합 세 개와 단일 결합 세 개가 교대하는 두 개의 동일한 Lewis 구조로 이루어져 있다.

일부 책에서는 벤젠을 안쪽에 원이 있는 육각형으로 그린다.

원은 고리의 여섯 원자 전체에 분산된 **여섯 개의 π 전자**를 나타낸다.

혼성체

π 결합에 있는 전자는 고리 주위에 **비편재화되어** 있다.

벤젠의 공명 구조는 Kekulé의 모형과 일치하나 한 가지 중요한 예외가 있다. **두 가지 Kekulé 모형은 서로 평형 상태에 있지 않다.** 대신에 벤젠의 실제 구조는 두 Lewis 구조의 공명 **혼성체**이며 혼성체의 점선은 π 결합의 위치를 나타낸다.

Lewis 구조가 π 결합(π 전자)의 전자쌍을 추적하기 더 쉬우므로, 벤젠을 그릴 때 **혼성체가 아닌 두 Lewis 구조 중 하나를 사용할 것이다.**

- 각 π 결합에는 두 개의 전자가 있으므로 벤젠에는 여섯 개의 π 전자가 있다.

벤젠의 공명 혼성체는 모든 C−C 결합 길이가 동일한 이유를 설명해준다. 각각의 C−C 결합은 한 공명 구조에서는 단일 결합이고 다른 공명 구조에서는 이중 결합이다. 그래서 실제 결합 길이(139 pm)는 C−C 단일 결합 길이(153 pm)와 C−C 이중 결합 길이(134 pm)의 중간이다.

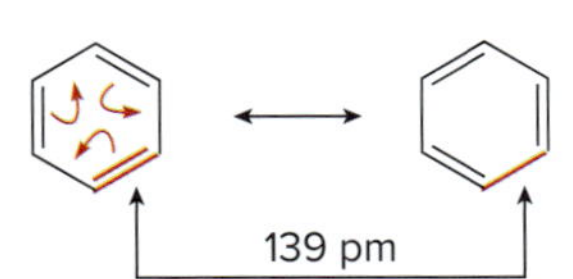

벤젠의 C−C 결합 길이는 모두 같으며 이중 결합 길이와 단일 결합 길이의 중간이다.

혼성화와 오비탈

벤젠 고리의 각 탄소 원자는 고립 전자쌍이 없고 세 개의 원자로 둘러싸여 있기 때문에 **모든 결합각이 120°인 sp^2 혼성이고 삼각 평면 구조이다.** 또한 각 탄소는 분자 평면의 위와 아래에 걸쳐서 전자가 하나 있는 p 오비탈이 있다.

120° 평면 = H H H H H H sp^2 혼성화됨 p 오비탈

인접한 여섯 개의 p 오비탈이 겹치면 고리의 여섯 원자에 걸쳐서 여섯 전자가 비편재화되고, 그 결과 벤젠은 콘쥬게이션 분자가 된다. 각 p 오비탈은 벤젠 고리 평면의 위아래로 하나씩 두 개의 귓불(lobe)이 있으므로 p 오비탈이 겹치게 되면 그림 15.1a에 표시된 것처럼 전자 밀도의 두 "도넛"이 생긴다. 또한 그림 15.1b의 정전기 전위 그림을 보면 전자가 풍부한 영역이 여섯 개의 π 전자가 위치한 분자 평면 위와 아래에 집중되어 있음을 알 수 있다.

- 벤젠은 여섯 개의 π 전자로 인해 전자가 풍부하므로 친전자체와 반응한다.

그림 15.1 벤젠 고리에서 전자 밀도의 두 가지 표현

a. p 오비탈의 겹침

- 여섯 개의 인접한 p 오비탈이 겹치면 벤젠 고리 평면의 위와 아래에 각각 위치하는 두 개의 전자 밀도 고리가 상성된다.

b. 정전기 전위 그림

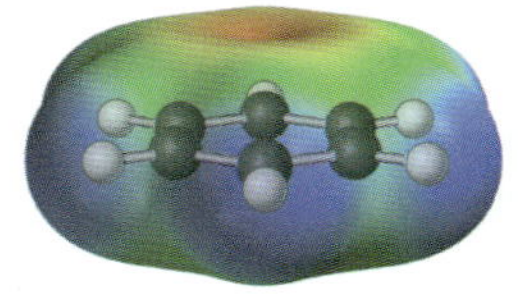

- 전자 풍부 영역(붉은색)은 고리 탄소 위와 아래에 집중되어 있는데, 여기에 여섯 개의 π 전자가 위치한다(평면 아래에 있는 전자가 풍부한 영역은 보이지 않는다).

문제 15.1 Benadryl의 주 성분으로 항히스타민제인 diphenhydramine의 가능한 모든 공명 구조를 그려라.

diphenhydramine

문제 15.2 다음 분자에 표시된 결합을 생성하는 데 어떤 오비탈이 사용되었는가? 표시된 C−C 결합 중 가장 짧은 결합은 어느 것인가?

H 1 2 3 4 5

15.3 벤젠 유도체의 명명법

많은 유기 분자에는 치환기가 한 개 이상인 벤젠 고리가 들어 있기 때문에 이들 분자를 명명하는 방법을 배워야 한다.

15.3A 단일 치환 벤젠

치환기가 한 개인 벤젠은 **치환기를 명명한 다음, 벤젠(*benzene*)이란 단어를 덧붙여** 명명한다. 탄소 치환기는 알킬기로서 명명한다.

ethylbenzene   *tert*-butylbenzene   Cl chlorobenzene

메틸(CH_3-), 하이드록시($-OH$), 아미노($-NH_2$)기가 있는 벤젠처럼, 많은 단일 치환 벤젠 또한 관용명이 있다.

OH NH_2

toluene (methylbenzene)   **phenol** (hydroxybenzene)   **aniline** (aminobenzene)

15.3B 이중 치환 벤젠

두 개의 치환기가 벤젠 고리에 연결되어 있을 때는 세 가지 다른 방법이 있는데, 접두사 **오쏘(ortho)**, **메타(meta)**, **파라(para)**를 사용하여 두 치환기의 상대적인 위치를 나타낸다. 오쏘, 메타, 파라는 각각 ***o***, ***m***, ***p***로 축약할 수 있다.

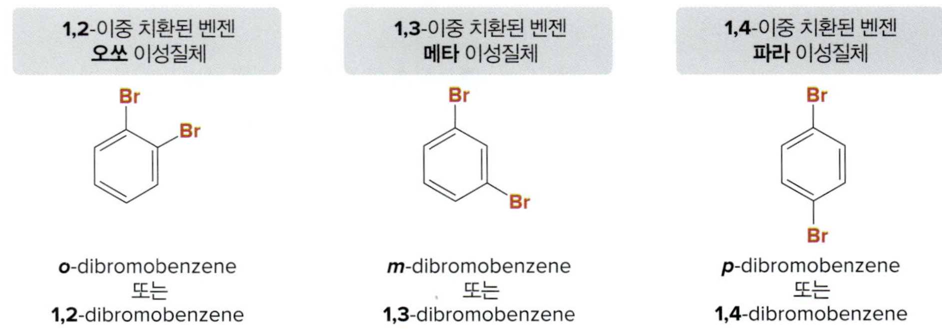

만약 벤젠 고리에 있는 두 치환기가 다르다면, 벤젠 앞에 **알파벳 순으로 치환기의 이름을 명명한다**. 만약 치환기 중 일부가 많이 사용하는 **관용명 모체(common root)**라면, **단일 치환 벤젠 유도체로서 분자**를 명명한다.

두 개의 다른 치환기를 알파벳 순으로 명명: **관용명 모체의 이름을 사용:**

Br Cl NO_2 **나이트로**기 F   톨루엔 Br   페놀 NO_2 OH

***o*-bromochloro-benzene**   ***m*-fluoronitro-benzene**   *p*-bromo**toluene**   *o*-nitro**phenol**

15.3C 다중 치환 벤젠

셋 이상의 치환기가 벤젠 고리에 있는 경우

[1] 고리 주위에 가능한 가장 낮은 숫자가 되도록 번호를 붙인다.

[2] 치환기의 이름을 알파벳 순으로 한다.

[3] 치환기가 관용명 모체의 일부라면 단일 치환 벤젠 유도체로서 분자를 명명하고 그 치환기를 C1번에 오도록 한다.

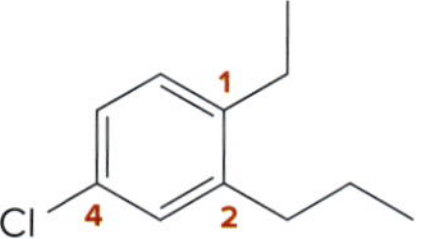

- 번호의 집합(set)이 가장 낮은 숫자가 되도록 번호를 매긴다.
- 모든 치환기를 알파벳 순으로 명명한다.

4-chloro-1-ethyl-2-propylbenzene

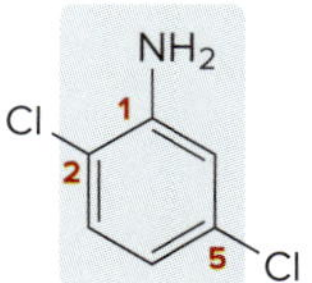

- 관용명 어미 **아닐린(aniline)**의 유도체로서 분자를 명명한다.
- NH_2기의 위치를 '1'로 정하고 나머지 치환기가 가장 낮은 번호가 되도록 배열한다.

2,5-dichloroaniline

15.3D 치환기로서 방향족 고리의 명명

벤젠 치환기(C_6H_5-)를 **페닐기(phenyl group)**라 하고 **Ph–**로 축약할 수 있다.

페닐기 C_6H_5- 축약형 Ph–

- 벤젠(C_6H_6)에서 수소 한 개를 제거하면 페닐기(C_6H_5-)가 생성된다.

벤질기(benzyl group)는 벤젠 고리가 CH_2기에 결합되어 있다. 따라서 벤질기와 페닐기는 CH_2기의 존재 여부가 다르다.

벤질기 $C_6H_5CH_2-$ **페닐기** C_6H_5-

마지막으로, 벤젠뿐만 아니라 다른 모든 치환된 방향족 고리로부터 유래된 치환기를 한꺼번에 **아릴기(aryl group)**라 하고, 축약하여 Ar–로 쓴다.

문제 15.3 각 화합물에 대한 IUPAC 이름을 쓰라.

a. b. c. OH d. Br Cl

문제 15.4 각각의 이름과 일치하는 구조를 그려라.

a. isobutylbenzene
b. *o*-dichlorobenzene
c. *cis*-1,2-diphenylcyclohexane
d. *m*-bromoaniline
e. 4-chloro-1,2-diethylbenzene
f. 3-*tert*-butyl-2-ethyltoluene

문제 15.5 IUPAC 이름이 2,6-diisopropylphenol인 프로포폴(propofol)의 구조는 어떤 것인가? 프로포폴은 마취를 유도하고 지속시키는 혈관 투약 약품이다.

15.4 분광학적 특성

방향족 화합물의 IR 분광법은 B.4A절에서 다루었고 NMR 분광법은 C.4와 C.9C에 나와 있다. 방향족 화합물의 중요한 IR과 NMR 흡수를 표 15.1에 요약하였다.

표 15.1 벤젠 유도체의 분광학적 흡수 특성

분광법 유형	C, H의 형태	흡수
IR 흡수	C_{sp^2}–H C=C (아렌)	3150–3000 cm^{-1} 1600, 1500 cm^{-1}
^{1}H NMR 흡수	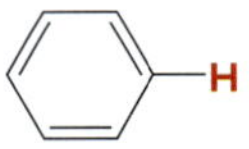 (아릴 H)	6.5–8 ppm(크게 벗겨진 양성자)
	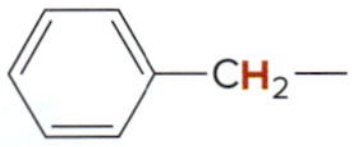 —CH_2— (벤질 H)	1.5–2.5 ppm(다소 벗겨진 양성자 C_{sp^3}–H)
^{13}C NMR 흡수	아렌의 C_{sp^2}	120–150 ppm

^{13}C NMR 분광법은 스펙트럼에서 각각의 선이 서로 다른 종류의 탄소 원자를 나타내기 때문에 이중 치환 벤젠에서 치환 패턴을 결정하는 데 이용한다. 예를 들어, 그림 15.2에 나와 있는 것처럼 *o*-, *m*-, *p*- dibromobenzene은 ^{13}C NMR 스펙트럼에서 각기 다른 수의 선을 나타낸다.

그림 15.2 Dibromobenzene의 세 가지 이성질체의 ^{13}C NMR 흡수

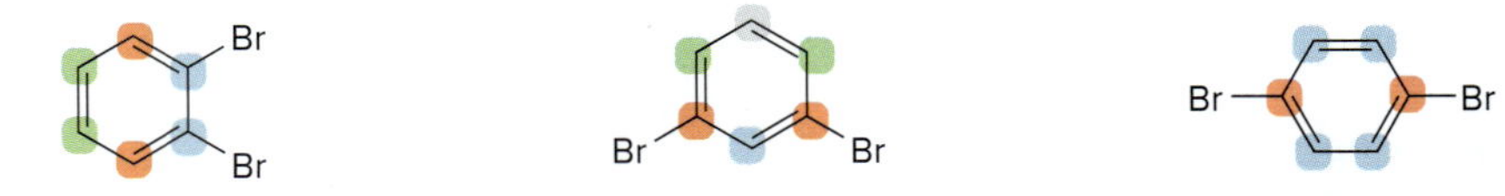

o-dibromobenzene
C의 **세 가지** 유형
세 개의 ^{13}C NMR 신호

m-dibromobenzene
C의 **네 가지** 유형
네 개의 ^{13}C NMR 신호

p-dibromobenzene
C의 **두 가지** 유형
두 개의 ^{13}C NMR 신호

- 두 개의 동일한 치환기가 있는 이중 치환된 벤젠의 ^{13}C NMR 스펙트럼에서 신호(선)의 수는 치환기가 서로 오쏘, 메타, 파라인지를 알려준다.

문제 15.6 각 화합물은 얼마나 많은 ^{13}C NMR 신호를 나타내는가?

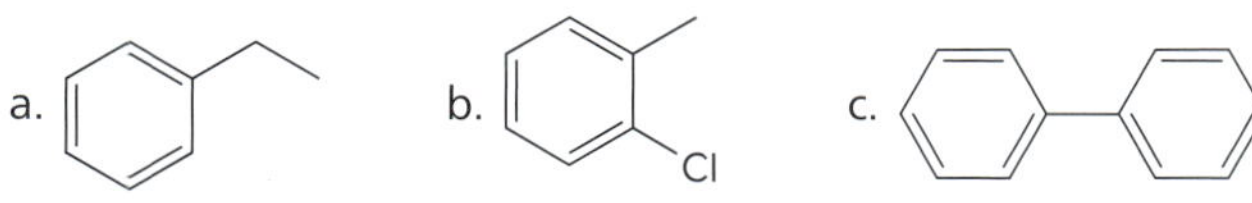

15.5 흥미로운 방향족 화합물

BTX는 벤젠, 톨루엔, 자일렌(다이메틸벤젠의 관용명)을 포함한다.

벤젠과 **톨루엔**은 석유 정제에서 얻어진 가장 간단한 방향족 탄화수소로서 합성 고분자의 출발물로 유용하다. 이 화합물은 옥테인 값을 높이기 위해 가솔린에 첨가되는 **BTX** 혼합물의 두 가지 구성 성분이다.

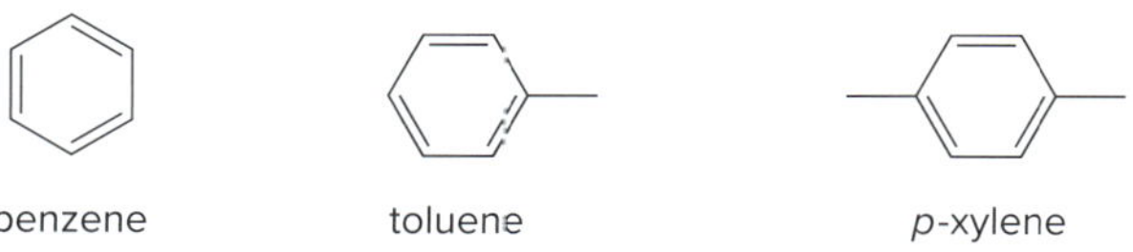

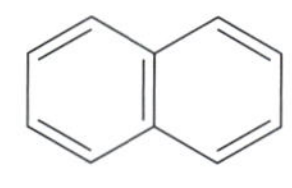

탄소–탄소 결합을 공유하는 벤젠 고리가 두 개 이상 있는 화합물은 **여러 고리 방향족 탄화수소(PAH, polycyclic aromatic hydrocarbon)**라 부른다. 가장 간단한 PAH인 나프탈렌은 좀약의 약효 성분이다.

벤조[*a*]피렌(benzo[*a*]pyrene)은 그림 15.3에서 보여주는 것처럼 좀 더 복잡한 PAH로서 유기물의 불완전 연소에 의해 생성된다. 이것은 담배 연기, 자동차 배기가스, 숯불 그릴에서 나오는 연기에서 발견된다. 9.18절에 논의한 바와 같이, benzo[*a*]pyrene 및 유사한 다른 PAH를 섭취하거나 흡입하면 발암 물질로 산화된다.

그림 15.3
흔한 PAH인 benzo[*a*]pyrene

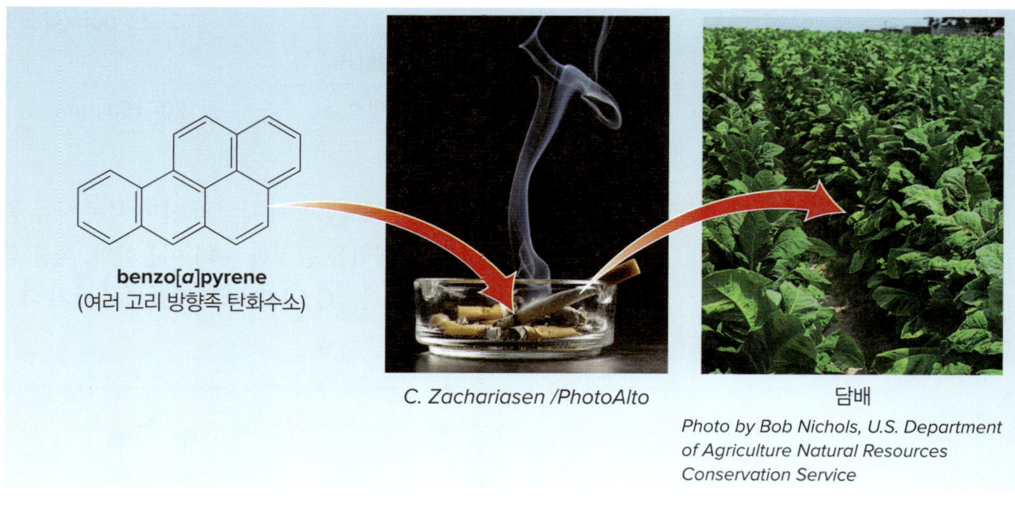

• 담배에 있는 유기 화합물의 불완전 연소에 의해 생성되는 benzo[*a*]pyrene은 담배 연기에서 발견된다.

역자주:
Benzo[*a*]pyrene이 방향족임을 보이려면 이중 결합을 다른 방식으로 그려야 한다.

두 가지 합성 PAH인 **helicene**과 **twistoflex**는 그림 15.4에 있는 것처럼 특이한 모양을 하고 있다. 모두 카이랄 분자이다. 즉 그들 모두 입체 발생 중심은 없지만 그 거울상에 겹쳐지지 않는다. 이 화합물들을 카이랄하게 만드는 것은 네 다른 기에 결합하고 있는 탄소 원자의 존재가 아니라 그들의 모양이다. 고리 계는 거울 대칭이 없는 뒤틀린 모양이고 각각의 구조는 고정되어 있으므로 카이랄성을 만들어낸다.

널리 사용하는 많은 약품에는 벤젠 고리가 있다. 그림 15.5에 세 개의 예가 있다.

그림 15.4 Helicene과 twistoflex—두 개의 합성 여러 고리 방향족 탄화수소

이 두 고리는 서로 연결되어 있지 않다.

helicene = 3-D 구조

twistoflex = 3-D 구조

- Helicene은 여섯 개의 벤젠 고리로 이루어져 있다. 말단에 있는 고리는 서로 연결되어 있지 않기 때문에 모든 고리는 약간 꼬여 있으며, 말단에 있는 수소 원자가 서로 부딪치는 것을 막기 위해 고정된 나선형 모양을 만들어내고 있다. 비슷하게, twistoflex 또한 이웃한 벤젠 고리에 있는 수소 원자 간의 입체 장애를 줄이기 위해 평면이 아니다.

그림 15.5
벤젠 고리를 포함하는 약품

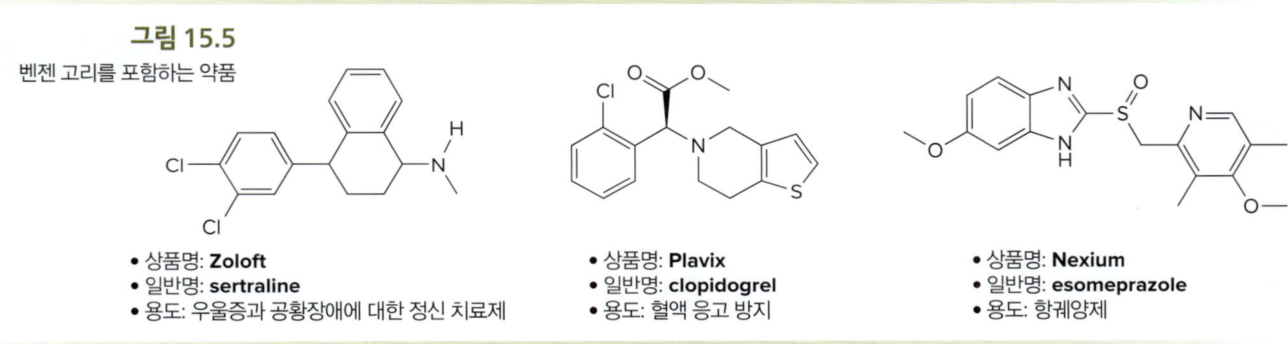

15.6 벤젠의 특이한 안정성

벤젠을 두 가지 공명 구조의 혼성체로 생각하면 벤젠의 C–C 결합 길이가 같다는 점은 적절하게 설명할 수 있지만, 벤젠의 특이한 안정성과 첨가에 대한 반응성이 부족한 점은 설명하지 못한다.

14.9절에서 콘쥬게이션 다이엔이 고립된 다이엔보다 더 안정하다는 것을 보여주기 위해 사용한 수소화열은 벤젠의 안정도를 측정하는 데 또한 이용할 수 있다. 식 [1]–[3]은 cyclohexene, cyclohexa-1,3-diene, benzene의 수소화열을 비교하고 있으며, 이들 모두는 금속 촉매하에서 과량의 수소로 처리하였을 때 사이클로헥세인이 된다.

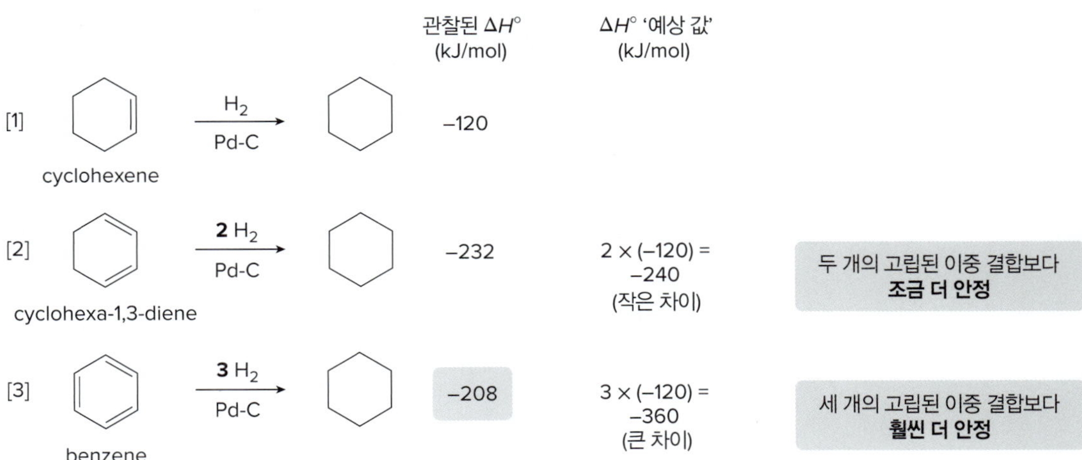

14.9절에서 콘쥬게이션 다이엔과 고립 다이엔의 상대적 안정성에 대하여 처음으로 논의한 바 있다.

Cyclohexene에 1몰의 H_2를 첨가하였을 때 −120 kJ/mol의 열이 방출된다(식 [1]). 만일 이중 결합 하나당 −120 kJ/mol만큼의 에너지를 방출한다면, cyclohexa-1,3-diene(식 [2])에 2몰의 H_2를 첨가할 경우 2 × −120 kJ/mol = −240 kJ/mol의 열을 방출해야 한다. 그러나 관찰된 값은 −232 kJ/mol이다. 이 값은 cyclohexa-1,3-diene이 콘쥬게이션 다이엔이고 **콘쥬게이션 다이엔은 두 개의 고립된 탄소−탄소 이중 결합보다 더 안정하므로** 예상한 값보다 약간 작은 것이다.

Cyclohexene과 cyclohexa-1,3-diene의 수소화는 실내 온도에서 즉시 일어난다. 그러나 벤젠은 단지 격렬한 조건하에서만 수소화될 수 있고, 심지어 반응이 매우 느리게 일어난다. 만약 각 이중 결합이 −120 kJ/mol만큼의 에너지를 방출한다면, 벤젠에 3몰의 H_2를 첨가할 경우 3 × −120 kJ/ mol = −360 kJ/mol의 열을 방출해야 한다. 그러나 실제로 관찰된 수소화열은 단지 −208 kJ/mol로 예상한 값보다 152 kJ/mol이나 더 낮으며, 심지어 cyclohexa-1,3-diene에서 관찰된 값보다도 더 **작다.**

그림 15.6은 벤젠에 대한 수소화열의 예상 값과 관찰 값을 비교하고 있다.

그림 15.6
벤젠에 대한 수소화열의 예상 값과 관찰 값 비교

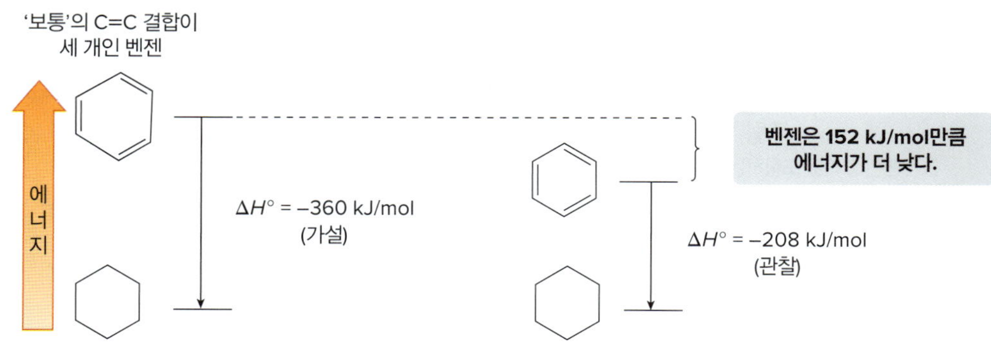

벤젠에 대한 수소화열의 예상 값과 관찰 값의 큰 차이는 공명과 콘쥬게이션의 원리만으로는 설명할 수 없다.

- 벤젠의 낮은 수소화열은 벤젠이 14장에서 소개한 콘쥬게이션 화합물보다 더 **특별히** 안정하다는 것을 의미한다. 이러한 특이한 안정도는 방향족 화합물의 특성이다.

화학 반응에서 벤젠의 특이한 행동은 수소화에만 국한되어 있는 것이 아니다. 15.1절에서 언급한 것처럼 **벤젠은 콘쥬게이션 다이엔을 포함하여 고도로 불포화된 화합물에서 일어나는 첨가 반응을 하지 않는다.** 벤젠은 Br_2와 반응하여 첨가물을 생성하지 않는다. 대신에 Lewis 산이 있을 때는 수소 원자를 대신하여 브로민이 **치환되며,** 그럼으로써 벤젠 고리를 그대로 유지하는 생성물이 생성된다.

Br_2 (반응 안 함) → Br, Br
첨가 생성물에는 더 이상 벤젠 고리가 없다.

H → Br_2, $FeBr_3$ → Br
치환 생성물은 여전히 벤젠 고리를 유지한다.

이러한 반응은 방향족 화합물의 특성이다. 방향족 화합물을 다른 화합물로부터 구별하게 하는 구조적 특징은 15.7절에서 논의한다.

문제 15.7 화합물 **A**와 **B**는 모두 methylcyclohexane으로 수소화될 수 있다. 다음 중 수소화열이 더 큰 화합물은 어느 것인가? 어느 것이 더 안정한 화합물인가?

15.7 방향족에 대한 기준—Hückel 규칙

어떤 화합물이 방향족이 되려면 네 가지 구조적 기준을 만족시켜야 한다.

- 분자는 고리형이고, 평면형이며, 완전한 콘쥬게이션을 이루어야 하고, 특별한 수의 π 전자를 포함해야 한다.

[1] 분자는 고리형이어야 한다.

- 방향족이 되기 위해서 각 *p* 오비탈은 인접한 원자의 *p* 오비탈과 겹쳐져야 한다.

벤젠의 모든 여섯 탄소 원자의 *p* 오비탈은 연속적으로 겹쳐지므로 벤젠은 방향족이다. Hexa-1,3,5-triene도 *p* 오비탈이 여섯 개이지만 말단에 있는 두 탄소들의 *p* 오비탈은 서로 겹쳐지지 않는다. 그래서 **hexa-1,3,5-triene은 방향족이 아니다**.

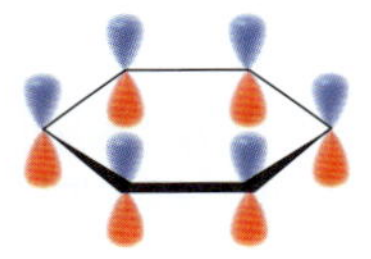

benzene

모든 *p* 오비탈은 두 개의 이웃하는 *p* 오비탈과 겹친다.

방향족

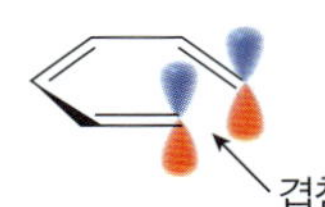

hexa-1,3,5-triene

두 개의 말단 C에 있는 *p* 오비탈 사이의 겹침은 없다.

방향족이 아니다.

[2] 분자는 평면이어야 한다.

- 모든 인접한 *p* 오비탈은 전자 밀도가 비편재화될 수 있도록 배열되어야 한다.

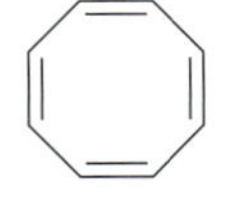

cyclooctatetraene
방향족이 아니다.

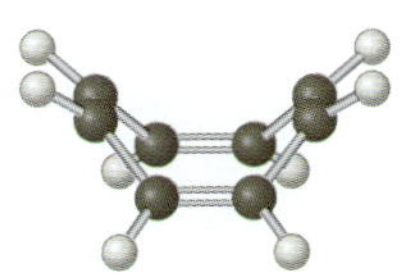

욕조 모양의 팔원자 고리

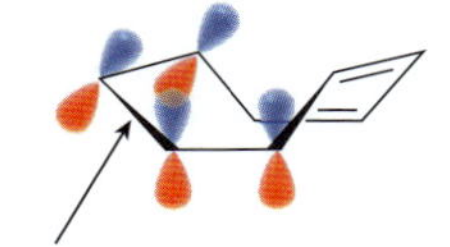

인접한 *p* 오비탈은 겹쳐질 수 없다.
전자는 비편재화될 수 없다.

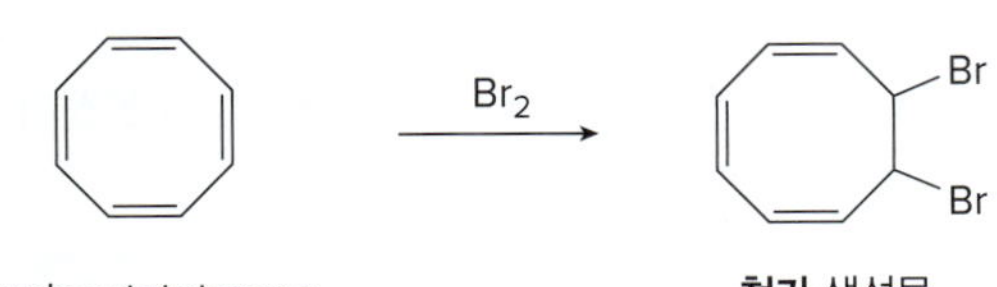

예를 들어, cyclooctatetraene은 이중 결합과 단일 결합이 교대로 있는 고리형 분자라는 점에서 벤젠과 닮았다. 그러나 cyclooctatetraene은 욕조 모양으로 **평면이 아니므로** 인접한 π 결합 사이의 겹침이 불가능하다. **따라서 cyclooctatetraen은 방향족이 아니다.** 그러므로 다른 알켄과 같이 첨가 반응을 한다.

[3] 분자는 완전히 콘쥬게이션을 이루어야 한다.

- 방향족 화합물은 고리의 모든 원자에 p 오비탈이 있어야 한다.

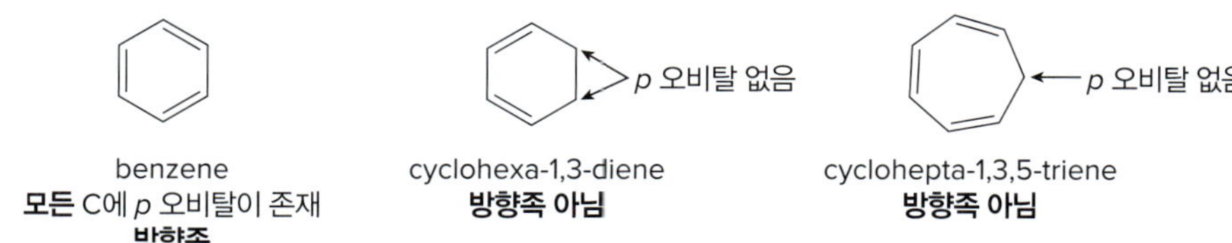

Cyclohexa-1,3-diene과 cyclohepta-1,3,5-triene은 둘 다 p 오비탈이 없는 탄소가 적어도 하나씩 있다. 그래서 그들 분자는 완전히 콘쥬게이션되어 있지 않고, 따라서 **방향족이 아니다**.

[4] 분자는 Hückel 규칙을 만족하여야 하며, 특별한 수의 π 전자가 있어야 한다.

어떤 화합물은 방향족성에 대한 처음의 세 가지 규칙은 만족하지만 여전히 방향족 화합물의 전형적인 안정성을 나타내지 않는다. 예를 들어, **cyclobutadiene**은 반응성이 매우 좋아서 극도로 낮은 온도에서만 만들 수 있다.

평면이며 고리형이고 완전히 콘쥬게이션된 분자이나 방향족은 **아님**.

Hückel 규칙은 고리에 있는 원소의 수가 아니라 π 전자의 수와 관련 있다.

결국 방향족이 되기 위해서는 분자는 고리형이고 평면이며 완전히 콘쥬게이션되어야 한다는 것과 더불어 특별한 수의 π 전자가 필요함을 알 수 있다. 1931년에 Erich Hückel은 현재 **Hückel 규칙**으로 알려진 두 부분으로 표현된 다음과 같은 기준도 만족하여야 한다는 것을 최초로 알아냈다.

- 방향족 화합물은 $4n + 2$ ($n = 0, 1, 2$ 등)개여야 한다.
- π 전자가 $4n$개이면서 고리형이고 평면이며 완전히 콘쥬게이션을 이루는 화합물은 특히 불안정하여 **반방향족(antiaromatic)**이라 부른다.

표 15.2 Hückel의 규칙을 만족시키는 π 전자의 수

n	$4n + 2$
0	2
1	6
2	10
3	14
4	18
…	…

따라서 표 15.2에 보인 바와 같이 2, 6, 10, 14, 18 등과 같은 수의 π 전자가 들어 있는 화합물은 방향족이다. **벤젠은 π 전자가 6개이므로 방향족이고 특별히 안정하다. Cyclobutadiene은 π 전자가 4개이므로 반방향족이고 특별히 불안정하다.**

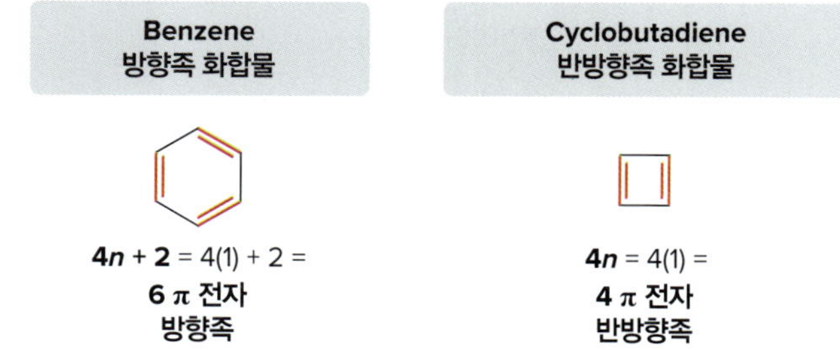

방향족성을 고려할 때 모든 화합물을 아래 세 가지 중 하나로 분류할 수 있다.

[1] 방향족(aromatic)
- $4n + 2$ π 전자가 있으면서 고리형이고 평면이며 완전히 콘쥬게이션을 이루는 화합물

[2] 반방향족(antiaromatic)
- $4n$ π 전자가 있으면서 고리형이고 평면이며 완전히 콘쥬게이션을 이루는 화합물

[3] 비방향족(not aromatic 또는 nonaromatic)
- 방향족 또는 반방향족이 되기 위한 네 개의 조건 중 한 개 이상이 결여된 화합물

벤젠과 더불어 많은 화합물이 방향족이다. 몇몇 예가 15.8과 15.9절에 나와 있다.

15.8 방향족 화합물의 예

15.8절에서는 많은 종류의 방향족 화합물을 보게 될 것이다.

15.8A 단일 고리가 있는 방향족 화합물

벤젠은 단일 고리가 있는 가장 흔한 화합물이다. **벤젠보다 고리가 더 크고 완전히 콘쥬게이션을 이룬 고리가 평면이고 전자가 $4n + 2$ π개 있다면 그 고리도 또한 방향족이다.**

- 이중 결합과 단일 결합이 교대하는 단일 고리를 포함한 탄화수소를 **아눌렌(annulene)**이라 한다.

아눌렌을 명명하기 위해 고리에 있는 원자의 수를 괄호 안에 표시하고 아눌렌이란 단어를 덧붙인다. 그래서 벤젠은 [6]-아눌렌이다. **[14]-아눌렌**과 **[18]-아눌렌** 모두 Hückel 규칙에 따라 고리형이고 평면이며 완전히 콘쥬게이션을 이루므로 이들 또한 방향족이다.

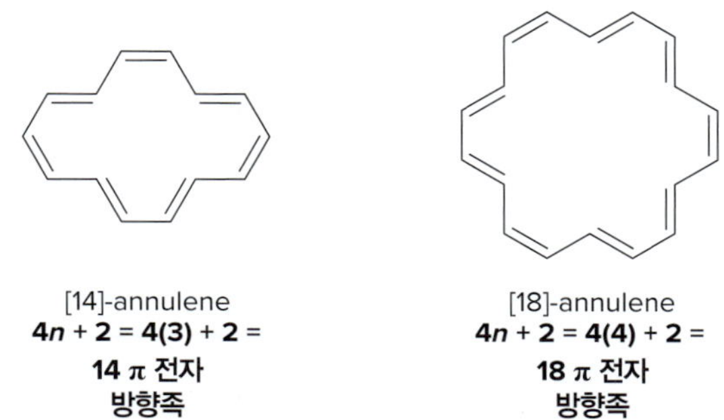

[10]-아눌렌은 Hückel 규칙을 만족시키는 10 π 전자가 있다. 그러나 평면 분자가 되면 고리 안쪽으로 두 개의 수소가 너무나 가까이 있게 된다. 그래서 고리가 일그러지면서 이 무리를 해소하게 된다. **[10]-아눌렌은 평면이 아니기** 때문에 10 π 전자는 전체 고리를 비편재화할 수 없게 되므로 **방향족이 아니다.**

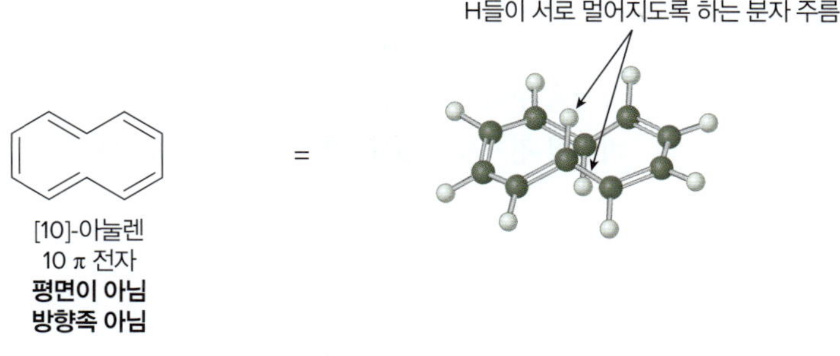

문제 15.8 [16]-, [20]- 또는 [22]-아눌렌의 각각의 고리가 평면이라면 방향족이 되겠는가?

문제 15.9 화합물 **A**는 ^{1}H NMR 스펙트럼에서 방향족임을 나타내는 7.6 ppm의 신호를 보여준다. (a) 삼중 결합의 탄소 원자가 어떻게 혼성화되어 있는가? (b) 삼중 결합의 π 전자는 어떤 종류의 오비탈에 포함되는가? (c) **A**에서 고리 주위에 얼마나 많은 수의 π 전자가 비편재되었는가?

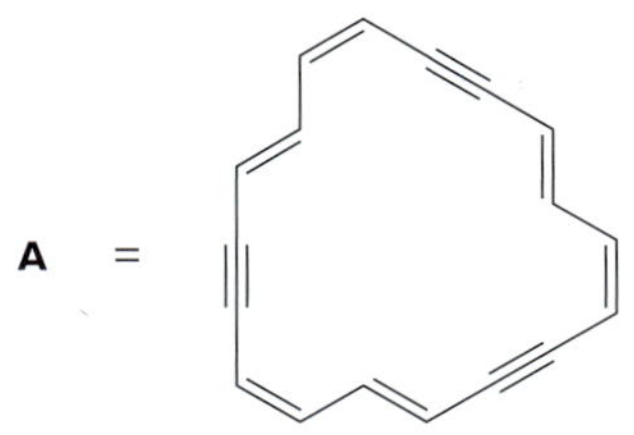

15.8B 두 개 이상의 고리가 있는 방향족 화합물

방향족성을 결정하는 Hückel 규칙은 오직 단일 고리 체계에 한해서만 적용될 수 있다. 그러나 몇 개의 벤젠 고리가 서로 연결된 많은 방향족 화합물 또한 알려져 있다. 이중 결합과 단일 결합이 교대하는 육원자 고리가 두 개 이상 서로 접합되면 **여러 고리 방향족 탄화수소(PAH)**가 얻어진다. 두 개의 벤젠 고리가 함께 연결되면 **naphtalene**을 생성한다. 고리 세 개를 두 가지 방법으로 다르게 접합하면 **anthracene**과 **phenanthrene**이 얻어진다. 이 외에도 더 많은 복잡한 탄화수소가 알려져 있다.

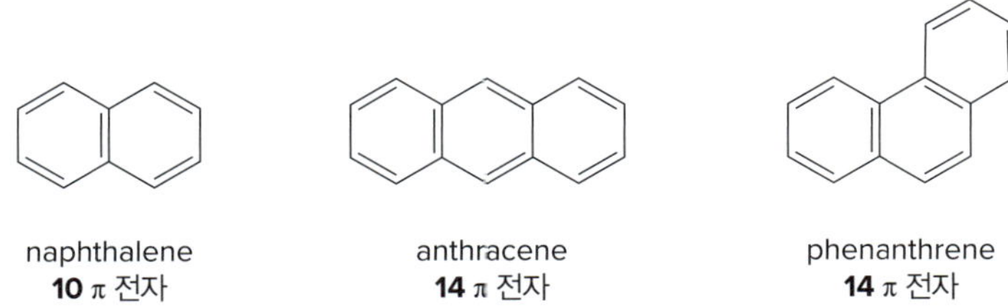

연결된 벤젠 고리의 수가 증가할수록 공명 구조의 수 역시 증가한다. 벤젠에 대해서는 두 개의 공명 구조를 그릴 수 있지만, naphthalene은 세 가지 공명 구조의 혼성이다.

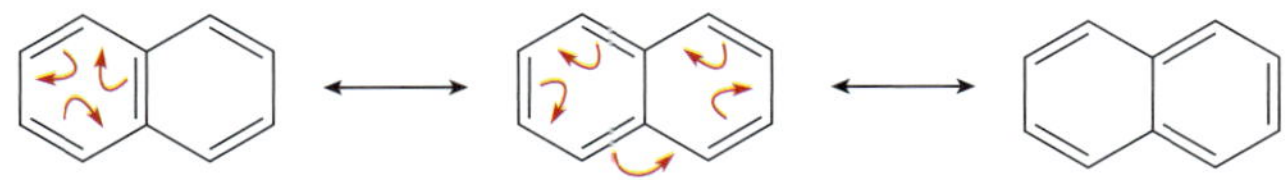

문제 15.10 Anthracene에 대한 네 개의 공명 구조를 그려라.

15.8C 전하를 띤 방향족 화합물

만약 음전하와 양전하를 띤 이온이 모든 필요조건을 갖춘다면 모두 방향족이 될 수 있다.

Cyclopentadienyl 음이온

사이클로펜타다이엔일 음이온(cyclopentadienyl anion)은 두 개의 이중 결합과 한 개의 비결합 전자쌍이 있는 고리형이고 평면인 음이온이다. 두 π 결합은 전자 네 개를 제공하고, 고립쌍은 두 개를 제공하여 총 여섯 개의 전자가 있는 셈이다. Hückel 규칙에 의하면 **여섯 개의 π 전자를** 취하면 **방향족성을 띤다**. 고리가 완전히 콘쥬게이션을 이루려면, **음전하를 띤 탄소 원자는 sp^2 혼성이어야 하고, 비결합 전자쌍은 p 오비탈을 점유해야 한다.**

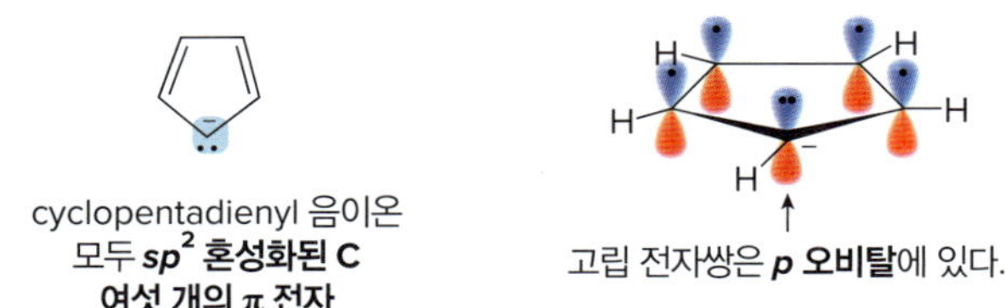

- Cyclopentadienyl 음이온은 고리형이고, 평면이며 완전히 콘쥬게이션을 이루고, 6 π 전자가 있기 때문에 방향족이다.

Cyclopentadienyl 음이온에 대해 다섯 개의 동등한 공명 구조를 그릴 수 있으며, 음이온은 고리의 모든 탄소 원자에 비편재화된다.

Cyclopentadienyl 양이온과 **라디칼** 모두에 대해서도 다섯 개의 공명 구조를 그릴 수 있지만, 오 직 cyclopentadienyl 음이온만 Hückel 규칙을 만족시키는 여섯 개의 π 전자가 있다. Cyclopentadienyl 양이온은 π 전자가 네 개이므로 반방향족(antiaromatic)이며 특히 불안정하다. Cyclopentadienyl 라디칼에는 다섯 개의 π 전자가 있다. 그래서 방향족도 반방향족도 아니다. **어떠한 화합물이 방향족성에 의해 특별히 안정되기 위해서는 '정확한' 전자의 수가 필요하다.**

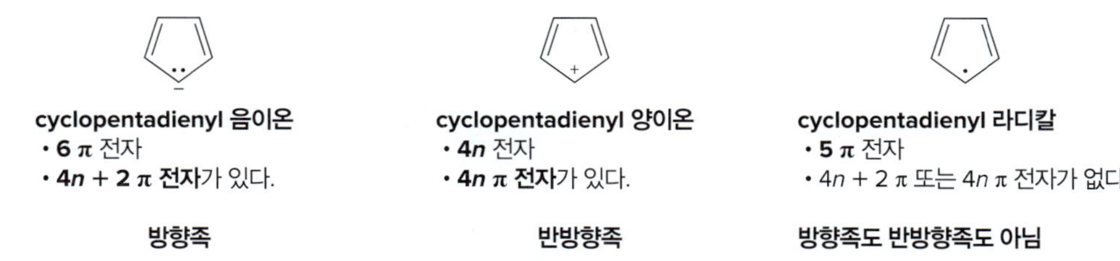

Cyclopentadienyl 음이온은 Brønsted–Lowry 산–염기 반응에 의해 cyclopentadiene으로부터 쉽게 생성된다.

H H + :B ⟶ H + $H{-}B^+$

cyclopentadiene
방향족이 아님
pK_a = 15

cyclopentadienyl 음이온
방향족
안정화된 콘쥬게이션 염기

Cyclopentadiene은 완전히 콘쥬게이션되어 있지 않기 때문에 그 자체로는 방향족이 아니다. **그러나 cyclopentadienyl 음이온은 방향족이고 그래서 매우 안정한 염기이다.** 그렇기 때문에 cyclopentadiene은 다른 탄화수소에 비해 매우 센 산성이 된다. 사실 cyclopentadiene의 pK_a는 15로서 이제까지 논의된 어떠한 C−H 결합의 pK_a보다도 훨씬 작다(더 센 산성).

- Cyclopentadiene은 짝염기가 방향족이기 때문에 많은 탄화수소보다 더 센 산성이다.

문제 15.11 Cyclohepta-1,3,5-triene (pK_a = 39)을 강염기로 처리할 때 생성되는 생성물을 그려라. 왜 cyclopentadiene의 pK_a보다 이것의 pK_a가 훨씬 높은가?

H H :B ⟶

cyclohepta-1,3,5-triene
pK_a = 39

문제 15.12 다음의 화합물을 산도가 증가하는 순서로 나열하라.

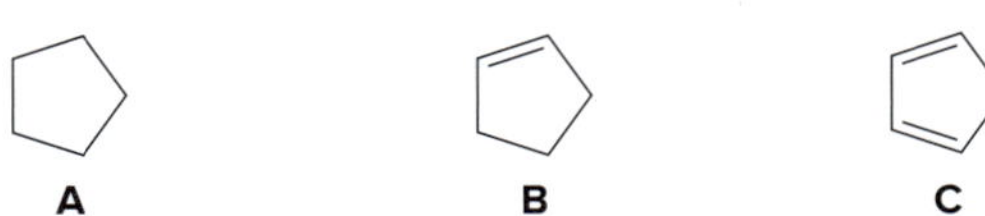

Tropylium 양이온

트로필륨 양이온(tropylium cation)은 칠원자 고리에 세 개의 이중 결합과 하나의 양전하가 있는 평면의 탄소 양이온이다. 이 탄소 양이온은 양으로 하전된 탄소가 sp^2 혼성이고, 세 개의 이중 결합

Cyclopentadienyl 음이온과 tropylium 양이온 모두 중요한 원리를 설명하는데, **방향족성을 결정하는 것은** 겹치는 p 오비탈의 수도, 고리에 있는 원자의 수도 아닌 **π 전자의 수**이다. Cyclopentadienyl 음이온과 tropylium 양이온은 각각 여섯 개의 π 전자가 있으므로 방향족이다.

의 탄소로부터 여섯 개의 p 오비탈과 겹치는 비어 있는 p 오비탈이 있으므로 완전한 콘쥬게이션을 이룬다. **Tropylium 양이온은 세 개의 π 결합이 있고 다른 비결합 전자쌍이 없기 때문에 6 π 전자가 있으며**, 따라서 Hückel 규칙을 만족한다.

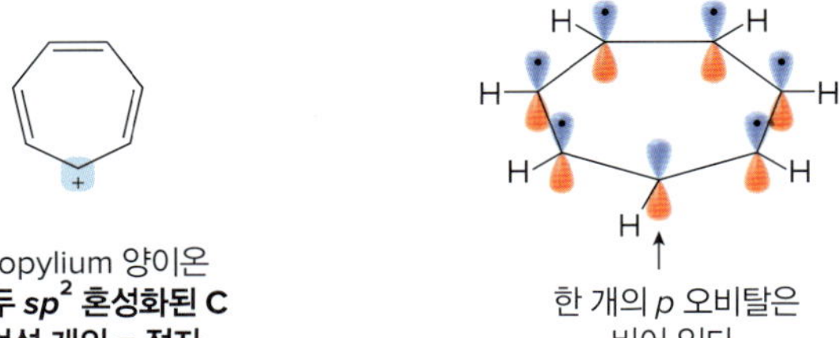

- Tropylium 양이온은 고리형이고 평면이며 완전히 콘쥬게이션을 이루고, 고리의 일곱 원자 전체에 걸쳐 6 π 전자가 비편재되어 있기 때문에 방향족이다.

문제 15.13 Tropylium 양이온에 대한 일곱 개의 공명 구조를 그려라.

문제 15.14 고리가 평면임을 가정할 때, 각 이온을 방향족, 반방향족 또는 방향족 아님으로 분류하라.

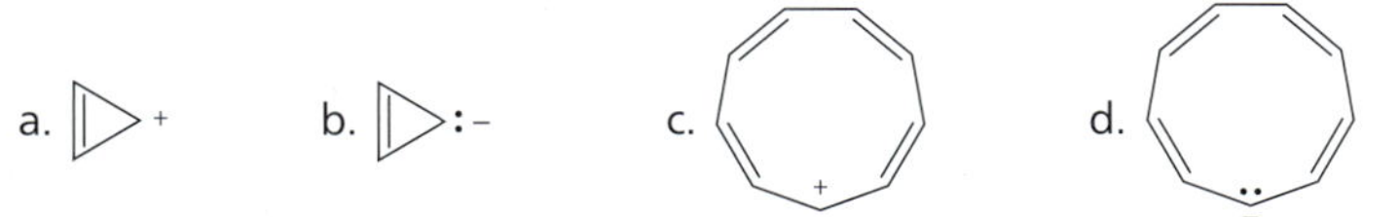

15.9 방향족 헤테로 고리

9.3절에서 배운 것처럼 **헤테로 고리**는 적어도 한 개의 헤테로 원자를 포함하는 고리임을 상기하자.

산소, 질소, 황과 같이 적어도 한 개의 고립 전자쌍이 있는 원자를 포함한 헤테로 고리 또한 방향족일 수 있다. **헤테로 원자와 함께 고립 전자쌍이 헤테로 원자에 편재되어 있는지, 아니면 비편재화된 π 계의 일부인지를 결정**해야 한다.

15.9A Pyridine, Pyrrole과 Histamine

Pyridine

피리딘(pyridine)은 세 개의 π 결합과 한 개의 질소 원자가 있으면서 육원자 고리인 헤테로 고리이다. 벤젠과 비슷하게 두 개의 공명 구조(원자는 모두 중성)를 그릴 수 있다.

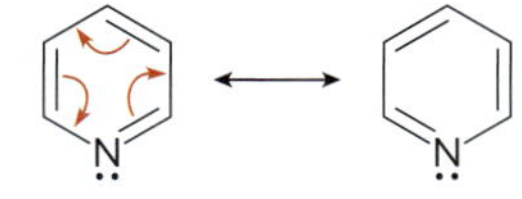

pyridine에 대한 두 개의 공명 구조
6 π 전자

Pyridine은 고리 주위로 세 개의 단일 결합과 이중 결합이 교대하기 때문에 고리형이고 평면이며 완전히 콘쥬게이션을 이룬다. **Pyridine은 각 π 결합으로부터 두 개씩 여섯 개의 π 전자가 있으므로 Hückel 규칙을 만족시키며 방향족이다.** Pyridine의 질소 원자도 비결합 전자쌍이 있으나, 이 전자쌍은 N 원자에 편재되어 있으므로 방향족 고리의 비편재화된 π 전자 체계의 일부는 아니다.

Pyridine 고리의 질소 원자는 어떻게 혼성화될까? N 원자는 세 개의 치환기(두 개의 원자와 한 개의 고립 전자쌍)로 둘러싸이므로 **sp^2 혼성**이며 전자 하나가 들어 있는 p 오비탈은 인접 p 오비탈과 겹쳐지게 된다. N에 있는 고립쌍은 비편재화된 π 전자에 수직인 sp^2 혼성 오비탈에 남아 있다.

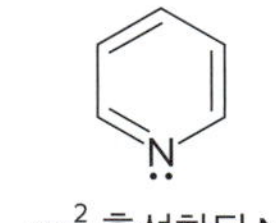

sp^2 혼성화된 N

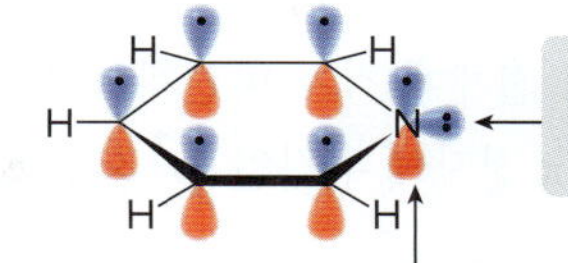

고립쌍은 여섯 개의 *p* 오비탈에 수직인 **sp^2** 혼성 오비탈을 차지한다.

N에 있는 *p* 오비탈은 인접한 *p* 오비탈들과 겹쳐지며 고리가 **완전히 콘쥬게이션**을 이루도록 한다.

Pyrrole

pyrrole

피롤(pyrrole)은 두 개의 π 결합과 한 개의 질소 원자가 있는 오원자 고리 화합물이다. 또한 N 원자에 한 개의 고립 전자쌍이 있다.

Pyrrole은 두 개의 π 결합으로부터 총 네 개의 π 전자가 있는 고리형이고 평면이다. 비결합 전자쌍은 N에 편재되어 있을까, 아니면 비편재화된 π 전자 체계의 일부일까? N에 있는 고립쌍은 이중 결합에 인접해 있다. 14.5절에서 배운 다음과 같은 일반적인 규칙을 상기해보자.

- X =Y−Z:인 어떤 계에서 Z가 sp^2 혼성이고 고립쌍이 *p* 오비탈을 차지하면, 그 계는 콘쥬게이션되어 있다.

만약 N 원자에 있는 고립쌍이 *p* 오비탈을 점유한다면,

- **Pyrrole에는 인접한 모든 원자에 *p* 오비탈이 있으므로 완전히 콘쥬게이션을 이룬다.**
- **Pyrrole에는 π 결합에서 네 개와 고립쌍에서 두 개, 총 여섯 개의 π 전자가 있다.**

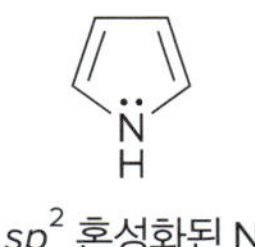

sp^2 혼성화된 N

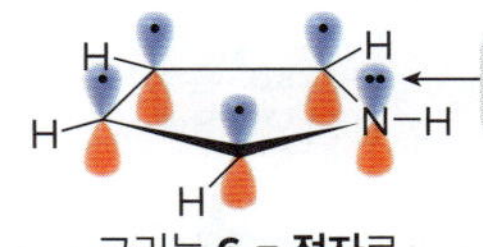

p 오비탈에 있는 고립쌍

고리는 **6 π 전자**로 완전히 콘쥬게이션되어 있다.

Pyrrole은 고리형이고 평면이며 완전히 콘쥬게이션을 이루고, $4n + 2$ π 전자가 있으므로 **pyrrole은 방향족이다. 어떤 화합물이 방향족인지 아닌지를 결정하는 것은 고리의 크기가 아닌 전자의 수이다.**

Pyridine과 pyrrole의 N 원자 간에는 기본적인 차이점이 존재한다.

- Pyridine의 N과 같이 헤테로 원자가 이미 이중 결합의 일부분일 때, 그 고립쌍은 *p* 오비탈을 점유**할 수 없으므로** 고리에 걸쳐서 비편재화될 **수 없다**.
- Pyrrole의 N과 같이 헤테로 원자가 이중 결합의 일부가 **아닐 때**, 그 고립쌍은 *p* 오비탈에 위치하고 방향족성을 만들기 위해 고리에 **비편재화된다**.

고등어 중독은 부적절하게 냉장된 생선으로 일어나는데, 박테리아가 생선 조직에 있는 histidine 아미노산을 신경 전달 물질인 histamine으로 변환하여 생긴다. *Daniel C. Smith*

Histamine

히스타민(histamine)은 두 개의 N 원자가 있는 방향족 헤테로 고리 화합물인데, 두 개의 N 원자 중 하나는 pyridine의 N 원자와 유사하고 나머지 하나는 pyrrole의 N 원자와 유사하다.

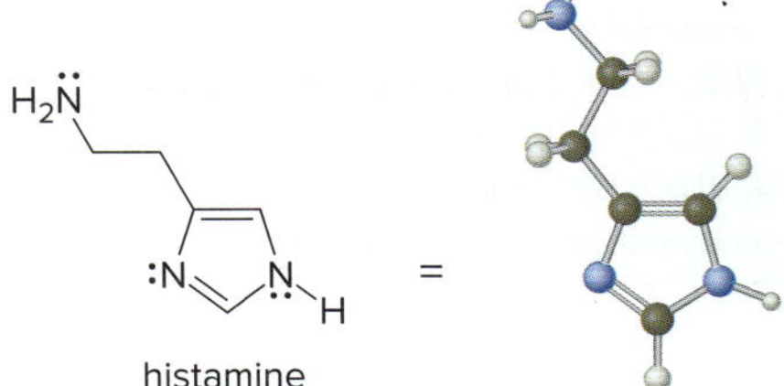

Histamine에는 두 개의 π 결합과 두 개의 질소 원자를 포함하는 오원자 고리가 있으며, 각각의 질소 원자에는 고립 전자쌍이 있다. 이 헤테로 고리는

두 개의 이중 결합에 네 개의 π 전자가 있다. **붉은색 N에 있는 고립쌍은 *p* 오비탈을 차지하고** 헤테로 고리가 완전히 콘쥬게이션을 이루도록 하며, 총 여섯 개의 π 전자가 되도록 한다. 이 N의 고립쌍은 오원자 고리 전체에 걸쳐 비편재화되며 헤테로 고리는 방향족이 된다. **푸른색 N에 있는 고립쌍은** 비편재화된 π 전자에 수직인 ***sp*^{2} 혼성화 오비탈을 차지한다.**

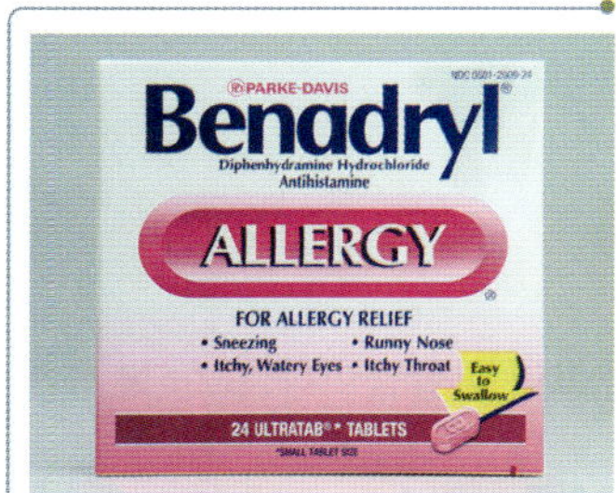

H1히스타민 수용기에 작용하여 histamine의 활동을 억제하는 항히스타민제는 콧물, 눈물 같은 알레르기 반응을 치료하는 데 사용된다.
Bob London/Alamy Stock Photo

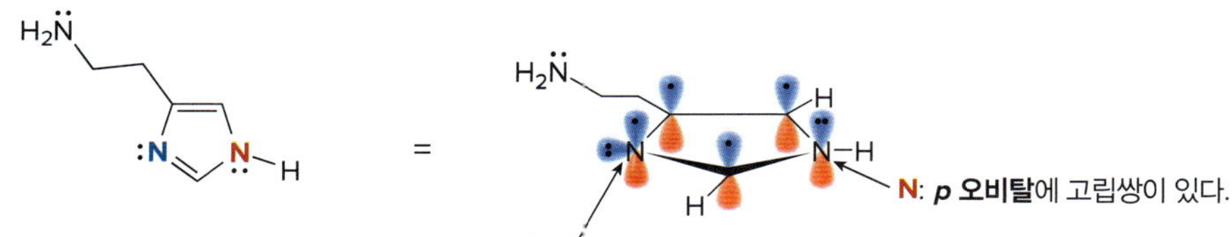

• 붉은색 N은 pyrrole의 N 원자와 유사하다.
• 푸른색 N은 pyridine의 N 원자와 유사하다.

N: ***sp*^{2} 혼성화 오비탈**에 고립쌍이 있다.

Histamine은 신체에 광범위한 생리 효과를 유발한다. 과량의 histamine은 건초열의 증후인 콧물과 눈물을 수반한다. 또한 위산의 과량 분비를 촉진하고 위막성 후두염을 초래한다. 이러한 효과는 두 개의 다른 세포 수용체와 histamine과의 상호작용으로 생긴다. 23.5절에서 histamine의 이러한 효과들을 방해하는 항히스타민제와 항궤양제에 대한 더 많은 것을 배우게 될 것이다.

예제 15.1 헤테로 고리 방향족 내의 헤테로 원자의 혼성화 결정하기

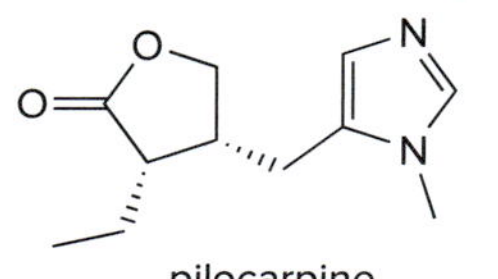

pilocarpine

이 장을 열면서 소개하였던 pilocarpine의 각각의 N 원자는 어떻게 혼성 오비탈을 생성하는가? 각 N의 고립쌍은 어떤 종류의 오비탈에 놓이는가?

풀이

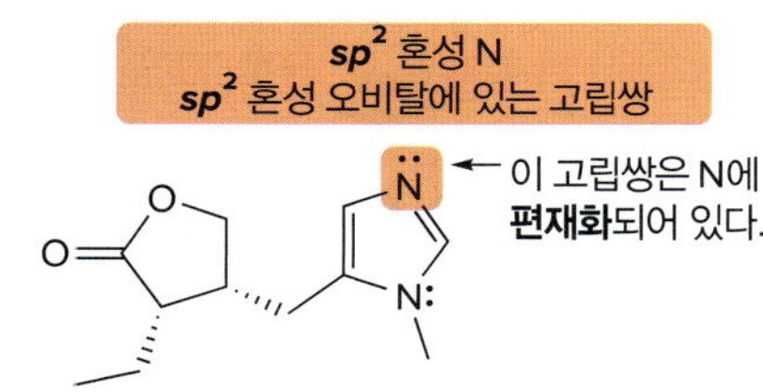

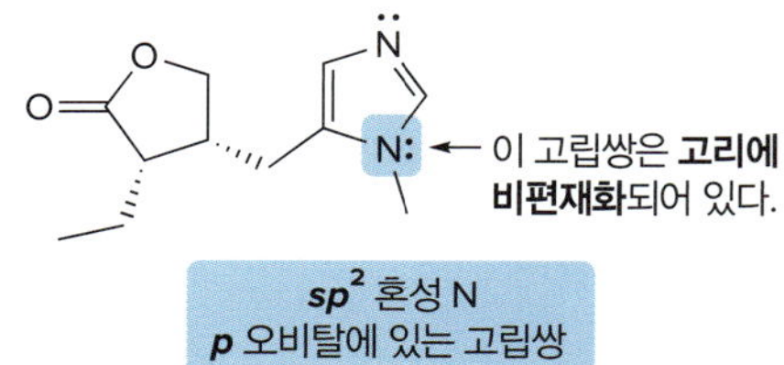

붉은색으로 표시된 N 원자는 이미 이중 결합의 부분이므로 ***sp*^{2} 혼성** 오비탈이고, 혼성되지 않은 *p* 오비탈은 π 결합을 만드는 데 사용된다. 결과적으로 **N의 고립쌍은 *sp*^{2} 혼성 오비탈 중 하나를 점유한다.**

푸른색으로 표시된 N 원자는 ***sp*^{2} 혼성**이므로 **고립쌍은 *p* 오비탈에 머물게 되며** 오원자 고리 내에서 비편재화된다. 이 비편재화로 고리 내의 전자는 6개가 되고 고리는 방향족이 된다.

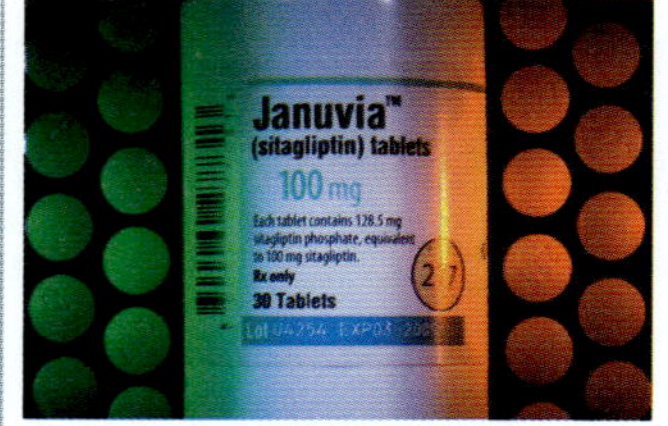

Januvia(문제 15.15)는 혈당 수치를 낮춰 주는 신체의 능력을 증가시키므로 2형 당뇨병 치료를 위해 단독으로 또는 다른 약물과 함께 사용된다.
Jb Reed/Bloomberg/Getty Images

문제 15.15 Sitagliptin의 상품명인 Januvia는 2006년에 2형 당뇨병 치료제로 도입되었다. (a) Sitagliptin에 있는 오원자 고리가 왜 방향족인지를 설명하라. (b) 각 N 원자의 혼성화를 결정하라. (c) 각 N 원자의 고립쌍은 어떠한 종류의 오비탈에 놓이는가?

CF_3, F, F, F, NH_2, O, N

sitagliptin

추가 문제: 문제 15.34; 15.35; 15.56b, c; 15.57a; 15.59b를 풀어보라.

문제 15.16 다음 헤테로 고리 중에서 방향족인 것은 어느 것인가?

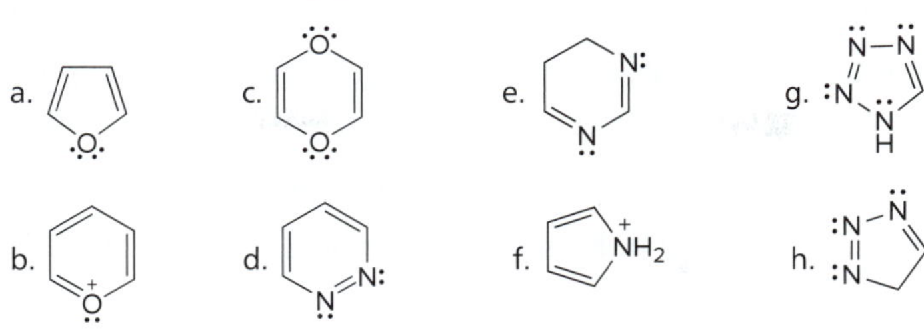

예제 15.2 화합물을 방향족, 반방향족, 비방향족으로 분류하기

다음 각 화합물을 방향족, 반방향족, 비방향족으로 분류하라. 완전한 콘쥬게이션 고리는 모두 평면이라고 가정하라.

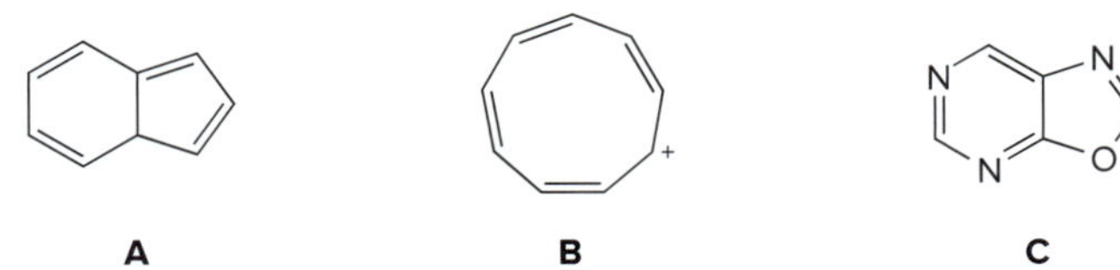

풀이

각 화합물은 고리형이고 문제 서술로부터 완전한 콘쥬게이션 고리는 모두 평면이라고 가정하기 때문에 두 가지 질문에만 답할 수 있으면 방향성을 결정할 수 있다.

- **화합물이 완전한 콘쥬게이션인가?** 화합물이 완전한 콘쥬게이션이 아니면, 방향족이 **아니다**.
- **이 화합물에는 몇 개의 π 전자가 있는가?** π 전자가 **(4*n* + 2)**개인 화합물은 **방향족**이고 π 전자가 **4*n***이면 **반방향족**이다. π 전자가 홀수 개인 화합물은 비방향족이 된다.

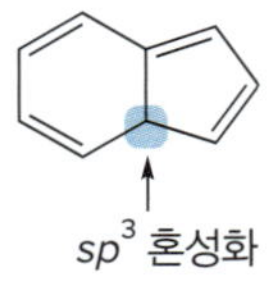

- 푸른색으로 표시된 C는 sp^3 혼성이다. 따라서 *p* 오비탈이 없기 때문에 이 구조는 **완전 콘쥬게이션되지 못한다. A는 비방향족이다.**

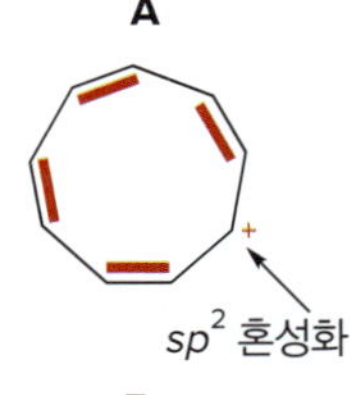

- 이 고리 구조는 완전한 콘쥬게이션이다. C=C의 각각의 C와 양전하를 띠고 있는 C는 sp^2 혼성이므로 각 C에는 비혼성 *p* 오비탈이 존재한다. 이 고리에는 네 개의 C−C 이중결합으로부터 **8개의 π 전자**가 있으므로, **4*n***개의 π 전자가 있는 셈이다. **B는 반방향족이다.**

- 고리 구조가 완전한 콘쥬게이션을 이루기 위해서는 O 원자는 sp^2 혼성이어야 하며 O의 한 쌍의 전자는 *p* 오비탈에 머물러야 한다. 이 고리에는 4개의 C=C과 O 원자로부터 **10개의 π 전자**가 있으므로, **(4*n* + 2)**개의 π 전자가 있는 셈이다. **C는 방향족이다.**

역자주:
원서에는 "four C=C's"라고 했는데, 이는 맞지 않는 표현이다.

문제 15.17 다음 각 화합물을 방향족, 반방향족, 비방향족으로 분류하라. 완전한 콘쥬게이션 고리는 모두 평면이라고 가정하라.

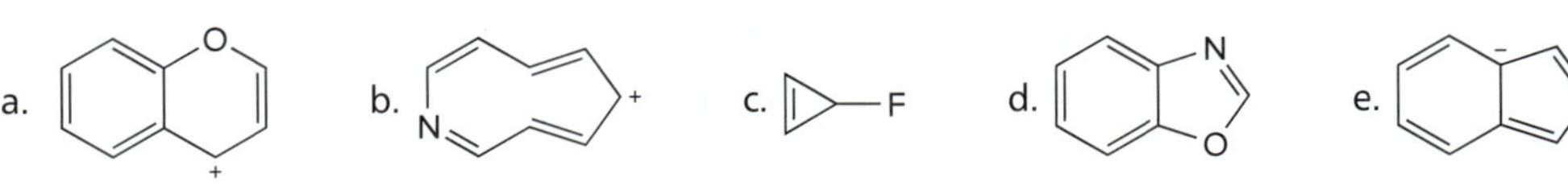

추가 문제: 문제 15.23, 15.29–15.31, 15.35a, 15.56a를 풀어보라.

15.9B 데옥시리보핵산—DNA

DNA의 구조와 성질은 28.2와 28.3절에 자세하게 나와 있다.

3.9절에서 언급한 바와 같이, 데옥시리보핵산(DNA)은 유기체의 유전 정보를 저장하는 고분자량 고분자이다. DNA 구조의 핵심 요소는 **염기라고 하는 방향족 질소 헤테로 고리**이다. 이 염기는 DNA의 두 사슬을 이중 나선에서 서로 붙드는 수소 결합의 망(network)을 이룬다.

DNA는 헤테로 고리인 **피리디민(pyrimidine)**과 **퓨린(purine)**에서 유래하는 네 가지 다른 염기로 이루어져 있다. Pyrimidine과 purine에서 붉은색으로 강조 표시한 π 전자는 비편재화되어 있으며 방향족 계의 일부이다.

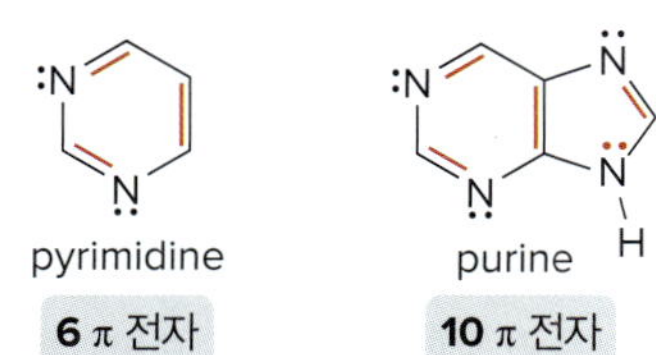

- Pyridine처럼 pyrimidine의 두 N 원자의 고립쌍 전자는 방향족 π 계에 수직한 sp^2 혼성 오비탈에 놓여 있다.
- sp^2 혼성 N 원자가 네 개 있는 두고리 화합물인 purine은 *p* 오비탈에 놓여 있으며 방향족 계의 부분인 고립쌍(붉은색으로 강조 표시)이 있다.

두 가지 DNA 염기인 **사이토신(cytosine)**과 **티민(thymine)**은 pyrimidine에서 유래하며 π 전자는 여섯 개이고 **아데닌(adenine)**과 **구아닌(guanine)** 두 염기는 purine에서 유래하며 π 전자는 열 개이다.

cytosine 6 π 전자 | thymine 6 π 전자 | adenine 10 π 전자 | guanine 10 π 전자

pyrimidines | purines

염기 중에서 세 개는 흔히 C=O가 들어 있는 구조로 그리기 때문에 각 구조가 방향족인 것이 분명하지 않을 수도 있다. 하지만, 이들 염기에서 N의 고립쌍은 C=O로 비편재화될 수 있기 때문에, π 전자가 고리에서 비편재화되는 것을 분명하게 보여 주는 공명 구조를 그릴 수 있다. Cytosine에 대하여 두 가지 공명 구조가 아래에 나와 있다.

cytosine ⟷ 6 π electrons

문제 15.18 DNA를 구성하는 네 염기에 관한 각 질문에 답하라. (a) 각 N 원자의 혼성은 무엇인가? (b) N의 각 고립쌍은 어떠한 종류의 오비탈에 놓여 있는가?

문제 15.19 육원자 고리인 thymine과 guanine에 대하여 방향족 고리 안에서 비편화되어 있는 π 전자를 분명하게 나타내는 공명 구조를 그려라.

15.10 Hückel 규칙의 원리는 무엇인가?

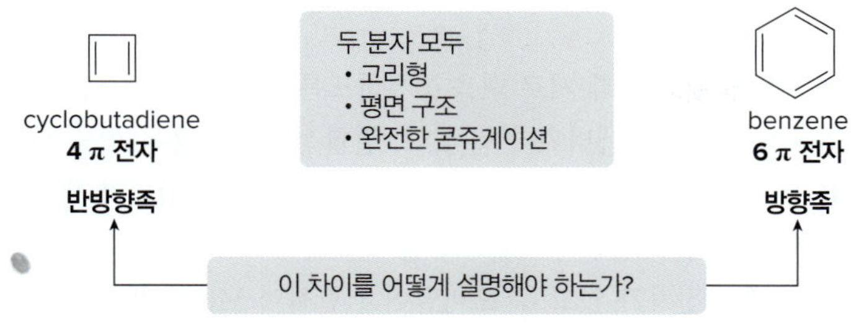

왜 π 전자의 수가 어떤 화합물이 방향족인지 아닌지를 결정할까? Cyclobutadiene은 benzene처럼 고리형이고 평면이며 완전히 콘쥬게이션을 이룬다. 그런데 왜 benzene은 방향족이고 cyclobutadiene은 반방향족인가?

이에 대한 완전한 설명은 기초 유기 화학 교재의 범위를 넘어선다. 그렇지만 오비탈과 결합에 대한 더 많은 것을 배움으로써 방향족성에 대한 원리를 더 잘 이해할 수 있을 것이다.

15.10A 결합과 반결합 오비탈

이제까지 우리는 결합이 어떻게 생성되는가를 설명할 때 다음과 같은 기본 개념을 사용했다.

- 수소는 1*s* 오비탈을 사용하여 다른 원소와 σ 결합을 생성한다.
- 2주기 원소는 혼성 오비탈(sp, sp^2 또는 sp^3)을 사용하여 σ 결합을 생성한다.
- 2주기 원소는 *p* 오비탈을 사용하여 π 결합을 생성한다.

결합에 대한 이러한 서술을 **원자가 결합 이론(valence bond theory)**이라 한다. 원자가 결합 이론에서 공유 결합은 두 개의 원자 오비탈의 겹침으로 생성되고 결합에 참여한 전자쌍은 두 원자 모두에 의해 공유된다. 그래서 탄소-탄소 이중 결합은 각각 하나의 전자를 포함하는 두 개의 sp^2 혼성 오비탈의 겹침으로 인하여 생성된 σ 결합과 각각 한 개의 전자가 있는 두 개의 *p* 오비탈의 겹침으로 생성된 π 결합으로 이루어져 있다.

결합에 대한 이러한 묘사는 우리가 이제까지 보았던 유기 분자들 대부분에 잘 적용된다. 불행하게도 방향족 화합물과 같이 많은 인접한 *p* 오비탈이 겹쳐지는 체계를 묘사할 때 이 이론은 부적절하다. 이러한 체계에서 결합을 조금 더 완벽하게 설명하기 위해서는 **분자 오비탈 이론[molecular orbital (MO) theory]**을 적용해야 한다.

MO 이론은 **분자 오비탈**이라 부르는 새로운 오비탈 집합(set)을 생성하는 원자 오비탈의 수학적 조합으로서 결합을 설명한다. 분자 오비탈은 한 분자에서 전자가 발견될 가능성이 있는 공간의 영역을 차지한다. 원자 오비탈로부터 분자 오비탈을 생성할 때 다음을 명심하자.

- *n*개 원자 오비탈의 집합은 *n*개의 분자 오비탈을 생성한다.

만약 두 개의 원자 오비탈이 결합하면 두 개의 분자 오비탈이 생성된다. 이것은 근본적으로 원자가 결합 이론과는 다르다. 방향족성은 *p* 오비탈의 겹침 현상에 원리를 두고 있기 때문에 두 개의 *p*(원자) 오비탈이 결합할 때, MO 이론의 예측에 의하면 어떤 일이 일어날까?

각 *p* 오비탈의 두 개의 귓불은 서로 위상이 반대이며 핵에 마디가 있다. 두 개의 *p* 오비탈이 결합할 때 두 개의 분자 오비탈이 생성된다. 두 오비탈은 서로 건설적으로(즉, 같은 위상끼리 합쳐져서) 합쳐질 수도 있고 아니면 상쇄적으로(즉, 반대 위상끼리 합쳐져서) 합쳐질 수도 있다.

- 위상이 같은 두 p 오비탈이 나란히 겹쳐질 때, π 결합성 분자 오비탈이 얻어진다.
- 위상이 반대인 두 p 오비탈이 나란히 겹쳐질 때, π* 반결합성 분자 오비탈이 얻어진다.

π 결합성 MO는 위상이 같은 오비탈이 결합할 때 서로 핵을 공유하도록 하는 안정한 결합성 상호작용이 생기므로 본래의 두 개의 p 오비탈보다 에너지가 더 낮다. 결합성 상호작용은 핵을 서로 붙든다. 비슷하게, π* 반결합성 MO는 위상이 반대인 오비탈이 결합할 때 불안정한 마디가 생기므로 에너지가 더 높다. 불안정한 상호작용은 핵이 멀리 떨어지도록 밀어낸다.

만일 두 개의 p 오비탈에 각기 한 개의 전자가 있고 두 오비탈이 결합하여 MO를 생성한다면, 두 전자는 그림 15.7에서처럼 에너지가 더 낮은 π 결합성 MO를 차지할 것이다.

그림 15.7
두 개의 p 오비탈이 결합하여 π와 π* 분자 오비탈을 생성하는 그림

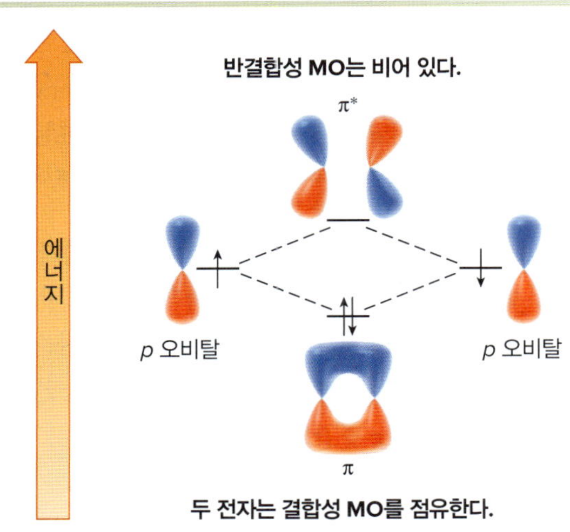

- 두 개의 원자 p 오비탈이 결합하면 두 개의 분자 오비탈이 생성된다. 결합성 π MO는 본래 두 개의 p 오비탈보다 에너지가 더 낮고, π* 반결합성 MO는 본래 두 개의 p 오비탈보다 에너지가 더 높다.
- 두 개의 전자는 더 낮은 에너지의 결합성 MO를 먼저 채운다.

15.10B 셋 이상의 p 오비탈이 결합할 때 생성되는 분자 오비탈

벤젠의 분자 오비탈에 대한 묘사는 그림 15.7에서 생성된 두 개의 MO보다 훨씬 더 복잡하다. 벤젠은 여섯 탄소 각각에 p 오비탈이 있으므로 **여섯 개의 p 원자 오비탈**이 그림 15.8에 나와 있는 것처럼 **결합하면 여섯 개의 π 분자 오비탈이 얻어진다**. 이러한 여섯 개 MO의 정확한 모양과 에너지를 설명하려면 이 교재에 나오는 것보다 더 정교한 수학과 MO 이론에 대한 이해가 필요하다. 그럼에도 불구하고 에너지가 가장 낮은 ψ_1과 에너지가 가장 높은 ψ_6와 더불어 ψ_1–ψ_6로 분류된 여섯 개의 MO에 대해 알아보자.

여섯 개의 벤젠 MO의 가장 중요한 특징은 다음과 같다.

- **결합성 상호작용의 수가 더 클수록 MO의 에너지는 더 낮다.** 에너지가 가장 낮은 분자 오비탈(ψ_1)은 p 오비탈 사이에 모두 결합성 상호작용이 있다.
- **마디의 수가 많을수록 MO의 에너지는 더 높다.** 에너지가 가장 높은 MO (ψ_6*)는 p 오비탈 사이에 마디가 모두 있다.
- 출발 p 오비탈보다 에너지가 더 높은 세 개의 MO는 반결합성 MO (ψ_4*, ψ_5*, ψ_6*)가 되는 반면, 출발 p 오비탈보다 에너지가 더 낮은 세 개의 MO는 결합성 MO (ψ_1, ψ_2, ψ_3)가 된다.

그림 15.8
벤젠의 여섯 개의 p 오비탈이 겹쳐서 여섯 개의 분자 오비탈을 생성하는 방법

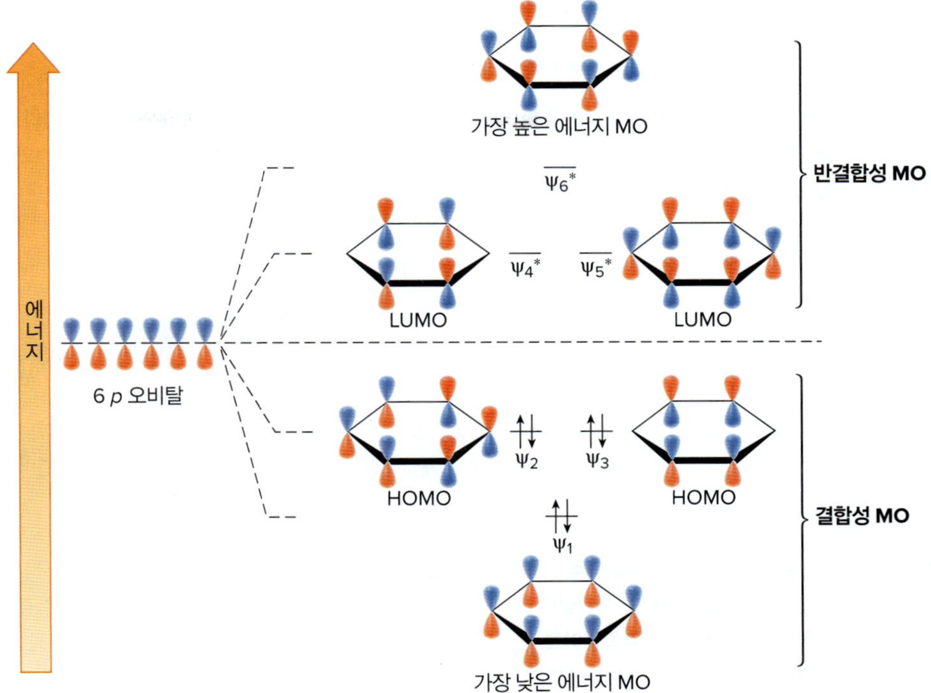

- 벤젠의 여섯 개 p 원자 오비탈의 상호작용을 그림에 나타내었다. 이들 오비탈은 여섯 개의 분자 오비탈을 생성한다. 같은 위상의 오비탈이 결합하면 결합성 상호작용이 일어난다. 반대 위상의 오비탈이 결합하면 불안정화시키는 마디가 생성된다.

- 에너지가 같은 두 쌍의 MO (ψ_2와 ψ_3, ψ_4^*와 ψ_5^*)를 **비분화(非分化) 오비탈(degenerate orbital)**이라 한다.
- **전자가 있는 가장 높은 에너지의 오비탈을 최고 점유 분자 오비탈(HOMO, *highest occupied molecular orbital*)**이라 한다. 벤젠의 경우 비분화 오비탈인 ψ_2와 ψ_3이 HOMO이다.
- **전자가 없는 가장 낮은 에너지의 오비탈을 최저 비점유 분자 오비탈(LUMO, *lowest unoccupied molecular orbital*)**이라 한다. 벤젠의 경우 비분화 오비탈인 ψ_4^*와 ψ_5^*이 LUMO이다.

MO를 채우기 위해 에너지가 가장 낮은 오비탈부터 하나의 오비탈에 두 개씩 여섯 개의 전자를 채운다. 결과적으로 **결합성 MO는 여섯 전자로 완전히 채워지고, 반결합성 MO는 비게 된다.** 이것이 벤젠과 기타 방향족 화합물이 특별히 안정하고 여섯 개의 π 전자가 Hückel 규칙을 만족시키는 이유이다.

- 방향족 화합물에서는 모든 결합성 MO 그리고 HOMO가 완전히 채워져 있다. 어떠한 π 전자도 반결합성 MO를 점유하지 않는다.

15.11 방향족성을 예측하기 위한 내접 다각형 방법

내접 다각형을 **프로스트 원(Frost circle)**이라고도 한다.

어떤 화합물이 π 전자를 결합성 MO에 완전히 채우는지 아닌지를 예측하기 위해 우리는 결합성 분자 오비탈이 몇 개인지, π 전자는 몇 개인지를 알아야 한다. 정교한 계산 없이(즉 MO의 모양이 어떤 것인지 정확하게 알지 못해도) **내접 다각형 방법(inscribed polygon method)**을 이용하면 완전히 콘쥬게이션을 이룬 고리의 상대적 에너지를 예상할 수 있다.

해결 방법 완전히 콘쥬게이션을 이룬 고리의 상대적 에너지를 정하기 위한 내접 다각형 방법

예 벤젠의 MO의 상대적인 에너지 위치를 그려라.

단계 [1] 원과 접하는 접점을 이루는 다각형을 한 개의 꼭짓점이 가장 아래로 향하도록 하여 원 안에 그린다. 다각형이 원과 만나는 점을 표시한다.

- 벤젠의 경우 원 안에 육각형을 내접시킨다. 육각형의 여섯 개의 접점은 벤젠의 여섯 개의 MO와 일치하며 여섯 개의 교점을 생성한다. 이러한 유형—에너지가 가장 낮은 한 개의 MO와 두 개의 비분화 MO 한 쌍, 그리고 에너지가 가장 높은 한 개의 MO—은 그림 15.8에 나타낸 것과 일치한다.

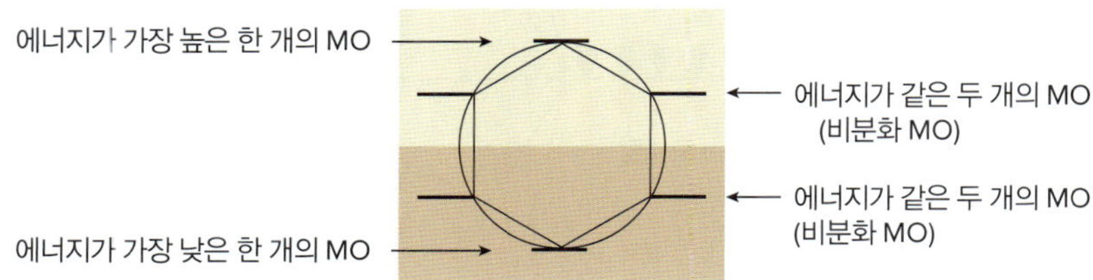

단계 [2] 원의 중심을 지나는 수평선을 그리고, MO를 결합, 비결합, 반결합으로 분류한다.

- **이 선 아래에 있는 MO는 결합성이고,** 생성되기 전인 *p* 오비탈보다 에너지가 더 낮다. 벤젠은 결합성 MO가 셋이다.
- **이 선에 있는 MO는 비결합성이고,** 생성되기 전인 *p* 오비탈과 에너지가 같다. 벤젠은 비결합성 MO가 없다.
- **이 선 위에 있는 MO는 반결합성이고,** 생성되기 전인 *p* 오비탈보다 에너지가 더 높다. 벤젠은 반결합성 MO가 셋이다.

단계 [3] 에너지가 가장 낮은 MO부터 전자를 채운다.

- **방향족 화합물에서는 모든 결합성 MO(그리고 HOMO)가 완전히 채워진다. 반결합성 MO를 차지하는 π 전자는 없다.**
- 벤젠은 여섯 개의 π 전자가 결합성 MO를 완전히 채우므로 방향족이다.

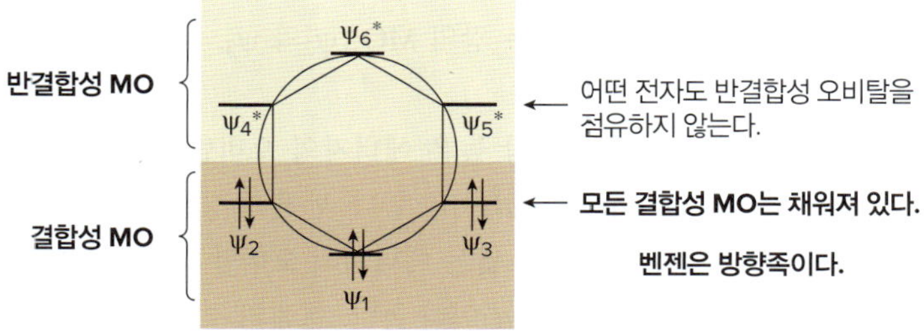

이 방법은 고리 크기에 상관없이 완전히 콘쥬게이션된 모든 단일 고리 탄화수소에 적용된다. 그림 15.9는 이 방법을 이용하여 완전히 콘쥬게이션된 오원자 및 칠원자 고리에 대한 MO를 나타내고 있다. MO의 총 개수는 다각형의 접선의 수와 항상 일치한다. **두 계 모두 세 개의 결합성 MO가 있으므로 각각 그들을 완전히 채우기 위해서는 여섯 개의 π 전자가 필요하다.** 15.8C절에서 배웠던 cyclobutadienyl 음이온과 tropylium 양이온은 방향족이 된다.

내접 다각형 방법은 **Hückel의 4*n*+2 규칙**과 일치한다. 즉, 두 개의 π 전자를 수용할 수 있는 **가장 낮은 에너지의 결합성 MO** 하나와 총 네 개의 π 전자를 수용할 수 있는, **비분화 쌍으로 존재하는 다른 결합성 MO가 항상 존재한다.** 화합물이 방향족이 되기 위해서는 이들 MO에 전자가 완전히 채워져야 한다. 그래서 방향족성에 대한 이 '마법의 숫자'는 Hückel의 4*n*+2 규칙과 들어맞는다(그림 15.10).

그림 15.9
내접 다각형 방법을 이용한 오원자 및 칠원자 고리

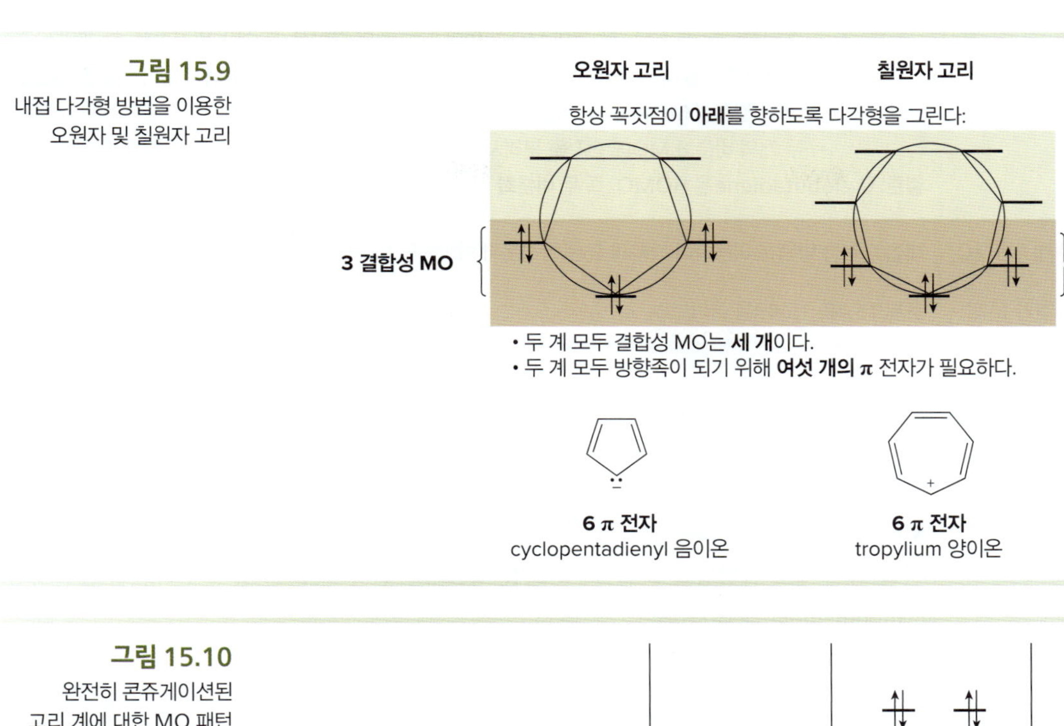

그림 15.10
완전히 콘쥬게이션된 고리 계에 대한 MO 패턴

	2 + 4 =	2 + 4 + 4 =	2 + 4 + 4 + 4 =
2 전자	**6 전자**	**10 전자**	**14 전자**
Hückel 규칙 → 4(0) + 2	4(1) + 2	4(2) + 2	4(3) + 2

예제 15.3 내접 다각형 방법을 이용하여 방향족성 결정하기

Cyclobutadiene이 방향족이 아닌 이유를 내접 다각형 방법을 사용하여 설명하라.

cyclobutadiene
4 π 전자

풀이

Cyclobutadiene에는 네 개의 MO(네 개의 *p* 오비탈에서 생성된)가 있으며, 이곳에 네 개의 π 전자가 채워져야 한다.

단계 [1] 한 개의 꼭짓점이 가장 아래로 가도록 사각형을 원에 내접하여 그리고 원과 접하는 네 개의 점을 표시한다.

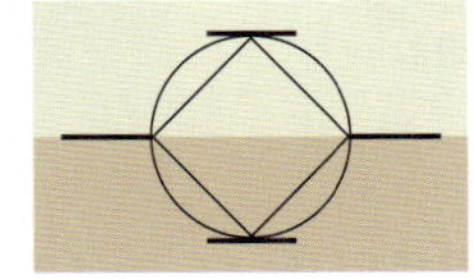

- 네 개의 접점은 cyclobutadiene의 네 개의 MO와 일치한다.

단계 [2]와 [3] 원의 중심을 지나는 선을 그리고, MO를 표시하고 전자를 채운다.

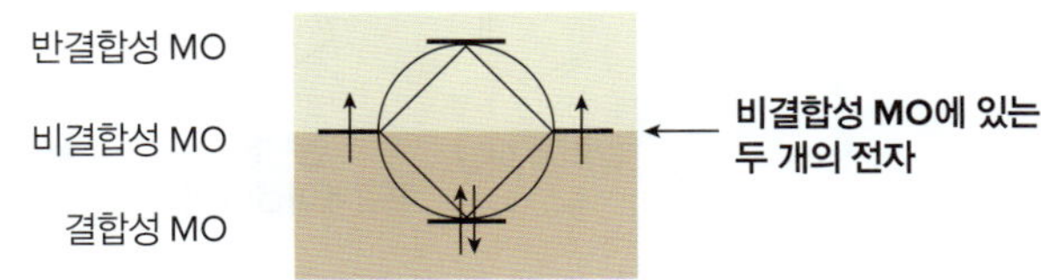

- Cyclobutadiene은 네 개의 MO가 있다—한 개의 결합성, 두 개의 비결합성, 한 개의 반결합성.
- **이러한 오비탈에** cyclobutadiene의 **네 개의 π 전자**를 채울 때, **에너지가 가장 낮은 결합성 MO에는 두 개, 비결합성 MO에는 각각 한 개씩 전자가 채워진다.**
- 두 개의 비분화 MO에 전자를 분리시키면 **같은 전하가 서로 멀리 떨어져 있도록 한다.**

결론: Cyclobutadiene은 HOMO, 즉 **두 비분화 비결합성 MO가 완전히 채워지지 않으므로** 방향족이 아니다.

문제 15.20 내접 다각형 방법을 이용하여 다음과 같은 양이온이 방향족인 이유를 보여라. 

추가 문제: 문제 15.48, 15.49를 풀어보라.

문제 15.21 내접 다각형 방법을 이용하여 cyclobutadienyl 양이온과 라디칼이 방향족이 아닌 이유를 보여라.

예제 15.3에 나온 과정은 cyclobutadiene이 반방향족인 이유 또한 설명하고 있다. 비결합성 MO에 쌍을 이루지 않는 전자가 있다는 것은 cyclobutadiene이 매우 불안정한 이중 라디칼임을 암시한다. 실제로 반방향족 화합물은 그 HOMO에 홑전자가 두 개 있어서 특별히 불안정하기 때문에 cyclobutadiene과 유사하다.

Chapter 15 복습

핵심 개념

[1] 이중 치환, 삼중 치환 벤젠의 명명법(15.3)

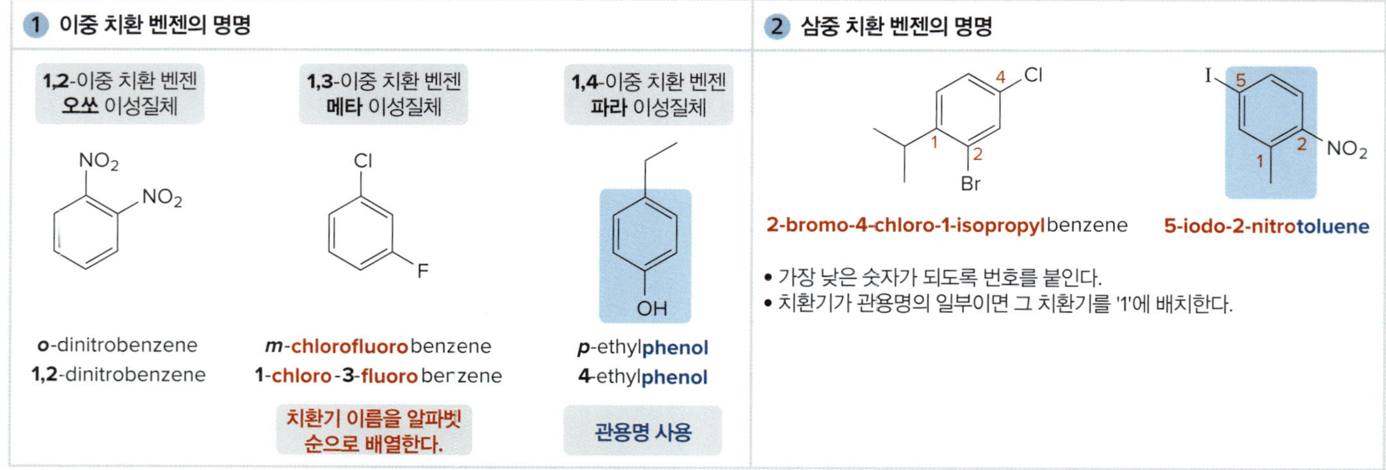

문제 15.22, 15.25, 15.26, 15.27b를 풀어보라.

[2] 방향족, 비방향족, 반방향족 화합물의 예(15.7~15.9)

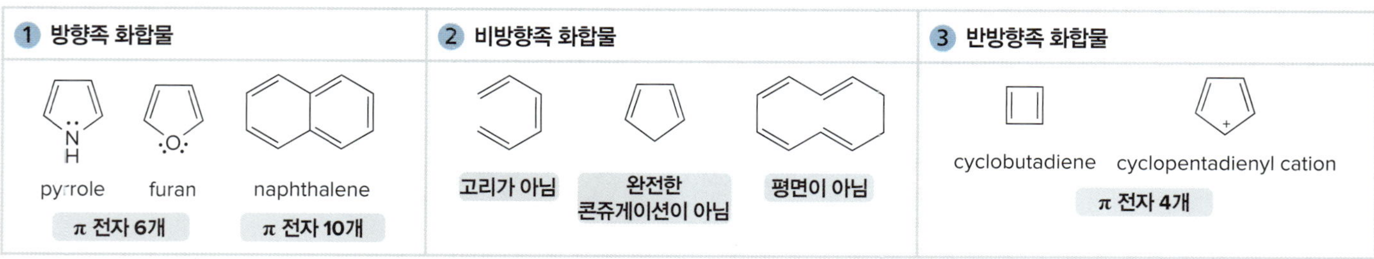

핵심 기법

[1] 평면 고리 구조 화합물의 방향족, 반방향족, 또는 비방향족 구별법(15.7, 15.8); 예: cyclopentadienyl 양이온

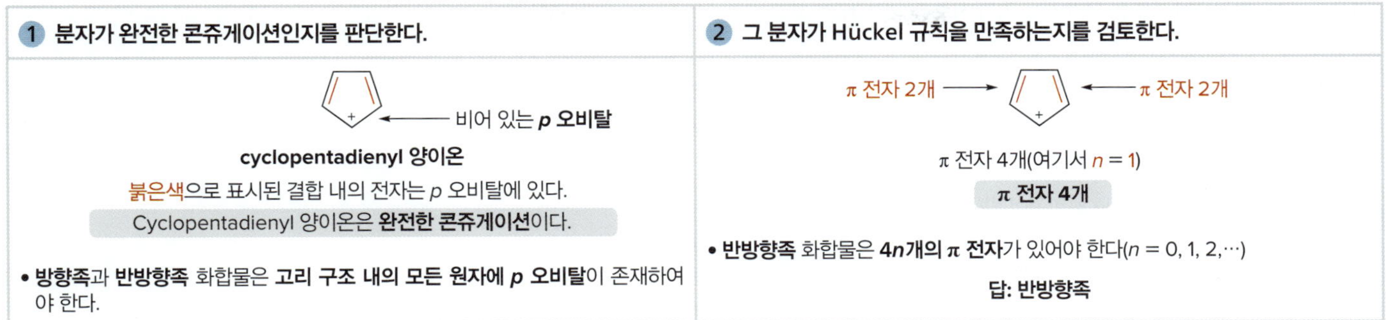

예제 15.2 참고. 문제 15.23, 15.29–15.31을 풀어보라.

[2] 평면 헤테로 고리 구조 화합물의 방향족, 반방향족, 비방향족 구별법(15.7, 15.9); 예: furan

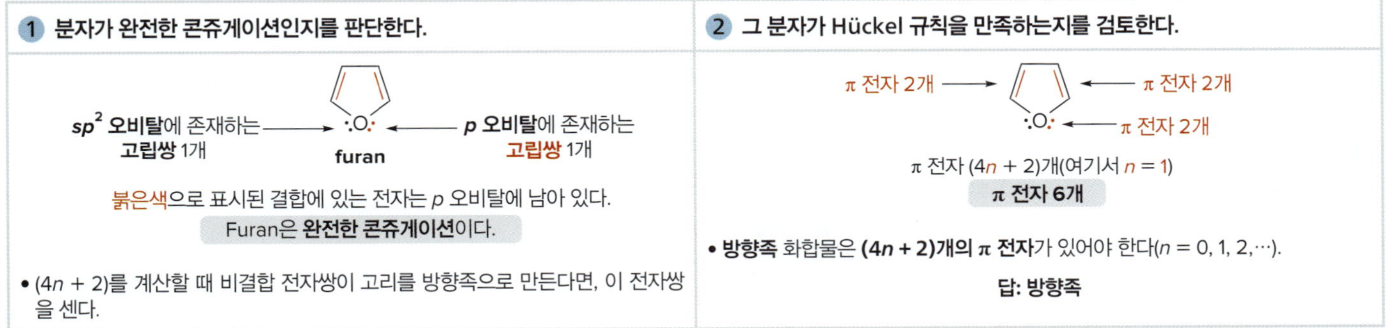

예제 15.1, 15.2 참고. 문제 15.23b, c; 15.30; 15.31e, f; 15.35a; 15.56a; 15.57b; 15.59a를 풀어보라.

[3] 화합물이 방향족인지를 판단하기 위하여 내접 다각형 방법 이용하기(15.11); 예: tropylium 라디칼

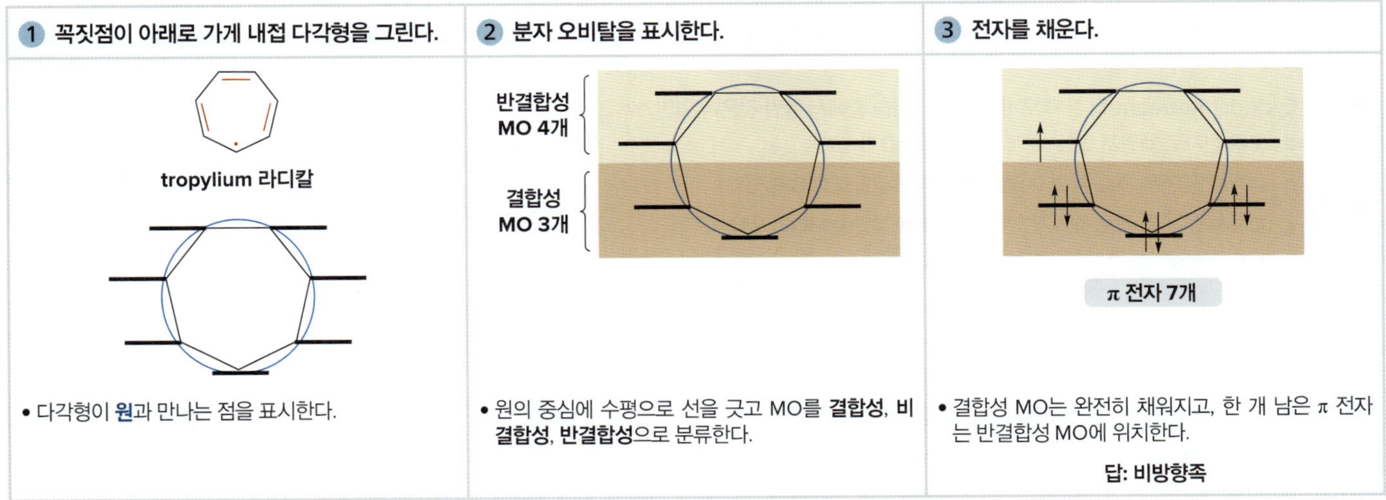

해결 방법 p. 709; 그림 15.9, 15.10; 예제 15.3 참고. 문제 15.48, 15.49를 풀어보라.

15장 선다형 자가-시험

자가-시험은 American Chemical Society 유기 화학 시험과 유사한 객관식 문제로 구성되어 있다. 정답은 장의 마지막 부분에 나와 있다.

1. 어느 화합물에서 벤젠 고리의 두 기가 서로 파라인가?

a. 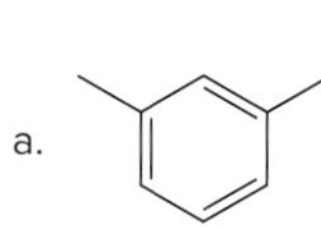
b. 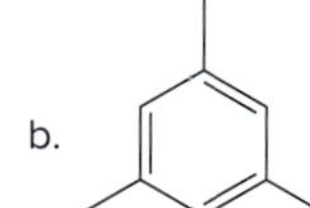
c. 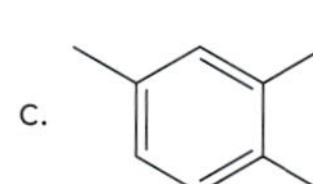
d. 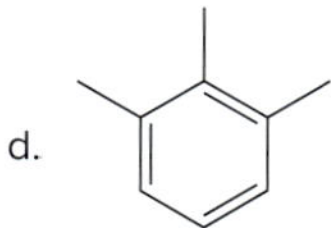

2. 고리가 평면이라면 어느 화학종이 방향족인가?

a. 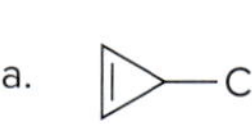

b. 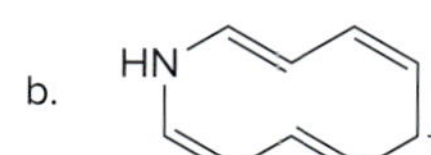

c. 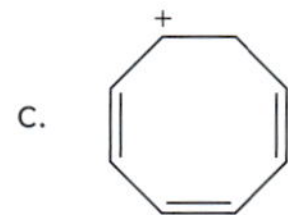

d. 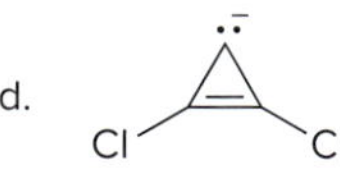

3. 표시된 H 원자 중에서 가장 산성인 것은 무엇인가?

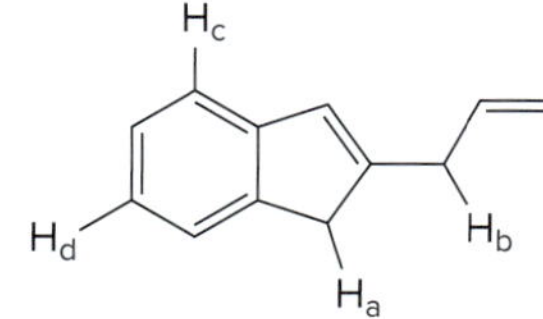

a. H_a b. H_b c. H_c d. H_d

4. 다음 화합물의 IUPAC 이름을 쓰라.

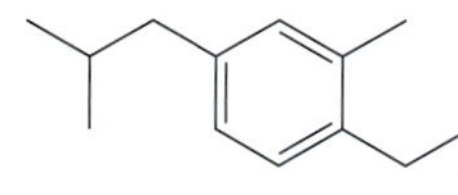

a. 1-ethyl-4-isobutyl-2-methylbenzene
b. 5-*sec*-butyl-2-ethyl-1-methylbenzene
c. 5-isobutyl-2-ethyltoluene
d. 2-ethyl-5-isobutyltoluene

5. 각 표시된 N 원자의 혼성은 무엇이고 그 고립쌍은 어떠한 종류의 오비탈에 놓여 있는가?

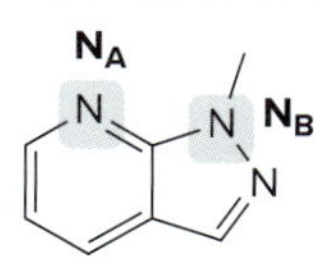

a. N_A: sp^2 혼성이고 고립쌍은 sp^2 혼성 오비탈에 있음; N_B: sp^3 혼성이고 고립쌍은 sp^3 혼성 오비탈에 있음
b. N_A: sp^2 혼성이고 고립쌍은 sp^2 혼성 오비탈에 있음; N_B: sp^2 혼성이고 고립쌍은 p 오비탈에 있음
c. N_A: sp^2 혼성이고 고립쌍은 p 오비탈에 있음; N_B: sp^2 혼성이고 고립쌍은 p 오비탈에 있음
d. N_A: sp^2 혼성이고 고립쌍은 sp^2 혼성 오비탈에 있음; N_B: sp^2 혼성이고 고립쌍은 sp^2 혼성 오비탈에 있음

6. Cyclooctatetraene의 분자 오비탈에 대한 서술 중에서 **틀린** 것은 무엇인가?

a. 모두 전자로 채워져 있는 세 개의 결합성 MO가 있다.
b. 합쳐서 전자 두 개로 채워져 있는 네 개의 반결합성 MO가 있다.
c. 합쳐서 전자 두 개로 채워져 있는 두 개의 비결합성 MO가 있다.
d. 전자가 전혀 없는 세 개의 반결합성 MO가 있다.

역자주:
Cyclooctatetraene은 평면 구조가 아니다(15.7절). 이 문제를 풀려면 이 화합물이 평면 구조라고 가정(틀린 가정)해야 한다.

7. 고리가 평면이라면 어느 화합물이 방향성인가: (a) [12]- annulene; (b) [14]- annulene; (c) [16]- annulene; (d) [24]- annulene?

8. 결합 길이가 증가하는 순서로 표시된 결합을 정렬하라.

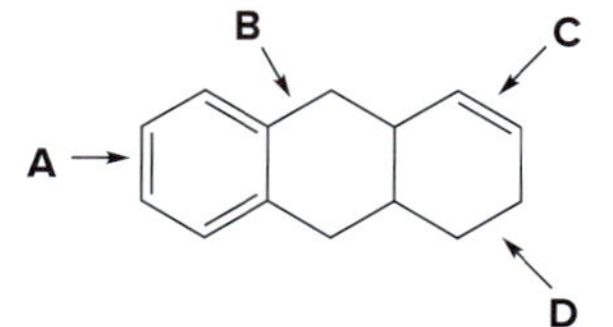

a. **A** < **C** < **B** < **D**
b. **C** < **A** < **D** < **B**
c. **A** < **C** < **D** < **B**
d. **C** < **A** < **B** < **D**

문제

삼차원 모형을 이용하는 문제

15.22 각 화합물의 이름을 쓰고, ^{13}C NMR 스펙트럼에서 몇 개의 선이 관측되는지 설명하라.

a. 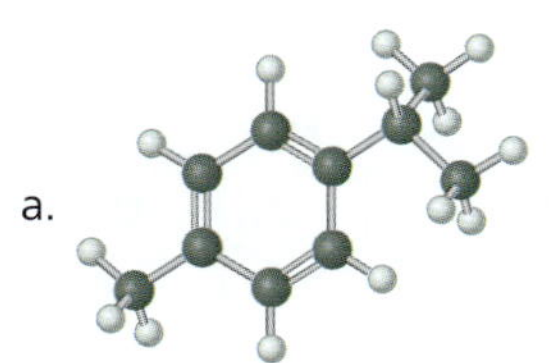

b. 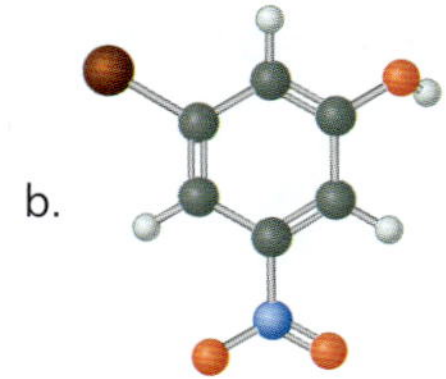

15.23 각 화합물을 방향족, 반방향족, 비방향족으로 분류하라.

a. 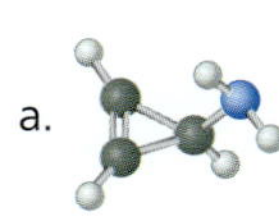

b. 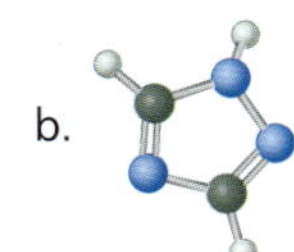

c. 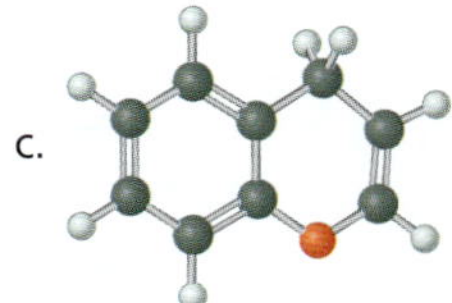

벤젠 구조와 명명법

15.24 분자식이 C_8H_{10}인 모든 방향족 탄화수소의 구조를 그려라. 그리고 각각의 화합물에서 벤젠 고리의 H 하나가 Br로 바뀌어 C_8H_9Br로 되었을 때 가능한 이성질체의 수를 쓰라.

15.25 각 화합물의 IUPAC 이름을 쓰라.

a. 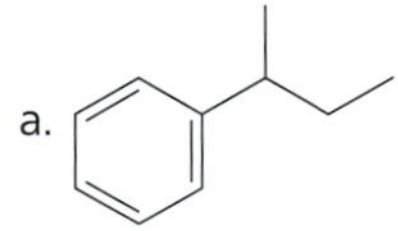

b.

c.

d.

e. 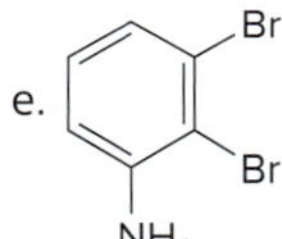

f.

g.

h.

15.26 각각의 이름에 대응하는 구조를 그려라.

a. *p*-dichlorobenzene

b. *p*-iodoaniline

c. *o*-bromonitrobenzene

d. 2,6-dimethoxytoluene

e. 2-phenylprop-2-en-1-ol

f. *trans*-1-benzyl-3-phenylcyclopentane

15.27 a. 벤젠 고리가 있으면서 분자식이 C_8H_9Cl인 14개의 구조 이성질체를 모두 그려라.

b. 이들 벤젠 고리에 치환기가 세 개인 화합물들의 이름을 쓰라.

c. 이들 중 어떤 화합물에서 입체 이성질체가 가능한가? 가능한 모든 입체 이성질체의 구조를 그려라.

방향성

15.28 각 분자는 π 전자가 몇 개인가?

a. 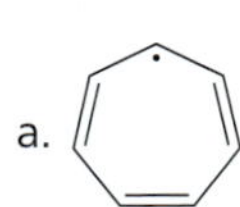

b. 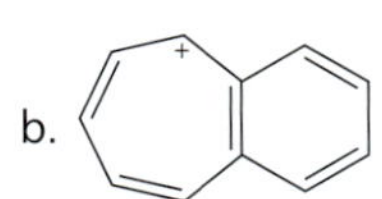

c. 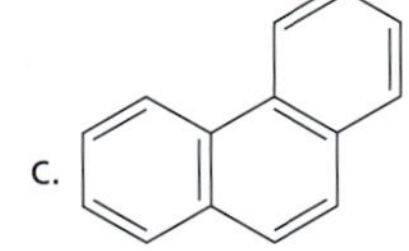

d. 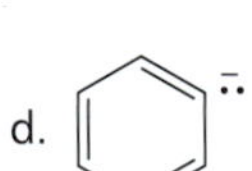

15.29 어느 화합물이 방향족인가? 방향족이 아닌 화합물에 대해서는 왜 그런지 그 이유를 적어라.

a. 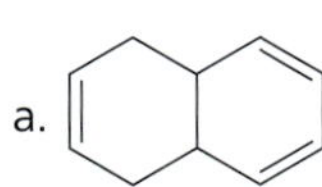

b.

c. 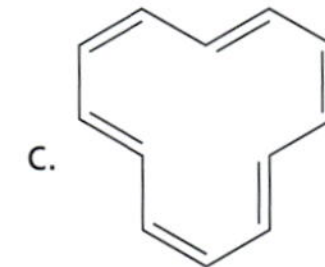

d. 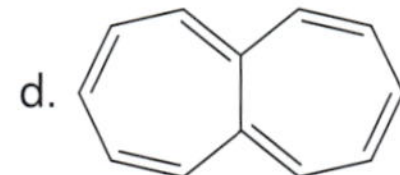

e.

f.

15.30 각 헤테로 고리를 방향족, 반방향족, 비방향족으로 분류하라.

a. 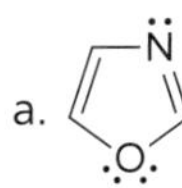
b. 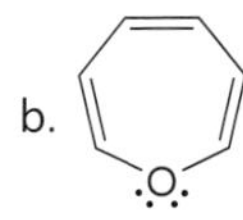
c. 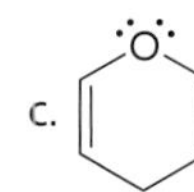
d. 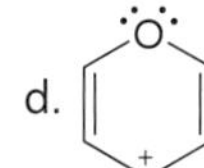
e. 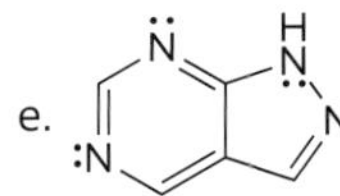
f.

15.31 각 화합물을 방향족, 반방향족, 비방향족으로 분류하라. 완전히 콘쥬게이션 고리는 모두 평면이라고 가정한다.

a. 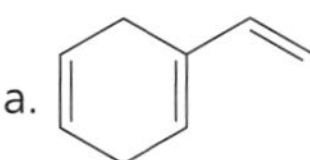
b. 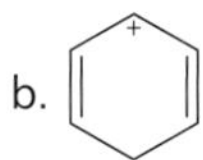
c. 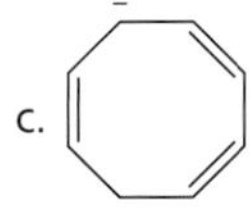
d. 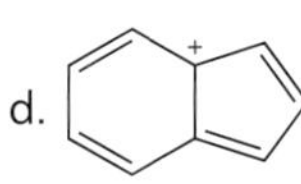
e. 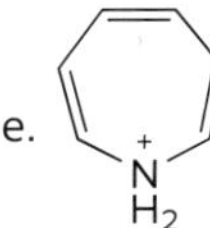
f.

15.32 탄화수소 **A**는 오직 C—C와 C—H 결합으로만 이루어졌음에도 불구하고 쌍극자가 상당히 크다. 이러한 쌍극자가 생성되는 이유를 설명하고, 공명 구조를 이용해 쌍극자의 방향을 나타내라. 어떤 고리가 더 전자가 풍부한가?

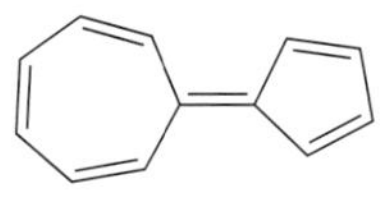

A

15.33 Pentalene, azulene과 heptalene은 모두 벤젠 고리가 없는 콘쥬게이션 탄화수소이다. π 전자의 수에 근거하여 어떤 화합물이 안정한지 또는 불안정한지 판단하고, 그 이유를 설명하라. 단, 모든 고리는 평면이라고 가정한다.

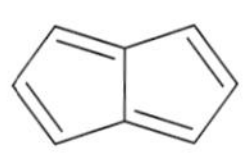

pentalene

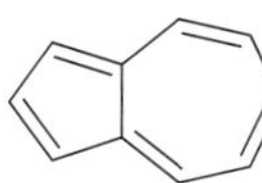
azulene

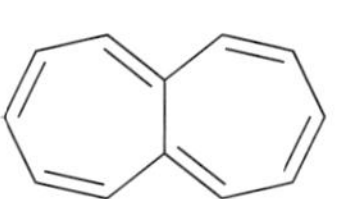
heptalene

15.34 Tofacitinib은 류머티스성 관절염의 치료제이다.

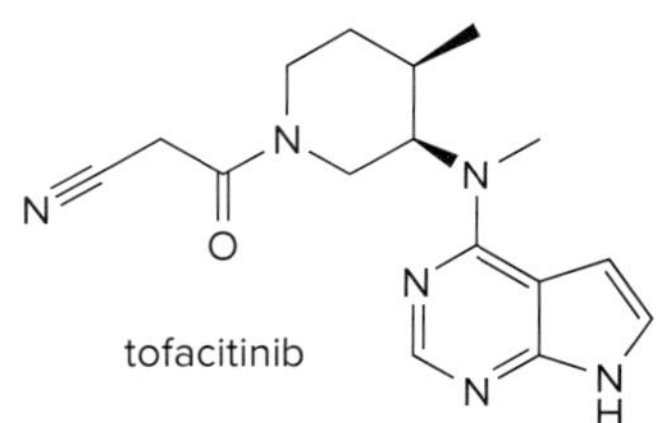

a. Tofacitinib에서 각 N 원자는 어떻게 혼성화되어 있는가?
b. N 원자에 있는 각각의 고립쌍은 어떤 종류의 오비탈에 존재하는가?

15.35 Eszopiclone(상품명 Lunesta)은 불면증을 치료하기 위하여 쓰이는 경구 약제이다.

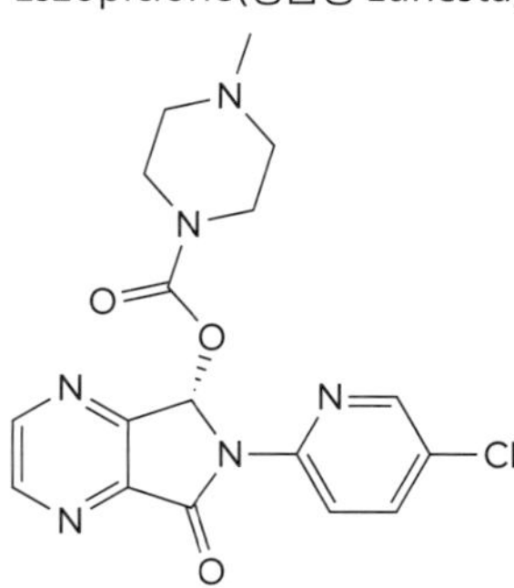

a. Eszopiclone에는 방향족 고리가 몇 개인가?
b. 각 N 원자의 혼성은 무엇인가?
c. N 원자에 있는 각각의 고립쌍은 어떤 종류의 오비탈에 존재하는가?
d. Eszopiclone에는 몇 개의 sp^2 혼성 C 원자가 있는가?

15.36

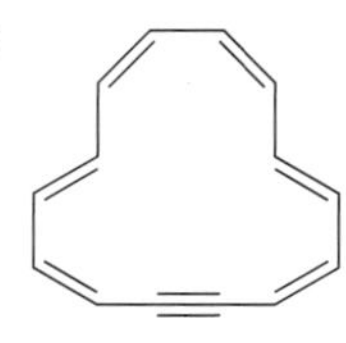

C

a. **C**에는 몇 개의 π 전자가 있는가?
b. 고리에 몇 개의 π 전자가 비편재화되어 있는가?
c. **C**가 방향족인 이유를 설명하라.

15.37 카페인을 방향족 화합물로 간주하는 이유는 무엇인가?

caffeine

15.38 S_N1 반응에서 반응성이 증가하는 순서로 염화 알킬 **A**, **B**와 **C**를 정렬하고 그렇게 정한 이유를 설명하라.

A B C

15.39 다음 반응의 단계별 메커니즘을 그려라.

[1] NaH
[2] H_2O
+ H–D + NaOH

15.40 α-Pyrone이 Br_2와 반응할 때, C=C 결합의 첨가 생성물이 아닌 치환 생성물(벤젠처럼)을 만드는 이유를 설명하라.

α-pyrone

공명

15.41 각 화학종에 대하여 공명 구조를 추가적으로 더 그려라.

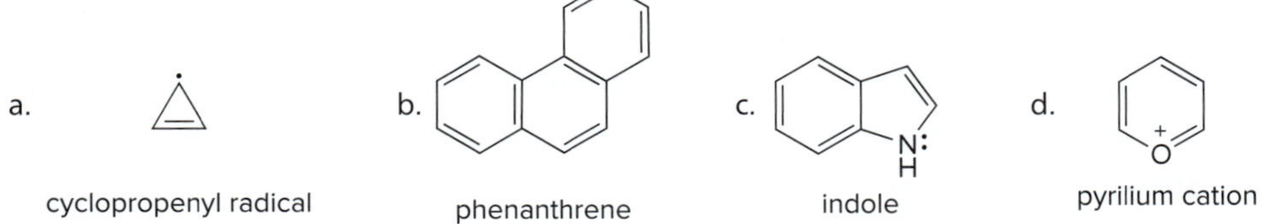

15.42 Naphthalene에서 탄소–탄소 결합 길이는 동일하지 않다. 결합 (a)가 결합 (b)보다 짧은 이유를 공명 이론을 사용하여 설명하라.

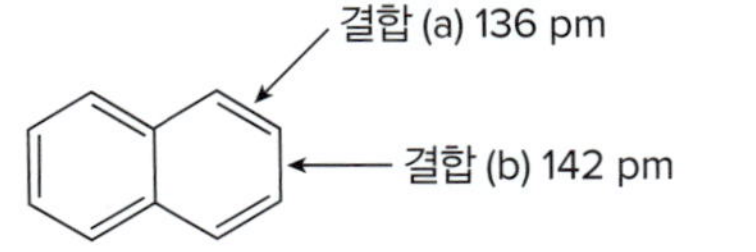

15.43

pyrrole

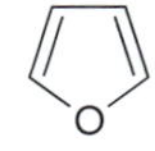
furan

a. Pyrrole에서 가능한 모든 공명 구조를 그려라. 그리고 pyrrole이 벤젠보다 공명 안정화 정도가 낮은 이유를 설명하라.

b. Furane에서 가능한 모든 공명 구조를 그려라. 그리고 furan이 pyrrole보다 공명 안정화 정도가 낮은 이유를 설명하라.

산성도

15.44 다음 화합물을 산성도가 증가하는 순서로 정렬하라.

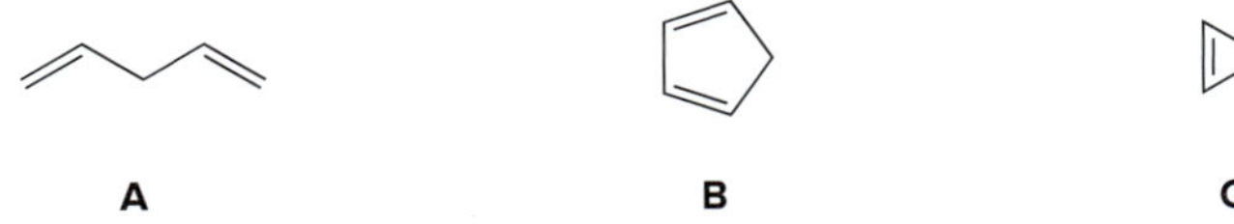

15.45 Indene을 $NaNH_2$로 처리하면 Brønsted–Lowry 산–염기 반응으로 짝염기가 만들어진다. Indene의 짝염기에 대한 가능한 모든 공명 구조를 그리고, indene의 pK_a가 대부분 탄화수소의 pK_a보다 낮은 이유를 설명하라.

indene + $NaNH_2$ ⟶ (indenyl anion) Na^+ + NH_3

indene
pK_a = 20

15.46 Pyrrrole과 cyclopentadiene의 짝염기를 그려라. Cyclopentadiene의 sp^3 혼성화 C—H 결합이 pyrrole의 N—H 결합보다 산성인 이유를 설명하라.

15.47 a. Pyrrole의 양성자 첨가가 N 원자에서 일어나 **B**가 생기지 않고, C2에서 일어나 **A**가 생기는 이유를 설명하라.

b. **A**가 pyridine의 콘쥬게이션 산인 **C**보다 더 산성인 이유를 설명하라.

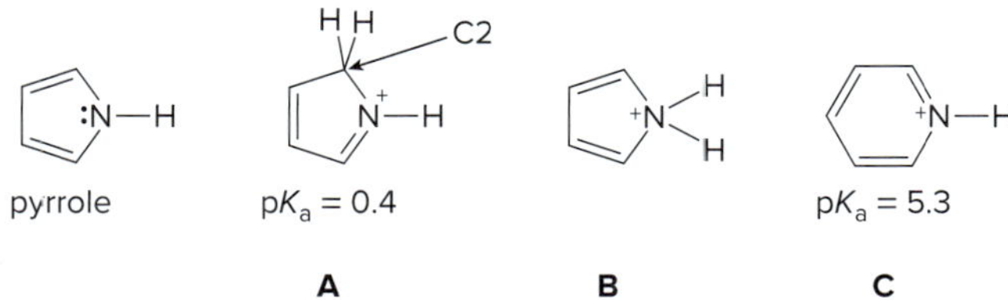

내접 다각형 방법

15.48 Cyclooctatetraene에서 내접 다각형 방법을 이용하여 분자 오비탈의 패턴을 보여라.

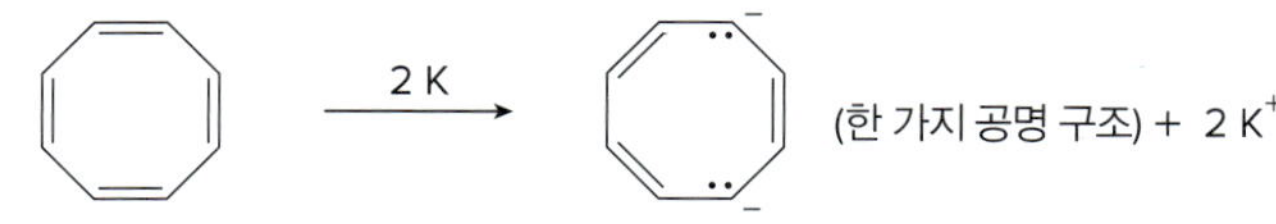

cyclooctatetraene　　cyclooctatetraene의 2가 음이온

a. MO를 결합, 반결합, 비결합으로 분류하라.

b. Cyclooctatetraene에 대하여 이러한 오비탈에 있는 전자 배열을 나타내고, cyclooctatetraene이 방향족이 아닌 이유를 설명하라.

c. Cyclooctatetraene을 포타슘으로 처리하면 2가 음이온이 생성된다. 이 2가 음이온은 얼마나 많은 π 전자를 포함하는가?

d. 이 2가 음이온에서 π 전자는 분자 오비탈에 어떻게 배열되는가?

e. Cyclooctatetraene의 2가 음이온을 방향족, 반방향족 또는 비방향족으로 분류하고, 이유를 설명하라.

역자주:
선다형 시험 6번에서처럼 문제에 나와 있는 화합물이 평면 구조라고 가정해야만 이 문제를 풀 수 있다(하지만 이 화합물은 실제로는 평면이 아니다). 문제 d와 e를 풀려면 2가 음이온이 평면 구조라는 단서가 필요하다.

15.49 내접 다각형 방법을 이용하여 cyclonona-1,3,5,7-tetraene의 분자 오비탈의 패턴을 보이고, 마찬가지 방법으로 이 분자의 양이온, 라디칼, 음이온을 방향족, 반방향족, 비방향족으로 분류하라.

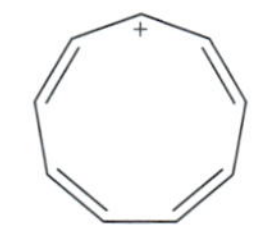

cyclononatetraenyl
양이온

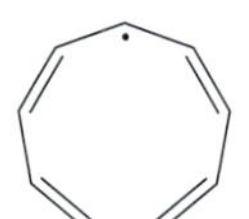

cyclononatetraenyl
라디칼

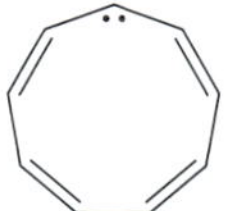

cyclononatetraenyl
음이온

역자주:
Cyclonona-1,3,5,7-tetraene은 내접 다각형 방법의 적용 대상이 아니므로 문제를 풀 수 없다. 양이온, 라디칼 또는 음이온이 평면이라고 가정하여야만 내접 다각형 방법을 이용할 수 있다.

분광법

15.50 각 화합물에는 몇 개의 ^{13}C NMR 신호가 관찰되는가?

a. 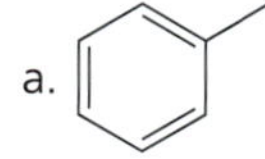

b. 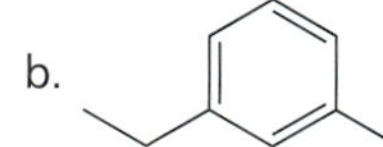

c. 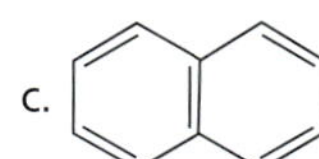

d. 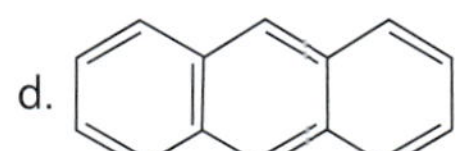

15.51 Diethylbenzene 이성질체(오쏘, 메타, 파라)와 각 ^{13}C NMR 자료를 연결하라.

[A] ^{13}C NMR 신호: 16, 29, 125, 127.5, 128.4 및 144 ppm

[B] ^{13}C NMR 신호: 15, 26, 126, 128 및 142 ppm

[C] ^{13}C NMR 신호: 16, 29, 128 및 141 ppm

15.52 각각의 자료와 일치하는 구조를 제안하라.

a. $C_{10}H_{14}$: 3150–2850, 1600 및 1500 cm^{-1}에서 IR 흡수

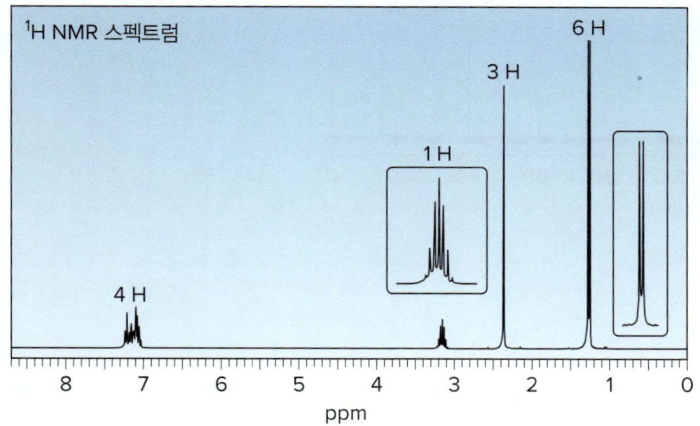

b. C_9H_{12}: 21, 127 및 138 ppm에서 ^{13}C NMR 신호

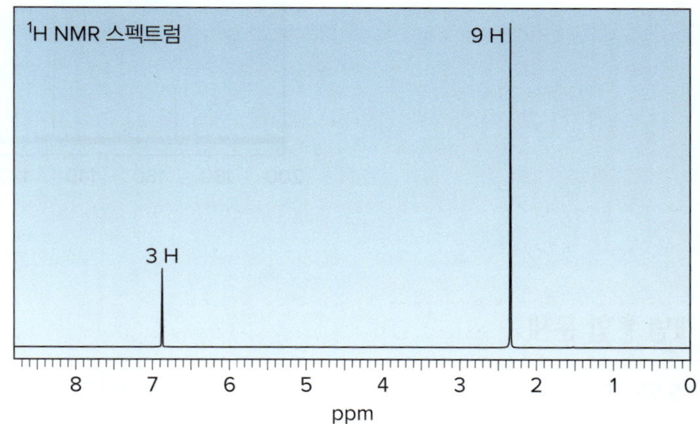

c. C_8H_{10}: 3108–2875, 1606 및 1496 cm^{-1}에서 IR 흡수

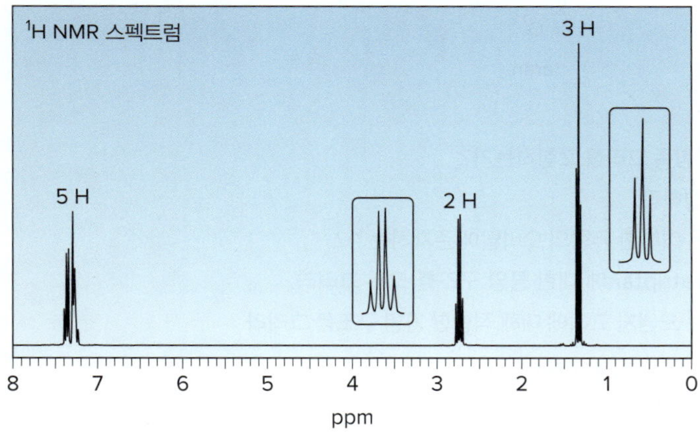

15.53 Thymol(분자식 $C_{10}H_{14}O$)은 thyme 오일의 주요 구성 성분이다. Thymol은 3500–3200, 3150–2850, 1621 및 1585 cm^{-1}에서 IR 흡수선을 보인다. Thymol의 ^{1}H NMR 스펙트럼은 아래에 나와 있다. Thymol의 가능한 구조를 제안하라.

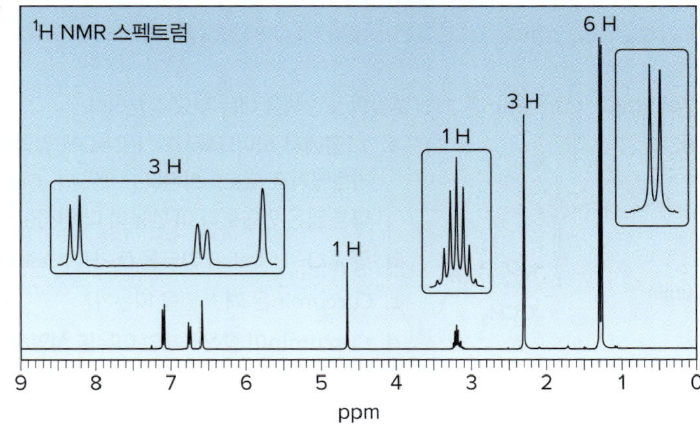

15.54 벤젠 고리 하나에 $(CH_3)_2N$–과 $-CO_2CH_2CH_3$의 두 기로 치환되어 있고 분자식이 $C_{11}H_{15}NO_2$인 화합물이 있다. 그 ^{13}C NMR 스펙트럼은 아래와 같다. ^{13}C NMR 자료에 맞는 이중 치환 벤젠의 구조는 무엇인가?

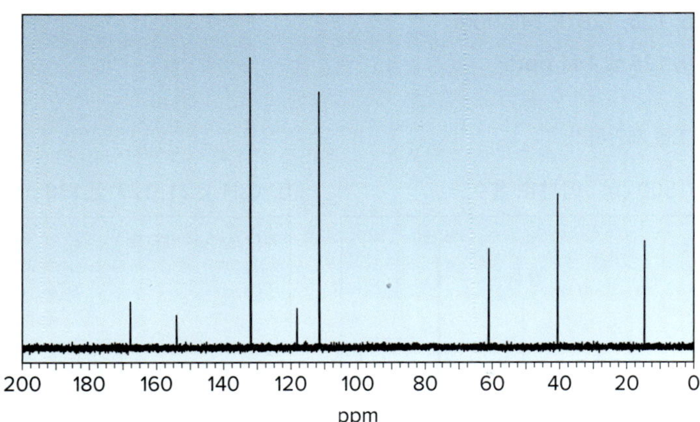

개념 통합 문제

15.55 Tetrahydrofuran과 furan은 모두 네 개의 탄소로 구성된 고리 에테이나, furan보다 tetrahydrofuran이 끓는점이 높고 물에 더 잘 녹는 이유를 설명하라.

15.56 Rizatriptan(상품명 Maxalt)은 편두통 치료제로 처방되는 약이다.

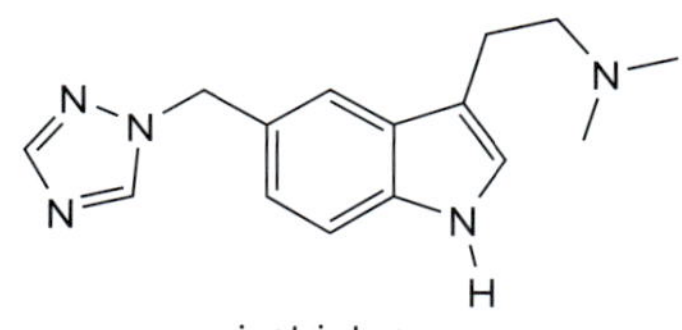

a. Rizatriptan은 몇 개의 방향족 고리를 포함하는가?
b. 각 N 원자의 혼성화를 결정하라.
c. 각 N 원자에 있는 고립쌍은 어떠한 유형의 오비탈에 존재하는가?
d. 중성 원자만 포함하는 rizatriptan에 대한 공명 구조를 모두 그려라.
e. 세 개의 N 원자를 포함하는 오원자 고리에 대해 적합한 공명 구조를 그려라.

15.57 Zolpidem(상품명 Ambien)은 빠르게 수면을 유도하기 때문에 불면증 치료제로 널리 처방된다.

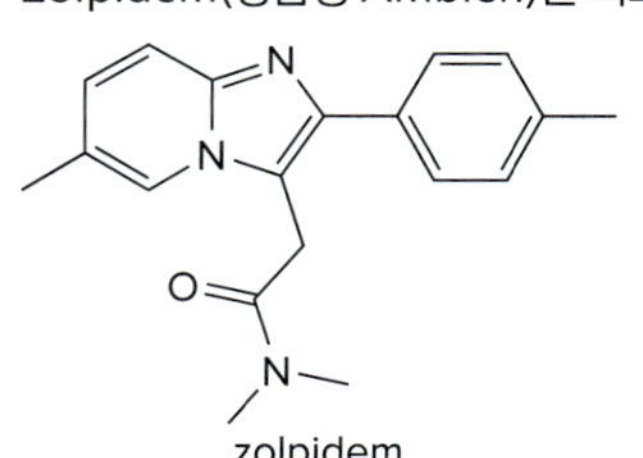

a. 헤테로 고리에 있는 각각의 N 원자의 고립쌍은 어떤 오비탈에 있는가?
b. N 원자 두 개를 함유하고 있는 두고리 구조가 방향족인 이유를 설명하라.
c. 두고리 구조의 타당한 공명 구조를 모두 그려라.

15.58 Curcumin에 대한 다음 질문에 답하라. Curcumin은 카레 분말의 노란색을 내는 주요 성분이다.

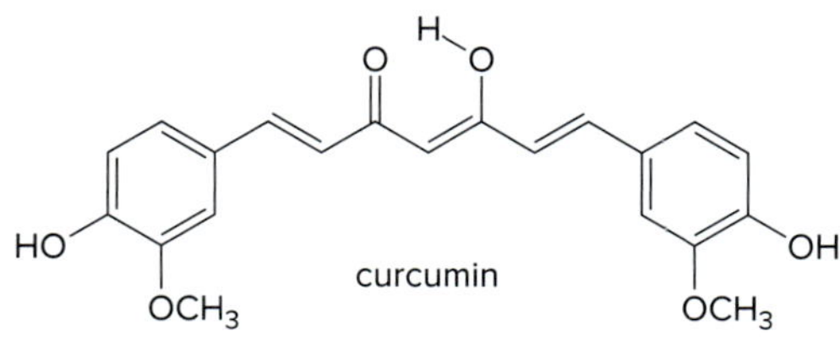

a. 11장에서 하이드록시기가 C=C에 결합하고 있는 화합물인 엔올은 대개 불안정하여 카보닐기로 토토머화된다고 배웠다. Curcumin의 엔올 구조를 케토 구조로 그리고, 다른 많은 엔올보다 이 엔올이 더 안정한 이유를 설명하라.
b. 엔올 O–H 수소가 알코올 O–H 수소보다 더 산성인 이유를 설명하라.
c. Curcumin은 왜 색깔을 띠는가?
d. Curcumin이 항산화제인 이유를 설명하라.

15.59 Stanozolol은 근육의 성장을 촉진하는 일종의 스테로이드이다. Stanozolol은 운동선수와 보디빌더(body builder)가 오랫동안 사용해왔지만 장기간 사용 시 많은 문제를 일으킨다. 그래서 스포츠 경기에서는 사용이 금지되어 있다.

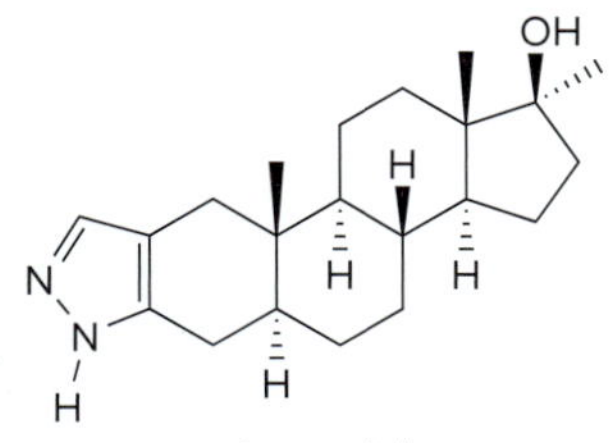

stanozolol

a. 질소 헤테로 고리인 pyrazole 고리가 방향족임을 설명하라.

b. 각각의 질소 원자의 고립쌍은 어떤 오비탈에 놓여 있는가?

c. Stanozolol의 가능한 모든 공명 구조를 쓰라.

d. Pyrazole 고리 내 N−H 결합의 pK_a가 O−H 결합의 pK_a와 비슷하고, pK_a가 40인 CH_3NH_2보다 훨씬 더 산성인 이유를 설명하라.

도전 문제

15.60 왜 **A**는 방향족이고 **B**는 비방향족인지 설명하라.

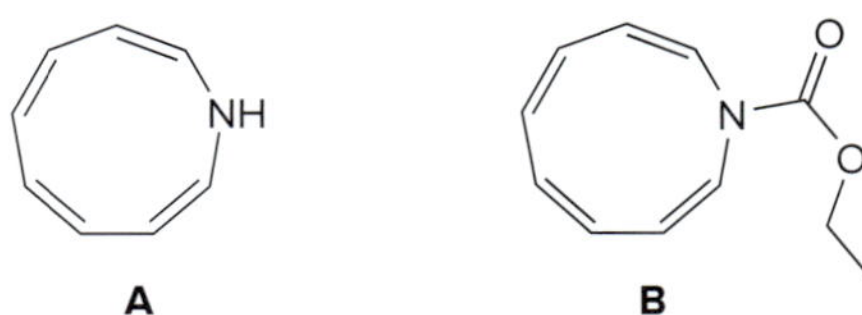

15.61 ^{1}H NMR 데이터를 보고 **C**와 그 화합물의 2가 음이온이 방향족, 반방향족, 또는 비방향족 중 어디에 속하는지 정하라. **C**는 NMR 신호가 −4.25 (6 H) ppm와 8.14−8.67 (10 H) ppm에서 나타난다. **C**의 2가 음이온의 NMR 신호는 −3 (10 H)와 21 (6 H) ppm에서 나타난다. 왜 신호가 그렇게 큰 정도로 높은장(또는 낮은장)으로 이동하는가?

C

15.62 화합물 **A**가 화합물 **B**보다 훨씬 더 안정한 이유를 설명하라.

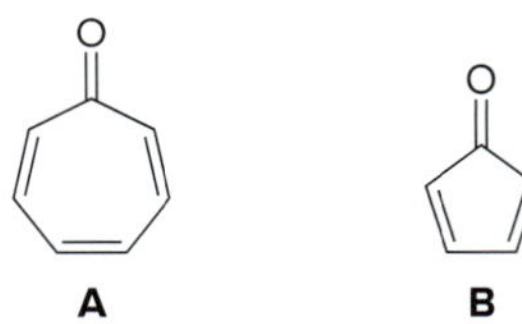

15.63 스피어민트의 주요 성분인 (*R*)-carvone은 산 촉매에 의해 thyme의 주요 성분인 carvacrol로 이성질화된다. 이 반응의 단계별 메커니즘을 쓰고, 이와 같은 이성질화가 일어나는 이유를 설명하라.

O → H_2SO_4 → OH

(*R*)-carvone　　carvacrol

15.64 Triphenylene은 Br_2와 첨가 반응을 하지 않는다는 점에서 벤젠과 비슷하지만, phenanthrene은 Br_2와 반응하여 아래에 나와 있는 첨가 생성물을 생성한다. 그 이유를 설명하라(힌트: triphenylene과 phenanthrene의 공명 구조를 모두 그려 보고, 각각의 π 결합이 어떻게 비편재화되어 있는지 결정한다).

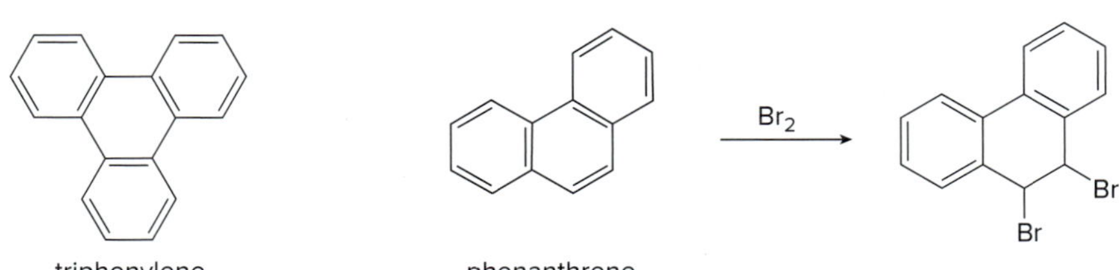

triphenylene　　phenanthrene

15.65 벤젠 자체는 ^{13}C NMR에서 128 ppm에서 피크가 나타나지만, 치환 벤젠의 탄소는 치환기의 종류에 따라 이것보다 높은장 또는 낮은장에서 피크가 나타난다. 단일 치환 벤젠의 유도체 **X**와 **Y**에서, 치환기의 오쏘(ortho) 위치의 탄소로부터 얻어진 값에 대해 설명하라.

N — 113 ppm — **X**

O, H — 130 ppm — **Y**

자가-시험 해답

1. c 2. b 3. a 4. d 5. b 6. b 7. b 8. d

방향족 화합물의 반응

Reactions of Aromatic Compounds

16

ORGANIC CHEMISTRY

Comstock/Getty Images

비타민 K_1 (phylloquinone)은 혈액이 응고하는 데 필요한 단백질 합성을 조절하는 지용성 비타민이다. 비타민 K_1은 꽃양배추, 브로콜리, 녹색 채소, 녹차 등을 섭취하여 얻을 수 있다. 비타민 K_1이 심각할 정도로 결핍되면 혈액 응고가 이루어지지 않아 과도한 출혈이 일어나고 때로는 사망을 초래할 수도 있다. 비타민 K_1은 16장에서 배우는 방향족 화합물의 핵심 반응인, 친전자성 방향족 치환 반응의 하나인 생물학적인 Friedel–Crafts 반응에 의하여 합성된다.

왜 공부하는가? . . .

방향족 화합물의 반응이란?

16장은 벤젠과 기타 방향족 화합물의 화학 반응을 설명한다. 방향족 고리는 대단히 안정하며 지금까지 살펴본 대부분의 반응에서 벤젠은 반응성은 없었지만, 벤젠은 친핵체로서 친전자체와 반응하면 방향족 특성은 잃지 않으면서 치환 생성물이 생성된다.

우리는 벤젠의 기본 반응인 친전자성 방향족 치환 반응의 특징과 메커니즘(16.1–16.5절)에서 출발하여 치환된 벤젠의 친전자성 방향족 치환 반응을 살펴보고(16.6–16.12절), 친핵성 방향족 치환 반응과 벤젠 유도체의 몇 가지 유용한 반응(16.13–16.15절)으로 마무리할 것이다. 이러한 반응은 항우울제, 항정신병 약물과 당뇨병 치료제의 합성에 사용되고 있다.

16.1 친전자성 방향족 치환 반응

구조와 성질에 기초하여, 벤젠은 어떤 종류의 반응을 하는가? 특별히 약한 결합이 존재하는가? 전자가 풍부하거나 부족한 원자가 있는가?

- 벤젠은 여섯 개의 π 전자가 고리의 아래와 위에서 서로 중첩되는 여섯 개의 *p* 오비탈에 퍼져 있는 구조를 하고 있다. 이렇게 느슨하게 붙잡혀 있는 π 전자르 인해 벤젠 고리는 전자가 풍부하고, 따라서 **친전자체**와 반응하게 된다.
- 벤젠에 있는 여섯 개의 π 전자는 Hückel 규칙을 만족하므로 벤젠은 아주 안정하다. 따라서 방향족 고리를 유지하는 반응이 선호된다.

결과적으로 **벤젠의 특징적인 반응은 수소 원자 하나가 친전자체로 치환되는 친전자성 방향족 치환 반응(*electrophilic aromatic substitution*)**이다.

친전자성 방향족 치환 반응

C_6H_5–H + E^+ ⟶ C_6H_5–E + H^+

방향족 화합물

15.6절에서 배웠듯이 벤젠에 첨가 반응이 일어나면 방향족이 아닌 생성물이 만들어지기 때문에 벤젠은 다른 불포화 탄화수소처럼 첨가 반응을 일으키지 않는다. 그러나 수소가 치환되면 방향족 성질은 그대로 유지된다.

그림 16.1에는 다섯 종류의 친전자성 방향족 치환 반응의 구체적인 예가 나타나 있다. 16.2절에서 논의하겠지만, 메커니즘은 이 다섯 종류의 반응에서 거의 같다. 단지 친전자체 E^+의 특성만 다를 뿐이다.

문제 16.1 벤젠은 알켄보다 더 많은 π 전자(6 대 2)가 있음에도 불구하고 알켄보다 친전자체에 대하여 반응성이 작은 이유는 무엇인가?

그림 16.1
친전자성 방향족 치환 반응의 다섯 가지 예

반응			친전자체
[1] 할로젠화 반응—H를 X (Cl 또는 Br)로 치환			
벤젠	$\xrightarrow[FeX_3]{X_2}$ (X = Cl, X = Br)	할로젠화 아릴	$E^+ = Cl^+$ or Br^+
[2] 나이트로화 반응—H를 NO_2로 치환			
벤젠	$\xrightarrow[H_2SO_4]{HNO_3}$	nitrobenzene	$E^+ = \overset{+}{N}O_2$
[3] 설폰화 반응—H를 SO_3H로 치환			
벤젠	$\xrightarrow[H_2SO_4]{SO_3}$	benzenesulfonic acid	$E^+ = \overset{+}{S}O_3H$
[4] Friedel–Crafts 알킬화 반응—H를 R로 치환			
벤젠	$\xrightarrow[AlCl_3]{RCl}$	알킬 벤젠 (아렌)	$E^+ = R^+$
[5] Friedel–Crafts 아실화 반응—H를 RCO로 치환			

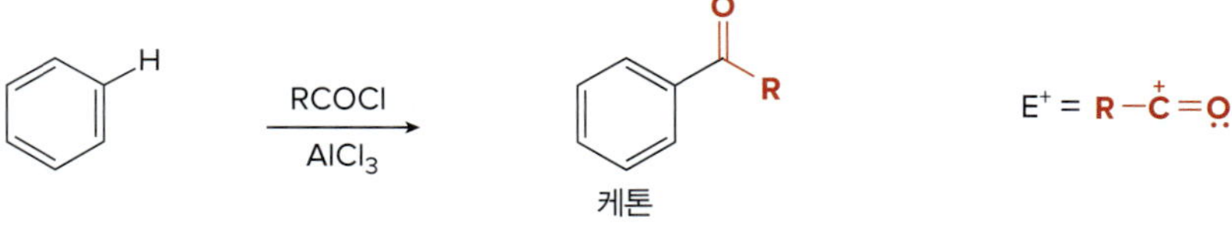

Friedel–Crafts 알킬화 반응과 아실화 반응은 19세기에 새로운 탄소–탄소 결합을 생성하는 반응을 발견한 Charies Friedel과 James Crafts의 이름을 따서 명명되었다.

16.2 일반적인 메커니즘

어떤 친전자체를 사용하여 반응시키든지 거의 모든 친전자성 방향족 치환 반응의 메커니즘은 16.1에서 보는 바와 같이 **두 단계 메커니즘**으로 나타낼 수 있다. 즉 친전자체 E^+가 첨가되면 공명 안정화된 탄소 양이온이 생성되고, 이어서 염기에 의한 양성자 제거가 일어난다.

메커니즘 16.1 일반적인 메커니즘—친전자성 방향족 치환 반응

H, E^+ → [1] 느림 → (H, E, +) ⟷ (H, E, +) ⟷ (H, E, +), :B → [2] → E + H—B$^+$

공명 안정화된 탄소 양이온

1. 친전자체 E^+가 첨가되면 새로운 C—E 결합이 생성되면서 **공명 안정화된 탄소 양이온**이 생성된다. 벤젠의 방향족성을 잃어버리므로 이 단계가 속도 결정 단계이다.
2. **친전자체와 결합하고 있는 탄소에 있는** 양성자를 염기가 제거하면 방향족 고리가 다시 생성된다. 생성물을 그리는 데는 어떤 공명 구조도 사용될 수 있다.

친전자성 방향족 치환 반응의 첫 단계에서는 탄소 양이온이 생성되며 세 개의 공명 구조를 그릴 수 있다. 양전하의 위치를 추적하기 위해서는

- E가 결합된 탄소에 수소를 표시하라. 그러면 이 탄소가 탄소 양이온 중간체 내에서 유일한 sp^3 혼성화된 탄소임이 보일 것이다.
- 주어진 공명 구조에서 양전하는 항상 새로운 C−E 결합의 오쏘(ortho)나 파라(para) 위치에 존재함을 기억하라. 따라서 혼성체에서는 전하가 고리의 세 원자에 분산되어 있는 것을 볼 수 있다.

(+)는 E에 대해 오쏘 ⟷ (+)는 E에 대해 파라 ⟷ (+)는 E에 대해 오쏘 　　혼성체

친전자성 방향족 치환 반응에서의 이 두 단계 메커니즘은 그림 16.1의 모든 친전자체에 적용된다. 따라서 **알짜 반응은 친전자체(E^+)가 첨가된 뒤에 양성자(H^+)가 제거되어 H가 E로 치환되는 것이다.**

친전자성 방향족 치환 반응에서의 에너지 변화를 그림 16.2에 나타내었다. 첫 단계의 전이 상태 에너지가 더 높으므로 이 단계가 속도 결정 단계이다.

문제 16.2 메커니즘 16.1의 단계 [2]는 양성자를 잃고 치환 생성물이 생기는 과정을 하나의 공명 구조만 이용하여 나타내었다. 어떻게 나머지 두 개의 공명 구조가 :B에 의한 양성자 제거로 치환 생성물(PhE)로 변환되는지를 굽은 화살표를 이용해서 나타내라.

그림 16.2
친전자성 방향족 치환 반응에 대한 에너지 도표: PhH + E^+ → PhE + H^+

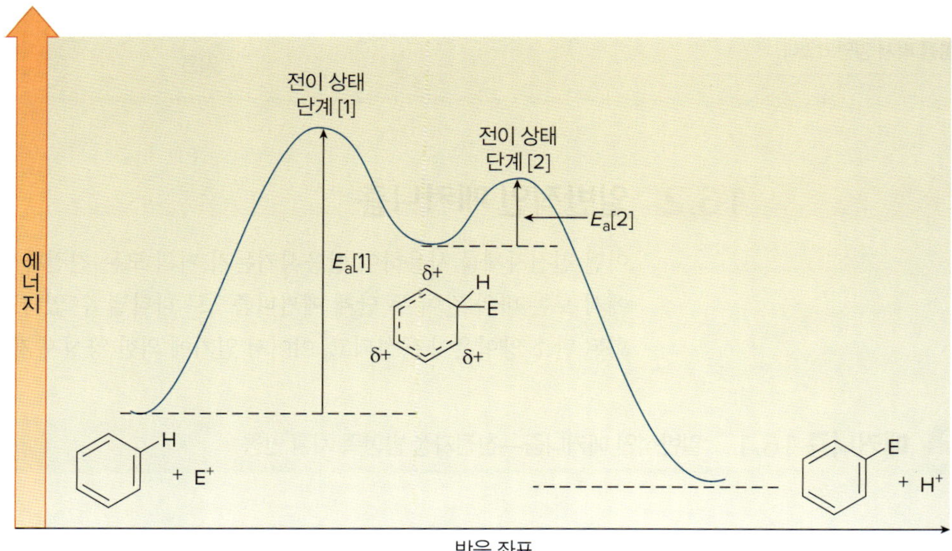

- 반응 메커니즘은 두 단계로서 두 개의 에너지 장벽이 존재한다.
- **첫 번째 단계가 속도 결정 단계이다**; 이 단계의 전이 상태가 에너지가 더 높다.

16.3 할로젠화 반응

메커니즘 16.1에 나타낸 일반적인 메커니즘은 그림 16.1에 나오는 다섯 종류의 친전자성 방향족 치환 반응에 모두 적용될 수 있다. 각 메커니즘마다 친전자체를 생성하는 방법을 기억하여야 한다. 이

단계는 친전자체마다 다르다. 생성된 친전자체는 메커니즘 16.1에서와 같이 두 단계 과정으로 벤젠과 반응한다. 두 단계로 진행되는 것은 다섯 종류의 반응에서 모두 같다.

할로젠화 반응(halogenation)은 $FeCl_3$ 또는 $FeBr_3$와 같은 Lewis 산 촉매 존재하에서 벤젠이 Cl_2 또는 Br_2와 치환 반응을 하여 chlorobenzene과 bromobenzene 같은 **할로젠화 아릴(aryl halide)**을 생성하는 반응이다. I_2의 경우에는 반응성이 너무 낮고, F_2의 경우에는 반응성이 너무 커서 격렬하게 반응하기 때문에 유기 합성법으로는 그다지 유용한 방법이 아니다.

Cl_2, $FeCl_3$ → chlorobenzene
Br_2, $FeBr_3$ → bromobenzene

브로민화 반응(메커니즘 16.2)에서는 먼저 Lewis 산 $FeBr_3$가 Br_2와 반응하여 **산-염기 착물**을 생성하면 Br—Br 사이의 결합이 약해지고 극성을 띠게 되어 더욱 친전자적이 된다. 이 반응이 벤젠의 브로민화 반응에 대한 메커니즘의 단계 [1]이다. 이어지는 두 단계는 친전자성 방향족 치환 반응에 대한 전형적인 메커니즘을 따르는 단계이다. 친전자체(이 경우 Br^+)가 첨가되면 공명 안정화된 탄소 양이온이 생성되고, 이어서 양성자를 잃음으로써 방향족 고리로 되돌아오게 된다.

메커니즘 16.2 벤젠의 브로민화 반응

$:\ddot{Br}-\ddot{Br}: + FeBr_3$ → (1) → $:\ddot{Br}-\overset{+}{Br}-\overset{-}{F}eBr_3$

벤젠 + $Br-\overset{+}{Br}-\overset{-}{F}eBr_3$ → (2) → 공명 안정화된 탄소 양이온 + $FeBr_4^-$ → (3) → bromobenzene + HBr + $FeBr_3$

1. Br_2와 $FeBr_3$가 Lewis 산-염기 반응을 하면 Br—Br 결합이 약해져서 Br^+가 생긴다.
2. 친전자체가 첨가되면 새로운 C—Br 결합이 생기면서 **공명 안정화된 탄소 양이온**이 만들어진다.
3. $FeBr_4^-$가 **친전자체가 결합한 탄소로부터** 양성자를 제거하고 방향족 고리를 다시 생성한다. Lewis 산 촉매 $FeBr_3$는 다시 생성되어 다음 반응에 사용된다.

염소화 반응도 브로민화 반응과 유사한 메커니즘으로 진행된다. 벤젠 고리에 할로젠 치환기를 도입하는 반응은 널리 사용되고 있으며, 그림 16.3에 나타낸 것처럼 생물학적 활성이 있는 많은 할로젠화 방향족 화합물이 이러한 방법으로 합성되었다.

문제 16.3 벤젠이 Cl_2, $FeCl_3$와 반응하였을 때 생성되는 양이온에 대한 타당한 Lewis 구조가 **아닌** 화학종은 어떤 것인가?

A B C D

그림 16.3
생물학적으로 활성인 아릴 염화물

일반명: **bupropion**
상품명: **Wellbutrin, Zyban**
항우울제,
또한 니코틴 갈망을 줄이는 데 사용

chlorpheniramine
항히스타민제

제초제는 빽빽한 정글의 잎을 제거할 목적으로 베트남 전쟁에 많이 사용되었다. 어떤 지역은 아직도 토양에 제초제 부산물의 농도가 매우 높게 남아 있다.

Source: National Archives and Records Administration [NWDNS-111-C-CC59950]

2,4-D
2,4-dichlorophenoxy-acetic acid
제초제

2,4,5-T
2,4,5-trichlorophenoxy-acetic acid
제초제

베트남 전쟁에서 사용된 고엽제
에이전트 오렌지(Agent Orange)의 활성 성분

16.4 나이트로화 반응과 설폰화 반응

벤젠의 **나이트로화 반응(nitration)**과 **설폰화 반응(sulfonation)**은 방향족 고리에 나이트로기 또는 설폰기를 도입하는 반응이다. 나이트로화 반응은 효용 가치가 높은데 나중에 나이트로기는 16.14절에서 다룰 반응에서 흔한 벤젠 치환기인 NH_2기로 환원될 수 있기 때문이다.

benzene $\xrightarrow[H_2SO_4]{HNO_3}$ nitrobenzene $\xrightarrow{16.14D절}$ aniline

benzene $\xrightarrow[H_2SO_4]{SO_3}$ benzenesulfonic acid

나이트로화 반응과 설폰화 반응을 일으키는 친전자체가 만들어지기 위해서는 센산이 필요하다. **나이트로화 반응에**서 친전자체는 질산(HNO_3)에 양성자가 첨가된 후 탈수가 되면 생성되는 $^+NO_2$(**나이트로늄 이온**)이다(메커니즘 16.3).

메커니즘 16.3 나이트로화 반응에 필요한 나이트로늄 이온($^+NO_2$)의 생성

$$HO-NO_2 + H-OSO_3H \xrightarrow{1} H_2\overset{+}{O}-NO_2 + HSO_4^- \xrightarrow{2} H_2O: + {}^+NO_2 = :O=\overset{+}{N}=O:$$

친전자체

설폰화 반응의 경우에는 삼산화 황(SO_3)에 양성자가 첨가되면 친전자체로 반응하는 양으로 하전된 $^+SO_3H$가 생긴다(메커니즘 16.4).

메커니즘 16.4 설폰화에 필요한 친전자체인 $^+SO_3H$의 생성

$$SO_3 + H-OSO_3H \longrightarrow {}^+SO_3H + HSO_4^-$$

친전자체

이러한 단계는 나이트로화 반응과 설폰화 반응에서 친전자체 E^+가 어떻게 생성되는지를 보여 주는데, 이 과정이 친전자성 방향족 치환 반응 메커니즘의 첫 번째 단계이다. 이 메커니즘을 완결지으려면, 메커니즘 16.1에서 친전자체 E^+를 $^+NO_2$ 또는 $^+SO_3H$로 교체하면 된다. 따라서 **H가 E로 치환되는 두 단계 반응 메커니즘은 E^+에 관계없이 같다.** 벤젠과 나이트로늄 이온의 반응에 대한 예가 예제 16.1에 나와 있다.

예제 16.1 벤젠의 나이트로화 반응의 메커니즘 그리기

벤젠의 나이트로화 반응의 메커니즘을 단계별로 나타내라.

$$\text{benzene} \xrightarrow[H_2SO_4]{HNO_3} \text{nitrobenzene}$$

nitrobenzene

풀이

우선 친전자체가 만들어져야 하므로 친전자체가 생성되는 과정을 나타내고, 이를 사용하여 친전자성 방향족 치환 반응의 두 단계 메커니즘을 나타내면 된다.

단계 [1] $^+NO_2$ 친전자체 생성

$$HONO_2 + H-OSO_3H \xrightarrow{1} H_2\overset{+}{O}-NO_2 + HSO_4^- \xrightarrow{2} H_2O: + {}^+NO_2$$

단계 [2] 친전자성 방향족 치환 반응에 대한 두 단계 메커니즘

$$C_6H_6 + {}^+NO_2 \xrightarrow{3} [C_6H_6NO_2]^+ \xrightarrow{4} C_6H_5NO_2 + H_2SO_4$$

[+ 두 개의 추가 공명 구조]

고립 전자쌍을 지닌 모든 화학종은 반응의 마지막 단계인 양성자 제거에 쓰일 수 있다. 위의 경우 친전자체 $^+NO_2$가 생성될 때 생성된 HSO_4^-가 양성자 제거에 쓰인다.

문제 16.4 **A**와 같은 알킬 벤젠을 설폰화 반응시키면 치환된 벤젠설폰산 **B**가 형성된다. 이 반응의 단계별 메커니즘을 나타내라. **B**가 염기와 반응하면 소듐 염(**C**)이 생기는데, 이 염이 바로 때를 제거하는 합성 세제이다.

$$\mathbf{A} \xrightarrow[H_2SO_4]{SO_3} \mathbf{B}\ (SO_3H) \xrightarrow{NaOH} \mathbf{C}\ (SO_3^-\ Na^+)$$

합성세제 **C**

16.5 Friedel–Crafts 알킬화 반응과 Friedel–Crafts 아실화 반응

Friedel–Crafts 알킬화 반응(Friedel–Crafts alkylation)과 **Friedel–Crafts 아실화 반응(Friedel–Crafts acylation)**은 새로운 탄소–탄소 결합을 생성한다.

16.5A 일반적인 특징

Friedel–Crafts 알킬화 반응은 벤젠이 할로젠화 알킬과 Lewis 산($AlCl_3$) 존재하에서 반응하여 알킬 벤젠이 생성되는 반응이다. 이 반응에서는 알킬기가 한 원자로부터 다른 원자로 이동(Cl로부터 벤젠으로)하기 때문에 이러한 반응을 **알킬화 반응**이라고 한다.

Friedel–Crafts 알킬화 반응

RCl, $AlCl_3$ → R + HCl

알킬 벤젠

Cl, $AlCl_3$ + HCl

Friedel–Crafts 아실화 반응은 벤젠 고리가 **산 염화물**(RCOCl) 및 $AlCl_3$ 존재하에서 반응하여 케톤이 생성되는 반응이다. 벤젠 고리에 새로 도입되는 작용기를 **아실기(acyl group)**라고 하기 때문에, 한 원자에서 다른 원자로 아실기가 이동하는 반응은 **아실화 반응**이다.

Friedel–Crafts 아실화 반응

+ O R Cl, $AlCl_3$ → O R + HCl

산 염화물 케톤 아실기

+ O Cl, $AlCl_3$ → O + HCl

산 염화물은 **아실 염화물**이라고도 한다.

문제 16.5 벤젠을 $AlCl_3$ 존재하에 다음 각 유기 할로젠화물과 반응시키면 어떤 생성물이 얻어지는가?

a. Cl b. Cl c. O Cl

문제 16.6 Friedel–Crafts 아실화 반응을 이용하여 벤젠으로부터 다음의 케톤을 합성하고자 할 때 어떤 산 염화물이 필요한가?

a. O b. O c. O

16.5B 메커니즘

알킬화 반응과 아실화 반응도 할로젠화 반응, 나이트로화 반응, 설폰화 반응의 메커니즘과 유사한 방법으로 진행되며, 각 반응의 유일한 차이점은 친전자체가 생성되는 방법이다.

Friedel–Crafts 알킬화 반응에서 Lewis 산 $AlCl_3$이 염화 알킬과 반응하면, 염화 알킬로서 CH_3CH_2Cl과 $(CH_3)_3CCl$을 이용하여 보였듯이 **Lewis 산–염기 착물**이 생성된다. 메커니즘 16.5에서 보듯이 염화 알킬의 특성이 반응의 정확한 경로를 결정한다.

메커니즘 16.5 Friedel–Crafts 알킬화 반응의 친전자체 생성—두 가지 방법

방법 [1] CH_3Cl과 1° RCl에 대해:

$CH_3CH_2\ddot{Cl}: + AlCl_3 \longrightarrow CH_3CH_2\overset{+}{Cl}-\overset{-}{Al}Cl_3$

친전자체
Lewis 산–염기 착물

방법 [2] 2°와 3° RCl에 대해:

$(CH_3)_3C\ddot{Cl}: + AlCl_3 \xrightarrow{1} (CH_3)_3C-\overset{+}{Cl}-\overset{-}{Al}Cl_3 \xrightarrow{2} (CH_3)_3C^+ + AlCl_4^-$

Lewis 산–염기 착물 **친전자체**

- CH_3Cl이나 1° RCl의 경우는 Lewis의 산–염기 착물 자체가 친전자성 방향족 치환을 위한 친전자체로 반응한다.
- 2° 또는 3° RCl의 경우에는 Lewis 산–염기 착물이 더 반응하여 2° 또는 3° 탄소 양이온이 얻어지고, 이것이 친전자체로 작용한다. 2° 또는 3° RCl의 경우에만 탄소 양이온이 생성되는데, 그 이유는 이들로부터 더 안정한 탄소 양이온이 나오기 때문이다.

위의 두 경우 모두 친전자체는 친전자성 방향족 치환 반응의 특징인 두 단계 메커니즘으로 벤젠과 반응한다. 3° 탄소 양이온 $(CH_3)_3C^+$를 사용하는 반응 메커니즘이 메커니즘 16.6에 나와 있다.

메커니즘 16.6 3° 탄소 양이온을 사용하는 Friedel–Crafts 알킬화 반응

벤젠 + $(CH_3)_3C^+$ (**탄소 양이온**) $\xrightarrow{1}$ 양이온 중간체 [+ 두 개의 추가 공명 구조] + $:\ddot{Cl}-\overset{-}{Al}Cl_3$ $\xrightarrow{2}$ tert-부틸벤젠 + HCl + $AlCl_3$

1 친전자체인 탄소 양이온이 첨가되어 **새로운 탄소–탄소** 결합이 생긴다.

2 $AlCl_4^-$가 새로운 치환기가 결합된 탄소로부터 양성자를 제거하면 방향족 고리가 재생된다.

Friedel–Crafts 아실화 반응에서 Lewis 산 $AlCl_3$는 산 염화물의 탄소–할로젠 결합을 이온화한다. 이로써 생성되는 양으로 하전된 공명 안정화된 탄소 친전자체를 **아실륨 이온(acylium ion)**이라 부른다(메커니즘 16.7). 아실륨 이온의 양으로 하전된 탄소 원자가 벤젠과 반응한다. 이 반응은 두 단계로 일어나는 친전자성 방향족 치환 반응이다.

메커니즘 16.7 Friedel–Crafts 아실화 반응에서 친전자체의 생성

$RCOCl + AlCl_3 \xrightarrow{1} RC(=O)-\overset{+}{Cl}-\overset{-}{Al}Cl_3 \xrightarrow{2} R-\overset{+}{C}=\ddot{O}: \longleftrightarrow R-C\equiv\overset{+}{O}: + AlCl_4^-$

Lewis 산–염기 착물 **공명 안정화된 아실륨 이온**

완전한 아실화 반응 메커니즘은 예제 16.2에 나타낸 바와 같이 전형적인 반응 메커니즘에 친전자체(아실륨 이온)를 끼워 넣고 나머지 두 단계를 그리면 된다.

예제 16.2 Friedel–Crafts 반응의 메커니즘 그리기

Friedel–Crafts 아실화 반응의 메커니즘을 단계별로 그려라.

AlCl$_3$ + HCl

풀이

먼저 **아실륨 이온**을 생성시키고, 이것을 친전자체로 사용하여 친전자성 방향족 치환 반응의 두 단계 메커니즘을 나타내면 된다.

부분 [1] 친전자체$(CH_3CO)^+$의 생성

AlCl$_3$ → 1 → Lewis 산–염기 착물 → 2 → 공명 안정화된 아실륨 이온 + $AlCl_4^-$

부분 [2] 친전자성 방향족 치환 반응에 대한 두 단계 메커니즘

3 → [+ 두 개의 추가 공명 구조] + :Cl–AlCl$_3$ → 4 → + HCl + AlCl$_3$

문제 16.7 각 산 염화물로부터 어떠한 아실륨 이온이 형성되는가?

a. b. c.

추가 문제: 문제 16.11, 16.61을 풀어보라.

16.5C Friedel–Crafts 알킬화 반응에 대한 다른 사실

Friedel–Crafts 알킬화 반응에 대해 세 가지 정도 추가로 알아두어야 할 내용이 있다.

[1] 할로젠화 바이닐(vinyl halide)이나 할로젠화 아릴(aryl halide)은 Friedel–Crafts 알킬화 반응을 일으키지 않는다.

대부분의 Friedel–Crafts 반응에는 탄소 양이온 친전자체가 수반된다. 할로젠화 바이닐과 할로젠화 아릴로부터 유래되는 탄소 양이온은 매우 불안정하고 쉽게 생성되지 않기 때문에 이러한 할로젠화물은 Friedel–Crafts 알킬화 반응을 일으키지 않는다.

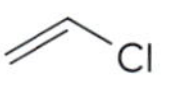

할로젠화 바이닐
반응성이 없음

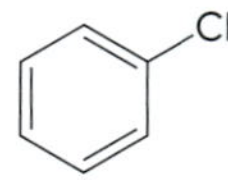

할로젠화 아릴
반응성이 없음

문제 16.8 다음 구조 중에서 Friedel–Crafts 알킬화 반응을 일으키지 않는 것은 어느 것인가?

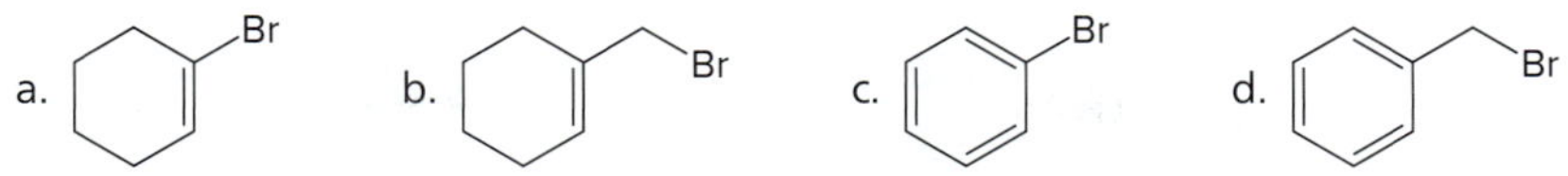

a. b. c. d.

[2] 자리 옮김 반응이 일어날 수 있다.

Friedel–Crafts 반응은 반응식 [1]과 [2]에서 보듯이 반응물이 1° 또는 2° 할로젠화 알킬이면 탄소 골격이 자리를 옮긴 생성물이 생성될 수 있다. 이 두 반응에서 보듯이 출발물에서 할로젠에 결합하고 있던 탄소 원자(푸른색으로 표시)가 생성물에서는 벤젠 고리에 결합되어 있지 않다. 이러한 사실은 반응 도중에 자리 옮김이 일어났다는 것을 의미한다.

수소나 알킬기의 1,2-이동으로 상대적으로 불안정한 탄소 양이온이 보다 안정한 탄소 양이온으로 바뀐다. 9.9절의 내용을 상기하라.

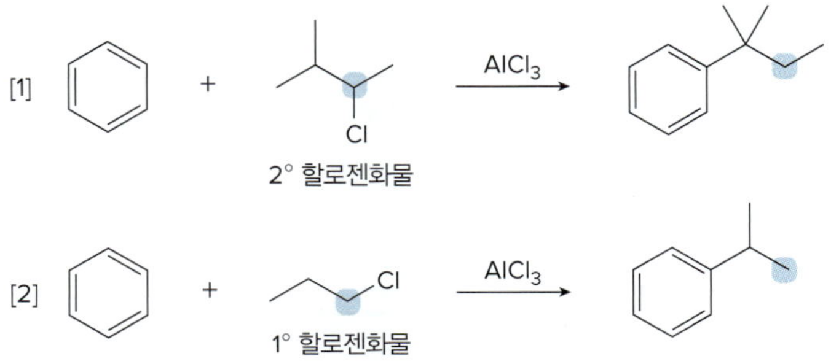

[1] + → ($AlCl_3$)
2° 할로젠화물

[2] + → ($AlCl_3$)
1° 할로젠화물

반응식 [1]의 결과는 탄소 양이온의 1,2-수소화물 이동이라는 자리 옮김 반응으로 설명할 수 있다. 메커니즘 16.8에 나타낸 바와 같이 **덜 안정한 2° 탄소 양이온(2° 할로젠화물로부터 생성)은 더 안정한 3° 탄소 양이온으로 자리 옮김이 일어난다.**

메커니즘 16.8 탄소 양이온의 자리 옮김을 수반하는 Friedel–Crafts 알킬화 반응

부분 [1] 2° 탄소 양이온 생성과 자리 옮김 반응

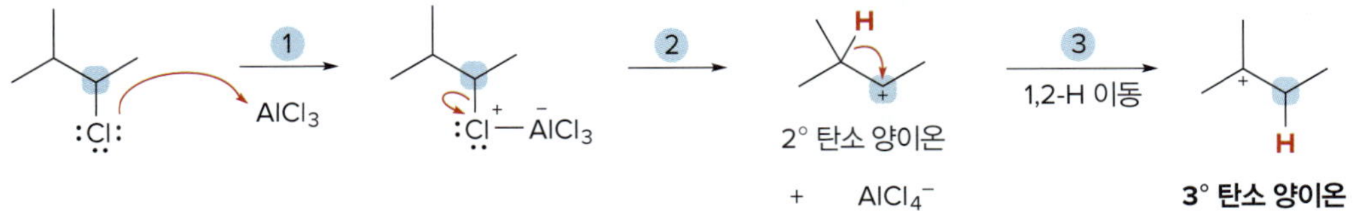

1~2 염화 알킬이 $AlCl_3$와 Lewis 산–염기 반응을 하고 C–Cl 결합이 끊어지면 2° 탄소 양이온이 생성된다.

3 **1,2-수소화물 이동**은 2° 탄소 양이온을 **더 안정한 3° 탄소 양이온**으로 전환한다.

부분 [2] 친전자성 방향족 치환 반응의 두 단계 메커니즘

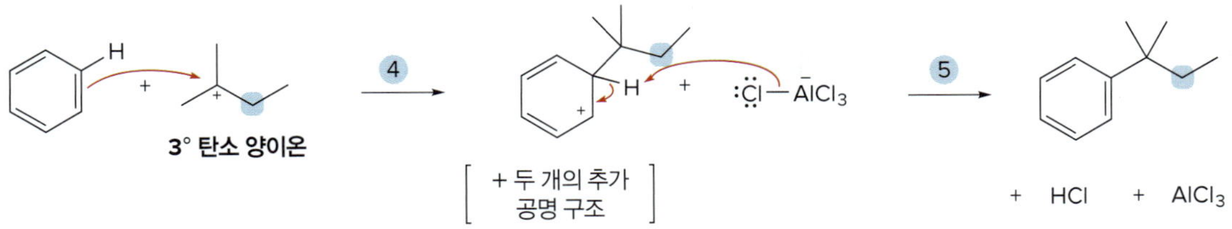

4 3° 탄소 양이온 첨가는 새로운 탄소–탄소 결합을 만들고 **공명 안정화 탄소 양이온**을 생성한다.

5 $AlCl_4^-$이 새로운 치환체가 있는 탄소에서 양성자를 제거하면 방향족 고리가 다시 생성된다.

자리 옮김 반응은 완전히 독립된 탄소 양이온이 생성되지 않아도 일어날 수 있다. 예를 들면, 반응식 [2]에서 1° 염화 알킬은 $AlCl_3$와 착물을 생성하지만 이 착물은 매우 불안정한 1° 탄소 양이온으로 분해되지 않는다(메커니즘 16.9). 대신에 **1,2-수소화물 이동**이 일어나 2° 탄소 양이온이 생성되고 두 단계로 일어나는 친전자성 방향족 치환 반응에서 친전자체로 작용한다.

메커니즘 16.9 1° 염화 알킬의 자리 옮김 반응

문제 16.9 다음 반응의 메커니즘을 단계별로 나타내라.

[3] 탄소 양이온을 생성할 수 있으면 어떤 작용기도 출발물로 사용될 수 있다.

할로젠화 알킬은 Friedel–Crafts 알킬화 반응을 잘 일으키지만 탄소 양이온을 쉽게 생성하는 어떠한 화합물도 할로젠화 알킬 대신 사용될 수 있다. 가장 흔히 쓰이는 대체 물질은 센산의 존재하에서 쉽게 탄소 양이온을 생성하는 알켄과 알코올이다.

- 알켄에 양성자가 첨가되면 탄소 양이온이 얻어지고, 이 양이온이 Friedel–Crafts 알킬화 반응에서 친전자체로 반응한다.
- 알코올에 양성자가 첨가된 다음, 물이 제거되어도 탄소 양이온이 생긴다.

각 탄소 양이온이 벤젠과 반응하면 친전자성 방향족 치환 반응 생성물이 생성된다. 예를 들면,

문제 16.10 다음 각 반응의 생성물을 그려라.

a. benzene + cyclohexene $\xrightarrow{H_2SO_4}$

b. benzene + 2-methylpropene $\xrightarrow{H_2SO_4}$

c. benzene + 2-methyl-2-pentanol $\xrightarrow{H_2SO_4}$

d. benzene + cyclohexanol $\xrightarrow{H_2SO_4}$

16.5D 분자내 Friedel–Crafts 반응

지금까지 논의된 모든 Friedel–Crafts 반응은 벤젠 고리와 친전자체 간의 분자간 반응에 대한 것이었다. 출발물이 한 분자내에 벤젠 고리와 친전자체가 될 수 있는 부분을 둘 다 포함하고 있으면 **분자내 반응(intramolecular reaction)**이 일어날 수 있으며, 그 결과 새로운 고리가 생길 수 있다. 예를 들어, 벤젠 고리와 산 염화물을 포함하는 화합물 **A**를 $AlCl_3$로 처리하면 분자내 Friedel–Crafts 아실화 반응에 의해 α-tetralone이 생성된다.

A $\xrightarrow{AlCl_3}$ α-tetralone + HCl

새로운 C–C 결합은 붉은색으로 나타내었다.

이와 같은 분자내 Friedel–Crafts 아실화 반응은 그림 16.4에 나타낸 바와 같이 환각제 LSD 합성에 있어 핵심이 되는 단계이다.

그림 16.4 LSD 합성에서의 분자내 Friedel–Crafts 아실화 반응

Lysergic acid의 출처인 맥각에 감염된 곡물 *Carmen Rieb/Shutterstock*

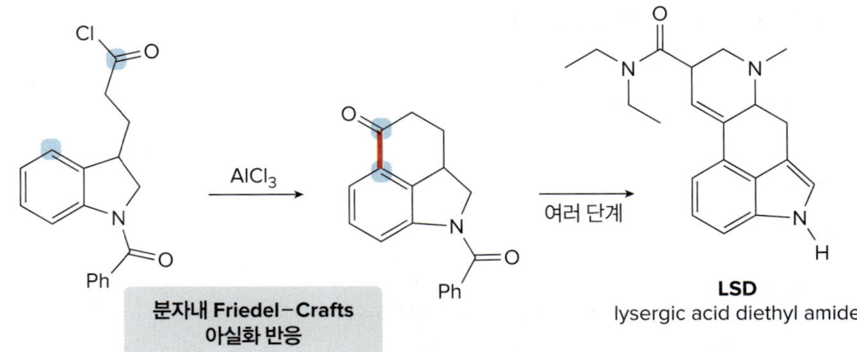

- **분자내 Friedel–Crafts 아실화**는 새로운 육원자 고리를 포함하는 생성물을 생성한다. 이 물질이 몇 단계 반응을 거쳐서 LSD가 된다.
- LSD는 1938년 스위스 화학자인 Albert Hoffman에 의하여 호밀과 곡물을 공격하는 맥각균으로부터 분리된 관련 화합물로부터 처음으로 제조되었다. 맥각균은 이것에 오염된 빵을 먹은 사람에게 감염을 일으키는 무서운 독소로 예전부터 알려져 왔다. LSD의 환각성은 Hoffman이 손끝에 묻은 소량의 LSD를 우연히 흡입함으로써 발견되었다.

문제 16.11 다음 화합물 **A**의 분자내 Friedel–Crafts 아실화 반응으로 **B**가 생긴다. 이 반응의 메커니즘을 단계별로 나타내라. **B**는 한 단계 반응을 거쳐 우울증 치료제인 sertraline으로 변환될 수 있다.

$AlCl_3$ 한 단계

A **B** sertraline (Zoloft)

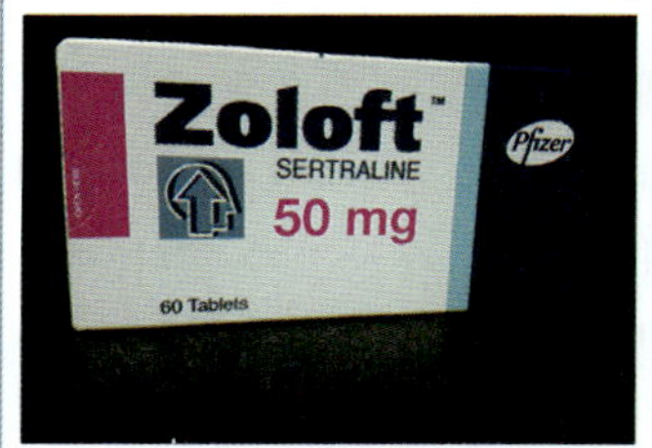

상품명 Zoloft(문제 16.11)인 sertraline은 뇌의 신경 전달물질의 농도를 증가시키므로 효과적인 항우울제이다. *Omeletzz/Shutterstock*

문제 16.12 Friedel–Crafts 알킬화도 분자내 반응으로 일어날 수 있다. 다음의 반응물로부터 생성된 분자내 알킬화 반응의 생성물의 구조식을 쓰라(자리 옮김 반응을 고려할 것).

a. b. c.

16.5E 생물학적 Friedel–Crafts 반응

생물학적 Friedel–Crafts 반응도 일어난다. 14.2절에서 배운 것처럼 allylic diphosphate는 좋은 이탈기가 있으므로 알릴성 탄소 양이온의 출처로 사용할 수 있다. 이 장을 시작하면서 소개하였던 비타민 K_1의 생물학적 합성의 핵심 단계는 1,4-dihydroxynaphthoic acid와 phytyl diphosphate의 Friedel–Crafts 반응으로 **X**를 만드는 것이다. 그림 16.5에 보인 바와 같이 X는 몇 단계 과정을 거쳐 비타민 K_1이 된다.

그림 16.5 Friedel–Crafts 반응을 이용한 비타민 K_1 합성

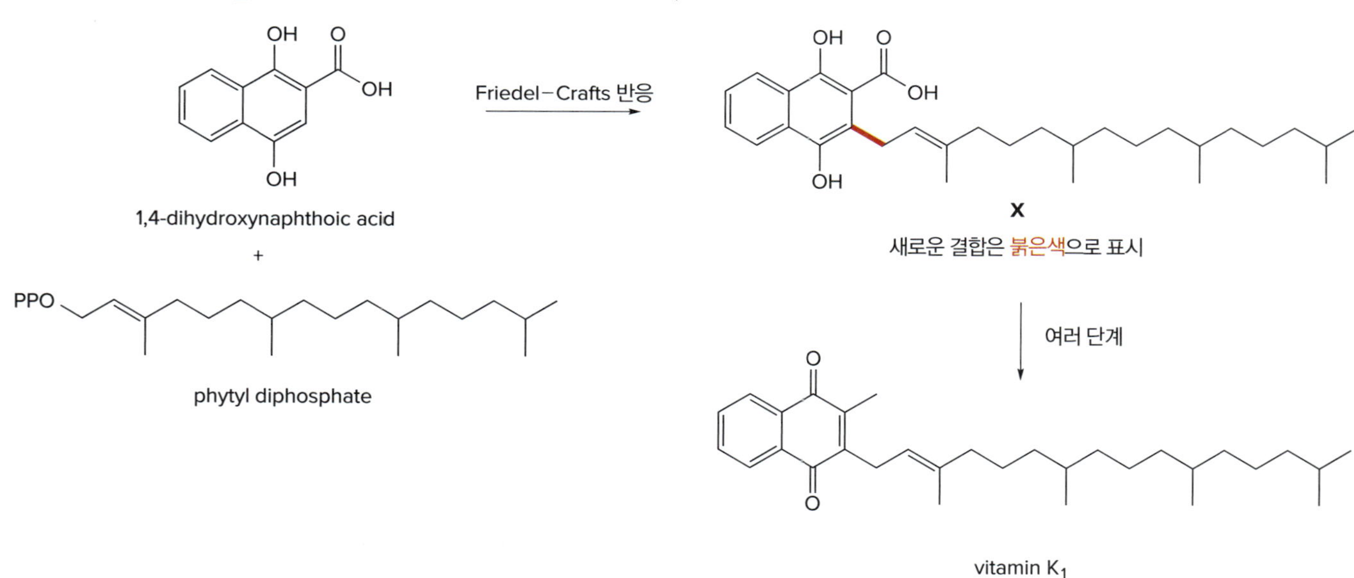

문제 16.13 (a) Phytyl diphosphate부터 이탈기를 잃은 뒤 생성되는 탄소 양이온의 공명 구조를 그려라. (b) 1,2-dihydroxynaphthoic acid와 이 탄소 양이온이 반응하여 **X**가 생성되는 Friedel–Crafts 알킬화 반응의 두 단계 메커니즘을 그려라.

16.6 치환기가 있는 벤젠

치환기가 있는 벤젠 고리도 친전자성 방향족 치환 반응을 할 수 있다. 흔한 치환기는 할로젠, OH, NH_2, 알킬기와 카보닐기를 포함한 여러 작용기이다. 각각의 치환기는 벤젠 고리의 전자 밀도를 증가시키거나 감소시키고, 이것은 친전자성 방향족 치환 반응의 경로에 영향을 미치게 되는데, 이에 대해서는 16.7절에서 살펴보기로 한다.

무슨 요인이 벤젠 고리에 있는 치환기가 고리로 전자를 주거나 고리로부터 전자를 끌어당기게 할까? 이에 대한 답은 **유도 효과(inductive effect)**와 **공명 효과(resonance effect)**이다. 이 두 효과로 인하여 고리의 전자 밀도는 높아지거나 낮아질 수 있다.

유도 효과

유도 효과는 치환기의 **전기 음성도(electronegativity)**와 **편극성(polarizability)**에서 유래한다.

유도 효과와 공명 효과는 2.5B절과 2.5C절에서 각각 처음으로 논의되었다.

- N, O 또는 X와 같이 탄소보다 전기 음성도가 큰 원자는 탄소로부터 전자를 당기므로 전자 **끌기** 유도 효과를 나타낸다.
- 편극성 알킬기는 전자를 밀어주는 치환기로 전자 **주기** 유도 효과를 나타낸다.

유도 효과만 고려한다면 NH_2기는 고리의 전자 밀도를 당기고 CH_3기는 전자 밀도를 밀어주게 된다.

- N은 C보다 **전기 음성도가 더 크다.**
- N은 전자 밀도를 유도적으로 **끌어당긴다.**

- 알킬기는 **편극성이** 있어서 전자 **주는** 기가 된다.

문제 16.14 다음 치환기는 전자 끌기 유도 효과와 전자 주기 유도 효과 중 어느 쪽에 해당되는가?
(a) $CH_3CH_2CH_2CH_2$–; (b) Br–; (c) CH_3CH_2O–

공명 효과

공명 효과는 치환기가 벤젠 고리에 양전하를 띠게 하느냐 또는 음전하를 띠게 하느냐에 따라 고리에 전자 밀도를 주거나 끌 수 있다.

- 공명 구조를 그렸을 때 벤젠 고리의 탄소에서 **음**전하가 나타난다면, 이 치환기가 나타내는 공명 효과는 전자 **주기** 공명 효과이다.
- 공명 구조를 그렸을 때 벤젠 고리의 탄소에서 **양**전하가 나타난다면, 이 치환기가 나타내는 공명 효과는 전자 **끌기** 공명 효과이다.

전자 주기 공명 효과는 고립 전자쌍이 있는 원자(Z)가 벤젠 고리에 직접 결합되어 있는 경우(일반적인 구조는 **C_6H_5–Z:**)에 관찰된다. Z는 일반적으로 N, O 및 할로젠이다. 예를 들어, aniline ($C_6H_5NH_2$)의 경우 다섯 개의 공명 구조를 그릴 수 있다. 이 중 세 개의 구조에서 벤젠 고리의 탄소 원자에 음전하가 나타난다. 따라서 **NH_2기는 공명 효과에 의해 벤젠 고리에 전자 밀도를 높여준다.**

aniline

고리 원자에
(–) 전하가 있는 세 개의 공명 구조

이에 비해 **일반 구조가 $C_6H_5-Y=Z$인 치환된 벤젠은 공명 효과에 의해 전자를 끌어당긴다.** 여기에서 Z는 Y보다 전기 음성도가 크다. 예를 들면, benzaldehyde (C_6H_5CHO)의 경우 총 일곱 개의 공명 구조가 가능하다. 그중 세 개에서 벤젠 고리의 탄소 원자에 양전하를 띤다. 그래서 CHO기는 공명 효과에 의해 벤젠 고리로부터 전자 밀도를 끌어당기게 된다.

benzaldehyde

고리 원자에
(+) 전하가 있는 세 개의 공명 구조

문제 16.15 **(a)** 화합물 **A~E** 중, 어떤 화합물에서 전하가 벤젠의 탄소에 놓여 있는 공명 구조를 그릴 수 있는가? **(b)** 공명 구조를 그릴 수 있는 화합물에 대하여 모든 공명 구조를 그리고, 치환기가 전자 주기 또는 전지 끌기 공명 효과를 보이는지를 결정하라.

A B C D E

유도 효과와 공명 효과를 모두 고려해야 하는 경우

치환된 벤젠이 치환기가 없는 벤젠보다 상대적으로 전자가 더 풍부한지 덜 풍부한지를 예측하려면 **유도 효과와 공명 효과의 알짜 균형을 모두** 고려해야 한다. 예를 들어, 알킬기는 유도 효과에 의해 전자를 밀어주지만 비결합 전자쌍이나 π 결합이 없기 때문에 공명 효과를 나타내지는 못한다. 따라서

- 알킬기는 전자 주는 기이므로 알킬 벤젠은 벤젠보다 전자가 더 풍부하다.

OH는 전자 주는 기이다.
공명 효과가 지배적이다.

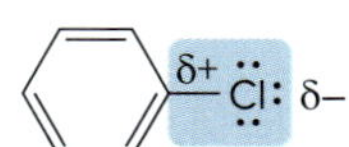

Cl는 전자 끄는 기이다.
유도 효과가 지배적이다.

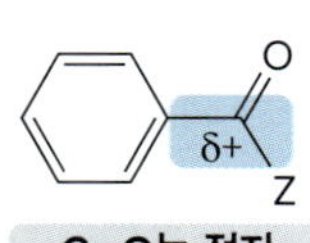

C=O는 전자 끄는 기이다.

벤젠 고리에 전기 음성도가 큰 N, O 또는 할로젠이 치환되어 있으면, 이들은 유도 효과에 의해 고리로부터 전자를 당기게 된다. 그러나 이들 치환기에는 비결합 전자쌍도 있으므로 공명 효과도 나타나 고리에 전자를 밀어줄 수도 있다. 따라서 **원소가 무엇인지가 반대되는 효과의 알짜 균형을 결정한다.**

Z = N, O, X

유도 효과와 공명 효과가 반대이다.
- Z는 유도 효과에 의해 전자 밀도를 **끌어당긴다.**
- Z는 공명 효과에 의해 전자 밀도를 **준다.**

- 벤젠 고리에 중성 N이나 O가 직접 결합되어 있으면 공명 효과가 지배적이 되어 알짜 효과는 **전자 주기**이다.
- 벤젠 고리에 할로젠 X가 직접 결합되어 있는 경우에는 유도 효과가 지배적이 되고 알짜 효과는 **전자 끌기**이다.

따라서 **NH_2와 OH**는 공명 효과가 지배적이므로 **전자 주는 기**인 반면에 **Cl과 Br**은 유도 효과가 지배적이므로 **전자 끄는 기**이다.

마지막으로 일반 구조가 **$C_6H_5-Y=Z$** (Z가 Y보다 전기 음성도가 큰 경우)인 화합물의 경우에는 유도 효과 및 공명 효과 **둘 다 전자를 끄는 효과**로 나타난다. 즉, 두 효과가 서로 상승 작용을 일으킨다. Benzaldehyde (C_6H_5CHO)와 같이 벤젠 고리에 직접 결합되어 있는 카보닐기가 있는 모든 화합물이 여기에 해당된다.

그림 16.6
치환된 벤젠에서 전자 밀도에 대한 치환기 효과

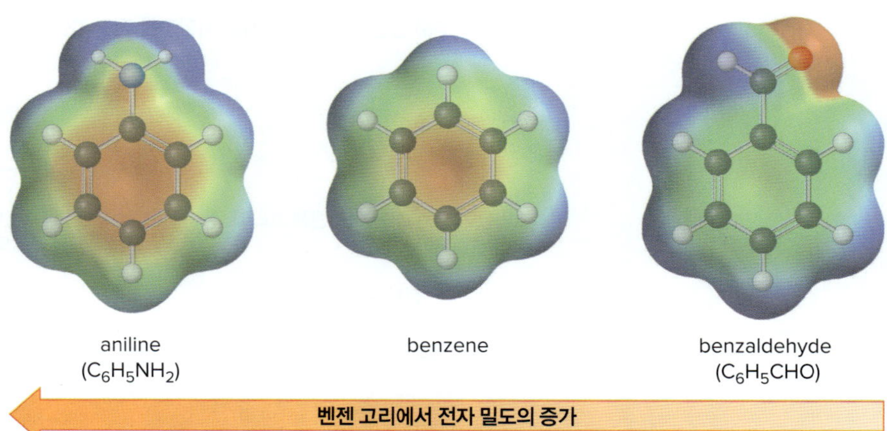

- NH_2기는 전자 밀도를 주기 때문에 벤젠 고리가 더 전자 풍부하도록 만든다(붉은색). 반대로, CHO기는 전자를 당기므로 벤젠 고리가 덜 전자 풍부하도록 만든다(초록색).

NH_2는 전자를 준다. 따라서 aniline ($C_6H_5NH_2$)의 벤젠 고리는 벤젠보다 전자 밀도가 높다. **반면에 알데하이드기(CHO)는 전자를 당기므로** benzaldehyde (C_6H_5CHO)의 벤젠 고리는 벤젠보다 전자 밀도가 낮다. 이러한 효과를 그림 16.6에 정전기 전위 그림으로 나타내었다. 이들 화합물은 전자를 밀어주는 치환기와 전자를 끄는 치환기의 일반적인 구조 특성을 잘 나타내주고 있다.

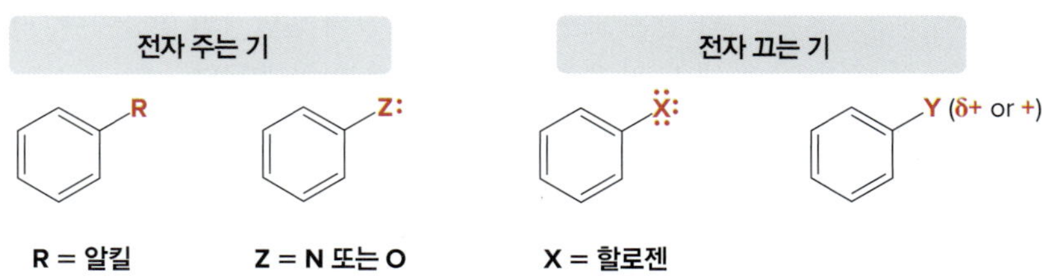

- 일반적으로 전자 주는 기는 알킬기 또는 N이나 O 원자(고립쌍이 있는)가 벤젠 고리에 결합하고 있는 기이다.
- 일반적으로 전자 끄는 기는 할로젠 또는 완전한 (+) 전하 또는 부분 양전하(δ+)를 띠는 **Y** 원자가 벤젠 고리에 결합하고 있는 기이다.

치환된 방향족 화합물의 반응에 대한 전자 주기 및 전자 끌기의 알짜 효과는 16.7~16.9절에서 논의된다.

예제 16.3 치환기를 전자 주는 기 또는 전자 끄는 기로 분류하기

다음 각 치환기를 전자 주는 기 또는 전자 끄는 기로 분류하라.

a. (phenyl acetate 구조)　　b. (benzonitrile, —CN)

풀이

고립쌍과 다중 결합을 분명하게 보려면 치환기의 원자와 결합을 그린다. 전자 주기 또는 전자 끌기 효과를 판단하기 위해서는 **항상 벤젠 고리에 직접 결합되어 있는 원자**를 유의해서 볼 필요가 있다.

- **고립 전자쌍이 있는 O 또는 N 원자는 치환기를 전자 주는 기로 만든다.**
- **할로젠이나 부분 양전하가 있는 원자는 치환기를 전자 끄는 기로 만든다.**

- 고립쌍이 있는 O 원자는 벤젠 고리에 직접 연결되어 있음

전자 주는 기

- 부분 (+) 전하가 있는 원자가 벤젠 고리에 직접 연결되어 있음

전자 끄는 기

문제 16.16 다음 각 치환기를 전자 주는 기 또는 전자 끄는 기로 분류하라.

a. OCH_3 b. I c. d. N H

추가 문제: 문제 16.52를 풀어보라.

16.7 치환기가 있는 벤젠의 친전자성 방향족 치환 반응

친전자성 방향족 치환 반응은 여러 고리 방향족 탄화수소, 헤테로 고리 화합물, 치환된 벤젠 유도체와 같은 모든 방향족 화합물의 일반적인 반응이다. 치환기는 친전자성 방향족 치환 반응이 일어날 때 두 가지 측면에서 영향을 미치게 된다.

- **반응 속도**: 치환된 벤젠의 반응 속도는 벤젠보다 빠르거나 느리다.
- **지향성**: 새로 도입되는 기는 기존의 치환기로부터 오쏘, 메타, 파라에 위치한다. 기존에 존재하던 치환기가 두 번째로 도입되는 치환기의 지향을 결정한다.

Toluene ($C_6H_5CH_3$)과 nitrobenzene ($C_6H_5NO_2$)을 이용하여 이 두 가지 측면을 설명한다.

[1] Toluene

모든 치환 반응에서 toluene은 벤젠보다 **빠른 속도로** 반응한다. 따라서 **전자를 밀어주는 CH_3기는** 친전자체가 공격할 때 **벤젠 고리를 활성화시킨다.** 생성물은 세 가지가 가능하지만 CH_3기로부터 오쏘와 파라 위치에 치환된 생성물이 주생성물이다. 따라서 CH_3기는 **오쏘, 파라 지향기**라 부른다.

Br_2 / $FeBr_3$ → Br (**오쏘** 40%) + Br (메타 미량) + Br (**파라** 60%)

[2] Nitrobenzene

모든 치환 반응에서 nitrobenzene은 벤젠보다 **더 느린** 속도로 반응한다. 따라서 친전자성 공격에 대해 **전자를 끄는 NO_2기는 벤젠 고리를 비활성화**한다. 세 가지의 치환 생성물이 가능하지만 NO_2에 대하여 메타 위치에 새 치환기가 위치하는 화합물이 주생성물이다. NO_2기를 **메타 지향기**라 한다.

$C_6H_5NO_2 \xrightarrow[H_2SO_4]{HNO_3}$ (dinitrobenzene isomers)

오쏘	메타	파라
7%	93%	미량

치환기는 친전자체가 공격할 때 벤젠 고리를 활성화하거나 비활성화하고 치환 반응은 고리의 특정 위치에 선택적으로 일어난다. **모든 치환기는 일반적으로 세 가지 형태로 분류될 수 있다.**

[1] 오쏘, 파라 지향기와 활성화기

- 벤젠 고리를 **활성화**하며 오쏘와 파라 지향기

역자주:
RCONH기는 RO기보다 더 활성인 기이다.

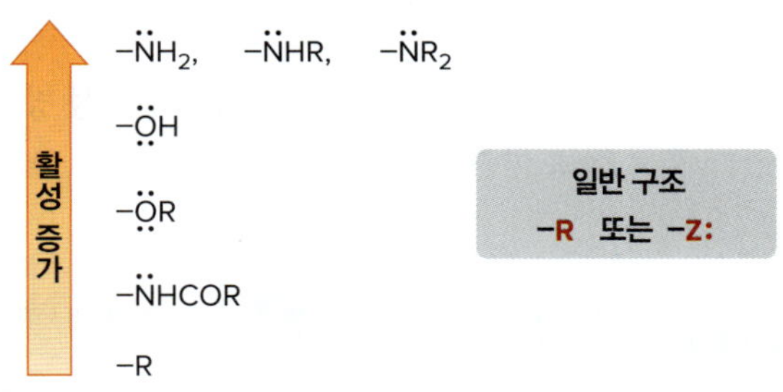

[2] 오쏘, 파라 비활성화기

- 벤젠 고리를 **비활성화**하고 오쏘와 파라 지향기

$-\ddot{F}:$ $-\ddot{Cl}:$ $-\ddot{Br}:$ $-\ddot{I}:$

[3] 메타 지향기

- 메타 치환을 지향하는 지향기
- 모든 메타 지향기는 고리를 **비활성화**한다.

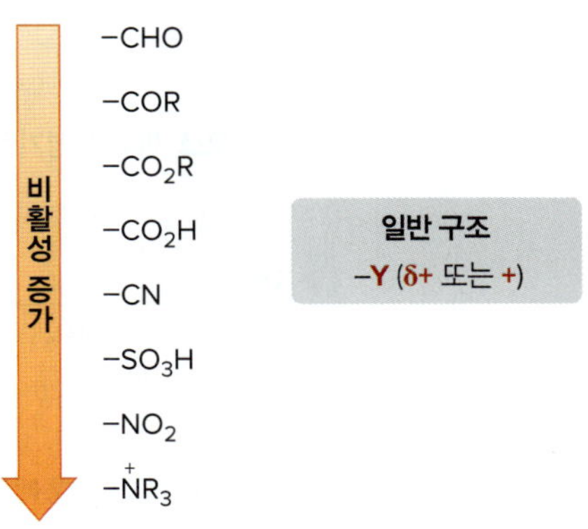

위에 나열된 치환기 목록 중 특히 **할로젠은 따로 분류되어 있음에 유의**하고, 치환기의 종류를 잘 알아두기 바란다.

- 오쏘, 파라 지향기는 R이거나 고리에 직접 결합한 원자에 비공유 전자쌍이 있다.

오쏘, 파라 지향기 (R)

오쏘, 파라 지향기 (Z:)

Z = N 또는 O ‐‐→ 고리가 **활성화됨**
Z = 할로젠 ‐‐→ 고리가 **비활성화됨**

- 메타 지향기는 고리에 결합된 원자에 완전한 양전하 또는 부분 양전하가 있다.

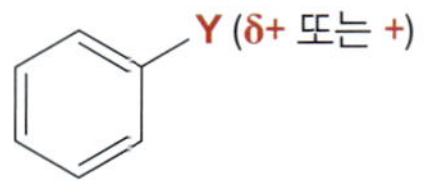

Y (δ+ 또는 +)

메타 지향기

예제 16.4는 이러한 정보가 친전자성 방향족 치환 반응의 생성물을 예측하는 데 어떻게 사용되는지 잘 보여준다.

예제 16.4 치환된 벤젠의 친전자성 치환 반응의 생성물 그리기

다음 각 반응의 생성물을 나타내고, 벤젠의 반응에 비해서 그 속도가 빠른지 느린지 설명하라.

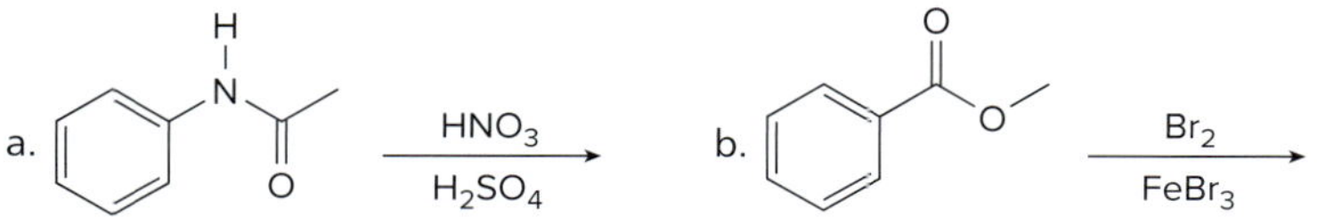

a. (아세트아닐라이드) $\xrightarrow[H_2SO_4]{HNO_3}$ b. (벤조산 메틸) $\xrightarrow[FeBr_3]{Br_2}$

풀이

생성물을 나타내려면

- 치환기의 Lewis 구조를 그려 벤젠 고리에 결합된 원자에 **고립쌍**이 있는지 또는 **부분 양전하**가 있는지 따져본다.
- **치환기**가 오쏘, 파라 활성; 오쏘, 파라 비활성; 또는 메타 비활성 중에서 어디에 속하는지 **분류하고** 생성물의 구조를 그린다.

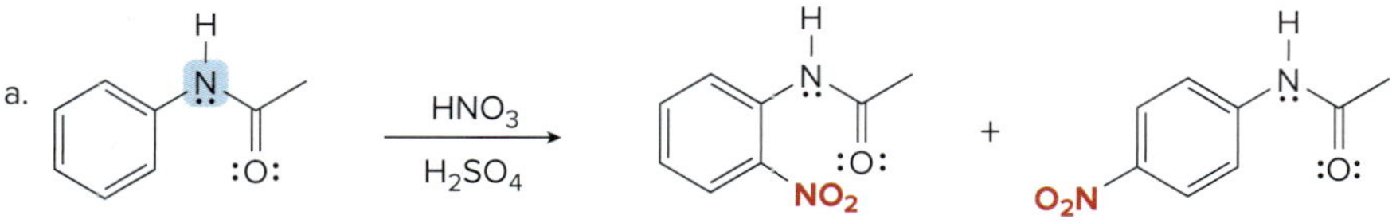

a. $\xrightarrow[H_2SO_4]{HNO_3}$ (NO_2) **오쏘** + (O_2N) **파라**

N의 고립쌍이 이 기를 **오쏘, 파라 활성기**로 만든다. **이 화합물은 벤젠보다 빨리 반응한다.**

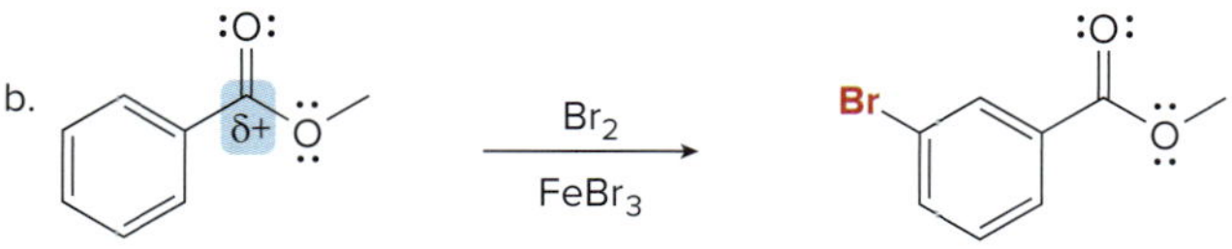

b. (δ+) $\xrightarrow[FeBr_3]{Br_2}$ (Br) 메타

벤젠 고리에 결합된 C의 δ+가 이 기를 **메타 비활성화기**로 만든다.
이 화합물은 벤젠보다 더 느리게 반응한다.

문제 16.17 다음의 각 화합물을 HNO_3와 H_2SO_4로 반응시켰을 때 생기는 생성물을 그려라. 벤젠과의 비슷한 반응보다 반응이 더 빠를지 아니면 더 느릴지를 언급하라.

a. b. CN c. OH d. Cl e.

추가 문제: 문제 16.41[1], 16.55를 풀어보라.

예제 16.5 여러 고리 화합물의 어느 고리가 친전자성 방향족 치환 반응에서 가장 반응성이 클지를 결정하기

각 화합물에서 어느 고리가 친전자체에 대하여 반응성이 더 큰가?

a. O O b. O

풀이

방향족 고리에 **직접** 결합하고 있는 원자를 살펴보고 친전자성 방향족 치환 반응에서의 반응성을 결정한다.

- **고립쌍이 있는 N 또는 O 원자는 고리를 더 반응성이 크도록 만든다.**
- **알킬기는 고리를 약간 더 반응성이 크도록 만든다.**
- **완전한 양전하 또는 부분 양전하가 있는 원자는 고리를 반응성이 더 작아지도록 만든다.**

a. 고리 **A**는 고립쌍이 있는 O 원자와 결합하고 있으나 고리 **B**는 δ+ 전하를 띠고 있는 C와 결합하고 있다. 고리 **A**가 더 전자 풍부하므로 반응성이 더 크다.

b. 고리 **C**는 고립쌍이 있는 **O** 원자와 결합하고 있으나 고리 **D**는 알킬 탄소와 결합하고 있다. 고리 **C**가 더 전자 풍부하므로 반응성이 더 크다.

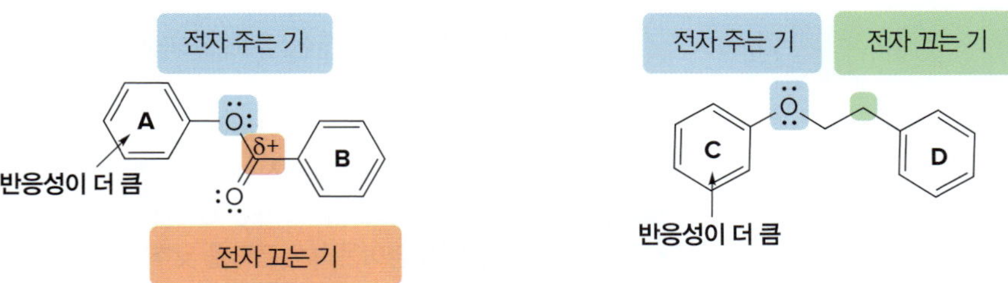

문제 16.18 각 화합물에서 어느 고리가 친전자체에 대하여 반응성이 더 큰지를 결정하고 그렇게 한 이유를 설명하라.

a. O b. H N NH_2

추가 문제: 문제 16.53–16.55를 풀어보라.

문제 16.19 고리를 **A–D**로 표시한 사고리(tetracyclic) 화합물을 고려하자. (a) 친전자성 방향족 치환 반응에서 어느 고리가 **가장** 반응성이 **큰가**? (b) 친전자성 방향족 치환 반응에서 어느 고리가 **가장** 반응성이 **작은가**?

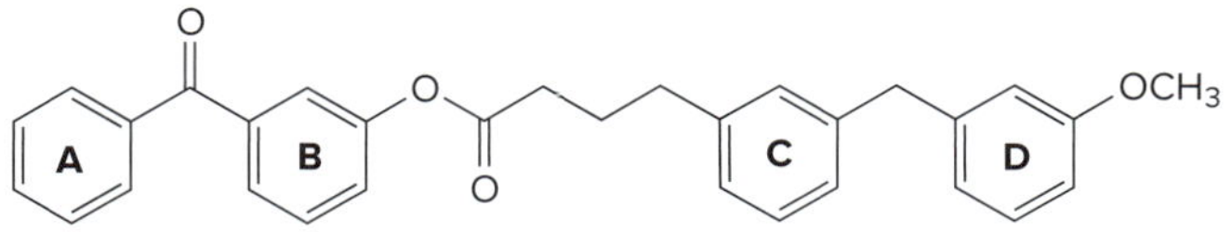

16.8 왜 치환기는 벤젠 고리를 활성화 또는 비활성화하는가?

- **왜 치환기는 벤젠 고리를 활성화 또는 비활성화하는가?**
- **왜 특정한 지향 효과가 나타는가?** 왜 어떤 기는 오쏘, 파라 지향기이고 어떤 기는 메타 지향기인가?

어떤 치환기는 치환기가 없는 벤젠보다 반응을 더 **느리게** 일어나게 하지만(비활성화기), 어떤 치환기는 치환기가 없는 벤젠보다 더 **빠르게** 반응이 일어나게 하는지(활성화기)를 이해하기 위해서는 반응 메커니즘에서 속도 결정 단계(첫 단계)를 잘 살펴볼 필요가 있다. 16.2절에서 이미 살펴본 바와 같이 친전자성 방향족 치환 반응의 첫 단계는 친전자체(E^+)가 고리에 첨가되어 공명 안정화된 탄소 양이온이 생성되는 것이다. Hammond 가설(7.13절)에 따라 탄소 양이온 중간체의 안정도를 비교해 봄으로써 반응의 상대적인 속도를 예측해볼 수 있다.

- 탄소 양이온의 안정성이 증가할수록 전이 상태의 에너지는 낮아지고, 따라서 반응 속도는 더 빠르게 된다.

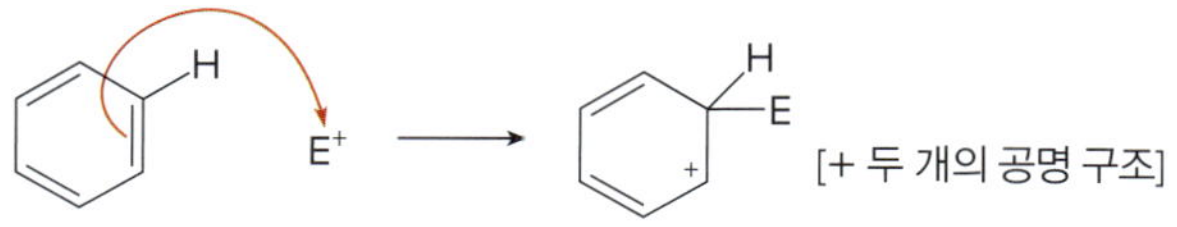

[+ 두 개의 공명 구조]

탄소 양이온을 안정화시키면
반응은 더 빠르게 일어나게 된다.

16.6절에서 처음으로 소개한 유도 효과와 공명 효과의 원리를 탄소 양이온의 안정성을 예측하는 데 사용할 수 있다.

- 전자 주는 기는 탄소 양이온을 안정화시켜 벤젠 고리를 친전자체와의 반응에서 **활성화**시킨다. 모든 활성화기는 R기이거나 고립쌍이 있는 N 또는 O 원자가 포함된 기가 벤젠 고리에 결합되어 있다.
- 전자 끄는 기는 탄소 양이온의 안정도를 낮추며 벤젠 고리에 대한 친전자성 공격의 **활성도를 낮춘다**. 모든 비활성화기는 할로젠 또는 부분 양전하가 있는 원자가 벤젠 고리에 직접 결합되어 있다.

그림 16.7의 에너지 도표는 속도 결정 단계에 수반된 전이 상태 에너지에 미치는 전자를 주는 기와 전자를 끄는 기의 영향을 보여준다.

문제 16.20 친전자성 방향족 치환 반응에서 각 화합물이 벤젠보다 반응성이 더 큰지 아니면 더 작은지를 언급하라.

a. 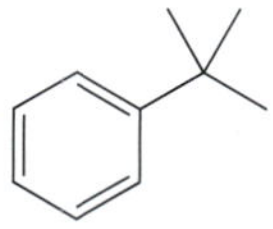 b. 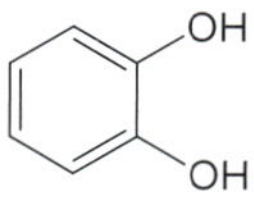 c. 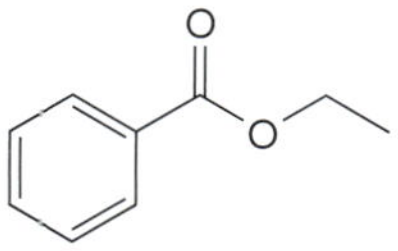 d.

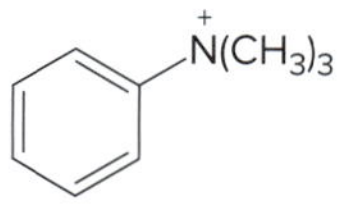

그림 16.7 치환된 벤젠의 친전자성 방향족 치환 반응에서 반응 속도를 비교하는 에너지 도표

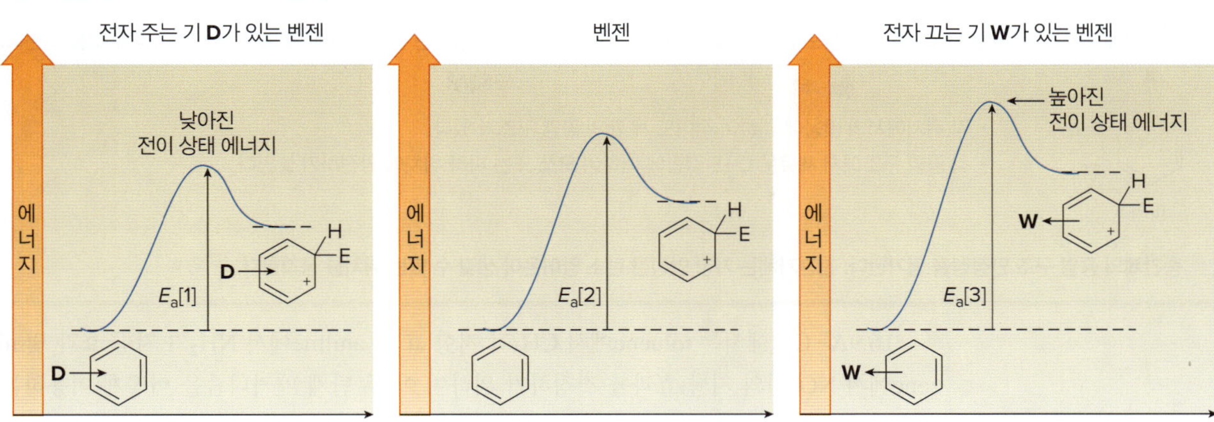

- 전자 주는 기인 **D**는 탄소 양이온 중간체를 **안정화**하므로 전이 상태의 에너지는 낮아지고 반응의 속도는 **증가하게** 된다.
- 전자 끄는 기인 **W**는 탄소 양이온 중간체를 **불안정화**하므로 전이 상태의 에너지는 상대적으로 높아지고 반응 속도는 **감소하게** 된다.

문제 16.21 화합물 **A**, **B**, **C**를 친전자성 방향족 치환 반응에서 반응성이 증가하는 순서로 나열하라.

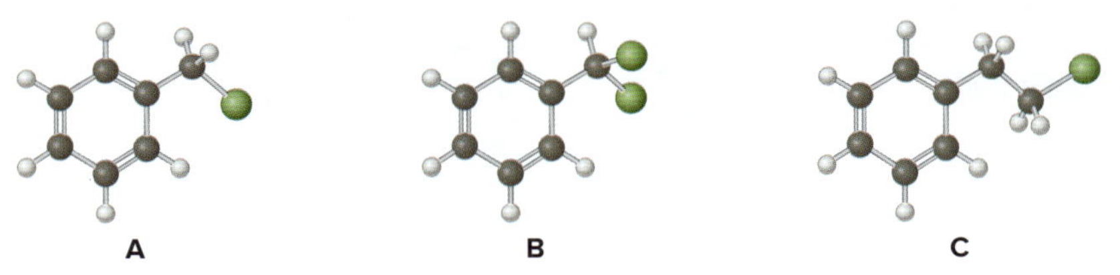

문제 16.22 다음 화합물을 친전자성 방향족 치환 반응에서 반응성이 증가하는 순서로 나열하라.

(a) $C_6H_5OCH_3$; (b) $C_6H_5CO_2CH_3$; (c) $C_6H_5CH_2OCH_3$; (d) $C_6H_5CH_2CH_2OCH_3$

16.9 치환된 벤젠의 지향 효과

왜 정해진 지향 효과가 나타나는지를 이해하기 위해서는 16.7절에서 이미 살펴본 바와 같이 오쏘, 파라 지향기와 메타 지향기에 관한 구조적 특징을 잘 알고 있어야 한다.

- 모든 오쏘, 파라 지향기는 R기이거나 벤젠 고리에 결합된 원자에 비결합 전자쌍이 있다.
- 모든 메타 지향기는 벤젠 고리에 결합된 원자에 부분 또는 완전한 양전하가 있다.

어떤 치환기의 지향 효과를 결정하기 위해서는 단계별 순서를 따른다.

해결 방법 특정 치환기의 지향 효과를 결정하는 방법

단계 [1] 친전자체 E^+가 치환된 벤젠(C_6H_5-A)의 오쏘, 메타 및 파라 위치에서 반응하여 생성되는 탄소 양이온의 모든 가능한 공명 구조를 그린다.

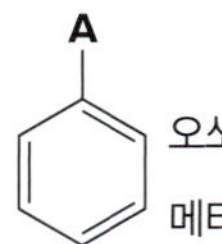

- 각 위치에서의 반응에 대하여 적어도 세 개의 공명 구조가 있다.
- 각 공명 구조에서 새로운 C–E 결합에 대하여 **오쏘** 또는 **파라** 위치에 양전하가 놓인다.

단계 [2] 중간체의 공명 구조 안정성을 평가한다. 친전자체는 가장 안정한 탄소 양이온이 생길 수 있는 위치를 공격한다.

16.9A–C절에서는 toluene에서 CH_3기 지향 효과, aniline에서 NH_2기 지향 효과 및 nitrobenzene에서 NO_2기의 지향 효과를 결정하기 위하여 이 두 단계 메커니즘을 어떻게 이용하는지 살펴보자.

16.9A CH_3기—오쏘, 파라 지향기

CH_3기가 친전자성 방향족 치환 반응에서 왜 오쏘와 파라 위치를 지향하는지를 이해하기 위해서는 먼저 CH_3기에 대해 오쏘, 메타, 파라 위치에서 친전자체가 첨가되어 생성되는 모든 가능한 공명 구조를 그린다.

친전자체가 반응하는 자리에 항상 H 원자를 그려라. 이는 전하가 어디로 움직여가는지 알려줄 것이다.

오쏘 공격 / 메타 공격 / 파라 공격

CH₃는 (+) 전하를 안정화 — 선호되는 생성물

역자주:
원서에서는 친전자체가 양이온과 반응하는 것을 'electrophilic attack'이라고 표현하였는데, 'attack'이라는 말은 친핵체가 전자쌍을 주는 반응을 말한다. 따라서 원문의 표현이 부적절하다고 판단되어 이 표현을 다르게 번역하였다. 비슷한 맥락에서 '오쏘 공격' 등의 용어도 맞는 말은 아니다.

모든 공명 구조에서 양전하는 **C–E 결합에 대하여** 항상 **오쏘와 파라 위치**에 나타남을 주목하라. 양전하가 CH_3기에 대하여 반드시 오쏘 또는 파라 위치에 나타나지 않는다.

공명 구조의 안정성을 평가하기 위해서는 먼저 특별히 안정하거나 또는 특별히 불안정한 구조가 있는지를 살펴본다. 예를 들면, **CH_3에 대하여 오쏘, 파라 위치에 E가 결합한 경우 CH_3기가 있는 탄소 원자에 양전하가 나타나는 공명 구조가 존재한다.** 전자 주개인 CH_3는 이웃한 양전하를 안정화할 수 있다. 그러나 CH_3기에 대하여 메타 위치에 E가 결합한 경우는 직접 전자 주기 효과에 의해 안정화되는 어떤 공명 구조도 존재하지 않는다. 다른 알킬기도 같은 이유로 오쏘, 파라 지향기이다.

- 전자를 주는 유도 효과가 탄소 양이온 중간체를 안정화하므로 CH_3기는 그에 대하여 오쏘와 파라 위치에서 친전자체가 반응하도록 지향한다.

문제 16.23 *m*-Diethylbenzene의 표시된 위치에서 친전자체가 반응할 때 생기는 탄소 양이온의 공명 구조를 모두 그려라. 특별하게 안정한 공명 구조가 있으면 이를 표시하라.

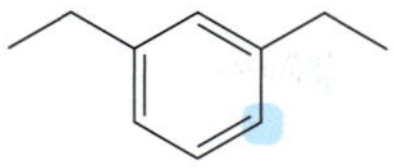

m-diethylbenzene

16.9B NH_2기—오쏘, 파라 지향기

아미노기(NH_2)가 친전자성 방향족 치환 반응을 오쏘 및 파라 위치에 지향하는 이유를 살펴보기 위해 다음 과정을 따라가 보자.

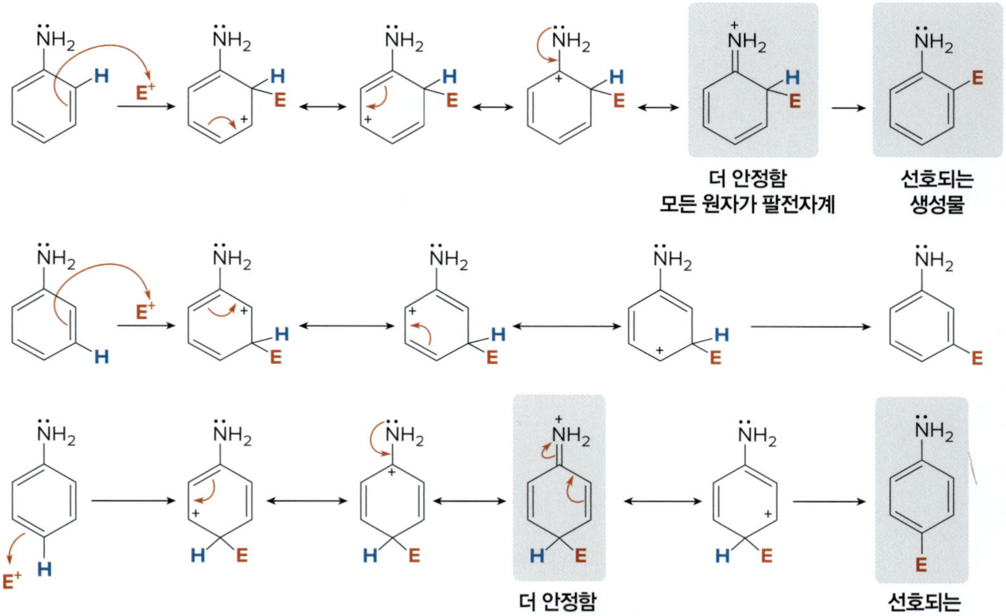

오쏘 공격

더 안정함
모든 원자가 팔전자계

선호되는 생성물

메타 공격

파라 공격

더 안정함
모든 원자가 팔전자계

선호되는 생성물

메타 위치의 공격은 세 종류의 공명 구조를 만들어낸다. N에 존재하는 고립쌍 때문에 오쏘와 파라 위치로 공격을 하면 네 번째 공명 구조가 만들어지는데, 이 구조는 **모든 원자가 팔전자계이므로** 더 안정화되어 있다. **이러한 추가적인 공명 구조는 벤젠 고리에 직접 결합된 N, O, 또는 할로젠 원자가 있는 모든 치환기에 대하여 그릴 수 있다.**

- NH_2기는 탄소 양이온 중간체를 추가적으로 공명 안정화하므로 오쏘와 파라에서 친전자성 치환이 일어나게 지향한다.

문제 16.24 *o*-Dimethoxybenzene이 표시된 위치에서 Br_2, $FeBr_3$와 반응하여 생기는 양이온에 대한 타당한 공명 구조는 어느 것인가?

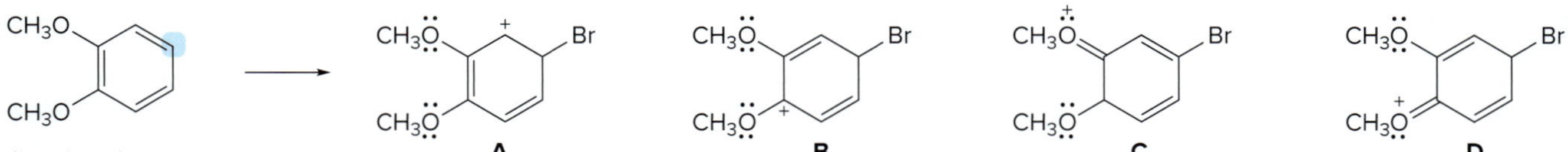

o-dimethoxybenzene

A B C D

16.9C NO_2기—메타 지향기

나이트로기(NO_2)가 친전자성 방향족 치환 반응에서 왜 메타 위치를 지향하는지 알아보기 위해 똑같은 과정을 따라가보자.

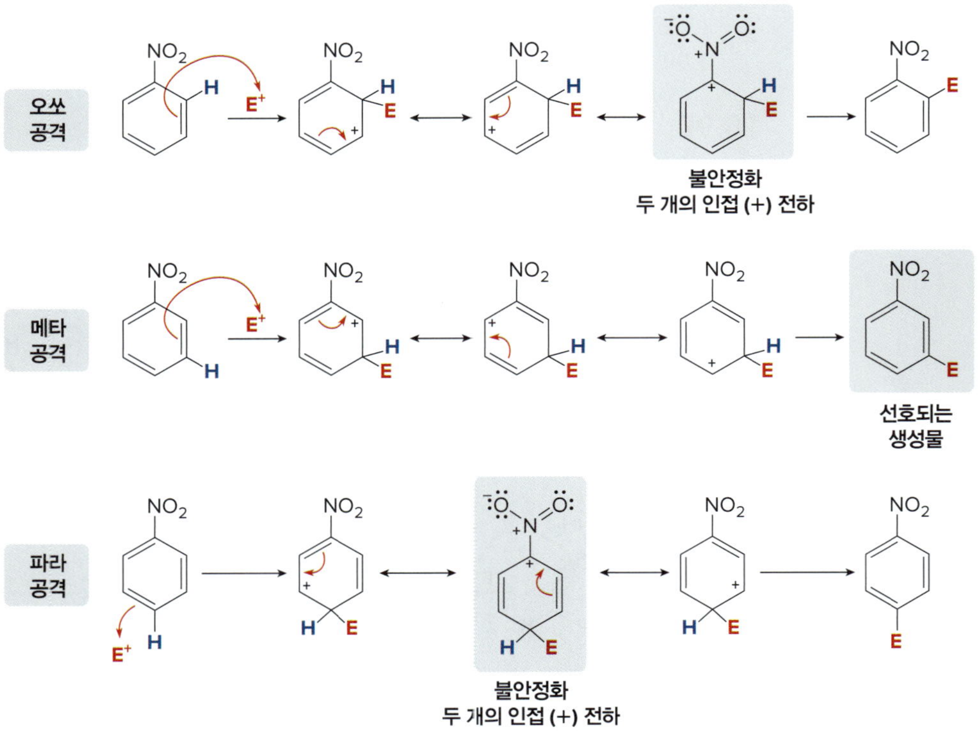

오쏘 공격

불안정화
두 개의 인접 (+) 전하

메타 공격

선호되는
생성물

파라 공격

불안정화
두 개의 인접 (+) 전하

각 위치에 대한 공격으로 세 개의 공명 구조가 만들어진다. 오쏘와 파라 위치의 공격에 의해 생성되는 공명 구조에는 특별히 불안정한 구조가 존재하는데, 인접한 두 원자에 양전하가 있기 때문이다. 메타 위치의 공격으로 생기는 공명 구조에는 특별히 불안정한 구조가 존재하지 않는다.

- NO_2기(그리고 모든 메타 지향기)의 경우에는 오쏘나 파라 위치를 공격하여 생기는 탄소 양이온 중간체가 더 불안정하기 때문에 메타 공격이 일어난다.

문제 16.25 친전자체 $^{+}NO_2$가 각 출발물의 오쏘 위치에서 반응하였을 때 생성되는 탄소 양이온의 가능한 공명 구조를 그려라. 특별히 안정한 또는 불안정한 공명 구조가 있는가?

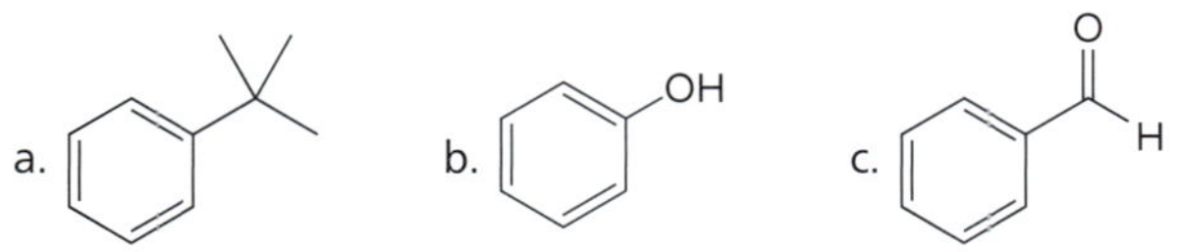

a. b. c.

그림 16.8은 벤젠 고리에 치환된 여러 치환기에 대하여 그 반응성과 지향성을 요약하여 보여준다.

그림 16.8
치환된 벤젠의 반응성과 지향 효과

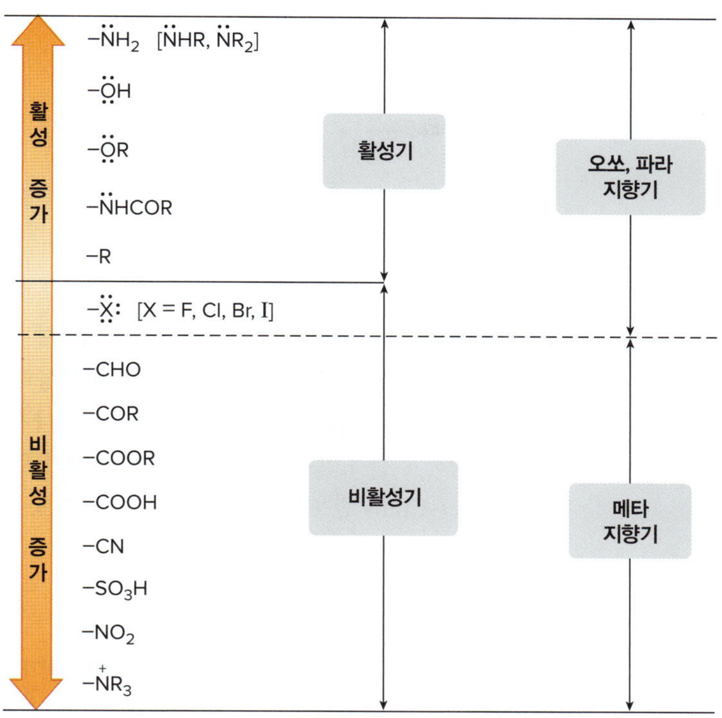

요약
[1] 할로젠을 제외한 모든 오쏘, 파라 지향기는 벤젠 고리를 활성화한다.
[2] 모든 메타 지향기는 벤젠 고리를 비활성화한다.
[3] 할로젠 원소는 벤젠 고리를 비활성화한다.

16.10 치환된 벤젠의 친전자성 치환 반응의 제한점

대부분의 치환된 벤젠은 친전자성 방향족 치환 반응을 잘 하지만 할로젠화 반응과 Friedel–Crafts 반응은 기억하여야 할 몇 가지 한계가 있다.

16.10A 활성화된 벤젠의 할로젠화 반응

할로젠화 반응은 모든 친전자성 방향족 치환 반응 중 가장 쉽게 일어난다. 따라서 센 전자 주는 기인 OH, NH_2 또는 이들의 유도체(OR, NHR과 NR_2)에 의해 강하게 활성화되어 있는 벤젠 고리가 X_2와 FeX_3 반응하면 **다중할로젠화 반응(polyhalogenation)**이 일어난다. Aniline ($C_6H_5NH_2$)과 phenol (C_6H_5OH)이 Br_2 및 $FeBr_3$와 반응하면 둘 다 트라이브로모 유도체가 생성된다. 이때 **치환은 NH_2기와 OH기에 대하여 모든 오쏘와 파라 위치에서 일어난다.**

phenol $\xrightarrow[FeBr_3]{Br_2}$ 2,4,6-tribromophenol (OH; Br, Br, Br)

Br에 의한 H의 **단일 치환 반응(monosubstitution)**은 촉매 없이 Br_2만 있어도 일어나며 오쏘와 파라 위치에 치환된 혼합 생성물이 생긴다.

phenol $\xrightarrow{Br_2}$ o-bromophenol + p-bromophenol

문제 16.26 다음 각 반응의 생성물을 그려라.

a. (phenol) $\xrightarrow[FeCl_3]{Cl_2}$ b. (phenol) $\xrightarrow{Cl_2}$ c. (toluene) $\xrightarrow[FeCl_3]{Cl_2}$

16.10B Friedel–Crafts 반응의 제약

Friedel–Crafts 반응은 실험실에서 수행하기에 가장 어려운 친전자성 방향족 치환 반응이다. 예를 들면, **벤젠 고리가 NO_2(또는 다른 메타 비활성화기) 또는 NH_2, NHR 또는 NR_2(센 활성화기)로 치환되었을 때는 Friedel – Crafts 반응이 일어나지 않는다.**

강하게 전자 끄는 기(즉 모든 **메타 지향기**)로 치환되어 있어서 비활성화되어 있는 벤젠 고리는 Friedel–Crafts 반응을 수행할 정도로 전자가 풍부하지 않다.

(nitrobenzene, NO_2: 센 비활성화기) $\xrightarrow[AlCl_3]{RCl}$ 반응하지 않음

센 활성화기인 NH_2도 Friedel–Crafts 반응을 일으키지 않는다. **NH_2기는** (N의 비결합 전자쌍 때문에) **센 Lewis 염기**로 작용해서 알킬화 반응과 아실화 반응에 꼭 필요한 촉매이자 Lewis 산인 $AlCl_3$와 착물을 생성한다. 이 착물은 벤젠 고리에 인접한 양전하를 포함하므로 **고리가 크게 비활성화되고**, 따라서 Friedel–Crafts 반응이 일어나지 않는다.

(aniline, $\ddot{N}H_2$: Lewis 염기) + $AlCl_3$ (Lewis 산) ⟶ ($C_6H_5\overset{+}{N}H_2\text{–}\overset{-}{A}lCl_3$: 센 비활성화기) $\xrightarrow[AlCl_3]{RCl}$ 반응하지 않음

문제 16.27 다음 중 어느 화합물이 CH_3Cl과 $AlCl_3$ 조건에서 Friedel–Crafts 알킬화 반응을 일으키는가? 반응이 일어나는 경우에는 생성물을 그려라.

a. $C_6H_5SO_3H$ b. C_6H_5Cl c. $C_6H_5N(CH_3)_2$ d. $C_6H_5NHCOCH_3$

Friedel–Crafts 알킬화 반응의 또 하나의 제약은 **다중알킬화 반응(polyalkylation)**이 쉽게 일어난다는 것이다. 벤젠을 할로젠화 알킬 및 $AlCl_3$와 반응시키면 전자 주는 치환기인 R기가 벤젠 고리에 도입된다. R기는 벤젠 고리를 **활성화**하므로 알킬화 생성물(C_6H_5R)은 이제 벤젠보다 **반응성이 더 크다**. 그래서 RCl과 다시 반응하면 다중알킬화된 생성물이 생성된다.

다중알킬화 반응을 최소로 하기 위해 할로젠화 알킬의 양에 비해 과량의 벤젠을 사용한다.

(benzene) $\xrightarrow[AlCl_3]{RCl}$ C_6H_5R (R: 전자 주개) $\xrightarrow[AlCl_3]{RCl}$ o-$C_6H_4R_2$ + p-$C_6H_4R_2$ (다중알킬화 반응 생성물)

그러나 **Friedel–Crafts 아실화 반응에서는 다중 치환 반응이 일어나지 않는다.** 왜냐하면 이제 생성물에 또 다른 친전자성 치환에 대해 고리를 비활성화하는 전자 끄는 기가 있기 때문이다.

$AlCl_3$

센 비활성화기

16.11 치환기가 두 개 있는 벤젠

출발물로서 이중 치환 벤젠을 사용하여 친전자성 방향족 치환 반응을 시키면 어떻게 될 것인가? **이 경우 생성물을 예측하기 위해서는 두 치환기의 지향 효과를 살펴보고, 그 알짜 결과를** 다음의 세 가지 규칙에 따라 **결정한다.**

규칙 [1] 두 치환기의 지향 효과가 서로 **보강**된다면 새 치환기는 두 치환기가 지향하는 위치에 놓인다.

p-Nitrotoluene의 CH_3기는 오쏘, 파라 지향기이며, NO_2기는 메타 지향기이다. 이 경우 두 효과는 서로 보강되어 Br_2 및 $FeBr_3$ 조건에서 하나의 생성물이 얻어질 것이다. CH_3기에 대하여 파라 위치는 나이트로기에 의해 '차단'되어 있으므로 이 탄소에서는 치환 반응이 일어날 수 없다

오쏘, 파라 지향기

CH_3

NO_2

메타 지향기

p-nitrotoluene

Br_2 / $FeBr_3$

CH_3, Br, NO_2

CH_3에 대한 **오쏘**
NO_2에 대한 **메타**

규칙 [2] 두 치환기의 지향 효과가 서로 **상반**된다면 더 센 활성기의 지향성을 따른다.

화합물 **A**의 친전자체와의 반응에서 $NHCOCH_3$기는 두 오쏘 위치를 활성화하고, CH_3기도 두 오쏘 위치를 활성화한다. $NHCOCH_3$가 더 센 활성화기이므로 치환 반응은 $NHCOCH_3$기의 오쏘 위치에서 일어난다.

센 오쏘, 파라 지향기

O, H, N

CH_3

약한 오쏘, 파라 지향기

A

Br_2 / $FeBr_3$

O, H, N, Br, CH_3

새로운 치환기는 센 활성화의 **오쏘** 위치로 간다.

규칙 [3] 두 치환기가 서로 메타 위치에 놓여 있으면 두 치환기 사이는 입체적으로 혼잡하므로 치환 반응이 일어나지 않는다.

예를 들면, *m*-xylene에서 두 개의 CH_3기 사이에 있는 탄소는 활성화되어 있긴 하지만 치환 반응이 일어나지 않는다.

어떤 치환 반응도 두 메타 기 사이에서는 일어나지 않는다.

한 개의 CH_3기에 대해 오쏘
한 개의 CH_3기에 대해 파라

Br_2 / $FeBr_3$ → Br

한 개의 CH_3기에 대해 오쏘
한 개의 CH_3기에 대해 파라

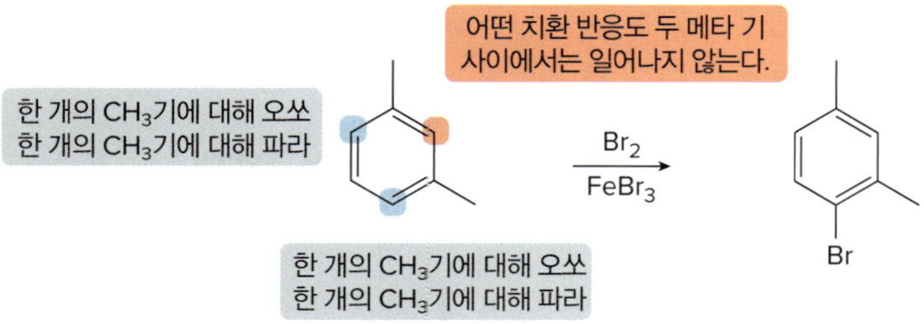

m-xylene
(1,3-dimethylbenzene)

예제 16.6 이중 치환 벤젠의 치환 생성물 그리기

다음 각 화합물의 나이트로화 반응 생성물의 구조를 그려라.

a. OH (phenol) b. OH (3-methylphenol)

풀이

a. OH기와 CH_3기는 둘 다 오쏘, 파라 지향기이다. **OH기가 더 센 활성화기**이므로 치환 반응은 OH기에 대해 오쏘 위치에서 일어난다.

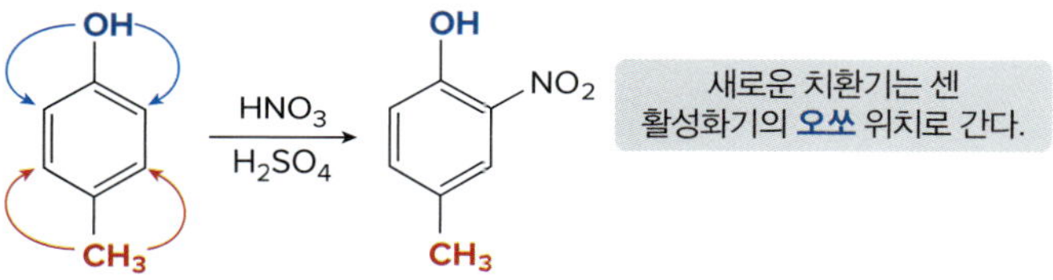

OH, CH_3 — HNO_3 / H_2SO_4 → OH, NO_2, CH_3

새로운 치환기는 센 활성화기의 **오쏘** 위치로 간다.

b. 이 경우 OH기와 CH_3기는 지향 효과를 상호 보강하는 오쏘, 파라 지향기이다. 그러나 **두 치환기 사이에는 치환 반응이 일어나지 않는다**. 따라서 두 가지 생성물이 생긴다.

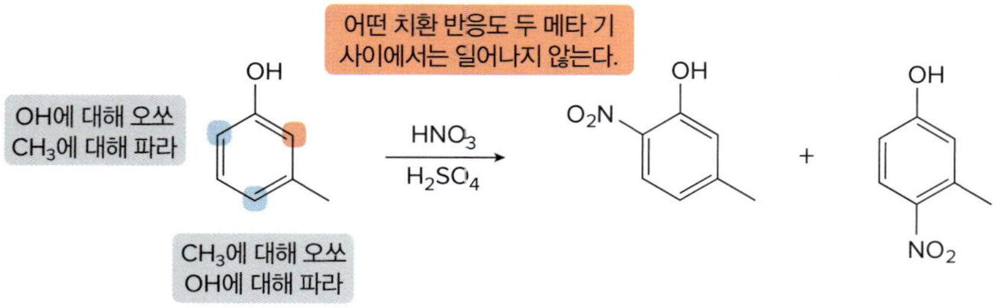

어떤 치환 반응도 두 메타 기 사이에서는 일어나지 않는다.

OH에 대해 오쏘
CH_3에 대해 파라

HNO_3 / H_2SO_4 → OH, O_2N + OH, NO_2

CH_3에 대해 오쏘
OH에 대해 파라

문제 16.28 다음 각 화합물을 HNO_3 및 H_2SO_4와 반응시켰을 때 생기는 생성물의 구조를 그려라.

a. b. Br c. NO_2 d. Cl, Br

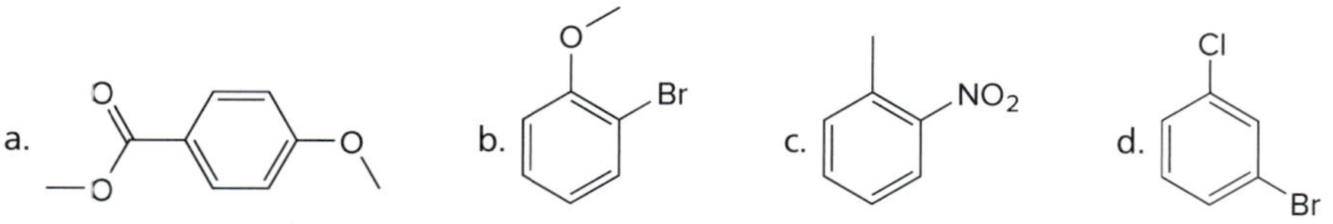

추가 문제: 문제 16.40, 16.43a–e, 16.45a–c를 풀어보라.

16.12 벤젠 유도체의 합성

치환기가 두 개 이상인 벤젠 유도체를 합성하기 위해서는 각 치환기의 지향성을 고려해야 한다. 예를 들어, 이중 치환 벤젠의 합성에서 **지향 효과는 어떤 치환기가 먼저 고리에 도입되어야 하는지를 나타낸다.**

예를 들어, *p*-bromonitrobenzene의 Br기는 오쏘, 파라 지향기이고 NO_2기는 메타 지향기이다. 두 치환기가 서로 파라 위치에 치환되어 있으므로 벤젠에서 출발해서 이 화합물을 합성하고자 할 때 오쏘, 파라 지향기가 **먼저** 도입되어야만 한다.

Br 오쏘, 파라 지향기

NO_2 메타 지향기

p-bromonitrobenzene

두 개의 기가 서로에 대해 파라이므로
오쏘, 파라 지향기를 먼저 도입한다.

따라서 경로 [1]처럼 나이트로화 반응보다 먼저 브로민화 반응이 일어나야 **원하는 파라 생성물**을 얻을 수 있다. 경로 [2]처럼 브로민화 반응보다 먼저 나이트로화 반응이 일어나면 **원치 않는 메타 이성질체**가 얻어진다.

경로 [1]: 나이트로화 반응 전의 브로민화 반응: **원하는 파라 생성물**이 생성된다.

오쏘, 파라 지향기

Br_2 / $FeBr_3$ → HNO_3 / H_2SO_4 → +

오쏘 이성질체는 혼합물에서 분리할 수 있다.

원하는 생성물

경로 [2]: 브로민화 반응 전의 나이트로화 반응: **원하지 않는 메타 이성질체**가 생성된다.

HNO_3 / H_2SO_4 → Br_2 / $FeBr_3$ →

메타 지향기

메타 이성질체

경로 [1]의 경우 필요한 파라 생성물뿐만 아니라 필요 없는 오쏘 이성질체도 얻어진다. 그러나 이 두 화합물은 구조 이성질체이기 때문에 쉽게 분리할 수 있다. 여기서 오쏘와 파라 이성질체의 혼합물이 생성되는 것은 피할 수 없다.

예제 16.7 이중 치환 벤젠 합성하기

벤젠으로부터 *o*-nitrotoluene의 합성법을 제시하라.

NO_2 ⟹

o-nitrotoluene

풀이

o-Nitrotoluene의 CH_3기는 오쏘, 파라 지향기이고 NO_2기는 메타 지향기이다. 두 치환기가 서로에 대해 오쏘 위치에 있으므로 **오쏘, 파라 지향기가 먼저 도입되어야 한다.** 따라서 합성은 Friedel–Crafts 알킬화 반응과 연이은 나이트로화 반응의 두 단계로 수행된다.

CH_3Cl, $AlCl_3$ → ; HNO_3, H_2SO_4 → NO_2 + 파라 이성질체

o-nitrotoluene

문제 16.29 주어진 출발물로부터 각 화합물의 합성법을 제시하라.

a. Cl, SO_3H ⟹ 벤젠 b. O, O_2N ⟹ 벤젠 c. OH, Br ⟹ OH

추가 문제: 문제 16.41[1], 16.45a를 풀어보라.

16.13 친핵성 방향족 치환 반응

대부분의 방향족 화합물의 반응이 친전자성 방향족 치환 반응으로 일어나지만, **할로젠화 아릴은 강한 친핵체와 제한적으로 반응한다.**

A, X —$:Nu^-$→ A, Nu + $:X^-$

X = F, Cl, Br, I
A = H, 전자 끄는 기

- 친핵성 방향족 치환 반응은 벤젠 고리에 결합된 할로젠 X를 친핵체 ($:Nu^-$)가 치환하는 반응이다.

7.16절에서 소개했듯이, 이 반응은 sp^3 혼성화 탄소에서만 진행되는 S_N1 또는 S_N2 메커니즘에 의해 일어나지 않는다. 그 대신에 이 결과를 설명하기 위하여 **첨가–제거**(16.13A절)와 **제거–첨가**(16.13B절)의 두 가지 다른 메커니즘이 이 반응에 대하여 제안되었다.

16.13A 첨가–제거에 의한 친핵성 방향족 치환 반응

오쏘나 파라에 강한 전자를 끄는 기(NO_2 등)를 함유하는 할로젠화 아릴은 친핵체와 반응하여 치환 반응물을 생성한다. 예를 들어, p-chloronitrobenzene을 수산화(^-OH) 이온과 반응시키면 Cl가 OH로 치환된 p-nitrophenol이 얻어진다.

O_2N–C₆H₄–Cl —^-OH→ O_2N–C₆H₄–OH + Cl^-

p-chloronitrobenzene　　p-nitrophenol

친핵성 방향족 치환 반응은 ^-OH, ^-OR, $^-NH_2$, ^-SR 등의 강한 음이온 친핵체뿐만 아니라 NH_3, RNH_2 등 중성 친핵체에 의해서도 진행될 수 있다. 이 반응의 메커니즘은 **친핵체의 첨가**로 인한 공명 안전화 탄소 음이온의 생성과 연이은 **할로젠 이탈기가 제거**되는 두 단계로 구성된다. 일반적으로 전자를 끄는 기(W)가 있는 염화 아릴에 대한 메커니즘을 16.10에 보였다.

메커니즘 16.10 첨가-제거에 의한 친핵성 방향족 치환 반응

1 친핵체의 첨가는 속도 결정 단계에서 새로운 C—Nu 결합과 공명 안정화 탄소 음이온을 생성한다.

2 이탈기가 제거되면 방향족 고리가 다시 생성된다.

친핵성 방향족 치환 반응에서 반응성에 대한 다음의 경향이 관찰된다.

- 전자를 끄는 기의 수가 증가하면 할로젠화 아릴의 반응성이 **증가한다**. 전자를 끄는 기는 음이온 중간체를 안정화시키고, Hammond 가설에 의거하여 음이온 생성 과정에 발생하는 전이 상태의 에너지를 낮춘다.
- 할로젠 전기 음성도의 증가는 할로젠화 아릴의 반응성을 **높인다**. 전기 음성도가 큰 할로젠은 유도 효과에 의하여 탄소 음이온 중간체를 안정화시킨다. 따라서 플루오린화 아릴(ArF)은 전기 음성도가 작은 할로젠이 있는 것보다 훨씬 반응성이 **크다**.

그러므로 염화 아릴 **B**는 *o*-chloronitrobenzene (**A**)보다 반응성이 높다. 왜냐하면 **B**에 두 개의 전자 끄는 NO_2기가 있기 때문이다. 플루오린화 아릴 **C**는 **B**보다 더 반응성이 높다. 왜냐하면 **C**에 전기 음성도가 더 큰 할로젠인 플루오린이 있기 때문이다.

전자를 끄는 기의 위치가 친핵성 방향족 치환 반응의 반응 속도에 큰 영향을 주는 것에 유의하라. 나이트로기가 할로젠의 오쏘나 파라 위치인 경우, 탄소 음이온 중간체의 음전하는 NO_2기에 분산될 수 있으므로 음이온 중간체를 안정화시킨다. NO_2기가 메타 위치에 있는 경우, NO_2기에 의한 추가적인 음전하의 분산은 일어나지 않는다.

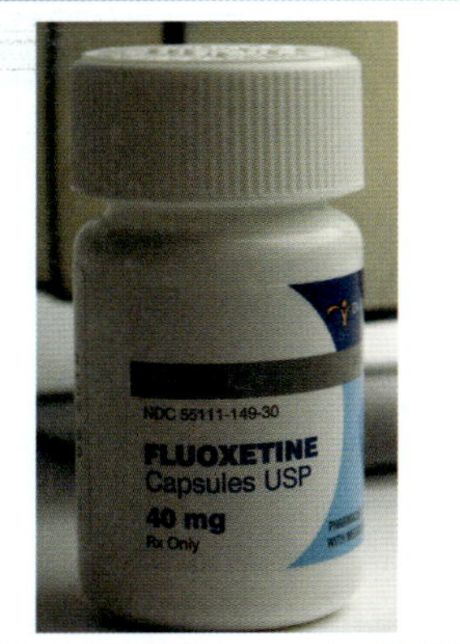

항우울증 치료제 fluoxetine를 합성하는 한 가지 방법은 친핵성 방향족 치환 반응이다(문제 16.31).
Jill Braaten/McGraw Hill

그러므로 **첨가-제거 메커니즘에 의한 친핵성 방향족 치환 반응은 오쏘나 파라 위치에 전자 끄는 기가 있는 할로젠화 아릴에서만 일어난다.**

문제 16.30 각 반응의 생성물을 그려라.

a. (O_2N, NO_2, Cl 치환 벤젠) $\xrightarrow{NaOCH_3}$ b. (F-벤젠-아세틸) $\xrightarrow{^-OH}$

문제 16.31 **D**를 생성하는 다음 반응 메커니즘을 단계별로 그려라. **D**는 한 단계 반응으로 항우울증 치료제 fluoxetine(상품명 Prozac)으로 전환된다.

(F_3C-벤젠-Cl) + (HO, $N(CH_3)_2$ 화합물) $\xrightarrow{KOC(CH_3)_3}$ **D** $\xrightarrow{\text{한 단계}}$ fluoxetine ($NHCH_3$)

16.13B 제거-첨가에 의한 친핵성 방향족 치환 반응: 벤자인

chlorobenzene $\xrightarrow[\text{[2] } H_3O^+]{\text{[1] NaOH, 300 °C, 170 atm}}$ phenol + NaCl

전자 끄는 기가 없는 할로젠화 아릴은 일반적으로 친핵체와 반응하지 않는다. **그러나 극한적인 반응 조건에서 친핵성 방향족 치환 반응이 할로젠화 아릴에서 일어날 수 있다.** 예를 들면 chlorobenzene을 300 °C 이상의 온도, 170기압에서 NaOH와 반응시키면 phenol이 얻어진다.

이 반응을 설명하기 위하여 제시된 메커니즘은 **제거-첨가**에 의하여 **벤자인(benzyne)** 중간체(C_6H_4)가 생성되는 메커니즘이다. 메커니즘 16.11에서 보인 것처럼, **벤자인은 할로젠화 아릴에서 HX의 제거로 얻어지는 매우 반응성이 큰 불안정한 중간체이다.**

메커니즘 16.11 제거-첨가에 의한 친핵성 방향족 치환 반응: 벤자인

(chlorobenzene + $^-$:OH) →① (carbanion) + H_2O →② **벤자인** + Cl^- ; + Nu^- →③ (carbanion, Nu) + H–OH →④ (Nu 치환 생성물) + $^-$OH

① ~ ② 두 개의 인접한 원자로부터 H와 X가 제거되어 반응성 높은 **벤자인** 중간체가 생성된다.

③ ~ ④ 친핵성 공격과 양성자 제거는 치환 생성물을 생성한다.

벤자인 중간체의 생성은 할로젠화 아릴의 치환 생성물이 **혼합물**로 얻어지는 이유를 설명한다. **제거-첨가에 의한 친핵성 방향족 치환 반응은 이탈기가 부착된 탄소와 그 옆 탄소에서 일어난다.** 예를 들어, *p*-chlorotoluene과 $NaNH_2$의 반응은 파라와 메타 생성물을 생성한다.

$NaNH_2$ / NH_3

p-chlorotoluene → p-methylaniline (p-toluidine) + m-methylaniline (m-toluidine)

이 결과는 벤자인 중간체에 대한 친핵성 공격이 C3에서 일어나서 *m*-methylaniline이 생성되거나, C4에서 일어나서 *p*-methylaniline이 생성되는 사실로 설명된다.

p-chlorotoluene —$NaNH_2$, 두 단계→ (벤자인) —$:NH_2^-$, C3에서의 친핵성 공격→ —NH_3→ m-methylaniline

or

(벤자인) —$:NH_2^-$, C4에서의 친핵성 공격→ —NH_3→ p-methylaniline

벤자인의 삼중 결합은 예상되는 바와 같이 비정상적이다. 육원자 고리의 각각의 탄소는 sp^2 혼성이다. 그 결과 하나의 σ 결합과 두 개의 π 결합의 삼중 결합이 다음과 같은 오비탈을 생성한다.

- σ 결합은 두 sp^2 혼성 오비탈의 겹침에 의해 생성된다.
- 한 개의 π 결합은 분자 평면과 수직인 두 *p* 오비탈의 겹침에 의해 생성된다.
- 두 번째 π 결합은 두 sp^2 혼성 오비탈의 겹침에 의해 생성된다.

sp^2 혼성

두 sp^2 혼성 오비탈이 겹치면 π 결합이 생긴다.

그러므로 두 번째 π 결합은 ***p* 오비탈이 아니라 sp^2 혼성 오비탈의 측면 겹침으로 생성되기** 때문에 지금까지 보아 왔던 π 결합과는 다르다. 분자 평면에 놓여 있는 이 π 결합은 매우 약하다.

문제 16.32 각각 반응의 생성물을 그려라.

a. (클로로벤젠) —$NaNH_2$ / NH_3→ b. CH_3O–(벤젠)–Cl —$NaOH$ / H_2O, Δ→ c. (2-에틸클로로벤젠) —KNH_2 / NH_3→

문제 16.33 *m*-Chlorotoluene이 NH_3 조건 하에서 KNH_2와 반응하였을 때 생기는 생성물을 모두 그려라.

16.14 치환된 벤젠의 반응

벤젠 유도체의 합성 방법을 크게 확장시켜 줄 수 있는 몇 가지 추가적인 치환된 벤젠의 반응을 살펴보고 16장을 끝내기로 한다. 16.14A절에서는 라디칼에 의한 할로젠화 반응을 살펴보고, 16.14B-D절에서는 유용한 산화 반응과 환원 반응을 살펴보기로 한다. 자세한 메커니즘은 언급하지 않고 시약과 반응만 소개한다.

16.14A 알킬 벤젠의 할로젠화 반응

반응 조건을 적절하게 선택하면 라디칼 반응 조건하에서 **알킬 벤젠의 벤질성 C−H에서 선택적으로 브로민화 반응이 일어나면 벤질성 할로젠화물(benzylic halide)**이 생성된다. 예를 들어, ethylbenzene을 Br_2(빛이나 열 존재하에) 또는 NBS (*N*-bromosuccinimide, 빛이나 과산화물 존재하에)로 처리하면 라디칼 브로민화 반응이 일어나 벤질성 브로민화물이 유일한 생성물로 생성된다. 벤질성 자리에서 일어나는 할로젠화 반응의 메커니즘은 13장에서 논의한 다른 라디칼 할로젠화 반응 메커니즘과 비슷하다.

ethylbenzene —[Br_2, $h\nu$ 또는 Δ / 또는 / NBS, $h\nu$ 또는 ROOR; 라디칼 조건]→ 벤질성 브로민화물 (Br) + HBr

따라서 알킬 벤젠은 반응 조건에 따라 Br_2와 두 개의 완전히 다른 반응을 일으키게 된다.

- Br_2, $FeBr_3$ → 오쏘 이성질체 (Br) + 파라 이성질체 (Br) — 이온성 조건
- Br_2, $h\nu$ 또는 Δ → (Br) — 라디칼 조건

- **Br_2와 $FeBr_3$가 있을 때(이온성 조건) 친전자성 방향족 치환 반응이 일어나며,** 결과적으로 방향족 고리의 H가 Br로 치환되어 오쏘 및 파라 이성질체가 생성된다.
- Br_2**와 빛이나 열이 있을 때(라디칼 조건)** 알킬기의 벤질성에 있는 탄소의 **H가 Br로 치환되는 반응이 일어난다.**

알킬 벤젠의 라디칼 브로민화 반응은 생성되는 벤질성 할로젠화물이 여러 가지 치환 및 제거 반응의 출발물이 될 수 있고, 그 결과 여러 가지 새로운 치환된 벤젠 유도체를 얻을 수 있기 때문에 매우 유용한 반응이다. 예제 16.8에서 한 가지 예를 들어보자.

예제 16.8 벤질성 브로민화 반응을 이용하여 이중 결합 도입하기

Ethylbenzene으로부터 styrene을 합성하는 방법을 그려라.

styrene ⟹ ethylbenzene

풀이

이중 결합은 두 단계 반응을 통해서 도입할 수 있다. 라디칼 반응 조건에서 벤질성 **브로민화 반응**을 시킨 다음, 센염기로 **HBr을 제거**하면 π 결합이 생성된다.

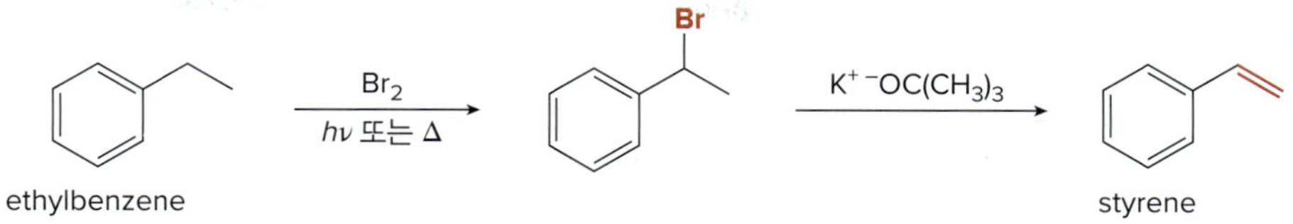

ethylbenzene —(Br_2, $h\nu$ 또는 Δ)→ (Br) —($K^+ {}^-OC(CH_3)_3$)→ styrene

문제 16.34 Ethylbenzene을 어떻게 이용하여야 각 화합물을 얻을 수 있겠는가? 두 단계 이상의 반응이 필요할 수도 있다.

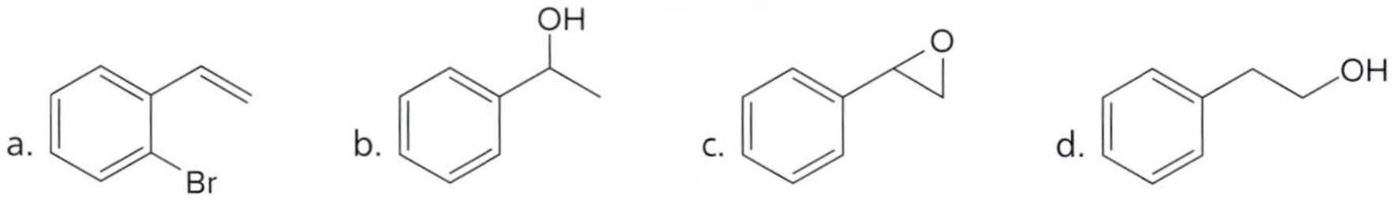

a. (Br) b. (OH) c. (O) d. (OH)

추가 문제: 문제 16.68a, e, f; 16.69a, c; 16.70을 풀어보라.

16.14B 알킬 벤젠의 산화 반응

벤질성 C−H 결합이 하나라도 있는 아렌(arene)은 $KMnO_4$와의 반응에서 카복시기(COOH)가 직접 벤젠 고리에 결합된 카복실산인 **benzoic acid로 산화된다.** 이러한 산화 반응은 탄소−탄소 결합이 끊어지는 결과를 주기 때문에 생성물은 탄소 수가 출발물보다 적다.

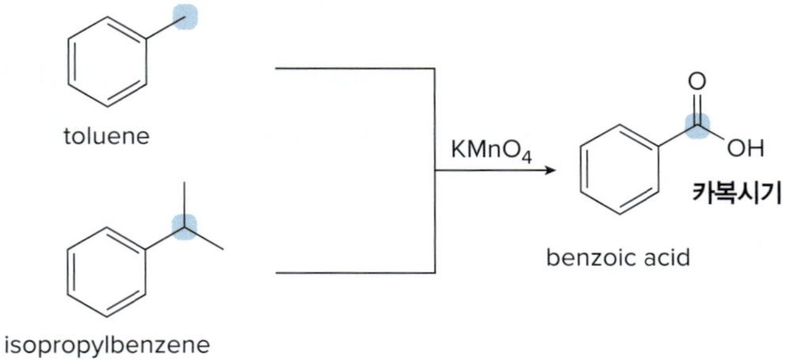

toluene, isopropylbenzene —($KMnO_4$)→ benzoic acid (카복시기)

알킬기가 두 개 이상 있는 반응물의 경우 다이카복실산으로 산화된다. **벤질성 C−H 결합이 하나도 없는 화합물은 산화 반응을 일으키지 않는다.**

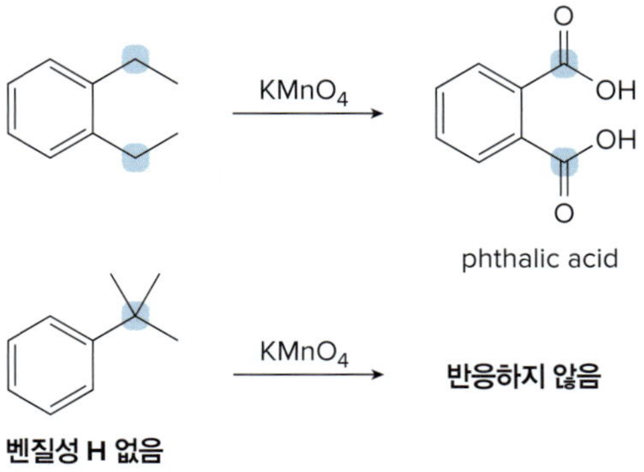

—($KMnO_4$)→ phthalic acid

벤질성 H 없음 —($KMnO_4$)→ 반응하지 않음

16.14C 아릴 케톤의 알킬 벤젠으로의 환원

Friedel–Crafts 아실화 반응에서 생성된 케톤은 두 가지 다른 방법에 의해 알킬 벤젠으로 환원될 수 있다.

Zn(Hg) + HCl
또는
NH_2NH_2 + ^{-}OH

- **Clemmensen 환원**은 센산 존재하에 아연과 수은을 사용한다.
- **Wolff–Kishner 환원**은 hydrazine (NH_2NH_2)과 강염기(KOH)를 사용한다.

출발물의 두 C–O 결합이 생성물에서 C–H 결합으로 변환되기 때문에 이 환원 반응은 어려우며 반응 조건도 상당히 격렬하다.

Clemmensen 환원
Zn(Hg) + HCl
Δ

Wolff–Kishner 환원
NH_2NH_2 + ^{-}OH
Δ

지금까지 벤젠 고리에 알킬기를 도입하는 두 가지 다른 방법을 살펴보았다(그림 16.9).

- **Friedel–Crafts 알킬화 반응에 의한 한 단계 방법**
- **Friedel–Crafts 아실화 반응으로 케톤을 얻고, 이것을 환원시키는 두 단계 방법**

그림 16.9
알킬 벤젠을 합성하는 두 가지 방법

Friedel–Crafts 알킬화 반응
R–Cl
$AlCl_3$

Friedel–Crafts 아실화 반응
RCOCl
$AlCl_3$

환원 반응

두 단계 방법이 우회하는 방법처럼 보이지만, 어떤 알킬 벤젠의 경우에는 자리 옮김이 일어나서 한 단계 반응의 Friedel–Crafts 알킬화 반응으로 합성할 수 없기 때문에 두 단계 합성 방법을 사용해야 한다.

이미 16.5C절에서 언급했듯이 propylbenzene은 Friedel–Crafts 알킬화 반응으로 합성할 수 없다. 벤젠을 1-chloropropane 및 $AlCl_3$와 반응시키면 자리 옮김 반응에 의해 isopropylbenzene이 생성된다. 하지만 propylbenzene은 Friedel–Crafts 아실화 반응에 이은 환원 반응의 두 단계 과정을 통해 합성할 수 있다.

AlCl$_3$

isopropylbenzene
(자리 옮김 반응에 의해 생성)

생성되지 **않음**

AlCl$_3$

Zn(Hg), HCl

propylbenzene

문제 16.35 벤젠을 다음의 각 화합물로 변환하는 데 필요한 두 단계 반응식을 쓰라.

a.

b.

문제 16.36 벤젠을 *p*-isobutylacetophenone(항염증제 ibuprofen 합성의 핵심 중간체)으로 변환시키는 데 필요한 합성 단계를 나타내라.

여러 단계

p-isobutylacetophenone

ibuprofen

16.14D 나이트로기의 환원

나이트로기(NO_2)는 센산과의 나이트로화 반응을 통해 벤젠 고리에 쉽게 도입할 수 있다(16.4절). **나이트로기는** 다양한 반응 조건에서 **아미노기(NH_2)로 환원될 수 있기** 때문에 나이트로화 반응은 유용하다. 가장 일반적인 환원 방법은 H_2와 촉매, 또는 금속(Fe 또는 Sn)과 HCl과 같은 센산을 사용하는 것이다.

nitrobenzene $\xrightarrow{H_2,\ Pd\text{-}C \text{ 또는 } Fe, HCl \text{ 또는 } Sn, HCl}$ aniline

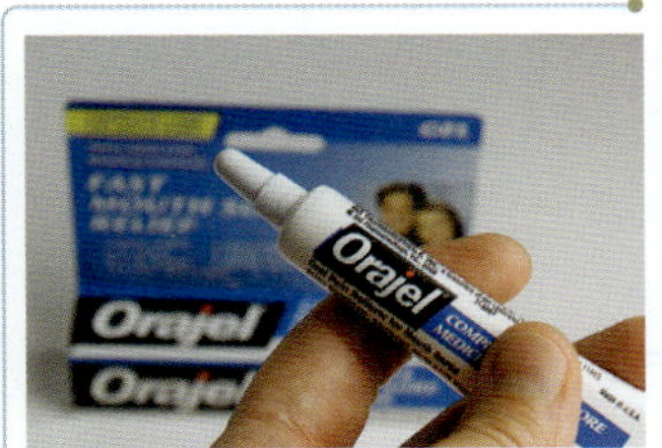

Benzocaine은 의사 처방 없이 살 수 있는 국부 마취제인 Orajel의 주요 성분이다. *Jill Braaten/McGraw Hill*

예를 들어 ethyl *p*-nitrobenzoate을 팔라듐 촉매하에서 H_2와 반응시키면 benzocaine이라고 부르는 국부 마취제 ethyl *p*-aminobenzoate이 얻어진다.

ethyl *p*-nitrobenzoate $\xrightarrow{H_2,\ Pd\text{-}C}$ ethyl *p*-aminobenzoate (benzocaine)

예제 16.9는 이러한 과정의 유용성을 잘 보여준다.

예제 16.9 합성에서 NH_2기 도입하기

벤젠으로부터 *m*-bromoaniline을 합성하는 방법을 고안하라.

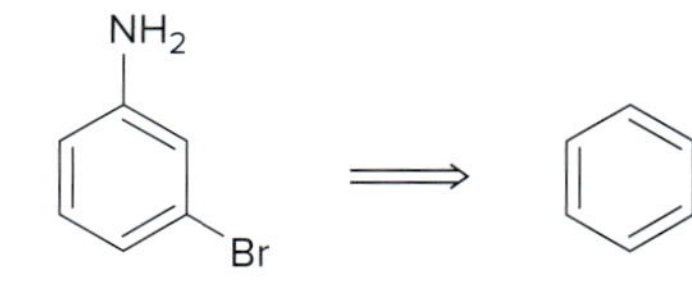

풀이

역합성 방법을 고안하는 데 유념해야 할 것은:

- NH_2기를 친전자성 치환 반응을 통해 직접 고리에 도입할 수는 없다. 따라서 이것은 두 단계, 즉 **나이트로화 반응에 이은 환원 반응**을 통해 도입되어야 한다.
- Br과 NH_2는 둘 다 오쏘, 파라 지향기인데 이 둘은 서로 메타 위치에 치환되어 있다. 그렇지만 **NO_2기(NH_2가 만들어지는 기)는 메타 지향기이므로** 이 성질을 합성에 이용하면 된다.

역합성 분석

최종 생성물로부터 거꾸로 합성 방법을 거슬러 올라가 보면 **세 단계의 역합성 분석**이 가능하다.

환원 반응 NH_2 ← NO_2 [1]   [2]   **나이트로화 반응** NO_2 [3]

m-bromoaniline   Br   Br   **브로민화 반응**

- [1] NO_2의 환원 반응에 의한 NH_2기 생성
- [2] 할로젠화 반응에 의해 NO_2기에 대해 메타 위치에 Br기 도입
- [3] 나이트로화 반응에 의해 NO_2기 도입

합성

합성은 세 단계로 진행되며 반응 순서가 대단히 중요하다. 메타 치환 생성물을 얻기 위해 할로젠화 반응(단계 [2])은 환원 반응(단계 [3])보다 **먼저** 일어나도록 해야 한다.

HNO_3 / H_2SO_4 [1] → NO_2 → Br_2 / $FeBr_3$ [2] → NO_2, Br → H_2 / Pd-C [3] → NH_2, Br *m*-bromoaniline

Br은 NO_2기에 대해 메타 위치로 간다. **메타** 지향기

문제 16.37 벤젠으로부터 다음의 각 화합물을 합성하라.

a. CO_2H c. Cl   e. HO, O

b. CO_2H, Br   d. Br   f. NH_2

추가 문제: 문제 16.68b–d, 16.69b를 풀어보라.

16.15 다단계 합성

16장을 통해 배운 반응을 이용하면 예제 16.10과 16.11에서 보는 바와 같이 여러 가지 치환된 벤젠을 합성할 수 있다.

예제 16.10 다단계 합성 고안하기

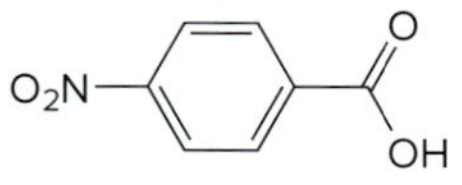

p-nitrobenzoic acid

벤젠으로부터 *p*-nitrobenzoic acid를 합성하라.

풀이

고리에 치환된 두 작용기(NO_2와 COOH)는 모두 메타 지향기이다. 이 두 치환기를 서로에 대해 파라 위치에 치환되도록 하기 위해 기억해야 할 것은, 고리에 도입된 **알킬기를 산화시키면 COOH기가 될 수 있다**는 사실이다. **알킬기는 오쏘, 파라 지향기이다.**

역합성 분석

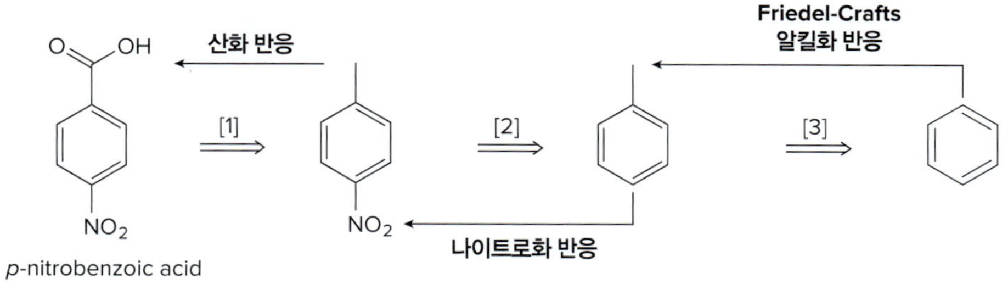

산화 반응 [1]; 나이트로화 반응 [2]; Friedel-Crafts 알킬화 반응 [3]

p-nitrobenzoic acid

역으로 생각하기:

- [1] 알킬기를 산화하면 COOH기 생성 가능
- [2] 나이트로화 반응으로 NO_2기를 CH_3기(오쏘, 파라 지향기이다)의 파라 위치에 도입
- [3] Friedel–Crafts 알킬화 반응으로 CH_3기 첨가

합성

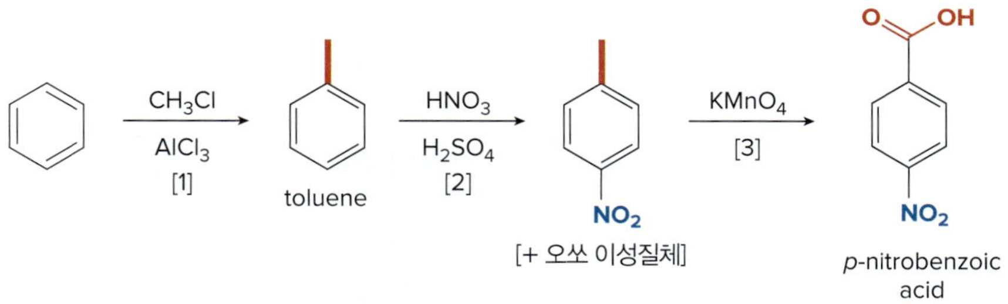

벤젠 —(CH_3Cl, $AlCl_3$ [1])→ toluene —(HNO_3, H_2SO_4 [2])→ p-nitrotoluene [+ 오쏘 이성질체] —($KMnO_4$ [3])→ *p*-nitrobenzoic acid

- 단계 [1]에서 CH_3Cl과 $AlCl_3$를 사용한 벤젠 고리의 **Friedel–Crafts 알킬화 반응**으로 toluene을 합성한다. CH_3는 오쏘, 파라 지향기이므로 나이트로화 반응에서는 원하는 파라 생성물이 얻어지고, 이 생성물은 오쏘 이성질체로부터 분리할 수 있다(단계 [2]).
- $KMnO_4$로 산화하여 CH_3기를 COOH기로 변환하면 단계 [3]에서 원하는 생성물이 얻어진다.

문제 16.38 벤젠으로부터 각 화합물을 합성하라.

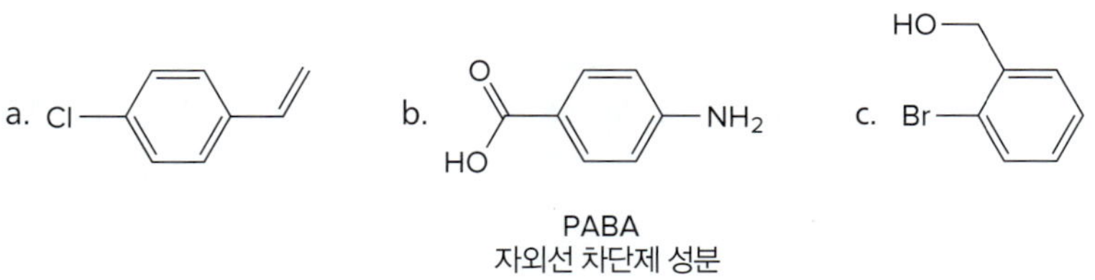

a. (Cl–C₆H₄–CH=CH₂) b. PABA 자외선 차단제 성분 c. (2-bromobenzyl alcohol)

추가 문제: 문제 16.71을 풀어보라.

예제 16.11 삼중 치환 벤젠 합성하기

벤젠으로부터 삼중 치환 벤젠 유도체 **A**를 합성하라.

NO_2
O **A**

풀이

A에 존재하는 두 치환기(CH_3CO와 NO_2)는 메타 지향기이면서 이 둘은 서로 메타 위치에 있다. 또 하나의 치환기인 알킬기는 오쏘, 파라 지향기이다.

역합성 분석

벤젠 고리에 세 개의 치환기가 있으므로 **우선 목표 화합물을 바로 줄 수 있는 전구물질인 이중 치환 벤젠 유도체가 어떤 것인지 결정해야 한다**. 이중 치환 벤젠 유도체 중 목표 화합물로 바꿀 수 없는 것은 제거한다. 이 경우 이론적으로 세 개의 다른 이중 치환 벤젠(**B**–**D**)이 **A**의 전구물질이 될 수 있다. 하지만 화합물 **B**나 **D**를 **A**로 변환하기 위해서는 비활성화된 벤젠 고리에서 Friedel–Crafts 반응이 일어나야 하는데, 이 반응은 일어나지 않는다. 따라서 오직 **C**만이 **A**의 실제 전구물질이 될 수 있다.

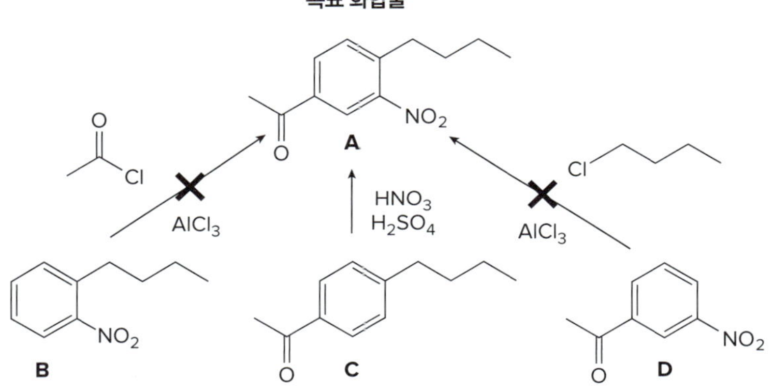

벤젠 고리가 세게 비활성화되어 Friedel–Crafts 반응은 일어나지 않음

오직 이 경로로 반응이 일어난다.

벤젠 고리가 크게 비활성화되어 Friedel–Crafts 반응은 일어나지 않음

이제 벤젠으로부터 화합물 **C**를 합성하면 역합성 분석이 끝난다.

C [1] ⟹ butylbenzene [2] ⟹

두 단계

- [1] Friedel–Crafts 아실화 반응에 의해 케톤을 도입한다.
- [2] Friedel–Crafts 아실화 반응과 연이은 환원 반응으 두 단계 과정으로 알킬기를 도입한다. 자리 옮김 반응이 일어날 수 있기 때문에 한 단계의 Friedel–Crafts 알킬화 반응으로는 butylbenzene을 합성할 수 없다(문제 16.14C).

합성

- Friedel–Crafts 아실화 반응과 연이은 Zn(Hg), HCl 조건의 환원 반응으로 butylbenzene을 얻는다(단계 [1]~[2]).
- Friedel–Crafts 아실화 반응으로 파라 생성물 **C**를 얻고, 이는 오쏘 이성질체로부터 분리할 수 있다(단계 [3]).
- 단계 [4]의 나이트로화 반응으로 알킬기(오쏘, 파라 지향기)에 대해 오쏘, CH_3CO기(메타 지향기)에 대해 메타 위에 NO_2기를 도입한다.

문제 16.39 벤젠으로부터 각 화합물을 합성하라.

a. b. c.

추가 문제: 문제 16.68–16.71을 풀어보라.

Chapter 16 복습

핵심 개념

[1] 친전자성 치환 반응의 반응성과 지향 효과를 설명하는 세 가지 규칙(16.7-16.9)

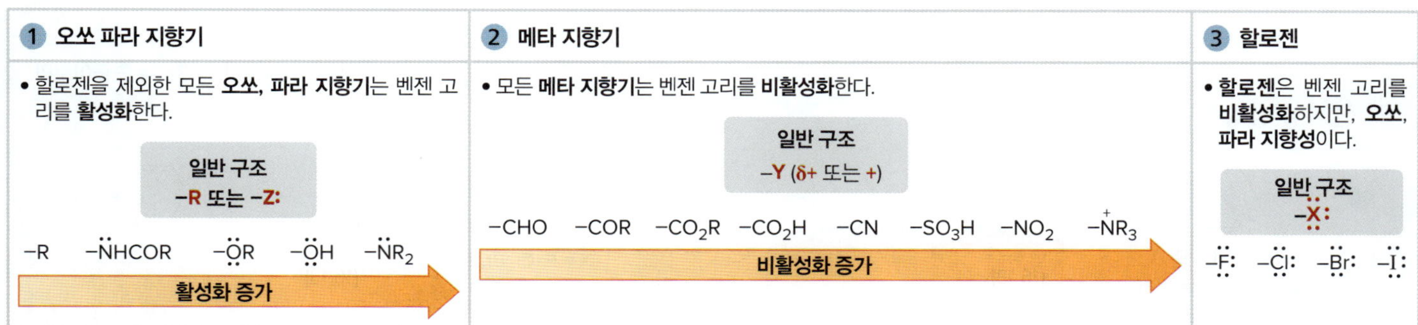

문제 16.52를 풀어보라.

[2] 친전자성 방향족 치환 반응의 치환기 효과 요약(16.6-16.9)

① 치환기	② 유도 효과	③ 공명 효과	④ 반응성	⑤ 지향 효과
R R = 알킬기	주기	없음	활성화	오쏘, 파라
Z: Z = N 또는 O	끌기	주기	활성화	오쏘, 파라
X: X = 할로젠	끌기	주기	비활성화	오쏘, 파라
Y (δ+ or +)	끌기	끌기	비활성화	메타

문제 16.51, 16.52를 풀어보라.

핵심 반응

[1] 친전자성 방향족 치환 반응

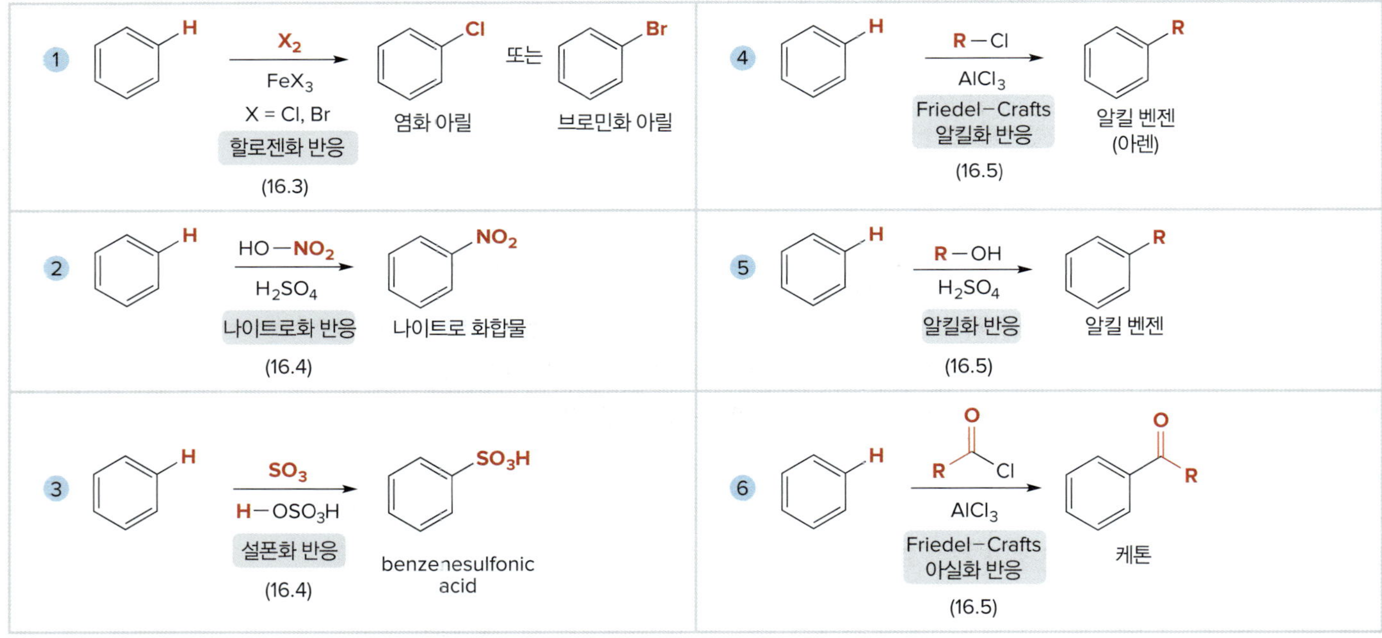

문제 16.40, 16.43a–e를 풀어보라.

[2] 친핵성 방향족 치환 반응

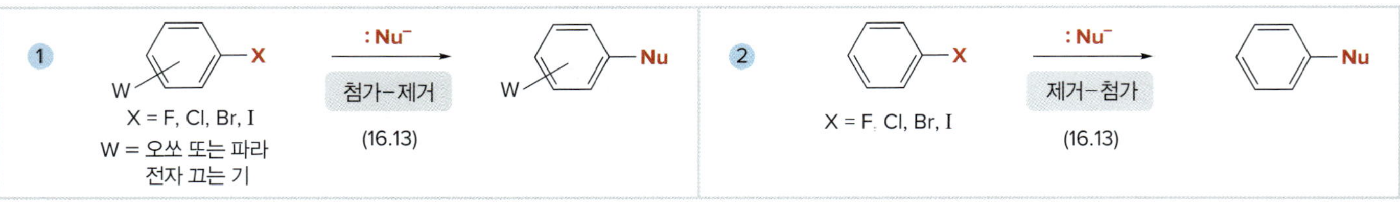

문제 16.43f, 16.45d, 16.47을 풀어보라.

[3] 벤젠 유도체의 다른 반응

1 Br_2, $h\nu$ 또는 Δ 또는 NBS, $h\nu$ 또는 ROOR → 벤질성 브로민화물 벤질성 브로민화 반응 (16.14A)	3 Zn(Hg) + HCl 또는 NH_2NH_2 + ^{-}OH → alkyl benzene 환원 (16.14C)
2 $KMnO_4$ → benzoic acid 산화 (16.14B)	4 H_2, Pd-C 또는 Fe, HCl 또는 Sn, HCl → aniline 환원 (16.14D)

문제 16.41, 16.45a–c를 풀어보라.

핵심 기법

[1] 전자 주는 기 또는 전자 끄는 기로서 치환기 분류(16.6); 두 가지 고려 사항

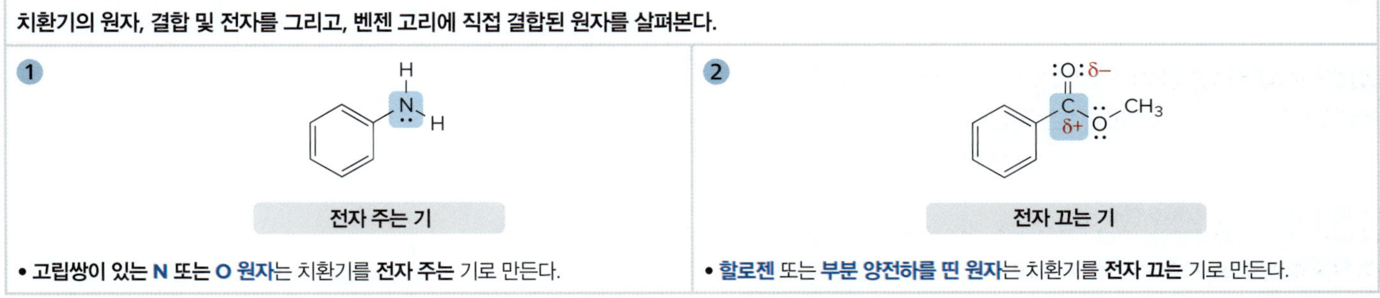

예제 16.3 참조. 문제 16.52~16.55를 풀어보라.

[2] 단일 치환된 벤젠과 친전자체의 반응 생성물 그리기(16.7)

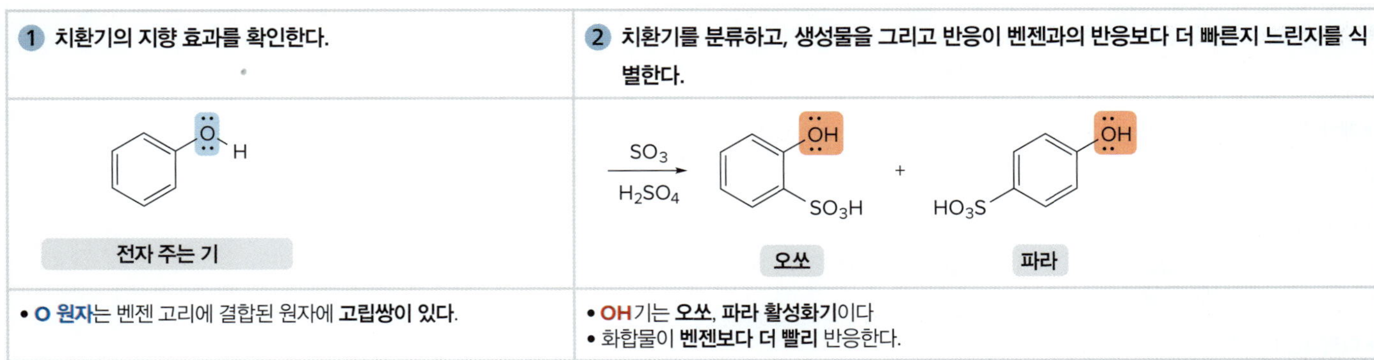

예제 16.4 참고. 문제 16.41, 16.42, 16.45a를 풀어보라.

[3] 이중 치환된 벤젠과 친전자체의 반응으로부터 생성물 그리기 (16.11)

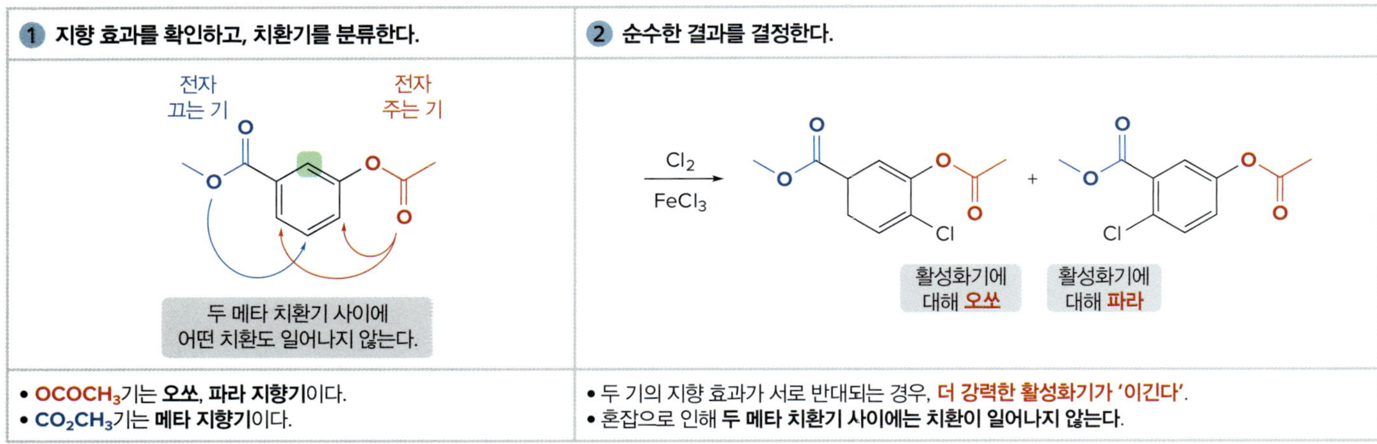

예제 16.6 참고. 문제 16.40, 16.43a–e, 16.45c를 풀어보라.

핵심 메커니즘 개념

① 친전자성 방향족 치환 반응

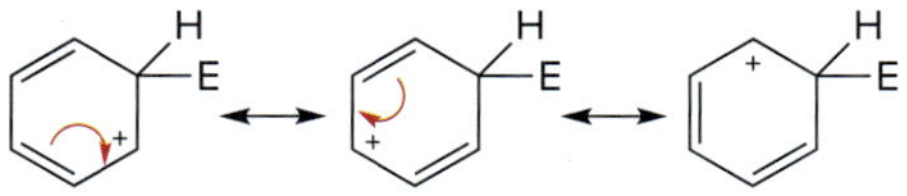

(+)는 E에 대해 오쏘

(+)는 E에 대해 파라

(+)는 E에 대해 오쏘

중간체 **탄소 양이온은 공명 안정화되어 있다.**

- 메커니즘 16.1, 16.2, 16.6 참조
- 메커니즘은 **두 단계**로 일어난다.
- **첫 번째 단계**가 **속도 결정 단계이다.**

② 탄소 양이온 자리 옮김이 일어나는 Friedel–Crafts 알킬화 반응

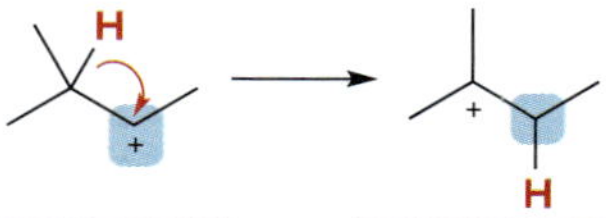

2° 탄소 양이온

3° 탄소 양이온

- 메커니즘 16.8 참조

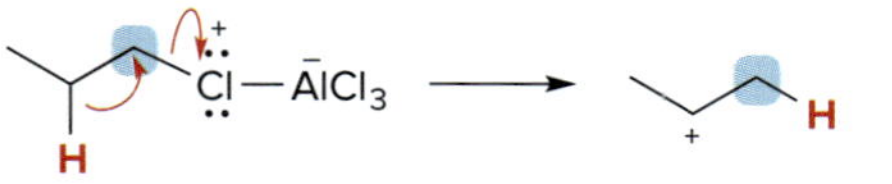

$Cl - \bar{A}lCl_3$

1° 탄소 양이온이 생기지 않음

2° 탄소 양이온

- 메커니즘 16.9 참조

③ 첨가–제거에 의한 친핵성 방향족 치환 반응

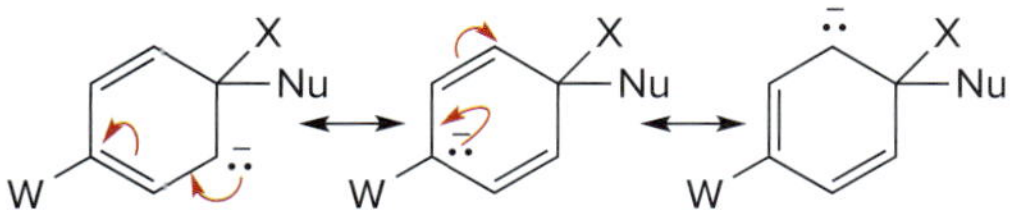

(–)는 Nu에 대해 오쏘

(–)는 Nu에 대해 파라

(–)는 Nu에 대해 오쏘

중간체 **탄소 음이온은 공명 안정화되어 있다.**

- 메커니즘 16.10 참조
- 메커니즘은 **두 단계**로 일어난다.
- **오쏘** 또는 **파라** 위치에 있는 **강한 전자 끄는 기(W)**가 필요하다.
- **전자 끄는 기**의 수가 증가하고 **할로젠(X)의 전기 음성도**가 증가하면 반응 **속도가 증가한다.**

④ 제거–첨가에 의한 친핵성 방향족 치환 반응

$:Nu^-$

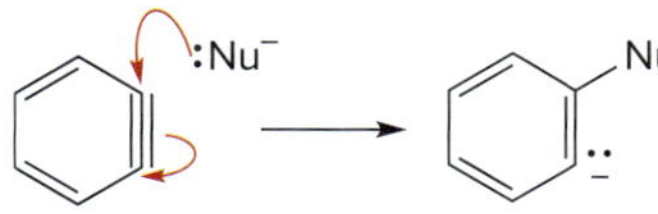

benzyne

- 메커니즘 16.11 참조
- 반응 조건이 까다롭다.
- 혼합 생성물이 생성될 수 있다.

문제 16.60~16.67을 풀어보라.

16장 선다형 자가–시험

자가–시험은 American Chemical Society 유기 화학 시험과 유사한 객관식 문제로 구성되어 있다. 정답은 장의 마지막 부분에 나와 있다.

1. Isopropylbenzene이 $KMnO_4$와 반응하면 무슨 생성물이 생기는가?

isopropylbenzene

a. CO_2H b. CO_2H c. CO_2H d. CO_2H

2. 친전자성 방향족 치환 반응에서 아래 화합물의 어느 고리가 **가장** 반응성이 **큰가**?

Cl (a) (b) O N H H N (c) (d) Cl Cl

3. $NaOCH_3$와의 반응에서 어느 화합물의 반응성이 가장 작은가?

a. O_2N Cl b. O_2N O_2N Cl c. O_2N F d. F O_2N NO_2

4. 벤젠을 스타이렌으로 변환하는 데 필요한 시약은 무엇인가?

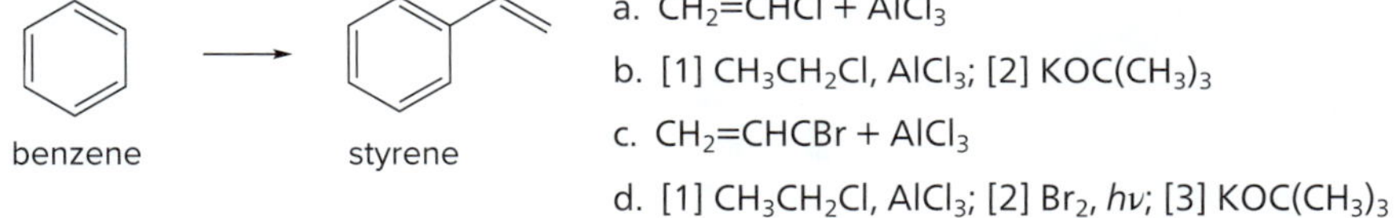

a. $CH_2=CHCl + AlCl_3$
b. [1] CH_3CH_2Cl, $AlCl_3$; [2] $KOC(CH_3)_3$
c. $CH_2=CHCBr + AlCl_3$
d. [1] CH_3CH_2Cl, $AlCl_3$; [2] Br_2, $h\nu$; [3] $KOC(CH_3)_3$

5. 벤젠 고리의 $-N(CH_3)_2$ 기에 대한 서술 중에서 **참**인 것은 무엇인가?

a. $N(CH_3)_2$ 기는 친전자성 치환과 친핵성 치환의 속도를 둘 다 증가시킨다.
b. $N(CH_3)_2$ 기는 친전자성 치환과 친핵성 치환의 속도를 둘 다 감소시킨다.
c. $N(CH_3)_2$ 기는 친전자성 치환의 속도는 증가시키고 친핵성 치환의 속도는 감소시킨다.
d. $N(CH_3)_2$ 기는 친전자성 치환의 속도는 감소시키고 친핵성 치환의 속도는 증가시킨다

6. 아니솔(anisole)이 파라 위치에서 Br_2, $FeBr_3$와 반응하였을 때 생기는 중간체의 유효한 공명 구조가 **아닌** 화학종은 무엇인가?

OCH_3 a. Br $\ddot{O}CH_3$ b. Br $\ddot{O}CH_3$ c. Br $=\overset{+}{O}CH_3$ d. Br $\ddot{O}CH_3$

anisole

7. $AlCl_3$의 존재하에서 toluene ($C_6H_5CH_3$)이 $CH_3CH_2CH_2Cl$과 반응하였을 때 생기는 생성물은 무엇인가?

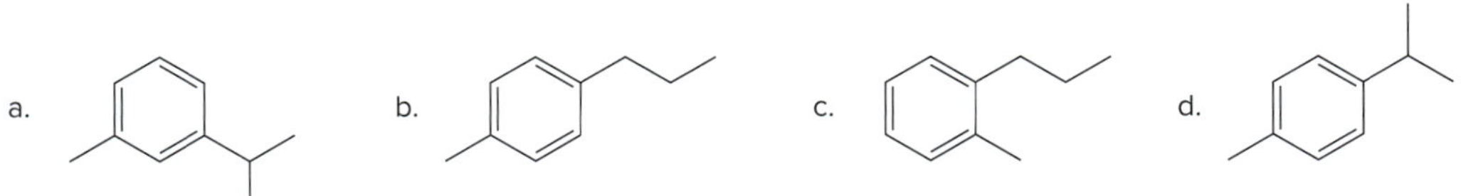

8. **A–D**를 Friedel–Crafts 아실화 반응에서 반응성이 증가하는 순서로 정렬하라.

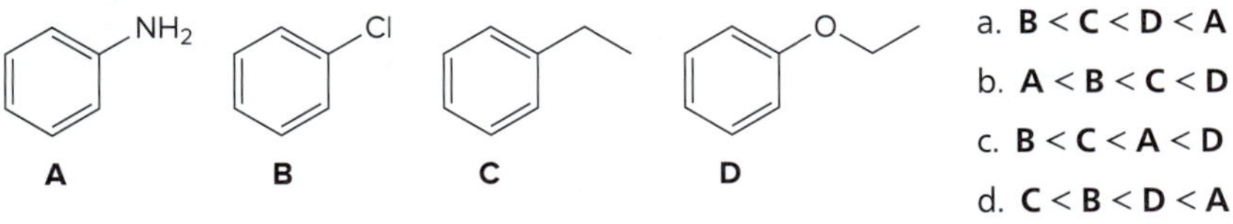

a. **B** < **C** < **D** < **A**
b. **A** < **B** < **C** < **D**
c. **B** < **C** < **A** < **D**
d. **C** < **B** < **D** < **A**

9. **A**를 Br_2, $FeBr_3$로 처리하면 각각의 다음 화합물 중에서 어느 것이 생기는가?

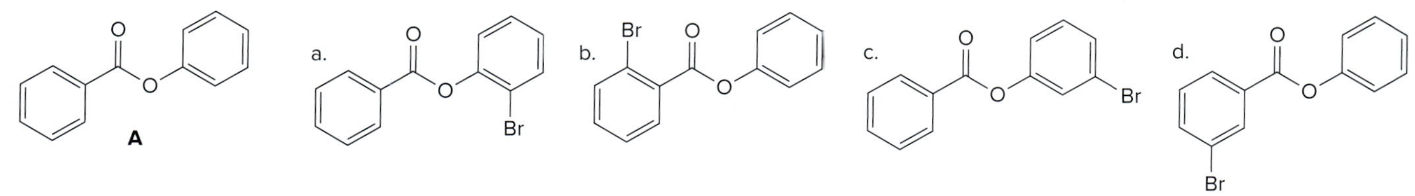

10. 벤젠 고리의 $-OCH_2CH(CH_3)_2$ 치환기에 대한 서술 중에서 **틀린** 것은 무엇인가?

a. $OCH_2CH(CH_3)_2$는 오쏘, 파라 지향기이다.

b. $OCH_2CH(CH_3)_2$는 공명 효과로 전자를 주는 기이다.

c. $OCH_2CH(CH_3)_2$는 벤젠 고리를 벤젠 그 자체보다도 전자가 더 풍부하게 만든다.

d. $OCH_2CH(CH_3)_2$는 유도 효과로 전자를 주는 기이다.

문제

삼차원 모형을 이용하는 문제

16.40 **A**와 **B**를 각각의 다음 시약으로 처리했을 때 생성되는 생성물을 그려라. (a) Br_2, $FeBr_3$ (b) HNO_3, H_2SO_4, (c) CH_3CH_2COCl, $AlCl_3$

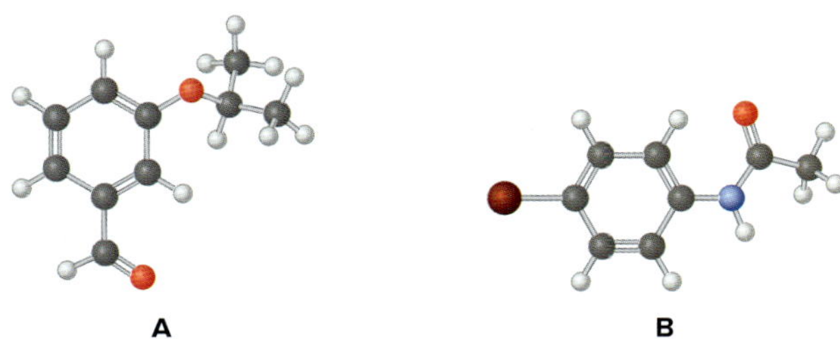

반응

16.41 페놀(C_6H_5OH)을 각각의 시약 세트로 처리하였을 때 얻어지는 생성물의 구조를 그려라.

a. [1] HNO_3, H_2SO_4; [2] Sn, HCl

b. [1] $(CH_3CH_2)_2CHCOCl$, $AlCl_3$; [2] Zn(Hg), HCl

c. [1] CH_3CH_2Cl, $AlCl_3$; [2] Br_2, $h\nu$

d. [1] $(CH_3)_2CHCl$, $AlCl_3$; [2] $KMnO_4$

16.42 각 화합물을 CH_3CH_2COCl 및 $AlCl_3$와 반응시켰을 때 얻어지는 생성물의 구조를 그려라.

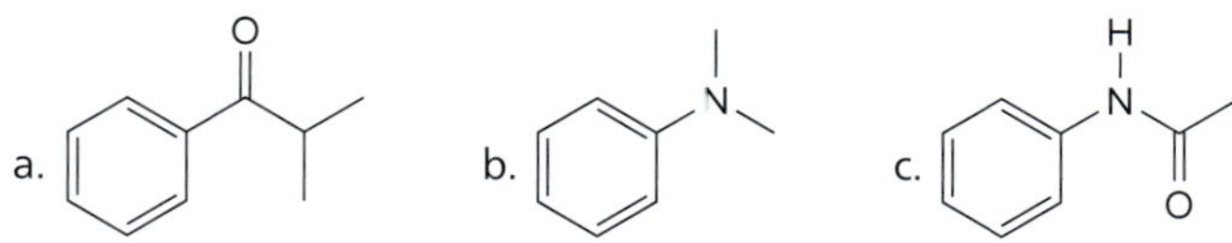

16.43 각 반응의 생성물의 구조를 그려라.

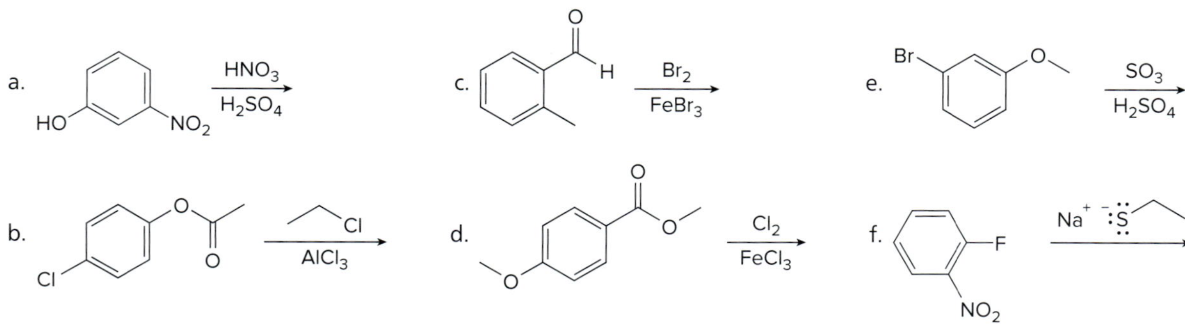

16.44 벤젠을 각각의 염화 알킬과 $AlCl_3$와 함께 반응시켰을 때 얻어지는 생성물은 무엇인가?

a. 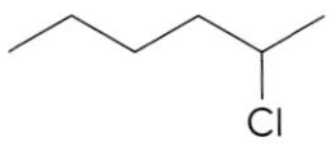 Cl b. 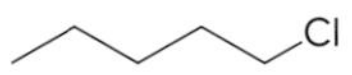 Cl c. 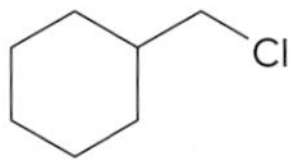 Cl

16.45 각 반응의 생성물을 그려라.

a. 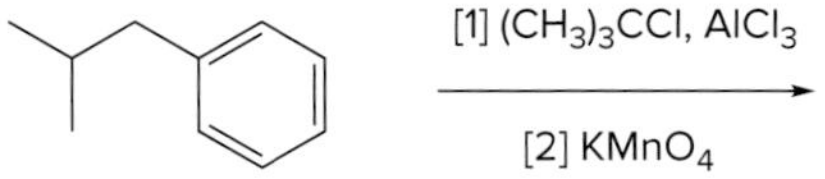 [1] $(CH_3)_3CCl$, $AlCl_3$ [2] $KMnO_4$

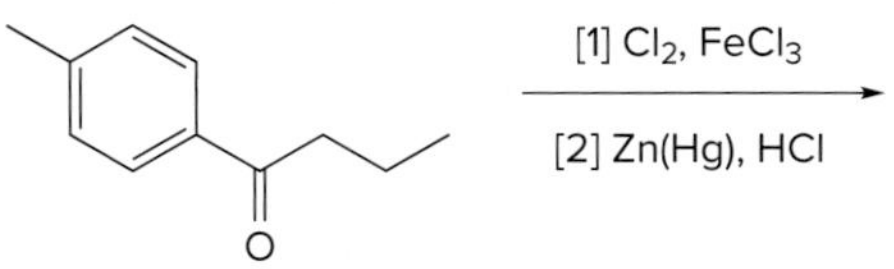

b. 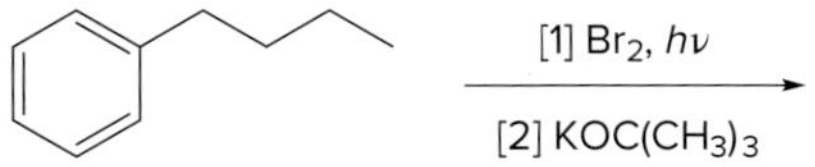 [1] Br_2, $h\nu$ [2] $KOC(CH_3)_3$

c. O [1] Cl_2, $FeCl_3$ [2] Zn(Hg), HCl

d. 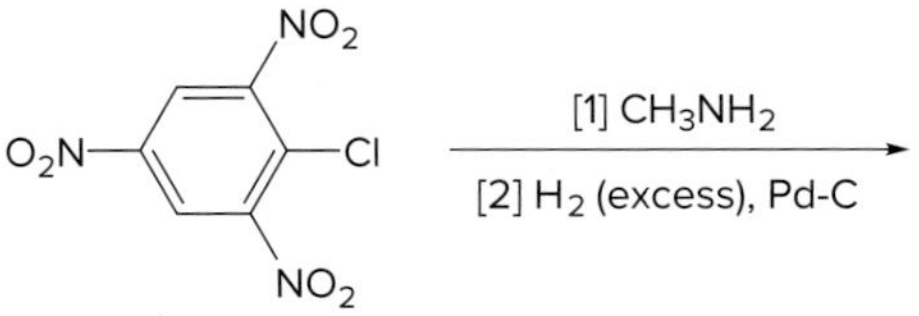 O_2N, NO_2, Cl, NO_2 [1] CH_3NH_2 [2] H_2 (excess), Pd-C

16.46 알킬 벤젠을 합성할 수 있는 두 가지 방법, 즉 Friedel–Crafts 알킬화 반응과 Friedel–Crafts 아실화 반응과 연이은 환원 반응에 대해 배웠다. 어떤 알킬 벤젠은 이 두 가지 방법으로 합성할 수 있지만, 종종 주어진 알킬 벤젠을 합성하는 데 한 가지 방법만 사용할 수밖에 없는 경우도 있다. 벤젠으로부터 각각의 다음 화합물을 합성하는 데 어떠한 방법(들)이 사용될 수 있는가? 사용하는 반응을 단계별로 나타내라.

a. 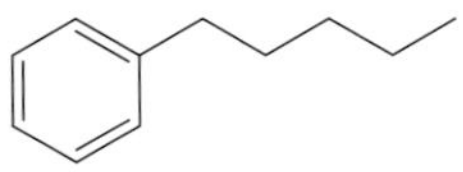 b. 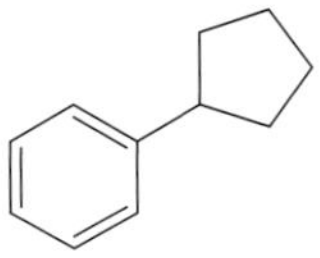 c. 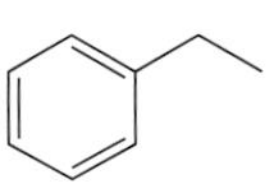 d. 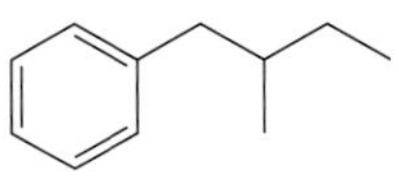 e.

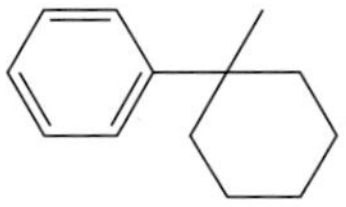

16.47 당뇨병 치료제인 pioglitazone의 두 가지 합성에서의 핵심 단계의 생성물인 **X**와 **Y**는 무엇인가?

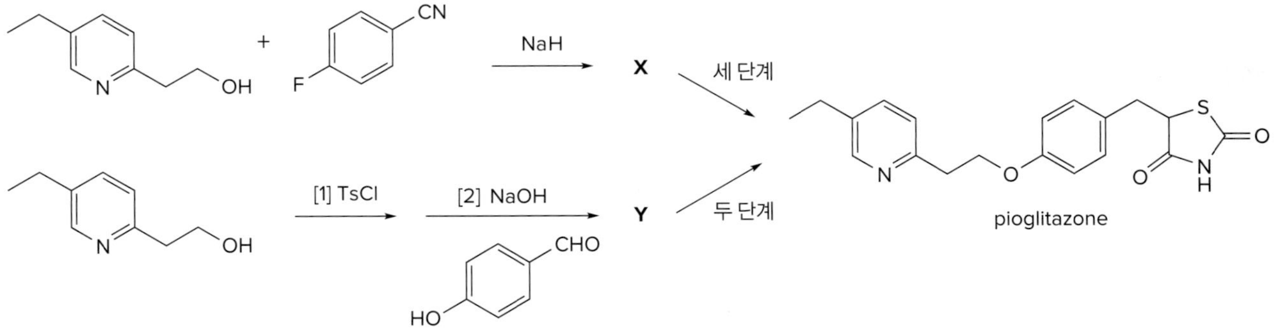

a. N, OH + F, CN → NaH → **X** → 세 단계 → pioglitazone

b. N, OH → [1] TsCl → [2] NaOH, HO, CHO → **Y** → 두 단계 → pioglitazone

pioglitazone (N, O, S, O, O, N, H)

16.48 졸리지 않은 항히스타민제인 fexofenadine의 원래 합성의 두 단계인 다음 반응에서 **M**과 **N**은 무엇인가? (23.5B절)

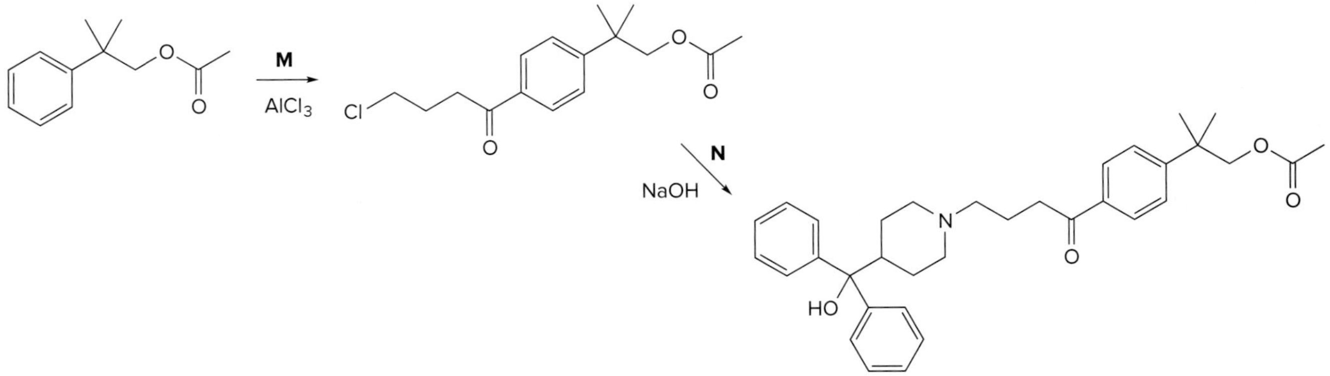

O, O → **M**, $AlCl_3$ → Cl, O, O, O → **N**, NaOH → HO, N, O, O, O

16.49 정신병 약인 risperidone을 합성하는 데 쓰이는 중간체인 **A**의 구조를 그려라. Risperidone에 존재하는 고리 3개가 모두 방향족인 이유를 설명하라.

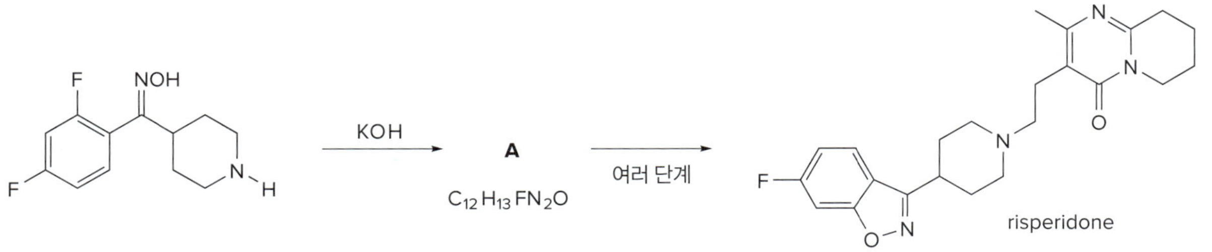

KOH → **A** $C_{12}H_{13}FN_2O$ → 여러 단계 → risperidone

16.50 **D**는 2형 당뇨병 치료제인 rosiglitazone(상품명 Avandia)을 합성하기 위한 중간체이다. 치환 반응으로 **D**에 있는 에테르를 합성하는 두 가지 방법을 제시하라.

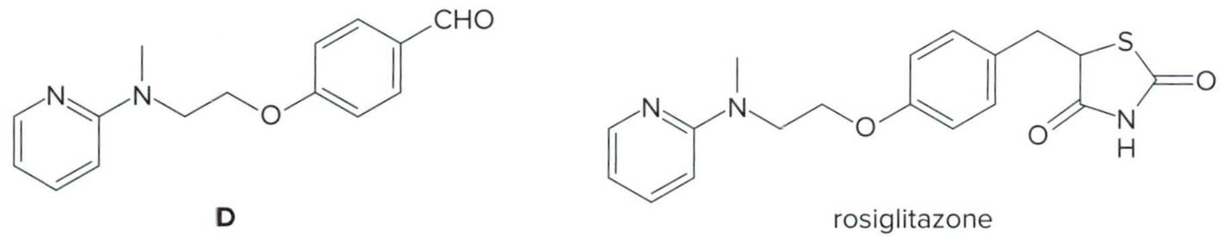

D rosiglitazone

치환기 효과

16.51 각 그룹을 친전자성 방향족 치환 반응에서 반응성이 증가하는 순서대로 나열하라: (a) C_6H_6, C_6H_5Cl, C_6H_5CHO, $C_6H_5OCH_3$; (b) $C_6H_5CH_3$, $C_6H_5NH_2$, $C_6H_5CH_2NH_2$, $C_6H_5CONH_2$.

16.52 각각의 다음 치환된 벤젠에 대하여 다음 물음에 답하라. [1] C_6H_5Br; [2] C_6H_5CN; [3] $C_6H_5OCOCH_3$.

a. 치환기가 유도 효과에 의해 전자 밀도를 주는가 아니면 당기는가?

b. 치환기가 공명 효과에 의해 전자 밀도를 주는가 아니면 당기는가?

c. 치환기가 벤젠보다 고리의 전자를 더 풍부하게 하는가 아니면 덜 풍부하게 하는가?

d. 치환기가 친전자성 방향족 치환 반응에서 벤젠 고리를 활성화하는가 아니면 비활성화하는가?

16.53 각각의 화합물의 어느 고리가 친전자성 방향족 치환 반응에서 반응성이 더 큰지를 결정하고 각 화합물이 친전자체 E^+와 반응하였을 때 생기는 생성물(들)을 그려라.

a. 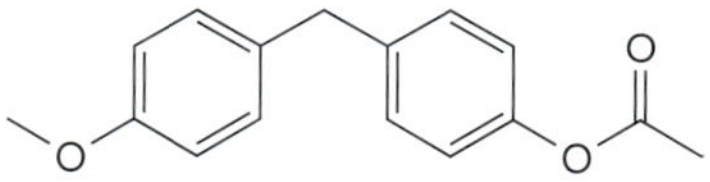 b.

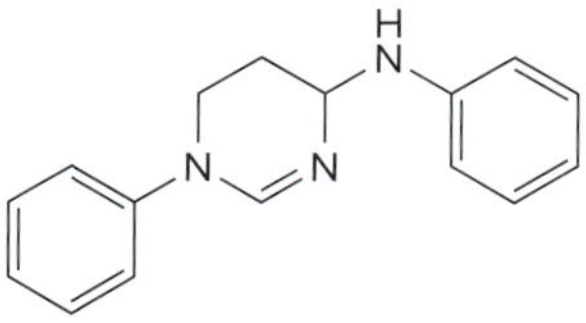

16.54 고리를 **A**, **B**, **C**, **D**로 표시한, 아래에 그린 사고리 방향족 화합물을 고려하자. (a) 친전자성 방향족 치환 반응에서 반응성이 **가장 큰** 것은 어느 고리인가? (b) 친전자성 방향족 치환 반응에서 반응성이 **가장 작은** 것은 어느 고리인가? (c) 이 화합물을 1당량의 Br_2와 반응시켰을 때 생성되는 주생성물(들)은 무엇인가?

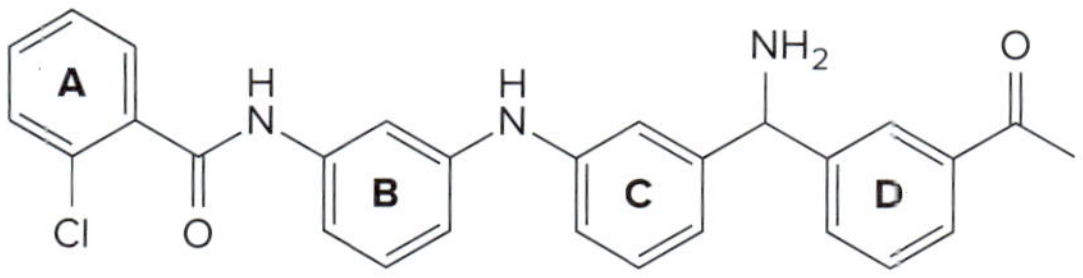

16.55 친전자성 방향족 치환 반응에서 N 원자로 치환된 각각의 벤젠이 벤젠에 비해 더 빠르게 반응할지, 또는 더 느리게 반응할지, 또는 비슷한 속도로 반응할 지를 예측하라. 그 다음에는 이 화합물이 친전자체 E^+와 반응할 때 생성되는 주생성물(들)의 구조를 쓰라.

a. 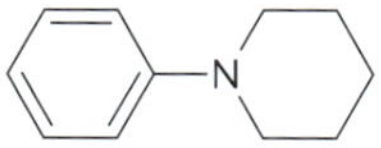 b. 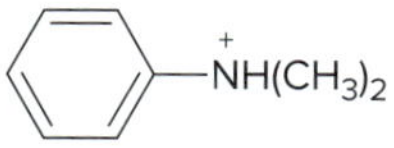 $\overset{+}{N}H(CH_3)_2$ c. 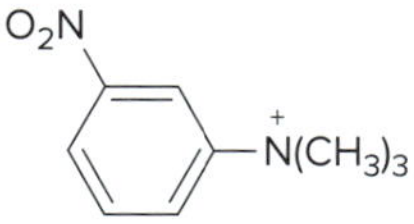 O_2N, $\overset{+}{N}(CH_3)_3$ d. 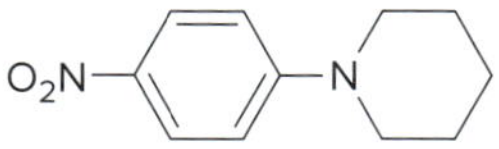 O_2N

16.56 HBr을 다음 알켄에 친전자성 첨가 반응을 시켰을 때 생성되는 주생성물은 무엇인가?

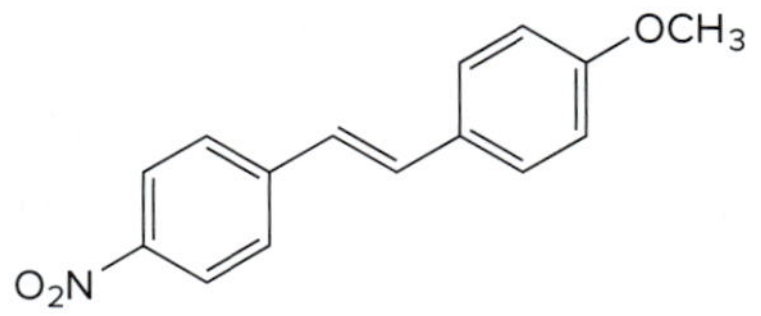

OCH_3
O_2N

16.57 공명 구조를 이용하여 나이트로소기(–NO)가 친전자성 방향족 치환 반응에서 오쏘, 파라 지향기이며 고리를 비활성화하는 치환기임을 설명하라.

16.58 다음 관찰을 설명하라. Ethyl 3-phenylpropanate ($C_6H_5CH_2CH_2CO_2CH_2CH_3$)가 친전자성 시약과 반응하면 오쏘-, 파라-이중 치환(disubstituted) 생성물이 얻어지나 ethyl 3-phenylprop-2-enoate ($C_6H_5CH{=}CHCO_2CH_2CH_3$)이 친전자성 시약과 반응하면 메타-이중 치환 생성물이 얻어진다.

16.59 각 그룹의 할로젠화 아릴을 첨가-제거 메커니즘에 의한 친핵성 반향족 치환 반응에서 반응성이 증가하는 순서대로 배열하라.

a. chlorobenzene, *p*-fluoronitrobenzene, *m*-fluoronitrobenzene

b. 1-fluoro-2,4-dinitrobenzene, 1-fluoro-3,5-dinitrobenzene, 1-fluoro-3,4-dinitrobenzene

c. 1-fluoro-2,4-dinitrobenzene, 4-chloro-3-nitrotoluene, 4-fluoro-3-nitrotoluene

메커니즘

16.60 다음 반응의 단계별 메커니즘을 자세히 쓰라.

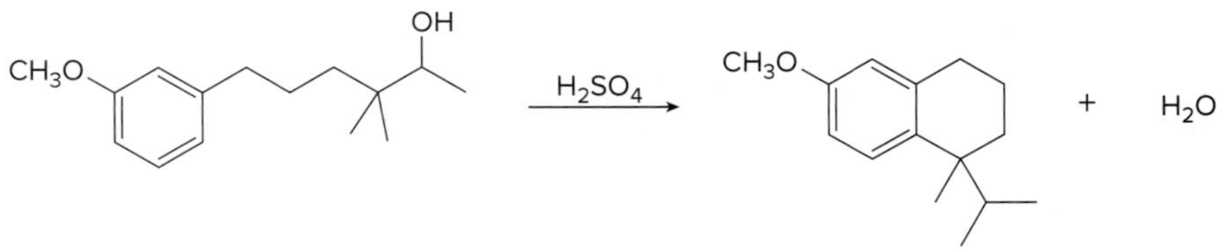

OH
CH_3O —(H_2SO_4)→ CH_3O + H_2O

16.61 Friedel–Crafts 반응이 두 번 일어나는 다음 반응의 단계별 메커니즘을 그려라. **B**는 항우울제 sertraline 합성의 중간체이다(문제 16.11).

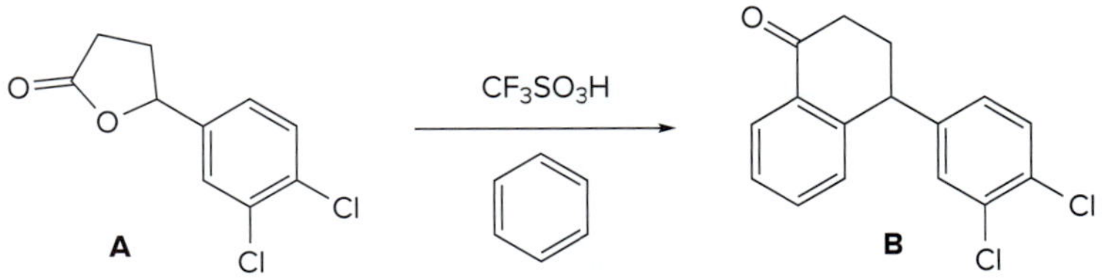

A —(CF_3SO_3H, 벤젠)→ **B**

O, Cl, Cl

16.62 벤젠을 (*R*)-2-chlorobutane 및 $AlCl_3$로 Friedel–Crafts 알킬화 반응을 시키면 sec-butylbenzene이 생성된다.

a. 생성물에는 몇 개의 입체 발생 중심이 있는가?

b. 생성물은 광학 활성을 나타내겠는가? 반응 메커니즘을 고려하여 설명하라.

16.63 경구 피임제 desogestrel 합성의 한 단계인 다음 반응의 단계별 메커니즘을 그려라(11.4절).

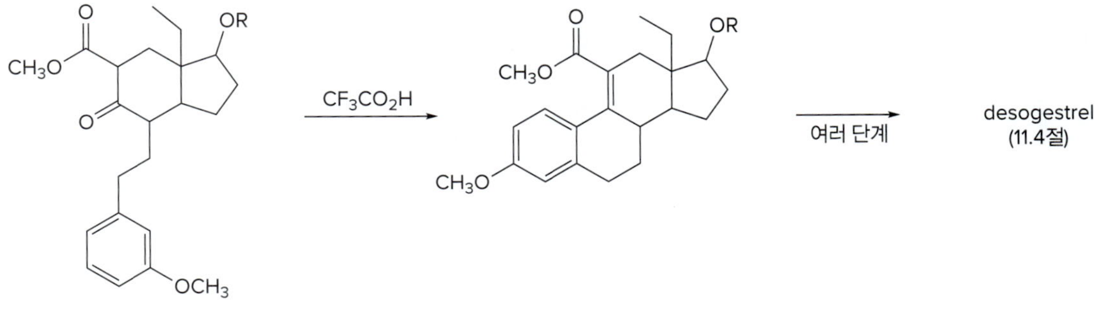

O, OR, CH_3O, O, OCH_3 —(CF_3CO_2H)→ O, OR, CH_3O, CH_3O —(여러 단계)→ desogestrel (11.4절)

16.64 다음 반응의 단계별 메커니즘을 그려라.

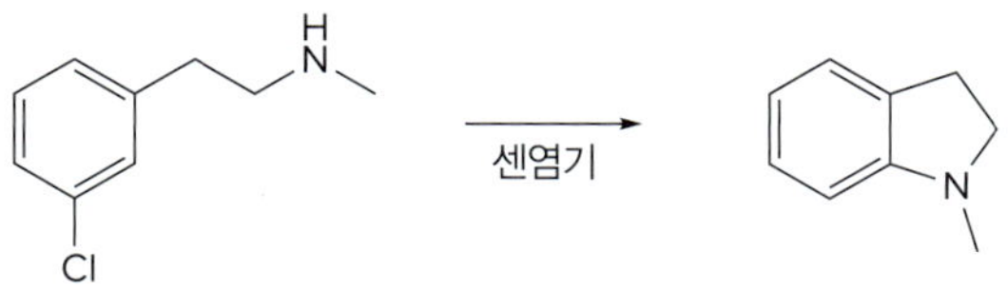

센염기

16.65 Naphthalene의 친전자성 방향족 치환 반응에서 두 생성물(**A**와 **B**)이 가능하지만 **A**만이 생성된다. 그 이유를 탄소 양이온 중간체의 공명 구조로 설명하라.

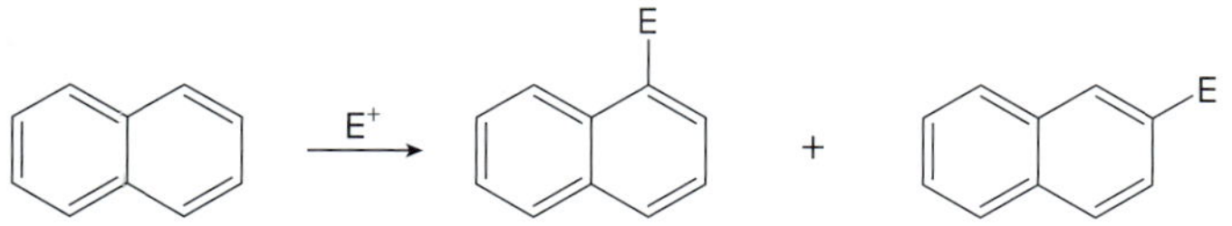

naphthalene → (E^+) **A** 이 생성물이 생성됨 + **B** 이 생성물이 생성되지 **않음**

16.66 다양한 포장 재료에 첨가물로 쓰이는 bisphenol F (R = H)을 합성하는 다음 반응의 단계별 메커니즘을 쓰라. Bisphenol F는 플라스틱을 단단하게 하는 물질인 BPA (bisphenol A, R = CH_3)와 관련이 있다. BPA는 내분비계를 파괴할 수 있는 estrogen 같은 활성이 있기 때문에 유아 용품에는 쓰이지 않는다.

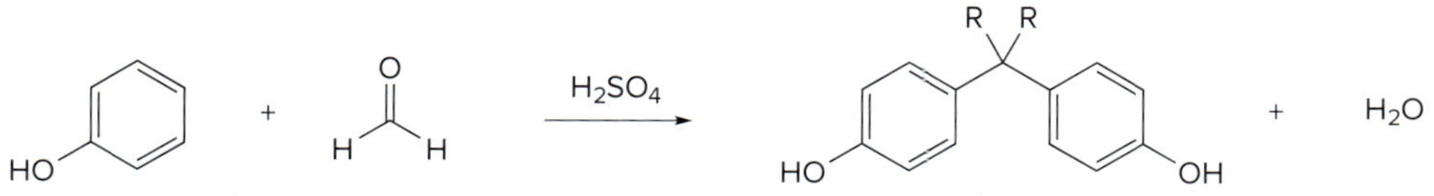

H_2SO_4 + H_2O

bisphenol F
R = H

16.67 Benzyl bromide ($C_6H_5CH_2Br$)가 CH_3OH와 빠르게 반응하면 benzyl methyl ether ($C_6H_5CH_2OCH_3$)가 얻어진다. 이 반응의 단계별 메커니즘을 쓰고 왜 이 1° 할로젠화 알킬이 S_N1 반응이 선호되는 조건하에서 약한 친핵체와 쉽게 반응하는 이유를 설명하라. 두 파라 치환 benzyl bromide인 $CH_3OC_6H_4CH_2Br$과 $O_2NC_6H_4CH_2$ 중에서 어느 것이 benzyl bromide보다 반응성이 크겠는가? 여러분의 추론를 설명하라.

합성

16.68 벤젠, 유기 할로젠화물(<5 C), 그 외의 유기 또는 무기 시약을 사용하여 각 화합물을 합성하라.

a. 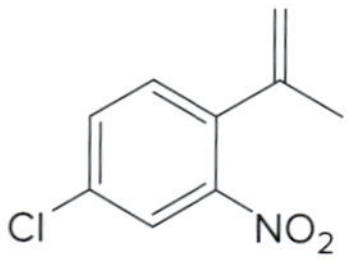 b. 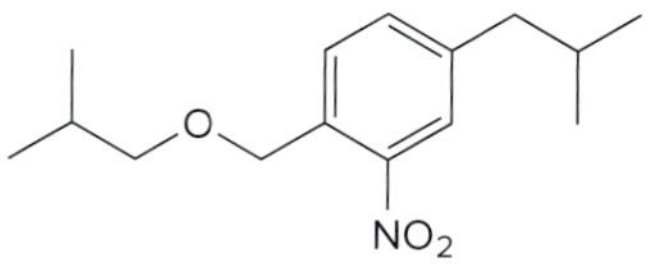 c. d. 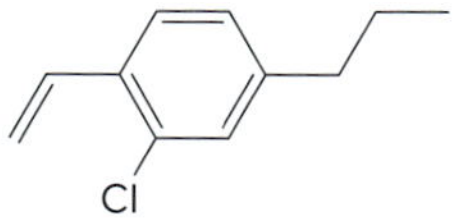 e. f.

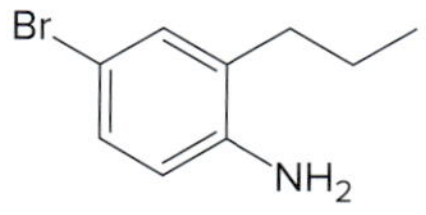

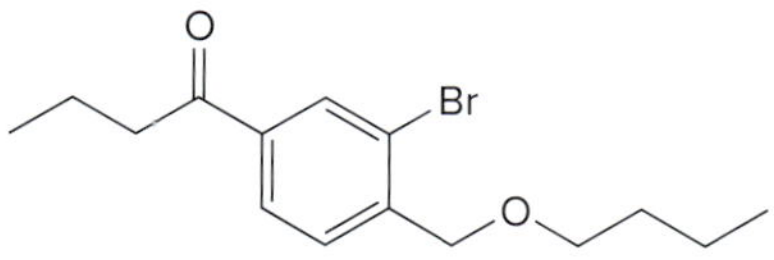

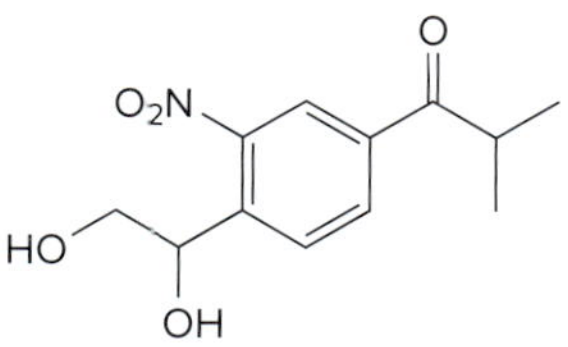

16.69 Toluene ($C_6H_5CH_3$)과 그 외의 필요한 유기 또는 무기 시약을 사용하여 각 화합물을 합성하라.

a. 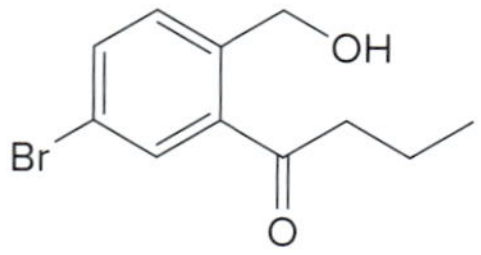 b. 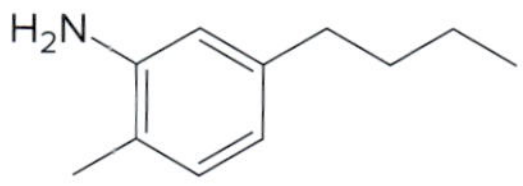 c.

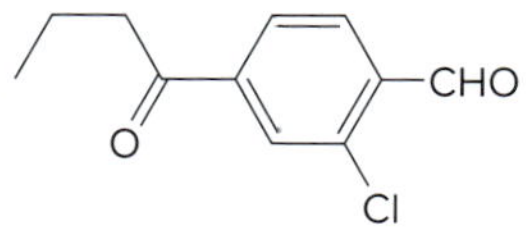

16.70 11, 12장과 이 장에서 배운 반응을 이용하여 각 화합물을 합성하라. 합성에는 벤젠, 아세틸렌(HC≡CH), 에탄올, 에틸렌 옥사이드 및 기타 무기 시약을 쓸 수 있다.

a. Cl—(벤젠 고리)—C≡C—CH_2CH_2—OH

b. O_2N—(벤젠 고리)—CH_2CH_2C≡CH

c. Cl—(벤젠 고리, NO_2)—(에폭사이드)

16.71 카복실산 **X**는 국소 마취제인 proparacaine 합성의 한 중간체이다. 페놀과 그 밖의 필요한 유기 또는 무기 시약을 사용하여 **X**의 합성법을 제안하라.

X —(여러 단계)→ proparacaine

분광법

16.72 콘쥬게이트 카보닐기가 있는 벤젠 유도체의 IR에서 C=O 흡수의 위치는 벤젠 고리에 있는 다른 치환기의 전자 주는 효과 혹은 전자 당김 효과에 달려 있다. 화합물 **A~C**를 C=O 흡수 파수가 증가하는 순서로 정렬하고 그렇게 정한 이유를 제안하라.

A **B** (CH_3O) **C** (O_2N)

16.73 이성질체 **A**와 **B**(분자식 C_8H_9Br)의 구조를 밝혀라.

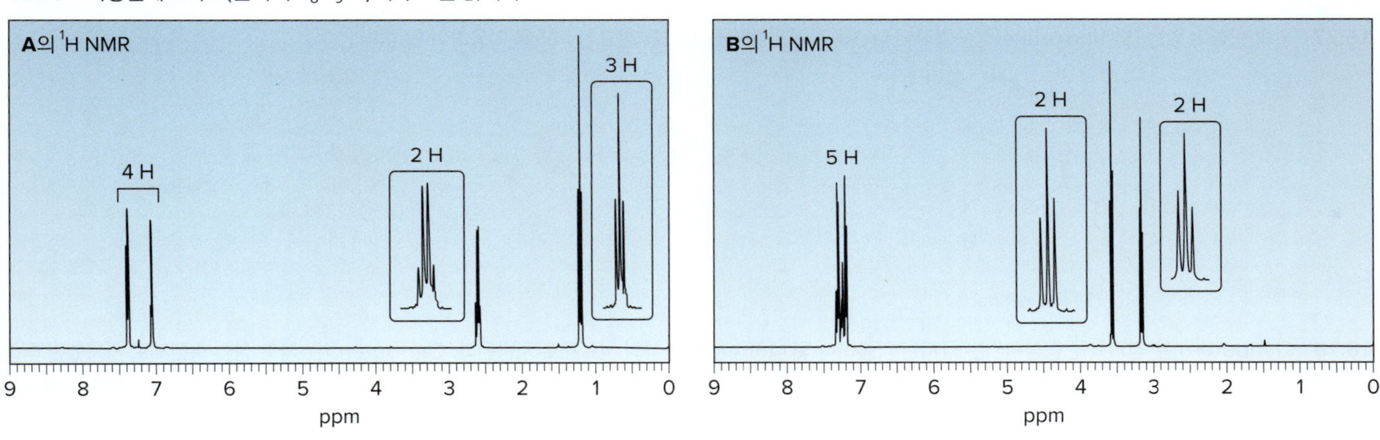

16.74 아래 자료에 부합하는, 화합물 **C**(분자식 $C_{10}H_{12}O$)의 구조를 제안하라. **C**는 raspberry의 향과 풍미의 원인이 되는 물질이다.

화합물 **C**: IR 흡수 1717 cm^{-1}

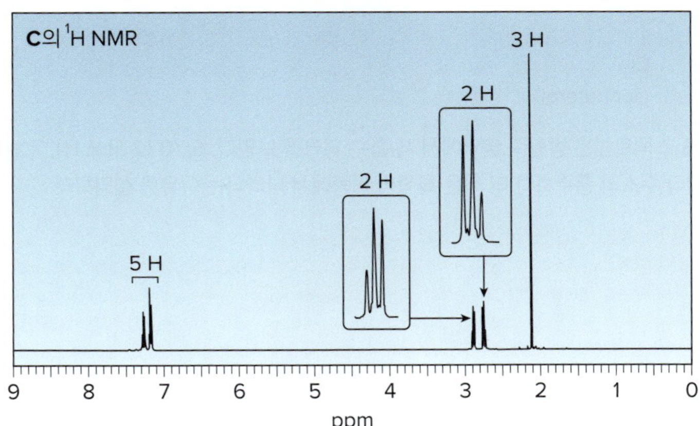

16.75 화합물 **X**(분자식 $C_{10}H_{12}O$)를 NH_2NH_2, ^{-}OH와 반응시키면 화합물 **Y**(분자식 $C_{10}H_{14}$)가 얻어진다. 아래에 주어진 **X**와 **Y** ^1H NMR 스펙트럼을 바탕으로 **X**와 **Y**의 구조를 결정하라.

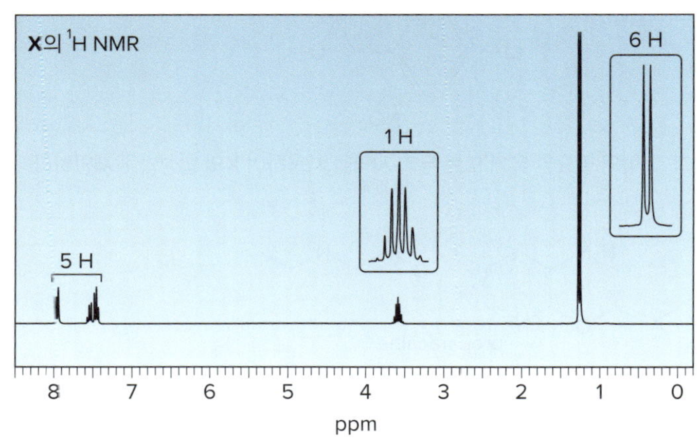

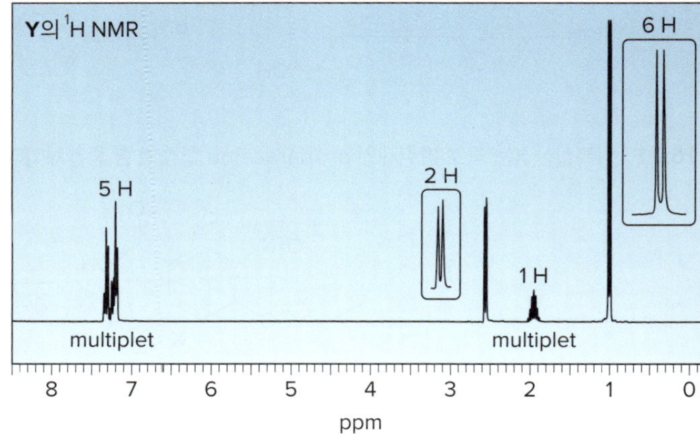

16.76 *p*-Cresol과 2당량의 2-methylprop-1-ene을 반응시키면 분자식이 $C_{15}H_{24}O$인 방부제 BHT가 생성된다. BHT의 ^1H NMR 스펙트럼은 다음과 같다. 1.4(단일선, 18 H), 2.27(단일선, 3 H), 5.0(단일선, 1 H)과 7.0(단일선, 2 H) ppm. BHT의 구조는 무엇인가? 이것이 생성되는 메커니즘을 단계별로 그려라.

OH + $\xrightarrow{H_2SO_4}$ BHT ($C_{15}H_{24}O$)

p-cresol 2-methylprop-1-ene (2당량)

도전 문제

16.77 광학 활성이 있는 (*S*)-fluoxetine(상품명 Prozac)을 주어진 출발물과 다른 필요한 시약을 이용하여 합성하라.

CF_3, O, N, H ⟹ OH + Cl, CF_3 + CH_3NH_2

(*S*)-fluoxetine

16.78 Clenbuterol은 경기력을 향상시키는 금지된 약물이나 몇 나라에서는 천식의 치료제로 처방된다. Clenbuterol은 가축 성장 촉진제로 사용했던 적이 있었으나 미국 식품의약청은 인간 소비 목적으로 키우는 모든 동물에서 그 사용을 금지하고 있다. 주어진 출발물과 다른 모든 필요한 시약을 사용하여 clenbuterol의 합성법을 제안하라.

OH, Cl, H, N, H_2N, Cl ⟹ + H_2N + Cl

clenbuterol

16.79 페놀(C_6H_5OH)의 ^1H NMR 스펙트럼은 방향족 영역에서 세 흡수 피크를 보인다: 6.70 (2 오쏘 H), 7.14 (2 메타 H), 6.80 (1 파라 H) ppm. 오쏘 수소와 파라 수소의 흡수가 메타 수소의 흡수보다 더 작은 화학적 이동에서 나타나는 이유를 설명하라.

16.80 각각의 헤테로 고리 화합물의 반응에서 관찰되는 반응성과 지향성을 설명하라.

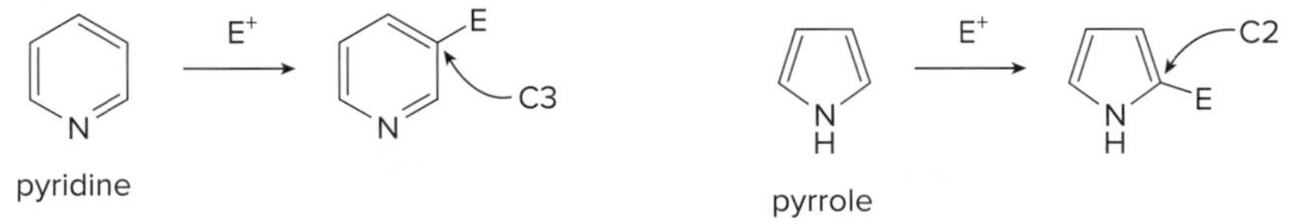

pyridine —E^+→ (C3에 E 치환) pyrrole —E^+→ (C2에 E 치환)

a. Pyridine은 벤젠에 비해 친전자성 방향족 치환 반응에 대한 반응성이 낮으며, 3번 위치에 치환된 생성물을 생성한다.

b. Pyrrole은 벤젠에 비해 친전자성 방향족 치환 반응에 대한 반응성이 높으며, 2번 위치에 치환된 생성물을 생성한다.

16.81 Cyclohexadienone으로부터 알킬 치환 페놀을 생성하는 반응인 다이엔온–페놀 자리 옮김 반응의 단계별 메커니즘을 그려라.

H_2SO_4

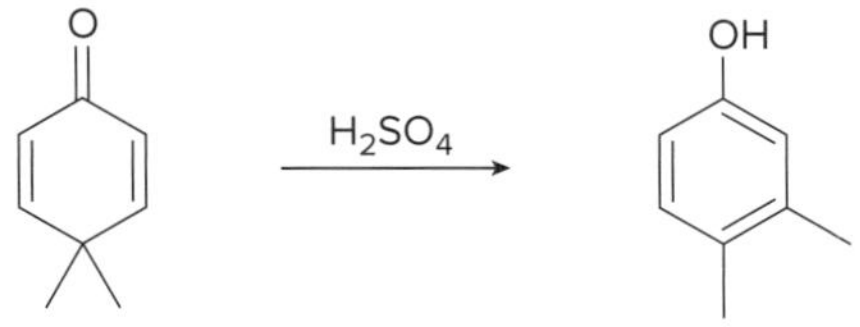

16.82 여성 성호르몬인 estrone의 합성에 사용되고 있는, 다음 분자내 반응의 단계별 메커니즘을 그려라.

RO, HO —Lewis 산 또는 HA→ **A** (RO) —여러 단계→ estrone (HO)

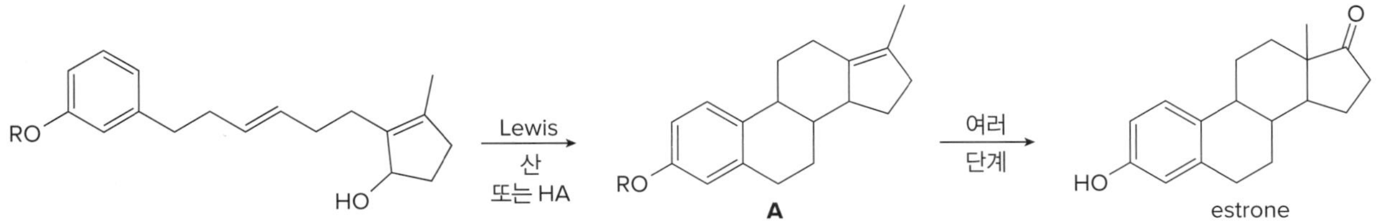

16.83 두고리 헤테로 고리인 quinoline이 친전자성 방향족 치환 반응을 수행하면 아래 보이는 화합물이 얻어진다. (a) 왜 친전자성 치환 반응이 N이 없는 고리에서 일어나는지를 설명하라. (b) 왜 친전자성 치환 반응이 C7보다는 C8에서 더 쉽게 일어나는지를 설명하라.

quinoline (7, 8) —Br_2, H_2SO_4→ (8-Br) + (5-Br) + HBr

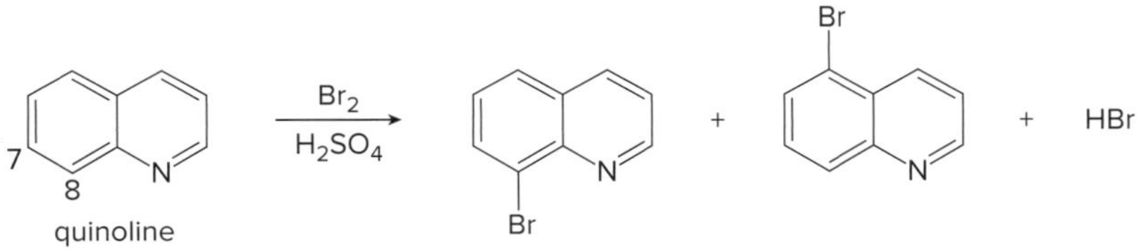

16.84 이중 결합 이성질화와 고리 닫힘으로 일어나는 반응인, **A**가 **B**로 변환되는 반응의 단계별 메커니즘을 그려라. 이 반응은 북인도와 티벳에서 자라는 관목인 *Pygmaeopremia herbacea*의 뿌리에서 분리된 천연물 **C**의 합성에서 주요한 단계였다.

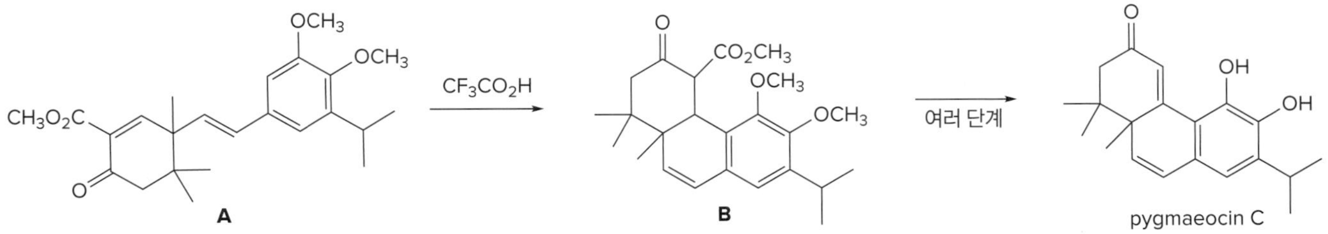

A (CH_3O_2C, OCH_3, OCH_3) —CF_3CO_2H→ **B** (CO_2CH_3, OCH_3, OCH_3) —여러 단계→ pygmaeocin C (OH, OH)

자가–시험 해답

1. c 2. c 3. a 4. d 5. c 6. a 7. d 8. b 9. a 10. d

카보닐 화학의 소개—유기금속 시약, 산화와 환원

Introduction to Carbonyl Chemistry; Organometallic Reagents; Oxidation and Reduction

17

ORGANIC CHEMISTRY

Folio Images/Alamy Stock Photo

Ginkgolide B ($C_{20}H_{24}O_{10}$)는 현재 지구상에서 살고 있는 가장 오래된 열매를 맺는 식물인 은행나무(*Ginko biloba*)에서 얻어지는 복잡한 유기 화합물이다. Ginkgolide B는 1932년에 은행나무에서 추출한 네 성분 중의 하나로서 1967년에 그 구조가 규명되었다. 은행나무의 뿌리, 나무껍질, 잎과 열매의 추출물은 전통 중국 의학에서 천식을 치료하고 혈액 순환을 개선하기 위한 목적으로 사용되어 왔다. 1988년에 ginkgolide B는 17장에서 논의할 널리 사용되는 반응의 하나인 비대칭 환원을 이용하여 노벨상 수상자인 Harvard 대학교의 E. J. Corey의 실험실에서 합성되었다.

왜 공부하는가? . . .

카보닐 화합물과 그들의 반응은?

이 교재의 17장부터 22장까지는 카보닐 화합물인 알데하이드, 케톤, 산 할로젠화물, 에스터, 아마이드, 카복실산에 대해 논의한다. **카보닐기는 유기 화학에서 아마도 가장 중요한 작용기일 것이다.** 왜냐하면 그 탄소는 전자가 부족하고 π 결합은 쉽게 끊어져 여러 가지 다양하고 유용한 반응이 쉽게 일어나기 때문이다.

카보닐 화합물의 두 가지 커다란 부류 사이의 유사점과 차이점을 살펴보면서 논의를 시작하자. 그 후에 17장의 나머지 부분에서는 유기 합성에서 특히 중요한 반응들을 다룰 것이다. 18장과 20장은 카보닐 탄소 원자에서 일어나는 특정 반응들을 소개하고, 21장과 22장은 카보닐기의 α 탄소에서 일어나는 반응들에 초점을 맞춘다. 19장에서는 OH기와 C=O기 모두에서 반응할 수 있는 카복실산과 카보닐 화합물과 비슷한 반응을 하는 나이트릴(RCN)을 다룰 것이다.

17장에는 반응들로 '꽉 차' 있지만, 대부분의 반응은 두 가지 일반적 경로 중의 하나를 따른다. 따라서 여러분이 몇 가지 기본 원리를 기억한다면 잘 체계화된 방법으로 그 반응들을 분류할 수 있다. 반응에 대한 다음 기본적인 내용을 명심하라.

- **친핵체는 친전자체를 공격한다.**
- **π 결합은 쉽게 끊어진다.**
- **좋은 이탈기와의 결합은 쉽게 끊어진다.**

17.1 서론

카보닐기(*carbonyl group*)가 있는 화합물은 두 가지 부류로 크게 나눌 수 있다.

[1] 카보닐기에 탄소와 수소만 결합되어 있는 화합물

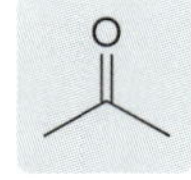

카보닐기

O
R H
알데하이드

O
R R'
케톤

- **알데하이드(aldehyde)**는 카보닐기에 적어도 한 개의 수소 원자가 결합되어 있다.
- **케톤(ketone)**은 카보닐기에 두 개의 알킬기 또는 아릴기가 결합되어 있다.

[2] 카보닐기에 전기 음성도가 큰 원자가 결합되어 있는 화합물

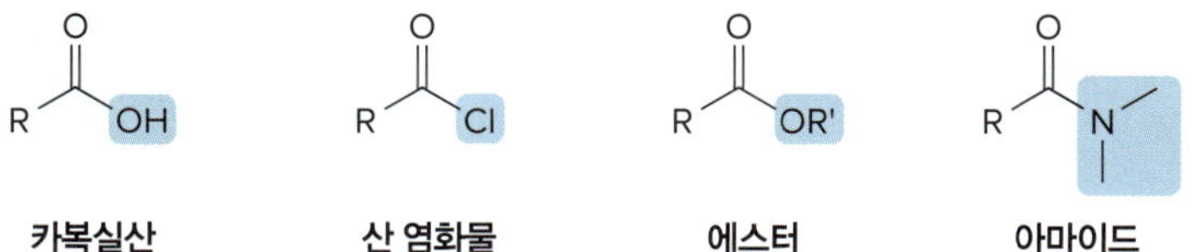

카복실산 산 염화물 에스터 아마이드

이 부류에는 **카복실산(carboxylic acid), 산 염화물(acid cholride), 에스터(ester), 아마이드(amide)** 그리고 20장에서 논의될 다른 비슷한 화합물이 포함된다. 각각의 화합물에는 **이탈기**로 작용할 수 있는 전기 음성도가 큰 원자(Cl, O 또는 N)가 있다. 산 염화물, 에스터, 아마이드는 카복실산으로부터 합성될 수 있기 때문에(20장) 종종 **카복실산 유도체(carboxylic acid derivative)**라고 부른다. 각 화합물에는 아실기(RCO−)가 있으므로 **아실 유도체(acyl derivative)**라고도 부른다.

- 카보닐 탄소에 이탈기가 존재하는지의 여부는 그 화합물이 일으키는 반응의 유형을 결정한다(17.2절).

카보닐 탄소 원자는 ***sp^2* 혼성화**되어 있고, **삼각** 평면 구조이며, 모든 결합각은 ~120°이다. 카보닐기의 이중 결합은 한 개의 σ 결합과 한 개의 π 결합으로 이루어져 있다. π 결합은 두 개의 *p* 오비

알데하이드 α-sinensal(문제 17.1)은 남중국의 만다린 나무에서 얻어지는 만다린 기름에서 나는 오렌지 향의 주 성분이다. *Carr Botanical Consultation*

탈의 겹침에 의해 생성되고, 평면의 위와 아래 공간에 퍼져 있다. 이런 면에서 카보닐기는 삼각 평면에 sp^2 혼성화된 탄소–탄소 이중 결합의 탄소와 닮았다.

π 결합

120°

삼각 평면

σ 결합

그러나 한 가지 중요한 점에서 C=O와 C=C는 매우 다르다. **카보닐기의 전기 음성도가 큰 산소 원자는 결합이 극성을 띠고 카보닐 탄소를 전자 부족하게 만든다.** 카보닐기는 두 개의 공명 구조로 표현되는데, 그중 하나는 혼성에 적은 기여를 하는 전하가 분리된 공명 구조이다.

혼성체의 주기여체 ⟷ 혼성체의 부기여체 | 혼성체 분극된 카보닐 (δ+ δ−)

문제 17.1

α-sinensal ([1], [2], [3])

a. α-Sinensal에서 화살표로 표시된 결합은 어떤 오비탈로 이루어져 있는가?

b. 산소에 있는 고립쌍에는 어떤 형태의 오비탈이 존재하는가?

17.2 카보닐 화합물의 일반적 반응

카보닐기는 어떤 종류의 시약과 반응하는가? 전기 음성도가 큰 산소는 카보닐 탄소를 **친전자성**으로 만들고, 삼각 평면 구조이기 때문에 카보닐 탄소는 **입체 장애가 적다**. 더욱이 카보닐기는 **π 결합이 쉽게 끊어진다**.

δ−, π 결합, **친전자성 탄소**, δ+

복잡하지 않은 sp^2 혼성 탄소

결과적으로 **카보닐 화합물은 친핵체와 반응한다**. 그러나 친핵성 공격의 결과는 카보닐 출발물에 따라 다르다.

- 알데하이드와 케톤은 친핵성 **첨가**가 일어난다.

R' = H 또는 알킬

[1] :Nu⁻ [2] H—OH → (OH, Nu 생성물)

친핵성 첨가

H와 Nu가 첨가된다.

• 이탈기가 있는 카보닐 화합물은 친핵성 **치환**이 일어난다.

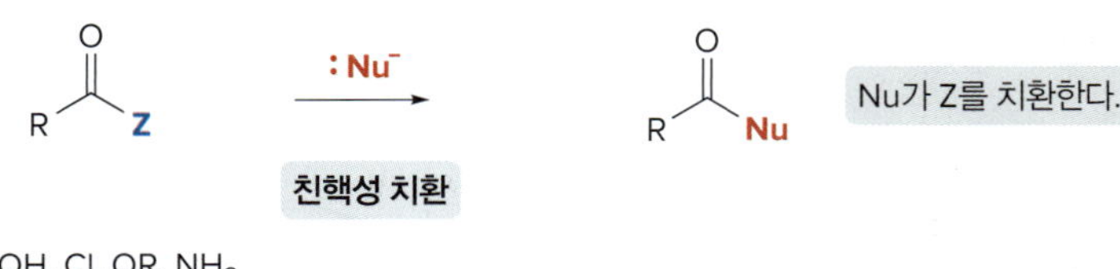

이제 이 일반적인 반응들을 각각 살펴보자.

17.2A 알데하이드와 케톤에의 친핵성 첨가

알데하이드와 케톤은 메커니즘 17.1에 나와 있듯이 친핵체와 반응하여 **친핵성 공격(nucleophilic attack)**과 그에 이은 **양성자 첨가(protonation)**의 두 단계 과정을 거쳐 첨가 생성물을 생성한다.

메커니즘 17.1 친핵성 첨가—두 단계 과정

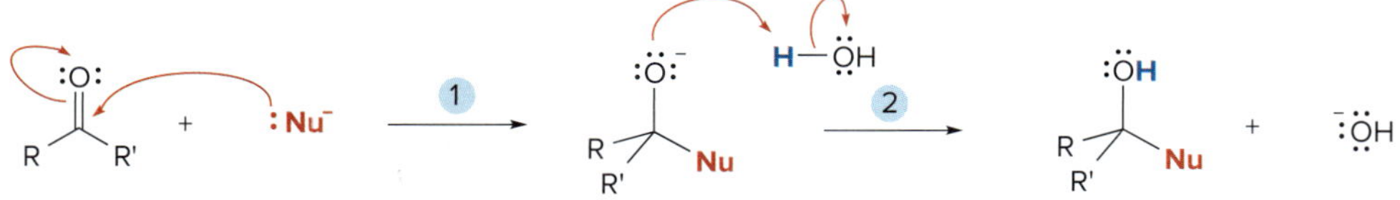

1 **친핵체는 친전자성 카보닐을 공격한다.** π 결합이 끊어지면서 전자쌍이 산소로 이동하고 sp^3 혼성 탄소가 생성된다.

2 H_2O에 의해 음전하를 띤 산소 원자에 양성자 첨가가 일어나면 **첨가 생성물**이 생성된다.

알데하이드와 케톤에 대한 더 많은 친핵성 첨가의 예는 18장에서 논의될 것이다.

최종 결과, π 결합이 끊어지고 두 개의 새로운 σ 결합이 생성되며, H와 Nu가 π 결합에 첨가된다. 두 개의 다른 친핵체—**수소 음이온(hydride, H:⁻)**과 **탄소 음이온(carbanion, R:⁻)**—와의 친핵성 첨가는 17장에서 논의된다.

알데하이드는 입체적인 이유와 전기적인(electronic) 이유 때문에 친핵성 공격에 대하여 **케톤보다 반응성이 더 크다.**

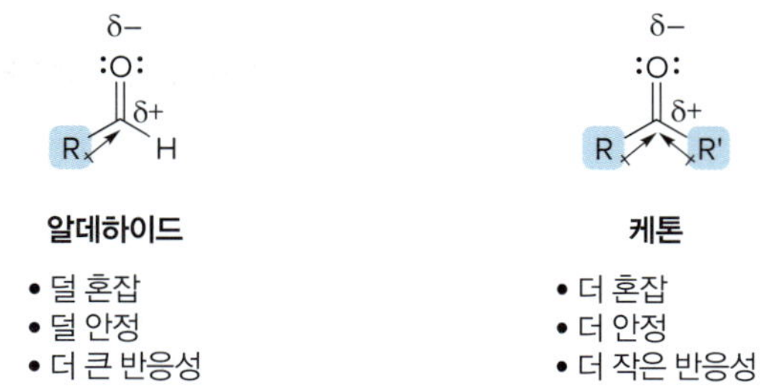

• 케톤 카보닐기에 결합된 두 개의 R기는 그 주위를 **더 혼잡하게** 만들어서 친핵성 공격이 더 어려워진다.
• 전자를 주는 기인 두 개의 R기는 케톤 카보닐 탄소의 부분 전하를 안정화하므로 케톤이 **더 안정**해지고 반응성은 감소한다.

17.2B RCOZ (Z = 이탈기)의 친핵성 치환

이탈기가 있는 카보닐 화합물은 메커니즘 17.2에 나와 있듯이 친핵체와 반응하여 **친핵성 공격**과 연이은 **이탈기 손실**의 두 단계 과정을 거쳐 치환 생성물을 생성한다.

메커니즘 17.2 친핵성 치환—두 단계 과정

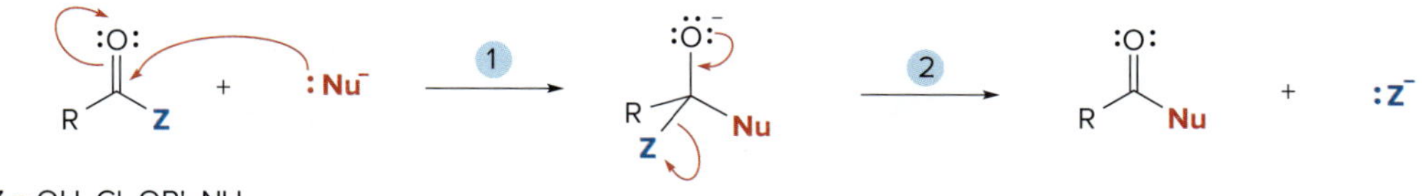

Z = OH, Cl, OR', NH_2

① **친핵체는 친전자성 카보닐을 공격한다.** π 결합이 끊어지면서 전자쌍이 산소로 이동하고 sp^3 혼성 탄소가 생성된다.

② 산소에 있는 전자쌍은 π 결합을 재생성하고, **Z는** C−Z 결합의 전자쌍과 함께 **이탈기로 떨어져 나온다.**

최종 결과는 Z가 Nu로 바뀌는 친핵성 치환 반응이다. 이 반응은 7장에서 살펴본 sp^3 혼성 탄소에서 일어나는 친핵성 치환 반응과 구별하기 위해, 종종 **친핵성 아실 치환 반응(nucleophilic *acyl* substitution)**이라 부른다. 두 개의 다른 친핵체—**수소 음이온(H:⁻)**과 **탄소 음이온(R:⁻)**—와의 친핵성 치환이 17장에서 논의된다. 다른 친핵체는 20장에서 살펴볼 것이다.

카복실산 유도체는 친핵체에 대한 반응성이 매우 다르다. 반응성 순서는 카보닐 탄소에 결합된 Z기의 이탈 능력과 비례한다.

- Z기가 **더 좋은** 이탈기일수록 친핵성 아실 치환에서 RCOZ의 **반응성이 더 좋다.**

7.7절에서 배운 것처럼 **더 약한** 염기일수록 **더 좋은** 이탈기라는 사실을 상기하라.

그러므로 다음과 같은 경향이 나타난다.

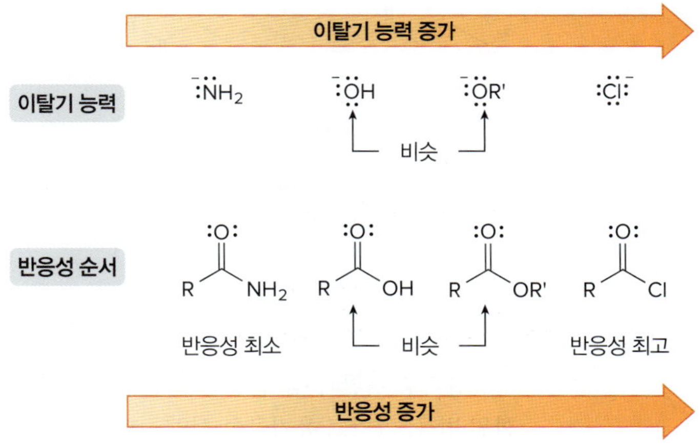

- 가장 좋은 이탈기(Cl^-)가 있는 산 염화물(RCOCl)이 반응성이 가장 좋은 카복실산 유도체이고, 가장 나쁜 이탈기($^-NH_2$)가 있는 아마이드($RCONH_2$)가 반응성이 가장 낮다.
- 염기성이 비슷한 이탈기(^-OH와 $^-OR'$)가 있는 카복실산(RCOOH)과 에스터(RCOOR')는 중간에 놓인다.

친핵성 첨가와 친핵성 아실 치환은 동일한 첫 단계—**친전자성 카보닐기에 대한 친핵성 공격**을 통한 사면체의 중간체 생성—를 수반한다. 두 반응에서의 차이점은 이 중간체에 무슨 일이 일어나는가이다. **알데하이드와 케톤은** 새롭게 생성된 sp^3 혼성 탄소에 결합된 **이탈기가 없어서 치환이 일어날 수 없다**. 예를 들어, 알데하이드의 친핵성 치환은 $H:^-$를 생성하는데, 이는 매우 강염기이므로 매우 나쁜(매우 가망 없는) 이탈기이다.

알데하이드는 친핵성 치환을 일으키지 **않는데**, ...

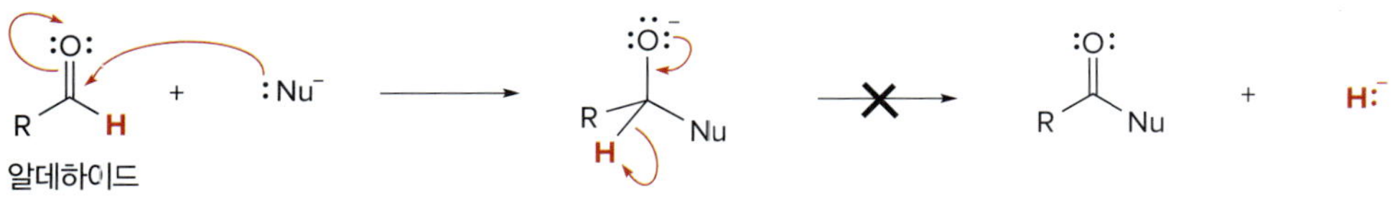

알데하이드

... 매우 **나쁜** 이탈기($H:^-$)가 생성되기 때문이다.

문제 17.2 항암제인 taxol (5.5절)에 있는 카보닐기 중에서 어느 것이 친핵성 첨가 반응을 하며, 어느 것이 친핵성 치환 반응을 하겠는가?

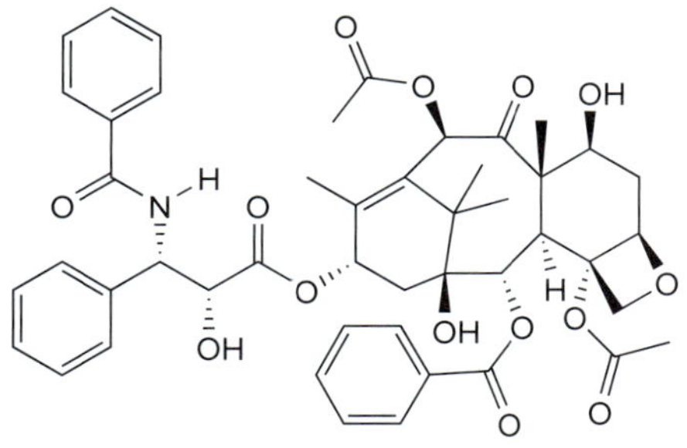

Taxol

문제 17.3 각 그룹의 화합물을 친핵성 공격에 대한 반응성이 증가하는 순서로 정렬하라.

a.

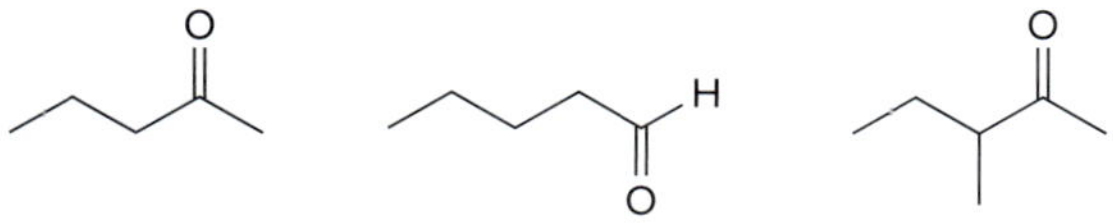

b.

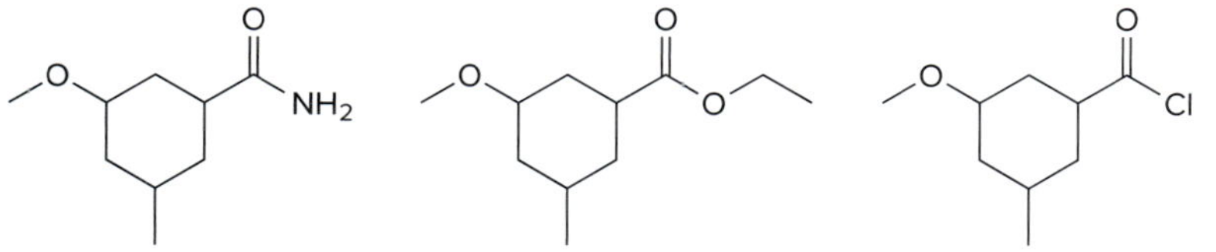

친핵성 치환과 첨가의 일반적 원리가 카보닐 화합물에 어떻게 적용되는지 보기 위해, 산화와 환원 반응, 그리고 유기금속 시약—탄소-금속 결합 화합물—과의 반응을 살펴볼 것이다. 전에 12장에서 배웠던 내용에 기초를 두는 환원으로 시작한다.

17.3 산화와 환원의 개설

12.1절에서 배웠던 산화와 환원의 정의를 상기하라.

- 산화는 C–Z 결합(일반적으로 C–O 결합)의 수가 **증가하거나** C–H 결합의 수가 **감소한다**.
- 환원은 C–Z 결합(일반적으로 C–O 결합)의 수가 **감소하거나** C–H 결합의 수가 **증가한다**.

카보닐 화합물은 이런 많은 반응에서, 도표에 그려진 것처럼 반응물이거나 생성물이다. 예를 들어 알데하이드는 이 그림의 가운데에 놓이므로 산화되거나 환원될 수 있다. 반면에 카복실산이나 그 유도체들(RCOZ)은 이미 매우 산화된 상태라 유일하게 유용한 반응은 환원이다.

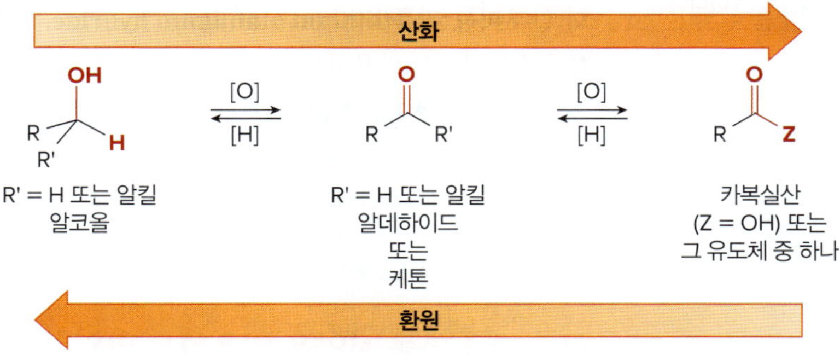

카보닐 출발물의 가장 유용한 세 가지 산화와 환원 반응은 다음과 같이 요약될 수 있다.

[1] 알데하이드와 케톤의 알코올로의 환원(17.4–17.6절)

R' = H 또는 알킬 알데하이드 또는 케톤 —[H]→ **1° 또는 2° 알코올**

알데하이드와 케톤은 각각 1°와 2° 알코올로 환원된다.

[2] 카복실산 및 그 유도체의 환원(17.7절)

RCOZ —[H]→ **알데하이드** 또는 **1° 알코올**

카복실산과 그 유도체의 환원은 Z의 종류와 환원제의 성질에 따라 다양한 생성물을 만든다. 일반적인 생성물은 알데하이드나 1° 알코올이다.

[3] 알데하이드의 카복실산으로의 산화(17.8절)

알데하이드 —[O]→ **카복실산**

카보닐 화합물의 가장 유용한 산화 반응은 알데하이드의 카복실산으로의 산화이다.

환원 반응의 메커니즘이 친핵성 첨가와 치환에 대해 일반적 메커니즘을 그대로 따르기 때문에, 환원부터 공부한다.

17.4 알데하이드와 케톤의 환원

> $LiAlH_4$와 $NaBH_4$는 $H:^-$의 근원으로 작용하지만, 이 시약들과의 반응에서 직접 $H:^-$가 생성되는 것은 아니다.

알데하이드와 케톤을 환원시키기 위한 가장 유용한 시약은 금속 수소화물 시약이다(12.2절). 가장 일반적인 두 가지 금속 수소화물 시약은 **수소화붕소 소듐(sodium borohydride, $NaBH_4$)과 수소화 알루미늄 리튬(lithium aluminum hydride, $LiAlH_4$)**이다. 이 시약은 친핵체 수소화 음이온인 **$H:^-$**의 근원으로 작용하는 극성의 금속–수소 결합이 있다. Al–H 결합이 B–H 결합보다 더 극성이기 때문에 **$LiAlH_4$는 $NaBH_4$보다 더 강력한 환원제이다.**

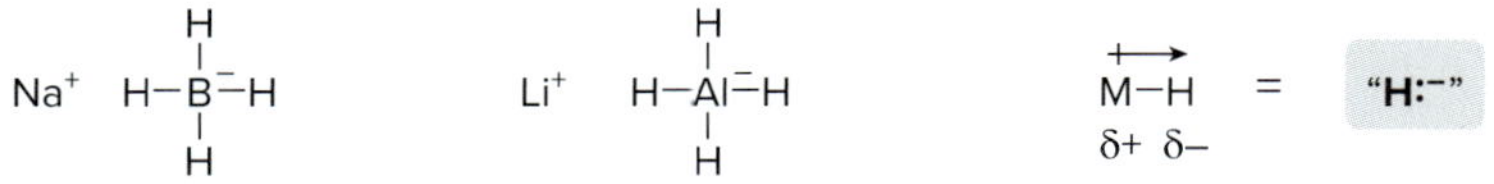

수소화붕소 소듐 (Na^+ BH_4^-)　수소화 알루미늄 리튬 (Li^+ AlH_4^-)　극성 금속–수소 결합 (M–H, δ+ δ– = "H:⁻")

17.4A 금속 수소화물 시약을 이용하는 환원

알데하이드와 케톤을 $LiAlH_4$나 $NaBH_4$로 처리한 후, 물이나 다른 양성자원을 가하면 **알코올**이 생성된다. **H_2 원소가 π 결합에 첨가**되므로 이 반응은 첨가 반응이지만, 생성물인 알코올이 출발 카보닐 화합물보다 C–O 결합이 더 적으므로 **환원**이기도 하다.

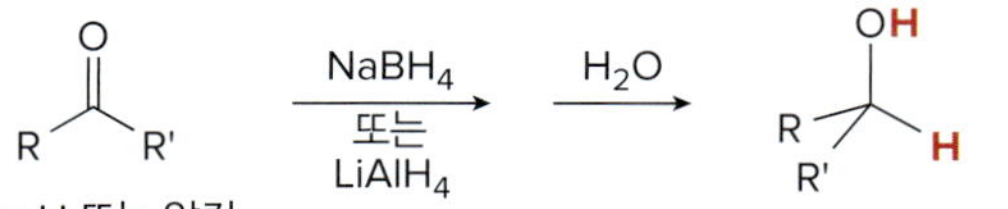

R' = H 또는 알킬 / 알데하이드 또는 케톤 → ($NaBH_4$ 또는 $LiAlH_4$; H_2O) → 1° 또는 2° 알코올

> 물과의 격렬한 반응성 때문에 $LiAlH_4$ 환원은 무수 조건에서 수행되어야 한다. $LiAlH_4$와의 환원이 끝난 **후**(양성자의 원천으로 작용하기 위해) 반응 혼합물에 물을 가해준다.

출발 카보닐 화합물이 알데하이드일 때 이 환원 반응의 생성물은 **1° 알코올**이고, 케톤일 때는 **2° 알코올**이다.

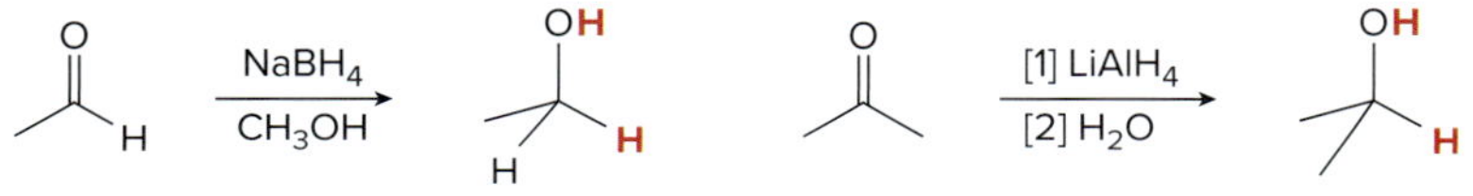

알데하이드 → ($NaBH_4$, CH_3OH) → **1° 알코올**　케톤 → ([1] $LiAlH_4$, [2] H_2O) → **2° 알코올**

$NaBH_4$는 대부분 다른 작용기의 존재하에서 알데하이드와 케톤을 선택적으로 환원시킨다. $NaBH_4$와의 환원은 일반적으로 CH_3OH 용매에서 수행된다. $LiAlH_4$는 알데하이드와 케톤, 그리고 다른 많은 작용기도 함께 환원시킨다(12.6절과 17.7절).

문제 17.4 각 화합물을 CH_3OH에서 $NaBH_4$로 처리하면 어떤 알크올이 생성되는가?

a.　b.　c.　d.

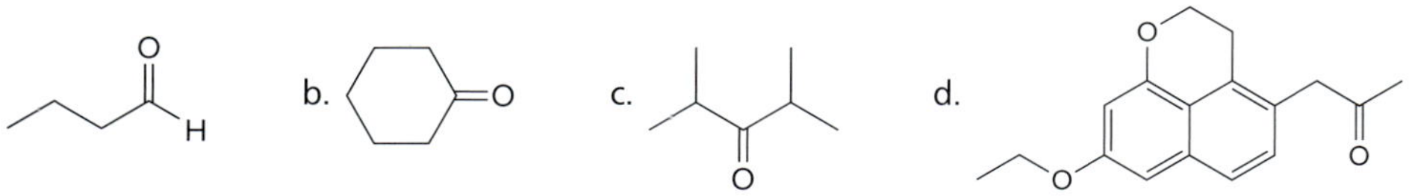

문제 17.5 금속 수소화물 환원으로 다음 각 알코올을 제조하기 위해 어떤 알데하이드와 케톤이 필요한가?

a. OH　b. OH　c. OH　d. OH　OH

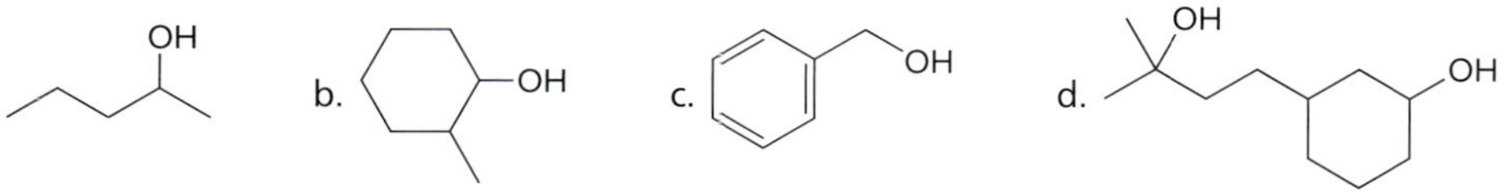

17.4B 수소화 이온 환원의 메커니즘

알데하이드와 케톤의 수소화 이온 환원은 친핵성 첨가—즉 **친핵성 공격**과 그에 이은 **양성자 첨가**—의 일반적 메커니즘을 거쳐 일어난다. 메커니즘 17.3은 $LiAlH_4$를 사용하여 보여주고 있지만, 비슷한 메커니즘을 $NaBH_4$에 대해 쓸 수 있다.

메커니즘 17.3 RCHO와 $R_2C{=}O$의 $LiAlH_4$ 환원

① 친핵체(AlH_4^-)가 카보닐기에 $H:^-$를 제공하면 π 결합이 끊어지면서 전자쌍이 산소 쪽으로 이동하여 새로운 C−H 결합이 생긴다.

② 음으로 하전된 산소에 H_2O(또는 CH_3OH)의 양성자가 첨가되면 O−H 결합이 새로 생긴 **환원 생성물**이 얻어진다.

- $H:^-$($NaBH_4$나 $LiAlH_4$로부터)의 첨가와 H^+(H_2O로부터) 첨가의 최종 결과는 카보닐 π 결합에 대한 H_2 원소의 첨가이다.

17.4C 알데하이드와 케톤의 촉매 수소화

촉매 수소화 반응도 H_2와 Pd-C(또는 다른 금속 촉매)를 이용하여 **알데하이드와 케톤을 각각 1°와 2° 알코올로 환원시킨다.** H_2가 알켄의 C=C에 첨가되듯이(12.3절) 같은 방법으로 C=O에 첨가된다. 금속 촉매(Pd-C)는 카보닐 출발물과 H_2가 흡착할 수 있게 표면을 제공하고, π 결합의 끊어짐과 함께 두 개의 수소 원자가 연속적으로 이동한다.

알데하이드 → (H_2, Pd-C) → **1° 알코올** 케톤 → (H_2, Pd-C) → **2° 알코올**

카보닐기와 탄소−탄소 이중 결합이 모두 있는 화합물에서, 한 작용기의 선택적 환원은 적당한 시약을 선택하여 수행할 수 있다.

- H_2 (Pd-C)에서 C=C는 C=O보다 빨리 환원된다.
- C=O는 $NaBH_4$와 $LiAlH_4$로 쉽게 환원되지만, C=C는 환원되지 않는다.

그러므로 카보닐기와 탄소−탄소 이중 결합이 모두 있는 cyclohex-2-enone은 시약에 따라 세 가지 다른 화합물—알릴성 알코올, 카보닐 화합물 또는 알코올—로 환원될 수 있다.

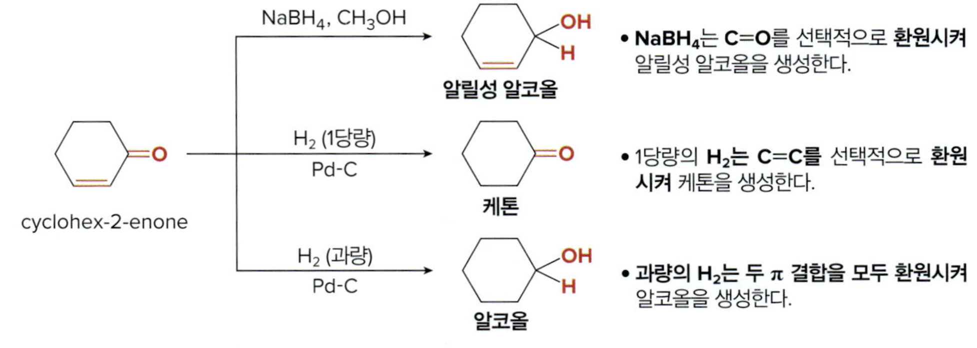

문제 17.6 $CH_3COCH_2CH_2CH{=}CH_2$를 다음의 각 시약으로 처리할 때 생성되는 생성물을 그려라: (a) $LiAlH_4$를 가한 후 H_2O; (b) CH_3OH에서 $NaBH_4$; (c) H_2 (1당량), Pd-C; (d) H_2(과량), Pd-C; (e) CH_3OH에서 $NaBH_4$(과량); (f) CH_3OH에서 $NaBD_4$

그림 17.1
유기 합성에서 사용되는 $NaBH_4$ 환원

O → ($NaBH_4$, CH_3OH) → OH → (네 단계) → O

muscone

사향 향기
(향수 성분)

• **Muscone**은 사향의 주성분으로서 향 중에서 가장 오래도었다고 알려진 성분의 하나이다. 사향은 원래 숫사향노루에서 분리되었지만, 현재 여러 가지 방법으로 실험실에서 합성할 수 있다.

중국과 티벳의 산악 지역에서 발견되는 뿔 없는 작은 사슴인 숫사향노루는 사향 때문에 오랫동안 사냥되어 왔다. 사향은 초기에는 약품으로, 최근에는 향수의 원료로 사용되는 향이 강한 액체이다.
Aleksey Suvorov/Alamy Stock Photo

알데하이드와 케톤의 환원은 많은 유용한 천연물 합성에서 사용되는 흔한 반응이다. 향이 나는 화합물인 muscone의 예가 그림 17.1에 나와 있다.

17.5 카보닐 환원의 입체 화학

9.16절에서 다룬 바와 같이 새로운 입체 발생 중심이 생성될 때 비카이랄성 출발물이 라셈 혼합물을 생성한다는 사실을 상기하라.

카보닐 환원의 입체 화학은 우리가 전에 공부했던 것과 같은 원리를 따른다. 환원은 **평면의 sp^2 혼성 카보닐 탄소를 사면체의 sp^3 혼성 탄소로** 바꾼다. 이 과정에서 새로운 입체 발생 중심이 생길 때 무슨 일이 일어날까? $NaBH_4$나 $LiAlH_4$ 같은 비카이랄 시약으로 **라셈 생성물이 얻어진다**. 예를 들어, CH_3OH 용액에서 $NaBH_4$는 비카이랄 케톤인 butan-2-one을 입체 발생 중심이 하나 새로 생긴 butan-2-ol로 환원한다. Butan-2-ol의 두 거울상 이성질체(enantiomer)는 같은 양만큼 생성된다.

butan-2-one (비카이랄성 출발물) → ($NaBH_4$, CH_3OH) → butan-2-ol (새로운 입체 발생 중심) → (*S*)-butan-2-one + (*R*)-butan-2-one

두 개의 거울상 이성질체가 생성된다.

왜 라셈 혼합물이 생성되는가? 카보닐 탄소가 sp^2 혼성이고 평면이므로 수소화 음이온이 이중결합에 접근할 때 평면의 양쪽 방향으로 접근할 확률이 동일하다. 그래서 서로 **거울상 이성질체**인 두 알콕시화 음이온을 생성한다. 알콕시화 음이온의 양성자 첨가는 역시 **거울상 이성질체**인 두 알코올을 같은 양만큼 생성한다.

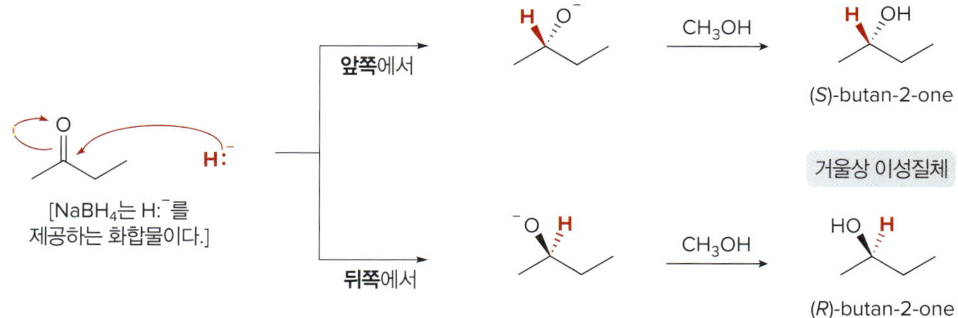

• 결론: $NaBH_4$나 $LiAlH_4$를 이용한 비카이랄 케톤의 수소화 환원은 새로운 입체 발생 중심이 생길 때 두 가지 알코올의 라셈 혼합물을 생성한다.

문제 17.7 각 화합물이 CH_3OH 용매에서 $NaBH_4$로 환원될 때 생성되는 생성물을 (입체 이성질체를 포함하여) 그려라.

a. 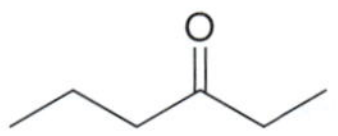 b. 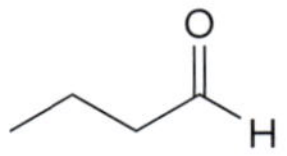 c.

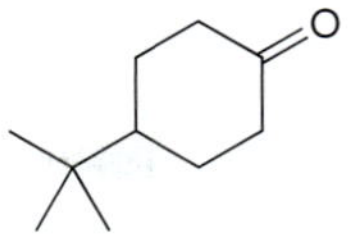

17.6 거울상 선택성 카보닐 환원

17.6A CBS 시약

카보닐기의 환원에서 **카이랄 환원제(chiral reducing agent)**가 사용되면 한 거울상 이성질체가 선택적으로 생성될 수 있다. 이 전략은 샤플리스(Sharpless) 비대칭 에폭시화 반응(12.15절)에서 쓰인 것과 같다. 한 거울상 이성질체만 주로 생성되는 환원을 **거울상 선택성(enantioselective)** 또는 **비대칭(asymmetric) 환원**이라고 한다.

현재 여러 가지 많은 카이랄 환원제가 이런 목적으로 만들어지고 있다. 그런 시약 중의 하나가 **oxazaborolidine**이라 불리는 헤테로 고리와 보레인(**BH_3**)을 반응시켜 만든 것으로 하나의 입체 발생 중심(그러므로 두 거울상 이성질체)이 있다.

(*S*)-2-methyl-**CBS**-oxazaborolidine + BH_3

(***S***)**-CBS** 시약

(*R*)-2-methyl-**CBS**-oxazaborolidine + BH_3

(***R***)**-CBS** 시약

이러한 시약을 개발한 화학자인 Corey, Bakshi, Shibata의 이름을 따서 **(*S*)-CBS 시약**과 **(*R*)-CBS 시약**이라고 부른다. 이 환원에서 BH_3의 한 B—H 결합은 수소 음이온의 원천으로 작용한다. 생성물의 새로운 입체 발생 중심의 입체 화학은 종종 예측이 가능하다. Acetophenone에서 보여주는 것처럼, 일반 구조식이 C_6H_5COR인 케톤에 대해 카보닐의 왼쪽에 아릴기가 있도록 출발물을 그려 보자. 그리고 생성물을 그리기 위해 다음을 명심하라.

- (*S*)-CBS 시약은 C=O의 **앞쪽**에서 수소화 이온($H:^-$)을 전달한다. 이 시약은 일반적으로 주생성물로 *R* 알코올을 생성한다.
- (*R*)-CBS 시약은 C=O의 **뒤쪽**에서 수소화 이온($H:^-$)을 전달한다. 이 시약은 일반적으로 주생성물로 *S* 알코올을 생성한다.

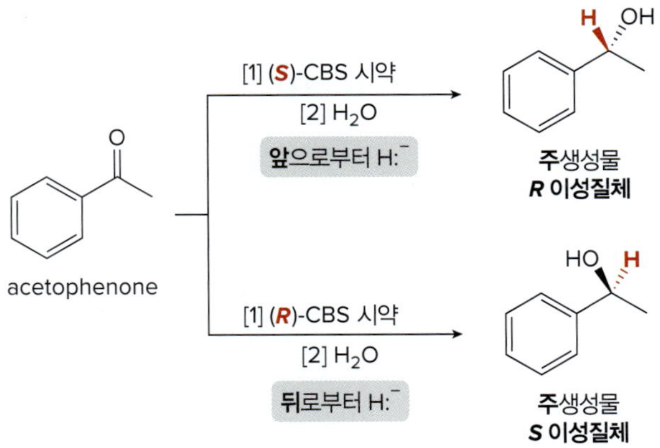

acetophenone

[1] (***S***)-CBS 시약
[2] H_2O
앞으로부터 $H:^-$

주생성물
R **이성질체**

[1] (***R***)-CBS 시약
[2] H_2O
뒤로부터 $H:^-$

주생성물
S **이성질체**

이 시약은 상당히 거울상 선택성이다. Propiophenone을 (*S*)-CBS 시약으로 처리하면 ***R*** 알코올을 97% 거울상 초과도(*ee*)로 생성한다. 거울상 선택성 환원은 그림 17.2에서 보여주듯이, 은행나무 추출액에 존재하는, 이 장의 서두에 소개한 분자인 ginkgolide B 같은 천연물의 합성의 주요 단계이다. 이 새로운 기술은 전에는 종종 라셈 혼합물로서만 얻어졌던 생물 활성이 있는 화합물을 한 가지 거울상 이성질체로 얻을 수 있는 길을 열어주었다.

propiophenone → [1] (*S*)-CBS 시약, [2] H_2O, 97% *ee* → ***R*** 이성질체 98.5% + ***S*** 이성질체 1.5%

그림 17.2 Ginkgolide B 합성에서 거울상 선택성 환원

A → [1] (*S*)-CBS 시약, [2] HCl, CH_3OH → **B** (93% *ee*) → 몇 단계 → ginkgolide B

Jill Braaten

- 케톤 **A**를 (*S*)-CBS 시약으로 환원하면 93% *ee*로 알릴성 알코올 **B**가 얻어진다. **B**의 오원자 고리는 거울상 선택성 합성을 통해 ginkgolide B에서 붉은색으로 강조표시한 고리를 생성한다.

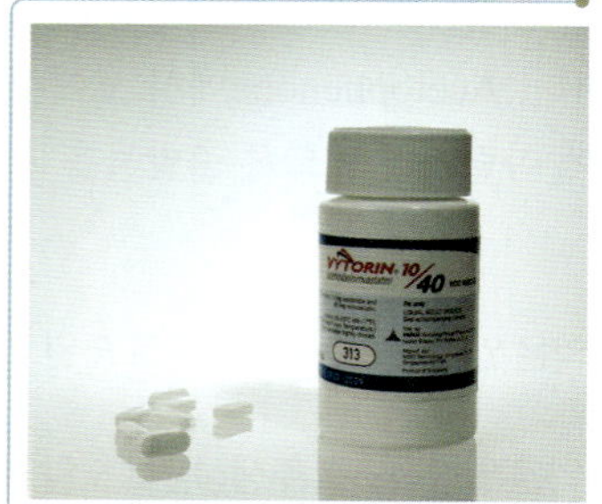

Ezetimibe(문제 17.9)는 Zetia라는 상품명으로 단독 혹은 또 다른 콜레스테롤 강하제인 simvastatin과 배합하여 Vytorin으로 팔린다. 이러한 약은 다른 콜레스테롤 강하제로부터 효과를 보지 못하였거나 강하제에 대한 내성이 있는 환자에게 처방된다.
K. L. Howard/Alamy Stock Photo

문제 17.8 케톤 **W**를 (*R*)-CBS 시약으로 처리하면 무슨 생성물이 얻어지는가? 이 반응은 장시간 작용하는 기관지 확장제인 salmeterol(문제 17.74)의 거울상 선택성 합성의 핵심 단계이다.

W → [1] (*R*)-CBS 시약, [2] H_2O →

문제 17.9 **X**를 합성하는 데 필요한 카보닐 화합물과 CBS 시약은 무엇인가? **X**는 장에서 콜레스테롤의 흡수를 억제함으로써 콜레스테롤 수치를 낮춰주는 약물인 ezetimibe(상품명 Zetia) 합성의 중간체이다.

X → 한 단계 → ezetimibe

17.6B 거울상 선택성 생물학적 환원

실험실에서 수행하는 환원 반응은 거의 모두 100% 거울상 선택성으로 진행하지 않지만, 세포 안에서 일어나는 생물학적 환원은 늘 오직 하나의 거울상 이성질체를 생성하면서 완벽한 선택성으로 진행한다. 세포에서의 환원제는 12.14절에서 소개한 조효소(coenzyme)인 **NADH**, 즉 (환원된 구조의) nicotinamide adenine dinucleotide이다.

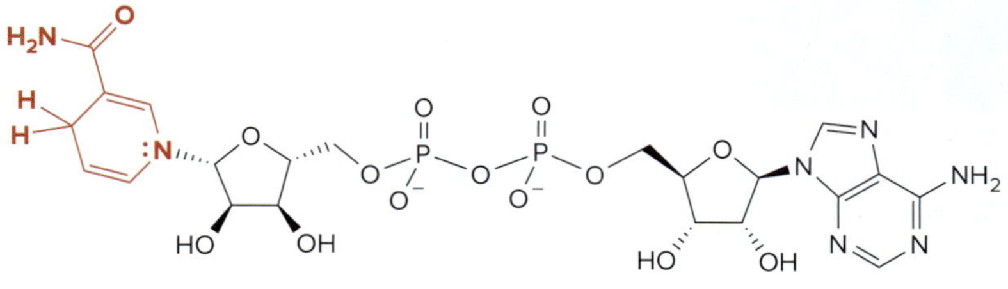

nicotinamide adenine dinucleotide
(환원된 구조)
NADH

생물학적 환원에서는 **NADH**가 금속 수소화물 시약과 거의 같은 방식으로 **H:⁻를 제공한다**. 따라서 수소화 이온의 친핵성 공격 및 양성자 첨가가 일어나면 카보닐기로부터 알코올이 얻어지고, **NADH는 NAD^+로 전환된다.**

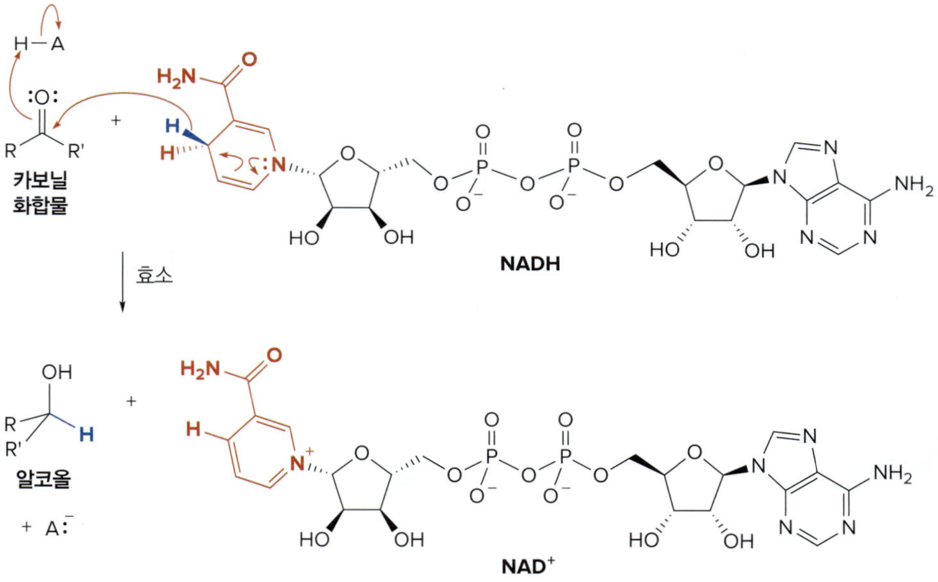

카보닐 화합물 + NADH —효소→ 알코올 + $A:^-$ + NAD^+

이 반응은 완벽하게 거울상 선택적이다. 예를 들어, 락트산 탈수소효소(lactate dehydrogenase)가 촉매화하는 반응에서 pyruvic acid를 NADH로 환원하면, *S* 배열의 lactic acid만 얻어진다. NADH는 생물계에서 여러 다양한 카보닐 화합물을 환원시킨다. 생성물의 (*R* 또는 *S*) 배열은 이 촉매 반응에 사용된 효소에 의존한다.

pyruvic acid —NADH (H^+ 제공자), 락트산 탈수소효소→ (*S*)-lactic acid **단일 생성물** [생성되지 **않음**]

Pyruvic acid는 글루코스의 물질대사 과정에서 생성된다. 격렬한 운동 과정에서 pyruvic acid를 CO_2로 신진대사하는 산소가 충분하지 못하면 pyruvic acid가 락트산으로 환원된다. 근육의 피로로부터 오는 통증은 락트산 축적의 결과이다.

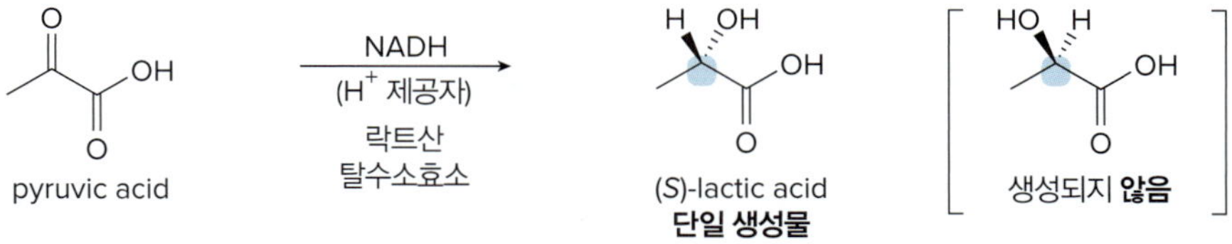

12.14절에서 배웠듯이, **NADH의 산화된 구조인 NAD^+는** 알코올을 카보닐 화합물로 산화할

Niacin은 이를 자연적으로 함유한 콩 같은 음식이나 비타민 B의 하루 권장량을 섭취할 수 있게끔 niacin이 충분히 첨가된 아침 식사용 시리얼로부터 얻을 수 있다.
C Squared Studios/Getty Images

수 있는 **생물학적 산화제이며**, 이 과정에서 NADH가 생성된다. NAD^+는 식품 중에서는 콩으로부터 얻을 수 있는 비타민인 niacin으로부터 합성된다.

niacin
비타민 B_3

문제 17.10 아미노산 프롤린의 생합성의 마지막 단계인 다음 반응의 단계별 메커니즘을 그려라.

NADH + H^+ → NAD^+

proline

17.7 카복실산과 그 유도체의 환원

카복실산과 그 유도체(**RCOZ**)의 환원은 생성물이 이탈기(Z)와 환원제의 종류에 따라 다르기 때문에 복잡하다. 금속 수소화물 시약이 가장 유용한 환원제이다. **수소화 알루미늄 리튬은 모든 카복실산 유도체와 반응하는 강력한 환원제이다.** 비슷한 종류의 환원제로 더 선택성이 높은 시약 두 가지도 또한 사용된다.

[1] **DIBAL-H**로 줄여 쓰는 **diisobutylaluminum hydride, $[(CH_3)_2CHCH_2]_2AlH$**에는 $LiAlH_4$보다 반응성을 약하게 만드는 두 개의 큰 아이소뷰틸기가 있다.

[2] **Lithium tri-*tert*-butoxyaluminum hydride, $LiAlH[OC(CH_3)_3]_3$**은 $LiAlH_4$보다 친핵성을 덜 띠게 만드는 세 개의 전기 음성도가 큰 산소 원자가 알루미늄에 결합되어 있다.

$LiAlH_4$는 강력하고 선택성이 없는 환원제이다. DIBAL-H와 $LiAlH[OC(CH_3)_3]_3$는 더 온화하고 더 선택적 환원제이다.

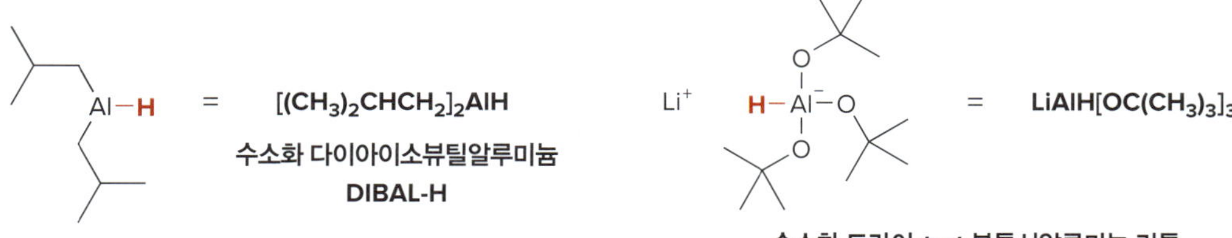

두 시약 모두에서 수소화물 환원에서 **Al에 결합하고 있는 H 원자 하나가 $H:^-$ 형태로 제공된다.**

17.7A 산 염화물과 에스터의 환원

산 염화물과 에스터는 시약에 따라 **알데하이드나 알코올로 환원될 수 있다.**

산 염화물 또는 에스터 —[H]→ 알데하이드 또는 1° 알코올

- $LiAlH_4$는 RCOCl과 RCOOR'을 알코올로 바꾼다.
- 더 온화한 시약(DIBAL-H나 $LiAlH[OC(CH_3)_3]_3$)은 낮은 온도에서 RCOCl이나 RCOOR'을 RCHO로 변환시킨다.

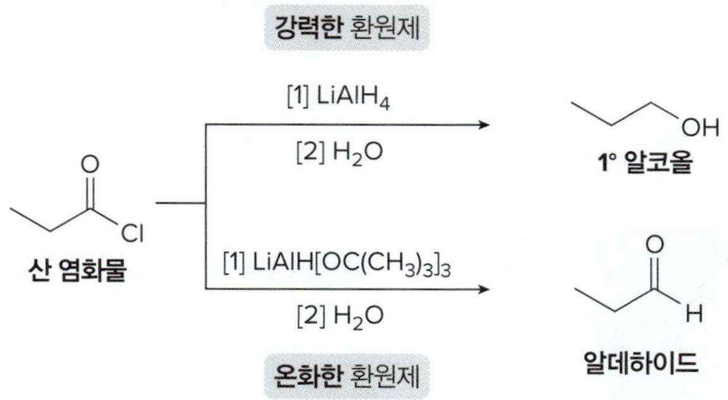

산 염화물의 환원에서는 Cl^-이 이탈기로 떨어진다.

강력한 환원제

[1] $LiAlH_4$ / [2] H_2O → 1° 알코올 + CH_3OH

에스터 (OCH_3)

[1] DIBAL-H / [2] H_2O → 알데하이드 + CH_3OH

온화한 환원제

에스터의 환원에서는 CH_3O^-가 이탈기로 떨어진 후, H_2O에 의하여 양성자가 첨가되면 CH_3OH이 생성된다.

메커니즘 17.4는 왜 두 개의 다른 생성물이 가능한지를 보여준다. 메커니즘은 개념적으로 두 부분, 즉 알데하이드를 생성하는 **친핵성 치환**(단계 [1]~[2])과 뒤이은 알데하이드로의 **친핵성 첨가**에 의한 알코올 생성(단계 [3]~[4])으로 나눌 수 있다. 일반적인 메커니즘을 $LiAlH_4$를 환원제로 사용하여 그렸다.

메커니즘 17.4 금속 수소화물 시약을 이용한 RCOCl과 RCOOR'의 환원

Z = Cl, OR' —(1, $H-\bar{A}lH_3$)→ 사면체 중간체 + AlH_3 —(2)→ 알데하이드 + :Z^- —(3, $H-\bar{A}lH_3$)→ 알콕시화 음이온 + AlH_3 —(4, H—OH)→ 1° 알코올 + $:\ddot{O}H^-$

1. **H:⁻의 친핵성 공격**으로 이탈기 Z가 있는 사면체의 중간체가 얻어진다.
2. π 결합이 재생성되고 **이탈기 Z가 떨어져 나간다**. H:⁻의 첨가 및 Z^- 제거의 최종 결과는 **Z에 대한 H의 치환**이다.
3. **H:⁻의 친핵성 공격**으로 이탈기가 없는 알콕시화 음이온이 얻어진다.
4. 알콕시화 음이온의 H_2O에 의한 양성자 첨가로 **알코올** 환원 생성물이 생긴다. 단계 [3]과 [4]의 최종 결과는 **H_2의 첨가**이다.

DIBAL-H와 $LiAlH[OC(CH_3)_3]_3$같이 친핵성이 작은 환원제를 사용하면 1당량의 $H:^-$가 반응한 후에 반응이 멈추고 생성물로서 알데하이드가 얻어진다(메커니즘 17.4의 단계 [1]과 [2]). $LiAlH_4$같이 더 강력한 환원제를 사용하면 $H:^-$ 2당량이 첨가되어 알코올이 얻어진다.

문제 17.11 다음 반응의 단계별 메커니즘을 그려라.

[1] $LiAlH_4$
[2] H_2O

O, Cl, O, OH

Palau'amine은 Palau 섬 인근의 태평양에서 수집한 해양 해면(*Hymeniacidon agminate*)에서 분리되었다.
Daniel C. Smith

문제 17.12 환원에 의해서 다음 각 화합물을 제조하기 위해 사용될 수 있는 산 염화물과 에스터의 구조를 둘 다 그려라.

a. OH b. OH c. O, OH

선택적 환원은 분광학 C의 서두에서 소개한 해양 천연물인 palau'amine같이 매우 복잡한 천연물 합성에 일상적으로 사용된다. 그림 17.3이 보여주듯이 palau'amine 합성의 한 단계는 $LiAlL_4$을 사용하여 다이에스터를 다이올로 환원하는 반응이었다.

그림 17.3 Palau'amine 합성에서 $LiAlH_4$ 환원

R_3SiO, OCH_3, CH_3O, O, O — **A**

[1] $LiAlH_4$
[2] H_2O

R_3SiO, OH, OH — **B**

몇 단계

palau'amine

• 해양 천연물 palau'amine의 긴 합성의 한 단계는 다이에스터를 다이올로 환원하는 반응이다.

문제 17.13 Trabectedin (ecteinascidin 743)의 합성에서 화합물 **A**가 화합물 **B**로 변환되었다. 이 변환을 수행하기 위해서 여러분은 어떤 시약을 고르겠는가? Trabectedin은 외과적 수술로 제거할 수 없는 연조직암을 치료하는 데 사용된다.

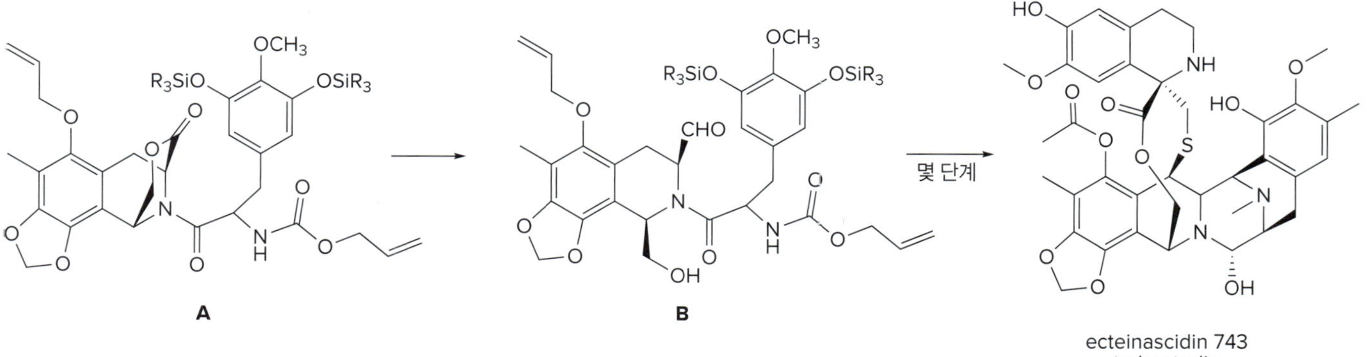

17.7B 카복실산과 아마이드의 환원

멍게 *Ecteinascidia turbinata*는 항암제 trabectedin의 원천이다(문제 17.13). *Florent Charpin 2004–2016.*

카복실산은 $LiAlH_4$에 의해 알코올로 환원된다. $LiAlH_4$는 너무 강력한 환원제이므로 알데하이드 단계에서 반응을 멈출 수 없다. 더 온화한 시약은 첫 단계를 개시할 만큼 강하지 못하다. 따라서 $LiAlH_4$가 카복실산을 환원시키는 유일한 중요한 환원제이다.

RCOOH (카복실산) —[1] $LiAlH_4$, [2] H_2O→ RCH_2OH (**1° 알코올**)

$CH_3CH_2CH_2COOH$ —[1] $LiAlH_4$, [2] H_2O→ $CH_3CH_2CH_2CH_2OH$

알코올을 생성하는 다른 모든 카복실산 유도체의 $LiAlH_4$ 환원과는 달리, **아마이드의 $LiAlH_4$ 환원은 아민을 생성한다.**

$RCONR'_2$ (R' = H 또는 알킬, 아마이드) —[1] $LiAlH_4$, [2] H_2O→ $RCH_2NR'_2$ (**아민**)

두 C–O 결합 모두 $LiAlH_4$에 의해 **C–H 결합으로 환원되고,** 아마이드 질소 원자에 결합된 H 원자나 R기가 생성물에서 질소에 결합된 채로 남아 있다. $^-NH_2$(또는 ^-NHR 또는 $^-NR_2$)가 Cl^- 또는 ^-OR보다 나쁜 이탈기이기 때문에 **환원 과정 동안에 $^-NH_2$를 결코 잃지 않으므로** 최종 생성물에서 아민이 생성된다.

$CH_3CH_2CONH_2$ —[1] $LiAlH_4$, [2] H_2O→ $CH_3CH_2CH_2NH_2$

$C_6H_{11}CONHCH_3$ —[1] $LiAlH_4$, [2] H_2O→ $C_6H_{11}CH_2NHCH_3$

이민과 관련 화합물은 18장에서 논의한다.

출발물로서 $RCONH_2$를 들어 설명한 메커니즘 17.5는 앞서의 다른 카복실산 유도체의 환원과는 다소 다르다. 아마이드는 **C–N 이중 결합이 있는 화합물인 이민(*imine*)** 중간체를 거쳐 아민으로 환원된다.

문제 17.14 다음 각 화합물의 $LiAlH_4$ 환원으로부터 생성되는 생성물을 그려라.

a. $CH_3CH_2C(CH_3)_2COOH$
b. $CH_3(CH_2)_4CONH_2$
c. $C_6H_{11}CON(CH_3)_2$
d. 2-piperidinone (고리형 아마이드, NH)

메커니즘 17.5 $LiAlH_4$를 이용한 아마이드의 아민으로의 환원

부분 [1] 아마이드가 이민으로 환원된다.

1 ~ 2 AlH_4^-가 아마이드로부터 양성자를 제거하면 단계 [2]에서 AlH_3와 착물을 이루는 Lewis 염기가 생긴다.

3 ~ 4 **H:⁻의 친핵성 공격 및 이탈기$(OAlH_3)^{2-}$의 손실로 이민이 얻어진다.**

부분 [2] 이민이 아민으로 환원된다.

5 ~ 6 **H:⁻의 친핵성 공격**과 양성자 첨가는 **아민**을 생성한다.

예제 17.1 환원 반응으로 아민을 생성하는 아마이드 결정하기

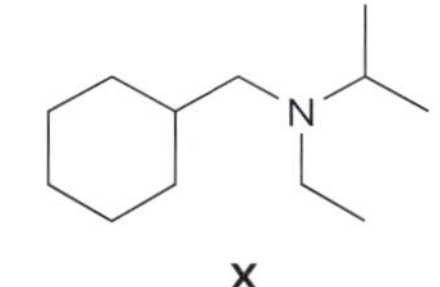
X

$LiAlH_4$와 반응하여 아민 **X**를 생성하는 아마이드는 무엇인가?

풀이

$LiAlH_4$ 환원은 아마이드 **C=O**를 **CH_2**로 변환한다. 따라서 아민의 질소에 결합되어 있는 알킬기를 확인해야 한다. CH_2기가 N에 **직접** 결합되어 있는 알킬기는 C=O 환원을 통해 만들어졌을 수 있다. H 원자가 없거나 하나만 있는 알킬기는 C=O 환원으로부터 만들어질 **수 없다**. 아민 **X**의 경우, 푸른색으로 표시된 CH_2기는 C=O로부터 만들어질 수 있지만, 붉은색으로 표시된 CH기는 C=O로부터 만들어질 수 없다.

따라서 아마이드 **A**와 **B**는 C=O의 $LiAlH_4$ 환원을 통해 아민 **X**로 변환될 수 있다.

문제 17.15 $LiAlH_4$로 처리할 때 어떤 아마이드가 다음 각각의 아민으로 바뀌겠는가?

a. b. c.

추가 문제: 문제 17.56을 풀어보라.

17.7C 환원을 위한 시약 요약

이용 가능한 많은 금속 수소화물 시약이 다양한 작용기를 환원시킨다. **$LiAlH_4$는 대부분의 극성 작용기를 비선택적으로 환원시키는 강력한 환원제**임을 명심하라. 다른 모든 금속 수소화물 시약은 그보다 선택적이고, 각각 그것의 환원 반응성을 가장 잘 이용하는 특정 반응이 있다. 시약과 그 용도를 표 17.1에 요약하였다.

문제 17.16 다음 각 화합물을 $LiAlH_4$(그 다음에 물을 가함) 혹은 CH_3OH에서 $NaBH_4$로 처리할 때 어떤 생성물이 얻어지는가?

a. (구조식: O, O)

b. (구조식: O, O, O, OH)

c. (구조식: O, O)

표 17.1 금속 수소화물 환원제의 요약

	시약	출발물	→	생성물
강력한 시약	$LiAlH_4$	RCHO	→	RCH_2OH
		R_2CO	→	R_2CHOH
		RCOOH	→	RCH_2OH
		RCOOR'	→	RCH_2OH
		RCOCl	→	RCH_2OH
		$RCONH_2$	→	RCH_2NH_2
온화한 시약	$NaBH_4$	RCHO	→	RCH_2OH
		R_2CO	→	R_2CHOH
	$LiAlH[OC(CH_3)_3]_3$	RCOCl	→	RCHO
	DIBAL-H	RCOOR'	→	RCHO

역자주:
원서에서는 "aqueous ammonium hydroxide (Ag_2O in NH_4OH)"라는 표현을 사용하였는데, ammonium hydroxide (NH_4OH)는 잘못된 표기(이러한 물질은 암모니아 수용액에 거의 존재하지 않음)이므로 이를 "암모니아 수용액에서 Ag_2O"라고 고쳤다.

알데하이드는 Tollens 양성 반응이 일어난다. 즉, 알데하이드가 Ag^+와 반응하면 RCOOH와 Ag를 생성한다. 반응이 유리 플라스크에서 일어날 때, 은거울이 벽면에 생성된다. 다른 작용기는 반응을 일으키지 않아서 은거울이 생성되지 않는다.
charles D. Winters/McGraw Hill

17.8 알데하이드의 산화

카보닐 화합물의 가장 일반적인 산화 반응은 **알데하이드가 카복실산**으로 산화되는 것이다. CrO_3, $Na_2Cr_2O_7$, $K_2Cr_2O_7$ 그리고 $KMnO_4$를 포함하여 다양한 산화제가 사용될 수 있다. 12.12절에서 살펴보았듯이 Cr^{6+} 시약도 1°와 2° 알코올을 산화하는 데 사용된다. 케톤은 카보닐 탄소에 H가 없기 때문에 이런 산화 반응이 일어나지 않는다.

다른 작용기가 있을 때, **암모니아 수용액에서 산화 은(NH_3과 H_2O에서 Ag_2O)**를 사용하여 알데하이드를 선택적으로 산화시킬 수 있다. 이것을 Tollens **시약**이라고 부른다. Tollens 시약으로 산화시키면 분명한 색 변화가 관찰되는데, 이는 Ag^+ 시약이 은 금속(Ag)으로 환원되어 용액에서 침전되기 때문이다.

(butanal) $\xrightarrow[H_2SO_4,\ H_2O]{CrO_3}$ (butanoic acid, OH) + Cr^{3+}

(HO-cyclohexane-CHO) $\xrightarrow{NH_3\text{와 } H_2O\text{에서 } Ag_2O}$ (HO-cyclohexane-COOH) + Ag
은거울

알데하이드만 산화된다.

문제 17.17 다음의 각 화합물이 Ag_2O, NH_3, H_2O 또는 $Na_2Cr_2O_7$, H_2SO_4, H_2O와 반응할 때 어떤 생성물이 얻어지는가?

a. 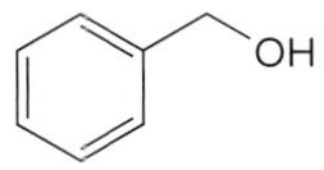 (벤질 알코올 구조: OH) b. 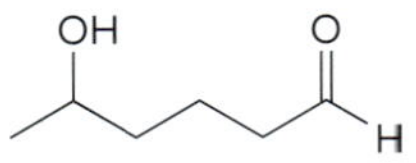 (구조: OH, O, H)

문제 17.18 12.12절에서 Cr^{6+} 시약을 이용한 산화 반응을 복습한 후에, 화합물 **B**가 각 시약과 반응할 때 생성물을 그려라.

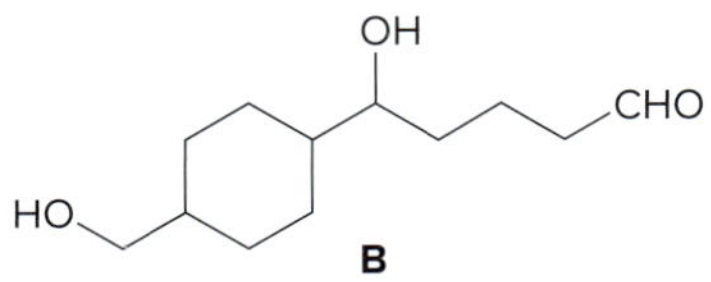

(화합물 **B** 구조: HO, OH, CHO)

a. $NaBH_4$, CH_3OH
b. [1] $LiAlH_4$; [2] H_2O
c. PCC
d. Ag_2O, NH_3, H_2O
e. CrO_3, H_2SO_4, H_2O

17.9 유기금속 시약

이제부터 또 다른 친핵체인 유기금속 시약과 카보닐 화합물의 반응을 살펴보자.

- **유기금속 시약(organometallic reagent)**은 금속에 탄소가 결합하고 있다.

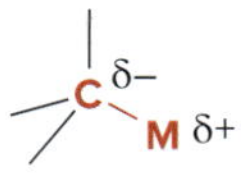

C $\delta-$ — M $\delta+$ = **R—M** 가장 흔한 금속들 M = Li, Mg, Cu

유기금속 시약 M = 금속

리튬, 마그네슘, 구리가 유기금속 시약에서 가장 흔히 쓰이는 금속이지만, (Sn, Si, Tl, Al, Ti 그리고 Hg 같은) 다른 것들도 알려져 있다. 세 가지 흔한 유기금속 시약의 일반적인 구조가 아래에 나와 있다. R은 알킬, 아릴, 알릴, 벤질, sp^2 혼성, 그리고 M = Li 또는 Mg일 때 sp 혼성 구조일 수 있다. 금속이 탄소보다 **더 전기 양성**(덜 전기 음성)이기 때문에 탄소 쪽으로 전자 밀도를 제공하여 **탄소는 부분 음전하를 띤다.**

R—Li	**R—Mg—X**	**R_2Cu^- Li^+**
유기리튬 시약	유기마그네슘 시약 또는 Grignard 시약	유기구리 시약 또는 유기구리염

- **더 극성**인 탄소–금속 결합일수록 **반응성이 더 좋은** 유기금속 시약이다.

Li와 Mg 둘 다 매우 전기 양성적인 금속이기 때문에, **유기리튬(organolithium) 시약(RLi)**과 **유기마그네슘(organomagnesium) 시약(RMgX)은 탄소–금속 결합이 매우 극성이다. 따라서 반응성이 매우 큰 시약이다.** 유기마그네슘 시약은 이에 대한 연구로 1912년에 노벨 화학상을 수상한 Victor Grignard의 이름을 따서 **Grignard 시약**으로 부른다.

R–M 시약에서 탄소와 일반 금속의 전기 음성도 값은 C (2.5), Li (1.0), Mg (1.3) 그리고 Cu (1.8)이다.

유기구리(organocopper) 시약(R_2CuLi)은 유기구리염(organocuprate)으로 불리기도 하는데, 탄소–금속 결합이 덜 극성이므로 반응성이 약하다. 유기구리염은 구리에 두 알킬기가 결합되어 있지만 단지 한 개의 R기만 반응에 쓰인다.

금속에는 상관없이 유기금속 시약은 자유로운 탄소 음이온처럼 반응하기 때문에 합성적으로 유용하다. 즉 탄소가 부분 음전하를 띠고 있어서 **염기와 친핵체로 작용한다.**

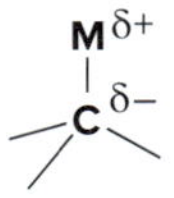

M $\delta+$ — C $\delta-$ 는 :C$^-$ 처럼 반응한다.

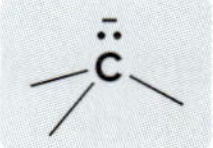

탄소 음이온
염기와 친핵체

17.9A 유기금속 시약의 제조

유기리튬과 Grignard 시약은 다음 식에서 보이듯이, 유기 할로젠 화합물과 관련 금속과의 반응에 의해 전형적으로 제조된다.

$$R{-}X + 2\,Li \longrightarrow R{-}Li + LiX$$
유기리튬 시약

$$CH_3{-}Br + 2\,Li \longrightarrow CH_3{-}Li + LiBr$$
methyllithium

$$R{-}X + Mg \xrightarrow{\text{diethyl ether}} R{-}Mg{-}X$$
Grignard 시약

$$CH_3{-}Br + Mg \xrightarrow{\text{diethyl ether}} CH_3{-}Mg{-}Br$$
methylmagnesium bromide

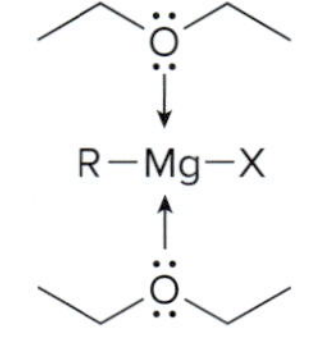

다이에틸 에터 두 분자가 Grignard 시약의 Mg 원자와 착물을 형성한다.

리튬의 경우에 할로젠과 금속이 교환되어 유기리튬 시약이 만들어진다. 마그네슘의 경우는 금속이 탄소–할로젠 결합 사이에 끼어들어 Grignard 시약을 만든다. Grignard 시약은 일반적으로 다이에틸 에터($CH_3CH_2OCH_2CH_3$) 용매에서 제조된다. 두 에터의 산소 원자가 마그네슘 원자와 착물을 생성하여 시약을 안정화하는 것으로 여겨진다.

유기구리염은 주로 CuI 같은 Cu^+ 염과 유기리튬 시약의 반응에 의해 만들어진다.

$$2\,R{-}Li + CuI \longrightarrow R{-}Cu^{-}(R)\ Li^{+} + LiI$$
유기구리 시약

$$2\,CH_3{-}Li + CuI \longrightarrow CH_3{-}Cu^{-}(CH_3)\ Li^{+} + LiI$$
lithium dimethyl cuprate

문제 17.19 CH_3CH_2Br을 각 시약으로 변환시키는 데 필요한 단계를 쓰라: (a) CH_3CH_2Li; (b) CH_3CH_2MgBr; (c) $(CH_3CH_2)_2CuLi$.

17.9B 아세틸렌화 음이온

$$R{-}C{\equiv}C{-}H + Na^{+}\ {:}\ddot{N}H_2^{-} \rightleftharpoons R{-}C{\equiv}C{:}^{-}\ Na^{+} + {:}NH_3$$
acetylide 음이온
유기소듐 화합물

11장에서 살펴본 **아세틸렌화 음이온(acetylide anion)**은 유기금속 화합물의 또 다른 예이다. 이 시약은 $NaNH_2$나 NaH 같은 염기와 알카인의 산–염기 반응에 의해 만들어진다. **유기소듐(organosodium)** 시약으로서 이러한 화합물을 생각해볼 수 있다. 소듐이 리튬보다 더 전기 양성적(덜 전기 음성적)이기 때문에 이 유기소듐 화합물의 C–Na 결합은 극성 공유보다는 **이온성(ionic)**으로 가장 잘 설명된다.

산–염기 반응은 *sp* 혼성 유기리튬 화합물을 제조하는 데 쓰일 수 있다. 말단 알카인을 CH_3Li로 처리하면 아세틸렌화 리튬(lithium acetylide)이 생성된다. 말단 알카인의 *sp* 혼성화 C–H 결합이 생성되는 sp^3 혼성화된 짝산 CH_4보다 더 센 산이기 때문에 평형이 생성물에 유리하다.

$$R{-}C{\equiv}C{-}H + CH_3{-}Li \rightleftharpoons R{-}C{\equiv}C{-}Li + CH_3{-}H$$

$R{-}C{\equiv}C{-}H$	$CH_3{-}Li$	$R{-}C{\equiv}C{-}Li$	$CH_3{-}H$
$pK_a \approx 25$	염기	**아세틸렌화 리튬**	$pK_a = 50$
더 센 산			**더 약한 산**

문제 17.20 다음 중 유기금속 화합물을 나타내는 화학종은 어느 것인가? (a) $BrMgC{\equiv}CCH_2CH_3$; (b) $NaOCH_2CH_3$; (c) $KOC(CH_3)_3$; (d) PhLi

17.9C 염기로서의 반응

- 유기금속 시약은 물로부터 양성자를 쉽게 떼어 내어 탄화수소를 생성하는 강염기이다.

탄소-금속 결합에서 전자쌍은 양성자에 새로운 결합을 생성할 때 쓰인다. H_2O가 알케인 생성물보다 더 센 산이므로 평형이 산-염기 반응의 생성물 쪽에 유리하다.

CH_3Li (염기) + H–OH (산, $pK_a = 14$, 더 센 산) ⇌ CH_4 ($pK_a = 50$, 매우 약한 산) + Li^+ ^-OH

같은 이유로 알코올과 카복실산의 O–H 결합이나 아민의 N–H 결합과 비슷한 반응이 일어난다.

C_6H_5MgBr (강염기) + H–OCH_3 (산) ⟶ C_6H_5–H + CH_3O^- $(MgBr)^+$

$CH_3CH_2CH_2Li$ (강염기) + H–$OCOCH_3$ (산) ⟶ $CH_3CH_2CH_2$–H + Li^+ $^-OCOCH_3$

유기리튬과 Grignard 시약은 그 자체가 할로젠화 알킬로부터 만들어지기 때문에, 두 단계 반응에 의하여 할로젠화 알킬을 알케인으로(또는 다른 탄화수소로) 바꿀 수 있다.

$$R{-}X \xrightarrow{M} R{-}M \xrightarrow{H_2O} R{-}H$$

할로젠화 알킬 → **알케인**

문제 17.21 각 유기금속 시약이 H_2O와 반응하였을 때 생성되는 생성물을 그려라.

a. 사이클로헥실–Li b. $(CH_3)_3C$–MgBr c. $C_6H_5CH_2$–MgBr d. $CH_3CH_2C{\equiv}C$–Li

17.9D 친핵체로서의 반응

유기금속 시약은 또한 친전자성 탄소 원자와 반응하여 새로운 탄소-탄소 결합을 생성하는 강력한 친핵체이다. 이 반응은 복잡한 유기 분자의 탄소 골격을 생성하는 데 매우 중요하다. 유기금속 시약의 다음 반응은 17.10, 17.13, 그리고 17.14절에서 공부한다.

[1] R–M을 알데하이드 또는 케톤과 반응시키면 알코올이 생성된다(17.10절).

RCOR' (R' = H 또는 알킬, 알데하이드 또는 케톤) → [1] R''–M, [2] H_2O → RR'R''C–OH (**1°, 2° 또는 3° 알코올**)

알데하이드와 케톤은 R''Li 또는 R''MgX와 반응하여 1°, 2° 또는 3° 알코올로 변환된다.

[2] 카복실산 유도체와 R−M의 반응(17.13절)

Z = Cl 또는 OR'

[1] R"−M

[2] H_2O

케톤 또는 3° 알코올

산 염화물과 에스터는 유기금속 시약과 반응하여 케톤이나 3° 알코올로 변환될 수 있다. 생성물은 R"−M과 이탈기 Z에 따라 변한다.

[3] 다른 친전자성 작용기와 R−M의 반응(17.14절)

R−M

[1] CO_2 [2] H_3O^+ → 카복실산

[1] 에폭사이드 [2] H_2O → 알코올

유기금속 시약은 또한 CO_2와 반응하여 카복실산을 생성하고, 에폭사이드와 반응하여 알코올을 생성한다.

17.10 알데하이드와 케톤의 유기금속 시약 반응

R' = H 또는 알킬

알데하이드 또는 케톤

R"MgX 또는 R"Li

H−OH

새로운 C−C 결합

1°, 2° 또는 3° 알코올

알데하이드와 케톤이 유기리튬이나 Grignard 시약과 반응한 후, 물을 가하면 탄소−탄소 결합이 새로 생긴 알코올이 생성된다. 이 반응은 R"과 H의 원소가 π 결합에 첨가되기 때문에 **첨가 반응**이다.

17.10A 일반적 특징

이 반응은 친핵성 첨가에 대한 일반적인 메커니즘—즉 **친핵성 공격**과 그에 이은 **양성자 첨가**—을 따른다(17.2A절). 메커니즘 17.6은 R"MgX를 이용해 보여주지만 유기리튬 시약과 아세틸렌화 음이온과도 같은 과정으로 반응이 진행된다.

메커니즘 17.6 RCHO와 $R_2C{=}O$에 대한 R"MgX의 친핵성 첨가

R"−MgX

\+ MgX^+

1. **친핵체(R''^-)가 카보닐기를 공격하면** π 결합이 끊어지고, 알콕시화 음이온이 생성된다. 이 단계에서 새로운 탄소−탄소 결합이 생긴다.
2. 알콕시화 음이온에 H_2O가 양성자를 주면 O−H 결합이 새로 생긴 **첨가 생성물**이 얻어진다. 전체적인 결과는 카보닐기에 R"와 H가 첨가되는 것이다.

이 반응은 알데하이드 또는 케톤의 카보닐 탄소에 결합되어 있는 알킬기의 개수에 따라 **1°, 2° 그리고 3° 알코올을 만드는 데 쓰인다**.

[1] 폼알데하이드 + R"—MgX → → (H_2O) → 1° 알코올

[2] 알데하이드 (R ≠ H) + R"—MgX → → (H_2O) → 2° 알코올

[3] 케톤 + R"—MgX → → (H_2O) → 3° 알코올

[1] 폼알데하이드(CH_2=O)에 대한 R"MgX의 첨가는 1° 알코올을 생성한다.
[2] 그 외 다른 모든 알데하이드에 대한 R"MgX의 첨가는 2° 알코올을 생성한다.
[3] 케톤에 대한 R"MgX의 첨가는 3° 알코올을 상성한다.

[1] formaldehyde — [1] CH_3—MgX [2] H_2O → 1° 알코올

[2] benzaldehyde — [1] Li [2] H_2O → 2° 알코올

[3] cyclohexanone — [1] ≡—Li [2] H_2O → 3° 알코올

각 반응은 하나의 새로운 알킬기를 카보닐 탄소에 첨가하고, 하나의 새로운 탄소-탄소 결합을 생성한다. 반응식 [1]−[3]에서 보여주듯이, 이 반응은 모든 유기리튬과 Grignard 시약에 대해 일반적이고, 아세틸렌화 음이온에 대해서도 같은 반응이 일어난다.

유기금속 시약이 H_2O와 빨리 반응하는 강염기이기 때문에(17.9C절), 미량의 물과 시약이 반응하여 원하는 알코올의 수율이 감소하는 것을 막기 위해, 새로운 알킬기의 첨가는 무수 조건에서 수행되어야 한다. 물은 첨가 반응 후에 알콕시화 음이온에 양성자 첨가를 하기 위해 첨가된다.

문제 17.22 각 반응의 생성물을 그려라.

a. [1] Li [2] H_2O

b. [1] (cyclohexyl)—Li [2] H_2O

c. [1] C_6H_5Li [2] H_2O

d. Li [1] CH_2=O [2] H_2O

17.10B 입체 화학

환원처럼 유기금속 시약의 첨가도 sp^2 혼성화된 카보닐 탄소를 사면체의 sp^3 혼성 탄소로 바꾼다. R−M의 첨가는 항상 삼각 평면 카보닐기의 양쪽 면으로부터 일어난다. 예제 17.2에서 보여 주듯이, **비카이랄성 출발물로부터 새로운 입체 발생 중심이 생성될 때, 같은 양의 거울상 이성질체 혼합물이 생성된다.**

예제 17.2 Grignard 첨가로 생성되는 입체 이성질체를 그리기

다음 반응에서 생성되는 모든 입체 이성질체를 그려라.

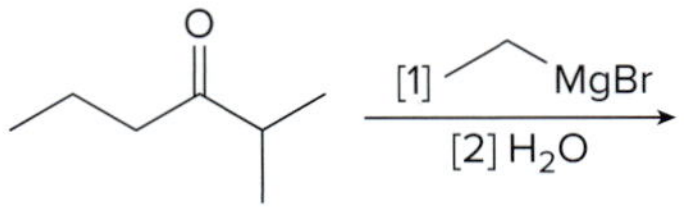

[1] MgBr
[2] H_2O

풀이

Grignard 시약은 삼각 평면 카보닐기의 양쪽 면으로부터 첨가되어 각각 입체 발생 중심이 새로 생긴 두 알콕시화 음이온을 생성한다. 물과의 양성자 첨가는 **두 거울상 이성질체의 같은 양—라셈 혼합물**—을 생성한다.

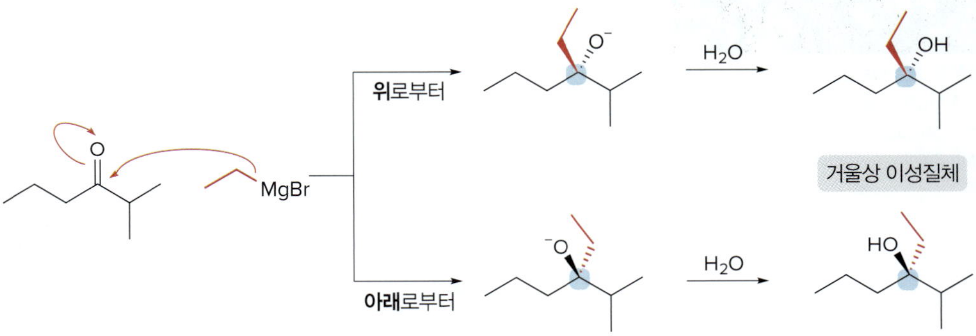

MgBr
위로부터
H_2O
OH
거울상 이성질체
아래로부터
H_2O
HO

문제 17.23 다음 반응의 생성물을 (입체 화학을 포함하여) 그려라.

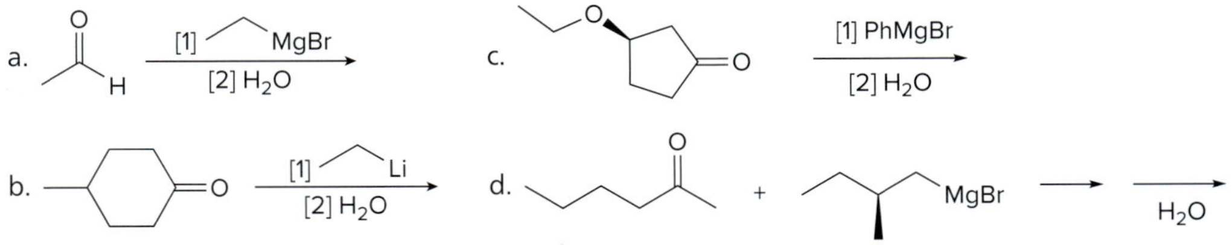

a. [1] MgBr [2] H_2O

b. [1] Li [2] H_2O

c. [1] PhMgBr [2] H_2O

d. + MgBr ⟶ ⟶ H_2O

추가 문제: 문제 17.46a를 풀어보라.

17.10C 합성에서의 응용

유용한 많은 화합물을 합성하기 위해 탄소−탄소 결합을 생성하는 Grignard나 유기리튬 시약을 이용한 친핵성 첨가 반응을 활용한다. 예를 들어, 졸리지 않은 항히스타민제인 cetirizine(상품명 Zyrtec) 합성의 첫 단계는 그림 17.4에서처럼 Grignard 반응이다.

그림 17.4 항히스타민제 cetirizine 합성에서 Grignard 반응

[Scheme: p-chlorobenzaldehyde → [1] PhMgBr, [2] H_2O → 2° 알코올 → 여섯 단계 → cetirizine]

Elizabeth Leyden/Alamy Stock Photo

- *p*-Chlorobenzaldehyde와 phenylmagnesium bromide의 Grignard 반응으로 2° 알코올이 얻어졌으며 이 알코올은 졸리지 않은 항히스타민제인 cetirizine으로 변환되었다. 합성의 마지막 세 단계가 문제 7.57에 나와 있다.

생물독소 azaspiracid-1(그림 17.5)은 *Mytilus edulis* 종의 홍합에서 최초로 분리되었다.
Matt Bain/NHPA/Photoshot

흔한 종류의 어패류 중독을 일으키는 생물 독소인 **azaspiracid-1**의 합성은 이러한 친핵성 첨가 반응이 작용기가 붙어 있는 유기리튬 시약과 복잡한 알데하이드를 이용하는 경우에도 일어날 수 있음을 보여주고 있다. 아래에 나와 있듯이, azaspiracid-1의 9개 고리 중에서 4개를 문자 **A–D**로 표시하였다.

[Structure: azaspiracid-1, rings labeled A, B, C, D]

azaspiracid-1

Azaspiracid-1는 조개류에 축적되어 오염된 조개류를 섭취하는 사람에게 식중독을 일으키는 조류(algae)가 생산하는 여러 개의 고리분자로 이루어진 해양 독소이다. Azaspiracid-1는 1990년대에 어패류 중독 사건이 *Mytilus edulis* 종의 오염된 홍합의 섭취와 연관되었을 때 최초로 확인되었다. 생물학적 시험에 쓰일 충분한 양의 azaspiracid-1를 얻고 이 생물 독소의 작용 기전을 이해하기 위하여 azaspiracid-1이 실험실에서 합성되었다. 그림 17.5에서 보여지듯이, 초기 합성의 핵심 단계는 알데하이드에 대한 유기리튬 시약의 첨가였다.

그림 17.5 Azaspiracid-1 합성의 핵심 단계

[Scheme: X (organolithium) + Y (aldehyde, R_3SiO, $OSiR_3$) → H_2O → Z (alcohol, OH)]

X Y Z

- 유기리튬 시약 **X**와 알데하이드 **Y**의 반응에서 새로운 탄소–탄소 결합을 붉은색으로 표시한 알코올 **Z**가 생성된다.
- **Z**의 탄소 원자가 azaspiracid-1의 고리 **A–D**를 생성한다.

17.11 Grignard 생성물의 역합성 분석

합성에서 Grignard 시약을 사용하기 위해서는 주어진 화합물을 만들기 위해서 어떤 카보닐과 Grignard 성분이 필요한지 결정할 수 있어야 한다. 즉, **역합성 방향으로 거꾸로 작업해야 한다.** 이것은 두 단계 과정으로 진행한다.

단계 [1] 생성물에서 OH기에 결합된 탄소를 찾는다.
단계 [2] 두 개의 구성 성분으로 분자를 나눈다. OH기가 붙어 있는 탄소에 결합된 한 개의 알킬기는 유기금속 시약으로부터 온다. 분자의 나머지는 카보닐 성분으로부터 온다.

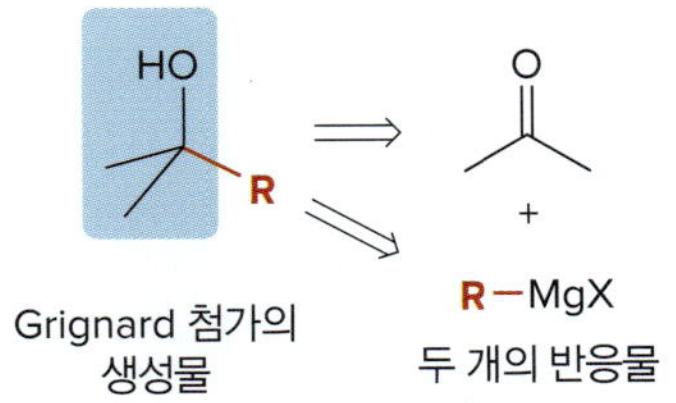

HO R ⟹ O + R−MgX

Grignard 첨가의 생성물 — 두 개의 반응물

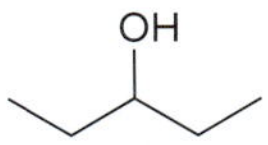

OH

pentan-3-ol

예를 들어, Grignard 반응으로 pentan-3-ol [$(CH_3CH_2)_2CHOH$]을 합성하려면 우선 OH기에 결합된 탄소를 찾아내어 두 개의 분자로 나누어야 한다. 역합성 분석을 보면 에틸기 중의 하나는 Grignard 시약(CH_3CH_2MgX)으로부터 오고, 나머지 부분은 탄소 세 개의 알데하이드로부터 온다는 것을 보여준다.

역합성 분석

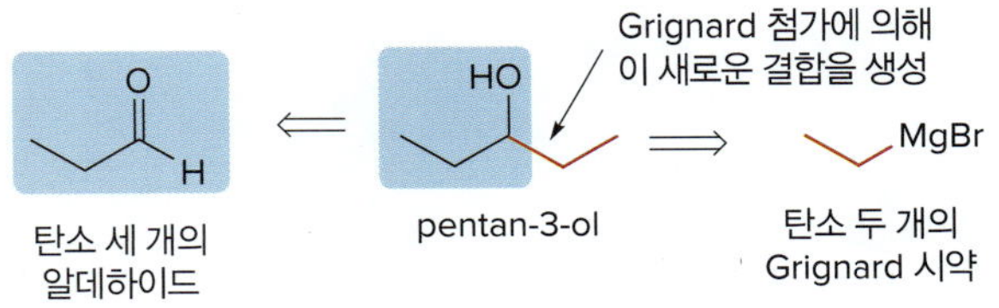

Grignard 첨가에 의해 이 새로운 결합을 생성

탄소 세 개의 알데하이드 ⟸ pentan-3-ol ⟹ MgBr 탄소 두 개의 Grignard 시약

그 다음에 합성 방향—즉, 출발물로부터 생성물로—으로 반응을 적어 보면 그 분석이 옳은지 아닌지를 알 수 있다. 이 예에서 탄소 세 개의 알데하이드가 CH_3CH_2MgBr과 반응하여 알콕시화 음이온을 생성하고, 다시 H_2O에 의해 양성자가 첨가되면 원하는 알코올인 pentan-3-ol이 얻어진다.

합성 방향에서:

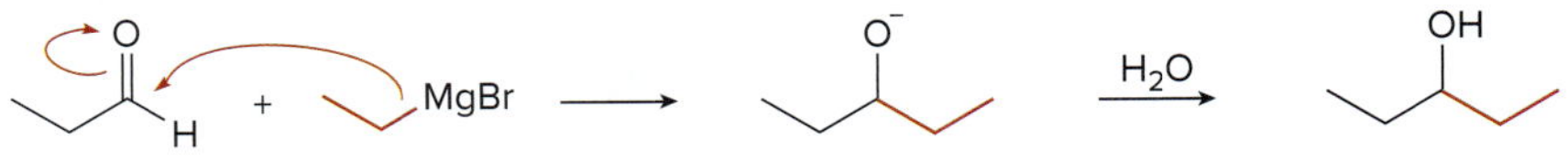

O, H + MgBr ⟶ O^- $\xrightarrow{H_2O}$ OH

pentan-3-ol

예제 17.3에서 보듯이 Grignard 첨가에 의한 2° 알코올의 합성은 종종 두 가지 이상의 방법으로 수행할 수 있다.

예제 17.3 Grignard 합성에서 출발물 결정하기

Grignard 반응을 이용하여 알코올 A의 두 가지 다른 합성법을 제시하라.

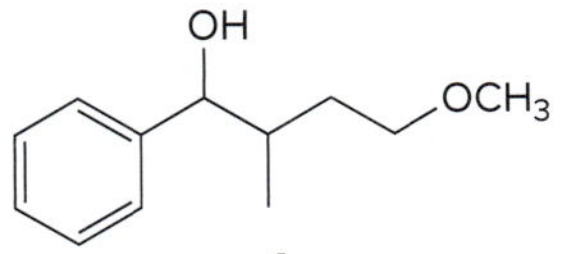

OH, OCH_3

A

풀이

A는 OH기가 있는 탄소에 두 개의 다른 R기가 결합되어 있으므로 Grignard 첨가 반응에 의한 새로운 탄소−탄소 결합 생성에는 두 가지 다른 방법이 있다.

가능성 [1] C_6H_5MgBr과 알데하이드 **B** 사용

가능성 [2] Grignard 시약 **C**와 벤즈알데하이드 사용

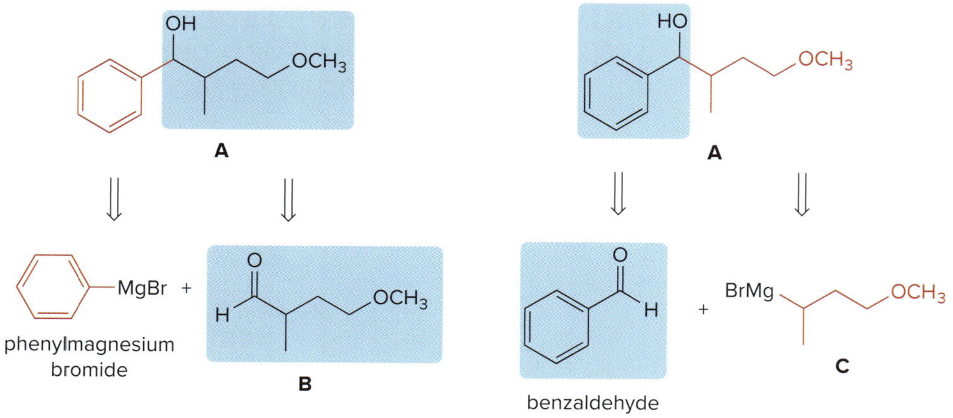

OH
OCH$_3$
A

HO
OCH$_3$
A

MgBr + OCH$_3$ H O
phenylmagnesium bromide
B

O H + BrMg OCH$_3$
benzaldehyde
C

출발물에서 생성물까지 반응식을 써보면 알 수 있듯이, 두 방법 모두 원하는 생성물인 **A**를 생성한다.

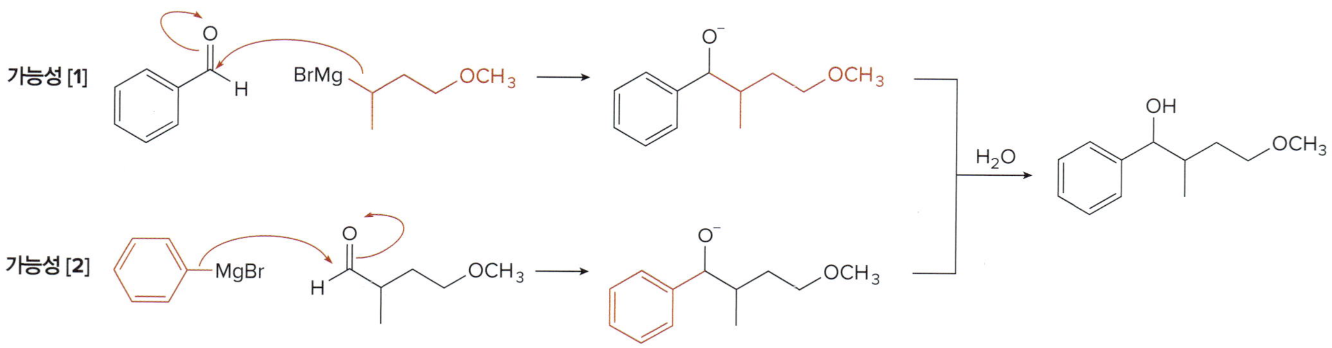

가능성 [1] O H BrMg OCH$_3$ → O$^-$ OCH$_3$

가능성 [2] MgBr O H OCH$_3$ → O$^-$ OCH$_3$

H_2O → OH OCH$_3$

문제 17.24 다음 각각의 알코올을 합성하기 위해 어떤 Grignard 시약과 어떤 카보닐 화합물이 필요한가? 부분 (d)에서 보듯이, OH기가 결합된 탄소에 서로 다른 R기 세 개가 결합된 3° 알코올은 세 가지 다른 Grignard 시약으로부터 합성할 수 있다.

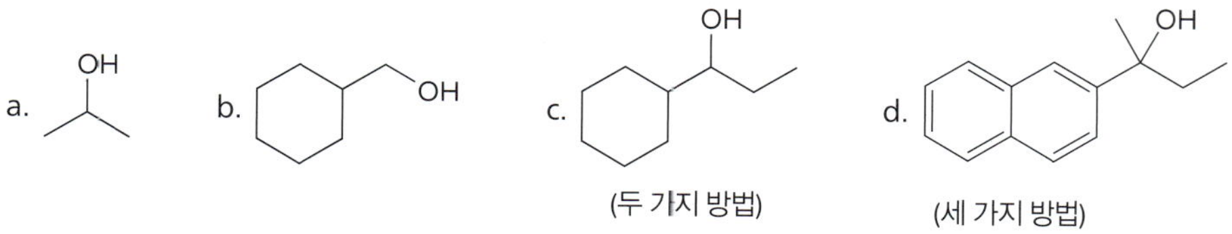

a. OH
b. OH
c. OH (두 가지 방법)
d. OH (세 가지 방법)

추가 문제: 문제 17.57, 17.58, 17.60을 풀어보라.

문제 17.25 Linalool과 lavandulol은 라벤더 기름의 두 가지 주요 성분이다. (a) 이들 각각의 알코올을 합성하기 위해서 어떤 유기리튬 시약과 어떤 카보닐 화합물이 필요한가? (b) Lavandulol은 어떤 카보닐 화합물을 환원하여 합성할 수 있겠는가? (c) Linalool은 비슷한 반응 경로로 합성할 수 없다. 그 이유는 무엇인가?

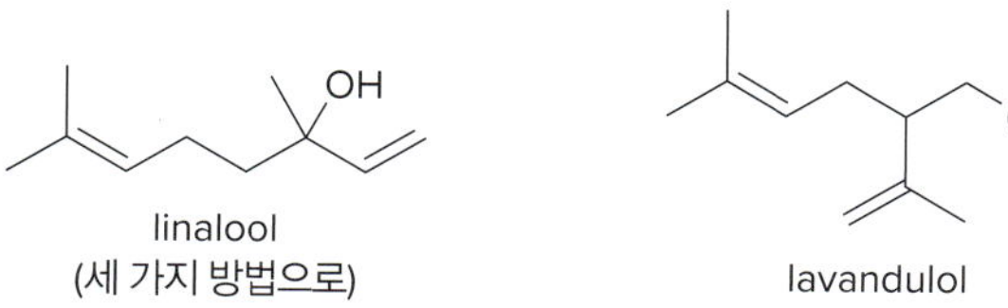

OH
linalool
(세 가지 방법으로)

OH
lavandulol

문제 17.26 항우울제 venlafaxine(상품명 Effexor)을 합성하기 위해서는 어떤 Grignard 시약과 어떤 카보닐 화합물이 필요한가?

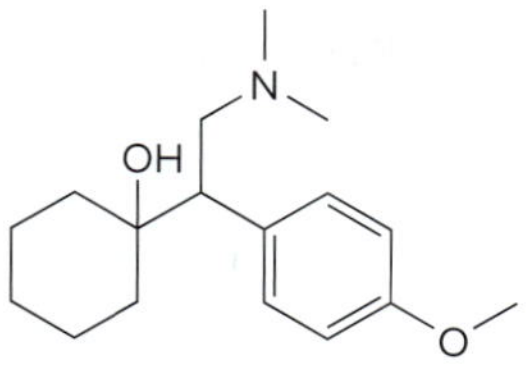

venlafaxine

17.12 보호기

유기금속 시약과 다음 모든 작용기 사이에서는 빠른 산–염기 반응이 일어난다: ROH, RCOOH, RNH_2, R_2NH, $RCONH_2$, RCONHR 및 RSH.

카보닐기에 대한 유기금속 시약의 첨가가 다방면에 유용한 반응일지라도 카보닐기와 N–H 또는 O–H 결합이 함께 있는 분자에는 쓰일 수 없다.

- N–H 또는 O–H 결합이 함께 있는 카보닐 화합물은 유기금속 시약과 친핵성 첨가가 **아닌** 산–염기 반응을 일으킨다.

예를 들어, methylmagnesium chloride (CH_3MgCl)를 5-hydroxypentan-2-one 카보닐기에 첨가하여 다이올을 만들고 싶다고 가정하자. 친핵성 첨가는 이 기질에서 일어나지 않는다. 대신에 **Grignard 시약이 강염기이고 양성자 이동 반응이 빨라서, 친핵성 첨가가 일어나기 전에 CH_3MgCl은 O–H 양성자를 제거한다.** 17.9C절에서 배웠듯이, 더 센 산과 염기는 더 약한 짝산과 짝염기를 생성하도록 반응한다.

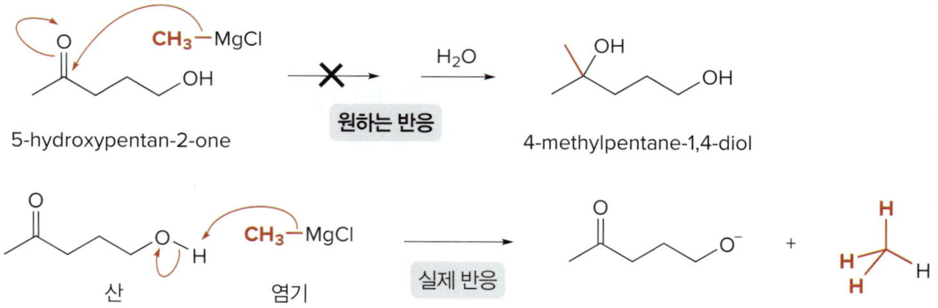

CH_3–MgCl, H_2O

5-hydroxypentan-2-one → 원하는 반응 → 4-methylpentane-1,4-diol

산 염기 CH_3–MgCl → 실제 반응 → 양성자 이동의 생성물

이 문제를 풀기 위해서는 세 단계 전략이 필요하다.

단계 [1] OH기를 원하는 반응을 방해하지 않는 다른 작용기로 바꾼다. 이 새로운 막아주는 기를 **보호기(protecting group)**라 부르고, 그것을 만드는 반응을 **보호(protection)**라 부른다.

단계 [2] 원하는 반응을 수행한다.

단계 [3] 보호기를 제거한다. 이 반응을 **탈보호(deprotection)**라 부른다.

CH_3MgCl을 5-hydroxypentan-2-one에 Grignard 첨가하는 일반 전략의 응용이 그림 17.6에 나와 있다.

그림 17.6
보호기를 이용하는 일반적 전략

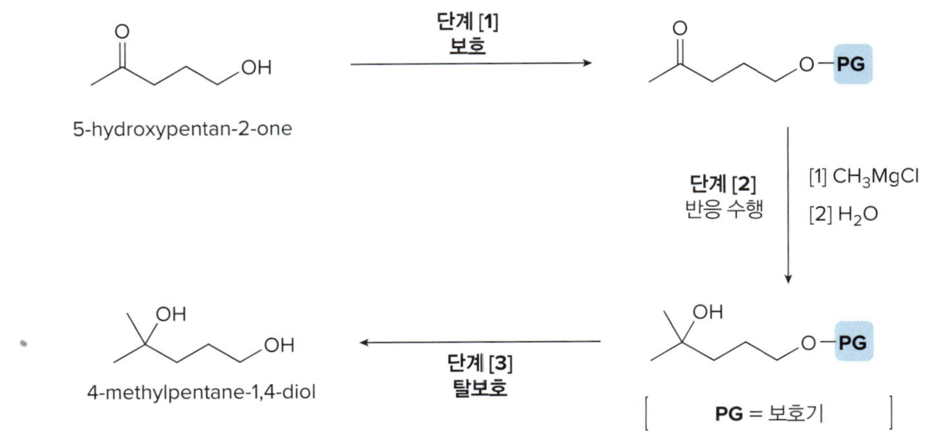

- 단계 [1]에서 5-hydroxypentan-2-one의 OH 양성자가 **PG**로 쓰여진 보호기로 바뀐다. 단계 [1]의 생성물은 더 이상 OH 양성자가 없기 때문에, 이제 친핵성 첨가를 수행할 수 있다.
- 단계 [2]에서 CH_3MgCl은 카보닐기에 첨가되고 물에 의해 양성자가 첨가된 후 3° 알코올을 만든다.
- 단계 [3]에서 보호기를 제거하면 원하는 생성물인 4-methylpentane-1,4-diol이 얻어진다.

일반적인 OH 보호기는 **silyl ether**이다. Silyl ether는 알코올의 O−H 결합 대신에 새로운 O−Si 결합이 있다. 가장 널리 사용되는 silyl ether 보호기는 **TBS**로 약칭하는 ***tert*-butyldimethylsilyl ether**이다.

R−O−H ⟶ R−O−Si(R')(R')(R')

silyl ether

tert-butyldimethylsilyl ether

RO−**TBS**

tert-Butyldimethylsilyl ether는 *tert*-butyldimethylsilyl chloride와 일반적으로 imidazole 같은 아민 염기와의 반응으로 알코올로부터 합성된다.

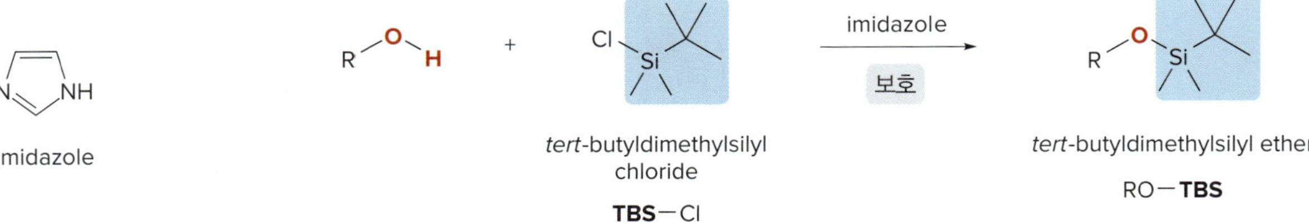

일반적으로 silyl ether는 $Bu_4N^+F^-$(Bu = butyl)이라고 쓰는 **tetrabutylammonium fluoride** $[(CH_3CH_2CH_2CH_2)_4N^+F^-]$ 같은 플루오린화 염으로 흔히 제거된다.

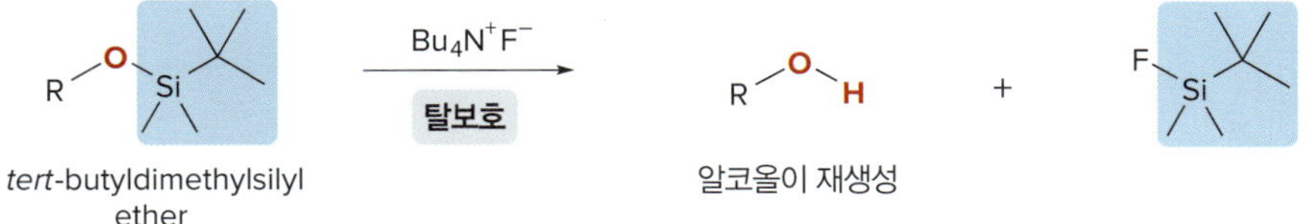

보호기로 *tert*-butyldimethylsilyl ether를 사용하면 세 단계 반응으로 4-methylpentane-1,4-diol을 합성할 수 있다.

5-hydroxypentan-2-one → ($TBS-Cl$, imidazole, 단계 [1]) → 단계 [2] ([1] CH_3MgCl [2] H_2O) → ($Bu_4N^+F^-$, 단계 [3]) → 4-methylpentane-1,4-diol

- **단계 [1]**: *tert*-Butyldimethylsilyl chloride과 imidazole로 처리하여 *tert*-butyldimethylsilyl ether로서 **OH기를 보호한다**.
- **단계 [2]**: CH_3MgCl을 사용하고 연이은 양성자 첨가에 의해 **친핵성 첨가를 수행한다**.
- **단계 [3]**: Tetrabutylammonium fluoride로 **보호기를 제거하여 원하는 첨가 생성물을 얻는다**.

보호기는 반응에 방해하는 작용기를 차단하므로 더 다양한 반응이 특정 기질에서 일어날 수 있다. 보호기에 대한 더 자세한 내용은 18.14절에서 아세탈에 대한 논의에서 볼 수 있다.

문제 17.27 적당한 보호기를 사용해서 estrone으로부터 먹는 피임약으로 널리 사용되는 ethynylestradiol을 합성하는 과정을 보여라.

estrone → ethynylestradiol

17.13 유기금속 시약과 카복실산 유도체의 반응

유기금속 시약이 카복실산 유도체(RCOZ)와 반응하면 이탈기 Z와 R−M 시약 둘 다의 정체에 따라서 두 개의 다른 생성물을 생성한다. 가장 유용한 반응은 **케톤**이나 **3° 알코올**을 생성하는 에스터 및 산 염화물과의 반응이다.

RCOZ (Z = Cl 또는 OR') → ([1] R"−M [2] H_2O) → 케톤 (RCOR") 또는 3° 알코올 (R(R")₂COH)

- RLi와 RMgX는 반응성이 매우 큰 반면, R_2CuLi는 반응성이 훨씬 떨어진다는 것을 기억하라. 이 반응성의 차이는 선택적인 반응을 가능하게 한다.

17.13A 에스터와 산 염화물의 RLi 및 RMgX와의 반응

에스터와 산 염화물 모두 2당량의 Grignard나 유기리튬 시약과 반응하면 3° 알코올이 얻어진다. 두 개의 새로운 탄소–탄소 결합이 생성물에서 성성된다.

R"MgX 또는 R"Li (2당량), H–ÖH

Z = Cl 또는 OR'

새로운 C–C 결합

3° 알코올

Grignard 시약을 사용한 두 가지 예가 아래에 나와 있다.

MgCl (2당량), H–ÖH

CH_3–MgI (2당량), H–ÖH

문제 17.28 각 화합물이 2당량의 $CH_3CH_2CH_2CH_2MgBr$과 반응한 후 H_2O로 처리되었을 때 생성되는 생성물을 그려라.

a. b. c.

이 첨가 반응에 대한 메커니즘은 17.7A절에서 논의된 산 염화물과 에스터의 금속 수소화물 환원에 대한 메커니즘과 비슷하다. 메커니즘 17.7에 나와 있듯이 메커니즘은 개념적으로 케톤을 생성하는 **친핵성 치환**(단계 [1]과 [2])과 그에 이은 **친핵성 첨가**에 의한 3° 알코올을 생성(단계 [3]과 [4])하는 두 부분으로 나뉜다.

메커니즘 17.7 RCOCl과 RCOOR'의 R"MgX 또는 R"Li과의 반응

Z = Cl, OR'

케톤

3° 알코올

+ MgX^+ + :Z^- + MgX^+ + $^-$:ÖH

1. **(R")$^-$의 친핵성 공격**으로 이탈기 Z가 있는 사면체의 중간체가 얻어진다.
2. π 결합이 재생성되면서 **이탈기 Z가 떨어져 나가고** 케톤이 생성된다. (R")$^-$ 첨가와 Z:$^-$ 제거의 최종 결과는 **Z에 대한 R"의 치환**이다.
3. **(R")$^-$의 친핵성 공격**으로 이탈기가 없는 알콕시화 음이온이 얻어진다.
4. H_2O에 의한 알콕시화 음이온의 양성자 첨가로 **3° 알코올**이 얻어진다.

유기리튬과 Grignard 시약이 에스터나 산 염화물과 반응하면 항상 3° 알코올이 얻어진다. 시약 1당량이 RCOZ에 첨가되어 케톤이 생기는 즉시(메커니즘의 단계 [1]과 [2]) 케톤이 시약의 두 번째 당량과 반응하므로 3° 알코올이 얻어진다.

두 알킬기가 같은 3° 알코올만 만들 수 있기 때문에 이 반응은 알데하이드나 케톤의 Grignard 첨가보다 더 제한적이다. 그럼에도 불구하고 두 개의 새로운 탄소−탄소 결합이 생성되기 때문에 여전히 유용한 반응이다.

예제 17.4 알코올을 만드는 데 필요한 에스터와 Grignard 시약 결정하기

다음 알코올을 만들기 위해 어떤 에스터와 Grignard 시약이 필요한가?

HO

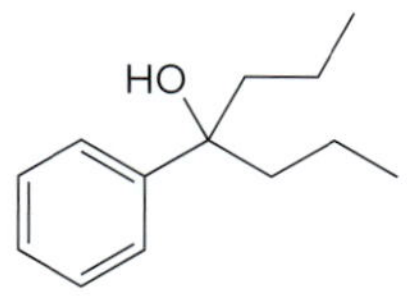

풀이

에스터와 Grignard 시약으로부터 생성되는 3° 알코올은 **두 R기가 같으므로**, 이 **R기는 RMgX로부터 온다. 분자의 나머지 부분은 에스터로부터 온다**. OH기에 결합된 탄소(푸른색으로 표시)는 카보닐 탄소로부터 온다.

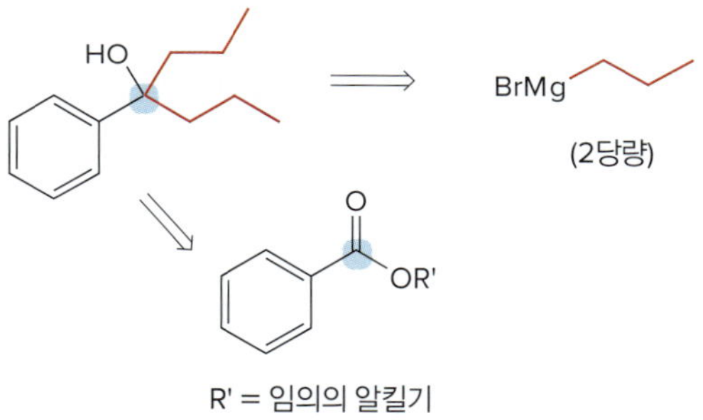

HO ⟹ BrMg (2당량)

⟹ O OR'

R' = 임의의 알킬기

합성 방향에서 확인하면:

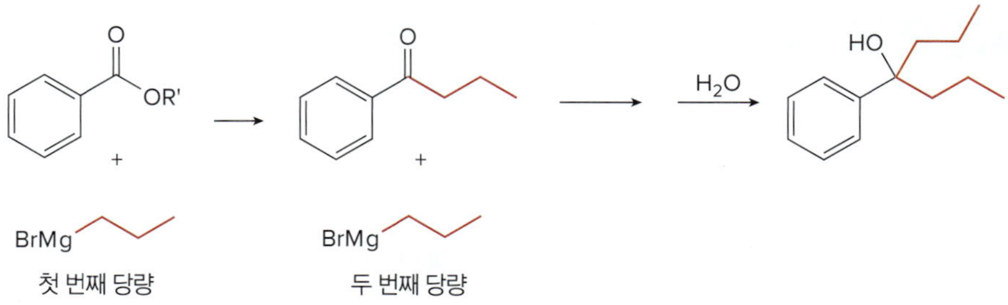

O OR' + BrMg 첫 번째 당량 ⟶ O + BrMg 두 번째 당량 ⟶ H_2O ⟶ HO

문제 17.29 각 알코올을 만들기 위해 어떤 에스터와 Grignard 시약이 필요한가?

a. OH b. HO c. OH

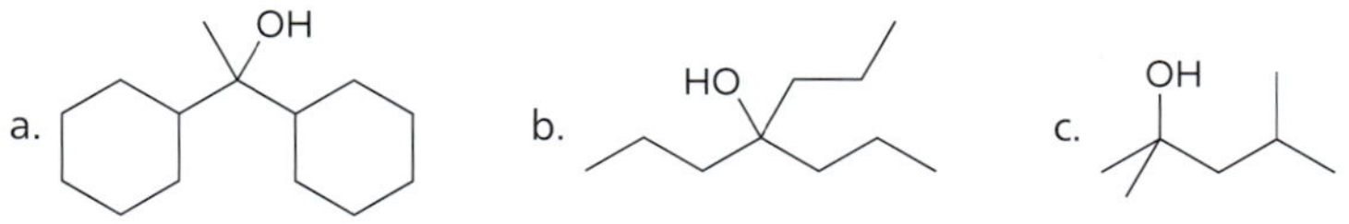

추가 문제: 문제 17.59를 풀어보라.

17.13B 산 염화물과 R_2CuLi의 반응

카복실산 유도체로부터 케톤을 만들기 위해서는 반응성이 약한 유기금속 시약—즉, **유기구리염**—이 필요하다. **카복실산 유도체 중에 가장 좋은 이탈기(Cl^-)가 있는 산 염화물은 R'_2CuLi와 반응하여 생성물로서 케톤을 준다.** 더 나쁜 이탈기(^-OR)가 있는 에스터는 R'_2CuLi와 반응하지 않는다.

$$RCOCl \xrightarrow[\text{[2] } H_2O]{\text{[1] } R'_2CuLi} RCOR'$$

$$(CH_3)_2CHCH_2COCl \xrightarrow[\text{[2] } H_2O]{\text{[1] } (CH_3CH_2)_2CuLi} (CH_3)_2CHCH_2COCH_2CH_3$$

이 반응의 결과로 이탈기 Cl에 대한 알킬기 R'의 친핵성 치환이 일어나 한 개의 새로운 탄소–탄소 결합이 생성된다.

문제 17.30 CH_3CH_2COCl을 각 케톤으로 변환시키기 위해 어떤 유기구리염 시약이 필요한가?

a. $CH_3CH_2COCH_3$ b. $CH_3CH_2COCH(CH_3)CH_2CH_3$ c. CH_3CH_2COPh

---

문제 17.31 $(CH_3)_2CHCH_2COCl$을 각 화합물로 변환시키기 위해 어떤 시약이 필요한가?

a. $(CH_3)_2CHCH_2CHO$ b. $(CH_3)_2CHCH_2C(OH)(CH_2CH_3)_2$ c. $(CH_3)_2CHCH_2COCH_2CH_3$ d. $(CH_3)_2CHCH_2CH_2OH$

예제 17.5에서 보여주듯이 카보닐 탄소에 결합된 두 개의 다른 R기가 있는 케톤은 두 가지 다른 방법으로 제조될 수 있다.

예제 17.5 케톤의 합성에 필요한 산 염화물과 유기구리염 시약 결정하기

pentan-2-one

산 염화물과 유기구리염 시약으로부터 pentan-2-one을 만드는 두 가지 다른 방법을 제시하라.

풀이

각 경우에 한 알킬기는 유기구리염으로부터 오고, 다른 하나는 산 염화물로부터 온다.

가능성 [1] $(CH_3)_2CuLi$과 탄소 네 개의 산 염화물 사용

가능성 [2] $(CH_3CH_2CH_2)_2CuLi$와 탄소 두 개의 산 염화물 사용

문제 17.32 산 염화물과 유기구리염 시약으로부터 각 케톤을 만드는 두 가지 다른 방법을 그려라.

a. 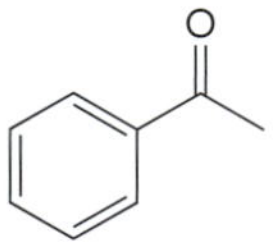 b. 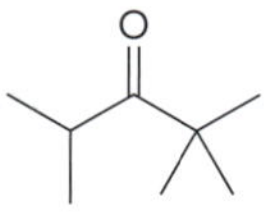 c. 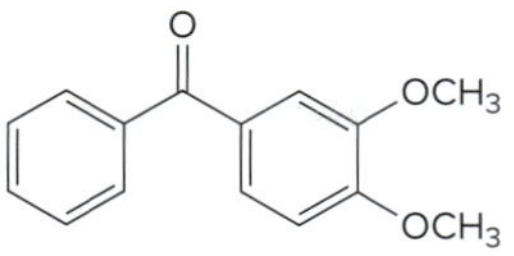 d.

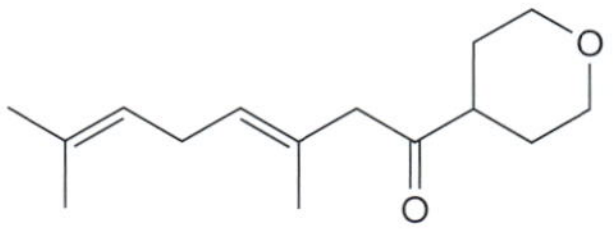

OCH_3 OCH_3

추가 문제: 문제 17.40a를 풀어보라.

17.14 유기금속 시약과 다른 화합물의 반응

유기금속 시약이 강력한 친핵체이기 때문에 카보닐 외에도 다른 많은 친전자체와 반응한다. 이 반응은 항상 새로운 탄소–탄소 결합의 생성으로 이끌기 때문에 유기 합성에서 역시 중요하다. 17.14절에서는 유기금속 시약과 **이산화 탄소**, 그리고 **에폭사이드(epoxide)**의 반응을 살펴본다.

17.14A Grignard 시약과 이산화 탄소의 반응

Grignard 시약이 CO_2와 반응하면 수용성 산으로 양성자가 첨가된 후 **카복실산이 얻어진다. 카복실화(carboxylation)**라 불리는 이 반응은 Grignard 시약보다 탄소 원자 수가 하나 더 있는 카복실산을 생성한다.

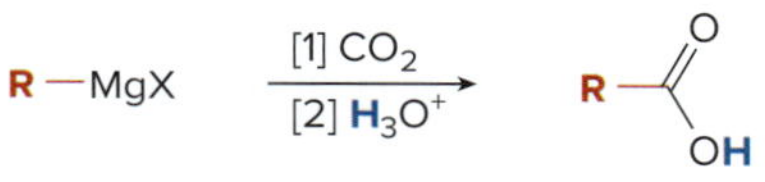

$$R-MgX \xrightarrow[\text{[2] } H_3O^+]{\text{[1] } CO_2} R-COOH$$

카복실산

Grignard 시약은 할로젠화 알킬이나 할로젠화 아릴로부터 만들어지기 때문에, **Grignard 시약의 생성**과 잇따른 **CO_2와의 반응**을 거치는 두 단계 반응으로, 유기 할로젠화물은 **탄소 원자가 하나 더 있는 카복실산**으로 바뀔 수 있다.

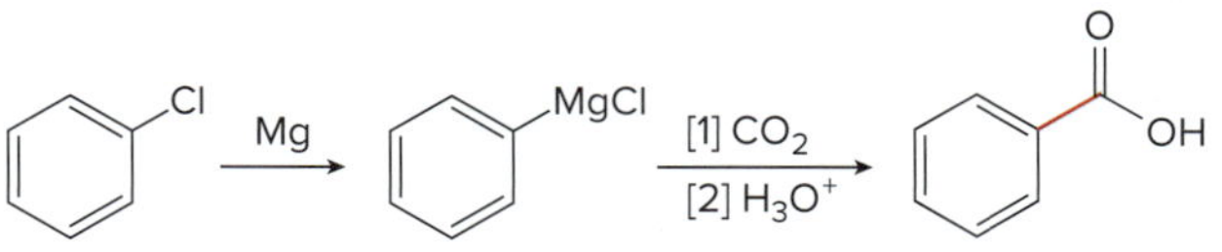

Cl —Mg→ MgCl —[1] CO_2, [2] H_3O^+→ OH

붉은색은 새로운 C–C 결합

메커니즘 17.8에서 보여주듯이, 메커니즘은 앞에서 본 카보닐기와 친핵성 Grignard 시약의 반응과 비슷하다.

메커니즘 17.8 카복실화—RMgX와 CO_2의 반응

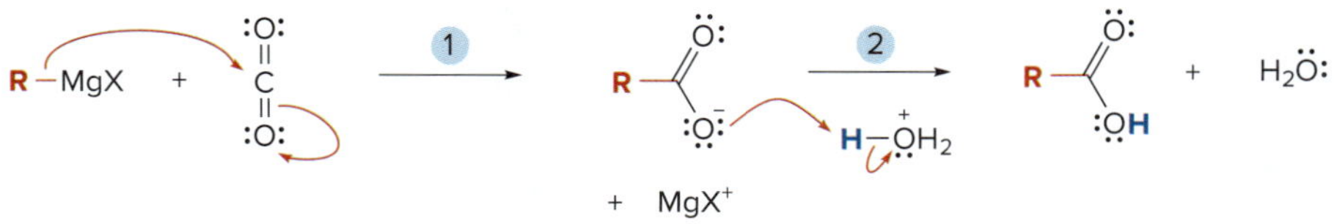

R–MgX + :O:=C=:O: —1→ R–C(=O:)–:Ö:⁻ + MgX^+ —2 (H–$\overset{+}{O}H_2$)→ R–C(=O:)–:ÖH + $H_2\ddot{O}:$

1 친핵성 Grignard 시약이 CO_2의 친전자성 탄소 원자를 공격하여 π 결합을 끊으면 새로운 탄소–탄소 결합이 생성된다.

2 카복실산 음이온에 수용성 산으로 양성자가 첨가되면 카복실산이 얻어진다.

문제 17.33 각 할로젠화 알킬이 [1] Mg, [2] CO_2, [3] H_3O^+로 처리될 때 어떤 카복실산이 생성되는가?

a. b. c.

17.14B 에폭사이드와 유기금속 시약의 반응

다른 강력한 친핵체처럼 **유기금속 시약**—RLi, RMgX 그리고 R_2CuLi—은 **에폭사이드의 고리를 열어 알코올을 생성한다.**

[1] RLi, RMgX 또는 R_2CuLi
[2] H_2O

알코올

[1] MgBr
[2] H_2O

음전하를 띤 친핵체에 의한 에폭시화물 고리의 열림은 9.16A절에서 논의되었다.

이 반응은 다른 음전하를 띤 친핵체에 의한 에폭사이드 고리의 열림—즉, **에폭사이드 고리 뒤쪽으로부터의 친핵성 공격과 연이은 알콕시화 음이온의 양성자 첨가**—과 같은 두 단계 과정을 거친다. 비대칭 에폭사이드의 경우에 친핵성 공격은 덜 치환된 탄소 원자에서 일어난다.

[1]
덜 치환된 C에서의 후면 공격
H_2O
[2]

문제 17.34 물로 반응을 종결한 후에, CH_3CH_2MgBr을 각각의 다음 알코올로 변환하는 데 무슨 에폭사이드가 필요한가?

a. (+거울상 이성질체) b. c. d.

17.15 α,β-불포화 카보닐 화합물

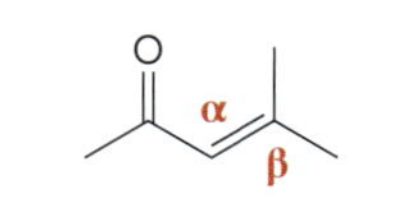
α,β-불포화 카보닐 화합물

α,β-불포화 카보닐 화합물은 카보닐기와 탄소–탄소 이중 결합이 단일 σ 결합에 의해 떨어져 있는 **콘쥬게이션 분자(conjugated molecule)**이다.

α,β-불포화 카보닐 화합물의 두 작용기 모두 π 결합이 있지만 각각 매우 다른 종류의 시약과 반응한다. 탄소–탄소 이중 결합은 친전자체와 반응하고(10장) 카보닐기는 친핵체와 반응한다(17.2절). 그렇다면 반응성이 반대인 두 작용기가 아주 가까이 존재할 때 무슨 일이 일어나는가?

두 π 결합이 콘쥬게이션되어 있기 때문에 α,β-불포화 카보닐 화합물의 전자 밀도는 네 원자에 걸쳐 비편재화되어 있다. 세 개의 공명 구조는 카보닐 탄소와 β 탄소에 부분적인 양전하가 있다는 것을

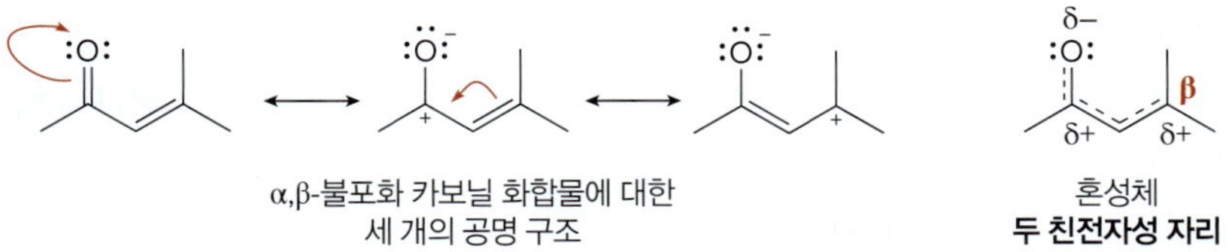

α,β-불포화 카보닐 화합물에 대한
세 개의 공명 구조

혼성체
두 친전자성 자리

보여준다. 이는 **α,β-불포화 카보닐 화합물이 다른 두 장소에서 친핵체와 반응할 수 있음**을 의미한다.

- 친핵체가 카보닐 탄소에 첨가(1,2-첨가라고 함)하면 H와 Nu 원소가 C=O에 걸쳐 첨가되어 알릴성 알코올(allylic alcohol)이 생성된다.

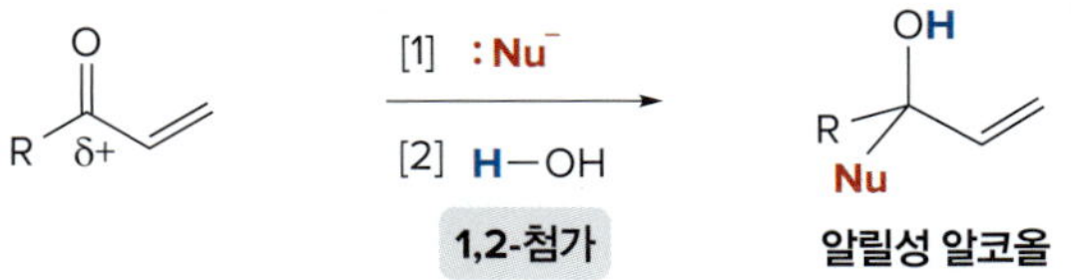

[1] :Nu⁻
[2] H—OH
1,2-첨가
알릴성 알코올

- 친핵체가 β 탄소에 첨가[1,4-첨가 또는 콘쥬게이션 첨가(conjugated addition)라고 함]하면 카보닐 화합물이 생성된다.

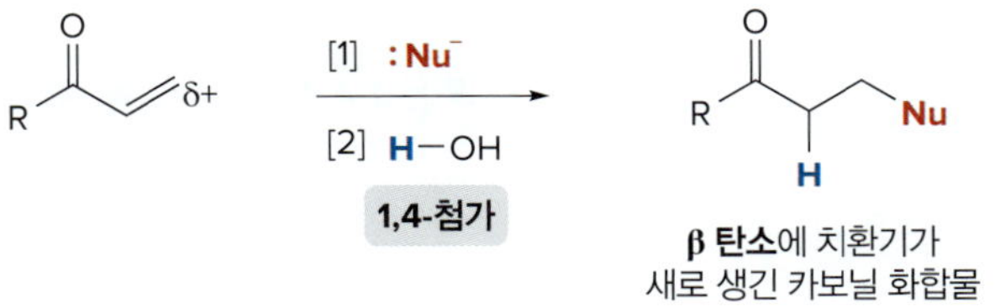

[1] :Nu⁻
[2] H—OH
1,4-첨가
β 탄소에 치환기가
새로 생긴 카보닐 화합물

1,2-첨가와 1,4-첨가가 일어나면 둘 다 **H와 Nu** 라는**원소가** 친핵성 **첨가**되는 결과가 얻어진다.

17.15A 1,2-첨가와 1,4-첨가의 메커니즘

1,2-첨가의 메커니즘은 알데하이드와 케톤의 친핵성 첨가, 즉 **친핵성 공격**과 연이은 **양성자 첨가**(메커니즘 17.6)와 정확히 일치한다.

메커니즘 17.9에서 보여주듯이 1,4-첨가 메커니즘도 친핵성 공격으로 시작하고, 양성자 첨가와 토토머화로 H와 Nu 원소가 카보닐 화합물의 α와 β 탄소에 첨가된다.

메커니즘 17.9 α,β-불포화 카보닐 화합물의 1,4-첨가

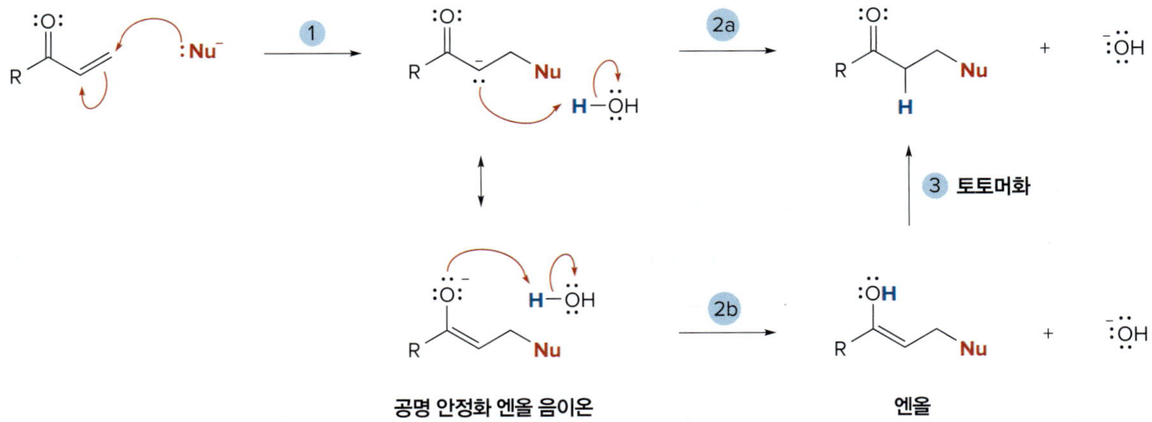

1 → 2a → + :ÖH⁻

3 토토머화

2b → + :ÖH⁻

공명 안정화 엔올 음이온

엔올

1 친전자성 β 탄소에 친핵성 공격이 일어나면 두 번째 단계에서 탄소나 산소에서 반응할 수 있는 **공명 안정화 엔올 음이온**이 생성된다.

2a 엔올 음이온의 탄소에 양성자가 첨가되면 1,4-첨가 생성물이 직접 생성된다.

2b ~ 3 엔올 음이온의 산소에 양성자가 첨가되면 **엔올**이 얻어진다. 엔올은 11.9절에 기술한 두 단계 과정에 의해 **토토머화**된다. 토토머화는 탄소에 양성자가 첨가되어 생긴 생성물과 같은 1,4-첨가 생성물을 생성한다.

17.15B 유기금속 시약과 α,β-불포화 카보닐 화합물의 반응

유기금속 시약이 α,β-불포화 알데하이드 또는 케톤과 1,2-첨가에 의해 반응할지 또는 1,4-첨가에 의해 반응할지는 유기금속 시약에서 **금속의 종류**에 따라 다르다.

- 유기리튬과 Grignard 시약은 1,2-첨가 생성물을 생성한다.

[1] R'MgX 또는 R'Li
[2] H_2O
알릴성 알코올

[1] Li
[2] H_2O
HO

콘주게이션 첨가를 왜 1,4-첨가라고도 부를까? 엔올의 원자가 O 원자에서 시작하여 번호가 매겨진다면, H와 Nu의 원소가 각각 '1' 원자와 '4' 원자에 첨가된다.

- 유기구리염 시약은 1,4-첨가 생성물을 생성한다.

[1] R'_2CuLi
[2] H_2O

[1] $(CH_3)_2CuLi$
[2] H_2O

예제 17.6 1,2-와 1,4-첨가 생성물 그리기

각 반응의 생성물을 그려라.

a. [1] MgBr [2] H_2O

b. [1] $(\diagup\!\!=)_2CuLi$ [2] H_2O

풀이

α,β-불포화 카보닐 화합물의 특징적 반응은 친핵성 첨가이다. 시약이 첨가의 방식(1,2- 또는 1,4-)을 결정한다.

a. **Grignard 시약은 1,2-첨가로 반응한다.** CH_3MgBr은 카보닐 탄소에 새로운 CH_3기를 첨가한다.

b. **유기구리염 시약은 1,4-첨가로 반응한다.** 구리염 시약은 β 탄소에 새로운 바이닐(vinyl, $CH_2{=}CH$)기를 첨가한다.

문제 17.35 각 화합물이 $(CH_3)_2CuLi$과 이어서 H_2O로 처리되거나, HC≡CLi와 이어서 H_2O로 처리될 때 생성물을 그려라.

a. b. c.

추가 문제: 문제 17.40c; 17.42d–f; 17.45b, e를 풀어보라.

17.16 요약—유기금속 시약의 반응

지금까지 다양한 작용기와 유기금속 시약의 여러 다른 반응들을 살펴보았다. 모든 반응들을 올바로 이해하기에는 어려움이 있을 수 있다. 따라서 그것들을 모두 암기하기보다는 다음 세 가지 개념을 기억하는 것이 도움이 된다.

[1] 유기금속 시약(R−M)은 친전자성 탄소 원자, 특히 카보닐 탄소를 공격한다.

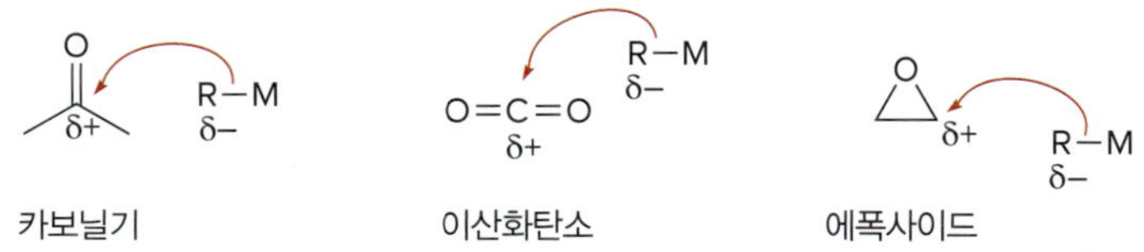

[2] 유기금속 시약이 카보닐 탄소에 첨가된 후, 중간체의 운명은 이탈기의 존재 유무에 의존한다.

- 이탈기가 없을 때 특징적인 반응은 **친핵성 첨가**이다.
- 이탈기가 있을 때는 **친핵성 치환**이다.

H_2O

W = H 또는 R'

첨가 생성물

W = Cl 또는 OR

치환 생성물

[3] R−M 결합의 극성은 시약의 반응성을 결정한다.

- RLi와 RMgX는 반응성이 매우 큰 시약이다.
- R_2CuLi는 반응성이 훨씬 약하다.

17.17 합성

17장에서 배운 반응은 유기 합성에서 매우 유용하다. 산화와 환원 반응은 산화 상태가 다른 두 작용기들을 상호 변환한다. 유기금속 시약은 새로운 탄소−탄소 결합을 생성한다.

합성은 아마도 유기 화학의 가장 어려운 측면일 것이다. 여러분은 방금 배운 새로운 반응과 이전 장에서 보았던 반응을 모두 기억해야 한다. 성공적인 합성을 위해서는 또한 이 반응을 논리적인 순서로 배열해야 한다. 낙담하지 말라. 기본적인 반응을 배우고 합성 문제로 그것을 반복 또 반복하여 연습하면 된다.

다음에 나오는 예제 17.7과 17.8에서, 17장의 반응에 의해 생성되는 생성물이 그 자체가 다른 많은 작용기로 변환될 수 있다는 것을 기억하라. 예를 들어, butylmagnesium chloride와 acetaldehyde의 Grignard 반응의 생성물인 hexan-2-ol은 그림 17.7에 나와 있는 것처럼 다양한 다른 화합물로 변환될 수 있다.

Cl, Mg, MgCl, [1], O, H, [2] H_2O, OH, hexan-2-ol

그림 17.7
Hexan-2-ol의 다른 화합물로의 변환

H_2SO_4 → (주생성물) 제거 반응 생성물
PCC → O, 산화 반응 생성물
HCl 또는 HBr 또는 $SOCl_2$ 또는 PBr_3 → Cl (Br)
TsCl 피리딘 → OTs
OH, hexan-2-ol
:Nu^- → Nu, 치환 반응 생성물

예제 17.7과 17.8을 계속하기 전에 11.12절에서 보았던 합성 설계를 위한 단계별 전략을 복습해야 한다.

예제 17.7 탄소–탄소 결합 생성 반응을 이용하는 합성 고안하기

탄소 네 개짜리 알코올로부터 2,4-dimethylhexan-3-one을 합성하라.

O, 2,4-dimethylhexan-3-one ⟹ 네 개의 C가 있는 알코올

역합성 분석

O ⟹[1] OH ⟹[2] MgX + H, O

이 성분을 각각 합성

거꾸로 생각하면,

- [1] 2° 알코올의 산화에 의해 케톤을 생성한다.
- [2] 알데하이드의 Grignard 첨가에 의해 2° 알코올을 합성한다. 이 두 화합물에는 모두 네 개의 탄소가 있으며, 각각은 알코올로부터 합성되어야 한다.

합성

우선, Grignard 반응에 필요한 두 성분을 만든다.

HCl 또는 $SOCl_2$ Cl Mg MgCl | OH PCC H O

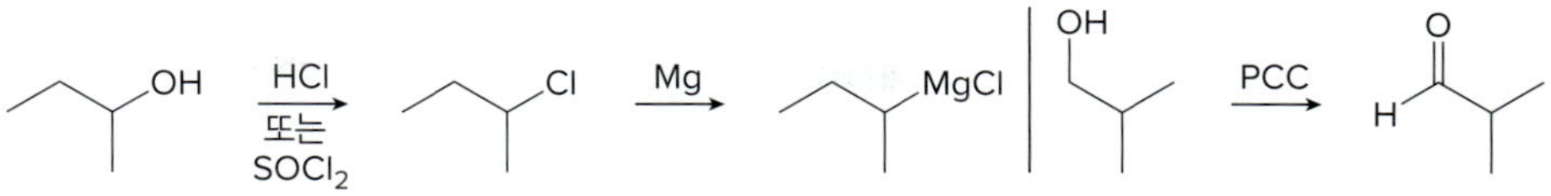

그 다음에 Grignard 첨가와 연이어서 알코올을 케톤으로 산화함으로써 합성을 완성한다.

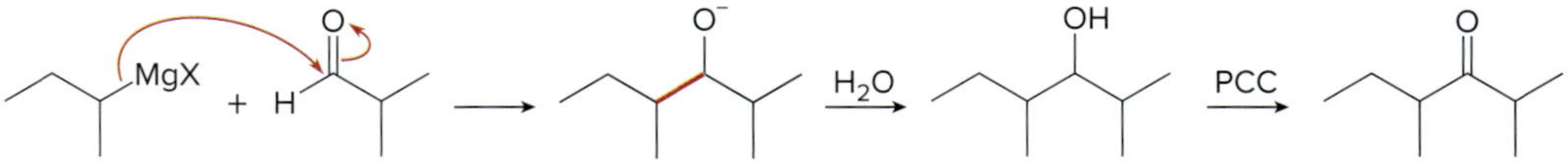

MgX + H O → O⁻ H_2O OH PCC O

새로운 C−C 결합(붉은색)

문제 17.36 Propan-2-ol [$(CH_3)_2CHOH$]을 각 화합물로 변환하라. 유기 또는 무기 화합물은 아무거나 사용할 수 있다.

a. 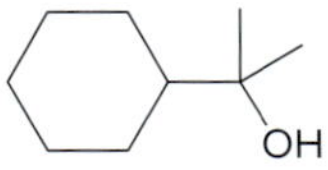 OH b. 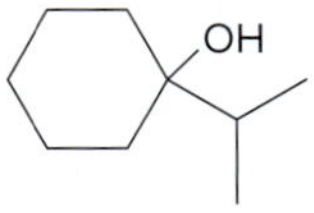 OH c. 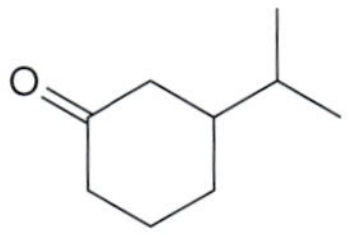 O d. 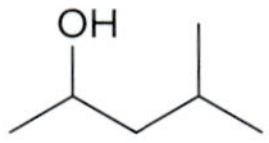 OH

추가 문제: 문제 17.38; 17.63a, d; 17.64a, c를 풀어보라.

예제 17.8 Grignard 첨가를 이용하는 합성 고안하기

탄소가 다섯 개 이하인 알코올로부터 isopropylcyclopentane을 합성하라.

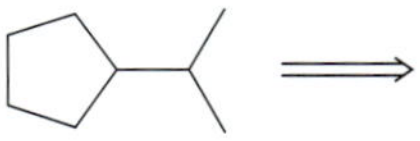

⟹ 탄소 수가 5 이하인 알코올

isopropylcyclopentane

역합성 분석

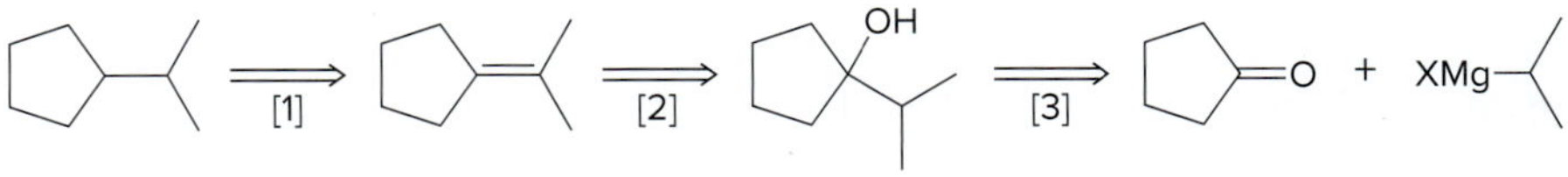

[1] [2] OH [3] O + XMg

거꾸로 생각하면

- [1] 알켄의 수소화에 의해 알케인을 생성한다.
- [2] 알코올의 탈수에 의해 이중 결합을 도입한다.
- [3] 케톤의 Grignard 첨가에 의해 3° 알코올을 합성한다. 그리고 나서 Grignard 반응의 두 성분 모두 합성되어야 한다.

합성

우선 Grignard 반응을 위해 필요한 두 성분을 만든다.

OH PCC O HO PBr$_3$ Br Mg BrMg

Grignard 첨가, 탈수 그리고 수소화로 합성을 완성한다.

[1] BrMg, [2] H_2O → H_2SO_4 → H_2, Pd-C

붉은색은 새로운 C—C 결합

주생성물 사중 치환 이중 결합

문제 17.37 사이클로헥산올, 에탄올 및 임의의 다른 무기 시약으로부터 각 화합물을 합성하라.

a. b. c. d. e.

추가 문제: 문제 17.62; 17.63b, c; 17.64b, c; 17.65–17.68을 풀어보라.

Chapter 17 복습

핵심 개념

환원 반응

[1] 알데하이드와 케톤의 환원

① R' = H 또는 알킬 — $Na^+ H-\bar{B}H_3$, CH_3O-H 또는 [1] $Li^+ H-\bar{A}lH_3$, [2] HO—H 또는 H—H, Pd-C — 환원 (17.4) → 1° 또는 2° 알코올

② [1] (S)- 또는 (R)-CBS 시약 [2] HO—H — 입체 선택성 환원 (17.6) → (R) 2° 알코올 + (S) 2° 알코올

문제 17.37a, b, c; 17.41; 17.46c를 풀어보라.

[2] α,β-불포화 알데하이드와 케톤의 환원

① $Na^+ H-\bar{B}H_3$, CH_3O-H — 환원 (17.4C) → 알릴성 알코올

② H_2 (1당량), Pd-C — 환원 (17.4C) → 케톤

③ H_2 (과량), Pd-C — 환원 (17.4C) → 알코올

문제 17.42a, b, c를 풀어보라.

[3] 산 염화물의 환원

① [1] $Li^+ H-\bar{A}lH_3$ [2] HO—H — 환원 (17.7A) → 1° 알코올

② [1] $Li^+ H-\bar{A}l[OC(CH_3)_3]_3$ [2] H_2O — 환원 (17.7A) → 알데하이드

문제 17.43d를 풀어보라.

[4] 에스터의 환원

1. $C_6H_5COOCH_3$ → [1] $Li^+ H-\bar{A}lH_3$, [2] HO−H (환원, 17.7A) → $C_6H_5CH_2OH$ (1° 알코올)

2. $C_6H_5COOCH_3$ → [1] DIBAL-H, [2] H_2O (환원, 17.7A) → C_6H_5CHO (알데하이드)

문제 17.43a, b를 풀어보라.

[5] 카복실산과 아마이드의 환원

1. C_6H_5COOH → [1] $Li^+ H-\bar{A}lH_3$, [2] HO−H (환원, 17.7B) → $C_6H_5CH_2OH$ (1° 알코올)

2. $C_6H_5CONR'_2$ (R' = H 또는 알킬) → [1] $Li^+ H-\bar{A}lH_3$, [2] H_2O (환원, 17.7B) → $C_6H_5CH_2NR'_2$ (아민)

문제 17.43b, c; 17.56을 풀어보라.

알데하이드와 카복실산의 산화

C_6H_5CHO (알데하이드) → CrO_3, $Na_2Cr_2O_7$, $K_2Cr_2O_7$, $KMnO_4$, 또는 Ag_2O, NH_3, H_2O (17.8) → C_6H_5COOH (카복실산)

문제 17.39d~f, 17.44c–e를 풀어보라.

유기금속 시약의 제조

1. C_6H_5X + 2 Li → (17.9A) → C_6H_5Li + LiX (유기리튬 시약)

2. C_6H_5X + Mg → (diethyl ether, 17.9A) → C_6H_5Mg-X (Grignard 시약)

3. CH_3CH_2X + 2 Li → CH_3CH_2Li + LiX
2 CH_3CH_2Li + CuI → (17.9A) → $(CH_3CH_2)_2Cu^- Li^+$ + LiI (유기구리 시약)

4. $C_6H_5C\equiv C-H$ → $Na^+ {}^-NH_2$ (17.9B) → $C_6H_5C\equiv C^- Na^+$ + $H-NH_2$ (아세틸렌화 소듐)
$C_6H_5C\equiv C-H$ → CH_3-Li (17.9B) → $C_6H_5C\equiv C-Li$ + CH_3-H (아세틸렌화 리튬)

유기금속 시약과의 반응

1 RM = RLi, RMgX, R_2CuLi —H−A→ 양성자 이동 (17.9C) —→ H + M^+A^-
HA = H_2O, ROH, RNH_2, R_2NH, RSH, RCOOH, $RCONH_2$, RCONHR

2 R' = H 또는 알킬 —[1] CH_3MgX 또는 CH_3Li [2] HO−H→ 첨가 (17.10) —→ OH, R', CH_3 1°, 2°, 3° 알코올

3 OCH_3 —[1] CH_3MgX 또는 CH_3Li (2당량) [2] HO−H→ (17.13A) —→ OH, CH_3, CH_3 3° 알코올

4 Cl —[1] CH_3MgX 또는 CH_3Li (2당량) [2] HO−H→ (17.13A) —→ OH, CH_3, CH_3 3° 알코올

5 Cl —[1] $(CH_3)_2CuLi$ [2] H_2O→ 치환 (17.13B) —→ CH_3 케톤

6 MgX —[1] CO_2 [2] $H_2\overset{+}{O}$−H→ 카복실화 (17.14A) —→ OH 카복실산

7 O, H, H, H, H —[1] CH_3MgX, CH_3Li 또는 $(CH_3)_2CuLi$ [2] HO−H→ (17.14B) —→ H, H, OH, CH_3, H, H 알코올

8 O —[1] CH_3MgX 또는 CH_3Li [2] HO−H→ 1,2-첨가 (17.15B) —→ OH, CH_3 알릴성 알코올

9 O —[1] $(CH_3)_2CuLi$ [2] HO−H→ 1,4-첨가 (17.15B) —→ O, CH_3, H 케톤

문제 17.39g~k; 17.40; 17.42d~f; 17.45; 17.46a, b, d를 풀어보라.

보호기

1 R−O−H + Cl−Si [Cl−TBS] —imidazole (N, NH)→ 보호 (17.12) —→ R−O−Si [R−O−TBS] *tert*-butyldimethylsilyl ether

2 R−O−Si [R−O−TBS] —$Bu_4N^+F^-$→ 탈보호 (17.12) —→ R−O−H + F−Si [F−TBS]

문제 17.39l, 17.47을 풀어보라.

핵심 기법

[1] Grignard 반응에서 생성되는 모든 입체 이성질체 그리기(17.10B)

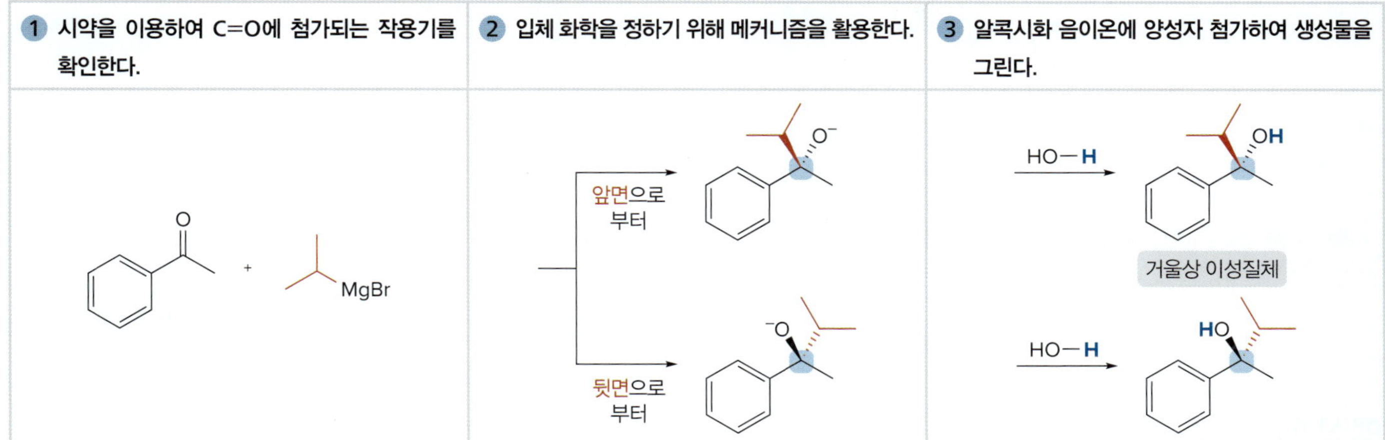

예제 17.2 참고. 문제 17.46a를 풀어보라.

[2] 유기리튬 시약과 에스터로부터 알코올을 합성할 때 필요한 출발물 결정하기(17.13); 예: 3-ethyl-2-methylpentan-3-ol

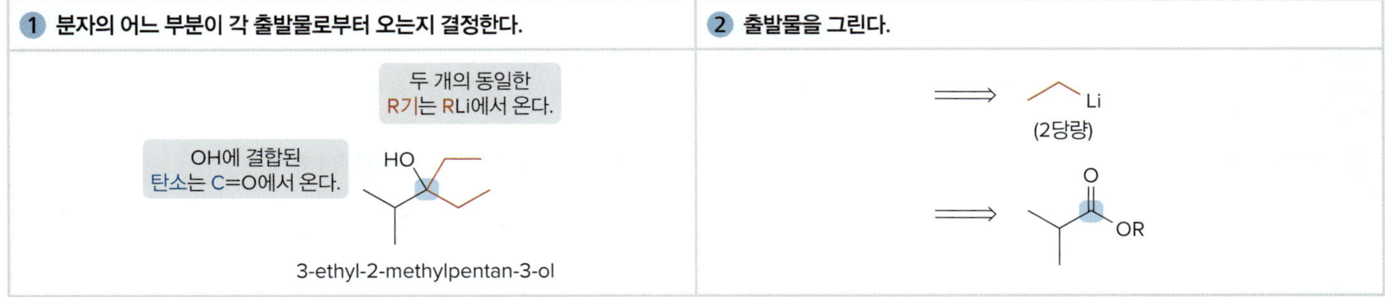

예제 17.4 참고. 문제 17.59를 풀어보라.

[3] 보호기 이용(17.12)

1 OH기를 보호한다.	2 반응을 수행한다.	3 보호기를 제거한다.
(O, OH) —Cl–TBS / imidazole→ (O, O–TBS) • OH기는 C=O의 반응을 방해하지 않는 다른 작용기로 변환된다.	—[1] CH_3MgBr / [2] H_2O→ (OH, O–TBS)	—$Bu_4N^+F^-$→ (OH, OH)

그림 17.6 참고. 문제 17.47을 풀어보라.

[4] α,β-불포화 카보닐 화합물과 유기금속 시약의 반응으로 생성되는 생성물 그리기(17.10B)

① 반응물이 1,2-첨가 반응을 일으킬지 1,4 첨가 반응을 일으킬지를 확인한다.	② 생성물을 그린다.
[1] $(C_6H_5)_2CuLi$ / [2] HO−H / 1,4-첨가	
• 유기구리염 시약은 β 탄소에 첨가되어 **1,4-첨가 생성물**을 만든다.	• 페닐기는 β 탄소에 결합한다. • α 탄소에는 양성자가 첨가된다.

예제 17.6 참고. 문제 17.40c; 17.42d–f; 17.45b, e를 풀어보라.

핵심 메커니즘 개념

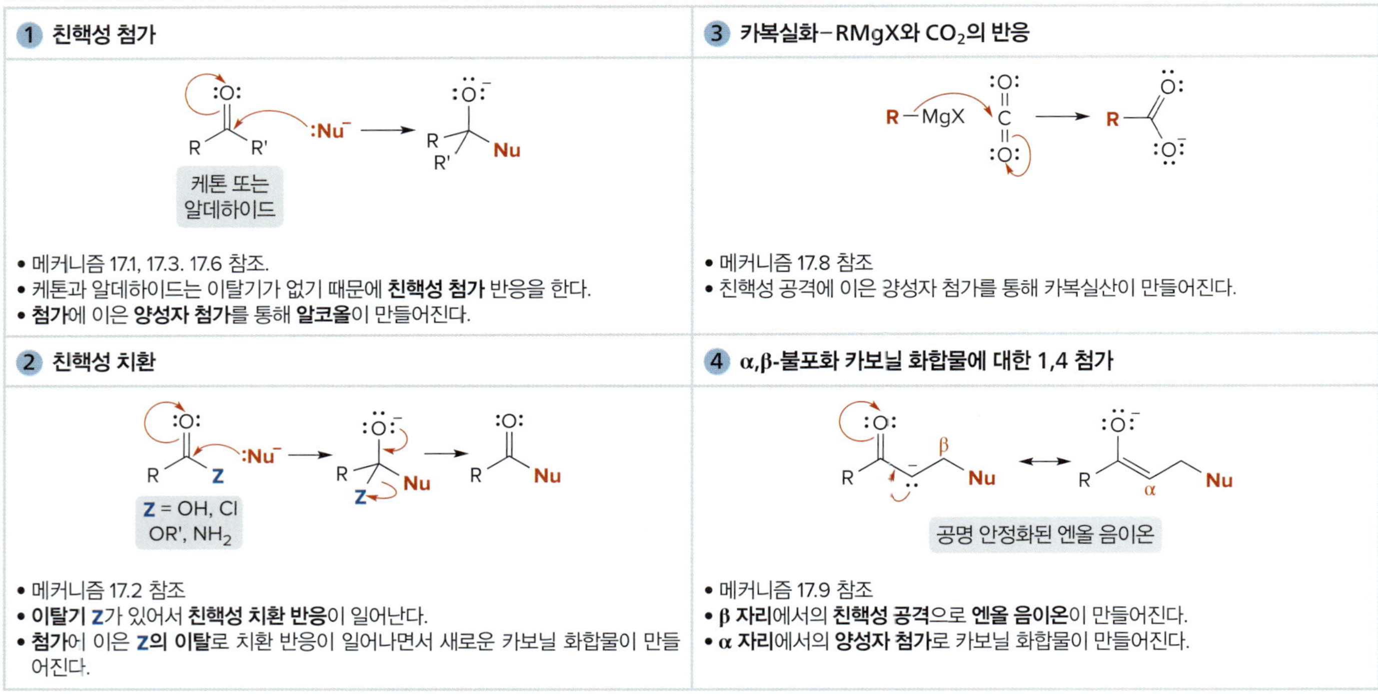

문제 17.51~17.55를 풀어보라.

17장 선다형 자가-시험

자가-시험은 American Chemical Society 유기 화학 시험과 유사한 객관식 문제로 구성되어 있다. 정답은 장의 마지막 부분에 나와 있다.

1. 다음 화합물에서 어느 카보닐기가 친핵성 첨가 반응을 하고 어느 것이 친핵성 치환 반응을 하는가?

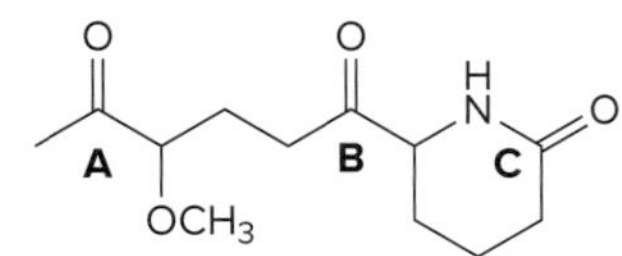

a. **A** 첨가; **B**와 **C** 치환
b. **A**와 **B** 첨가; **C** 치환
c. **A**와 **C** 첨가; **B** 치환
d. **A**, **B**와 **C** 치환

2. $LiAlH_4$로 환원하였을 때 어느 화합물이 **X**로 변환되는가?

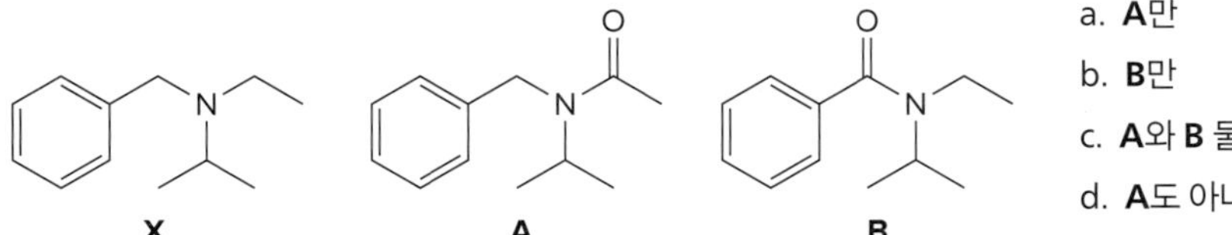

a. **A**만
b. **B**만
c. **A**와 **B** 둘 다
d. **A**도 아니고 **B**도 아님

3. **Y**를 DIBAL-H과 반응하였을 때 어떤 화합물이 생기는가?

CH_3O, OCH_3 **Y** a. CH_3O H b. CH_3O OH OH c. HO OH H d. H H

4. 어느 화합물이 $(CH_3)_2CuLi$와 반응하지 않는가?

a. b. c. Cl d.

5. **Z**를 CH_3MgBr과 반응한 후 H_2O을 이용하여 양성자를 첨가하면 무슨 생성물이 생기는가?

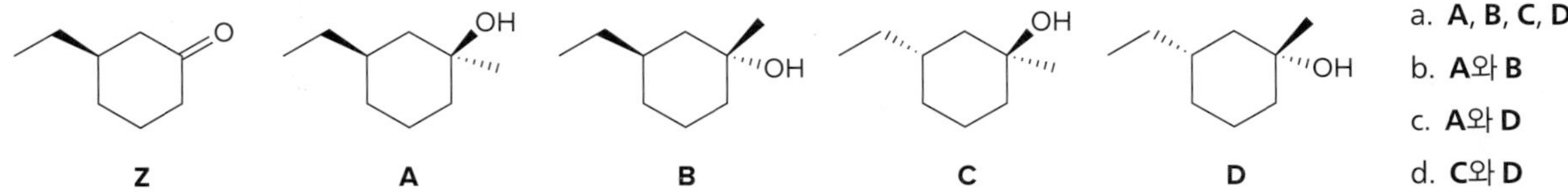

a. **A**, **B**, **C**, **D**
b. **A**와 **B**
c. **A**와 **D**
d. **C**와 **D**

6. **W**를 CH_3OH에서 $NaBH_4$와 반응하면 무슨 생성물이 생기는가?

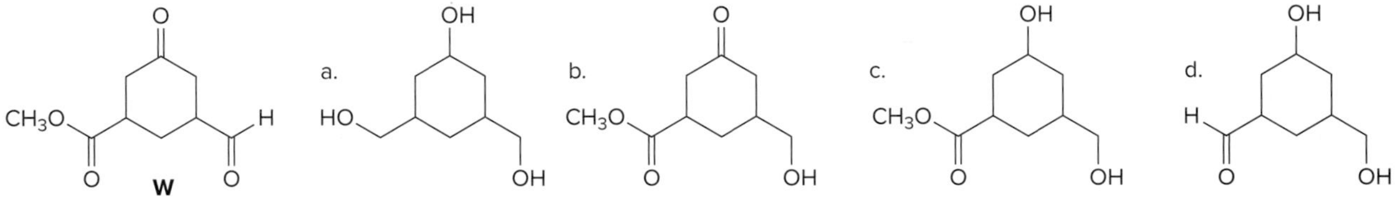

7. 어느 방법이 hexane-3-ol $[CH_3CH_2CH(OH)CH_2CH_2CH_3]$을 만드는 데 사용할 수 없는가?

b. [1] MgBr, [2] H_2O

d. [1] MgBr, [2] H_2O

8. 어느 방법이 알코올 **V**을 만드는 데 사용할 수 없는가?

OH
V

a. OCH_3 [1] MgBr (2당량) [2] H_2O

c. OH [1] MgBr (2당량) [2] H_2O

b. O [1] MgBr [2] H_2O

d. O [1] MgBr [2] H_2O

9. 다음 변환을 수행하기에 가장 좋은 시약은 무엇인가?

HO ... H (O) ⟶ HO ... OH (O)

a. Ag_2O, NH_3, H_2O
b. CrO_3, H_2SO_4
c. PCC
d. $KMnO_4$

10. 친핵성 아실 치환 반응에서 반응성이 가장 큰 화합물과 가장 작은 화합물을 골라라.

A (Cl) **B** (OH) **C** (NH_2) **D** (OCH_3)

a. **A** 반응성이 가장 큼; **B** 반응성이 가장 작음
b. **D** 반응성이 가장 큼; **C** 반응성이 가장 작음
c. **D** 반응성이 가장 큼; **B** 반응성이 가장 작음
d. **A** 반응성이 가장 큼; **C** 반응성이 가장 작음

문제

삼차원 모형을 이용하는 문제

17.38 하나 혹은 두 개의 탄소가 있는 알코올과 필요한 시약으로부터 각각의 알코올의 합성을 고안하라.

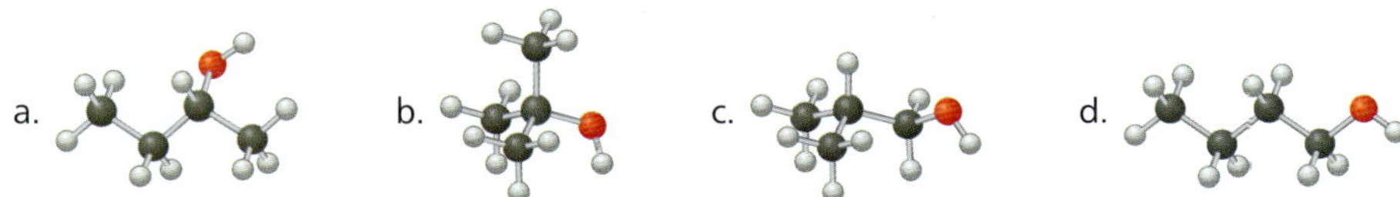

반응과 시약

17.39 Pentanal ($CH_3CH_3CH_3CH_3CHO$)를 각 시약과 반응하였을 때 생성되는 생성물을 그려라. 어떤 시약과는 반응이 일어나지 않는다.

a. $NaBH_4$, CH_3OH
b. [1] $LiAlH_4$; [2] H_2O
c. H_2, Pd-C
d. PCC
e. $Na_2Cr_2O_7$, H_2SO_4, H_2O
f. Ag_2O, NH_4OH
g. [1] CH_3MgBr; [2] H_2O
h. [1] C_6H_5Li; [2] H_2O
i. [1] $(CH_3)_2CuLi$; [2] H_2O
j. [1] HC≡CNa; [2] H_2O
k. [1] $CH_3C≡CLi$; [2] H_2O
l. (a)의 생성물, 그 다음 TBS−Cl, imidazole

17.40 $(CH_3CH_3CH_3CH_3)_2CuLi$이 각 화합물과 반응할 때 생성되는 생성물을 그려라. 어떤 경우에는 반응이 일어나지 않는다.

a. (O, Cl)
b. (O, OCH_3)
c. (O), 그다음 H_2O
d. (O), 그다음 H_2O

17.41 17.5와 17.6절에서 배웠듯이 환원 생성물의 입체 화학은 사용된 시약에 의존한다. 이것을 기억하면서, 3,3-dimethylbutan-2-one [$CH_3COC(CH_3)_3$]을 (a) 라셈 3,3-dimethylbutan-2-ol [$CH_3CH(OH)C(CH_3)_3$], (b) 오직 (*R*)-3,3-dimethylbutan-2-ol, (c) 오직 (*S*)-3,3-dimethylbutan-2-ol로 어떻게 바꾸겠는가?

17.42 α,β-불포화 케톤 **A**를 각 시약으로 처리하였을 때 생성되는 생성물을 그려라.

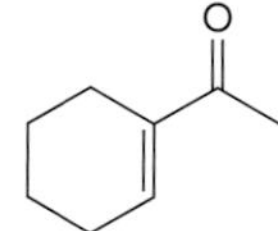

A

a. $NaBH_4$, CH_3OH

b. H_2(1당량), Pd-C

c. H_2(과량), Pd-C

d. [1] CH_3Li; [2] H_2O

e. [1] CH_3CH_2MgBr; [2] H_2O

f. [1] $(CH_2{=}CH)_2CuLi$; [2] H_2O

17.43 각각의 환원 반응의 생성물을 그려라.

a. $\xrightarrow[CH_3OH]{NaBH_4}$

b. $\xrightarrow[[2]\ H_2O]{[1]\ LiAlH_4}$

c. $\xrightarrow[[2]\ H_2O]{[1]\ LiAlH_4}$

d. $\xrightarrow[[2]\ H_2O]{[1]\ LiAlH[OC(CH_3)_3]_3}$

17.44 **A**를 각 시약으로 처리하였을 때 생성되는 생성물을 그려라.

A

a. $NaBH_4$, CH_3OH

b. $LiAlH_4$, then H_2O

c. Ag_2O, NH_4OH

d. CrO_3, H_2SO_4, H_2O

e. PCC

17.45 다음 유기금속 시약과의 반응 생성물을 그려라.

a. —MgBr $\xrightarrow[[2]\ H_3O^+]{[1]\ CO_2}$

b. $\xrightarrow[[2]\ H_2O]{[1]\ CH_3CH_2MgBr}$

c. $\xrightarrow[[2]\ H_2O]{[1]\ C_6H_5MgBr\ (과량)}$

d. $\xrightarrow[[2]\ H_2O]{[1]\ CH_3MgCl\ (과량)}$

e. $\xrightarrow[[2]\ H_2O]{[1]\ (CH_3)_2CuLi}$

f. C_6H_5 $\xrightarrow[[2]\ H_2O]{[1]\ (CH_3)_2CuLi}$

17.46 각 반응에서 생성되는 모든 입체 이성질체를 그려라.

a. $\xrightarrow[[2]\ H_2O]{[1]\ CH_3Li}$

b. $\xrightarrow[[2]\ H_2O]{[1]\ (\text{vinyl})_2CuLi}$

c. $\xrightarrow[[2]\ H_2O]{[1]\ (S)\text{-CBS 시약}}$

d. [1] mCPBA; [2] CH_3CH_2MgBr; [3] H_2O

17.47 한 학생이 다음 순서로 반응을 수행하고자 하였으나 다이올(diol) **A**가 전혀 생성되지 않았다. 이 계획에서 무엇이 잘못되었는지 설명하고 **A**의 성공적인 단계별 합성을 고안하라.

Br–(CH₂)₄–OH —Mg→ BrMg–(CH₂)₄–OH —[1] cyclohexanone, [2] H_2O→ **A**

17.48 다음 반응 도식에서 문자로 표기한 각 화합물을 규명하라. 화합물 **F**, **G**, **K**는 분자식 $C_{13}H_{18}O$의 이성질체이다. ^1H NMR 분광법으로 이 세 화합물을 서로로부터 어떻게 구별할 수 있는가?

cyclohexanone —[1] C_6H_5MgBr, [2] H_2O→ **A** —H_2SO_4→ **B**

B —[1] O_3, [2] CH_3SCH_3→ **C**

B —HCl→ **D** —[1] Mg, [2] $CH_2{=}O$, [3] H_2O→ **F**

B —mCPBA→ **E** —[1] $(CH_3)_2CuLi$, [2] H_2O→ **G**

cyclohexanone —[1] $LiAlH_4$, [2] H_2O→ **H** —PBr_3→ **I** —Mg→ **J** —[1] C_6H_5CHO, [2] H_2O→ **K**

17.49 상품명 Cymbalta으로 팔리고 있는 항우울제인 광학 활성 duloxetine의 합성의 몇 단계가 아래에 나와 있다. 이 일련의 반응에서 중간체 **A**–**C**와 최종 생성물인 duloxetine의 구조를 입체 화학을 포함하여 밝혀라.

2-thienyl–CO–CH₂CH₂Cl —[1] (*R*)-CBS 시약, [2] H_2O→ **A** —NaI→ **B** —CH_3NH_2→ **C** —[1] NaH, [2] 1-fluoronaphthalene→ duloxetine

17.50 그림 17.3에서 여러분은 palau'amine의 다단계 합성의 한 단계인 **A**의 **B**로의 전환에 대하여 배웠다. 합성의 다른 단계에 관한 질문에 답하라. (a) Diels-Alder 반응으로 **A**를 합성하는 데 필요한 다이엔과 친다이엔체는 무엇인가? (b) **B**는 일련의 반응으로 **C**로 변환되었다. **C**의 구조를 그리고 각 단계 후에 생성되는 중간체를 확인하라.

A (R₃SiO, two CO_2CH_3 groups) → **B** (R₃SiO, two CH_2OH groups) —[1] CH_3SO_2Cl, pyridine; [2] NaN_3, DMF; [3] Bu_4NF; [4] NaH, CH_3O–C₆H₄–CH₂Cl; [5] O_3, $(CH_3)_2S$→ **C**

메커니즘

17.51 항우울제 venlafaxine이 얻어지는 다음 반응의 단계별 메커니즘을 그려라.

methyl ester —[1] Br–(CH₂)₅–Br, Mg; [2] H_2O→ venlafaxine

17.52 암컷 딱정벌레 페로몬인 lineatin의 합성에서 핵심 반응인 다음 반응의 단계별 메커니즘을 그려라. Lineatin은 대량으로 곤충을 잡을 수 있는 미끼로 사용할 수 있기 때문에 해충 구제 시약으로 쓸 가능성이 있다.

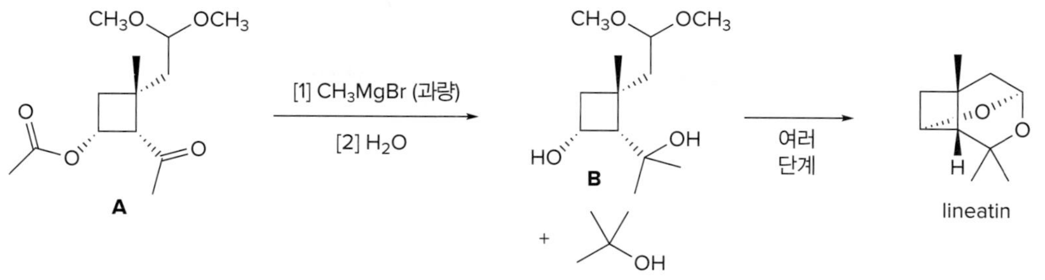

CH_3O OCH_3 A [1] CH_3MgBr (과량) [2] H_2O CH_3O OCH_3 HO OH B + OH 여러 단계 O O H lineatin

17.53 다음 반응의 단계별 메커니즘을 그려라.

O OCH_3 Cl MgBr O R H O OCH_3 O R + MgBrCl

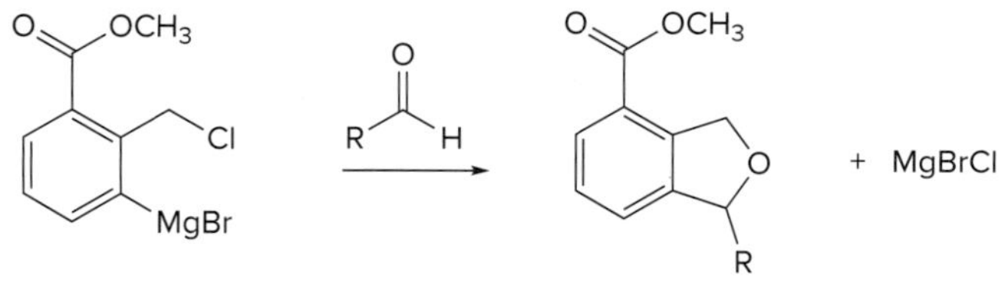

17.54 유기 금속 시약 **A**를 **B**에 천천히 가하면 resinifetatoxin 합성의 중간체인 **C**가 얻어진다. 꽃이 피는 선인장에서 분리되는 이 화합물은 입에서 타는 듯하고 감각을 마비시키는 감각을 일으키는 능력이 매운 고추의 캡사이신보다 더 탁월하다.

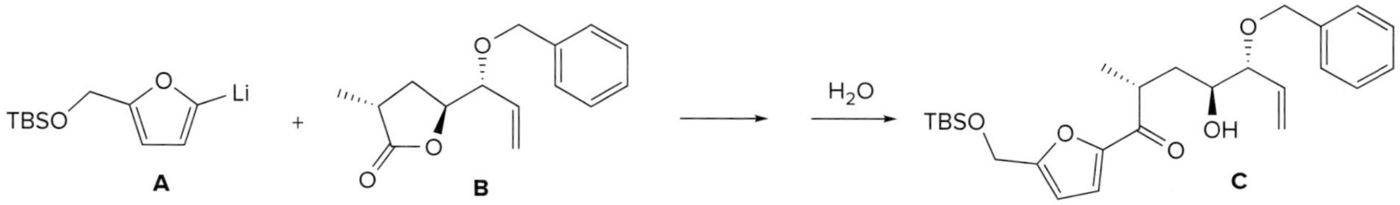

TBSO O Li A + O O O B H_2O TBSO O O OH C

17.55 다음 반응의 단계별 메커니즘을 그려라.

O O O O [1] $LiAlH_4$ [2] H_2O HO OH OH OH

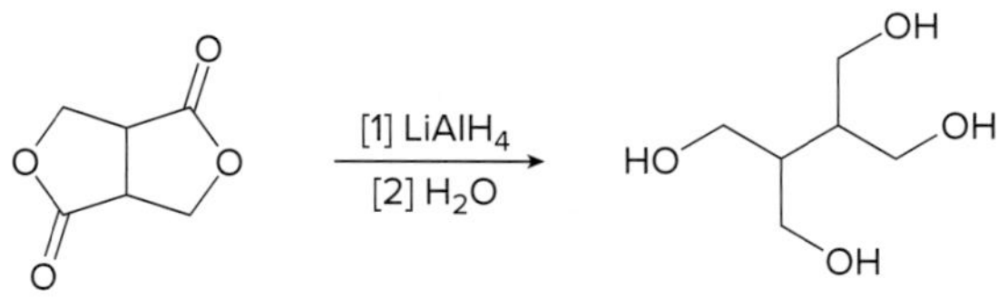

합성

17.56 어떤 아마이드를 $LiAlH_4$로 처리하여야 각각의 아민이 얻어질까?

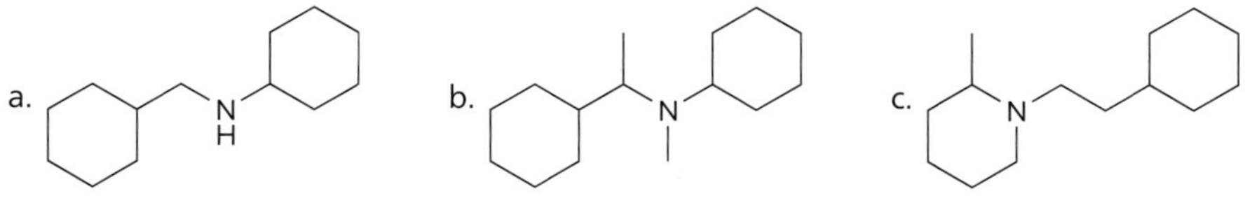

a. N H b. N c. N

17.57 각각의 알코올을 얻는 데 필요한 Grignard 시약과 알데하이드(또는 케톤)은 무엇인가? 모든 가능한 방법을 제안하라.

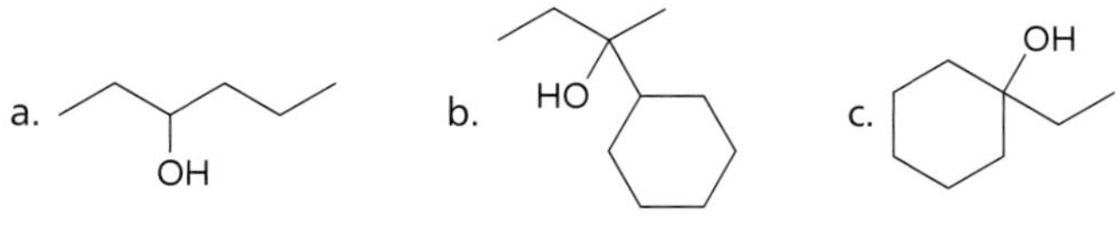

a. OH b. HO c. OH

17.58 Procyclidine은 파킨슨병과 관련하여 제어되지 않는 신체 동작을 치료하기 위해 처방된다. Grignard 시약을 사용하여 procyclidine을 합성하는 세 가지 다른 방법을 제안하라.

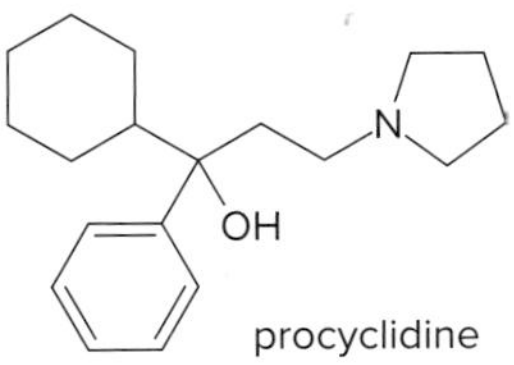

procyclidine

17.59 각각의 알코올을 합성하는 데 어떤 에스터와 Grignard 시약이 필요한가?

a. 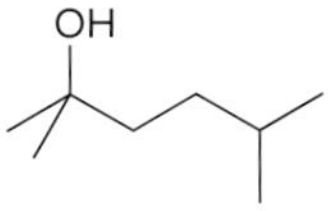 b.

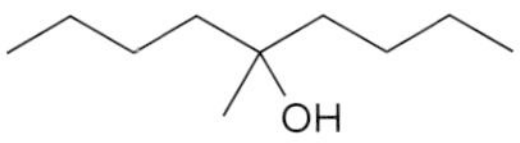

17.60 각각의 다음 화합물을 얻는 데 어떤 유기리튬 시약과 카보닐 화합물을 쓸 수 있는가? 카보닐 출발물로서 알데하이드, 케톤 또는 에스터를 사용해도 좋다.

a. 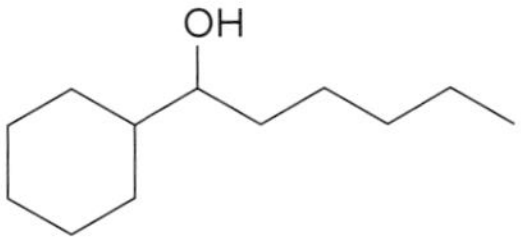 (두 가지 방법)

c. 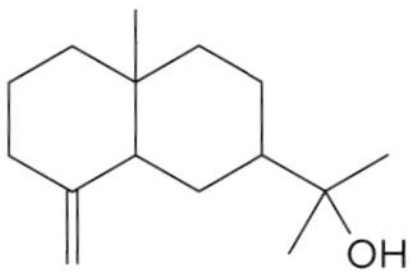 β-eudesmol (세 가지 방법)

b. 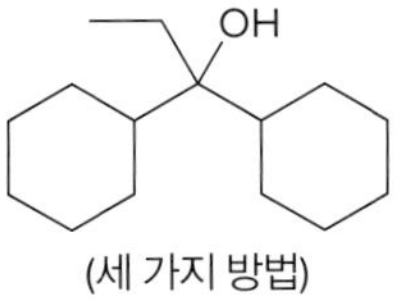 (세 가지 방법)

d. 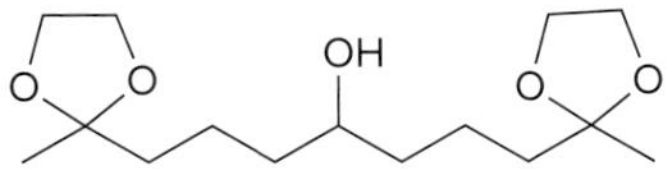 (두 가지 방법)

17.61 각 알코올을 합성하기 위해 어떤 에폭사이드와 유기금속 시약이 필요한가?

a.  b. 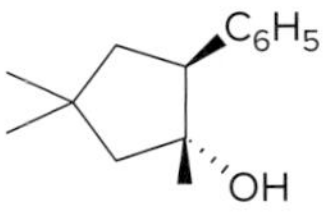 c.

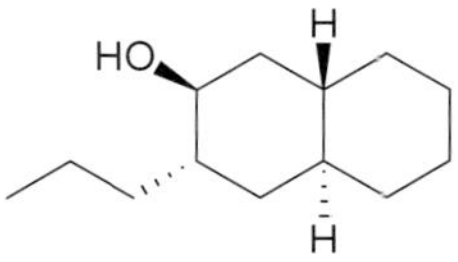

17.62 $C_6H_5CH_2CH_2Br$을 $C_6H_5CH_2CH_3$으로 변환시킬 수 있는 방법을 세 가지 이상 쓰라.

17.63 다른 유기 또는 무기 화합물을 아무거나 사용하여 cyclohexanol로부터 각 화합물을 합성하라.

a. 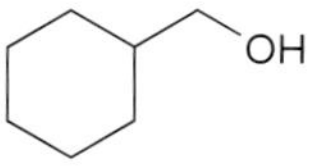 b. 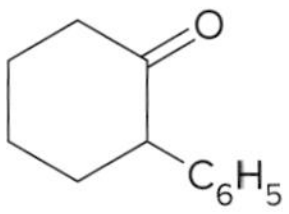 c. 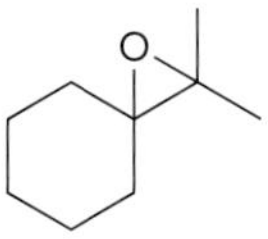 d.

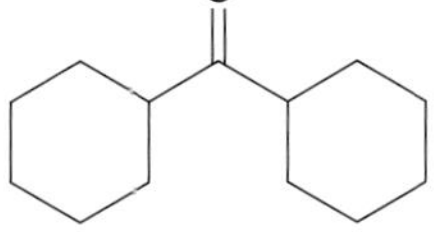

(두 사이클로헥세인 고리는 cyclohexanol로부터 와야 한다.)

17.64 벤젠을 각 화합물로 변환하라. 탄소가 네 개 이하인 유기 알코올 및 어떠한 무기 시약을 사용할 수 있다. 합성의 한 단계에서는 반드시 Grignard 시약을 사용해야 한다.

a. 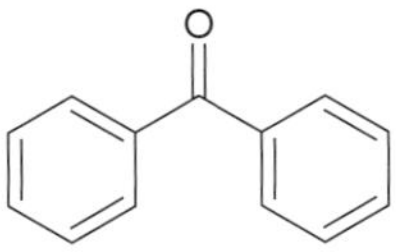 b. 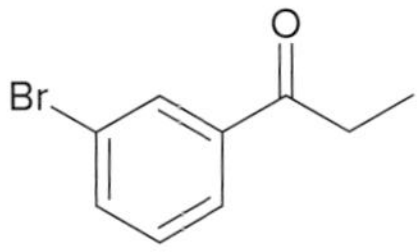 c.

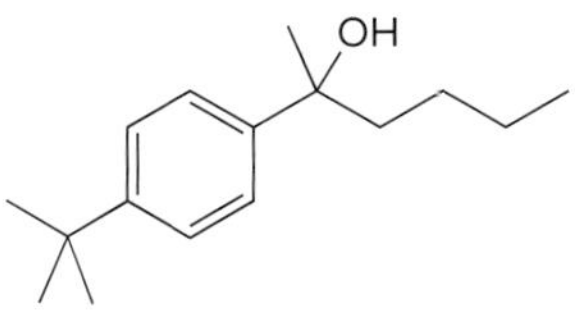

17.65 유일한 유기 출발물로서 탄소가 네 개 이하인 알코올로부터 각 화합물의 합성을 설계하라. 임의의 다른 무기 시약은 아무거나 사용해도 좋다.

a. b. CO_2H c.

17.66 각 알카인의 합성을 고안하라. 아세틸렌, 벤젠, 유기 할로젠화물, 에틸렌 옥사이드 및 다른 필요한 유기 시약을 사용할 수 있다.

a. HO, OH b. O

17.67 각각의 화합물을 cyclohex-2-enone과 탄소가 하나 혹은 두 개인 유기 할로젠화물로부터 합성하라. 다른 필요한 무기 시약은 아무거나 사용할 수 있다.

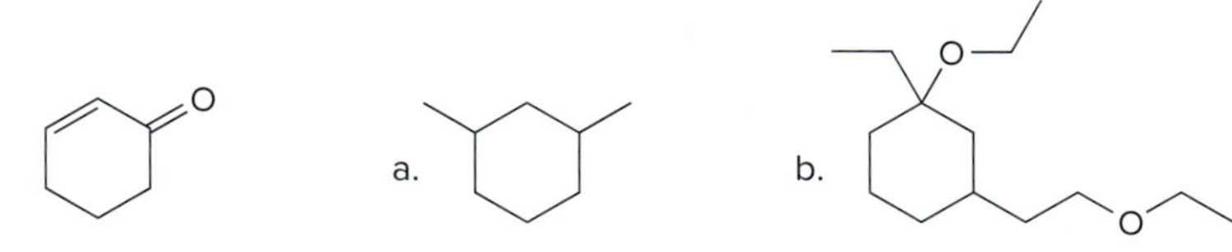

17.68 아세틸렌, $Br(CH_2)_{10}OH$ 및 필요한 유기 화합물 또는 무기 시약으로부터 전나무 및 삼나무 숲을 파괴하는 해충인 가문비나무 벌레의 성 페로몬, (*E*)-tetradec-11-enal의 합성을 고안하라.

O, H

(*E*)-tetradec-11-enal

분광법

17.69 미지의 화합물 **A**(분자식 $C_7H_{14}O$)를 CH_3OH에서 $NaBH_4$로 처리하였더니 화합물 **B**(분자식 $C_7H_{16}O$)가 얻어졌다. 화합물 **A**는 1716 cm^{-1}에서 강한 IR 흡수를 보인다. 화합물 **B**는 3600–3200 cm^{-1}에서 강한 IR 흡수를 보인다. **A**와 **B**의 ^1H NMR 스펙트럼은 아래에 나와 있다. **A**와 **B**의 구조는 무엇인가?

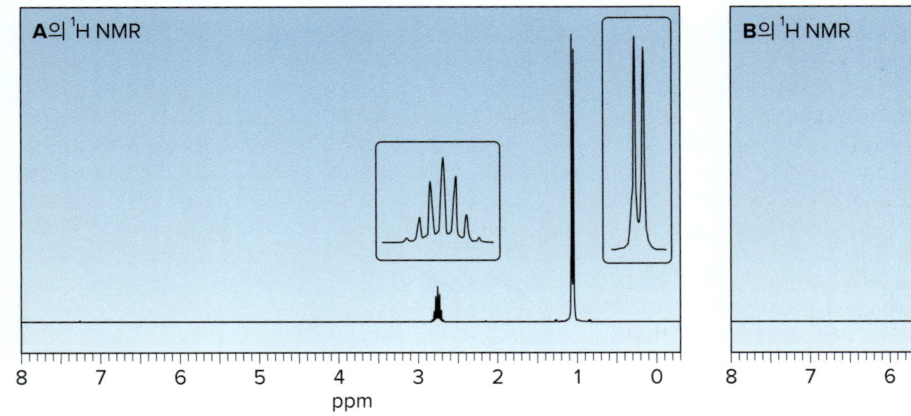

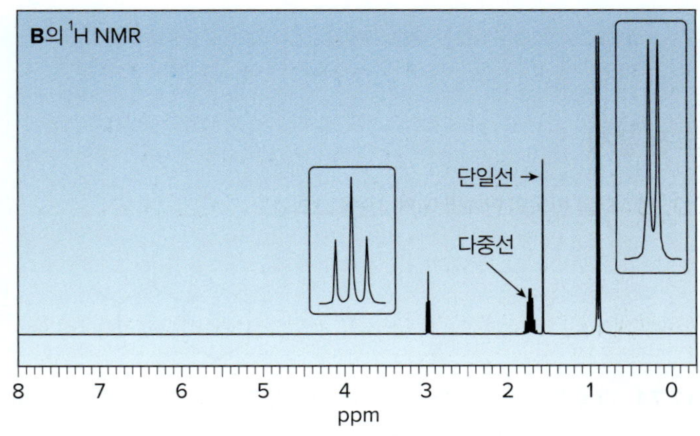

17.70 화합물 **E**(분자식 $C_4H_8O_2$)를 과량의 CH_3CH_2MgBr로 처리한 후 H_2O로 양성자를 첨가하면 화합물 **F**(분자식 $C_6H_{14}O$)이 얻어진다. **E**는 1743 cm^{-1}에서 강한 IR 흡수를 보인다. **F**는 3600–3200 cm^{-1}에서 강한 IR 흡수를 보인다. **E**와 **F**의 ^1H NMR 스펙트럼 자료는 아래에 나와 있다. **E**와 **F**의 구조는 무엇인가?

화합물 **E**는 1.2(삼중선, 3 H)와 2.0(단일선, 3 H) 그리고 4.1(사중선, 2 H) ppm에서 피크를 보인다.

화합물 **F**는 0.9(삼중선, 6 H), 1.1(단일선, 3 H), 1.5(사중선, 4 H) 그리고 1.55(단일선, 1 H) ppm에서 피크를 보인다.

17.71 Butanenitrile ($CH_3CH_2CH_2CN$)을 methylmagnesium bromide (CH_3MgBr)와 반응시킨 다음, 산 수용액으로 처리하면 화합물 **G**가 생성된다. **G**의 질량 분석 결과에 의하면 분자 이온은 $m/z = 86$에서 나오고, 주피크는 $m/z = 43$에서 나타난다. **G**는 1721 cm^{-1}에서 강한 IR 흡수가 나타나며, ^{1}H NMR 스펙트럼은 아래에 나와 있다. **G**의 구조는 무엇인가? 이 반응은 19장에서 자세하게 공부할 것이다.

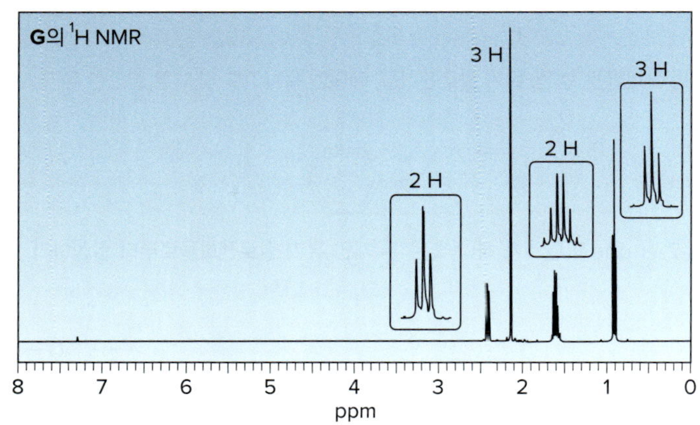

17.72 아이소뷰텐[isobutene, $(CH_3)_2C = CH_2$]을 $(CH_3)_3CLi$과 반응시키면 탄소 음이온이 생성되는데, 이 탄소 음이온에 $CH_2 = O$를 반응시키고 나서 물을 가하면 화합물 **H**가 얻어진다. **H**의 질량 분석 결과에 의하면 분자 이온은 $m/z = 86$에서 나오고, 71과 68에서 피크가 나타난다. **H**는 3600−3200 cm^{-1} 및 1651 cm^{-1}에서 IR 흡수를 보이고 있으며 ^{1}H NMR 분석 스펙트럼은 아래에 나와 있다. **H**의 구조는 무엇인가?

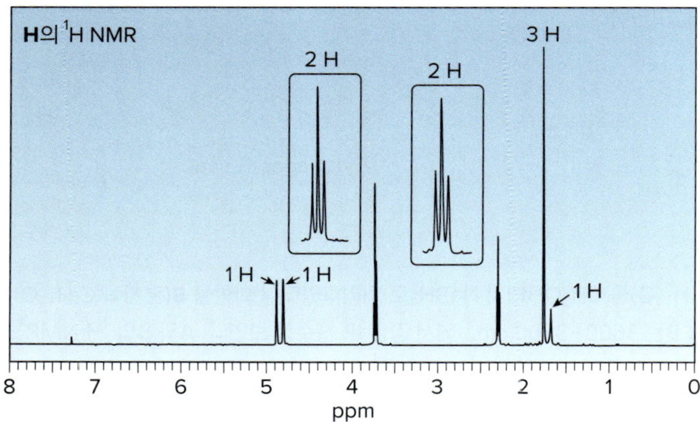

도전 문제

17.73 다음 반응의 단계별 메커니즘을 그려라.

[1] ═\Li
[2] H_2O

17.74 다음 출발물들로부터 (*R*)-salmeterol(문제 17.8)의 합성을 설계하라.

(*R*)-salmeterol

17.75 α,β-불포화 카보닐 화합물의 α 탄소가 전자를 끄는 카보닐기에 더 가까이 있음에도 불구하고 ^{13}C NMR 스펙트럼에서 β 탄소가 훨씬 낮은장에서 흡수하는 이유를 설명하라. 예를 들어, mesityl oxide의 β 탄소는 150.5 ppm에서 흡수하는 반면에, α 탄소는 122.5 ppm에서 흡수한다.

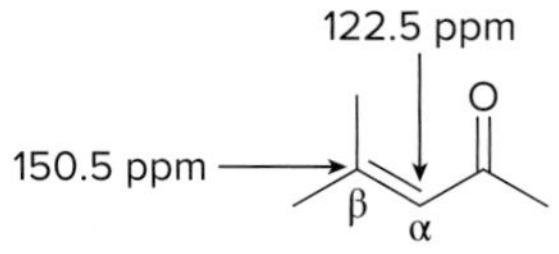

122.5 ppm

150.5 ppm

β α

mesityl oxide

17.76 Benzylmagnesium chloride와 formaldehyde의 반응은 양성자 첨가 후에 알코올 **N**과 **P**를 생성한다. 어떻게 두 화합물이 생성되는지를 보여주는 단계별 메커니즘을 그려라.

MgCl [1] $CH_2{=}O$ [2] H_2O OH + OH

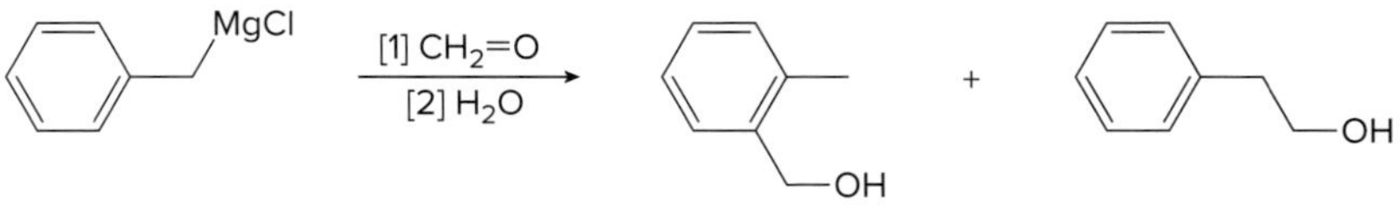

N 주생성물

P 부생성물

17.77 다음 반응의 단계별 메커니즘을 그려라(힌트: 탄소 친핵체뿐만 아니라 헤테로 원자도 콘쥬게이션 첨가를 할 수 있다).

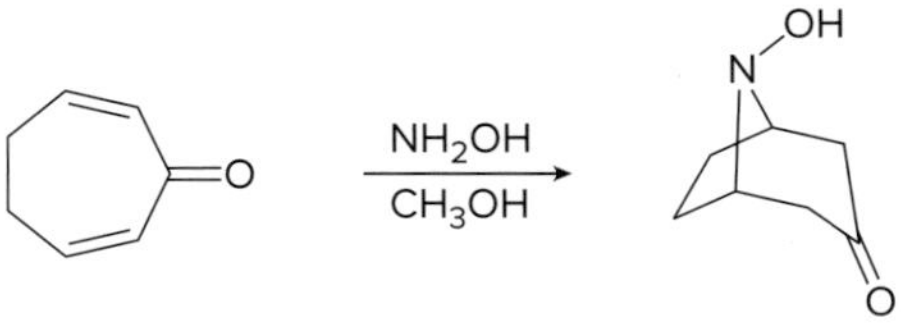

O NH_2OH CH_3OH N OH O

17.78 Grignard 시약과 고리형 아마이드의 다음 반응에 대한 단계별 메커니즘을 그려라.

O N [1] CH_3CH_2MgBr (과량) THF, ether [2] H_3O^+ N

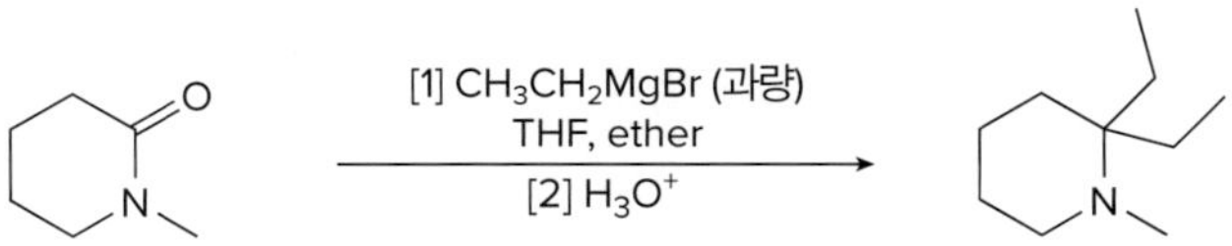

자가–시험 해답

1. b 2. c 3. a 4. a 5. b 6. c 7. d 8. c 9. a 10. d

알데하이드와 케톤—친핵성 첨가 반응

Aldehydes and Ketones—Nucleophilic Addition

18

ORGANIC CHEMISTRY

Brett Hondow/Alamy Stock Photo

구조가 공-막대 모형으로 위에 나와 있는 알코올인 **steviol**에서 유래하는 감미료 중의 하나인 **rebaudioside A**는 중앙아메리카와 남미가 원산지인 스테비아 관목의 잎에서 얻어진다. 스테비아 식물은 수 세기 동안 파라과이에서 음식을 달게 하려고 사용되었으며 오늘날에는 Truvia라는 이름으로 팔리고 있는 rebaudioside A는 설탕보다 400배 더 단맛이 나는, 흔히 사용하는 상업용 감미료이다. Rebaudioside A의 구조에는 18장에서 논의할 주 반응인 친핵성 첨가로, 알데하이드나 케톤에서 유래하는 작용기인 아세탈 4개의 단위(unit)가 포함되어 있다.

왜 공부하는가? . . .

알데하이드와 케톤이란?

18장에서는 **알데하이드(aldehyde)**와 **케톤(ketone)**에 대하여 상세하게 다루면서 카보닐기를 계속 배울 것이다. 먼저 알데하이드와 케톤의 명명법, 물리적 성질 및 알데하이드와 케톤의 확인에 사용하는 분광학에 대하여 배운다. 18장의 나머지 부분에서는 **친핵성 첨가** 반응에 대하여 다룬다. 17장에서 이 반응에 대한 두 가지 예를 이미 다루었지만, 알데하이드나 케톤에 대한 친핵성 첨가 반응은 많은 친핵체에게 일어나는 일반적 반응으로서 탄수화물과 시각 과정에서 중요한 분자를 포함하여, 매우 다양한 생성물을 생성한다.

18장의 모든 새로운 반응은 친핵성 첨가 반응이므로 각 반응을 특정 짓는 특별한 시약과 메커니즘을 배우는 것이 중요한 과제이다.

18.1 서론

알데하이드는 자주 **RCHO**로 쓴다. **H 원자가** 산소에 결합된 것이 **아니라 탄소에 결합**된 것에 유의하자. 마찬가지로 케톤은 **RCOR** 또는 두 알킬기가 같을 때는 **R_2CO**로 쓴다. 각 구조는 모든 원자가 팔전자계를 이루려면 C=O를 포함해야 한다.

17장에서 배운 바와 같이 **알데하이드와 케톤은 카보닐기를 포함하고 있다.** 알데하이드는 카보닐 탄소에 적어도 한 개의 수소 원자가 결합하고 있다. 반면에 케톤은 두 개의 알킬기나 아릴기가 그 탄소에 결합되어 있다.

카보닐기 알데하이드 케톤

두 개의 구조적인 특징이 알데하이드와 케톤의 성질과 화학을 결정한다.

sp^2 혼성화됨

~120°

삼각 평면 = 친전자성 탄소

δ+ δ−

- 카보닐기는 sp^2 혼성이고 삼각 평면이므로 상대적으로 **입체 장애를 덜 받는다.**
- 전기 음성적인 산소 원자는 카보닐기를 극성화시켜 카보닐 탄소를 **친전자성**으로 만든다.

그 결과, **알데하이드와 케톤은 친핵체와 반응**한다. 카보닐기의 상대적인 반응성은 카보닐 탄소에 결합되어 있는 R기의 수에 의하여 결정된다. **카보닐 탄소 주위에 R기의 수가 증가하면 카보닐 화합물의 반응성은 감소하고,** 결과적으로 반응성의 순서는 다음과 같다.

17.2B절에서 논의하였듯이 카보닐 탄소에 결합된 알킬기의 수가 증가하면 입체적 그리고 전자적인 두 가지 이유 때문에 반응성이 감소한다.

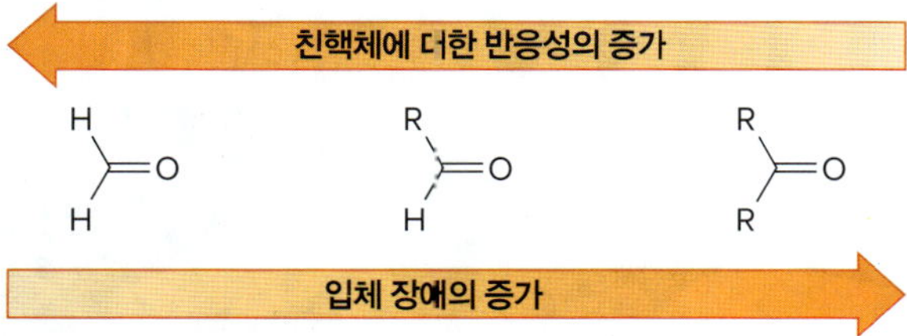

문제 18.1 친핵체 공격에 대하여 반응성이 증가하는 순서로 다음 화합물을 정렬하라.

문제 18.2 친핵성 공격에 대하여 benzaldehyde가 cyclohexanecarbaldehyde보다 반응성이 작은 이유를 설명하라.

benzaldehyde cyclohexanecarbaldehyde

18.2 명명법

알데하이드와 케톤은 IUPAC 이름과 관용명이 모두 사용된다.

18.2A IUPAC 체계에서 알데하이드 명명하기

IUPAC 명명법에서 알데하이드는 가장 긴 사슬의 어미명에 접미사를 붙여 식별한다. CHO기가 사슬에 연결되어 있는지 고리에 연결되어 있는지에 따라 두 가지 접미사가 사용된다.

IUPAC 체계를 사용한 알데하이드의 명명:

[1] CHO가 탄소의 사슬에 결합되면, CHO기를 포함하고 있는 가장 긴 사슬을 찾아 어미 알케인의 끝 **-에(*-e*)**를 접미사 **-알(*-al*)**로 바꾼다. 만약 CHO기가 고리에 결합되어 있으면, 고리 이름에 접미사 **-카브알데하이드(*-carbaldehyde*)**를 붙인다.

[2] CHO기가 놓인 고리 또는 사슬의 번호가 C1이다. 그러나 이름에서는 이 번호를 생략한다. 다른 모든 일반적인 명명 규칙을 적용한다.

예제 18.1 IUPAC 체계를 이용하여 알데하이드 명명하기

각 화합물의 IUPAC 이름을 쓰라.

a. 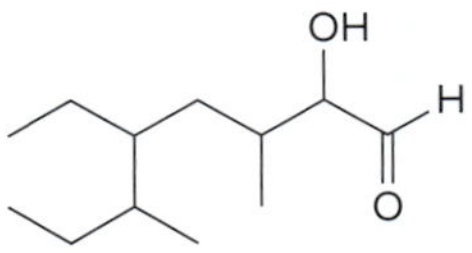 b.

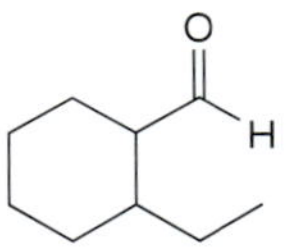

풀이

a. [1] CHO를 포함하는 가장 긴 사슬을 찾는다.

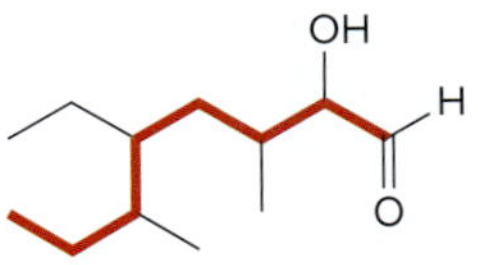

octane ⟶ octan*al*
(8개의 C)

[2] 치환기의 숫자와 이름을 붙인다.

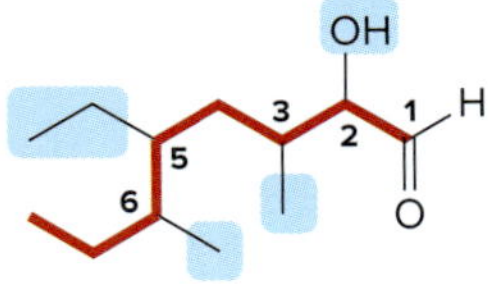

답:
5-ethyl-2-hydroxy-3,6-dimethyloctanal

b. [1] CHO기에 결합된 고리를 찾아서 이름을 붙인다.

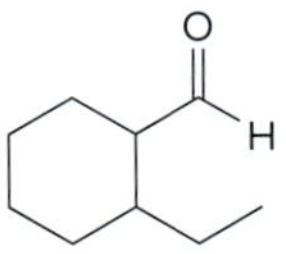

cyclohexane + carbaldehyde
(6개의 C)

[2] 치환기의 숫자와 이름을 붙인다.

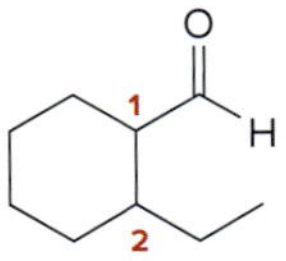

답:
2-ethylcyclohexanecarbaldehyde

문제 18.3 다음 각 알데하이드의 IUPAC 이름을 쓰라.

a. 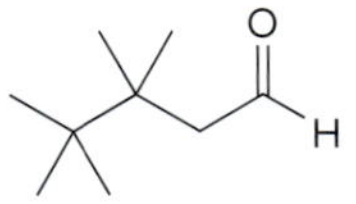 b. 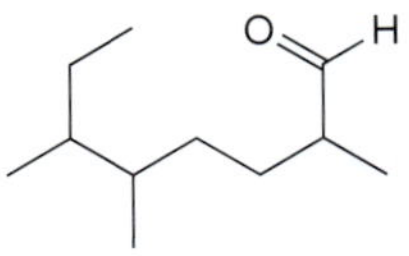 c.

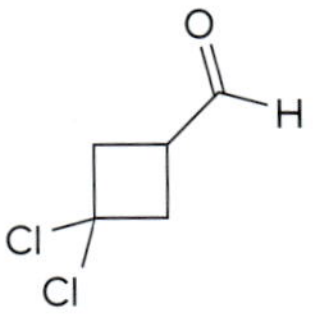

추가 문제: 문제 18.39a (**A**); 18.41b, d; 18.42a, b, f를 풀어보라.

문제 18.4 각 IUPAC 이름에 해당하는 구조를 그려라.

a. 2-isobutyl-3-isopropylhexanal
b. *trans*-3-methylcyclopentanecarbaldehyde
c. 1-methylcyclopropanecarbaldehyde
d. 3,6-diethylnonanal

18.2B 알데하이드의 관용명

간단한 알데하이드는 널리 쓰이는 관용명이 있다.

- 알데하이드의 관용명은 관용 어미명에 **-알데하이드(-aldehyde)** 접미사를 붙여서 만든다.

표 18.1에 간단한 알데하이드의 관용 어미명을 실었다. 이러한 어미명은 다른 많은 카보닐 화합물의 명명법에도 쓰인다(19, 20장). **폼알데하이드(formaldehyde)**, **아세트알데하이드(acetaldehyde)** 및 **벤즈알데하이드(benzaldehyde)** 같은 관용명은 IUPAC 이름 대신 일반적으로 많이 쓰인다.

표 18.1 몇 가지 간단한 알데하이드의 관용명

C 원자 수	구조	어미명	관용명
1	HCHO	**form-**	formaldehyde
2	CH_3CHO	**acet-**	acetaldehyde
3	CH_3CH_2CHO	**propion-**	propionaldehyde
4	$CH_3(CH_2)_2CHO$	**butyr-**	butyraldehyde
5	$CH_3(CH_2)_3CHO$	**valer-**	valeraldehyde
6	$CH_3(CH_2)_4CHO$	**capro-**	caproaldehyde
	C_6H_5CHO	**benz-**	benzaldehyde

관용명에서는 치환기의 위치를 정하기 위해 그리스 문자가 사용된다.

- CHO기의 옆에 있는 탄소가 α 탄소이다.
- α 탄소에 결합하고 있는 탄소가 β 탄소이고 순차적으로 사슬 아래로 따라가면서 γ (gamma) 탄소, δ (delta) 탄소 등이다. 사슬의 마지막 탄소를 Ω (omega) 탄소라고 부르기도 한다.

IUPAC 번호는 C=O에서 시작하고,
그리스 문자는 C=O에 결합한 C에서 시작한다.

그림 18.1에 세 알데하이드에 대한 관용명과 IUPAC 이름이 나와 있다.

그림 18.1
알데하이드 명명의 세 가지 예

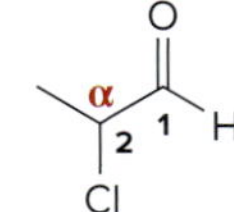

2-chloropropanal
(α-chloropropionaldehyde)

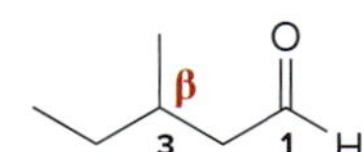

3-methylpentanal
(β-methylvaleraldehyde)

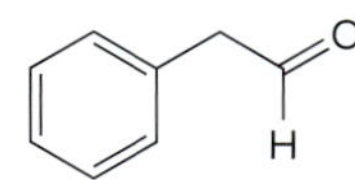

phenylethanal
(phenylacetaldehyde)

(괄호 안은 상용명)

18.2C IUPAC 체계에서 케톤 명명하기

- IUPAC 체계에서 모든 케톤은 접미사 **-온(-one)**으로 식별한다.

IUPAC 규칙을 사용한 비고리 케톤의 명명

[1] 카보닐기를 포함하고 있는 가장 긴 사슬을 찾아서 본래 알케인의 마지막 **-에(*-e*)**로 끝나는 부분을 접미사 **-온(*-one*)**으로 바꾼다.

[2] 카보닐 탄소에 더 낮은 번호가 되도록 탄소 사슬의 번호를 매긴다. 다른 모든 일반적인 명명법 규칙을 적용한다.

고리 케톤의 번호는 언제나 카보닐 탄소에서 시작한다. 그러나 '1'은 항상 이름에서 일반적으로 생략한다. 그리고 고리는 첫 번째 치환기에 더 낮은 번호를 부여하기 위해서 시계 방향이나 반시계 방향으로 번호를 매긴다.

예제 18.2 IUPAC 체계를 이용하여 케톤을 명명하기

다음 케톤에 IUPAC 이름을 붙여라.

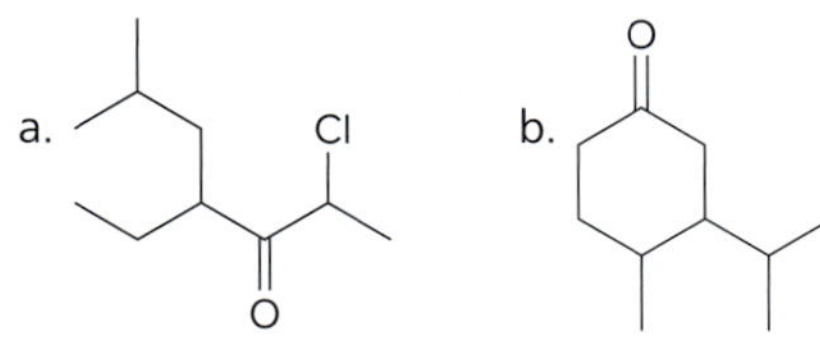

풀이

a. [1] 카보닐기를 포함하는 가장 긴 사슬을 찾아서 명명하라.

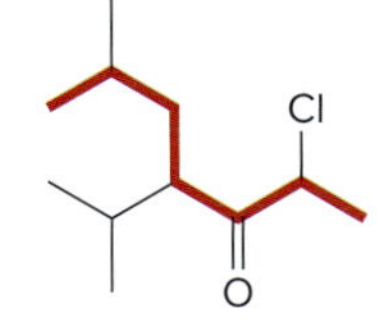

heptane ⟶ heptan*one*
(7개의 C)

[2] 치환기에 번호를 매기고 명명하라.

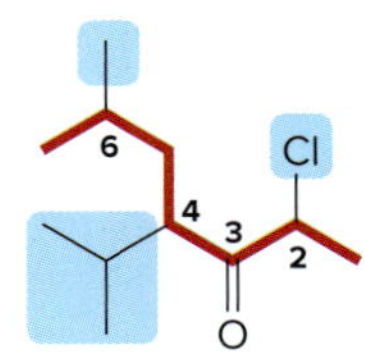

답: 2-chloro-4-isopropyl-6-methylheptan-3-one

b. [1] 고리를 명명하라.

cyclohexane ⟶ cyclohexan*one*
(6개의 C)

[2] 치환기에 번호를 매기고 명명하라.

답:
3-isopropyl-4-methylcyclohexanone

문제 18.5 다음 케톤의 IUPAC 이름을 쓰라.

a.

b.

c.

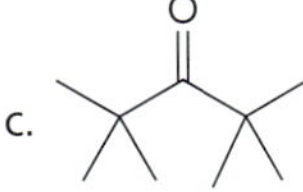

추가 문제: 문제 18.39a (**B**); 18.41a, c; 18.42e를 풀어보라.

18.2D 케톤의 관용명

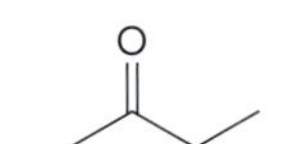

IUPAC 이름: **butan-2-one**

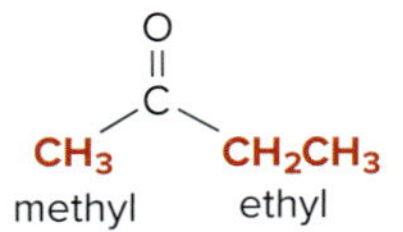

관용명: **ethyl methyl ketone**

케톤의 관용명은 카보닐 탄소에 결합되어 있는 **두 알킬기를 명명**한 다음, 그들을 **알파벳 순서로 정렬**하고, **케톤(*ketone*)**이란 단어를 붙여서 명명한다. 이 방법을 사용한 butan-2-one의 관용명은 ethyl methyl ketone이다.

자주 쓰이는 세 가지 간단한 케톤의 관용명은 이러한 규칙에 따르지 않는다.

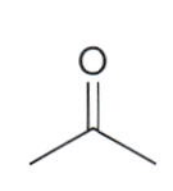

acetone

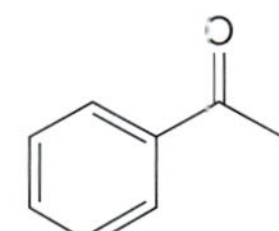

acetophenone

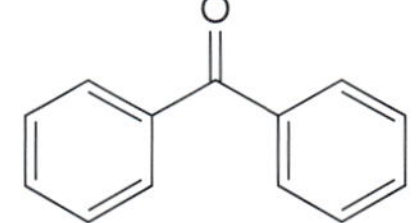

benzophenone

그림 18.2에 두 케톤에 대한 명명의 예가 나와 있다.

그림 18.2
케톤 명명법의 두 가지 예

IUPAC 이름: 2-methylpentan-3-one
관용명: ethyl isopropyl ketone

m-bromoacetophenone
또는
3-bromoacetophenone

18.2E 추가적인 명명법 예

벤질(benzyl)기와 **벤조일(benzoyl)**기를 혼동하지 말라.

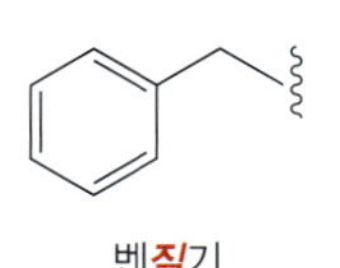

벤질기

때때로 **아실(RCO−)기**는 치환기로서 명명해야 한다. 아실기를 명명하기 위해서는 IUPAC 또는 관용명을 어미명으로 취하고 그 이름에 접미사 **-일(*-yl*)**이나 **-오일(*-oyl*)**을 더한다. 가장 보편적인 세 가지 아실기를 다음에 나타내었다.

formyl기

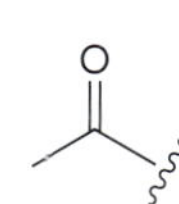

acetyl기

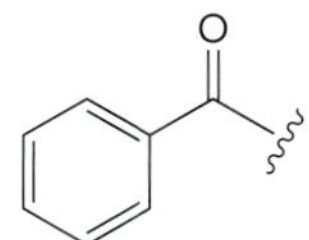

benzoyl기

탄소-탄소 이중 결합과 알데하이드를 포함한 화합물은 **엔알(enal)**이라 부르고, 탄소-탄소 이중 결합과 케톤을 포함한 화합물은 **엔온(enone)**이라 부른다. **사슬에는 카보닐기가 낮은 숫자가 되도록** 번호를 매긴다.

2,2-dimethylbut-3-enal　　4-methylpent-3-en-2-one

문제 18.6 다음 각각의 이름에 해당하는 구조를 나타내라.

(a) *sec*-butyl ethyl ketone; (b) methyl vinyl ketone; (c) *p*-ethylacetophenone;
(d) 3-benzoyl-2-benzylcyclopentanone; (e) 6,6-dimethylcyclohex-2-enone; (f) 3-ethylhex-5-enal.

문제 18.7 다음의 각 불포화 알데하이드에 대한 IUPAC 명(*E*,*Z* 표시를 포함하여)을 쓰라.

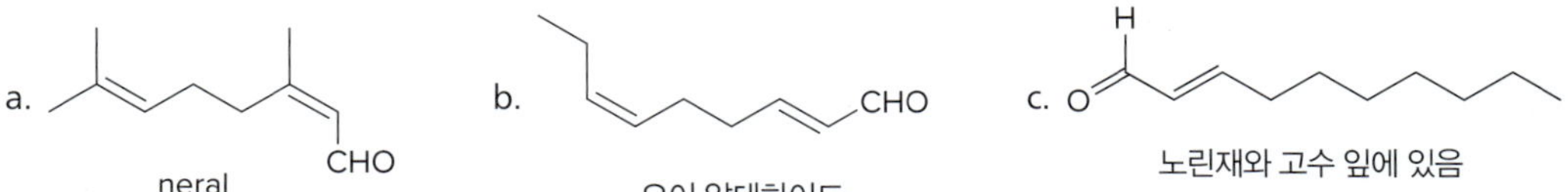

a. neral 레몬 풀에 있음

b. 오이 알데하이드

c. 노린재와 고수 잎에 있음

18.3 알데하이드와 케톤의 성질

18.3A 물리적 성질

알데하이드와 케톤은 극성 카보닐기 때문에 **쌍극자-쌍극자 상호작용을 나타낸다.** 산소 원자가 물과 수소결합을 할 수 있기 때문에, 탄소 수가 ≤ 5인 알데하이드와 케톤은 물에 녹는다.

알데하이드와 케톤은 O−H 결합이 없어서, RCHO 또는 RCOR의 두 분자는 분자간 수소 결합이 불가능하다. 따라서 알데하이드와 케톤은 크기가 비슷한 알코올보다 덜 극성이고 끓는점이 낮다.

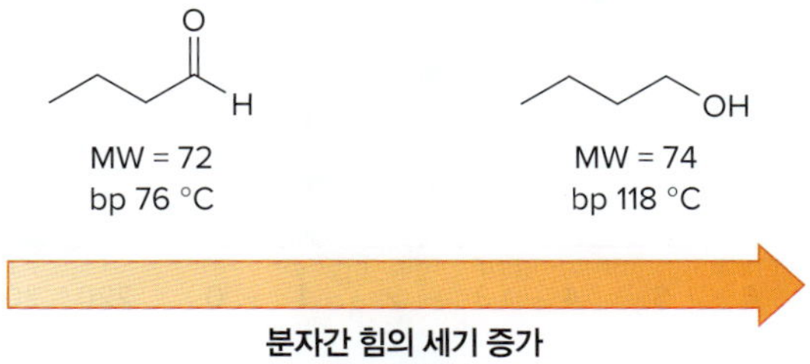

MW = 72
bp 76 °C

MW = 74
bp 118 °C

분자간 힘의 세기 증가
끓는점 증가

18.3B 분광학적 성질

알데하이드와 케톤의 분광학은 분광학 A, B, C에서 자세하게 다룬 바 있다.

- 질량 스펙트럼에서 조각내기 패턴: A.4A절과 예제 A.7
- 적외선 스펙트럼에서 카보닐 흡수: B.3C, B.4B절
- ^{1}H와 ^{13}C NMR 흡수: C.11B절, 표 C.1, C.5

알데하이드와 케톤의 주요 NMR과 IR 흡수가 표 18.2에 요약되어 있고, 그림 18.3에는 간단한 알데하이드의 ^{1}H와 ^{13}C NMR 스펙트럼이 나와 있다.

표 18.2 알데하이드와 케톤의 특징적 분광학적 흡수

분광법의 종류	C, H의 종류	흡수
IR 흡수	O R **H**	2700–2830 cm^{-1} (한두 개 피크)
	O R R(H)	~1700 cm^{-1} (고리 크기가 감소하면서 ν 증가)
	O R 콘쥬게이션	1680 cm^{-1}
^{1}H NMR 흡수	O R **H**	9–10 ppm
	O R **H**	2–2.5 ppm
^{13}C NMR 흡수	**O** R R(H)	190–215 ppm

그림 18.3 Propanal, CH_3CH_2CHO의 ^{1}H와 ^{13}C NMR의 스펙트럼

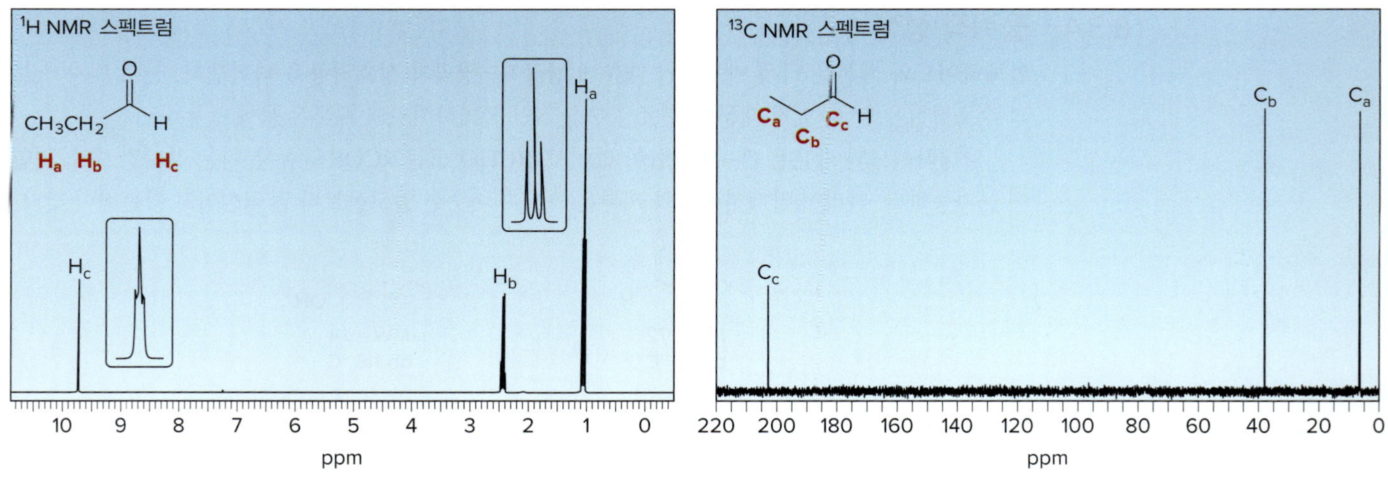

- **^{1}H NMR**: 각각 H_a, H_b 그리고 H_c로 표시한 세 종류의 서로 다른 수소에 대하여 세 가지의 신호가 있다. **벗겨진 CHO 양성자**는 9.8 ppm의 낮은장에서 나타난다. H_c 신호는 인접한 CH_2기에 의하여 삼중선으로 갈라지지만 짝지음 상수는 작다.
- **^{13}C NMR**: 각각 C_a, C_b 그리고 C_c로 표시한 세 종류의 다른 탄소에 대하여 세 가지 다른 신호가 있다. **벗겨진 카보닐 탄소**는 203 ppm의 낮은장에서 흡수가 일어난다.

문제 18.8 다음 카보닐 화합물을 적외선에서 카보닐 흡수의 진동수가 증가하는 순서로 정렬하라.

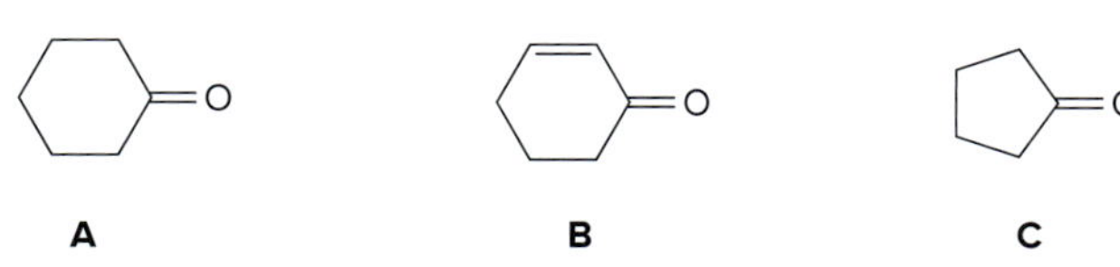

18.4 흥미로운 알데하이드와 케톤

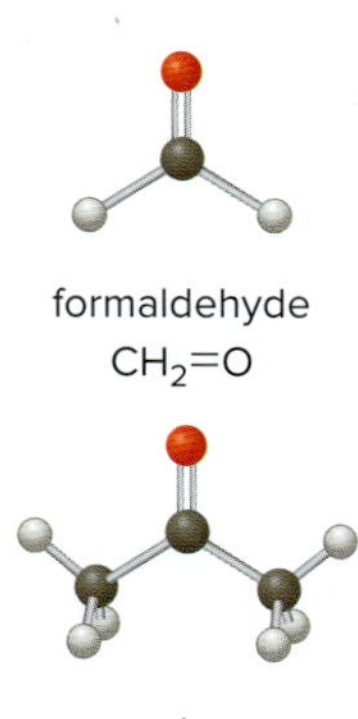

폼알데하이드(formaldehyde)는 많은 플라스틱과 합성수지의 출발물이기 때문에 미국에서는 매년 10억 파운드의 많은 양이 메탄올(CH_3OH)의 산화를 통해 만들어진다. 또한 formaldehyde는 37% 수용액으로 만들어진 **포르말린(formalin)**으로도 팔린다. 포르말린은 예전에 생물 표본의 살균, 소독, 방부제로 사용되기도 하였다. 석탄과 화석 연료의 불완전 연소 생성물인 formaldehyde는 스모그에 의해 생기는 자극 유발에 일부 관련이 있다.

아세톤(acetone)은 산업적 용매이고 유기 고분자 화합물의 합성에서 출발물로 쓰인다. Acetone은 생체 내에서 지방산이 분해되는 동안 생성된다. 신진대사에 이상이 생기는 흔한 내분비 질병인 당뇨병은 부적절한 인슐린 분비에 기인하며, 당뇨병 환자는 보통 혈관 내 높은 acetone 수치를 나타낸다. Acetone 특유의 냄새는 당뇨병 환자가 병을 제대로 치료하지 못할 경우 호흡할 때 감지된다.

자연에는 바닐라 열매에서 얻는 vanillin과 계피에서 얻는 cinnamaldehyde처럼 특이한 향기가 나는 알데하이드가 존재한다.

Jill Braaten/McGraw Hill

많은 스테로이드 호르몬은 다른 작용기와 함께 카보닐기를 포함하고 있다. **Cortisone**과 **prednisone**은 구조가 비슷한 두 가지 항염증 스테로이드이다. Cortisone이 몸의 부신 분비기관에서 분비되는 것에 반하여 prednisone은 천식과 관절염 등의 염증의 치료제로 사용되는 합성 유사체(synthetic analogue)이다.

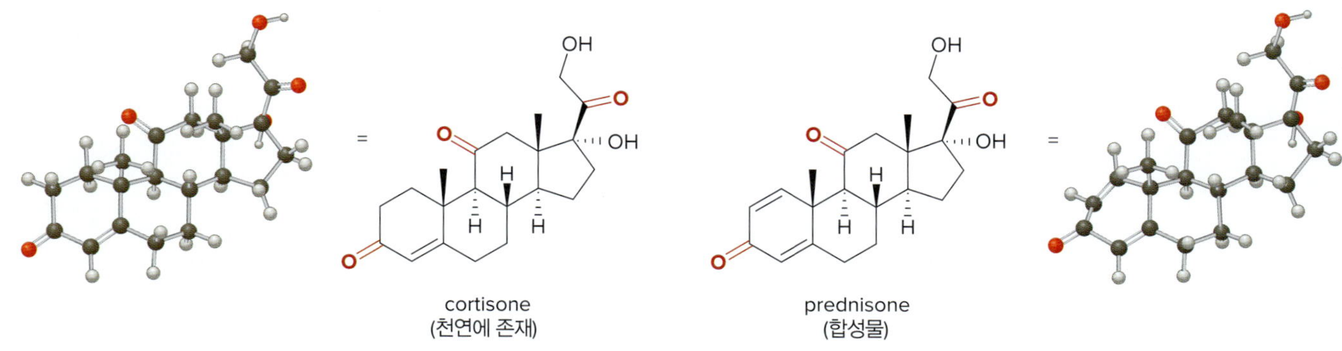

18.5 알데하이드와 케톤의 제법

알데하이드와 케톤은 다양한 방법으로 만들 수 있다. 이 반응은 많은 다단계의 합성에 필요하기 때문에 18.5절에서는 앞서 소개한 알데하이드와 케톤의 합성 반응을 간단히 요약하기로 한다.

알데하이드는 1° 알코올, 에스터, 산 염화물 및 알카인으로부터 만든다(표 18.3).

표 18.3 알데하이드를 합성하는 일반적 방법

방법	반응
[1] 1° 알코올의 PCC산화(12.12B절)	1° 알코올 $\xrightarrow{PCC}$ 알데하이드
[2] 에스터의 환원(17.7A절)	에스터 $\xrightarrow[{[2]\ H_2O}]{[1]\ DIBAL\text{-}H}$ 알데하이드
[3] 산 염화물의 환원(17.7A절)	산 염화물 $\xrightarrow[{[2]\ H_2O}]{[1]\ LiAlH[OC(CH_3)_3]_3}$ 알데하이드
[4] 알카인의 수소화붕소 첨가–산화(11.10절)	$R-C{\equiv}C-H$ (알카인) $\xrightarrow[{[2]\ H_2O_2,\ ^-OH}]{[1]\ R_2BH}$ RCH_2CHO

케톤은 2° 알코올, 산 염화물, 알카인으로부터 합성한다(표 18.4).

표 18.4 케톤을 합성하는 일반적 방법

방법	반응
[1] Cr^{6+} 시약을 이용한 2° 알코올의 산화 (12.12A절)	2° 알코올 $\xrightarrow[{K_2Cr_2O_7\ or\ PCC}]{CrO_3\ or\ Na_2Cr_2O_7\ or}$ $RCOR'$
[2] 유기구리 시약을 이용한 산 염화물의 반응 (17.13절)	산 염화물 $\xrightarrow[{[2]\ H_2O}]{[1]\ R'_2CuLi}$ $RCOR'$
[3] Friedel–Crafts 아실화 반응(16.5절)	벤젠 + 염화 아실 $\xrightarrow{AlCl_3}$ C_6H_5COR
[4] 알카인의 수화 반응(11.9절)	$R-C{\equiv}C-H$ (알카인) $\xrightarrow[{H_2SO_4,\ HgSO_4}]{H_2O}$ $RCOCH_3$

알데하이드와 케톤은 또한 알켄의 산화성 분해(12.10절)에서 함께 생성물로 얻어진다.

$$R_2C{=}CHR' \text{ (알켄)} \xrightarrow{O_3} \xrightarrow[{\text{또는 } CH_3SCH_3}]{Zn,\ H_2O} R_2C{=}O \text{ (케톤)} + O{=}CHR' \text{ (알데하이드)}$$

문제 18.9 다음 각 화합물을 butanal ($CH_3CH_2CH_2CHO$)로 만들려면 어떤 시약이 필요한가?

a. 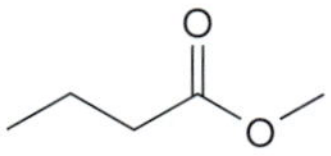 b.  OH c.  d.

문제 18.10 다음 각 화합물을 acetophenone ($C_6H_5COCH_3$)으로 만들려면 어떤 시약이 필요한가?

a.  b. 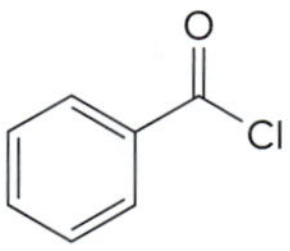 Cl c.

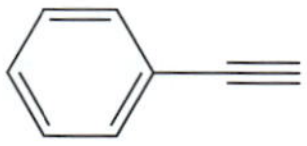

18.6 알데하이드와 케톤의 반응—일반적 고찰

알데하이드와 케톤에서 일어나는 두 가지 일반적인 반응을 살펴보고 카보닐 반응의 논의를 시작해 보자.

[1] 카보닐 탄소에서의 반응

입체 장애가 크지 않은 친전자성 카보닐 탄소는 알데하이드와 케톤의 **친핵성 첨가** 반응을 쉽게 한다는 것을 17장에서 배웠다.

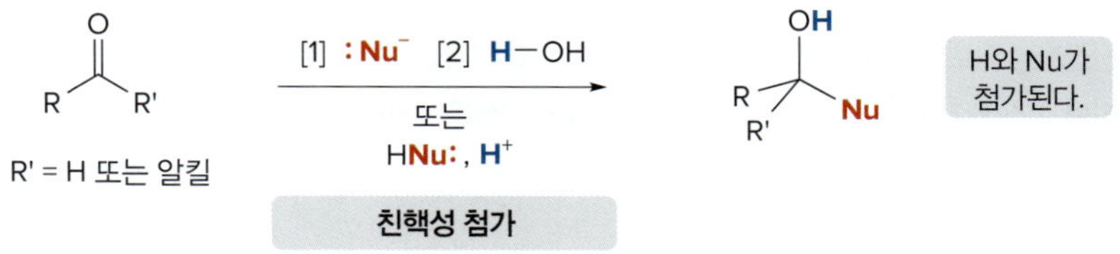

R' = H 또는 알킬

[1] :Nu⁻ [2] H—OH 또는 HNu:, H⁺

친핵성 첨가

H와 Nu가 첨가된다.

이 반응에서는 카보닐기에 H와 Nu 성분이 첨가된다. 이미 17장에서 수소 음이온($H:^-$)과 탄소 음이온($R:^-$) 같은 친핵체의 반응에 대하여 배웠다. 18장에서 우리는 다른 친핵체가 수행하는 이와 유사한 반응에 대하여 논의할 것이다.

[2] α 탄소에서의 반응

알데하이드와 케톤의 두 번째 일반적인 반응은 **α 탄소**에서의 반응이다. 카보닐기의 α 탄소에 있는 C—H 결합은 많은 다른 C—H 결합보다 더 산성이다. 그 이유는 카보닐기의 α 탄소에 있는 C—H가 염기와 반응하면 공명 안정화된 엔올 음이온이 생기기 때문이다.

- 엔올 음이온은 친핵체이므로 친전자체와 반응하여 α 탄소에 새로운 결합을 생성한다.

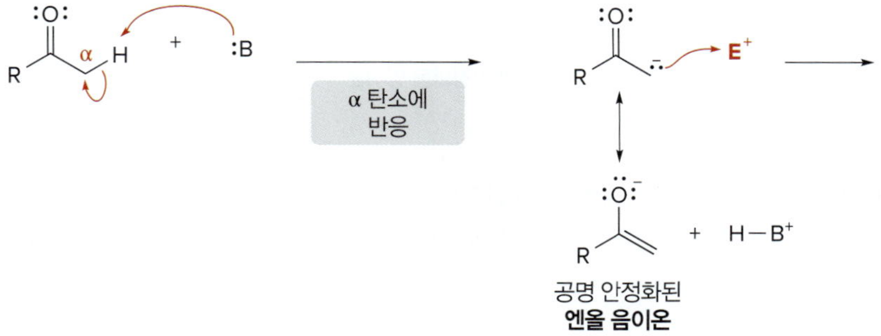

α 탄소에 반응

$H-B^+$

공명 안정화된 **엔올 음이온**

21장과 22장에서는 카보닐기의 α 탄소에서 일어나는 반응을 다룰 것이다.

- 알데하이드와 케톤은 카보닐 탄소에서 친핵체와 반응한다.
- 알데하이드와 케톤은 α 탄소에서 친전자체와 반응하는 엔올 음이온을 생성한다.

18.6A 친핵성 첨가 반응의 일반적 메커니즘

친핵체(음으로 하전된 것과 중성)와 산 촉매의 존재 여부에 따라서 친핵성 첨가 반응에 대한 두 가지 일반적인 메커니즘을 그릴 수 있다. 음으로 하전된 친핵체의 경우 친핵성 첨가 반응은 17장에서 처음으로 논의되었던 두 단계 과정, 즉 **친핵성 공격** 후에 **양성자 첨가**를 거쳐서 일어나며, 이 과정이 메커니즘 18.1에 나와 있다.

메커니즘 18.1 일반적 메커니즘—친핵성 첨가 반응

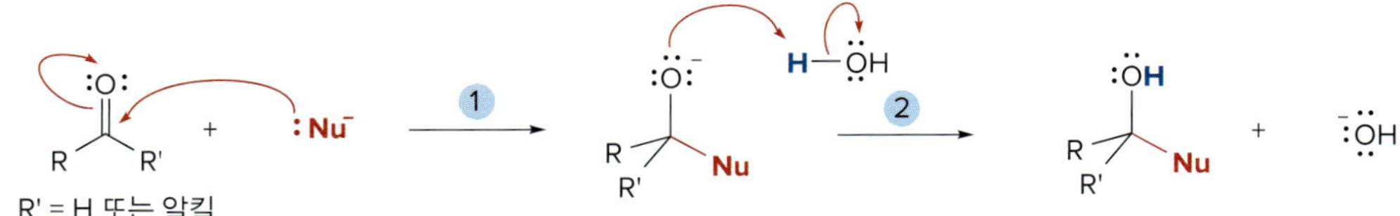

1 **친핵체가** 친전자성 카보닐기를 **공격**하면 π 결합이 끊어지고 전자쌍이 산소로 이동하여 sp^3 혼성화 탄소를 생성한다.

2 음으로 하전된 산소 원자에 H_2O로 양성자 첨가하면 **첨가 생성물**이 생성된다.

이 메커니즘에서는 **친핵성 공격이 양성자 첨가보다 먼저 일어난다**. 센 중성 친핵체나 음으로 하전된 친핵체는 이러한 메커니즘으로 반응한다.

하지만 어떤 중성 친핵체는 **산 촉매**가 첨가되지 않으면 친핵성 첨가 반응이 일어나지 않는다. 그 메커니즘은 세 단계(두 단계가 아니라)로 구성된다. 그러나 카보닐의 π 결합에 H와 Nu가 첨가되기 때문에 같은 생성물이 얻어진다. 이 메커니즘에서는 **양성자 첨가가 친핵성 공격보다 먼저 일어난다**. 메커니즘 18.2는 중성 친핵체(H−Nu:)와 일반적인 산(H−A)을 예를 들어 그린 것이다.

메커니즘 18.2 일반적 메커니즘—산 촉매 존재하의 친핵성 첨가 반응

R' = H 또는 알킬

공명 안정화된 양이온

+ :A⁻

+ H−A

1 카보닐 산소에 양성자 첨가가 일어나면 **공명 안정화된 양이온**이 생긴다.

2 ~ 3 친핵성 공격 후 양성자 이탈로 중성 첨가 생성물이 생긴다. 전체적인 결과는 카보닐기에 **H와 Nu가 첨가**되는 것이다.

양성자 첨가의 효과는 중성의 카보닐기가 알짜 양전하를 띠는 양이온으로 변환되는 것이다. **양성자 첨가된 이 카보닐기는 더욱 친전자성**이어서 친핵체에 의한 공격을 더 쉽게 받는다. 이 단계는 17장에서 사용한 것처럼 수소 음이온(H:$^-$)과 같이 센(강한) 친핵체의 경우에는 불필요하다. 그러나 약한 친핵체는 카보닐기에 양성자 첨가가 일어나지 않으면 친핵성 공격이 일어나지 않는다.

알짜 전하 없음
덜 친전자성

알짜 (+)전하
더 친전자성

이 단계는 일반적인 반응의 구체적인 한 예이다.

- 카보닐기와 센산을 포함하는 반응은 카보닐 산소에 양성자가 첨가되는 첫 단계로 시작한다.

18.6B 친핵체

어떤 친핵체가 카보닐기에 첨가될까? 이것은 단지 7장에서 배운 친핵성의 경향만으로는 예상할 수 없다. *sp*^{3} 혼성화 탄소에서 친핵성 치환이 잘 일어나는 **몇 가지** 친핵체만 친핵성 첨가 반응 생성물을 적당한 수율로 줄 수 있다.

Cl$^-$, Br$^-$, 그리고 I$^-$는 *sp*^{3} 혼성화 탄소에서 치환 반응을 하는 좋은 친핵체이지만 첨가 반응의 친핵체로는 적당하지 않다. 예를 들어, 카보닐기에 Cl$^-$가 첨가되면 C—O의 π 결합이 깨어지고 알콕시화 음이온을 생성한다. Cl$^-$는 생성된 알콕시화 음이온보다 매우 약염기이기 때문에 첨가 생성물이 아닌 출발물(더 약한 염기, Cl$^-$) 쪽으로 평형이 기울어진다.

더 약한 염기

더 강한 염기

처음에 생긴 친핵성 첨가 생성물 중에서 어떤 것은 불안정하고 제거 반응이 일어나서 더 안정한 생성물이 되기 때문에 상황은 더 복잡해진다. 예를 들어, 아민(RNH$_2$)이 온화한(mild) 산의 존재하에서 카보닐기에 첨가되면 불안정한 **카비놀아민(carbinolamine)**이 생성된다. 이 화합물이 빠르게 물을 잃으면 **이민(imine)**이 얻어진다. **이 첨가–제거는 연속적으로 일어나 C=O를 C=N으로 바꿔 준다**. 이 과정에 대한 세부 사항에 대해서는 18.10A절에서 논의할 것이다.

RNH$_2$ 첨가 → 카비놀아민 → −H$_2$O 제거 → 이민

그림 18.4에 카보닐기에 첨가하는 친핵체를 실어 놓았다. 케톤을 대표하는 물질로 cyclohexanone을 사용하여 친핵성 첨가로 얻어지는 생성물을 함께 나타내었다. 이들의 반응에 대해서는 18장의 남은 절에서 논의할 것이다. 초기 첨가 생성물이 불안정한 경우 괄호로 둘러싸고 그 뒤에 최종 생성물을 나타내었다.

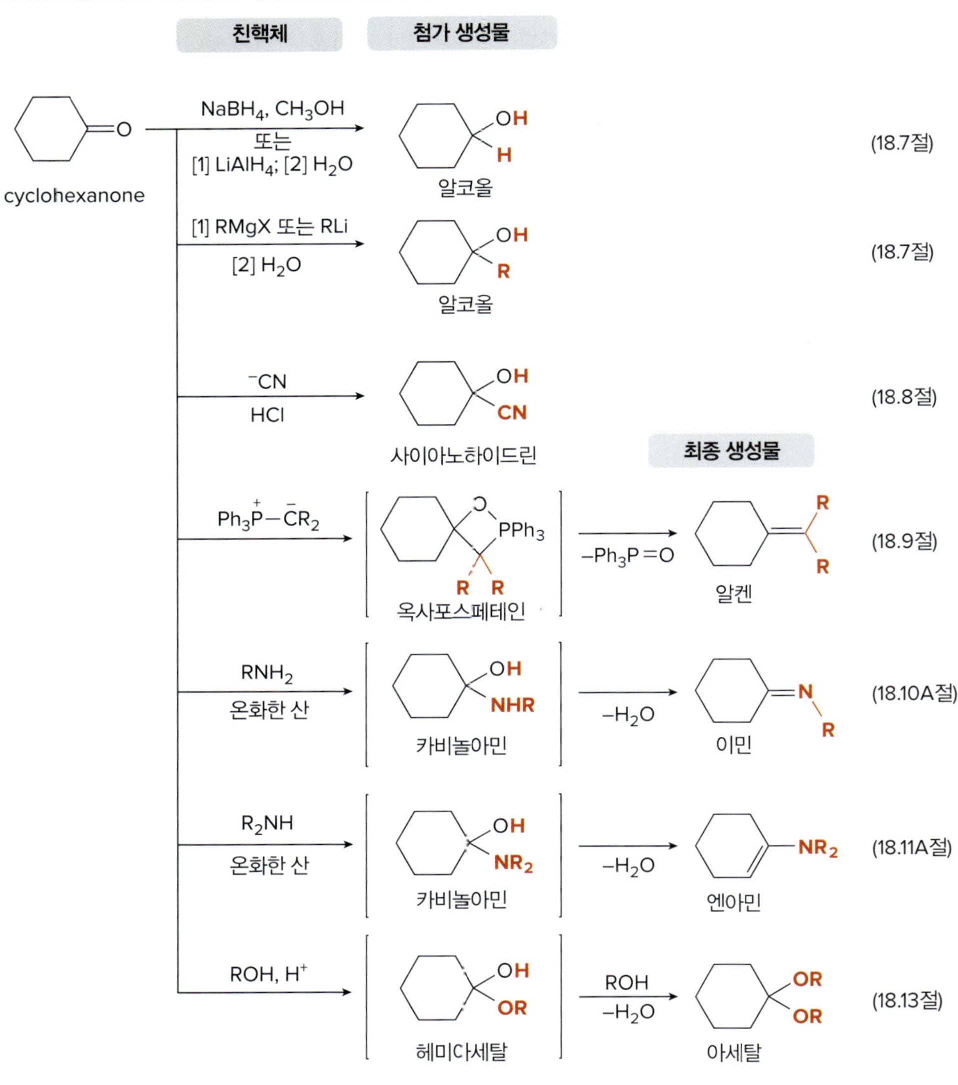

그림 18.4
친핵성 첨가 반응의 구체적인 예

18.7 H^-와 R^-의 친핵성 첨가 반응—복습

알데하이드와 케톤에 대한 친핵성 첨가 반응을 논의하기 전에 17.4절과 17.10절에서 논의한 두 개의 반응, 즉 수소 음이온과 탄소 음이온의 친핵성 첨가 반응을 간단히 복습해 보자.

알데하이드 또는 케톤을 $NaBH_4$ 또는 $LiAlH_4$와 반응시킨 다음, 양성자를 가하면 1° 또는 2° 알코올이 생성된다. $NaBH_4$와 $LiAlH_4$는 **친핵체성 수소 음이온 $H:^-$**를 제공하며 반응이 일어나면 C−O π 결합에 걸쳐서 H_2라는 성분이 첨가된다. H_2의 첨가 반응은 카보닐기를 알코올로 환원시킨다.

R' = H 또는 알킬 —$NaBH_4$ 또는 $LiAlH_4$ ($H:^-$의 공급원)→ —H−OH→ **1° 또는 2° 알코올**

알데하이드와 케톤의 수소화물 환원 반응은 친핵성 첨가의 두 단계 메커니즘을 거쳐서 일어난다. 즉 이미 17.4B절에서 설명한 것과 같이 **H:⁻의 친핵성 공격이 일어난 다음 양성자 첨가**가 일어난다.

알데하이드 또는 케톤에 유기리튬 시약(R"Li) 또는 Grignard 시약(R"MgX)을 반응시키고 물을 가하면 탄소–탄소 결합이 새로 생긴 1°, 2° 또는 3° 알코올이 얻어진다.** R"Li와 R"MgX는 **탄소 음이온(R"⁻)**의 공급원—**친핵체**—이며, 결과적으로 C–O π 결합에 걸쳐서 R"와 H가 첨가된다.

R' = H 또는 알킬

R" MgX 또는 R" Li → H–OH → 새로운 C–C 결합

1°, 2° 또는 3° 알코올

> 수소화물의 환원 반응과 Grignard 첨가 반응의 입체 화학은 각각 17.5절과 17.10B절에서 이미 논의하였다.

알데하이드와 케톤에 대한 탄소 음이온의 친핵성 첨가는 17.10A절에서 이미 다루었듯이 **(R"⁻)의 친핵성 공격 후에 양성자 첨가**라는 두 단계의 메커니즘에 따라 일어난다.

2° 알코올

두 반응 모두에서 수소 음이온 또는 탄소 음이온 같은 친핵체는 삼각 평면의 sp^2 혼성화 카보닐 양쪽에서 공격한다. 따라서 새로운 입체 발생 중심이 생성될 때에는, 입체 이성질체의 혼합물이 얻어진다. 이러한 반응의 예를 예제 17.2에 나타내었다.

문제 18.11 생성된 모든 입체 이성질체를 포함하여 각각의 반응 생성물을 그려라.

a. $\xrightarrow[CH_3OH]{NaBH_4}$

b. $\xrightarrow[[2]\ H_2O]{[1]\ \text{MgBr}}$

18.8 ⁻CN의 친핵성 첨가 반응

알데하이드 또는 케톤에 NaCN과 HCl과 같은 센산을 가하면 탄소–산소 π 결합에 걸쳐 HCN이 첨가된 **사이아노하이드린(cyanohydrin)**이 만들어진다.

R' = H 또는 알킬

NaCN, HCl "HCN"

사이아노하이드린

이 반응은 알데하이드 또는 케톤에 탄소 하나를 더하기 때문에 새로운 탄소−탄소 결합이 생성된다.

acetaldehyde 사이아노하이드린
새로운 C−C 결합은 붉은색

18.8A 메커니즘

사이아노하이드린 생성은 메커니즘 18.3에서 보여 주듯이 일반적인 친핵성 첨가 반응의 두 단계 반응, 즉 **친핵체의 공격 후에 양성자 첨가 반응**으로 일어난다.

메커니즘 18.3 ⁻CN의 친핵성 첨가 반응—사이아노하이드린 생성

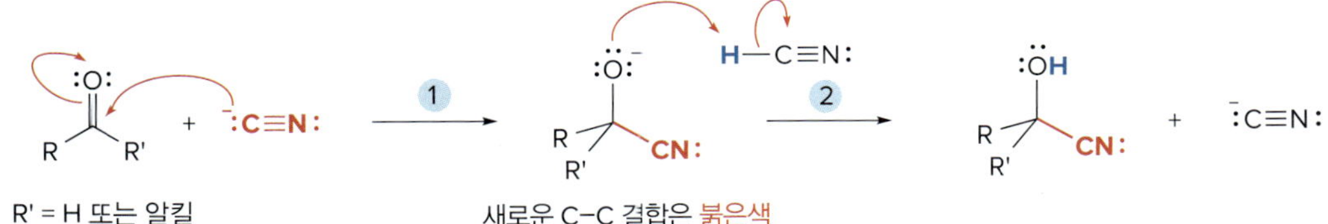

R' = H 또는 알킬

새로운 C−C 결합은 붉은색

1. ⁻CN의 친핵성 공격으로 C−O π 결합이 끊어지고 **새로운 탄소−탄소 결합**이 생성된다.
2. 음으로 하전된 산소 원자에 HCN에 의한 양성자 첨가가 일어나 **첨가 생성물**을 만든다. 이 단계에서 사용된 HCN은 ⁻CN가 센산인 HCl과 산−염기 반응을 하여 만들어진다.

이 반응은 HCN 단독으로는 일어나지 않는다. **사이안화 음이온**은 카보닐기를 공격하는 **센 친핵체**이기 때문에 첨가가 가능하다.

사이아노하이드린을 염기와 반응시키면 카보닐 화합물로 다시 변환시킬 수 있다. 이 과정은 **양성자 이탈 반응과 연이은 ⁻CN의 제거로서** HCN 첨가 반응의 역반응이다.

두 가지 비슷한 용어의 차이에 주의하자. **수화 반응(hydration)**은 화합물에 물이 **첨가**되는 것이고 **가수 분해(hydrolysis)**는 물에 의해 **결합이 끊어지는** 것이다.

역자주:
사이아노하이드린이 염기와 반응하면 카보닐 화합물로 변한다고 앞에 나와 있는데, 가수 분해 반응에서 염기 수용액을 써도 될까?

사이아노하이드린의 사이아노(CN)기는 산 또는 염기 수용액과 가열하면 쉽게 가수 분해하여 카복시기(COOH)로 된다. **가수 분해 반응에 의해 세 개의 C−N 결합이 세 개의 C−O 결합으로 바뀐다.**

문제 18.12 각 반응의 생성물을 그려라. 입체 이성질체를 모두 포함하라.

a. (benzaldehyde, CHO) $\xrightarrow[\text{HCl}]{\text{NaCN}}$

b. (1-hydroxycyclopentanecarbonitrile, OH, CN) $\xrightarrow{H_3O^+, \Delta}$

c. (3-methylcyclohexanone) $\xrightarrow[\text{HCl}]{\text{NaCN}}$

18.8B 응용: 천연 사이아노하이드린 유도체

복숭아와 살구의 씨앗이 빠진 우묵한 곳은 사이아노하이드린 유도체인 amygdalin의 천연 원천이다. *Jill Braaten/McGraw Hill*

사이아노하이드린은 일반적인 작용기가 아니지만 **linamarin**과 **amygdalin**은 자연에 존재하는 두 가지 사이아노하이드린 유도체이다. 둘 다 산소 원자와 사이아노기가 결합된 탄소 원자를 포함하고 있는 사이아노하이드린 유사체이다.

linamarin　　amygdalin　　laetrile

Linamarin은 남아메리카와 아프리카의 습한 열대 지역의 뿌리 작물로 재배하는 관목인 카사바(cassava)에서 분리된다. **Amygdalin**은 살구, 복숭아, 야생 체리들의 씨에 들어 있다. Amygdalin 그리고 이 화합물과 관련된 합성 화합물인 **laetrile**은 효능이 입증된 것은 아니지만 한때 항암제로 홍보된 바 있다.

카사바는 뿌리 채소 작물이며 16세기에 포르투갈 상인에 의하여 브라질에서 아프리카로 처음 소개되었다. 껍질을 벗긴 뿌리는 끓이거나 구워서 먹는다. 만일 뿌리를 가공하지 않고 먹으면, 높은 HCN 농도로 아프거나 심지어 죽을 수 있다. *Daniel C. Smith*

Linamarin, amygdalin과 laetrile는 사이아노하이드린으로 대사되고 다시 이 물질이 카보닐 화합물과 특징적 아몬드 냄새가 나는 세포독인 **HCN 기체**로 가수 분해되기 때문에 **유독성 화합물이다.** 이 두 번째 단계는 단지 실험실에서 사이아노하이드린이 염기의 존재하에서 카보닐 화합물로 재생성되는 과정에 불과하다(18.8A절). 카사바 뿌리를 주의 깊게 처리하면 linamarin이 효소에 의하여 다음과 같은 일련의 과정으로 대사된다. 따라서 뿌리를 섭취하기 전에 독성인 HCN이 방출되어 뿌리를 안전하게 먹을 수 있다.

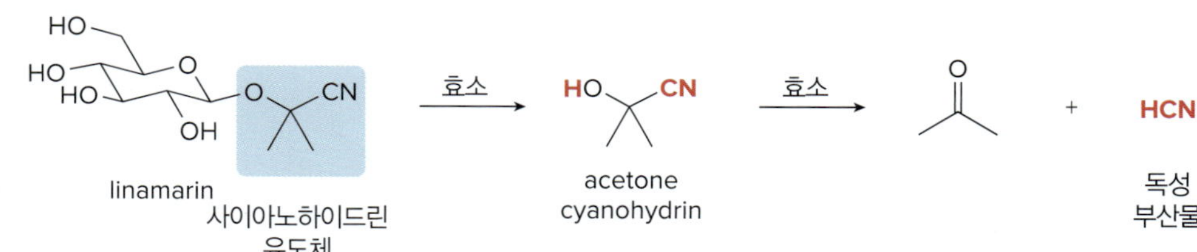

문제 18.13 Taxiphyllin은 어떤 대나무 종의 어린 순에 들어 있는 사이아노하이드린 유도체이다. Taxiphyllin이 linamarin과 비슷한 방식으로 대사되었을 때 어떠한 사이아노하이드린과 카보닐 화합물이 생기는가?

taxiphyllin

18.9 Wittig 반응

H^-, R^-의 첨가 반응과 ^-CN의 첨가 반응은 모두 **친핵성 공격**과 **뒤이은 양성자 첨가**라는 같은 두 단계로 일어난다. 18장에서 다루는 친핵성 첨가 반응의 다른 예는 조금 다르다. 이 반응에서도 친핵체의 공격이 일어나지만, 초기의 첨가물이 하나 또는 그 이상의 반응으로 다른 생성물로 변환된다.

이 범주의 첫 번째 반응은 독일 화학자 Georg Witting의 이름을 따서 **Wittig 반응**이라고 하는 반응이다. Wittig는 이 반응의 발견으로 1979년도 노벨화학상을 수상하였다. Wittig 반응은 탄소 친핵체인 **Wittig 시약**을 사용하여 **알켄**을 만드는 반응이다. 카보닐 화합물이 Wittig 시약과 반응하면 카보닐 산소 원자가 인에 결합되어 있던 음으로 하전된 알킬기로 치환된다. 즉, **C=O가 C=C로 변환된다**.

R' = H 또는 알킬 + **Wittig 시약** → **알켄** + $Ph_3P=O$ triphenylphosphine oxide

- Wittig 반응은 두 개의 새로운 탄소–탄소 결합—한 개의 새로운 σ 결합과 한 개의 새로운 π 결합—과 인 부산물, $Ph_3P=O$ (triphenylphosphine oxide)을 생성한다.

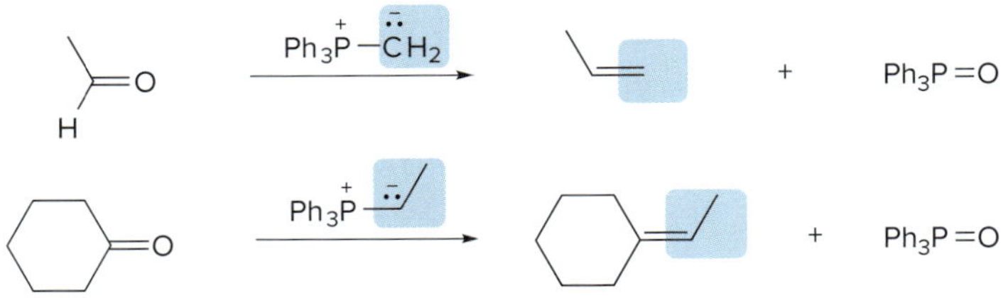

$Ph_3\overset{+}{P}-\ddot{C}H_2$ + $Ph_3P=O$

18.9A Wittig 시약

Wittig 시약은 탄소–인 결합이 있는 **유기 인 시약**이다. 일반적인 Wittig 시약에서 인 원자는 세 개의 페닐기 그리고 음전하를 띠고 있는 알킬기와 결합하고 있다.

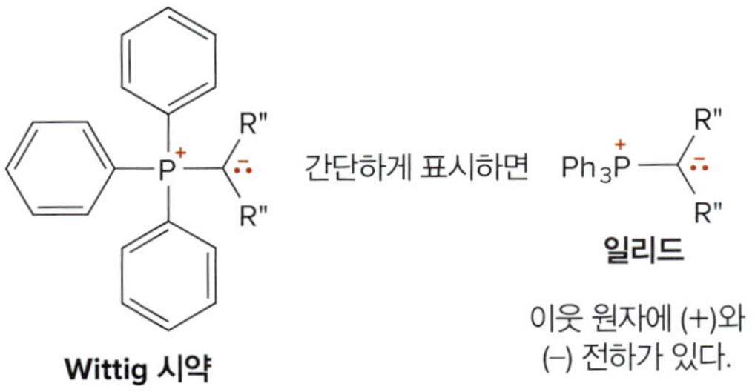

Wittig 시약 간단하게 표시하면 $Ph_3\overset{+}{P}$ **일리드** 이웃 원자에 (+)와 (–) 전하가 있다.

> 인 일리드는 **포스포레인(phosphorane)**이라고도 불린다.

Wittig 시약은 **두 반대로 하전된 원자가 서로 결합하고 있으면서 둘 다 팔전자계 화학종인 일리드(*ylide*)**이다. Wittig 시약에서 음으로 하전된 탄소 원자는 양으로 하전된 인 원자와 결합하고 있다.

인(P)은 3주기 원소이기 때문에 여덟 개보다 더 많은 수의 전자를 수용할 수 있다. 결과적으로 탄소와 인 사이에 이중 결합이 있는 두 번째 공명 구조를 그릴 수 있다. 어떤 공명 구조를 그리든지 관계없이 **Wittig 시약은 알짜 전하가 없다**. 그러나 한 가지 공명 구조에서 **인과 결합하고 있는 탄소 원자가 음전하를 띠므로 이 원자가 친핵체가 된다**.

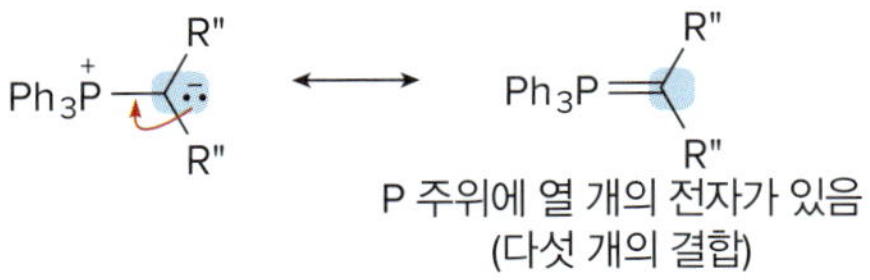

$Ph_3\overset{+}{P}$ ⟷ $Ph_3P=$ P 주위에 열 개의 전자가 있음 (다섯 개의 결합)

Wittig 시약은 두 단계의 과정으로 합성된다.

단계 [1] Triphenylphosphine과 할로젠화 알킬의 S_N2 반응은 포스포늄 염을 만든다.

Ph_3P: + RCH_2X —(S_N2)→ $Ph_3\overset{+}{P}CH_2R$ X^-

triphenylphosphine
친핵체

포스포늄 염

인은 주기율 표에서 질소 아래에 위치하고 있기 때문에 결합이 세 개인 원자는 비공유 전자쌍이 한 개 있다.

P에 고립 전자쌍이 있는 triphenylphosphine (Ph_3P:)은 친핵체이다. S_N2 반응 메커니즘을 따르므로 **장애가 없는 CH_3X와 1° 할로젠화 알킬(RCH_2X)**이 반응을 잘 하며, 때론 수득률이 낮음에도 불구하고 2° 할로젠화 알킬도 쓰인다.

단계 [2] 포스포늄 염에서 강염기(:B)로 양성자를 제거하면 일리드가 얻어진다.

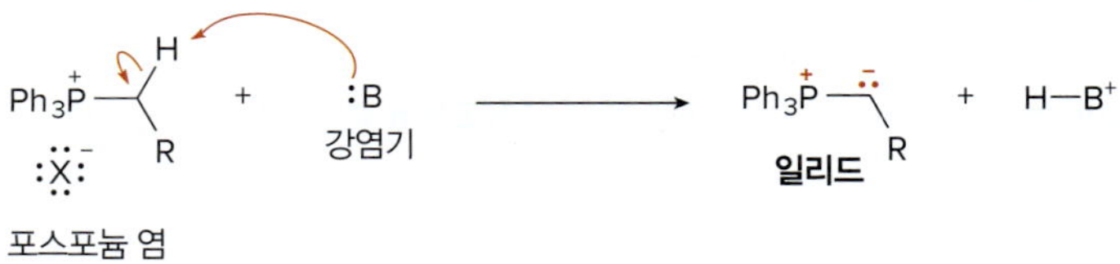

Bu—Li
강염기

17.9C절에서 강염기인 유기금속 시약의 반응을 논의하였다.

인과 결합하고 있는 탄소에서 양성자를 제거하면 공명 안정화된 탄소 음이온(일리드)이 생기기 때문에 이 양성자는 포스포늄 염 안의 알킬기의 다른 양성자보다 좀 더 산성이다. 이러한 산-염기 반응이 일어나기 위해서는 매우 강한 염기를 필요로 한다. 이 반응에 쓰이는 일반적인 염기는 줄여서 **BuLi**로 표기되는 **butyllithium**, **$CH_3CH_2CH_2CH_2Li$** 같은 유기리튬 시약이다.

Wittig 시약($Ph_3P{=}CH_2$)의 합성에는 이러한 두 단계가 사용된다.

Ph_3P: + CH_3—Br: —(S_N2, [1])→ $Ph_3\overset{+}{P}$—CH_3 :Br:$^-$ + Bu—Li —[2]→ $Ph_3\overset{+}{P}$—$\overset{-}{C}H_2$ ⟷ $Ph_3P{=}CH_2$ + Bu—H + LiBr

methyltriphenylphosphonium bromide

일리드의 두 가지 공명 구조

butane

- **단계 [1]** Ph_3P:와 CH_3Br의 S_N2 반응에 의하여 **포스포늄 염**을 생성한다.
- **단계 [2]** BuLi 같은 강염기를 사용하여 양성자를 제거함으로써 **일리드**를 생성한다.

문제 18.14 다음 Wittig 반응의 생성물을 그려라.

a. $(CH_3)_2C{=}O$ + $Ph_3P{=}CH_2$ ⟶

b. cyclopentanone + $Ph_3P{=}CHCH_2CH_2CH_3$ ⟶

문제 18.15 Ph_3P와 할로젠화 알킬로부터 각 Wittig 시약을 합성하라.

a. $Ph_3P{=}CHCH_3$ b. $Ph_3P{=}C(CH_3)_2$ c. $Ph_3P{=}CHC_6H_5$

18.9B Wittig 반응의 메커니즘

현재 인정받고 있는 Wittig 반응의 메커니즘은 두 단계로 일어난다. 다른 친핵체처럼 Wittig 시약이 친전자성 카보닐 탄소를 공격하지만, 초기의 첨가물에서 제거 반응이 일어나면 알켄이 생성된다. 메커니즘 18.4에서는 $Ph_3P{=}CH_2$를 사용하여 설명하였다.

메커니즘 18.4 Wittig 반응

새로운 C–C 결합은 붉은색

oxaphosphetane

triphenylphosphine oxide

1 음으로 하전된 일리드의 탄소 원자가 카보닐 탄소를 공격하고, 반면에 카보닐 산소 원자는 양으로 하전된 P 원자를 공격한다. 이 단계에서 **두 개의 결합**이 생성되고 **사원자 고리**인 **oxaphosphetane**이 생성된다.

2 **Triphenylphosphine oxide가 제거되면서 두 개의 새로운 π 결합이 생성된다.** 강력한 P=O 결합 생성은 Wittig 반응의 추진력을 제공한다.

Wittig 반응의 한 가지 단점은 때때로 알켄 입체 이성질체의 혼합물이 생긴다는 점이다. Propanal (CH_3CH_2CHO)의 예로 들면, E와 Z 이성질체의 혼합물이 생성되는 것을 볼 수 있다.

E 이성질체 59%

Z 이성질체 41%

역자주: 이러한 유형의 Wittig 반응에서는 Z 이성질체가 주로 얻어짐.

그림 18.5에서 보여 주듯이 단일 반응으르 Wittig 반응은 두 개의 탄소–탄소 결합을 만들 수 있기 때문에 비타민 A 같은 여러 가지 천연물을 합성하는 데 사용되고 있다.

그림 18.5 비타민 A의 공업적 합성에 사용되는 Wittig 반응

vitamin A

• 이 예에서처럼 Wittig 반응에서 콘쥬게이션 계가 얻어질 때에는 좀 더 안정한 E 알켄이 주생성물이다.

문제 18.16 Benzaldehyde (C_6H_5CHO)을 Wittig 시약으로 처리하였을 때 생기는 생성물을 (입체 화학을 포함하여) 그려라.

a. $Ph_3P{=}CHCH_2CH_3$ b. $Ph_3P{=}CHC_6H_5$ c. $Ph_3P{=}CHCO_2CH_3$

18.9C 역합성 분석

합성에서 Wittig 반응을 사용하려면 주어진 화합물을 만드는 데 어떤 카보닐 화합물과 Wittig 시약이 필요한지 알아야 한다. 즉, **역합성의 방향으로 거꾸로 작업을 해야 한다.** 주어진 알켄을 만드는 두 가지의 다른 Wittig 방법이 있지만, 한 가지 방법이 입체적인 측면에서 선호된다.

해결 방법 역합성 분석을 이용하여 Wittig 반응의 출발물 결정하기

예 Wittig 반응으로 알켄 **X**를 합성하는 데 필요한 출발물은 무엇인가?

X

단계 [1] **탄소–탄소의 이중 결합을 두 성분으로 쪼갠다.**

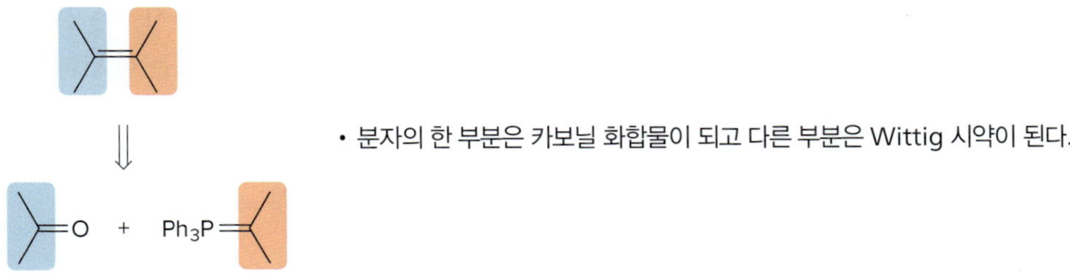

• 분자의 한 부분은 카보닐 화합물이 되고 다른 부분은 Wittig 시약이 된다.

Wittig 반응을 사용하여 주어진 알켄을 만드는 데는 보통 두 가지 방법이 있다.

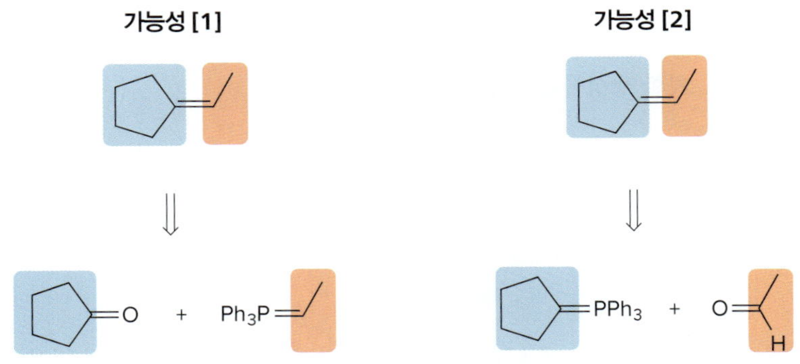

단계 [2] **Wittig 시약을 비교한다. 입체 장애가 적은 할로젠화 알킬(CH_3X, RCH_2X)로부터 유도된 Wittig 시약이 우선적으로 사용된다.**
각 Wittig 시약을 만드는 데 필요한 할로젠화 알킬을 결정한다.

가능성 [1] Ph_3P= ⟹ $Ph_3\overset{+}{P}$— X^- ⟹ Ph_3P: + X

1° 할로젠화물
선호되는 경로

가능성 [2] =PPh_3 ⟹ —$\overset{+}{P}Ph_3$ X^- ⟹ —X + :PPh_3

2° 할로젠화물

Wittig 시약의 합성은 S_N2 반응으로 시작하므로 **선호되는 경로는 입체 장애가 없는 할로젠화 메틸과 1° 할로젠화 알킬을 이용하는 경로이다.** 이 예에서는 두 Wittig 시약을 역합성으로 분석해보면 두 시약 중 오직 한 개(Ph_3P=$CHCH_3$)만 **1° 할로젠화 알킬**로부터 합성될 수 있으며, 따라서 가능성 [1]이 우선되는 반응 경로이다.

문제 18.17 Wittig 반응으로 다음의 각 알켄을 만들기 위한 출발물은 무엇인가? 만약 두 가지 가능한 경로가 있다면 어느 것이 우선하는 경로인지 지적하라.

a.

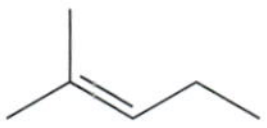

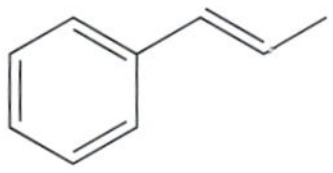

b.

c.

d. 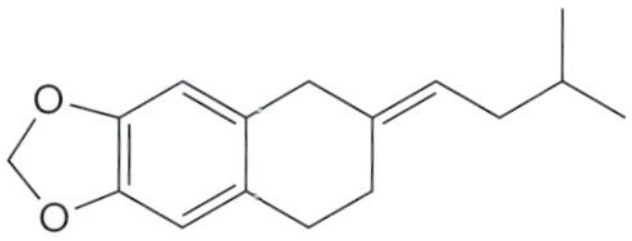 O O

18.9D 알켄 합성 방법의 비교

Wittig 반응을 사용하는 경우의 이점은 다른 제거 반응에 비하여 **이중 결합의 위치를 항상 알 수 있다**는 것이다. 다른 방법으로 알켄을 합성하면 구조 이성질체의 혼합물이 자주 얻어지지만, **Wittig 반응은 한 가지의 구조 이성질체만 준다.**

예를 들면, cyclohexanone을 알켄 **B** (methylenecyclohexane)로 변환시키는 경우에 두 가지 방식, 즉 **Grignard 시약을 첨가한 후 탈수 반응이 진행되는 두 단계 반응 또는 한 단계의 Wittig 반응**을 사용할 수 있다.

cyclohexanone → **B**

9.8절에서 알코올을 산 촉매에서 탈수하면 더 많이 치환된 알켄이 생성됨을 배웠다.

두 단계 반응에서는 cyclohexanone을 CH_3MgBr로 처리한 후 양성자를 가하여 3° 알코올을 얻는다. 이 알코올을 H_2SO_4을 이용하여 탈수하면 알켄 혼합물을 얻을 수 있는데, 우리가 원하는 이중 치환 생성물은 부생성물로 얻어진다.

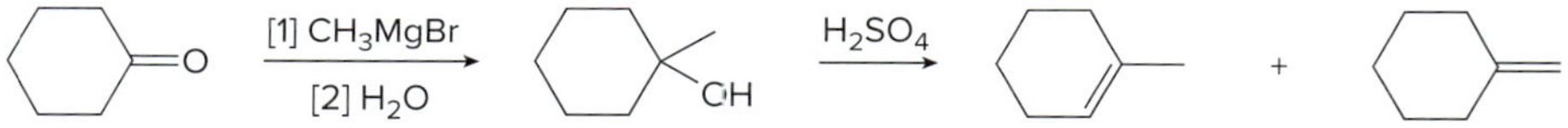

cyclohexanone —[1] CH_3MgBr, [2] H_2O→ 3° 알코올 (OH) —H_2SO_4→ 삼중 치환 C=C **주생성물** + **B** 이중 치환 C=C **부 생성물**

이와는 대조적으로 cyclohexanone을 $Ph_3P{=}CH_2$와 반응시키면 우리가 원하는 생성물 알켄 한 가지만 얻을 수 있다. 새로이 생성된 이중 결합은 항상 카보닐 탄소를 Wittig 시약의 음으로 하전된 탄소와 연결한다. 다시 말해서 **Wittig 반응에서 이중 결합의 위치는 모호하지 않고 항상 확실하다.** 이 점 때문에 Wittig 반응은 알켄을 만드는 특별하게 매력적인 방법이다.

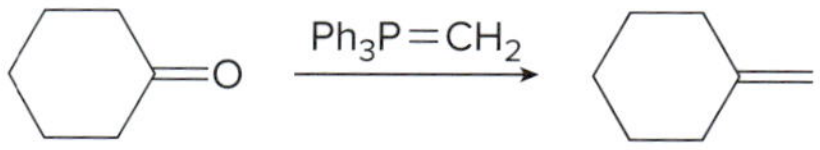

cyclohexanone —$Ph_3P{=}CH_2$→ **B** **단일 생성물**

문제 18.18 각 알켄을 합성하는 두 가지 방법을 쓰라. Wittig 시약을 쓰는 한 단계 방법과 유기금속을 써서 탄소−탄소 결합을 만드는 한 단계를 포함하는 두 단계 방법을 쓰라.

a. 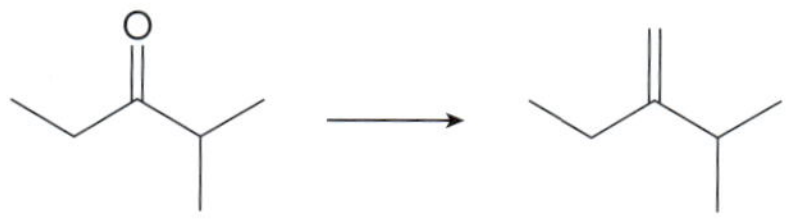 O →

b. 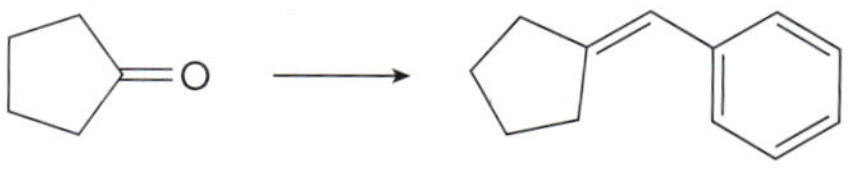 O →

18.10 1° 아민의 첨가 반응

지금부터는 알데하이드와 케톤에 대한 질소나 산소 같은 헤테로 원자의 반응으로 옮겨 보자. **아민은 질소 원자에 비결합 전자쌍이 하나 있는 유기 질소 화합물이다.** 3.2절에서 배운 바와 같이 아민은 질소에 결합한 알킬기의 숫자에 따라 1°, 2° 또는 3° 아민으로 분류된다.

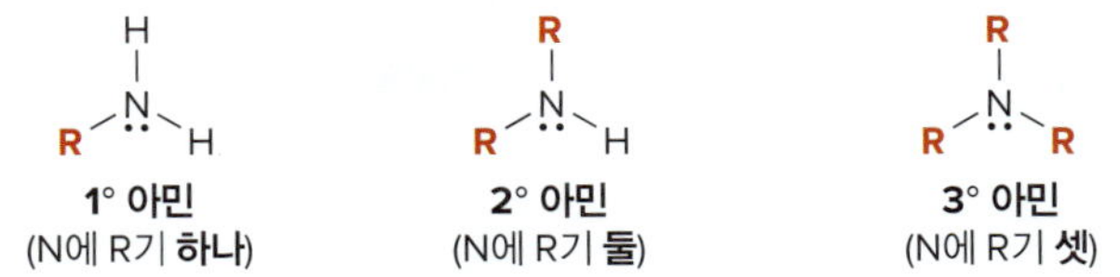

1° 아민 (N에 R기 **하나**)　2° 아민 (N에 R기 **둘**)　3° 아민 (N에 R기 **셋**)

1°, 2° 아민은 둘 다 알데하이드와 케톤과 반응한다. 이제 알데하이드 및 케톤과 1° 아민의 반응에 대한 논의를 시작한다.

18.10A 이민의 생성

알데하이드와 케톤을 1° 아민과 반응시키면 **이민**이 생성된다(이를 **Schiff 염기**라고도 부른다). 1° 아민이 카보닐기를 친핵성 공격하면 불안정한 **카비놀아민(carbinolamine)**이 생성되고 물이 제거되면서 이민이 된다. 전체 반응의 결과는 **C=O가 C=NR로 치환**되는 것이다.

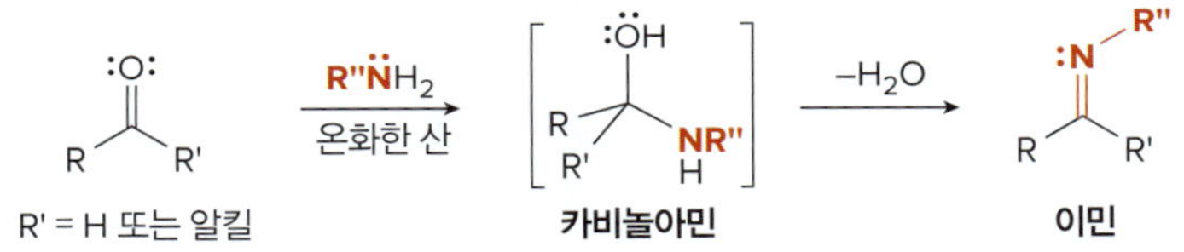

R' = H 또는 알킬 —($R''NH_2$, 온화한 산)→ [카비놀아민] —($-H_2O$)→ 이민

이민의 N 원자는 세 개의 기(두 개의 원자와 한 개의 고립쌍)로 둘러싸여 있기 때문에 sp^2 혼성화이고 C−N−R" 결합각은 ~120°가 된다(180°가 아니다). 이민 생성 반응은 반응 용액이 약하게 산성일 때 가장 빠르다.

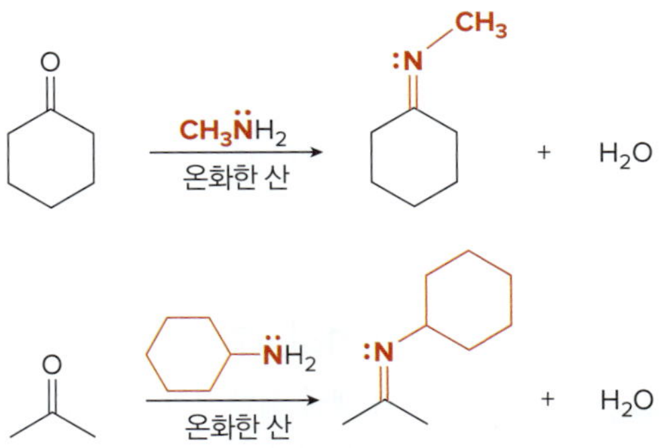

CH_3NH_2, 온화한 산 → + H_2O

온화한 산 → + H_2O

이민 생성(메커니즘 18.5)의 메커니즘은 **1° 아민의 친핵성 첨가 반응(단계 [1]과 [2]) 후 물이 제거(단계 [3]~[5])**되는 두 개의 뚜렷한 부분으로 나누어 볼 수 있다. 각각의 반응 단계는 가역 평형이므로 반응은 물을 제거하면 반응을 완결시킬 수 있다.

이민 생성은 pH 4−5에서 가장 빠르다. 단계 [3]에서 **좋은 이탈기**를 만들기 위해서 하이드록시기의 양성자 첨가에 약산이 필요하다. 강하게 산성인 조건하에서는 반응 속도가 감소하는데 아민 친핵체가 양성자 첨가되기 때문이다. 자유 전자쌍이 없으면 더 이상 친핵체가 아니기 때문에 친핵성 첨가 반응이 일어나지 않는다.

메커니즘 18.5 알데하이드와 케톤으로부터 이민의 생성

R' = H 또는 알킬

친핵성 공격

카비놀아민

H_2O의 제거 반응

공명 안정화된 이미늄 이온

이민

1~2 **아민의 친핵성 공격** 후 양성자의 이동으로 **카비놀아민**이 생성된다.

3 OH기에 양성자가 첨가되면 **좋은 이탈기**가 된다.

4 물의 제거로 **공명 안정화된 이미늄 이온(iminium ion)**이 생성된다.

5 양성자를 잃고 **이민**이 생성된다.

문제 18.19 온화한 산 조건하에서 $CH_3CH_2CH_2CH_2NH_2$이 각 카보닐 화합물과 반응하였을 때 생기는 생성물을 그려라.

a. (benzene ring)–CHO b. c.

문제 18.20 다음 이민을 얻는 데 어떤 1° 아민과 카보닐 화합물이 필요한가?

a. b. c. d.

18.10B 응용: Retinal, rhodopsin 그리고 시각의 화학

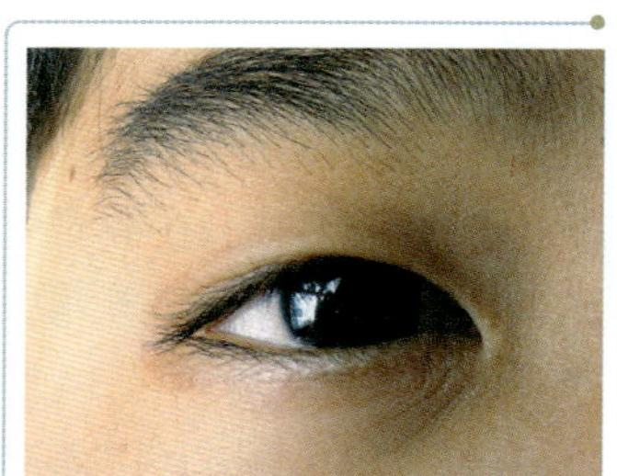

11-*cis*-Retinal은 모든 포유동물, 절지동물 및 연체동물의 시각 화학에서 핵심 역할을 하는 빛에 예민한 알데하이드이다. *Daniel C. Smith*

많은 이민이 생물 체계에서 생명 유지에 관련된 여러 가지 역할을 한다. 시각의 화학에서 주요 분자는 **11-*cis*-retinal**과 단백질 **opsin**에 있는 1° 아민으로부터 눈의 간상세포에서 합성되는 고도로 콘쥬게이션된 **rhodopsin**이다.

시스

H_2N—opsin

11-*cis*-retinal

복잡함

rhodopsin

시각 과정에 있어서 rhodopsin의 주요 역할은 하버드대학교의 노벨상 수상자 George Wald에 의하여 서술되었다.

시각의 복잡한 과정은 retinal로부터 유도된 이 이민에 중점을 두고 있다(그림 18.6). Rhodopsin에 있는 11-시스 이중 결합은 약간 견고한 곁사슬 영역을 복잡하게 만든다. 빛이 망막의 간상세포를 때리면 rhodopsin의 콘쥬게이션된 이중 결합에 흡수되고 그러면 **11-시스 이중 결합이 11-트랜스 배열로 이성질화된다.** 이 이성질화는 단백질의 구조에 극적인 변화를 가져오기 때문에 세포막을 통과하는 Ca^{2+}이온의 농도가 변화되고 이 변화는 뇌로 신경 자극을 전달하여 시각적 이미지로 처리된다.

그림 18.6
시각 화학의 주요 반응

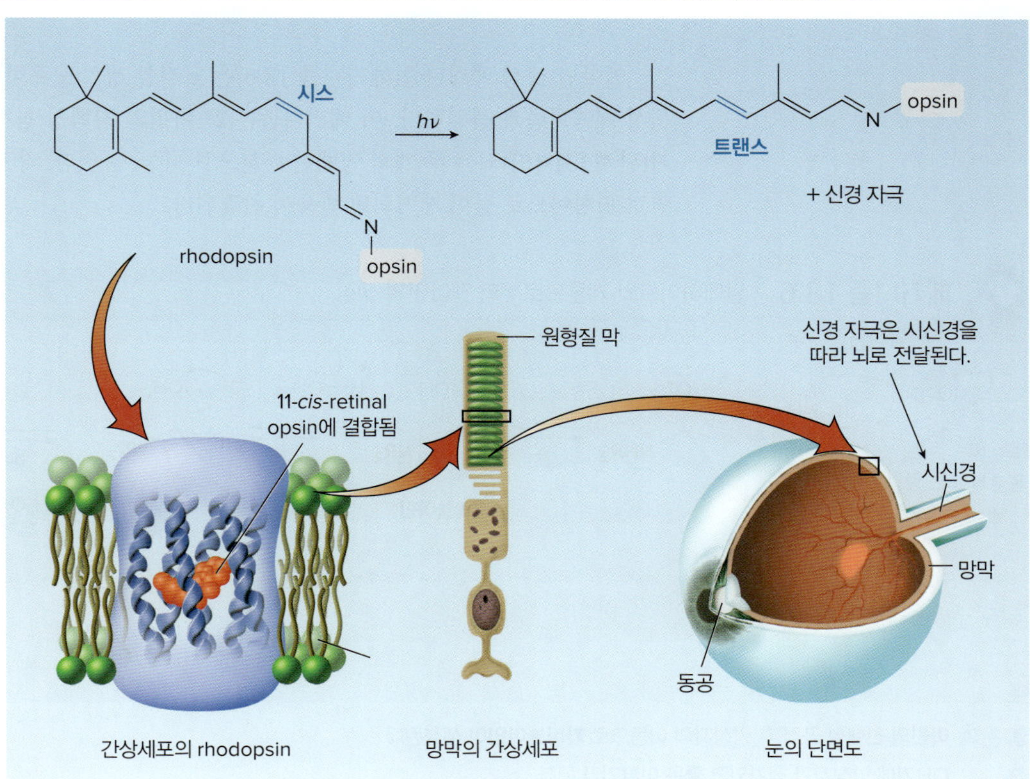

• Rhodopsin은 빛에 민감한 화합물로 망막의 간상세포막에 있다. Rhodopsin은 단백질 opsin과 이민 연결을 통하여 11-*cis*-retinal과 결합되어 있다. 여기에 빛을 가하면 **붐비는 11-시스 이중 결합이 11-트랜스 이중 결합으로 이성질화되고,** 신경 자극이 시신경에 의해 뇌에 전달된다.

18.11 2° 아민의 첨가 반응

18.11A 엔아민의 생성

2° 아민이 알데하이드와 케톤과 반응하면 **엔아민(enamine)**이 얻어진다. **엔아민은 이중 결합에 질소 원자가 결합하고 있다(알켄 + 아민 = 엔아민).**

$$\text{R'C(=O)CH}_3 \xrightarrow{R_2\ddot{N}H} \left[\text{R'C(OH)(NR}_2\text{)CH}_3\right] \xrightarrow{-H_2O} \text{R'C(NR}_2\text{)=CH}_2$$

R' = H 또는 알킬 **카비놀아민** **엔아민**

이민처럼 엔아민도 카보닐기에 질소 친핵체가 첨가 반응을 한 후 물이 제거되면서 생성된다. 그러나 이 경우에 **제거 반응은 이웃한 두 탄소 원자 사이에 일어나고** 새로운 탄소–탄소 π 결합이 생성된다.

온화한 산 + H_2O

온화한 산 + H_2O

엔아민 생성 메커니즘(메커니즘 18.6)은 π 결합 생성을 포함하는 마지막 단계를 제외하면 이민 생성 메커니즘과 동일하다. 이 메커니즘은 **2° 아민의 친핵성 첨가 반응(단계 [1]과 [2]) 후 물이 제거(단계 [3]~[5])**되는 두 개의 명백한 부분으로 나눌 수 있다. 각 단계는 이민 생성 반응에서처럼 가역적 평형이므로 물이 제거되면 반응이 완결된다.

메커니즘 18.6 알데하이드와 케톤으로부터 엔아민의 생성

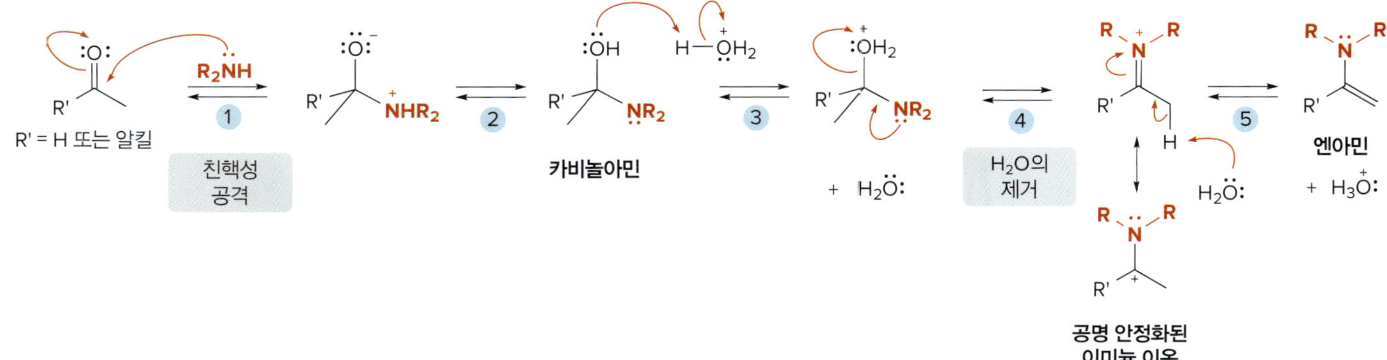

1 ~ 2 **아민의 친핵성 공격** 후 양성자의 이동으로 **카비놀아민**이 생성된다.

3 OH기에 양성자가 첨가되면 **좋은 이탈기**가 된다.

4 물의 제거로 **공명 안정화된 이미늄 이온(iminium ion)**이 생성된다.

5 인접한 C−H 결합으로부터 양성자를 잃어서 **엔아민**이 생성된다.

메커니즘을 살펴보면 왜 **1° 아민과 카보닐과의 반응은 이민을 생성하나, 2° 아민과의 반응은 엔아민을 생성**하는지를 알 수 있다. 그림 18.7에 cyclohexanone을 출발물로 사용하여 두 메커니즘의 마지막 단계를 비교하였다. 이중 결합의 위치는 마지막 단계의 어느 양성자가 제거되는가에 따른다. N−H에서 양성자가 제거되면 C=N이 생성되고, C−H에서 제거되면 C=C 결합이 생성된다.

문제 18.21 각 엔아민을 얻기 위해서는 무슨 2° 아민과 카보닐 화합물이 필요한가?

a.

b.

c.

문제 18.22 2-Methylcyclohexanone을 $(CH_3)_2NH$로 처리하면 무슨 두 가지 엔아민이 생기는가?

그림 18.7
이민과 엔아민의 생성 비교

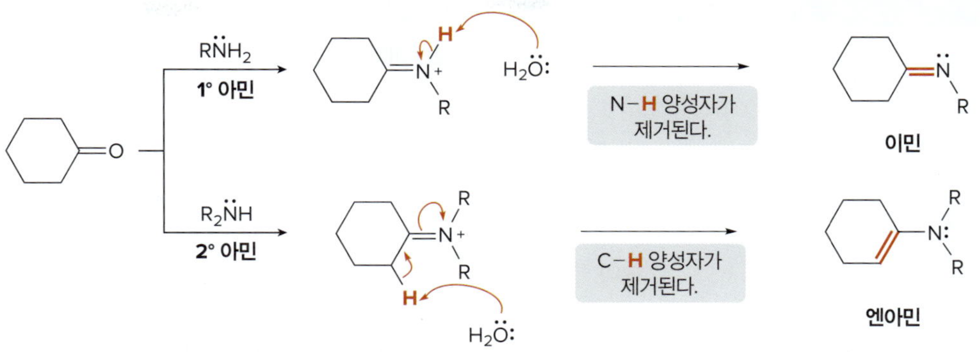

- **1° 아민**의 경우 중간체 이미늄 이온의 질소 원자에 양성자가 아직 있으므로 이것이 제거되어 C=N을 생성한다.
- **2° 아민**의 경우 중간체 이미늄 이온의 질소 원자에 양성자가 **없으므로** 이웃에 있는 C–H로부터 양성자가 제거되어 C=C 결합을 만든다.

18.11B 이민과 엔아민의 가수 분해

이민과 엔아민은 일련의 가역 반응에서 생성되므로 **두 화합물을 온화한 산으로 가수 분해하면 카보닐 화합물로 되돌아갈 수 있다.**

- 이민과 엔아민을 가수 분해하면 알데하이드와 케톤이 생성된다.

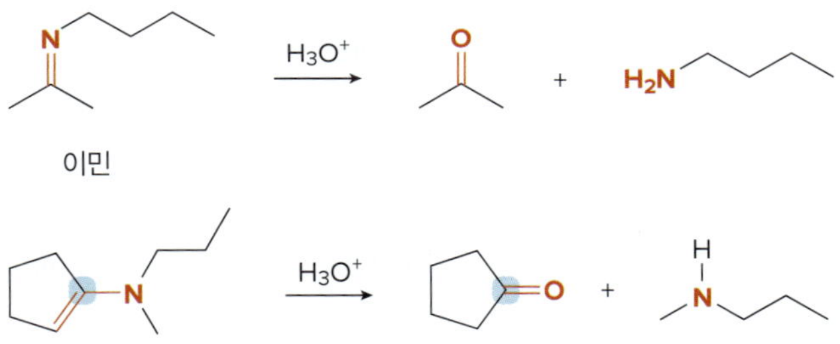

이 반응의 메커니즘은 이민과 엔아민의 생성 메커니즘의 정확한 역순이다. 엔아민의 가수 분해에서 생성물의 카보닐 탄소는 출발물의 질소 원자에 결합되어 있는 sp^2 혼성화 탄소로부터 온 것이다.

메커니즘 18.7 엔아민의 가수 분해

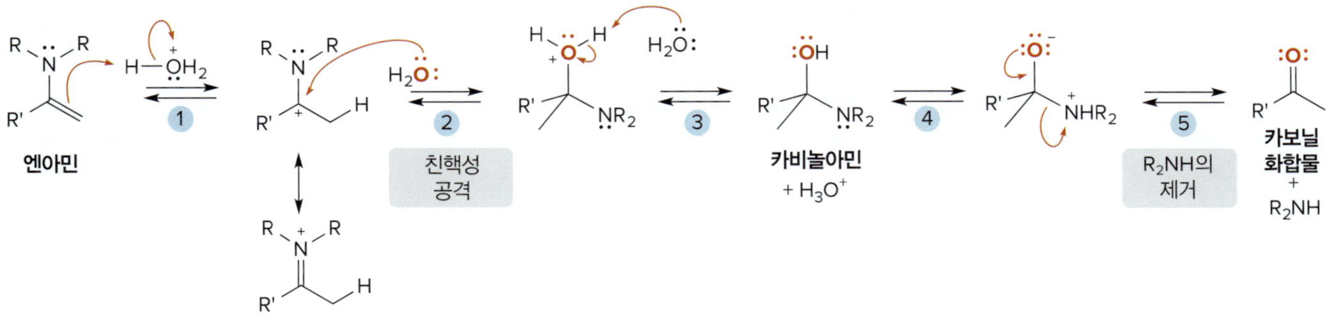

1 엔아민에 양성자가 첨가하면 **공명 안정화 이미늄 이온**이 얻어진다.

2~3 **H_2O의 친핵성 공격**과 양성자 제거로 **카비놀아민**이 얻어진다.

4~5 양성자 이동과 R_2NH의 제거로 **카보닐기**가 생긴다.

예제 18.3 이민과 엔아민의 가수 분해 생성물 그리기

각 화합물들의 가수 분해로 얻어지는 생성물을 그려라.

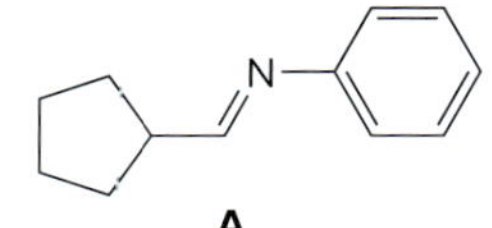

A

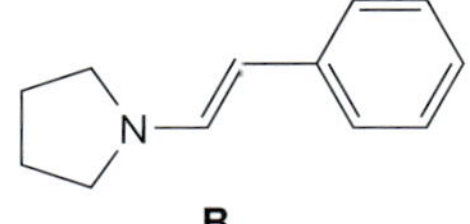

B

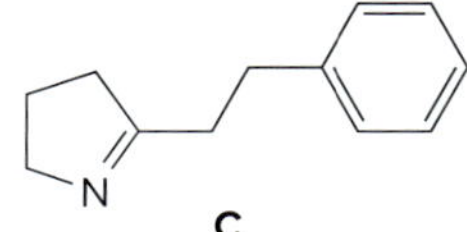

C

풀이

- 이민의 C=N은 가수 분해로 **C=O와 1° 아민**으로 바뀐다.
- 엔아민의 N 원자가 결합한 C=C는 **2° 아민과 카보닐 화합물**로 가수 분해된다.

A, **B**, **C**에서 푸른색으로 표시한 탄소는 카보닐 탄소로 바뀐다.

A
이민
H_3O^+
H_2N + 1° 아민
O H
알데하이드

B
엔아민
H_3O^+
O + H
NH 알데하이드
2° 아민

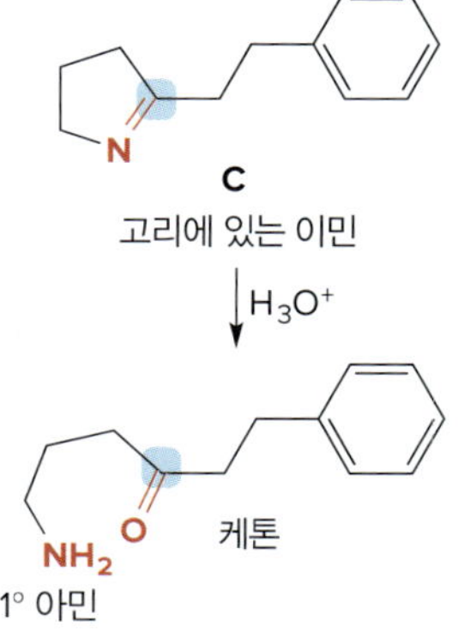

- 이민 **A**는 1° 아민과 알데하이드로 바뀐다.
- 엔아민 **B**는 알데하이드와 2° 아민으로 바뀐다. N이 결합한 알켄일 탄소는 C=O의 탄소로 바뀐다.
- 이민 **C**는 1° 아민과 케톤으로 바뀐다. **C**가 고리 구조이므로 두 작용기는 **같은** 화합물에 남는다.

문제 18.23 다음 화합물을 가수 분해하였을 때 무슨 아민과 카보닐 화합물이 생기는가?

a.
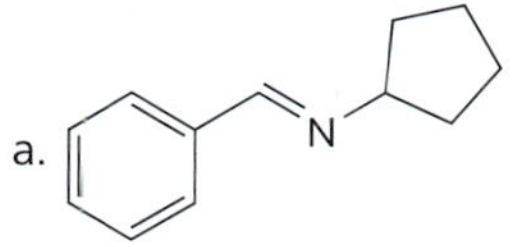

b. N   c. N   d. N O

추가 문제: 문제 18.44c, g; 18.51; 18.53을 풀어보라.

문제 18.24 다음 이민 가수 분해의 단계별 메커니즘을 쓰라.

N $\xrightarrow{H_3O^+}$ $\overset{+}{N}H_3$ H O

18.12 물의 첨가—수화 반응

카보닐 화합물에 산 또는 염기 촉매하에 물을 첨가하면 **탄소–산소의 π 결합에 H와 OH가 엇갈리게 첨가되어 젬–다이올(*gem*-diol)** 또는 **수화물(hydrate)**을 생성한다.

R(C=O)R' —(H_2O; H^+ 또는 ^-OH)→ RR'C(OH)OH

R' = H 또는 알킬

젬–다이올 (수화물)

Formaldehyde와 같은 **입체 장애가 없는 알데하이드**나 **전자 끄는 기**가 주위에 있는 경우에만 카보닐기의 수화 반응에서 **젬**–다이올이 좋은 수율로 얻어진다.

formaldehyde —H_2O→ formaldehyde hydrate (HO–CH_2–OH)

chloral (Cl_3C–CHO) —H_2O→ chloral hydrate

18.12A 수화물 생성의 열역학

카보닐기에 물을 첨가하여 좋은 수율로 **젬**–다이올을 얻을 수 있는지는 출발물과 생성물의 상대적 에너지 차이에 달려 있다. **덜 안정한** 카보닐 출발물의 경우에는 평형이 **수화물** 쪽으로 치우치는 반면에, **더 안정한** 카보닐 출발물은 평형이 **출발물** 쪽으로 치우치게 된다. **알킬기는 카보닐기를 안정화하기** 때문이다(17.2B절).

- 카보닐 탄소에 알킬기의 수가 **증가하면** 평형에서 수화물의 양은 **감소한다**.

다음은 formaldehyde와 acetaldehyde 그리고 acetone에서 생성된 수화물의 양을 비교하여 나타낸 것이다.

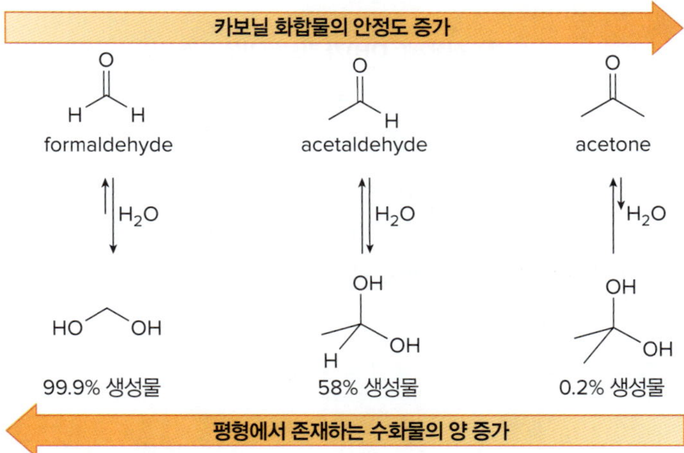

카보닐 화합물 중에서 가장 불안정한 formaldehyde는 수화물의 생성 비율이 가장 크다. 다른 한편으로, 전자 주는 R기가 두 개인 acetone과 다른 케톤의 경우에는 평형에서 수화물 생성 비율이 1% 미만이다. 다른 전자적 효과도 마찬가지로 영향을 미친다.

- 카보닐 탄소 근처에서 전자를 **주는** 기는 카보닐기를 안정화하므로 평형에서 수화물의 양을 **감소시킨다**.
- 카보닐 탄소 근처에서 전자를 **끄는** 기는 카보닐기를 불안정화하므로 평형에서 수화물의 양을 **증가시킨다**.

Chloral hydrate는 때때로 수술 전에 환자를 조용하게 하 기 위하여 복용시키는 진정제로 평판이 좋지 않게 사용되어 왔다. 이것을 알코올 음료와 섞으면 이른바 녹아웃 음료가 만들어지는데, 이 음료를 마신 사람이 기절하기도 한다. Chloral hydrate는 중독성이 있고 투여 시 주의가 필요하기 때문에 규제 약물이다.

이 점이 chloral (trichloroacetaldehyde)이 평형에서 대부분 수화물로 존재하는 이유를 설명한다. 전자를 끄는 세 개의 Cl은 카보닐의 α 탄소를 부분적인 양전하로 만들고 카보닐기를 불안정하게 하므로 평형에서 수화물의 양을 증가시킨다.

chloral

인접한 같은 전하(δ+)는 카보닐을 **불안정화**하고, 수화물의 양을 **증가시킨다**.

문제 18.25 평형에서 존재하는 수화물의 백분율이 증가하는 순서로 다음 카보닐 화합물을 정렬하라.

A B C

18.12B 수화물 생성의 반응 속도론

H_2O 자체는 카보닐기에 느리게 첨가되지만 산과 염기 모두 물의 첨가 반응에서 촉매 작용을 한다. 염기에서는 ^-OH가 친핵체이고, 메커니즘 18.8에서 보여 주듯이 메커니즘은 **친핵성 공격과 연이은 양성자 첨가**라는 일반적인 두 단계를 따른다.

메커니즘 18.8 카보닐기에 대한 물의 염기 촉매화 첨가 반응

R' = H 또는 알킬

젬-다이올

1 **친핵체($^-$OH)가 카보닐기를 공격**하면 π 결합이 깨지고 전자쌍은 산소로 이동한다.

2 H_2O에 의해 음으로 하전된 산소에 양성자 첨가가 일어나면 **수화물**이 생성된다.

산 촉매에 의한 첨가 반응은 18.6A절에 제시된 메커니즘을 따른다. 카보닐기를 공격하는 H_2O 같은 약한 친핵체는 **첫 번째로 산에 의하여 카보닐에 먼저 양성자 첨가가 되어야 하며 그런 뒤에 친핵성 공격이 일어난다**. 메커니즘 18.9에서 보여주듯이 전체적인 메커니즘은 세 단계이다.

메커니즘 18.9 카보닐기에 대한 물의 산 촉매화 첨가 반응

R' = H 또는 알킬

공명 안정화된 양이온

젬-다이올

1 카보닐 산소에 양성자가 첨가되면 **공명 안정화된 양이온**이 생성된다.

2 ~ 3 친핵체 공격과 양성자 제거로 **젬-다이올**이 생성된다. 전체적인 결과는 카보닐기에 H와 OH가 첨가되는 반응이다.

산과 염기는 각기 다른 이유로 반응 속도를 증가시킨다.

- **염기는 물을 더 센 친핵체인 $^-$OH로 변환시킨다.**
- **산은 카보닐기에 양성자를 첨가함으로써 카보닐기를 친핵성 공격에 대하여 더 친전자적으로 만든다.**

이러한 촉매는 반응 속도를 증가시키지만 평형 상수에는 영향을 미치지 않는다. 낮은 수득률의 젬-다이올을 생성하는 출발물은 촉매의 존재 여부가 수득률과는 관계없다. 이러한 반응은 가역 반응이므로 젬-다이올을 알데하이드나 케톤으로 변환시키는 반응은 산과 염기에 의해 촉매화되며, 메커니즘의 단계는 순서가 역전된다.

문제 18.26 다음 반응의 단계별 메커니즘을 그려라.

(cyclohexane-1,1-diol) $\xrightarrow{H_3O^+}$ (cyclohexanone) + H_2O

18.13 알코올의 첨가 반응—아세탈 생성

아세탈(acetal)이란 용어는 단일 탄소에 두 개의 OR기가 있는 케톤이나 알데하이드에 적용된다. **케탈(ketal)**이라는 용어는 카보닐 출발물이 케톤일 때 가끔씩 사용된다. 즉, 케탈의 경우 알콕시가 결합된 탄소가 수소와 결합하지 **않으며** 일반적인 구조식은 $R_2C(OR')_2$이다. 케탈은 IUPAC 체계에서 아세탈의 하위로 분류되므로 우리는 **아세탈**이란 단일 용어를 탄소 원자에 OR기가 두 개인 어떤 화합물에도 사용할 것이다.

알데하이드와 케톤은 두 당량의 알코올과 반응하여 아세탈(acetal)을 생성한다. 아세탈에서 알데하이드와 케톤의 카보닐 탄소는 이제 **두 개의 OR''(알콕시)기**와 새로운 단일 결합을 생성한다.

RC(=O)R' + R''OH (2당량) $\overset{H^+}{\rightleftharpoons}$ RR'C(OR'')(OR'') + H_2O

R' = H 또는 알킬 — 아세탈

이 반응은 지금까지 우리가 보아 온 다른 첨가 반응들과는 다르다. 왜냐하면 **카보닐기에 두 당량의 알코올이 첨가**되어 두 개의 새로운 C–O σ 결합을 생성하기 때문이다. 아세탈화는 산으로 촉매되며 보편적으로 *p*-톨루엔설폰산(*p*-toluenesulfonic acid, TsOH)을 사용한다.

CH_3CH_2CHO + CH_3OH (2당량) $\overset{TsOH}{\rightleftharpoons}$ $CH_3CH_2CH(OCH_3)_2$ (아세탈) + H_2O

Ethylene glycol 같은 다이올이 두 당량의 알코올(ROH) 대신에 사용되면 고리 아세탈이 생성된다. 고리 아세탈의 두 개의 산소 원자는 다이올에서 온다.

(cyclohexanone) + HOCH₂CH₂OH (ethylene glycol) $\overset{TsOH}{\rightleftharpoons}$ 고리 아세탈 + H_2O

R–C(OR)(OR)–R ≠ R–O–R
아세탈 — 에터

아세탈과 에터는 모두 C–O σ 결합이 있지만 **아세탈은 에터가 아니다.** 같은 탄소 원자에 두 개의 C–O σ 결합이 있는 아세탈은 에터와는 매우 다르다.

젬-다이올의 생성처럼 아세탈의 합성은 가역적이며 종종 평형에서는 생성물이 아니라 반응물이 더 선호된다. 그러나 아세탈의 합성에서 물은 부산물로 생성되므로 **생성된 물을 제거하면** 평형을 오른쪽으로 이동시킬 수 있다. 이러한 작업은 실험실에서 다양한 방법으로 할 수 있다. 물과 반응하는 탈수제(drying agent)를 첨가할 수도 있고, 좀 더 일반적으로는 물이 생기는 동안 물을 반응 혼합물로부터 증류하여 제거할 수 있다. 생성물 중에서 한 가지를 제거함으로써 평형을 오른쪽으로 이동하는 것은 Le Châtelier 법칙의 응용이다(9.8절 참조).

예제 18.4 복잡한 화합물에서 에터와 아세탈 찾기

카리브해 지역의 해양 해면(*Spirastrella coccinea*)에서 분리된 천연물인 spirastrellolide A에서 에터와 아세탈을 찾아라.

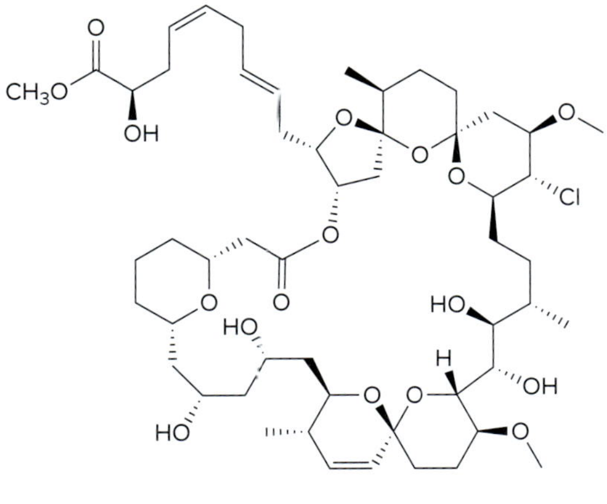

spirastrellolide A

풀이

복잡한 화합물에서 각 산소-함유 작용기를 **하나씩** 검토한다. 에터와 아세탈은 사슬이나 고리의 일부분에서 나타날 수 있다.

- **아세탈은 같은 탄소 원자에 C−O σ 결합이 두 개 있다.**
- **에터는 O 원자 하나에 두 R기가 결합하고 있다.**

Spirastrellolide A는 아세탈 세 개(O 원자는 붉은색, 아세탈 탄소는 회색 상자로 표시)와 에터 세 개(O 원자는 푸른색으로 표시)가 있다.

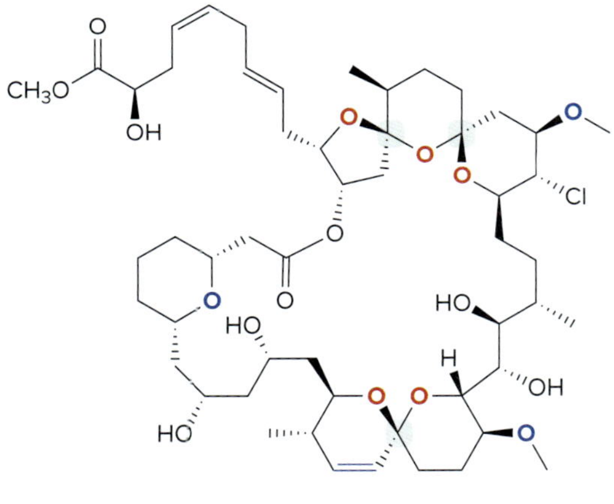

spirastrellolide A

문제 18.27 그람-양성 박테리아에 활성인 항생제 nigericine에서 에터와 아세탈을 표시하라.

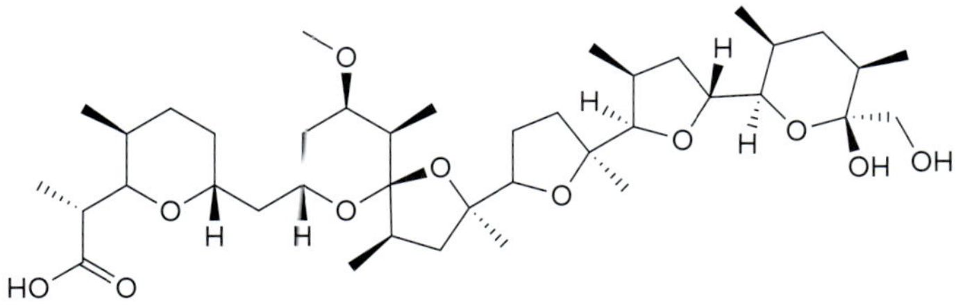

nigericine

추가 문제: 문제 18.52a, 18.54a를 풀어보라.

문제 18.28 각 반응의 생성물을 그려라.

a. (cyclopentanone) $\xrightarrow[\text{TsOH}]{2\ CH_3OH}$ b. (2-butanone) + HO⌒OH $\xrightarrow{\text{TsOH}}$

18.13A 메커니즘

아세탈 생성 메커니즘은 두 부분으로 나눌 수 있다. 즉, **1당량 알코올의 첨가로 헤미아세탈(hemiacetal)**이 생성되는 부분과 뒤를 이어 **헤미아세탈이 아세탈로 변환**되는 부분이다. **헤미아세탈**은 탄소 원자에 OH기와 OR기가 결합되어 있다.

$R_2C{=}O \underset{\text{부분 [1]}}{\overset{R'OH,\ H^+}{\rightleftharpoons}} R_2C(OH)(OR')$ (헤미아세탈) $\underset{\text{부분 [2]}}{\overset{R'OH,\ H^+}{\rightleftharpoons}} R_2C(OR')_2$ (아세탈) $+ H_2O$

젬-다이올처럼 헤미아세탈은 카보닐 출발물보다 에너지가 더 높으므로, 종종 평형 방향이 헤미아세탈 생성에 불리하다. 헤미아세탈이 아세탈로 변환되는 과정에서 물의 제거(elimination)가 일어나는데, 이 물을 반응 혼합물로부터 제거(removal)하면 평형이 생성물을 선호하는 쪽으로 치우치게 된다. 이 점이 왜 카보닐기가 두 당량의 ROH와 반응하여 아세탈 생성물로 되는지를 설명한다.

메커니즘 18.10은 일반적 산 HA를 이용하는 두 부분으로 작성되었다.

메커니즘 18.10 아세탈 생성

부분 [1] 헤미아세탈의 생성

$R_2C{=}\ddot{O}: + H{-}A \overset{[1]}{\rightleftharpoons} R_2C{=}\overset{+}{O}H \longleftrightarrow R_2\overset{+}{C}{-}OH$ (공명 안정화된 양이온) $+ :A^-$ $\overset{[2]\ R'OH}{\rightleftharpoons}$ (친핵체 공격) $R_2C(OH){-}\overset{+}{O}(H)R'$ $\overset{[3]\ :A^-}{\rightleftharpoons} R_2C(OH)(OR')$ (헤미아세탈) $+ H{-}A$

1 카보닐 산소의 양성자 첨가로 **공명 안정화된 양이온**이 생성된다.

2 ~ 3 R'OH에 의한 친핵체의 공격과 양성자 제거로 **헤미아세탈**이 생성된다. 전체적인 결과는 카보닐기에 H와 OR'이 첨가되는 것이다.

부분 [2] 아세탈의 생성

$R_2C(OH)(OR')$ (헤미아세탈) $+ H{-}A \overset{[4]}{\rightleftharpoons} R_2C(\overset{+}{O}H_2)(OR') + :A^-$ $\overset{[5]}{\rightleftharpoons}$ (H_2O의 제거) $R_2\overset{+}{C}{-}OR' \longleftrightarrow R_2C{=}\overset{+}{O}R'$ (공명 안정화된 양이온) $+ H_2\ddot{O}:$ $\overset{[6]\ R'OH}{\rightleftharpoons}$ (친핵체 공격) $R_2C(OR')(\overset{+}{O}(H)R')$ $\overset{[7]\ :A^-}{\rightleftharpoons} R_2C(OR')_2$ (아세탈) $+ H{-}A$

4 헤미아세탈 OH기의 양성자 첨가는 **좋은 이탈기**를 만든다.

5 H_2O를 잃고 **공명 안정화된 양이온**을 생성한다.

6 ~ 7 R'OH에 의한 친핵체의 공격과 연이은 양성자 손실로 **아세탈**이 생성된다. 부분 [2]의 전체적 결과는 카보닐기에 두 번째 OR'기가 첨가되는 것이다.

이 메커니즘은 모두 일곱 단계로 길지만 단지 세 가지 다른 종류의 반응들, 즉 **친핵체의 첨가, 이탈기의 제거**, 그리고 **양성자 이동**으로 되어 있다. 단계 [2]와 [6]에서는 친핵체의 공격이 일어나고 단계 [5]에서는 H_2O가 제거된다. 메커니즘의 다른 네 개의 단계는 더 좋은 이탈기 또는 더 친전자성 카보닐기를 만들기 위하여 양성자가 산소 원자에서부터 다른 원자로 이리저리 이동하는 단계이다.

문제 18.29 다음 반응의 단계적 메커니즘을 그려라.

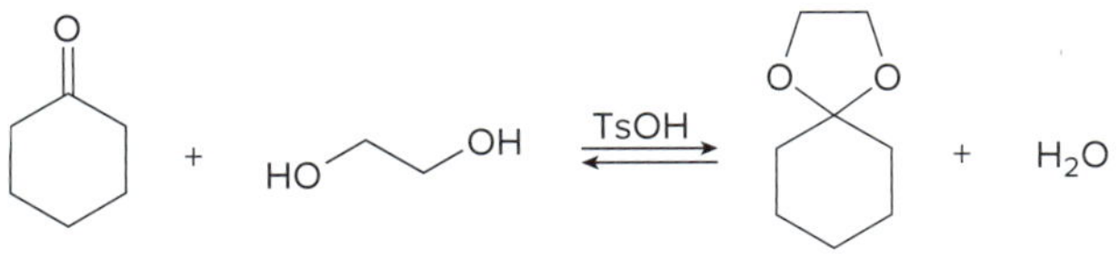

cyclohexanone + HO–CH₂CH₂–OH ⇌(TsOH) ketal + H_2O

18.13B 아세탈의 가수 분해

아세탈이 알데하이드와 케톤으로 변환되는 과정은 **가역 반응**이므로 **아세탈은 산 수용액에서 알데하이드와 케톤으로 가수 분해될 수 있다.** 이 반응 역시 평형 과정이므로 가수 분해를 위한 과량의 물을 사용하면 반응이 오른쪽으로 촉진된다.

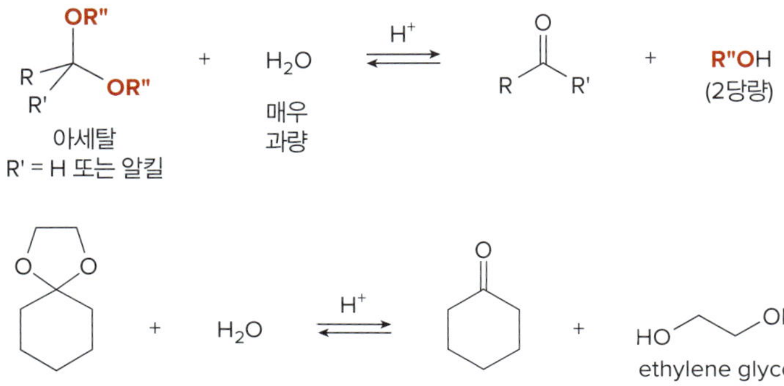

아세탈 (R' = H 또는 알킬) + H_2O (매우 과량) ⇌(H^+) RC(=O)R' + R"OH (2당량)

ketal + H_2O ⇌(H^+) cyclohexanone + HO–CH₂CH₂–OH (ethylene glycol)

이 반응의 메커니즘은 아세탈의 합성의 역과정으로 메커니즘 18.11에 나와 있다.

아세탈의 가수 분해는 좋은 이탈기(ROH)를 만들기 위하여 센산이 필요하다. **아세탈의 가수 분해는 염기에서 일어나지 않는다.**

예제 18.5 아세탈 가수 분해 반응의 생성물 그리기

A에서 아세탈 탄소를 찾고, **A**를 수용성 산으로 가수 분해하였을 때 생기는 생성물을 그려라.

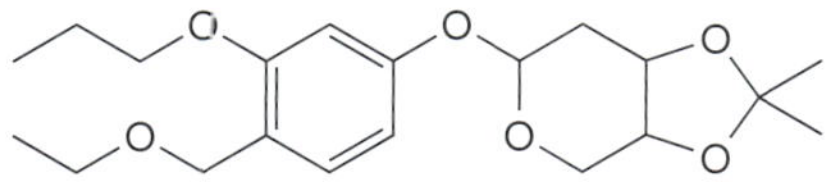

A

풀이

O 원자를 포함하는 작용기를 찾는다.

- **아세탈은 같은 탄소에 두 산소 원자가 결합하고 있다.**
- **에터는 산소 원자 하나에 두 탄소가 결합하고 있다.**

A에는 에터 두 개(회색)와 아세탈 두 개(아세탈 원자는 붉은색으로, 아세탈 탄소는 푸른색으로 표시)가 있다.

- **두 개의 O와 결합하고 있는 아세탈 C는** 가수 분해로 **카보닐 C로 바뀐다.**
- **아세탈 O는 OH기로 바뀐다.**

푸른색의 아세탈 C는 ...   . 푸른색의 카보닐 C가 된다.

A $\xrightarrow{H_3O^+}$ B + C + D

에터는 수용성 산과 반응하지 **않는다**.

붉은색의 아세탈 O는...   ... 붉은색의 OH가 된다.

아세탈의 모든 C—O 결합은 끊어지고 세 개의 생성물이 만들어진다.

문제 18.30 각 아세탈을 수용성 산으로 처리하였을 때 생기는 생성물을 그려라.

a. CH_3O OCH_3 c.   e. CH_3O, OCH_3, OCH_3, CH_3O

b.   d.   f.

추가 문제: 문제 18.46, 18.50, 18.52b, 18.54를 풀어보라.

메커니즘 18.11 아세탈 가수 분해

부분 [1] 아세탈의 헤미아세탈로의 변환

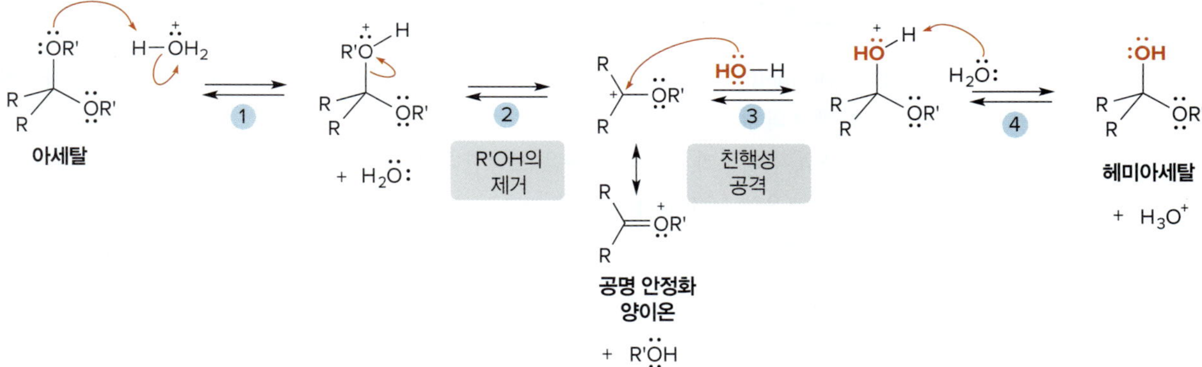

1 아세탈의 OR'기 하나에 양성자가 첨가되면 **좋은 이탈기**가 만들어진다.

2 R'OH의 제거로 **공명 안정화된 양이온**이 생성된다.

3 ~ 4 H_2O의 친핵성 공격과 양성자의 제거로 **헤미아세탈**이 만들어진다. 부분 [1]의 전체 결과는 OR'기 한 개가 OH로 **치환**되는 것이다.

부분 [2] 헤미아세탈의 카보닐기로의 변환

헤미아세탈   5 $+ H_2\ddot{O}:$ 6 R'OH의 제거   공명 안정화 양이온 $+ R'\ddot{O}H$ 7   카보닐 화합물 $+ H_3O^+$

5 헤미아세탈의 OR'기에 양성자가 첨가되면 **좋은 이탈기**가 만들어진다.

6 ~ 7 **R'OH이 제거**되고 탈양성자화 반응이 일어나면 **카보닐 화합물**이 얻어진다.

사사프라스는 사프롤의 원천이다(문제 18.31). *kj2011/iStock/Getty Images*

Oleandrin(문제 18.32)은 *협죽도*(*Nerium oleander*)에서 얻는다. *Alessandro0770/Getty Images*

문제 18.31 Safrole은 사사프라스로부터 추출되는 천연 아세탈이다. 한때는 루트 비어(root beer)나 음료수에 일반 식품 첨가제로 사용되었지만, 지금은 발암성 때문에 금지되었다. Safrole이 산성 용액에서 가수 분해되면 어떤 화합물이 생성되는가?

safrole

문제 18.32 협죽도의 수액에 들어 있는 독소 중의 하나인 oleandrin에서 아세탈을 찾아내고, 이 아세탈의 산 촉매화 가수 분해에서 생성되는 생성물을 그려라.

oleandrin

18.14 보호기로서의 아세탈

tert-Buthyldimethylsilyl ether가 알코올(17.12절)의 보호기로 사용되는 것과 같이 **아세탈은 알데하이드와 케톤의 유용한 보호기이다.**

출발물 **A**가 케톤과 에스터 양쪽을 포함한다고 가정하자. 그리고 케톤은 놓아 두고 에스터만 선택적으로 알코올(6-hydroxyhexan-2-one)로 환원하는 일이 필요하다고 가정하자. 이러한 선택적 환원은 한 단계로 가능하지 않다. 케톤이 좀 더 쉽게 환원되기 때문에 methyl 5-hydroxyhexanoate가 대신 생성될 것이다.

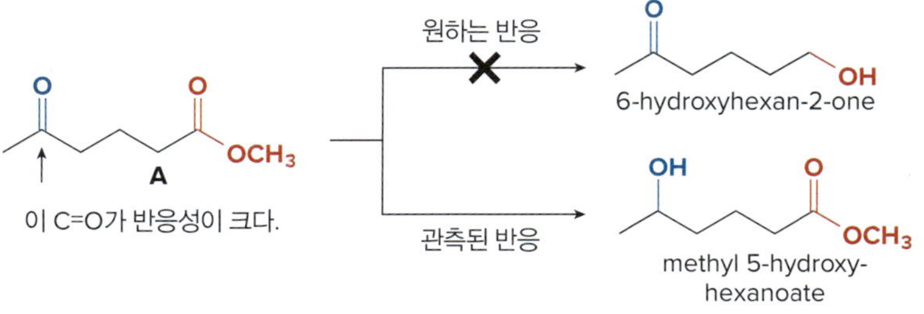

이 문제를 해결하기 위해 우리는 보호기를 이용하여 더 반응성이 좋은 케톤 카보닐기를 막을 수 있다. 전체 과정에는 세 단계가 필요하다.

[1] 간섭하는 작용기의 보호—케톤 카보닐

[2] 원하는 환원 반응의 수행

[3] 보호기의 제거

고리 아세탈을 사용하는 다음과 같은 세 단계 반응을 수행하면 원하는 생성물을 얻을 수 있다.

OCH_3 HO⌒OH TsOH OCH_3
단계 [1] 보호 반응
[1] $LiAlH_4$ [2] H_2O
단계 [2] 환원 반응
H_2O, H^+
단계 [3] 탈보호 반응
OH 원하는 생성물 + HO⌒OH OH

- **단계 [1]** 케톤 카보닐은 출발물과 $HOCH_2CH_2OH$ 및 TsOH의 반응에 의해서 고리 아세탈로서 보호한다.
- **단계 [2]** 에스터의 환원은 $LiAlH_4$로 수행하고 뒤이어 H_2O로 처리한다.
- **단계 [3]** 아세탈은 수용성 산 조건에서 케톤 카보닐기로 다시 변환된다.

아세탈은 쉽게 첨가 및 제거되며 다양한 반응 조건에서 안정하기 때문에 알데하이드와 케톤의 보호기로 널리 사용된다. 아세탈은 염기, 산화제, 환원제, 그리고 친핵체와 반응하지 않는다. 좋은 보호기는 분자의 다른 곳에서 일어나는 다양한 반응 조건에서 살아 남아야 한다. 그러나 필요시에는 온화한 조건에서 선택적으로 제거되어야 한다.

문제 18.33 다음 변환을 수행하기 위해서는 어떤 보호기를 사용해야 하는가?

18.15 고리 헤미아세탈

> 고리 헤미아세탈을 **락톨(lactol)**이라고도 한다.

비고리 헤미아세탈은 일반적으로 불안정하여 평형에서 상당한 양이 존재하지 않지만 **오원자나 육원자 고리를 포함하는 고리 헤미아세탈은** 쉽게 분리되는 **매우 안정한 화합물이다.**

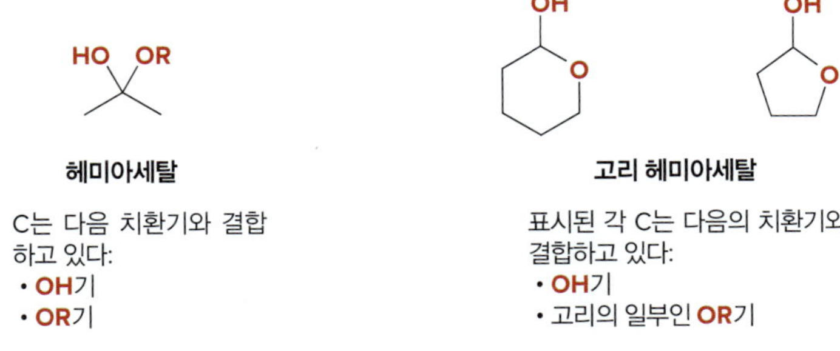

헤미아세탈

C는 다음 치환기와 결합하고 있다:
- **OH**기
- **OR**기

고리 헤미아세탈

표시된 각 C는 다음의 치환기와 결합하고 있다:
- **OH**기
- 고리의 일부인 **OR**기

18.15A 고리 헤미아세탈의 생성

모든 헤미아세탈은 카보닐기에 하이드록시기가 친핵성 첨가되어 생성된다. 같은 방법으로 고리 헤미아세탈은 **하이드록시 알데하이드의 분자내 고리화 반응**에 의하여 생성된다.

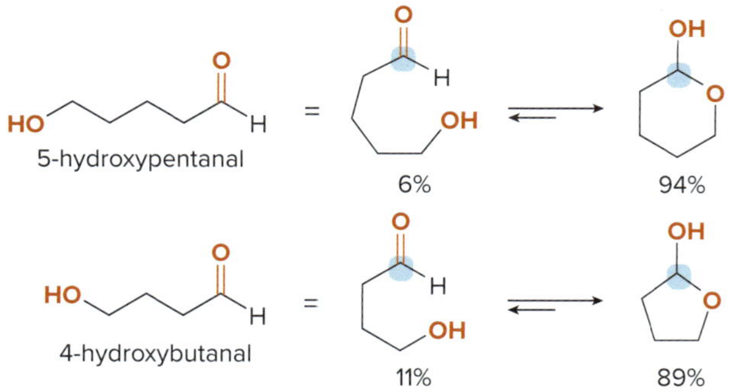

5-hydroxypentanal 6% 94%

4-hydroxybutanal 11% 89%

[평형에서 각 화합물의 비율이 주어져 있다.]

이러한 오원자나 육원자 고리를 생성하는 분자내 반응은 이에 해당하는 분자간 반응보다 빠르다. 두 개의 반응 작용기, 이 경우 OH와 C=O는 근접해 있기 때문에 반응이 일어날 확률이 증가한다.

문제 18.34 각 하이드록시 알데하이드의 분자내 고리화 반응으로 생성되는 락톨(고리 헤미아세탈)은 무엇인가?

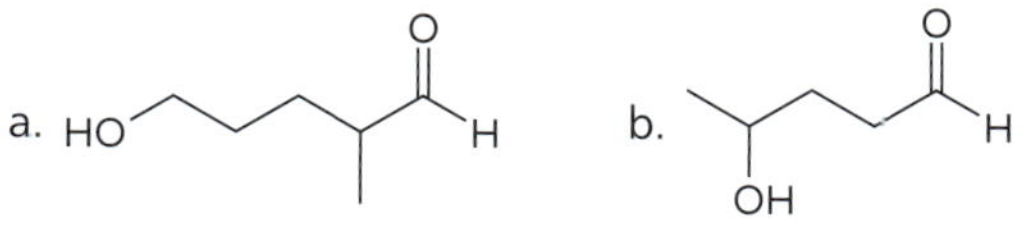

a. b.

헤미아세탈은 산이나 염기 촉매하에서 생성된다. 산 촉매 메커니즘은 메커니즘 18.12에서 5-hydroxypentanal이 산 촉매 고리화 반응으로 육원자 고리 헤미아세탈을 생성하는 것처럼, **분자내 반응**이라는 것을 제외하고는 메커니즘 18.10의 부분 [1]과 같다.

메커니즘 18.12 산 촉매화 고리 헤미아세탈의 생성

1 2 친핵성 공격 3 헤미아세탈

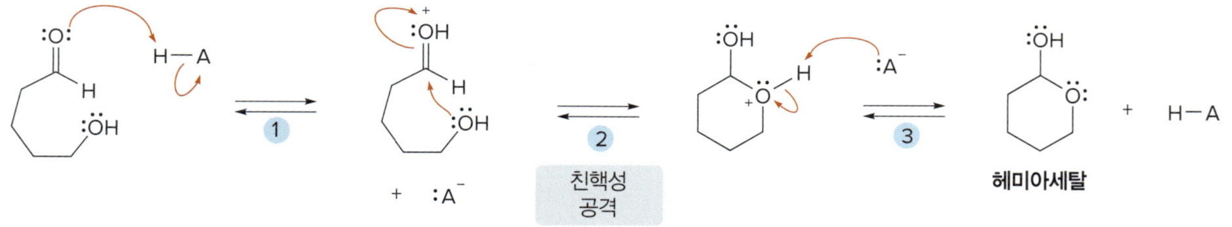

1 ~ 2 카보닐 산소의 양성자 첨가 후 **분자내 친핵성 공격**에 의하여 육원자 고리를 생성한다.

3 양성자 이탈로 중성 **고리 헤미아세탈**을 생성한다.

하이드록시 알데하이드의 분자내 고리화 반응은 **입체 발생 중심이 하나 새로 생긴 헤미아세탈**을 생성하므로 **두 개의 거울상 이성질체가 같은 양으로 생성**된다.

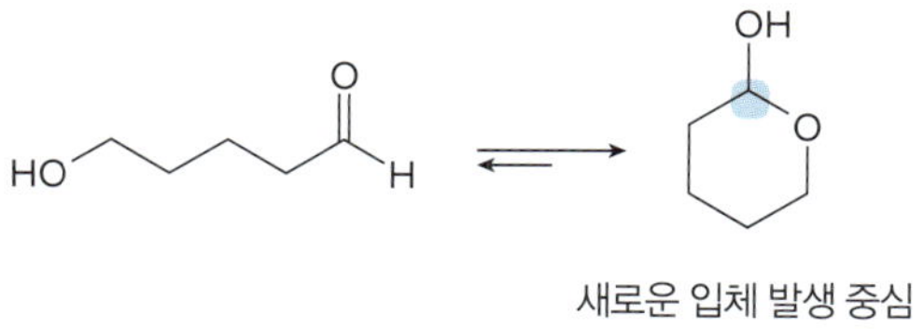

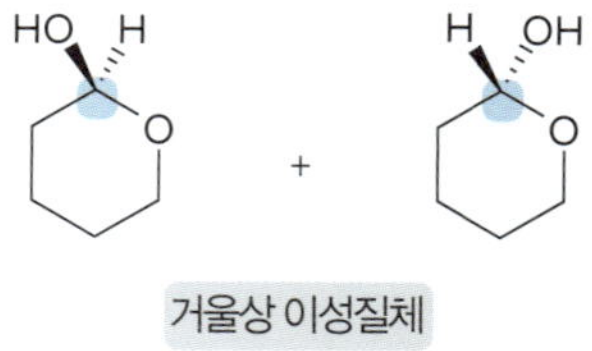

새로운 입체 발생 중심

거울상 이성질체

18.15B 헤미아세탈의 아세탈로의 변환

고리 헤미아세탈은 산과 알코올의 반응으로 아세탈로 변환될 수 있다. 이 반응에서는 헤미아세탈의 일부분인 OH기가 OR기로 변환된다.

OH | CH_3OH, H^+ | OCH_3 | + H_2O

헤미아세탈 → 아세탈

이 반응의 메커니즘 18.13은 고리 헤미아세탈의 아세탈로의 변환을 설명한 메커니즘 18.10의 부분 [2]와 동일한 반응이다.

메커니즘 18.13 고리 헤미아세탈에서 고리 아세탈의 생성

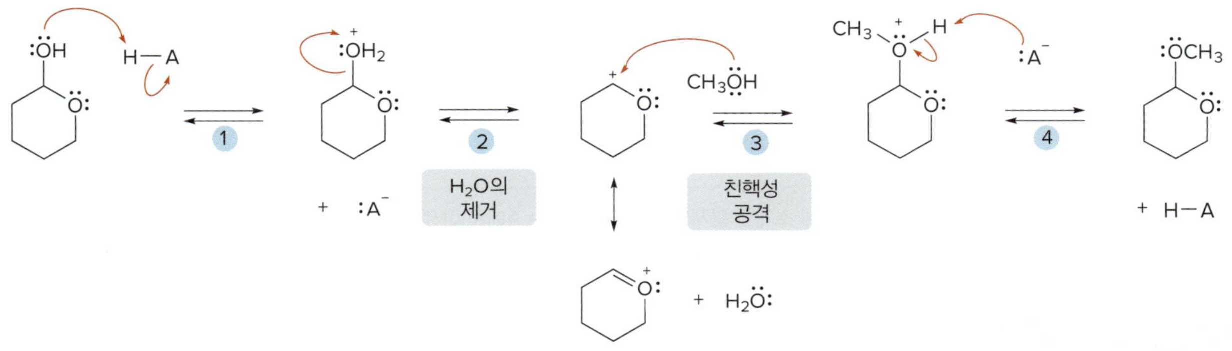

공명 안정화된 양이온

1. 헤미아세탈 OH기의 양성자 첨가는 **좋은 이탈기**를 만든다.
2. 물의 제거는 **공명 안정화된 양이온**을 생성한다.
3. ~ 4. CH_3OH의 친핵성 공격 후 양성자 이탈은 **아세탈**을 생성한다.

이 반응의 전체적인 결과는 **헤미아세탈의 OH기를 OCH_3기로 바꾸는 것**이다. 이 치환 반응은 단계 [2]에서 생성된 탄소 양이온이 공명에 의하여 안정화되기 때문에 쉽게 일어난다. 이 사실은 헤미아세탈의 OH기는 다른 알코올의 하이드록시기와 다르다는 것이다.

따라서 알코올의 OH기와 헤미아세탈의 OH기가 둘 다 있는 화합물을 산과 알코올로 처리하면 **헤미아세탈의 OH기만 반응**하여 아세탈이 된다. 알코올의 OH기는 반응하지 않는다.

고리 헤미아세탈이 아세탈로 변환하는 것은 26장에 논의한 것과 같이 탄수화물 화학에서는 매우 중요한 반응이다.

OH, OH | CH_3OH, H^+ | OCH_3, OH | + H_2O

헤미아세탈의 OH기만 반응한다.

문제 18.35 스트렙토마이세스 시나모넨시스(*Streptomyces cinamonensis*)에 의하여 생성되는 폴리에터 항생물질인 monensin은 가축의 먹이에 첨가제로 쓰인다. Monensin에서 아세탈과 헤미아세탈, 그리고 에터를 표시하라.

monensin

문제 18.36 각 반응의 생성물을 그려라.

a. (2-hydroxytetrahydropyran) + ethanol $\xrightarrow{H^+}$ b. (trihydroxytetrahydropyran) + ethanol $\xrightarrow{H^+}$

문제 18.37 이 장의 도입부에 소개한 분자인 rebaudioside A에서 아세탈을 확인하고 모든 아세탈이 수용성 산으로 가수 분해되었을 때 생기는 생성물을 그려라.

스테비아 식물은 감미료 Truvia로 판매되는 rebaudioside A(문제 18.37)의 원천이다.
Linda Hall/Shutterstock

rebaudioside A
상품명: Truvia

18.16 탄수화물의 소개

일반적으로 당과 녹말로 총칭되는 탄수화물은 폴리하이드록시(polyhydroxy) 알데하이드와 케톤 또는 그들로 가수 분해될 수 있는 화합물이다. 단백질, 지방산 및 뉴클레오타이드와 함께 탄수화물은 살아 있는 세포의 기능과 구조를 관장하는 생체 분자의 네 가지 주요 부류 중의 하나이다.

> 글루코스는 혈액 속에 운반되어 각 세포에서 대사되는 탄수화물이다. 호르몬 인슐린은 혈액 속의 글루코스 양을 조절한다. 당뇨병은 인슐린의 부족으로 생기는 일반적인 병이며 혈액 속의 글루코스 수치를 증가시켜 다른 비정상적인 대사를 유발한다. 인슐린 주사는 글루코스 수치를 조절한다.

많은 탄수화물은 고리 아세탈 또는 헤미아세탈을 포함하고 있다. 예를 들면, 가장 흔히 볼 수 있는 단순당인 **글루코스**와 우유 속에 들어 있는 주요 탄수화물인 **락토스(lactose)**가 있다. 헤미아세탈 탄소는 푸른색으로 표시되어 있고, 반면에 아세탈 탄소는 붉은색으로 표시되어 있다.

3-D 구조

β-D-글루코스
(글루코스의 한 형태)

락토스

3-D 구조

당 속의 헤미아세탈은 다른 헤미아세탈이 생성되는 것과 같은 방식, 즉 **하이드록시 알데하이드의 고리화 반응**으로 생성된다. 그래서 글루코스의 헤미아세탈은 다음의 식에서 보여 주듯이 비고리 폴리하이드록시 알데하이드(**A**)의 고리화 반응으로 생성된다. 이 과정은 두 개의 주요한 특징을 설명한다.

A ⇌ β-D-글루코스 63% (수평 방향 OH) + α-D-글루코스 37% (수직 방향 OH)

- C5에 있는 OH기가 친핵체일 때 **육원자 고리가 생기는 고리화 반응**이 쉽게 일어난다. 이 고리 크기가 우선적으로 생성된다.
- **고리화 반응은 새로운 입체 발생 중심을 생성하는데,** 이것은 18.15A절에서 소개한 더 간단한 하이드록시 알데하이드(5-hydroxypentanal)의 고리화 반응과 정확히 비슷하다. **헤미아세탈의 새로운 OH기는 수평(equatorial) 또는 수직(axial) 방향 위치가 될 수 있다.**

이 결과로 글루코스는 **β-D-글루코스**(수평 방향 OH기)와 **α-D-글루코스**(수직 방향 OH기)라 부르는 두 개의 고리를 생성한다. β-D-글루코스는 공간 여유가 있는 수평 방향 위치에 새로운 OH기가 있기 때문에 이 고리가 글루코스의 주생성물이다. 평형 상태에서는 아주 소량의 비고리 하이드록시 알데하이드 **A**가 존재한다.

이 과정에 대한 더 자세한 내용과 탄수화물 화학의 다른 내용은 26장에서 다룰 것이다.

문제 18.38

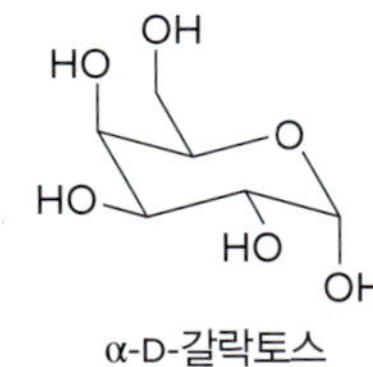

α-D-갈락토스

a. α-D-갈락토스에는 몇 개의 입체 발생 중심이 존재하는가?
b. α-D-갈락토스에 있는 헤미아세탈 탄소를 표시하라.
c. β-D-갈락토스의 구조를 그려라.
d. α-와 β-D-갈락토스로 고리화하는 폴리하이드록시 알데하이드의 구조를 그려라.
e. 18.15B절에서 배운 내용으로부터 α-D-갈락토스를 산 촉매 및 CH_3OH와 반응시킬 때 생성되는 생성물은 무엇인가?

Chapter 18 복습

핵심 개념

카보닐 화합물의 안정도와 수화물 생성과의 관계(18.12)

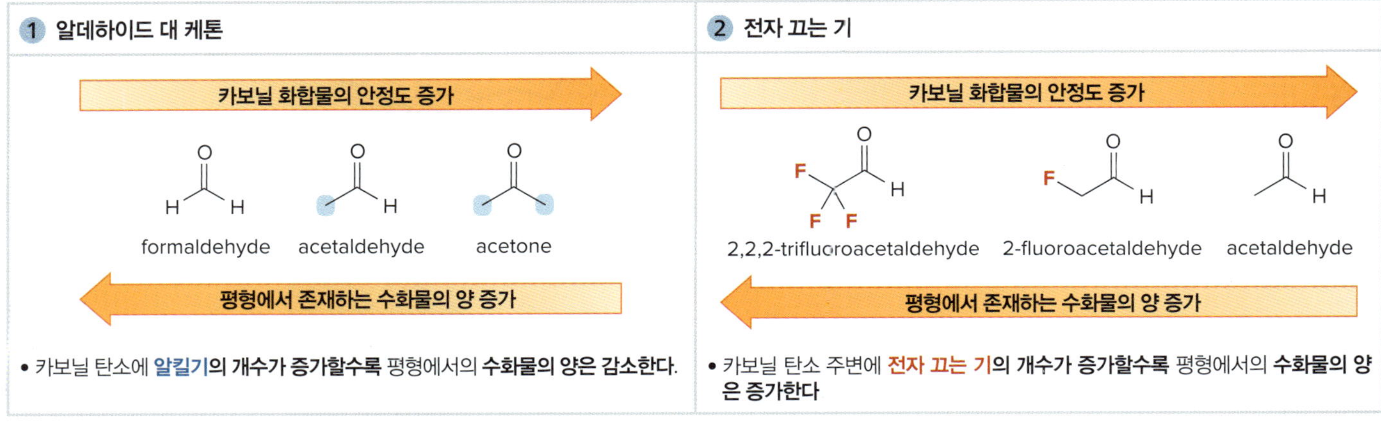

문제 18.55a, b를 풀어보라.

핵심 반응

친핵성 첨가 반응

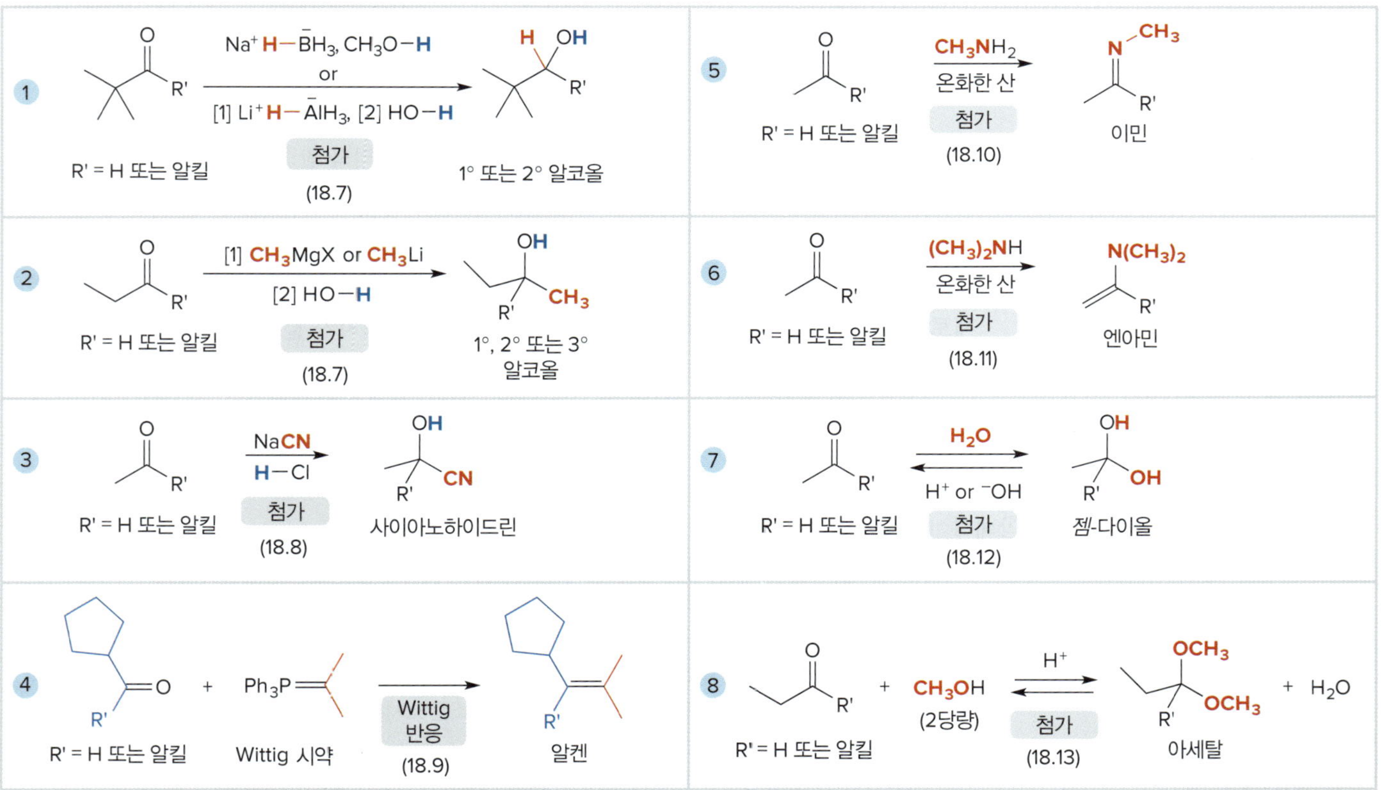

문제 18.39b; 18.43; 18.44a, b, d, f, h; 18.47; 18.48을 풀어보라.

다른 반응들

1 X → [1] Ph_3P: [2] Bu–Li (18.9A) → PPh_3 Wittig 시약 일리드	4 N 이민 → H_2O, H^+ 가수 분해 (18.11) → O 케톤 + —NH_2
2 OH, CN, R' 사이아노하이드린 R' = H 또는 알킬 → ^-OH 제거 (18.8) → O, R' 알데하이드 또는 케톤 + HO—H + ^-CN	5 N 엔아민 → H_2O, H^+ 가수 분해 (18.11) → O 케톤 + H–N
3 HO, C≡N, R' 사이아노하이드린 R' = H 또는 알킬 → H_2O H^+또는^-OH Δ 가수 분해 (18.8) → HO, OH, O, R' α-하이드록시 카복실산 (산과 함께) or HO, O^-, O, R' α-하이드록시 카복실산염 (염기과 함께)	6 OCH_3, OCH_3, R' R' = H 또는 알킬 아세탈 + H_2O ⇌ H^+ 가수 분해 (18.13) → O, R' 알데하이드 또는 케톤 + CH_3OH (2당량)

예제 18.3 참고. 문제 18.44c, e, g; 18.46; 18.50; 18.51; 18.52; 18.53; 18.54b를 풀어보라.

핵심 기법

[1] 두 단계로 Wittig 시약 합성하기(18.9A)

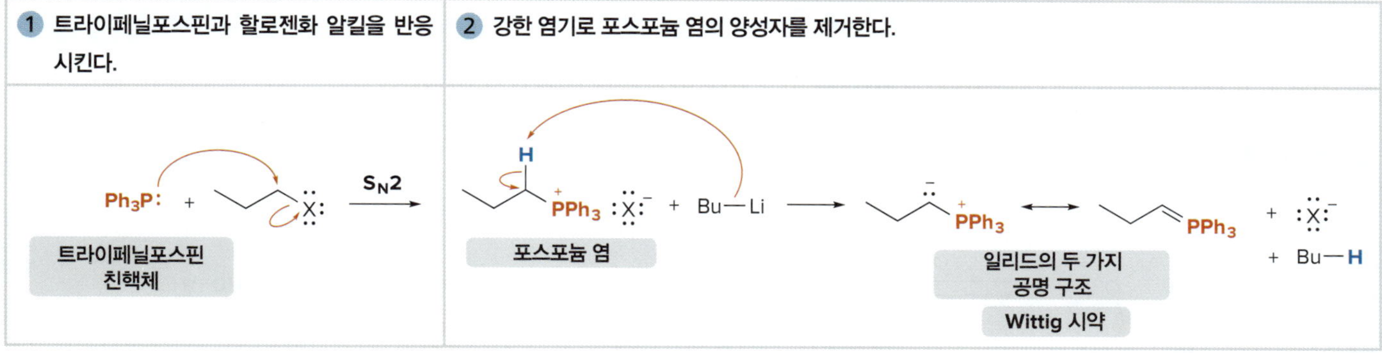

문제 18.53을 풀어보라.

[2] 역합성 분석으로 Wittig 반응의 출발물 결정하기(18.9C)

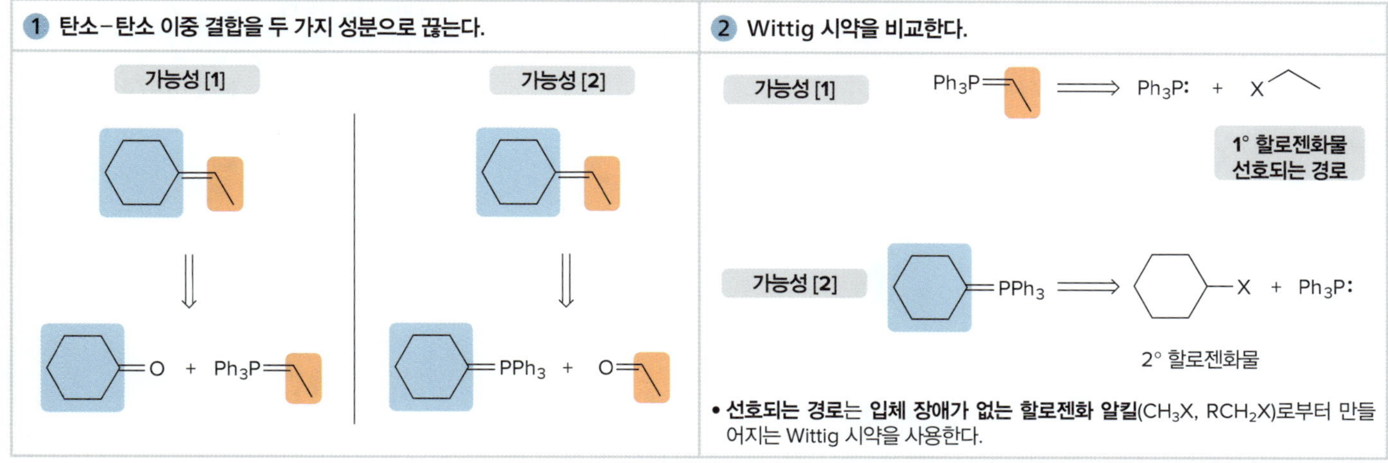

해결 방법 p. 852 참고. 문제 18.56, 18.59를 풀어보라.

[3] 아세탈을 보호기로 사용하기(18.14)

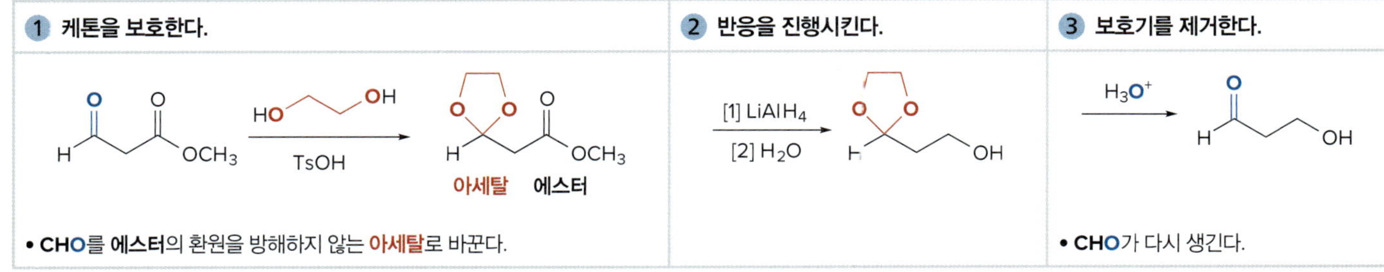

문제 18.66, 18.67을 풀어보라.

[4] 하이드록시 알데하이드의 분자내 고리 반응으로 생기는 입체 이성질체 그리기(18.15A)

문제 18.49, 18.82를 풀어보라.

[5] 알코올과 산으로 반응시킬 때 아세탈을 만드는 반응성이 있는 OH기 결정하기(18.15B)

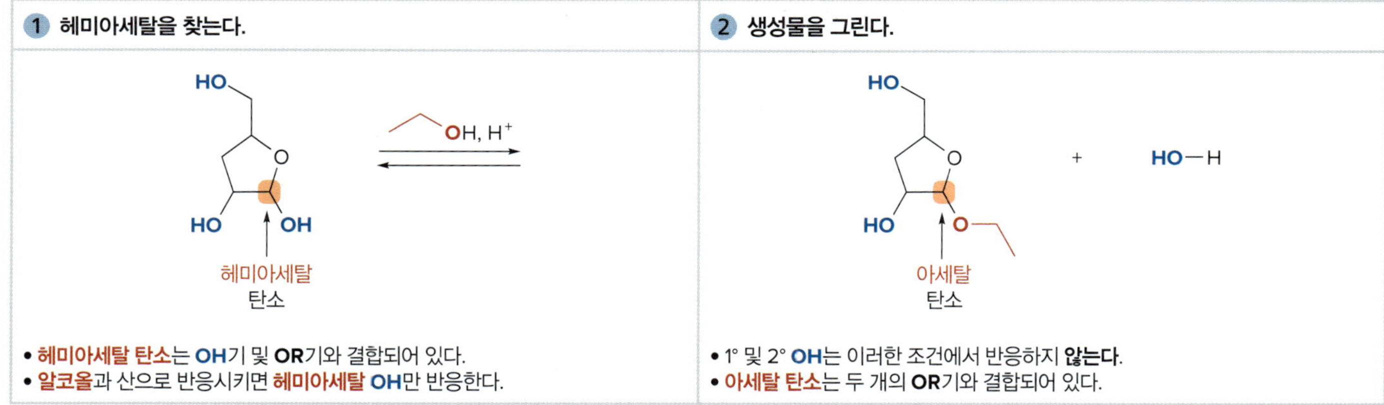

문제 18.47d를 풀어보라.

18장 선다형 자가–시험

자가–시험은 American Chemical Society 유기 화학 시험과 유사한 객관식 문제로 구성되어 있다. 정답은 장의 마지막 부분에 나와 있다.

1. 다음 화합물에는 아세탈, 헤미아세탈 및 에터가 몇 개씩 들어 있는가?

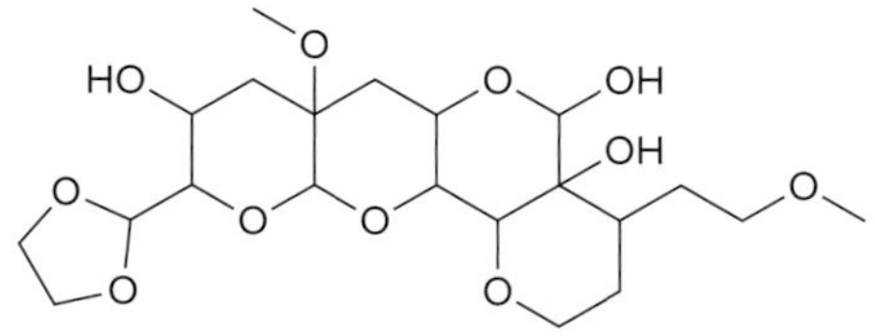

HO, O, O, OH, OH, O, O, O, O, O, O

a. 아세탈 한 개, 헤미아세탈 두 개, 에터 두 개
b. 아세탈 두 개, 헤미아세탈 두 개, 에터 두 개
c. 아세탈 두 개, 헤미아세탈 한 개, 에터 두 개
d. 아세탈 두 개, 헤미아세탈 한 개, 에터 세 개

2. 다음 화합물의 IUPAC 이름을 쓰라.

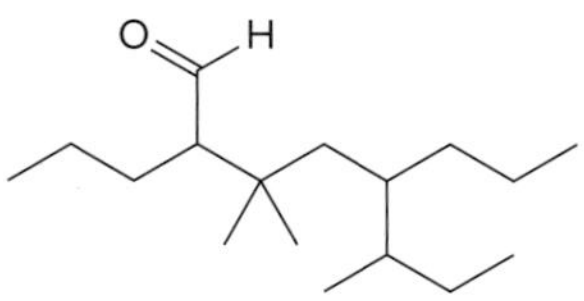

O, H

a. 5-*sec*-butyl-3,3-dimethyloctanal
b. 2,5-dipropyl-3,3,6-trimethyloctan-1-al
c. 4-*sec*-butyl-7-formyl-6,6-dimethyldecanal
d. 3,3,6-trimethyl-2,5-dipropyloctanal

3. 산의 존재하에서 **A**와 **B**가 반응하면 무슨 생성물(들)이 생기는가?

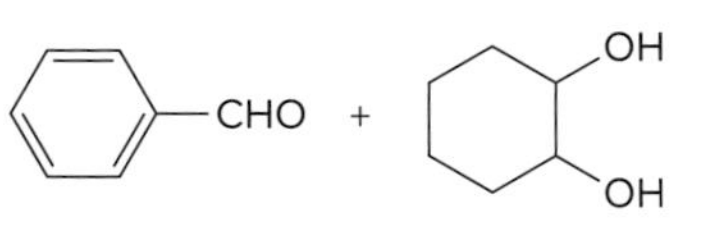

CHO + OH, OH
A **B**

a. 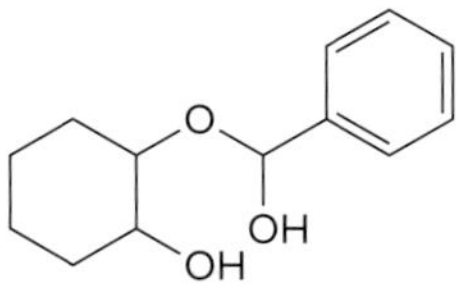 O, OH, OH
b. 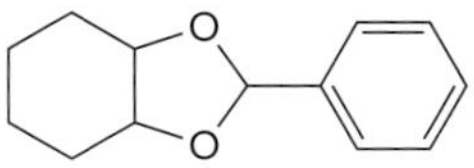 O, O
c. OH + O, O
d. 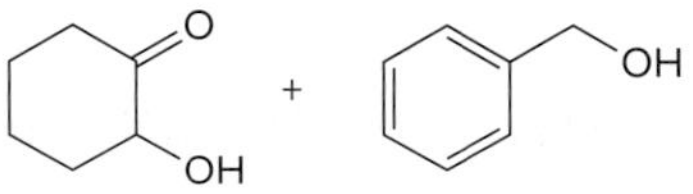 O, OH + OH

4. 다음 반응에서는 무슨 생성물이 생기는가?

Br [1] Ph_3P [2] BuLi [3] =O

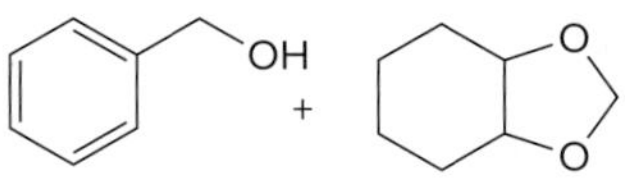

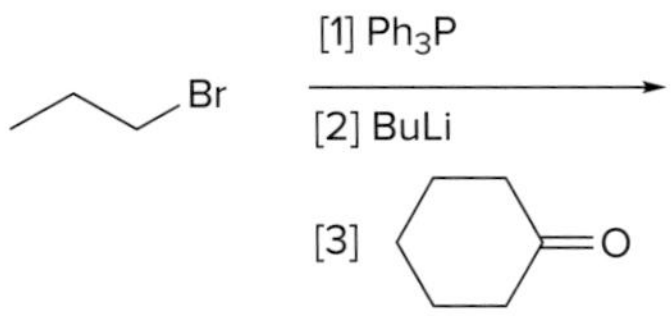

a. 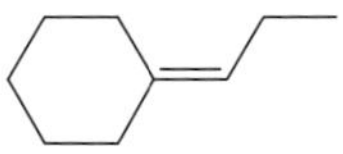 b. 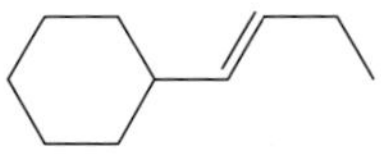 c. 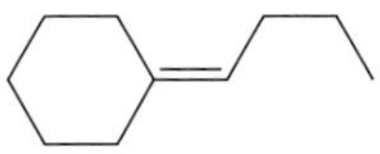 d.

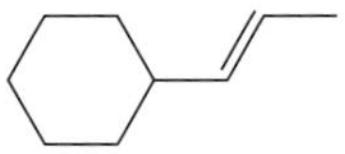

5. 다음 엔아민이 수용성 산에서 가수 분해되면 무슨 생성물이 생기는가?

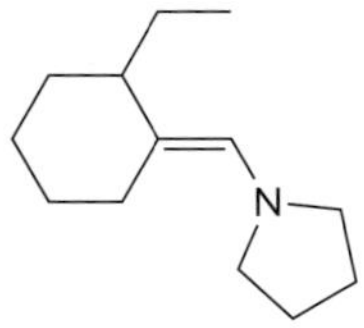

N

a. 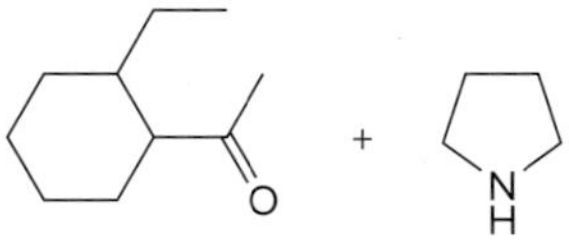 O + N H
b. 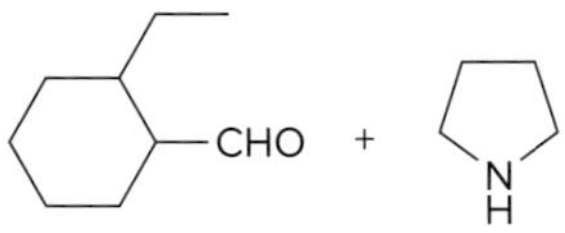 CHO + N H
c. =O + N H
d. 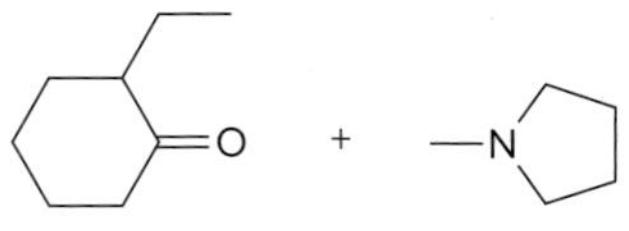 =O + —N

6. 어느 카보닐 화합물이 수화물을 가장 많이 만드는가?

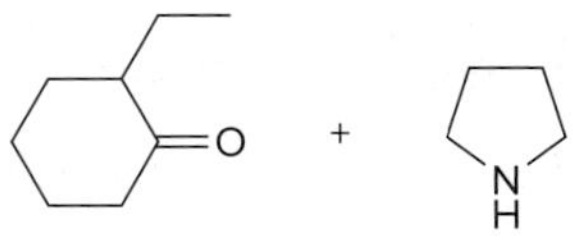

a. 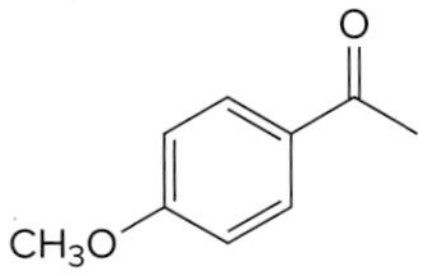 O, CH_3O
b. 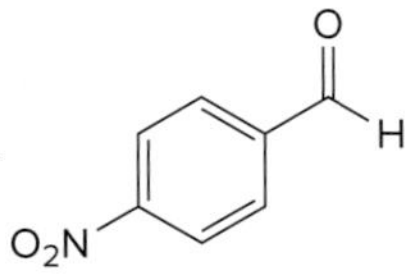 O, H, O_2N
c. 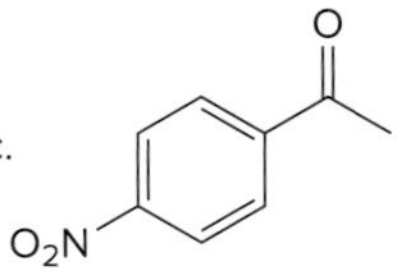 O, O_2N
d. 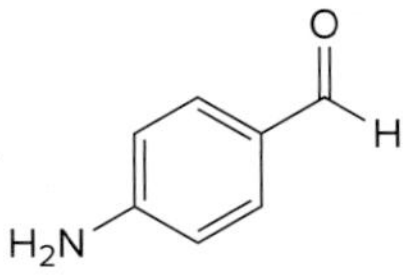 O, H, H_2N

7. 다음 두-단계 반응에서는 무슨 생성물이 생기는가?

[1] NaCN, HCl; [2] H_3O^+, Δ

a. HO CHO b. HO CN c. HO CO_2H d. CO_2H

8. 다음 반응에서는 무슨 생성물이 생기는가?

CH_3OH, H^+

a. OCH_3, OH b. OCH_3, OCH_3 c. CH_3O, CHO, OH d. HO, CHO, OCH_3

9. **A**가 수용성 산에서 가수 분해되면 무슨 생성물이 생기는가?

a. b. c. d.

10. 다음 반응에서는 무슨 생성물이 생기는가?

NH_2 + (2-메틸사이클로펜탄온), 온화한 H^+

a. N b. NH c. NH d. HO NH

문제

삼차원 모형을 이용하는 문제

18.39 (a) **A**와 **B**의 IUPAC 이름을 쓰라. (b) **A** 혹은 **B**가 각각의 시약과 반응하였을 때 얻어지는 생성물을 그려라: [1] $NaBH_4$, CH_3OH; [2] CH_3MgBr, then H_2O; [3] $Ph_3P{=}CHOCH_3$; [4] $CH_3CH_2CH_2NH_2$, 온화한 산; [5] $HOCH_2CH_2CH_2OH$, H^+.

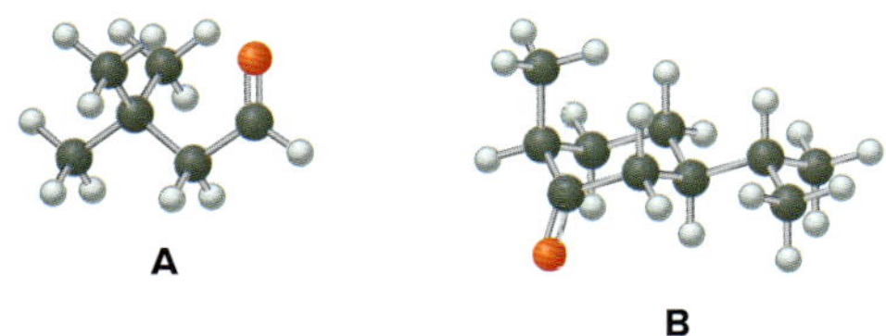

18.40 각 화합물을 얻기 위해서는 무슨 카보닐 화합물과 다이올이 필요한가?

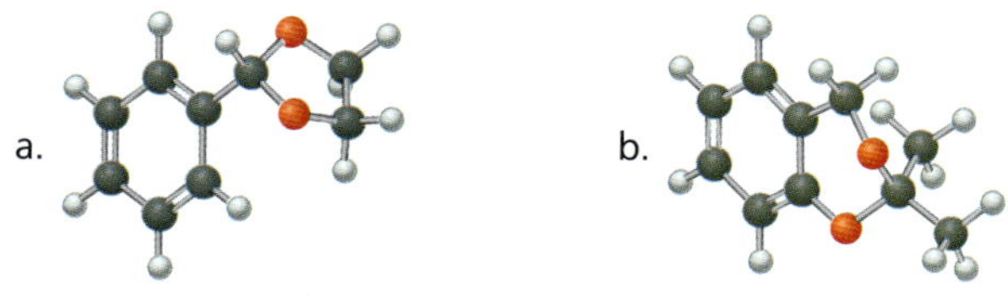

명명법

18.41 각 화합물의 IUPAC 이름을 쓰라.

a. 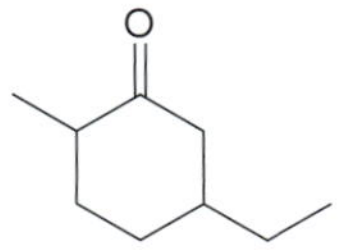 b. 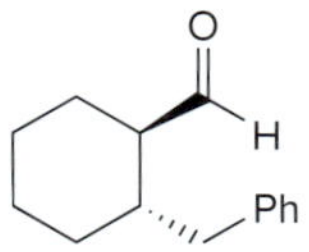 c. NO_2 d. 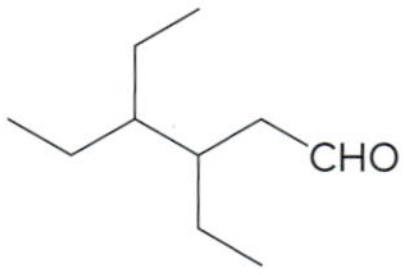 CHO e. f. 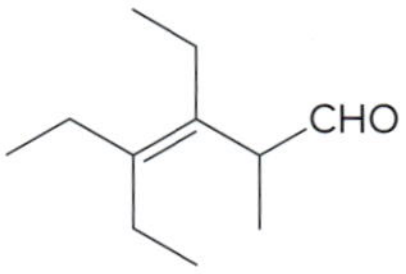 CHO

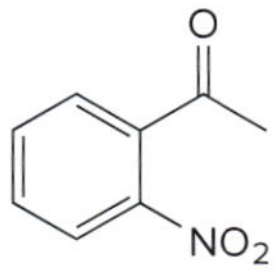

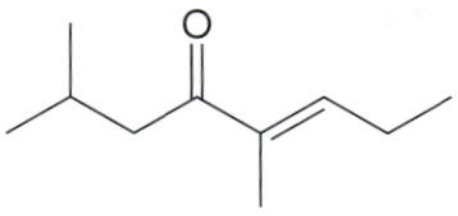

18.42 각각의 이름에 해당하는 구조를 그려라.

a. 2-methyl-3-phenylbutanal
b. 3,3-dimethylcyclohexanecarbaldehyde
c. 3-benzoylcyclopentanone
d. 2-formylcyclopentanone
e. (*R*)-3-methylheptan-2-one
f. *m*-acetylbenzaldehyde
g. 2-*sec*-butylcyclopent-3-enone
h. 5,6-dimethylcyclohex-1-enecarbaldehyde

반응

18.43 각 일련의 반응에서 얻어지는 생성물을 그려라.

a. 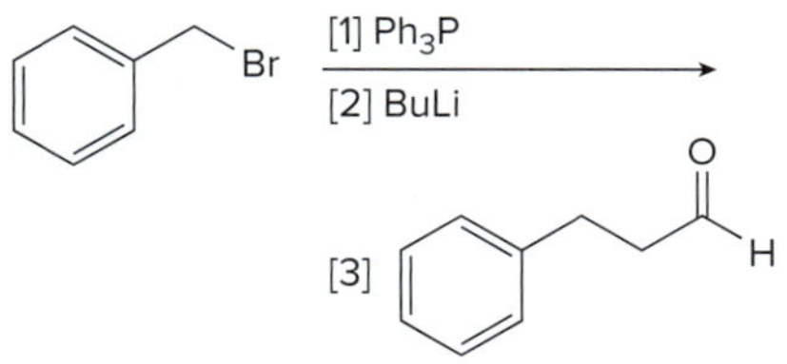 Br [1] Ph_3P [2] BuLi [3] O H

b. 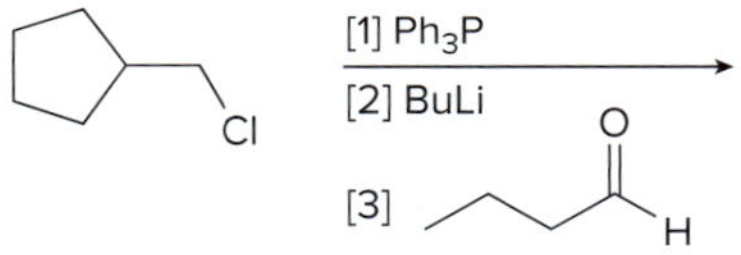 Cl [1] Ph_3P [2] BuLi [3] O H

18.44 각 반응에서 얻어지는 생성물을 그려라.

a. 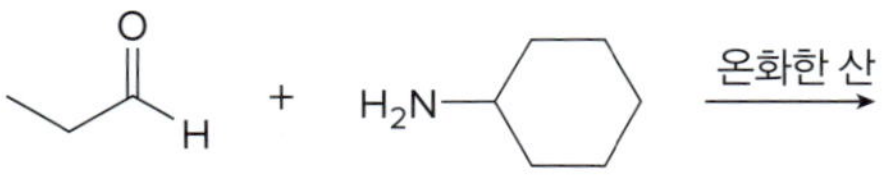 O H + H_2N— 온화한 산 →

b. =O HO OH → H^+

c. N H$_3$O$^+$ →

d. O C_6H_5 + N H 온화한 산 →

e. 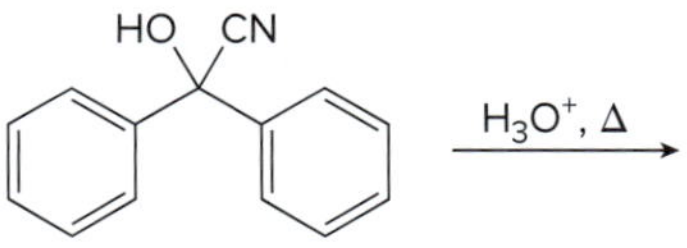 HO CN H_3O^+, Δ →

f. 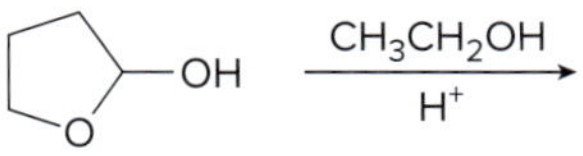 O OH CH_3CH_2OH → H^+

g. N H_3O^+ →

h. =O Ph_3P O OCH_3 →

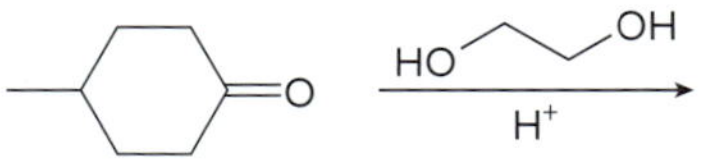

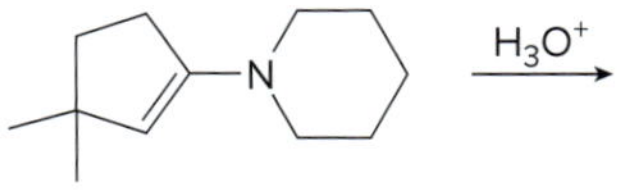

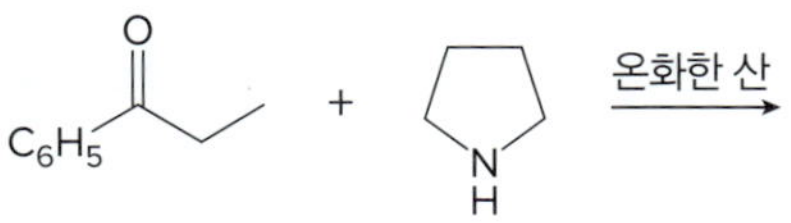

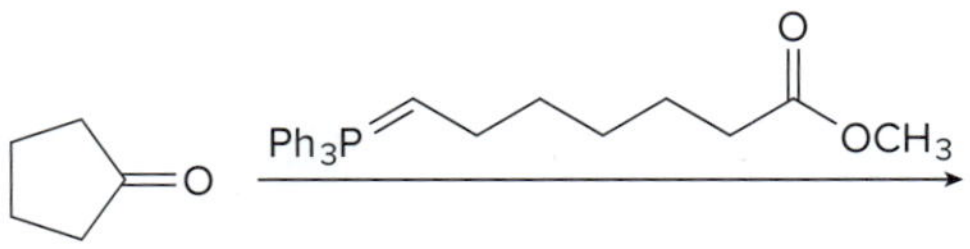

18.45 졸리지 않은 항히스타민제 fexofenadine (23.5절)의 합성에서, 화합물 **A**와 **B**를 아세탈 **C**로 변환한 후 수용성 산으로 처리하여 **D**를 얻었다. **B**와 **D**의 구조를 그려라.

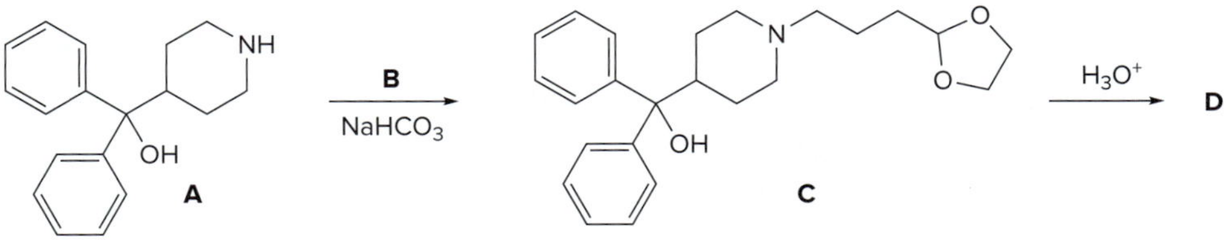

NH OH **A** → **B**, $NaHCO_3$ → N O O OH **C** → H_3O^+ → **D**

18.46 각 아세탈의 가수 분해에서는 무슨 카보닐 화합물과 알코올이 생성되는가?

a. 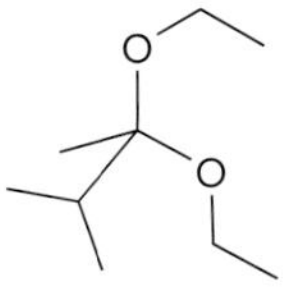 b. 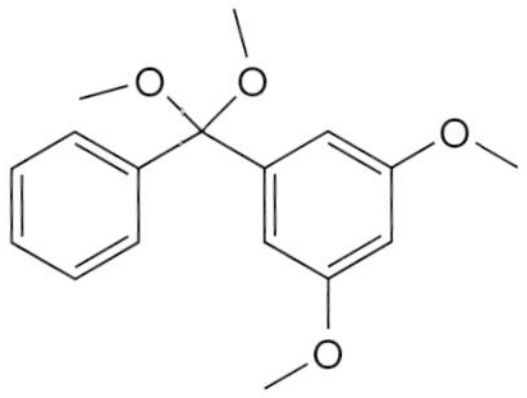 c.

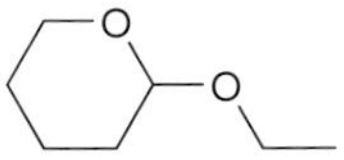

18.47 각 반응에서 생성되는 모든 입체 이성질체를 그려라.

a. 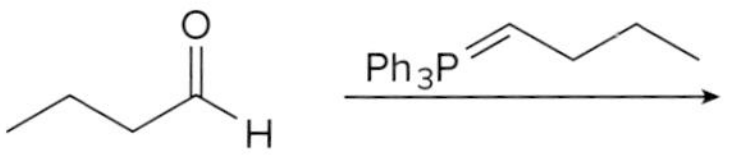 Ph_3P c. 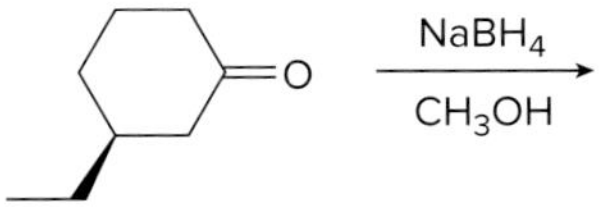 $NaBH_4$ / CH_3OH

b. 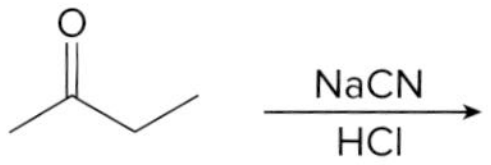 NaCN / HCl d. 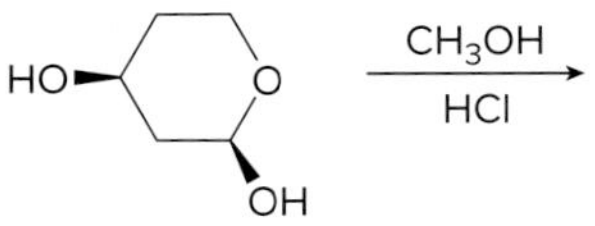 HO CH_3OH / HCl OH

18.48 각 화합물이 산의 존재하에서 분자내 반응을 할 때 무슨 생성물이 생기는가?

a. 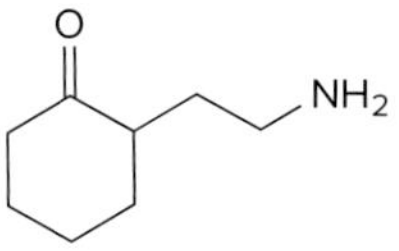 NH_2 b. 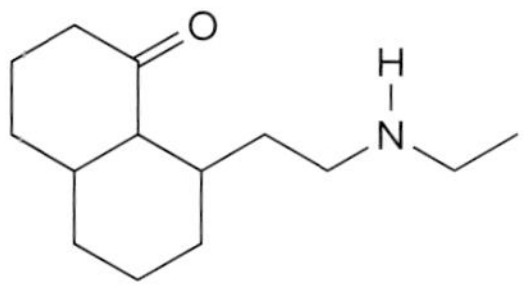 c.

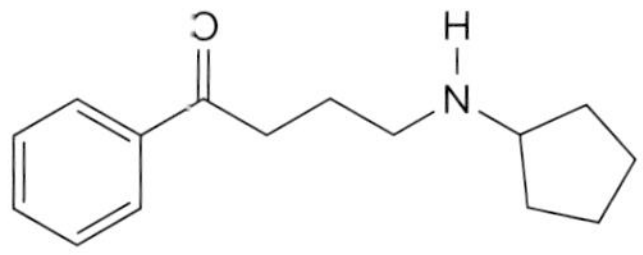

18.49 하이드록시 알데하이드 **A**와 **B**는 쉽게 고리화하여 헤미아세탈을 생성한다. **A**와 **B** 모두로부터 이 반응에서 생성되는 입체 이성질체를 그려라. 이 과정에서 **A**는 광학 비활성인 혼합물을 생성하지만, **B**는 광학 활성인 혼합물을 생성한다. 그 이유를 설명하라.

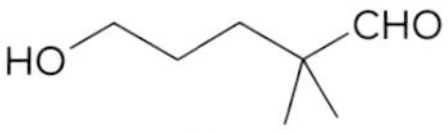

HO CHO **A** CHO HO H **B**

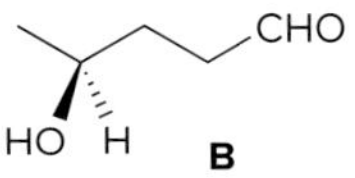

18.50 각 아세탈을 수용성 산으로 가수 분해하면 어떤 생성물이 생기는가?

a.  b. 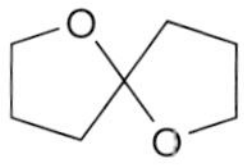 c.

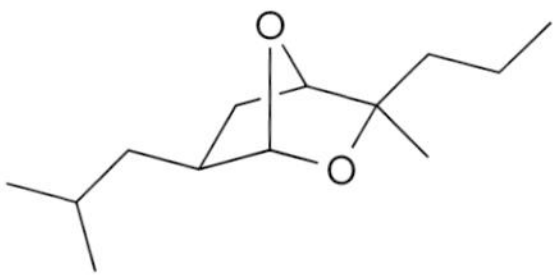

18.51 다음 화합물을 수용성 산으로 처리하면 어떤 가수 분해 생성물이 생기는가?

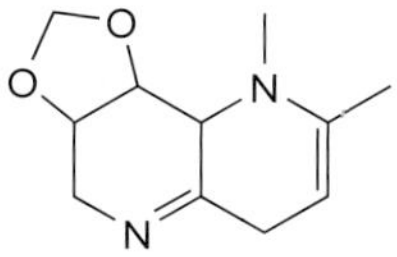

18.52 Attenol A와 pinnatoxin A는 해양 생물에서 분리된 천연물이다. (a) 두 화합물에 존재하는 아세탈, 헤미아세탈, 이민 및 엔아민을 찾아라. (b) Attenol A를 수용성 산으로 처리하였을 때 얻어지는 가수 분해 생성물을 그려라. 모든 입체 발생 중심에서 입체 화학을 포함하라.

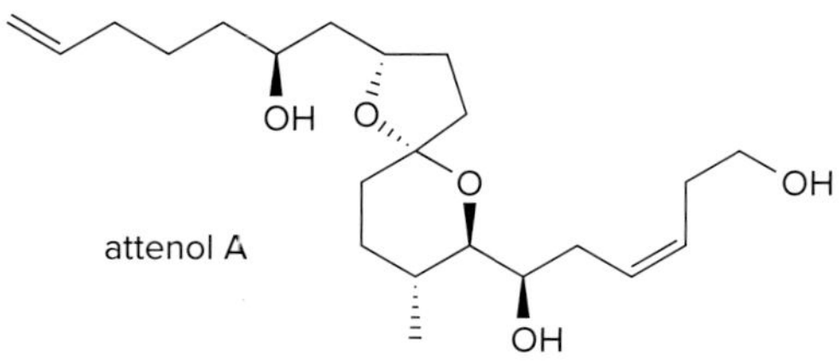

attenol A

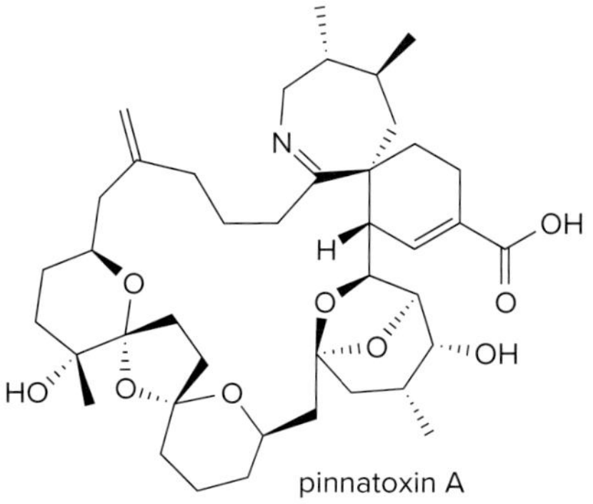

pinnatoxin A

18.53 각 이민과 엔아민의 가수 분해에서 생성되는 생성물은 무엇인가?

a. b. c.

ancistrociadidine
항말라리아성 천연물

18.54 아세탈기가 있는 두 가지 의약품은 etoposide와 ertugliflozin이다. Etopophos라는 상품명으로 인산염 유도체로 판매되는 etoposide는 폐암, 고환암 및 림프종을 치료하는 데 사용된다. Stegaltro라는 상품명으로 판매되는 ertugliflozin은 2형 당뇨병 치료에 사용된다. (a) 각 의약품에서 아세탈기를 찾아라. (b) 모든 아세탈을 수용성 산으로 가수 분해하였을 때 무슨 생성물이 얻어지겠는가?

etoposide
A

ertugliflozin
B

알데하이드와 케톤의 성질

18.55 아래 그려진 카보닐 화합물 **A**–**E**를 고려하자. (a) 안정성이 증가하는 순서로 **A**–**E**를 정렬하라. (b) 수용성 산으로 처리하였을 때 생성되는 수화물의 양이 증가하는 순서로 **A**–**E**를 정렬하라. (c) 어느 화합물이 친핵성 첨가 반응에서 가장 반응성이 큰가? (d) B.3C와 B.4B절에서 카보닐기의 IR 흡수 위치에 대하여 배운 것을 근거로 하여, 카보닐 흡수가 가장 작은 진동수에서 일어나는 화합물을 골라라.

A **B** **C** **D** **E**

합성

18.56 각 알켄을 합성하는 데 필요한 카보닐 화합물과 Wittig 시약은 무엇인가? 두 가지 방법이 가능하면, 어느 방법이 더 좋은가?

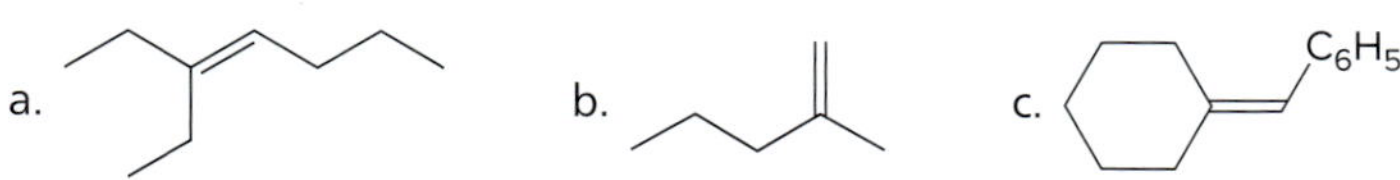

18.57 Sponranox, Sporaz 등의 상품명으로 팔리고 있는 itraconazole은 진균감염의 치료저로 1992년에 미국에서 최초로 판매된 항진균제이다. **A**를 합성하기 위해서는 무슨 카보닐 화합물과 알코올이 필요한가? **A**는 몇 단계로 itraconazole로 변환된다.

A —여러 단계→ itraconazole

18.58 각 생성물을 만드는 데 무슨 카보닐 화합물과 알코올이 필요한가?

a. b. c. d.

18.59 다음 변환을 수행하기 위한 두 가지 다른 방법을 쓰라. Wittig 시약을 사용하는 한 단계 방법이 있고 Grignard 시약을 사용하는 두 단계 방법이 있다. 어느 방법이 더 좋은가?

18.60 이중 결합을 만드는 Wittig 반응을 사용하여 각 알켄의 합성을 고안하라. 벤젠과 탄소 네 개 이하의 유기 알코올을 출발물로 사용할 수 있고 다른 필요한 모든 시약을 사용할 수 있다.

a. (+*Z* 이성질체) b.

18.61 페놀과 다른 필요한 유기 화합물 및 시약을 이용하여 항균력이 있는 이민 **X**의 합성을 고안하라.

N-(salicylidene)-2-hydroxyaniline **X** ⟹ phenol

18.62 1-Bromo-2-methylhexane, 탄소 원자가 하나 혹은 두 개 있는 알코올 (및 다이올)과 필요한 무기 시약을 이용하여 각 아세탈의 합성을 고안하라.

1-bromo-2-methylhexane a. b. c.

18.63 사이클로헥센과 유기 알코올을 이용하여 각 화합물의 합성을 고안하라. 필요한 유기 및 무기 시약은 아무거나 사용할 수 있다.

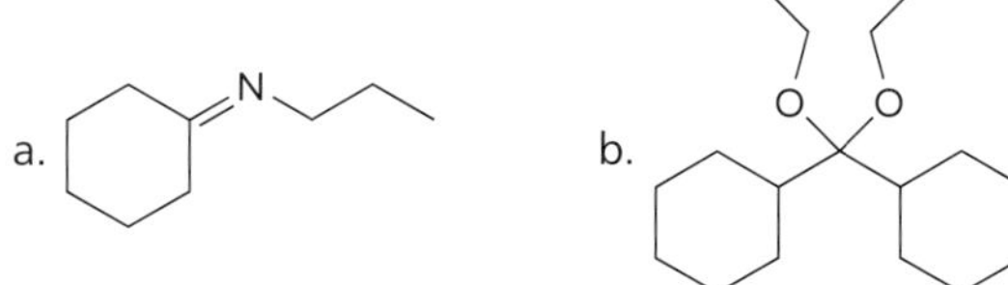

18.64 주어진 출발물로부터 각 화합물을 합성하는 방법을 고안하라. 4개 이하의 탄소가 있는 유기 알코올과 필요한 다른 모든 유기 및 무기 시약을 사용할 수 있다.

a. 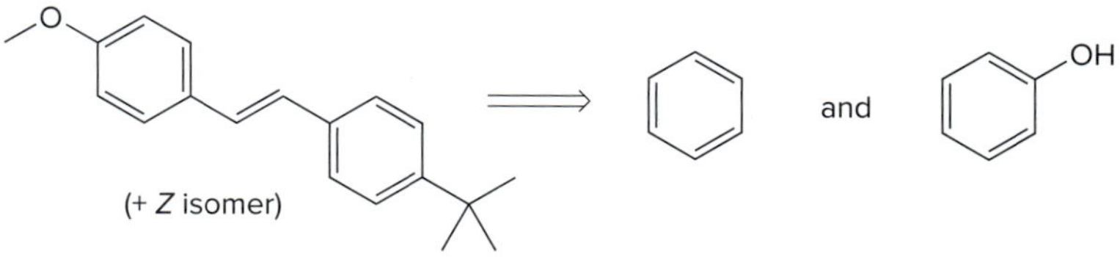 (+ *Z* isomer) ⟹ and OH

b. 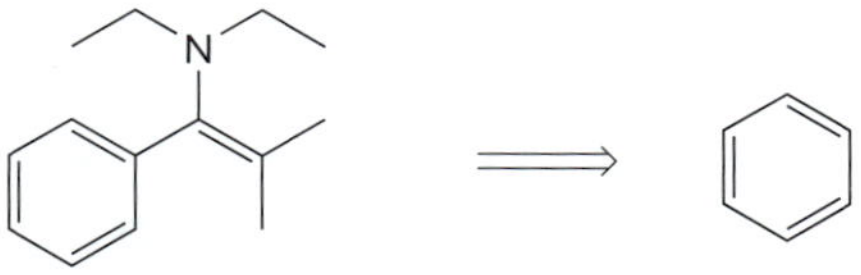 N ⟹

18.65 탄소 원자의 유일한 원천으로 에탄올(CH_3CH_2OH)을 사용하여 다음 각 화합물의 합성을 고안하라. 필요한 유기 및 무기 시약은 아무거나 사용할 수 있다.

a. 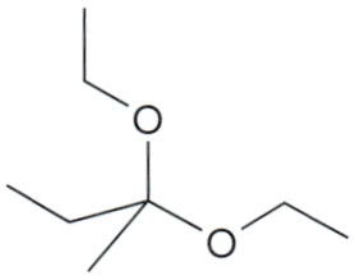 O O b. 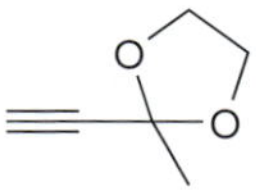 O O

보호기

18.66 Cyclopentanone과 4-bromobutanal을 하이드록시 알데하이드 **A**로 변환하는 단계별 합성을 고안하라.

O + Br CHO ⟶ OH CHO

cyclopentanone 4-bromobutanal **A**

18.67 17장에서 소개한 *tert*-butyldimethylsilyl ether 외에도 알코올 보호기로 널리 사용되는 화합물이 많다. 예를 들면, cyclohexanol과 같은 알코올은 염기 및 chloromethyl methyl ether ($ClCH_2OCH_3$)와의 반응으로 **meth**oxy **m**ethyl ether (MOM 보호기)로 변환될 수 있다. 보호기는 산 수용액과의 반응으로 제거될 수 있다.

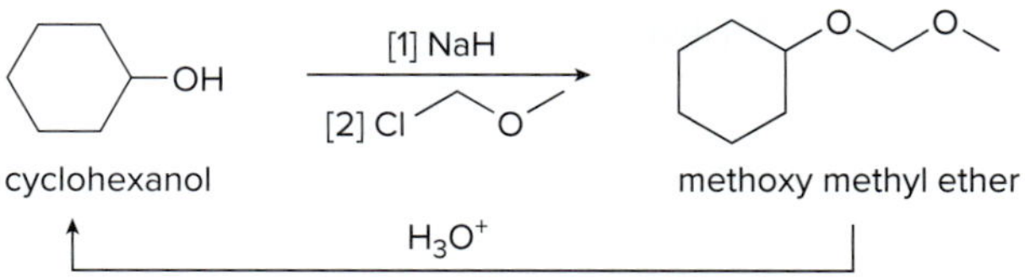

OH —[1] NaH, [2] Cl⌒O⌒→ O⌒O⌒

cyclohexanol methoxy methyl ether

H_3O^+

a. Cyclohexanol로부터 MOM이 생성되는 반응의 단계별 반응 메커니즘을 쓰라.

b. 어떤 작용기가 MOM 에터를 구성하는가?

c. MOM 에터를 가수 분해시키면 cyclohexanol 외에 어떤 다른 생성물이 생기는가? 각 생성물의 생성을 설명해주는 단계별 메커니즘을 쓰라.

메커니즘

18.68 다음 반응의 단계별 메커니즘을 그려라.

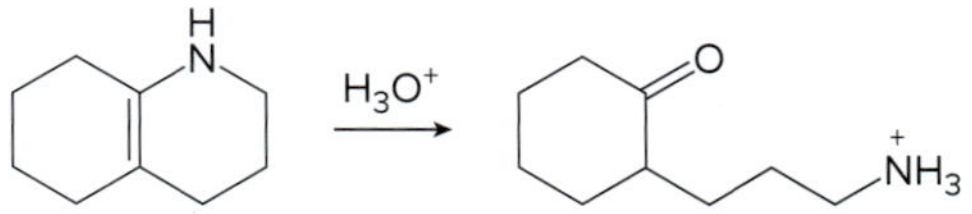

H N —H_3O^+→ O $\overset{+}{N}H_3$

18.69 한 아세탈을 산의 존재하에서 다이올와 함께 반응시키면, 소위 트랜스아세탈화 반응(transacetalization)이 일어나서 다른 아세탈이 얻어진다. 다음 트랜스아세탈화 반응의 단계별 메커니즘을 그려라.

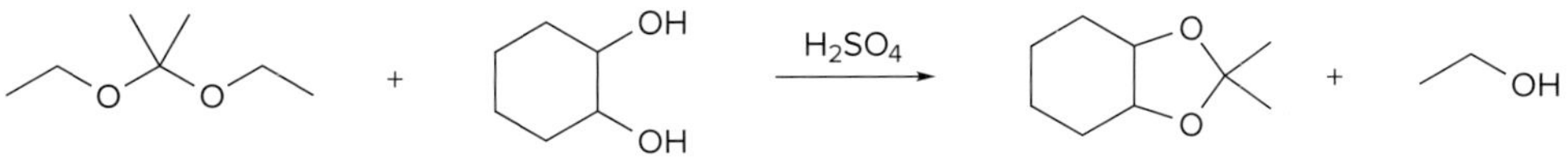

18.70 소염제 celecoxib(상품명 Celebrex) 합성의 핵심 단계인 다음 반응의 단계별 메커니즘을 그려라.

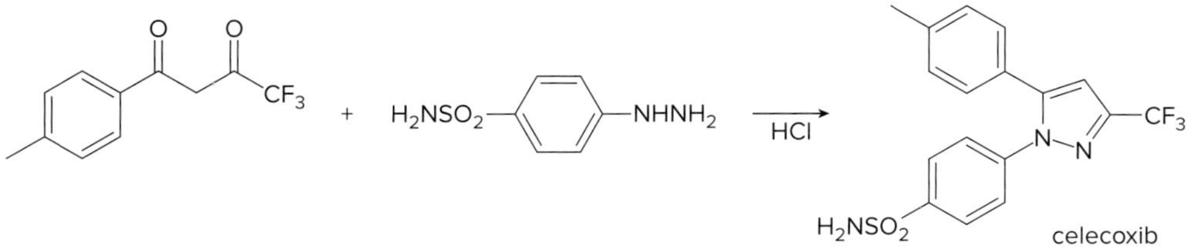

18.71 $(HOCH_2CH_2CH_2CH_2)_2CO$를 산과 반응시키면 분자식이 $C_9H_{16}O_2$인 화합물과 물 분자가 생성된다. 생성물의 구조를 그리고, 어떻게 이 화합물이 생성되는지를 설명하라.

18.72 각 반응의 단계별 메커니즘을 그려라.

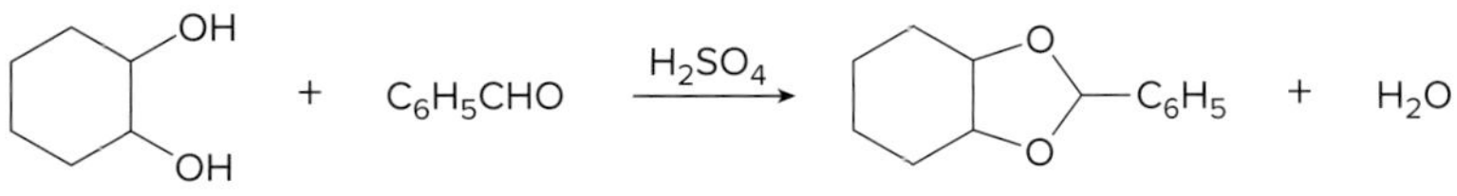

18.73 혈소판 응집 억제제 ticlopidine의 합성에서 핵심 단계인 다음 반응의 단계별 메커니즘을 그려라. Ticlopidine은 아스피린 독성에 약한 환자에서 발작의 위험성을 줄이기 위해 사용되고 있다.

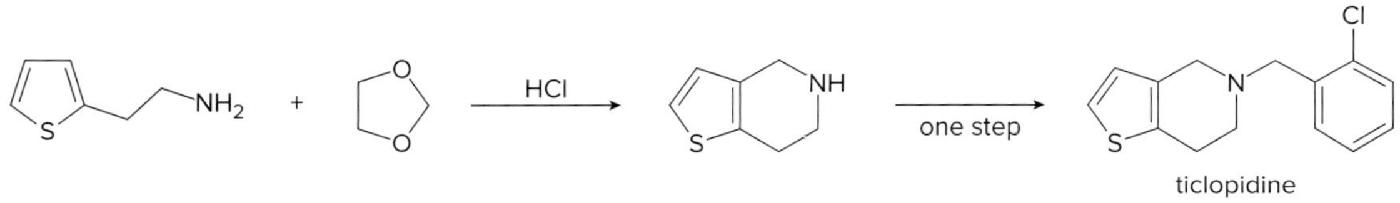

18.74 출발물에는 카보닐기가 없지만 어떻게 다음 반응이 일어나는지를 설명하라.

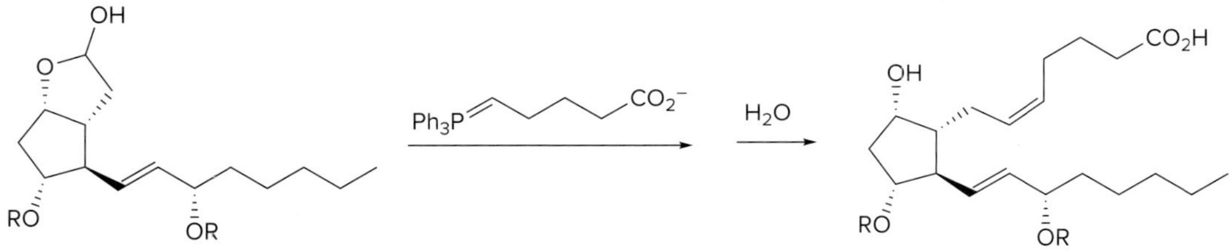

18.75 Salsolinol은 바나나, 초콜릿 및 식물로 만든 여러 음식 등에 들어있는 천연 화합물이다. Salsolinol은 또한 알코올 음료에서 섭취한 에탄올의 산화 생성물인 acetaldehyde가 신경전달물질인 도파민과 반응할 때 체내에서 만들어진다. 다음 반응에서 salsolinol 생성에 대한 단계별 메커니즘을 쓰라.

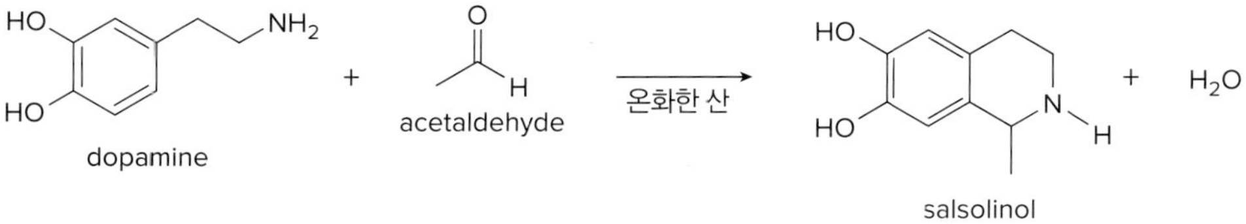

18.76 5,5-Dimethoxypentan-2-one을 methylmagnesium iodide와 반응시킨 후 산 수용액으로 처리하였더니 고리형 헤미아세탈 **Y**가 생성되었다. **Y**가 생성되는 과정을 보여주는 단계별 반응 메커니즘을 그려라.

[1] CH_3MgI
[2] H_3O^+

5,5-dimethoxypentan-2-one

Y

분광법

18.77 일반적으로 고리형 케톤의 카보닐 흡수는 고리 크기가 감소함에 따라 더 높은 파수로 이동하지만(B.4B절), IR 스펙트럼에서 cyclopropenone의 C=O는 cyclohex-2-enone의 C=O보다 더 작은 파수에서 흡수한다. 15장에서 배운 방향족성의 원리를 이용하여 이러한 관찰을 설명하라.

cyclopropenone ($1640\ cm^{-1}$)

cyclohex-2-enone ($1685\ cm^{-1}$)

18.78 ^1H NMR과 IR 데이터를 사용하여 각 화합물의 구조를 결정하라.

화합물 **A**	분자식:	$C_{10}H_{12}O$
	IR 흡수	$1686\ cm^{-1}$
	^1H NMR 데이터:	1.21(삼중선, 3 H), 2.39(단일선, 3 H), 2.95(사중선, 2 H), 7.24(이중선, 2 H), 7.85(이중선, 2 H) ppm
화합물 **B**	분자식:	$C_{10}H_{12}O$
	IR 흡수	$1719\ cm^{-1}$
	^1H NMR 데이터:	1.02(삼중선, 3 H), 2.45(사중선, 2 H), 3.67(단일선, 2 H), 7.06~7.48(다중선, 5 H) ppm

18.79 미량의 산의 존재하에서 아세톤[$(CH_3)_2C=O$]의 에탄올(CH_3CH_2OH) 용액을 며칠 방치하면 분자식이 $C_7H_{16}O_2$인 새로운 화합물이 생성된다. IR 스펙트럼에서는 $3000\ cm^{-1}$ 부근의 작용기 영역에서 큰 피크가 한 개 나타나며 ^1H NMR 스펙트럼은 아래에 나와 있다. 이 생성물의 구조는 무엇인가?

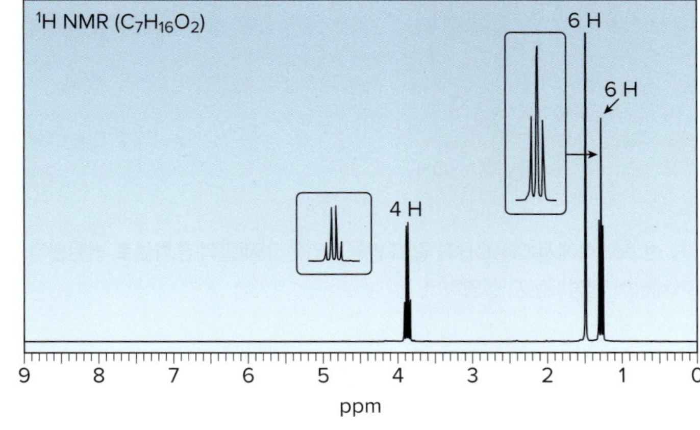

18.80 ^{1}H NMR과 IR 스펙트럼으로부터 화합물 **A**(분자식 $C_9H_{10}O$)의 구조를 밝혀라.

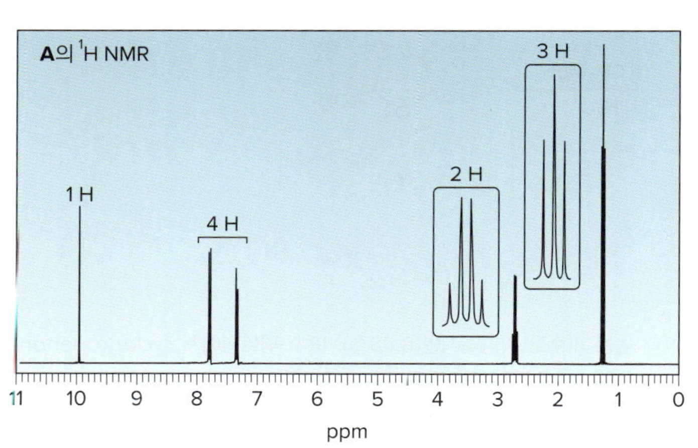

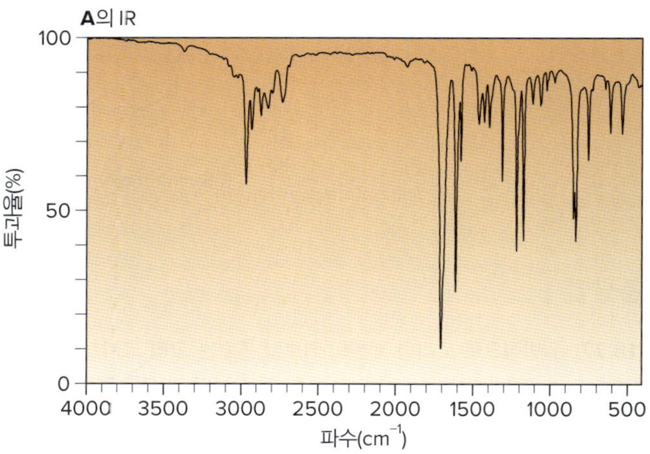

18.81 분자식이 $C_6H_{12}O_3$인 미지의 화합물 **C**의 IR 스펙트럼은 1718 cm^{-1}에서 강한 흡수 피크가 있으며, ^{1}H NMR 스펙트럼은 아래에 나와 있다. **C**의 구조는 무엇인가?

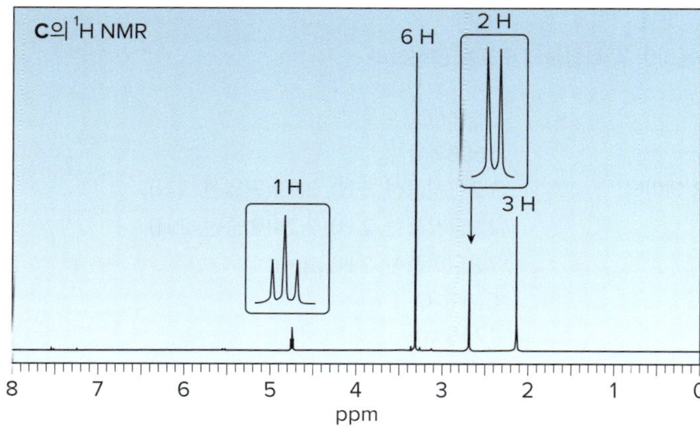

탄수화물

18.82 각각의 헤미아세탈로 고리화되는 비고리 폴리하이드록시 알데하이드의 구조를 그려라.

a.

b.

18.83 헤미아세탈인 β-D-글루코스를 산 촉매하에서 CH_3OH과 같이 반응시키면 아세탈의 혼합물로 변환한다. 이 반응의 메커니즘을 단계별로 그려라. 왜 하나의 출발물로부터 두 개의 아세탈이 생성되는지 설명하라.

CH_3OH, HCl

+ H_2O

β-D-glucose

도전 문제

18.84 디음 이성질화 반응의 단계별 메커니즘을 그려라.

OH
H_2SO_4
O O
O OH

18.85 디음 반응의 단계별 메커니즘을 그려라.

[1] BuLi
[2] H(C=O)…OR
[3] *sec*-BuLi
[4] CH_2=O
[5] H_2O

$\overset{+}{P}Ph_3$ I^-
OR HO

18.86 디음 반응의 단계별 메커니즘을 그려라.

OCH_3 CH_3O H OCH_3 + O=O $\xrightarrow{H^+}$ H OCH_3 + O OCH_3 OCH_3

18.87 보리나 다른 곡류에서 액체로 얻어지는 말토스(maltose)는 맥아에 존재하는 탄수화물이다. 말토스는 작용기가 많이 있으나, 그 반응은 이미 배운 동일한 반응 원리로 설명할 수 있다.

HO HO HO OH O O HO OH O HO HO OH

maltose

a. 아세탈 및 헤미아세탈 탄소를 표시하라.

b. 다음 각 시약이 말토스와 반응하면 어떤 생성물이 생기는가?
[1] H_3O^+, [2] CH_3OH와 HCl, [3] 과량의 NaH, 그 다음 과량의 CH_3I.

c. 문제 (b)의 반응 [3]에서 생성된 화합물을 산 수용액으로 처리하였을 때 생성되는 생성물을 그려라.

(b)와 (c)의 반응은 말토스와 같은 탄수화물의 구조적인 특성을 결정하는 데 사용된다. 26장에서 말토스와 비슷한 탄수화물에 대해 더 많은 것을 배울 것이다.

18.88 다음 일련의 반응에서 **R**과 **S**의 구조를 밝히고 **R**이 **S**(분자식 $C_6H_{10}O_3$)로 변환되는 메커니즘을 그려라. **S**는 HIV 치료제인 darunavir(상품명 Prezusta)의 합성에 사용되었다.

OH O CH_3O $\xrightarrow[\text{[2] NaBH}_4\text{, CH}_3\text{OH}]{\text{[1] O}_3\text{, then (CH}_3)_2\text{S}}$ **R** $\xrightarrow{RSO_3H}$ **S** $\xrightarrow{\text{여러 단계}}$

H HO NH_2 O N N S O O H O H O O Ph

darunavir

18.89 낮은 나트륨 수치를 치료하는 약인 conivaptan(상품명 Vaprisol) 합성의 주요 단계인 다음 반응의 단계별 메커니즘을 그려라.

H_2N $\overset{+}{N}H_2$ Cl^- K_2CO_3

conivaptan

자가-시험 해답

1. d 2. d 3. b 4. a 5. b 6. b 7. c 8. a 9. d 10. a

카복실산과 나이트릴

Carboxylic Acids and Nitriles

19

ORGANIC CHEMISTRY

Daniel C. Smith

아스피린(**아세틸살리실산**)은 가장 널리 쓰이고 있으며 처방전 없이 약국에서 쉽게 살 수 있는 약 중의 하나이다. 아스피린은 자연에 존재하지는 않지만, 이 화합물은 버드나무 껍질에 들어 있는 살리신 그리고 조팝나무에 들어 있는 살리실산과 구조적으로 비슷하다. 아스피린은 진통제, 해열제 및 소염제이며 현재에는 심장마비와 뇌졸중을 치료하고 예방하는 항혈소판제로도 사용되고 있다. 19장에서는 아스피린 같은 카복실산 그리고 아스피린이 통증을 완화하고 염증을 줄여주는 메커니즘에 관하여 배울 것이다.

왜 공부하는가? . . .

카복실산과 나이트릴이란?

19장에서는 **카복실산(RCO_2H)**과 **나이트릴(RCN)**이라는 두 부류의 화합물에 집중할 것이다. 카복실산은 극성 C=O 결합과 산성 O−H 결합이 있기 때문에 다양한 반응을 수행할 수 있다. 이 장에서는 한 가지 특성, 즉 **카복실산의 산도**에만 집중한다. 아스피린, 천연 지방산과 프로스타글란딘은 모두 카복실산이다.

나이트릴은 그렇게 흔하지는 않지만, 이 유용한 작용기는 다른 많은 흔한 작용기로 변환될 수 있다. 더군다나, 사이아노기가 하나 혹은 더 많이 들어 있는 몇몇 약물은 유방암과 우울증의 치료에 쓰인다.

19.1 구조와 결합

카복시(COOH기)라는 단어는 카보닐(C=O)과 하이드록시(OH)로부터 유래되었다.

카복실산(*carboxylic acid*)은 카복시기(COOH)가 들어 있는 유기 화합물이다. 카복실산의 구조를 **RCOOH** 또는 **RCO_2H**로 줄여 쓰지만 작용기의 중심 탄소 원자는 한 개의 산소 원자와 이중 결합을 하고 또 다른 산소와는 단일 결합을 하고 있다는 것을 기억하기 바란다.

카복실산 카복시기

카복시기의 탄소 원자는 세 개의 기로 둘러싸여 결합각이 약 120°인 ***sp^2* 혼성화**되어 있으며 **삼각 평면** 구조를 이룬다. 카복실산의 C=O는 C−O보다 **짧다**. 산소가 탄소나 수소보다 전기 음성도가 크기 때문에 **C−O와 O−H 결합은 극성**이다.

아세트산

나이트릴(*nitrile*)은 사이아노기(cyano, C≡N)가 알킬기에 결합하고 있는 화합물이다. 나이트릴은 카보닐기가 없기 때문에 카복실산과는 구조적으로 다르다. 하지만, 사이아노기의 탄소 원자는 카복실산의 카보닐 탄소와 산화 상태가 같기 때문에 그 화학은 어떤 면에서 비슷하다.

나이트릴의 구조와 결합은 카복실산과는 매우 다르며, 나이트릴은 알카인의 탄소−탄소 삼중 결합과 닮아 있다. 하지만 알카인과는 다르게, **나이트릴은 친전자성 탄소 원자가 있기 때문에**, 친핵성 공격을 받기 쉽다.

- C≡N기의 탄소 원자는 *sp* 혼성이므로 결합각이 180°인 선형 구조를 이룬다.
- 삼중 결합은 σ 결합 하나와 π 결합 두 개로 이루어져 있다.

19.2 명명법

카복실산과 나이트릴에는 IUPAC 이름과 관용명이 모두 사용된다.

19.2A 카복실산 명명하기

IUPAC 명명법에서 카복실산은 가장 긴 사슬의 어미명(parent name)에 접미사를 더하여 완성하고 카복시기가 사슬이나 고리에 결합되어 있느냐에 따라 두 개의 다른 어미가 사용된다.

IUPAC 체계를 사용하여 카복실산을 명명하기 위해서는

[1] COOH가 탄소 사슬에 결합되어 있으면, COOH기를 포함하는 가장 긴 사슬을 찾고 어미(parent) 알케인의 어미 ***-e***를 접미사 ***-oic acid***로 바꾼다. COOH기가 고리에 결합되어 있으면, 고리명에 단어 ***carboxylic acid***를 붙인다.

[2] **COOH기가 C1**이 되도록 탄소 사슬과 고리에 숫자를 붙이나 이름에서는 이 숫자를 생략한다. 다른 모든 통상적인 명명 규칙을 적용한다.

C=C기와 CO_2H가 모두 있는 화합물은 **enoic acid**로 명명하고 CO_2H기가 C1이 되도록 사슬에 번호를 매긴다.

예제 19.1 IUPAC 체계를 사용하여 카복실산을 명명하기

각 화합물의 IUPAC 이름을 쓰라.

a. (구조식: O, OH)

b. (구조식: OH, O)

풀이

a. [1] COOH를 포함하는 가장 긴 사슬을 찾아 이름을 붙인다.

hexane ⟶ hexan*oic acid*
(6개의 C)

COOH는 가장 긴 사슬에 탄소 하나를 제공한다.

[2] 치환기가 붙은 탄소의 번호를 붙이고 치환기를 명명한다.

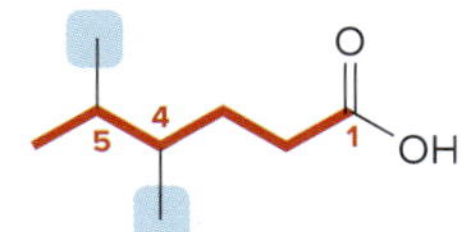

두 개의 메틸 치환기가 C4와 C5에 있다.

답: 4,5-dimethylhexanoic acid

b. [1] COOH에 결합한 고리를 찾고 이름을 붙인다.

cyclohexane + carboxylic acid
(6개의 C)

[2] 치환기가 붙은 탄소의 번호를 붙이고 치환기를 명명한다.

COOH에 연결된 탄소가 C1이 되도록 번호를 붙이고 두 번째 치환기(CH_3)가 작은 수(C2)가 되도록 한다.

답: 2,5,5-trimethylcyclohexanecarboxylic acid

문제 19.1 각 화합물의 IUPAC 이름을 쓰라.

a. b. c.

추가 문제: 문제 19.33a; 19.35a, c, d, f, i; 19.36a–d를 풀어보라.

문제 19.2 겨드랑이 냄새의 원인인 두 휘발성 카복실산을 명명하라.

a. OH O OH b. O OH

문제 19.3 각 IUPAC 이름에 해당하는 구조를 그려라.

a. 2-bromobutanoic acid
b. 2,3-dimethylpentanoic acid
c. 3,3,4-trimethylheptanoic acid
d. 2-sec-butyl-4,4-diethylnonanoic acid
e. 3,4-diethylcyclohexanecarboxylic acid
f. 1-isopropylcyclobutanecarboxylic acid

대부분의 간단한 카복실산은 IUPAC 이름보다 관용명이 더 널리 사용된다.

- 관용명은 관용 어미명(common parent name)에 접미사 *-ic acid*를 더하여 만든다.

간단한 카복실산의 관용 어미명은 알데하이드에 대하여 사용했던 것과 비슷하다(표 18.1). 폼산, 아세트산과 벤조산 같은 관용명은 IUPAC 이름 대신에 실제적으로 항상 사용된다.

formic acid
(methanoic acid)

acetic acid
(ethanoic acid)

benzoic acid
(benzenecarboxylic acid)

문제 19.4 각 관용명에 해당하는 구조를 그려라.

a. α-methoxyvaleric acid
b. β-phenylpropionic acid
c. α,β-dimethylcaproic acid
d. α-chloro-β-methylbutyric acid

19.2B 다이카복실산과 카복실산염의 명명

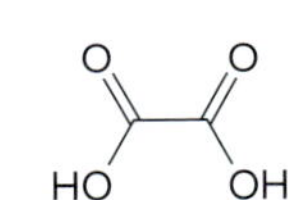

oxalic acid
(ethanedioic acid)

malonic acid
(propanedioic acid)

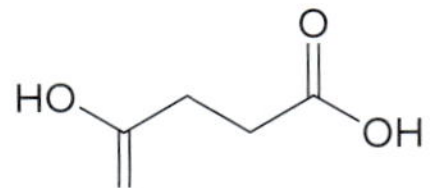

succinic acid
(butanedioic acid)

카복시기가 두 개인 화합물도 알려져 있다. IUPAC 체계에서 **이가산(diacid)**은 어미 알케인 이름에 접미사 ***-dioic acid***를 붙여 명명한다. 아래와 같이 세 개의 간단한 이가산은 관용명이 더 알려져 있다.

19장의 많은 반응에서 카복실산으로부터 카복실산 음이온의 금속염이 생성된다. **카복실산 음이온 금속염**은 카복실산의 *-ic acid* 끝말을 접미사 ***-ate***로 바꾼 후 세 개 부분을 함께 적어 명명한다.

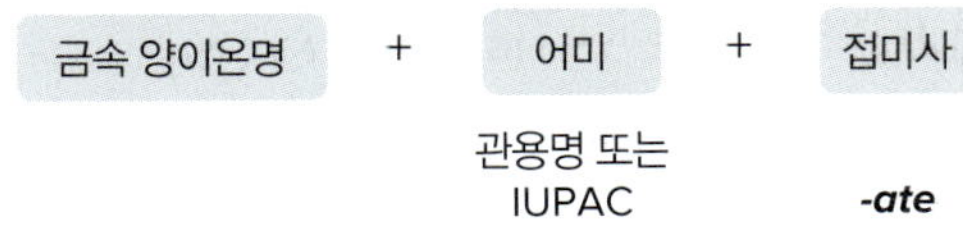

그림 19.1에 두 가지 예가 나와 있다.

그림 19.1
카복실산 음이온 금속염을 명명하기

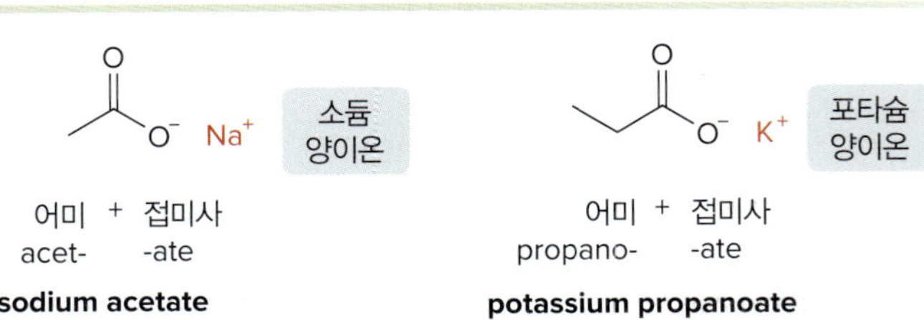

문제 19.5 각 화합물의 IUPAC 이름을 쓰라.

a. (structure) O^- Li^+

b. CO_2H ... CO_2H

c. O^- K^+

d. Br ... O^- Na^+

문제 19.6 발작이나 심신 장애를 치료하는 데 사용되는 약인 depakote는 valproic acid [$(CH_3CH_2CH_2)_2CHCO_2H$]와 이의 산소듐염의 혼합물이다. 이들 화합물 각각의 IUPAC 이름을 쓰라.

19.2C 나이트릴 명명하기

나이트릴을 명명하는 데 있어 CN의 탄소는 가장 긴 사슬 중 하나의 탄소 원자이다. CH_3CH_2CN은 ethanenitrile이 **아니라** propanenitrile이다.

카복실산과는 다르게 **나이트릴은 알케인 유도체로서 명명한다.** IUPAC 체계에 따른 나이트릴의 명명법은

- 사이아노기(CN)를 포함하는 가장 긴 탄소 사슬을 찾아 이에 해당하는 어미 알케인의 이름 끝에 **nitile**을 붙인다. CN이 붙어 있는 탄소가 1번 탄소가 되도록 탄소 사슬에 번호를 붙이지만 이름에는 이 숫자를 생략한다.

나이트릴의 관용명도 많이 사용되는데, 이 이름은 탄소 원자의 수가 같은 카복실산의 이름에서 유래되었다. 카복실산의 어미 ***-ic acid***를 접미사 ***-onitrile***로 바꾼다.

CN을 치환기로 명명할 때에는 CN기를 **사이아노(*cyano*)**기라고 한다. 그림 19.2에 나이트릴 명명의 특징이 나와 있다.

그림 19.2 나이트릴 이름 붙이는 법

a. 나이트릴의 IUPAC 이름

C≡N (1, 2)

butane + nitrile
(4개 C)

2-methylbutanenitrile

b. 나이트릴의 관용명

$CH_3-C\equiv N$

acetic acid에서 유래

acetonitrile

c. 치환기로서의 CN

O, OH, 1, 2, CN

2-cyanocyclohexanecarboxylic acid

예제 19.2 IUPAC 체계를 이용하여 나이트릴 명명하기

CN

다음 나이트릴의 IUPAC 이름을 쓰라.

풀이

[1] CN을 포함한 가장 긴 탄소 사슬을 찾아 명명한다.

CN

hexane + nitrile
(6 C's)

가장 긴 탄소 사슬을 정할 때 CN의 탄소 원자도 한 개 탄소로 계산한다.

[2] 치환기에 번호를 매기고 명명한다.

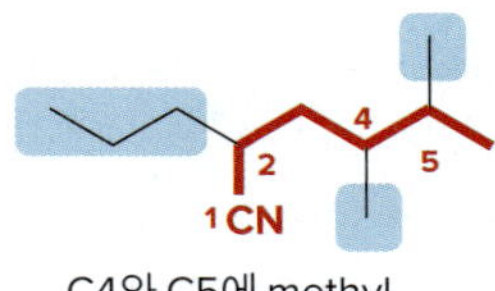

C4와 C5에 methyl
C2에 propyl

Answer: 4,5-dimethyl-2-propylhexanenitrile

문제 19.7 각 나이트릴의 IUPAC 이름을 쓰라.

a. CN Cl

b. CN

c. NC

추가 문제: 문제 19.34a; 19.35g, h; 19.36i, j를 풀어보라.

19.3 물리적 성질과 분광학적 성질

19.3A 물리적 성질

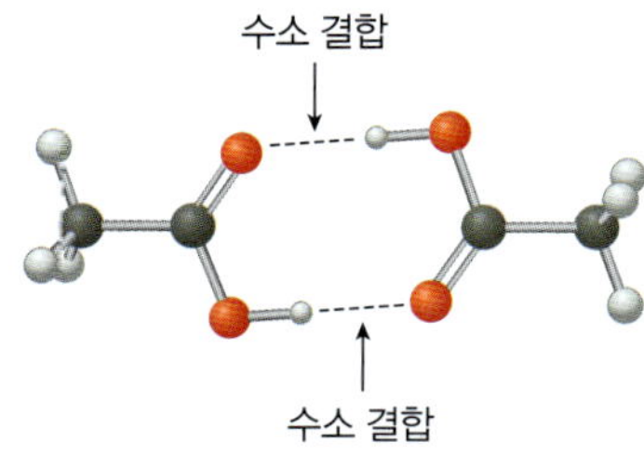

카복실산과 나이트릴은 극성 C−O, C−N 결합과 O−H 결합이 있으므로 **쌍극자−쌍극자** 상호작용을 나타낸다. 또한 카복실산은 전기 음성도가 큰 산소 원자에 수소 원자가 결합하고 있으므로 분자간 **수소 결합**을 보여 준다. 카복실산은 종종 두 개의 분자간 수소 결합에 의해 **이합체(dimer)**로 존재한다. 분자간 수소 결합은 한 분자의 카보닐 산소 원자가 다른 분자의 OH 수소 원자와 결합하여 생성된다. 카복실산은 우리가 지금까지 보아 온 어떤 유기 화합물보다 **극성이 가장 크다.**

따라서 카복실산은 분자량이 비슷한 다른 중성 유기 화합물보다 끓는점과 녹는점이 높다.

탄소 수가 >5인 지방산(10.6절)은 물에 불용이다.

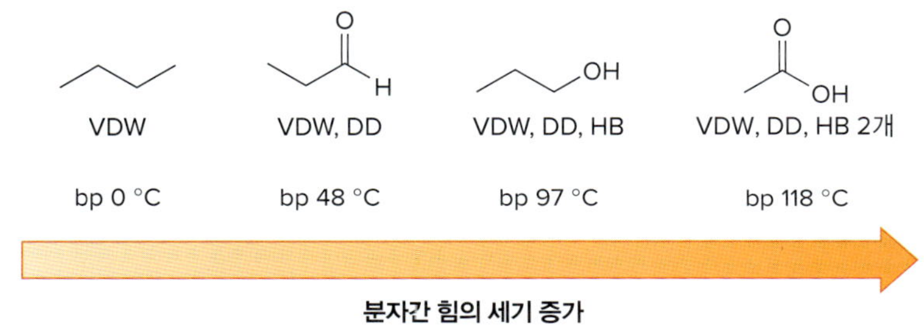

19.3B 분광학적 성질

카복실산과 나이트릴의 분광학은 분광학 B와 C에서 자세하게 다룬 바 있다.

- 카복실산의 IR 흡수: B.4B절, 그림 B.9, 표 B.2
- 나이트릴의 IR 흡수: B.4C절, 그림 B.10, 표 B.2
- ^{1}H, ^{13}C NMR 흡수: 표 C.1, C.5

카복실산과 나이트릴의 주요한 NMR과 IR 흡수는 표 19.1에 요약되어 있고 그림 19.3에 간단한 카복실산의 ^{1}H와 ^{13}C NMR 스펙트럼이 나와 있다.

문제 19.8 IR 분광법을 이용하여 다음 세 가지 화합물을 구분하는 법을 설명하라.

A B C

표 19.1 카복실산과 나이트릴의 분광 흡수 특성

화합물	분광학 종류	C, H 종류	흡수
카복실산	IR 흡수	R–C(=O)–**OH**	2500–3500 cm^{-1} (매우 폭이 넓고 강함)
		R–C(=**O**)–OH	1710 cm^{-1} (강함)
	^{1}H NMR 흡수	R–C(=O)–**OH**	10–12 ppm
		HO–C(=O)–CH(R)–**H**	2–2.5 ppm
	^{13}C NMR 흡수	R–**C**(=**O**)–OH	170–210 ppm
나이트릴	IR 흡수	—**C≡N**	2250 cm^{-1}
	^{13}C NMR 흡수	—**C**≡N	115–120 ppm

그림 19.3 Propanoic acid의 ^{1}H, ^{13}C NMR 스펙트라

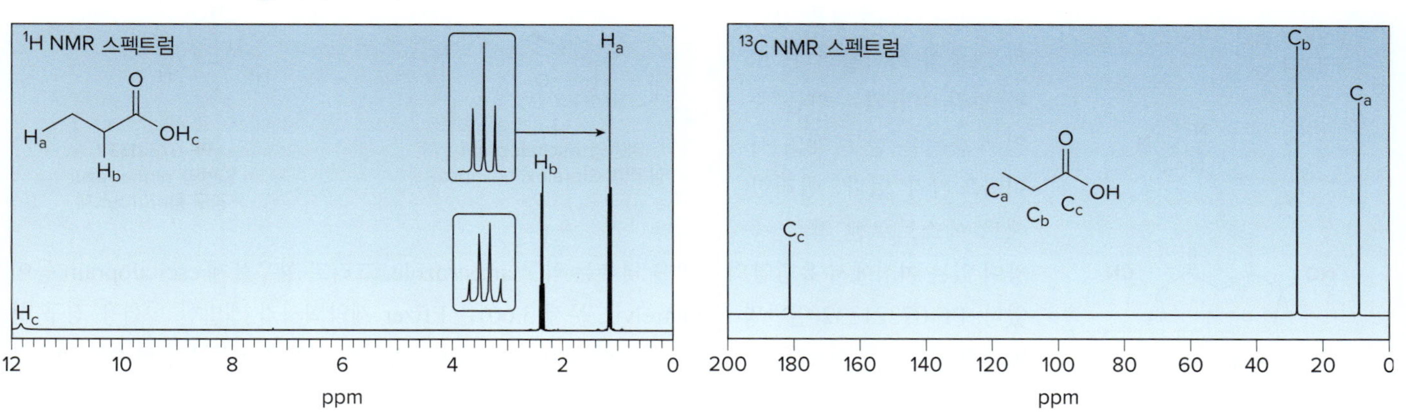

- **^{1}H NMR 스펙트럼**: 세 가지 다른 종류의 H로 인하여 세 개의 신호가 있다. H_a와 H_b 신호는 각각 삼중선, 사중선으로 갈라진다. 단일선 신호를 보이는 H_c에 해당하는 OH 양성자는 매우 벗겨진 상태이다.
- **^{13}C NMR 스펙트럼**: 세 가지 다른 종류의 탄소 원자로 인하여 세 개의 신호가 있다. 카보닐 탄소는 매우 벗겨진 상태이다.

19.4 흥미로운 카복실산과 나이트릴

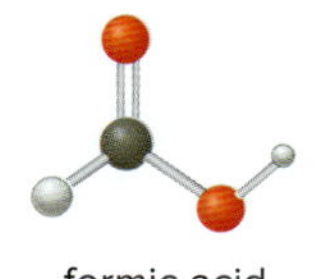
formic acid

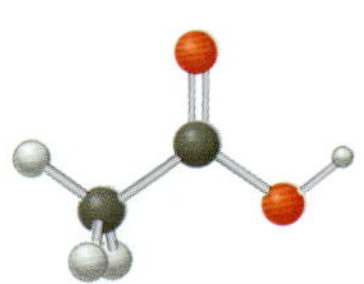
acetic acid

몇몇 간단한 카복실산은 독특한 냄새와 향이 있다.

톡 쏘는 냄새와 신맛이 나는 카복실산인 **폼산(formic acid, HCOOH)**은 몇몇 종류의 개미의 침에 들어 있다. 이름은 '개미'를 뜻하는 라틴어 *formica*에서 유래되었다.

아세트산(acetic acid, CH_3COOH)은 식초의 신맛 성분이다. 이름은 '식초'를 뜻하는 라틴어 *acetum*에서 유래되었다. 에탄올이 공기 중에서 아세트산으로 산화하는 반응은 신맛을 내는 '나쁜' 와인을 만드는 과정이다. 아세트산은 페인트나 접착제에 사용되는 고분자 물질을 제조하는 출발물이다. 순수한 아세트산은 실온(mp = 17°C) 바로 아래에서 얼어 빙하에 있는 얼음을 생각나게 하는 흰 결정을 만들기 때문에 종종 빙초산이라 한다.

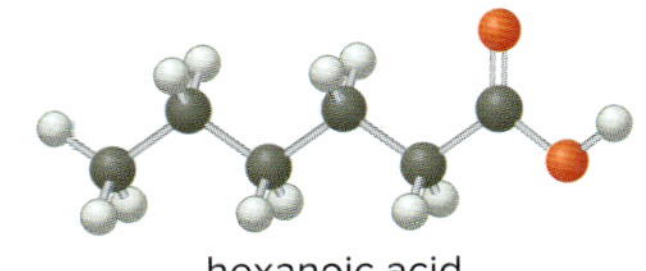
hexanoic acid

헥산산(hexanoic acid, $CH_3(CH_2)_4COOH$)은 더러운 양말이나 라커룸에서 나는 악취를 풍기는 저분자량 카복실산이다. 관용명인 카프로산(caproic acid)은 '염소'를 뜻하는 라틴어 *caper*에서 왔다. 암(female) 은행나무의 열매 외피에는 헥산산이 들어 있기 때문에 열매에서 불쾌하고 심지어는 역겨운 냄새가 난다.

암 은행나무는 헥산산 때문에 불쾌한 냄새를 풍기는 열매를 맺는다.
Dr. Steven J. Wolf

옥살산(oxalic acid)과 **락트산(lactic acid)**은 자연에 널리 퍼져 있는 간단한 카복실산이다. 옥살산은 시금치나 장군풀에 존재하며 락트산은 발효된 우유에서 나는 신맛의 주성분이다.

oxalic acid

lactic acid

비록 옥살산은 독성이 있지만, 한 번에 9파운드의 시금치를 섭취해야 치명적이다. *Katarzyna Bialasiewicz/123RF*

지방산의 소듐염인 비누는 3.6절에서 논의되었다.

카복실산염은 주로 방부제로 사용된다. 곰팡이 성장 억제제인 벤조산 소듐(sodium benzoate)은 비알코올성 음료에 사용되는 방부제이고, 소르빈산 포타슘(potassium sorbate)은 구운 상품과 다른 식품의 저장 기간을 늘리기 위해 첨가하는 첨가제이다.

sodium benzoate

potassium sorbate

나이트릴은 카복실산만큼 흔한 화합물은 아니지만, 18.8절에서 설명한 천연물인 사이아노하이드린 유도체는 나이트릴을 함유한 그룹의 화합물이다. 또한 널리 처방되는 약들 중 일부 품목은 한두 개의 사이아노기가 있다. 이러한 예로 에스트로젠 양성 종양이 있는 여성에서 유방암의 재발을 낮추는 약물 anastrozole, 그리고 항우울제 escitalopram 등이 있다. PF-07321332(일반명 nirmatrelvir, 문제 3.60)은 Pfizer 제약회사가 개발한 실험용 경구 항바이러스제이다. 이 약은 임상 실험에서 COVID-19에 의한 입원과 사망 위험성을 줄여주는 것으로 나타났다.

일반명: anastrozole
상품명: Arimidex

일반명: escitalopram
상품명: Cipralex, Lexapro

PF-07321332
일반명: nirmatrelvir
경구 항바이러스제

19.5 아스피린, 아라키돈산 및 프로스타글란딘

Anastrozole는 estrogen 합성을 담당하는 aromatase의 활동을 차단하기 때문에 **aromatase 억제제**라고 한다. 이 물질은 estrogen에 의해 유발되는 종류의 유방암의 종양 성장을 억제한다.

이 장을 열면서 언급한 바와 같이 **아스피린(아세틸살리실산)**은 버드나무 껍질에서 분리되는 **살리신(salicin)**과 조팝나무에서 발견되는 **살리실산(salicylic acid)**과 구조가 비슷한 합성 카복실산이다.

aspirin (acetylsalicylic acid)

salicin (버드나무 껍질에서 분리됨)

salicylic acid (조팝나무에서 분리됨)

sodium salicylate (달콤한 카복실산염)

Aspirin이라는 단어는 *acetyl*의 접두사 ***a***-와 조팝나무를 뜻하는 라틴명 *spirea*로부터 ***spir***가 더해진 것이다.

살리실산과 살리실산 소듐(sodium salicylate)은 19세기에 진통제로 널리 사용되었으나 둘 모두 달갑지 않은 부작용이 있었다. 살리실산은 입과 위의 점액질막을 자극하며 살리실산 소듐은 대부분의 환자에게 너무 달았다. 합성 아스피린은 독일 화학자 Felix Hoffman이 Bayer 회사에서 상업적으로 쉽게 합성할 수 있는 방법을 개발한 후 1899년에 처음으로 판매되었다. Hoffman의 노력은 개인적인 이유에 따른 것이었는데, 류머티즘 관절염으로 고통받던 그의 부친이 살리실산 소듐의 단맛을 견딜 수 없어 했기 때문이다.

아스피린은 전 세계에서 가장 널리 사용되는 진통제이며 항염증제이지만 그것의 작용 메커니즘은 1970년대까지 알려지지 않고 있었다. John Vane, Bengt Samuelsson과 Sune Bergstrom은 그 세부 메커니즘을 규명하여 1982년에 노벨 생리학상과 의학상을 수상하였다.

아스피린은 어떻게 통증을 경감하고 염증을 줄이는가? 아스피린은 통증과 감염 그리고 여러 가지 생물학적 기능의 원인인 **프로스타글란딘(prostaglandins)**의 합성을 차단한다. 프로스타글란딘은 탄소 수가 20개인 오원자 고리 지방산이다. **$PGF_{2\alpha}$**는 전형적인 프로스타글란딘의 탄소 골격을 보여 주고 있다.

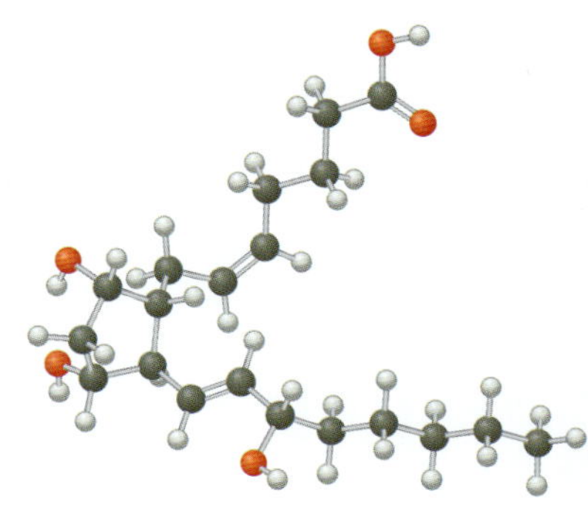

$PGF_{2\alpha}$
프로스타글란딘의 일종

프로스타글란딘은 세포 내에서 저장되지 않는다. 그 대신 시스 이중 결합이 네 개인 다중 불포화 지방산인 아라키돈산(arachidonic acid)으로부터 합성된다. 혈액을 통해 작용 부위로 운반되는 호르몬과 달리 프로스타글란딘은 합성되는 부위에서 작용한다. 아스피린은 아라키돈산으로부터 프로스타글란딘의 합성을 차단한다. 아스피린은 아라키돈산을 PGG_2로 변환시키는 고리산소화효소(cyclooxygenase)를 비활성화한다. PGG_2는 $PGF_{2\alpha}$ 및 그 밖의 다른 종류의 프로스타글란딘의 불안정한 선구물질이다. **아스피린은 생물학적 반응을 일으키는 화합물인 프로스타글란딘의 합성을 방해하기 때문에 통증을 줄이고 염증을 감소시킨다.**

프로스타글란딘은 생물학적 효능이 다양함에도 불구하고 불안정하기 때문에 약으로의 이용에는 많은 제약이 있다. 따라서 의학적 효능이 있으면서 보다 안정한 유도체들이 합성되고 있다. 예를 들어 latanoprost(상품명 Xalatan)와 bimatoprost(상품명 Lumigan)는 녹내장 환자의 안압을 낮추는 데 사용되는 프로스타글란딘 유도체이다.

문제 19.9 $PGF_{2\alpha}$는 몇 개의 사면체 입체 발생 중심이 있는가? 그것의 거울상 이성질체를 그려라. 시스-트랜스 이성질 현상을 나타내는 이중 결합은 몇 개인가? 이중 결합과 사면체 입체 발생 중심을 고려할 때 $PGF_{2\alpha}$는 몇 개의 입체 이성질체가 가능한가?

19.6 카복실산의 제법

카복실산과 나이트릴의 반응을 공부하기 전에 앞 장에서 다룬 카복시기를 도입하는 방법을 요약하고자 한다. 그 다음에 19.7–19.11절에서 카복실산의 산도를 집중으로 다루고 19.12절에서는 나이트릴의 제법과 반응을 살펴볼 것이다.

전에 어디서 반응 생성물로서 카복실산을 만났던가? C–O 결합이 세 개 있는 카보닐 탄소는 매우 산화되어 있기 때문에, **카복실산은 전형적으로 산화 반응에 의해 합성된다.** 네 가지 산화 방법과 한 가지 탄소–탄소 생성 반응이 표 19.2에 나와 있다.

표 19.2 카복실산 합성 방법

방법	반응
[1] 1° 알코올의 산화(12.12B절)	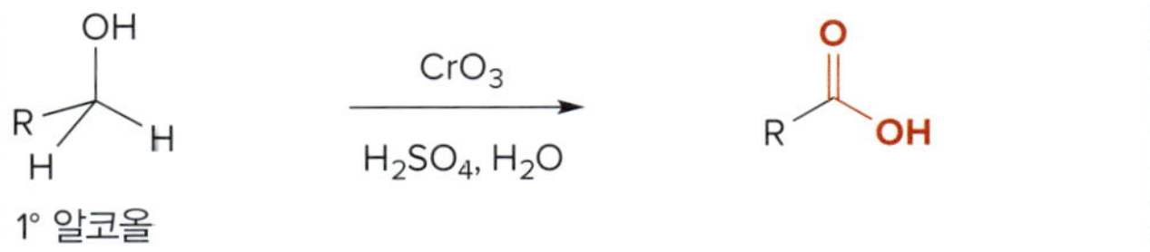 1° 알코올 RCH₂OH → (CrO_3 / H_2SO_4, H_2O) → RCOOH
[2] 알데하이드의 산화(17.8절)	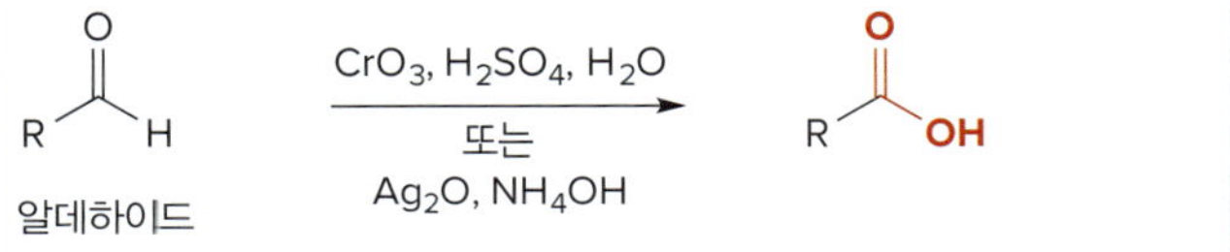 알데하이드 RCHO → (CrO_3, H_2SO_4, H_2O 또는 Ag_2O, NH_4OH) → RCOOH
[3] Grignard 시약의 카복실화 (17.14절)	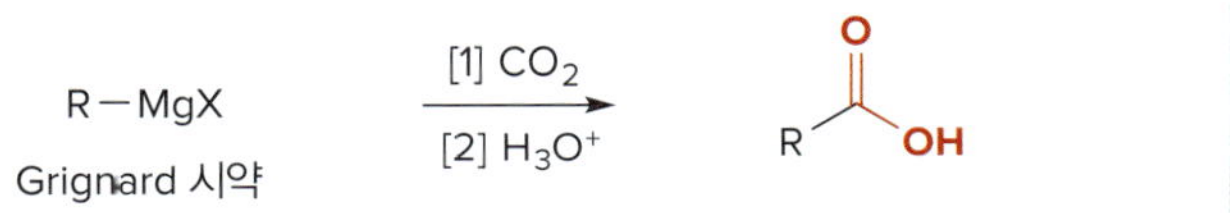 R–MgX (Grignard 시약) → ([1] CO_2 / [2] H_3O^+) → RCOOH
[4] 알킬 벤젠의 산화(16.14A절)	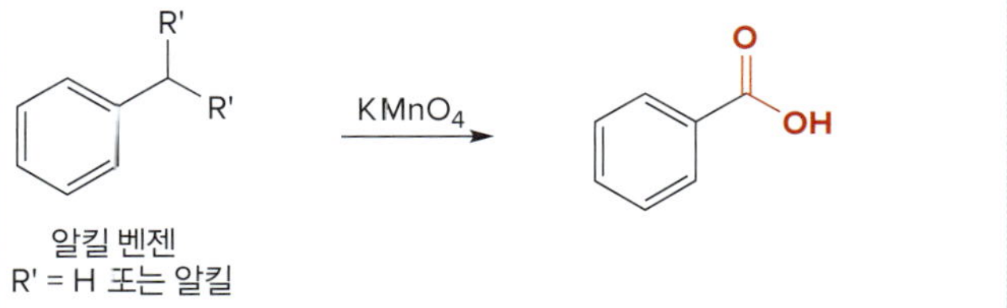 알킬 벤젠 ($C_6H_5CHR'_2$, R' = H 또는 알킬) → ($KMnO_4$) → C_6H_5COOH
[5] 알카인의 산화성 분해(12.11절)	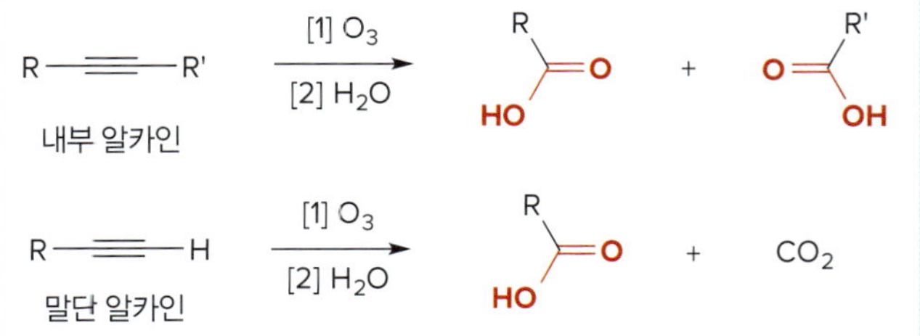 내부 알카인 R–C≡C–R' → ([1] O_3 / [2] H_2O) → RCOOH + R'COOH 말단 알카인 R–C≡C–H → ([1] O_3 / [2] H_2O) → RCOOH + CO_2

문제 19.10 각 카복실산을 만들기 위해 어떤 알코올을 산화시킬 것인가?

a. 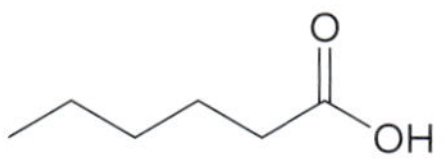 $CH_3(CH_2)_4COOH$ b. 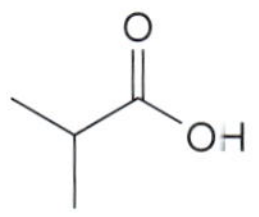 $(CH_3)_2CHCOOH$ c. 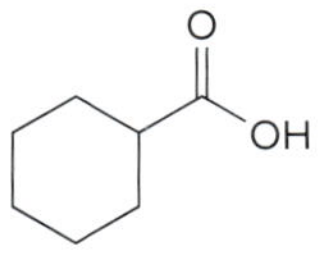 사이클로헥세인카복실산 ($C_6H_{11}COOH$)

문제 19.11 다음 반응에서 **A–F**는 무엇인가?

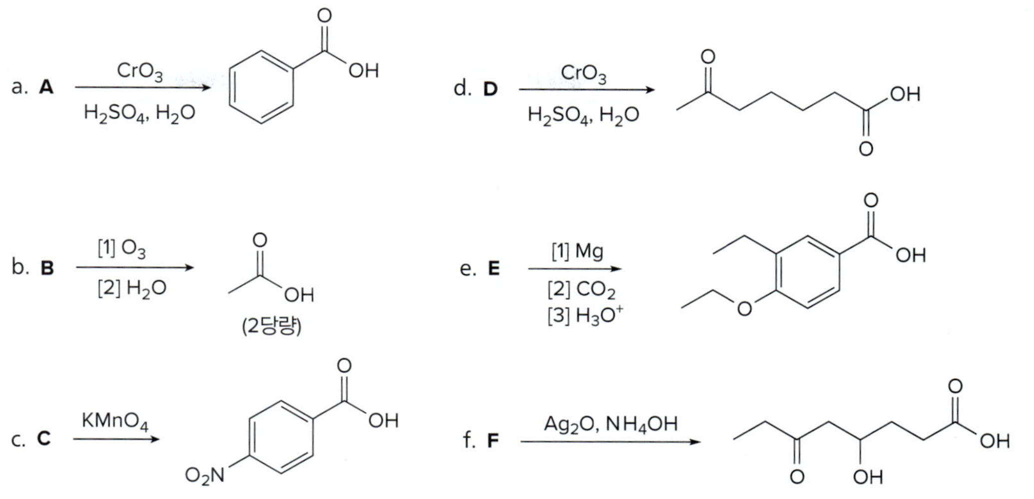

a. **A** $\xrightarrow[H_2SO_4,\ H_2O]{CrO_3}$

d. **D** $\xrightarrow[H_2SO_4,\ H_2O]{CrO_3}$

b. **B** $\xrightarrow[[2]\ H_2O]{[1]\ O_3}$ (2당량)

e. **E** $\xrightarrow[[2]\ CO_2\ [3]\ H_3O^+]{[1]\ Mg}$

c. **C** $\xrightarrow{KMnO_4}$ O_2N

f. **F** $\xrightarrow{Ag_2O,\ NH_4OH}$

19.7 카복실산—센 유기 Brønsted–Lowry 산

카복실산은 극성 C–O 결합과 O–H 결합, 산소의 비결합 전자쌍과 π 결합이 있기 때문에 반응할 수 있는 자리가 많고, 따라서 그 화학은 다소 복잡하다. **카복실산의 가장 중요한 반응 특징은 염기와 반응하여 쉽게 끊어지는 극성 O–H 결합이다.**

- **카복실산은 센 유기산으로서** Brønsted – Lowry 염기와 쉽게 반응하여 카복실산 음이온을 생성한다.

> **pK_a가 작을수록 더 센 산**이라는 것을 2.3절에서 공부하였다.

어떤 염기가 카복실산의 탈양성자 반응에 사용될 수 있을까? 2.3절에서 배운 것처럼 **산–염기 반응은 더 약한 염기와 더 약한 산이 생성되는 쪽으로 진행한다.** 약산은 pK_a가 크기 때문에 다음의 일반적인 규칙이 성립한다.

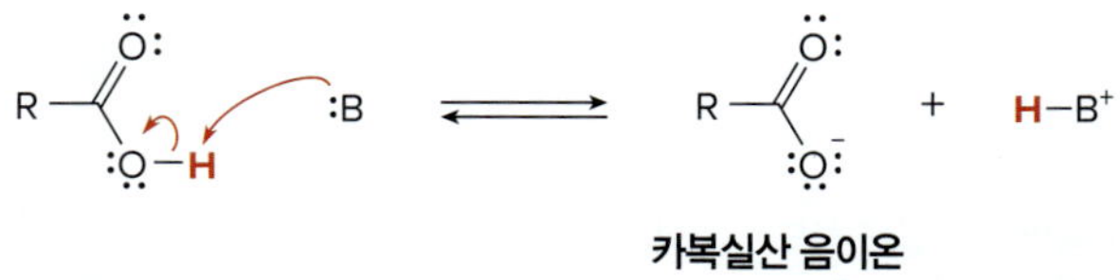

R–COOH + :B ⇌ R–COO⁻ + H–B$^+$

카복실산 음이온

- 염기의 짝산의 pK_a가 산보다 **더 크면** 그 염기는 산에서 양성자를 제거할 수 있다.

많은 카복실산은 pK_a 값이 ~5이므로 짝산의 pK_a 값이 5보다 더 큰 염기는 카복실산에서 양성자를 떼어낼 수 있을 만큼 세다. 따라서 아세트산(pK_a = 4.8)과 벤조산(pK_a = 4.2)은 다음 식과 같이 NaOH, $NaHCO_3$에 의해 양성자가 이탈될 수 있다.

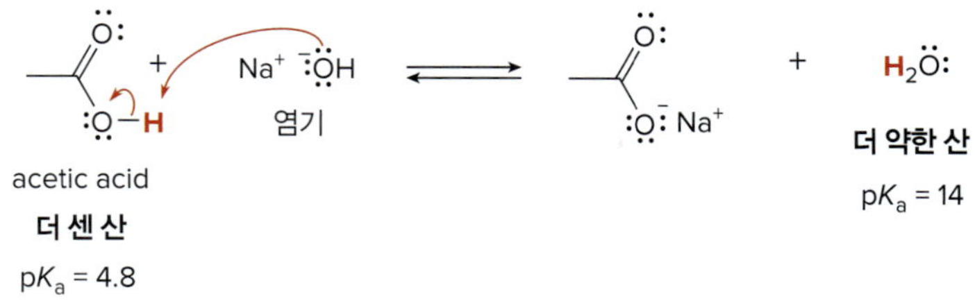

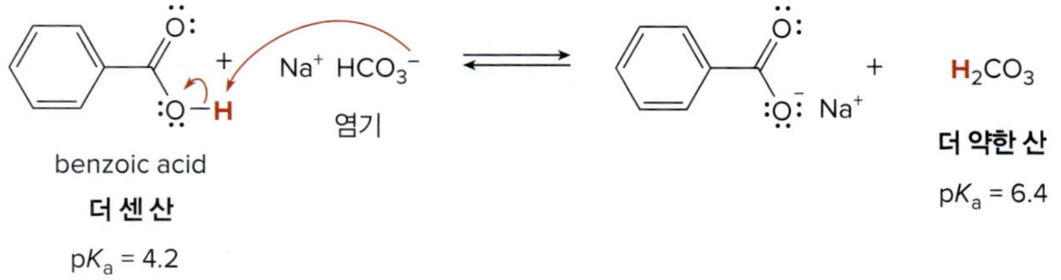

acetic acid + Na^+ $^-$:ÖH (염기) ⇌ acetate Na^+ + H_2O

acetic acid: **더 센 산**, pK_a = 4.8; H_2O: **더 약한 산**, pK_a = 14

benzoic acid + Na^+ HCO_3^- (염기) ⇌ benzoate Na^+ + H_2CO_3

benzoic acid: **더 센 산**, pK_a = 4.2; H_2CO_3: **더 약한 산**, pK_a = 6.4

표 19.3에 카복실산의 양성자 이탈 반응에 사용될 수 있는 일반적인 염기를 정리하였다. $NaHCO_3$와 같은 약염기도 충분히 RCOOH에서 양성자를 제거할 수 있다는 것은 주목할 만하다.

표 19.3 카복실산의 양성자 이탈 반응에서 사용되는 일반적인 염기

	염기	짝산(pK_a)
염기도 증가 ↓	Na^+ HCO_3^-	H_2CO_3 (6.4)
	NH_3	NH_4^+ (9.3)
	Na_2CO_3	HCO_3^- (10.2)
	Na^+ ^-OH	H_2O (14)
	Na^+ $^-OCH_3$	CH_3OH (15.5)
	Na^+ $^-OCH_2CH_3$	CH_3CH_2OH (16)
	Na^+ H^-	H_2 (35)

역자주:
카르실산이 알코올보다 더 센 산인 주된 이유는 공명 효과가 아니라 카보닐 탄소의 전자 끌기 유도 효과 때문이다.

카복실산은 왜 그렇게 센 유기산인가? 센산은 짝염기가 약하고 안정화되어 있다는 것을 기억하라. **카복실산에서 양성자가 제거되면 공명 안정화된 짝염기, 즉 카복실산 음이온이 생성된다.** 예를 들면, 아세트산 음이온(아세트산의 짝염기)에 대해 두 개의 동등한 공명 구조를 그릴 수 있고, 둘 모두 전기 음성 O 원자에 음전하를 띠고 있다. 따라서 공명 혼성에서 음전하는 두 산소 원자에 비편재화된다.

아세트산 — 아세트산 음이온에 대한 두 개의 공명 구조, 짝염기 — 혼성체

공명이 어떻게 산도에 영향을 미치는지에 대해서는 2.5C절에서 처음 논의되었다.

실험 자료는 이와 같은 아세트산 음이온의 공명 표기를 뒷받침한다. **아세트산 음이온은 두 개의 C−O 결합의 길이(127 pm)가 같고 C−O 단일 결합의 길이(136 pm)와 C=O 결합 길이(121 pm) 사이에 있다.**

127 pm
아세트산 음이온 공명 혼성체

공명 안정화는 카복실산이 O−H 결합이 있는 알코올이나 페놀보다 왜 더 센 산인지를 설명해준다. 예를 들면, 에탄올(CH_3CH_2OH)과 페놀(C_6H_5OH)의 pK_a 값은 각각 16과 10으로 모두 아세트산의 pK_a 값(4.8)보다 크다.

에탄올 $pK_a = 16$ — 페놀 $pK_a = 10$ — 아세트산 $pK_a = 4.8$

산도 증가 →

에탄올, 페놀, 아세트산의 상대적인 산도를 이해하기 위해서는 그들 짝염기의 안정도를 비교해야 하며 다음 규칙을 사용한다.

- 짝염기 $A:^-$를 안정화하는 것은 산 H−A를 더 산성이게 한다.

에탄올의 짝염기인 **에톡시화 음이온(ethoxide)**은 산소 원자에 음전하가 있지만 음이온을 안정화하는 더 이상의 요인은 없다. 에톡시화 음이온은 아세트산 음이온보다 덜 안정하여 **에탄올은 아세트산보다 약산이다.**

에탄올 → 에톡시화 음이온

페녹시화 음이온(phenoxide)의 공명 혼성은 음전하가 네 개의 원자—세 개의 C 원자와 하나의 O 원자—에 분산되는 것을 보여준다.

아세트산 음이온과 같이 **페녹시화 음이온(phenoxide, $C_6H_5O^-$, 페놀의 짝염기)** 또한 공명 안정화되어 있다. 그러나 페녹시화 음이온의 경우 전부 네 개의 다른 원자(세 개의 다른 탄소와 한 개의 산소)에 음전하를 분산시키는 다섯 개의 공명 구조가 있다.

hybrid 페놀 1 2 3 4 5

페녹시화 음이온은 에톡시화 음이온보다 더 안정하지만 아세트산 음이온보다는 덜 안정하다. 왜냐하면 아세트산 음이온은 음전하를 비편재화하는 두 개의 전기 음성적인 산소가 있는 반면에 페녹시화 음이온은 단지 한 개만 있기 때문이다. 더군다나 페녹시화 음이온의 공명 구조 **2~4**는 산소보다 전기 음성도가 작은 원소인 탄소에 음전하가 있다. 따라서 구조 **2~4**는 산소에 음전하가 있는 구조 **1**과 **5**보다 덜 안정하다.

더욱이 공명 구조 **1**과 **5**는 방향족 고리가 완전한 반면에 구조 **2~4**는 그렇지 못하다. 이것 역시 구조 **2~4**를 구조 **1**과 **5**보다 덜 안정하게 한다. 그림 19.4에 페녹시화 음이온의 다섯 개의 공명 구조와 그 공명 혼성체의 상대적 에너지를 대략적으로 나타냄으로써 페녹시화 음이온에 관한 이러한 정보를 요약하였다.

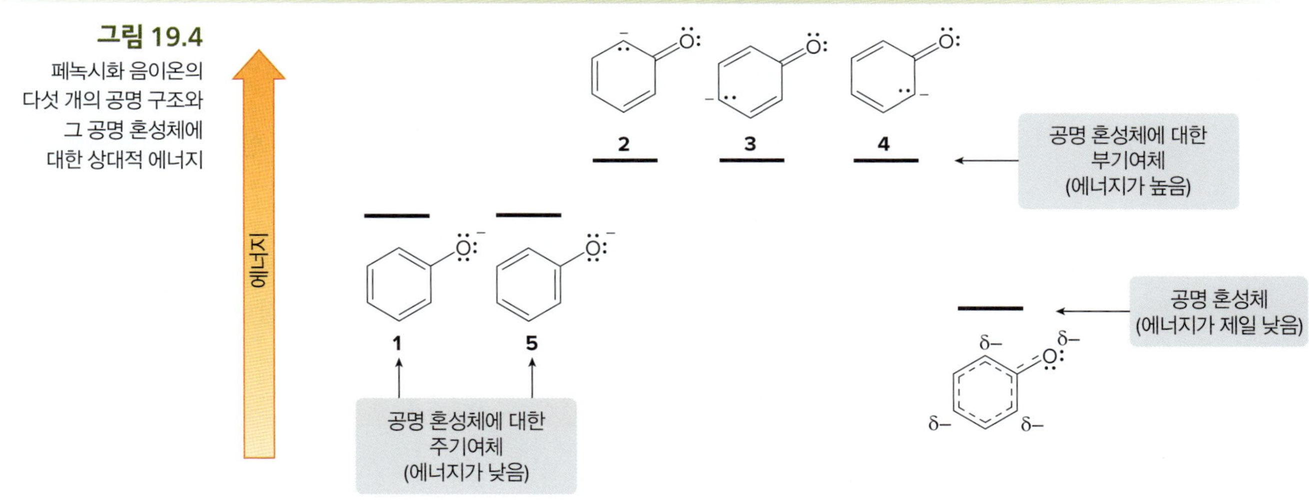

그림 19.4 페녹시화 음이온의 다섯 개의 공명 구조와 그 공명 혼성체에 대한 상대적 에너지

결과적으로 짝염기의 공명 안정화는 산도를 결정하는 데 중요하다. 그러나 **공명 구조의 절대 숫자만이 중요한 것은 아니다.** 짝염기의 상대적 안정도를 예측하기 위해서는 그들의 상대적 기여도를 평가해야 한다.

비록 카복실산이 센 유기산이지만 pK_a 값이 < 0인 HCl과 H_2SO_4와 같은 센 무기산보다는 **훨씬 약하다**는 것을 명심하라.

- O−H 결합으로 인하여 RCOOH, ROH와 C_6H_5OH는 대부분의 유기 탄화수소보다 **더 산성**이다.
- 카복실산은 짝염기가 가장 효과적으로 공명 안정화되기 때문에 알코올이나 페놀보다 **더 센** 산이다.

알코올과 페놀은 카복실산보다 더 약한 산이므로 양성자를 제거하려면 더 센 염기가 필요하다. C_6H_5OH (pK_a = 10)에서 양성자를 제거하려면 짝산의 pK_a > 10인 염기가 필요하다. 따라서 표 19.4에 있는 염기 중에서 $NaOCH_3$, NaOH, $NaOCH_2CH_3$와 NaH가 충분히 세다. CH_3CH_2OH (pK_a = 16)의 양성자를 제거하는 데는 NaH만이 충분히 세다.

문제 19.12 각 산–염기 반응의 생성물을 그려라.

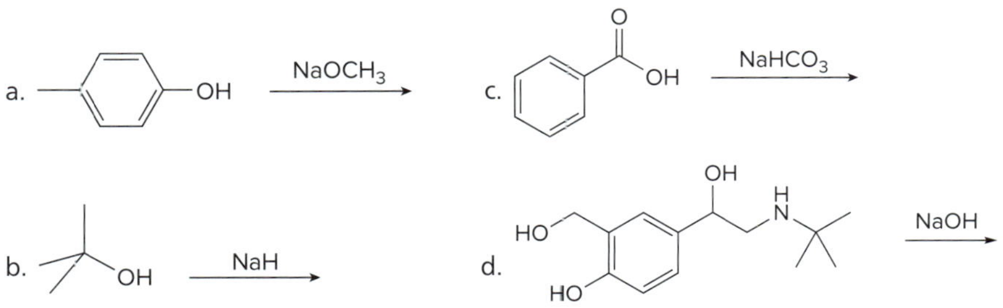
a.
OH
$NaOCH_3$
b.
OH
NaH
c.
O
OH
$NaHCO_3$
d.
HO
HO
OH
H
N
NaOH

albuterol
bronchodilator

문제 19.13 부록 C의 pK_a 값을 참조하여 어떤 염기가 CH_3COOH의 양성자 이탈을 시키기에 충분히 센지를 판별하라.
(a) F^-; (b) $(CH_3)_3CO^-$; (c) CH_3^-; (d) $^-NH_2$; (e) Cl^-

문제 19.14 (a) 블랙베리와 까막까치밥나무 열매에 들어 있는 천연물인 glucocaffeic acid에서 표시한 수소(H_a–H_c)를 산도가 증가하는 순으로 나열하라. (b) Glucocaffeic acid를 세 당량의 NaOH와 반응시켰을 때, 무슨 생성물이 생기는가?

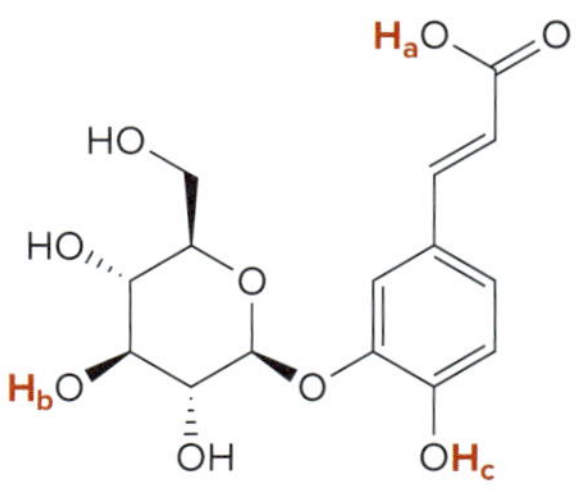
H_aO
O
HO
HO
O
H_bO
O
OH
OH_c

glucocaffeic acid

19.8 지방족 카복실산의 유도 효과

카복실산의 pK_a는 전자 밀도를 유도적으로 밀어주거나 끌어당기는 인접기에 의해 영향을 받는다.

- 전자 끄는 기는 짝염기를 **안정화**하여 카복실산을 **더** 산성이게 한다.
- 전자 주는 기는 짝염기를 **불안정화**하여 카복실산을 **덜** 산성이게 한다.

다음 식에서 CH_3COOH, $ClCH_2COOH$, $(CH_3)_3CCOOH$의 상대적인 산도는 이 원리를 보여준다.

2.5B절에서 유도 효과와 산도에 대해 처음으로 배웠다.

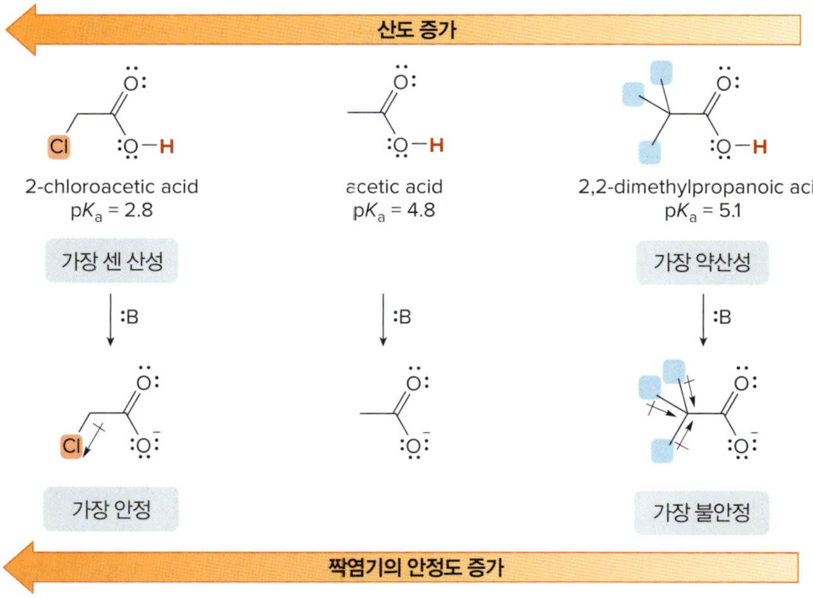
산도 증가
Cl
O–H
2-chloroacetic acid
pK_a = 2.8
가장 센 산성
O–H
acetic acid
pK_a = 4.8
O–H
2,2-dimethylpropanoic acid
pK_a = 5.1
가장 약산성
:B
:B
:B
Cl
가장 안정
가장 불안정
짝염기의 안정도 증가

- 짝염기가 **전기 음성인 Cl의 전자 끌기 유도 효과**에 의해 안정화되기 때문에 $ClCH_2COOH$는 CH_3COOH (pK_a = 4.8)보다 더 산성(pK_a = 2.8)이다.
- **세 개의 편극성 CH_3기가 전자 밀도를 밀어 주어 짝염기를 불안정화**하기 때문에 $(CH_3)_3CCOOH$는 CH_3COOH보다 덜 산성(pK_a = 5.1)이다.

치환기의 수와 그들의 전기 음성도 및 위치 또한 산도에 영향을 준다.

- 전기 음성 치환기의 수가 더 많을수록 더 센 산이다.

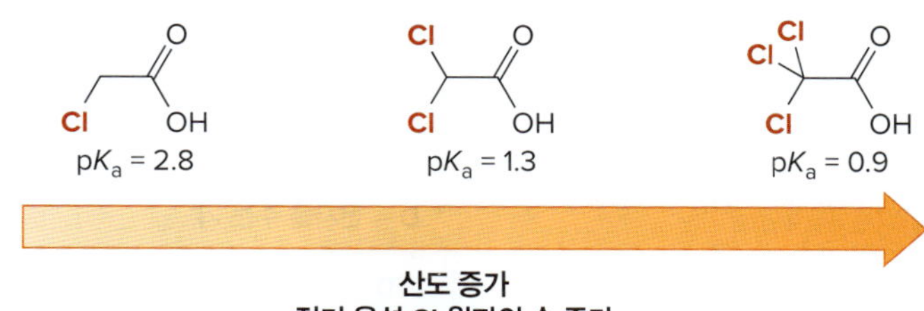

산도 증가
전기 음성 Cl 원자의 수 증가

- 치환기가 더 전기 음성일수록 더 센 산이다.

pK_a = 2.8　　pK_a = 2.6

F는 Cl보다 더 전기 음성
더 센 산

- 전자 끄는 기가 COOH에 더 가까이 있을수록 더 센 산이다.

4-chlorobutanoic acid pK_a = 4.5　　3-chlorobutanoic acid pK_a = 4.1　　2-chlorobutanoic acid pK_a = 2.9

산도 증가
COOH에 Cl의 근접성 증가

문제 19.15 다음 pK_a 값(3.2, 4.9와 0.5)에 맞는 카복실산을 찾아라.

a. CH_3CH_2COOH　　b. CF_3COOH　　c. ICH_2COOH.

문제 19.16 산도가 증가하는 순으로 **A**, **B**와 **C**를 정렬하라.

A　　**B**　　**C**

19.9 치환된 벤조산

16.6절에서 다룬 바와 같이 벤젠 고리에 있는 치환기는 유도 효과와 공명 효과의 균형에 따라 전자 밀도를 밀어주거나 끌어당긴다는 사실을 기억하자. 이와 같은 효과가 치환된 벤조산의 산도를 결정한다. 두 가지 규칙을 명심해야 한다.

규칙 [1] 전자 주는 기는 짝염기를 **불안정화**하여 산을 **덜** 산성이게 한다.

전자를 주는 기는 음으로 하전된 카복실산 음이온에 전자 밀도를 밀어 줌으로써 **짝염기를 불안정화시킨다.** 전자 주는 기로 치환된 벤조산은 벤조산($pK_a = 4.2$)보다 pK_a가 크다.

D = 전자를 주는 기

이 산은 벤조산보다 덜 산성이다.

$pK_a > 4.2$

D는 카복실산 음이온을 **불안정화**한다.

친전자체와의 반응에서 벤젠을 활성화하는 전자 주는 기는 벤조산을 **더 약한** 산으로 만든다.

규칙 [2] 전자 끄는 기는 짝염기를 **안정화**하여 산을 **더** 산성이게 한다.

전자 끄는 기는 음으로 하전된 카복실산 음이온으로부터 전자 밀도를 제거함으로써 **짝염기를 안정화한다.** 전자 끄는 기로 치환된 벤조산은 벤조산($pK_a = 4.2$)보다 pK_a가 작다.

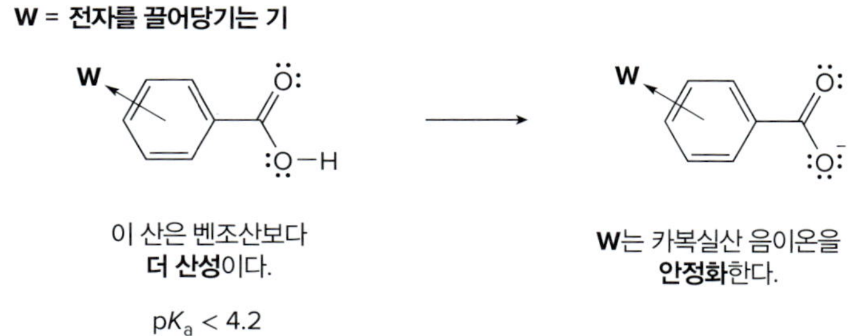

친전자체와의 반응에서 벤젠을 비활성화하는 전자 끄는 기는 벤조산을 **더 센** 산으로 만든다.

그림 19.5는 일반적으로 전자를 주는 기와 전자를 끌어당기는 기가 친전자체에 대한 벤젠 고리의 반응 속도와 치환된 벤조산의 산도에 어떤 영향을 미치는지를 설명하고 있다.

그림 19.5
치환기가 친전자체에 대한 벤젠 고리의 반응성과 치환된 벤조산의 산도에 어떤 영향을 미치는가

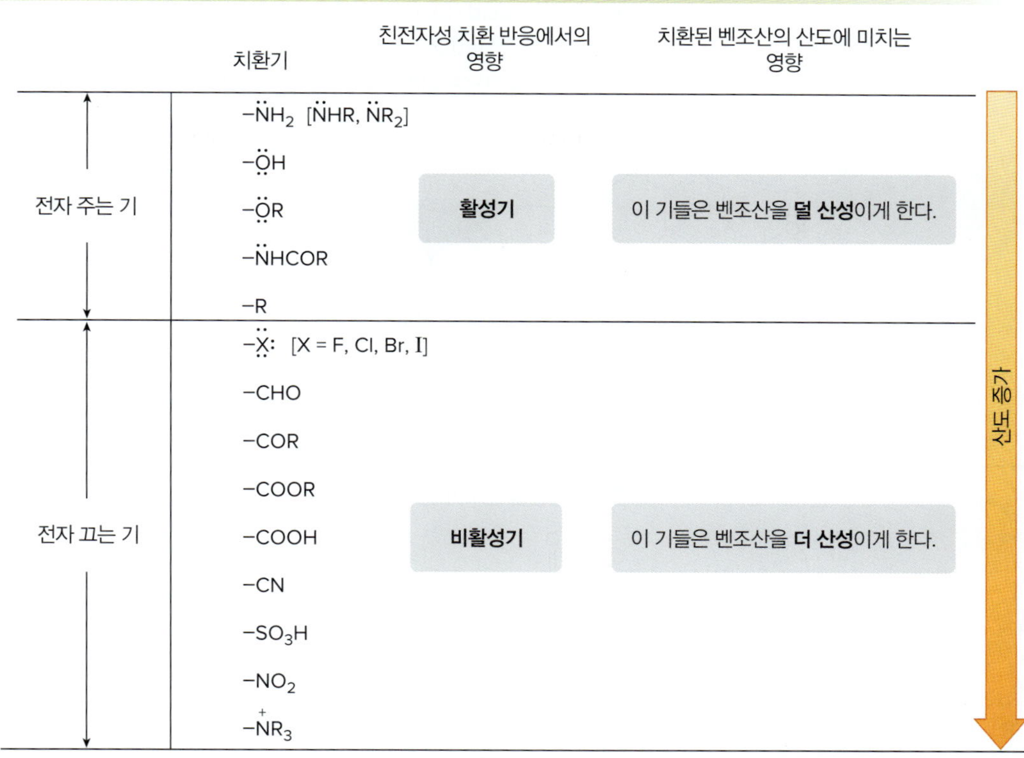

- **전자 밀도를 밀어주는 기는 친전자성 공격에 대하여 벤젠 고리를 활성화하고, 벤조산을 덜 산성이게 한다.** 일반적으로 전자 주는 기는 R기 또는 벤젠 고리에 결합된(고립쌍 있음) N 또는 O 원자가 있는 기이다.
- **전자 밀도를 끌어당기는 기는 친전자성 공격에 대하여 벤젠 고리를 비활성화하고, 벤조산을 더 산성이게 한다.** 일반적으로 전자 끄는 기는 할로젠 또는 벤젠 고리에 결합된 Y 원자(전부 또는 부분적으로 양전하를 띰)가 있는 기이다.

예제 19.3 치환된 벤조산의 상대적 산도 결정하기

다음 카복실산을 산도가 증가하는 순으로 정렬하라.

A benzoic acid　　**B** *p*-methoxybenzoic acid　　**C** *p*-nitrobenzoic acid

풀이

***p*-Methoxybenzoic (B)**: CH_3O기는 전자를 끌어당기는 유도 효과보다 전자를 주는 공명 효과가 더 크기 때문에(16.6절) 전자 주는 기이다. CH_3O기는 음으로 하전된 카복실산 음이온에 전자 밀도를 밀어 줌으로써 짝염기를 **불안정화**하여 **B**를 벤조산 **A**보다 **덜 산성**이게 한다. **B**의 짝염기의 가능한 공명구조 중에서 두 구조를 그렸다.

B *p*-methoxybenzoic acid　→　**전자 주는 기**　↔

인접 원자에 두 개의 (−) 전하가 있기 때문에 짝염기가 **불안정해진다.**

***p*-Nitrobenzoic acid (C)**: NO_2기는 유도 효과와 공명으로 인하여(16.6절) 전자를 끌어당기는 기이다. NO_2기는 음으로 하전된 카복실산 음이온으로부터 전자 밀도를 제거함으로써 짝염기를 **안정화**하여 **C**를 벤조산 **A**보다 **더 산성**이게 한다. **C**의 짝염기의 가능한 공명구조 중에서 두 구조를 그렸다.

C
p-nitrobenzoic acid

전자 끄는 기

인접 원자에 다른 전하가 있기 때문에
짝염기가 **안정해진다.**

이 분석으로부터 산도의 순위는 **B** < **A** < **C**이다.

문제 19.17 각 그룹의 화합물을 산도가 증가하는 순으로 정렬하라.

a.

b.

추가 문제: 문제 19.39, 19.44를 풀어보라.

문제 19.18 치환된 페놀은 치환된 벤조산과 비슷한 치환기 효과를 보인다. 덩굴옻나무에서 분리한 urushiol이라는 자연에 존재하는 페놀 **A**의 pK_a 값은 페놀(C_6H_5OH, pK_a = 10)의 pK_a 값(10)보다 큰가, 작은가? 설명하라.

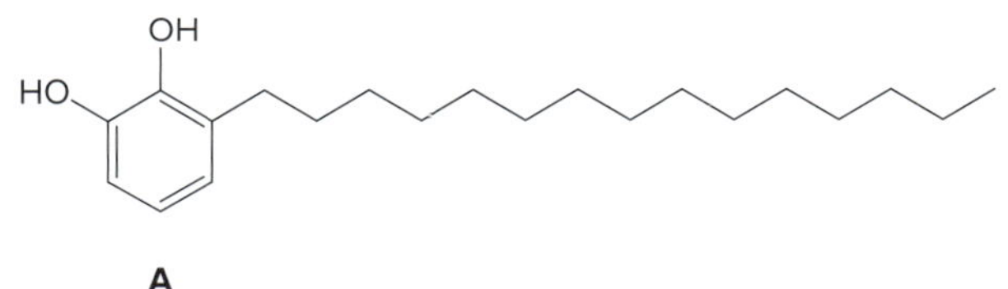

덩굴옻나무에는 urushiol이 들어 있어서 피부를 따갑게 한다(문제 19.18).
Ken Samuelsen/Photodisc/Getty Images

추출의 역사는 오래되었고, 여전히 천연 원천에서 천연물을 분리하는 첫 번째 단계이다.

19.10 추출

실험실에서 유기 화학자는 혼합물을 분리하고 정제해야 한다. 특히 유용한 기술 중의 하나가 **추출(extraction)**인데 이 기술은 용해도 차이와 산–염기 원리를 사용하여 화합물을 분리하고 정제한다.

물 또는 10%의 $NaHCO_3$이나 10%의 NaOH와 같은 수용액, 그리고 다이클로로메테인(CH_2Cl_2), 다이에틸 에터, 또는 헥세인과 같은 유기 용매가 추출에 사용되는 두 가지 용매이다. **수용액과 유기 용매에서 화합물의 용해도 차이에 의해 화합물이 분리된다.**

분별 깔때기(separatory funnel)라고 하는 유리 용기가 추출에 사용된다. 서로 섞이지 않는 액체 둘을 분별 깔때기에 넣으면 밀도가 낮은 액체는 위층, 밀도가 높은 액체는 아래층으로 갈라져 두 층이 생성된다.

분별 깔때기

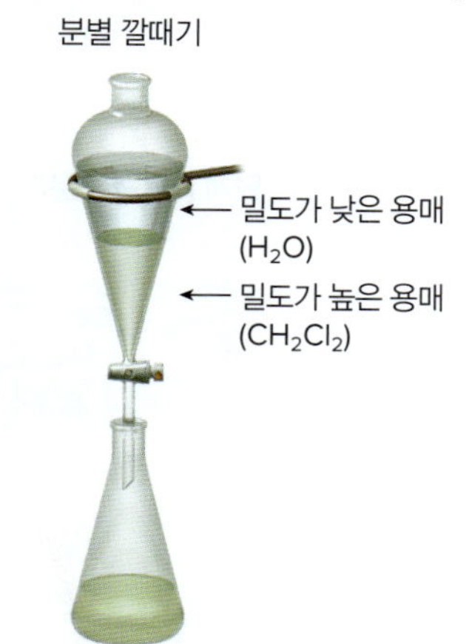

서로 섞이지 않는 두 액체를 분별 깔때기에 넣으면 두 층이 나타난다. 층을 분리하기 위하여 마개를 열어 분별 깔때기의 바닥으로부터 아래층을 빼낸다. 그 후 위층을 깔때기 윗목에서 쏟아낸다.

H_2O와 CH_2Cl_2가 들어 있는 분별 깔때기에 벤조산(C_6H_5COOH)과 NaCl의 혼합물을 가해보자. 벤조산은 유기층에서 용해되고 NaCl은 물층에서 용해될 것이다. 유기층과 물층을 분리하여 다른 플라스크에 넣으면 벤조산과 NaCl이 서로 분리된다.

벤조산과 사이클로헥산올의 혼합물을 어떻게 분리할 수 있을까? **둘 모두 유기 화합물이다. 따라서 둘 모두 CH_2Cl_2와 같은 유기 용매에 녹고 물에는 녹지 않는다.** 벤조산과 사이클로헥산올의 혼합물을 CH_2Cl_2와 물과 함께 분별 깔때기에 넣으면 벤조산과 사이크로헥산올 모두 CH_2Cl_2 층에 녹아 두 화합물을 서로 분리할 수 없을 것이다. 이와 같이 용해도 성질이 비슷한 두 화합물을 추출을 이용하여 분리할 수 있겠는가?

benzoic acid | cyclohexanol

- 물에 불용성
- CH_2Cl_2에 가용성

용해도 성질이 비슷

- 물에 불용성
- CH_2Cl_2에 가용성

화합물 중 하나가 카복실산이라면 답은 "예"이다. 왜냐하면 산-염기 화학을 이용하여 용해도 성질을 바꿀 수 있기 때문이다.

벤조산(센 유기산)을 수용성 NaOH와 반응시키면, 벤조산은 양성자가 이탈되어 벤조산 소듐이 된다. **벤조산 소듐은 이온성이기 때문에 물에 녹지만 유기 용매에는 녹지 않는다.**

benzoic acid ($pK_a = 4.2$) + $Na^+ \ ^-OH$ (염기) ⇌ sodium benzoate + H_2O ($pK_a = 14$)

benzoic acid:
- 물에 불용성
- CH_2Cl_2에 가용성

상이한 용해도 성질

sodium benzoate:
- 물에 가용성
- CH_2Cl_2에 불용성

사이클로헥산올을 NaOH와 반응시킬 때는 비슷한 산-염기 반응은 일어나지 않는다. 왜냐하면, 유기 알코올은 상당히 약한 유기산이기 때문이다. 그래서 알코올은 NaH와 같은 매우 센염기로만 양성자가 이탈될 수 있다. **NaOH는 상당량의 소듐 알콕시화 음이온을 생성할 만큼 센염기가 아니다.**

cyclohexanol ($pK_a \sim 17$) + $Na^+ \ ^-OH$ (염기) ⇌ sodium cyclohexoxide + H_2O ($pK_a = 14$)

출발물을 선호하는 평형이기 때문에 알콕시화 음이온은 거의 생기지 않는다.

그림 19.6에 나타낸 단계적인 추출 과정에 의해 벤조산과 사이클로헥산올을 분리하는 데 앞서 설명한 산-염기 화학에서의 차이를 이용할 수 있다. 이 추출은 두 개의 기본 원리에 따른다.

- 추출은 용해도 성질이 다른 화합물만 분리할 수 있다. 한 화합물은 물 층에 용해되어야 하고 다른 하나는 유기 층에 용해되어야 한다.
- 카복실산은 산-염기 반응에 의해 물에 녹는 카복실산 음이온으로 변환시킴으로써 다른 유기 화합물로부터 분리될 수 있다.

따라서 물에 녹는 염 $C_6H_5CO_2^-Na^+$(산–염기 반응에 의해 C_6H_5COOH로부터 유도)는 추출법에 의해 물에 녹지 않는 사이클로헥산올로부터 분리할 수 있다.

그림 19.6 추출법에 의한 벤조산과 사이클로헥산올의 분리

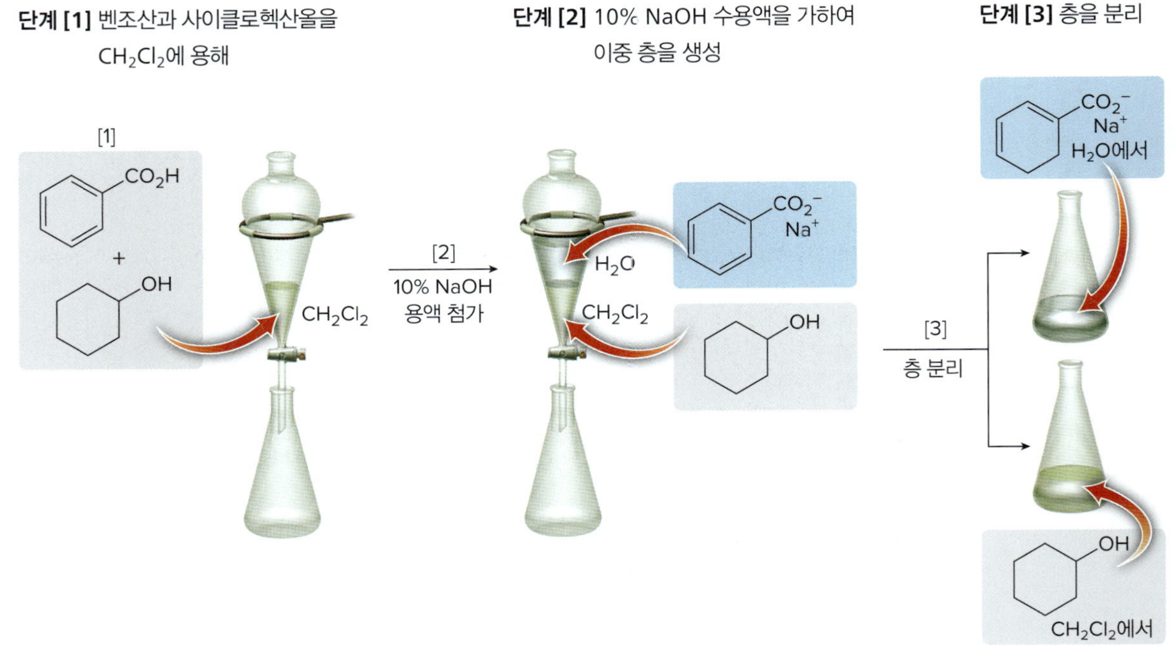

- 두 화합물은 유기 용매 CH_2Cl_2에 녹는다.

- 10% NaOH 수용액을 첨가하면 두 층이 생성된다. 두 층을 혼합하면 **NaOH가 $C_6H_5CO_2H$에서 양성자를 제거하여 $C_6H_5CO_2^-Na^+$가 생기고, 이것은 수용층에 녹는다.**
- 사이클로헥산올은 CH_2Cl_2 층에 남아 있다.

- 밑의 마개로부터 아래층을 빼내면 두 층이 분리되고 분리 과정은 끝난다.
- 사이클로헥산올(CH_2Cl_2에 녹음)은 하나의 플라스크에 들어 있다. 벤조산의 소듐 염 $C_6H_5CO_2^-Na^+$(물에 녹음)은 또 다른 플라스크에 들어 있다.

예제 19.4 추출에 의한 화합물 분리

아래 화합물 **A**, **B**, **C**의 혼합물을 CH_2Cl_2와 10% NaOH 수용액이 들어 있는 분별 깔때기에 넣었다. 수용액 층에 존재하는 화합물은 어느 것이며, 유기 용매 층에 존재하는 화합물은 어느 것인가?

A **B** **C**

풀이

용해도 원리를 상기하자.

- **유기 화합물은 유기 용매에 녹는다.**
- **H_2O와 수소 결합을 생성할 수 있는 유기 화합물은 탄소 수가 5개 이하이면 물에 녹는다.**
- **탄소 수가 5개보다 많으며 전하를 띠지 않는 유기 화합물은 녹지 않는다.**
- **이온 결합 화합물은 물에 녹는다.**

화합물 **A**, **B**, **C**는 전하를 띠지 않으므로 CH_2Cl_2에 **녹으며**, 탄소 수가 모두 5개보다 많으므로 물에 **녹지 않는다**. 하지만 화합물 **C**는 H가 산성인 CO_2H기가 있으며, 이 수소 원자는 NaOH에 의해 탈양성자화된다. 그 결과 화합물 **C**는 **물에 녹는 카복실산 음이온**으로 된다.

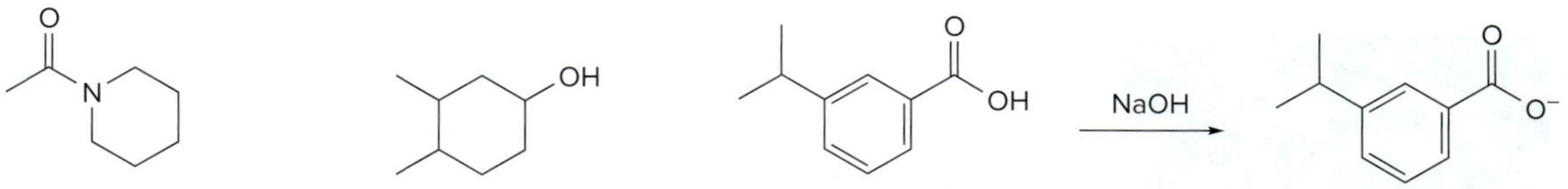

A
• 물에 불용성
• CH_2Cl_2에 가용성

B
• 물에 불용성
• CH_2Cl_2에 가용성

C
• 물에 불용성
• CH_2Cl_2에 가용성

NaOH →

carboxylate anion
• 물에 가용성
• CH_2Cl_2에 불용성

그 결과, CH_2Cl_2와 10% NaOH 수용액이 들어 있는 분별 깔때기에서 화합물 **A**와 **B**는 CH_2Cl_2 층에 녹고, 화합물 **C**는 탈양성화가 일어난 카복실산 음이온으로 되어 수용액 층에 녹는다.

문제 19.19 화합물 **A~D** 중에서 수용성 추출법으로 서로 분리할 수 있는 쌍은 무엇인가?

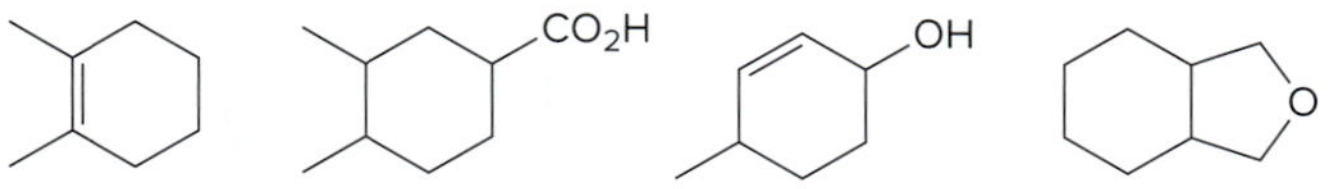

A B C D

a. **A**와 **B**
b. **A**와 **C**
c. **C**와 **D**
d. **B**와 **D**

추가 문제: 문제 19.55~19.57을 풀어보라.

19.11 아미노산

27장에서 아미노산이 단백질로 변환되는 과정을 논의한다.

세포 내에서 생물학적으로 중요한 기능을 하는(3.9절) 네 종류의 작은 생체 분자 중의 하나인 **아미노산(amino acid)** 또한 양성자 전달 반응(proton transfer reaction)을 수행한다.

19.11A 서론

아미노산은 두 개의 작용기, 즉 아미노기(NH_2)와 카복시기(COOH)가 들어 있다. 자연에서 발견되는 대부분의 아미노산에서 아미노기는 α 탄소에 결합되기 때문에 **α-아미노산**이라 한다. 아미노산은 근육, 머리카락, 손톱 및 많은 생물 조직을 구성하는 생체 분자인 단백질의 기본 단위이다.

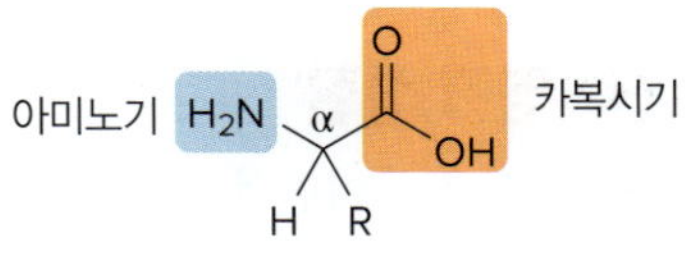

아미노기 H_2N α 카복시기 H R

α-아미노산

단백질에서 자연히 발견되는 20개의 아미노산은 α 탄소에 결합한 R기 성분만 다르다. **가장 단순한 아미노산인 glycine은 R = H이다.** R기가 다른 치환기이면 **α 탄소는 입체 발생 중심**이므로 두 개의 가능한 거울상 이성질체가 있다.

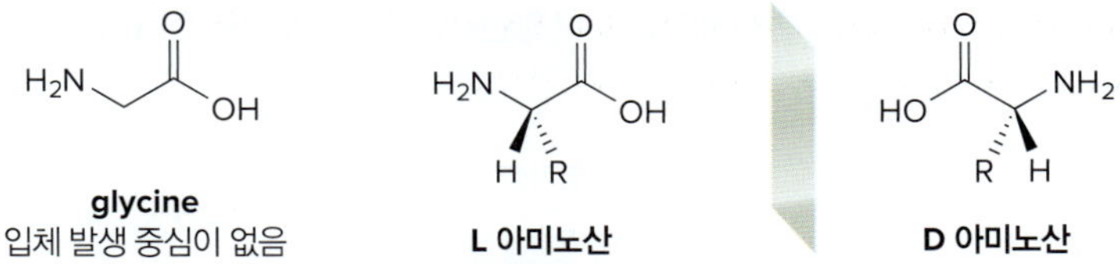

glycine
입체 발생 중심이 없음

L 아미노산
단백질에서는
이 이성질체만 발견된다.

D 아미노산

인간은 단백질 합성에 필요한 20개의 아미노산 중 단 10개만 합성할 수 있다. 나머지 10개를 **필수 아미노산(essential amino acids)**이라고 하는데, 거의 매일 일상의 음식물로부터 규칙적으로 섭취하여야 한다. 채식주의 식단은 모든 필수 아미노산을 섭취하도록 균형 잡혀야 한다. 곡물—밀, 쌀, 옥수수—은 라이신이 적고 콩과 식물—콩, 완두콩, 땅콩—은 메싸이오닌이 적다. 그러나 이 음식들을 같이 섭취하면 필요한 아미노산을 모두 취할 수 있다. 따라서 옥수수 토르티야와 콩 또는 쌀과 두부에는 모두 필수 아미노산이 들어 있다. 밀빵에 땅콩버터 샌드위치도 마찬가지이다.
Brent Hofacker/Shutterstock

자연계에서 아미노산은 거울상 이성질체 중 단지 하나의 구조로서만 존재한다. R기가 CH_2SH인 경우만 제외하고 α 탄소의 입체 발생 중심은 *S* 배열이다. 예전의 명명법 체계에서는 **자연계에서 발견되는 아미노산의 거울상 이성질체를 L 이성질체로, 자연계에 존재하지 않는 L 이성질체의 거울상 이성질체를 D 이성질체로 명명한다.**

아미노산의 R기는 H, 알킬, 아릴 또는 N, O, S 원자를 포함하는 알킬 사슬일 수 있다. 대표적인 예를 표 19.4에 정리하였다. 모든 아미노산은 세 글자 또는 한 글자 표기로 생략된 관용명이 있다. 예를 들면 글리신은 종종 세 글자 **Gly**로 줄이거나 한 글자 **G**로 줄여 쓴다. 이 생략형도 표 19.4에 나와 있다. 자연계에서 합성되는 20개 아미노산의 완전한 목록은 그림 27.2에 나와 있다.

표 19.4 대표적인 아미노산

일반 구조: H_2N–CH(R)(H)–C(=O)OH

R기	이름	세 자로 줄임	한 자로 줄임
H	글리신(glycine)	Gly	G
CH_3	알라닌(alanine)	Ala	A
$CH_2C_6H_5$	페닐알라닌(phenylalanine)	Phe	F
CH_2OH	세린(serine)	Ser	S
CH_2SH	시스테인(cysteine)	Cys	C
$CH_2CH_2SCH_3$	메싸이오닌(methionine)	Met	M
CH_2CH_2COOH	글루탐산(glutamic acid)	Glu	E
$(CH_2)_4NH_2$	라이신(lysine)	Lys	K

문제 19.20 다음의 각 아미노산의 두 거울상 이성질체를 그리고, *R* 또는 *S*로 표시하라.
(a) phenylalanine; (b) methionine.

19.11B 산–염기 성질

아미노산은 산이면서 염기이기도 하다.

- NH_2기는 비결합 전자쌍이 있으므로 염기가 된다.
- COOH기는 산성 양성자가 있으므로 산이 된다.

아미노산은 결코 전하를 띠지 않는 중성 화합물이 아니다. 아미노산은 염으로 존재하므로 끓는점이 매우 높고 물에 잘 녹는다.

- 산성 카복시기에서 염기성 아미노기로 양성자가 이동하면 염이 생성되는데, 이를 **쯔비터이온(zwitterion)**이라고 하며 양전하와 음전하가 모두 들어 있다.

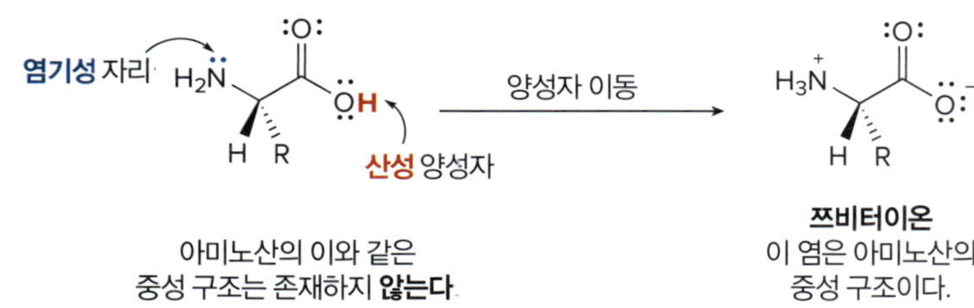

실제로 아미노산은 용해되는 수용액의 pH에 따라 세 가지 다른 구조로 존재한다.

용액의 pH가 ~6일 때, 알라닌($R = CH_3$)은 쯔비터이온 구조(**A**)로 존재하여 알짜 전하는 없다. 이 구조에서 카복시기는 음전하를 띠고—이는 **카복실산 음이온**이다—아미노기는 그만큼의 양전하(**암모늄 양이온**)를 띤다.

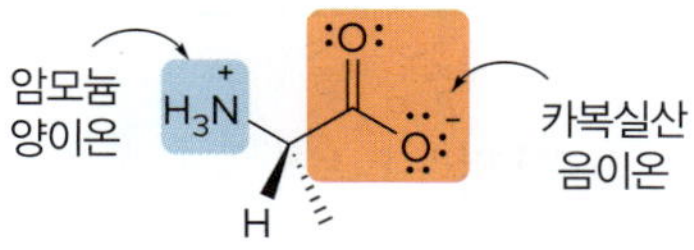

암모늄 양이온

카복실산 음이온

alanine
A
중성 쯔비터이온
이 구조는 pH ≈ 6에서 존재한다.

센산을 첨가하여 pH를 낮추면(pH ≤ 2), 카복실산 음이온에 양성자가 첨가되어 **아미노산은 알짜 양전하를 띤다**(구조 **B**).

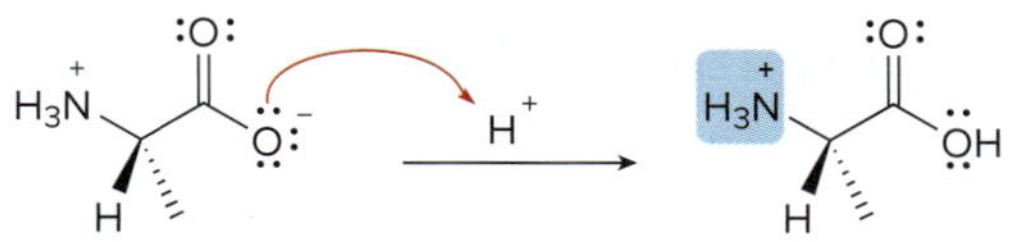

A

B
전체적으로 (**+1**) 전하
이 구조는 pH ≤ 2에서 존재한다.

A에 센염기를 첨가하여 pH를 높이면(pH ≥ 10), 암모늄 양이온이 탈양성자화되어 **아미노산은 알짜 음전하를 띤다**(구조 **C**).

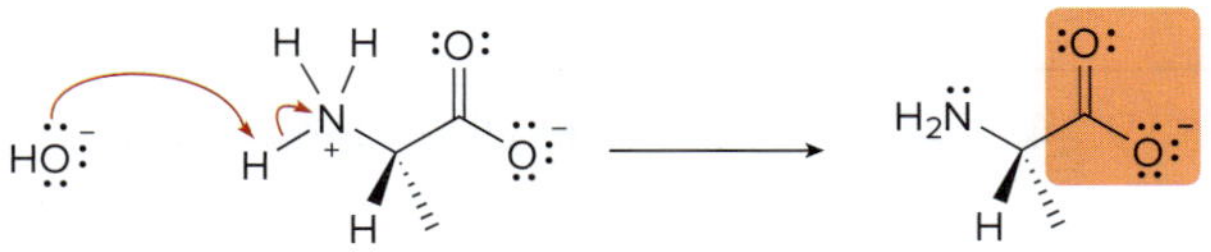

A

C
전체적으로 (**−1**) 전하
이 구조는 pH ≥ 10에서 존재한다.

따라서 **알라닌은 용액의 pH에 따라 세 가지 다른 구조 중 하나로 존재한다.** 용액의 pH가 2에서 10으로 서서히 증가하면 다음 과정이 일어난다.

- 낮은 pH에서 알라닌은 알짜 (+) 전하를 띤다(구조 **B**).
- pH가 ~6까지 증가하면 카복시기에서 양성자가 떨어져서 아미노산은 전체적으로 전하를 띠지 않는 쯔비터이온으로 존재한다(구조 **A**).
- 높은 pH에서는 암모늄 양이온이 탈양성자 반응을 일으키고 아미노산은 알짜(−) 전하를 띤다(구조 **C**).

이 반응을 그림 19.7에 요약하였다.

그림 19.7
알라닌의 산–염기 반응의 요약

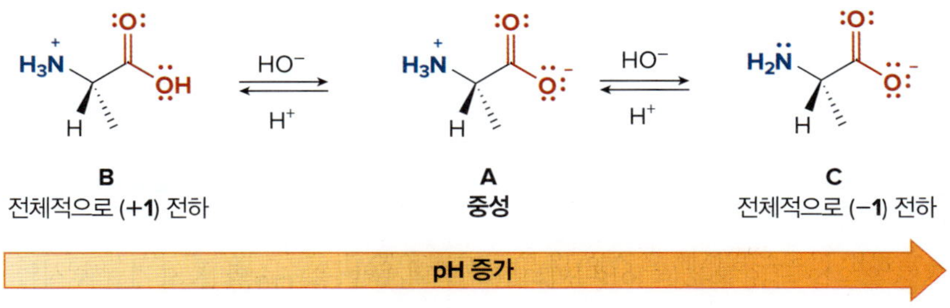

B
전체적으로 (**+1**) 전하

A
중성

C
전체적으로 (**−1**) 전하

pH 증가

문제 19.21 대부분의 다른 유기 화합물과는 달리 아미노산이 다이에틸 에터와 같은 유기 용매에 왜 녹지 않는지 설명하라.

문제 19.22 아미노산인 글리신에 대하여 (+) 전하 구조, 중성 구조, (−) 전하 구조를 그려라. pH 11에서 주로 어떤 구조로 존재하는가? pH 1에서는 주로 어떤 구조로 존재하는가?

19.11C 등전점

양성자가 첨가된 아미노산은 적어도 두 개의 제거될 수 있는 양성자가 있으므로 이들 양성자 각각에 대한 pK_a 값이 알려져 있다. 예를 들면, 알라닌의 카복시 양성자의 pK_a는 2.35이며 암모늄 양성자의 pK_a는 9.87이다. 표 27.1에 20개의 모든 아미노산에 대하여 이들 값을 정리해 놓았다.

- 아미노산이 주로 중성 구조로 존재할 때의 pH를 **등전점(isoelectric point)**이라 부르며, pI로 줄여 쓴다.

등전점에 관한 더 많은 정보는 27.1절에서 찾을 수 있다.

다른 산성 또는 염기성 작용기가 없는 아미노산의 경우 일반적으로 등전점은 아미노산의 두 pK_a 값의 평균이다.

$$\text{등전점} = \mathbf{p}\boldsymbol{I} = \frac{pK_a\ (\text{COOH}) + pK_a\ (\text{NH}_3^+)}{2}$$

$$\text{알라닌에 대해: } \mathbf{p}\boldsymbol{I} = \frac{2.35 + 9.87}{2} = \underset{pI\ (\text{알라닌})}{6.12}$$

문제 19.23 페닐알라닌의 카복시 양성자와 암모늄 양성자의 pK_a 값은 각각 2.58과 9.24이다. 페닐알라닌의 등전점은 얼마인가? 등전점에서의 페닐알라닌의 구조를 그려라.

문제 19.24 글리신의 COOH기의 pK_a가 아세트산의 COOH의 pK_a (2.35 대 4.8)보다 왜 훨씬 작은지 설명하라.

19.12 나이트릴

19장의 마지막은 나이트릴의 화학을 다룬다. 나이트릴은 입체 장애가 없는 할로젠화 메틸이나 1° 할로젠화 알킬과 CN^-의 $\mathbf{S_N2}$ 치환 반응에 의해 쉽게 만들어진다. 반응의 결과, 할로젠화 알킬에 탄소 한 개가 더해진 **새로운 탄소−탄소 결합이 생성된다.**

S_N2

새로운 C-C 결합(붉은색)

나이트릴은 다중 결합의 한 부분인 탄소 원자가 친전자성이지만 이탈기가 없기 때문에, **친핵성 첨가 반응**으로 친핵체와 반응한다. 친핵체의 성질은 생성물의 구조를 결정한다.

$$\overset{\delta+}{\text{R}-\text{C}}\equiv\overset{\delta-}{\text{N}}:$$

친핵체가 여기를 공격한다.

나이트릴과 친핵체인 물, 수소화물, 유기금속 시약 등과의 반응은 다음과 같다.

[1] R−C≡N $\xrightarrow[\text{H}^+ \text{ 또는 } -\text{OH}]{H_2O}$ 카복실산 (R–COOH) 또는 카복실산 음이온 (R–COO⁻) — 가수 분해

[2] R−C≡N — [1] $LiAlH_4$ [2] H_2O → 아민 ($R-CH_2-NH_2$); [1] DIBAL-H [2] H_2O → 알데하이드 (R–CHO) — 환원

[3] R−C≡N — [1] R'MgX 또는 R'Li [2] H_2O → 케톤 (R–CO–R') — R'-M과의 반응

19.12A 나이트릴의 가수 분해

나이트릴이 수용성 산이나 염기의 존재하에 가수 분해되면 **카복실산**이나 **카복실산 음이온**이 얻어진다. 이 반응에서 세 개의 C−N 결합은 세 개의 C=O 결합으로 바뀐다.

R−C≡N $\xrightarrow[(\text{H}^+ \text{ 또는 } ^-\text{OH})]{H_2O}$ 카복실산 (산으로) 또는 카복실산 음이온 (염기로)

$(CH_3)_2CH-C\equiv N \xrightarrow{H_2O,\ H^+} (CH_3)_2CH-COOH$

$C_6H_5-C\equiv N \xrightarrow{H_2O,\ ^-OH} C_6H_5-COO^-$

이 반응의 메커니즘은 **아마이드 토토머**의 생성이 수반된다. 임의의 카보닐 화합물에 대해 두 개의 토토머를 그릴 수 있는데, 1° 아마이드에 대한 토토머의 구조는 다음과 같다.

이미드산 토토머 (R–C(OH)=NH) ⇌ ($^-$OH 또는 H^+) 아마이드 토토머 (R–CO–NH_2)

- C=N
- O−H 결합

이미드산 토토머

- C=O
- N−H 결합

아마이드 토토머
더 안정한 구조

11장에서 배운 것처럼 토토머는 이중 결합과 양성자의 위치가 다른 구조 이성질체임을 상기하라.

- 아마이드 구조는 C=O와 N−H 결합이 있는 더 안정한 토토머이다.
- 이미드산 토토머는 C=N과 O−H 결합이 있는 덜 안정한 형태이다.

이미드산과 아마이드 토토머는 카보닐 화합물의 케토−엔올 토토머와 비슷하게 산이나 염기에 의해 상호 변환된다. 사실, 두 아마이드 토토머는 질소 원자가 카보닐기에 결합된 탄소 원자를 대신하는 것 외에 케토−엔올 토토머와 정확히 같다고 볼 수 있다.

문제 19.25 각 화합물의 토토머를 그려라.

a. b. c.

산 또는 염기 존재하에서 일어나는 나이트릴 가수 분해 반응의 메커니즘은 두 단계로 나뉘는데, [1] **친핵성 첨가**로 인한 이미드산 토토머 생성에 이어 아마이드가 생성되는 **토토머화 반응**, [2] RCO_2H 또는 RCO_2^-를 생성하는 **아마이드의 가수 분해** 반응이다. 염기 존재하에서 RCN이 RCO_2^-로 가수 분해되는 반응의 메커니즘이 아래에 나와 있다(메커니즘 19.1).

메커니즘 19.1 염기에서 나이트릴의 가수 분해

부분 [1] 나이트릴에서 1° 아마이드로의 변환

이미드산 아마이드

1~2 ⁻OH의 친핵성 공격과 그에 이은 양성자 첨가로 **이미드산**이 생성된다.

3~4 **토토머화**가 두 단계 연속으로 일어난다—탈양성자화와 그에 이은 양성자 첨가.

부분 [2] 카복실산염 음이온으로 1° 아마이드의 가수 분해

아마이드 —(^-OH, H_2O / 세 단계 / (메커니즘 20.9))→ **카복실산 음이온** + $:NH_3$

아마이드의 카복실산 음이온으로의 변환은 20장에서 다룰 연속적인 세 단계로 일어난다(20.9절).

문제 19.26 다음 각 반응의 생성물을 그려라.

a. NaCN

b. H_2O, H^+

c. H_2O, ^-OH

d. [1] NaCN [2] H_2O, H^+

문제 19.27 (a) 3,3-Dimethylhexan-1-ol이 다음 시약과 순차적으로 반응하면 무슨 생성물이 생기겠는가? [1] PBr_3; [2] NaCN; [3] H_3O^+? (b) 이 화합물은 3,3-dimethylhexan-1-ol이 CrO_3 및 H_2SO_4와 반응하였을 때 생기는 생성물과는 어떻게 다른가?

19.12B 나이트릴의 환원

나이트릴이 금속 수소화물에 의해 환원되면, 환원제의 종류에 따라 **1° 아민이나 알데하이드가 얻어진다.**

- 나이트릴을 $LiAlH_4$로 처리하고, 이어서 H_2O로 처리하면, 삼중 결합에 2당량의 H_2가 첨가되어 1° 아민이 만들어진다.

[1] $LiAlH_4$ / [2] H_2O

- 나이트릴을 DIBAL-H와 같은 더 온화한 환원제로 처리하고, 이어서 H_2O로 처리하면 알데하이드가 생성된다.

[1] DIBAL-H / [2] H_2O

위 두 반응의 메커니즘에서는 **극성 C—N 삼중 결합에 친핵체인 수소 음이온(hydride, H^-)이 첨가**된다. 메커니즘 19.2에 나와 있듯이, 나이트릴이 아민으로 환원되려면 $LiAlH_4$로부터 2당량의 수소 음이온이 첨가되어야 한다. 아마도 중간체인 질소 음이온이 AlH_3(반응 중에 생성)과 착물을 만들어서 반응이 촉진될 것이다. 단계 [4]에서 이가 음이온(dianion)에 양성자가 첨가되면 아민이 얻어진다.

메커니즘 19.12 $LiAlH_4$에 의한 나이트릴의 환원

1 ~ 2 $LiAlH_4$에서 1당량의 $H:^-$이 나이트릴에 첨가되면, **C—H 결합 하나가 새로** 생긴 반응 중간체가 생성되고 이 중간체는 AlH_3와 착물을 만든다.

3 ~ 4 중간체에 두 번째 당량의 $H:^-$가 친핵성 공격을 하고 AlH_3와 착물을 생성하면 이가 음이온이 생성된다. 이 음이온이 물과 반응하면 **N—H 결합이 새로 두 개** 생긴 **1° 아민**이 얻어진다.

메커니즘 19.3에 나와 있듯이, **DIBAL-H**로 1당량의 수소 음이온이 친핵성 첨가되면 음이온이 얻어지고(단계 [1]), 이어서 물을 가해 양성자가 첨가되면 **이민**이 얻어진다. 18.11절에서 설명했 듯이 이민은 수용액에서 가수 분해되어 알데하이드를 생성한다. 메커니즘 19.3은 환원 반응 동안 생성된 중간체 구조를 강조하기 위하여, 단계 [1]에서 생성된 음이온과 알루미늄의 착물 생성 반응을 생략하여 써 놓았다.

메커니즘 19.3 DIBAL-H에 의한 나이트릴의 환원

이민

(매커니즘 18.5)

1 DIBAL-H로부터의 $H:^-$ (R_2AlH로 그려진)가 첨가하면 새로운 C—H 결합이 생성된다.

2 양성자가 첨가되면 **이민(imine)**이 생기고, 이민은 메커니즘 18.5의 역순인 단계별 반응을 따라서 알데하이드로 가수 분해된다.

문제 19.28 다음 각 반응의 생성물을 그려라.

a. (3-methoxyphenyl)–CH_2CH_2Br $\xrightarrow{[1]\ NaCN;\ [2]\ LiAlH_4;\ [3]\ H_2O}$ b. cyclohexyl–C≡N $\xrightarrow{[1]\ DIBAL\text{-}H;\ [2]\ H_2O}$

19.12C 나이트릴에 대한 Grignard 시약과 유기리튬 시약의 첨가 반응

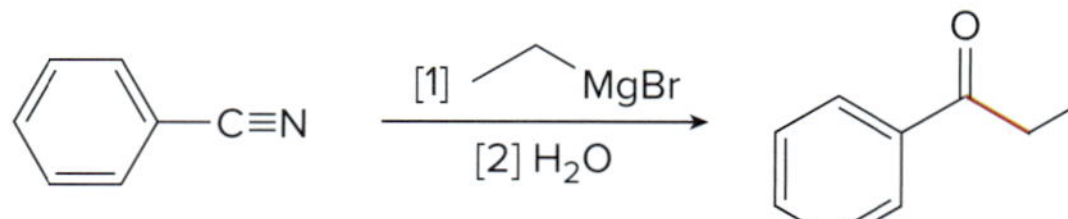

Grignard 시약과 유기리튬 시약이 둘 다 나이트릴과 반응하면 탄소–탄소 결합이 새로 생긴 **케톤이 얻어진다.**

반응은 극성 C–N 삼중 결합에 대한 유기금속 시약의 친핵성 첨가에 의해 먼저 음이온을 생성하고(단계 [1]), 이 음이온은 물에 의해 양성자 첨가되어 **이민**을 생성한다. 그 다음 단계는 18.11절에서 설명했듯이 물에 의해 C=N이 C=O로 바뀌는 이민의 가수 분해이다. 최종 생성물은 탄소–탄소 결합이 새로 생긴 케톤이다(메커니즘 19.4).

메커니즘 19.4 나이트릴에 대한 Grignard와 유기리튬 시약(R–M)의 첨가

R–C≡N: + R'–M $\xrightarrow{1}$ R'(R)C=N:⁻ $\xrightarrow{2\ H–\ddot{O}H}$ R'(R)C=N–H (이민) + :ÖH⁻ $\xrightarrow{H_2\ddot{O}:\ (메커니즘\ 18.5)}$ R'(R)C=Ö:

1 R'M (M = MgX 또는 Li)의 $R:^-$이 첨가되면 **새로운 C–C 결합**이 생성된다.

2 양성자가 첨가되면 **이민(imine)**이 생기고, 이민은 메커니즘 18.5의 역순인 단계별 반응을 따라서 케톤으로 가수 분해된다.

문제 19.29 다음 각 반응의 생성물을 그려라.

a. 2-methoxybenzonitrile (OCH_3, CN) $\xrightarrow{[1]\ CH_3CH_2MgCl;\ [2]\ H_2O}$ b. 3-pentanenitrile (CN) $\xrightarrow{[1]\ C_6H_5Li;\ [2]\ H_2O}$

문제 19.30 Phenylacetonitrile ($C_6H_5CH_2CN$)을 다음의 각 화합물로 바꾸기 위해 어떤 시약이 필요한가?

a. $C_6H_5CH_2COCH_3$ b. $C_6H_5CH_2COC(CH_3)_3$ c. $C_6H_5CH_2CHO$ d. $C_6H_5CH_2COOH$

문제 19.31 Butan-2-one을 나이트릴과 Grignard 시약으로부터 합성하는 두 가지 방법을 나타내라.

문제 19.32 Fadrozole(상품명 Afema)은 일본에서 유방암의 치료제로 사용된다. Fadrozole이 다음 각 반응을 수행할 때 무슨 생성물이 생기겠는가?

fadrozole

a. [1] $LiAlH_4$ [2] H_2O
b. H_3O^+
c. [1] CH_3Li [2] H_2O
d. [1] DIBAL-H [2] H_2O
e. ^-OH, H_2O
f. [1] PhMgBr [2] H_2O

Chapter 19 복습

핵심 개념

[1] 산도와 공명 효과(19.7)

• **카복실산**은 그 **짝염기**가 **공명에 의해 더 안정화**되기 때문에 **페놀**과 **에탄올보다 더 산성**이다.

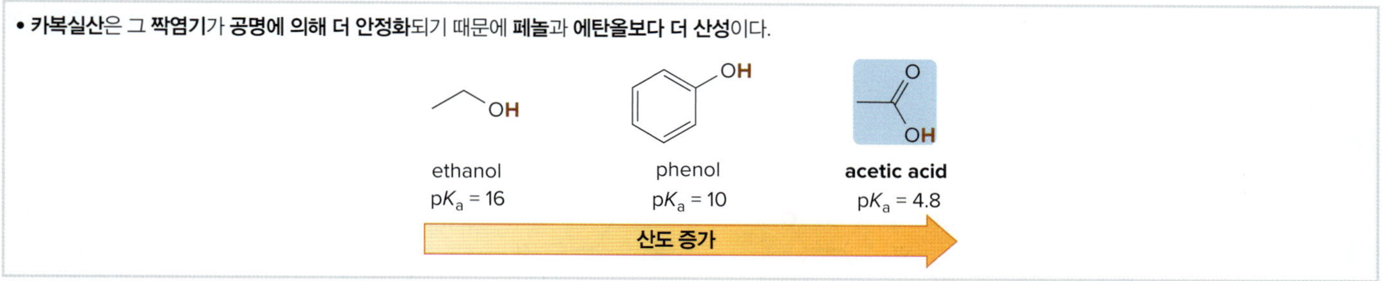

문제 19.37, 19.40을 풀어보라.

[2] 산도에 영향을 미치는 요인들

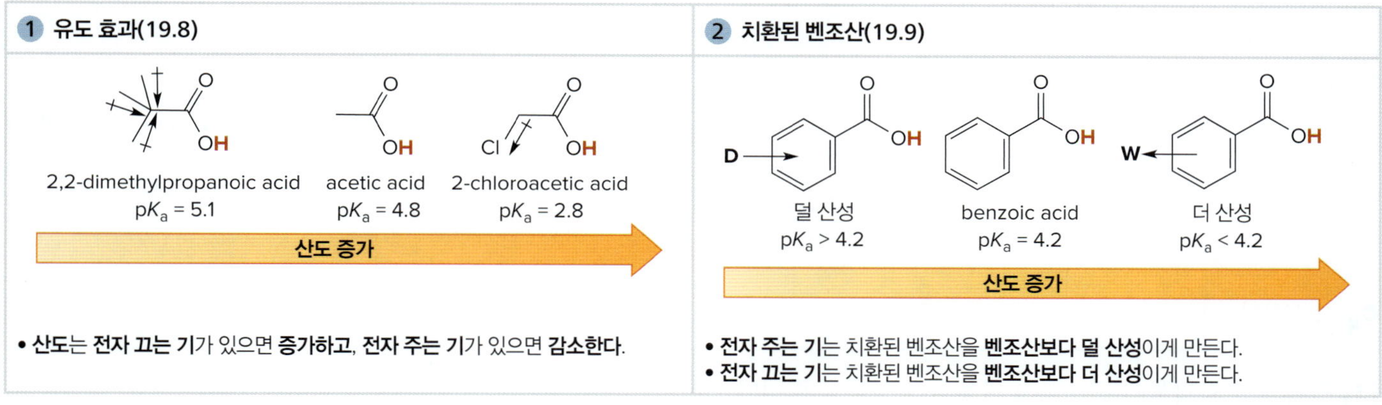

• **산도**는 **전자 끄는 기**가 있으면 **증가하고**, **전자 주는 기**가 있으면 **감소한다**.

• **전자 주는 기**는 치환된 벤조산을 **벤조산보다 덜 산성**이게 만든다.
• **전자 끄는 기**는 치환된 벤조산을 **벤조산보다 더 산성**이게 만든다.

문제 19.44를 풀어보라.

[3] 한 아미노산이 (+)전하, 중성, (−)전하를 띤 구조(19.11); 예: 페닐알라닌

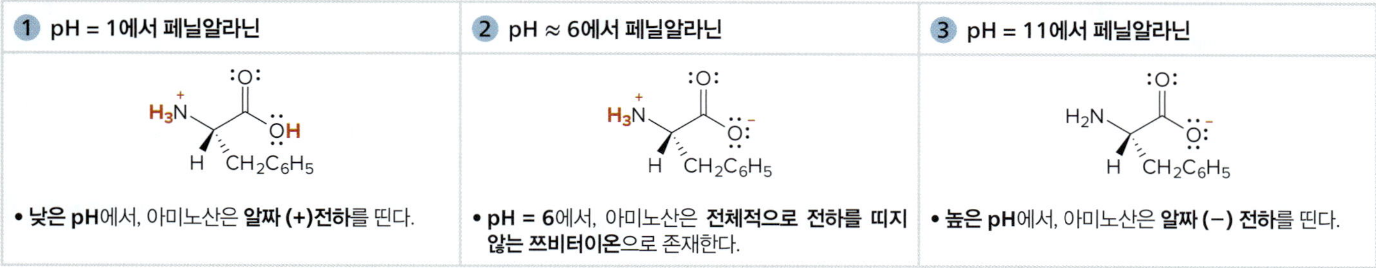

• **낮은 pH**에서, 아미노산은 **알짜 (+)전하**를 띤다.

• **pH = 6**에서, 아미노산은 **전체적으로 전하를 띠지 않는 쯔비터이온**으로 존재한다.

• **높은 pH**에서, 아미노산은 **알짜 (−) 전하**를 띤다.

그림 19.7 참고. 문제 19.58c, 19.60을 풀어보라.

핵심 반응

[1] 나이트릴 합성

$$R\text{-}X \xrightarrow[S_N2]{NaCN} R\text{-}CN + X^-$$

X = Cl, Br, I   나이트릴   (19.12)

문제 19.51f, 19.55a를 풀어보라.

[2] 나이트릴의 반응

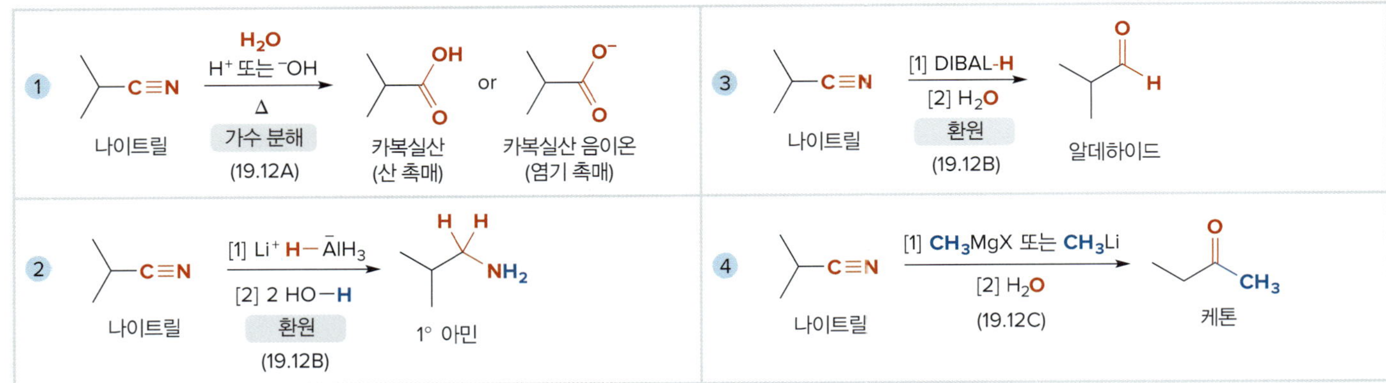

문제 19.34b; 19.51e, f; 19.52d; 19.54a, c, d를 풀어보라.

핵심 기법

[1] 카복실산 화합물의 산–염기 반응의 생성물 그리기(19.7)

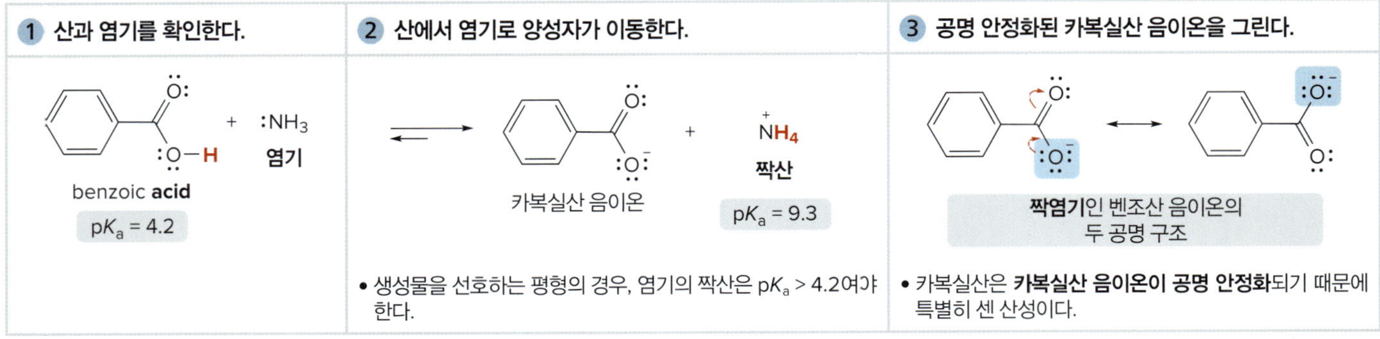

표 19.3 참고. 문제 19.33b, 19.38, 19.53을 풀어보라.

[2] 벤조산을 산도가 증가하는 순서로 순위 정하기(19.9)

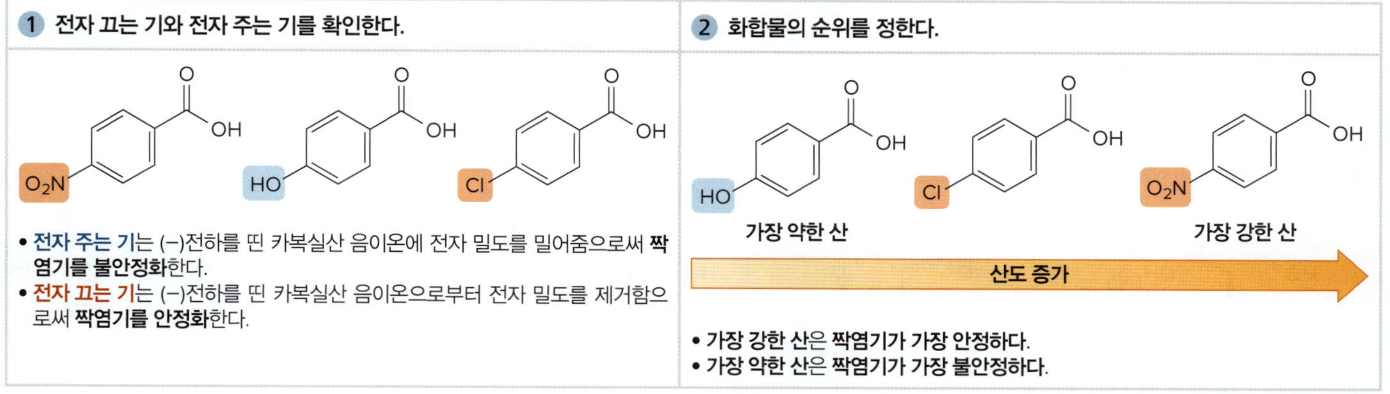

예제 19.3 참고. 문제 19.39를 풀어보라.

[3] 추출로 알코올에서 카복실산 분리하기(19.10)

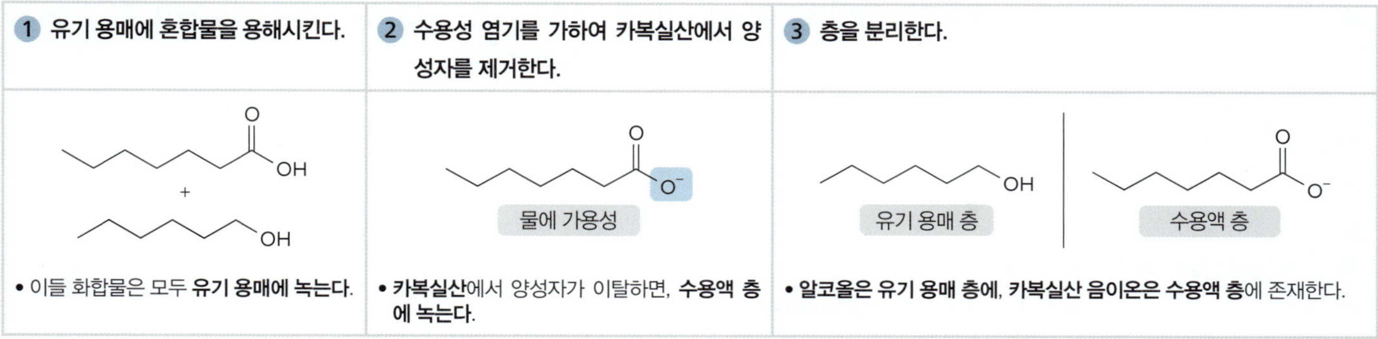

예제 19.4, 그림 19.6 참고. 문제 19.55–19.57을 풀어보라.

19장 선다형 자가-시험

자가-시험은 American Chemical Society 유기 화학 시험과 유사한 객관식 문제로 구성되어 있다. 정답은 장의 마지막 부분에 나와 있다.

1. 다음 화합물의 IUPAC 이름을 쓰라.

O
OH

a. 2-ethyl-5,5-dimethylcyclohexane-1-carboxylic acid
b. 5,5-dimethyl-2-ethylcyclohexanecarboxylic acid
c. 6-ethyl-3,3-dimethylcyclohexanecarboxylic acid
d. 2-ethyl-5,5-dimethylcyclohexanecarboxylic acid

2. 어느 화합물의 pK_a가 가장 작은가?

a. CO_2H N H
b. CO_2H O
c. CO_2H
d. CO_2H O

3. 어느 음이온이 가장 강한 염기인가?

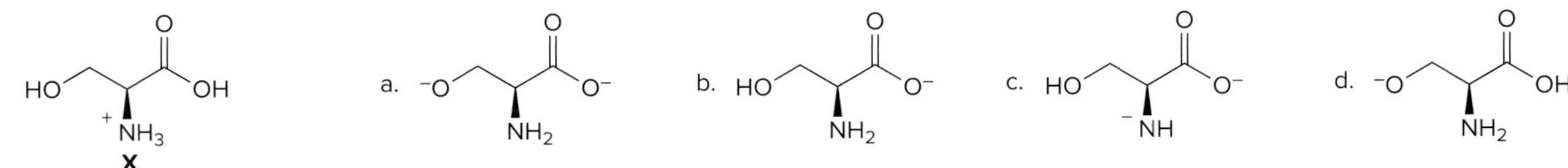

4. **X**를 두 당량의 NaOH로 처리하면 무슨 생성물이 생기는가?

5. 다음 변환을 수행하는 데 필요한 시약은 무엇인가?

[1] ? [2] H_2O

a. $LiAlH_4$ b. DIBAL-H c. CH_3MgBr d. $NaBH_4$

6. 화합물 **A**, **B**와 **C**를 CH_2Cl_2와 10% $NaHCO_3$ 용액이 들어있는 분별 깔때기에 가하였을 때, 무슨 화합물이 유기층에 녹아 있겠는가?

a. **A**, **B**와 **C**
b. **A**와 **B**
c. **B**와 **C**
d. **B**만

7. 다음 화합물의 IUPAC 이름을 쓰라.

a. 2-ethyl-3,4-dimethylhexanenitrile
b. 4,5-dimethylheptane-3-nitrile
c. 3-cyano-4,5-dimethylheptane
d. 2,3-dimethyl-1-ethylhexanenitrile

8. **A**를 과량의 Na_2CO_3로 처리하면 무슨 생성물이 생기겠는가?

9. 페놀(PhOH)에 대한 서술 중에서 틀린 것을 골라라.

a. PhOH는 $PhCH_2OH$보다 더 산성이다.
b. PhOH의 짝염기는 $PhCO_2H$의 짝염기보다 덜 효과적으로 공명 안정화되어 있다.
c. $NaOCH_3$는 PhOH에서 양성자를 떼어낼 정도로 강한 염기는 아니다.
d. $NaNH_2$는 PhOH에서 양성자를 떼어낼 정도로 강한 염기이다.

10. 다음 일련의 반응에서 무슨 생성물이 생기겠는가?

[1] NaCN
[2] CH_3CH_2MgBr
[3] H_3O^+

문제

삼차원 모형을 이용하는 문제

19.33 공−막대 모형으로 나타낸 **A**와 **B**에 대한 각 질문에 답하라.

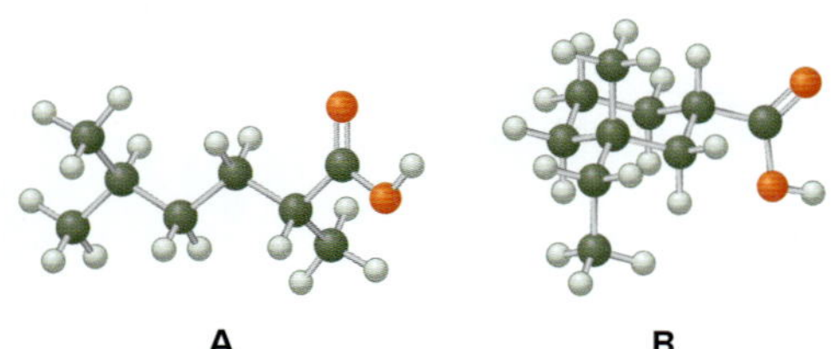

a. 각 화합물의 IUPAC 명을 쓰라.
b. 각 화합물에 NaOH를 가하면 무엇이 생성되는가?
c. 질문 b에서 생성되는 화합물의 이름을 쓰라.
d. 각 화합물보다 산도가 10^5배 정도 낮은 이성질체의 구조를 그려라.

19.34 (a) 화합물 **C**의 적절한 이름을 쓰라. (b) **C**를 각각의 시약으로 처리하였을 때 얻어지는 유기 생성물을 그려라: [1] H_3O^+; [2] ^-OH, H_2O; [3] $CH_3CH_2CH_2MgBr$(과량), 그 다음 H_2O; [4] $LiAlH_4$, 그 다음 H_2O

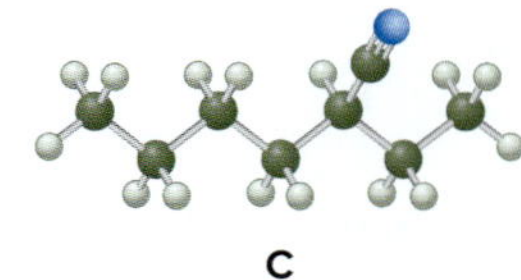

명명법

19.35 각 화합물의 IUPAC 이름을 쓰라.

a. 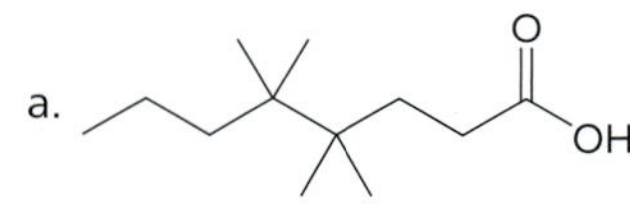

b. O, O⁻ Li⁺

c. 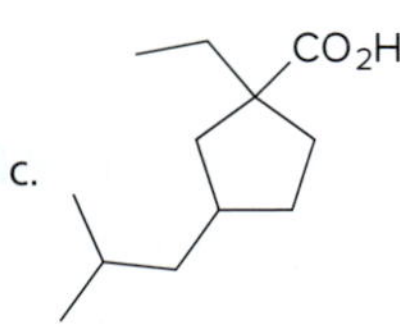

d. Br, CO2H, NO2

e. O, O⁻ Na⁺

f. O, OH

g. CN, Cl, Br

h. 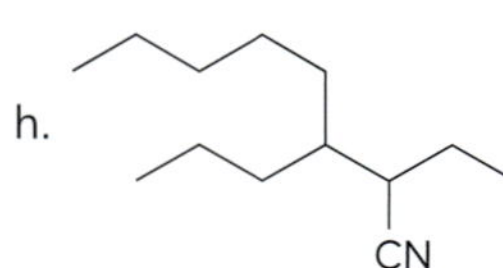

i. O, OH

19.36 각 이름에 부합하는 구조를 그려라.

a. 3,3-dimethylpentanoic acid
b. 4-chloro-3-phenylheptanoic acid
c. (*R*)-2-chloropropanoic acid
d. *m*-hydroxybenzoic acid
e. potassium acetate
f. sodium α-bromobutyrate
g. 2,2-dichloropentanedioic acid
h. 4-isopropyl-2-methyloctanedioic acid
i. 3,3-dimethylpentanenitrile
j. 4,5-diethyl-2-isopropylnonanenitrile

산−염기 반응: 산도에 관한 일반적인 질문

19.37 부록 C의 pK_a 표를 사용하여, 보기에 주어진 각 염기가 아래에 나와 있는 세 가지 화합물에서 양성자를 떼어내기에 충분히 센지를 판단하라. 염기: [1] ^-OH, [2] $CH_3CH_2^-$, [3] $^-NH_2$, [4] NH_3, [5] $HC{\equiv}C^-$

a. O, OH — pK_a = 4.3

b. Cl, OH — pK_a = 9.4

c. OH — pK_a = 18

19.38 각 산–염기 반응의 생성물을 그리고 부록 C의 pK_a 표를 사용하여 평형이 반응물을 선호하는지 아니면 생성물을 선호하는지를 판단하라.

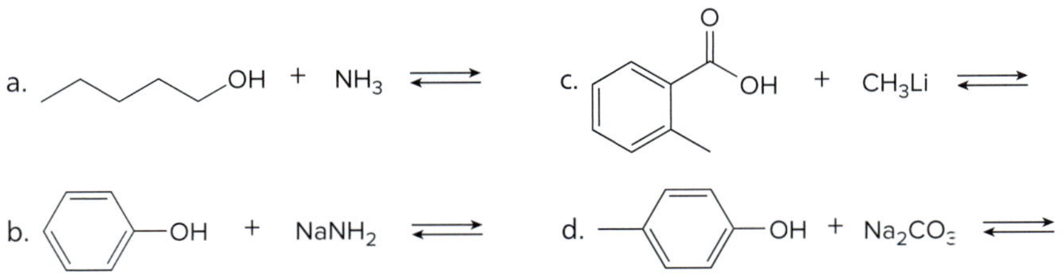

a. OH + NH_3 ⇌

b. OH + $NaNH_2$ ⇌

c. OH + CH_3Li ⇌

d. OH + Na_2CO_3 ⇌

19.39 (a) 다음 화합물을 산도가 증가하는 순서로 정렬하라. (b) 어느 화합물이 가장 센 짝염기를 만드는가?

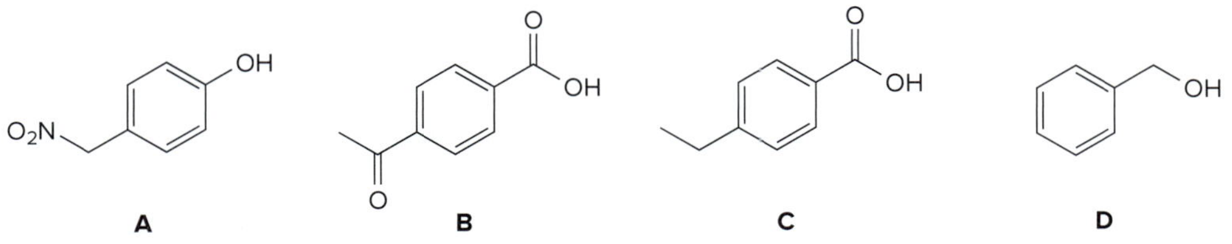

A B C D

19.40 Caftaric acid는 포도, 포도주, 건포도에서 발견된다. Caftaric acid에서 표시된 양성자를 산도가 증가하는 순서로 정렬하라.

caftaric acid

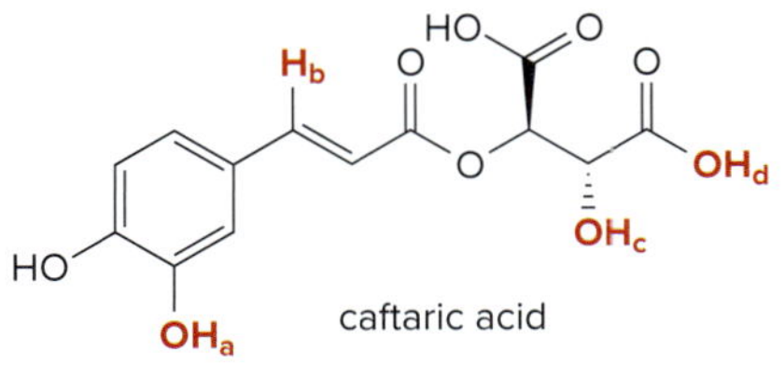

19.41 화합물 **A–D**를 염기도가 증가하는 순서로 정렬하라.

A B C D

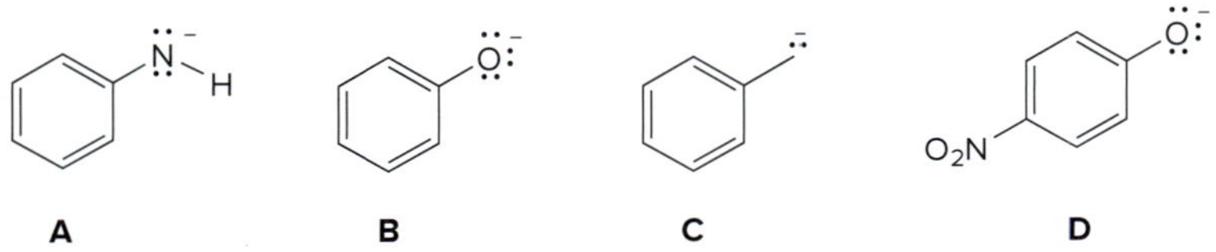

19.42 코데인(codeine)은 아편에 소량 들어 있지만, 의약으로 사용되는 대부분의 코데인은 아편의 주성분인 모르핀(morphine)으로부터 다음 반응에 의해 합성된다. 아래의 반응에서 모르핀에 있는 OH 중에 한 곳에서만 선택적으로 메틸화(methylation)가 일어나는 이유를 설명하라. 코데인은 모르핀보다 약효가 조금 낮고 중독성도 조금 적다.

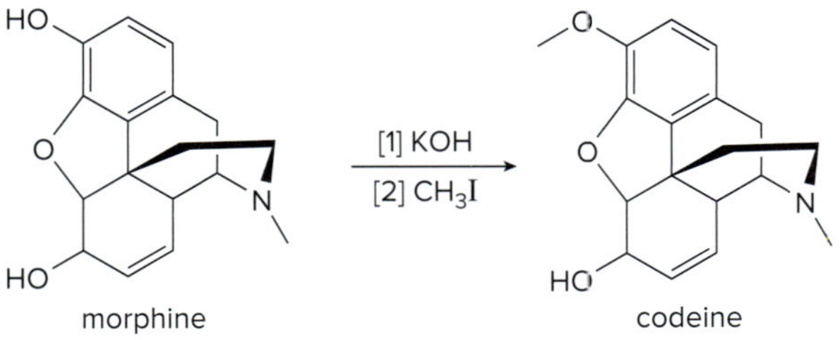

morphine → [1] KOH, [2] CH_3I → codeine

19.43 다음의 진술을 설명하라.

a. *p*-Nitrophenol의 pK_a 값은 페놀의 pK_a 값보다 작다(7.2 대 10).

b. *p*-Nitrophenol의 pK_a 값은 *m*-nitrophenol의 pK_a 값보다 작다(7.2 대 8.3).

19.44 다음의 진술을 설명하라. 2-Methoxyacetic acid (CH_3OCH_2COOH)는 acetic acid (CH_3COOH)보다 더 센 산이고, *p*-methoxybenzoic acid ($CH_3OC_6H_4COOH$)는 benzoic acid (C_6H_5COOH)보다 더 약한 산이다.

19.45 *p*-Methylthiophenol ($CH_3SC_6H_4COOH$)의 pK_a는 9.53이다. *p*-Methylthiophenol은 페놀보다 친전자성 방향족 치환 반응에 대한 반응성이 큰가 혹은 작은가?

19.46 화합물 **A**의 pK_a가 화합물 **B**나 화합물 **C**의 pK_a보다 더 낮은 이유는 무엇인가?

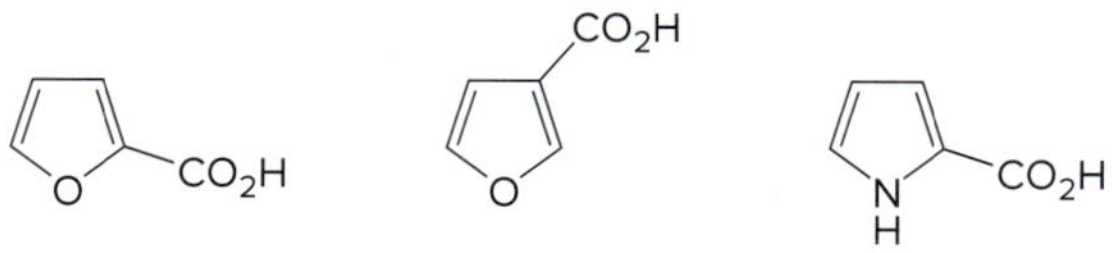
CO2H
O
N
H

A pK_a = 3.2 **B** pK_a = 3.9 **C** pK_a = 4.4

19.47 Phthalic acid와 isophthalic acid의 두 개의 카복실기에 있는 양성자는 염기로 제거될 수 있다. (a) Phthalic acid의 첫 번째 pK_{a1} 값이 isophthalic acid보다 작은 이유를 설명하라. (b) Phthalic acid의 두 번째 pK_{a2} 값이 isophthalic acid보다 큰 이유를 설명하라.

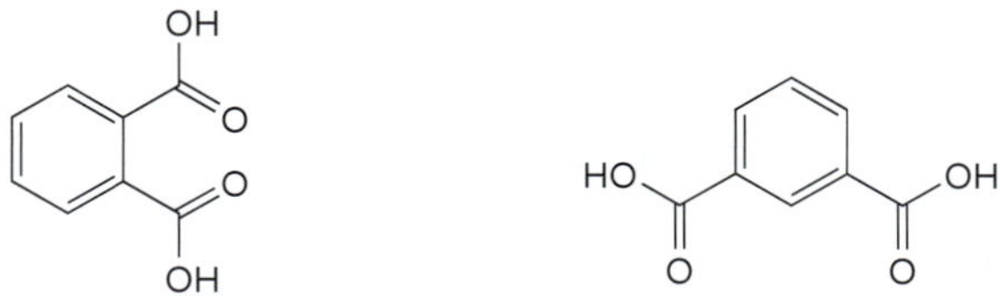
OH
O
HO
OH

phthalic acid
pK_{a1} = 2.9
pK_{a2} = 5.4

isophthalic acid
pK_{a1} = 3.7
pK_{a2} = 4.6

19.48 다음 결과를 설명하라. OH 산소가 흔치 않은 ^{18}O 동위 원소로 표지된 아세트산(CH_3COOH)을 수용성 염기와 반응시킨 후 그 용액을 산성화하였다. 다음 그림에 나타난 것처럼 ^{18}O 표지가 다른 위치에 있는 두 개의 생성물이 생성되었다.

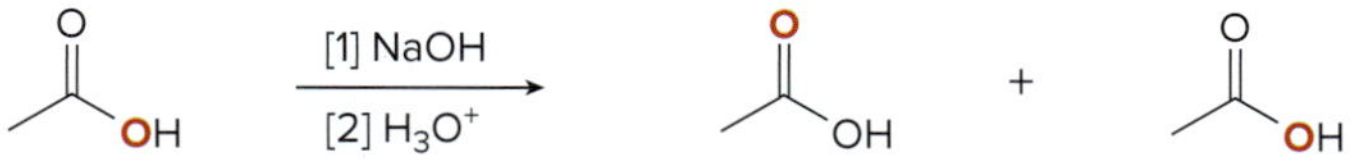
O
OH
[1] NaOH
[2] H3O+
+

19.49 Cyclohexane-1,3-dione과 acetanilide에서 표시된 양성자(H_a, H_b와 H_c)를 제거하였을 때 생성되는 짝염기의 모든 공명 구조를 그려라. 각 화합물에서 이 양성자를 산도가 증가하는 순서대로 정렬하고 순서를 그렇게 정한 이유를 설명하라.

a. 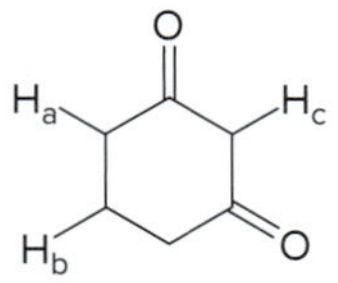
Ha
Hb
Hc
O

cyclohexane-1,3-dione

b. 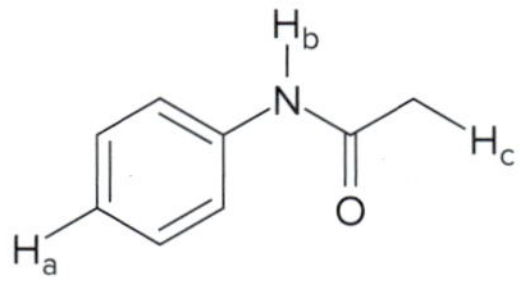
Hb
N
Hc
O
Ha

acetanilide

19.50 Acetamide (CH_3CONH_2)의 pK_a는 16이다. 그 짝염기를 그리고 acetamide가 CH_3COOH보다 왜 덜 산성인지를 설명하라.

일반적 반응

19.51 각 반응에서 생기는 유기 생성물을 그려라.

a. 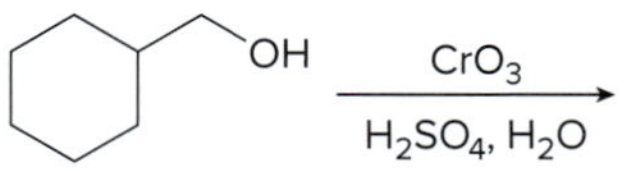
OH
CrO3
H2SO4, H2O

c. 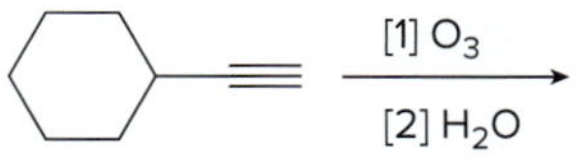
[1] O3
[2] H2O

e. 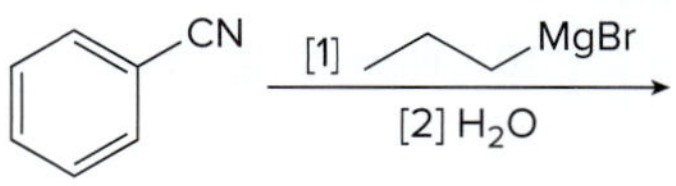
CN
[1]
MgBr
[2] H2O

b. 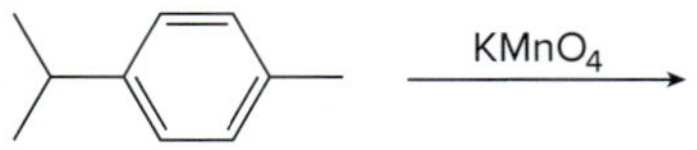
KMnO4

d. 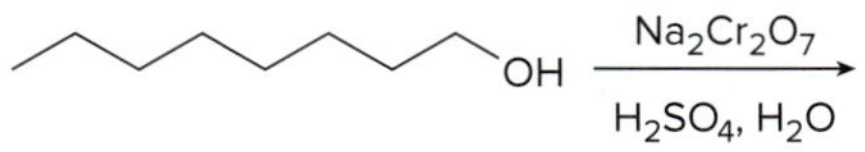
OH
Na2Cr2O7
H2SO4, H2O

f. 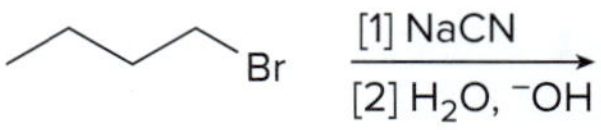
Br
[1] NaCN
[2] H2O, −OH

19.52 각 일련의 반응에서 알파벳으로 표시한 화합물을 알아내라.

a. 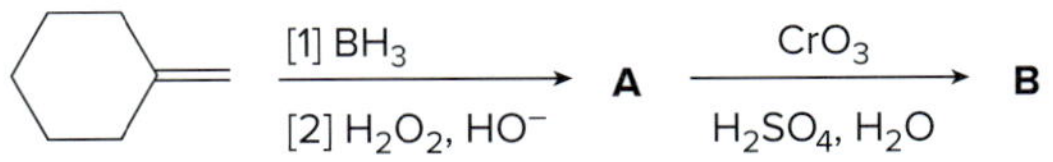 (methylenecyclohexane) $\xrightarrow[\text{[2] } H_2O_2,\ HO^-]{\text{[1] } BH_3}$ **A** $\xrightarrow[H_2SO_4,\ H_2O]{CrO_3}$ **B**

b. 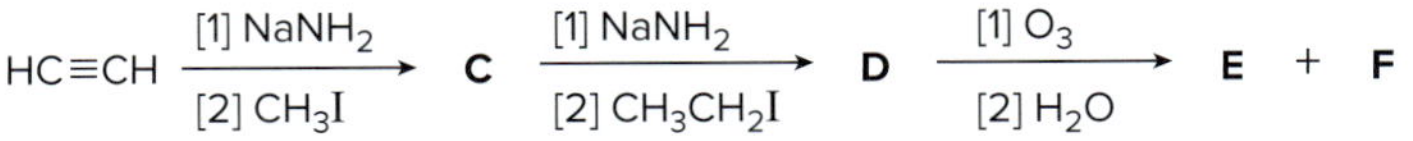 HC≡CH $\xrightarrow[\text{[2] } CH_3I]{\text{[1] } NaNH_2}$ **C** $\xrightarrow[\text{[2] } CH_3CH_2I]{\text{[1] } NaNH_2}$ **D** $\xrightarrow[\text{[2] } H_2O]{\text{[1] } O_3}$ **E** + **F**

c. 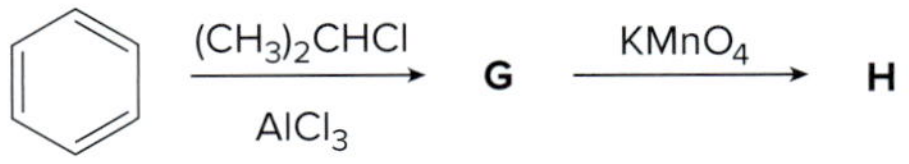 (benzene) $\xrightarrow[AlCl_3]{(CH_3)_2CHCl}$ **G** $\xrightarrow{KMnO_4}$ **H**

d. (2-bromobenzyl bromide, Br, Br) $\xrightarrow{NaCN}$ **I** $\xrightarrow[\text{[2] } H_2O]{\text{[1] DIBAL-H}}$ **J** $\xrightarrow{Ag_2O,\ NH_4OH}$ **K**

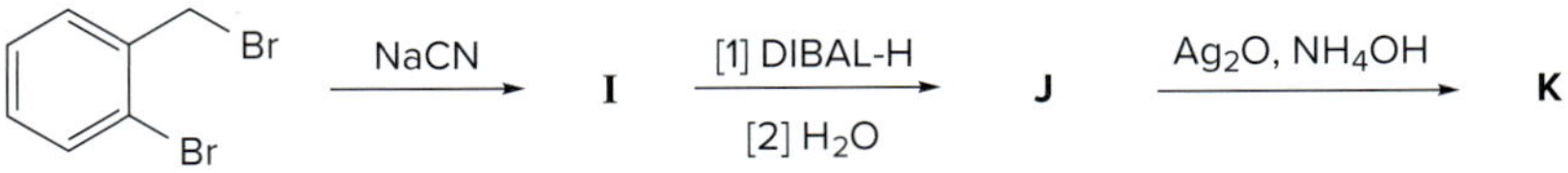

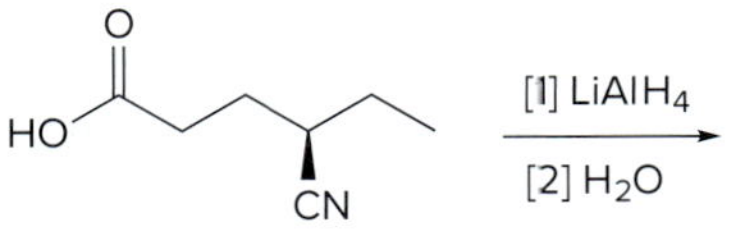

19.53 각 일련의 반응에서 **A**와 **B**를 알아내라.

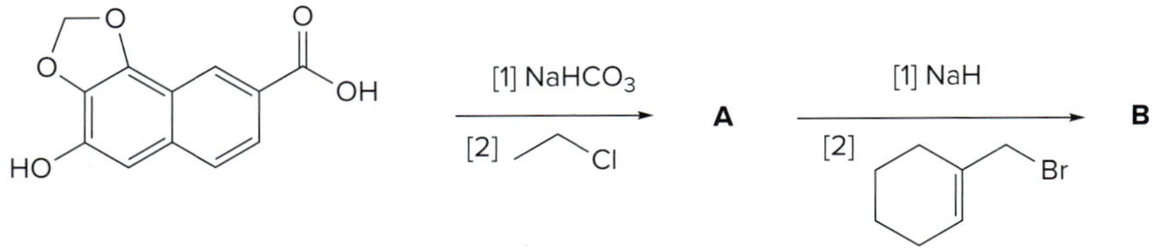

(naphthalene carboxylic acid with O–CH₂–O ring, HO, OH) $\xrightarrow[\text{[2] } CH_3CH_2Cl]{\text{[1] } NaHCO_3}$ **A** $\xrightarrow[\text{[2] (1-cyclohexenyl)methyl bromide, Br}]{\text{[1] NaH}}$ **B**

19.54 각 반응의 생성물을 그리고 모든 입체 발생 중심에서의 입체 화학을 나타내라.

a. 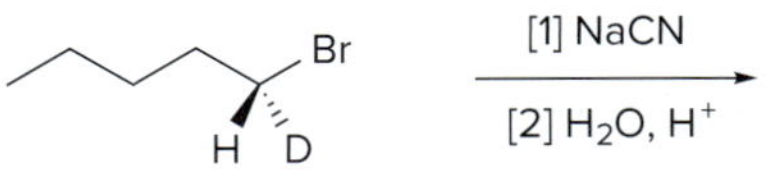 (1-bromopentane-1-d, Br, H, D) $\xrightarrow[\text{[2] } H_2O,\ H^+]{\text{[1] NaCN}}$

b. 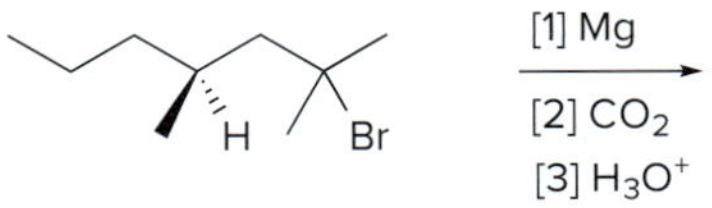 (Br, H) $\xrightarrow[\text{[2] } CO_2 \text{ [3] } H_3O^+]{\text{[1] Mg}}$

c. HO(C=O)…(CN) $\xrightarrow[\text{[2] } H_2O]{\text{[1] } LiAlH_4}$

d. (cyclohexane with CN, OCH₃) $\xrightarrow[\text{[2] } H_2O \text{ [3] } CH_3CH_2CH_2NH_2 \text{, mild } H^+]{\text{[1] DIBAL-H}}$

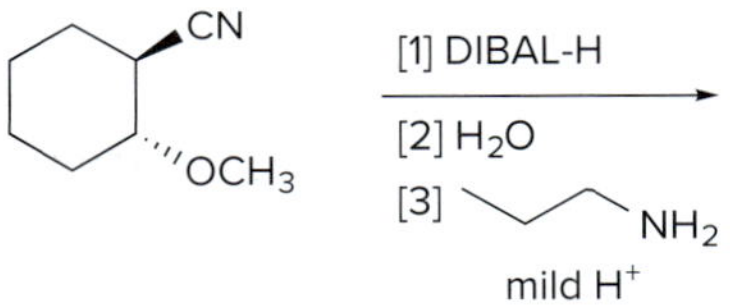

추출

19.55 추출 방법을 이용하여 탄화수소 **A**와 카복실산 **B**를 분리하는 데 필요한 단계를 쓰라.

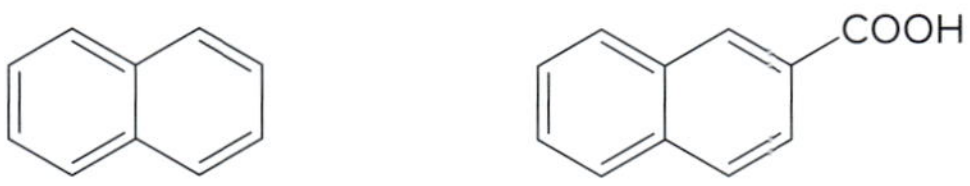

A (naphthalene) **B** (naphthalene-2-COOH, COOH)

19.56 페놀(C_6H_5OH)은 카복실산보다 덜 산성이기 때문에 NaOH로 탈양성자화할 수 있지만, 더 약한 염기인 $NaHCO_3$로는 탈양성자화할 수 없다. 이 정보를 이용하여, C_6H_5OH, benzoic acid, cyclohexanol을 서로 분리하는 데 사용될 수 있는 추출 순서를 쓰라. 이 절차의 각 단계에서 각 층에 어떤 화합물이 존재하는지 또 그것이 중성 형태로 존재할지 또는 이온 형태로 존재할지를 밝혀라.

19.57 CH_2Cl_2가 들어 있는 분별 깔대기에 **A**, **B**와 **C**의 혼합물을 가하고 다음과 같은 수용액을 넣었다. 수용액이 (a) 순수한 물; (b) 10% NaOH 용액; (c) 10% $NaHCO_3$ 용액일 때, 각각의 화합물은 어느 층에 녹아있겠는가?

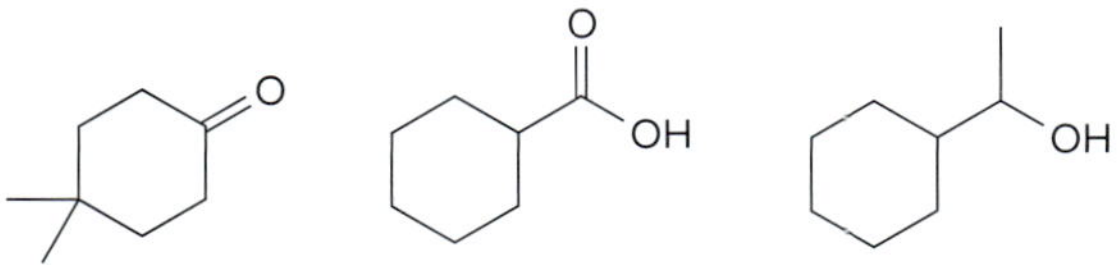

A (4,4-dimethylcyclohexanone, O) **B** (cyclohexanecarboxylic acid, O, OH) **C** (1-cyclohexylethanol, OH)

아미노산

19.58 Threonine은 두 개의 입체 발생 중심이 있는 천연 아미노산이다.

threonine

a. 쐐기와 점선쐐기를 이용하여 네 개의 가능한 입체 이성질체를 그려라.

b. 이 천연 아미노산은 두 입체 발생 중심이 2*S*,3*R* 배열이다. 이 배열과 부합하는 구조는 무엇인가?

c. 천연 이성질체를 쯔비터이온으로 그려라.

19.59 홍조 해조류에서 분리되는 아미노산인 kainic acid는 과학자들이 여러 가지 신경학적 상태를 연구하는 데 사용된다. PH = 1에서 kainic acid의 구조는 아래와 같이 그려진다. Kainic acid에서 표시된 양성자를 산도가 증가하는 순서로 정렬하고 그렇게 한 이유를 설명하라.

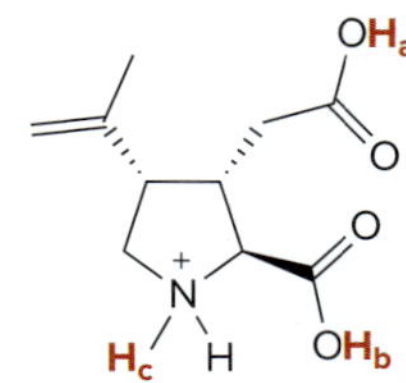

kainic acid

19.60 익지 않은 여지(lychee)에서 발견되는 아미노산인 hypoglycin A는 영양부족 어린이가 빈속에 섭취하였을 때 발작, 의식 불명 그리고 사망까지 이르게 하는 급성 독성 물질이다(문제 5.25). (a) Hypoglycin A의 중성 구조, 양으로 하전된 구조와 음으로 하전된 구조를 그려라. (b) pH = 1, 6 그리고 11에서 어느 구조가 우세한가? (c) 등전점에서 hypoglycin A의 구조는 무엇인가?

hypoglycin A

19.61 각 아미노산의 등전점을 계산하라.

a. asparagine: pK_a (COOH) = 2.02; pK_a (α-NH_3^+) = 8.80

b. methionine: pK_a (COOH) = 2.28; pK_a (α-NH_3^+) = 9.21

19.62 Lysine과 tryptophan은 α 탄소의 R기에 N 원자가 추가적으로 들어있는 두 가지 아미노산이다. 그러나 lysine은 추가로 염기성 N 원자가 있기 때문에 염기성 아미노산으로 분류되는 반면에, tryptophan은 중성 아미노산으로 분류된다. 이렇게 분류에서 차이가 나는 이유를 설명하라.

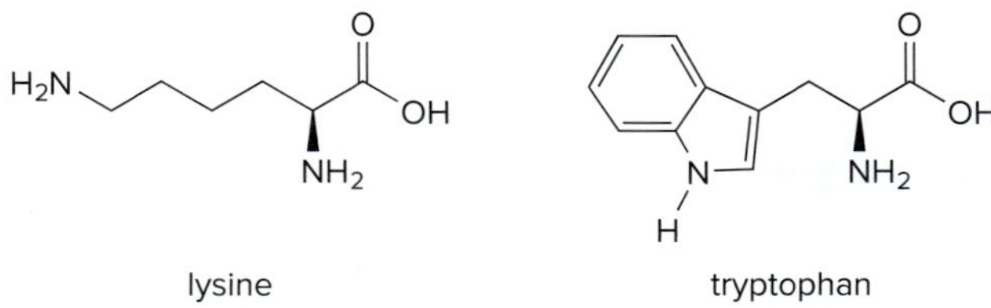

lysine tryptophan

19.63 Glutamic acid는 R기 곁사슬에 카복시기가 있는 천연 α-아미노산이다(표 19.4). (Glutamic acid는 원자에 전하가 없는 중성으로 그려지나, 실제로는 어떤 pH에서도 이러한 구조로는 존재하지 않는다.)

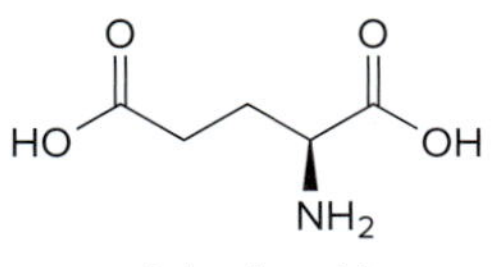

glutamic acid

a. pH = 1에서 존재하는 glutamic acid는 어떤 구조인가?

b. pH가 점점 증가될 때, 1당량의 염기를 첨가한 이후에 glutamic acid의 구조는 어떻게 되는가? 2당량의 염기를 첨가하면? 3당량의 염기를 첨가하면?

c. MSG로 알려진 향미 증진제 글루탐산 소듐의 구조를 제안하라.

합성

19.64 두 가지 방법을 사용하면 할로젠화 알킬을 탄소 원자가 하나 더 많은 카복실산으로 변환할 수 있다.

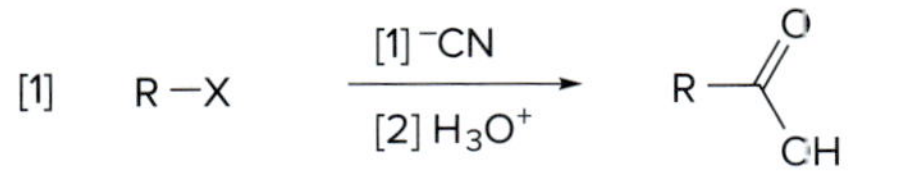

[1] R−X —[1] ⁻CN, [2] H_3O^+→ RCOOH (19.12절)

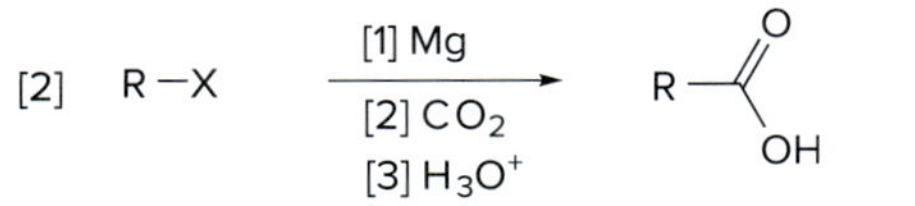

[2] R−X —[1] Mg, [2] CO_2, [3] H_3O^+→ RCOOH (17.14A절)

할로젠화 알킬의 구조에 따라서, 두 방법 중의 한 방법 혹은 두 방법 둘 다를 사용할 수 있다. 각 할로젠화 알킬을 탄소 원자가 하나 더 많은 카복실산으로 변환하는 단계별 반응을 쓰라. 두 방법 모두 쓸 수 있다면, 두 방법을 다 쓰라. 쓸 수 없는 방법이 있다면, 왜 그런지를 언급하라.

a. CH_3Cl b. 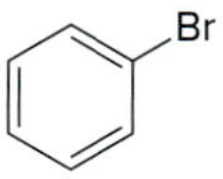 Br c. 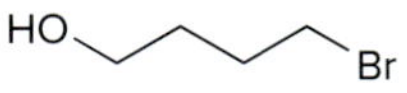 HO Br

19.65 각 화합물을 benzonitrile (C_6H_5CN)을 유일한 유기 출발물로 사용하여 합성하라. 즉, 생성물의 모든 탄소는 benzonitrile에서 유래하여야 한다.

a. 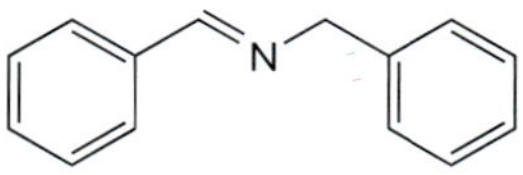 N b. 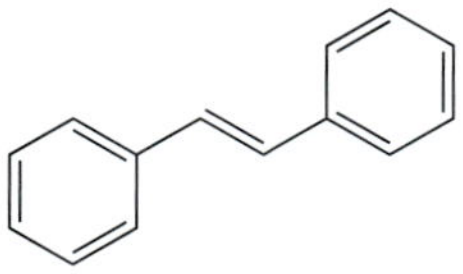 c. 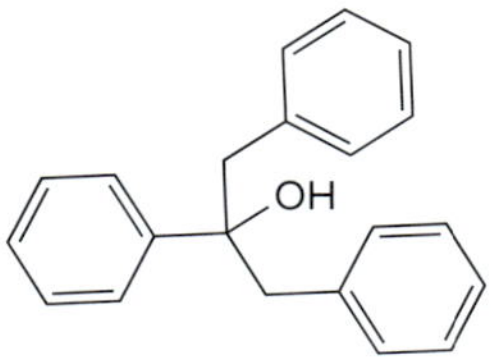 OH

19.66 각 화합물을 표시된 출발물로부터 합성하라. 탄소가 하나 또는 두 개인 유기 화합물과 필요한 무기 시약은 아무거나 사용해도 좋다.

a. 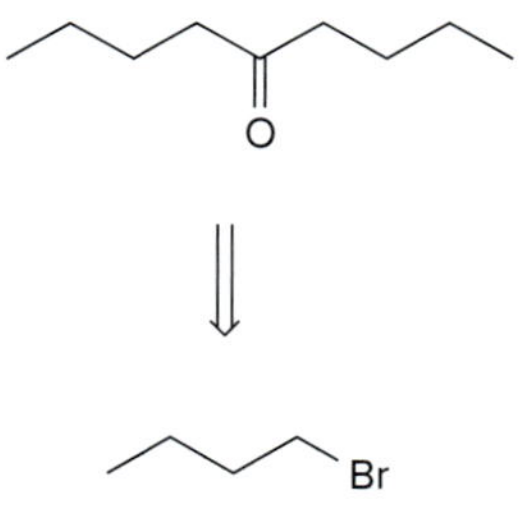 O ⇓ Br b. 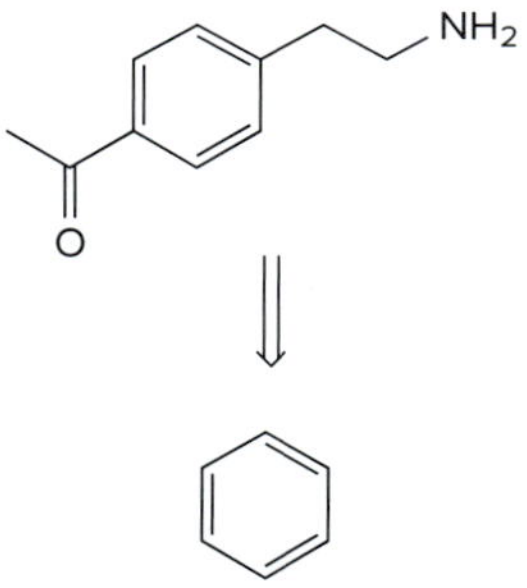 NH_2 O ⇓ c. 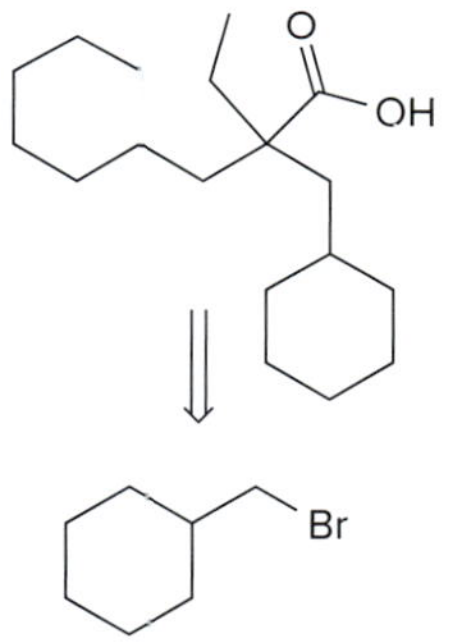 O OH ⇓ Br

분광법

19.67 스펙트럼 자료로부터 각 화합물의 구조를 밝혀라.

a. 분자식: $C_8H_8O_3$
IR: 3500−2500 cm^{-1}, 1710 cm^{-1}
^{1}H NMR 자료: 4.7(단일선, 2 H), 6.9−7.3(다중선, 5 H), 11.3(단일선, 1 H) ppm

b. 분자식: C_4H_7N
IR: 2250 cm^{-1}
^{1}H NMR 자료: 1.08(삼중선, 3 H), 1.70(다중선, 2 H), 2.34(삼중선, 2 H) ppm

19.68 아래에 나와 있는 ^{1}H NMR과 IR 스펙트럼을 이용하여 화합물 **B**(분자식 $C_4H_8O_2$)의 구조를 밝혀라.

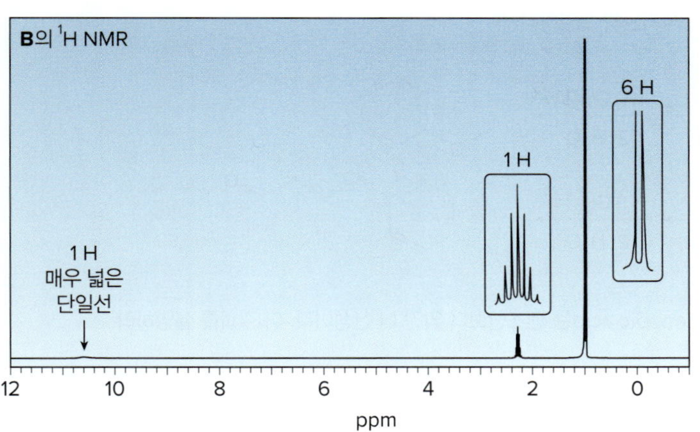

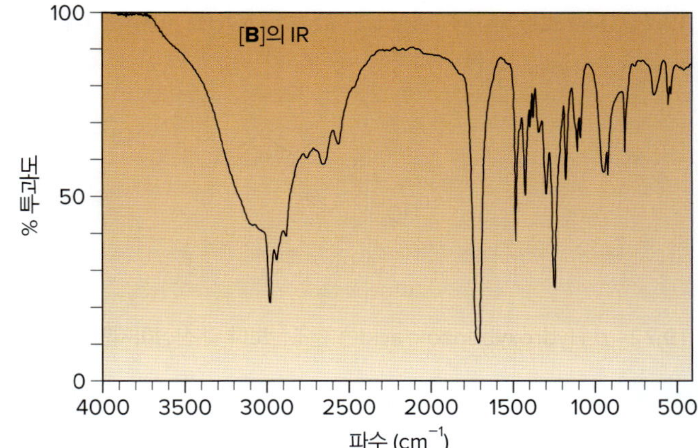

19.69 미지의 화합물 **C**(분자식 $C_4H_8O_3$)는 3600−2500 cm^{-1}와 1734 cm^{-1}에서 IR 흡수가 나타나며, ^{1}H NMR 스펙트럼은 아래에 나와 있다. **C**의 구조는 무엇인가?

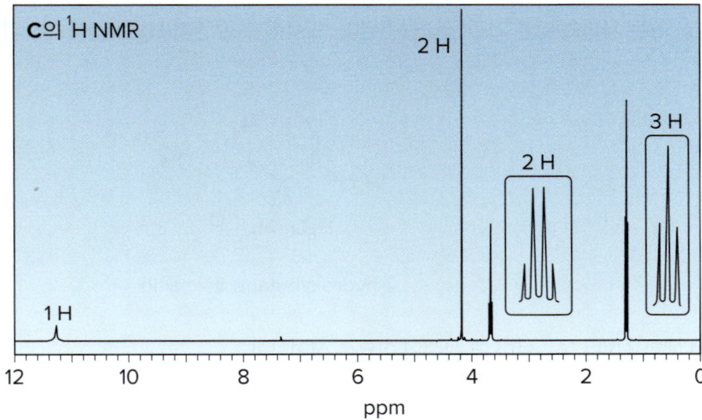

19.70 아래에 나오는 분광학 자료에 부합하는 **D**(분자식 $C_9H_9ClO_2$)의 구조를 제안하라.

^{13}C NMR 신호: 30, 36, 128, 130, 133, 139, 179 ppm

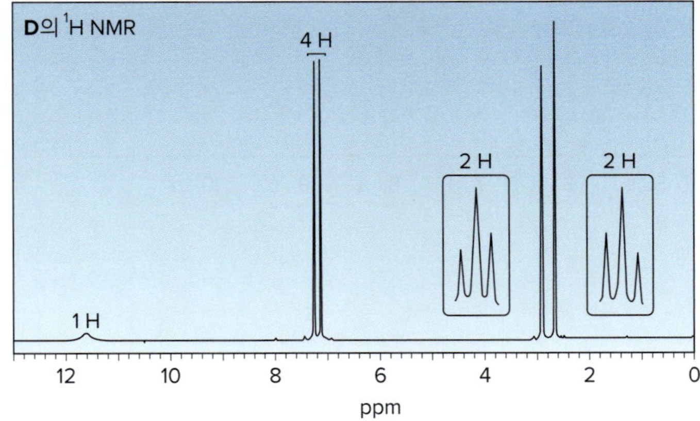

도전 문제

19.71 다음 반응에서 왜 1당량 또는 2당량의 NaH를 사용하면 다른 생성물이 생기는지 설명하라.

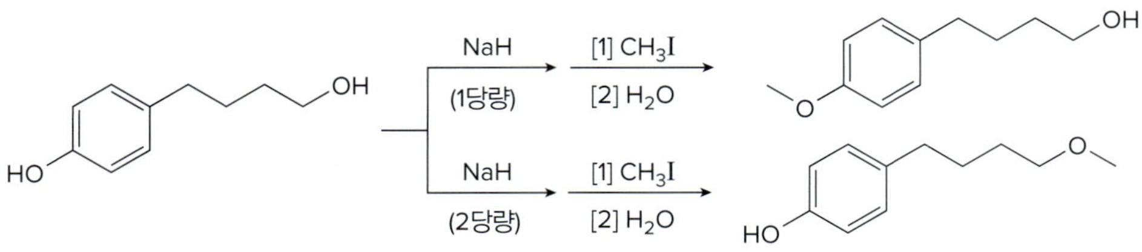

NaH (1당량) → [1] CH_3I [2] H_2O

NaH (2당량) → [1] CH_3I [2] H_2O

19.72 *p*-Hydroxybenzoic acid는 벤조산보다 덜 산성이지만 *o*-hydroxybenzoic acid는 벤조산보다 약간 더 산성이다. 이 결과를 설명하라.

p-hydroxybenzoic acid　　*o*-hydroxybenzoic acid

19.73 2-Hydroxybutanedioic acid는 사과와 다른 과일에서 발견된다. 표시한 수소 원자(H_a–H_e)를 산도가 증가하는 순서로 정렬하고 그렇게 고른 이유를 자세히 설명하라.

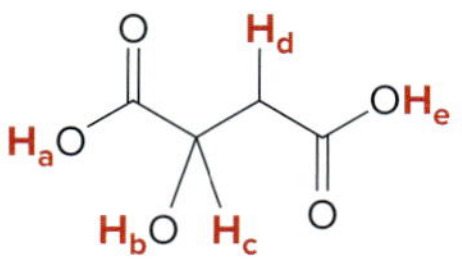

2-hydroxybutanedioic acid

19.74 Tropolone (pK_a = 6.7)이 에탄올이나 페놀보다 더 산성인 이유를 설명하라.

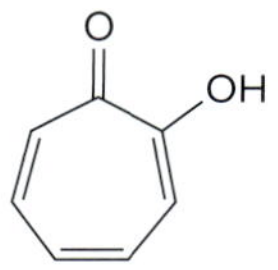

tropolone

자가-시험 해답

1. d　2. d　3. a　4. b　5. b　6. c　7. a　8. a　9. c　10. d

카복실산과 그 유도체—친핵성 아실 치환 반응

Carboxylic Acids and Their Derivatives—Nucleophilic Acyl Substitution

20

ORGANIC CHEMISTRY

Likit Supasai/Shutterstock

코카인은 **코카나무(Erythroxylon coca)** 잎에서 얻어지는 중독성 흥분제이다. 수천 년 동안 남미 토착민은 쾌감을 얻을 목적으로 코카나무 잎을 씹었으며, 코카 잎은 코카콜라의 생산 초기 20년간 미량 첨가되기도 했다. 코카인은 널리 남용되는 오락용 약물이며 대부분의 나라에서는 코카인을 소지하거나 사용하는 것을 불법화하였다. 코카인에는 20장에서 논의할 카복실산 유도체인 에스터가 두 개 들어 있다.

왜 공부하는가? . . .

카복실산 유도체란?

20장에서는 카복실산과 그 유도체의 핵심 반응인 **친핵성 아실 치환** 반응(**nucleophilic acyl substitution**)을 자세히 살펴보면서 카보닐 화합물에 대한 공부를 계속할 것이다. 17장에서 sp^2 혼성 탄소가 일으키는 치환 반응, 특히 탄소와 수소가 친핵체로 작용하는 반응에 대해 이미 살펴본 바 있다. 20장에서는 친핵성 아실 치환 반응이 헤테로 원자를 함유하고 있는 여러 가지 친핵체를 사용하였을 때 일어나는 일반적인 반응이라는 점을 배울 것이다. **20장에 나오는 카보닐 화합물의 모든 반응은 친핵성 치환으로 일어난다.** 친핵성 아실 치환 반응은 실험실과 생물학적 계에서 유용한 반응이다. 페니실린은 친핵성 치환 메커니즘으로 박테리아를 죽이기 때문에 효과적인 항생제이다.

20.1 서론

20장은 **전기 음성도가 큰 원자가 아실기에 결합되어** 있는 카보닐 화합물에 대해 집중적으로 다룬다. 이러한 화합물에는 **산 염화물**, **산 무수물**, **에스터**, 그리고 **아마이드**처럼 카복실산으로부터 얻을 수 있는 카복실산 유도체뿐만 아니라 카복실산도 있다.

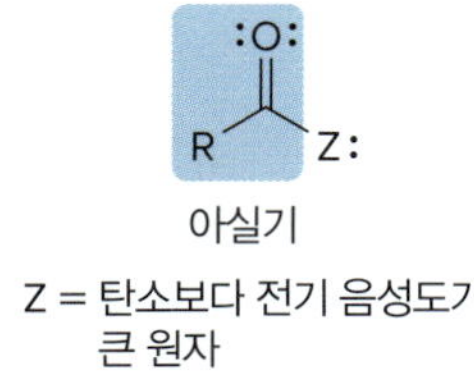

아실기

Z = 탄소보다 전기 음성도가 큰 원자

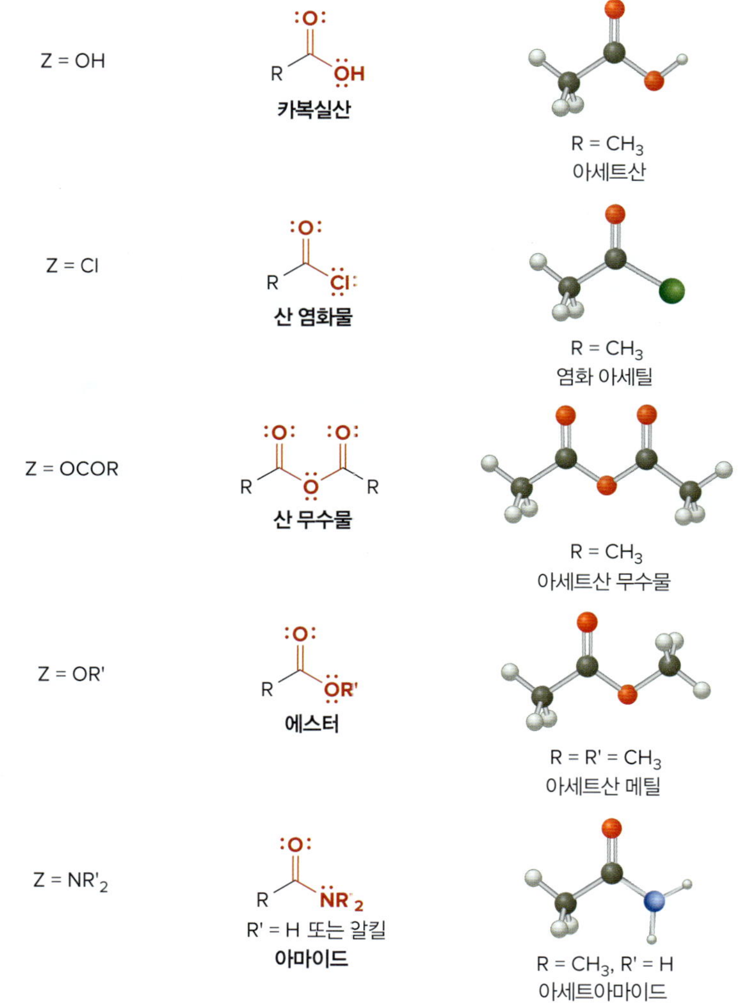

산 무수물(anhydride)은 하나의 산소 원자를 중심으로 두 개의 카보닐기가 결합된 화합물이다. **대칭 산 무수물(symmetrical anhydride)**은 두 개의 같은 알킬기가 카보닐 탄소에 결합하고 있으며, **혼합 산 무수물(mixed anhydride)**은 두 알킬기가 다르다. **고리 산 무수물(cyclic anhydride)**도 있다.

대칭 산 무수물 혼합 산 무수물 고리 산 무수물

3.2절에서 배운 바와 같이 **아마이드(amide)**는 질소 원자에 직접 결합하고 있는 탄소 원자의 수에 따라 **1°**, **2°**, 또는 **3°**로 분류된다.

1° 아마이드 1개의 C–N 결합

2° 아마이드 2개의 C–N 결합

3° 아마이드 3개의 C–N 결합

고리형 에스터와 고리형 아마이드를 각각 **락톤(lactone)**과 **락탐(lactam)**이라고 한다. 헤테로 고리의 크기는 그리스 문자로 표현된다. 사원자 고리 구조의 아마이드는 카보닐기에 대하여 β 탄소가 헤테로 원자와 결합하고 있기 때문에 **β-락탐**이라 부른다. 오원자 고리를 이룬 에스터는 **γ-락톤**이라 부른다.

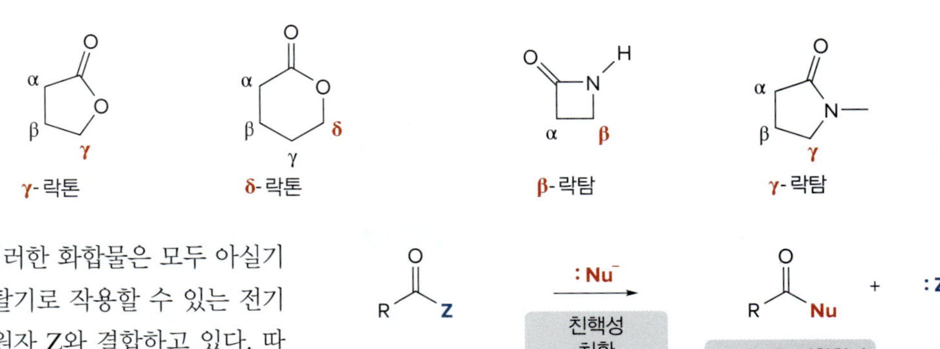

친핵성 아실 치환 반응에 대해서는 이미 17장에서 친핵체로서 R^- 및 H^-와의 반응에서 소개한 바 있다. 20.7–20.12절에서 논의하듯이, 이 반 응은 다양한 친핵체와 일어나기 때문에 여러 가지 치환 생성물이 얻어진다.

이러한 화합물은 모두 아실기가 이탈기로 작용할 수 있는 전기음성 원자 Z와 결합하고 있다. 따라서 이런 화합물은 **친핵성 아실 치환 반응**을 잘 일으키게 된다. 반면 알데하이드와 케톤은 카보닐 탄소에 결합된 이탈기가 없기 때문에 17장과 18장에서 살펴본 바와 같이 친핵성 치환 반응을 일으키지 않는다.

Z = OH, Cl, OCOR, OR', NR'_2

$:Nu^-$ 친핵성 치환 + $:Z^-$

Nu가 Z를 치환한다.

문제 20.1 Pitocin이란 상품명으로 팔리는 oxytocin은 천연 호르몬의 일종으로 자궁 수축을 자극하여 유도분만에 사용된다. 다음 oxytocin의 구조를 보고 구조에 존재하는 아마이드를 1°, 2°, 3°로 분류하라.

oxytocin

20.2 구조와 결합

카보닐기는 카보닐기에 붙어 있는 다른 기에 상관없이 두 가지 가장 중요한 특징이 있다.

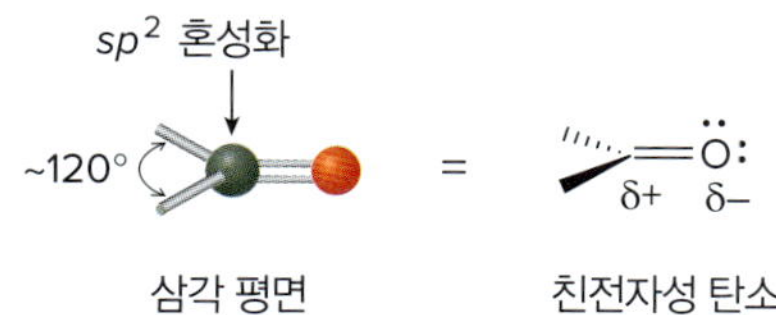

- 카보닐기의 탄소는 sp^2 혼성이고 삼각 평면 구조이며 상대적으로 **덜 붐빈다**.
- 전기 음성도가 큰 산소 원자가 카보닐기를 편극시키므로 카보닐 탄소는 **친전자성**이다.

B.3C절에서 배웠듯이, 알데하이드와 케톤은 공명 구조가 두 개뿐이지만, RCOZ는 세 개의 공명 구조로 그릴 수 있다. 세 개의 공명 구조는 전자 밀도를 비편재화함으로써 RCOZ를 안정화시킨다. 실제로, **공명 구조 2와 3이 공명 혼성체에 더 많이 기여할수록 RCOZ는 더 안정해진다.**

- Z가 염기성이 **클수록** 전자쌍을 **더** 잘 줄 수 있고, 그러면 공명 구조 3이 혼성체에 **더 많이** 기여한다.

이탈기 Z의 상대적인 염기도는 표 20.1에 나타낸 바와 같이 짝산 HZ의 pK_a 값을 비교해 보면 알 수 있다. 염기도의 순서는 다음과 같이 나타낼 수 있다.

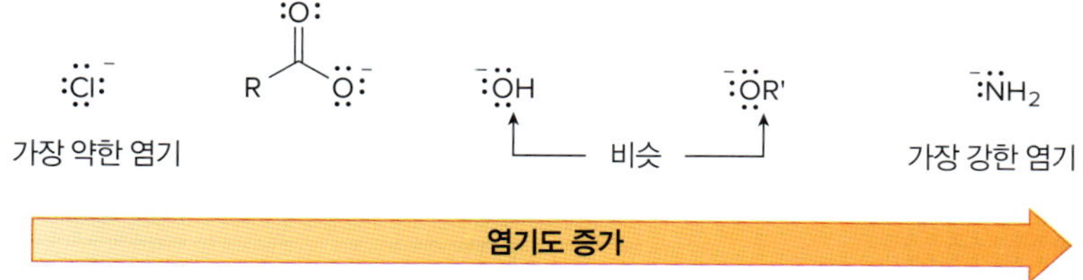

표 20.1 아실 화합물(RCOZ)의 일반적인 Z기에 대한 짝산(HZ)의 pK_a 값

구조	이탈기(Z^-)	짝산(HZ)	pK_a
RCOCl 산 염화물	Cl^-	HCl	−7
$(RCO)_2O$ 산 무수물	RCO_2^-	RCO_2H	3~5
RCO_2H 카복실산	^-OH	H_2O	14
RCO_2R' 에스터	$^-OR'$	R'OH	15.5~18
$RCONR'_2$ 아마이드	$^-NR'_2$	R'_2NH	38~40

Z의 염기도 증가 (아래쪽으로)

HZ의 산도 증가 (위쪽으로)

Z의 염기도가 카복실산 유도체의 상대적인 안정성을 결정하기 때문에, 그 **안정도의 순서**는 다음과 같이 나타낼 수 있다.

산 염화물 (RCOCl)   산 무수물 (RCOOCOR)   카복실산 (RCOOH) ~ 에스터 (RCOOR')   아마이드 ($RCONH_2$)

(카복실산과 에스터: 비슷)

안정도 증가 →

즉 Cl^-가 가장 약한 염기이므로 **산 염화물이 가장 불안정한 카복실산 유도체이다.** $^-NR'_2$는 가장 센 염기이므로 **아마이드가 가장 안정한 카복실산 유도체이다.**

- 요약하면, Z의 염기도가 **커질수록** RCOZ는 더 공명 안정화되므로 **더** 안정해진다.

문제 20.2 산 브로민화물 RCOBr의 세 가지 가능한 공명 구조를 그려라. 그리고 부록 C에 나와 있는 pK_a 값을 사용하여 RCOBr이 카복실산(RCOOH)보다 더 공명 안정화되어 있는지 덜 공명 안정화되어 있는지 판단해 보라.

문제 20.3 다음에 주어진 실험 결과가 아마이드와 산 염화물의 상대적 안정성을 설명하는 데 어떻게 적용될 수 있는가? CH_3Cl과 CH_3COCl은 C−Cl 결합 길이가 같다(178 pm). 그러나 $HCONH_2$에서는 C−N 결합 길이가 CH_3NH_2에서의 C−N 결합 길이보다 짧다(각각 135 pm와 147 pm).

20.3 명명법

카복실산 유도체의 이름은 19.2절에서 살펴본 어미 카복실산의 이름에서 파생된다. **폼산**, **아세트산**, 그리고 **벤조산** 같은 관용명이 정식 이름 대신에 널리 사용되어 왔기 때문에 이들 유도체에 대해서도 비슷한 관용명이 널리 쓰이고 있다.

20.3A 산 염화물의 명명—RCOCl

산 염화물은 아실(acyl)기 다음에 **염화(*chloride*)**라는 단어를 덧붙여 명명한다. 두 가지 다른 방법이 사용된다.

[1] 비고리형 산 염화물: 카복실산의 접미사인 **-ic acid**를 **-yl chloride**로 바꾼다.
[2] −COCl기가 고리에 결합되어 있을 때: 접미사 **-carboxylic acid**를 **-carbonyl chloride**로 바꾼다.

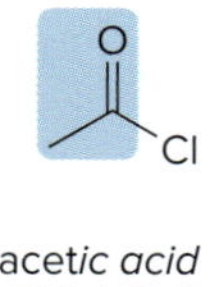

acet*ic acid* 로부터 유래

acetyl chloride

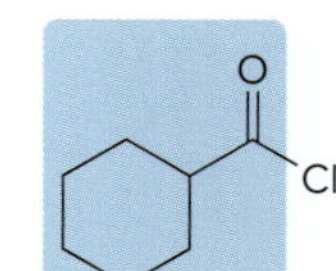

cyclohexane*carboxylic acid* 로부터 유래

cyclohexanecarbonyl chloride

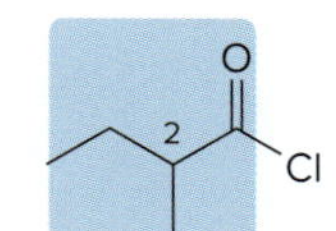

2-methylbutano*ic acid* 로부터 유래

2-methylbutanoyl chloride

20.3B 산 무수물의 명명

Anhydride란 말은 '무수'를 뜻한다. 두 분자의 카복실산에서 물이 제거되어 생긴다.

R–COOH + HO–COR → ($-H_2O$) → 무수물

대칭 산 무수물은 카복실산의 어미 ***acid***를 ***anhydride***로 바꾸면 된다. 두 가지 다른 카복실산으로부터 유래된 **혼합 산 무수물**은 두 가지 산의 이름을 알파벳 순서로 나열하고 ***acid***를 ***anhydride***로 바꾸면 된다.

acetic acid로부터 유래

acetic anhydride

acetic acid와 benzoic acid으로부터 유래

acetic benzoic anhydride

20.3C 에스터의 명명—RCOOR′

에스터는 흔히 RCOOR′으로 나타내어 R′이 **맨 나중에** 오지만 이름 붙일 때는 R′이 **맨 앞**에 온다.

에스터는 두 부분으로 이루어져 있는데, 각각 **아실기(RCO−)**와 산소 원자에 결합된 **알킬기(R′**으로 표시)로 구분하여 따로 명명되어야 한다.

- IUPAC 명명법 체계에서 에스터는 접미사 **-ate**로 식별한다.

해결 방법 IUPAC 규칙에 따른 에스터의 명명법

예제 **각 에스터의 체계명을 쓰라.**

a. b.

단계 [1] **산소 원자에 붙어 있는 R′기를 알킬기로 명명한다.**

- 접미사 *-yl*로 끝나는 알킬기의 이름은 에스터 이름의 **첫** 부분이 된다.

ethyl기 ***tert*-butyl**기

단계 [2] **어미 카복실산의 접미사 *-ic acid*를 *-ate*로 바꿔 아실기(RCO−)를 명명한다.**

- 아실기는 에스터 이름의 **두 번째** 부분이 된다.

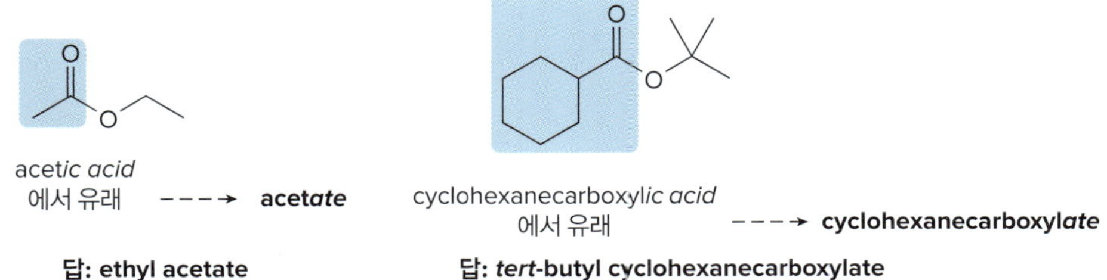

답: **ethyl acetate**

답: ***tert*-butyl cyclohexanecarboxylate**

20.3D 아마이드의 명명

1° 아마이드는 어미 카복실산 말미 ***-ic acid***, ***-oic acid*** 또는 ***-ylic acid***를 ***amide***로 바꾸어 명명한다.

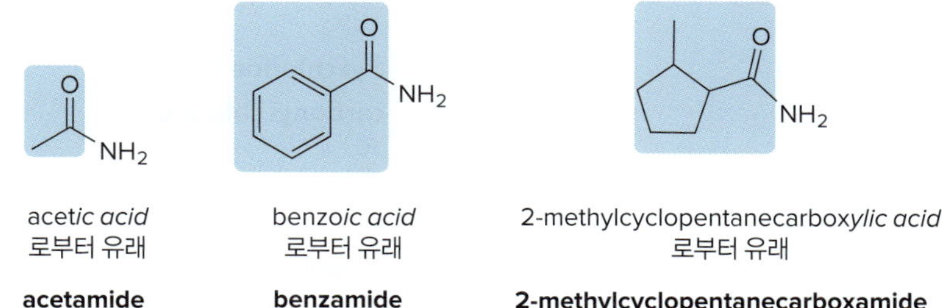

acet*ic acid* 로부터 유래	benzo*ic acid* 로부터 유래	2-methylcyclopentanecarbox*ylic acid* 로부터 유래
acetamide	**benzamide**	**2-methylcyclopentanecarboxamide**

2° 및 3° 아마이드의 구조는 질소 원자에 결합된 하나 또는 두 개의 **알킬기**와 카보닐기를 포함하는 **아실기(RCO−)** 두 부분으로 나누어진다.

해결 방법 2° 또는 3° 아마이드의 명명법

예제 **다음 아마이드의 체계명을 쓰라.**

a. b.

단계 [1] **아마이드의 N 원자에 붙어 있는 알킬기를 명명한다. 각 알킬기의 이름 앞에 접두사 '*N*-'을 붙인다.**

- 알킬기의 이름이 각 아마이드의 **첫** 부분이 된다.
- 3° 아마이드의 경우에는 N에 붙어 있는 두 알킬기가 동일하면 접두사 ***di***-를 사용한다. 두 알킬기가 다르다면 알킬기의 이름을 **알파벳 순서**로 나열한다. 두 개의 같은 알킬기가 붙어 있더라도 각 알킬기에 대해 하나의 '***N***-'이 필요하다.

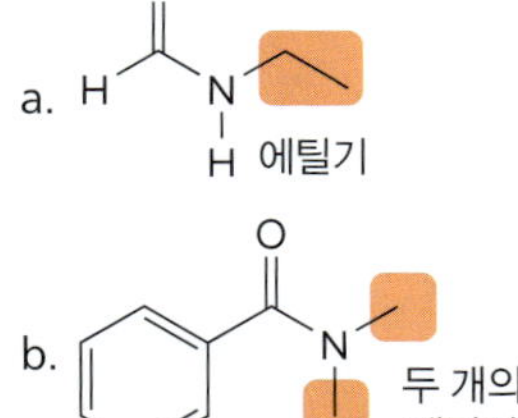

a. • 이 화합물은 에틸기가 한 개인 2° 아마이드이다. → ***N*-ethyl.**

b. • 이 화합물은 메틸기가 두 개인 3° 아마이드이다.
• 접두사 *di*-(다이)를 사용하고, 이름 앞에 두 개의 '*N*-'을 붙인다. → ***N*, *N*-dimethyl.**

단계 [2] **아실기(RCO−)를 접미사 아마이드(-amide)와 함께 명명한다.**

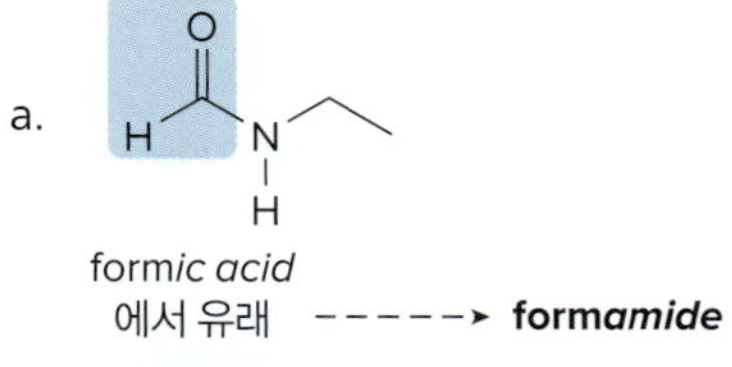

a. form*ic acid* 에서 유래 ------→ **form*amide***

- 어미 카복실산의 *-ic acid*, *-oic acid*, 또는 *-ylic acid* 접미사를 접미사 ***amide***로 바꾼다.
- 두 부분의 이름을 합친다.
- **답: *N*-ethylformamide**

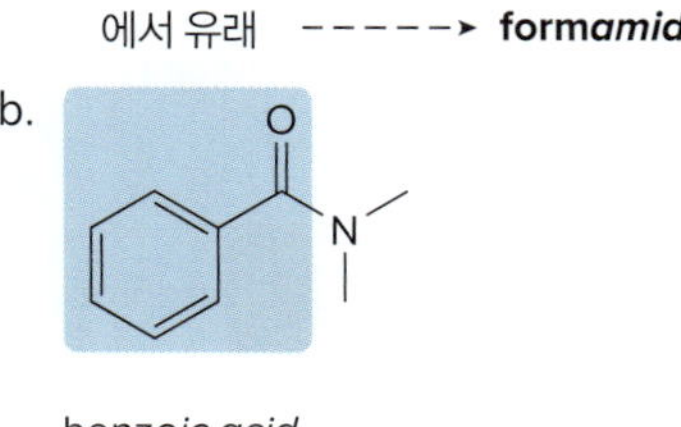

b. benzo*ic acid* 에서 유래 ---→ **benz*amide***

- Benzoic acid를 **benzamide**로 바꾼다.
- 두 부분의 이름을 합친다.
- **답: *N*, *N*-dimethylbenzamide**

표 20.2에 카복실산 유도체의 명명법에 관한 중요한 점이 요약되어 있다.

표 20.2 요약: 카복실산 유도체의 명명법

화합물	이름 어미	예	이름
산 염화물	**-yl chloride** 또는 **-carbonyl chloride**	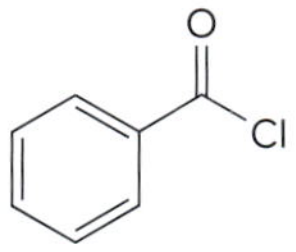	benzoyl chloride
산 무수물	**anhydride**	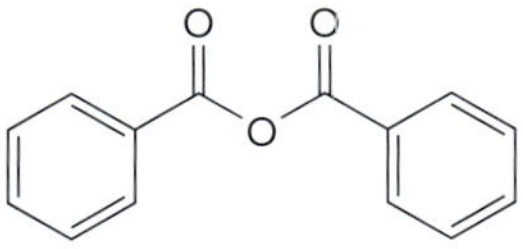	benzoic anhydride
에스터	**-ate**	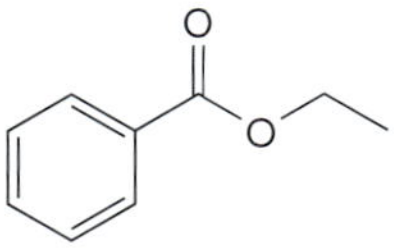	ethyl benzoate
아마이드	**-amide**	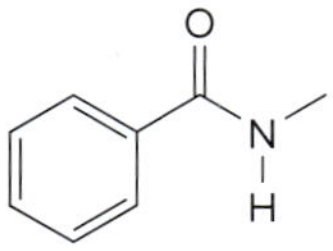	*N*-methylbenzamide

예제 20.1 카복실산 유도체 명명하기

다음 각 화합물을 IUPAC 규칙에 따라 명명하라.

a. 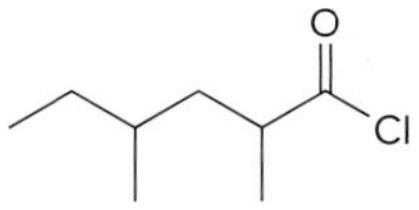 b.

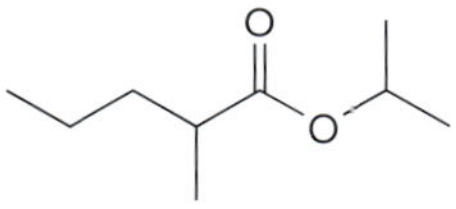

풀이

a. 작용기가 사슬에 결합된 산 염화물이므로 이름은 ***-yl chloride***로 끝나야 한다.

[1] COCl을 포함한 가장 긴 사슬을 찾아 명명한다.

hexano*ic acid* ⟶ **hexano*yl chloride***
(6개의 C)

[2] 치환기의 번호를 매기고 명명한다.

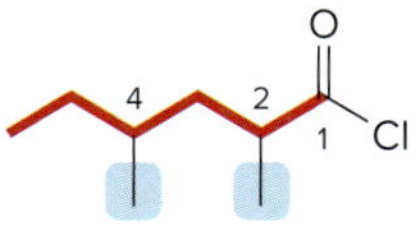

답: 2,4-dimethylhexanoyl chloride

b. 작용기가 에스터이므로 이름이 ***-ate***로 끝나야 한다.

[1] 카보닐기를 포함한 가장 긴 사슬을 찾아 명명한다.

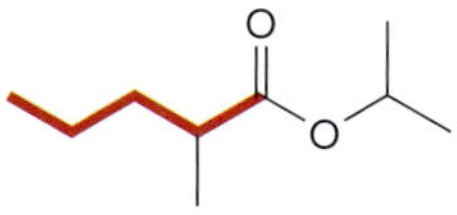

pentano*ic acid* ⟶ **pentano*ate***
(5개의 C)

[2] 치환기의 번호를 매기고 명명한다.

isopropyl기

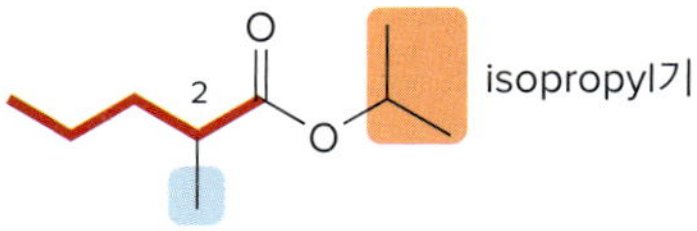

답: isopropyl 2-methylpentanoate

이름에서 O 원자에 결합된 알킬기의 이름이 **먼저** 나온다.

문제 20.4 다음 각 화합물을 IUPAC 규칙에 따른 이름 또는 관용명을 쓰라.

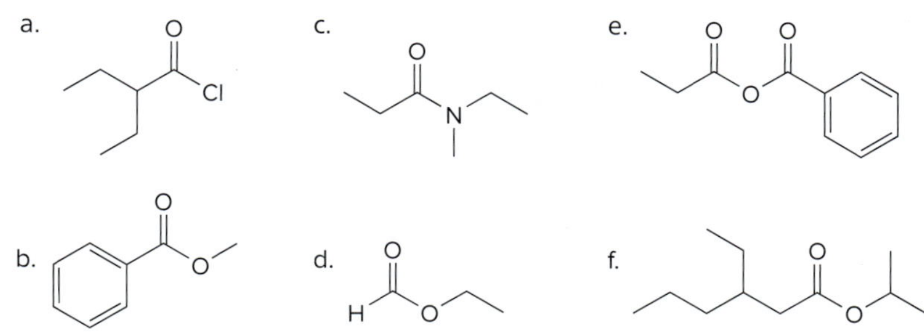

추가 문제: 문제 20.34a, 20.36, 20.37을 풀어보라.

문제 20.5 각 이름에 해당하는 구조를 그려라.

a. 5-methylheptanoyl chloride
b. isopropyl propanoate
c. acetic formic anhydride
d. *N*-isobutyl-*N*-methylbutanamide
e. *sec*-butyl 2-methylhexanoate
f. *N*-ethylhexanamide

20.4 물리적 성질과 분광학적 성질

20.4A 물리적 성질

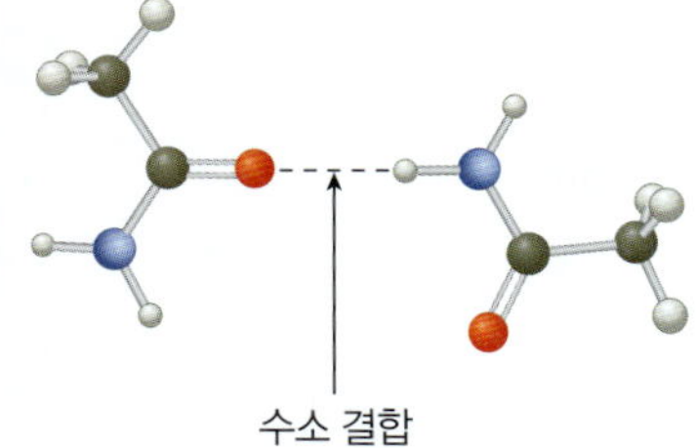

모든 카보닐 화합물은 극성 카보닐기가 있기 때문에 분자간 **쌍극자–쌍극자 상호작용(dipole-dipole interaction)**이 존재한다. 1°와 2° 아마이드는 하나 또는 두 개의 N–H가 있기 때문에 분자간 수소 결합을 할 수 있다. 두 acetamide (CH_3CONH_2) 분자가 보여 주듯이, 한 분자의 아마이드의 N–H 결합은 이웃 아마이드의 C=O와 수소 결합을 하고 있다. 따라서 **1°과 2° 아마이드는** 분자량이 비슷한 화합물보다 **끓는점과 녹는점이 더 높다**.

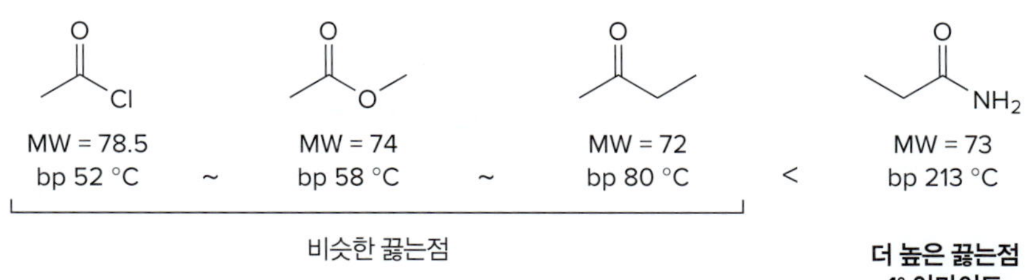

문제 20.6 CH_3CONH_2의 끓는점(221°C)이 CH_3CO_2H의 끓는점(118°C)보다 상당히 높은 이유를 설명하라.

20.4B 분광학적 특성

카복실산 유도체의 분광학은 분광학 B와 C에서 자세하게 다룬 바 있다.

- 카복실산 유도체의 카보닐기 적외선 흡수: B.3C절, B.4B절, 예제 B.1, 표 B.2
- ^{1}H과 ^{13}C NMR 흡수: 표 C.1과 C.5

카복실산 유도체의 주요 NMR 및 IR 흡수는 표 20.3에 요약되어 있다. B.3C절로부터 카보닐 흡수 위치는 RCOZ에서 Z의 정체에 따라 달라진다는 점을 기억하자.

- Z의 염기도가 **증가할수록** RCOZ의 공명 안정화가 **증가하므로** C=O 흡수는 더 **낮은** 진동수로 이동한다.

표 20.3 카복실산 유도체의 특징적인 분광학적 흡수

분광법의 종류	화합물의 종류	C, H의 유형	흡수
IR 흡수	산 염화물	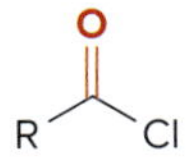 RCOCl	1800 cm^{-1}
	산 무수물	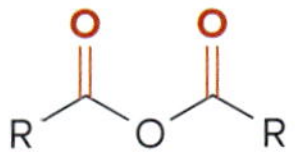 RCOOCOR	1820과 1760 cm^{-1} (두 개의 피크)
	에스터	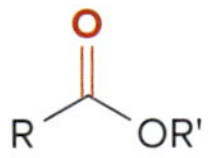 RCOOR'	1735–1745 cm^{-1}
	아마이드	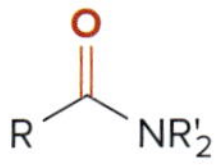 $RCONR'_2$ R' = 또는 알킬	1630–1680 cm^{-1}
		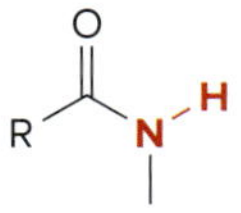 RCO–N–H	3200–3400 cm^{-1} (하나 또는 두 개의 N–H 신축 피크) 1640 cm^{-1} (N–H 굽힘)
^{1}H NMR 흡수	모든 아실 유도체	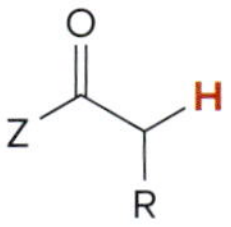 ZCO–CH(R)	2–2.5 ppm
	아마이드(1°와 2°)	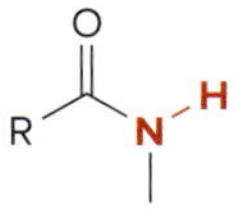 RCO–N–H	7.5–8.5 ppm
^{13}C NMR 흡수	모든 아실 유도체	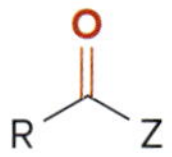 RCOZ	160–180 ppm

문제 20.7 화합물 **A~D**를 IR 스펙트럼에서 C=O 흡수의 진동수가 증가하는 순서로 정렬하라.

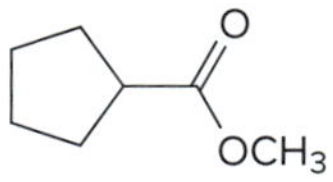

OCH_3 **A** **B** N **C** OCH_3 **D**

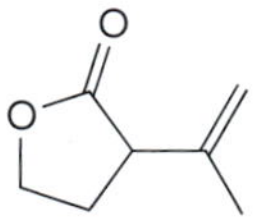

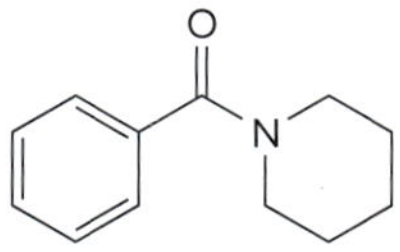

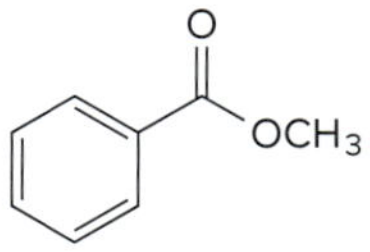

20.5 흥미로운 에스터와 아마이드

20.5A 에스터

많은 과일의 특징적인 냄새는 저분자량의 에스터에 기인한다.
Jill Braaten

많은 저분자량 에스터는 좋은 향기와 독특한 냄새가 난다.

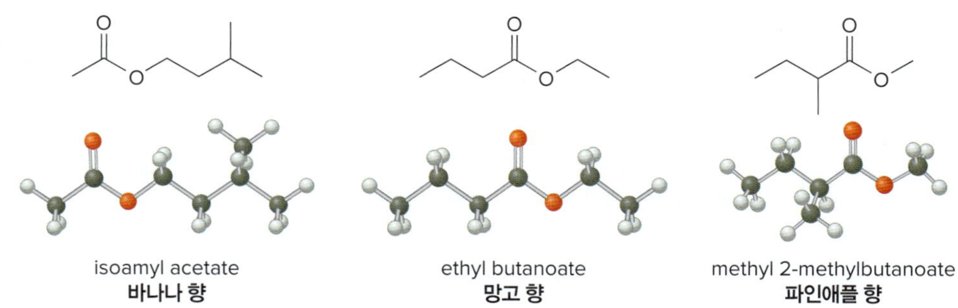

isoamyl acetate **바나나 향** | ethyl butanoate **망고 향** | methyl 2-methylbutanoate **파인애플 향**

비타민 C과 molnupiravir 같이 중요한 생리 활성을 나타내는 에스터도 있다.

vitamin C

molnupiravir

비타민 C(혹은 **아스코브산**)는 이미 3.5B절에서 소개한 바와 같이 오원자 고리 락톤을 갖고 있는 수용성 비타민이다. 비타민 C는 식물에서는 합성되지만, 인간은 이것을 만드는 효소가 없기 때문에 음식물로 섭취해야만 한다.

Molnupiravir(상품명 Lagevrio)는 원래 독감 치료제로 개발된 경구 항바이러스제이다. 2021년 12월 현재 이 약은 경미하거나 온화한 COVID-19 증상이 있는 환자를 치료하기 위하여 응급 사용 승인되었다. Molnupiravir는 바이러스에서 일련의 치명적 돌연변이를 촉발함으로써 COVID-19를 일으키는 바이러스인 SARS-CoV-2의 복제를 억제한다.

20.5B 아마이드

천연에서 발견되는 아마이드의 중요한 부류는 **아미노산이 아마이드 결합으로 서로 연결된 고분자인 단백질(*protein*)**을 들 수 있다. 단백질은 고분자 사슬의 길이나 붙어 있는 R기의 정체에 따라 그 특성이 다르다. **단백질**이란 말은 보통 40개 이상의 아미노산으로 이루어진 고분자량의 중합체에만 쓰이고, 그 이하의 저분자량 중합체는 **펩타이드(*peptide*)**라고 부른다.

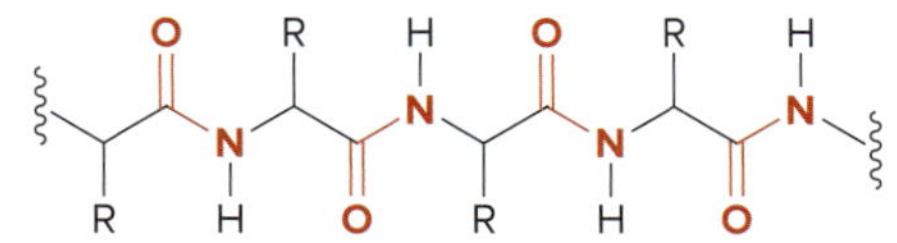

단백질 분자의 일부
[아마이드 결합이 붉은색으로 표시되었다.]

펩타이드와 단백질은 27장에서 자세히 논의한다.

단백질과 펩타이드는 세포 내에서 다양한 기능을 하는데 근육, 결합 조직, 머리카락, 손발톱 등의 기본 성분을 이룬다. 반응을 촉매화하고 세포막을 통과해 이온과 분자를 운반하기도 한다. 예를 들면, 신경세포에서 주로 발견되는 아마이드 결합이 네 개인 펩타이드인 **met-enkephalin**은 모르핀과 같은 효과를 나타내 통증을 완화시키는 진정제로서 역할을 한다.

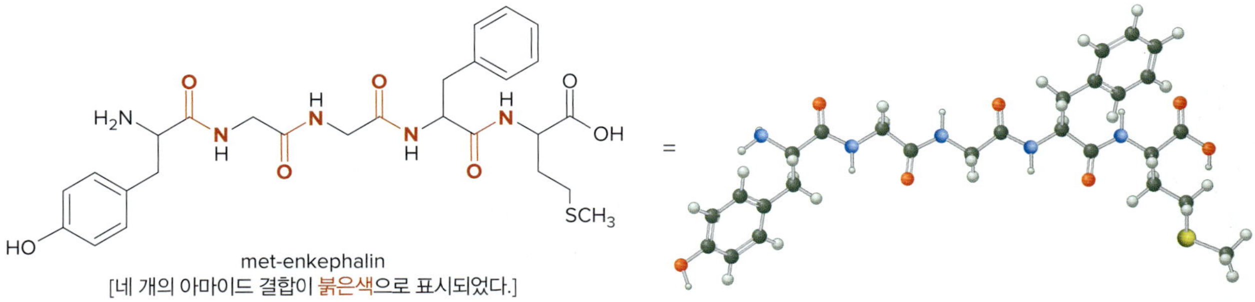

met-enkephalin
[네 개의 아마이드 결합이 붉은색으로 표시되었다.]

페니실린(*penicillin*)은 구조적 유사성이 있는 일련의 항생제를 일컫는 말로서, 1920년대에 Alexander Fleming 경의 선구적인 연구로 발견된 페니실린 G를 필두로 알려지게 되었다. 페니실린은 모두 오원자 고리에 접합되어 있는 β-락탐 고리가 있으며, β-락탐 카보닐기의 α 위치에 두 번째 아마이드 결합이 있다. 이 아마이드 곁가지에 있는 R기의 종류에 따라 페니실린이 나누어진다.

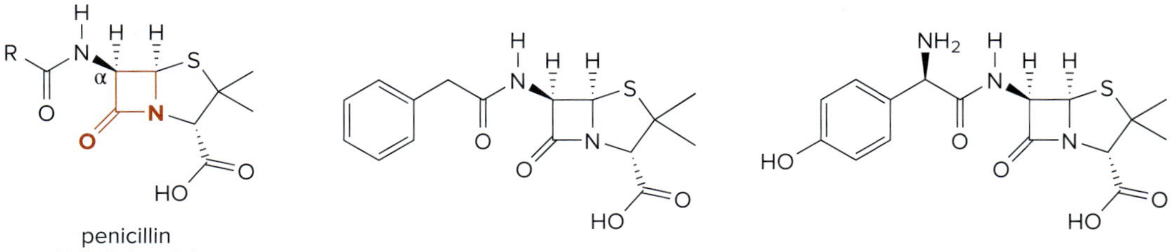

penicillin
붉은색이 β-락탐

penicillin G

amoxicillin

세팔로스포린(*cephalosporin*)은 육원자 고리에 접합된 사원자 고리가 있는 β-락탐 항생제의 두 번째 부류이다. 세팔로스포린은 페니실린보다 더 광범위한 종류의 세균에 대해 활성이 있다.

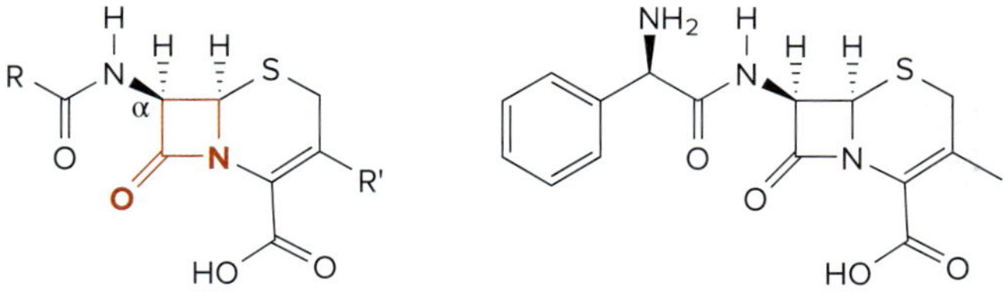

cephalosporin
붉은색이 β-락탐

cephalexin
상품명: Keflex

20.6 친핵성 아실 치환 반응의 소개

카복실산 유도체가 일으키는 대표적인 반응은 친핵성 아실 치환(*nucleophilic acyl substitution*) 반응이다. 이 반응은 음전하를 띤 친핵체(Nu:$^-$)나 중성인 친핵체(HNu:)에 의해 일어나는 흔한 반응이다.

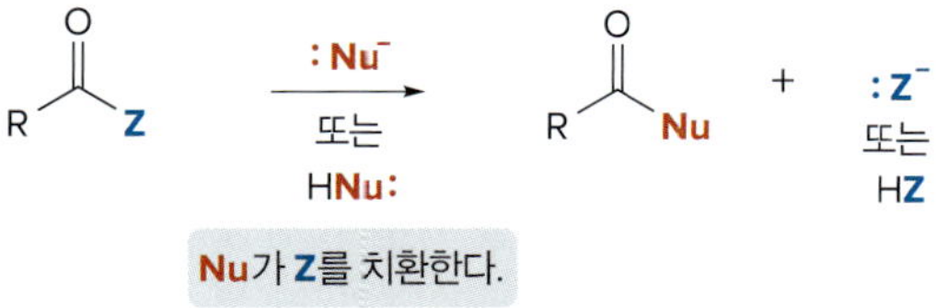

$$\mathrm{RCOZ} \xrightarrow[\text{또는 HNu:}]{:\mathrm{Nu}^-} \mathrm{RCONu} + :\mathrm{Z}^- \text{ 또는 HZ}$$

Nu가 Z를 치환한다.

- 카복실산 유도체(RCOZ)는 친전자성이면서 입체적으로 가려지지 않은 카보닐 탄소가 있기 때문에 친핵체와 반응한다.
- 카복실산 유도체(RCOZ)는 카보닐 탄소에 이탈기 Z가 있어서 첨가 반응이 **아니라** 치환 반응을 일으킨다.

20.6A 메커니즘

친핵성 아실 치환의 메커니즘은 17.2절에서 처음 소개되었다.

친핵성 아실 치환 반응은 메커니즘 20.1에서 보듯이 친핵체에 의한 **친핵성 공격**에 이어 **이탈기 손실**이 따르는 두 단계로 진행된다.

메커니즘 20.1 친핵성 아실 치환 반응의 일반적인 메커니즘

$$RCOZ + :Nu^- \xrightarrow{1} [R-C(O^-)(Z)(Nu)] \xrightarrow{2} RCONu + :Z^-$$

Z = OH, Cl, OCOR, OR', NH_2

1. **친핵체가 친전자성 카보닐기를 공격한다.** π 결합이 끊어지고, 전자쌍이 산소 쪽으로 이동하여 sp^3 혼성 탄소를 생성한다.
2. 산소에 있는 전자쌍이 π 결합을 재생성하고 C—Z 결합에 있는 전자쌍과 함께 **Z가 이탈기로 떨어져 나간다.**

친핵체의 첨가와 이탈기 제거를 거치는 전체적인 반응의 결과는 이탈기가 친핵체에 의해 치환되는 것이다. 17장에서 공부한 바와 같이, 친핵성 치환 반응은 탄소 음이온(R^-)이나 수소화 음이온(H^-) 같은 친핵체에 의해서도 일어난다. 다양한 산소 및 질소 친핵체가 이러한 반응에 참여한다.

산소 친핵체				질소 친핵체		
$^-$:ÖH	$H_2\ddot{O}$:	RÖH	$RCOO^-$	$\ddot{N}H_3$	$R\ddot{N}H_2$	$R_2\ddot{N}H$

아래 두 가지 예에서 볼 수 있듯이, 헤테로 원자 친핵체를 이용한 친핵성 아실 치환 반응은 하나의 카복실산 유도체를 또 다른 카복실산 유도체로 바꿀 수 있다.

$$CH_3COCl \xrightarrow{H-NH_2} CH_3CONH_2 + H-Cl$$

1° 아마이드

$$C_6H_5COOH \xrightarrow{H-OCH_3,\ H^+} C_6H_5COOCH_3 + H-OH$$

에스터

각 반응은 친핵체의 정체나 전하에 상관없이 결국 이탈기를 친핵체로 교체하는 반응이다. 친핵성 아실 치환 반응의 생성물을 쓰기 위해서는,

- 이탈기가 있는 sp^2 혼성 탄소를 찾는다.
- 친핵체를 확인한다.
- 이탈기를 친핵체로 바꾼다. 중성 친핵체의 경우에는 양성자를 하나 잃어야만 중성 치환 생성물이 얻어진다.

20.6B 카복실산과 그 유도체의 상대적 반응성

17.2B절에서 살펴 보았듯이, 카복실산과 그 유도체는 친핵체에 대한 반응성이 크게 다르다. 반응성의 순서는 대략 Z의 이탈기로서의 능력과 비례한다.

- 더 좋은 이탈기일수록 RCOZ는 친핵성 아실 치환에서 반응성이 더 크다.

가장 좋은 이탈기는 가장 약한 염기라는 것을 기억하라. 일반적인 이탈기 Z의 상대적인 염기도가 표 20.1에 주어져 있다.

따라서 다음과 같은 경향성이 나타난다.

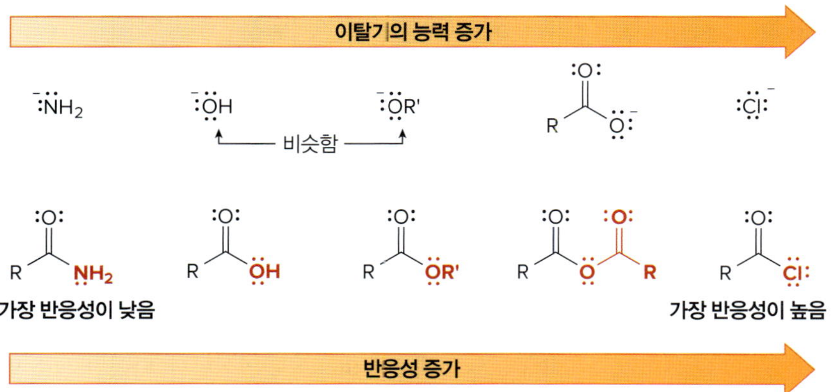

이 반응성의 순서를 기초로 하면, **반응성이 더 큰** 아실 **화합물**(산 염화물과 산 무수물)을 **반응성이 더 작은** 아실 **화합물**(카복실산, 에스터, 아마이드)로 **변환시킬 수 있다. 그 역반응은 대개 잘 일어나지 않는다.**

왜 이러한 순서가 성립하는지를 알아보려면, 카보닐기에 친핵체가 첨가되면 두 가능한 이탈기인 Z^- 또는 $:Nu^-$가 있는 사면체 중간체가 생긴다는 점을 상기하자. 곧이어 제거되는 것은 두 이탈기 중에서 더 좋은 이탈기이다. 따라서 치환 생성물을 생성하기 위해서는 Z^-가 더 좋은 이탈기여야 하고 출발물 RCOZ가 반응성이 더 큰 아실 화합물이어야 한다.

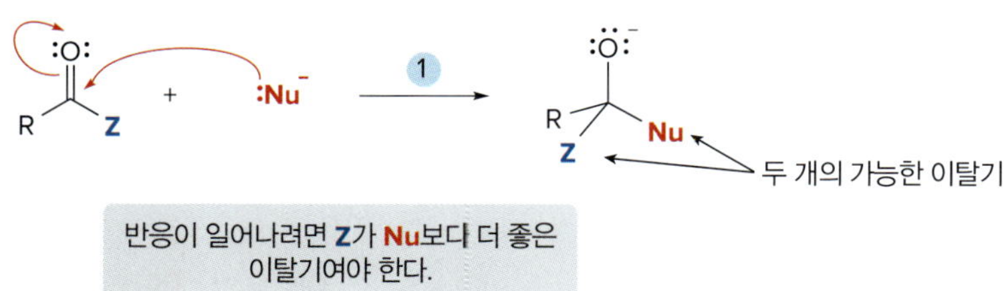

친핵성 아실 치환 반응이 일어날지를 판단하기 위해서는 예제 20.2에서 보듯이 공격하는 **친핵체와 떨어져 나가는 이탈기의 이탈기로서의 능력을 비교하면 된다.**

예제 20.2 염기도를 사용하여 친핵성 아실 치환 반응이 일어날지를 결정하기

다음 친핵성 아실 치환 반응이 일어날지 안 일어날지를 결정하라.

a. $CH_3COCl \xrightarrow{?} CH_3COOCH_2CH_3$ b. $C_6H_5CONH_2 \xrightarrow{?} (C_6H_5CO)_2O$

풀이

a. CH_3COCl를 $CH_3COOCH_2CH_3$로 바꾸기 위해서는 **Cl^-를 $^-OCH_2CH_3$로 치환**하여야 한다. **Cl^-가** $^-OCH_2CH_3$보다 **더 약한 염기이므로** 더 좋은 이탈기이다. 따라서 **이 반응은 일어날 수 있다.**

b. $C_6H_5CONH_2$를 $(C_6H_5CO)_2O$로 바꾸기 위해서는 **$^-NH_2$을 $^-OCOC_6H_5$로 치환**하여야 한다. **$^-NH_2$는** ^-OCO-C_6H_5보다 **더 센 염기이므로** 더 나쁜 이탈기이다. 따라서 **이 반응은 일어날 수 없다.**

문제 20.8 20장을 미리 읽지 않고 다음의 친핵성 치환 반응이 가능한지 아닌지 설명해보라.

a. $CH_3COCl \longrightarrow CH_3COOH$

b. $CH_3CONHCH_3 \longrightarrow CH_3COOCH_3$

c. $CH_3COOCH_3 \longrightarrow CH_3COCl$

d. $(CH_3CO)_2O \longrightarrow CH_3CONH_2$

추가 문제: 문제 20.35, 20.39를 풀어보라.

카복실산 유도체의 반응성 순서를 익혀라. 이것을 기억하면 아주 많은 반응을 체계화할 수 있다.

요약하면,

- 친핵성 아실 치환 반응은 이탈기 Z^-가 친핵체인 $:Nu^-$보다 더 **약한** 염기여서 **더 좋은** 이탈기일 때 일어난다.
- 친핵성 아실 치환 반응을 이용하면 반응성이 **더 큰** 아실 화합물을 반응성이 **더 적은** 아실 화합물로 바꿀 수 있다.

문제 20.9 각 그룹의 화합물을 친핵성 아실 치환 반응의 반응성이 증가하는 순서로 나열하라.

a. $C_6H_5CO_2CH_3$, C_6H_5COCl, $C_6H_5CONH_2$

b. $CH_3CH_2CO_2H$, $(CH_3CH_2CO)_2O$, $CH_3CH_2CONHCH_3$

문제 20.10 왜 trichloroacetic anhydride [$(Cl_3CCO)_2O$]가 acetic anhydride [$(CH_3CO)_2O$]보다 친핵성 아실 치환 반응에서 반응성이 더 큰지를 설명하라.

20.6C 구체적인 반응의 미리보기

20.7–20.13절에서는 친핵성 헤테로 원자를 사용하는 친핵성 아실 치환 반응의 구체적 예를 살펴볼 것이다. 많은 반응들이 소개되므로 카복실산 유도체의 반응성 순서를 숙지하고 있지 않으면 반응을 혼동하기 쉽다. **항상 기억할 것은 출발물에 아실기가 있는 모든 반응은 친핵성 치환 반응으로 일어난다는 점이다.**

우리는 가장 반응성이 큰 아실 화합물인 산 염화물의 반응에서 시작하여 반응성이 점점 작아지는 카복실산 유도체 순으로 하여 마지막은 아마이드에서 끝날 것이다. 산 염화물은 모든 아실 화합물 중에서 이탈기가 가장 좋기 때문에 거의 모든 친핵체와 치환 반응을 일으키는 반면, 아마이드는 이탈기가 나쁘기 때문에 치환 반응을 잘 일으키지 않으며 일어나더라도 아주 격렬한 반응 조건하에서 일어난다.

다음 반응식에서 보듯이 우리는 네 가지 다른 친핵체와 일으키는 친핵성 아실 치환 반응을 살펴볼 것이다.

RCOZ + $^-$OCOR → 산 무수물
RCOZ + $^-$OH 또는 H—OH → 카복실산
RCOZ + H—OR' → 에스터
RCOZ + H—NH_2 또는 H—NHR' 또는 H—NR'_2 → 1° 아마이드 또는 2° 아마이드 또는 3° 아마이드

위의 반응은 하나의 아실 화합물로부터 산 무수물, 카복실산, 에스터 및 아마이드를 합성하는 데는 사용될 수 있지만, 산 염화물의 합성에는 쓸 수 없다. 산 염화물은 가장 반응성이 큰 아실 화합물이어서(가장 좋은 이탈기) 친핵성 치환 반응으로 쉽게 얻어지지 않는다. 따라서 20.9A절에서 논의하겠지만, **특별한 시약을 사용하면 산 염화물을 카복실산으로부터 합성할 수 있다.**

20.7 산 염화물의 반응

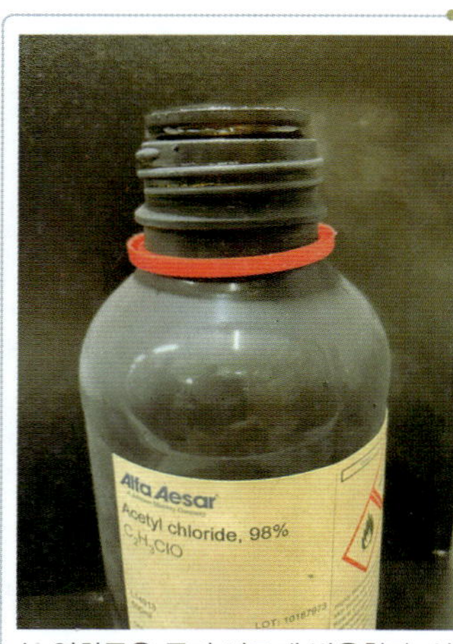

산 염화물은 물과 빠르게 반응한다. 산 염화물이 습한 날에 공기 중에 노출되면 공기 중에 포함된 수분과 반응하여 가수 분해가 일어나면서 부산물로 HCl이 생겨 자극성 냄새가 난다.
Pnoto by Kwang-youn Ko

산 염화물이 친핵체와 쉽게 반응하면 친핵성 치환 생성물이 생성되고 반응 부산물로 HCl이 생긴다. 이러한 센산을 제거하기 위하여 피리딘 같은 약염기를 반응 혼합물에 가하는데, 그러면 암모늄 염이 생성된다.

RCOCl + H—Nu: → RCONu + H—Cl (부산물)
H—Cl + pyridine → pyridinium Cl^-

산 염화물이 산소 친핵체와 반응하면 산 무수물, 카복실산 및 에스터가 얻어진다.

[1] RCOCl + $^-$OCOR → RCOOCOR (무수물) + Cl^-

[2] RCOCl + H—OR' (R' = H or alkyl) →(pyridine) RCOOR' (카복실산, R' = H; 에스터, R' = alkyl) + pyridinium Cl^-

DEET를 함유하는 해충 퇴치제는 최근 들어 인기가 치솟고 있는데, 그 이유는 웨스트나일 바이러스나 라임병과 같은 곤충이 매개하는 질병이 널리 퍼지고 있기 때문이다. DEET는 곤충을 죽일 수는 없으나 쫓아 버릴 수는 있다. 그 이유는 잘 알려져 있지 않으나 동물 주위의 따뜻하고 습한 공기를 인지하는 곤충의 인지 기능에 혼란을 초래하는 것으로 추정된다.
Scott Bauer/USDA-ARS

산 염화물은 또한 암모니아, 1°, 2° 아민과 반응하여 각각 1°, 2° 및 3° 아마이드를 생성한다. 이 반응은 NH_3 또는 각 아민이 2당량 필요한데, 1당량은 친핵체로 작용하여 Cl을 치환하면 치환 생성물이 얻어지고, 두 번째 당량은 염기로서 HCl 부산물과 반응하여 암모늄 염을 만든다.

RCOCl + R'R''NH (R', R'' = H 또는 알킬, 2당량) ⟶ RCONR'R'' + HCl; HCl + R'R''NH ⟶ $R'R''NH_2^+ Cl^-$

1° 아마이드, R', R'' = H
2° 아마이드, R' = H, R'' = 알킬
3° 아마이드, R', R'' = 알킬

예를 들면, 산 염화물이 dimethylamine과 반응하면 **DEET**로 잘 알려진 3° 아마이드의 일종인 *N,N*-diethyl-*m*-toluamide가 얻어진다. DEET은 광범위하게 사용되는 곤충 퇴치제의 활성 성분으로 모기, 벼룩, 진드기 등의 구제에 효과가 있다.

m-toluoyl chloride + dimethylamine (과량) ⟶ *N,N*-diethyl-*m*-toluamide (**DEET**) + $Et_2NH_2^+ Cl^-$

문제 20.11 Benzoyl chloride (C_6H_5COCl)가 다음의 친핵체와 반응할 때 생성되는 생성물을 그려라.

a. H_2O, 피리딘 b. CH_3COO^- c. NH_3(과량) d. $(CH_3)_2NH$(과량)

독일 바퀴벌레 암컷이 분비하는 성 페로몬인 blattellaquinone의 간단한 실험실 합성법(문제 20.12)은 페로몬을 미끼로 이용한 덫으로 바퀴벌레를 퇴치하는 새로운 가능성을 열었다.
Coby Schal

카복실염 친핵체와의 반응은 20.6A절에서 논의한 두 단계 메커니즘을 따르는데, 메커니즘 20.2에 보인 바와 같이 **친핵성 공격에 이은 이탈기의 손실**로 이루어진다.

메커니즘 20.2 산 염화물의 산 무수물로의 변환

RCOCl + $RCOO^-$ —1→ 사면체 중간체 —2→ 산 무수물 (RCOOCOR) + Cl^-

1 **친핵체인 카복실산 음이온이 카보닐기를 공격하면** sp^3 혼성화 탄소가 생성된다.

2 이탈기인 Cl^-가 제거되면 **치환 생성물**인 산 무수물이 얻어진다.

문제 20.12 알코올과 산 염화물로부터 **A**가 생기는 반응의 메커니즘을 그려라. **A**는 한 단계를 거치면 독일 바퀴벌레 암컷(***Blattella germanica***)이 분비하는 성 페로몬인 blattellaquinone으로 바뀐다.

2,5-dimethoxybenzyl alcohol + 3-methylbutanoyl chloride —pyridine→ **A** ⟶ blattellaquinone

20.8 산 무수물의 반응

친핵성 치환은 이탈기가 공격하는 친핵체보다 더 약한 염기이고, 따라서 더 좋은 이탈기일 때만 일어난다.

산 무수물은 산 염화물보다는 반응성이 약간 떨어지지만 여전히 대부분의 친핵체와 반응하여 치환 생성물을 생성한다. 산 무수물은 카보닐기가 두 개지만 친핵성 치환 반응은 다른 카복실산 유도체의 반응과 같은 방식으로 진행된다. **친핵성 공격은 둘 중 하나의 카보닐기에서 일어나고, 다른 하나의 카보닐기는 이탈기가 된다.**

$$RCOOCOR + H{-}Nu: \longrightarrow RCONu + HOCOR \text{ (부산물)}$$

$RCOO^-$는 Cl^-보다 더 센 염기이고 따라서 더 나쁜 이탈기이므로, 산 무수물은 산 염화물을 만드는 데 이용될 수 없다. 물이나 알코올과 반응하면 각각 **카복실산**이나 **에스터가** 얻어진다. NH_3 또는 아민 2당량과 반응하면 **1°, 2° 및 3° 아마이드**가 생성된다. 카복실산 또는 카복실산염이 항상 부산물로 생성된다.

$$RCOOCOR + H{-}OR' \longrightarrow RCOOR' + HOCOR$$

R' = H 또는 알킬

카복실산, R' = H
에스터, R' = alkyl
부산물

$$RCOOCOR + H{-}NH_2 \text{ (2당량)} \longrightarrow RCONH_2 + NH_4^+ \; {}^-OCOR$$

1° 아마이드 부산물

문제 20.13 Benzoic anhydride [$(C_6H_5CO)_2O$]가 다음의 각 친핵체와 반응할 때 생성되는 생성물을 그려라.

a. H_2O b. CH_3OH c. NH_3(과량) d. $(CH_3)_2NH$(과량)

산 무수물이 아마이드로 변환되는 반응은 산 무수물이 출발물인 친핵성 아실 치환 반응의 메커니즘을 보여 주고 있다(메커니즘 20.3). 여기서는 **친핵성 첨가**와 **이탈기 제거** 외에 양성자 이동 단계가 추가로 들어 있다.

메커니즘 20.3 산 무수물의 아마이드로의 변환

[1] $:NH_3$ 공격 → 사면체 중간체 (sp^3) ; [2] $:NH_3$에 의한 양성자 제거 (+ NH_4^+) ; [3] 이탈기 제거 → $RCONH_2$ (**1° 아마이드**) + ${}^-OCOR$

1 **친핵체(NH_3)가 카보닐을 공격하면** sp^3 혼성 탄소가 생성된다.

2~3 양성자가 떨어지고 이어서 이탈기인 RCO_2^-가 제거되면 **치환 생성물**인 1° 아마이드가 생성된다.

아세트아미노펜은 통증과 열을 감소시키지만 항염증성은 아니어서 염증이 심각한 관절염의 치료에는 비효과적이다. 과량 복용하면 간에 손상을 입히므로 권장량을 반드시 따라야 한다.

산 무수물은 알코올이나 아민과 쉽게 반응하므로 실험실에서 에스터나 아마이드를 만들기 위해 종종 사용된다. 예를 들어 아세트산 무수물은 진통제 **acetylsalicylic acid** (aspirin)나 **acetaminophen** (Tylenol의 활성 성분)을 만드는 데 사용된다.

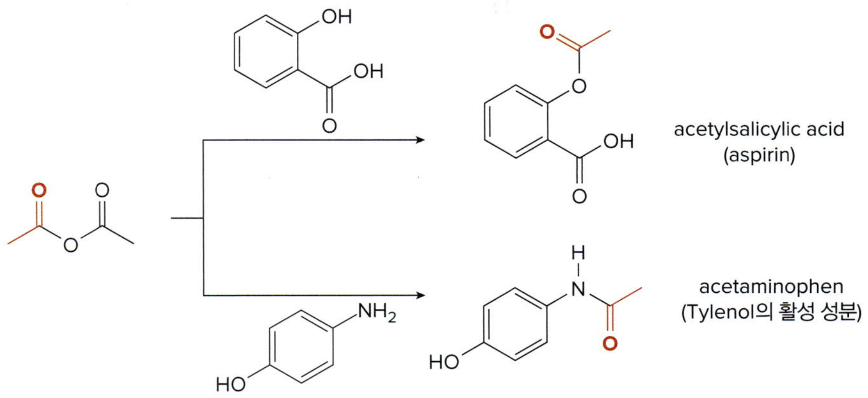

acetylsalicylic acid (aspirin)

acetaminophen (Tylenol의 활성 성분)

이 반응은 아세틸기(CH_3CO-)가 한 헤테로 원자에서 다른 헤테로 원자로 이동하는 반응이므로 **아세틸화(acetylation)** 반응이라고도 불린다.

Heroin은 양귀비 열매로부터 추출되는 morphine을 아세틸화시켜 만든다. Morphine에 존재하는 두 개의 OH기는 쉽게 아세트산 무수물로 아세틸화되어 heroin에 존재하는 두 개의 에스터(diester)를 생성한다.

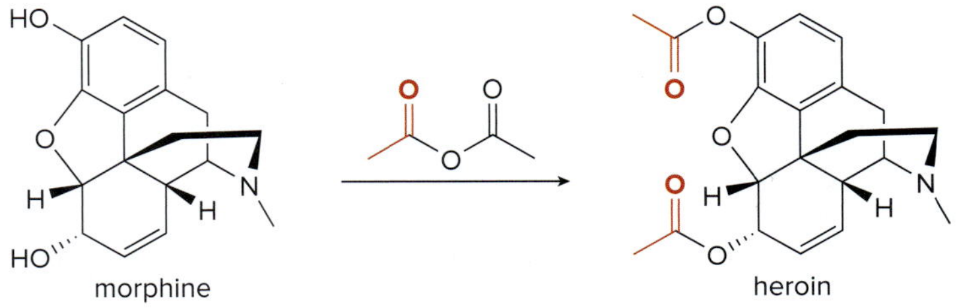

morphine → heroin

문제 20.14 산 무수물이 17장에서 다룬 친핵체와 산 염화물처럼 반응한다면, 각각의 다음 친핵체가 benzoic anhydride [$(C_6H_5CO)_2O$]와 반응하였을 때 생기는 생성물을 그려라.

a. CH_3MgBr (2당량), 그 다음에 H_2O
b. $LiAlH_4$, 그 다음에 H_2O
c. $LiAlH[OC(CH_3)_3]_3$, 그 다음에 H_2O

20.9 카복실산의 반응

카복실산은 센 유기산이다. 산–염기 반응은 빨리 일어나므로, 센 염기이기도 한 친핵체가 친핵성 치환 반응이 일어나기 전에 카복실산과 반응하면 양성자를 제거하는 반응이 **먼저** 일어날 것이다.

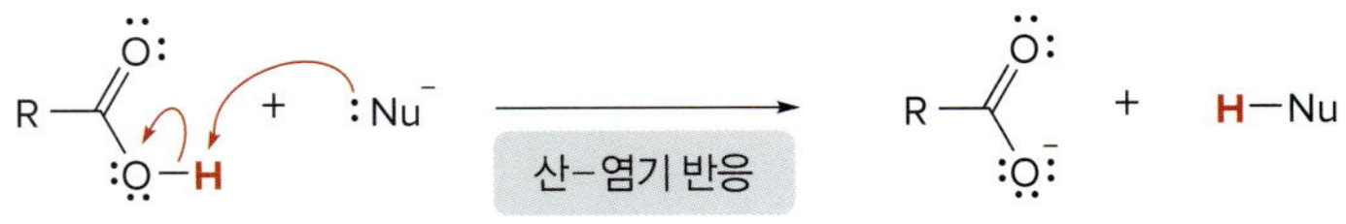

$RCOOH + :Nu^- \xrightarrow{\text{산–염기 반응}} RCOO^- + H{-}Nu$

친핵성 아실 치환 반응을 일으키는 거의 모든 친핵체, 즉 **^-OH, NH_3 또는 아민과는 산–염기 반응이 일어난다.** 그럼에도 불구하고 카복실산은 친핵성 아실 치환 반응을 수행할 수 있으며 특별한 시약을 사용하거나 산 촉매 또는 좀 격렬한 반응 조건을 사용하면 다양한 다른 아실 유도체로 바꿀 수 있다. 그림 20.1에 이러한 반응을 요약하였다. 더 자세한 내용은 20.9A–20.9D에서 살펴볼 것이다.

그림 20.1
카복실산의 친핵성 아실 치환 반응

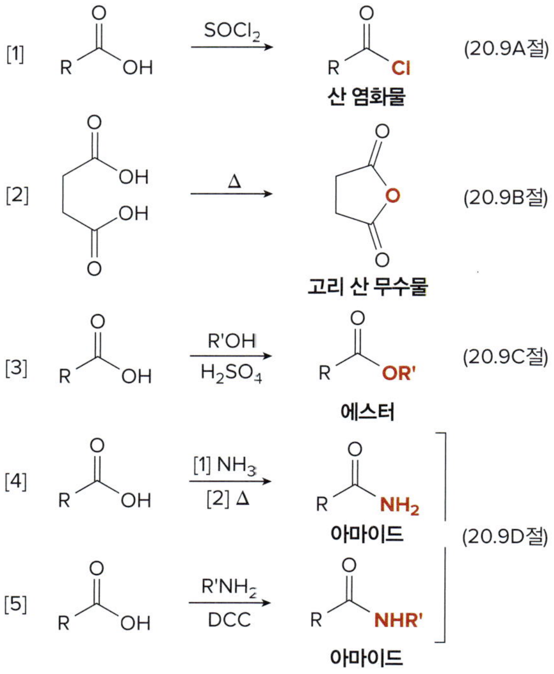

[1] RCOOH —$SOCl_2$→ RCOCl 산 염화물 (20.9A절)

[2] succinic acid —Δ→ 고리 산 무수물 (20.9B절)

[3] RCOOH —R'OH, H_2SO_4→ RCOOR' 에스터 (20.9C절)

[4] RCOOH —[1] NH_3 [2] Δ→ $RCONH_2$ 아마이드 (20.9D절)

[5] RCOOH —$R'NH_2$, DCC→ RCONHR' 아마이드 (20.9D절)

20.9A RCOOH의 RCOCl로의 변환

카복실산은 Cl^-을 친핵체로 사용하여 산 염화물로 바꿀 수 없다. 왜냐하면 공격하는 친핵체 Cl^-는 떨어지는 이탈기 ^-OH보다 더 약한 염기이기 때문이다. 그러나 9.12절에서 알코올을 염화 알킬로 바꾸는 시약으로 소개되었던 thionyl chloride (**$SOCl_2$**)를 사용하면 카복실산을 산 염화물로 쉽게 바꿀 수 있다.

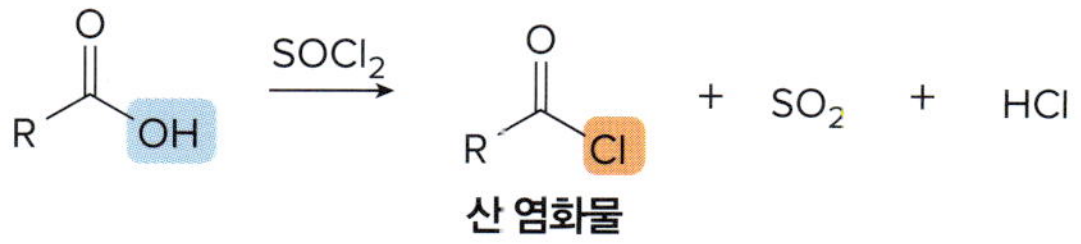

RCOOH —$SOCl_2$→ RCOCl (산 염화물) + SO_2 + HCl

Benzoic acid를 $SOCl_2$와 반응시키면 benzoyl chloride를 얻을 수 있다. 이 반응을 사용하면, 반응성이 적은 아실 유도체(카복실산)를 반응성이 더 큰 유도체(산 염화물)로 바꿀 수 있다. 이 반응이 가능한 이유는 **thionyl chloride가 카복실산의 OH기를 더 좋은 이탈기로 바꾸고 또한 이 시약이 이탈기를 대체할 친핵체(Cl^-)를 제공하기 때문이다.** 이 반응의 단계는 메커니즘 20.4에 설명되어 있다.

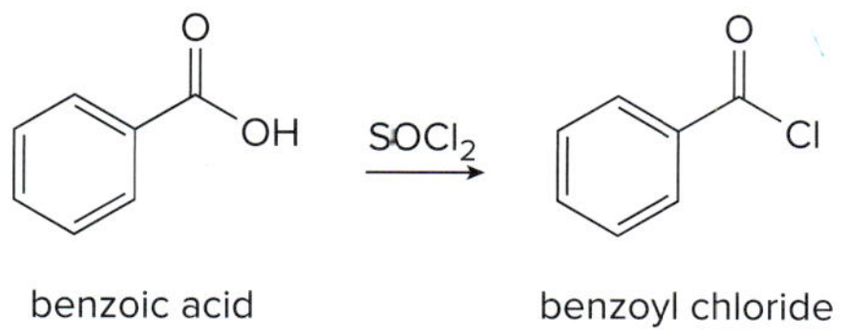

benzoic acid —$SOCl_2$→ benzoyl chloride

메커니즘 20.4 카복실산의 산 염화물로의 변환

① ~ ② 카복실산이 $SOCl_2$과 반응하고 양성자를 잃으면 OH기가 **좋은 이탈기**인 OSOCl로 바뀐다.

③ ~ ④ 염화 이온이 친핵성 공격을 하여 사면체 중간체가 생기면, 이탈기(SO_2와 Cl^-)의 이탈로 **산 염화물**이 얻어진다.

문제 20.15 다음 반응의 생성물을 그려라.

a. $\xrightarrow{SOCl_2}$ b. $\xrightarrow[\text{[2] }(CH_3CH_2)_2NH\text{(과량)}]{\text{[1] }SOCl_2}$

20.9B RCOOH의 $(RCO)_2O$로의 변환

카복실산은 산 무수물로 쉽게 변환될 수 없지만, 다이카복실산은 높은 온도로 가열하여 고리형 산 무수물로 바꿀 수 있다. 이 반응은 물 한 분자가 이가산(diacid)으로부터 빠져나가는 일종의 **탈수(dehydration)** 반응이다.

$\xrightarrow{\Delta}$ + H_2O $\xrightarrow{\Delta}$ + H_2O

20.9C RCOOH의 RCOOR′으로의 변환

카복실산이 산 촉매 존재하에서 알코올과 반응하면 에스터가 생성된다. 이 반응은 종종 **Fischer 에스터화** 반응이라고 한다.

R–COOH + H–OR′ $\underset{}{\overset{H_2SO_4}{\rightleftharpoons}}$ RCOOR′ + H–OH

에스터

Ethyl acetate는 특이한 냄새가 나는 흔한 유기 용매로서 매니큐어 지우개와 모형 비행기 접착제로 사용된다.

이 반응은 평형 반응이다. Le Châtelier의 원리(9.8D절)에 따라 알코올을 과량 사용하거나 물이 생김에 따라 물을 제거함으로써 평형을 오른쪽으로 이동시킬 수 있다.

$\overset{H_2SO_4}{\rightleftharpoons}$ + H_2O

ethyl acetate

Fischer 에스터화 반응의 메커니즘은 친핵성 아실 치환의 일반적인 두 단계—즉 **친핵체의 첨가와 연이은 이탈기의 제거**—로 이루어져 있다. 그러나 산 촉매 반응이기 때문에 양성자 첨가(protonation)와 양성자 이탈(deprotonation) 단계가 추가된다. 일반적인 산 HA를 사용한 메커니즘 20.5에서 보듯이, 산소를 포함하는 출발물과 산이 관여하는 모든 메커니즘의 첫 단계는 **산소 원자에 양성자를 첨가**하는 것이다.

메커니즘 20.5 Fischer 에스터화—카복실산의 에스터로의 산 촉매 변환

부분 [1] 친핵체 R′OH의 첨가

친핵성 공격

1 카보닐기에 양성자가 첨가되면 카보닐기가 더 친전자성을 띠게 된다.

2 ~ 3 R′OH의 **친핵성 공격**으로 사면체 중간체가 생성되고, 양성자가 떨어지면 중성 첨가 생성물이 생성된다.

부분 [2] 이탈기 H_2O의 제거

H_2O 제거

에스터

4 OH기에 양성자가 첨가되면 **좋은 이탈기**가 생성된다.

5 ~ 6 H_2O의 제거와 양성자의 손실로 **에스터**가 얻어진다.

카복실산의 에스터화 반응은 산의 존재하에서는 일어나지만 염기 존재하에서는 일어나지 않는다. 염기는 카복실산의 양성자를 제거하여 전자가 풍부한 카복실산염을 생성하므로 전자가 풍부한 친핵체의 공격을 받지 않는다.

$^-$OH는 친핵체가 **아니라** 염기로 작용한다.

γ- 또는 δ-하이드록시 카복실산은 분자내 에스터화 반응으로 오원자 또는 육원자 고리의 락톤을 생성한다.

γ-락톤

δ-락톤

문제 20.16 각 반응의 생성물을 그려라.

a. 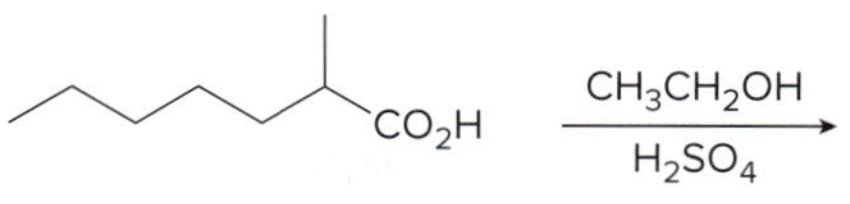 CH_3CH_2OH, H_2SO_4

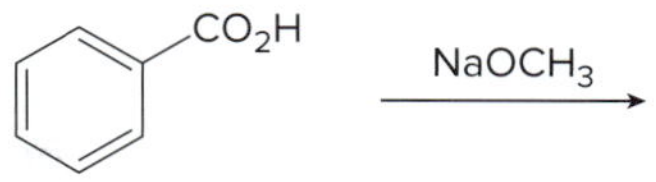

b. 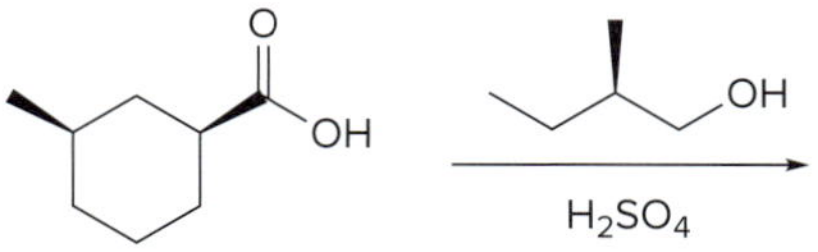 H_2SO_4

c. $NaOCH_3$

d. 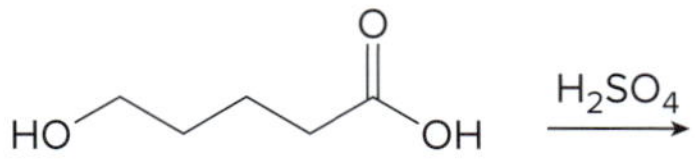 H_2SO_4

문제 20.17 Benzoic acid ($C_6H_5CO_2H$)를 그 O 원자가 ^{18}O로 표지된 CH_3OH ($CH_3{}^{18}OH$)로 처리하였을 때 생성되는 생성물을 그려라. 생성물에서 표지된 산소 원자가 어디에 있는지 나타내라.

문제 20.18 다음 반응의 메커니즘을 단계별로 나타내라.

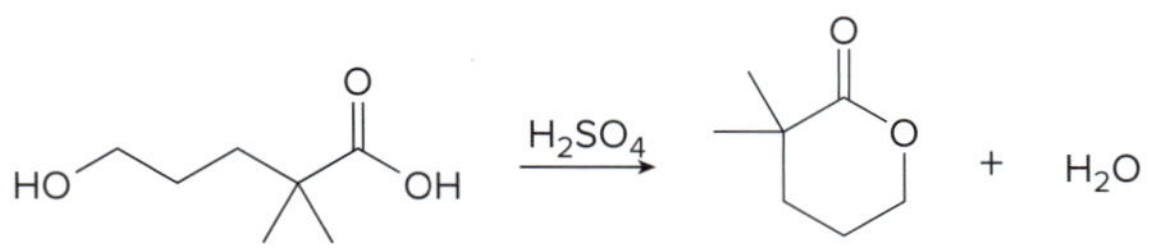

H_2SO_4 + H_2O

20.9D RCOOH의 RCONR'$_2$로의 변환

카복실산을 NH_3나 아민과의 반응으로 직접 아마이드로 바꾸는 반응은, 반응성이 더 큰 아실 화합물을 반응성이 약간 더 적은 아실 화합물로 바꾸는 반응임에도 불구하고 일어나지 않는다. 카복실산이 센 유기산이고 NH_3와 아민은 염기여서 원하는 친핵성 치환 반응보다 **산–염기 반응이 먼저 일어나 암모늄염을 생성**하기 때문이다.

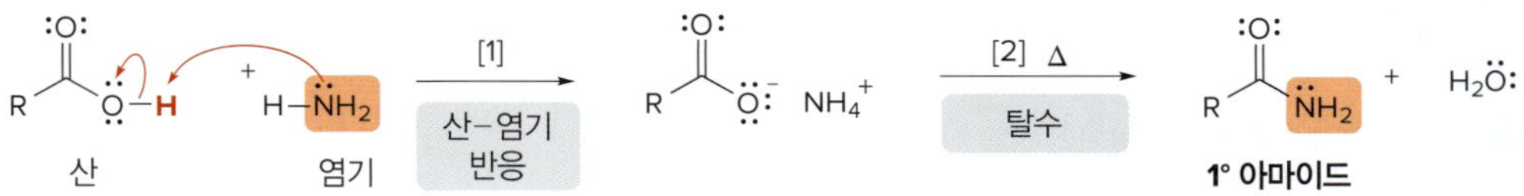

산 염기 [1] 산–염기 반응 NH_4^+ [2] Δ 탈수 **1° 아마이드** + H_2O

20.7절과 20.8절에서 살펴보았듯이, 아마이드는 산 염화물이나 산 무수물로부터 훨씬 쉽게 만들 수 있다.

100°C 이상의 온도에서 가열하면 얻어지는 카복실산 음이온의 암모늄염의 탈수가 일어나 낮은 수율이지만 아마이드가 만들어진다.

따라서 RCOOH의 $RCONH_2$로의 변환은 다음 두 단계를 거쳐야 한다.

[1] **암모늄염을 생성하는 RCOOH와 NH_3의 산–염기 반응**
[2] **높은 온도(>100 °C)에서의 탈수**

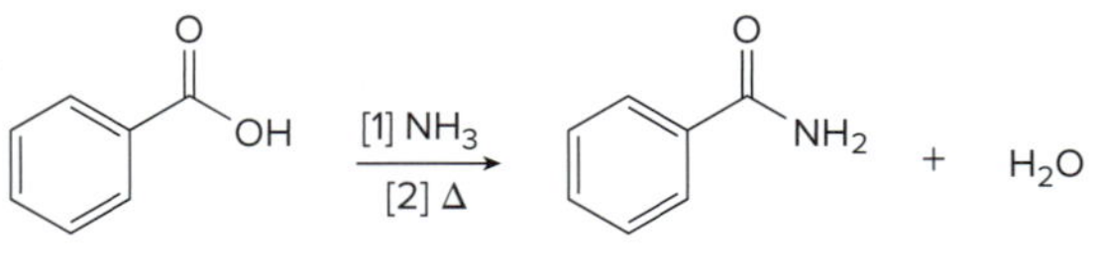

[1] NH_3 [2] Δ → NH_2 + H_2O

카복실산과 아민이 **dicyclohexylcarbodiimide (DCC)**의 존재하에 반응하면 쉽게 아마이드가 얻어진다. DCC는 반응 후 dicyclohexylurea로 변환된다.

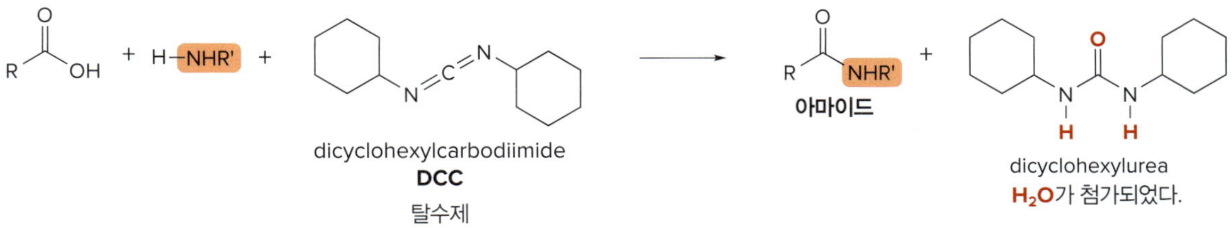

R–COOH + H–NHR' + dicyclohexylcarbodiimide **DCC** 탈수제 → **아마이드** + dicyclohexylurea H_2O가 첨가되었다.

DCC는 탈수제이다. 부산물 dicyclohexylurea는 DCC에 H_2O의 성분이 첨가되어 생긴다. DCC는 카복시기의 OH기를 훨씬 더 좋은 이탈기로 바꿈으로써 아마이드 생성 반응을 촉진시킨다.

메커니즘은 다음 설명과 같이 두 부분으로 이루어져 있다. [1] OH기가 더 좋은 이탈기로 바뀌고, 이어서 [2] **친핵체의 첨가와 이탈기의 이탈**로 친핵성 아실 치환 반응의 생성물이 생긴다(메커니즘 20.6).

메커니즘 20.6 DCC를 사용한 카복실산의 아마이드로의 변환

부분 [1] OH기가 더 좋은 이탈기로의 변환

1 산-염기 반응의 결과로 양성자가 카복실산에서 DCC로 옮겨간다.

2 DCC의 짝산에 대한 RCO_2^-의 친핵성 공격으로 첨가 생성물이 얻어진다. 단계 [1]과 [2]의 전체적 결과는 OH기가 **더 좋은 이탈기**로 전환되는 것이다.

부분 [2] 친핵체의 첨가와 이탈기의 이탈

3 활성화된 카복실기에 대한 아민의 친핵성 공격으로 사면체 중간체가 생성된다.

4 ~ 5 양성자가 이동하고 이탈기인 dicyclohexylurea이 떨어지면 **아마이드**가 얻어진다.

DCC를 이용한 산과 아민의 반응은 27장에서 논의하듯이 펩타이드의 아마이드 결합을 만들기 위해 실험실에서 많이 사용된다.

문제 20.19 아세트산이 다음의 각 시약과 반응하면 어떤 생성물이 얻어지는가?

a. CH_3NH_2 b. CH_3NH_2과 반응 후 가열 c. CH_3NH_2 + DCC

문제 20.20 다음 반응의 생성물을 그려라. 이 반응은 27장에서 더 논의할 펩타이드 합성에 흔히 사용하는 방법이다.

$$\text{Boc-Ala-OH} + H_2N\text{-Val-}OCH_3 \xrightarrow{DCC}$$

20.10 에스터의 반응

에스터는 카복실산과 아마이드로 변환될 수 있다.

- 에스터를 산이나 염기의 존재하에서 물로 가수 분해하면 카복실산이나 카복실산염이 생성된다.

$$RCOOR' \xrightarrow[(H^+ \text{ 또는 } ^-OH)]{H_2O} RCOOH \text{ 또는 } RCOO^- + H\text{—}OR'$$

카복실산 (산에서) / 카복실산 음이온 (염기에서)

- 에스터가 NH_3나 아민과 반응하면 1°, 2°, 또는 3° 아마이드가 얻어진다.

$$RCOOR' \xrightarrow{:N} RCONH_2 \text{ or } RCONHR' \text{ or } RCONR'_2 + H\text{—}OR'$$

(NH_3와) 1° 아마이드 / ($R'NH_2$와) 2° 아마이드 / (R'_2NH와) 3° 아마이드

20.10A 산성 수용액에서의 에스터 가수 분해

산 촉매 에스터 가수 분해의 첫 단계는 산소를 포함한 출발물과 산이 관여하는 여느 메커니즘의 첫 단계와 같이 **산소에의 양성자 첨가**이다.

산성 수용액에서 에스터의 가수 분해 반응은 가역적 평형 반응이어서 과량의 물을 사용하면 평형을 생성물 쪽으로 이동시킬 수 있다.

$$CH_3COOCH_2CH_3 + H\text{—}OH \underset{}{\overset{H_2SO_4}{\rightleftharpoons}} CH_3COOH + CH_3CH_2OH$$

카복실산

산에서의 에스터 가수 분해 반응 메커니즘은 카복실산에서 에스터가 생기는 반응(메커니즘 20.5)의 역순이다(메커니즘 20.7). 따라서 메커니즘은 산에 의해 촉매화되는 반응이기 때문에 몇 번의 양성자 이동과 친핵성 아실 치환 반응에서 공통적으로 일어나는 **친핵체 첨가와 이탈기 손실**을 거친다.

문제 20.21 메커니즘 20.7에 나오는 모든 공명 안정화된 양이온에 대하여 공명 구조를 추기적으로 모두 그려라.

메커니즘 20.7 에스터의 카복실산으로의 산 촉매 가수 분해

부분 [1] 친핵체인 H_2O의 첨가

친핵성 공격

1 카보닐 산소의 양성자 첨가로 카보닐기가 더 친전자성이 된다.

2 ~ 3 **H_2O에 의한 친핵성 공격**으로 사면체 중간체가 생성되고, 양성자가 떨어지면 중성 첨가 생성물이 생성된다.

부분 [2] 이탈기인 R'OH의 제거

R'OH의 제거

카복실산

4 OR'기에 양성자가 첨가하면 **좋은 이탈기**가 생성된다.

5 ~ 6 R'OH의 이탈과 양성자 손실로 **카복실산**이 얻어진다.

20.10B 염기성 수용액에서의 에스터 가수 분해

비누화란 단어는 '비누'를 의미하는 라틴어 *soap*로부터 왔다. 20.11B절에서 설명되는 것처럼, 비누는 지방의 에스터를 염기성 수용액으로 가수 분해하여 만든다.

에스터는 염기성 수용액에서 가수 분해되어 카복실산 음이온을 생성한다. 에스터의 염기성 가수 분해를 **비누화(saponification)**라고도 한다.

$$\xrightarrow[H_2O]{^-OH} \quad + \quad CH_3OH$$

카복실산 음이온

이 반응의 메커니즘은 20.6A절에서 소개된 친핵성 아실 치환 반응의 통상적인 메커니즘인 두 단계, 즉 **친핵체 첨가**에 이은 **이탈기 제거**를 거쳐 일어나며, 양성자 이동이 수반되는 단계가 추가되기도 한다(메커니즘 20.8).

메커니즘 20.8 에스터의 카복실산 음이온으로의 염기 촉진 가수 분해

친핵성 공격

$R'O^-$의 제거

1 ~ 2 **친핵체($^-$OH)의 첨가**와 그에 이은 **이탈기($^-$OR')의 제거**로 카복실산이 생성된다. 이 두 단계는 가역적이다.

3 카복실산은 센 유기산이고 이탈기($^-$OR')는 강염기이므로 산-염기 반응이 일어나 **카복실산 음이온**을 생성한다.

카복실산 음이온은 공명 안정화될 수 있으므로 카복실산 음이온이 생성되는 쪽으로 평형이 이동된다. 일단 반응이 완결되어 카복실산 음이온이 생성되면 센산으로 양성자를 첨가하여 중성의 카복실산을 얻는다.

가수 분해가 염기로 촉진(base promoted)되는 것이지 염기가 촉매 작용(base catalyzed)을 하는 것이 아니다. 왜냐하면 염기(^{-}OH)는 에스터에 첨가되고 생성물의 부분을 생성하는 친핵체이다. 그것은 반응에 참여하는 것이지 나중에 다시 생성되는 것이 아니다.

이 결합이 끊어진다. 공명 안정화된 음이온 센 산 **한 개의 O 원자가 ^{-}OH로부터 온다.**

생성된 카복실산의 산소 원자는 어디서 온 걸까? **에스터의 C−OR' 결합이 끊어지므로** OR'은 알코올(R'OH)이 되고, **카복실산 음이온의 두 산소 중 하나는 OH^{-}**(친핵체)**에서 온다.**

문제 20.22 다음 반응의 생성물을 그려라.

a. (H_3O^+)

b. (^{-}OH, H_2O)

c. (H_3O^+) fenofibrate 콜레스테롤 저하제

d. (^{-}OH, H_2O)

문제 20.23 항바이러스제인 molnupiravir (20.5A절)는 약리학적 활성은 거의 없으나 활성 약물로 대사되는 전구약물(prodrug)이다. Molnupiravir의 물질대사의 첫 단계는 에스터의 가수 분해이다. 이 반응에서는 무슨 생성물들이 생기는가?

molnupiravir

20.11 응용: 지질의 가수 분해

20.11A 효소 또는 산을 이용한 트라이아실글리세롤 가수 분해

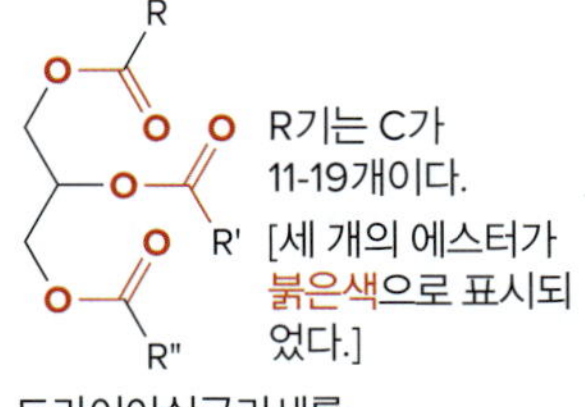

R기는 C가 11-19개이다. [세 개의 에스터가 붉은색으로 표시되었다.]

트라이아실글리세롤

자연에 가장 흔히 존재하는 에스터는 10.6절에서 처음 살펴본 **트라이아실글리세롤(triacylglycerol)**이다. **트라이아실글리세롤은 동물성 지방과 식물성 기름을 포함하는 지질의 하나이다.**

- 각 트라이아실글리세롤은 세 개의 긴 탄화수소 곁사슬이 있는 트라이에스터이다.
- 불포화 트라이아실글리세롤은 긴 탄화수소 사슬에 한 개 또는 그 이상의 이중 결합이 있으나, 포화 트라이아실글리세롤은 이중 결합이 없다.

그림 20.2는 포화 지방의 공–막대 모형을 보여준다.

그림 20.2 포화 트라이아실글리세롤의 삼차원 구조

- 이 트라이아실글리세롤은 에스터 카보닐에 결합된 세 개의 R기(각각 11개의 C가 있음)에 이중 결합이 없다.

트라이아실글리세롤 —(3 H—OH, 지방분해 효소)→ 글리세롤 + HO(C=O)R + HO(C=O)R' + HO(C=O)R''

C가 12~20개인 세 가지 지방산이 생성물로서 생성된다.

[붉은색으로 그려진 세 개의 결합이 가수분해에서 끊어진다.]

동물은 피하 지방 세포층에 트라이아실글리세롤의 형태로 에너지를 저장한다. 이 지방층은 지속적으로 신진대사에 필요한 에너지를 제공할 뿐 아니라, 단열층 역할도 한다. 트라이아실글리세롤의 물질대사에서 첫 단계는 **에스터 결합의 가수 분해 반응으로 글리세롤과 세 분자의 지방산이 생기는 반응**이다. 세포 내에서는 **lipase**라고 하는 지방분해 효소에 의해 일어난다.

가수 분해 반응으로 생성된 지방산은 단계별로 산화되어 궁극적으로 많은 에너지뿐만 아니라 이산화탄소(CO_2)와 물(H_2O)을 생성한다. 지방산이 산화되면 같은 질량의 탄수화물보다 두 배 이상의 에너지를 낸다.

문제 20.24 다음 트라이아실글리세롤이 수용성 산에서 가수 분해할 때 생기는 생성물을 그려라.

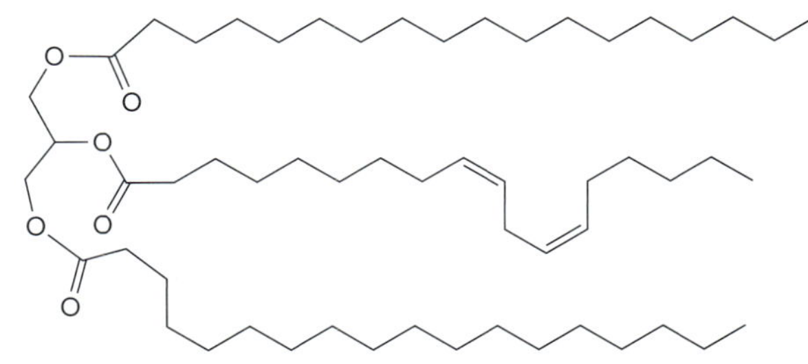

20.11B 비누의 합성

비누는 3.6절에서 논의되었다.

모든 비누는 지방산의 염이다. 비누들 사이의 주된 차이점은 세척 특성을 바꾸지 않는 다른 성분, 즉 색을 만드는 염료, 기분 좋은 냄새를 만드는 향, 미끄럽게 만드는 기름의 첨가이다. 또는 비누에는 물보다 밀도를 낮게 하기 위해 공기가 들어 있다.
Jill Braaten/McGraw Hill

비누는 트라이아실글리세롤의 염기성 가수 분해 또는 비누화에 의해 만들어진다. 동물성 지방이나 식물성 기름을 염기성 수용액에서 가열하면 세 개의 에스터기가 가수 분해되어 글리세롤과 세 분자의 지방산 소듐 염이 생성된다. 이 카복실산염이 **비누(soap)**로서 구조적으로 성질이 다른 두 부분이 한 분자에 존재하기 때문에 기름 성분인 때를 없애주는 역할을 한다. 즉 꼬리에 해당하는 무극성 부분이 유지와 기름을 녹이고 극성인 머리 부분 대문에 물에도 녹게 된다(그림 3.3).

트라이아실글리세롤 —(NaOH, H_2O)→ 글리세롤 + Na^+ ^-O(C=O)R + Na^+ ^-O(C=O)R' + Na^+ ^-O(C=O)R''

비누는 지방산에서 유래한 카복실산염이다.

예:

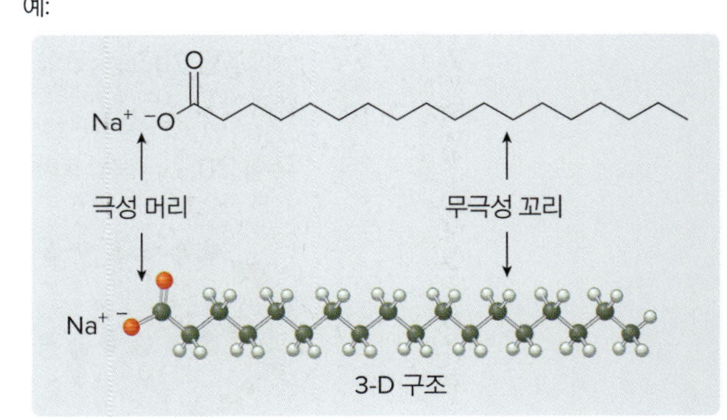

비누는 라드(lard, 돼지 기름), 수지(소나 양 기름), 코코넛 기름, 또는 야자유를 이용해 만든다. 대부분의 트라이아실글리세롤은 탄화수소 사슬에 두 개나 세 개의 다른 R기가 있기 때문에 비누는 둘 또는 세 개의 다른 카복실산염의 혼합물이다.

문제 20.25 다음 트라이아실글리세롤의 가수 분해에 의해 만들어지는 비누의 조성은 무엇인가?

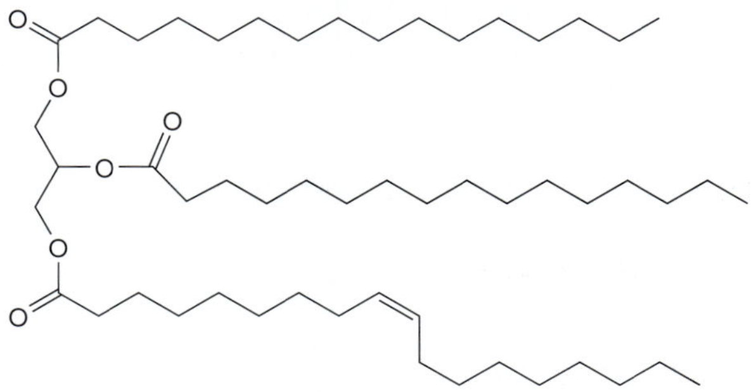

20.12 아마이드의 반응

아마이드는 카복실산 유도체 중에서 가장 좋지 않은 이탈기가 있기 때문에 그 반응성이 가장 떨어진다. 강한 반응 조건에서 **아마이드는 산이나 염기에 의해 가수 분해되어 카복실산이나 카복실산 음이온을 생성한다.**

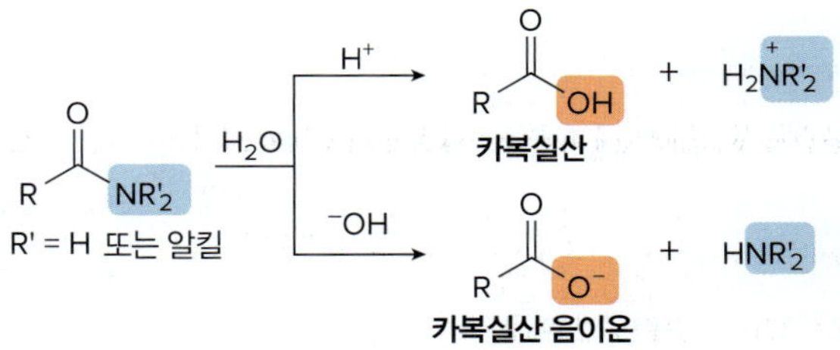

R' = H 또는 알킬

카복실산

카복실산 음이온

산성에서는 아민 부생성물이 양성자와 반응하여 암모늄 이온으로 되고, 염기에서는 중성 아민이 생긴다.

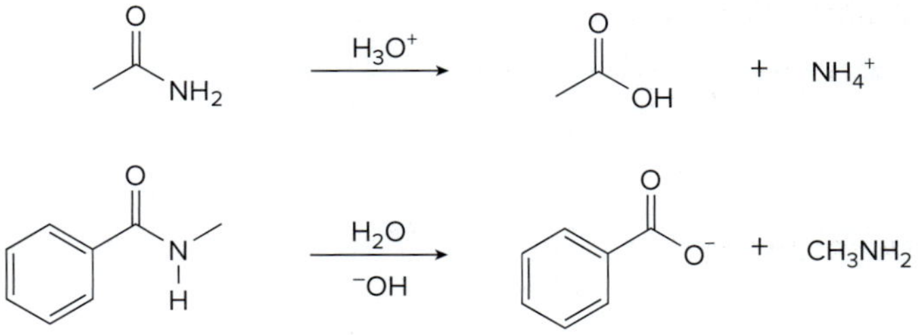

$$CH_3CONH_2 \xrightarrow{H_3O^+} CH_3COOH + NH_4^+$$

$$C_6H_5CONHCH_3 \xrightarrow[^-OH]{H_2O} C_6H_5COO^- + CH_3NH_2$$

아마이드 결합의 낮은 반응성은 아마이드 결합으로 연결된 아미노산의 중합체인 단백질을 보면 알 수 있다(20.5B절). 단백질은 산성 또는 염기성이 아닌 수용액에서 매우 안정하여, 결합의 절단 없이 수용성 환경에서 여러 가지 기능을 수행할 수 있다. 단백질의 아마이드 결합이 가수 분해되기 위해서는 특정한 효소가 필요하다.

산에서의 아마이드 가수 분해 반응 메커니즘은 에스터 가수 분해 반응 메커니즘(20.10A절)과 똑같고, 다만 이탈기가 다를 뿐이다.

염기에서의 아마이드 가수 분해 반응의 메커니즘은 친핵성 아실 치환 반응의 두 단계 메커니즘 인 **친핵체의 첨가**와 연이은 **이탈기의 손실**에 양성자 이동이 추가 수반된다. 초기에 생성된 카복실산은 염기성 조건에서 더 반응하여 공명 안정화된 카복실산 음이온을 생성하는데, 그러면 반응이 완결된다. 메커니즘 20.9는 1° 아마이드에 대한 메커니즘이다.

메커니즘 20.9 염기에서의 아마이드 가수 분해

① 친핵성 공격 ② $^-NH_2$의 제거 ③

① ~ ② **친핵체(^-OH)의 첨가**와 그에 이은 **이탈기($^-NH_2$)의 제거**는 카복실산을 생성한다. 이 두 단계는 가역반응이다.

③ 카복실산은 센 유기산이고, 이탈기($^-NH_2$)는 강염기이므로 산-염기 반응이 일어나 **카복실산 음이온**을 생성한다.

메커니즘 20.9의 단계 [2]는 추가로 설명할 가치가 있다. 아마이드가 가수 분해되기 위해서는 사면체 중간체가 ^-OH보다 더 센 염기여서 더 나쁜 이탈기인 $^-NH_2$를 잃어야 한다(단계 [2]). 이는 $^-NH_2$의 손실은 종종 일어나지 않는다는 것을 의미한다. 대신에 ^-OH가 대부분의 시간 동안 이탈기로서 떨어지며 그러면 출발물이 재생된다. 하지만 $^-NH_2$가 이따금 제거되면 카복실산 생성물이 단계 [3]에서 에너지가 더 낮은 카복실산 음이온으로 변환되고 그러면 평형이 그 생성을 선호하는 방향으로 치우치게 된다.

문제 20.26 각 반응에서 얻어지는 생성물을 그려라.

a. $\xrightarrow{H_3O^+}$

b. $\xrightarrow{H_3O^+}$

a dipeptide

c. $\xrightarrow[H_2O]{^-OH}$

d. $\xrightarrow[H_2O]{^-OH}$

문제 20.27 다음 acetylsalicylic acid (aspirin)와 acetaminophen (Tylenol의 활성 성분)의 구조를 참고하여, 왜 acetaminophen은 약 상자에 1년 이상 저장할 수 있으나, aspirin은 시간이 지나면서 서서히 분해되는지 설명하라.

acetylsalicylic acid acetaminophen

20.13 응용: β-락탐계 항생제의 작용 메커니즘

페니실린 및 관련된 β-락탐계는 친핵성 아실 치환 반응으로 세균을 죽인다. 모든 페니실린에는 반응성이 거의 없는 아마이드 곁가지와 β-락탐의 부분인 매우 반응성이 큰 아마이드가 있다. β-락탐은 친핵체에 의해 쉽게 고리가 열리는 무리가 큰 사원자 고리의 부분이므로 다른 아마이드보다 반응성이 더 크다.

포유동물 세포와 달리 세균의 세포는 상당히 단단한 세포막으로 둘러싸여 있어 여러 다른 환경에서 생존할 수 있다. 이런 보호 세포막은 **글라이코펩타이드 트랜스펩타이드 가수 분해효소(gly-**

copeptide transpeptidase)에 의해 생성된 아마이드 결합의 펩타이드 사슬로 연결된 탄수화물로 이루어져 있다.

페니실린은 세균의 세포막 합성을 저해한다. 글라이코펩타이드 트랜스펩타이드 가수 분해효소의 친핵성 OH기는 **친핵성 아실 치환 반응**으로 페니실린의 β-락탐계 고리를 깬다. 페니실린 분자의 열린 고리는 효소에 공유 결합으로 연결되므로 효소를 비활성화시키고, 세포막 합성이 중지되면서 세균은 죽게 된다. 페니실린은 포유동물 세포에는 영향이 없는데, 포유동물 세포는 세포막이 아니라 지질 이중층(3장)으로 이루어진 유연한 막으로 둘러싸여 있기 때문이다.

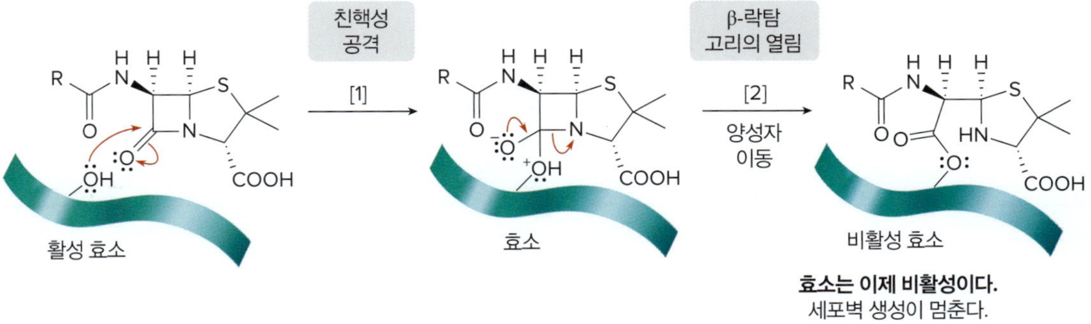

친핵성 공격 [1] β-락탐 고리의 열림 [2] 양성자 이동

활성 효소 → 효소 → 비활성 효소

효소는 이제 비활성이다. 세포벽 생성이 멈춘다.

따라서 페니실린과 다른 β-락탐계 항생제는 중요한 박테리아의 효소와의 친핵성 아실 치환 반응을 수행하기 때문에 생물학적으로 활성이다.

문제 20.28 어떤 페니실린은 β-락탐이 위 속의 산성 환경에 의하여 빨리 가수 분해되므로 경구로 투여할 수 없다. 다음의 가수 분해 반응으로 어떤 생성물이 생기는가?

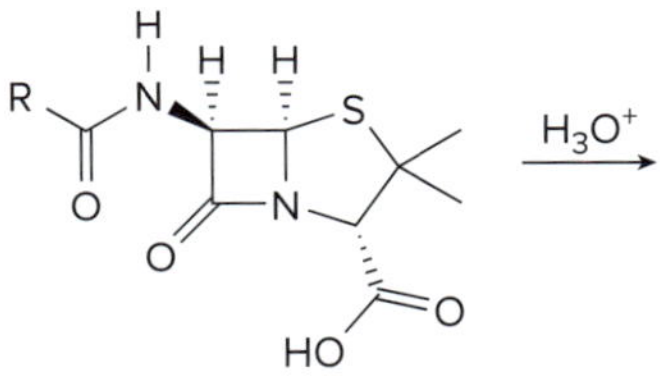

$\xrightarrow{H_3O^+}$

20.14 친핵성 아실 치환 반응의 요약

카보닐 탄소에서 일어나는 친핵성 아실 치환 반응의 원리를 파악하고 기억하기 위해서는 다음 두 가지 원리를 꼭 염두에 두라.

- 이탈기가 **좋을수록** 카복실산 유도체의 **반응성은 더 크다.**
- 반응성이 더 큰 아실 화합물은 반응성이 더 작은 아실 화합물로 변환이 가능하다. 그러나 그 반대가 항상 성립하지는 않는다.

반응성의 순서는 다음과 같다.

$RCONR'_2$ RCO_2H $\approx$ RCO_2R' $(RCO)_2O$ $RCOCl$

반응성 증가 →

표 20.4는 친핵성 아실 치환 반응의 반응성을 요약한 표이다. 주어진 출발물에서 어떤 생성물이 생성되는지 기억하기 위한 빠른 참고자료로 사용할 수 있다.

표 20.4 카복실산과 그 유도체의 친핵성 아실 치환 반응 요약

출발물		생성물: RCOCl	$(RCO)_2O$	RCO_2H	RCO_2R'	$RCONR'_2$
[1] RCOCl	→	–	✓	✓	✓	✓
[2] $(RCO)_2O$	→	✗	–	✓	✓	✓
[3] RCO_2H	→	✓	✓	–	✓	✓
[4] RCO_2R'	→	✗	✗	✓	–	✓
[5] $RCONR'_2$	→	✗	✗	✓	✗	–

기호 의미: ✓ = 반응이 일어남.
✗ = 아무런 반응도 일어나지 않음.

문제 20.29 각 반응에서 생성되는 유기 생성물을 그려라.

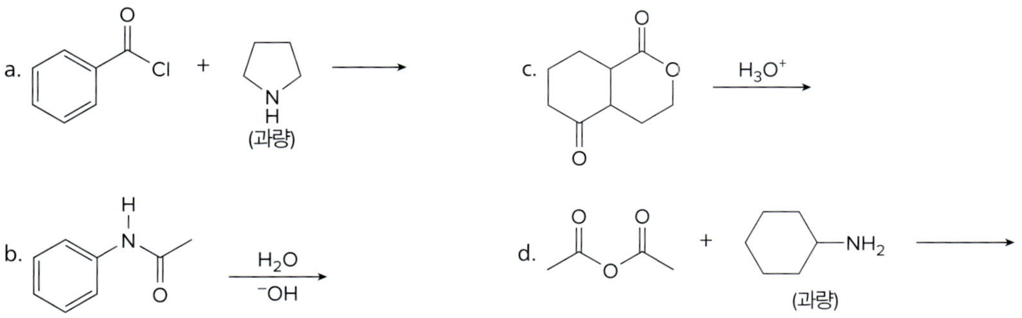

a. (과량)

b. H_2O, ^-OH

c. H_3O^+

d. (과량)

20.15 천연 섬유와 합성 섬유

천연 섬유와 합성 섬유는 모두 중합에 의해 얻어지는 고분자 물질이라 볼 수 있다. 천연 섬유는 식물이나 동물로부터 얻어지며, 그 화학적인 구조가 고유의 성질을 결정한다. **동물로부터 얻어지는 모직이나 비단** 같은 섬유는 아마이드 결합에 의해 연결된 **단백질**로서 아미노산으로부터 만들어진다. 반면에 **면이나 린넨**은 식물로부터 얻어지므로 글루코스 단위체로부터 얻어지는 **셀룰로스라는 일반적 구조로 구성된 탄수화물**이다. 이러한 고분자의 전형적인 구조를 그림 20.3에 나타내었다.

그림 20.3 보통 천연 섬유의 일반적인 구조

a. 모와 비단—많은 아마이드 결합으로 이루어진 단백질

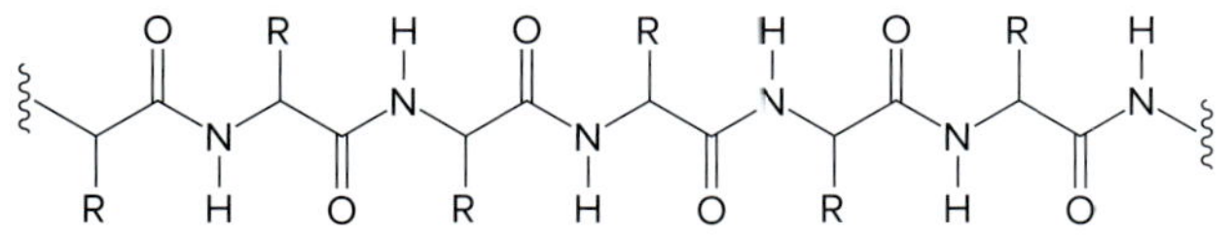

b. 면과 린넨—섬유소와 같은 탄수화물

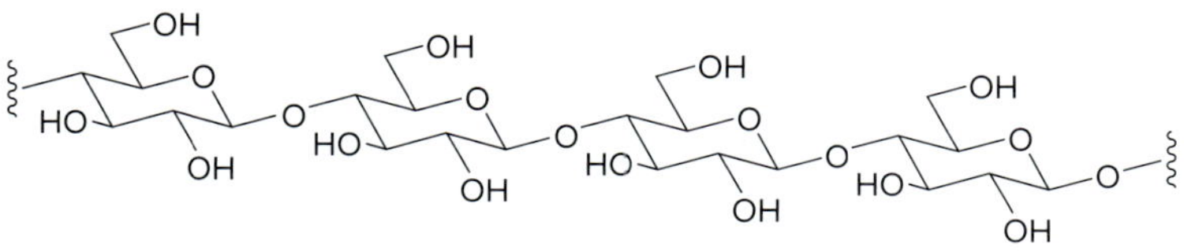

실생활에 적용되는 유기 화학의 실질적 응용의 예가 합성 섬유이다. 합성 섬유는 성질이 천연 섬유와 다를 뿐 아니라 특성이 더 우수한 경우도 많다. 합성 고분자 중에서 가장 널리 쓰이는 두 가지 부류는 **폴리아마이드**와 **폴리에스터**이다.

DuPont은 1938년 첫 상업적 나일론 공장을 지었다. 나일론은 처음에 낙하산을 만드는 군사용으로 사용되었지만, 제2차 세계대전 이후 일반 의류 제품에서 비단을 빠르게 대체하였다.
Jeff Morgan 14/Alamy Stock Photo

20.15A 나일론—폴리아마이드

합성 섬유를 찾는 과정에서 얻어진 것이 **폴리아마이드의** 일종인 **나일론(nylon)**으로, 강하고 오래가며 누에에서 생산되는 비단을 닮았다. 여러 종류의 나일론이 개발되었지만 가장 잘 알려진 것은 나일론 6,6이다.

[아마이드 결합이 붉은색으로 표시되었다.]
nylon 6,6

나일론 6,6은 두 종류의 탄소 여섯 개의 단위체(6,6의 유래)인 adipoyl chloride (**$ClOCCH_2CH_2CH_2CH_2COCl$**)와 hexamethylenediamine (**$H_2NCH_2CH_2CH_2CH_2CH_2CH_2NH_2$**)의 중합으로 얻는다. 이가산 염화물과 다이아민을 반응시키면 새로운 아마이드 결합으로 연결된 고분자가 만들어진다. 나일론을 **축합 중합체(condensation polymer)**라고도 부르는 이유는 작은 분자인 HCl이 합성 과정에서 제거되기 때문이다.

nylon 6,6 + 3 HCl

문제 20.30 나일론 6,10을 만들기 위해서는 어떤 단위체가 필요한가?

nylon 6,10

20.15B 폴리에스터

polyethylene terephthalate
PET
(Dacron, Terylene 그리고 Mylar)
에스터 결합(붉은색)은 탄소 골격을 하나로 합친다.

축합 중합체의 두 번째 부류는 **폴리에스터**이다. 가장 흔한 폴리에스터는 polyethylene terephthalate (PET)로서 용도에 따라 다양한 상품명(Dacron, Terylene, Mylar)으로 팔리고 있다.

31.9절에서 살펴보겠지만, 폴리에스터의 일종인 폴리에틸렌테레프탈레이트(PET)는 다른 폴리머보다 재활용이 훨씬 용이하다. 그래서 재사용이 가능한 쇼핑백을 만들어 사용되고 있다.
Jill Braaten

폴리에스터를 합성하는 쉬운 방법은 다이올과 이가산을 산 촉매 에스터화(Fischer 에스터화)하는 것이다.

terephthalic acid + ethylene glycol → (산 촉매) → 폴리에스터 + 3 H_2O

이 고분자는 쉽고 값싸게 제조되며, 강하고 화학적으로 안정한 재료를 생성하기 때문에 의복, 필름, 타이어 등 많은 상품에 쓰이고 있다.

문제 20.31 Kodel이라 불리는 폴리에스터는 dihydroxymethylcyclohexane과 terephthalic acid로부터 합성된다. Kodel의 구조를 그려라. 이렇게 만들어지는 Kodel이 왜 단단하면서 잘 구겨지지 않는지 설명하라.

1,4-dihydroxymethylcyclohexane + terephthalic acid

문제 20.32 PLA [poly (lactic acid)]가 최근 들어 각광을 받고 있다. 그 이유는 단위체인 lactic acid ($CH_3CH(OH)COOH$)가 석유화학 제품이 아니라 탄수화물로부터 얻어지기 때문이다. 따라서 훨씬 더 '환경 친화적' 고분자이다(31장에서 녹색 고분자 합성에 대해 살펴볼 것이다). PLA의 구조를 그려라.

20.16 생물학적 아실화 반응

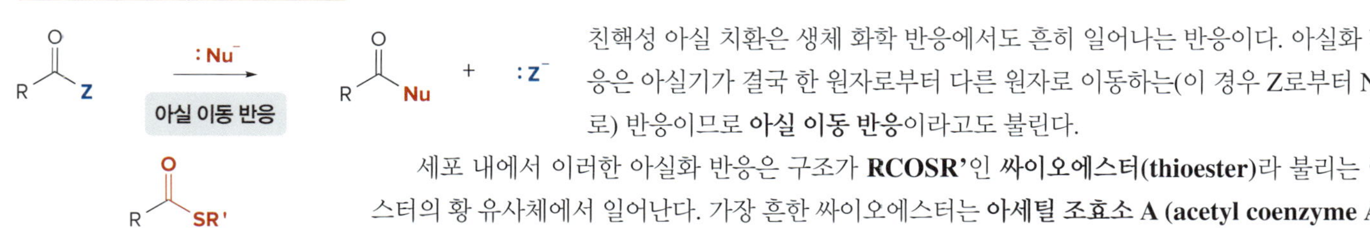

친핵성 아실 치환은 생체 화학 반응에서도 흔히 일어나는 반응이다. 아실화 반응은 아실기가 결국 한 원자로부터 다른 원자로 이동하는(이 경우 Z로부터 Nu로) 반응이므로 **아실 이동 반응**이라고도 불린다.

세포 내에서 이러한 아실화 반응은 구조가 **RCOSR'**인 **싸이오에스터(thioester)**라 불리는 에스터의 황 유사체에서 일어난다. 가장 흔한 싸이오에스터는 **아세틸 조효소 A (acetyl coenzyme A)**로서 **아세틸 CoA (acetyl CoA)**로도 표시한다.

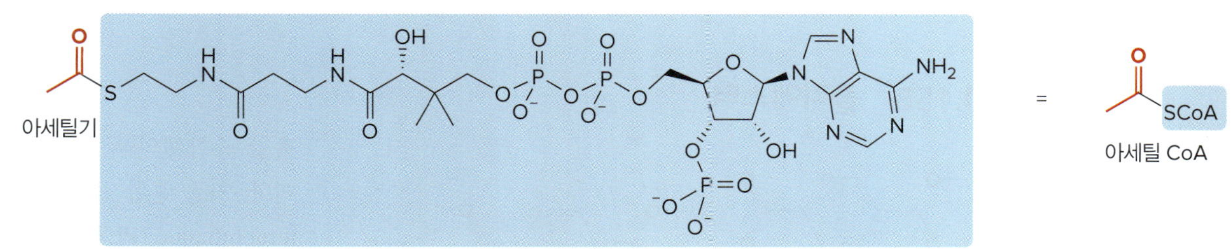

아세틸 조효소 A

- 싸이오에스터(RCOSR')는 좋은 이탈기($^-SR'$)가 있기 때문에 다른 아실 화합물처럼 친핵체와 치환 반응을 일으킨다. 아세틸 CoA의 반응에서는 아세틸기가 SCoA에서 친핵체 :Nu^-로 전달된다.

$CH_3C(=O)SCoA$ + H—Nu —(효소)→ $CH_3C(=O)Nu$ + H—SCoA

예를 들어, 아세틸 CoA는 콜린(choline)과 효소 촉매화 친핵성 아실 치환을 일으켜, 신경세포 간의 신경 자극을 전달하는 전하를 띤 화합물인 아세틸콜린을 만든다.

아세틸 CoA ($CH_3C(=O)SCoA$) + 콜린 ($HOCH_2CH_2N^+(CH_3)_3$) —(효소)→ 아세틸콜린 (신경 전달 물질) ($CH_3C(=O)OCH_2CH_2N^+(CH_3)_3$) + H—SCoA

많은 다른 아실 이동 반응은 중요한 세포 내 과정이다. 효소 촉매화 반응에서 지방산의 싸이오에스터가 콜레스테롤과 반응하면 **콜레스테릴 에스터(cholesteryl ester)**가 생성된다(그림 20.4). 이 에스터는 콜레스테롤이 신체에서 저장되고 이동되는 주요한 구조의 물질이다. 콜레스테롤은 수용성인 혈액에 녹지 않는 지질이기 때문에 단백질이나 인산지질(phospholipid)이 포함된 입자들과 함께 혈관을 따라 돌아다닌다. 이러한 입자들은 그 밀도에 따라 분류된다.

- **LDL 입자**(저밀도 리포단백질, lipoprotein)는 콜레스테롤을 간으로부터 조직으로 운반한다.
- **HDL 입자**(고밀도 리포단백질)는 콜레스테롤을 다시 조직으로부터 간으로 운반하여 다른 스테로이드로 바뀌거나 대사된다.

그림 20.4
콜레스테릴 에스터와 리포단백질 입자

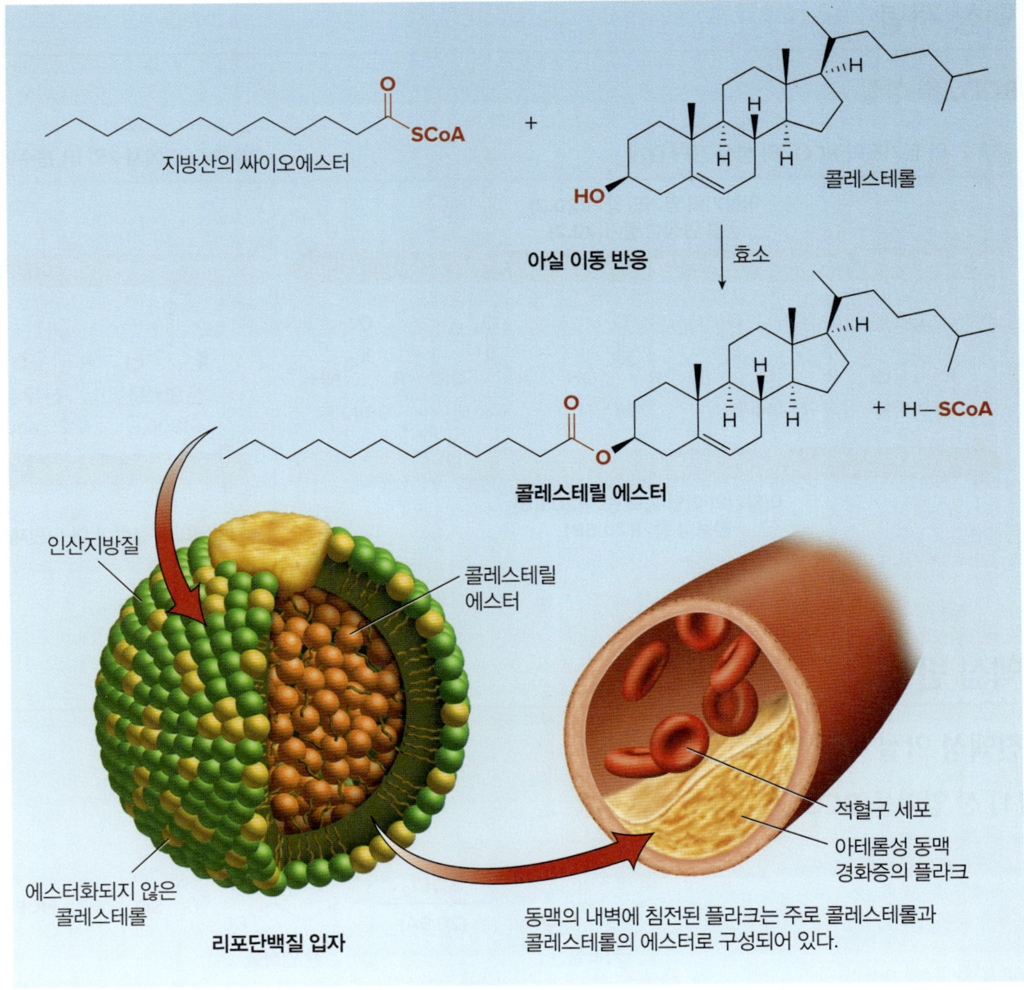

아테롬성 동맥경화증(atherosclerosis)은 동맥의 내벽에 지방 축적물이 쌓여 **플라크(plaque)**를 생성하는 데서 기인하는 질병이다. 이것은 대부분 LDL 입자의 콜레스테롤(에스터화된 물질)로 이루어져 있다. 이 때문에 LDL은 흔히 '나쁜 콜레스테롤'로 알려져 있다. 반면에 HDL 입자는 콜레스테롤을 간으로 다시 이동시킴으로써 혈관에서 콜레스테롤의 양을 감소시키기 때문에 '좋은 콜레스테롤'로 알려져 있다.

문제 20.33 Glucosamine은 골다공증 치료 목적으로 처방전 없이 살 수 있는 건강보조제이다. Glucosamine이 아세틸 CoA와 반응하면 NAG (*N*-acetylglucosamine)가 된다. 이 단위체가 가재나 게의 단단한 껍질을 생성하는 탄수화물인 키틴(chitin)을 생성한다. NAG의 구조는 무엇인가?

OH, O, HO, OH, HO, NH_2 + O, SCoA →

glucosamine

Chapter 20 복습

핵심 개념

RCOZ의 성질

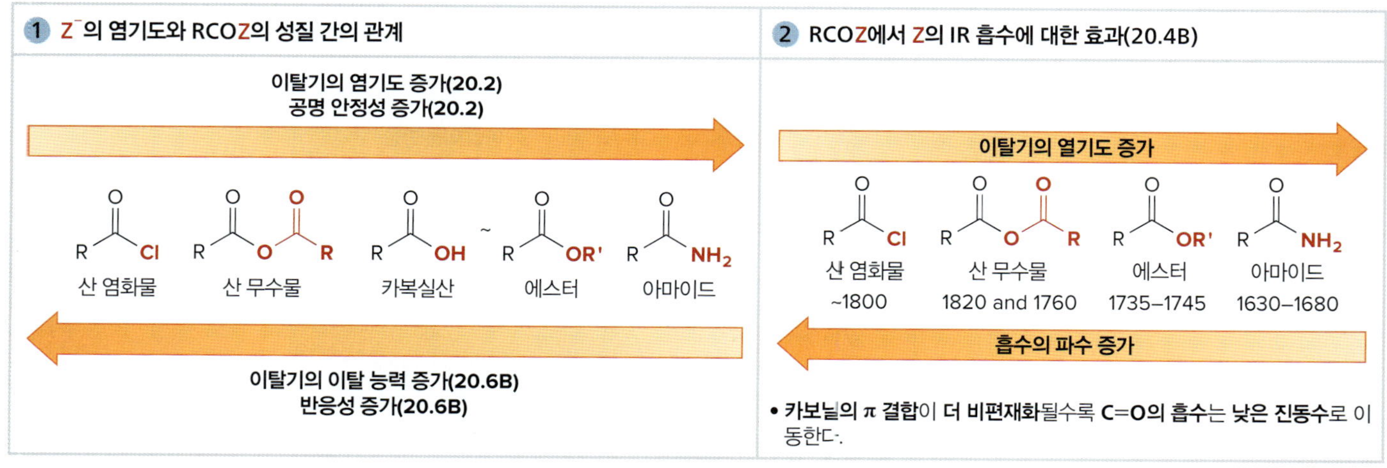

문제 20.39를 풀어보라.

핵심 반응

친핵성 아실 치환 반응

[1] 산 염화물(RCOCl)을 생성하는 반응

카복실산 (OH) —$SOCl_2$ (20.9A)→ 산 염화물 (Cl) + SO_2 + HCl

문제 20.40c를 풀어보라.

[2] 산 무수물[$(RCO)_2O$]을 생성하는 반응

① 산 염화물 + ^-O–아세테이트 → (20.7) → 산 무수물 + Cl^-	② 다이카복실산 → Δ (20.9B) → 산 무수물 + H_2O

문제 20.40i, 20.41d를 풀어보라.

[3] 카복실산(RCOOH)과 카복실산 음이온($RCOO^-$)을 생성하는 반응

① 산 염화물 + H_2O → pyridine (20.7) → 카복실산 + 피리디늄 Cl^-	④ 에스터 (OCH_3) → ^-OH, H_2O (20.10) → 카복실산 음이온 + CH_3OH
② 산 무수물 + H_2O → (20.8) → 2 카복실산	⑤ 아마이드 (NR'_2), R' = H 또는 알킬 → H_2O, H^+ (20.12) → 카복실산 + $R'_2\overset{+}{N}H_2$
③ 에스터 (OCH_3) → H_2O, H^+ (20.10) → 카복실산 + CH_3OH	⑥ 아마이드 (NR'_2), R' = H 또는 알킬 → ^-OH, H_2O (20.12) → 카복실산 음이온 + R'_2NH

문제 20.34b [1], [2]; 20.41a; 20.44; 20.45; 20.47b; 20.48을 풀어보라.

[4] 에스터($RCOOR^-$)를 생성하는 반응

① 산 염화물 → CH_3OH, pyridine (20.7) → 에스터 (OCH_3) + 피리디늄 Cl^-	③ 카복실산 → CH_3OH, H_2SO_4, Fisher 에스터화 반응 (20.9C) → 에스터 (OCH_3) + H_2O
② 산 무수물 → 에탄올(OH) (20.8) → 에스터 + 카복실산	

문제 20.40g, l; 20.47a, c를 풀어보라.

[5] 아마이드($RCONR'_2$)를 생성하는 반응

1 산 염화물 —(NH_3 (2당량), (20.7))→ 아마이드 + $NH_4^+Cl^-$	4 카복실산 —($-NH_2$, DCC, (20.9D))→ 아마이드 + H−OH
2 산 무수물 —(NH_3 (2당량), (20.8))→ 아마이드 + 카복실산 음이온 ($O^- NH_4^+$)	5 에스터 (OCH_3) —(NH_3, (20.10))→ 아마이드 (NH_2) + CH_3OH
3 카복실산 —([1] NH_3, [2] Δ, (20.9D))→ 아마이드 (NH_2) + H−OH	

문제 20.40f, j, k; 20.43; 20.47d를 풀어보라.

핵심 기법

[1] 친핵성 아실 치환 반응이 일어날지 일어나지 않을지 결정하기(20.6B)

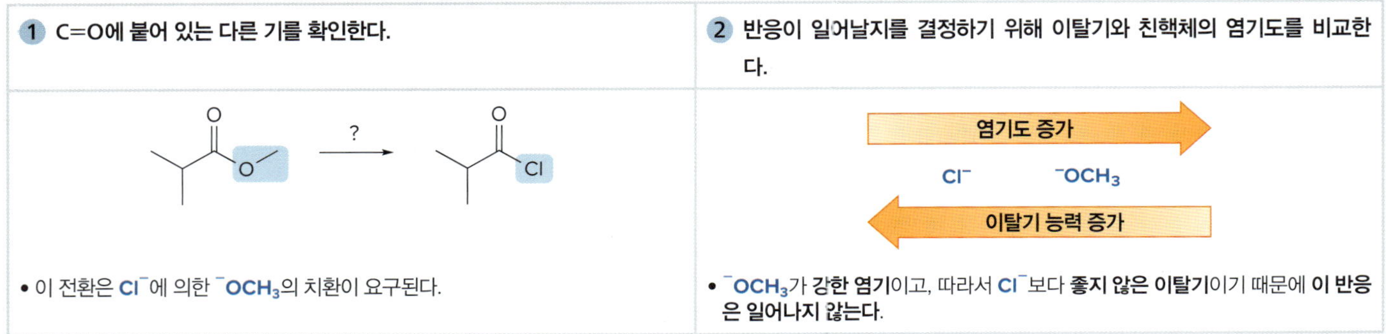

예제 20.2 참고. 문제 20.40d를 풀어보라.

[2] Fischer 에스터화 반응에 필요한 카복실산과 알코올 결정하기(20.9)

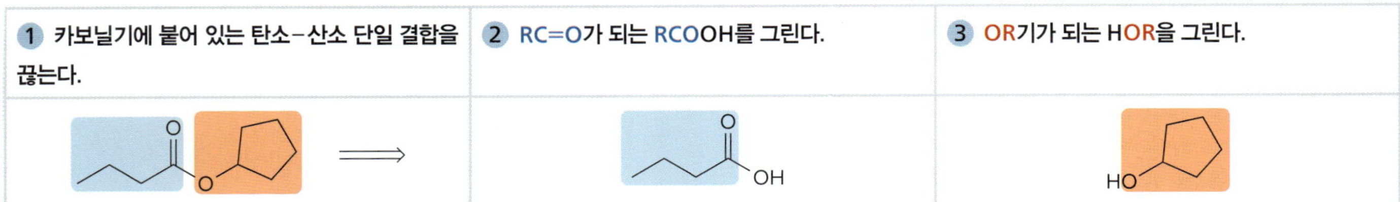

문제 20.57을 풀어보라.

20장 선다형 자가-시험

자가-시험은 American Chemical Society 유기 화학 시험과 유사한 객관식 문제로 구성되어 있다. 정답은 장의 마지막 부분에 나와 있다.

1. 친핵성 아실 치환에서 어느 작용기가 반응성이 가장 큰가?

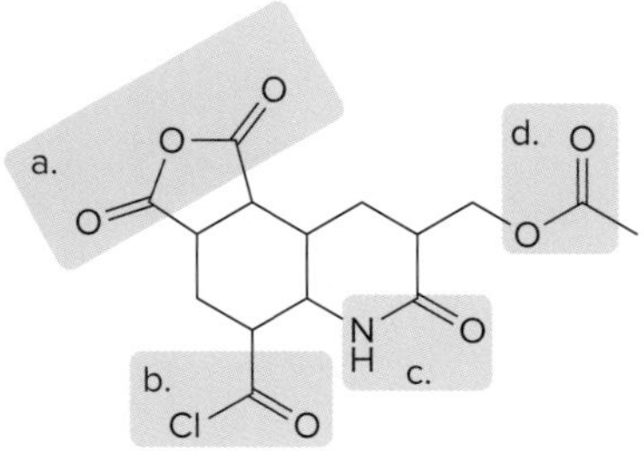

a. b. Cl O c. N H O d. O O

2. A를 수용성 산으로 처리하였을 때 생기지 **않는** 화합물은 무엇인가?

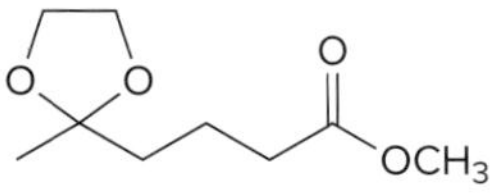

A: O O O OCH_3

a. 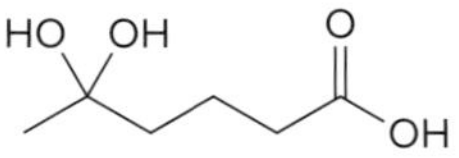 HO OH O OH b. 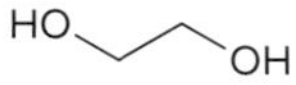 HO OH c. CH_3OH d. 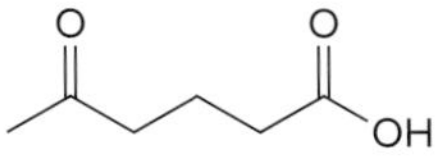 O O OH

3. B를 얻는 데 사용할 수 **없는** 반응은 무엇인가?

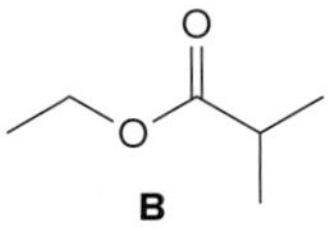

B

a. 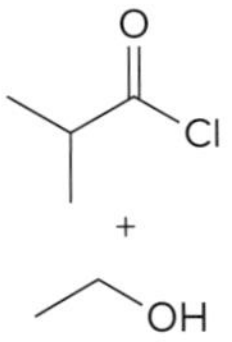 O Cl + OH

b. 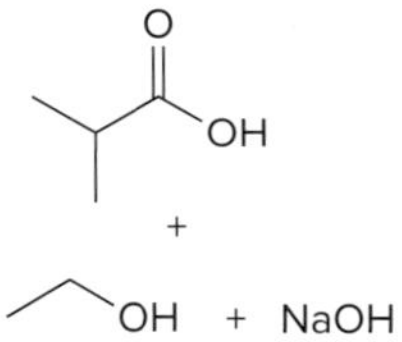 O OH + OH + NaOH

c. 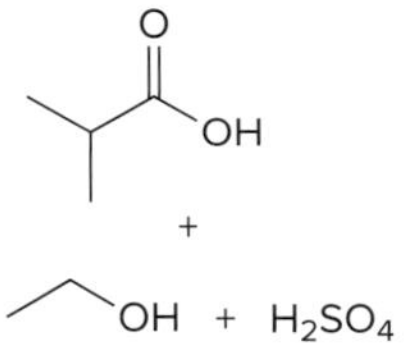 O OH + OH + H_2SO_4

d. 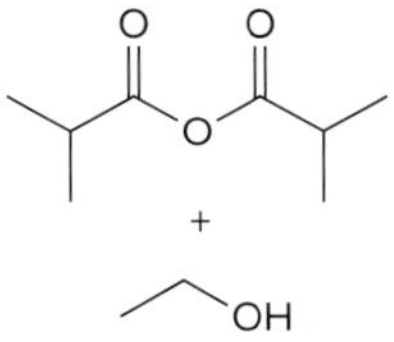 O O O + OH

4. 다음 화합물의 IUPAC 이름은 무엇인가?

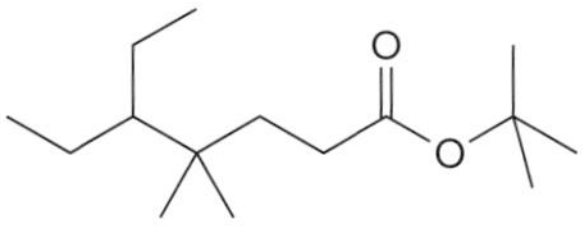

a. *tert*-butoxy 5-ethyl-4,4-dimethylheptanoate
b. *tert*-butyl 5-ethyl-4,4-dimethylheptanecarboxylate
c. *tert*-butyl 3-ethyl-4,4-dimethylheptanoate
d. *tert*-butyl 5-ethyl-4,4-dimethylheptanoate

5. 어느 화합물이 가장 작은 파수에서 카보닐 흡수가 일어나는가?

a. 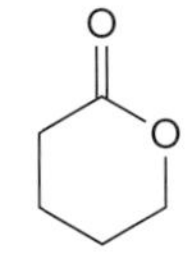 O O b. 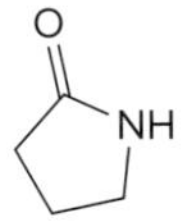 O NH c. 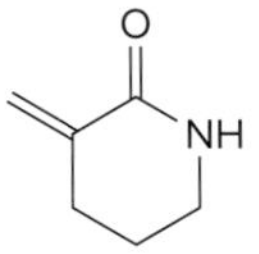 O NH d. 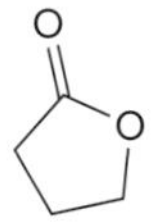 O O

6. C를 얻는 데 사용할 수 없는 반응물은 무엇인가?

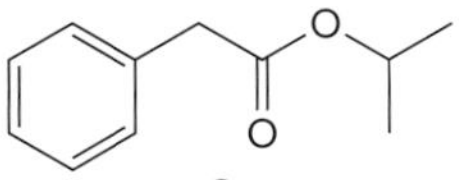

C

a. 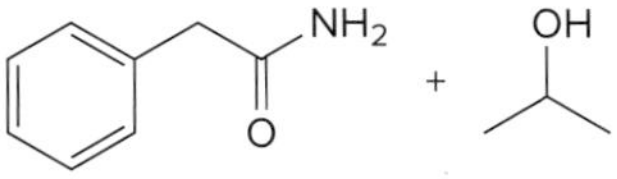 NH_2 O + OH

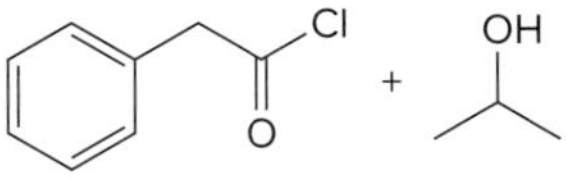

b. 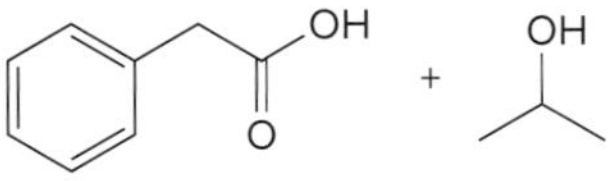 OH O + OH

c. Cl O + OH

d. 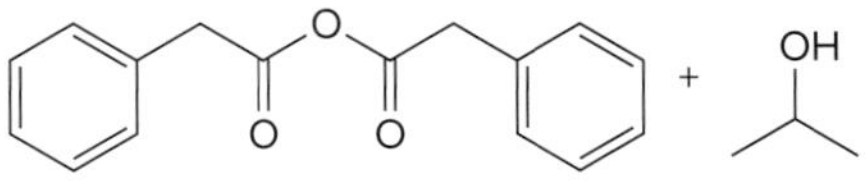 O O O + OH

7. $CH_3CH_2CH_2CO_2H$를 $CH_3CH_2CH_2CH_2OH$로 변환하는 데 사용할 수 없는 방법은 무엇인가?

a. [1] $LiAlH_4$; [2] H_2O
b. [1] CH_3OH, H^+; [2] $LiAlH_4$; [3] H_2O
c. [1] $SOCl_2$; [2] $LiAlH[OC(CH_3)_3]_3$; [3] H_2O
d. [1] $SOCl_2$; [2] CH_3OH, H^+; [3] $LiAlH_4$; [4] H_2O

8. 폴리에스터를 만드는 데 사용할 수 있는 반응물은 무엇인가?

a. Cl, O, O, Cl + HO, OH

b. HO_2C, CO_2H + OH

c. O, Cl, Cl + HO, OH

d. O, CO_2H + HO, OH

9. $CH_3(CH_2)_3CON(CH_3)CH_2CH_3$에 대한 서술 중에서 **틀린** 것은 무엇인가?

a. 이 아마이드는 $CH_3(CH_2)_3CO_2H + CH_3NHCH_2CH_3$ + DCC로부터 만들 수 있다.

b. 이 아마이드는 $CH_3(CH_2)_3CO_2H + CH_3NHCH_2CH_3$로부터 만들 수 있다.

c. 이 아마이드는 염기에서 $CH_3(CH_2)_3CO_2^- + CH_3NHCH_2CH_3$로 가수 분해된다.

d. IUPAC 이름은 *N*-ethyl-*N*-methylpentanamide이다.

10. **L**을 **M**으로 가수 분해할 때 생성되지 **않는** 중간체는 무엇인가?

L → **M**

a. b. c. d.

문제

삼차원 모형을 이용하는 문제

20.34 (a) 화합물 **A**의 타당한 이름을 쓰라. (b) **A**가 다음 시약과 반응하여 생성되는 유기 생성물의 구조를 그려라.
[1] H_3O^+ [2] ^-OH, H_2O [3] $CH_3CH_2CH_2MgBr$(과량), 그다음 H_2O [4] $LiAlH_4$, 그다음 H_2O.

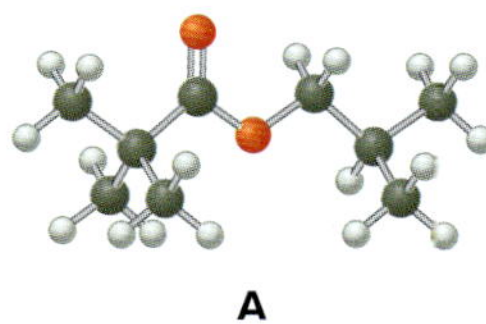

A

20.35 다음 두 에스터 **C**와 **D** 중에서 친핵성 아실 치환 반응을 더 잘 일으키는 것은 어느 것인가? 그 이유를 설명하라.

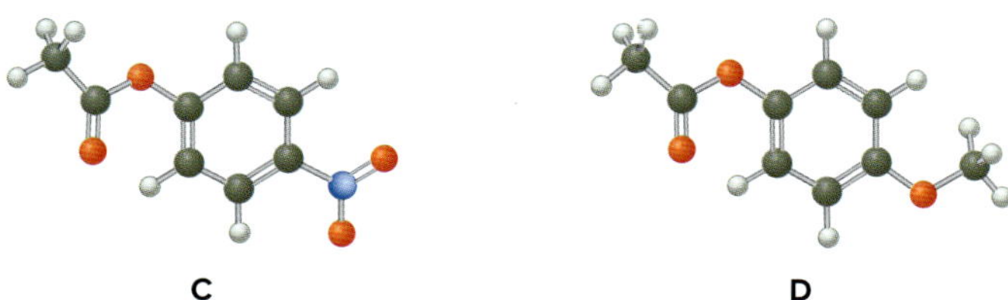

C **D**

명명법

20.36 각 화합물의 IUPAC 이름 또는 관용명을 쓰라.

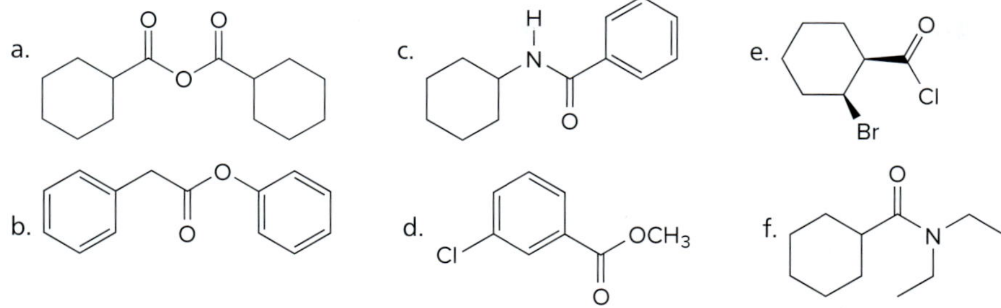

20.37 각 이름에 대응하는 구조를 그려라.

a. cyclohexyl propanoate
b. cyclohexanecarboxamide
c. benzoic propanoic anhydride
d. 3-methylhexanoyl chloride
e. octyl butanoate
f. *N*,*N*-dibenzylformamide

카복실산 유도체의 특성

20.38 친핵성 아실 치환 반응에서 imidazolide가 보통의 아마이드보다 반응성이 훨씬 더 큰 이유를 설명하라.

R–C(=O)–N(imidazole)

imidazolide

20.39 (a) Phenyl acetate (1765 cm^{-1})와 cyclohexyl acetate (1738 cm^{-1})의 카보닐 흡수 진동수가 차이가 나는 이유를 설명하라. (b) 어느 카보닐기가 더 효과적으로 공명 안정화되어 있는가? (c) 수용액 염기로 처리했을 때 어느 에스터가 더 빨리 반응하는가?

phenyl acetate cyclohexyl acetate

반응

20.40 Phenylacetic acid ($C_6H_5CH_2COOH$)가 각 시약과 반응하였을 때 생성되는 생성물의 구조를 그려라. 어떤 시약의 경우 반응이 일어나지 않을 수도 있다.

a. $NaHCO_3$
b. NaOH
c. $SOCl_2$
d. NaCl
e. NH_3 (1당량)
f. NH_3, Δ
g. CH_3OH, H_2SO_4
h. CH_3OH, ^-OH
i. [1] NaOH; [2] CH_3COCl
j. CH_3NH_2, DCC
k. [1] $SOCl_2$; [2] $CH_3CH_2CH_2NH_2$(과량)
l. [1] $SOCl_2$; [2] $(CH_3)_2CHOH$

20.41 각 반응에서 얻어지는 유기 생성물을 그려라.

a. 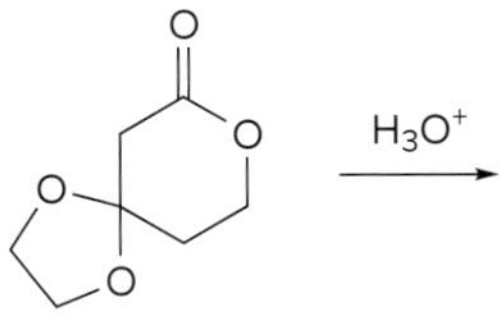 $\xrightarrow{H_3O^+}$

b. 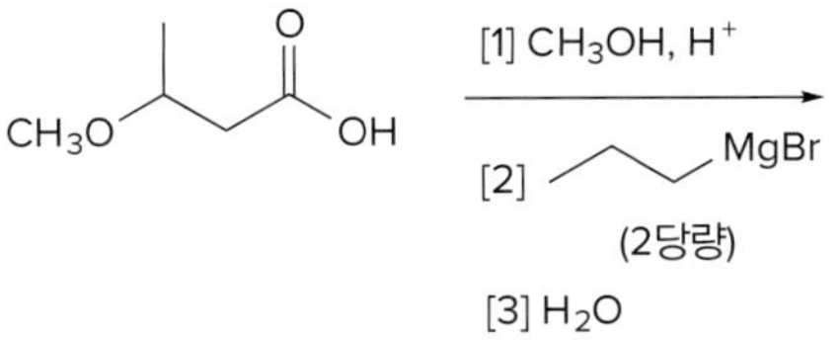 CH_3O ... OH [1] CH_3OH, H^+ [2] MgBr (2당량) [3] H_2O

c. 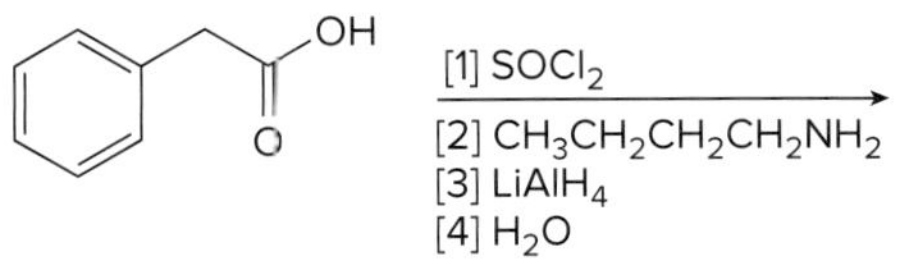 OH [1] $SOCl_2$ [2] $CH_3CH_2CH_2CH_2NH_2$ [3] $LiAlH_4$ [4] H_2O

d. 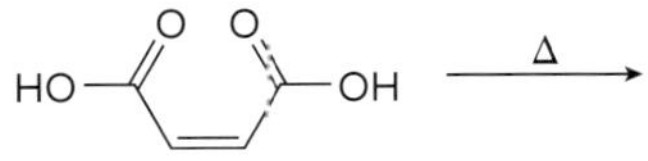 HO ... OH $\xrightarrow{\Delta}$

20.42 코카 잎에서 얻는 천연물인 cinnamoylcocaine은 다음 일련의 반응에 따라, 장을 여는 분자인 코카인으로 전환될 수 있다. 중간체 **X**와 **Y** 그리고 cinnamoylcocaine의 구조를 밝혀라.

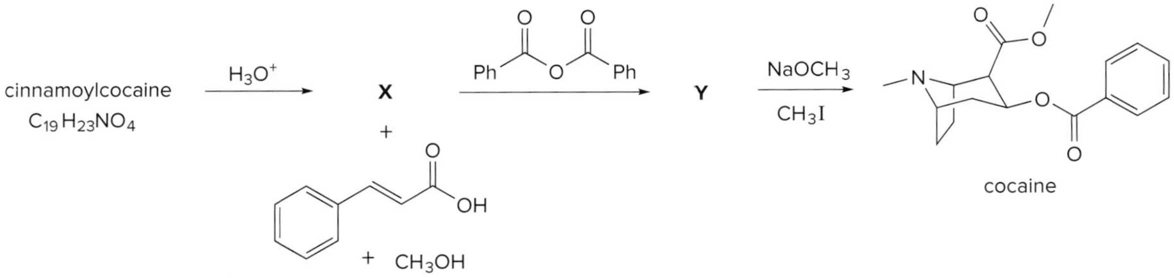

cinnamoylcocaine $C_{19}H_{23}NO_4$ $\xrightarrow{H_3O^+}$ **X** + (cinnamic acid, OH) + CH_3OH → (Ph–CO–O–CO–Ph) → **Y** $\xrightarrow[CH_3I]{NaOCH_3}$ cocaine

20.43 혈압강하제 captopril(문제 5.61) 합성의 한 단계인 다음 반응에서 생성물 **X**의 구조를 밝혀라.

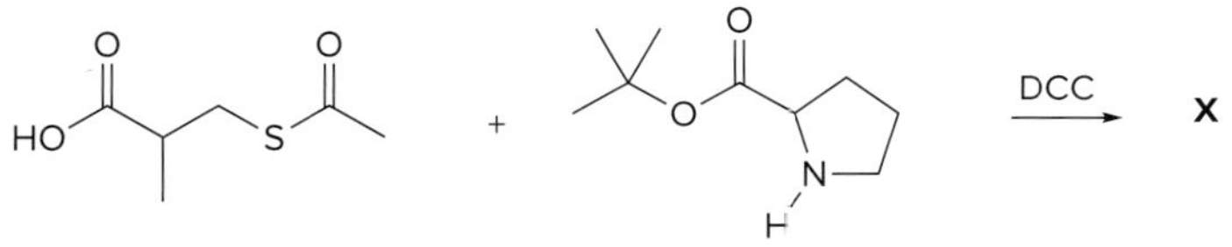

HO ... S + (O, N–H) $\xrightarrow{DCC}$ **X**

20.44 펩타이드 angiotensin II가 가수 분해하였을 때 생성되는 생성물을 그려라. 1장의 시작 부분에서 배운 바와 같이, angiotensin은 혈관을 좁게 만들어서 혈압을 증가시킨다. 따라서 angiotensin의 양을 감소시키는 약은 혈압을 낮춘다.

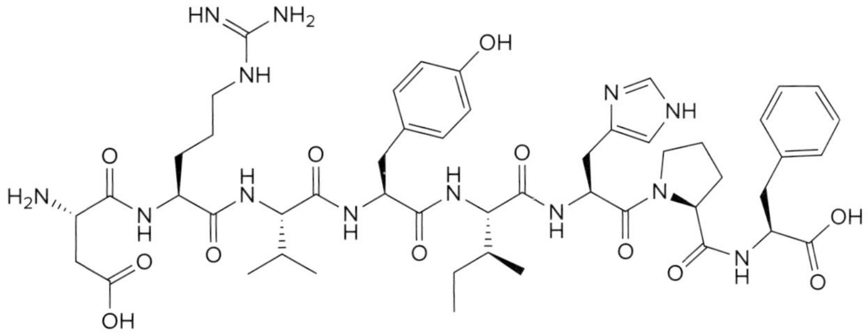

angiotensin II

20.45 각 락톤이나 락탐을 산으로 가수 분해하였을 때 생기는 생성물은 무엇인가?

a. 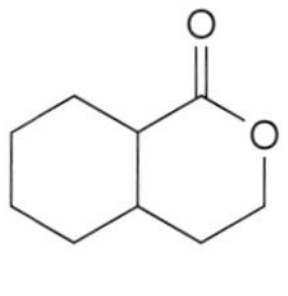 b. 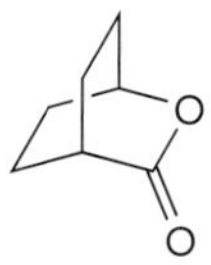 c. 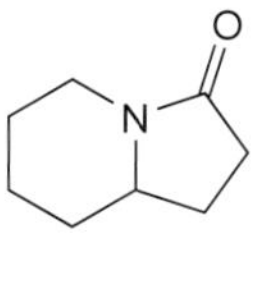 d.

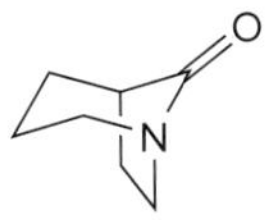

20.46 다음 일련의 반응에서 화합물 **A–M**의 구조를 밝혀라.

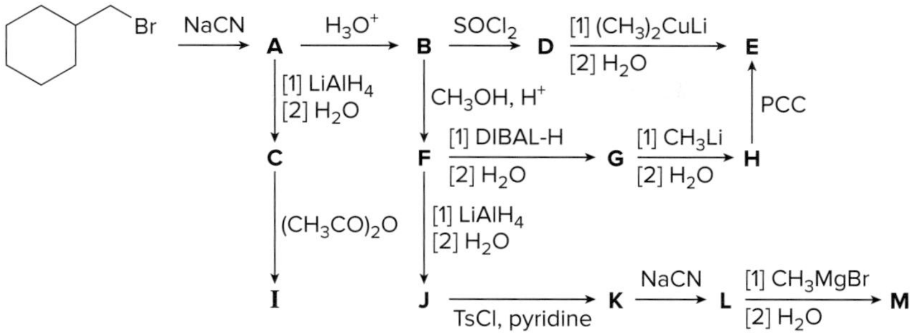
Br
NaCN
A
H_3O^+
B
$SOCl_2$
D
[1] $(CH_3)_2CuLi$
[2] H_2O
E
[1] $LiAlH_4$
[2] H_2O
C
CH_3OH, H^+
F
PCC
[1] DIBAL-H
[2] H_2O
G
[1] CH_3Li
[2] H_2O
H
$(CH_3CO)_2O$
I
[1] $LiAlH_4$
[2] H_2O
J
TsCl, pyridine
K
NaCN
L
[1] CH_3MgBr
[2] H_2O
M

20.47 각 반응의 생성물을 그리고, 입체 발생 중심이 있으면 입체 화학을 나타내라.

a. 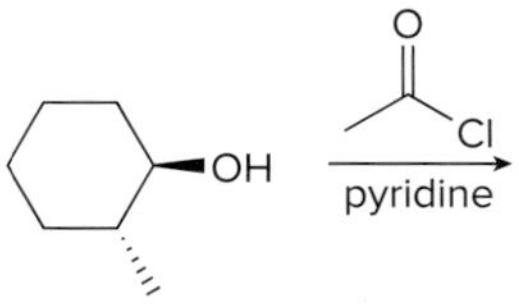
OH
O
Cl
pyridine

c. 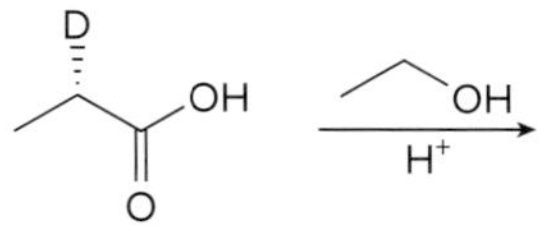
D
OH
O
OH
H^+

b. 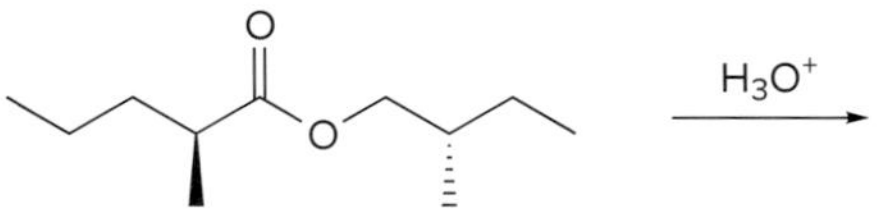
O
O
H_3O^+

d. 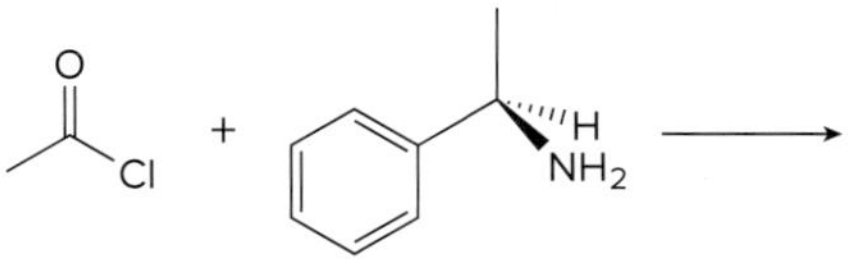
O
Cl
+
H
NH_2

(2당량)

20.48 각각의 다음 화합물에서 모든 아마이드와 에스터 결합이 가수 분해되면 어떤 생성물이 생성되는가? 항바이러스제인 oseltamivir의 상품명인 **Tamiflu** (a)는 독감를 치료하는 데 가장 효과적이라고 생각되는 물질이다. **Dutasteride** [(b), 상품명 Avodart]는 전립성 비대증의 치료제로 2001년에 승인되었다. **Aspartame** (c)은 Equal과 많은 다이어트 음료의 인공 감미료이다. Aspartame의 가수 분해 반응 생성물 중 하나는 아미노산 페닐알라닌이다. 페닐케톤 요증으로 고생하는 유아는 이 아미노산을 대사하지 못하기 때문에, 이 물질이 축적되어 정신 지체를 일으킨다. 병이 일찍 발견되면 페닐알라닌(과 그것으로 바뀌는 aspartame 같은 화합물들)의 섭취를 제한하는 식이요법은 일상 생활을 가능하게 할 수 있다.

a. 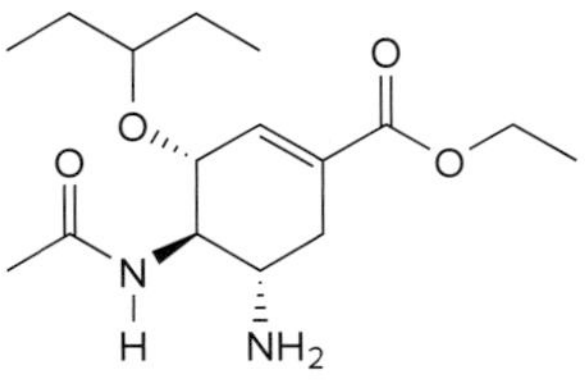

oseltamivir

b. 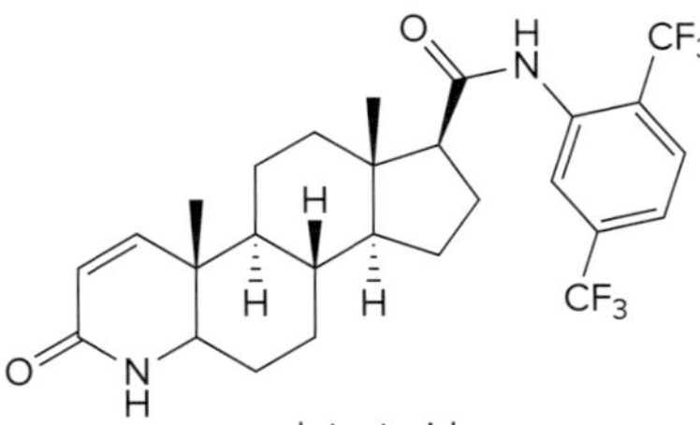

dutasteride

c. 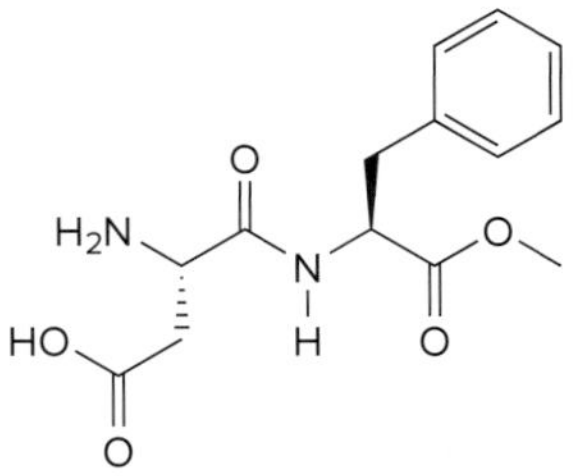

aspartame

20.49 다음 일련의 반응에서 화합물 **F**의 구조를 쓰라. 화합물 **F**는 몇 단계를 거치면 항우울증 치료제인 paroxetine(상품명 Paxil, 문제 9.8 참고)으로 변환될 수 있다.

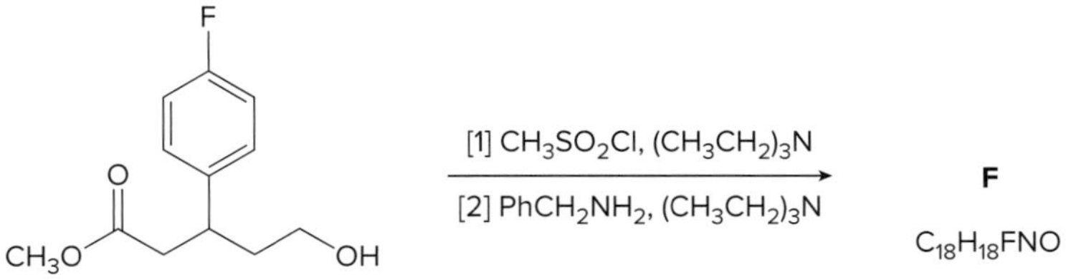
F
O
CH_3O
OH
[1] $CH_3SO_2Cl, (CH_3CH_2)_3N$
[2] $PhCH_2NH_2, (CH_3CH_2)_3N$
F
$C_{18}H_{18}FNO$

메커니즘

20.50 아스피린은 효소의 활성화 자리에 있는 OH기에 아세틸기(CH_3CO–)를 전달함으로써 아라키돈산이 프로스타글란딘으로 변환되는 반응을 억제하여 항염증 작용을 나타내는 물질이다(19.5절). 이러한 반응을 에스터 교환 반응(transesterif cation)이라고 부르는데, 이 반응이 일어나면 친핵성 아실 치환 반응에 의하여 한 에스터가 다른 에스터로 변환된다. 다음 에스터 교환 반응의 메커니즘을 단계별로 나타내라.

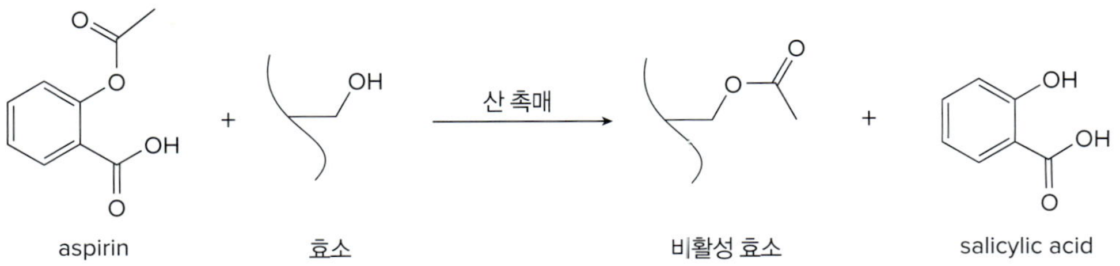

aspirin + 효소 →(산 촉매) 비활성 효소 + salicylic acid

20.51 다음은 콜레스테롤 저하제인 ezetimibe (17.6절)의 합성 단계 중의 하나이다. 반응의 메커니즘을 단계별로 그려라.

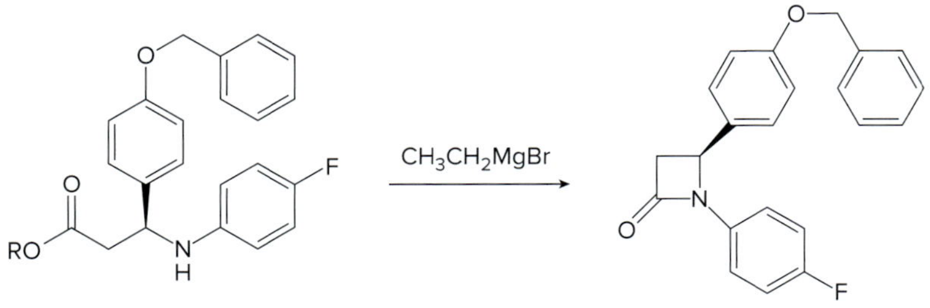

CH_3CH_2MgBr

20.52 Diels–Alder 반응과 친핵성 아실 치환 반응으로 일어나는 다음 반응의 단계별 메커니즘을 그려라.

Δ

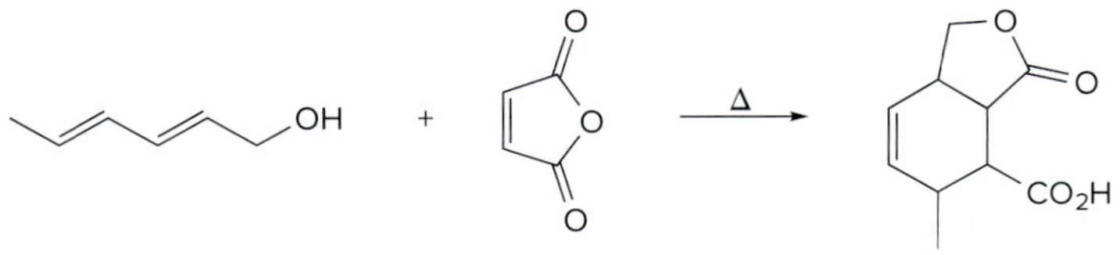

20.53 락톤 **C**가 카복실산 **D**로 변환되는 반응의 단계별 메커니즘을 그려라. 화합물 **C**는 Harvard 대학교의 노벨상 수상자 E. J. Corey와 공동 연구자들이 수행한 프로스타글란딘 합성에서의 핵심 중간체이다(19.5절).

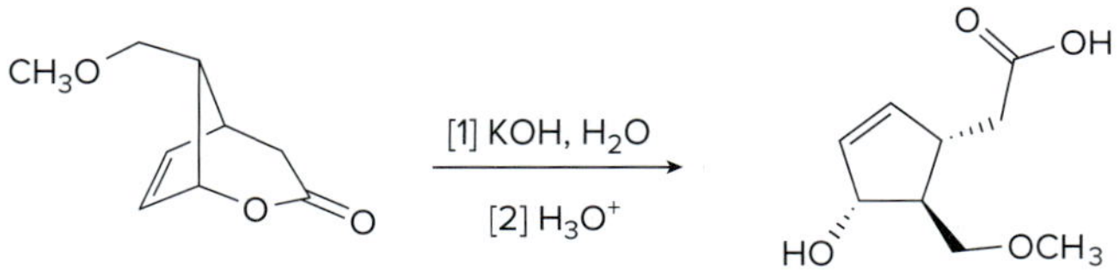

C →([1] KOH, H_2O; [2] H_3O^+) **D**

20.54 아래 반응식은 발기 부전 치료제로서 상품명 Cialis로 팔리고 있는 tadalafil 합성의 두 단계이다. 중간체 **A**의 구조를 밝히고 **A**가 tadalafil로 변환되는 반응의 메커니즘을 그려라.

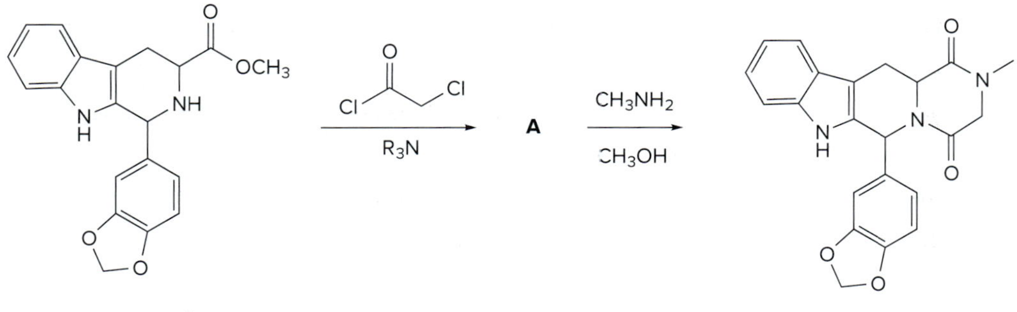

→($ClCOCH_2Cl$, R_3N) **A** →(CH_3NH_2, CH_3OH) tadalafil

20.55 다음 반응의 단계별 메커니즘을 그려라.

H_3O^+

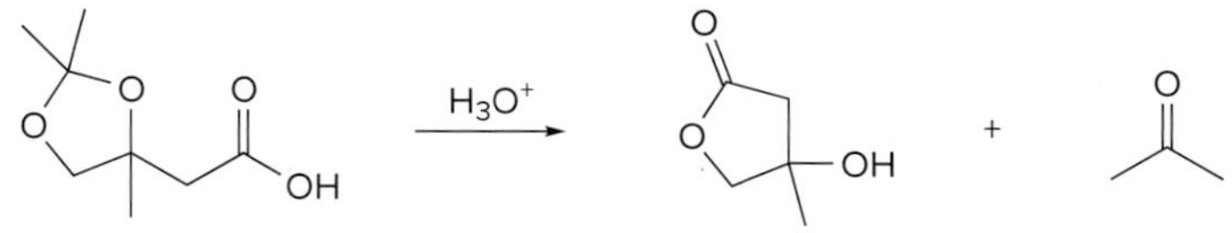

20.56 항암제 Taxol (paclitaxel, 5장 서두에 나오는 분자) 합성의 세 단계는 **A**가 **B**로 전환하는 반응이다. 이 합성 순서에서 단계 [2]와 [3]에 대한 단계별 메커니즘을 그려라.

[1] LiOH [2] [3] CF_3CO_2H, H_2O **A** **B** + CH_3OH

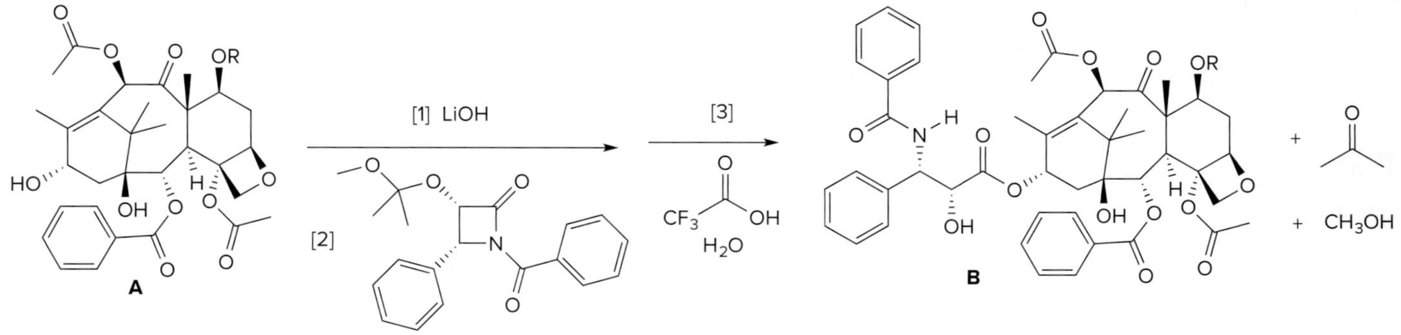

합성

20.57 Fischer 에스터화 반응을 이용하여 다음의 각 에스터를 합성하는 데 필요한 카복실산과 알코올의 구조를 쓰라.

a. 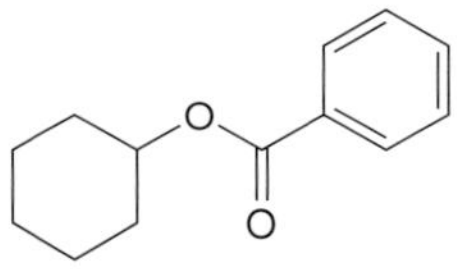 b. 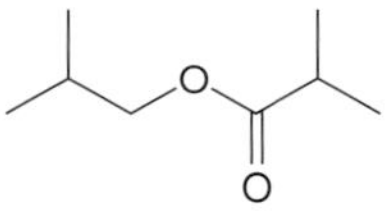 c. 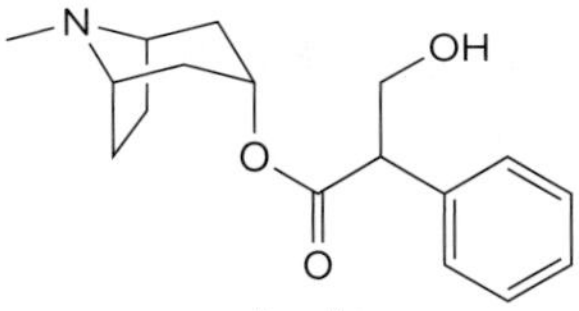 d.

atropine
베라돈나(Atropa belladonna)
에서 유래하는 생활성 아민

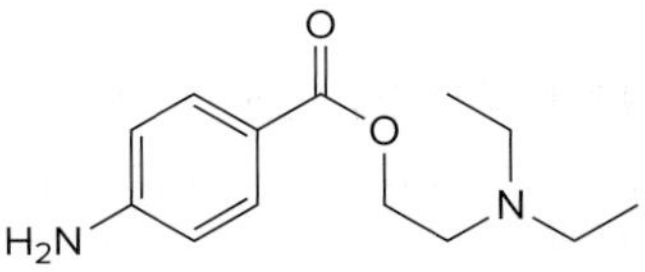

procaine
국소 마취제

20.58 유일한 유기 출발물로서 1-bromobutane ($CH_3CH_2CH_2CH_2Br$)을 사용하여 각 화합물의 합성을 고안하라. 무기 시약은 아무거나 사용할 수 있다.

a. 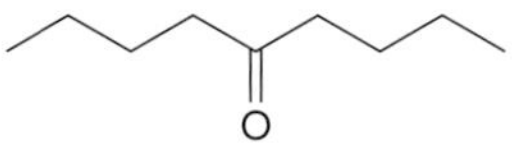 b. 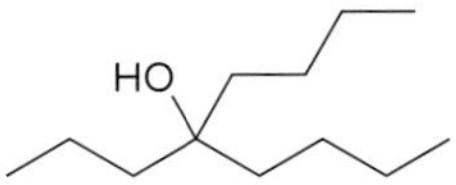 c.

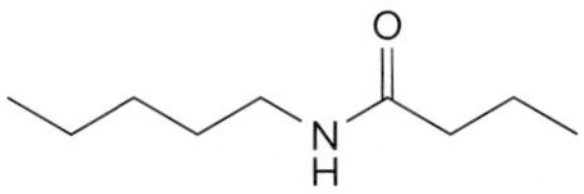

20.59 벤젠, 유기 알코올 및 필요한 유기, 무기 시약을 사용하여 benzocaine (ethyl *p*-aminobenzoate, $H_2NC_6H_4CO_2CH_2CH_3$)의 합성을 고안하라. Benzocaine은 국소 마취제 Orajel (16.14D절)의 활성 성분이다.

20.60 벤젠과 탄소가 네 개 이하인 알코올로부터 각 화합물을 합성하라. 필요하다면 어떠한 유기 시약 또는 무기 시약도 사용할 수 있다.

a. 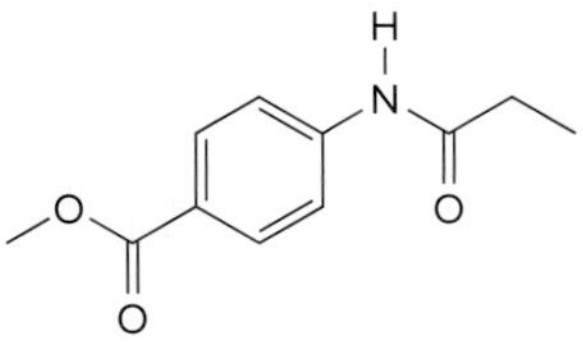 b. 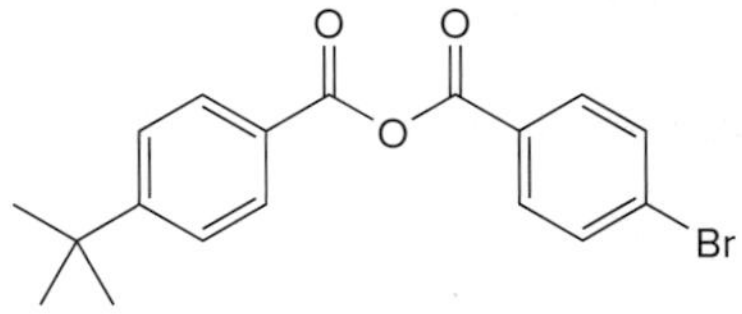 c.

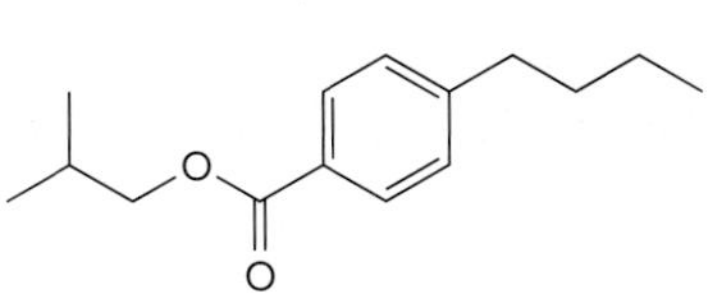

20.61 벤조산($C_6H_5CO_2H$)을 각 화합물로 변환시키는 방법은 무엇인가?

a. 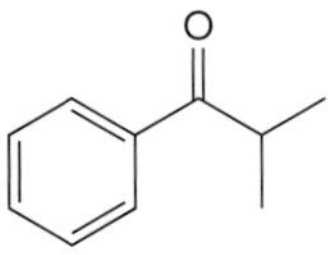 b. 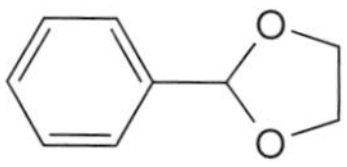 c. 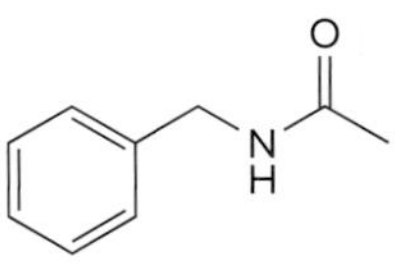 d.

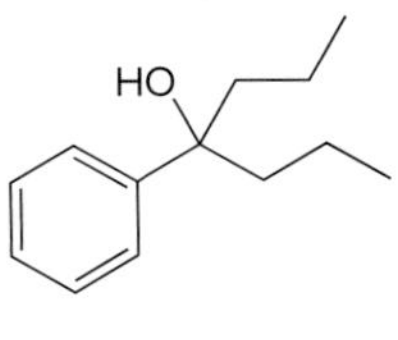

고분자

20.62 각 단량체 쌍으로부터 어떤 폴리에스터와 폴리아마이드가 만들어질 수 있는가?

a. HO–⬡–OH 와 HO(O)C–CH₂CH₂–C(O)OH　　b. Cl(O)C–C₆H₄–C(O)Cl 와 H_2N–CH₂CH₂CH₂CH₂–NH_2

20.63 각 고분자를 만드는 데 필요한 두 단량체는 무엇인가?

a.　　b.

분광법

20.64 주어진 데이터로부터 각 화합물의 구조를 결정하라.

a. 분자식　$C_6H_{12}O_2$
　IR 흡수:　1738 cm^{-1}
　^{1}H NMR:　1.12(삼중선, 3 H), 1.23(이중선, 6 H), 2.28(사중선, 2 H), 5.00(칠중선, 1 H) ppm

b. 분자식　C_8H_9NO
　IR 흡수:　3328, 1639 cm^{-1}
　^{1}H NMR:　2.95(단일선, 3 H), 6.95(단일선, 1 H), 7.3~7.7(다중선, 5 H) ppm

20.65 IR 자료와 ^{1}H NMR 스펙트라를 이용하여 분자식이 $C_{10}H_{12}O_2$인 이성질체 **A**와 **B**의 구조를 규명하라.

a. 1718 cm^{-1}에서 **A**의 IR 흡수　　b. 1740 cm^{-1}에서 **B**의 IR 흡수

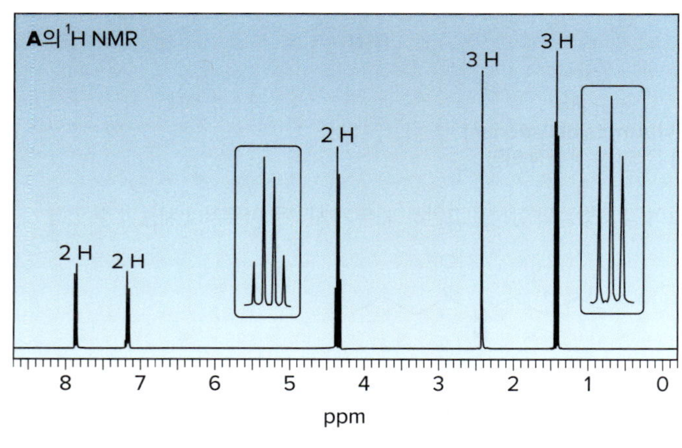

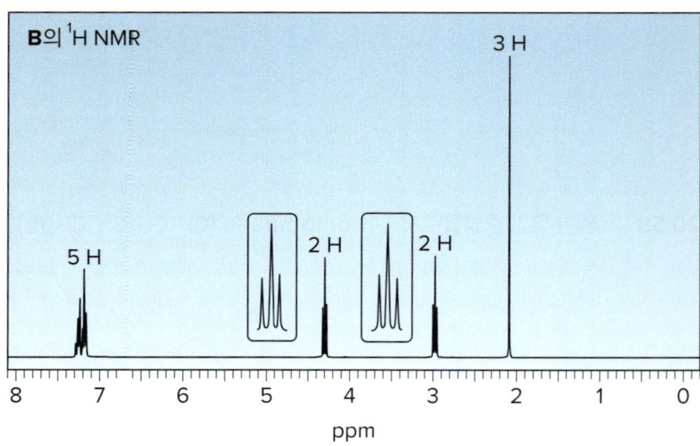

20.66 Phenacetin은 분자식이 $C_{10}H_{13}NO_2$인 진통제이다. APC (**a**spirin, **p**henacetin, **c**affeine)처럼 한때 의사의 처방전 없이 살 수 있었던 진통제에 공통적으로 들어 있는 성분인 phenacetin은 간 독성이 있어 더 이상 사용되지 않는다. ^{1}H NMR과 IR 스펙트럼으로부터 phenacetin의 구조를 유추하라.

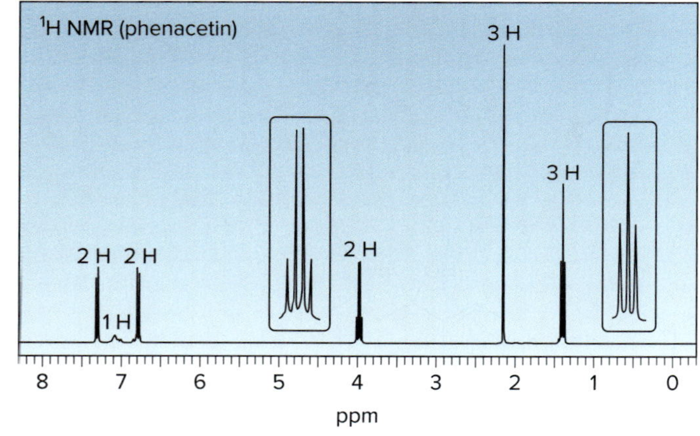

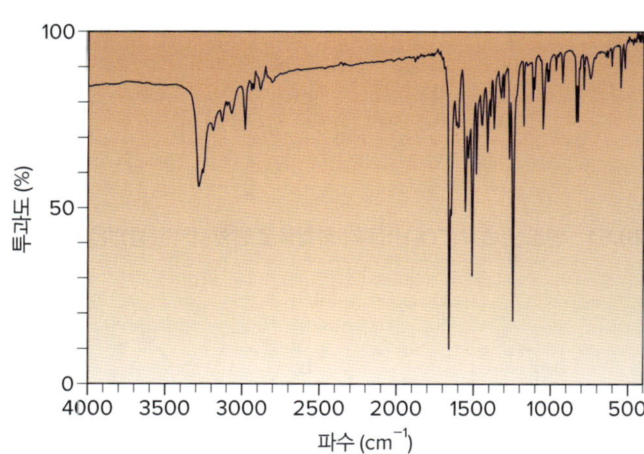

20.67 화합물 C(분자식 $C_{11}H_{15}NO_2$)의 구조를 밝혀라. IR 흡수는 1699 cm^{-1}에서 일어나고 그 ^1H NMR 스펙트럼은 아래에 나와 있다.

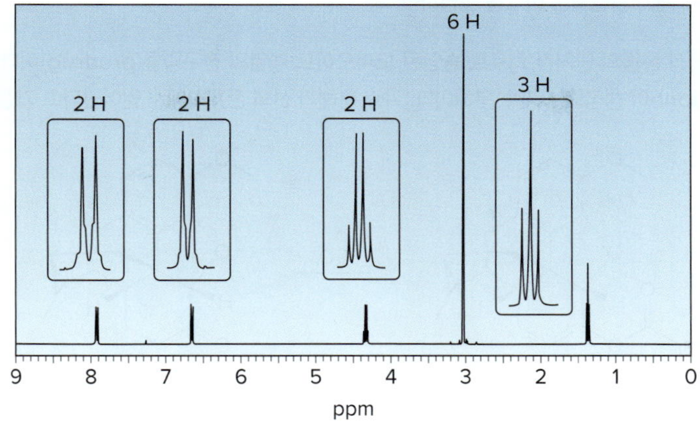

20.68 **D**와 **E**는 이성질체이며 분자식은 $C_6H_{12}O_2$이다. ^1H NMR과 IR 스펙트럼으로부터 그 구조를 결정하라. **D**의 ^1H NMR 스펙트럼에서 1.35와 1.60 ppm 신호 그리고 **E**의 ^1H NMR 스펙트럼에서 1.90 ppm 신호는 다중선이다.

a. **D**의 IR 흡수 1743 cm^{-1}

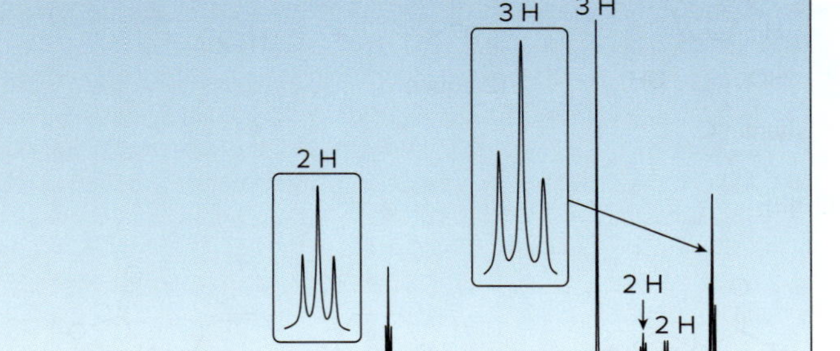

b. **E**의 IR 흡수 1746 cm^{-1}

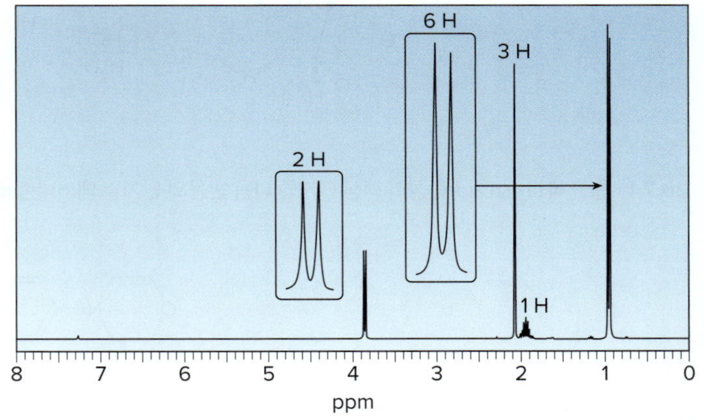

도전 문제

20.69 고혈압 치료제 aliskiren 합성의 한 단계는 **A**를 **B**로 변환하는 반응이다(문제 5.6과 12.63). 관찰된 입체 화학을 설명하는, 이 과정에 대한 단계별 메커니즘을 그려라.

[1] LiOH
[2] HCl

A **B**

20.70 아마이드 **A**와 **B** 중 어떤 아마이드의 카보닐은 IR 스펙트럼에서 다른 아마이드의 카보닐보다 매우 더 높은 파수에서 흡수한다. 둘 중 어느 것이 더 높은 파수에서 관찰되는 것인가? 그리고 그 이유는 무엇인가?

A **B**

20.71 2-Chloroacetamide ($ClCH_2CONH_2$)는 ^{1}H NMR 스펙트럼에서 4.02 ppm, 7.35 ppm 및 7.60 ppm의 세 개의 신호를 보인다. 각 신호를 주는 양성자는 무엇인가? 신호 세 개가 관찰되는 이유를 설명하라.

20.72 Benzhydrocodone은 급성 통증의 단기간 치료로 승인된 오피오이드 계열의 전구약물(prodrug)이다. Benzhydrocodone 대사의 첫 단계는 활성이 있는 약인 hydrocodone이 생성되는 가수 분해이다. 가수 분해가 산의 존재하에서 일어난다고 가정하고 이 반응의 단계별 메커니즘을 그려라.

H_3O^+

benzhydrocodone

hydrocodone

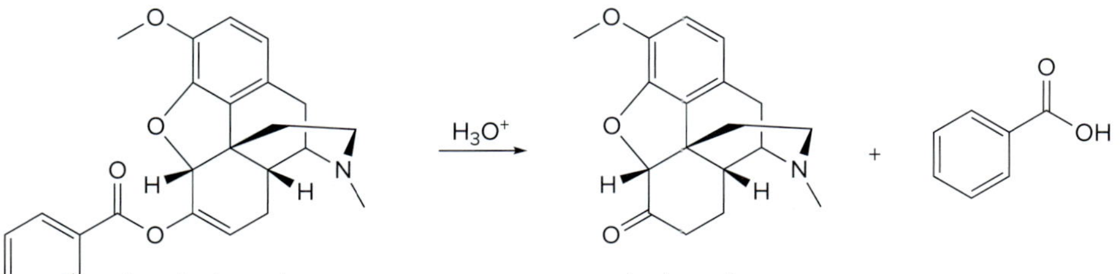

20.73 다음 반응의 단계별 메커니즘을 그려라. 이 반응은 간단한 탄수화물인 글루코스에서 시작하여 비타민 C를 공업적으로 합성하는 다섯 단계 반응의 마지막 단계이다.

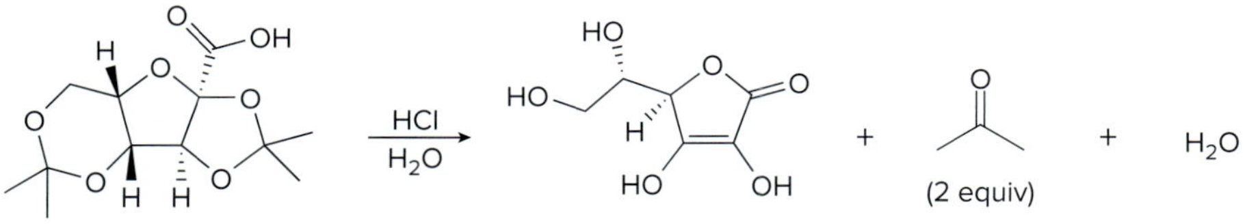

HCl / H_2O

vitamin C

(2 equiv)

H_2O

20.74 항균제 linezolid 합성의 핵심 단계인 다음 반응의 단계별 메커니즘을 그려라.

linezolid

[1] RLi

[2] H_2O

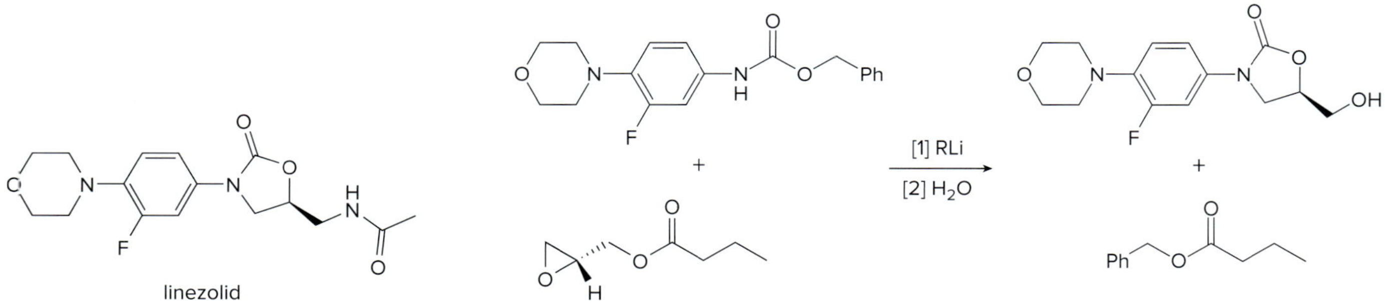

자가-시험 해답

1. b 2. a 3. b 4. d 5. c 6. a 7. c 8. a 9. b 10. a

카보닐 화합물의 α 탄소에서의 치환 반응

Substitution Reactions of Carbonyl Compounds at the α Carbon

21

ORGANIC CHEMISTRY

Liquid Light/Alamy Stock Photo

상품명 Plavix로 팔리고 있는 **clopidogrel**은 심장 마비나 뇌졸중의 위험이 있는 환자에서 혈액 응고를 방지하지 위하여 처방되는 경구 약물이다. 1997년에 미국에서 의학적 용도가 승인된 clopidogrel은 현재 100개 이상의 나라에서 팔리고 있다. 아스피린과 조합하여, 이 약은 스텐트 시술을 받은 환자를 위한 항혈소판제로 사용되고 있다. Clopidogrel은 21장에서 다룰 많은 유용한 반응의 하나인 α-할로 카보닐 화합물과 친핵체 사이의 반응으로 합성된다.

왜 공부하는가? . . .

카보닐기의 α 탄소에서의 반응이란?

21장과 22장에서는 카보닐기의 α 탄소에서 일어나는 반응을 집중적으로 다룬다. 이러한 반응은 17, 18과 20장에서 다룬 반응, 즉 친핵체가 친전자성 카보닐 탄소를 공격하는 반응과는 다르다. α 탄소에서 일어나는 반응에서 카보닐 화합물은 탄소나 할로젠 친전자체와 반응하는 **친핵체**의 역할을 하고, 결국 α 탄소에 새로운 결합이 생긴다.

21장에서는 **α 탄소에서의 치환 반응**을 중점적으로 다루며, 22장에서는 두 카보닐 화합물 사이의 반응을 다루는데, 이 경우 한 화합물은 친핵체의 역할을 하고 다른 하나는 친전자체의 역할을 한다. 21장에서 다룰 많은 반응들을 이용하면 새로운 탄소–탄소 결합을 만들 수 있는데, 여기에 간단한 출발물로부터 더 복잡한 유기 분자를 합성하는 데 사용할 수 있는 반응 목록을 추가하게 될 것이다. 앞으로 보겠지만, 21장에서 소개할 반응은 다양한 종류의 흥미롭고 유용한 화합물을 만드는 데 사용되고 있다.

21.1 서론

지금까지 카보닐 화합물에 대한 논의는 친핵체와 친전자성 카보닐 탄소와의 반응에 대한 것에 집중되어 왔다. 카보닐 출발물의 구조에 따라서 **두 가지의 일반적인 반응이 관찰된다.**

- 카보닐 탄소에 전기 음성 원소 Z가 없을 때(예: 알데하이드, 케톤)에는 **친핵성 첨가(nucleophilic addition)**가 일어난다.

알데하이드 또는 케톤 → [1] :Nu⁻ [2] H−OH (친핵성 첨가)

이탈기가 없으면 H와 Nu가 첨가된다.

- 카보닐 탄소에 전기 음성 원소 Z가 있을 때(예: 카복실산과 그 유도체)에는 **친핵성 아실 치환(nucleophilic acyl substitution)**이 일어난다.

Z = 전기 음성 원소 → :Nu⁻ (친핵성 치환) → + :Z⁻

이탈기가 있으면 Z 대신 Nu가 치환된다.

또한 카보닐기의 α 탄소에서도 반응이 일어날 수 있다. 이러한 반응은 **엔올(enol)** 또는 **엔올 음이온(enolate)**을 거쳐 일어나며, 이러한 중간체는 전자가 풍부한 중간체로서 친전자체와 반응하여 α 탄소에 새로운 결합을 만든다. 이러한 반응의 결과로서 **수소 대신에 친전자체 E가 치환된다.**

α 탄소에 있는 수소 원자를 **α 수소**라고 부른다.

α 탄소에서의 일반적 반응 → 엔올 / 친핵체 → E^+

α 탄소에서 H 대신 E가 치환된다.

21.2 엔올

케토형 ⇌ 엔올형

11장에서 **엔올형과 케토형은 이중 결합과 양성자의 위치가 다른 카보닐기의 토토머(tautomer)임**을 배웠다. 이러한 구조 이성질체는 서로 평형에 있다.

- 케토 토토머(keto tautomer)에는 C=O 결합과 추가적인 C−H 결합이 있다.
- 엔올 토토머(enol tautomer)는 C=C 결합에 O−H기가 결합되어 있다.

C=O 결합이 C=C 결합보다 훨씬 더 강하기 때문에 **평형에서는 대부분의 카보닐 화합물의 경우 케토형이 더 많이 존재한다.** 간단한 카보닐 화합물의 경우, 평형에서 엔올은 1% 미만이다. 게다가 구조가 비대칭인 케톤의 경우, 서로 다른 두 종류의 엔올이 가능하며 이들도 총량이 1% 미만이다.

> 99% ⇌ < 1% > 99% ⇌ < 1%

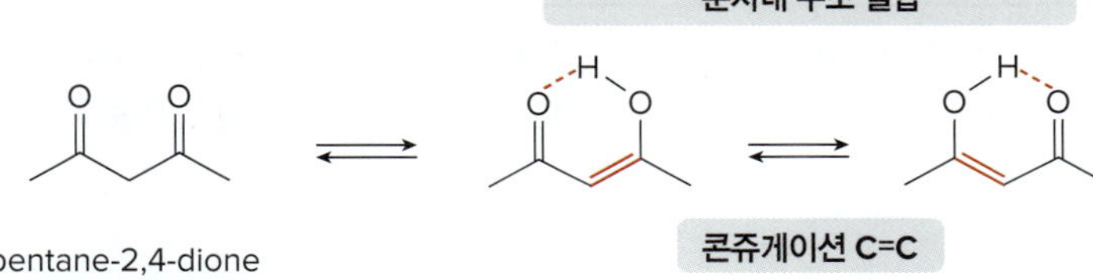

pentane-2,4-dione
β-다이카보닐 화합물
24% 케토 토토머

76% 엔올 토토머

그러나 두 카보닐기가 하나의 탄소에 결합하고 있는 화합물(β-다이카보닐 화합물 또는 1,3-다이카보닐 화합물이라고 부름)의 경우에는 엔올형의 농도가 케토형의 농도보다 더 높다.

두 가지 요인에 의하여 β-다이카보닐 화합물의 엔올이 안정화되는데, **콘쥬게이션(conjugation)**과 **분자내 수소 결합(intramolecular hydrogen bonding)**이다. 엔올의 C=C 결합은 카보닐기와 콘쥬게이션되어 있으므로, π 결합의 전자 밀도가 비편재된다. 더구나 엔올의 OH기는 근처 카보닐기의 산소 원자와 수소 결합을 할 수 있다. 분자내 수소 결합이 이 경우처럼 육원자 고리를 이룰 경우에 특히 안정하다.

예제 21.1 케토 토토머와 엔올 토토머를 상호 변환하기

각 화합물을 엔올 또는 케토 토토머로 바꿔라.

a. b.

풀이

a. 카보닐 화합물을 엔올 토토머로 바꾸기 위해서는 **카보닐 탄소와 α 탄소 사이에 이중 결합을 그리고, C=O를 C−OH로 고친다.** 이 경우에는 α 탄소가 둘 다 같기 때문에 엔올은 하나만 가능하다.

C−OH로 바꾼다.
여기에 C=C를 그린다.
엔올

b. 엔올을 케토 토토머로 바꾸기 위해서는 **C−OH를 C=O로 고치고 C=C의 다른 쪽 끝에 양성자를 더 한다.**

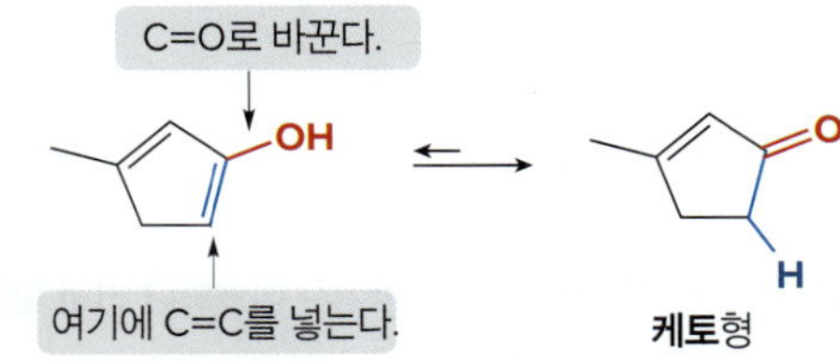

문제 21.1 각 화합물의 엔올 또는 케토 토토머의 구조를 그려라.

a. OH

b. H O

c. C_6H_5 O

d. HO

e. O O

f. O O [모노 엔올 토토머만 그려라.]

추가 문제: 문제 21.33, 21.40a, 21.42를 풀어보라.

문제 21.2 각 쌍에서 어느 카보닐 화합물이 엔올 토토머의 비율이 더 높은가?

a. O O or O O

b. O O or O O

흐주 자생식물인 병솔나무는 leptospermone의 원천이다(문제 21.3).
Rafael Santos Rodriguez/Shutterstock

문제 21.3 Leptospermone은 병솔나무가 분비하는 제초제이다. 입체 이성질체는 무시하고, leptospermone의 가능한 단일(mono) 엔올 토토머를 모두 그려라. 모든 토토머가 안정성이 비슷한지 아니면 한 가지 토토머가 다른 것보다 더 혹은 덜 안정한지를 결정하라.

leptospermone

21.2A 토토머화 메커니즘

한 토토머가 다른 것으로 바뀌는 현상인 **토토머화(tautomerization)**는 산과 염기 모두에 의하여 촉진된다. 토토머화는 항상 두 단계(**양성자 첨가**와 **양성자 이탈**)가 필요하다. 그러나 이 단계들의 순서는 반응이 산 또는 염기에서 일어나는가에 따라 다르다. 토토머 현상에 대한 메커니즘 21.1과 21.2에서는 케토형이 엔올형으로 변한다. 모든 단계는 가역적이며, 따라서 엔올형이 케토형으로 변할 때에도 이러한 단계가 적용된다.

메커니즘 21.1 산에서의 토토머화

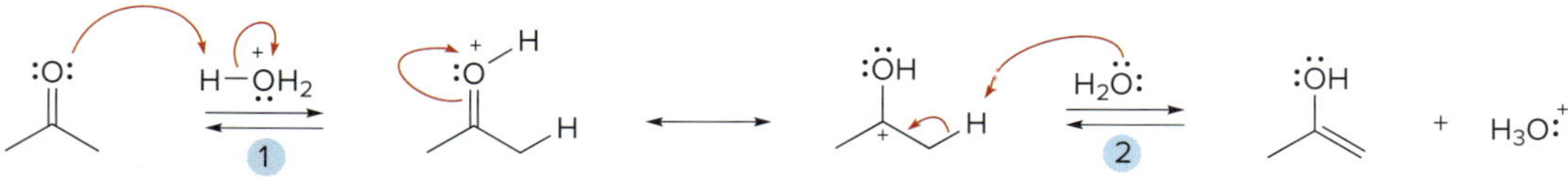

공명 안정화된 양이온

1. 산이 있을 때에는 **양성자 첨가가 양성자 이탈보다 먼저 일어난다**. 카보닐 산소에 양성자 첨가가 일어나면 공명 안정화 양이온이 생긴다.
2. 양성자가 제거되면 엔올이 생긴다.

메커니즘 21.2 염기에서의 토토메화

공명 안정화된 엔올 음이온

1. 염기가 있을 때에는 **양성자 이탈이 양성자 첨가보다 먼저 일어난다.** α 탄소에 있는 양성자가 제거되면 공명 안정화된 엔올 음이온이 생긴다.
2. 엔올 음이온이 양성자를 받으면 엔올이 생긴다.

21.2B 생물학적 계에서의 엔올

탄수화물 물질대사의 핵심 반응은 토토머화 반응으로 α-하이드록시 케톤과 α-하이드록시 알데하이드가 상호 변환되는 반응이다. 이 경우에는, 토토머화 반응으로 두 OH기가 C=C에 연결된 **엔다이올(endiol)**이 생성된다.

α-하이드록시 케톤 → (토토머화) → enediol → (토토머화) → α-하이드록시 알데하이드

예로서, 글루코스의 대사 분해 과정에서 dihydroxyacetone phosphate가 이 **두 번의 케토-엔올 토토머화** 반응으로 glyceraldehyde 3-phosphate로 변환된다. 각 반응에서는 양성자 첨가와 양성자 제거가 둘 다 일어나지만, 생물학적 토토머화 반응에서는 두 과정을 한 단계로 쓴다.

dihydroxyacetone phosphate ⇌ (케토-엔올 토토머화 반응) enediol ⇌ (엔올-케토 토토머화 반응) glyceraldehyde 3-phosphate

문제 21.4 글루코스 대사의 한 단계에서 glucose 6-phosphate가 fructose 6-phosphate로 이성질화하는 반응이 일어난다. (a) 메커니즘 21.1에서처럼, 이 반응이 산 존재하에서 일어날 때, 이 반응의 단계별 메커니즘을 그려라. (b) 굽은 화살표를 이용하여 이 반응을 두 연속적 생물학적 토토머화 반응으로서 쓰라. 단, 위에서 나온대로 HA를 산, 그리고 B:를 염기로 표시한다.

glucose 6-phosphate → fructose 6-phosphate

21.2C 엔올은 어떻게 반응하는가?

탄소-탄소 이중 결합이 있는 다른 화합물처럼 **엔올은 전자가 풍부하기 때문에 친핵체로서 반응한**

다. 그러나 OH기는 공명 효과에 의하여 강하게 전자를 주기 때문에 엔올은 알켄보다 더 전자가 풍부하다. 엔올에 대하여 두 번째 공명 구조를 그릴 수 있는데, 이 구조에서는 탄소 원자에 음전하가 놓이게 된다. 따라서 이 탄소 원자는 강한 친핵성이며 친전자체인 E^+와 반응하여 탄소와 새로운 결합을 생성하게 된다. 양성자가 제거되면 중성인 생성물이 생긴다.

엔올의 두 공명 구조

H^+의 제거

- 엔올이 친전자체 E^+와 반응하면 α 탄소에 새로운 C−E 결합이 생긴다. 알짜 반응은 α 탄소의 수소가 E로 치환되는 것이다.

토토머화

E^+와의 반응

문제 21.5 Phenylacetaldehyde ($C_6H_5CH_2CHO$)를 D_2O에 녹이고 DCl을 가하면 카보닐의 α 수소 원자가 중수소로 점차적으로 치환된다. 엔올이 중간체로 관여하는 이 반응의 메커니즘을 쓰라.

21.3 엔올 음이온

카보닐기의 α 탄소에 있는 양성자를 염기로 제거하면 엔올 음이온이 생긴다. α 탄소에 있는 C−H 결합은 다른 sp^3 혼성화된 C−H 결합보다 산도가 큰데, 그 이유는 **엔올 음이온이 공명 안정화되기** 때문이다. 더구나 음전하가 전기 음성인 산소 원자에 놓인 공명 구조는 특히 안정하다.

카보닐 화합물에서 엔올 음이온이 생성되는 반응은 18.6절에서 처음으로 다루었다.

공명 안정화된 엔올 음이온

엔올 음이온은 **α 탄소**에 있는 양성자를 제거하면 항상 생긴다.

cyclohexanone

알데하이드 또는 케톤에 있는 α 수소의 pK_a는 ~20이다. 표 21.1에서 볼 수 있듯이, 이 수소는 CH_3CH_3와 $CH_3CH{=}CH_2$의 C−H 결합보다 훨씬 큰 산성이다. 카보닐기의 α 위치에 있는 C−H 결합은 다른 C−H 결합보다 더 산성이나, 그 짝염기의 음전하가 전기 음성인 산소 원자만 놓여있는 O−H 결합보다는 산도가 작다(표 21.1에서 CH_3CH_2OH와 CH_3COOH를 비교하라).

표 21.1 pK_a 값의 비교

산도가 증가 / 짝염기의 안정성 증가

화합물	pK_a	짝염기	짝염기의 구조적 특징
CH_3CH_3	50	$CH_3\ddot{C}H_2$	• 짝염기는 탄소에 음전하가 있으나, 공명 안정화되지 못한다.
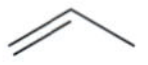 (propene)	43	 (allyl anion resonance)	• 짝염기는 탄소에 음전하가 있으며, 공명 안정화되어 있다.
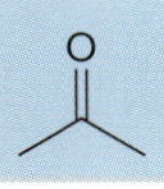 (acetone)	19.2	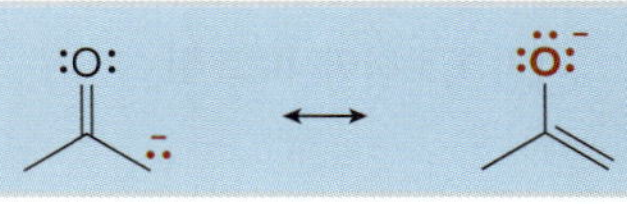 (enolate resonance)	**• 짝염기에는 두 개의 공명 구조가 있으며, 그중 하나는 음전하가 산소에 있다.**
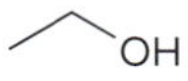 (ethanol) OH	16	 (ethoxide)	• 짝염기는 산소에 음전하가 있으나, 공명 안정화되지 못한다.
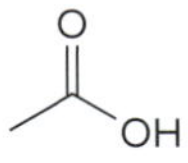 (acetic acid) OH	4.8	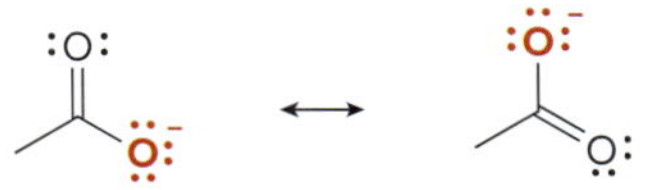 (acetate resonance)	• 짝염기에는 두 개의 공명 구조가 있으며, 둘 다 음전하가 산소에 있다.

- **짝염기의 공명 안정화는 산도가 증가한다.**
  - $CH_2=CHCH_3$은 CH_3CH_3보다 더 산성이다.
  - CH_3COOH은 CH_3CH_2OH보다 더 산성이다.
- **짝염기의 산소에 음전하가 있으면 산도가 증가한다.**
  - CH_3CH_2OH은 CH_3CH_3보다 더 산성이다.
  - CH_3COCH_3은 $CH_2=CHCH_3$보다 더 산성이다.
  - CH_3COOH(산소 원자가 두 개)은 CH_3COCH_3보다 더 산성이다.

21.3A 엔올 음이온 및 관련된 음이온들의 예

알데하이드와 케톤에서 만들 수 있는 엔올 음이온 외에도, 비록 α 수소가 덜 산성이지만 **에스터와 3° 아마이드로부터도 엔올 음이온을 만들 수 있다. 나이트릴**도 그 짝염기의 음전하가 전기 음성인 질소 원자에 비편재화되어 있어 안정하므로 사이아노기의 인접 탄소 원자에 있는 수소는 산성이다.

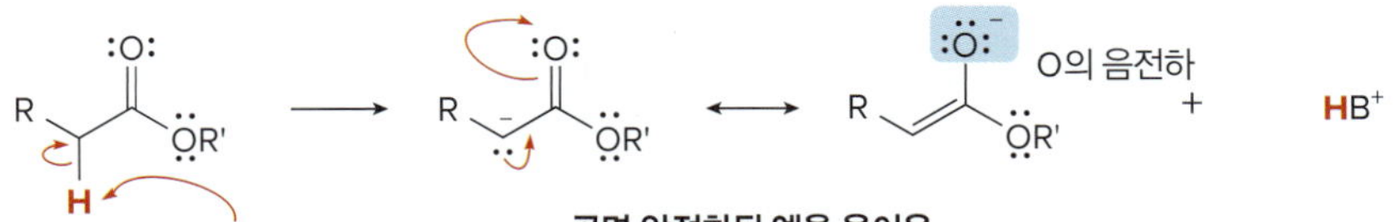

에스터
pK_a ≈ 25

O의 음전하 + HB⁺

공명 안정화된 엔올 음이온

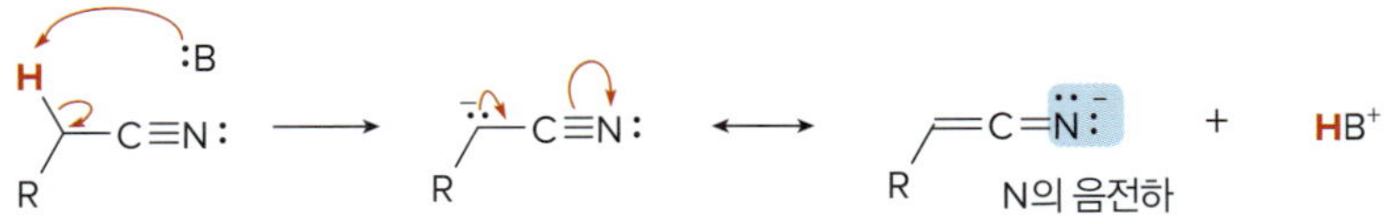

나이트릴
pK_a ≈ 25

N의 음전하 + HB⁺

공명 안정화된 탄소 음이온

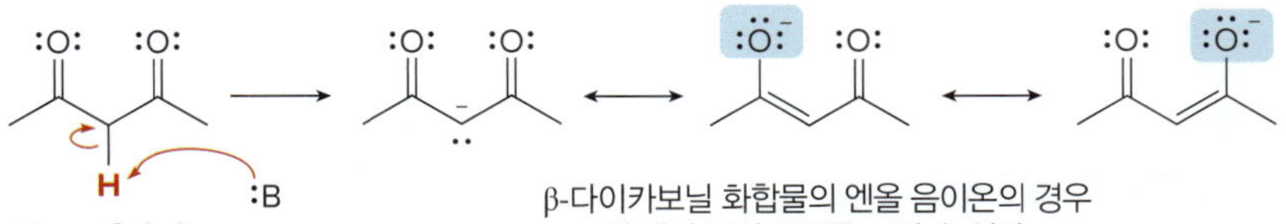

pentane-2,4-dione
pK_a = 9
β-다이카보닐 화합물

β-다이카보닐 화합물의 엔올 음이온의 경우 세 개의 공명 구조를 그릴 수 있다.

β-다이카보닐 화합물의 두 카보닐기 사이에 있는 탄소의 수소는 그 음전하가 공명에 의해 두 개의 다른 산소 원자에 비편재화되기 때문에 특히 산성이다. 표 21.2에 β-다이카보닐 화합물뿐만 아니라 다른 카보닐 화합물 및 나이트릴의 pK_a 값이 나와 있다.

표 21.2 카보닐 화합물과 나이트릴의 pK_a 값

화합물 종류	예	pK_a	화합물 종류	예	pK_a
[1] 아마이드	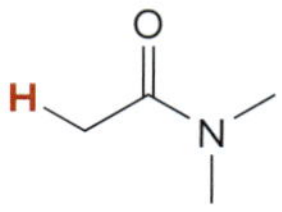	30	[6] 1,3-다이에스터	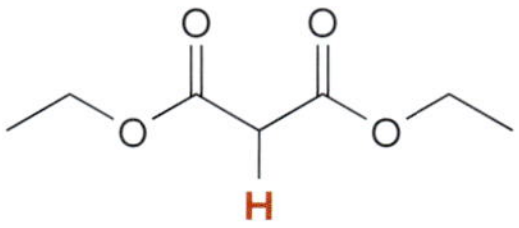	13.3
[2] 나이트릴	 H CN	25	[7] 1,3-다이나이트릴	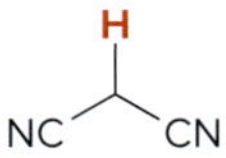 H NC CN	11
[3] 에스터	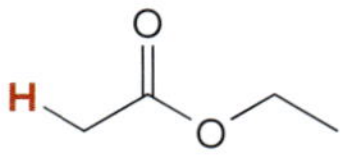	25	[8] β-케토 에스터	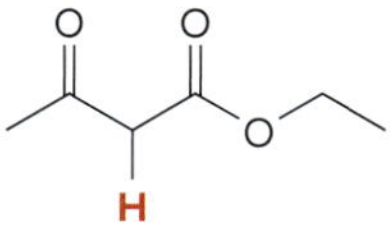	10.7
[4] 케톤	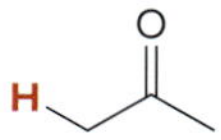	19.2	[9] β-다이케톤	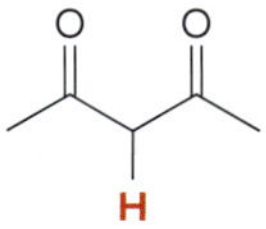	9
[5] 알데하이드	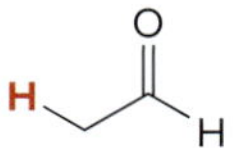	17			

문제 21.6 다음 각 음이온의 다른 공명 구조를 그려라.

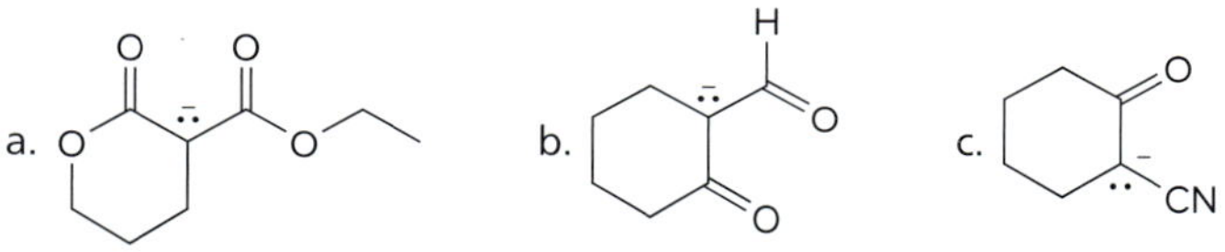

a. b. c.

문제 21.7 다음 분자의 어느 C−H 결합이 그 짝염기가 공명 안정화되기 때문에 더 산성인가?

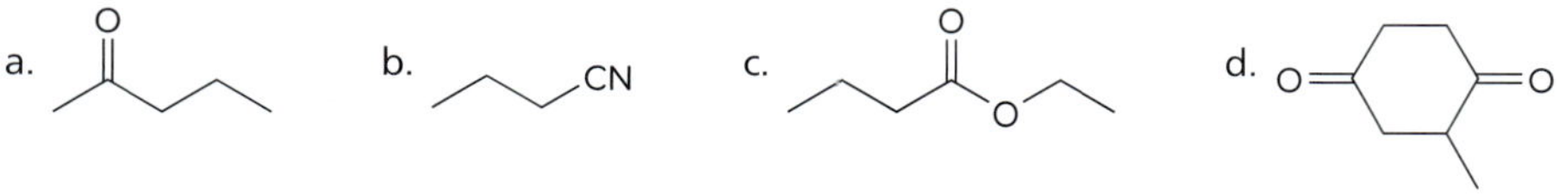

a. b. c. d.

문제 21.8 다음 화합물에서 표시한 양성자를 산도가 증가하는 순서로 배열하라.

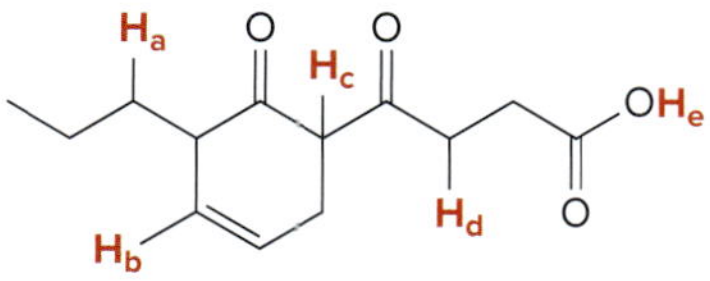

H_a H_b H_c H_d OH_e

21.3B 염기

엔올 음이온의 생성 반응은 산−염기 평형이다. 따라서 **염기가 강하면 강할수록 엔올 음이온이 더 많이 생성된다.**

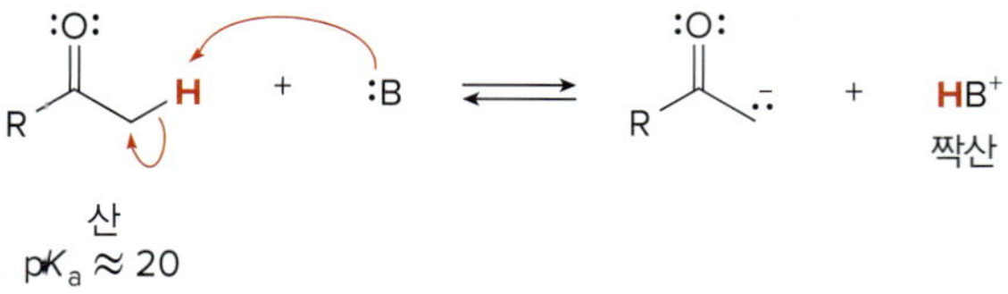

출발물인 산(이 경우에는 카보닐 화합물)의 pK_a와 생성되는 짝산의 pK_a를

R H + :B ⇌ R + HB^+
산 pK_a ≈ 20 짝산

더 센 염기는 평형을 오른쪽으로 치우치게 한다.

아마이드(amide)라는 용어를 이제 두 가지 다른 방법으로 사용하고 있다. 처음에는 작용기($RCONH_2$)로서 사용하였고, 여기에서는 염기(소듐염인 $NaNH_2$ 또는 리튬염인 $LiNH_2$로서 구입할 수 있는 $^-NH_2$)로서 사용하였다. 21장에서는 $^-NH_2$의 두 개의 수소 원자가 R기로 대체된 다이알킬아마이드 $^-NR_2$를 사용할 것이다.

LDA에 의한 엔올 음이온의 생성은 흔히 −78°C에서 수행된다. 이 온도는 드라이아이스(고체 CO_2)가 승화하는 온도이기 때문에 실험실에서 유지하기가 편리한 온도이다. 드라이아이스와 아세톤이 들어 있는 냉각 용기에 반응 플라스크를 담그면 그 내용물이 일정한 저온에서 유지된다.
Photo by Kwang-youn Ko

비교하면 산−염기 반응의 정도를 예측할 수 있다. **평형은 더 약한 산(pK_a 값이 더 큰 산)이 생기는 방향을 선호한다.** 많은 카보닐 화합물의 pK_a 값은 ~20이므로, 짝산의 pK_a가 > 20일 경우에만 상당한 양의 엔올 음이온이 생긴다.

엔올 음이온을 얻기 위하여 흔히 사용하는 염기는 수산화 이온(^-OH), 알콕시화 음이온(^-OR), 수소화 음이온(H^-)과 다이알킬아마이드($^-NR_2$)이다. 이런 염기를 사용하였을 때 얼마나 많은 엔올 음이온이 생기는지가 표 21.3에 나와 있다.

표 21.3 여러 가지 염기를 사용한 엔올 음이온의 생성:
$RCOCH_3$ ($pK_a \approx 20$) + B: → $RCOCH_2^-$ + HB^+

	염기(B:)	짝산(HB^+)	HB^+의 pK_a	% 엔올 음이온
[1]	$Na^+\ ^-OH$	H_2O	14	< 1%
[2]	$Na^+\ ^-OCH_2CH_3$	CH_3CH_2OH	16	< 1%
[3]	$K^+\ ^-OC(CH_3)_3$	$(CH_3)_3COH$	18	1~10%
[4]	Na^+H^-	H_2	35	100%
[5]	$Li^+\ ^-N[CH(CH_3)_2]_2$	$HN[CH(CH_3)_2]_2$	40	100%

^-OH와 ^-OR처럼 짝산의 pK_a가 < 20인 경우에는 평형에서 극히 적은 양의 엔올 음이온이 생성된다. 이 염기는 더 산성인 1,3-다이카보닐 화합물의 엔올 음이온을 만들 때 유용하다. 또한 이 염기는 22장에서 설명할 엔올 음이온과 카보닐 출발물이 모두 반응에 참여하는 경우에도 유용하다.

엔올 음이온을 거의 100% 수율로 얻기 위해서는 **LDA**라고 약칭하는 lithium diisopropylamide, **$Li^+\ ^-N[CH(CH_3)_2]_2$**같이 훨씬 더 센 염기가 필요하다. **LDA는 센 비친핵성 염기이다.** 다른 비친핵성 염기(7.8B와 8.1절)처럼, 덩치가 큰 아이소프로필기의 입체 장애 때문에 질소 원자는 친핵체로서 작용할 수 없다. 그러나 이 염기는 산−염기 반응에서 양성자를 제거할 수는 있다.

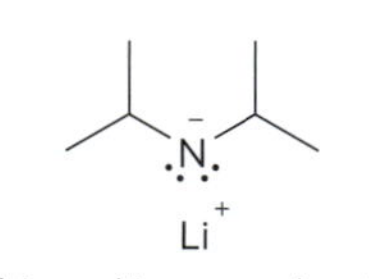

lithium diisopropylamide
LDA

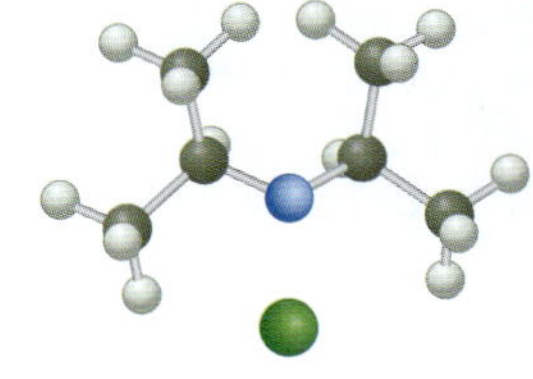

N 원자는 입체적으로 너무 혼잡하여 친핵체가 되지 못한다.

THF
tetrahydrofuran
극성인
비양성자성 용매

LDA는 −78°C에서도 거의 모든 카보닐 화합물의 양성자를 빠르게 제거하여 엔올 음이온을 만든다. THF (tetrahydrofuran)가 이 반응에서 쓰이는 전형적 용매이다.

cyclohexanone (pK_a = 20) + **LDA** ⇌ (THF, −78 °C) 엔올 음이온 + diisopropylamine (pK_a = 40)

평형은 생성물 쪽으로 크게 치우쳐 있다.
거의 모든 케톤이 엔올 음이온으로 변환된다.

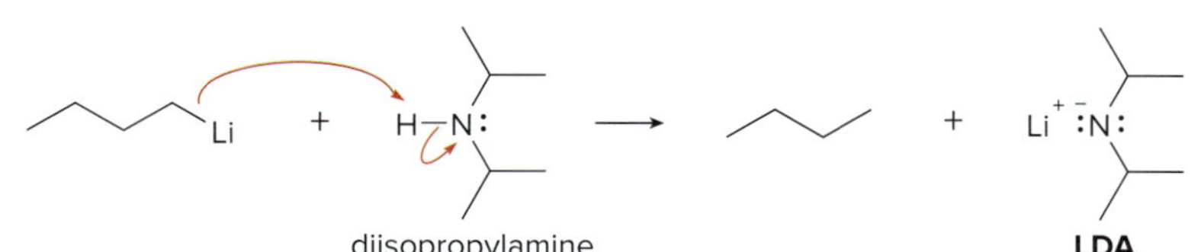

LDA는 diisopropylamine의 양성자를 butyllithium 같은 유기리튬 시약으로 제거하여 만든 다음, 반응에서 즉시 사용한다.

문제 21.9 THF 용매에서 다음 각 출발물을 −78°C로 LDA와 반응시켰을 때 생기는 생성물의 구조를 그려라.

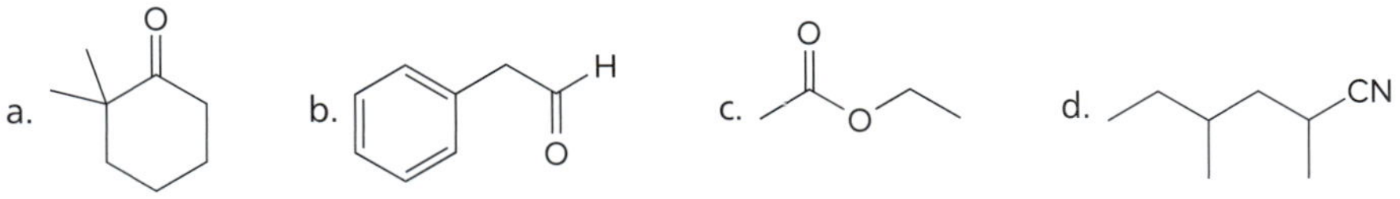

a. b. c. d.

문제 21.10 17장에서 배운 바와 같이 유기리튬 시약(RLi)은 산성 양성자와 쉽게 반응하는 강염기이다. 왜 유기리튬 시약을 엔올 음이온을 만드는 데에는 사용하지 못하는가?

21.3C 엔올 음이온의 일반적 반응

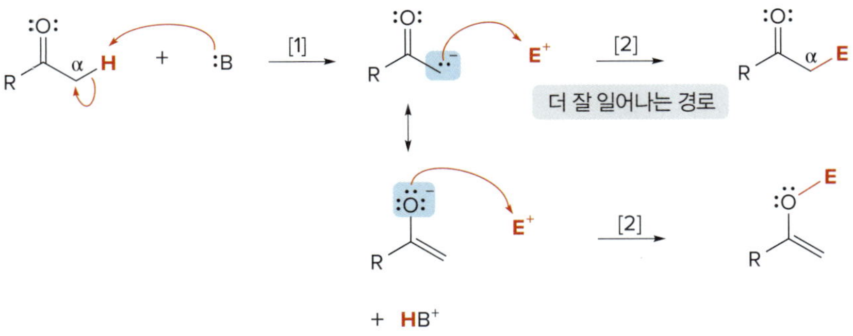

[1] [2] 더 잘 일어나는 경로 [2] + HB^+

엔올 음이온은 친핵체이며, 많은 친전자체와 반응한다. 이 엔올 음이온은 공명 안정화되어 두 개의 반응성이 있는 자리가 있는데, 탄소 원자와 산소 원자에 음전하를 띠고 있다. **이렇게 반응 자리(reactive site)가 두 개인 친핵체를 양쪽자리 친핵체(*ambident nucleophile*)라고 부른다.** 이론적으로는 이 원자가 친핵체와 반응하면 두 개의 다른 생성물을 얻는데, 탄소와 새로운 결합을 이룬 생성물과 산소와 새로운 결합을 이룬 생성물을 각각 얻을 수 있다.

엔올 음이온은 대개 산소 대신에 탄소에서 반응하기 때문에, 음전하가 산소에 있는 공명 구조는 다단계 메커니즘에서는 흔히 생략할 것이다.

엔올 음이온은 보통 탄소 원자에서 반응이 일어나는데, 이곳이 더 친핵성이기 때문이다. 따라서 **엔올 음이온은 일반적으로 α 탄소에서 친전자체와 반응하며,** 21장에서 다룰 많은 반응은 다음의 두 단계 경로를 따른다.

[1] 카보닐 화합물과 염기가 반응하면 엔올 음이온이 생성된다.
[2] 엔올 음이온이 친핵체와 반응하면 α 탄소에 새로운 결합이 생성된다.

21.4 비대칭 카보닐 화합물의 엔올 음이온

2-Methylcyclohexanone과 같은 비대칭 카보닐 화합물이 염기와 반응하면 무엇이 생길까? **두 가지의 엔올 음이온이 가능한데,** 하나는 2° 수소가 제거된 것이 생기며, 다른 하나는 3° 수소가 제거된 것이 생긴다.

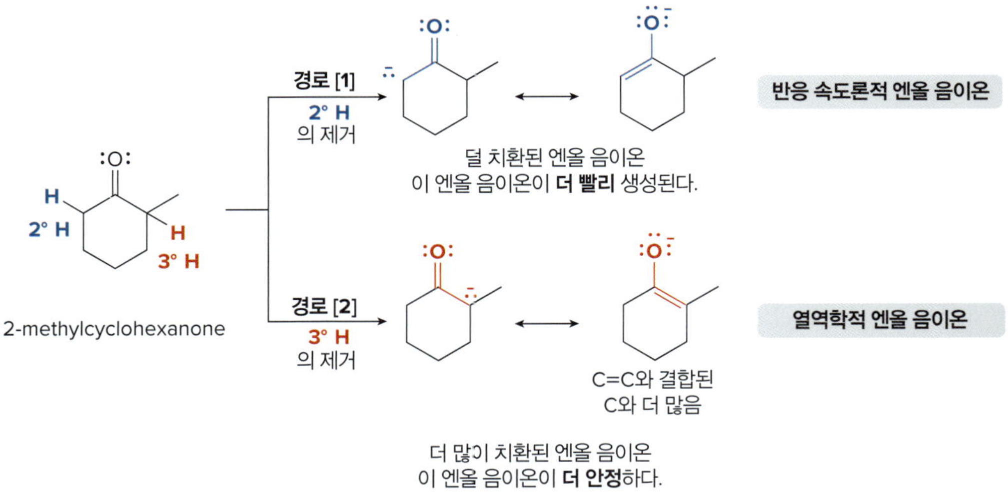

2° H 3° H
2-methylcyclohexanone

경로 [1] 2° H의 제거
덜 치환된 엔올 음이온
이 엔올 음이온이 **더 빨리** 생성된다.
반응 속도론적 엔올 음이온

경로 [2] 3° H의 제거
C=C와 결합된 C와 더 많음
더 많이 치환된 엔올 음이온
이 엔올 음이온이 **더 안정**하다.
열역학적 엔올 음이온

경로 [1]이 경로 [2]보다 더 **빠르게** 일어나는데, 그 이유는 입체 장애가 적은 2° 수소가 제거되어 덜 치환된 α 탄소에 엔올 음이온이 생기기 때문이다. 경로 [2]에서는 3° 수소가 제거되어 이중 결합이 더 많이 치환된 더 **안정한** 엔올 음이온이 생성된다. 평형에서는 이 엔올 음이온은 더 많이 존재한다.

- 반응 속도론적 엔올 음이온(kinetic enolate)은 더 쉽게 접근할 수 있는 수소가 제거되어 생기기 때문에 더 빨리 생성된다.
- 열역학적 엔올 음이온(thermodynamic enolate)은 **더 많이 치환된** 엔올 음이온이기 때문에 에너지가 더 낮다.

염기, 용매 및 반응 온도 모두가 어떤 엔올 음이온이 생성되는지에 영향을 주기 때문에, 적당한 반응 조건을 사용하면 두 엔올 음이온 가운데 하나를 위치 선택적으로 얻을 수 있다.

반응 속도론적 엔올 음이온

반응 속도론적 엔올 음이온은 더 빨리 생성되므로, 온화한 반응 조건을 사용하면 활성화 에너지가 더 큰 느린 과정에 비하여 그 생성이 유리하다. 이 반응 속도론적 엔올 음이온은 덜 안정하므로, 더 안정한 열역학적 엔올 음이온으로 평형이 이동하지 않게 하여야 한다. **반응 속도론적 엔올 음이온은 다음에 의하여 선호된다.**

[1] 비친핵성 강염기. 강염기를 이용하면 엔올 음이온이 빠르게 생긴다. **LDA 같은 덩치가 큰 염기는** 입체 장애가 큰 양성자보다 **덜 치환된 탄소에 있어서 더 쉽게 접근할 수 있는 양성자를 훨씬 더 빨리 제거한다.**

[2] 극성 비양성자성 용매. 극성인 출발물과 중간체를 녹이기 위해서는 용매가 극성이어야 한다. 생성되는 엔올 음이온에 양성자가 첨가되지 않도록 용매는 비양성자성이어야 한다. **THF**는 극성이며 비양성자성이다.

[3] 저온. 반응 속도론적 엔올 음이온이 열역학적 엔올 음이온으로 평형이 이동되는 것을 방지하기 위해서는 온도가 저온(**−78 °C**)이어야 한다.

LDA, THF, −78 °C

주생성물
반응 속도론적 엔올 음이온

- 반응 속도론적 엔올 음이온은 저온(−78 °C)에서 극성인 비양성자성 용매(THF)와 센 비친핵성 염기(LDA)를 사용하여 얻는다.

열역학적 엔올 음이온

평형 조건에서는 열역학적 엔올 음이온의 생성을 선호한다. 이러한 조건은 흔히 **양성자성 용매에서 강염기**를 사용하여 얻는다. 강염기를 사용하면 두 엔올 음이온 모두를 얻을 수 있으나, 양성자성 용매에서는 엔올 음이온에 양성자가 첨가되어 다시 카보닐 출발물로 되돌아간다. 평형에서는 에너지가 낮은 중간체가 더 많이 존재하므로 **더 안정하고 더 많이 치환된 엔올 음이온이 더 큰 농도로 존재한다.** 따라서 **열역학적 엔올 음이온은 다음에 의하여 선호된다.**

구조를 간략히 쓰기 위하여 아래와 같이 약어를 쓸 수 있다.
Me = CH_3,
따라서 $NaOCH_3$ = NaOMe
Et = CH_2CH_3,
따라서 $NaOCH_2CH_3$ = NaOEt
t-Bu = $C(CH_3)_3$,
따라서 $KOC(CH_3)_3$ = KO*t*Bu

[1] 강염기. $Na^{+}\ {}^{-}OCH_2CH_3$, $K^{+}\ {}^{-}OC(CH_3)_3$, 또는 다른 알콕시화 음이온이 흔히 쓰인다.

[2] 양성자성 용매. CH_3CH_2OH 또는 다른 알코올

[3] 실온(25 °C)

NaOEt, EtOH, 25 °C

주생성물
열역학적 엔올 음이온

- 열역학적 엔올 음이온은 실온에서 강염기(RO^-)와 극성인 양성자성 용매(ROH)를 사용하여 얻는다.

예제 21.2 비대칭 케톤에서 얻어지는 엔올 음이온 결정하기

다음의 각 반응에서 더 많이 존재하는 엔올 음이온은 무엇인가?

a. (ketone) $\xrightarrow[\text{THF, −78 °C}]{\text{LDA}}$ b. (ketone) $\xrightarrow[\text{EtOH, 25 °C}]{\text{NaOEt}}$

풀이

a. **강염기이며 비친핵성 염기 LDA**는 덜 치환된 α 탄소의 양성자를 제거하므로 **반응 속도론적 엔올 음이온**이 얻어진다.

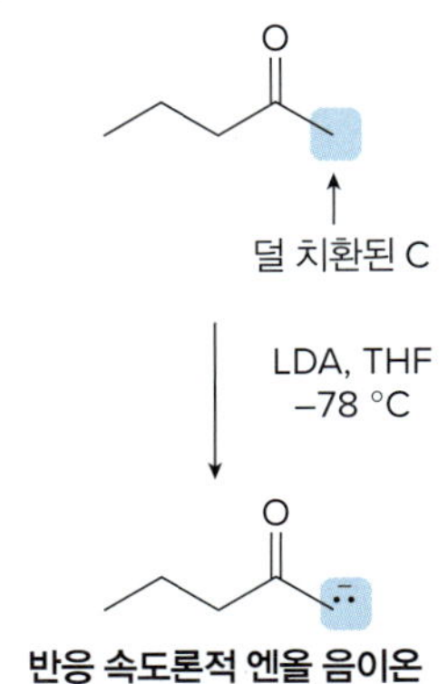

b. **$NaOCH_2CH_3$(강염기)와 CH_3CH_2OH(양성자성 용매)**는 더 많이 치환된 α 탄소의 양성자를 제거하며 따라서 **열역학적 엔올 음이온**이 생성된다.

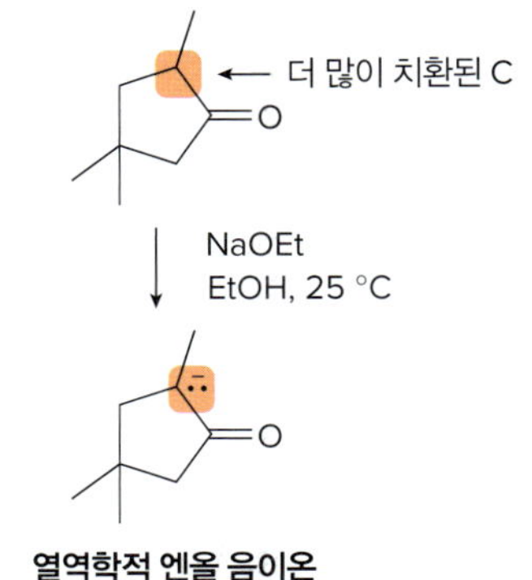

문제 21.11 다음의 각 케톤을 THF에서 LDA와 반응시키면 어떤 엔올 음이온이 생기는가? 같은 케톤을 CH_3OH 용매에서 Na-OCH_3와 반응시키면 어떤 엔올 음이온이 생기는가?

a. b. c.

추가 문제: 문제 21.36을 풀어보라.

21.5 α 탄소에서의 라셈화

14.5절에서 엔올 음이온은 기하 구조 및 혼성화가 적절할 경우에만 전자 밀도의 비편재화에 의하여 안정화됨을 배웠다.

- 엔올 음이온이 콘쥬게이션을 이루기 위해서는, C=O에 인접한 탄소의 전자쌍은 C=O의 두 개의 다른 *p* 오비탈과 중첩하는 *p* 오비탈을 채워야 한다.

- 따라서 엔올 음이온의 모든 세 원자는 sp^2 혼성이며 삼각 평면 구조이다.

아세톤 엔올 음이온에 대한 이러한 결합 특성을 그림 21.1에 나타내었다.

그림 21.1 아세톤 엔올 음이온 $(CH_3COCH_2)^-$의 혼성화와 기하 구조

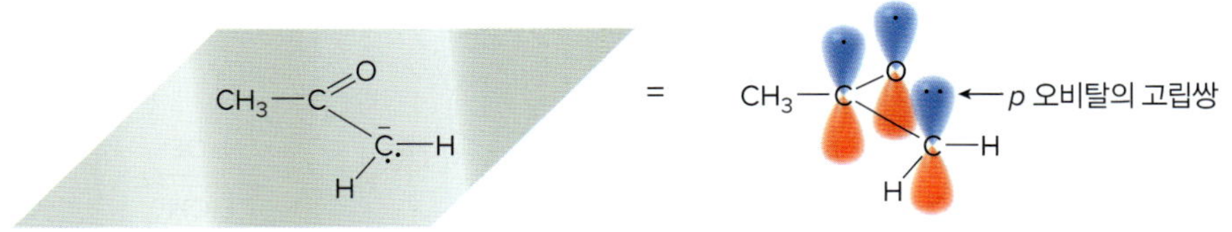

- 엔올 음이온의 O 원자와 두 개의 C는 ***sp*² 혼성화**되어 있으며, 한 평면에 놓여 있다.
- 각 원자의 *p* 오비탈은 평면의 위와 아래에 놓인다. 이 오비탈은 중첩하여 전자 밀도를 비편재화한다.

카보닐기의 α 탄소가 입체 발생 중심일 경우, 수용성 염기로 처리하면 두 단계 과정을 통해 **라셈화(racemization)**가 일어나는데, **양성자 이탈로 엔올 음이온을 만들고 양성자 첨가로 카보닐 화합물을 다시 생성하는 것이다.** 예를 들어, 카이랄 케톤 **A**가 수용성 ^{-}OH와 반응하면 α 탄소가 sp^2 혼성화된 비카이랄 엔올 음이온이 생긴다. 엔올 음이온은 평면 구조이므로 H_2O의 양성자가 첨가될 때, 두 방향에서 이 반응이 같은 확률로 일어나기 때문에 두 케톤의 라셈 혼합물이 생성된다.

A

카이랄 출발물

^{-}OH / H_2O

+ H_2O

비카이랄 엔올 음이온

H_2O 앞

H_2O 뒤

라셈 혼합물

문제 21.12 다음 사실을 설명하라: (a) (*R*)-2-methylcyclohexanone을 NaOH 수용액으로 처리하면, 광학 활성인 용액이 점차 광학 활성을 잃는다. (b) (*R*)-3-methylcyclohexanone을 NaOH 수용액으로 처리하면, 용액은 광학 활성을 유지한다.

21.6 α 탄소에서의 반응 미리보기

이미 엔올 음이온의 합성과 성질에 대하여 배웠기 때문에, 이제 엔올 음이온의 반응에 대하여 알아보기로 한다. 엔올처럼 **엔올 음이온은 친핵체**이다. 그러나 엔올 음이온은 음전하가 있으므로 **중성인 엔올보다 더 친핵성이다.** 따라서 엔올 음이온은 더 다양한 반응을 할 수 있다.

엔올 음이온이 하는 두 일반적 반응인 **치환**과 **다른 카보닐 화합물과의 반응**은 21장의 나머지 부분과 22장에서 다룰 것이다. 두 반응 모두 카보닐의 α 탄소에 새로운 결합을 생성한다.

- 엔올 음이온이 친전자체와 반응하면 치환 생성물이 생긴다.

두 종류의 치환 반응을 검토할 것인데, 하나는 X_2와의 **할로젠화(halogenation)** 반응이고 다른 하나는 RX와의 **알킬화(alkylation)** 반응이다. 이 반응은 21.7–21.10절에서 더 자세하게 다룰 것이다.

X−X → + X^- **할로젠화**

R−X → + X^- **알킬화**

엔올 음이온

붉은색은 새로운 결합

- 엔올 음이온은 다른 카보닐기의 친전자성 카보닐 탄소와 반응한다.

이 반응은 처음 첨가 생성물이 카보닐기의 구조에 따라 다른 생성물을 생성하기 때문에 더 복잡하다. 이 반응은 22장의 주제이다.

엔올 음이온

새로운 C−C 결합(붉은색)

21.7 α 탄소에서의 할로젠화

우리가 공부할 첫 번째 치환 반응은 **할로젠화**이다. 케톤 또는 알데하이드를 할로젠과 산 또는 염기와 같이 반응시키면 **α 탄소의 H가 X로 치환**되어 **α-할로 알데하이드 또는 케톤**을 얻을 수 있다. Cl_2, Br_2 및 I_2의 할로젠화는 쉽게 일어난다.

R' = H 또는 알킬
$X_2 = Cl_2, Br_2, I_2$

X_2 / H^+ 또는 ^-OH

α-할로 알데하이드 또는 케톤

Cl_2 / HCl, H_2O

산과 염기에서 일어나는 할로젠화의 메커니즘은 약간 다르다.

- 산에서 일어나는 반응에서는 일반적으로 **엔올**이 중간체이다.
- 염기에서 일어나는 반응에서는 일반적으로 **엔올 음이온**이 중간체이다.

21.7A 산에서의 할로젠화

할로젠화 반응은 종종 아세트산에서 카보닐 화합물을 할로젠과 반응시켜서 수행한다. 이 방법에서는 아세트산이 용매이면서 동시에 산 촉매이다.

Br_2 / CH_3CO_2H → + HBr

산 촉매에 의한 할로젠화 반응의 메커니즘은 두 단계, 즉 카보닐 화합물이 엔올형으로 변하는 **토토머화와 엔올의 할로젠과의 반응**을 통해서 일어난다. 메커니즘 21.3은 CH_3CO_2H에서 $(CH_3)_2C{=}O$와 Br_2의 반응을 보여 주고 있다.

메커니즘 21.3 α 탄소에서 산 촉매로 일어나는 할로젠화

$H{-}O_2CCH_3$ (1) $^-O_2CCH_3$ (2) 엔올 + CH_3CO_2H (3) 새로운 결합(붉은색) (4) + H—Br:

1 ~ 2 케톤이 양성자 첨가와 양성자 이탈의 두 단계 과정을 통하여 **엔올 토토머**로 변환된다.

3 ~ 4 할로젠이 엔올에 첨가되면 α 탄소에서 Br과의 새로운 결합이 생기고 양성자가 제거되면 치환 생성물이 생긴다.

문제 21.13 다음의 각 반응의 생성물을 그려라.

a. Cl_2 / H_2O, HCl b. CHO Br_2 / CH_3CO_2H c. Br_2 / CH_3CO_2H

21.7B 염기에서의 할로젠화

염기에서의 할로젠화는 단 한 개의 할로젠 원자만을 α 탄소에 첨가한 후 반응을 멈추는 것이 어렵기 때문에 덜 유용하다. 예를 들어 propiophenone을 ^-OH 수용액에서 Br_2로 처리하면 다이브로모 케톤(dibromo ketone)이 생성된다.

propiophenone → (Br_2, ^-OH) → Br Br

카보닐 화합물과 염기의 반응에서는 카보닐 화합물의 α 수소가 쉽게 제거되므로 항상 엔올 음이온이 생긴다.

각 Br 원자가 도입되는 메커니즘은 동일한 두 단계, 즉 **염기에 의한 양성자 이탈과 연이은 Br_2와의 반응**으로 진행되며, 결과적으로 메커니즘 21.4에서 보는 바와 같이 새로운 C–Br 결합이 생긴다.

메커니즘 21.4 염기에서 α 탄소의 할로젠화

[1] ⇌ + H_2O: → [2] :Br:⁻

새로운 결합(붉은색)

1 케톤을 염기로 처리하면 **친핵성 엔올 음이온**이 생긴다.

2 엔올 음이온은 Br_2(친전자체)와 반응하여 α 탄소의 수소 하나가 Br로 치환된 치환 생성물이 된다.

염기로 ^-OH를 사용하면 평형에서 엔올 음이온이 매우 적은 양으로 생기나, 이 엔올 음이온은 Br_2와 매우 잘 반응하는 센 친핵체이므로 평형이 오른쪽으로 치우치게 된다. 그 다음 동일한 두 단계 반응, 즉 **양성자 이탈**과 잇따른 **친핵성 공격**에 의하여 α 탄소에 두 번째 Br 원자가 도입된다.

α-bromopropiophenone [1] ⇌ + H_2O: → [2] 이중 치환 생성물 + :Br:⁻

전기 음성인 Br이 음전하를 안정화한다.

Br 원자가 한 개만 첨가된 후에 반응이 멈추는 것은 어렵다. 왜냐하면 Br의 전자 끌기 유도 효과에 의하여 두 번째 엔올 음이온이 안정화되기 때문이다. 따라서 α-bromopropiophenone의 α 수소는 propiophenone의 α 수소 원자보다 더 큰 산성이며, 더 쉽게 염기가 수소를 제거할 수 있다.

메틸 케톤을 과량의 할로젠으로 할로젠화하는 반응인 **할로폼(haloform) 반응**에서는, 탄소–탄소 σ 결합이 절단되고 카복실산 음이온과 CHX_3(흔히 **할로폼**이라고 부름)의 두 생성물이 생긴다.

R–CO–CH₃ → (X_2 (과량), ^-OH) 할로폼 반응 → R–COO⁻ 카복실산 음이온 + HCX_3 할로폼

PhCOCH₃ → (I_2 (과량), ^-OH) → PhCOO⁻ + HCI_3 아이오도폼

붉은색 C–C 결합이 쪼개진다.

α 수소가 있는 모든 케톤이 염기 조건에서 I_2와 반응하지만, **메틸** 케톤의 경우에만 반응 혼합물에서 연한 노란색 고체인 CHI_3 (iodoform)가 침전된다. 이 반응은 메틸 케톤을 검출하기 위하여 한때 쓰였던 화학적 방법인 **아이오도폼 검사(iodoform test)**이다. 메틸 케톤의 경우 아이오도폼 검사 결과(노란색 고체의 생성)가 양성으로 나타나지만, 다른 케톤은 아이오도폼 검사 결과(반응 혼합물에서 변화가 없음)가 음성으로 나타난다.
Photo by Kwang-youn Ko

할로폼 반응에서는 CH_3기의 세 개의 수소 원자가 순차적으로 X로 치환되어 중간체가 생성되고, 이것은 염기에 의하여 산화적으로 쪼개진다. 메커니즘 21.5에서는 할로겐으로 I_2를 사용하여 CHI_3 (iodoform) 생성물이 생성되는 것을 나타내고 있다.

메커니즘 21.5 할로폼 반응

부분 [1] α 탄소에서의 할로젠화

단계 1 ~ 2 의 두 번 반복

+ H_2O: + :I:⁻

1 ~ 2 양성자를 제거하면 엔올 음이온이 생성되고 이 음이온이 I_2와 반응하면 α-아이오도 케톤이 얻어진다. 단계 [1]과 [2]가 두 번 더 반복되면 트라이아이오도(triiodo) 치환 생성물이 생긴다.

부분 [2] ⁻OH에 의한 산화성 쪼개짐

+ HCI_3 **iodoform**

3 ⁻OH의 친핵성 첨가 반응을 통하여 정사면체 중간체를 만든다.

4 **⁻CI_3가 제거되는 탄소–탄소 결합의 절단**이 일어나면서 치환 생성물이 생성된다.

5 양성자가 이동하여 카복실산 음이온과 아이오도폼 HCI_3가 생긴다.

단계 [3]과 단계 [4]의 결과로 케톤의 **친핵성 치환** 반응이 일어난다. 케톤은 보통 **친핵성 첨가**를 하므로, 이 두 단계 과정으로 일어나는 할로폼 반응은 특이하다. 세 개의 전기 음성인 할로젠 원자가 CX_3(이 예에서는 CI_3)를 좋은 이탈기로 만들기 때문에 치환이 일어난다.

α 탄소에서 일어나는 할로젠화의 세 가지 가능한 결과는 장 끝의 복습의 핵심 반응에 요약되어 있다.

문제 21.14 과량의 할로젠이 존재한다고 가정하고, 각 반응의 생성물을 그려라.

a. Br_2, ⁻OH b. I_2, ⁻OH c. I_2, ⁻OH

21.7C α-할로 카보닐 화합물의 반응

α-할로 카보닐 화합물은 염기를 이용한 **제거**와 친핵체를 이용한 **치환**의 두 가지의 유용한 반응을 수행할 수 있다.

예로, 2-bromocyclohexanone을 극성 비양성자성 용매인 DMF [HCON $(CH_3)_2$]에서 LiBr의 존재하에 Li_2CO_3 염기로 처리하면 **α와 β 탄소에서 Br과 H가 각각 제거되어** cyclohex-2-enone

이 생성된다. 따라서 두 단계 방법을 이용하면 cyclohexanone과 같은 카보닐 화합물을 cyclohex-2-enone 같은 **α,β-불포화 카보닐 화합물**로 변환시킬 수 있다.

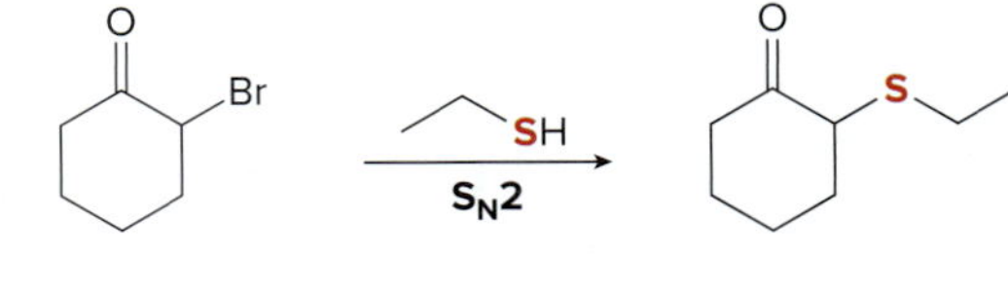

α,β-불포화 카보닐 화합물은 17.15절에서 다룬 바와 같이 다양한 1,2- 및 1,4-첨가 반응을 한다.

[1] α 탄소에서의 브로민화는 CH_3CO_2H에서 Br_2를 이용하여 이루어진다.

[2] DMF에서 Li_2CO_3와 LiBr로 처리하면 Br과 H가 제거된다.

α-할로 카보닐 화합물은 친핵체와 S_N2 반응도 한다. 예로 2-bromocyclohexanone을 CH_3CH_2SH와 반응시키면 치환 생성물 A를 얻을 수 있다.

예제 21.3 합성에서 α-할로 카보닐 화합물을 사용하기

케톤 **A**를 **B**와 **C**로 변환하는 데 어떤 합성 경로가 필요하겠는가?

풀이

B를 생성하기 위해 α 탄소에 질소 원자를 도입하거나, **C**를 생성하기 위하여 α 탄소와 α 탄소 사이에 이중 결합을 도입하기 위해서는 먼저 **A**를 **α-할로 케톤 D**로 변환해야 한다. 그 다음에 할로젠이 **치환** 반응에서 이탈기로 작용하면 **B**가 생성되고 또는 **제거** 반응에서 이탈기로 작용하면 **C**가 생성된다.

- **D**와 아민 친핵체의 반응은 S_N2 반응에 의해 치환 반응 생성물 **B**를 생성한다.
- **D**와 염기의 반응은 제거 반응 생성물 **C**를 생성한다. α 탄소와 β 탄소로부터 Br과 H 원자가 제거되면 π 결합이 생성된다.

문제 21.15 2-Bromopentan-3-one ($CH_3CH_2COCHBrCH_3$)을 각 시약으로 처리하였을 때 생기는 유기 생성물을 그려라.
(a) Li_2CO_3, LiBr, DMF (b) $CH_3CH_2NH_2$ (c) CH_3SH

추가 문제: 문제 21.51b, c; 21.53; 21.55를 풀어보라.

문제 21.16 만성 결합 조직 장애를 치료하는 데 쓰이는 약물인 bosentan 합성의 한 단계인 다음 반응에서 **A**는 무엇인가? 이 장애는 폐고혈압과 손가락 끝에 열린 상처(손가락 궤양)를 초래할 수 있다. Bosentan에서 **A**에서 유래하는 원자를 확인하라.

HO / O / Br / $NaOCH_3$ / CH_3OH / A / 몇 단계 / O O S NH N N N N O O O OH / bosentan

21.8 엔올 음이온의 직접 알킬화

알데하이드 또는 케톤을 염기와 할로젠화 알킬(RX)로 처리하면, **α 탄소의 H 대신 R이 치환되는 알킬화(*alkylation*)**가 일어난다. 알킬화가 일어나면 α 탄소에 새로운 탄소–탄소 결합이 생긴다.

O / R' / α / H / [1] :B / [2] RX / R' / α / R / + X^- + HB^+

새로운 C–C 결합(붉은색)

21.8A 일반적 특징

알킬화를 직접 수행하는 방법부터 논의한 다음에, 오래되었으나 현재도 쓰이고 있는 두 가지 다단계 방법(21.9절과 21.10절)을 논의하고자 한다. 직접 알킬화는 다음의 두 단계 과정으로 일어난다.

:O: / R' / α / H + LDA / [1] THF −78 °C / 친핵체 / R–X / [2] S_N2 / R' / α / R + X^- / R' = CH_3 또는 알킬

[1] **양성자 이탈**: 염기가 α 탄소에서 양성자를 제거하면 엔올 음이온이 생긴다. 저온(−78 °C)과 THF 용액에서 LDA 같은 비친핵성 강염기를 사용하면 이 반응은 잘 진행된다.

[2] **친핵성 공격**: 친핵성 엔올 음이온이 할로젠화 알킬을 공격하면, S_N2 반응에 의하여 할로젠화물(좋은 이탈기)이 떨어지고 알킬화 생성물을 얻는다.

단계 [2]는 **S_N2 반응**이므로 **입체 장애가 없는 할로젠화 메틸과 1° 할로젠화 알킬**의 경우에만 반응이 잘 진행된다. 입체 장애가 큰 할로젠화 알킬과 할로젠이 sp^2 혼성 탄소에 결합된 화합물은 치환되지 않는다.

R_3CX, CH_2=CHX와 C_6H_5X는 S_N2 반응에서 반응성이 없으므로 엔올 음이온과의 알킬화 반응을 하지 **않는다**.

O / LDA THF −78 °C / O / CH_3–Br / O / + Br^-

O / LDA THF −78 °C / O / Cl / O / + Cl^-

새로운 C–C 결합(붉은색)

에스터 엔올 음이온과 나이트릴에서 얻을 수 있는 탄소 음이온도 이 조건에서 알킬화된다.

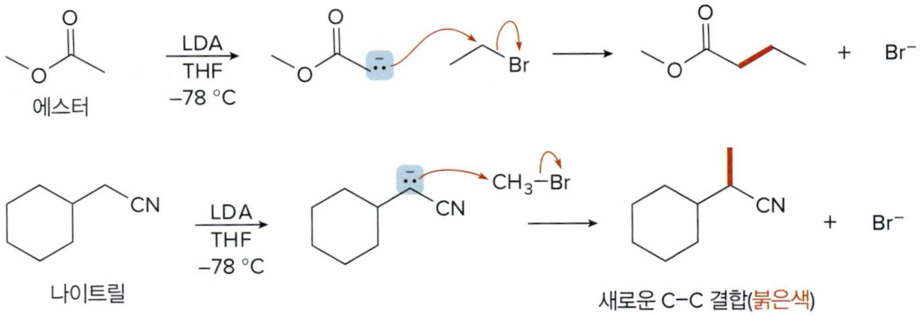

에스터 LDA THF −78 °C Br + Br^-

나이트릴 CN LDA THF −78 °C CH_3-Br + Br^-

새로운 C−C 결합(붉은색)

문제 21.17 다음의 각 화합물을 저온에서 THF 용액에 녹인 LDA와 먼저 반응시킨 후, CH_3CH_2I를 반응시켰을 때 만들어지는 생성물은 무엇인가?

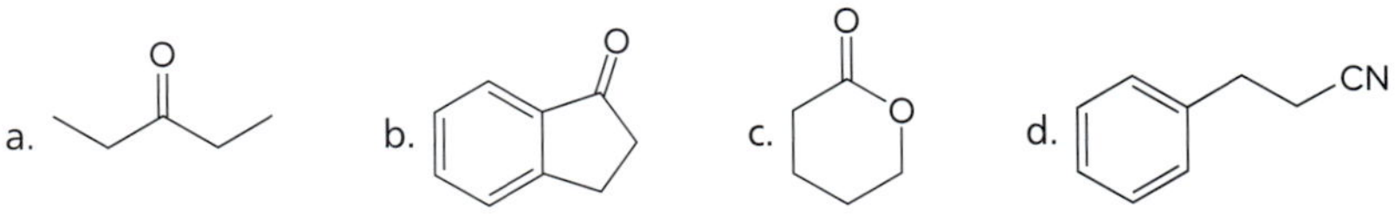

a. b. c. d. CN

엔올 음이온 알킬화의 입체 화학은 반응들의 입체 화학을 지배하는 일반적 규칙을 따른다. **비카이랄 출발물은 비카이랄 또는 라셈 생성물을 생성한다.** 예로서, cyclohexanone(비카이랄 출발물)을 염기와 CH_3CH_2I로 처리하여 2-ethylcyclohexanone으로 변환시키면 새로운 입체 발생 중심이 한 개 생기는데, 두 거울상 이성질체 생성물이 같은 양만큼 생긴다. 즉 **라셈 혼합물**이 얻어진다.

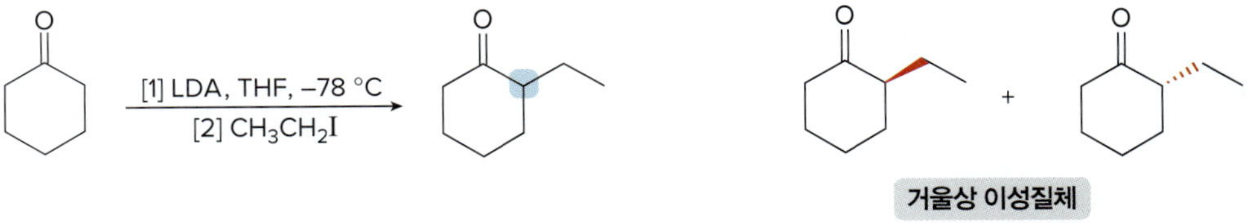

[1] LDA, THF, −78 °C
[2] CH_3CH_2I

거울상 이성질체

문제 21.18 다음의 각 화합물을 LDA와 뒤이은 CH_3I로 처리하였을 때 생성되는 생성물을 그려라(입체 화학을 포함하여).

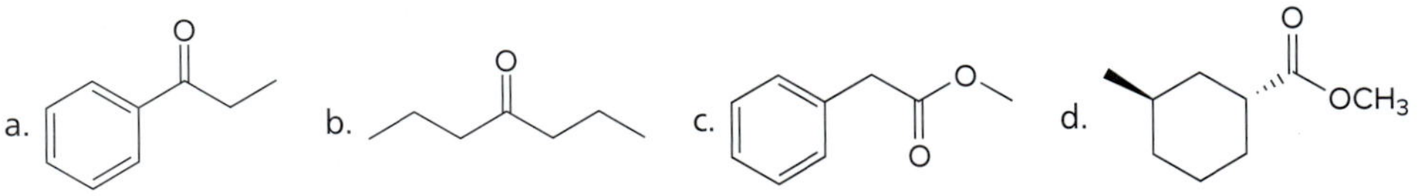

a. b. c. d. OCH_3

문제 21.19 진통제인 naproxen은 에스터 **A**로부터 몇 단계의 반응을 거쳐 만들어진다. **A**를 naproxen 변환시키는 과정은 한 단계로 엔올 음이온을 알킬화하는 것이다. 이 과정에 필요한 시약은 무엇인가? 각 중간체의 구조를 쓰라. 라셈 혼합물이 생성되는 이유를 설명하라.

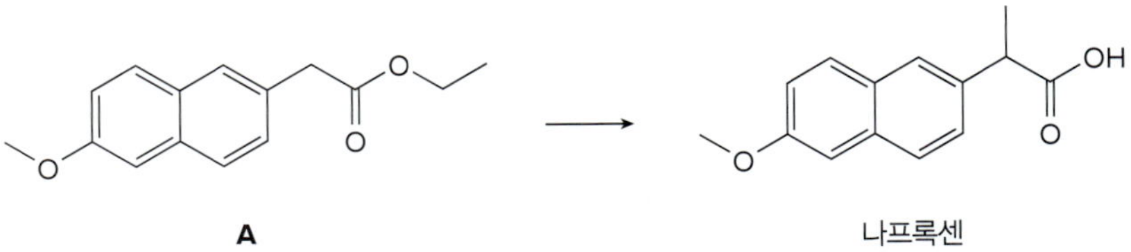

A → 나프록센 (OH)

21.8B 비대칭 케톤의 알킬화

비대칭 케톤은 주생성물이 한 개만 나오도록 위치 선택적으로 알킬화할 수 있다. 적당한 염기, 용매 및 온도를 사용함으로써 반응 속도론적 또는 열역학적 엔올 음이온을 얻을 수 있고(21.4절), 이 음이온을 할로젠화 알킬로 처리하면 알킬화 생성물을 얻을 수 있다.

이러한 전략은 반응 조건에 따라서 브로모 케톤 **A**의 분자내 알킬화 반응으로 **B** 또는 **C**를 합성하는 예에서 볼 수 있다.

A B 또는 C

새로운 C−C 결합(붉은색)

- −78°C의 THF에서 LDA로 **A**를 처리하면 덜 치환된 엔올 음이온이 생성되며, 이 음이온이 분자내 S_N2 반응을 수행하면 B의 칠원자 고리가 생성된다.

LDA THF −78°

덜 치환된 엔올 음이온 반응 속도론적 생성물

- 실온에서 **A**를 $(CH_3)_3COH$에서 $KOC(CH_3)_3$로 처리하면 **더 많이** 치환된 엔올 음이온이 생성되는데, 이 음이온이 분자내 S_N2 반응을 수행하면 **C**의 오원자 고리가 생성된다.

$KOC(CH_3)_3$ $(CH_3)_3COH$

더 치환된 엔올 음이온 열역학적 생성물

끝으로 LDA를 사용하는 덜 치환된 α 탄소에서의 엔올 음이온의 알킬화 반응은 믿을 만한 위치 선택적 반응인 반면, $KOC(CH_3)_3$를 사용하는 더 치환된 α 탄소에서의 엔올 음이온의 알킬화 반응은 생성물이 혼합물로 얻어질 수도 있다. 위치 선택성은 기질의 종류와 원하는 알킬화 생성물의 수율을 최대한으로 올리기 위하여 때로는 조심스럽게 조정하여야 하는 실험 변수에 달려있다.

문제 21.20 Pentan-2-one을 다음의 각 화합물로 어떻게 변환시킬 수 있는가?

a. b. c.

21.8C 엔올 음이온 알킬화의 응용: 타목시펜의 합성

타목시펜(tamoxifen)은 수년 동안 유방암을 치료하는 데 사용되고 있는 강력한 항암제이다. 타목시펜 합성의 한 단계는 케톤 **A**를 염기인 NaH로 처리하여 엔올 음이온을 얻는 것이다. 이 엔올 음이온을 CH_3CH_2I로 알킬화하면 높은 수율로 **B**를 얻을 수 있고, **B**는 우리가 이미 배운 반응을 이용하면 몇 단계를 거쳐 타목시펜으로 변환된다.

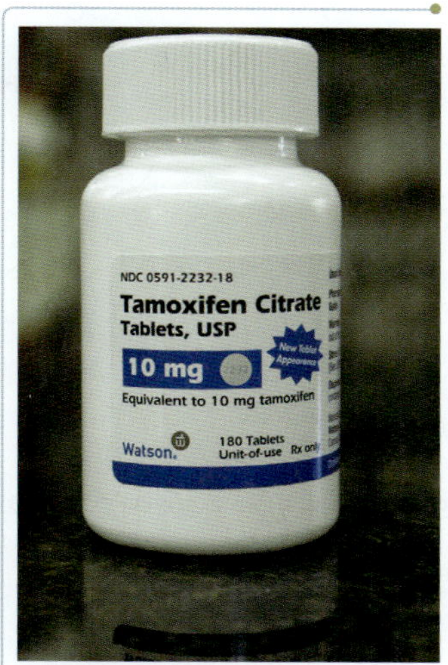

타목시펜은 놀바덱스(Nolvadex)라는 상표로 1970년대부터 판매되고 있다.
Mary Reeg/McGraw Hill

Br, O, O, A —NaH→ 엔올 음이온 —(CH₃CH₂I)→ B —여러 단계→ tamoxifen

B: 새로운 C−C 결합(붉은색)

tamoxifen: C=C의 Z 이성질체만이 약효가 있다.

문제 21.21 α-메틸렌-γ-뷰티로락톤(α-methylene-γ-butyrolactone)이라고 부르는 오원자 고리의 합성에서 중간체 **A**, **B**와 **C**의 구조를 그려라. 이러한 헤테로 고리계는 몇 개의 항종양제에서 볼 수 있다.

$\xrightarrow[\text{THF}]{\text{LDA}}$ **A** $\xrightarrow{CH_3I}$ **B** $\xrightarrow[CH_3CO_2H]{Br_2}$ **C** $\xrightarrow[\text{LiBr, DMF}]{Li_2CO_3}$ α-메틸렌-γ-뷰티로락톤

문제 21.22 *Laurencia* 속(문제 7.5)의 홍조에서 분리된 해양 천연물인 laurencin 합성의 주요 단계는 분자내 엔올 음이온 알킬화 반응이다. 다음 반응에서 생성물 **A**의 구조는 무엇인가?

Cl, O, O, O, $N(CH_3)_2$ —염기→ **A** —몇 단계→ laurencin (Br, O, O, O)

21.9 말론산 에스터 합성

21.8절에서 다룬 엔올 음이온의 직접 알킬화의 방법 이외에, 말론산 에스터(malonic ester) 합성과 아세토아세트산 에스터(acetoacetic ester) 합성을 이용하면 α 탄소에 새로운 알킬기를 도입할 수 있다.

- **말론산 에스터 합성을 이용하면** 다음과 같은 두 가지 구조의 **카복실산**을 얻을 수 있다.

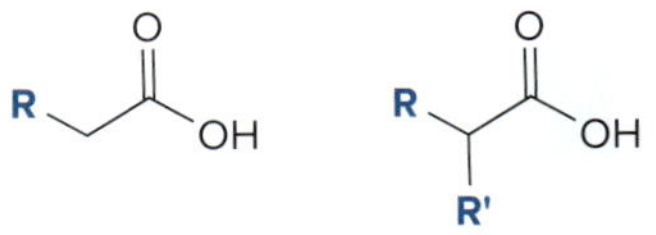

- **아세토아세트산 에스터 합성을 이용하면** 다음과 같은 두 가지 구조의 **메틸 케톤**을 얻을 수 있다.

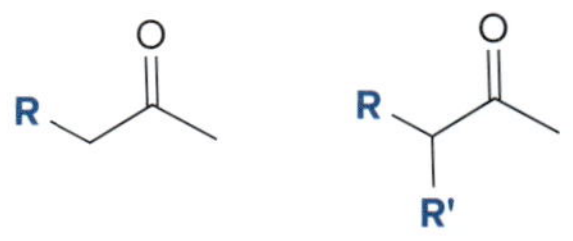

21.9A 말론산 에스터 합성의 배경

- 말론산 에스터 합성은 diethyl malonate α 탄소에 한 개 또는 두 개의 알킬기가 있는 카복실산으로 변환시키는 단계적 방법이다.

구조를 간단히 적기 위하여, 에스터의 CH_3CH_2기를 Et라고 줄여서 쓴다.

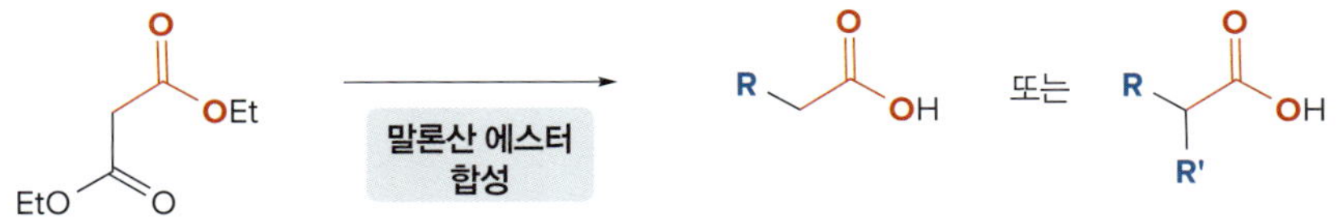

말론산 에스터 합성

또는

diethyl malonate
Et = CH_3CH_2

말론산 에스터 합성의 단계를 적기 전에, 20.10절에서 에스터는 수용성 산에 의하여 가수 분해된다는 것을 배웠음을 기억하라. 따라서 diethyl malonate를 산 수용액에서 가열하면 두 에스터가 가수 분해되어 카복시기로 변하고 β-이가산(β-diacid, 1,3-이가산)이 생성된다.

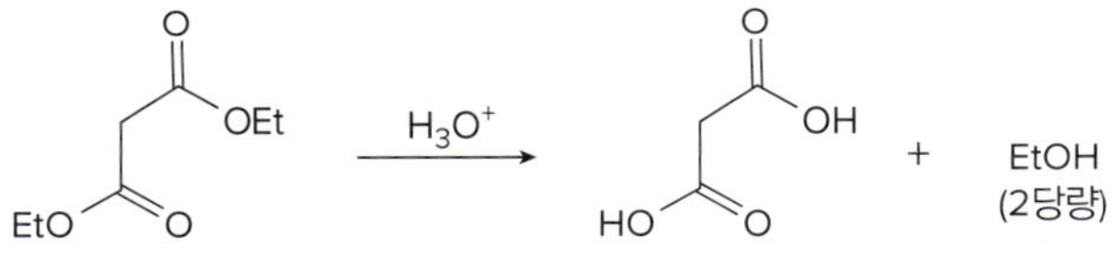

H_3O^+

EtOH (2당량)

diethyl malonate

malonic acid
β-이가산

β-이가산은 열에 불안정하여, CO_2를 잃어버리면서(탈카복실 반응, decarboxylation) 탄소–탄소 결합이 깨지고 카복실산으로 변한다. 탈카복실 반응은 모든 카복실산에서 흔히 일어나는 반응이 아니다. 그러나 β-이가산의 경우, 이 반응이 CO_2가 고리형 육원자 전이 상태를 거쳐 제거되기 때문에 일어난다. 이 과정에서 카복실산의 엔올이 생기나, 더 안정한 케토형으로 토토머화한다.

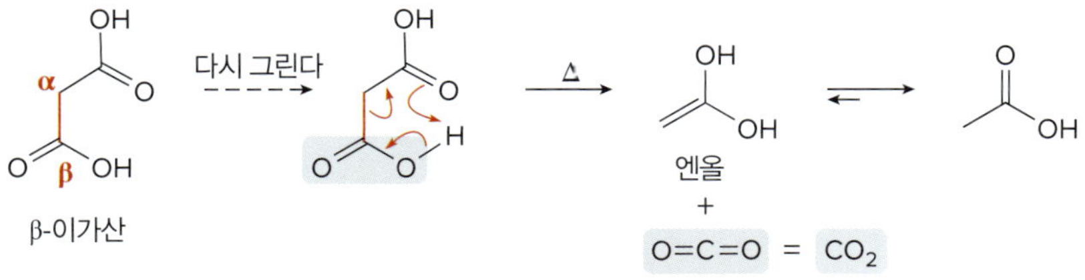

다시 그린다

Δ

β-이가산

엔올
+
O=C=O = CO_2

탈카복실 반응의 알짜 반응은 CO_2가 이탈되면서 α 탄소의 탄소–탄소 결합이 깨지는 것이다.

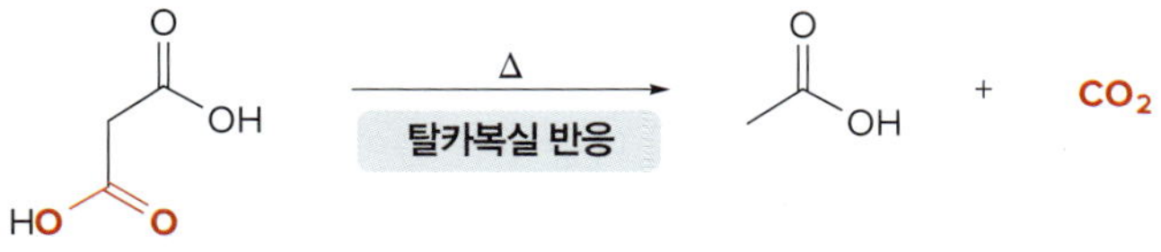

Δ

탈카복실 반응

+ CO_2

β-이가산

탈카복실 반응은 카복시기(COOH)가 다른 카보닐기의 α 탄소에 결합되어 있을 경우에 쉽게 일어난다. 예로서 β-케토 산(β-keto acid)도 가열하면 쉽게 CO_2를 잃어버리고 케톤으로 변한다.

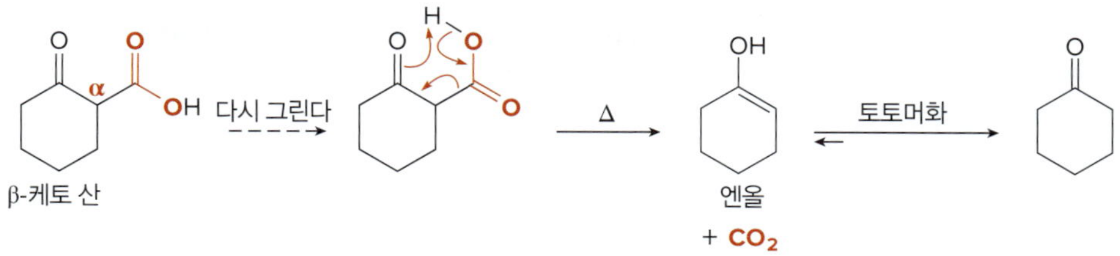

β-케토 산 — 다시 그린다 → Δ → 엔올 + CO_2 — 토토머화 →

예제 21.4 어느 카보닐 화합물에서 탈카복실 반응이 일어날지를 결정하기

다음 화합물 중에서 가열하였을 때 쉽게 CO_2를 잃는 것은 어느 것인가?

a. b.

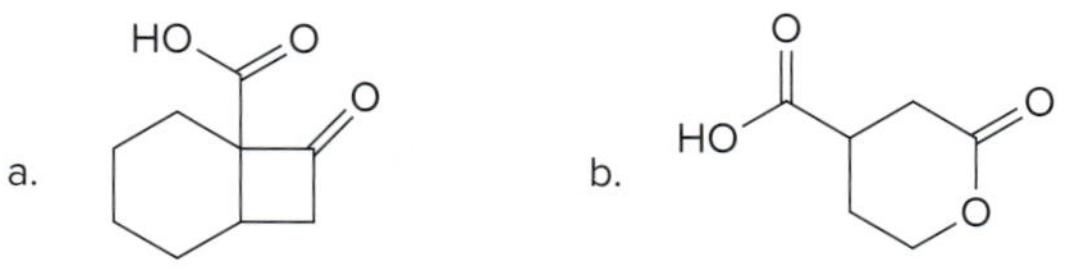

풀이

탈카복실 반응은 CO_2H기가 다른 카보닐기의 α 탄소와 결합하고 있을 경우에만 쉽게 일어난다.

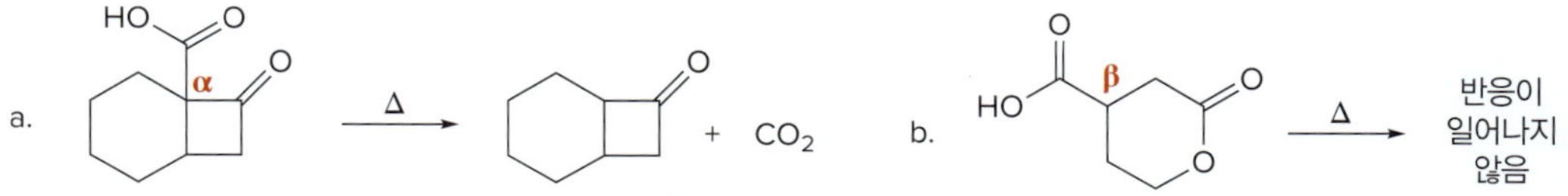

a. α — Δ → + CO_2 b. β — Δ → 반응이 일어나지 않음

(a)에서는 CO_2H기가 카보닐에 대하여 α 위치이므로 CO_2가 쉽게 떨어져서 케톤이 얻어진다. (b)에서는 CO_2H기가 카보닐에 대하여 β 위치이므로 CO_2가 쉽게 떨어지지 않는다.

문제 21.23 다음 화합물 중에서 가열하였을 때 쉽게 CO_2를 잃는 것은 어느 것인가?

a. b. c. d.

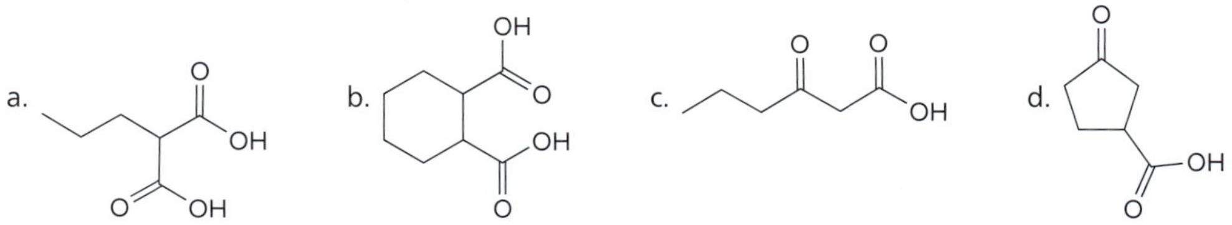

추가 문제: 문제 21.51a, 21.54를 풀어보라.

21.9B 말론산 에스터 합성의 단계

말론산 에스터 합성을 이용하면 세 단계로 diethyl malonate를 카복실산으로 변환할 수 있다.

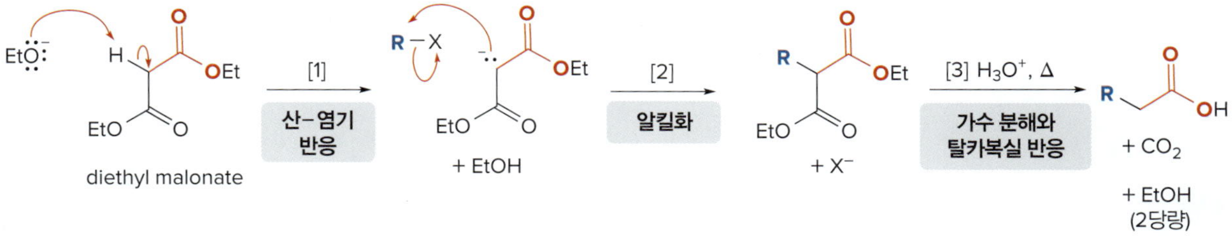

diethyl malonate — [1] 산-염기 반응 → + EtOH — [2] 알킬화 → + X^- — [3] H_3O^+, Δ 가수 분해와 탈카복실 반응 → + CO_2 + EtOH (2당량)

[1] **양성자 이탈**. Diethyl malonate를 $^{-}$OEt로 처리하면 두 카보닐기 사이에 있는 산성 α 양성자가 제거된다. 이러한 양성자는 **그 엔올 음이온**이 보통의 두 개 대신 **세 개의 공명 구조에 의하여 안정화**되기 때문에 다른 α 양성자보다 더 산성임을 21.3A절에서 배운 바 있다. 따라서 더 센 염기인 LDA 대신 $^{-}$OEt를 이 반응에 쓸 수 있다.

짝염기의 세 개의 공명 구조

[2] **알킬화 반응**. 친핵성 엔올 음이온을 할로젠화 알킬과 반응시키면 S_N2 반응에 의하여 치환 생성물이 얻어진다. 메커니즘이 S_N2이므로 R은 CH_3 또는 1° 알킬기여야 한다.

[3] **가수 분해와 탈카복실 반응**. 다이에스터를 산 수용액에서 가열하면 β-이가산으로 가수 분해되고, 이 산은 CO_2를 잃고 카복실산으로 변한다.

Diethyl malonate로부터 butanoic acid ($CH_3CH_2CH_2COOH$)를 합성하는 반응이 이러한 기본 원리를 보여준다.

[1] NaOEt
[2] Br
H_3O^+, Δ

diethyl malonate

새로운 C–C 결합(붉은색)

이 반응 순서의 첫 번째 두 단계를 가수 분해와 탈카복실 반응 전에 반복하면, α 탄소에 **두 개의 새로운 알킬기**가 있는 카복실산을 합성할 수 있다. 이 방법을 이용하면 diethyl malonate로부터 2-benzylbutanoic acid [$CH_3CH_2CH(CH_2C_6H_5)COOH$]를 합성할 수 있다.

[1] NaOEt
[2] Br

[1] NaOEt
[2] Cl

H_3O^+, Δ

diethyl malonate

새로운 C–C 결합(붉은색)

새로운 C–C 결합(푸른색)

$CH_2(CO_2Et)_2$로부터

로부터 Br

로부터 Cl

적당한 이할로젠화물(dihalide)을 출발물로 사용하여 분자내 말론산 에스터 합성을 이용하면 삼원자 고리에서 육원자 고리까지 합성할 수 있다. 예로서 diethyl malonate와 1,4-dibromobutane

($BrCH_2CH_2CH_2CH_2Br$)으로부터 다음과 같은 순서로 반응시키면 cyclopentanecarboxylic acid를 제조할 수 있다.

NaOEt

새로운 C–C 결합(붉은색)

+ NaBr

NaOEt

H_3O^+
Δ

cyclopentane-carboxylic acid
+ EtOH + CO_2
(2당량)

새로운 C–C 결합(푸른색)
+ NaBr

문제 21.24 각 반응의 생성물을 그려라.

a. $CH_2(CO_2Et)_2$ → [1] NaOEt [2] (cyclohexylmethyl bromide) → H_3O^+, Δ

b. $CH_2(CO_2Et)_2$ → [1] NaOEt [2] CH_3Br → [1] NaOEt [2] CH_3Br → H_3O^+, Δ

문제 21.25 말론산 에스터 합성에서 각 이할로젠화물부터 얻어지는 고리 생성물은 무엇인가?

a. Cl–CH₂CH₂CH₂CH₂–Cl

b. Br–CH₂CH₂–O–CH₂CH₂–Br

21.9C 역합성 분석

말론산 에스터 합성에서 주어진 화합물을 얻기 위해서는 필요한 출발물이 무엇인지를 알아야 한다. 즉 **역합성 분석을 이용하여 역순으로 생각하여야 한다.** 역합성 분석은 두 단계 과정으로 이루어진다.

[1] COOH기의 α 탄소를 알아내고, 그 α 탄소에 결합하고 있는 모든 알킬기를 확인한다.
[2] 분자를 두 개(또는 세 개)의 성분으로 쪼갠다. α 탄소에 결합하고 있는 알킬기는 할로젠화 알킬에서 유래한다. 분자의 나머지 부분은 $CH_2(COOEt)_2$에서 오는 것이다.

R–X ⟸ R–α–COOH ⟹ diethyl malonate

할로젠화 알킬 / 생성물 / diethyl malonate

예제 21.5 말론산 에스터 합성에서 출발물 결정하기

말론산 에스터 합성을 이용하여 2-methylhexanoic acid [$CH_3CH_2CH_2CH_2CH(CH_3)COOH$]를 합성할 때 필요한 출발물은 무엇인가?

풀이

목표 분자에는 α 탄소에 두 개의 다른 알킬기가 결합되어 있다. 따라서 세 개의 성분이 합성에 필요하다.

2-methylhexanoic acid

diethyl malonate

CH_3—I

실제 합성 방향으로 쓰면 다음과 같다.

[1] NaOEt [2] CH_3I → [1] NaOEt [2] (1-bromobutane) → H_3O^+, Δ

문제 21.26 말론산 에스터 합성을 이용하여 아래의 카복실산을 얻는 데 어떤 할로젠화 알킬이 필요한가?

a. b. c.

추가 문제: 문제 21.44–21.46을 풀어보라.

문제 21.27 다음 카복실산을 말론산 에스터 합성을 이용하여 얻을 수 없는 이유를 설명하라.

a. b. c.

21.10 아세토아세트산 에스터 합성

- 아세토아세트산 에스터 합성은 ethyl acetoacetate를 α 탄소에 하나 또는 두 개의 알킬기가 있는 케톤으로 변환시키는 단계적 방법이다.

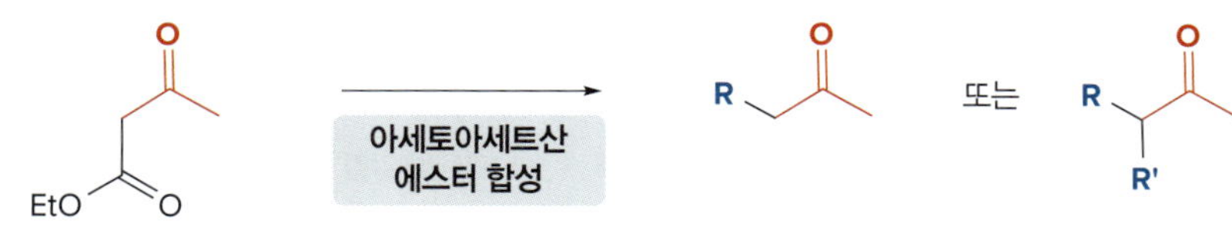

21.10A 아세토아세트산 에스터 합성의 단계

β-케토 에스터

아세토아세트산 에스터 합성은 말론산 에스터 합성과 정확히 같다. 출발물인 CH_3COCH_2COOEt 가 β-케토 에스터이므로 최종 생성물은 카복실산이 아니라 **케톤**이다.

ethyl acetoacetate —[1] 산–염기 반응→ + EtOH —[2] 알킬화→ + X^- —[3] H_3O^+, Δ 가수 분해와 탈카복실 반응→ + CO_2 + EtOH

[1] **양성자 이탈 반응.** Ethyl acetoacetate를 $^-$OEt로 처리하면 두 카보닐기 사이에 있는 산성 양성자가 제거된다.

[2] **알킬화 반응.** 친핵성 엔올 음이온을 할로젠화 알킬(RX)과 반응시키면 S_N2 반응에 의하여 치환 생성물이 얻어진다. 메커니즘이 S_N2이므로 R은 CH_3 또는 1° 알킬기여야 한다.

[3] **가수 분해와 탈카복실 반응.** β-케토 에스터를 수용성 산과 같이 가열하면 에스터가 β-케토산으로 가수 분해되고, 이 산은 CO_2를 잃고 케톤으로 변한다.

가수 분해와 탈카복실 반응 전에 이 반응 순서의 첫 번째 두 단계를 반복하면, α 탄소에 두 개의 새 로운 알킬기가 있는 케톤을 합성할 수 있다.

ethyl acetoacetate —[1] NaOEt [2] RX→ 새로운 C–C 결합(붉은색) —[1] NaOEt [2] R'X→ 새로운 C–C 결합(푸른색) —H_3O^+, Δ→

문제 21.28 다음 반응으로 어떤 케톤이 얻어지는지 답하라.

a. CH_3COCH_2COOEt —[1] NaOEt [2] CH_3I [3] H_3O^+, Δ→

b. CH_3COCH_2COOEt —[1] NaOEt [2] $CH_3CH_2CH_2Br$ [3] NaOEt [4] $C_6H_5CH_2I$ [5] H_3O^+, Δ→

21.10B 역합성 분석

아세토아세트산 에스터 합성에서 주어진 케톤을 얻기 위해서는 필요한 출발물이 무엇인지를 **역합성**으로 생각하여야 한다. 역합성 분석은 두 단계 과정으로 수행한다.

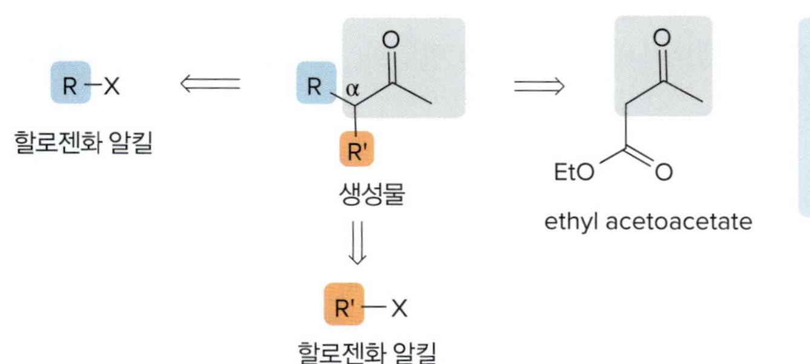

[1] 카보닐기의 α 탄소에 결합하고 있는 모든 알킬기를 확인한다.
[2] 분자를 두 개(또는 세 개)의 성분으로 쪼갠다. α 탄소에 결합하고 있는 각 알킬기는 할로젠화 알킬에서 유래한다. 분자의 나머지 부분은 CH_3CO-CH_2COOEt에서 오는 것이다.

α 탄소에 두 개의 R기가 있는 케톤의 경우, 세 개의 성분이 필요하다.

예제 21.6 아세토아세트산 에스터 합성에서 출발물 결정하기

heptan-2-one

아세토아세트산 에스터 합성을 이용하여 heptan-2-one을 합성할 때 필요한 출발물은 무엇인가?

풀이

Heptan-2-one은 α 탄소에 알킬기가 하나만 결합되어 있어서, 아세토아세트산 에스터 합성에서는 할로젠화 알킬이 하나만 필요하다.

Br ⟸ heptan-2-one ⟹ ethyl acetoacetate

합성 방향으로 합성을 쓰면 다음과 같다.

ethyl acetoacetate —[1] NaOEt, [2] Br→ —H_3O^+, Δ→ heptan-2-one

---

문제 21.29 아세토아세트산 에스터 합성을 이용하여 각 케톤을 합성할 때 필요한 할로젠화 알킬은 무엇인가?

a. b. c. d.

추가 문제: 문제 21.49, 21.50을 풀어보라.

문제 21.30 Ethyl acetoacetate를 NaOEt (2당량)와 $BrCH_2CH_2Br$로 처리하면 화합물 **X**를 얻을 수 있다. 이 반응은 독성이 있고 노란색을 띠는 호박등(jack-o'-lantern) 버섯에서 분리한 항종양제인 illudin-S 합성의 첫 단계이다. **X**의 구조는 무엇인가?

항종양제 illudin-S가 들어 있는 호박등 버섯(문제 21.30)
AwakenedEye/Getty Images

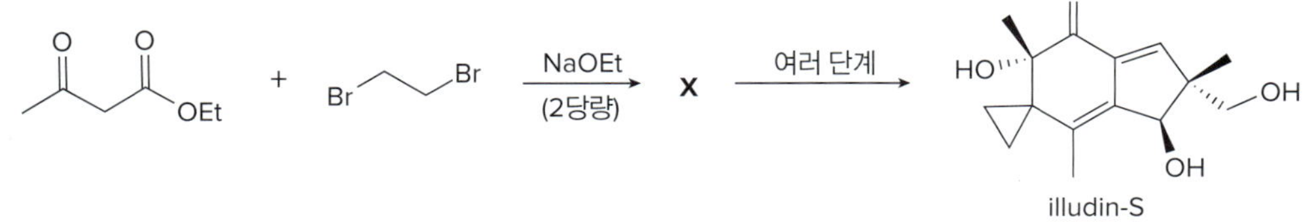

아세토아세트산 에스터 합성과 엔올 음이온의 직접 알킬화는 비슷한 케톤을 얻는 데 쓰이는 서로 다른 두 방법이다. 예로 butan-2-one은 CH_3I를 이용하는 엔올 음이온의 직접 알킬화에 의하여 아세톤으로부터 합성하거나(방법 [1]), 아세토아세트산 에틸의 알킬화, 가수 분해, 탈카복실 반응(방법 [2])에 의하여 합성할 수 있다.

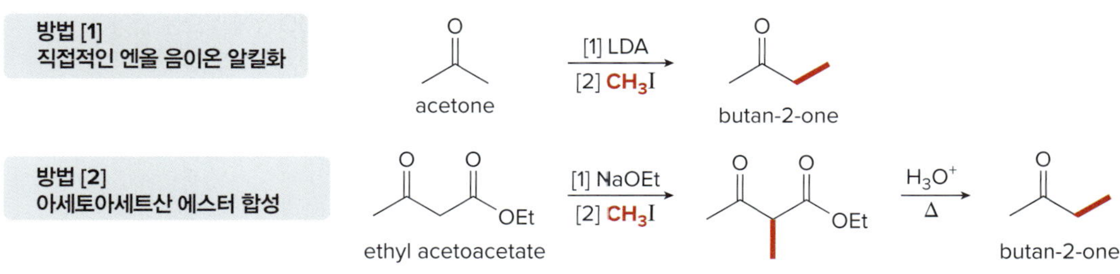

Butan-2-one을 아세톤으로부터 더 적은 단계로 합성할 수 있는데, 왜 굳이 ethyl acetoacetate로부터 합성할까? 여기에는 고려할 몇 가지 요인이 있다. 우선, 합성 유기 화학자는 한 가지 반응을 수행하기 위하여 다양한 방법을 적용하고 싶어 한다. 어떤 경우에는 출발물 구조를 조금 변화시키면 그 반응이 다른 반응보다 더 잘 진행되는 경우가 있다.

더군다나 화학 산업에서는 비용이 중요한 문제이다. 유용한 의약품이나 다른 소비재를 대량으로 만들기 위해서는 값이 싼 출발물을 사용하여야 한다. 엔올 음이온의 직접 알킬화가 성공적이기 위해서는 LDA 같은 매우 강염기를 사용하여야 하는 반면에, 아세토아세트산 에스터 합성에서는 NaOEt를 이용할 수 있다. NaOEt는 값이 더 싼 출발물로부터 얻을 수 있고, 따라서 단계가 더 많다고 하여도 아세토아세트산 에스터 합성이 매력적인 방법이 된다.

따라서 각각의 방법은 출발물, 시약의 확보, 비용, 부반응의 발생 등과 같이 자신만의 고유한 이점과 단점이 있다.

문제 21.31 Nabumetone은 Relafen이라는 상표로 판매되고 있는 진통 및 소염제이다.

a. Ethyl acetoacetate로부터 nabumetone을 합성하라.

b. 엔올 음이온의 직접적인 알킬화 반응을 이용하여 nabumetone을 합성할 경우에 어떤 케톤과 할로젠화 알킬이 필요한가?

O
CH_3O
nabumetone

Chapter 21 복습

핵심 개념

[1] α 탄소에서의 할로젠화

1. R'(C=O)–CH(α)–H → X_2, CH_3COOH; $X_2 = Cl_2, Br_2, I_2$ (산에서의 할로젠화, 21.7A) → α–X 생성물
R' = H 또는 알킬; α-할로 알데하이드 또는 케톤

2. PhCO–CH(α)(H)(H)... → X_2 (과량), ^-OH; $X_2 = Cl_2, Br_2, I_2$ (염기에서의 할로젠화, 21.7B) → α 탄소에 X, X

3. methyl ketone → X_2 (과량), ^-OH; $X_2 = Cl_2, Br_2, I_2$ (할로젠화, 21.7B) → $PhCOO^-$ + HCX_3 할로폼

문제 21.43; 21.51c, d, f를 풀어보라.

[2] α-할로 카보닐 화합물의 반응

1. α-Br 케톤 → Li_2CO_3, LiBr; DMF (제거 반응, 21.7C) → α,β-불포화 케톤 (α, β)

2. PhCO–CH_2(α)–Br → CH_3SH; S_N2 (21.7C) → PhCO–CH_2(α)–SCH_3

예제 21.3 참고. 문제 21.51b, c; 21.53; 21.55를 풀어보라.

[3] α-탄소에서의 알킬화 반응

1 [1] LDA 또는 NaOR, [2] CH_3-X, X = Cl, Br, I — 알킬화 (21.8) + X^-

2 [1] NaOEt, [2] ⁄⁄X, [3] H_3O^+, Δ, X = Cl, Br, I — 말론산 에스터 합성 (21.9)

3 [1] NaOEt, [2] ⁄⁄X, [3] H_3O^+, Δ, X = Cl, Br, I — 아세토아세트산 에스터 합성 (21.10)

문제 21.51e, 21.52, 21.56, 21.58을 풀어보라.

핵심 기법

[1] 산 조건에서 엔올 토토머를 케토 토토머로 전환하기(21.2)

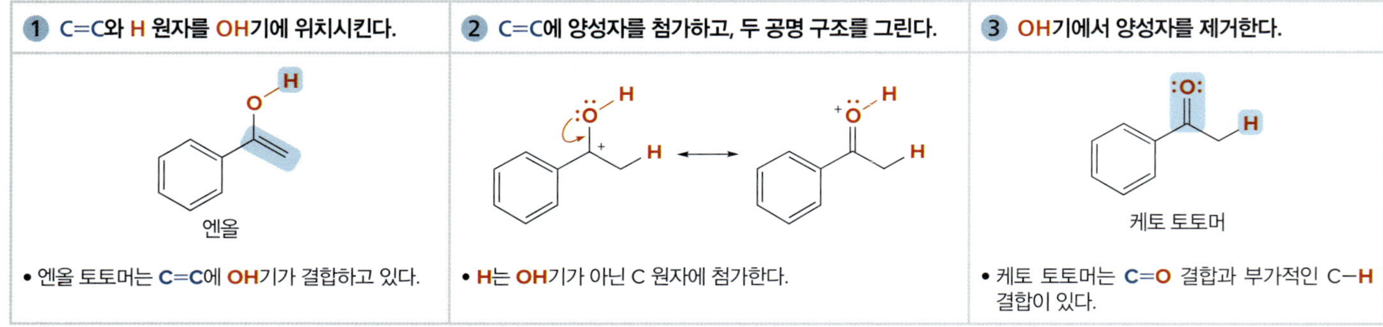

예제 21.1 참고. 문제 21.33, 21.40a, 21.42를 풀어보라.

[2] 반응에서 생성되는 주요 엔올 음이온 결정하기(21.4)

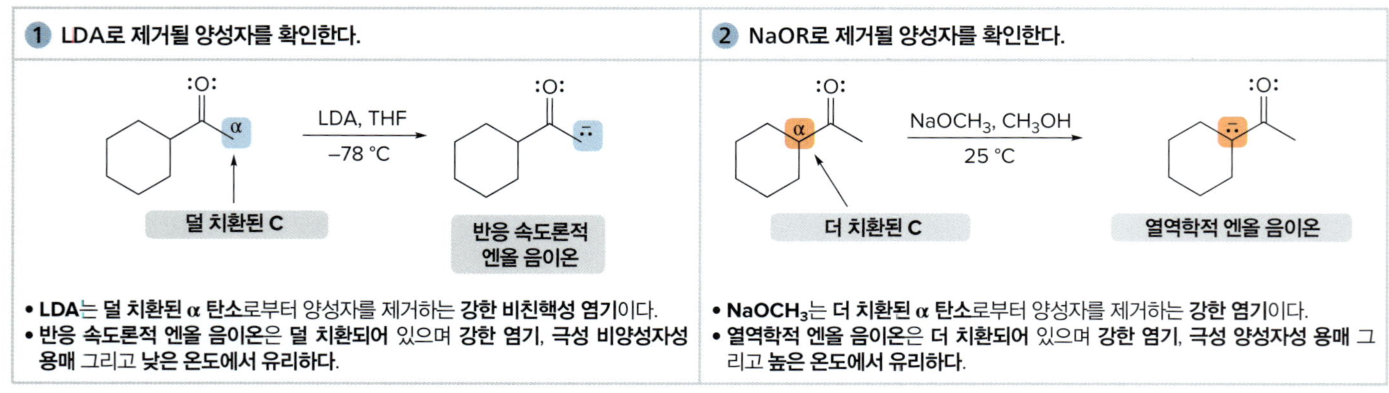

예제 21.2 참고. 문제 21.36을 풀어보라.

[3] 말론산 에스터 합성을 이용하여 카복실산 제조하기(21.9B); 예: 2,4-dimethylpentanoic acid

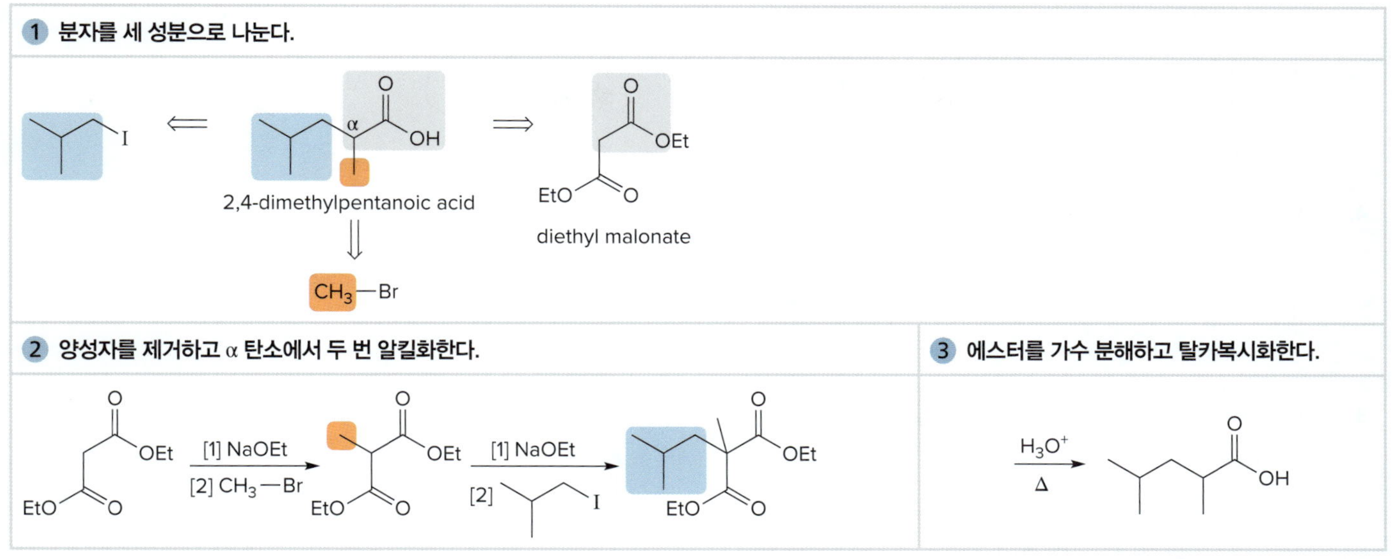

예제 21.5 참고. 문제 21.44–21.46을 풀어보라.

[4] 아세토아세트산 에스터 합성을 이용하여 케톤 제조하기(21.10B); 예: hexan-2-one

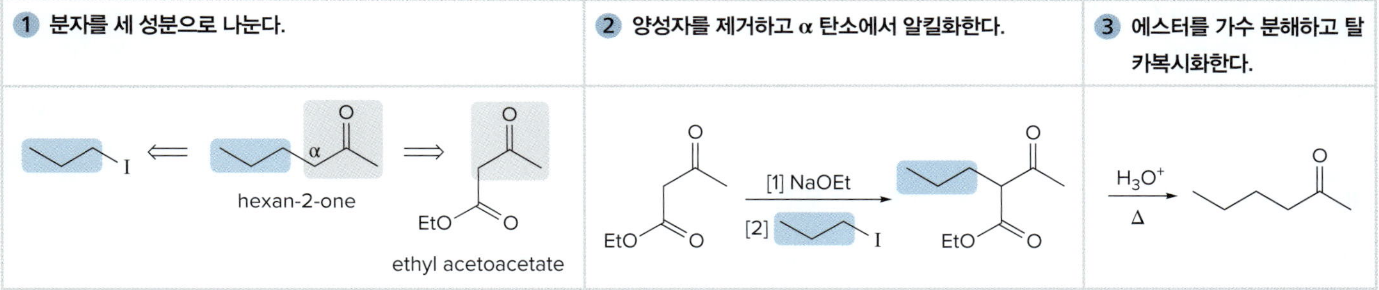

예제 21.6 참고. 문제 21.49, 21.50을 풀어보라.

21장 선다형 자가–시험

자가–시험은 American Chemical Society 유기 화학 시험과 유사한 객관식 문제로 구성되어 있다. 정답은 장의 마지막 부분에 나와 있다.

1. 어느 화합물이 가열하였을 때 쉽게 CO_2를 잃어버리는가?

a. b. c. d.

2. 다음 일련의 반응에서 생기는 생성물은 무엇인가?

[1] Br_2, CH_3CO_2H
[2] Li_2CO_3, LiBr, DMF

a. b. c. d.

3. **X**를 LDA로 처리하면 어떤 음이온이 생성되는가?

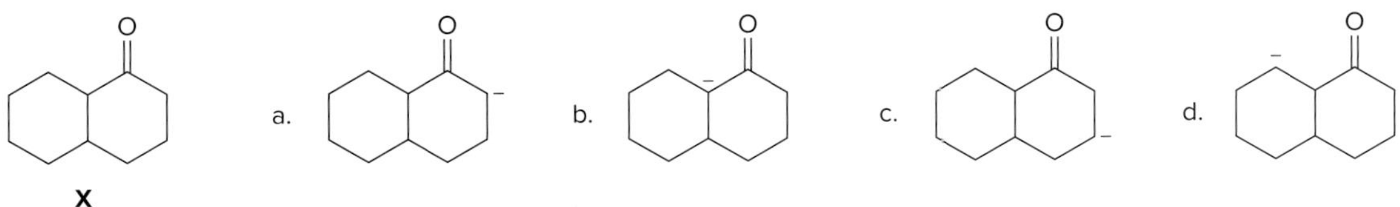

4. 어느 표시된 양성자가 가장 산성인가?

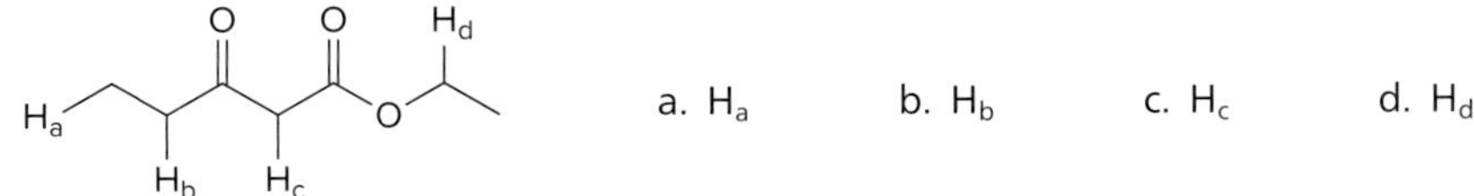

a. H_a b. H_b c. H_c d. H_d

5. 다음 일련의 반응에서 생기는 생성물은 무엇인가?

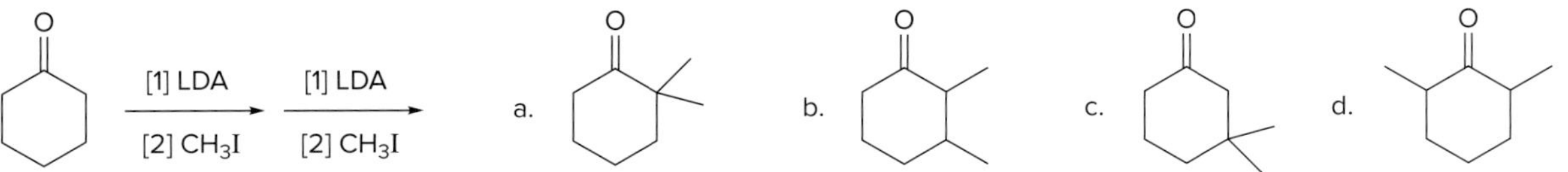

6. 어느 반응 조건이 열역학적 엔올산 이온의 생성을 선호하지 **않는가**?

a. 25 °C b. CH_3CH_2OH solvent c. $NaOCH_2CH_3$ d. LDA

7. 어느 화합물이 **Y**의 엔올이 아닌가?

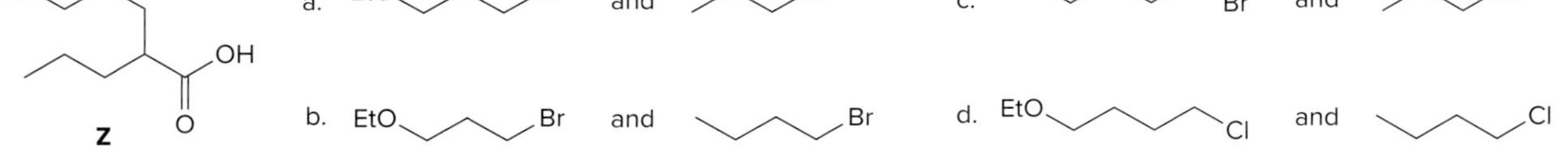

8. $CH_2(CO_2CH_3)_2$ 이외에, **Z**를 얻는 데 필요한 출발물은 무엇인가?

EtO, OH, **Z**

a. EtO–Br and Br

b. EtO–Br and Br

c. EtO–Br and Br

d. EtO–Cl and Cl

9. 다음 일련의 반응에서 생기는 생성물은 무엇인가?

OEt

[1] NaOEt

[2] Br

[3] H_3O^+, Δ

a. b. c. d.

10. 아세토아세트산 에스터 합성법을 이용하면 $CH_3COCH_2CO_2CH_3$로부터 어떤 케톤을 합성할 수 있는가?

a. b. c. d.

문제

삼차원 모형을 이용하는 문제

21.32 NaOH 수용액에서 시스 케톤 **A**는 트랜스 케톤 **B**로 이성질화한다. 케톤 **C**는 이와 비슷한 이성질화 반응을 하지 않는다. (a) 의자형 사이클로헥세인을 사용하여 **B**의 구조를 그려라. (b) **C**에 있는 치환기를 시스 또는 트랜스로 표시하고 반응성의 차이를 설명하라.

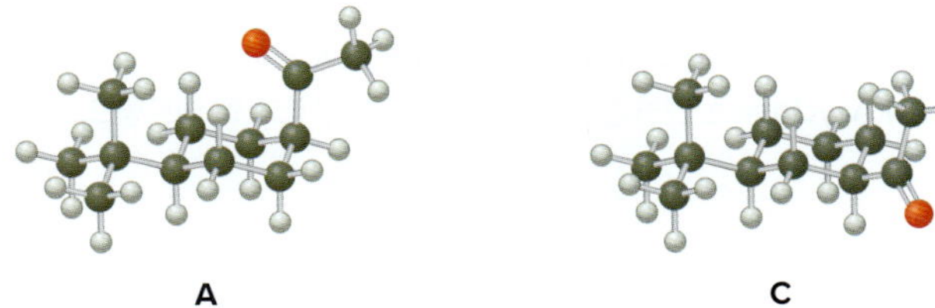

엔올, 엔올 음이온과 산성 양성자

21.33 다음 각 화합물의 엔올 토토머를 그려라.

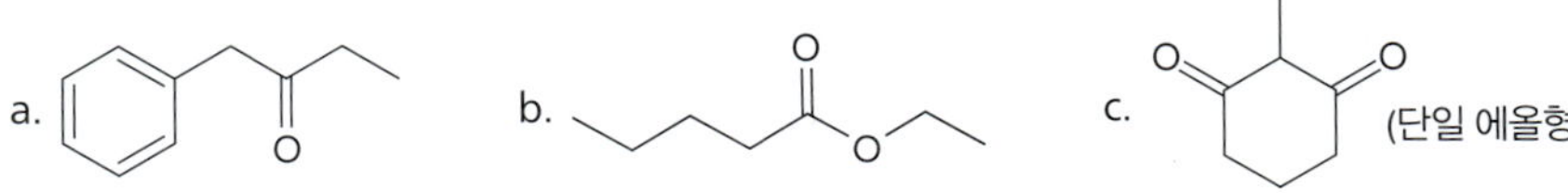

21.34 각 화합물에서 pK_a ≤ 25인 수소 원자는 어떤 것인가?

a. b. c. OH

21.35 각 화합물에 표시한 양성자를 산도가 증가하는 순서대로 나열하라.

a. H_a, H_b, H_c b. H_a, H_b, H_c

21.36 각 화합물을 LDA로 처리하였을 때 주로 얻어지는 엔올 음이온(또는 탄소 음이온)은 어떤 것인가?

a. b. CN c. d.

21.37 다음 반응은 천연 항말라리아약인 artemisinin 합성에 사용되었다(그림 10.12). 다음 시약을 가하면 무슨 중간체가 생기는가? (a) 1당량의 LDA, (b) 2당량의 LDA. 알킬화 반응이 표시된 α 탄소에서 일어나는 이유를 설명하라.

[1] LDA (2당량)
[2] Br

21.38 에스터의 α 수소가 아마이드의 α보다 더 산성인 이유를 설명하라[$CH_3CO_2CH_2CH_3$, pK_a = 24.5 대 $CH_3CON(CH_3)_2$, pK_a = 30].

21.39 1-Acetylcyclohexene에서 H_a 양성자가 H_b 양성자보다 pK_a 값이 더 높은 이유는 무엇인가?

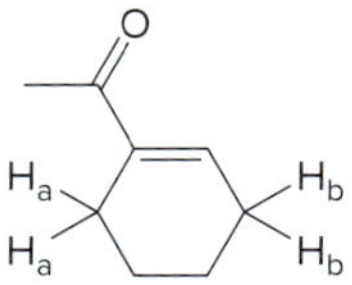

1-acetylcyclohexene

21.40 Acyclovir는 단순성 포진 바이러스(herpes simplex virus)를 치료하는 데 사용하는 효과적인 항바이러스제이다. (a) Acyclovir의 엔올형을 그리고 이것이 왜 방향족인지 설명하라. (b) Acyclovir는 엔올형이 방향족인데도 불구하고 왜 케토형으로 그리는가?

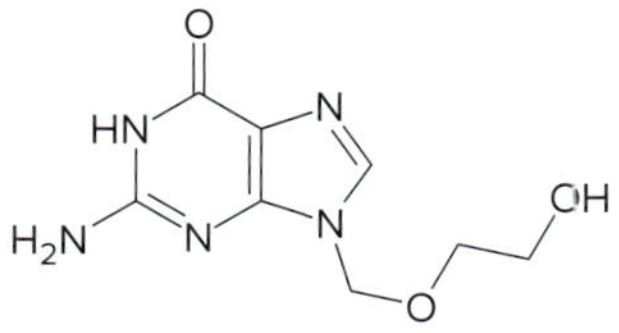

acyclovir

21.41 Pentane-2,4-dione을 염기로 처리할 때, 염기의 당량이 1에서 2로 증가하면, 서로 다른 드 알킬화 생성물(**A** 또는 **B**)이 얻어지는 이유를 설명하라.

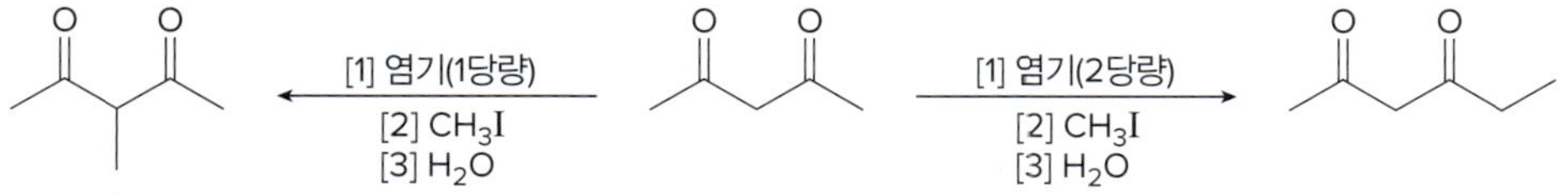

[1] 염기(1당량) [2] CH_3I [3] H_2O → **A**

pentane-2,4-dione

[1] 염기(2당량) [2] CH_3I [3] H_2O → **B**

21.42 비타민 C는 안정한 엔다이올이다. 엔다이올과 평형에 있는 두 가지의 케토 토토머의 구조를 그리고 왜 엔다이올이 다른 토토머보다 더 안정한지를 설명하라.

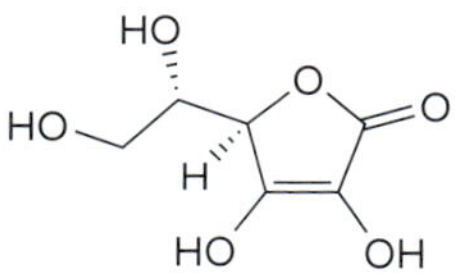

vitamin C
엔다이올

할로젠화

21.43 각 반응에 대하여 단계별 메커니즘을 그려라.

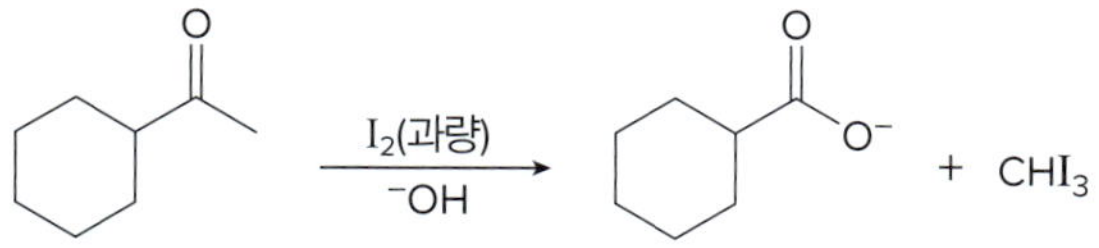

I_2(과량), ^{-}OH → + CHI_3

말론산 에스터 합성

21.44 말론산 에스터 합성을 이용하여 각 카복실산을 만들고자 할 때 어떤 할로젠화 알킬이 필요한가?

a. 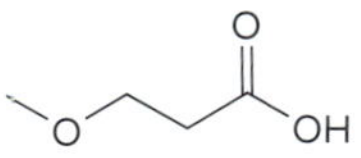 b. 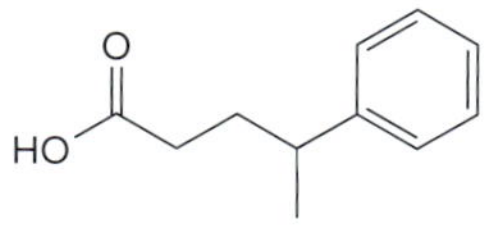 c.

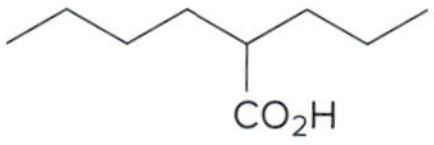

21.45 말론산 에스터 합성을 이용하여 각 카복실산을 합성하라.

a. 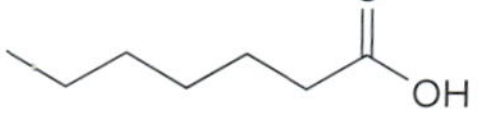 b. 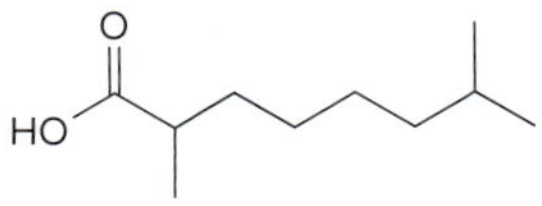 c.

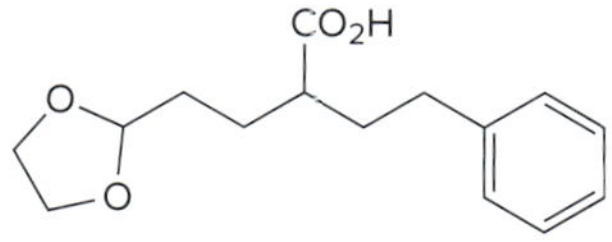

21.46 말론산 에스터 합성법을 이용하여 간질병 발작을 치료하는 데 사용하는 의약품인 발프로산[valproic acid, $(CH_3CH_2CH_2)_2CHCO_2H$]의 합성을 고안하라.

21.47 Diethyl malonate와 필요한 유기 화합물과 무기 시약을 사용하여 **A**를 합성하라.

OH

A

21.48 Diethyl malonate에서 유래하는 엔올 음이온은 다양한 친전자체(할로젠화 알킬만 아니라)와 반응하여 새로운 탄소–탄소 결합을 생성한다. 이를 염두에 두고, $Na^+ \ ^-CH(CO_2Et)_2$가 각 친전자체와 반응한 후 H_2O를 가했을 때 생기는 생성물을 그려라.

a. b. c. d.

아세토아세트산 합성

21.49 아세토아세트산 에스터 합성을 이용하여 각각의 케톤을 얻고자 할 때 어떤 할로젠화 알킬이 필요한가?

a. b. c.

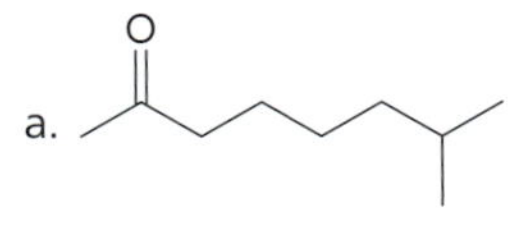

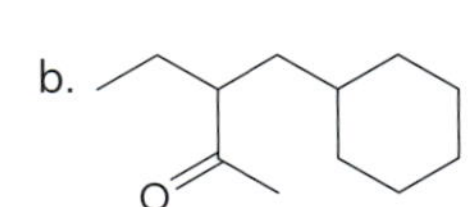

21.50 Ethyl acetoacetate로부터 각각의 화합물을 합성하라. 다른 유기 또는 무기 시약을 사용할 수 있다.

a. b. c.

반응

21.51 각 반응에서 생성되는 유기 생성물을 그려라.

a. OH, HO, Δ

c. [1] Br_2, CH_3CO_2H [2] Li_2CO_3, LiBr, DMF

e. Cl, CN, NaH → C_6H_9N

b. Br, NH_2

d. I_2 (과량), ^-OH

f. Br_2 (과량), ^-OH

21.52 각 반응에서 생성되는 유기 생성물을 그려라(입체 화학을 포함하여).

a. [1] LDA [2] Cl

b. [1] LDA [2] H D I

c. [1] LDA [2] CH_3I

21.53 콜레스테롤 저하제인 atorvastatin(상품명 Lipitor, 29.8절) 합성의 두 단계인 다음 반응에서 **C**와 **D**를 확인하라.

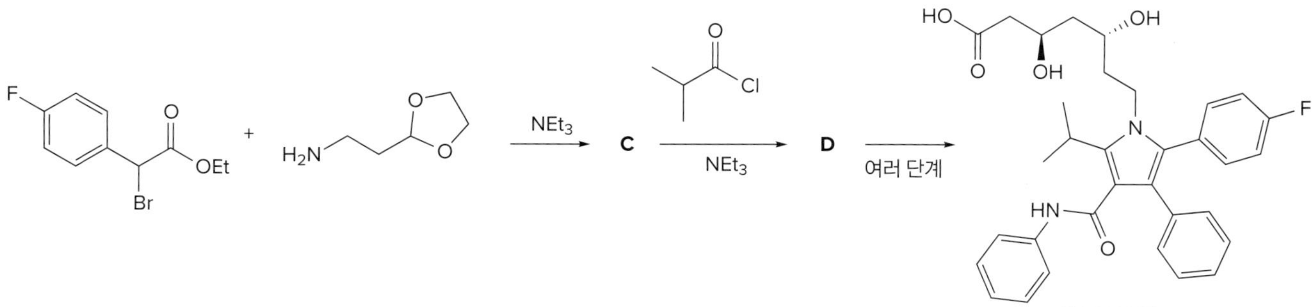

F, O, OEt, Br, +, H_2N, O, O, NEt_3, **C**, O, Cl, NEt_3, **D**, 여러 단계, HO, O, OH, OH, N, F, HN, O, atorvastatin

21.54 각 반응의 생성물을 밝히고 작용기가 같은 출발물이 다른 생성물을 주는 이유를 설명하라.

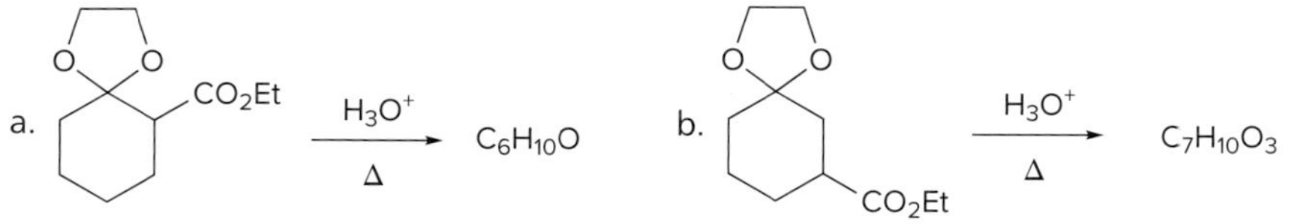

a. O, O, CO_2Et, H_3O^+, Δ, $C_6H_{10}O$ b. O, O, CO_2Et, H_3O^+, Δ, $C_7H_{10}O_3$

21.55 이 장을 시작하면서 소개했던 clopidogrel 합성의 중간체인 **A**, **B** 및 **C**의 구조를 그려라.

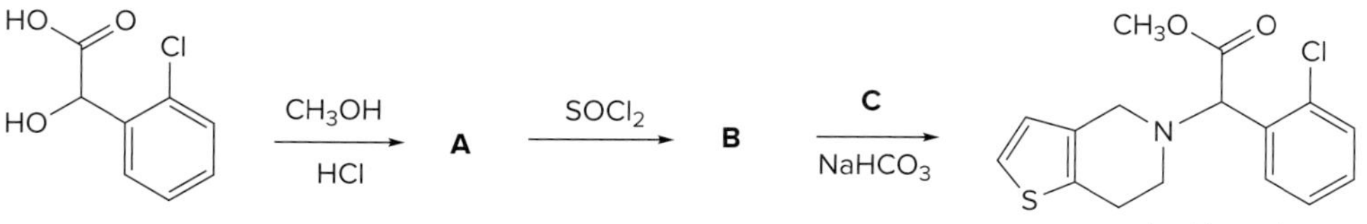

HO, O, Cl, HO, CH_3OH, HCl, **A**, $SOCl_2$, **B**, **C**, $NaHCO_3$, CH_3O, O, Cl, N, S, clopidogrel

21.56 다음 분자내 반응에서 생성되는 생성물을 그려라. (a)의 반응은 소나무 향이 나며 향수로 사용되는 리피드인 β-pinene의 합성에 사용되었다. (b)의 반응은 목화 바구미의 성 유인제인 grandisol의 합성에 사용되었다.

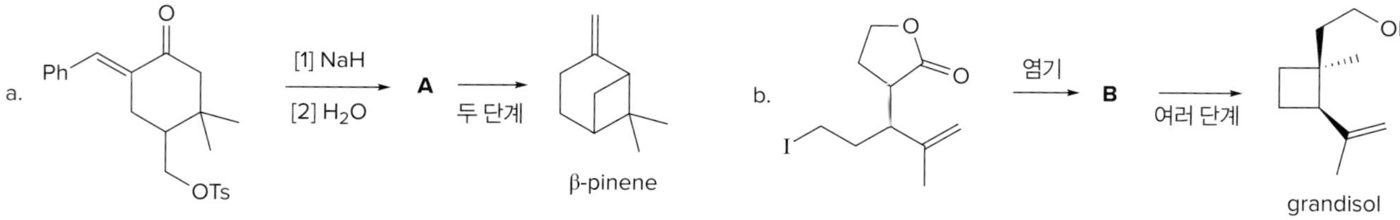

a. O, Ph, OTs, [1] NaH, [2] H_2O, **A**, 두 단계, β-pinene b. O, O, I, 염기, **B**, 여러 단계, OH, grandisol

21.57 1당량의 LDA와 CH_3I를 사용하는 **D**의 지정 알킬화 반응에서는 ibuprofen이 얻어지지 않는다. 이 직접 알킬화 반응의 생성물은 무엇인가? 이 생성물이 어떻게 생성되는지 설명하라.

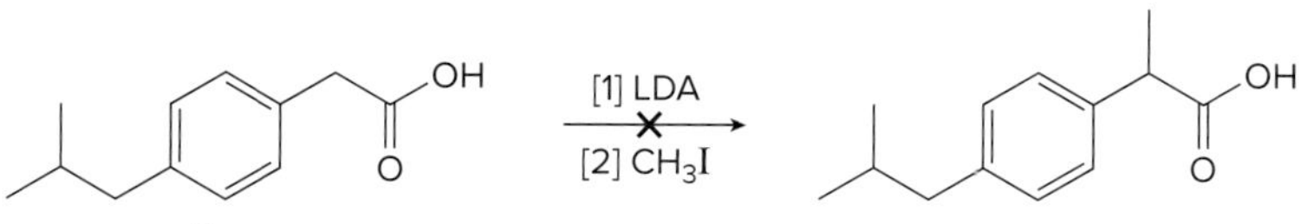

OH, O, **D**, [1] LDA, [2] CH_3I, OH, O, ibuprofen

21.58 마약성 진통제인 meperidine(상품명 Demerol) 합성의 핵심 단계는 phenylacetonitrile을 **X**로 변환시키는 것이다. (a) **X**의 구조는 무엇인가? (b) 무슨 반응이 **X**를 meperidine으로 변환시키는가?

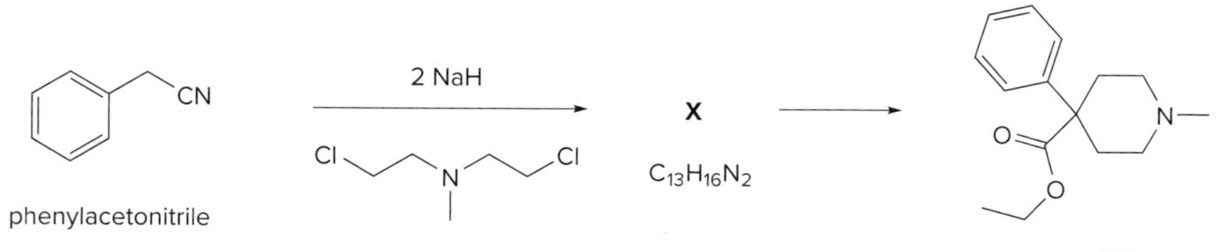

CN, phenylacetonitrile, 2 NaH, Cl, N, Cl, **X**, $C_{13}H_{16}N_2$, O, O, N, meperidine

메커니즘

21.59 Ibuprofen은 라셈 혼합물 형태로 판매되고 있으나, *S* 거울상 이성질체만 진통제로 작용한다. 그러나 인체에서는 *R* 거울상 이성질체의 일부가 엔올로 토토머화되어 *S* 이성질체로 변환되고 그 다음 양성자 첨가가 일어나서 카보닐 화합물로 재생된다. 이 이성질화 반응에 대한 단계별 메커니즘을 쓰라.

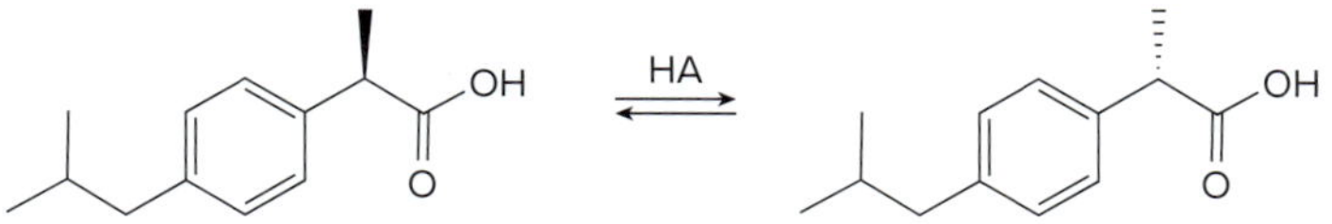

HA

R 이성질체
비활성 거울상 이성질체

S 이성질체
활성 거울상 이성질체

21.60 다음 반응에서 두 개의 알킬화 생성물이 어떻게 생기는지를 보여주는 단계별 메커니즘을 그려라.

[1] LDA
[2] CH_3I
+ + I^-

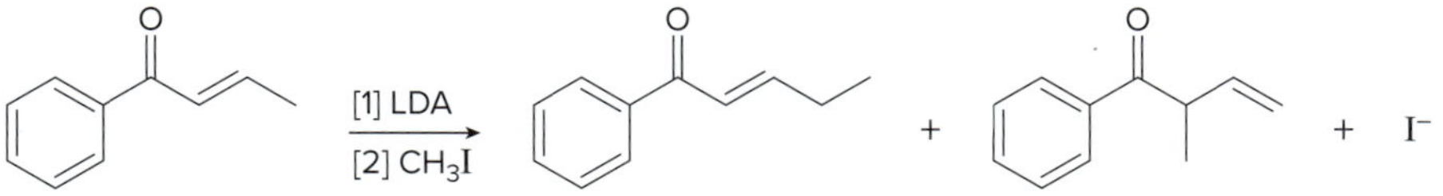

21.61 다음 반응의 단계별 메커니즘을 그려라.

EtO OEt
[1] NaOEt
[2]
[3] H_3O^+, Δ

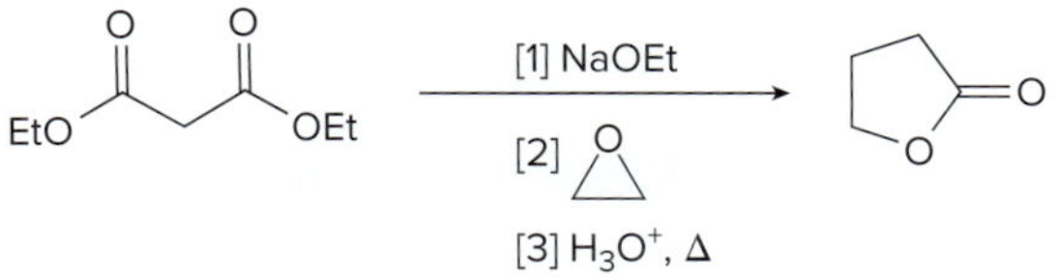

21.62 각 생성물이 어떻게 생성되는지를 보여주는 단계별 메커니즘을 그려라.

Br
C_6H_5
LDA
C_6H_5 + C_6H_5 + C_6H_5
주생성물
$KOC(CH_3)_3$
$(CH_3)_3COH$
C_6H_5 + C_6H_5
주생성물

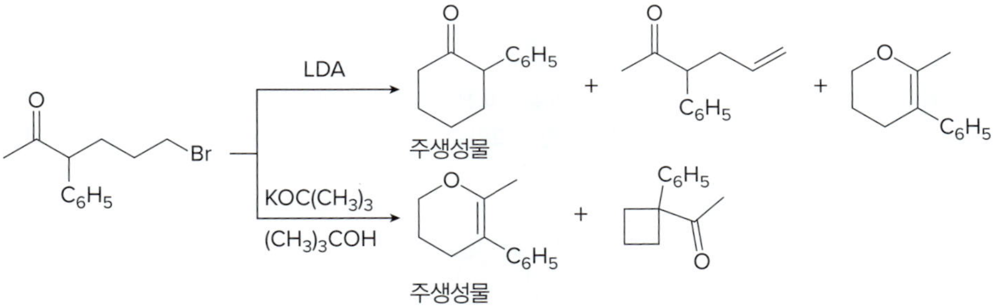

합성

21.63 (a) 분자 내 알킬화 반응을 통해서 **A**를 만들 수 있는 두 개의 다른 할로 케톤(halo ketone)을 그려라. (b) 아세토아세트산 에스터 합성을 이용하여 **A**를 어떻게 합성할 수 있는가?

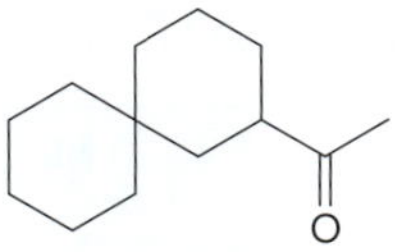

A

21.64 각 화합물을 cyclohexanone과 탄소 수가 네 개 이하인 유기 할로젠화물로부터 합성하라. 무기 시약은 아무거나 사용할 수 있다.

a. 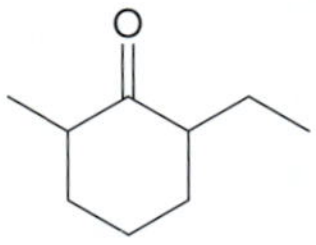 b. 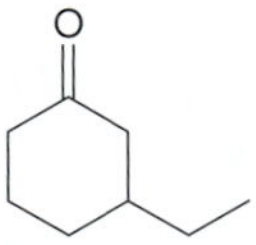 c.

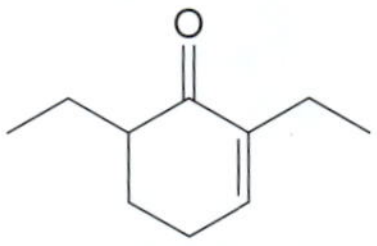

21.65 Zyban이라는 상품명으로 판매되고 있는 bupropion은 1997년 금연 보조제로 승인된 우울증 치료제이다. 벤젠, 탄소가 다섯 개 이하인 유기 화합물 그리고 필요한 무기 시약으로부터 bupropion의 합성을 고안하라.

+ C가 5개 이하인 유기 화합물

bupropion

21.66 유방암의 재발을 감소시키기 위해 사용하는 약(19.4절)인 anastrozole을 주어진 화합물르부터 합성하는 방법을 제안하라. 어떤 유기 화합물과 무기 시약을 사용해도 좋다.

anastrozole

21.67 Ethyl acetoacetate ($CH_3COCH_2CO_2Et$)와 주어진 출발물로부터 (*Z*)-hept-5-en-2-one을 합성하라. 다른 유기 시약이나 필요한 무기 시약은 아무거나 사용할 수 있다.

(*Z*)-hept-5-en-2-one

21.68 Oleocanthal은 올리브 기름에서 분리된 천연 항산화제이다. 발표된 합성에서는 케톤 **X**를 에스터 **Y**로 변환한 후, **Y**를 두 단계로 oleocanthal로 변환하였다. **X**, 페놀(C_6H_5OH), 탄소가 네 개 이하인 유기 화합물 그리고 필요한 유기 및 무기 시약을 사용하여 **Y**의 합성을 고안하라.

X → **Y** —두 단계→ oleocanthal

분광법

21.69 **W**를 CH_3Li로 처리하고 이어서 CH_3I로 처리하면 화합물 **Y** ($C_7H_{14}O$)가 주로 얻어진다. **Y**의 IR 스펙트럼은 1713 cm^{-1}에서 강한 흡수를 보이고 있으며, 그 ^1H NMR 스펙트럼은 아래에 나와 있다. (a) **Y**의 구조를 제안하라. (b) **W**가 **Y**로 변환되는 과정에 대한 단계별 메커니즘을 그려라.

W —[1] CH_3Li / [2] CH_3I→ **Y**

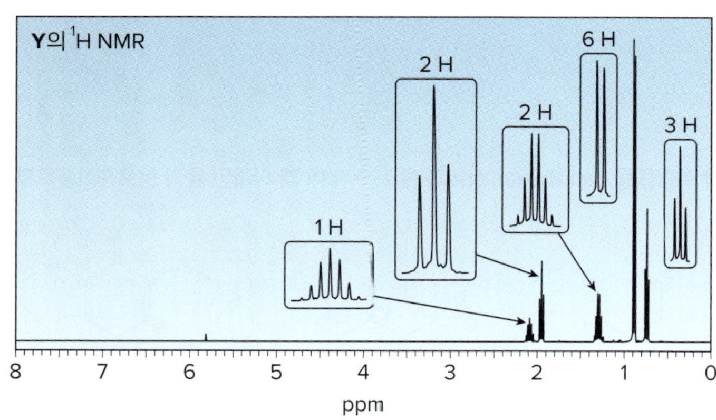

도전 문제

21.70 왜 H_a가 H_b보다 훨씬 덜 산성인지를 설명하라. 그 다음에 다음 반응의 메커니즘을 그려라.

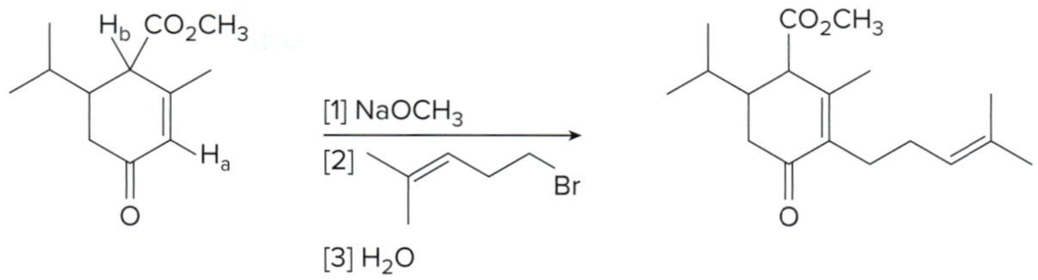

[1] $NaOCH_3$
[2] Br
[3] H_2O

21.71 다음 반응의 단계별 메커니즘을 그려라.

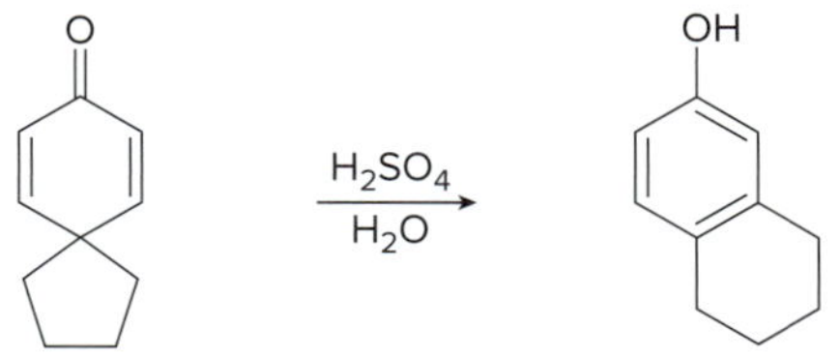

H_2SO_4
H_2O

21.72 열대 및 아열대 지역에서 자라는 다년생 풀인 베티버(vertiver)의 주 구성 성분인 β-vetivone의 합성에서 마지막 단계는 **C**를 CH_3Li로 처리하여 중간체 **X**를 얻은 후, 이를 수용성 산으로 처리하여 β-vetivone을 얻는 것이다. **X**의 구조는 무엇인가? **X**가 β-vetivone으로 변환되는 과정의 메커니즘을 그려라.

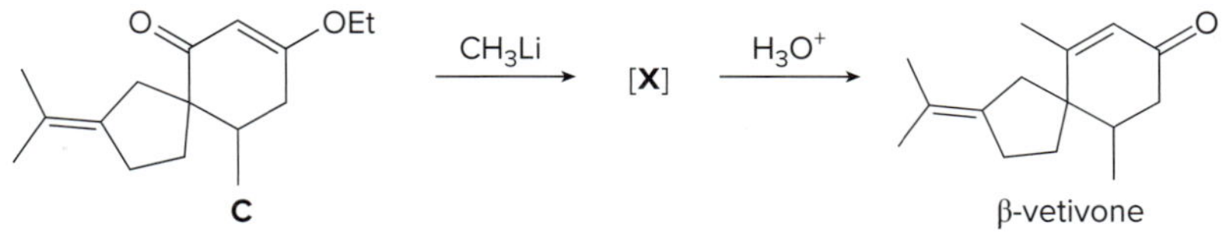

CH_3Li [**X**] H_3O^+

C β-vetivone

21.73 12장에 나오는 용해성 금속 환원 반응으로 알카인을 트랜스 알켄으로 변환시키는 메커니즘을 염두에 두면서, 다음 반응의 단계별 메커니즘을 쓰라. 이 반응은 α,β-불포화 카보닐 화합물을 α-탄소에 새로운 알킬기가 있는 카보닐 화합물로 변환시키는 과정이다.

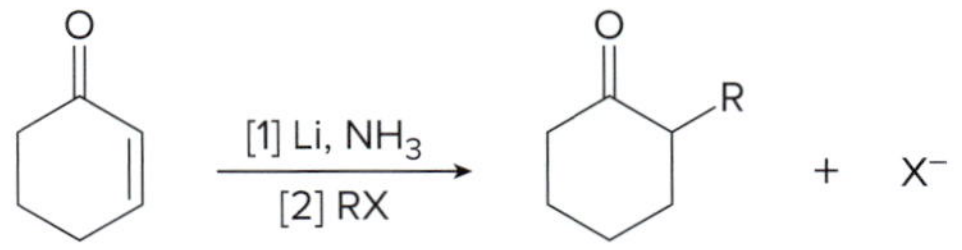

[1] Li, NH_3
[2] RX
$+ X^-$

21.74 화합물 **A**와 **B**를 염기로 처리하면 분자내 반응이 일어나서 이성질성 생성물 **C**와 **D**가 각각 생성된다. **C**와 **D**는 둘 다 <1700 cm^{-1}에서 강한 IR 흡수가 일어난다. **C**의 ^1H NMR 스펙트럼에서는 두 개의 동등하지 않은(nonequivalent) 알켄일 양성자 신호가 나타나며 **D**의 ^1H NMR 스펙트럼에서는 세 개의 동등하지 않은 알켄일 양성자 신호가 나타난다. **C**와 **D**의 구조를 그리고 굽은 화살표를 이용하여 어떻게 **D**가 **B**로부터 생성되는지를 보여라.

A **B**

자가-시험 해답

1. c 2. b 3. a 4. c 5. d 6. d 7. c 8. a 9. c 10. c

카보닐 축합 반응

Carbonyl Condensation Reactions

22

ORGANIC CHEMISTRY

Corbis/SuperStock

ar-투메론(*ar*-turmeron)은 동남아시아와 인도에서 주로 자라는 생강과의 다년생 열대 현화 식물인 강황(turmeric)에서 분리된다. 강황의 말리고 간 뿌리는 커리의 필수적 성분이다. 투메론은 서로 다른 두 카보닐 화합물 사이의 지정 알돌 반응으로 얻을 수 있는 α,β-불포화 카보닐 화합물이다. 22장에서는 한 카보닐 화합물의 α 탄소와 다른 카보닐기 사이에서 일어나는 탄소–탄소 결합 생성 반응에 대하여 공부할 것이다.

왜 공부하는가? . . .

카보닐 축합 반응이란?

22장에서는 두 카보닐 화합물 사이의 반응인 **카보닐 축합(carbonyl condensation)**을 다룬다. 카보닐 축합은 카보닐기의 α 탄소에서 일어나는 두 번째 종류의 반응이다. 22장에서 소개하는 많은 반응들은 이미 배운 원리를 응용하는 것이다. 많은 반응이 앞에 나온 반응보다 더 복잡하게 보이나, 기본적으로는 같은 반응이다. 친핵체가 친전자성 카보닐기를 공격하면 카보닐 출발물의 구조에 따라서 친핵성 첨가 또는 치환 생성물이 얻어진다.

22장의 모든 반응에서는 카보닐기의 α 위치에서 새로운 탄소–탄소 결합이 생성되므로 이 반응은 복잡한 천연물의 합성에 매우 유용하다.

22.1 알돌 반응

22장에서는 엔올 음이온(enolate)의 두 번째 반응인 **다른 카보닐 화합물과의 반응**을 다룬다. 이 반응에서는 한 카보닐 화합물이 친핵체로, 다른 하나는 친전자체로 작용하여 새로운 탄소–탄소 결합이 생성된다.

엔올 음이온 **친핵체** + 다른 카보닐 분자 **친전자체** ⟶ 새로운 C–C 결합(붉은색)

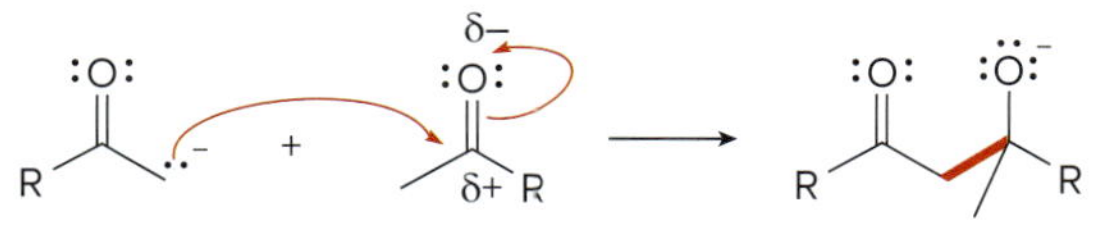

친전자성 카보닐 탄소에서 이탈기의 존재 여부가 생성물의 구조를 결정한다. 이 반응은 약간 복잡하게 보이나, 18장과 20장에서 다룬 친핵성 첨가 및 친핵성 아실 치환과 비슷하다. 이 장에서 공부할 네 가지 종류의 반응은 다음과 같다.

- 알돌 반응(22.1~22.4절)
- **Claisen** 반응(22.5~22.7절)
- **Michael** 반응(22.8절)
- **Robinson** 고리화 반응(22.9절)

22.1A 알돌 반응의 일반적 특징

알돌 반응(aldol reaction)은 염기 존재하에서 알데하이드 또는 케톤의 두 분자가 서로 반응하여 **β-하이드록시 카보닐(β-hydroxy carbonyl) 화합물**을 생성하는 반응이다. 예로 acetaldehyde를 수용성 ^{-}OH로 처리하면, **β-하이드록시 알데하이드(β-hydroxy aldehyde)**인 3-hydroxybutanal이 얻어진다.

알돌 생성물에는 알데하이드(*alde*hyde)와 알코올(alco*hol*)이 들어 있으므로 **알돌(*aldol*)**이라는 이름이 생겼다.

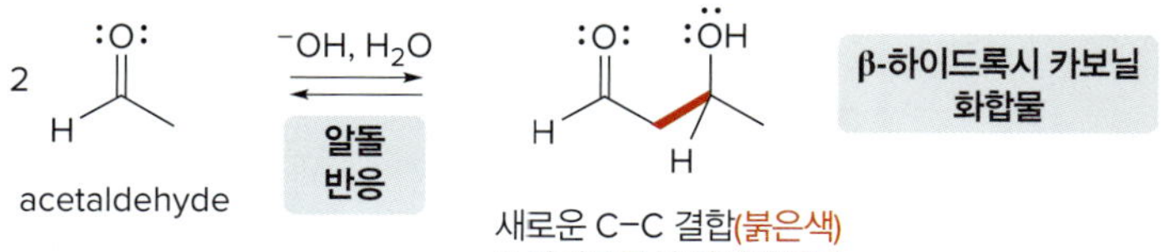

2 acetaldehyde ⇌ (^{-}OH, H_2O; **알돌 반응**) 새로운 C–C 결합(붉은색) β-하이드록시 알데하이드 — **β-하이드록시 카보닐 화합물**

알돌 반응의 메커니즘은 메커니즘 22.1에서처럼 **세 단계**로 이루어져 있다. 친핵성 엔올 음이온이 친전자성 카보닐 탄소와 반응하면, 단계 [2]에서 탄소–탄소 결합이 생성된다.

알돌 반응은 가역적 평형이므로 평형의 위치는 염기와 카보닐 화합물에 따라 달라진다. **$^{-}$OH는** 알돌 반응에서 흔히 사용하는 **염기이다.** 21.3B절에서 $^{-}$OH를 사용하면 엔올 음이온이 매우 적은 양 만큼 생성된다고 배웠다. 이 경우에는 메커니즘의 두 번째 단계에서 출발물인 알데하이드가 엔올 음이온과 반응해야 하므로 적은 양의 엔올 음이온이 생겨도 괜찮다.

메커니즘 22.1 알돌 반응

엔올 음이온

새로운 C–C 결합(붉은색)

1. 염기가 α 탄소의 양성자를 제거하면 **공명 안정화된 엔올 음이온이** 생긴다.
2. **친핵성** 엔올 음이온이 알데하이드의 다른 분자에서 친전자성 카보닐을 공격하면 새로운 탄소–탄소 결합이 생성된다.
3. 알콕시화 음이온에 양성자가 첨가되어 **β-하이드록시 알데하이드**가 생성된다.

알돌 반응은 알데하이드나 케톤 둘 다 가능하다. 알데하이드의 경우, 평형에서는 생성물의 생성이 유리하나 케톤의 경우에는 출발물이 더 많이 존재한다. 이 경우 평형을 오른쪽으로 치우치게 할 수 있는 방법이 있으므로, 출발물이 알데하이드든 케톤이든 상관없이 알돌 생성물을 그릴 수 있다.

- 알데하이드 또는 케톤의 특징적 반응은 **친핵성 첨가**이다(18.7절). 알돌 반응은 엔올 음이온이 친핵체인 친핵성 첨가이다. 그림 22.1의 비교를 보라.

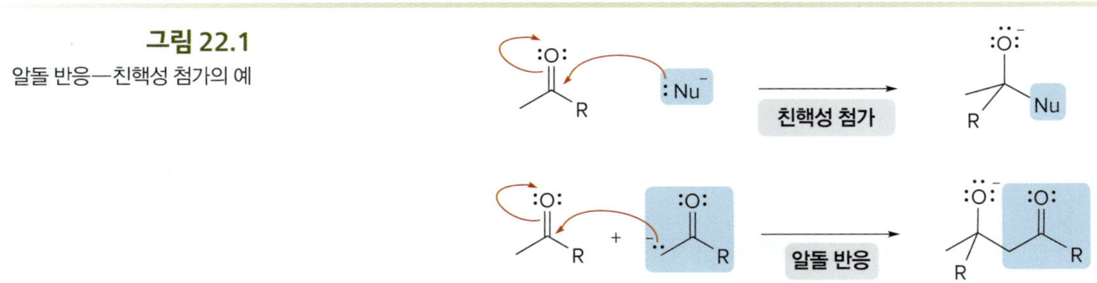

그림 22.1
알돌 반응—친핵성 첨가의 예

- 알데하이드와 케톤은 친핵성 첨가 반응을 한다. 알돌 반응에서는 **엔올 음이온**이 카보닐기에 첨가되는 **친핵체이다**.

알돌 반응의 두 번째 예는 출발물로서 propanal을 사용하여 설명하고자 한다. 알돌 반응에 참여하는 알데하이드의 두 분자는 반대 방향으로 반응한다.

- Propanal 한 분자는 전자가 풍부한 **친핵체**인 엔올 음이온이 된다.
- Propanal 한 분자는 카보닐 탄소에 전자가 부족하므로 **친전자체**로 작용한다.

propanal

친핵체

propanal

친전자체

새로운 C–C 결합(붉은색)

이 두 예는 알돌 반응의 일반적 특징을 나타내고 있다. **한 카보닐 분자의 α 탄소가 다른 분자의 카보닐 탄소와 결합한다.**

^{-}OH, H_2O

알돌 반응

문제 22.1 다음의 각 화합물에서 생성되는 알돌 생성물을 그려라.

a. b. c. d.

문제 22.2 다음의 카보닐 화합물 중에서 H_2O에서 ^{-}OH와 반응시켰을 때 알돌 반응을 하지 **않는** 것은 어느 것인가?

a. CHO b. c. d. CHO

22.1B 역알돌 반응

알돌 반응은 가역적 평형 반응이므로, β-하이드록시 카보닐 화합물을 염기의 존재하에서 가열하면 **역알돌 반응(retro-aldol reaction)**이 일어나서 카보닐 출발물로 다시 변환된다. 3-Hydroxybutanal이 acetaldehyde로 변환되는 반응이 역알돌 반응이며, 이 반응이 일어나면 α와 β 탄소 사이의 탄소-탄소 결합이 절단된다.

3-hydroxybutanal $\xrightleftharpoons[\text{역알돌 반응}]{^{-}OH,\ H_2O}$ 2 acetaldehyde

역알돌 반응의 세 단계 메커니즘은 메커니즘 22.2에서 볼 수 있듯이 알돌 반응의 정확한 역순이다.

메커니즘 22.2 역알돌 반응

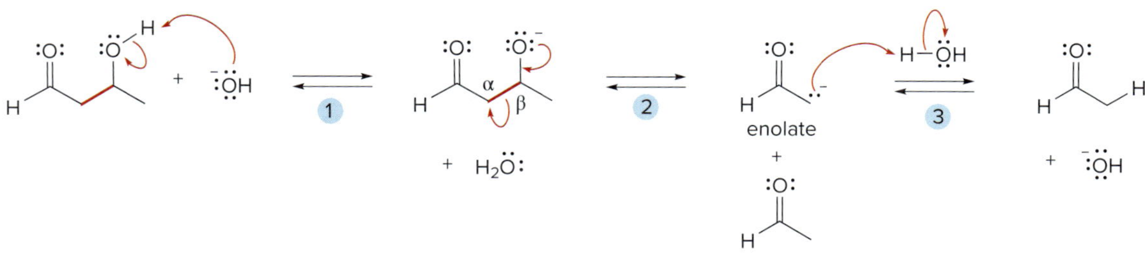

1 염기가 OH 양성자를 제거하면 알콕사이드가 생성된다.

2 알콕사이드의 전자쌍이 C=O를 만드는 데 사용되고 **α와 β 탄소 사이의 탄소–탄소 결합이 절단된다.**

3 엔올 음이온에 양성자가 첨가되면 알데하이드의 다른 분자가 얻어진다.

문제 22.3 각 화합물을 수용성 염기 존재하에서 가열하면 무슨 케톤 또는 알데하이드가 얻어지는가?

a. 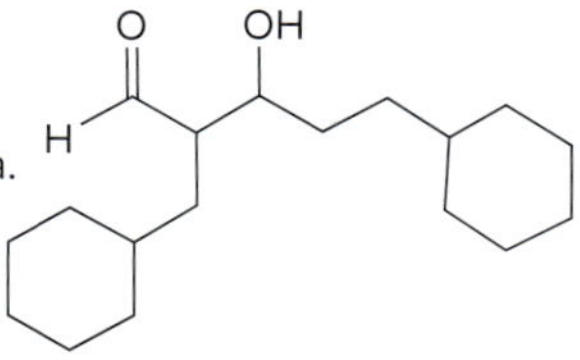 b.

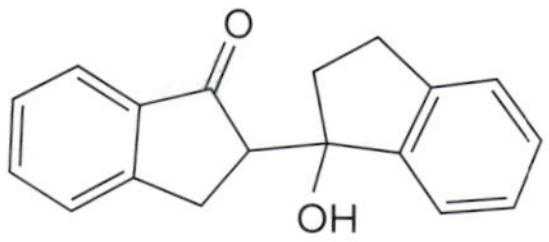

문제 22.4 글루코스의 물질대사(30.4절)의 핵심 단계는 aldolase 효소가 촉매화하는 fructose 1,6-bisphosphate의 역알돌 반응이다. 이 반응의 생성물을 입체 발생 중심에서의 입체 화학을 포함하여 그려라.

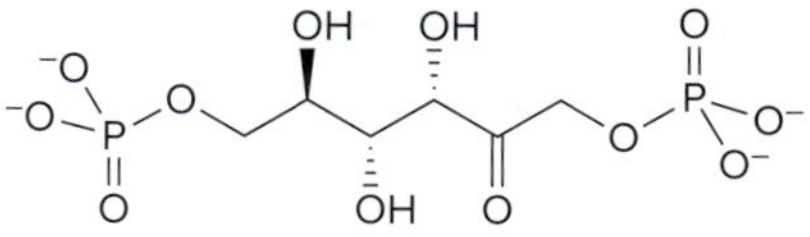

fructose 1,6-bisphosphate

22.1C 알돌 생성물의 탈수

알돌 반응에서 생기는 β-하이드록시 카보닐 화합물은 다른 알코올보다 더 쉽게 탈수한다. 사실, 염기 반응 조건에서는 처음 생기는 알돌 생성물이 분리되지 않는다. 대신에, **알돌 생성물은 α와 β 탄소에서 H_2O를 잃고 콘쥬게이션 생성물인 α,β-불포화 카보닐 화합물로 변환된다.**

β-하이드록시 카보닐 화합물을 포함하여 모든 알코올은 **산**이 있으면 탈수된다. **β-하이드록시 카보닐 화합물만이 염기가 존재할 때 탈수된다.**

처음에 생기는 β-하이드록시 카보닐 화합물이 탈수에 의하여 H_2O를 잃기 때문에, 알돌 반응을 **알돌 축합(aldol condensation)**이라고도 한다. **축합 반응은 작은 분자, 이 경우에는 H_2O가 반응 도중에 제거되는 반응이다.**

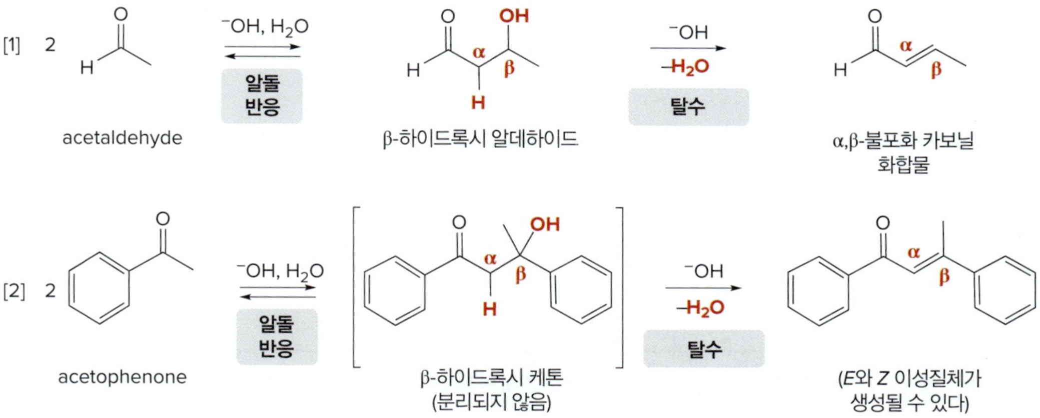

[1] 2 acetaldehyde —(^-OH, H_2O; 알돌 반응)→ β-하이드록시 알데하이드 —(^-OH, $-H_2O$; 탈수)→ α,β-불포화 카보닐 화합물

[2] 2 acetophenone —(^-OH, H_2O; 알돌 반응)→ [β-하이드록시 케톤 (분리되지 않음)] —(^-OH, $-H_2O$; 탈수)→ (E와 Z 이성질체가 생성될 수 있다)

알돌 반응 조건에서 β-하이드록시 카보닐 화합물을 분리할 수도 있고 못할 수도 있다.

- α,β-불포화 카보닐 화합물이 반응 [2]의 경우처럼 탄소–탄소 이중 결합 또는 벤젠 고리와 **콘쥬게이션**된 경우에는 **H_2O의 제거가 자발적으로 일어나며** β-하이드록시 카보닐 화합물을 분리할 수 없다.

탈수 메커니즘은 메커니즘 22.3에서처럼, **양성자 이탈 후 ^-OH의 제거**라는 두 단계로 이루어져 있다.

메커니즘 22.3 염기를 사용한 β-하이드록시 카보닐 화합물의 탈수

공명 안정화된 엔올 음이온

1 염기가 α 탄소로부터 양성자를 제거하면 **공명 안정화된 엔올 음이온**이 얻어진다.

2 엔올 음이온의 전자쌍이 **π 결합**을 이루면서 ^{-}OH가 제거된다.

E1 제거처럼, E1cB도 **두 단계**가 필요하다. 그러나 E1과 다르게 E1cB에서의 중간체는 탄소 양이온이 아니라 **탄소 음이온**이다. E1cB는 **제거(elimination)**, **일분자(unimolecular)**, **짝염기(conjugate base)**를 의미한다.

E1cB 메커니즘이라고 부르는 이 제거 메커니즘은 8장에서 다룬 더 일반적인 제거 메커니즘인 E1 및 E2와는 다르다. E1cB 메커니즘은 두 단계로 이루어져 있고 **음이온** 중간체를 거친다.

하이드록시기는 나쁜 이탈기이므로 **보통의 알코올은 염기가 아니라 산이 있을 때에만 탈수된다**. 그러나 하이드록시기가 카보닐기의 β 위치에 있는 경우에는, α와 β 탄소로부터 H와 OH가 제거되어 **콘쥬게이션 이중 결합**을 생성한다. 콘쥬게이션계의 안정성 때문에 나쁜 이탈기가 제거될 수 있다.

처음 생긴 β-하이드록시 카보닐 화합물의 탈수로 인하여 알돌 반응의 평형이 오른쪽으로 치우치게 되어 생성물의 생성이 유리하게 된다. 일단 콘쥬게이션 α,β-불포화 카보닐 화합물이 생기면, β-하이드록시 카보닐 화합물이 다시 생성되지는 않는다.

E1cB 메커니즘

β-하이드록시 싸이오에스터 → α,β-불포화 싸이오에스터

문제 22.5 각 β-하이드록시 카보닐 화합물의 탈수에서 어떤 불포화 카보닐 화합물이 생성되는가?

a. b. c.

22.1D 역합성 분석

합성에서 알돌 반응을 이용하기 위해서는, 특정한 β-하이드록시 카보닐 화합물 또는 α,β-불포화 카보닐 화합물을 얻기 위하여 어떤 알데하이드 또는 케톤이 필요한지를 알아야 한다—즉 **역합성 방향인 역순으로** 생각하여야 한다.

해결 방법 알돌 반응을 이용하여 화합물을 합성하는 방법

예 알돌 반응으로 각 화합물을 만들기 위하여 어떤 출발물이 필요한가?

a. b.

단계 [1] 카보닐기의 α와 β 탄소의 위치를 파악한다.

- 카보닐기에 있는 두 α 탄소가 다른 경우에는, **OH기가 있는 쪽**(β-하이드록시 카보닐 화합물에서) **또는 C=C가 있는 쪽**(α,β-불포화 카보닐 화합물에서)**을 택한다**.

단계 [2] α와 β 탄소 사이에서 분자를 두 성분으로 나눈다.

- α 탄소와 이 탄소와 결합하는 나머지 모든 원자가 한 카보닐 성분에 속한다. β 탄소와 이 탄소와 결합하는 나머지 모든 원자가 다른 카보닐 성분에 속한다. 두 성분 모두 지금까지 본 알돌에서는 동일하다.

a. 표시된 결합에서 분자를 두 쪽으로 쪼갠다.

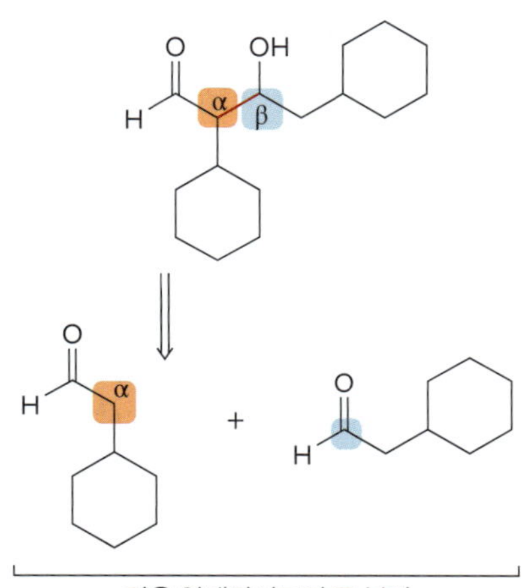

b. 표시된 결합에서 분자를 두 쪽으로 쪼갠다.

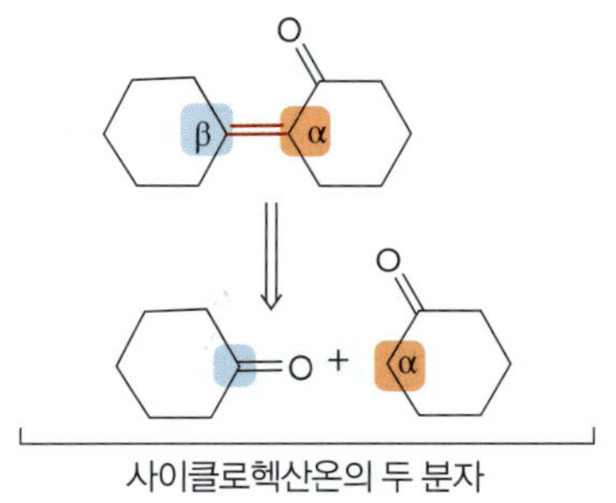

문제 22.6 알돌 반응에 의하여 각 화합물을 만들려고 한다. 어떤 알데하이드 또는 케톤이 필요한가?

a. b. c.

22.2 교차 알돌 반응

지금까지 논의된 모든 알돌 반응에서는 친전자성 카보닐과 친핵성 엔올 음이온이 같은 알데하이드 또는 케톤에서 유래하였다. 그러나 어떤 경우에서는 두 개의 다른 카보닐 화합물 사이에서 알돌 반응을 하는 것이 가능하다.

- 서로 다른 두 카보닐 화합물 사이의 알돌 반응을 **교차 알돌 반응(crossed aldol reaction)** 또는 **혼합 알돌 반응(mixed aldol reaction)**이라고 한다.

22.2A α H 원자가 둘 다 있는, 서로 다른 두 알데하이드 사이의 교차 알돌 반응

α H 원자가 둘 다 있는, 서로 다른 두 알데하이드가 알돌 반응에서 합쳐지면 네 개의 다른 β-하이드록시 카보닐 화합물이 생성된다. 한 개가 아닌 네 개의 생성물이 생기는데, 염기가 있으면 두 알데하이드가 각각 산성 α 수소를 잃고 두 가지 엔올 음이온이 생기기 때문이다. 다음 그림의 acetaldehyde와 propanal의 경우처럼, 두 엔올 음이온은 각각 두 카보닐 화합물과 반응할 수 있다.

acetaldehyde $\xrightleftharpoons{^-OH,\ H_2O}$ 엔올 음이온

propanal $\xrightleftharpoons{^-OH,\ H_2O}$ 엔올 음이온

네 개의 다른 생성물

- 결론: 서로 다른 두 알데하이드에 모두 α 수소가 있으면, 교차 알돌 반응은 합성에서 유용하지 **않다**.

22.2B 합성에서 유용한 교차 알돌 반응

교차 알돌 반응은 두 경우에 유용하다.

- 카보닐 화합물 **하나**에만 α H 원자가 있을 때 교차 알돌 반응이 일어난다.

카보닐 화합물 하나에 α H 원자가 없는 경우, 교차 알돌 반응에서 종종 하나의 생성물만 얻어진다. 이 목적으로 사용되는 α H 원자가 없는 카보닐 화합물의 두 흔한 예는 formaldehyde (CH_2=O)와 benzaldehyde (C_6H_5CHO)이다.

예로서 C_6H_5CHO(친전자체)가 acetaldehyde (CH_3CHO)와 염기 존재하에서 반응하면, 탈수 후에 α,β-불포화 카보닐 화합물이 하나만 생긴다.

CH_3CHO + C_6H_5CHO $\xrightleftharpoons{^-OH,\ H_2O}$ [β-하이드록시 알데하이드] $\xrightarrow{-H_2O}$ 신남알데하이드

신남알데하이드
(계피의 성분)
(+ *Z* 이성질체)

친전자성 카보닐 화합물이 상대적으로 입체 장애가 없고(대부분의 알데하이드의 경우처럼), 과량으로 사용되면 교차 알돌 생성물의 수득률이 더 증가한다.

문제 22.7 Flosal이라고도 불리는 2-pentylcinnamaldehyde는 재스민과 냄새가 비슷한 향수이다. Flosal은 α,β-불포화 알데하이드인데, 이것은 benzaldehyde (C_6H_5CHO)와 heptanal ($CH_3CH_2CH_2CH_2CH_2CH_2CHO$)의 교차 알돌 반응과 탈수 반응을 통하여 만들 수 있다. Flosal을 만드는 다음 반응의 단계별 메커니즘을 그려라.

C_6H_5CHO + (heptanal, CHO) $\xrightarrow[H_2O]{^-OH}$ flosal (향수 성분) + H_2O

문제 22.8 각 교차 알돌 반응에서 생기는 생성물을 그려라.

a. (butanal) + (formaldehyde)

b. (benzaldehyde) + (cyclohexanone)

c. (2-methylpropanal) + (formaldehyde)

d. (benzaldehyde) + (butanal)

- 한 개의 카보닐 화합물에만 특별하게 산도가 높은 수소가 있을 때 교차 알돌 반응이 일어난다.

다른 유용한 교차 알돌 반응은 알데하이드 또는 케톤이 β-다이카보닐(또는 이와 비슷한) 화합물과 반응하는 경우이다.

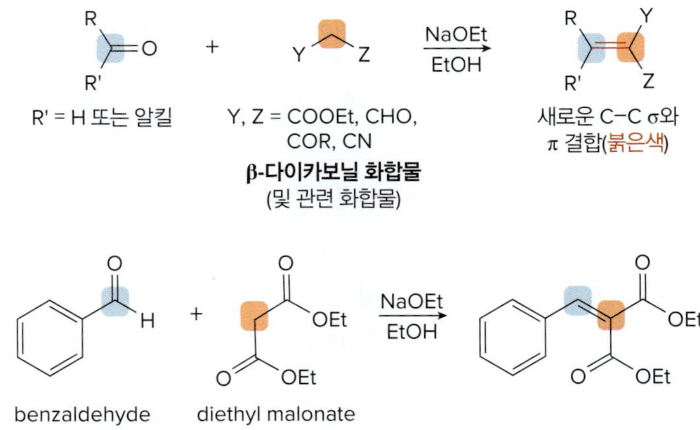

21.3절에서 배운 바와 같이 두 카보닐기 사이의 α 수소는 특히 산성이며, 따라서 다른 α 수소보다 더 잘 제거된다. 결과적으로 **β-다이카보닐 화합물은 항상 알돌 반응의 엔올 음이온 성분이 된다.** 그림 22.2에 diethyl malonate와 benzaldehyde 사이의 교차 알돌 반응의 단계가 나와 있다. 이러한 종류의 교차 알돌 반응에서는, 처음에 생기는 β-하이드록시 카보닐 화합물은 항상 물을 잃고 더 콘쥬게이션된 생성물을 생성한다.

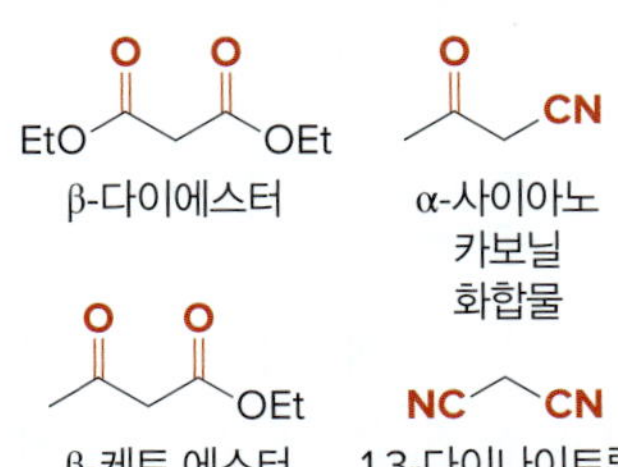

β-다이카보닐 화합물은 다른 카보닐 화합물보다 염기에 대한 반응성이 크므로 **활성 메틸렌(active methylene) 화합물**이라고 부르기도 한다. **1,3-다이나이트릴(1,3-dinitrile)**과 **α-사이아노 카보닐(α-cyano carbonyl) 화합물**도 활성 메틸렌 화합물이다.

그림 22.2
Benzaldehyde와 $CH_2(COOEt)_2$ 사이의 교차 알돌 반응

β-다이카보닐 화합물이 엔올 음이온을 생성한다.

NaOEt
EtOH

알데하이드는 친전자체이다.

EtOH

$-H_2O$

분리되지 않음

문제 22.9 Phenylacetaldehyde ($C_6H_5CH_2CHO$)과 다음 화합물 사이의 교차 알돌 반응에서 생성되는 생성물을 그려라. (a) $CH_2(COOEt)_2$; (b) $CH_2(COCH_3)_2$; (c) CH_3COCH_2CN.

문제 22.10 다음 반응에서 생성되는 생성물인, 후추 공(pepper ball)에 들어 있는 강력한 자극성 물질(CS라고 함)의 구조를 그려라. 폭동 진압제(riot-control agent)로서 CS를 사용할 때 부분적으로 이 물질을 분산시키는 데 필요한 고온에서 매우 독성이 클 것이라고 생각되는 미지의 생성물이 발생하기 때문에 철저한 조사 중에 있다.

Cl, CHO + NC⌒CN —염기→

22.2C 거울상 이성질 선택적 알돌 반응

David MacMillan과 Benjamin List는 비대칭 유기 반응을 촉매화하는 카이랄 유기 분자를 이용하는 선구적 연구로 2021년도 노벨 화학상을 수상하였다.

Sharpless 에폭시화 반응(12.15절)과 CBS 시약을 사용하는 거울상 이성질 선택적 케톤 환원(17.6A절)처럼 거울상 이성질 선택적 알돌 반응도 수행할 수 있다. 이 경우에는 조그마한 카이랄 분자를 **유기촉매(organocatalyst)**로 사용하여 β-하이드록시 카보닐 생성물의 한 가지 거울상 이성질체를 선택적으로 얻을 수 있다. 예로서, 아미노산인 proline의 존재하에서 아세톤을 2-methylpropanal과 반응시키면 96% 거울상 초과량으로 알돌 생성물이 얻어진다.

acetone + 2-methylpropanal —(S)-proline→ 97% yield, 96% *ee*

비대칭 유기촉매(asymmetric organocatalysis) 반응의 한 가지 예인 이런 종류의 반응은 독성 금속 촉매를 사용하는 방법보다 더 환경 친화적이라고 생각되기 때문에 의약품 합성에서 널리 사용되고 있다.

문제 22.11 Acetone이 proline의 존재 하에서 각 알데하이드와 반응할 때 생기는 알돌 생성물을 입체 화학을 포함하여 그려라. 각 반응에서 *R* 이성질체가 주 거울상 이성질체이다.

a. 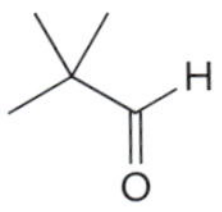 H O b. 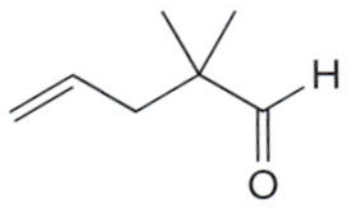 H O c. 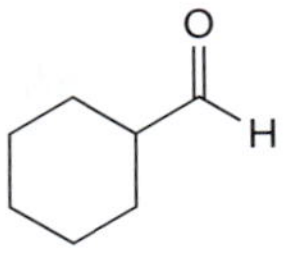 O H

22.3 지정 알돌 반응

지정 알돌 반응(directed aldol reaction)은 교차 알돌 반응의 변화된 형태로서 이 반응에서는 어느 카보닐 화합물이 친핵성 엔올 음이온이 되고, 어느 것이 친전자성 카보닐 탄소에서 반응할지를 분명하게 알 수 있다. 지정 알돌 반응의 전략은 다음과 같다.

[1] LDA로 한 가지 카보닐 화합물의 엔올 음이온을 얻는다.

[2] 이 엔올 음이온에 두 번째 카보닐 화합물(친전자체)을 가한다.

이 단계는 순차적으로 수행되고 비친핵성 센염기를 사용하여 카보닐 성분 하나만의 엔올 음이온이 얻어지기 때문에, 이 반응에서는 다양한 종류의 카보닐 화합물을 사용할 수 있다. LDA로 한 가지 엔올 음이온만을 만들기 때문에 두 카보닐 분자 모두 α 수소를 포함할 수 있다. 또한 비대칭 케톤을 사용할 경우, LDA는 **덜 치환된 반응 속도론적 엔올 음이온**을 선택적으로 생성한다.

예제 22.1은 둘 다 α 수소가 있는 케톤과 알데하이드 사이의 지정 알돌 반응의 단계를 보여준다.

예제 22.1 지정 알돌 반응의 생성물 결정하기

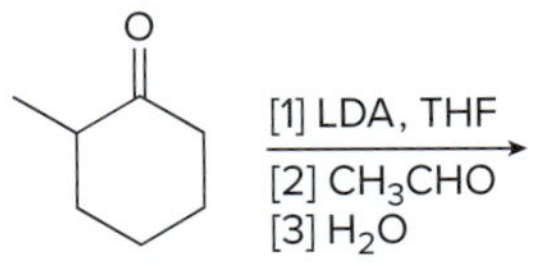

O [1] LDA, THF [2] CH_3CHO [3] H_2O

2-methylcyclohexanone

다음의 지정 알돌 반응의 생성물을 그려라.

풀이

2-Methylcyclohexanone은 덜 치환된 탄소에서 엔올 음이온을 생성하며, 이 음이온은 친전자체인 CH_3CHO와 곧이어서 반응한다.

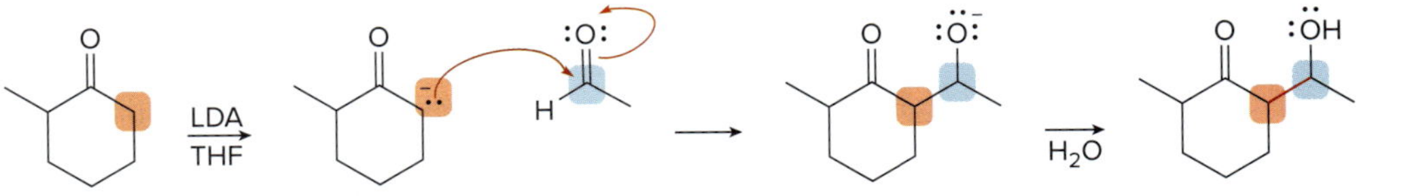

O LDA THF O :O: H O :Ö:⁻ H_2O O :ÖH

덜 치환된 반응 속도론적 엔올 음이온

새로운 C–C 결합(붉은색)

문제 22.12 각 지정 알돌 반응의 생성물을 그려라.

a. 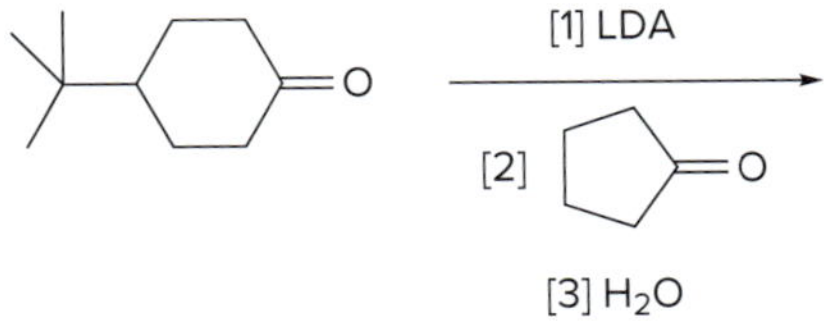 O [1] LDA [2] O [3] H_2O b. 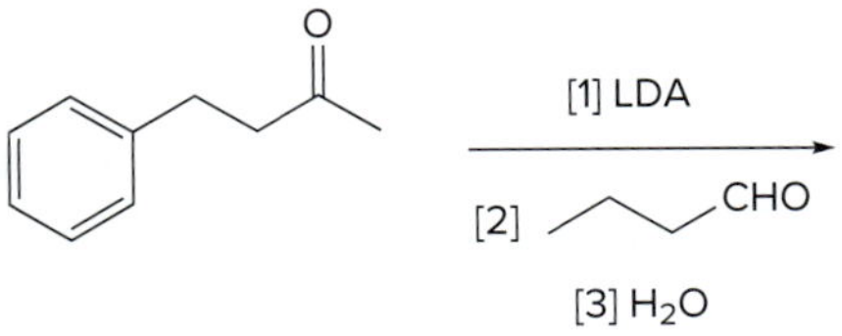 O [1] LDA [2] CHO [3] H_2O

추가 문제: 문제 22.31, 22.45c를 풀어보라.

문제 22.13 암컷 아메리카 바퀴벌레의 성 페로몬인 periplanone B 합성의 한 단계인, 다음 지정 알돌 반응에서 생성되는 생성물 **A**의 구조를 밝혀라.

[1] LDA
[2] (E)-2-butenal
[3] H_2O
→ **A** → 여러 단계 → periplanone B

Periplanone B(문제 22.13)는 암컷 아메리카 바퀴벌레가 분비하는 페르몬이다. *George Grall/National Geographic Creative/Alamy Stock Photo*

지정 알돌에서 필요한 카보닐 화합물이 무엇인지를 알기 위해서는, 예제 22.2에서처럼 22.1D절의 보통 알돌 반응에서 사용한 바 있는 전략을 똑같이 따르면 된다.

예제 22.2 지정 알돌 반응의 출발물 결정하기

지정 알돌 반응을 이용하여 이 장의 도입부에 나온 분자인 *ar*-turmerone을 합성하는 데 필요한 출발물은 무엇인가?

ar-turmerone

풀이

원하는 생성물이 α,β-불포화 카보닐 화합물일 때, C=C의 일부분인 α와 β 탄소를 확인하고, 이 탄소 사이에서 분자를 두 성분으로 나눈다.

분자를 두 성분으로 끊는다.

α β

ar-turmerone ⟹ α + O

여기에서 엔올 음이온을 만든다.

문제 22.14 지정 알돌 반응을 사용하여 다음의 각 화합물을 합성하는 데 필요한 카보닐 출발물은 무엇인가?

a. O OH

b. OH O

c. O

추가 문제: 문제 22.33을 풀어보라.

문제 22.15 Donepezil(상품명 Aricept)을 합성하는 주요 단계는 α,β-불포화 카보닐 화합물 **X**를 생성하는 지정 알돌 반응이다. 지정 알돌 반응을 이용하여 **X**를 합성하는 데 필요한 카보닐 출발물은 무엇인가? **X**를 donepezil로 변환시키는 데 필요한 시약은 무엇인가?

O, CH_3O, CH_3O, N, **X**

O, CH_3O, CH_3O, N, donepezil

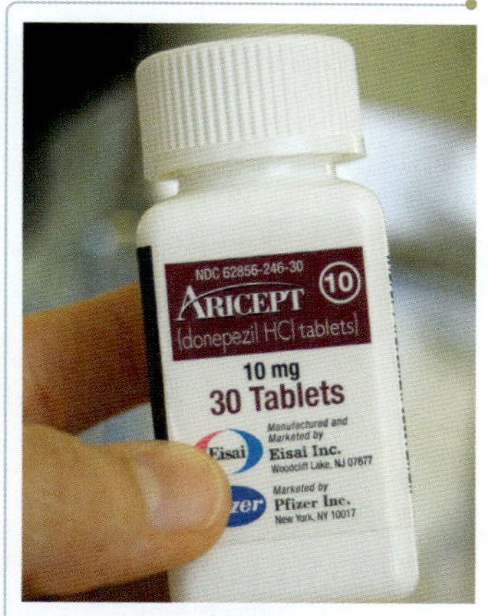

Donepezil(상품명 Aricept, 문제 22.15)은 치매와 알츠하이머병으로 고통을 받는 환자들의 인식 기능을 개선시켜 주는 약품이다. *Jill Braaten*

22.4 분자내 알돌 반응

다이카보닐 화합물의 알돌 반응을 이용하면 오원자 및 육원자 고리를 만들 수 있다. 한 카보닐기에서 생기는 엔올 음이온은 친핵체이고, 다른 카보닐기의 카보닐 탄소는 친전자체이다. 예로 hexane-2,5-dione을 염기로 처리하면 오원자 고리가 생긴다.

hexane-2,5-dione은 카보닐기의 상대적 위치를 강조하기 위하며 **1,4-다이카보닐 화합물**이라고 부른다. 1,4-다이카보닐 화합물은 오원자 고리 합성의 출발물이다.

hexane-2,5-dione → 다시 그린다 → (NaOEt, EtOH) → 새로운 C−C σ와 π 결합

메커니즘 22.4에서 보듯이, 이 과정의 단계는 22.1절에서 이미 배운 알돌 반응과 탈수의 일반적인 메커니즘과 전혀 다르지 않다.

메커니즘 22.4 분자내 알돌 반응

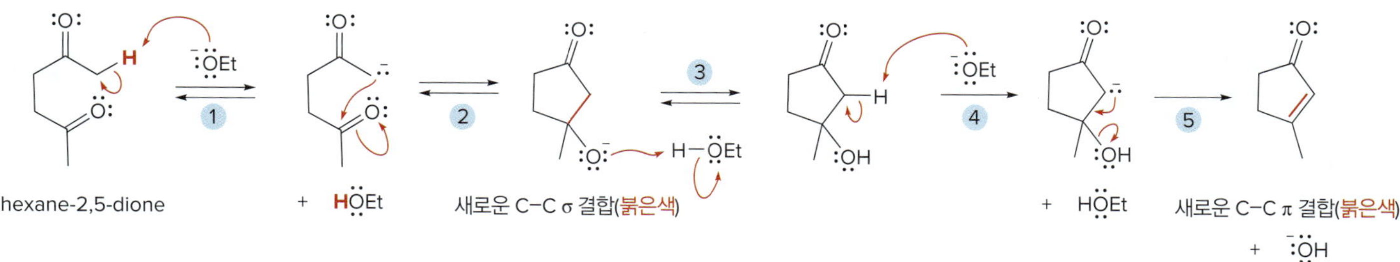

1 염기로 α 탄소의 양성자를 제거하면 **공명 안정화된 엔올 음이온**이 생성된다.

2 **친핵성** 엔올 음이온이 **같은 분자의** 친전자성 카보닐 탄소를 공격하여 새로운 탄소−탄소 σ 결합을 생성한다. 이 과정에서 오원자 고리가 생성된다.

3 알콕시화 음이온에 양성자가 첨가되어 **β-하이드록시 카보닐 화합물**이 생성된다.

4~5 **탈수 반응은 두 단계 E1cB 메커니즘**, 즉 양성자 손실로 엔올 음이온이 생기는 단계와 ^{-}OH의 제거로 π 결합이 생성되는 단계로 **일어난다**.

단계 [1]에서 hexane-2,5-dione을 염기로 처리하면, H_a와 H_b가 제거되어 서로 다른 엔올 음이온 **A**와 **B**가 각각 생길 수 있다. 엔올 음이온 **A**는 결국 오원자 고리를 생성하지만, 엔올 음이온 **B**를 이용하는 분자내 고리화는 무리가 있는 삼원자 고리를 만들 것이다.

H_a 제거
H_b 제거
NaOEt
EtOH
hexane-2,5-dione
A
B
메커니즘 22.4
더 안정한 오원자 고리가 생긴다.
무리가 있는 삼원자 고리는 생기지 **않는다**.

삼원자 고리는 엔올 음이온 출발물보다 에너지가 더 높기 때문에 평형에서는 출발물이 선호되어 **삼원자 고리는 생기지 않는다**. 반응 조건에서 탈수 이외의 모든 반응이 평형에 있기 때문에 엔올 음이온 **B**에 다시 양성자가 첨가되어 hexane-2,5-dione이 생긴다. **따라서 평형에서는 덜 안정한 삼원자 고리보다 더 안정한 오원자 고리가 더 많이 존재한다.**

같은 방법으로, 육원자 고리는 **1,5-다이카보닐 화합물**의 분자내 알돌 반응에 의하여 생성된다.

heptane-2,6-dione
다시 그린다
1,5-다이카보닐 화합물
NaOEt
EtOH
새로운 C–C σ 및 π 결합

Stanford 대학교의 W. S. Johnson과 공동 연구자가 수행한 여성 성 호르몬인 **progesterone**의 합성은 전 합성(total synthesis)의 고전이라고 할 수 있다. 스테로이드 골격의 마지막 육원자 고리는 그림 22.3에서처럼, 분자내 알돌 반응을 이용한 두 단계 반응으로 합성되었다.

그림 22.3
분자내 알돌 반응을 이용한 progesterone의 합성

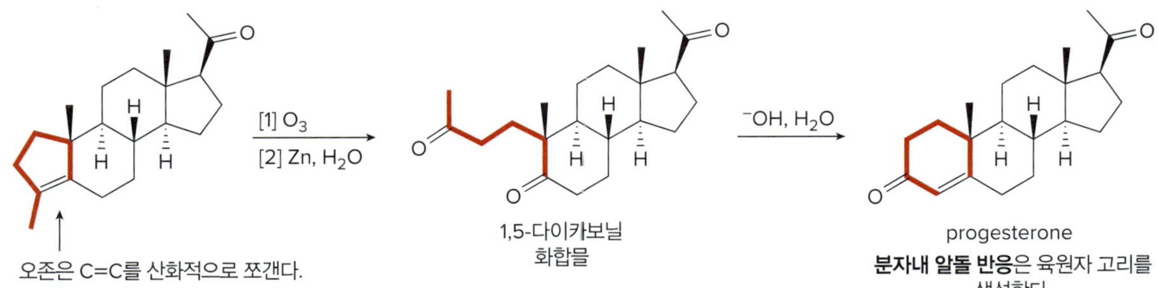

- 알켄을 O_3와 반응시켜 산화성 절단을 한 후 Zn, H_2O로 처리하면(12.10절), 1,5-다이카보닐 화합물이 얻어진다.
- 수용액에서 묽은 ^-OH로 1,5-다이카보닐 화합물의 분자내 알돌 반응을 수행하면 progesterone이 얻어진다.
- **이 두 단계 반응에서 오원자 고리가 육원자 고리로 바뀐다.** 작은 고리에서 큰 고리를 합성하는 반응을 **고리 확장 반응(ring expansion reaction)**이라고 부른다.

문제 22.16 NaOEt의 EtOH 용액에서 heptane-2,6-dione을 3-methylcyclohex-2-enone으로 변환시키는 반응의 단계별 메커니즘을 그려라.

예제 22.3 분자내 알돌 반응의 주생성물 그리기

다이카보닐 화합물 **A**가 염기와 반응할 때 생성되는 분자내 알돌 주생성물은 무엇인가?

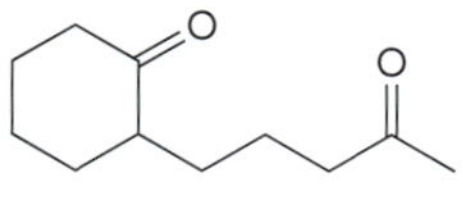

A

풀이

분자내 알돌 반응의 생성물을 그리기 위해서는

- 수소가 있는 **α 탄소들을 모두 찾는다**.
- 다른 카보닐 탄소로부터 각 α 탄소가 얼마나 멀리 있는지를 결정한다. **오원자 고리 또는 육원자 고리**를 만드는 반응이 선호된다.
- **α,β-불포화 카보닐 화합물**이 콘쥬게이션 화합물로 탈수되지 않는 β-하이드록시 카보닐 화합물보다 **선호된다**.

A에는 엔올 음이온 생성이 가능한 α 탄소가 네 개가 있다. 첫째, 비고리 카보닐(C1)과 반응하는 사이클로헥산온의 5번, 7번 탄소에서 생기는 엔올 음이온을 생각해 보자. 5번 탄소에서 생기는 엔올 음이온만 분자내 알돌 반응으로 오원자 고리를 만들 수 있으나, α 탄소에 탈수 반응에 필요한 수소가 없기 때문에 β-하이드록시 케톤 **B**는 탈수 반응을 통해 콘쥬게이션 화합물을 생성할 수 **없다**. 따라서 이러한 경로는 선호되지 **않는다**.

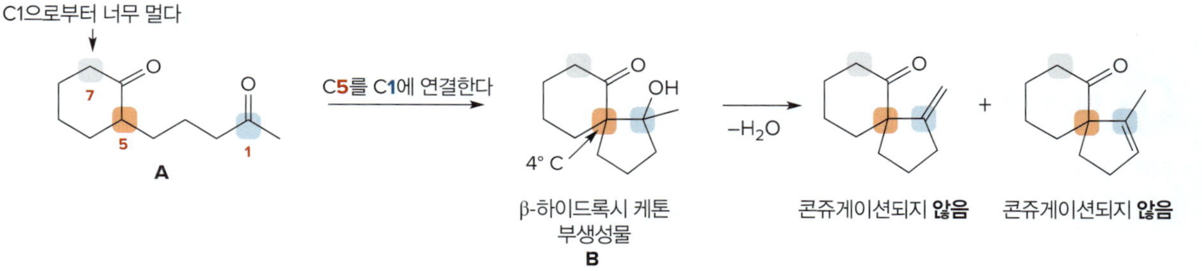

C1으로부터 너무 멀다

A

C5를 C1에 연결한다

4° C

$-H_2O$

β-하이드록시 케톤
부생성물
B

콘쥬게이션되지 **않음**

콘쥬게이션되지 **않음**

다음으로, 아래 그림에서 비고리 케톤에 위치한 5번, 7번 탄소로부터 생성되는 엔올 음이온이 사이클로헥산온의 카보닐(C1)과 반응하는 경우를 생각해 보자. 오직 5번 탄소에 위치한 엔올 음이온이 분자내 알돌 반응으로 오원자 고리를 만들고 α,β-불포화 카보닐 화합물인 **C**를 생성하므로 **C가 주생성물이다**.

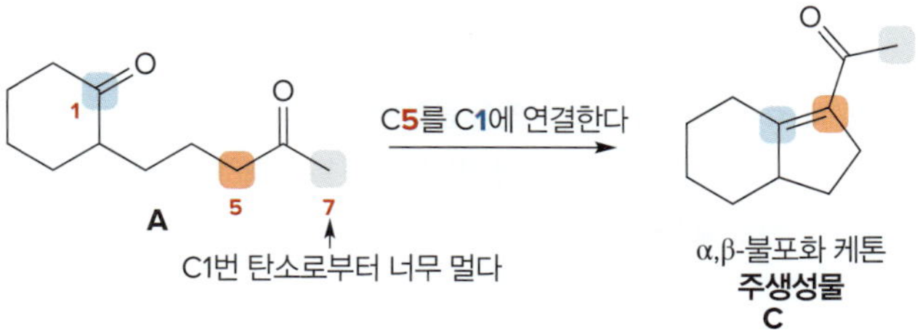

A

C5를 C1에 연결한다

C1번 탄소로부터 너무 멀다

α,β-불포화 케톤
주생성물
C

문제 22.17 다음 다이카보닐 화합물을 수용성 ^{-}OH로 처리하면 어떤 고리 생성물이 생기는가?

a.

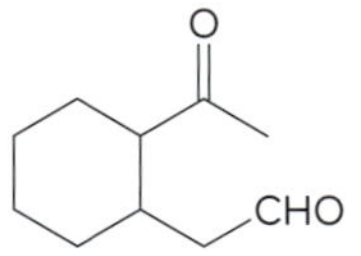

b.

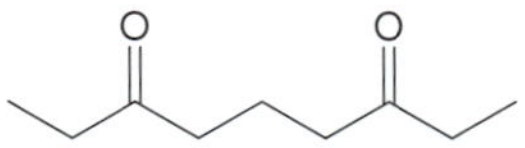

c.

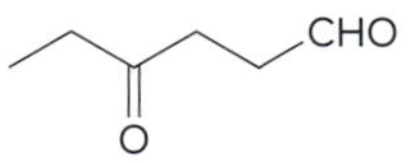

추가 문제: 문제 22.32, 22.35를 풀어보라.

문제 22.18 그림 22.3에 설명된 두 단계 반응 순서에 따라, **A**를 **B**로 변환시키는 데 필요한 반응 단계를 쓰라.

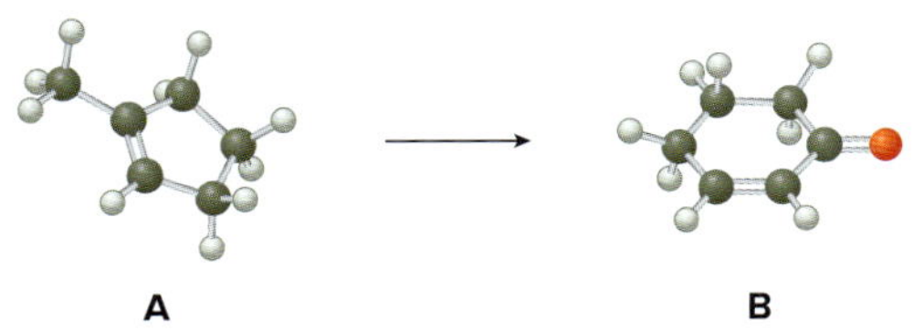

22.5 Claisen 반응

염기 촉매 반응인 알돌 반응과는 다르게 Claisen 반응의 단계 [3]에서 생기는 β-케토 에스터에서 양성자를 제거하기 위하여 1당량의 염기가 필요하다.

Claisen 반응(Claisen reaction)은 엔올 음이온이 다른 카보닐 화합물과 일으키는 두 번째 일반적 반응이다. Claisen 반응에서는 알콕시화 음이온 염기의 존재하에서 에스터 두 분자가 서로 반응하여 **β-케토 에스터**가 생긴다. 예로 ethyl acetate를 NaOEt로 처리한 후, 수용성 산의 양성자를 첨가하면 ethyl acetoacetate가 생성된다.

2 ethyl acetate —[1] NaOEt, [2] H_3O^+ (Claisen 반응)→ ethyl acetoacetate (β-케토 에스터; 새로운 C−C 결합(붉은색))

Claisen 반응의 메커니즘(메커니즘 22.5)은 엔올 음이온이 친전자성 카보닐기에 친핵성 첨가를 한다는 점에서 알돌 반응의 메커니즘과 비슷하다. 에스터는 카보닐 탄소에 이탈기가 있기 때문에, **이탈기가 떨어지면 첨가가 아닌 치환 반응 생성물이 얻어진다.**

메커니즘 22.5 Claisen 반응

부분 [1] β- 케토 에스터 생성

(반응식: 1 → 엔올 음이온 + HÖEt; 2 친핵성 공격 → 새로운 C−C 결합(붉은색); 3 ⁻OEt 제거 → + :ÖEt)

1 염기가 α 탄소의 양성자를 제거하면 **공명 안정화된 엔올 음이온**이 생긴다.

2 **친핵성** 엔올 음이온이 에스터의 다른 분자의 친전자성 카보닐 탄소를 **공격**하면 새로운 탄소−탄소 결합이 생긴다.

3 이탈기인 ⁻EtO가 제거되면 **β-케토 에스터**가 생긴다.

부분 [2] 양성자 이탈 및 양성자 첨가

(반응식: 4 → 공명 안정화된 엔올 음이온 + HÖEt; 5 ($H-\overset{+}{O}H_2$) → **β-케토 에스터** + H_2O:)

4 [3] 단계에서 생성된 β-케토 에스터는 그 두 카보닐기 사이에 특히 산성인 양성자가 있기 때문에, 염기가 양성자를 제거하여 **공명 안정화된 엔올 음이온**을 생성한다.

5 센산이 이 엔올 음이온에 양성자를 주면 **β-케토 에스터**가 다시 생성된다.

생성물인 β-케토 에스터에서 공명 안정화된 엔올 음이온이 생성되는 반응이 Claisen 반응을 추진시키기 때문에(메커니즘 22.5의 단계 [4]), **α 탄소에 두 개 또는 세 개의 수소가 있는 에스터만 이 반응이 일어난다.** 즉, 이 반응을 일으키는 에스터의 일반식은 CH_3CO_2R'이나 RCH_2CO_2R'이어야 한다.

- 다음을 기억하라. 에스터 반응의 특징은 친핵성 치환이다. Claisen 반응은 엔올 음이온이 친핵체인 친핵성 치환이다.

그림 22.4는 에스터의 친핵성 치환과 Claisen 반응을 비교하고 있다. 예제 22.4는 Claisen 반응의 기본적 특징을 다시 강조하고 있다.

그림 22.4
Claisen 반응—친핵성 치환의 한 예

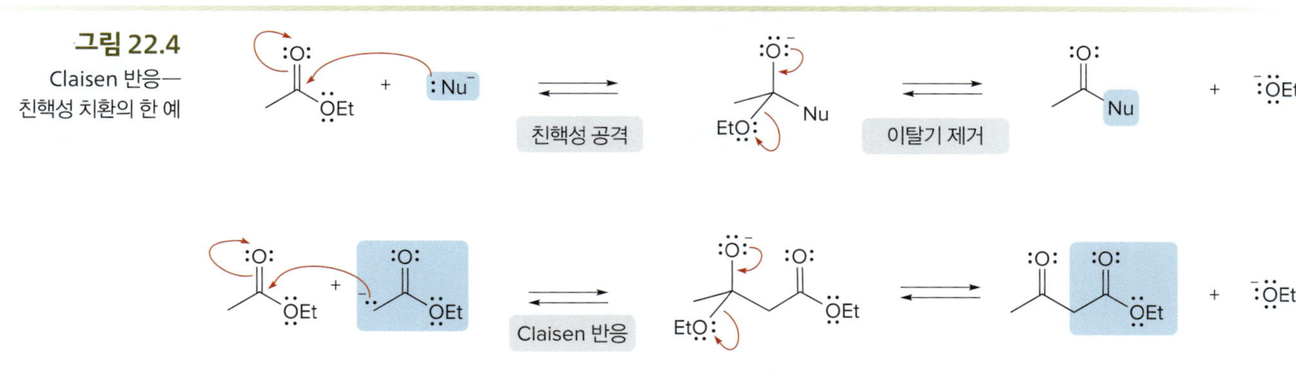

- 에스터는 **친핵성 치환**으로 반응한다. Claisen 반응에서는 **엔올 음이온**이 카보닐기에 첨가되는 **친핵체이다**.

예제 22.4 Claisen 반응의 생성물 결정하기

다음 Claisen 반응의 생성물을 그려라.

$$CH_3CH_2CO_2CH_3 \xrightarrow[\text{[2] } H_3O^+]{\text{[1] } NaOCH_3}$$

풀이

Claisen 반응의 생성물의 구조를 그리려면, 한 에스터의 α 탄소와 다른 에스터의 카보닐 탄소 사이에 새로운 탄소−탄소 결합을 만들고, 이탈기(이 경우에는 $^-OCH_3$)를 제거한다.

CH_3O, α, +, CH_3O, [1] $NaOCH_3$, [2] H_3O^+, CH_3O

새로운 C−C 결합(붉은색)

다음에는 이 생성물이 맞는지를 확인하기 위하여 반응 단계를 쓴다.

$CH_3\ddot{O}$, α, H, + $:\ddot{O}CH_3^-$ ⇌ $CH_3\ddot{O}$, $CH_3\ddot{O}$, + $H\ddot{O}CH_3$ ⇌ $CH_3\ddot{O}$, $:\ddot{O}CH_3$ ⇌ $CH_3\ddot{O}$

새로운 C−C 결합(붉은색)

$^-:\ddot{O}CH_3$ ↓ ↑ $H_3\overset{+}{O}:$

$CH_3\ddot{O}$

문제 22.19 각 에스터를 Claisen 반응에서 사용하였을 때 어떤 β-케토 에스터가 생성되는가?

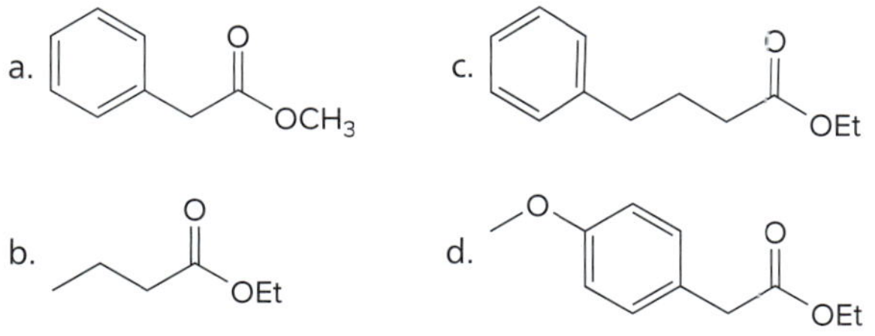

a. OCH$_3$ c. OEt b. OEt d. OEt

22.6 교차 Claisen 반응 및 이와 관련된 반응

알돌 반응처럼 두 개의 다른 카보닐 화합물을 출발물로 사용한 Claisen 반응을 수행할 수도 있다.

- 두 개의 다른 카보닐 화합물 사이의 Claisen 반응을 **교차 Claisen 반응(crossed Claisen reaction)**이라 고 부른다.

22.6A 유용한 교차 Claisen 반응의 두 가지

교차 Claisen 반응은 두 개의 다른 경우에 유용하다.

- 교차 Claisen 반응은 서로 다른 두 에스터 사이에서 하나의 에스터에만 α 수소가 있을 때 일어난다.

한 에스터에 α 수소가 없다면, 교차 Claisen 반응에서는 흔히 하나의 생성물만 생긴다. α 수소가 없는 흔한 에스터에는 ethyl formate (**HCO_2Et**)와 ethyl benzoate (**$C_6H_5CO_2Et$**)가 있다. 예로서 염기 존재하에서 ethyl benzoate(친전자체)와 ethyl acetate(엔올 음이온을 생성) 사이의 반응에서는 주로 β-케토 에스터가 하나만 생긴다.

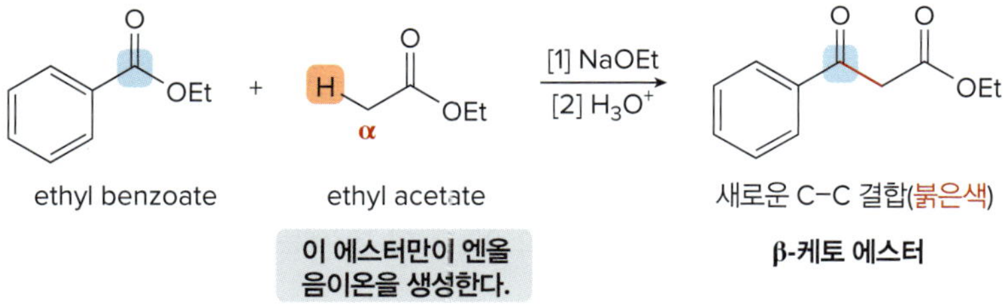

ethyl benzoate + ethyl acetate (H, α) —[1] NaOEt, [2] H_3O^+→ 새로운 C–C 결합(붉은색)

이 에스터만이 엔올 음이온을 생성한다.

β-케토 에스터

- 교차 Claisen 반응은 케톤과 에스터 사이의 반응에서 일어난다.

염기 존재하에서 케톤과 에스터 사이의 반응에서도 교차 Claisen 반응의 생성물이 얻어진다. 엔올 음이온은 항상 케톤에서 생성되며, 에스터에 α 수소가 없는 경우에 반응이 가장 잘 일어난다. 이 경우의 교차 Claisen 반응에서는 β-케토 에스터가 **아니라 β-다이카보닐 화합물**이 얻어진다.

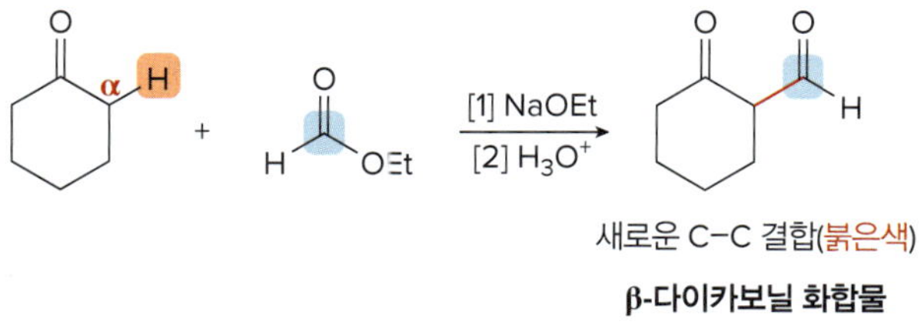

(α H) + H–C(=O)–OEt —[1] NaOEt, [2] H_3O^+→ 새로운 C–C 결합(붉은색)

β-다이카보닐 화합물

문제 22.20 두 화합물에서 얻어지는 교차 Claisen 반응의 생성물은 무엇인가?

a. (ethyl octanoate) OEt and H–C(=O)–OEt   b. (cyclohexanone) and (ethyl benzoate) OEt

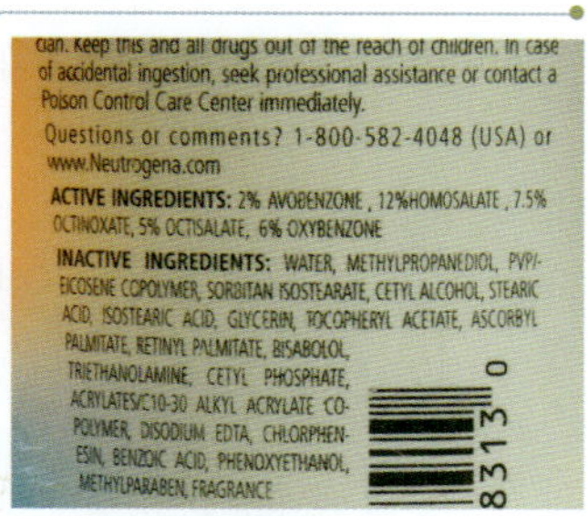

선크림 성분(문제 22.21)
Jill Braaten/ McGraw Hill

문제 22.21 Avobenzone은 320~400 nm 영역의 파장에 해당하는 자외선을 흡수하는 콘쥬게이션 화합물이다. 따라서 이 화합물은 흔히 선크림의 성분으로 사용된다. Avobenzone을 생성하는 두 개의 다른 교차 Claisen 반응을 쓰라.

avobenzone

22.6B 교차 Claisen 반응의 다른 유용한 변형

β-다이카보닐 화합물은 또한 엔올 음이온을 **ethyl chloroformate** 및 **diethyl carbonate**와 반응시켜 얻을 수 있다.

ethyl chloroformate (Cl–C(=O)–OEt)   diethyl carbonate (EtO–C(=O)–OEt)

이 반응은 Claisen 반응과 같은 세 단계를 거친다는 점에서 비슷하다.

[1] **엔올 음이온의 생성**
[2] **카보닐기에 대한 친핵성 첨가**
[3] **이탈기의 제거**

예로서 에스터 엔올 음이온과 diethyl carbonate와의 반응에서는 **β-다이에스터**(반응 [1])가 얻어지고, 케톤 엔올 음이온과 ethyl chloroformate와의 반응에서는 **β-케토 에스터**(반응 [2])가 생긴다. 새로운 탄소–탄소 결합은 붉은색으로 표시되어 있다.

[1] CH_3CO_2Et —[1] NaOEt, [2] EtO–C(=O)–OEt→ EtO–C(=O)–CH_2–C(=O)–OEt (**β-다이에스터**) + $^-$OEt

[2] cyclohexanone —[1] NaOEt, [2] Cl–C(=O)–OEt→ 2-(ethoxycarbonyl)cyclohexanone (**β-케토 에스터**) + Cl^-

역자주:
Ethyl chloroformate는 반응 용매인 에탄올 또는 NaOEt과 빠르게 반응하기 때문에 ethyl chloroformate를 사용하는 반응은 교재에서처럼 일어나지 않을 것이다.

반응 [2]는 아세토아세트산 에스터 합성(21.10절)의 유용한 출발물인 **β-케토 에스터(β-keto ester)**를 쉽게 합성할 수 있게 해주므로 특히 주목할 만하다. 아래의 반응에서는 더 좋은 이탈기인 Cl^-가 $^-$OEt 대신에 단계 [3]에서 제거된다.

cyclohexanone + $^-$:OEt —[1]→ enolate + EtOH; enolate + Cl–C(=O)–OEt —[2]→ tetrahedral intermediate —[3]→ **β-케토 에스터** + :Cl:$^-$

문제 22.22 각 반응의 생성물을 그려라.

a. (cyclohexanone) [1] NaOEt / [2] $(EtO)_2C=O$ →

b. (PhCH₂CO₂Et) [1] NaOEt / [2] $ClCO_2Et$ →

문제 22.23 진통제 ibuprpfen 합성의 두 단계는 카보닐 축합 반응과 연이은 알킬화 반응이다. Ibuprpfen 합성의 중간체인 **A**와 **B**는 무엇인가?

OEt ester → [1] NaOEt / [2] $(EtO)_2C=O$ → **A** → [1] NaOEt / [2] CH_3I → **B** → H_3O^+ / Δ → Ibuprpfen

22.7 Dieckmann 반응

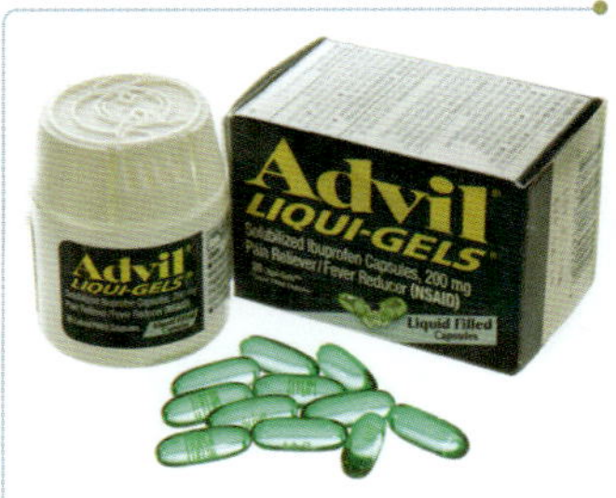

아스피린(19.5절)처럼 ibuprpfen (문제 22.23)도 arachidonic acid가 프로스타글란딘으로 변환되는 과정을 억제함으로써 소염제로 작용한다.
David A. Tietz/McGraw Hill

다이에스터의 분자내 Claisen 반응에서는 오원자와 육원자 고리가 생긴다. 한 에스터의 엔올 음이온이 친핵체이면, 다른 에스터의 카보닐 탄소가 친전자체이다. 분자내 Claisen 반응을 **Dieckmann 반응**이라고 부른다. 두 종류의 다이에스터를 사용하면 고리 생성물을 좋은 수득률로 만들 수 있다.

- Dieckmann 반응에서 1,6-다이에스터(1,6-diester)는 오원자 고리를 만든다.

1,6-다이에스터 --- 다시 그린다 → [1] NaOEt / [2] H_3O^+ → (cyclopentanone β-keto ester, OEt)

- Dieckmann 반응에서 1,7-다이에스터(1,7-diester)는 육원자 고리를 만든다.

1,7-다이에스터 --- 다시 그린다 → [1] NaOEt / [2] H_3O^+ → (cyclohexanone β-keto ester, OEt)

Dieckmann 반응의 메커니즘은 분자내 Claisen 반응의 메커니즘과 정확히 같다. 육원자 고리를 생성하는 반응을 메커니즘 22.6에 나타내었다.

문제 22.24 다음 다이에스터의 Dieckmann 반응에서는 어떤 β-케토 에스터가 두 개 생기는가?

(EtO₂C–CH₂CH₂–C(CH₃)₂–CH₂–CO₂Et)

메커니즘 22.6 Dieckmann 반응

① ~ ② 염기가 α 탄소의 양성자를 제거하면 **엔올 음이온**이 생기고, 생성된 엔올 음이온이 다른 에스터의 친전자성 카보닐을 공격하여 새로운 탄소–탄소 결합이 생긴다.

③ **⁻OEt가 제거**되면 β-케토 에스터가 생긴다.

④ ~ ⑤ 염기성 반응조건에서 염기가 두 카보닐기 사이의 양성자를 제거하면 엔올 음이온이 생성되고, 그 다음에 엔올 음이온에 양성자를 가하면 다시 β-케토 에스터가 생긴다.

22.8 Michael 반응

알돌과 Claisen 반응처럼, **Michael 반응에서도 두 카보닐 화합물이 각각 카보닐 화합물의 엔올 음이온과 α,β-불포화 카보닐 화합물로서 반응한다.**

Michael 반응의 두 성분

α,β-불포화 카보닐 화합물은 공명 안정화되어 있고 **카보닐 탄소와 β 탄소가 두 친전자성 자리**임을 17.15절에서 배웠다.

α,β-불포화 카보닐 화합물의 세 개의 공명 구조

혼성체
두 친전자성 자리

- Michael 반응은 공명 안정화된 엔올 음이온이 α,β-불포화 카보닐 화합물의 β 탄소에 콘쥬게이션 첨가(1,4-첨가)를 하는 반응이다.

모든 콘쥬게이션 첨가에서는 **α와 β 탄소에 H와 Nu**가 첨가된다.

콘쥬게이션 첨가 반응

Michael 반응에서는 **친핵체가 엔올 음이온**이다. 활성 메틸렌 화합물의 엔올 음이온은 특히 흔하다. α,β-불포화 카보닐 화합물을 흔히 **Michael 받개(Michael acceptor)**라고 부르기도 한다.

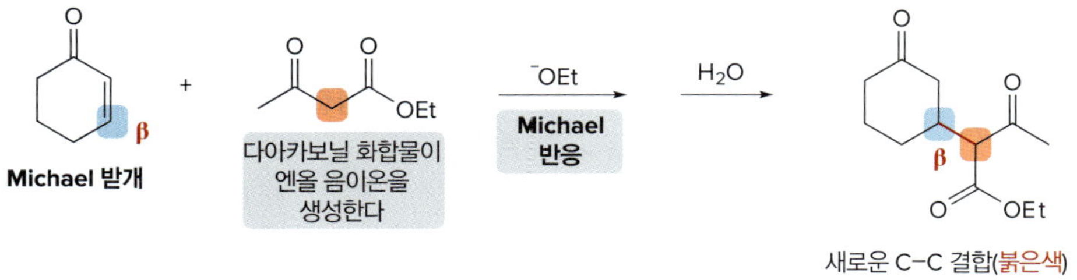

Michael 받개

다이카보닐 화합물이 엔올 음이온을 생성한다

$^{-}$OEt

Michael 반응

H_2O

새로운 C−C 결합(붉은색)

문제 22.25 다음 화합물 중에서 Michael 받개로 작용할 수 있는 것은 어느 것인가?

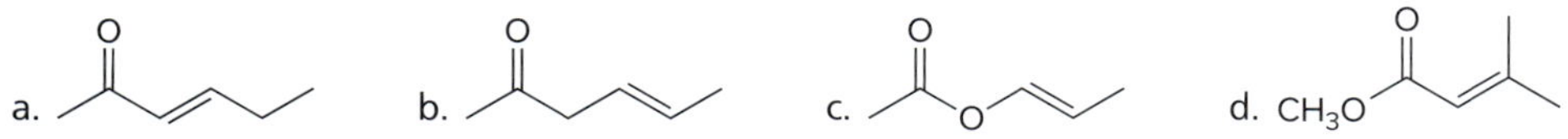

a. b. c. d. CH_3O

Michael 반응에서는 Michael 받개의 β 탄소에서 항상 새로운 탄소−탄소 결합이 생긴다. Michael 반응의 메커니즘이 메커니즘 22.7에 나와 있다. **중요한 단계는 엔올 음이온이 Michael 받개의 β 탄소에 친핵성 첨가를 하는 단계 [2]이다.**

메커니즘 22.7 Michael 반응

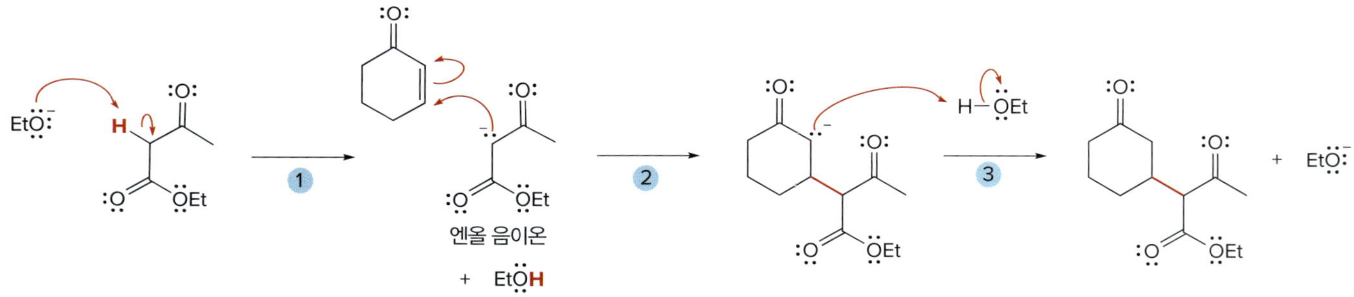

엔올 음이온

+ EtOH

1. 염기가 두 카보닐기 사이의 탄소에 있는 양성자를 제거하면 **엔올 음이온**이 생긴다.
2. **엔올 음이온**이 α,β-불포화 카보닐 화합물의 **β 탄소에 친핵성 첨가**하면, 새로운 탄소−탄소 결합과 공명 안정화 엔올 음이온이 생긴다.
3. 엔올 음이온에 양성자가 첨가되면 **1,4-첨가 생성물**이 얻어진다.

Michael 반응의 생성물이 또한 β-케토 에스터인 경우에는, 21.9절에서 배운 대로 수용성 산에서 가열하면 가수 분해와 카복시 이탈을 거쳐 **1,5-다이카보닐 화합물**이 생긴다. 여성 성 호르몬인 **에스트론(estrone)** 합성의 중요한 단계인 Michael 반응이 그림 22.5에 나와 있다.

1,5-다이카보닐 화합물은 22.4절에서 배운 대로 분자내 알돌 반응의 출발물이다.

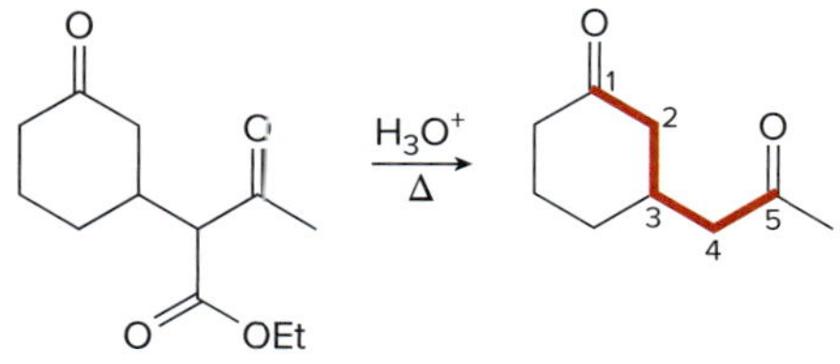

H_3O^+, Δ

Michael 반응 생성물

1,5-다이카보닐 화합물

그림 22.5 스테로이드 estrone의 합성에 사용되는 Michael 반응

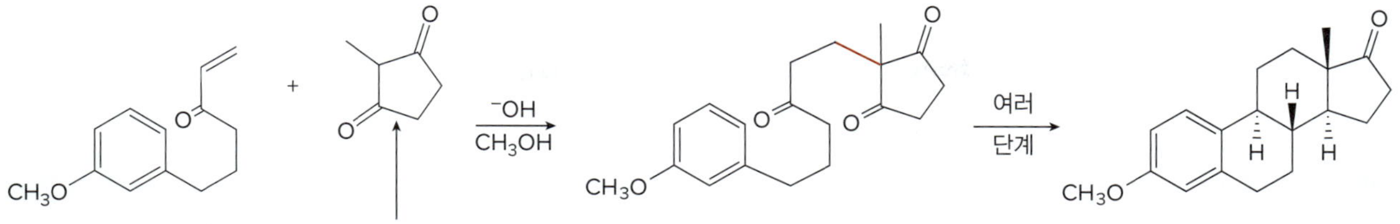

α,β-불포화 카보닐 화합물 + 엔올 음이온을 생성하는 카보닐 화합물 —(^-OH, CH_3OH)→ 새로운 C−C 결합(붉은색) —(여러 단계)→ estrone

문제 22.26 다음 각 쌍의 화합물을 에탄올에 녹아 있는 NaOEt로 처리하면 어떤 생성물이 얻어지는지 답하라.

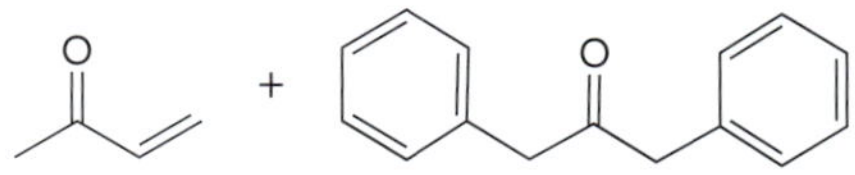

a. 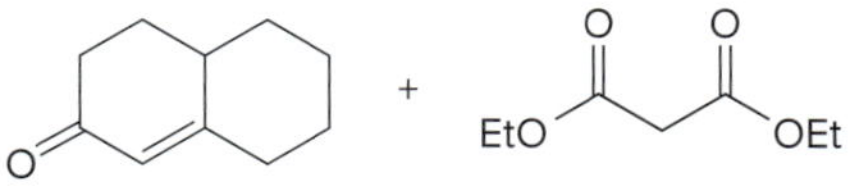 + EtO, OEt
b.  +, CN
c. +
d. 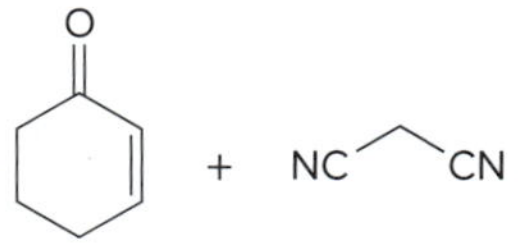 + NC, CN

문제 22.27 Michael 반응을 이용하여 각 화합물을 얻기 위해서는 어떤 출발물이 필요한가?

a. 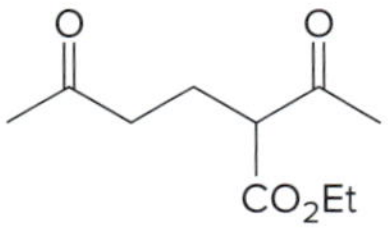 CO_2Et
b.

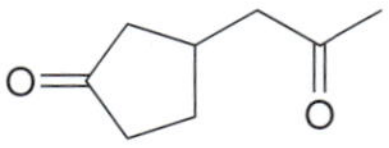

22.9 Robinson 고리화 반응

Annulation이라는 단어는 '고리'를 의미하는 그리스어인 *annulus*에서 왔다. Robinson 고리화는 1947년에 노벨 화학상을 수상한 영국의 화학자인 Robert Robinson경의 이름을 딴 것이다.

Robinson 고리화(Robinson annulation) 반응은 Michael 반응과 분자내 알돌 반응을 이용하여 고리를 생성하는 반응이다. 22장의 다른 반응처럼, 이 반응에서도 엔올 음이온이 탄소−탄소 결합을 만드는 중간체이다. Robinson 고리화 반응의 두 출발물은 α,β-불포화 카보닐 화합물과 엔올 음이온이다.

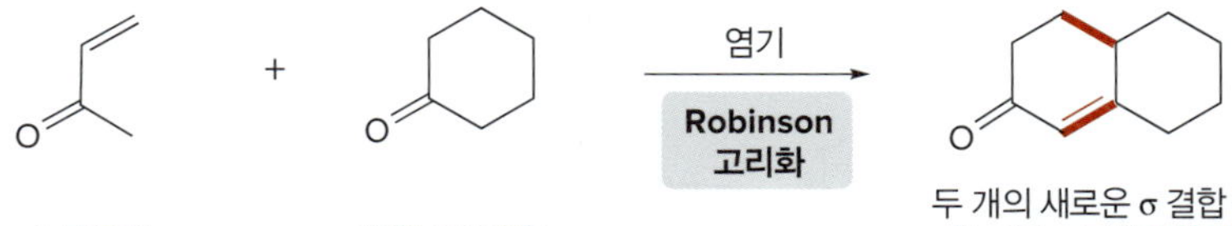

α,β-불포화 카보닐 화합물 + 엔올 음이온을 생성하는 카보닐 화합물 —(염기, Robinson 고리화)→ 두 개의 새로운 σ 결합 및 한 개의 π 결합(붉은색)

Robinson 고리화 반응에서는 육원자 고리와 세 개의 새로운 탄소−탄소 결합, 즉 두 σ 결합과 하나의 π 결합이 생긴다. 생성물은 사이클로헥세인 고리에 α,β-불포화 케톤이 있는 **사이클로헥스-2-엔온** 고리이다. Robinson 고리화 반응에서 필요한 엔올 음이온을 얻기 위하여 흔히 H_2O에서 ^-OH, 또는 EtOH에서 ^-OEt가 사용된다.

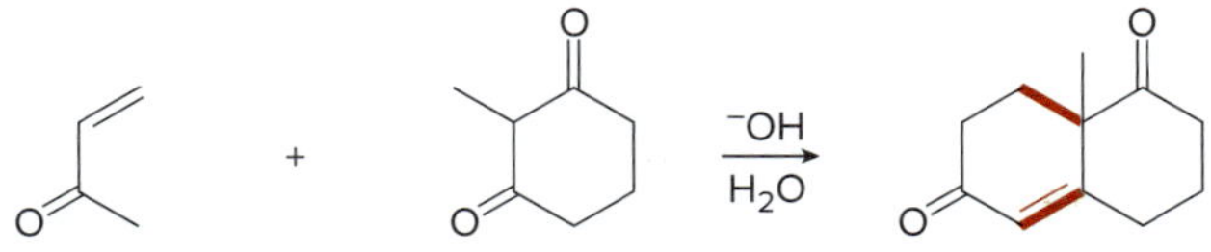

methyl vinyl ketone + 2-methylcyclo-hexane-1,3-dione —(^-OH, H_2O)→ 새로 생긴 C−C 결합을 붉은색으로 나타내었음

Robinson 고리화 반응의 메커니즘은 α,β-불포화 카보닐 화합물에 대한 **Michael 첨가**에 의한 1,5- 다이카보닐 화합물의 생성과 **분자내 알돌 반응**에 의한 육원자 고리의 생성인 두 부분으로 이루어져 있다. 이 메커니즘을 methyl vinyl ketone과 2-methylcyclohexane-1,3-dione 사이의 반응을 메커니즘 22.8에서 세 부분으로 나누어 그렸다.

메커니즘 22.8 Robinson 고리화 반응

부분 [1] Michael 첨가 반응

1 ~ 2 염기가 두 카보닐기 사이의 가장 산성인 양성자를 제거하면 **엔올 음이온**이 생긴다. α,β-불포화 카보닐 화합물의 β 탄소에 엔올 음이온이 **콘쥬게이션 첨가**되어 새로운 탄소−탄소 결합과 엔올 음이온이 생성된다.

3 엔올 음이온에 양성자가 첨가되면 **1,5-다이카보닐 화합물**이 얻어진다.

부분 [2] 분자내 알돌 반응

4 ~ 5 염기가 양성자를 제거하면 **엔올 음이온**이 생성되고 엔올 음이온이 카보닐기를 공격하여 탄소−탄소 σ 결합 생성을 통하여 육원자 고리를 생성한다.

6 알콕시화 음이온에 양성자가 첨가하면 **β-하이드록시 카보닐 화합물**이 생성된다.

부분 [3] β-하이드록시 카보닐 화합물의 탈수

7 ~ 8 **탈수 반응은 두 단계 E1cB 메커니즘**, 즉 양성자 손실로 엔올 음이온이 생기는 단계와 $^-$OH의 제거로 π 결합이 생성되는 단계로 **일어난다**.

메커니즘은 첫 번째 탄소−탄소 σ 결합을 생성하여 1,5-다이카보닐 화합물을 생성하는 세 단계 **Michael 첨가**로 시작된다(부분 [1]). **분자내 알돌 반응**(부분 [2])은 두 번째 탄소−탄소 σ 결합을 생성하고, β-하이드록시 케톤의 **탈수**(부분 [3])는 π 결합을 생성한다. 이 메커니즘의 모든 부분은 22장의 이전 절에서 논의한 바 있다. 그러나 Robinson 고리화 반응의 최종 생성물인 사이클로헥스-2-엔온 고리의 생성은 처음 다루는 것이다.

메커니즘을 그리지 않고 Robinson 고리화 반응의 생성물을 그리려면, **엔올 음이온이 되는 화합물의 α 탄소를 α,β-불포화 카보닐 화합물의 β 탄소 옆에 놓는다.** 그 다음, 아래 그림에서처럼 적당한 탄소를 서로 연결한다. 출발물을 그릴 때 이 방식을 따르면 생성물의 이중 결합은 항상 육원자 고리의 같은 위치에 놓이게 된다.

두 탄소를 서로 연결한다.

β + α 염기

두 탄소를 서로 연결한다.

π 결합은 항상 이 위치에 있게 된다.

예제 22.5 Robinson 고리화 반응의 생성물 그리기

다음 출발물로부터 생기는 Robinson 고리화 반응의 생성물을 그려라.

EtO + $\xrightarrow[EtOH]{EtO^-}$

풀이

반응하는 원자들이 서로 옆에 놓이도록 출발물을 배열한다. 예로서

- α,β-불포화 카보닐 화합물을 카보닐 화합물의 **왼쪽에** 놓는다.
- 어느 α 탄소가 엔올 음이온이 될지를 결정한다. **염기는 가장 산성인 H를 항상 먼저 제거하는데,** 이 경우에는 두 카보닐기 사이에 있는 α 탄소의 H(붉은색)이다. **이 α 탄소는 α,β-불포화 카보닐 화합물의 β 탄소 옆에 그린다.**

그 다음 새로운 육원자 고리가 생기도록 결합을 그린다.

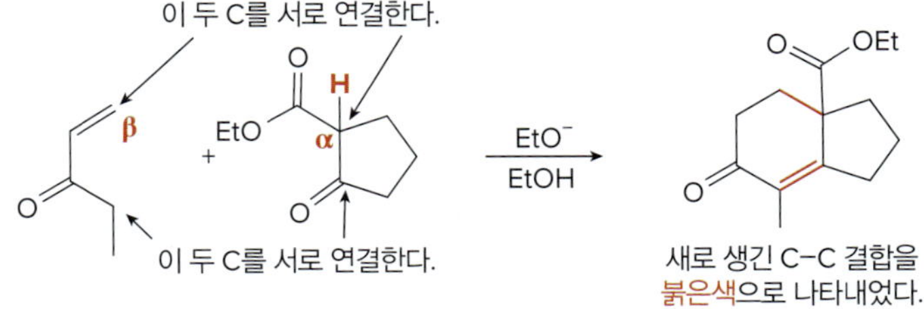

문제 22.28 다음 각 쌍의 화합물을 $CH_3CH_2O^-$, CH_3CH_2OH로 처리하였을 때 생기는 Robinson 고리화 반응의 생성물을 그려라.

a. +

b. OEt +

c. +

d. EtO +

추가 문제: 문제 22.43, 22.62d를 풀어보라.

Robinson 고리화 반응을 합성에 이용하려면, 역합성 분석을 사용하여 주어진 화합물을 얻기 위하여 필요한 출발물이 무엇인지를 결정하여야 한다.

해결 방법 Robinson 고리화 반응을 이용하여 화합물을 합성하는 방법

예 Robinson 고리화 반응을 이용하여 다음 화합물을 합성하는 데 필요한 출발물은 무엇인가?

CH_3O

O

단계 [1] 사이클로헥스-2-엔온 고리를 확인하고, 필요하면 목표 분자를 다시 그린다.

- 출발물을 쉽게 알아내기 위해서는 항상 같은 위치에 α,β-불포화 카보닐 화합물을 위치시켜야 한다. 목표 화합물은 뒤집어지거나 회전한 모양일 수도 있으므로 이 과정에서 잘못된 방향으로 결합을 움직이면 안 된다.

CH_3O 뒤집는다 OCH_3

이 고리를 합성한다.

Robinson 고리화 반응의 앞에서의 예와 같은 위치에 C=O와 C=C를 배열한다.

단계 [2] 사이클로헥스-2-엔온 고리를 두 성분으로 쪼갠다.

- C=C를 자른다. 절반은 엔올 음이온의 카보닐기가 된다.
- β 탄소와 이 탄소가 결합을 하고 있는 탄소 사이의 결합을 쪼갠다.

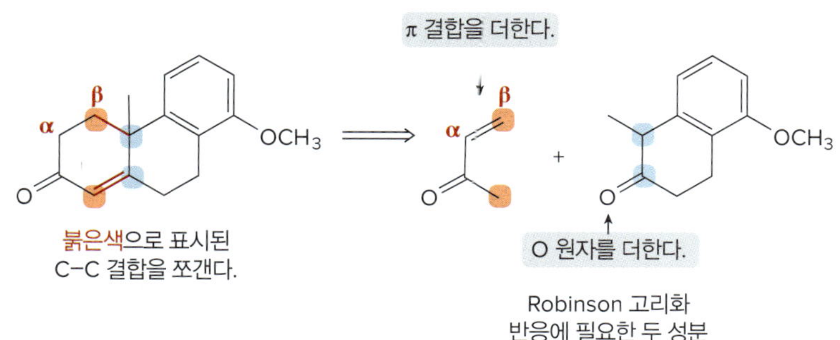

문제 22.29 다음 두 고리계 중에서 어느 것이 분자간 Robinson 고리화 반응을 이용하여 합성될 수 있을까?

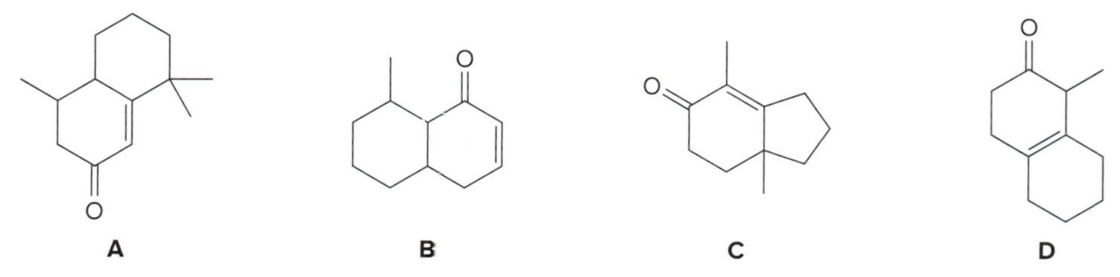

문제 22.30 Robinson 고리화 반응을 이용하여 다음 화합물을 합성하는 데 필요한 출발물은 무엇인가?

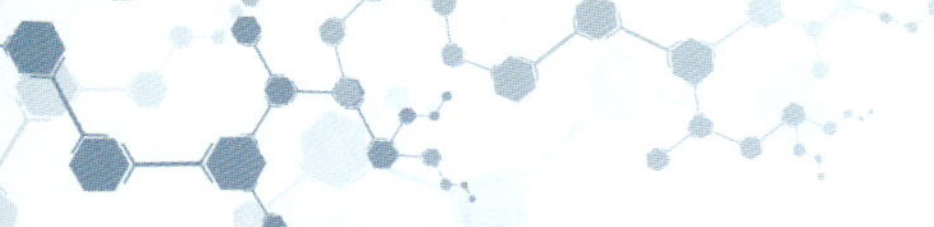

Chapter 22 복습

핵심 개념

[1] 네 가지 주요한 카보닐 축합 반응

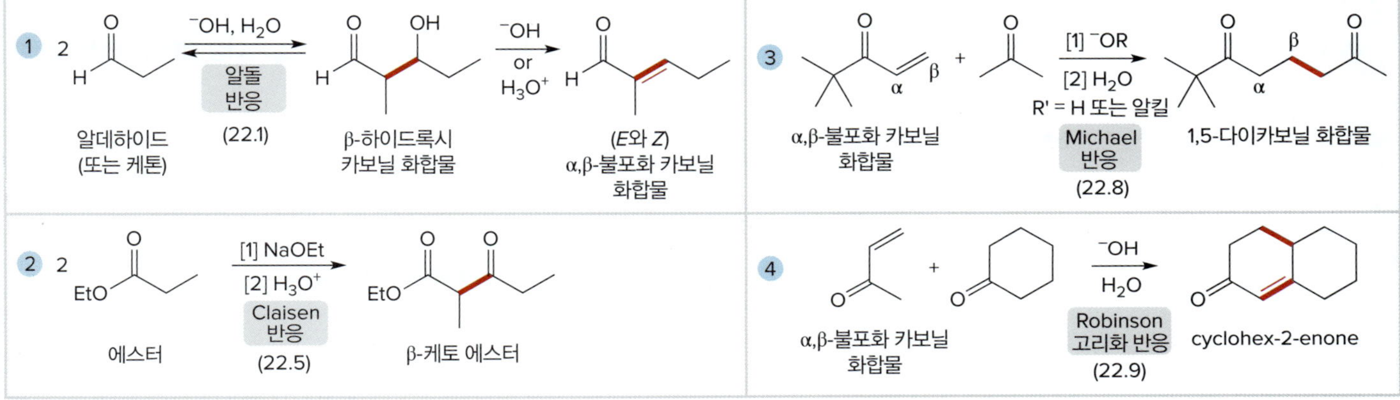

문제 22.34; 22.38; 22.43; 22.45a, b, d, e; 22.47을 풀어보라.

[2] 유용한 변화

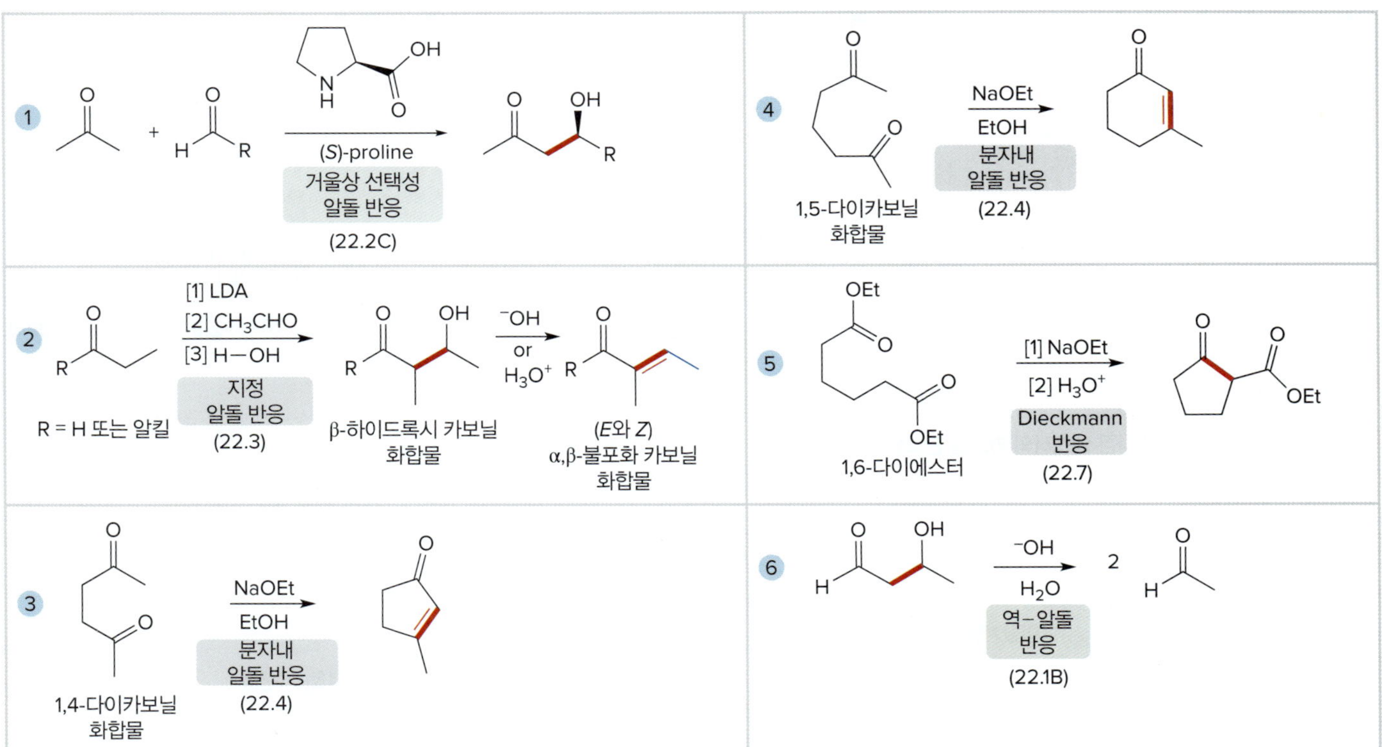

문제 22.31; 22.32; 22.45c, f; 22.46; 22.48을 풀어보라.

핵심 기법

[1] 지정 알돌 반응의 생성물 그리기

① LDA를 이용하여 한 카보닐 성분의 엔올 음이온을 만든다.	② 두 번째 카보닐 화합물을 이 엔올 음이온에 가한다.	③ 물을 가하고 생성물을 그린다.

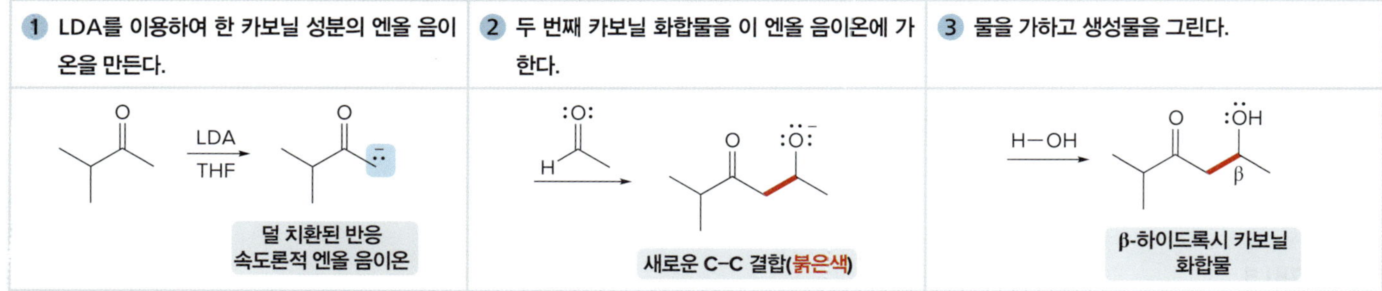

예제 22.1 참고. 문제 22.31, 22.45c를 풀어보라.

[2] 지정 알돌 반응을 이용하여 α,β-불포화 카보닐 화합물을 합성하기 위한 출발물 찾기(22.3)

① C=C 결합을 이루는 α 탄소와 β 탄소를 찾는다.	② 분자를 두 성분으로 나누고, β 위치의 탄소에 이중 결합과 산소를 첨가한다.

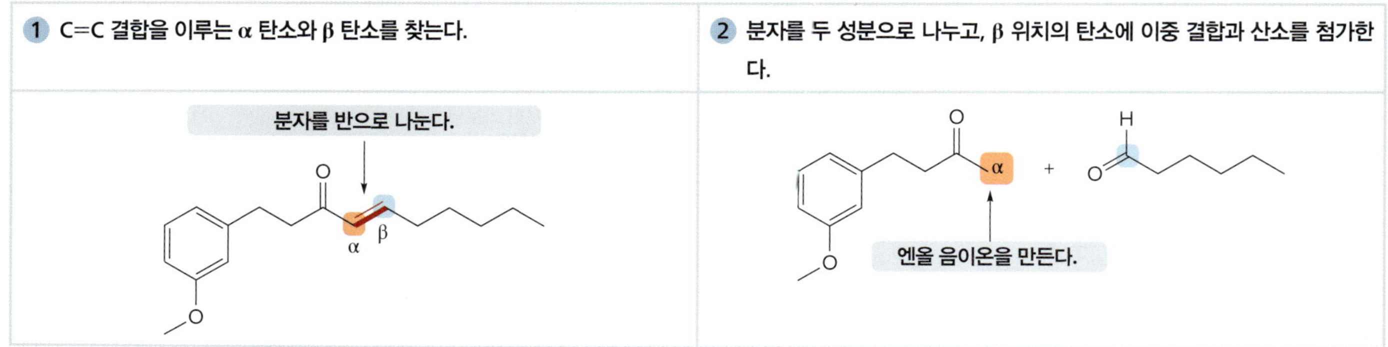

예제 22.2 참고. 문제 22.33을 풀어보라.

[3] 분자내 알돌 반응을 이용하여 육원자 고리로 오원자 고리 만들기(22.4)

① 알켄에 오존(O_3)을 첨가한 후 Zn과 H_2O을 첨가한다.	② 염기와 1,6-다이카보닐 화합물을 반응시킨다.	③ 생성물을 그린다.

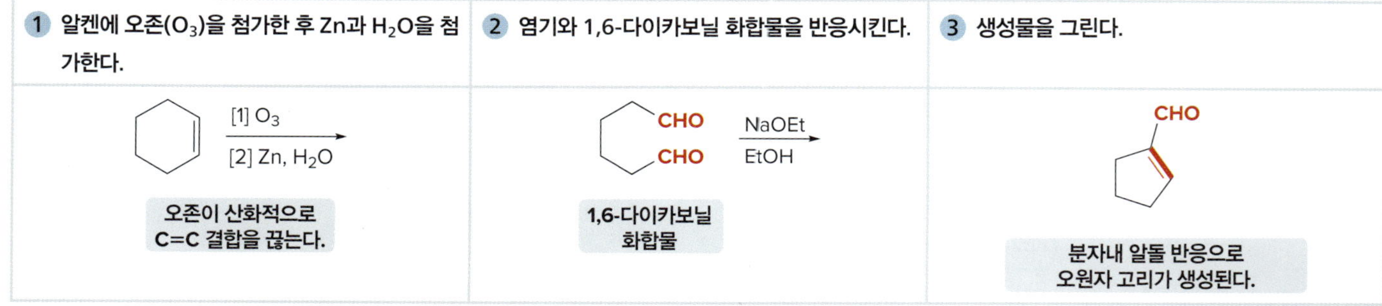

그림 22.3 참고. 문제 22.36, 22.49를 풀어보라.

[4] Claisen 반응의 생성물 그리기(22.5)

① 한 에스터의 α 탄소와 다른 에스터의 카보닐 탄소를 찾는다.	② 생성물을 그린다.

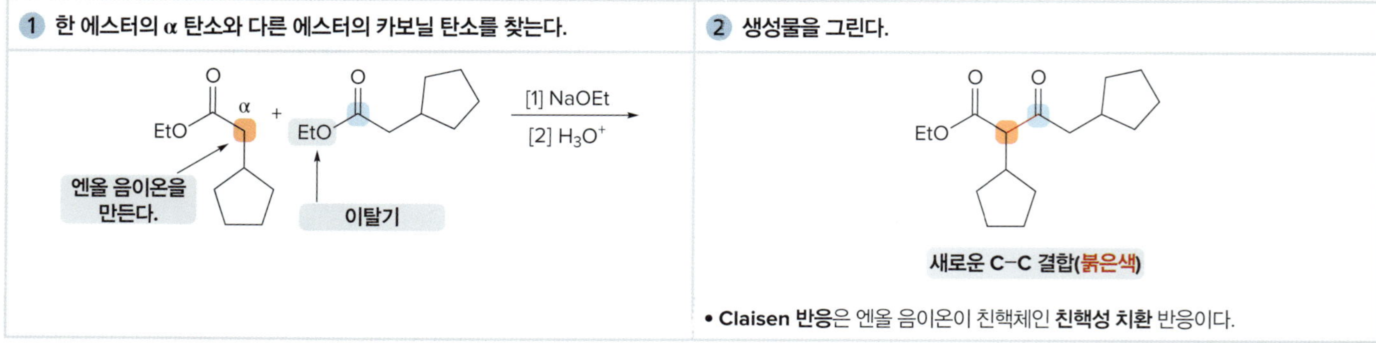

- **Claisen 반응**은 엔올 음이온이 친핵체인 **친핵성 치환** 반응이다.

예제 22.4 참고. 문제 22.38을 풀어보라.

[5] Robinson 고리화 반응의 생성물 그리기(22.9)

예제 22.5 참고. 문제 22.43, 22.62d를 풀어보라.

[6] Robinson 고리화 반응을 이용한 화합물을 합성하기 위한 출발물 찾기(22.9)

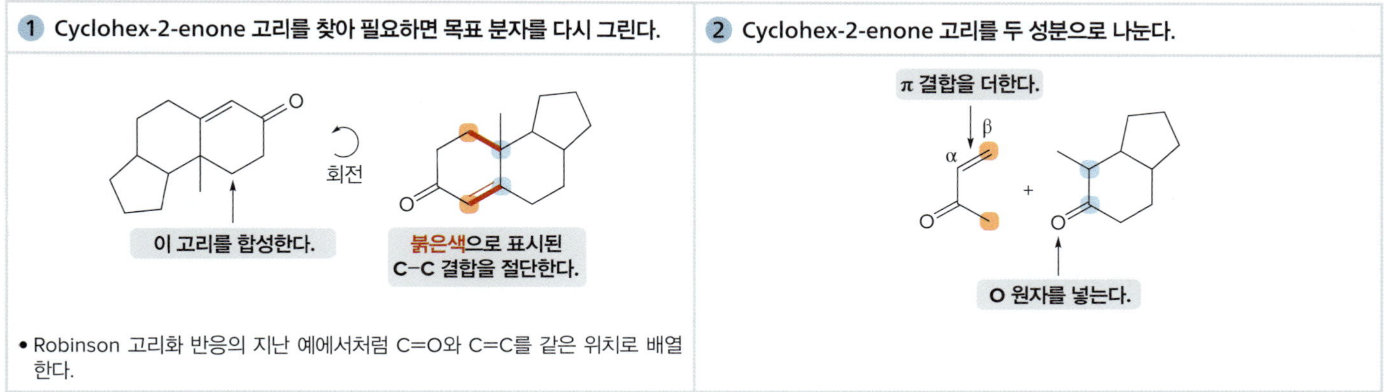

해결 방법 p. 1040 참고. 문제 22.44를 풀어보라.

22장 선다형 자가-시험

자가-시험은 American Chemical Society 유기 화학 시험과 유사한 객관식 문제로 구성되어 있다. 정답은 장의 마지막 부분에 나와 있다.

1. 산에서뿐만이 아니라 염기에서도 탈수가 일어나는 화합물은 무엇인가?

a. O, OH b. O, OH c. O, HO d. HO, O

2. A의 분자내 알돌 반응에 의하여 생성되는 주생성물은 무엇인가?

O, CHO
A

a. O b. CHO c. O d. HO, CHO

3. 어느 두 화합물이 하나의 주생성물을 생성하는 교차 알돌 반응을 하는가?

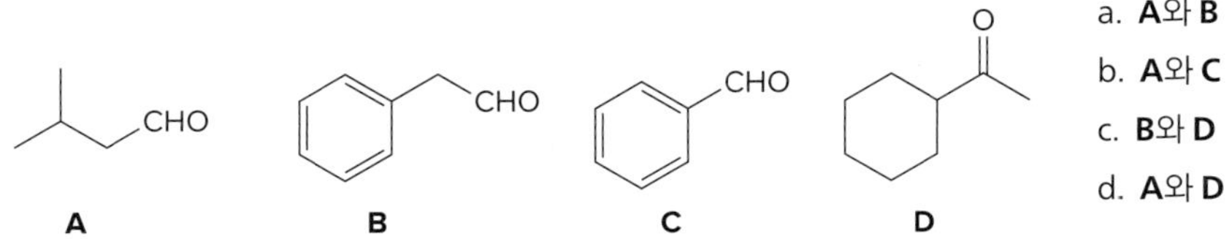

a. **A**와 **B**
b. **A**와 **C**
c. **B**와 **D**
d. **A**와 **D**

4. Robinson 고리화 반응으로 **B**를 합성하는 데 필요한 출발물은 무엇인가?

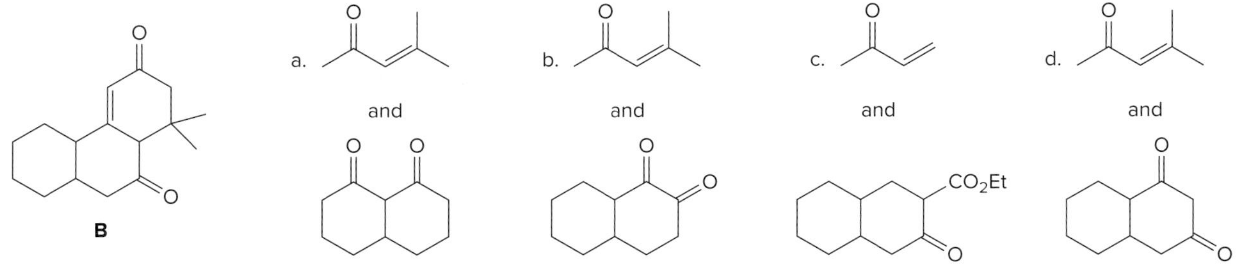

5. 다이에스터 **E**의 Dieckmann 반응에서 생성되는 생성물은 무엇인가?

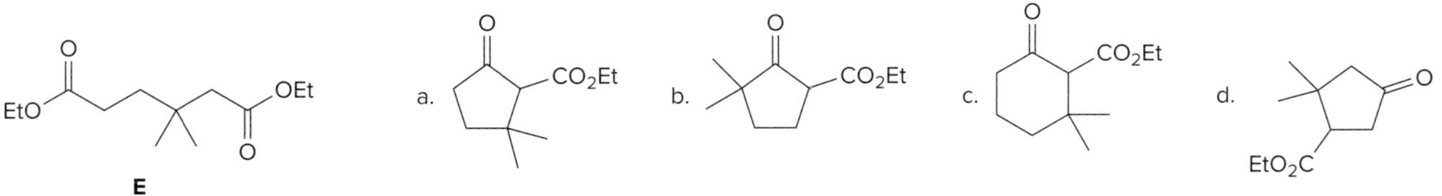

6. Michael 받개가 **아닌** 화합물은 무엇인가?

a. b. CN c. OEt d.

7. 다음 반응에서 생성되는 생성물은 무엇인가?

+ HCO_2Et + NaOEt →

a. CO_2Et b. CHO c. CHO d. OEt

8. 알돌 반응으로 생성될 수 **없는** 화합물은 무엇인가?

a. OH b. HO c. d.

9. **F**를 얻는 데 사용할 수 **없는** 화합물은 무엇인가?

F

a. + COCl

b. + CO_2Et

c. + CHO

d. OEt

10. 염기 수용액의 존재하에서 어느 화합물이 알돌 반응을 하는가?

a. 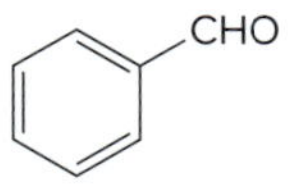 CHO
b. 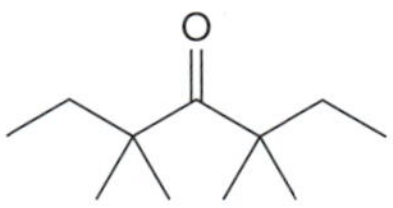 O
c. 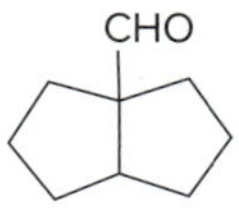 CHO
d. 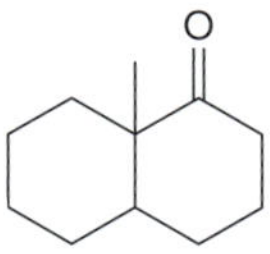 O

문제

알돌 반응

22.31 각 지정 알돌 반응에서 생성되는 생성물을 그려라.

a. 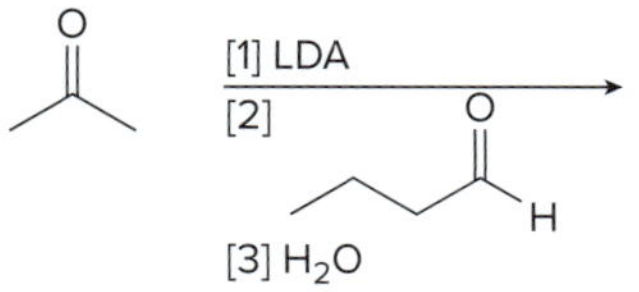 O [1] LDA [2] O H [3] H_2O
b. 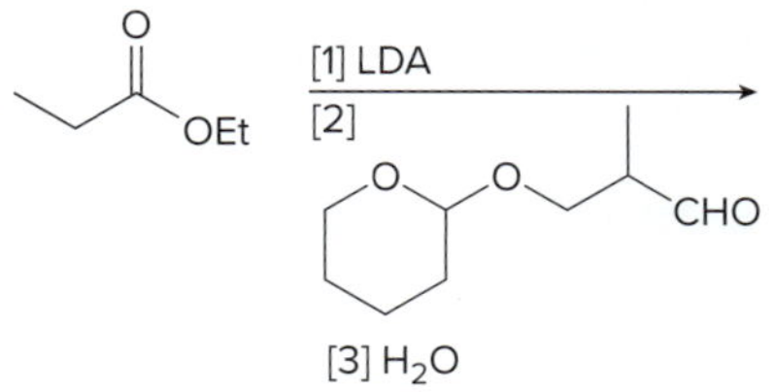 O OEt [1] LDA [2] O O CHO [3] H_2O

22.32 각 다이카보닐 화합물이 분자내 알돌반응과 연이은 탈수 반응이 가능하다면 생성되는 생성물을 그려라.

a.  OHC CHO
b. 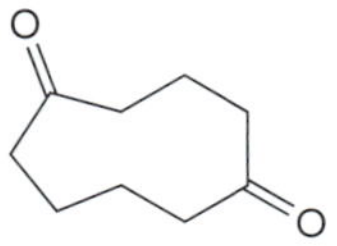 O O
c. 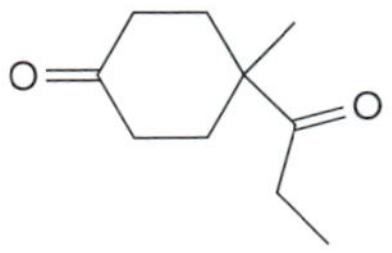 O= O

22.33 알돌이나 비슷한 반응을 이용하여 다음 화합물을 합성하는 데 필요한 출발물은 무엇인가?

a. 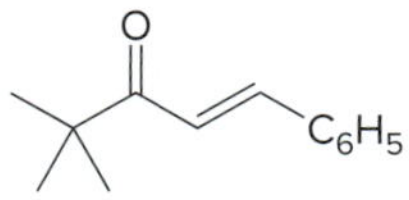 O C_6H_5
b. 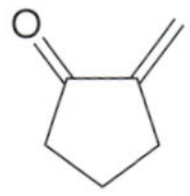 O
c. 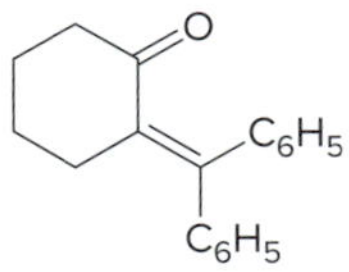 O C_6H_5 C_6H_5
d. 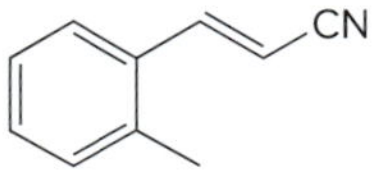 CN

22.34 **A**와 **B**의 용액을 온화한 염기로 처리하면 무슨 생성물이 생기는가? 이 반응은 고지혈증 환자를 치료하는 데 사용하는 약물인 rosuvastatin(상품명 Crestor. 칼슘 염으로 판매) 합성의 첫 단계이다.

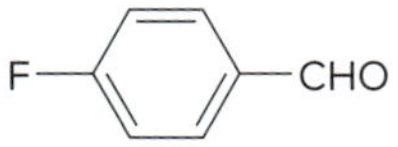

F CHO + O O OEt

A 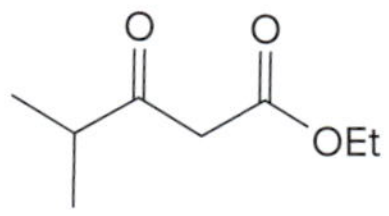 **B**

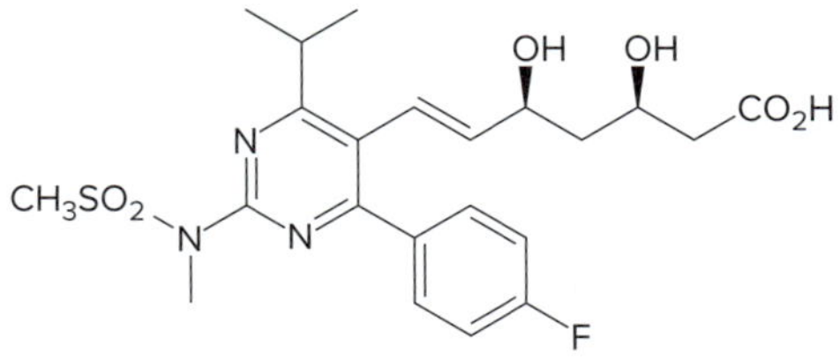

OH OH CO_2H N CH_3SO_2 N N F

rosuvastatin

22.35 각 화합물을 분자내 알돌 반응으로 합성할 때 필요한 다이카보닐 화합물은 무엇인가?

a. 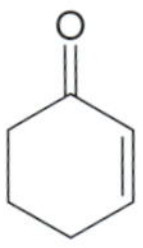 O
b. 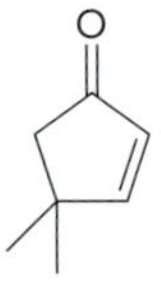 O
c. 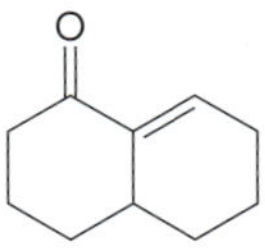 O
d. 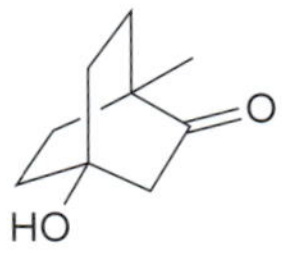 O HO

22.36 다음 반응 순서에서 **C**와 **D**의 구조를 그려라.

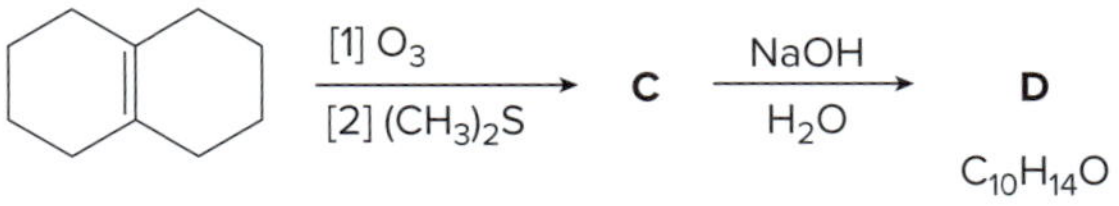

[1] O_3 [2] $(CH_3)_2S$ → **C** → NaOH, H_2O → **D** $C_{10}H_{14}O$

22.37 케톤 **K**는 알돌 반응이 일어나지만, 케톤 **J**는 알돌 반응이 일어나지 않는 이유를 설명하라.

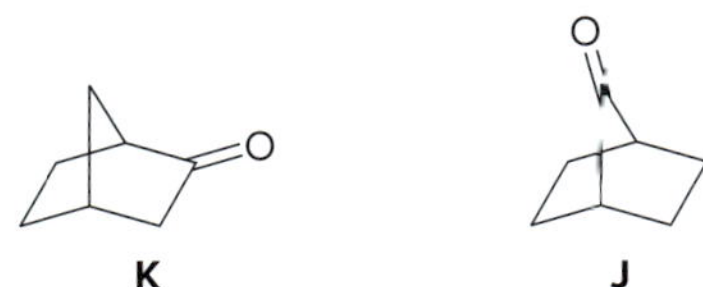

Claisen 반응과 Dieckmann 반응

22.38 $^{-}$OEt, EtOH를 사용하여 주어진 출발물로 Claisen 반응을 시켰을 때 생기는 생성물을 그려라.

22.39 교차 Claisen 반응을 이용하여 다음 화합물을 합성하기 위해서는 어떤 출발물이 필요한가?

22.40 화합물 **B**에는 세 개의 에스터기가 있지만, **B**를 CH_3OH에서 $NaOCH_3$와 반응시킨 다음 H_3O^+으로 처리하면 한 종류의 Dieckmann 생성물만 얻어진다. 생성물의 구조를 그리고 단일 생성물만 얻어지는 이유를 설명하라.

Michael 반응

22.41 Michael 반응을 이용하여 다음 화합물을 합성하기 위해서는 어떤 출발물이 필요한가?

22.42 β-Vetivone은 전통적 동양 의학, 해충 방제 및 방향제에 사용되는 여러 가지 화합물을 생성하는 다년생 목초인 베티버(vetiver)에서 분리된다. 한 합성에서 케톤 **A**는 Michael 반응과 연이은 분자내 알돌 반응인 두 단계 과정으로 β-vetivone으로 변환된다. (a) 이 콘쥬게이션 첨가에 필요한 Michael 받개는 무엇인가? (b) 육원자 고리를 생성하는 알돌 반응에 대한 단계별 메커니즘을 그려라.

Robinson 고리화 반응

22.43 ^-OH 수용액을 사용하여 주어진 출발물로부터 얻어지는 Robinson 고리화 반응 생성물을 그려라.

a. 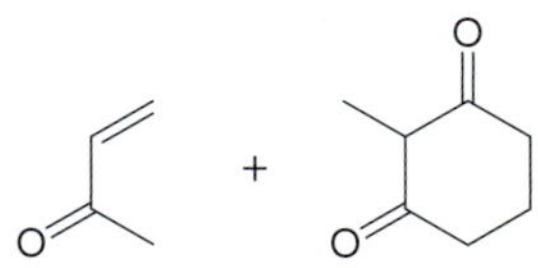 + b. 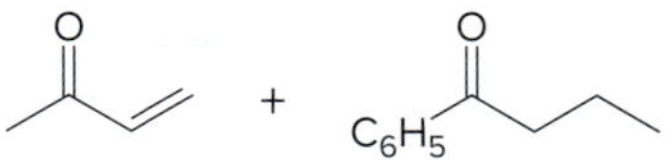 + C_6H_5 c. 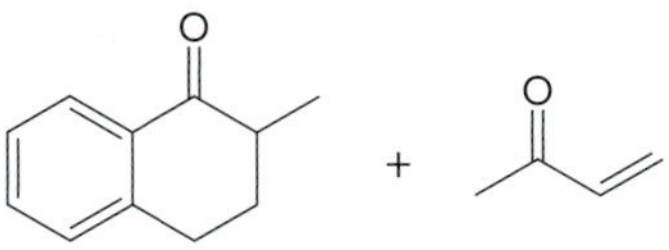 +

22.44 Robinson 고리화 반응을 이용하여 각 화합물을 합성하기 위해서는 어떤 출발물이 필요한가?

a. 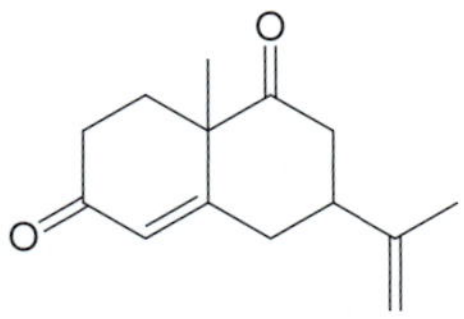 b. 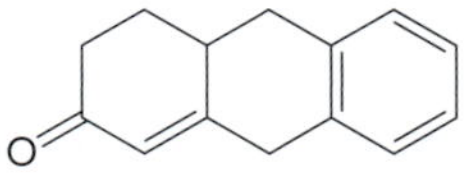 c.

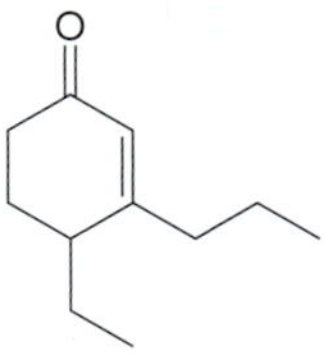

반응

22.45 각 반응에서 생성되는 유기 생성물을 그려라.

a. 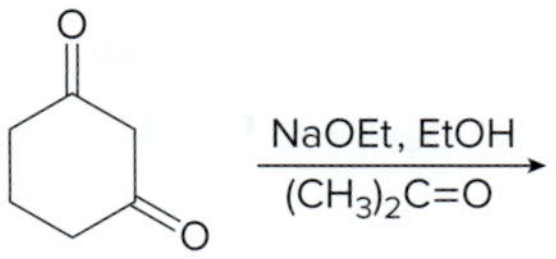 NaOEt, EtOH / $(CH_3)_2C=O$

b. 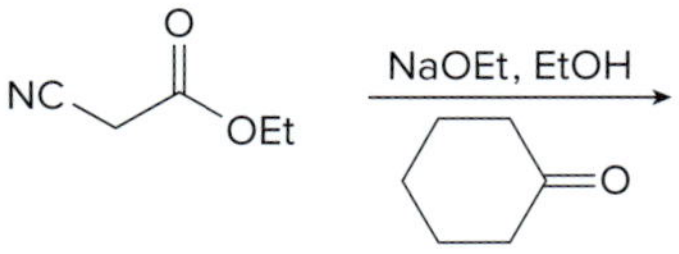 NC OEt — NaOEt, EtOH

c. 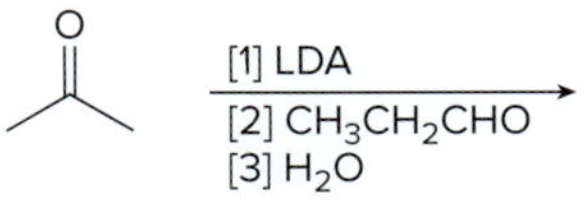 [1] LDA [2] CH_3CH_2CHO [3] H_2O

d. 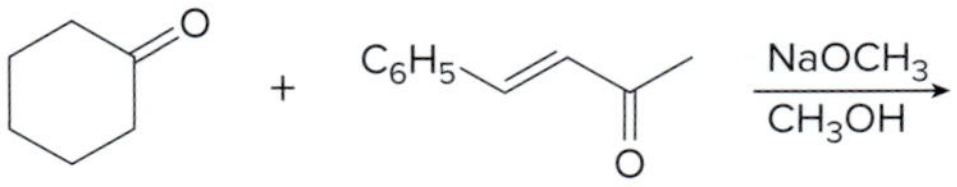 + C_6H_5 — $NaOCH_3$ / CH_3OH

e. 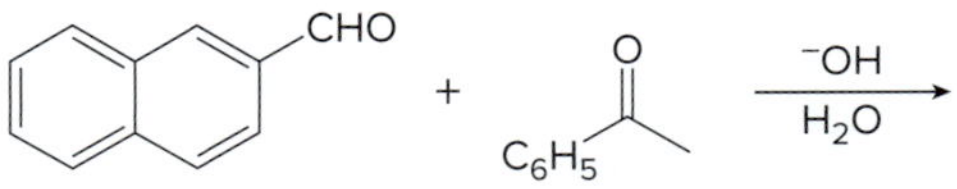 CHO + C_6H_5 — ^-OH / H_2O

f. 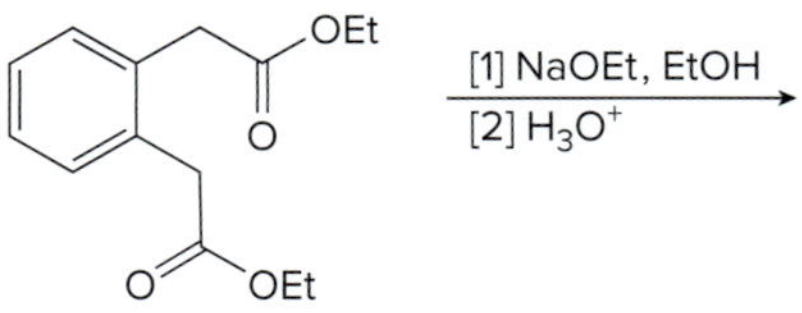 OEt OEt — [1] NaOEt, EtOH [2] H_3O^+

22.46 **X**의 역알돌 반응으로 무슨 생성물이 생기겠는가?

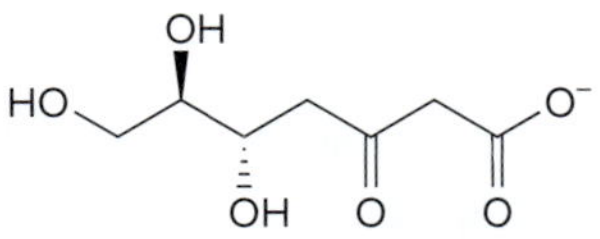

HO OH OH O O O^-

X

22.47 30장에서 배우겠지만, 교차 알돌 반응은 생화학 반응에서 흔하게 일어난다. 예로서, 시트르산 회로(30.6절)의 첫 단계는 아세틸 CoA (20.16절)의 α 탄소와 옥살로아세테이트의 케톤 카보닐기 사이의 반응이다. 이 반응에서는 새로운 입체 발생 중심이 S 배열인 거울상 이성질체만 얻어진다. 이 생성물의 구조를 그려라.

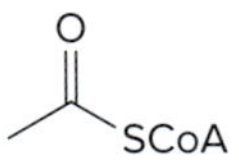

SCoA + ^-O O^-

acetyl CoA 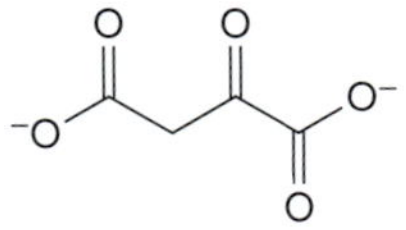 oxaloacetate

22.48 각 분자내 반응에서 어떤 생성물(입체 화학을 포함하여)이 생성되겠는가?

a. [1] NaOEt, EtOH [2] H_3O^+

b. [1] NaOEt, EtOH [2] H_3O^+

22.49 1979년에 Corey와 Smith에 의해 합성된 식물 성장 호르몬인 gibberellic acid의 두 합성 중간체인 화합물 **A**와 **B**의 구조를 밝혀라. Gibberellic acid는 세포 분화와 생장을 유도하여 식물의 키를 크게 자라게 하고 잎을 크게 한다.

[1] O_3 [2] $(CH_3)_2S$ → **A** → NaOH, EtOH → **B** ($C_{15}H_{22}O_4$) → 여러 단계 → gibberellic acid

메커니즘

22.50 이론적으로 6-oxoheptanal의 분자내 알돌 반응은 아래와 같은 세 가지 화합물을 만들 수 있다. 그러나 이 반응에서는 1-acetylcyclopentene이 단연 주생성물로 만들어진다. 왜 다른 두 개의 화합물은 조금만 생성되는지 답하라. 이 모든 세 가지 생성물이 만들어지는 단계적 반응 메커니즘을 그려라.

6-oxoheptanal → ^-OH, H_2O → 1-acetylcyclopentene 주생성물 + CHO + O

22.51 다음 반응에서 두 생성물이 어떻게 생성되는지를 보여주는 단계별 메커니즘을 그려라.

^-OH, H_2O

22.52 Biyouyanagin A는 일본의 전통 의학에서 사용하고 있는 물레나무속 식물의 잎에서 추출된 항HIV 제재이다. Biyouyanagin A의 육원자 고리는 주어진 반응으로 생성되었다. 이 반응의 단계적 메커니즘을 그려라.

citronellal → KOH, H_2O, THF → 여러 단계 → biyouyanagin A

22.53 신경퇴화증의 치료제로서 가능성이 있는 jiadafenin은 중국에서 자라는 식물(*Ilicium jiadifengpi*)의 열매에서 추출되는 천연물이다. Jiadafenin의 락톤은 다음 두 단계 반응으로 만들어진다. **M**의 **N**으로의 변환에 관한 단계별 메커니즘을 쓰라.

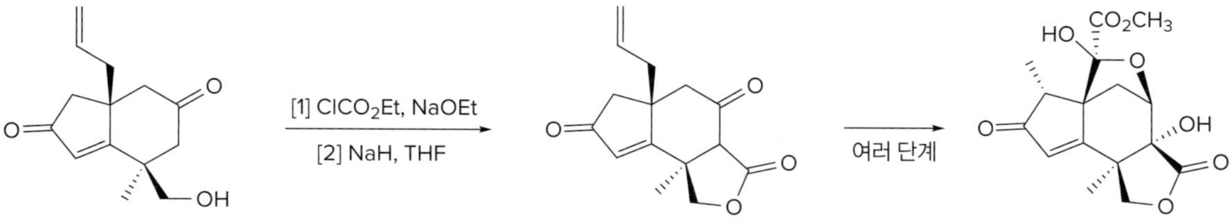

[1] $ClCO_2Et$, NaOEt
[2] NaH, THF

여러 단계

M **N** jiadifenin

22.54 **X**와 phenylacetic acid가 반응하면 중간체 **Y**가 생성되고, **Y**는 분자내 반응을 통해 rofecoxib을 생성한다. Rofecoxib은 비스테로이드계 소염 진통제로 한때 Vioxx라는 이름으로 판매되었으나, 장기간 복용하는 어떤 환자에게서 심장마비를 일으킬 위험이 있는 것으로 판단되어 판매가 중지되었다. 중간체 **Y**의 구조와 **Y**가 rofecoxib으로 변환되는 반응의 단계별 메커니즘을 그려라.

Et_3N, DBU

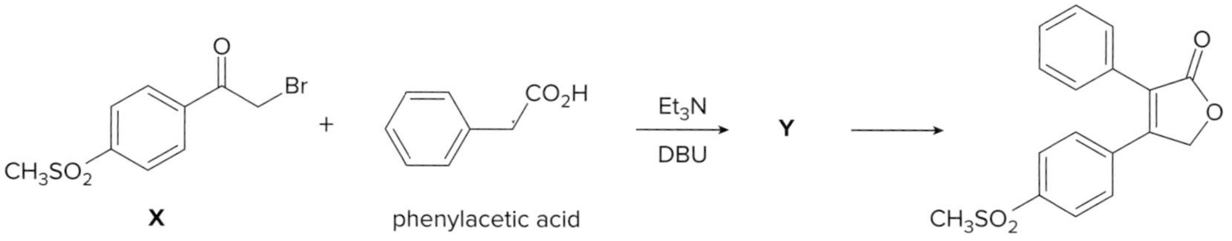

X phenylacetic acid **Y** rofecoxib

22.55 라벤더(lavender), 스위트 클로버(sweet clover), 통카 콩(tonka bean)으로부터 분리할 수 있는 천연 화합물인 coumarin은 *o*-hydroxybenzaldehyde로부터 아래에 묘사된 반응을 통하여 실험실에서 만들 수 있다. 이 반응에 대한 단계별 반응 메커니즘을 그려라. Coumarin은 유용한 합성 항혈액 응고제이다.

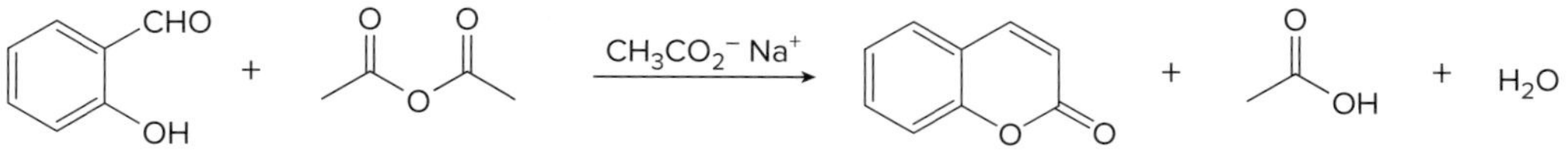

$CH_3CO_2^-\ Na^+$

o-hydroxybenzaldehyde coumarin + H_2O

22.56 **A**를 수용성 ^-OH로 처리되면 주생성물로 **B**가 생성되는데, **B**를 가수 분해하고 탈카복실화하면 **C**가 생성된다. **A**로부터 **B**로 바뀌는 반응의 단계별 메커니즘을 그려라.

^-OH, H_2O

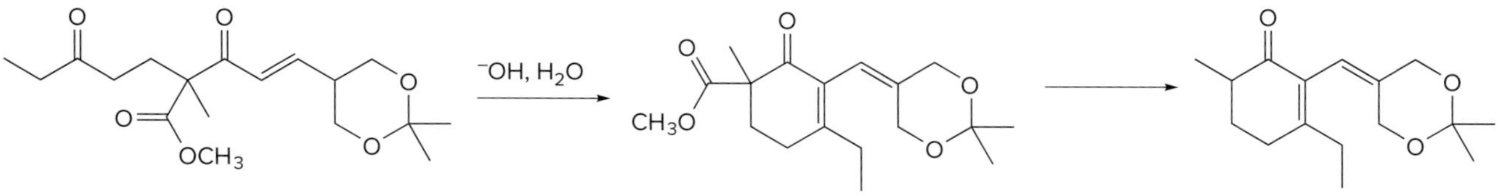

A **B** **C**

합성

22.57 아래의 각 화합물을 사이클로펜탄온, 벤젠, 탄소가 세 개 이하인 알코올로부터 합성하는 방법을 고안하라. 어떤 유기 시약이나 무기 시약을 사용하여도 좋다.

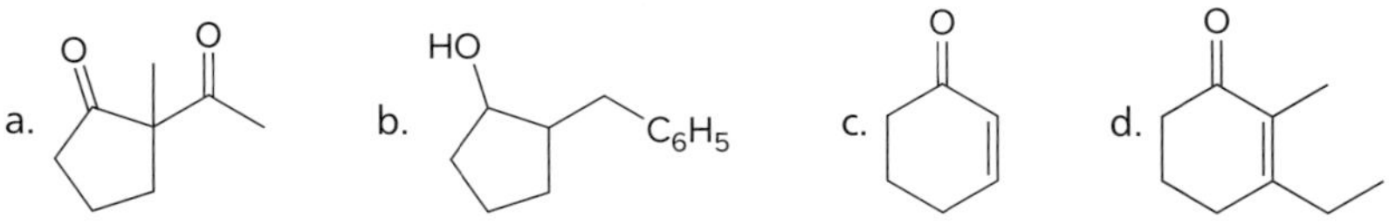

a. b. c. d.

22.58 사이클로헥산온을 다음 화합물로 변환하는 방법을 제시하라.

a. b. OEt c. d. e.

22.59 $CH_3CH_2CH_2CO_2Et$, 벤젠 및 탄소가 2 이하인 알코올로부터 각 화합물의 합성을 고안하라. 필요한 유기 또는 무기 시약은 아무거나 사용할 수 있다.

a. C_6H_5 OH OH b. C_6H_5

22.60 탄소 원자의 원천으로서 아세톤[$(CH_3)_2C=O$]만을 사용하여 각 화합물의 합성을 고안하라. 필요한 유기 또는 무기 시약은 아무거나 사용할 수 있다.

a. b. c.

22.61 Octinoxate는 자외선 차단제의 활성 성분으로 사용되는 불포화 에스터이다. (a) 축합 반응을 이용하여 이 화합물을 합성하는 데 필요한 카보닐 화합물은 무엇인가? (b) 주어진 유기 출발물과 다른 필요한 무기 시약을 이용하여 octinoxate를 합성하는 방법을 고안하라.

CH_3O octinoxate ⟹ HO + 5개 미만의 C를 갖는 알코올

개념 통합 문제

22.62 2-Acetylcyclopentanone에 관한 다음 질문에 답하라.

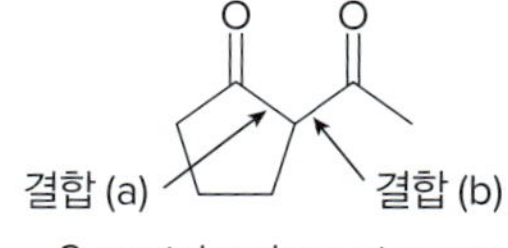

2-acetylcyclopentanone

a. 결합 (a)를 생성하는 Claisen 반응으로 2-acetylcyclopentanone을 얻는 데 필요한 출발물은 무엇인가?
b. 결합 (b)를 생성하는 Claisen 반응으로 2-acetylcyclopentanone을 얻는 데 필요한 출발물은 무엇인가?
c. 2-Acetylcyclopentanone을 $NaOCH_2CH_3$로 처리한 후 CH_3I를 가하였을 때 생성되는 화합물은 무엇인가?
d. 2-Acetylcyclopentanone과 methyl vinyl ketone ($CH_2=CHCOCH_3$)의 반응으로 생성되는 Robinson 고리화 반응의 생성물을 그려라.
e. 가장 안정한 엔올 토토머의 구조를 그려라.

도전 문제

22.63 고콜레스테롤 환자의 치료에 사용되는 약인 ezetimibe (17.6절)의 합성에 사용되었던 다음 반응의 단계별 메커니즘을 그려라.

CH_3O OCH_3 —[1] LDA, [2] F N O→ CH_3O N O F

22.64 심각한 통증을 치료하기 위하여 사용되는 중독성 아편제인 모르핀(2.2절)의 보고된 합성의 핵심 단계는 **A**의 **B**로의 변환이다. 분자내 알킬화 반응과 분자내 알돌 반응을 모두 포함하는 이 반응의 단계별 메커니즘을 그려라.

SO_2 Br N CHO O

K_2CO_3

N SO_2 O

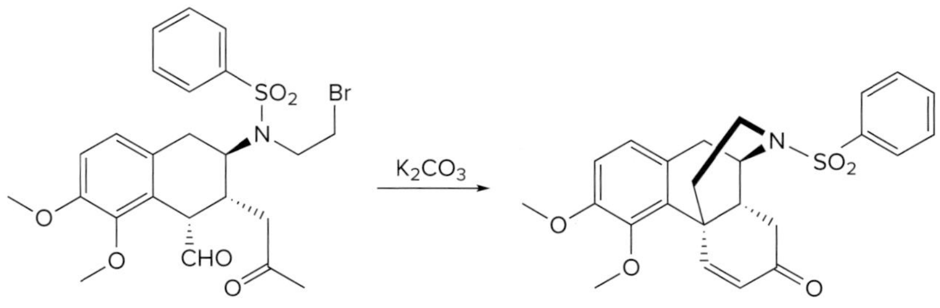

A **B**

22.65 Isophorone은 염기 존재하에서 세 분자의 아세톤으로부터 얻을 수 있다. 이 반응의 메커니즘을 그려라.

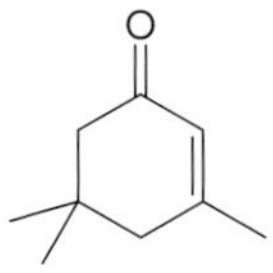

O

isophorone

22.66 다음 반응의 단계별 메커니즘을 고안하라(힌트: 반응 메커니즘은 ^-OH의 콘쥬게이트 첨가로 시작된다).

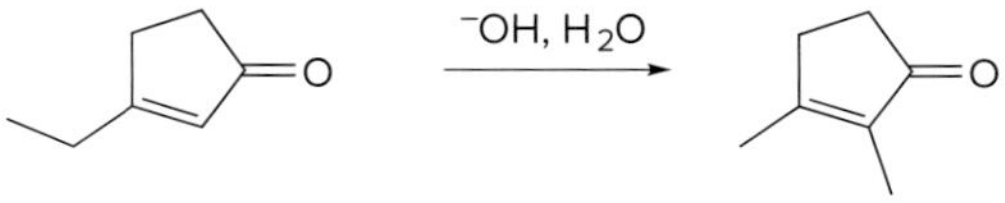

O ^-OH, H_2O O

22.67 다음 반응의 단계별 메커니즘을 그려라(힌트: Michael 반응이 두 번 필요하다).

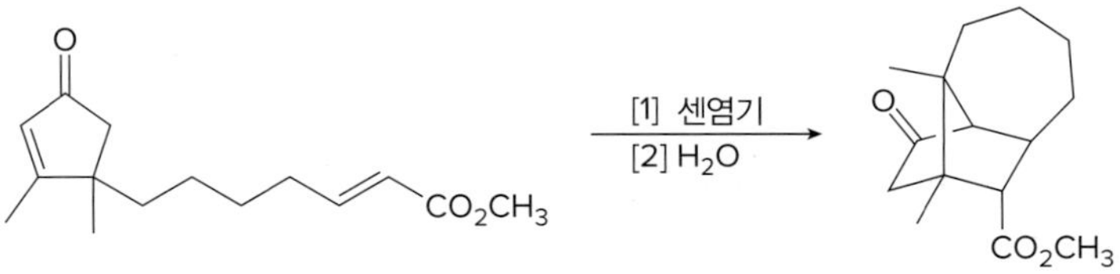

O CO_2CH_3 [1] 센염기 [2] H_2O O CO_2CH_3

22.68 염기 존재하에서 4-methylpyridine이 benzaldehyde (C_6H_5CHO)와 반응하면 **A**가 얻어진다. (a) 이 반응에 대한 단계별 메커니즘을 그려라. (b) 2-methylpyridine이나 3-methylpyridine도 비슷한 축합 반응을 할 것이라고 예상할 수 있는가? 왜 그런지 또는 왜 그렇지 않은지 설명하라.

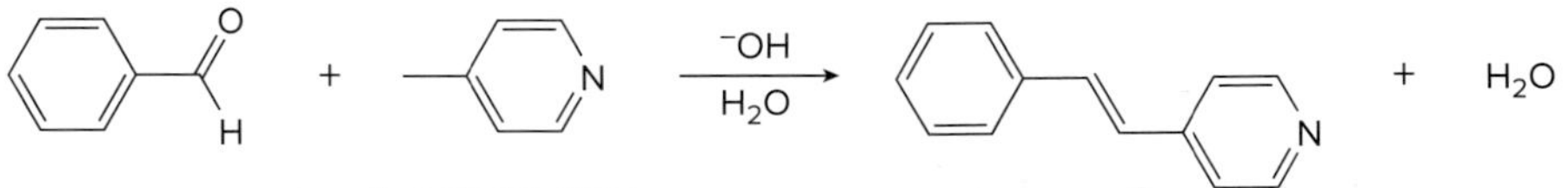

O H + N 4-methylpyridine ^-OH H_2O N **A** + H_2O

22.69 아래 반응은 일본에서 Livalo라는 이름으로 칼슘 염으로 팔리고 있는 콜레스테롤 강하제인 pitavastatin의 합성 단계의 하나이다. 이 반응의 순차적인 반응 메커니즘을 그려라.

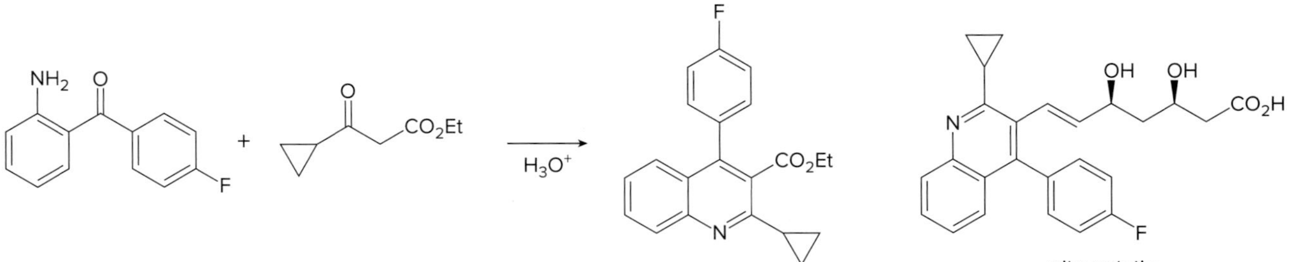

NH_2 O F + O CO_2Et H_3O^+ F CO_2Et N

N OH OH CO_2H F

pitavastatin

22.70 항생제 abyssomycin C 합성에서 핵심 단계인 다음 반응의 단계별 메커니즘을 그려라. Abyssomycin C는 동해의 표면에서 거의 1000 ft 아래에서 수집한 퇴적물에서 분리되었다(*힌트*: 메커니즘은 Dieckmann 반응으로 시작한다.)

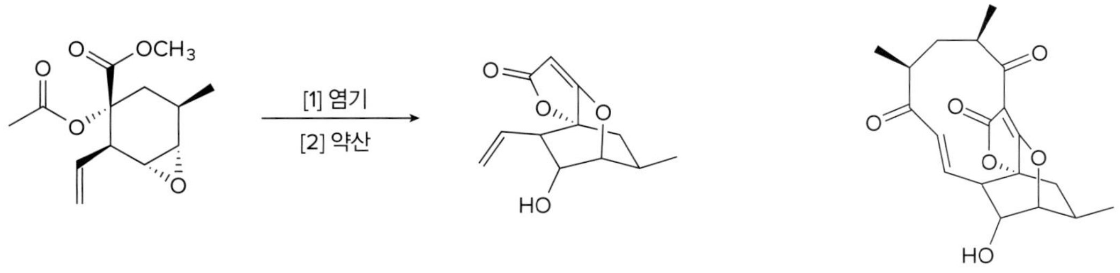

[1] 염기
[2] 약산

abyssomicin C

자가-시험 해답

1. c 2. a 3. b 4. d 5. a 6. c 7. b 8. a 9. c 10. d

아민

Amines

23

ORGANIC CHEMISTRY

kai4107/Shutterstock

니코틴은 담배에서 분리되는 중독성이면서 매우 독성이 큰 아민이다. 투여량이 작은 경우에는 흥분제로 작용하지만 투여량이 큰 경우에는 우울증, 메스꺼움 그리고 심지어는 사망을 일으킨다. 니코틴은 식물에서 포식자 곤충에 대항하는 방어용으로 합성되며 살충제로서 상업적으로 사용된다. 23장에서는 니코틴 같은 아민의 성질과 반응에 대하여 공부할 것이다.

왜 공부하는가? . . .

아민이란?

이제 카보닐 화합물의 화학을 떠나서 암모니아(NH_3)의 하나 이상의 수소 원자가 알킬 또는 아릴기로 치환된 유기 유도체인 **아민**에 대해 논의한다. **아민은 다른 중성의 유기 화합물보다 더 강한 염기이며 더 좋은 친핵체이므로** 23장의 많은 내용은 이러한 성질에 집중할 것이다.

알코올의 화학과 비슷하게, 아민의 화학은 하나의 반응에만 국한되지 않으며, 이 때문에 아민의 반응을 배우는 것은 도전할 만한 가치가 있다. 많은 흥미로운 천연물과 널리 사용되는 약품들은 아민이므로 이러한 작용기를 유기 분자에 도입하는 방법을 배울 필요가 있다.

23.1 서론

아민(*amine*)은 암모니아(NH_3)의 수소 원자 중 하나 또는 그 이상이 알킬기로 치환된 **유기 질소 화합물**이다. 3.2절에서 논의하였듯이, 아민은 **질소** 원자에 결합된 알킬기의 수에 의해 1°, 2° 및 3°로 분류된다.

1° 아민 (N에 **1 R**기)　　**2° 아민** (N에 **2 R**기)　　**3° 아민** (N에 **3 R**기)

암모니아와 같이 **아민 질소 원자에는 비결합 전자쌍이 있으며** 염기와 친핵체로 모두 작용한다. 따라서 아민은 친전자체와 반응하여 양으로 하전된 암모늄 이온과 음이온인 상대 이온으로 이루어진 화합물인 **암모늄염**을 생성한다.

$$R_3N{:} + \overset{\delta+}{H}-A \longrightarrow R_3\overset{+}{N}-H \quad {:}A^-$$

염기　　산

$$R_3N{:} + \overset{\delta+}{E}-X \longrightarrow R_3\overset{+}{N}-E \quad X^-$$

친핵체　　친전자체　　**암모늄염**

- 아민의 화학은 질소 원자의 비결합 전자쌍에 의해 좌우된다.

23.2 구조와 결합

CH_3NH_2

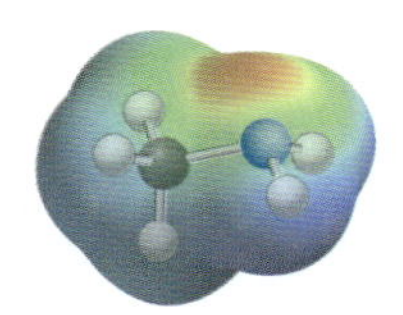

CH_3NH_2의 정전기 전위 그림은 전자 풍부 영역(붉은색 부분)이 N 원자에 있음을 명확히 보여준다.

하나의 아민 질소 원자는 세 개의 원자들과 하나의 비공유 전자쌍에 의해 둘러싸여 있으므로, 질소 원자는 ***sp*^{3} 혼성화**되어 있고, 결합각이 약 109.5°인 **삼각 쌍뿔** 모양을 하고 있다.

147 pm　　108°

질소는 탄소와 수소에 비해 전기 음성도가 훨씬 크기 때문에 **C−N과 N−H 결합은 모두 극성이며**, CH_3NH_2 (methylamine)의 정전기 전위 그림이 보여 주듯이 N 원자는 전자가 풍부하고 C와 H 원자는 전자가 부족하다.

포개지지 않는 거울상

하나의 전자쌍과 세 가지 다른 종류의 알킬기와 결합된 아민의 질소 원자는 구조적으로 볼 때 입체 발생 중심이므로 두 개의 포개지지 않는 삼각 쌍뿔 모양을 그릴 수 있다.

그러나 이는 아민이 두 개의 거울상 이성질체로 존재한다는 것을 의미하는 것은 아닌데, 그 이유는 하나가 상온에서 다른 하나로 빠르게 전환되기 때문이다. 아민은 삼각 평면(비카이랄성)의 전이 상태를 통하여 뒤집어진다. **아민의 두 개의 거울상 이성질체는 상호 전환하기 때문에, 아민 질소의 카이랄성은 무시할 수 있다.**

평면 전이 상태

이와 대조적으로 N 원자에 **네 개의 서로 다른 치환기가 있는 사차 암모늄염의 카이랄성은 무시할 수 없다.** 이는 질소 원자에 비결합 전자쌍이 전혀 없으므로 **상호 전환이 일어나지 않으며** N 원자는 네 개의 다른 기가 있는 탄소 원자와 유사하다.

카이랄 암모늄 이온

- 암모늄염의 N 원자는 N이 네 개의 다른 기들로 둘러싸여 있을 때 입체 발생 중심이다.

문제 23.1 각 분자에서 입체 발생 중심을 표시하라.

a.

b. dobutamine (심장 건강을 측정하기 위한 스트레스 테스트에 사용되는 강심제)

23.3 명명법

23.3A 1차 아민

1차 아민은 체계명 또는 관용명을 사용하여 명명한다.

- 체계명은 아민의 질소에 결합된 길이가 긴 연속적 탄소 사슬을 찾아서 어미 알케인의 **-e** 말미를 접미사 **-amine**으로 바꾼다. 그 다음에 명명법의 일반적 규칙을 사용하여 사슬에 번호를 매기고 치환기를 명명한다.
- 관용명은 질소 원자에 결합된 알킬기와 접미사 **-amine**이라는 단어를 결합하여 하나의 단어로 명명한다.

CH_3NH_2

체계명: **methanamine**
관용명: **methylamine**

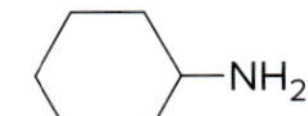

체계명: **cyclohexanamine**
관용명: **cyclohexylamine**

23.3B 이차와 삼차 아민

알킬기가 같은 이차와 삼차 아민은 일차 아민의 이름에 접두사 ***di-*** 또는 ***tri-***를 붙여 명명한다.

알킬기의 종류가 두 개 이상인 이차와 삼차 아민은 다음 절차를 따라서 ***N*-치환된 일차 아민**으로 명명한다.

해결 방법 알킬기가 다른 2°와 3° 아민을 명명하라

예 다음 2° 아민을 명명하라: $(CH_3)_2CHNHCH_3$.

단계 [1] 질소 원자에 결합된 가장 긴 알킬 사슬(가장 큰 고리)을 어미 아민으로 지정하고, 체계명을 지정한다.

2 N H

가장 긴 사슬에 **3 C** ----→ prcpan-2-amine

단계 [2] 질소 원자에 있는 다른 기는 알킬기로 명명하고, 그 이름을 알파벳순으로 정렬하고, 그리고 이름 앞에 접두사 *N*-을 붙인다.

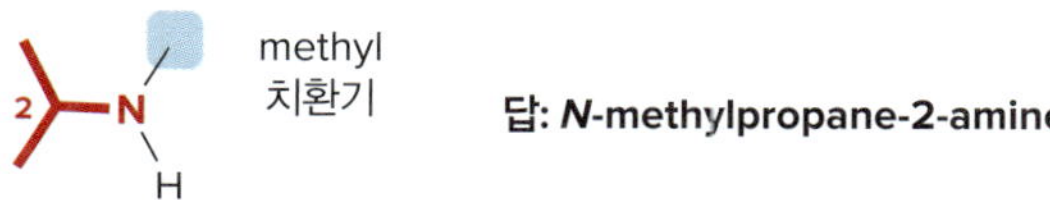

답: *N*-methylpropane-2-amine

예제 23.1 아민 명명하기

다음 각 아민을 명명하라.

a. NH_2 b. N

풀이

a. [1] 1° 아민: 아민 질소를 포함하는 긴 사슬을 찾고 명명한다.

NH_2

pentane ----→ **pentan*amine***
(5개의 C)

[2] 치환기에 번호와 이름을 붙인다.

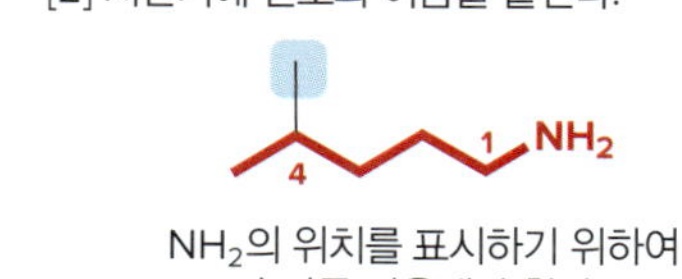

NH_2의 위치를 표시하기 위하여 숫자를 사용해야 한다.

답: 4-methylpentan-1-amine

b. 3° 아민의 경우, N과 연결된 하나의 알킬기는 주된 R기이며 다른 것들은 치환기이다.

[1] N에 결합된 고리에 이름을 붙인다.

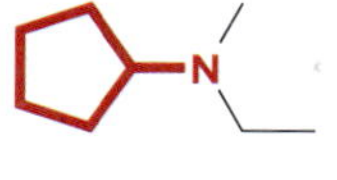

cyclopentanamine

[2] 치환기를 명명한다.

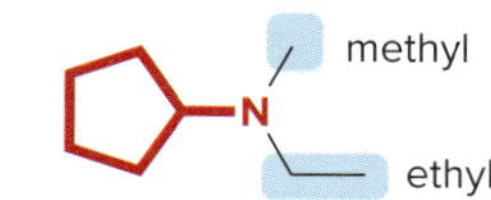

각 알킬기에 한 개씩 **총 두 개의 N이 필요하다.**

답: *N*-ethyl-*N*-methylcyclopentanamine

문제 23.2 다음의 각 아민을 명명하라.

a. b. c. d. e. f.

추가 문제: 문제 23.37, 23.38을 풀어보라.

23.3C 방향족 아민

방향족 아민은 aniline의 유도체로서 명명한다.

aniline **N-ethylaniline** **o-bromoaniline**

23.3D 다양한 명명법

치환기로서 명명된 NH_2기는 **아미노기(amino group)**라고 한다.

다른 많은 **질소 헤테로 고리(nitrogen heterocycle)**가 있으며 각 고리의 유형은 고리에 있는 질소 원자의 수, 고리의 크기, 고리가 방향족성인지 아닌지 등에 따라 다르게 명명된다. 일반적 질소 헤테로 고리의 구조와 이름이 그림 23.1에 나와 있다.

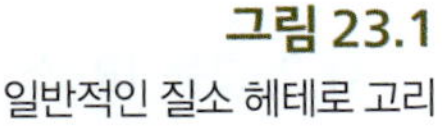

그림 23.1
일반적인 질소 헤테로 고리

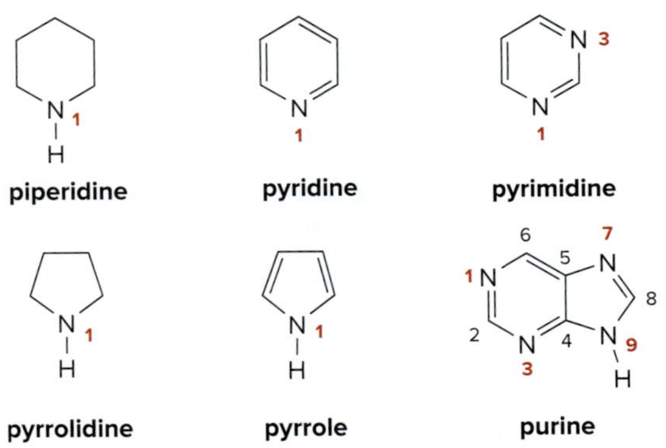

- 질소 원자가 한 개인 헤테로 고리 화합물에 번호를 붙일 때 N 원자는 항상 '1' 위치에 놓여야 한다.
- 질소 원자가 두 개인 헤테로 고리 화합물에 번호를 붙일 때 하나의 N 원자는 항상 '1' 위치에 놓여야 하고 다른 N 원자에는 낮은 번호를 부여한다.

문제 23.3 각 이름에 해당하는 구조를 그려라.

a. 2,4-dimethylhexan-3-amine
b. *N*-methylpentan-1-amine
c. *N*-isopropyl-*p*-nitroaniline
d. *N*-methylpiperidine
e. *N*,*N*-dimethylethanamine
f. 2-aminocyclohexanone
g. *N*-methylaniline
h. *m*-ethylaniline

23.4 물리적 성질과 분광학적 성질

23.4A 물리적 성질

1° 아민에서의 분자간 수소 결합

아민은 극성인 C—N과 N—H 결합 때문에 쌍극자–쌍극자의 상호작용을 보인다. **일차 아민과 이차 아민**은 N—H 결합이 있기 때문에 **분자간 수소 결합을 할 수 있다**. 그러나 질소가 산소보다 전기 음성도가 작으므로 N과 H의 분자간 수소 결합은 O와 H의 분자간 수소 결합보다 약하다.

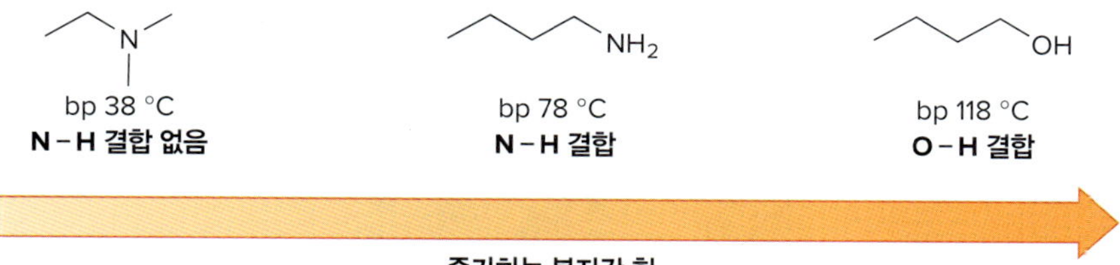

일차(1°)와 이차(2°) 아민은 수소 결합을 할 수 없는 유사 화합물(에터 등)보다 끓는점이 높지만 분자간 수소 결합이 강한 알코올보다는 끓는점이 낮다. 삼차(3°) 아민은 분자량이 비슷한 1°와 2° 아민보다 끓는점이 낮은데, N—H 결합이 없어 수소 결합을 할 수 없기 때문이다

문제 23.4 다음 화합물을 끓는점이 증가하는 순서로 배열하라.

A (NH_2) B C (O) D (OH)

23.4B 분광학적 성질

아민의 분광학적 성질은 분광학 A, B와 C에서 자세하게 다룬 바 있다.

- 질량 스펙트럼: 홀수 분자 이온은 A.1B절, 조각내기 패턴은 A.4C절
- IR 흡수: B.4C절, 그림 B.10, 표 B.2
- ^{1}H와 ^{13}C NMR 흡수: C.9A절, 표 C.1, C.5

N 원자가 하나인 아민의 분자식은 $C_nH_{2n+3}N$이다.

아민의 주요한 NMR과 IR 흡수는 표 23.1에 요약되어 있다. 그림 23.2는 IR 스펙트럼에서 N—H 피크 수가 1°, 2°, 3° 아민을 구별하는 데 쓰일 수 있음을 보여 주고 있다.

- 1° 아민은 3300–3500 cm^{-1}에서 **두 개**의 N—H 흡수를 보인다.
- 2° 아민은 3300–3500 cm^{-1}에서 **한 개**의 N—H 흡수를 보인다.
- 3° 아민은 N—H 결합이 없기 때문에 3300–3500 cm^{-1} 에서 흡수하지 **않는다**.

표 23.1 아민의 특징적 분광학적 흡수

분광법 종류	C, H의 종류	흡수
IR 흡수	N–H	3300–3500 cm^{-1} (하나 또는 두 피크)
^{1}H NMR 흡수	N–H	0.5–5.0 ppm
	N–C–H	2.3–3.0 ppm
^{13}C NMR 흡수	C–N	30–50 ppm

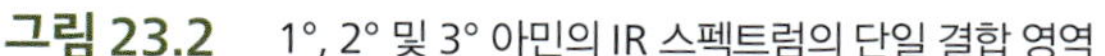

그림 23.2 1°, 2° 및 3° 아민의 IR 스펙트럼의 단일 결합 영역

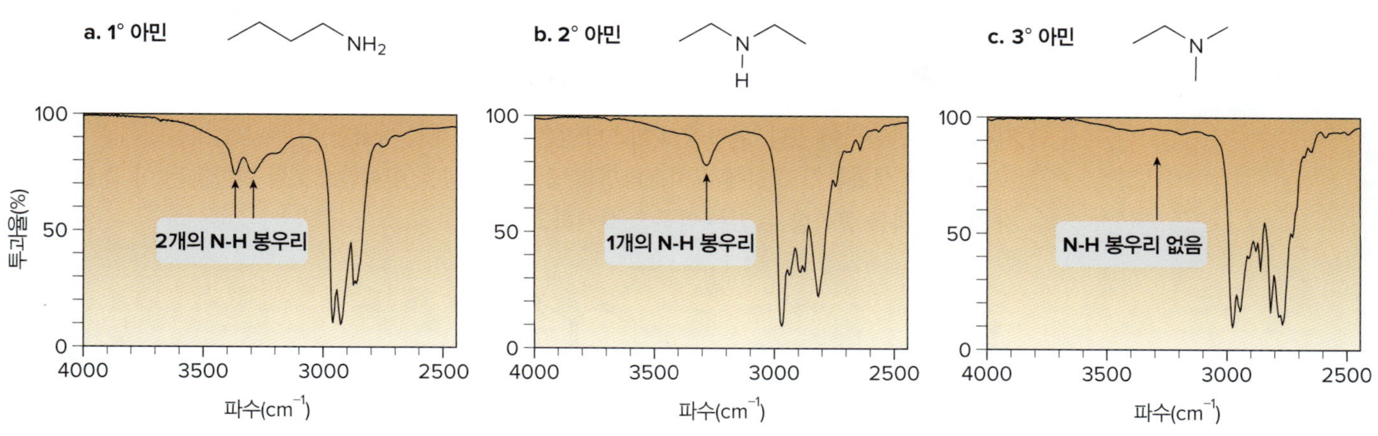

23.5 흥미롭고 유용한 아민

단순하고 복잡한 수많은 아민이 자연계에 존재하며 생물학적 활성이 있는 다른 아민이 실험실에서 합성되고 있다.

23.5A 간단한 아민과 알칼로이드

저분자량의 많은 아민은 매우 좋지 않은 냄새를 풍긴다. 효소가 어류의 어떤 단백질을 분해할 때 생성되는 **trimethylamine** [$(CH_3)_3N$]은 부패한 어류에서 풍기는 특유한 냄새가 난다. **Putrescine** ($NH_2CH_2CH_2CH_2CH_2NH_2$)과 **cadaverine** ($NH_2CH_2CH_2CH_2CH_2CH_2NH_2$)은 썩은 냄새가 나는 독성 다이아민이다. 이들 역시 부패한 어류에 존재하며 정액 및 소변 냄새와 심한 입 냄새의 일부 원인이다.

알칼로이드(alkaloid)라는 말은 알칼로이드의 수용액이 약염기성이기 때문에 **알칼리(alkali)**라는 단어로부터 유래되었다.

식물에서 유래하는 아민을 **알칼로이드(alkaloid)**라고 한다. 교재에서 만난 알칼로이드로는 **pilocarpine** (15장 도입부), **morphine** (20.8절) 그리고 **cocaine** (20장 도입부)이 있다. 그림 23.3에 두 다른 알칼로이드인 **atropine**과 **scopolamine**이 나와 있다.

그림 23.3
두 가지 일반적인 알칼로이드—atropine과 scopolamine

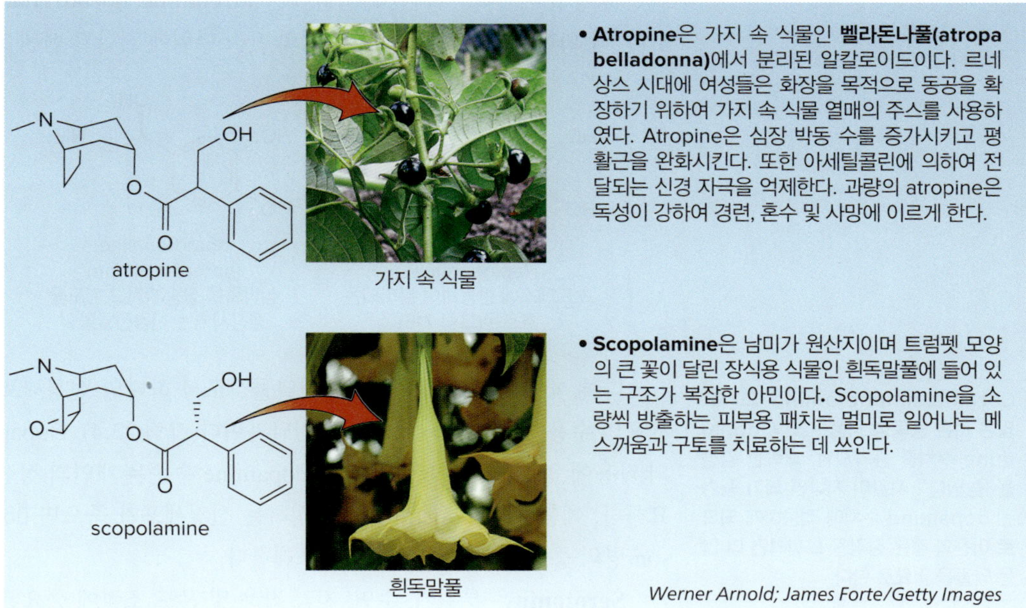

23.5B 히스타민과 항히스타민제

histamine

15.9절에서 처음 논의한 간단한 트라이아민(triamine)인 **히스타민(histamine)**은 다양한 생리적인 효과에 관여한다. 히스타민은 혈관 확장제이며(모세혈관을 팽창시킨다), 상처 또는 감염 부위에서 방출되어 피가 많이 흐르게 한다. 히스타민은 또한 콧물을 흐르게 하거나 눈물이 나게 하는 등 알러지 증세와 관련되어 있다. 위장에서 히스타민은 위산 분비를 자극한다.

이러한 생화학적 과정에서 히스타민의 중심적 역할을 이해함으로써 화학자는 이 물질의 원하지 않는 효과를 중화할 수 있는 약품을 설계하고 있다.

fexofenadine
항히스타민제

cimetidine
(상품명: Tagamet)
항궤양 약물

항히스타민제(antihistamine)는 세포 내에서 히스타민과 결합하는 효소의 동일한 활성 자리에 결합하지만 다른 반응을 일으킨다. 예를 들어, **fexofenadine**(상품명: Allegra)과 같은 항히스타민제는 혈관 확장을 억제하여 일반적 감기나 알레르기 증상을 치료하는 데 사용된다. 많은 항히스타민제와는 달리, fexofenadine은 졸음을 일으키지 않는다. 그 이유는 fexofenadine이 히스타민 수용체와 결합하지만, 혈액–뇌 장벽을 통과하지 못하여 중추 신경계에 영향을 주지 못하기 때문이다. **Cimetidine**(상품명: Tagamet)은 위에서 염산의 분비 작용을 차단하는 히스타민 모방품이며, 궤양을 치료하는 데 사용된다.

23.5C 2-페닐에탄아민의 유도체

많은 수의 생리활성 화합물은 **2-phenylethamamine ($C_6H_5CH_2CH_2NH_2$)**으로부터 유래된다. 이 화합물 중 일부는 세포에서 합성되며 건강한 정신적 기능을 유지하는 데 필요하다. 다른 것은 식물로부터 추출되거나 실험실에서 합성되기도 하는데, 이러한 화합물은 정상 신경화학을 방해하여 뇌에 심각한 영향을 미친다. 이러한 화합물에는 **adrenaline, noradrenaline**, 그리고 **methamphetamine**이 있다. 각 화합물은 질소 원자가 두 개의 탄소 단위에 결합된 벤젠 고리가 있다(붉은색으로 표시).

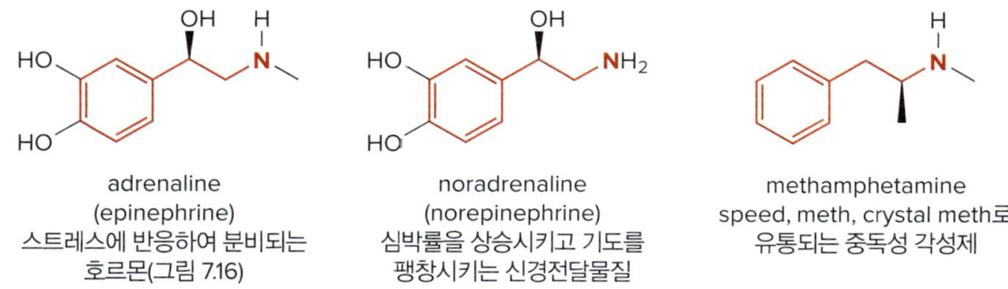

adrenaline
(epinephrine)
스트레스에 반응하여 분비되는
호르몬(그림 7.16)

noradrenaline
(norepinephrine)
심박률을 상승시키고 기도를
팽창시키는 신경전달물질

methamphetamine
speed, meth, crystal meth로
유통되는 중독성 각성제

Cocaine, amphetamine, 그리고 많은 다른 중독성 약품은 뇌의 dopamine 수치를 증가시켜, 쾌락한 감정을 '높인다'. 시간이 지나면 뇌가 증가된 dopamine 수치에 적응하게 되므로 이전과 같은 감각을 느끼려면 더 많은 약물을 필요로 한다.

다른 예인 **dopamine**은 신경전달물질로서 하나의 신경세포(뉴런)에서 방출되어 인접한 대상 세포의 수용체에 결합하는 화학적 전달자이다(그림 23.4). Dopamine은 행동과 감정을 제어하는 두 뇌 작용에 영향을 미치므로 적절한 dopamine 수준은 개인의 정신적, 신체적 건강을 유지하는 데 필요하다. 예를 들어 dopamine을 생성하는 신경세포가 죽으면 dopamine 수치는 떨어지고, Parkinson 병의 증상인 운동성의 상실을 초래한다.

Serotonin은 분위기, 수면, 지각 작용 및 온도 조절에 중요한 역할을 담당하는 신경전달물질이

그림 23.4 Dopamine—신경전달물질

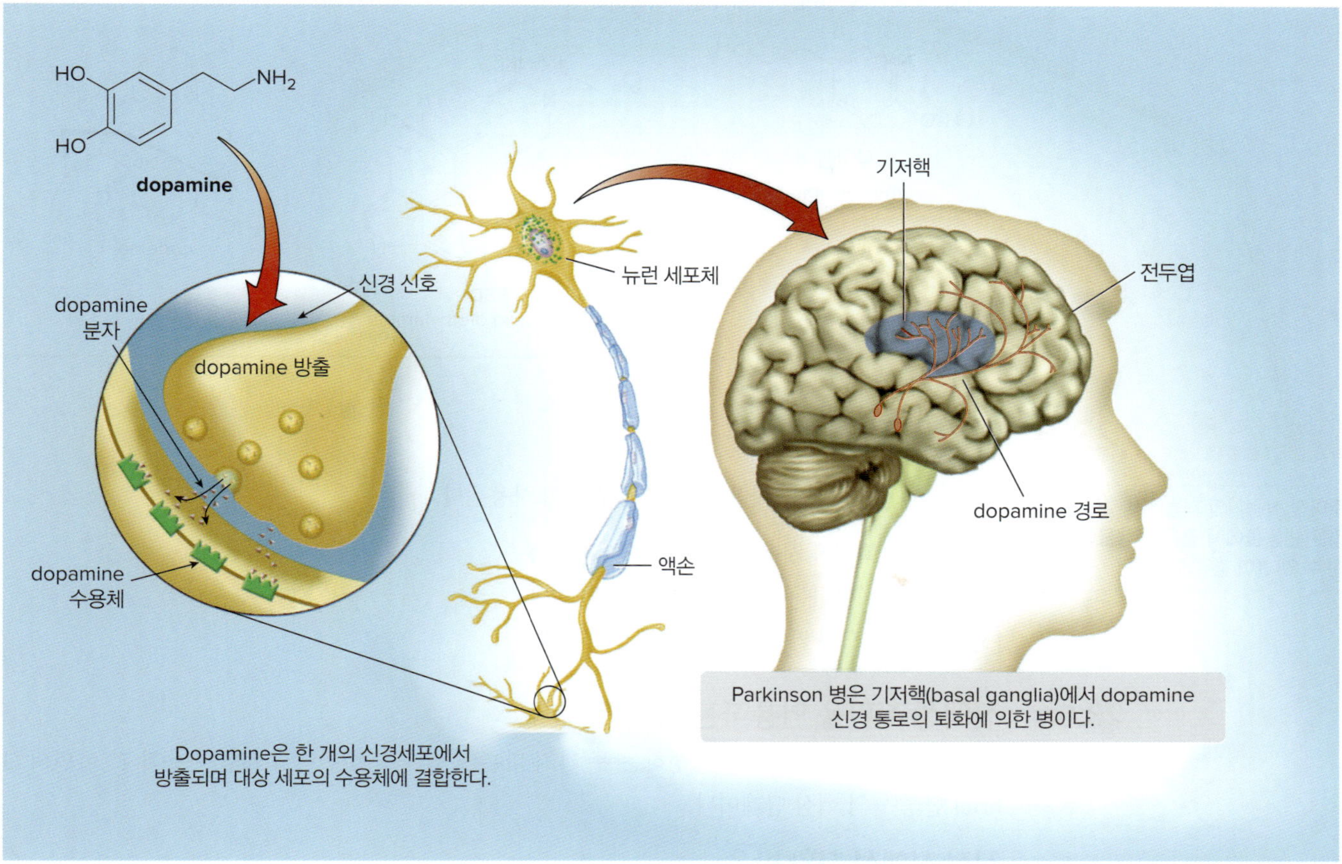

다. Serotonin이 부족하면 우울증을 일으킨다. Serotonin이 사람의 기분을 결정하는 데 주요 역할을 담당하는 것을 알게 되면서 우울증을 치료하는 많은 약품을 개발할 수 있었다. 오늘날 가장 널리 사용되는 항우울제는 선택적 serotonin 재흡수 억제제(SSRIs, selective serotonin reuptake inhibitors)이다. 이 약품은 serotonin을 생성하는 뉴런(neuron)이 serotonin을 재흡수하는 것을 억제함으로써 serotonin의 농도를 효과적으로 증가시키는 작용을 한다. Prozac이라는 상품명으로 시판되는 fluoxetine은 이러한 방식으로 작용하는 항우울제이다.

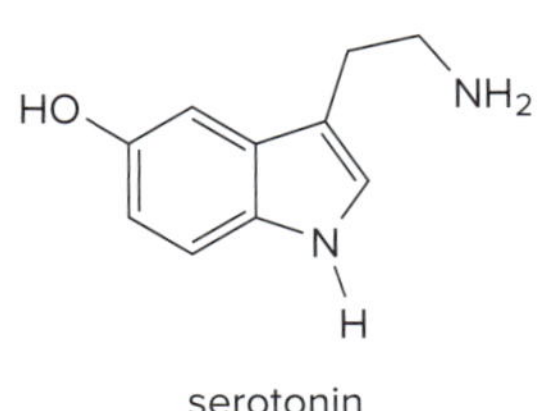

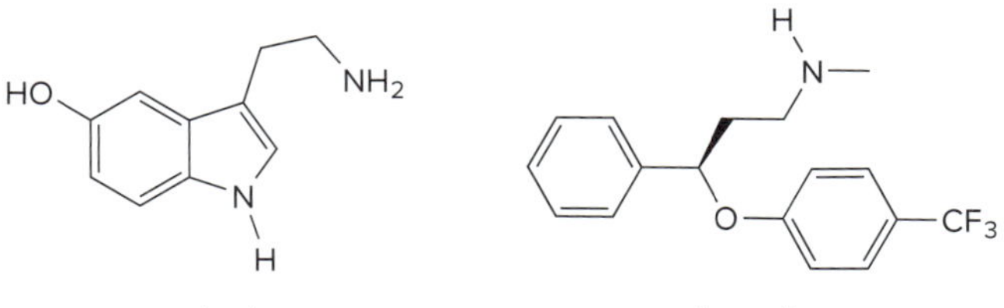

serotonin

fluoxetine

아마존 정글에 사는 부포 두꺼비는 환각제인 bufotenin의 원천이다.
Daniel C. Smith

Serotonin의 물질대사를 방해하는 약품은 정신 상태에 크게 영향을 준다. 예를 들면 아마존 정글에 사는 **부포** 두꺼비(*Bufo* toads)에서 분리된 bufotenin과 **실로시브** (*Psilocybe*) 버섯에서 분리된 psilocin은 구조에서 serotonin과 매우 비슷하며, 두 물질 모두 강한 환각을 일으킨다.

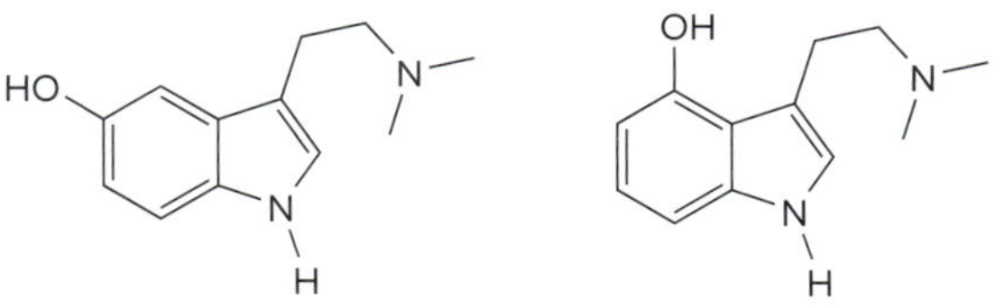

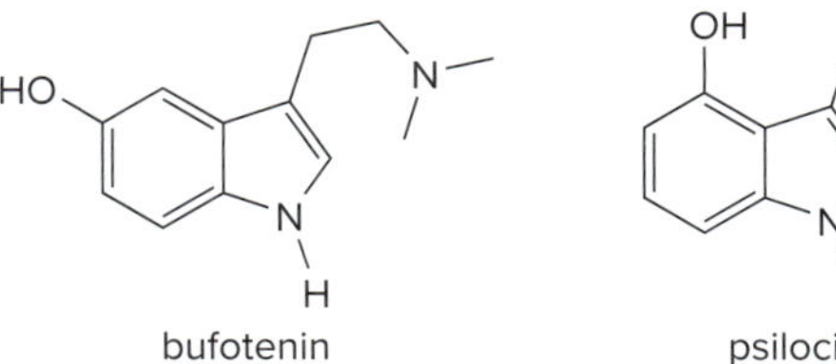

bufotenin psilocin

문제 23.5 다음 화합물에서 2-phenylethanamine의 원자를 확인하라. Mescaline은 peyote 선인장에서 얻어지는 환각제이고, LSD는 환각제, 그리고 codeine은 마약이다.

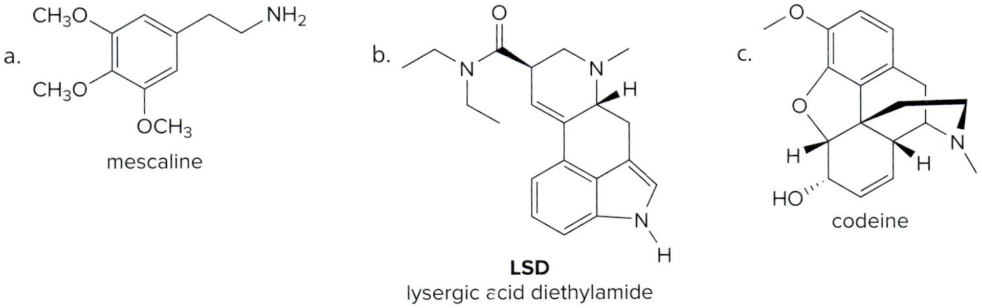

a. mescaline　　b. LSD (lysergic acid diethylamide)　　c. codeine

23.6 아민의 제법

주어진 작용기의 제법에서, 서로 다른 많은 반응물에서 같은 생성물이 얻어질 수 있다(이 경우에는 아민).

아민을 제조하는 데는 다음 세 종류의 반응이 사용된다.

[1] 질소 친핵체를 사용하는 **친핵성 치환 반응**
[2] 질소를 포함하는 다른 작용기의 **환원 반응**
[3] 알데하이드와 케톤의 **환원성 아민화 반응**

23.6A 친핵성 치환을 이용하는 아민 제법

친핵성 치환 반응은 아민을 합성하는 두 가지 다른 방법—직접 친핵성 치환 반응과 1° 아민의 Gabriel 합성—의 핵심 단계이다.

직접 친핵성 치환 반응

개념적으로 아민을 합성하는 가장 간단한 방법은 **NH_3나 아민에 의한 할로젠화 알킬(alkyl halide)의 S_N2 반응**에 의한 것이다. 이 방법은 두 단계를 필요로 한다(식 [1]).

[1] 질소 친핵체의 **친핵성 공격**으로 암모늄염이 생성된다.
[2] N에서 **양성자를 제거**하면 아민이 생성된다.

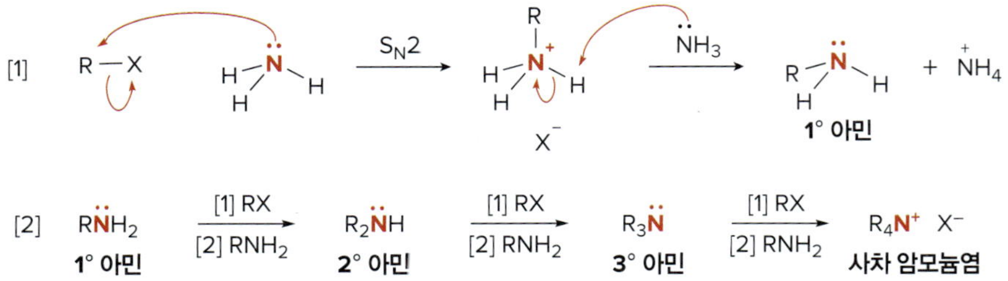

$$[1]\quad R{-}X + H{-}\ddot{N}H_2 \xrightarrow{S_N2} R{-}\overset{+}{N}H_3\; X^- \xrightarrow{\ddot{N}H_3} R\ddot{N}H_2\ (1°\ \text{아민}) + \overset{+}{N}H_4$$

$$[2]\quad R\ddot{N}H_2\ (1°\ \text{아민}) \xrightarrow[\text{[2] } RNH_2]{\text{[1] RX}} R_2\ddot{N}H\ (2°\ \text{아민}) \xrightarrow[\text{[2] } RNH_2]{\text{[1] RX}} R_3\ddot{N}\ (3°\ \text{아민}) \xrightarrow[\text{[2] } RNH_2]{\text{[1] RX}} R_4N^+\ X^-\ (\text{사차 암모늄염})$$

질소 친핵체의 구조가 생성물로 생성되는 아민 또는 암모늄염의 종류를 결정한다. **하나의 새로운 탄소−질소 결합은 각 화학 반응에서 생성된다.** 이 화학 반응은 S_N2 메커니즘을 따르기 때문에 할로젠화 알킬은 입체 장애를 받지 않아야 한다. 즉 CH_3X 또는 RCH_2X이다.

비록 이 과정이 간단해 보이지만, 질소 친핵체의 다중 알킬화 반응은 그 유용성을 제한하고 있다(식 [2]). **친핵성 치환 반응으로 생성된 아민은 여전히 비결합 전자쌍이 있기 때문에 아민이 친핵체로 반응하게 된다.** 이 아민이 남아 있는 할로젠화 알킬과 반응하면 더 많이 치환된 아민이 생성된다. 이 때문에 1°, 2° 또는 3° 아민의 혼합물이 흔히 생성된다. N에 네 개의 알킬기가 있는 **사차 암모늄염**만이 더 이상 반응하지 않고 멈춘다.

결과적으로 이 반응은 NH_3(상대적으로 저가의 출발물)를 과량 사용하여 1° 아민을 제조하거나

1당량 이상의 할로젠화 알킬을 사용하여 질소 친핵체를 모두 알킬화하여 사차 암모늄염을 제조하는 데 가장 유용하다.

Br + NH_3 (과량) ⟶ NH_2 (1° 아민) + $NH_4^+Br^-$

CH_3-Br (과량) + H_2N-cyclohexyl ⟶ Br^- (사차 암모늄염)

문제 23.6 각 반응의 생성물을 나타내라.

a. Cl + NH_3 (과량) ⟶

b. N-methylcyclohexylamine + Br (과량) ⟶

1° 아민의 Gabriel 합성

다중 알킬화 반응을 피하기 위해 친핵성 치환 반응이 한 번만 가능한 질소 친핵체를 사용할 수 있다—즉 이 반응은 더 이상 반응할 수 있는 친핵성 질소 원자가 없는 생성물을 생성한다.

Gabriel 합성(Gabriel synthesis)은 두 단계로 구성되어 있고 공명 안정화된 질소 친핵체를 사용하여 친핵성 치환 반응으로 1° 아민을 합성한다. Gabriel 합성은 **이미드(imide)**라 부르는 화합물 중 하나인 **phthalimide**에서 시작한다. **이미드의 N−H 결합은 특히 산성인데**, 생성된 음이온이 옆에 위치한 두 개의 카보닐기에 의하여 공명 안정화되기 때문이다.

phthalimide
$pK_a = 10$

공명 안정화된 음이온

Gabriel 합성에서는 phthalimide를 ^-OH로 처리하면 친핵성 음이온이 얻어지고 이 음이온이 입체 장애를 받지 않는 할로젠화 알킬(즉 CH_3X 또는 RCH_2X)과 **S_N2 반응**을 하면 치환 생성물이 생성된다. 이 알킬화된 이미드는 수용성 염기에 의하여 1° 아민과 다이카복실산 음이온으로 가수 분해된다. 이 반응은 20.12절에서 논의한 것처럼 카복실산 음이온과 아민을 생성하는 아마이드의 가수 분해와 유사하다. 이 두 단계 과정의 전체적인 결과는 **NH_2에 의한 X(할로젠)의 친핵성 치환 반응**이므로 Gabriel 합성은 오직 1° 아민의 제조에만 사용될 수 있다.

Gabriel 합성 단계

R−X (R = CH_3 또는 1° 알킬) + 친핵체 —S_N2 [1] (친핵성 치환)⟶ 알킬화된 이미드 + X^- —^-OH, H_2O [2] (가수 분해)⟶ $R-NH_2$ (1° 아민) + 다이카복실산 음이온 부생성물 (CO_2^-, CO_2^-)

• Gabriel 합성은 두 단계 과정으로 할로젠화 알킬을 1° 아민으로 변환시킨다: 친핵성 치환 반응과 가수분해

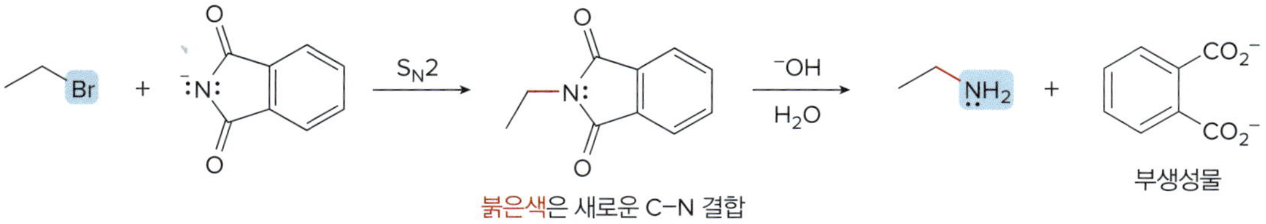
Br
+
:N:
S_N2
N:
^-OH
H_2O
NH_2
+
CO_2^-
CO_2^-
붉은색은 새로운 C–N 결합
부생성물

문제 23.7 각 반응의 생성물을 그려라.

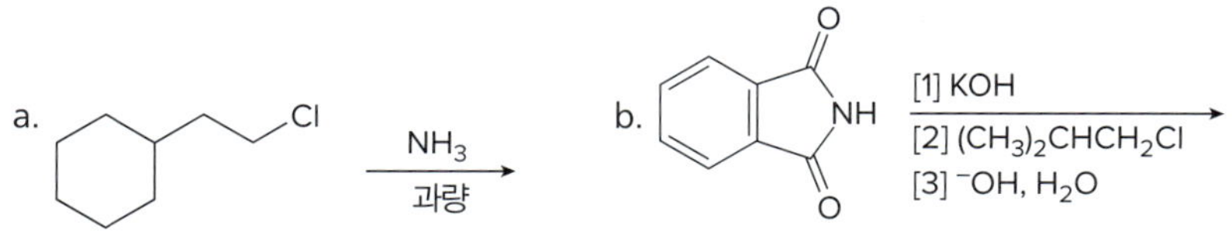
a.
Cl
NH_3
과량
b.
NH
[1] KOH
[2] $(CH_3)_2CHCH_2Cl$
[3] ^-OH, H_2O

문제 23.8 Gabriel 합성법으로 만들 수 없는 아민은 어떤 것인가? 선택한 답에 대해 설명하라.

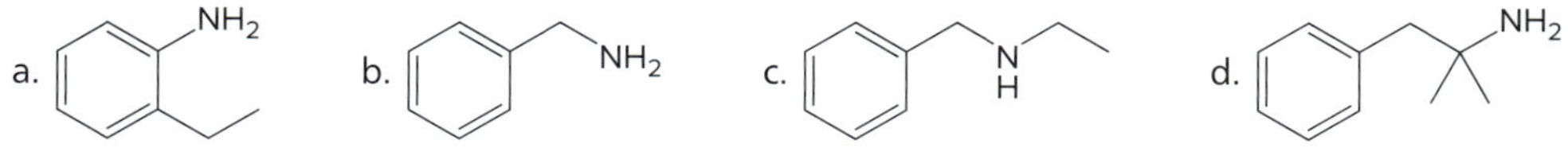
a.
NH_2
b.
NH_2
c.
N
H
d.
NH_2

23.6B 질소를 포함하는 다른 작용기의 환원

아민은 나이트로 화합물, 나이트릴, 그리고 아마이드의 환원을 통해 제조할 수 있다. 이 반응의 세부 사항은 이전에 논의되었으므로 여기에서는 요약한 형식으로 기술한다.

[1] 나이트로 화합물로부터(16.14D절)

나이트로기는 다양한 환원제에 의하여 **1° 아민으로 환원된다.**

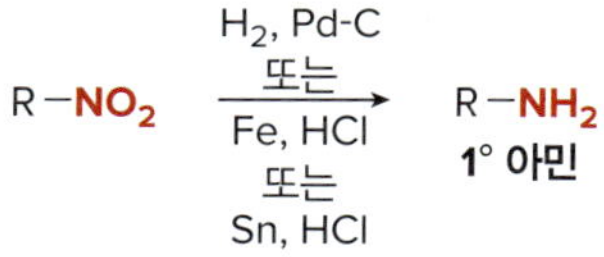
R–NO_2
H_2, Pd-C
또는
Fe, HCl
또는
Sn, HCl
R–NH_2
1° 아민

[2] 나이트릴로부터(19.12B절)

나이트릴은 $LiAlH_4$에 의해 1° 아민으로 환원된다.

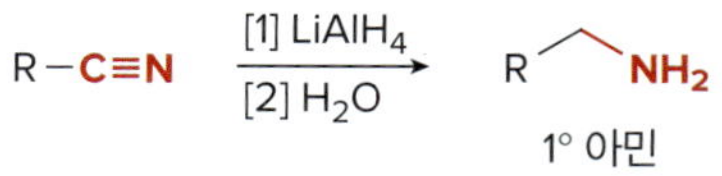
R–C≡N
[1] $LiAlH_4$
[2] H_2O
R
NH_2
1° 아민

사이아노(cyano)기는 할로젠화 알킬과 ^-CN의 S_N2 치환을 통하여 도입할 수 있으므로 이 반응은 **할로젠화 알킬을 탄소 원자가 하나 더 많은 1° 아민으로 변환하는 두 단계의 방법**을 제공한다. $(CH_3)_2CHCH_2CH_2Br$에서 $(CH_3)_2CHCH_2CH_2CH_2NH_2$로의 변환은 이 두 단계의 순서를 설명한다.

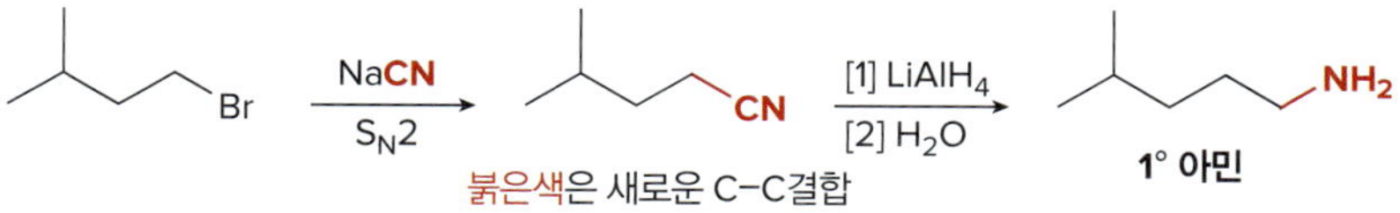
Br
NaCN
S_N2
CN
[1] $LiAlH_4$
[2] H_2O
NH_2
1° 아민
붉은색은 새로운 C–C결합

[3] 아마이드로부터(17.7B절)

$LiAlH_4$를 사용하면 **1°, 2°, 3° 아마이드가** 각각 **1°, 2°, 3° 아민으로 환원된다.**

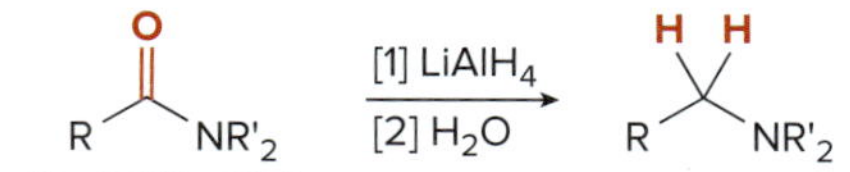

R–C(=O)–NR'₂ → [1] $LiAlH_4$ / [2] H_2O → R–CH₂–NR'₂

R' = H 또는 알킬
1°, 2° 또는 3° 아민 → **1°, 2° 또는 3° 아민**

문제 23.9 어떤 나이트로 화합물, 나이트릴, 아마이드가 다음 화합물로 환원되는가?

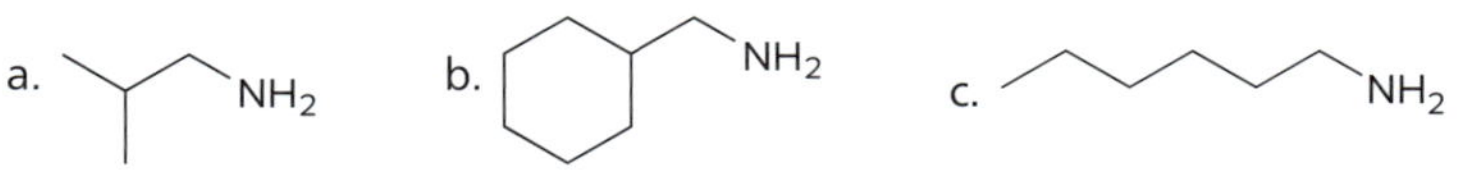

a. NH_2 b. NH_2 c. NH_2

문제 23.10 각 아마이드의 환원에 의해 어떤 아민이 생성되는가?

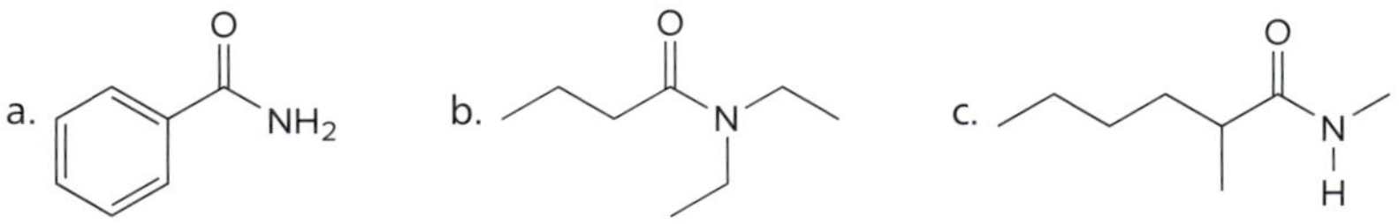

a. NH_2 b. N c. N–H

문제 23.11 다음의 아민 중에서 아마이드의 환원으로 만들 수 없는 것은 어느 것인가?

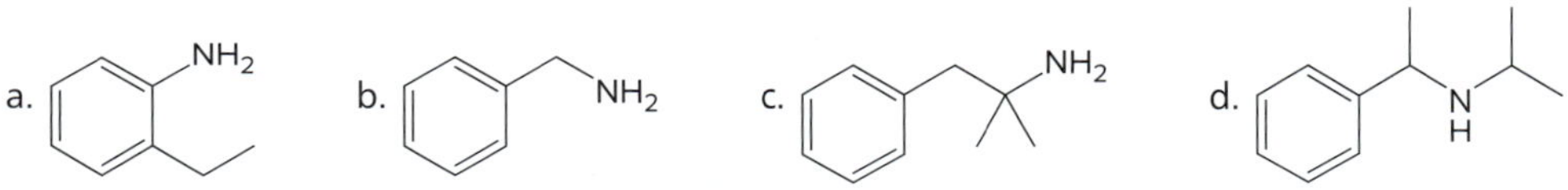

a. NH_2 b. NH_2 c. NH_2 d. N–H

23.6C 알데하이드와 케톤의 환원성 아민화

환원성 아민화(reductive amination)는 알데하이드와 케톤을 1°, 2°, 3° 아민으로 변환시키는 두 단계 방법이다. 우선 NH_3를 이용하여 1° 아민을 제조하는 방법을 살펴보자. 환원성 아민화는 두 개의 특징적인 부분이 있다.

[1] **카보닐기에 NH_3가 친핵성 공격하면 이민이 얻어진다**(18.10A절). 생성된 이민은 분리되지 않고 다음 단계로 진행된다.

[2] **이민이 환원되면 아민이 얻어진다**(17.7B절).

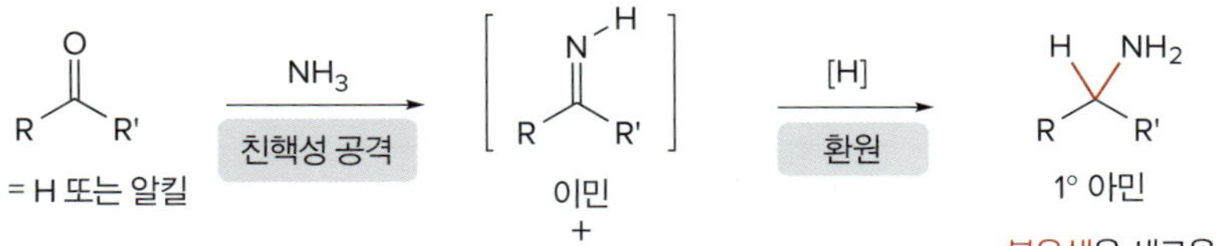

R–C(=O)–R' (R' = H 또는 알킬) → NH_3 (친핵성 공격) → [R–C(=N–H)–R'] 이민 + H_2O → [H] (환원) → R–CH(NH_2)–R' 1° 아민

붉은색은 새로운 C–H와 C–N 결합

• 환원성 아민화는 C=O 결합을 C–H와 C–N 결합으로 교체한다.

$NaBH_3CN$
sodium cyanoborohydride

이 반응에서 가장 효과적인 환원제는 $NaBH_3CN$ (sodium cyanoborohydride)이다. 이 수소화물 시약은 하나의 H 원자를 CN으로 치환하여 만든, $NaBH_4$ (sodium borohydride)의 유도체이다.

환원성 아민화는 우리가 이미 다른 방법으로 배웠던 두 반응을 결합시킨다. 아래에 두 가지 예가 나와 있다. 두 번째 반응은 생성물이 강력한 중추 신경 자극제인 **amphetamine**이므로 주목할 만하다.

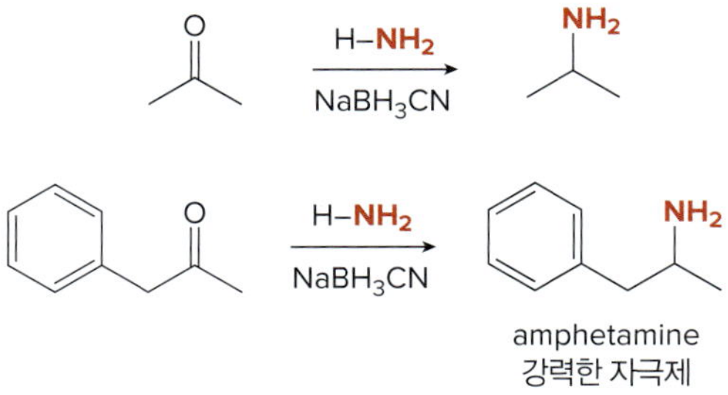

H–NH$_2$, NaBH$_3$CN

H–NH$_2$, NaBH$_3$CN

amphetamine
강력한 자극제

출발물로 1° 또는 2° 아민을 사용하여 2°와 3° 아민을 각각 제조하는 데 환원성 아민화가 주로 사용된다. 다음 결과에 주목하자. 즉, **환원성 아민화는 알데하이드 또는 케톤을 사용하여 질소 원자의 수소 한 개를 알킬기로 대체하여** 더 많이 치환된 아민을 얻는 반응이다.

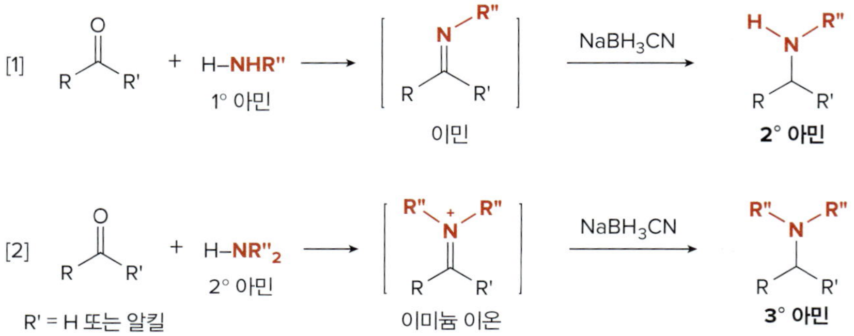

[1] + H–NHR" (1° 아민) → [이민] → NaBH$_3$CN → **2° 아민**

[2] + H–NR"$_2$ (2° 아민) → [이미늄 이온] → NaBH$_3$CN → **3° 아민**

R' = H 또는 알킬

환원성 아민화에 의한 methamphetamine (23.5C절)의 합성이 그림 23.5에 설명되어 있다.

그림 23.5
환원성 아민화를 이용한 methamphetamine의 합성

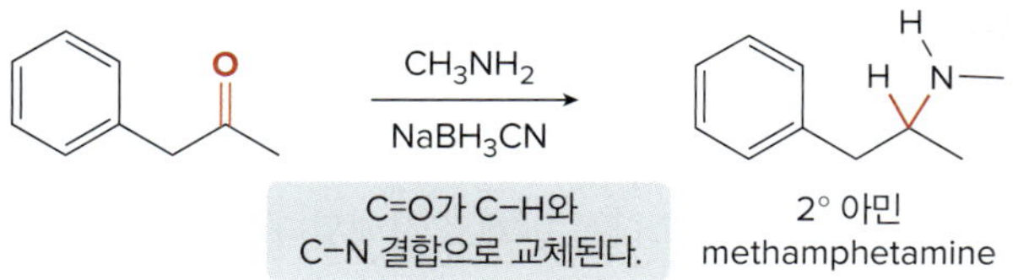

CH$_3$NH$_2$, NaBH$_3$CN

C=O가 C–H와 C–N 결합으로 교체된다.

2° 아민
methamphetamine

- 환원성 아민화에서는 N과 결합한 H 원자 하나가 알킬기로 교체된다. 결과적으로 1° 아민은 2° 아민으로, 2° 아민은 3° 아민으로 변환된다. 이 반응에서 CH$_3$NH$_2$ (1° 아민)는 methamphetamine (2° 아민)으로 변환된다.

문제 23.12 각 반응의 생성물을 그려라.

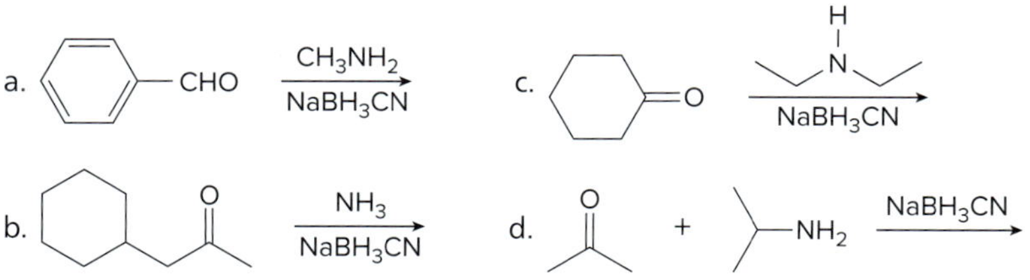

a. CHO — CH$_3$NH$_2$, NaBH$_3$CN

b. NH$_3$, NaBH$_3$CN

c. NaBH$_3$CN

d. + NH$_2$ — NaBH$_3$CN

문제 23.13

루핀(lupin, 문제 23.13)은 페루 안데스 산맥과 알래스카 길거리에서 흔히 볼 수 있는 야생화이다. *Daniel C. Smith*

케톤 **A**와 아민 **B**의 환원성 아민화 반응으로 생성되는 생성물은 무엇인가? 이 반응은 현화 식물인 lupin에서 분리된 알칼로이드인 matrine의 합성에서 초기 단계 반응이다.

EtO ... OEt (**A**) + H_2N ... OEt (**B**)

matrine

합성에서 환원성 아민화를 사용하기 위해서는 주어진 아민을 제조하는 데 어떤 알데하이드 또는 케톤, 그리고 질소 화합물이 필요한지 결정할 수 있어야 한다. 즉, 역합성 방향으로 진행할 수 있어야 한다. 다음의 두 가지 요점을 명심하자.

- N에 결합된 한 개의 알킬기는 카보닐 화합물에서 온 것이다.
- 분자의 나머지 부분은 NH_3 또는 아민에서 온 것이다.

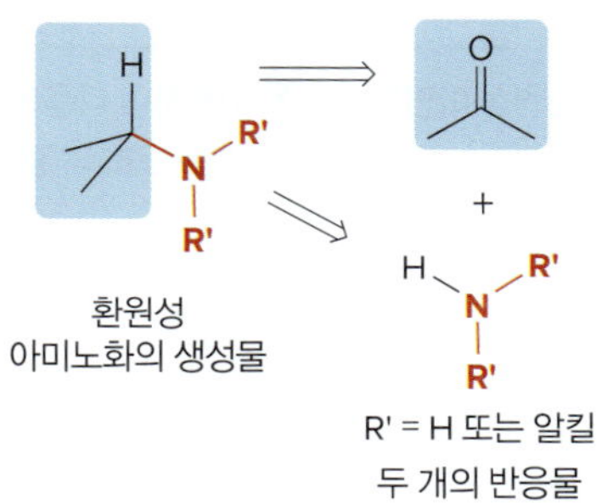

예를 들어 2-phenylethanamine은 1° 아민이므로 N에 단지 한 개의 알킬기가 결합되어 있다. 이 알킬기는 카보닐 화합물로부터 온 것이며, 분자의 나머지 부분은 질소 성분으로부터 온 것이다. **1° 아민의 경우, 질소 성분은 반드시 NH_3이다.**

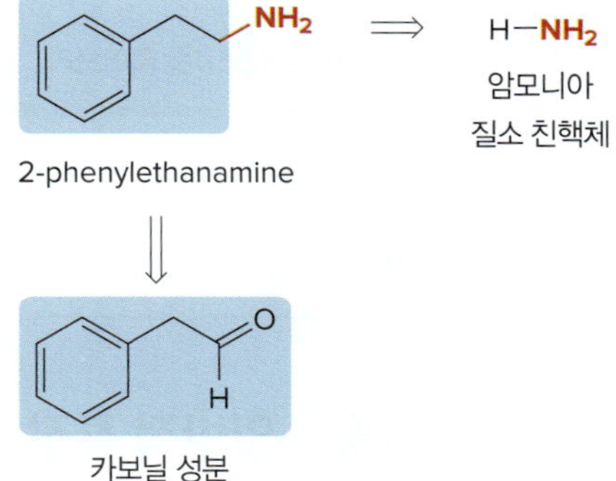

환원성 아민화 반응을 이용한 2° 및 3° 아민의 합성 방법에는 예제 23.2에서 2° 아민에 대하여 보여 주듯이 보통 두 가지 이상의 방법이 있다.

예제 23.2 환원성 아민화 반응에서 출발물 결정하기

환원성 아민화 반응으로 *N*-ethylcyclohexanamine을 합성하기 위해서 어떤 알데하이드 또는 케톤과 질소 성분이 필요한가?

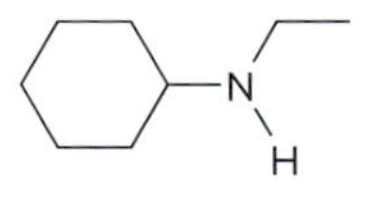

N-ethylcyclohexamine

풀이

N-ethylcyclohexanamine은 N에 두 개의 다른 알킬기가 결합되어 있기 때문에 각 R기가 카보닐 성분으로부터 올 수 있다. 그러면 환원성 아민화에 의해 C−N 결합을 생성하는 두 가지 다른 방법이 있는 셈이다.

가능성 [1] $CH_3CH_2NH_2$와 cyclohexanone을 사용한다.

가능성 [2] Cyclohexanamine과 알데하이드를 사용한다.

1° 아민

1° 아민

환원성 아민화는 질소에 한 개의 R기가 더해지기 때문에 2° 아민을 생성하기 위한 두 가지 방법은 1° 아민으로 시작한다.

문제 23.14 환원성 아민화 반응을 이용하여 다음의 각 약품을 만드는 데 필요한 출발물은 무엇인가? 두 가지 이상의 방법이 가능할 경우, 가능한 모든 화합물을 쓰라. 부분 (c)에서는 비고리형 아민만을 고려하라.

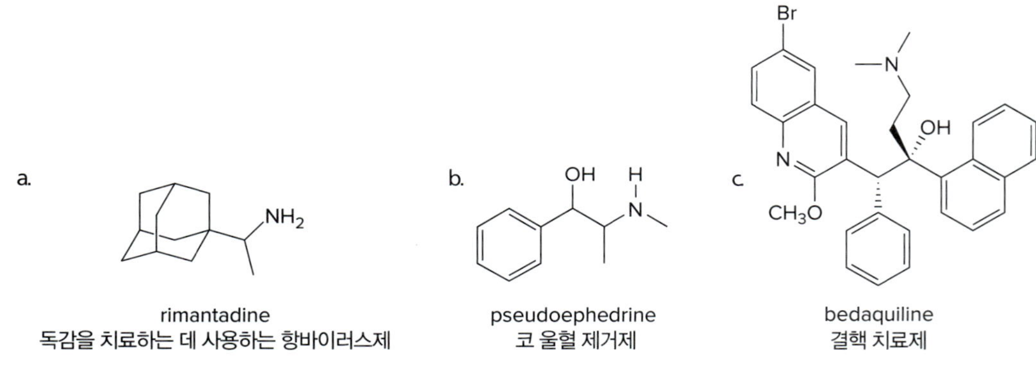

rimantadine
독감을 치료하는 데 사용하는 항바이러스제

pseudoephedrine
코 울혈 제거제

bedaquiline
결핵 치료제

추가 문제: 문제 23.47, 23.54b, 23.55b를 풀어보라.

문제 23.15 (a) Phentermine $[PhCH_2C(CH_3)_2NH_2]$이 환원성 아민화 반응으로 생성되지 않는 이유를 설명하라. (b) 금지된 식이요법 약품인 fen-phen의 한 구성 성분인 phentermine의 체계명을 쓰라.

23.7 아민의 반응—일반적 특징

- 아민의 화학 반응은 질소에 있는 비공유 전자쌍에 의해 비롯된다.

주기율표 2주기의 질소, 산소, 플루오린 세 개의 원소만 중성 유기 화합물에서 비결합 전자쌍이 있다. 염기도와 친핵성도는 주기(row)를 따라 감소하기 때문에 이 원소 중 **질소가 가장 염기성이고 가장 친핵성이다.**

염기도와 친핵성도의 증가

- 아민은 다른 중성 유기 화합물보다 더 강한 염기이고 더 강한 친핵체이다.

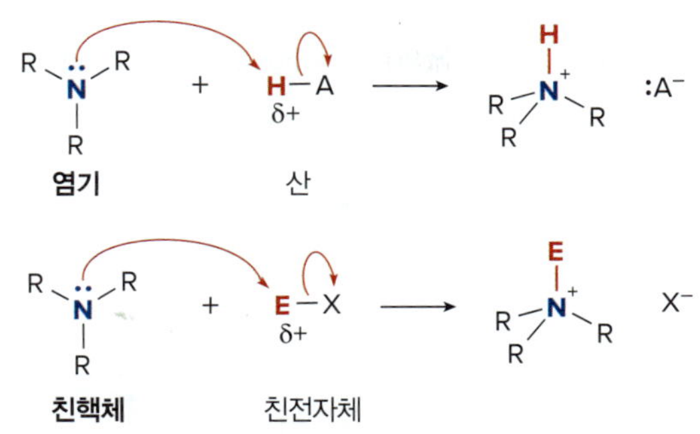

- 아민은 산성 양성자가 있는 화합물에 대해 **염기**로서 반응한다.
- 아민은 친전자성 탄소가 있는 화합물에 대해 **친핵체**로서 반응한다.

23.8 염기로서의 아민

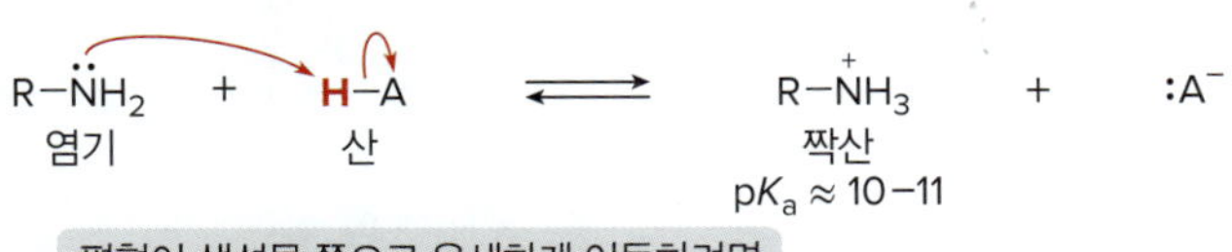

평형이 생성물 쪽으로 우세하게 이동하려면 **HA의 pK_a는 10보다 작아야만 한다.**

아민은 다양한 유기 및 무기 산에 대해 염기로서 반응한다.

아민에 양성자를 첨가하는 데 어떤 산이 사용될 수 있을까? 산-염기 반응에서 평형은 더 약한 산과 더 약한 염기가 생성되었을 때 생성물을 선호한다. 양성자가 첨가된 많은 아민의 pK_a는 10–11이기 때문에 생성물 쪽으로 평형이 우세하게 이동하려면 **출발 산의 pK_a는 10보다 더 작아야**만 한다. 따라서 아민은 HCl과 H_2SO_4 같은 센 무기 산에 의해 쉽게 양성자가 첨가되며 카복실산에 의해서도 양성자 첨가가 일어난다.

pK_a = −7 pK_a = 10.8

pK_a = 4.8 pK_a = 11.0

평형은 생성물을 선호한다.

추출 과정에서 사용되는 원리는 19.10절에 설명되어 있다.

아민은 산성 수용액에 의해 양성자가 첨가되기 때문에 분별 깔때기를 사용하는 추출에 의해 다른 유기 화합물로부터 분리될 수 있다. **추출은 용해도 차이에 근거해서 화합물을 분리한다.** 아민에 산성 수용액에 의해 양성자가 첨가될 때 그 용해도 성질이 변한다.

예를 들어 cyclohexanamine을 HCl 수용액으로 처리하면 양성자가 첨가되어 암모늄염을 생성한다. **암모늄염은 이온성이기 때문에 물에는 용해되나** 유기 용매에는 용해되지 않는다. 비슷한 산-염기 반응은 염기성이 훨씬 약한 알코올 같은 다른 유기 화합물에서는 일어나지 않는다.

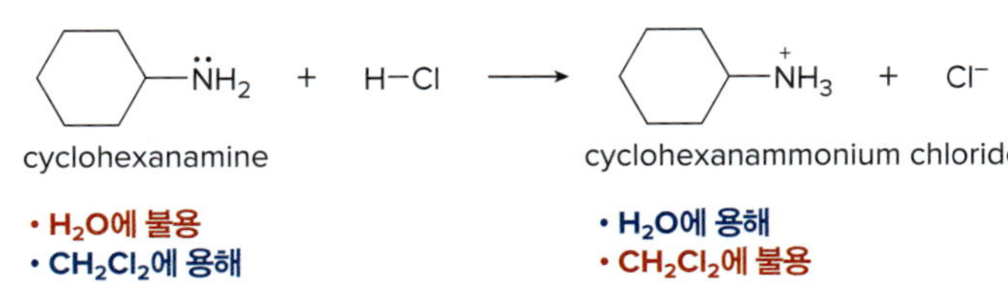

이러한 산-염기 화학의 차이를 이용하면 그림 23.6에서 설명하는 단계적 추출 과정에 의해 cyclohexanamine과 cyclohexanol을 분리할 수 있다.

그림 23.6 추출 과정에 의한 cyclohexanamine과 cyclohexanol의 분리

단계 [1] CH_2Cl_2에 cyclohexanamine과 cyclohexanol을 녹인다.

단계 [2] 10% 염산 용액을 첨가하면 두 개의 층이 생성된다.

단계 [3] 층을 분리한다.

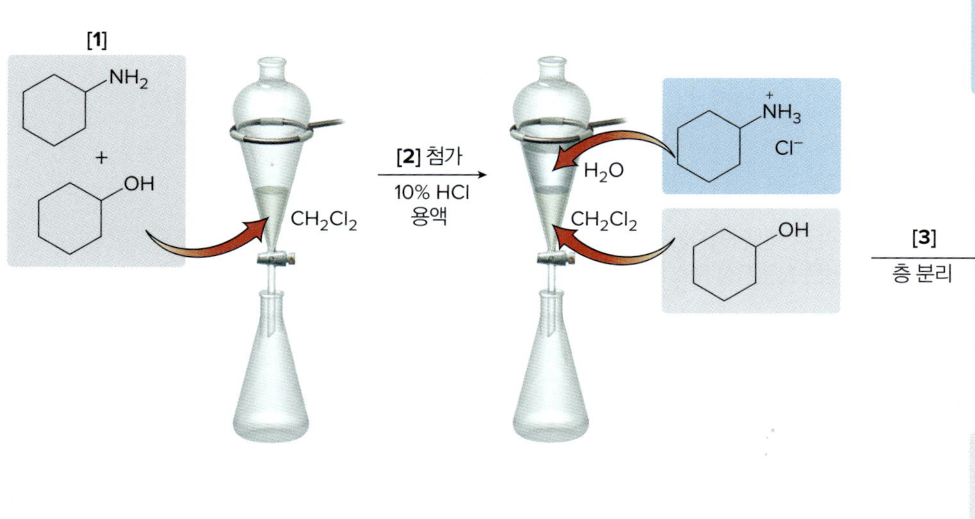

- 두 화합물은 유기 용매 CH_2Cl_2에 녹는다.

- 10% 염산 수용액을 첨가하면 두 개의 층이 생성된다. 두 층을 혼합하면 **HCl의 양성자가 아민(RNH_2)에 첨가되어 $RNH_3^+Cl^-$이 생성되며,** $RNH_3^+Cl^-$은 수용액 층에 녹는다.
- Cyclohexanol은 CH_2Cl_2 층에 남아 있다.

- 아래 마개로 낮은 층을 빼내면 두 층이 분리된다.
- Cyclohexanol (CH_2Cl_2에 용해된)은 한 플라스크 안에 있다. 암모늄염인 $RNH_3^+Cl^-$(물에 용해된)는 다른 플라스크에 있다.

- 산-염기 반응으로 아민을 물에 녹는 암모늄염으로 변환시키면 아민이 다른 유기 화합물로부터 분리될 수 있다.

따라서 물에 용해되는 염 $C_6H_{11}NH_3^+Cl^-$ ($C_6H_{11}NH_2$의 양성자 첨가에 의해 얻어짐)은 수용성 추출 과정에 의해 물에 불용성인 cyclohexanol로부터 분리된다.

문제 23.16 각각의 산-염기 반응의 생성물을 그려라. 평형이 반응물 또는 생성물 중 어느 쪽에 놓이게 될지를 예측하라.

a. NH_2 + HCl ⇌

b. OH + N–H ⇌

c. N–H + H_2O ⇌

d. N–H + CH_3CO_2H ⇌

MDMA
"Ecstasy"
불법 자극제

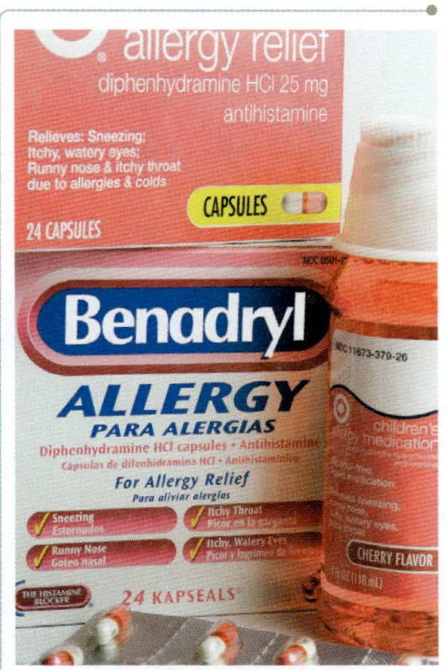

많은 항히스타민제와 울혈제거제는 염산염으로 판매된다.
Jill Braaten/McGraw Hill

유용한 약효 성질이 있으나 물에 녹지 않는 많은 아민이 수용성 매질의 혈액에 녹아 인체로 더 쉽게 수송되는, 물에 녹는 암모늄염으로 판매되고 있다. Diphenhydramine과 HCl의 반응으로 생성되는 Benadryl은 의사 처방 없이 구입할 수 있는 항히스타민제로서 피부 발진의 염증과 두드러기 및 가려움을 완화시키는 데 사용된다.

diphenhydramine + H–Cl: ⟶ 암모늄염 + :Cl:⁻

diphenhydramine
물에 불용

암모늄염
Benadryl
(diphenhydramine 염산염)
물에 용해

문제 23.17 다음 화합물의 쌍을 추출 과정으로 분리하려고 할 때 어떻게 해야 하는지 과정을 쓰라.

a. (cyclohexyl)–NH_2 과 (methylcyclohexane) b. (tributylamine) 과 (dibutyl ether)

23.9 아민과 다른 화합물의 상대적 염기도

다른 화합물의 상대적 산도는 pK_a 값을 이용해서 비교할 수 있다. **다른 화합물(아민 같은)의 상대적 염기도는 짝산의 p*K*a 값을 이용해서 비교할 수 있다.**

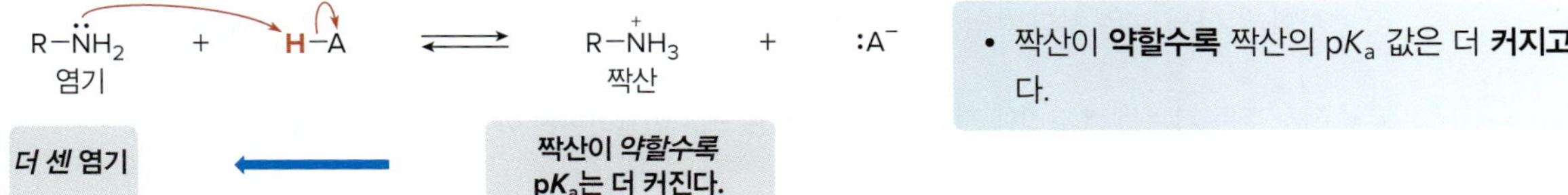

- 짝산이 **약할수록** 짝산의 pK_a 값은 더 **커지고** 그 염기는 **더 센** 염기이다.

두 화합물의 염기도를 비교하기 위해서 다음을 기억하자.

- N 원자의 전자 밀도가 **증가할수록** 아민의 염기도는 **증가한다**.
- N 원자의 전자 밀도가 **감소할수록** 아민의 염기도는 **감소한다**.

23.9A 아민과 암모니아의 비교

알킬기는 전자를 주는 기이기 때문에 질소의 전자 밀도를 증가시켜, $CH_3CH_2NH_2$와 같은 아민을 암모니아보다 더 센 염기로 만든다. 실제로 $CH_3CH_2NH_3^+$의 pK_a는 NH_4^+의 pK_a보다 **크므로 $CH_3CH_2NH_2$는 NH_3보다 더 센 염기**이다.

pK_a = 9.3 $H-\overset{+}{N}H_3$ — 작은 pK_a, 더 센 산 — $\ddot{N}H_3$ **더 약한 염기**

pK_a = 10.8 $CH_3CH_2\overset{+}{N}H_3$ — 더 큰 pK_a, 더 약한 산 — $CH_3CH_2\ddot{N}H_2$ **더 센 염기**

한 개의 전자 주개 치환기는 아민을 더 센 염기로 만든다.

1°, 2° 그리고 3° 아민의 상대적 염기도는 더 많은 요인에 의존하는데, 이 교재에서는 다루지 않을 것이다.

- R기의 전자 주기 유도 효과 때문에 1°, 2° 및 3° 알킬아민은 NH_3보다 **더 센 염기**이다.

문제 23.18 각각의 쌍에서 더 염기성인 화합물은 무엇인가?

a. $(CH_3)_2NH$와 NH_3 b. $CH_3CH_2NH_2$와 $ClCH_2CH_2NH_2$

23.9B 알킬아민과 아릴아민의 비교

알킬아민($CH_3CH_2NH_2$)과 아릴아민($C_6H_5NH_2$, aniline)을 비교하기 위하여 **질소에 있는 비결합 전자쌍의 이용 가능성**을 살펴보아야 한다. $CH_3CH_2NH_2$에서 전자쌍은 질소 원자에 편재되어 있다. 그러나 아릴아민의 경우, 전자쌍이 벤젠 고리에 비편재화되어 있다. 이것은 질소의 전자 밀도를 감소시켜 $C_6H_5NH_2$를 $CH_3CH_2NH_2$보다 더 약한 염기로 만든다.

전자쌍은 질소 원자에 **편재되어** 있다.

더 센 염기

전자쌍은 벤젠 고리에 **비편재화되어** 있다.

더 약한 염기

pK_a 값을 보면 이러한 추론이 맞는다는 것을 알 수 있다. $CH_3CH_2NH_3^+$의 pK_a는 $C_6H_5NH_3^+$의 pK_a보다 크기 때문에 **$CH_3CH_2NH_2$가 $C_6H_5NH_2$보다 더 센 염기이다.**

- N에 전자쌍이 비편재화되어 있기 때문에 아릴아민은 알킬아민보다 **더 약한 염기**이다.

치환된 아닐린은 치환기의 특성에 따라서 아닐린보다 더 또는 덜 염기성일 수 있다.

- 전자 주는 기는 벤젠 고리에 전자 밀도를 **더해 주므로** 아릴아민을 아닐린보다 **더 센 염기**로 만든다.

D = 전자 주는 기

D는 아민을 아닐린보다 **더 센 염기**로 만든다.

D
$-NH_2$
$-OH$
$-OR$
$-NHCOR$
$-R$

- 전자 끄는 기는 벤젠 고리로부터 전자 밀도를 **제거하여** 아릴아민을 아닐린보다 **더 약한 염기**로 만든다.

W = 전자 끄는 기

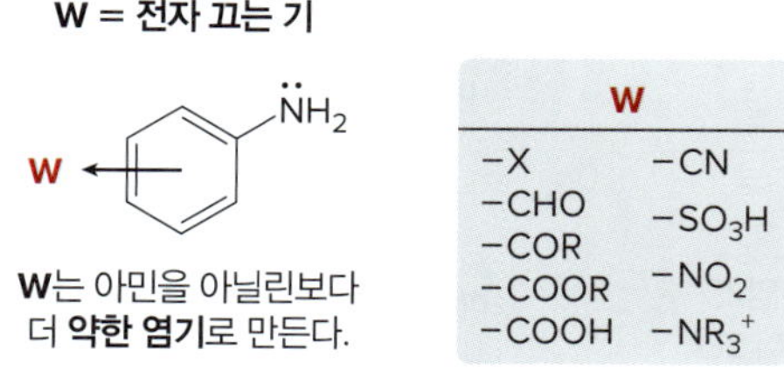

W는 아민을 아닐린보다 **더 약한 염기**로 만든다.

W	
$-X$	$-CN$
$-CHO$	$-SO_3H$
$-COR$	$-NO_2$
$-COOR$	$-NR_3^+$
$-COOH$	

치환된 벤조산의 산도에 미치는 전자 주는 기와 전자 끄는 기의 영향은 19.9에서 논의하였다.

치환기가 전자 밀도를 주는지 또는 끌어당기는지는 유도 효과와 공명 효과의 균형에 달려있다(16.6절과 그림 16.8 참조).

예제 23.3 Anilines의 상대적 염기도 결정하기

다음 화합물을 염기도가 증가하는 순서로 정렬하라.

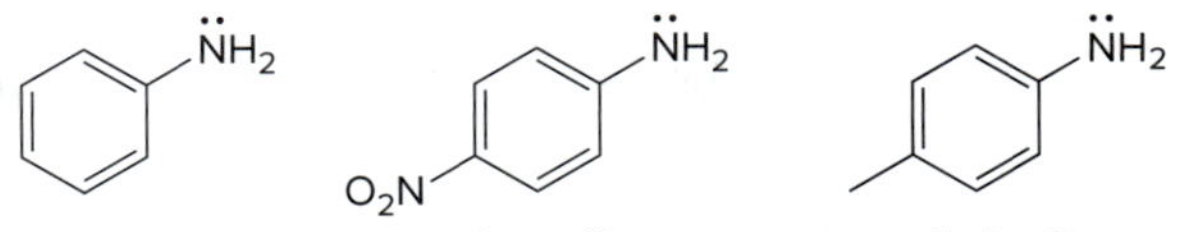

aniline p-nitroaniline p-methylaniline (p-toluidine)

풀이

p-nitroaniline: NO_2는 전자 끄는 기이므로 아민이 aniline보다 더 약한 염기이다.

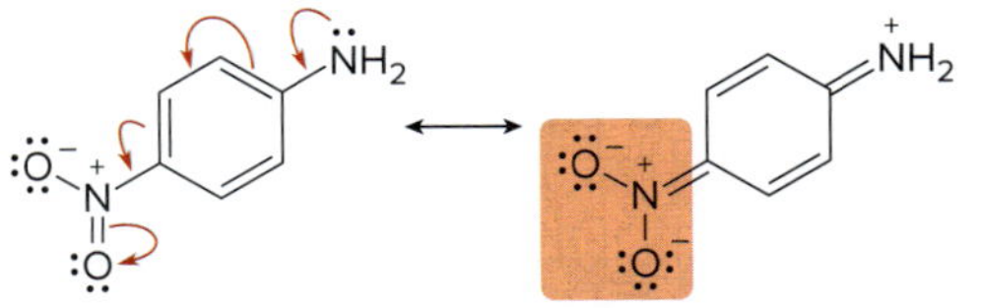

p-methylaniline: CH_3는 전자 주기 유도 효과를 나타내므로 아민이 aniline보다 더 센 염기이다.

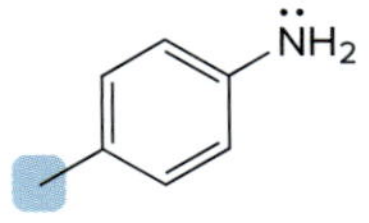

N의 고립쌍이 O 원자에 **비편재화되어** 아민의 염기도가 **감소한다**.

CH_3의 전자 **주기** 유도 효과로 아민의 염기도가 **증가한다**.

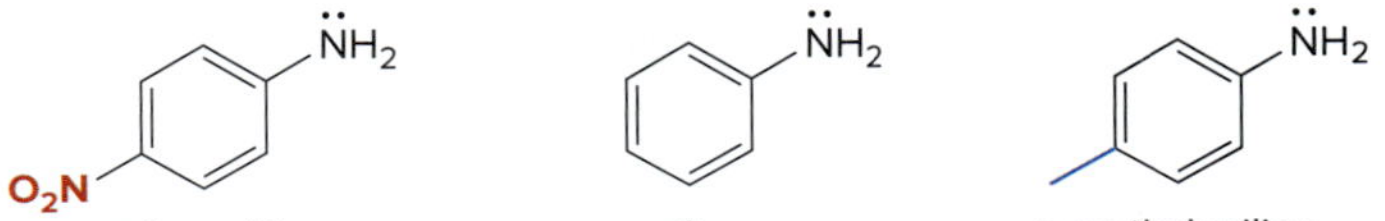

p-nitroaniline aniline p-methylaniline (p-toluidine)

염기도 증가

문제 23.19 염기도가 증가하는 순서대로 A~D를 정렬하라.

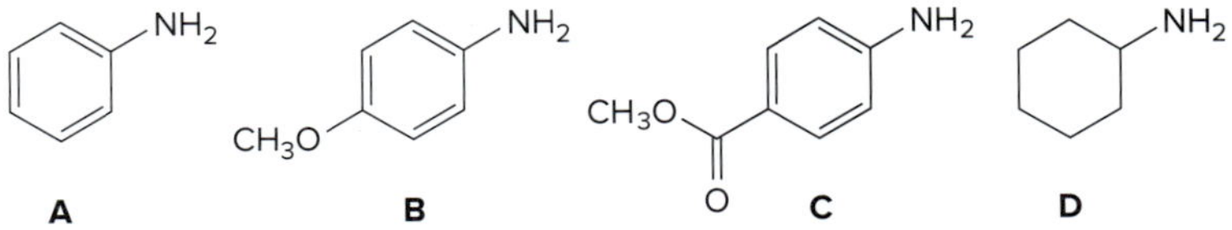

A B C D

추가 문제: 문제 23.39, 23.44를 풀어보라.

23.9C 알킬아민과 아마이드의 비교

알킬아민(RNH_2)과 아마이드($RCONH_2$)의 염기도를 비교하기 위해서는 다시 한번 질소의 비결합 전자쌍의 이용 가능성을 비교해야 한다. RNH_2에서 전자쌍은 질소 원자에 편재되어 있다. 그러나 아마이드에서 전자쌍은 공명에 의해 카보닐 산소에 **비편재화되어** 있다. 이것은 N의 전자 밀도를 감소시켜 **아마이드를 알킬아민보다 더 약한 염기**로 만든다.

질소에 있는 전자쌍은 공명에 의해 산소에 **비편재화되어** 있다.

- 아마이드는 질소에 있는 전자쌍이 비편재화되어 있으므로 아민보다 훨씬 더 약한 염기이다.

실제로 아마이드는 다른 카보닐 화합물보다 염기도가 크지 않다. 아마이드를 산으로 처리하면, **양성자 첨가는 질소가 아닌 카보닐 산소에서 일어난다.** 그 이유는 카보닐 산소에 양성자가 첨가되어야만 생성된 양이온이 공명 안정화되기 때문이다.

짝산의 세 개의 공명 구조

문제 23.20 다음 화합물을 염기도가 증가하는 순서로 정렬하라.

23.9D 헤테로 고리 방향족 아민

방향족인 질소 헤테로 고리의 상대적 염기도를 결정하려면 **N의 고립쌍이 방향족 π 계의 부분인지**를 알아야 한다.

예를 들어 pyridine과 pyrrole은 둘 다 방향족이지만, 이들 화합물에서 질소 원자의 비결합 전자쌍은 다른 오비탈에 편재되어 있다. 15.9절에서 **pyridine에서 고립 전자쌍은** 분자의 π 결합에 수직인 ***sp*² 혼성화된 오비탈에 존재하여** 방향족계의 부분이 아닌 반면에, pyrrole의 전자쌍은 *p* 오비탈에 있어서 방향족계의 부분임을 배웠다. 따라서 **pyrrole에 있는 고립쌍은 오원자 고리의 모든 원자에 비편재화되어 있어서** pyrrole은 pyridine보다 더 약한 염기이다.

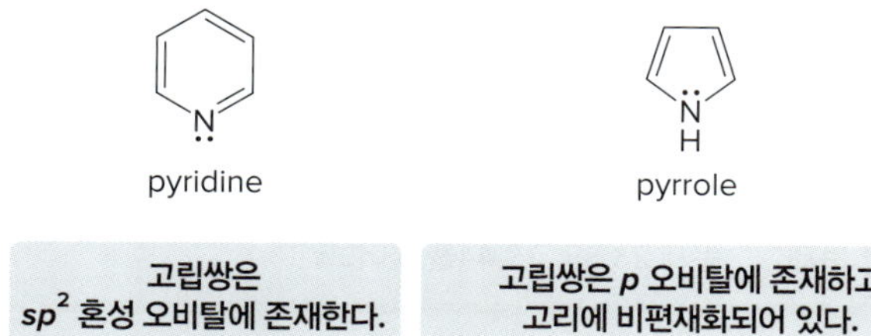

문제 15.47에 나와 있듯이 pyrrole의 양성자 첨가는 질소가 아닌 고리 **탄소**에서 일어난다.

결과적으로 pyrrole의 짝산의 pK_a는 pyridine의 짝산보다 작다.

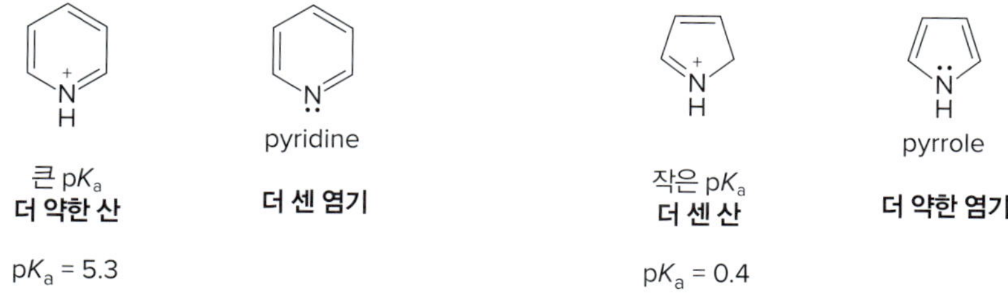

- Pyrrole의 고립 전자쌍은 방향족 π계의 부분이기 때문에 pyrrole은 pyridine보다 더 **약한 염기**이다.

23.9E 혼성화 효과

H–A 결합의 산도에 미치는 혼성화의 영향은 2.5D절에서 처음으로 논의하였다.

아민의 고립쌍이 들어 있는 오비탈의 혼성화도 염기도에 영향을 준다. 이는 두 개의 질소 헤테로고리인 **piperidine**과 **pyridine**의 염기도를 비교하면 알 수 있다. Piperidine의 고립쌍은 *s*-성질이 25%인 sp^3 혼성 오비탈에 있다. Pyridine의 고립쌍은 *s*- 성질이 33%인 sp^2 혼성 오비탈에 있다.

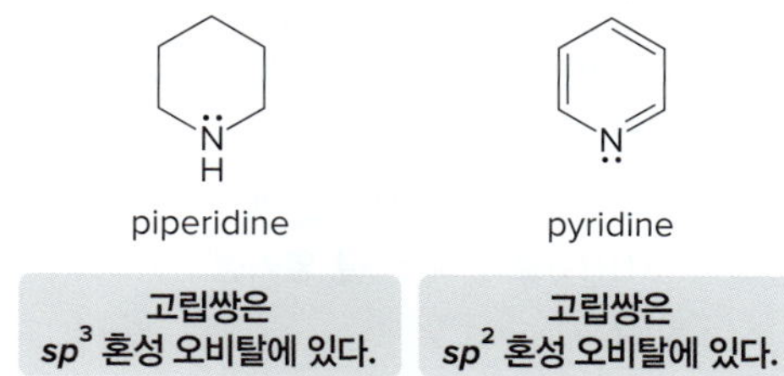

- 고립쌍이 들어 있는 오비탈의 *s*-성질의 비율이 **커질수록**, 고립쌍은 더 단단히 붙들려 있고 그래서 염기는 더 **약해진다**.

Pyridine은 비결합 전자쌍이 sp^2 혼성 오비탈에 있기 때문에 piperidine보다 더 약한 염기이다. Pyridine이 방향족 아민임에도 불구하고, 고립쌍은 비편재화된 π계의 부분이 아니므로 **염기도는 N 원자의 혼성화에 의해 결정된다**. 결과적으로 pyridine의 짝산의 pK_a 값은 piperidine의 짝산보다 훨씬 더 작고 pyridine이 더 약한 염기가 된다.

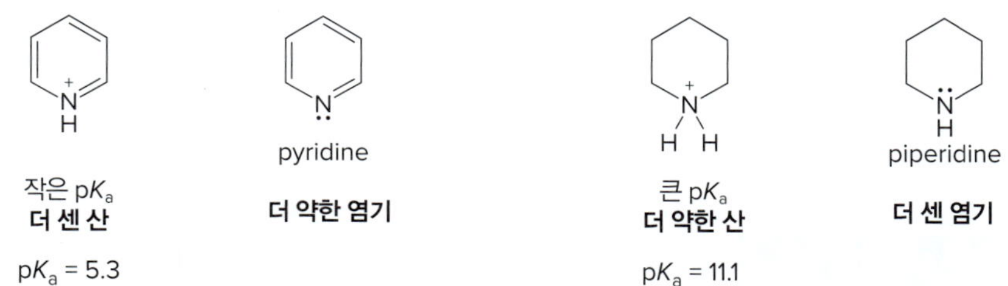

문제 23.21 다음 암모늄 이온을 pK_a가 증가하는 순서로 정렬하라.

$\overset{+}{N}H_3$ O_2N $\overset{+}{N}H_3$ $\overset{+}{N}H_3$ Cl $\overset{+}{N}H_3$

A **B** **C** **D**

23.9F 아민 염기도를 결정하는 요인의 요약

산–염기 화학은 유기 화학에서 반응의 중심이므로 본문 전체에서 반복되는 주제이다. 표 23.2와 23.3에서는 23.9절에서 거론된 산–염기 원칙을 체계화하고 요약하였다. 예제 23.4에서 보여주는 것처럼 표에 나오는 원칙은 질소 원자가 두 개 이상 있는 분자에서 가장 센 염기성 자리를 결정하는 데 사용할 수 있다.

표 23.2 아민의 염기도를 결정하는 요인

요인	예
[1] **유도 효과**: 질소에 결합된 전자 주는 기는 염기도를 **증가시킨다**.	• RNH_2, R_2NH, R_3N은 NH_3보다 더 염기성이다.
[2] **공명 효과**: 질소에 있는 고립쌍의 비편재화는 염기도를 **감소시킨다**.	• 아릴아민($C_6H_5NH_2$)은 알킬아민(RNH_2)보다 덜 염기성이다. • 아마이드($RCONH_2$)는 아민(RNH_2)보다 매우 덜 염기성이다.
[3] **방향족성**: N의 고립쌍이 방향족 π 계의 일부이면 염기도가 **감소한다**.	• Pyrrole은 pyridine보다 덜 염기성이다. 덜 염기성 / 더 염기성
[4] **혼성화 효과**: 고립쌍이 있는 오비탈에서 *s*-성질 백분율이 증가하면 염기도가 **감소한다**.	• Pyridine은 piperidine보다 덜 염기성이다. 덜 염기성 / 더 염기성

표 23.3 몇 가지 대표적인 유기 질소 화합물의 pK_a 값

	화합물	짝산의 pK_a
암모니아	NH_3	9.3
알킬아민[a]	(piperidine) NH	11.1
	$(CH_3CH_2)_2NH$	11.1
	$(CH_3CH_2)_3N$	11.0
	$CH_3CH_2NH_2$	10.8
아릴아민[b]	$p\text{-}CH_3OC_6H_4NH_2$	5.3
	$p\text{-}CH_3C_6H_4NH_2$	5.1
	$C_6H_5NH_2$	4.9
	$p\text{-}NO_2C_6H_4NH_2$	1.0
헤테로 고리 방향족 아민[c]	(pyridine) N	5.3
	(pyrrole) NH	0.4
아마이드	$RCONH_2$	−1

[a] 알킬아민은 pK_a 값이 대략 10~11이다.
[b] 벤젠 고리의 전자 밀도가 **감소함**에 따라 pK_a가 **감소한다**.
[c] pK_a 값은 N의 고립쌍이 **편재되어** 있는지 아니면 **비편재화되어** 있는지에 따라 달라진다.

예제 23.4 어느 N 원자가 가장 센 염기인지를 결정하기

Hydroxychloroquine은 학질 모기에 의해 전파되는 원생동물 기생충이 일으키는 말라리아를 예방하고 치료하는 데 사용되고 있다. COVID-19의 치료법으로 hydroxychloroquine을 사용할 수 있다는 추측이 2020년에 떠돌았지만, 광범위한 임상 실험 결과 hydroxychloroquine은 이 목적으로는 효과가 없음이 밝혀졌다.
CDC/James Gathany/

역자주:
그림 설명에 나오는 hydroxychloroquinine은 hydroxychloroquine으로 고쳤음.

Hydroxychloroquine에 있는 N 원자 중에서 어느 것이 가장 센 염기인가?

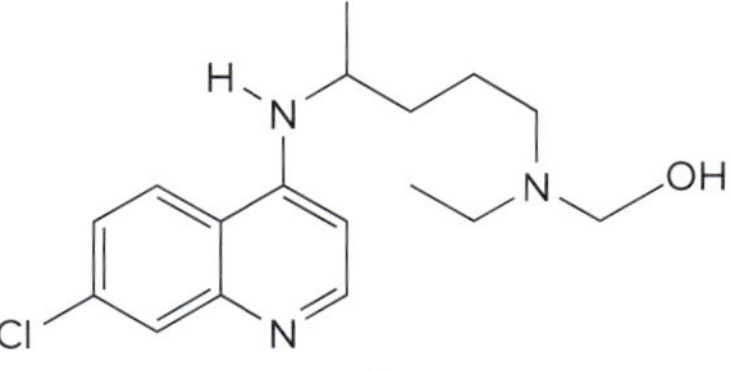

hydroxychloroquine

풀이

푸른색, 붉은색, 녹색으로 표시된 hydroxychloroquine의 각 질소 원자의 염기도를 조사하라. 질소의 전자 밀도가 감소할수록 염기도가 감소한다는 것을 상기하라.

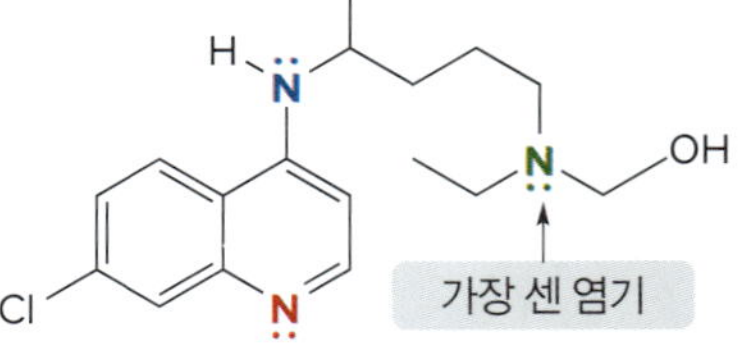

- **N**은 방향족 고리와 결합하고 있다. 따라서 고립쌍은 aniline에서와 같이 비편재화되어 있어서, 염기도는 **감소한다**.
- 고립쌍은 **N**에 편재화되어 있다. 그러나 **N**은 sp^2 혼성이라 *s*-성질의 백분율이 **증가할수록** 염기도는 **감소한다**.
- **N**은 고립쌍이 편재되어 있고 sp^3 혼성화되어 있어 분자에서 **염기성이 가장 크다**.

문제 23.22 각 화합물에서 어느 N 원자가 더 염기성인가? 각 화합물을 HCl과 반응시켰을 때 무슨 생성물이 생기는가? Matrine은 lupin에서 분리한 알칼로이드, quinine은 기나나무(cinchona tree)의 나무 껍질에서 얻는 항말라리아제, 그리고 vismodegib(상품명 Erivedge)은 피부암 치료제이다.

a. 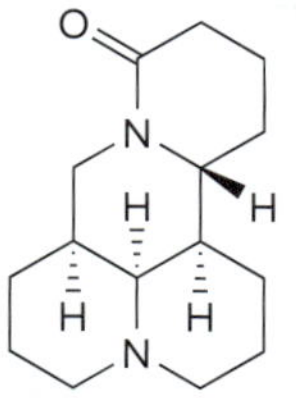 matrine
Lupin에 들어 있는 알칼로이드

b. 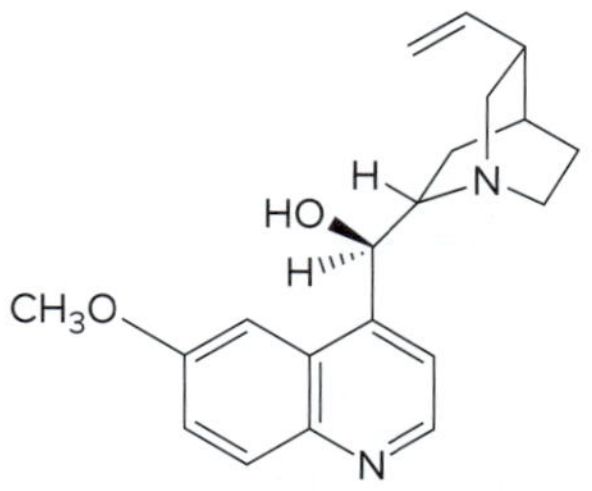 CH_3O … quinine
항말라리아제

c. 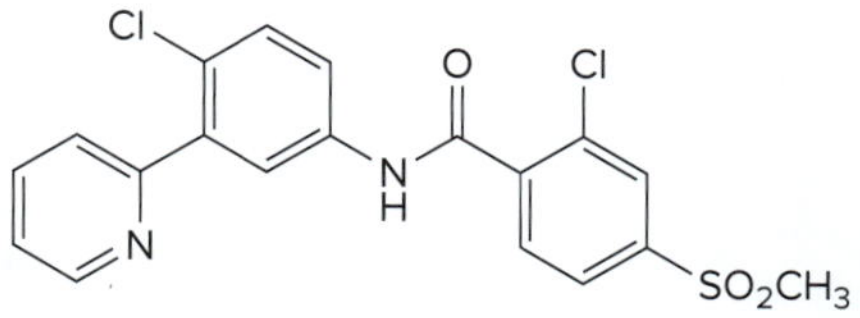 Vismodegib
상품명: Erivedge
피부암 치료제

23.10 친핵체로서의 아민

아민은 친핵체로서 친전자성 탄소 원자와 반응한다. 이 반응의 세부 사항은 18장과 20장에 설명되어 있으므로 여기서는 단지 아민 질소가 어떤 역할을 하는지에 대해서만 요약한다.

- 아민이 카보닐기를 공격하면 친핵성 첨가 또는 치환 생성물이 얻어진다.

생성물의 성질은 카보닐 친전자체에 의존한다. 1°와 2° 아민만 중성 유기 생성물을 생성하기 때문에 이 반응은 이들 아민에 제한되어 있다.

[1] 1°와 2° 아민과 알데하이드 또는 케톤과의 반응(18.10~18.11절)

알데하이드와 케톤은 1° 아민과 반응하여 이민(imine)을 생성하고, 2° 아민과 반응하여 엔아민(enamine)을 생성한다. 두 반응에서는 카보닐기에 대한 아민의 **친핵성 첨가** 반응으로 카비놀아민(cabinolamine)이 생성된 후, 물이 제거되면 최종 생성물이 생성된다.

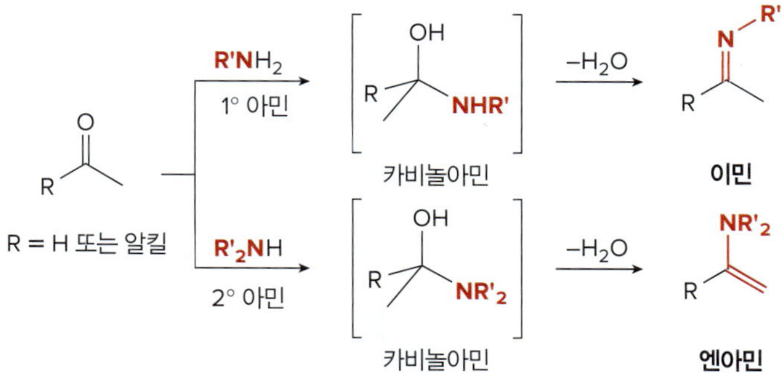

R = H 또는 알킬

$R'NH_2$ (1° 아민) → [카비놀아민: OH, NHR'] $\xrightarrow{-H_2O}$ **이민** (N–R')

R'_2NH (2° 아민) → [카비놀아민: OH, NR'_2] $\xrightarrow{-H_2O}$ **엔아민** (NR'_2)

[2] 암모니아, 1°, 2° 아민과 산 염화물 및 산 무수물과의 반응(20.7~20.8절)

산 염화물과 산 무수물은 암모니아, 1°, 2° 아민과 반응하여 각각 1°, 2°, 3° 아마이드를 생성한다. 이들 반응에서는 질소 친핵체의 카보닐기에 대한 공격과 연이은 이탈기(Cl^- 또는 $RCOO_2^-$)의 제거가 일어난다. 이 반응의 총체적 결과는 질소 친핵체에 의한 이탈기의 **치환** 반응이다.

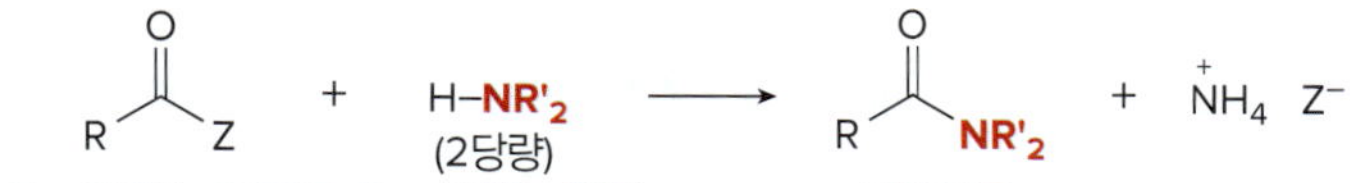

$$RCOZ + H\text{–}NR'_2\ (2\text{당량}) \longrightarrow RCONR'_2 + \overset{+}{N}H_4\ Z^-$$

Z = Cl 또는 OCOR R' = H 또는 알킬 **아마이드**

문제 23.23 각각의 카보닐 화합물이 다음 아민과 반응했을 때 생성되는 생성물을 그려라.

[1] $CH_3CH_2CH_2NH_2$ [2] $(CH_3CH_2)_2NH$

a. b. c.

아민의 아마이드로의 전환은 치환된 아닐린의 합성에서 유용하다. 예를 들어 아닐린 자체는 Friedel–Crafts 반응이 일어나지 않는다(16.10B절). 대신에 N에 있는 염기성 고립쌍이 Lewis 산($AlCl_3$)과 반응하여 더 이상 반응이 일어나지 않는 비활성 착물을 생성한다.

아닐린 $AlCl_3$ Lewis 산 → 강한 비활성기 —RCl, $AlCl_3$ / Friedel–Crafts 반응→ 반응이 일어나지 않음

하지만 아마이드의 N 원자는 아민의 N 원자보다 염기도가 훨씬 더 작으므로 $AlCl_3$와 비슷한 Lewis 산–염기 반응을 하지 않는다. 따라서 아마이드 중간체를 포함하는 세 단계 반응 과정을 이용하면 Friedel–Crafts 반응의 생성물을 얻을 수 있다.

[1] **아민(aniline)을 아마이드(acetanilide)로 변환**
[2] **Friedel–Crafts 반응 수행**
[3] **아마이드를 가수 분해하여** 유리 아미노기로 만듦

이 세 단계 과정은 그림 23.7에 설명되어 있다. 이 방법에서 **아마이드는 NH_2기 보호기로 작용하는데,** 알코올과 카보닐을 각각 보호하는 데 *tert*-butyldimetylsilyl ether와 아세탈이 사용되는 것과 같다(17.12절과 18.14절).

그림 23.7
아민의 보호기로서의 아마이드

아닐린 —[1] 보호→ acetanilide

한 단계로 불가능함 RCl, $AlCl_3$

RCl, $AlCl_3$ [2] Friedel–Crafts 반응

오쏘 생성물 + 파라 생성물 —H_3O^+ or ^-OH, H_2O / [3] 제거→

세 단계 과정은 보호기로서 아마이드를 사용한다.

[1] Acetyl chloride (CH_3COCl)로 aniline을 처리하면 **아마이드**(acetanilide)가 얻어진다.
[2] Aniline과 비교할 때 훨씬 덜 염기성인 질소 원자가 있는 acetanilide가 Friedel-Crafts 조건에서 **친전자성 방향족 치환**을 수행하면 오쏘와 파라 생성물의 혼합물이 얻어진다.
[3] **아마이드를 가수 분해하면** Friedel–Crafts 치환 생성물이 생성된다.

문제 23.24 아닐린($C_6H_5NH_2$)으로부터 각 화합물의 합성을 고안하라.

a. b.

23.11 Hofmann 제거 반응

알코올처럼 아민도 나쁜 이탈기이다. 예를 들어 β 제거 반응을 진행하기 위해서 1° 아민은 두 인접한 원자에 걸쳐서 NH_3를 제거할 필요가 있다. 그러나 $^{-}NH_2$ 이탈기는 매우 센염기이므로 이러한 반응은 일어나지 않는다.

이 장애물을 돌아가는 유일한 방법은 **$^{-}NH_2$를 더 좋은 이탈기로 전환**하는 것이다. 이 작업을 수행하기 위한 가장 일반적인 방법은 **Hofmann 제거 반응**이라고 하는 반응인데, 이 반응은 β 제거 반응 전에 아민을 사차 암모늄염으로 변환한다.

23.11A Hofmann 제거 반응의 세부 사항

Hofmann 제거 반응은 아민을 알켄으로 변환시킨다.

[1] CH_3I (과량) [2] Ag_2O [3] Δ → + H_2O + $N(CH_3)_3$ + AgI (부생성물)

Hofmann 제거 반응

Hofmann 제거 반응은 propan-1-amine이 propene으로 전환되는 반응에서 볼 수 있듯이 세 단계로 이루어져 있다.

propan-1-amine —CH_3I (과량) [1]→ $\overset{+}{N}(CH_3)_3$ I^- **사차 암모늄염** —Ag_2O [2]→ $\overset{+}{N}(CH_3)_3$ + ^{-}OH + AgI —Δ [3]→ + H_2O + $N(CH_3)_3$ 이탈기

- 단계 [1]에서 친핵성 아민이 과량의 CH_3I와 S_N2 반응을 하면 사차 암모늄염이 얻어진다. **따라서 생성된 $N(CH_3)_3$기는 $^{-}NH_2$보다 더 좋은 이탈기이다.**
- 단계 [2]는 암모늄염을 다른 음이온이 있는 다른 암모늄염으로 변환한다. Ag_2O는 I^- 음이온을 센염기인 ^{-}OH로 변환시킨다.
- 단계 [3]에서 암모늄염을 가열하면, **^{-}OH는 β 탄소 원자에서 양성자를 제거하여** 알켄의 새로운 π 결합을 생성한다. 제거 메커니즘은 **E2**이다.

- 모든 결합은 단일 단계에서 절단되고 생성된다.
- 제거는 안티 준평면 기하 구조를 통해 일어난다. 즉, H와 $N(CH_3)_3$는 분자의 반대쪽에 위치하고 있다.

Hofmann 제거 반응의 E2 메커니즘이 메커니즘 23.1에 나와 있다.

메커니즘 23.1 Hofmann 제거 반응의 E2 메커니즘

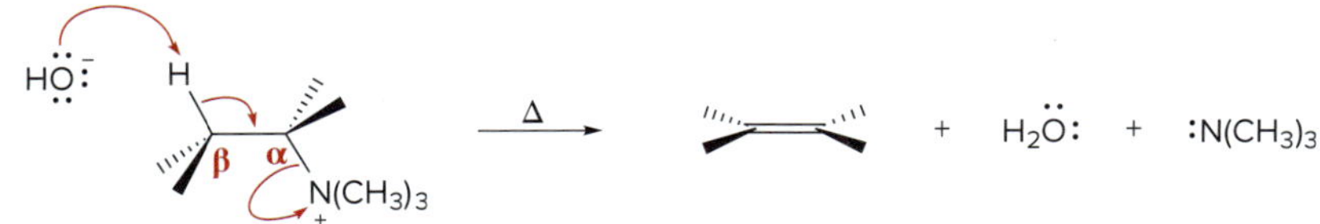

제거는 H와 $N(CH_3)_3$ 안티 준평면 배열을 할 때 일어난다. **염기는 β 탄소에서 양성자를 제거하는데**, C−H 결합에서 전자쌍은 π 결합을 생성하고, **$N(CH_3)_3$은 이탈기로서 떨어진다.**

Hofmann 제거 반응이 일어나면 α와 β 탄소 사이에서 새로운 π 결합이 생성된다.

cyclohexanamine —[1] CH_3I (과량) [2] Ag_2O [3] Δ→

Hofmann 제거 단계에서 필요한 시약을 기억하기 위해서는 각각의 단계에서 일어나는 반응을 기억해야 한다.

- **단계 [1]**은 사차 암모늄염을 생성함으로써 **좋은 이탈기**를 만든다.
- **단계 [2]**는 제거에 필요한 **강염기**인 ^{-}OH를 제공한다.
- **단계 [3]**은 새로운 π 결합을 생성하는 **E2 제거 반응**이다.

문제 23.25 각 화합물을 과량의 CH_3I과 연이어서 Ag_2O로 처리한 후, 가열하였을 때 생성되는 생성물을 그려라.

a. NH_2 b. NH_2 c. NH_2

23.11B Hofmann 제거 반응의 위치 선택성

Hofmann 제거 반응과 다른 E2 제거 반응 사이에 한 가지 중요한 차이가 있다.

- Hofmann 제거 반응에서는 구조 이성질체가 가능할 때, 이중 결합이 **덜** 치환된 알켄이 주생성물로 얻어진다.

예를 들어 두 다른 β 탄소($β_1$과 $β_2$로 표시)가 2-methylcyclopentanamine으로부터 H와 $N(CH_3)_3$가 Hofmann 제거되면 이중 치환 알켄 **A**(주생성물)와 삼중 치환 알켄 **B**(부생성물)의 두 가지 구조 이성질체가 생성될 수 있다.

2-methylcyclopentanamine —[1] CH_3I(과량) [2] Ag_2O→ ($β_1$, $β_2$, $\overset{+}{N}(CH_3)_3$ ^{-}OH) —[3] Δ→ **A** 주생성물 이중 치환 알켄 + **B** 부생성물 삼중 치환 알켄

역자주:
Hofmann 제거의 위치 선택성은 이탈기의 크기가 아니라 전기 음성도가 결정한다. 예를 들어 이탈기가 F일 때에도 덜 치환된 알켄이 얻어진다.

Hofmann 제거의 위치 선택성은 Zaitsev 규칙(8.5절)에 의해 더 치환된 이중 결합이 생성되는 E2 제거와는 다르다. 이 결과는 때때로 이탈기[$N(CH_3)_3$]의 크기에 의해 설명된다. **Hofmann 제거에서 α 탄소 근처의 거대한 이탈기 때문에 염기는 덜 치환되고, 더 접근하기 쉬운 β 탄소 원자로부터 양성자를 제거한다.**

예제 23.5 Hofmann 제거 반응의 주생성물 그리기

다음 아민의 Hofmann 제거로부터 생성된 주생성물을 그려라.

[1] CH_3I (과량)
[2] Ag_2O
[3] Δ

풀이

아민은 세 개의 β 탄소가 있으나, 이 중 두 개는 동일하므로 두 개의 알켄이 가능하다. **α와 β 탄소 사이에 C=C가 생기도록 알켄의 제거 생성물을 그린다.** 주생성물은 **덜 치환된 이중 결합** 화합물이다. 즉 이 예에서 α와 β_1 탄소 사이에 C=C가 있는 알켄이 주생성물이다.

β_2 β_1 α NH_2 β_2 → [1] CH_3I(과량) [2] Ag_2O [3] Δ → α β_1 + α β_2

주생성물 이중 치환 알켄 | **부생성물** 삼중 치환 알켄

문제 23.26 각 아민을 과량의 CH_3I를 처리하고 Ag_2O를 가한 후 가열하여 생기는 생성물을 그려라.

a. NH_2 b. H_2N c. N H

추가 문제: 문제 23.53, 23.54c, 23.55c, 23.56f, 23.57을 풀어보라.

코카 잎(*Erythroxylon coca*)으로부터 hygrine(문제 23.27), cocaine, 그리고 몇 가지 생물학적으로 활성인 알칼로이드가 분리된다.
Lew Robertson/Getty Images

문제 23.27 코카 잎에서 분리된 알칼로이드인 hygrine의 Hofmann 제거로부터 생성되는 생성물을 그려라. 주생성물을 표시하라.

N O hygrine

그림 23.8은 출발물로 할로젠화 알킬과 아민을 사용해서 E2 제거 반응에 의해 생성된 생성물을 비교하고 있다. 염기로 할로젠화 알킬(2-bromopentane)을 처리하면, **Zaitsev 규칙**에 따라 주생성물로서 더 치환된 알켄이 생성된다. 반면에 아민(pentan-2-amine)의 세 단계 Hofmann 과정에서는 주생성물로서 덜 치환된 알켄이 생성된다.

그림 23.8 할로젠화 알킬과 아민을 사용하는 E2 제거 반응의 비교

Br 2-bromopentane → $Na^+ \ ^-OR$ → 부생성물 + (+ *Z* 이성질체) **주생성물** **더** 치환된 알켄

NH_2 pentan-2-amine → [1] CH_3I (과량) [2] Ag_2O [3] Δ → **주생성물** **덜** 치환된 알켄 + (+ *Z* 이성질체) 부생성물

문제 23.28 각각의 반응에서 생성되는 주생성물을 그려라.

a. Br, Na⁺ ⁻OR
c. Cl, Na⁺ ⁻OR
b. NH_2, [1] CH_3I (과량) [2] Ag_2O [3] Δ
d. NH_2, [1] CH_3I (과량) [2] Ag_2O [3] Δ

23.12 아질산과 아민의 반응

아질산(nitrous acid, HNO_2)은 $NaNO_2$와 HCl 같은 센산으로부터 생성되는 약하고 불안정한 산이다.

H–Cl: + Na⁺ ⁻:O–N=O: ⟶ HO–N=O: + Na⁺ :Cl:⁻
아질산

산 존재하에서 아질산은 **나이트로소늄(nitrosonium) 이온, ^+NO**으로 분해한다. 이 친전자체는 아민의 친핵성 질소 원자와 반응하여 1° 아민으로부터 **다이아조늄염(diazonium salt, RN_2^+ Cl^-)**을, 2° 아민으로부터는 ***N*-나이트로사민(*N*-nitrosamine, $R_2NN{=}O$)**을 생성한다.

H–Cl: + HO–N=O: (아질산) ⟶ H_2O^+–N=O: + :Cl:⁻ ⟶ $H_2\ddot{O}$: + $^+N{=}O$: (나이트로소늄 이온, 친전자체)

23.12A 1° 아민과 ^+NO의 반응

아질산은 1° 알킬아민 및 아릴아민과 반응하여 다이아조늄염을 생성한다. 이 반응을 **다이아조화(diazotization)**라고 한다.

R–NH_2 →($NaNO_2$, HCl) R–$\overset{+}{N}{\equiv}N$: Cl^- (알킬 다이아조늄염)

C_6H_5–NH_2 →($NaNO_2$, HCl) C_6H_5–$\overset{+}{N}{\equiv}N$: Cl^- (아릴 다이아조늄염)

이 반응의 메커니즘은 아민의 나이트로소늄 이온에 대한 친핵성 공격으로 시작한다. 이 메커니즘은 메커니즘 23.2에서 볼 수 있듯이 개념적으로 두 부분, 즉 ***N*-나이트로사민**의 생성과 연이은 H_2O의 제거로 나눌 수 있다.

알킬 다이아조늄염은 일반적으로 유용한 화합물이 아니다. 알킬 다이아조늄염은 상온 이하에서 매우 좋은 이탈기인 N_2를 잃고 분해되어 탄소 양이온을 생성한다. 이 탄소 양이온은 일반적으로 치환, 제거, 자리 옮김 생성물의 복잡한 혼합물을 생성한다.

1° 알킬아민 →($NaNO_2$, HCl) [불안정한 다이아조늄염, $\overset{+}{N}{\equiv}N$: Cl^-] ⟶ **탄소 양이온** + N_2 (좋은 이탈기) ⟶ 치환, 제거, 또는 (어떤 경우에) 자리 옮김의 생성물

메커니즘 23.2 1° 아민으로부터 다이아조늄염의 생성

부분 [1] *N*-나이트로사민의 생성

R—NH$_2$ + :N$^+$=O: (NaNO$_2$ + HCl로부터) →(1) R(H)(H)N$^+$–N=O: →(2) R(H)N–N=O: **N-나이트로사민** + HCl

(1)~(2) 아민이 나이트로소늄 이온($^+$NO)을 친핵성 공격한 후 양성자가 떨어지면 ***N*-나이트로사민**이 생성된다.

부분 [2] 다이아조늄염의 생성

N-나이트로사민 + H–Cl: →(3) →(4) R–N=N–OH →(5) R–N=N–OH$_2^+$ + :Cl:$^-$ →(6) R–N$^+$≡N: **다이아조늄 이온** + H$_2$O:

(3)~(5) 양성자 전달 반응이 세 번 일어난 후 **좋은 이탈기(H_2O)**가 있는 중간체가 생성된다.

(6) H_2O를 잃고 **다이아조늄 이온(RN_2^+)**이 생성된다. 이 반응에서 생성된 다이나조늄염은 다이아조늄 이온(RN_2^+)과 염소 음이온(Cl^-)으로 이루어진다.

다이아조늄염은 건조하면 폭발하므로 다룰 때 주의해야 한다.

반면에 **아릴 다이아조늄염은 매우 유용한 합성 중간체이다.** 아릴 다이아조늄염은 분리를 거의 하지 않으며 0°C 이상에서는 일반적으로 불안정함에도 불구하고 23.13절에서 설명하는 일반적인 두 가지 반응의 유용한 출발물이다.

23.12B 2° 아민과 $^+$NO의 반응

2° 알킬아민과 아릴아민이 아질산과 반응하면 *N*-나이트로사민이 얻어진다.

R$_2$N–H (2° 아민) →(NaNO$_2$, HCl) R$_2$N–N=O: ***N*-나이트로사민**

많은 *N*-나이트로사민은 몇몇의 음식과 담배 연기에서 발견되는 강력한 발암 물질이다. 음식물에 들어 있는 나이트로사민은 실험실에서 생성된 것과 같은 반응, 즉 아질산(HNO_2)으로부터 생성된 **나이트로소늄 이온과 2° 아민의 반응**으로 생성된다. 이 반응의 메커니즘은 메커니즘 23.2의 부분 [1]의 두 단계를 따른다.

담배 연기 속에 들어 있는 *N*-나이트로사민

문제 23.29 각각의 화합물을 NaNO$_2$와 HCl로 처리할 때 생성되는 생성물을 그려라.

a. (2-메틸아닐린, NH$_2$) b. (N–H) c. (N–H 고리) d. (NH$_2$)

23.13 아릴 다이아조늄염의 치환 반응

아릴 다이아조늄염은 두 가지 일반적인 반응을 수행한다.

- N$_2$가 원자 또는 원자단 Z으로 **치환**되면 다양한 치환된 벤젠 유도체가 생성된다.

C$_6$H$_5$N$_2^+$ Cl$^-$ →(Z) C$_6$H$_5$Z + N$_2$ + Cl$^-$

- 다이아조늄염을 다른 벤젠 유도체와 **짝지음(coupling)**하면 질소–질소 이중 결합 화합물인 **아조 화합물(azo compound)**이 생성된다.

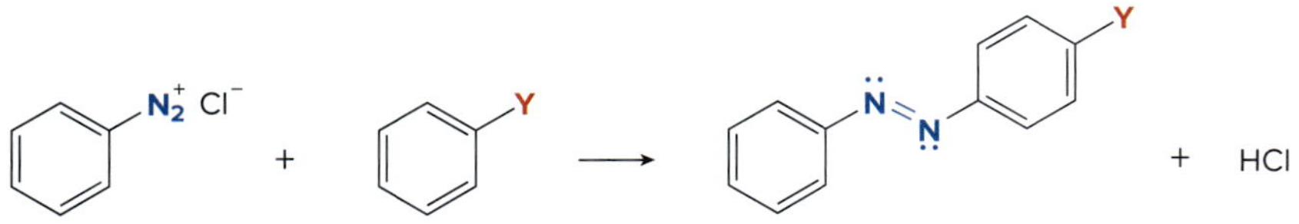

아조 화합물

Y = NH_2, NHR, NR_2, OH(강력한 전자 주는 기)

23.13A 특별한 치환 반응

아릴 다이아조늄염은 다양한 시약과 반응하여 **Z(원자 또는 원자단)가 매우 좋은 이탈기인 N_2를 대체한** 생성물을 생성한다. 이 반응의 메커니즘은 Z의 정체에 따라 다양하므로 메커니즘이 아닌 반응 생성물에 집중할 것이다.

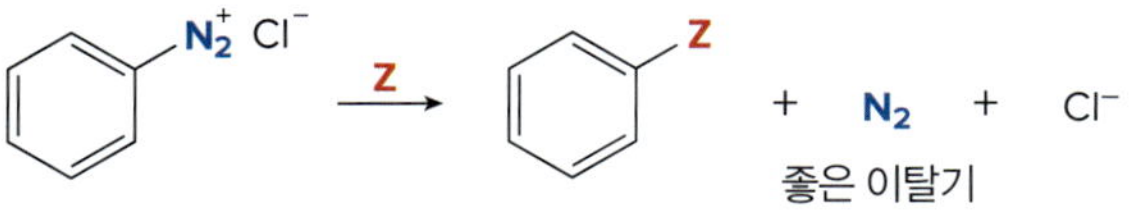

좋은 이탈기

[1] OH에 의한 치환—페놀의 합성

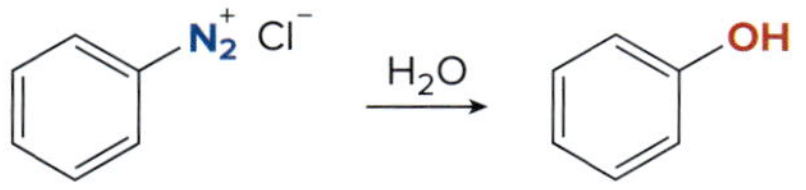

페놀

다이아조늄염이 H_2O와 반응하면 **페놀**이 얻어진다.

[2] Cl 또는 Br에 의한 치환—염화 아릴과 브로민화 아릴의 합성

염화 아릴

브로민화 아릴

다이아조늄염이 염화 구리(I) 또는 브로민화 구리(I)와 반응하면 **염화 아릴(aryl chloride)** 또는 **브로민화 아릴(aryl bromide)**이 얻어진다. 이 반응을 **Sandmeyer 반응**이라고 한다. 이 반응은 Cl_2 또는 Br_2와 Lewis 산 촉매를 사용하여 방향족 고리에 직접적으로 염소 및 브로민을 도입하는 반응의 대안이 된다.

[3] F에 의한 치환—플루오린화 아릴의 합성

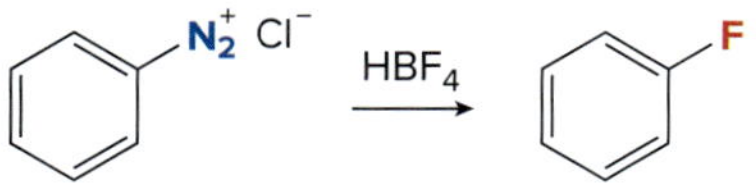

플루오린화 아릴

다이아조늄염이 플루오로붕소산(HBF_4)과 반응하면 **플루오린화 아릴(aryl fluoride)**이 얻어진다. 플루오린(F_2)은 매우 폭발적으로 반응하므로(16.3절) F_2와 Lewis 산 촉매를 이용하는 플루오린화로 직접 플루오린화 아릴을 합성할 수 없기 때문에 이 반응은 유용하다.

[4] I에 의한 치환—아이오딘화 아릴의 합성

N_2^+ Cl^- → NaI 또는 KI → I

아이오딘화 아릴

다이아조늄염이 아이오딘화 소듐 또는 포타슘과 반응하면 **아이오딘화 아릴(aryl iodide)**이 얻어진다. 이것도 I_2가 매우 느리게(16.3절) 반응하므로 I_2와 Lewis 산 촉매를 이용하는 직접 아이오딘화로 아이오딘화 아릴을 합성할 수 없기 때문에 유용한 반응이다.

[5] CN에 의한 치환—benzonitrile의 합성

N_2^+ Cl^- → CuCN → CN

benzonitrile

다이아조늄염이 사이안화 구리(I)와 반응하면 **benzonitrile**이 얻어진다. 사이아노기는 카복실산으로 가수 분해되거나, 아민 또는 알데하이드로 환원되거나 유기금속 시약에 의해 케톤으로 변환될 수 있기 때문에 이 반응을 이용하면 19.12절에서 설명되었던 화학을 통하여 다양한 벤젠 유도체를 합성할 수 있다.

[6] H에 의한 치환—벤젠의 합성

N_2^+ Cl^- → H_3PO_2 → H

벤젠

다이아조늄염이 하이포인산(hypophosphorus acid, H_3PO_2)과 반응하면 **벤젠**이 생성된다. 이 반응은 N_2가 수소 원자로 치환되면 벤젠 고리의 기능성이 감소하기 때문에 효용이 제한되어 있다. 그럼에도 불구하고 이 반응은 다른 방법으로 만들 수 없는 방식으로 치환된 화합물의 합성에 유용하다.

Br Br Br

1,3,5-tribromobenzene

예를 들어 직접적인 브로민화에 의해 벤젠으로부터 1,3,5-tribromobenzene을 합성하는 것은 불가능하다. 왜냐하면 브로민은 오쏘, 파라 지향기이므로 Br_2와 $FeBr_3$로 브로민화시키면, 고리에서 서로 메타 위치에 Br 치환기를 도입할 수 없기 때문이다.

그러나 아닐린이 출발물일 때는 세 개의 브로민 원자가 각각 메타 위치에 첨가하는 것이 가능하다. NH_2기는 매우 강한 오쏘, 파라 지향기이기 때문에 세 개의 브로민 원자는 할로젠화에서 단일 단계로 도입된다(16.10A절). 그 다음에 NH_2기는 다이아조화와 하이포인산(H_3PO_2)과의 반응에 의해 제거될 수 있다.

NH_2 → 처음, 세 개의 Br을 NH_2의 오쏘와 파라 위치에 도입... → NH_2, Br, Br, Br → ...그 다음 두 단계에서 NH_2 제거 → H, Br, Br, Br

벤젠으로부터 1,3,5-tribromobenzene의 완전한 합성이 그림 23.9에 나와 있다.

그림 23.9 벤젠으로부터 1,3,5-tribromobenzene의 합성

[1] HNO_3, H_2SO_4 → [2] H_2, Pd-C → [3] Br_2(과량), $FeBr_3$ → [4] $NaNO_2$, HCl → [5] H_3PO_2

- 나이트로화 반응과 연이은 환원으로 벤젠에서 아닐린($C_6H_5NH_2$)을 얻는다(단계 [1]과 [2]).
- 아닐린의 브로민화는 단계 [3]에서 트라이브로모 유도체를 생성한다.
- NH_2기는 $NaNO_2$와 HCl를 이용하는 다이아조화(단계 [4])와 뒤를 이어 H_3PO_2를 사용하여 다이아조늄 이온을 H로 치환하는 반응이라는 두 단계 과정에서 제거된다.

문제 23.30 각 반응에서 생성되는 생성물을 그려라.

a. $C_6H_5NH_2$ — [1] $NaNO_2$, HCl [2] CuBr →

b. O_2N-C_6H_4-NH_2 (meta) — [1] $NaNO_2$, HCl [2] H_2O →

c. CH_3O-C_6H_4-NH_2 — [1] $NaNO_2$, HCl [2] HBF_4 →

d. Cl-C_6H_4-$N_2^+Cl^-$ (ortho) — [1] CuCN [2] $LiAlH_4$ [3] H_2O →

23.13B 합성에서 다이아조늄염 사용하기

다이아조늄염은 다른 많은 벤젠 유도체를 쉽게 만들 수 있는 방법을 제공해준다. 다음 네 단계 순서를 기억하자. 많은 치환된 벤젠을 합성하는 데 유용하게 쓰일 것이다.

벤젠 —(HNO_3, H_2SO_4; 나이트로화)→ $C_6H_5NO_2$ —(H_2, Pd-C; 환원)→ $C_6H_5NH_2$ —($NaNO_2$, HCl; 다이아조화)→ $C_6H_5N_2^+Cl^-$ —(Z; 치환)→ C_6H_5Z

예제 23.6과 23.7은 이 원리를 적용하여 두 가지 다른 여러 단계 합성 과정을 보여준다.

예제 23.6 합성에서 다이아조늄염 사용하기

벤젠으로부터 *m*-chlorophenol을 합성하라.

OH, Cl (meta) ⟹ 벤젠

풀이

OH와 Cl은 둘 다 오쏘, 파라 지향기이나 서로 **메타**에 위치하고 있다. OH기는 단계적인 방법에 의해 NO_2기(메타 지향기)로부터 만들 수 있는 다이아조늄염으로부터 생성되어야 한다.

역합성 분석

m-chlorophenol (OH, Cl) ⟹[1] NO_2, Cl ⟹[2] NO_2 ⟹[3] 벤젠

역합성 작업

- [1] 다이아조늄염을 사용하는 세 단계 과정에 의해 NO_2로부터 OH기를 생성한다.
- [2] 할로젠화에 의해 NO_2의 메타 위치에 Cl을 도입한다.
- [3] 나이트로화에 의해 NO_2기를 도입한다.

합성

$$\text{benzene} \xrightarrow[\text{[1]}]{HNO_3,\ H_2SO_4} \text{nitrobenzene} \xrightarrow[\text{[2]}]{Cl_2,\ FeCl_3} m\text{-}ClC_6H_4NO_2 \xrightarrow[\text{[3]}]{H_2,\ Pd\text{-}C} m\text{-}ClC_6H_4NH_2 \xrightarrow[\text{[4]}]{NaNO_2,\ HCl} m\text{-}ClC_6H_4N_2^+Cl^- \xrightarrow[\text{[5]}]{H_2O} m\text{-}ClC_6H_4OH$$

- 나이트로화와 연이은 NO_2의 메타 위치에 염소화로 **메타 위치에 두 치환기가 있는 벤젠**이 생성된다(단계 [1]~[2]).
- **나이트로기의 환원**(단계 [3])과 연이은 **다이아조화**로 단계 [4]에서 **다이아조늄염**이 얻어지고, **물**로 처리하면 원하는 페놀로 전환된다(단계 [5]).

문제 23.31 벤젠으로부터 각 화합물의 합성을 고안하라.

a. fluorobenzene (F) b. m-dihydroxybenzene (HO, OH) c. o-iodotoluene (I) d. 1,3,5-trichlorobenzene (Cl, Cl, Cl)

추가 문제: 문제 23.65a, b; 23.66a, b; 23.67, 23.68을 풀어보라.

예제 23.7 다이아조늄염을 이용하는 합성 고안하기

벤젠으로부터 *p*-bromoaldehyde를 합성하라.

$$p\text{-}BrC_6H_4CHO \Longrightarrow \text{benzene}$$

풀이

두 개의 기는 각각 파라에 위치되어 있고, Br은 오쏘, 파라 지향기이기 때문에 Br은 고리에 **첫 번째**로 도입되어야 한다. **CHO기를 도입하려면, 이 기는 CN의 환원에 의해 생성될 수 있음을 기억하자.**

역합성 분석

$$p\text{-}BrC_6H_4CHO \overset{[1]}{\Longrightarrow} p\text{-}BrC_6H_4CN \overset{[2]}{\Longrightarrow} p\text{-}BrC_6H_4NO_2 \overset{[3]}{\Longrightarrow} C_6H_5Br \overset{[4]}{\Longrightarrow} \text{benzene}$$

역합성 작업

- [1] CN의 환원에 의해 CHO를 생성한다.
- [2] 다이아조늄염을 사용하는 세 단계 순서로 NO_2기로부터 CN기를 만든다.
- [3] 나이트로화로 Br 원자의 파라 위치에 NO_2기를 도입한다.
- [4] Br_2와 $FeBr_3$로 브로민화시키면 Br이 도입된다.

합성

benzene —(Br_2, $FeBr_3$ [1])→ bromobenzene (Br) —(HNO_3, H_2SO_4 [2])→ (NO_2, Br) —(H_2, Pd-C [3])→ (NH_2, Br) —($NaNO_2$, HCl [4])→ ($N_2^+ Cl^-$, Br) —(CuCN [5])→ (CN, Br) —([1] DIBAL-H, [2] H_2O [6])→ (CHO, Br)

- **브로민화와 뒤이은 나이트로화는** 파라 치환기가 두 개인 **이중 치환된 벤젠을 생성한다**(단계 [1]~[2]). 이 파라 치환체는 원하지 않는 오쏘 치환체로부터 분리될 수 있다.
- 단계 [4]에서 **NO_2기의 환원**과 연이은 **다이아조화**는 다이아조늄염을 생성하고, CuCN과의 반응에 의해 나이트릴로 변환된다(단계 [5]).
- **DIBAL-H**(온화한 환원제)**로 CN기를 환원하면 CHO기가 생성되어** 합성이 완성된다.

문제 23.32 벤젠으로부터 각 화합물의 합성을 고안하라. 유기 또는 무기 시약은 아무거나 사용할 수 있다.

a. (I, CH_3 para-substituted benzene) b. (NC, Br meta-substituted benzene) c. (HO, COOH para-substituted benzene)

추가 문제: 문제 23.69a, b; 23.70; 23.71을 풀어보라.

23.14 아릴 다이아조늄염의 짝지음 반응

두 번째 다이아조늄염의 일반적인 반응은 **짝지음(coupling)**이다. 다이아조늄염을 강한 전자 주개기(electron-donor group)가 있는 방향족 화합물과 반응시키면, 두 고리가 서로 결합하여 질소–질소 이중 결합이 있는 **아조 화합물(azo compound)**이 생성된다.

$C_6H_5N_2^+ Cl^-$ + C_6H_5Y —(아조 짝지음)→ $C_6H_5N{=}NC_6H_4Y$ (아조 화합물) + HCl

Y = NH_2, NHR, NR_2, OH
(강력한 전자 주는 기)

합성 염료는 23.15A절에서 더 자세하게 설명한다.

아조 화합물은 고도로 콘쥬게이션되어 있어서 색을 띠게 된다(14.15절). '버터 노랑(butter yellow)'과 같은 많은 아조 화합물은 합성 염료이다. 버터 노랑은 한때 마가린을 착색하는 데 사용되었다.

$C_6H_5N_2^+ Cl^-$ + $C_6H_5N(CH_3)_2$ → $C_6H_5N{=}NC_6H_4N(CH_3)_2$

노랑색의 아조 염료
'버터 노랑'

이 반응은 **다이아조늄염이 친전자체로서 반응하는 친전자성 방향족 치환 반응**의 다른 예이다. 모든 친전자성 치환(16.2절)처럼 메커니즘은 두 단계이다. 메커니즘 23.3에서 볼 수 있듯이 **친전자체**(다이아조늄 이온)**가 첨가**되어 **공명 안정화된 탄소 양이온**을 생성하고 양성자 제거가 뒤따른다.

메커니즘 23.3 아조 짝지음

1 다이아조늄 이온이 벤젠 고리와 반응하면 **공명 안정화된 탄소 양이온**이 생성된다.

2 양성자가 제거되면 방향족 고리가 재생된다.

다이아조늄염은 친전자성이 매우 약하기 때문에 벤젠 고리에 **강한 전자 주개 기 Y (Y는 NH_2, NHR, NR_2, 또는 OH)**가 있을 때에만 반응이 일어난다. 이들 기는 오쏘와 파라 위치를 모두 활성화하지만 기존에 파라 위치에 다른 치환기가 없다면 파라 치환이 일어난다.

문제 23.33 $C_6H_5N_2^+Cl^-$가 다음의 각 화합물과 반응했을 때 생성되는 생성물을 그려라.

a. (NH₂가 치환된 벤젠) b. HO–(벤젠) c. HO–(벤젠)–OH

특별한 아조 화합물을 합성하는 데 어떠한 출발물이 필요한지 결정하기 위하여 항상 분자를 두 가지 구성요소로 나눈다. **한 가지는 다이아조늄 이온이 있는 벤젠이고, 다른 한 가지는 매우 강한 전자 주개 기가 있는 벤젠 고리이다.**

예제 23.8 아조 화합물 합성하기

다음의 아조 화합물을 합성하기 위해 필요한 출발물은 무엇인가?

메틸 오렌지
오렌지 염료

풀이

메틸 오렌지의 두 벤젠 고리에는 치환기가 있으나, 한 개의 치환기 $N(CH_3)_2$기만 강한 전자 주개 기이다. 두 출발물을 결정할 때, **다이아조늄 이온은 $N(CH_3)_2$가 결합되어 있지 않은 고리에 결합되어 있어야 한다.**

분자를 이 C–N 결합에서 두 성분으로 분리한다.

다이아조늄 이온은 한 화합물에 있다.

전자 주개 기는 다른 화합물에 있다.

문제 23.34 각각의 아조 화합물을 합성하기 위해서 필요한 출발물은 무엇인가?

a. (O_2N, H_2N 치환 아조 화합물)

b. (Cl, HO 치환 아조 화합물)

추가 문제: 문제 23.65c, 23.66c, 23.69c를 풀어보라.

23.15 응용: 합성 염료와 설파제

아조 화합물은 염료와 첫 번째 합성 항생 물질인 설파제로서의 두 가지 중요한 응용이 있다.

23.15A 천연 염료와 합성 염료

1856년까지 모든 염료는 자연의 식물, 동물, 또는 광물로부터 얻어졌다. 수 세기 동안 알려진 세 가지 천연 염료는 **인디고(indigo)**, **티리언 퍼플(tyrian purple)**과 **알리자린(alizarin)**이다.

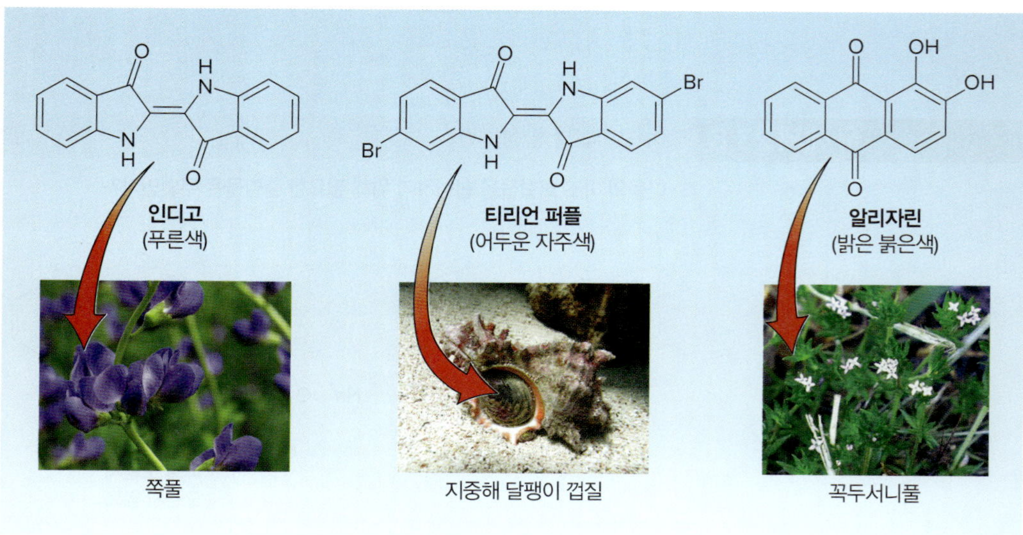

Michael G McKinne/Shutterstock; Kristina Vackova/Shutterstock; Bob Gibbons/Alamy Stock Photo

낭아초(*Indigofera tinctoria*) 식물로부터 분리된 푸른 염료인 **인디고**는 수천 년 동안 인도에서 사용되었다. 상인들이 지중해 지역에 소개하면서 유럽에 알려졌다. **뿔소라**(*murex*) 속 지중해 달팽이의 점액질 분비기관으로부터 얻어진 어두운 자주색 천연 염료인 **티리언 퍼플**은 로마 제국의 붕괴 전에는 왕권의 상징이었다. 인도와 동북아시아산 식물인 **꼭두서니풀**(*Rubia tinctorum*)로부터 얻어진 밝은 붉은색 염료인 **알리자린**은 매장된 이집트 미라의 옷에서 발견되었다.

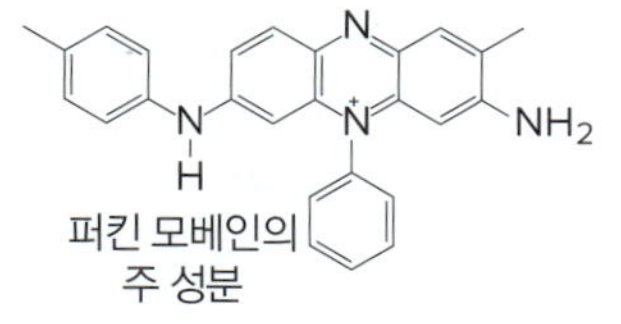

퍼킨 모베인의 주 성분

이 세 가지 염료 모두 천연 원료로부터 얻어지므로 구하기가 매우 어렵고 만드는 데 비용이 많이 들어 오직 특권층만 이용할 수 있었다. 이러한 상황은 1856년에 열여덟 살의 학생 W. H. Perkin이 임시변통으로 집에서 항말라리아제인 퀴닌의 합성을 시도하다 실패하는 과정에서, 후에 모베인(mauveine)이라고 불린 자주색 염료를 우연히 합성하면서 완전히 바뀌었다.

퍼킨의 모베인으로 염색한 보라색 숄(shawl)
Society Picture Library/Getty Images

퍼킨의 발견은 화학 산업의 시작을 의미하였다. 그는 특허를 얻어, 염료를 상업적으로 생산하기 위한 공장을 설립하였다. 이 사건을 계기로 단지 염료 합성뿐 아니라 향수, 마취제, 잉크, 게다가 약의 생산까지 유기 화학 연구가 활발히 진행되었다. Perkin이 기초 화학 연구에 헌신하기 위해 36세에 퇴직하였을 때 그는 이미 부자였다. 미국화학회(American Chemical Sosiety)에서 수여하는 가장 권위 있는 상을 그의 공로를 기념하여 Perkin메달이라고 한다.

파라 레드(para red)와 콩고 레드(Congo red) 같은 일반적 합성 염료는 23.14절에서 설명한 다이아조늄 짝지음에 의해 제조된 **아조 화합물**이다.

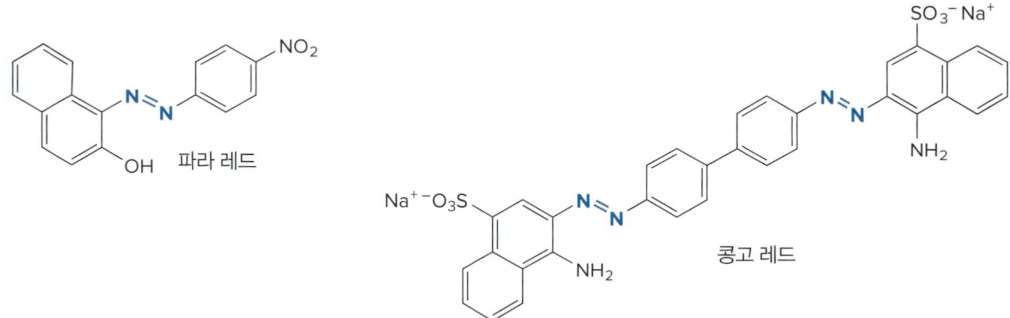

비록 천연 염료와 합성 염료는 구조적으로 매우 다양하지만, **이들 모두는 고도로 콘쥬게이션되어 있기 때문에 색깔을 띤다.** 여덟 개 이상의 π 결합이 콘쥬게이션되어 있는 분자는 전자기 스펙트럼의 가시광선 영역의 빛을 흡수하므로 빛을 흡수하지 **않는** 가시광선 스펙트럼의 색을 띠는 것이다(14.15A절).

문제 23.35 아조 짝지음으로 파라 레드를 제조하기 위해 필요한 두 개의 구성 요소는 무엇인가?

23.15B 설파제

비록 다소 관련이 없어 보여도, 색을 나타내는 염료의 합성은 처음으로 합성 항생 물질의 개발을 가져왔다. 이러한 분야의 초기 연구의 많은 부분은 독일 화학자 Paul Ehrlich에 의해서 이루어졌다. 그는 합성 염료에 관해 연구하였고, 조직을 염색하는 데 이들을 사용하였다. 이 작업은 박테리아 감염을 치료할 수 있을 것으로 기대하면서, 다른 조직 세포에는 영향을 주지 않고 박테리아에만 치명적인 염료에 대한 연구로 이어졌다. 수년 동안 이러한 노력은 성공하지 못하였다.

그 후, 1935년 염료 제조에 관해 연구하던 독일 의사인 Gerhard Domagk는 최초로 박테리아를 죽이는 약으로서 합성 염료를 사용하였다. 그의 딸이 연쇄상구균에 감염되어 거의 죽을 지경에 이르자, 그는 딸에게 쥐의 박테리아 성장을 억제하는 아조 염료(azo die)인 **프론토실(prontosil)**을 투여하였다. 그의 딸은 회복하였고 합성 항생 물질의 새로운 시대가 시작되었다. 그의 선구자적 연구로 Domagk는 1939년에 생리학과 의학 부문에서 노벨상을 수상하였다.

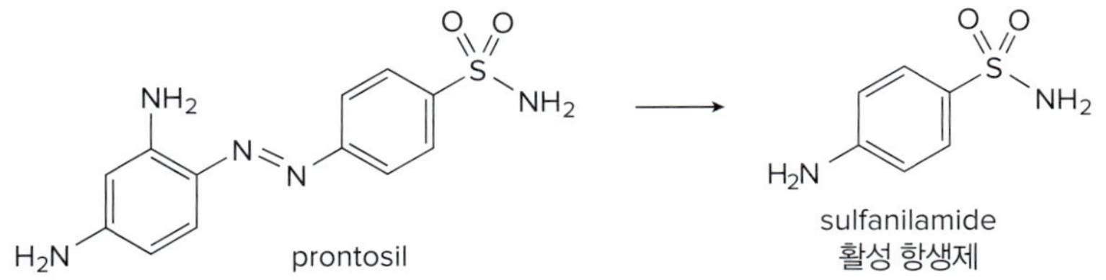

prontosil → sulfanilamide
활성 항생제

프론토실과 다른 황을 포함하는 항생 물질을 총괄하여 **설파제(sulfa drug)**라고 부른다. 프론토실은 자체로는 활성 물질이 아니다. 세포 안에서 이 약물이 대사를 통하여 활성 약물인 **설파닐아마이드(sulfanilamide)**로 변화된다. 항생 물질로서 설파닐아마이드의 작용을 이해하기 위해 미생물이 *p*-aminobenzoic acid로부터 합성하는 **엽산(folic acid)**을 살펴보아야 한다.

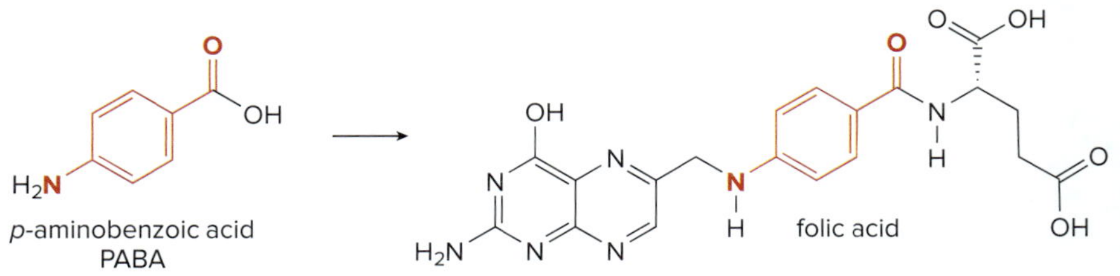

p-aminobenzoic acid
PABA
→ folic acid

Sulfanilamide와 *p*-aminobenzoic acid는 크기와 모양이 서로 비슷하고 연관된 작용기가 있다. 따라서 sulfanilamide가 투여되면, 박테리아가 엽산을 합성하기 위해 *p*-aminobenzoic acid 대신 sulfanilamide를 사용한다. 엽산 합성의 실패는 박테리아가 성장 및 번식을 할 수 없다는 것을 의미한다. Sulfanilamide는 오로지 박테리아 세포에만 영향을 미친다. 왜냐하면 사람은 엽산을 합성하지 않고 음식물을 통해 얻어야 하기 때문이다.

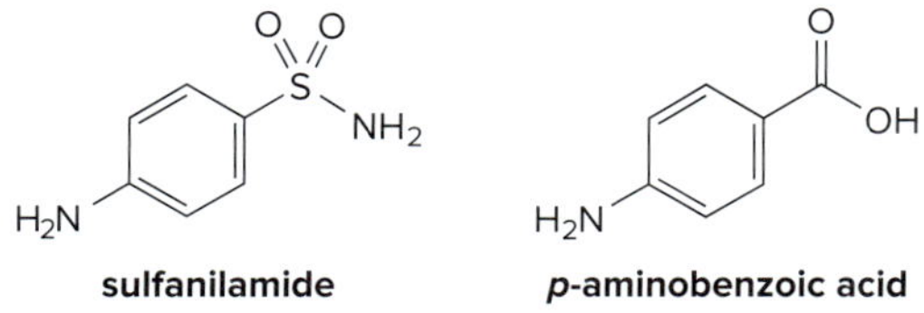

sulfanilamide **p-aminobenzoic acid**

구조가 비슷한 수많은 다른 화합물이 만들어져 항생 물질로 널리 사용되고 있다. 두 개의 또 다른 설파제의 구조가 그림 23.10에 나와 있다.

그림 23.10
두 개의 일반적인 설파제

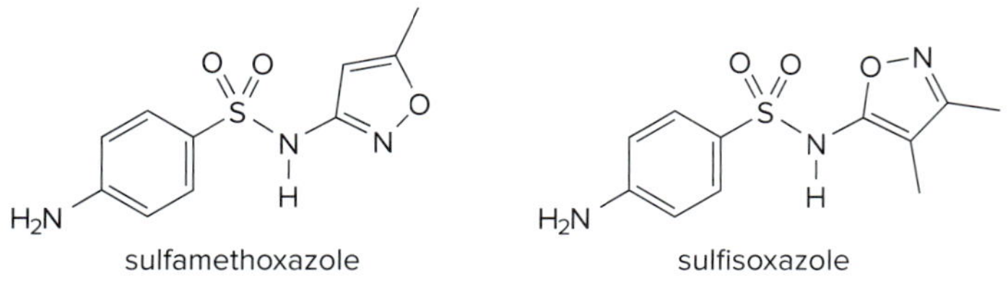

sulfamethoxazole sulfisoxazole

- Sulfamethoxazole은 Bactrim에 있는 설파제이며, sulfisoxazole은 Gantrisin이라는 상품명으로 팔린다. 두 약물은 모두 귀와 요도 감염 치료제로 사용된다.

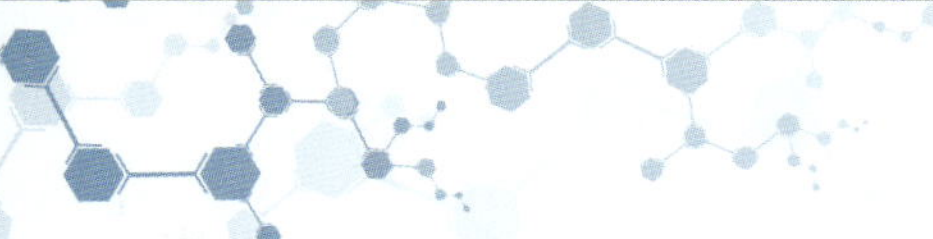

Chapter 23 복습

핵심 개념

아민의 염기도(23.10)

• **알킬아민은 R기가 전자 주는 기**이기 때문에 **NH_3보다 강한 염기이다.**	• **알킬아민은 아마이드보다 강한 염기이다.** 이는 아마이드는 N 원자에 **비편재화된 고립쌍**이 있기 때문이다.
• **알킬아민은 아릴아민보다 강한 염기이다.** 이는 아릴아민의 경우, N 원자에 **비편재화된 고립쌍**이 있기 때문이다.	• ***sp^3* 혼성 오비탈에 고립쌍**이 있는 **알킬아민은 *sp^2* 혼성 오비탈에 고립쌍**이 있는 것보다 **강한 염기이다.**

문제 23.36a, 23.39~23.42를 풀어보라.

핵심 반응

아민의 제법

[1] 친핵성 치환

① CH_3-X + $\ddot{N}H_3$ (과량) $\xrightarrow[(23.6A)]{S_N2}$ CH_3-NH_2 + $NH_4^+X^-$ X = Cl, Br, I; 1° 아민	② H–N: (프탈이미드) $\xrightarrow[\text{[2] } CH_3X]{\text{[1] KOH}}$ $\xrightarrow[H_2O]{^-OH}$ CH_3-NH_2 (1° 아민) + $C_6H_4(CO_2^-)_2$ Gabriel 합성 (23.6A)

문제 23.52d를 풀어보라.

[2] 환원 방법

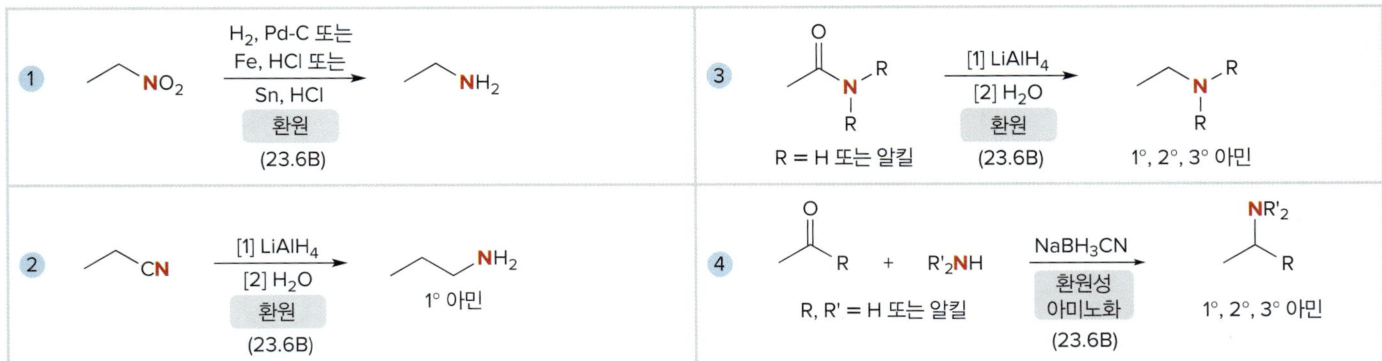

문제 23.48~23.50; 23.52j; 23.56a, b, d를 풀어보라.

아민의 반응

[1] 염기로서의 반응

$CH_3CH_2\ddot{N}H_2$ + H—A ⇌ $CH_3CH_2\overset{+}{N}H_3$ + :A^-

염기 산 (23.8) 짝산

문제 23.36b; 23.40; 23.42; 23.52a, g를 풀어보라.

[2] 알데하이드 및 케톤의 친핵성 첨가 반응

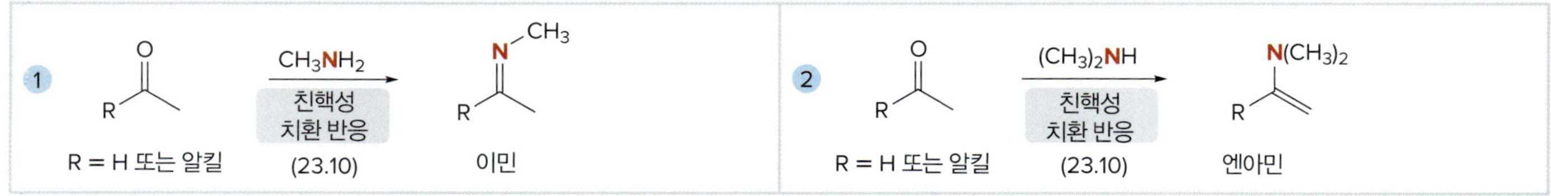

문제 23.52e, 23.56e를 풀어보라.

[3] 산 염화물 및 산 무수물의 친핵성 치환 반응

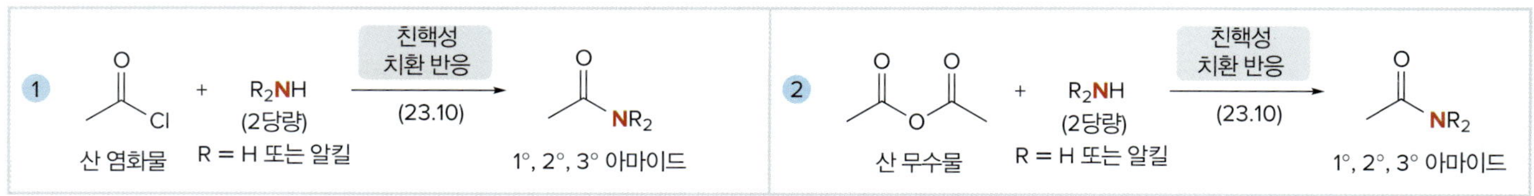

문제 23.52b, c를 풀어보라.

[4] Hofmann 제거 반응

NH_2 —[1] CH_3I (과량) [2] Ag_2O [3] Δ→ 주생성물 + $N(CH_3)_3$ + H_2O + AgI

Hofmann 제거 반응 (23.11)

문제 23.53, 23.54c, 23.55c, 23.56f, 23.57을 풀어보라.

[5] 아질산과의 반응

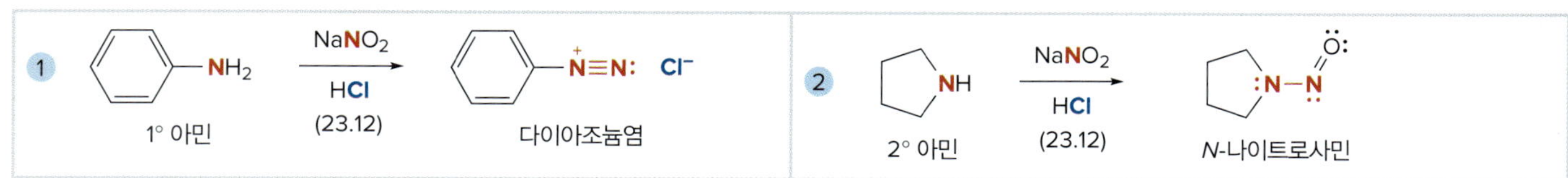

문제 23.52h, 23.56c를 풀어보라.

다이아조늄염의 반응

[1] 치환 반응

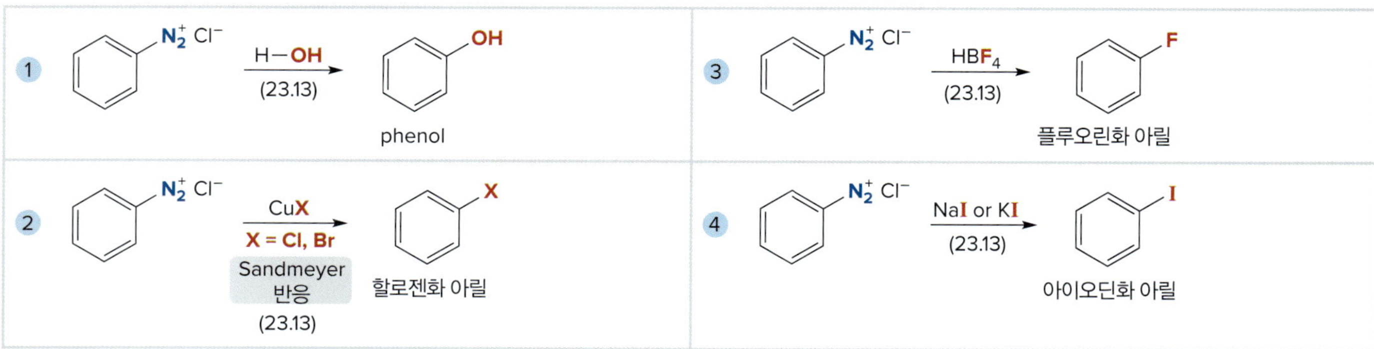

5 $C_6H_5N_2^+ Cl^-$ —CuCN (23.13)→ C_6H_5CN benzonitrile

6 $C_6H_5N_2^+ Cl^-$ —H_3PO_2 (23.13)→ C_6H_6 benzene

문제 23.60을 풀어보라.

[2] 짝지음 반응에 의한 아조 화합물 생성

$C_6H_5N_2^+ Cl^-$ + C_6H_5–Y: —아조 짝지음 (23.14)→ 아조 화합물 + HCl

Y = NH_2, NHR, NR_2, OH
(강력한 전자 주개 기)

문제 23.60c를 풀어보라.

핵심 기법

[1] 환원성 아민화 반응에서 역합성 분석법 이용하기(23.6C); 두 가지 가능성

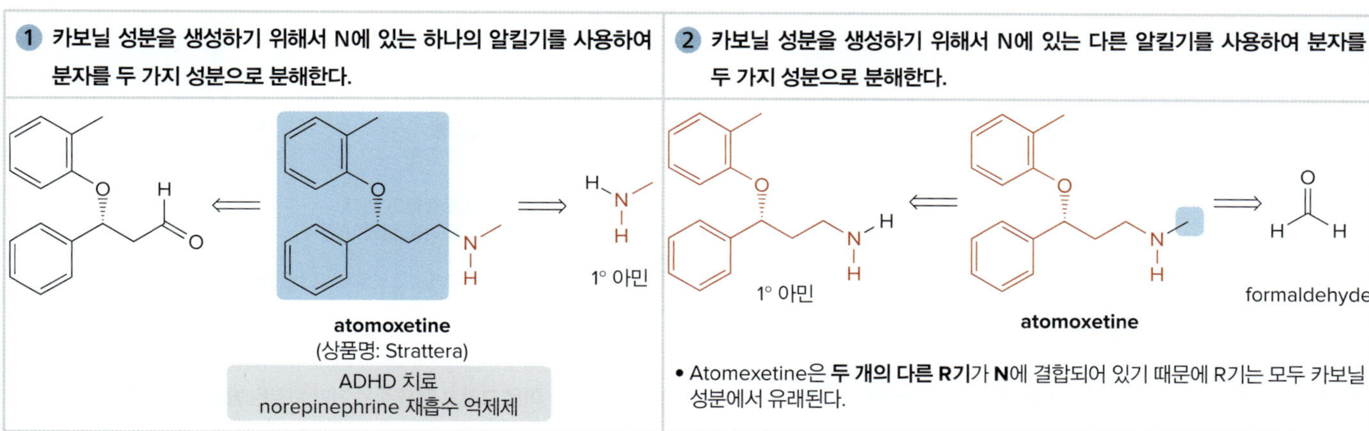

예제 23.2 참고. 문제 23.47, 23.54b, 23.55b를 풀어보라.

[2] 염기도가 증가하는 순서대로 아릴아민 순서 정하기(23.9)

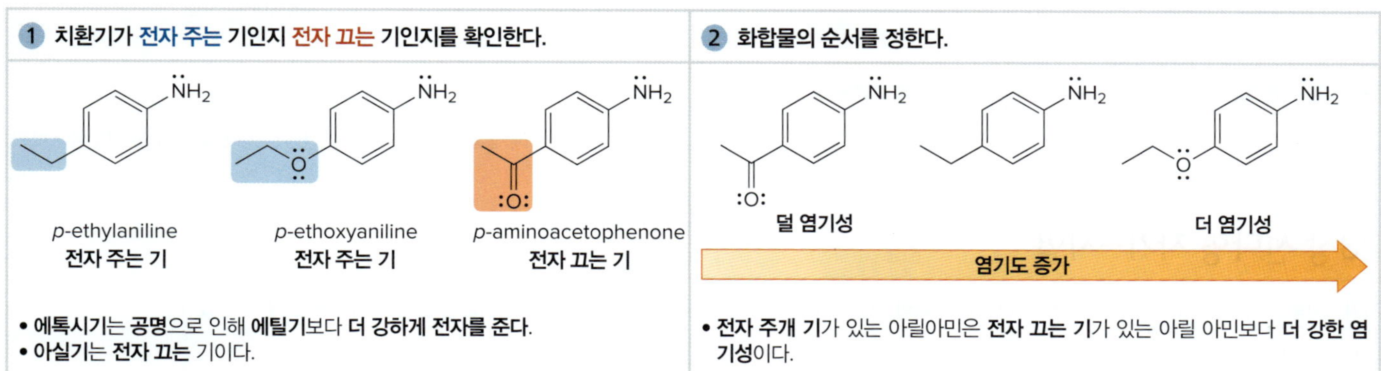

예제 23.3 참고. 문제 23.39를 풀어보라.

[3] 염기도가 증가하는 순서대로 N 원자를 정하기(23.9); 예: 만자민 C (manzamine C)

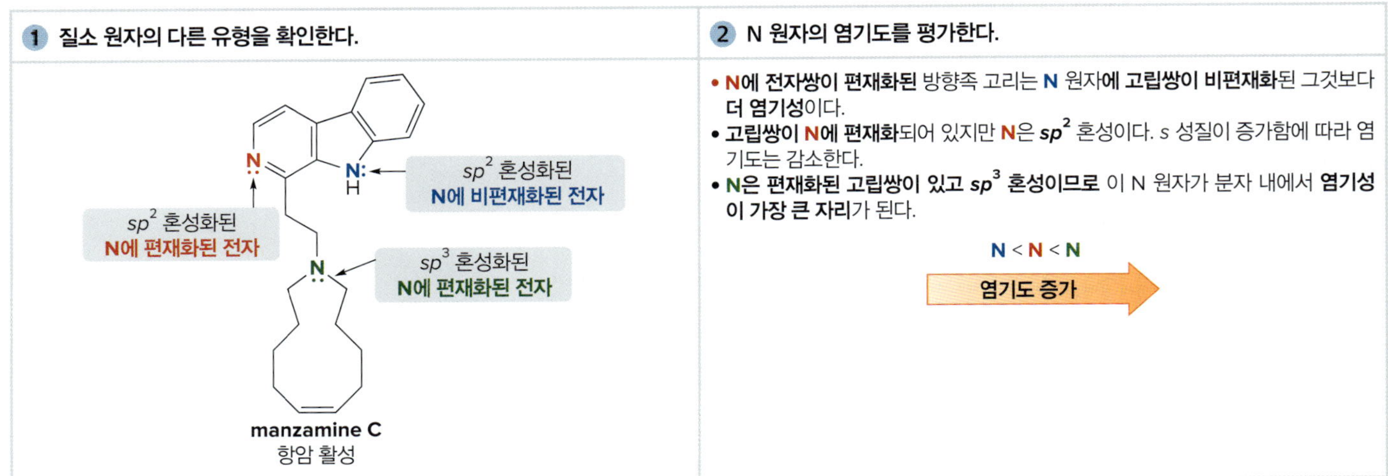

예제 23.4 참고. 문제 23.36a, 23.40 – 23.42를 풀어보라.

[4] Hofmann 제거 반응으로 생성되는 주생성물과 부생성물 그리기(23.11)

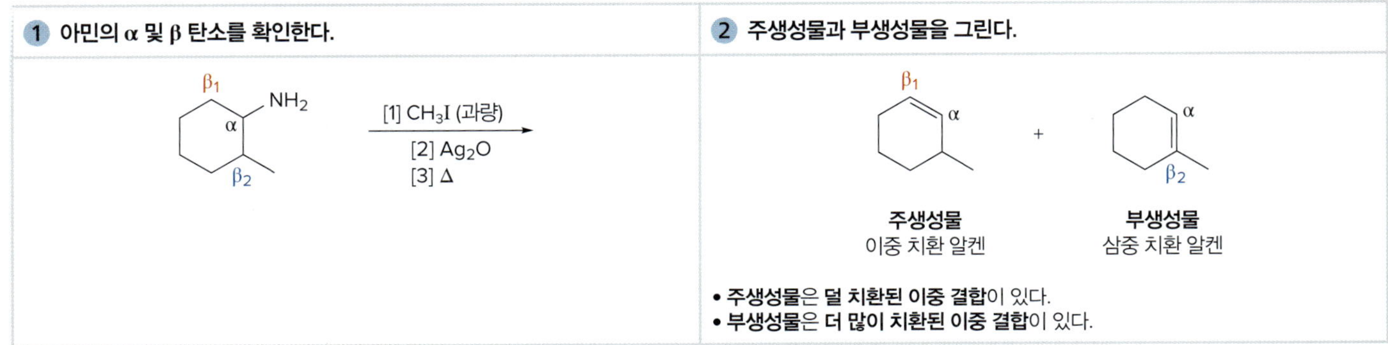

예제 23.5 참고. 문제 23.53, 23.54c, 23.55c, 23.56f, 23.57을 풀어보라.

[5] 아조 화합물 합성에 필요한 출발물 그리기(23.14)

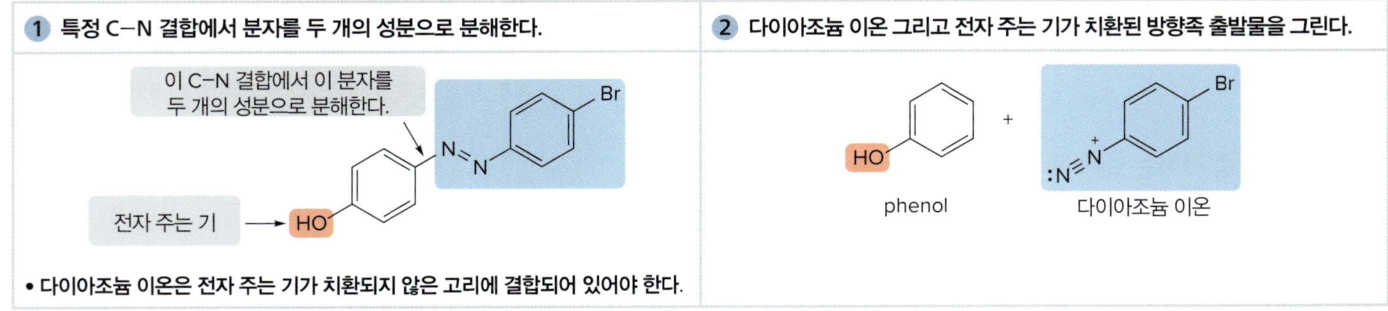

예제 23.8 참고. 문제 23.65c, 23.66c, 23.69c를 풀어보라.

23장 선다형 자가–시험

자가–시험은 American Chemical Society 유기 화학 시험과 유사한 객관식 문제로 구성되어 있다. 정답은 장의 마지막 부분에 나와 있다.

1. 다음 화합물의 체계명을 쓰라.

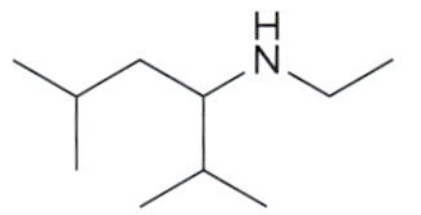

a. 2,5-dimethyl-*N*-ethylhexan-3-amine
b. 3-*N*-ethylamino-2,5-dimethylhexane
c. *N*-ethyl-2,5-dimethylhexan-3-amine
d. *N*-ethyl-1-isopropyl-3-methylbutan-1-amine

2. 어느 일련의 반응이 **A**를 **B**로 변환시키는가?

NH_2 ⟶ CH_3—Cl

A **B**

a. [1] CH_3Cl, $AlCl_3$; [2] $NaNO_2$, HCl; [3] CuCl

b. [1] $NaNO_2$, HCl; [2] CuCl; [3] CH_3Cl, $AlCl_3$

c. [1] $NaNO_2$, HCl; [2] Cl_2, $FeCl_3$; [3] CH_3Cl, $AlCl_3$

d. [1] $NaNO_2$, HCl; [2] Cl_2, $FeCl_3$; [3] Cl_2, $FeCl_3$

3. 어느 표시된 N 원자가 염기성이 가장 큰가?

(a) N, (b) NH, (c) N, N (d)

4. 환원성 아민화 반응으로 **C**를 합성하는 데 필요한 출발물은 무엇인가?

C

a. CHO + NH_2

b. NH_2 + =O

c. NH_2 + CHO

d. $NHCH_3$ + =O

5. 환원 반응으로 **D**를 만드는 데 필요한 방법은 무엇인가?

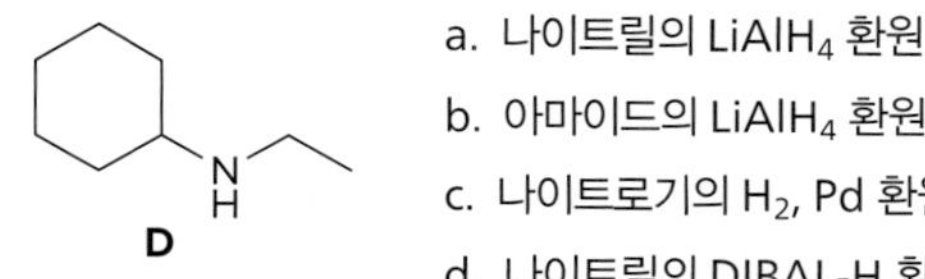

a. 나이트릴의 $LiAlH_4$ 환원

b. 아마이드의 $LiAlH_4$ 환원

c. 나이트로기의 H_2, Pd 환원

d. 나이트릴의 DIBAL-H 환원

6. 아민 **E**의 Hofmann 제거 반응에서 생기는 주생성물은 무엇인가?

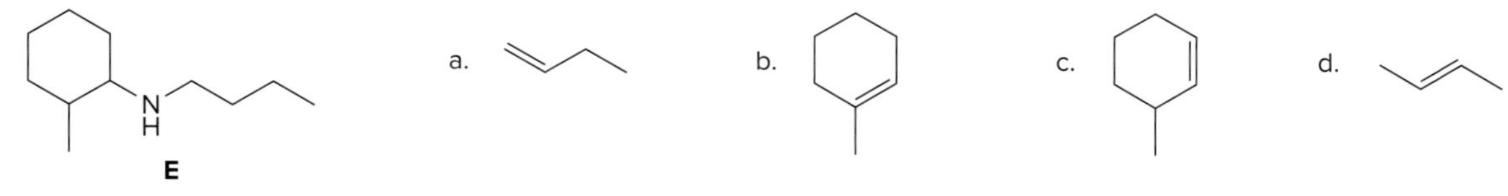

7. 다이에틸 에터와 10% 수용성 HCl 용액이 들어 있는 분별 깔때기에서, 어느 화합물이 유기층에 존재하는가?

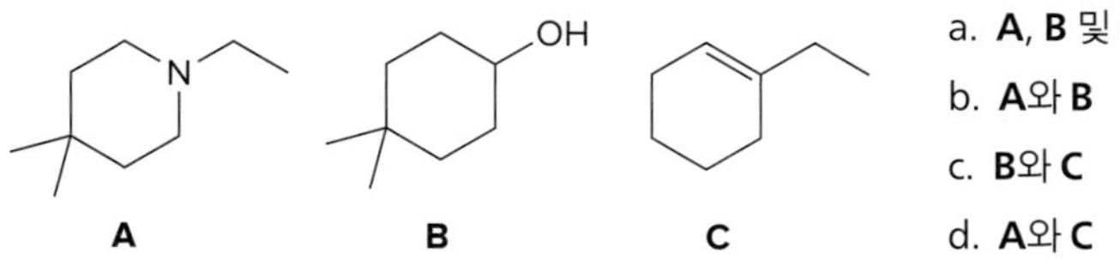

a. **A**, **B** 및 **C**

b. **A**와 **B**

c. **B**와 **C**

d. **A**와 **C**

8. 끓는점이 감소하는 순서로 **A–D**를 정렬하라.

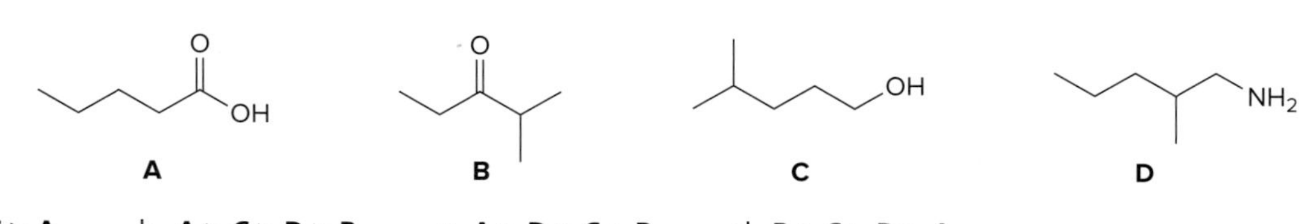

a. **B** > **D** > **C** > **A** b. **A** > **C** > **D** > **B** c. **A** > **D** > **C** > **B** d. **B** > **C** > **D** > **A**

9. 다음 케톤과 아민을 $NaBH_3CN$으로 처리하였을 때 무슨 생성물이 생기는가?

a. b. c. d.

10. 어느 일련의 반응이 벤젠을 *m*-bromochlorobenzene으로 변환시키는가?

m-bromochlorobenzene

a. [1] HNO_3, H_2SO_4; [2] Cl_2, $FeCl_3$; [3] H_2, Pd-C; [4] $NaNO_2$, HCl; [5] CuBr

b. [1] Cl_2, $FeCl_3$; [2] HNO_3, H_2SO_4; [3] H_2, Pd-C; [4] $NaNO_2$, HCl; [5] CuBr

c. [1] HNO_3, H_2SO_4; [2] H_2, Pd-C; [3] Cl_2, $FeCl_3$; [4] $NaNO_2$, HCl; [5] CuBr

d. [1] HNO_3, H_2SO_4; [2] CuBr; [3] Cl_2, $FeCl_3$

문제

삼차원 모형을 이용하는 문제

23.36 Varenicline(상품명 Chantix)은 금연 보조제로 사용되는 약물이다.

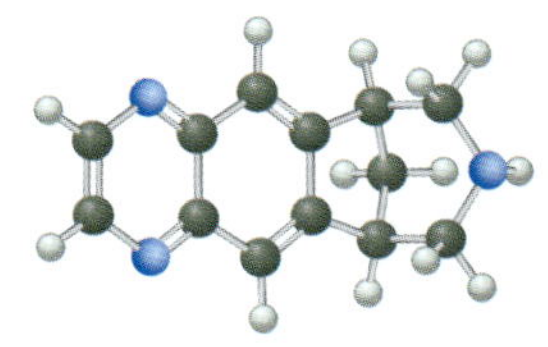

varenicline

a. Varenicline에 있는 N 원자 중 가장 강염기성인 것은 어느 것인가? 이유를 설명하라.

b. Varenicline을 HCl과 반응시켰을 때 생성되는 화합물은 무엇인가?

명명법

23.37 다음 화합물을 체계명 또는 관용명을 쓰라.

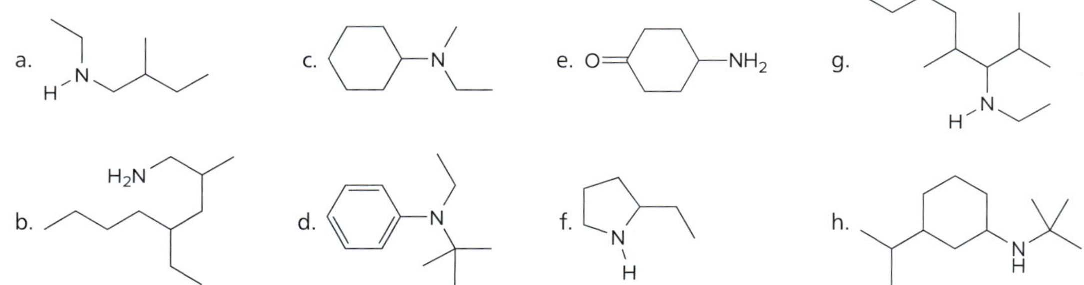

23.38 각 이름에 대응하는 구조를 그려라.

a. *N*-isobutylcyclopentanamine

b. tri-*tert*-butylamine

c. *N,N*-diisopropylaniline

d. *N*-methylpyrrole

e. *N*-methylcyclopentanamine

f. 3-methylhexan-2-amine

g. 2-*sec*-butylpiperidine

h. (*S*)-heptan-2-amine

염기도

23.39 화합물 **A~E**를 염기도가 증가하는 순서로 정렬하라.

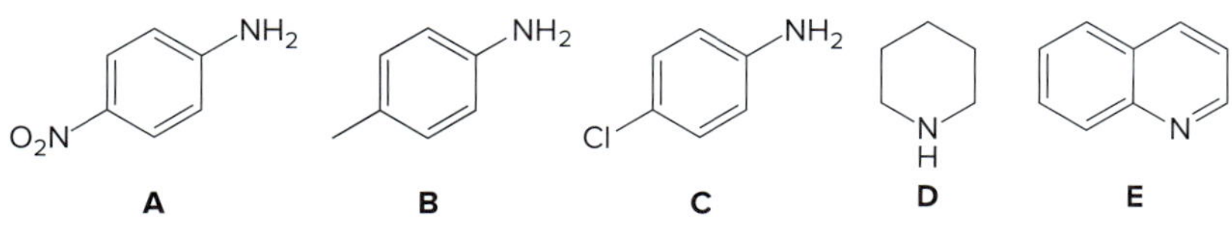

23.40 각 분자에서 가장 강한 염기성인 N 원자는 어느 것인가? 각 화합물을 CH_3CO_2H와 반응시켰을 때 생성되는 생성물의 구조를 그려라. Zolpidem(상품명 Amibien)은 불면증 치료에 사용되고, aripiprazole(상품명 Abilify)은 우울증, 정신분열증 및 조울증 치료에 사용되며 apixaban(상품명 Eliquis)는 항응고제이다.

a. zolpidem

b. aripiprazole

c. apixaban

23.41 각 화합물에서 표시된 N 원자를 염기도가 증가하는 순서로 정렬하라. Imatinib(상품명 Gleevec)은 위장 종양뿐만 아니라 만성 골수성 백혈병의 치료에 사용되고 히스타민(23.5B절)은 알러지와 관련되어 콧물이 나거나 눈물이 흐르는 증상을 일으킨다. Trazodone은 수면제나 항우울제로 사용되는 약이다.

a. imatinib

b. histamine

c. trazodone

23.42 23.9절의 원리를 사용하여 각각의 다음 의약품에서 가장 염기성인 N 원자는 무엇인지를 결정하라. 그 다음에는 각 화합물을 HCl로 처리하였을 때 얻어지는 생성물을 그려라. Theophylline은 천식과 COPD를 치료하는 데 쓰인다. Niraparib(상품명 Zejula)은 2017년에 미국에서 난소암의 치료제로 승인되었다.

a. theophylline

b. niraparib

23.43 Pyrimidine이 pyridine보다 덜 염기성인 이유를 설명하라.

pyridine

pyrimidine

23.44 *m*-Nitroaniline이 *p*-nitroaniline보다 염기성이 더 센 이유를 설명하라.

23.45 Pyrrole이 pyrrolidine보다 더 산성인 이유는 무엇인가?

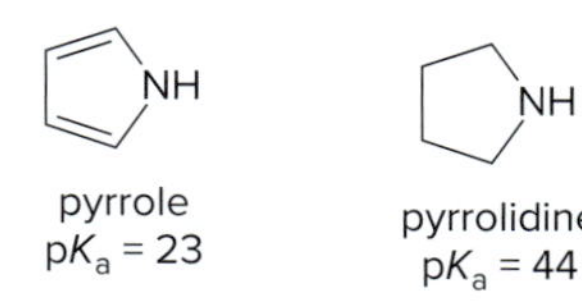

아민의 제조

23.46 환원으로 각각의 아민을 만들기 위해 어떤 아마이드가 필요한가?

a.  b. 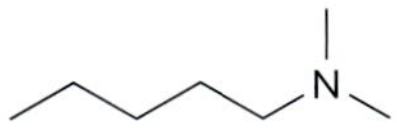 c.

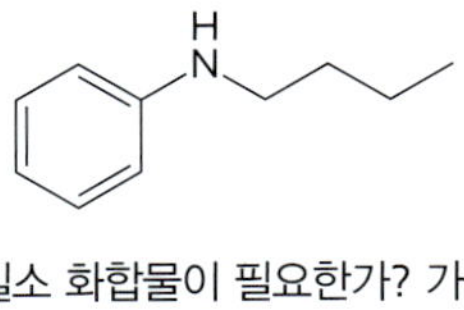

23.47 환원성 아민화 반응으로 다음의 각 화합물을 만들기 위해 어떤 카보닐과 질소 화합물이 필요한가? 가능한 출발물이 두 개 이상이라면, 가능한 방법을 모두 나타내라.

a. 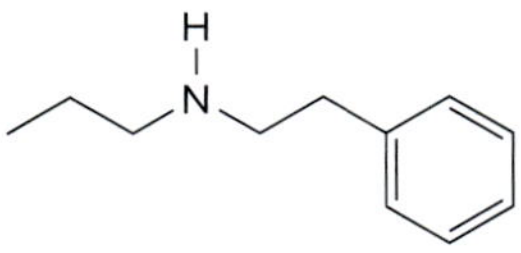 b. 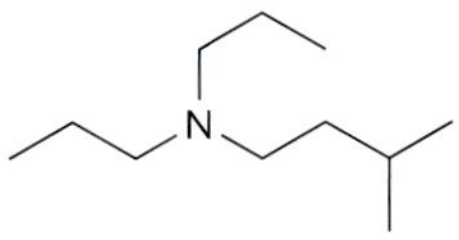 c.

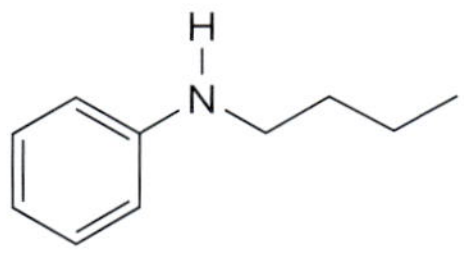

23.48 환원성 아민화 반응의 생성물을 그려라.

a. 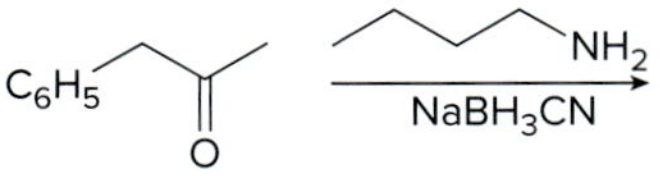 C_6H_5 … $\xrightarrow[NaBH_3CN]{}$ c. C_6H_5…CHO $\xrightarrow[NaBH_3CN]{NH_3}$

b. 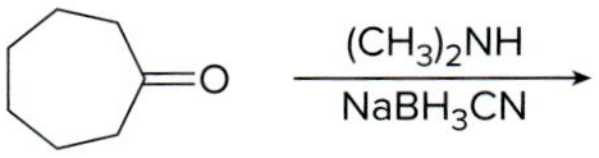 … $\xrightarrow[NaBH_3CN]{(CH_3)_2NH}$ d. 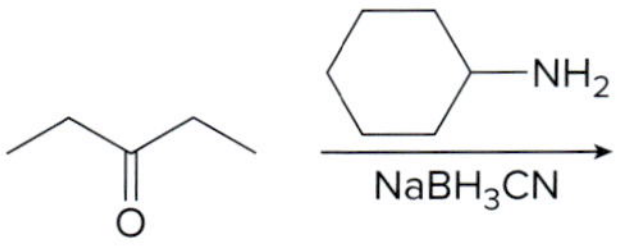 … $\xrightarrow[NaBH_3CN]{}$

23.49 고혈압 치료에 쓰이는 약인 lisinopril 합성의 한 단계는 환원제의 존재에서 **A**와 **B**의 반응으로 **C**를 얻는 것이다. **C**의 구조는 무엇인가?

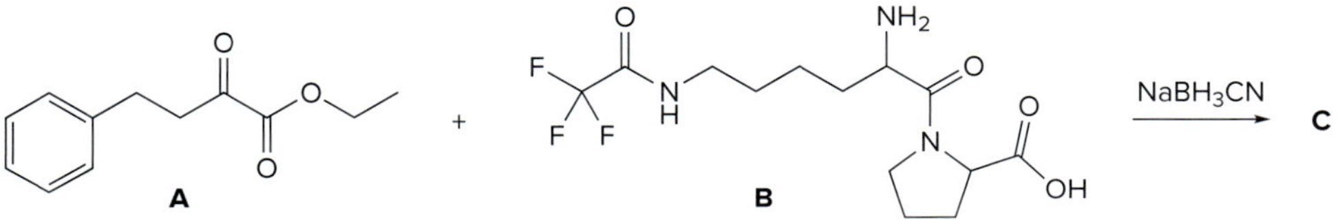

A + **B** $\xrightarrow{NaBH_3CN}$ **C**

23.50 **A**를 분자내 환원성 아민화시키면, 독화살개구리의 피부에 있는 독인 pumiliotoxin C가 얻어진다. Pumiliotoxin C의 구조는 무엇인가?

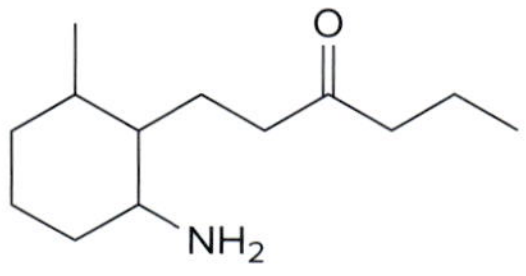

A

추출

23.51 추출법으로 toluene ($C_6H_5CH_3$)과 benzoic acid (C_6H_5COOH), 그리고 aniline ($C_6H_5NH_2$)을 어떻게 분리할 수 있는가?

반응

23.52 *p*-Methylaniline ($CH_3C_6H_4NH_2$)을 각각의 시약으로 처리하였을 때 생성되는 생성물을 그려라.

a. HCl
b. CH_3COCl
c. $(CH_3CO)_2O$
d. 과량의 CH_3I
e. $(CH_3)_2C=O$
f. CH_3COCl, $AlCl_3$
g. CH_3CO_2H
h. $NaNO_2$, HCl
i. Part (b), 그다음 CH_3COCl, $AlCl_3$
j. CH_3CHO, $NaBH_3CN$

23.53 각각의 아민을 [1] CH_3I(과량), [2] Ag_2O, [3] 가열(Δ)로 반응시켰을 때 생성되는 생성물을 그려라. 혼합물이 생기는 경우에는, 주생성물을 나타내라.

a. 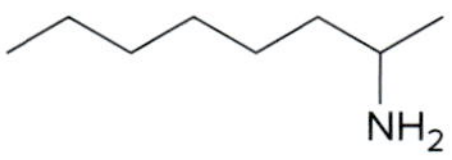 b. 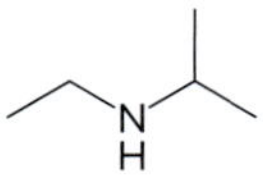 c. 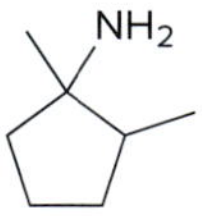 d.

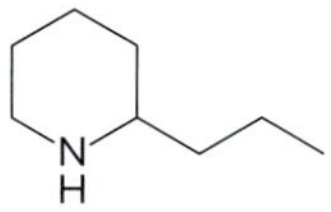

23.54 경미한 치매 치료제인 galantamine의 합성에서 한 가지 중간체인 아민 **X**에 대한 다음 질문에 답하라.

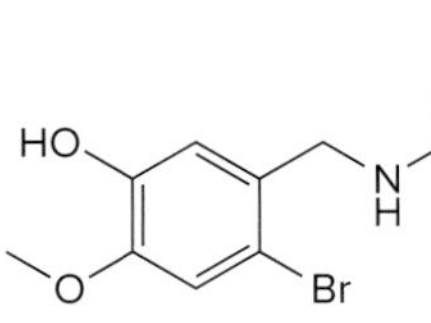
HO
OH
N
H
O
Br

X

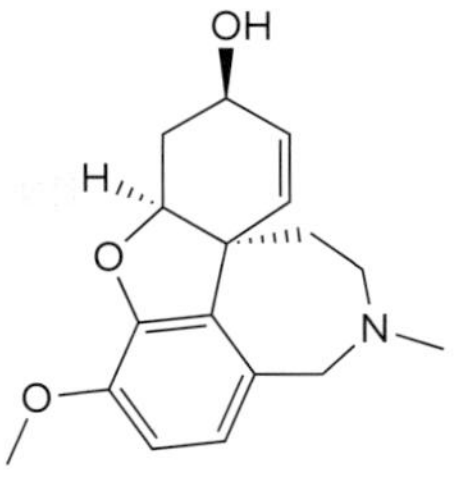
OH
H
O
N
O

galantamine

a. 어떠한 아마이드를 환원하면 **X**가 얻어지는가?

b. 환원성 아민화 반응으로 **X**를 얻는 데 필요한 출발물은 무엇인가? 모든 가능한 방법을 그려라.

c. **X**의 Hofmann 제거 반응에서 무슨 생성물이 생기는가?

23.55 주의력 결핍 및 과잉 행동장애(ADHD) 치료제인 atomoxetine에 대한 다음 질문에 답하라.

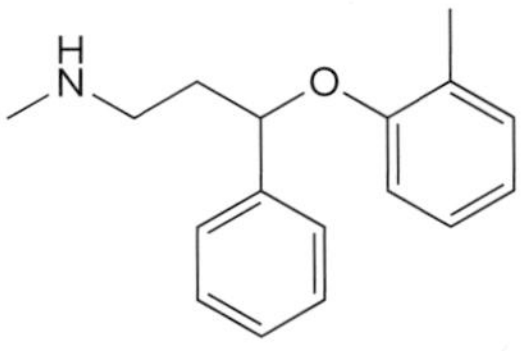
H
N
O

atomoxetine

a. 어떠한 아마이드를 환원하면 atomoxetine이 얻어지는가?

b. 환원성 아민화 반응으로 atomoxetine를 얻는 데 필요한 출발물은 무엇인가? 모든 가능한 방법을 그려라.

c. Atomoxetine로부터 Hofmann 제거 반응이 일어나면 어떤 생성물들이 얻어지겠는가?

23.56 각 반응에서 얻어지는 생성물을 그려라.

a. 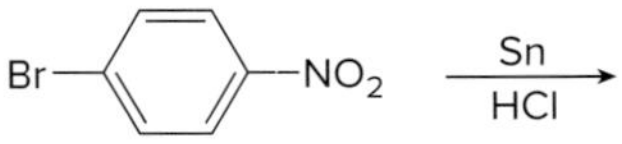
Br
NO2
Sn
HCl

b. 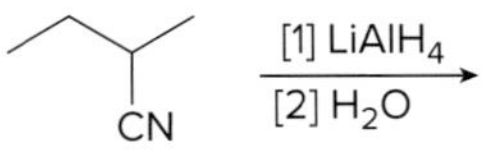
CN
[1] LiAlH4
[2] H2O

c. 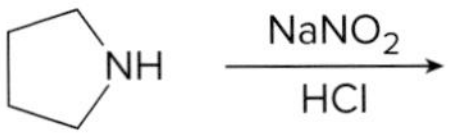
NH
NaNO2
HCl

d. 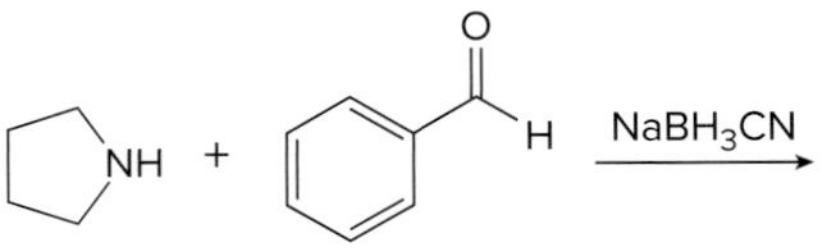
NH
+
O
H
NaBH3CN

e. 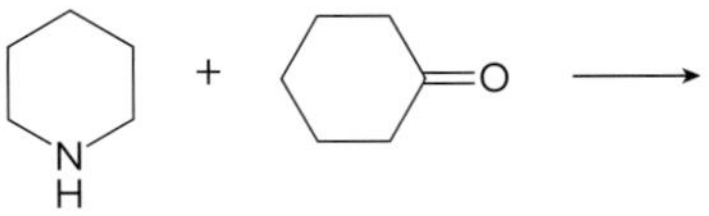
N
H
+
O

f. 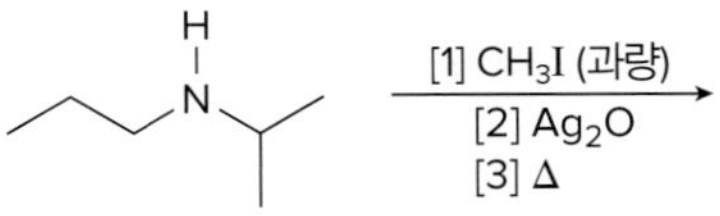
H
N
[1] CH3I (과량)
[2] Ag2O
[3] Δ

23.57 각 아민에서 생성되는 Hofmann 제거 반응의 주생성물은 무엇인가?

a. 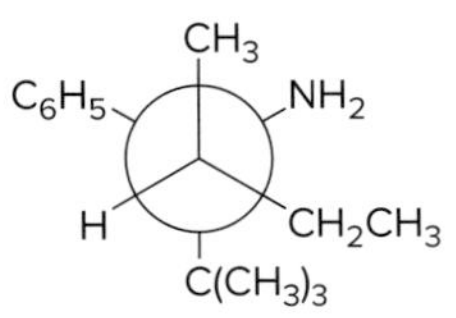
CH3
C6H5
NH2
H
CH2CH3
C(CH3)3

b. 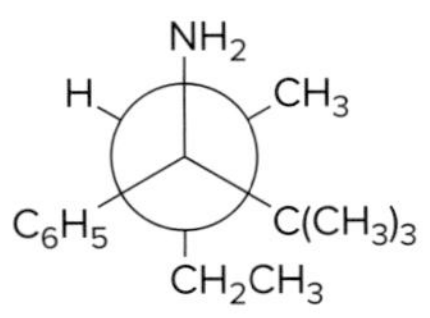
NH2
H
CH3
C6H5
C(CH3)3
CH2CH3

c. 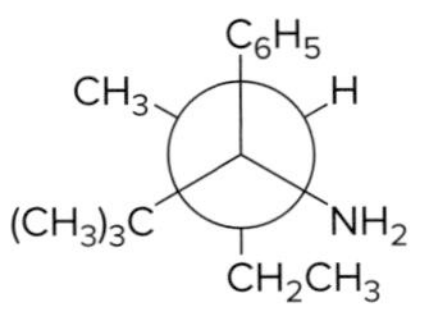
C6H5
CH3
H
(CH3)3C
NH2
CH2CH3

23.58 진통제이며 마취제인 fentanyl 합성의 중간체 **A**, **B**와 **C**의 구조를 규명하라.

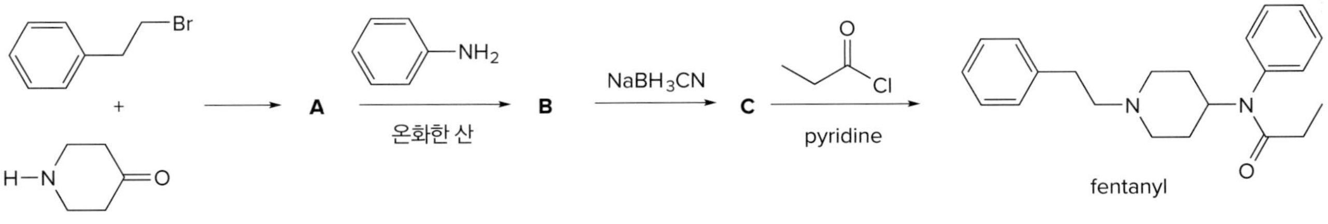
Br
+
H—N
O
A
NH2
온화한 산
B
NaBH3CN
C
O
Cl
pyridine
N
N
O
fentanyl

23.59 Aprepitant(상품명 Emend)는 화학요법으로 생기는 급성 메스꺼움과 구토를 예방하는 목적으로 사용된다. Aprepitant 합성의 중간체인 **E**와 **F**의 구조를 밝혀라.

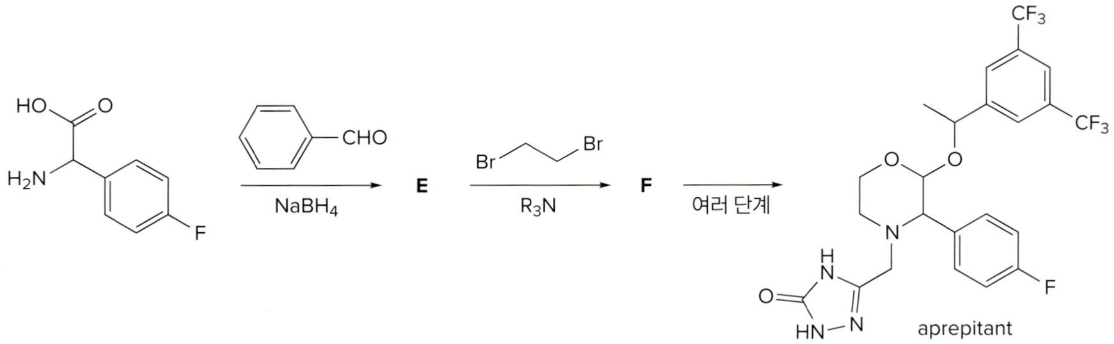

HO, O, H_2N, F, CHO, $NaBH_4$, **E**, Br, Br, R_3N, **F**, 여러 단계, CF_3, CF_3, O, O, N, F, H, N, O, HN, N, aprepitant

23.60 **A**를 일련의 시약으로 각각 처리하였을 때 생성되는 생성물을 그려라.

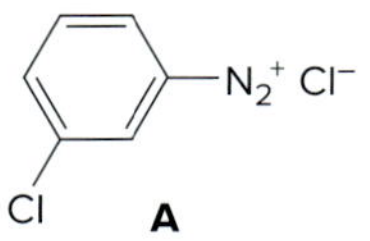

N_2^+ Cl^-, Cl, **A**

a. [1] H_2O; [2] NaH; [3] CH_3Br

b. [1] CuCN; [2] DIBAL-H; [3] H_2O

c. [1] $C_6H_5NH_2$; [2] CH_3COCl

23.61 *R* 배열의 카이랄 아민 **A**가 Hofmann 제거 반응을 하면 주생성물로서 알켄 **B**가 얻어진다. **B**를 오존으로 산화성 분해시킨 다음 CH_3SCH_3으로 처리하면, $CH_2=O$와 $CH_3CH_2CH_2CHO$가 생성된다. **A**와 **B**의 구조는 무엇인가?

메커니즘

23.62 각 반응의 단계별 메커니즘을 그려라.

a. Br, Br + NH_2 $\xrightarrow{NaOH}$ N + H_2O + NaBr

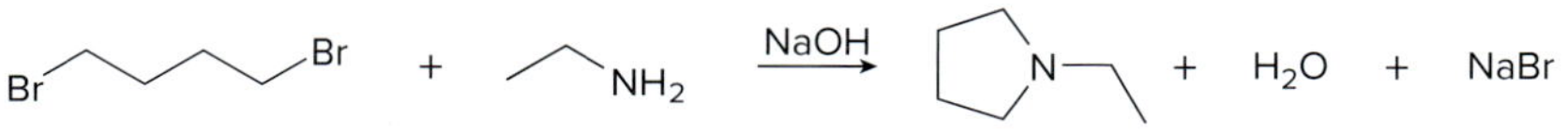

b. O, NH_2 $\xrightarrow[CH_3OH]{NaBH_4}$ H, N + H_2O

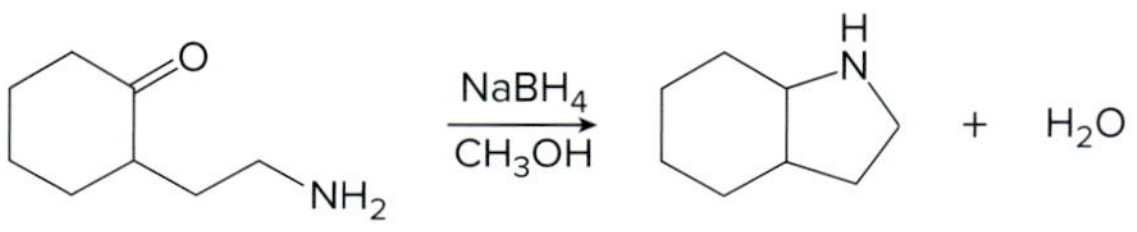

23.63 다음 반응의 단계별 메커니즘을 그려라.

OH, HN $\xrightarrow[\text{온화한 산}]{H_2C=O}$ OH, N + H_2O

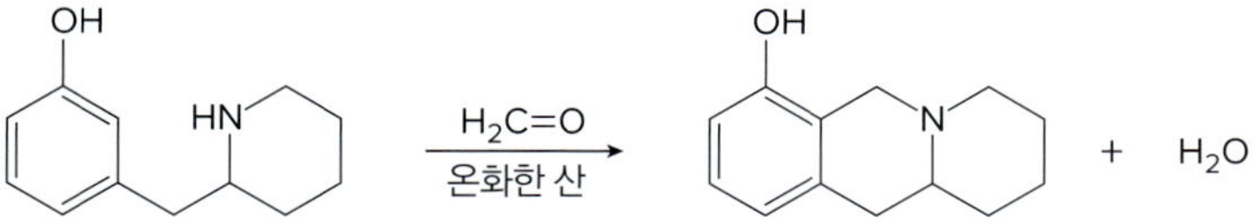

23.64 콜레스테롤 저하제인 atorvastatin(상품명 Lipitor, 29.8절, 문제 21.53)의 한 가지 합성에서는 다이케톤 **X**와 아민 **Y**의 반응으로 pyrrole을 만든다. 이 반응의 단계별 메커니즘을 그려라.

F, O, O, HN, O, **X** + H_2N, O, O, **Y** $\xrightarrow{RCO_2H}$ O, O, F, N, NH, O

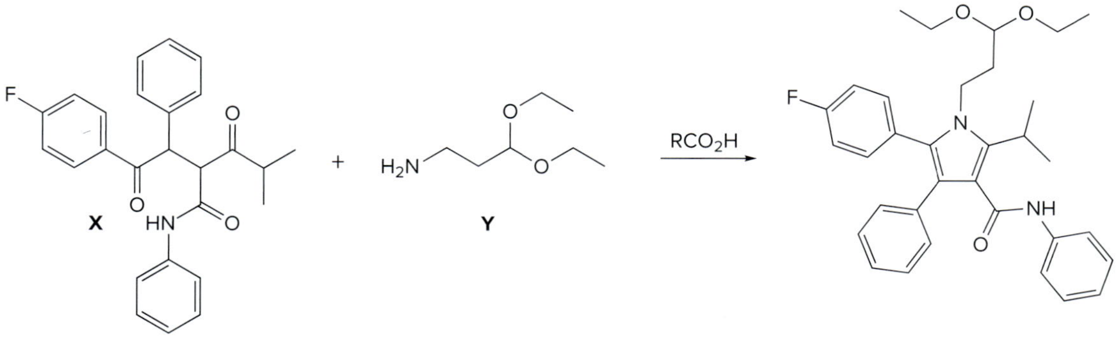

합성

23.65 벤젠으로부터 각각의 화합물의 합성을 고안하라. 탄소 수가 하나 혹은 둘인 알코올과 무기 시약을 사용할 수 있다.

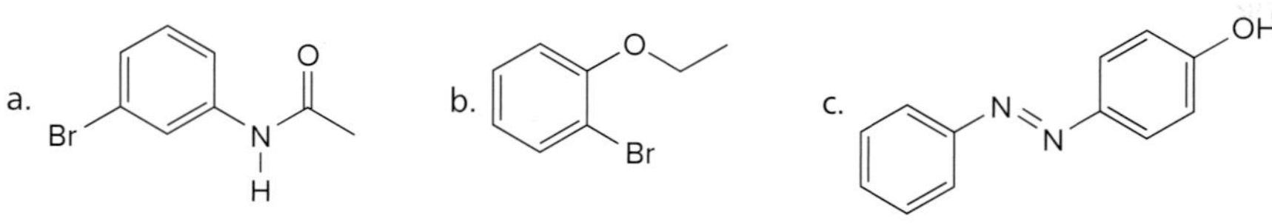

23.66 출발물로 아닐린($C_6H_5NH_2$)을 사용하여 각 화합물의 합성을 고안하라.

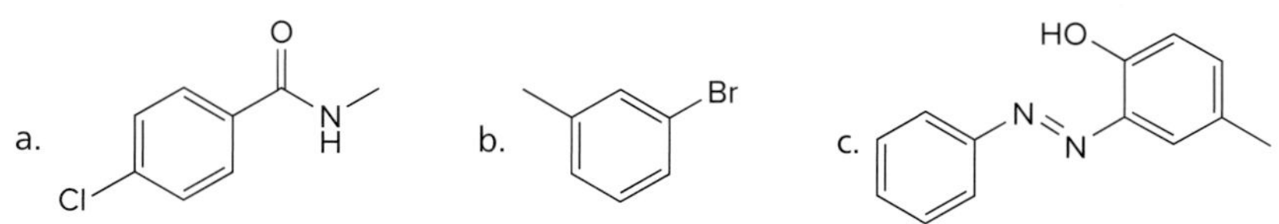

23.67 벤젠과 한 개의 탄소가 있는 아무 유기 화합물 및 필요한 시약으로부터 *N*-methylbenzylamine ($PhCH_2NHCH_3$)을 제조하기 위한 최소 세 가지 다른 합성 방법을 고안하라.

23.68 Sassafras에서 분리(문제 18.31)되는 safrole은 여러 가지 방법으로 불법적인 각성제인 MDMA [3,4-methylenedioxymethamphetamine, 엑스터시(Ecstasy)]로 변환될 수 있다. (a) Safrole에서 출발하고 친핵성 반응을 이용하여 아민을 도입하는 합성법을 고안하라. (b) Safrole에서 출발하고 환원성 아민화 반응을 이용하여 아민을 도입하는 합성법을 고안하라.

MDMA ⟹ safrole

23.69 벤젠으로부터 각각의 화합물을 합성하라. 합성 중간체의 하나로서 다이아조늄염을 사용하라.

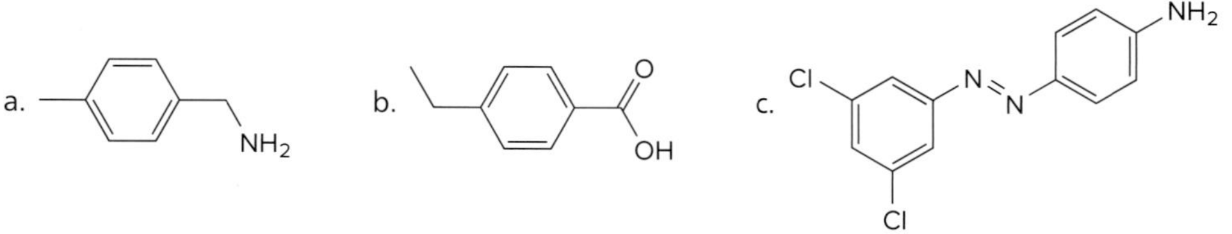

23.70 벤젠으로부터 생물학적으로 활성인 각 화합물의 합성을 고안하라.

a. acetaminophen (진통제)

b. 유사 에페드린 (코 울혈 제거제)

23.71 벤젠과 탄소 수 네 개 이하인 유기 알코올 및 다른 필요한 시약을 사용하여 각 화합물의 합성을 고안하라.

a. b. c.

분광법

23.72 Butan-1-amine의 질량 스펙트럼에서 어미 이온을 확인하고 주피크의 구조를 제안하라.

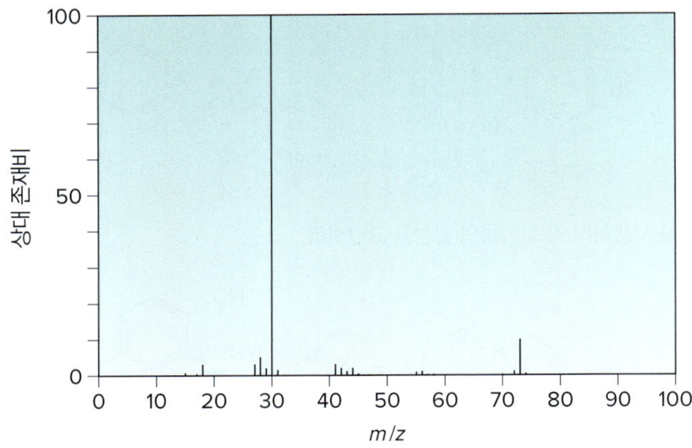

23.73 세 개의 이성질성 화합물 **A**, **B**, **C**의 분자식은 $C_8H_{11}N$이다. **A**, **B**, **C**의 ^1H NMR과 IR 스펙트럼 자료가 아래에 주어져 있다. 이들의 구조는 무엇인가?

화합물 **A**: 3400 cm^{-1}에서 IR 피크

A의 ^1H NMR

5 H 1 H 2 H 3 H

ppm

화합물 **B**: 3310 cm^{-1}에서 IR 피크

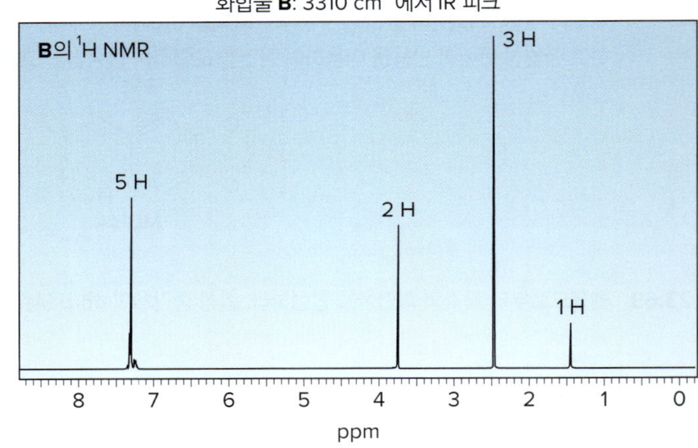

화합물 **C**: 3430, 3350 cm^{-1}에서 IR 피크

C의 ^1H NMR

2 H 2 H 2 H 2 H 3 H

ppm

도전 문제

23.74 짝산의 pK_a 값이 13.6인 guanidine은 가장 센 중성 유기 염기 중 하나이다. 이를 설명하라.

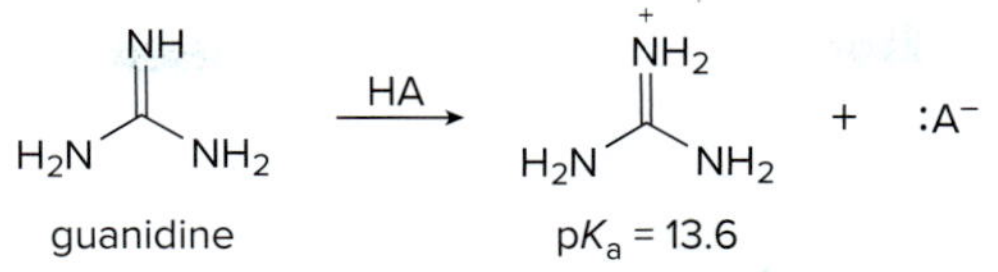

guanidine — HA → pK_a = 13.6 + :A^-

23.75 다음 화합물을 염기도가 증가하는 순서대로 정렬하고, 이유를 설명하라.

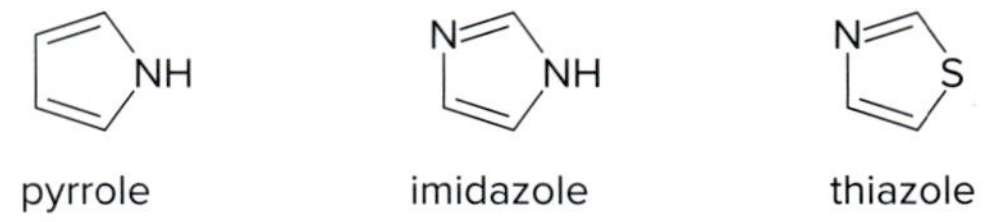

pyrrole imidazole thiazole

23.76 다음 일련의 반응에서 생성물 **Y**의 구조를 그려라. **Y**는 1911년에 Wilstatter가 수행한 cyclooctatetraene의 주목할 만한 합성의 한 중간체였다.

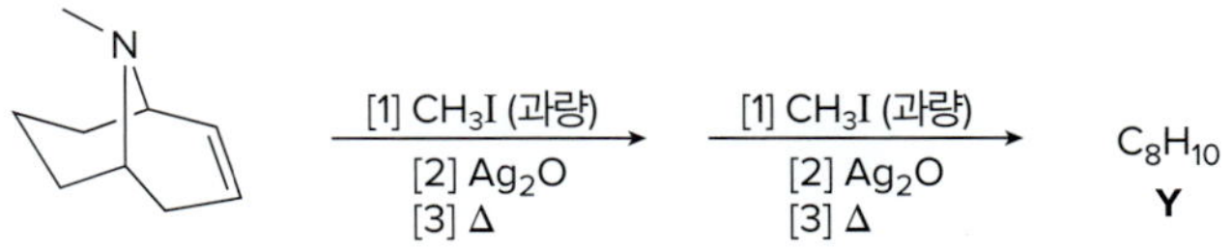

[1] CH_3I (과량) [2] Ag_2O [3] Δ → [1] CH_3I (과량) [2] Ag_2O [3] Δ → C_8H_{10} **Y**

23.77 주어진 출발물로부터 각 화합물의 합성법을 고안하라. Albuterol은 기관지 확장제이며, proparacaine은 국소 마취제이다.

a. albuterol

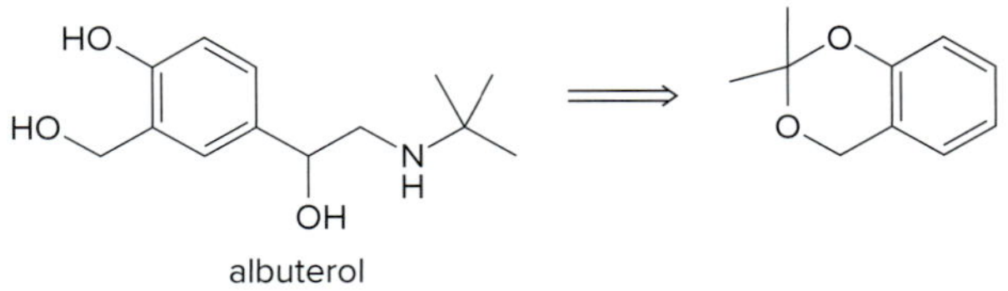

b. proparacaine

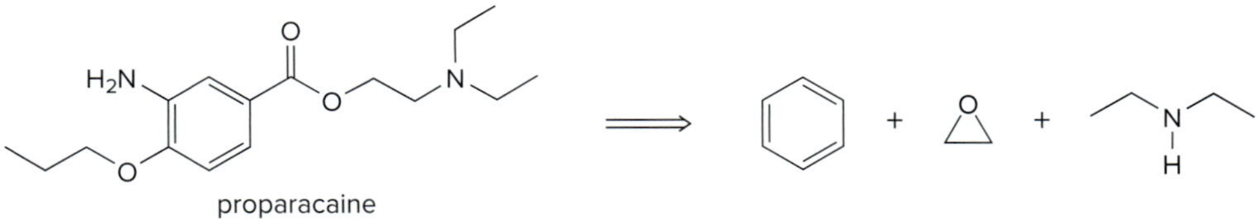

23.78 화합물 **X**를 폼알데하이드 수용액과 함께 가열하면 화합물 **Y** ($C_{17}H_{23}NO$)가 얻어진다. **Y**는 lupin에서 분리되는 알칼로이드인 lupinine과 epilupinine이 섞여 있는 혼합물로 변환된 바 있다. **Y**의 구조를 밝히고, 이것이 어떻게 만들어지는지 설명하라.

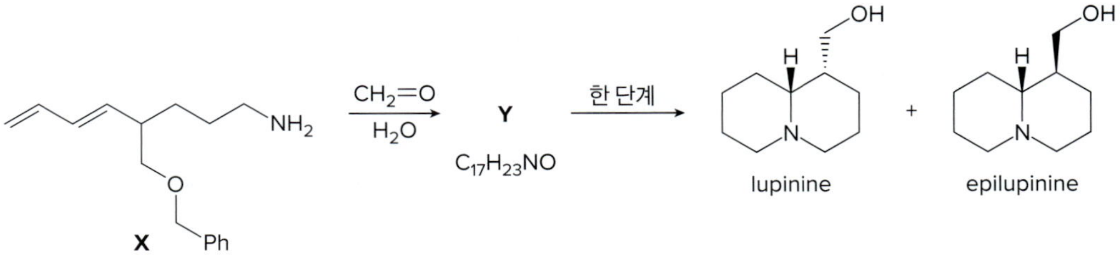

X — $CH_2{=}O$, H_2O → **Y** $C_{17}H_{23}NO$ — 한 단계 → lupinine + epilupinine

자가-시험 해답

1. c 2. b 3. b 4. a 5. b 6. a 7. c 8. b 9. d 10. a

유기 합성에서 탄소-탄소 결합 형성 반응

Carbon–Carbon Bond-Forming Reactions in Organic Synthesis

24

ORGANIC CHEMISTRY

DEA/M. GIOVANOLI/De Agostini Picture Library/Getty Images

인제놀 메뷰테이트(ingenol mebutate)는 유럽, 북아프리카, 서아시아 등이 원산지인 대극과 식물인 *유포르비아(Euphorbia peplus)*의 수액에서 얻은 천연물인 인제놀에서 유래하는 에스터이다. 인제놀 유도체는 유용한 생리 활성이 있지만, 천연 원천에서 분리하는 일은 쉽지 않았기 때문에 과학자들은 실험실에서 효과적으로 합성할 수 있는 방법을 개발하였다. 인제놀 메뷰테이트의 젤 제품(상품명 Picato)은 햇빛에 과다 노출되어 발생하는 광선각화증(actinic keratosis)의 치료제로 승인되었는데 이 질환은 피부암의 일종인 편평세포암(squamous cell carcinoma)을 유발할 수 있다. 24장에서는 인제놀과 같은 복잡한 화합물을 합성할 수 있는 탄소-탄소 형성 반응을 배울 것이다.

왜 공부하는가? . . .

탄소–탄소 결합을 형성하는 반응이란?

복잡한 분자의 탄소 골격을 만들기 위해 유기 화학자는 다양한 탄소–탄소 결합 형성 반응을 알고 있어야 한다. 예를 들어 17장에서 유기금속 시약—유기리튬 시약, Grignard 시약, 유기구리 화합물(organocuprate)과 카보닐 기질과의 반응에 대해 배웠다. 21장과 22장에서는 새로운 탄소–탄소 결합을 만드는 친핵성 엔올 음이온의 반응에 대해 공부했다.

24장에서는 유기 합성에서 특히 유용한 도구인 더 많은 탄소–탄소 결합의 생성 반응을 소개한다. 이전 장에서는 한 개나 두 개 작용기의 반응에 중점을 두었다. 하지만 이 장에서는 많은 종류의 출발물과 개념적으로 다른 반응들을 사용하여 다양한 유형의 생성물을 만드는 것을 다룬다. 모든 반응들의 한 가지 핵심은 온화한 조건에서 새로운 탄소–탄소 결합을 형성하는 다재다능한 합성 방법이라는 것이다.

24.1 유기구리 화합물의 짝지음 반응

역자주: Organocuprate를 유기구리산염 대신에 편의상 유기구리 시약(화합물)으로 번역하였다.

몇몇의 탄소–탄소 결합 생성 반응은 유기 할로젠화물(R'X)을 유기금속 시약이나 알켄과 짝을 짓는 반응이다. 24.1–24.4절에서는 네 가지 유용한 반응을 다룬다.

[1] **유기 할로젠화물과 유기구리 시약의 반응(24.1절)**

$$R'-X + R_2CuLi \longrightarrow R'-R + RCu + LiX$$

R_2CuLi: 유기구리 시약; $R'-R$: 새로운 C–C 결합

[2] **Suzuki 반응: 팔라듐 촉매 존재하에서 유기 할로젠화물과 유기붕소 화합물의 반응(24.2절)**

$$R'-X + R-B\langle \xrightarrow[\text{NaOH}]{\text{Pd 촉매}} R'-R + HO-B\langle + NaX$$

$R-B\langle$: 유기붕소 시약; $R'-R$: 새로운 C–C 결합

[3] **Heck 반응: 팔라듐 촉매 존재하에서 유기 할로젠화물과 알켄의 반응(24.3절)**

C–C 결합 형성 반응의 전체 목록은 부록 F에 나와 있다.

$$R'-X + CH_2{=}CH-Z \xrightarrow[Et_3N]{\text{Pd 촉매}} R'-CH{=}CH-Z + Et_3\overset{+}{N}H\ X^-$$

$R'-CH{=}CH-Z$: 새로운 C–C 결합

[4] **Stille 짝지음: 팔라듐 촉매 존재하에서 유기 할로젠화물과 유기주석의 반응(24.4절)**

$$R'-X + R-SnBu_3 \xrightarrow{\text{Pd 촉매}} R'-R + X-SnBu_3$$

$R-SnBu_3$: organostannane; $R'-R$: 새로운 C–C 결합

24.1A 유기구리 화합물 짝지음 반응의 일반적인 특성

산 염화물, 에폭사이드 α,β-불포화 카보닐 화합물(17.13~17.15절)의 반응과 더불어 **유기구리 화합물(R_2CuLi)은 유기 할로젠화물 R'–X와 반응하여 C–C 결합이 새로 생긴 짝지음 생성물인 R–R'을 생성한다.** 유기구리 화합물에서 두 개의 R 중 하나의 R만 생성물을 만드는 데 사용되고, 나머지 하나는 반응 부산물인 RCu의 일부로 남는다.

$$R'-X + R_2CuLi \longrightarrow R'-R + RCu + LiX$$

R_2CuLi: 유기구리 화합물; $R'-R$: 새로운 C–C 결합; $RCu + LiX$: 부산물

X가 sp^2 혼성 탄소에 결합한 할로젠화 바이닐과 할로젠화 아릴뿐만 아니라, 메틸과 1° 할로젠화 알킬을 포함한 다양한 유기 할로젠화물이 사용될 수 있다. 몇몇 고리형 2° 할로젠화 알킬도 적

당한 수율의 생성물을 주기도 하지만, 3° 할로젠화 알킬은 입체 장애가 너무 크다. R'X의 할로젠은 Cl, Br 또는 I가 될 수 있다.

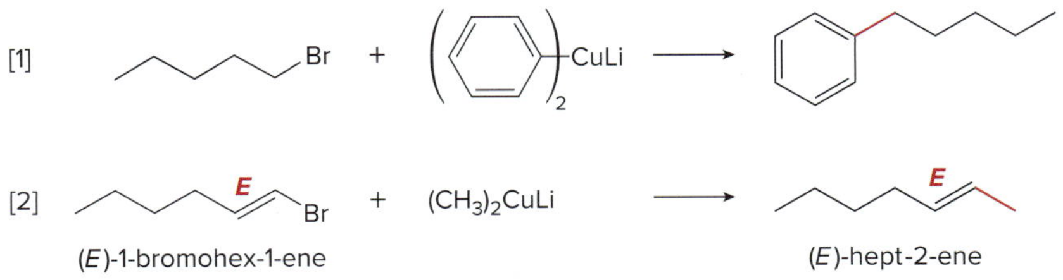

[1] (bromopentane) + $(C_6H_5)_2CuLi$ ⟶ (pentylbenzene)

[2] (*E*)-1-bromohex-1-ene + $(CH_3)_2CuLi$ ⟶ (*E*)-hept-2-ene

붉은색은 새로운 C–C 결합

할로젠화 바이닐의 짝지음 반응은 **입체특이적** 반응이다. 예를 들어 (*E*)-1-bromohex-1-ene과 $(CH_3)_2CuLi$의 반응은 유일한 입체 이성질체로서 (*E*)-hept-2-ene을 생성한다(반응식 [2]).

문제 24.1 각 짝지음 반응의 생성물을 그려라.

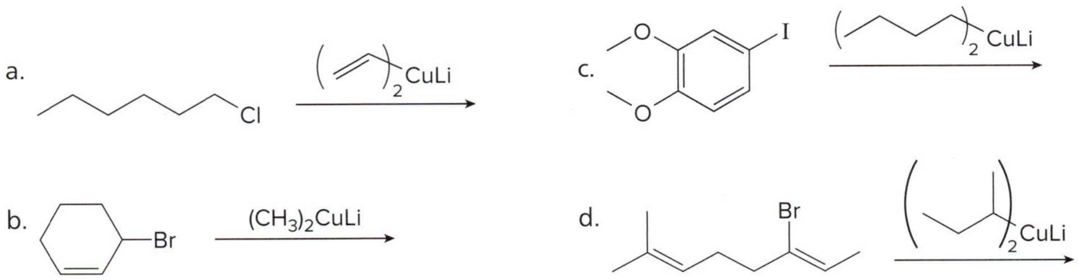

a. (1-chlorohexane) $\xrightarrow{(CH_2{=}CH)_2CuLi}$

b. (4-bromocyclohexene) $\xrightarrow{(CH_3)_2CuLi}$

c. (4-iodo-1,2-dimethoxybenzene) $\xrightarrow{(CH_3CH_2CH_2CH_2)_2CuLi}$

d. (Br을 가진 diene) $\xrightarrow{(\text{alkyl})_2CuLi}$

문제 24.2 다음 반응식에서 시약 **A**와 **B**는 무엇인가? 이 합성 단계는 곤충의 복잡한 생활 주기를 조절하는 한 그룹의 화합물 중의 하나인 C_{18} 유충 호르몬을 만드는 데 사용되었다.

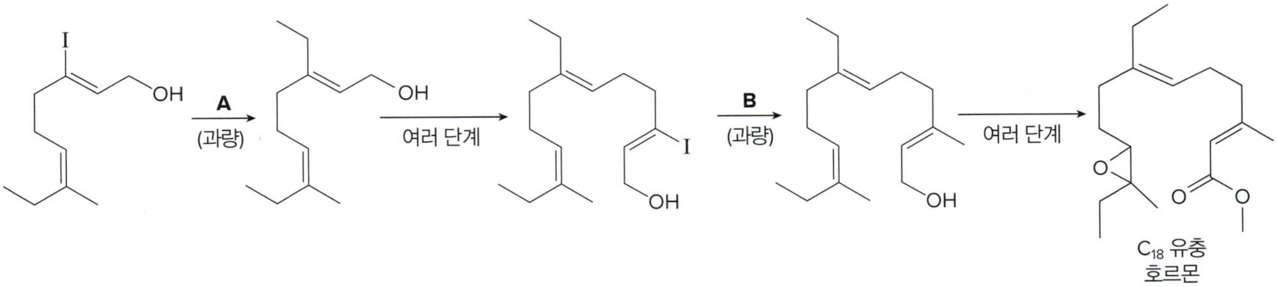

(I, OH 화합물) $\xrightarrow[\text{(과량)}]{\textbf{A}}$ (OH 화합물) $\xrightarrow{\text{여러 단계}}$ (I, OH 화합물) $\xrightarrow[\text{(과량)}]{\textbf{B}}$ (OH 화합물) $\xrightarrow{\text{여러 단계}}$ C_{18} 유충 호르몬

유충 호르몬(문제 24.2)은 북미산(産) 큰 나방(cecropia moth)과 다른 곤충이 다 자랄 때까지 유령기를 유지한다. 곤충 수를 조절하기 위하여 합성 유충 호르몬을 사용하면 곤충의 성숙이 방해받기 때문에 성적으로 성숙한 성충이 다음 세대를 전파할 수 없다.
Matt Jeppson/Shutterstock

24.1B 유기구리 화합물 짝지음 반응을 이용한 탄화수소 합성

유기구리 화합물(R_2CuLi)은 할로젠화 알킬(RX)로부터 두 단계를 거쳐서 만들어지기 때문에, 이 방법은 결과적으로 두 개의 유기 할로젠화물(RX와 R'X)을 탄소–탄소 결합이 새로 생긴 탄화수소 R–R'으로 변환시킨다. 탄화수소는 예제 24.1에 나타낸 것과 같이, 일반적으로 두 가지의 다른 방법으로 합성할 수 있다.

$$R{-}X \xrightarrow[\text{(2당량)}]{Li} R{-}Li \xrightarrow[\text{(0.5당량)}]{CuI} R_2CuLi \xrightarrow{R'{-}X} R'{-}R$$

두 개의 유기 할로젠 화합물이 출발물로 필요하다.

예제 24.1 유기구리 짝지음을 이용하여 탄화수소 합성하기

1-Bromocyclohexene과 CH_3I로부터 1-methylcyclohexene을 합성하라.

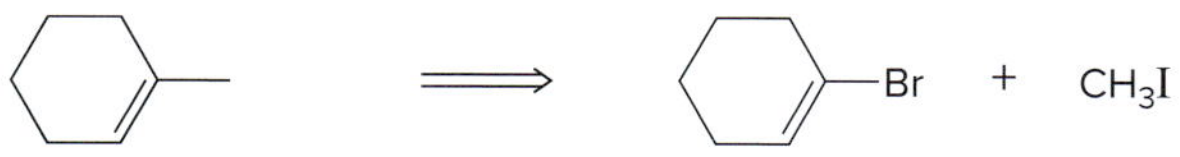

1-methylcyclohexene ⟹ 1-bromocyclohexene + CH_3I

풀이

이 예에서는 두 할로젠화물을 사용하여 유기구리 화합물을 만들고, 이를 두 번째 할로젠화물과 짝지을 수 있다.

가능성 [1] CH_3I → [1] Li (2당량) [2] CuI (0.5당량) → $(CH_3)_2CuLi$ → (1-bromocyclohexene) → 1-methylcyclohexene

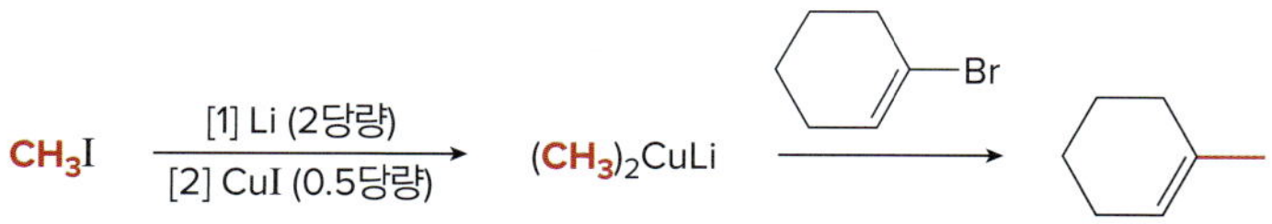

가능성 [2] 1-bromocyclohexene → [1] Li (2당량) [2] CuI (0.5당량) → (cyclohexenyl)$_2$CuLi → CH_3I → 1-methylcyclohexene

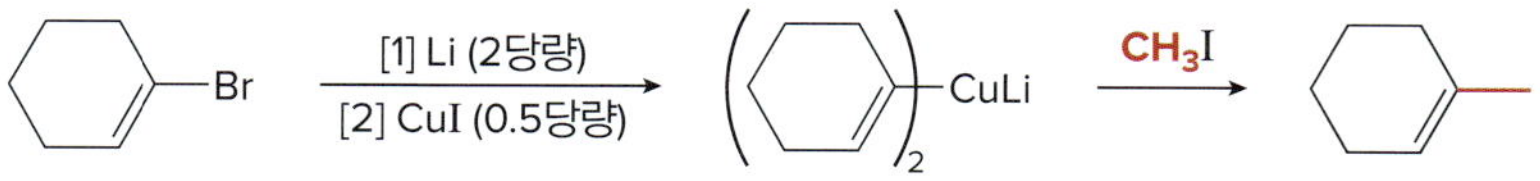

문제 24.3 주어진 출발물로부터 유기구리 화합물 짝지음 반응을 이용하여 각 생성물을 합성하라.

a. 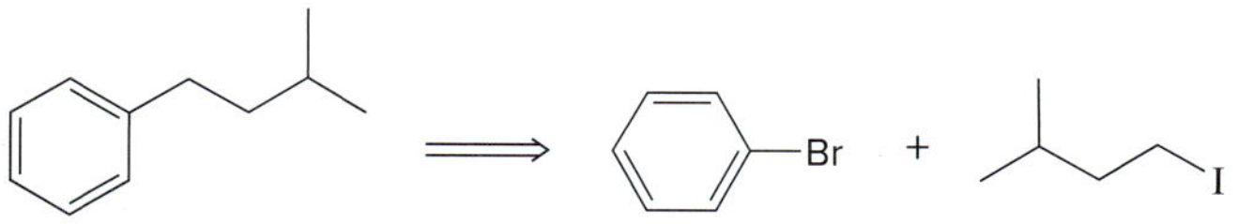 ⟹ bromobenzene (Br) + I

b.  ⟹ 탄소가 4개인 RX

c. 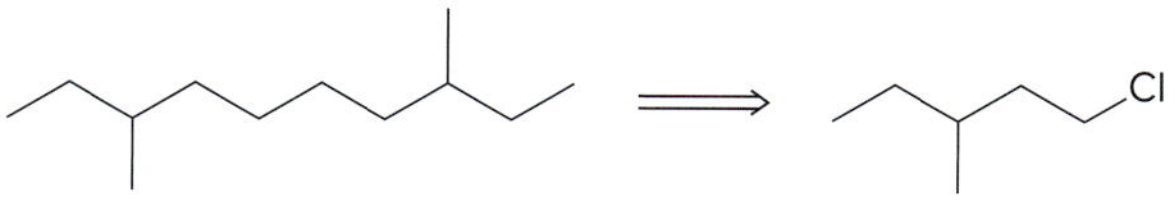 ⟹ Cl 유일한 생성물

추가 문제: 문제 24.26a, 24.27, 24.31을 풀어보라.

이 반응의 메커니즘은 R'–X에서 R'의 종류에 따라서 다를 수 있다. sp^2나 sp^3 혼성화된 탄소에 할로젠 X가 있는 유기 할로젠 화합물과의 짝지음 반응이 일어나므로 S_N2 메커니즘만으로는 이 모든 결과를 설명할 수 없다.

24.2 Suzuki 반응

Suzuki 반응은 팔라듐 촉매를 이용하고 유기팔라듐 화합물 중간체를 거쳐 일어나는 세 가지 반응 중 첫 번째 반응이다.

24.2A Pd 촉매를 이용하는 반응의 일반적인 특성

팔라듐 화합물을 이용한 반응은 다른 종류의 전이 금속이 관여하는 반응과 많은 공통점이 있다. 반응 중간에 **팔라듐은** 금속에 전자 밀도를 제공하는(가끔은 전자 밀도를 끌어당기는) **리간드(ligand)**

라고 불리는 다양한 종류의 기와 배위한다. 전자를 제공하는 일반적인 리간드는 triphenylphosphine, tri(*o*-tolyl)phosphine, 또는 tricyclohexylphosphine 같은 **포스핀(phosphine)이다.**

PPh_3
triphenylphosphine

P(*o*-tolyl)$_3$
tri(*o*-tolyl)phosphine
PAr_3로 생략
Ar = 아릴기

PCy_3
tricyclohexylphosphine

금속에 결합하는 일반적인 리간드는 **L**로 표시한다. 네 개의 리간드와 결합한 Pd는 PdL_4로 표시한다.

Ac는 아세틸기 **$CH_3C{=}O$**의 약자이다. 따라서 **OAc**(또는 **$^-$OAc**)는 acetate, **$CH_3CO_2^-$**의 약자이다.

탄소–팔라듐 결합 화합물인 유기팔라듐 화합물은 반응이 일어나는 과정에서 $Pd(OAc)_2$나 $Pd(PPh_3)_4$와 같은 다른 종류의 팔라듐 시약으로부터 만들어진다. 대부분의 유용한 반응에서 촉매량의 팔라듐 시약이 사용된다.

산화성 첨가(oxidative addition)와 **환원성 제거(reductive elimination)** 반응으로 불리는 두 가지의 반응이 팔라듐 화합물이 관여하는 많은 반응에서 자주 나타난다.

- **산화성 첨가**는 금속에 시약(RX와 같은)이 첨가하는 반응이며 보통 금속 주위에 기의 수가 두 개 증가한다.

- **환원성 제거**는 금속 주위의 두 개의 기가 제거되는 반응이며 보통 새로운 C–H나 C–C 결합이 생성된다.

팔라듐 화합물의 메커니즘은 보통 여러 단계로 진행된다. 반응이 일어나는 도중 Pd에 결합하는 어 떤 기는 알 수 있지만, 다른 종류의 리간드는 알 수 없을 수도 있다. 결론적으로, 금속 주위에서 반응하는 중요한 기만 보통 표시하고 나머지 리간드는 생략한다.

24.2B Suzuki 반응의 상세한 기술

Suzuki 반응은 **유기 할로젠화물(R'X)과 유기보레인(RBY_2)의 팔라듐 촉매화 짝지음으로 C–C 결합이 새로 생긴 생성물(R–R')을 생성하는 반응**이다. $Pd(PPh_3)_4$는 흔히 사용하는 팔라듐 촉매이며 NaOH나 $NaOCH_2CH_3$와 같은 염기 존재하에 반응이 일어난다.

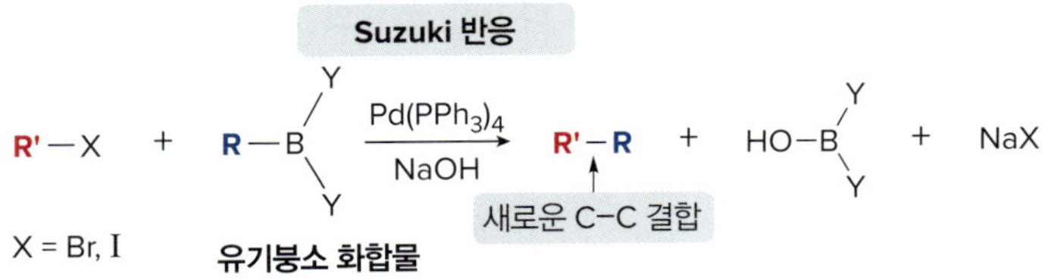

Suzuki 반응

R'—X + R—B(Y)(Y) →(Pd(PPh$_3$)$_4$, NaOH) R'—R + HO—B(Y)(Y) + NaX

X = Br, I　　유기봉소 화합물　　새로운 C–C 결합

할로젠 X가 sp^2 혼성화 탄소에 직접 결합된 할로젠화 바이닐과 할로젠화 아릴이 거의 대부분 사용되는데, 일반적으로 할로젠은 Br이나 I이다. Suzuki 반응은 예 [2]에 나타낸 것과 같이 완벽하게 **입체특이적**이어서 ***Z* 할로젠화 바이닐과 *E* vinylborane은 (*Z*,*E*)-1,3-다이엔을 생성한다.**

[1] (Pd(PPh$_3$)$_4$, NaOH)

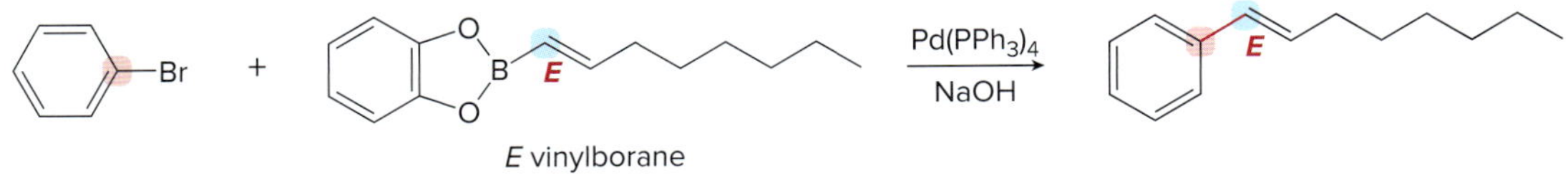

E vinylborane

[2] (Pd(PPh$_3$)$_4$, NaOEt)

Z vinyl bromide　　*E* vinylborane　　(*Z*,*E*)-1,3-diene

붉은색은 새로운 C–C 결합

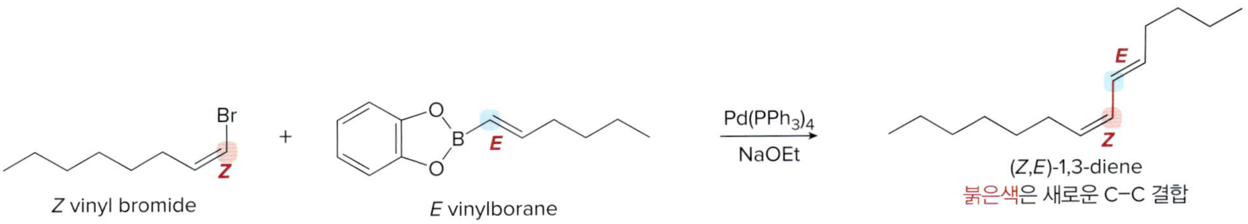

Suzuki 반응에 사용하는 유기봉소 화합물은 일반적으로 두 가지 방법으로 합성한다.

- 탄소–탄소 이중 결합에 봉소가 결합하고 있는 **vinylborane**은 알카인에 상업적으로 구할 수 있는 시약인 catecholborane을 수소화붕소 첨가 반응시켜 합성한다. 이 반응에서 **수소화붕소 첨가는 H와 B가 신(syn) 방식으로 첨가되어 *E* vinylborane이 얻어진다**. 말단 알카인의 수소화붕소 첨가 반응에서는 붕소 원자가 항상 치환기가 적은 말단 탄소에 위치한다.

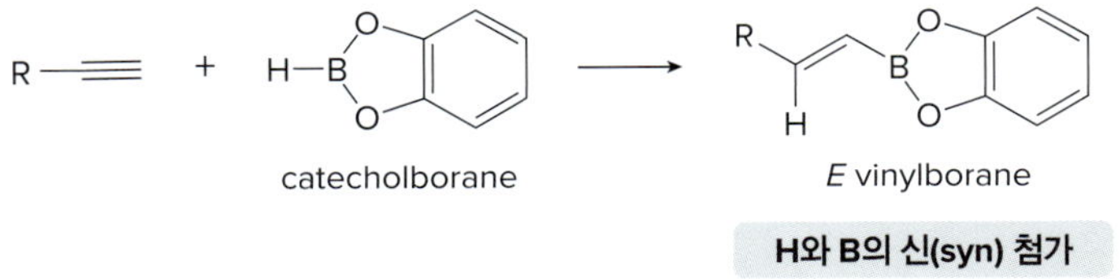

catecholborane　　*E* vinylborane

H와 B의 신(syn) 첨가

- 붕소 원자가 벤젠 고리에 결합되어 있는 **arylborane**은 유기리튬 시약을 trimethyl borate [B(OCH$_3$)$_3$]와 반응시켜 합성한다.

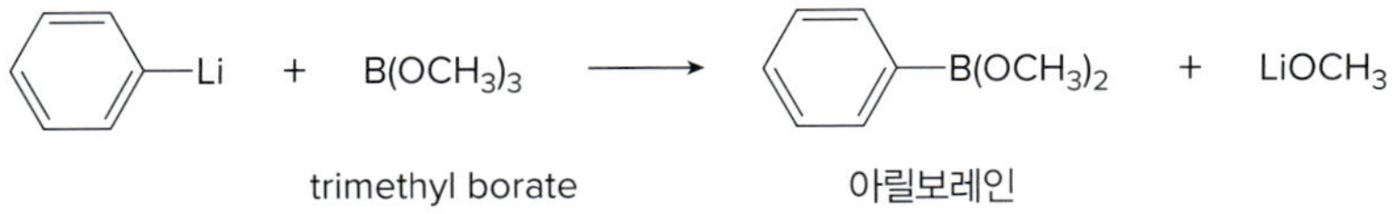

C$_6$H$_5$–Li + B(OCH$_3$)$_3$ → C$_6$H$_5$–B(OCH$_3$)$_2$ + LiOCH$_3$

trimethyl borate　　아릴보레인

문제 24.4 각 반응의 생성물을 그려라.

a. 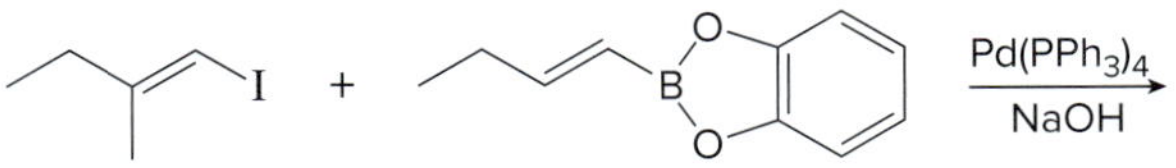 (Pd(PPh$_3$)$_4$, NaOH)

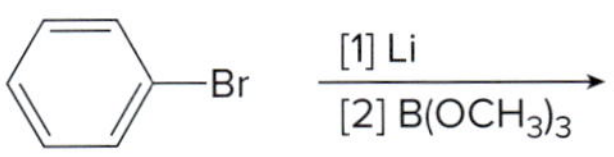

b. 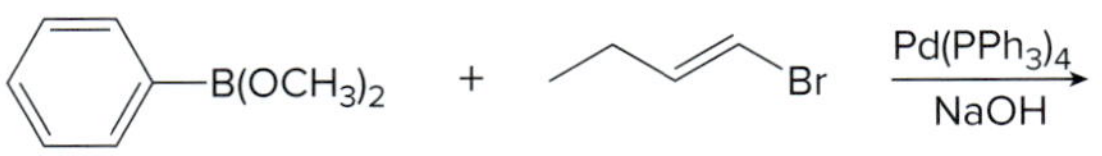 C$_6$H$_5$–B(OCH$_3$)$_2$ + (Pd(PPh$_3$)$_4$, NaOH)

c. C$_6$H$_5$–Br ([1] Li, [2] B(OCH$_3$)$_3$)

d. 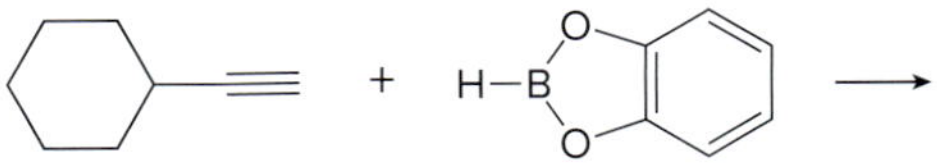 + H–B(catechol) →

문제 24.5 비스테로이드성 소염제인 rofecoxib(상품명 Vioxx) 합성의 한 단계는 **A**와 **B**의 Suzuki 짝지음 반응이다. 이 반응의 생성물은 무엇인가?

(구조: **A** — Br 치환 furanone 고리에 phenyl 기, + CH_3S–C₆H₄–$B(OH)_2$ **B**)

문제 24.6 각 반응에서 생성되는 생성물을 그려라.

a. (알카인) —[1] catecholborane (B–H), [2] Br-알켄, $Pd(PPh_3)_4$, NaOH →

b. Br–C₆H₄–OCH₃ —[1] Li (2당량), [2] $B(OCH_3)_3$ → (N-ethyl cinnamamide, Br) $Pd(PPh_3)_4$, NaOH →

Suzuki 반응 메커니즘은 팔라듐 촉매에 대한 R'-X의 산화성 첨가, 유기보레인에서 팔라듐으로의 알킬기 전이, 그리고 새로운 탄소–탄소 결합을 생성하는 R–R'의 환원성 제거를 포함하는 세 부분으로 이루어진다. 메커니즘 24.1에서 이 과정을 표현하기 위해 일반적인 할로젠화물 R'–X와 유

메커니즘 24.1 Suzuki 반응

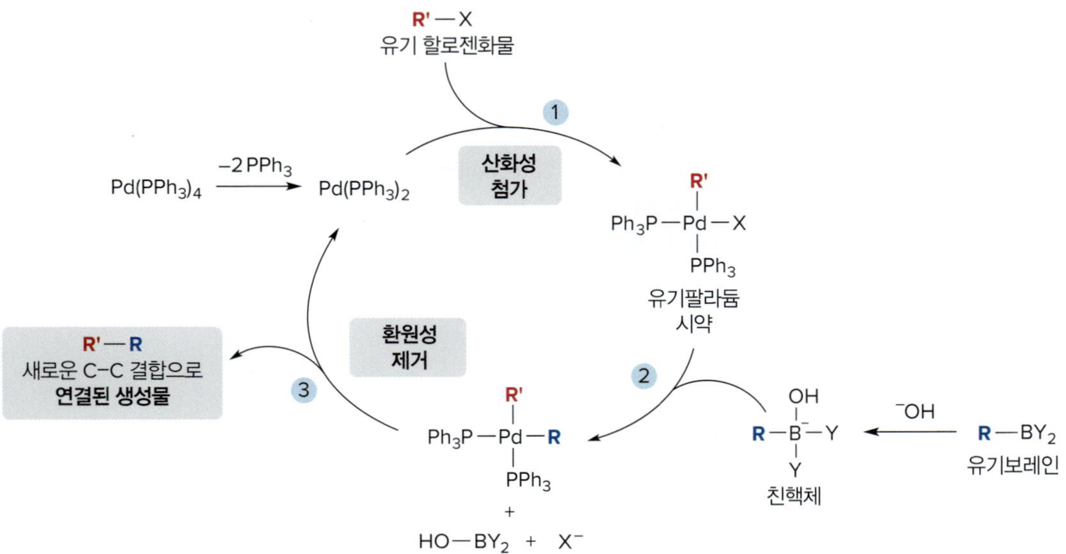

1. $Pd(PPh)_4$로부터 두 triphenylphosphine이 떨어지면 $Pd(PPh_3)_2$가 생성되고 **R'X의 산화성 첨가 반응으로 유기팔라듐 화합물이 생성된다.**
2. 유기보레인 RBY_2와 ^-OH의 반응으로 **붕소에서 팔라듐으로 알킬기가 이동하는** 친핵성 붕소 중간체가 생성된다.
3. **R–R'의 환원성 제거 반응**으로 새로운 탄소–탄소 결합이 생성되고, 팔라듐 촉매 $Pd(PPh_3)_2$가 재생된다.

그림 24.1
Suzuki 반응을 이용한 두 가지 천연물의 합성

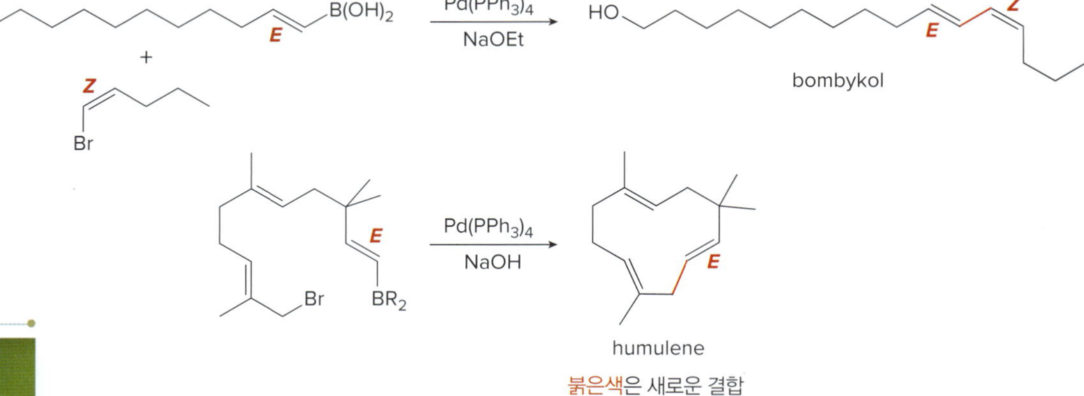

누에나방 암컷(*Bombyx mori*)의 성 페로몬인 bombykol(그림 24.1)의 구조는 1959년에 500,000마리의 누에나방에서 얻은 6.4 mg을 사용하여 규명되었다.
Alon Meir/Alamy Stock Photo

기보레인 R−BY$_2$을 사용하였다. 매커니즘은 종종 원으로 그려서 팔라듐이 촉매량만큼만 필요하다는 점을 강조하는데, 팔라듐 시약이 환원성 제거에서 재생되기 때문이다.

그림 24.1에서 볼 수 있듯이, Suzuki 반응은 누에나방 암컷의 성 페로몬인 **bombykol**과 홉(hop)으로부터 추출한 지질인 **humulene**의 합성에서 핵심 반응이었다. Humulene의 합성은 분자 내 Suzuki 반응으로 고리 화합물을 합성할 수 있음을 보여준다. 예제 24.2는 알카인과 할로젠화 바이닐의 Suzuki 반응으로 콘쥬게이션 다이엔을 합성할 수 있음을 보여준다.

예제 24.2 Suzuki 짝지음을 이용하는 합성 고안하기

Suzuki 짝지음을 이용하여 hex-1-yne과 (*Z*)-2-bromostyrene으로부터 (1*Z*,3*E*)-1-phenylocta-1,3-diene을 합성하라.

(1*Z*,3*E*)-1-phenylocta-1,3-diene ⟹ hex-1-yne + (*Z*)-2-bromostyrene (Br)

풀이

이 합성은 두 단계로 완성할 수 있다. Catecholborane을 이용한 hex-1-yne의 수소화붕소 첨가 반응으로 vinylborane을 만든다. Vinylborane과 (*Z*)-2-bromostyrene의 짝지음 반응으로 원하는 1,3-다이엔을 얻는다. **Vinylborane의 *E*-배열과 vinyl bromide의 *Z*-배열은 생성물에서도 유지된다.**

+ H−B (O, O)

[1] 수소화붕소 첨가 반응

H, B, O, O, *E* — H와 B의 신 첨가

+ Br, *Z*

[2] Pd(PPh$_3$)$_4$, NaOH — 짝지음 반응

E, *Z* — (1*Z*,3*E*)-1-phenylocta-1,3-diene

붉은색은 새로운 결합

문제 24.7 다음에 주어진 출발물로부터 각각의 생성물을 합성하라.

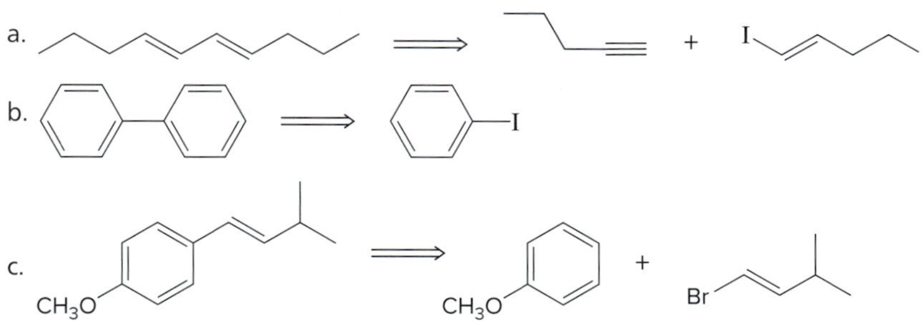

a. ⟹ + I

b. ⟹ I

c. CH_3O ⟹ CH_3O + Br

추가 문제: 문제 24.28, 24.32a, 24.36a, 24.54를 풀어보라.

24.3 Heck 반응

Richard Heck과 Akira Suzuki는 유기 합성에서 팔라듐 촉매화 짝지음 반응에 대한 멋진 연구로 2010년도 노벨 화학상을 수상하였다.

Heck 반응은 바이닐 또는 아릴 할로젠 화합물과 알켄의 팔라듐 촉매화 짝지음 반응으로 새로운 C−C 결합과 함께 치환기가 더 많은 알켄을 생성한다. 트라이아릴포스핀[P(*o*-tolyl)$_3$]의 존재하에서 palladium(II) acetate [Pd(OAc)$_2$]가 일반적인 촉매로 사용되고, 이 반응은 트라이에틸아민(Et_3N)과 같은 염기 존재하에서 반응이 진행된다. Heck 반응은 **치환 반응**으로 알켄 출발물의 H 원자가 바이닐 또는 할로젠화 아릴의 R'기와 치환된다.

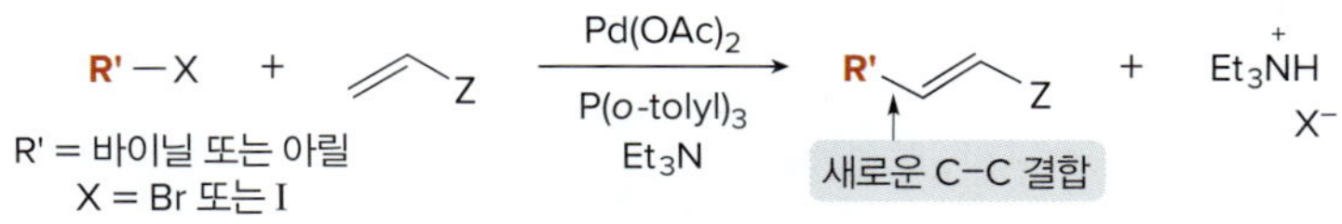

Heck 반응

R'−X + ⁀Z —[Pd(OAc)$_2$ / P(*o*-tolyl)$_3$ / Et_3N]→ R'⁀Z + $Et_3\overset{+}{N}H$ X^-

R' = 바이닐 또는 아릴
X = Br 또는 I

새로운 C−C 결합

알켄 부분은 일반적으로 에틸렌 또는 단일 치환 알켄(CH_2=CHZ)이고, 할로젠 X는 일반적으로 Br이나 I이다. 단일 치환 알켄에서 Z = Ph, COOR 또는 CN이고, **새로운 C−C 결합은 치환기가 적은 쪽의 탄소에 생기기 때문에 트랜스 알켄이 생성된다.** 유기 할로젠화물로서 vinyl halide를 사용하는 경우, 예 [2]에 나타낸 것과 같이 이 반응은 **입체특이적**이다. Vinyl iodide의 *E* 입체 화학이 생성물에서도 유지된다.

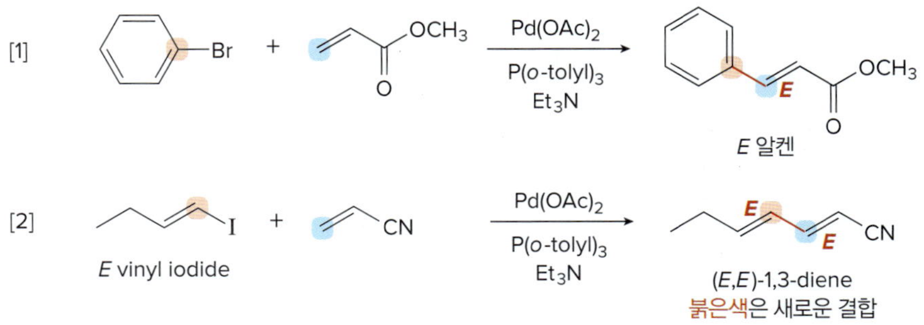

[1] Br + OCH_3, O —[Pd(OAc)$_2$ / P(*o*-tolyl)$_3$ / Et_3N]→ *E* OCH_3, O

E 알켄

[2] I + CN —[Pd(OAc)$_2$ / P(*o*-tolyl)$_3$ / Et_3N]→ *E* *E* CN

E vinyl iodide

(*E*,*E*)-1,3-diene
붉은색은 새로운 결합

문제 24.8 각 쌍의 화합물을 Pd(OAc)$_2$, P(*o*-tolyl)$_3$, Et_3N로 처리하였을 때 생성되는 짝지음 생성물을 그려라.

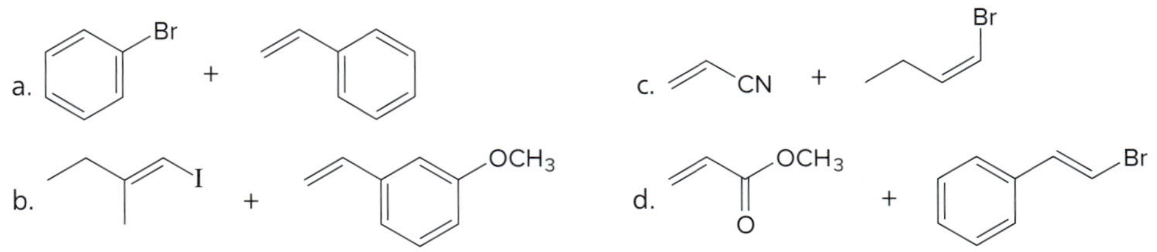

a. Br +

b. I + OCH_3

c. CN + Br

d. OCH_3, O + Br

Heck 반응을 합성에 이용하기 위해서는 어떤 알켄과 어떤 유기 할로전화물을 사용해야 하는지 결정해야 한다. **역합성 분석을 할 때에는 아릴, COOR, 또는 CN 치환기가 있는 이중 결합의 위치를 파악하고 이 치환기와 연결되지 않은 다른 쪽의 C=C 결합의 끝부분에서 분자를 두 성분으로 나눈다.** 예제 24.3은 이러한 역합성 과정을 예를 들어 설명한다.

R'−X ⟸ R'–CH=CH–Z ⟹ CH$_2$=CH–Z

할로젠화 바이닐 또는 할로젠화 아릴 | **Heck 반응의 생성물** | Z = Ph, CO_2R, CN

예제 24.3 Heck 반응에 필요한 출발물 결정하기

Heck 반응을 이용하여 각 알켄 화합물을 합성할 때 필요한 출발물은 무엇인가?

a. (OCH$_3$, CN 치환 알켄) b. (OEt, O 에스터 알켄)

풀이

Heck 반응을 이용하여 일반적인 분자식 R'CH=CHZ인 알켄 화합물을 합성하기 위해서는 두 출발물, 알켄 (CH_2=CHZ)과 할로젠화 바이닐 또는 할로젠화 아릴(R'X)이 필요하다.

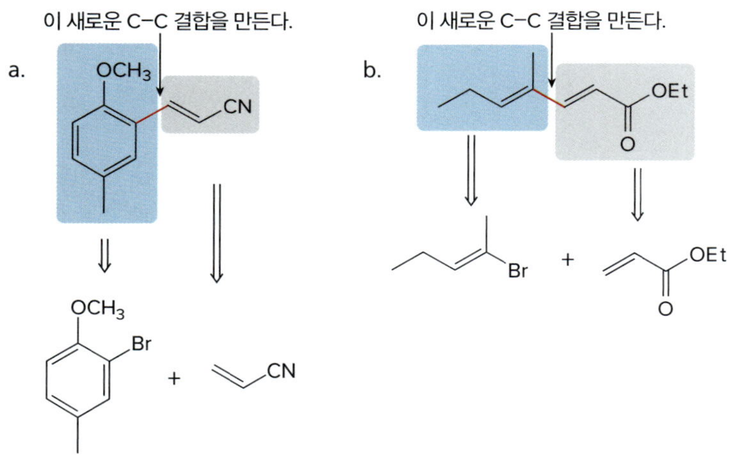

문제 24.9 Heck 반응을 이용하여 각 화합물을 합성하기 위한 필요한 출발물은 무엇인가?

a. (O, OCH$_3$) b. c. (O, CO_2CH_3)

추가 문제: 문제 24.29, 24.36b, 24.56을 풀어보라.

Heck 반응에서 실제 팔라듐 촉매는 두 tri(*o*-tolyl)phosphine 리간드가 팔라듐 원자에 결합되어 있는 것으로 생각되고, 간단히 Pd(PAr$_3$)$_2$)로 나타낸다. 이는 Suzuki 반응의 2가(divalent)의 팔라듐 촉매와 유사하다. Heck 반응 메커니즘은 팔라듐 촉매에 대한 할로젠 화합물 R'−X의 산화성 첨가와 **그 결과로 생기는 유기 팔라듐 시약이 알켄에 첨가되는 반응**, 그리고 **두 단계의 연속 제거 반응**으로 이루어진다. 일반적인 유기 할로젠 화합물 R'X와 알켄 CH_2=CHZ를 사용하여 이 과정을 메커니즘 24.2에서 설명하고 있으며, 이 반응이 팔라듐에서 촉매적임을 보이기 위하여 메커니즘을 원으로 그렸다.

메커니즘 24.2 Heck 반응

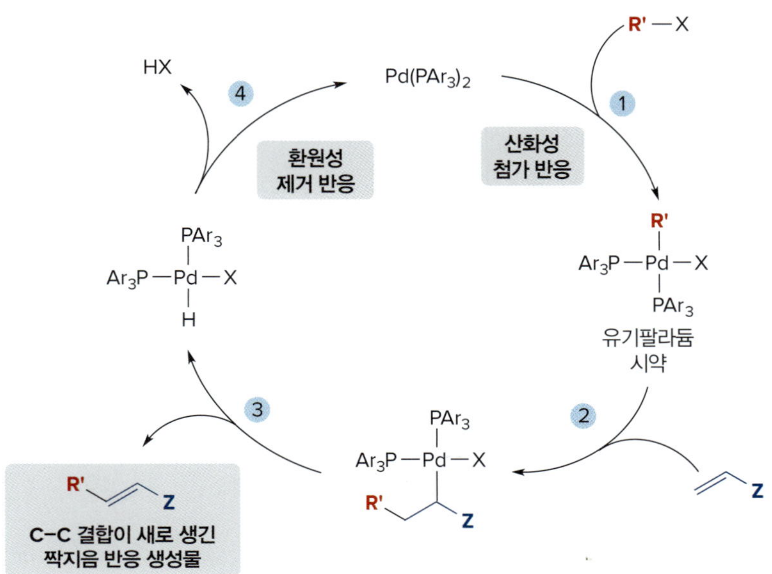

1. **R'X의 산화성 첨가 반응으로 유기팔라듐 시약이 생성된다.**
2. R'와 Pd가 CH_2=CHZ의 π-결합에 첨가하면 Pd이 Z 치환기가 있는 탄소에 놓인다.
3. **H와 Pd의 제거 반응으로 반응 생성물에서 π 결합이 생성되고**, 수소가 Pd 쪽으로 전이된다.
4. **HX의 환원성 제거 반응**으로 팔라듐 촉매 $Pd(PAr_3)_2$가 재생된다.

24.4 Stille 짝지음

Stille 짝지음은 유기 할로젠화물(R'X)과 유기주석 화합물($RSnBu_3$, organostannane이라고도 함)의 팔라듐 촉매화 짝지음 반응으로 C–C 결합이 새로 생긴 생성물(R–R')을 생성하는 반응이다. 이 반응은 $Pd(PPh_3)_4$을 포함하여 다양한 팔라듐 촉매를 이용하여 수행될 수 있다.

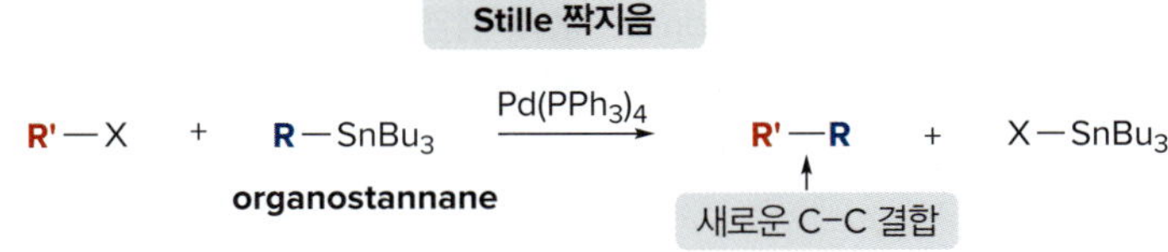

가장 흔하게, R과 R'은 바이닐이나 아릴기이고 할로젠은 대개 Br이나 I이다. 유기 할로젠화물로서 산 염화물을 사용한 Stille 짝지음도 보고된 바 있고 R = allyl (CH_2CH=CH_2) 그리고 R = benzyl (CH_2Ph)인 organostannane도 사용할 수 있다. 이 반응은 다른 작용기(CO_2R, CN, OH, CHO)의 존재하에서도 일어날 수 있기 때문에, 이 반응은 합성에서 널리 사용된다. 예 [2]에서 볼 수 있듯이, 이 반응은 **입체특이적**이다. **즉, *E* vinyl stannane과 *E* vinyl halide는 (*E*,*E*)-1,3-diene을 생성한다.**

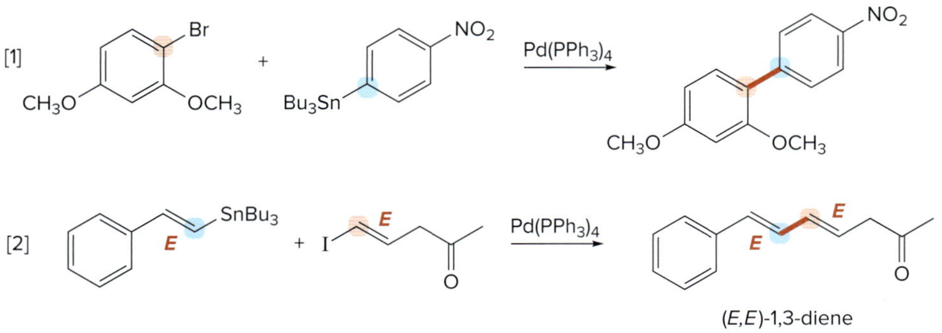

[1] CH_3O / Br / OCH_3 + Bu_3Sn / NO_2 $\xrightarrow{Pd(PPh_3)_4}$ CH_3O / OCH_3 / NO_2

[2] SnBu$_3$ (*E*) + I (*E*) O $\xrightarrow{Pd(PPh_3)_4}$ (*E*,*E*)-1,3-diene

Stille 짝지음에서 사용하는 organostannane은 유기리튬이나 Grignard 시약과 tributyltin chloride로부터 합성할 수 있다.

Li + Cl—SnBu$_3$ (tributyltin chloride) ⟶ SnBu$_3$ MgBr + Cl—SnBu$_3$ (tributyltin chloride) ⟶ SnBu$_3$

문제 24.10 팔라듐 촉매 존재하에서 각 쌍의 화합물이 Stille 짝지음을 수행할 때 생기는 화합물을 그려라.

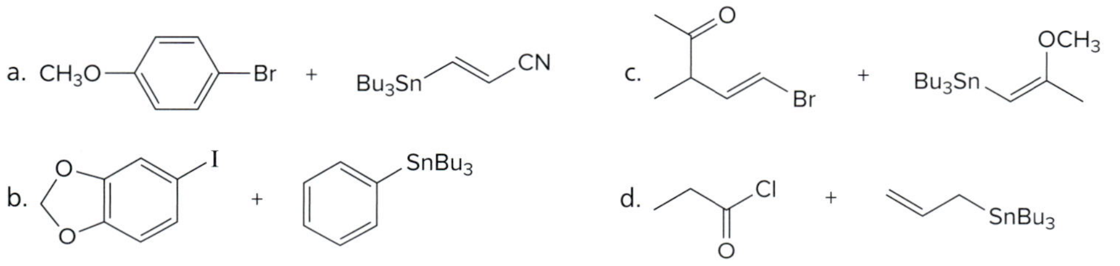

a. CH_3O—Br + Bu_3Sn CN
b. O O I + SnBu$_3$
c. O Br + Bu_3Sn OCH_3
d. Cl O + SnBu$_3$

문제 24.11 다음 반응 순서에서 **A**와 **B**를 확인하라.

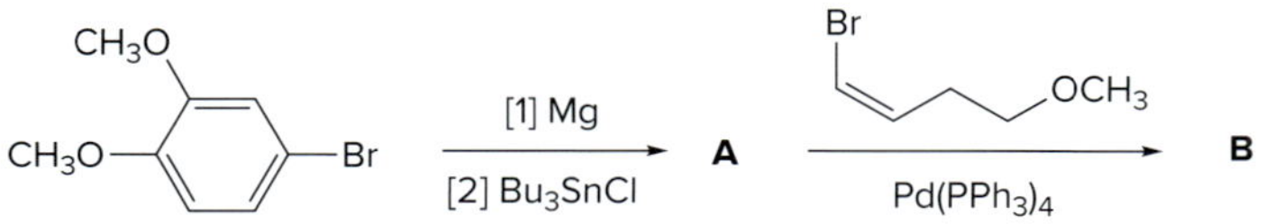

CH_3O / CH_3O Br $\xrightarrow[\text{[2] } Bu_3SnCl]{\text{[1] Mg}}$ **A** $\xrightarrow[Pd(PPh_3)_4]{\text{Br, } OCH_3}$ **B**

문제 24.12 분자내 Stille 짝지음을 이용하면 고리를 생성할 수 있다. 예로서, $Pd(PPh_3)_4$을 이용하는 화합물 **A**의 고리화 반응으로 **X**가 생성된다. **X**를 산으로 처리하면 벤젠 고리의 OR기가 OH기로 변환되어, 천연물 zearalenone이 얻어진다. Zearalenone은 곡물을 감염시켜 동물과 인간에게 심각한 위협을 주는 *Gibberella* 종의 균류에서 분리된 독소이다. **X**와 zearalenone의 구조를 밝혀라.

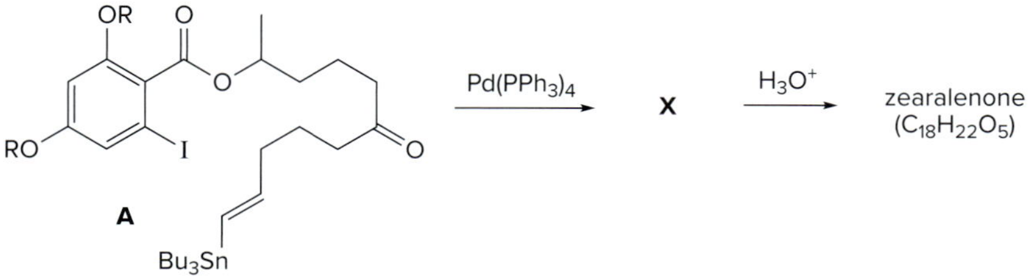

OR O / RO / I / O / O / Bu_3Sn **A** $\xrightarrow{Pd(PPh_3)_4}$ **X** $\xrightarrow{H_3O^+}$ zearalenone ($C_{18}H_{22}O_5$)

Stille 짝지음의 메커니즘은 팔라듐 촉매에 대한 R'X의 산화성 첨가, organostannane로부터 팔라듐으로의 알킬기의 이동(**금속 교환, transmetallation**), 그리고 R–R'의 환원성 제거로 이루어져 있으며 새로운 탄소–탄소 결합이 생성된다. Suzuki 그리고 Heck 반응의 메커니즘처럼, 메커니즘 24.3은 팔라듐의 촉매 역할을 강조하기 위하여 원으로 그려졌다. Heck 반응처럼, 실제 팔라듐 촉매는 $Pd(PPh_3)_2$처럼 2가(divalent) 팔라듐 화학종이라고 생각된다.

메커니즘 24.3 Stille 짝지음

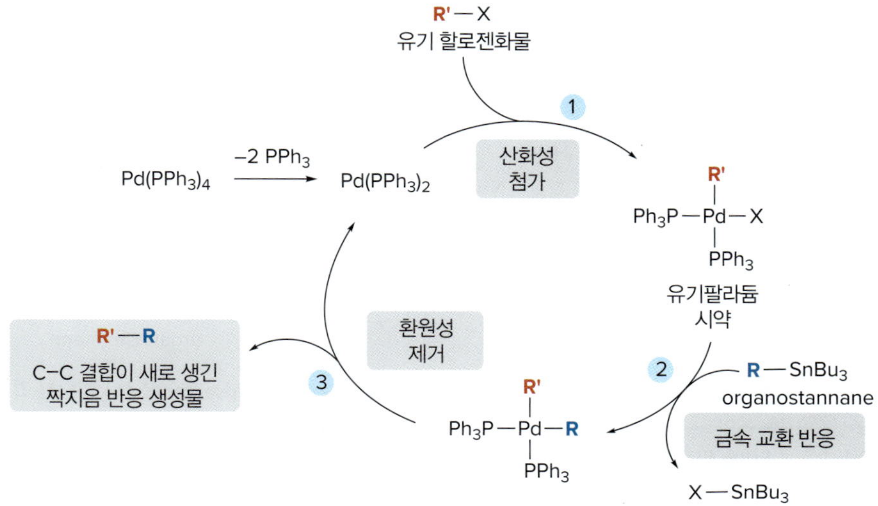

1. $Pd(PPh_3)_4$로부터 두 triphenylphosphine 리간드가 떨어지면 $Pd(PPh_3)_2$가 생성되고 **R'X의 산화성 첨가 반응으로 유기팔라듐 화합물이 생성된다.**
2. Organostannane과 유기팔라듐 시약과의 **금속 교환 반응**으로 **알킬기가 주석에서 팔라듐으로 이동한다.**
3. **R–R'의 환원성 제거 반응**으로 새로운 탄소–탄소 결합이 생성되고, 팔라듐 촉매 $Pd(PPh_3)_2$가 재생된다.

Stille 짝지음을 합성에서 이용하려면 주어진 화합물을 합성하는 데 무슨 유기 할로젠화물과 organostannane이 필요한지 결정하여야 한다. Stille 짝지음은 일반적으로 아릴이나 바이닐기가 있는 반응물을 사용하여 일어나므로, 새로운 탄소–탄소 결합은 대개 두 아릴기, 두 이중 결합 또는 이중 결합과 아릴기를 연결한다. 예제 24.4에서 볼 수 있듯이 두 가지 경로가 가능하다.

새로운 C–C 결합 새로운 C–C 결합 새로운 C–C 결합

예제 24.4 Stille 짝지음에 필요한 출발물 결정하기

고혈압을 치료하는 데 사용하는 약물인 valsartan(상품명 Diovan) 합성에 사용할 수 있는 출발물의 두 다른 세트를 그려라.

O OH
HN–N
N N
N
O
valsartan

풀이

두 sp^2 혼성화 C를 서로 연결하는 결합을 찾고 탄소–탄소 결합을 두 성분으로 분리한다. 한 부분은 유기 할로젠화물이 되고 다른 부분은 organostannane이 된다. Stille 짝지음은 두 가지 가능한 경로로 수행할 수 있다.

가능성 [1]

organic halide + organostannane

가능성 [2]

organostannane + organic halide

두 경로 모두 할로젠화 아릴과 organostannane으로부터 valsartan을 생성하므로 각 반응이 사용될 수 있다.

문제 24.13 Stille 짝지음으로 각 화합물의 합성에 사용할 수 있는 출발물의 두 다른 세트를 그려라.

a. b. c.

추가 문제: 문제 24.30b, 24.36c를 풀어보라.

24.5 카벤과 사이클로프로페인 합성

탄소–탄소 결합 생성의 다른 방법은 **카벤(carbene)** 중간체를 이용해서 알켄을 사이클로프로페인으로 전환하는 방법이다.

카벤

붉은색은 새로운 결합

John Thoeming/McGraw Hill

Pyrethrin I와 **decamethrin**은 사이클로프로페인 고리 화합물이다. Pyrethrin I는 국화로부터 추출한 천연 살충제인 반면, **decamethrin**은 농업에서 살충제로 널리 사용되는 더 강력한 합성 유사체이다.

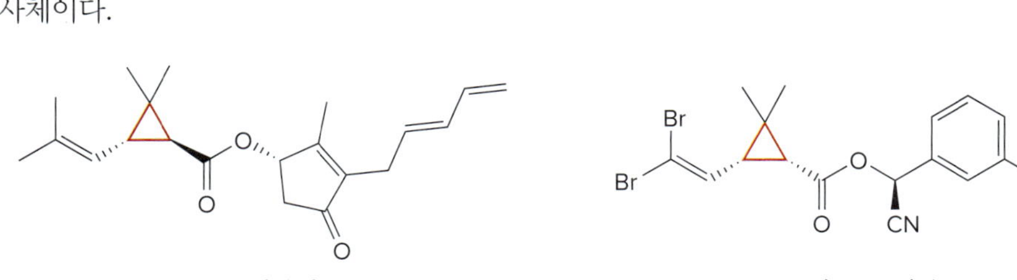

24.5A 카벤

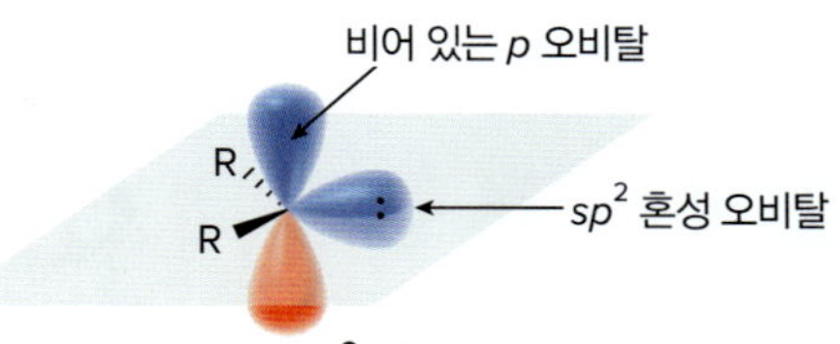

카벤의 탄소는 sp^2 혼성이다.

카벤(*carbene*), R_2C:은 중성의 반응성이 큰 중간체로서 2가(divalent) 탄소는 여섯 개의 전자(고립쌍과 두 개의 R기)로 둘러싸여 있다. 이들 세 개의 기가 ***sp^2* 혼성**을 이루고 있는 카벤 탄소에 위치하고, 비어 있는 *p* 오비탈은 C와 두 개의 R기를 포함하는 평면의 아래와 위로 향한다. 고립 전자쌍은 sp^2 혼성화 오비탈에 채워져 있다.

카벤은 탄소 양이온과 탄소 라디칼의 두 가지 특성이 있다.

- 카벤의 탄소는 8개의 전자로 채워지지 않아서 반응성이 매우 크다.
- 카벤의 탄소는 전자가 부족하기 때문에 친전자체로서 작용한다.

24.5B 다이할로카벤의 합성과 반응

다이할로카벤 $:CX_2$는 트리할로메테인(CHX_3)으로부터 강염기와 반응시켜 쉽게 만들 수 있기 때문에 특히 유용한 반응 중간체이다. 예를 들어, 클로로폼($CHCl_3$)을 $KOC(CH_3)_3$로 처리하면 다이클로로카벤(dichlorocarbene) $:CCl_2$이 생성된다.

$$\underset{\text{chloroform}}{CHCl_3} \xrightarrow{KOC(CH_3)_3} \underset{\textbf{dichlorocarbene}}{:CCl_2} + (CH_3)_3COH + KCl$$

다이클로로카벤은 두 단계 반응으로 만들어지는데, 메커니즘 24.4에 나타낸 것처럼 같은 탄소에서 H와 Cl이 제거된다. 8장에서 다룬 인접한(*adjacent*) 탄소에서 두 개의 원소가 제거되는 β-제거 반응과 구분하기 위해 동일한 탄소에서 두 개의 원소가 제거되는 반응을 α **제거(α elimination)** 반응이라고 한다.

메커니즘 24.4 다이클로로카벤의 생성

$$CHCl_3 + {}^-{:}\ddot{O}C(CH_3)_3 \xrightarrow{①} {}^-{:}CCl_3 + H\ddot{O}C(CH_3)_3 \xrightarrow{②} \underset{\text{다이클로로카벤}}{:CCl_2} + Cl^-$$

① 전기 음성도가 큰 세 개의 Cl 원자가 $CHCl_3$의 C–H 결합의 산성도를 증가시킨다. 따라서 C–H 결합의 H가 강염기로 제거되어 **탄소 음이온**을 생성할 수 있다.

② **Cl^-의 제거** 반응으로 카벤이 생성된다.

다이클로로카벤은 친전자체이므로 이중 결합과 쉽게 반응하여 두 개의 새로운 탄소–탄소 결합이 생긴 사이클로프로페인이 생성된다.

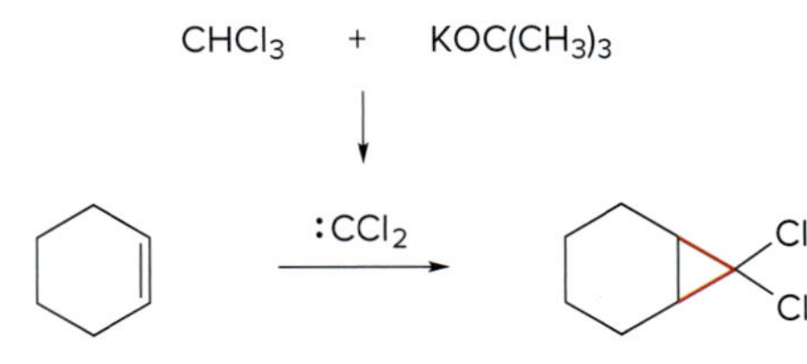

붉은색은 새로운 결합

사이클로프로페인이 생성되는 반응은 협동 반응이므로 메커니즘 24.5에 나타낸 것처럼 두 개의 C−C 결합이 한 단계로 생성된다.

메커니즘 24.5 알켄에 대한 다이클로로카벤의 첨가 반응

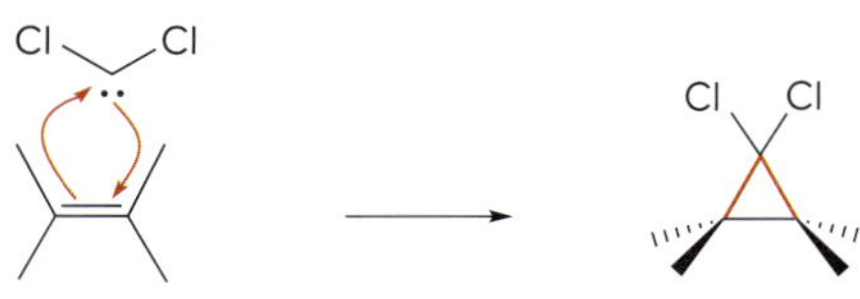

카벤의 첨가 반응은 이중 결합 평면의 어느 쪽이든 같은 쪽에서 **신(syn)** 첨가 반응으로 일어난다. 반응물인 알켄에 치환되는 치환기의 상대적 위치는 사이클로프로페인 생성물에서 유지된다. 예제 24.5에 나타낸 것처럼 시스와 트랜스 알켄이 서로 다른 입체 이성질체를 생성하므로 **카벤 첨가 반응은 입체특이적 반응이다.**

예제 24.5 카벤 첨가 반응의 생성물 그리기

cis-와 *trans*-But-2-ene을 $CHCl_3$와 $KOC(CH_3)_3$으로 처리할 때 생성되는 생성물을 그려라.

풀이

각 생성물을 그리려면 **카벤의 탄소를 알켄의 한쪽에서 첨가하고, 모든 치환기의 원래 위치를 유지해야 한다.** *cis*-But-2-ene의 **시스** 메틸기는 사이클로프로페인에서도 **시스** 치환기가 된다. 알켄 평면의 어떤 쪽으로 첨가하든지 같은 화합물, 즉 푸른색으로 표시된 **입체 발생 중심이 둘인 비카이랄성 메조(achiral meso) 화합물**이 생성된다.

cis-but-2-ene → ($CHCl_3$, $KOC(CH_3)_3$)

시스 CH_3기 :CCl_2가 **위**에서 첨가 + **시스 CH_3기** :CCl_2가 **아래**에서 첨가

생성물은 동일한 비카이랄성 메조 화합물

trans-But-2-ene의 **트랜스** 메틸기는 사이클로프로페인에서도 **트랜스** 치환기가 된다. 평면을 이루고 있는 알켄 화합물의 양쪽 방향에 첨가 반응이 일어나서 같은 양의 두 개의 거울상 이성질체인 **라셈 혼합물**을 생성한다.

trans-but-2-ene → ($CHCl_3$, $KOC(CH_3)_3$)

트랜스 CH_3기 :CCl_2가 **위**에서 첨가 + **트랜스 CH_3기** :CCl_2가 **아래**에서 첨가

생성물은 **거울상 이성질체**

문제 24.14 각 알켄을 $CHCl_3$와 $KOC(CH_3)_3$으로 처리하였을 때 생성되는 모든 입체 이성질체를 그려라.

추가 문제: 문제 24.37c, d; 24.45a를 풀어보라.

마지막으로, **다이할로 사이클로프로페인**은 유기구리 화합물과 반응하여 **다이알킬 사이클로프로페인**으로 변환될 수 있다(24.1절). 예를 들어 사이클로헥센은 두 단계, 즉 다이브로모카벤($:CBr_2$)과의 **사이클로프로페인화 반응(cyclopropanation)** 및 **다이메틸구리산 리튬 $LiCu(CH_3)_2$와의 반응**에 의해 네 개의 C–C 결합이 새로 생긴 두고리 생성물로 바뀌게 된다.

$CHBr_3$, $KOC(CH_3)_3$ [1], Br, Br, $LiCu(CH_3)_2$ [2]

두 개의 새로운 C–C 결합(붉은색)　　두 개의 새로운 C–C 결합(푸른색)

문제 24.15 2-Methylpropene $[(CH_3)_2C{=}CH_2]$을 각 화합물로 바꾸려고 할 때에 필요한 시약은 무엇인가? 한 단계 이상이 요구될 수 있다.

24.6 Simmons-Smith 반응

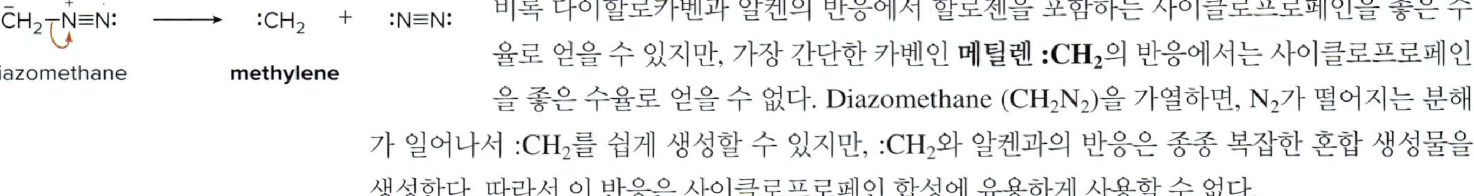

비록 다이할로카벤과 알켄의 반응에서 할로젠을 포함하는 사이클로프로페인을 좋은 수율로 얻을 수 있지만, 가장 간단한 카벤인 **메틸렌 $:CH_2$**의 반응에서는 사이클로프로페인을 좋은 수율로 얻을 수 없다. Diazomethane (CH_2N_2)을 가열하면, N_2가 떨어지는 분해가 일어나서 $:CH_2$를 쉽게 생성할 수 있지만, $:CH_2$와 알켄과의 반응은 종종 복잡한 혼합 생성물을 생성한다. 따라서 이 반응은 사이클로프로페인 합성에 유용하게 사용할 수 없다.

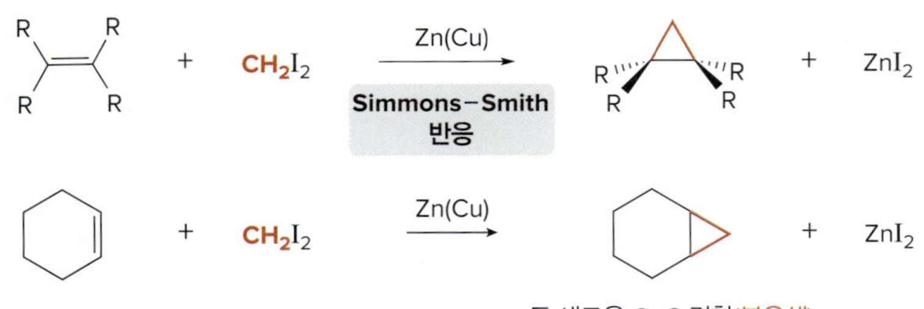

두 새로운 C–C 결합(붉은색)

할로젠이 없는 사이클로프로페인은 diiodomethane (CH_2I_2)을 아연–구리 짝[Zn(Cu)]이라고 하는 구리로 활성화한 아연 존재하에서 알켄과 반응시켜 생성할 수 있다. **Simmons–Smith 반응**이라고 하는 이 반응은 1959년에 이 반응을 발견한 Dupont 화학자 H. E. Simmons와 R. D. Smith의 이름을 딴 것이다.

Simmons–Smith 반응은 자유 카벤이 관여하지 않는다. 대신에 메커니즘 24.6에 나타낸 것처럼, CH_2I_2와 Zn(Cu)이 반응하면 (iodomethyl)zinc iodide가 생성된 다음에, CH_2기가 알켄으로 이동한다.

메커니즘 24.6 Simmons–Smith 반응

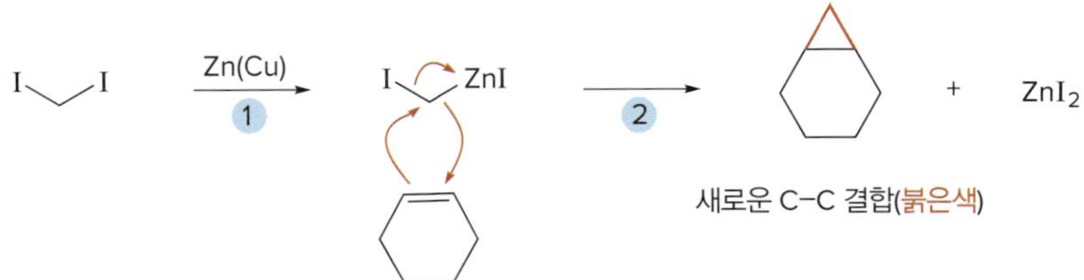

새로운 C–C 결합(붉은색)

1 CH_2I_2와 아연–구리 짝의 반응으로 **Simmons–Smith 시약**인 ICH_2ZnI[(iodomethyl)zinc iodide]이 만들어진다. CH_2은 자유 카벤으로 존재하지 않기 때문에 이 중간체를 **카벤형(carbenoid)**이라고 부른다.

2 **Simmons–Smith 시약의 CH_2기가 알켄으로 이동하고**, 두 개의 새로운 C–C 결합이 생성된다.

Simmons–Smith 반응은 입체특이적이다. *cis*-Hex-3-ene을 *cis*-1,2-diethylcyclopropane으로 전환시키는 반응에서처럼, 알켄 반응물에서의 치환기의 상대적인 위치는 사이클로프로페인 생성물에서도 그대로 유지된다.

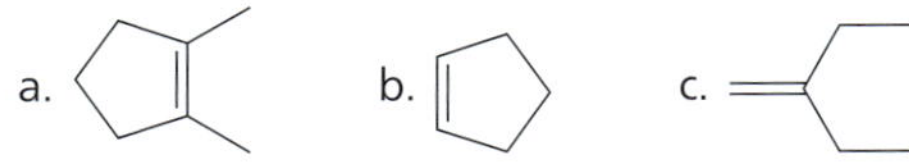

문제 24.16 각 알켄을 CH_2I_2와 Zn(Cu)로 처리하였을 때 얻어지는 생성물은 무엇인가?

a. b. c.

문제 24.17 *trans*-Hex-3-ene을 CH_2I_2와 Zn(Cu)로 처리하였을 때 생성되는 입체 이성질체들을 그려라.

24.7 상호교환 반응

10.1절에서 **올레핀(olefin)**은 **알켄**의 다른 이름이라는 것을 배웠다.

올레핀 상호교환 반응(olefin metathesis)으로 더 잘 알려진 **알켄 상호교환 반응(alkene metathesis)**은 두 개의 알켄 분자 간의 반응에서 이중 결합의 탄소를 서로 교환하는 반응이다. 이 반응에서 두 개의 σ-결합과 두 개의 π-결합이 끊어지고, 새로운 두 개의 σ-결합과 두 개의 π-결합이 생성된다.

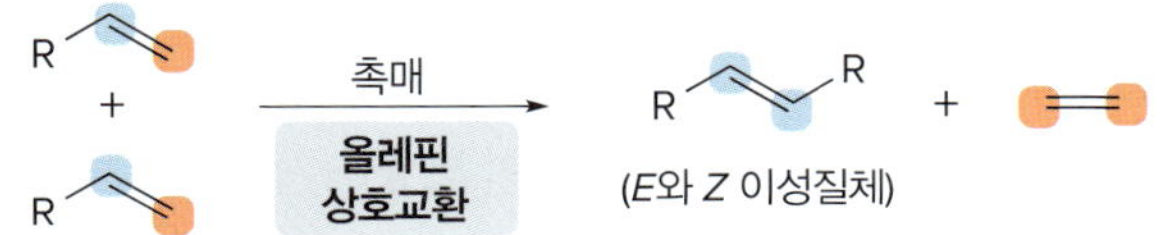

24.7A 상호교환 반응의 일반적 특징

상호교환 반응(metathesis)이란 용어는 그리스 단어 **meta**(변화)와 **thesis**(위치)에서 유래한다. 2005년도 노벨 화학상은 올레핀 상호교환에 관한 업적으로, California Institute of Technology의 Robert Grubbs, Institut Français du Pétrole의 Yves Chauvin, MIT의 Richard Schrock에게 수여되었다.

올레핀 상호교환 반응은 **탄소–금속** 사이에 **이중 결합**이 있는 복잡한 전이 금속 촉매 존재하에서 일어난다. 금속은 보통 루테늄(Ru), 텅스텐(W), 또는 몰리브데넘(Mo)이다. **Grubbs 촉매**라고 하는 가장 많이 사용되는 촉매에서 금속은 루테늄(Ru)이다.

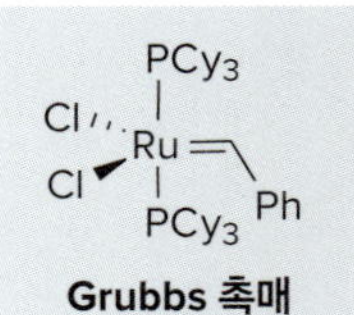

Grubbs 촉매

올레핀 상호교환 반응은 평형 과정이고, 많은 알켄 기질과의 반응에서 평형에 도달했을 경우에 출발물과 두 개 이상의 알켄 생성물의 혼합물이 존재하기 때문에 제조 목적으로는 유용성이 없다. 그러나 **말단 알켄**의 경우, 상호교환의 한 생성물이 $CH_2=CH_2$(기체)이고, 이는 반응 혼합물로부터 기체로서 제거되므로 반응의 평형을 오른쪽(정반응 쪽)으로 치우치게 한다. 그 결과 **단일 치환 알켄($RCH=CH_2$)과 2,2-이중 치환 알켄($R_2C=CH_2$)**은 반응식 [1]과 [2]에 나타낸 것처럼, 하나의 알켄 생성물을 좋은 수율로 얻을 수 있기 때문에 **상호교환 반응을 위한 훌륭한 기질이다.**

[1] 2 —— $Cl_2(Cy_3P)_2Ru=CHPh$ → +

(+ *Z* 이성질체)

[2] 2 —— $Cl_2(Cy_3P)_2Ru=CHPh$ → +

(+ *Z* 이성질체)

그림 24.2
Styrene ($PhCH=CH_2$)을 출발물로 사용한 올레핀 상호교환 반응의 생성물 그리기

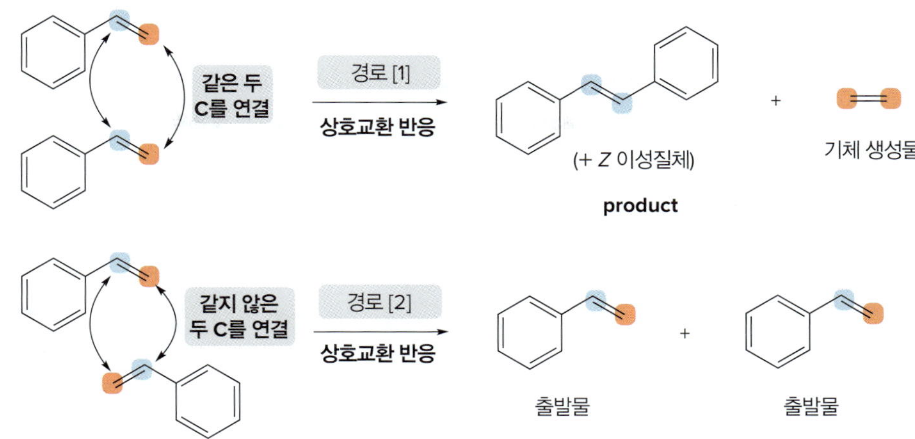

- 전체 반응: **$2\ PhCH{=}CH_2 \rightarrow PhCH{=}CHPh + CH_2{=}CH_2$**
- 한 알켄의 C를 연결해 상호교환 생성물을 만들 경우에 항상 두 가지의 방법이 가능하다(경로 [1]과 [2]).
- 처음 반응(경로 [1])에서처럼 알켄 기질의 **같은** C가 연결되면, PhCH=CHPh(시스와 트랜스 혼합물)와 $CH_2{=}CH_2$가 생성된다. $CH_2{=}CH_2$는 기체로서 반응 혼합물로부터 빠져나가기 때문에 PhCH=CHPh만 생성물로 얻는다.
- 두 번째 반응(경로 [2])에서처럼 $PhCH{=}CH_2$의 **서로 다른** C가 연결되면 출발물이 생성되고, 이는 촉매 순환에 다시 들어가서 첫 번째 경로에 의해 생성물이 생성된다.
- 이런 반응으로 **하나의 구조 이성질체 PhCH=CHPh**가 분리된다.

어떤 상호교환 반응의 생성물을 나타내기 위해서는,

[1] 출발 알켄 두 분자를 그림 24.2에 나타낸 것처럼 서로 인접하게 위치시킨다. 여기서 styrene ($PhCH{=}CH_2$)을 출발물로 사용했다.

[2] 다음에는 출발물의 이중 결합을 끊고, 출발물인 알켄에서 서로 연결되지 **않은** 탄소 원자를 이용하여 두 개의 새로운 이중 결합을 만든다.

항상 두 가지 방향으로 출발 알켄을 배열할 수 있다(그림 24.2의 경로 [1]과 [2]). 이 예에서, 처음 반응 경로(경로 [1])에서는 반응의 두 가지 생성물, PhCH=CHPh과 $CH_2{=}CH_2$가 생성되는 반면에 두 번째 경로(경로 [2])에서는 출발물이 다시 생성된다. 출발 알켄이 재생될 때마다 이것은 촉매 순환 과정이 반복될 때 계속 반응하여 결국 생성물을 생성할 수 있다.

문제 24.18 각 알켄을 Grubbs 촉매로 처리하였을 때 얻어지는 생성물을 그려라.

a. b. OCH_3 c.

문제 24.19 *cis*-Pent-2-ene을 상호교환 반응시키면 어떤 생성물이 생성되는가? 이 반응을 이용하여, 왜 1,2-이중 치환 알켄(RCH=CHR')의 상호교환 반응이 알켄 화합물을 합성하는 데 있어 유용한 방법이 아닌지를 설명하라.

올레핀 상호교환 반응의 메커니즘은 복잡한데, **금속–카벤 중간체(금속–탄소의 이중 결합 중간체)**를 거쳐 반응이 진행된다. Grubbs 촉매(**Ru=CHPh**로 간단히 표시)와 말단 알켄 ($RCH{=}CH_2$)

의 반응으로 RCH=CHR과 CH_2=CH_2가 생성되는 메커니즘을 그렸다. 상호교환 반응이 시작되기 위해서는 Grubbs 촉매가 알켄과 반응하여 두 개의 새로운 금속-카벤 **A**와 **B**가 두 단계 과정으로 생성된다. 즉, Ru=CHPh가 알켄에 첨가되면 두 개의 다른 metallocyclobutane이 생기고(단계 [1]), 이어서 제거 반응으로 **A**와 **B**가 생성된다(단계 [2a]와 [2b]). 이 과정에서 생긴 알켄 부산물(RCH=CHPh와 PhCH=CH_2)은 Grubbs 시약을 촉매량만큼만 사용하기 때문에 아주 적은 양으로 존재한다.

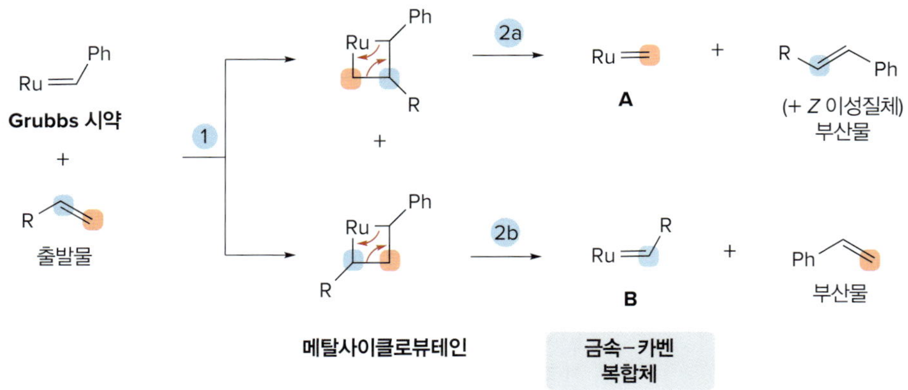

각각의 이러한 금속-카벤 중간체 **A**와 **B**가 출발물인 알켄과 더 반응하면, 메커니즘 24.7에 나타낸 것처럼 상호교환 반응 생성물이 얻어진다. 메커니즘 24.1~24.3에서 보았듯이, 이러한 메커니즘은 종종 촉매의 순환을 강조하기 위해 원 모양으로 나타낸다. 이 메커니즘은 두 개의 RCH=CH_2가 어떻게 RCH=CHR과 CH_2=CH_2로 바뀌는지를 설명한다. 메커니즘은 시약 **A** 또는 **B**로 시작하여 다시 쓸 수 있으며, 모든 단계는 평형이다.

메커니즘 24.7 올레핀 상호교환: 2 RCH=CH_2 → RCH=CHR + CH_2=CH_2

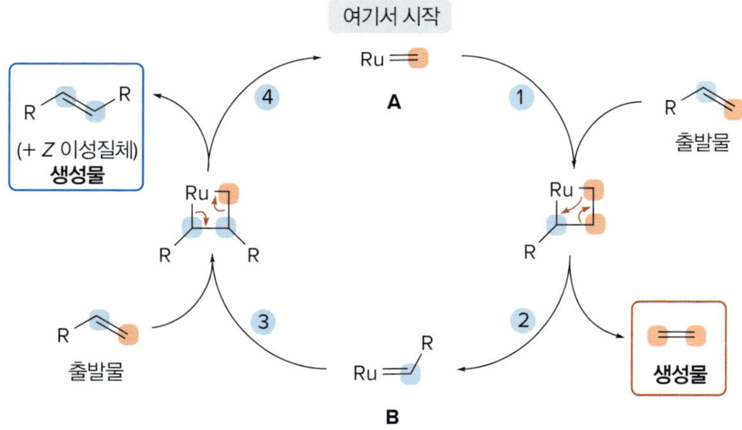

1 Ru=CH_2 (**A**)와 RCH=CH_2의 반응으로 **metallocyclobutane**이 생성된다. Ru는 알켄의 치환기가 적은 쪽이든 많은 쪽이든 말단에 결합할 수 있지만, 보는 바와 같이 **더 많이** 치환된 말단에 결합하는 경우에만 생성물이 생성된다.

2 **제거 반응**은 하나의 상호교환 생성물 CH_2=CH_2과 금속-카벤 착물 **B**를 생성한다.

3 **B**와 RCH=CH_2의 반응은 **metallocyclobutane**을 생성한다. Ru는 알켄의 치환기가 많은 쪽이든 적은 쪽이든 결합할 수 있지만, 보는 바와 같이 **덜** 치환된 말단에 결합될 때만 생성물이 생성된다.

4 **제거 반응**은 또 다른 상호교환 생성물 RCH=CHR과 금속-카벤 착물 **A**를 생성한다. 촉매가 다시 재생되어 순환 반응이 재개된다.

24.7B 고리 닫힘 상호교환 반응

고리를 만드는 상호교환 반응을 **고리 닫힘 상호교환 반응(RCM, ring-closing metathesis)**이라 한다.

다이엔이 출발물로 사용되면 고리가 닫히는 반응이 일어난다.

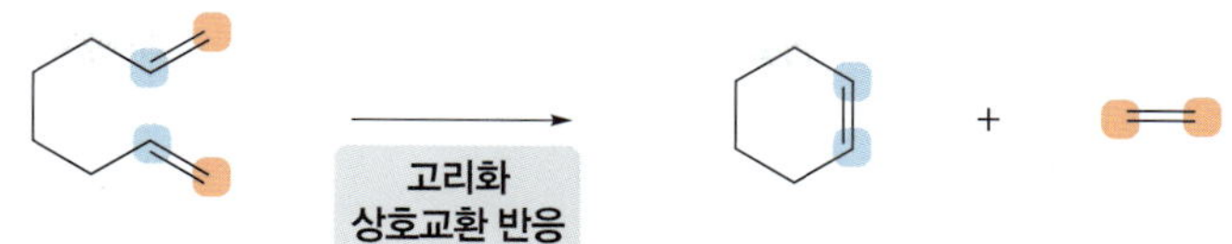

이러한 반응은 서로 다른 분자의 두 작용기보다 같은 분자 내에 있는 두 개의 반응성 끝이 서로 반응을 위해 만날 수 있는 확률을 높이려고 일반적으로 아주 묽은 농도에서 수행된다. 이러한 고희석 조건(high-dilution condition)은 분자간(*inter*molecular)보다 **분자내(*intra*molecular)** 상호교환 반응을 더 선호한다.

Ts = (토실(tosyl))

Grubbs 촉매 → + $CH_2{=}CH_2$

새로운 C=C(붉은색)

Grubbs 촉매 → + $CH_2{=}CH_2$

새로운 C=C(붉은색)

상호교환 촉매는 많은 작용기(OH, OR, C=O와 같은)가 있어도 반응이 잘 진행되며, 거의 모든 크기의 고리를 만들 수 있기 때문에 상호교환 반응은 epothilone A처럼 많은 복잡한 천연물의 합성에 많이 사용되었다(그림 24.3).

그림 24.3 Epothilone A의 합성에서의 고리 닫힘 상호교환 반응

Grubbs 촉매 → (E와 Z 이성질체 생성) → 한 단계 → **epothilone A** 항암제

- **Epothilone A**는 남아프리카 Zambezi 강의 강가에서 채취한 토양 박테리아로부터 처음 분리한 항암제이다.
- 상호교환 반응 중에 새로 생긴 C=C 결합은 붉은색으로 표시하였다. 상호교환 반응에서 $CH_2{=}CH_2$도 생성된다.

문제 24.20 각 화합물의 고리 닫힘 상호교환 반응으로 생성되는 생성물을 그려라.

a. Ph

b.

문제 24.21 고희석 조건에서 **B**를 Grubbs 촉매로 처리하였을 때 생기는 생성물은 무엇인가? 이 반응은 올리브 기름에서 추출한 항산화제인 oleocanthal의 합성에서 사용되었다(문제 21.68).

OH

B

ngenol(문제 24.22)은 남부 아프리카 건조 지역에서 서식하는 대형 선인장류(condelabra tree, *Euphorbia ıngen*)에서 얻은 우유 같은 액체로부터 분리되었다.

Papa Bravo/Shutterstock

문제 24.22 이 장을 소개하면서 언급한 천연 화합물 ingenol 합성에서 중요한 중간체 **V**의 고리 닫힘 상호교환 반응으로 생성되는 화합물은 무엇인가?

V

ingenol

예제 24.6 고리 닫힘 상호교환 반응의 출발물 결정하기

고리 닫힘 상호교환 반응으로 각 화합물을 합성하기 위한 출발물은 무엇인가?

a.

b.

풀이

역합성 방향으로 생각하여, 우선 생성물에 있는 C=C 결합을 절단한다. 그리고 **이중 결합을 사용하여 원래의 알켄의 각 탄소에 CH_2기를 연결한다.**

C=C 결합 절단 ⟹ 출발물

양쪽의 두 탄소에 $=CH_2$를 더한다.

그렇게 해서 그린 화합물은 탄소 사슬에 **말단 알켄이 두 개** 있게 된다.

a. **C=C 결합 절단** ⟹ 출발물

b. **C=C 결합 절단** ⟹ 출발물

문제 24.23 고리 닫힘 상호교환 반응으로 각 화합물을 합성하는 데 필요한 출발물은 무엇인가?

a. b. CH_3O OH c. CO_2CH_3 CHO O

추가 문제: 문제 24.41, 24.42를 풀어보라.

Chapter 24 복습

핵심 개념

짝지음 반응

1 X = Cl, Br, I + $(CH_3CH_2)_2Cu^-Li^+$ → (24.1) + LiX + CH_3CH_2Cu

2 X = Br, I + (vinyl boronate) → $Pd(PPh_3)_4$, NaOH, **Suzuki 반응** (24.2) + NaX + HOB(catechol)

3 X = Br, I + $CH_2{=}CHCO_2CH_3$ → $Pd(OAc)_2$, $P(o\text{-tolyl})_3$, Et_3N, **Heck 반응** (24.3) + $Et_3\overset{+}{N}H$ X^-

4 X = Br, I + $CH_2{=}CHSnBu_3$ → $Pd(PPh_3)_4$, **Stille 짝지음** (24.4) + Bu_3SnX

문제 24.24; 24.26; 24.29; 24.32a; 24.33 – 24.36; 24.45, b–d, g, h를 풀어보라.

사이클로프로페인 합성

1 → CHX_3, $KOC(CH_3)_3$ **첨가** (24.5) → X X

2 → CH_2I_2, Zn(Cu) **Simmons–Smith 반응** (24.6) → + ZnI_2

문제 24.37; 24.38; 24.45a, f를 풀어보라.

상호교환 반응

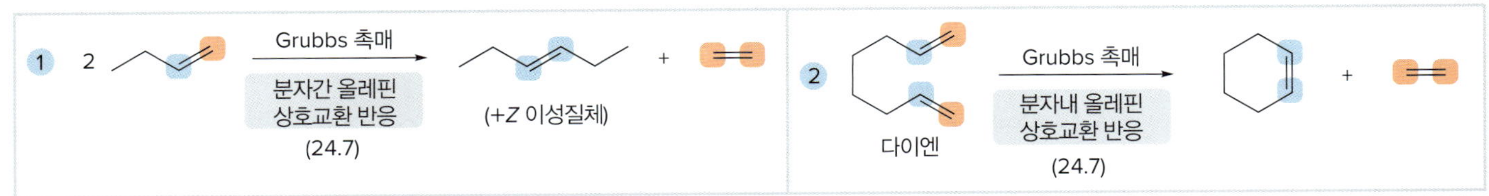

문제 24.25, 24.39, 24.40, 24.44, 24.45e를 풀어보라.

핵심 기법

[1] 알카인과 할로젠화 바이닐과 함께 시작하는 Suzuki 짝지음 반응의 생성물 그리기(24.2); 예: but-1-yne과 (*E*)-2-bromobut-2-ene의 반응

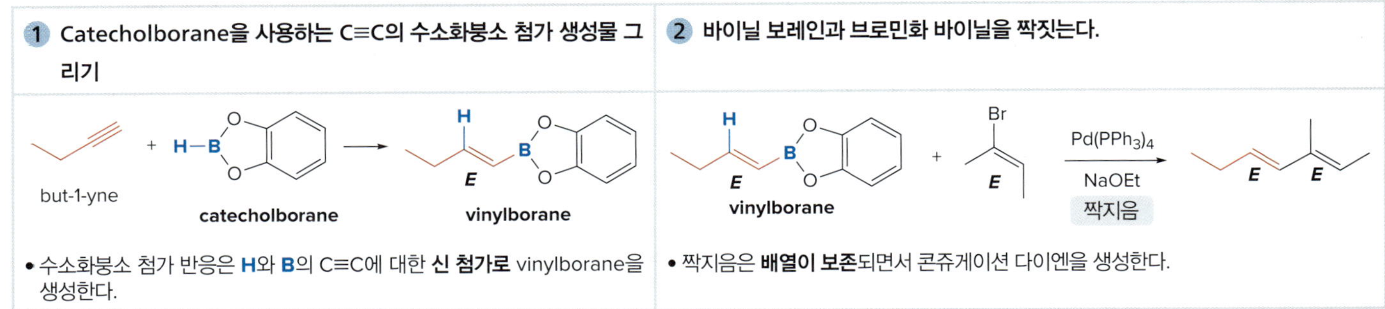

예제 24.2 참고. 문제 24.28, 24.36a, 24.54를 풀어보라.

[2] Heck 반응을 이용하여 알켄을 합성하기 위한 출발물 확인하기(24.3); 두 가지 방법

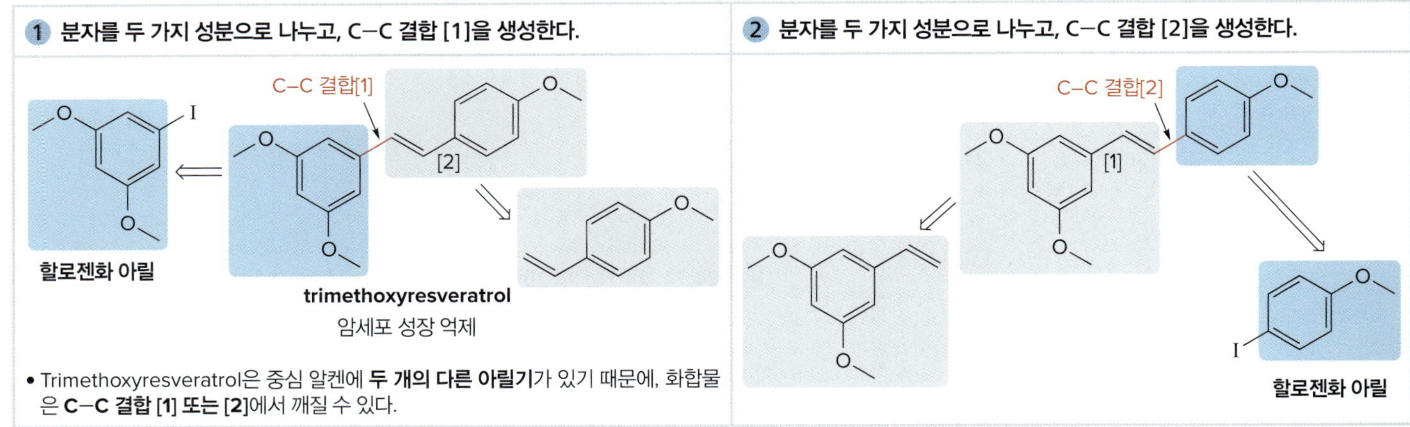

예제 24.3 참고. 문제 24.29, 24.36b, 24.56을 풀어보라.

[3] Stille 짝지음을 이용하여 1,3-다이엔을 합성하기 위한 출발물 확인하기(24.4절); 두 가지 방법

① 분자를 두 성분으로 쪼개서 할로젠화 바이닐과 유기주석 화합물을 얻는다.	② 다른 방식으로 분자를 두 성분으로 쪼개서 할로젠화 바이닐과 유기주석 화합물을 얻는다.
이 결합을 생성한다. E, E, OCH_3 ⇓ E, $SnBu_3$ + Br, E, OCH_3 • Stille 짝지음은 입체특이성이므로 (*E*,*E*)-1,3-다이엔을 얻기 위해서는 바이닐스타네인과 할로젠화 바이닐이 *E* 배열이어야 한다.	이 결합을 생성한다. E, E, OCH_3 ⇓ E, Br + Bu_3Sn, E, OCH_3

예제 24.4 참고. 문제 24.30, 24.32b, 24.36c를 풀어보라.

[4] 사이클로프로페인 반응에서 생성되는 모든 입체 이성질체 그리기(24.5-24.6절); 예: 1-methylcyclohexene

① 시약을 사용하여 C=C에 첨가된 작용기를 확인한다.	② 알켄의 위에서 CH_2를 첨가한다.	③ 알켄의 아래에서 CH_2를 첨가한다.	④ 생성물의 입체 화학을 결정한다.
1-methylcyclohexene $\xrightarrow[\text{Zn(Cu)}\ (24.5)]{CH_2I_2}$			• 양쪽의 입체 발생 중심은 배열이 반대이다. • 대칭 평면이 없다. • 화합물은 **거울상 이성질체**이다.

예제 24.5 참고. 문제 24.37; 24.38; 24.45a, f를 풀어보라.

[5] 고리 닫힘 상호교환 반응에서 출발물 확인하기(24.7)

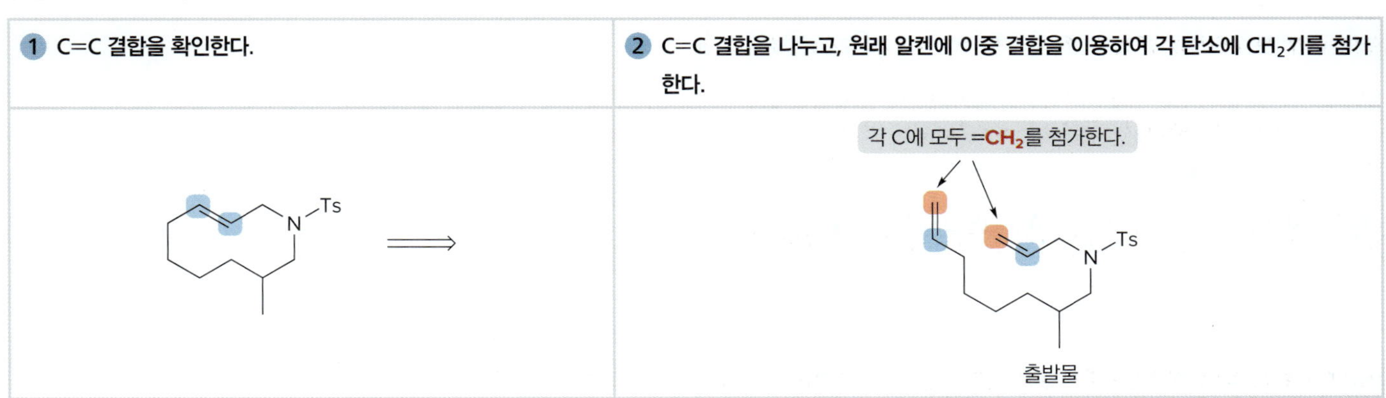

그림 24.3, 예제 24.6 참고. 문제 24.41, 24.42를 풀어보라.

24장 선다형 자가-시험

자가-시험은 American Chemical Society 유기 화학 시험과 유사한 객관식 문제로 구성되어 있다. 정답은 장의 마지막 부분에 나와 있다.

1. 어느 화합물이 유기구리 시약과 반응하지 않는가?

a. 

b. Br
c. O
d. Br

2. 카벤에 대한 서술 중에서 참이 **아닌** 것은 무엇인가?

a. 카벤 탄소는 sp^2 혼성이고 고립쌍이 p 오비탈을 차지하고 있다.

b. 카벤은 친전자체로서 반응한다.

c. (*Z*)-Hex-3-ene과 dichlorocarbene 사이의 반응에서는 하나의 비카이랄 생성물만 얻어진다.

d. 카벤은 중성의 반응성이 큰 중간체이다.

3. 다음 반응에서는 무슨 생성물이 생기는가?

[1] (catecholborane: O, BH, O)
[2] Br, $Pd(PPh_3)_4$, NaOH

a. c.
b. d.

4. 다음 반응에서는 무슨 생성물이 생기는가?

$CHCl_3$, $KOC(CH_3)_3$ → LiCu(CH=CH$_2$)$_2$ (2당량) →

a. b. c. d.

5. **X**를 고희석 조건에서 Grubbs 촉매로 처리하면 무슨 생성물이 생기는가?

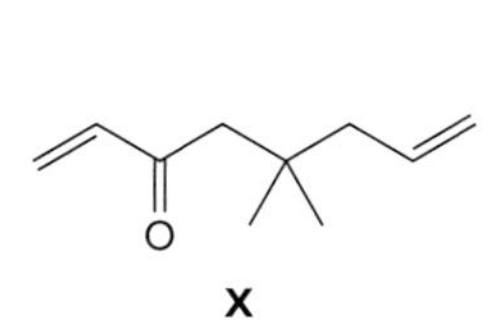

a. O
b. O
c. O
d. O

6. 고리 닫힘 상호 교환 반응으로 **A**를 만드는 데 필요한 출발물은 무엇인가?

CO_2CH_3
A

a. CH_3O_2C
b. CO_2CH_3
c. CH_3O_2C
d. CH_3O_2C

7. **B**와 **C**가 $Pd(OAc)_2$, P(*o*-tolyl)$_3$ 및 Et_3N의 존재하에서 반응하였을 때 무슨 생성물이 생기는가?

B + C (Br)

a. b. c. d.

8. **D**가 얻어지지 **않는** 방법은 무엇인가?

D

a. + (Br) → $Pd(OAc)_2$, P(o-tolyl)$_3$, Et_3,N

b. (Br) [1] 2 Li [2] 0.5 CuI → (Br)

c. [1] $(RO)_2BH$ [2] (Br) $Pd(PPh_3)_4$, NaOH

d. [1] $(RO)_2BH$ [2] (Br) $Pd(PPh_3)_4$, NaOH

9. 다음 반응에서 생기지 **않는** 화합물은 무엇인가?

→ Grubb 촉매

a. b. c. d. $CH_2{=}CH_2$

10. 다음 Suzuki 반응에서 필요한 시약 **E**는 무엇인가?

→ E, $Pd(PPh_3)_4$, NaOH

a. (Br) b. (Br) c. (Br) d. (Br)

문제

삼차원 모형을 이용하는 문제

24.24 유기 할로젠화물뿐만 아니라, 알킬 토실레이트(R'OTs, 9.13절)도 유기구리 화합물(R_2CuLi)과 반응하여 짝지음 생성물 R−R'을 생성한다. 2차 알킬 토실레이트가 출발물(R_2CHOTs)로 이용될 때, 입체 발생 중심에서 배열의 반전이 일어난다. 이를 염두에 두고, 각 화합물이 $(CH_3)_2CuLi$와 반응하였을 때 생성되는 생성물을 그려라.

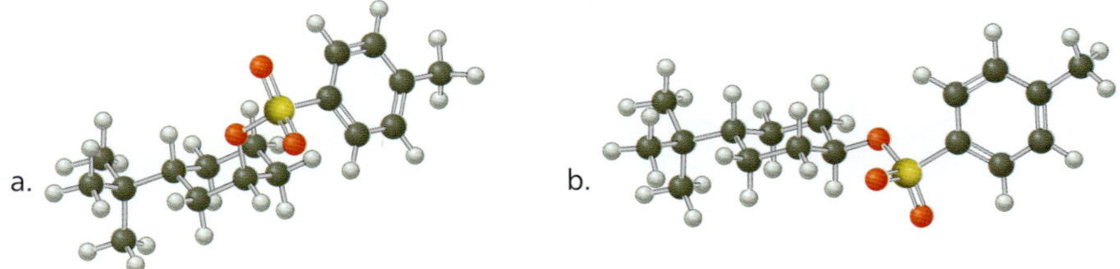

24.25 각 화합물의 고리 닫힘 상호교환 반응에서 얻어지는 생성물은 무엇인가?

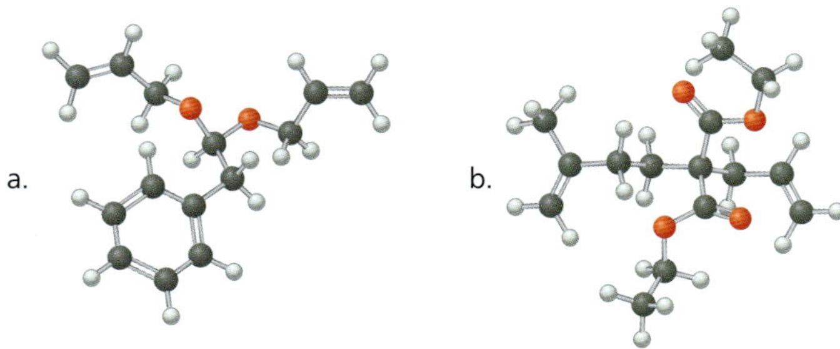

짝지음 반응

24.26 각 반응에서 생성되는 생성물을 그려라.

a. Cl + $(\text{}_2\text{CuLi})$ ⟶

b. $B(OCH_3)_2$ + N, Br; $Pd(PPh_3)_4$, NaOH

c. N + O, Br; $Pd(OAc)_2$, $P(o\text{-tolyl})_3$, Et_3N

d. Cl; [1] Li [2] CuI [3] Br

e. Br + B, O, O; $Pd(PPh_3)_4$, NaOH

f. CH_3O—Br + CO_2CH_3; $Pd(OAc)_2$, $P(o\text{-tolyl})_3$, Et_3N

g. Br; [1] Li [2] $B(OCH_3)_3$; [3] Br, $Pd(PPh_3)_4$, NaOH

h. [1] H—B, O, O; [2] C_6H_5Br, $Pd(PPh_3)_4$, NaOH

i. S, Cl, O + $SnBu_3$; $Pd(PPh_3)_4$

j. O, O, Br; [1] 2 Li [2] Bu_3SnCl; Br, $Pd(PPh_3)_4$

24.27 Lithium divinylcuprate [$(CH_2{=}CH_2)CuLi$]을 이용하여 다음에 주어진 각각의 화합물을 합성하고자 할 때 필요한 유기 할로젠화물은 무엇인가?

a. b. c. CH_3O

24.28 Suzuki 반응을 이용하여 ethynylcyclohexane을 다이엔 **A~C**로 어떻게 변환할 수 있겠는가? 다른 유기 화합물과 무기 시약은 아무거나 사용할 수 있다. 다이엔 **D**를 합성하는 것은 가능한가? 가능한지 아니면 불가능한지를 설명하라.

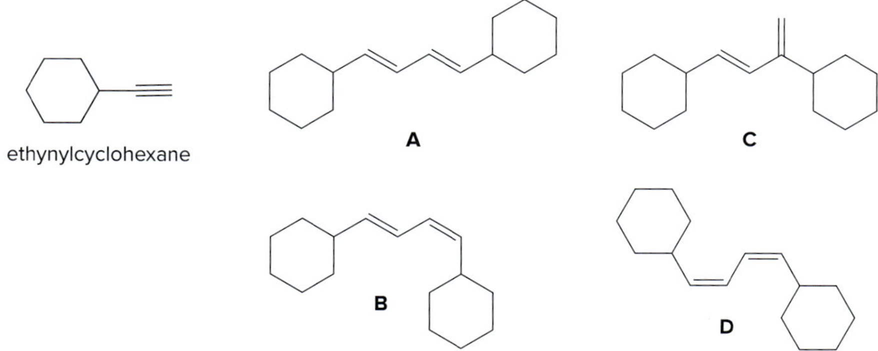

24.29 Heck 반응을 이용하여 styrene ($C_6H{=}CH{=}CH_2$)을 각 생성물로 변환하고자 할 때 어떤 화합물이 필요한가?

a. 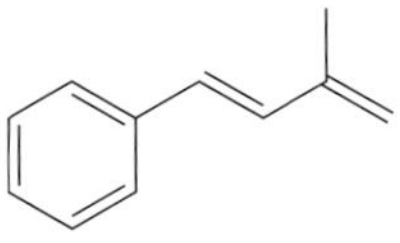 b. 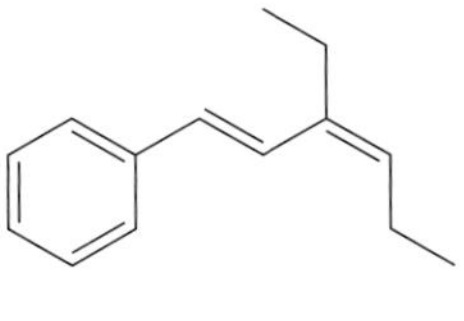 c.

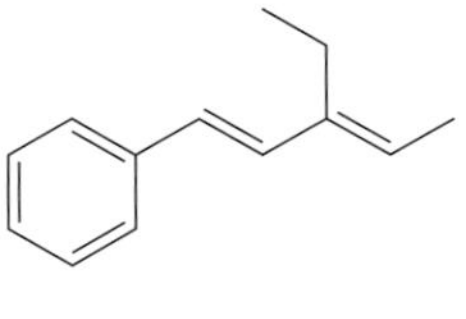

24.30 Stille 짝지음 반응을 이용하여 각 화합물을 합성하는 데 무슨 출발물이 필요한가? 한 가지 방법만 제시하라.

a. 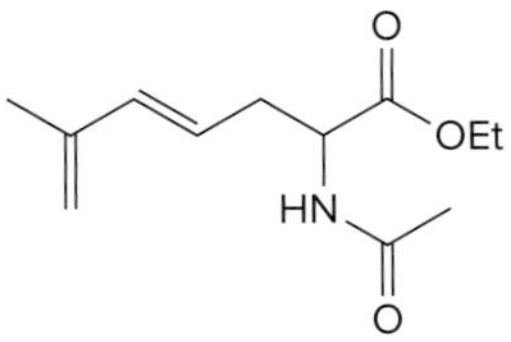 O OEt HN O b. 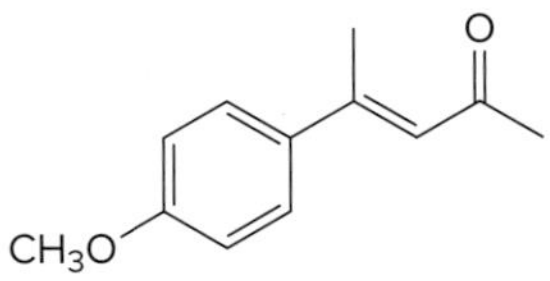 O CH_3O c. 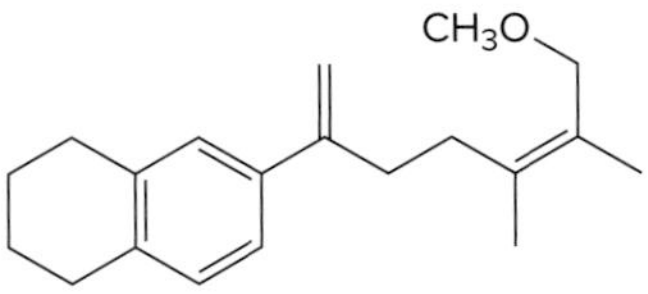 CH_3O

24.31 유기구리 화합물 시약을 이용하는 짝지음 반응으로 but-1-ene ($CH_3CH_2CH{=}CH_2$)을 옥테인[$CH_3(CH_2)_6CH_3$]으로 합성할 때 무슨 단계가 필요한가? 옥테인의 모든 탄소는 but-1-ene의 탄소를 사용해야 한다.

24.32 Losartan은 고혈압 치료제로 사용하는 의약품이다. (a) **A**와 **B**의 Suzuki 짝지음 반응에서 생성되는 생성물은 무엇인가? (b) Stille 짝지음 반응을 이용하여 losartan을 두 가지 다른 방법으로 합성하라.

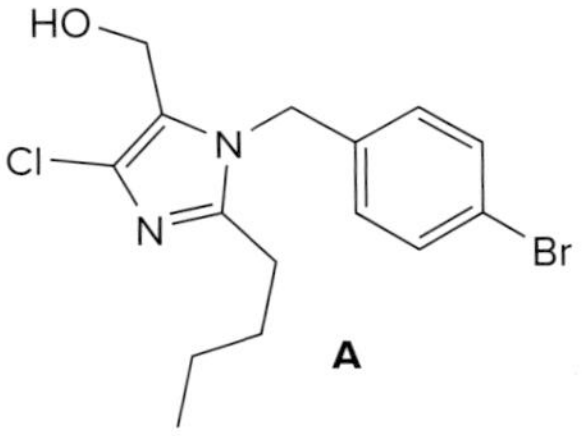

HO Cl N N Br **A** Ph Ph Ph N–N N N $B(OH)_2$ **B** HO Cl N N N–NH N N losartan

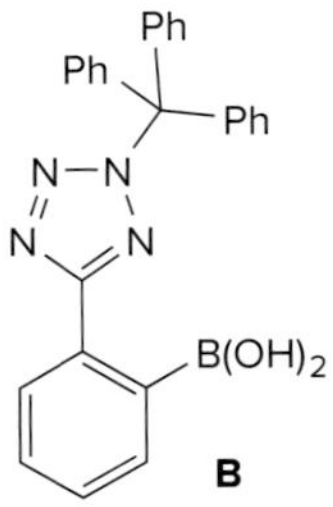

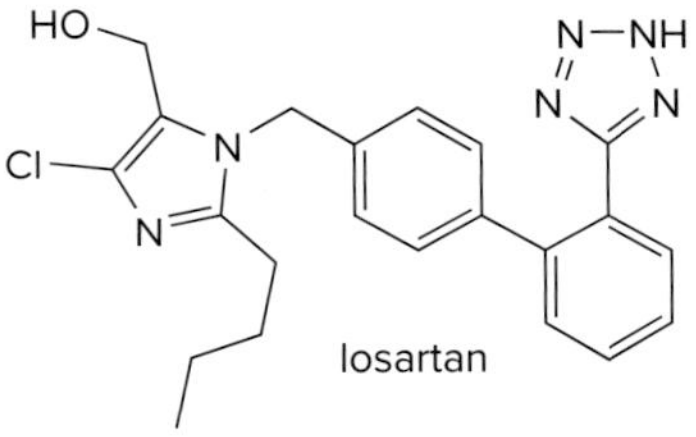

24.33 다음 화합물의 분자내 Heck 반응에서 얻어지는 생성물은 무엇인가? 이중 결합과 사면체 입체 발생 중심에서의 입체 화학을 모두 표시하라.

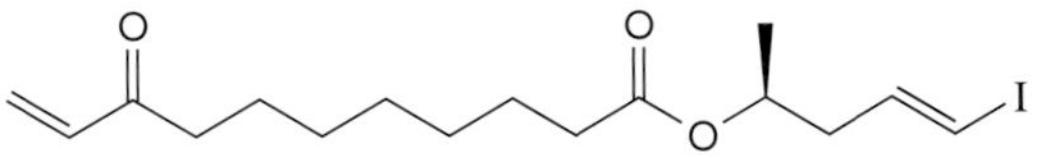

O O O I

24.34 다음은 편두통 치료제인 eletriptan(상품명 Relpax)을 합성하는 과정이다. 중간체로 생성되는 **X**의 구조를 그려라.

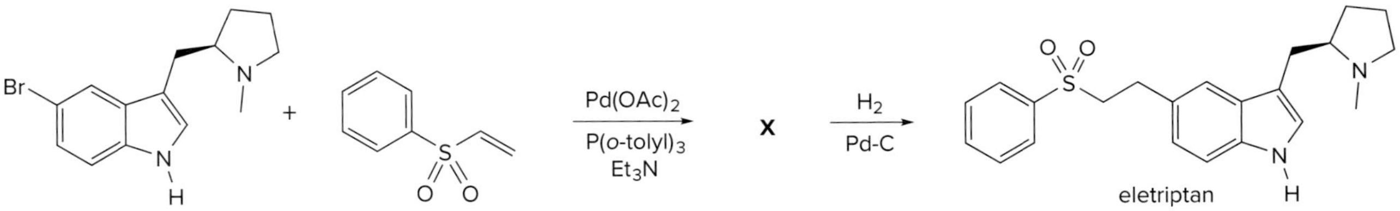

Br N N H + S O O $\xrightarrow[\text{P(o-tolyl)}_3,\ Et_3N]{Pd(OAc)_2}$ **X** $\xrightarrow[Pd\text{-}C]{H_2}$ O O S N N H eletriptan

24.35 다음 반응으로 생성되는 항생제인 indanomycin의 구조를 밝혀라.

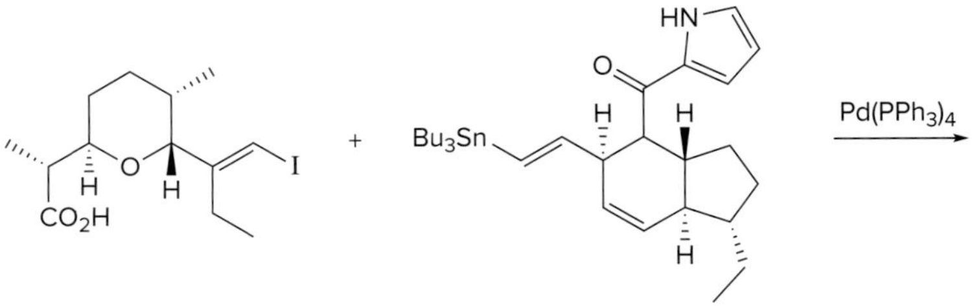

H O H I CO_2H + Bu_3Sn HN O H H H $\xrightarrow{Pd(PPh_3)_4}$ indanomycin

24.36 각각의 다음 짝지음 반응으로 **X**를 합성하는 데 필요한 출발물은 무엇인가?: (a) Suzuki 반응; (b) Heck 반응; (c) Stille 반응. 각 짝지음 반응에 대한 한 가지 방법을 제시하라.

X

사이클로프로페인

24.37 각각의 반응에서 생성되는 생성물(입체 이성질체를 포함해서)을 그려라.

a. $\xrightarrow[\text{Zn(Cu)}]{CH_2I_2}$

b. $\xrightarrow[\text{Zn(Cu)}]{CH_2I_2}$

c. $\xrightarrow[KOC(CH_3)_3]{CHCl_3}$

d. $\xrightarrow[KOC(CH_3)_3]{CHCl_3}$

24.38 Cyclohexene을 $C_6H_5CHI_2$와 Zn(Cu)와 같이 반응시키면 분자식이 $C_{13}H_{16}$인 두 개의 입체 이성질체가 생성된다. 그 구조를 그리고 왜 두 개의 화합물이 생성되는지를 설명하라.

상호교환 반응

24.39 각 화합물을 고희석 조건에서 Grubbs 촉매와 같이 반응시킬 때 어떠한 고리 닫힘 상호교환 반응의 생성물이 얻어지는가?

a. b. c. d.

24.40 각 화합물을 고희석 조건에서 Grubbs 촉매와 같이 반응시킬 때 생성되는 생성물을 그려라. 모든 입체 발생 중심에서의 입체 화학을 모두 그려라.

a. b. c. d.

24.41 고리 닫힘 상호교환 반응으로 각 화합물을 얻고자 할 때 어떠한 출발물이 필요한가?

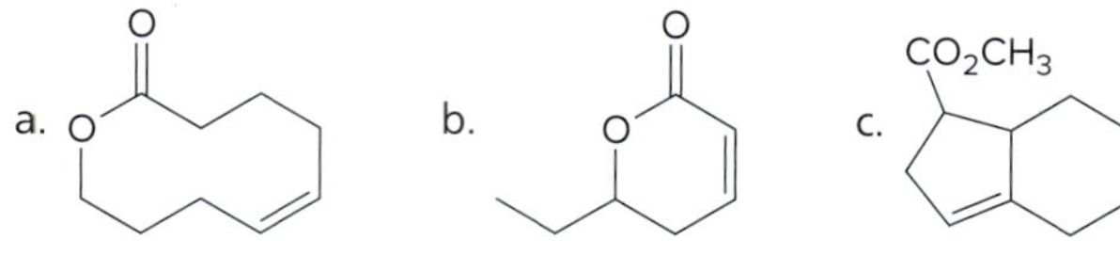

24.42 *Streptomyces* 균주로부터 얻는 락톤인 migrastatin 합성에서 주요한 단계는 고리 닫힘 상호교환 반응으로 알켄 **B**를 얻는 것이다.

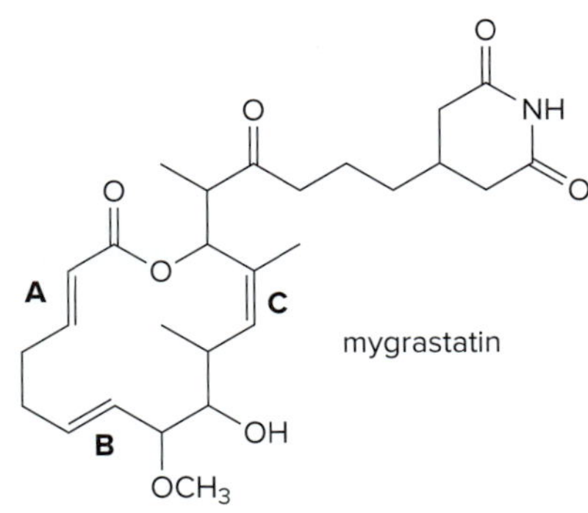

a. 고리 닫힘 상호교환 반응으로 알켄 **B**를 얻기 위해서는 무슨 출발물이 필요한가?

b. 고리 닫힘 상호교환 반응으로 알켄 **A**를 얻기 위해서는 무슨 출발물이 필요한가?

c. 고리 닫힘 상호교환 반응으로 알켄 **C**를 얻기 위해서는 무슨 출발물이 필요한가?

24.43 상호교환 반응은 하나의 반응 혼합물에서 두 개의 **다른** 알켄을 사용하여 진행할 수 있다. C=C 주위의 치환 패턴에 따라서, 반응 후에 하나의 주생성물 또는 더 많은 생성물의 혼합물이 생성될 수 있다. 각각의 알켄 쌍의 반응에서 생성될 수 있는 상호교환 반응의 생성물을 모두 그려라(평형에서 존재하는 출발물은 무시함). 이러한 세 가지 반응 예들을 참고하여, 두 알켄을 이용한 알켄 상호교환 반응이 언제 합성적으로 유용한지를 설명하라.

a. + b. + c. +

24.44 어떤 사이클로알켄을 상호교환 반응시키면, cyclopentene을 출발물로 하는 반응의 예에서처럼 **고리 열림 상호교환 중합 반응(ROMP, ring-opening metathesis polymerization)**이 일어나 분자량이 큰 고분자 화합물이 합성된다. 이 반응이 일어나면 cyclopentene 고리에 존재하는 무리가 완화되기 때문에 완결되는 방향으로 반응이 진행된다.

이 C=C 결합이 끊어진다.

상호교환 반응 촉매

새로운 C=C(붉은색)

각 알켄의 고리 열림 상호교환 중합 반응으로 무슨 생성물이 생기는가?

a. b. c.

개념 통합 문제

24.45 각 반응에서 생성되는 생성물을 그려라.

a. [1] $CHBr_3$, $KOC(CH_3)_3$ [2] $(CH_3)_2CuLi$

b. Br, COOH + CO_2CH_3 — $Pd(OAc)_2$, $P(o\text{-tolyl})_3$, Et_3N

c. $B(OCH_3)_2$ + CH_3O–(C₆H₄)–Br — $Pd(PPh_3)_4$, NaOH

d. B(O,O) + Br — $Pd(PPh_3)_4$, NaOH

e. O, O — Grubbs 촉매

f. — CH_2I_2, Zn(Cu)

g. Cl — [1] Li [2] CuI [3] Br

h. [1] H–B(O,O) [2] Br, $Pd(PPh_3)_4$, NaOH

24.46 항우울제 sertraline의 합성에서 중간체인 화합물 **A–D**의 구조를 밝혀라.

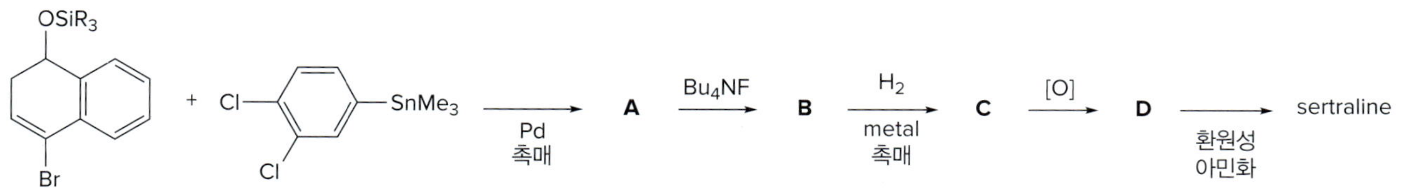

OSiR$_3$, Br, Cl, Cl, SnMe$_3$ → (Pd 촉매) **A** → (Bu_4NF) **B** → (H_2, metal 촉매) **C** → ([O]) **D** → (환원성 아민화) sertraline

24.47 다음 반응 도식에서 화합물 **A~C**의 구조를 밝혀라.

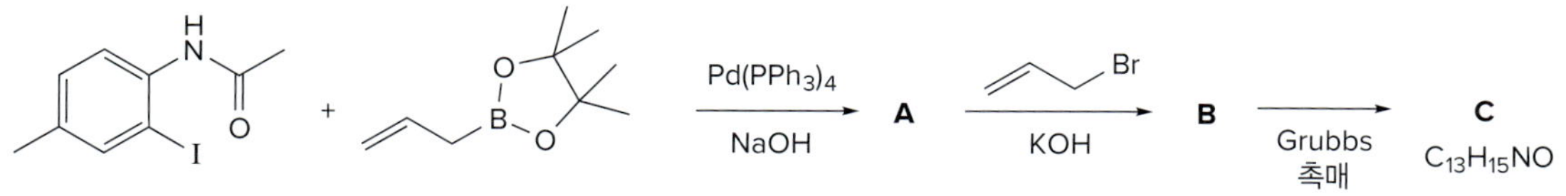

H N O I + B O O → ($Pd(PPh_3)_4$, NaOH) **A** → (Br, KOH) **B** → (Grubbs 촉매) **C** $C_{13}H_{15}NO$

메커니즘

24.48 CHX_3와 염기를 사용하는 dihalocarbene의 합성 반응(24.5B절) 이외에도 sodium trichloroacetate를 가열하여 dichlorocarbene ($:CCl_2$)을 합성하는 반응이 가능하다. 이 반응에 대한 두 단계 메커니즘을 그려라.

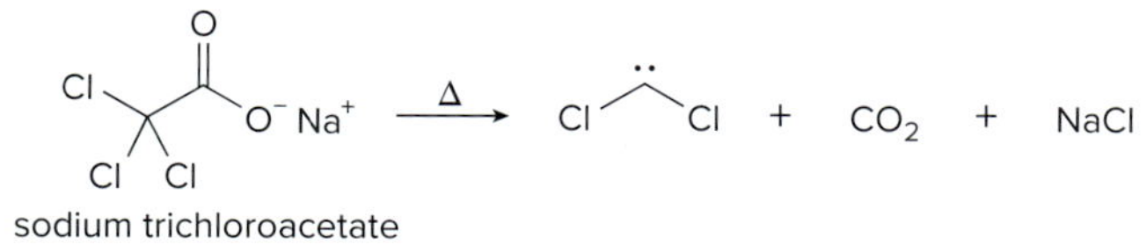

Cl Cl Cl O O$^-$ Na$^+$ (sodium trichloroacetate) → (Δ) Cl Cl + CO_2 + NaCl

24.49 다음 반응의 단계별 메커니즘을 그려라.

Br Br → (Zn(Cu)) + $ZnBr_2$

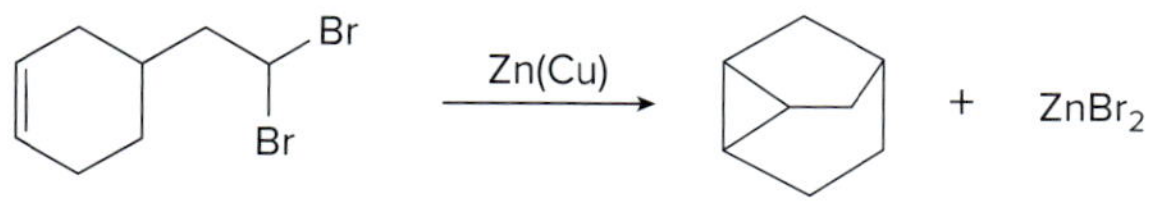

24.50 다음 반응 도식에서 **A**의 구조를 밝히고 **A**의 퓨란 **B**로의 변환에 대한 단계별 메커니즘을 그려라.

O O → (Grubbs 촉매) **A** → (약한 H^+) O **B**

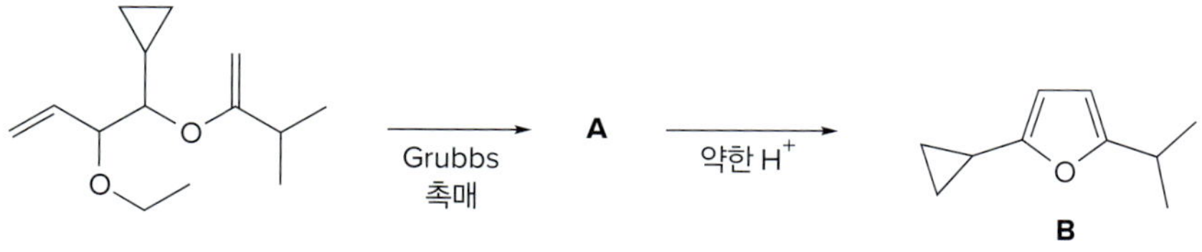

24.51 18장에서 다룬 인 일리드(phosphorous ylide)처럼, 황 일리드(sulfur ylide)도 유기 합성에서 유용한 중간체이다. 살충제 pyrethrin I (24.5절)의 합성 중간체인 methyl *trans*-chrysanthemate는 다이엔 화합물 **A**와 황 일리드로부터 합성할 수 있다. 이 반응의 메커니즘을 단계적으로 그려라.

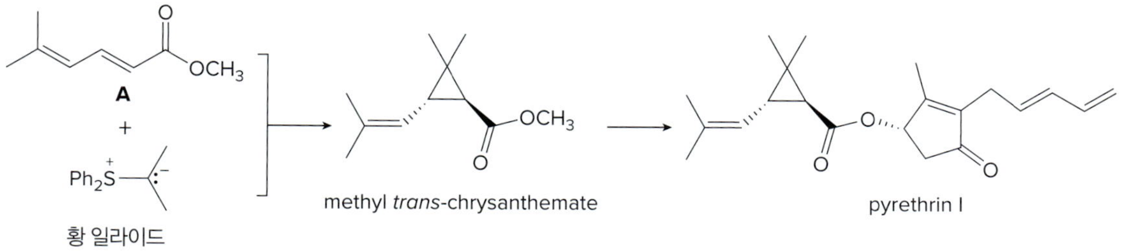

O OCH$_3$ **A** + $Ph_2\overset{+}{S}$–C:$^-$ (황 일라이드) → OCH$_3$ O (methyl *trans*-chrysanthemate) → O O O (pyrethrin I)

24.52 Diazomethane (CH_2N_2)은 사이클로프로페인 합성에 있어 가끔은 유용한 시약이 아니지만, 다른 다이아조 화합물은 복잡한 사이클로프로페인을 좋은 수율로 합성하는 반응에 사용된다. 다이아조 화합물 **A**에서 **B**(물 곰팡이 *Allomyces*의 암컷에서 만들어지는 정자 유인 물질인 sirenin의 합성 중간체)가 생성되는 메커니즘을 단계적으로 그려라.

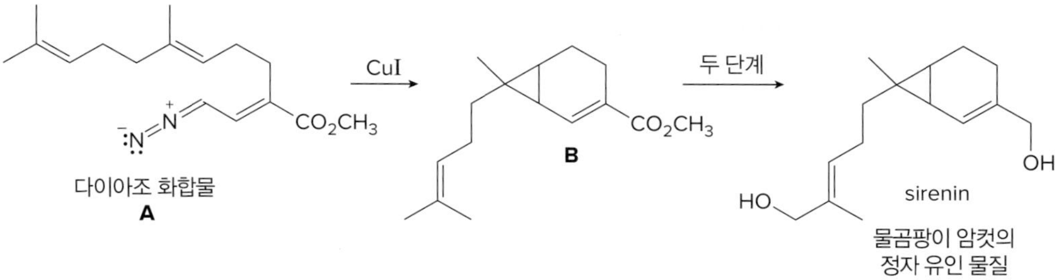

CuI
두 단계
CO_2CH_3
다이아조 화합물
A
CO_2CH_3
B
OH
HO
sirenin
물곰팡이 암컷의
정자 유인 물질

24.53 Heck 반응 조건에서 cyclohexene과 iodobenzene을 반응시키면 알릴성 탄소에 새로운 페닐기가 있는 **E**가 생성되지만, 페닐기가 탄소–탄소 이중 결합에 직접 붙어 있는 '예상되는' 짝지음 생성물 **F**는 얻어지지 않는다.

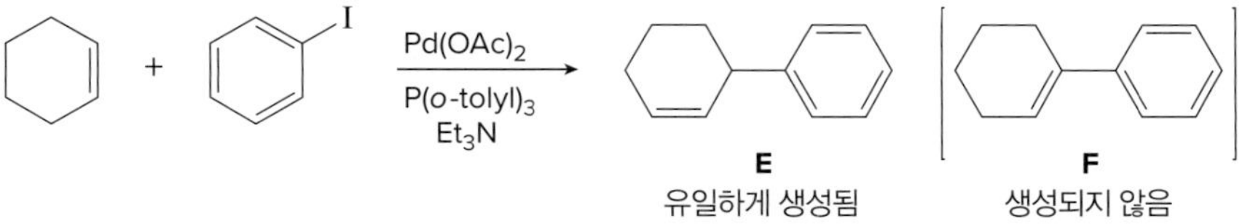

I
$Pd(OAc)_2$
P(*o*-tolyl)$_3$
Et_3N
E
유일하게 생성됨
F
생성되지 않음

a. **E**가 만들어지는 단계별 메커니즘을 그려라.

b. 메커니즘 24.2의 단계 [2]에서 Pd와 R'은 이중 결합에 신(syn) 첨가 방식으로 첨가된다. **E**가 생성되는 반응은 왜 메커니즘 24.2의 단계 [3]에 묘사된 제거 반응의 입체 화학에 관하여 무엇을 말하고 있는가?

합성

24.54 (*Z*)-2-Bromostyrene을 출발물로 사용하여 다이엔 **A**의 합성을 설계하라. 합성의 한 단계에서는 Suzuki 반응을 사용하라.

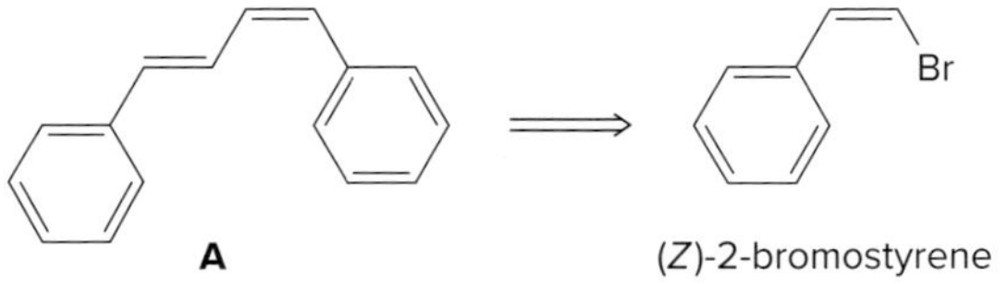

A
Br
(*Z*)-2-bromostyrene

24.55 Bombykol 합성(그림 24.1)에 사용될 수 있는, 아래의 트랜스 vinylborane의 합성을 고안하라. Vinylborane에 들어 있는 모든 탄소는 아세틸렌, nonane-1,9-diol과 catecholborane으로부터 와야 한다.

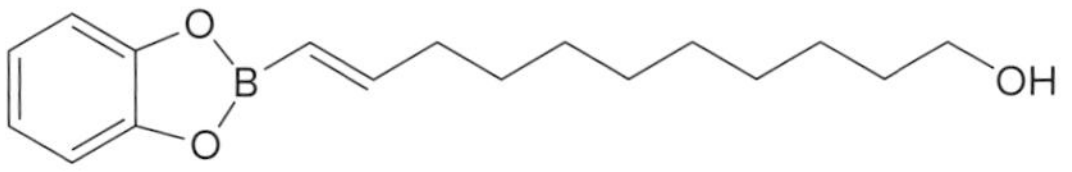

O
B
O
OH

24.56 Heck 반응을 이용하여 각 화합물을 한 단계로 합성할 수 있는 방법을 고안하라. 벤젠, $CH_2{=}CHCO_2Et$, 탄소가 두 개 이하인 유기 알코올, 그리고 필요한 무기 시약을 사용할 수 있다.

a. 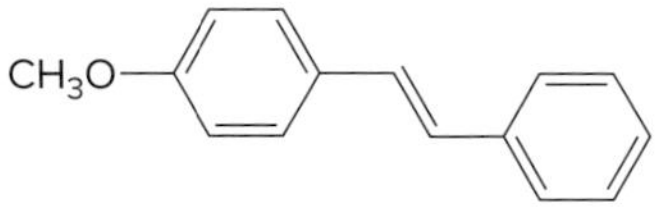 CH_3O

b. 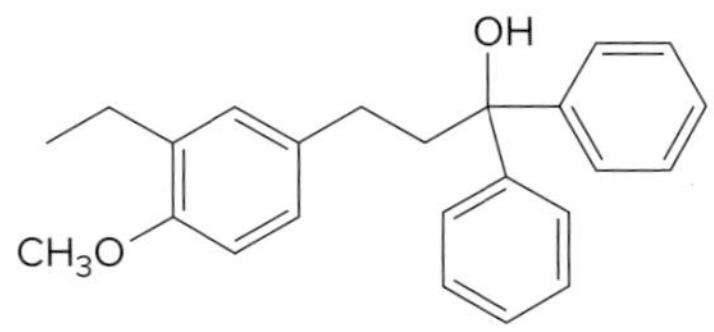 OH
CH_3O

24.57 Cyclohexene과 필요한 유기 또는 무기 시약을 사용하여 각 화합물의 합성을 고안하라.

a. 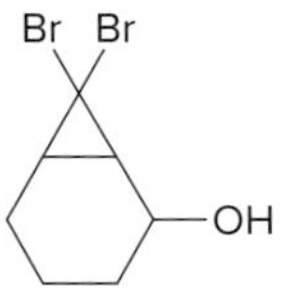 Br Br
OH

b.

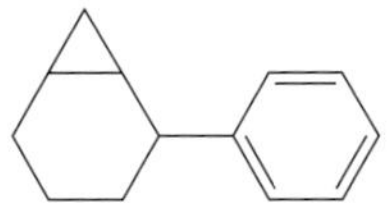

24.58 벤젠으로부터 각 화합물의 합성을 고안하라. 탄소가 네 개 이하인 유기 화합물과 필요한 무기 시약을 사용할 수 있다.

a. 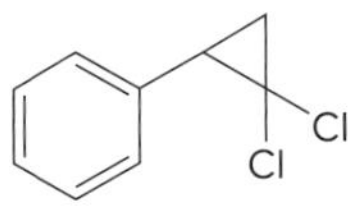 Cl Cl b. 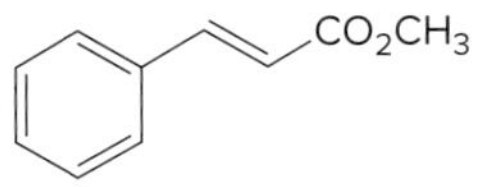 CO_2CH_3

24.59 각각의 치환 사이클로프로페인의 합성을 고안하라. a에서는 아세틸렌(HC≡CH)을 출발물로 사용하고, b에서는 cyclohexanone을 출발물로 사용한다. 반응에 필요한 유기 화합물이나 무기 화합물은 아무거나 사용해도 된다.

a.  + 거울상 이성질체 b.

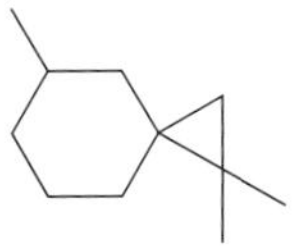

24.60 C−C 결합에 의해 두 개의 방향족 고리가 연결된 화합물인 biaryl은 종종 서로 다른 두 가지 Suzuki 짝지음 반응을 이용하여 효과적으로 합성할 수 있다. 다시 말해, 짝지음 반응에 필요한 유기보레인을 생성하는 데 방향족 고리를 아무거나 사용할 수 있다. 그러나 어떤 경우에는 한 가지 경로만 가능할 수도 있다. 이 사실을 고려하면서, 벤젠을 각 방향족 고리의 출발물로 사용하여 각각의 다음 biaryl을 합성하라. 두 개 이상의 경로가 가능하다면, 해당 경로를 모두 그려라. 필요한 유기 또는 무기 시약은 아무거나 사용해도 좋다.

a. 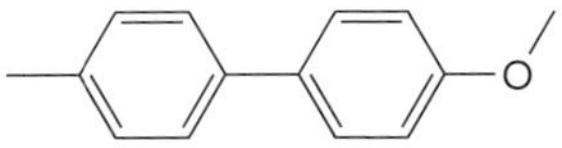 O b. 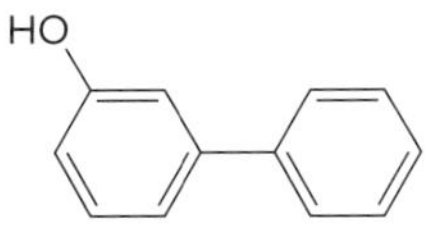 HO c. 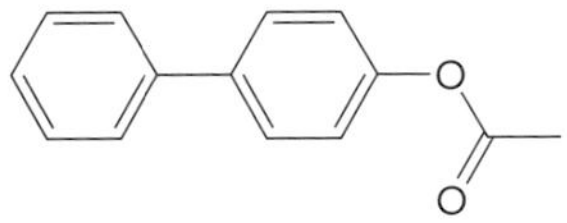 O O

24.61 Suzuki 반응을 이용하여 각 화합물을 벤젠으로부터 합성하라. 탄소가 네 개 이하인 알코올과 필요한 유기 및 무기 시약은 전부 사용할 수 있다.

a. 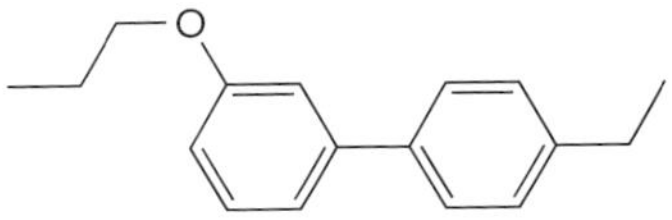 O b. 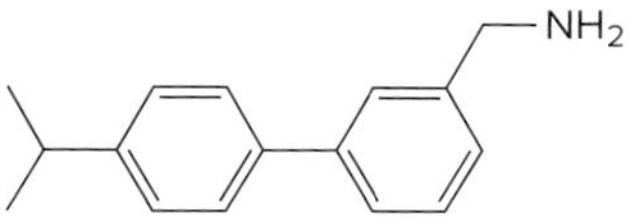 NH_2

24.62 각 화합물의 고리 닫힘 상호교환 반응으로 생성되는 생성물은 무엇인가? 이들 상호교환 반응에 사용된 출발물을 다음 화합물을 사용하여 합성하라. 합성에 필요한 시약은 $CH_2(CO_2Et)_2$, 탄소 수 네 개 이하인 알코올 및 필요한 유기, 무기 시약 모두이다.

a. 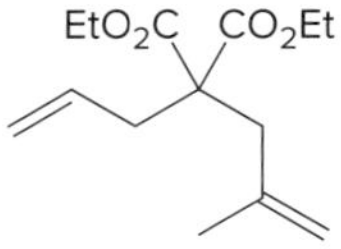 EtO_2C CO_2Et b. 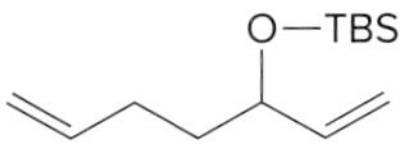 O—TBS

24.63 각 화합물의 고리 닫힘 상호교환 반응으로 생성되는 생성물을 그려라. 또한 벤젠, 탄소가 네 개 이하인 알코올, 유기 및 무기 화합물들을 사용하여 이들 출발물을 합성하라.

a. 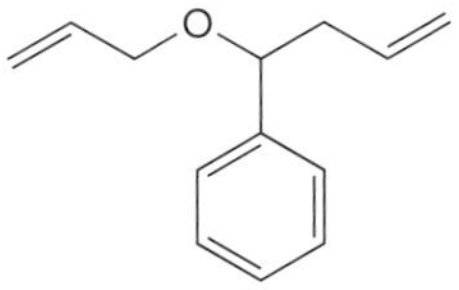 O b. 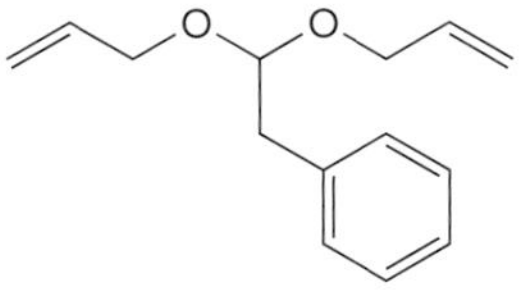 O O

24.64 각각의 다음 화합물을 합성하는 과정을 고안하라. 무기 시약 외에 탄소가 여섯 개 이하인 탄화수소 및 할로젠화물, $CH_2=CHCOOCH_3$를 출발물로 사용할 수 있다. 각 합성은 이 장에서 배운 탄소−탄소 결합 생성 반응을 최소한 하나는 사용해야 한다.

a. 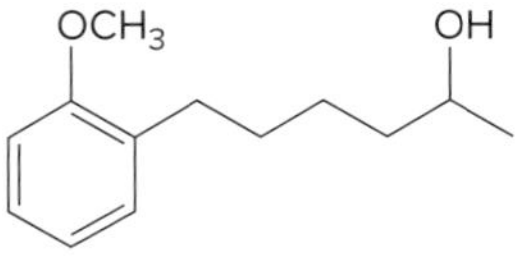 OCH_3 OH (두 개의 거울상 이성질체) b. 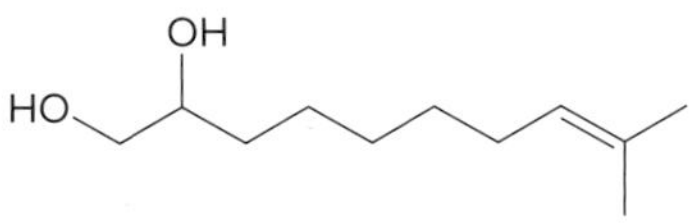 HO OH (두 개의 거울상 이성질체) c. 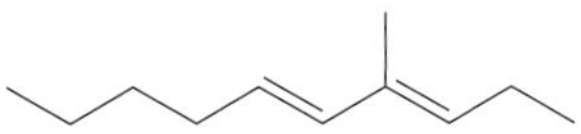 d. 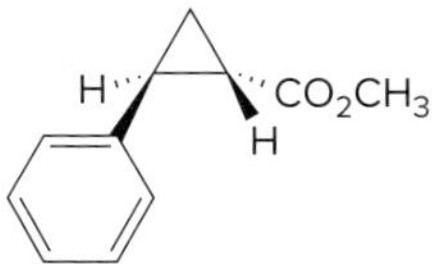 H CO_2CH_3 H (+거울상 이성질체)

도전 문제

24.65 최근 다양한 고리 닫힘 상호교환 반응들이 보고되고 있다. 예를 들어 두 개의 탄소–탄소 이중 결합이 더 추가된 고리형 알켄에서 연속 고리 열림–고리 생성(tandem ring-opening-ring-closing) 반응이 일어날 수 있다. 이 반응에서는 사이클로알켄이 분해되고 두 개의 새로운 고리가 생성된다. [1] 아래에 주어진 기질들의 연속 반응으로 생성되는 화합물은 무엇인가? [2] Diethyl maleate를 친다이엔체로 사용하는 Diels–Alder 반응을 이용하여 부분 (b)에서의 기질을 합성하라.

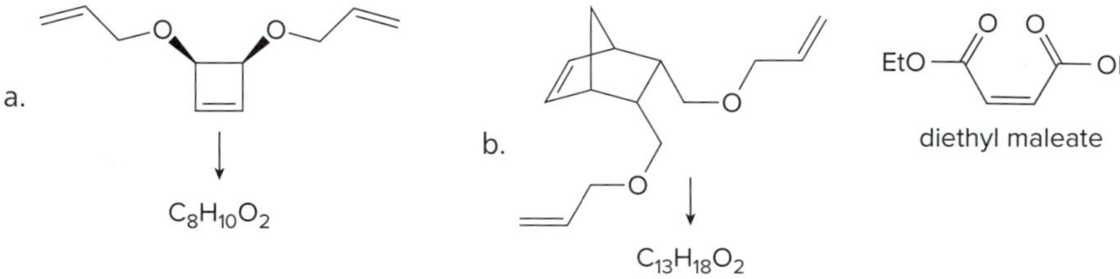

a. → $C_8H_{10}O_2$

b. → $C_{13}H_{18}O_2$

EtO, OEt, O, O

diethyl maleate

24.66 Grubbs 촉매와 에틸렌 기체의 존재하에 수행되는 다음 변환은 일련의 상호교환 반응을 거쳐 일어난다. 어떤 반응 과정을 거쳐 반응물이 생성물 **Z**로 변환되었는지를 나타내고, 각각의 표시된 탄소가 **Z**에서 어디에 있게 되는지를 표시하라.

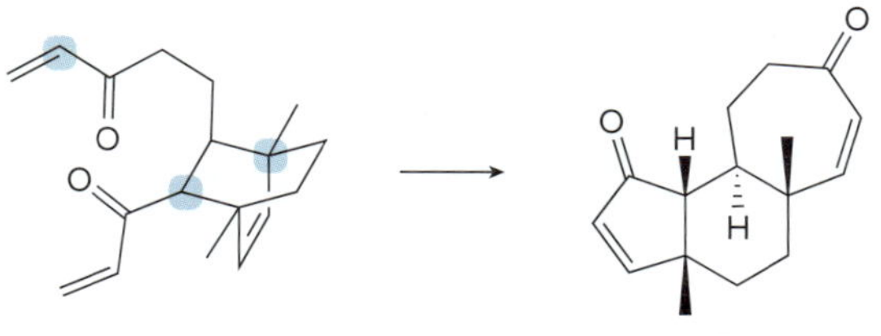

Z

24.67 Aryl iodide **A**와 vinylborane **B**를 Suzuki 짝지음 반응시켜 화합물 **C**를 합성한 후, **C**를 산성 용액에서 반응시키면 화합물 **D**가 생성된다. 화합물 **C**와 **D**에 해당되는 구조를 나타내고, **C**가 **D**로 변환되는 반응의 메커니즘을 단계별로 그려라.

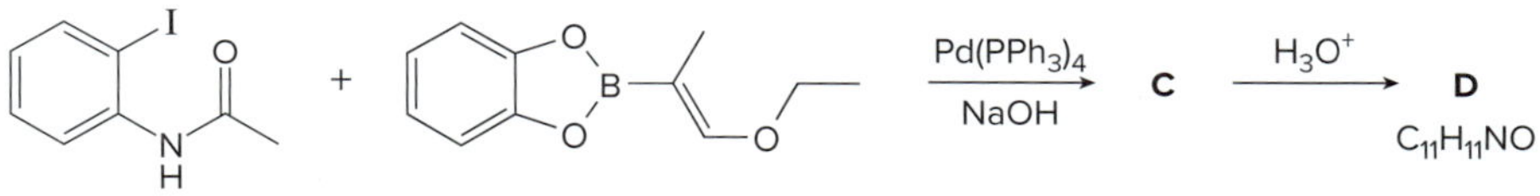

A + **B** $\xrightarrow[\text{NaOH}]{\text{Pd(PPh}_3)_4}$ **C** $\xrightarrow{H_3O^+}$ **D** ($C_{11}H_{11}NO$)

24.68 α,β-불포화 카보닐 화합물 **X**와 2당량의 Wittig 시약 **Y**를 반응시키면 dimethyl cyclopropane이 얻어진다. 이 반응의 메커니즘을 단계별로 그려라.

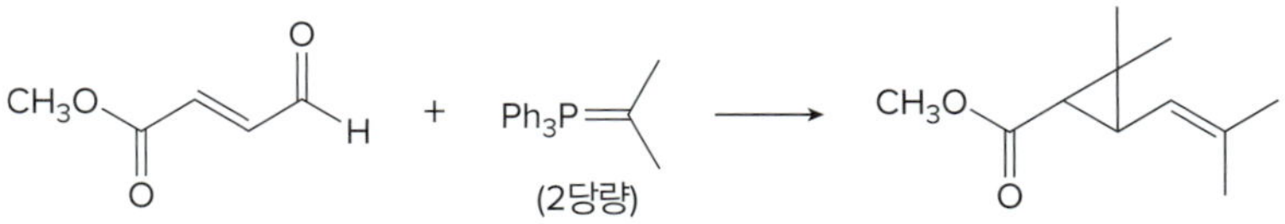

CH_3O ... H (**X**) + Ph_3P= (2당량) (**Y**) → CH_3O ...

24.69 다이엔아인(dienyne)이 상호교환 반응을 하면 접합된 두고리 고리계가 얻어진다. (a) **A**가 **B**로 어떻게 전환되었는지 설명하라. (b) 이 반응을 참고하여 다이엔아인 **C**의 상호교환 반응에서 얻어지는 두 생성물을 그려라.

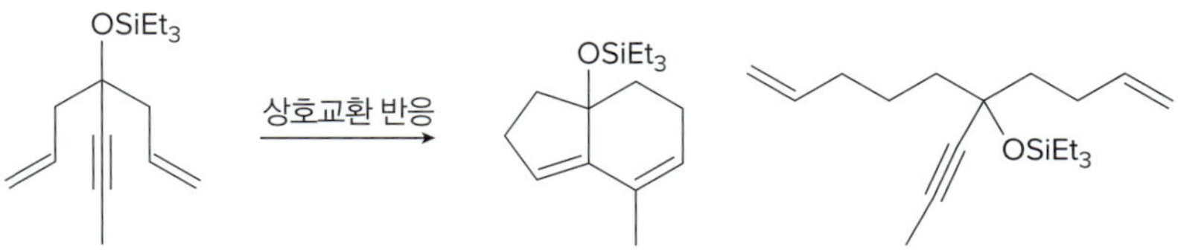

$OSiEt_3$ (**A**) —상호교환 반응→ $OSiEt_3$ (**B**) $OSiEt_3$ (**C**)

자가–시험 해답

1. d 2. a 3. c 4. b 5. d 6. c 7. a 8. d 9. c 10. c

고리형 협동 반응

Pericyclic Reactions

25

ORGANIC CHEMISTRY

Ron Nichols/USDA Natural Resources Conservation Service

갈란타민(galantamine)은 남부 유럽과 북부 아프리카가 원산인 다년생 화초인 수선화의 구근과 꽃에서 분리된 알칼로이드이다. 갈란타민(상품명 Razadyne)은 2001년에 온건한 치매 치료제로서 미국 식품의약청에 의하여 승인을 받았다. 이 약은 천연 원료로부터는 낮은 수율로 얻어지지만, 더 많은 양이 화학 합성에 의하여 생산되고 있다. 갈란타민 합성의 한 단계는 25장에서 다룰 유용한 고리형 협동 반응의 하나인 [3,3] 시그마 결합 자리 옮김 반응이다.

왜 공부하는가? . . .

왜 고리형 협동 반응을 공부하는가?

지금까지 우리가 유기 화학을 공부하면서 만난 많은 반응은 양이온, 음이온 및 라디칼 같은 반응성이 큰 중간체를 거쳐 일어난다. 예를 들어 7장의 S_N1 반응과 16장의 친전자성 방향족 치환 반응에는 탄소 양이온이 관여하며, 반면에 22장의 알돌 및 Claisen 반응은 엔올 음이온을 거쳐 일어난다. 13장에서 논의한 알케인의 할로젠화 반응이나 알켄의 중합 반응 같은 다른 반응은 라디칼 중간체를 거쳐 일어난다.

25장에서는 반응 수는 작으나 다양한 부류의 반응인 **고리형 협동 반응(pericyclic reaction)**에 대하여 공부하고자 한다. 이 반응은 모든 결합이 단일 단계에서 깨지고 생기는 협동 반응으로 일어나며 그 전이 상태는 고리형이다. 14장의 Diels–Alder 반응이 고리형 협동 반응의 한 가지 종류의 한 예이다. 고리형 협동 반응에서는 π 결합이 관여하며 만들어지는 생성물의 구조와 입체 화학을 예측하게 해주는 일련의 규칙에 의하여 지배를 받는다. 따라서 고리형 협동 반응은 유기 분자의 합성에서 귀중한 방법이다.

25.1 고리형 협동 반응의 종류

대부분의 유기 반응은 이온성 혹은 라디칼 중간체를 거쳐 일어나지만 많은 유용한 반응이 반응성이 큰 중간체가 생기지 않는 한 단계 반응으로 일어난다.

- 고리형 협동 반응은 고리형 전이 상태를 거쳐 일어나는 협동 반응이다.

입체특이적 반응은 10장에서 논의한 바 있다.

고리형 협동 반응은 빛 혹은 열이 필요하며 완전히 입체특이적이다. 즉, 반응물의 특정한 입체 이성질체는 생성물의 특정한 입체 이성질체를 생성한다. 고리형 협동 반응에는 **전자 고리화 반응(electrocyclic reaction)**, **고리화 첨가 반응(cycloaddition)** 그리고 **시그마 결합 자리 옮김 반응(sigmatropic rearrangement)**의 세 가지 종류가 있다.

전자 고리화 반응은 반응물의 한 분자의 고리가 닫히거나 열려서 생성물의 한 분자가 생기는 가역적 반응이다.

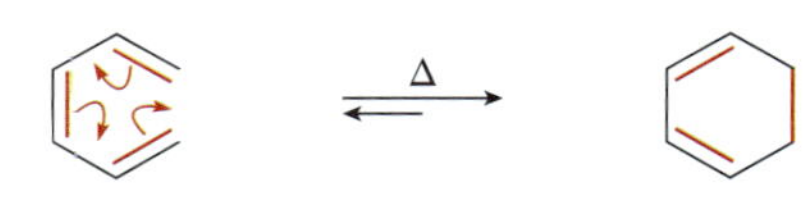

hexa-1,3,5-triene **3** π 결합 cyclohexa-1,3-diene **2** π 결합

- 전자 고리화 고리 닫힘 반응은 반응물보다 σ 결합은 하나 더 많고, π 결합은 하나 적은 고리형 생성물을 만드는 분자내 반응이다.

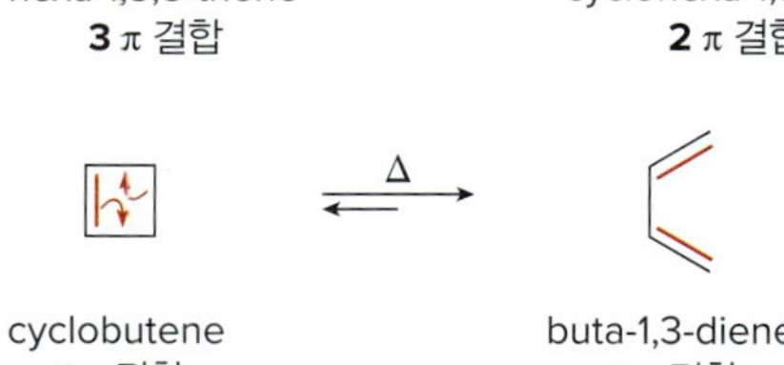

cyclobutene **1** π 결합 buta-1,3-diene **2** π 결합

- 전자 고리화 고리 열림 반응은 고리형 반응물의 σ 결합 하나가 깨져서 π 결합이 하나 더 많은 콘쥬게이션 생성물이 생기는 반응이다.

고리화 첨가 반응에서는 고리가 생긴다. 14장에서 나왔던 Diels–Alder 반응은 고리화 첨가 반응의 한 가지 예이다.

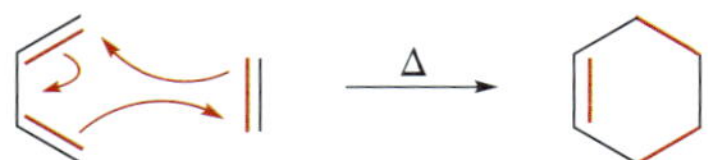

- 고리화 첨가 반응은 π 결합이 있는 두 화합물 사이에서 σ 결합이 두 개 새로 생긴 고리형 생성물을 만드는 반응이다.

반응물과 생성물의 π 결합의 수가 서로 다른 전자 고리화 반응과 고리화 첨가 반응과는 대조적으로 **시그마 결합 자리 옮김 반응**에서는 π 결합의 수는 변하지 않는다.

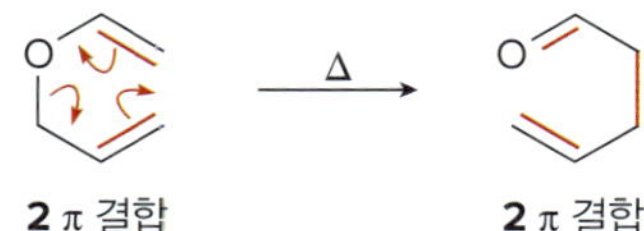

2 π 결합 **2** π 결합

- 시그마 결합 자리 옮김 반응은 σ 결합이 반응물에서 깨지면서, π 결합이 자리 옮김하고 σ 결합이 생성물에서 생기는 반응이다.

Hoffmann과 Fukui는 고리형 협동 반응의 경로를 설명하는 이론의 개발로 1981년도 노벨 화학상을 수상하였다.

고리형 협동 반응에서는 반응에 참여하는 **π 결합의 수** 그리고 반응 조건[반응이 **열**(열적 조건) 아니면 **빛**(광화학적 조건)의 존재에서 일어나는지의 여부]의 두 가지 특성이 반응의 경로를 결정한다. 이들 반응은 1954년에 Kenichi Fukui가 기술한 이론에서 유도되어 1965년에 Woodward와 Hoffmann이 최초로 제안한 오비탈과 대칭성에 근거한 일련의 규칙을 따른다.

고리형 협동 반응을 이해하려면 15장에서 π 결합이 있는 (분자)계의 분자 오비탈에 대하여 배운 것을 복습하고 또한 더 확장하여야 한다.

문제 25.1 다음 각 반응을 전자 고리화 반응, 고리화 첨가 반응 혹은 시그마 결합 자리 옮김 반응으로 분류하라. 각 반응에서 깨지거나 생기는 σ 결합을 표시하라.

a.

b. + $H_2C{=}CH_2$

c.

d.

25.2 분자 오비탈

15.10절에서 분자 오비탈(MO) 이론은 원자 오비탈의 수학적 조합으로 결합을 기술하며, **분자 오비탈(MO, molecular orbital)**이라고 부르는 새로운 오비탈이 생긴다는 것을 배웠다. **사용되는 원자 오비탈의 수는 생기는 분자 오비탈의 수와 같다.**

고리형 협동 반응에서는 π 결합이 개입하므로 각각 π 결합이 하나, 둘 그리고 세 개 들어 있는 분자인 ethylene, buta-1,3-diene 및 hexa-1,3,5-triene의 *p* 오비탈에서 얻어지는 분자 오비탈을 살펴보자. *p* 오비탈의 두 귓불(lobe)은 위상이 반대이고, 핵에는 전자 밀도가 없는 마디가 있다는 점을 기억하자.

25.2A Ethylene

Ethylene ($CH_2{=}CH_2$)의 π 결합은 인접 탄소의 두 *p* 오비탈이 측면으로 중첩하여 생긴다. 두 *p* 오비탈은 두 다른 방법으로 조합될 수 있다. 그림 25.1에서 볼 수 있듯이, 위상이 같은 두 *p* 오비탈이 겹치면 **π 결합성 분자 오비탈**(ψ_1이라고 나타냄)이 생긴다. 두 전자는 에너지가 더 낮은 이 결합성 분

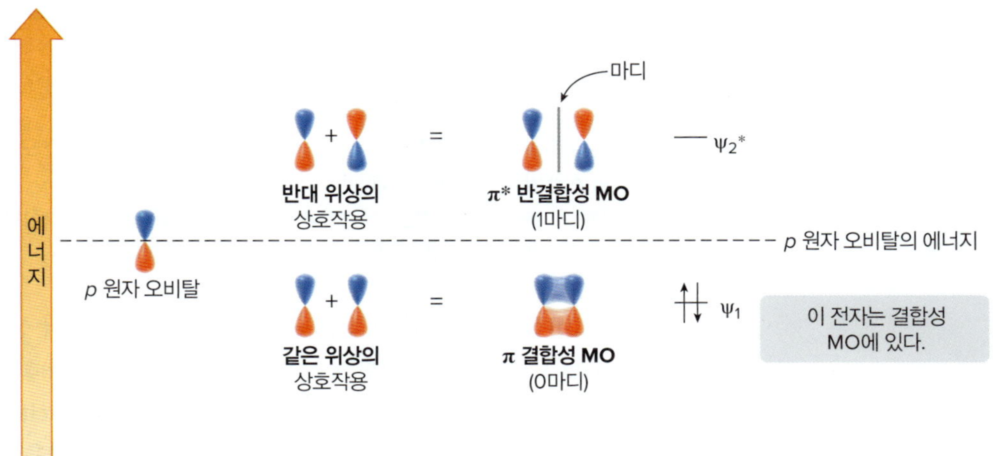

그림 25.1 Ethylene의 π 및 π* 분자 오비탈

자 오비탈에 들어간다. 위상이 반대인 두 p 오비탈이 겹치면 **π* 반결합성 분자 오비탈**(ψ_2*이라고 나타냄)이 생긴다. 위상이 반대인 두 오비탈이 조합하면 오비탈 사이에 불안정하게 만드는 마디가 존재하게 된다.

25.2B Buta-1,3-diene

Buta-1,3-diene ($CH_2=CH-CH=CH_2$)의 두 π 결합은 네 인접 탄소의 네 p 오비탈이 겹쳐져 생긴다. 그림 25.2에서 볼 수 있듯이, 네 p 오비탈은 네 가지 다른 방식으로 조합될 수 있고, 따라서 ψ_1–ψ_4라고 나타낸 네 분자 오비탈이 생긴다. 둘은 결합성 분자 오비탈(ψ_1과 ψ_2)이고, 다른 둘은 반결합성 분자 오비탈(ψ_3*과 ψ_4*)이다. 두 결합성 MO는 자신을 만든 p 오비탈보다 에너지가 더 낮으며, 반면에 두 반결합성 MO는 자신을 만든 p 오비탈보다 에너지가 더 높다. **결합성 상호작용의 수가 감소하고 마디의 수가 증가할수록 분자 오비탈의 에너지는 증가한다.**

그림 25.2
Buta-1,3-diene의 네 π 분자 오비탈

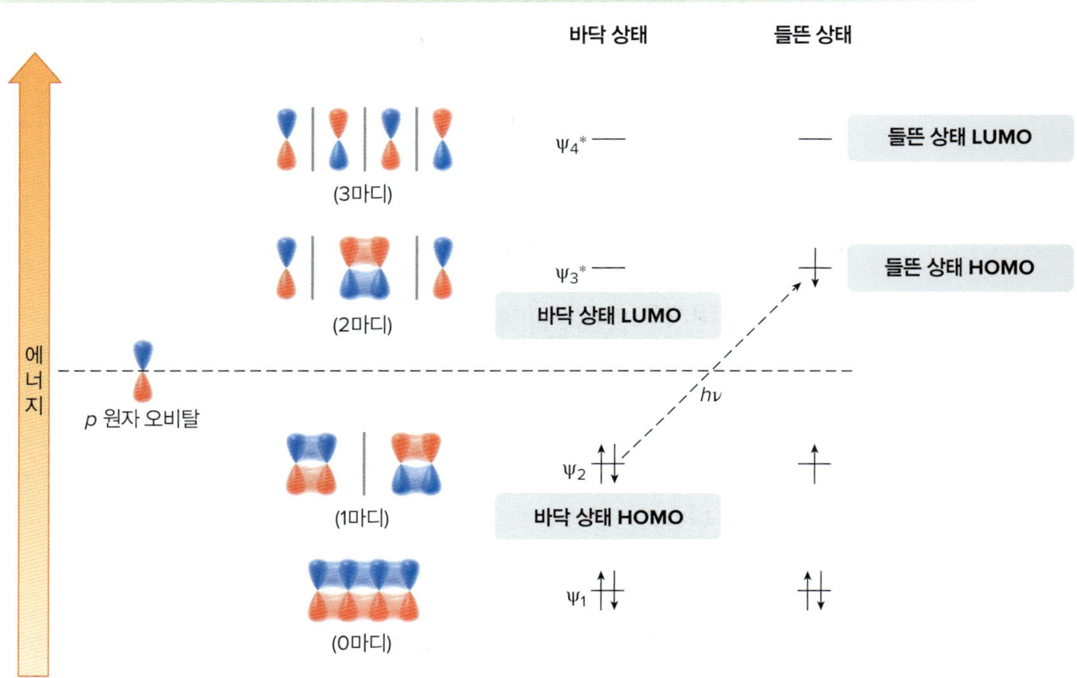

- 에너지가 가장 낮은 두 분자 오비탈인 ψ_1과 ψ_2은 **결합성 MO**이다.
- 에너지가 가장 높은 두 분자 오비탈인 ψ_3*과 ψ_4*은 **반결합성 MO**이다.

- 바닥 상태 전자 배치에서는 네 π 전자는 두 결합성 분자 오비탈을 차지한다.

또한 15.10절로부터 다음을 상기하자.

- 전자가 들어 있는 가장 에너지가 높은 오비탈을 최고 점유 분자 오비탈(HOMO)이라고 한다. Buta-1,3-diene의 바닥 상태에서는 ψ_2이 HOMO이다.
- 전자가 들어 있지 않은 가장 에너지가 낮은 오비탈을 최저 비점유 분자 오비탈(LUMO)이라고 한다. Buta-1,3-diene의 바닥 상태에서는 ψ_3*이 LUMO이다.

25.3B절에서 논의할 열적 반응에서는 전자 배치가 바닥 상태에 있는 반응물을 이용한다.

Buta-1,3-diene이 적당한 에너지의 빛을 흡수하면, 전자 하나가 ψ_2 (HOMO)에서 ψ_3* (LUMO)로 올라가면서 에너지가 더 높은 전자 배치인 **들뜬 상태(excited state)**가 얻어진다. 들뜬 상태에서 이제 HOMO는 ψ_3*이다. **25.3C절에서 논의할 광화학적 반응에서는 반응물은 그 들뜬 상태에 놓여**

있다. 따라서 buta-1,3-diene의 경우 그 HOMO는 ψ_3*이고 LUMO는 ψ_4*가 된다.

모든 콘쥬게이션 다이엔은 buta-1,3-diene의 경우에 그림 25.2에 그린 것과 비슷한 일련의 분자 오비탈로 기술될 수 있다.

문제 25.2 그림 25.2의 각 분자 오비탈에 대하여 결합성 상호작용(위상이 같은 인접 오비탈 사이의 상호작용)의 수와 마디의 수를 셈하라. (a) 결합성 분자 오비탈에 대하여 이들 두 값이 어떻게 비교되는가? (b) 반결합성 분자 오비탈에 대해서는 이들 두 값이 어떻게 비교되는가?

25.2C Hexa-1,3,5-triene

Hexa-1,3,5-triene (CH_2=CH−CH=CH−CH=CH_2)의 세 π 결합은 여섯 인접 탄소의 여섯 *p* 오비탈이 겹쳐져서 생긴다. 그림 25.3에서 볼 수 있듯이, 여섯 *p* 오비탈은 여섯 가지 다른 방식으로 조합될 수 있고, 따라서 ψ_1-ψ_6이라고 나타낸 여섯 분자 오비탈이 생긴다. 셋은 결합성 분자 오비탈(ψ_1–ψ_3)이고 다른 셋은 반결합성 분자 오비탈(ψ_4*–ψ_6*)이다.

그림 25.3 Hexa-1,3,5-triene의 여섯 π 분자 오비탈

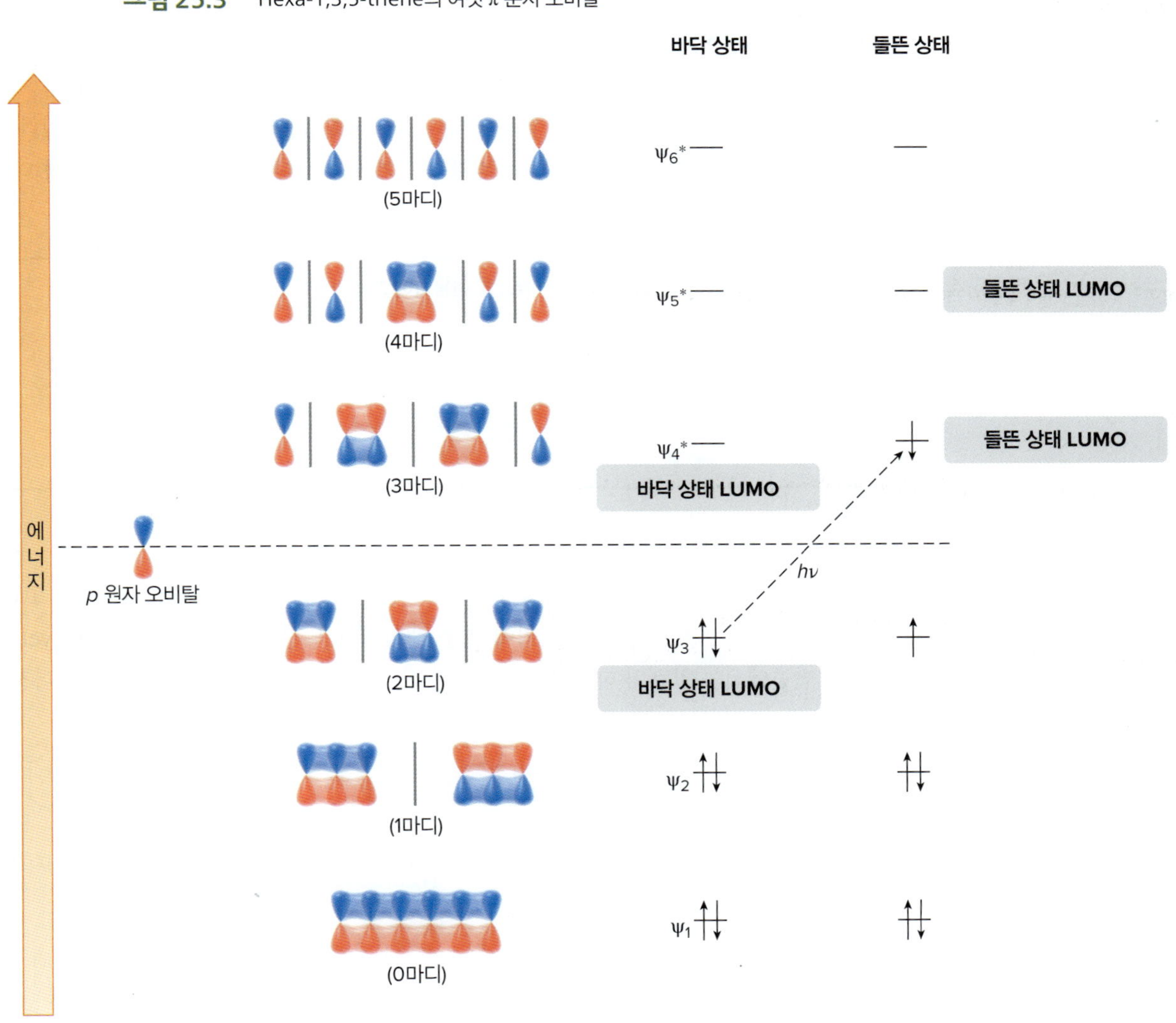

바닥 상태 전자 배치에서는 여섯 π 전자가 세 결합성 MO를 차지하고 있으며, ψ_3이 HOMO, ψ_4*이 LUMO이다. ψ_3의 전자 하나를 ψ_4*로 올려 보낸 들뜬 상태에서는 ψ_4*가 HOMO, ψ_5*가 LUMO이다.

문제 25.3 (a) 그림 25.2를 보고 hexa-2,4-diene의 분자 오비탈을 그려라. (b) 바닥 상태에서 HOMO와 LUMO는 무엇인가? (c) 들뜬 상태에서 HOMO와 LUMO는 무엇인가?

25.3 전자 고리화 반응

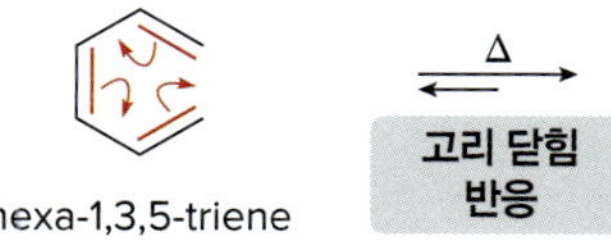

cyclobutene Δ 고리 열림 반응 buta-1,3-diene

전자 고리화 반응은 콘쥬게이션 폴리엔이 사이클로알켄으로 고리가 닫히거나 사이클로알켄의 고리가 열려 콘쥬게이션 폴리엔이 생기는 가역 반응이다. 예를 들면, hexa-1,3,5-triene의 고리 닫힘 반응에서는 반응물보다 σ 결합이 하나 더 많고, π 결합은 하나 적은 생성물인 cyclohexa-1,3-diene이 생긴다. Cyclobutene의 고리 열림 반응에서는 반응물보다 σ 결합이 하나 적고 π 결합은 하나 많은 생성물인 buta-1,3-diene이 생긴다.

전자의 흐름을 표시할 때 화살표는 시계 방향이나 시계 반대 방향으로 둘 다 그릴 수 있다.

- 각 반응에서 생성물을 그리려면 굽은 화살표를 이용하고 **한 π 결합에서 시작한다.** π 전자를 인접한 탄소–탄소 결합으로 이동시키고 돌아가면서 계속한다.

고리 닫힘 반응에서는 콘쥬게이션 폴리엔의 말단이 연결된 새로운 σ 결합이 생긴다. 고리 열림 반응에서는 σ 결합이 깨지면서 π 결합이 하나 더 많은 콘쥬게이션 폴리엔이 생긴다.

평형에서 반응물 혹은 생성물이 우세할지는 고리형 화합물의 고리 크기에 달려 있다. 일반적으로 평형에서는 비고리형 트라이엔보다 육원자 고리가 선호된다. 대조적으로 비고리형 다이엔이 무리가 있는 사원자 고리보다 선호된다.

문제 25.4 다음 각 전자 고리화 반응의 생성물을 굽은 화살표를 이용하여 그려라.

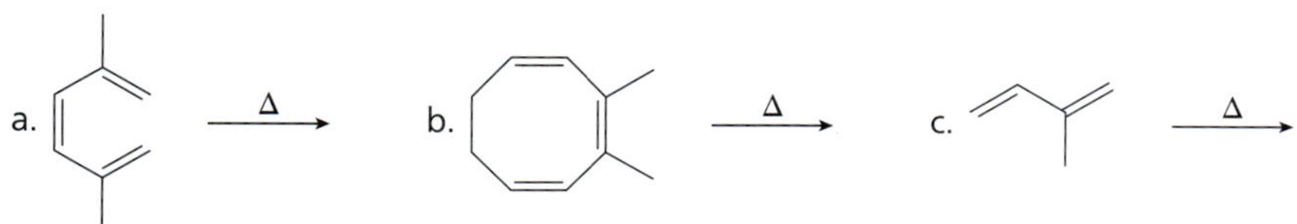

25.3A 입체 화학과 오비탈 대칭성

전자 고리화 반응은 완전히 입체특이적이다. 예로서, (2*E*,4*Z*,6*E*)-octa-2,4,6-triene의 고리 닫힘 반응에서는 고리에서 메틸기가 시스 위치에 있는 생성물만 생긴다. *cis*-3,4-Dimethylcyclobutene의 고리 열림 반응에서는 알켄이 하나는 *Z*이고,다른 하나는 *E*인 콘쥬게이션 다이엔만 얻어진다.

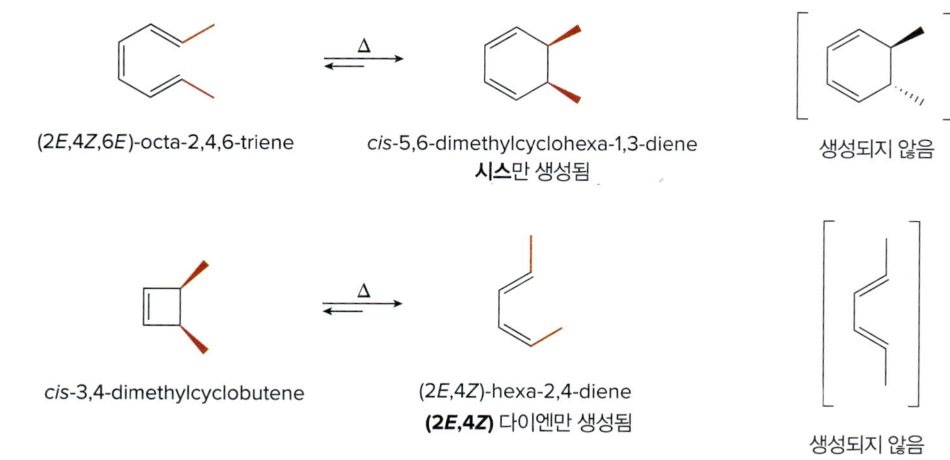

더군다나, **전자 고리화 반응 생성물의 입체 화학은 그 반응이** 각각 열 혹은 빛을 이용하는, **열적 혹은 광화학적 조건에서 일어나는지에 달려 있다.** (2*E*,4*E*)-Hexa-2,4-diene의 열적 고리화 반응은 메틸기가 트랜스인 cyclobutene을 주는 반면에, 빛을 이용하면 메틸기가 시스인 cyclobutene이 생긴다.

전자 고리화 고리 닫힘 반응에서는 일반적으로 비카이랄 메소 화합물이 생기거나, 아니면 카이랄 거울상 이성질체의 혼합물이 생긴다. 거울상 이성질체가 생기는 경우에는 이들 반응에서 한 가지 거울상 이성질체만 그리기로 한다.

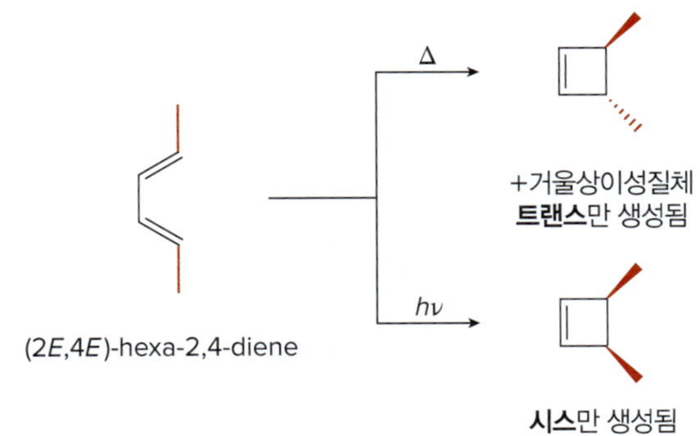

이러한 결과를 이해하려면 전자 고리화 반응에서 **반응물이거나 생성물인 비고리형 콘쥬게이션 폴리엔의 HOMO**를 살펴보아야 한다. 특히, HOMO의 말단 탄소에 있는 *p* 오비탈을 보고 위상이 같은 오비탈이 분자의 같은 면에 있는지, 아니면 다른 면에 있는지를 조사하여야 한다.

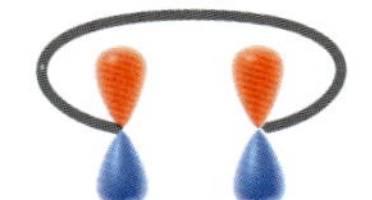

***반대*면에 있는 같은 위상**

- 위상이 같은 오비탈이 겹쳐져서 결합이 생길 때에만 전자 고리화 반응이 일어난다. 그러한 반응을 **대칭 허용(symmetry allowed)**이라고 부른다.
- 위상이 반대인 귓불(lobe) 사이에서는 전자 고리화 반응이 일어날 수 없다. 그러한 반응을 **대칭 금지(symmetry forbidden)**라고 부른다.

결합이 생기려면 같은 위상끼리 상호작용하여 새로운 σ 결합이 생기도록 말단 탄소의 *p* 오비탈이 회전하여야 한다. 회전에는 두 가지 방식이 가능하다.

- 위상이 같은 *p* 오비탈이 분자의 같은 면에 있으면, 두 오비탈은 **반대** 방향(하나는 시계 방향, 다른 하나는 시계 반대 방향)으로 회전하여야 한다. 반대 방향의 회전을 **반대 방향 회전(disrotatory)**이라고 한다.

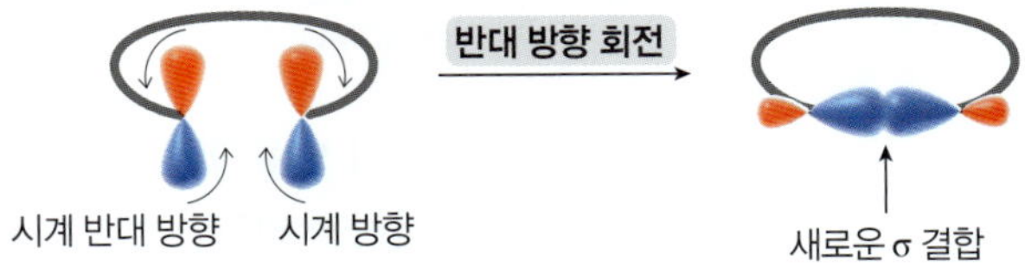

- 위상이 같은 *p* 오비탈이 분자의 반대면에 있으면, 두 오비탈은 **같은** 방향(둘 다 시계 방향이거나 시계 반대 방향)으로 회전하여야 한다. 같은 방향의 회전을 **동일 방향 회전(conrotatory)**이라고 한다.

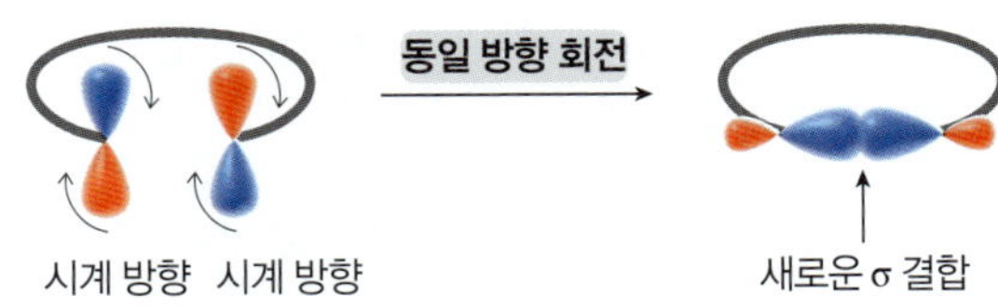

25.3B 열적 전자 고리화 반응

전자 고리화 반응에서 관찰되는 입체 화학을 설명하기 위해서는 가장 느슨하게 π 전자를 붙잡고 있는 분자 오비탈의 대칭성을 조사하여야 한다. **열적 반응에서는 바닥 상태 전자 배치의 HOMO를 고려한다.** 이 분자 오비탈의 말단 탄소의 *p* 오비탈이 같은 위상끼리 결합하도록 반대 방향 회전 혹은 동일 방향 회전 방식으로 회전이 일어난다.

- 회전이 동일 방향 회전 혹은 반대 방향 회전인지는 콘쥬게이션 폴리엔에 있는 이중 결합의 수가 결정한다.

두 예가 다른 결과를 설명하고 있다.

HOMO의 말단 탄소의 *p* 오비탈만 분명하게 그렸다.

(2*E*,4*Z*,6*E*)-Octa-2,4,6-triene의 열적 전자 고리화 닫힘 반응에서는 고리에 메틸기가 시스인 생성물만 생긴다.

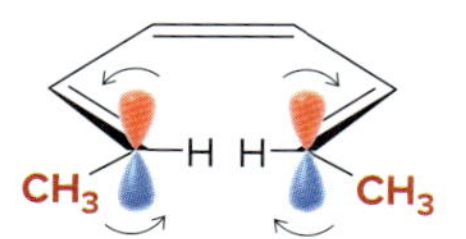

시계 반대 방향 시계 방향

(2*E*,4*Z*,6*E*)-octa-2,4,6-triene의 바닥 상태 HOMO

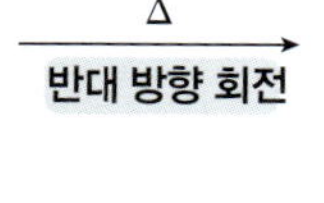

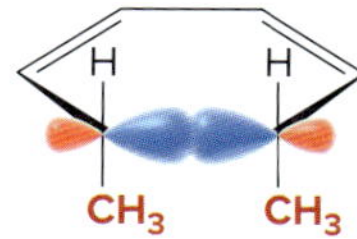

cis-5,6-dimethylcyclohexa-1,3-diene

시스 생성물

고리화 반응이 반대 방향 회전 방식으로 일어나는 이유는 콘쥬게이션 트라이엔의 HOMO는 그 말단의 *p* 오비탈이 분자의 같은 면에서 위상이 같기 때문이다(그림 25.3). 위상이 같은 *p* 오비탈이 겹치면 새로운 σ 결합이 고리에 생기기 때문에 반대 방향 회전 고리 닫힘 반응이 대칭 허용이다. 반대 방향 회전 고리 닫힘 반응에서는 두 메틸기 모두 아래로(혹은 위로) 밀리기 때문에 생성물에서 시스가 된다.

이 반응은 π 결합의 수가 홀수인 콘쥬게이션 폴리엔의 경우에 일반적으로 관찰되는 구체적인 예이다. π 결합의 수가 홀수인 콘쥬게이션 폴리엔의 HOMO는 분자의 같은 면에서 말단의 *p* 오비탈의 위상이 같다. 따라서

- π 결합의 수가 **홀수**인 콘쥬게이션 폴리엔의 경우 열적 전자 고리화 반응은 **반대 방향 회전** 방식으로 일어난다.

대조적으로, (2*E*,4*E*)-hexa-2,4-diene의 열적 전자 고리화 닫힘 반응에서는 메틸기가 트랜스인 cyclobutene이 생긴다.

(2*E*,4*E*)-Hexa-2,4-diene의 동일 방향 회전 고리 닫힘 반응을 두 시계 방향 회전으로 그렸다. 또한 동일 방향 회전 고리 닫힘 반응을 두 시계 반대 방향 회전으로 그릴 수도 있으며, 그러면 앞에서 그린 트랜스 생성물의 거울상 이성질체가 생긴다. 두 거울상 이성질체는 같은 양으로 생긴다.

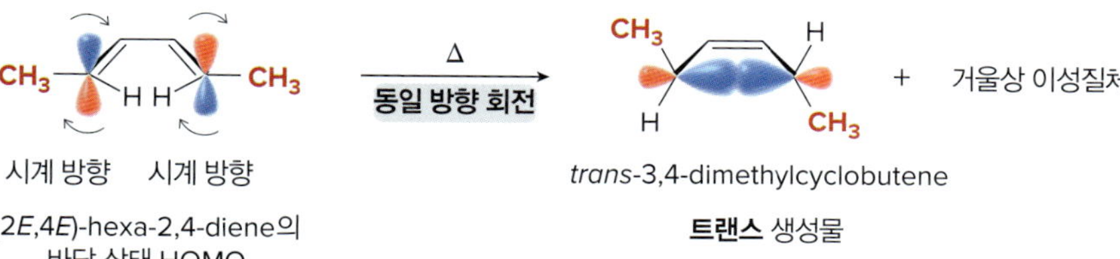

고리화 반응이 동일 방향 회전 방식으로 일어나는 이유는 콘쥬게이션 다이엔의 HOMO는 그 말단의 *p* 오비탈이 분자의 반대면에서 위상이 같기 때문이다(그림 25.2). 위상이 같은 *p* 오비탈이 겹치면 새로운 σ 결합이 고리에 생기기 때문에 동일 방향 회전 고리 닫힘 반응이 대칭 허용이다. 동일 방향 회전 고리 닫힘 반응에서는 한 메틸기는 아래로, 그리고 다른 메틸기는 위로 밀리기 때문에 생성물에서 트랜스가 된다.

이 반응은 π 결합의 수가 짝수인 콘쥬게이션 폴리엔의 경우에 일반적으로 관찰되는 구체적인 예이다. π 결합의 수가 짝수인 콘쥬게이션 폴리엔의 HOMO는 분자의 반대면에서 말단의 *p* 오비탈의 위상이 같다. 따라서

- π 결합의 수가 **짝수**인 콘쥬게이션 폴리엔의 경우 열적 전자 고리화 반응은 **동일 방향 회전** 방식으로 일어난다.

전자 고리화 반응은 가역적이므로 **전자 고리화 고리-열림 반응은** 전자 고리화 고리 닫힘 반응과 **같은 규칙을 따른다.** 따라서 *cis*-3,4-dimethylcyclobutene—π 결합의 수가 짝수인 다이엔으로 고리가 열리는—의 열적 고리 열림 반응은 **동일 방향 회전**으로 일어나서 (2*E*,4*Z*)-hexa-2,4-diene이 유일한 생성물로 얻어진다.

CH_3 CH_3 H H 시계 반대 방향 시계 반대 방향 —Δ, **동일 방향 회전**→ CH_3 H CH_3 H

cis-3,4-dimethylcyclobutene (2*E*,4*Z*)-hexa-2,4-diene

예제 25.1 열적 전자 고리화 고리 닫힘 반응의 생성물 그리기

각 열적 전자 고리화 고리 닫힘 반응의 생성물을 그려라.

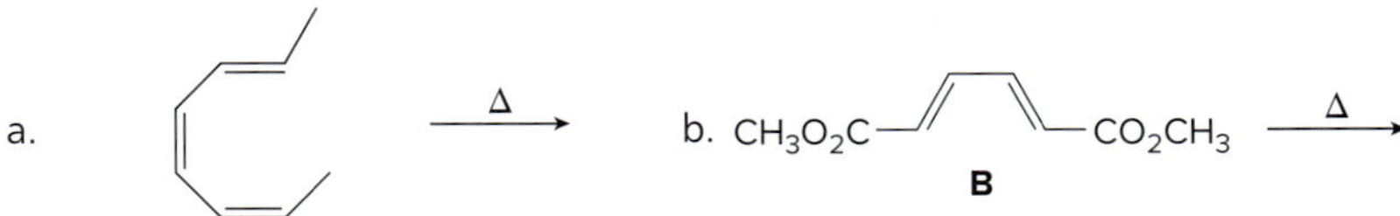

(2*E*,4*Z*,6*Z*)-octa-2,4,6-triene

풀이

콘쥬게이션 폴리엔의 π 결합의 수를 세어 열적 전자 고리화 반응에서 고리 닫힘의 방식을 결정한다.

- π 결합의 수가 **홀수**인 콘쥬게이션 폴리엔의 경우 **반대 방향 회전** 고리화가 일어난다.
- π 결합의 수가 **짝수**인 콘쥬게이션 폴리엔의 경우 **동일 방향 회전** 고리화가 일어난다.

a. (2*E*,4*Z*,6*Z*)-Octa-2,4,6-triene은 π 결합이 세 개이다. π 결합의 수가 **홀수**인 콘쥬게이션 폴리엔의 HOMO는 분자의 **같은** 면에서 말단 *p* 오비탈의 위상이 같으므로 **반대 방향 회전** 고리화가 일어난다.

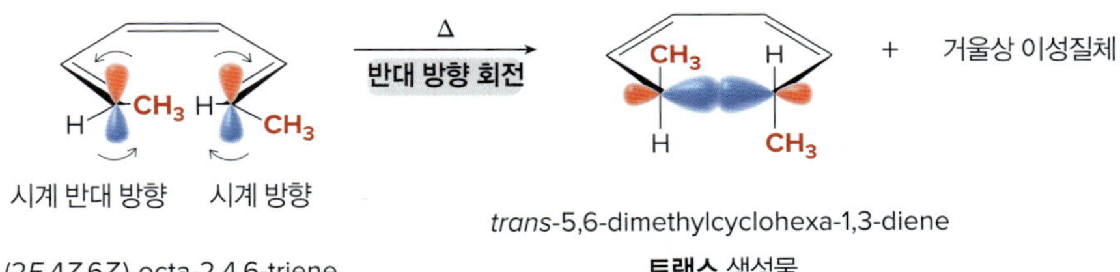

(2*E*,4*Z*,6*Z*)-octa-2,4,6-triene

trans-5,6-dimethylcyclohexa-1,3-diene

트랜스 생성물

b. 다이엔 **B**는 π 결합이 두 개이다. π 결합의 수가 **짝수**인 콘쥬게이션 폴리엔의 HOMO는 분자의 **반대**면에서 말단 *p* 오비탈의 위상이 같으므로 **동일 방향 회전** 고리화가 일어난다.

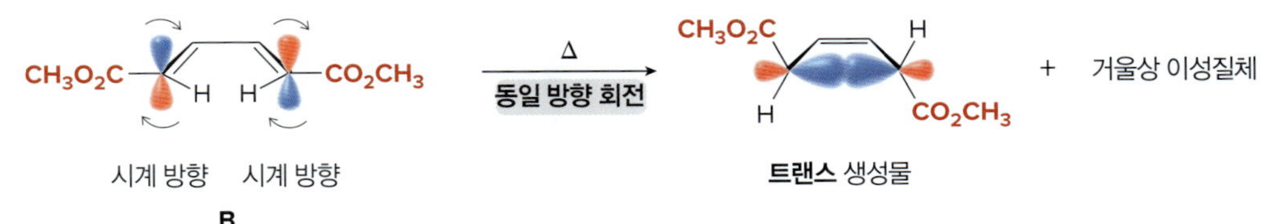

트랜스 생성물

문제 25.5 각 화합물의 열적 전자 고리화 고리 열림 혹은 고리 닫힘 반응에서 무슨 생성물이 얻어지겠는가? 각 과정을 동일 방향 회전 혹은 반대 방향 회전으로 나타내고, 사면체 입체 발생 중심과 이중 결합의 입체 화학을 분명하게 보여라.

a. C_6H_5 C_6H_5 b.

추가 문제: 문제 25.28a; 25.31; 25.34a, c; 25.37a; 25.54b

문제 25.6 각 decatetraene의 열적 전자 고리화 반응으로 무슨 고리형 생성물이 얻어지는가?

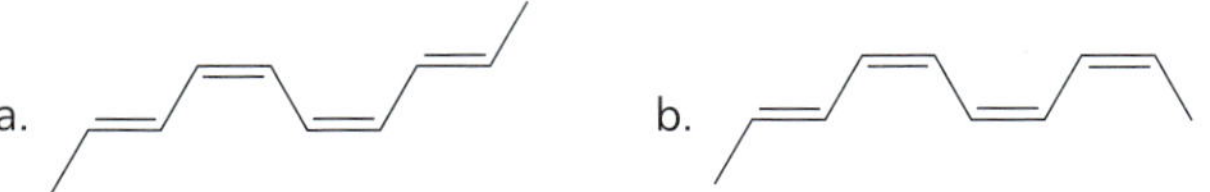

25.3C 광화학적 전자 고리화 반응

광화학적 전자 고리화 반응도 한 가지 중요한 차이점을 제외하면 열적 반응에서 서술한 원리와 비슷한 방식으로 일어난다. **광화학 반응의 경로를 결정하려면 들뜬 상태의 HOMO의 오비탈을 고려하여야 한다.** 광자가 흡수되면, 바닥 상태 HOMO의 전자 하나가 바닥 상태 LUMO로 들뜨게 된다. 그러면 들뜬 상태 HOMO는 전보다 에너지가 한 단계 위로 올라가게 된다(그림 25.2 및 25.3 참조). 들뜬 상태 HOMO는 바닥 상태 HOMO에 비하여 말단 p 오비탈의 위상이 반대로 놓여 있다. 따라서 **광화학적 전자 고리화 반응의 고리 닫힘 방식은 π 결합의 수가 같은 열적 전자 고리화 반응의 방식과 반대이다.**

(2*E*,4*Z*,6*E*)-Octa-2,4,6-triene의 광화학적 전자 고리화 고리 닫힘에서는 고리에 메틸기가 트랜스인 고리형 생성물이 얻어진다.

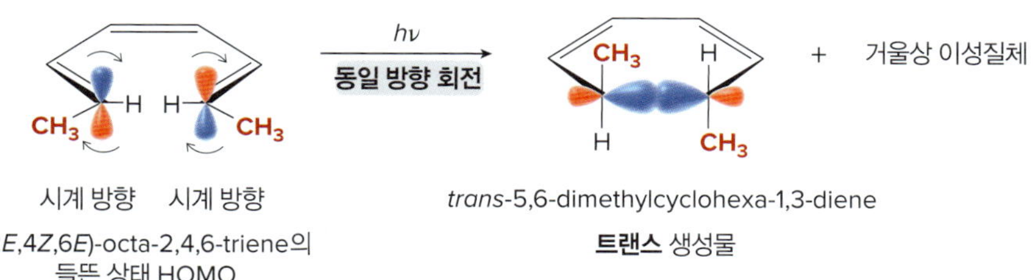

고리화가 동일 방향 회전 방식으로 일어나는 이유는 콘쥬게이션 트라이엔의 들뜬 상태 HOMO는 분자의 반대면에서 말단 p 오비탈의 위상이 같기 때문이다(그림 25.3). 동일 방향 회전 고리 닫힘에서는 메틸기 하나는 아래로 밀리고 다른 메틸기는 위로 밀리므로 생성물에서 트랜스가 된다. 이는 π 결합의 수가 홀수인 콘쥬게이션 폴리엔에서 관찰되는 일반적 반응의 구체적 예이다.

- π 결합의 수가 **홀수**인 콘쥬게이션 폴리엔의 광화학적 전자 고리화 반응은 **동일 방향 회전** 방식으로 일어난다.

(2*E*,4*E*)-Hexa-2,4-diene의 광화학적 전자 고리화 고리 닫힘에서는 메틸기가 시스인 cyclobutene이 생긴다.

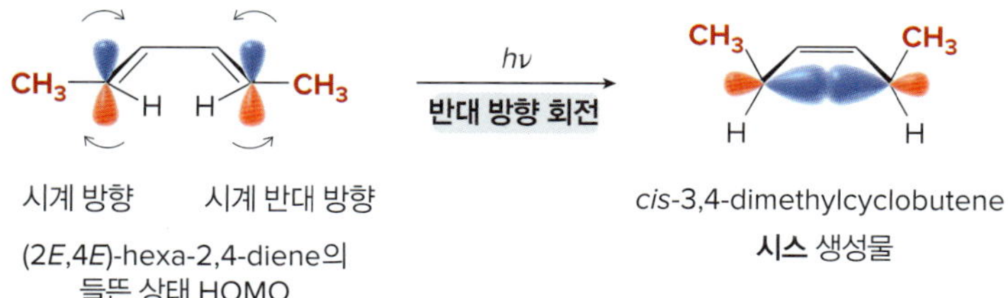

고리화가 반대 방향 회전 방식으로 일어나는 이유는 콘쥬게이션 다이엔의 들뜬 상태 HOMO는 분자의 같은 면에서 말단 p 오비탈의 위상이 같기 때문이다(그림 25.3). 반대 방향 회전 고리 닫힘에서는 두 메틸기가 모두 아래로(혹은 위로) 밀리므로 생성물에서 시스가 된다. 이는 π 결합의 수가 짝수인 콘쥬게이션 폴리엔에서 관찰되는 일반적 반응의 구체적 예이다.

- π 결합의 수가 **짝수**인 콘쥬게이션 폴리엔의 광화학적 전자 고리화 반응은 **반대 방향 회전** 방식으로 일어난다.

문제 25.7 문제 25.5에 나온 각 화합물의 광화학적 전자 고리화 고리 열림이나 닫힘 반응에서는 무슨 화합물이 얻어지겠는가? 각 과정을 동일 방향 회전 혹은 반대 방향 회전으로 나타내고, 사면체 입체 발생 중심과 이중 결합의 입체 화학을 분명하게 나타내라.

미국에서 팔리는 우유는 칼슘과 인의 물질대사를 조절하는 데 도움을 주는 화합물인 비타민 D(문제 25.8)로 강화되어 있다. *Mary Reeg/McGraw Hill*

문제 25.8 비타민 D 중에서 가장 흔한 비타민 D_3는 우유나 연어 및 고등어 같은 지방성 생선에 들어 있는 화합물인 7-dehydrocholesterol에서 합성된다. 피부가 햇빛을 받으면 광화학적 전자 고리화 고리 열림이 일어나서 프로비타민 D_3가 생기고 이는 시그마 결합 자리 옮김 반응(25.5절)에 의하여 비타민 D_3로 변환된다. 프로비타민 D_3의 구조를 그려라.

7-dehydrocholesterol $\xrightarrow{h\nu}$ 프로비타민 D_3 ⟶ 비타민 D_3

25.3D 전자 고리화 반응의 요약

표 25.1에 종종 **Woodward–Hoffmann 규칙**이라고 부르는, 열적 혹은 광화학적 반응 조건에서 일어나는 전자 고리화 반응에 대한 규칙을 요약하였다. π 결합의 수는 반응물 혹은 전자 고리화 반응의 생성물인 비고리형 콘쥬게이션 폴리엔에 해당된다.

표 25.1 전자 고리화 반응에 대한 Woodward–Hoffmann 규칙

π 결합의 수	열적 반응	광화학적 반응
짝수	동일 방향 회전	반대 방향 회전
홀수	반대 방향 회전	동일 방향 회전

예제 25.2 전자 고리화 반응의 생성물 결정하기

다음 반응 순서에서 A와 B는 무엇인가? 각 반응을 동일 방향 회전 혹은 반대 방향 회전으로 표시하라.

$\xrightarrow{\Delta}$ **A** $\xrightarrow{h\nu}$ **B**

풀이

Cyclohexadiene의 고리가 열리면 π 결합이 **세 개**인 hexatriene이 생긴다. π 결합의 수가 홀수인 콘쥬게이션 폴리엔은 반대 방향 회전 방식으로 열적 전자 고리화 반응이 일어난다(표 25.1). 생기는 hexatriene (**A**)은 그 다음에 동일 방향 회전 방식으로 광화학적 전자 고리화 반응을 수행하므로 메틸기가 시스인 cyclohexadiene (**B**)이 생길 것이다.

트랜스 CH_3기 $\xrightarrow[\text{반대 방향 회전}]{\Delta}$ **A** $\xrightarrow{h\nu}$ 들뜬 상태 HOMO $\xrightarrow{\text{동일 방향 회전}}$ **B** **시스** CH_3기

문제 25.9 각각의 트라이엔이 [1] 열적 조건, [2] 광화학적 조건에서 전자 고리화 반응을 수행할 때 생기는 생성물을 그려라.

추가 문제: 문제 25.28; 25.31–25.38; 25.54b, d를 풀어보라.

문제 25.10 다음 트라이엔의 반대 방향 회전 고리화 반응에서 무슨 생성물이 생기겠는가? 이 반응은 광화학적 혹은 열적 조건에서 일어나겠는가?

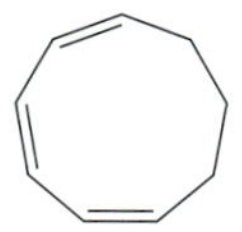

25.4 고리화 첨가 반응

고리화 첨가 반응은 두 π 결합 화합물이 반응하여 고리형 생성물에서 새로운 σ 결합 두 개가 생기는 반응이다. 전자 고리화 반응에서처럼 고리화 첨가 반응도 협동적이고 입체특이적이며, 반응의 경로는 반응물의 분자 오비탈의 대칭성에 의하여 결정된다.

고리화 첨가 반응은 열(열적 조건)이나 빛(광화학적 조건)으로 개시된다. **고리화 첨가 반응은 두 반응물에 들어 있는 π 결합의 수로 확인한다.**

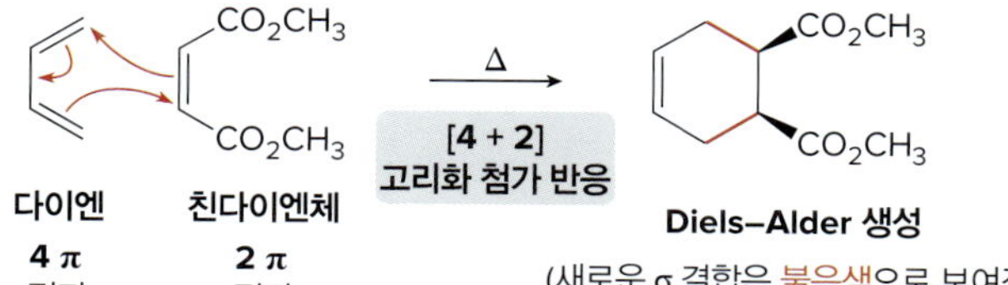

(새로운 σ 결합은 붉은색으로 보여짐)

Diels–Alder 반응은 π 전자가 네 개인 다이엔과 π 전자가 두 개인 알켄(친다이엔체) 사이에서 일어나는 **열적 [4 + 2] 고리화 첨가 반응이다**(14.12~14.14절).

광화학적 [2 + 2] 고리화 첨가 반응은 각각 π 전자가 두 개인 **두 알켄 사이에서 일어나** cyclobutene이 생긴다. 열적 [2 + 2] 고리화 첨가 반응은 일어나지 않는다.

CH_2=CH_2 (2 π 전자) + (2 π 전자) —$h\nu$ [2 + 2] 고리화 첨가 반응→

(새로운 σ 결합은 붉은색으로 보여짐)

예제 25.3 고리화 첨가 반응 분류하기

다음 반응식에서 고리화 첨가 반응의 종류는 무엇인가?

a. (cyclopentadiene) + $CH_2=CH_2$ ⟶

b. (cyclopentadiene) + $CH_2=CH_2$ ⟶

풀이

각 반응물에서 관여하는 π 전자의 수를 구하여 고리화 첨가 반응을 분류한다.

a. **[2 + 2]** 고리화 첨가 반응

CH_2=CH_2 (2 π 전자) + (2 π 전자) ⟶

b. **[4 + 2]** 고리화 첨가 반응

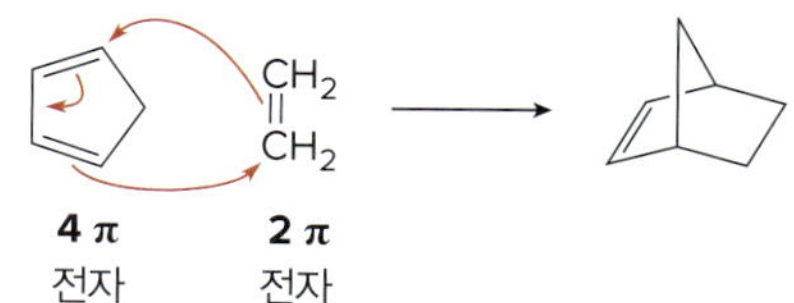

문제 25.11 Cycloheptatrienone과 ethylene에서 고리화 첨가 반응이 (a) [2 + 2], (b) [4 + 2], (c) [6 + 2]로 일어날 때 생길 수 있는 생성물을 그려라.

cycloheptatrienone + $CH_2{=}CH_2$

추가 문제: 문제 25.39를 풀어보라.

25.4A 고리화 첨가 반응의 오비탈 대칭성

고리화 첨가 반응을 이해하려면 두 반응물 모두 말단 탄소의 p 오비탈을 살펴야 한다. p 오비탈의 두 집합이 모두 같은 위상으로 겹쳐질 때에만 결합이 생길 수 있다. 두 가지 반응 방식이 가능하다.

- 두 반응물의 p 오비탈의 같은 위상이 π 계의 **같은** 면에 있어야만 두 결합성 상호작용이 가능한 경우에는 동일면(suprafacial) 고리화 첨가 반응이 일어난다.

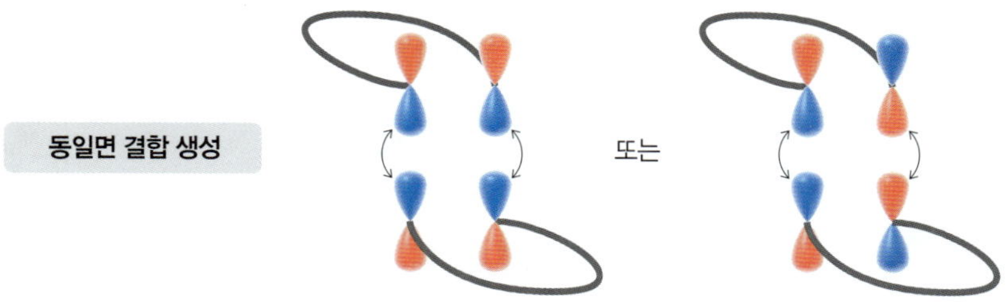

- 반응물의 말단 탄소의 p 오비탈의 같은 위상끼리 배열하기 위하여 한 π 계가 **비틀어져야** 하는 경우에는 반대면(antarafacial) 고리화 첨가 반응이 일어난다.

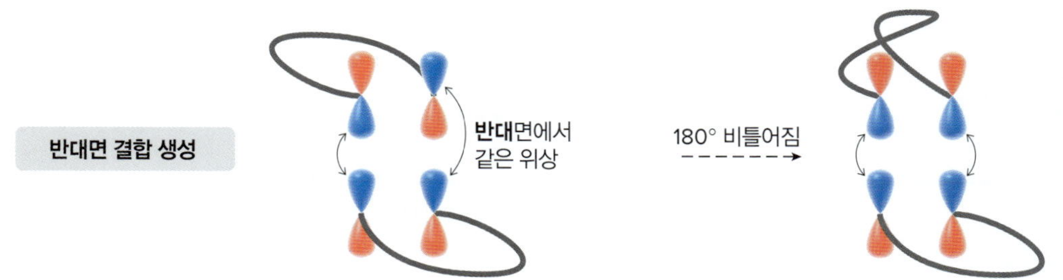

작은 고리의 기하학적 제한 때문에 **사-또는 육원자 고리가 생기는 고리화 첨가 반응은 동일면 경로로만 일어난다.**

고리화 첨가 반응에서는 한 반응물이 다른 반응물로 전자 밀도를 주기 때문에 한 반응물은 가장 느슨하게 붙들려 있는 전자—**HOMO**를 차지하고 있는 것—를 다른 반응물에서 전자를 받을 수 있는 비어 있는 오비탈—**LUMO**—에 준다. 분석에는 두 반응물의 아무 HOMO나 사용할 수 있다.

- 고리화 첨가 반응에서는 한 성분의 HOMO와 다른 성분의 LUMO 사이의 결합 상호작용을 검토하여야 한다.

25.4B [4 + 2] 고리화 첨가 반응

[4 + 2] 고리화 첨가 반응이 어떻게 일어나는지를 보기 위하여 임의적으로 다이엔의 HOMO와 알켄의 LUMO를 고르고, **두 성분의 말단 탄소의 p 오비탈의 대칭성을 살펴보자.** p 오비탈의 두 집합이 같은 위상으로 겹치면 두 결합성 상호작용이 생기기 때문에 **[4 + 2] 고리화 첨가 반응은 열적 조**

건에서 동일면 반응으로 쉽게 일어난다.

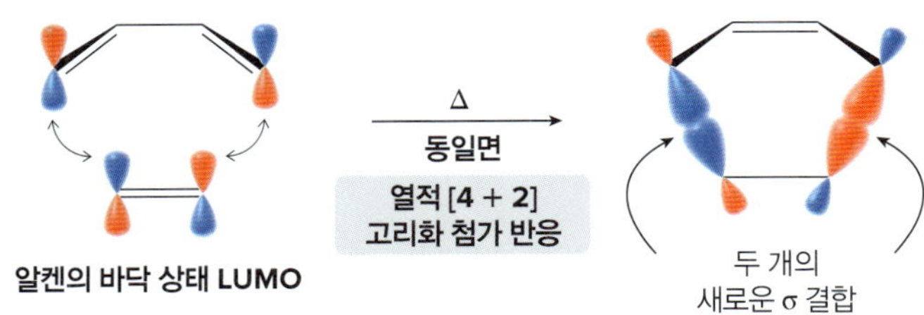

이는 π 결합의 수가 **홀수**(다이엔에서 둘, 알켄에서 하나로 전부 π 결합이 셋)인 일반적 고리화 첨가 반응의 구체적 예이다.

- π 결합의 수가 **홀수**인 열적 고리화 첨가 반응은 **동일면** 경로로 일어난다.

14.13절에서 친다이엔체의 입체 화학은 Diels–Alder생성물에서 보전된다는 점을 배운 바 있다.

Diels–Alder 반응은 협동적이고 동일면 경로를 따르기 때문에 **다이엔의 입체 화학은 Diels–Alder 생성물에서 보전된다.** 따라서 (2*E*,4*E*)-hexa-2,4-diene과 ethylene 사이의 반응에서는 치환기가 시스인 cyclohexene이 얻어지고(반응 [1]), 반면에 (2*E*,4*Z*)-hexa-2,4-diene과 ethylene 사이의 반응에서는 치환기가 트랜스인 cyclohexene이 얻어진다(반응 [2]).

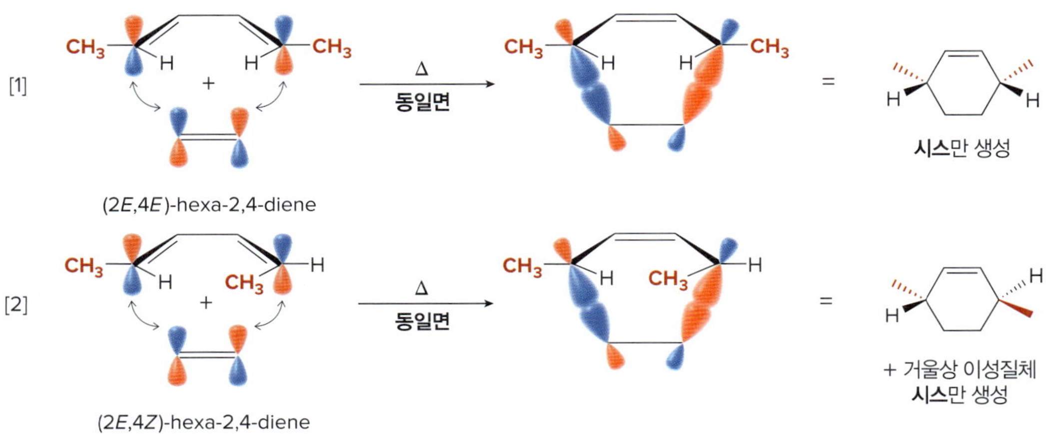

문제 25.12 알켄의 HOMO와 다이엔의 LUMO를 이용하여 [4 + 2] 고리화 첨가 반응에서 열적 동일면 첨가 반응이 대칭 허용임을 보여라.

문제 25.13 열적 [4 + 2] 고리화 첨가 반응에서 반응물의 각 쌍에서 생기는 생성물을 그려라(입체 화학 포함).

a. + $CH_2{=}CH_2$ b. + CN CN

25.4C [2 + 2] 고리화 첨가 반응

[4 + 2] 고리화 첨가 반응과는 대조적으로, [2 + 2] 고리화 첨가 반응은 열적 조건에서 일어나지 않고 광화학적으로 일어난다. 이러한 결과는 알켄 반응물의 HOMO와 LUMO의 대칭성을 고려하여 설명할 수 있다.

열적 [2 + 2] 고리화 첨가 반응에서는 말단 탄소의 한 조합에서만 위상이 같은 *p* 오비탈이 중첩할 수 있다. 다른 말단 탄소에서 같은 위상끼리 겹치려면 분자가 비틀어져서 반대면 경로가 가능하여야 한다. 하지만 이러한 과정은 작은 고리를 만드는 경우에는 일어날 수 없다.

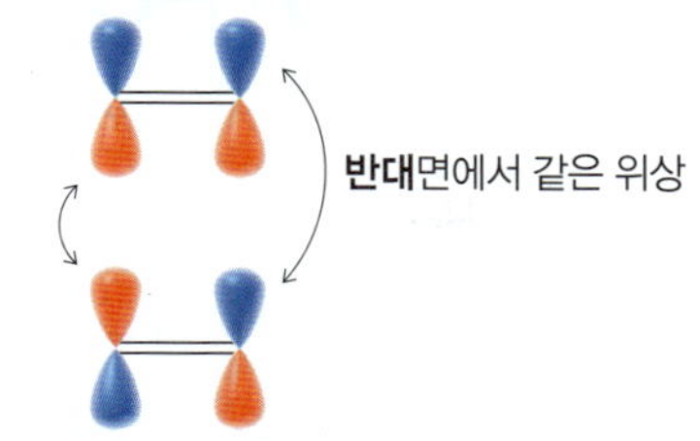

광화학적 [2 + 2] 고리화 첨가 반응에서는 빛이 바닥 상태 HOMO로부터 전자 하나를 올리면 들뜬 상태 HOMO(그림 25.1에서 ψ_2*로 표시한)가 생긴다. 이 들뜬 상태 HOMO와 다른 알켄의 LUMO 사이에서 상호작용이 일어나면, *p* 오비탈의 두 집합이 모두 같은 위상끼리 겹치게 된다. 두 결합성 상호작용이 생기므로 반응은 동일면 경로로 일어난다.

한 알켄의 들뜬 상태 HOMO

$h\nu$ 동일면

광화학적 [2 + 2] 고리화 첨가 반응

다른 알켄의 LUMO

두 개의 새로운 σ 결합

이는 π 결합의 수가 **짝수**(각 알켄에서 하나씩, π 결합이 전부 둘)인 일반적 고리화 첨가 반응의 구체적 예이다.

- **짝수**의 π 결합이 참여하는 광화학적 고리화 첨가 반응은 **동일면** 경로로 일어난다.

문제 25.14 각각의 고리화 첨가 반응에서 생기는 생성물을 그려라.

a. C_6H_5–CH=CH–C_6H_5 + (CH₃)₂C=C(CH₃)₂ $\xrightarrow{h\nu}$

b. 3-시아노-2-사이클로헥센-1-온 (O, CN) + $CH_2{=}CH_2$ $\xrightarrow{h\nu}$

25.4D 고리화 첨가 반응의 요약

표 25.2에 고리화 첨가 반응을 지배하는 Woodward–Hoffmann 규칙을 요약하였다. π 결합의 수는 고리화 첨가 반응에 참여하는 두 성분의 π 결합의 총 수이다. π 결합의 수가 같다면, 고리화 첨가 반응의 방식은 항상 열적 반응과 광화학적 반응이 반대이다.

표 25.2 고리화 첨가 반응의 Woodward–Hoffmann 규칙

π 결합의 수	열적 반응	광화학적 반응
짝수	반대면	동일면
홀수	동일면	반대면

문제 25.15 Woodward–Hoffmann 규칙을 이용하여, 각각의 고리화 첨가 반응의 입체 화학적 결과를 예측하라.
(a) [6 + 4] 광화학적 반응 (b) [8 + 2] 열적 반응

문제 25.16 오비탈 대칭성을 이용하여, Diels–Alder 반응이 광화학적 반응 조건에서는 왜 일어나지 않는지를 설명하라.

25.5 시그마 결합 자리 옮김 반응

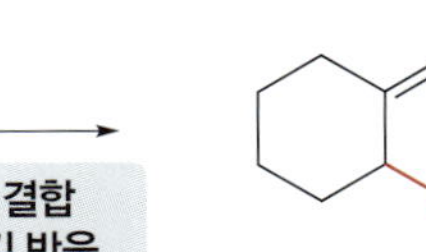

시그마 결합 자리 옮김 반응은 반응물에서 σ 결합이 깨지고, π 결합이 자리 옮김하고, 새로운 σ 결합이 생성물에서 생기는 분자내 고리형 협동 반응이다. 시그마 결합 자리 옮김 반응에서는 반응물과 생성물의 π 결합의 수는 같으며, 깨지거나 생기는 σ 결합은 **알릴성** C−H, C−C 혹은 C−Z 결합(Z = N, O, 혹은 S)이다. C−H 결합이 깨지고 생기는 시그마 결합 자리 옮김 반응의 한 예가 다음에 나와 있다.

시그마 결합 자리 옮김 반응은 깨지는 σ 결합에 대하여 새로운 σ 결합의 상대적 위치를 나타내기 위하여 숫자의 집합을 꺾쇠 괄호에 가둔 기호인 [*n*,*m*]으로 나타낸다. 시그마 결합 자리 옮김 반응을 표시하려면,

- 반응물에서 깨지는 σ 결합의 위치를 파악하고, 결합에 있는 두 원자를 '1'로 쓴다.
- 생성물에서 새로 생긴 σ 결합의 위치를 파악하고, 깨진 σ 결합으로부터 각 파편에 대하여 새로 생긴 σ 결합까지에 있는 원자의 수를 센다.
- 두 숫자를 꺾쇠 괄호에 쓰되 작은 수를 먼저 쓴다. C−H가 관여하는 자리 옮김 반응에서는 첫 숫자는 항상 '1'이다.

예를 들면, 다음 [3,3] 시그마 결합 자리 옮김 반응에서 **A**의 알릴성 C−C 결합이 깨지면서 새로운 알릴성 C−C 결합이 **B**에서 생길 때, 다이엔 **A**는 다이엔 **B**로 변환된다.

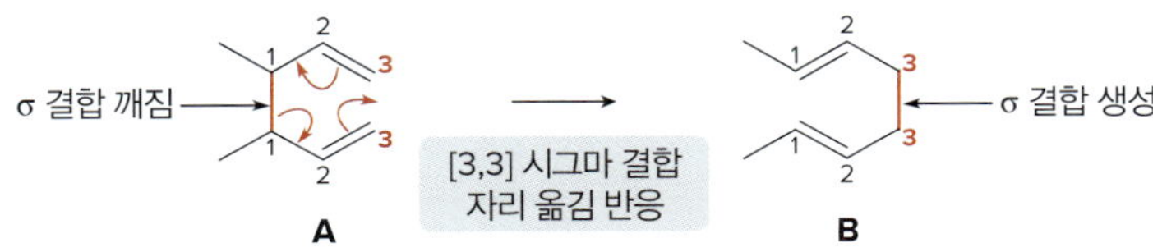

예제 25.4 시그마 결합 자리 옮김 반응의 종류를 결정하기

각 반응식에서 시그마 결합 자리 옮김 반응의 종류는 무엇인가?

a. D → D　　b. O → O

풀이

깨진 σ 결합 원자의 위치를 찾아서 1이라고 표시한다. 새로 생기는 σ 결합 원자의 위치를 찾은 후 깨진 결합으로부터 생기는 결합까지의 원자의 수를 센다. C−H 결합이 깨지는 경우에 H 원자는 다른 원자와 결합하지 않기 때문에 [*n*,*m*] 표기에서 첫 숫자는 항상 1이다.

a. 알릴성 C에서 C−H 결합이 깨지고 새로운 C−H 결합이 C5에 생기므로 반응은 **[1,5] 시그마 결합 자리 옮김 반응**이다.

5 4 H 1 3 2 1 D σ 결합 깨짐 → 새로운 σ 결합 5 H 1 4 3 2 1 D

b. C−O σ 결합이 깨지고 깨진 결합으로부터 세 원자만큼 떨어진 탄소 사이에서 새로운 알릴성 C−C σ 결합이 생기므로 이 반응은 **[3,3] 시그마 결합 자리 옮김 반응**이다.

σ 결합 깨짐

새로운 σ 결합

문제 25.17 각 반응식에서 시그마 결합 자리 옮김 반응의 종류는 무엇인가?

a.

b.

추가 문제: 문제 25.45, 25.53[2]를 풀어보라..

25.5A 시그마 결합 자리 옮김 반응과 오비탈 대칭성

시그마 결합 자리 옮김 반응의 입체 화학은 다른 고리형 협동 반응과 비슷하게 반응에 참여하는 오비탈의 대칭성으로 결정된다. 시그마 결합 자리 옮김 반응에서는 깨지는 σ 결합 오비탈과 새롭게 σ 결합이 생기는 π 결합의 말단 *p* 오비탈을 고려한다. 자리 옮김 반응의 두 방식이 가능하며 그 방식은 **동일면** 및 **반대면**이다.

- 동일면 자리 옮김 반응에서는 깨진 σ 결합과 **같은** 면의 π 계에서 새로운 σ 결합이 생긴다.

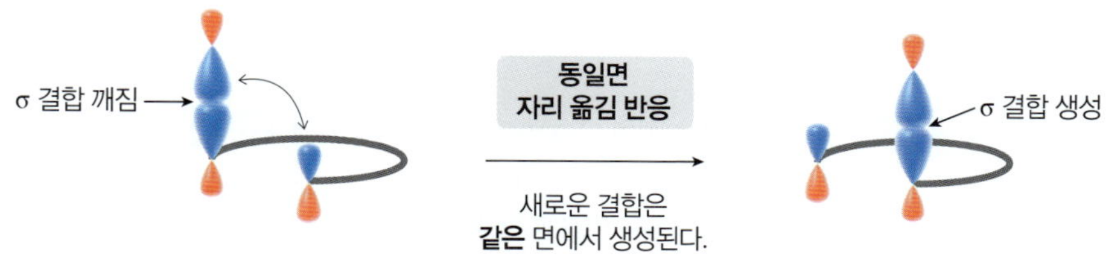

- 반대면 자리 옮김 반응에서는 깨진 σ 결합과는 **반대**면의 π 계에서 새로운 σ 결합이 생긴다.

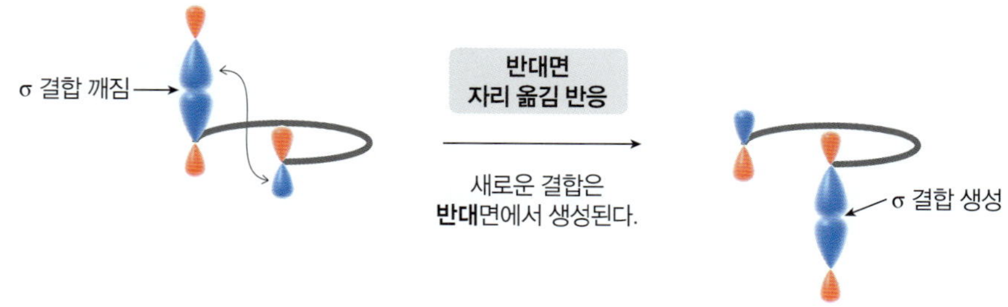

시그마 결합 자리 옮김 반응은 열적 혹은 광화학적 조건에서 일어날 수 있으며 고리화 첨가 반응에서 관찰된 것과 같은 규칙을 따른다. 시그마 결합 자리 옮김 반응의 경우에는 **깨지는 σ 결합과 자리 옮김하는 π 결합에 있는 전자쌍의 전체 수를 센다**(표 25.3). 시그마 결합 자리 옮김 반응은 전이 상태가 고리형이고 작은 고리는 기하학적 제약이 있으므로 **여섯 원자나 이보다 적은 수의 원자가 관여하는 반응은 동일면 경로로서만 일어나야 한다.**

표 25.3 시그마 결합 자리 옮김 반응의 Woodward–Hoffmann 규칙

전자쌍의 수	열적 반응	광화학적 반응
짝수	반대면	동일면
홀수	동일면	반대면

예를 들면, **X**가 **Y**로 변하는 [1,5] 시그마 결합 자리 옮김 반응에서는 깨지는 σ 결합에서 전자 한 쌍, 그리고 자리 옮김하는 π 결합에서 두 쌍, 모두 세 쌍의 전자가 관여한다.

3 전자쌍 (붉은색) **X** → Δ 열적, 동일면 반응 **[1,5] 자리 옮김 반응** → **Y**

표 25.3에 따르면 이 반응은 열적 조건에서는 동일면 방식으로, 광화학적 조건에서는 반대면 방식으로 일어난다. 이 반응은 여섯 원자만 관여하므로(이동하는 H 원자를 포함하여), 열적 조건에서 동일면 방식으로 일어나야만 한다.

예제 25.5 시그마 결합 자리 옮김 반응이 열적 혹은 광화학적 조건에서 일어나는지 결정하기

다음 시그마 결합 자리 옮김 반응을 분류하고, 이 반응이 열적 혹은 광화학적 조건에서 쉽게 일어나는지를 결정하라.

풀이

- 우선, 자리 옮김 반응을 예제 문제 25.4에서처럼 분류한다. 깨진 σ 결합의 원자를 1로 나타내고 새로운 σ 결합의 위치를 결정하고 깨진 결합으로부터 생기는 결합까지의 원자 수를 센다.
- 다음에는, 반응에 참여하는 전자쌍의 수를 세고, 표 25.3을 이용하여 반응의 입체 화학적 경로를 결정한다. 여섯 원자나 이보다 적은 원자가 개입하는 반응은 동일면 경로로만 일어나야 한다는 점을 기억하자.

σ 결합 깨짐 → 이 반응에는 **두** 전자쌍이 참여한다. **[1,3] 시그마 결합 자리 옮김 반응** → 새로운 σ 결합

이 반응은 **두 개**의 전자쌍, 즉 깨지는 C−H σ 결합과 하나의 π 결합이 참여하는 [1,3] 시그마 결합 자리 옮김 반응이다. 반응은 네 원자가 참여하므로 **동일면 경로**를 취하여야 하며, 따라서 **광화학적 조건**에서 일어난다.

문제 25.18 (a) 다음 트라이엔에서 중수소의 [1,7] 시그마 결합 자리 옮김 반응에서는 무슨 생성물이 생기겠는가? (b) 열적 조건에서 이 반응은 동일면 혹은 반대면 방식으로 일어나는가? (c) 광화학적 조건에서 이 반응은 동일면 혹은 반대면 방식으로 일어나는가?

추가 문제: 문제 25.49, 25.53[2]를 풀어보라.

25.5B [3,3] 시그마 결합 자리 옮김 반응

유기 합성에서 널리 사용되는 두 가지 [3,3] 시그마 결합 자리 옮김 반응은 1,5-다이엔이 이성질체인 1,5-다이엔으로 변하는 **Cope 자리 옮김 반응**과 불포화 에터가 γ,δ-불포화 카보닐 화합물로 변하는 **Claisen 자리 옮김 반응**이다.

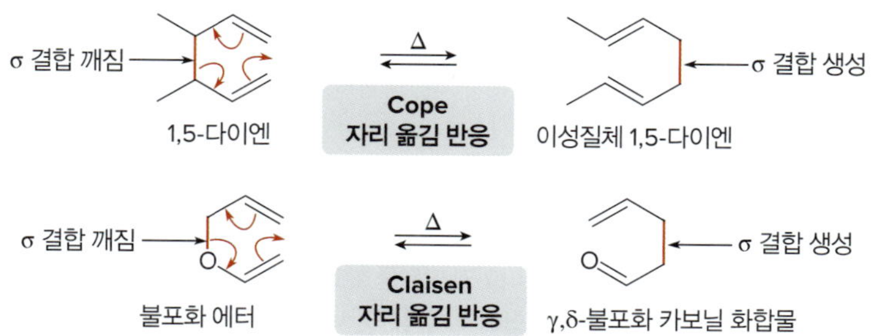

두 반응 모두 **세** 전자쌍—두 π 결합과 한 σ 결합—이 관여하고 여섯 원자가 참여하므로 **열적 조건에서는 동일면 경로로** 쉽게 일어난다.

Cope 자리 옮김 반응

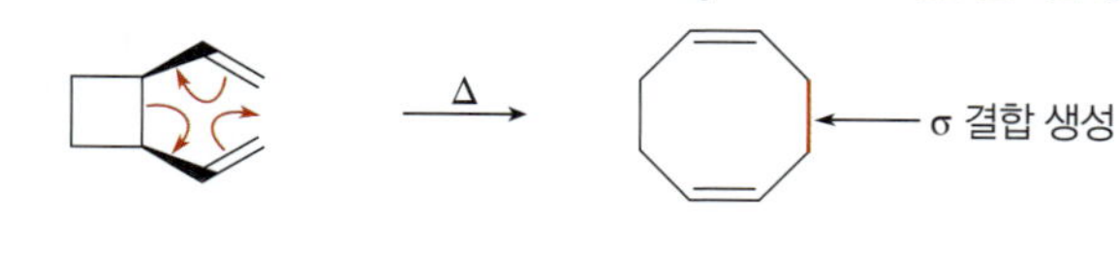

Cope 자리 옮김 반응에서는 반응물과 생성물이 이성질체인 1,5-다이엔이므로 더 안정한 다이엔이 평형에서 선호된다. 반응물 1,5-다이엔이 생성물보다 상당히 불안정할 때 유용한 Cope 자리 옮김 반응이 일어난다. 한 예가 *cis*-1,2-divinylcyclobutane이 cyclobutane 고리의 무리가 없어지면서 cycloocta-1,5-diene으로 자리 옮김하는 반응이다.

옥시-Cope 자리 옮김 반응(oxy-Cope rearrangement)은 불포화 알코올을 이용하는, Cope 자리 옮김 반응의 특히 유용한 변형이다. [3,3] 시그마 결합 자리 옮김 반응에서는 먼저 엔올이 생성되나 이것은 그 다음에 카보닐기로 토토머화한다.

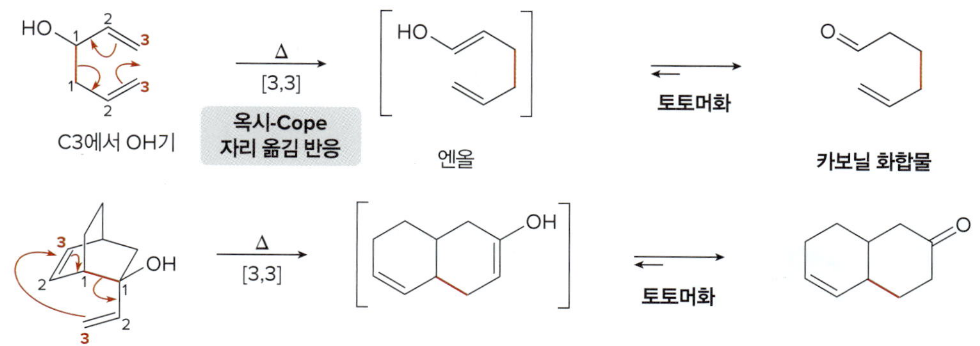

더군다나, **음이온성 옥시-Cope 자리 옮김 반응(*anionic* oxy-Cope rearrangement)**에서는 종종 매우 온화한 반응 조건에서 높은 수율로 자리 옮김된 생성물이 생긴다. 음이온성 옥시-Cope 자리 옮김 반응에서는 불포화 알코올 반응물을 흔히 KH 같은 센염기로 먼저 처리하여 알콕사이드를 만든다. 다음에 [3,3] 시그마 결합 자리 옮김 반응이 일어나면 **공명 안정화 엔올 음이온**이 생기고, 양성자가 첨가되면 카보닐 화합물이 생긴다.

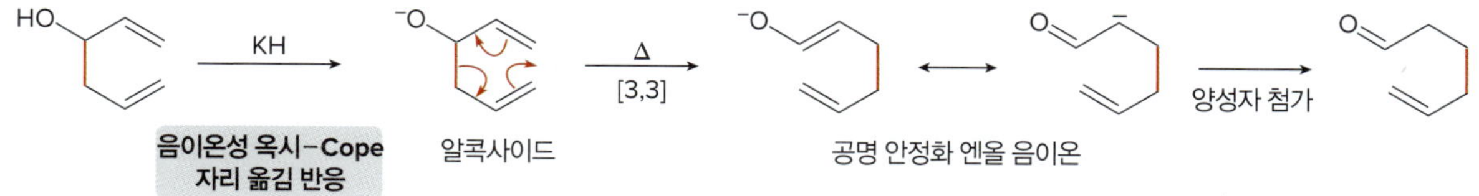

예제 25.6 [3,3] 시그마 결합 자리 옮김 반응의 생성물 그리기

다음 화합물의 [3,3] 시그마 결합 자리 옮김 반응으로 생기는 생성물을 그려라.

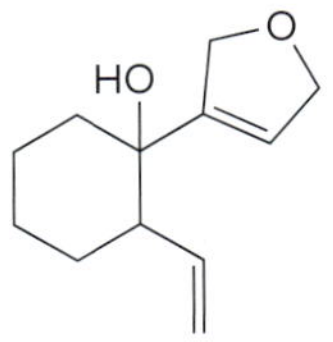

풀이

시그마 결합 자리 옮김 반응의 생성물을 그리려면,

- 1,5-다이엔 단위를 찾고, 이중 결합의 양 끝(C1와 C6)을 서로 가까이 그린다.
- π 결합에서 시작하여 세 개의 화살표를 그린다. π 결합 두 개와 σ 결합 하나를 깨서 생성물을 그린다.
- 엔올이 생성되면 엔올을 케토형으로 토토머화한다.

1 1,5-다이엔 단위를 찾고, C1와 C6을 서로 가까이 그린다.
2 π 결합에서 시작하여 **세 개의 화살표를 그린다.**
3 생성물을 그린다.
4 토토머화한다.

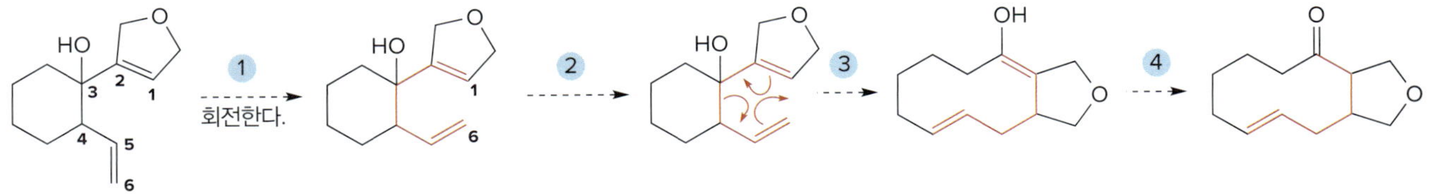

문제 25.19 각 출발물의 Cope 혹은 옥시-Cope 자리 옮김 반응에서 무슨 생성물이 생기겠는가?

a. 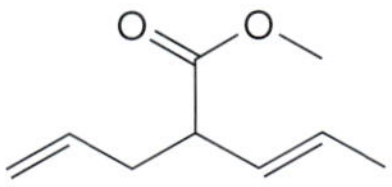
b. 
c. 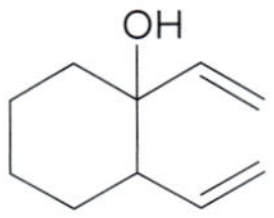

추가 문제: 문제 25.29a; 25.46b, c; 25.47; 25.48a; 25.51; 25.55b; 25.56; 25.58b를 풀어보라.

ㅁ 국 바퀴벌레 암컷의 성 호르몬인 periplanone B(문제 25.20)의 구조는 75,000마리의 암컷 바퀴벌레에서 수집한 200 μg의 재료를 사용하여 1976년에 결정되었다. *George Grall/National Geographic Creative/Alamy Stock Photo*

문제 25.20 Periplanone B(문제 22.13) 합성의 한 단계에서 다음 불포화 알코올의 음이온성 옥시-Cope 자리 옮김 반응이 사용되었다. 중간체인 엔올 음이온에 양성자를 가한 후에 생기는 생성물을 그려라.

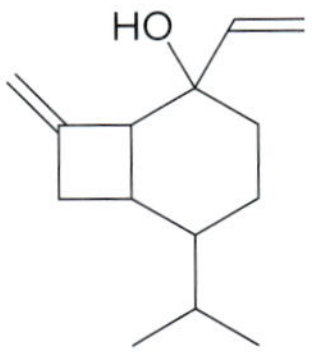

문제 25.21 어떤 화합물이 Cope 자리 옮김 반응으로 geranial을 생성하는가?

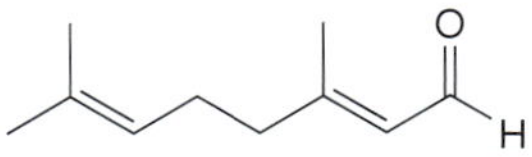

geranial

Claisen 자리 옮김 반응

Claisen 자리 옮김 반응은 알릴 바이닐 에터 혹은 알릴 아릴 에터의 불포화 에터의 [3,3] 시그마 결합 자리 옮김 반응이다. 알릴 바이닐 에터를 사용하면 γ,δ-불포화 카보닐 화합물이 협동적 자리 옮김 반응에 의하여 직접 얻어진다. 알릴 아릴 에터의 Claisen 자리 옮김 반응에서는 먼저 cyclohexadienone 중간체가 생기나 이는 OH기의 오쏘 위치에 알릴기가 있는 페놀로 토토머화한다.

Δ [3,3]

알릴 바이닐 에터 → γ,δ-불포화 카보닐 화합물

Δ [3,3] 토토머화

알릴 아릴 에터 → cyclohexadienone ⇌ phenol

문제 25.22 각 출발물의 Claisen 자리 옮김 반응에서 무슨 생성물이 생기겠는가?

a. b. c.

문제 25.23 Claisen 자리 옮김 반응은 생물학적 계에서도 일어난다. Chorismate의 효소 촉매화 자리 옮김으로부터 무슨 생성물이 생기는가?

chorismate

문제 25.24 (a) 화합물 **Z**의 Claisen 자리 옮김 반응에서는 무슨 생성물이 생기겠는가? (b) 24장에서 고리 닫힘 상호교환 반응에 대하여 배운 것을 이용하여, (a) 부분에서의 생성물을 Grubbs 촉매로 처리하였을 때 생기는 생성물을 그려라. 이 두 반응은 신경전달물질인 아세틸콜린의 합성을 자극하는 생물학적 활성 천연물인 garsubellin A 합성에서 중요한 단계이다. 이러한 종류의 화합물은 알츠하이머 같은 신경퇴행성 질환의 치료에 사용할 수 있는 약이 될 수도 있다.

Garsubellin A(문제 25.24)는 일본 오키나와에서 자라는 복나무(Garcinia subelliptica)의 목재에서 추출된다.
Marina Khaytarova TopTropicals.com

Z garsubellin A

문제 25.25 주어진 출발물의 Claisen 자리 옮김 반응으로 생성되는 생성물을 그려라. 이 반응은 이 장의 서두에 소개한 분자인 galantamine(문제 23.54) 합성에서 핵심 단계였다.

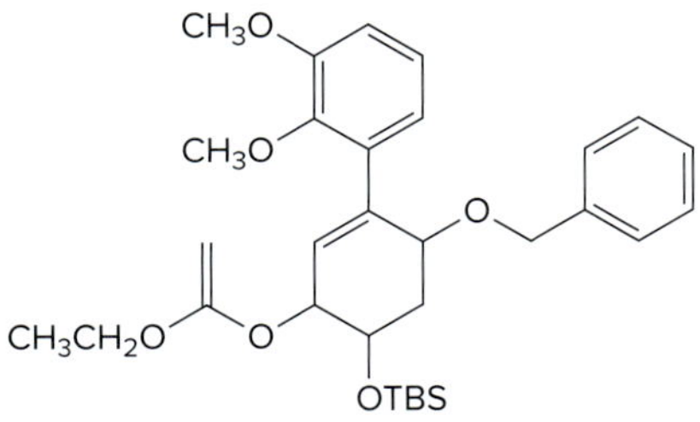

CH_3O CH_3O CH_3CH_2O O O OTBS

25.6 고리형 협동 반응의 규칙 요약

표 25.4에 고리형 협동 반응을 관장하는 규칙을 요약하였다. 사실 이 표에는 아주 많은 양의 정보가 들어 있다. 이러한 정보를 계속 파악하려면 이 표의 **가로 한 행만 익힌 다음** 조건이 한 번 혹은 그 이상 변할 때 생기는 변화를 알아채기만 하면 된다. 예를 들면,

- **짝수**의 전자쌍이 관여하는 **열적** 반응은 **동일 방향 회전**이거나 **반대면**이다.
- 반응 조건의 **하나**가 변하면—열적에서 광화학적으로 혹은 짝수의 전자쌍에서 홀수로—반응의 입체 화학은 반대 방향 회전 혹은 동일면으로 변한다.
- **두** 반응 조건이 모두 변하면—즉, 홀수 개의 전자쌍이며 광화학적 반응—입체 화학은 변하지 **않는다**.

표 25.4 고리형 협동 반응의 입체 화학적 결과 요약

반응 조건	전자쌍의 수	입체 화학
열적	짝수	동일 방향 회전 혹은 반대면
	홀수	반대 방향 회전 혹은 동일면
광화학적	짝수	반대 방향 회전 혹은 동일면
	홀수	동일 방향 회전 혹은 반대면

문제 25.26 표 25.4의 Woodward–Hoffmann 규칙을 사용하여 각 반응의 입체 화학을 예측하라.

a. [6 + 4] 열적 고리화 첨가 반응
b. Deca-1,3,5,7,9-pentaene의 광화학적 전자 고리화 고리 닫힘 반응
c. [4 + 4] 광화학적 고리화 첨가 반응
d. 열적 [5,5] 시그마 결합 자리 옮김 반응

문제 25.27 다음 각 반응은 복잡한 천연물 합성에 사용되었다. 각 반응은 어떠한 종류의 고리형 협동 반응인가?

a. O O → O O

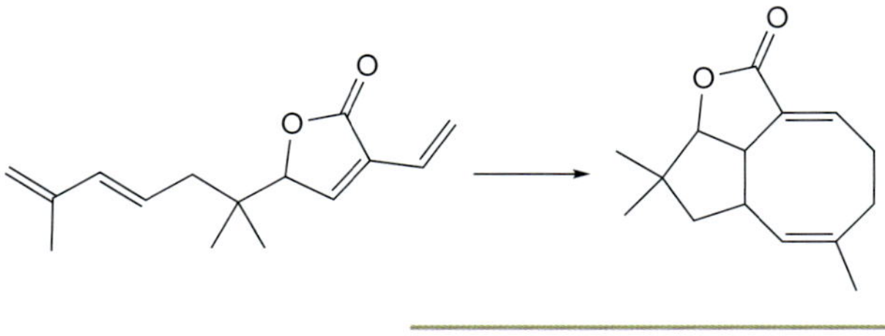

b. O O CH_3CO_2 → CH_3CO_2 O O

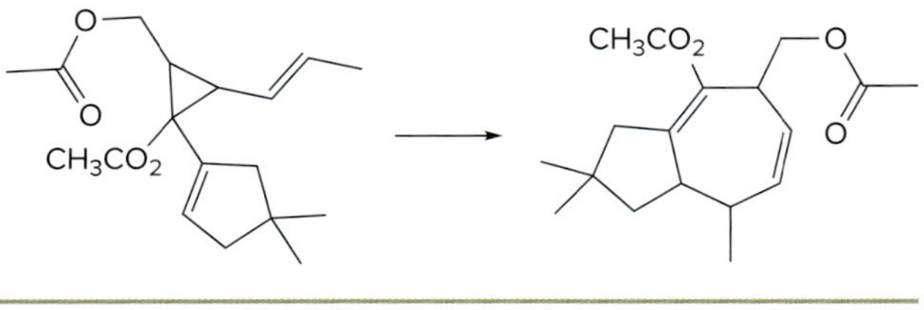

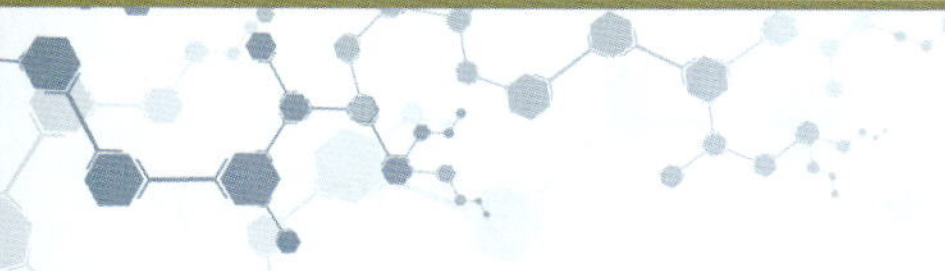

Chapter 25 복습

핵심 개념

전자 고리화 반응에 대한 Woodward–Hoffmann 규칙

1 반응 유형	2 전자쌍의 수*	3 열적	4 광화학적
전자 고리화 반응(25.3)	짝수 홀수	동일 방향 회전 반대 방향 회전	동일 방향 회전 반대 방향 회전
고리화 첨가 반응(25.4)	짝수 홀수	반대면 동일면	동일면 반대면
시그마 결합 자리 옮김 반응(25.5)	짝수 홀수	반대면 동일면	동일면 반대면

*전자 고리화 반응의 경우, 반응물 혹은 생성물이 될 수 있는 비고리 콘쥬게이션 폴리엔의 π 결합의 개수를 센다. 고리화 첨가 반응의 경우, 고리화 첨가에 참여하는 두 물질로부터 π 결합 개수의 합을 센다. 시그마 결합 자리 옮김 반응의 경우, 끊어지는 σ 결합과 자리가 옮겨지는 π 결합을 센다.

표 25.1–25.4 참고

핵심 반응

[1] 전자 고리화 반응

문제 25.28; 25.31–25.38; 25.54b, d를 풀어보라.

[2] 고리화 첨가 반응

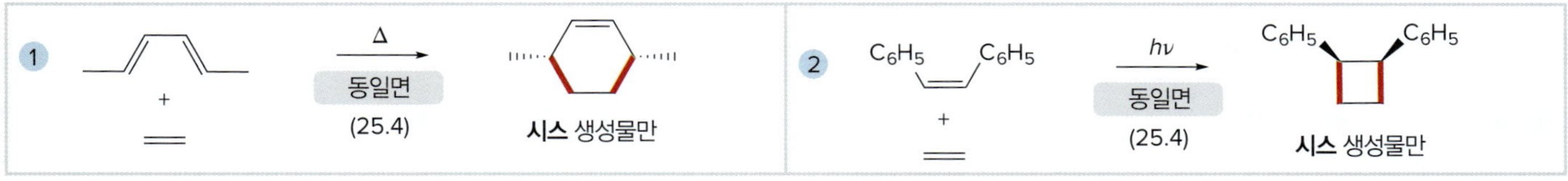

문제 25.39–25.44; 25.54a, c; 25.55d; 25.58a를 풀어보라.

[3] 시그마 결합 자리 옮김 반응

문제 25.29, 25.46–25.52, 25.55a–c, 25.56, 25.58b를 풀어보라.

핵심 기법

[1] 열적 전자 고리화 고리 닫힘 반응의 생성물을 파악하고, 동일 방향 회전 혹은 반대 방향 회전 과정 결정하기(25.3A)

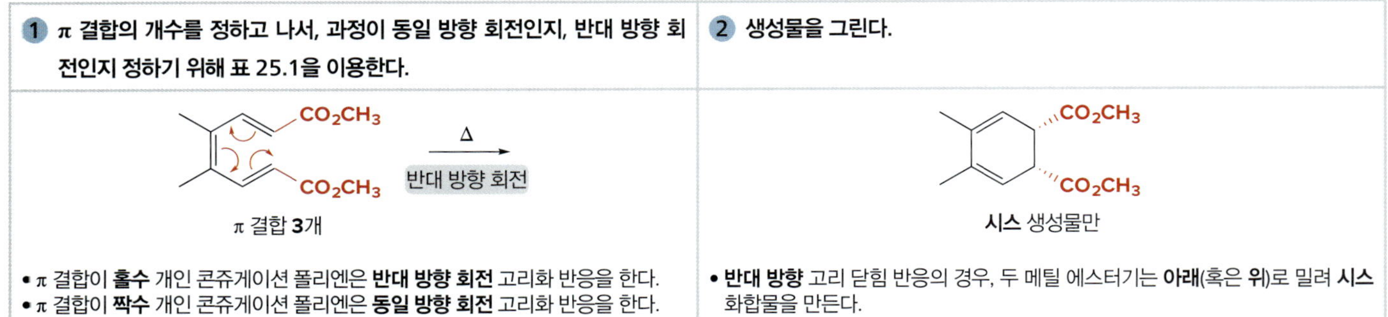

① π 결합의 개수를 정하고 나서, 과정이 동일 방향 회전인지, 반대 방향 회전인지 정하기 위해 표 25.1을 이용한다.	② 생성물을 그린다.
• π 결합이 **홀수** 개인 콘쥬게이션 폴리엔은 **반대 방향 회전** 고리화 반응을 한다. • π 결합이 **짝수** 개인 콘쥬게이션 폴리엔은 **동일 방향 회전** 고리화 반응을 한다.	• **반대 방향** 고리 닫힘 반응의 경우, 두 메틸 에스터기는 **아래**(혹은 **위**)로 밀려 **시스** 화합물을 만든다.

예제 25.1과 표 25.1 참고. 문제 25.28a; 25.31; 25.34a, c; 25.37a; 25.54b를 풀어보라.

[2] 광화학적 전자 고리화 고리 닫힘 반응의 생성물을 파악하고, 동일 방향 회전 혹은 반대 방향 회전 과정 결정하기 (25.3C)

① π 결합의 개수를 정하고 나서, 과정이 동일 방향 회전인지 반대 방향 회전인지를 결정한다.	② 생성물을 그린다.
	• **동일 방향** 고리 닫힘 반응의 경우, 한 개의 메틸 에스터기는 **아래로** 밀리고, 또 다른 메틸 에스터기는 **위로** 밀려 **트랜스** 화합물을 만든다.

예제 25.2와 표 25.1 참고. 문제 25.28b; 25.32; 25.33; 25.34b, d; 25.37b; 25.54d를 풀어보라.

[3] 고리화 첨가 반응(25.4)과 시그마 결합 자리 옮김 반응(25.5) 분류하기

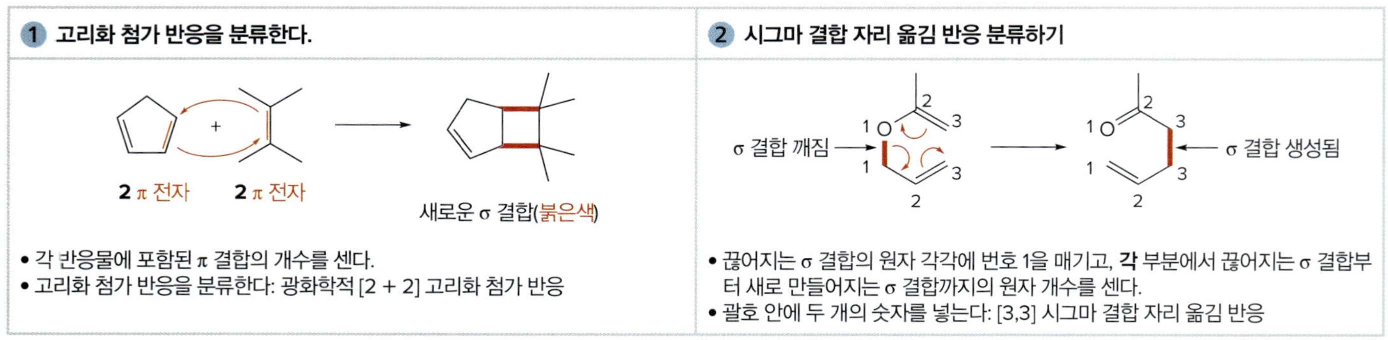

① 고리화 첨가 반응을 분류한다.	② 시그마 결합 자리 옮김 반응 분류하기
• 각 반응물에 포함된 π 결합의 개수를 센다. • 고리화 첨가 반응을 분류한다: 광화학적 [2 + 2] 고리화 첨가 반응	• 끊어지는 σ 결합의 원자 각각에 번호 1을 매기고, **각** 부분에서 끊어지는 σ 결합부터 새로 만들어지는 σ 결합까지의 원자 개수를 센다. • 괄호 안에 두 개의 숫자를 넣는다: [3,3] 시그마 결합 자리 옮김 반응

예제 25.3와 25.4 참고. 문제 25.39, 25.45, 25.53[2]를 풀어보라.

[4] 시그마 결합 자리 옮김 반응의 입체 화학적 경로 결정하기(25.5)

① 반응에 관여하는 전자쌍의 수를 센다.	② 입체 화학적 경로를 정하기 위하여 표 25.3을 이용한다.
HO, H, H, *hν*, HO, H, H provitamin D_3 → vitamin D_3 이 반응은 **4**개의 전자쌍이 관여한다.	• **짝수 개의 전자쌍**이 관여하므로 **광화학적** 반응은 **동일면** 자리 옮김 반응을 한다. • 동일면 자리 옮김 반응의 경우, 새로운 σ 결합은 끊어지는 σ 결합과 π 계의 같은 쪽에서 만들어진다.

예제 25.5와 표 25.3 참고. 문제 25.49를 풀어보라.

25장 선다형 자가–시험

자가–시험은 American Chemical Society 유기 화학 시험과 유사한 객관식 문제로 구성되어 있다. 정답은 장의 마지막 부분에 나와 있다.

1. Octa-1,3,5,7-tetraene에는 몇 개의 π 분자 오비탈이 있는가? 또한 바닥 상태의 HOMO에는 몇 개의 전자가 있는가?

a. 오비탈 네 개, 전자 두 개
b. 오비탈 네 개, 전자 한 개
c. 오비탈 여덟 개, 전자 한 개
d. 오비탈 여덟 개, 전자 두 개

2. Octa-1,3,5,7-tetraene의 들뜬 상태에는 몇 개의 전자가 HOMO와 LUMO에 있는가?

a. HOMO에 전자 한 개, LUMO에 전자 한 개
b. HOMO에 전자 두 개, LUMO에 전자 0개
c. HOMO에 전자 0개, LUMO에 전자 두 개
d. HOMO에 전자 0개, LUMO에 전자 한 개

3. **A**에서 **B**로의 변환에 대한 서술 중에서 맞지 **않는** 것은 무엇인가?

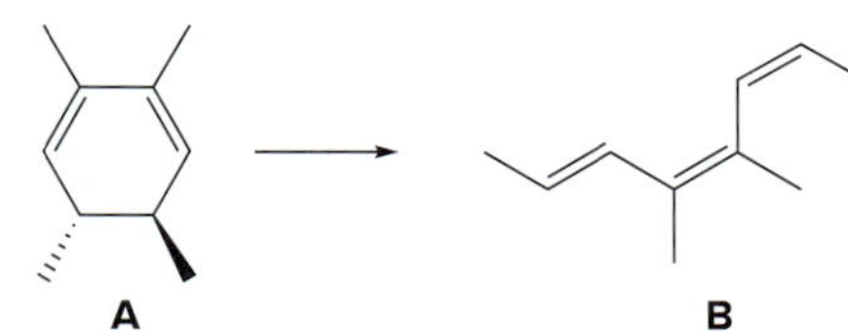

a. 이 반응은 열적 조건에서 일어난다.
b. 이 반응은 반대 방향 회전 방식으로 일어난다.
c. 폴리엔 생성물의 π 결합의 수가 회전이 동일 방향 회전인지 아니면 반대 방향 회전인지를 결정한다.
d. 이 반응은 동일 방향 회전 방식으로 일어난다.

4. **C**의 옥시-Cope 자리 옮김 반응에서는 어느 생성물이 얻어지는가?

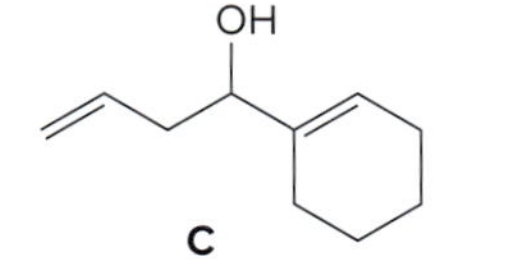

a. (OH) b. (CHO) c. (CHO) d. (O)

5. 고리형 협동 반응에 대한 서술 중에서 사실이 **아닌** 것은 무엇인가?

a. 고리형 협동 반응은 빛이나 열이 필요하다.
b. 고리형 협동 반응에서는 결합이 둘보다 더 많은 단계로 깨지거나 생성된다.
c. 고리형 협동 반응은 입체특이적이다.
d. 고리형 협동 반응은 협동 반응이다.

6. **E**의 Claisen 자리 옮김 반응에서는 어느 생성물이 얻어지는가?

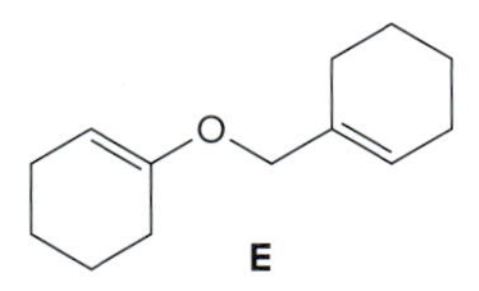

a. (O) b. (O) c. (O) d. (H, O)

7. **F**의 동일 방향 회전 전자 고리화 반응에서는 어느 생성물이 얻어지는가?

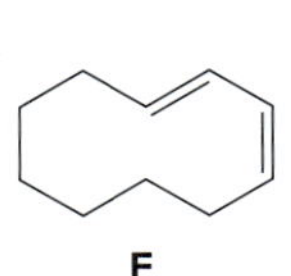

a. 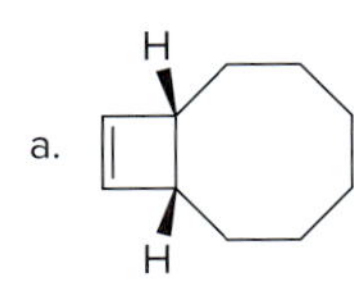

b. 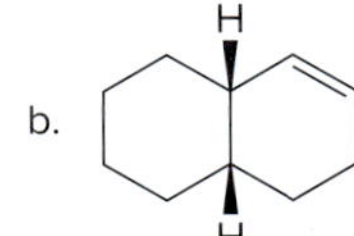

c. 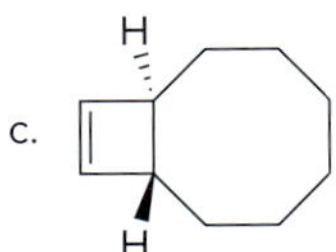

d.

8. 다음 반응은 어떠한 종류의 고리화 첨가 반응인가?

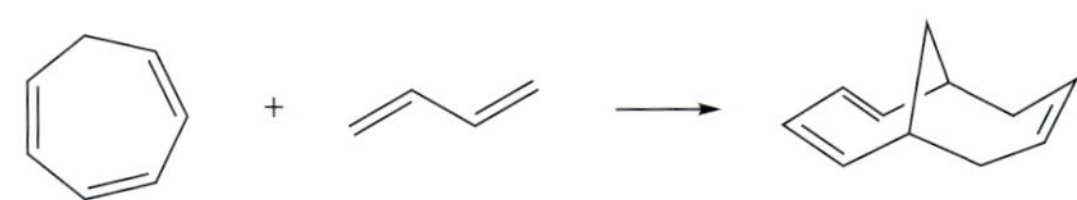

a. 광화학적 [6 + 4]
b. 열적 [4 + 2]
c. 광화학적 [4 + 4]
d. 열적 [6 + 4]

9. 다음 반응은 어떠한 종류의 시그마 결합 자리 옮김 반응인가?

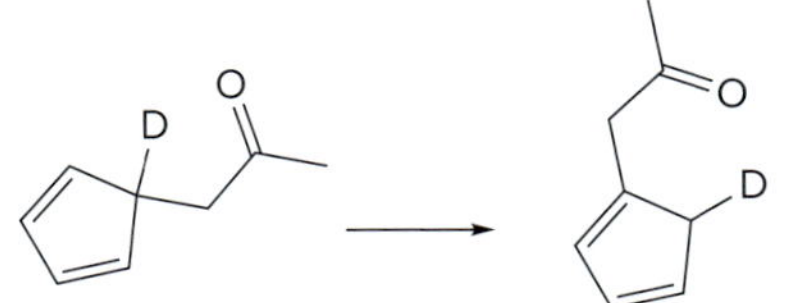

a. [1,2] b. [1,3] c. [1,5] d. [3,3]

10. 고리형 협동 반응에 대한 서술 중에서 참이 **아닌** 것은 무엇인가?

a. Claisen 자리 옮김 반응에서는 π 결합의 전자쌍 두 개와 σ 결합의 전자쌍 한 개를 포함하여 전부 전자쌍 세 개가 관여한다.
b. 전자 고리화 반응이 일어나면 π 결합은 하나 더 많고 σ 결합은 하나 더 적은 생성물이 얻어진다.
c. 열적 Cope 자리 옮김 반응은 동일면 방식으로 일어난다.
d. 짝수 개의 π 결합이 관여하는 광화학적 고리화 첨가 반응은 동일면 경로로 일어난다.

문제

삼차원 모형을 이용하는 문제

25.28 (a) 각 화합물이 열적 전자 고리화 고리 열림 반응을 수행할 때 무슨 생성물이 생기겠는가? (b) 각 화합물이 광화학적 전자 고리화 고리 열림 반응을 수행할 때 무슨 생성물이 생기겠는가?

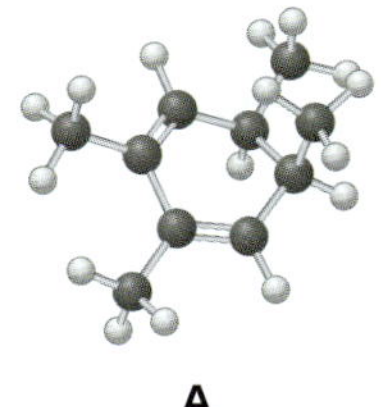

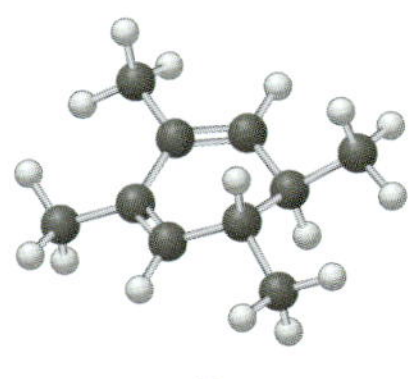

25.29 각 화합물이 [3,3] 시그마 결합 자리 옮김 반응을 하면 무슨 생성물이 생기겠는가?

a. 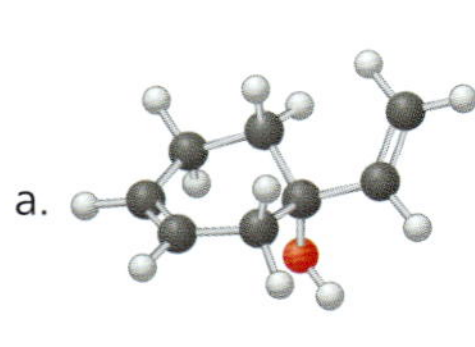

b. 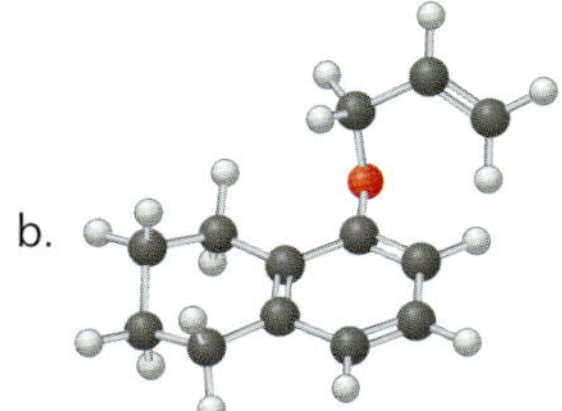

고리형 협동 반응의 종류

25.30 각 고리형 협동 반응을 전자 고리화 반응, 고리화 첨가 반응 혹은 시그마 결합 자리 옮김 반응으로 분류하라. 입체 화학이 동일 방향 회전, 반대 방향 회전, 동일면, 혹은 반대면인지를 밝혀라.

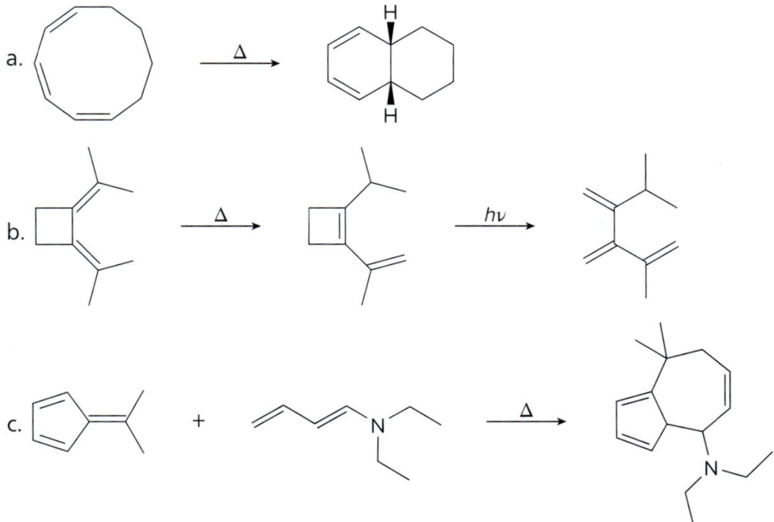

전자 고리화 반응

25.31 각 화합물의 열적 전자 고리화 고리 열림 혹은 고리 닫힘 반응에서 무슨 생성물이 생기겠는가? 각 과정을 동일 방향 회전 혹은 반대 방향 회전으로 나타내고, 사면체 입체 발생 중심과 이중 결합의 입체 화학을 분명하게 보여라.

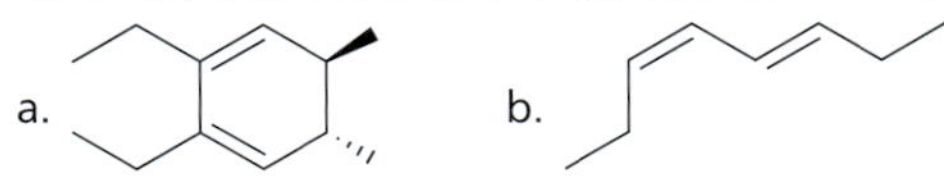

25.32 문제 25.31의 각 화합물이 광화학적 전자 고리화 반응을 수행할 때 무슨 생성물이 생기겠는가? 각 과정을 동일 방향 회전 또는 반대 방향 회전으로 나타내고, 사면체 입체 발생 중심과 이중 결합의 입체 화학을 분명하게 보여라.

25.33 각 decatetraene이 광화학적 전자 고리화 고리 닫힘 반응을 수행할 때 무슨 고리형 생성물이 생기겠는가?

25.34 각 전자 고리화 반응의 생성물을 그려라.

a. (2*E*,4*Z*,6*Z*)-Nona-2,4,6-triene의 열적 전자 고리화 고리 닫힘 반응

b. (2*E*,4*Z*,6*Z*)-Nona-2,4,6-triene의 광화학적 전자 고리화 고리 닫힘 반응

c. *cis*-5-Ethyl-6-methylcyclohexa-1,3-diene의 열적 전자 고리화 고리 열림 반응

d. *trans*-5-Ethyl-6-methylcyclohexa-1,3-diene의 광화학적 전자 고리화 고리 열림 반응

25.35 다음 전자 고리화 고리 닫힘 반응을 보자. 생성물이 동일 방향 회전 혹은 반대 방향 회전 과정으로 생기는가? 이 반응은 광화학적 조건에서 일어나겠는가? 아니면 열적 조건에서 일어나겠는가?

H

H

25.36 다이엔 **M**의 반대 방향 회전 고리화 반응에서 생기는 생성물을 그려라. 새로 생기는 sp^3 혼성화 탄소의 입체 화학을 나타내라. 이 반응은 열적 조건 아니면 광화학적 조건에서 일어나겠는가?

M

25.37 (a) Triene **N**의 열적 전자 고리화 고리 닫힘 반응에서 무슨 생성물이 생기겠는가? (b) Triene **N**의 광화학적 고리 닫힘 반응에서는 무슨 생성물이 생기겠는가? (c) 각 과정이 동일 방향 회전 혹은 반대 방향 회전인지를 밝혀라.

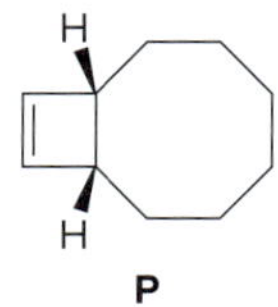

N

25.38 두고리 알켄 **P**는 cyclodecadiene **Q**의 열적 전자 고리화 고리 닫힘 반응 혹은 cyclodecadiene **R**의 광화학적 전자 고리화 고리 닫힘 반응으로 만들 수 있다. **Q**와 **R**의 구조를 그리고 각 반응이 일어나는 과정의 입체 화학을 밝혀라.

H

H

P

고리화 첨가 반응

25.39 반응 [1]에서는 무슨 종류의 고리화 첨가 반응이 일어나는가? 반응 [2]의 비슷한 과정의 생성물을 그려라. 이들 반응이 열적 아니면 광화학적으로 일어나겠는가?

O + [1] → O

C_6H_5 C_6H_5 O + [2] →

25.40 각 Diels–Alder 반응의 생성물을 그리고, 모든 입체 발생 중심의 입체 화학을 밝혀라.

a. + O O O Δ →   b. + O O O Δ →

25.41 각 분자내 고리화 첨가 반응의 생성물을 그려라.

a. O O O $h\nu$ [2 + 2]

c. O Δ [6 + 4]

b. O H $OSiR_3$ Δ [4 + 2]

d. O $h\nu$ [2 + 2]

25.42 열적 [4 + 2] 고리화 첨가 반응으로 다음 화합물을 합성하려고 할 때 무슨 출발물이 필요하겠는가?

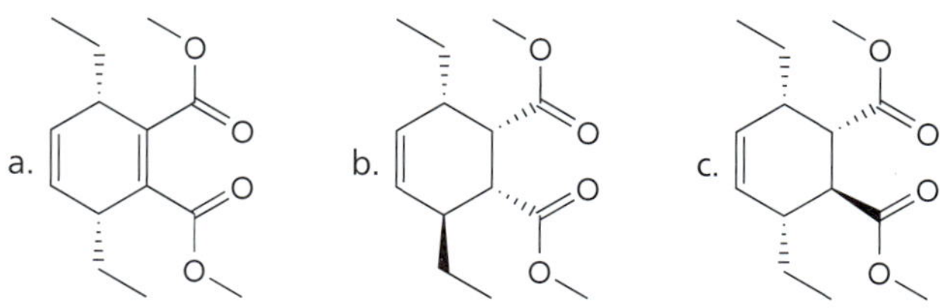

25.43 Buta-1,3-diene을 가열하면 cycloocta-1,5-diene이 아니라 4-vinylcyclohexene이 생기는 이유를 설명하라.

25.44 일련의 [2 + 2] 고리화 첨가 반응을 이용하여 한 구조 이성질체로부터 어떻게 **X**를 만들 수 있겠는가? 서너 개의 사이클로뷰테인 고리가 서로 접합된 분자에 관한 관심은 박테리아인 *Candidatus Brocadia anammoxidans*의 세포 소기관의 막에서 분리된 리피드인 pentacycloanammoxic acid methyl ester)의 발견으로 유발되었다. 현재 이 특이한 천연물의 역할이 무엇인지는 알려진 바가 아직 없다.

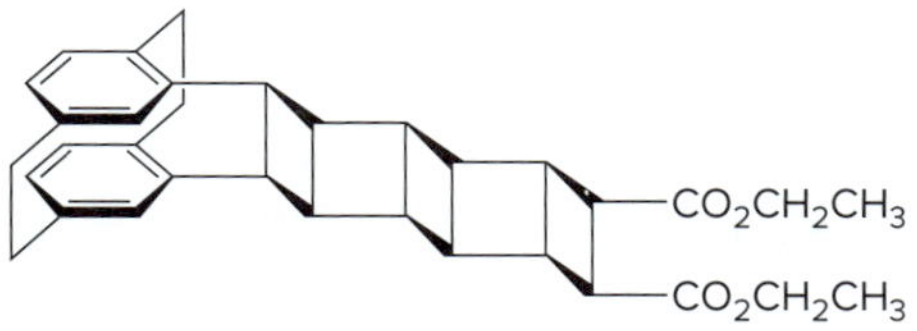

$CO_2CH_2CH_3$ $CO_2CH_2CH_3$ **X** CO_2CH_3 pentacycloanammoxic acid methyl ester

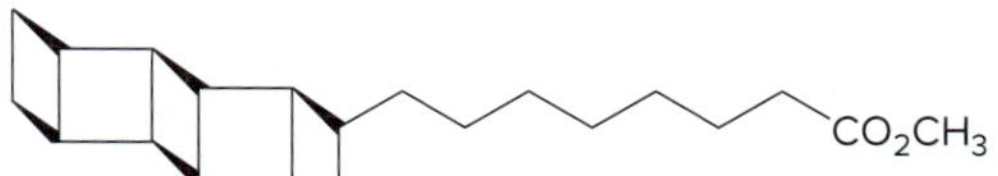

시그마 결합 자리 옮김 반응

25.45 각 반응에서 시그마 결합 자리 옮김 반응의 종류는 무엇인가?

a. 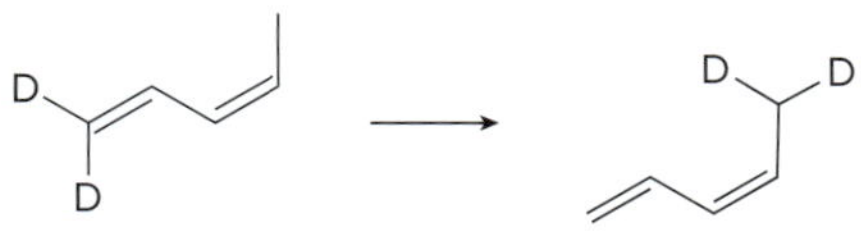 D D → D D b. 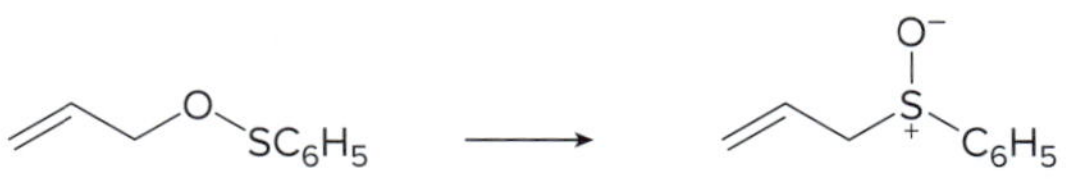 O SC_6H_5 → O^- S + C_6H_5

25.46 각 화합물의 [3,3] 시그마 결합 자리 옮김 반응의 생성물을 그려라.

a. 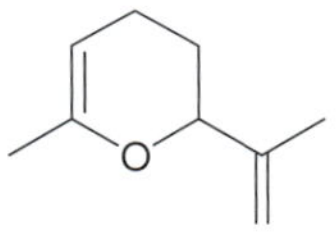 O b. 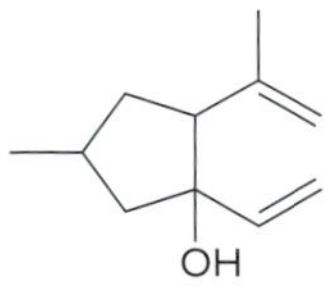 OH c.

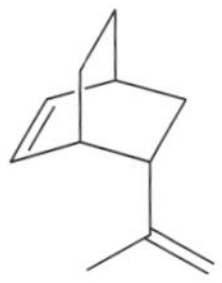

25.47 다음 반응 도식에서 **C**의 구조를 그리고 **C**가 시그마 결합 자리 옮김 반응으로 어떻게 **D**로 변환될 수 있는지를 보여라.

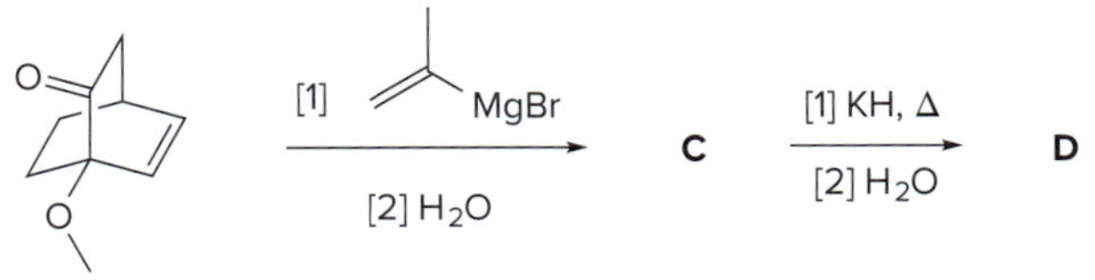

O O [1] MgBr [2] H_2O **C** [1] KH, Δ [2] H_2O **D**

25.48 각 화합물의 [3,3] 시그마 결합 자리 옮김 반응에서 어떠한 생성물이 생기는가?

a. 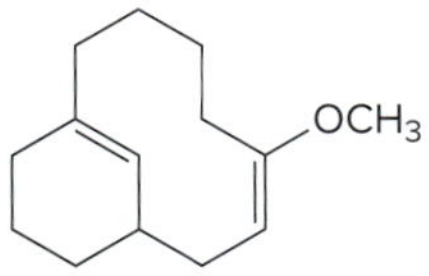 OCH_3 b. 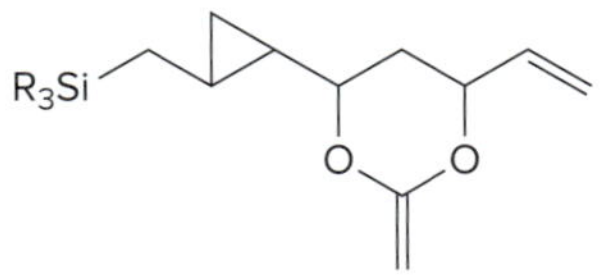 R_3Si O O c. 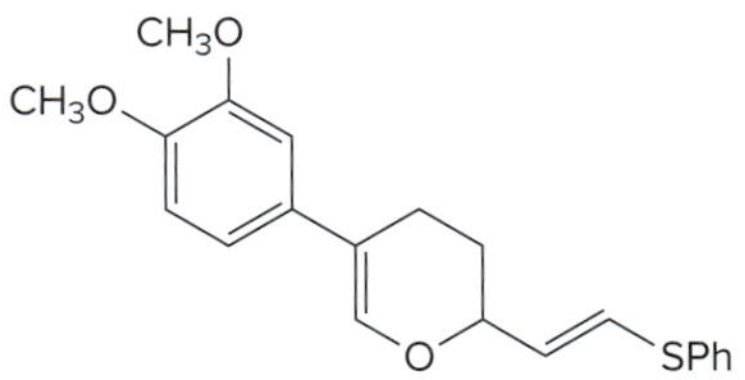 CH_3O CH_3O O SPh

25.49 5-Methylcyclopenta-1,3-diene의 용액은 실온에서 1-methyl-, 2-methyl- 및 5-methylcyclopenta-1,3-diene의 혼합물로 자리 옮김한다. (a) C—H 결합이 개입하는 시그마 결합 자리 옮김 반응에 의하여 출발물로부터 어떻게 이성질성 생성물이 생기는지를 보여라. (b) 5-Methylcyclopenta-1,3-diene의 [1,3] 자리 옮김 반응에 의해서는 한 번에 2-methylcyclopenta-1,3-diene이 생기지 않는 이유를 설명하라.

25.50 다음 불포화 에터의 [5,5] 시그마 결합 자리 옮김 반응에서는 무슨 생성물이 생기겠는가?

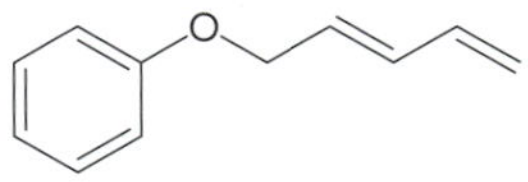

O

25.51 다음 두 단계 반응의 생성물을 그려라. 단계 [1]에서 가장 먼저 생기는 중간체는 CH_3I와 반응하기 전에 [3,3] 시그마 결합 자리 옮김 반응을 먼저 한다.

[1] (cyclopentenyl)–Li
[2] CH_3I

25.52 **A**를 가열하면 두 연속적인 [3,3] 시그마 결합 자리 옮김 반응(Claisen 반응과 뒤이은 Cope 반응)에 의하여 감귤 기름의 한 성분인 β-sinensal이 얻어진다. β-Sinensal의 구조는 무엇인가?

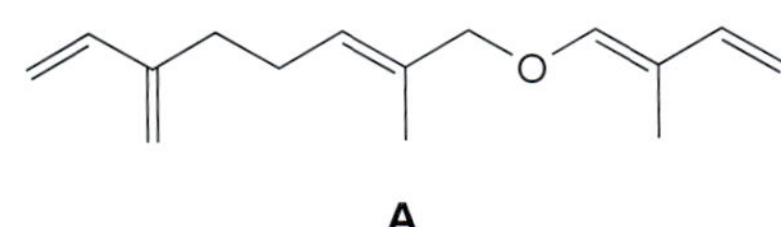

A

일반적 고리형 협동 반응

25.53 각 반응은 무슨 종류의 고리형 협동 반응인가?

Δ [1] → Δ [2] → Δ [3] →

25.54 각 고리형 협동 반응에서 생기는 생성물을 그려라(입체 화학을 포함하여).

a. + $CH_2{=}CH_2$ $\xrightarrow{h\nu}$

b. $\xrightarrow{\Delta}$

c. 2 $\xrightarrow{\Delta}$

d. $\xrightarrow{h\nu}$

25.55 각 반응의 생성물을 그려라.

a. $\xrightarrow{\Delta}$

b. $\xrightarrow{[1]\ KH,\ [2]\ H_3O^+}$

c. $\xrightarrow{\Delta}$

d. $\xrightarrow{h\nu}$ C_7H_8

25.56 다음 반응 도식에서 **X**와 **Y**의 구조를 그려라.

$\xrightarrow{CH_2{=}CH_2,\ \text{Grubbs 촉매}}$ **X** $\xrightarrow{\Delta}$ **Y** $C_{15}H_{22}O$

25.57 다음 일련의 반응에서 화합물 **A**–**D**의 구조는 무엇인가?

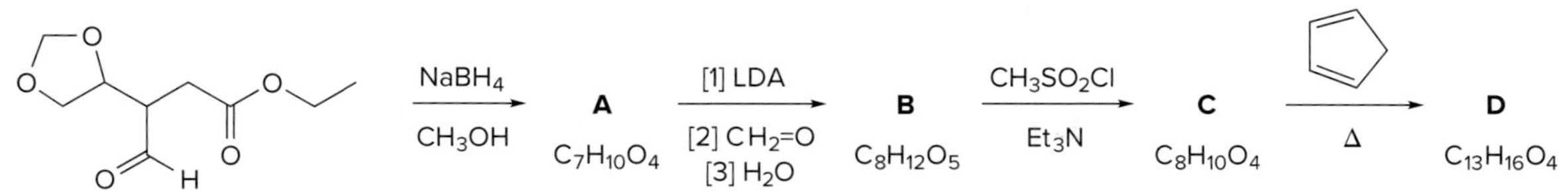

NaBH$_4$ / CH$_3$OH → **A** $C_7H_{10}O_4$ → [1] LDA [2] CH$_2$=O [3] H$_2$O → **B** $C_8H_{12}O_5$ → CH$_3$SO$_2$Cl / Et$_3$N → **C** $C_8H_{10}O_4$ → Δ → **D** $C_{13}H_{16}O_4$

25.58 다음은 다이엔 **A**와 관련된 것이다.

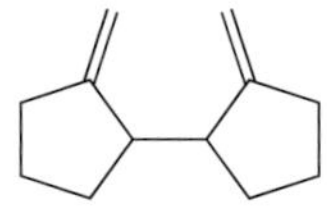

a. **A**가 [2 + 2] 고리화 첨가 반응을 하면 무슨 생성물이 생기는가?

b. **A**가 [3,3] 시그마 결합 자리 옮김 반응을 하면 무슨 생성물이 생기는가?

A

25.59 아릴 산소의 오쏘 위치에 있는 두 탄소에 수소가 결합하지 않은 경우, 알릴 아릴 에터는 파라–치환 페놀로 자리를 옮긴다. [3,3] 시그마 결합 자리 옮김 반응이 두 번 일어나는 다음 반응에 대한 단계별 메커니즘을 그려라.

Δ →

OH

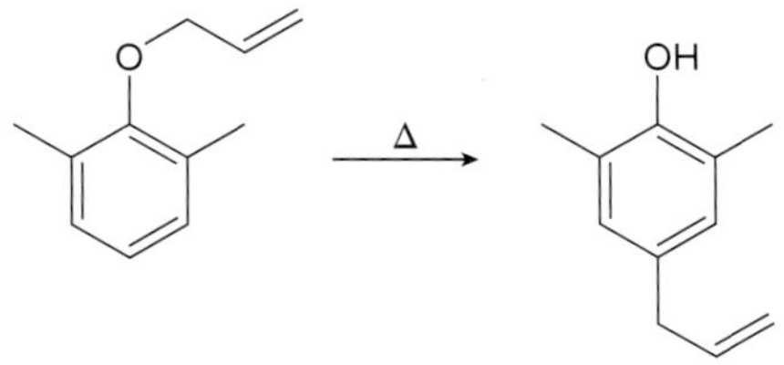

25.60 다음 반응의 단계별 메커니즘을 자세히 그려라.

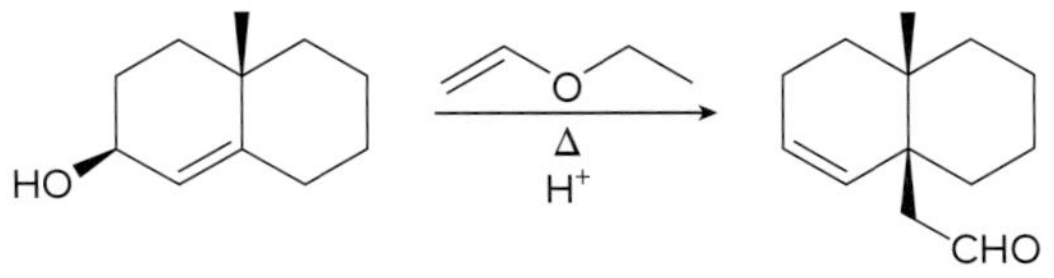

HO → Δ, H$^+$ → CHO

25.61 일련의 두 고리형 협동 반응으로 다음 출발물이 주어진 생성물로 어떻게 변환되는지를 보여라. 관찰된 입체 화학을 설명하라.

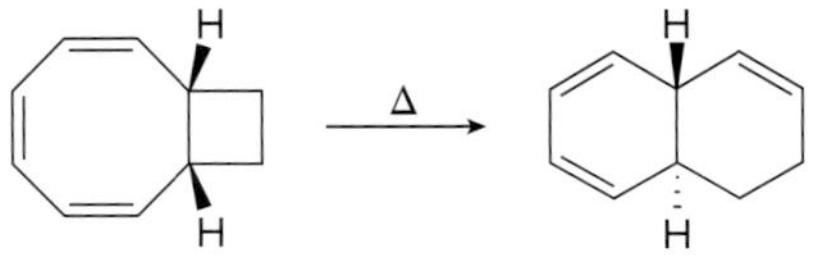

H H → Δ → H H

25.62 굽은 화살표를 이용하여 어떻게 **E**가 [1,5] 시그마 결합 자리 옮김 반응과 뒤이은 [4 + 2] 고리화 첨가 반응으로 이루어진 두 단계 반응으로 **F**로 변환되는지를 보여라.

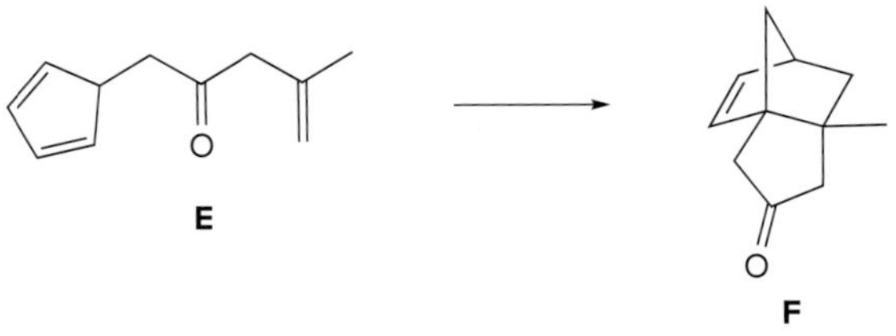

E → **F**

25.63 (a) **A**가 **B**로 변환되는 반응의 단계별 메커니즘을 그려라. (b) **C**가 비슷한 조건에서 반응한다면 무슨 생성물이 생기겠는가?

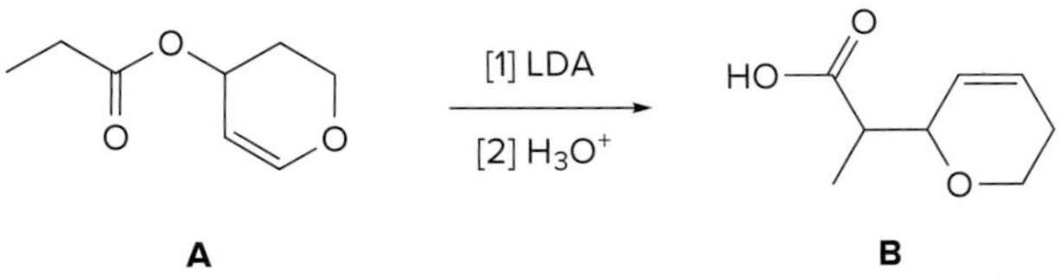

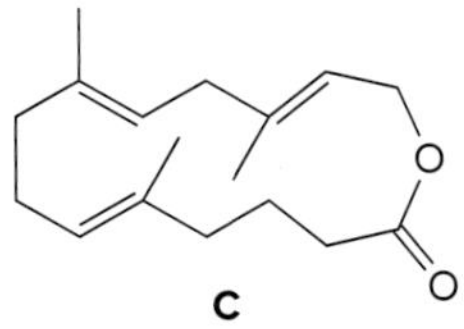

A → [1] LDA [2] H$_3$O$^+$ → **B**

C

25.64 일련의 두 고리형 협동 반응으로 다음 출발물이 주어진 생성물로 어떻게 변환되는지를 보여라. 관찰된 입체 화학을 설명하라.

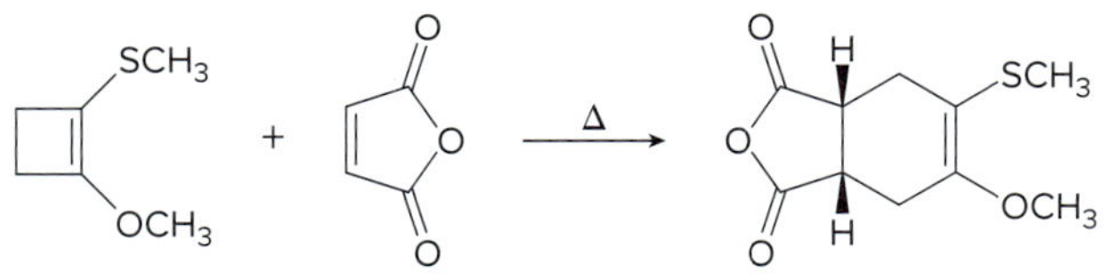

SCH_3 OCH_3 + O O O Δ O H H SCH_3 OCH_3

25.65 다음 반응의 단계별 메커니즘을 자세히 그려라.

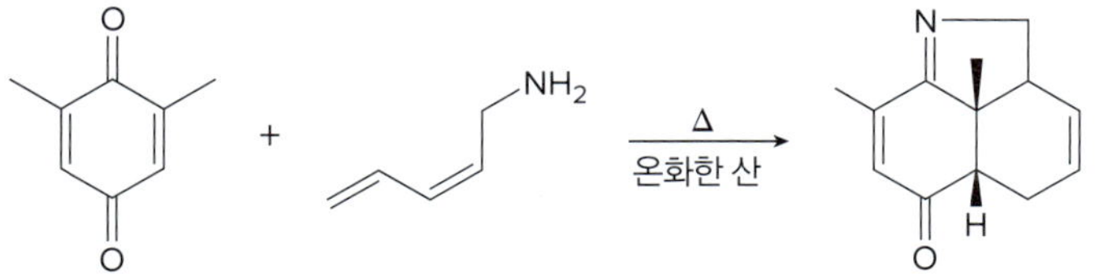

O O + NH_2 Δ 온화한 산 N H O

도전 문제

25.66 다음 화합물의 [3,3] 시그마 결합 자리 옮김 반응에서 생기는 생성물은 무엇인가? 모든 사면체 입체 발생 중심의 입체 화학을 밝혀라.

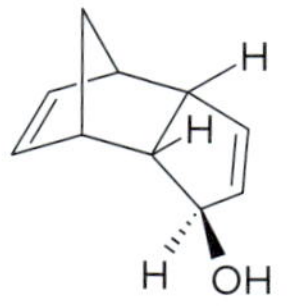

H H H OH

25.67 다음 반응의 단계별 메커니즘을 그려라.

OH Cl Δ O

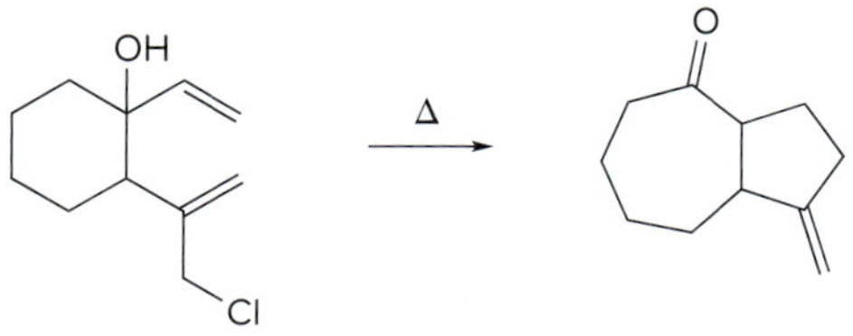

25.68 (a) **B**를 NaOEt로 처리하면 옥시-Cope 자리 옮김 반응이 일어나서 **C**가 얻어진다. **C**의 구조는 무엇인가? (b) **C**가 두고리 알코올인 **D**로 변환하는 과정의 메커니즘을 단계별로 그려라.

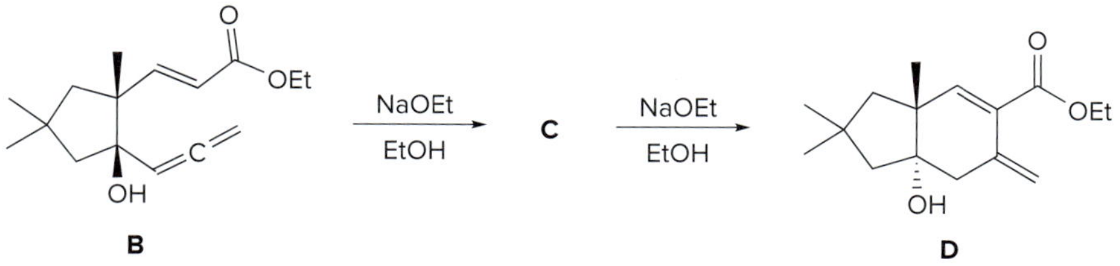

O OEt C OH **B** NaOEt EtOH **C** NaOEt EtOH O OEt OH **D**

25.69 염기의 존재하에서 β-케토 에스터와 알릴성 알코올로부터 γ,δ-불포화 카보닐 화합물을 얻을 수 있는 반응인 Carroll 자리 옮김 반응의 단계별 메커니즘을 그려라.

OH + O O O 염기 H_2O O + OH + CO_2

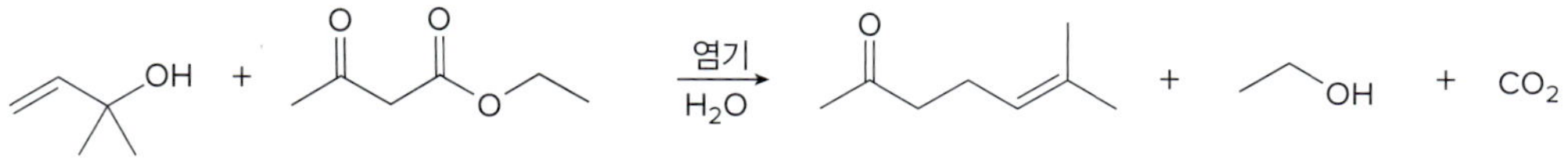

25.70 Endiandric acids는 동부 호주의 우림에서 자라는 나무에서 분리된 불포화 화합물의 그룹이다. Endiandric acids D와 E의 메틸 에스터는 연속적인 두 전자 고리화 반응(콘쥬게이션 tetraene의 열적 고리 닫힘 반응과 얻어지는 콘쥬게이션 triene의 고리 닫힘 반응)을 이용하여 폴리엔 **Y**로부터 합성되었다. (a) Endiandric acid D와 E의 메틸 에스터의 구조(입체 화학 포함)를 그려라. (b) Endiandric acid E의 메틸 에스터가 분자내 [4 + 2] 고리화 첨가 반응을 수행하면 endiandric acid A의 메틸 에스터가 생긴다. Endiandric acid A의 가능한 구조를 제안하라.

CH_3O_2C — C_6H_5

Y

자가-시험 해답

1. d 2. a 3. d 4. c 5. b 6. b 7. a 8. d 9. c 10. b

탄수화물

Carbohydrates

26

ORGANIC CHEMISTRY

Daniel C. Smith

단풍나무 시럽에는 페놀, 카보닐 화합물과 아민이 소량 들어었지만, 시럽의 주성분은 **슈크로스**와 물이다. 설탕이라고 흔히 부르는 슈크로스는 글루코스와 프룩토스라는 두 단순당으로 구성되어 있다. 많은 포유동물, 조류 및 곤충이 식물이 만들어 내는 슈크로스를 주식으로 삼는다. 단풍나무의 수액을 끓여서 만드는 단풍나무 시럽은 사탕수수에서 얻어진 설탕을 세계적으로 더 쉽게 구할 수 있게 되었던 남북전쟁 후까지 미국에서 사용되었던 주된 감미료이었다. 26장에서는 설탕 같은 탄수화물의 성질과 반응에 대하여 배울 것이다.

왜 공부하는가? . . .

탄수화물이란?

26–29장은 **생물계에서 발견되는 유기 화합물인 생체 분자(*biomolecule*)**를 다룬다. 앞 장에서 성질이 비슷한 다른 유기 화합물을 공부하는 동안 이러한 화합물에 대한 많은 사실을 이미 배웠다. 예를 들면 10장(알켄)에서 이중 결합의 존재가 지방산이 지방의 부분인지 아니면 또는 기름의 부분인지를 결정한다는 점을 배웠다. 19장(카복실산과 나이트릴)에서는 아미노산이 단백질의 구성 단위인 것을 배웠다.

26장에서는 지구 생물 자원의 약 50%에 해당하며 자연계에서 유기 분자의 가장 큰 집단인 탄수화물(carbohydrate)에 초점을 맞춘다. 탄소 원자가 세 개 또는 수천 개인 탄수화물은 간단한 구조이거나 복잡한 구조일 수도 있다. 세포에서 에너지를 얻기 위해 대사되는 glucose, 설탕의 sucrose, 그리고 식물의 줄기나 나무 몸통의 cellulose는 모두 탄수화물이다. 세포 표면에 있는 탄수화물은 혈액형을 결정하고 탄수화물은 세포에서 유전 정보의 전달자인 DNA의 주골격을 이룬다. 탄수화물는 극성 작용기가 많이 있으며, 그 구조와 성질은 유기 화학의 기본 원리를 적용하면 이해할 수 있다.

26.1 서론

간단한 탄수화물의 분자식은 $C_n(H_2O)_n$으로 쓸 수 있어 **탄소의 수화물**이라고 생각했기 때문에 붙여진 이름이다.

Glucose와 cellulose 같은 탄수화물은 5.1절, 6.4절과 18.16절에서 논의되었다.

일반적으로 당 또는 녹말로 언급되는 탄수화물(carbohydrate)은 폴리하이드록시 알데하이드 및 케톤, 또는 가수 분해되어 폴리하이드록시 알데하이드나 케톤을 생성할 수 있는 화합물이다. 식물 줄기나 나무 몸통의 cellulose나 절지동물과 연체동물 외골격의 chitin은 모두 복잡한 탄수화물이다. 그림 26.1에 네 가지 예가 나와 있다. 이 예에는 glucose와 cellulose 외에 doxorubicin(항암제)과 2'-deoxyadenosine 5'-monophosphate (DNA의 뉴클레오타이드 염기)가 있다. 이 둘은 거대 분자로서 분자 내 일부분이 탄수화물로 되어 있다.

탄수화물은 화학에너지의 창고이다. 탄수화물은 녹색 식물과 조류(algae)에서 **광합성(photosynthesis)**에 의하여 합성된다. 광합성은 태양의 에너지를 이용하여 이산화탄소와 물을 glucose와 산소로 전환시키는 과정이다. Glucose가 대사될 때 이 에너지가 다시 방출된다. Glucose의 산화는

그림 26.1
탄수화물의 몇 가지 예

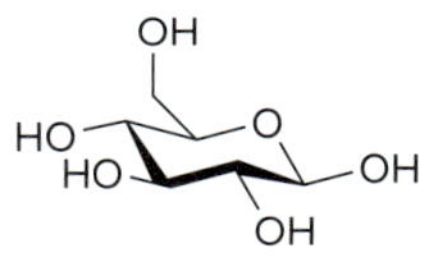

β-D-glucose
가장 흔한 간단한 탄수화물

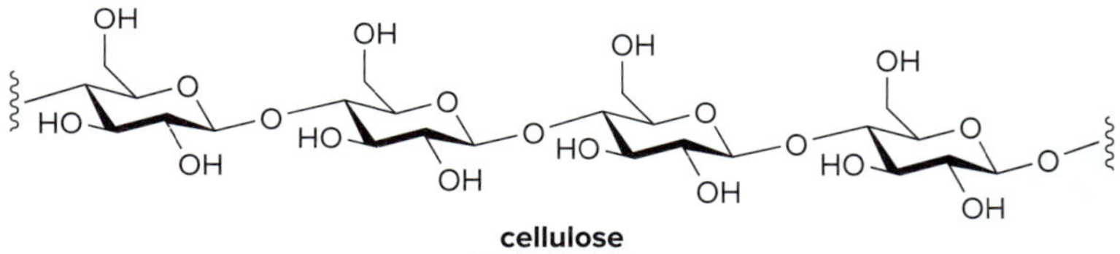

cellulose
목재의 주성분

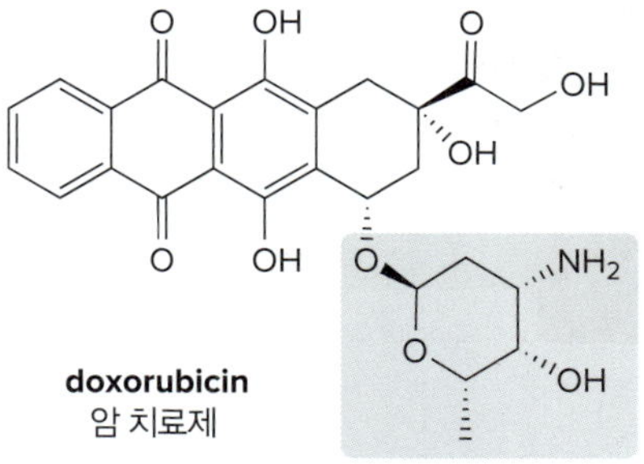

doxorubicin
암 치료제

탄수화물 부분

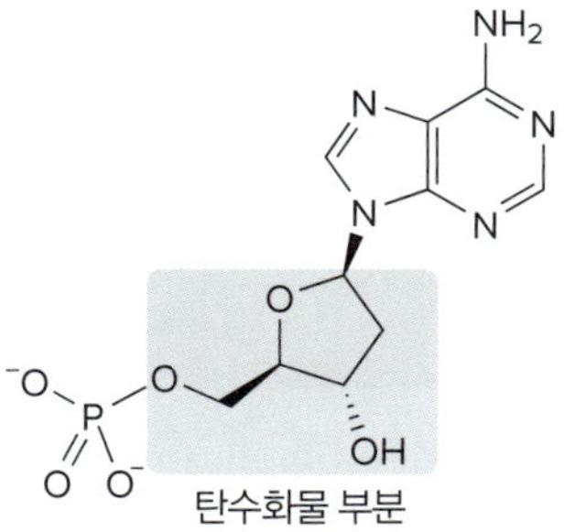

탄수화물 부분

2'-deoxyadenosine 5'-monophosphate
DNA의 뉴클레오타이드

- 이들 화합물은 탄수화물의 다양성을 보여 주고 있다. **Glucose**는 가장 흔하고 간단한 당이다. 반면에 목재, 식물 줄기, 풀에 함유되어 있는 **cellulose**는 식물계에서 가장 흔한 탄수화물이다. **Doxorubicin**은 구조의 일부분이 탄수화물 고리이며, 항암제로서 혈액암, 호지킨병, 유방암, 방광암 그리고 자궁암 치료에 사용된다. **2'-Deoxyadenosine 5'-monophosphate**는 DNA를 만드는 네 가지의 뉴클레오타이드 중의 하나이다.

비록 지질 대사가 탄수화물 대사보다 그램당 더 많은 에너지를 공급하지만 운동 중 순간적으로 많은 에너지가 필요할 때에는 glucose가 우선적인 에너지 공급원이다. Glucose는 수용성이기 때문에 조직으로 혈류를 통해 빠르고 쉽게 운반된다.

여러 단계로 일어나며 이산화탄소, 물과 많은 양의 에너지를 생성한다(6.4절).

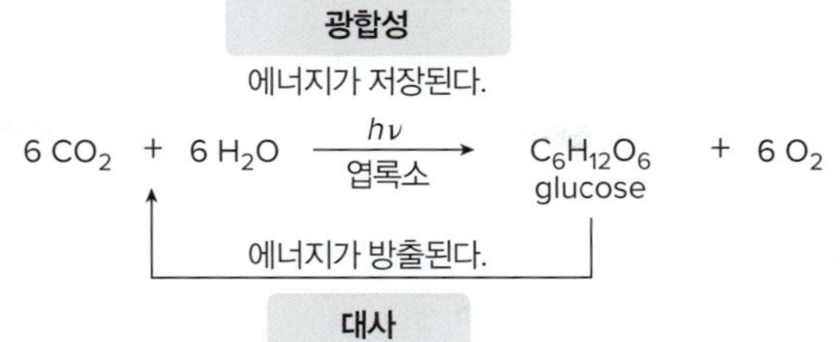

26.2 단당류

D-Fructose는 가정용 설탕(sucrose)과 그램당 칼로리가 거의 비슷하지만 거의 두 배의 단맛을 낸다. '저칼로리(lite)'식품은 같은 수준의 단맛을 내는데 sucrose 절반 양의 fructose를 사용한다. 따라서 이러한 식품은 칼로리가 더 적다.
Matt Meadows/McGraw Hill

가장 단순한 탄수화물을 **단당류(monosaccharide)** 또는 **단순당(simple sugar)**이라 부른다. **단당류**는 사슬에 **세 개에서 일곱 개까지의 탄소 원자가 있다.** 그리고 말단 탄소(C1)나 말단 탄소에 인접한 탄소(C2)에 **카보닐기**가 있다. 대부분의 탄수화물에서 남은 탄소 원자에는 **하이드록시기**가 있다. 단당류의 구조를 그릴 때는 통상적으로 카보닐기를 위로 하여 수직으로 그린다. 이러한 관례를 적용하면, 단당류는 이전 장들에서 마주했던 분자들과 달리 보인다.

3–7 C's: C1 또는 C2 → C=O; C3, C4 … 그 외 모든 C들에 OH
단당류

C1에 카보닐 → **알데하이드** → **aldose**
C2에 카보닐 → **케톤** → **ketose**

- C1에 알데하이드 카보닐기가 있는 단당류를 **aldose**라 부른다.
- C2에 케톤의 카보닐기가 있는 단당류를 **ketose**라 부른다.

단순 탄수화물의 여러 예를 나타내었다. D-Glyceraldehyde와 dihydroxyacetone은 D-glucose와 D-fructose의 경우처럼 분자식이 같다. 따라서 이들은 **구조 이성질체**이다.

D-glyceraldehyde 알데하이드 **aldose** | dihydroxyacetone 케톤 **ketose** | D-glucose 알데하이드 **aldose** | D-fructose 케톤 **ketose**

모든 탄수화물에는 관용명이 있다. 가장 간단한 알데하이드인 glyceraldehyde와 가장 간단한 케톤인 dihydroxyacetone은 이름이 접미사 ***-ose***로 끝나지 않은 유일한 단당류이다(접두사 'D-'는 26.2C절에서 설명한다).

단당류는 다음과 같이 부른다.

- 탄소 원자가 세 개인 단당류는 triose
- 탄소 원자가 네 개인 단당류는 tetrose
- 탄소 원자가 다섯 개인 단당류는 pentose
- 탄소 원자가 여섯 개인 단당류는 hexose이고 기타 등등

Dihydroxyacetone은 인공적으로 피부를 태우기 위한 선탠 크림의 활성 성분이다. *Elite Images/McGraw Hill*

그리고 이 용어는 *aldose* 및 *ketose*와 결합하여 단당류의 탄소 수를 나타내는 동시에 이것이 알데하이드 또는 케톤을 함유하는지를 나타낸다. 따라서 glyceraldehyde는 **aldotriose**(세 개의 탄소와 알데하이드), glucose는 **aldohexose**(여섯 개의 탄소와 알데하이드) 그리고 fructose는 **ketohexose**(여섯 개의 탄소와 케톤)가 된다.

문제 26.1 (a) ketotetrose; (b) aldopentose; (c) aldotetrose의 구조를 그려라.

26.2A Fischer 투영식

탄수화물 구조의 주요 특징은 입체 발생 중심의 존재이다. **Dihydroxyacetone을 제외한 모든 탄수화물은 입체 발생 중심이 한 개 이상이다.**

가장 단순한 알데하이드인 glyceraldehyde는 입체 발생 중심이 한 개이다. 그러므로 두 개의 가능한 **거울상 이성질체**가 있다. 그러나 자연계에서는 오직 *R* 배열의 거울상 이성질체만 만들어진다.

또는 (R)-glyceraldehyde 자연에 존재하는 거울상 이성질체

또는 (S)-glyceraldehyde

당에서 입체 발생 중심은 가끔 다른 유기 분자의 입체 발생 중심 표시와 다른 규칙으로 표시한다. 두 결합은 평면에 놓고, 결합 하나는 평면의 앞쪽으로, 나머지 결합 하나는 평면의 뒤쪽에 놓는 식으로 정사면체로 그리는 대신, **수평 결합은 앞쪽(쐐기로 그림)으로, 수직 결합은 뒤쪽(점선쐐기로 그림)으로 그린다**. 이 구조를 **십자가식(cross formula)** 또는 **Fischer 투영식**이라고 한다. Fischer 투영식에서

- 한 개의 탄소는 십자가 두 선의 교차점에 놓는다.
- 쐐기 모양의 수평 결합은 앞쪽으로 향한다.
- 점선쐐기 모양의 수직 결합은 뒤쪽으로 향한다.
- 알데하이드나 케톤 카보닐은 위쪽이나 위쪽 가까이 놓는다.

평면 앞쪽에 붉은색 결합

(R)-glyceraldehyde

- 수평 결합은 **앞쪽**으로 향한다.
- 수직 결합은 **뒤쪽**으로 향한다.

Fischer 투영식
(R)-glyceraldehyde

입체 발생 중심이 아닌 탄소 원자는 일반적으로 그려 넣는다. Fischer 투영식을 이용하면 (R)-glyceraldehyde는 다음과 같다.

종이면에서 Fischer 투영식을 돌리면 안 된다. 왜냐하면 다른 거울상 이성질체로 바뀌기 때문이다. Fischer 투영식을 사용할 때는 일반적으로 투영식을 쐐기와 점선쐐기로 바꾼 다음 조작하는 것이 최선이다. Fischer 투영식은 어떤 종류의 화합물에서도 입체 발생 중심 표시로 사용할 수 있으나 단당류에 대하여 가장 일반적으로 사용된다.

예제 26.1 Fischer 투영식 그리기

각 화합물을 Fischer 투영식으로 바꿔라.

a.

b.

풀이

평면 결합이 면의 앞에 놓이고 수직 결합이 면의 뒤쪽에 놓이도록 각 분자를 회전시키고 다시 그려라. 다음에 입체 발생 중심을 표시하기 위하여 십자를 사용하라.

a. 다시 그림

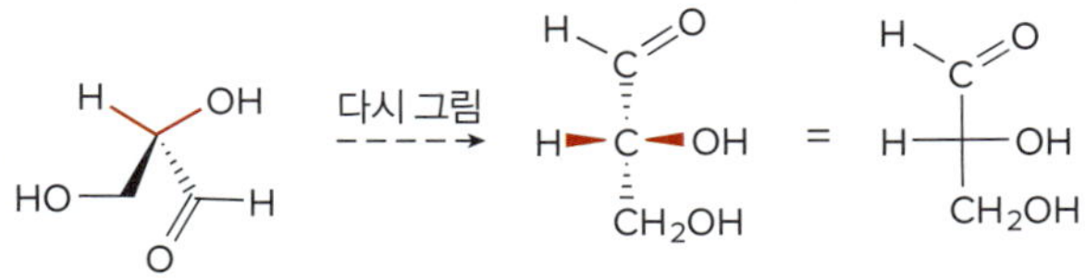

b. 다시 그림

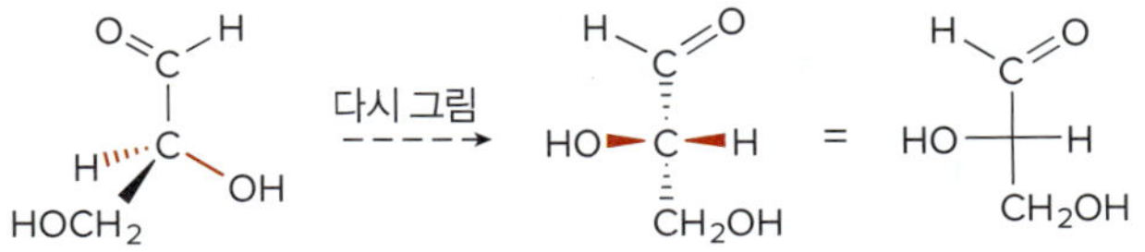

문제 26.2 Fischer 투영식을 사용하여 각 입체 발생 중심을 그려라.

a. b. 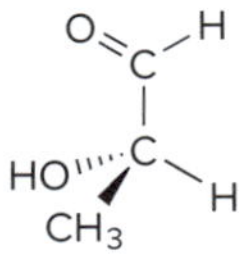 c. 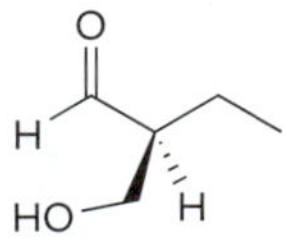 d.

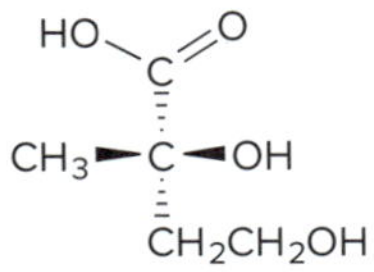

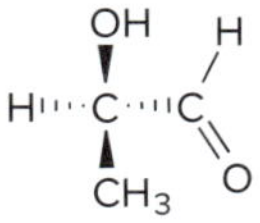

추가 문제: 문제 26.38, 26.40을 풀어보라.

Fischer 투영식으로 그린 어떤 입체 발생 중심에 *R* 또는 *S* 표시를 붙이는 방법은 다음과 같다.

[1] 5.6절에서 서술한 법칙을 사용하여 입체 발생 중심에 결합한 네 개의 작용기에 **우선순위(1 → 4)를 부여한다.**

[2] 우선순위가 가장 낮은 작용기가 한 **수직 결합**을 차지할 때, 즉 이 기가 점선쐐기로 면의 **뒤쪽**으로 뻗어 있을 때, **시계 방향**(우선순위 기 1 → 2 → 3)으로 원을 그리면 ***R* 배열**이다. **시계 반대 방향**으로 원을 그리면 ***S* 배열**이다.

[3] 우선순위가 가장 낮은 기가 한 **수평 결합**을 차지할 때, 즉 이 기가 쐐기로 면의 **앞쪽**으로 뻗어 있을 때, 배열을 나타내기 위하여 단계 [2]에서 얻은 **결과를 반대**로 한다.

예제 26.2 Fischer 투영식을 *R* 또는 *S*로 표시하기

입체 발생 중심에 대하여 쐐기와 점선쐐기를 사용하여 Fischer 투영식을 다시 그려라. 그리고 *R* 또는 *S*로 표시하라.

a. b.

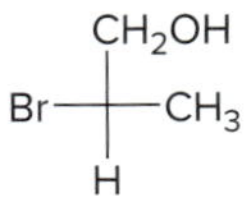

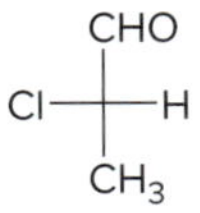

풀이

각 화합물에서

[1] Fischer 투영식을 쐐기와 점선쐐기의 표시법으로 바꾼다.

[2] 우선순위를 부여한다(5.6절).

[3] 정상적인 방법으로 *R* 또는 *S*를 결정한다. 만약 우선순위 [4]기가 앞으로(쐐기로) 위치해 있으면 답을 반대로 한다.

a. [1] [2] [3]

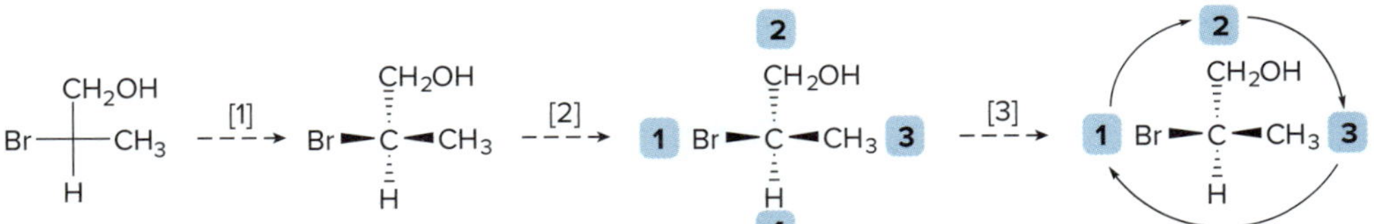

시계 방향으로 회전하는 원이고 [4]기가 **뒤쪽**으로 배열한다.
***R* 배열**

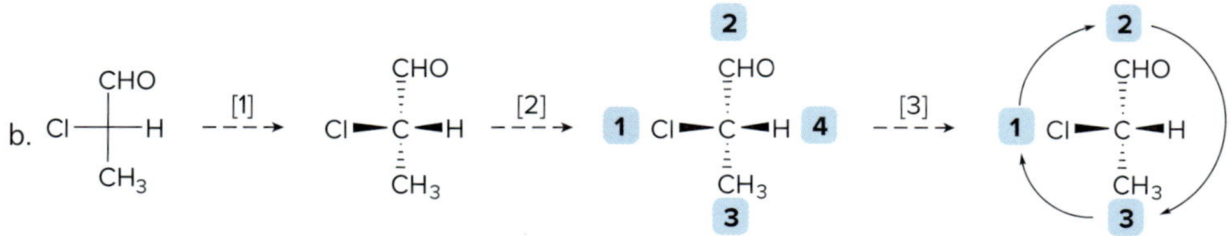

b. Cl–C(CHO)(CH₃)–H --[1]--> Cl◄C►H (CHO, CH_3) --[2]--> 1 Cl, 2 CHO, 3 CH_3, 4 H --[3]--> 1 → 2 → 3

시계 방향으로 회전하는 원이고
[4]기가 **앞쪽**으로 배열한다.
***S* 배열**

문제 26.3 각 입체 발생 중심을 *R* 또는 *S*로 표시하라.

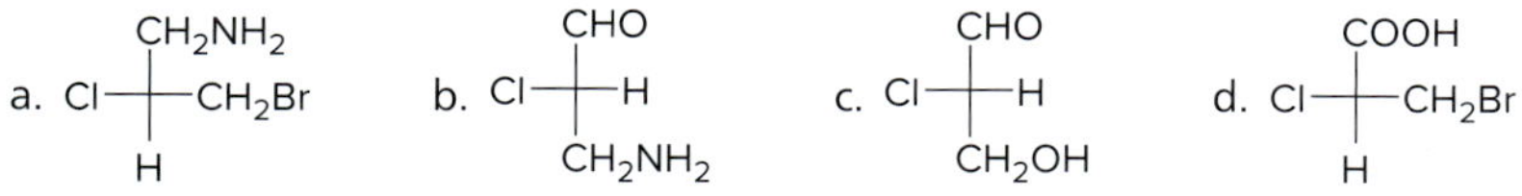

a. Cl, CH_2NH_2, CH_2Br, H
b. Cl, CHO, H, CH_2NH_2
c. Cl, CHO, H, CH_2OH
d. Cl, COOH, CH_2Br, H

추가 문제: 문제 26.41을 풀어보라.

26.2B 입체 발생 중심이 두 개 이상인 단당류

단당류의 가능한 입체 이성질체의 수는 존재하는 입체 발생 중심의 수에 따라 기하급수적으로 증가한다. **Aldohexose는 입체 발생 중심이 네 개이다. 따라서 2^4 = 16개의 입체 이성질체** 또는 여덟 쌍의 거울상 이성질체가 있다.

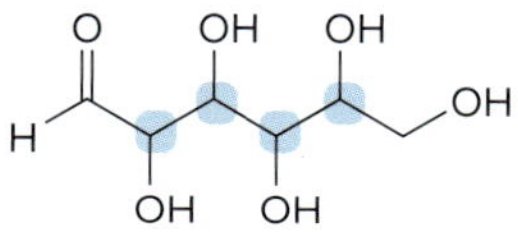

aldohexose
네 개의 입체 발생 중심
16개의 가능한 입체 이성질체

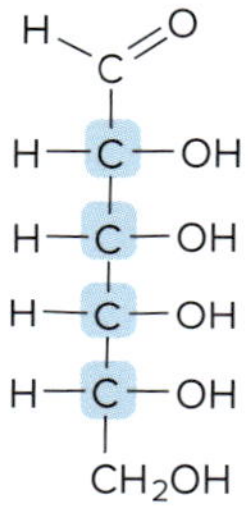

수직 표현법

Fischer 투영식은 aldohexose와 같은 입체 발생 중심이 여러 개인 화합물에 대해서도 사용된다. 이 경우 분자를 수직의 탄소 골격으로 그리고, 입체 발생 중심을 위로 하나씩 쌓아 올린다. 이 모형에서는 **모든 수평 결합은 앞쪽으로 향한다(쐐기 모양).**

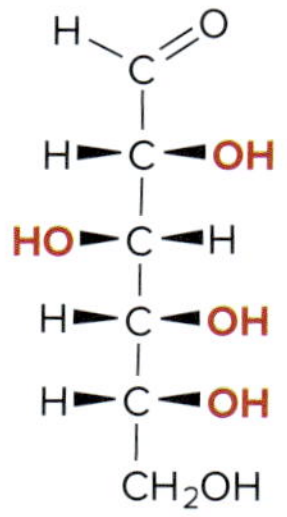

D-glucose
모든 수평 결합은
쐐기로 그린다.

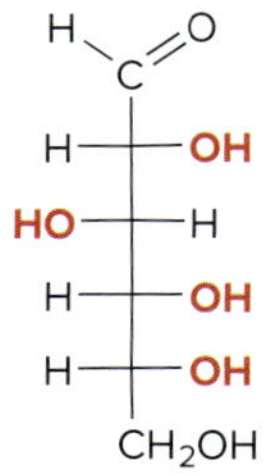

Fischer 투영식

비록 Fischer 투영식이 입체 발생 중심이 여러 개인 단당류를 묘사하기 위하여 일반적으로 사용되지만 사용에 주의해야 한다. 왜냐하면 묘사하고자 하는 삼차원 구조의 실제 그림을 제공하지는 않기 때문이다. **각 입체 발생 중심이 덜 안정한 가려진 형태로 그려지기** 때문에 glucose의 Fischer 투영식은 그림 26.2에서 보인 바와 같이 실제로 원통형 분자로 표시될 수 있다.

그림 26.2
Fischer 투영식과 glucose의 3-D 구조

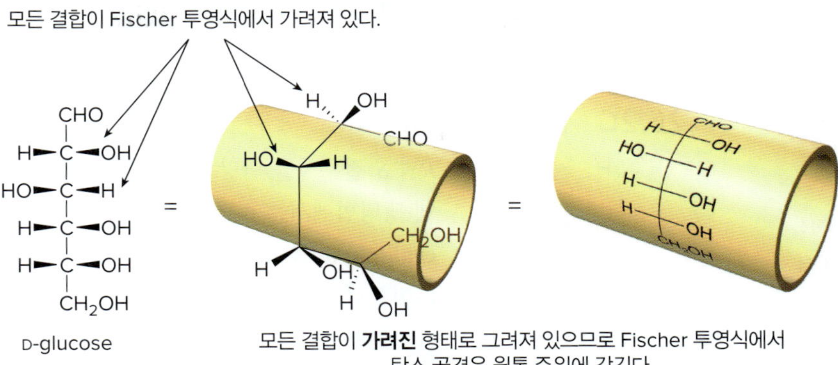

예제 26.3 공–막대 모형을 Fischer 투영식으로 전환하기

다음 공–막대 모형을 Fischer 투영식으로 전환하라.

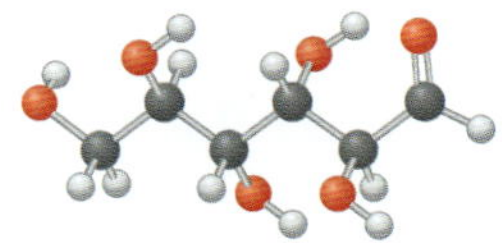

풀이

공–막대 모형은 가장 안정한 형태인 엇갈린 형태로 되어 있으므로 Fischer 투영식으로 전환하기 위해서는 먼저 덜 안정한 가려진 형태로 바꿔주어야 한다.

1. 모형을 골격구조(**A**)로 다시 그려준 다음, 카보닐기가 맨 위로 오도록 돌려준다(**B**).
2. 엇갈린 형태를 가려진 형태로 바꾸기 위해서 **B**에서 결합을 회전하여 붉게 표시한 두 탄소를 180° 돌린다. 그러면 **C**가 얻어진다.
3. **C**를 다시 그려 네 입체 발생 중심에 있는 H와 OH와의 결합을 쐐기로 그려주면 **D**가 된다. **C**에서 쐐기로 그린 기(붉은색)는 **D**의 탄소 골격에서는 왼편에, **C**에서 점선쐐기로 그린 기(푸른색)는 **D**의 탄소 골격에서는 오른편에 위치하게 된다.
4. 쐐기를 십자가로 바꿔 그려주면 Fischer 투영식이 완성된다.

A 공–막대 모형의 골격 구조 —회전 (1)→ **B** —엇갈린 형태를 가려진 형태로 바꿔준다. (2)→ **C** —다시 그림 (3)→ **D** —(4)→ **Fischer 투영식**

문제 26.4 다음 공–막대 모형을 Fischer 투영식으로 전환하라.

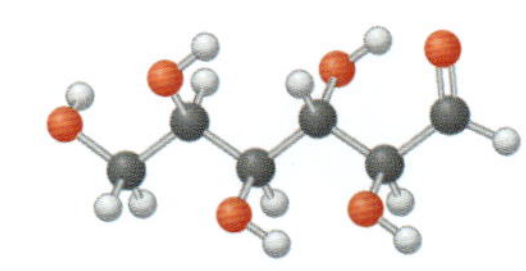

추가 문제: 문제 26.38을 풀어보라.

문제 26.5 Glucose의 각 입체 발생 중심에 *R*, *S* 배열을 표시하라.

26.2C D 및 L 단당류

(**R**)-glyceraldehyde
D-glyceraldehyde

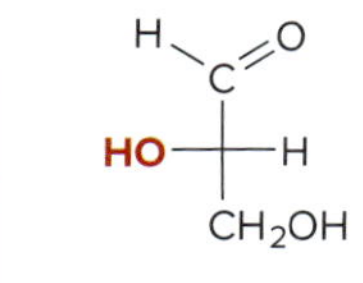

(**S**)-glyceraldehyde
L-glyceraldehyde

*R*과 *S* 접두사를 단당류의 입체 발생 중심의 배열을 지시하기 위해 사용할 수 있지만, 옛 명명법에서는 D-와 L-접두사를 대신 사용해 왔다. **자연에 존재하는 *R* 배열의 glyceraldehyde를 D-이성질체라고 부른다. 그 거울상 이성질체인 (*S*)-glyceraldehyde는 L-이성질체이다.**

문자 D와 L은 입체 발생 중심이 여러 개인 모든 단당류를 분류하기 위하여 사용한다. **카보닐기로부터 가장 멀리 있는 입체 발생 중심의 배열이 이 단당류가 D-인지 L-인지를 결정한다.**

> 두 기호 D와 *d*는 매우 다른 개념을 표시한다. 'D'는 단당류에서 입체 발생 중심의 배열을 지칭한다. 반면에 '*d*'는 '우회전성'의 약자이다. 즉 *d*-화합물은 평면 편광을 시계 방향으로 회전시킨다. D-당은 우회전성일 수도 있고 좌회전성일 수도 있다. **따라서 D와 *d* 또는 L과 *l* 사이에는 직접적인 관련이 없다.**

- D-당은 Fischer 투영식에서 카보닐기로부터 가장 멀리 있는 입체 발생 중심에 있는 OH기가 **오른쪽**에 있다 (D-glyceraldehyde처럼).
- L-당은 Fischer 투영식에서 카보닐기로부터 가장 멀리 있는 입체 발생 중심에 있는 OH기가 **왼쪽**에 있다 (L-glyceraldehyde처럼).

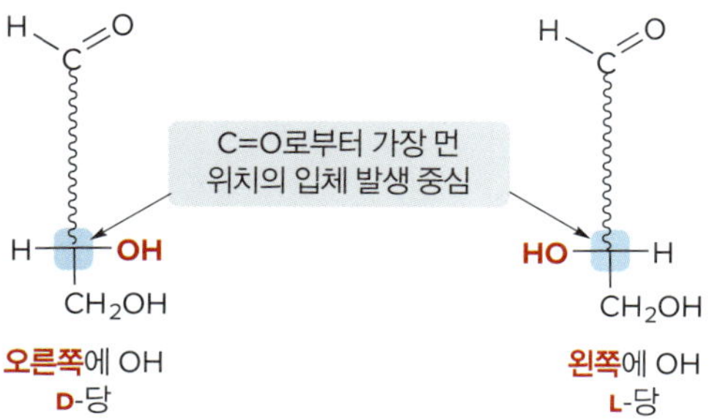

> 역자주:
> 자연에 존재하는 당이 모두 D-당은 아니다. Arabinose와 rhamnose는 L-당이 D-당보다 자연에 더 많이 존재한다. 비타민 C (ascorbic acid)도 L-당이다.

Glucose를 포함해서 자연에 존재하는 모든 당은 D-당이다. L-Glucose는 D-glucose의 거울상 이성질체로서 자연에서 얻어지지 않는다. **L-Glucose는 모든 입체 발생 중심에서 배열이 반대이다.**

D-glucose　　L-glucose
자연에 존재하는 거울상 이성질체

문제 26.6 (a) 화합물 **A**, **B**와 **C**를 D- 또는 L-당으로 표시하라. (b) 화합물 **A**와 **B**, **A**와 **C**, **B**와 **C**는 어떤 관계인가? 거울상 이성질체, 부분 입체 이성질체 또는 구조 이성질체 중에서 택하여 답하라.

A　　**B**　　**C**

26.3 D-Aldose 계열

각 단당류의 관용명은 각 당에 들어 있는 원자 수와 입체 발생 중심에서의 배열을 가리킨다. 이 관용명이 화학 문헌에서 이미 널리 사용되고 있었던 관계로 이 화합물에 대한 체계적인 명명법은 전혀 수립되지 않았다.

D-Glyceraldehyde로부터 출발하여 탄소 원자(각각에 H와 OH가 결합된)를 C1과 C2 사이에 한 개씩 추가하면 탄소 수가 네 개, 다섯 개 또는 여섯 개인 다른 D-aldose를 만들 수 있다. **두 개의 D-aldotetrose가 D-glyceraldehyde로부터 만들어질 수 있다.** 하나는 새로운 OH기가 오른쪽에, 다른 하나는 새로운 OH기가 왼쪽에 있다. 이것들의 이름은 D-erythrose와 D-threose이다. 이 둘은 **부분 입체 이성질체**로서 각각 입체 발생 중심이 두 개이다.

D-erythrose D-threose

각 aldotetrose는 입체 발생 중심이 둘이므로 2^2 또는 네 개의 가능한 입체 이성질체가 존재한다. D-Erythrose와 D-threose는 각각 그들 중의 두 개의 이성질체이다. 다른 두 개는 그들의 거울상 이성질체인 L-erythrose와 L-threose이다. 거울상 이성질체 관계인 것은 각 입체 발생 중심의 배열이 정확히 반대이다. Aldotetrose의 모든 네 개 입체 이성질체를 그림 26.3에 나타내었다.

그림 26.3
Aldotetrose의 네 개의 입체 이성질체

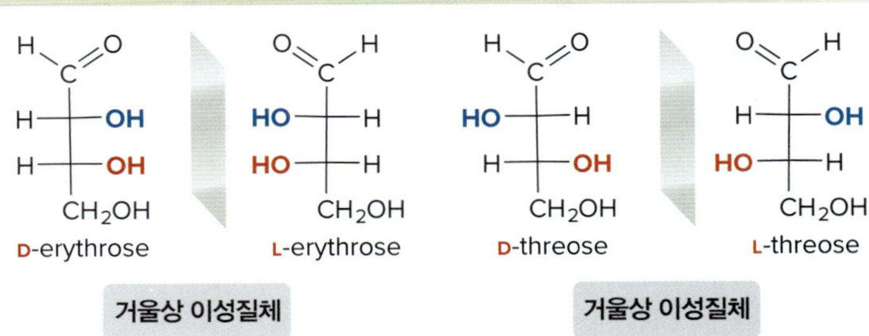

D-Ribose, D-arabinose 및 D-xylose는 모두 자연에 존재하는 일반적인 aldopentose이다. D-Ribose는 단백질 합성에서 DNA의 유전 정보를 해독하는 RNA를 구성하는 탄수화물 성분이다.

D-Aldose 계열의 당을 계속 만들기 위해서는 다른 하나의 탄소 원자(H와 OH가 결합된)를 양쪽 tetrose의 카보닐 바로 아래에 첨가하면 된다. 두 개의 D-aldotetrose로 시작하고 새로운 OH를 놓은 방법이 두 가지(오른쪽과 왼쪽) 있으므로 이제 네 개의 가능한 이성질체인 D-aldopentose로서 D-ribose, D-arabinose, D-xylose, D-lyxose가 만들어진다. 각 D-aldopentose는 입체 발생 중심이 세 개이다. 그러므로 이제 2^3 = **8**개의 가능한 입체 이성질체 또는 네 쌍의 거울상 이성질체가 존재한다. 각 쌍의 D-거울상 이성질체가 그림 26.4에 나와 있다.

마지막으로 D-aldohexose를 만들기 위하여는 또 다른 하나의 탄소 원자(H와 OH에 결합)를 모든 aldopentose의 카보닐 바로 아래에 첨가한다. 네 개의 D-aldopentose로 시작하였으며 새로운 OH를 놓는 데에는 두 가지 방법(오른쪽 또는 왼쪽)이 있으므로 이제 여덟 개의 D-aldohexose가 만들어진다. 이제 각 aldohexose는 입체 발생 중심이 네 개이므로 2^4 = **16**개의 가능한 입체 이성질체 또는 여덟 쌍의 거울상 이성질체가 존재하게 된다. D-거울상 이성질체만을 그림 26.4에 실었다.

D-Aldose의 계열 나무(그림 26.4)에는 두 개의 화합물을 쌍으로 모아 배열하였다. D-Glucose와 D-mannose와 같이 쌍을 이룬 화합물은 한 개의 입체 발생 중심만 제외한 다른 모든 입체 발생 중심에서 배열이 같다.

D-Aldohexose 중에서는 오직 D-glucose와 D-galactose만이 자연계에 존재한다. **D-Glucose는 모든 D-aldose 중에서 가장 풍부하게 존재한다.** D-Glucose는 녹말과 cellulose의 가수 분해로 얻어진다. 그리고 D-galactose는 과일 펙틴(pectin)의 가수 분해로 얻어진다.

- 오직 한 개의 입체 발생 중심의 배열만 다른 두 개의 부분 입체 이성질체를 **에피머(epimer)**라 부른다.

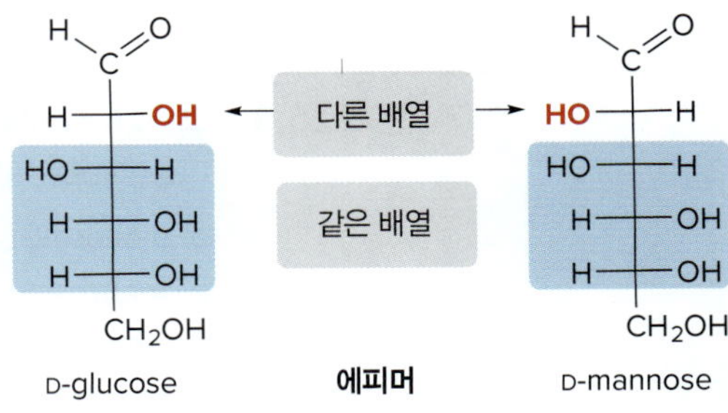

그림 26.4
탄소 원자가 3–6개인 D-aldose 계열

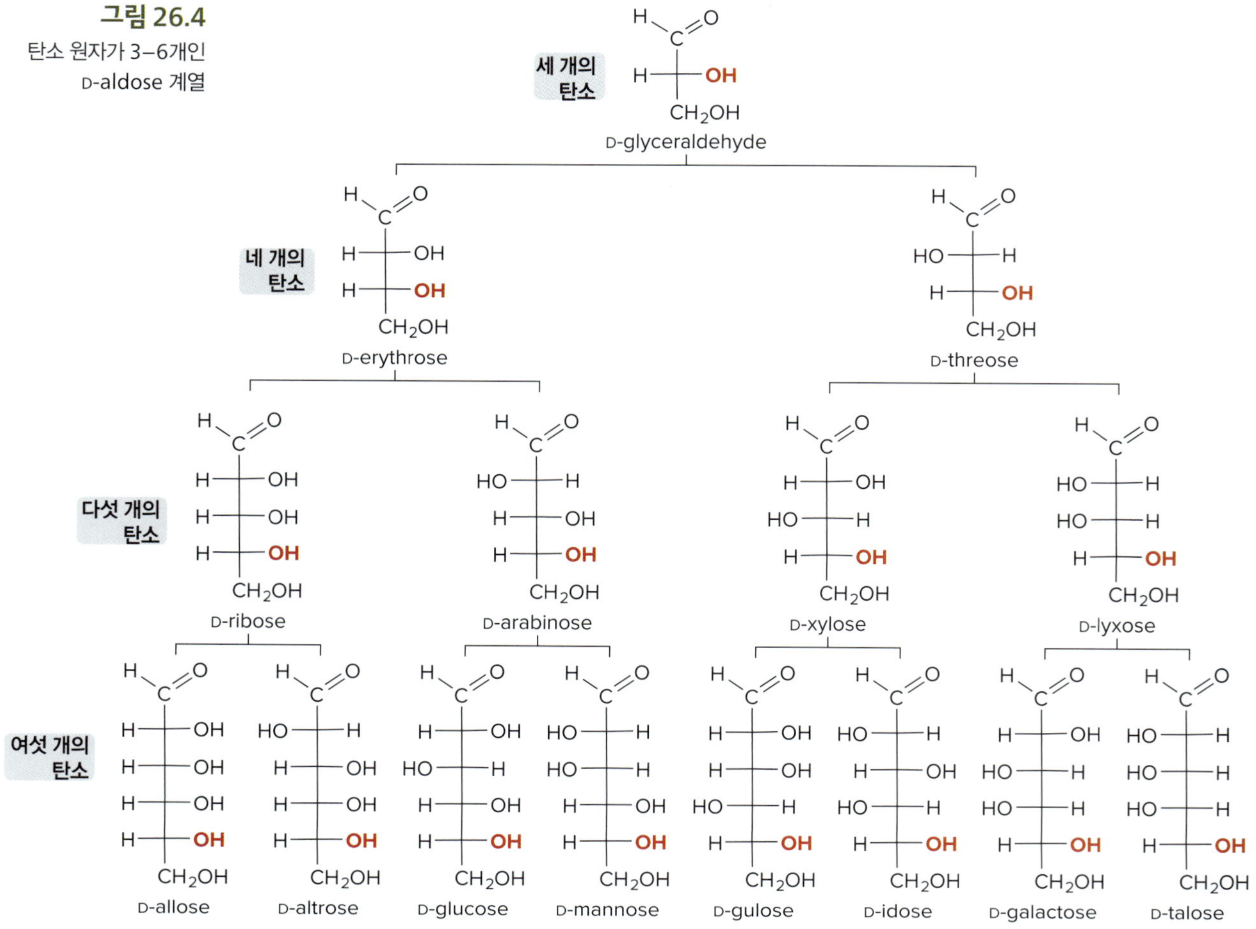

세 개의 탄소
D-glyceraldehyde

네 개의 탄소
D-erythrose D-threose

다섯 개의 탄소
D-ribose D-arabinose D-xylose D-lyxose

여섯 개의 탄소
D-allose D-altrose D-glucose D-mannose D-gulose D-idose D-galactose D-talose

• 모든 D-aldose은 C=O(붉은색)로부터 가장 멀리 있는 입체 발생 중심에 있는 OH기가 **오른쪽**에 있다.

문제 26.7 얼마나 많은 aldoheptose가 존재하는가? 그중에 D-당은 몇 개인가? C2와 C3에서 *R* 배열인 모든 D-aldoheptose를 그려라.

문제 26.8 D-Erythrose의 가능한 두 에피머를 그려라. 그림 26.4를 사용하여 각각의 화합물을 명명하라.

26.4 D-Ketose 계열

D-Ketose 계열은 그림 26.5에서와 같이 dihydroxyacetone에서 출발하여 새로운 탄소 원자(H와 OH가 결합된)를 C2와 C3 사이에 첨가하여 만든다. C2에 카보닐기가 있기 때문에 이들 단당류는 입체 발생 중심의 수가 감소한다. 그러므로 단지 네 개의 D-ketohexose만이 존재한다. 가장 일반적으로 자연에서 얻어지는 ketose는 D-fructose이다.

문제 26.9 그림 26.4와 26.5의 구조를 참고하여 각 쌍의 화합물 간의 관계를 거울상 이성질체, 에피머, 에피머가 아닌 부분 입체 이성질체 또는 구조 이성질체 중에서 골라 표시하라.

a. D-allose와 L-allose
b. D-altrose와 D-gulose
c. D-galactose와 D-talose
d. D-mannose와 D-fructose
e. D-fructose와 D-sorbose
f. L-sorbose와 L-tagatose

문제 26.10 a. D-Fructose의 거울상 이성질체를 그려라.
b. D-Fructose의 C4에서 에피머를 그려라. 이 화합물의 이름은 무엇인가?
c. D-Fructose의 C5에서 에피머를 그려라. 이 화합물의 이름은 무엇인가?

그림 26.5
탄소 원자가 3–6개인 D-ketose 계열

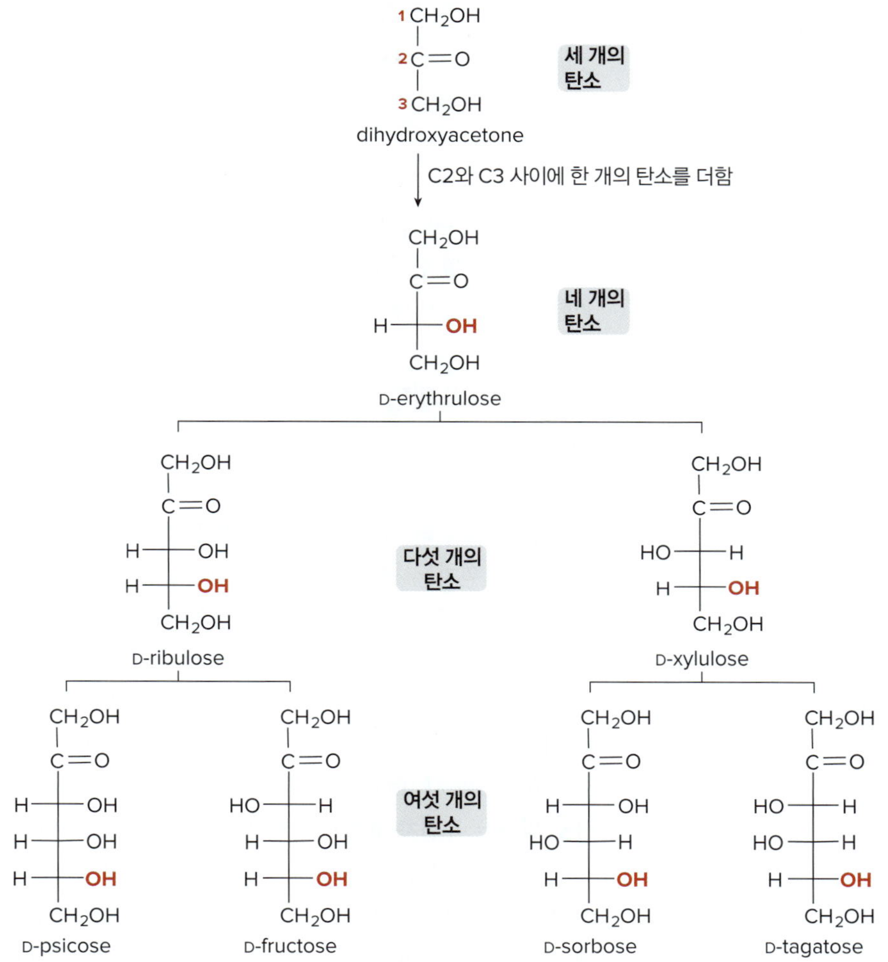

세 개의 탄소:
1 CH_2OH
2 C=O
3 CH_2OH
dihydroxyacetone

C2와 C3 사이에 한 개의 탄소를 더함

네 개의 탄소:
CH_2OH
C=O
H—**OH**
CH_2OH
D-erythrulose

다섯 개의 탄소:
CH_2OH / C=O / H—OH / H—**OH** / CH_2OH
D-ribulose

CH_2OH / C=O / HO—H / H—**OH** / CH_2OH
D-xylulose

여섯 개의 탄소:
CH_2OH / C=O / H—OH / H—OH / H—**OH** / CH_2OH
D-psicose

CH_2OH / C=O / HO—H / H—OH / H—**OH** / CH_2OH
D-fructose

CH_2OH / C=O / H—OH / HO—H / H—**OH** / CH_2OH
D-sorbose

CH_2OH / C=O / HO—H / HO—H / H—**OH** / CH_2OH
D-tagatose

• 모든 D-ketose은 C=O(붉은색)로부터 가장 멀리 있는 입체 발생 중심에 있는 OH기가 **오른쪽**에 있다.

26.5 단당류의 고리 구조

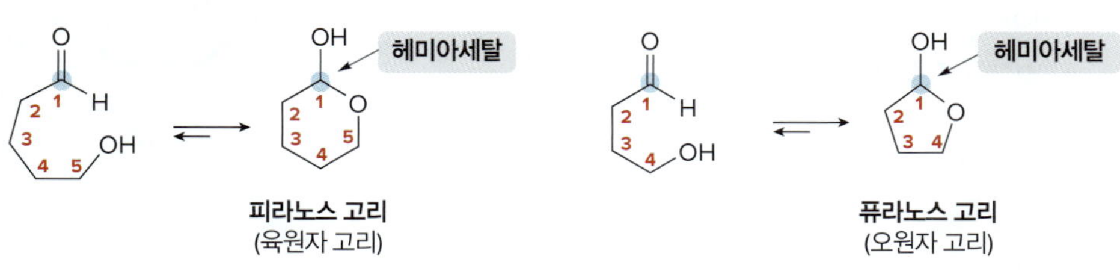

그림 26.4와 26.5에서 단당류는 다수의 하이드록시기가 있는 비사슬형 카보닐 화합물로 그려졌으나 단당류의 하이드록시기와 카보닐기는 다섯 개 또는 여섯 개의 원자가 고리에 있는 **헤미아세탈(hemiacetal)**을 생성하는 분자내 고리화 반응을 일으킬 수 있다. 이 과정은 18.15절에서 먼저 논의하였다.

• 산소(O)를 포함한 육원자 고리를 **피라노스(pyranose)**라 부른다.
• 산소(O)를 포함한 오원자 고리를 **퓨라노스(furanose)**라 부른다.

하이드록시 카보닐 화합물의 고리화는 항상 헤미아세탈 탄소에 **아노머 탄소(anomeric carbon)**라고 부르는 입체 발생 중심을 생성한다. 두 헤미아세탈을 **아노머(anomer)**라 부른다.

- 아노머는 헤미아세탈 탄소에서 OH기의 위치가 다른 고리형 단당류의 입체 이성질체이다.

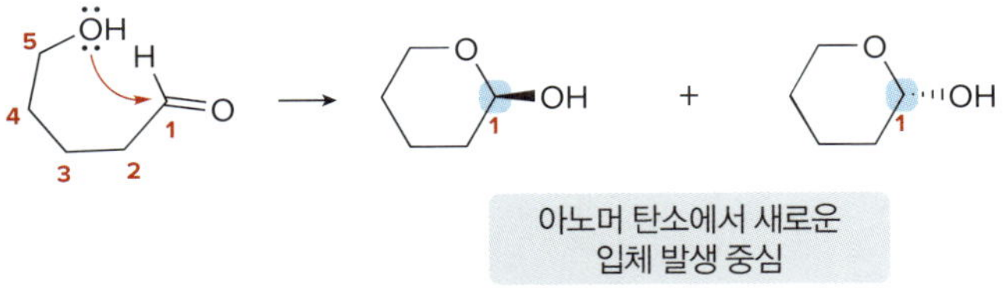

아노머 탄소에서 새로운 입체 발생 중심

주어진 분자에서 고리화는 가장 안정한 고리 크기를 생성한다. **Glucose와 같은 일반적인 aldohexose 계열 단당류는 보편적으로 피라노스 고리를 생성하므로** D-glucose의 헤미아세탈 생성에 의한 고리 생성에 대한 논의부터 시작하자.

26.5A 고리 헤미아세탈 형태로 glucose 그리기

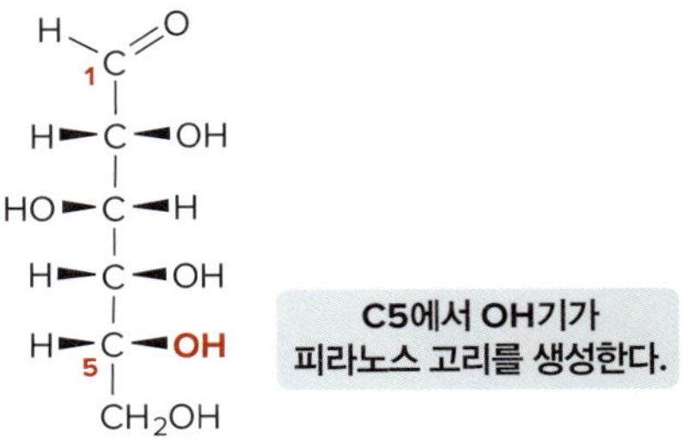

Glucose의 다섯 개의 OH기 중 육원자 고리를 생성하는 데 카보닐기로부터 적정한 거리에 있는 것은 어느 것인가? **카보닐로부터 가장 먼 위치의 입체 발생 중심(C5)에 있는 산소 원자**는 카보닐 탄소로부터 여섯 개 원자만큼 떨어져 있으므로 피라노스 고리의 생성에 적합한 위치에 있다.

D-glucose

C5에서 OH기가 피라노스 고리를 생성한다.

비고리 구조의 glucose를 고리형 헤미아세탈로 바꾸기 위하여 새로운 고리에서 원자의 위치를 제안하는 방식으로 하이드록시 알데하이드를 그리고 나서 고리를 그리면 된다. **관례에 따라 새 피라노스 고리의 산소 원자는 육원자 고리의 상단 우측 모서리에 그린다.**

A에서 밑바닥 입체 발생 중심에 있는 기를 회전하여 고리를 위해 필요한 모든 여섯 개 원자(OH를 포함)를 수직선에 놓는다(**B**). 이 그림을 Fischer 투영식으로 다시 그려 구조를 덜 혼란스럽게 나타낸다(**C**). 이 구조를 비틀고 90° 회전하여 **D**를 만든다. 구조 **A~D**는 D-glucose의 비고리 구조를 네 가지 다른 방법으로 그린 것이다.

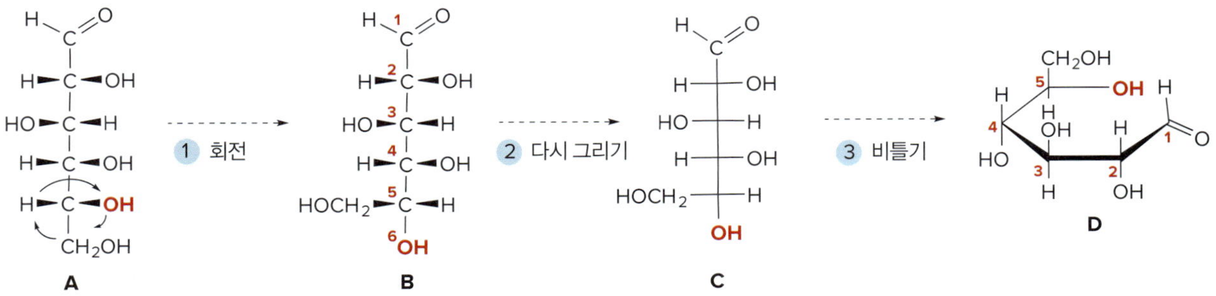

① 회전 ② 다시 그리기 ③ 비틀기

A B C D

이제 우리는 C5에 있는 OH기의 알데하이드 카보닐에 대한 친핵성 공격으로 생성되는 고리 헤미아세탈 구조를 그려볼 준비가 되었다. 고리화는 한 개의 새로운 입체 발생 중심을 만들기 때문에 **D-glucose의 두 개의 고리 구조인 α 아노머와 β 아노머**가 만들어진다. 원래 있었던 모든 입체 발생 중심은 생성된 두 개의 생성물에서도 그 배열이 그대로 유지된다.

- D-단당류의 α 아노머는 OH기를 C5의 CH_2OH기에 대해 트랜스, 즉 **아래로** 그린다. D-Glucose의 α 아노머를 α-D-glucopyranose(육원자 고리를 강조하기 위하여)라 부른다.
- D-단당류의 β 아노머는 OH기를 C5의 CH_2OH기에 대해 시스, 즉 **위로** 그린다. D-Glucose의 β 아노머를 β-D-glucose 또는 β-D-glucopyranose(육원자 고리를 강조하기 위하여)라 부른다.

비고리 D-glucose ⇌ **α 아노머** α-D-glucose + **β 아노머** β-D-glucose

아노머 탄소(C1)에서 새로운 입체 발생 중심

모든 단당류에서 **α 아노머**의 아노머 OH기와 CH_2OH기는 **트랜스**로 존재한다. **β 아노머**의 아노머 OH기와 CH_2OH기는 **시스**가 된다.

Glucose와 다른 당의 고리 헤미아세탈을 평면 구조의 육원자 고리로 나타낸 것을 **Haworth 투영식**이라고 한다. 고리형 glucose에는 **하이드록시 알데하이드 구조일 때부터 존재하던 네 개의 입체 발생 중심에 한 개의 새로운 아노머 탄소가 추가되어 총 다섯 개의 입체 발생 중심이 존재하게 된다.** α-D-Glucose와 β-D-glucose는 아노머 탄소의 배열만 다르므로 **부분 입체 이성질체**이다.

이 반응 메커니즘은 하이드록시 알데하이드가 고리 헤미아세탈로 전환되는 메커니즘(메커니즘 18.12)과 동일하다. **비고리 알데하이드와 두 개의 고리 헤미아세탈은 모두 평형 상태에 있다.** 각 고리 헤미아세탈은 따로 분리될 수 있고 결정화될 수 있다. 그러나 어떤 하나의 화합물을 용액에 녹이면 세 가지 구조의 평형 혼합물이 얻어진다. 이 과정을 **변광회전(mutarotation)**이라 한다. 평형에서 혼합물은 37%의 α 아노머, 63%의 β 아노머 그리고 미량의 비고리 하이드록시 알데하이드로 이루어져 있다(그림 26.6). 또한 쐐기와 점선쐐기를 사용하여 그린 glucose의 세 가지 구조가 나와 있다.

그림 26.6
Glucose의 세 가지 구조

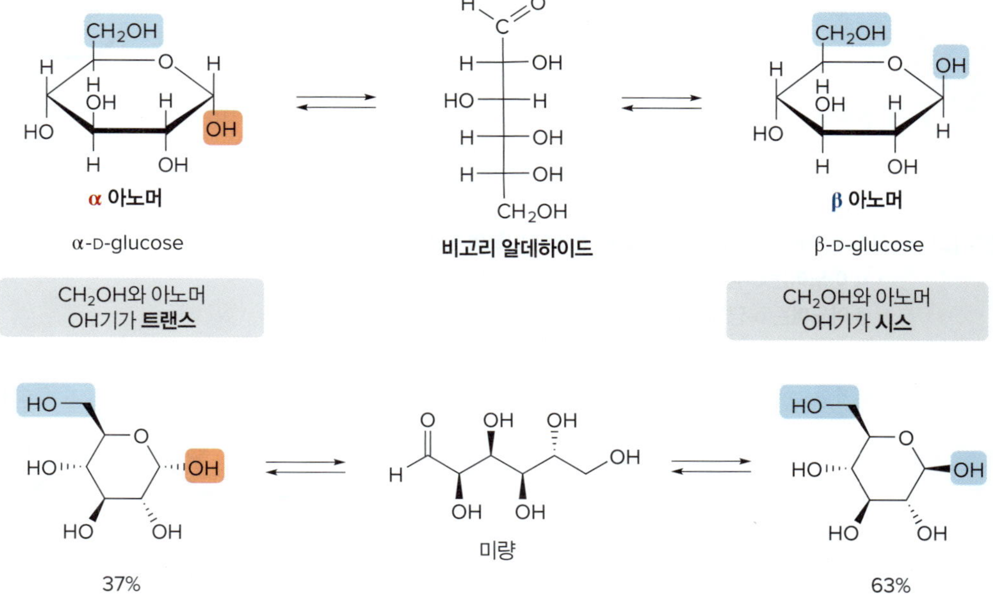

- Haworth 투영식에서 고리 위의 결합은 쐐기형 결합으로 그린다.
- Haworth 투영식에서 고리 아래의 결합은 점선쐐기로 그린다.

문제 26.11 각 Haworth 투영식을 α 또는 β 아노머라고 표시하고, 쐐기와 점선쐐기가 있는 육원자 고리로 변환하라.

a.

b.

26.5B Haworth 투영식

비고리 단당류를 Haworth 투영식으로 바꾸기 위하여 아래의 단계적 과정을 따른다.

해결 방법 비고리 aldohexose로부터 Haworth 투영식을 그리는 방법

예 **D-Mannose를 Haworth 투영식으로 그려라.**

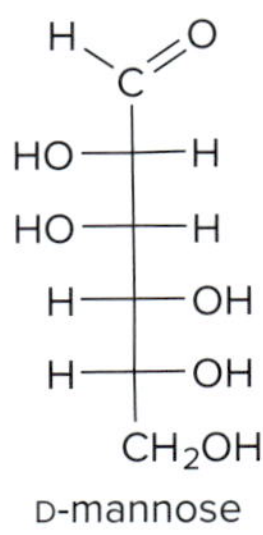

단계 [1] **산소 원자를 육각형의 상단 우측 모서리에 놓고 CH_2OH기를 이 산소로부터 시계 반대 방향의 첫 번째 탄소에 첨가한다.**

- **D-당**에는 CH_2OH기를 **위**로, **L-당**에는 CH_2OH를 **아래**로 그린다.

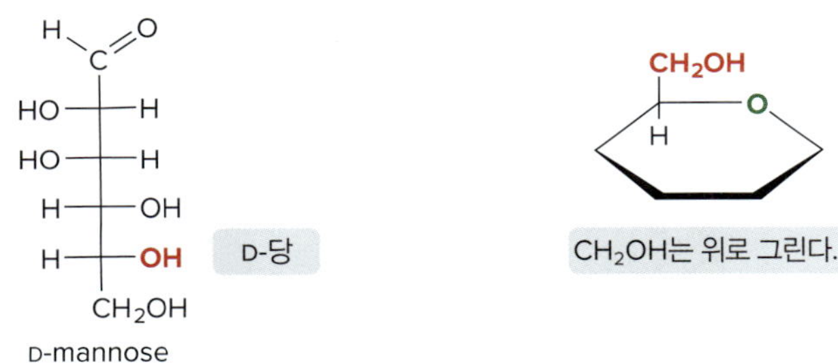

단계 [2] **산소 원자로부터 시계 방향으로 첫 탄소에 아노머 탄소를 그린다.**

- **α 아노머**는 D-당에서 **OH**기를 **아래**로 그린다.
- **β 아노머**는 D-당에서 **OH**기를 **위**로 그린다.

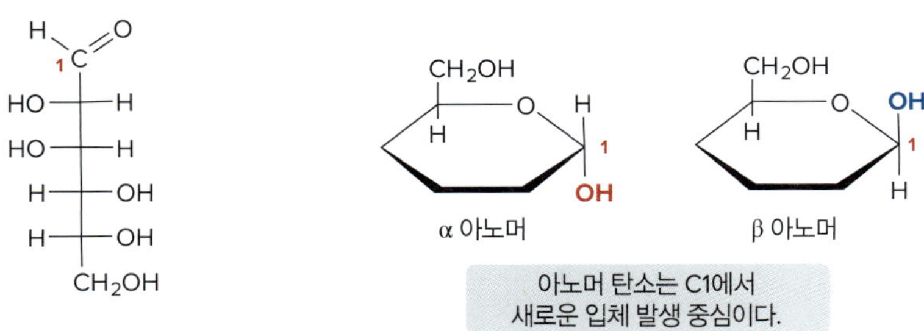

- **카보닐 탄소가 아노머 탄소**(새로운 입체 발생 중심)**가 된 것**을 기억하라.

—계속

단계 [3] **남아 있는 세 개의 입체 발생 중심에 치환기를 고리 주위의 시계 방향으로 첨가한다.**

- Fischer 투영식에서 **오른쪽**의 치환기는 **아래**로 그린다.
- **왼쪽**의 치환기는 **위**로 그린다.

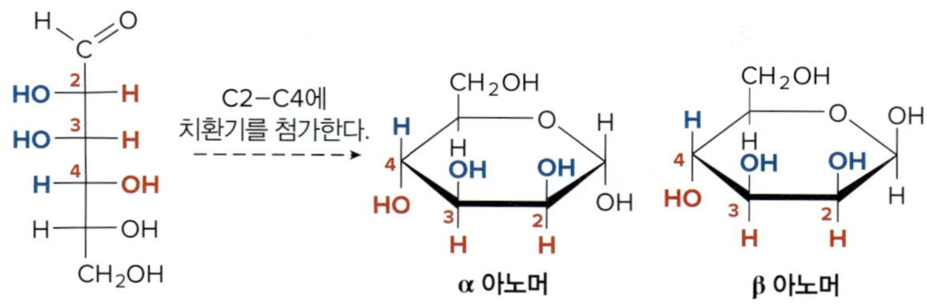

문제 26.12 Haworth 투영식을 사용하여 각 aldohexose를 지시된 아노머로 전환하여 표시하라.

a. 다음 구조의 α 아노머를 그려라.

H–C=O; H–OH; H–OH; H–OH; H–OH; CH_2OH

b. 다음 구조의 α 아노머를 그려라.

H–C=O; HO–H; HO–H; H–OH; HO–H; CH_2OH

c. 다음 구조의 β 아노머를 그려라.

H–C=O; HO–H; H–OH; H–OH; H–OH; CH_2OH

예제 26.4는 어떻게 Haworth 투영식을 다시 비고리형의 단당류로 전환하는가를 보여준다. 헤미아세탈이 α 아노머 또는 β 아노머인가는 중요하지 않다. 왜냐하면 **두 아노머 모두 같은 하이드록시 알데하이드를 생성하게 되기** 때문이다.

예제 26.4 Haworth 투영식을 Fischer 투영식으로 전환하기

다음의 Haworth 투영식을 aldohexose의 비고리 구조로 전환하라.

풀이

비고리 구조로의 전환은 **피라노스의 산소 원자에서부터 시작한다**. 그리고 고리의 **시계 반대 방향**으로 따라가면서 사슬 구조의 **아래에서 위로** 올라가도록 배열한다.

[1] **CHO를 맨 위에, CH_2OH를 맨 아래에 놓고** 탄소 골격을 그린다.

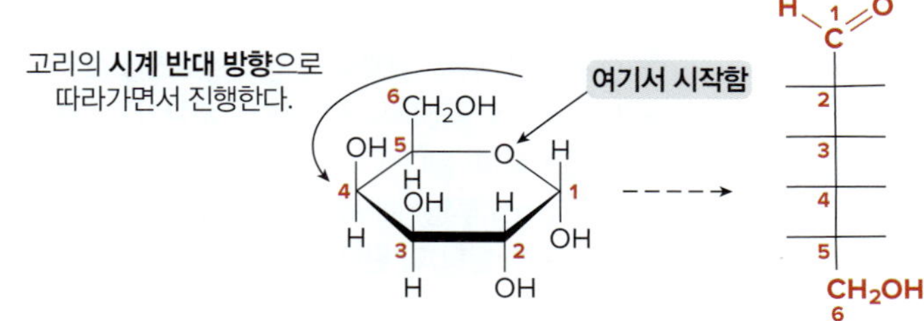

[2] **D- 또는 L-로 분류한다.**

- CH_2OH기가 **위**로 그려졌다면 이것은 **D-당**이다.
- D-당은 맨 밑의 입체 발생 중심의 OH기가 **오른쪽**에 있다.

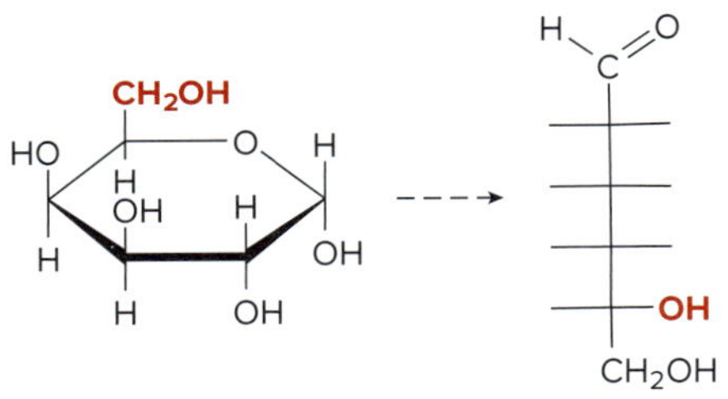

[3] 세 개의 다른 입체 발생 중심을 표시한다.

- **위**의 치환기는 **왼쪽**에 표시한다.
- **아래**의 치환기는 **오른쪽**에 표시한다.

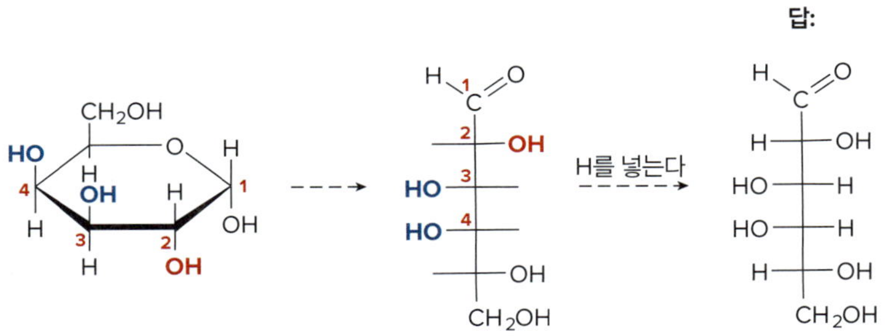

답:

- **아노머 C가 C1에서 C=O가 된다.**

문제 26.13 각각의 Haworth 투영식을 비고리형으로 전환하라.

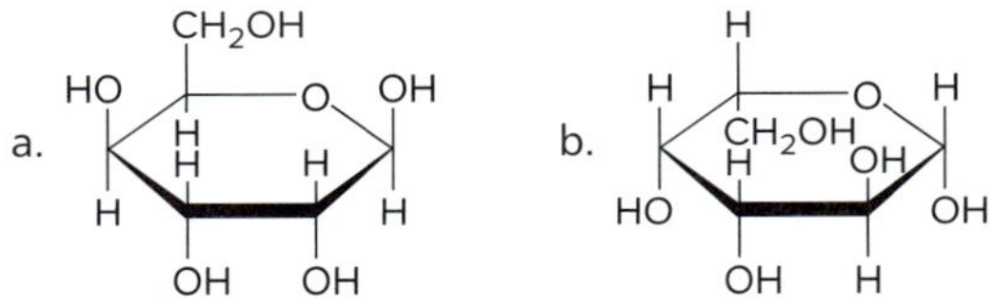

a. b.

추가 문제: 문제 26.39a, 26.47을 풀어보라.

26.5C D-Glucose의 삼차원 도식

육원자 고리의 의자 형태가 삼차원 구조를 표시하는 가장 정확한 그림이므로 Haworth 투영식을 의자 형태로 바꾸는 방법을 알아야 한다.

Haworth 투영식을 의자 형태로 바꾸기 위해서는

- O 원자가 '위쪽' 원자로 놓인 피라노스를 그린다.
- Haworth 투영식에서 '위쪽'의 치환기는 의자 형태의 주어진 탄소 원자에서는 '위쪽' 결합(수직 방향 또는 수평 방향)이 된다.
- Haworth 투영식에서 '아래쪽'의 치환기는 의자 형태의 주어진 탄소 원자에서는 '아래쪽' 결합(수직 방향 또는 수평 방향)이 된다.

결과적으로 β-D-glucose의 삼차원 의자 형태는 아래의 방법으로 그린다.

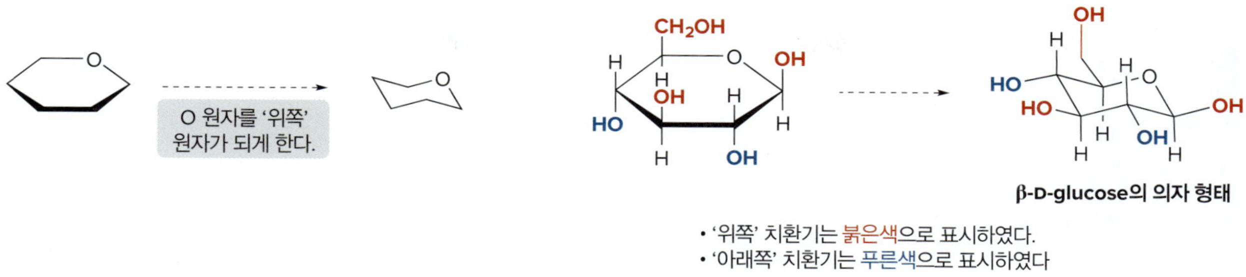

O 원자를 '위쪽' 원자가 되게 한다.

β-D-glucose의 의자 형태

• '위쪽' 치환기는 붉은색으로 표시하였다.
• '아래쪽' 치환기는 푸른색으로 표시하였다

Glucose는 수소보다 큰 모든 치환기가 보다 공간적 여유가 있는 수평 방향에 놓여 있다. 따라서 glucose는 가장 안정하며 가장 많이 존재한다. 또한 헤미아세탈의 OH기가 역시 수평 방향에 위치하기 때문에 β 아노머가 평형 상태에서 더 많이 존재하는 이성질체이다. 그림 26.7에 D-glucose의 두 아노머를 의자 형태로 그렸다.

문제 26.14 의자 피라노스 고리를 사용하여 문제 26.13의 각 Haworth 투영식을 삼차원으로 나타내라.

그림 26.7 D-Glucose의 두 아노머의 삼차원 표현

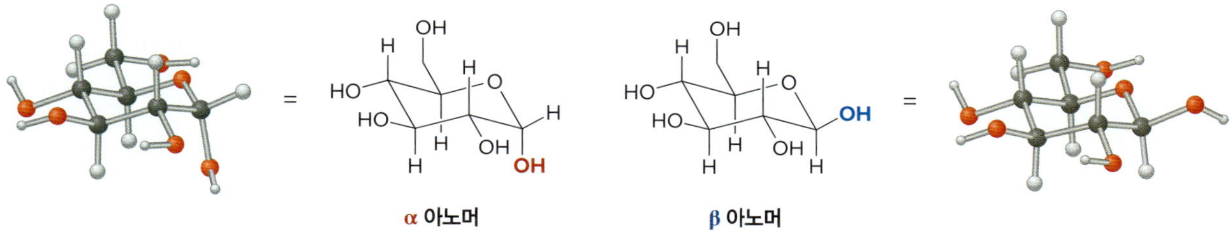

α 아노머

β 아노머

26.5D 퓨라노스

어떤 단당류—특히 aldopentose와 ketohexose—는 용액에서 피라노스 고리 대신에 퓨라노스 고리를 주로 생성한다. 이 구조를 그리는 데에는 고리 크기가 한 원자가 작다는 것을 제외하고는 피라노스 고리를 그리는 것과 같은 원리가 적용된다.

- 고리화는 언제나 아노머 탄소에 새로운 입체 발생 중심을 생성한다. 그러므로 두 개의 아노머가 만들어질 수 있다. D-당에 대하여 OH기는 α 아노머에서는 **아래쪽**에, β 아노머에서는 **위쪽**에 위치한다.
- 오원자 고리에 치환기를 그려 넣을 때 같은 그리는 규칙을 사용한다. D-당에 대하여 CH_2OH기는 **위쪽**으로 그린다.

D-Ribose에서 오원자 퓨라노스 고리를 만드는 데 사용된 OH기는 C4에 위치한다. 고리화에 의해 새로운 입체 발생 중심이 만들어지고 두 개의 아노머가 생성된다. 이들은 **α-D-ribofuranose**와 **β-D-ribofuranose**라고 한다.

벌꿀은 설탕(사탕수수로부터 추출)에 의해 대체되기 전까지는 최초이자 또한 가장 인기 있는 단맛을 내는 물질이었다. 벌꿀은 대부분이 D-fructose와 D-glucose로 이루어져 있는 혼합물이다. *Anastasy Yarmolovich/iStock-photo/Getty Images*

C4에서 OH기는 퓨라노스 고리를 생성한다.

D-ribose

다시 그림

α 아노머

α-D-ribofuranose

β 아노머

β-D-ribofuranose

대표적인 ketohexose인 D-fructose의 퓨라노스형을 그리는 데도 같은 방법이 사용된다. 카보닐기가 C2에 있으므로(aldose의 경우는 C1에 있다) C5에 있는 OH기가 오원자 고리의 헤미아세탈을 생성한다. 두 개의 아노머가 생성된다.

OH기는 C5에서 퓨라노스 고리를 생성한다.

D-fructose

다시 그림

α 아노머

α-D-fructofuranose

β 아노머

β-D-fructofuranose

Ketohexose인 D-allulose는 건포도나 무화과에 소량 들어있다. Fructose를 효소 촉매 존재하에서 allulose로 이성질화하면 대량으로 allulose를 얻을 수 있다. *Daniel C. Smith*

문제 26.15 Aldotetrose는 퓨라노스형으로 존재한다. D-Erythrose의 두 아노머를 그려라.

문제 26.16 Sucrose보다 70% 정도 단 ketohexose인 D-allulose는 식료품에서 저칼로리 감미료로 사용된다. 칼로리가 sucrose보다 10배 작고 단당류 fructose로부터 산업적 규모로 쉽게 제조되기 때문에, allulose를 sucrose의 대체품으로 사용하는 것에 흥미가 넓게 퍼져 있다. (a) Allulose를 Fischer 투영식으로 바꿔라. 그림 26.5에 나와 있는 단당류 중에서 어느 것이 allulose에 해당하는가? (b) Allulose에서 분자내 고리화가 일어나면 furanose와 pyranose가 얻어진다. 화합물 [1]–[3]을 allulose 또는 allulose의 입체 이성질체로 표시하라.

D-alluose

[1] [2] [3]

26.6 글리코사이드

헤미아세탈과 아세탈의 차이를 기억하라.

헤미아세탈
• 한 개의 OH기
• 한 개의 OR기

아세탈
• 두 개의 OR기

단당류는 용액 상태에서 고리 구조와 비고리 구조가 평형 상태로 존재하므로 세 가지 종류의 반응이 일어날 수 있다.

- **헤미아세탈의 반응**
- **하이드록시기의 반응**
- **카보닐기의 반응**

비록 단당류의 비고리형 구조가 매우 적은 양으로 존재할지라도 Le Châtelier의 원리에 의하여 평형은 그것이 유리한 방향으로 기울 수 있다(9.8절). 예를 들면 비고리형 구조의 카보닐기가 한 시약과 반응한다고 가정하면 이것의 평형 농도가 감소한다. 그러면 평형은 이 손실을 보상하기 위하여 이동하므로 더 반응할 수 있는 비고리 구조가 더욱 많이 생기고, 이 구조는 더 반응할 것이다.

단당류는 두 가지 다른 성격의 OH기가 있다. 대부분은 '일반적' 알코올로서 알코올의 특징적인 반응을 일으킨다. **반면에 아노머의 OH기는 헤미아세탈의 일부분으로 헤미아세탈로서의 반응성을 나타낸다.**

26.6A 글리코사이드 생성

단당류를 알코올과 HCl로 처리하면 헤미아세탈이 글리코사이드(glycoside)라는 아세탈로 전환된다. 예를 들면 α-D-glucose를 CH_3OH과 HCl로 처리하면 아세탈 탄소에서 부분 입체 이성질체인 두 개의 글리코사이드가 생성된다. α와 β 표시는 아노머와 같은 방법으로 한다. D-당에서 **α 글리코사이드는 새로운 OR기(이 예에서는 OCH_3기)가 아래쪽에, β 글리코사이드는 새로운 OR기가 위쪽에 위치한다.**

α-D-glucose → (CH_3OH, HCl) → α 글리코사이드 + β 글리코사이드

오직 헤미아세탈 OH만 반응한다.

메커니즘 26.1은 왜 **한 개의 아노머가 두 개의 글리코사이드를 만드는지** 설명한다. **평면 구조의 탄소 양이온**을 거쳐서 반응이 진행되기 때문이다. 여기에 두 개의 다른 방향의 친핵성 공격에 의해서 부분 입체 이성질체의 혼합물이 생성된다. α-와 β-D-glucose는 동일한 평면 탄소 양이온을 생성하므로 각각 두 글리코사이드의 같은 혼합물이 얻어진다.

이 메커니즘은 왜 **오직 헤미아세탈 OH기만 반응하는지**를 잘 설명하고 있다. 단계 [2]에서 헤미아세탈 OH의 양성자 첨가 후 H_2O의 손실은 **공명 안정화된 탄소 양이온**을 생성한다. 그 외의 어떤 다른 OH기도 H_2O의 이탈에 의해 공명 안정화된 탄소 양이온을 생성할 수 없다.

고리 헤미아세탈과 달리 **글리코사이드는 아세탈이므로 변광회전을 일으키지 않는다.** 하나의 글리코사이드를 H_2O에 녹여도 이것은 α-와 β-글리코사이드의 평형 혼합물로 전환되지 않는다.

- 글리코사이드는 아노머 탄소에 알콕시(OR)기가 결합한 아세탈이다.

문제 26.17 다음 각각의 단당류가 CH_3CH_2OH, HCl과 반응하여 생성되는 글리코사이드를 표시하라.

a. β-D-mannose b. α-D-gulose c. β-D-fructose

메커니즘 26.1 글리코사이드 생성

부분 [1] 헤미아세탈로부터 H_2O의 이탈

공명 안정화된 양이온

+ H_2O

1~**2** 헤미아세탈 OH에 양성자가 첨가된 후 H_2O이 떨어지면 **공명 안정화된 탄소 양이온**이 생성된다.

부분 [2] 글리코사이드의 생성

평면 탄소 양이온

CH_3OH 위

CH_3OH 아래

β 글리코사이드

α 글리코사이드

3~**4** **CH_3OH**가 평면 탄소 양이온의 양면에서 **친핵성 공격**하면, 양성자가 떨어진 후에 α와 β 글리코사이드가 생성된다.

26.6B 글리코사이드 가수 분해

글리코사이드는 아세탈이므로 **산과 물에 의하여 고리 헤미아세탈과 한 분자의 알코올로 가수 분해된다**. 한 개의 글리코사이드로부터 두 개의 아노머의 혼합물이 생성된다. 예를 들어 methyl α-D-glucopyranoside를 수용성 산으로 처리하면 α-와 β-D-glucose의 혼합물과 메탄올이 생성된다.

methyl α-D-glucopyranoside $\xrightarrow{H_3O^+}$ α-D-glucose + β-D-glucose + CH_3OH

글리코사이드 가수 분해의 메커니즘은 글리코사이드 생성과 정확히 역순이다. 역시 두 과정으로 나누어지는데, 메커니즘 26.2에서 보여주는 것과 같이 **평면 탄소 양이온의 생성**과 그에 뒤따른 **H_2O의 친핵성 공격**으로 아노머인 헤미아세탈이 생성된다.

문제 26.18 다음 반응의 메커니즘을 단계별로 그려라.

메커니즘 26.2 글리코사이드 가수 분해

부분 [1] 글리코사이드로부터 CH_3OH의 상실

공명 안정화된 탄소 양이온

1 ~ 2 아세탈 OCH_3에 양성자가 첨가된 후 CH_3OH이 떨어지면 **공명 안정화된 탄소 양이온**이 생성된다.

부분 [2] 헤미아세탈의 생성

평면 탄소 양이온

위

아래

β-D-글리코사이드

α-D-글리코사이드

3 ~ 4 **H_2O**가 평면 탄소 양이온의 양면에서 **친핵성 공격**하면 양성자 이탈 후에 α와 β 아노머가 생성된다.

26.6C 자연에 존재하는 글리코사이드

가지과 식물인 까마중(*Solanum nigrum*)의 열매에는 독성 알카로이드인 solanine이 들어 있다.
Westend61/Shutterstock

Salicin과 **solanine**은 분자 구조 내에 글리코사이드 결합이 있는 천연물이다. Salicin은 버드나무 껍질에서 분리된 진통제이며, solanine은 감자의 잎, 줄기 그리고 푸른 부분에서 생성되는 독성 화합물이다. Solanine은 또한 독성 까마중의 열매에서도 분리된다. Salicin과 solanine 모두에 들어 있는 당 부분은 물에 대한 용해도를 증가시키는 역할을 할 것으로 판단된다.

[글리코사이드 주위에 존재하는 O 원자는 붉은색으로 그림]

salicin

solanine

글리코사이드는 자연에 널리 존재한다. 모든 이당류와 다당류는 단당류가 서로 글리코사이드 결합으로 연결되어 생성된다. 이들 화합물에 대해서는 26.10절에서 자세히 다루어질 것이다.

문제 26.19 Digoxin은 심장 수축력을 증가시키는 데 사용하는, 널리 처방되는 심장약이다. (a) Digoxin에서 글리코사이드의 부분인 O 원자를 모두 표시하라. (b) 글리코사이드를 가수 분해하여 생성되는 알코올이나 페놀을 **아글리콘(aglycon)**이라고 한다. Digoxin의 가수 분해에 의해 생성되는 아글리콘과 단당류의 구조식을 쓰라.

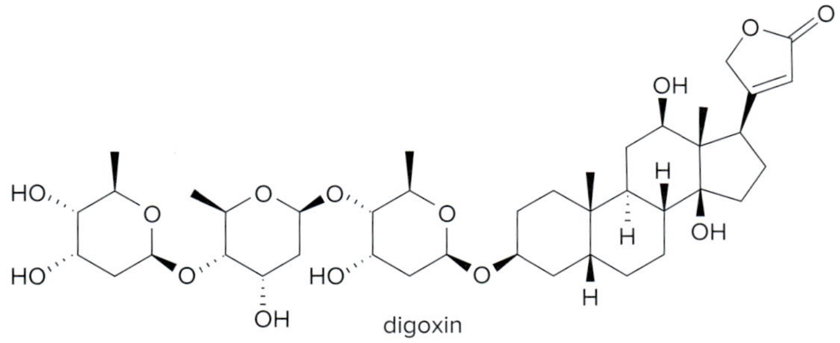

digoxin

26.7 단당류의 OH기에서의 반응

단당류는 OH기를 함유하므로 전형적인 알코올 반응을 따른다. 즉, 그들은 **에터**와 **에스터**로 전환될 수 있다. 단당류의 고리 헤미아세탈 구조 역시 OH기가 들어 있으므로 OH기에서 발생하는 일반적 반응의 출발물이 될 수 있다.

고리 단당류의 모든 OH기는 염기와 할로젠화 알킬로 처리하면 에터로 전환된다. 예로 α-D-glucose는 산화 은(I) (Ag_2O, 염기)과 과량의 CH_3I와 반응하여 펜타메틸 에터를 생성한다.

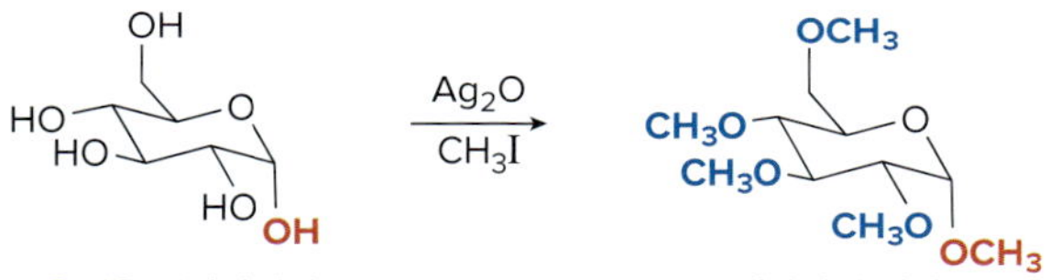

$\xrightarrow[CH_3I]{Ag_2O}$

붉은색은 헤미아세탈 OH

펜타메틸 에터

- 붉은색은 아세탈 OCH_3기
- 푸른색은 에터 OCH_3기

Ag_2O가 각 알코올로부터 양성자를 제거하면 알콕사이드(RO^-)가 생성되고 이것이 S_N2 반응으로 CH_3I와 반응한다. 어떠한 C−O 결합도 절단되지 않으므로 출발물의 모든 치환기의 입체 배열은 **유지되고** 하나의 생성물을 만든다.

생성물에는 두 가지 종류의 에터 결합이 만들어진다. '일반적인' 하이드록실로부터 네 개의 '일반적인' 에터가 만들어진다. 헤미아세탈의 OH가 반응한 에터는 **아세탈**, 즉 **글리코사이드**의 일부분이 된다.

아세탈 에터 외의 네 개의 에터 결합은 HBr과 HI 같은 센산을 제외하고는 어떠한 시약과도 반응하지 않는다(9.14절). **반면에 아세탈 에터는 수용성 산(26.6B절)으로 쉽게 가수 분해된다.** 단일 글리코사이드(α-D-glucose의 펜타메틸 에터와 같은)를 가수 분해하면 단당류의 두 아노머가 얻어진다.

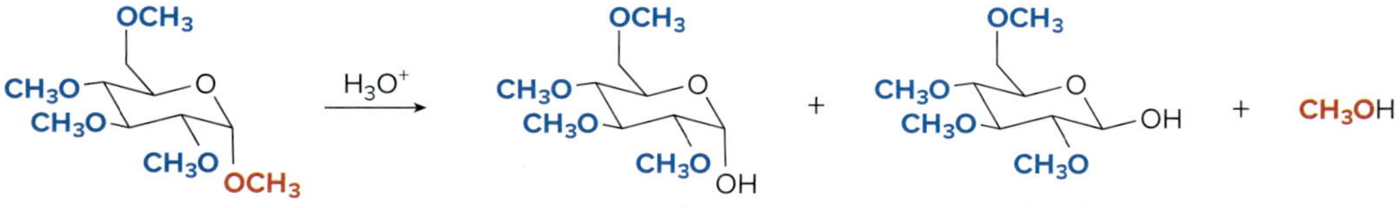

$\xrightarrow{H_3O^+}$ + + CH_3OH

α-아노머

β-아노머

단당류의 OH기는 역시 에스터로 전환될 수 있다. 예컨대, β-D-glucose를 피리딘 염기 존재하에서 acetic anhydride나 acetyl chloride로 처리하면 모든 OH기가 아세트산 에스터로 전환된다.

β-D-glucose + (acetic anhydride) 또는 (acetyl chloride) →(피리딘)

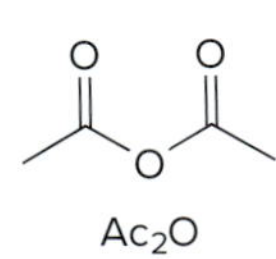

AcCl

Ac_2O

에스터의 모든 원자를 다 그리는 것은 번거롭고 지루하기 때문에 아세틸기 **$CH_3C=O$** 대신에 약자 **Ac**를 사용한다. 따라서 β-D-glucose의 에스터화는 다음과 같이 나타낼 수 있다.

β-D-glucose →(Ac_2O 또는 AcCl, 피리딘)

단당류는 극성이므로 일반적인 유기 용매에 녹지 않는다. 따라서 그들을 유기 반응에서 분리하고 사용하기가 어렵다. 그러나 OH기 자리에 다섯 개의 에터 또는 에스터기가 있는 **단당류 유도체는 유기 용매에 쉽게 용해된다.**

문제 26.20 β-D-Galactose를 각 시약으로 처리하였을 때 생성되는 생성물을 그려라.

a. $Ag_2O + CH_3I$
b. $NaH + C_6H_5CH_2Cl$
c. (b)의 생성물, 그다음 H_3O^+
d. Ac_2O + 피리딘
e. C_6H_5COCl + 피리딘
f. (c)의 생성물, 그다음 C_6H_5COCl + 피리딘

문제 26.21 β-D-Glucose를 각 시약으로 처리하였을 때 생성되는 생성물을 그려라.

a. CH_3I, Ag_2O
b. CH_3OH, HCl
c. Ac_2O, 피리딘
d. (a)의 생성물, 그다음 H_3O^+
e (b)의 생성물, 그다음 Ac_2O, 피리딘
f. (d)의 생성물, 그다음 $C_6H_5CH_2Cl$, Ag_2O

26.8 카보닐기에서의 반응—산화와 환원

산화 및 환원 반응이 단당류의 카보닐기에서 일어날 수 있으므로 이 반응은 모두 **비고리 구조**로 그려진 단당류 구조에서 시작한다. 우리의 논의를 출발물로서 aldose에만 국한하기로 하자.

26.8A 카보닐기의 환원

Glucitol은 자연에서 과일과 장과류(berry)에서 얻어지며, 때로는 sucrose(설탕)의 대용으로 사용된다. 분자 내 여섯 개의 극성 OH기는 수소 결합을 할 수 있으므로 쉽게 수화된다. 이 화합물은 음식물이 건조되는 것을 막기 위한 첨가물로도 사용된다.

다른 알데하이드와 같이 **$NaBH_4$를 사용하면 aldose의 카보닐기는 1° 알코올로 환원된다.** 이 알코올을 **alditol**이라 한다. 예로 D-glucose를 CH_3OH에서 $NaBH_4$로 환원하면 glucitol (sorbitol이라고도 함)이 얻어진다.

D-glucose →($NaBH_4$, CH_3OH) glucitol (sorbitol)

문제 26.22 2-Ketohexose가 CH_3OH 용매에서 $NaBH_4$로 환원되면 D-galacitol과 D-talitol의 혼합물이 얻어진다. 이 2-keto-hexose의 구조는 무엇인가?

문제 26.23 $NaBH_4$, CH_3OH로 환원하였을 때 무슨 D-aldopentose가 광학 비활성 alditol로 환원되는가?

26.8B Aldose의 산화

Aldose 분자 내에는 산화될 수 있는 작용기인 1° 및 2° 알코올과 알데하이드기가 존재한다. 두 가지 산화 반응이 특별히 유용한데, **알데하이드를 카복실산(aldonic acid)으로 산화**시키는 반응과 **알데하이드와 1° 알코올을 이가산(aldaric acid)으로 산화**시키는 반응이다.

H–C=O ... CH_2OH —[O]→ HO–C=O ... CH_2OH 또는 HO–C=O ... HO–C=O

aldose **aldonic acid** **aldaric acid**

[1] 알데하이드를 카복실산으로 산화

알데하이드는 aldose에서 가장 쉽게 산화되는 작용기이다. 그러므로 다양한 시약이 이것을 카복시기로 산화시켜 **aldonic acid**를 만드는 데 사용된다.

특히 이 과정에서 특징적인 색깔의 변화를 나타내는 세 가지 시약이 있다. 이는 반응 과정에서 사용된 산화제가 특징적인 색을 띤 생성물로 환원되기 때문이다. 17.8절에서 서술한 것과 같이 **Tollens 시약**은 암모니아수에 녹인 Ag_2O를 이용하여 알데하이드를 카복실산으로 산화시킨다. 이때 부산물로서 은(Ag) 거울을 만든다. **Benedict 시약과 Fehling 시약**은 Cu^{2+} 염을 산화제로 사용한다. 이것은 붉은 벽돌 빛의 고체 Cu_2O로 환원된다. 불행히도 이들 시약은 높은 수율로 aldonic acid를 생산하지 못한다. 만들어진 aldonic acid으로 다른 반응을 수행할 필요가 있을 때는 이들 대신 $\mathbf{Br_2 + H_2O}$를 산화제로 사용한다.

D-glucose (H–C=O; H–OH; HO–H; H–OH; H–OH; CH_2OH) —[Ag_2O, NH_3, H_2O 또는 Cu^{2+} 또는 Br_2, H_2O]→ D-gluconic acid (HO–C=O; H–OH; HO–H; H–OH; H–OH; CH_2OH) + Ag 또는 Cu_2O 또는 Br^-

D-glucose D-gluconic acid

- **헤미아세탈**로 존재하는 모든 탄수화물은 적은 양의 비고리형 알데하이드와 평형 상태에 있으므로 aldonic acid로 산화될 수 있다.
- 글리코사이드는 헤미아세탈이 아니라 아세탈이므로 aldonic acid로 산화되지 **않는다**.

Tollens, Benedict 또는 Fehling 시약으로 산화될 수 있는 탄수화물을 **환원당(reducing sugar)**

이라 한다. 이들 시약과 반응하지 않는 탄수화물을 **비환원당(nonreducing sugar)**이라 한다. 그림 26.8은 환원당과 비환원당의 예를 보여준다.

그림 26.8
환원당과 비환원당의 예

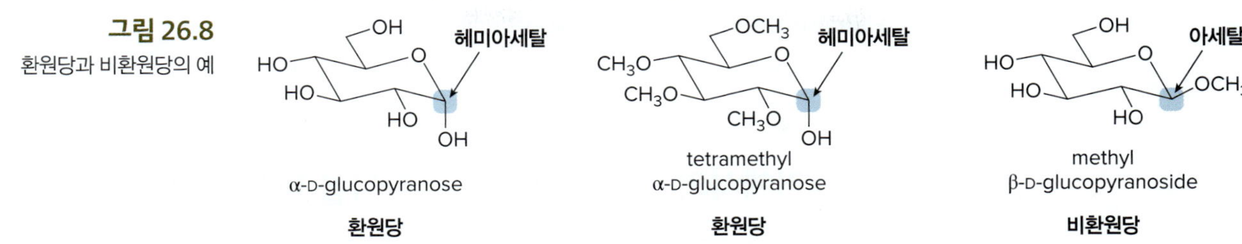

- 헤미아세탈을 함유한 탄수화물은 비고리형 알데하이드가 평형 상태로 존재하므로 **환원당**이 된다.
- 글리코사이드는 아세탈이므로 어떤 비고리형 알데하이드와 평형 상태에 있지 **않아 비환원당**이 된다.

문제 26.24 각 화합물이 환원당인지 비환원당인지 분류하라.

a. b. c. lactose

[2] 알데하이드와 1° 알코올을 모두 이가산(diacid)으로 산화시키는 반응

Aldose의 알데하이드와 1° 알코올은 둘 다 따뜻한 질산에 의해 카복실기로 산화되어 aldaric acid를 생성한다. 이 조건하에서 D-glucose는 D-glucaric acid로 전환된다.

Aldaric acid는 양 끝 탄소에 같은 작용기가 있기 때문에 어떤 aldaric acid는 대칭면이 생기게 되어 비카이랄 분자가 된다. 예를 들어 D-allose를 산화하면 비카이랄이고 광학 비활성인 aldaric acid가 얻어진다. 이 사실은 glucose로부터 생성된 D-glucaric acid와 대조된다. D-Glucaric acid는 대칭면이 없으므로 여전히 광학 활성이다.

D-glucose $\xrightarrow[H_2O]{HNO_3}$ D-glucaric acid (aldaric acid)

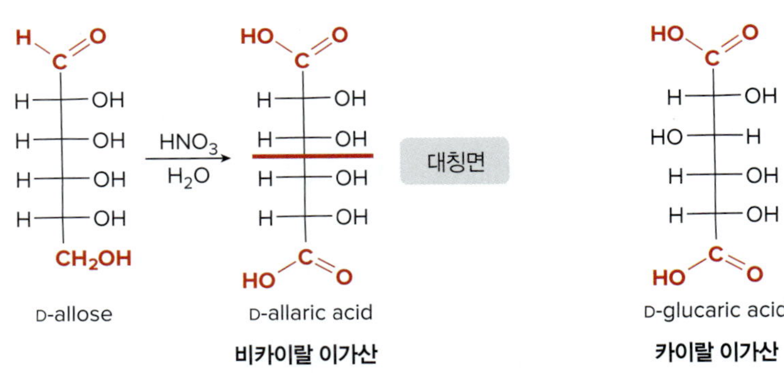

문제 26.25 D-Arabinose를 각 시약으로 처리하였을 때 생성되는 생성물의 구조를 그려라.

a. Ag_2O, NH_3, H_2O b. Br_2, H_2O c. HNO_3, H_2O

문제 26.26 어느 aldose가 광학 비활성인 aldaric acid로 산화되는가?

a. D-erythrose b. D-lyxose c. D-galactose

26.9 카보닐기에서의 반응—탄소 원자 하나를 더하고 제거하기

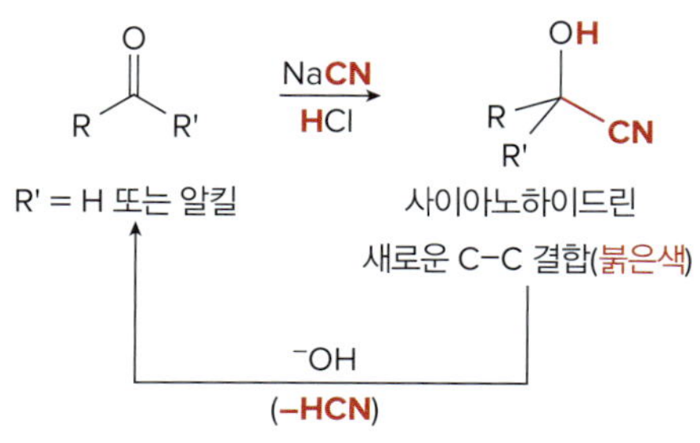

탄수화물 화학에서 흔한 두 가지 방법을 이용하여 탄수화물의 aldose에 탄소 원자 하나를 첨가하거나 제거할 수 있다. **Wohl 분해**는 aldose 사슬에서 탄소 하나를 짧게 만드 는 반응이고, **Kiliani–Fischer 합성**은 사슬을 탄소 하나만큼 늘린다. 양 반응에서 사이아노하이드린이 중간체로 생성된다. 알데하이드에 HCN를 첨가하면 사이아노하이드린이 얻어진다는 점을 18.8절로부터 상기하자. 사이아노하이드린은 염기 처리에 의하여 카보닐 화합물로 다시 되돌릴 수 있다.

- 사이아노하이드린이 만들어지면 카보닐기에 탄소 하나가 첨가된다.
- 사이아노하이드린을 카보닐 화합물로 다시 바꿔주면 탄소 하나가 제거된다.

26.9A Wohl 분해

Wohl 분해는 C1–C2 결합을 끊어냄으로써 **aldose 사슬의 길이를 줄이는 과정이다.** 결과적으로 aldohexose는 밑에 존재하는 세 개의 입체 발생 중심(C3–C5)의 배열을 동일하게 유지하면서 aldopentose로 전환된다. 예로서 Wohl 분해는 D-glucose를 D-arabinose로 바꾼다.

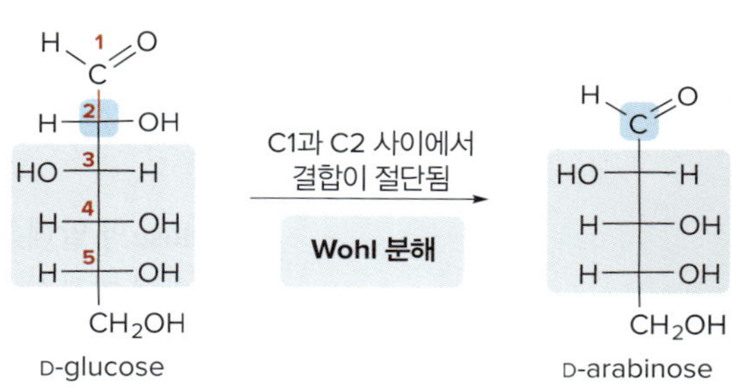

Wohl 분해는 D-glucose에서 시작하여 표시된 것처럼 세 단계로 진행된다.

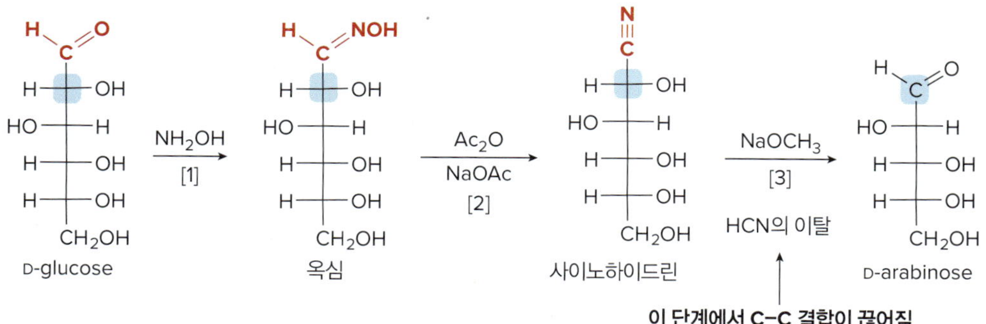

[1] D-Glucose를 hydroxylamine (NH_2OH)으로 처리하면 친핵성 첨가에 의하여 **옥심(oxime)**이 생성된다. 이 반응은 18.10절에서 논의한 이민의 생성과 유사하다.

[2] 옥심을 acetic anhydride (Ac_2O)와 sodium acetate (NaOAc)로 처리하면 탈수에 의하여 나이트릴이 생성된다. 나이트릴 생성물은 사이아노하이드린이다.

[3] **염기로 사이아노하이드린을 처리하면 HCN 부분이 떨어져 나가 탄소 하나가 적은 알데하이드가 생성된다.**

Wohl 분해는 aldose의 C2에 있는 입체 발생 중심을 sp^2인 C=O로 바꾼다. 결과적으로 D-galactose와 D-talose 같은 C2에서 에피머 관계인 aldose의 한 쌍은 Wohl 분해 결과 동일한 aldose(이 경우에는 D-lyxose)로 변한다.

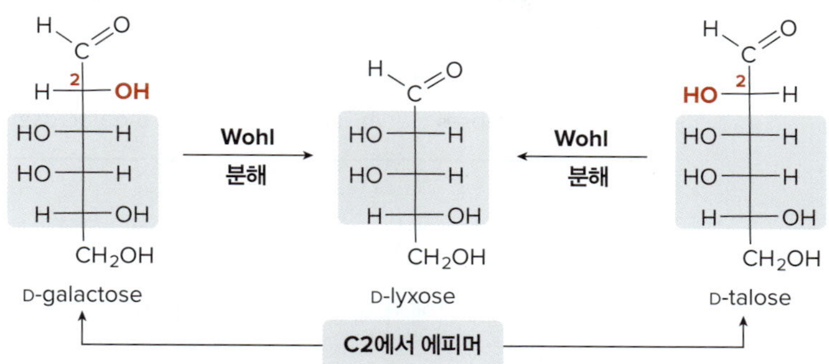

문제 26.27 Wohl 분해에 의하여 D-xylose를 생성하는 두 개의 aldose는 어느 것인가?

26.9B Kiliani–Fischer 합성

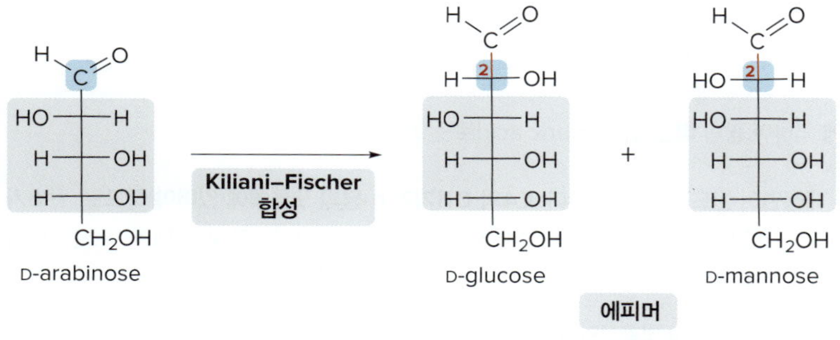

붉은색은 새로운 C–C 결합

Kiliani–Fischer 합성은 aldose의 알데하이드 말단에 탄소 하나를 첨가함으로써 탄수화물 사슬을 늘여준다. 그러므로 생성물의 C2에 새로운 입체 발생 중심이 생성된다. 생성물은 새로운 입체 발생 중심의 배열만 다른 에피머로 이루어져 있다. 예로서 Kiliani–Fischer 합성은 D-arabinose를 D-glucose와 D-mannose의 혼합물로 바꾼다.

D-Arabinose의 Kiliani–Fischer 합성은 세 단계로 구성되어 있다. '구불구불한' 곡선은 새로운 입체 발생 중심에 두 개의 다른 입체 이성질체가 모두 생성된 것을 의미한다. Wohl 분해 과정에서와 같이 **주요 중간체로 사이아노하이드린**이 만들어진다.

NaCN, HCl, "HCN" [1] → 사이아노하이드린 → H_2, Pd-$BaSO_4$ [2] → 이민 → H_3O^+ [3] →

[1] Aldose를 NaCN과 HCl로 처리하여 HCN를 카보닐기에 첨가하면 **사이아노하이드린**과 새로운 탄소–탄소 결합이 생긴다. sp^2 혼성화된 카보닐 탄소가 네 개의 다른 기가 있는 sp^3 혼성화된 탄소로 전환되기 때문에 **이 단계에서 한 개의 입체 발생 중심이 새로 만들어진다.**

[2] H_2와 훼손된(poisoned) Pd 촉매인 Pd-$BaSO_4$에 의한 나이트릴 환원 반응으로 **이민**을 생성한다.

[3] **수용성 산에 의한 이민의 가수 분해로** 출발물인 **aldose보다 탄소 한 개가 더 많은 알데하이드가 만들어진다.**

Wohl 분해와 Kiliani–Fischer 합성은 개념상 서로 반대되는 변환임을 인식하자.

- Wohl 분해는 aldose의 알데하이드 끝에 있는 탄소 원자 한 개를 **제거한다**. C2가 에피머인 두 개의 aldose는 **동일한** 생성물을 생성한다.
- Kiliani–Fischer 합성은 알데하이드 끝에 탄소 한 개를 **첨가**하여 C2에서 **두 개의 에피머**를 생성한다.

문제 26.28 다음 aldose에 Kiliani–Fischer 합성을 수행하였을 때 어떤 aldose가 생성되는가?

a. D-threose　　b. D-ribose　　c. D-galactose

26.9C 미지 단당류의 구조 결정

26.8–26.9절에서 다룬 반응은 예제 26.5에서와 같이 미지의 단당류의 구조를 결정하는 데 이용될 수 있다.

예제 26.5 미지 aldose의 구조 결정하기

D-Aldopentose **A**는 HNO_3에 의하여 광학 비활성인 aldaric acid로 산화된다. **A**는 D-aldotetrose **B**로부터 Kiliani–Fischer 합성에 의하여 만들어진다. **B** 또한 HNO_3에 의하여 광학 비활성인 aldaric acid로 산화된다. **A**와 **B**의 구조는 무엇인가?

풀이

D-Aldopentose에 있는 OH기의 상대적인 배열을 결정하는 데 다음의 각 사실을 이용하자.

사실 [1] D-Aldopentose **A**는 HNO_3에 의하여 광학 **비활성**인 aldaric acid로 산화된다.

광학 비활성인 aldaric acid는 **대칭면**이 반드시 있어야 한다. **C4의 OH기가 D-당의 오른쪽에 있어야 하므로**, 탄소가 다섯 개인 D-aldaric acid에서 OH기를 이렇게 배열하는 방법은 두 가지밖에 없다. 그러므로 **A**에 대한 구조는 **A'**과 **A''**으로 표시된 오직 두 개의 구조만 가능하다.

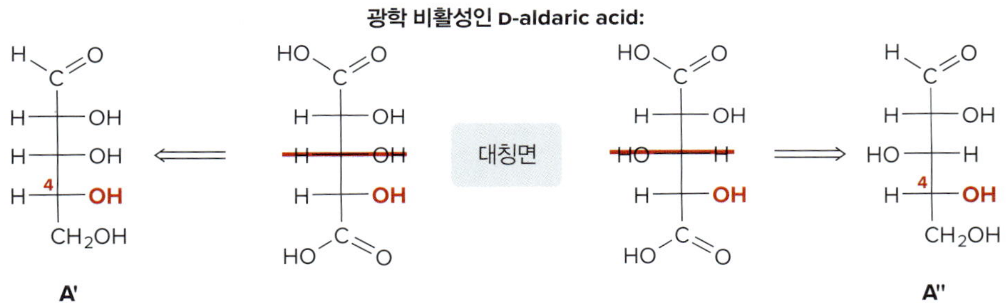

광학 비활성인 D-aldaric acid:

대칭면

A'　　A''

사실 [2] **A**는 D-aldotetrose **B**로부터 Kiliani–Fischer 합성에 의하여 만들어진다.

A'과 **A''**은 바닥에 있는 두 입체 발생 중심의 배열이 같은 D-aldotetrose (**B'**과 **B''**)로부터 만들어진다.

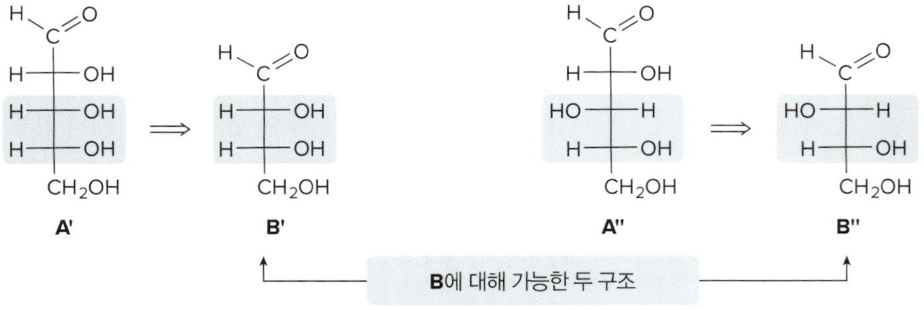

A'　B'　A''　B''

B에 대해 가능한 두 구조

사실 [3] D-Aldotetrose는 HNO_3에 의하여 광학 **비활성**인 aldaric acid로 산화된다.

오직 **B'**으로부터 얻어진 aldaric acid만이 대칭면이 있고 그래서 광학 비활성이 된다. 그러므로 **B'**은 D-aldotetrose **B**에 대한 올바른 구조이다. 그리고 **A'**은 D-aldotetrose **A**의 구조이다.

B' →(HNO_3) 광학적으로 비활성 (대칭면)

B'' →(HNO_3) 광학적으로 활성

답: = **B** = **A**

문제 26.29 D-Aldopentose **A**는 광학 비활성인 aldaric acid로 산화된다. Wohl 분해에 의해 **A**는 광학 활성인 aldaric acid로 산화되는 aldotetrose **B**를 생성한다. **A**와 **B**의 구조는 무엇인가?

추가 문제: 문제 26.64–26.66을 풀어보라.

문제 26.30 어떤 D-aldohexose **A**는 Kiliani–Fischer 합성으로 aldopentose **B**로부터 생성된다. **A**를 $NaBH_4$로 환원하면 광학 비활성인 alditol이 생성된다. **B**를 산화하면 광학 활성인 aldaric acid가 얻어진다. **A**와 **B**의 구조는 무엇인가?

26.10 이당류

이당류는 글리코사이드 결합으로 연결된 두 개의 단당류로 구성된다. 이당류의 일반적인 모형은 다음과 같은 모양이다.

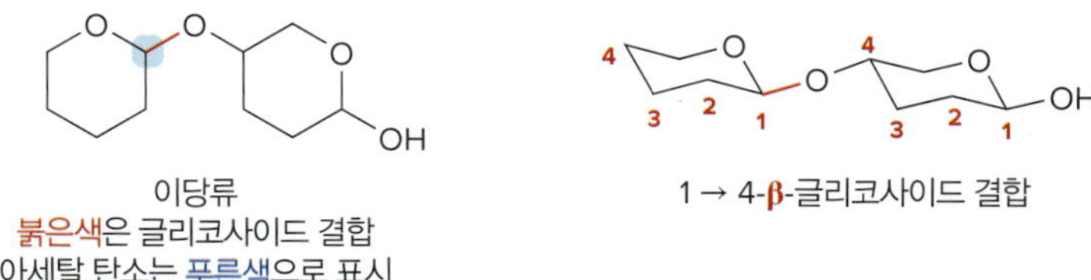

이당류
붉은색은 글리코사이드 결합
아세탈 탄소는 푸른색으로 표시

1 → 4-β-글리코사이드 결합

[1] 두 단당류는 오원자 또는 육원자 고리일 수 있다. 그러나 육원자 고리가 훨씬 더 일반적이다. **두 고리는 글리코사이드 결합이라고 하는 아세탈 부분의 한 산소 원자에 의하여 연결된다.** 이 산소 원자는 α 또는 β로 위치한다.

[2] **글리코사이드는 한 단당류의 아노머 탄소와 다른 단당류의 어떤 OH기의 반응으로 만들어진다.** 모든 이당류에는 한 개의 헤미아세탈이나 아세탈이 있고 또한 다른 **한 개의 아세탈**이 있다.

[3] 피라노스 고리에서 각 고리의 탄소 원자는 아노머 탄소로부터 시작하여 번호를 매긴다. 가장 보편적인 이당류는 두 단당류가 한 고리의 헤미아세탈 탄소(C1)가 다른 고리의 C4에 연결되어 있다.

가장 흔한 이당류 세 개는 **maltose, lactose** 그리고 **sucrose**이다.

26.10A Maltose

Maltose라는 이름은 보리와 다른 곡물로부터 얻어진 액체인 맥아(malt)에서 유래하였다. *Mir141/Shutterstock*

녹말의 가수 분해에 의하여 생성되는 **maltose**는 보리와 같이 싹이 튼 곡물에서 발견된다. Maltose는 1→4-α-글리코사이드 결합에 의하여 연결된 두 개의 glucose로 구성된다. Maltose는 하나의 아세탈 탄소(붉은색)와 하나의 헤미아세탈 탄소(푸른색)로 구성된다.

maltose
1 → 4-α-글리코사이드 결합
β 아노머

Maltose의 glucose 고리에는 아직 헤미아세탈기가 있기 때문에, maltose는 α와 β 아노머의 혼합물로 존재한다. 그림에는 오직 β 아노머만 나타내었다. Maltose는 헤미아세탈을 함유한 모든 탄수화물의 두 가지 성질을 보인다. 즉, maltose는 **변광회전**이 일어나고 산화제와 반응하는 **환원당**이다.

Maltose의 가수 분해는 두 분자의 glucose를 만든다. C1−O 결합이 이 과정에서 절단된다. 그리고 glucose 아노머의 혼합물이 만들어진다. 이 가수 분해의 메커니즘은 26.7B절의 글리코사이드 가수 분해 메커니즘과 같다.

H_3O^+ → α-D-glucose + β-D-glucose

문제 26.31 Maltose의 α 아노머를 그려라. 이 구조의 maltose를 가수 분해해서 얻어지는 생성물은 무엇인가?

26.10B Lactose

우유는 이당류인 lactose를 함유한다. *Mitch Hrdlicka/Photodisc/Getty Images*

Lactose는 사람과 소의 젖에서 발견되는 가장 중요한 이당류이다. 많은 단당류나 이당류와 달리 lactose는 느낄 수 있을 만큼 달지 않다. Lactose는 **한 개의 galactose**와 **한 개의 glucose**로 구성되어 있고, galactose의 아노머 탄소로부터 glucose 4번 탄소로 **1→4-β-글리코사이드 결합**으로 연결되어 있다.

lactose
β-글리코사이드 결합
β 아노머

Maltose와 같이 lactose 역시 헤미아세탈이므로 α와 β 아노머 혼합물로 존재한다. 그림에는 β 아노머가 그려져 있다. Lactose는 **변광회전**을 일으키고 산화제와 반응하는 **환원당**이다.

Lactose는 몸 안에서 효소인 *lactase*에 의하여 1→4-β-글리코사이드 결합이 먼저 절단되어 소화된다. 주로 아시아와 아프리카의 혈통의 대부분의 사람은 충분한 양의 lactase가 부족하여 lactose를 소화하여 흡수할 수 없다. 이러한 lactose 불내증(lactose intolerance)은 우유와 유제품을 섭취할 때 복부 경련과 설사를 유발한다.

문제 26.32 Cellulose의 가수 분해에 의하여 생성되는 이당류 cellobiose는 두 glucose가 1→4-β-글리코사이드 결합으로 연결되어 있다. Cellobiose의 구조는 무엇인가?

26.10C Sucrose

사탕수수에 들어있으며 설탕으로 사용되고 이 장을 시작할 때 언급한 이당류인 **sucrose**는 자연에서 가장 흔한 이당류이다(그림 26.9). Sucrose는 **한 개의 glucose**와 **한 개의 fructose**로 구성되어 있다.

그림 26.9
Sucrose

Elite Images/McGraw Hill   SAK_PD/Shutterstock

Sucrose의 구조는 maltose 및 lactose와 다른 몇 가지 특징이 있다. Maltose와 lactose가 모두 두 개의 육원자 고리인 데 반하여, sucrose는 한 개의 육원자 고리(glucose)와 한 개의 오원자 고리(fructose)가 있다. Sucrose에서 육원자 glucose 고리는 fructofuranose 고리의 C2에 α-글리코사이드 결합으로 연결되어 있다. Fructofuranose에서는 피라노스 고리와는 다른 방식으로 번호를 매긴다. 이때는 아노머 탄소를 C2로 표시하며, glucose와 fructose의 아노머 탄소 모두 글리코사이드 결합을 생성하는 데 사용된다.

결과적으로 **sucrose는 아세탈기는 두 개이나 헤미아세탈기는 없다**. 그러므로 sucrose는 **비환원당**이고 **변광회전을 일으키지 않는다**.

Sucrose는 시리얼이나 빵 등에 단맛을 내는 데 널리 사용된다. 미국 사람은 sucrose를 평균적으로 매년 45 kg씩 섭취한다. 그렇지만 sucrose는 다른 탄수화물처럼 열량이 높다. 단맛은 내면서 섭취하는 열량을 줄이기 위해서 다양한 인공 감미료가 개발되었는데, 그 예에는 sucralose, aspartame, saccharin 등이 있다(그림 26.10). 이들 화합물은 sucrose보다 훨씬 더 단맛을 내기 때문에 아주 소량의 첨가만으로 sucrose를 넣었을 때와 같은 효과를 낼 수 있다.

그림 26.10
인공 감미료

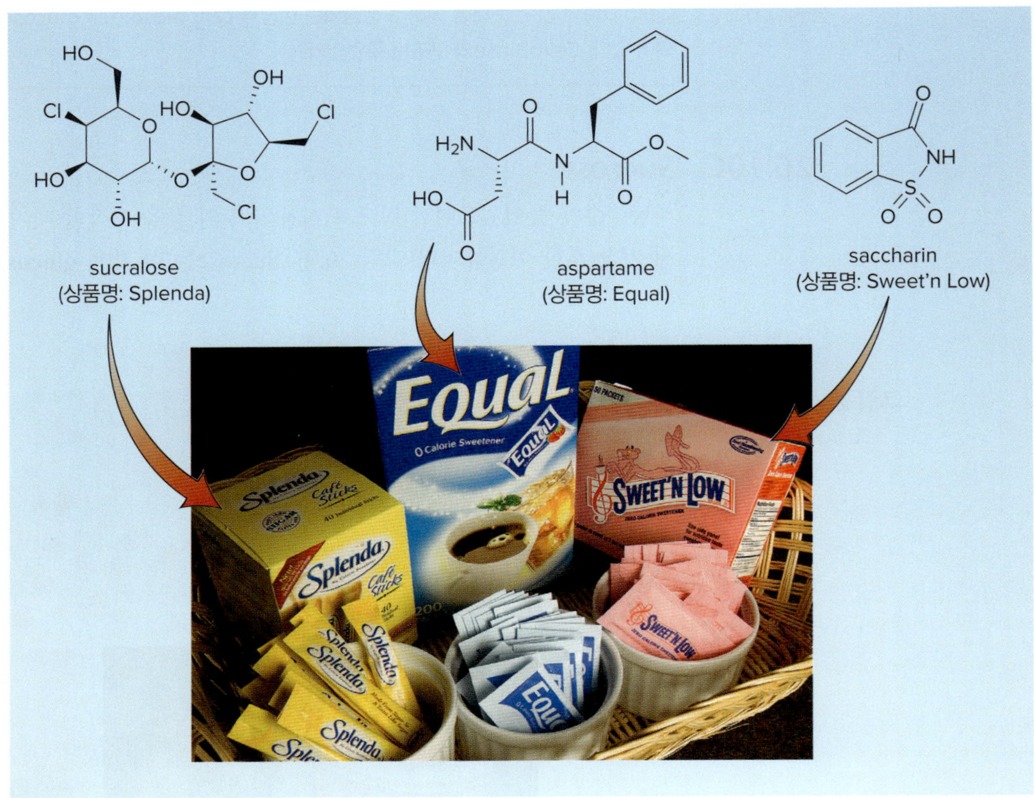

• 이들 세 가지 인공 감미료들의 단맛은 모두 우연히 발견되었다. Sucralose의 단맛은 1976년에 한 화학자가 그의 상사의 말을 잘못 이해하여 '**시험하는(tested)**' 대신 '**맛보기(tasted)**'하는 바람에 발견하게 되었다. Aspartame의 단맛은 1965년에 발견되었는데 실험실에서 더러워진 손가락을 우연히 핥으면서 발견하였다. Saccharin은 비교적 오래전에 발견된 감미료인데 1879년에 한 화학자가 실험이 끝난 후에 손 씻는 것을 깜박하면서 발견하였다. Saccharin은 제1차 세계대전 중 설탕이 품귀되면서 널리 사용되었다. 1970년대에 와서 saccharin이 암을 일으킨다는 우려가 있었는데 우리가 saccharin을 섭취하는 정도의 양과 암의 발병 관계에 대해 어떤 증거도 아직 밝혀진 것은 없다. *Jill Braaten/McGraw Hill*

26.11 다당류

다당류는 세 개 이상의 단당류가 연결된 구조이다. 자연에 존재하는 가장 흔한 세 개의 다당류는 **cellulose**, **녹말(starch)**, 그리고 **glycogen**이다. 각각은 다른 구조의 글리코사이드 결합으로 연결된 반복된 glucose 단위로 이루어져 있다.

26.11A Cellulose

Cellulose의 구조는 5.1절에서 먼저 소개하였다.

Cellulose는 거의 모든 식물의 세포벽에서 발견되며 나무나 식물의 줄기를 지지하거나 단단하게 하는 역할을 한다. 솜은 근본적으로 순수한 cellulose이다.

cellulose
1 → 4-β-글리코사이드 결합은 붉은색으로 표시하였다.

Cellulose와 녹말의 삼차원 구조를 보여 주는 공-막대 모형을 그림 5.2에 나타내었다.

Cellulose는 1→4-β-글리코사이드 결합에 의해 연결된 반복된 glucose 단위로 구성된 가지가 없는 고분자이다. β-글리코사이드 결합은 cellulose 분자를 긴 선형의 사슬로 만들고 얇은 판에 쌓아 올려 광대한 삼차원 배열을 만든다. 사슬과 판 사이의 분자간 수소 결합의 네트워크는 표면의 적은 수의 OH기만 물과 수소 결합을 가능하게 하여 매우 극성인 화합물임에도 물에 녹지 않게 만든다.

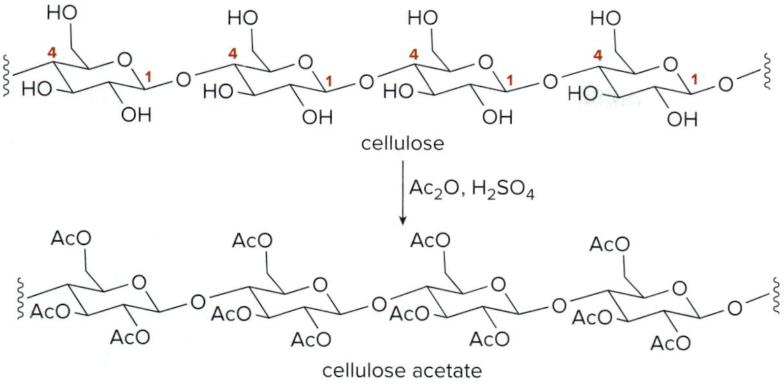

cellulose

Ac_2O, H_2SO_4

cellulose acetate

Cellulose의 유도체인 **cellolose acetate**는 cellulose를 acetic anhydride와 황산으로 처리하여 만든다. 얻어지는 생성물은 모든 OH기의 자리에 아세트산 에스터가 있다. Cellolose acetate는 아세테이트(*acetate*)라 불리는 인조 섬유를 만드는 데 사용되는 섬유로 만들 수 있다. 이 인조 섬유는 광택이 진하고 새틴(satin)같이 부드럽다.

Cellulose의 모든 β-글리코사이드 결합을 절단하면 두 glucose의 아노머로 **가수 분해된다**.

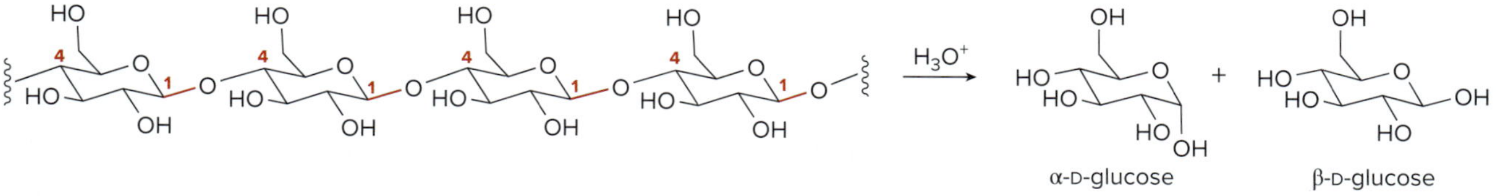

H_3O^+

α-D-glucose + β-D-glucose

β-Glycosidase는 β-글리코사이드 결합을 가수 분해하는 효소의 일반적 이름이다.

세포 내에서 cellulose의 가수 분해는 glucose로부터 만들어진 모든 β-글리코사이드 결합을 절단하는 **β-glucosidase**라 불리는 효소에 의하여 수행된다. 인간은 이 효소가 없으므로 cellulose를 소화할 수 없다. 반면에 소, 사슴 및 낙타와 같이 되새김하는 동물은 소화계 안에 β-glucosidase가 있는 박테리아가 살고 있으므로 풀이나 나뭇잎을 먹는 영양학적 이득을 누릴 수 있다.

26.11B 녹말

녹말은 식물의 씨와 뿌리에서 얻어지는 주요 탄수화물이다. 옥수수, 벼, 밀과 토마토는 많은 양의 녹말을 함유하는 일반적 식품이다.

녹말은 α-글리코사이드 결합에 의해 연결된 반복된 glucose 단위로 구성된 중합체이다. 녹말과 cellulose 둘 다 glucose의 중합체이다. 그러나 cellulose가 β-글리코사이드 결합인 데 반해 녹말은 α-글리코사이드 결합이다. 녹말의 두 가지 일반적인 구조는 **amylose**와 **amylopectin**이다.

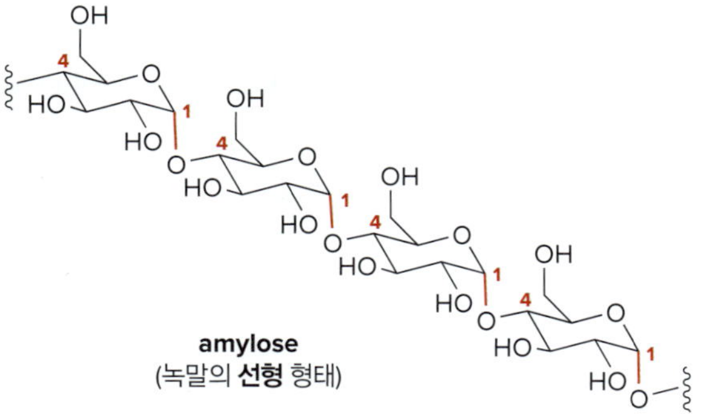

amylose
(녹말의 **선형** 형태)

1 → 4-α-글리코사이드 결합은 붉은색

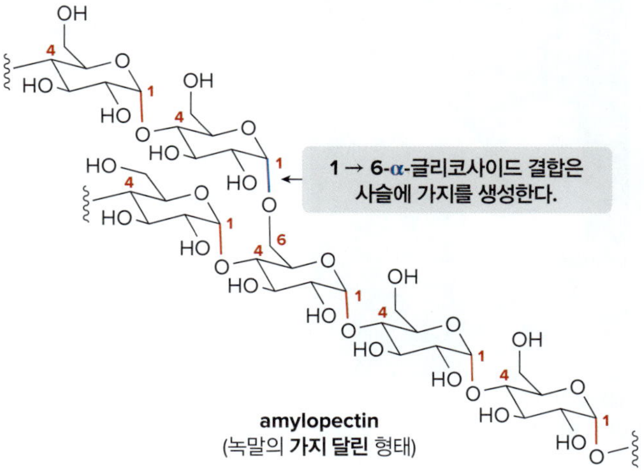

1 → 6-α-글리코사이드 결합은 사슬에 가지를 생성한다.

amylopectin
(녹말의 **가지 달린** 형태)

1 → 4-α-글리코사이드 결합은 붉은색
1 → 6-α-글리코사이드 결합은 푸른색

Amylose는 전체 녹말의 약 20%에 해당하며 **1→4-α-글리코사이드 결합**을 하고 있는 glucose 분자의 가지 없는 골격으로 이루어져 있다. 이 결합 때문에 amylose 사슬은 나선형 배열을 취하며

cellulose의 선형 사슬과 매우 다른 삼차원 모양을 한다. Amylose는 5.1절에서 처음 서술하였다.

Amylopectin은 녹말 분자의 약 80%에 해당하며 역시 **α-글리코사이드 결합**으로 연결된 glucose 단위의 골격으로 구성되나 또한 사슬을 따라 상당량의 가지가 있다. Amylopectin의 선형 결합은 amylose와 같이 **1→4-α-글리코사이드 결합**에 의해 생성된다. 가지는 **1→6-α-글리코사이드 결합**으로 사슬에 연결된다.

녹말의 두 구조는 모두 수용성이다. 이들 녹말 분자에 있는 OH기가 삼차원 네트워크 속에 매몰되어 있지 않기 때문에 물 분자와 수소 결합을 잘하므로 cellulose보다 물에 더 잘 녹게 된다.

가지 친 중합체를 만드는 amylopectin의 능력은 탄수화물의 독특한 특징이다. 27장에서 다루는 단백질과 같은 세포 내 다른 종류의 중합체는 자연에서 오직 선형 분자로 존재한다.

α-Glycosidase는 α-글리코사이드 결합을 가수 분해하는 효소의 일반적 이름이다.

Amylose와 amylopectin 둘 다 글리코사이드 결합을 절단하면 glucose로 가수 분해된다. 인간의 소화계는 이 과정을 촉매화하는데 필수적인 **α-glycosidase** 효소가 있다. 밀가루와 쌀로 만든 빵과 파스타, 옥수수 빵은 모두 쉽게 소화되는 녹말의 공급원이다.

26.11C Glycogen

amylopectin glycogen

Glycogen은 동물에 저장되어 있는 다당류의 주요한 종류이다. α-글리코사이드 결합을 하고 있는 glucose의 중합체인 glycogen은 amylopectin과 유사하게 가지를 친 구조이다. 그러나 가지가 훨씬 더 광대하다.

Glycogen은 간과 근육에 주로 저장되어 있다. 세포 내에서 에너지를 위해 glucose가 필요할 때 glycogen 중합체 말단으로부터 glucose가 가수 분해된다. 이 glucose는 대사 과정을 거치며 에너지가 발생한다. Glycogen은 매우 많은 가지가 있는 구조이기 때문에, 가지의 끝에 많은 glucose 단위가 있으며, 신체가 필요로 할 때면 언제든 끊어질 수 있다.

문제 26.33 다음의 구조를 그려라. (b)의 다당류는 치아 플라크의 성분인 dextran이다.

a. D-mannose가 1→4-β-글리코사이드 결합으로 연결된 다당류
b. D-glucose가 1→6-α-글리코사이드 결합으로 연결된 다당류

26.11D 올리고당

세계보건기구(WHO)는 나이가 6개월이 될 때까지 전적으로 모유를 먹일 것과 그 후에는 아이가 2살까지 다른 영양소와 함께 모유 수유할 것을 권장한다. *Daniel C. Smith*

올리고당(oligosaccharide)은 작은 수(3개에서 10개 정도)의 단당류가 연결된 탄수화물이다. 모유에서 발견되는 탄수화물의 한 그룹인 **모유 올리고당(HMOS, human milk oligosaccharide)**은 3개 또는 4개의 단당류가 연결되어 있다. 2'-Fucosyllactose는 전체 HMO의 약 30%를 차지하는 가장 많이 존재하는 올리고당이다. 3개의 단당류가 붉은색으로 표시된 2개의 글리코사이드 결합으로 결합되어 있다.

HO HO OH HO O O HO O O O OH HO OH HO OH

2'-fucosyllactose

HMO는 모유의 섬유소라고 불리기도 하는데, 이는 위의 위액에 의하여 가수 분해되지 않고 장에서 흡수되지 않기 때문이다. 그럼에도 불구하고 HMO는 신생아의 대장에서 유익한 박테리아가 번식하는 것을 도와줌으로써 신생아의 건강을 유지하는 데 큰 역할을 한다. 또한 해로운 병원균을

표면에 흡착하여 변으로 배출시키는 역할도 한다.

모유에 함유된 많은 종류의 물질이 유아기가 지난 후에도 산모와 아기에 어떤 영향을 주는지에 대한 연구가 광범위하게 진행 중이다.

문제 26.34 3-Fucosyllactose는 모유에 들어 있는 다른 HMO이다. (a) 아세탈과 헤미아세탈을 찾아라. (b) 3-Fucosyllactose이 수용성 산에서 가수 분해하면 무슨 생성물이 생기는가?

3-fucosyllactose

문제 26.35 Raffinose는 콩, 양배추 및 브로콜리에 들어있는 올리고당이다. 사람에게는 raffinose의 글리코사이드 결합을 가수 분해하는 데 필요한 효소가 없기 때문에, raffinose는 소화되지 않은 채로 대장으로 가게 되고 이곳에서 박테리아에 의하여 발효되면 가스가 만들어지고 배에 가스가 가득 찬 느낌을 받게 된다.

raffinose

a. Raffinose에서 아세탈과 헤미아세탈을 찾아라.

b. Raffinose이 수용성 산에서 가수 분해하면 무슨 생성물이 생기는가?

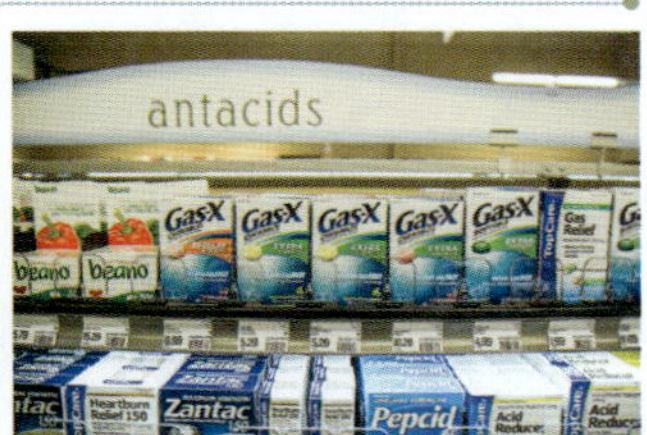

Beano 및 유사 제품에는 raffinose (문제 26.35)를 소화시키는 데 필요한 효소가 들어 있기 때문에, raffinose가 들어 있는 음식이 소화될 때 생기는 부풀어 오는 증상을 줄여주고 불편함을 해소하는 데 도움을 준다.
Sara Stathas/Alamy Stock Photo

26.12 기타 중요한 당과 그 유도체

유용한 단순 또는 복잡한 탄수화물이 생태계에 많이 존재한다. 26.12절에서는 질소 원자를 함유하는 여러 탄수화물에 대해 알아보자.

26.12A 아미노당과 관련된 화합물

아미노당은 비아노머 탄소의 OH기 대신에 NH_2기가 있는 당이다. 자연계에서 가장 보편적인 아미노당은 **D-glucosamine**으로 glucose의 C2 OH가 NH_2로 치환된 구조이다. 비록 glucosamine은 약품으로 분류되지 않아 미국 식품의약청에 의하여 통제받지는 않지만 골관절염에 대한 많은 비처방 전 약으로 이용된다.

D-glucosamine → (SCoA) → *N*-acetyl-D-glucosamine **NAG**

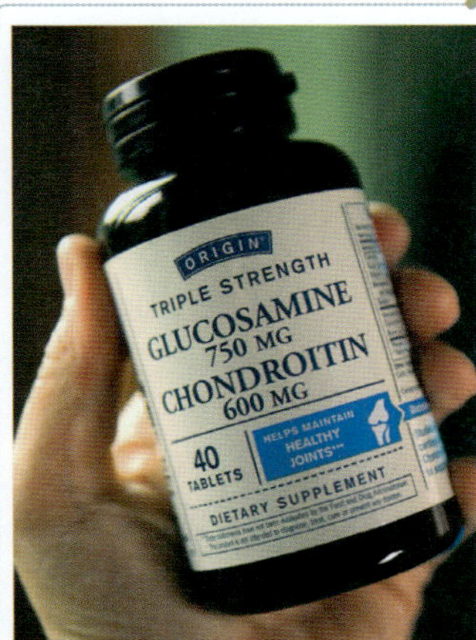

Glucosamine이 함유된 식이 보충제는 골관절염 환자에게 사용된다.
Jill Braaten/McGraw Hill

게 껍질이 단단한 것은 분자량이 큰 탄수화물인 chitin으로 이루어져 있기 때문이다. Chitin을 사용한 코팅은 과일의 저장 기간을 연장하는 것 같은 다양한 상업적 응용에 이용된다. 다양한 제품에 사용하기 위하여 많은 공장에서 게, 바닷가재, 새우의 껍질을 원료로 chitin과 여러 유도체를 생산하고 있다. *Comstock/Getty Images*

Glucosamine을 아세틸 CoA (20.16절)로 아세틸화하면 **NAG**로 약칭되는 ***N*-acetyl-D-glucosamine**이 얻어진다. 두 번째로 자연에 풍부한 탄수화물 중합체인 **chitin**은 NAG 단위가 **1→4-β-글리코사이드 결합**으로 서로 연결되어 생성된 다당류이다. 각각의 C2 OH기가 $NHCOCH_3$로 치환되어 있다는 것을 제외하면, chitin의 구조는 cellulose와 동일하다. 가재, 게 그리고 새우의 외부 골격은 chitin으로 구성되어 있다. Cellulose와 같은 chitin 사슬은 수소 결합의 광범위한 네트워크에 의해 함께 연결되어 있어 물에 녹지 않은 판을 생성한다.

1 → 4-β-글리코사이드 결합을 붉은색으로 나타냄.
chitin

아미노당을 포함하는 여러 가지 삼탄당은 심각한 재발성 박테리아 감염의 치료에 사용되는 강력한 항생제이다. Tobramycin과 amikacin 같은 삼탄당 화합물을 **아미노글리코사이드 항생제(aminoglycoside antibiotic)**라 부른다.

tobramycin　　amikacin

문제 26.36 Chitin을 H_2O와 ^-OH로 처리하면 아마이드 결합이 가수 분해되어 chitosan이라는 화합물이 얻어진다. Chitosan의 구조는 무엇인가? Chitosan은 샴푸, 봉합사용 섬유와 상처 드레싱에 사용된다.

26.12B *N*-글리코사이드

단당류가 약산 존재하에서 **아민과 반응하면 *N*-글리코사이드가 생성된다**(반응 [1]과 [2]).

[1] β-D-glucopyranose → (온화한 H^+) α-*N*-글리코사이드 + β-*N*-글리코사이드

[2] α-D-ribofuranose → (온화한 H^+)

N-글리코사이드의 생성 메커니즘은 글리코사이드의 생성 메커니즘과 유사하다. *N*-글리코사이드의 두 아노머가 생성물로 생성된다.

문제 26.37 각 반응의 생성물을 그려라.

a. (HO, HO, HO, OH, OH 피라노스) $\xrightarrow[\text{온화한 } H^+]{CH_3NH_2}$

b. (HO, HO, OH, OH, OH 피라노스) $\xrightarrow[\text{온화한 } H^+]{C_6H_5NH_2}$

28장에서 배우겠지만 두 당 **D-ribose**와 **2-deoxy-D-ribose**의 *N*-글리코사이드는 각각 RNA와 DNA의 구성 단위이기 때문에 특히 중요하다.

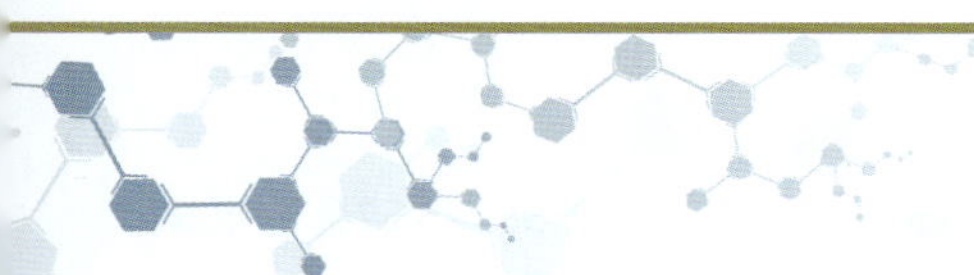

Chapter 26 복습

핵심 개념

[1] 헤미아세탈을 포함한 단당류 반응

① α-D-glucose $\xrightarrow[HCl]{CH_3OH}$ α 글리코사이드 + β 글리코사이드 — 글리코사이드 생성 (26.6A)

② $\xrightarrow{H_3O^+}$ α 아노머 + β 아노머 + CH_3OH — 글리코사이드 가수 분해 (26.6B)

문제 26.50a, 26.51을 풀어보라.

[2] 단당류의 OH기에서의 반응

① $\xrightarrow[CH_3X]{Ag_2O}$ 에테르 생성 (26.7)

② $\xrightarrow[\text{pyridine}]{Ac_2O \text{ or } AcCl}$ 에스터 생성 (26.7)

문제 26.50g를 풀어보라.

[3] 단당류의 카보닐기에서의 반응

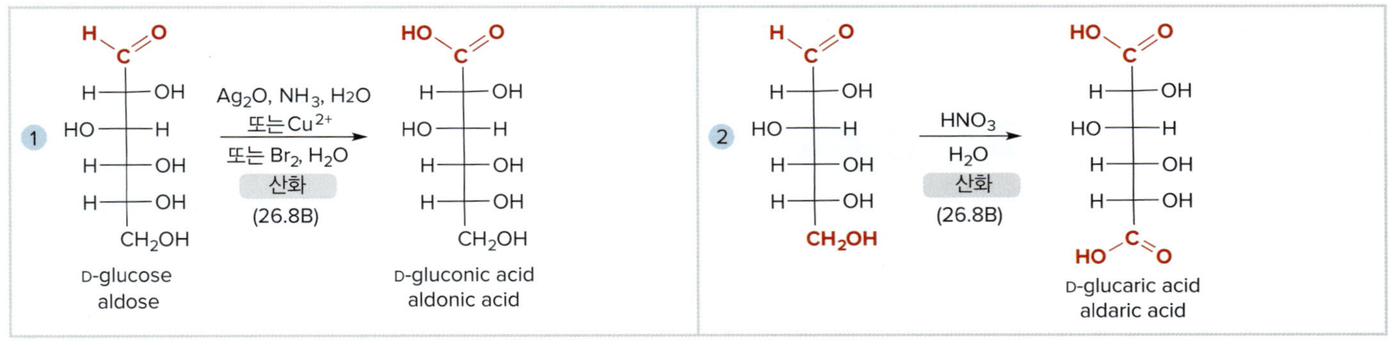

3 NaBH₄ → CH_3OH 환원 (26.8A) → glucitol (sorbitol) alditol

4 [1] NH_2OH [2] Ac_2O, NaOAc [3] $NaOCH_3$ Wohl 분해 (26.9A)

5 [1] NaCN, HCl [2] H_2, Pd-$BaSO_4$ [3] H_3O^+ Kiliani–Fischer 합성 (26.9B)

문제 26.50b~f; 26.53c~e; 26.54c, d; 26.55~26.57을 풀어보라.

[4] 다른 반응

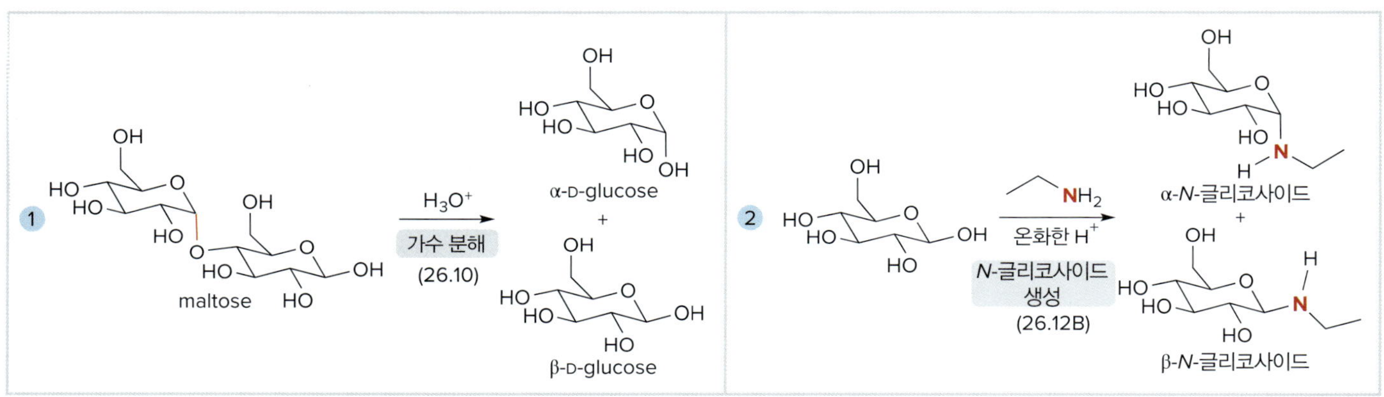

문제 26.50h; 26.51; 26.59; 26.69b; 26.70c, e; 26.72b; 26.73c를 풀어보라.

핵심 기법

[1] Fischer 투영도로 화합물 변환하기(26.2A); 예: (S)-3-hydroxy-2-methylpropanal

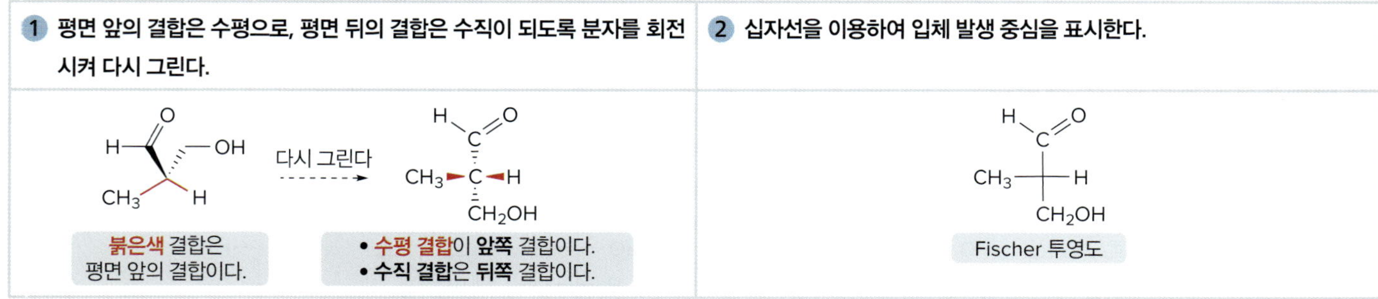

예제 26.1과 26.2 참고. 문제 26.38, 26.40, 26.41을 풀어보라.

[2] 골격 구조를 Fischer 투영도로 바꾸기(26.2A); 예: D-glucose

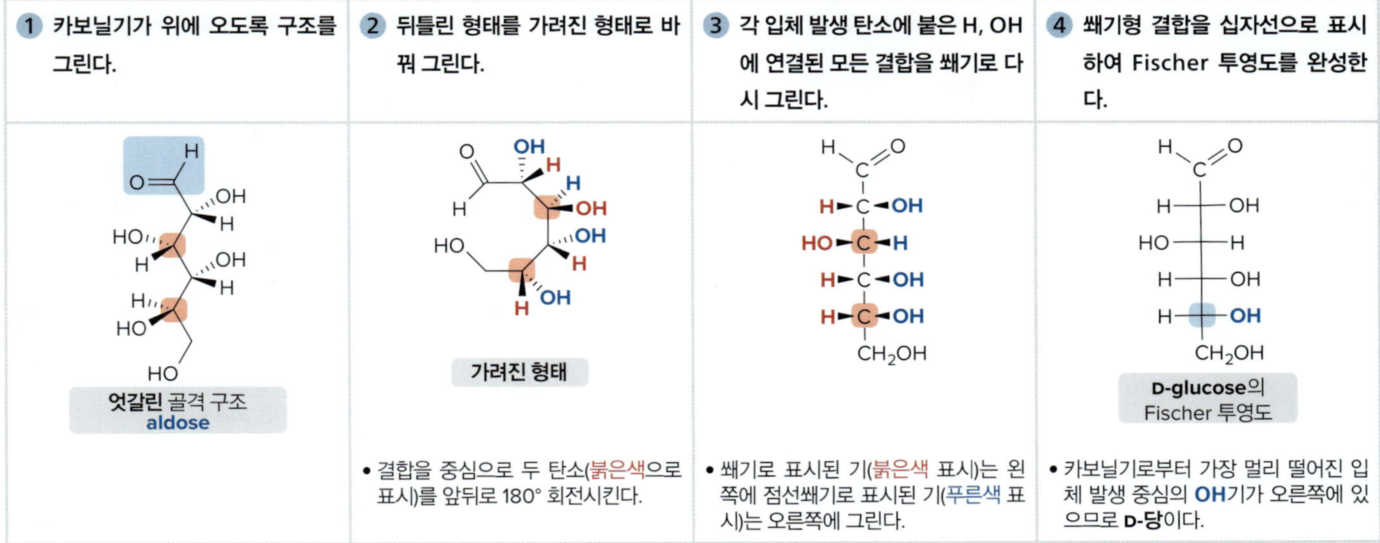

예제 26.3 참고. 문제 26.38을 풀어보라.

[3] 비고리 aldohexose의 Haworth 투영도 그리기(26.5); 예: D-glucose

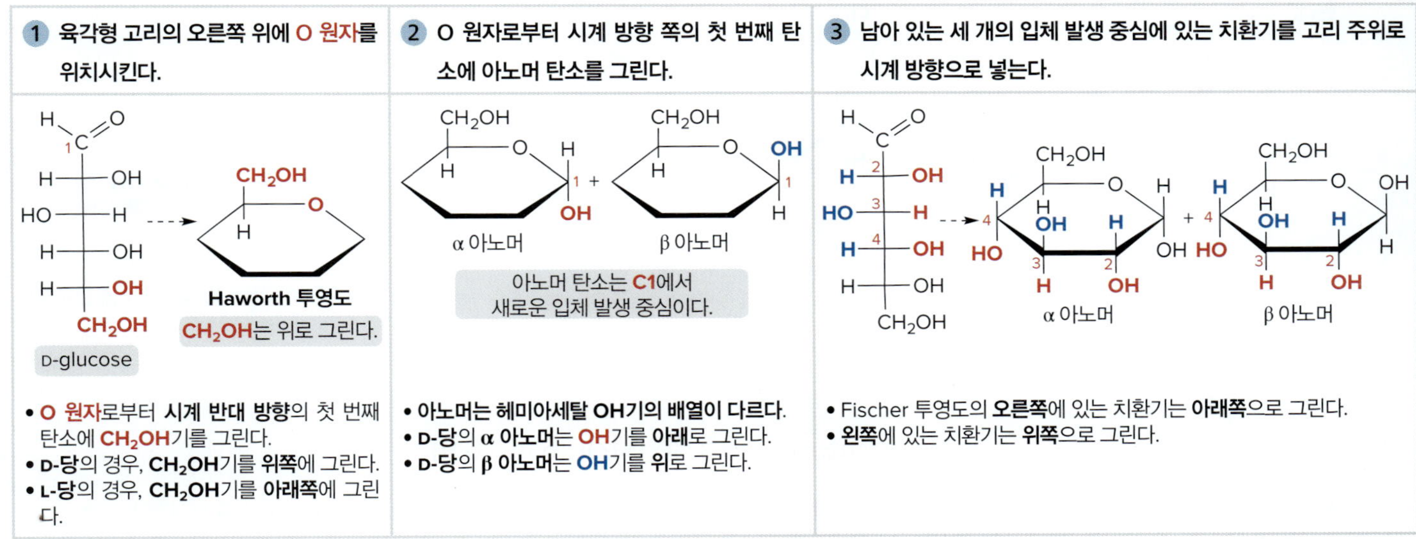

해결 방법 p. 1187 참고. 문제 26.44, 26.45a, 26.53a, 26.54a를 풀어보라.

[4] Haworth 투영도를 비고리 구조로 바꾸기(26.5B); 예: D-glucose

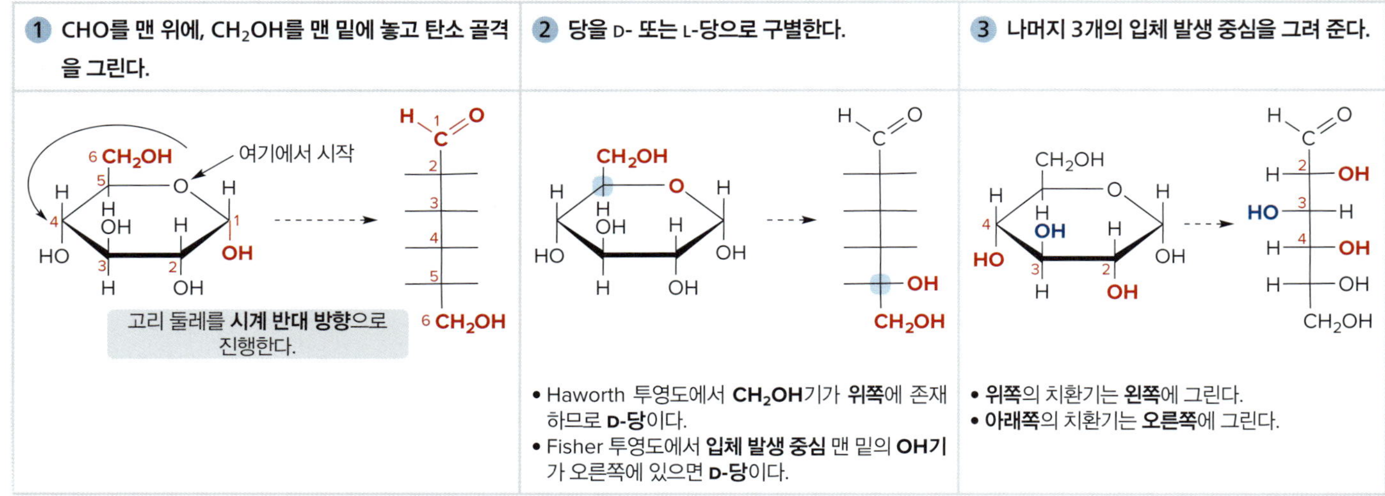

예제 26.4 참고. 문제 26.39a, 26.47을 풀어보라.

[5] Haworth 투영도를 의자 형태로 바꾸기(26.5C); 예: D-glucose

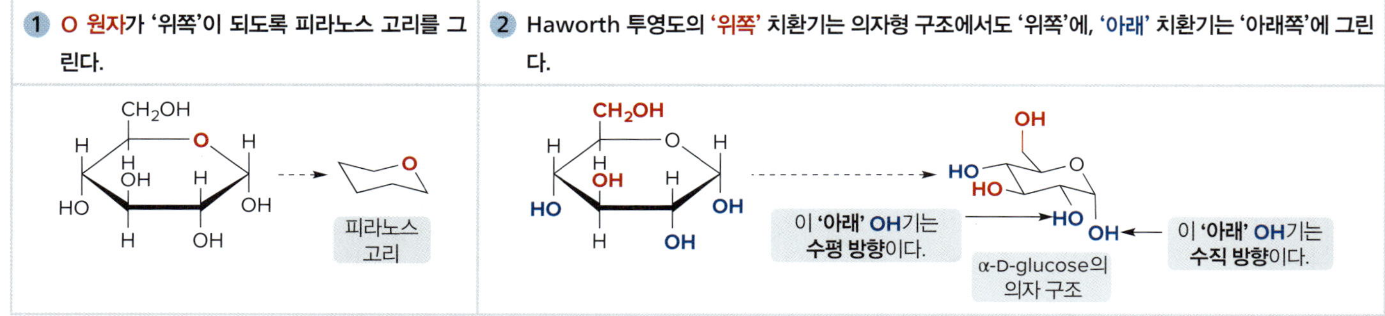

문제 26.46, 26.53b, 26.54b를 풀어보라.

[6] 주어진 사실을 이용하여 미지의 D-aldopentose의 구조 알아내기(26.8~26.9)

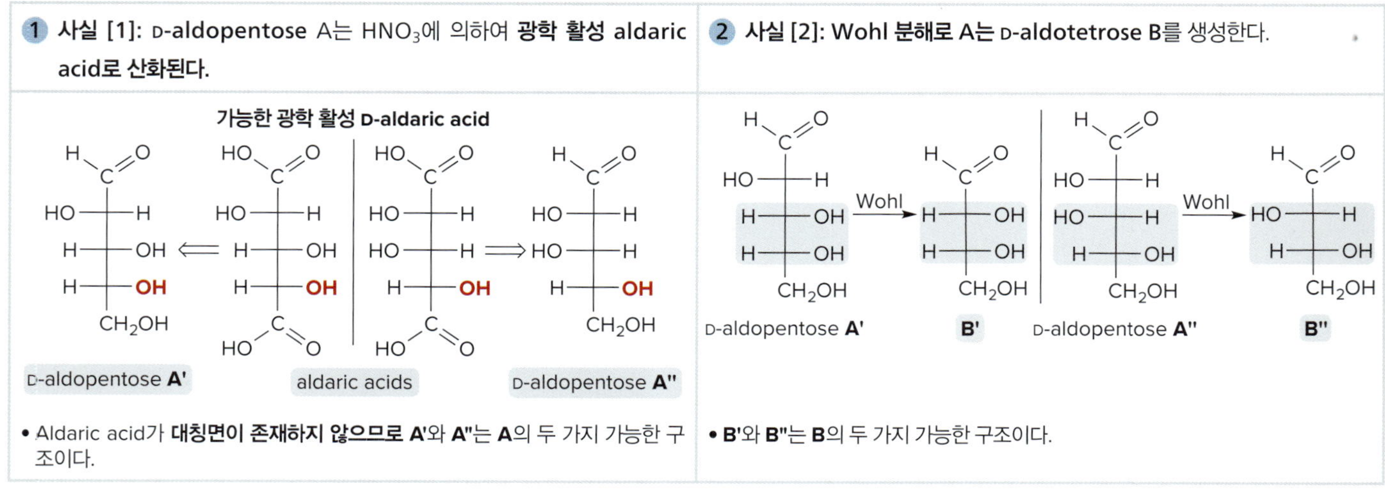

③ 사실 [3]: D-aldopentose B를 산화시키면 광학 비활성인 aldaric acid이 된다.	④ D-aldopentose A와 D-aldotetrose B를 사실 [1]–[3]에 의거하여 그린다.
B' → HNO_3, H_2O → C' (광학 비활성 aldaric acid 대칭면 존재); B'' → HNO_3, H_2O → C'' (광학 활성 aldaric acid 대칭면 없음)	A' = A; B' = B
• 산화 생성물 **B'**는 **대칭면**이 있으므로 **광학 비활성**이다.	• **C'**의 선구 물질은 **B'**이다. 그러므로 **A'** = **A**이다.

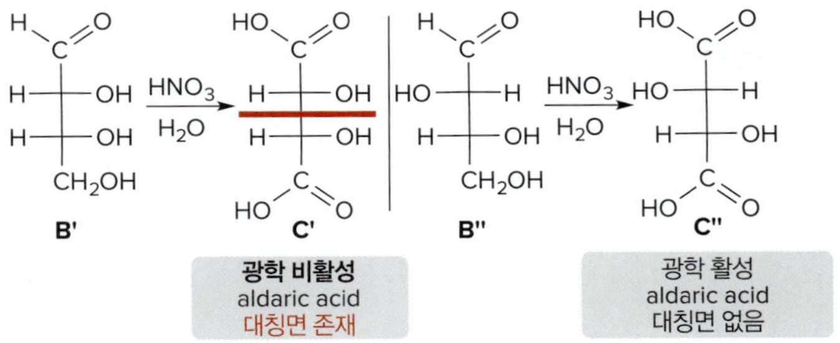

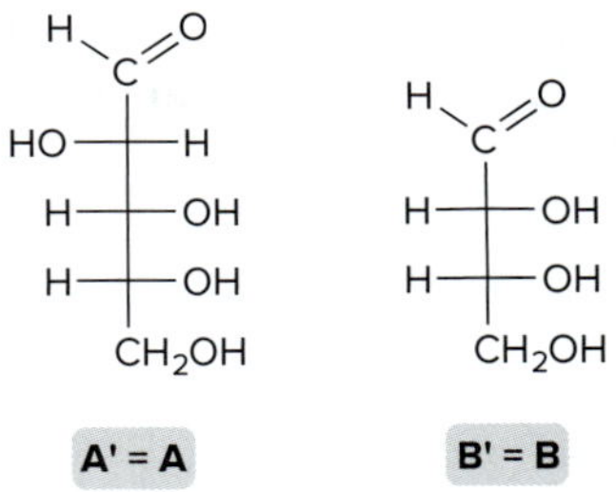

예제 26.5 참고. 문제 26.64–26.66을 풀어보라.

26장 선다형 자가-시험

자가-시험은 American Chemical Society 유기 화학 시험과 유사한 객관식 문제로 구성되어 있다. 정답은 장의 마지막 부분에 나와 있다.

1. 화합물 **A**를 서술하는 용어는 무엇인가?

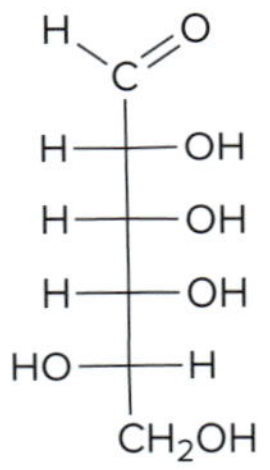

A

a. L-aldohexose b. aldonic acid c. aldaric acid d. D-aldohexose

2. 단당류 **B**의 α 아노머인 화합물은 무엇인가?

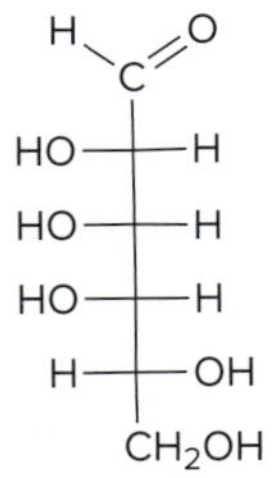

B

a. 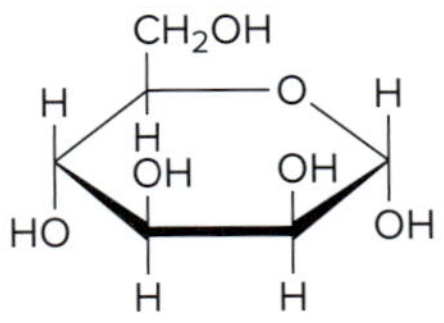 b. 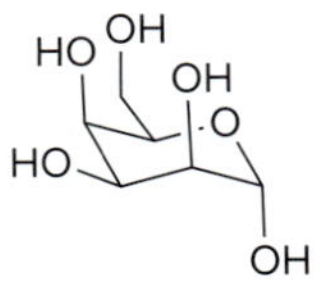 c. 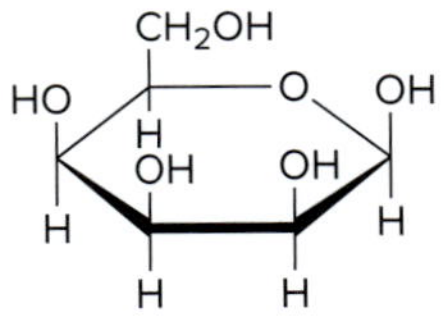 d.

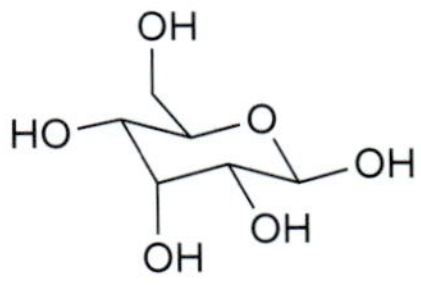

3. 나머지 세 화합물과 다른 화합물의 구조는 무엇인가?

a. 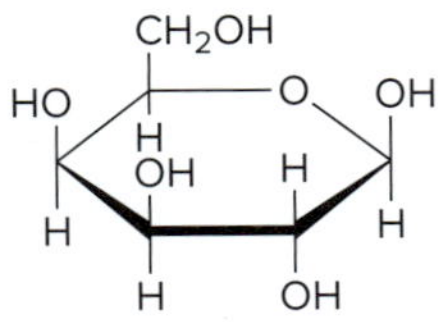 b. 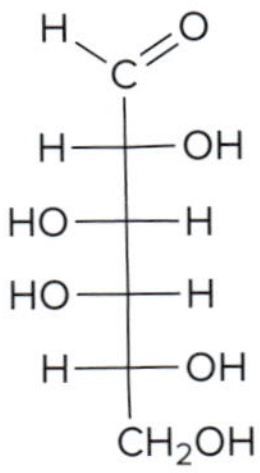 c. 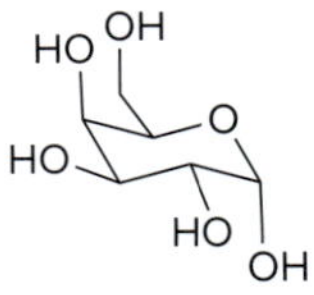 d.

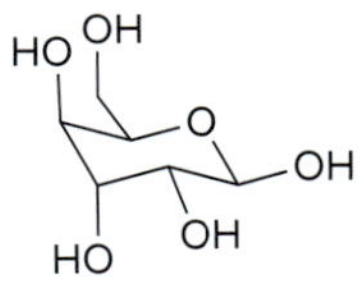

4. 화합물 C의 Fischer 투영도는 무엇인가?

C

a. $H{-}C{=}O$; H—OH; HO—H; CH_2OH

b. $H{-}C{=}O$; HO—H; H—OH; CH_2OH

c. $H{-}C{=}O$; H—OH; H—OH; CH_2OH

d. $H{-}C{=}O$; HO—H; HO—H; CH_2OH

5. HNO_3로 처리하면 비카이랄 이산(diacid)을 생성하는 화합물은 무엇인가?

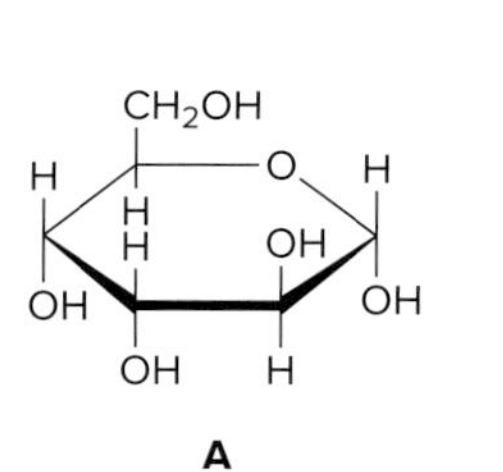

A

$H{-}C{=}O$; H—OH; HO—H; H—OH; CH_2OH

B

a. **A**와 **B** 둘 다

b. **A**만

c. **B**만

d. **A**도 아니고 **B**도 아님

6. 단당류의 물리적 성질에 관한 서술 중에서 **틀린** 것은 무엇인가?

a. 단당류는 다이에틸 에터에 녹는다.

b. 단당류는 녹는점이 높다.

c. 단당류는 일반적으로 단맛이 난다.

d. 단당류는 물에 녹는다.

7. 단당류 **X**에 관한 서술 중에서 **틀린** 것은 무엇인가?

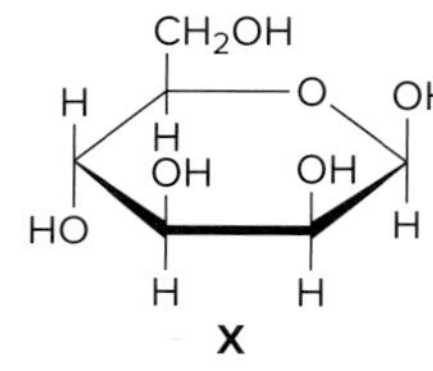

X

a. X를 $NaBH_4$로 환원하면 광학 비활성인 alditol이 얻어진다.

b. Br_2, H_2O로 산화하면 광학 활성인 aldonic acid가 얻어진다.

c. C3에서의 에피머는 OH기가 수직 방향이다.

d. C2는 S 배열이다.

8. **Y**를 과량의 CH_3I와 Ag_2O로 처리한 후 수용성 산으로 처리하면 몇 가지의 생성물이 생기는가?

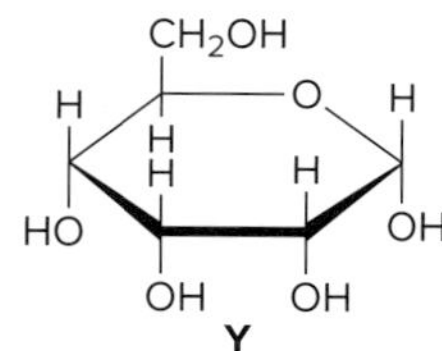

Y

a. 한 개 b. 두 개 c. 네 개 d. 여덟 개

9. Ketohexose는 몇 개의 입체 이성질체가 가능한가? D 단당류는 몇 개가 있는가?

a. 입체 이성질체 네 개, D 단당류 두 개

b. 입체 이성질체 네 개, D 단당류 네 개

c. 입체 이성질체 여덟 개, D 단당류 네 개

d. 입체 이성질체 16개, D 단당류 여덟 개

10. 다음 다당류에는 몇 개의 글리코사이드가 존재하는가?

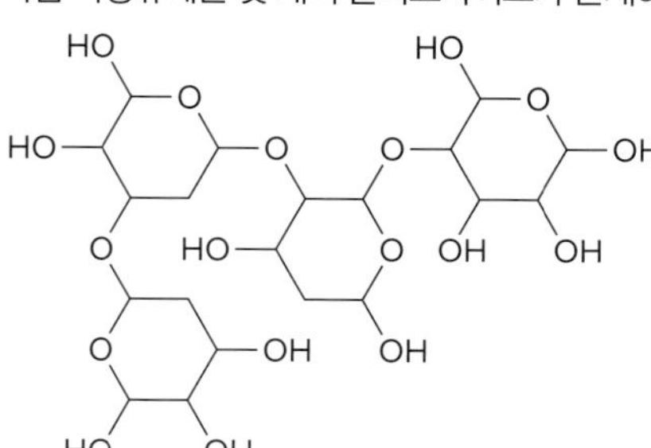

a. 두 개 b. 세 개 c. 다섯 개 d. 여섯 개

문제

삼차원 모형을 이용하는 문제

26.38 각 공-막대 모형을 Fischer 투영도로 바꿔라.

a. 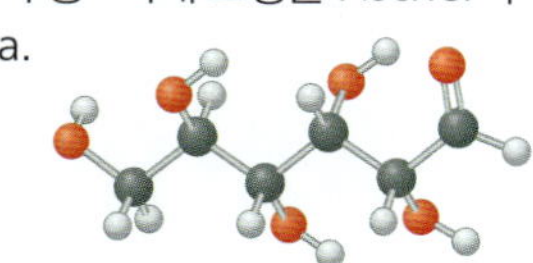

b. 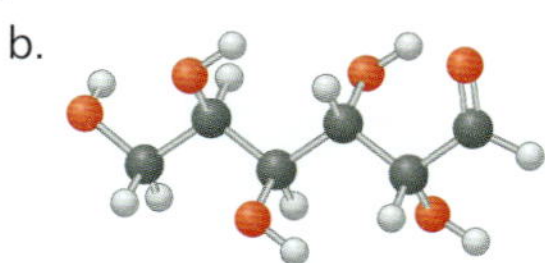

26.39 (a) 각 고리형 단당류를 사슬형 Fischer 투영도로 바꿔라. (b) 각 단당류를 명명하라. (c) 아노머를 α 또는 β로 표시하라.

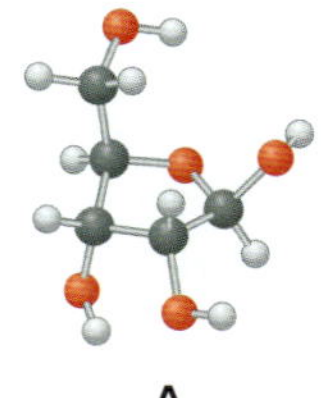

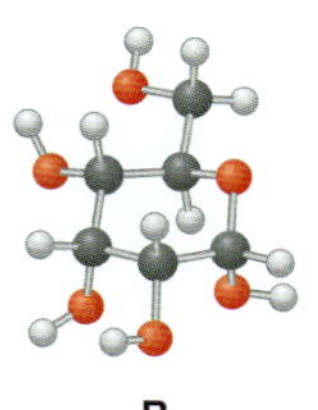

Fischer 투영도

26.40 각 화합물은 **A**와 동일한가 아니면 거울상 이성질체인가?

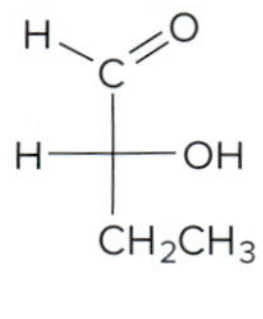

a. 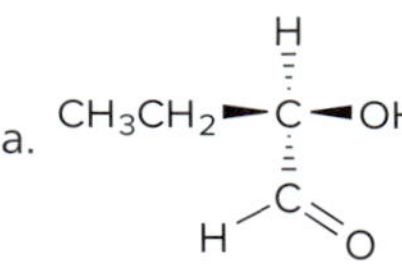

b. 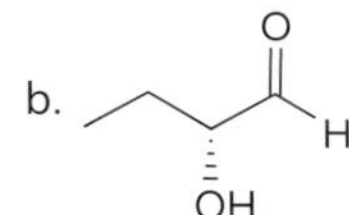

c. H, C=O, C, HO, H, CH_2CH_3

26.41 각 화합물을 Fischer 투영도로 전환하고 각 입체 발생 중심을 *R* 또는 *S*로 표시하라.

a. 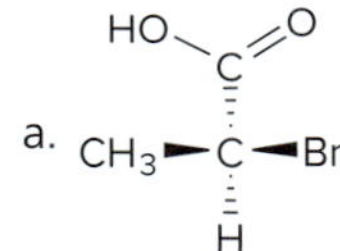

b. Cl, C, H, Br, CH_3CH_2

c. CH_3, H, Br, C—C, H, Br, CH_3

d. HO, OH, OH, OH, H, O

단당류의 구조와 입체 화학

26.42 D-Arabinose에 대하여

a. 거울상 이성질체를 그려라.

b. C3에서의 에피머를 그려라.

c. 에피머가 아닌 부분 입체 이성질체를 그려라.

d. 여전히 카보닐기가 있는 구조 이성질체를 그려라.

26.43 다음 여섯 개의 화합물(**A~F**)을 고려하자.

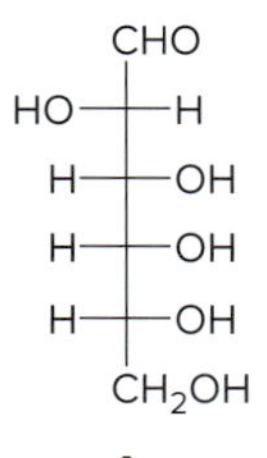

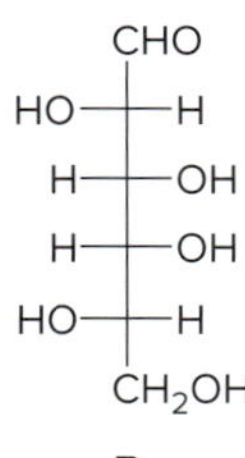

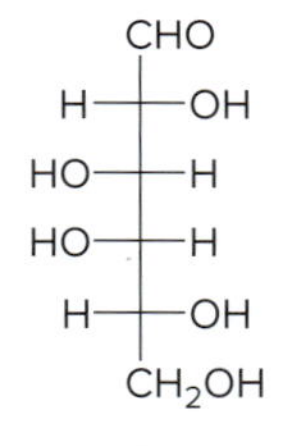

CH_2OH, C=O, H—OH, H—OH, H—OH, CH_2OH

D

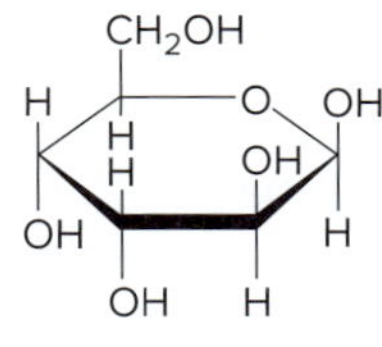

HO, OH, OH, O, HO, OH

F

각 쌍의 두 화합물은 어떠한 관계인가? 거울상 이성질체, 에피머, 에피머가 아닌 부분 입체 이성질체, 구조 이성질체, 그리고 동일한 화합물 가운데 선택하라.

a. **A**와 **B** b. **A**와 **C** c. **B**와 **C** d. **A**와 **D** e. **E**와 **F**

26.44 그림 26.4와 26.5의 구조를 이용하여 각 화합물의 Haworth 투영도를 그려라.

a. β-D-talopyranose b. α-D-galactopyranose c. α-D-tagatofuranose

26.45 각 화합물의 구조를 그리고 그림 26.4에 있는 정보를 이용하여 명명하라.

a. Haworth 투영도로 D-glucose의 C4에서 에피머이고, α 아노머인 단당류의 구조를 그려라.

b. 피라노스 의자 형태로 D-glucose의 C2에서 에피머이고, β 아노머인 단당류의 구조를 그려라.

26.46 각 aldohexose의 두 피라노스 아노머를 의자 피라노스를 이용하여 삼차원 표현법으로 그려라. 각 아노머를 α와 β로 표시하라.

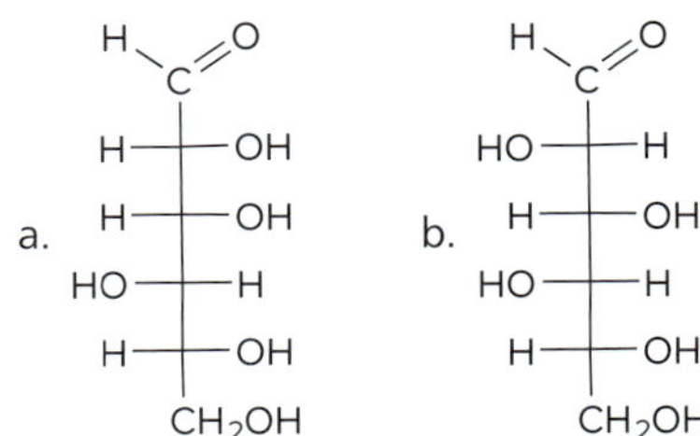

26.47 각 고리 구조의 단당류를 비고리형 구조로 바꿔라.

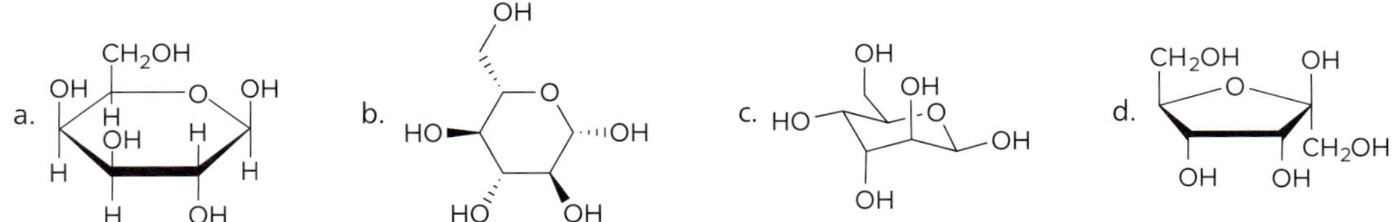

26.48 대부분의 D-aldohexose의 파라노스 고리의 가장 안정한 형태는 가장 큰 작용기인 CH_2OH가 수평 방향에 놓이는 것이다. 그러나 D-idose는 예외의 경우이다. D-Idose의 α 또는 β 아노머에 대해 가능한 두 가지 의자 형태를 그려라. 왜 더 안정한 형태는 CH_2OH가 수직 방향 위치에 있는지를 설명하라.

단당류의 반응

26.49 각 하이드록시 카보닐 화합물이 수용성 산과 반응하였을 때 생기는 고리형 헤미아세탈의 구조(입체 화학 포함)를 그려라.

26.50 D-Altrose를 각 시약으로 처리하였을 때 생성되는 생성물을 그려라.

a. $(CH_3)_2CHOH$, HCl

b. $NaBH_4$, CH_3OH

c. Br_2, H_2O

d. HNO_3, H_2O

e. [1] NH_2OH; [2] $(CH_3CO)_2O$, $NaOCOCH_3$; [3] $NaOCH_3$

f. [1] NaCN, HCl; [2] H_2, Pd-$BaSO_4$; [3] H_3O^+

g. CH_3I, Ag_2O

h. $C_6H_5CH_2NH_2$, 온화한 H^+

26.51 Salicin과 solanine (26.6C절)이 수용성 산에서 각각 가수 분해되었을 때 생성되는 단당류와 아글리콘은 무엇인가?

26.52 각각의 다음 글리코사이드를 만들 수 있는 단당류의 Fischer 투영도를 그려라.

26.53 단당류 **A**에 관한 다음 질문에 답하라.

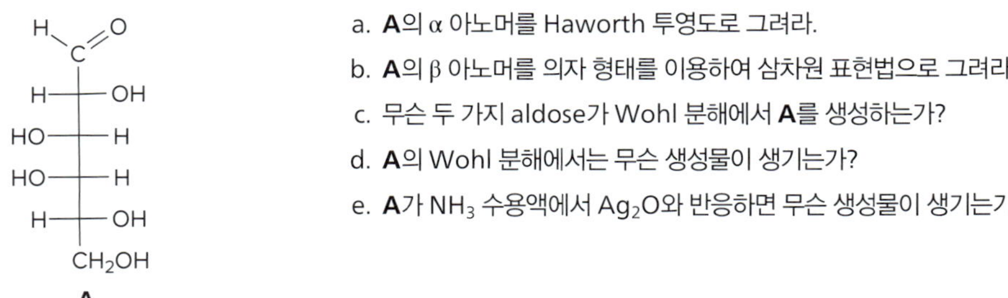

a. **A**의 α 아노머를 Haworth 투영도로 그려라.

b. **A**의 β 아노머를 의자 형태를 이용하여 삼차원 표현법으로 그려라.

c. 무슨 두 가지 aldose가 Wohl 분해에서 **A**를 생성하는가?

d. **A**의 Wohl 분해에서는 무슨 생성물이 생기는가?

e. **A**가 NH_3 수용액에서 Ag_2O와 반응하면 무슨 생성물이 생기는가?

26.54 단당류 **B**에 관한 다음 질문에 답하라.

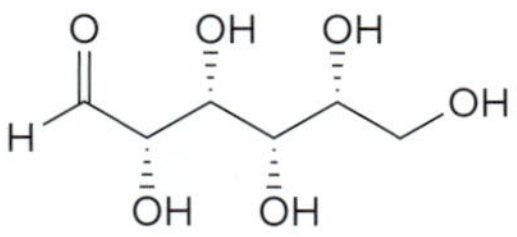

a. **B**의 β 아노머를 Haworth 투영도로 그려라.
b. **B**의 α 아노머를 의자 형태를 이용하여 삼차원 표현법으로 그려라.
c. **B**의 Kiliani-Fischer 합성에서는 무슨 생성물이 생기는가?
d. **B**를 CH_3OH에서 $NaBH_4$로 처리하면 무슨 생성물이 생기는가?
e. **B**의 두 분자가 1→4-β-글리코사이드 결합으로 연결되었을 때 생기는 이당류를 그려라.

26.55 HNO_3로 산화하였을 때 다음 구조의 aldaric acid을 생성하는 두 개의 서로 다른 aldohexose의 구조를 그려라. 그림 26.4를 보고 각 aldohexose를 명명하라.

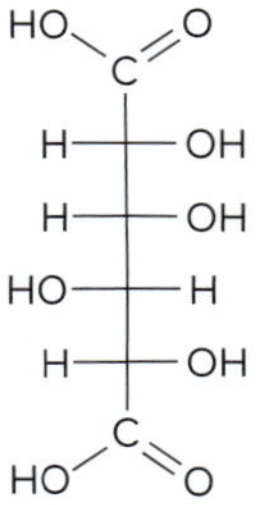

26.56 D-Glucose를 $NaBH_4$로 처리하면 alditol **A**가 얻어진다. 어떤 L-aldohexose를 $NaBH_4$로 처리하였을 때 또한 **A**가 얻어지겠는가?

26.57 각 화합물이 Kiliani-Fischer 합성을 수행하였을 때 생성되는 생성물은 무엇인가?

a.

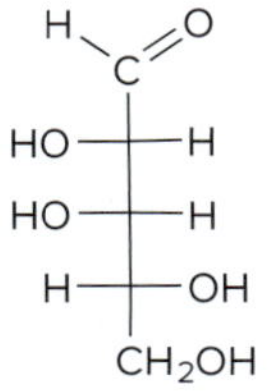

b.

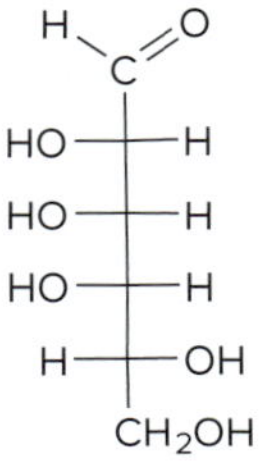

26.58 D-Glucose를 각각의 화합물로 어떻게 변환시키겠는가? 두 단계 이상의 반응이 필요하다.

a. 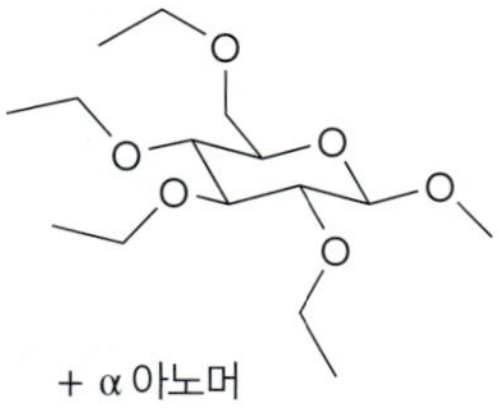 + α 아노머

b.

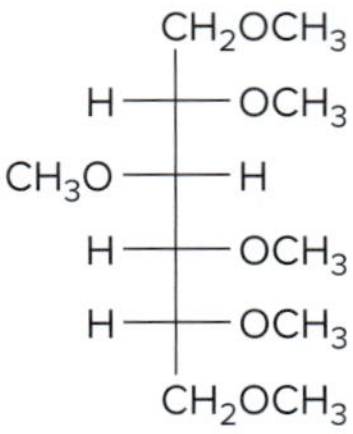

c.

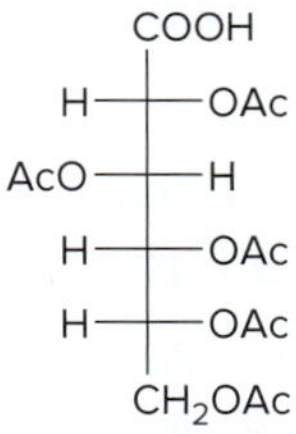

26.59 각 화합물을 수용성 산으로 처리하였을 때 무슨 생성물이 생기는가?

a.

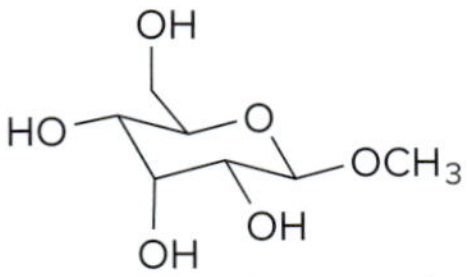

b.

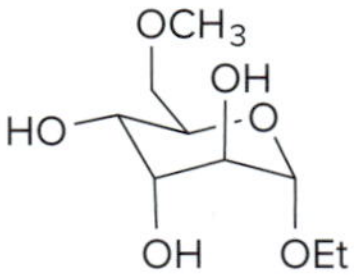

c.

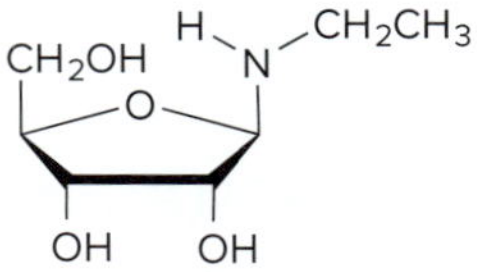

메커니즘

26.60 다음 반응의 단계별 메커니즘을 그려라.

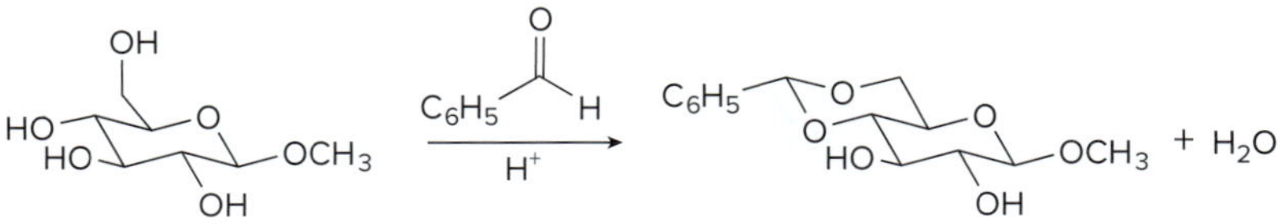

26.61 다음 가수 분해의 단계별 메커니즘을 그려라.

H_3O^+ + CH_3OH

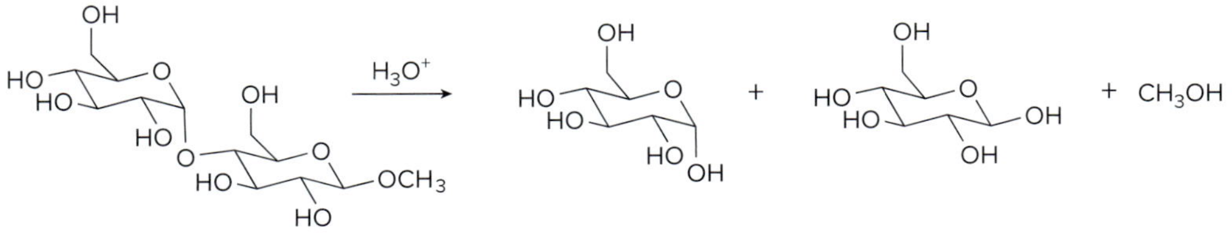

26.62 D-Glucose를 출발물로 사용하여 그린 다음과 같은 이성질화 반응은 염기 존재하에서 모든 aldohexose에서 일어난다. 각 화합물이 어떻게 생성되었는지를 나타내는 단계별 메커니즘을 그려라.

D-glucose (회수된 출발물)

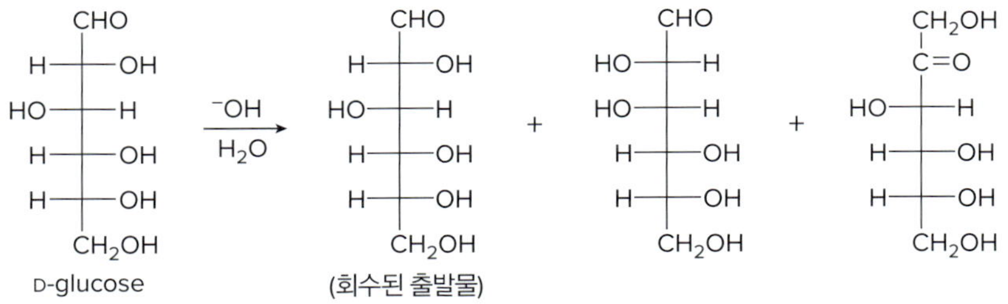

26.63 어떤 단당류의 고리 구조는 퓨라노스와 피라노스 사이에서 상호변환된다. 산(HA)의 존재하에서 퓨라노스가 피라노스로 변환되는 다음 반응의 단계별 메커니즘을 그려라.

furanose pyranose

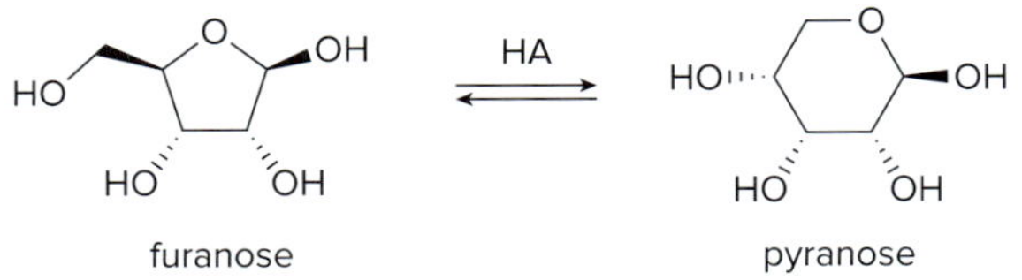

단당류의 확인

26.64 어느 D-aldopentose가 광학 활성 aldaric acid로 산화되고 Wohl 분해에 의하여 광학 활성 aldaric acid로 산화될 수 있는 D-aldotetrose를 생성하는가?

26.65 화합물 **A~D**의 구조를 밝혀라. D-aldopentose **A**는 HNO_3에 의해 광학 비활성 aldaric acid **B**로 산화된다. **A**는 Kiliani-Fischer 합성에 의해 **C**와 **D**를 생성한다. **C**는 광학 활성 aldaric acid로 산화된다. **D**는 광학 비활성 aldaric acid로 산화된다.

26.66 D-Aldopentose **A**는 광학 활성 alditol로 환원된다. Kiliani-Fischer 합성에 의해 **A**는 두 D-aldohexose **B**와 **C**로 전환된다. **B**는 광학 비활성 aldaric acid로 산화된다. **C**는 광학 활성 aldaric acid로 산화된다. **A~C**의 구조는 무엇인가?

이당류와 다당류

26.67 두 mannose가 1→4-α-글리코사이드 결합으로 연결되어 생성되는 이당류의 구조를 그려라.

26.68 보통 사람은 주로 관절을 둘러싸는 윤활유와 눈의 유리체에 약 15 g의 hyaluronic acid를 가지고 있다. 이 물질은 피부와 관절 치료, 상처 치유와 눈 수술에서 상업적으로 쓰이고 있다. Hyaluronic acid는 D-glucuronic acid와 *N*-acetyl-D-glucosamine이 번갈아 가면서 1→4-β-글리코사이드 결합으로 연결된 다당류이다. Hyaluronic acid의 짧은 부분을 의자 형태의 육원자 고리를 이용하여 삼차원으로 그려라.

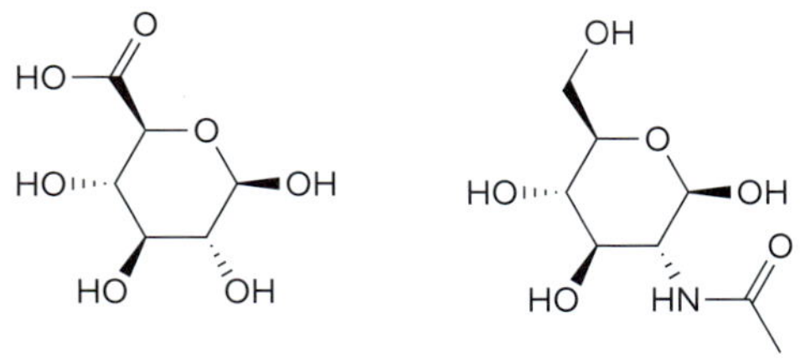

D-glucuronic acid *N*-acetyl-D-glucosamine

26.69 a. 이당류 **C**에서 글리코사이드 결합을 찾고 글리코사이드 결합을 α, β로 분류하라. 또한 글리코사이드 결합의 위치를 숫자를 사용하여 표시하라.
b. 다음 반응에서 알파벳 문자로 표시된 화합물을 확인하라.

C $\xrightarrow[Ag_2O]{CH_3I}$ **D** $\xrightarrow{H_3O^+}$ **E** + **F** + CH_3OH

(**E**와 **F**의 두 개의 아노머가 생성된다)

26.70 Lacto-*N*-neotetraose는 모유에 들어있는 올리고당류의 일종이다(24.11D절).

lacto-*N*-neotetraose

a. 글리코사이드 결합을 모두 표시하라.
b. 각 글리코사이드 결합을 α나 β로 분류하고 숫자를 사용하여 두 고리 사이에서의 위치를 나타내라.
c. Lacto-*N*-neotetraose의 글리코사이드 결합이 수용성 산으로 가수 분해되었을 때 무슨 생성물이 생기는가? 생성되는 단당류를 각각 명명하라.
d. Lacto-*N*-neotetraose는 환원당인가??
e. Lacto-*N*-neotetraose를 과량의 CH_3I와 Ag_2O로 처리하였을 때 무슨 생성물이 생기는가?

26.71 다음 자료를 이용하여 이당류 isomaltose의 구조를 추론하라.

(아노머는 둘 다 존재한다.)

[1] 가수 분해하면 D-glucose만을 생산한다.
[2] Isomaltose는 α-글리코사이드 가수 분해 효소(glycosidase)에 의하여 분해된다.
[3] Isomaltose는 환원당이다.
[4] 과량의 CH_3I, Ag_2O에 의한 메틸화 반응 후 H_3O^+로 가수 분해하면 옆에 나와 있는 두 가지 생성물이 만들어진다.

26.72 아래 각각의 화합물의 구조를 그려라. (a) D-Glucosamine이 1→6-α-글리코사이드 결합으로 생성된 다당류; (b) D-Arabinose와 $C_6H_5CH_2NH_2$으로부터 생성되는 α-*N*-글리코사이드

26.73 유형 2 당뇨병 치료제인 acarbose는 녹말과 glycogene으로부터 glucose를 잘라내는 효소를 억제함으로써 작용한다.

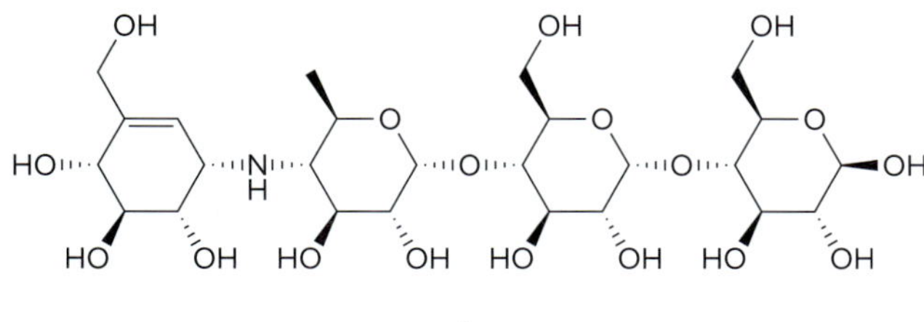

acarbose

a. 아세탈과 헤미아세탈을 모두 표시하라.
b. Acarbose를 CH_3OH와 HCl로 처리하면 무슨 생성물이 생기는가?
c. Acarbose를 수용성 산으로 처리하면 무슨 생성물이 생기는가?

도전 문제

26.74 (a) 포유동물과 식물의 세포 표면을 구성하는 탄수화물의 한 성분이며, 식단에 필요한 필수 단당류인 fucose의 더 안정한 의자 형태를 그려라. (b) Fucose를 D- 또는 L-단당류로 분류하라. (c) Fucose의 구조에서 발견되는 두 가지 예외적인 사실은 무엇인가?

fucose

26.75 26장에서 보았듯이 단당류는 여러 가지 방법으로 그릴 수 있다. 사실, 종종 용액에는 고리 화합물이 혼합물로 들어 있다. 좀 전형적이지 않은 방식으로 그려진 각각의 단당류를 D-, L- 표시를 포함하여 명명하라.

a. 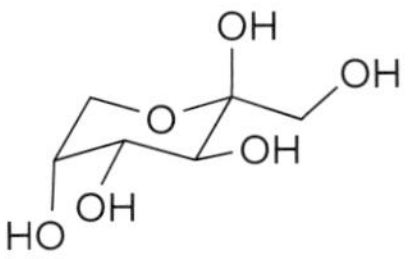 b. 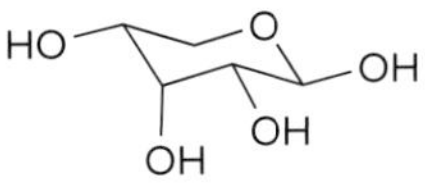 c. 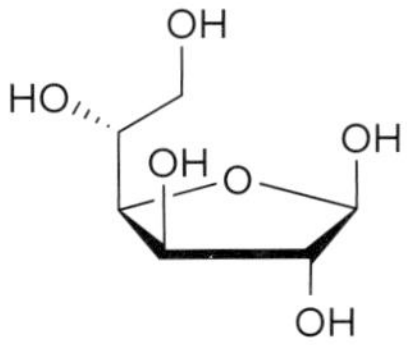 d.

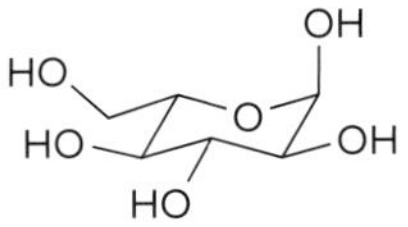

26.76 다음 반응의 단계별 메커니즘을 그려라.

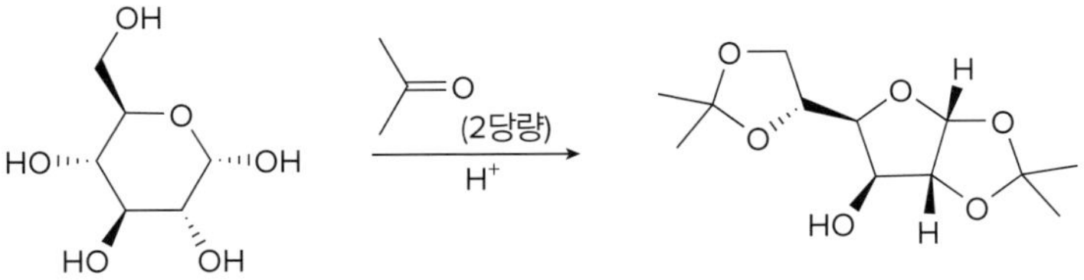

(2당량)
H^+

자가-시험 해답

1. a 2. b 3. d 4. b 5. c 6. a 7. a 8. b 9. c 10. b

아미노산과 단백질

Amino Acids and Proteins

27

ORGANIC CHEMISTRY

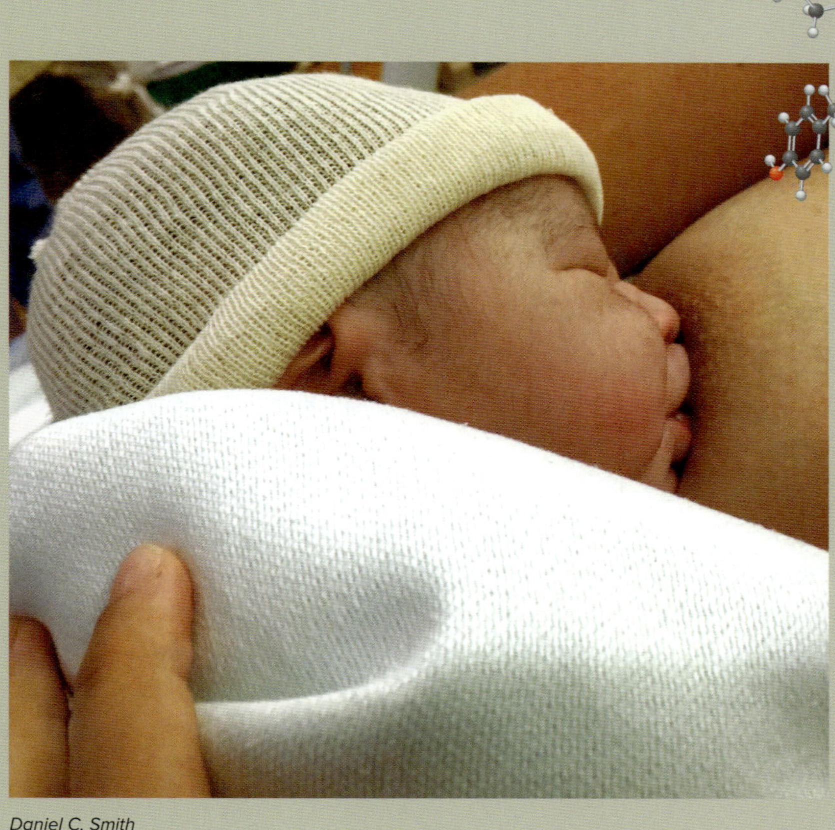

Daniel C. Smith

9개의 아미노산으로 구성된 펩타이드인 **옥시토신(oxytocin)**은 출산에 대비하여 자궁경부를 확장하고 출산 시 자궁 수축을 일으키는 호르몬이며, 또한 수유 중인 산모에게서 젖이 잘 나오도록 한다. 옥시토신은 최초로 합성된 펩타이드 호르몬이었으며, 이 물질을 합성한 Vincent du Vigneaud는 1955년도 노벨 화학상을 수상하였다. 상품명 Pitocin으로 판매되고 있는 옥시토신은 분만을 유도하고 출산 후 출혈을 멈추기 위하여 사용된다. 27장에서는 옥시토신 같은 펩타이드와 그 구성 성분인 아미노산에 대하여 배울 것이다.

왜 공부하는가? . . .

아미노산과 단백질이란?

네 개의 중요한 생체 분자—지질, 탄수화물, 핵산 및 단백질—중에서 단백질의 기능은 가장 광범위하다. 예로서 **케라틴(keratin)**과 **콜라젠(collagen)**은 긴 불용성 섬유를 생성하여 조직을 지지하고 강하게 만드는 큰 그룹의 구조 단백질 중의 일부이다. 머리카락, 뿔, 발굽 그리고 손톱은 모두 케라틴으로 만들어졌다. **콜라젠**은 뼈, 연결 조직, 힘줄과 연골에서 발견된다. **효소(enzyme)**는 모든 세포 기능을 조절하고 촉매 작용을 하는 단백질이다. **세포막 단백질(membrane protein)**은 작은 유기 분자와 이온을 세포막을 가로질러 운반한다. 혈중에서 당의 농도를 조절하는 **인슐린(insulin)** 호르몬, 혈액을 응고시키는 **피브리노젠(fibrinogen)**과 **트롬빈(thrombin)**, 그리고 폐에서 조직으로 산소를 운반하는 **헤모글로빈(hemoglobin)** 모두가 단백질이다.

27장에서는 단백질과 그들의 기본 성분인 아미노산에 대해 논의하고자 한다.

27.1 아미노산

아미노산은 19.11절에서 먼저 논의되었다.

천연 아미노산은 카복시기(COOH)의 α 탄소에 결합된 아미노기(NH_2)가 있어서 α-아미노산(α-amino acid)이라 한다.

- 모든 단백질은 아미노산이 서로 연결되어 생성된 폴리아마이드이다.

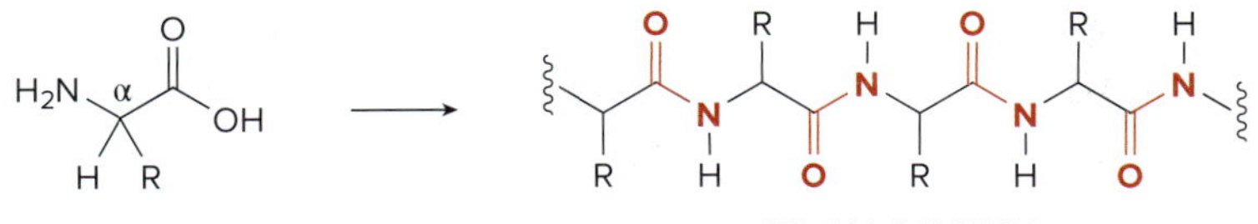

α-아미노산 → 단백질 분자의 일부분

27.1A α-아미노산의 일반적 특징

단백질 성분으로 천연에 존재하는 20개의 아미노산은 α 탄소에 결합된 R기의 구조가 다르다. R기를 아미노산의 **곁사슬(side chain)**이라 한다.

가장 간단한 아미노산인 글리신은 R = H이다. **다른 모든 아미노산(R ≠ H)은 α 탄소에 입체 발생 중심이 있다.** 단당류에서와 같이 접두사 D와 L을 사용하여 아미노산의 입체 발생 중심의 배열을 나타낸다. 자연적으로 존재하는 흔한 아미노산은 **L-아미노산(L-amino acid)**이다. 이것의 거울상 이성질체인 D-아미노산은 천연에서는 거의 발견되지 않는다. 아미노산의 일반적인 구조가 그림 27.1에 나와 있다. *R*, *S* 표시법에 의하면 시스테인을 제외한 모든 L-아미노산은 ***S* 배열**이다.

그림 27.1
α-아미노산의 일반적 구조

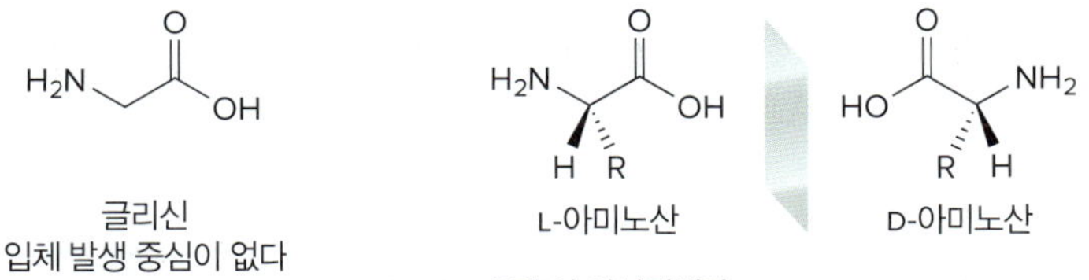

글리신
입체 발생 중심이 없다

L-아미노산
오직 이 이성질체만 단백질에 존재한다

D-아미노산

모든 아미노산은 관용명이 있다. 이들은 한 개의 문자 또는 세 개의 문자로 표시되는 약어로 나타낼 수 있다. 그림 27.2는 자연에 존재하는 20개의 아미노산을 약어와 함께 나열하고 있다. R기의 차이점에 유의하자. 곁사슬은 단순한 알킬기일 수도 있고 OH, SH, COOH 또는 NH_2와 같은 작용기가 추가될 수 있다.

- 곁사슬에 COOH기가 추가적으로 있는 아미노산을 **산성** 아미노산이라고 한다.
- 곁사슬에 염기성 N 원자가 추가적으로 있는 것을 **염기성** 아미노산이라고 한다.
- 다른 모든 것은 중성 아미노산이다.

그림 27.2 자연계에 존재하는 20개 아미노산

중성 아미노산

이름	구조	약어	이름	구조	약어
알라닌(alaninne)	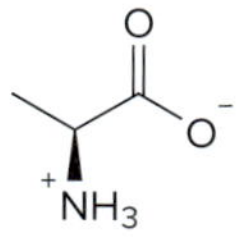	Ala A	페닐알라닌 (phenylalanine)*	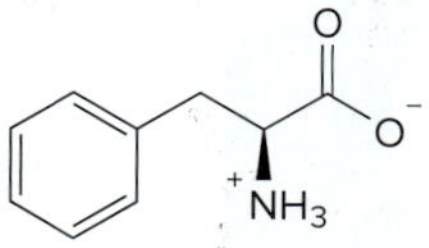	Phe F
아스파라진(asparagine)	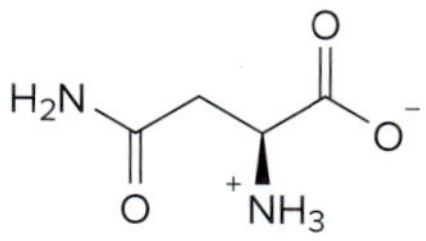	Asn N	프롤린(proline)	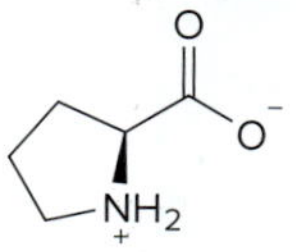	Pro P
시스테인(cysteine)	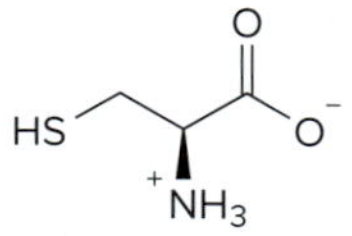	Cys C	세린(serine)	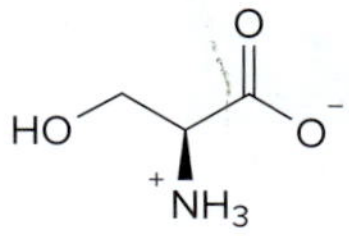	Ser S
글루타민(glutamine)	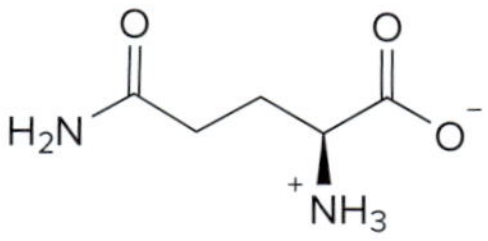	Gln Q	트레오닌 (threonine)*	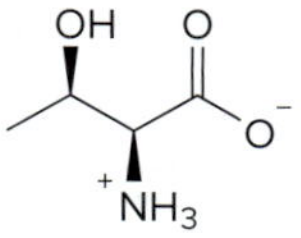	Thr T
글리신(glycine)	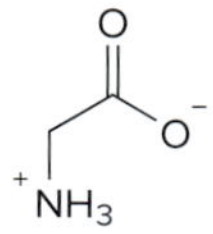	Gly G	트립토판 (tryptophan)*	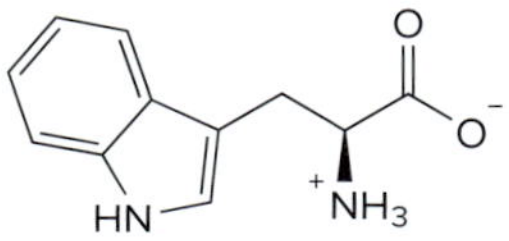	Trp W
아이소루신 (isoleucine)*	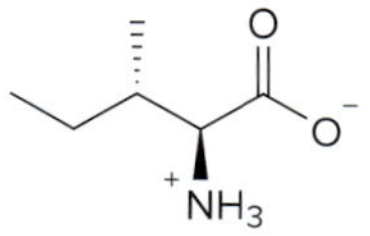	Ile I	타이로신(tyrosine)	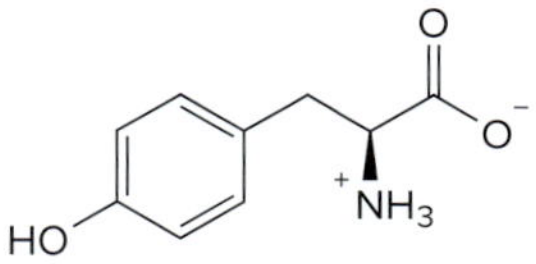	Tyr Y
루신(leucine)*	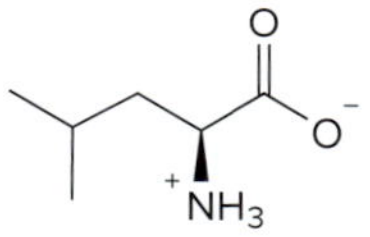	Leu L	발린(valine)	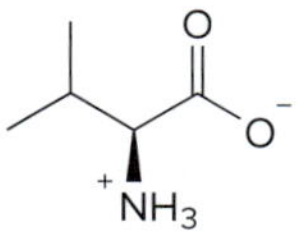	Val V
메싸이오닌 (methionine)*	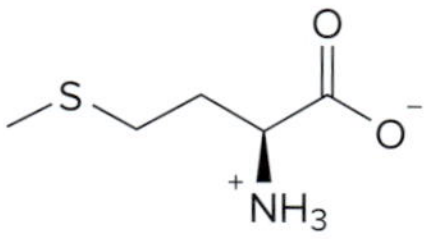	Met M			

산성 아미노산			염기성 아미노산		
이름	구조	약어	이름	구조	약어
아스파트산 (aspartic acid)	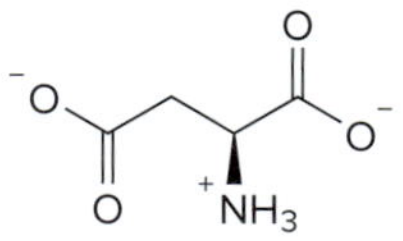	Asp D	아르지닌(arginine)*	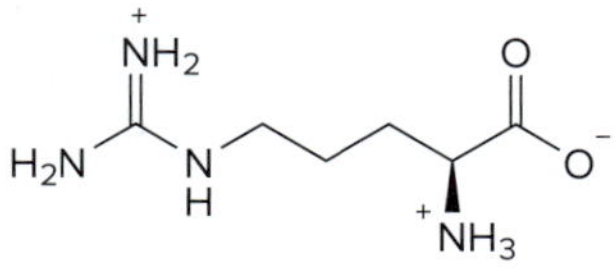	Arg R
글루탐산 (glutamic acid)	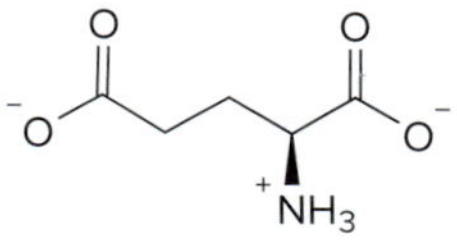	Glu E	히스티딘(histidine)*	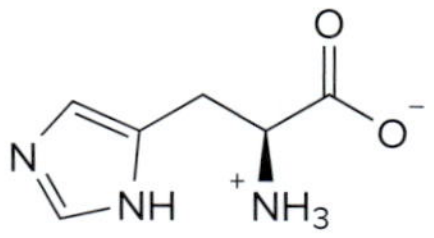	His H
			라이신(lysine)*	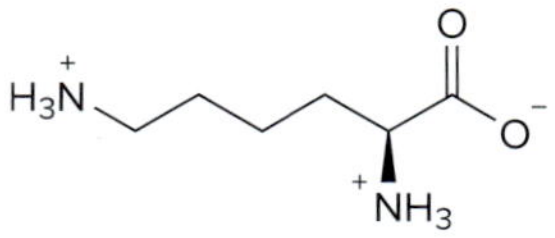	Lys K

필수 아미노산은 (*)로 표시하였다.

대부분의 곡물은 라이신이 부족하지만, 퀴노아(quinoa)는 상대적으로 라이신 함량이 풍부하므로 채식 식단에서 필수 아미노산의 좋은 원천이다.
Sarka Babicka/Moment/Getty Images

프롤린, 아이소루신 그리고 트레오닌의 구조에 대해 좀 더 자세히 살펴보자.

- **프롤린을 제외한 다른 모든 아미노산은 1° 아민**이다. 프롤린은 N 원자가 오원자 고리를 이루고 있는 **2° 아민**이다.
- **아이소루신**과 **트레오닌**은 β 탄소에 입체 발생 중심이 하나 더 있어 네 개의 입체 이성질체가 있을 수 있으나, 그중 한 개만 자연에서 얻어진다.

L-proline 2° 아민 | L-isoleucine | L-threonine

사람은 20개의 아미노산 중 10개만 체내에서 합성할 수 있다. 나머지 10개 아미노산은 음식으로 섭취해야 하기 때문에 **필수 아미노산(essential amino acid)**이라 부른다. 그림 27.2에서 필수 아미노산은 별표로 표시되어 있다.

문제 27.1 L-아이소루신의 서로 다른 세 개 입체 이성질체를 그려라. 그리고 입체 발생 중심을 *R* 또는 *S*로 표시하라.

27.1B 산–염기 작용

19.11B절에서 살펴본 것처럼 아미노산은 산성 작용기와 염기성 작용기가 모두 있어서 양성자 이동으로 **쯔비터이온(zwitterion)**이라 부르는 염을 생성한다.

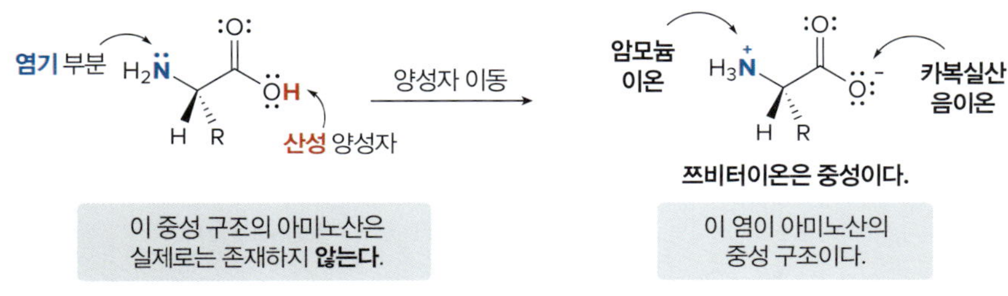

그림 27.2의 구조는 혈액의 생리학적 pH에서 전하를 띤 구조의 아미노산을 보여준다.

- 아미노산은 전하를 띠지 않는 중성의 화합물로는 거의 존재하지 않고 대부분 염으로 존재하기 때문에 녹는점이 높고 수용성이다.

아미노산은 그림 27.3에서 보는 것처럼 녹아 있는 수용액의 pH에 따라 전하를 띤 구조가 달라진다. 중성 아미노산의 경우, 전체 전하는 +1, 0 또는 −1일 수 있다. pH ~6 부근에서만 쯔비터이온 구조로 존재한다.

아미노산의 $-COOH$기와 $-NH_3^+$ 기는 수용액에서 양성자를 내어 놓을 수 있기 때문에 **이온화될 수 있다**. 그 결과 각각의 pK_a 값은 서로 다르다. 표 27.1에 나타난 것처럼 $-COOH$기의 pK_a 값은 일반적으로 ~2인 데 비해 $-NH_3^+$기의 pK_a 값은 ~9 정도이다.

그림 27.3
pH에 따른 중성 아미노산의 전하 변화

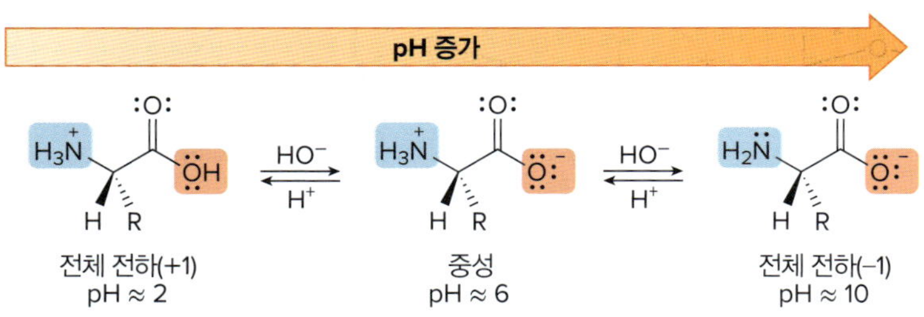

표 27.1 α-아미노산의 이온화 가능 작용기의 pK_a 값

아미노산	α-COOH	$α\text{-}NH_3^+$	곁사슬	p*I*
알라닌	2.35	9.87	—	6.11
아르지닌	2.01	9.04	12.48	10.76
아스파라진	2.02	8.80	—	5.41
아스파트산	2.10	9.82	3.86	2.98
시스테인	2.05	10.25	8.00	5.02
글루탐산	2.10	9.47	4.07	3.08
글루타민	2.17	9.13	—	5.65
글리신	2.35	9.78	—	6.06
히스티딘	1.77	9.18	6.10	7.64
아이소루신	2.32	9.76	—	6.04
루신	2.33	9.74	—	6.04
라이신	2.18	8.95	10.53	9.74
메싸이오닌	2.28	9.21	—	5.74
페닐알라닌	2.58	9.24	—	5.91
프롤린	2.00	10.60	—	6.30
세린	2.21	9.15	—	5.68
트레오닌	2.09	9.10	—	5.60
트립토판	2.38	9.39	—	5.88
타이로신	2.20	9.11	10.07	5.63
발린	2.29	9.72	—	6.00

아스파트산과 라이신 같은 아미노산에는 산성이나 염기성 곁사슬이 있다. 이온화가 가능한 작용기가 더 첨가된 이들 아미노산의 산-염기 작용은 약간 더 복잡하다. 표 27.1에는 산성과 염기성 곁사슬의 pK_a 값도 나타나 있다.

표 27.1에는 모든 아미노산의 등전점(p*I*)도 나와 있다. 19.11C절에서 살펴보았듯이 **등전점(isoelectric point)은 한 아미노산이 중성의 구조로 존재할 때의 pH**이며, 이 값은 α-COOH pK_a 값과 $α\text{-}NH_3^+$기의 pK_a 값의 평균(중성 아미노산일 경우)으로부터 구할 수 있다.

문제 27.2 다음 각 아미노산은 등전점에서 어떤 구조로 존재하는가?

a. 발린 b. 루신 c. 프롤린 d. 글루탐산

문제 27.3 왜 1° 아민으로부터 얻어진 암모늄 이온(RNH_3^+)의 pK_a보다 α-아미노산의 $-NH_3^+$기의 pK_a가 더 낮은가? 예를 들면 알라닌의 $-NH_3^+$기의 pK_a는 9.87이고 $CH_3NH_3^+$의 pK_a는 10.63이다.

문제 27.4 갑상선 호르몬이고 갑상선 호르몬 결핍증 치료에 사용되는 경구용 약물인 L-티록신(L-thyroxine)은 단백질에 존재하지 않는 아미노산이다. L-티록신의 쯔비터이온 구조를 그려라.

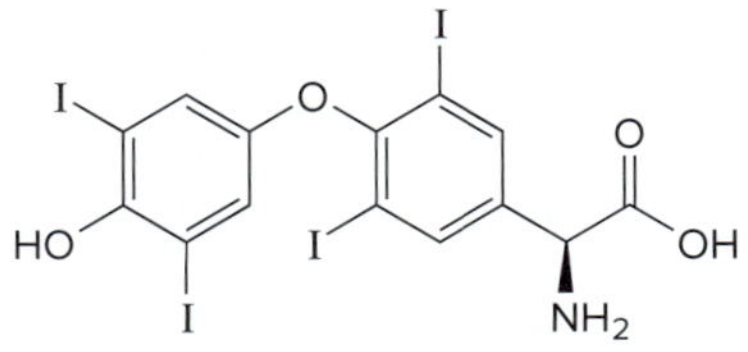

I, I, O, I, O, HO, I, OH, I, NH_2

L-thyroxine

27.2 아미노산의 분리

아미노산을 합성하는 데 사용되는 보통의 방법은 모두 라셈 혼합물을 생성한다. 하지만 자연에는 그중 한 종류의 거울상 이성질체만 존재한다. 따라서 합성한 아미노산을 생물학적 용도에 사용하려면 두 거울상 이성질체를 분리하여야만 하는데, 이것은 쉬운 일이 아니다. 두 거울상 이성질체는 물리적 성질이 동일하므로 증류나 크로마토그래피와 같은 통상적인 물리적 방법으로는 분리할 수 없다. 또 비카이랄 시약과는 같은 방식으로 반응을 하므로 화학 반응에 의해서도 분리되지 않는다.

그럼에도 불구하고 물리적 분리 기술과 화학 반응을 이용하여 두 거울상 이성질체를 분리하는 방법이 연구되고 있다. 27.2절에서 두 가지 방법을 알아보고, 27.3절에서는 분리할 필요 없이 광학 활성 아미노산을 합성하는 방법에 대해 논의할 것이다.

- 라셈 혼합물을 구성하는 거울상 이성질체를 분리하는 것을 **분할(resolution)**이라 한다. 즉, 라셈 혼합물은 거울상 이성질체로 각각 **분할된다**.

27.2A 아미노산의 분할

가장 오래되고도 가장 널리 사용되는 거울상 이성질체 분리법은 다음과 같은 사실을 이용하고 있다. **거울상 이성질체는 물리적 성질이 같지만 부분 입체 이성질체는 물리적 성질이 서로 다르다**. 그러므로 라셈 혼합물은 아래와 같은 일반적 방법으로 분할할 수 있다.

[1] **거울상 이성질체 쌍을 부분 입체 이성질체 쌍으로 전환한다.** 이들은 녹는점과 끓는점이 서로 다르므로 분리할 수 있다.

[2] **부분 입체 이성질체를 각각 분리한다.**

[3] **분리된 각 부분 입체 이성질체를 원래의 거울상 이성질체로 다시 전환한다.** 이제 거울상 이성질체는 각각 서로 분리되었다.

이 일반적인 세 단계 과정이 그림 27.4에 나와 있다.

그림 27.4 라셈 혼합물을 부분 입체 이성질체 혼합물로 전환하여 분할

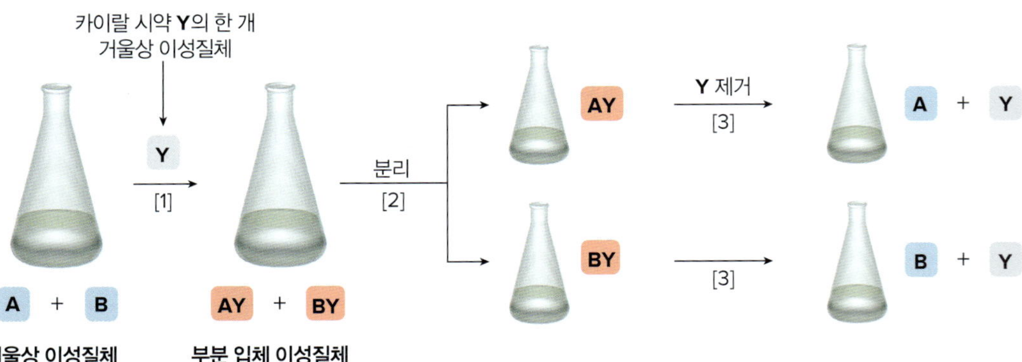

거울상 이성질체 A와 B는 카이랄 시약 Y의 한 가지 거울상 이성질체를 이용하여 분할할 수 있다. 분할 과정은 세 단계가 필요하다.

[1] **Y**는 거울상 이성질체 **A**, **B**와 각각 반응하여 서로 부분 입체 이성질체 관계인 **AY**와 **BY**를 생성한다.
[2] 부분 입체 이성질체 **AY**와 **BY**는 물리적 성질이 서로 다르다. 따라서 이들은 분별 증류나 결정화 같은 물리적 방법으로 분리할 수 있다.
[3] **AY**와 **BY**를 각각 화학 반응에 의하여 **A**와 **B**로 재전환한다. 거울상 이성질체 **A**와 **B**가 서로 분리되고 분할이 완료된다.

(*R*)-과 (*S*)-알라닌 같은 아미노산의 라셈 혼합물을 분할하기 위해서는 먼저 라셈 혼합물을 아세트산 무수물로 처리하여 ***N*-아세틸 아미노산**을 만든다. 이들 아마이드는 모두 입체 발생 중심이 하나 있는 거울상 이성질체이므로 아직은 분리할 수 없다.

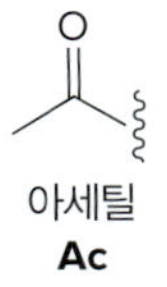

아세틸
Ac

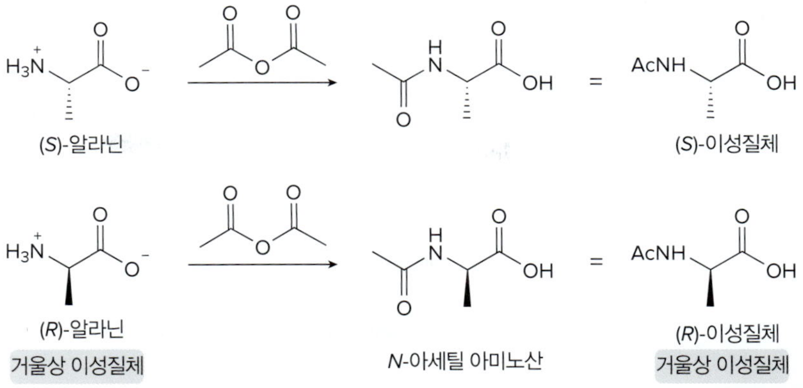

(S)-알라닌 → N-아세틸 아미노산 = (S)-이성질체

(R)-알라닌 → N-아세틸 아미노산 = (R)-이성질체

거울상 이성질체 N-아세틸 아미노산 거울상 이성질체

(R)-α-methylbenzylamine
분할제

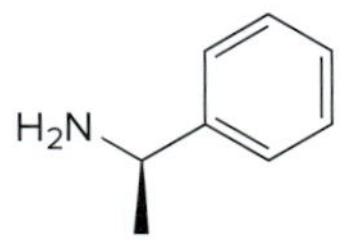

N-아세틸 알라닌의 두 거울상 이성질체에는 모두 아민과 산–염기 반응을 할 수 있는 한 개의 자유 카복시기가 하나씩 있다. **(*R*)-α-methylbenzylamine과 같은 카이랄 아민을 사용하면 생성된 두 염(salt)은 거울상 이성질체가 아니라 부분 입체 이성질체이다.** 각각의 부분 입체 이성질체는 물리적으로 상호 분리가 가능하다. 거울상 이성질체를 부분 입체 이성질체로 바꾸는 화합물을 **분할제 (resolving agent)**라고 한다. 분할제의 양쪽 거울상 이성질체 모두를 분할 과정에 사용할 수 있다.

해결 방법 (R)-α-methylbenzylamine을 사용하여 아미노산의 라셈 혼합물을 분할하는 방법

단계 [1] *N*-아세틸 아미노산의 두 거울상 이성질체를 카이랄 아민의 *R* 이성질체와 반응시킨다.

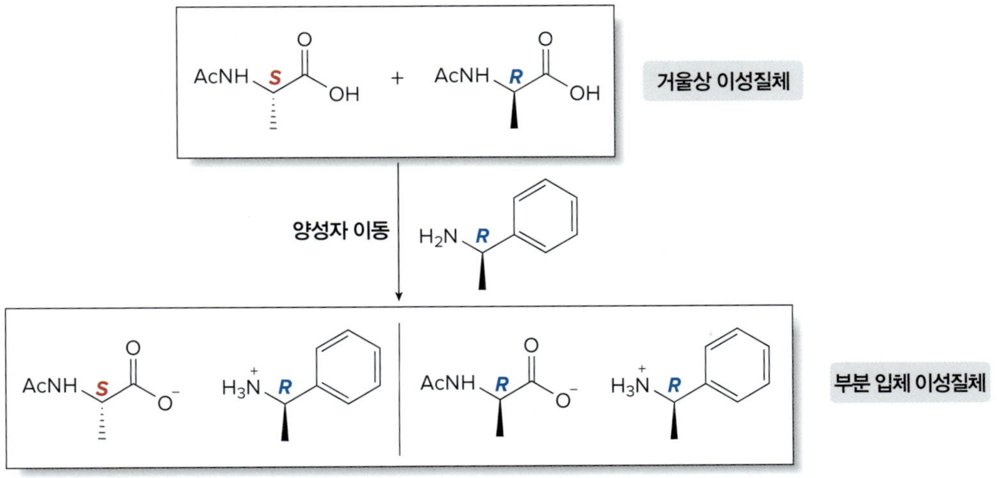

AcNH–S–COOH + AcNH–R–COOH — 거울상 이성질체

양성자 이동 — H_2N–R–Ph

AcNH–S–COO^- $H_3\overset{+}{N}$–R–Ph | AcNH–R–COO^- $H_3\overset{+}{N}$–R–Ph — 부분 입체 이성질체

이들 염은 하나의 입체 발생 중심에서는 배열이 **같지만** 또 다른 입체 발생 중심에 대해서는 배열이 **반대**이다.

단계 [2] 부분 입체 이성질체를 분리한다.

분리

AcNH–S–COO^- $H_3\overset{+}{N}$–R–Ph | AcNH–R–COO^- $H_3\overset{+}{N}$–R–Ph

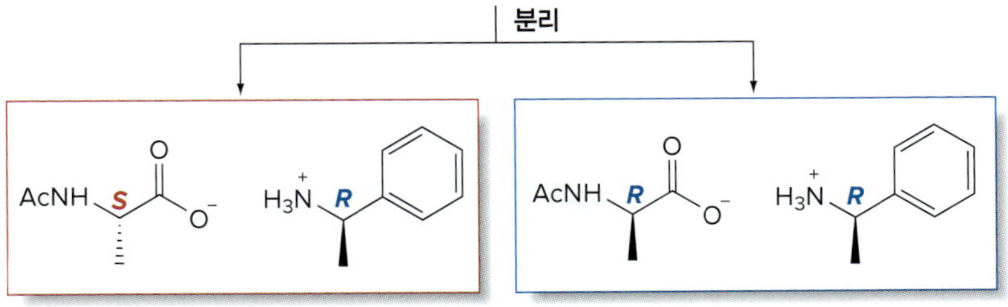

—계속

단계 [3] 아마이드를 가수 분해하여 아미노산을 재생한다.

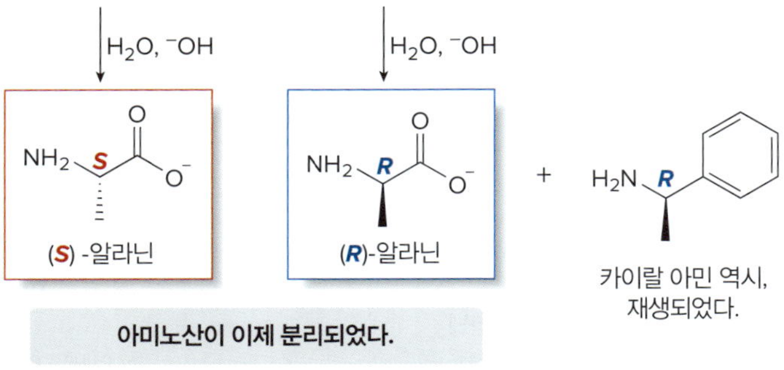

H_2O, ^-OH H_2O, ^-OH

(S)-알라닌 (R)-알라닌 + 카이랄 아민 역시, 재생되었다.

아미노산이 이제 분리되었다.

단계 [1]은 *N*-아세틸 알라닌의 라셈 혼합물이 분할제인 (*R*)-α-methylbenzylamine과 반응하는 단순한 산–염기 반응이다. 생성된 염은 하나의 입체 발생 중심에서는 배열이 같으나 다른 입체 발생 중심에 대해서는 배열이 반대이기 때문에 **거울상 이성질체가 아니라 부분 입체 이성질체이다.**

단계 [2]에서 부분 입체 이성질체는 결정화나 증류 같은 물리적 방법으로 분리된다.

단계 [3]에서 아마이드는 염기 수용액에서 가수 분해되어 아미노산으로 재생된다. 이제 아미노산은 각각 분리되었다. 분리된 아미노산의 광학 활성을 측정하여 알려진 광회전도와 비교하면 각 거울상 이성질체의 순도를 결정할 수 있다.

문제 27.5 다음 중 어느 아민이 아미노산의 라셈 혼합물 분할에 사용될 수 있는가?

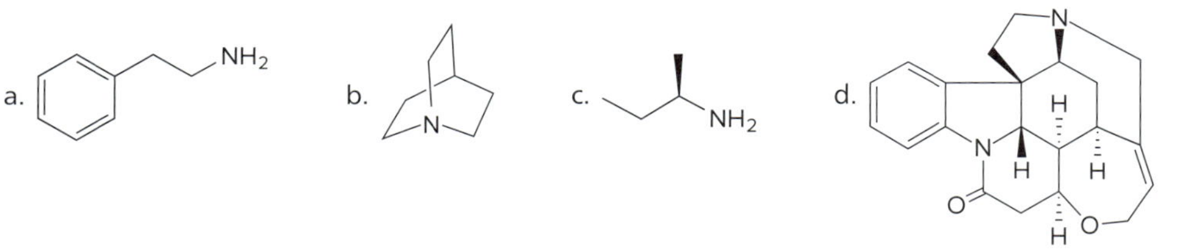

a. b. c. d.

strychnine
(강한 독성 물질)

문제 27.6 (*R*)-α-Methylbenzylamine을 사용하여 루신의 라셈 혼합물을 광학적으로 활성인 아미노산으로 분할하는 과정을 순서대로 적어라.

27.2B 효소를 이용한 아미노산의 속도론적 분할

아미노산을 분리하는 두 번째 방법은 두 거울상 이성질체는 카이랄 시약과 다르게 반응한다는 사실에 근거한다. **효소**는 전형적인 카이랄 시약이다.

이 방법에 대한 설명은 (*R*)-과 (*S*)-알라닌 라셈 혼합물을 아세트산 무수물로 처리하여 만든 (27.2A절) *N*-아세틸 알라닌의 두 거울상 이성질체에서 다시 시작한다. **아실 효소(acylase)라 부르는 한 효소군은 *N*-아세틸 알라닌에 있는 것과 같은 아마이드 결합을 가수 분해한다. 그러나 오직 L-아미노산의 아마이드 결합만 가수 분해한다.** 그러므로 *N*-아세틸 알라닌의 라셈 혼합물을 아실 효소로 처리하면 L-알라닌(*S* 입체 이성질체)의 아마이드 결합만 가수 분해되어 L-알라닌이 재생되지만, D-알라닌(*R* 입체 이성질체)의 아마이드 결합은 그대로 남아 있게 된다. 이제 반응 혼합물은 한 가지 아미노산과 한 가지 *N*-아세틸 아미노산으로 되어 있다. 이들은 작용기의 물리적 성질이 서로 다르므로 물리적으로 분리할 수 있다.

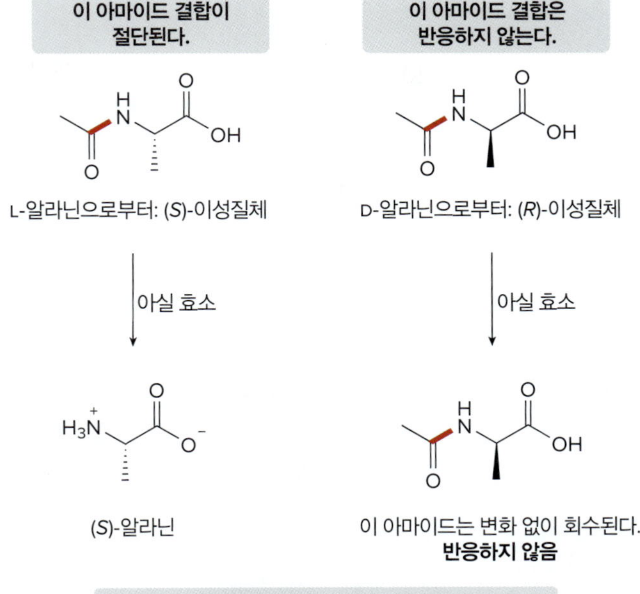

- 거울상 이성질체 중의 한 종류에만 선택적으로 일어나는 화학 반응으로 두 거울상 이성질체를 분리하는 작업보다는 과정을 **반응 속도론적 분할(kinetic resolution)**이라고 한다.

문제 27.7 다음 반응에서 생성되는 유기 생성물을 그려라.

$H_3\overset{+}{N}$ ... O^- [1] Ac_2O [2] acylase

(거울상 이성질체의 혼합물)

27.3 아미노산의 거울상 선택성 합성

27.2절에서 아미노산의 라셈 혼합물을 분할하는 방법으로 소개한 두 방법을 사용하면 거울상 이성질체상으로 순수한 아미노산을 얻어 연구에 사용할 수는 있지만, 반응 생성물의 절반은 원하는 배열이 아니기 때문에 소용이 없게 된다. 더욱이 분할 과정은 비용이 많이 들고 시간도 오래 걸린다.

하지만 카이랄 시약을 사용하여 아미노산을 합성한다면, 분할할 필요 없이 다른 거울상 이성질체보다 원하는 거울상 이성질체를 더 높은 수율로 얻을 수 있을 것이다. 예를 들어, **거울상 선택성(또는 비대칭성) 수소화 반응**을 사용하면 단일 거울상 이성질체의 아미노산을 얻을 수 있다. Sharpless 비대칭 에폭시화 반응의 카이랄 촉매(12.15절)처럼, 이 방법의 성공 여부도 카이랄 촉매를 찾아내는 데 달려 있다.

필요한 출발물은 알켄이다. 출발물 알켄의 이중 결합에 H_2를 첨가하면 카복시기의 α 탄소에 새로운 입체 발생 중심이 있는 *N*-아세틸 아미노산이 생성된다. 적절한 카이랄 촉매를 사용하면 자연에 존재하는 *S* 배열의 생성물을 얻을 수 있다.

AcNH, R, OH — H_2, 카이랄 촉매 →

비카이랄 알켄

α 탄소에 새로운 입체 발생 중심

적절한 촉매를 선택하면 천연 *S* 이성질체가 생성된다.

ClO_4^- Ph = C_6H_5 = Rh*

카이랄 수소화 반응 촉매

이런 목적으로 몇 가지 복잡한 구조의 카이랄 촉매가 개발되었다. 많은 촉매가 금속 **로듐(rhodium)**을 포함하고 있고, 한 개 또는 그 이상의 인(phosphorus) 원자가 있는 카이랄 분자와 착물을 이루고 있다. 간단히 **Rh***로 약칭되는 한 촉매의 예가 나와 있다.

이 촉매는 로듐염과 인 화합물, 2,2'-bis(diphenylphosphino)-1,1'-binaphthyl (**BINAP**)에서 합성된다. 촉매를 카이랄로 만드는 것은 BINAP 부분(그림 27.5)의 구조이다.

그림 27.5
BINAP의 구조

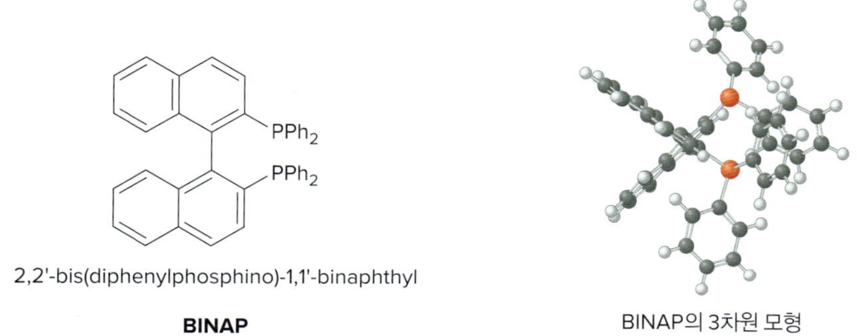

• 두 나프탈렌 고리는 각각에 대하여 수직으로 배향되어 있어서 분자를 카이랄성으로 만드는 단단한 모양이 되게 한다.

> Ryoji Noyori는 비대칭적 수소화 반응에 카이랄 BINAP을 이용하는 방법을 개발하여 2001년도 노벨 화학상을 공동 수상하였다.

> 트위스토플렉스(Twistoflex)와 헬리센(helicene)(15.5절)은 모양 때문에 카이랄 분자가 되는 다른 두 종류의 방향족 화합물이다.

BINAP는 정사면체 입체 발생 중심이 없지만, 카이랄인 몇 안 되는 분자 중의 하나이다. BINAP의 모양이 이 분자를 카이랄 분자로 만든다. BINAP 분자의 두 나프탈렌 고리는 서로 거의 90°로 위치하여 인접한 고리에 있는 수소 원자 사이의 입체 장애를 최소화한다. 이렇게 단단하게 제한된 삼차원 구조 때문에 거울상과 포개지지 않고 카이랄 화합물이 된다.

거울상 선택성 수소화 반응을 이용하면 페닐알라닌의 한 입체 이성질체를 합성할 수 있다. 비카이랄 알켄 **A**를 H_2와 카이랄 로듐 촉매 Rh*로 처리하면 100% *ee*로 *N*-아세틸 페닐알라닌의 *S* 이성질체가 얻어진다. 그 다음에 질소에 붙어 있는 아세틸기를 가수 분해하면 단일 거울상 이성질체의 페닐알라닌이 생긴다.

A — H_2, Rh* (거울상 선택성 수소화) → *S* 거울상 이성질체 100% *ee* — H_2O, ^-OH (가수 분해) → (*S*)-phenylalanine

문제 27.8 H_2와 Rh*을 사용하여 거울상 선택성 수소화 반응으로 다음 각 아미노산을 합성할 때 어떤 알켄이 필요한가?

문제 27.9 2형 당뇨병 치료제인 sitagliptin(상품명 Januvia, 문제 15.15)을 카이랄 금속 촉매를 이용하는 비대칭 수소화 반응으로 만드는 데 필요한 출발물은 무엇인가? 이 반응은 sitagliptin의 산업적 합성에서 사용된다.

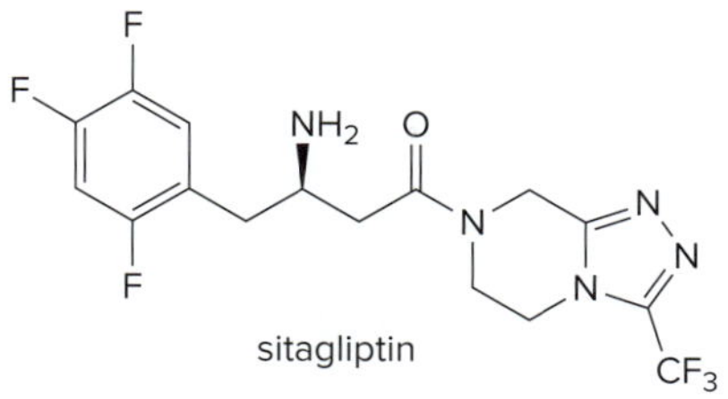

sitagliptin

27.4 펩타이드

아미노산이 아마이드 결합으로 서로 결합하면 **펩타이드(peptide)**와 **단백질(protein)**이라 불리는 거대 분자가 생성된다.

- **다이펩타이드**는 두 개의 아미노산이 **한 개**의 아마이드 결합에 의해 연결된다.
- **트라이펩타이드**는 세 개의 아미노산이 **두 개**의 아마이드 결합에 의해 연결된다.

다이펩타이드
두 아미노산이 함께 연결되었다.

트라이펩타이드
세 아미노산이 함께 연결되었다.

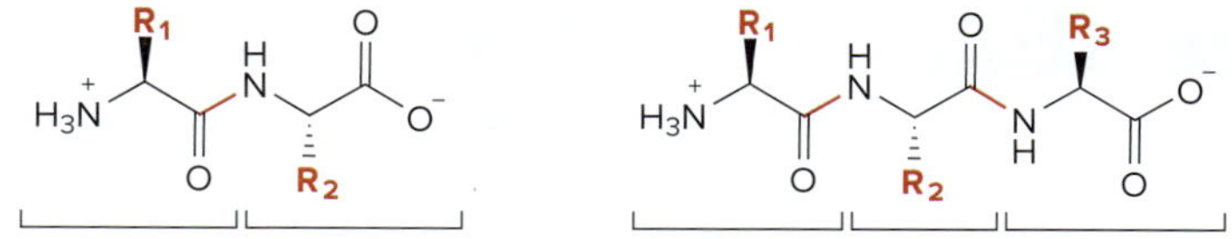

[아마이드 결합은 붉은색으로 그렸다.]

폴리펩타이드와 **단백질**은 모두 많은 아미노산이 선형으로 연결된 긴 사슬이다. 그러나 **단백질**이라는 용어는 40개 이상의 아미노산이 중합된 경우에만 보통 사용된다.

- 펩타이드와 단백질의 아마이드 결합은 **펩타이드 결합**이라 불린다.
- 각 아미노산은 **아미노산 잔기**라고 불린다.

27.4A 단순 펩타이드

다이펩타이드를 만들기 위해서는, 한 아미노산의 아미노기와 다른 아미노산의 카복시기 사이에서 아마이드 결합이 생성되어야 한다. 각 아미노산에는 아미노기와 카복시기가 모두 결합되어 있으므로 **두 개의 다른 다이펩타이드가 생성될 수 있다**. 이 예를 알라닌과 시스테인으로 나타내었다.

[1] **알라닌의 COO^-기는 시스테인의 NH_3^+기와 결합할 수 있다.**

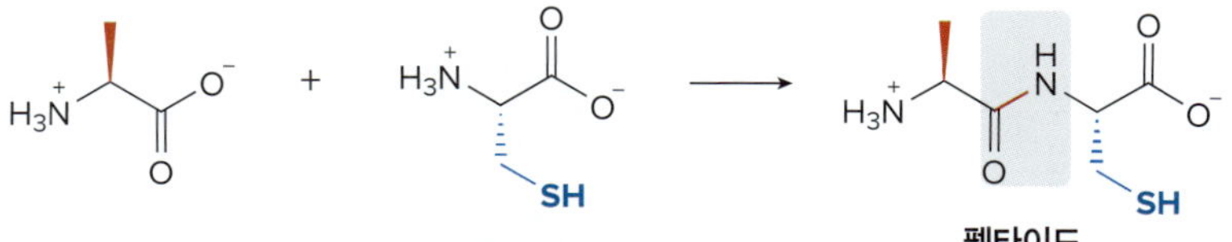

알라닌 시스테인

펩타이드 결합

Ala–Cys

[2] **시스테인의 COO^-기는 알라닌의 NH_3^+기와 결합할 수 있다.**

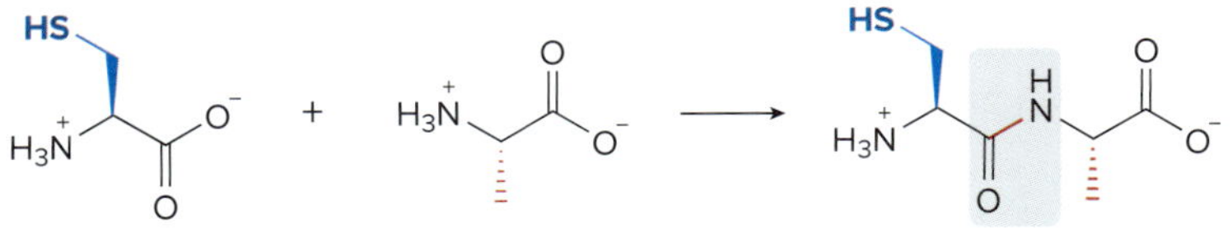

시스테인 알라닌 펩타이드 결합 Cys–Ala

이 화합물은 각각에 대한 **구조 이성질체**이다. 둘 다 사슬의 한 말단에 자유 아미노기(NH_3^+로 양성자가 첨가된)가 있고 다른 말단에 자유 카복시기(카복실산 음이온, COO^-로 양성자가 제거된)가 있다.

- 자유 아미노기가 있는 아미노산을 **N-말단 아미노산**이라 부른다.
- 자유 카복시기가 있는 아미노산을 **C-말단 아미노산**이라 부른다.

관례상 **N-말단 아미노산은 항상 사슬의 왼쪽 끝에, C-말단 아미노산은 사슬의 오른쪽 끝에 쓴다.** 펩타이드는 사슬의 N-말단에서 C-말단 방향으로 구성 아미노산의 한 문자 또는 세 문자 약칭을 순서대로 나열하여 나타낼 수 있다. 그러므로 Ala–Cys는 N-말단에 알라닌이 있고, C-말단에 시스테인이 있다. 반면에 Cys–Ala는 N-말단에 시스테인, C-말단에 알라닌이 있다. 예제 27.1은 이런 관용적 표시법을 트라이펩타이드에 적용한 예를 보여준다.

예제 27.1 세 문자 약칭으로부터 펩타이드의 구조 그리기

다음 트라이펩타이드의 구조를 그려라. 그리고 N-말단과 C-말단을 표시하라: Ala–Gly–Ser.

풀이

왼쪽에서 오른쪽으로 아미노산의 구조를 그린다. **한 아미노산의 COO^-를 인접한 아미노산의 NH_3^+기의 옆에 놓는다.** 항상 **NH_3^+ 기를 왼쪽**에, **COO^-기를 오른쪽**에 그린다. 그리고 인접한 COO^-기와 NH_3^+기를 아마이드 결합으로 연결하여 트라이펩타이드를 생성한다.

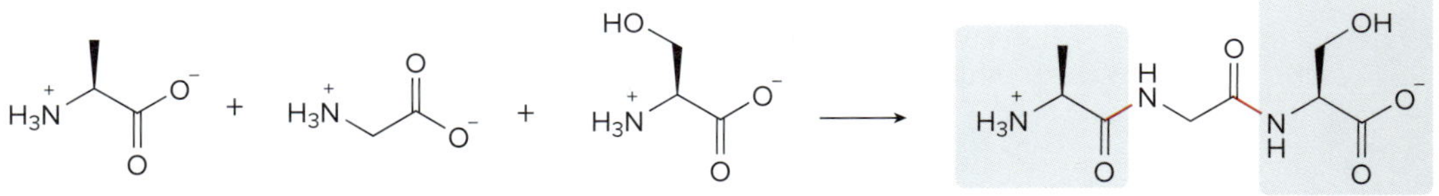

Ala Gly Ser

N-말단 아미노산 **C-말단 아미노산**

트라이펩타이드 **Ala–Gly–Ser**
[새로운 펩타이드 결합을 붉은색으로 그렸다.]

N-말단 아미노산은 **알라닌**이고 C-말단 아미노산은 **세린**이다.

문제 27.10 각 펩타이드의 구조를 그려라. N-말단과 C-말단 아미노산 그리고 모든 아마이드 결합을 표시하라.

a. VaL–Glu b. Gly–His–Leu c. M–A–T–T

추가 문제: 문제 27.29a; 27.44; 27.45b, d를 풀어보라.

예제 27.1의 트라이펩타이드에는 한 개의 N-말단 아미노산, 한 개의 C-말단 아미노산 그리고 두 개의 펩타이드 결합이 있다.

- 구성 아미노산 잔기의 개수에 상관없이 오직 **한 개**의 N-말단 아미노산, **한 개**의 C-말단 아미노산이 존재한다.
- *n*개의 아미노산을 포함하는 사슬의 아마이드 결합은 $n-1$개이다.

문제 27.11 구성 아미노산에 대해 한 개 문자 표시와 세 문자 약칭을 사용하여 다음 각 펩타이드를 명명하라.

a. b.

27.4B 펩타이드 결합

> 14.6절에서 본 것처럼 buta-1,3-diene 또한 *s*-시스와 *s*-트랜스 형태로 존재할 수 있다. Buta-1,3-diene의 ***s*-시스 형태는 두 개의 이중 결합이 단일 결합의 같은 쪽**에(이면각 = 0°), ***s*-트랜스 형태는 두 개의 이중 결합이 단일 결합의 반대쪽**에 위치한다(이면각 = 180°).

아마이드의 카보닐 탄소는 ***sp*² 혼성의 삼각 평면** 구조이다. N 원자의 비결합 전자쌍이 비편재화된 두 번째 공명 구조를 그릴 수 있다. 아마이드는 다른 아실 화합물보다 공명에 의해 더욱 안정화되는데, **C=N 공명 구조가 혼성체에 큰 기여를 한다.**

펩타이드 결합의 두 공명 구조

이런 공명 안정화로 중요한 결과들이 나타난다. 이런 부분적인 이중 결합의 특성 때문에 **C−N 결합 주위의 회전이 제한된다.** 그 결과 두 개의 다른 형태가 있을 수 있게 된다.

***s*-trans** ***s*-cis**

- *s*-트랜스 형태는 C−N 결합의 **반대**쪽에 두 R기가 위치한다.
- *s*-시스 형태는 C−N 결합의 **같은** 쪽에 두 R기가 위치한다.
- 펩타이드 결합의 *s*-트랜스 형태가 일반적으로 *s*-시스 형태보다 안정하다. 왜냐하면 *s*-트랜스 구조는 부피가 큰 두 R기가 서로 멀리 떨어져 있기 때문이다.

> 펩타이드 결합의 평면 기하 구조는 에틸렌(또는 다른 알켄)의 평면 기하 구조와 유사하다. 이들 기하 구조에서는 sp^2 혼성 탄소 원자 사이의 이중 결합으로 모든 결합각이 ~120°가 되고 여섯 개의 원자가 전부 같은 면에 놓여지게 된다.

공명 안정화의 두 번째 결과는 **펩타이드 결합에 관여한 여섯 개의 원자가 모두 같은 평면에 놓이게 되는 것이다.** 모든 결합각은 ~120°이고 C=O와 N−H 결합은 서로 180° 방향에 위치한다.

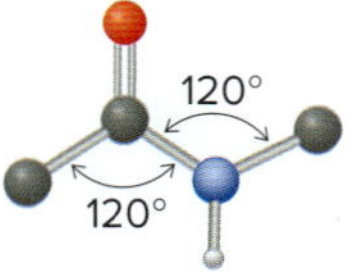

여섯 개의 원자가 한 평면 위에 있다.

다음 테트라펩타이드의 구조에서 긴 펩타이드 사슬에 나타나는 이들 효과의 결과를 볼 수 있다.

- *s*-트랜스 배열은 긴 사슬을 지그재그 배열로 만든다.
- 각 펩타이드 결합에서 N−H와 C=O 결합은 평행하고 서로 180°로 놓여 있다.

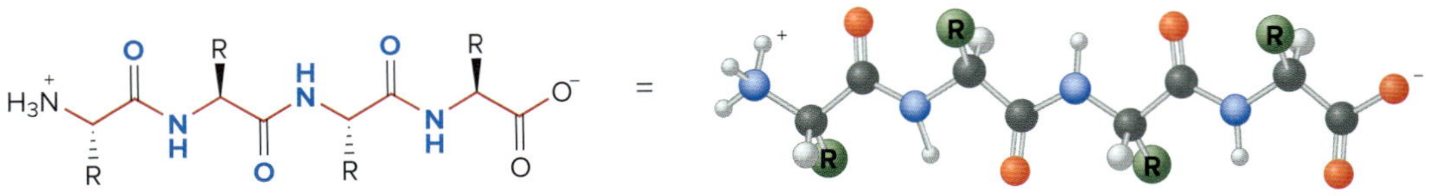

테트라펩타이드

27.4C 흥미로운 펩타이드

비교적 단순한 펩타이드도 중요한 생물학적 기능을 할 수 있다. 예를 들면 **브래디카이닌(bradykinin)**은 아홉 개의 아미노산으로 이루어진 펩타이드 호르몬이다. 이것은 평활근을 수축시키고 혈관을 이완시키며 통증을 유발한다. 브래디카이닌은 꿀벌 독의 한 성분이다.

Arg–Pro–Pro–Gly–Phe–Ser–Pro–Phe–Arg
bradykinin

옥시토신(oxytocin)과 **바소프레신(vasopressin)** 역시 노나펩타이드 호르몬이다. 이들의 서열은 두 아미노산을 제외하고 동일하다. 그러나 이런 작은 차이가 이들의 생물학적 활성을 아주 다르게 한다. 이 장의 시작에서 언급한 것과 같이 옥시토신은 자궁 근육의 수축을 촉진하여 출산을 유도하고 모유의 생산을 촉진한다. 반면에 바소프레신은 평활근 수축을 조절하여 혈압을 조절한다. 두 호르몬의 N-말단 아미노산은 시스테인 잔기이고 C-말단 잔기는 글리신이다. 두 펩타이드 모두 자유 카복시기 대신 OH 자리에 NH_2기가 있다. 이 점은 사슬의 말단에 덧붙여 그려진 NH_2기로 표시된다.

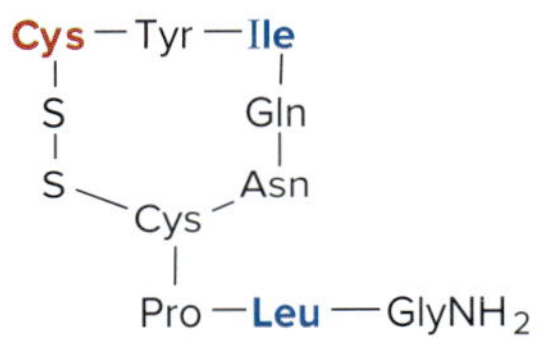

oxytocin: Cys–Tyr–Ile–Gln–Asn–Cys–Pro–Leu–$GlyNH_2$ (Cys–S–S–Cys)

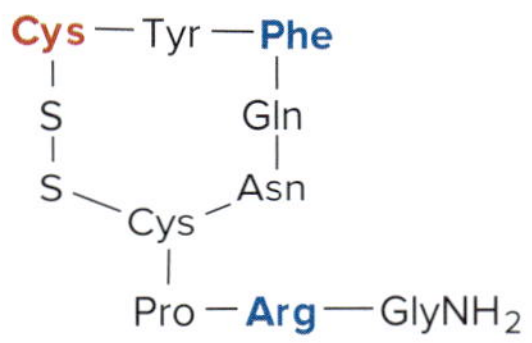

vasopressin: Cys–Tyr–Phe–Gln–Asn–Cys–Pro–Arg–$GlyNH_2$ (Cys–S–S–Cys)

- N 말단 아미노산은 붉은색으로 표시하였다.
- 구성이 다른 아미노산들은 푸른색으로 표시하였다.

싸이올의 이황화물로의 산화는 9.15절에서 논의하였다.

두 펩타이드의 구조에는 모두 **이황화 결합(disulfide bond)**이 있다. 이황화 결합은 공유 결합의 한 구조로 두 시스테인 잔기의 –SH기가 산화되어 생긴 황–황 결합이다. 옥시토신과 바소프레신에서 이황화 결합은 펩타이드를 고리형으로 만든다.

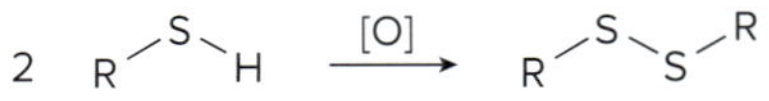

$$2\ R{-}S{-}H \xrightarrow{[O]} R{-}S{-}S{-}R$$

싸이올 → 이황화 결합

인공 감미료 **아스파탐(aspartame**, 그림 26.10)은 다이펩타이드 Asp–Phe의 메틸 에스터이다. 이 합성 펩타이드는 슈크로스(설탕)보다 180배 더 달다(그램–그램 기준). 아스파탐을 구성하는 두 아미노산은 천연의 L-배열이다. Asp 또는 Phe 중 하나가 D-아미노산으로 치환된 화합물은 쓴맛을 낸다.

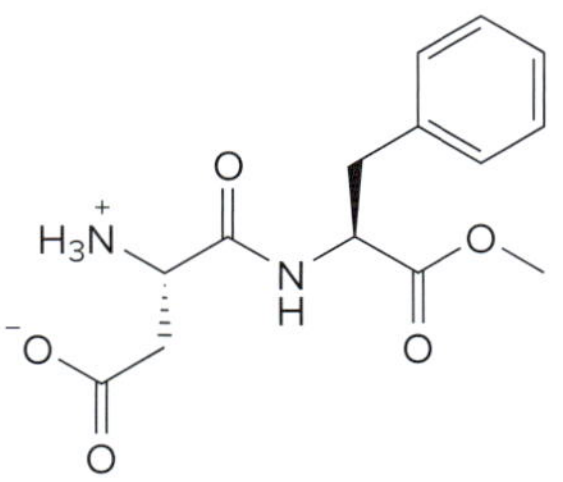

aspartame
Asp–Phe의 메틸 에스터
합성 인공 감미료

문제 27.12 진통제와 마취제로 작용하며 서열이 다음과 같은 펜타펩타이드 leu-enkephalin의 구조를 그려라: Tyr–Gly–Gly–Phe–Leu(유사한 펩타이드 met-enkephalin의 구조는 20.5B절에 나와 있다).

문제 27.13 강력한 항산화제로서 세포 내 유해한 산화 물질을 파괴하는 글루타싸이온(glutathione)은 글루탐산, 시스테인 그리고 글리신으로 구성되어 있으며 구조는 아래에 나와 있다.

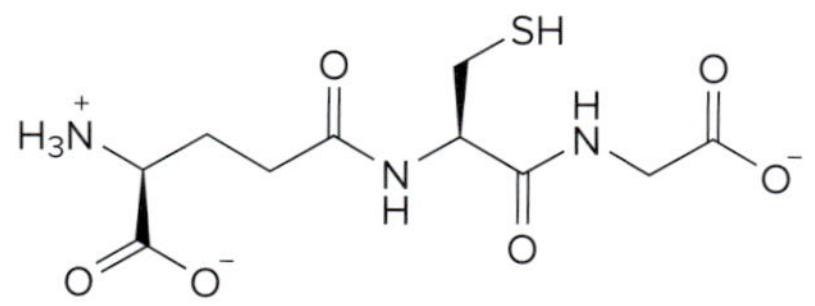

글루타싸이온

a. 글루타싸이온이 산화제와 반응하면 어떤 생성물을 생성하는가?
b. 글루탐산과 시스테인 사이의 펩타이드 결합은 어떤 점이 색다른가?

27.5 펩타이드의 서열 결정

펩타이드의 구조를 알기 위해서는, 어떤 아미노산으로 이루어져 있는가도 알아야 하지만 아미노산이 어떤 순서로 배열되어 있는지도 알아야 한다. 질량 분석기에 의한 분석법(A.5C절)은 분자량이 큰 단백질을 분석하는 데 그 역할이 점점 더 커지고 있지만, 펩타이드 구조 결정에 아직도 널리 사용되고 있는 화학적 방법에 대해 이 절에서 살펴보도록 한다.

27.5A 아미노산 분석

펩타이드의 구조 분석은 일반적으로 **전체 아미노산의 성분**을 분석하는 것으로 시작한다. 아마이드 결합은 염산 수용액에서 24시간 동안 가열하면 모두 가수 분해되어 독립된 각각의 아미노산이 생성된다. 그 다음에 이렇게 얻어진 혼합물을 고성능 액체 크로마토그래피(HPLC)를 이용해서 분리한다. 이 과정에서 아미노산 혼합물 용액을 분리관에 가하면, 각각의 아미노산이 특정한 속도로 이 분리관을 통과하게 된다. 속도의 차이는 주로 아미노산의 극성 차이에 달려 있게 된다.

이 과정을 통해서 펩타이드 내에 어떤 아미노산이 들어 있으며 또한 그들이 어떤 비율로 들어 있는지를 알 수 있다. 그러나 이 과정으로부터 이 펩타이드 내에 아미노산이 어떤 순서로 들어 있는지는 전혀 알 수가 없다. 예를 들어 Gly–Gly–Phe–Tyr와 같은 펩타이드를 완전히 가수 분해하고 HPLC로 분석해 보면 이 펩타이드가 글리신, 페닐알라닌, 타이로신의 세 가지 아미노산으로 이루어져 있다는 것과 글리신 잔기가 페닐알라닌이나 타이로신보다 두 배 더 들어 있다는 것을 알 수 있을 것이다. 그 다음에 펩타이드 사슬에서 아미노산의 정확한 순서는 추가적인 방법으로 결정하여야 한다.

27.5B N-말단 아미노산의 분석—Edman 분해

펩타이드 사슬의 아미노산 서열을 결정하기 위해서는 여러 가지 방법이 함께 동원된다. **N-말단 아미노산을 분석하는 것**으로 유용한 방법이 **Edman 분해 방법**이다. Edman 분해에서는 N-말단 아미노산이 한 번에 하나씩 차례로 분해되어 나오게 된다. 분해되어 나온 아미노산을 분석하면 어떤 아미노산인지 알 수 있으며, 이 과정을 반복하면 전체 순서를 알 수 있게 된다. 현재 이 방법을 사용하여 최대 약 50개의 아미노산을 포함하는 펩타이드의 서열을 결정하는 자동화된 서열 분석기가 시장에 나와 있다.

Edman 분해는 N-말단 아미노산의 친핵성 NH_2기와 phenyl isothiocyanate (**$C_6H_5N{=}C{=}S$**)의 친전자성 탄소 사이의 반응에 기초한다. N-말단 아미노산이 펩타이드에서 분리되면 두 가지 생성물이 생성된다. **이들은 *N*-phenylthiohydantoin (PTH)과 아미노산이 하나 줄어든 펩타이드이다.**

이 *N*-phenylthiohydantoin (PTH)의 유도체는 N-말단 아미노산이었던 원자를 포함하고 있다. 자연에 존재하는 20개의 모든 아미노산에 대한 PTH의 유도체가 이미 잘 알려져 있기 때문에 **이 생성물을 확인하면 펩타이드의 N-말단 아미노산을 알 수 있다.** Edman 분해에 의해서 새롭게 생성된 펩타이드는 원래 펩타이드에 비해서 아미노산이 하나 줄어든 펩타이드이다. 더군다나 이 펩타이드에는 N-말단 아미노산이 있기 때문에 이 과정은 반복될 수 있다.

메커니즘 27.1은 Edman 분해의 중요 과정을 보여주고 있다. N-말단 친핵성 NH_2기가 phenyl isothiocyanate의 친전자성 탄소에 첨가하면 친핵성 첨가 생성물인 *N*-phenylthiourea가 생성된다(부분 [1]). 분자 내 고리화 반응 후에 제거 반응이 일어나면 부분 [2]에서 말단 아마이드 결합의 절단이 일어나서, **아미노산의 수가 하나 줄어든 새로운 펩타이드**가 생성된다. Thiazolinone이라고 하는 황이 들어 있는 헤테로 고리도 생기는데, 이것이 다단계 경로를 거쳐서 자리 옮김하면 *N*-phenylthiohydantoin이 생성된다. **이 생성물에 들어 있는 R기가 바로 N-말단에 위치했었던 아미노산이다.**

메커니즘 27.1 Edman 분해

부분 [1] *N*-phenylthioure의 생성

1 ~ 2 N-말단 아미노산에 있는 아미노기가 phenyl isothiocyanate에 첨가하고 이어서 양성자 이동이 일어나면 ***N*-phenylthioure**가 생성된다.

부분 [2] N-말단 아미노산과 *N*-phenylthiohydantoin (PTH)의 생성

3 아마이드 카보닐에 S 원자의 친핵성 첨가가 일어나면 오원자 고리가 생성된다.

4 아미노기가 떨어져 나가면 두 개의 생성물, 즉 thiazolinone 고리와 **원래의 펩타이드보다 아미노산이 하나 줄어든 펩타이드** 사슬이 생성된다.

5 Thiazolinone이 다단계 경로를 거쳐서 자리 옮김하면 **원래의 아미노산을 포함하고 있는 *N*-phenylthiohydantoin (PTH)**이 생성된다.

이론적으로는 Edman 분해에 의해 어떤 크기의 단백질도 분석 가능할 것 같지만, 실제적으로는 반응을 진행할수록 원치 않는 부산물이 계속해서 쌓여 가기 때문에 아미노산이 대략 50개 이하인 단백질만 이 방법으로 분석이 가능하다.

문제 27.14 다음 펩타이드를 Edman 분해하였을 때 생성되는 *N*-phenylthiohydantoin의 구조식을 쓰라.

a. Ala–Gly–Phe–Phe b. VaL–Ile–Tyr

27.5C 펩타이드의 부분 가수 분해

펩타이드에 모든 아마이드 결합을 자르는 것이 아니라 일부만을 자르는 것으로부터 구조 결정에 추가적인 여러 정보를 얻을 수 있다. 펩타이드를 산으로 부분 가수 분해하면 아무렇게나 잘라진 여러 조각이 얻어진다. 이들 조각난 펩타이드의 아미노산 순서를 결정하고 **겹쳐진 부분을 파악하고** 나면, 예제 27.2에서 보는 바와 같이 완전한 펩타이드의 전체 아미노산의 순서를 결정할 수 있다.

예제 27.2 부분 가수 분해를 이용하여 펩타이드의 아미노산 서열을 결정하기

헥사펩타이드(hexapeptide)의 아미노산 서열을 결정하라. 이 펩타이드는 Ala, Val, Ser, Ile, Gly, Tyr로 이루어져 있으며, HCl로 부분 가수 분해되었을 때 Gly–Ile–Val, Ala–Ser–Gly, Tyr–Ala로 이루어진 조각을 생성한다.

풀이

작은 조각의 아미노산 서열을 보면 겹쳐진 부분을 찾을 수 있다. 이 겹쳐진 부분을 잘 살펴보면 이들 조각을 어떻게 하나로 정돈할 수 있는지 알 수 있다. 이 예에서 Ala–Ser–Gly 조각은 다른 두 조각과 공통된 부분을 보여준다. 따라서 이들 세 조각이 어떻게 연결되는지 알 수 있다.

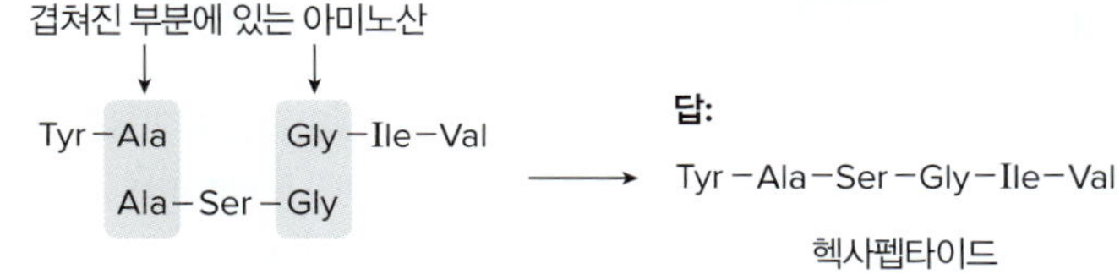

문제 27.15 옥타펩타이드의 아미노산 서열을 결정하라. 이 펩타이드는 Tyr, Ala, Leu (2당량), Cys, Gly, Glu, Val로 이루어져 있으며, HCl로 부분 가수 분해되었을 때 Val–Cys–Gly–Glu, Ala–Leu–Tyr, Tyr–Leu–Val–Cys로 이루어진 조각을 생성한다.

추가 문제: 문제 27.49를 풀어보라.

효소를 사용해서 펩타이드의 특정한 부분에서만 가수 분해가 일어나게 할 수 있다. Carboxypeptidase를 이용하면 C-말단 아미노산이 연결된 아마이드 결합을 가수 분해할 수 있으며, 가수 분해가 일어나면 C-말단 아미노산과 아미노산의 개수가 하나 줄어든 펩타이드가 얻어진다. 이와 같은 방법으로 **carboxypeptidase는 C-말단 아미노산을 분석하는 데 사용될 수 있다.**

다른 효소는 특정한 아미노산과 연결된 아마이드 결합을 가수 분해한다.

- Trypsin은 아르지닌이나 라이신과 같이 염기성 아미노산의 카보닐기와 연결된 아마이드 결합을 가수 분해한다.
- Chymotrypsin은 페닐알라닌, 타이로신, 트립토판과 같이 방향족 아미노산의 카보닐기와 연결된 아마이드 결합을 가수 분해한다.

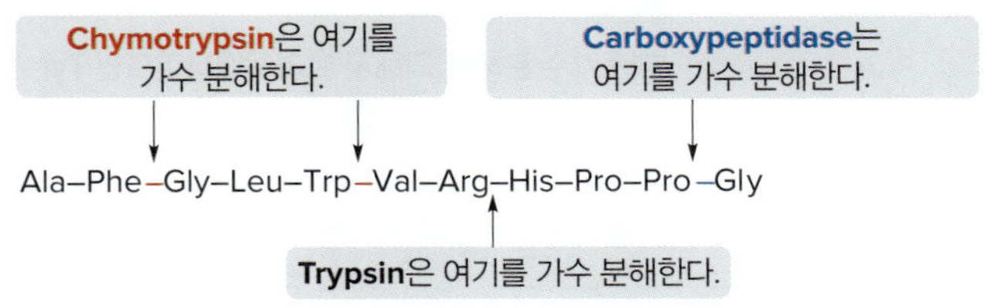

표 27.2에 펩타이드의 아미노산 서열을 결정하는 데 자주 사용되는 효소의 특성이 나와 있다.

표 27.2 펩타이드의 서열 결정에서 사용하는 특정 효소의 절단 위치

효소	절단 위치
carboxypeptidase	C-말단 아미노산이 연결된 아마이드 결합
chymotrypsin	Phe, Tyr 또는 Trp의 카보닐기와 연결된 아마이드 결합
trypsin	Arg 또는 Lys의 카보닐기와 연결된 아마이드 결합

문제 27.16 (a) 각각의 펩타이드를 trypsin으로 처리하면 어떤 생성물이 생성되겠는가? (b) 각각의 펩타이드를 chymotrypsin으로 처리하면 어떤 생성물이 생성되겠는가?

[1] Gly–Ala–Phe–Leu–Lys–Ala
[2] Phe–Tyr–Gly–Cys–Arg–Ser
[3] Thr–Pro–Lys–Glu–His–Gly–Phe–Cys–Trp–Val–Val–Phe

꿀벌이 찌른 상처는 펩타이드 melittin 때문이다. *Bigemrg/Getty Images*

문제 27.17 Dynorphins은 코카인 중독과 연관된 뇌에서의 변화에서 중요한 역할을 하는 오피오이드(opioid) 펩타이드 그룹이다. 이들 펩타이드의 하나인 dynorphin A는 아미노산 서열이 다음과 같다. Tyr–Gly–Gly–Phe–Leu–Arg–Arg–Ile–Arg–Pro–Lys–Leu–Lys. Dynorphin A를 각각의 시약이나 효소로 처리하였을 때 생기는 아미노산과 펩타이드 조각을 그려라. (a) chymotrypsin (b) trypsin (c) carboxypeptidase (d) $C_6H_5N{=}C{=}S$.

문제 27.18 벌 독의 주요한 독소인 melittin은 서열이 다음과 같은 펩타이드이다. GIGAVLKVLTTGLPALISWIKRKRQQ. Melittin을 각 효소로 처리하였을 때 생기는 생성물은 무엇인가? (a) trypsin (b) chymotrypsin (c) carboxypeptidase.

예제 27.3 펩타이드 서열 유추하기

펜타펩타이드의 아미노산 서열을 결정하라. 이 펩타이드는 Ala, Glu, Gly, Ser, Tyr로 이루어져 있으며 다음과 같은 실험 자료가 얻어졌다. Edman 분해에 의해 Gly이 펩타이드로부터 떨어져 나오며, carboxypeptidase로 처리하면 Ala와 테트라펩타이드가 얻어진다. 이 펩타이드를 chymotrypsin으로 처리하면 각각 다이펩타이드와 트라이펩타이드가 생성된다. 이 펩타이드를 부분 가수 분해하였을 때 Gly 및 Ser과 Tyr–Glu–Ala로 이루어진 조각이 얻어진다.

풀이

각 결과를 사용하여 펜타펩타이드의 아미노산의 위치를 결정하라.

실험		결과
• Edman 분해에 의해 N-말단 아미노산을 결정한다. 이 경우에는 Gly이다.	→	**Gly**– _ – _ – _ – _
• Carboxypeptidase로 처리한 후 사슬의 끝에서 떨어져 나온 C-말단 아미노산(Ala)을 분석한다.	→	Gly– _ – _ – _ –**Ala**
• Chymotrypsin은 방향족 아미노산의 카보닐기와 연결된 아마이드 결합을 가수 분해한다. Chymotrypsin으로 처리한 후에 다이펩타이드와 트라이펩타이드가 생성되므로, Tyr은 다이펩타이드 또는 트라이펩타이드의 C-말단 아미노산이어야 한다. 따라서 Tyr은 이 펩타이드 내에서 두 번째 또는 세 번째 위치에 놓인다.	→	Gly–**Tyr**– _ – _ –Ala or Gly– _ –**Tyr**– _ –Ala
• 부분 가수 분해에 의해서 트라이펩타이드인 Tyr–Glu–Ala가 생성된다. Ala가 C-말단 아미노산이므로 사슬 맨 끝부분의 세 개의 아미노산을 결정할 수 있다.	→	Gly– _ –**Tyr–Glu**–Ala
• 마지막 아미노산인 Ser은 남아 있는 한 곳에 위치해야만 한다. 남아 있는 위치는 펜타펩타이드에서 두 번째이다. 그러면 완전한 아미노산 서열이 결정되었다.	→	Gly–**Ser**–Tyr–Glu–Ala

문제 27.19 헵타펩타이드의 서열을 결정하라. 이 펩타이드는 Ala, Arg, Glu, Gly, Leu, Phe, Ser로 이루어져 있으며, 이 펩타이드로부터 다음과 같은 실험 자료가 얻어졌다. Edman 분해에 의해 Leu이 헵타펩타이드로부터 떨어져 나오며, carboxypeptidase로 처리하면 Glu와 헥사펩타이드가 얻어진다. 이 헵타펩타이드를 chymotrypsin으로 처리하면 하나의 아미노산과 헥사펩타이드가 얻어진다. 이 헵타펩타이드를 trypsin으로 처리하면 펜타펩타이드와 다이펩타이드가 생성된다. 부분 가수 분해에 의해서 Glu, Leu, Phe와 트라이펩타이드인 Gly–Ala–Ser과 Ala–Ser–Arg가 생성된다.

추가 문제: 문제 27.49~27.52를 풀어보라.

27.6 펩타이드 합성

알라닌과 글리신으로부터 Ala–Gly 같은 다이펩타이드를 합성하는 과정은 두 아미노산 모두 두 작용기가 있기 때문에 복잡하다. 결과적으로 가능한 생성물은 Ala–Ala, Ala–Gly, Gly–Gly 그리고 Gly–Ala과 같이 네 개이다.

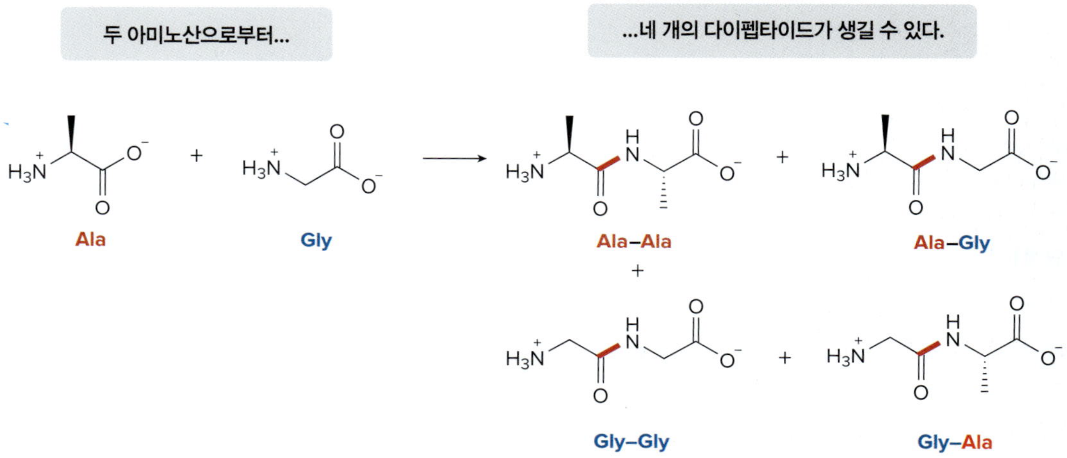

두 아미노산으로부터... ...네 개의 다이펩타이드가 생길 수 있다.

Ala + Gly → Ala–Ala + Ala–Gly + Gly–Gly + Gly–Ala

어떻게 알라닌의 COOH기와 글리신의 NH_2기를 선택적으로 연결할 수 있을까?

• 반응이 일어나는 것을 원하지 않는 작용기를 보호한 후, 아마이드 결합을 만든다.

해결 방법 두 아미노산으로부터 다이펩타이드를 합성하는 방법

예

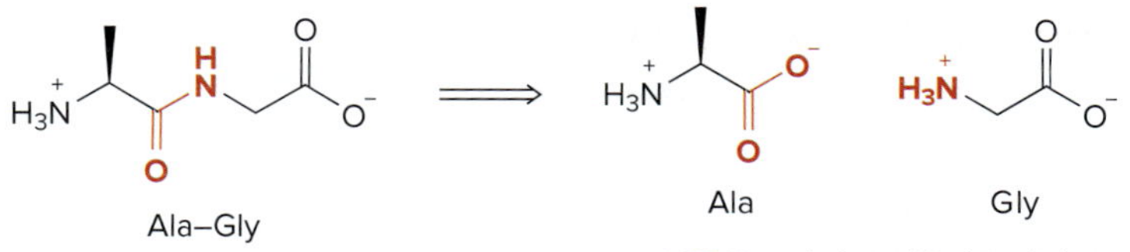

Ala–Gly ⟹ Ala Gly

붉은색 표시된 두 작용기를 연결

단계 [1] 알라닌의 NH_2기를 보호한다.

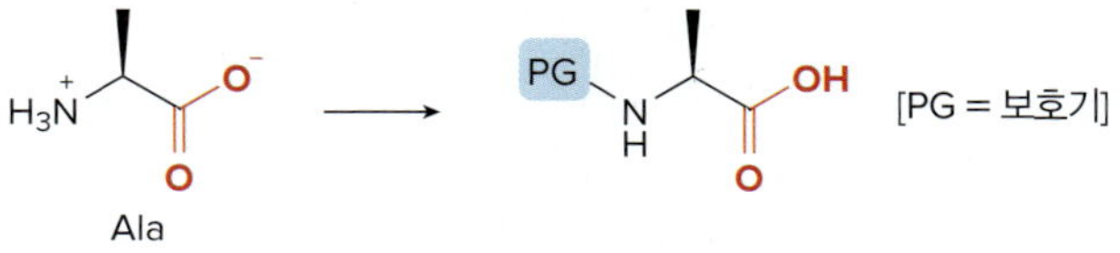

Ala → PG–NH–CH(CH₃)–COOH [PG = 보호기]

• 중성 아미노산에서 NH_2기는 주로 암모늄 이온, $-NH_3^+$으로 존재

—계속

단계 [2] 글리신의 COOH기를 보호한다.

Gly

• 중성 아미노산에서 CO_2H기는 주로 카복실산 음이온, $-COO^-$으로 존재한다.

단계 [3] DCC로 아마이드 결합을 만든다.

Dicyclohexylcarbodiimide (**DCC**)는 아마이드 결합을 생성하기 위하여 일반적으로 사용하는 시약이다(20.9D절). DDC는 카복실산의 OH기를 더 좋은 이탈기로 만들어 **친핵성 공격에 대하여 카복시기를 활성화**한다.

DCC =

dicyclohexylcarbodiimide

단계 [4] 두 보호기를 제거한다.

Ala–Gly

아미노 보호기로 널리 사용되는 두 가지 방법 중에서 첫 번째는 아민을 **카바메이트(carbamate)**—즉 카보닐이 산소 원자와 질소 원자 양쪽 모두와 연결된 작용기—로 바꾼다. 카바메이트의 N 원자가 카보닐기와 결합되어 있는 보호된 아미노기는 더 이상 친핵체가 아니다.

카바메이트

아미노산 —보호→ **N-보호된 아미노산**

Boc로 약칭하는 ***tert*-butoxycarbonyl 보호기**는 아미노산이 di-*tert*-butyl dicarbonate와 친핵성 아실 치환 반응을 하여 생성된다.

di-*tert*-butyl dicarbonate + 아미노산 —Et_3N, 보호→ = Boc–NH

Boc-보호된 아미노산

tert-뷰톡시카보닐
Boc

Boc기가 유용한 보호기가 되기 위해서는 분자 내의 다른 작용기에 영향을 주지 않는 반응 조건으로 제거될 수 있어야 한다. Boc기는 **trifluoroacetic acid** (CF_3CO_2H), **HCl** 또는 **HBr**과 같은 산으로 제거될 수 있다.

$(Boc)_2O$

CF_3CO_2H 또는 HCl 또는 HBr

+ CO_2 +

보호기 제거

9-플루오렌일메톡시카보닐
Fmoc

Fmoc로 약칭하는 두 번째 아미노 보호기인 **9-fluorenylmethoxycarbonyl** 보호기는 아미노산이 9-fluorenylmethyl chloroformate와 친핵성 아실 치환 반응을 하여 생성된다.

Fmoc

Na_2CO_3 H_2O

보호

Fmoc-보호된 아미노산

9-플루오레닐
메틸클로로포메이트
Fmoc – Cl

Fmoc 보호기는 대부분의 산에 안정하며 염기(NH_3 또는 아민)로 처리하면 보호기가 제거된다.

+ + CO_2

보호기 제거

카복시기는 보통 알코올 및 산과 반응시켜 **메틸** 또는 **벤질 에스터**로 보호한다.

CH_3OH, H^+

Ph⁀OH, H^+

보호

아미노산 에스터

이들 에스터는 일반적으로 염기 수용액에서 가수 분해하여 제거한다.

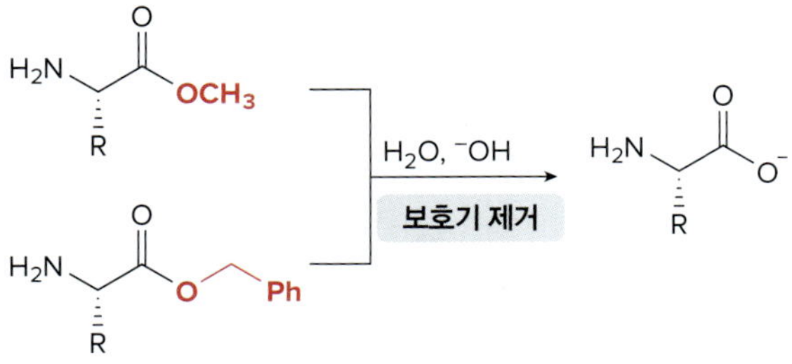

H_2O, ^-OH
보호기 제거
아미노산 에스터

벤질 에스터를 보호기로 사용하는 이점 중 하나는 Pd 촉매의 존재에서 H_2으로 제거할 수 있다는 것이다. 이 과정을 **가수소분해(hydrogenolysis)**라 한다. 이 조건은 산 또는 염기의 어느 것도 사용하지 않기 때문에 아주 온화한 반응이다. 벤질 에스터는 또한 아세트산 용액에서 HBr을 사용하여 제거할 수 있다.

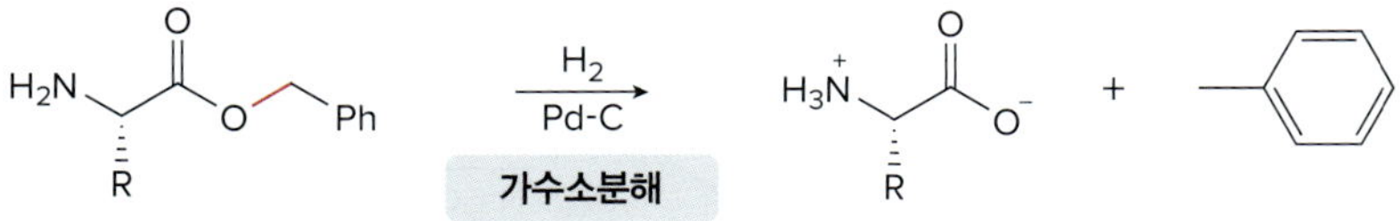

H_2, Pd-C
가수소분해
벤질성 C–O 결합(붉은색)이 절단된다.

문제 27.20 각 반응에서 생성되는 유기 생성물을 그려라.

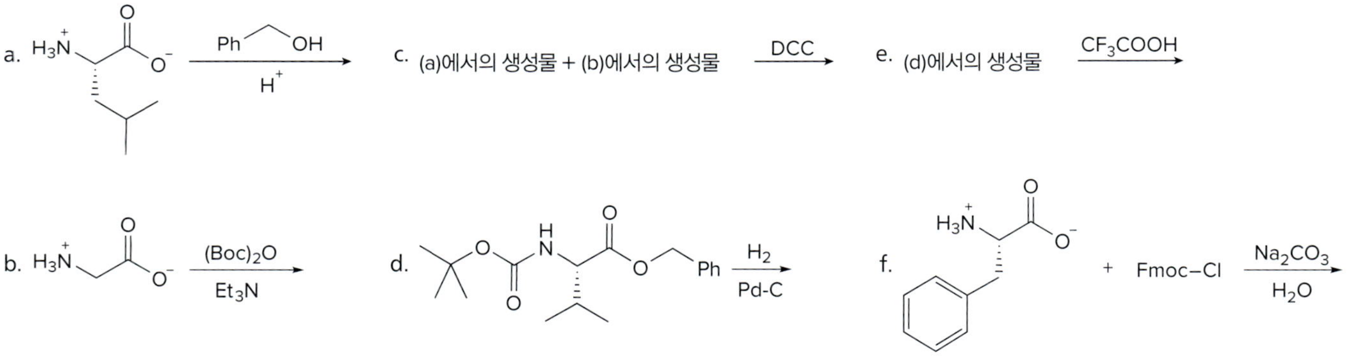

a. Ph–CH₂OH, H^+

b. $(Boc)_2O$, Et_3N

c. (a)에서의 생성물 + (b)에서의 생성물 —DCC→

d. H_2, Pd-C

e. (d)에서의 생성물 —CF_3COOH→

f. + Fmoc–Cl, Na_2CO_3, H_2O

다이펩타이드 Ala–Gly를 합성하는 데 필요한 구체적인 반응을 예제 27.4에 나타내었다.

예제 27.4 다이펩타이드 합성 고안하기

다이펩타이드 Ala–Gly이 합성되는 각 단계를 모두 그려라.

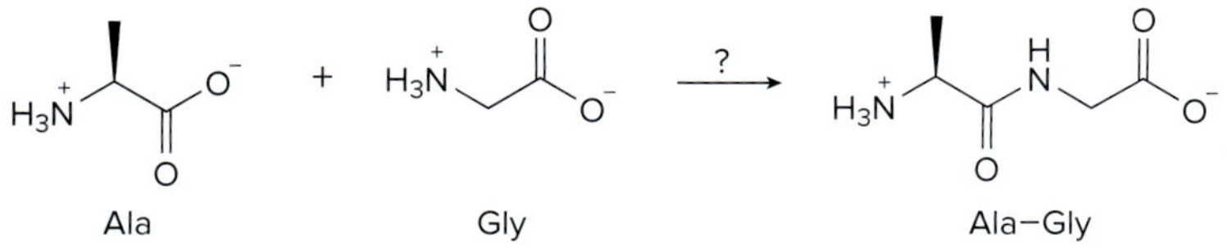

Ala + Gly —?→ Ala–Gly

풀이

단계 [1] Boc기를 사용하여 알라닌의 NH_2기를 보호한다.

Ala $\xrightarrow[Et_3N]{(Boc)_2O}$ Boc–Ala

단계 [2] 벤질 에스터로 글리신의 COOH기를 보호한다.

Gly $\xrightarrow{PhCH_2OH,\ H^+}$ Gly–OCH_2Ph

단계 [3] DCC를 사용하여 아마이드 결합을 만든다.

Boc–Ala + Gly–OCH_2Ph $\xrightarrow{DCC}$ Boc–Ala–Gly–OCH_2Ph

단계 [4] 하나 또는 양쪽의 보호기를 제거한다.

한 단계 또는 다단계 반응으로 보호기를 제거할 수 있다.

Boc–Ala–Gly–OCH_2Ph $\xrightarrow[Pd\text{-}C]{H_2}$ Boc–Ala–Gly (벤질기를 제거한다.)

Boc–Ala–Gly $\xrightarrow{CF_3COOH}$ Ala–Gly (Boc기를 제거한다.)

Boc–Ala–Gly–OCH_2Ph $\xrightarrow[CH_3COOH]{HBr}$ Ala–Gly (두 보호기를 제거한다.)

문제 27.21 아미노산 출발물로부터 각 다이펩타이드의 합성을 고안하라.

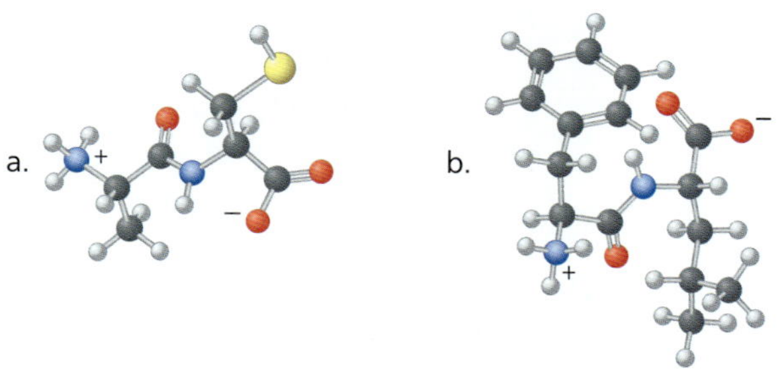

추가 문제: 문제 27.53을 풀어보라.

같은 방식으로 트라이펩타이드나 더 큰 폴리펩타이드 합성도 수행할 수 있다. 단계 [3]에서 보호된 다이펩타이드를 합성한 후, 보호기 중에서 하나의 보호기만 제거한 다이펩타이드는 아래 식에 나타낸 것과 같이 한 작용기만 보호된 세 번째 아미노산과 결합시킬 수 있다.

Boc–Ala–Gly
N-보호된 다이펩타이드

+ Gly–OCH_2Ph
카복시 보호된 아미노산

DCC — 아마이드 결합을 생성한다.

Boc–Ala–Gly–Gly–OCH_2Ph

HBr, CH_3COOH — 두 보호기를 모두 제거한다.

Ala–Gly–Gly
트라이펩타이드

문제 27.22 아미노산에서 시작하여 다음 다이펩타이드를 합성하라. (a) Leu–Val (b) Ala–Ile–Gly.

27.7 자동화된 펩타이드 합성

고체상법 개발로 Merrifield는 1984년도 노벨 화학상을 수상하였다. 이 기술로 많은 폴리펩타이드와 단백질의 합성이 가능하게 되었다.

27.6절에서 서술한 방법은 작은 펩타이드 합성에 잘 적용된다. 그러나 이런 방법으로 큰 펩타이드를 합성하는 것은 각 단계마다 생성물을 분리하고 정제해야 하기 때문에 대단히 시간이 많이 소모된다. 큰 폴리펩타이드의 합성에는 일반적으로 Rockefeller 대학교의 Merrifield가 처음으로 개발한 **고체상법(solid phase technique)**을 이용한다.

Merrifield 방법은 아미노산을 불용성 고분자(insoluble polymer)에 부착시킨 다음, 아미노산을 한 번에 하나씩 순차적으로 첨가하면서 연속적으로 펩타이드 결합을 만들어 가는 방식이다. 불순물이나 부산물은 고분자 사슬에 부착되지 않기 때문에 합성의 각 단계마다 용매로 간단히 씻어 이들을 제거할 수 있다.

일반적으로 사용하는 고분자는 **폴리스타이렌 유도체**이고 폴리머 곁사슬의 벤젠 고리 일부에 $-CH_2Cl$기가 있다. 아미노산이 사슬에 부착될 때 이 Cl 원자가 손잡이 역할을 한다.

Fmoc-보호된 아미노산의 카복시기는 S_N2 반응으로 고분자에 쉽게 부착할 수 있다.

Cl = Cl–CH_2–고분자

Cl 이탈기가 있는 폴리스타이렌 유도체

Fmoc–NH–CH(R_1)–COOH —염기→ Fmoc–NH–CH(R_1)–COO^- + Cl–CH_2–고분자 —S_N2→ Fmoc–NH–CH(R_1)–CO–O–CH_2–고분자

아미노산이 이제 불용성 고분자에 부착되었다.

일단 첫 아미노산을 고분자에 부착시키면 나머지 아미노산을 차례로 첨가시킬 수 있다. 고체상 펩타이드 합성법의 각 단계를 다음에 나타냈다. 마지막 단계에서 HF를 사용하여 폴리펩타이드 사슬을 고분자로부터 분리한다.

해결 방법 Merrifield 고체상법을 이용한 펩타이드 합성

단계 [1]

고분자에 Fmoc-아미노산을 부착한다.

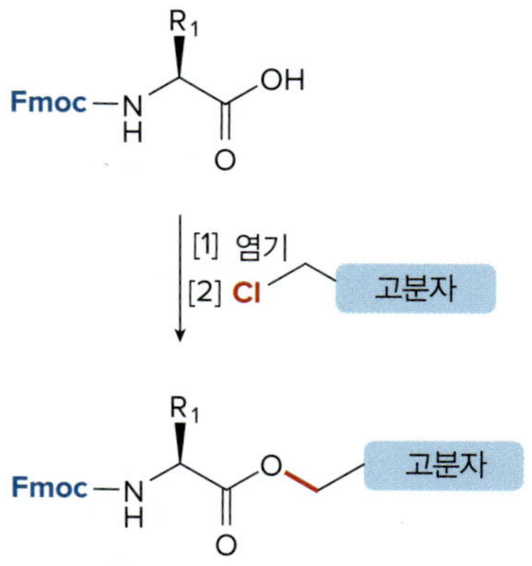

[1] 염기

[2] Cl 고분자

고분자에 새로운 결합이 생성됨(붉은색)

단계 [2]

보호기를 제거한다.

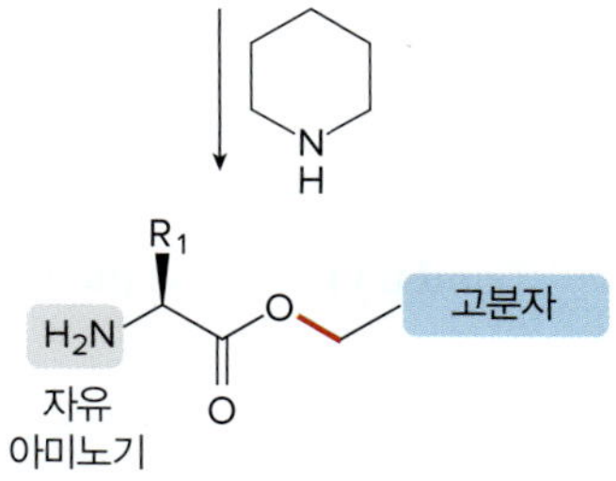

자유 아미노기

단계 [3]

DCC로 아마이드 결합을 생성한다.

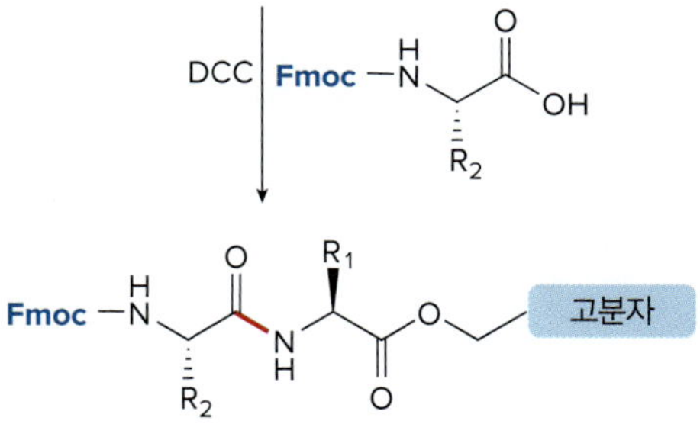

새로운 아마이드 결합(붉은색)

단계 [4]

단계 [2]와 [3]을 반복한다.

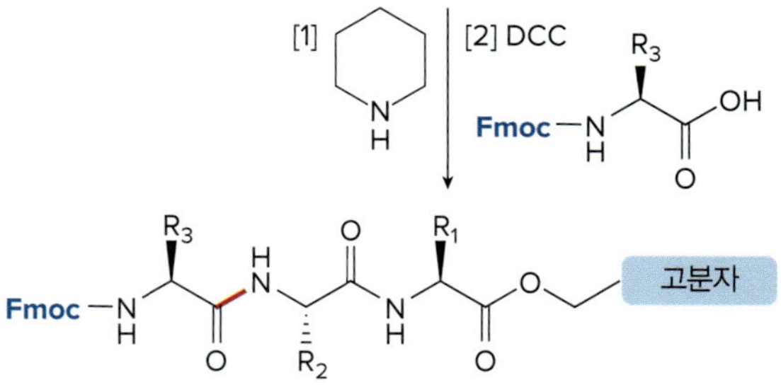

[1] [2] DCC

새로운 아마이드 결합(붉은색)

—계속

단계 [5]

보호기를 제거하고 고분자에서 펩타이드를 분리한다.

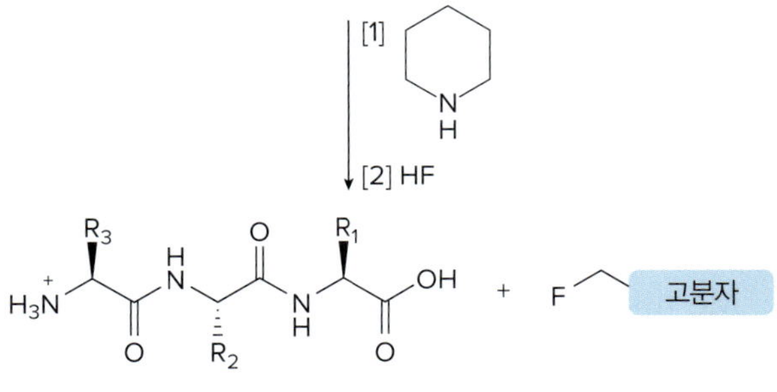

[1] 피페리딘 (N–H)
[2] HF

트라이펩타이드 + F–고분자

현재는 Merrifield 방법이 완전 자동화되었다. 펩타이드 합성 기계를 상업적으로 구매할 수 있게 되어 사슬의 길이에 따라 수 시간, 수일 또는 수 주 만에 높은 수율로 원하는 폴리펩타이드를 합성할 수 있게 되었다. 한 예로 128개의 아미노산으로 구성된 단백질인 리보핵산 분해효소(ribonuclease)를 이 기술을 사용하여 전체 17% 수율로 합성하였다. 이 경이적인 합성은 369개 개별 반응을 거쳐 이루어진다. 따라서 각 개별 반응의 수율은 99%를 넘는다.

문제 27.23 Merrifield 기술을 사용하여 테트라펩타이드 Ala–Leu–Ile–Gly을 합성하는 데 필요한 단계를 요약하라.

27.8 단백질 구조

이제 아미노산에 대한 화학을 배웠으므로 모든 살아 있는 세포의 구조를 생성하고 그 기능을 담당하는 아미노산의 거대 고분자인 단백질에 대해 알아보자. 먼저 단백질의 **일차(primary)**, **이차(secondary)**, **삼차(tertiary)** 그리고 **사차 구조(quaternary structure)**에 대해 알아보기로 한다.

27.8A 일차 구조

단백질의 일차 구조는 펩타이드 결합에 의하여 연결된 아미노산의 특정 서열을 말한다. 이 일차 구조의 가장 중요한 요소는 **아마이드 결합**이다.

- 전자의 비편재화 때문에 아마이드 C–N 결합 주위의 회전이 **제한되고**, *s*-트랜스 형태가 더 안정하다.
- 각 펩타이드 결합에서 N–H 결합과 C=O 결합은 서로 180° 방향에 위치한다.

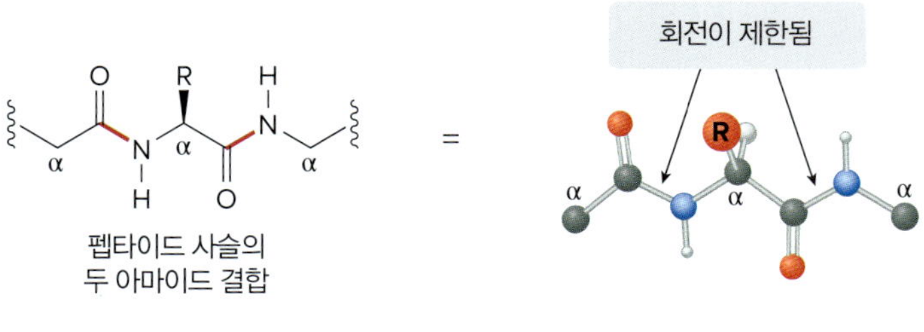

펩타이드 사슬의 두 아마이드 결합

회전이 제한됨

아마이드 결합 주위의 회전은 제한되지만 **단백질 골격의 다른 σ 결합은 회전이 자유롭다.** 그 결과 펩타이드 사슬이 꼬이면서 여러 다양한 배열로 구부러지며 단백질의 이차 구조를 생성한다.

27.8B 이차 구조

단백질이 한정된 영역에서 부분적으로 취하는 삼차원 형태를 단백질의 이차 구조라 한다. 이 영역은 아마이드의 N–H 양성자와 다른 아마이드의 C=O 산소 사이의 수소 결합에 의해 생기는데, 특히 안정한 두 배열을 **α-나선 구조(α-helix)**와 **β-병풍 구조(β-pleated sheet)**라 한다.

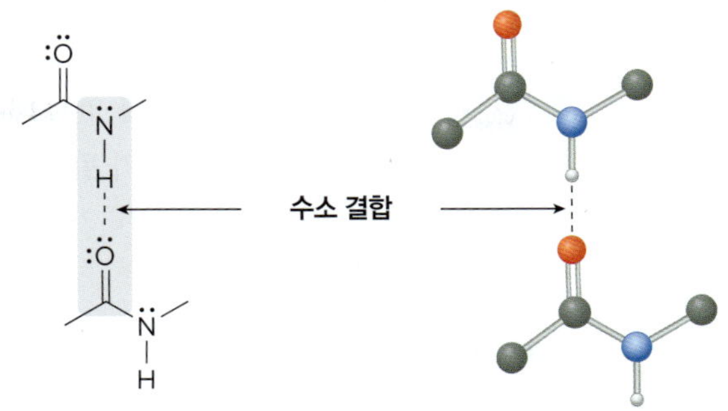

α-나선 구조

그림 27.6에서 보는 것과 같이 펩타이드 사슬이 오른쪽 또는 시계 방향으로 꼬여 감길 때 **α-나선 구조**를 생성한다. α-나선 구조의 네 가지 중요한 특징은 다음과 같다.

[1] **나선 구조는 한 회전당 3.6개의 아미노산을 포함한다.**

[2] **N−H와 C=O 결합은 나선 축과 평행하게 위치한다.** 모든 C=O 결합은 한 방향을 향하고 N−H 결합은 모두 그 반대 방향으로 향한다.

[3] **한 아미노산의 C=O기는 사슬을 따라 네 번째 떨어진 아미노산 잔기의 N−H기와 수소 결합을 한다.** 따라서 **동일한 사슬 안**의 두 아미노산 사이에서 수소 결합이 생성된다. 수소 결합은 나선 축과 나란히 놓인다.

[4] **아미노산의 R기는** 나선의 중심으로부터 **바깥 쪽을 향해 뻗어 있다.**

그림 27.6
α-나선 구조의 두 다른 그림

a. 우선성 α-나선 구조

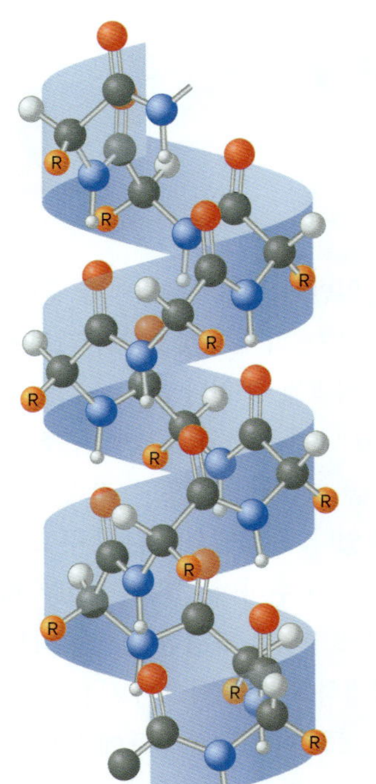

• α-나선 구조의 모든 원자를 나타낸 그림. 모든 C=O 결합은 위로 향하고 모든 N−H 결합은 아래로 향한다.

b. α-나선 구조의 골격

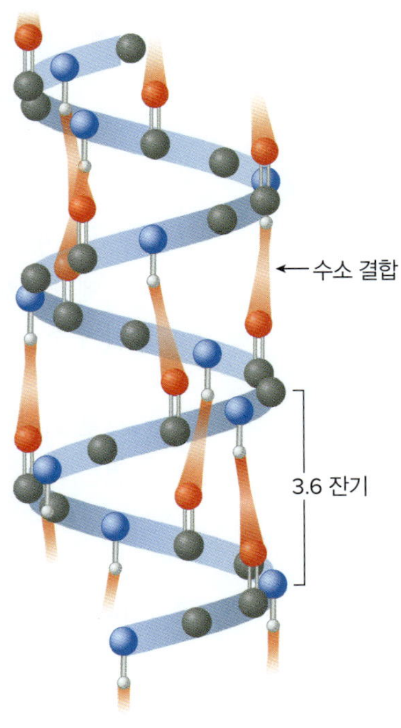

• 펩타이드 골격만 나타낸 그림. 네 개의 잔기가 떨어져 있는 아미노산의 C=O와 N−H 간에 이루어진 수소 결합이 보인다.

α-나선 구조는 아마이드 카보닐기의 α 탄소 결합 주위로 회전이 자유로운 때만 가능하다. 따라서 모든 아미노산이 α-나선 구조를 만들 수 있는 것은 아니다. 예로서 프롤린은 질소 원자가 오원자 고리의 일부분을 이루고 있기 때문에 다른 아미노산에 비해 구조의 변형이 제한되고 C_a-N 결합의 회전이 어렵다. 또 N—H 양성자가 없기 때문에 나선 구조를 안정화할 수 있는 수소 결합을 할 수 없어 **프롤린은 α-나선 구조의 일부가 될 수 없다**.

근육의 미오신(myosin)과 머리카락의 α-케라틴(keratin)은 거의 모든 영역이 α-나선 구조로 이루어진 단백질이다.

β-병풍 구조

β-병풍 구조는 그림 27.7에서 보는 것과 같이, **가닥(strand)**이라고 불리는 두 개 또는 그 이상의 펩타이드 사슬들이 서로 이웃하여 정렬될 때 생성된다. 모든 β-병풍 구조는 다음과 같은 특징이 있다.

[1] **C=O와 N—H 결합은 병풍 평면 위에 놓인다.**

[2] **서로 인접한 아미노산 잔기의 N—H기와 C=O기 사이에 자주 수소 결합이 생성된다.**

[3] **R기는 병풍 면의 위와 아래로 향하는데**, 주어진 가닥을 따라 위아래가 교대로 나타난다.

그림 27.7
β-병풍 구조의 삼차원 구조

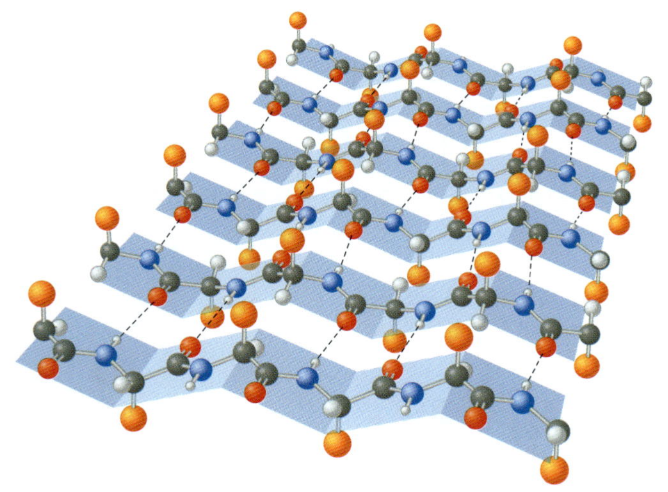

• β-병풍 구조는 수소 결합에 의해 서로 연결된 펩타이드 사슬의 연속된 가닥으로 구성되어 있다. C=O와 N—H 사이의 결합은 병풍 평면상에 위치하고 있다. 그리고 R기(오렌지색 공으로 표시)는 평면 위아래로 교대로 배열되어 있다.

β-병풍 구조 배열은 일반적으로 알라닌이나 글리신같이 R기가 작은 아미노산을 포함하는 영역에서 생성된다. 더 큰 R기는 입체적 상호작용 때문에 사슬이 근접하기 어렵고, 따라서 병풍 구조가 수소 결합에 의하여 안정화될 수 없다.

대부분의 단백질은 α-나선 구조와 β-병풍 구조 영역으로 되어 있으며, 이들 중 하나의 배열로 특징지어질 수 없는 다른 영역이 추가로 있다. 단백질의 α-나선 구조 또는 β-병풍 구조 영역을 나타내기 위하여 간략화한 표시법을 자주 사용한다. α-나선 구조 영역은 **평평한 나선형 리본**이, β-병풍 구조 표시에는 **평평하고 넓은 화살**이 사용된다. 이러한 표현은 단백질 구조를 표현하는 **리본 도표**에 사용된다.

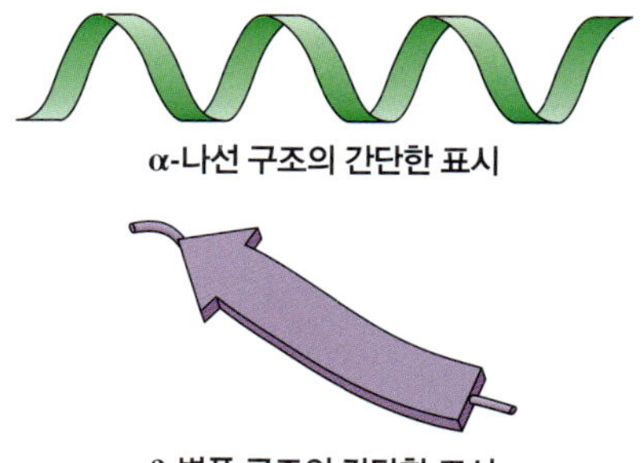

단백질은 그 구조의 다른 면을 보여 주기 위하여 여러 가지 방식으로 그린다. 그림 27.8에 식물과 동물 모두에서 발견되는 효소인 단백질 lysozyme의 구조를 세 가지 다른 방법으로 나타냈다. Lysozyme은 박테리아 세포벽 안에 있는 결합의 가수 분해를 촉매화함으로써, 세포벽을 약하게 만들어 박테리아를 죽음에 이르게 한다.

그림 27.8 Lysozyme

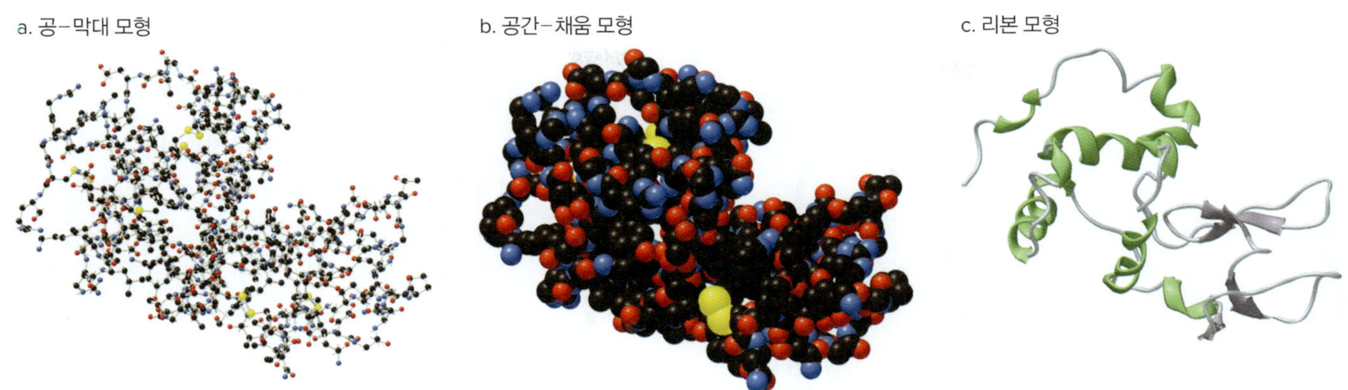

(a) Lysozyme의 공–막대(balL-and-stick) 모형은 C, N, O 및 S 원자를 색으로 구분한 단백질 골격을 보여준다. 개별 아미노산은 이 표현을 사용하여 가장 명확하게 위치를 알 수 있게 된다. (b) 공간 채우기 모형(space-filling model)은 효소 골격의 각 원자에 색으로 구분된 볼을 사용하여 원자가 어떻게 공간을 채우는지 보여준다. (c) 리본 모형(ribbon diagram)은 다른 두 표현에서 명백히 증거가 없는 α 나선 및 β 병풍 구조의 영역을 보여준다.

거미줄의 가로선 실크는 β-병풍 구조 영역과 α-나선 구조 영역으로 이루어지므로 강력하면서도 탄성이 있는 단백질이다(그림 27.9). α-나선 구조 영역은 실크에 탄력성을 주는데, 이것은 펩타이드 사슬이 꼬여 있어서(완전히 늘어난 상태가 아니므로) 더 늘어날 수 있기 때문이다. β-병풍 영역은 거의 완전히 펼쳐진 구조로서 더 이상 늘어날 수 없으나, 대단히 질서정연한 삼차원 구조가 실크에 강함을 더해 준다. 그러므로 거미줄은 두 종류의 이차 구조가 지닌 장점을 모두 지녀 거미에게 적합하다.

그림 27.9
거미줄에 있는 이차 구조의 다양한 영역

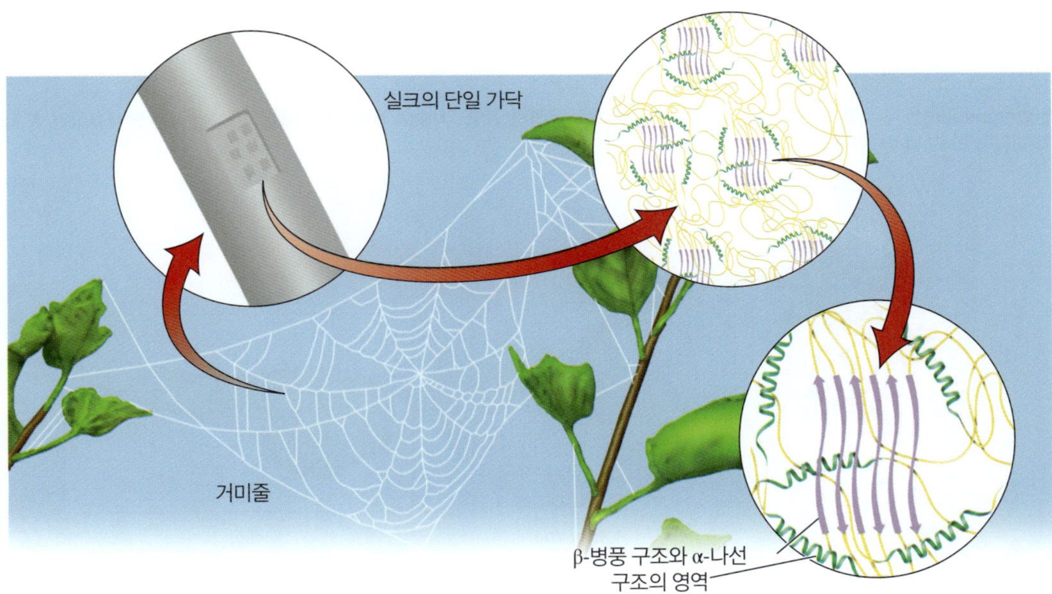

• 거미줄은 α-나선과 β-병풍 구조의 영역으로 이루어져 있어 질기면서도 탄성이 있다. 녹색 나선은 α-나선 영역을 나타내고 보라색 화살은 β-병풍 구조 영역을 나타낸다. 넓은 노란색 선은 α-나선 구조도 아니고 β-병풍 구조도 아닌 단백질의 다른 영역을 나타낸다.

27.8C 삼차 및 사차 구조

전체 펩타이드 사슬에 의해 만들어지는 삼차원 모양을 펩타이드의 삼차 구조라 한다. 펩타이드는 일반적으로 가장 안정한 형태로 접힌다. 세포 내의 단백질은 대개 수용성 환경에서 물과 최대한의 쌍극자–쌍극자 상호작용이나 수소 결합을 할 수 있도록 대부분의 극성기나 전하를 띤 작용기가 외부로 향하도록 접힌다. 따라서 무극성 곁사슬은 거의 단백질의 내부에 위치하며, 이 소수성기 사이의 van der Waals 상호작용 역시 분자의 구조를 안정화하는 데 일조한다.

이외에 극성 작용기(물이 아닌) 사이의 수소 결합, 그리고 $-COO^-$와 $-NH_3^+$같이 전하를 띤 곁사슬 사이의 정전기적 상호작용도 삼차 구조를 안정화하는 역할을 한다.

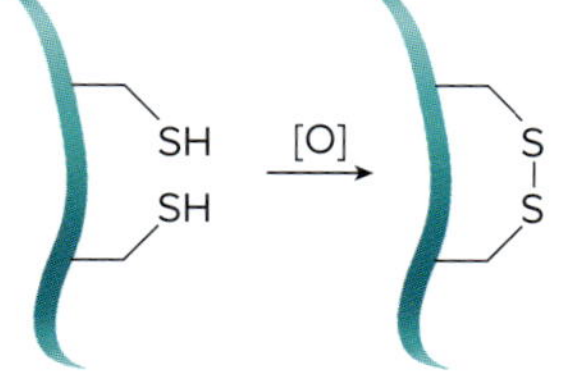

동일한 사슬에 있는
두 개의 SH기 사이의 이황화 결합

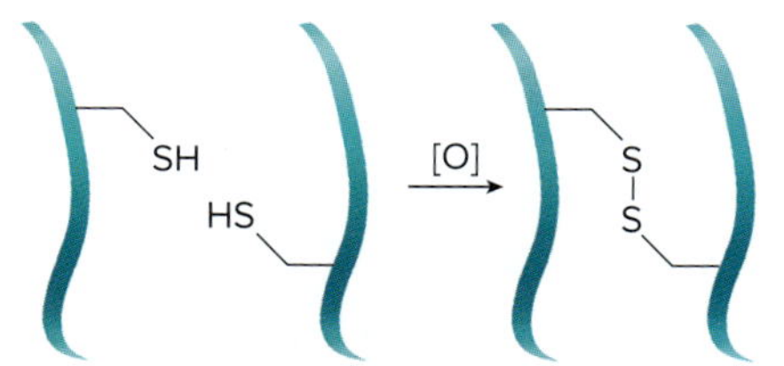

상이한 사슬상의
두 개의 SH기 사이의 이황화 결합

끝으로 **삼차 구조를 안정화하는 유일한 공유 결합인 이황화(disulfide) 결합이 있다.** 앞에서 언급한 것과 같이 이 강한 결합은 같은 폴리펩타이드 사슬 내에서, 또는 같은 단백질을 이루는 다른 폴리펩타이드 사슬상에 있는 두 시스테인 사이의 산화 반응에 의하여 생성된다.

노나펩타이드인 **옥시토신(oxytocin)**과 **바소프레신(vasopressin**, 27.5C절)은 분자내 이황화 결합을 한다. 반면에 **인슐린**은 그림 27.10에서 보는 것처럼 두 분자간 이황화 결합에 의해 공유 결합으로 연결된 두 개의 폴리펩타이드 사슬(**A**와 **B**)로 이루어져 있다. **A** 사슬은 분자내 이황화 결합이 있고 21개 아미노산 잔기들로 이루어지며, **B** 사슬은 30개의 아미노산 잔기로 이루어진다.

그림 27.10
인슐린

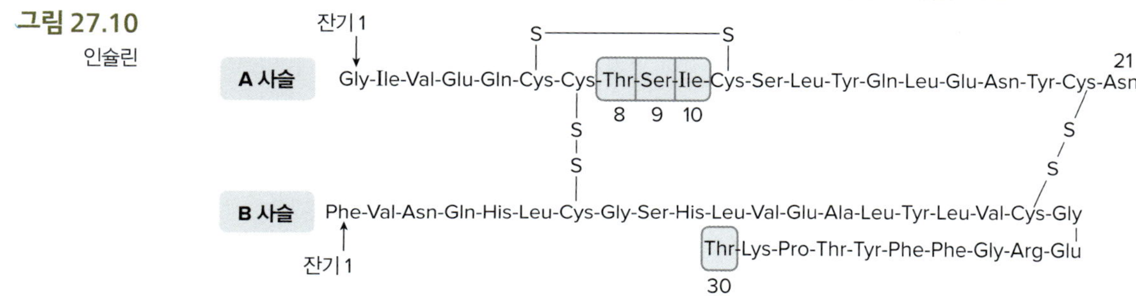

인슐린(insulin)은 두 이황화 결합으로 서로 연결된 두 개의 폴리펩타이드 사슬(**A**와 **B**로 나타냄)로 구성된 작은 단백질이다. **A** 사슬 안의 두 시스테인 잔기 사이에서 이황화 결합이 한 번 더 이루어져 있다.

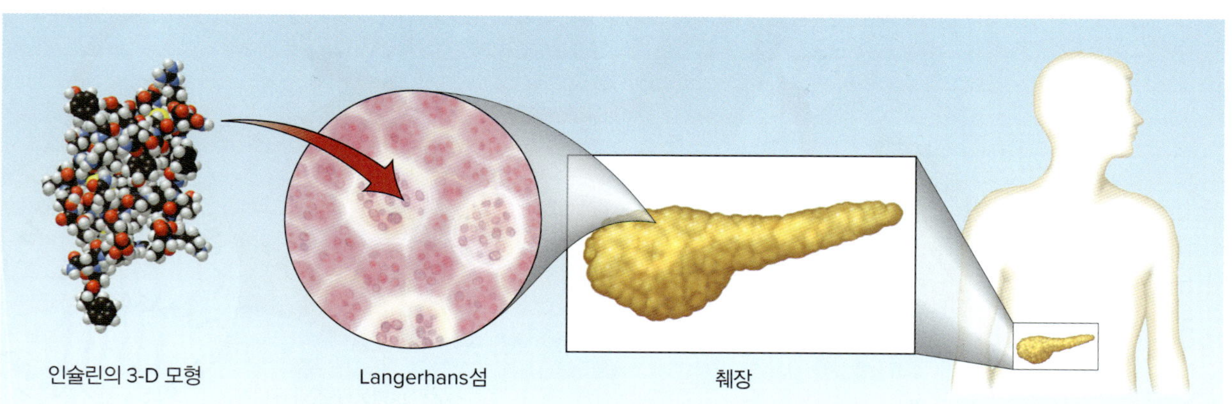

인슐린은 Langerhans섬이라 불리는 췌장 세포 군에서 합성되어 혈당 농도를 조절하는 단백질이다. 인슐린이 결핍되면 당뇨병이 생긴다. 이 병으로 인한 많은 증상은 인슐린 주사로 조절될 수 있다. 최근 유전 공학 기술로 사람 인슐린을 합성할 수 있게 되기 전까지는 당뇨병 치료에 사용되었던 모든 인슐린은 돼지나 소에서 얻었다. 이들 동물 인슐린의 아미노산 서열은 인간 인슐린의 아미노산 서열과 약간 다르다. 돼지 인슐린과는 단지 한 개의 아미노산만이 다르고, 소의 인슐린은 세 개의 아미노산이 사람의 것과 다르다. 이 차이를 표로 정리하였다.

	사슬 A			사슬 B
잔기의 위치 →	**8**	**9**	**10**	**30**
사람 인슐린	Thr	Ser	Ile	Thr
돼지 인슐린	Thr	Ser	Ile	Ala
소 인슐린	Ala	Ser	Val	Ala

그림 27.11은 폴리펩타이드 사슬의 이차, 삼차 구조를 안정화하는 분자 내 여러 종류의 힘을 체계적으로 보여준다.

그림 27.11
이차 및 삼차 단백질 구조를 안정화시키는 상호작용

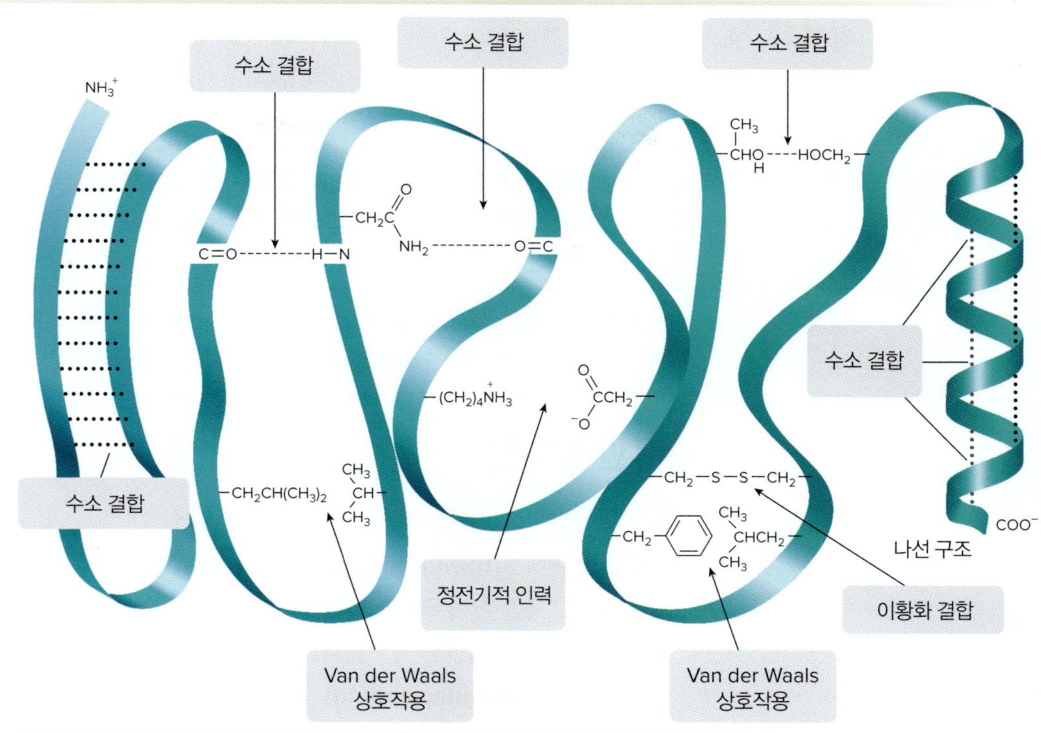

두 개 이상의 접혀진 폴리펩타이드 사슬이 모여 한 가지 단백질 복합체를 구성하며 모여 있는 형태를 단백질의 사차 구조라 한다. 단백질을 구성하는 각 폴리펩타이드 사슬을 **소단위체(submit)**라 한다. 예로서 **헤모글로빈(hemoglobin)**은 조밀한 삼차원 형태를 이루며, 분자간 힘에 의해 함께 모여 있는 두 개의 α 소단위체와 두 개의 β 소단위체로 구성되어 있다. 헤모글로빈의 독특한 기능은 네 개의 소단위체가 모두 존재할 때만 가능하다.

네 단계의 단백질 구조를 그림 27.12에 요약하여 나타냈다.

그림 27.12 일차, 이차, 삼차 및 사차 단백질의 구조

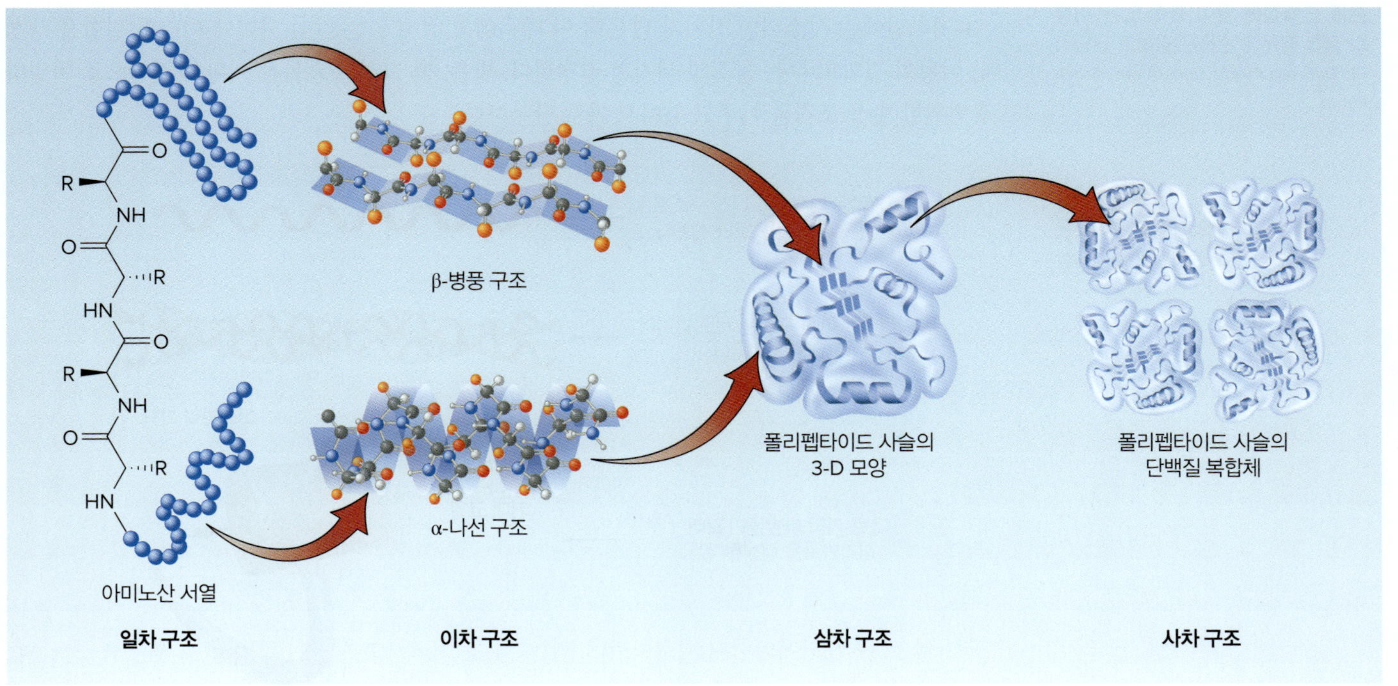

문제 27.24 각 쌍에서 어느 펩타이드가 주로 van der Waals 힘을 나타내는 곁가지가 있는가?

a. Met–Gly–Leu–Phe–Gln–Ala or Lys–Gly–Arg–Tyr–Trp–Glu
b. Tyr–Asp–Leu–Lys–His or Phe–Asn–Leu–Leu–Met

문제 27.25 실크 섬유의 fibroin 단백질은 β-병풍 구조가 겹쳐 쌓여진 많은 영역으로 이루어져 있다. (a) 글리신 잔기가 하나 걸러 하나씩 나타나는 펩타이드 서열이 어떻게 β-병풍 구조가 겹쳐 쌓여질 수 있게 하는지 설명하라. (b) 실크 섬유는 왜 물에 용해되지 않는가?

문제 27.26 수소 결합은 단백질의 이차 및 삼차 구조를 모두 안정화시킨다. (a) 무슨 작용기가 수소 결합을 하면 이차 구조가 안정화되는가? (b) 무슨 작용기가 수소 결합을 하면 삼차 구조가 안정화되는가?

27.9 중요한 단백질

단백질은 일반적으로 삼차원 모양에 따라 분류된다.

- **섬유상 단백질(fibrous protein)**은 서로 다발을 이루어 막대나 시트 모양을 만드는 선형 폴리펩타이드 사슬로 이루어져 있다. 이 단백질은 물에 녹지 않으며, 세포와 조직을 보호하고 강하게 하는 구조적 역할을 담당한다.
- **구형 단백질(globular protein)**은 친수성 부위를 밖으로 향하게 조밀하게 감겨 있어서 물에 용해된다. 효소와 운반 단백질은 구형 단백질이어서 혈액이나 기타 세포 내 수용성 상태에 용해될 수 있다.

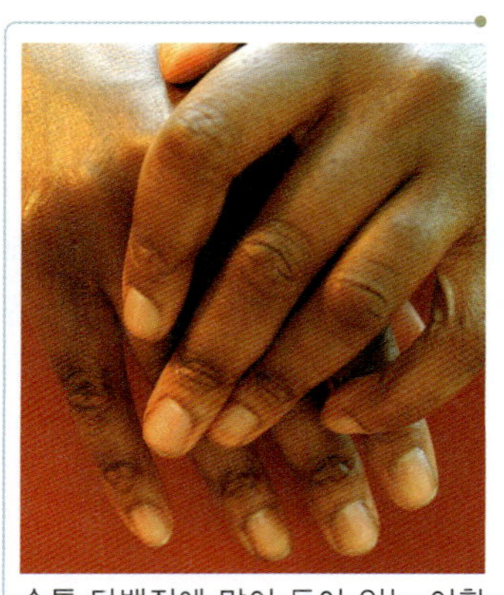

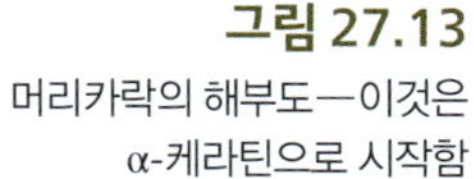

손톱 단백질에 많이 들어 있는 이황화 결합 때문에 손톱은 강하고 단단하다. *Diffused Productions/Alamy Stock Photo*

27.9A α-케라틴

α-케라틴(alpha-keratin)은 머리카락, 동물의 발굽, 손톱, 피부와 양털에서 발견되는 단백질이다. 이 단백질은 거의 모든 부분이 긴 α-나선 영역으로 구성되어 있으며, 많은 수의 알라닌과 루신이 들어 있다. 이러한 무극성 아미노산이 α-나선 구조의 바깥을 향하여 뻗어 있으므로 이 단백질은 물에 잘 녹지 않는다. 두 α-케라틴 나선은 서로의 주위를 감싸며 **거대 코일(supercoil)** 또는 **거대 나선(superhelix)**이라 불리는 구조를 만든다. 그림 27.13에서 도식적으로 보여 주듯이, 이들은 다시 더 큰 섬유 다발을 만들어 마침내 머리카락을 이루는 가닥을 생성한다.

α-케라틴에는 시스테인 잔기가 많은데 이 때문에 인접해 있는 나선 사이에 이황화 결합을 생성한다. 이황화 결합의 수는 물질의 세기를 결정한다. 발톱, 뿔 그리고 손톱은 이황화 결합으로 치밀하고 광범위한 망상 조직을 이루고 있어서 아주 단단하다.

그림 27.13
머리카락의 해부도—이것은 α-케라틴으로 시작함

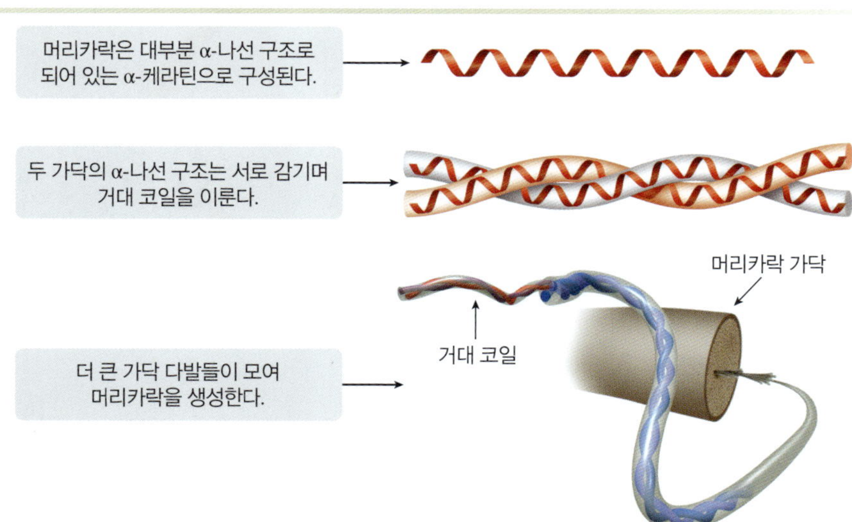

그림 27.14
'퍼머넌트'의 화학—곧은 머리카락을 구불구불하게 만듦

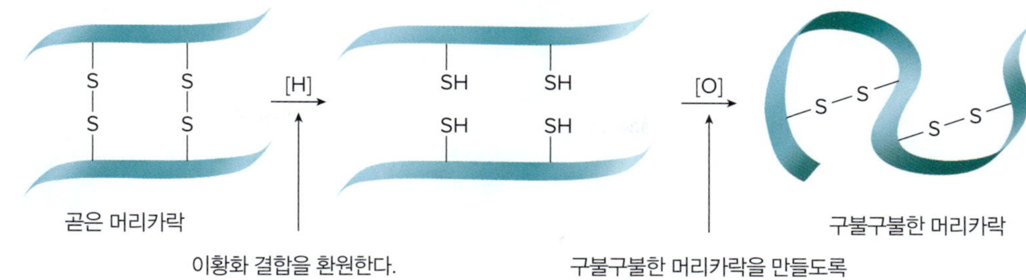

• 곧은 머리카락을 구불구불하게 만들기 위하여 α-나선 사슬을 함께 묶고 있는 이황화 결합을 환원에 의하여 절단하면 자유 싸이올기(—SH)가 생긴다. 머리카락을 컬 클립 주위에 돌리고 산화제를 바르면 머리카락에서 이황화 결합이 재생된다. 그러나 이황화 결합이 다른 싸이올기 사이에서 재생되어 머리카락을 구불구불하게 만든다.

그림 27.15
콜라젠의 삼중 나선

• 콜라젠에서는 특이한 좌선성 나선형의 폴리펩타이드 사슬 세 개가 서로의 주위를 감싸며 우선성 삼중 나선을 이룬다.

그림 27.14에서 도식적으로 보여 주는 것과 같이, α-케라틴의 이황화 결합을 끊고 자리 옮김한 후 다시 이황화 결합을 재생함으로써 직모를 곱슬거리게 만들 수 있다. 먼저 곧은 머리카락에 있는 이황화 결합을 싸이올기로 환원시킨다. 그러면 α-케라틴 사슬 다발은 더 이상 특징적인 '곧은' 배열을 유지할 수 없다. 그런 다음 머리카락을 컬 클립에 감고 산화제로 처리하여 싸이올기를 이황화 결합으로 다시 바꾸면, 이제 케라틴 골격은 꼬이고 말리게 된다. 이것이 머리카락을 곱슬거리게 하는 '퍼머넌트'의 화학적 원리이다.

27.9B 콜라젠

척추동물 단백질 중 가장 많은 성분을 차지하는 **콜라젠(collagen)**은 뼈, 연골, 힘줄, 이, 그리고 혈관과 같은 조직에서 발견된다. 아미노산 잔기 성분은 글리신과 프롤린이 대부분을 차지하고, 시스테인은 매우 적다. 높은 프롤린 함량 때문에 콜라젠은 우선형 α-나선 구조를 생성하지 못한다. 대신 긴 좌선성 나선 구조를 만든다. 그리고 이 나선 세 개가 서로의 주위를 감싸며 우선성 **거대 나선 구조**, 즉 **세 겹의 나선 구조(triple helix)**를 생성한다(그림 27.15). 글리신의 곁사슬은 수소 원자이다. 따라서 글리신 함량이 높은 콜라젠 거대 나선 구조는 서로 가까이 밀집될 수 있고, 수소 결합에 의해 거대 나선 구조가 안정화된다.

27.9C 헤모글로빈과 마이오글로빈

구형 단백질인 **헤모글로빈(hemoglobin)**과 **마이오글로빈(myoglobin)**은 단백질 성분과 **보결분자단(prosthetic group)**이라는 비단백질 분자로 구성되어 있는 **복합 단백질(conjugated protein)**이다. 헤모글로빈과 마이오글로빈에 있는 보결분자단은 **헴(heme)**이다. 헴은 Fe^{2+} 이온이 **포피린(porphyrin)**이라 부르는 질소 헤테로 고리와 착물을 이룬 복잡한 유기 화합물이다. 헤모글로빈과 마이오글로빈의 Fe^{2+} 이온은 혈액 중 산소와 결합한다. 적혈구 세포 안에 존재하는 헤모글로빈은 인체 내 필요한 곳에 산소를 운반한다. 반면에 마이오글로빈은 조직에서 산소를 저장한다. 헤모글로빈과 마이오글로빈의 리본 모형이 그림 27.16에 나와 있다.

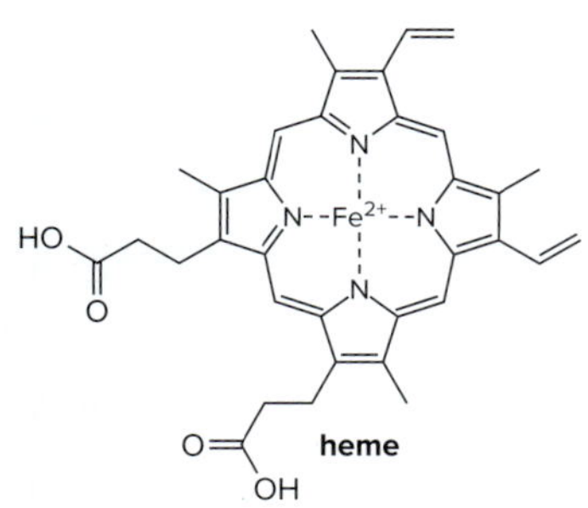

마이오글로빈은 153개의 아미노산 잔기로 이루어진 한 개의 폴리펩타이드 사슬이다. 서로 겹쳐져 접혀진 여덟 개의 α-나선 분절로 이루어진 폴리펩타이드 구멍 속에 보결분자단인 헴기가 들어 있다. 물 용매와 상호작용할 수 있도록 극성 잔기는 대부분 단백질의 외부에 위치한다. 단백질 내부 공간은 무극성 아미노산이 차지하고 있다. 마이오글로빈은 혈액에서 산소와 결합하고 조직에서 산소를 저장한다.

헤모글로빈은 네 개의 폴리펩타이드 사슬로 구성되어 있으며(두 개의 α 소단위체와 두 개의 β 소단위체) 각 소단위체에는 헴 단위가 있다. 헤모글로빈은 마이오글로빈보다 무극성 아미노산이 더 많다. 각 소단위체가 접힐 때 이들의 일부가 표면에 남는다. 이 소수성기 사이의 van der Waals 인력에 의해 네 개의 소단위체의 사차 구조가 안정화된다.

그림 27.16 마이오글로빈과 헤모글로빈의 단백질 리본 모형

a. 마이오글로빈

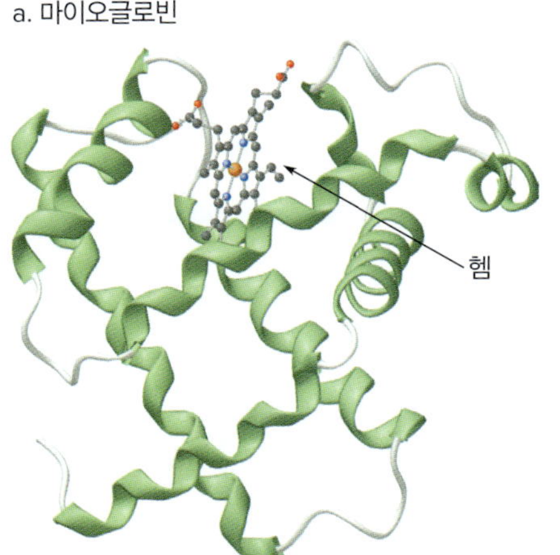

• 마이오글로빈은 공-막대 모형으로 나타낸 헴 단위를 포함하는 폴리펩타이드 사슬로 이루어져 있다.

b. 헤모글로빈

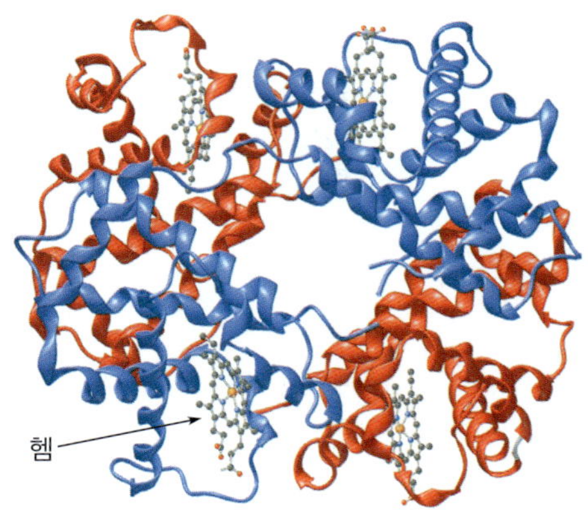

• 헤모글로빈은 붉은색으로 나타낸 두 개의 α 사슬과 푸른색으로 나타낸 두 개의 β 사슬 및 공-막대 모형으로 나타낸 네 개의 헴 단위로 이루어져 있다.

고래의 근육에는 myoglobin의 농도가 높기 때문에 고래가 오랫동안 물속에 있을 수 있다. *Daniel C. Smith*

콩 뿌리에서 발견되는 산소운반 단백질(헤모글로빈처럼)인 leghemoglobin은 식물에서 유래하는 버거에 사용된다. 이러한 고기 대용품은 대규모 동물 사육 농장에서 일어나는 부정적인 환경 영향 없이 소비자에게 육류의 영양학적 혜택을 준다고 광고되고 있다. *John D. Ivanko/Alamy Stock Photo*

일산화탄소는 산소보다 더 강하게 헤모글로빈의 Fe^{2+}와 결합하기 때문에 독성이 있다. CO와 착물를 이룬 헤모글로빈은 폐로부터 조직으로 산소를 운반하지 못한다. 조직에서 대사가 일어나기 위해서 산소가 필요하고, 산소가 없으면 세포는 기능을 할 수 없어 죽게 된다.

모든 단백질의 특성은 삼차원 모습에 의해 좌우된다. 그리고 삼차원 구조는 아미노산 서열인 일차 구조에 따라 결정된다. 이 점은 특히 정상적인 헤모글로빈과 **낫세포(sickle cell) 헤모글로빈**을 비교해보면 잘 나타난다. 낫세포 헤모글로빈은 두 β 소단위체에서 한 아미노산이 글루탐산에서 발린으로 바뀐 돌연변이체이다. 한 개의 산성 아미노산(Glu)이 한 개의 무극성 아미노산(Val)으로 대체됨에 따라 헤모글로빈의 모습이 바뀌고, 이것이 헤모글로빈의 기능에 커다란 영향을 준다. 산소와 결합하지 않는 낫세포 헤모글로빈이 들어 있는 적혈구는 긴 초승달 모양이 되고, 특히 쉽게 파괴될 수 있다. 그 결과 모세혈관 속을 잘 순환하지 못하고 통증과 염증을 일으킨다. 또 적혈구가 쉽게 깨어지고 열려서 심각한 빈혈과 기관 손상을 가져온다. 궁극적으로 고통을 겪다가 일찍 사망한다.

낫세포 빈혈(sickle cell anemia)이라 부르는 이 질병은 대부분 중앙 및 서부 아프리카 지역 출신 사람들 가운데서 발견되는데, 이 지역은 말라리아 문제가 심각한 곳이다. 낫세포 헤모글로빈은 헤모글로빈 합성에 관계되는 DNA 서열에 일어난 유전적 변이에서 발생한다. 양쪽 부모 모두로부터 이 변이를 물려받은 사람은 낫세포 빈혈에 걸린다. 한쪽 부모로부터만 이 변이를 물려받은 사람은 낫세포 증후만 나타난다. 이들은 낫세포 빈혈에는 걸리지 않으며, 말라리아에 정상인보다 저항성이 더 강하다. 이것이 이 유해한 유전자가 세대를 이어 전해 내려올 수 있었던 명백한 이유이다.

27.10 효소

효소(enzyme)는 모든 살아 있는 유기체에서 반응에 대한 **생물학적 촉매 역할을 하는 물에 녹는 구형 단백질이다.** 6.11절에서 배웠듯이, 효소에는 여러 가지 종류의 분자간 힘으로 기질과 결합하는 아미노산이 들어 있는 작은 빈 공간에서 기질을 묶어 두는 활성 자리가 있다. 효소가 촉매화하는 반응은 비슷한 촉매화되지 않은 반응보다 10^6에서 10^{12}배 더 빨리 일어난다.

효소는 특이적이다. 어떤 효소는 단 하나의 화합물의 단 하나의 반응을 촉매화한다. Trypsin과 chymotrypsin (27.5절) 같은 효소는 어떤 아미노산으로 이루어진 펩타이드 결합의 절단 같은, 특이한 종류의 반응만 촉매화한다.

효소는 신체에서 일어나는 생물학적 반응에 매우 중요하다. 효소가 없다면 반응은 매우 느리게

일어날 것이다. 인간에서 효소는 특이한 생리학적 조건(pH = 7.4, 온도 = 37 °C)에서 반응을 촉매화하여야 한다.

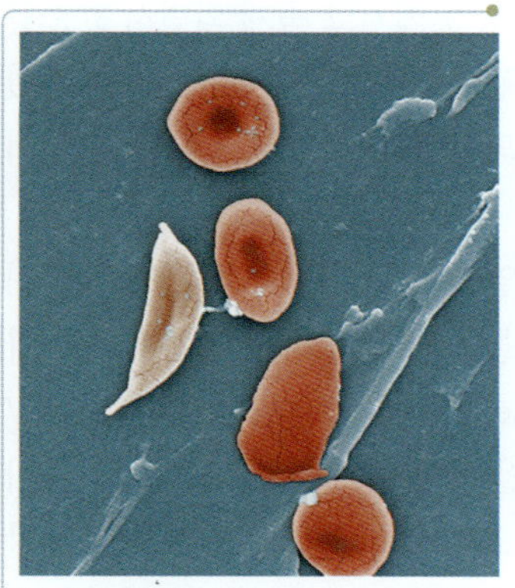

낫세포 질병이 있는 사람에서 적혈구 세포가 '낫' 모양을 취하면, 적혈구가 모세혈관을 막고(기관 손상을 가져옴) 쉽게 깨진다(심각한 빈혈이 생김). 이러한 심각한 질병은 헤모글로빈에서 아미노산 하나가 변화하여 생긴 것이다(27.9C절). 모양이 정상인 적혈구로 둘러싸인 한 개의 낫세포를 보라.
Janice Haney Carr/CDC

27.10A 효소의 분류

효소는 촉매화하는 반응의 종류에 따라서 여섯 가지 범주로 분류할 수 있다.

- **산화 환원 효소(oxidoreductase)**는 산화 환원 반응을 촉매화한다.
- **전달 효소(transferases)**는 한 분자에서 다른 분자로의 기의 이동을 촉매화한다.
- **가수 분해 효소(hydrolases)**는 에스터, 아마이드 및 물과의 반응으로 분해하는 작용기의 가수 분해를 촉매화한다.
- **이성질화 효소(isomerases)**는 한 이성질체의 다른 것으로의 변환을 촉매화한다.
- **분해 효소(lyases)**는 이중 결합에 대한 분자의 첨가 또는 이중 결합을 만드는 분자의 제거를 촉매화한다.
- **연결 효소(ligase)**는 가수 분해 반응으로부터의 에너지 방출과 동반된 결합 생성을 촉매화한다.

표 27.3에 효소 종류가 요약되어 있다. 어떤 효소 부류는 기질의 작용기 또는 첨가되거나 제거되는 분자의 종류에 따라 더 하위분류되어 있다. 예를 들면, 아미노기 전달 효소(transaminase)는 NH_2기의 전달을 촉매화하는 전달 효소이고 인산화 효소(kinase)는 인산기의 전달을 촉매화는 효소이다.

표 27.3 효소의 분류

효소 분류 또는 하위분류	촉매화하는 반응
산화 환원 효소(oxidoreductases) • 산화 효소(oxidases) • 환원 효소(reductases) • 탈수소 효소(dehydrogenases)	**산화–환원 반응** • 산화 • 환원 • 2 H의 첨가 또는 제거
전달 효소(transferases) • 아미노기 전달 효소(transaminases) • 인산화 효소(kinases)	**기의 전달** • NH_2기의 전달 • 인산기의 전달
가수 분해 효소(hydrolases) • 리피드 가수 분해 효소(lipases) • 단백질의 가수 분해 효소(proteases) • 핵산 가수 분해 효소(nucleases)	**가수 분해** • 리피드 에스터의 가수 분해 • 단백질의 아마이드 결합 가수 분해 • 핵산 가수 분해
이성질화 효소(Isomerases)	**이성질화 반응**
분해(제거 첨가) 효소(lyases) • 탈수 효소(dehydrases) • 탈카복시화 효소(decarboxylases) • 합성 효소(synthases)	**이중 결합에 대한 첨가, 이중 결합을 생성하는 제거** • H_2O의 제거 • CO_2의 제거 • 이중 결합에 대한 작은 분자 첨가
연결 효소(ligases) • 카복시화 효소(carboxylases)	**ATP 가수 분해와 동반하는 결합 생성** • 기질과 CO_2 사이의 결합 생성

문제 27.27 다음 반응에서 사용되는 효소를 분류하라.

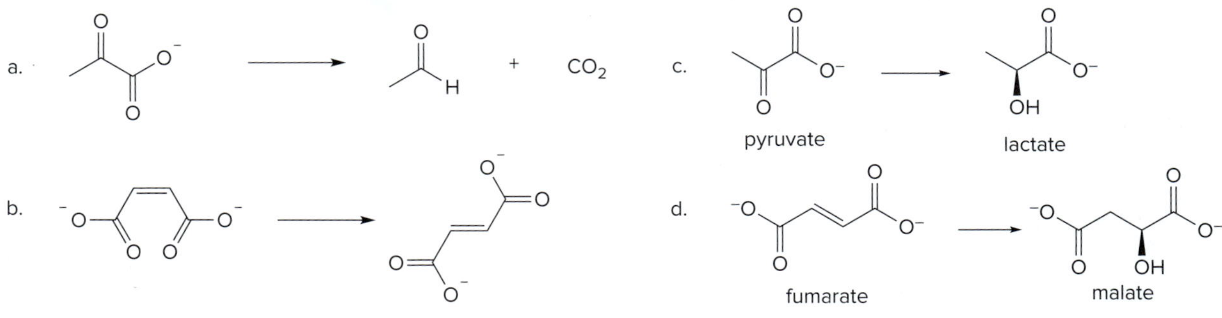

27.10B 효소를 사용하여 질병을 진단하고 치료하기

혈액에서 효소 농도를 측정하면 질병을 진단하는 데 큰 도움이 된다. 어떤 효소의 농도는 세포 외부의 수용성 액체에서보다 세포 내에서 더 높다. 세포가 손상되면, 세포가 깨지고 죽게 되면서 효소를 혈류에 방출한다. 그러면 혈액 중 효소 활성도를 측정하면 어떤 기관(organ)에 병이나 상처가 생겼는지를 진달할 수 있다. 예를 들어, creatine phosphokinase (CPK)의 농도가 비정상으로 높다면, 이는 가슴에 통증이 있는 환자에게 심장마비가 왔는지를 알려준다.

효소를 억제하는 분자는 유용한 약품이 될 수 있다. AIDS를 일으키는 인간 면역 결핍증 바이러스(HIV)의 효과적 치료법은 protease 억제제를 사용한다. 이 약물은 HIV가 자신을 복제하여 다른 세포를 계속 감염시키는 데 필요한 필수적 효소인 HIV protease 효소의 작용을 억제한다. HIV protease 효소를 불활성화시키면 바이러스 수가 감소하므로 질병을 통제할 수 있게 된다. 몇 가지 protease 억제제가 현재 시판 중이며 종종 개인이 몇 가지 약물의 조합을 복용하여 질병을 억제할 수 있다.

Fosamprenavir(상품명 Lexiva)는 HIV 감염을 치료하는 데 사용하는 약물이다. 신체는 fosamprenavir를 HIV protease 효소를 억제하여 바이러스가 복제할 수 없게끔 만드는 활성 약물인 amprenavir로 대사한다. 그림 27.17에 amprenavir가 활성 자리에 있는 HIV-1 protease 효소의 리본 모형이 나와 있다.

HIV를 처치하는 다른 전략이 28.9절에 기술되어 있다.

fosamprenavir → amprenavir

그림 27.17
HIV protease 효소의 활성 자리에 있는 amprenavir

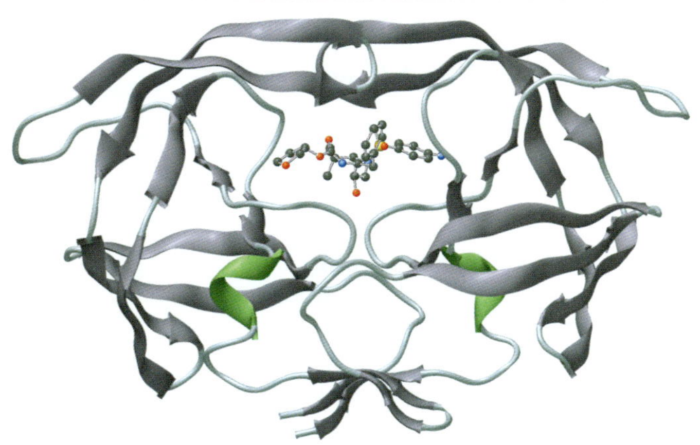

• 약물 fosamprenavir의 활성 구조인 amprenavir는 활성 자리에 결합함으로써 HIV protease 효소의 작용을 억제한다.

Chapter 27 복습

핵심 개념

[1] 거울상 선택성 환원 (27.3)

AcNH, H_2N → (H_2, Rh*) → S 거울상 이성질체 → (^-OH, H_2O) → S 아미노산

S 거울상 이성질체

Rh* = 카이랄 Rh 수소화 반응 촉매

S 아미노산

문제 27.42b를 풀어보라.

[2] 아미노산의 보호기 추가 및 제거(27.6)

1. L-phenylalanine → $(Boc)_2O$, Et_3N 보호 (27.6) → Boc—NH
2. Boc—NH → CF_3CO_2H 또는 HCl 또는 HBr 탈보호 (27.6) → L-phenylalanine
3. L-leucine + Fmoc–Cl → Na_2CO_3, H_2O 보호 (27.6) → Fmoc—NH
4. Fmoc—NH → piperidine 탈보호 (27.6) → L-leucine
5. L-alanine → CH_3OH, H^+ 보호 (27.6) → OCH_3
6. OCH_3 → ^-OH, H_2O 탈보호 (27.6) → L-alanine
7. L-leucine → Ph–CH_2OH, H^+ 보호 (27.6) → O–CH_2Ph
8. O–CH_2Ph → ^-OH, H_2O or H_2, Pd-C 탈보호 (27.6) → L-leucine

문제 27.39a, d를 풀어보라.

[3] DCC를 이용한 아마이드 생성

Boc—NH–Ala–OH + H_2N–Ala–OCH_2Ph → DCC (27.6) → Boc—NH–Ala–NH–Ala–OCH_2Ph

핵심 기법

[1] (*R*)-α-methylbenzylamine을 사용한 아미노산의 라셈 혼합물 분리(27.2A); 예: L-leucine과 D-leucine의 분리

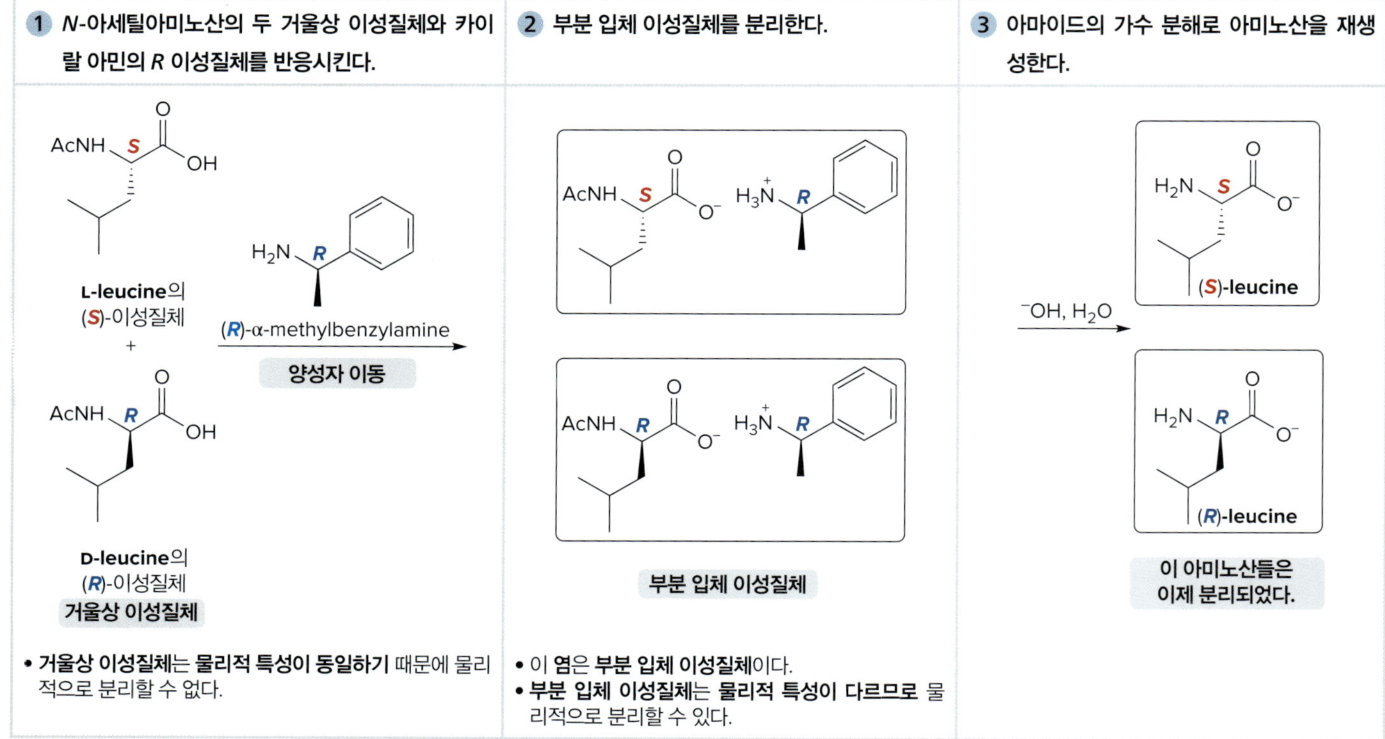

- **거울상 이성질체**는 **물리적 특성이 동일하기** 때문에 물리적으로 분리할 수 없다.

- 이 염은 **부분 입체 이성질체**이다.
- **부분 입체 이성질체**는 **물리적 특성이 다르므로** 물리적으로 분리할 수 있다.

해결 방법 p. 1228 참고. 문제 27.40, 27.41을 풀어보라.

[2] 트라이펩타이드의 구조를 그리고 N-말단과 C-말단 아미노산 표지하기(27.4) 예: Met–Ala–Arg

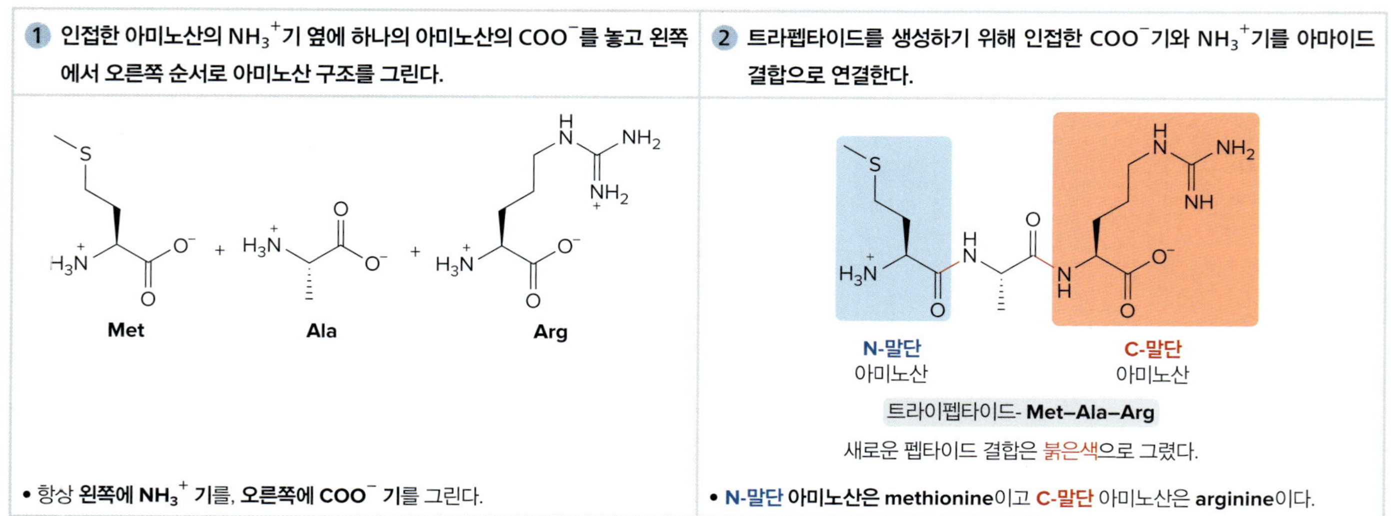

- 항상 **왼쪽에** NH_3^+ 기를, **오른쪽에** COO^- 기를 그린다.

- **N-말단** 아미노산은 **methionine**이고 **C-말단** 아미노산은 **arginine**이다.

예제 27.1 참고. 문제 27.44; 27.45b, d를 풀어보라.

[3] 아미노산 Gly, Pro, Val, Ser, Leu, His를 포함하고 HCl로 부분적으로 가수 분해될 때 Ser–Val, Pro–His–Gly, VaL–Leu–Pro 조각을 생성하는 헥사펩타이드의 아미노산 서열 맞추기(27.5)

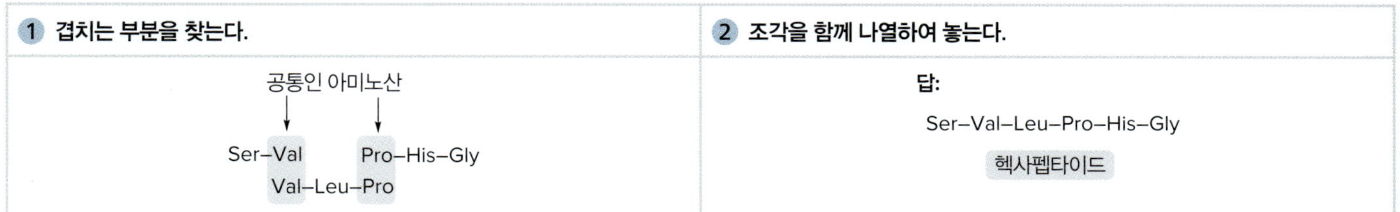

① 겹치는 부분을 찾는다.	② 조각을 함께 나열하여 놓는다.
공통인 아미노산 Ser–Val Pro–His–Gly Val–Leu–Pro	답: Ser–Val–Leu–Pro–His–Gly 헥사펩타이드

예제 27.2 참고. 문제 27.49를 풀어보라.

[4] 아미노산 Phe, Ile, Ala, Lys, Gly을 포함하는 펜타펩타이드의 서열 추론하기(27.5C)

① Edman 분해로 N-말단 아미노산을 확인한다.	② Carboxypeptidase 절단으로 C 말단 아미노산을 확인한다.	③ 해당되는 경우 trypsin 절단에서 Lys 또는 Arg의 가능한 위치를 확인한다.	④ 부분 가수 분해의 생성물을 고려하여 순서를 완성한다.
Ala–__–__–__–__	Ala–__–__–__–Ile	• 트라이펩타이드와 다이펩타이드가 얻는 경우: Ala–Lys–__–__–Ile 또는 Ala–__–Lys–__–Ile	• Ile, Lys, Ala 및 Phe–Gly를 얻는 경우: Ala–Lys–Phe–Gly–Ile

예제 27.3, 표 27.2 참고. 문제 27.49–27.52를 풀어보라.

[5] 2개의 아미노산에서 다이펩타이드 합성하기(27.6); 예: Leu-Ala

① N-말단 아미노산의 NH_2기를 보호한다.

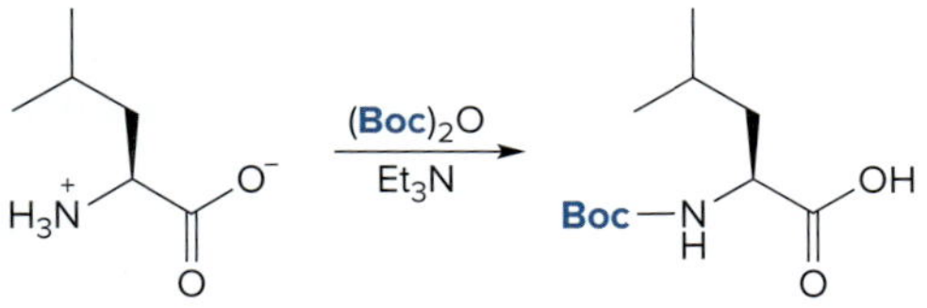

Leu $\xrightarrow[Et_3N]{(Boc)_2O}$ Boc–Leu

② C-말단 아미노산의 COOH기를 보호한다.

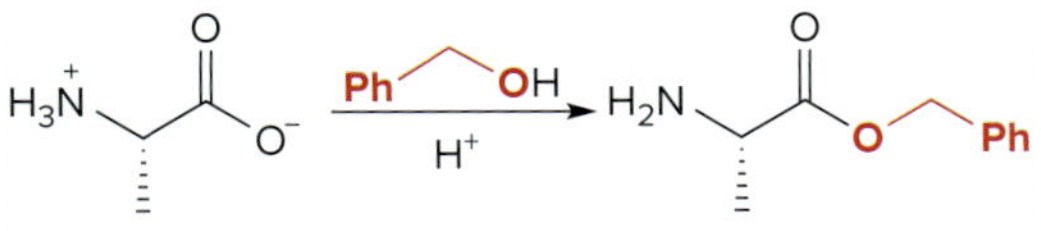

Ala $\xrightarrow[H^+]{PhCH_2OH}$ Ala–OCH_2Ph

③ DCC를 사용하여 아마이드 결합을 생성한다.

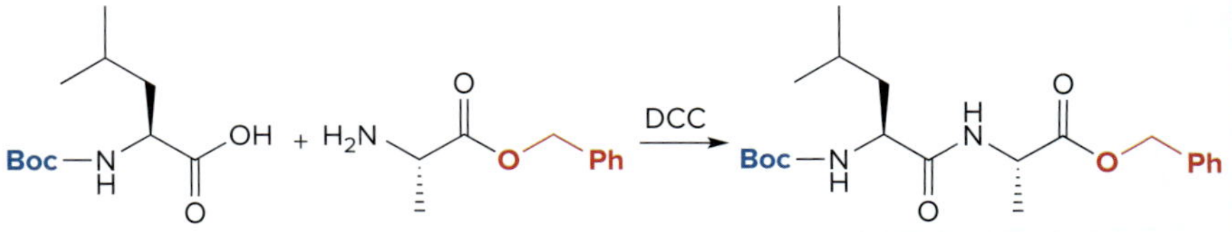

Boc–Leu + Ala–OCH_2Ph $\xrightarrow{DCC}$ Boc–Leu–Ala–OCH_2Ph

• **DCC**는 카복실산의 OH기를 더 좋은 이탈기로 만들어 **카복실기를 친핵성 공격으로부터 활성화시킨다.**

④ 하나 또는 두 개의 보호기를 제거한다.

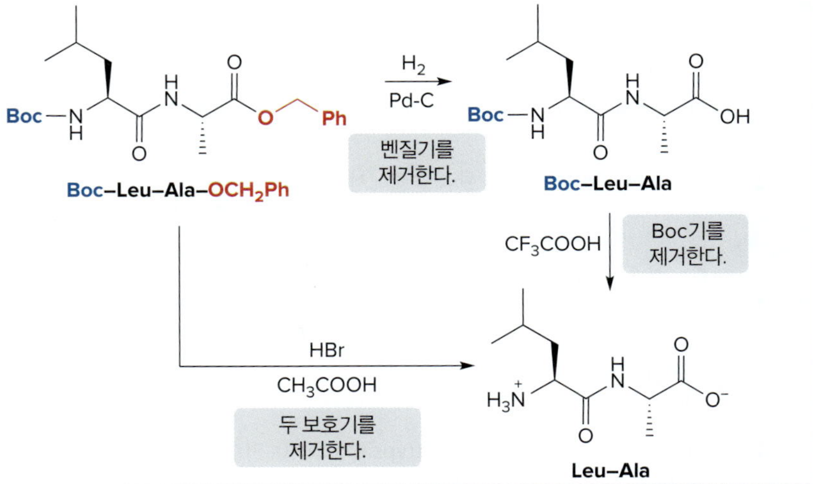

Boc–Leu–Ala–OCH_2Ph $\xrightarrow[Pd-C]{H_2}$ Boc–Leu–Ala (벤질기를 제거한다.)

Boc–Leu–Ala $\xrightarrow{CF_3COOH}$ Leu–Ala (Boc기를 제거한다.)

Boc–Leu–Ala–OCH_2Ph $\xrightarrow[CH_3COOH]{HBr}$ Leu–Ala (두 보호기를 제거한다.)

해결 방법 p. 1240, 그리고 예제 27.4 참고. 문제 27.53을 풀어보라.

[6] Merrifield 고체상법을 이용한 트라이펩타이드의 합성(27.7)

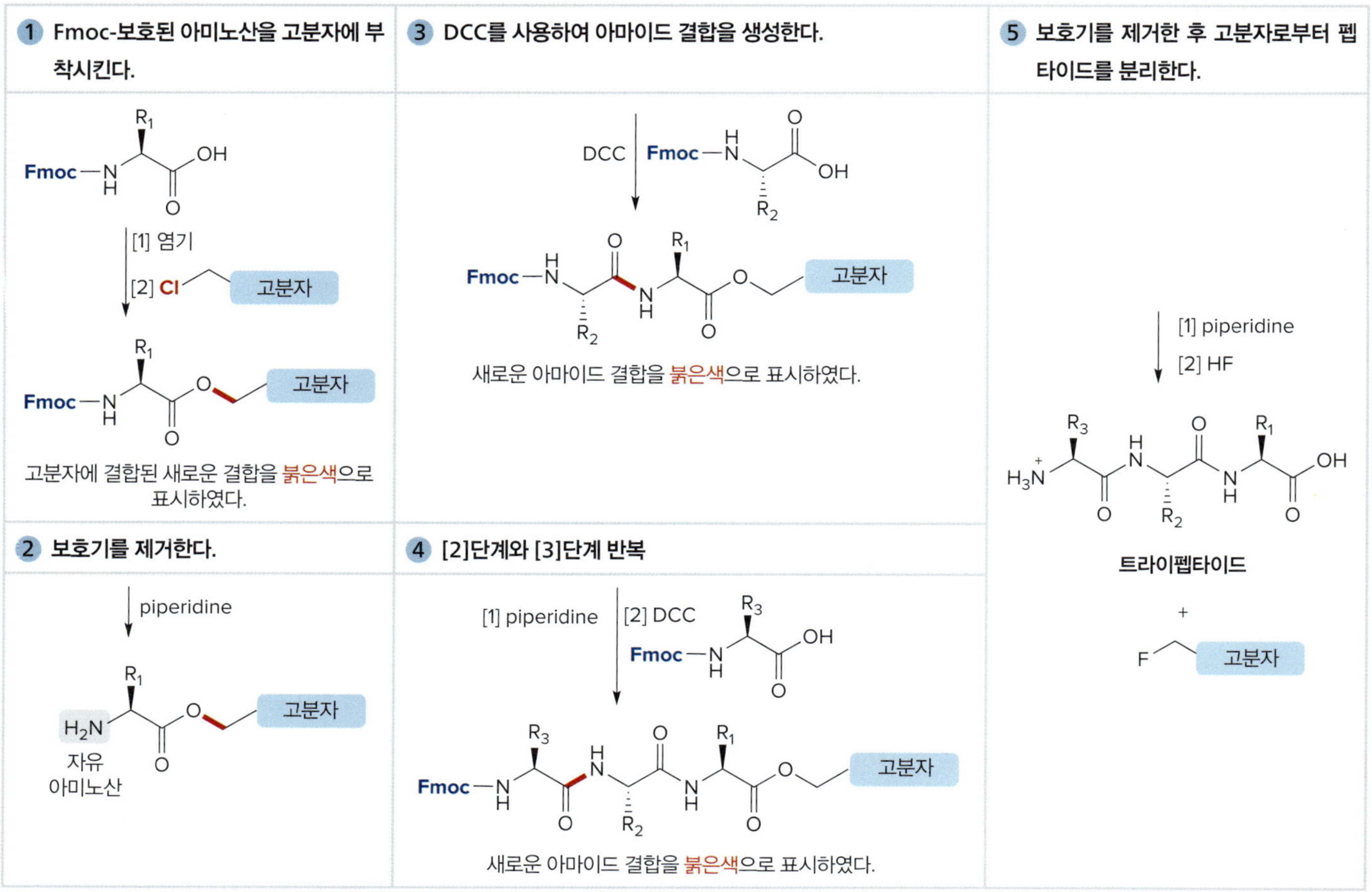

1 Fmoc-보호된 아미노산을 고분자에 부착시킨다.

Fmoc—NH—CH(R_1)—COOH

[1] 염기
[2] Cl—CH₂—고분자

Fmoc—NH—CH(R_1)—CO—O—CH₂—고분자

고분자에 결합된 새로운 결합을 붉은색으로 표시하였다.

2 보호기를 제거한다.

piperidine

H_2N—CH(R_1)—CO—O—CH₂—고분자

자유 아미노산

3 DCC를 사용하여 아마이드 결합을 생성한다.

DCC, Fmoc—NH—CH(R_2)—COOH

Fmoc—NH—CH(R_2)—CO—NH—CH(R_1)—CO—O—CH₂—고분자

새로운 아마이드 결합을 붉은색으로 표시하였다.

4 [2]단계와 [3]단계 반복

[1] piperidine
[2] DCC, Fmoc—NH—CH(R_3)—COOH

Fmoc—NH—CH(R_3)—CO—NH—CH(R_2)—CO—NH—CH(R_1)—CO—O—CH₂—고분자

새로운 아마이드 결합을 붉은색으로 표시하였다.

5 보호기를 제거한 후 고분자로부터 펩타이드를 분리한다.

[1] piperidine
[2] HF

H_3N^+—CH(R_3)—CO—NH—CH(R_2)—CO—NH—CH(R_1)—COOH

트라이펩타이드

+

F—CH₂—고분자

해결 방법 p. 1246 참고. 문제 27.30, 27.54를 풀어보라.

27장 선다형 자가-시험

자가-시험은 American Chemical Society 유기 화학 시험과 유사한 객관식 문제로 구성되어 있다. 정답은 장의 마지막 부분에 나와 있다.

1. 단백질 구조의 수준에 대한 서술 중에서 사실이 **아닌** 것은?

a. 단백질이 둘 이상의 부단위로 구성되어 있을 때에만 사차 구조가 존재한다.

b. α-나선에서 아미노산 잔기 사이의 수소 결합은 단백질의 삼차 구조의 한 성분이다.

c. 펩타이드 사슬에서 아미노산의 서열이 일차 구조를 구성한다.

d. 무극성 아미노산 사이의 van der Waals 상호작용이 삼차 단백질 구조의 한 성분이다.

2. 아미노산 페닐알라닌에 대한 서술 중에서 사실이 **아닌** 것은?

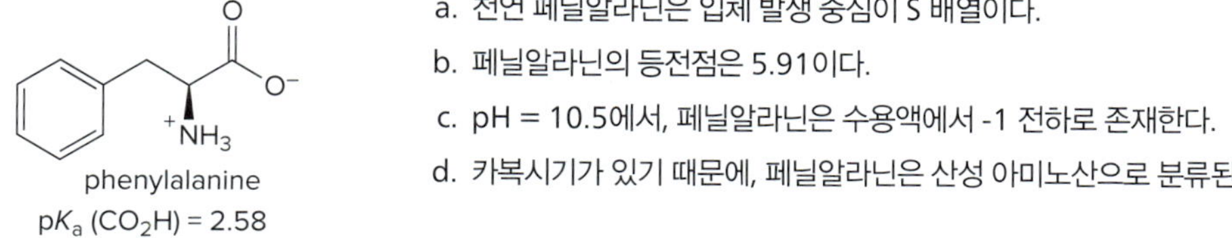

a. 천연 페닐알라닌은 입체 발생 중심이 S 배열이다.

b. 페닐알라닌의 등전점은 5.91이다.

c. pH = 10.5에서, 페닐알라닌은 수용액에서 -1 전하로 존재한다.

d. 카복시기가 있기 때문에, 페닐알라닌은 산성 아미노산으로 분류된다.

3. 다음 펩타이드 중에서 어느 것이 trypsin에 의하여 가수 분해되는가?

a. Lys – Trp – Gly – Gln – Met

b. Met – Phe – Ala – Leu – Arg

c. Ile – Val – Glu – Asn – Tyr

d. Val – Met – Asp – Gly – Phe

4. 다이펩타이드 Ala-Phe을 합성하는 데 사용하지 **않는** 단계는 어느 것인가?

a. 페닐알라닌을 그 벤질 에스터로 변환한다.

b. 알라닌을 Boc-Ala로 변환한다.

c. DCC를 사용하여 알라닌과 페닐알라닌 사이에 아마이드 결합을 만든다.

d. 펩타이드 결합이 생성된 후에 HBr과 CH_3CO_2H로 두 보호기를 제거한다.

5. 트라이펩타이드 **A**에 관한 서술 중에서 사실이 **아닌** 것은 어느 것인가?

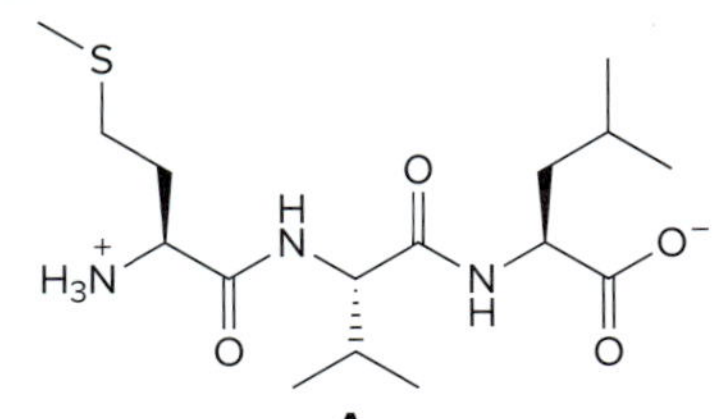

A

a. 이 펩타이드는 펩타이드 결합이 세 개이다.

b. N-말단 아미노산은 Met이다.

c. C-말단 아미노산은 L이다.

d. Edman 분해는 펩타이드 사슬에서 M을 맨 먼저 제거한다.

6. 어떠한 종류의 효소가 각 반응을 촉매화하는가?

a. 반응 [1]과 [2] 모두 탈수소 효소(dehydrogenase)에 의하여 촉매화된다.

b. 반응 [1]은 탈수소 효소에 의하여 촉매화되고, 반응 [2]는 환원 효소(reductase)에 의하여 촉매화된다.

c. 반응 [1]은 환원 효소에 의하여 촉매화되고, 반응 [2]는 탈수소 효소에 의하여 촉매화된다.

d. 반응 [1]은 인산화 효소(kinase)에 의하여 촉매화되고, 반응 [2]는 환원 효소에 의하여 촉매화된다.

7. 페닐알라닌 두 분자와 알라닌 한 분자로부터 몇 개의 서로 다른 트라이펩타이드가 생성될 수 있는가?

a. 한 개 b. 두 개 c. 세 개 d. 여섯 개

8. 다음 정보로부터 펜타펩타이드의 서열을 결정하라. 부분적 가수 분해는 Gly-Phe, Ala, Arg과 Leu를 생성한다. Edman 분해는 펩타이드로부터 맨 먼저 Ala를 자른다. Carboxypeptidase는 가수 분해 효소는 펩타이드로부터 Leu를 자른다. Trypsin으로 처리하면 Ala-Arg와 다른 파편 한 개가 얻어진다.

a. Gly – Phe – Ala – Arg – Leu

b. Ala – Arg – Gly – Phe – Leu

c. Leu – Gly – Phe – Ala – Arg

d. Gly – Phe – Ala – Arg – Leu

9. 헤모글로빈에 관한 서술 중에서 사실이 **아닌** 것은 어느 것인가?

a. 헤모글로빈은 물에 녹는 공 모양의 단백질이다.

b. 정상 헤모글로빈과 겸상 세포 헤모글로빈이 다른 점은 각각의 β 부단위에 있는 한 아미노산의 존재이다.

c. 헤모글로빈은 O_2와 CO 둘 다와 결합한다.

d 헤모글로빈은 O_2에 결합하여 O_2를 혈액에서 운반하고 조직에 저장한다.

10. 어떤 아민을 아미노산의 라셈 혼합물의 분할제로서 쓸 수 있는가?

문제

삼차원 모형을 이용하는 문제

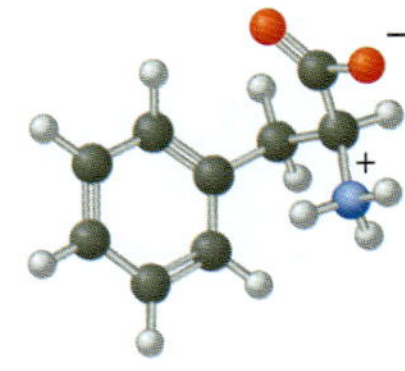

27.28 다음 아미노산을 각 시약과 반응시켰을 때 생성되는 생성물의 구조를 그려라.

a. CH_3OH, H^+ b. CH_3COCl, pyridine c. HCl (1당량)

d. NaOH (1당량) e. $C_6H_5N{=}C{=}S$.

27.29 다음 펩타이드를 참고하여, (a) N-말단과 C-말단 아미노산을 확인하라. (b) 한 글자 약어를 이용하여 펩타이드를 명명하라. (c) 펩타이드 골격에 있는 모든 아마이드 결합을 표시하라.

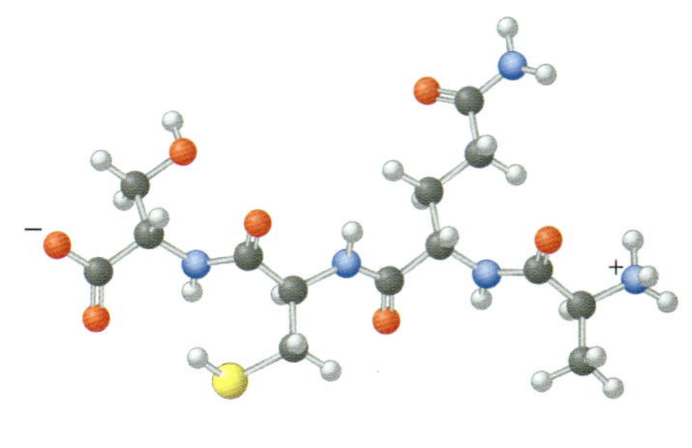

27.30 Merrifield 방법을 이용하여 다음 펩타이드를 합성하는 데 필요한 단계를 쓰라.

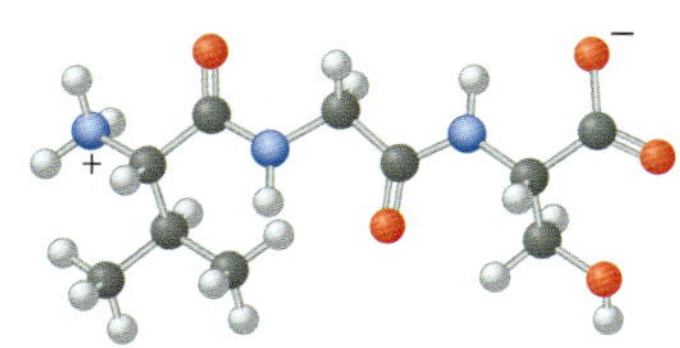

아미노산

27.31 penicillamine

a. (*S*)-페니실아민은 단백질을 구성하는 아미노산이 아니지만 선천적 구리 대사 결함증인 Wilson 병의 치료에 구리 킬레이트제로 사용된다. (*R*)-페니실아민은 독성이 있어 때로는 실명을 일으킨다. (*R*)-과 (*S*)-페니실아민의 구조를 그려라.

b. (*S*)-페니실아민의 산화로부터 어떤 이황화물이 생성되는가?

27.32 히스티딘은 오원자 고리를 구성하는 N 원자 중 한 개가 산에 의하여 쉽게 양성자가 첨가되기 때문에 염기성 아미노산으로 분류된다. 히스티딘의 어느 N 원자에 양성자가 첨가되는가? 이유는?

27.33 트립토판은 질소 원자를 함유한 헤테로 고리가 있지만 염기성 아미노산으로 분류하지 않는다. 트립토판의 오원자 고리를 이루는 N 원자가 산에 의해 쉽게 양성자 첨가되지 않는 이유를 설명하라.

27.34 pH = 1에서 각각의 다음 아미노산의 주 구조는 무엇인가? 이 pH에서 아미노산의 전체 전하는 무엇인가?

a. 트레오닌 b. 메싸이오닌 c. 아스파트산 d. 아르지닌

27.35 pH = 11에서 각각의 다음 아미노산의 주 구조는 무엇인가? 이 pH에서 아미노산의 전체 전하는 무엇인가?

a. 발린 b. 프롤린 c. 글루탐산 d. 라이신

27.36 a. 트라이펩타이드 A–A–A의 구조를 그리고, 두 개의 이온화될 수 있는 작용기를 표시하라.

b. pH = 1에서 A–A–A의 우세한 구조는 무엇인가?

c. 두 개의 이온화될 수 있는 작용기의 pK_a 값(3.39와 8.03)은 알라닌의 pK_a 값(2.35와 9.87, 표 27.1 참조)과는 상당히 다르다. 관찰된 pK_a 값의 차이를 설명하라.

아미노산과 펩타이드의 반응

27.37 다음 일련의 반응에서 **A–E**의 구조를 밝혀라.

[1] DIBAL-H, [2] H_2O → **A**; $Ph_3P=CHCO_2Et$ → **B**; H_2, Pd-C → **C**; [1] KOH, H_2O, [2] H_3O^+ → **D**; DCC → **E**

27.38 Neotame은 aspartame을 3,3-dimethylbutanal로 환원성 아미노화하여 제조되는 인공 감미료이다.

aspartame + 3,3-dimethylbutanal

a. Neotame의 구조는 무엇인가?

b. Neotame의 분해의 주 대사 경로는 아마이드가 아니라 에스터의 가수 분해이다. 이 반응에서는 무슨 생성물이 생기는가? Phenylalanine으로 대사되는 aspartame과는 다르게(문제 20.48), neotame은 페닐케톤뇨증을 겪고 있는 사람에게 해롭다고 생각되지 않는다.

27.39 다음 트라이펩타이드를 각 시약으로 처리하였을 때 생기는 생성물을 그려라.

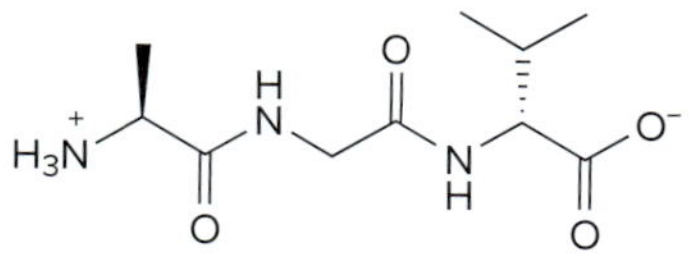

a. 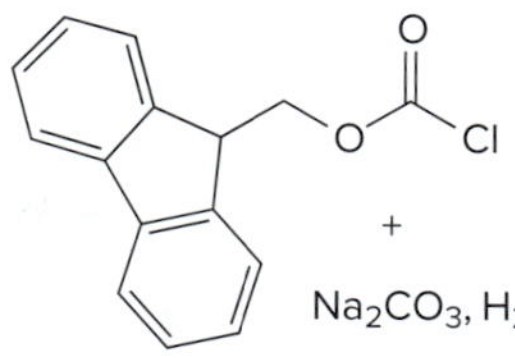 + Na_2CO_3, H_2O

b. H_3O^+

c. C_6H_5NCS

d. CH_3OH, H^+

분할: 카이랄 아미노산의 합성

27.40 아미노산을 분할하는 데 사용하는 또 다른 방법은 카복시기를 에스터로 전환한 후 다른 **카이랄 카복실산**을 이용하여 자유 아미노기와 산-염기 반응을 하도록 하는 것이다. 알라닌 거울상 이성질체의 라셈 혼합물과 (*R*)-mandelic acid 분할 시약을 사용하여 어떻게 분할 과정이 일어나는지를 보여주는 단계를 쓰라.

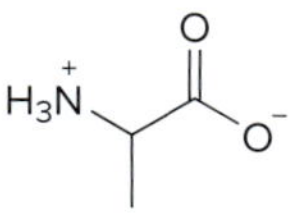

alanine
(두 거울상 이성질체)

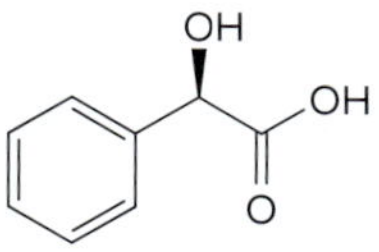

(*R*)-mandelic acid

27.41 브루신(brucine)은 독성이 있는 알칼로이드로서 인도, 스리랑카 그리고 북호주에서 자라는 *마전자(Strychnos nux vomica)* 나무에서 얻어진다. 브루신을 이용하여 페닐알라닌의 라셈 혼합물을 분할하는 방법을 27.2A절에서 보여 준 것과 같이 그려라.

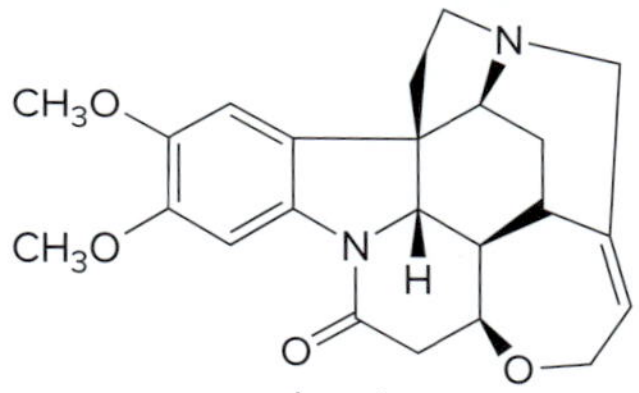

brucine

27.42 각 반응에서 얻어지는 유기 생성물을 그려라.

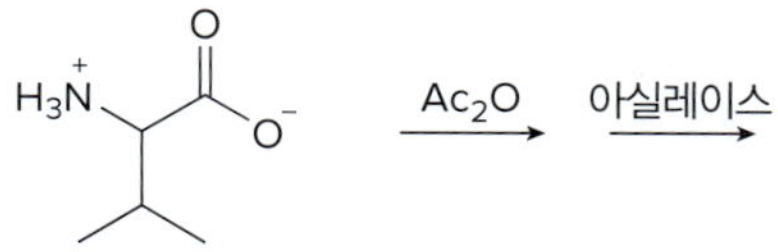

a. 라셈 혼합물 —Ac_2O→ —아실레이스→

b. 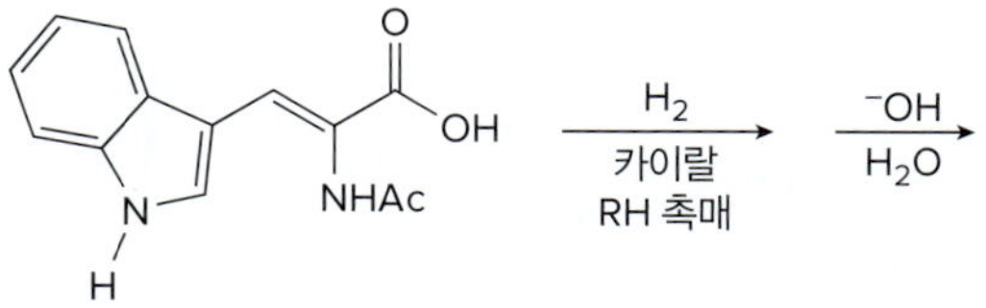 —H_2, 카이랄 RH 촉매→ —^-OH, H_2O→

27.43 **A**를 파킨슨씨 병을 치료하는 데 유용하게 사용되는 희귀한 아미노산인 L-도파(L-dopa)로 변환하는 데 무슨 단계가 필요한가? 이들 단계는 카이랄 전이 금속 촉매를 사용한 첫 번째 상업적 비대칭 합성의 핵심 반응으로서 1974년에 Monsanto에서 개발되었다.

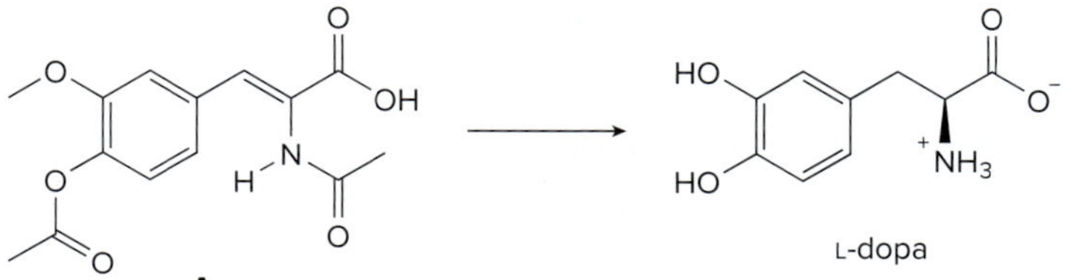

A → L-dopa

펩타이드 구조와 서열 결정

27.44 각 펩타이드의 구조를 그려라.

a. Phe–Ala b. Gly–Gln c. Lys–Gly d. R–H.

27.45 테트라펩타이드 Asp-Arg-Val-Tyr에 대하여,

a. 한 글자 약어로 펩타이드를 명명하라.

b. 구조를 그려라.

c. 아마이드 결합을 모두 표시하라.

d. N-말단과 C-말단 아미노산을 표시하라.

27.46 다음 펩타이드를 구성하는 아미노산의 세 글자 약어와 한 글자 약어를 이용하여 각 펩타이드를 명명하라.

a. 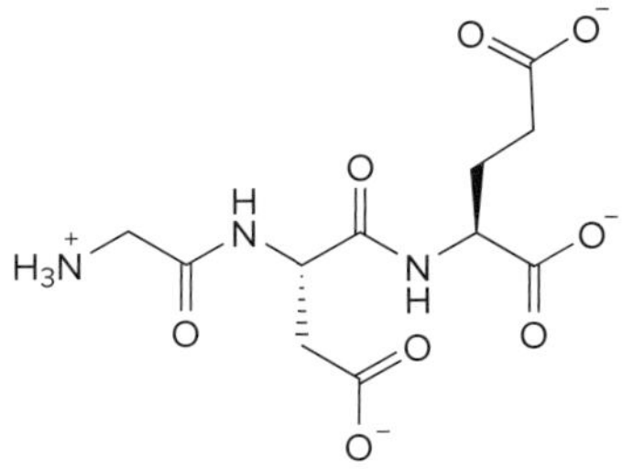 b.

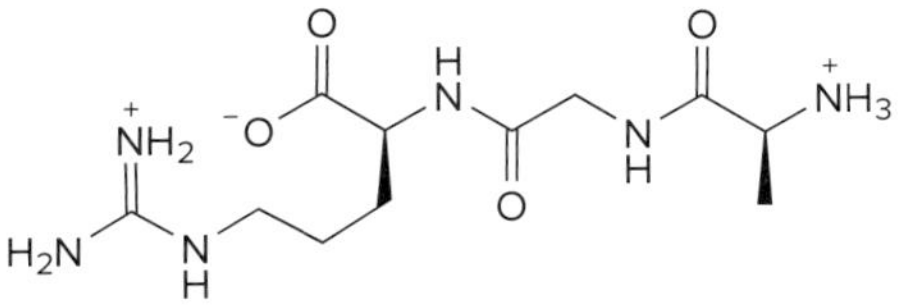

27.47 소마토스타틴(somatostatin)은 신체의 인슐린과 glucagon 농도를 조절하는 펩타이드 호르몬이다.

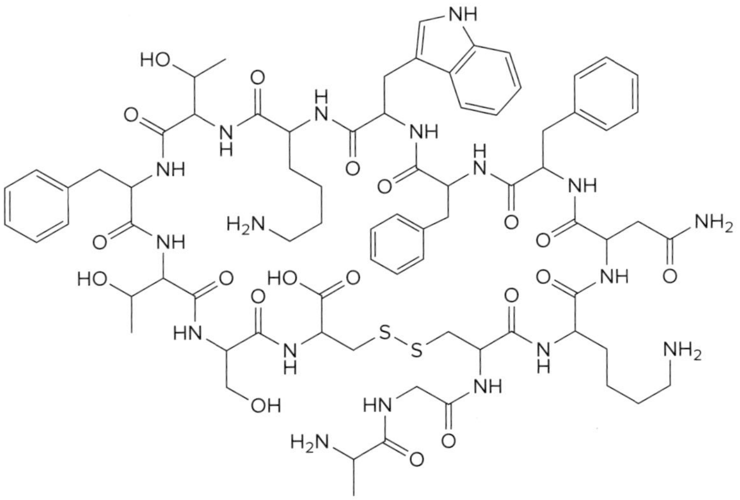

somatostatin

a. 소마토스타틴의 아미노산을 확인하라.

b. 소마토스타틴이 L-아미노산으로 이루어져 있다고 가정하고 모든 입체 발생 중심의 입체 화학을 쐐기와 점선쐐기로 나타내라,

c. N-말단과 C-말단 아미노산을 나타내라.

d. 아미노산의 세 글자 약어를 사용하여, 소마토스타틴의 이황화 결합이 환원되었을 때 생기는 생성물의 구조를 쓰라.

27.48 데카펩타이드 angiotensin I을 고려하자.

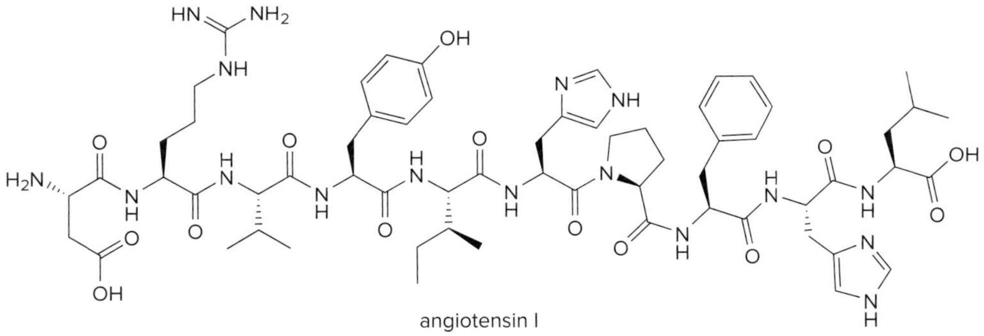

angiotensin I

a. Angiotensin I을 trypsin과 반응시키면 어떤 생성물이 생성되는가?

b. Angiotensin I을 chymotrypsin과 반응시키면 어떤 생성물이 생성되는가?

c. Angiotensin I을 ACE (angiotensin-converting enzyme)와 반응시키면 페닐알라닌으로부터 유래된 카보닐기가 있는 아마이드 결합만이 절단되어 두 가지 생성물이 얻어진다. 더 큰 폴리펩타이드는 혈관을 좁히고 혈압을 올리는 호르몬인 angiotensin II이다. 세 글자 약어를 사용하여 angiotensin II의 아미노산 서열을 쓰라. ACE 억제제는 ACE 효소를 억제하여 혈압을 낮추는 약물이다.

27.49 산으로 펩타이드를 부분 가수 분해하였을 때 생성되는 조각을 이용하여, 각 펩타이드의 아미노산 서열을 쓰라.

a. Ala, Gly, His, Tyr을 포함하는 테트라펩타이드로서 부분 가수 분해되었을 때 His-Tyr , Gly-Ala, Ala-His이 생성된다.

b. Glu, Gly, His, Lys, Phe을 포함하는 펜타펩타이드로서 부분 가수 분해되었을 때 His-Gly-Glu, Gly- Glu-Phe, Lys-His이 생성된다.

27.50 아미노산이 29개인 호르몬 glucagon은 췌장에서 분비된다. 혈액 중 글루코스의 농도가 너무 낮다면, glucagon은 글리코겐을 글루코스로 변환하도록 간을 자극하므로 혈액의 글루코스 농도가 높아지게 된다. 다음 데이터로부터 glucagon의 아미노산 서열을 추론하라. Glucagon을 chymotrypsin으로 처리하면, Thr–Ser–Asp–Tyr, Leu–Met–Asn–Thr, His–Ser–Gln–Gly–Thr–Phe, Ser–Lys–Tyr, Val–Gln–Trp, Leu–Asp–Ser–Arg–Arg–Ala–Gln–Asp–Phe이 얻어진다. Glucagon을 trypsin으로 처리하면, Arg, Tyr–Leu–Asp–Ser–Arg, Ala–Gln–Asp–Phe–Val–Gln–Trp–Leu–Met–Asn–Thr, His–Ser–Gln–Gly–Thr–Phe–Thr–Ser–Asp–Tyr–Ser–Lys이 얻어진다.

27.51 주어진 실험 데이터를 잘 살펴보고 Ala, Gly (2당량), His (2당량), Ile, Leu, Phe 아미노산으로 이루어진 옥타펩타이드의 서열을 쓰라. Edman 분해를 하면 Gly가 떨어져 나오고, carboxypeptidase에 의해서는 Leu와 헵타펩타이드가 얻어진다. 부분 가수 분해를 하면 다음 조각이 얻어진다: Ile-His-Leu, Gly, Gly-Ala-Phe-His, Phe-His-Ile.

27.52 어떤 옥타펩타이드는 다음과 같은 아미노산으로 이루어져 있다: Arg, Glu, His, Ile, Leu, Phe, Tyr, Val. 이 옥타펩타이드를 carboxypeptidase로 처리하면 Phe와 헵타펩타이드가 생성된다. 이 옥타펩타이드를 chymotrypsin으로 처리하면 두 개의 테트라펩타이드 **A**와 **B**가 생성된다. 다시 **A**를 trypsin으로 처리하면 두 개의 다이펩타이드 **C**와 **D**가 생긴다. Edman 분해는 각 펩타이드로부터 다음과 같은 아미노산을 잘라 낸다: Glu(옥타펩타이드), Glu (**A**), Ile (**B**), Glu (**C**)과 Val (**D**). 테트라펩타이드인 **B**를 부분 가수 분해하면 Ile-Leu가 나오며 그밖에 여러 화합물이 나온다. 옥타펩타이드와 **A**–**D** 조각의 구조를 추론하라.

펩타이드 합성

27.53 아미노산으로부터 각 펩타이드를 합성하고자 한다. 모든 합성 과정을 쓰라. (a) Gly – Ala; (b) Ile – Ala – Phe.

27.54 Merrifield 방법을 사용하여 각 펩타이드를 합성하는 단계를 적어라. (a) Ala – Leu – Phe – Phe; (b) Phe – Gly – Ala – Ile.

27.55 펩타이드 결합을 생성하기 위한 또 다른 방법은 다음 두 단계 과정이다.

[1] Boc-보호된 아미노산을 *p*-나이트로페닐 에스터로 전환

[2] 아미노산 에스터와 *p*-나이트로페닐 에스터를 반응시킴

Boc—NH—CH(R_1)—COOH —[1]→ Boc—NH—CH(R_1)—CO—O—C_6H_4—NO_2 —[2] (H_2N—CH(R_2)—COOR')→ Boc—NH—CH(R_1)—CO—NH—CH(R_2)—COOR' + ^-O—C_6H_4—NO_2

p-nitrophenyl ester

붉은색은 새로운 아마이드

a. 아마이드 생성에서 *p*-나이트로페닐 에스터가 첫 번째 아미노산의 카복시기를 어떻게 '활성화'하는가?

b. *p*-메톡시페닐 에스터가 이 기능을 수행할 수 있는가? 가부를 판단하고 설명하라.

Boc—NH—CH(R_1)—CO—O—C_6H_4—OCH_3

p-메톡시페닐 에스터

27.56 아래의 조건에서 아미노산으로부터 Fmoc기를 제거하는 반응의 메커니즘을 그려라.

Fmoc—NH—CH(R)—COOH —(piperidine, DMF)→ dibenzofulvene + CO_2 + $H_3\overset{+}{N}$—CH(R)—COO^-

단백질 구조와 효소

27.57 다음 아미노산 중 일반적으로 구형 단백질의 내부에서 발견되는 것은 어느 것이며, 외부에서 발견되는 것은 어느 것인가?: (a) 페닐알라닌; (b) 아스파트산; (c) 라이신; (d) 아이소루신; (e) 아지닌; (f) 글루탐산

27.58 다음 펩타이드의 곁사슬이 무극성 또는 극성인지를 결정하고 각 펩타이드의 소수성 말단과 친수성 말단을 표시하라.

a. VLLFGEDEK b. RKYSFLGAA

27.59 콜라겐의 펩타이드 사슬이 생성된 후에, 많은 프롤린 잔기들의 고리 탄소 원자 중의 하나에 하이드록시가 붙는 반응이 일어난다. 왜 이 반응은 콜라겐의 삼중 나선 구조에게 중요한가?

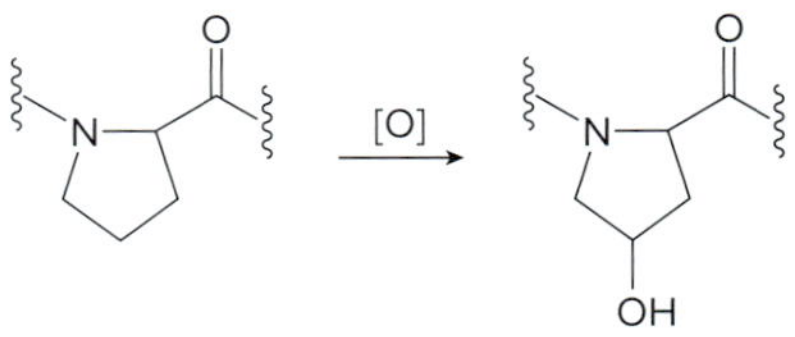

[O]

27.60 무슨 부류의 효소가 각 반응을 촉매화하는가?

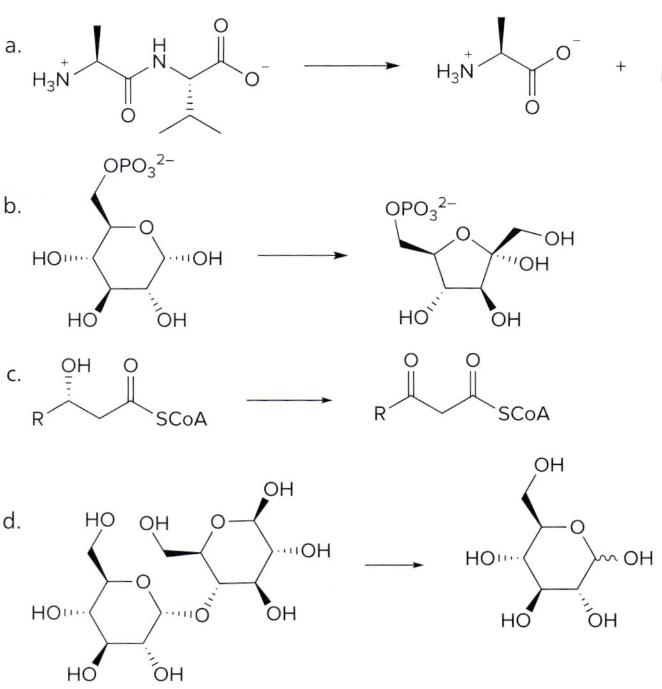

a.

b.

c.

d.

도전 문제

27.61 항비만제 orlistat는 소장에서 중성지방(트라이글리세롤)을 분해하는 췌장 지방분해 효소(lipase)를 비가역적으로 저해한다. 따라서 중성지방이 체내에서 대사되지 않고 배설된다. 저해작용은 효소의 세린 잔기가 올리스타트와 반응하여 공유 결합으로 연결된, 비활성 효소 생성물을 만들기 때문에 일어난다. 저해 작용으로 생성된 생성물의 구조를 그려라.

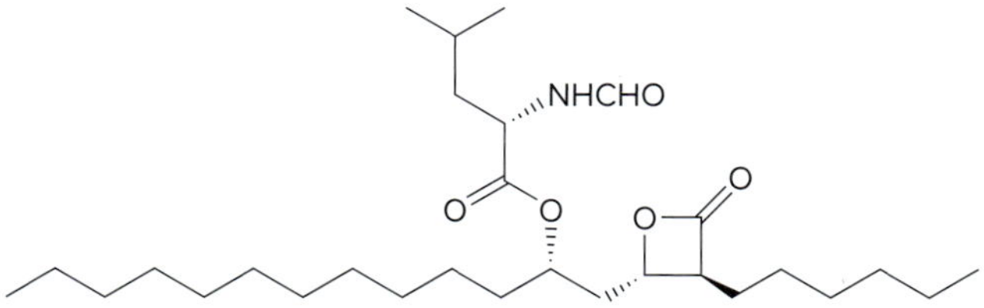

27.62 메커니즘 27.1에서 설명한 바와 같이, Edman 분해의 마지막 단계는 thiazolinone이 *N*-phenylthiohydantoin으로 자리를 옮기는 반응이다. 이 산-촉매 반응에 대한 단계별 메커니즘을 쓰라.

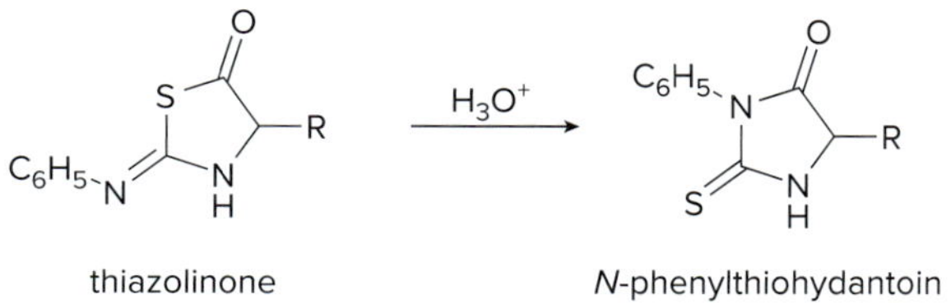

H_3O^+

thiazolinone　　　*N*-phenylthiohydantoin

자가-시험 해답

1. b　2. d　3. a　4. c　5. a　6. a　7. c　8. b　9. d　10. c

» 28~30장은 온라인사이트에 있음(차례에서 확인)

합성 고분자

Synthetic Polymers

31

ORGANIC CHEMISTRY

Stuar/Shutterstock

폴리에틸렌 테레프탈레이트(polyethylene terephthalate, PET)는 에틸렌 글라이콜[ethylene glycol ($HOCH_2CH_2OH$)]과 테레프탈산(terephthalic acid)으로부터 합성된 고분자이다. PET는 중량이 가볍고 공기나 습기를 잘 통과시키지 않는 성질이 있어서 투명한 음료수 용기로 널리 사용된다. PET는 또한 다크론(Dacron)이라는 상품명으로 팔리고 있는 합성 섬유의 제조에도 사용된다. 여섯 종류의 가장 널리 사용되는 합성 고분자 중에서 PET는 가장 쉽게 재사용되고 있는데, 재사용 코드 '1번'으로 명명된 음료수 용기는 거의 완전히 PET로만 구성되어 있기 때문이다. 재사용을 위해 수거된 PET는 양털 모양(fleece)의 옷이나 카펫의 제조에 사용된다. 이번 31장에서는 이러한 PET와 같은 합성 고분자들의 합성 및 물성에 대해서 공부한다.

왜 공부하는가? . . .

합성 고분자란?

31장에서는 **단위체(monomer)**라고 불리는 반복 단위가 공유 결합에 의해 서로 연결된 거대한 유기 분자인 고분자(polymer)에 대해서 배운다. 고분자에는 26장과 27장에서 각각 배운 당과 단백질과 같은 천연고분자와 실험실에서 합성되는 고분자가 있다.

이 장에서는 **합성 고분자(synthetic polymer)**에 대해서 주로 배우며 13장과 20장에서 이미 배운 각종 재료에 대해서도 다루기로 한다. 수천 가지 종류의 합성 고분자가 현재 만들어지고 있다. 몇몇 종류의 고분자는 천연 화합물을 모방한 성질이 있지만 대부분의 경우 매우 독특한 성질이 있다. 비록 모든 고분자의 분자량이 크지만, 크기나 고분자 사슬의 가지 및 작용기의 종류 등 모든 개별적 특성이 고분자의 성질을 결정하므로 이러한 특성들을 조정하여 사용 목적에 적합한 물질을 얻을 수 있다.

31.1 서론

고분자는 단위체라고 불리는 반복 단위가 공유 결합으로 연결된 거대한 유기 분자이다. **고분자(polymer)**라는 단어는 그리스어의 '많은 부분'이라는 의미의 **poly**와 **meros**에서 유래되었다.

중합은 단위체가 연결되어 고분자가 되는 과정이다.

합성 고분자는 실험실에서 합성되는 어떠한 화합물보다도 현대사회를 구성하는 매우 중요한 요소임에 틀림없다. 나일론 배낭, 폴리에스터 의복, 자동차 범퍼, CD 케이스, 우유 통, 과일 바구니, 인공 심장 판막 및 콘돔에 이르기까지 셀 수 없을 정도로 많은 물질이 합성 고분자로 이루어져 있다. 1976년 이후로 미국의 합성 고무 생산은 철강 생산을 넘어서고 있다. 그림 31.1은 몇 가지 제품과 그 원료 물질인 고분자를 나타낸다.

합성 고분자는 연쇄 성장 고분자와 단계 성장 고분자로 나누어진다.

- 첨가 고분자(addition polymer)라고도 불리는 연쇄 성장 고분자(chain-growth polymer)는 연쇄 반응에 의해서 만들어진다.

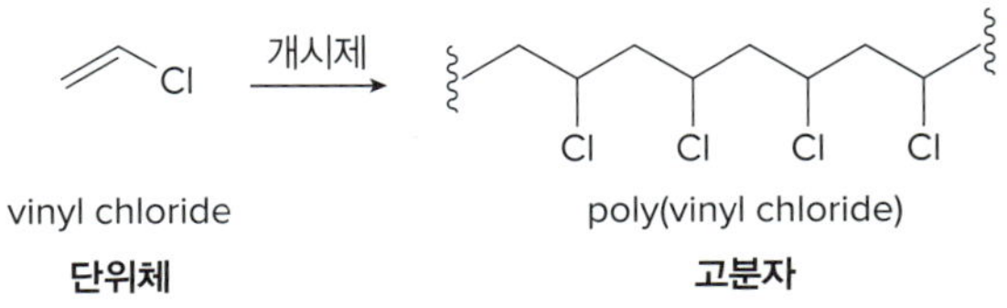

vinyl chloride 단위체 —개시제→ poly(vinyl chloride) 고분자

이러한 물질은 고분자 사슬의 성장 말단에 단위체가 첨가되면서 만들어진다. Vinyl chloride에서 poly(vinyl chloride)가 만들어지는 것이 연쇄 성장 중합의 대표적인 예일 것이다. 이 반응은 13.14절에 자세히 소개되어 있다.

그림 31.1 몇 가지 고분자 제품들

Lexan (폴리카보네이트 헬멧과 안경)
nylon 6,6 (배낭)
고무 (타이어)
polyethylene (물병)

• 우리의 일상생활은 합성 고분자로 둘러싸여 있다. 자전거 선수는 합성 고무로 된 타이어를 이용하며, 폴리에틸렌 물병의 물을 마시고, 렉산으로 된 헬멧과 안경을 쓰고, 가벼운 나일론 배낭을 착용하고 있다.

- 축합 고분자(condensation polymer)라고도 불리는 단계 성장 고분자(step-growth polymer)는 두 개의 작용기가 있는 단위체가 결합하면서 물이나 HCl과 같은 분자를 방출하면서 생성된다.

H_2N … NH_2 + Cl … Cl → nylon 6,6 + HCl

단위체 고분자

이러한 반응에서는 어떠한 두 반응성 분자도 서로 결합할 수 있으므로, 반드시 단위체가 성장 말단에 첨가될 필요는 없다. 단계 성장 중합은 20.15절에 기술된 것 같은 폴리아마이드 그리고 폴리에스터의 합성에 이용된다.

1–23장에서 배운 1000 g/mol 이하 분자량의 각종 유기 분자들과 달리, 고분자는 분자량이 10,000–1,000,000 g/mol 정도로 매우 크다. 합성 고분자는 사슬의 길이가 각각 다른 개개의 고분자가 섞여 있는 혼합물로서 고분자 사슬의 평균 길이에 기초하여 분자량의 평균값을 사용한다.

일반적으로 고분자의 구조는 그림 31.2처럼 사슬을 구성하는 반복 단위를 괄호로 묶어 간단히 표현한다.

문제 31.1 31.1절의 poly(vinyl chloride)과 nylon 6,6의 축약 구조를 그려라.

그림 31.2
고분자의 축약 표현 반복 단위

styrene → polystyrene (반복 단위)

terephthalic acid + ethylene glycol → polyethylene terephthalate (PET) (반복 단위)

31.2 연쇄 성장 고분자—첨가 고분자

연쇄 성장 중합은 일반적으로 알켄으로 구성된 유기 출발물이 라디칼, 음이온 또는 양이온의 반응 중간체를 거쳐 고분자를 생성하는 연쇄 반응이다.

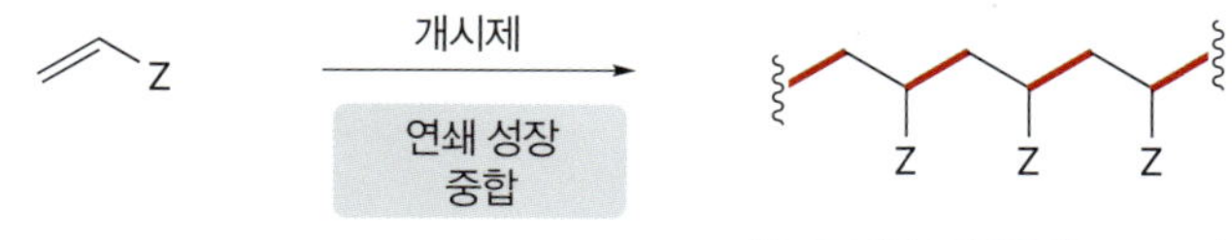

새로운 결합은 붉은색으로 표시

- 알켄은 에틸렌($CH_2=CH_2$) 또는 에틸렌의 유도체($CH_2=CHZ$ 또는 $CH_2=CZ_2$)이다.
- 치환기 Z(부분적으로)는 라디칼, 음이온, 양이온 중 어떤 중간체를 생성할 것인가를 결정한다.
- 라디칼, 음이온 또는 양이온성의 개시제가 중합 반응을 일으키기 위해서 필요하다.
- 연쇄 성장 중합은 연쇄 반응이므로 반응 메커니즘은 개시, 성장, 종결로 구성된다(13.4절).

대부분의 연쇄 성장 중합은 개시제가 한 단위체의 탄소-탄소 이중 결합에 첨가되어 반응 중간체를 생성하고 그것이 다른 단위체 분자와 반응하여 사슬을 생성한다. CH_2=CHZ이 일어나면 탄소 원자 한 개 걸러 한 개씩 Z가 치환된 탄소 사슬이 얻어진다.

문제 31.2 각 단위체의 연쇄 성장 중합으로 어떤 고분자가 생성되는가?

a. (CH_2=CCl_2) b. (CH₂=CH–C₆H₄–OCH_3) c. (CH_2=CH–OCH_3) d. (CH_2=CH–CO_2CH_3)

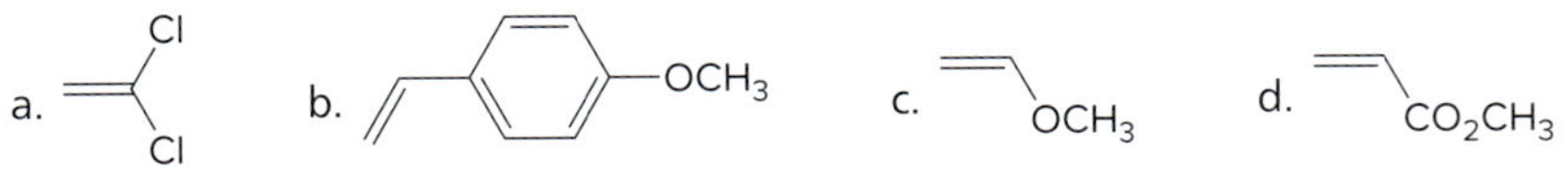

31.2A 라디칼 중합

알켄의 라디칼 중합은 13.14절에서 이미 다루었다. 개시제로서는 유기 과산화물(ROOR)의 약한 O–O 결합이 분해되어 생성되는 과산화 라디칼(RO·)이 많이 사용된다. 예로서, 라디칼 조건에서 styrene (CH_2=CHPh)이 중합되면 메커니즘 13.4에서 보여 주는 단계별 메커니즘으로 polystyrene이 얻어진다.

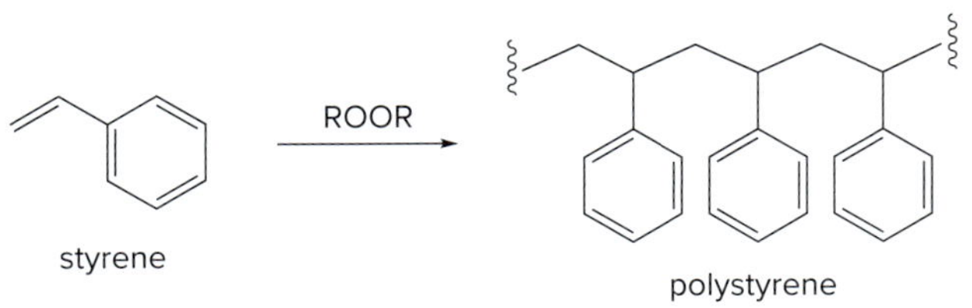

styrene →(ROOR) polystyrene

CH_2=CHZ의 라디칼 중합에서 치환기 Z에 의해 전자가 비편재되어 라디칼이 안정화되는 것이 유리하다. **각각의 첨가 단계에서 중간체 라디칼은 치환기 Z가 있는 탄소에 존재한다.** Styrene이 출발물이면, 중간체 라디칼은 벤질성 라디칼이며 매우 공명 안정화되어 있다. 그림 31.3에 라디칼 중합에 이용되는 몇몇 단위체가 나와 있다.

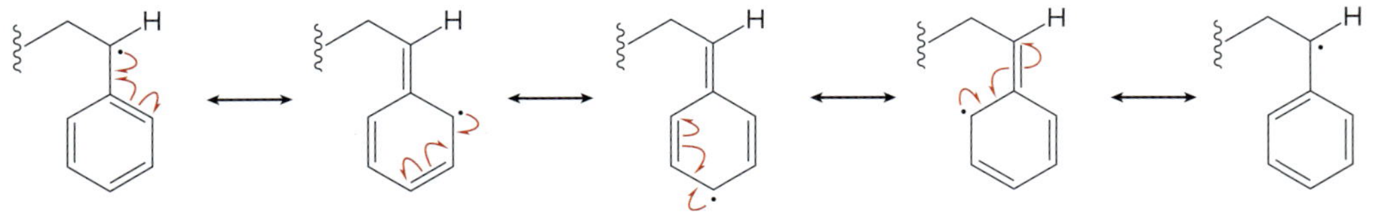

벤질성 라디칼의 다섯 가지 공명 구조

그림 31.3 라디칼 중합 반응에 사용되는 단위체

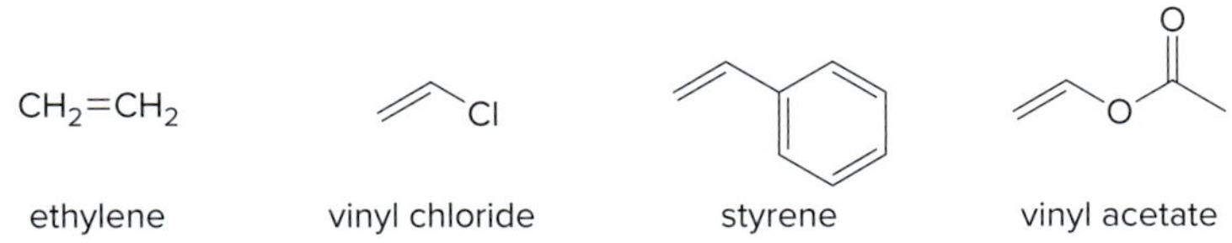

CH_2=CH_2 ethylene; vinyl chloride; styrene; vinyl acetate

문제 31.3 각 단위체의 라디칼 중합으로 어떤 고분자가 생성되는가?

a. b. CN

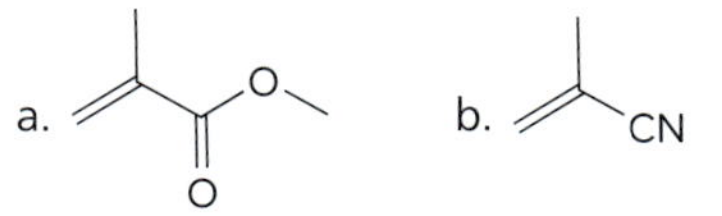

연쇄 종결은 메커니즘 13.4에서 나타낸 것과 같이 라디칼 짝지음으로 일어난다. 연쇄 종결 반응은 한 고분자에 존재하는 수소 원자가 다른 고분자의 라디칼로 이동하면서 새로운 C−H 결합과 이중 결합이 각각의 고분자에 생기는 **불균등화 반응(disproportionation)**에 의해서도 일어난다.

불균등화 반응

새로운 C−H와 π 결합을 붉은색으로 표시

31.2B 곁사슬 생성

반응 조건의 선택은 합성 고분자의 성질에 매우 큰 영향을 미친다. 13.14절에서 이미 두 가지 종류의 폴리에틸렌—**고밀도 폴리에틸렌(HDPE)과 저밀도 폴리에틸렌(LDPE)**—에 대해서 배웠다. CH_2기의 긴 사슬이 직선 모양으로 서로 연결되어 이루어진 고밀도 폴리에틸렌은 선형 사슬이 잘 쌓여서 van der Waals 상호작용이 강하므로 강하고 단단하다. 반면에 저밀도 폴리에틸렌은 고분자 사슬을 따라 많은 곁사슬이 생성되어 있다. 곁사슬은 고분자 사슬의 조밀한 정렬을 방해하므로 LDPE는 분자간 상호작용이 약해지고 훨씬 더 부드럽고 유연한 물질이 된다.

고밀도 폴리에틸렌(HDPE)은 우유를 담는 용기나 물통으로 응용되지만, 저밀도 폴리에틸렌(LDPE)은 플라스틱 가방이나 절연체로 응용된다.

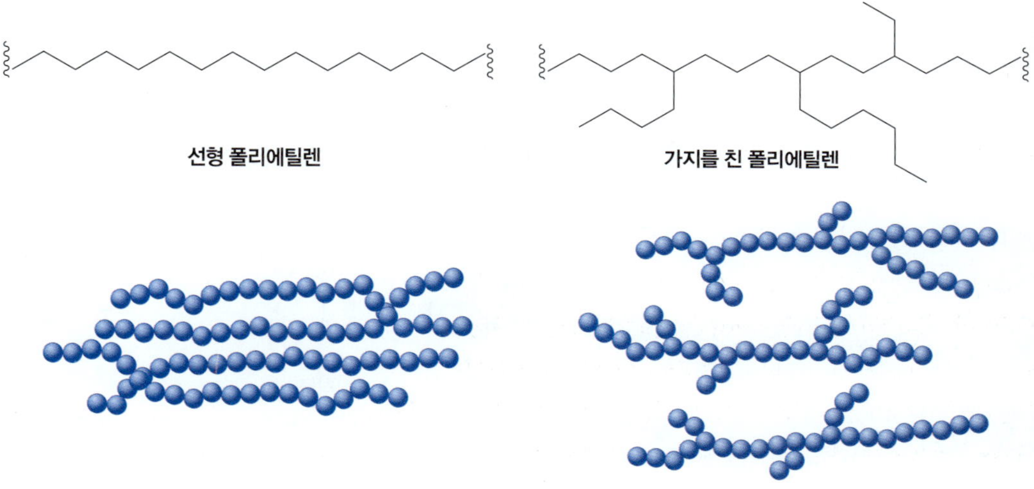

선형 폴리에틸렌은 잘 정렬된다.

곁사슬을 가진 폴리에틸렌은 잘 정렬되지 **못한다**.

곁사슬은 메커니즘 31.1에 나타낸 것과 같이 **성장하는 폴리에틸렌 사슬의 라디칼이 다른 사슬의 CH_2기에 있는 수소 원자를 빼앗아 오면서 생성된다.** 새롭게 생성된 2° 라디칼이 다른 에틸렌 분자에 첨가하면 사슬 전파가 계속되면서 가지점(branching point)이 생기게 된다.

문제 31.4 Styrene의 라디칼 중합에서 **A**에서처럼 4°에 가지를 친 사슬은 생성되나 **B**에서처럼 3°에 가지를 친 사슬은 생성되지 않는 이유를 설명하라.

4° C   3° C

A   **B**

메커니즘 31.1 라디칼 중합에서 가지 친 곁사슬 폴리에틸렌의 생성

성장 고분자 사슬 + 폴리에틸렌 고분자 →[1] 2° 라디칼 + 폴리에틸렌 고분자 →[2] ($CH_2{=}CH_2$) 가지점 →[반복 단계 2]

새로운 C−C 결합(붉은색)

1 이미 존재하는 고분자 사슬에서 수소 원자가 떼어지면 고분자 사슬 가운데 **2° 라디칼**이 생성된다.

2 라디칼이 다른 에틸렌 분자에 첨가하면 고분자 사슬을 따라 새로운 라디칼과 **가지점**이 생성된다. 단계 [2]가 반복적으로 일어나면서 원래의 고분자 사슬로부터 긴 곁사슬이 생성된다.

31.2C 이온 중합

연쇄 성장 중합은 또한 음이온이나 양이온 중간체를 거쳐서 일어난다. **양이온 중합은 알켄에 대한 친전자성 첨가가 일어나서 탄소 양이온이 생성되는 반응의 한 예이다.** 양이온 중합은 알킬이나 전자 주는 기 같이 탄소 양이온 중간체를 안정시킬 수 있는 치환기가 있는 알켄 단위체에서 일어난다. 개시제는 Lewis 산 또는 양성자 공급체와 같은 친전자체이다.

메커니즘 31.2는 일반적인 단위체 $CH_2{=}CHZ$와 $BF_3{\cdot}H_2O$를 이용한 양이온 중합을 보여 주고 있다. BF_3와 H_2O의 Lewis 산−염기 착물인 $BF_3{\cdot}H_2O$는 개시제로 사용된다.

메커니즘 31.2 $CH_2{=}CHZ$의 양이온 중합

부분 [1] 개시

F_3B + H_2O →[1] Lewis 산−염기 착물 + $CH_2{=}CHZ$ →[2] 탄소 양이온 + $F_3\bar{B}-\ddot{O}H$

탄소 양이온
Z' = 전자 주개

1−**2** $BF_3{\cdot}H_2O$으로부터의 H^+가 친전자성 첨가를 하면 **탄소 양이온**이 생성된다.

부분 [2] 성장

→[3] →[반복 단계 3]

새로운 C−C결합(붉은색)

3 탄소 양이온이 알켄 분자에 첨가하면 **새로운 C−C 결합**이 생긴다. **첨가는 항상 전자를 주는 Z기에 의해 안정화된 탄소 양이온을 생성한다.** 단계 [3]이 반복적으로 일어나면서 고분자 사슬이 성장한다.

부분 [3] 종결

+ $F_3\bar{B}-\ddot{O}H$ →[4] + $F_3\bar{B}-\overset{+}{O}H_2$

(*E* 또는 *Z* 이중 결합)

4 양성자를 잃게 되면 연쇄 반응이 종결되고 새로운 π 결합이 생성된다.

양이온 중합은 탄소 양이온이 관여하고 있으므로 **첨가 반응은 Markovnikov 법칙을 따라서 더 안정하고 더 많이 치환된 탄소 양이온을 생성한다.** 연쇄 종결 반응은 양성자 이탈과 같은 다양한 경로로 일어나서 결국 알켄이 생성된다. 그림 31.4에 양이온 중합이 가능한 알켄 단위체의 예를 들었다.

그림 31.4 이온 연쇄 성장 중합에 의해 생성되는 일반적인 고분자

단위체	고분자	상품

• **양이온** 중합에 의해 생성되는 고분자

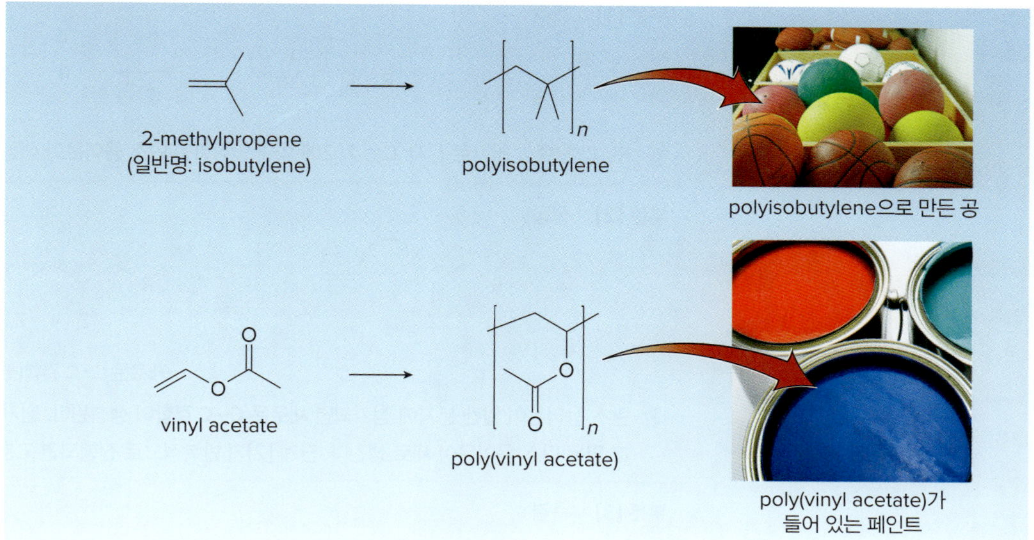

• **음이온** 중합에 의해 생성되는 고분자

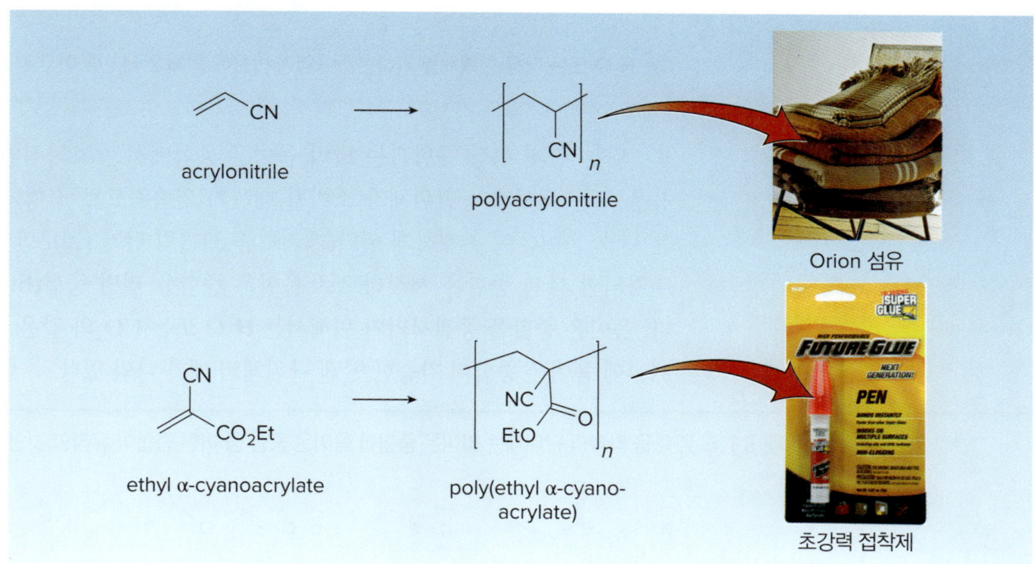

• 연쇄 성장 고분자는 그 단위체 앞에 접두사 **폴리(poly)**를 붙여 명명한다. 단위체가 두 개의 단어로 구성되는 경우에는 단위체의 이름을 괄호 안에 넣고 **폴리**를 붙인다.

Dynamic Graphics/Jupiterimages; Beathan/Fuse/Getty Images; Fernando Bengoechea/Getty Images; John Thoeming/McGraw Hill

문제 31.5 양이온 중합은 $CH_2=C(CH_3)_2$에 대해서는 효과적인 중합법이지만 $CH_2=CH_2$에 대해서는 효과적이지 못한 이유를 설명하라.

비록 알켄은 전자가 결핍되어 있는 라디칼 또는 친전자체와 쉽게 반응하지만, 음이온이나 다른 친핵체와는 일반적으로 반응하지 않는다. 따라서 **음이온 중합은** 음으로 하전된 중간체를 안정화시킬 수 있는 COR, COOR, CN과 같이 **전자를 끄는 기가 있는 알켄 단위체에서만 일어난다.** 개시제로서는 유기리튬(RLi) 시약과 같은 매우 강한 친핵체가 사용된다. 메커니즘 31.3에 일반적인 단위체 CH_2=CHZ의 음이온 중합을 나타내었다.

메커니즘 31.3 CH_2=CHZ의 음이온 중합

부분 [1] 개시

R—Li + CH_2=CHZ —(1)→ RCH₂CHZ⁻ Li^+

(1) RLi의 친핵성 첨가로 전자 끄는 기 Z에 의해 안정화된 **탄소 음이온**이 생성된다.

부분 [2] 성장

—(2)→ —반복, 단계 (2)→

새로운 C−C 결합(붉은색)

(2) 탄소 음이온이 알켄 분자에 첨가되면 **새로운 C−C 결합**이 생성된다. 첨가가 일어나면 음전하가 Z 치환기에 인접하고 있는 탄소 음이온이 새로 생긴다. 단계 [2]가 반복적으로 진행되면 고분자 사슬이 성장한다.

부분 [3] 종결

H−ÖH —(3)→ + :ÖH⁻

(3) H_2O 또는 다른 친핵체를 가하면 산−염기 반응에 의해 연쇄 반응이 정지된다.

다른 연쇄 성장 중합과는 달리 음이온 중합에서는 효과적인 종결 반응의 방법이 없다. 이 반응은 모든 개시제와 단위체가 소비될 때까지 연속적으로 진행되며, 따라서 각각의 고분자 말단에는 탄소 음이온이 존재하게 된다(메커니즘 31.3의 단계 [2]). 만약에 이 단계에서 새로운 단위체가 추가되면 다시 중합을 시작하므로 음이온 중합을 **리빙 중합(living polymerization)**이라고도 한다. **음이온 중합을 종결시키기 위해서는 H_2O 또는 CO_2와 같은 친전자체를 넣어주어야 한다.** 그림 31.4에 음이온 중합이 가능한 알켄 단위체의 예가 나와 있다.

문제 31.6 다음 각각의 단위체는 양이온 중합과 음이온 중합 중 어떤 중합이 유리할 것인가? 그 이유를 설명하라.

a. b. c. d.

문제 31.7 2-Octyl cyanoacrylate의 음이온 중합으로 생성되는 고분자의 상표명인 Dermabond의 구조를 그려라.

2-octyl cyanoacrylate

Dermabond(문제 31.7)는 2-octyl cyanoacrylate가 들어 있는 투명한 액체로서 습한 공기 중에서 중합하여 상처를 봉합하는 데 사용하는 조직 접착제이다. *McGraw-Hill Education*

문제 31.8 Styrene (CH_2=CHPh)은 연쇄 성장 중합의 세 가지 방법 모두 사용 가능하다. 그 이유를 설명하라.

31.2D 공중합체

지금까지 논의된 고분자는 모두 한 가지의 단위체만을 이용하여 만들어진 **동종중합체(homopolymer)**이다. **반면에 공중합체는 두 가지 이상의 단위체(X와 Y)를 동시에 사용하여 연결한 고분자이다.**

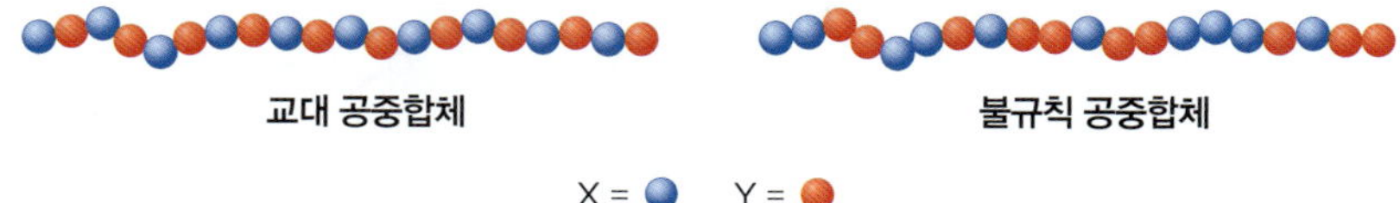

X = ● Y = ●

- 사슬을 따라 X와 Y가 교대로 배열되어 있는 고분자를 **교대 공중합체(alternating copolymer)**라 한다.
- X와 Y가 사슬을 따라 무작위로 분산되어 있는 고분자는 **불규칙 공중합체(random copolymer)**라 한다.

vinyl chloride + vinylidene chloride → Saran

buta-1,3-diene + styrene → styrene–butadiene 고무 (SBR)

공중합체의 구조는 **X**와 **Y**의 상대적인 양과 반응성, 그리고 어떠한 중합 조건을 사용하였는가에 따라 결정된다.

몇몇 공중합체는 다양한 형태의 제품으로 사용되고 있으며 상업적으로도 매우 중요하다. 예를 들면, vinyl chloride와 vinylidene chloride의 공중합체는 음식물을 싸는 랩으로 잘 알려진 **사란(Saran)**이다. Buta-1,3-diene과 styrene의 공중합은 **styrene–butadiene 고무(SBR)**를 생성하며, 대부분의 자동차 타이어에 이 고분자가 사용되고 있다.

문제 31.9 각 조의 단위체가 생성하는 교대 공중합체를 그려라.

a. CH_2=CHPh 와 CH_2=CHCN b. CF_2=CF–CF_3 와 CH_2=CF_2

문제 31.10 ABS는 내충격용 헬멧, 소형 기기, 장난감 등에 널리 사용되는 합성 고분자로 acrylonitrile (CH_2=CHCN), buta-1,3-diene (CH_2=CH–CH=CH_2), 그리고 styrene (CH_2=CHPh)의 세 가지 단위체로부터 얻어진다. ABS의 가능한 구조를 그려라.

레고 블록은 공중합체 ABS로 만들어졌다(문제 31.10). *Savushkin/Getty Images*

31.3 에폭사이드의 음이온 중합

알켄 단위체는 연쇄 성장 중합의 가장 일반적인 출발물이지만 에폭사이드 또한 **폴리에터(polyether)**를 생성하기 위한 출발물로 사용될 수 있다. 무리가 큰 삼원자 고리로 구성된 에폭사이드는 $^-$OH 또는 $^-$OR과 같은 친핵체의 공격을 받아 쉽게 알콕시화 음이온을 생성하고, 이 음이온이 또 다른 에폭사이드 단위체의 고리를 열면 고분자 사슬이 생성된다. 연쇄 성장 중합에서 단위체가 서로 결합하여 C–C 결합을 만드는 다른 방법들과는 달리, 이 과정에서 고분자의 골격에 **새로운 C–O 결합**이 생성된다.

예를 들면, 에틸렌 옥사이드는 $^-$OH 개시제의 도움으로 고리를 열어 알콕사이드 친핵체를 생성하며, 이것이 많은 에틸렌 옥사이드와 반응하여 고분자 사슬로 성장한다. 이러한 과정을 통해 로션이나 크림에 사용되는 고분자인 **poly(ethylene glycol) (PEG)**를 생성한다. 이 고분자에 있는 많은 수의 C−O 결합으로 인해 이 고분자는 물에 잘 녹는다.

ethylene oxide

새로운 C−O 결합을 붉은색으로 표시

단계 [2]의 계속적인 반복

새로운 C−O 결합을 붉은색으로 표시

poly(ethylene glycol) PEG

친핵체에 의한 에폭사이드의 고리 열림에 대해서는 9.16절에서 이미 논의하였다.

음이온 조건하에서 고리 열림은 S_N2 메커니즘을 따른다. 따라서 비대칭 에폭사이드의 경우 고리 열림은 친핵체가 **보다 접근하기 용이한 치환기가 적은 탄소**(푸른색으로 표시) 쪽에서 일어난다.

단계 [2]의 계속적인 반복

문제 31.11 각 단위체로부터 어떤 고분자가 음이온 중합을 통해서 얻어지는가?

a. b.

31.4 Ziegler–Natta 촉매와 고분자 입체 화학

치환기가 한 개만 있는 알켄 단위체(CH_2=CHZ)로부터 얻어지는 고분자의 배열에는 **동일 배열(isotactic)**, **교대 배열(syndiotactic)**, **혼성 배열(atactic)**의 세 가지 다른 종류가 있다.

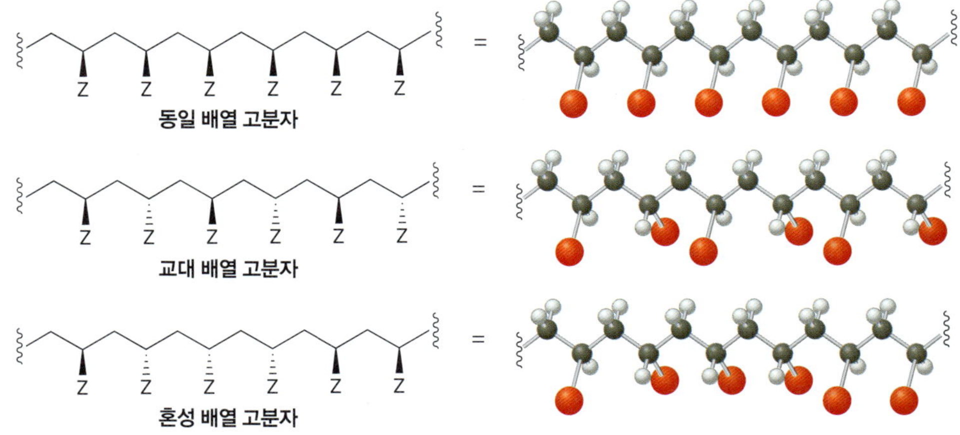

- **동일 배열** 고분자는 모든 Z기가 탄소 골격의 한쪽 방향에만 있다.
- **교대 배열** 고분자는 Z기가 탄소 사슬의 한쪽 면과 다른 쪽 면에 교대로 위치한다.
- **혼성 배열** 고분자는 고분자 사슬을 따라 Z기의 위치가 무작위로 배치되어 있다.

동일 배열과 교대 배열 고분자에서 보다 규칙적인 Z기의 배열은 고분자를 보다 조밀하게 밀집시킴으로써 고분자를 더 강하고 단단하게 만든다. 반면에 혼성 배열 고분자의 사슬은 밀집의 정도가 떨어져서 고분자는 녹는점이 낮고 더 부드럽다. 라디칼 중합의 경우 혼성 배열 고분자를 얻게 되지만, 특정 반응 조건은 고분자의 입체 화학에 매우 큰 영향을 준다.

1953년에 Karl Ziegler와 Giulio Natta는 연쇄 성장 중합을 활성화하기 위해 금속 촉매를 사용하여 알켄 단위체를 중합하는 새로운 방법을 개발하였다. **Ziegler–Natta 촉매**로 불리는 이 촉매는 다른 연쇄 성장 중합법과는 다른 다음의 두 가지 이점을 제공한다.

- 고분자의 입체 화학이 쉽게 조절된다. 촉매에 따라서 동일 배열, 교대 배열 또는 혼성 배열의 고분자를 얻을 수 있다.
- 가지치기가 별로 없는 긴 선형의 고분자를 얻을 수 있다. 중간체로 라디칼을 생성하지 않으므로 곁사슬을 생성하는 분자간 수소 떼어내기 반응이 일어나지 않는다.

Ziegler와 Natta는 중합 촉매 개발의 공로로 1963년도 노벨화학상을 수상하였다.

다양한 종류의 Ziegler–Natta 촉매가 중합에 사용되고 있지만, 대부분은 $(CH_3CH_2)_2AlCl$과 같은 유기알루미늄 화합물과 Lewis 산인 $TiCl_4$가 사용된다. 활성 촉매는 $(CH_3CH_2)_2AlCl$로부터 에틸기가 $TiCl_4$로 이동되어 생성되는 알킬 타이타늄 화합물로 생각되지만, 정확한 메커니즘에 대해서 아직까지 완전히 이해하고 있지는 못하다. 메커니즘 31.4처럼 알킬 타이타늄 화합물에 알켄 단위체가 배위하고, Ti—C 결합에 단위체가 삽입되어 새로운 탄소–탄소 결합이 생성되는 것이 일반적인 가설이다.

메커니즘 31.4 $CH_2{=}CH_2$의 Ziegler–Natta 중합

Al—Cl + $TiCl_4$ → (1) Ziegler-Natta 촉매 → $CH_2{=}CH_2$ (2) → (3) → 반복, 단계 2와 3 → 선형의 긴 폴리에틸렌

새로운 C—C 결합을 붉은색으로 표시

1. 유기알루미늄 화합물과 $TiCl_4$의 반응에 의해 Ti—C 결합이 있는 Ziegler–Natta 촉매가 생성된다.
2. 알켄 단위체가 타이타늄 촉매에 배위한다.
3. Ti—C 결합에 $CH_2{=}CH_2$가 삽입되어 새로운 C—C 결합을 생성한다. 단계 [2]와 [3]이 반복되어 긴 고분자 사슬을 얻게 된다.

가장 강한 섬유로 알려진 **Dyneema**는 초고밀도 폴리에틸렌으로 만들어지며 로프, 그물, 방탄복이나 헬멧으로 사용된다. *DSM Dyneema*

에틸렌의 Ziegler–Natta 중합을 통해 선형의 긴 탄소 사슬이 밀집되어 단단한 고분자를 생성하는 **고밀도 폴리에틸렌(HDPE, high density polyethylene)**을 생성할 수 있다. 특수한 형태의 가공 기술을 이용하여 고분자 사슬을 고체 상에서 선형으로 펼쳐진 형태로 밀집시키면 강철보다 강한 유기 물질인 초고밀도 폴리에틸렌으로 변환된다.

최근 개발된 Ziegler–Natta 중합은 반응 용매에 용해가 가능한 지르코늄 화합물을 이용하고 있으며, 이러한 촉매를 **균일계 촉매(homogeneous catalyst)**라고 한다. 이러한 가용성 촉매를 이용한 반응을 **배위 중합(coordination polymerization)**이라고 한다.

31.5 천연 및 합성 고무

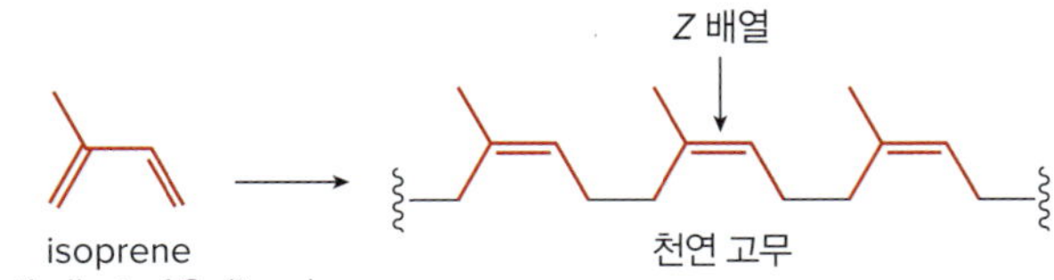

천연 고무는 반복하는 5-탄소 단위로 구성된 터펜으로 모든 이중 결합에 Z의 구조가 있다. 천연 고무는 탄화수소이므로 물에 녹지 않으며 방수 가공에 유용하다. Z 이중 결합은 고분자 사슬을 굽어지고 비틀어지게 하므로 고분자가 유연하게 된다.

그림 31.5
가황 고무

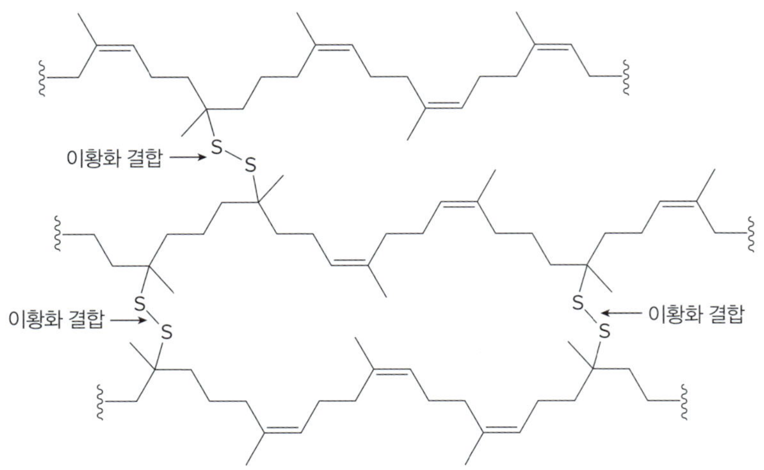

• 가황 고무는 탄화수소 사슬을 서로 가교시키고 있는 많은 수의 이황화 결합이 있다.

천연 고무는 고무나무의 껍질에 상처를 내었을 때 새어나오는 라텍스로부터 얻는다. 방수성 라텍스는 상처에 응답하여 스며 나오는 고무나무의 자연적인 방어 과정이다. 1800년대 말까지는 주로 브라질에서 고무가 생산되어 왔지만, 지금은 대부분의 고무가 인도네시아 스리랑카 등의 동남아시아에서 생산되고 있다. *Suphatthra China/Shutterstock*

Gutta-percha는 라텍스로부터 얻어지는 천연 고무보다는 매우 단단한 물질로 골프공의 외피에 사용된다.

가교의 정도가 고무의 성질에 영향을 준다. 고무 밴드에 사용되는 부드러운 고무보다는 자동차 타이어에 사용되는 단단한 고무가 가교도가 높다.

Isoprene의 라디칼 중합은 모든 이중 결합이 E 배열인 **구타 페르카(gutta-percha)**라는 천연 고무의 입체 이성질체를 생성한다. 구타 페르카는 천연에서도 존재하지만 Z 입체 이성질체에 비해 일반적이지 못하다. Ziegler–Natta 촉매를 이용한 isoprene 중합으로 모든 이중 결합이 원하는 Z 배열인 천연 고무를 합성할 수 있다.

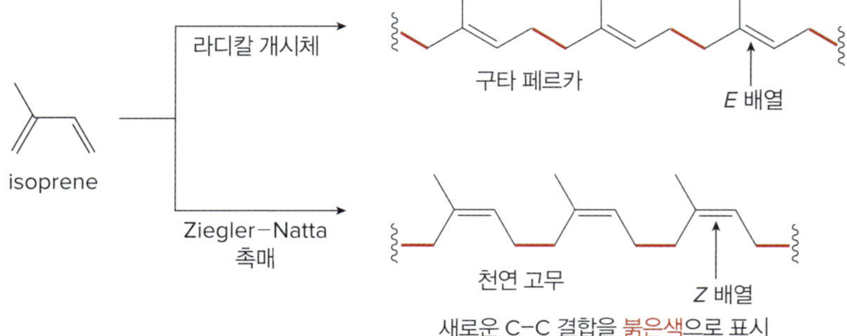

천연 고무는 아주 부드러운 물질이므로 많은 용도에 있어서 유용하지 않다. 또한, 천연 고무를 잡아당기게 되면 사슬은 펼쳐지게 되며 서로 간에 미끄러져 결국은 고무가 끊어지게 된다. 1839년에 Charles Goodyear는 데워진 고무와 황을 섞으면 보다 강하고 탄성이 있는 물질을 만들 수 있다는 것을 발견하였다. 이러한 과정을 **가황(vulcanization)**이라고 하며, 그림 31.5와 같이 탄화수소 사슬이 이황화 결합에 의해 가교된 구조를 얻게 된다. 고분자를 잡아당겨도 사슬은 서로 간에 더 이상 미끄러지지 않으며 찢어지지 않게 된다. 가황 고무는 **외부에서 힘을 가하면 늘어나고, 힘을 제거하게 되면 원래 상태로 돌아오는 탄성체(*elastomer*)이다.**

다른 합성 고무도 Ziegler–Natta 촉매를 사용하여 1,3-다이엔을 중합하여 얻을 수 있다. 예를 들면, buta-1,3-diene을 중합하여 (Z)-poly(buta-1,3-diene) 그리고 2-chlorobuta-1,3-diene을 중합하여 비옷과 타이어에 사용하는 neoprene을 얻을 수 있다.

buta-1,3-diene —(Ziegler−Natta 촉매)→ (Z)-poly(buta-1,3-diene) (Z 배열)

2-chlorobuta-1,3-diene —(Ziegler−Natta 촉매)→ neoprene

새로운 C−C 결합을 붉은색으로 표시

문제 31.12 Neoprene의 이중 결합에 *E* 또는 *Z* 배열을 지정하라. 모든 이중 결합의 배열이 반대인 neoprene의 입체 이성질체를 그려라.

문제 31.13 $CH_2{=}CHCH{=}CH_2$을 라디칼 중합하면 **A**와 **B**가 생성물로 얻어진다. 각 생성물의 생성에 대해서 메커니즘을 그려라.

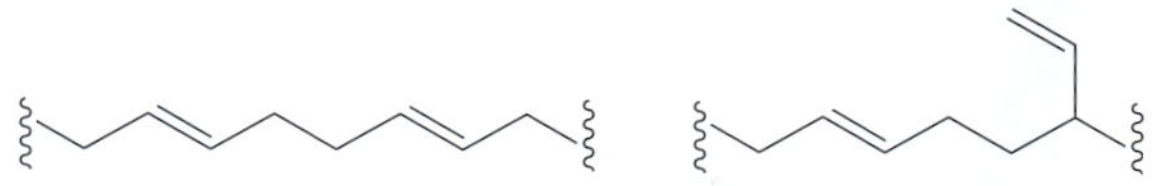

A B

31.6 단계 성장 고분자—축합 고분자

또 다른 고분자의 한 종류인 **단계 성장 고분자(step-growth polymer)**는 작용기가 두 개인 단위체가 H_2O나 HCl과 같은 작은 분자를 방출하면서 결합되어 생성된다. 상업적으로 중요한 단계 성장 고분자는 다음과 같다.

- 폴리아마이드
- 폴리에스터
- 폴리우레탄
- 폴리카보네이트
- 폴리무수물
- 에폭시 수지

31.6A 폴리아마이드

나일론 6,6은 낙하산과 의복을 포함한 많은 상품에 이용된다.

나일론(nylon)은 단계 성장 중합으로 생성되는 폴리아마이드이다. 20.15A절에서 **나일론 6,6 (nylon 6,6)**이 산 염화물이 두 개 있는 단위체와 다이아민으로부터 생성된다는 것을 이미 배웠다. 나일론 6,6은 adipic acid와 1,6-diaminohexane을 가열하여 합성할 수도 있다. Brønsted–Lowry 산–염기 반응으로 생성된 다이암모늄 염을 가열하면 고온에서 H_2O가 빠져나온다. 두 방법 모두 출발물에 두 개의 작용기가 있다.

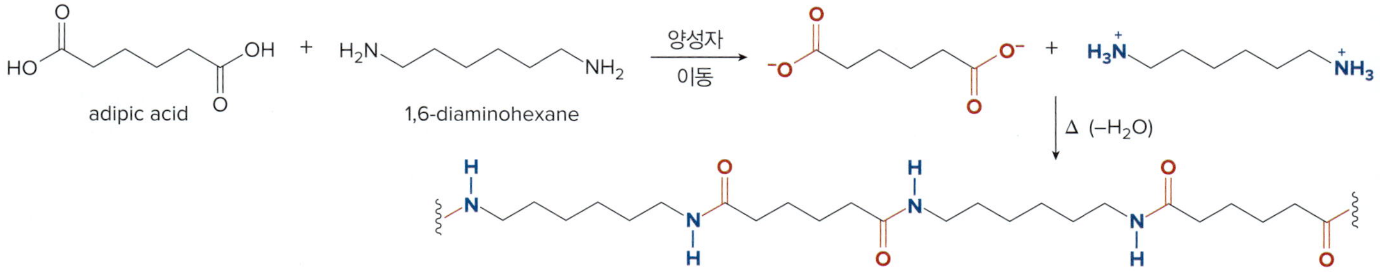

adipic acid + 1,6-diaminohexane —양성자 이동→ 다이암모늄 염 —Δ (−H_2O)→ nylon 6,6

펄론(Perlon)이라는 상품명의 나일론 6은 로프나 타이어의 코드를 만드는 데 이용된다.

나일론 6 (nylon 6)은 또 다른 폴리아마이드로 ε-caprolactam의 수용액을 가열하여 만든다. 락탐(고리 아마이드)의 칠원자 고리는 고리 열림을 통해서 6-aminohexanoic acid를 생성하고, 이 화합물이 더 많은 양의 락탐과 반응하여 폴리아마이드 사슬을 생성한다. 이 단계 성장 중합은 두 가지 다른 작용기(NH_2와 COOH)가 있는 한 개의 단위체에서 출발한다.

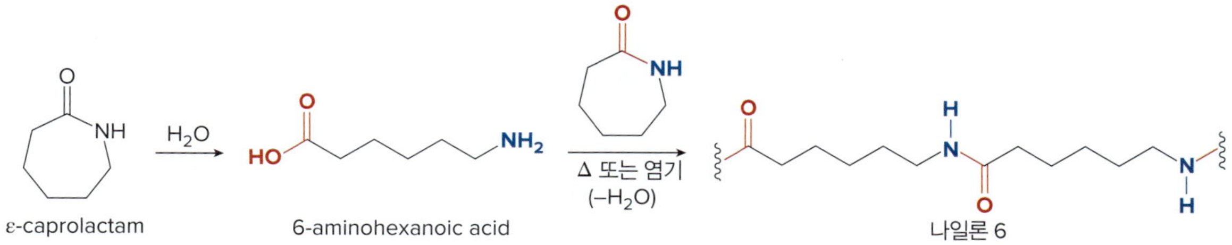

ε-caprolactam —H_2O→ 6-aminohexanoic acid —Δ 또는 염기 (−H_2O)→ 나일론 6

케블라(Kevlar)는 terephthalic acid와 1,4-diaminobenzene으로부터 생성되는 폴리아마이드

아르마딜로(Armadillo) 자전거 타이어는 뾰족한 물질에 의해 펑크가 나지 않도록 케블라를 사용하여 보강되어 있으므로 자전거 타는 사람에게 타이어가 펑크나는 일은 좀처럼 일어나지 않는다. *Specialized Bicycle Components*

이다. 고분자 골격의 방향족 고리는 사슬의 유연성을 줄여주고, 그 결과로 매우 강인한 재료를 생성한다. 케블라는 강도가 비슷한 다른 물질에 비해 가볍기 때문에 방탄복, 전투모, 소방관의 방염복 등의 재료로 다양하게 이용되고 있다.

terephthalic acid + 1,4-diaminobenzene $\xrightarrow[(-H_2O)]{\Delta}$ Kevlar

문제 31.14 각각의 단위체로부터 어떠한 폴리아마이드가 생성되는가?

a. (isophthalic acid) + H_2N～～NH_2

b. (2-piperidinone)

c. (1,3-diaminobenzene) + (succinic acid)

31.6B 폴리에스터

폴리에스터는 20.15B절에서 배운 것과 같이 친핵성 아실 치환 반응을 이용하는 단계 성장 중합에 의해 생성된다. 예를 들면 terephthalic acid와 ethylene glycol이 반응하면 이 장의 도입부에 나온 분자인 **polyethylene terephthalate (PET)**가 얻어진다.

terephthalic acid + ethylene glycol $\xrightarrow{\text{산 촉매}}$ polyethylene terephthalate (PET)

PET는 매우 안정한 물질이지만 몇 가지 폴리에스터는 수용성 매질에서 쉽게 가수 분해되어 카복실산과 알코올을 생성하는데, 이러한 재료는 서서히 분해될 필요가 있는 재료로 응용이 가능하다. 예를 들면, glycolic acid와 lactic acid의 공중합체는 수술용 봉합사로 사용된다. 수 주 후에 이 고분자는 원래의 단위체로 가수 분해되어 체내에서 대사된다. 이러한 봉합사는 상처부위를 치료하는 동안 조직을 내부적으로 서로 붙들어주기 위해 사용한다.

glycolic acid + lactic acid $\xrightarrow{\text{공중합}}$ **공중합체**

(공중합체 → glycolic acid, lactic acid: 효소에 의한 가수 분해)

문제 31.15 Furandicarboxylic acid와 ethylene glycol의 축합 중합으로 얻어지는 polyethylene furanoate (PEF)의 구조를 그려라. PEF는 재생 원료로부터 전구체가 얻어지며 polyethylene terephthalate (PET)와 성질이 유사하다.

furandicarboxylic acid　　ethylene glycol

문제 31.16 Polyethylene terephthalate는 dimethyl terephthalate와 ethylene glycol 사이의 에스터 교환 반응을 통해서도 생성된다. 이 친핵성 아실 치환 반응의 메커니즘을 그려라.

dimethyl terephthalate + ethylene glycol —산 촉매→ polyethylene terephthalate (PET)

31.6C 폴리우레탄

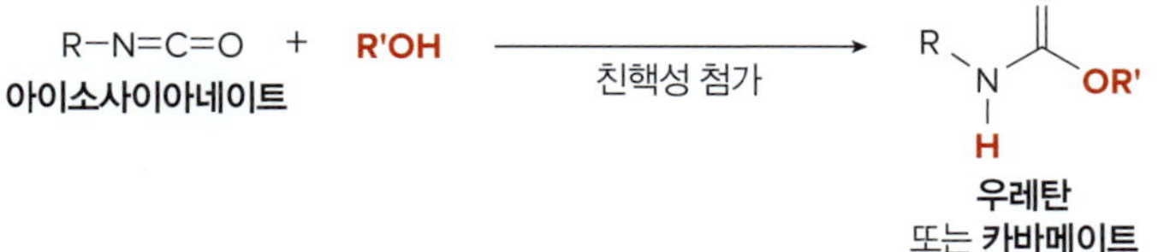

우레탄(urethane)[카바메이트(carbarmate)라고도 함]은 카보닐기에 OR기와 NHR(또는 NR_2)기가 동시에 있는 화합물이다 (27.7절). 우레탄은 **아이소사이아네이트(RN=C=O, isocyanate)**의 카보닐기에 알코올이 친핵성 첨가 반응을 하여 생성된다.

폴리우레탄(polyurethane)은 다이아이소사이아네이트와 다이올의 반응에 의해 생성되는 고분자이다.

toluene 2,6-diisocyanate + ethylene glycol → polyurethane

스판덱스(spandex)는 강하고 유연한 폴리우레탄 고분자를 일컫는 일반 용어인데, 이 고분자는 분자 수준의 구조가 고분자의 거시적 성질에 어떠한 영향을 미치는지 잘 설명해준다. 스판덱스는 초기에 여성용 코르셋, 거들, 양말 등의 원료로 많이 사용되어 왔으며, 현재에는 남녀 구분 없이 옷감의 재료로 사용되고 있다. 스판덱스는 강하며 착용감을 '향상'시켜주면서도 잘 늘어난다. 스판덱스는 다른 어떤 탄성체 고분자보다도 가벼우며, 땀이나 세제 등에 노출되어도 변성되지 않는다. 분자 수준에서 볼 때 **단단한 부분**은 **유연한 부분**과 서로 연결되어 있다. 유연한 부분은 고분자가 늘어나거나 원형으로 회복되는 것을 가능하게 한다. 단단한 부분은 고분자의 강도를 더해준다.

유연한 부분 / 단단한 부분

spandex
상품명: **라이크라(Lycra)**

31.6D 폴리카보네이트

카보네이트(carbonate)는 두 개의 OR기 사이에 카보닐기가 결합되어 있는 화합물이다. 카보네이트는 phosgene ($Cl_2C=O$)과 2당량의 알코올(ROH)이 반응하여 생성된다.

phosgene + ROH (2당량) —친핵성 치환→ 카보네이트

폴리카보네이트(polycarbonate)는 phosgene과 다이올로부터 합성된다. 가장 많이 사용되고 있는 폴리카보네이트인 **Lexan**은 phosgene과 bisphenol A로부터 생성되며 가볍고 투명한 재료로서 헬멧, 고글, 포수용 마스크, 방탄유리 등에 쓰인다.

비스페놀 A (BPA)는 비록 급성 독성은 없지만, 생체 내의 호르몬과 유사하여 정상적인 내분비 작용을 저해한다. 유아의 저농도 노출에 대한 우려로 인해 BPA를 이용한 유아용품 포장재의 자발적인 철거로 이어졌다.

phosgene + **bisphenol A (BPA)** → Lexan

문제 31.17 Lexan은 diphenyl carbonate와 bisphenol A의 산 촉매 반응에 의해서도 생성된다. 이 과정의 단계적 메커니즘을 그려라.

diphenyl carbonate + bisphenol A —산→ Lexan + 2 C_6H_5OH

문제 31.18 Tritan은 BPA가 들어 있지 않는 생산품을 찾는 소비자를 겨냥해서 만든 고분자이다. Tritan의 자세한 구조는 특허로 보호받고 있지만, 세 가지 고분자인 dimethyl terephthalate, 2,2,4,4-tetramethylcyclobutane-1,3-diol, 그리고 1,4-cyclohexanedimethanol로 구성된 폴리에스터(폴리카보네이트가 아님)이라고 알려져 있다. Dimethyl terephthalate와 아래에 나와 있는 두 가지 다이올로부터 얻어지는 Tritan의 가능한 구조를 제안하라.

dimethyl terephthalate

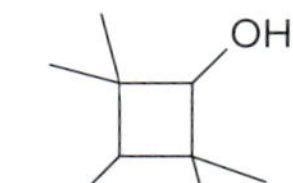

2,2,4,4-tetramethyl-cyclobutane-1,3-diol

1,4-cyclohexanedimethanol

Nalgene 물병은 Eastman Chemical Company에서 제조하는 맑고 오래가는 공중합체인 Tritan(문제 31.18)으로 만든다. *Keith Homan/Alamy Stock Phcto*

31.6E 폴리무수물

폴리무수물은 다이카복실산으로부터 생성되는 다른 종류의 축합 고분자이다. 예를 들어, sebacic acid (decanedioic acid)를 acetic anhydride와 함께 가열하면 poly(sebacic anhydride)가 생성된다.

sebacic acid —Ac_2O→ poly(sebacic anhydride)

폴리무수물은 에스터보다 더 쉽게 가수 분해되기 때문에(20.8절), 이 고분자는 조절된 약물 전달 시스템에서 사용되고 있다. 약물을 폴리무수물 안에 감싸면 고분자가 분해하면서 천천히 약물이 몸속으로 방출된다. 이 방법은 항암제 carmustine을 사용하여 뇌 종양을 치료하는 데 사용되고 있다. 뇌 종양이 외과 수술로 제거된 후에, 약물과 폴리무수물 pCPP-SA이 들어 있는 웨이퍼(wafer)를 종양이 있는 자리에 삽입하면 약물이 천천히 방출된다. 이 고분자가 분해하면 신체에서 대사되어 배출될 수 있는 이산(diacid)이 생성된다.

carmustine

pCPP-SA

문제 31.19 각 다이카복실산으로부터 생성되는 폴리무수물의 짧은 구간을 그려라.

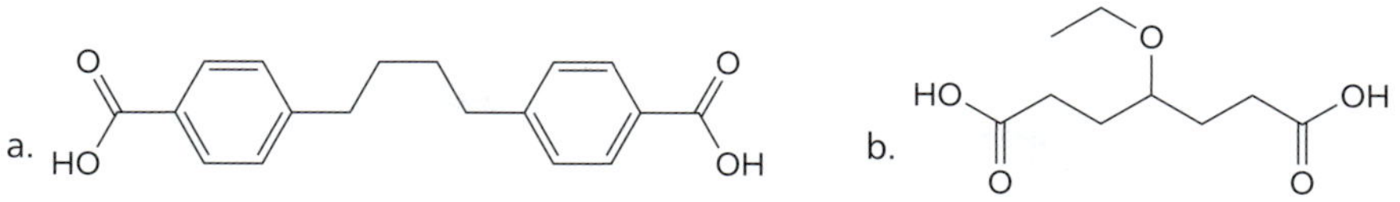

a. HO, O, O, OH   b. O, HO, OH, O, O

문제 31.20 폴리무수물은 두 개 이상의 다이카복실산으로부터 생성될 수 있다. 폴리무수물 pCPP-SA를 제조하는 데 사용할 수 있는 두 다른 다이카복실산의 구조를 그려라.

31.6F 에폭시 수지

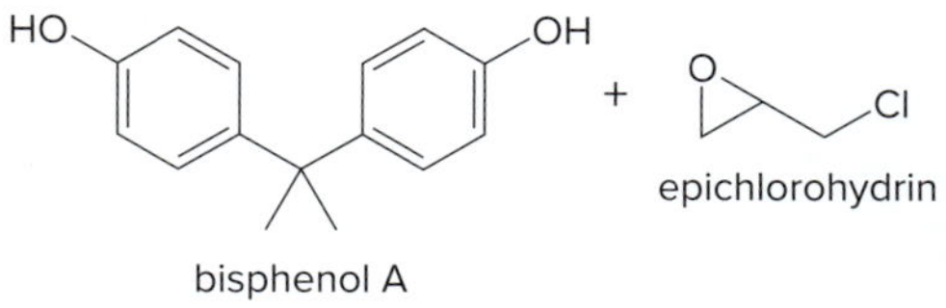

HO, OH, bisphenol A, +, O, Cl, epichlorohydrin

에폭시 수지(epoxy resin)는 깨진 물건을 접착하는 풀로 사용되는 '에폭시'로 친숙한 단계 성장 고분자의 대표적인 종류이다. 에폭시 수지는 두 가지 성분으로 구성된다. 짧은 사슬의 고분자 말단에 반응성 에폭사이드가 결합되어 있는 액상의 **예비고분자(prepolymer)**와 다이아민 또는 트라이아민으로 구성된 **경화제(hardener)**가 그것이며, 경화제는 에폭사이드 고리를 열어 고분자 사슬을 서로 가교시키는 역할을 한다. 예비고분자는 작용기가 두 개인 단위체인 bisphenol A와 epichlorohydrin을 반응시켜 만든다.

Bisphenol A에는 두 개의 친핵성 OH기가 있는 반면에, epichorohydrin은 극성의 C−O 결합과 C−Cl 결합이 있어서 다른 친핵체와의 반응이 가능하다. 다음 반응식에 친핵체와의 epichlorohydrin의 일반적 반응은 주어져 있다. 무리가 있는 에폭사이드 고리에 친핵성 공격이 일어나면 알콕사이드가 생성되고, 이것이 분자내 S_N2 반응을 통하여 염소를 치환하면 새로운 에폭사이드 고리가 만들어진다. 두 번째 친핵체와의 고리 열림 반응이 일어나면 2° 알코올이 얻어진다.

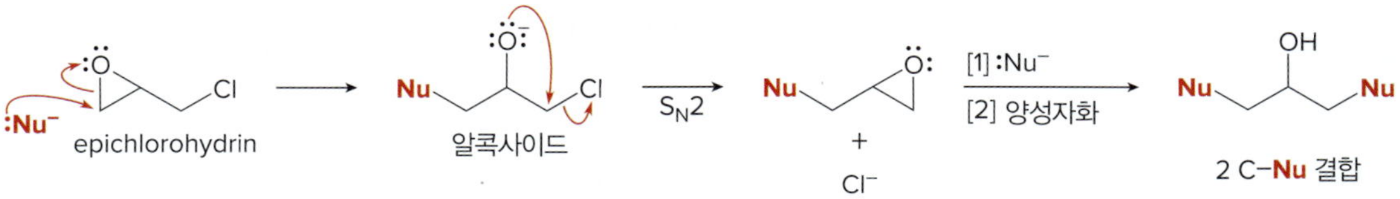

:Nu⁻, :Ö:, Cl, epichlorohydrin → :Ö:⁻, Nu, Cl, 알콕사이드 →(S_N2) Nu, Ö:, + Cl⁻ →([1] :Nu⁻ [2] 양성자화) OH, Nu, Nu, 2 C−**Nu** 결합

비스페놀 A를 과량의 epichlorohydrin으로 처리하면, 이러한 단계 반응이 모든 페놀성 OH가 고리 열림 반응에 참가할 때까지 진행되며, 고분자 사슬 말단에 에폭시기가 존재하는 고분자 사슬을 남긴다. 그림 31.6에서 볼 수 있듯이, 이 성분이 액상 **예비고분자**를 구성한다.

예비고분자를 다이아민이나 트라이아민(**경화제**)과 섞었을 때, 반응성 에폭사이드 고리는 친핵성 아미노기에 의해 열리며 고분자 사슬이 서로 가교되어 고분자가 경화된다. 넓은 범위의 에폭시 수지가 이러한 과정을 통해 상업적으로 만들어져 접착제와 코팅제로 유용하게 응용되고 있다. 고분자 사슬이 더 길게 그리고 보다 넓은 범위에서 가교가 진행될수록 수지는 더 단단해진다.

문제 31.21 (a) 1,4-Dihydroxybenzene과 과량의 epichlorohydrin을 반응시켰을 때 생성되는 예비고분자(**A**)의 구조를 그려라. (b) **A**를 경화제로 $H_2NCH_2CH_2CH_2NH_2$를 사용하여 반응시켰을 때 얻어지는 가교된 고분자 **B**의 구조를 그려라.

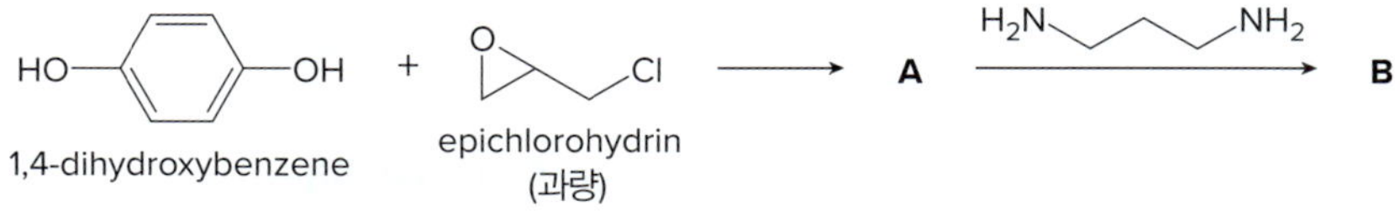

HO−⟨benzene⟩−OH + O, Cl → **A** →(H_2N, NH_2) **B**

1,4-dihydroxybenzene   epichlorohydrin (과량)

그림 31.6 예비고분자와 경화제로부터의 에폭시 수지의 생성

bisphenol A

+

epichlorohydrin (과량)

예비고분자

경화제

에폭시 수지
고분자 사슬이 서로 가교되어 있다.

31.7 고분자의 구조와 성질

고분자 합성의 화학은 일반적인 유기 화학 반응의 주제로 설명이 가능하였지만, 크기가 매우 큰 고분자는 저분자 유기 물질과 다른 몇 가지 매우 독특한 물리적인 성질이 있다.

긴 사슬이 결정 격자에서 효율적인 정렬을 방해하므로, 선형이고 곁사슬이 있는 고분자는 결정성 고체를 생성하지 않는다. 대부분의 고분자에는 **결정성 영역(crystalline regions)**과 **비결정성 영역(amorphous regions)**이 존재한다.

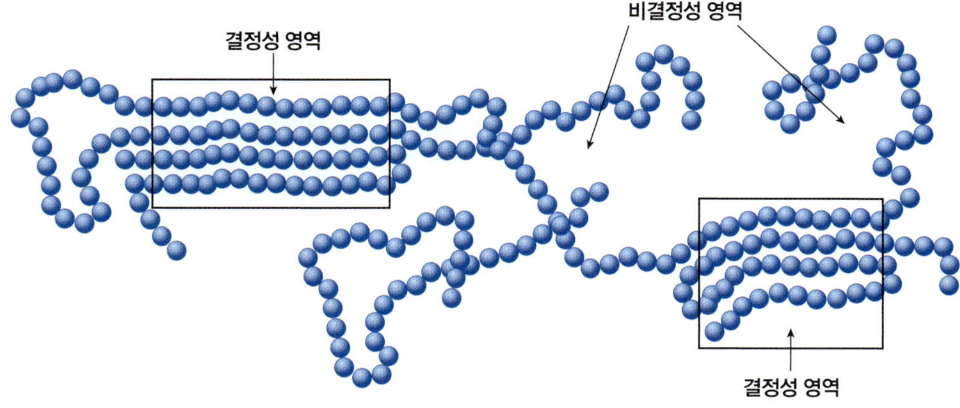

- **잘 정돈된 결정성 영역(crystallites)**은 고분자 사슬의 부분이 가까이 근접하여 분자간 상호작용에 의해 서로 붙들려 있는 영역이다. 폴리에틸렌($-[CH_2CH_2]_n-$)의 정렬된 영역은 van der

Waals 힘에 의해 서로 붙들려 있지만, 나일론 사슬의 경우에는 분자간 수소 결합에 의해 서로 붙들려 있다.

- **비결정성 영역(amorphous regions)**은 고분자 사슬이 분자간의 약한 상호작용에 의해서 불규칙적으로 배열되어 있는 영역이다.

결정성 영역은 고분자에 강직성을 주며, 비결정성 영역은 유연성을 준다. 고분자의 결정성이 클수록, 즉 잘 정돈된 영역의 비율이 많을수록, 고분자는 더 단단해진다. 곁가지가 많은 고분자는 곁가지가 정돈되는 것을 방해하므로 일반적으로 비결정성이며 유연하다.

두 가지 온도 T_g와 T_m은 고분자의 열적 성질을 나타낸다.

- 유리 전이 온도(glass transition temperature) T_g는 단단한 비결정성 고분자가 부드러워지기 시작하는 온도이다.
- 용융 전이 온도(melt transition temperature) T_m은 고분자의 결정성 영역이 녹아서 비결정성으로 되는 온도이다. 보다 잘 정렬된 고분자의 T_m 값이 높다.

열가소성 플라스틱(thermoplastic)은 고분자를 녹여서 금형에 넣고 냉각시켰을 때 모습을 유지하는 고분자이다. 비록 T_g 값이 높고, 상온에서는 단단하지만 가열하면 각각의 고분자 사슬이 서로 미끄러지기 때문에 재료가 부드러워진다. Polyethylene terephthalate와 polystyrene은 열가소성 플라스틱이다.

열경화성 고분자(thermosetting polymers)는 가교된 고분자의 복잡한 네트워크 구조이다. 열경화성 고분자는 단위체를 가열하였을 때, 공유 결합의 네트워크를 생성하는 화학반응에 의해 생성된다. 열경화성 고분자는 공유 결합이 네트워크 구조를 서로 붙들고 있기 때문에 다시 용융되어 액체상을 생성하지 못한다. **베이클라이트(Bakelite)**는 Lewis 산 존재하에서 페놀(PhOH)과 폼알데하이드($H_2C{=}O$)의 친전자성 방향족 치환 반응을 통해 생성되는 열경화성 고분자이다. 폼알데하이드는 반응성이 큰 친전자체이며, 페놀에는 강하게 전자를 주는 기인 OH기가 있으므로 치환 반응이 OH기에 대하여 모든 오쏘와 파라 위치에 일어나 고도로 가교된 고분자(그림 31.7)가 얻어지게 된다.

그림 31.7
페놀과 폼알데하이드

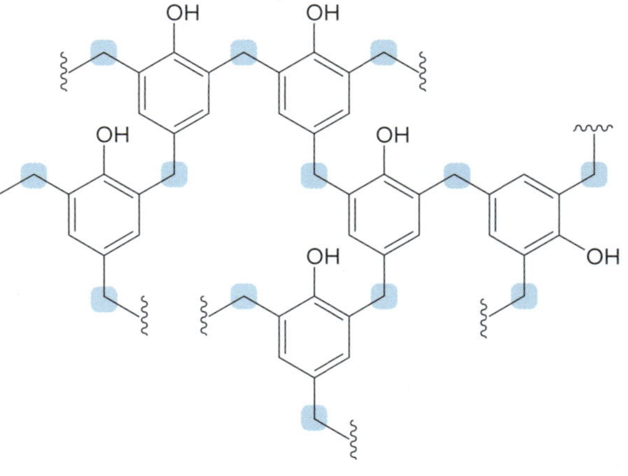

Anton Balazh/123RF

- 폼알데하이드에서 온 탄소는 푸른색으로 표시하였다.
- 베이클라이트는 1910년에 Leo Baekeland에 의해 특허 등록된 최초의 합성 고분자 물질이다. 볼링공이 베이클라이트로 만들어진다.

문제 31.22 Lewis 산 촉매로 $AlCl_3$를 사용하여 그림 31.7의 단계 [2] 반응의 단계적 메커니즘을 그려라.

고분자가 다양한 분야에 응용하기에는 너무 단단하고 부스러지기 쉬운 경우가 있다. 이런 경우에는 **가소제(plasticizer)**라는 저분자 화합물을 넣어주면 고분자가 부드러워지고 유연하게 된다. 가소제는 고분자 사슬과 상호작용함으로써 고분자 사슬 간의 상호작용을 대체한다. 이러한 과정을 통해 고분자의 결정성은 낮아지고 비결정성도가 높아지며 부드러워진다.

dibutyl phthalate

Dibutyl phthalate는 바이닐 장판이나 정원용 호스에 이용되는 폴리(염화 바이닐)의 **가소제이다.** 가소제는 고분자량의 고분자 물질보다는 휘발성이 강하므로 시간이 지나면 서서히 증발되며 고분자를 부스러지기 쉽게 만들며 쉽게 금이 가게 한다. Dibutyl phthalate처럼 가수 분해가 가능한 작용기가 있는 가소제는 또한 화학 반응에 의해서도 서서히 분해된다.

31.8 친환경 고분자의 합성

1850년에는 화학공장이나 합성 고분자가 없었으며 석유의 가치도 낮았다. 합성 고분자는 값싼 비용으로 현대 사회의 일상생활을 크게 변모시켜 왔다. 고분자 합성과 폐기는 환경에 지대한 영향을 미치고 있으며 다음의 두 가지 문제점을 안겨주었다.

- **고분자는 무엇으로부터 만들어지는가?** 고분자 합성을 위해서 어떠한 재료를 사용하고 있으며 고분자의 가공에 있어서 어떠한 환경 문제가 야기되었는가?
- **한 번 사용한 고분자는 어떻게 처리되는가?** 고분자의 폐기는 환경에 어떻게 영향을 미치며 어떻게 악영향을 최소화할 수 있을 것인가?

31.8A 친환경적인 고분자 합성—원료

12장에서 환경 친화적인 방법으로 화합물을 합성하는 **녹색화학(green chemistry)**에 대해서 논의한 바 있다. 전 세계적으로 매년 수십억 톤에 이르는 고분자가 생산되고 있으며 환경에 대한 영향을 최소화하는 방법을 개발하는 것은 절실하다.

4.6절에서 배운 것처럼 원유의 3%가 화학 원료로 사용된다는 사실을 상기하라.

현재 친환경적인 고분자 합성의 몇 가지 방법이 시도되고 있다.

- **석유를 대체하는 재생 가능한 물질을 원료로 사용하는 방법. 산업 제조 공정에 사용되는 출발물을 화학적 원료(*feedstock*)라 부른다.**
- **안전하며 독성이 적고 부산물을 적게 생성하는 방법**
- **(유기 용매를 대신하여) 용매 없이 반응하거나 수용액상에서 반응을 진행하는 방법**

그림 31.8 나일론 6,6의 원료인 adipic acid와 1,6-diaminohexane의 합성

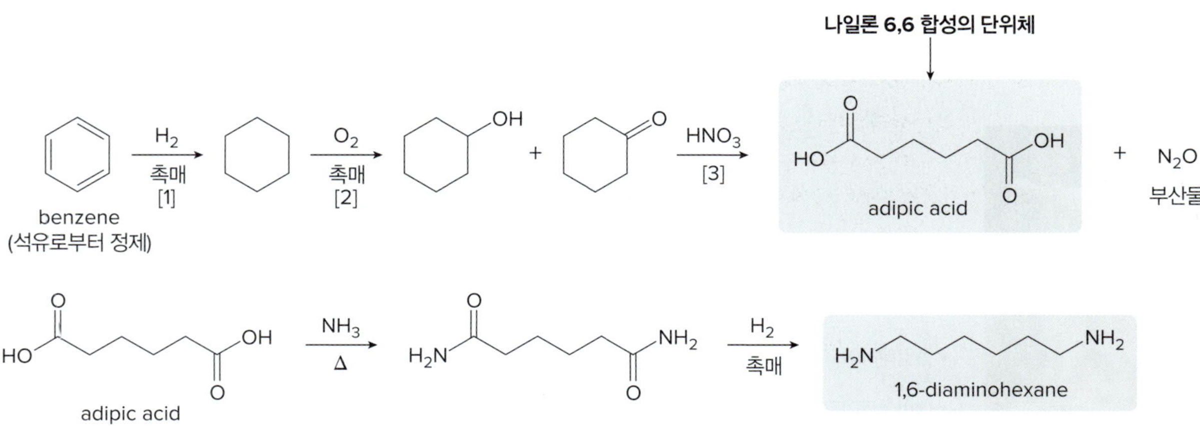

• 나일론 6,6의 합성에 필요한 두 단위체의 합성은 석유 제품인 benzene으로부터 시작된다.

최근까지 **모든 고분자 합성의 원료로 석유가 사용되어 왔다.** 실질적인 고분자 합성에 사용되는 모든 단위체는 재생 불가능한 재료인 원유로부터 만들어진다. 예를 들면, 나일론 6,6은 공업적으로 adipic acid [$HOOC(CH_2)_4COOH$]와 1,6-diaminohexane [$H_2N(CH_2)_6NH_2$]으로부터 만들어지는데, 이들 원료는 모두 석유 정제(그림 31.8)를 통해 얻어지는 벤젠으로부터 합성된다.

재생 불가능한 화학 원료로부터 시작하다는 것 말고도, adipic acid의 합성은 또 다른 문제점을 안고 있다. 특히 대규모 반응에서 발암성이며 간독성 물질인 벤젠을 사용하는 것은 바람직하지 않다. 게다가, HNO_3를 이용한 단계 [3]의 산화 과정에서 부산물로 N_2O이 생성된다. N_2O는 13장에서 논의된 CFC와 유사한 방식으로 오존층을 파괴한다. 뿐만 아니라, CO_2처럼 N_2O 또한 지표의 열에너지를 흡수하여 4.13절에 논의된 것처럼 지구온난화를 유발한다.

따라서 몇몇 연구 그룹이 재생 가능하면서 보다 환경 친화적인 원료를 사용하여 유해한 부산물을 적게 생산하는 새로운 단위체 합성법의 개발에 대한 연구를 진행하고 있다. 예를 들면, Michigan 주립대학교의 화학자는 D-glucose(식물 원료로부터 얻어지는 단당류)로부터 2단계 반응으로 adipic acid를 합성하는 방법을 개발하였다. 이 합성법은 D-glucose를 (2*Z*,4*Z*)-hexa-2,4-dienoic acid로 바꾸기 위하여 유전형질을 변환시킨 **대장균[바이오촉매(biocatalyst)라고 부름]**을 사용하며 수소화 반응으로 adipic acid를 만든다. 석유에서 추출한 출발물을 회피하는 이러한 방법은 화학계로부터 크게 주목받고 있다.

D-glucose —(유전자 조작된 박테리아)→ (2*Z*,4*Z*)-hexa-2,4-dienoic acid —(H_2, 촉매)→ adipic acid

DuPont사의 **소로나(Sorona)**는 **poly(trimethylene terephthalate)**의 상품명으로 옥수수와 같은 재생 가능한 식물성 원료로부터 얻어지는 glucose를 사용하여 대량으로 만드는 고분자이다. 바이오 촉매가 D-glucose를 propane-1,3-diol로 바꾸면 그림 31.9와 같이 terephthalic acid와 반응하여 poly(trimethylene terephthalate)(PTT)를 생성한다.

그림 31.9 옥수수를 이용하여 만든 카펫—옥수수에서 유래하는 propane-1,3-diol로부터 poly(trimethylene terephthalate)의 합성

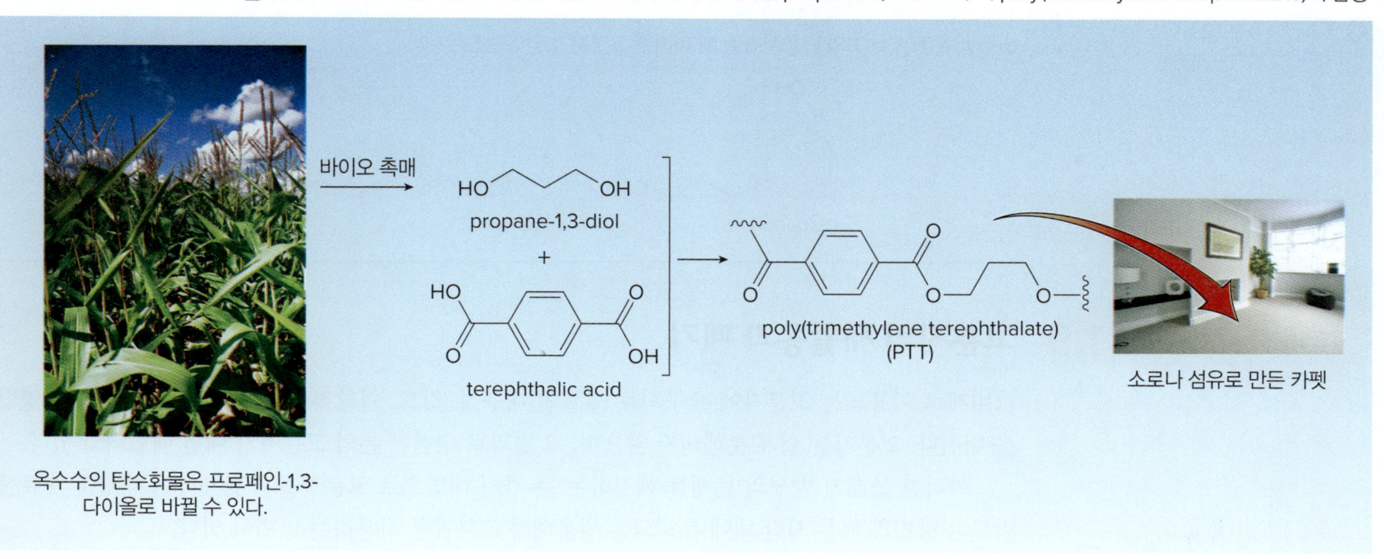

• 소로나라는 상품명으로 DuPont사에서 출시한 poly(trimethylene terephthalate)는 의류 및 카펫에 사용되는 원사(fibers)를 만든다. 이 고분자의 합성하는 데 필요한 단위체의 하나인 propane-1,3-diol은 기존에는 석유 화학 원료로부터 제조되었지만, 지금은 옥수수와 같은 재생 가능한 식물성 자원으로부터 얻을 수 있다.

Photos: Morey Milradt/Brand X/Corbis; David Hughes/Shutterstock

관련된 화학에서, poly(lactic acid) (PLA)는 병이나 포장재의 제조에 사용되는 고분자 중의 하나이다. PLA는 인지오(Ingeo)라는 상품명으로 팔리는 합성 섬유의 원료로도 사용되는데 이 섬유로 옷감이나 카펫을 만들 수 있다. PLA는 옥수수로부터 얻어진 탄수화물을 발효시켜 대량으로 제조 가능하다. 발효 과정에서 처음에는 고리형 락톤인 락타이드(lactide)가 생성되는데, 락타이드는 두 분자의 lactic acid [$CH_3CH(OH)CO_2H$]의 유도체이다. Lactide를 산과 함께 가열하면 poly(lactic acid)가 생성된다. PLA는 쓰레기 매립장에서 쉽게 분해되기 때문에 크게 주목받고 있는 고분자이다.

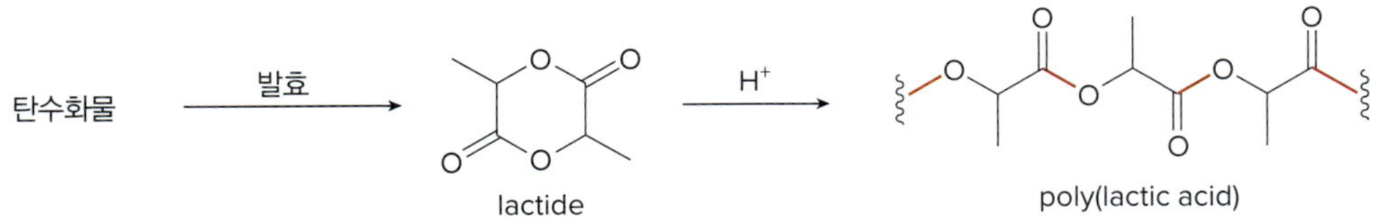

탄수화물 —발효→ lactide —H^+→ poly(lactic acid)

새로운 C−O 결합은 붉은색으로 표시

31.8B 저유해성 반응물을 이용한 고분자 합성

환경 친화성 고분자 합성의 또 다른 접근 방법으로 저유해성 반응물을 사용하는 방법과 용매를 사용하지 않는 방법이 있다. 예를 들어 렉산(lexan)은 현재 bisphenol A와 diphenyl carbonate [$(PhO)_2C{=}O$]를 용매 없이 반응시켜 얻는다. 이러한 방법은 취급에 주의가 필요한 맹독성 phosgene ($Cl_2C{=}O$) (31.6D절)과 일반적인 중합 과정에 사용되는 많은 양의 CH_2Cl_2의 사용을 피할 수 있게 해 준다.

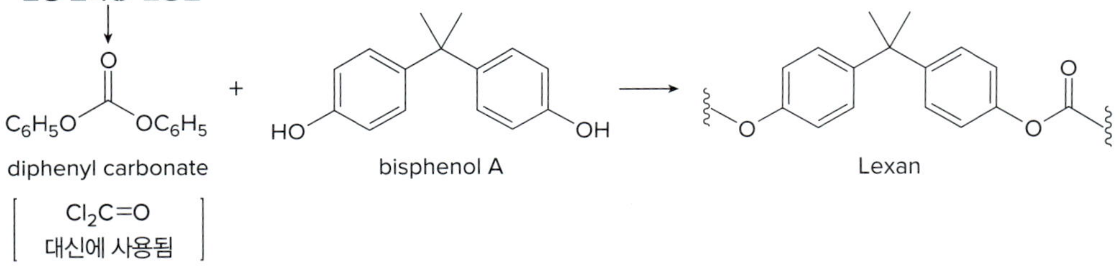

'환경 친화성' 반응물

C_6H_5O–C(=O)–OC_6H_5 diphenyl carbonate + bisphenol A → Lexan

[$Cl_2C{=}O$ 대신에 사용됨]

문제 31.23 Bakelite와 비슷한 열경화성 고분자(31.7절)도 재생 가능한 원료로부터 생산되고 있다. 구운 견과류의 껍질에서 얻어지는 액체의 주성분인 cardanol을 사용하는 방법도 그중 하나이다. Cardanol을 양성자 원천의 존재하에 formaldehyde ($H_2C{=}O$)와 반응시켰을 때 어떠한 고분자가 얻어지겠는가?

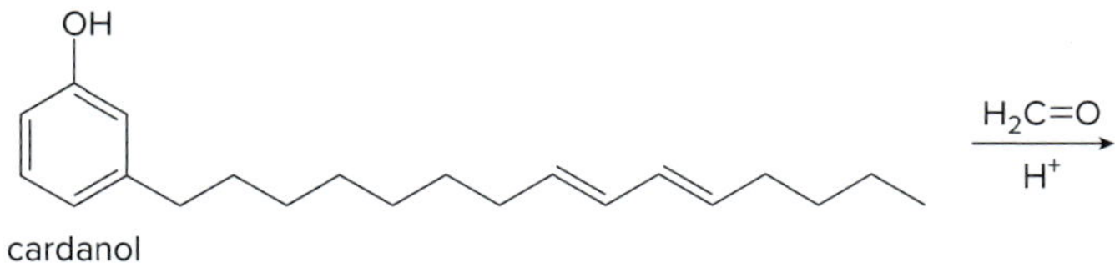

cardanol —$H_2C{=}O$, H^+→

31.9 고분자의 재활용과 폐기

소비재로 이용되는 고분자에 요구되는 성질인 내구성, 강도, 화학적 안정성 역시 환경문제에 영향을 미친다. 고분자는 쉽게 분해되지 않으며, 그 결과로 수백만 톤의 고분자가 매년 매립되고 있다.

이러한 쓰레기 발생의 문제를 해결하는 두 가지 해법으로 고분자를 재활용하여 새로운 재료를 만드는 방법과 빠른 시간 내에 분해되는 생분해성 고분자를 사용하는 방법이 있다.

31.9A 고분자의 재활용

수천 가지 종류의 합성 고분자가 생산되고 있지만 여섯 가지 화합물이 미국 내에서 매년 생산되는 합성 고분자의 대부분을 차지한다. 각각의 고분자는 재활용 번호(1~6)가 부여되어 있으며 번호는 재활용의 유용성을 나타낸다. **번호가 낮을수록 재활용이 더 용이하다.** 표 31.1에는 여섯 가지 일반적인 고분자와 각각의 고분자가 재활용되어 얻어지는 상품을 나타내고 있다.

표 31.1 재활용 가능한 고분자들

재활용 번호	고분자명	구조	재활용품
1	PET 폴리에틸렌 테레프탈레이트		플리스 옷 카펫 플라스틱병
2	HDPE 고밀도 폴리에틸렌		타이벡 절연체 운동복
3	PVC 폴리(염화 바이닐)	Cl	바닥용 매트
4	LDPE 저밀도 폴리에틸렌		쓰레기 봉투
5	PP 폴리프로필렌		가구
6	PS 폴리스타이렌	Ph	성형된 접시 쓰레기통

재활용은 먼저 플라스틱의 종류에 따라 분류하고, 플라스틱을 작은 칩 형태로 분쇄한 뒤에 접착제나 레이블을 제거하기 위해 세척한다. 다음으로 칩을 건조하고 금속 뚜껑, 고리 등을 제거한 뒤에 고분자를 용융시켜 재활용을 위해 성형하게 된다.

여섯 가지 종류 중에서 음료수병으로 사용되는 polyethylene terephthalate (PET)와 우유 용기와 주스 병으로 사용되는 고밀도 폴리에틸렌(HDPE)은 대부분 재활용된다. 재활용된 고분자는 적은 양의 접착제나 다른 물질로 오염되어 있는 경우도 있으므로 재활용 고분자는 일반적으로 음식이나 음료의 저장 용기로는 사용하지 않는다. 재활용된 HDPE는 건물의 단열제로 사용되는 타이벡(Tyvek)으로 가공되며, PET는 플리스(fleece) 옷이나 카펫을 위한 섬유로 가공된다.

또 다른 재생 방법으로 고분자를 단위체로 되돌리는 방법으로 고분자 골격에 C−O 또는 C−N 결합이 있는 아실 화합물에 대해서 유효하다. 예를 들어 polyethylene terephthalate를 CH_3OH와 함께 가열하면, 고분자 사슬의 에스터기가 분해되어 ethylene glycol ($HOCH_2CH_2OH$)과 dimethyl terephthalate가 얻어진다. 그러면 이들 단위체는 PET를 더 많이 만드는 데 출발물로 쓸 수 있다. 이러한 화학적 재활용 과정은 20장에서 배운 친핵성 아실 치환 반응에 의한 에스터 교환 반응에 의해 이루어진다.

고분자 → 두 단위체

polyethylene terephthalate (PET) $\xrightarrow[H^+]{CH_3OH}$ ethylene glycol + dimethyl terephthalate

화학적 재활용

마찬가지로, 나일론 6 고분자를 NH_3로 처리하면 고분자 골격은 ε-caprolactam을 생성하고, 이를 정제하여 나일론 6을 생산할 수 있다.

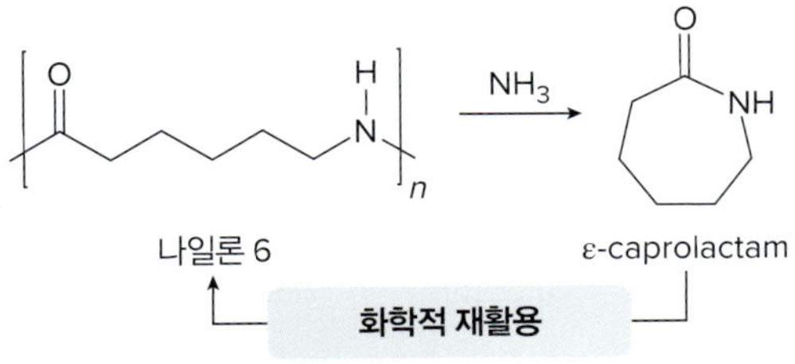

나일론 6 → (NH_3) → ε-caprolactam

화학적 재활용

문제 31.24 HDPE와 LDPE의 경우, 고분자를 단위체로 변환하여 다시 고분자로 변환하는 화학적 재활용이 왜 어려운가?

31.9B 생분해성 고분자

고분자 매립 쓰레기의 축적을 방지하는 또 다른 해법으로 생분해성 고분자를 설계하고 사용하는 방법이 있다.

- 생분해성 고분자는 천연 환경에 존재하는 박테리아, 곰팡이, 조류 등의 미생물에 의해 분해가 가능한 고분자이다.

몇몇 생분해성 폴리에스터가 개발되었다. 예를 들면, **polyhydroxyalkanoate (PHA)**는 3-hydroxybutyric acid 또는 3-hydroxyvaleric acid와 같은 3-하이드록시 카복실산의 고분자이다.

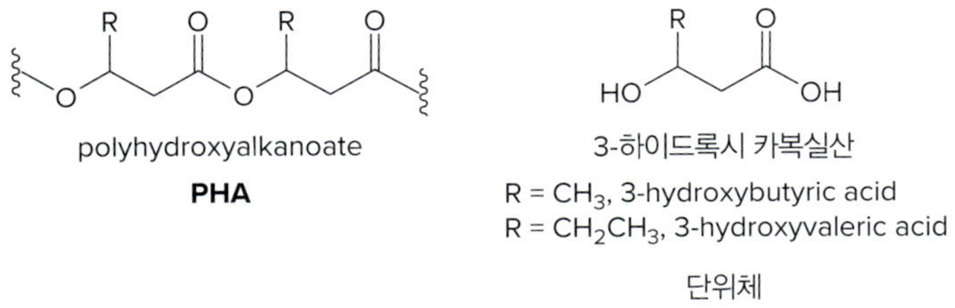

polyhydroxyalkanoate
PHA

3-하이드록시 카복실산
R = CH_3, 3-hydroxybutyric acid
R = CH_2CH_3, 3-hydroxyvaleric acid
단위체

두 가지 가장 일반적인 PHA는 **polyhydroxybutylate (PHB)** 그리고 **polyhydroxybutylate**와 **polyhydroxyvalerate (PHBV)**의 공중합체이다. PHA는 필름, 섬유 그리고 종이로 만든 뜨거운 음료수 컵의 코팅 재료로 사용되고 있다.

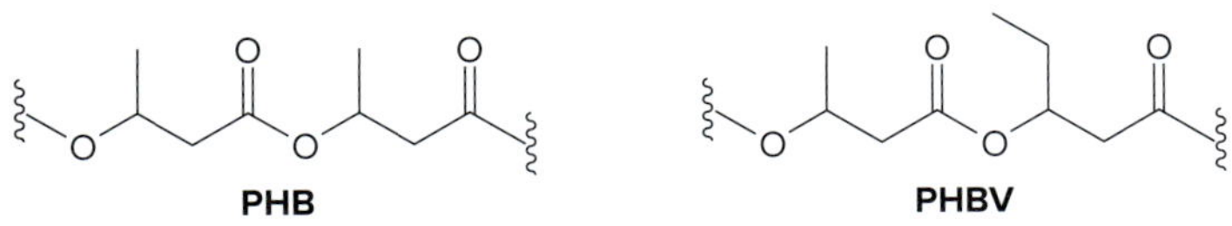

PHB **PHBV**

토양에 존재하는 박테리아는 산소 존재하에서 쉽게 PHA를 분해하여 최종 분해 산물로 CO_2와 H_2O를 생성한다. 분해 속도는 습도와 온도, pH의 영향을 받는다. 매립된 환경하에서는 분해 속도도 느려진다.

Polyhydroxyalkanoate의 또 다른 이점으로 발효에 의해서 이 고분자가 생성된다는 점이다. 특정 종류의 박테리아는 특정 영양소가 결핍된 glucose 용액에서 에너지 저장원으로 PHA를 생산한다. 고분자는 박테리아 세포 내에서 개개의 알갱이 형태로 생성되며 추출을 통해 백색 분말로 얻어지고 용융과 가공을 통해 다양한 제품으로 생산 가능하다.

또 다른 생분해성 고분자인 **polybutylene succinate (PBS)**는 polypropylene(표 31.1)과 polyethylene terephthalate의 유망한 대체 물질이다. PBS는 현재 생분해성 포장 재료로 이용하고 있지

만, 또한 조절된 의약 전달(31.6E절)에서도 사용할 수 있는 가능성이 있다. PBS는 그 합성에 필요한 단위체인 succinic acid가 여러 가지 종류의 바이오매스에 들어 있는 탄수화물의 발효로 생산될 수 있기 때문에 특히 매력적인 고분자이다.

polybutylene succinate
PBS

succinic acid

butane-1,4-diol

생분해성 폴리아마이드도 또한 아미노산으로부터 생성된 바 있다. 예를 들면, aspartic acid는 **TPA** (thermal polyaspartate)로 불리는 polyaspartate로 변환된다. TPA는 일반적으로 폐수 처리 설비의 펌프와 보일러 안에 막을 생성하는 목적으로 사용되는 poly(acrylic acid)를 대신하여 사용된다.

[1] Δ
[2] ^-OH, H_2O

aspartic acid

polyaspartate
(TPA)

poly(acrylic acid)

문제 31.25 다음 각각의 단위체로부터 어떠한 고분자가 생성되는가?

a. b. c. HO ... OH + HO ... OH

문제 31.26 PBS를 제조하는 데 필요한 두 단위체가 모두 재생 가능한 원천으로부터 나오도록, 어떻게 succinic acid를 butane-1,4-diol로 변환할 수 있겠는가?

Chapter 31 복습

핵심 개념

고분자 배열(31.4)

문제 31.35를 풀어보라.

핵심 반응

[1] 연쇄 성장 고분자를 생성하는 반응

1 Ph —개시제 (31.2)→ Ph Ph Ph

2 —$^-$OH (31.3)→

문제 31.27, 31.30, 31.55a–d를 풀어보라.

[2] 단계 성장 고분자를 생성하는 반응

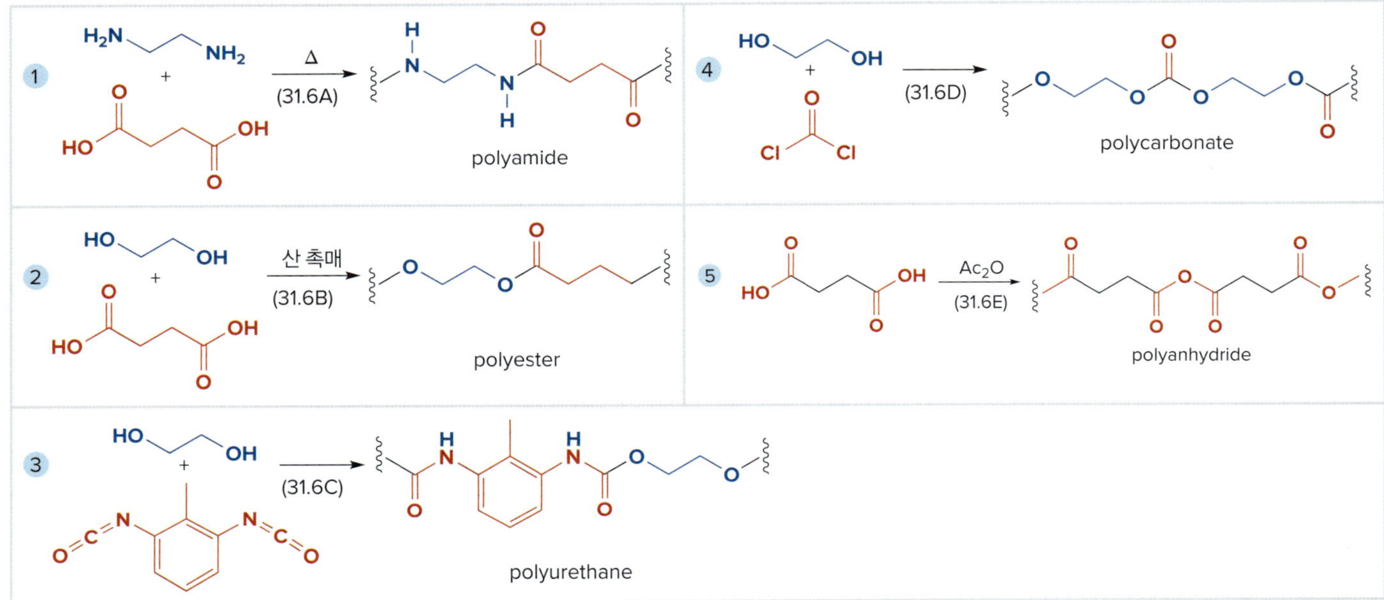

문제 31.29, 31.37, 31.38, 31.39, 31.43, 31.55e–h, 31.57을 풀어보라.

핵심 기법

[1] 연쇄 성장 중합 생성물 그리기(31.2); 예: CH_2=CHCN의 중합

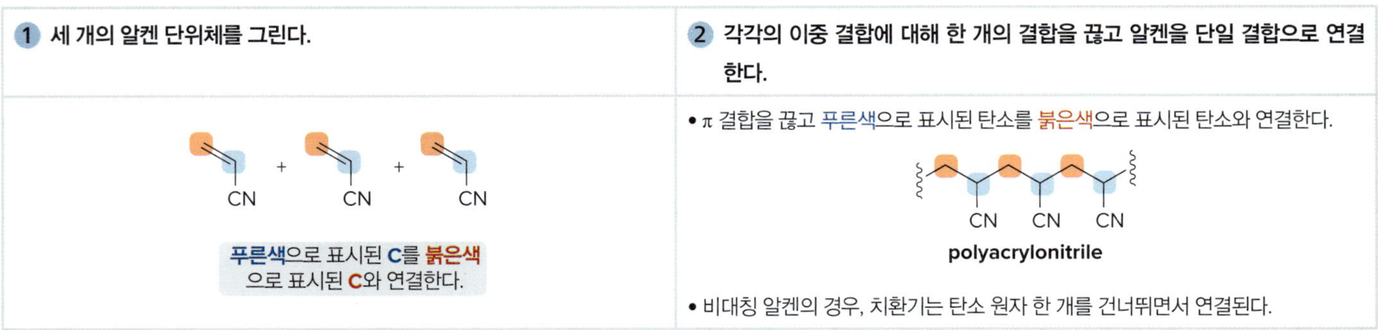

문제 31.27, 31.30, 31.36, 31.55a–c를 풀어보라.

[2] 단계 성장 중합 생성물 그리기(31.6); 예: phthalic anhydride와 ethylene glycol로부터 생성되는 폴리에스터의 중합

문제 31.29, 31.37, 31.38, 31.41, 31.43, 31.55e–h, 31.57을 풀어보라.

31장 선다형 자가–시험

자가–시험은 American Chemical Society 유기 화학 시험과 유사한 객관식 문제로 구성되어 있다. 정답은 장의 마지막 부분에 나와 있다.

1. 어느 구조가 교대 배열 폴리(염화 바이닐)인가?

a.

c.

b.

d.

2. 다음 중에서 어느 것이 단계–성장 고분자가 **아닌가**?

a.

c.

b.

d.

3. 어느 단위체가 양이온성 중합에서 가장 빠르게 반응하는가?

a. OCH_3 b. OCH_3 c. CHO d. CN

4. 다음 고분자를 생성하는 단위체는 무엇인가?

a. b. c. d.

5. 사슬 성장 중합에서 다음 중 어느 것이 개시제가 **아닌가**?

a. $LiAlH_4$ b. $(CH_3)_3COOC(CH_3)_3$ c. BF_3 d. BuLi

6. 어느 서술이 사실이 **아닌가**?

a. 가지치기는 고분자를 더 비결정성으로 만들기 때문에 T_m이 내려간다.

b. Polyethylene terephthalate는 가장 쉽게 재활용되는 고분자이다.

c. 탄성체를 잡아당긴 후 놓으면 원래 제모습으로 되돌아간다.

d. 알켄은 모든 사슬–성장 중합에 쓰이는 단당체이다.

7. **A**와 **B**가 반응하면 무슨 고분자가 생기는가?

A + B

a. b. c. d.

8. 고분자 $—[NHCOCH_2CH_2CONHCH_2CH_2]_n—$를 수용성 산에서 가수 분해하면 무슨 생성물이 생기는가?

a. b. c. d.

문제

삼차원 모형을 이용하는 문제

31.27 각 단위체의 사슬 성장 중합으로 생성되는 고분자의 구조를 그려라.

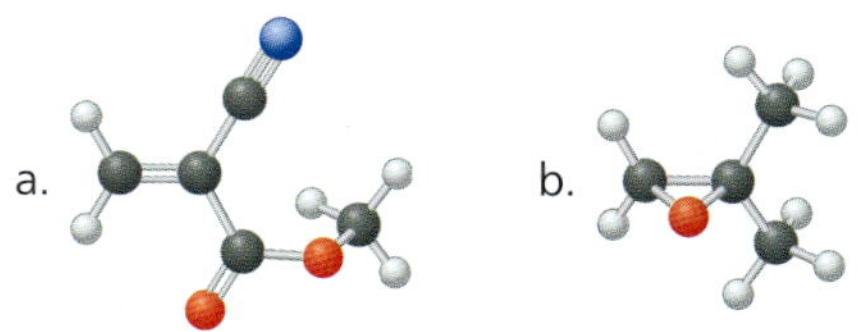

31.28 각 고분자 또는 공중합체를 제조하는 데 필요한 단위체는 무엇인가?

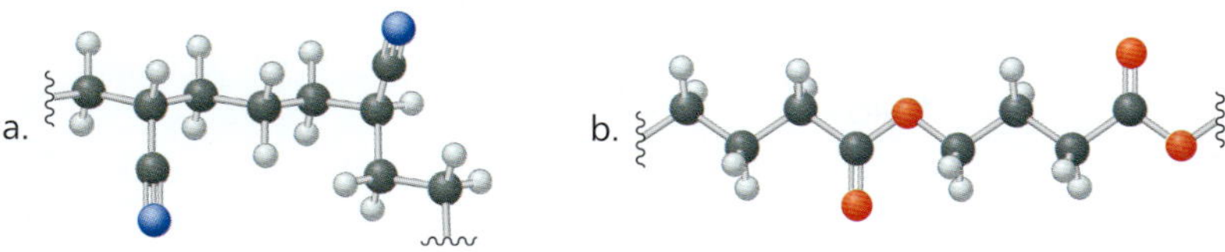

31.29 각 단위체 또는 단위체 쌍의 단계 성장 중합을 통해 합성되는 고분자의 구조를 그려라.

고분자 구조와 성질

31.30 다음 각각의 단위체의 연쇄 성장 중합으로부터 어떤 고분자가 얻어지는가?

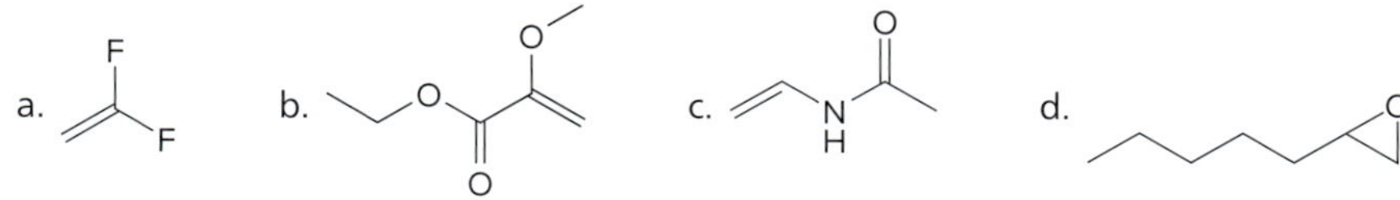

31.31 단위체 **A–C**를 고려하자. (a) 단위체를 양이온 중합에서 반응성이 증가하는 순서로 나열하라. (b) 단위체를 음이온 중합에서 반응성이 증가하는 순서로 나열하라.

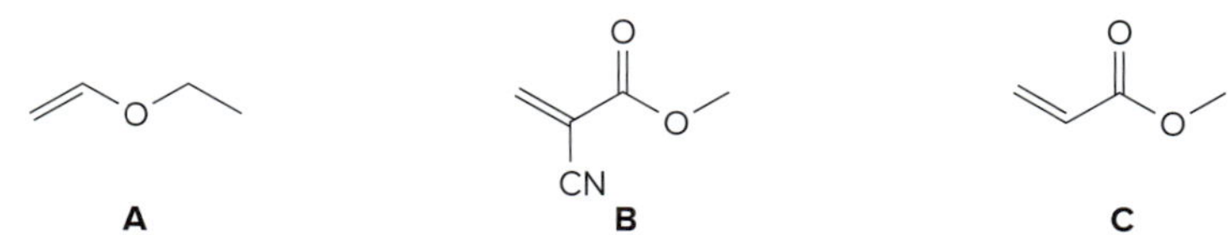

31.32 다음 각각의 단위체 쌍으로부터 어떠한 교대 공중합체가 얻어지는가?

a. CN 와

b. Cl Cl 와

c. CN 와

d. 와

31.33 다음 각각의 고분자 또는 공중합체는 어떠한 단위체로부터 얻어지는가?

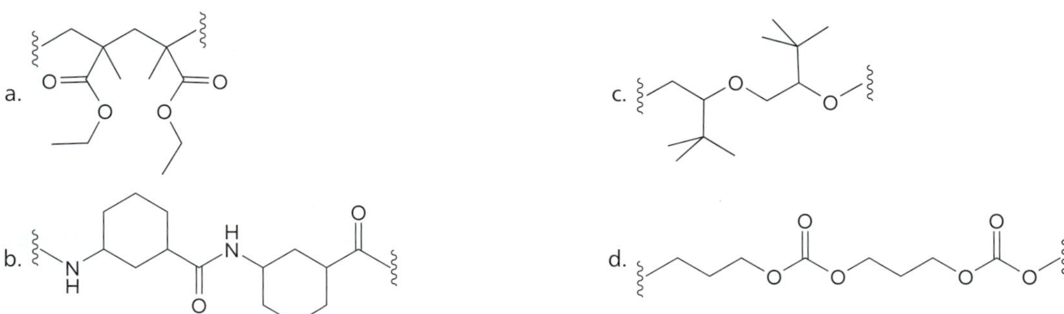

31.34 문제 31.33의 각각 고분자를 그림 31.2와 같이 축약형으로 표현하라.

31.35 다음 각 고분자의 짧은 단위 구조를 그려라.

a. 동일 배열 폴리(염화 바이닐) b. 교대 배열 폴리아크릴로나이트릴 c. 혼성 배열 폴리스타이렌

31.36 *p*-Trichloromethylstyrene ($CCl_3C_6H_4CH{=}CH_2$)의 음이온 중합에 의해 합성된 고분자의 구조식을 쓰라. 이 반응에서 중합 반응을 종결시키기 위해 ethylene oxide를 친전자체로 사용하였다.

31.37 다음 각각의 단위체 또는 단위체 쌍의 단계 성장 중합을 통해 어떠한 고분자가 얻어지는가?

a. 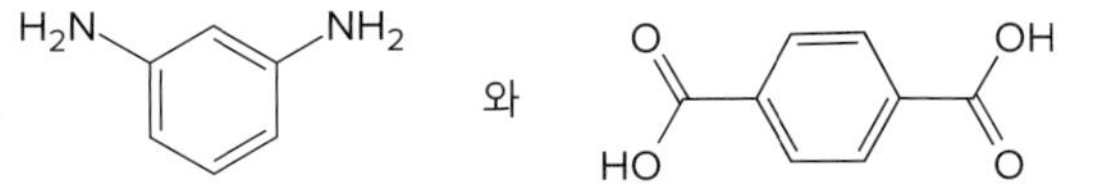 (구조) 와 (구조) d. 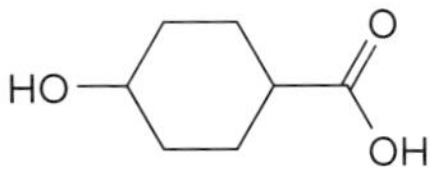 (구조)

b. 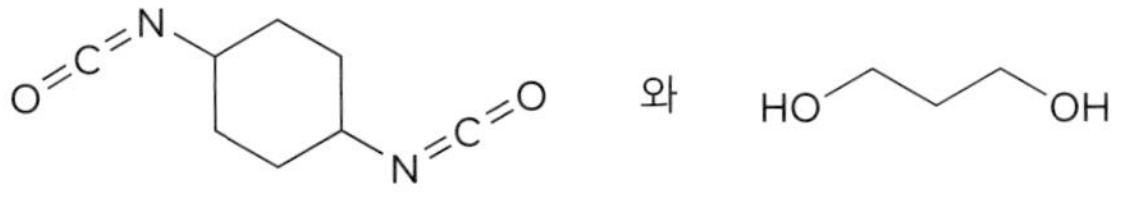 (구조) 와 (구조) e. 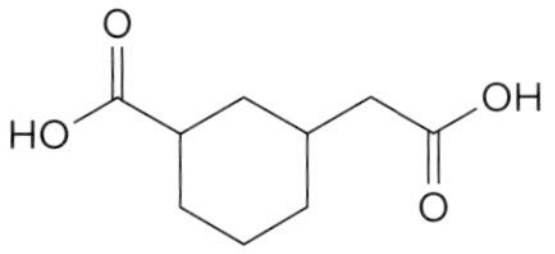 (구조)

c. 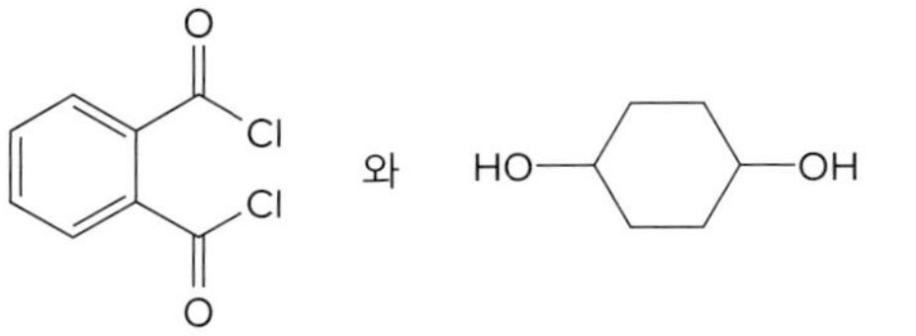 (구조) 와 (구조) f. 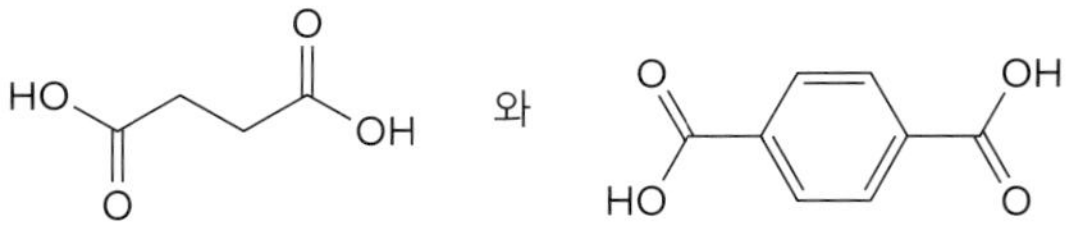 (구조) 와 (구조)

31.38 주어진 단위체로부터 얻어지는 두 가지 상업적으로 판매하는 단계 성장 고분자 Quiana와 Nomex의 구조를 그려라. Nomex는 비행기 타이어나 극초단파 변환기로 응용되는 강한 고분자이다. Quiana는 주름 방지용 천에 응용된다.

a. 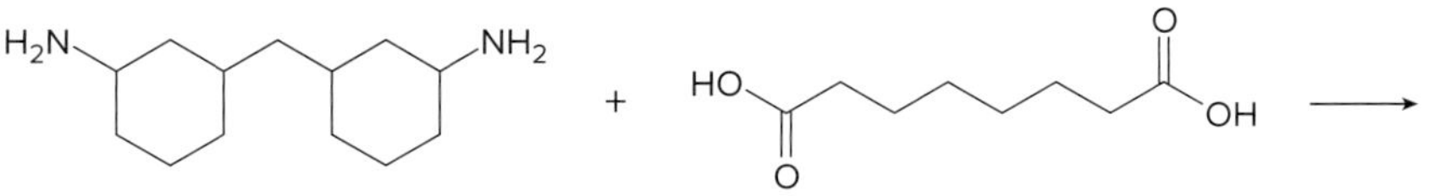 + ⟶ Quiana

b. 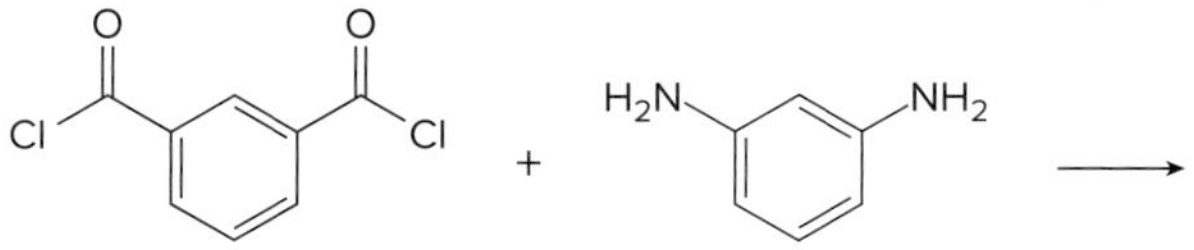 + ⟶ Nomex

31.39 공예 작업에 쓰이는 글루건에는 ethylene과 vinyl acetate (CH_2=CHOCOCH$_3$)로부터 생성되는 공중합체를 녹이는 전열선이 들어 있다. 이 공중합체의 구조를 그려라. 단, 공중합체는 불규칙(random)하고 vinyl acetate 단위체보다 ethylene 단위체가 두 배라고 가정한다.

31.40 (a) **A**는 무슨 종류의 단계 성장 고분자를 나타내는가? (b) **A**를 생성하기 위하여 필요한 고분자는 무엇인가?

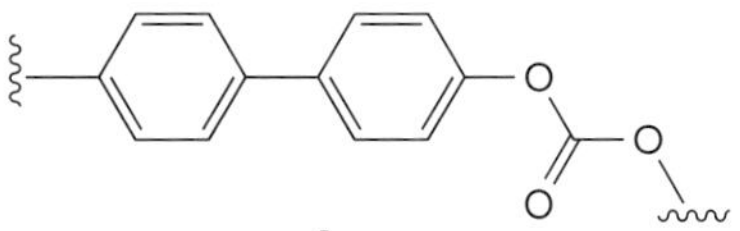

A

31.41 주어진 단위체로부터 생성되는 polyurethane의 구조를 그려라.

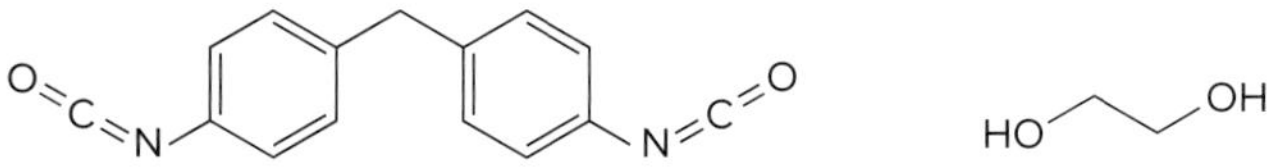

31.42 Ecoflex라는 상품명으로 시판되는 생분해성 공중합체 polybutyrate adipate terephthalate (PBAT)의 세 가지 단위체를 그려라. PBAT는 저밀도 폴리에틸렌과 성질이 비슷하므로 생분해성 음식 포장재나 플라스틱 봉지로 사용된다.

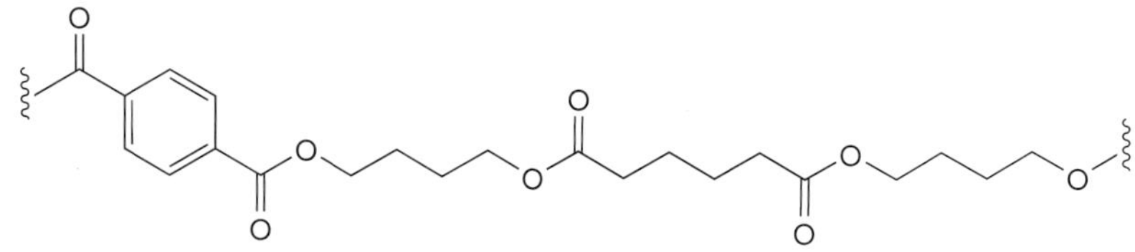

PBAT

31.43 지방족 탄소 골격의 고분자는 방향족 골격의 고분자보다 더 쉽게 생분해된다. 단위체 **A–D**를 두 가지 이상 사용하여 (a) 가장 쉽게 생분해되는 폴리에스터, (b) 가장 어렵게 생분해되는 폴리에스터의 구조를 그려라.

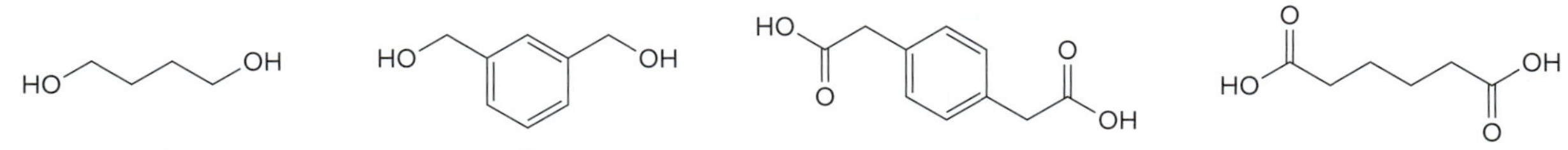

HO OH HO OH HO O O OH O HO OH O

A **B** **C** **D**

31.44 다음 각 고분자 쌍들 간의 T_g와 T_m값의 차이에 대해서 설명하라.

a. 폴리에스터 **A**와 PET

b. 폴리에스터 **A**와 나일론 6,6

c. 나일론 6,6의 T_m값과 비교하였을 때 Kevlar (31.6A절)의 T_m 값은 어느 정도로 예측되는가? 그 이유를 설명하라.

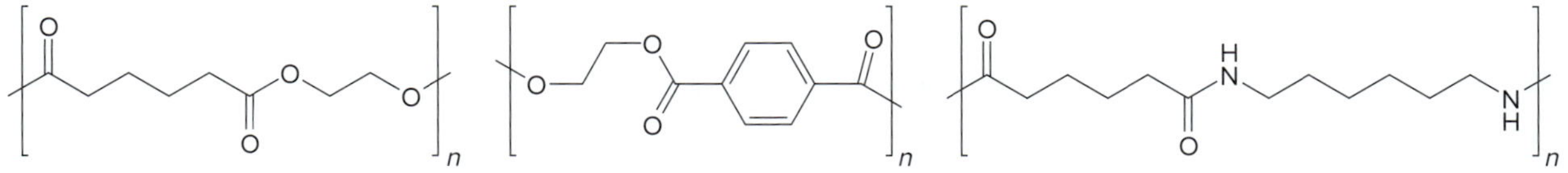

polyester **A**
$T_g < 0$ °C
$T_m = 50$ °C

PET
$T_g = 70$ °C
$T_m = 265$ °C

nylon 6,6
$T_g = 53$ °C
$T_m = 265$ °C

31.45 프탈레이트가 들어 있지 않은 친환경적인 가소제가 이제 dibutyl phthalate (31.7절)의 대체품으로 판매되고 있다. Succinic acid (31.9B절, 바이오매스의 발효로 얻음)와 두 당량의 heptan-2-ol(피마자에서 얻음)로부터 생성되는 가소제의 구조를 그려라.

메커니즘

31.46 $(CH_3)_3CO-OC(CH_3)_3$를 개시제로 이용하여 isoprene을 gutta-percha로 중합하는 반응의 메커니즘을 단계별로 그려라.

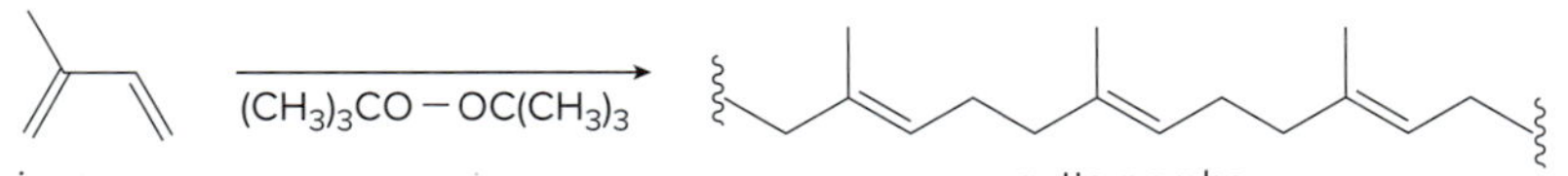

isoprene $\xrightarrow{(CH_3)_3CO-OC(CH_3)_3}$ gutta-percha

31.47 3-Phenylpropene (CH_2=$CHCH_2Ph$)의 양이온 중합에서는 **B**보다는 **A**가 주생성물로 생성된다. 이 결과를 고려해서 반응의 메커니즘을 그려라.

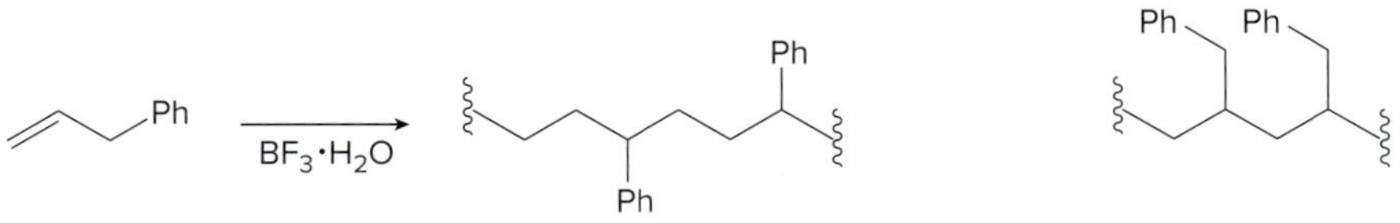

Ph $\xrightarrow{BF_3 \cdot H_2O}$

A 주생성물 **B**

31.48 Acrylonitrile (CH_2=$CHCN$)의 양이온 중합이 but-3-enenitrile (CH_2=$CHCH_2CN$)의 중합보다 느리게 진행되는 이유를 설명하라.

31.49 BuLi을 개시제로 styrene (CH_2=$CHPh$)을 음이온 중합하여 polystyrene $-[CH_2CHPh]_n-$을 합성하는 메커니즘을 그려라. CO_2를 연쇄 반응 메커니즘을 종결하는 친전자체로 사용하라.

31.50 Styrene은 음이온 중합과 양이온 중합이 모두 가능하지만 치환기가 있는 styrene은 한 가지 방법만 사용된다. 다음 각 화합물은 어떠한 중합 방법을 사용해야 하는가? 설명하라.

a. 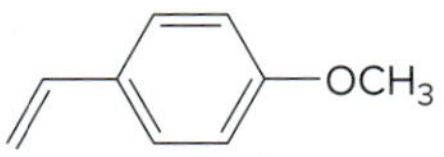 $-OCH_3$

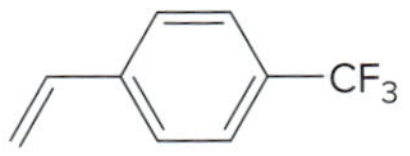

b. 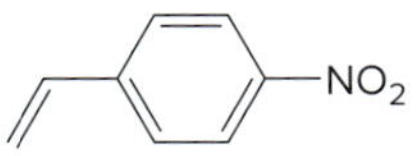 $-NO_2$

c. $-CF_3$

d.

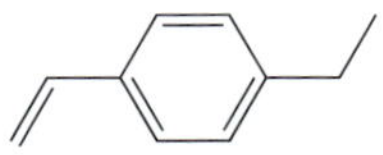

31.51 H_3O^+ 존재하에서 2-methylpropene oxides은 치환기가 더 많은 에폭사이드 말단의 친핵성 공격을 통해 연쇄 성장 중합이 진행된다. 이 과정의 단계적 메커니즘을 그리고, 입체 화학에 대해서 설명하라.

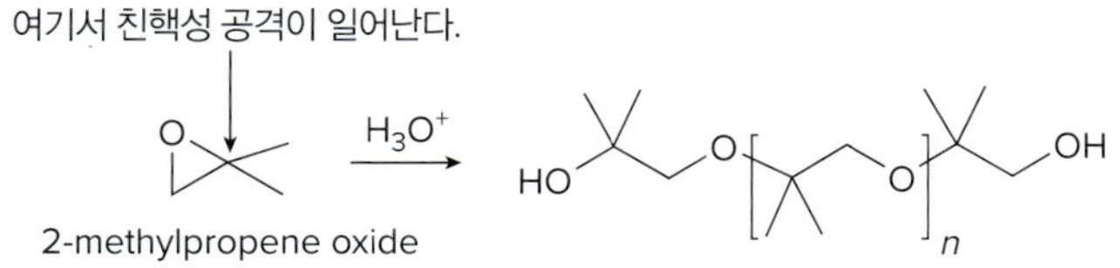

여기서 친핵성 공격이 일어난다.

H_3O^+

HO O O OH

n

2-methylpropene oxide

31.52 $AlCl_3$ 존재하에서 이할로젠화물 **A**와 cyclohexane-1,4-diol로부터 폴리에터 **B**가 생성되는 단계적 메커니즘을 그려라.

Cl Cl + HO OH $AlCl_3$ O O n

A cyclohexane-1,4-diol **B**

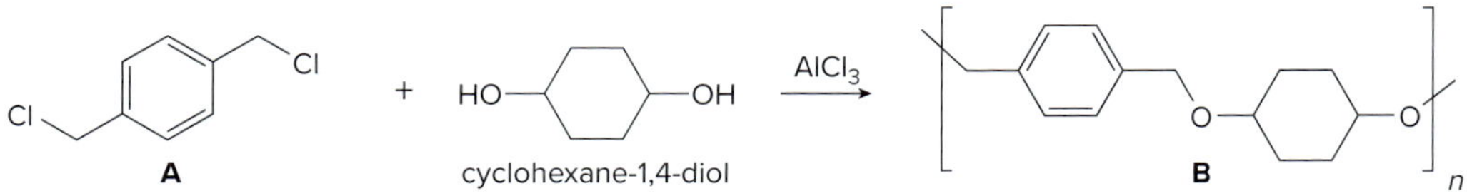

31.53 다음은 고분자 합성에 폭넓게 사용되고 있는 bisphenol A의 합성 과정이다. 단계적 메커니즘을 그려라.

2 HO + O H_2SO_4 HO OH + H_2O

bisphenol A

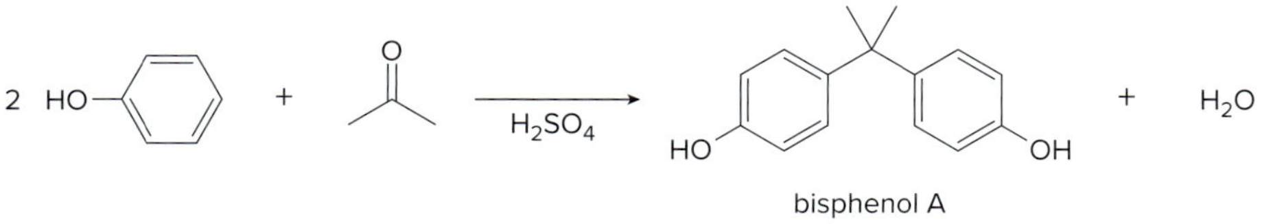

31.54 알코올과 아이소사이아네이트로부터 우레탄을 생성하는 다음 반응의 메커니즘을 그려라.

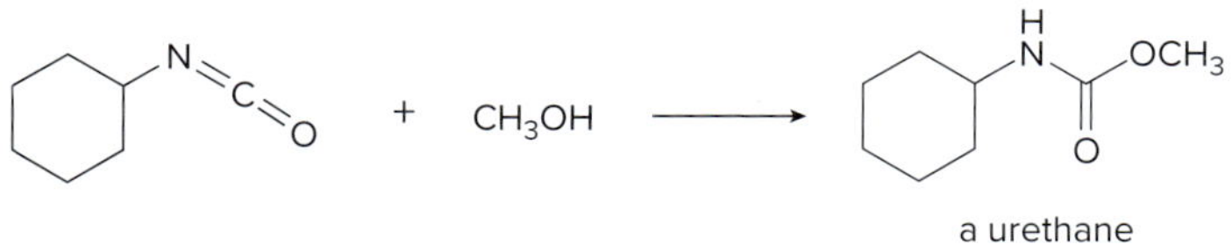

N=C=O + CH_3OH → H N OCH_3 O

a urethane

반응과 합성

31.55 다음 반응의 생성물을 그려라.

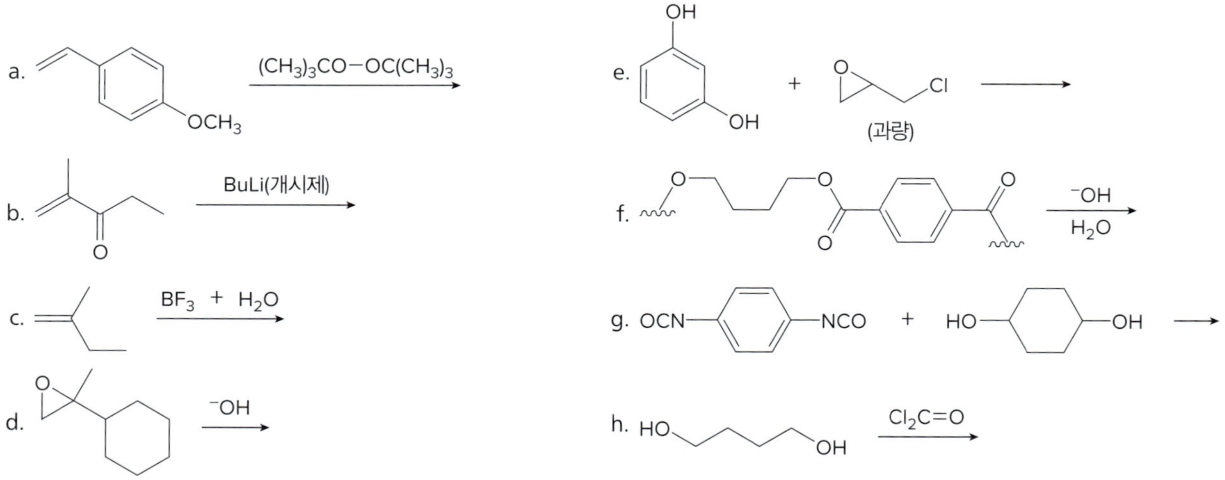

a. OCH_3 $(CH_3)_3CO-OC(CH_3)_3$ →

b. O BuLi(개시제) →

c. BF_3 + H_2O →

d. O ^-OH →

e. OH OH + O Cl (과량) →

f. O O O O ^-OH / H_2O →

g. OCN NCO + HO OH →

h. HO OH $Cl_2C=O$ →

31.56 NaOH 용액은 폴리에틸렌 병에 장기간 보존이 가능하지만, 폴리에스터로 만든 셔츠나 나일론 스타킹에 염기 용액을 떨어뜨리면 금세 구멍이 뚫리는 이유를 설명하라.

31.57 다음 반응의 결과로 어떠한 에폭시 수지가 얻어지는가?

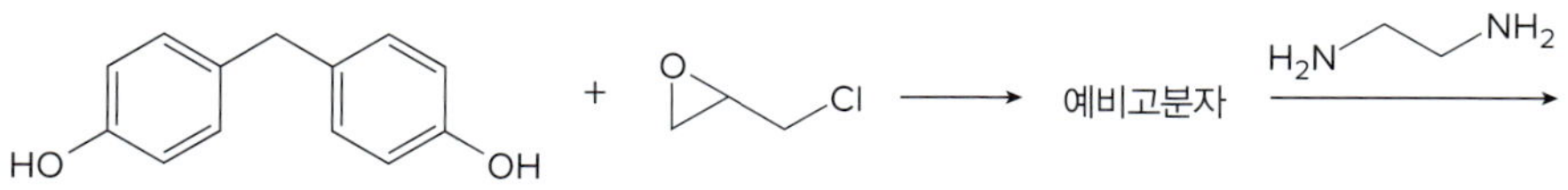

HO OH + O Cl → 예비고분자 H_2N NH_2 →

31.58 주어진 출발물로부터 polyethylene terephthalate 합성에 필요한 두 단위체인 terephthalic acid와 ethylene glycol의 합성을 고안하라.

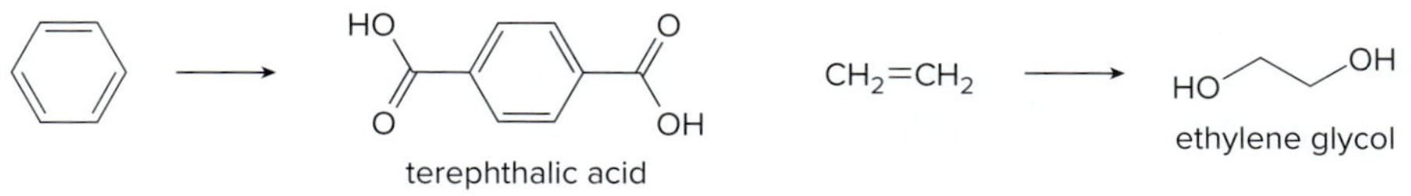

HO O O OH
terephthalic acid
$CH_2=CH_2$ ⟶ HO OH
ethylene glycol

31.59 생성되는 고분자가 열경화성 수지가 아닌 열가소성 수지인 점을 제외하면 *p*-cresol과 CH_2=O의 반응은 페놀(PhOH)과 CH_2=O의 반응과 매우 유사하다. 얻어지는 고분자의 구조를 그리고, 왜 이 두 가지 고분자의 성질이 크게 차이 나는지 설명하라.

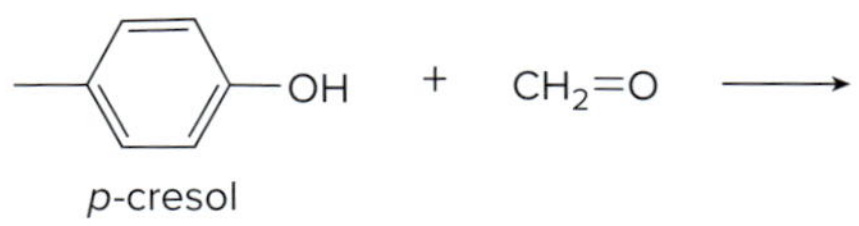

OH + $CH_2=O$ ⟶
p-cresol

생물학적 응용

31.60 Glycolic acid와 lactic acid (31.6B절)를 포함해서, 용해성 봉합사는 다음의 락톤 단위체로부터도 만들 수 있다. 다음 각 단위체로부터 얻어지는 고분자의 구조를 그려라.

a. ε-caprolactone ⟶ polycaprolactone

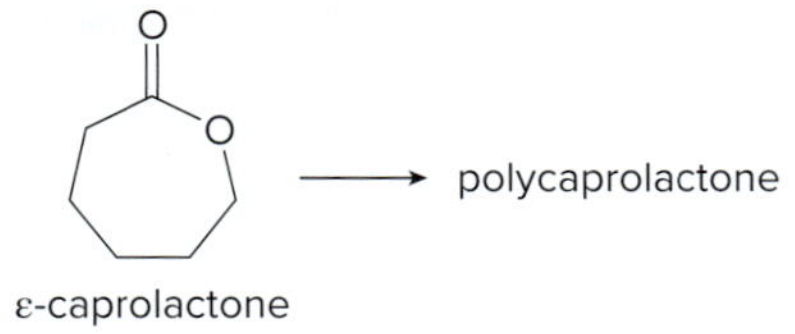

b. *p*-dioxanone ⟶ polydioxanone

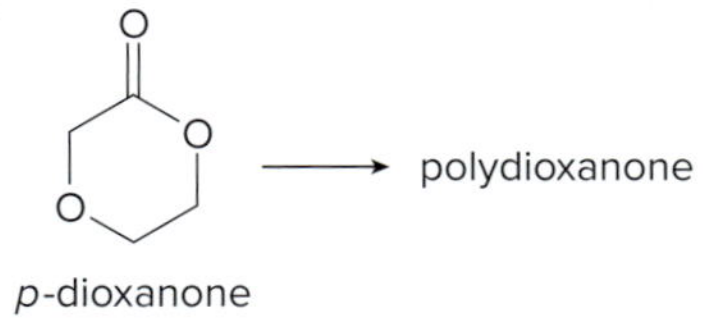

31.61 화합물 **A**는 폴리(에스터 아마이드) 공중합체로 약물 방출을 조절하기 위한 생체 흡수성 코팅에 응용된다. **A**는 네 가지 단위체의 공중합체로 두 가지 단위체는 아미노산 또는 아미노산 유도체이다. 생체 내의 효소는 고분자 골격 내의 천연 아미노산을 인식하여 고분자의 효소 분해를 일으키게 되며, 내포되어 있는 약물이 서서히 방출된다. **A**를 합성하는 데 사용되는 네 가지 단위체를 찾아내고, 그림 27.2를 참조하여 두 가지 아미노산을 명명하라.

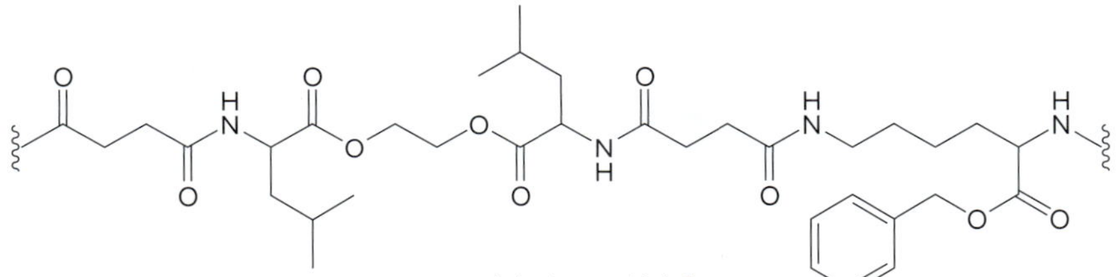

poly(ester amide) **A**

31.62 Rutgers University의 과학자는 비스테로이드계 소염제로 분해되는 생체 적합성 고분자를 개발하였다. 예를 들면 2당량의 benzyl salicylate와 1당량의 sebacoyl chloride의 반응은 PolyAspirin이라 불리는 poly(anhydride ester)를 생성하는데, 이 물질이 가수 분해되면 salicylic acid(소염제)와 sebacic acid가 방출된다. 이러한 기술은 특정 상처 부위로 약물 전달을 가능하게 할 것이다. PolyAspirin의 구조를 그려라.

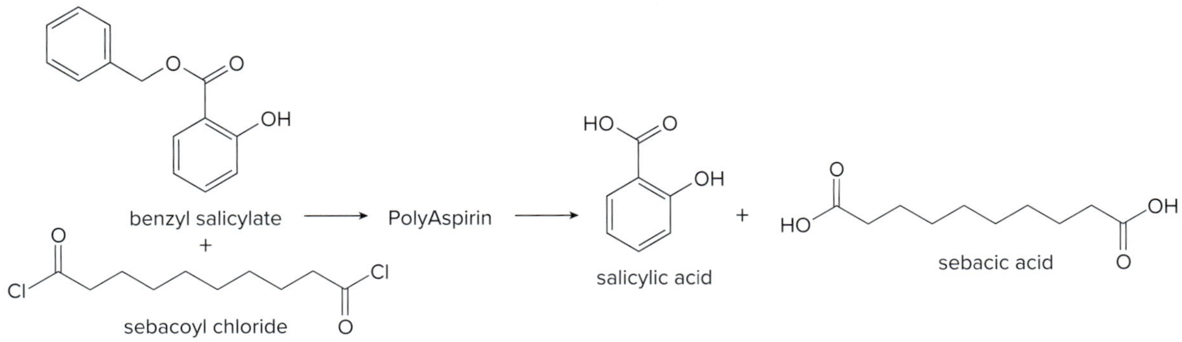

benzyl salicylate + sebacoyl chloride ⟶ PolyAspirin ⟶ salicylic acid + sebacic acid

도전문제

31.63 Melamine과 formaldehyde ($CH_2=O$)로부터 생성되는 열경화성 고분자인 Melmac은 주방용 조리대나 접시를 만드는 데 사용된다. Melmac 합성의 초기 단계인 1몰의 formaldehyde와 2몰의 melamine이 축합되는 단계적 메커니즘을 그려라.

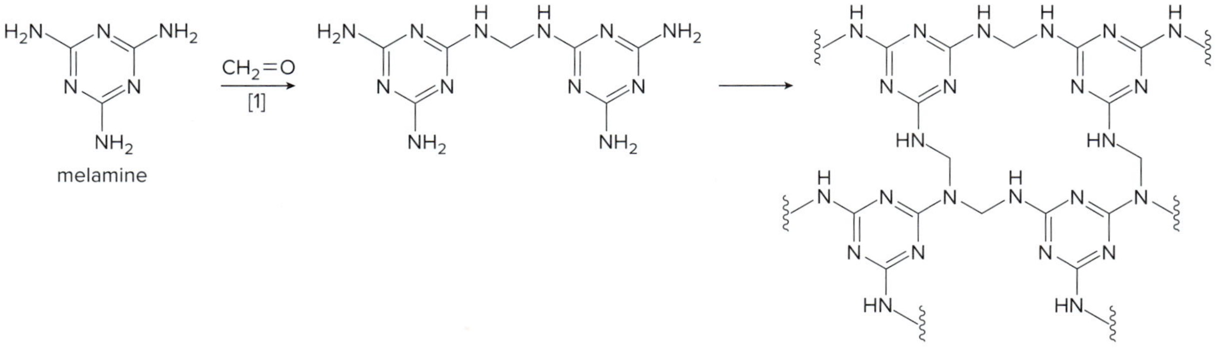

melamine

$CH_2=O$ [1]

Melmac

31.64 메커니즘 31.1에 나타낸 것처럼 라디칼 중합에서의 곁사슬 생성은 분자간 H 떼어내기을 통해 생성되지만 분자내 H 떼어내기를 통해서도 뷰틸기가 곁가지로 있는 폴리에틸렌이 생성된다.

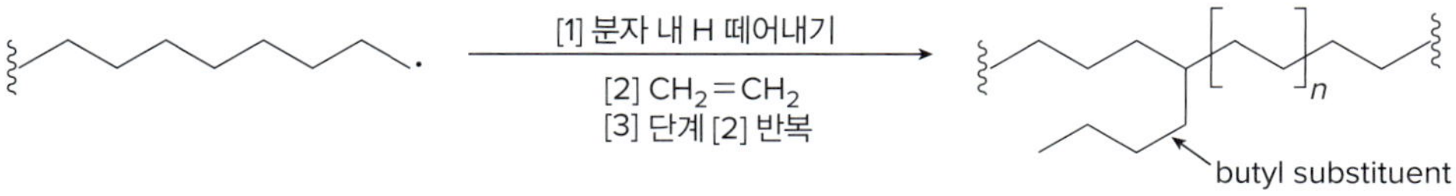

[1] 분자 내 H 떼어내기
[2] $CH_2=CH_2$
[3] 단계 [2] 반복

butyl substituent

a. 어느 H가 분자내 반응에서 떼어져야만 뷰틸기가 생성되는지를 보여주는 단계별 메커니즘을 그려라.

b. 다른 위치의 H보다 이 위치의 H가 더 쉽게 떼어지는 이유를 제시하라.

31.65 요소[$(NH_2)_2C=O$)]와 formaldehyde ($CH_2C=O$)는 발포제로 사용되는 고도로 가교된 고분자를 생성한다. 이 고분자의 구조를 제시하라[힌트: Bakelite(그림 31.7)과 Melmac(문제 31.63)의 구조를 보라].

자가-시험 해답

1. b 2. b 3. b 4. c 5. a 6. d 7. a 8. b

원소의 주기율표

Periodic Table of the Elements

부록

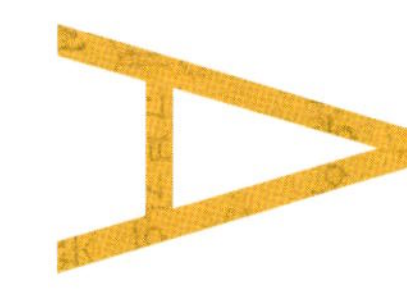

	1A 1	2A 2	3B 3	4B 4	5B 5	6B 6	7B 7	← 8	8B 9	→ 10	1B 11	2B 12	3A 13	4A 14	5A 15	6A 16	7A 17	8A 18	
1	1 **H** 1.008																	2 **He** 4.003	1
2	3 **Li** 6.938	4 **Be** 9.012											5 **B** 10.81	6 **C** 12.01	7 **N** 14.01	8 **O** 16.00	9 **F** 19.00	10 **Ne** 20.18	2
3	11 **Na** 22.99	12 **Mg** 24.30											13 **Al** 26.98	14 **Si** 28.08	15 **P** 30.97	16 **S** 32.06	17 **Cl** 35.45	18 **Ar** 39.79	3
4	19 **K** 39.10	20 **Ca** 40.08	21 **Sc** 44.96	22 **Ti** 47.87	23 **V** 50.94	24 **Cr** 52.00	25 **Mn** 54.94	26 **Fe** 55.85	27 **Co** 58.93	28 **Ni** 58.69	29 **Cu** 63.55	30 **Zn** 65.38	31 **Ga** 69.72	32 **Ge** 72.63	33 **As** 74.92	34 **Se** 78.97	35 **Br** 79.90	36 **Kr** 83.80	4
5	37 **Rb** 85.47	38 **Sr** 87.62	39 **Y** 88.91	40 **Zr** 91.22	41 **Nb** 92.91	42 **Mo** 95.95	43 **Tc** (98)	44 **Ru** 101.07	45 **Rh** 102.91	46 **Pd** 106.42	47 **Ag** 107.87	48 **Cd** 112.41	49 **In** 114.82	50 **Sn** 118.71	51 **Sb** 121.76	52 **Te** 127.6	53 **I** 126.90	54 **Xe** 131.29	5
6	55 **Cs** 132.91	56 **Ba** 137.33	57–71 **Lanthanides**	72 **Hf** 178.49	73 **Ta** 180.95	74 **W** 183.84	75 **Re** 186.21	76 **Os** 190.23	77 **Ir** 192.22	78 **Pt** 195.08	79 **Au** 196.97	80 **Hg** 200.59	81 **Tl** 204.38	82 **Pb** 207.2	83 **Bi** 208.98	84 **Po** (210)	85 **At** (210)	86 **Rn** (222)	6
7	87 **Fr** (223)	88 **Ra** (226)	89–103 **Actinides**	104 **Rf** (261)	105 **Db** (262)	106 **Sg** (266)	107 **Bh** (272)	108 **Hs** (277)	109 **Mt** (276)	110 **Ds** (281)	111 **Rg** (280)	112 **Cn** (285)	113 **Nh** (285)	114 **Fl** (287)	115 **Mc** (289)	116 **Lv** (291)	117 **Ts** (293)	118 **Og** (294)	7

6	57 **La** 138.91	58 **Ce** 140.12	59 **Pr** 140.91	60 **Nd** 144.24	61 **Pm** (145)	62 **Sm** 150.36	63 **Eu** 151.96	64 **Gd** 157.25	65 **Tb** 158.93	66 **Dy** 162.5	67 **Ho** 164.93	68 **Er** 167.26	69 **Tm** 168.93	70 **Yb** 173.05	71 **Lu** 174.97	6
7	89 **Ac** (227)	90 **Th** 232.04	91 **Pa** 231.04	92 **U** 238.03	93 **Np** (237)	94 **Pu** (239)	95 **Am** (243)	96 **Cm** (247)	97 **Bk** (249)	98 **Cf** (252)	99 **Es** (252)	100 **Fm** (257)	101 **Md** (258)	102 **No** (259)	103 **Lr** (262)	7

metal

metalloid

nonmetal

부록

B 흔한 축약형, 화살표와 부호

Common Abbreviations, Arrows, and Symbols

축약형

Ac	acetyl, CH_3CO-
BBN	9-borabicyclo[3.3.1]nonane
BINAP	2,2'-bis(diphenylphosphino)-1,1'-binaphthyl
Boc	*tert*-butoxycarbonyl, $(CH_3)_3COCO-$
bp	끓는점
Bu	butyl, $CH_3CH_2CH_2CH_2-$
CBS reagent	Corey–Bakshi–Shibata 시약
DBN	1,5-diazabicyclo[4.3.0]non-5-ene
DBU	1,8-diazabicyclo[5.4.0]undec-7-ene
DCC	dicyclohexylcarbodiimide
DET	diethyl tartrate
DIBAL-H	diisobutylaluminum hydride, $[(CH_3)_2CHCH_2]_2AlH$
DMF	dimethylformamide, $HCON(CH_3)_2$
DMSO	dimethyl sulfoxide, $(CH_3)_2S{=}O$
ee	거울상 초과량
Et	ethyl, CH_3CH_2-
Fmoc	9-fluorenylmethoxycarbonyl
HMPA	hexamethylphosphoramide, $[(CH_3)_2N]_3P{=}O$
HOMO	최고 점유 분자 오비탈
IR	적외선
LDA	lithium diisopropylamide, $LiN[CH(CH_3)_2]_2$
LUMO	최저 비점유 분자 오비탈
m-	meta
*m*CPBA	*m*-chloroperoxybenzoic acid
Me	methyl, CH_3-
MO	분자 오비탈
mp	녹는점
MS	질량 분석법
MW	분자량
NBS	*N*-bromosuccinimide
NMO	*N*-methylmorpholine *N*-oxide
NMR	핵자기 공명
o-	ortho
p-	para

PCC	pyridinium chlorochromate
Ph	phenyl, C_6H_5-
ppm	백만분의 일
Pr	propyl, $CH_3CH_2CH_2-$
RCM	고리 닫힘 상호 교환 반응
ROMP	고리 열림 상호 교환 고분자 반응
TBS	*tert*-butyldimethylsilyl
THF	tetrahydrofuran
TMS	tetramethylsilane, $(CH_3)_4Si$
Ts	tosyl, *p*-toluenesulfonyl, $CH_3C_6H_4SO_2-$
TsOH	*p*-toluenesulfonic acid, $CH_3C_6H_4SO_3H$
UV	자외선

화살표

$\longrightarrow$	반응 화살표
$\rightleftarrows$	평형 화살표
$\longleftrightarrow$	머리 두 개 화살표, 공명 구조 사이에서 사용
(굽은 반응 화살표)	생물학적 반응 화살표
(굽은 화살표)	완전머리(full-headed) 굽은 화살표, 전자쌍 이동을 나타냄
(굽은 반쪽 화살표)	반쪽머리(half-headed) 굽은 화살표(낚시 바늘), 전자 하나의 이동을 나타냄
$\Longrightarrow$	역합성 분석 화살표
$\overset{\times}{\longrightarrow}$	반응이 일어나지 않음

부호

$\mapsto$	쌍극자
$h\nu$	빛
Δ	열
$\delta+$	부분 양전하
$\delta-$	부분 음전하
λ	파장
ν	진동수
$\tilde{\nu}$	파수
HA	Brønsted–Lowry 산
B:	Brønsted–Lowry 염기
$:Nu^-$	친핵체
E^+	친전자체
X	할로젠
(쐐기)	앞으로 향한 결합
(점선 쐐기)	뒤로 향한 결합
---	부분 결합
$[\ \ ]^\ddagger$	전이 상태
[O]	산화
[H]	환원

분자 그림에서 사용하는 흔한 원소 색

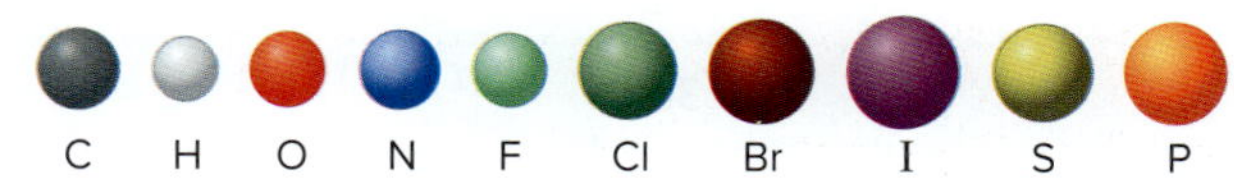

부록

선택된 화합물의 pK_a 값

pK_a Values for Selected Compounds

화합물	pK_a
HI	−10
HBr	−9
H_2SO_4	−9
$\overset{+}{O}H$ (=⌬ acetone, protonated)	−7.3
HCl	−6
$[(CH_3)_2OH]^+$	−3.8
$(CH_3OH_2)^+$	−2.2
—⌬—SO_3H	−1.3
CH_3SO_3H	−1.2
H_3O^+	0
$\overset{+}{O}H$, NH_2	0.0
CF_3CO_2H	0.5
CCl_3CO_2H	0.7
O_2N—⌬—$\overset{+}{N}H_3$	1.0
Cl_2CHCO_2H	1.3
H_3PO_4	2.1
FCH_2CO_2H	2.7
$ClCH_2CO_2H$	2.8
$BrCH_2CO_2H$	2.9
ICH_2CO_2H	3.2
HF	3.2

화합물	pK_a
O_2N—⌬—CO_2H	3.4
HCO_2H	3.8
Br—⌬—$\overset{+}{N}H_3$	3.9
Br—⌬—CO_2H	4.0
⌬—CO_2H	4.2
—⌬—CO_2H	4.3
O—⌬—CO_2H	4.5
CH_3CO_2H	4.8
⌬—$\overset{+}{N}H_3$	4.9
$(CH_3)_3CCO_2H$	5.0
—⌬—$\overset{+}{N}H_3$	5.1
⌬ $\overset{+}{N}$ H	5.3
O—⌬—$\overset{+}{N}H_3$	5.3
H_2CO_3	6.4
H_2S	7.1

화합물	pK_a
$O_2N-C_6H_4-OH$	7.1
C_6H_5-SH	7.8
$CH_3COCH_2COCH_3$ (H)	8.9
$HC{\equiv}N$	9.2
NH_4^+	9.3
$Cl-C_6H_4-OH$	9.4
$H_3N^+CH_2CO_2^-$	9.8
C_6H_5-OH	10.0
$CH_3-C_6H_4-OH$	10.2
HCO_3^-	10.2
CH_3NO_2	10.2
$NH_2-C_6H_4-OH$	10.3
CH_3CH_2SH	10.5
$[(CH_3)_3NH]^+$	10.6
$CH_3COCH_2CO_2Et$ (H)	10.7
$(CH_3NH_3)^+$	10.7
$C_6H_{11}-\overset{+}{N}H_3$	10.7
$[(CH_3)_2NH_2]^+$	10.7
CF_3CH_2OH	12.4

화합물	pK_a
$EtO_2CCH_2CO_2Et$ (H)	13.3
H_2O	14
C_5H_5-H	15
CH_3OH	15.5
CH_3CH_2OH	16
CH_3CONH_2	16
CH_3CHO	17
$(CH_3)_3COH$	18
$(CH_3)_2C{=}O$	19.2
$CH_3CO_2CH_2CH_3$	24.5
$HC{\equiv}CH$	25
$CH_3C{\equiv}N$	25
$CHCl_3$	25
$CH_3CON(CH_3)_2$	30
H_2	35
NH_3	38
CH_3NH_2	40
$C_6H_5CH_2-H$	41
C_6H_5-H	43
$CH_2{=}CHCH_3$	43
$CH_2{=}CH_2$	44
C_3H_5-H	46
CH_4	50
CH_3CH_3	50

부록

D

명명법

Nomenclature

명명법의 기본 원리는 이 교재의 본문에 나와 있지만, 많은 복잡한 유기 화합물을 명명하기 위해서는 종종 추가적인 정보가 필요하다. 부록 D에서는 세 주제를 집중적으로 다루고자 한다.

- **가지 있는 알킬 치환기 명명하기**
- **다작용기 화합물 명명하기**
- **두고리 화합물 명명하기**

가지 있는 알킬 치환기 명명하기

탄소 수가 무엇이든지 가지가 없는 알킬기는 4.4A절에 나와 있는 것처럼, 어미 알케인의 *-ane*을 접미사 *-yl*로 바꿔 명명한다. 따라서 탄소가 7개인 알킬기 $CH_3CH_2CH_2CH_2CH_2CH_2CH_2-$는 *heptyl*이라고 한다.

알킬기에 가지가 있다면, 단계별 과정을 따른다.

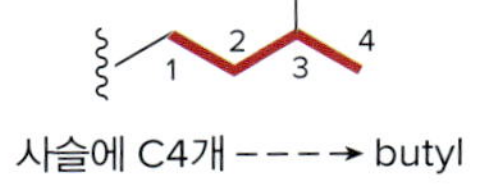

[1] 어미에 연결되어 있는 탄소에서 시작하는 알킬기의 가장 긴 사슬을 찾는다. 이 연결된 탄소에서 번호를 시작하고, 알킬기는 접미사 *-yl*을 사용하여 명명한다.

[2] 주 알킬 사슬에서 뻗어 나온 가지를 모두 명명하고, 가지의 위치는 단계 [1]에서 정한 번호를 사용하여 나타낸다.

C3에 methyl

1 2 3 4

3-methylbutyl

C1과 C3에 methyl

1 2 3 4 5

1,3-dimethylpentyl

[3] 치환기의 모든 이름을 괄호로 묶고, 치환기 이름은 그 완전한 이름의 첫 문자의 알파벳 순서로 배열한다.

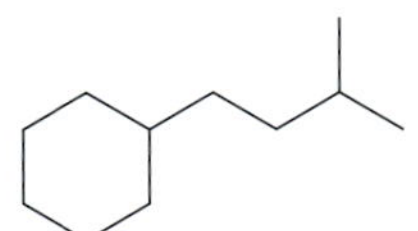

(3-methylbutyl)cyclohexane

1 2

1-(1,3-dimethylpentyl)-2-methylcyclohexane

- 알파벳 순서에서 **d**imethylpentyl의 **d**가 **m**ethyl의 **m**보다 빠르다.
- 알파벳 순서가 빠른 첫 번째 치환기에 더 낮은 번호를 매긴다. 즉 dimethylpentyl기가 C1이다.

다작용기 화합물 명명하기

많은 유기 화합물에는 작용기가 두 개 이상 들어 있다. 이러한 작용기가 할로(X)나 알콕시(RO-)이면, 이들 기는 7.2절과 9.3B절에서 언급한 대로 치환기로서 명명한다. 다른 다작용기 화합물을 명명하기 위해서는 어느 작용기가 명명법 규칙에서 우선순위가 더 높은지를 알아야 한다. 두 단계가 흔히 필요하다.

[1] **우선순위가 가장 높은 기의 접미사를 사용하여 화합물을 명명하고**, 다른 작용기는 **치환기**로 명명한다. 표 D.1에 우선순위가 감소하는 순서로 흔한 작용기와 작용기를 치환기로 명명하였을 때 사용하는 접두사를 수록하였다.

[2] 탄소 사슬은 접미사로서 명명하는 우선순위가 가장 높은 작용기에 가장 작은 번호가 매겨지는 방향으로 번호를 매긴 후 명명법의 다른 규칙을 따른다. 예는 그림 D.1에 나와 있다.

표 D.1 작용기 명의 요약

작용기 (↑ 우선순위 증가)	접미사	치환기 이름(접두사)
카복실산	-오산(-oic acid)	카복시(carboxy)
에스터	-오에이트(-oate)	알콕시카보닐(alkoxycarbonyl)
아마이드	-아마이드(-amide)	아미도(amido)
나이트릴	-나이트릴(-nitrile)	사이아노(cyano)
알데하이드	-알(-al)	옥소(=O) 혹은 폼일(−CHO)
케톤	-온(-one)	옥소(oxo)
알코올	-올(-ol)	하이드록시(hydroxy)
아민	-아민(-amine)	아미노(amino)
알켄	-엔(-ene)	알켄일(alkenyl)
알카인	-아인(-yne)	알카인일(alkynyl)
알케인	-에인(-ane)	알킬(alkyl)
에터	—	알콕시(alkoxy)
할로젠화물	—	할로(halo)

그림 D.1
다작용기 화합물 명명의 예

가장 높은 우선순위

3-amino-2-hydroxybutanal

CHO가 가장 우선순위가 높은 작용기이므로 **알데하이드**의 유도체로 명명한다.

더 높은 우선순위

o-cyanobenzoic acid

COOH가 우선순위가 더 높은 작용기이므로 **benzoic acid**의 유도체로 명명한다.

더 높은 우선순위

methyl 4-oxohexanoate

COOR이 우선순위가 더 높은 작용기이므로 **에스터**의 유도체로 명명한다.

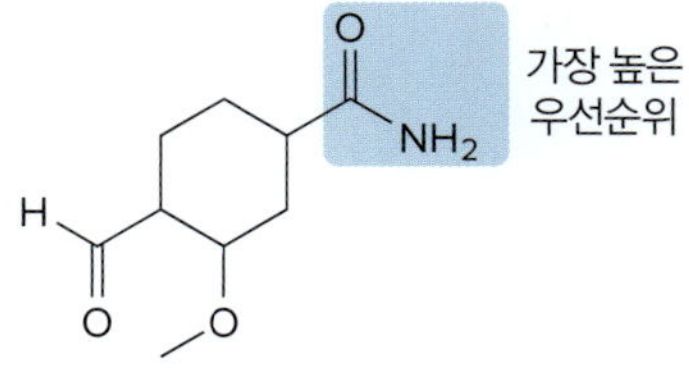

4-formyl-3-methoxycyclohexanecarboxamide

$CONH_2$가 가장 우선순위가 높은 작용기이므로 **아마이드**의 유도체로 명명한다.

C−C 이중 결합과 삼중 결합이 있는 다작용기 화합물은 표 D.2에 나와 있듯이, 이러한 결합을 나타내기 위하여 특이한 접두사를 사용한다. 우선순위가 더 높은 작용기에 더 낮은 번호를 부여한다.

표 D.2 C−C 이중 결합과 삼중 결합이 있는 다작용기 화합물의 명명

작용기	접두사	예
C=C와 OH	엔올(enol)	5-methylhex-4-en-1-ol
C=C + C=O(케톤)	엔온(enone)	(*E*)-hept-4-en-3-one
C=C + C≡C	엔아인(enyne)	hex-1-en-5-yne

두고리 화합물 명명하기

하나 혹은 두 탄소 원자를 공유하는 두고리 화합물은 다리걸친 고리, 접합 고리, 또는 스파이로 고리일 수 있다.

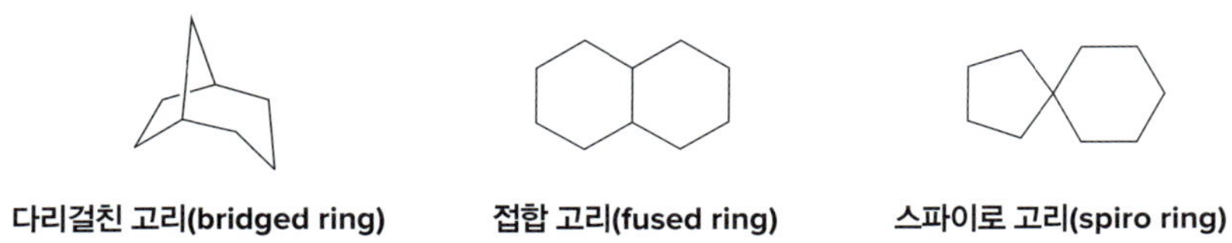

- 다리걸친 고리는 **인접하지 않은** 탄소를 공유하는 두 고리이다.
- 접합 고리는 **공통** 탄소−탄소 결합을 공유하는 두 고리이다.
- 스파이로 고리는 **탄소 원자 하나**를 공유하는 두 고리이다.

접합 고리와 다리걸친 고리는 bicyclo[*x*.*y*.*z*]alkane으로 명명한다. 어미 알케인은 두고리의 전체 탄소 수이고 숫자 *x*, *y*, *z*는 공유된 탄소를 서로 연결하는 탄소 수이며, 숫자가 감소하는 순서로 적는다. 접합 고리의 경우에는, 두 공유된 탄소가 직접 연결되어 있기 때문에 *z*는 항상 0이다. 다리걸친 고리에서 공유된 탄소를 **다리목 탄소(brigehead carbon)**라고 한다.

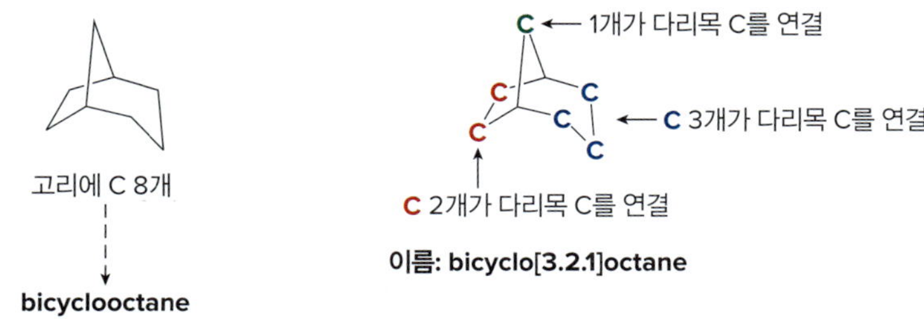

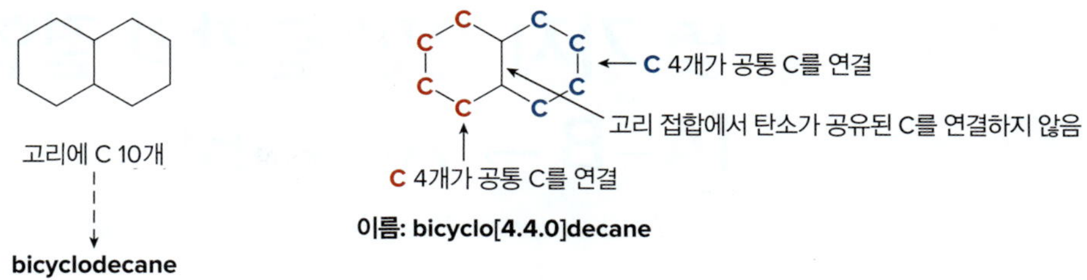

공유된 탄소에서 시작하여 먼저 가장 긴 다리를 돈 후, 다음으로 긴 다리를 도는 식으로 **고리에 번호를 매긴다.**

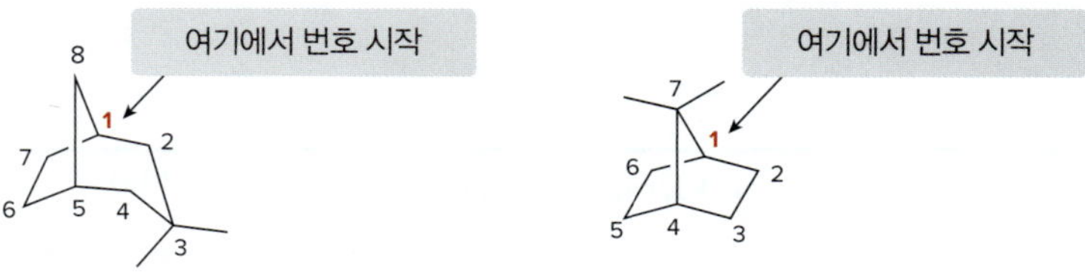

3,3-dimethylbicyclo[3.2.1]octane   7,7-dimethylbicyclo[2.2.1]heptane

스파이로 고리는 spiro[x.y]alkane으로 명명한다. 어미 알케인은 두 고리의 전체 탄소 수이고 숫자 *x*, *y*, *z*는 공유된 탄소(스파이로 탄소)를 서로 연결하는 탄소 수이며, 숫자가 증가하는 순서로 적는다. 치환기가 있으면 더 작은 고리의 스파이로 탄소의 바로 옆에 있는 탄소에서 시작하여 번호를 매긴다.

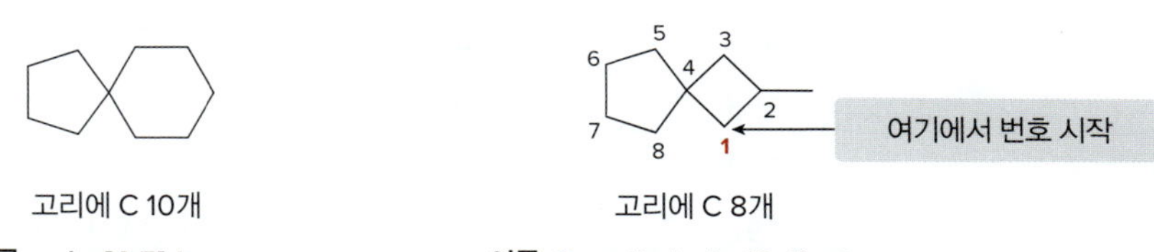

고리에 C 10개
이름: spiro[4.5]decane

고리에 C 8개
이름: 2-methylspiro[3.4]octane

부록

몇 가지 흔한 결합의 결합 해리 에너지 [A—B → A• + •B]

Bond Dissociation Energies for Some Common Bonds [A—B → A• + •B]

결합	$\Delta H°$ kJ/mol	(kcal/mol)
H—Z 결합		
H—F	569	(136)
H—Cl	431	(103)
H—Br	368	(88)
H—I	297	(71)
H—OH	498	(119)
Z—Z 결합		
H—H	435	(104)
F—F	159	(38)
Cl—Cl	242	(58)
Br—Br	192	(46)
I—I	151	(36)
HO—OH	213	(51)
R—H 결합		
CH_3—H	435	(104)
CH_3CH_2—H	410	(98)
$CH_3CH_2CH_2$—H	410	(98)
$(CH_3)_2CH$—H	397	(95)
$(CH_3)_3C$—H	381	(91)
CH_2=CH—H	435	(104)
HC≡C—H	523	(125)
CH_2=$CHCH_2$—H	364	(87)
C_6H_5—H	460	(110)
$C_6H_5CH_2$—H	356	(85)
R—R 결합		
CH_3—CH_3	368	(88)
CH_3—CH_2CH_3	356	(85)
CH_3—CH=CH_2	385	(92)
CH_3—C≡CH	489	(117)

결합	$\Delta H°$ kJ/mol	(kcal/mol)
R—X 결합		
CH_3—F	456	(109)
CH_3—Cl	351	(84)
CH_3—Br	293	(70)
CH_3—I	234	(56)
CH_3CH_2—F	448	(107)
CH_3CH_2—Cl	339	(81)
CH_3CH_2—Br	285	(68)
CH_3CH_2—I	222	(53)
$(CH_3)_2CH$—F	444	(106)
$(CH_3)_2CH$—Cl	335	(80)
$(CH_3)_2CH$—Br	285	(68)
$(CH_3)_2CH$—I	222	(53)
$(CH_3)_3C$—F	444	(106)
$(CH_3)_3C$—Cl	331	(79)
$(CH_3)_3C$—Br	272	(65)
$(CH_3)_3C$—I	209	(50)
R—OH 결합		
CH_3—OH	389	(93)
CH_3CH_2—OH	393	(94)
$CH_3CH_2CH_2$—OH	385	(92)
$(CH_3)_2CH$—OH	401	(96)
$(CH_3)_3C$—OH	401	(96)
다른 결합		
CH_2=CH_2	635	(152)
HC≡CH	837	(200)
O=C=O	535	(128)
O_2	497	(119)

부록

탄소–탄소 결합을 생성하는 반응

Reactions That FormCarbon–Carbon Bonds

절	반응
11.11A	할로젠화 알킬과 아세틸렌화 음이온과의 S_N2 반응
11.11B	아세틸렌화 음이온, $^{-}C\equiv CR$을 이용한 에폭사이드의 고리 열림
13.14	알켄의 라디칼 중합
14.12	Diels–Alder 반응
16.5	Friedel–Crafts 알킬화 반응
16.5	Friedel–Crafts 아실화 반응
17.10	알데하이드나 케톤과 Grignard 또는 유기리튬 시약과의 반응
17.13	산 염화물과 Grignard 또는 유기리튬 시약과의 반응
17.13	에스터와 Grignard 또는 유기리튬 시약과의 반응
17.13B	산 염화물과 유기구리 시약과의 반응
17.14A	Grignard 시약과 CO_2와의 반응
17.14B	에폭사이드와 유기금속 시약과의 반응
17.15	α,β-불포화 화합물과 유기구리 시약과의 반응
18.8	사이아노하이드린 생성
18.9	알켄을 생성하는 Wittig 반응
19.12	할로젠화 알킬과 NaCN와의 S_N2 반응
19.12C	나이트릴과 Grignard 또는 유기리튬 시약과의 반응
21.8	LDA와 할로젠화 알킬을 이용하는 직접 엔올 음이온의 알킬화 반응
21.9	카복실산을 생성하는 말론산 에스터 합성
21.10	케톤을 생성하는 아세토아세트산 에스터 합성
22.1	β-하이드록시 카보닐 화합물 또는 an α,β-불포화 카보닐 화합물을 생성하는 알돌 반응
22.2	교차 알돌 반응
22.3	지정 알돌 반응
22.5	β-케토 에스터를 생성하는 Claisen 반응
22.6	β-다이카보닐 화합물을 생성하는 교차 Claisen 반응
22.7	오원자- 또는 육원자 고리를 생성하는 Dieckmann 반응
22.8	1,5-다이카보닐 화합물을 생성하는 Michael 반응
22.9	cyclohex-2-enone을 생성하는 Robinson 고리화 반응
23.13	다이조늄 염과 CuCN와의 반응
24.1	유기구리 시약(R_2CuLi)과 유기 할로젠화물(R'X)과의 짝지음
24.2	유기 할로젠화물과 유기보렌인과의 팔라듐 촉매화 Suzuki 반응
24.3	할로젠화 바이닐 또는 아릴과 알켄과의 팔라듐 촉매화 Heck 반응
24.4	organostannane과 유기 할로젠화물의 팔라듐 촉매화 Stille 짝지음
24.5	알켄에 대한 다이할로케벤의 첨가로 사이클로프로페인을 생성하는 반응
24.6	CH_2I_2과 Zn(Cu)을 이용하는 알켄의 Simmons–Smith 반응으로 사이클로프로페인을 생성하는 반응
24.7	올레핀 상호 교환 반응
25.3	전자 고리화 반응
25.4	고리 첨가 반응
25.5	시그마 결합 자리 옮김
26.9B	알도스의 Kiliani–Fischer 합성
31.2	사슬–성장 중합
31.4	Ziegler–Natta 촉매를 이용하는 중합

부록

특징적인 IR 흡수 진동수

Characteristic IR Absorption Frequencies

결합	작용기	파수(cm^{-1})	비고
O−H			
	• ROH	3600−3200	폭이 넓고 강함
	• RCO_2H	3500−2500	매우 폭이 넓고 강함
N−H			
	• RNH_2	3500−3300	두 피크
	• R_2NH	3500−3300	한 피크
	• $RCONH_2$, RCONHR	3400−3200	하나나 두 피크, N−H 굽힘이 또한 1640 cm^{-1}에서 나타남
C−H			
	• C_{sp}−H	3300	날카롭고, 종종 강함
	• C_{sp^2}−H	3150−3000	중간
	• C_{sp^3}−H	3000−2850	강함ㅋ
	• RCHO의 C_{sp^2}−H	2830−2700	하나나 두 피크
C≡C		2250	중간
C≡N		2250	중간
C=O			강함
	• RCOCl	1800	
	• $(RCO)_2O$	1800, 1760	두 피크
	• RCO_2R	1745−1735	고리 크기가 감소함에 따라 $\tilde{\nu}$ 증가
	• RCHO	1730	
	• R_2CO	1715	고리 크기가 감소함에 따라 $\tilde{\nu}$ 증가
	• R_2CO, 콘쥬게이션	1680	
	• RCO_2H	1710	
	• $RCONH_2$, RCONHR, $RCONR_2$	1680−1630	고리 크기가 감소함에 따라 $\tilde{\nu}$ 증가
C=C			
	• 알켄	1650	중간
	• 아렌	1600, 1500	중간
C=N		1650	중간

부록

특징적인 NMR 흡수

Characteristic NMR Absorptions

^{1}H NMR 흡수

화합물 종류	화학적 이동 (ppm)	화합물 종류	화학적 이동 (ppm)
알코올		**아마이드**	
R–O–**H**	1–5	R–C(=O)–N(–)–**H**	7.5–8.5
HO–C–**H**	3.4–4.0		
알데하이드		**아민**	
R–C(=O)–**H**	9–10	R–N(–)–**H**	0.5–5.0
		NR_2–C–**H**	2.3–3.0
알케인	0.9–2.0	**방향족 화합물**	
RCH_3	~0.9	Ar–**H** sp^2 C–H	6.5–8
R_2CH_2	~1.3	Ar–C–**H** 벤질성 sp^3 C–H	1.5–2.5
R_3CH	~1.7		
알켄		**카보닐 화합물**	
C=C–**H** sp^2 C–H	4.5–6.0	R–C(=O)–C–**H** α 탄소에 있는 sp^3 C–H	2.0–2.5
C=C–C–**H** 알릴성 sp^3 C–H	1.5–2.5		
할로젠화 알킬		**카복실산**	
F–C–**H**	4.0–4.5	R–C(=O)–O**H**	10–12
Cl–C–**H**	3.0–4.0	**에터**	
Br–C–**H**	2.7–4.0	RO–C–**H**	3.4–4.0
I–C–**H**	2.2–4.0		
알카인	~2.5		
C≡C–**H**			

^{13}C NMR 흡수

탄소 종류	구조	화학적 이동(ppm)
알킬, sp^3 혼성 C		5–45
알킬, N, O 또는 X에 결합된 sp^3 혼성 C	Z = N, O, X	30–80
알카인일, sp 혼성 C	—C≡C—	65–100
알켄일, sp^2 혼성 C	C=C	100–140
아릴, sp^2 혼성 C		120–150
카보닐 C		160–210

부록

유기 반응의 일반 종류

General Types of Organic Reactions

치환 반응

[1] sp^3 혼성 탄소 원자에서의 친핵성 치환

a. 할로젠화 알킬(7장) R−X + :Nu⁻ (친핵체) ⟶ R−Nu + X:⁻

b. 알코올(9.11절) R−OH + HX ⟶ R−X + H_2O

c. 에터(9.14절) R−OR' + HX ⟶ R−X + R'−X + H_2O

X = Br 또는 I

d. 에폭사이드(9.16절) 에폭사이드 ⟶ ([1] :Nu⁻ [2] H_2O 또는 HZ; Nu 또는 Z = 친핵체) OH, Nu (Z)

[2] sp^2 혼성 탄소 원자에서의 친핵성 아실 치환

카복실산과 그 유도체(20장) RCOZ + :Nu⁻ (친핵체) ⟶ RCONu + :Z⁻

Z = OH, Cl, OCOR, OR', NR'_2

[3] sp^3 혼성 C-H 결합에서의 라디칼 치환

알케인(13.3절) R−H + X_2 ⟶ ($h\nu$ 또는 Δ) R−X + HX

[4] 친전자성 방향족 치환

방향족 화합물(16장) C₆H₅−H + E^+ (친전자체) ⟶ C₆H₅−E + H^+

[5] 친핵성 방향족 치환

방향족 화합물(16장) A−C₆H₄−X + :Nu⁻ (친핵체) ⟶ A−C₆H₄−Nu + X^-

X = F, Cl, Br, I
A = H 또는 전자 끄는 기

제거 반응

sp^3 혼성 탄소 원자에서의 β 제거

a. 할로젠화 알킬(8장)

H, X + :B 염기 ⟶ 새로운 π 결합 + H−B^+ + $X:^-$

b. 알코올(9.8절)

H, OH ⟶(HA) 새로운 π 결합 + H_2O

첨가 반응

[1] 탄소−탄소 다중 결합에 대한 친전자성 첨가

a. 알켄(10장)

\+ X−Y ⟶ X, Y

b. 알카인(11.6절)

\+ X−Y ⟶ X, Y, X, Y

[2] 탄소−산소 다중 결합에 대한 친핵성 첨가

알데하이드와 케톤(8장)

O, R, R' + $:Nu^-$ 친핵체 ⟶ ⟶(H_2O) H, O, R, R', Nu

R' = H 또는 알킬

부록 J

특정 작용기의 합성법

How to Synthesize Particular Functional Groups

나이트릴

- 할로젠화 알킬과 NaCN과의 S_N2 반응(7.18, 19.12)
- 아릴 다이아조늄염과 CuCN 사이의 반응(23.13A)

사이아노하이드린

- 알데하이드 또는 케톤에 대한 HCN 첨가(18.8)

산 무수물

- 산 염화물과 카복실산 음이온 사이의 반응(20.7)
- 다이카복실산의 탈수(20.9)

산 염화물

- 카복실산과 thionyl chloride와의 반응(20.9)

싸이올

- 할로젠화 알킬과 ^{-}SH 사이의 반응(9.15)

아마이드

- 산 염화물과 NH_3 또는 아민과의 반응(20.7)
- 산 무수물과 NH_3 또는 아민과의 반응(20.8)
- 카복실산과 NH_3, 아민과 DCC와의 반응(20.9)
- 에스터와 NH_3 또는 아민과의 반응(20.10)

아미노산

- 카이랄 촉매를 사용하는 거울상 선택성 수소화 반응(27.3)

아민

- 친핵성 방향족 치환(16.13)
- 나이트로기의 환원(16.14D)
- 아마이드의 $LiAlH_4$ 환원(17.7B)
- 나이트릴의 환원(19.12B)
- NH_3 또는 아민을 이용하는 S_N2 반응(23.6A)
- Gabriel 합성(23.6A)
- 알데하이드 또는 케톤의 환원성 아미노화 반응(23.6C)

아세탈

- 알데하이드 또는 케톤과 2당량의 알코올과의 반응(18.13)

알데하이드

- 말단 알카인 수소화붕소 첨가–산화(11.10)
- O_3와 연이은 Zn or $(CH_3)_2S$을 이용하는 알켄의 산화적 절단(12.10)
- 1° 알코올의 PCC 산화(12.12)
- 1° 알코올의 $HCrO_4^-$, Amberlyst A-26 수지 산화(12.13)
- 산 염화물의 $LiAlH[OC(CH_3)_3]_3$ 환원(17.7)
- 에스터의 DIBAL-H 환원(17.7)
- 아세탈의 가수 분해(18.13B)
- 이민 또는 엔아민의 가수 분해(18.11B)
- 나이트릴의 환원(19.12B)

알카인

- 염기를 이용하는 다이할로젠화 알킬의 할로젠화수소 이탈 반응(11.5)
- 아세틸렌화 음이온, $^-C{\equiv}CR$을 이용하는 할로젠화 알킬의 S_N2 반응(11.11)

알케인

- H_2 + Pd-C 촉매에 의한 알켄의 수소화 반응(12.3)
- 2당량의 H_2 + Pd-C을 이용하는 알카인의 촉매 수소화 반응(12.5A)
- 할로젠화 알킬의 $LiAlH_4$ 환원(12.6)
- 케톤의 메틸렌기로의 환원(CH_2)—Wolff–Kishner 또는 Clemmensen 반응(16.14C)
- H_2O, ROH, 또는 산에 의한 유기금속 시약의 양성자 첨가(17.9)
- 유기구리 시약(R_2CuLi)과 할로젠화 알킬 R'X의 짝지음(24.1)
- CH_2I_2과 Zn(Cu)을 이용하는 알켄의 Simmons–Smith 반응으로 사이클로프로페인을 생성하는 반응(24.5)

알켄

- 염기에 의한 할로젠화 알킬의 할로젠화수소 이탈 반응(8.3)
- 산을 이용하는 알코올의 탈수(9.8)
- $POCl_3$ 및 피리딘을 이용하는 알코올의 탈수(9.10)
- 염기에 의한 알킬 토실레이드의 β 제거(9.13)
- H_2 + Lindlar 촉매를 이용하는 알카인의 촉매 수소화 반응으로 시스 알켄을 생성하는 반응(12.5B)
- Na, NH_3을 이용하는 알카인의 용해 금속 환원으로 트랜스 알켄을 생성하는 반응(12.5C)
- Wittig 반응(18.9)
- Li_2CO_3, LiBr, 그리고 DMF 조건에서 α-할로 카보닐 화합물의 β 제거(21.7C)
- 아민의 Hofmann 제거(23.11)
- 유기구리 시약(R_2CuLi)과 유기 할로젠화물 R'X의 짝지음(24.1)
- 바이닐- 또는 아릴보렌인과 할로젠화 바이닐 또는 아릴의 팔라듐 촉매화 Suzuki 반응(24.2)
- 할로젠화 바이닐 또는 아릴의 알켄의 팔라듐 촉매화 Heck 반응(24.3)
- organostannane과 유기 할로젠화물의 팔라듐 촉매화 Stille 짝지음(24.4)
- 올레핀 상호교환 반응(24.7)

알코올

- ^{-}OH 또는 H_2O를 이용한 할로젠화 알킬의 친핵성 치환(9.6)
- 알켄의 수화 반응(10.12)
- 알켄의 수소화붕소 첨가-산화(10.16)
- 에폭사이드의 $LiAlH_4$ 환원(12.6)
- 알데하이드 또는 케톤의 환원(17.4)
- H_2 + Pd-C를 이용하는 α,β-불포화 카보닐 화합물의 수소화 반응(17.4C)
- 카이랄 CBS 시약을 이용하는 알데하이드 또는 케톤의 거울상 선택성 환원(17.6)
- 산 염화물의 $LiAlH_4$ 환원(17.7)
- 에스터의 $LiAlH_4$ 환원(17.7)
- 카복실산의 $LiAlH_4$ 환원(17.7)
- Grignard 또는 유기리튬 시약을 이용하는 알데하이드 또는 케톤의 반응(17.10)
- 산 염화물과 Grignard 또는 유기리튬 시약과의 반응(17.13)
- 에스터와 Grignard 또는 유기리튬 시약과의 반응(17.13)
- 유기금속 시약과 에폭사이드의 반응(17.14B)

에스터

- 할로젠화 알킬과 카복실산 음이온, RCO_2^- 사이의 S_N2 반응(7.18)
- 염화물과 알코올의 반응(20.7)
- 산 무수물과 알코올의 반응(20.8)
- 카복실산과 알코올의 Fischer 에스터화 반응(20.9)

에터

- Williamson 에터 합성—할로젠화 알킬과 알콕사이드, ^{-}OR 사이의 S_N2 반응(9.6)
- 알킬 토실레이트와 알콕사이드, ^{-}OR 사이의 반응(9.13)
- 산 존재하에서 알켄에 대한 알코올의 첨가(10.12)
- 폴리에터를 생성하는 에폭사이드의 음이온성 중합(31.3)

에폭사이드

- 염기를 이용하는 할로하이드린의 분자내 S_N2 반응(9.6)
- 알켄의 mCPBA 에폭시화(12.8)
- Sharpless 시약을 이용하는 알릴성 알코올의 거울상 선택성 산화(12.15)

엔아민

- 알데하이드 또는 케톤과 2° 아민 사이의 반응(18.11)

이민

- 알데하이드 또는 케톤과 1° 아민의 반응(18.10)

카복실산

- 오존을 이용하는 알카인의 산화적 절단(12.11)
- CrO_3(또는 비슷한 Cr^{6+} 시약), H_2O, H_2SO_4을 이용하는 1° 알코올의 산화(12.12B)
- 알킬 벤젠의 $KMnO_4$ 산화(16.14B)
- 알데하이드의 산화(17.8)
- Grignard 시약과 CO_2 사이의 반응(17.14A)

- 사이아노하이드린의 가수 분해(18.8)
- 나이트릴의 가수 분해(19.12A)
- 산 염화물의 가수 분해(20.7)
- 산 무수물의 가수 분해(20.8)
- 에스터의 가수 분해(20.10)
- 아마이드의 가수 분해(20.12)
- 말론산 에스터 합성(21.9)

케톤

- H_2O, H_2SO_4 및 $HgSO_4$을 이용하는 알카인의 수화(11.9)
- O_3와 연이은 Zn 또는 $(CH_3)_2S$을 이용하는 알켄의 산화적 절단(12.10)
- Cr^{6+} 시약을 이용하는 2° 알코올의 산화(12.12, 12.13)
- Friedel–Crafts 아실화(16.5)
- 산 염화물과 유기구리 시약과의 반응(17.13)
- 이민 또는 엔아민의 가수 분해(18.11B)
- 아세탈의 가수 분해(18.13B)
- 나이트릴과 Grignard 또는 유기리튬 시약과의 반응(19.12C)
- 아세토아세트산 에스터 합성(21.10)

페놀

- 아릴 다이아조늄염과 H_2O 사이의 반응(23.13A)
- 친핵성 방향족 치환(16.13)

할로젠화 아릴

- $X_2 + FeX_3$을 이용하는 벤젠의 할로젠화 반응(16.3)
- 다이아조늄 염과 CuCl, CuBr, HBF_4, NaI, 또는 KI 사이의 반응(23.13A)

할로젠화 알킬

- 알코올과 HX의 반응(9.11)
- 알코올과 $SOCl_2$ 또는 PBr_3의 반응(9.12)
- HBr 또는 HI에 의한 에터의 절단(9.14)
- HX를 이용하는 알켄의 할로젠화 수소 첨가 반응(10.9)
- X_2를 이용하는 알켄의 할로젠화 반응(10.13)
- 두 당량의 HX를 이용하는 알카인의 할로젠화 수소 첨가 반응(11.7)
- 두 당량의 X_2를 이용하는 알카인의 할로젠 첨가 반응(11.8)
- 알케인의 라디칼 할로젠화 반응(13.3)
- 알릴성 탄소에서의 라디칼 할로젠화 반응(13.10)
- 알켄에 대한 HBr의 라디칼 첨가(13.13)
- 1,3-다이엔에 대한 HX의 친전자성 첨가(14.10)
- 알킬 벤젠의 라디칼 할로젠화 반응(16.14A)
- 카보닐기의 α 위치에서의 할로젠화 반응(21.7)
- 알켄에 대한 다이할로카벤의 첨가로 다이할로사이클로프로페인이 생성되는 반응(24.5)

할로하이드린

- 에폭사이드와 HX의 반응(9.16)

- 알켄에 대한 X와 OH 첨가(10.15)

황화물

- 할로젠화 알킬과 ¯SR 사이의 반응(9.15)

1,2-다이올

- 과산소산과의 반응과 연이은 ¯OH 또는 H_2O에 의한 고리 열림으로 일어나는 알켄의 안티 다이하이드록화(12.9A)
- $KMnO_4$ 또는 OsO_4을 이용하는 알켄의 신 다이하이드록화(12.9B)

용어 사전

Glossary

ㄱ

가려진 형태(4.8절): 한 탄소의 결합이 인접한 탄소의 결합과 직접 정렬되는 분자의 형태.

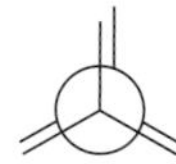

가소제(31.7절): 고분자에 유연성을 부여하기 위하여 첨가되는 저분자량 화합물.

가수 분해(18.8A절): 물과의 절단 반응.

가수 분해 효소(27.10절): 에스터, 아마이드 또는 다른 작용기의 가수 분해를 촉매하는 효소.

가스 크로마토그래피(A.4B절): 끓는점과 증기가 컬럼을 통과하는 속도를 기준으로 혼합물의 구성 요소를 분리하는 분석 기술.

가오존 분해(12.10절): 다중 결합이 산화제인 오존(O_3)과 반응하는 산화적 절단 반응.

가지달린 사슬 알케인(4.1A절): 어미 탄소 사슬에 알킬 치환기가 결합된 비고리형 알케인.

각무리(4.10): sp^3 혼성 원자의 결합 각도가 최적의 사면체 각도인 109.5°에서 벗어날 때 발생하는 분자 에너지의 증가.

각진(angular) 메틸기(29.8A절): 스테로이드 골격의 두 접합 고리의 고리 접합부에 위치한 메틸기.

같은자리 이할로젠화물(8.10절): 동일한 탄소 원자에 두 개의 할로젠 원자가 있는 화합물.

개시(13.4A절): 결합 절단에 의해 반응성 중간체를 생성하는 사슬 메커니즘의 초기 단계.

거울상 선택성 반응(12.15, 17.6A, 22.2C, 27.3절): 주로 또는 독점적으로 하나의 거울상 이성질체를 생성하는 반응. 거울상 선택적 반응은 비대칭 반응이라고도 한다.

거울상 이성질성 양성자(C.2C절): 같은 탄소에 있는 두 수소 원자를 각각 Z기로 치환하였을 때 거울상 이성질체가 생기는 두 수소 원자. 두 수소 원자는 동일하며 단일 NMR 신호를 제공한다.

거울상 이성질체(5.3절): 거울상이지만 서로 겹쳐질 수 없는 입체 이성질체. 거울상 이성질체는 모든 입체 발생 중심에서 *R,S* 지정이 정반대이다.

거울상 이성질체 초과(5.12D절): 하나의 거울상 이성질체가 라셈 혼합물을 초과하여 얼마나 많이 존재하는지를 측정한 값. 거울상 이성질체 초과(*ee*)는 광학적 순도라고도 한다. *ee* = 한 거울상 이성질체의 % − 다른 거울상 이성질체의 %.

게스트 분자(9.5B절): 더 큰 호스트 분자에 결합할 수 있는 작은 분자.

결합(1.2절): 두 원자가 안정적인 배열로 결합하는 것. 결합은 에너지를 낮추고 안정성을 높이는 유리한 과정이다.

결합 길이(1.7A절): 결합된 두 핵의 중심 사이의 평균 거리. 결합 길이는 피코미터(pm)로 보고된다.

결합 상수(C.6A절): 분할된 NMR 신호의 피크 간 주파수 차이(Hz 단위로 측정).

결합성 분자 오비탈(15.10A절): 위상이 같은 두 원자 오비탈이 겹칠 때 생성되는 저에너지 분자 오비탈.

결합 해리 에너지(6.4절): 공유 결합을 균일하게 분해하는 데 필요한 에너지의 양.

고리 닫힘 상호교환(24.7절): 다이엔 출발물을 사용한 분자내 올레핀 상호교환 반응으로 고리 닫힘이 일어난다.

고리 뒤집기(4.11B절): 사이클로헥세인의 한 의자 형태가 두 번째 의자 형태로 상호 전환되는 단계적 과정.

고리 열림 상호교환 중합(문제 24.44): 특정 고리형 알켄으로부터 고분자량 고분자를 생성하는 올레핀 상호교환 반응.

고리 전류(C.4절): 외부 자기장의 존재로 인해 방향족 고리에서 π 전자의 순환.

고리화 반응(22.9절): 새로운 고리를 생성하는 반응.

고리화 첨가 반응(25.1절): π 결합이 있는 두 화합물 사이의 페리 고리 협동 반응으로 두 개의 새로운 σ 결합이 있는 고리 생성물을 생성한다.

고립 다이엔(14.1A절): 둘 이상의 σ 결합으로 연결된 탄소 이중 결합이 있는 화합물.

고립 전자쌍(1.2절): 공유 결합에서 다른 원자와 공유되지 않는 원자가 전자쌍. 고립 전자쌍은 비공유 또는 비결합 전자쌍이라고도 한다.

고분자(5.1, 13.14절): 반복 패턴으로 서로 공유 결합된 더 작은 단위체 단위로 구성된 큰 분자.

고분해능 질량 분석기(A.4A절): 소수점 4자리 이상까지 질량 대 전하 비율을 측정할 수 있는 질량 분석기. 고해상도 질량 스펙트럼은 화합물의 분자식을 결정하는 데 사용된다.

고쉬 형태(4.9절): 인접한 탄소 원자에 있는 두 개의 큰 기가 60°의 이면각을 이루는 엇갈린 형태.

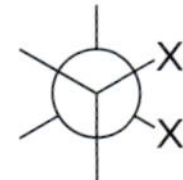

고유 회전(5.12C절): 카이랄 화합물이 평면 편광을 회전시키는 양에 대해 표준화된 물리 상수. 고유 회전은 기호 [α]로 표시되며 시료관 길이[l (dm)], 농도[c (g/mL)], 온도(25°C) 및 파장(589 nm)을 사용하여 정의된다. $[\alpha] = \alpha/(l \times c)$

곧은 사슬 알케인(4.1A절): 모든 탄소가 일렬로 배열되어 있는 비고리형 알케인. 직선형 알케인은 노말 알케인이라고도 한다.

골격 구조(1.8B절): 탄소 원자와 이에 결합된 수소 원자가 생략된 유기 화합물의 구조를 간략하게 표현한 것. 모든 헤테로 원자와 이에 결합된 수소는 그린다. 탄소 원자는 두 선의 교차점이나 선의 끝에 있는 것으로 가정된다.

공명(C.1A절): NMR 분광학에서 원자핵이 RF 방사선을 흡수하고 스핀이 더 높은 에너지 상태로 반전될 때.

공명 구조(1.6, 14.2절): π 결합과 비결합 전자의 위치가 다른 두 개 이상의 분자 구조. 원자와 σ 결합의 위치는 동일하게 유지된다.

공명 혼성(1.6C, 14.4절): 가능한 모든 공명 구조의 가중 복합체 구조. 공명 혼성은 개별 공명에서 전자의 위치가 다르기 때문에 전자 밀도의 비편재화를 보여준다.

공유 결합(1.2절): 두 핵 사이의 전자 공유로 인해 발생하는 결합. 공유 결합은 전자가 2개 있는 결합이다.

공중합체(31.2D절): 2개 또는 그 이상의 다른 고분자를 서로 연결하여 제조한 고분자.

과산화물(13.2절): 일반 구조가 ROOR인 반응성 유기 화합물. 과산화물은 약한 O—O 결합의 균일 분해에 의해 라디칼 개시제로 사용된다.

과산화산(12.7절): 일반 구조가 RCO_3H인 산화제.

과산화수소물(13.11절): 일반 구조가 ROOH인 유기 화합물.

광자(B.1절): 전자기 방사선의 입자.

광학 순도(5.12D절): 라셈 혼합물을 초과하여 하나의 거울상 이성질체가 얼마나 많이 존재하는지를 측정한 값. 광학 순도는 또한 거울상 이성질체 초과(*ee*)라고도 한다. *ee* = 한 거울상 이성질체의 % − 다른 거울상 이성질체의 %.

광학적 비활성(5.12A절): 평면 편광이 화합물 용액을 통과할 때 평면을 회전할 수 없다.

광학 활성(5.12A절): 평면 편광이 화합물 용액을 통과할 때 평면을 회전시킬 수 있다.

교대 배열 고분자(31.4절): 길다란 고분자 사슬 골격의 한쪽에서 다른 쪽으로 치환기가 교대로 치환된 고분자.

교차 알돌 반응(22.2절): 두 개의 반응하는 카보닐 화합물이 서로 다른 알돌 반응. 교차 알돌 반응은 혼합 알돌 반응이라고도 한다.

교차 클라이젠 반응(22.6절): 두 반응 에스터가 서로 다른 클라이젠 반응.

구경꾼 이온(2.1절): 반응에 참여하지 않고 반응에 참여하는 이온과 반대 전하를 띠는 이온. 구경꾼 이온은 상대 이온이라고도 한다.

구조 이성질체(1.4, 4.1A, 5.2절): 분자식은 동일하지만 원자가 서로 연결되는 방식이 다른 두 화합물.

구형 단백질(27.9절): 외부 표면이 친수성이어서 수용성이고 조밀한 모양으로 감겨진 폴리펩타이드 사슬.

굽은 화살표(6.3B절): 전자쌍의 이동을 표시하기 위해 반응 메커니즘에 사용되는 화살표.

굽은 화살표 표기법(1.6A절): 전자쌍의 움직임을 보여주는 표기법. 화살표의 꼬리는 전자쌍에서 시작하고 머리 부분은 전자쌍이 움직이는 곳을 가리킨다.

균일 분해(6.3A절): 결합에 있는 두 원자 사이의 전자를 균등하게 나누어 공유 결합을 끊는 것. 균일 분해는 전하를 띠지 않은 라디칼 중간체를 생성한다.

극성(1.12절): 쌍극자에서 발생하는 특성. 결합의 극성은 화살표의 머리가 쌍극자의 음극 끝을 향하고 꼬리가 쌍극자의 양극 끝에서 이를 통과하는 수직선으로 표시된다. 결합의 극성은 기호 δ+ 및 δ−로 표시할 수도 있다.

극성 결합(1.12절): 두 원자 사이에 전자가 불평등하게 공유되는 공유 결합. 전자의 불평등한 공유는 일반적으로 전기 음성도 값이 ≥ 0.5 단위의 차이인 서로 다른 원자 간의 결합으로 인해 발생한다.

극성 분자(1.13절): 알짜 쌍극자가 있는 분자. 극성 분자에는 쌍극자가 강화되는 하나의 극성 결합 또는 다중 극성 결합이 있다.

극성 비양성자성 용매(7.8C절): O—H 또는 N—H 결합을 포함하지 않기 때문에 분자간 수소 결합이 불가능한 극성 용매.

극성 양성자성 용매(7.8C절): O—H 또는 N—H 결합을 포함하고 있기 때문에 분자간 수소 결합이 가능한 극성 용매.

글라이콜(9.3A절): 2개의 하이드록시기가 있는 화합물. 글라이콜은 다이올이라고도 한다.

글리코사이드(26.6A절): 알콕시기가 아노머 탄소에 결합된 단당류.

글리코사이드 결합(26.10절): 한 단당류의 OH기와 두 번째 단당류의 아노머 탄소 사이에 생성된 아세탈 결합.

글리코시다아제(26.11B절): 글리코사이드 결합을 가수 분해하는 효소. α-글리코시다제는 α-글리코사이드 결합만을 가수 분해한다.

금속 수소화물 시약(12.2절): 수소에 부분적인 음전하를 부여하고 수소화물 이온($H:^-$)의 공급원으로 작용하는 극성 금속-수소 결합을 포함하는 시약.

기질(6.11절): 효소의 작용에 의해 변형되는 유기 분자.

깃대 수소(4.11B절): "보트"의 양쪽 끝에 있고 서로 근접하게 강제되는 사이클로헥세인의 보트 형태의 수소.

끓는점(3.4A절): 액체 상태의 분자가 기체 상태로 전환되는 온도. 분자간 힘이 강한 분자일수록 끓는점이 더 높다. 끓는점은 bp로 축약된다.

ㄴ

나이트로늄 이온(16.4절): 구조가 $^+NO_2$인 친전자체.

나이트로소늄 이온(23.12절): 구조가 ^+NO인 친전자체.

나이트로화(16.4절): 벤젠이 $^+NO_2$와 반응하여 나이트로벤젠인 $C_6H_5NO_2$를 생성하는 친전자성 방향족 치환 반응.

나이트릴(19.1절, 19.12절): 일반 구조가 RC≡N인 화합물.

낚시바늘(6.3B절): 단일 전자의 이동을 표시하기 위해 반응 메커니즘에 사용되는 머리가 반쪽인 굽은 화살표.

낮은장 이동(C.1B절): NMR 스펙트럼에서 흡수 신호의 상대적 위치를 설명하는 데 사용되는 용어. 낮은장 이동은 신호가 스펙트럼의 왼쪽으로 이동하여 δ 척도에서 더 높은 화학적 이동으로 이동함을 의미한다.

내부 알카인(11.1절): 삼중 결합의 각 끝에 하나의 탄소 원자가 결합된 알카인.

내부 알켄(10.1절): 이중 결합의 양쪽 끝에 각각 하나 이상의 탄소가 결합된 알켄.

내접 다각형 방법(15.11절): 어떤 분자 오비탈이 채워졌거나 비어 있는지 확인하기 위해 고리형, 완전 콘쥬게이션 화합물의 상대 에너지를 예측하는 방법. 내접된 다각형은 Frost 원이라고도 한다.

노말(normal) 알케인(4.1A절): 모든 탄소가 연속적으로 있는 비고리형 알케인. 노말 알케인은 "*n*-알케인" 또는 직선형 알케인이다.

녹는점(3.4B절): 고체상의 분자가 액체상으로 전환되는 온도. 분자간 힘이 더 강하고 대칭성이 높은 분자일수록 녹는점이 더 높다. 녹는점은 mp로 약칭한다.

높은장 이동(C.1B절): NMR 스펙트럼에서 흡수 신호의 상대적 위치를 설명하는 데 사용되는 용어. 높은장 이동은 신호가 스펙트럼에서 오른쪽으로 이동하여 화학적 이동을 낮추는 것을 의미한다.

뉴클레오사이드(28.1A절): 당과 퓨린 또는 피리미딘 염기가 *N*-글리코사이드 결합으로 연결된 생체 분자.

뉴클레오타이드(28.1A절): 당, *N*-글리코사이드 결합으로 연결된 퓨린 또는 피리미딘 염기 그리고 당류 핵의 하이드록시기에 결합된 인산염으로 이루어진 생체 분자.

ㄷ

다당류(26.11절): 글리코사이드 결합으로 연결된 3개 이상의 단당류 단위를 포함하는 탄수화물.

다리걸친 고리계(14.13D절): 두 고리가 인접하지 않은 탄소 원자를 공유하는 두고리계.

다이아조늄염(23.12A절): 일반 구조가 $(R{-}N{\equiv}N)^+Cl^-$인 이온 염.

다이아조화 반응(23.12A절): 1° 알킬아민과 아릴아민을 다이아조늄염으로 전환하는 반응.

다이알킬아마이드(21.3B절): 일반 구조가 R_2N^-인 아마이드 염기.

다이올(9.3A절): 2개의 하이드록시기가 있는 화합물. 다이올은 글라이콜이라고도 한다.

다이터펜(29.7A절): 20개의 탄소와 4개의 아아이소프렌 단위를 포함하는 터펜. 다이터페노이드는 적어도 하나의 산소 원자도 포함한다.

다이펩타이드(27.4절): 하나의 아마이드 결합으로 연결된 두 아미노산.

다이하이드록실화(12.9절): 이중 결합에 두 개의 하이드록실기를 추가하여 1,2-다이올을 생성하는 반응.

다중선(C.6C절): 일곱 피크 이상으로 분할되는 NMR 신호.

단계 성장 고분자(20.15A, 31.1절): 두 개의 작용기를 포함하는 단위체가 물이나 HCl과 같은 작은 분자의 손실과 함께 결합될 때 생성되는 고분자. 단계 성장 고분자는 축합 고분자라고도 한다.

단당류(26.2절): 3~7개의 탄소 원자를 포함하는 단순당.

단백질(20.5B, 27.4절): 아마이드 결합으로 결합된 40개 이상의 아미노산으로 구성된 고분자량 고분자.

단분자 반응(6.9B, 7.9, 7.11A절): 속도 결정 단계에 단 하나의 반응물만 포함되는 반응. 단 하나의 반응물의 농도만 속도 방정식에 나타난다.

단위체(5.1절, 13.14절): 반복 패턴으로 서로 공유 결합(중합)될 수 있는 작은 유기 화합물.

단일 고분자(31.2D절): 단일 단위체로부터 제조된 고분자.

단일선(C.6A절): 단일 피크로 발생하는 NMR 신호.

대사(30.2절): 유기체에서 일어나는 모든 화학 반응의 총합.

대칭교환자리 양성자(C.2C절): 같은 탄소에 있는 두 수소 원자를 각각 Z기로 치환하였을 때 같은 생성물이 생기는 두 수소 원자. 두 수소 원자는 단일 NMR 신호를 제공한다.

대칭면(5.3절): 분자를 반으로 자르는 거울면으로, 분자의 절반이 다른 절반의 거울 반사가 된다.

대칭 무수물(20.1절): 카보닐 탄소 원자에 두 동일한 알킬기가 결합된 무수물.

대칭 에터(9.1절): 두 개의 동일한 알킬기가 산소에 결합된 에터.

데옥시(28.1절): 산소가 없음을 의미하는 접두사.

데옥시리보뉴클레오사이드(28.1절): D-2-데옥시리보스와 특정 아민 헤테로 고리의 반응에 의해 생성된 *N*-글리코사이드.

데옥시리보뉴클레오타이드(28.1절): 데옥시리보스와 *N*-글리코사이드 결합으로 함께 결합된 퓨린 또는 피리미딘 염기, 그리고 당류 핵의 하이드록시기에 결합된 인산염이 있는 DNA 구축 단위.

데옥시리보핵산(DNA, 28.1절): 유기체의 유전 정보를 저장하고 해당 정보를 한 세대에서 다른 세대로 전달하는 핵산.

데칼린(29.8A절): 두 개의 접합된 6원자 고리. **시스**-데칼린은 고리의 같은 쪽에 있는 고리 접합 부분에 수소 원자가 있는 반면, **트랜스**-데칼린은 고리의 반대편에 있는 고리 접합 부분에 수소 원자가 있다.

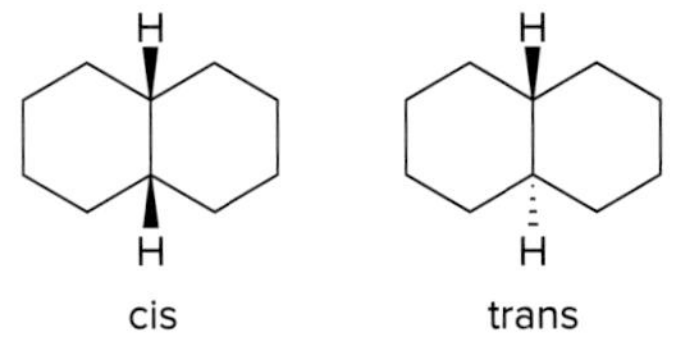

델타(δ) 척도(C.1B절): 테트라메틸실레인(TMS)으로 인한 흡수가 0 ppm에서 발생하는, NMR 분광학에 사용되는 일반적인 화학적 이동 척도.

동위 원소(1.1절): 핵의 양성자 수는 같지만 중성자 수가 다른 동일한 원소의 두 개 이상의 원자. 동위 원소는 원자번호는 같지만 질량 수가 다르다.

동일면 반응(25.4절): π 전자계의 두 끝의 같은 쪽에서 발생하는 고리형 반응.

동일 방향 회전(25.3절): 전자 고리화 고리 닫힘 또는 고리 열림 동안 동일한 방향으로 *p* 오비탈이 회전한다.

동일 배열 고분자(31.4절): 길쭉한 고분자 사슬의 탄소 골격의 같은 쪽에 모든 치환기가 있는 고분자.

동족 계열(4.1B절): 사슬에서 서로 CH_2기만 다른 화합물.

들뜬 상태(1.9B, 14.15A절): 에너지 흡수에 의해 하나 이상의 전자가 고에너지 오비탈로 승격된 고에너지 전자 상태.

등전점(19.11C, 27.1A절): 아미노산이 주로 중성 쯔비터이온 형태로 존재하는 pH. 등전점은 pI로 약칭된다.

ㄹ

라디칼(6.3B, 13.1절): 공유 결합의 균일 분해에 의해 생성된 짝을 이루지 않은 전자가 하나 있는 반응성 중간체.

라디칼 개시제(13.2절): 라디칼의 원천 역할을 하는 특히 약한 결합을 포함하는 화합물.

라디칼 양이온(A.1절): 짝을 이루지 않은 전자와 양전하를 띤 화학종으로, 전자 빔이 분자에 충격을 가하면 질량 분석계에서 생성된다.

라디칼 억제제(13.2절): 라디칼 반응이 발생하는 것을 방지하는 화합물. 라디칼 억제제는 라디칼 포착제라고도 부른다.

라디칼 음이온(12.5C절): 음전하와 짝을 이루지 않은 전자를 모두 포함하는 반응성 중간체.

라디칼 중합(13.14B절): π 결합에 라디칼이 첨가되어 알켄 단위체가 중합되는 라디칼 연쇄 반응.

라디칼 포착제(13.2절): 라디칼 반응이 발생하는 것을 방지하는 화합물. 라디칼 포착제는 라디칼 억제제라고도 한다.

라셈 혼합물(5.12B절): 두 거울상 이성질체의 동일한 혼합물. 라셈체라고도 불리는 라셈 혼합물은 광학적으로 비활성이다.

라셈화(7.11C절): 거울상 이성질체적으로 순수한 출발물로부터 동일한 양의 두 거울상 이성질체를 생성하는 것.

락탐(20.1절): 카보닐 탄소–질소 σ 결합이 고리의 일부인 고리형 아마이드. β-락탐에는 사원자 고리에 탄소–질소 σ 결합이 있다.

락톤(20.1절): 카보닐 탄소–산소 σ 결합이 고리의 일부인 고리형 에스터.

락톨(18.15절): 고리형 헤미아세탈.

레시틴(29.4A절): 포스포다이에스터 알킬기가 $-CH_2CH_2N(CH_3)_3^+$인 포스포아실글리세롤. 레시틴은 포스파티딜콜린이라고도 한다.

레트로바이러스(28.9절): RNA를 포함하는 바이러스.

류코트라이엔(9.17절): 아라키돈산의 산화에 의해 세포에서 합성되는 불안정하고 강력한 생체 분자. 류코트라이엔은 천식과 같은 질병을 일으킨다.

리간드(24.2A절): 금속에 배위 결합된 기로, 금속에 전자 밀도를 제공하거나 때로는 금속에서 전자 밀도를 빼낸다.

리보뉴클레오사이드(28.1절): D-리보스와 특정 아민 헤테로 고리의 반응에 의해 생성된 N-글리코사이드.

리보뉴클레오타이드(28.1절): 리보스, N-글리코사이드 결합으로 연결된 퓨린 또는 피리미딘 염기, 그리고 당류 핵의 하이드록시기에 결합된 인산염으로 이루어진 RNA 구성 요소.

리보핵산(28.1, 28.5절): DNA에 포함된 유전 정보를 모든 세포 기능에 필요한 단백질로 변환하는 핵산. 단백질 합성에는 리보솜 RNA (rRNA), 메신저 RNA (mRNA), 전달 RNA (tRNA)의 세 가지 유형의 RNA가 관여한다.

ㅁ

말단 알카인(11.1절): 탄소 사슬 끝에 삼중 결합이 있는 알카인.

말단 알켄(10.1절): 탄소 사슬의 끝에 이중 결합이 있는 알켄.

말론산 에스터 합성(21.9A절): 말론산 다이에틸을 α 탄소에 결합된 1개 또는 2개의 탄소인 카복실산으로 전환하는 단계적 방법.

머리–꼬리 중합(13.14B절): 성장하는 고분자 사슬의 더 많이 치환된 라디칼이 항상 새로운 단위체의 덜 치환된 말단에 추가되는 라디칼 중합 메커니즘.

머무름 시간(A.4B절): 혼합물의 성분이 크로마토그래피 컬럼을 통과하는 데 필요한 시간.

메가헤르츠(C.1A절): NMR 분광학에서 RF 방사선의 주파수에 사용되는 단위. 메가헤르츠는 MHz로 축약된다. 1 MHz = 10^6 Hz.

메소 화합물(5.8절): 두 개 이상의 사면체 입체 발생 중심을 포함하는 비카이랄 화합물.

메타 이성질체(15.3B절): 1,3-이중 치환된 벤젠 고리. 메타 치환은 m-로 축약된다.

메타 지향기(16.7절): 친전자성 방향족 치환 중에 새로운 기를 메타 위치로 유도하는 벤젠 고리의 치환기.

메틸렌기(4.1B절, 10.3C절): 탄소 사슬($-CH_2-$) 또는 이중 결합 ($CH_2=$)의 일부에 결합된 CH_2기.

메틸화(7.15절): CH_3기가 한 화합물에서 다른 화합물로 이동하는 반응

모노터펜(29.7A절): 10개의 탄소와 2개의 아이소프렌 단위를 포함하는 터펜. 모노터페노이드는 또한 적어도 하나의 산소 원자를 포함한다.

목표 화합물(11.12절): 합성 계획의 최종 생성물.

무극성 결합(1.12절): 두 원자 사이에 전자가 동일하게 공유되는 공유결합.

무극성 분자(1.13절): 알짜 쌍극자가 없는 분자. 무극성 분자에는 극성 결합이 없거나 쌍극자가 상쇄되는 다중 극성 결합이 있다.

무수물(20.1절): 일반 구조가 $(RCO)_2O$인 화합물.

미분화 오비탈(15.10B절): 에너지가 같은 오비탈(원자 또는 분자).

미셀(3.6절): 표면에 이온 머리가 있고 내부에 함께 채워져 있는 무극성 꼬리가 있는 비누 분자로 생성된 구형 방울. 그리스와 오일은 내부 무극성 영역에 용해된다.

ㅂ

바닥상태(1.9B절, 14.15A절): 한 원자에서 전자의 가장 낮은 에너지 배열.

바이닐기(10.3C절): 구조가 $-CH=CH_2$인 알켄 치환기.

바이러스(28.9절): 단백질 코팅 내에 포함된 DNA 또는 RNA 분자로 구성된 감염성 물질. 바이러스는 숙주 유기체에 침입하여 숙주의 생화학적 기계를 장악할 때 복제된다.

반결합성 분자 오비탈(15.10A절): 위상이 반대인 두 원자 오비탈이 겹칠 때 생성된 고에너지 분자 오비탈.

반대면 반응(25.4절): π 전자계의 두 끝의 반대쪽에서 발생하는 고리형 반응.

반대 방향 회전(25.3절): 전기 고리화 닫힘 또는 고리 열림 동안 p 오비

탈이 반대 방향으로 회전한다.

반방향족 화합물(15.7절): 고리형, 평면형, 완전히 콘쥬게이션되어 있고 π 전자가 $4n$개인 유기 화합물.

반응 메커니즘(6.3절): 출발물이 생성물로 변환되면서 결합이 어떻게 끊어지고 생성되는지에 대한 자세한 설명.

반응 중간체(6.3장, 10.18절): 안정한 출발물이 안정한 생성물로 전환되는 동안 생성된 고에너지 불안정 중간체.

반응열(6.4절): 반응에서 흡수되거나 방출되는 에너지. 반응열은 $\Delta H°$로 표시되며 엔탈피 변화라고도 한다.

반응 좌표(6.7절): 반응물에서 생성물로 진행되는 반응의 진행을 나타내는 에너지 도표의 x축.

반쪽머리 굽은 화살표(6.3B절): 단일 전자의 이동을 표시하기 위해 반응 메커니즘에 사용되는 화살표. 반쪽머리 굽은 화살은 낚시 바늘이라고도 한다.

발열 반응(6.4절): 생성물의 에너지가 반응물의 에너지보다 낮은 반응. 발열 반응에서는 에너지가 방출되고 $\Delta H°$는 음수 값이다.

발효(30.6C절): 효모 및 기타 미생물에서 발생하는 글루코스의 에탄올 및 CO_2로의 혐기성 전환.

방향족 화합물(15.1절): 모든 고리 원자에 p 오비탈이 있고 오비탈에 총 $4n + 2$ π 전자가 있는 평면형 고리형 유기 화합물.

배열(5.2절): 원자의 특정 삼차원 배열.

배열 반전(7.10C절): 화학 반응의 출발물과 생성물에 있는 입체 발생 중심이 반대인 상대적 입체 화학. 친핵성 치환 반응에서는 친핵체와 이탈기가 탄소의 다른 세 기에 대해 반대 위치에 있을 때 반전이 발생한다.

배열의 보존(7.10C절): 반응물과 화학 반응 생성물의 입체 발생 중심의 입체 화학이 상대적으로 같다.

배위 중합(31.4절): 일반적으로 사용되는 반응 용매에 용해되는 균일 촉매를 사용하는 중합 반응.

백분율 *s*-성질(1.11B절): 혼성 오비탈을 생성하는 데 사용된 s 오비탈로 인한 혼성 오비탈의 비율. 퍼센트 *s*-성질이 증가함에 따라 결합은 더 짧고 강해진다.

벗김 효과(C.3A절): 전자 밀도의 감소로 인해 발생하는 NMR의 효과로, 핵이 느끼는 자기장의 세기가 증가한다. 벗김은 흡수를 낮은장으로 이동시킨다.

베타(β) 탄소(8.1, 18.2B절): 제거 반응에서 이탈기가 있는 탄소에 인접한 탄소. 카보닐 화합물에서 카보닐 탄소로부터 두 번째 위치에 있는 탄소.

벤자인(16.13B절): 할로젠화 아릴로부터 HX를 제거하여 생성된 반응 중간체.

벤조일기(18.2E절): 구조 COC_6H_5인 치환기.

벤질기(15.3D절): 구조 $C_6H_5CH_2$인 치환기.

벤질성 할로젠화물(7.1, 16.14절): 벤젠 고리에 결합된 탄소에 할로젠 원자 X가 결합하고 있는 $C_6H_5CH_2X$와 같은 화합물.

변광회전(26.5A절): 단당류의 순수한 아노머가 용액에 넣어졌을 때 두 아노머의 혼합물로 평형을 이루는 과정.

보결 분자단(27.9C절): 결합 단백질의 비단백질 단위.

보호(17.12절): 보호기로 반응성 작용기를 차단하는 반응.

보호기(17.12절): 반응성 작용기를 비반응성으로 만들어 다른 반응을 방해하지 않는 차단기.

복제(28.3절): 세포가 분열할 때 DNA가 자신의 복사본을 만드는 과정. 원래 DNA 분자는 두 개의 DNA 분자를 생성하며, 두 분자에는 DNA의 DNA 가닥 하나와 새로운 가닥 하나가 포함되어 있다.

부분 입체 이성질성 양성자(C.2C절): 같은 탄소에 있는 두 수소 원자를 각각 Z기로 치환하였을 때 부분 입체 이성질체가 생기는 두 수소 원자. 두 수소 원자는 동일하지 않으며 두 개의 NMR 신호를 제공한다.

부분 입체 이성질체(5.7절): 서로 거울상이 아닌 입체 이성질체. 부분 입체 이성질체는 하나 이상의 입체 발생 중심에 대해 *R,S* 지정이 같고, 다른 입체 발생 중심 중 하나 이상에 대해 *R,S* 지정이 반대이다.

분광학(A.1절): 분자 구조를 결정하기 위해 분자와 전자기 방사선의 상호작용을 사용하는 분석 방법.

분극성(3.3B절): 원자 주위의 전자 구름이 전자 환경의 변화에 어떻게 반응하는지의 측정.

분별 깔대기(19.10절): 추출에 사용되는 실험실 유리 품목.

분자(1.2절): 공유 결합으로 서로 결합된 두 개 이상의 원자를 포함하는 화합물.

분자간 힘(3.3절): 분자 사이에 존재하는 상호작용의 유형. 작용기는 이러한 힘의 유형과 세기를 결정한다. 분자간 힘은 비공유 상호작용 또는 비결합 상호작용이라고도 한다.

분자 오비탈 이론(15.10A절): 원자 오비탈의 수학적 조합으로 분자 오비탈이라고 불리는 새로운 오비탈 집합을 생성함으로써 결합을 기술하는 이론. 분자 오비탈 이론은 MO 이론이라고도 불린다.

분자 이온(A.1절): 유기 분자에서 전자를 제거하여 생성되는, 일반 구조가 $M^{+\cdot}$인 라디칼 양이온. 분자 이온은 어미 이온(parent ion)이라고도 불린다.

분할(27.2절): 라셈 혼합물을 구성 요소 거울상 이성질체로 분리하는 것.

분해 대사(30.2절): 대사에서 큰 분자가 더 작은 분자로 분해되어 종종 에너지를 방출하는 것.

분해 효소(lyase)(27.10절): 이중 결합에 분자를 추가하거나 이중 결합을 생성하기 위해 분자를 제거하는 것을 촉매하는 효소.

불균등화(31.2절): 하나의 고분자 라디칼에서 다른 고분자 라디칼로 수소 원자가 이동하여 한 고분자 사슬에 새로운 C−H 결합이 생성되고 다른 고분자 사슬에 새로운 이중 결합이 생성되는 라디칼 중합의 사슬 종결 방법.

불균일 분해(6.3A절): 결합에 있는 두 원자 사이의 전자를 불균등하게 나누어 공유 결합을 끊는 것. 불균일 분해는 하전된 중간체를 생성한다. 불균일 분해는 불균일 절단이라고도 한다.

불포화도(10.2절): 분자 내 고리 또는 π 결합. 불포화도는 화합물의 수소 수를 동일한 수의 탄소를 포함하는 포화 탄화수소의 수와 비교한다.

불포화 지방산(10.6A절): 탄화수소 사슬에 하나 이상의 탄소−탄소 이중 결합이 있는 지방산. 천연 지방산의 이중 결합은 일반적으로 *Z*이다.

불포화 탄화수소(10.2절): 탄소 원자당 수소 원자의 최대 개수보다 적은 탄화수소. π 결합이나 고리가 있는 탄화수소는 불포화되어 있다.

브로모하이드린(10.15절): 인접한 탄소 원자에 브로민과 하이드록시기가 있는 화합물.

브로민화(10.13, 13.6, 16.3절): 화합물과 브로민의 반응.

비결합성 분자 오비탈(15.11절): 이를 생성한 원자 오비탈과 에너지가 동일한 분자 오비탈.

비결합 전자쌍(1.2절): 공유 결합에서 다른 원자와 공유되지 않는 원자가 전자쌍. 비결합 전자는 비공유 전자쌍 또는 고립 전자쌍이라고도 한다.

비고리형 알케인(4.1절): 일반식 C_nH_{2n+2}인 화합물. 비고리형 알케인은 탄소당 최대 수의 수소 원자를 포함하기 때문에 포화 탄화수소라고도 한다.

비누(3.6, 20.11B절): 트라이아실글리세롤의 염기성 가수 분해 또는 비누화에 의해 제조된 긴 사슬 지방산의 카복실산염.

비누화(20.10B절): 알코올과 카복실산 음이온을 생성하는 에스터의 염기성 가수분해.

비대칭 반응(12.15, 17.6A, 22.2C, 27.3절): 비카이랄 출발물을 주로 하나의 거울상 이성질체로 전환하는 반응.

비대칭 에터(9.1절): 산소에 결합된 두 개의 알킬기가 다른 에터.

비대칭 탄소(5.3절): 4개의 서로 다른 기에 결합된 탄소 원자. 비대칭 탄소는 입체 발생 중심, 카이랄 중심 또는 카이랄성 중심이라고도 한다.

비슷한 것끼리 녹인다(Like dissolves like)(3.4C절): 화합물이 분자간 힘의 종류가 비슷한 용매에 용해되는 원리. 즉, 극성 화합물은 극성 용매에 용해되고 무극성 화합물은 무극성 용매에 용해된다.

비친핵성 염기(7.8B절): 부피가 큰 기의 존재로 인한 입체 장애로 인해 친핵성이 낮은 염기.

비카이랄 분자(5.3절): 거울상 위에 겹쳐질 수 있는 분자. 비카이랄 분자는 카이랄성이 아니다.

비타민(3.5, 29.5절): 정상적인 세포 기능을 위해 생물학적 계에 소량 필요한 유기 화합물.

비틀림 무리(4.8절): 인접한 탄소 원자에 부착된 기 간의 상호작용을 약화시켜 발생하는 분자 에너지의 증가.

비틀림 에너지(4.8절): 분자의 엇갈린 형태와 가려진 형태 사이의 에너지 차이.

비환원당(26.8B절): Tollens, Benedict's 또는 Fehling's 시약으로 산화될 수 없는 탄수화물.

ㅅ

사슬 성장 고분자(31.1절): 고분자 사슬의 성장하는 말단에 단위체를 첨가하는 연쇄 반응에 의해 제조된 고분자. 사슬 성장 고분자는 첨가 고분자라고도 불린다.

사이아노 기(19.1절): 탄소-질소 삼중 결합(C≡N)으로 구성된 작용기.

사이아노하이드린(18.8절): 일반 구조가 RCH(OH)C≡N인 화합물. 사이아노하이드린은 알데하이드 또는 케톤의 카보닐에 HCN을 첨가하여 생성된다.

사이안화물 음이온(18.8A절): 구조 $^{-}$C≡N인 음이온.

사이클로알케인(4.1, 4.2절): 하나 이상의 고리로 연결된 탄소를 포함하는 화합물. 고리가 하나인 사이클로알케인은 일반식이 C_nH_{2n}이다.

사이클로프로페인화(24.5절): 사이클로프로페인을 생성하는 탄소 이중 결합에 대한 첨가 반응.

사이클로헥세인의 보트 형태(4.11B절): 보트와 유사한 사이클로헥세인이 채택한 불안정한 형태. 보트 구조의 불안정성은 비틀림 변형과 입체 무리로 인해 발생한다. 사이클로헥세인의 보트 형태는 의자 형태보다 30 kJ/mol 덜 안정하다.

사이클로헥세인의 의자 형태(4.11A절): 사이클로헥세인이 채택한 의자와 유사한 안정적인 형태. 의자 형태의 안정성은 각무리(모든 C−C−C 결합각은 109.5°)과 비틀림 무리(인접한 탄소 원자의 모든 기가 엇갈려 있음)가 제거된 결과이다.

사중선(C.6C절): 근처의 동등하지 않은 양성자 3개로 인해 상대 면적이 1:3:3:1인 4개의 피크로 분할되는 NMR 신호.

사중심 전이 상태(10.16절): 4개의 원자를 포함하는 전이 상태.

사치환 알켄(8.2A절): 알킬기가 4개이면서 이중 결합($R_2C{=}CR_2$)의 탄소에 결합된 수소가 없는 알켄.

사탄당(26.2절): 4개의 탄소를 포함하는 단당류.

산도 상수(2.3절): 산(HA)의 세기를 나타내는 K_a로 기호로 표시되는 값. K_a가 클수록 산이 강해진다.

$$K_a = \frac{[H_3O^+][A:^-]}{[H-A]}$$

산 염화물(17.1, 20.1절): 일반 구조가 RCOCl인 화합물.

산화(4.13A, 12.1절): 전자 손실을 초래하는 과정. 유기 화합물의 경우 산화로 인해 C−Z 결합 수가 증가하거나 C−H 결합 수가 감소한다. Z = 탄소보다 전기 음성도가 더 높은 원소.

산화 절단(12.10절): 다중 결합의 σ 및 π 결합을 모두 끊어 두 개의 산화 생성물을 생성하는 산화 반응.

산화 첨가(24.2A절): 금속에 시약을 첨가하는 것. 종종 금속 주위의 기의 수를 2만큼 증가시킨다.

산화환원효소(27.10절): 산화-환원 반응을 촉매화하는 효소.

삼인산(7.15절): 생물학적 계에 사용되는 우수한 이탈기. 삼인산($P_3O_{10}{}^{5-}$)은 PPP_i로 약칭된다.

삼중선(C.6절): 근처에 있는 두 개의 비동등 양성자에 의해 발생하며 상대 면적이 1:2:1인 세 개의 피크로 분할되는 NMR 신호.

삼중 치환 알켄(8.2A절): 이중 결합($R_2C{=}CHR$)의 탄소에 3개의 알킬기와 1개의 수소가 결합된 알켄.

삼차(3°) 라디칼(13.1절): 일반 구조가 $R_3C\cdot$인 라디칼.

삼차(3°) 수소(3.2절): 3° 탄소에 결합된 수소.

삼차(3°) 아마이드(3.2절): 일반 구조가 RCONR'$_2$인 아마이드.

삼차(3°) 아민(3.2절): 일반 구조가 R_3N인 아민.

삼차(3°) 알코올(3.2절): 일반 구조가 R_3COH인 알코올.

삼차(3°) 탄소(3.2절): 세 개의 다른 탄소 원자에 결합된 탄소 원자.

삼차(3°) 탄소 양이온(7.12절): 일반 구조가 R_3C^+인 탄소 양이온.

삼차(3°) 할로젠화 알킬(3.2절): 일반 구조가 R_3CX인 할로젠화 알킬.

삼차 단백질 구조(27.8C절): 전체 펩타이드 사슬이 채택한 삼차원 모양.

삼탄당(26.2절): 세 개의 탄소를 포함하는 단당류.

상대 이온(2.1절): 반응에 참여하지 않고 반응에 참여하는 이온과 반대 전하를 띠는 이온. 상대 이온은 구경꾼 이온이라고도 한다.

상호교환 반응(24.7절): 이중 결합의 탄소 교환을 초래하는 두 알켄 분자 사이의 반응.

생분해성 고분자(31.9B절): 환경에 자연적으로 존재하는 미생물에 의해 분해될 수 있는 고분자.

생체 분자(3.9절): 생물학에서 발견되는 유기 화합물.

석유(4.6절): 주로 탄소 원자가 1~40개인 탄화수소와 같은 화합물이 복잡하게 혼합되어 있는 화석 연료.

설폰화(16.4절): 벤젠이 $^+SO_3H$와 반응하여 벤젠설폰산인 $C_6H_5SO_3H$를 생성하는 친전자성 방향족 치환 반응.

섬유질 단백질(27.9절): 함께 묶여 막대나 시트를 생성하는 긴 선형 폴리펩타이드 사슬.

세스퀴터펜(29.7A절): 15개의 탄소와 3개의 아이소프렌 단위를 포함하는 터펜. 세스퀴테르페노이드는 또한 적어도 하나의 산소 원자를 포함한다.

세스터터펜(29.7A절): 25개의 탄소와 5개의 아이소프렌 단위를 포함하는 터펜. 세스터터페노이드는 또한 적어도 하나의 산소 원자를 포함한다.

세팔린(29.4A절): 포스포다이에스터 알킬기가 $-CH_2CH_2NH_3^+$인 포스포아실글리세롤. 세팔린은 포스파티딜에탄올아민이라고도 한다.

소수성(3.4C절): 물에 끌리지 않음. 극성 물 분자에 끌리지 않는 분자의 무극성 부분은 소수성.

속도 결정 단계(6.8절): 다단계 반응 메커니즘에서 전이 상태의 에너지가 가장 높은 단계.

속도론(6.5절): 화학 반응 속도에 대한 연구.

속도론적 분할(27.2B절): 거울상 이성질체 중 하나만 선택적으로 반응하는 화학 반응에 의해 두 거울상 이성질체를 분리하는 것.

속도론적 생성물(14.11절): 둘 이상의 생성물을 생성할 수 있는 반응에서 가장 빠르게 생성되는 생성물.

속도론적 엔올 음이온(21.4절): 가장 빠르게 생성되며 일반적으로 덜 치환된 엔올 음이온.

속도 방정식의 차수(6.9B절): 반응의 속도 방정식에서 농도 항의 지수의 합.

속도 상수(6.9B절): 반응의 기본 특성인 상수. *k*로 표시되는 속도 상수는 온도와 활성화 에너지에 대한 반응 속도의 의존성을 고려하는 복잡한 수학 용어.

속도식(6.9B절): 반응 속도와 반응물의 농도 사이의 관계를 보여주는 식. 속도식은 반응 메커니즘에 따라 달라지며 속도 법칙이라고도 한다.

수소 결합(3.3B절): O, N 또는 F 원자에 결합된 수소 원자가 다른 분자의 O, N 또는 F 원자에 있는 비공유 전자쌍에 정전기적으로 끌릴 때 생기는 분자간 상호작용.

수소화물(12.2절): 음전하를 띤 수소 이온($H:^-$).

수소화 분해(27.6절): σ 결합을 절단하는 반응. 금속 촉매가 있는 상태에서 H_2를 사용한다.

수소화붕소 첨가(10.16절): Borane (BH_3)의 원소를 알켄 또는 알카인에 첨가하는 반응.

수소화열(12.3A절): 촉매화 수소화 반응의 $\Delta H°$는 π 결합의 수소화에 의해 방출되는 에너지의 양과 동일하다.

수직 방향 결합(4.11A절): 사이클로헥세인의 의자 형태 평면에 직각이면서 위 또는 아래에 위치하는 결합. 3개의 수직 방향 결합은 위쪽(위쪽 탄소)을 가리키고 3개의 수직 방향 결합은 아래쪽(아래쪽 탄소)을 가리킴.

수평 방향 결합(4.11A절): 사이클로헥세인의 의자 형태의 평면(적도 둘레)에 위치한 결합. 세 개의 적도 결합은 약간 위쪽(아래쪽 탄소)을 가리키고 세 개의 적도 결합은 약간 아래쪽(위쪽 탄소)을 가리킨다.

수화(10.12, 18.8A절): 분자에 물을 추가하는 반응.

수화물(12.12B, 18.12절): 일반 구조가 $R_2C(OH)_2$인 화합물. 수화물은 젬-다이올(*gem*-diol)이라고도 한다.

스테로이드(14.14C, 29.8절): 3개의 육원자 고리와 1개의 오원자 고리로 구성된 네고리 지질.

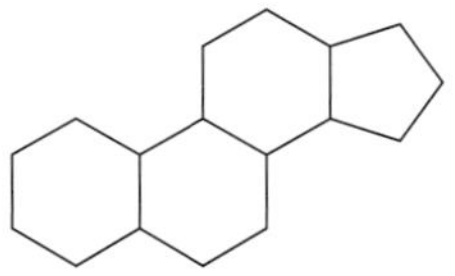

스파이로 고리계(부록 D절): 단일 탄소 원자를 공유하는 두 개의 고리인 화합물.

스핀-스핀 갈라짐(C.6절): 동일한 탄소에 있는 양성자 또는 인접 탄소의 동등하지 않은 양성자에 의해 NMR 신호가 피크들로 갈라지는 일.

스핀 뒤집기(C.1A절): NMR 분광학에서 원자핵이 RF 방사선을 흡수하고 원자핵의 자기장이 외부 자기장에 대하여 반전되는 경우.

스핑고미엘린(29.4B절): 스핑고신에서 추출한 가수분해성 인지질.

시그마(σ) 결합(1.9A절): 두 핵을 연결하는 축에 전자 밀도를 집중시키는 원통형 대칭 결합. 모든 단일 결합은 σ 결합이다.

시그마 결합 자리 옮김(25.1절): 반응물에서 σ 결합이 끊어지고, π 결합이 자리 옮김하여, 생성물에서 σ 결합이 생성되는 페리 고리 협동 반응.

시스 이성질체(4.12B, 8.2B절): 고리 또는 이중 결합의 같은 쪽에 두 개의 기가 있는 고리 또는 이중 결합의 이성질체.

시트르산 회로(30.7절): 옥살로아세트산에 아세틸 CoA를 추가하는 것으로 시작되는 순환적인 8단계 대사 경로. 전체적으로 시트르산 회로는 CO_2 분자 2개, 환원된 조효소(NADH 및 $FADH_2$) 분자 4개, GTP 분자 1개를 생성한다.

신 다이하이드록실화 반응(12.9B절): 이중 결합의 동일한 면에 두 개의 하이드록시기가 첨가하는 반응.

신 준평면(8.6절): 제거 반응에서 β 수소와 이탈기가 분자의 같은 쪽에 있는 기하 구조.

신 첨가(10.8절): 시약의 두 부분이 이중 결합의 같은 쪽에서 첨가되는 첨가 반응.

실릴 에터(17.12절): O−H 결합이 O−Si 결합으로 대체된 알코올에 대한 일반적인 보호기.

싸이오에스터(20.16절): 일반 구조가 RCOSR'인 화합물.

싸이올(9.15절): 일반 구조가 RSH인 화합물.

쌍극자(1.12절): 전자 전하의 부분 분리.

쌍극자−쌍극자 상호작용(3.3B절): 극성 분자의 영구 쌍극자 사이에서 서로 당기는 분자간 상호작용. 인접한 분자의 쌍극자는 부분 양전하와 부분 음전하가 근접하도록 정렬된다.

ㅇ

아글리콘(26.6C절): 글라이코사이드의 가수 분해로 생성된 알코올

아노머 탄소(26.5절): 고리형 단당류의 헤미아세탈 탄소에 있는 입체 발생 중심.

아눌렌(15.8A절): 이중 결합과 단일 결합이 교대로 있는 단일 고리를 포함하는 탄화수소.

아닐린(23.3C절): 구조가 $C_6H_5NH_2$인 화합물.

아데노신 5'-삼인산(ATP, 7.15A, 30.1절): 아데노신의 5'-OH에 3개의 인산염을 첨가하여 생성된 뉴클레오사이드 삼인산. ATP는 가수 분해 중에 P−O 결합이 절단되어 에너지를 방출하는 "고에너지" 분자 그룹 중에서 가장 눈에 띄는 구성원이다.

아데노신 5'-이인산(ADP, 30.1절): 인산화 반응에서 ATP로부터 생성된 뉴클레오사이드 이인산.

아릴기(15.3D절): 방향족 고리에서 수소 원자 하나를 제거하여 생성된 치환기.

아마이드(17.1, 20.1절): 일반 구조가 $RCONR'_2$인 화합물. 여기서 R' = H 또는 알킬기.

아마이드 염기(8.10, 21.3B절): 아민 또는 암모니아를 탈양성자화하여 생성된 질소 함유 염기.

아미노기(23.3D절): 구조가 NH_2인 치환기.

아미노당(26.12A절): 비−아노머 탄소에서 하이드록시기 대신에 NH_2 기를 함유한 탄수화물.

아미노산 잔기(27.4절): 펩타이드와 단백질에서 각각의 아미노산.

아민(18.10, 23.1절): 일반 구조가 RNH_2, R_2NH 또는 R_3N인 염기성 유기 질소 화합물. 아민은 질소 원자에 결합되지 않은 전자쌍이 있다.

아세탈(18.13절): 일반 구조가 $R_2C(OR')_2$인 화합물(여기서 R = H, 알킬 또는 아릴임). 아세탈은 알데하이드와 케톤의 보호기로 사용된다.

아세토아세트산 에스터 합성(21.10절): 에틸 아세토아세테이트를 α 탄소에 1개 또는 2개의 탄소가 결합된 케톤으로 변환하는 단계적 방법.

아세틸기(18.2E절): 구조가 $-COCH_3$인 치환기.

아세틸렌화 음이온(11.11, 17.9B절): 말단 알카인을 강염기로 처리하여 생성된 음이온. 아세틸렌화 음이온은 일반 구조가 $RC{\equiv}C^-$이다.

아세틸 조효소 A (20.16절): 아세틸화 시약 역할을 하는 생화학적 싸이오에스터. 아세틸 조효소 A는 종종 아세틸 CoA라고도 한다.

아세틸화(20.8절): 아세틸기(CH_3CO-)를 한 원자에서 다른 원자로 전달하는 반응.

아실기(16.5A절): 일반 구조식이 RCO−인 치환기.

아실륨 이온(16.5B절): 일반 구조가 $(R-C{\equiv}O)^+$인 양전하를 띤 친전자체. Lewis 산 $AlCl_3$이 산 염화물의 탄소−할로젠 결합을 이온화할 때 생성된다.

아실 전달 반응(20.16절): 아실기를 한 원자에서 다른 원자로 전달하는 반응.

아실화(16.5A, 20.16절): 아실기를 한 원자에서 다른 원자로 이동시키는 반응.

아아이소프렌 단위(29.7절): 4개의 탄소가 연속으로 있고 중간 탄소 중 하나에 1개의 탄소 가지가 있는 5개의 탄소 단위.

아이소시아네이트(31.6C절): 일반 구조가 RN=C=O인 화합물.

아이오도폼 시험(21.7B절): 할로폼 반응을 통해 노란색 침전물 CHI_3이 생성되는 것으로 메틸 케톤의 존재 여부를 확인하는 시험.

아이코사노이드(29.6절): 아라키돈산에서 파생된 20개의 탄소 원자를 포함하는 생물학적 활성 화합물.

아조 화합물(23.14절): 일반 구조가 RN=NR'인 화합물.

안티 다이하이드록실화(12.9A절): 이중 결합의 반대편 면에 두 개의 하이드록시기를 추가하는 반응.

안티 준평면(8.6A절): 제거 반응에서 β 수소와 이탈기가 분자의 반대편에 있는 기하학적 구조.

안티 첨가(10.8절): 시약의 두 부분이 이중 결합의 반대쪽에서 첨가되는 첨가 반응.

안티코돈(28.5절): tRNA 분자의 3개 뉴클레오타이드 서열로, 이는 mRNA 분자의 3개 염기에 상보적이며 성장하는 폴리펩타이드 사슬에 어떤 아미노산이 추가되어야 하는지를 식별한다.

안티 형태(4.9절): 인접한 탄소 원자에 있는 두 개의 큰 기가 180°의 이면각을 이루는 엇갈린 형태.

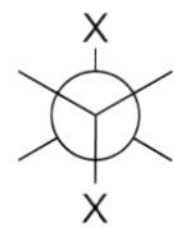

알다르산(26.8B절): 알도스의 알데하이드와 일차 알코올의 산화에 의해 생성된 다이카복실산.

알데하이드(11.10절): 일반 구조가 RCHO인 화합물. 여기서 R = H, 알킬 또는 아릴기.

알도스(26.2절): 폴리하이드록시 알데하이드로 구성된 단당류.

알돈산(26.8B절): 알도스의 알데하이드가 카복실산으로 산화되어 생성된 화합물.

알돌 반응(22.1A절): 알데하이드 또는 케톤 두 분자가 염기 존재 하에서 서로 반응하여 β-하이드록시 카보닐 화합물을 생성하는 반응.

알돌 축합(22.1C절): 초기에 생성된 β-하이드록시 카보닐 화합물이 탈수로 인해 물을 잃는 알돌 반응.

알디톨(26.8A절): 알도스의 알데하이드가 일차 알코올로 환원되어 생

성된 화합물.

알릴기(10.3C절): $-CH_2-CH=CH_2$ 구조인 치환기.

알릴 라디칼(13.10절): 탄소–탄소 이중 결합에 인접한 탄소에 짝을 이루지 않은 전자가 있는 라디칼. 알릴 라디칼은 공명 안정화되어 있다.

알릴성 브로민화(13.10A절): 브로민이 탄소–탄소 이중 결합에 인접한 탄소의 수소 원자를 대체하는 라디칼 치환 반응.

알릴성 탄소(13.10절): 탄소–탄소 이중 결합에 결합된 탄소 원자.

알릴성 할로젠화물(7.1절): 탄소–탄소 이중 결합에 인접한 탄소 원자에 결합된 할로젠 원자를 포함하는 분자.

알릴 탄소 양이온(14.1B절): 탄소–탄소 이중 결합에 인접한 원자에 양전하를 띠는 탄소 양이온. 알릴 탄소 양이온은 공명 안정화된다.

알카인(8.10절): 탄소–탄소 삼중 결합을 포함하는 지방족 탄화수소.

알칼로이드(23.5A절): 식물 공급원에서 분리된 염기성 질소 함유 화합물.

알케인(4.1절): C–C 및 C–H σ 결합만 있는 지방족 탄화수소.

알켄(8.2A절): 탄소–탄소 이중 결합을 포함하는 지방족 탄화수소.

알코올(9.1절): 일반 구조가 ROH인 화합물. 알코올에는 sp^3 혼성 탄소 원자에 결합된 하이드록시기(OH기)가 포함되어 있다.

알콕사이드(8.1, 9.6절): 일반 구조가 RO^-인 음이온으로, 알코올을 염기로 탈양성자화하여 생성된다.

알콕시기(9.3B절): 산소에 결합된 알킬기를 포함하는 치환기(RO기).

알킬기(4.4A절): 알케인에서 수소 1개를 제거하여 생성된 기. 알킬기는 어미 알케인의 접미사 *-ane*을 *-yl*로 대체하여 명명된다.

알킬 토실레이트(9.13절): 일반 구조가 $ROSO_2C_6H_4CH_3$인 화합물. 알킬 토실레이트는 토실레이트라고도 하며 ROT로 축약된다.

알킬화(21.8절): 한 원자에서 다른 원자로 알킬기를 전달하는 반응.

알파(α) 탄소(8.1, 18.2B절): 제거 반응에서 이탈기에 결합된 탄소. 카보닐 화합물에서 카보닐 탄소에 결합된 탄소.

암모늄염(23.1절): 4개의 σ 결합이 있으면서 양전하를 띤 질소를 함유한 화합물. 예를 들어, $R_4N^+X^-$.

양성자(2.1절): 양전하를 띤 수소 이온(H^+).

양성자 NMR 분광법(C.1절): 분자 내 수소 원자의 수와 유형을 결정하는 데 사용되는 핵자기 공명 분광법의 한 종류.

양성자 전달 반응(2.2절): A Brønsted–Lowry 산–염기 반응에서 염기로 양성자가 이동하는 반응.

양이온(1.2절): 중성 원자가 하나 이상의 전자를 잃어서 생성되는 양전하 이온.

양이온 중합(31.2C절): 탄소 양이온 중간체를 포함하는 알켄 단위체의 사슬 성장 중합.

양자(B.1절): 전자기 방사선 입자(예: 광자)와 관련된 개별 에너지 양.

양쪽 자리성 친핵체(21.3C절): 반응 부위가 두 개인 친핵체.

어미 이름(4.4절): 분자 내 가장 긴 연속 사슬의 탄소 수를 나타내는 유기 화합물의 IUPAC 이름 부분.

어미 이온(A.1절): 유기물로부터 전자를 제거하여 생성된 일반 구조가 $M^{+\cdot}$인 라디칼 양이온 분자. 어미 이온은 분자 이온이라고도 불린다.

엇갈린 형태(4.8절): 한 탄소의 결합이 인접한 탄소의 R–C–R 결합 각도를 이등분하는 분자의 형태.

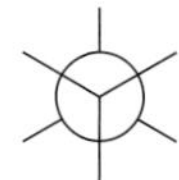

에너지 도표(6.7절): 반응물이 생성물로 변환될 때 발생하는 에너지 변화를 도식적으로 표현한 것. 에너지 도표는 반응이 얼마나 쉽게 진행되는지, 관련된 단계 수, 반응물, 생성물 및 중간체의 에너지가 어떻게 비교되는지를 나타낸다.

에센셜 오일(29.7절): 증류로 식물에서 분리된 터펜의 한 종류.

에스터(17.1, 20.1절): 일반 구조가 RCOOR'인 화합물.

에스터화(20.9C절): 카복실산 또는 카복실산의 유도체를 에스터로 전환하는 반응.

에타인일기(11.2절): 구조가 $-C\equiv C-H$인 알카인일 치환기.

에터(9.1절): 일반 구조가 ROR'인 작용기.

에폭사이드(9.1절): 삼원자 고리의 일부로 산소 원자가 있는 고리형 에터. 에폭사이드는 옥시레인이라고도 한다.

에폭시 수지(31.6F): 유체인 예비고분자와 고분자 사슬을 서로 가교시키는 경화제로 생성된 단계 성장 고분자.

에폭시화(12.8절): 알켄에 단일 산소 원자를 첨가하여 에폭사이드를 생성한다.

엑소 위치(14.13D절): 다리걸친 두고리 화합물에서 치환기가 두 고리에 공통된 두 개의 탄소를 연결하는 더 짧은 다리에 더 가까운 치환기 위치.

엔도 위치(14.13D절): 치환기가 두 고리에 공통된 두 개의 탄소를 연결하는 더 긴 다리에 더 가까운 다리 걸친 두고리형 화합물의 치환기 위치.

엔도 첨가 규칙(14.13D절): 엔도 생성물이 Diels–Alder 반응에서 선호된다는 규칙.

엔아민(18.11절): 탄소–탄소 이중 결합[$R_2C=CH(NR'_2$절)]에 결합된 아민 질소 원자인 화합물.

엔올 음이온(17.15절, 21.3절): 염기가 카보닐기의 α 탄소에서 α 수소를 제거할 때 생성된 공명 안정화 음이온.

엔올 토토머(9.1, 11.9, 17.15절): 하이드록시가 탄소–탄소 이중 결합에 결합된 화합물. 엔올 토토머[예: $CH_2=C(OH)CH_3$]는 케토 토토머 [$(CH_3)_2C=O$]와 평형을 이루고 있다.

엔탈피 변화(6.4절): 반응에서 흡수되거나 방출되는 에너지. 엔탈피 변화는 $\Delta H°$로 표시되며 반응열이라고도 한다.

엔트로피(6.6절): 계의 무작위성을 측정한 것. 운동의 자유도가 높을수록, 무질서도가 많을수록 엔트로피는 높아진다. 엔트로피는 기호 $S°$로 표시된다.

엔트로피 변화(6.6절): 반응에서 반응물과 생성물 사이의 무질서 정도의 변화. 엔트로피 변화는 $\Delta S°$ 기호로 표시된다. $\Delta S° = S°_{생성물} - S°_{반응물}$.

여러 고리 방향족 탄화수소(9.18절, 15.5절): 탄소–탄소 결합을 공유하는 두 개 이상의 벤젠 고리를 포함하는 방향족 탄화수소. 여러 고리 방향족 탄화수소는 PAH로 약칭된다.

역 Diels–Alder 반응(14.14B절): 사이클로헥센이 분해되어 1,3-다이엔과 알켄을 생성하는 Diels–Alder 반응의 역반응.

역 센티미터(B.2절): IR 분광학에서 주파수를 보고하는 데 사용되는 파수 단위.

역알돌 반응(22.1B절): β-하이드록시 카보닐 화합물이 염기와 함께 카보닐 출발물로 재전환되는 알돌의 역반응.

역합성 분석(10.18절): 생성물을 역방향으로 작업하여 생성물이 만들어지는 출발물을 결정하는 방법

연결 효소(ligase)(27.10절): 가수 분해 반응에서 에너지 방출과 함께 결합 생성을 촉매하는 효소.

연소(4.13B절): 알케인 또는 기타 유기 화합물이 산소와 반응하여 CO_2 및 H_2O를 생성하고 에너지를 방출하는 산화-환원 반응.

연쇄 메커니즘(13.4A절): 반복하는 단계를 포함하는 반응 메커니즘.

열가소성 플라스틱(31.7절): 녹인 다음 고분자가 냉각될 때 유지되는 모양으로 성형될 수 있는 고분자.

열경화성 고분자(31.7절): 다시 녹여 액상을 생성할 수 없는 가교 고분자 사슬의 복잡한 네트워크.

열역학(6.5절): 화학 반응의 에너지와 평형에 대한 연구.

열역학적 생성물(14.11절): 둘 이상의 생성물을 생성할 수 있는 반응에서 평형 상태에서 우세한 생성물.

열역학적 엔올 음이온(21.4절): 에너지가 더 낮은 엔올 음이온. 일반적으로 더 많이 치환된 엔올 음이온.

염기도(7.8절): 원자가 얼마나 쉽게 자신의 전자쌍을 양성자에 주는지에 대한 척도

염소화(10.14, 13.5, 16.3절): 염소와 화합물의 반응.

염화 아실(16.5A절): 일반 구조가 RCOCl인 화합물. 염화 아실은 산 염화물이라고도 한다.

오비탈(1.1절): 전자 밀도가 높은 원자핵 근처의 공간 영역. 오비탈에는 *s*, *p*, *d*, *f*라는 네 가지 종류가 있다.

오쏘, 파라 지향기(16.7절): 친전자성 방향족 치환 중에 새로운 기를 오쏘 및 파라 위치로 유도하는 벤젠 고리의 치환기.

오쏘 이성질체(15.3B절): 1,2-이중 치환된 벤젠 고리. 오쏘 치환은 *o*-로 축약된다.

오일(10.6B, 29.3절): 실온에서 액체이고 불포화도가 높은 지방산 곁사슬로 구성된 트라이아실글리세롤.

오중선(C.6C절): 5개의 피크로 분할되는 NMR 신호. 근처에 있는 4개의 비동등 양성자에 의해 발생한다.

오탄당(26.2절): 5개의 탄소를 포함하는 단당류.

옥사자보롤리딘(17.6A절): 붕소, 질소 및 산소인 헤테로 고리. 옥사자보롤리딘을 사용하여 카이랄 환원제를 생성할 수 있다.

옥사포스페테인(oxaphosphetane)(18.9B절): 인-산소 결합을 포함하는 사원자 고리로 구성된 Wittig 반응의 중간체.

옥시-Cope 자리 옮김(25.5절): 1,5-다이엔-3-올의 δ,ε-불포화 카보닐 화합물로의 [3,3] 시그마 결합 자리 옮김.

옥시레인(9.1절): 삼원자 고리의 일부로 산소 원자가 있는 고리형 에터. 옥시레인은 에폭사이드라고도 한다.

옥심(26.9A절): 일반 구조가 $R_2C{=}NOH$인 화합물.

옥텟 규칙(1.2절): 두 번째 행 원소의 결합 과정을 관리하는 일반 규칙. 결합을 통해 두 번째 행 원소는 8개의 원자가 전자로 구성된 완전한 외부 껍질을 얻다.

올레핀(10.1절): 알켄; 탄소-탄소 이중 결합이 있는 화합물.

올리고당(26.11D절): 소수의 단당류(일반적으로 3~10개)가 결합된 탄수화물.

왁스(4.14, 29.2절): 고분자량 알코올과 지방산으로 생성된 에스터로 구성된 가수 분해성 지질.

용매(3.4C절): 용질이 녹는 액체 성분.

용질(3.4C절): 액체 용매에 용해되는 화합물.

용해 금속 환원(12.2절): 알칼리 금속을 전자 공급원으로, 액체 암모니아를 양성자 공급원으로 사용하는 환원 반응.

용해도(3.4C절): 화합물이 액체에 용해되는 정도를 측정한 것.

우레탄(31.6C절): 카보닐기에 OR기와 NHR(또는 NR_2)기가 결합된 화합물. 우레탄은 카바메이트라고도 한다.

우회전성(5.12A절): 평면 편광을 시계 방향으로 회전한다. 회전은 *d* 또는 (+)로 표시된다.

원자가 결합 이론(15.10A절): 공유 결합은 두 원자 오비탈의 중첩으로 생기며 그 결과로 생기는 결합에 있는 전자쌍은 두 원자가 공유한다는 이론.

원자가 전자(1.1절): 오비탈의 가장 바깥 껍질에 있는 전자. 원자가 전자는 주어진 원소의 특성을 결정한다. 원자가 전자는 느슨하게 유지되며 화학 반응에 참여한다.

원자량(1.1절): 특정 원소의 모든 동위 원소 질량의 가중 평균. 원자량은 원자 질량 단위(amu)로 보고된다.

원자 번호(1.1절): 한 원소에 있는 핵의 양성자 수.

위치 선택성 반응(8.5절): 하나 이상의 구조 이성질체가 가능한 경우 주로 또는 독점적으로 하나의 구조 이성질체를 생성하는 반응.

유기구리 시약(17.9절): 일반 구조가 R_2CuLi인 유기금속 시약. 유기구리 시약은 유기구리산염(organocuprate)이라고도 한다.

유기금속 시약(17.9절): 금속에 결합된 탄소 원자를 포함하는 시약.

유기리튬 시약(17.9절): 일반 구조가 RLi인 유기금속 시약.

유기마그네슘 시약(17.9절): 일반 구조가 RMgX인 유기금속 시약. 유기마그네슘 시약은 Grignard 시약이라고도 한다.

유기보레인(10.16절): 탄소-붕소 결합을 함유한 화합물. 유기보레인은 일반 구조가 RBH_2, R_2BH 또는 R_3B이다.

유기인 시약(18.9A절): 탄소-인 결합을 포함하는 시약.

유기주석 시약(24.4절): 탄소-주석 결합을 포함하는 유기금속 시약.

유기팔라듐 화합물(24.2절): 탄소-팔라듐 결합을 포함하는 유기금속 화합물.

유도 효과(2.5B, 7.12A절): 원자의 전기 음성도 차이로 인해 발생하는 σ 결합을 통한 전자 밀도의 끌어당김.

유전자(28.1절): 특정 단백질의 합성을 담당하는 DNA 분자의 일부.

유전자 코드(28.6절): 특정 아미노산에 해당하는 코돈이라고 불리는 mRNA의 3개 뉴클레오타이드 단위 세트. mRNA의 코돈 순서에 따라 단백질의 아미노산 서열이 결정된다.

육중선(C.6C절): 6개의 피크로 분할되는 NMR 신호. 근처에 있는 5개의 비동등한 양성자에 의해 발생한다.

육탄당(26.2절): 6개의 탄소를 포함하는 단당류.

음이온(1.2절): 중성 원자가 하나 이상의 전자를 얻음으로써 생기는 음

전하 이온.

음이온 중합(31.2C절): 중간체인 음이온을 안정화시키는 전자 끄는 기로 치환된 알켄의 사슬 성장 중합.

이당류(26.10절): 글리코사이드 결합으로 연결된 두 개의 단당류 단위를 포함하는 탄수화물.

이면각(4.8절): 하나의 결합을 인접한 원자의 결합에서 나온 원자와 분리하는 각도.

이미늄 이온(18.10A절): 일반 구조가 $(R_2C=NR'_2)^+$인 공명 안정화 양이온(여기서 R' = H 또는 알킬).

이미드(23.6A절): 두 개의 카보닐기 사이에 질소 원자가 놓인 화합물.

이민(18.6B, 18.10A절): 일반 구조가 $R_2C=NR'$인 화합물. 이민은 쉬프(Schiff) 염기라고도 한다.

이분자 반응(6.9B, 7.9, 7.10A절): 두 반응물의 농도가 반응 속도에 영향을 미치는 반응. 두 항 모두 속도 방정식에 나타난다. 이분자 반응에서는 두 개의 반응물이 유일한 단계 또는 속도 결정 단계에 참여한다.

이성질체(1.4A, 4.1A, 5.1절): 분자식은 같으면서 두 다른 화합물.

이온 결합(1.2절): 한 원소에서 다른 원소로 전자가 전달되어 발생하는 결합. 이온 결합은 전하가 반대인 이온 사이의 강한 정전기 상호작용 다음으로 인해 발생한다. 전자의 이동은 양이온과 음이온으로 구성된 안정한 염을 생성한다.

이온 운반체(3.7B절): 양이온과 복합체를 생성하여 세포막을 통해 이동할 수 있는 유기 분자. 이온 운반체는 소수성 외부와 양이온과 착물을 생성하는 친수성 중앙 공동이 있다.

이웃자리 이할로젠화물(8.10): 인접한 탄소 원자에 두 개의 할로젠 원자가 있는 화합물.

이인산염(7.15절): 생물학적 계에서 자주 사용되는 우수한 이탈기. 이인산염($P_2O_7^{4-}$)은 PP_i로 약칭된다.

이중선(C.6절): 근처의 비동등 양성자 하나에 의해 발생하여 동일한 면적의 두 개의 피크로 분할되는 NMR 신호.

이중선의 이중선(C.8절): 신호가 두 개의 서로 다른 비등가 양성자에 의해 분할될 때 관찰되는 4개 피크의 분할 패턴.

이중 치환 알켄(8.2A절): 두 개의 알킬기와 두 개의 수소가 이중 결합($R_2C=CH_2$ 또는 $RCH=CHR$)의 탄소에 결합된 알켄.

이차(2°) 라디칼(13.1절): 구조가 $R_2CH\cdot$인 라디칼.

이차(2°) 수소(3.2절): 2° 탄소에 결합된 수소.

이차(2°) 아마이드(3.2절): 구조가 RCONHR'인 아마이드.

이차(2°) 아민(3.2절): 구조가 R_2NH인 아민.

이차(2°) 알코올(3.2절): 일반 구조가 R_2CHOH인 알코올.

이차(2°) 탄소(3.2절): 두 개의 다른 탄소 원자에 결합된 탄소 원자.

이차(2°) 탄소 양이온(7.12절): 일반 구조가 R_2CH^+인 탄소 양이온.

이차(2°) 할로젠화 알킬(3.2절): 일반 구조가 R_2CHX인 할로젠화 알킬.

이차 단백질 구조(27.8B절): 단백질의 국소 영역의 삼차원 구조.

이차 속도 방정식(6.9B절, 7.9절): 반응 속도가 두 반응의 농도에 따라 달라지는 속도 방정식.

이탈기(7.6절): 치환 또는 제거 반응 중에 C−Z 결합의 전자 밀도를 수용할 수 있는 원자 또는 원자 기(Z).

이탈기 능력(7.7절): 이탈기(Z)가 치환 또는 제거 반응 중에 C−Z 결합의 전자 밀도를 얼마나 쉽게 받아들일 수 있는지에 대한 척도.

이황화물(9.15A, 27.4C절): 일반 구조가 RSSR'인 화합물로, 종종 두 개의 시스테인 잔기의 사슬 사이에 생성된다.

인간 지놈(28.3절): 개인의 전체 DNA 함량.

인산염(7.15절): PO_4^{3-} 음이온.

인지질(3.7A, 29.4절): 인 원자를 포함하는 가수 분해성 지질.

일리드(18.9A절): 두 개의 반대 전하를 띤 원자가 서로 결합되어 있고 두 원자 모두 옥텟인 화학종.

일반명(4.4C절): 이전에 채택되어 IUPAC 명명법 체계를 따르지 않는 분자의 이름.

일차(1°) 라디칼(13.1절): 일반 구조가 $RCH_2\cdot$인 라디칼.

일차(1°) 수소(3.2절): 1° 탄소에 결합된 수소.

일차(1°) 아마이드(3.2절): 일반 구조가 $RCONH_2$인 아마이드.

일차(1°) 아민(3.2절): 일반 구조가 RNH_2인 아민.

일차(1°) 알코올(3.2절): 일반 구조가 RCH_2OH인 알코올.

일차(1°) 탄소(3.2절): 또 하나의 탄소 원자와 결합된 탄소 원자.

일차(1°) 탄소 양이온(7.12절): 일반 구조가 RCH_2^+인 탄소 양이온.

일차(1°) 할로젠화 알킬(3.2절): 일반 구조가 RCH_2X인 할로젠화 알킬.

일차 단백질 구조(27.8A절): 펩타이드 결합으로 결합된 아미노산의 특정 서열.

일차 속도 방정식(6.9B절, 7.9절): 반응 속도가 단 하나의 반응물 농도에만 의존하는 속도 방정식.

일치환 알켄(8.2A절): 이중 결합($RCH=CH_2$)의 탄소에 1개의 알킬기와 3개의 수소가 결합된 알켄.

입체 무리(4.9절): 분자 내 원자가 서로 너무 가까워질 때 발생하는 에너지 증가.

입체 발생 중심(5.3절): 두 기의 상호교환이 입체 이성질체를 생성하는 분자 내 위치. 4개의 서로 다른 기에 결합된 탄소는 사면체 입체 발생 중심이다. 사면체 입체 발생 중심은 카이랄성 중심, 카이랄 중심, 비대칭 중심이라고도 한다.

입체 선택성 반응(8.5절): 두 개 이상의 입체 이성질체가 가능할 때 주로 또는 독점적으로 하나의 입체 이성질체를 생성하는 반응.

입체 이성질체(4.12B, 5.1절): 원자가 공간에서 배향되는 방식만 다른 두 가지 이성질체.

입체 장애(7.8B절): 반응 부위에 부피가 큰 기의 존재로 인해 발생하는 반응성의 감소.

입체특이성 반응(10.14절): 출발물의 두 입체 이성질체 각각이 생성물의 특정 입체 이성질체를 생성하는 반응.

입체 화학(4.8, 5.1절): 분자의 삼차원 구조.

ㅈ

자기공명영상(MRI)(C.12절):의학에 사용되는 NMR 분광법.

자외선(UV) 빛(14.15절): 파장이 200~400 nm인 전자기 방사선.

자외선(UV) 스펙트럼(14.15절): 자외선 흡광도 대 파장의 도표로, 콘쥬게이션계에 대해 종종 기록된다.

작용기(3.1절): 특징적인 화학적, 물리적 특성을 지닌 원자 또는 원자기. 작용기는 분자의 반응성 부분이다.

작용기 상호변환(11.12절): 하나의 작용기를 다른 작용기로 전환시키는 반응.

작용기 영역(B.2절): ≥ 1500 cm^{-1}의 IR 스펙트럼 영역. 일반적인 작용기는 특정 주파수에서 이 영역에 하나 또는 두 개의 피크를 나타낸다.

적분(C.5절): 신호를 발생시키는 흡수 핵의 수에 비례하는 NMR 신호 아래의 영역.

적외선(IR) 분광학(B.2절): 적외선 영역에서 전자기 복사의 흡수를 기반으로 분자 내 작용기를 식별하는 데 사용되는 분석 기술.

전기분무 이온화(A.4C절): 질량 분석기에서 큰 생체 분자를 이온화하는 방법. 전기분무 이온화는 ESI로 약칭된다.

전기 음성도(1.12절): 결합에서 전자에 대한 원자의 인력을 측정한 것. 전기 음성도는 특정 원자가 전자를 얼마나 '원하는지' 나타낸다.

전면 공격(7.10C절): 이탈기와 같은 편에서 일어나는 친핵체의 접근.

전사(28.3절): DNA에 저장된 유전 정보가 RNA로 전달되는, DNA로부터 RNA의 순서화된 합성.

전이 상태(6.7절): 화학 반응이 반응물에서 생성물로 진행될 때 불안정한 최대 에너지. 전이 상태는 에너지 "언덕"의 꼭대기에 있으며 결코 분리될 수 없다.

전자 고리화 고리 닫힘(25.1절): 반응물보다 하나 더 많은 σ 결합과 하나 더 적은 π 결합을 포함하는 고리 생성물을 생성하는 분자내 페리 고리 협동 반응.

전자 고리화 고리 열림 반응(25.1절): 고리형 반응물의 σ 결합이 절단되어 π 결합이 하나 더 있는 콘쥬게이션 생성물을 생성하는 페리 고리 협동 반응.

전자기 복사(B.1절): 파동과 입자의 두 성질이 둘 다 있는 복사 에너지. 전자기 스펙트럼에는 전자기 방사선의 전체 범위가 포함되어 있으며 임의로 여러 영역으로 나누어져 있다.

전자 끌기 유도 효과(2.5, 7.12A절): 근처의 전기 음성 원자가 σ 결합을 통해 전자 밀도를 자신 쪽으로 끌어당기는 유도 효과.

전자 주는 유도 효과(7.12A절): 전기 양성 원자 또는 분극성 기가 σ 결합을 통해 다른 원자에 전자 밀도를 공여하는 유도 효과.

전파(13.4A절): 하나의 반응성 입자가 소비되고 다른 반응성 입자가 생성되는 사슬 메커니즘의 중간 부분. 종결 단계가 발생할 때까지 전파가 반복된다.

접합 고리계(14.13D절): 두 개의 고리가 하나의 결합과 두 개의 인접한 원자를 공유하는 두고리형 고리계.

접합 단백질(27.9C절): 단백질 단위와 비단백질 분자로 구성된 구조

정전기 전위 지도(1.12절): 분자 내 전자 밀도 분포를 나타내는 색상으로 구분된 지도. 전자가 풍부한 영역은 붉은색으로 표시되고, 전자가 부족한 영역은 푸른색으로 표시된다. 중간 전자 밀도 영역은 주황색, 노란색 및 녹색으로 표시된다.

제거 반응(6.2B, 8.1절): 출발물의 원소가 "손실"되고 π 결합이 생성되는 화학 반응.

제한 핵산 내부 분해 효소(28.7절): 특정 염기 서열의 DNA를 절단하는 효소.

젬(*gem*)−다이올(18.12절): 일반 구조가 $R_2C(OH)_2$인 화합물. **젬−다이올**은 수화물이라고도 한다.

조각(A.1절): 질량 분석기에서 분자 이온이 분해되어 생성된 라디칼과 양이온.

조효소(12.13절): 생화학적 과정을 수행하기 위해 효소와 함께 작용하는 화합물.

족번호(1.1절): 주기율표의 특정 열 위의 번호. 족번호는 아라비아(1~8절) 또는 로마(I~VIII) 숫자 뒤에 문자 A 또는 B로 표시된다. 두 번째 행 원소의 족번호는 해당 원소의 원자가 전자 수와 같다.

종료(13.4A절): 연쇄 반응의 마지막 단계. 라디칼 사슬 메커니즘에서는 두 개의 라디칼이 결합하여 안정적인 결합을 생성한다.

좌회전성(5.12A절): 평면 편광을 시계 반대 방향으로 회전한다. 회전은 *l* 또는 (−)로 표시된다.

주파수(B.1절): 단위 시간당 한 지점을 통과하는 파동의 수. 주파수는 초당 사이클(s^{-1})로 보고되며, 이를 헤르츠(Hz)라고도 한다. 주파수는 그리스 문자 nu (ν)로 축약된다.

주피크(A.1절): 존재비 값이 가장 큰 질량 스펙트럼의 피크.

중합(13.14A절): 단위체를 서로 연결하여 고분자를 만드는 화학 공정

중합효소 연쇄 반응(PCR, 28.8절): DNA의 특정 부분을 증폭하여 단일 분자의 수백만 복사본을 생성하는 기술.

지문 영역(B.2B절): < 1500 cm^{-1}의 IR 스펙트럼 영역. 이 영역에는 복잡한 피크 세트가 포함되어 있는 경우가 많으며 모든 화합물에 대해 고유하다.

지방(10.6B, 29.3절): 실온에서 고체이고 포화도가 높은 지방산 사슬로 구성된 트라이아실글리세롤.

지방산(10.6A, 19.5절): 긴−사슬 카복실산. 탄소 수는 12~20개 사이이다.

지방족(3.2A절): 방향족 결합이 아닌 C−C σ 및 π 결합으로 구성된 화합물 또는 화합물의 일부.

지질(4.14절, 29.1절): 유기 용매에 용해되고 물에는 불용이면서 다수의 C−C 및 C−H σ 결합이 있는 생체 분자.

직접 알돌 반응(22.3절): 한 카보닐 화합물의 엔올 음이온이 생성되고 이어서 두 번째 카보닐 화합물이 첨가되는 교차 알돌 반응.

질량 대 전하 비율(A.1절): 분자 이온 또는 조각의 질량 대 전하 비율. 질량 대 전하 비율은 *m/z*로 축약된다.

질량 분석법(A.1절): 분자량을 측정하고 유기 분자의 분자식을 결정하는 데 사용되는 분석 기술.

질량수(1.1절): 특정 원자의 핵에서 양성자와 중성자의 총 개수.

짝산(2.2절): 양성자 전달 반응에서 염기가 양성자를 얻을 때 생성되는 화합물.

짝염기(2.2절): 양성자 전달 반응에서 산이 양성자를 잃을 때 생성되는 화합물.

짝지음 반응(23.15절): 두 개의 분리된 분자 사이에 결합을 생성하는 반응.

짝진 반응(30.1절): 두 가지 반응이 함께 결합되어 불리한 과정을 일어나게 하는 반응. 한 반응에서 방출된 에너지는 다른 반응을 추진하는 데 사용된다.

쯔비터이온(19.11B, 27.1B절): 양전하와 음전하를 모두 포함하는 중성 화합물.

ㅊ

차폐 효과(C.3A절): 적용된 자기장과 반대 방향으로 전자의 작은 유도 자기장으로 인해 발생하는 NMR의 효과. 차폐는 핵이 느끼는 자기장의 세기를 감소시키고 흡수를 높은장으로 이동시킨다.

천연물(7.17절): 천연 원천에서 분리된 화합물.

첨가 고분자(31.1절): 고분자 사슬의 성장하는 말단에 단위체를 첨가하는 연쇄 반응에 의해 제조된 고분자. 첨가 고분자는 사슬 성장 고분자라고도 한다.

첨가 반응(6.2C, 10.8절): 원소가 출발물에 첨가되는 반응. 첨가 반응에서는 π 결합이 끊어지고 2개의 σ 결합이 생성된다.

체계명(4.3절): 화합물의 화학 구조를 나타내는 분자의 이름. 체계명은 IUPAC 이름이라고도 한다.

촉매(6.10절): 반응 속도를 높이지만 반응이 끝날 때 변하지 않은 상태로 회복되어 생성물에 나타나지 않는 물질.

촉매 수소화(12.3절): 금속 촉매 존재 하에서 π 결합에 H_2를 첨가하는 환원 반응.

최고 점유 분자 오비탈(15.10B절): 전자가 들어 있는 분자 오비탈 중에서 에너지가 가장 높은 분자 오비탈. 최고 점유 분자 오비탈은 HOMO로 약칭된다.

최저 비점유 분자 오비탈(15.10B절): 전자가 들어 있지 않은 분자 오비탈 중에서 에너지가 가장 낮은 분자 오비탈. 최저 비점유 분자 오비탈은 LUMO로 약칭된다.

추출(19.10절): 용해도 차이와 산-염기 원리를 사용하여 화합물의 혼합물을 분리하고 정제하는 실험실 방법.

축약 구조(1.8A절): 모든 원자가 그려져 있지만 결합과 고립쌍은 일반적으로 생략되는 화합물 구조의 약칭 표현. 괄호는 동일한 원자에 결합된 유사한 기를 나타내는 데 사용된다.

축합 고분자(20.15A, 31.1절): 두 개의 작용기를 포함하는 단위체가 물이나 HCl과 같은 작은 분자의 손실과 함께 결합될 때 생성되는 고분자. 축합 고분자는 단계 성장 고분자라고도 불린다.

축합 반응(22.1C절): 반응 중에 작은 분자(주로 물)가 제거되는 반응.

측정 광회전도(5.12A절): 광학 활성 화합물 샘플이 평면 편광을 회전시키는 각도. 각도는 기호 α로 표시되며 각도(°)로 측정된다.

치환기(4.4절): 유기 분자에서 가장 긴 연속 탄소 사슬에 부착된 기 또는 가지.

치환 반응(6.2A절): 원자 또는 원자단이 다른 원자 또는 원자단으로 대체되는 반응. 치환 반응에는 σ 결합이 포함된다. 하나의 σ 결합이 끊어지고 다른 하나는 동일한 원자에서 생성된다.

친다이엔체(14.12절): Diels-Alder 반응에서 1,3-다이엔과 반응하는 알켄 성분.

친수성(3.4C절): 물에 끌림. 극성 물 분자와 상호작용하는 분자의 극성 부분은 친수성.

친전자성 방향족 치환(16.1절): 고리의 수소 원자가 친전자체로 대체되는 벤젠의 특징적인 반응.

친전자성 첨가 반응(10.9절): 메커니즘의 첫 번째 단계에서 시약의 친전자성 말단을 π 결합에 첨가하는 첨가 반응.

친전자체(2.8절): 종종 E^+로 상징되는 전자가 부족한 화합물로, 전자가 풍부한 화합물로부터 전자쌍을 받아 공유 결합을 생성할 수 있다. Lewis 산은 친전자체이다.

친핵성(7.8A절): 원자가 전자쌍을 다른 원자에 얼마나 쉽게 주는지에 대한 척도.

친핵성 방향족 치환(16.13절): 할로젠화 아릴과 강한 친핵체의 치환 반응.

친핵성 아실 치환(17.2B, 20.1절): 카보닐 탄소에서 친핵체에 의한 이탈기의 치환.

친핵성 첨가(17.2A절): 카보닐기의 친전자성 탄소에 친핵체를 첨가한 후 산소의 양성자화 반응.

친핵성 치환(7.6절): 친핵체가 분자의 이탈기를 대체하는 반응.

친핵체(2.8, 7.6절): 전자가 풍부한 화합물로 $:Nu^-$로 표시되며, 전자가 부족한 화합물에 전자쌍을 기증하여 공유 결합을 생성한다. Lewis 염기는 친핵체이다.

친환경 화학(12.13절, 31.8절): 환경 친화적인 방법을 사용하여 화합물을 합성한다.

칠중선(C.6C절): 7개의 피크로 분할되는 NMR 신호. 근처에 있는 6개의 비동등한 양성자에 의해 발생한다.

ㅋ

카바메이트(27.6, 31.6절): 산소와 질소 원자 모두에 결합된 카보닐기를 포함하는 작용기. 카바메이트는 우레탄이라고도 한다.

카벤(24.5절): 일반 구조가 $:CR_2$인 중성 반응 중간체. 카벤은 6개의 전자로 둘러싸인 2가 탄소를 함유하고 있어 C=C 이중 결합에 첨가하는 반응성이 높은 친전자체이다.

카보네이트(31.6D절): 일반 구조가 $(RO)_2C{=}O$인 화합물.

카보닐기(3.2C, 11.9, 17.1절): 탄소-산소 이중 결합(C=O)을 포함하는 작용기. 극성 탄소-산소 결합은 카보닐 탄소를 친전자성으로 만든다.

카복시기(19.1절): 구조 COOH인 작용기.

카복실산(19.1절): 일반 구조가 RCO_2H인 화합물.

카복실산 유도체(17.1절): 일반 구조가 RCOZ인 화합물로, 카복실산에서 합성할 수 있다. 일반적인 카복실산 유도체에는 산 염화물, 무수물, 에스터 및 아마이드가 포함된다.

카복실산 음이온(19.2C절): 일반 구조가 RCO_2^-인 음이온으로, Brønsted–Lowry 염기로 카복실산을 탈양성자화하여 생성된다.

카복실화(17.14절): 유기금속 시약과 CO_2의 반응으로 양성자화 후 카복실산을 생성하는 반응.

카비놀아민(18.6B절): 동일한 탄소에 하이드록시기와 아민기가 있는 불안정한 중간체. 카보닐에 아민을 첨가하는 동안 카비놀아민이 생성된다.

카이랄 분자(5.3절): 거울상에 겹쳐질 수 없는 분자.

카이랄성 중심(5.3절): 4개의 서로 다른 기에 결합된 탄소 원자. 카이랄성 중심은 카이랄 중심, 입체 발생 중심, 비대칭 중심이라고도 한다.

케탈(18.13절): 일반 구조가 $R_2C(OR')_2$인 화합물(여기서 R = 알킬 또는 아릴). 케탈은 케톤에서 파생되며 아세탈의 하위 클래스를 구성한다.

케토스(26.2절): 폴리하이드록시 케톤으로 구성된 단당류.

케토 토토머(11.9절): C=O와 α 탄소에 수소가 결합된 케톤의 토토머. 케토 토토머는 엔올 토토머와 평형을 이루고 있다.

케톤(11.9절): C=O 탄소 원자에 두 개의 알킬기가 결합된 화합물로, 일반 구조는 $R_2C=O$ 또는 RCOR'이다.

코돈(28.6절): 특정 아미노산에 대응하는 mRNA의 3개 뉴클레오타이드 세트. mRNA 분자의 코돈 순서에 따라 단백질의 아미노산 서열이 결정된다.

콘쥬게이션(14.1절): *p* 오비탈이 3개 또는 더 많은 인접한 원자에서 겹치는 현상.

콘쥬게이션 다이엔(14.1A절): 단일 σ 결합으로 연결된 두 개의 탄소–탄소 이중 결합을 포함하는 화합물. Pi(π) 전자는 두 이중 결합 모두에 걸쳐 비편재화된다. 콘쥬게이션 다이엔은 1,3-다이엔이라고도 한다.

콘쥬게이션 첨가(14.10절, 17.15절): 콘쥬게이션계의 1번 위치와 4번 위치에 있는 원자에 기를 추가하는 첨가 반응. 콘쥬게이션 첨가는 1,4-첨가라고도 한다.

크라운 에터(3.7B절): 여러 개의 산소 원자를 포함하는 고리형 에터. 크라운 에터는 중앙 공동의 크기에 따라 특정 양이온을 결합한다.

크로메이트 에스터(12.12A절): 일반 구조가 $R-O-CrO_3H$인 알코올의 크로뮴 매개 산화의 중간체.

클로로플루오로탄소(7.4절, 13.9절): 일반 분자식 CF_xCl_{4-x}인 합성 할로젠화 알킬. CFC로 약칭되는 클로로플루오로탄소는 냉매와 에어로졸 추진제로 사용되었으며 오존층 파괴에 기여하였다.

클로로하이드린(10.15절): 인접한 탄소 원자에 염소와 하이드록시기가 있는 화합물.

키나제(27.10절): 한 화합물에서 다른 화합물로 인산염의 전달을 촉매하는 효소.

ㅌ

탄성체(31.5절): 응력을 받으면 늘어나지만 원래 모양으로 돌아가는 중합체.

탄소 NMR 분광학(C.1절): 분자 내 탄소 원자의 유형을 결정하는 데 사용되는 핵자기 공명 분광학의 한 종류.

탄소 골격(3.1절): 유기 분자의 골격을 구성하는 C–C 및 C–H σ 결합 구조.

탄소 양이온(7.12C절): 양전하를 띤 탄소 원자. 탄소 양이온은 sp^2 혼성화되고 삼각 평면형이며 빈 *p* 오비탈을 포함한다.

탄소 음이온(2.5D절): 탄소 원자에 음전하를 띤 이온.

탄수화물(18.16, 26.1절): 폴리하이드록시 알데하이드 또는 케톤 또는 폴리하이드록시 알데하이드 또는 케톤으로 가수 분해될 수 있는 화합물.

탄화수소(3.2A, 4.1절): 탄소와 수소의 원소로만 구성된 화합물.

탈보호(17.12절): 보호기를 제거하는 반응. 작용기를 재생성한다.

탈수(9.8절, 20.9B절): 반응 성분에서 물 성분이 손실되는 반응.

탈수소효소(27.10절): 기질에서 두 개의 수소 원자를 추가하거나 제거하는 것을 촉매하는 효소.

탈카복실화(21.9A절): 탄소–탄소 결합 분해를 통한 CO_2 손실.

터페노이드(29.7절): 적어도 하나의 산소 헤테로 원자가 있으면서 아이소프렌 단위도 포함하는 지질.

터펜(29.7절): 5개 탄소의 아이소프렌 단위의 반복으로 구성된 탄화수소.

테슬라(C.1A절): 자기장의 세기를 측정하는 데 사용되는 단위. Tesla는 기호 "T"로 표시된다.

테트라메틸실레인(C.1B절): NMR 분광학에서 참조로 사용되는 내부 표준. 테트라메틸실레인(TMS) 기준 피크는 δ 스케일의 0 ppm에서 나타난다.

테트라터펜(29.7A절): 40개의 탄소와 8개의 아이소프렌 단위를 포함하는 터펜. 테트라터페노이드는 적어도 하나의 산소 원자도 포함한다.

토실레이트(9.13절): 일반 구조가 $CH_3C_6H_4SO_3^-$인 매우 우수한 이탈기. TsO^-로 약칭된다.

토토머(11.9절): 평형 상태에 있고 이중 결합과 수소 원자의 위치가 다른 구조 이성질체.

토토머화 반응(11.9, 21.2A절): 하나의 토토머에서 다른 토토머로 전환되는 과정.

투과율(B.2절): 화합물 샘플을 통과하는 전자기 방사선의 양과 흡수되는 양을 측정한 것.

트라이아실글리세롤(10.6, 20.11A, 29.3절): 세 개의 긴 사슬 지방산과 글리세롤의 트라이에스터로 구성된 지질. 트라이아실글리세롤은 동물성 지방과 식물성 기름을 구성하는 지질이다. 트라이아실글리세롤은 트라이글리세리드라고도 한다.

트라이터펜(29.7A절): 30개의 탄소와 6개의 아이소프렌 단위를 포함하는 터펜. 트라이터페노이드는 적어도 하나의 산소 원자도 포함한다.

트랜스 이성질체(4.12B, 8.3B절): 고리 또는 이중 결합의 반대편에 두 개의 기가 있는 고리 또는 이중 결합의 이성질체.

트랜스 이축(8.6B절): 사이클로헥세인의 제거 반응에서 β 수소와 이탈기가 모두 수직 방향에서 트랜스인 구조.

트랜스퍼라제(27.10절): 한 분자에서 다른 분자로의 기의 전달을 촉매하는 효소.

ㅍ

파라 이성질체(15.3B절): 1,4-이중 치환된 벤젠 고리. 파라 치환은 *p*-로 약칭된다.

파수(B.2절): 파장에 반비례하는 전자기 방사선의 주파수 단위. 역센티미터(cm^{-1})로 보고되는 파수는 IR 분광학의 주파수에 사용된다.

파이(π) 결합(1.10B절): 전자 밀도가 두 핵을 연결하는 축에 집중하지 않는 두 *p* 오비탈의 측면 겹침으로 생성된 결합. 파이(π) 결합은 일반적으로 σ 결합보다 약하다.

파장(B.1절): 파동의 한 지점에서 인접한 파동의 동일한 지점까지의 거리. 파장은 그리스 문자 람다(λ)로 축약된다.

퍼옥시 라디칼(13.11절): 일반 구조가 ROO•인 라디칼.

페놀(9.1, 13.12절): 벤젠 고리에 결합된 하이드록시기를 포함하는

C_6H_5OH와 같은 화합물.

페닐기(15.3D절): 벤젠에서 수소 하나를 제거하여 생성된 기로, C_6H_5 또는 Ph로 약칭한다.

페로몬(4.1절): 동물이나 곤충 종이 통신에 사용하는 화학 물질.

페리 고리 협동 반응(25.1절): 고리형 전이 상태를 통해 진행되는 협동 반응.

펩타이드(20.5B, 27.4절): 아마이드 결합으로 결합된 40개 미만의 아미노산으로 구성된 저분자량 고분자.

펩타이드 결합(27.4절): 펩타이드와 단백질의 아마이드 결합.

편광계(5.12A절): 화합물이 평면 편광을 회전시키는 정도를 측정하는 도구.

평면 편광(5.12A절): 단일 평면에서 진동하는 전기 벡터인 빛. 편광이라고도 하는 평면 편광은 일반 빛이 편광판을 통과할 때 발생한다.

평형 상수(6.5A절): K_{eq} 기호로 표시되는 수학적 표현으로, 평형 시 출발물과 생성물의 양을 관련시킨다. K_{eq} = [생성물]/[출발물].

포스파티딜에탄올아민(29.4A절): 포스포다이에스터 알킬기가 $-CH_2CH_2NH_3^+$인 포스포아실글리세롤. 포스파티딜에탄올아민은 세팔린이라고도 한다.

포스파티딜콜린(29.4A절): 포스포다이에스터 알킬기가 $CH_2CH_2N(CH_3)_3^+$인 포스포아실글리세롤. 포스파티딜콜린은 레시틴이라고도 한다.

포스포늄염(18.9A절): 양전하를 띤 인과 적합한 상대 이온을 함유한 유기인 시약. 예를 들어, $R_4P^+X^-$. 포스포늄염은 강염기로 처리하면 일리드로 전환된다.

포스포다이에스터(29.4절): 인산(H_3PO_4절)의 H 원자 2개를 알킬기로 대체하여 생성된 일반식이 $(RO)_2PO(OH)$인 작용기.

포스포레인(18.9A절): 인 일리드; 예를 들어 $Ph_3P{=}CR_2$.

포스포아실글리세롤(29.4A절): 지방산으로 에스터화된 2개의 하이드록시기와 포스포다이에스터의 일부인 세 번째 하이드록시기가 있는 글리세롤 골격 지질.

포피린(27.9C절): 금속 이온과 착물을 만들 수 있는 질소 함유 헤테로 고리.

포화 지방산(10.6A절): 긴 탄화수소 사슬에서 탄소-탄소 이중 결합이 없는 지방산.

포화 탄화수소(4.1절): C−C 및 C−H σ 결합만 포함하고 고리는 포함하지 않아 탄소당 수소 원자 수가 최대인 화합물.

폴리무수물(31.6E절): 다이카복실산으로 생성된 골격에 많은 무수물 결합을 포함하는 단계 성장 중합체.

폴리아마이드(20.15A, 31.6A절): 많은 아마이드 결합을 포함하는 단계 성장 중합체. 나일론 6,6과 나일론 6은 폴리아마이드이다.

폴리에스터(20.15B, 31.6B절): 다이올과 다이카복실산 사이의 많은 에스터 결합으로 구성된 단계 성장 고분자.

폴리에터(9.5B, 31.3절): 두 개 이상의 에터 결합을 포함하는 화합물.

폴리엔(14.7절): 3개 이상의 이중 결합을 포함하는 화합물.

폴리우레탄(31.6C절): Diisocyanate와 다이올의 반응으로 생성된 골격에 많은 −NHC(=O)O− 결합을 포함하는 단계 성장 고분자.

폴리카보네이트(31.6D절): 골격에 많은 −OC(=O)O− 결합을 포함하는 단계 성장 중합체로, 종종 $Cl_2C{=}O$와 다이올의 반응에 의해 생성된다.

폼일기(18.2E절): 구조 −CHO인 치환기

퓨라노스(26.5절): 산소 원자를 함유한 단당류의 고리형 오원자 고리.

퓨린(15.9B, 28.1절): 각 고리에 두 개의 질소가 있는 두고리 방향족 헤테로 고리.

프레온(7.4, 13.9절): 한때 냉매로 일반적으로 사용되었던 단순한 할로젠 함유 유기 화합물로 구성된 클로로플루오로탄소.

프로스타글란딘(19.5절): 20개의 탄소, 오원자 고리 및 CO_2H 기를 포함하는 지질의 한 부류. 프로스타글란딘은 생물학적 활성이 다양하다.

피라노스(26.5절): 산소 원자를 함유한 단당류의 고리형 육원자 고리.

피리미딘(15.9B, 28.1절): 고리에 두 개의 질소가 있는 육원자 방향족 헤테로 고리.

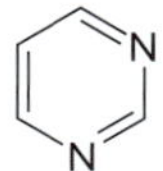

하이드록시기(9.1절): OH 작용기.

하이퍼콘쥬게이션(7.12B절): 빈 *p* 오비탈과 인접한 σ 결합과의 겹침.

할로늄 이온(10.13절): 양전하를 띤 할로젠 원자. 다리걸친 할로늄 이온은 삼원자 고리를 포함하며 알켄에 할로젠(X_2)이 첨가되어 생성된다.

할로젠화(10.13, 13.3, 16.3절): 할로젠과 화합물의 반응.

할로젠화 바이닐(7.1절): 탄소-탄소 이중 결합의 sp^2 혼성 탄소에 결합된 할로젠 원자를 포함하는 분자.

할로젠화수소 이탈 반응(8.1절): 출발물에서 수소와 할로젠 원소가 손실되는 제거 반응.

할로젠화수소화(10.9절): 할로젠화수소(HX)를 알켄 또는 알카인에 첨가하는 친전자성 첨가.

할로젠화 아릴(7.1, 16.3절): 방향족 고리에 결합된 할로젠 원자 X를 포함하는, C_6H_5X와 같은 분자.

할로젠화 알킬(7.1절): sp^3 혼성 탄소 원자에 결합된 할로젠 원자를 포함하는 화합물. 할로젠화 알킬은 일반 분자식이 $C_nH_{2n+1}X$이다.

할로폼 반응(21.7B절): 메틸 케톤($RCOCH_3$)과 과량의 할로젠의 할로젠화 반응으로, RCO_2^- 및 CHX_3(할로폼)이 생성된다.

할로하이드린(9.6, 10.15절): 인접한 탄소 원자에 하이드록시기와 할로젠 원자가 있는 화합물.

합성 대사(30.2절): 작은 분자에서 큰 분자를 합성하는 대사. 종종 에너지를 흡수.

항산화제(13.12절): 산화가 일어나지 않도록 하는 화합물.

해당과정(30.5절): 글루코스를 pyruvic acid 두 분자로 전환시키는 혐기성 10단계 대사 경로.

핵산(28.2절): 포스포다이에스터 결합에서 한 뉴클레오타이드의 3'-OH기와 두 번째 뉴클레오타이드의 5'-phosphate를 결합하여 생성된 뉴클레오타이드의 고분자.

핵자기 공명 분광법(C.1절): 유기 분자의 탄소 및 수소 구조를 식별하는 데 도움이 되는 강력한 분석 도구.

헤르츠(B.1절): 초당 한 지점을 지나가는 파의 수를 측정하는 주파수 단위.

헤미아세탈(18.13A절): 동일한 탄소 원자에 결합된 알콕시기와 하이드록시기를 포함하는 화합물.

헤테로 고리(9.3B절): 고리의 일부로서 헤테로 원자를 포함하는 고리형 화합물.

헤테로 원자(1.6, 3.1절): 탄소나 수소 이외의 원자. 유기 화학에서 일반적인 헤테로 원자는 질소, 산소, 황, 인 및 할로젠이다.

헴(27.9C절): 포피린(porphyrin)과 배위 결합된 Fe^{2+} 이온을 함유한 유기 착물 화합물.

협동 반응(6.3, 7.10B절): 모든 결합 생성과 결합 끊김이 한 단계에서 일어나는 반응.

형식 전하(1.3C절): Lewis 구조의 개별 원자에 할당된 전자 전하. 형식 전하는 중성 원자가 소유하는 원자가 전자 수에서 원자의 비공유 전자와 공유 전자의 절반을 빼서 계산된다.

형태(4.8절): 단일 결합에 대한 회전에 의해 상호 변환되는 원자의 다양한 배열.

혼성 배열 고분자(31.4절): 길쭉한 고분자 사슬의 탄소 골격을 따라 치환기가 무작위로 배향된 고분자.

혼성 오비탈(1.9B절): 두 개 이상의 원자 오비탈의 수학적 결합으로 생성된 새로운 오비탈. 혼성 오비탈은 그것을 생성하기 위해 결합된 원자 오비탈과 비교하여 에너지가 중간이다.

혼성화(1.9B절): 두 개 이상의 원자 오비탈(다른 모양을 가짐)을 수학적으로 결합하여 동일한 수의 혼성 오비탈(모두 동일한 모양을 가짐)을 생성하는 것.

혼합 무수물(20.1절): 카보닐 탄소 원자에 두 개의 서로 다른 알킬기가 결합된 무수물.

혼합 알돌 반응(22.2절): 두 가지 서로 다른 카보닐 화합물 사이의 알돌 반응. 혼합 알돌 반응은 교차 알돌 반응이라고도 한다.

화학적 이동(C.1B절): 테트라메틸실레인 기준 신호를 기준으로 NMR 스펙트럼에서 x축의 흡수 신호 위치.

화합물(1.2절): 두 개 이상의 원소가 안정된 배열로 함께 결합될 때 생성되는 구조.

환원(4.13A, 12.1절): 전자를 얻는 과정. 유기 화합물의 경우 환원으로 인해 C−Z 결합 수가 감소하거나 C−H 결합 수가 증가한다. Z = 탄소보다 전기 음성도가 더 높은 원소.

환원당(26.8B절): 산화될 수 있는 탄수화물. Tollens, Benedict, Fehling 시약을 사용한다.

환원성 아민화(23.6C절): 알데하이드와 케톤을 아민으로 전환하는 2단계 방법.

환원적 제거(24.2A절): 금속을 둘러싸고 있는 두 기의 제거로, 종종 새로운 탄소−수소 또는 탄소−탄소 결합을 생성한다.

활성 자리(6.11절): 기질이 효소에 결합하는 부위.

활성화 에너지(6.7절): 전이 상태와 출발물 사이의 에너지 차이. E_a로 표시되는 활성화 에너지는 반응물의 결합을 끊는 데 필요한 최소 에너지량이다.

황화물(9.15절): 일반 구조가 RSR'인 화합물.

회전 장벽(4.9절): 분자의 최저 에너지 구조와 최고 에너지 구조 간의 에너지 차이.

효소(6.11절): 매우 특정한 삼차원 형태로 결합된 하나 이상의 아미노산 사슬로 구성된 생화학적 촉매.

효소−기질 복합체(6.11절): 효소의 활성 부위에 기질이 결합되어 있는 구조.

후방 공격(7.10C절): 이탈기의 반대편 쪽으로부터의 친핵체 접근.

훼손된 촉매(12.5B절): 선택적 반응이 일어나도록 활성이 감소된 수소화 촉매. Lindlar 촉매는 알카인을 시스 알켄으로 전환시키는 중독된 Pd 촉매.

흡열 반응(6.4절): 생성물의 에너지가 반응물의 에너지보다 높은 반응. 흡열 반응에서는 에너지가 흡수되고 $\Delta H°$는 양의 값이다.

기타

Benedict 시약(26.8B절): Cu^{2+} 염을 사용하여 알데하이드를 카복실산으로 산화시켜 벽돌색 Cu_2O를 부산물로 생성하는 시약.

Brønsted–Lowry 산(2.1절): HA로 상징되는 양성자 주개. Brønsted–Lowry 산은 수소 원자를 포함해야 한다.

Brønsted–Lowry 염기(2.1절): 양성자 받개. 기호는 :B. Brønsted–Lowry 염기는 이용 가능한 전자쌍을 제공함으로써 양성자와 결합을 생성할 수 있어야 한다.

C-말단 아미노산(27.4A절): 유리 카복시기가 있는 펩타이드 사슬 끝에 있는 아미노산.

Cahn–Ingold–Prelog 명명법 체계(5.6절): 중심에 부착된 4개 기의 배치에 따라 입체 발생 중심을 R, S로 지정하는 체계.

CBS 시약(17.6A절): 옥사보롤리딘과 BH_3의 반응으로 생성된 카이랄 환원제. CBS 시약은 케톤 환원의 주요 생성물로서 하나의 거울상 이성질체를 제공할 것으로 예상된다.

Claisen 반응(22.5절): 염기 존재 하에서 에스터 두 분자 사이의 반응으로 β-케토 에스터를 생성한다.

Claisen 자리 옮김(25.5절): 불포화 에터의 γ,δ-불포화 카보닐 화합물로의 [3,3] 시그마 결합 자리 옮김.

Clemmensen 환원(16.14C절): 강산 존재 하에서 Zn(Hg)을 사용하여 아릴 케톤을 알킬 벤젠으로 환원시키는 방법.

Cope 자리 옮김(25.5절): A [3,3] 시그마 결합 자리 옮김. 1,5-다이엔을 이성질체인 1,5-다이엔으로 전환한다.

D-당(26.2C절): Fischer 투영식에서 카보닐에서 가장 먼 입체 발생 중심에 하이드록시기가 오른쪽에 있는 당류.

Dieckmann 반응(22.7절): 일반적으로 오원자 또는 육원자 고리를 생성하는 다이에스터의 분자내 Claisen 반응.

Diels–Alder 반응(14.12절): 1,3-다이엔과 친다이엔체 사이의 첨가 반응으로 사이클로헥센 고리를 생성한다.

***E*,*Z* 명명법 체계**(10.3B절): 이중 결합의 각 탄소에 있는 두 기에 우선순위를 지정하여 알켄 입체 이성질체를 명확하게 명명하기 위한 체계. *E* 이성질체는 이중 결합의 반대쪽에 두 개의 더 높은 우선순위 기가 있고, *Z* 이성질체는 같은 쪽에 있다.

E1cB 메커니즘(22.1C절): 탄소 음이온 중간체를 거치는 2단계 제거 메커니즘. E1cB는 “Elimination Unimolecular, Conjugate Base”를 의미한다.

E1 메커니즘(8.3, 8.7절): 탄소 양이온 중간체와 관련된 2단계 과정을 거치는 제거 메커니즘. E1은 “Elimination Unimolecular”의 약어.

E2 메커니즘(8.3, 8.4절): 두 반응물이 전이 상태에 관여하는 1단계 협동 반응으로 진행되는 제거 메커니즘. E2는 “Elimination bimolecular”의 약자.

Edman 분해(27.5B절): 아미노산이 N-말단 끝에서 한 번에 하나씩 절단되고, 아미노산의 신원이 확인되고, 전체 서열이 알려질 때까지 과정이 반복되는 펩타이드 서열 분석에 사용되는 절차.

FAD(플라빈 아데닌 다이뉴클레오타이드, 30.3B절): 비타민 B_2, 리보플라빈으로부터 세포에서 합성되는 생물학적 산화제. FAD는 두 개의 수소를 첨가하면 환원되어 $FADH_2$를 생성한다.

$FADH_2$(30.3B절): FAD가 환원되어 생기는 생물학적 환원제.

Fehling 시약(26.8B절): Cu^{2+} 염을 산화제로 사용하여 알데하이드를 카복실산으로 산화시켜 벽돌색 Cu_2O를 부산물로 생성하는 시약.

Fischer 에스터화(20.9C절): 카복실산과 알코올 사이의 산 촉매 에스터화 반응으로 에스터가 생성된다.

Fischer 투영도(26.2A절): 수직선과 수평선의 교차점에 입체 탄소를 사용하여 입체 발생 중심을 표현하는 방법. Fischer 투영도는 교차식(cross formulas)이라고도 한다.

W / Z►C◄X / Y = W / Z—+—X / Y

Friedel–Crafts 아실화(16.5A절): 벤젠이 산 염화물과 반응하는 친전자성 방향족 치환 반응. Lewis 산이 있으면 케톤을 생성한다.

Friedel–Crafts 알킬화(16.5A절): 벤젠이 Lewis 산 존재 하에서 할로젠화 알킬과 반응하여 알킬 벤젠을 생성하는 친전자성 방향족 치환 반응.

Gabriel 합성(23.6A절): 프탈이미드에서 파생된 친핵체를 사용하여 할로젠화 알킬을 일차 아민으로 전환하는 2단계 방법.

GC–MS (A.4B절): 가스 크로마토그래프(GC)와 질량 분석기(MS)를 순서대로 결합한 분석 장비.

Gibbs 자유 에너지(6.5A절): 분자의 자유 에너지. Gibbs 자유 에너지는 기호 $G°$로 표시된다.

Gibbs 자유 에너지 변화(6.5A절): 반응물과 생성물 간의 전반적인 에너지 차이. Gibbs 자유 에너지 변화는 기호 $\Delta G°$로 표시된다. $\Delta G° = G°_{생성물} - G°_{반응물}$.

Grignard 시약(17.9절): 일반 구조가 RMgX인 유기금속 시약.

Grubbs 촉매(24.7절): $Cl_2(Cy_3P)_2Ru{=}CHPh$ 구조인 올레핀 상호교환에 널리 사용되는 루테늄 촉매.

Hammond 가설(7.13절): 반응의 전이 상태가 에너지 면에서 더 가까운 종(반응물 또는 생성물)의 구조와 유사하다는 가설.

Haworth 투영(26.5A절): 고리가 편평하게 그려지는 단당류의 고리 형태.

Heck 반응(24.3절): 할로젠화 바이닐 또는 아릴과 알켄의 팔라듐 촉매 결합으로 새로운 탄소–탄소 결합으로 더 많이 치환된 알켄을 생성한다.

Hofmann 제거(23.11절): 아민을 이탈기인 4차 암모늄 염으로 전환시키는 E2 제거 반응. Hofmann 제거는 덜 치환된 알켄을 주요 생성물로 생성한다.

Hooke의 법칙(B.3절): 결합 세기와 결합된 원자의 질량으로부터 결합 진동의 주파수를 계산하는 데 사용할 수 있는 물리 법칙.

Hückel의 법칙(15.7절): 화합물이 방향족이 되려면 고리 모양이고 평면이어야 하며 완전히 콘쥬게이션이어야 하고 $4n + 2$ π 전자를 가져야 한다는 원리.

IUPAC 명명법(4.3절): 국제 순수 및 응용 화학 연합에서 개발한 화합물 명명을 위한 체계적인 방법.

K_a (2.3절): 산 HA의 산도 상수를 나타내는 기호. K_a가 클수록 산이 강해진다.

$$K_a = \frac{[H_3O^+][A:^-]}{[H-A]}$$

Kekulé 구조(15.1절): 벤젠의 두 가지 평형 구조. 각 구조는 육원자 고리와 고리 주위의 σ 결합과 번갈아 나타나는 3개의 π 결합을 포함한다.

K_{eq} (2.3절): 평형 상수. K_{eq} = [생성물]/[출발물].

Kiliani–Fischer 합성(26.9B절): 카보닐 말단에 탄소 하나를 추가하여 알도스의 탄소 사슬을 늘리는 반응.

L-당(26.2C절): Fischer 투영식에서 카보닐에서 가장 먼 입체 발생 중심에 하이드록시기가 왼쪽에 있는 당류.

Le Chatelier의 원리(9.8D절): 평형 상태에 있는 계가 평형 상태를 방해하는 모든 것에 대응하기 위해 반응한다는 원리.

Lewis 구조(1.3절): 공유 결합과 비결합 전자의 위치를 보여주는 분자 표현. Lewis 구조에서 공유되지 않은 전자는 점으로 표시되고 두 전자 공유 결합은 실선으로 표시된다. Lewis 구조는 전자점 구조라고도 한다.

Lewis 산(2.8절): 전자쌍 수용체.

Lewis 산–염기 반응(2.8절): Lewis 염기가 Lewis 산에 전자쌍을 제공할 때 발생하는 반응.

Lewis 염기(2.8절): 전자쌍 공여체.

Lindlar 촉매(12.5B절): 알카인을 시스 알켄으로 수소화하는 촉매. Lindlar 촉매는 lead(II) acetate 및 quinoline과 함께 $CaCO_3$에 흡착된 Pd이다.

M + 1 피크(A.1절): 분자 이온의 질량에 1을 더한 값에 해당하는 질량 스펙트럼의 피크. M + 1 피크는 분자 이온의 질량을 증가시키는 동

위 원소의 존재로 인해 발생한다.

M + 2 피크(A.2절): 분자 이온의 질량에 2를 더한 값에 해당하는 질량 스펙트럼의 피크. M + 2 피크는 동위 원소(일반적으로 염소 또는 브로민 원자)의 존재로 인해 발생한다.

Markovnikov의 법칙(10.10절): 비대칭 알켄에 HX를 첨가할 때 H 원자가 덜 치환된 탄소 원자에 결합한다는 규칙.

Merrifield 방법(27.7절): 불용성 고분자 지지체를 사용하여 폴리펩타이드를 합성하는 방법.

Michael 반응(22.8절): 공명 안정화 탄소 음이온(보통 엔올 음이온)이 α,β-불포화 카보닐 화합물의 β 탄소에 첨가되는 반응.

Michael 받개(22.8절): Michael 반응의 α,β-불포화 카보닐 화합물.

M 피크(A.1절): 분자 이온의 질량에 해당하는 질량 스펙트럼의 피크. M 피크는 분자 이온 피크 또는 어미 피크라고도 한다.

***n* + 1 규칙**(C.6C절): *n* 근처에 동등하지 않은 양성자가 *n*개 있는 양성자에 대한 NMR 신호가 *n* + 1 피크로 분할된다는 규칙.

***N*-글리코사이드**(26.12B절): 아노머 탄소에 질소가 결합된 단당류.

***N*-나이트로사민**(23.12B절): 일반 구조가 $R_2N{-}N{=}O$인 화합물. 나이트로사민은 이차 아민과 ^+NO의 반응으로 생성된다.

N-말단 아미노산(27.4A절): 유리 아미노기가 있는 펩타이드 사슬 끝에 있는 아미노산.

NAD^+(니코틴아마이드 아데닌 다이뉴클레오타이드, 17.6B, 30.3A절): 비타민 니아신에서 합성된 생물학적 산화제 및 조효소. NAD^+와 NADH는 산화 및 환원 반응에 의해 상호 전환된다.

NADH(니코틴아마이드 아데닌 다이뉴클레오타이드의 환원형, 17.6B, 30.3A절): NAD^+가 환원될 때 생성되는 생물학적 환원제 및 조효소.

Newman 투영(4.8절): 분자 형태의 엔드–온(end-on) 표현. Newman 투영법은 특정 C–C 결합에서 각 탄소 원자에 결합된 세 개의 기와 각 탄소의 기를 분리하는 이면각을 보여준다.

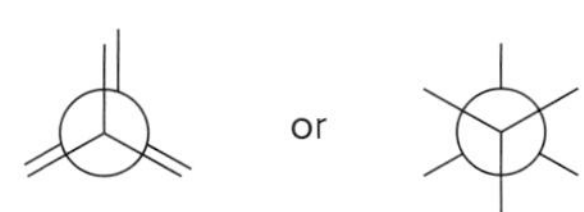

NMR 분광계(C.1A절): 강한 자기장에 놓였을 때 특정 원자핵에 의한 RF 방사선 흡수를 측정하는 분석 장비.

NMR 신호(C.6A절): NMR 스펙트럼에서 특정한 종류의 양성자에 의한 전체 흡수.

NMR 피크(C.6A절): 근처의 동등하지 않은 양성자로 인해 분할된 NMR 신호의 개별 흡수.

***p*-톨루엔설포네이트**(9.13절): 일반 구조가 $CH_3C_6H_4SO_3^-$인 매우 우수한 이탈기이며 약어는 TsO^-이다. *p*-톨루엔설포네이트 이탈기를 함유한 화합물을 알킬 토실레이트라고 하며 약어로 ROT라고 한다.

pK_a (2.3절): 산 세기의 로그 척도. $pK_a = -\log K_a$. pK_a가 작을수록 산이 강해진다.

***R,S* 명명법**(5.6절): 입체 발생 중심에 연결된 각 기에 우선순위를 할당하여 사면체 입체 중심에서 입체 화학을 구별하는 명명법 체계. *R*은 우선순위가 가장 높은 3개 기의 시계 방향 방향을 나타내고 *S*는 가장 높은 우선순위 기 3개의 시계 반대 방향 방향을 나타낸다. 이 체계는 Cahn–Ingold–Prelog 체계라고도 한다.

RF 방사선(C.1A절): 장파장, 저주파 및 에너지를 특징으로 하는 전자기 스펙트럼의 무선 주파수 영역의 방사선.

Robinson 고리화(22.9절): Michael 반응과 분자내 알돌 반응을 결합한 고리 생성 반응으로 cyclohex-2-enone을 생성한다.

***s*-Cis** (14.6, 27.4B절): 두 개의 이중 결합을 연결하는 단일 결합의 같은 쪽에 있는 1,3-다이엔의 형태.

***s*-트랜스**(14.6, 27.4B절): 두 이중 결합을 연결하는 단일 결합의 반대편에 두 이중 결합이 있는 1,3-다이엔의 형태.

Sandmeyer 반응(23.13A절): 아릴 다이아조늄 염과 할로젠화 구리(I) 사이의 반응으로 할로젠화 아릴(C_6H_5Cl 또는 C_6H_5Br)을 생성한다.

Schiff 염기(20.10A절): 일반 구조가 $R_2C{=}NR'$인 화합물. Schiff 염기는 이민(imine)이라고도 불린다.

Sharpless 비대칭 에폭시화(12.15절): 알릴성 알코올의 이중 결합을 예측 가능한 거울상 이성질체가 풍부한 에폭사이드로 전환하는 거울상 선택성 산화 반응.

Sharpless 시약(12.15절): Sharpless 비대칭 에폭시화에 사용되는 시약. Sharpless 시약은 *tert*-butyl hydroperoxide, 타이타늄 촉매 및 diethyl tartrate의 한 거울상 이성질체로 구성된다.

Simmons-Smith 반응(24.6절): 알켄과 CH_2I_2 및 Zn(Cu)의 반응으로 사이클로프로페인을 생성한다.

S_N1 메커니즘(7.9, 7.11절): 탄소 양이온 중간체를 포함하는 2단계 과정으로 진행되는 친핵성 치환 메커니즘. S_N1은 "Substitution Nucleo-philic Unimolecular"의 약어.

S_N2 메커니즘(7.9, 7.10): 두 반응물이 전이 상태에 관여하는 1단계 공동 과정으로 진행되는 친핵성 치환 메커니즘. S_N2는 "Substitution Nucleophilic Bimolecular"의 약어.

Stille 짝지음(24.4절): 유기 할로젠화물(R'X)과 유기 주석($RSnBu_3$)의 팔라듐 촉매 짝지음으로 생성물 R–R'을 생성한다.

Suzuki 반응(24.2절): 유기 할로젠화물(R'X)과 유기보레인(RBY_2)의 팔라듐 촉매 결합으로 생성물 R–R'을 생성하는 반응.

Tollens 시약(17.8, 26.8B절): 알데하이드를 산화시키는 시약으로, 암모니아 수용액에서 산화은(I)으로 구성되어 있다. Tollens 테스트는 알데하이드의 존재를 감지하는 데 사용된다.

van der Waals 힘(3.3B절): 분자 내 전자 밀도의 순간적인 변화로 인해 발생하는 매우 약한 분자간 상호작용. 전자 밀도의 변화는 임시 쌍극자를 유발하고, 이는 인접한 분자의 임시 쌍극자에 끌린다. van der Waals 힘은 London 힘이라고도 부른다.

VSEPR 이론(1.7B절): 원자가 껍질 전자쌍 반발 이론. 중심 원자를 둘러싸고 있는 원자단의 수에 따라 분자의 삼차원 구조가 결정된다는 이론. 가장 안정적인 배열은 기를 가능한 서로 멀리 유지한다.

Walden 반전(7.10C절): S_N2 반응에 관여하는 입체 발생 중심의 역전.

Williamson 에터 합성(9.6절): 알콕사이드(RO^-)를 메틸 또는 일차 할로젠화 알킬과 반응시켜 에터를 제조하는 방법.

Wittig 반응(18.9절): 카보닐기와 유기인 시약의 반응에서 알켄을 생성하는 반응.

Wittig 시약(18.9A절): 일반 구조가 $Ph_3P{=}CR_2$인 유기인 시약.

Wohl 분해(26.9절): 알데하이드 끝에서 탄소 하나를 제거하여 알도스의 탄소 사슬을 단축하는 반응.

Wolff–Kishner 환원(16.14C절): 하이드라진(NH_2NH_2)과 강염기(KOH)를 사용하여 아릴케톤을 알킬벤젠으로 환원시키는 방법.

Woodward–Hoffmann 규칙(25.3절): 고리형 반응의 입체 화학적 과정을 설명하는 데 사용되는 오비탈 대칭을 기반으로 한 일련의 규칙.

Zaitsev 규칙(8.5절): β 제거 반응에서 주생성물은 이중 결합이 가장 많이 치환된 알켄이라는 규칙.

Ziegler–Natta 촉매(31.4절): 유기알루미늄 화합물과 $TiCl_4$와 같은 Lewis 산으로 제조된 중합 촉매로, 상당한 가지치기 없이 제어된 입체 화학을 통해 고분자 사슬을 제공한다.

α,β-불포화 카보닐 화합물(17.15절): 카보닐기와 단일 σ 결합으로 분리된 탄소–탄소 이중 결합을 포함하는 콘쥬게이션 화합물.

α-나선(27.8B절): 펩타이드 사슬이 오른쪽 또는 시계 방향 나선형으로 꼬일 때 생성된 단백질의 이차 구조.

α-아미노산(19.11A, 27.1절): 일반 구조가 $RCH(NH_2)COOH$인 화합물. α-아미노산은 단백질의 구성 요소이다.

α-할로 알데하이드 또는 케톤(21.7절): α 탄소에 할로젠 원자가 결합되어 있는 알데하이드 또는 케톤.

α 수소(21.1절): 카보닐 탄소 원자(α 탄소)에 결합된 탄소에 있는 수소 원자.

α 아노머(26.5절): 아노머 OH 및 CH_2OH 기가 트랜스인 고리형 단당류의 입체 이성질체. D 단당류에서는 아노머 탄소의 하이드록시기를 아래로 그린다.

α 절단(A.3B절): 탄소–탄소 결합의 절단을 초래하는 질량 분석법의 단편화. 알데하이드와 케톤의 경우 α 절단으로 인해 카보닐 탄소와 이에 인접한 탄소 사이의 결합이 끊어진다. 알코올의 경우 α 절단은 알킬기와 OH기를 포함하는 탄소 사이의 결합을 끊음으로써 발생한다.

α 제거(24.5절): 동일한 원자에서 두 원소가 손실되는 제거 반응.

β-병풍 구조(27.8B절): 두 개 이상의 펩타이드 사슬이 나란히 배열될 때 생성된 단백질의 이차 구조.

β-산화(30.4절): 지방산의 모든 탄소가 아세틸 CoA로 분해될 때까지 두 개의 탄소 단위가 지방산에서 순차적으로 분해되는 분해 대사.

β-케토 에스터(21.10절): 에스터 카보닐기에 대한 탄소 β에 케톤 카보닐을 함유하는 화합물.

β-하이드록시 카보닐 화합물(22.1A절): 카보닐의 β 탄소에 하이드록시기가 있는 유기 화합물.

β 아노머(26.5절): 아노머 OH와 CH_2OH기가 시스인 고리형 단당류의 입체 이성질체. D 단당류에서는 아노머 탄소의 하이드록시기를 위로 그린다.

β 제거(8.1절): 인접한 두 원자의 원소 손실을 포함하는 제거 반응.

1,2-메틸 이동(9.9절): 한 탄소 원자에서 인접한 탄소 원자로 메틸기가 이동함으로써 덜 안정한 탄소 양이온이 더 안정한 탄소 양이온으로 자리 옮김하는 반응.

1,2-수소화물 이동(9.9절): 한 탄소 원자에서 인접한 탄소 원자로 수소 원자가 이동하여 덜 안정한 탄소 양이온이 더 안정한 탄소 양이온으로 자리 옮김하는 반응.

1,2-알킬 이동(9.9절): 하나의 탄소 원자에서 인접한 탄소 원자로 알킬기를 이동하여 덜 안정한 탄소 양이온이 더 안정한 탄소 양이온으로 자리 옮김하는 반응.

1,2-이동(9.9절): 수소 원자 또는 알킬기가 한 탄소 원자에서 인접한 탄소 원자로 이동함으로써 덜 안정한 탄소 양이온이 더 안정한 탄소 양이온으로 자리 옮김하는 이동.

1,2-첨가(14.10, 17.15절): 인접한 두 원자에 걸쳐서 기를 추가하는 콘쥬게이션계에 대한 첨가 반응.

1,3-다이엔(14.1A절): 단일 σ 결합으로 연결된 두 개의 탄소 이중 결합을 포함하는 화합물. Pi(π) 전자는 두 이중 결합 모두에 걸쳐 비편재화된다. 1,3-다이엔은 콘쥬게이션 다이엔이라고도 한다.

1,3-다이카보닐 화합물(21.2절): 단일 탄소 원자로 분리된 두 개의 카보닐기를 포함하는 화합물.

1,3-이산(21.9A절): 단일 탄소 원자로 분리된 두 개의 카복실산을 포함하는 화합물. 1,3-이산은 β-이산이라고도 한다.

1,3-이축 상호작용(4.12A절): 의자 형태의 사이클로헥세인의 두 수직 방향 치환기 사이의 입체 상호작용. 수직 방향 치환기는 바람직하지 않은 1,3-이축 상호작용을 생성하여 사이클로헥세인 형태를 불안정하게 만든다.

1,4-다이카보닐 화합물(22.4절): 카보닐기가 3개의 단일 결합으로 분리된 다이카보닐 화합물. 1,4-다이카보닐 화합물은 분자 내 반응을 거쳐 오원자 고리를 생성할 수 있다.

1,4-첨가(14.10, 17.15절): 콘쥬게이션계의 1 및 4 위치에 있는 원자에 기를 추가하는 첨가 반응. 1,4-첨가는 콘쥬게이션 첨가라고도 한다.

1,5-다이카보닐 화합물(22.4절): 카보닐기가 4개의 단일 결합으로 분리된 다이카보닐 화합물. 1,5-다이카보닐 화합물은 분자 내 반응을 거쳐 육원자 고리를 생성할 수 있다.

^{13}C NMR 분광법(C.1절): 분자 내 탄소 원자의 유형을 결정하는 데 사용되는 핵자기 공명 분광법의 한 종류.

^{1}H NMR 분광법(C.1절): 분자 내 수소 원자의 수와 유형을 결정하는 데 사용되는 핵자기 공명 분광법의 한 형태. ^{1}H NMR은 양성자 NMR 분광법이라고도 한다.

4차(4°) 탄소(3.2절): 4개의 다른 탄소 원자에 결합된 탄소 원자.

4차 단백질 구조(27.8C절): 두 개 이상의 접힌 폴리펩타이드 사슬이 하나의 단백질 복합체로 응집될 때 채택되는 모양.

찾아보기

Index

ㅈ

ㅊ

ㅋ

ㅌ

ㅍ

ㅎ

A

B

C

P

R

S

T

V

W

Z

기타